KB199562

Full수록 기출문제집

Full수록은 Full(가득한)과 수록(담다)의 합성어로 '평가원의 양질의 기출문제'를 교재에 가득 담았음을 의미한다.
또한, 교재 네이밍인 Full수록 발음 시 '풀수록 1등급 달성'과 '풀수록 수능 만점' 등 목표 지향적 의미를 함께 내포하고 있다.

Full수록 기출문제집은 평가원 기출을 가장 잘 분석하여 30일 내 수능기출을 완벽 마스터하도록 구성하였다.

세상이 변해도
배움의 즐거움은
변함없도록

시대는 빠르게 변해도
배움의 즐거움은
변함없어야 하기에

어제의 비상은
남다른 교재부터
결이 다른 콘텐츠
전에 없던 교육 플랫폼까지

변함없는 혁신으로
교육 문화 환경의 새로운 전형을
실현해왔습니다.

비상은 오늘, 다시 한번
새로운 교육 문화 환경을 실현하기 위한
또 하나의 혁신을 시작합니다.

오늘의 내가 어제의 나를 초월하고
오늘의 교육이 어제의 교육을 초월하여
배움의 즐거움을 지속하는 혁신,

바로, 메타인지 기반 완전 학습을.

상상을 실현하는 교육 문화 기업 비상

메타인지 기반 완전 학습
초월을 뜻하는 meta와 생각을 뜻하는 인지가 결합한 메타인지는
자신이 알고 모르는 것을 스스로 구분하고 학습계획을 세우도록 하는
궁극의 학습 능력입니다. 비상의 메타인지 기반 완전 학습 시스템은
잠들어 있는 메타인지를 깨워 공부를 100% 내 것으로 만드도록 합니다.

Full수록
수능기출문제집

수능 준비 최고의 학습 재료는 기출 문제입니다.
지금까지 다져온 실력을 기출 문제를 통해 확인하고, 탄탄히 다져가야 합니다.
진짜 공부는 지금부터 시작입니다.

"Full수록"만 믿고 따라오면
수능 1등급이 내 것이 됩니다!!

" 방대한 기출 문제를 효율적으로 정복하기 위한 구성 "

1 일차별 학습량 제안

하루 학습량 30문제 내외로 기출 문제를 한 달 이내 완성하도록 하였다.

→ 계획적 학습, 학습 진도 파악 가능

2 평가원 기출 경향을 설명이 아닌 문제로 제시

일차별 기출 경향을 문제로 시각적·직관적으로 제시하였다.

→ 기출 경향 및 빈출 유형 한눈에 파악 가능

3 보다 효율적인 문제 배열

문제를 연도별 구성이 아닌 쉬운 개념부터 복합 개념 순으로, 유형별로 제시하였다.

→ 효율적이고 빠른 학습이 가능

일차별 학습 흐름

2026학년도 수능은 Full수록으로 대비합니다.

Full수록 지구과학Ⅰ에 구성된 기출 문제는 기존 지구과학Ⅰ에서 출제되었던 기출 문제뿐만 아니라 교육과정 내용 변화에 맞춰, 지구과학Ⅱ 에서 출제되었던 기출 문제도 수록하여 기출 경향을 최대한 빈틈없이 반영하였습니다.

일차별로 / 기출 경향 파악 ➜ 기출 문제 정복 ➜ 해설을 통한 약점 보완 / 을 통해 계획적이고 체계적인 수능 준비가 가능합니다.

1 **오늘 공부할 기출 문제의 기출 경향 파악**
⟋ 빈출 문제, 빈출 자료를 한눈에 파악 가능

2 **오늘 공부할 기출 문제를 유사 자료 중심으로 구성**
⟋ 효율적인 문제 구성을 통해 자료 중심의 문제 정복 가능

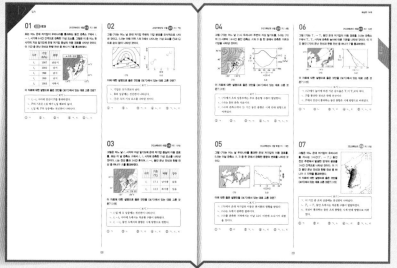

3 개념과 연계성이 강화된 해설

✓ 문제에 연계된 개념 재확인 및 사고의 흐름에 따른 쉬운 문제 풀이

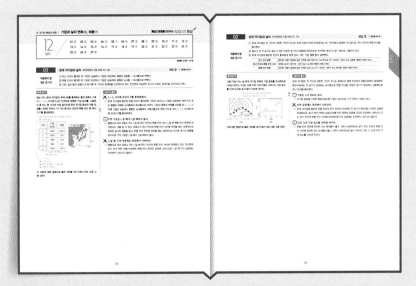

마무리 정답률 낮은 문제 반복 제시

✓ 본문에 있는 까다로운 문제를 다시 풀어보면서 확실하게 내 것으로 만들기

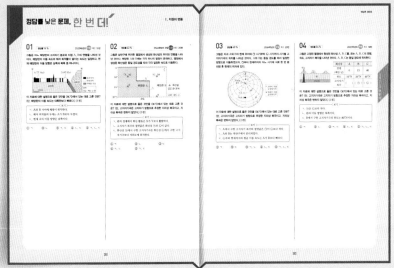

부록 실전모의고사 3회

풀 수 록 1 등 급 · 풀 수 록 수 능 만 점

일차별 학습 계획

한눈에 정리하는
평가원 기출 경향

주제 \ 학년도	**2025**	**2024**	**2023**

판 구조론의 정립 과정

2024 영역:

04 대표 문제   2024학년도 6월 모평 지I 1번

다음은 판 구조론이 정립되는 과정에서 등장한 이론에 대하여 학생 A, B, C가 나눈 대화를 나타낸 것이다. ⊙과 ⓒ은 각각 대륙 이동설과 해양저 확장설 중 하나이다.

이론	내용
⊙	과거에 하나로 모여 있던 초대륙 판게아가 분리되고 이동하여 현재와 같은 수륙 분포가 되었다.
ⓒ	해령을 축으로 해양 지각이 생성되고 양쪽으로 멀어짐에 따라 해양저가 확장된다.

제시한 내용이 옳은 학생만을 있는 대로 고른 것은?

① A ② C ③ A, B ④ B, C ⑤ A, B, C

해저 지형 탐사
－ 음향 측심법

2025 영역:

11 대표 문제   2025학년도 9월 모평 지I 4번

다음은 음향 측심 자료를 이용하여 해저 지형을 알아보기 위한 탐구 활동이다.

[탐구 과정]
(가) 하나의 해구가 나타나는 어느 해역의 음향 측심 자료를 조사한다.
(나) (가)의 해역에서 해구를 가로지르는 직선 구간을 따라 일정한 거리 간격으로 탐사 지점 $P_1 \sim P_8$을 선정한다.
(다) 각 지점별로 ⊙해수면에서 연직 방향으로 발사한 초음파가 해저면에서 반사되어 되돌아오는 데 걸리는 시간을 표에 기록한다.
(라) 초음파의 속력이 1500 m/s로 일정하다고 가정한 후, 각 지점의 수심을 계산하여 표에 기록한다.
(마) (라)에서 계산된 수심으로부터 해구가 나타나는 지점을 찾는다.

[탐구 결과]

지점	P_1	P_2	P_3	P_4	P_5	P_6	P_7	P_8
시간(초)	6.8	6.4	5.1	10.0	6.1	7.6	7.8	7.1
수심(m)				(ⓒ)				

이 자료에 대한 설명으로 옳은 것만을 〈보기〉에서 있는 대로 고른 것은?

〈 보기 〉
ㄱ. ⊙은 수심에 비례한다.
ㄴ. ⓒ은 '15000'이다.
ㄷ. P_4는 해구가 위치한 지점이다.

① ㄱ ② ㄴ ③ ㄷ ④ ㄱ, ㄴ ⑤ ㄴ, ㄷ

빈출

해양저 확장설 증거
－ 고지자기 연구
－ 해양 지각의 나이

2024 영역:

14 대표 문제   2024학년도 수능 지I 13번

그림은 남반구 중위도에 위치한 어느 해양 지각의 연령과 고지자기 줄무늬를 나타낸 것이다. ⊙과 ⓒ은 각각 정자극기와 역자극기 중 하나이다.

지역 A와 B에 대한 설명으로 옳은 것만을 〈보기〉에서 있는 대로 고른 것은? (단, 해저 퇴적물이 쌓이는 속도는 일정하다.) [3점]

〈 보기 〉
ㄱ. 해저 퇴적물의 두께는 A가 B보다 두껍다.
ㄴ. A의 하부에는 맨틀 대류의 상승류가 존재한다.
ㄷ. B는 A의 동쪽에 위치한다.

① ㄱ ② ㄴ ③ ㄷ ④ ㄱ, ㄴ ⑤ ㄴ, ㄷ

2023 영역:

16   2023학년도 수능 지I 15번

그림은 어느 해양판의 고지자기 분포와 지점 A, B의 연령을 나타낸 것이다. 해양판의 이동 속도와 해저 퇴적물이 쌓이는 속도는 일정하고, 현재 해양판의 이동 방향은 남쪽과 북쪽 중 하나이다.

A(77 Ma)   B(62 Ma)

해양판   대륙판

단위   Ma: 백만 년 전

이 자료에 대한 설명으로 옳은 것만을 〈보기〉에서 있는 대로 고른 것은? (단, 해양판의 이동 속도는 대륙판보다 빠르다.) [3점]

〈 보기 〉
ㄱ. A와 B 사이에 해령이 위치한다.
ㄴ. 해저 퇴적물의 두께는 A가 B보다 두껍다.
ㄷ. 현재 A의 이동 방향은 남쪽이다.

① ㄱ ② ㄴ ③ ㄱ, ㄷ ④ ㄴ, ㄷ ⑤ ㄱ, ㄴ, ㄷ

해양저 확장 속도

2022~2019

06

2021학년도 수능 지I 1번

다음은 판 구조론이 정립되는 과정에서 등장한 두 이론에 대하여 학생 A, B, C가 나눈 대화를 나타낸 것이다.

이론	내용
㉠	고생대 말에 판게아가 존재하였고, 약 2억 년 전에 분리되기 시작하여 현재와 같은 대륙 분포가 되었다.
㉡	맨틀이 대류하는 과정에서 대륙이 이동할 수 있다.

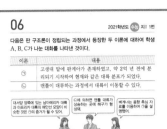

제시한 내용이 옳은 학생만을 있는 대로 고른 것은?

① A ② B ③ A, C ④ B, C ⑤ A, B, C

13

2021학년도 6월 모평 지I 7번

그림은 대서양의 해저면에서 판의 경계를 가로지르는 $P_1 - P_6$ 구간을, 표는 각 지점의 연직 방향에 있는 해수면상에서 음파를 발사하여 해저면에 반사되어 되돌아오는 데 걸리는 시간을 나타낸 것이다.

지점	P_1로부터의 거리(km)	시간(초)
P_1	0	7.70
P_2	420	7.36
P_3	840	6.14
P_4	1260	3.95
P_5	1680	6.55
P_6	2100	6.97

이 자료에 대한 설명으로 옳은 것만을 〈보기〉에서 있는 대로 고른 것은? (단, 해수에서 음파의 속도는 일정하다.)

〈보기〉
ㄱ. 수심은 P_4이 P_6보다 깊다.
ㄴ. $P_2 - P_3$ 구간에는 발산형 경계가 있다.
ㄷ. 해양 지각의 나이는 P_4가 P_2보다 많다.

① ㄱ ② ㄷ ③ ㄱ, ㄴ ④ ㄴ, ㄷ ⑤ ㄱ, ㄴ, ㄷ

21

2022학년도 6월 모평 지I 4번

그림 (가)는 대서양에서 시추한 지점 $P_1 \sim P_7$을 나타낸 것이고, (나)는 각 지점에서 가장 오래된 퇴적물의 연령을 판의 경계로부터 거리에 따라 나타낸 것이다.

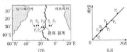

이에 대한 설명으로 옳은 것만을 〈보기〉에서 있는 대로 고른 것은?

〈보기〉
ㄱ. 가장 오래된 퇴적물의 연령은 P_7가 P_6보다 많다.
ㄴ. 해저 퇴적물의 두께는 P_1에서 P_5로 갈수록 두꺼워진다.
ㄷ. P_3과 P_7 사이의 거리는 점점 증가할 것이다.

① ㄱ ② ㄴ ③ ㄱ, ㄷ ④ ㄴ, ㄷ ⑤ ㄱ, ㄴ, ㄷ

22

2021학년도 9월 모평 지I 8번

그림은 해양 지각의 연령 분포를 나타낸 것이다.

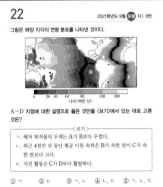

A~D 지점에 대한 설명으로 옳은 것만을 〈보기〉에서 있는 대로 고른 것은?

〈보기〉
ㄱ. 해저 퇴적물의 두께는 A가 B보다 두껍다.
ㄴ. 최근 4천만 년 동안 평균 이동 속력은 B가 속한 판이 C가 속한 판보다 크다.
ㄷ. 지진 활동은 C가 D보다 활발하다.

① ㄱ ② ㄷ ③ ㄱ, ㄴ ④ ㄴ, ㄷ ⑤ ㄱ, ㄴ, ㄷ

01

2023학년도 3월 학평 지I 1번

그림은 수업 시간에 학생이 작성한 대륙 이동설에 대한 마인드맵이다.

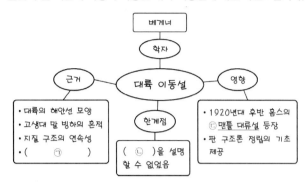

이에 대한 옳은 설명만을 〈보기〉에서 있는 대로 고른 것은?

〈 보기 〉
ㄱ. '변환 단층의 발견'은 ㉠에 해당한다.
ㄴ. '대륙 이동의 원동력'은 ㉡에 해당한다.
ㄷ. ㉢에서는 고지자기 줄무늬가 해령을 축으로 대칭을 이룬다고 설명하였다.

① ㄱ   ② ㄴ   ③ ㄱ, ㄷ   ④ ㄴ, ㄷ   ⑤ ㄱ, ㄴ, ㄷ

02

2022학년도 4월 학평 지I 1번

그림은 베게너가 제시한 대륙 이동의 증거 중 일부를 나타낸 것이다.

이에 대한 설명으로 옳은 것만을 〈보기〉에서 있는 대로 고른 것은?

〈 보기 〉
ㄱ. ㉠ 지점과 ㉡ 지점 사이의 거리는 현재보다 고생대 말에 가까웠다.
ㄴ. 고생대 말에 애팔래치아산맥과 칼레도니아산맥은 하나로 연결된 산맥이었다.
ㄷ. ㉢ 지점은 고생대 말에 남반구에 위치하였다.

① ㄱ   ② ㄷ   ③ ㄱ, ㄴ   ④ ㄴ, ㄷ   ⑤ ㄱ, ㄴ, ㄷ

03

2024학년도 3월 학평 지I 1번

다음은 판 구조론이 정립되는 과정에서 제시된 일부 자료를 보고 학생 A, B, C가 나눈 대화를 나타낸 것이다.

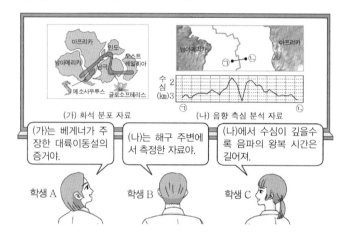

제시한 내용이 옳은 학생만을 있는 대로 고른 것은?

① A   ② B   ③ A, C   ④ B, C   ⑤ A, B, C

04 대표문제

다음은 판 구조론이 정립되는 과정에서 등장한 이론에 대하여 학생 A, B, C가 나눈 대화를 나타낸 것이다. ㉠과 ㉡은 각각 대륙 이동설과 해양저 확장설 중 하나이다.

이론	내용
㉠	과거에 하나로 모여 있던 초대륙 판게아가 분리되고 이동하여 현재와 같은 수륙 분포가 되었다.
㉡	해령을 축으로 해양 지각이 생성되고 양쪽으로 멀어짐에 따라 해양저가 확장된다.

제시한 내용이 옳은 학생만을 있는 대로 고른 것은?

① A ② C ③ A, B ④ B, C ⑤ A, B, C

05

그림은 어느 학생이 생성형 인공 지능 서비스를 이용해 대륙 이동설과 해양저 확장설에 대해 검색한 결과의 일부이다.

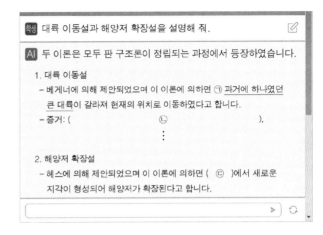

이에 대한 옳은 설명만을 〈보기〉에서 있는 대로 고른 것은?

〈 보기 〉
ㄱ. ㉠은 판게아이다.
ㄴ. '같은 종류의 화석이 멀리 떨어진 여러 대륙에서 발견된다'는 ㉡에 해당한다.
ㄷ. '해령'은 ㉢에 해당한다.

① ㄱ ② ㄷ ③ ㄱ, ㄴ ④ ㄴ, ㄷ ⑤ ㄱ, ㄴ, ㄷ

06

다음은 판 구조론이 정립되는 과정에서 등장한 두 이론에 대하여 학생 A, B, C가 나눈 대화를 나타낸 것이다.

이론	내용
㉠	고생대 말에 판게아가 존재하였고, 약 2억 년 전에 분리되기 시작하여 현재와 같은 대륙 분포가 되었다.
㉡	맨틀이 대류하는 과정에서 대륙이 이동할 수 있다.

제시한 내용이 옳은 학생만을 있는 대로 고른 것은?

① A ② B ③ A, C ④ B, C ⑤ A, B, C

07

다음은 판 구조론이 정립되는 과정에서 등장한 세 이론 (가), (나), (다)와 학생 A, B, C의 대화를 나타낸 것이다.

이론	내용
(가)	㉠해령을 중심으로 해양 지각이 양쪽으로 이동하면서 해양저가 확장된다.
(나)	맨틀 상하부의 온도 차로 맨틀이 대류하고 이로 인해 대륙이 이동할 수 있다.
(다)	과거에 하나로 모여 있던 대륙이 분리되고 이동하여 현재와 같은 수륙 분포를 이루었다.

세 이론 중 가장 먼저 등장한 이론은 (다)야.

해령에서 멀어질수록 해양 지각의 나이가 많아지는 것은 ㉠ 때문이야.

홈스는 변환 단층의 발견을 (나)의 증거로 제시하였어.

학생 A　　학생 B　　학생 C

제시한 내용이 옳은 학생만을 있는 대로 고른 것은?

① A　　② C　　③ A, B　　④ B, C　　⑤ A, B, C

08

그림은 대륙 이동설과 해양저 확장설에 대한 학생들의 대화 장면이다.

베게너는 대륙 이동의 원동력을 맨틀의 대류로 설명했어.

해령에서 멀어질수록 해저 퇴적물의 두께는 얇아져.

고지자기 줄무늬가 해령을 축으로 대칭적으로 분포하는 것은 해양저 확장의 증거야.

학생 A　　학생 B　　학생 C

제시한 내용이 옳은 학생만을 있는 대로 고른 것은?

① A　　② C　　③ A, B　　④ B, C　　⑤ A, B, C

09

다음은 판 구조론이 정립되기까지 제시되었던 이론을 ㉠, ㉡, ㉢으로 순서 없이 나타낸 것이다.

㉠	㉡	㉢
대륙 이동설	해양저 확장설	맨틀 대류설

이에 대한 옳은 설명만을 〈보기〉에서 있는 대로 고른 것은?

〈 보기 〉

ㄱ. 이론이 제시된 순서는 ㉠ → ㉢ → ㉡이다.

ㄴ. ㉠에서는 여러 대륙에 남아 있는 과거의 빙하 흔적들이 증거로 제시되었다.

ㄷ. 해령 양쪽의 고지자기 분포가 대칭을 이루는 것은 ㉡의 증거이다.

① ㄱ　　② ㄴ　　③ ㄱ, ㄷ　　④ ㄴ, ㄷ　　⑤ ㄱ, ㄴ, ㄷ

10

그림은 어느 판의 해저면에 시추 지점 P_1~P_5의 위치를, 표는 각 지점에서의 퇴적물 두께와 가장 오래된 퇴적물의 나이를 나타낸 것이다.

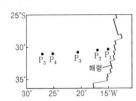

구분	P_1	P_2	P_3	P_4	P_5
두께(m)	50	94	138	203	510
나이(백만 년)	6.6	15.2	30.6	49.2	61.2

이에 대한 설명으로 옳은 것만을 〈보기〉에서 있는 대로 고른 것은?

〈 보기 〉
ㄱ. 퇴적물 두께는 P_2보다 P_4에서 두껍다.
ㄴ. P_5 지점의 가장 오래된 퇴적물은 중생대에 퇴적되었다.
ㄷ. P_1~P_5가 속한 판은 해령을 기준으로 동쪽으로 이동한다.

① ㄱ   ② ㄴ   ③ ㄱ, ㄷ   ④ ㄴ, ㄷ   ⑤ ㄱ, ㄴ, ㄷ

11 대표문제

다음은 음향 측심 자료를 이용하여 해저 지형을 알아보기 위한 탐구 활동이다.

[탐구 과정]
(가) 하나의 해구가 나타나는 어느 해역의 음향 측심 자료를 조사한다.
(나) (가)의 해역에서 해구를 가로지르는 직선 구간을 따라 일정한 거리 간격으로 탐사 지점 P_1~P_8을 선정한다.
(다) 각 지점별로 ㉠해수면에서 연직 방향으로 발사한 초음파가 해저면에서 반사되어 되돌아오는 데 걸리는 시간을 표에 기록한다.
(라) 초음파의 속력이 1500 m/s로 일정하다고 가정한 후, 각 지점의 수심을 계산하여 표에 기록한다.
(마) (라)에서 계산된 수심으로부터 해구가 나타나는 지점을 찾는다.

[탐구 결과]

지점	P_1	P_2	P_3	P_4	P_5	P_6	P_7	P_8
시간(초)	6.8	6.4	5.1	10.0	6.1	7.6	7.8	7.1
수심(m)				(㉡)				

이 자료에 대한 설명으로 옳은 것만을 〈보기〉에서 있는 대로 고른 것은?

〈 보기 〉
ㄱ. ㉠은 수심에 비례한다.
ㄴ. ㉡은 '15000'이다.
ㄷ. P_2는 해구가 위치한 지점이다.

① ㄱ   ② ㄴ   ③ ㄷ   ④ ㄱ, ㄴ   ⑤ ㄴ, ㄷ

1
일차

12

다음은 음향 측심 자료를 이용하여 해저 지형을 알아보기 위한 탐구 과정이다.

[탐구 과정]

표는 A와 B 해역에서 직선 구간을 따라 일정한 간격으로 음향 측심을 한 자료이다. A와 B 해역에는 각각 해령과 해구 중 하나가 존재한다.

A 해역	탐사 지점	A_1	A_2	A_3	A_4	A_5	A_6
	음파 왕복 시간(초)	5.5	5.2	4.8	4.2	4.7	5.1
B 해역	탐사 지점	B_1	B_2	B_3	B_4	B_5	B_6
	음파 왕복 시간(초)	5.6	9.4	6.2	5.9	5.7	5.6

(가) A와 B 해역의 음향 측심 자료를 바탕으로 각 지점의 수심을 구한다.

(나) 가로축은 탐사 지점, 세로축은 수심으로 그래프를 작성한다.

이에 대한 옳은 설명만을 〈보기〉에서 있는 대로 고른 것은? (단, 해양에서 음파의 평균 속력은 1500 m/s이다.)

---〈 보기 〉---

ㄱ. A 해역에는 수렴형 경계가 존재한다.

ㄴ. B 해역에는 수심이 7000 m보다 깊은 지점이 존재한다.

ㄷ. 판의 경계에서 해양 지각의 평균 연령은 A 해역이 B 해역보다 많다.

---

① ㄱ ② ㄴ ③ ㄱ, ㄷ ④ ㄴ, ㄷ ⑤ ㄱ, ㄴ, ㄷ

13

그림은 대서양의 해저면에서 판의 경계를 가로지르는 P_1-P_6 구간을, 표는 각 지점의 연직 방향에 있는 해수면상에서 음파를 발사하여 해저면에 반사되어 되돌아오는 데 걸리는 시간을 나타낸 것이다.

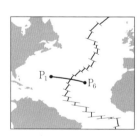

지점	P_1로부터의 거리(km)	시간(초)
P_1	0	7.70
P_2	420	7.36
P_3	840	6.14
P_4	1260	3.95
P_5	1680	6.55
P_6	2100	6.97

이 자료에 대한 설명으로 옳은 것만을 〈보기〉에서 있는 대로 고른 것은? (단, 해수에서 음파의 속도는 일정하다.)

---〈 보기 〉---

ㄱ. 수심은 P_6이 P_4보다 깊다.

ㄴ. P_3-P_5 구간에는 발산형 경계가 있다.

ㄷ. 해양 지각의 나이는 P_4가 P_2보다 많다.

---

① ㄱ ② ㄷ ③ ㄱ, ㄴ ④ ㄴ, ㄷ ⑤ ㄱ, ㄴ, ㄷ

---

14 대표문제

그림은 남반구 중위도에 위치한 어느 해양 지각의 연령과 고지자기 줄무늬를 나타낸 것이다. ㉠과 ㉡은 각각 정자극기와 역자극기 중 하나이다.

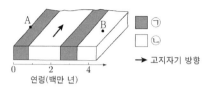

지역 A와 B에 대한 설명으로 옳은 것만을 〈보기〉에서 있는 대로 고른 것은? (단, 해저 퇴적물이 쌓이는 속도는 일정하다.) [3점]

---〈 보기 〉---

ㄱ. 해저 퇴적물의 두께는 A가 B보다 두껍다.

ㄴ. A의 하부에는 맨틀 대류의 상승류가 존재한다.

ㄷ. B는 A의 동쪽에 위치한다.

---

① ㄱ ② ㄴ ③ ㄷ ④ ㄱ, ㄷ ⑤ ㄴ, ㄷ

15

그림은 두 해역 A, B의 해저 퇴적물에서 측정한 잔류 자기 분포를 나타낸 것이다. ⊙과 ⓒ은 각각 정자극기와 역자극기 중 하나이다.

이에 대한 옳은 설명만을 〈보기〉에서 있는 대로 고른 것은? [3점]

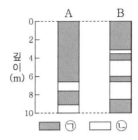

〈보기〉

ㄱ. ⊙은 정자극기, ⓒ은 역자극기에 해당한다.

ㄴ. 6 m 깊이에서 퇴적물의 나이는 A가 B보다 많다.

ㄷ. 베게너는 해저 퇴적물에서 측정한 잔류 자기 분포를 대륙 이동의 증거로 제시하였다.

① ㄱ ② ㄴ ③ ㄷ ④ ㄱ, ㄷ ⑤ ㄴ, ㄷ

16

그림은 어느 해양판의 고지자기 분포와 지점 A, B의 연령을 나타낸 것이다. 해양판의 이동 속도와 해저 퇴적물이 쌓이는 속도는 일정하고, 현재 해양판의 이동 방향은 남쪽과 북쪽 중 하나이다.

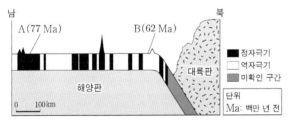

이 자료에 대한 설명으로 옳은 것만을 〈보기〉에서 있는 대로 고른 것은? (단, 해양판의 이동 속도는 대륙판보다 빠르다.) [3점]

〈보기〉

ㄱ. A와 B 사이에 해령이 위치한다.

ㄴ. 해저 퇴적물의 두께는 A가 B보다 두껍다.

ㄷ. 현재 A의 이동 방향은 남쪽이다.

① ㄱ ② ㄴ ③ ㄱ, ㄷ ④ ㄴ, ㄷ ⑤ ㄱ, ㄴ, ㄷ

17

그림 (가)와 (나)는 각각 서로 다른 해령 부근에서 열곡으로부터의 거리에 따른 해양 지각의 나이와 고지자기 분포를 나타낸 것이다.

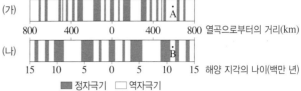

이 자료에 대한 설명으로 옳은 것만을 〈보기〉에서 있는 대로 고른 것은?

〈보기〉

ㄱ. 해양 지각의 나이는 A와 B 지점이 같다.

ㄴ. B 지점의 해양 지각이 생성될 당시 지구 자기장의 방향은 현재와 같았다.

ㄷ. 해양 지각의 평균 이동 속력은 (가)보다 (나)에서 빠르게 나타난다.

① ㄱ ② ㄷ ③ ㄱ, ㄴ ④ ㄴ, ㄷ ⑤ ㄱ, ㄴ, ㄷ

18

그림은 어느 해령 부근의 X-X′ 구간을 직선으로 이동하며 측정한 해양 지각의 나이를 나타낸 것이다.

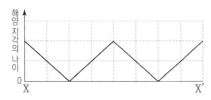

측정한 지역 부근의 고지자기 분포로 가장 적절한 것은? (단, ■은 정자극기, □은 역자극기이다.) [3점]

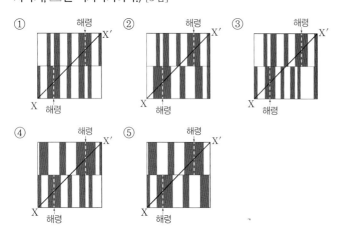

19

그림 (가)는 해양 지각의 나이 분포와 지점 A, B, C의 위치를, (나)는 태평양과 대서양에서 관측한 해양 지각의 나이에 따른 해령 정상으로부터 해저면까지의 깊이를 나타낸 것이다.

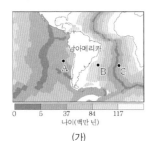
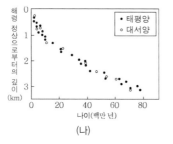

이 자료에 대한 옳은 설명만을 〈보기〉에서 있는 대로 고른 것은? [3점]

〈 보기 〉
ㄱ. 해양 지각의 평균 확장 속도는 A가 속한 판이 B가 속한 판보다 빠르다.
ㄴ. 해양저 퇴적물의 두께는 B에서가 C에서보다 두껍다.
ㄷ. 해령 정상으로부터 해저면까지의 깊이는 A에서가 B에서보다 깊다.

① ㄱ   ② ㄷ   ③ ㄱ, ㄴ   ④ ㄴ, ㄷ   ⑤ ㄱ, ㄴ, ㄷ

20

그림은 어느 지역 해양 지각의 나이 분포를 나타낸 것이다.

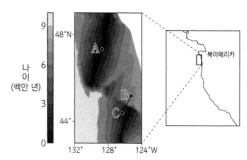

이에 대한 설명으로 옳은 것만을 〈보기〉에서 있는 대로 고른 것은?

〈 보기 〉
ㄱ. 지점 A에서 현무암질 마그마가 분출된다.
ㄴ. 지점 B와 지점 C를 잇는 직선 구간에는 변환 단층이 있다.
ㄷ. 지각의 나이는 지점 B가 지점 C보다 많다.

① ㄱ   ② ㄴ   ③ ㄱ, ㄷ   ④ ㄴ, ㄷ   ⑤ ㄱ, ㄴ, ㄷ

21

그림 (가)는 대서양에서 시추한 지점 $P_1 \sim P_7$을 나타낸 것이고, (나)는 각 지점에서 가장 오래된 퇴적물의 연령을 판의 경계로부터 거리에 따라 나타낸 것이다.

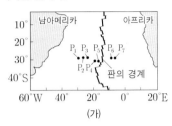
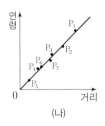

이에 대한 설명으로 옳은 것만을 〈보기〉에서 있는 대로 고른 것은?

〈 보기 〉
ㄱ. 가장 오래된 퇴적물의 연령은 P_2가 P_7보다 많다.
ㄴ. 해저 퇴적물의 두께는 P_1에서 P_5로 갈수록 두꺼워진다.
ㄷ. P_3과 P_7 사이의 거리는 점점 증가할 것이다.

① ㄱ　　② ㄴ　　③ ㄱ, ㄷ　　④ ㄴ, ㄷ　　⑤ ㄱ, ㄴ, ㄷ

22

그림은 해양 지각의 연령 분포를 나타낸 것이다.

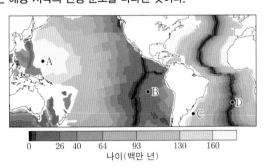

A~D 지점에 대한 설명으로 옳은 것만을 〈보기〉에서 있는 대로 고른 것은?

〈 보기 〉
ㄱ. 해저 퇴적물의 두께는 A가 B보다 두껍다.
ㄴ. 최근 4천만 년 동안 평균 이동 속력은 B가 속한 판이 C가 속한 판보다 크다.
ㄷ. 지진 활동은 C가 D보다 활발하다.

① ㄱ　　② ㄷ　　③ ㄱ, ㄴ　　④ ㄴ, ㄷ　　⑤ ㄱ, ㄴ, ㄷ

23

그림 (가)와 (나)는 각각 태평양과 대서양에서 측정한 해령으로부터의 거리에 따른 해양 지각의 연령과 수심을 나타낸 것이다.

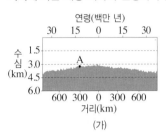
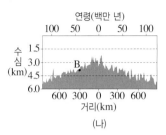

이에 대한 설명으로 옳은 것만을 〈보기〉에서 있는 대로 고른 것은? (단, 태평양과 대서양에서 심해 퇴적물이 쌓이는 속도는 같다.) [3점]

〈 보기 〉
ㄱ. 심해 퇴적물의 두께는 A에서가 B에서보다 두껍다.
ㄴ. (해령으로부터 거리가 600 km 지점의 수심 − 해령의 수심)은 (가)에서가 (나)에서보다 작다.
ㄷ. 최근 3천만 년 동안 해양 지각의 평균 확장 속도는 (가)가 (나)보다 빠르다.

① ㄱ　　② ㄴ　　③ ㄱ, ㄷ　　④ ㄴ, ㄷ　　⑤ ㄱ, ㄴ, ㄷ

한눈에 정리하는
평가원 기출 경향

주제 \ 학년도	2025	2024	2023
해양저 확장설 증거 – 변환 단층 – 섭입대의 진원 분포			
판의 이동과 판 경계의 종류			
빈출 **판 경계 부근의 지각 변동**	(01, 16)	(07)	

01 대표 문제 2025학년도 6월 모평 지I 2번

그림은 태평양 어느 지역의 판 경계 주변을 모식적으로 나타낸 것이다.
지역 A, B, C에 대한 설명으로 옳은 것만을 〈보기〉에서 있는 대로 고른 것은?

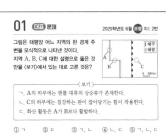

─〈보기〉─
ㄱ. A의 하부에는 맨틀 대류의 상승류가 존재한다.
ㄴ. C의 하부에는 침강하는 판이 잡아당기는 힘이 작용한다.
ㄷ. 화산 활동은 A가 B보다 활발하다.

① ㄱ ② ㄷ ③ ㄱ, ㄴ ④ ㄴ, ㄷ ⑤ ㄱ, ㄴ, ㄷ

07 대표 문제 2024학년도 9월 모평 지I 12번

그림은 판의 경계와 최근 발생한 화산 분포의 일부를 나타낸 것이다.
이 자료에 대한 설명으로 옳은 것만을 〈보기〉에서 있는 대로 고른 것은?

─〈보기〉─
ㄱ. 지역 A의 하부에는 외핵과 맨틀의 경계부에서 상승하는 플룸이 있다.
ㄴ. 지역 B의 하부에는 맨틀 대류의 하강류가 존재한다.
ㄷ. 암석권의 평균 두께는 지역 B가 지역 C보다 두껍다.

① ㄱ ② ㄷ ③ ㄱ, ㄴ ④ ㄴ, ㄷ ⑤ ㄱ, ㄴ, ㄷ

16 2025학년도 수능 지I 11번

그림 (가)는 판 A와 B의 경계 주변과 시추 지점 ㉠~㉣을, (나)는 각 지점에서 가장 오래된 퇴적물 하부의 암석 연령을 판 경계로부터 최단 거리에 따라 나타낸 것이다.

이 자료에 대한 설명으로 옳은 것만을 〈보기〉에서 있는 대로 고른 것은? [3점]

─〈보기〉─
ㄱ. 지진은 지역 ⓐ가 지역 ⓑ보다 활발하게 일어난다.
ㄴ. 가장 오래된 퇴적물 하부의 암석에 기록된 고지자기 방향은 ㉠과 ㉡이 같다.
ㄷ. ㉢은 ㉣에 대하여 2 cm/년의 속도로 멀어진다.

① ㄱ ② ㄷ ③ ㄱ, ㄴ ④ ㄴ, ㄷ ⑤ ㄱ, ㄴ, ㄷ

2022～2019

03
2020학년도 6월 모평 지Ⅱ 20번

그림은 동서 방향으로 이동하는 두 해양판의 경계와 이동 속도를 나타낸 것이다.

고지자기 줄무늬가 해령을 축으로 대칭일 때, 이에 대한 설명으로 옳은 것만을 〈보기〉에서 있는 대로 고른 것은? [3점]

〈보기〉
ㄱ. 두 해양판의 경계에는 변환 단층이 있다.
ㄴ. 해령에서 두 해양판은 1년에 각각 5 cm씩 생성된다.

① ㄱ　② ㄷ　③ ㄱ, ㄴ　④ ㄴ, ㄷ　⑤ ㄱ, ㄴ, ㄷ

06　대표 문제
2019학년도 9월 모평 지Ⅰ 6번

그림 (가)는 일본 주변에 있는 판의 경계를, (나)는 (가)의 두 지역에서 섭입하는 판의 깊이를 나타낸 것이다.

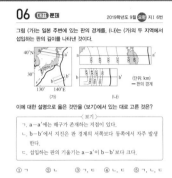

이에 대한 설명으로 옳은 것만을 〈보기〉에서 있는 대로 고른 것은?

〈보기〉
ㄱ. a−a′에는 해구가 존재하는 지점이 있다.
ㄴ. b−b′에서 지진은 판 경계의 서쪽보다 동쪽에서 자주 발생한다.
ㄷ. 섭입하는 판의 기울기는 a−a′이 b−b′보다 크다.

① ㄱ　② ㄴ　③ ㄱ, ㄷ　④ ㄴ, ㄷ　⑤ ㄱ, ㄴ, ㄷ

12
2020학년도 9월 모평 지Ⅱ 14번

그림은 중앙 아메리카 어느 지역의 판 경계와 진앙 분포를 나타낸 것이다.

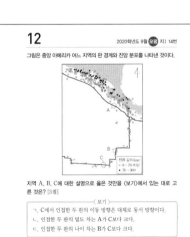

지역 A, B, C에 대한 설명으로 옳은 것만을 〈보기〉에서 있는 대로 고른 것은? [3점]

〈보기〉
ㄱ. C에서 인접한 두 판의 이동 방향은 대체로 동서 방향이다.
ㄴ. 인접한 두 판의 밀도 차는 A가 C보다 크다.
ㄷ. 인접한 두 판의 나이 차는 B가 C보다 크다.

① ㄱ　② ㄴ　③ ㄷ　④ ㄱ, ㄴ　⑤ ㄴ, ㄷ

13
2019학년도 수능 지Ⅱ 7번

그림 (가)는 어느 지역의 판 경계 부근에서 발생한 진앙 분포를, (나)는 (가)의 X − X′에 따른 지형의 단면을 나타낸 것이다.

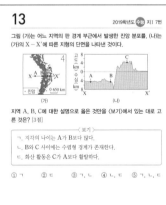

지역 A, B, C에 대한 설명으로 옳은 것만을 〈보기〉에서 있는 대로 고른 것은? [3점]

〈보기〉
ㄱ. 지각의 나이는 A가 B보다 많다.
ㄴ. B와 C 사이에는 수렴형 경계가 존재한다.
ㄷ. 화산 활동이 C가 A보다 활발하다.

① ㄱ　② ㄷ　③ ㄱ, ㄴ　④ ㄴ, ㄷ　⑤ ㄱ, ㄴ, ㄷ

15
2019학년도 6월 모평 지Ⅱ 14번

그림은 어느 지역의 판 경계와 진앙 분포를 나타낸 것이다.

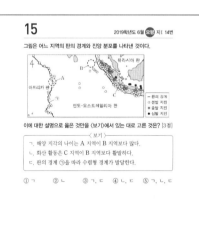

이에 대한 설명으로 옳은 것만을 〈보기〉에서 있는 대로 고른 것은? [3점]

〈보기〉
ㄱ. 해양 지각의 나이는 A 지역이 B 지역보다 많다.
ㄴ. 화산 활동은 C 지역이 B 지역보다 활발하다.
ㄷ. 판의 경계 ㉠을 따라 수렴형 경계가 발달한다.

① ㄱ　② ㄴ　③ ㄱ, ㄷ　④ ㄴ, ㄷ　⑤ ㄱ, ㄴ, ㄷ

01 대표문제

그림은 태평양 어느 지역의 판 경계 주변을 모식적으로 나타낸 것이다.
지역 A, B, C에 대한 설명으로 옳은 것만을 〈보기〉에서 있는 대로 고른 것은?

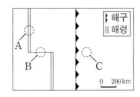

─〈 보기 〉─
ㄱ. A의 하부에는 맨틀 대류의 상승류가 존재한다.
ㄴ. C의 하부에는 침강하는 판이 잡아당기는 힘이 작용한다.
ㄷ. 화산 활동은 A가 B보다 활발하다.

① ㄱ ② ㄷ ③ ㄱ, ㄴ ④ ㄴ, ㄷ ⑤ ㄱ, ㄴ, ㄷ

02

그림은 판의 경계와 이동 방향을 나타낸 것이다.

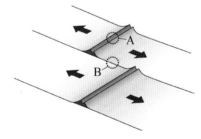

이에 대한 설명으로 옳은 것만을 〈보기〉에서 있는 대로 고른 것은?

─〈 보기 〉─
ㄱ. A는 맨틀 대류의 상승부에 위치한다.
ㄴ. B에서는 화산 활동이 활발하다.
ㄷ. 해양 지각의 나이는 B보다 A가 많다.

① ㄱ ② ㄷ ③ ㄱ, ㄴ ④ ㄴ, ㄷ ⑤ ㄱ, ㄴ, ㄷ

03

그림은 동서 방향으로 이동하는 두 해양판의 경계와 이동 속도를 나타낸 것이다.

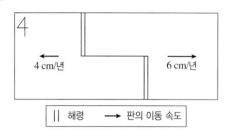

고지자기 줄무늬가 해령을 축으로 대칭일 때, 이에 대한 설명으로 옳은 것만을 〈보기〉에서 있는 대로 고른 것은? [3점]

─〈 보기 〉─
ㄱ. 두 해양판의 경계에는 변환 단층이 있다.
ㄴ. 해령에서 두 해양판은 1년에 각각 5 cm씩 생성된다.
ㄷ. 해령은 1년에 2 cm씩 동쪽으로 이동한다.

① ㄱ ② ㄷ ③ ㄱ, ㄴ ④ ㄴ, ㄷ ⑤ ㄱ, ㄴ, ㄷ

04

그림 (가)와 (나)는 섭입대가 나타나는 서로 다른 두 지역의 지진파 단층 촬영 영상을 진원 분포와 함께 나타낸 것이다.

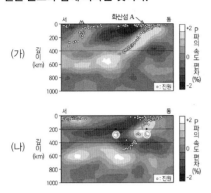

이 자료에 대한 설명으로 옳은 것만을 〈보기〉에서 있는 대로 고른 것은?

〈보기〉
ㄱ. (가)에서 화산섬 A의 동쪽에 판의 경계가 위치한다.
ㄴ. 온도는 ⓛ 지점이 ⓒ 지점보다 높다.
ㄷ. 진원의 최대 깊이는 (가)가 (나)보다 깊다.

① ㄱ ② ㄴ ③ ㄱ, ㄷ ④ ㄴ, ㄷ ⑤ ㄱ, ㄴ, ㄷ

05

그림은 어느 판 경계 부근에서 진원의 평균 깊이를 점선으로 나타낸 것이다. A와 B 지점 중 한 곳은 대륙판에, 다른 한 곳은 해양판에 위치한다.

이에 대한 옳은 설명만을 〈보기〉에서 있는 대로 고른 것은? (단, A와 B는 모두 지표면 상의 지점이다.)

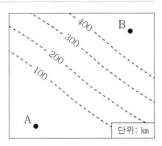

〈보기〉
ㄱ. 판의 경계는 A보다 B에 가깝다.
ㄴ. 이 지역에서는 정단층이 역단층보다 우세하게 발달한다.
ㄷ. 이 지역에서 화산 활동은 주로 B가 속한 판에서 일어난다.

① ㄱ ② ㄴ ③ ㄷ ④ ㄱ, ㄴ ⑤ ㄴ, ㄷ

06 대표 문제

그림 (가)는 일본 주변에 있는 판의 경계를, (나)는 (가)의 두 지역에서 섭입하는 판의 깊이를 나타낸 것이다.

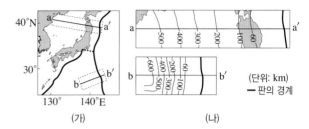

이에 대한 설명으로 옳은 것만을 〈보기〉에서 있는 대로 고른 것은?

〈보기〉
ㄱ. a−a′에는 해구가 존재하는 지점이 있다.
ㄴ. b−b′에서 지진은 판 경계의 서쪽보다 동쪽에서 자주 발생한다.
ㄷ. 섭입하는 판의 기울기는 a−a′이 b−b′보다 크다.

① ㄱ ② ㄴ ③ ㄱ, ㄷ ④ ㄴ, ㄷ ⑤ ㄱ, ㄴ, ㄷ

2
일차

07 대표 문제

그림은 판의 경계와 최근 발생한 화산 분포의 일부를 나타낸 것이다. 이 자료에 대한 설명으로 옳은 것만을 〈보기〉에서 있는 대로 고른 것은?

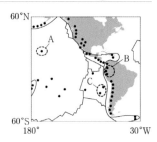

〈 보기 〉
ㄱ. 지역 A의 하부에는 외핵과 맨틀의 경계부에서 상승하는 플룸이 있다.
ㄴ. 지역 B의 하부에는 맨틀 대류의 하강류가 존재한다.
ㄷ. 암석권의 평균 두께는 지역 B가 지역 C보다 두껍다.

① ㄱ   ② ㄷ   ③ ㄱ, ㄴ   ④ ㄴ, ㄷ   ⑤ ㄱ, ㄴ, ㄷ

08

그림은 북아메리카 부근의 판 A, B, C와 판 경계를 나타낸 것이다. 이 지역에는 세 종류의 판 경계가 모두 존재한다. 이에 대한 옳은 설명만을 〈보기〉에서 있는 대로 고른 것은?

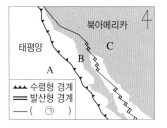

〈 보기 〉
ㄱ. 판의 밀도는 A가 B보다 크다.
ㄴ. B는 C에 대해 남동쪽으로 이동한다.
ㄷ. ㉠의 발견은 맨틀 대류설이 등장하게 된 계기가 되었다.

① ㄱ   ② ㄴ   ③ ㄱ, ㄷ   ④ ㄴ, ㄷ   ⑤ ㄱ, ㄴ, ㄷ

09

그림은 어느 지역의 판 경계와 판의 이동 방향을 나타낸 것이다. A~D 지역에 대한 설명으로 옳은 것만을 〈보기〉에서 있는 대로 고른 것은? [3점]

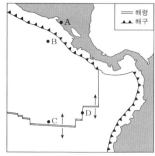

〈 보기 〉
ㄱ. 화산 활동은 A보다 B에서 활발하다.
ㄴ. 지각의 나이는 B보다 C가 적다.
ㄷ. D에는 변환 단층이 발달한다.

① ㄱ   ② ㄷ   ③ ㄱ, ㄴ   ④ ㄴ, ㄷ   ⑤ ㄱ, ㄴ, ㄷ

10

그림 (가)는 현재 판의 이동 방향과 이동 속력을, (나)는 시간에 따른 대양의 면적 변화를 나타낸 것이다. A와 B는 각각 태평양과 대서양 중 하나이다.

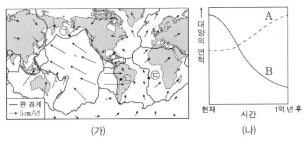

(가)   (나)

이에 대한 옳은 설명만을 〈보기〉에서 있는 대로 고른 것은?

〈 보기 〉
ㄱ. ㉠의 하부에서는 해양판이 섭입하고 있다.
ㄴ. 지진이 발생하는 평균 깊이는 ㉡보다 ㉢에서 얕다.
ㄷ. A는 대서양, B는 태평양이다.

① ㄱ   ② ㄷ   ③ ㄱ, ㄴ   ④ ㄴ, ㄷ   ⑤ ㄱ, ㄴ, ㄷ

11

그림은 인도네시아 부근의 판 경계와 화산 분포를 나타낸 것이다.
이 지역에 대한 옳은 설명만을 〈보기〉에서 있는 대로 고른 것은? [3점]

〈 보기 〉
ㄱ. 수렴형 경계가 발달해 있다.
ㄴ. 진앙은 주로 A 판에 분포한다.
ㄷ. 판의 밀도는 A 판이 B 판보다 작다.

① ㄱ   ② ㄴ   ③ ㄱ, ㄷ   ④ ㄴ, ㄷ   ⑤ ㄱ, ㄴ, ㄷ

2
일차

그림은 중앙 아메리카 어느 지역의 판 경계와 진앙 분포를 나타낸 것이다.

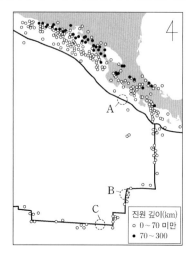

지역 A, B, C에 대한 설명으로 옳은 것만을 〈보기〉에서 있는 대로 고른 것은? [3점]

─〈 보기 〉─
ㄱ. C에서 인접한 두 판의 이동 방향은 대체로 동서 방향이다.
ㄴ. 인접한 두 판의 밀도 차는 A가 C보다 크다.
ㄷ. 인접한 두 판의 나이 차는 B가 C보다 크다.

① ㄱ   ② ㄴ   ③ ㄷ   ④ ㄱ, ㄴ   ⑤ ㄴ, ㄷ

그림 (가)는 어느 지역의 판 경계 부근에서 발생한 진앙 분포를, (나)는 (가)의 X–X′에 따른 지형의 단면을 나타낸 것이다.

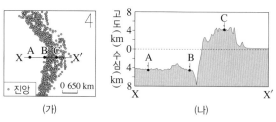

지역 A, B, C에 대한 설명으로 옳은 것만을 〈보기〉에서 있는 대로 고른 것은? [3점]

─〈 보기 〉─
ㄱ. 지각의 나이는 A가 B보다 많다.
ㄴ. B와 C 사이에는 수렴형 경계가 존재한다.
ㄷ. 화산 활동은 C가 A보다 활발하다.

① ㄱ   ② ㄷ   ③ ㄱ, ㄴ   ④ ㄴ, ㄷ   ⑤ ㄱ, ㄴ, ㄷ

14

그림은 중앙아메리카 부근의 판 경계와 지진의 진앙 분포를 나타낸 것이다.

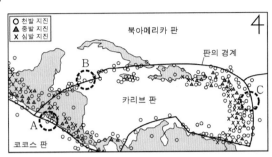

이에 대한 옳은 설명만을 〈보기〉에서 있는 대로 고른 것은? [3점]

─〈 보기 〉─
ㄱ. A에서는 정단층보다 역단층이 발달한다.
ㄴ. B에서는 해구가 발달한다.
ㄷ. A와 C에서 판이 섭입하는 방향은 대체로 같다.

① ㄱ   ② ㄴ   ③ ㄷ   ④ ㄱ, ㄴ   ⑤ ㄴ, ㄷ

15

그림은 어느 지역의 판의 경계와 진앙 분포를 나타낸 것이다.

이에 대한 설명으로 옳은 것만을 〈보기〉에서 있는 대로 고른 것은? [3점]

─〈 보기 〉─
ㄱ. 해양 지각의 나이는 A 지역이 B 지역보다 많다.
ㄴ. 화산 활동은 C 지역이 B 지역보다 활발하다.
ㄷ. 판의 경계 ㉠을 따라 수렴형 경계가 발달한다.

① ㄱ   ② ㄴ   ③ ㄱ, ㄷ   ④ ㄴ, ㄷ   ⑤ ㄱ, ㄴ, ㄷ

16

그림 (가)는 판 A와 B의 경계 주변과 시추 지점 ㉠~㉣을, (나)는 각 지점에서 가장 오래된 퇴적물 하부의 암석 연령을 판 경계로부터 최단 거리에 따라 나타낸 것이다.

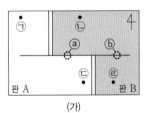
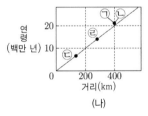

(가)   (나)

이 자료에 대한 설명으로 옳은 것만을 〈보기〉에서 있는 대로 고른 것은? [3점]

─〈 보기 〉─
ㄱ. 지진은 지역 ⓐ가 지역 ⓑ보다 활발하게 일어난다.
ㄴ. 가장 오래된 퇴적물 하부의 암석에 기록된 고지자기 방향은 ㉠과 ㉡이 같다.
ㄷ. ㉢은 ㉣에 대하여 2 cm/년의 속도로 멀어진다.

① ㄱ   ② ㄷ   ③ ㄱ, ㄴ   ④ ㄴ, ㄷ   ⑤ ㄱ, ㄴ, ㄷ

주제 / 학년도	2025	2024

빈출

고지자기와
대륙의 이동

- 고지자극의
  이동과
  대륙의 이동

01 대표 문제   2025학년도 9월 모평 지I 15번

그림은 동일 경도를 따라 이동한 지괴의 현재 위치와 시기별 고지자기극의 위치를 나타낸 것이다.

이 지괴에 대한 설명으로 옳은 것만을 <보기>에서 있는 대로 고른 것은? (단, 고지자기극은 고지자기 방향으로 추정한 지리상 북극이고, 지리상 북극은 변하지 않았다.) [3점]

―― <보기> ――
ㄱ. 90 Ma에 지괴는 북반구에 위치하였다.
ㄴ. 지괴에서 구한 고지자기 복각은 400 Ma일 때가 500 Ma일 때보다 작다.
ㄷ. 지괴의 평균 이동 속도는 400 Ma~250 Ma가 90 Ma~현재보다 빠르다.

① ㄱ   ② ㄴ   ③ ㄷ   ④ ㄱ, ㄷ   ⑤ ㄴ, ㄷ

03   2024학년도 수능 지I 20번

그림은 지괴 A와 B의 현재 위치와 ㉠ 시기부터 ㉡ 시기까지 시기별 고지자기극의 위치를 나타낸 것이다. A와 B는 동일 경도를 따라 일정한 방향으로 이동하였으며, ㉠부터 현재까지의 어느 시기에 서로 한 번 분리된 후 현재의 위치에 있다.

이 자료에 대한 설명으로 옳은 것만을 <보기>에서 있는 대로 고른 것은? (단, 고지자기극은 고지자기 방향으로 추정한 지리상 북극이고, 지리상 북극은 변하지 않았다.) [3점]

―― <보기> ――
ㄱ. A에서 구한 고지자기 복각의 절댓값은 ㉠이 ㉡보다 작다.
ㄴ. A와 B는 북반구에서 분리되었다.
ㄷ. ㉡부터 현재까지의 평균 이동 속도는 A가 B보다 빠르다.

① ㄱ   ② ㄷ   ③ ㄱ, ㄴ   ④ ㄴ, ㄷ   ⑤ ㄱ, ㄴ, ㄷ

빈출

고지자기와
대륙의 이동

- 고지자기
  복각 해석
- 인도 대륙의
  이동
- 해령의 이동

24 대표 문제   2025학년도 수능 지I 19번

그림 (가)는 어느 지괴 A와 B로 구한 암석의 생성 시기와 고지자기 복각을, (나)는 복각과 위도와의 관계를 나타낸 것이다. A와 B는 동일 경도를 따라 회전 없이 일정한 방향으로 이동하였다.

이 자료에 대한 설명으로 옳은 것만을 <보기>에서 있는 대로 고른 것은? (단, 고지자기극은 고지자기 방향으로 추정한 지리상 북극이고, 지리상 북극은 변하지 않았다.) [3점]

―― <보기> ――
ㄱ. A의 이동 방향은 남북이다.
ㄴ. 50 Ma~0 Ma 동안의 평균 이동 속도는 A가 B보다 느리다.
ㄷ. 현재 A에서 구한 200 Ma의 고지자기극은 현재 B에서 구한 200 Ma의 고지자기극보다 고위도에 위치한다.

① ㄱ   ② ㄷ   ③ ㄱ, ㄷ   ④ ㄴ, ㄷ   ⑤ ㄱ, ㄴ, ㄷ

10 대표 문제   2025학년도 6월 모평 지I 17번

그림은 동일 위도를 따라 이동한 지괴 A와 B의 시기별 위치를 나타낸 것이다.

이 자료에 대한 설명으로 옳은 것만을 <보기>에서 있는 대로 고른 것은? (단, 고지자기극은 고지자기 방향으로 추정한 지리상 북극이고, 지리상 북극은 변하지 않았다.) [3점]

―― <보기> ――
ㄱ. 150 Ma~0 Ma 동안 지괴의 평균 이동 속도는 A가 B보다 빠르다.
ㄴ. 75 Ma에 A와 B에서 생성된 암석에 기록된 고지자기 복각은 모두 (+) 같이다.
ㄷ. A에서 구한 고지자기극의 위치는 75 Ma와 150 Ma가 같다.

① ㄱ   ② ㄴ   ③ ㄷ   ④ ㄱ, ㄴ   ⑤ ㄱ, ㄷ

11 대표 문제   2024학년도 9월 모평 지I 20번

그림은 남반구에 위치한 열점에서 생성된 화산섬의 위치와 연령을 나타낸 것이다. 해양판 A와 B에는 각각 하나의 열점이 존재하고, 열점에서 생성된 화산섬은 동일 경도상을 따라 각각 일정한 속도로 이동한다.

이 자료에 대한 설명으로 옳은 것만을 <보기>에서 있는 대로 고른 것은? (단, 고지자기극은 고지자기 방향으로 추정한 지리상 북극이고, 지리상 북극은 변하지 않았다.) [3점]

―― <보기> ――
ㄱ. 판의 경계에서 화산 활동은 X가 Y보다 활발하다.
ㄴ. 고지자기 복각의 절댓값은 화산섬 ㉠과 ㉡이 같다.
ㄷ. 화산섬 ㉠에서 구한 고지자기극은 화산섬 ㉡에서 구한 고지자기극보다 저위도에 위치한다.

① ㄱ   ② ㄴ   ③ ㄷ   ④ ㄴ, ㄷ   ⑤ ㄱ, ㄷ

대륙 분포의
변화

2023

07 대표 문제
2023학년도 9월 모평 지I 17번

그림은 어느 지괴의 현재 위치와 시기별 고지자기극의 위치를 나타낸 것이다. 고지자기극은 고지자기 방향으로 추정한 지리상 북극이고, 지리상 북극은 변하지 않았다. 현재 지자기 북극은 지리상 북극과 일치한다.

이 지괴에 대한 설명으로 옳은 것만을 〈보기〉에서 있는 대로 고른 것은?

〈보기〉
ㄱ. 지괴는 60 Ma~40 Ma가 40 Ma~20 Ma보다 빠르게 이동하였다.
ㄴ. 60 Ma에 생성된 암석에 기록된 고지자기 복각은 (+) 값이다.
ㄷ. 10 Ma부터 현재까지 지괴의 이동 방향은 북쪽이다.

① ㄱ ② ㄴ ③ ㄱ, ㄷ ④ ㄴ, ㄷ ⑤ ㄱ, ㄴ, ㄷ

2022 ~ 2019

06
2022학년도 9월 모평 지I 19번

그림은 남아메리카 대륙의 현재 위치와 시기별 고지자기극의 위치를 나타낸 것이다. 고지자기극은 남아메리카 대륙의 고지자기 방향으로 추정한 지리상 남극이고, 지리상 남극은 변하지 않았다. 현재 지자기 남극은 지리상 남극과 일치한다. 대륙 위의 지점 A에 대한 설명으로 옳은 것만을 〈보기〉에서 있는 대로 고른 것은?

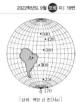

〈보기〉
ㄱ. 500 Ma에는 북반구에 위치하였다.
ㄴ. 복각의 절댓값은 300 Ma일 때가 250 Ma일 때보다 컸다.
ㄷ. 250 Ma일 때는 170 Ma일 때보다 북쪽에 위치하였다.

① ㄱ ② ㄴ ③ ㄷ ④ ㄱ, ㄴ ⑤ ㄱ, ㄷ

05
2021학년도 수능 지I 12번

다음은 고지자기 자료를 이용하여 대륙의 과거 위치를 알아보기 위한 탐구 활동이다.

[가정]
○ 고지자기극은 고지자기 방향으로 추정한 지리상 북극이고, 지리상 북극은 변하지 않았다.
○ 현재 지자기 북극은 지리상 북극과 일치한다.

[탐구 과정]
(가) 대륙 A의 현재 위치, 1억 년 전 A의 고지자기극 위치, 회전 중심이 표시된 지구본을 준비한다.
(나) 오른쪽 그림과 같이 회전 중심을 중심으로 1억 년 전 A의 고지자기극과 지리상 북극 사이의 각(θ)을 측정한다.
(다) 회전 중심을 중심으로 A를 θ만큼 회전시키고, 1억 년 전 A의 위치를 표시한 후, 현재와 1억 년 전 A의 위치를 비교한다. 회전 방향은 1억 년 전 A의 고지자기극이 (⑦)을/를 향하는 방향이다.

[탐구 결과]
○ 각(θ): (   )
○ 대륙 A의 위치 비교: 1억 년 전 A의 위치는 현재보다 (ⓒ)에 위치한다.

이에 대한 설명으로 옳은 것만을 〈보기〉에서 있는 대로 고른 것은? [3점]

〈보기〉
ㄱ. 지리상 북극은 ⑦에 해당한다.
ㄴ. 고위도는 ⓒ에 해당한다.
ㄷ. A의 고지자기 복각은 1억 년 전이 현재보다 작다.

① ㄱ ② ㄷ ③ ㄱ, ㄴ ④ ㄴ, ㄷ ⑤ ㄱ, ㄴ, ㄷ

08
2021학년도 9월 모평 지I 20번

그림은 유럽과 북아메리카 대륙에서 측정한 5억 년 전부터 ⓒ 시기까지 고지자기극의 겉보기 이동 경로를 겹쳐 놓았을 때의 대륙 모습을 나타낸 것이다. 고지자기극은 고지자기 방향으로부터 추정한 지리상 북극이고, 실제 진북은 변하지 않았다.

이 자료에 대한 설명으로 옳은 것만을 〈보기〉에서 있는 대로 고른 것은? [3점]

〈보기〉
ㄱ. 5억 년 전에 지자기 북극은 적도 부근에 위치하였다.
ㄴ. 북아메리카에서 측정한 고지자기 복각은 ⓒ 시기가 ⑦ 시기보다 크다.
ㄷ. 유럽은 ⓒ 시기부터 ⓒ 시기까지 저위도 방향으로 이동하였다.

① ㄱ ② ㄴ ③ ㄱ, ㄷ ④ ㄴ, ㄷ ⑤ ㄱ, ㄴ, ㄷ

23 대표 문제
2023학년도 6월 모평 지I 1번

다음은 초대륙의 형성과 분리 과정 중 일부에 대하여 학생 A, B, C가 나눈 대화를 나타낸 것이다.

제시한 내용이 옳은 학생만을 있는 대로 고른 것은?

① A ② B ③ A, C ④ B, C ⑤ A, B, C

01 대표문제

2025학년도 9월 모평 지I 15번

그림은 동일 경도를 따라 이동한 지괴의 현재 위치와 시기별 고지자기극의 위치를 나타낸 것이다.

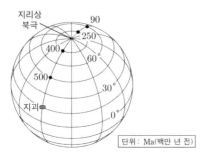

단위: Ma(백만 년 전)

이 지괴에 대한 설명으로 옳은 것만을 〈보기〉에서 있는 대로 고른 것은? (단, 고지자기극은 고지자기 방향으로 추정한 지리상 북극이고, 지리상 북극은 변하지 않았다.) [3점]

〈 보기 〉
ㄱ. 90 Ma에 지괴는 북반구에 위치하였다.
ㄴ. 지괴에서 구한 고지자기 복각은 400 Ma일 때가 500 Ma일 때보다 작다.
ㄷ. 지괴의 평균 이동 속도는 400 Ma~250 Ma가 90 Ma~현재보다 빠르다.

① ㄱ   ② ㄴ   ③ ㄷ   ④ ㄱ, ㄷ   ⑤ ㄴ, ㄷ

02

2024학년도 7월 학평 지I 20번

그림은 어느 지괴의 현재 위치와 시기별 고지자기극의 위치를 나타낸 것이다. 고지자기극은 고지자기 방향으로 추정한 지리상 북극이고, 지리상 북극은 변하지 않았다. 현재 지자기 북극은 지리상 북극과 일치한다.

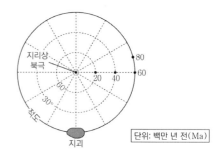

단위: 백만 년 전(Ma)

이 지괴에 대한 설명으로 옳은 것만을 〈보기〉에서 있는 대로 고른 것은? [3점]

〈 보기 〉
ㄱ. 80 Ma에는 적도에 위치하였다.
ㄴ. 40 Ma~20 Ma 동안 고지자기 복각은 증가하였다.
ㄷ. 60 Ma~0 Ma 동안 시계 방향으로 회전하였다.

① ㄱ   ② ㄷ   ③ ㄱ, ㄴ   ④ ㄴ, ㄷ   ⑤ ㄱ, ㄴ, ㄷ

03

2024학년도 수능 지I 20번

그림은 지괴 A와 B의 현재 위치와 ㉠ 시기부터 ㉡ 시기까지 시기별 고지자기극의 위치를 나타낸 것이다. A와 B는 동일 경도를 따라 일정한 방향으로 이동하였으며, ㉠부터 현재까지의 어느 시기에 서로 한 번 분리된 후 현재의 위치에 있다.

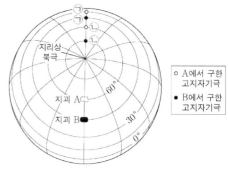

○ A에서 구한 고지자기극
● B에서 구한 고지자기극

이 자료에 대한 설명으로 옳은 것만을 〈보기〉에서 있는 대로 고른 것은? (단, 고지자기극은 고지자기 방향으로 추정한 지리상 북극이고, 지리상 북극은 변하지 않았다.) [3점]

〈 보기 〉
ㄱ. A에서 구한 고지자기 복각의 절댓값은 ㉠이 ㉡보다 작다.
ㄴ. A와 B는 북반구에서 분리되었다.
ㄷ. ㉡부터 현재까지의 평균 이동 속도는 A가 B보다 빠르다.

① ㄱ   ② ㄷ   ③ ㄱ, ㄴ   ④ ㄴ, ㄷ   ⑤ ㄱ, ㄴ, ㄷ

04

그림은 지괴 A와 B의 현재 위치와 시기별 고지자기극 위치를 나타낸 것이다. 고지자기극은 이 지괴의 고지자기 방향으로 추정한 지리상 북극이고, 실제 지리상 북극의 위치는 변하지 않았다.

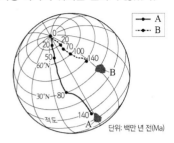

단위: 백만 년 전(Ma)

이에 대한 설명으로 옳은 것만을 〈보기〉에서 있는 대로 고른 것은? [3점]

〈보기〉
ㄱ. 140 Ma~0 Ma 동안 A는 적도에 위치한 시기가 있었다.
ㄴ. 50 Ma일 때 복각의 절댓값은 A가 B보다 크다.
ㄷ. 80 Ma~20 Ma 동안 지괴의 평균 이동 속도는 A가 B보다 빠르다.

① ㄱ ② ㄴ ③ ㄱ, ㄷ ④ ㄴ, ㄷ ⑤ ㄱ, ㄴ, ㄷ

05

다음은 고지자기 자료를 이용하여 대륙의 과거 위치를 알아보기 위한 탐구 활동이다.

[가정]
ㅇ 고지자기극은 고지자기 방향으로 추정한 지리상 북극이고, 지리상 북극은 변하지 않았다.
ㅇ 현재 지자기 북극은 지리상 북극과 일치한다.

[탐구 과정]
(가) 대륙 A의 현재 위치, 1억 년 전 A의 고지자기극 위치, 회전 중심이 표시된 지구본을 준비한다.
(나) 오른쪽 그림과 같이 회전 중심을 중심으로 1억 년 전 A의 고지자기극과 지리상 북극 사이의 각(θ)을 측정한다.

(다) 회전 중심을 중심으로 A를 θ만큼 회전시키고, 1억 년 전 A의 위치를 표시한 후, 현재와 1억 년 전 A의 위치를 비교한다. 회전 방향은 1억 년 전 A의 고지자기극이 (㉠)을/를 향하는 방향이다.

[탐구 결과]
ㅇ 각(θ): (   )
ㅇ 대륙 A의 위치 비교: 1억 년 전 A의 위치는 현재보다 (㉡)에 위치한다.

이에 대한 설명으로 옳은 것만을 〈보기〉에서 있는 대로 고른 것은? [3점]

〈보기〉
ㄱ. 지리상 북극은 ㉠에 해당한다.
ㄴ. 고위도는 ㉡에 해당한다.
ㄷ. A의 고지자기 복각은 1억 년 전이 현재보다 작다.

① ㄱ ② ㄷ ③ ㄱ, ㄴ ④ ㄴ, ㄷ ⑤ ㄱ, ㄴ, ㄷ

06

그림은 남아메리카 대륙의 현재 위치와 시기별 고지자기극의 위치를 나타낸 것이다. 고지자기극은 남아메리카 대륙의 고지자기 방향으로 추정한 지리상 남극이고, 지리상 남극은 변하지 않았다. 현재 지자기 남극은 지리상 남극과 일치한다. 대륙 위의 지점 A에 대한 설명으로 옳은 것만을 〈보기〉에서 있는 대로 고른 것은?

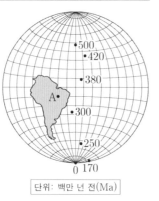

단위: 백만 년 전(Ma)

─────〈 보기 〉─────
ㄱ. 500 Ma에는 북반구에 위치하였다.
ㄴ. 복각의 절댓값은 300 Ma일 때가 250 Ma일 때보다 컸다.
ㄷ. 250 Ma일 때는 170 Ma일 때보다 북쪽에 위치하였다.

① ㄱ   ② ㄴ   ③ ㄷ   ④ ㄱ, ㄴ   ⑤ ㄱ, ㄷ

07 대표문제

그림은 어느 지괴의 현재 위치와 시기별 고지자기극의 위치를 나타낸 것이다. 고지자기극은 고지자기 방향으로 추정한 지리상 북극이고, 지리상 북극은 변하지 않았다. 현재 지자기 북극은 지리상 북극과 일치한다.

단위: 백만 년 전(Ma)

이 지괴에 대한 설명으로 옳은 것만을 〈보기〉에서 있는 대로 고른 것은?

─────〈 보기 〉─────
ㄱ. 지괴는 60 Ma~40 Ma가 40 Ma~20 Ma보다 빠르게 이동하였다.
ㄴ. 60 Ma에 생성된 암석에 기록된 고지자기 복각은 (+) 값이다.
ㄷ. 10 Ma부터 현재까지 지괴의 이동 방향은 북쪽이다.

① ㄱ   ② ㄴ   ③ ㄱ, ㄷ   ④ ㄴ, ㄷ   ⑤ ㄱ, ㄴ, ㄷ

08

그림은 유럽과 북아메리카 대륙에서 측정한 5억 년 전부터 ⓒ 시기까지 고지자기극의 겉보기 이동 경로를 겹쳤을 때의 대륙 모습을 나타낸 것이다. 고지자기극은 고지자기 방향으로부터 추정한 지리상 북극이고, 실제 진북은 변하지 않았다.

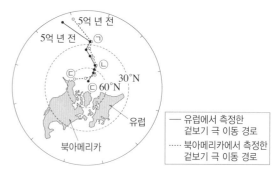

─ 유럽에서 측정한 겉보기 극 이동 경로
···· 북아메리카에서 측정한 겉보기 극 이동 경로

이 자료에 대한 설명으로 옳은 것만을 〈보기〉에서 있는 대로 고른 것은? [3점]

─────〈 보기 〉─────
ㄱ. 5억 년 전에 지자기 북극은 적도 부근에 위치하였다.
ㄴ. 북아메리카에서 측정한 고지자기 복각은 ⓛ 시기가 ① 시기보다 크다.
ㄷ. 유럽은 ⓛ 시기부터 ⓒ 시기까지 저위도 방향으로 이동하였다.

① ㄱ   ② ㄴ   ③ ㄱ, ㄷ   ④ ㄴ, ㄷ   ⑤ ㄱ, ㄴ, ㄷ

09

그림은 인도와 오스트레일리아 대륙에서 측정한 1억 4천만 년 전부터 현재까지 고지자기 남극의 겉보기 이동 경로를 천만 년 간격으로 나타낸 것이다.

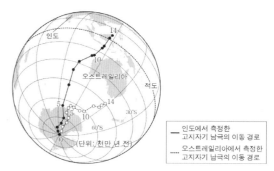

(단위: 천만 년 전)
── 인도에서 측정한 고지자기 남극의 이동 경로
···· 오스트레일리아에서 측정한 고지자기 남극의 이동 경로

이 자료에 대한 옳은 설명만을 〈보기〉에서 있는 대로 고른 것은? (단, 고지자기 남극은 각 대륙의 고지자기 방향으로 추정한 지리상 남극이며 실제 지리상 남극의 위치는 변하지 않았다.) [3점]

─────〈 보기 〉─────
ㄱ. 1억 4천만 년 전에 인도와 오스트레일리아 대륙은 모두 남반구에 위치하였다.
ㄴ. 인도 대륙의 평균 이동 속도는 6천만 년 전 ~ 7천만 년 전이 5천만 년 전 ~ 6천만 년 전보다 빨랐다.
ㄷ. 오스트레일리아 대륙에서 복각의 절댓값은 현재가 1억 년 전보다 크다.

① ㄱ   ② ㄴ   ③ ㄱ, ㄷ   ④ ㄴ, ㄷ   ⑤ ㄱ, ㄴ, ㄷ

10 [대표]문제

그림은 동일 위도를 따라 이동한 지괴 A와 B의 시기별 위치를 나타낸 것이다.

이 자료에 대한 설명으로 옳은 것만을 〈보기〉에서 있는 대로 고른 것은? (단, 고지자기극은 고지자기 방향으로 추정한 지리상 북극이고, 지리상 북극은 변하지 않았다.) [3점]

〈 보기 〉
ㄱ. 150 Ma~0 Ma 동안 지괴의 평균 이동 속도는 A가 B보다 빠르다.
ㄴ. 75 Ma에 A와 B에서 생성된 암석에 기록된 고지자기 복각은 모두 (+) 값이다.
ㄷ. A에서 구한 고지자기극의 위치는 75 Ma와 150 Ma가 같다.

① ㄱ   ② ㄴ   ③ ㄷ   ④ ㄱ, ㄴ   ⑤ ㄱ, ㄷ

11 [대표]문제

그림은 남반구에 위치한 열점에서 생성된 화산섬의 위치와 연령을 나타낸 것이다. 해양판 A와 B에는 각각 하나의 열점이 존재하고, 열점에서 생성된 화산섬은 동일 경도상을 따라 각각 일정한 속도로 이동한다.

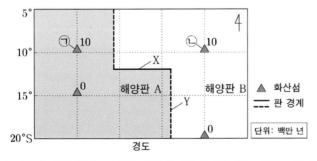

이 자료에 대한 설명으로 옳은 것만을 〈보기〉에서 있는 대로 고른 것은? (단, 고지자기극은 고지자기 방향으로 추정한 지리상 북극이고, 지리상 북극은 변하지 않았다.) [3점]

〈 보기 〉
ㄱ. 판의 경계에서 화산 활동은 X가 Y보다 활발하다.
ㄴ. 고지자기 복각의 절댓값은 화산섬 ㉠과 ㉡이 같다.
ㄷ. 화산섬 ㉠에서 구한 고지자기극은 화산섬 ㉡에서 구한 고지자기극보다 저위도에 위치한다.

① ㄱ   ② ㄴ   ③ ㄷ   ④ ㄱ, ㄴ   ⑤ ㄱ, ㄷ

12

그림은 현재 20°S에 위치한 어느 지괴에서 구한 60 Ma부터 현재까지 시기별 고지자기극의 위도를 나타낸 것이다. 시기별 고지자기극의 위치는 특정 경도 상에서 나타나고, 이 기간 동안 지괴도 이와 동일한 경도를 따라 이동하였다.

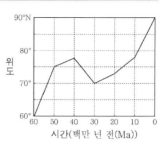

이 자료에 대한 설명으로 옳은 것만을 〈보기〉에서 있는 대로 고른 것은? (단, 고지자기극은 고지자기 방향으로 추정한 지리상 북극이고, 지리상 북극은 변하지 않았다.) [3점]

〈 보기 〉
ㄱ. 이 지괴는 40 Ma~30 Ma 동안 남쪽으로 이동하였다.
ㄴ. 지괴에서 구한 고지자기 복각의 절댓값은 60 Ma가 30 Ma보다 크다.
ㄷ. 이 기간 동안 지괴는 북반구에 머문 기간이 남반구에 머문 기간보다 길다.

① ㄱ   ② ㄴ   ③ ㄱ, ㄷ   ④ ㄴ, ㄷ   ⑤ ㄱ, ㄴ, ㄷ

13

다음은 고지자기 복각을 이용하여 어느 지괴의 이동을 알아보는 탐구이다.

[가정]

○ 고지자기극은 고지자기 방향으로 추정한 지리상 북극이고, 지리상 북극은 변하지 않았다.

○ 지괴는 동일 경도를 따라 일정한 방향으로 이동했다.

[탐구 과정]

(가) 지괴의 한 지역에서 서로 다른 시기에 생성된 화성암의 절대 연령과 고지자기 복각을 조사한다.

(나) 고지자기 복각과 위도 관계를 이용하여, 지괴의 시기별 고지자기 위도를 구한다.

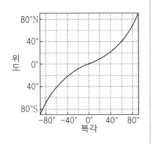

[탐구 결과]

화성암	절대 연령(만 년)	복각	위도
A	8000	−48°	약 29°S
B	6000	−37°	
C	2000	+18°	
D	0	+38°	약 21°N

이에 대한 설명으로 옳은 것만을 〈보기〉에서 있는 대로 고른 것은? [3점]

〈 보기 〉

ㄱ. B가 생성된 위치는 남반구이다.

ㄴ. 지리상 북극과의 최단 거리는 C가 생성된 위치보다 D가 생성된 위치가 멀다.

ㄷ. 이 지괴는 A가 생성된 후 현재까지 남쪽으로 이동하였다.

① ㄱ   ② ㄴ   ③ ㄱ, ㄷ   ④ ㄴ, ㄷ   ⑤ ㄱ, ㄴ, ㄷ

14

표는 어느 대륙의 한 지점에서 서로 다른 시기에 생성된 화성암의 고지자기 복각을, 그림은 위도와 복각의 관계를 나타낸 것이다.

생성 시기 (백만 년 전)	고지자기 복각(°)
0	+38
20	+18
60	−37
80	−48
200	−66
225	−55

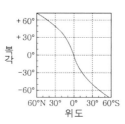

이 지점에 대한 설명으로 옳은 것만을 〈보기〉에서 있는 대로 고른 것은? (단, 고지자기극은 고지자기 방향으로 추정한 지리상 북극이고, 지리상 북극은 변하지 않았다.) [3점]

〈 보기 〉

ㄱ. 2.25억 년 전부터 현재 사이에 남쪽으로 이동한 적이 있다.

ㄴ. 6천만 년 전에는 북반구에 위치하였다.

ㄷ. 6천만 년 전부터 현재까지의 위도 변화는 75°이다.

① ㄱ   ② ㄴ   ③ ㄱ, ㄷ   ④ ㄴ, ㄷ   ⑤ ㄱ, ㄴ, ㄷ

15

표는 현재 40°N에 위치한 A와 B 지역의 암석에서 측정한 연령, 고지자기 복각, 생성 당시 지구 자기의 역전 여부를 나타낸 것이다. 고지자기극은 고지자기 방향으로 추정한 지리상의 북극이고, 지리상 북극은 변하지 않았다.

지역	연령 (백만 년)	고지자기 복각	생성 당시 지구 자기의 역전 여부
A	45	+10°	× (정자극기)
B	10	+40°	× (정자극기)

이에 대한 설명으로 옳은 것만을 〈보기〉에서 있는 대로 고른 것은?

〈 보기 〉

ㄱ. 4500만 년 전 지구의 자기장 방향은 현재와 반대였다.

ㄴ. A의 현재 위치는 4500만 년 전보다 고위도이다.

ㄷ. B는 1000만 년 전 북반구에 위치하였다.

① ㄱ   ② ㄴ   ③ ㄱ, ㄷ   ④ ㄴ, ㄷ   ⑤ ㄱ, ㄴ, ㄷ

16

그림은 고지자기 복각과 위도의 관계를 나타낸 것이고, 표는 어느 대륙의 한 지역에서 생성된 화성암 A~D의 생성 시기와 고지자기 복각을 측정한 자료이다.

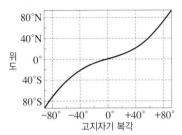

화성암	생성 시기	고지자기 복각
A	현재	+38°
B	↑	+18°
C	↓	−37°
D	과거	−48°

이 지역에 대한 설명으로 옳은 것만을 〈보기〉에서 있는 대로 고른 것은? (단, 화성암 A~D는 정자극기일 때 생성되었고, 지리상 북극의 위치는 변하지 않았다.) [3점]

〈 보기 〉
ㄱ. A가 생성될 당시 북반구에 위치하였다.
ㄴ. B가 생성될 당시 위도와 C가 생성될 당시 위도의 차는 55°이다.
ㄷ. D가 생성된 이후 현재까지 남쪽으로 이동하였다.

① ㄱ   ② ㄴ   ③ ㄱ, ㄷ   ④ ㄴ, ㄷ   ⑤ ㄱ, ㄴ, ㄷ

17

그림 (가)는 어느 지괴의 한 지점에서 서로 다른 세 시기에 생성된 화성암 A, B, C의 고지자기 복각을, (나)는 500만 년 동안의 고지자기 연대표를 나타낸 것이다. A, B, C의 절대 연령은 각각 10만 년, 150만 년, 400만 년 중 하나이며, 이 지괴는 계속 북쪽으로 이동하였다.

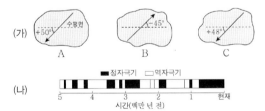

이에 대한 옳은 설명만을 〈보기〉에서 있는 대로 고른 것은? (단, 이 지괴는 최근 400만 년 동안 적도를 통과하지 않았다.) [3점]

〈 보기 〉
ㄱ. 이 지괴는 북반구에 위치한다.
ㄴ. 정자극기에 생성된 암석은 B이다.
ㄷ. 화성암의 생성 순서는 A → C → B이다.

① ㄱ   ② ㄴ   ③ ㄱ, ㄷ   ④ ㄴ, ㄷ   ⑤ ㄱ, ㄴ, ㄷ

18

그림은 인도 대륙 중앙의 한 지점에서 채취한 암석 A, B, C의 나이와 암석이 생성될 당시 고지자기의 방향과 복각을 나타낸 것이다.

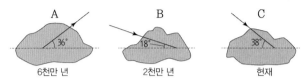

이에 대한 설명으로 옳은 것만을 〈보기〉에서 있는 대로 고른 것은? (단, A, B, C는 정자극기에 생성되었고, 지리상 북극의 위치는 변하지 않았다.) [3점]

〈 보기 〉
ㄱ. A는 생성될 당시 남반구에 있었다.
ㄴ. B가 C보다 고위도에서 생성되었다.
ㄷ. A가 만들어진 이후 히말라야산맥이 형성되었다.

① ㄱ   ② ㄴ   ③ ㄱ, ㄷ   ④ ㄴ, ㄷ   ⑤ ㄱ, ㄴ, ㄷ

19

그림은 7100만 년 전부터 현재까지 인도 대륙의 위치 변화를 나타낸 것이다.

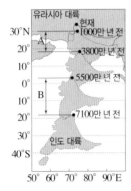

이에 대한 옳은 설명만을 〈보기〉에서 있는 대로 고른 것은?

〈 보기 〉

ㄱ. 1000만 년 전에 인도 대륙과 유라시아 대륙 사이에는 수렴형 경계가 존재하였다.

ㄴ. 인도 대륙의 평균 이동 속도는 A 구간보다 B 구간에서 빨랐다.

ㄷ. 이 기간 동안 인도 대륙에서 생성된 암석들의 복각은 동일하다.

① ㄱ   ② ㄷ   ③ ㄱ, ㄴ   ④ ㄴ, ㄷ   ⑤ ㄱ, ㄴ, ㄷ

20

그림은 6000만 년 전부터 현재까지 인도 대륙의 고지자기 방향으로 추정한 지리상 북극의 위치 변화를 현재 인도 대륙의 위치를 기준으로 나타낸 것이다. 이 기간 동안 실제 지리상 북극의 위치는 변하지 않았다.

이에 대한 옳은 설명만을 〈보기〉에서 있는 대로 고른 것은? [3점]

〈 보기 〉

ㄱ. 이 기간 동안 인도 대륙의 이동 속도는 계속 빨라졌다.

ㄴ. 인도 대륙은 6000만 년 전~4000만 년 전에 적도 부근에 위치하였다.

ㄷ. 4000만 년 전부터 현재까지 인도 대륙에서 고지자기 복각의 크기는 계속 작아졌다.

① ㄱ   ② ㄴ   ③ ㄱ, ㄷ   ④ ㄴ, ㄷ   ⑤ ㄱ, ㄴ, ㄷ

21

그림 (가)와 (나)는 고생대 이후 서로 다른 두 시기의 대륙 분포를 나타낸 것이다.

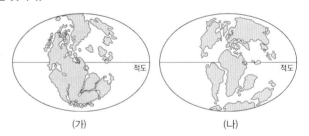

이에 대한 설명으로 옳은 것만을 〈보기〉에서 있는 대로 고른 것은?

〈 보기 〉

ㄱ. 대륙 분포는 (가)에서 (나)로 변하였다.

ㄴ. (나)에 애팔래치아산맥이 존재하였다.

ㄷ. (가)와 (나) 모두 인도 대륙은 남반구에 존재하였다.

① ㄱ   ② ㄴ   ③ ㄱ, ㄷ   ④ ㄴ, ㄷ   ⑤ ㄱ, ㄴ, ㄷ

22

그림 (가), (나), (다)는 서로 다른 세 시기의 대륙 분포를 나타낸 것이다.

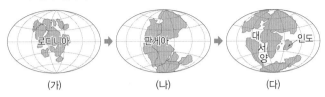

이에 대한 옳은 설명만을 〈보기〉에서 있는 대로 고른 것은?

〈 보기 〉
ㄱ. (가)의 초대륙은 고생대 말에 형성되었다.
ㄴ. (나)의 초대륙이 형성되는 과정에서 습곡 산맥이 만들어졌다.
ㄷ. (다)에서 대서양의 면적은 현재보다 좁다.

① ㄱ   ② ㄴ   ③ ㄱ, ㄷ   ④ ㄴ, ㄷ   ⑤ ㄱ, ㄴ, ㄷ

23 대표 문제

다음은 초대륙의 형성과 분리 과정 중 일부에 대하여 학생 A, B, C가 나눈 대화를 나타낸 것이다.

제시한 내용이 옳은 학생만을 있는 대로 고른 것은?

① A   ② B   ③ A, C   ④ B, C   ⑤ A, B, C

24

그림 (가)는 어느 지괴 A와 B에서 구한 암석의 생성 시기와 고지자기 복각을, (나)는 복각과 위도와의 관계를 나타낸 것이다. A와 B는 동일 경도를 따라 회전 없이 일정한 방향으로 이동하였다.

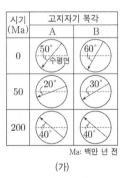
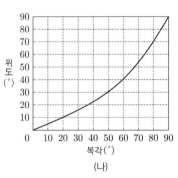

(가)   (나)

이 자료에 대한 설명으로 옳은 것만을 〈보기〉에서 있는 대로 고른 것은? (단, 고지자기극은 고지자기 방향으로 추정한 지리상 북극이고, 지리상 북극은 변하지 않았다.) [3점]

〈 보기 〉
ㄱ. A의 이동 방향은 남쪽이다.
ㄴ. 50 Ma~0 Ma 동안의 평균 이동 속도는 A가 B보다 느리다.
ㄷ. 현재 A에서 구한 200 Ma의 고지자기극은 현재 B에서 구한 200 Ma의 고지자기극보다 고위도에 위치한다.

① ㄱ   ② ㄴ   ③ ㄱ, ㄷ   ④ ㄴ, ㄷ   ⑤ ㄱ, ㄴ, ㄷ

주제 \ 학년도	2025	2024	2023

맨틀 대류와 판의 이동

01 대표 문제 · 2023학년도 9월 모평 지I 2번

그림은 상부 맨틀에서만 대류가 일어나는 모형을 나타낸 것이다.

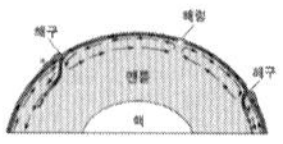

이 모형에 대한 설명으로 옳은 것만을 〈보기〉에 있는 대로 고른 것은? [3점]

— 보기 —
ㄱ. 판을 이동시키는 힘의 원동력을 설명할 수 있다.
ㄴ. 해양 지각의 평균 연령이 대류 지각의 평균 연령보다 적은 이유를 설명할 수 있다.
ㄷ. 뜨거운 플룸이 핵과 맨틀의 경계 부근에서 생성되어 상승하는 것을 설명할 수 있다.

① ㄱ   ② ㄴ   ③ ㄷ   ④ ㄱ, ㄴ   ⑤ ㄱ, ㄷ

빈출

플룸 구조론
– 뜨거운 플룸, 차가운 플룸
– 열점

07 대표 문제 · 2025학년도 9월 모평 지I 2번

그림은 플룸 구조론을 나타낸 모식도이다. A와 B는 뜨거운 플룸과 차가운 플룸을 순서 없이 나타낸 것이다.
이에 대한 설명으로 옳은 것만을 〈보기〉에서 있는 대로 고른 것은?

5100 2900   0
(단위 : km)

— 보기 —
ㄱ. A는 섭입한 해양판에 의해 생성된다.
ㄴ. B는 외핵과 맨틀의 경계 부근에서 생성되어 상승한다.
ㄷ. 판의 내부에서 일어나는 화산 활동은 B로 설명할 수 있다.

① ㄱ   ② ㄷ   ③ ㄱ, ㄴ   ④ ㄴ, ㄷ   ⑤ ㄱ, ㄴ, ㄷ

13 대표 문제 · 2024학년도 6월 모평 지I 9번

그림은 플룸 구조론을 나타낸 모식도이다. A와 B는 각각 뜨거운 플룸과 차가운 플룸 중 하나이다.
이에 대한 설명으로 옳은 것만을 〈보기〉에서 있는 대로 고른 것은?

5100 2900   0
(단위 : km)

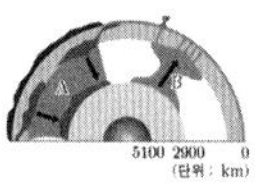

— 보기 —
ㄱ. A는 뜨거운 플룸이다.
ㄴ. B에 의해 여러 개의 화산이 형성될 수 있다.
ㄷ. B는 내핵과 외핵의 경계에서 생성된다.

① ㄱ   ② ㄴ   ③ ㄷ   ④ ㄴ, ㄷ   ⑤ ㄴ, ㄷ

14 · 2023학년도 수능 지I 2번

그림은 플룸 구조론을 나타낸 모식도이다. A와 B는 각각 차가운 플룸과 뜨거운 플룸 중 하나이고, ㉠은 화산섬이다.
이에 대한 설명으로 옳은 것만을 〈보기〉에서 있는 대로 고른 것은?

— 보기 —
ㄱ. A는 섭입한 해양판에 의해 형성된다.
ㄴ. B는 태평양에 여러 화산을 형성한다.
ㄷ. ㉠을 형성한 열점은 판과 같은 방향으로 움직인다.

① ㄱ   ② ㄷ   ③ ㄱ, ㄴ   ④ ㄴ, ㄷ   ⑤ ㄱ, ㄴ, ㄷ

26 · 2025학년도 수능 지I 4번

다음은 판의 이동에 따라 열점에서 생성된 화산암체들이 배열되는 과정을 알아보기 위한 탐구 활동이다.

[탐구 과정]
(가) 책상에 종이를 고정시킨 후, ㉠ 종이 위에 점을 찍고 A로 표시한다.
(나) 그림과 같이 (가)의 종이 위에 투명 용지를 올린 후, 투명 용지에 방위를 표시하고 종이의 점 A의 위치에 점을 찍는다. 
(다) 투명 용지를 일정한 거리만큼 (㉡) 방향으로 이동시킨다.
(라) 투명 용지에 종이의 점 A의 위치에 점을 찍는다.
(마) (다)~(라)의 과정을 2회 반복한다.
(바) (나)~(마)의 과정에서 투명 용지에 점을 찍은 순서대로 숫자 1~4를 기록한다.

[탐구 결과]

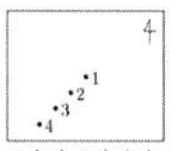

〈(바)의 투명 용지〉

이 자료에 대한 설명으로 옳은 것만을 〈보기〉에서 있는 대로 고른 것은? [3점]

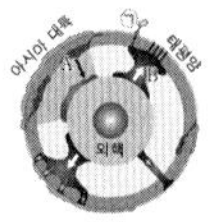

— 보기 —
ㄱ. ㉠은 '열점'에 해당한다.
ㄴ. (다)는 판이 이동하는 과정에 해당한다.
ㄷ. '남서쪽'은 ㉡에 해당한다.

① ㄱ   ② ㄷ   ③ ㄱ, ㄴ   ④ ㄴ, ㄷ   ⑤ ㄱ, ㄴ, ㄷ

02 대표 문제 · 2023학년도 6월 모평 지I 4번

다음은 어느 플룸의 연직 이동 원리를 알아보기 위한 실험이다.

[실험 목표]
• (A)의 연직 이동 원리를 설명할 수 있다.

[실험 과정]
(가) 비커에 5 ℃ 물 800 mL를 담는다.
(나) 그림과 같이 비커 바닥에 수성 잉크 소량을 스포이트로 주입한다.
(다) 비커 바닥이 고르게 착색된 후, 비커 바닥 중앙을 촛불로 30초간 가열하면서 착색된 물이 움직이는 모습을 관찰한다.

[실험 결과]
• 그림과 같이 착색된 물이 밀도 차에 의해 (B)하는 모습이 관찰되었다.

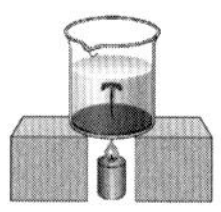

이에 대한 설명으로 옳은 것만을 〈보기〉에서 있는 대로 고른 것은? [3점]

— 보기 —
ㄱ. '뜨거운 플룸'은 A에 해당한다.
ㄴ. '상승'은 B에 해당한다.
ㄷ. 플룸은 내핵과 외핵의 경계에서 생성된다.

① ㄱ   ② ㄷ   ③ ㄱ, ㄴ   ④ ㄴ, ㄷ   ⑤ ㄱ, ㄴ, ㄷ

마그마의 성질

---

15 2022학년도 수능 지I 2번

그림은 플룸 구조론을 나타낸 모식도이다. A와 B는 각각 차가운 플룸과 뜨거운 플룸 중 하나이다.
이에 대한 설명으로 옳은 것만을 〈보기〉에서 있는 대로 고른 것은?

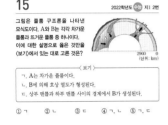

────〈보기〉────
ㄱ. A는 차가운 플룸이다.
ㄴ. B에 의해 호상 열도가 형성된다.
ㄷ. 상부 맨틀과 하부 맨틀 사이의 경계에서 B가 생성된다.
──────────

① ㄱ ② ㄴ ③ ㄷ ④ ㄱ, ㄴ ⑤ ㄴ, ㄷ

---

24 2022학년도 수능 지I 19번

그림은 고정된 열점에서 형성된 화산섬 A, B, C를, 표는 A, B, C의 연령, 위도, 고지자기 복각을 나타낸 것이다. A, B, C는 동일 경도에 위치한다.

화산섬	A	B	C
연령 (백만 년)	0	15	40
위도	10°N	20°N	40°N
고지자기 복각		(㉠)	(㉡)

이 자료에 대한 설명으로 옳은 것만을 〈보기〉에서 있는 대로 고른 것은? (단, 고지자기극은 고지자기 방향으로 추정한 지리상 북극이고, 지리상 북극은 변하지 않았다.) [3점]

────〈보기〉────
ㄱ. ㉠은 ㉡보다 작다.
ㄴ. 판의 이동 방향은 북쪽이다.
ㄷ. B에서 구한 고지자기극의 위도는 80°N이다.
──────────

① ㄱ ② ㄴ ③ ㄱ, ㄷ ④ ㄴ, ㄷ ⑤ ㄱ, ㄴ, ㄷ

---

16 2021학년도 6월 모평 지I 11번

그림 (가)는 지구의 플룸 구조 모식도이고, (나)는 판의 경계와 열점의 분포를 나타낸 것이다. (가)의 ㉠~㉤은 플룸이 상승하거나 하강하는 곳이고, 이들의 대략적 위치는 각각 (나)의 A~D 중 하나이다.

이에 대한 설명으로 옳은 것만을 〈보기〉에서 있는 대로 고른 것은? [3점]

────〈보기〉────
ㄱ. A는 ㉠에 해당한다.
ㄴ. 열점은 판과 같은 속력으로 움직인다.
ㄷ. 대규모의 뜨거운 플룸은 맨틀과 외핵의 경계부에서 생성된다.
──────────

① ㄱ ② ㄴ ③ ㄷ ④ ㄴ, ㄷ ⑤ ㄱ, ㄴ

---

19 2022학년도 9월 모평 지I 8번

그림 (가)와 (나)는 남아메리카와 아프리카 주변에서 발생한 지진의 진앙 분포를 나타낸 것이다.

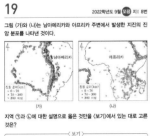

(가)   (나)

지역 ㉠과 ㉡에 대한 설명으로 옳은 것만을 〈보기〉에서 있는 대로 고른 것은?

────〈보기〉────
ㄱ. ㉠의 하부에는 침강하는 해양판이 잡아당기는 힘이 작용한다.
ㄴ. ㉡의 하부에는 외핵과 맨틀의 경계부에서 상승하는 플룸이 있다.
ㄷ. 진원의 평균 깊이는 ㉠이 ㉡보다 깊다.
──────────

① ㄱ ② ㄷ ③ ㄱ, ㄴ ④ ㄴ, ㄷ ⑤ ㄱ, ㄴ, ㄷ

---

21 2022학년도 6월 모평 지I 6번

그림은 화산 활동으로 형성된 하와이와 그 주변 해산들의 분포를 절대 연령과 함께 나타낸 것이다. B 지점에서 판의 이동 방향은 ㉠과 ㉡ 중 하나이다.
이 자료에 대한 설명으로 옳은 것만을 〈보기〉에서 있는 대로 고른 것은? [3점]

────〈보기〉────
ㄱ. A 지점의 하부에는 맨틀 대류의 하강류가 있다.
ㄴ. B 지점의 화산은 뜨거운 플룸에 의해 형성되었다.
ㄷ. B 지점에서 판의 이동 방향은 ㉠이다.
──────────

① ㄴ ② ㄷ ③ ㄱ, ㄴ ④ ㄱ, ㄷ ⑤ ㄱ, ㄴ, ㄷ

---

25 대표문제 2020학년도 9월 모평 지I 3번

표는 역사상 발생하였던 화산 분출 피해 사례를 나타낸 것이다.

	화산 분출 피해 사례
(가)	1980년 미국 세인트헬렌스 화산 분출에 의한 ㉠화산 쇄설류 등으로 59명의 인명 피해가 발생하였다.
(나)	1990년 하와이 킬라우에아 화산의 용암이 인근 도로와 공원까지 밀어 닥쳤다.
(다)	1991년 필리핀 피나투보 화산 분출로 34 km 상공까지 화산재가 분출되었으며, 약 350명의 인명 피해가 발생하였다.

이에 대한 설명으로 옳은 것만을 〈보기〉에서 있는 대로 고른 것은? [3점]

────〈보기〉────
ㄱ. ㉠은 화산재가 물에 포화되어 흘러내리는 흐름이다.
ㄴ. 분출 용암의 점성은 (가)가 (나)보다 크다.
ㄷ. (다)에서 성층권에 도달한 화산 분출물로 인하여 지구의 평균 기온이 높아졌다.
──────────

① ㄱ ② ㄴ ③ ㄷ ④ ㄱ, ㄴ ⑤ ㄱ, ㄷ

---

01 대표 문제

2023학년도 9월 모평 지I 2번

그림은 상부 맨틀에서만 대류가 일어나는 모형을 나타낸 것이다.

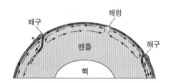

이 모형에 대한 설명으로 옳은 것만을 〈보기〉에서 있는 대로 고른 것은? [3점]

〈 보기 〉
ㄱ. 판을 이동시키는 힘의 원동력을 설명할 수 있다.
ㄴ. 해양 지각의 평균 연령이 대륙 지각의 평균 연령보다 적은 이유를 설명할 수 있다.
ㄷ. 뜨거운 플룸이 핵과 맨틀의 경계 부근에서 생성되어 상승하는 것을 설명할 수 있다.

① ㄱ   ② ㄴ   ③ ㄷ   ④ ㄱ, ㄴ   ⑤ ㄱ, ㄷ

02 대표 문제

2023학년도 6월 모평 지I 4번

다음은 어느 플룸의 연직 이동 원리를 알아보기 위한 실험이다.

[실험 목표]
• (A)의 연직 이동 원리를 설명할 수 있다.

[실험 과정]
(가) 비커에 5 °C 물 800 mL를 담는다.
(나) 그림과 같이 비커 바닥에 수성 잉크 소량을 스포이트로 주입한다.
(다) 비커 바닥의 물이 고르게 착색된 후, 비커 바닥 중앙을 촛불로 30초간 가열하면서 착색된 물이 움직이는 모습을 관찰한다.

[실험 결과]
• 그림과 같이 착색된 물이 밀도 차에 의해 (B)하는 모습이 관찰되었다.

이에 대한 설명으로 옳은 것만을 〈보기〉에서 있는 대로 고른 것은? [3점]

〈 보기 〉
ㄱ. '뜨거운 플룸'은 A에 해당한다.
ㄴ. '상승'은 B에 해당한다.
ㄷ. 플룸은 내핵과 외핵의 경계에서 생성된다.

① ㄱ   ② ㄷ   ③ ㄱ, ㄴ   ④ ㄴ, ㄷ   ⑤ ㄱ, ㄴ, ㄷ

15
2022학년도 **수능** 지I 2번

그림은 플룸 구조론을 나타낸 모식도이다. A와 B는 각각 차가운 플룸과 뜨거운 플룸 중 하나이다. 이에 대한 설명으로 옳은 것을 〈보기〉에서 있는 대로 고른 것은?

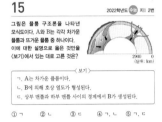

〈보기〉
ㄱ. A는 차가운 플룸이다.
ㄴ. B에 의해 호상 열도가 형성된다.
ㄷ. 상부 맨틀과 하부 맨틀 사이의 경계에서 B가 생성된다.

① ㄱ   ② ㄴ   ③ ㄷ   ④ ㄱ, ㄴ   ⑤ ㄴ, ㄷ

24
2022학년도 **수능** 지I 19번

그림은 고정된 열점에서 형성된 화산섬 A, B, C를, 표는 A, B, C의 연령, 위도, 고지자기 복각을 나타낸 것이다. A, B, C는 동일 경도에 위치한다.

화산섬	A	B	C
연령 (백만 년)	0	15	40
위도	10°N	20°N	40°N
고지자기 복각	( )	(㉠)	(㉡)

이 자료에 대한 설명으로 옳은 것만을 〈보기〉에서 있는 대로 고른 것은? (단, 고지자기극은 고지자기 방향으로 추정한 지리상 북극이고, 지리상 북극은 변하지 않았다.) [3점]

〈보기〉
ㄱ. ㉠은 ㉡보다 작다.
ㄴ. 판의 이동 방향은 북쪽이다.
ㄷ. B에서 구한 고지자기극의 위도는 80°N이다.

① ㄱ   ② ㄴ   ③ ㄱ, ㄷ   ④ ㄴ, ㄷ   ⑤ ㄱ, ㄴ, ㄷ

16
2021학년도 6월 **모평** 지I 11번

그림 (가)는 지구의 플룸 구조 모식도이고, (나)는 판의 경계와 열점의 분포를 나타낸 것이다. (가)의 ㉠~㉢은 플룸이 상승하거나 하강하는 곳이고, 이들의 대략적 위치는 각각 (나)의 A~D 중 하나이다.

(가)   (나)

이에 대한 설명으로 옳은 것만을 〈보기〉에서 있는 대로 고른 것은? [3점]

〈보기〉
ㄱ. A는 ㉠에 해당한다.
ㄴ. 열점은 판과 같은 방향과 속력으로 움직인다.
ㄷ. 대규모의 뜨거운 플룸은 맨틀과 외핵의 경계부에서 생성된다.

① ㄱ   ② ㄴ   ③ ㄷ   ④ ㄴ, ㄷ   ⑤ ㄱ, ㄴ, ㄷ

19
2022학년도 9월 **모평** 지I 8번

그림 (가)와 (나)는 남아메리카와 아프리카 주변에서 발생한 지진의 진앙 분포를 나타낸 것이다.

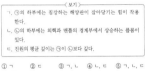

(가)   (나)

지역 ㉠과 ㉡에 대한 설명으로 옳은 것을 〈보기〉에서 있는 대로 고른 것은?

〈보기〉
ㄱ. ㉠의 하부에는 침강하는 해양판이 잡아당기는 힘이 작용한다.
ㄴ. ㉡의 하부에는 외핵과 맨틀의 경계부에서 상승하는 플룸이 있다.
ㄷ. 진원의 평균 깊이는 ㉠이 ㉡보다 깊다.

① ㄱ   ② ㄷ   ③ ㄱ, ㄴ   ④ ㄴ, ㄷ   ⑤ ㄱ, ㄴ, ㄷ

21
2022학년도 6월 **모평** 지I 6번

그림은 화산 활동으로 형성된 하와이와 그 주변 해산들의 분포를 절대 연령과 함께 나타낸 것이다. B 지점에서 판의 이동 방향은 ㉠과 ㉡ 중 하나이다. 이 자료에 대한 설명으로 옳은 것만을 〈보기〉에서 있는 대로 고른 것은? [3점]

〈보기〉
ㄱ. A 지점의 하부에는 맨틀 대류의 하강류가 있다.
ㄴ. B 지점의 화산은 뜨거운 플룸에 의해 형성되었다.
ㄷ. B 지점에서 판의 이동 방향은 ㉠이다.

① ㄴ   ② ㄷ   ③ ㄱ, ㄴ   ④ ㄱ, ㄷ   ⑤ ㄴ, ㄷ

25 대표문제
2020학년도 9월 **모평** 지I 3번

표는 역사상 발생하였던 화산 분출 피해 사례를 나타낸 것이다.

	화산 분출 피해 사례
(가)	1980년 미국 세인트헬렌스 화산 분출에 의한 ㉠화산 쇄설류 등으로 59명의 인명 피해가 발생하였다.
(나)	1990년 하와이 킬라우에아 화산의 용암이 인근 도로와 공원까지 밀어 닥쳤다.
(다)	1991년 필리핀 피나투보 화산 분출로 34 km 상공까지 화산재가 분출되었으며, 약 350명의 인명 피해가 발생하였다.

이에 대한 설명으로 옳은 것만을 〈보기〉에서 있는 대로 고른 것은? [3점]

〈보기〉
ㄱ. ㉠은 화산재가 물에 포화되어 흘러내리는 흐름이다.
ㄴ. 분출 용암의 점성은 (가)가 (나)보다 크다.
ㄷ. (다)에서 성층권에 도달한 화산 분출물로 인하여 지구의 평균 기온이 높아졌다.

① ㄱ   ② ㄴ   ③ ㄷ   ④ ㄱ, ㄴ   ⑤ ㄴ, ㄷ

01 대표 문제

2023학년도 9월 모평 지I 2번

그림은 상부 맨틀에서만 대류가 일어나는 모형을 나타낸 것이다.

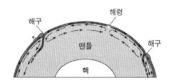

이 모형에 대한 설명으로 옳은 것만을 〈보기〉에서 있는 대로 고른 것은? [3점]

─〈 보기 〉─

ㄱ. 판을 이동시키는 힘의 원동력을 설명할 수 있다.

ㄴ. 해양 지각의 평균 연령이 대륙 지각의 평균 연령보다 적은 이유를 설명할 수 있다.

ㄷ. 뜨거운 플룸이 핵과 맨틀의 경계 부근에서 생성되어 상승하는 것을 설명할 수 있다.

① ㄱ　　② ㄴ　　③ ㄷ　　④ ㄱ, ㄴ　　⑤ ㄱ, ㄷ

02 대표 문제

2023학년도 6월 모평 지I 4번

다음은 어느 플룸의 연직 이동 원리를 알아보기 위한 실험이다.

[실험 목표]

• (A)의 연직 이동 원리를 설명할 수 있다.

[실험 과정]

(가) 비커에 5 ℃ 물 800 mL를 담는다.

(나) 그림과 같이 비커 바닥에 수성 잉크 소량을 스포이트로 주입한다.

(다) 비커 바닥의 물이 고르게 착색된 후, 비커 바닥 중앙을 촛불로 30초간 가열하면서 착색된 물이 움직이는 모습을 관찰한다.

[실험 결과]

• 그림과 같이 착색된 물이 밀도 차에 의해 (B)하는 모습이 관찰되었다.

이에 대한 설명으로 옳은 것만을 〈보기〉에서 있는 대로 고른 것은? [3점]

─〈 보기 〉─

ㄱ. '뜨거운 플룸'은 A에 해당한다.

ㄴ. '상승'은 B에 해당한다.

ㄷ. 플룸은 내핵과 외핵의 경계에서 생성된다.

① ㄱ　　② ㄷ　　③ ㄱ, ㄴ　　④ ㄴ, ㄷ　　⑤ ㄱ, ㄴ, ㄷ

03

다음은 플룸 상승류를 관찰하기 위한 모형 실험이다.

[실험 과정]

(가) 그림 I과 같이 찬물을 담은 비커 바닥에 스포이트로 잉크를 조금씩 떨어뜨린다.

(나) 그림 II와 같이 잉크가 가라앉은 부분을 촛불로 가열한다.

(다) 비커에서 잉크가 움직이는 모양을 관찰한다.

[실험 결과]

• 그림 III과 같이 바닥에 가라앉은 잉크 일부가 버섯 모양으로 상승하는 모습이 나타났다.

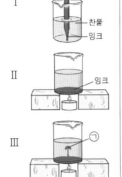

이 실험 결과에 대한 옳은 설명만을 〈보기〉에서 있는 대로 고른 것은?

〈 보기 〉

ㄱ. ㉠은 플룸 상승류에 해당한다.

ㄴ. ㉠은 주변의 찬물보다 밀도가 크다.

ㄷ. 잉크가 상승하기 시작하는 지점은 지구 내부에서 내핵과 외핵의 경계부에 해당한다.

① ㄱ   ② ㄷ   ③ ㄱ, ㄴ   ④ ㄱ, ㄷ   ⑤ ㄴ, ㄷ

04

그림은 뜨거운 플룸이 상승하는 모습을 나타낸 것이다.

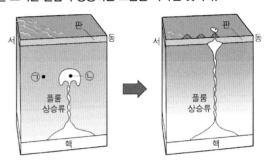

이에 대한 옳은 설명만을 〈보기〉에서 있는 대로 고른 것은?

〈 보기 〉

ㄱ. 판은 서쪽으로 이동하였다.

ㄴ. 밀도는 ㉠ 지점이 ㉡ 지점보다 작다.

ㄷ. 뜨거운 플룸은 내핵과 외핵의 경계에서부터 상승한다.

① ㄱ   ② ㄷ   ③ ㄱ, ㄴ   ④ ㄴ, ㄷ   ⑤ ㄱ, ㄴ, ㄷ

05

그림은 두 지역 (가)와 (나)에서 지하의 온도 분포와 판의 구조를 나타낸 것이다. (가)와 (나)에서는 각각 플룸의 상승류와 하강류 중 하나가 나타난다.

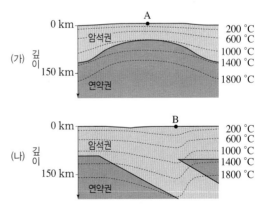

이에 대한 옳은 설명만을 〈보기〉에서 있는 대로 고른 것은? [3점]

〈 보기 〉

ㄱ. 0~150 km 사이에서 깊이에 따른 온도 증가율은 A보다 B에서 크다.

ㄴ. (가)의 하부에는 차가운 플룸이 존재한다.

ㄷ. (나)에서는 섭입하는 판을 지구 내부로 잡아당기는 힘이 작용하고 있다.

① ㄱ   ② ㄷ   ③ ㄱ, ㄴ   ④ ㄱ, ㄷ   ⑤ ㄴ, ㄷ

06

그림은 지구에서 X−Y 단면의 지진파 단층 촬영 영상과 지표 면상의 지점 A와 B를 나타낸 것이다.

이에 대한 설명으로 옳은 것만을 〈보기〉에서 있는 대로 고른 것은?

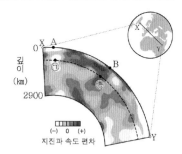

〈 보기 〉
ㄱ. 온도는 ㉠ 지점이 ㉡ 지점보다 높다.
ㄴ. A는 판의 수렴형 경계에 위치한다.
ㄷ. B의 하부에는 외핵과 맨틀의 경계에서 상승하는 플룸이 있다.

① ㄱ   ② ㄷ   ③ ㄱ, ㄴ   ④ ㄴ, ㄷ   ⑤ ㄱ, ㄴ, ㄷ

07 대표 문제

그림은 플룸 구조론을 나타낸 모식도이다. A와 B는 뜨거운 플룸과 차가운 플룸을 순서 없이 나타낸 것이다.

이에 대한 설명으로 옳은 것만을 〈보기〉에서 있는 대로 고른 것은?

〈 보기 〉
ㄱ. A는 섭입한 해양판에 의해 생성된다.
ㄴ. B는 외핵과 맨틀의 경계 부근에서 생성되어 상승한다.
ㄷ. 판의 내부에서 일어나는 화산 활동은 B로 설명할 수 있다.

① ㄱ   ② ㄷ   ③ ㄱ, ㄴ   ④ ㄴ, ㄷ   ⑤ ㄱ, ㄴ, ㄷ

08

그림은 플룸 구조론을 나타낸 모식도이다. A와 B는 각각 차가운 플룸과 뜨거운 플룸 중 하나이다.

이에 대한 설명으로 옳은 것만을 〈보기〉에서 있는 대로 고른 것은?

〈 보기 〉
ㄱ. A는 섭입한 해양판에 의해 형성된다.
ㄴ. 밀도는 ㉠ 지점이 ㉡ 지점보다 크다.
ㄷ. B는 내핵과 외핵의 경계에서 생성된다.

① ㄱ   ② ㄷ   ③ ㄱ, ㄴ   ④ ㄴ, ㄷ   ⑤ ㄱ, ㄴ, ㄷ

09

그림 (가)는 어느 열점으로부터 생성된 화산섬과 해산의 분포를 절대 연령과 함께 나타낸 것이고, (나)는 X−X′ 구간의 지진파 단층 촬영 영상을 나타낸 것이다.

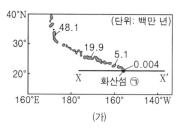 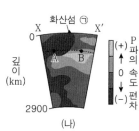

이에 대한 설명으로 옳은 것만을 〈보기〉에서 있는 대로 고른 것은?

〈 보기 〉
ㄱ. ㉠이 속한 판의 이동 방향은 남동쪽이다.
ㄴ. 지진파의 속도는 A 지점보다 B 지점에서 빠르다.
ㄷ. ㉠은 뜨거운 플룸에 의해 생성되었다.

① ㄱ   ② ㄴ   ③ ㄱ, ㄷ   ④ ㄴ, ㄷ   ⑤ ㄱ, ㄴ, ㄷ

10

그림은 어느 지역의 판 경계 분포와 지진파 단층 촬영 영상을 나타낸 것이다. ⊙과 ⓛ에는 각각 발산형 경계와 수렴형 경계 중 하나가 위치한다.

이 자료에 대한 옳은 설명만을 〈보기〉에서 있는 대로 고른 것은?

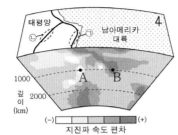

〈 보기 〉
ㄱ. ⊙의 판 경계에서 동쪽으로 갈수록 지진이 발생하는 깊이는 대체로 깊어진다.
ㄴ. 판 경계 부근의 평균 수심은 ⊙이 ⓛ보다 깊다.
ㄷ. 온도는 A 지점이 B 지점보다 높다.

① ㄴ   ② ㄷ   ③ ㄱ, ㄴ   ④ ㄱ, ㄷ   ⑤ ㄱ, ㄴ, ㄷ

11

그림은 플룸 구조론을 나타낸 모식도이다. A와 B는 각각 뜨거운 플룸과 차가운 플룸 중 하나이며, a, b, c는 동일한 열점에서 생성된 화산섬이다.

이에 대한 옳은 설명만을 〈보기〉에서 있는 대로 고른 것은?

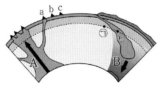

〈 보기 〉
ㄱ. A는 뜨거운 플룸이다.
ㄴ. 밀도는 ⊙ 지점이 ⓛ 지점보다 작다.
ㄷ. 화산섬의 나이는 a>b>c이다.

① ㄱ   ② ㄷ   ③ ㄱ, ㄴ   ④ ㄴ, ㄷ   ⑤ ㄱ, ㄴ, ㄷ

12

그림은 X – Y 구간의 지진파 단층 촬영 영상을 나타낸 것이다. 화산섬은 상승하는 플룸에 의해 생성되었다.

이에 대한 설명으로 옳은 것만을 〈보기〉에서 있는 대로 고른 것은?

〈 보기 〉
ㄱ. 지진파 속도는 ⊙ 지점보다 ⓛ 지점이 느리다.
ㄴ. ⓛ 지점에는 차가운 플룸이 존재한다.
ㄷ. 화산섬을 생성시킨 플룸은 내핵과 외핵의 경계부에서 생성되었다.

① ㄱ   ② ㄴ   ③ ㄱ, ㄷ   ④ ㄴ, ㄷ   ⑤ ㄱ, ㄴ, ㄷ

13 대표문제

그림은 플룸 구조론을 나타낸 모식도이다. A와 B는 각각 뜨거운 플룸과 차가운 플룸 중 하나이다.

이에 대한 설명으로 옳은 것만을 〈보기〉에서 있는 대로 고른 것은?

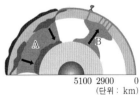

5100 2900   0
(단위 : km)

〈 보기 〉
ㄱ. A는 뜨거운 플룸이다.
ㄴ. B에 의해 여러 개의 화산이 형성될 수 있다.
ㄷ. B는 내핵과 외핵의 경계에서 생성된다.

① ㄱ   ② ㄴ   ③ ㄷ   ④ ㄱ, ㄴ   ⑤ ㄴ, ㄷ

14

그림은 플룸 구조론을 나타낸 모식도이다. A와 B는 각각 차가운 플룸과 뜨거운 플룸 중 하나이고, ㉠은 화산섬이다. 이에 대한 설명으로 옳은 것만을 〈보기〉에서 있는 대로 고른 것은?

〈보기〉
ㄱ. A는 섭입한 해양판에 의해 형성된다.
ㄴ. B는 태평양에 여러 화산을 형성한다.
ㄷ. ㉠을 형성한 열점은 판과 같은 방향으로 움직인다.

① ㄱ 　② ㄷ 　③ ㄱ, ㄴ 　④ ㄴ, ㄷ 　⑤ ㄱ, ㄴ, ㄷ

16

그림 (가)는 지구의 플룸 구조 모식도이고, (나)는 판의 경계와 열점의 분포를 나타낸 것이다. (가)의 ㉠~㉣은 플룸이 상승하거나 하강하는 곳이고, 이들의 대략적 위치는 각각 (나)의 A~D 중 하나이다.

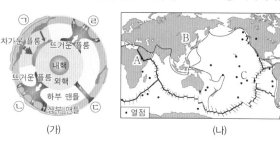

(가)　　　　　(나)

이에 대한 설명으로 옳은 것만을 〈보기〉에서 있는 대로 고른 것은? [3점]

〈보기〉
ㄱ. A는 ㉠에 해당한다.
ㄴ. 열점은 판과 같은 방향과 속력으로 움직인다.
ㄷ. 대규모의 뜨거운 플룸은 맨틀과 외핵의 경계부에서 생성된다.

① ㄱ 　② ㄷ 　③ ㄱ, ㄴ 　④ ㄴ, ㄷ 　⑤ ㄱ, ㄴ, ㄷ

15

그림은 플룸 구조론을 나타낸 모식도이다. A와 B는 각각 차가운 플룸과 뜨거운 플룸 중 하나이다. 이에 대한 설명으로 옳은 것만을 〈보기〉에서 있는 대로 고른 것은?

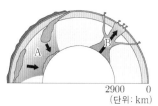

2900　　0
(단위: km)

〈보기〉
ㄱ. A는 차가운 플룸이다.
ㄴ. B에 의해 호상 열도가 형성된다.
ㄷ. 상부 맨틀과 하부 맨틀 사이의 경계에서 B가 생성된다.

① ㄱ 　② ㄴ 　③ ㄷ 　④ ㄱ, ㄴ 　⑤ ㄱ, ㄷ

17

그림 (가)는 판 경계와 열점의 분포를, (나)는 A 또는 B 구간의 깊이에 따른 지진파 속도 분포를 나타낸 것이다.

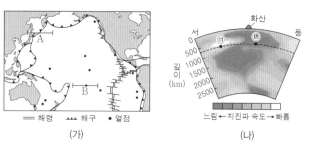

== 해령　▲▲▲ 해구　● 열점
(가)　　　　　(나)

이에 대한 설명으로 옳은 것만을 〈보기〉에서 있는 대로 고른 것은?

〈보기〉
ㄱ. A 구간에는 판의 수렴형 경계가 있다.
ㄴ. 온도는 ㉠보다 ㉡ 지점이 높다.
ㄷ. (나)는 B 구간의 지진파 속도 분포이다.

① ㄱ 　② ㄴ 　③ ㄱ, ㄷ 　④ ㄴ, ㄷ 　⑤ ㄱ, ㄴ, ㄷ

18

그림은 지구에서 X−Y 단면을 따라 관측한 지진파 단층 촬영 영상을 나타낸 것이다. A는 용암이 분출되는 지역이다.
이에 대한 옳은 설명만을 〈보기〉에서 있는 대로 고른 것은? [3점]

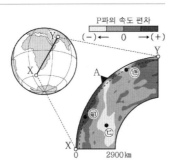

── 〈 보기 〉 ──
ㄱ. 평균 온도는 ㉠ 지점이 ㉡ 지점보다 낮다.
ㄴ. ㉢ 지점에서는 플룸이 상승하고 있다.
ㄷ. A의 하부에서는 압력 감소로 인해 마그마가 생성된다.

① ㄱ   ② ㄷ   ③ ㄱ, ㄴ   ④ ㄴ, ㄷ   ⑤ ㄱ, ㄴ, ㄷ

19

그림 (가)와 (나)는 남아메리카와 아프리카 주변에서 발생한 지진의 진앙 분포를 나타낸 것이다.

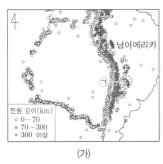

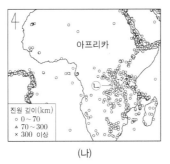

(가)   (나)

지역 ㉠과 ㉡에 대한 설명으로 옳은 것만을 〈보기〉에서 있는 대로 고른 것은?

── 〈 보기 〉 ──
ㄱ. ㉠의 하부에는 침강하는 해양판이 잡아당기는 힘이 작용한다.
ㄴ. ㉡의 하부에는 외핵과 맨틀의 경계부에서 상승하는 플룸이 있다.
ㄷ. 진원의 평균 깊이는 ㉠이 ㉡보다 깊다.

① ㄱ   ② ㄷ   ③ ㄱ, ㄴ   ④ ㄴ, ㄷ   ⑤ ㄱ, ㄴ, ㄷ

20

그림은 태평양판에 위치한 하와이 열도의 각 섬들을 화산의 연령과 함께 나타낸 것이다.

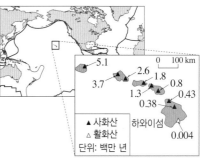

이에 대한 설명으로 옳은 것만을 〈보기〉에서 있는 대로 고른 것은?

── 〈 보기 〉 ──
ㄱ. 태평양판은 일정한 속도로 이동하였다.
ㄴ. 하와이섬은 뜨거운 플룸의 상승에 의해 생성된 지역이다.
ㄷ. 새로 생성되는 섬은 하와이섬의 북서쪽에 위치할 것이다.

① ㄱ   ② ㄴ   ③ ㄷ   ④ ㄱ, ㄴ   ⑤ ㄴ, ㄷ

21

그림은 화산 활동으로 형성된 하와이와 그 주변 해산들의 분포를 절대 연령과 함께 나타낸 것이다. B 지점에서 판의 이동 방향은 ㉠과 ㉡ 중 하나이다.

이 자료에 대한 설명으로 옳은 것만을 〈보기〉에서 있는 대로 고른 것은? [3점]

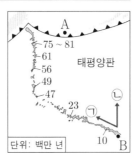

─〈 보기 〉─
ㄱ. A 지점의 하부에는 맨틀 대류의 하강류가 있다.
ㄴ. B 지점의 화산은 뜨거운 플룸에 의해 형성되었다.
ㄷ. B 지점에서 판의 이동 방향은 ㉠이다.

① ㄴ   ② ㄷ   ③ ㄱ, ㄴ   ④ ㄱ, ㄷ   ⑤ ㄱ, ㄴ, ㄷ

22

그림은 태평양판에 위치한 열점들에 의해 형성된 섬과 해산의 일부를 나타낸 것이다.

이에 대한 설명으로 옳은 것만을 〈보기〉에서 있는 대로 고른 것은?

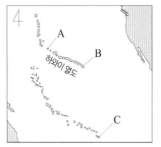

─〈 보기 〉─
ㄱ. A는 B보다 먼저 형성되었다.
ㄴ. C에는 현무암이 분포한다.
ㄷ. 태평양판의 이동 방향은 남동쪽이다.

① ㄱ   ② ㄷ   ③ ㄱ, ㄴ   ④ ㄴ, ㄷ   ⑤ ㄱ, ㄴ, ㄷ

23

그림 (가)는 어느 열점으로부터 생성된 해산의 배열을 연령과 함께 선으로 나타낸 것이고, (나)는 X−X′ 구간의 지진파 단층 촬영 영상을 나타낸 것이다.

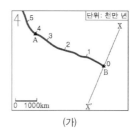
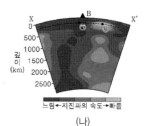

(가)   (나)

이 자료에 대한 설명으로 옳은 것만을 〈보기〉에서 있는 대로 고른 것은? [3점]

─〈 보기 〉─
ㄱ. 해산 A가 생성된 이후 A가 속한 판의 이동 속력은 지속적으로 감소하였다.
ㄴ. 온도는 ㉠ 지점보다 ㉡ 지점이 높다.
ㄷ. 해산 B는 뜨거운 플룸에 의해 생성되었다.

① ㄱ   ② ㄷ   ③ ㄱ, ㄴ   ④ ㄴ, ㄷ   ⑤ ㄱ, ㄴ, ㄷ

24

그림은 고정된 열점에서 형성된 화산섬 A, B, C를, 표는 A, B, C의 연령, 위도, 고지자기 복각을 나타낸 것이다. A, B, C는 동일 경도에 위치한다.

화산섬	A	B	C
연령 (백만 년)	0	15	40
위도	10°N	20°N	40°N
고지자기 복각	( )	(㉠)	(㉡)

이 자료에 대한 설명으로 옳은 것만을 〈보기〉에서 있는 대로 고른 것은? (단, 고지자기극은 고지자기 방향으로 추정한 지리상 북극이고, 지리상 북극은 변하지 않았다.) [3점]

〈 보기 〉
ㄱ. ㉠은 ㉡보다 작다.
ㄴ. 판의 이동 방향은 북쪽이다.
ㄷ. B에서 구한 고지자기극의 위도는 80°N이다.

① ㄱ　　② ㄴ　　③ ㄱ, ㄷ　　④ ㄴ, ㄷ　　⑤ ㄱ, ㄴ, ㄷ

25 대표 문제

표는 역사상 발생하였던 화산 분출 피해 사례를 나타낸 것이다.

	화산 분출 피해 사례
(가)	1980년 미국 세인트헬렌스 화산 분출에 의한 ㉠화산 쇄설류 등으로 59명의 인명 피해가 발생하였다.
(나)	1990년 하와이 킬라우에아 화산의 용암이 인근 도로와 공원까지 밀어 닥쳤다.
(다)	1991년 필리핀 피나투보 화산 분출로 34 km 상공까지 화산재가 분출되었으며, 약 350명의 인명 피해가 발생하였다.

이에 대한 설명으로 옳은 것만을 〈보기〉에서 있는 대로 고른 것은? [3점]

〈 보기 〉
ㄱ. ㉠은 화산재가 물에 포화되어 흘러내리는 흐름이다.
ㄴ. 분출 용암의 점성은 (가)가 (나)보다 크다.
ㄷ. (다)에서 성층권에 도달한 화산 분출물로 인하여 지구의 평균 기온이 높아졌다.

① ㄱ　　② ㄴ　　③ ㄷ　　④ ㄱ, ㄴ　　⑤ ㄱ, ㄷ

26

다음은 판의 이동에 따라 열점에서 생성된 화산암체들이 배열되는 과정을 알아보기 위한 탐구 활동이다.

[탐구 과정]

(가) 책상에 종이를 고정시킨 후, ㉠종이 위에 점을 찍고 A로 표시한다.

(나) 그림과 같이 (가)의 종이 위에 투명 용지를 올린 후, 투명 용지에 방위를 표시하고 종이의 점 A의 위치에 점을 찍는다.

(다) 투명 용지를 일정한 거리만큼 (㉡) 방향으로 이동시킨다.

(라) 투명 용지에 종이의 점 A의 위치에 점을 찍는다.

(마) (다)~(라)의 과정을 2회 반복한다.

(바) (나)~(마)의 과정에서 투명 용지에 점을 찍은 순서대로 숫자 1~4를 기록한다.

[탐구 결과]

〈(바)의 투명 용지〉

이 자료에 대한 설명으로 옳은 것만을 〈보기〉에서 있는 대로 고른 것은? [3점]

〈 보기 〉
ㄱ. ㉠은 '열점'에 해당한다.
ㄴ. (다)는 판이 이동하는 과정에 해당한다.
ㄷ. '남서쪽'은 ㉡에 해당한다.

① ㄱ　　② ㄷ　　③ ㄱ, ㄴ　　④ ㄴ, ㄷ　　⑤ ㄱ, ㄴ, ㄷ

한눈에 정리하는
평가원 기출 경향

학년도 주제	2025	2024	2023

빈출

마그마 생성 조건과 생성 장소

2025

38 2025학년도 ○○ 지I 3번

그림은 어느 지역의 깊이에 따른 지하 온도 분포와 암석의 용융 곡선을 나타낸 것이다.
이 자료에 대한 설명으로 옳은 것만을 〈보기〉에서 있는 대로 고른 것은?

〈보기〉
ㄱ. ⊙의 깊이에서 온도가 증가하면 유문암질 마그마가 생성될 수 있다.
ㄴ. 깊이의 맨틀 물질은 온도 변화 없이 상승하면 현무암질 마그마로 용융될 수 있다.
ㄷ. ⓒ의 깊이에서 맨틀 물질은 물이 공급되면 용융될 수 있다.

① ㄱ ② ㄴ ③ ㄷ ④ ㄱ, ㄴ ⑤ ㄴ, ㄷ

17 2025학년도 9월 ○○ 지I 3번

그림은 마그마가 분출되는 지역 A와 B를, 표는 이 지역 하부에서 생성된 주요 마그마의 특성을 나타낸 것이다. (가)와 (나)는 A와 B를 순서 없이 나타낸 것이고, ⊙과 ⓒ은 유문암질 마그마와 현무암질 마그마를 순서 없이 나타낸 것이다.

마그마의 종류	마그마의 주요 생성 요인
(가)	(⊙)	물의 공급
(ⓒ)	온도 증가
(나)	현무암질 마그마	(ⓒ)

이 자료에 대한 설명으로 옳은 것만을 〈보기〉에서 있는 대로 고른 것은? [3점]

〈보기〉
ㄱ. SiO₂ 함량(%)은 ⓒ이 ⊙보다 높다.
ㄴ. 압력 감소는 ⓒ에 해당한다.
ㄷ. B의 하부에서는 화강암이 생성될 수 있다.

① ㄱ ② ㄴ ③ ㄱ, ㄷ ④ ㄴ, ㄷ ⑤ ㄱ, ㄴ, ㄷ

07 대표문제 2025학년도 6월 ○○ 지I 6번

그림 (가)는 마그마가 생성되는 지역 A와 B를, (나)는 깊이에 따른 지하 온도 분포와 암석의 용융 곡선을 나타낸 것이다. (나)의 ⊙과 ⓒ은 A와 B에서 마그마가 생성되는 과정을 순서 없이 나타낸 것이다.

이 자료에 대한 설명으로 옳은 것만을 〈보기〉에서 있는 대로 고른 것은?

〈보기〉
ㄱ. A에서 맨틀 물질이 용융되는 주된 요인은 압력 증가이다.
ㄴ. B에서 유문암질 마그마가 생성될 수 있다.
ㄷ. 마그마가 생성되기 시작하는 온도는 ⊙이 ⓒ보다 낮다.

① ㄱ ② ㄴ ③ ㄱ, ㄷ ④ ㄴ, ㄷ ⑤ ㄱ, ㄴ, ㄷ

2024

10 2024학년도 ○○ 지I 5번

그림 (가)는 판 경계 주변에서 마그마가 생성되는 모습을, (나)는 깊이에 따른 지하 온도 분포와 암석의 용융 곡선을 나타낸 것이다. ⊙과 ⓒ은 안산암질 마그마와 현무암질 마그마를 순서 없이 나타낸 것이다.

이에 대한 설명으로 옳은 것만을 〈보기〉에서 있는 대로 고른 것은? [3점]

〈보기〉
ㄱ. ㅏ 분출하여 굳으면 섬록암이 된다.
ㄴ. ⓒ은 a → a' 과정에 의해 생성된다.
ㄷ. SiO₂ 함량(%)은 ⊙이 ⓒ보다 높다.

① ㄱ ② ㄴ ③ ㄷ ④ ㄱ, ㄴ ⑤ ㄴ, ㄷ

01 대표문제 2024학년도 9월 ○○ 지I 6번

그림은 암석의 용융 곡선과 지역 ⊙, ⓒ의 지하 온도 분포를 깊이에 따라 나타낸 것이다. ⊙과 ⓒ은 각각 해령과 섭입대 중 하나이다.
이 자료에 대한 설명으로 옳은 것만을 〈보기〉에서 있는 대로 고른 것은?

〈보기〉
ㄱ. ⊙에서는 물이 포함된 맨틀 물질이 용융되어 마그마가 생성된다.
ㄴ. ⓒ에서는 유문암질 마그마가 생성된다.
ㄷ. 맨틀 물질이 용융되기 시작하는 온도는 ⊙이 ⓒ보다 낮다.

① ㄱ ② ㄴ ③ ㄱ, ㄷ ④ ㄴ, ㄷ ⑤ ㄱ, ㄴ, ㄷ

2023

22 2023학년도 ○○ 지I 6번

그림은 해양판이 섭입되는 모습을 나타낸 것이다. A, B, C는 각각 마그마가 생성되는 지역과 분출되는 지역 중 하나이다.
이에 대한 설명으로 옳은 것만을 〈보기〉에서 있는 대로 고른 것은?

〈보기〉
ㄱ. A에서는 주로 조립질 암석이 생성된다.
ㄴ. B에서는 안산암질 마그마가 생성될 수 있다.
ㄷ. C에서는 맨틀 물질의 용융으로 마그마가 생성된다.

① ㄱ ② ㄴ ③ ㄷ ④ ㄱ, ㄷ ⑤ ㄴ, ㄷ

14 2023학년도 9월 ○○ 지I 9번

그림 (가)는 마그마가 생성되는 지역 A, B, C를, (나)는 깊이에 따른 암석의 용융 곡선을 나타낸 것이다. (나)의 ⊙은 A, B, C 중 한 지역에서 마그마가 생성되는 조건이다.

A, B, C에 대한 설명으로 옳은 것만을 〈보기〉에서 있는 대로 고른 것은?

〈보기〉
ㄱ. A에서는 주로 물이 포함된 맨틀 물질이 용융되어 마그마가 생성된다.
ㄴ. 생성되는 마그마의 SiO₂ 함량(%)은 B가 C보다 높다.
ㄷ. ⊙은 C에서 마그마가 생성되는 조건에 해당한다.

① ㄱ ② ㄴ ③ ㄷ ④ ㄱ, ㄴ ⑤ ㄴ, ㄷ

13 2023학년도 6월 ○○ 지I 13번

그림 (가)는 깊이에 따른 지하 온도 분포와 암석의 용융 곡선 ⊙, ⓒ, ⓒ을, (나)는 마그마가 생성되는 지역 A, B를 나타낸 것이다.

이에 대한 설명으로 옳은 것만을 〈보기〉에서 있는 대로 고른 것은? [3점]

〈보기〉
ㄱ. 물이 포함되지 않은 암석의 용융 곡선은 ⓒ이다.
ㄴ. B에서는 심폭암이 생성될 수 있다.
ㄷ. A에서는 주로 b → b' 과정에 의해 마그마가 생성된다.

① ㄴ ② ㄷ ③ ㄱ, ㄴ ④ ㄱ, ㄷ ⑤ ㄱ, ㄴ, ㄷ

판 경계와 마그마 생성 장소

2024

21 대표문제 2024학년도 6월 ○○ 지I 7번

그림은 마그마가 생성되는 지역 A, B, C를 나타낸 것이다.

이 자료에 대한 설명으로 옳은 것만을 〈보기〉에서 있는 대로 고른 것은?

〈보기〉
ㄱ. 생성되는 마그마의 SiO₂ 함량(%)은 A가 B보다 낮다.
ㄴ. A에서 주로 생성되는 암석은 유문암이다.
ㄷ. C에서 물의 공급은 암석의 용융 온도를 감소시키는 요인에 해당한다.

① ㄱ ② ㄷ ③ ㄱ, ㄴ ④ ㄱ, ㄷ ⑤ ㄴ, ㄷ

화성암

2022~2019

---

05 2022학년도 9월 평가 지I 13번

그림은 대륙과 해양의 지하 온도 분포를 나타낸 것이고, ㉠, ㉡, ㉢은 암석의 용융 곡선이다.

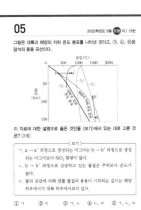

이 자료에 대한 설명으로 옳은 것만을 〈보기〉에서 있는 대로 고른 것은? [3점]

〈보기〉
ㄱ. a → a′ 과정으로 생성되는 마그마는 b → b′ 과정으로 생성되는 마그마보다 SiO₂ 함량이 많다.
ㄴ. b → b′ 과정으로 상승하고 있는 물질은 주위보다 온도가 높다.
ㄷ. 물의 공급에 의해 맨틀 물질의 용융이 시작되는 깊이는 해양 하부에서가 대륙 하부에서보다 깊다.

① ㄱ ② ㄷ ③ ㄱ, ㄴ ④ ㄴ, ㄷ ⑤ ㄱ, ㄴ, ㄷ

---

15 2021학년도 수능 지I 4번

그림 (가)는 마그마가 생성되는 지역 A~D를, (나)는 마그마가 생성되는 과정 중 하나를 나타낸 것이다.

이에 대한 설명으로 옳은 것만을 〈보기〉에서 있는 대로 고른 것은? [3점]

〈보기〉
ㄱ. A의 하부에는 용융 물질이 있다.
ㄴ. (나)의 과정에 의해 마그마가 생성되는 지역은 B다.
ㄷ. 생성되는 마그마의 SiO₂ 함량(%)은 C에서가 D에서보다 높다.

① ㄱ ② ㄴ ③ ㄴ, ㄷ ④ ㄱ, ㄴ ⑤ ㄴ, ㄷ

---

18 2021학년도 6월 평가 지I 8번

그림 (가)는 지하 온도 분포와 용융 곡선 ㉠, ㉡을, (나)는 마그마가 분출되는 지역 A와 B를 나타낸 것이다.

이에 대한 설명으로 옳은 것만을 〈보기〉에서 있는 대로 고른 것은?

〈보기〉
ㄱ. (가)에서 물이 포함된 암석의 용융 곡선은 ㉠과 ㉡이다.
ㄴ. B에서는 주로 현무암질 마그마가 분출된다.
ㄷ. A에서 분출되는 마그마는 주로 c → c′ 과정에 의해 생성된다.

① ㄱ ② ㄴ ③ ㄷ ④ ㄱ, ㄷ ⑤ ㄴ, ㄷ

---

04 2020학년도 9월 평가 지I 5번

그림 (가)는 어느 판 경계부에서 지하 온도 분포와 암석 용융 곡선을, (나)는 이 경계부에서 마그마가 생성될 때 (가)의 암석 용융 곡선이 변화한 것을 나타낸 것이다.

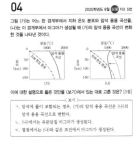

이에 대한 설명으로 옳은 것만을 〈보기〉에서 있는 대로 고른 것은? [3점]

〈보기〉
ㄱ. 암석에 물이 포함되는 경우, (가)의 암석 용융 곡선은 (나)의 암석 용융 곡선으로 변한다.
ㄴ. (나)에서는 유문암질 마그마가 생성된다.
ㄷ. 열점에서는 (나)와 같은 조건에서 마그마가 생성된다.

① ㄱ ② ㄷ ③ ㄱ, ㄴ ④ ㄴ, ㄷ ⑤ ㄱ, ㄴ, ㄷ

---

12 2020학년도 6월 평가 지I 11번

그림 (가)는 지하의 온도 분포와 암석의 용융 곡선을, (나)는 마그마가 생성되는 장소 A, B, C를 모식적으로 나타낸 것이다. (가)에서 a와 b는 현무암의 용융 곡선과 물을 포함한 화강암의 용융 곡선을 순서 없이 나타낸 것이다.

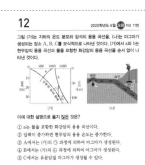

이에 대한 설명으로 옳지 않은 것은?

① a는 물을 포함한 화강암의 용융 곡선이다.
② 압력이 증가하면 현무암의 용융 온도는 증가한다.
③ A에서는 (가)의 ㉠ 과정에 의하여 마그마가 생성된다.
④ B에서는 (가)의 ㉡ 과정에 의하여 마그마가 생성된다.
⑤ C에서는 유문암질 마그마가 생성될 수 있다.

---

28 2021학년도 9월 평가 지I 9번

그림은 해양판이 섭입하면서 마그마가 생성되는 어느 해구 지역의 지진파 단층 촬영 영상을 나타낸 것이다.

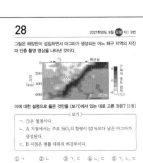

이에 대한 설명으로 옳은 것만을 〈보기〉에서 있는 대로 고른 것은? [3점]

〈보기〉
ㄱ. ㉠은 열점이다.
ㄴ. A 지점에서는 주로 SiO₂의 함량이 52 %보다 낮은 마그마가 생성된다.
ㄷ. B 지점은 맨틀 대류의 하강부이다.

① ㄱ ② ㄴ ③ ㄱ, ㄷ ④ ㄴ, ㄷ ⑤ ㄱ, ㄴ, ㄷ

---

26 2020학년도 수능 지I 8번

그림은 태평양 어느 지역의 판 경계를 나타낸 것이다.

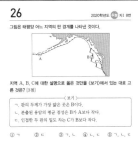

지역 A, B, C에 대한 설명으로 옳은 것만을 〈보기〉에서 있는 대로 고른 것은? [3점]

〈보기〉
ㄱ. 판의 두께가 가장 얇은 곳은 B이다.
ㄴ. 분출된 용암의 평균 점성은 B가 A보다 작다.
ㄷ. 인접한 두 판의 밀도 차는 C가 B보다 작다.

① ㄱ ② ㄴ ③ ㄷ ④ ㄱ, ㄷ ⑤ ㄱ, ㄴ, ㄷ

---

32 2022학년도 수능 지I 9번

그림 (가)는 깊이에 따른 지하의 온도 분포와 암석의 용융 곡선을 나타낸 것이고, (나)는 반려암과 화강암을 A와 B로 순서 없이 나타낸 것이다. A와 B는 각각 (가)의 ㉠ 과정과 ㉡ 과정으로 생성된 마그마가 굳어진 암석 중 하나이다.

이에 대한 설명으로 옳은 것만을 〈보기〉에서 있는 대로 고른 것은?

〈보기〉
ㄱ. ㉠ 과정으로 생성된 마그마가 굳으면 B가 된다.
ㄴ. ㉡ 과정에서는 열이 공급되지 않아도 마그마가 생성된다.
ㄷ. SiO₂ 함량(%)은 A가 B보다 높다.

① ㄱ ② ㄷ ③ ㄱ, ㄴ ④ ㄴ, ㄷ ⑤ ㄱ, ㄴ, ㄷ

---

29 2022학년도 6월 평가 지I 3번

그림은 SiO₂ 함량과 결정 크기에 따라 화성암 A, B, C의 상대적인 위치를 나타낸 것이다. A, B, C는 각각 유문암, 현무암, 화강암 중 하나이다.

이에 대한 설명으로 옳은 것만을 〈보기〉에서 있는 대로 고른 것은?

〈보기〉
ㄱ. C는 화강암이다.
ㄴ. B는 A보다 천천히 냉각되어 생성된다.
ㄷ. B는 주로 해령에서 생성된다.

① ㄱ ② ㄴ ③ ㄷ ④ ㄱ, ㄴ ⑤ ㄴ, ㄷ

---

37 2019학년도 수능 지I 5번

그림 (가), (나), (다)는 우리나라 지질 명소의 주요 암석을 나타낸 것이다.

(가) 북한산 화강암   (나) 백령도 규암   (다) 제주도 현무암

이에 대한 설명으로 옳은 것만을 〈보기〉에서 있는 대로 고른 것은?

〈보기〉
ㄱ. (가)는 (다)보다 지하 깊은 곳에서 생성되었다.
ㄴ. (나)와 (다)는 모두 화성암이다.
ㄷ. (가), (나), (다) 모두 절리가 나타난다.

① ㄱ ② ㄴ ③ ㄱ, ㄷ ④ ㄴ, ㄷ ⑤ ㄱ, ㄴ, ㄷ

---

01 대표문제

그림은 암석의 용융 곡선과 지역 ㉠, ㉡의 지하 온도 분포를 깊이에 따라 나타낸 것이다. ㉠과 ㉡은 각각 해령과 섭입대 중 하나이다.

이 자료에 대한 설명으로 옳은 것만을 〈보기〉에서 있는 대로 고른 것은?

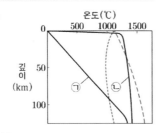

─〈 보기 〉─

ㄱ. ㉠에서는 물이 포함된 맨틀 물질이 용융되어 마그마가 생성된다.

ㄴ. ㉡에서는 주로 유문암질 마그마가 생성된다.

ㄷ. 맨틀 물질이 용융되기 시작하는 온도는 ㉠이 ㉡보다 낮다.

① ㄱ   ② ㄴ   ③ ㄱ, ㄷ   ④ ㄴ, ㄷ   ⑤ ㄱ, ㄴ, ㄷ

02

그림은 깊이에 따른 지하의 온도 분포와 맨틀의 용융 곡선 X, Y를 나타낸 것이다. X, Y는 각각 물이 포함된 맨틀의 용융 곡선과 물이 포함되지 않은 맨틀의 용융 곡선 중 하나이고, ㉠, ㉡은 마그마의 생성 과정이다.

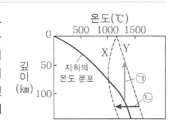

이에 대한 옳은 설명만을 〈보기〉에서 있는 대로 고른 것은? [3점]

─〈 보기 〉─

ㄱ. X는 물이 포함된 맨틀의 용융 곡선이다.

ㄴ. 해령 하부에서는 마그마가 ㉠으로 생성된다.

ㄷ. ㉡으로 생성된 마그마는 SiO_2 함량이 63 % 이상이다.

① ㄱ   ② ㄷ   ③ ㄱ, ㄴ   ④ ㄴ, ㄷ   ⑤ ㄱ, ㄴ, ㄷ

03

그림은 서로 다른 두 지역 (가)와 (나)의 지하 온도 분포와 암석의 용융 곡선을 나타낸 것이다. (가)와 (나)는 각각 해령과 섭입대 중 하나이고, ㉠과 ㉡은 암석의 용융 곡선이다.

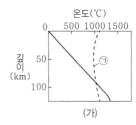 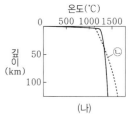

이 자료에 대한 설명으로 옳은 것만을 〈보기〉에서 있는 대로 고른 것은? [3점]

─〈 보기 〉─

ㄱ. (가)는 해령이다.

ㄴ. 마그마가 생성되는 깊이는 (가)가 (나)보다 깊다.

ㄷ. 물을 포함한 암석의 용융 곡선은 ㉡이다.

① ㄱ   ② ㄴ   ③ ㄱ, ㄷ   ④ ㄴ, ㄷ   ⑤ ㄱ, ㄴ, ㄷ

04

그림 (가)는 어느 판 경계부에서 지하 온도 분포와 암석 용융 곡선을, (나)는 이 경계부에서 마그마가 생성될 때 (가)의 암석 용융 곡선이 변화한 것을 나타낸 것이다.

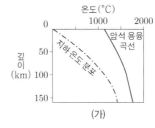 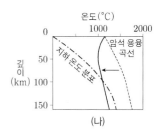

이에 대한 설명으로 옳은 것만을 〈보기〉에서 있는 대로 고른 것은? [3점]

─〈 보기 〉─

ㄱ. 암석에 물이 포함되는 경우, (가)의 암석 용융 곡선은 (나)의 암석 용융 곡선으로 변한다.

ㄴ. (나)에서는 유문암질 마그마가 생성된다.

ㄷ. 열점에서는 (나)와 같은 조건에서 마그마가 생성된다.

① ㄱ   ② ㄷ   ③ ㄱ, ㄴ   ④ ㄴ, ㄷ   ⑤ ㄱ, ㄴ, ㄷ

05

그림은 대륙과 해양의 지하 온도 분포를 나타낸 것이고, ㉠, ㉡, ㉢은 암석의 용융 곡선이다.

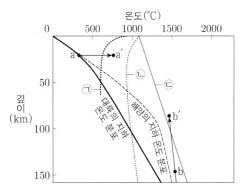

이 자료에 대한 설명으로 옳은 것만을 〈보기〉에서 있는 대로 고른 것은? [3점]

〈보기〉

ㄱ. a → a′ 과정으로 생성되는 마그마는 b → b′ 과정으로 생성되는 마그마보다 SiO_2 함량이 많다.

ㄴ. b → b′ 과정으로 상승하고 있는 물질은 주위보다 온도가 높다.

ㄷ. 물의 공급에 의해 맨틀 물질의 용융이 시작되는 깊이는 해양 하부에서가 대륙 하부에서보다 깊다.

① ㄱ   ② ㄷ   ③ ㄱ, ㄴ   ④ ㄴ, ㄷ   ⑤ ㄱ, ㄴ, ㄷ

06

그림 (가)는 암석의 용융 곡선과 지역 A, B의 지하 온도 분포를 깊이에 따라 나타낸 것이고, (나)는 마그마 X, Y, Z의 온도와 SiO_2 함량을 나타낸 것이다. A와 B는 각각 섭입대와 해령 중 하나이고, X, Y, Z는 각각 현무암질, 안산암질, 유문암질 마그마 중 하나이다.

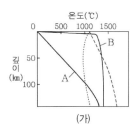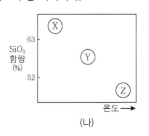

이에 대한 설명으로 옳은 것만을 〈보기〉에서 있는 대로 고른 것은?

〈보기〉

ㄱ. A에서 물은 암석의 용융 온도를 감소시키는 요인이다.

ㄴ. Y가 지하 깊은 곳에서 굳으면 반려암이 생성된다.

ㄷ. B에서 생성되는 마그마는 주로 X이다.

① ㄱ   ② ㄷ   ③ ㄱ, ㄴ   ④ ㄴ, ㄷ   ⑤ ㄱ, ㄴ, ㄷ

07 대표 문제

그림 (가)는 마그마가 생성되는 지역 A와 B를, (나)는 깊이에 따른 지하 온도 분포와 암석의 용융 곡선을 나타낸 것이다. (나)의 ㉠과 ㉡은 A와 B에서 마그마가 생성되는 과정을 순서 없이 나타낸 것이다.

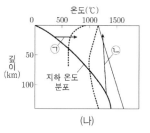

이 자료에 대한 설명으로 옳은 것만을 〈보기〉에서 있는 대로 고른 것은?

〈보기〉

ㄱ. A에서 맨틀 물질이 용융되는 주된 요인은 압력 증가이다.

ㄴ. B에서 유문암질 마그마가 생성될 수 있다.

ㄷ. 마그마가 생성되기 시작하는 온도는 ㉠이 ㉡보다 낮다.

① ㄱ   ② ㄴ   ③ ㄱ, ㄷ   ④ ㄴ, ㄷ   ⑤ ㄱ, ㄴ, ㄷ

08

그림 (가)는 마그마 분출 지역 A와 B를, (나)는 깊이에 따른 지하 온도 분포와 암석의 용융 곡선을 나타낸 것이다. ㉠과 ㉡은 A와 B의 지하 온도 분포를 순서 없이 나타낸 것이다.

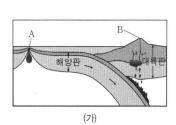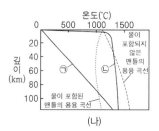

이에 대한 설명으로 옳은 것만을 〈보기〉에서 있는 대로 고른 것은? [3점]

〈보기〉

ㄱ. A에서 마그마가 분출하여 굳으면 주로 현무암이 된다.

ㄴ. 깊이 0~20 km 구간에서 지하의 평균 온도 변화율은 ㉠보다 ㉡이 크다.

ㄷ. ㉡은 B의 지하 온도 분포이다.

① ㄱ   ② ㄷ   ③ ㄱ, ㄴ   ④ ㄴ, ㄷ   ⑤ ㄱ, ㄴ, ㄷ

09

그림 (가)는 마그마가 생성되는 지역 A, B, C를, (나)는 깊이에 따른 지하의 온도 분포와 암석의 용융 곡선을 나타낸 것이다.

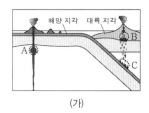 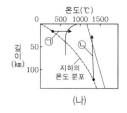

(가)   (나)

이 자료에 대한 설명으로 옳은 것만을 〈보기〉에서 있는 대로 고른 것은?

───────〈 보기 〉───────

ㄱ. A의 마그마는 ⓛ 과정에 의해 생성된다.

ㄴ. 마그마의 평균 온도는 A에서가 B에서보다 낮다.

ㄷ. 마그마의 SiO_2 함량은 B에서가 C에서보다 낮다.

① ㄱ   ② ㄷ   ③ ㄱ, ㄴ   ④ ㄴ, ㄷ   ⑤ ㄱ, ㄴ, ㄷ

10

그림 (가)는 판 경계 주변에서 마그마가 생성되는 모습을, (나)는 깊이에 따른 지하 온도 분포와 암석의 용융 곡선을 나타낸 것이다. ⊙과 ⓛ은 안산암질 마그마와 현무암질 마그마를 순서 없이 나타낸 것이다.

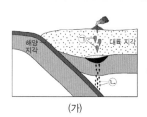 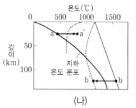

(가)   (나)

이에 대한 설명으로 옳은 것만을 〈보기〉에서 있는 대로 고른 것은? [3점]

───────〈 보기 〉───────

ㄱ. ⊙이 분출하여 굳으면 섬록암이 된다.

ㄴ. ⓛ은 a → a′ 과정에 의해 생성된다.

ㄷ. SiO_2 함량(%)은 ⊙이 ⓛ보다 높다.

① ㄱ   ② ㄴ   ③ ㄷ   ④ ㄱ, ㄴ   ⑤ ㄴ, ㄷ

11

그림 (가)는 지하의 온도 분포와 암석의 용융 곡선을, (나)는 어느 판 경계 주변의 단면을 나타낸 것이다.

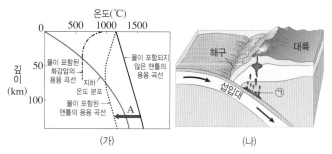

(가)   (나)

이에 대한 옳은 설명만을 〈보기〉에서 있는 대로 고른 것은?

───────〈 보기 〉───────

ㄱ. 대륙 지각은 맨틀보다 용융 온도가 대체로 낮다.

ㄴ. ⊙의 마그마는 (가)의 A와 같은 과정으로 생성된다.

ㄷ. ⊙의 마그마는 주로 해양 지각이 용융된 것이다.

① ㄱ   ② ㄷ   ③ ㄱ, ㄴ   ④ ㄴ, ㄷ   ⑤ ㄱ, ㄴ, ㄷ

12

그림 (가)는 지하의 온도 분포와 암석의 용융 곡선을, (나)는 마그마가 생성되는 장소 A, B, C를 모식적으로 나타낸 것이다. (가)에서 a와 b는 현무암의 용융 곡선과 물을 포함한 화강암의 용융 곡선을 순서 없이 나타낸 것이다.

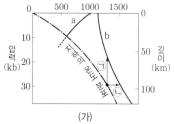 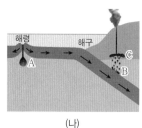

(가)   (나)

이에 대한 설명으로 옳지 <u>않은</u> 것은?

① a는 물을 포함한 화강암의 용융 곡선이다.

② 압력이 증가하면 현무암의 용융 온도는 증가한다.

③ A에서는 (가)의 ⊙ 과정에 의하여 마그마가 생성된다.

④ B에서는 (가)의 ⓛ 과정에 의하여 마그마가 생성된다.

⑤ C에서는 유문암질 마그마가 생성될 수 있다.

13

그림 (가)는 깊이에 따른 지하 온도 분포와 암석의 용융 곡선 ㉠, ㉡, ㉢을, (나)는 마그마가 생성되는 지역 A, B를 나타낸 것이다.

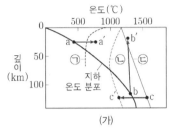 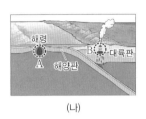

(가)　　　　　(나)

이에 대한 설명으로 옳은 것만을 〈보기〉에서 있는 대로 고른 것은? [3점]

〈 보기 〉
ㄱ. 물이 포함되지 않은 암석의 용융 곡선은 ㉢이다.
ㄴ. B에서는 섬록암이 생성될 수 있다.
ㄷ. A에서는 주로 b → b′ 과정에 의해 마그마가 생성된다.

① ㄴ 　② ㄷ 　③ ㄱ, ㄴ 　④ ㄱ, ㄷ 　⑤ ㄱ, ㄴ, ㄷ

14

그림 (가)는 마그마가 생성되는 지역 A, B, C를, (나)는 깊이에 따른 암석의 용융 곡선을 나타낸 것이다. (나)의 ㉠은 A, B, C 중 하나의 지역에서 마그마가 생성되는 조건이다.

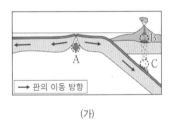 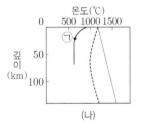

(가)　　　　　(나)

A, B, C에 대한 설명으로 옳은 것만을 〈보기〉에서 있는 대로 고른 것은?

〈 보기 〉
ㄱ. A에서는 주로 물이 포함된 맨틀 물질이 용융되어 마그마가 생성된다.
ㄴ. 생성되는 마그마의 SiO_2 함량(%)은 B가 C보다 높다.
ㄷ. ㉠은 C에서 마그마가 생성되는 조건에 해당한다.

① ㄱ 　② ㄴ 　③ ㄷ 　④ ㄱ, ㄴ 　⑤ ㄴ, ㄷ

15

그림 (가)는 마그마가 생성되는 지역 A~D를, (나)는 마그마가 생성되는 과정 중 하나를 나타낸 것이다.

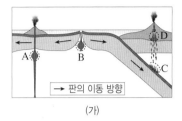 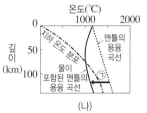

(가)　　　　　(나)

이에 대한 설명으로 옳은 것만을 〈보기〉에서 있는 대로 고른 것은? [3점]

〈 보기 〉
ㄱ. A의 하부에는 플룸 상승류가 있다.
ㄴ. (나)의 ㉠ 과정에 의해 마그마가 생성되는 지역은 B이다.
ㄷ. 생성되는 마그마의 SiO_2 함량(%)은 C에서가 D에서보다 높다.

① ㄱ 　② ㄴ 　③ ㄱ, ㄷ 　④ ㄴ, ㄷ 　⑤ ㄱ, ㄴ, ㄷ

16

그림 (가)는 마그마가 분출되는 지역 A, B, C를, (나)는 깊이에 따른 지하의 온도 분포와 암석의 용융 곡선을 마그마 생성 과정과 함께 나타낸 것이다.

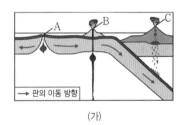 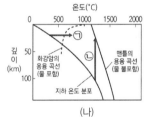

(가)　　　　　(나)

이에 대한 설명으로 옳은 것만을 〈보기〉에서 있는 대로 고른 것은?

〈 보기 〉
ㄱ. A에서는 ㉠ 과정으로 형성된 마그마가 분출된다.
ㄴ. B의 하부에서는 플룸이 상승하고 있다.
ㄷ. C에서는 주로 현무암질 마그마가 분출된다.

① ㄱ 　② ㄴ 　③ ㄱ, ㄷ 　④ ㄴ, ㄷ 　⑤ ㄱ, ㄴ, ㄷ

17

그림은 마그마가 분출되는 지역 A와 B를, 표는 이 지역 하부에서 생성된 주요 마그마의 특성을 나타낸 것이다. (가)와 (나)는 A와 B를 순서 없이 나타낸 것이고, ㉠과 ㉡은 유문암질 마그마와 현무암질 마그마를 순서 없이 나타낸 것이다.

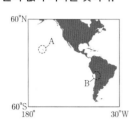

	마그마의 종류	마그마의 주요 생성 요인
(가)	(㉠)	물의 공급
	(㉡)	온도 증가
(나)	현무암질 마그마	(㉢)

이 자료에 대한 설명으로 옳은 것만을 〈보기〉에서 있는 대로 고른 것은? [3점]

〈보기〉
ㄱ. SiO_2 함량(%)은 ㉠이 ㉡보다 높다.
ㄴ. '압력 감소'는 ㉢에 해당한다.
ㄷ. B의 하부에서는 화강암이 생성될 수 있다.

① ㄱ ② ㄴ ③ ㄱ, ㄷ ④ ㄴ, ㄷ ⑤ ㄱ, ㄴ, ㄷ

18

그림 (가)는 지하 온도 분포와 암석의 용융 곡선 ㉠, ㉡, ㉢을, (나)는 마그마가 분출되는 지역 A와 B를 나타낸 것이다.

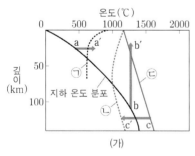
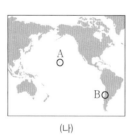

이에 대한 설명으로 옳은 것만을 〈보기〉에서 있는 대로 고른 것은?

〈보기〉
ㄱ. (가)에서 물이 포함된 암석의 용융 곡선은 ㉠과 ㉡이다.
ㄴ. B에서는 주로 현무암질 마그마가 분출된다.
ㄷ. A에서 분출되는 마그마는 주로 c → c′ 과정에 의해 생성된다.

① ㄱ ② ㄴ ③ ㄷ ④ ㄱ, ㄷ ⑤ ㄴ, ㄷ

19

그림 (가)는 아메리카 대륙 주변의 열점 분포와 판의 경계를, (나)는 지하의 온도 분포와 암석의 용융 곡선을 나타낸 것이다.

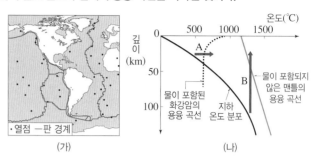

이에 대한 설명으로 옳은 것만을 〈보기〉에서 있는 대로 고른 것은?

〈보기〉
ㄱ. 열점은 판의 내부에만 존재한다.
ㄴ. 열점에서는 (나)의 B 과정에 의해 마그마가 생성된다.
ㄷ. 열점에서는 안산암질 마그마가 우세하게 나타난다.

① ㄱ ② ㄴ ③ ㄱ, ㄷ ④ ㄴ, ㄷ ⑤ ㄱ, ㄴ, ㄷ

20

그림 (가)는 어느 지역의 판 경계와 마그마가 분출되는 영역 A와 B의 위치를, (나)는 A와 B 중 한 영역의 하부에서 마그마가 생성되는 과정 ㉠을 나타낸 것이다.

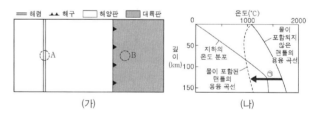

이에 대한 설명으로 옳은 것만을 〈보기〉에서 있는 대로 고른 것은?

〈보기〉
ㄱ. A에서 분출되는 마그마는 주로 현무암질 마그마이다.
ㄴ. (나)에서 맨틀의 용융점은 물이 포함되지 않은 경우보다 물이 포함된 경우가 높다.
ㄷ. ㉠은 B의 하부에서 마그마가 생성되는 과정이다.

① ㄱ ② ㄴ ③ ㄷ ④ ㄱ, ㄷ ⑤ ㄴ, ㄷ

21 대표 문제

그림은 마그마가 생성되는 지역 A, B, C를 나타낸 것이다.

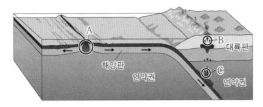

이 자료에 대한 설명으로 옳은 것만을 〈보기〉에서 있는 대로 고른 것은?

〈보기〉
ㄱ. 생성되는 마그마의 SiO_2 함량(%)은 A가 B보다 낮다.
ㄴ. A에서 주로 생성되는 암석은 유문암이다.
ㄷ. C에서 물의 공급은 암석의 용융 온도를 감소시키는 요인에 해당한다.

① ㄱ　　② ㄷ　　③ ㄱ, ㄴ　　④ ㄱ, ㄷ　　⑤ ㄴ, ㄷ

22

그림은 해양판이 섭입되는 모습을 나타낸 것이다. A, B, C는 각각 마그마가 생성되는 지역과 분출되는 지역 중 하나이다.
이에 대한 설명으로 옳은 것만을 〈보기〉에서 있는 대로 고른 것은?

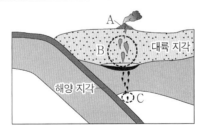

〈보기〉
ㄱ. A에서는 주로 조립질 암석이 생성된다.
ㄴ. B에서는 안산암질 마그마가 생성될 수 있다.
ㄷ. C에서는 맨틀 물질의 용융으로 마그마가 생성된다.

① ㄱ　　② ㄴ　　③ ㄱ, ㄷ　　④ ㄴ, ㄷ　　⑤ ㄱ, ㄴ, ㄷ

23

그림은 해양판이 섭입되는 어느 지역에서 생성되는 마그마 A와 B를, 표는 A와 B의 SiO_2 함량을 나타낸 것이다.

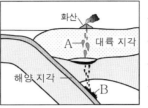

마그마	SiO_2 함량(%)
A	58
B	㉠

이에 대한 옳은 설명만을 〈보기〉에서 있는 대로 고른 것은?

〈보기〉
ㄱ. A가 분출하면 반려암이 생성된다.
ㄴ. ㉠은 58보다 작다.
ㄷ. B는 주로 압력 감소에 의해 생성된다.

① ㄴ　　② ㄷ　　③ ㄱ, ㄴ　　④ ㄱ, ㄷ　　⑤ ㄴ, ㄷ

24

그림은 판 경계가 존재하는 어느 지역의 화산섬과 활화산의 분포를 나타낸 것이다. 이 지역에는 하나의 열점이 분포한다. 이에 대한 옳은 설명만을 〈보기〉에서 있는 대로 고른 것은? [3점]

〈보기〉
ㄱ. 이 지역에는 해구가 존재한다.
ㄴ. 화산섬 A는 주로 안산암으로 이루어져 있다.
ㄷ. 활화산 B에서 분출되는 마그마는 압력 감소에 의해 생성된다.

① ㄱ　　② ㄴ　　③ ㄷ　　④ ㄱ, ㄴ　　⑤ ㄴ, ㄷ

25

그림 (가)는 섭입대 부근에서 생성된 마그마 A와 B의 위치를, (나)는 마그마 X와 Y의 성질을 나타낸 것이다. A와 B는 각각 X와 Y 중 하나이다.

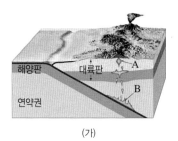
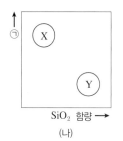

(가)   (나)

이에 대한 설명으로 옳은 것만을 〈보기〉에서 있는 대로 고른 것은?

〈보기〉
ㄱ. A는 X이다.
ㄴ. B가 생성될 때, 물은 암석의 용융점을 낮추는 역할을 한다.
ㄷ. 온도는 ㉠에 해당하는 물리량이다.

① ㄱ   ② ㄷ   ③ ㄱ, ㄴ   ④ ㄴ, ㄷ   ⑤ ㄱ, ㄴ, ㄷ

27

그림 (가)는 판 A와 B의 경계를, (나)는 A와 B의 이동 속력과 방향을, (다)는 A와 B에 포함된 지각의 평균 두께와 밀도를 나타낸 것이다. A와 B는 각각 대륙판과 해양판 중 하나이다.

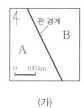
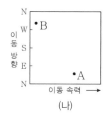

(가)   (나)   (다)

이 자료에 대한 옳은 설명만을 〈보기〉에서 있는 대로 고른 것은?

〈보기〉
ㄱ. B는 해양판이다.
ㄴ. 판 경계에서 북동쪽으로 갈수록 진원의 깊이는 대체로 깊어진다.
ㄷ. 판 경계의 하부에서는 주로 압력 감소에 의해 마그마가 생성된다.

① ㄱ   ② ㄴ   ③ ㄱ, ㄷ   ④ ㄴ, ㄷ   ⑤ ㄱ, ㄴ, ㄷ

26

그림은 태평양 어느 지역의 판 경계를 나타낸 것이다.

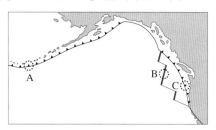

지역 A, B, C에 대한 설명으로 옳은 것만을 〈보기〉에서 있는 대로 고른 것은? [3점]

〈보기〉
ㄱ. 판의 두께가 가장 얇은 곳은 B이다.
ㄴ. 분출된 용암의 평균 점성은 B가 A보다 작다.
ㄷ. 인접한 두 판의 밀도 차는 C가 B보다 작다.

① ㄱ   ② ㄷ   ③ ㄱ, ㄴ   ④ ㄴ, ㄷ   ⑤ ㄱ, ㄴ, ㄷ

28

그림은 해양판이 섭입하면서 마그마가 생성되는 어느 해구 지역의 지진파 단층 촬영 영상을 나타낸 것이다.

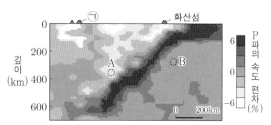

이에 대한 설명으로 옳은 것만을 〈보기〉에서 있는 대로 고른 것은? [3점]

〈보기〉
ㄱ. ㉠은 열점이다.
ㄴ. A 지점에서는 주로 SiO_2의 함량이 52 %보다 낮은 마그마가 생성된다.
ㄷ. B 지점은 맨틀 대류의 하강부이다.

① ㄱ   ② ㄴ   ③ ㄱ, ㄷ   ④ ㄴ, ㄷ   ⑤ ㄱ, ㄴ, ㄷ

29 [대표]문제

그림은 SiO₂ 함량과 결정 크기에 따라 화성암 A, B, C의 상대적인 위치를 나타낸 것이다. A, B, C는 각각 유문암, 현무암, 화강암 중 하나이다.

이에 대한 설명으로 옳은 것만을 〈보기〉에서 있는 대로 고른 것은?

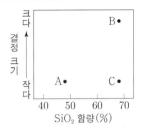

──〈 보기 〉──

ㄱ. C는 화강암이다.

ㄴ. B는 A보다 천천히 냉각되어 생성된다.

ㄷ. B는 주로 해령에서 생성된다.

① ㄱ   ② ㄴ   ③ ㄷ   ④ ㄱ, ㄴ   ⑤ ㄴ, ㄷ

30

그림 (가)는 화성암 A와 B의 SiO₂ 함량과 결정 크기를, (나)는 깊이에 따른 지하의 온도 분포와 암석의 용융 곡선을 나타낸 것이다. A와 B는 각각 현무암과 화강암 중 하나이다.

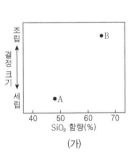 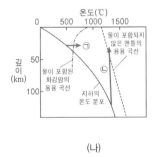

(가)   (나)

이에 대한 설명으로 옳은 것만을 〈보기〉에서 있는 대로 고른 것은? [3점]

──〈 보기 〉──

ㄱ. 생성 깊이는 A보다 B가 깊다.

ㄴ. ㉡ 과정으로 생성되어 상승하는 마그마는 주변보다 밀도가 크다.

ㄷ. A는 ㉠ 과정에 의해 생성된 마그마가 굳어진 암석이다.

① ㄱ   ② ㄴ   ③ ㄱ, ㄷ   ④ ㄴ, ㄷ   ⑤ ㄱ, ㄴ, ㄷ

31

그림 (가)는 깊이에 따른 지하의 온도 분포와 암석의 용융 곡선을, (나)는 화성암 A와 B의 성질을 나타낸 것이다. A와 B는 각각 (가)의 ㉠ 과정과 ㉡ 과정으로 생성된 마그마가 굳어진 암석 중 하나이다.

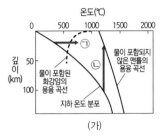 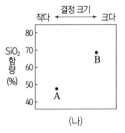

(가)   (나)

이 자료에 대한 설명으로 옳은 것만을 〈보기〉에서 있는 대로 고른 것은?

──〈 보기 〉──

ㄱ. 압력 감소에 의한 마그마 생성 과정은 ㉡이다.

ㄴ. A는 B보다 마그마가 천천히 냉각되어 생성된다.

ㄷ. A는 ㉠ 과정으로 생성된 마그마가 굳어진 것이다.

① ㄱ   ② ㄴ   ③ ㄱ, ㄷ   ④ ㄴ, ㄷ   ⑤ ㄱ, ㄴ, ㄷ

32

2022학년도 수능 지I 9번

그림 (가)는 깊이에 따른 지하의 온도 분포와 암석의 용융 곡선을 나타낸 것이고, (나)는 반려암과 화강암을 A와 B로 순서 없이 나타낸 것이다. A와 B는 각각 (가)의 ㉠ 과정과 ㉡ 과정으로 생성된 마그마가 굳어진 암석 중 하나이다.

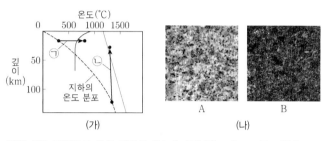

(가)

(나)

이에 대한 설명으로 옳은 것만을 〈보기〉에서 있는 대로 고른 것은?

〈 보기 〉
ㄱ. ㉠ 과정으로 생성된 마그마가 굳으면 B가 된다.
ㄴ. ㉡ 과정에서는 열이 공급되지 않아도 마그마가 생성된다.
ㄷ. SiO_2 함량(%)은 A가 B보다 높다.

① ㄱ 　② ㄷ 　③ ㄱ, ㄴ 　④ ㄴ, ㄷ 　⑤ ㄱ, ㄴ, ㄷ

33

2020학년도 3월 학평 지I 4번

그림 (가)는 지하의 온도 분포와 암석의 용융 곡선을, (나)와 (다)는 설악산 울산바위와 제주도 용두암의 모습을 나타낸 것이다.

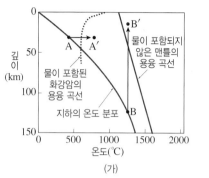

(가)

(나) 설악산 울산바위

(다) 제주도 용두암

이에 대한 옳은 설명만을 〈보기〉에서 있는 대로 고른 것은? [3점]

〈 보기 〉
ㄱ. A → A′ 과정을 거쳐 생성된 마그마는 B → B′ 과정을 거쳐 생성된 마그마보다 SiO_2 함량이 높다.
ㄴ. (나)를 형성한 마그마는 B → B′ 과정을 거쳐 생성되었다.
ㄷ. 암석을 이루는 광물 입자의 크기는 (나)가 (다)보다 크다.

① ㄱ 　② ㄷ 　③ ㄱ, ㄴ 　④ ㄱ, ㄷ 　⑤ ㄴ, ㄷ

34

2021학년도 3월 학평 지I 2번

그림 (가)는 화성암의 생성 위치를, (나)는 북한산 인수봉의 모습을 나타낸 것이다.

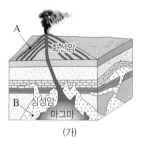

(가)

(나)

이에 대한 옳은 설명만을 〈보기〉에서 있는 대로 고른 것은?

〈 보기 〉
ㄱ. 주상 절리는 B보다 A에서 잘 형성된다.
ㄴ. (나)의 암석은 A에서 생성되었다.
ㄷ. 마그마의 냉각 속도는 B보다 A에서 빠르다.

① ㄱ 　② ㄴ 　③ ㄱ, ㄷ 　④ ㄴ, ㄷ 　⑤ ㄱ, ㄴ, ㄷ

35

그림은 우리나라 지질 명소에서 나타나는 주상 절리 A와 B의 모습을, 표는 이 주상 절리를 구성하는 암석의 SiO_2 함량을 나타낸 것이다.

	SiO_2 함량(%)
A	60~64
B	45~50

A. 무등산 입석대   B. 제주도 지삿개

이에 대한 설명으로 옳은 것만을 〈보기〉에서 있는 대로 고른 것은? [3점]

〈 보기 〉
ㄱ. A는 지하 깊은 곳의 암석이 융기하여 형성되었다.
ㄴ. B는 주로 현무암으로 구성된다.
ㄷ. A와 B는 모두 중생대에 형성되었다.

① ㄱ   ② ㄴ   ③ ㄱ, ㄷ   ④ ㄴ, ㄷ   ⑤ ㄱ, ㄴ, ㄷ

36

다음은 한탄강 주변의 지질 명소인 대교천 협곡과 고석정의 특징을 나타낸 것이다.

A. 대교천 협곡   B. 고석정

㉠용암 대지가 형성된 후 물에 의한 침식 작용으로 ㉡현무암 협곡이 생성되었다.

㉢화강암으로 이루어진 기반암이 지표가 침식되어 노출되었다.

이 지역에 대한 옳은 설명만을 〈보기〉에서 있는 대로 고른 것은? [3점]

〈 보기 〉
ㄱ. ㉠은 화산 활동에 의해 형성되었다.
ㄴ. B에서는 판상 절리를 관찰할 수 있다.
ㄷ. 암석의 나이는 ㉡이 ㉢보다 많다.

① ㄱ   ② ㄷ   ③ ㄱ, ㄴ   ④ ㄴ, ㄷ   ⑤ ㄱ, ㄴ, ㄷ

37

그림 (가), (나), (다)는 우리나라 지질 명소의 주요 암석을 나타낸 것이다.

(가) 북한산 화강암   (나) 백령도 규암   (다) 제주도 현무암

이에 대한 설명으로 옳은 것만을 〈보기〉에서 있는 대로 고른 것은?

〈 보기 〉
ㄱ. (가)는 (다)보다 지하 깊은 곳에서 생성되었다.
ㄴ. (나)와 (다)는 모두 화성암이다.
ㄷ. (가), (나), (다) 모두 절리가 나타난다.

① ㄱ   ② ㄴ   ③ ㄱ, ㄷ   ④ ㄴ, ㄷ   ⑤ ㄱ, ㄴ, ㄷ

38

그림은 어느 지역의 깊이에 따른 지하 온도 분포와 암석의 용융 곡선을 나타낸 것이다.

이 자료에 대한 설명으로 옳은 것만을 〈보기〉에서 있는 대로 고른 것은?

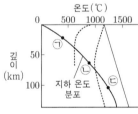

〈 보기 〉
ㄱ. ㉠의 깊이에서 온도가 증가하면 유문암질 마그마가 생성될 수 있다.
ㄴ. ㉡ 깊이의 맨틀 물질은 온도 변화 없이 상승하면 현무암질 마그마로 용융될 수 있다.
ㄷ. ㉢의 깊이에서 맨틀 물질은 물이 공급되면 용융될 수 있다.

① ㄱ   ② ㄴ   ③ ㄷ   ④ ㄱ, ㄷ   ⑤ ㄴ, ㄷ

한눈에 정리하는
평가원 기출 경향

주제 \ 학년도	2025	2024	2023

퇴적암의 생성과 분류
- 퇴적암의 생성
- 퇴적암의 분류

2024

03 대표문제　2024학년도 6월 모평 지I 4번

다음은 쇄설성 퇴적암이 형성되는 과정의 일부를 알아보기 위한 실험이다.

[실험 목표]
○ 쇄설성 퇴적암이 형성되는 과정 중 (⊙)을/를 설명할 수 있다.

[실험 과정]
(가) 크기가 다양한 자갈, 모래, 점토를 각각 준비하여 투명한 원통에 넣는다.
(나) (가)의 원통의 퇴적물에서 입자 사이의 빈 공간(공극)의 모습을 관찰한다.
(다) 컵에 석회질 물질과 물을 부어 석회질 반죽을 만든다.
(라) ⓛ석회질 반죽을 (가)의 원통에 부어 퇴적물이 쌓인 높이 (h)까지 채운 후 건조시켜 굳힌다.
(바) (라)의 입자 사이의 빈 공간(공극)의 모습을 관찰한다.

[실험 결과]

ⓒ (나)의 결과	ⓓ (바)의 결과

이 자료에 대한 설명으로 옳은 것만을 〈보기〉에서 있는 대로 고른 것은? [3점]

〈보기〉
ㄱ. '교결 작용'은 ⊙에 해당한다.
ㄴ. ⓛ은 퇴적물 입자들을 단단하게 결합시켜 주는 물질에 해당한다.
ㄷ. 단위 부피당 공극이 차지하는 부피는 ⓒ이 ⓓ보다 크다.

① ㄱ　② ㄷ　③ ㄱ, ㄴ　④ ㄴ, ㄷ　⑤ ㄱ, ㄴ, ㄷ

2023

04　2023학년도 수능 지I 4번

다음은 퇴적암이 형성되는 과정의 일부를 알아보기 위한 실험이다.

[실험 목표]
○ 퇴적암이 형성되는 과정 중 (⊙)을/를 설명할 수 있다.

[실험 과정]
(가) 입자 크기가 2 mm 정도인 퇴적물 250 mL가 담긴 원통에 물 250 mL를 넣는다.
(나) 물의 높이가 퇴적물의 높이와 같아질 때까지 물을 추출한 뒤, 추출된 물의 부피를 측정한다.
(다) 그림과 같이 원형 판 1개를 원통에 넣어 퇴적물을 압축시킨다.
(라) 물의 높이가 퇴적물의 높이와 같아질 때까지 물을 추출하고, 그 물의 부피를 측정한다.
(마) 동일한 원형 판의 개수를 1개씩 증가시키면서 (라)의 과정을 반복한다.
(바) 원형 판의 개수와 추출된 물의 부피와의 관계를 정리한다.

[실험 결과]
○ 과정 (나)에서 추출된 물의 부피: 100 mL
○ 과정 (다)~(마)에서 원형 판의 개수에 따른 추출된 물의 부피

원형 판 개수(개)	1	2	3	4	5
추출된 물의 부피(mL)	27.5	8.0	6.5	5.3	4.5

이 자료에 대한 설명으로 옳은 것만을 〈보기〉에서 있는 대로 고른 것은? [3점]

〈보기〉
ㄱ. '다짐 작용'은 ⊙에 해당한다.
ㄴ. 과정 (나)에서 원통 속에 남아 있는 물의 부피는 222.5 mL 이다.
ㄷ. 원형 판의 개수가 증가할수록 단위 부피당 퇴적물 입자의 개수는 증가한다.

① ㄱ　② ㄴ　③ ㄷ, ㄹ　④ ㄴ, ㄷ　⑤ ㄱ, ㄴ, ㄷ

빈출

퇴적 구조
- 사층리
- 점이 층리
- 건열
- 연흔
- 여러 가지 퇴적 구조

2025

26　2025학년도 수능 지I 1번

그림은 건열, 사층리, 연흔이 나타나는 지층의 단면을 나타낸 것이다. 지층 A, B, C에 대한 설명으로 옳은 것만을 〈보기〉에서 있는 대로 고른 것은?

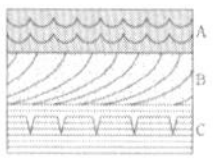

〈보기〉
ㄱ. A에서는 건열이 관찰된다.
ㄴ. B의 퇴적 구조를 통해 지층의 역전 여부를 판단할 수 있다.
ㄷ. C가 형성되는 동안 건조한 환경에 노출된 시기가 있었다.

① ㄱ　② ㄴ　③ ㄱ, ㄴ　④ ㄴ, ㄷ　⑤ ㄱ, ㄴ, ㄷ

14　2025학년도 6월 모평 지I 1번

다음은 퇴적 구조 (가)와 (나)에 대한 학생 A, B, C의 대화를 나타낸 것이다. (가)와 (나)는 건열과 점이 층리를 순서 없이 나타낸 것이다.

[퇴적 구조]
(가)　(나)

학생 A: (가)는 점이 층리이다.
학생 B: (나)는 수심이 깊은 곳에서 형성된다.
학생 C: (가)와 (나)는 모두 지층의 역전 여부를 판단하는 데 활용할 수 있다.

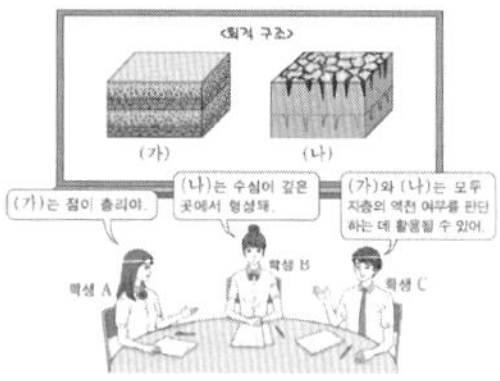

제시한 내용이 옳은 학생만을 있는 대로 고른 것은?

① A　② B　③ C　④ A, C　⑤ B, C

2025 (9월)

13 대표문제　2025학년도 9월 모평 지I 1번

그림 (가)와 (나)는 건열과 연흔을 순서 없이 나타낸 것이다.

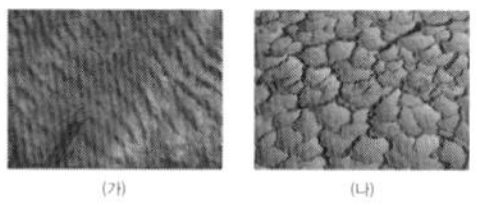

(가)　(나)

이에 대한 설명으로 옳은 것만을 〈보기〉에서 있는 대로 고른 것은?

〈보기〉
ㄱ. (가)는 건열이다.
ㄴ. (나)는 역암층보다 이암층에서 흔히 나타난다.
ㄷ. (가)와 (나)는 지층의 역전 여부를 판단하는 데 활용된다.

① ㄱ　② ㄷ　③ ㄱ, ㄴ　④ ㄴ, ㄷ　⑤ ㄱ, ㄴ, ㄷ

2024

16　2024학년도 수능 지I 2번

그림 (가), (나), (다)는 사층리, 연흔, 점이층리를 순서 없이 나타낸 것이다.

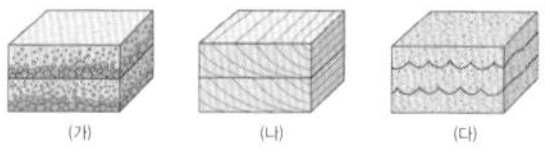

(가)　(나)　(다)

이에 대한 설명으로 옳은 것만을 〈보기〉에서 있는 대로 고른 것은?

〈보기〉
ㄱ. (가)는 점이층리이다.
ㄴ. (나)는 지층의 역전 여부를 판단할 수 있는 퇴적 구조이다.
ㄷ. (다)는 역암층보다 사암층에서 주로 나타난다.

① ㄱ　② ㄷ　③ ㄱ, ㄴ　④ ㄴ, ㄷ　⑤ ㄱ, ㄴ, ㄷ

2023

10 대표문제　2023학년도 9월 모평 지I 4번

다음은 어느 퇴적 구조가 형성되는 원리를 알아보기 위한 실험이다.

[실험 목표]
○ (⊙)의 형성 원리를 설명할 수 있다.

[실험 과정]
(가) 100 mL의 물이 담긴 원통형 유리 접시에 입자 크기가 $\frac{1}{16}$ mm 이하인 점토 100 g을 고르게 붙는다.
(나) 그림과 같이 백열전등 아래에 원통형 유리 접시를 놓고 전등 빛을 비춘다.
(다) 전등 빛을 충분히 비추었을 때 변화된 점토 표면의 모습을 관찰하고 그 결과를 스케치한다.

[실험 결과]

(위에서 본 모습)　(옆에서 본 모습)

이에 대한 설명으로 옳은 것만을 〈보기〉에서 있는 대로 고른 것은? [3점]

〈보기〉
ㄱ. '건열'은 ⊙에 해당한다.
ㄴ. 건조한 환경에 노출되어 퇴적물의 표면이 갈라진 모습은 ⓛ에 해당한다.
ㄷ. 이 퇴적 구조는 주로 역암층에서 관찰된다.

① ㄱ　② ㄴ　③ ㄷ　④ ㄱ, ㄴ　⑤ ㄱ, ㄷ

한반도의 퇴적암 지형

35

그림은 우리나라 지질 명소에서 나타나는 주상 절리 A와 B의 모습을, 표는 이 주상 절리를 구성하는 암석의 SiO_2 함량을 나타낸 것이다.

A. 무등산 입석대

B. 제주도 지삿개

	SiO_2 함량(%)
A	60~64
B	45~50

이에 대한 설명으로 옳은 것만을 〈보기〉에서 있는 대로 고른 것은? [3점]

〈 보기 〉
ㄱ. A는 지하 깊은 곳의 암석이 융기하여 형성되었다.
ㄴ. B는 주로 현무암으로 구성된다.
ㄷ. A와 B는 모두 중생대에 형성되었다.

① ㄱ   ② ㄴ   ③ ㄱ, ㄷ   ④ ㄴ, ㄷ   ⑤ ㄱ, ㄴ, ㄷ

37

그림 (가), (나), (다)는 우리나라 지질 명소의 주요 암석을 나타낸 것이다.

(가) 북한산 화강암

(나) 백령도 규암

(다) 제주도 현무암

이에 대한 설명으로 옳은 것만을 〈보기〉에서 있는 대로 고른 것은?

〈 보기 〉
ㄱ. (가)는 (다)보다 지하 깊은 곳에서 생성되었다.
ㄴ. (나)와 (다)는 모두 화성암이다.
ㄷ. (가), (나), (다) 모두 절리가 나타난다.

① ㄱ   ② ㄴ   ③ ㄱ, ㄷ   ④ ㄴ, ㄷ   ⑤ ㄱ, ㄴ, ㄷ

36

다음은 한탄강 주변의 지질 명소인 대교천 협곡과 고석정의 특징을 나타낸 것이다.

A. 대교천 협곡

B. 고석정

㉠용암 대지가 형성된 후 물에 의한 침식 작용으로 ㉡현무암 협곡이 생성되었다.

㉢화강암으로 이루어진 기반암이 지표가 침식되어 노출되었다.

이 지역에 대한 옳은 설명만을 〈보기〉에서 있는 대로 고른 것은? [3점]

〈 보기 〉
ㄱ. ㉠은 화산 활동에 의해 형성되었다.
ㄴ. B에서는 판상 절리를 관찰할 수 있다.
ㄷ. 암석의 나이는 ㉡이 ㉢보다 많다.

① ㄱ   ② ㄷ   ③ ㄱ, ㄴ   ④ ㄴ, ㄷ   ⑤ ㄱ, ㄴ, ㄷ

38

그림은 어느 지역의 깊이에 따른 지하 온도 분포와 암석의 용융 곡선을 나타낸 것이다.

이 자료에 대한 설명으로 옳은 것만을 〈보기〉에서 있는 대로 고른 것은?

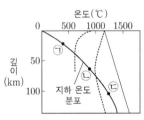

〈 보기 〉
ㄱ. ㉠의 깊이에서 온도가 증가하면 유문암질 마그마가 생성될 수 있다.
ㄴ. ㉡ 깊이의 맨틀 물질은 온도 변화 없이 상승하면 현무암질 마그마로 용융될 수 있다.
ㄷ. ㉢의 깊이에서 맨틀 물질은 물이 공급되면 용융될 수 있다.

① ㄱ   ② ㄴ   ③ ㄷ   ④ ㄱ, ㄷ   ⑤ ㄴ, ㄷ

6 일차

한눈에 정리하는 평가원 기출 경향

주제 \ 학년도	2025	2024	2023

퇴적암의 생성과 분류
- 퇴적암의 생성
- 퇴적암의 분류

2024

03 대표 문제
2024학년도 6월 모평 지I 4번

다음은 쇄설성 퇴적암이 형성되는 과정의 일부를 알아보기 위한 실험이다.

[실험 목표]
○ 쇄설성 퇴적암이 형성되는 과정 중 (㉠)을/를 설명할 수 있다.

[실험 과정]
(가) 크기가 다양한 자갈, 모래, 점토를 각각 준비하여 투명한 원통에 넣는다.
(나) (가)의 원통의 퇴적물에서 입자 사이의 빈 공간(공극)의 모습을 관찰한다.
(다) 컵에 석회질 물질과 물을 부어 석회질 반죽을 만든다.
(라) ㉡석회질 반죽을 (가)의 원통에 부어 퇴적물이 쌓인 높이 (A)까지 채운 후 건조시켜 굳힌다.
(마) (라)의 입자 사이의 빈 공간(공극)의 모습을 관찰한다.

[실험 결과]
㉢ (나)의 결과　㉣ (마)의 결과

이 자료에 대한 설명으로 옳은 것만을 〈보기〉에서 있는 대로 고른 것은? [3점]

〈보기〉
ㄱ. '교결 작용'은 ㉠에 해당한다.
ㄴ. ㉡은 퇴적물 입자들을 단단하게 결합시켜 주는 물질에 해당한다.
ㄷ. 단위 부피당 공극이 차지하는 부피는 ㉢이 ㉣보다 크다.

① ㄱ　② ㄷ　③ ㄱ, ㄴ　④ ㄴ, ㄷ　⑤ ㄱ, ㄴ, ㄷ

2023

04
2023학년도 수능 지I 4번

다음은 퇴적암이 형성되는 과정의 일부를 알아보기 위한 실험이다.

[실험 목표]
○ 퇴적암이 형성되는 과정 중 (㉠)을/를 설명할 수 있다.

[실험 과정]
(가) 입자 크기 2 mm 정도인 퇴적물 250 mL가 담긴 원통에 물 250 mL를 넣는다.
(나) 물의 높이가 퇴적물의 높이와 같아질 때까지 물을 추출한 뒤, 추출된 물의 부피를 측정한다.
(다) 그림과 같이 원형 판 1개를 원통에 넣어 퇴적물을 압축시킨다.
(라) 물의 높이가 퇴적물의 높이와 같아질 때까지 물을 추출하고, 그 물의 부피를 측정한다.
(마) 동일한 원형 판의 개수를 1개씩 증가시키면서 (라)의 과정을 반복한다.
(바) 원형 판의 개수와 추출된 물의 부피의 관계를 정리한다.

[실험 결과]
○ 과정 (나)에서 추출된 물의 부피: 100 mL
○ 과정 (다)~(바)에서 원형 판의 개수에 따른 추출된 물의 부피

원형 판 개수(개)	1	2	3	4	5
추출된 물의 부피(mL)	27.5	8.0	6.5	5.3	4.5

이 자료에 대한 설명으로 옳은 것만을 〈보기〉에서 있는 대로 고른 것은? [3점]

〈보기〉
ㄱ. '다짐 작용'은 ㉠에 해당한다.
ㄴ. 과정 (나)에서 원통 속에 남아 있는 물의 부피는 222.5 mL이다.
ㄷ. 원형 판의 개수가 증가할수록 단위 부피당 퇴적물 입자의 개수는 증가한다.

① ㄱ　② ㄴ　③ ㄱ, ㄷ　④ ㄴ, ㄷ　⑤ ㄱ, ㄴ, ㄷ

빈출

퇴적 구조
- 사층리
- 점이 층리
- 건열
- 연흔
- 여러 가지 퇴적 구조

26
2025학년도 수능 지I 1번

그림은 건열, 사층리, 연흔이 나타나는 지층의 단면을 나타낸 것이다.
지층 A, B, C에 대한 설명으로 옳은 것만을 〈보기〉에서 있는 대로 고른 것은?

〈보기〉
ㄱ. A에서는 건열이 관찰된다.
ㄴ. B의 퇴적 구조를 통해 지층의 역전 여부를 판단할 수 있다.
ㄷ. C가 형성되는 동안 건조한 환경에 노출된 시기가 있었다.

① ㄱ　② ㄴ　③ ㄱ, ㄷ　④ ㄴ, ㄷ　⑤ ㄱ, ㄴ, ㄷ

13 대표 문제
2025학년도 9월 모평 지I 1번

그림 (가)와 (나)는 건열과 연흔을 순서 없이 나타낸 것이다.

(가)　(나)

이에 대한 설명으로 옳은 것만을 〈보기〉에서 있는 대로 고른 것은?

〈보기〉
ㄱ. (가)는 건열이다.
ㄴ. (나)는 역암층보다 이암층에서 흔히 나타난다.
ㄷ. (가)와 (나)는 지층의 역전 여부를 판단하는 데 활용된다.

① ㄱ　② ㄷ　③ ㄱ, ㄴ　④ ㄴ, ㄷ　⑤ ㄱ, ㄴ, ㄷ

14
2025학년도 6월 모평 지I 1번

다음은 퇴적 구조 (가)와 (나)에 대한 학생 A, B, C의 대화를 나타낸 것이다. (가)와 (나)는 건열과 점이 층리를 순서 없이 나타낸 것이다.

(가)　(나)

학생 A: (가)는 깊이 층리이다.
학생 B: (나)는 수심이 깊은 곳에서 형성돼.
학생 C: (가)와 (나)는 모두 지층의 역전 여부를 판단하는 데 활용될 수 있어.

제시한 내용이 옳은 학생만을 있는 대로 고른 것은?
① A　② B　③ C　④ A, C　⑤ B, C

16
2024학년도 수능 지I 2번

그림 (가), (나), (다)는 사층리, 연흔, 점이층리를 순서 없이 나타낸 것이다.

(가)　(나)　(다)

이에 대한 설명으로 옳은 것만을 〈보기〉에서 있는 대로 고른 것은?

〈보기〉
ㄱ. (가)는 점이층리이다.
ㄴ. (나)는 지층의 역전 여부를 판단할 수 있는 퇴적 구조이다.
ㄷ. (다)는 역암층보다 사암층에서 주로 나타난다.

① ㄱ　② ㄷ　③ ㄱ, ㄴ　④ ㄴ, ㄷ　⑤ ㄱ, ㄴ, ㄷ

10 대표 문제
2023학년도 9월 모평 지I 4번

다음은 어느 퇴적 구조가 형성되는 원리를 알아보기 위한 실험이다.

[실험 목표]
○ (㉠)의 형성 원리를 설명할 수 있다.

[실험 과정]
(가) 100 mL의 물이 담긴 원통형 유리 접시에 입자 크기가 $\frac{1}{16}$ mm 이하인 점토 100 g을 고르게 붓는다.
(나) 그림과 같이 백열전등 아래에 원통형 유리 접시를 놓고 전등 빛을 비춘다.
(다) 전등 빛을 충분히 비추었을 때 변화된 점토 표면의 모습을 관찰하고 그 결과를 스케치한다.

[실험 결과]
(위에서 본 모습)　(옆에서 본 모습)

이에 대한 설명으로 옳은 것만을 〈보기〉에서 있는 대로 고른 것은? [3점]

〈보기〉
ㄱ. '건열'은 ㉠에 해당한다.
ㄴ. 건조한 환경에 노출되어 퇴적물의 표면이 갈라진 모습은 ㉡에 해당한다.
ㄷ. 이 퇴적 구조는 주로 역암층에서 관찰된다.

① ㄱ　② ㄴ　③ ㄱ, ㄷ　④ ㄴ, ㄷ　⑤ ㄱ, ㄴ, ㄷ

한반도의 퇴적암 지형

2022~2019

05
2022학년도 6월 모평 지Ⅰ 16번

그림 (가)는 어느 쇄설성 퇴적층의 단면을, (나)는 속성 작용이 일어나는 동안 (가)의 모래층에서 모래 입자 사이 공간(㉠)의 부피 변화를 나타낸 것이다.

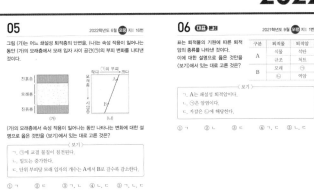

(가)의 모래층에서 속성 작용이 일어나는 동안 나타나는 변화에 대한 설명으로 옳은 것을 〈보기〉에서 있는 대로 고른 것은?

─〈 보기 〉─
ㄱ. ㉠에 교결 물질이 침전된다.
ㄴ. 밀도는 증가한다.
ㄷ. 단위 부피당 모래 입자의 개수는 A에서 B로 갈수록 감소한다.

① ㄱ ② ㄷ ③ ㄱ, ㄴ ④ ㄴ, ㄷ ⑤ ㄱ, ㄴ, ㄷ

06 대표 문제
2021학년도 9월 모평 지Ⅰ 1번

표는 퇴적물의 기원에 따른 퇴적암의 종류를 나타낸 것이다. 이에 대한 설명으로 옳은 것을 〈보기〉에서 있는 대로 고른 것은?

구분	퇴적물	퇴적암
A	식물	석탄
	규조	처트
B	모래	㉠
	㉡	역암

─〈 보기 〉─
ㄱ. A는 쇄설성 퇴적암이다.
ㄴ. ㉠은 암염이다.
ㄷ. 자갈은 ㉡에 해당한다.

① ㄱ ② ㄴ ③ ㄷ ④ ㄱ, ㄷ ⑤ ㄴ, ㄷ

09
2022학년도 수능 지Ⅰ 4번

다음은 어느 퇴적 구조가 형성되는 원리를 알아보기 위한 실험이다.

[실험 목표]
o (㉠)의 형성 원리를 설명할 수 있다.
[실험 과정]
(가) 입자의 크기가 2 mm 이하인 모래, 2~4 mm인 왕모래, 4~6 mm인 잔자갈을 각각 100 g씩 준비하여 물이 담긴 원통에 넣는다.
(나) 원통을 흔들어 입자들을 골고루 섞은 후, 원통을 세워 입자들이 가라앉기를 기다린다.
(다) 그림과 같이 원통의 퇴적물을 같은 간격의 세 구간 A, B, C로 나눈다.
(라) 각 구간의 퇴적물을 모래, 왕모래, 잔자갈로 구분하여 각각의 질량을 측정한다.

[실험 결과]
o A, B, C 구간별 입자 종류에 따른 질량비

o 퇴적물 입자의 크기가 클수록 (㉡) 가라앉는다.

이에 대한 설명으로 옳은 것만을 〈보기〉에서 있는 대로 고른 것은? [3점]

─〈 보기 〉─
ㄱ. '점이 층리'는 ㉠에 해당한다.
ㄴ. '느리게'는 ㉡에 해당한다.
ㄷ. 경사가 급한 해저에서 빠르게 이동하던 퇴적물의 유속이 갑자기 느려지면서 퇴적되는 과정은 (나)에 해당한다.

① ㄱ ② ㄴ ③ ㄱ, ㄷ ④ ㄴ, ㄷ ⑤ ㄱ, ㄴ, ㄷ

20
2021학년도 수능 지Ⅰ 6번

그림 (가)는 해수면이 하강하는 과정에서 형성된 퇴적층의 단면이고, (나)는 (가)의 퇴적층에서 나타나는 퇴적 구조 A와 B이다.

이 자료에 대한 설명으로 옳은 것만을 〈보기〉에서 있는 대로 고른 것은?

─〈 보기 〉─
ㄱ. (가)의 퇴적층 중 가장 얕은 수심에서 형성된 것은 이암층이다.
ㄴ. (나)의 A와 B는 주로 역암층에서 관찰된다.
ㄷ. (나)의 A와 B 중 층리면에서 관찰되는 퇴적 구조는 B이다.

① ㄱ ② ㄴ ③ ㄷ ④ ㄱ, ㄷ ⑤ ㄴ, ㄷ

23
2020학년도 수능 지Ⅱ 1번

그림 (가), (나), (다)는 어느 지역에서 관찰되는 건열, 사층리, 연흔을 순서 없이 나타낸 것이다.

이에 대한 설명으로 옳은 것을 〈보기〉에서 있는 대로 고른 것은?

─〈 보기 〉─
ㄱ. (가)는 연흔이다.
ㄴ. (나)는 심해 환경에서 생성된다.
ㄷ. (다)에서는 퇴적물의 공급 방향을 알 수 있다.

① ㄱ ② ㄴ ③ ㄱ, ㄷ ④ ㄴ, ㄷ ⑤ ㄱ, ㄴ, ㄷ

25
2020학년도 6월 모평 지Ⅱ 1번

그림 (가), (나), (다)는 서로 다른 퇴적 구조를 나타낸 것이다.

(가) 건열   (나) 사층리   (다) 점이 층리

이에 대한 설명으로 옳은 것만을 〈보기〉에서 있는 대로 고른 것은?

─〈 보기 〉─
ㄱ. (가)는 심해 환경에서 생성된다.
ㄴ. (나)에서는 퇴적물의 공급 방향을 알 수 있다.
ㄷ. (다)는 입자 크기에 따른 퇴적 속도 차이에 의해 생성된다.

① ㄱ ② ㄴ ③ ㄱ, ㄷ ④ ㄴ, ㄷ ⑤ ㄱ, ㄴ, ㄷ

19
2021학년도 6월 모평 지Ⅰ 1번

다음은 어느 지층의 퇴적 구조에 대한 학생 A, B, C의 대화를 나타낸 것이다.

(가) 특징: 층리가 평행하지 않고 비스듬히 기울어져 보임.
(나) 특징: 물결 모양의 흔적이 지층에 남아 있음.

학생 A: 가로로부터 퇴적물이 공급된 방향을 알 수 있어.
학생 B: (나)는 층리면을 관찰한 거야.
학생 C: (가)와 (나)는 주로 역암층에서 나타나.

제시한 내용이 옳은 학생만을 있는 대로 고른 것은?

① A ② C ③ A, B ④ B, C ⑤ A, B, C

17
2020학년도 9월 모평 지Ⅱ 3번

그림은 퇴적 구조 A, B, C를 나타낸 것이다. 이에 대한 설명으로 옳은 것만을 〈보기〉에서 있는 대로 고른 것은?

─〈 보기 〉─
ㄱ. A는 지층의 상하 판단에 이용된다.
ㄴ. B는 연흔이다.
ㄷ. C가 생성되는 동안 건조한 대기에 노출된 시기가 있었다.

① ㄱ ② ㄴ ③ ㄱ, ㄷ ④ ㄴ, ㄷ ⑤ ㄱ, ㄴ, ㄷ

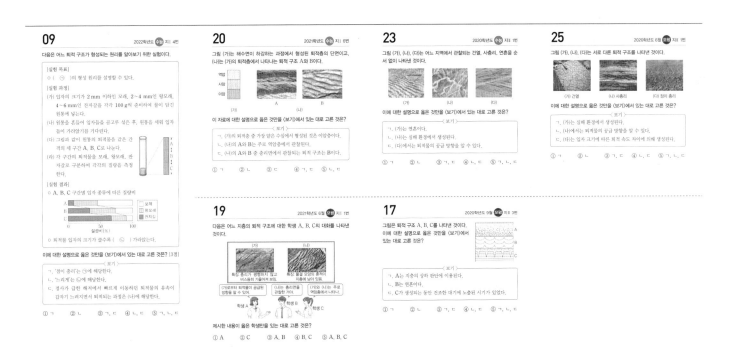

6 일차

01

그림 (가)와 (나)는 어느 쇄설성 퇴적암의 생성 과정 일부를 순서대로 나타낸 것이다.

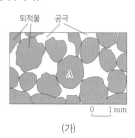
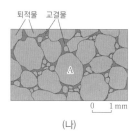

(가)   (나)

이에 대한 설명으로 옳은 것만을 〈보기〉에서 있는 대로 고른 것은?

─〈 보기 〉─
ㄱ. (가)에서 다짐 작용을 받으면 공극은 감소한다.
ㄴ. (나)에서 교결물은 퇴적물 입자들을 결합시켜 주는 역할을 한다.
ㄷ. 이암은 주로 A와 같은 크기의 퇴적물 입자가 퇴적되어 만들어진다.

① ㄱ   ② ㄷ   ③ ㄱ, ㄴ   ④ ㄴ, ㄷ   ⑤ ㄱ, ㄴ, ㄷ

02

표는 퇴적암 A, B, C를 이루는 자갈의 비율과 모래의 비율을 나타낸 것이다. A, B, C는 각각 역암, 사암, 셰일 중 하나이다.

퇴적암	자갈의 비율(%)	모래의 비율(%)
A	5	90
B	4	5
C	80	10

이에 대한 설명으로 옳은 것만을 〈보기〉에서 있는 대로 고른 것은?

─〈 보기 〉─
ㄱ. A는 셰일이다.
ㄴ. 연흔은 C층에서 주로 나타난다.
ㄷ. A, B, C는 쇄설성 퇴적암이다.

① ㄱ   ② ㄷ   ③ ㄱ, ㄴ   ④ ㄴ, ㄷ   ⑤ ㄱ, ㄴ, ㄷ

03 대표 문제

다음은 쇄설성 퇴적암이 형성되는 과정의 일부를 알아보기 위한 실험이다.

[실험 목표]
○ 쇄설성 퇴적암이 형성되는 과정 중 (㉠)을/를 설명할 수 있다.

[실험 과정]
(가) 크기가 다양한 자갈, 모래, 점토를 각각 준비하여 투명한 원통에 넣는다.
(나) (가)의 원통의 퇴적물에서 입자 사이의 빈 공간(공극)의 모습을 관찰한다.
(다) 컵에 석회질 물질과 물을 부어 석회질 반죽을 만든다.
(라) ㉡석회질 반죽을 (가)의 원통에 부어 퇴적물이 쌓인 높이(h)까지 채운 후 건조시켜 굳힌다.
(마) (라)의 입자 사이의 빈 공간(공극)의 모습을 관찰한다.

[실험 결과]

㉢ (나)의 결과	㉣ (마)의 결과
↕h	↕h

이 자료에 대한 설명으로 옳은 것만을 〈보기〉에서 있는 대로 고른 것은? [3점]

─〈 보기 〉─
ㄱ. '교결 작용'은 ㉠에 해당한다.
ㄴ. ㉡은 퇴적물 입자들을 단단하게 결합시켜 주는 물질에 해당한다.
ㄷ. 단위 부피당 공극이 차지하는 부피는 ㉢이 ㉣보다 크다.

① ㄱ   ② ㄷ   ③ ㄱ, ㄴ   ④ ㄴ, ㄷ   ⑤ ㄱ, ㄴ, ㄷ

04

다음은 퇴적암이 형성되는 과정의 일부를 알아보기 위한 실험이다.

[실험 목표]

○ 퇴적암이 형성되는 과정 중 (㉠)을/를 설명할 수 있다.

[실험 과정]

(가) 입자 크기 2 mm 정도인 퇴적물 250 mL가 담긴 원통에 물 250 mL를 넣는다.

(나) 물의 높이가 퇴적물의 높이와 같아질 때까지 물을 추출한 뒤, 추출된 물의 부피를 측정한다.

(다) 그림과 같이 원형 판 1개를 원통에 넣어 퇴적물을 압축시킨다.

(라) 물의 높이가 퇴적물의 높이와 같아질 때까지 물을 추출하고, 그 물의 부피를 측정한다.

(마) 동일한 원형 판의 개수를 1개씩 증가시키면서 (라)의 과정을 반복한다.

(바) 원형 판의 개수와 추출된 물의 부피와의 관계를 정리한다.

[실험 결과]

○ 과정 (나)에서 추출된 물의 부피: 100 mL

○ 과정 (다)~(마)에서 원형 판의 개수에 따른 추출된 물의 부피

원형 판 개수(개)	1	2	3	4	5
추출된 물의 부피(mL)	27.5	8.0	6.5	5.3	4.5

이 자료에 대한 설명으로 옳은 것만을 〈보기〉에서 있는 대로 고른 것은? [3점]

〈보기〉

ㄱ. '다짐 작용'은 ㉠에 해당한다.

ㄴ. 과정 (나)에서 원통 속에 남아 있는 물의 부피는 222.5 mL 이다.

ㄷ. 원형 판의 개수가 증가할수록 단위 부피당 퇴적물 입자의 개수는 증가한다.

① ㄱ   ② ㄴ   ③ ㄱ, ㄷ   ④ ㄴ, ㄷ   ⑤ ㄱ, ㄴ, ㄷ

05

그림 (가)는 어느 쇄설성 퇴적층의 단면을, (나)는 속성 작용이 일어나는 동안 (가)의 모래층에서 모래 입자 사이 공간(㉠)의 부피 변화를 나타낸 것이다.

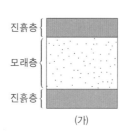 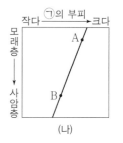

(가)의 모래층에서 속성 작용이 일어나는 동안 나타나는 변화에 대한 설명으로 옳은 것만을 〈보기〉에서 있는 대로 고른 것은?

〈보기〉

ㄱ. ㉠에 교결 물질이 침전된다.

ㄴ. 밀도는 증가한다.

ㄷ. 단위 부피당 모래 입자의 개수는 A에서 B로 갈수록 감소한다.

① ㄱ   ② ㄷ   ③ ㄱ, ㄴ   ④ ㄴ, ㄷ   ⑤ ㄱ, ㄴ, ㄷ

06 대표문제

표는 퇴적물의 기원에 따른 퇴적암의 종류를 나타낸 것이다. 이에 대한 설명으로 옳은 것만을 〈보기〉에서 있는 대로 고른 것은?

구분	퇴적물	퇴적암
A	식물	석탄
	규조	처트
B	모래	㉠
	㉡	역암

〈보기〉

ㄱ. A는 쇄설성 퇴적암이다.

ㄴ. ㉠은 암염이다.

ㄷ. 자갈은 ㉡에 해당한다.

① ㄱ   ② ㄴ   ③ ㄷ   ④ ㄱ, ㄷ   ⑤ ㄴ, ㄷ

07

그림 (가)는 퇴적 환경의 일부를, (나)는 서로 다른 퇴적 구조를 나타낸 것이다.

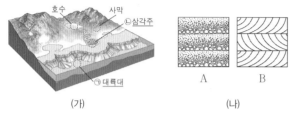

(가)   (나)

이에 대한 설명으로 옳은 것만을 〈보기〉에서 있는 대로 고른 것은?

〈 보기 〉
ㄱ. A는 ㉠보다 ㉡에서 잘 생성된다.
ㄴ. B를 통해 퇴적물이 공급된 방향을 알 수 있다.
ㄷ. ㉡은 퇴적 환경 중 육상 환경에 해당한다.

① ㄱ   ② ㄴ   ③ ㄱ, ㄷ   ④ ㄴ, ㄷ   ⑤ ㄱ, ㄴ, ㄷ

08

그림 (가)는 해성층 A, B, C로 이루어진 어느 지역의 지층 단면과 A의 일부에서 발견된 퇴적 구조를, (나)는 A의 퇴적이 완료된 이후 해수면에 대한 ⓐ지점의 상대적 높이 변화를 나타낸 것이다.

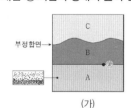 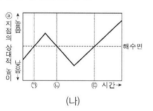

(가)   (나)

이에 대한 설명으로 옳은 것만을 〈보기〉에서 있는 대로 고른 것은? [3점]

〈 보기 〉
ㄱ. A의 퇴적 구조는 입자 크기에 따른 퇴적 속도 차이에 의해 형성되었다.
ㄴ. B의 두께는 ㉠ 시기보다 ㉡ 시기에 두꺼웠다.
ㄷ. C는 ㉢ 시기 이후에 생성되었다.

① ㄱ   ② ㄷ   ③ ㄱ, ㄴ   ④ ㄴ, ㄷ   ⑤ ㄱ, ㄴ, ㄷ

09

다음은 어느 퇴적 구조가 형성되는 원리를 알아보기 위한 실험이다.

[실험 목표]
○ (㉠)의 형성 원리를 설명할 수 있다.

[실험 과정]
(가) 입자의 크기가 2 mm 이하인 모래, 2~4 mm인 왕모래, 4~6 mm인 잔자갈을 각각 100 g씩 준비하여 물이 담긴 원통에 넣는다.

(나) 원통을 흔들어 입자들을 골고루 섞은 후, 원통을 세워 입자들이 가라앉기를 기다린다.

(다) 그림과 같이 원통의 퇴적물을 같은 간격의 세 구간 A, B, C로 나눈다.

(라) 각 구간의 퇴적물을 모래, 왕모래, 잔자갈로 구분하여 각각의 질량을 측정한다.

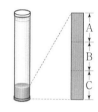

[실험 결과]
○ A, B, C 구간별 입자 종류에 따른 질량비

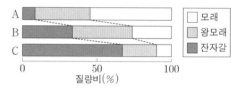

○ 퇴적물 입자의 크기가 클수록 (㉡) 가라앉는다.

이에 대한 설명으로 옳은 것만을 〈보기〉에서 있는 대로 고른 것은? [3점]

〈 보기 〉
ㄱ. '점이 층리'는 ㉠에 해당한다.
ㄴ. '느리게'는 ㉡에 해당한다.
ㄷ. 경사가 급한 해저에서 빠르게 이동하던 퇴적물의 유속이 갑자기 느려지면서 퇴적되는 과정은 (나)에 해당한다.

① ㄱ   ② ㄴ   ③ ㄱ, ㄷ   ④ ㄴ, ㄷ   ⑤ ㄱ, ㄴ, ㄷ

10 대표문제

다음은 어느 퇴적 구조가 형성되는 원리를 알아보기 위한 실험이다.

[실험 목표]

○ (㉠)의 형성 원리를 설명할 수 있다.

[실험 과정]

(가) 100 mL의 물이 담긴 원통형 유리 접시에 입자 크기가 $\frac{1}{16}$ mm 이하인 점토 100 g을 고르게 붓는다.

(나) 그림과 같이 백열전등 아래에 원통형 유리 접시를 놓고 전등 빛을 비춘다.

(다) ㉡ 전등 빛을 충분히 비추었을 때 변화된 점토 표면의 모습을 관찰하여 그 결과를 스케치한다.

[실험 결과]

〈위에서 본 모습〉   〈옆에서 본 모습〉

이에 대한 설명으로 옳은 것만을 〈보기〉에서 있는 대로 고른 것은? [3점]

〈 보기 〉

ㄱ. '건열'은 ㉠에 해당한다.

ㄴ. 건조한 환경에 노출되어 퇴적물의 표면이 갈라진 모습은 ㉡에 해당한다.

ㄷ. 이 퇴적 구조는 주로 역암층에서 관찰된다.

① ㄱ   ② ㄴ   ③ ㄷ   ④ ㄱ, ㄴ   ⑤ ㄱ, ㄷ

11

다음은 인공지능[AI] 프로그램을 이용하여 퇴적 구조를 분류하는 탐구 활동이다.

[탐구 과정]

(가) 이미지를 분류해 주는 AI 프로그램에 접속한다.

(나) 건열, 사층리, 연흔의 명칭을 입력하고, 각각에 해당하는 서로 다른 사진 파일을 10개씩 업로드하여 AI 학습 과정을 진행시킨다.

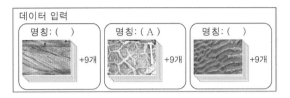

(다) 학습된 AI에 퇴적 구조의 새로운 사진 파일 2개를 업로드하여 분류 결과를 확인한다.

사진 1	퇴적 구조	일치 정도(%)
	건열	20.32
	사층리	40.86
	연흔	38.82

⇩ 분류 결과: 사층리

사진 2	퇴적 구조	일치 정도(%)
	건열	2.96
	사층리	79.83
	연흔	17.21

⇩ 분류 결과: 사층리

(라) (다)의 사진에 나타난 퇴적 구조의 특징을 각각 분석하여 모둠별로 퇴적 구조의 종류를 판단하고, AI의 분류 결과와 일치하는지 확인한다.

[탐구 결과]

	사진에 나타난 퇴적 구조의 특징	모둠별 판단 결과	AI의 분류 결과	일치 여부 (○: 일치, ×: 불일치)
사진1	(㉠)	연흔	사층리	×
사진2	층리가 평행하지 않고 기울어짐.	( )	사층리	(㉡)

이 자료에 대한 설명으로 옳은 것만을 〈보기〉에서 있는 대로 고른 것은? (단, 모둠별 판단 결과는 모두 옳게 제시하였다.) [3점]

〈 보기 〉

ㄱ. (나)에서 A는 건열이다.

ㄴ. '지층의 표면에 물결 무늬의 자국이 보임.'은 ㉠에 해당한다.

ㄷ. ㉡은 '○'이다.

① ㄱ   ② ㄷ   ③ ㄱ, ㄴ   ④ ㄴ, ㄷ   ⑤ ㄱ, ㄴ, ㄷ

6 일차

12

다음은 세 가지 퇴적 구조를 특징에 따라 구분하는 과정을 나타낸 것이다.
이에 대한 설명으로 옳은 것만을 〈보기〉에서 있는 대로 고른 것은?

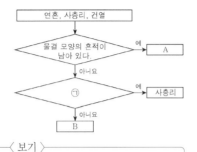

〈 보기 〉

ㄱ. A는 연흔이다.

ㄴ. '퇴적물이 공급된 방향을 알 수 있다.'는 ㉠에 해당한다.

ㄷ. B는 수심이 깊은 환경에서 형성된다.

① ㄱ   ② ㄷ   ③ ㄱ, ㄴ   ④ ㄴ, ㄷ   ⑤ ㄱ, ㄴ, ㄷ

13 대표 문제

그림 (가)와 (나)는 건열과 연흔을 순서 없이 나타낸 것이다.

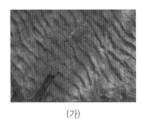 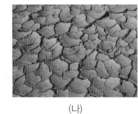

(가)   (나)

이에 대한 설명으로 옳은 것만을 〈보기〉에서 있는 대로 고른 것은?

〈 보기 〉

ㄱ. (가)는 건열이다.

ㄴ. (나)는 역암층보다 이암층에서 흔히 나타난다.

ㄷ. (가)와 (나)는 지층의 역전 여부를 판단하는 데 활용된다.

① ㄱ   ② ㄷ   ③ ㄱ, ㄴ   ④ ㄴ, ㄷ   ⑤ ㄱ, ㄴ, ㄷ

14

다음은 퇴적 구조 (가)와 (나)에 대한 학생 A, B, C의 대화를 나타낸 것이다. (가)와 (나)는 건열과 점이 층리를 순서 없이 나타낸 것이다.

제시한 내용이 옳은 학생만을 있는 대로 고른 것은?

① A   ② B   ③ C   ④ A, C   ⑤ B, C

15

그림은 퇴적 구조 A와 B가 발달한 지층 단면을 나타낸 것이다. A와 B는 각각 건열과 연흔 중 하나이다.
이에 대한 설명으로 옳은 것만을 〈보기〉에서 있는 대로 고른 것은?

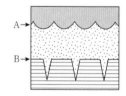

〈 보기 〉

ㄱ. A는 연흔이다.

ㄴ. B는 주로 건조한 환경에서 형성된다.

ㄷ. A와 B를 통해 지층의 역전 여부를 확인할 수 있다.

① ㄱ   ② ㄷ   ③ ㄱ, ㄴ   ④ ㄴ, ㄷ   ⑤ ㄱ, ㄴ, ㄷ

16

그림 (가), (나), (다)는 사층리, 연흔, 점이층리를 순서 없이 나타낸 것이다.

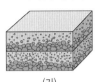 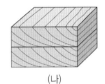 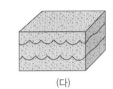

(가)　　　　　　(나)　　　　　　(다)

이에 대한 설명으로 옳은 것만을 〈보기〉에서 있는 대로 고른 것은?

―〈 보기 〉―
ㄱ. (가)는 점이층리이다.
ㄴ. (나)는 지층의 역전 여부를 판단할 수 있는 퇴적 구조이다.
ㄷ. (다)는 역암층보다 사암층에서 주로 나타난다.

① ㄱ　　② ㄷ　　③ ㄱ, ㄴ　　④ ㄴ, ㄷ　　⑤ ㄱ, ㄴ, ㄷ

17

그림은 퇴적 구조 A, B, C를 나타낸 것이다. 이에 대한 설명으로 옳은 것만을 〈보기〉에서 있는 대로 고른 것은?

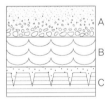

―〈 보기 〉―
ㄱ. A는 지층의 상하 판단에 이용된다.
ㄴ. B는 연흔이다.
ㄷ. C가 생성되는 동안 건조한 대기에 노출된 시기가 있었다.

① ㄱ　　② ㄴ　　③ ㄱ, ㄷ　　④ ㄴ, ㄷ　　⑤ ㄱ, ㄴ, ㄷ

18

그림 (가)와 (나)는 퇴적 구조를 나타낸 것이다.

(가) 사층리　　　　　　(나) 건열

이에 대한 설명으로 옳은 것만을 〈보기〉에서 있는 대로 고른 것은?

―〈 보기 〉―
ㄱ. (가)로부터 퇴적물이 공급된 방향을 알 수 있다.
ㄴ. (나)는 형성 당시에 건조한 시기가 있었다.
ㄷ. (가)와 (나)를 통해 지층의 역전 여부를 판단할 수 있다.

① ㄱ　　② ㄴ　　③ ㄱ, ㄷ　　④ ㄴ, ㄷ　　⑤ ㄱ, ㄴ, ㄷ

19

다음은 어느 지층의 퇴적 구조에 대한 학생 A, B, C의 대화를 나타낸 것이다.

제시한 내용이 옳은 학생만을 있는 대로 고른 것은?

① A　　② C　　③ A, B　　④ B, C　　⑤ A, B, C

20

그림 (가)는 해수면이 하강하는 과정에서 형성된 퇴적층의 단면이고, (나)는 (가)의 퇴적층에서 나타나는 퇴적 구조 A와 B이다.

역암
사암
이암

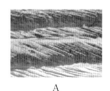
A

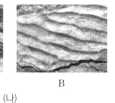
B

(가)　　　　　　　　(나)

이 자료에 대한 설명으로 옳은 것만을 〈보기〉에서 있는 대로 고른 것은?

〈 보기 〉
ㄱ. (가)의 퇴적층 중 가장 얕은 수심에서 형성된 것은 이암층이다.
ㄴ. (나)의 A와 B는 주로 역암층에서 관찰된다.
ㄷ. (나)의 A와 B 중 층리면에서 관찰되는 퇴적 구조는 B이다.

① ㄱ　　② ㄴ　　③ ㄷ　　④ ㄱ, ㄷ　　⑤ ㄴ, ㄷ

21

그림 (가)와 (나)는 서로 다른 퇴적 구조를 나타낸 것이다.

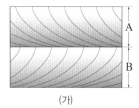
A
B

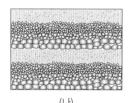

(가)　　　　　　　　(나)

이에 대한 설명으로 옳은 것만을 〈보기〉에서 있는 대로 고른 것은?

〈 보기 〉
ㄱ. (가)에서 퇴적물의 공급 방향은 A와 B가 같다.
ㄴ. (나)는 입자 크기에 따른 퇴적 속도 차이에 의해 생성된다.
ㄷ. (가)는 (나)보다 수심이 깊은 곳에서 잘 생성된다.

① ㄱ　　② ㄴ　　③ ㄱ, ㄷ　　④ ㄴ, ㄷ　　⑤ ㄱ, ㄴ, ㄷ

22

그림 (가)와 (나)는 퇴적 구조를 나타낸 것이다.

(가) 건열　　　　　　　　(나) 연흔

이에 대한 설명으로 옳은 것만을 〈보기〉에서 있는 대로 고른 것은?

〈 보기 〉
ㄱ. (가)는 형성되는 동안 건조한 대기에 노출된 적이 있다.
ㄴ. (나)는 횡압력에 의해 형성되었다.
ㄷ. (가)와 (나)는 모두 층리면을 관찰한 것이다.

① ㄱ　　② ㄴ　　③ ㄱ, ㄷ　　④ ㄴ, ㄷ　　⑤ ㄱ, ㄴ, ㄷ

23

그림 (가), (나), (다)는 어느 지역에서 관찰되는 건열, 사층리, 연흔을 순서 없이 나타낸 것이다.

(가)　　　　　(나)　　　　　(다)

이에 대한 설명으로 옳은 것만을 〈보기〉에서 있는 대로 고른 것은?

〈 보기 〉
ㄱ. (가)는 연흔이다.
ㄴ. (나)는 심해 환경에서 생성된다.
ㄷ. (다)에서는 퇴적물의 공급 방향을 알 수 있다.

① ㄱ　　② ㄴ　　③ ㄱ, ㄷ　　④ ㄴ, ㄷ　　⑤ ㄱ, ㄴ, ㄷ

24

그림은 서로 다른 퇴적 구조를 나타낸 것이다.

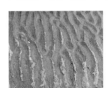  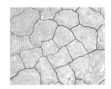

(가) 연흔　　　　(나) 점이 층리　　　　(다) 건열

이에 대한 설명으로 옳은 것만을 〈보기〉에서 있는 대로 고른 것은?

〈 보기 〉
ㄱ. (가)는 (나)보다 주로 수심이 깊은 곳에서 형성된다.
ㄴ. (나)는 입자의 크기에 따른 퇴적 속도 차이에 의해 형성된다.
ㄷ. (다)는 형성되는 동안 건조한 환경에 노출된 시기가 있었다.

① ㄱ　　② ㄴ　　③ ㄱ, ㄷ　　④ ㄴ, ㄷ　　⑤ ㄱ, ㄴ, ㄷ

25

그림 (가), (나), (다)는 서로 다른 퇴적 구조를 나타낸 것이다.

 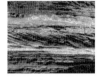

(가) 건열　　　　(나) 사층리　　　　(다) 점이 층리

이에 대한 설명으로 옳은 것만을 〈보기〉에서 있는 대로 고른 것은?

〈 보기 〉
ㄱ. (가)는 심해 환경에서 생성된다.
ㄴ. (나)에서는 퇴적물의 공급 방향을 알 수 있다.
ㄷ. (다)는 입자 크기에 따른 퇴적 속도 차이에 의해 생성된다.

① ㄱ　　② ㄴ　　③ ㄱ, ㄷ　　④ ㄴ, ㄷ　　⑤ ㄱ, ㄴ, ㄷ

26

그림은 건열, 사층리, 연흔이 나타나는 지층의 단면을 나타낸 것이다.
지층 A, B, C에 대한 설명으로 옳은 것만을 〈보기〉에서 있는 대로 고른 것은?

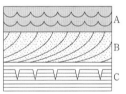

〈 보기 〉
ㄱ. A에서는 건열이 관찰된다.
ㄴ. B의 퇴적 구조를 통해 지층의 역전 여부를 판단할 수 있다.
ㄷ. C가 형성되는 동안 건조한 환경에 노출된 시기가 있었다.

① ㄱ　　② ㄴ　　③ ㄱ, ㄷ　　④ ㄴ, ㄷ　　⑤ ㄱ, ㄴ, ㄷ

한눈에 정리하는
평가원 기출 경향

주제 \ 학년도	**2025**	**2024**	**2023**
지질 구조 — 습곡 — 단층 — 부정합 — 관입과 포획 — 절리			**02** 대표 문제 2023학년도 6월 모평 지I 6번 그림 (가)는 판의 경계를, (나)는 어느 단층 구조를 나타낸 것이다. 이에 대한 설명으로 옳은 것만을 〈보기〉에서 있는 대로 고른 것은? 〈보기〉 ㄱ. A 지역에서는 주향 이동 단층이 발달한다. ㄴ. ㉠은 상반이다. ㄷ. (나)는 C 지역에서가 B 지역에서보다 잘 나타난다. ① ㄱ ② ㄴ ③ ㄱ, ㄷ ④ ㄴ, ㄷ ⑤ ㄱ, ㄴ, ㄷ
지질 구조 — 여러 가지 지질 구조			
한반도의 퇴적 구조와 지질 구조			

2022~2019

03
2022학년도 9월 모평 지Ⅰ 4번

다음은 어느 지질 구조의 형성 과정을 알아보기 위한 탐구이다.

[탐구 과정]
(가) 지점토 판 세 개를 하나씩 순서대로 쌓은 뒤, Ⅰ과 같이 경사지게 지점토 칼로 자른다.
(나) 잘린 지점토 판 전체를 조심스럽게 들어 올리고, Ⅱ와 같이 ⊙ 양쪽 끝을 서서히 잡아당겨 가운데 조각이 내려가도록 한다.
(다) Ⅲ과 같이 지점토 칼로 지점토 판의 위쪽을 수평으로 자른다.
(라) 잘린 지점토 판 위에 Ⅳ와 같이 새로운 지점토 판을 수평이 되도록 쌓는다.

이에 대한 설명으로 옳은 것만을 〈보기〉에서 있는 대로 고른 것은? [3점]

〈보기〉
ㄱ. ⊙에 해당하는 힘은 횡압력이다.
ㄴ. (다)는 지층의 침식 과정에 해당한다.
ㄷ. (라)에서 부정합 형태의 지질 구조가 만들어진다.

① ㄱ   ② ㄴ   ③ ㄷ   ④ ㄱ, ㄴ   ⑤ ㄴ, ㄷ

05
2019학년도 9월 모평 지Ⅰ 2번

다음은 영희가 제주도 서귀포시의 어느 지질 명소에 대하여 조사한 탐구 활동의 일부이다.

[탐구 과정]
(가) 암석의 특징을 관찰하여 기록한다.
(나) 암석 기둥의 윗면에서 나타나는 다각형의 모양을 분류하고 모양에 따른 빈도를 기록한다.
(다) (나)의 결과를 그래프로 나타낸다.

[탐구 결과]

암석의 특징	
색	⊙
빈도 수가 가장 높은 다각형	ⓒ
⋮	⋮

이에 대한 설명으로 옳은 것만을 〈보기〉에서 있는 대로 고른 것은? [3점]

〈보기〉
ㄱ. '색이 어둡고 입자의 크기가 매우 작다.'는 ⊙에 해당한다.
ㄴ. ⓒ은 '육각형'이다.
ㄷ. 기둥 모양을 형성하는 절리는 용암이 급격히 냉각 수축하는 과정에서 만들어진다.

① ㄱ   ② ㄷ   ③ ㄱ, ㄴ   ④ ㄴ, ㄷ   ⑤ ㄱ, ㄴ, ㄷ

08
2021학년도 6월 모평 지Ⅰ 2번

그림 (가), (나), (다)는 습곡, 포획, 절리를 순서 없이 나타낸 것이다.

(가)   (나)   (다)

이에 대한 설명으로 옳은 것만을 〈보기〉에서 있는 대로 고른 것은? [3점]

〈보기〉
ㄱ. (가)는 (나)보다 깊은 곳에서 형성되었다.
ㄴ. (나)는 수축에 의해 형성되었다.
ㄷ. (다)에서 A는 B보다 먼저 생성되었다.

① ㄱ   ② ㄷ   ③ ㄱ, ㄴ   ④ ㄴ, ㄷ   ⑤ ㄱ, ㄴ, ㄷ

12 대표문제
2020학년도 9월 모평 지Ⅰ 2번

그림 (가), (나), (다)는 우리나라 지질 명소를 나타낸 것이다.

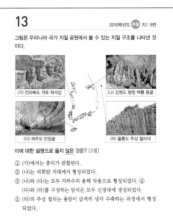

(가) 진안 마이산   (나) 북한산 인수봉   (다) 제주도 주상 절리대

이에 대한 설명으로 옳은 것만을 〈보기〉에서 있는 대로 고른 것은?

〈보기〉
ㄱ. (가)의 타포니는 북쪽 사면보다 남쪽 사면에 많이 분포한다.
ㄴ. (가)의 암석은 (다)의 암석보다 나중에 생성되었다.
ㄷ. (나)의 암석은 (다)의 암석보다 지하 깊은 곳에서 생성되었다.

① ㄱ   ② ㄴ   ③ ㄷ   ④ ㄱ, ㄷ   ⑤ ㄴ, ㄷ

13
2019학년도 수능 지Ⅰ 9번

그림은 우리나라 국가 지질 공원에서 볼 수 있는 지질 구조를 나타낸 것이다.

(가) 전라북도 격포 채석강   (나) 강원도 평창 백룡 동굴
(다) 제주도 만장굴   (라) 울릉도 주상 절리대

이에 대한 설명으로 옳지 않은 것은? [3점]

① (가)에서는 층리가 관찰된다.
② (나)는 석회암 지대에서 형성되었다.
③ (나)와 (다)는 모두 지하수의 용해 작용으로 형성되었다.
④ (다)와 (라)를 구성하는 암석은 모두 신생대에 생성되었다.
⑤ (라)의 주상 절리는 용암이 급격히 냉각 수축하는 과정에서 형성되었다.

01

그림은 어느 지괴가 서로 다른 종류의 힘 A, B를 받아 형성된 단층의 모습을 나타낸 것이다.

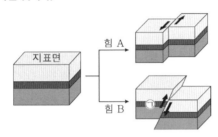

이에 대한 옳은 설명만을 〈보기〉에서 있는 대로 고른 것은?

〈 보기 〉
ㄱ. 힘 A에 의해 역단층이 형성되었다.
ㄴ. ㉠은 상반이다.
ㄷ. 힘 B는 장력이다.

① ㄱ   ② ㄴ   ③ ㄱ, ㄷ   ④ ㄴ, ㄷ   ⑤ ㄱ, ㄴ, ㄷ

02 대표 문제

그림 (가)는 판의 경계를, (나)는 어느 단층 구조를 나타낸 것이다.

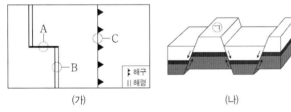

(가)   (나)

이에 대한 설명으로 옳은 것만을 〈보기〉에서 있는 대로 고른 것은?

〈 보기 〉
ㄱ. A 지역에서는 주향 이동 단층이 발달한다.
ㄴ. ㉠은 상반이다.
ㄷ. (나)는 C 지역에서가 B 지역에서보다 잘 나타난다.

① ㄱ   ② ㄴ   ③ ㄱ, ㄷ   ④ ㄴ, ㄷ   ⑤ ㄱ, ㄴ, ㄷ

03

다음은 어느 지질 구조의 형성 과정을 알아보기 위한 탐구이다.

[탐구 과정]
(가) 지점토 판 세 개를 하나씩 순서대로 쌓은 뒤, I과 같이 경사지게 지점토 칼로 자른다.
(나) 잘린 지점토 판 전체를 조심스럽게 들어 올리고, II와 같이 ㉠ 양쪽 끝을 서서히 잡아당겨 가운데 조각이 내려가도록 한다.
(다) III과 같이 지점토 칼로 지점토 판의 위쪽을 수평으로 자른다.
(라) 잘린 지점토 판 위에 IV와 같이 새로운 지점토 판을 수평이 되도록 쌓는다.

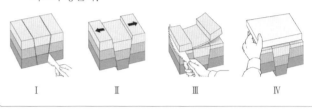

I   II   III   IV

이에 대한 설명으로 옳은 것만을 〈보기〉에서 있는 대로 고른 것은? [3점]

〈 보기 〉
ㄱ. ㉠에 해당하는 힘은 횡압력이다.
ㄴ. (다)는 지층의 침식 과정에 해당한다.
ㄷ. (라)에서 부정합 형태의 지질 구조가 만들어진다.

① ㄱ   ② ㄴ   ③ ㄷ   ④ ㄱ, ㄴ   ⑤ ㄴ, ㄷ

04

그림 (가)와 (나)는 각각 관입암과 포획암이 존재하는 암석의 모습을 나타낸 것이다. (가)와 (나)에 있는 관입암과 포획암의 나이는 같다.

 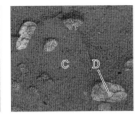

(가)　　　　　　　　(나)

암석 A~D에 대한 옳은 설명만을 〈보기〉에서 있는 대로 고른 것은? [3점]

〈보기〉
ㄱ. A는 B를 관입하였다.
ㄴ. 포획암은 D이다.
ㄷ. 암석의 나이는 C가 가장 적다.

① ㄱ　② ㄴ　③ ㄱ, ㄷ　④ ㄴ, ㄷ　⑤ ㄱ, ㄴ, ㄷ

05

다음은 영희가 제주도 서귀포시의 어느 지질 명소에 대하여 조사한 탐구 활동의 일부이다.

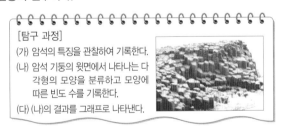

[탐구 과정]
(가) 암석의 특징을 관찰하여 기록한다.
(나) 암석 기둥의 윗면에서 나타나는 다각형의 모양을 분류하고 모양에 따른 빈도 수를 기록한다.
(다) (나)의 결과를 그래프로 나타낸다.

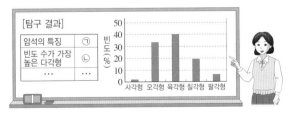

[탐구 결과]
암석의 특징	㉠
빈도 수가 가장 높은 다각형	㉡
...	...

이에 대한 설명으로 옳은 것만을 〈보기〉에서 있는 대로 고른 것은? [3점]

〈보기〉
ㄱ. '색이 어둡고 입자의 크기가 매우 작다.'는 ㉠에 해당한다.
ㄴ. ㉡은 '육각형'이다.
ㄷ. 기둥 모양을 형성하는 절리는 용암이 급격히 냉각 수축하는 과정에서 만들어진다.

① ㄱ　② ㄷ　③ ㄱ, ㄴ　④ ㄴ, ㄷ　⑤ ㄱ, ㄴ, ㄷ

06

그림 (가)와 (나)는 서로 다른 지질 구조를 나타낸 것이다.

 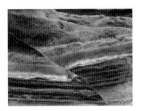

(가) 습곡　　　　　(나) 단층

이에 대한 설명으로 옳은 것만을 〈보기〉에서 있는 대로 고른 것은? (단, 지층의 역전은 없었다.)

〈보기〉
ㄱ. (가)에서는 향사 구조가 나타난다.
ㄴ. (나)에서 상반은 단층면을 따라 위로 이동하였다.
ㄷ. (가)와 (나)는 모두 횡압력을 받아 형성되었다.

① ㄱ　② ㄷ　③ ㄱ, ㄴ　④ ㄴ, ㄷ　⑤ ㄱ, ㄴ, ㄷ

07

그림은 지질 구조 (가), (나), (다)를 나타낸 것이다.

(가)　　　(나)　　　(다)

이에 대한 옳은 설명만을 〈보기〉에서 있는 대로 고른 것은?

〈보기〉
ㄱ. A에는 향사 구조가 나타난다.
ㄴ. (나)와 (다)에는 나이가 많은 지층 아래에 나이가 적은 지층이 나타나는 부분이 있다.
ㄷ. (가), (나), (다)는 모두 횡압력에 의해 형성된다.

① ㄱ　② ㄴ　③ ㄱ, ㄷ　④ ㄴ, ㄷ　⑤ ㄱ, ㄴ, ㄷ

08

그림 (가), (나), (다)는 습곡, 포획, 절리를 순서 없이 나타낸 것이다.

 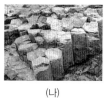 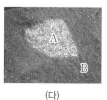

(가)　　　　　　(나)　　　　　　(다)

이에 대한 설명으로 옳은 것만을 〈보기〉에서 있는 대로 고른 것은? [3점]

〈 보기 〉

ㄱ. (가)는 (나)보다 깊은 곳에서 형성되었다.

ㄴ. (나)는 수축에 의해 형성되었다.

ㄷ. (다)에서 A는 B보다 먼저 생성되었다.

① ㄱ　　② ㄷ　　③ ㄱ, ㄴ　　④ ㄴ, ㄷ　　⑤ ㄱ, ㄴ, ㄷ

10

그림 (가), (나), (다)는 주상 절리, 습곡, 사층리를 순서 없이 나타낸 것이다.

 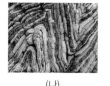 

(가)　　　　　　(나)　　　　　　(다)

이에 대한 옳은 설명만을 〈보기〉에서 있는 대로 고른 것은?

〈 보기 〉

ㄱ. (가)는 주로 퇴적암에 나타나는 구조이다.

ㄴ. (나)는 횡압력을 받아 형성된다.

ㄷ. (다)는 지하 깊은 곳에서 생성된 암석이 지표로 융기할 때 형성된다.

① ㄱ　　② ㄷ　　③ ㄱ, ㄴ　　④ ㄴ, ㄷ　　⑤ ㄱ, ㄴ, ㄷ

09

그림은 어느 지역의 지층과 퇴적 구조를 나타낸 것이다.

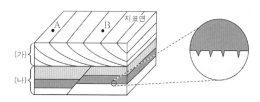

이 자료에 대한 설명으로 옳은 것은?

① (가)에는 연흔이 나타난다.

② A는 B보다 나중에 퇴적되었다.

③ (나)에는 역전된 지층이 나타난다.

④ (나)의 단층은 횡압력에 의해 형성되었다.

⑤ (나)는 형성 과정에서 수면 위로 노출된 적이 있다.

11

그림 (가), (나), (다)는 세 암석에서 각각 관찰한 건열, 연흔, 절리를 순서 없이 나타낸 것이다.

 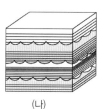 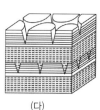

(가)　　　　　　(나)　　　　　　(다)

이에 대한 설명으로 옳은 것은?

① (가)는 판상 절리이다.

② (가)는 심성암에서 잘 나타난다.

③ (나)는 횡압력을 받아 형성된다.　　④ (다)는 수심이 깊은 곳에서 잘 형성된다.

⑤ (나)와 (다)로부터 지층의 역전 여부를 판단할 수 있다.

12 대표문제

그림 (가), (나), (다)는 우리나라 지질 명소를 나타낸 것이다.

(가) 진안 마이산   (나) 북한산 인수봉   (다) 제주도 주상 절리대

이에 대한 설명으로 옳은 것만을 〈보기〉에서 있는 대로 고른 것은?

〈보기〉
ㄱ. (가)의 타포니는 북쪽 사면보다 남쪽 사면에 많이 분포한다.
ㄴ. (가)의 암석은 (다)의 암석보다 나중에 생성되었다.
ㄷ. (나)의 암석은 (다)의 암석보다 지하 깊은 곳에서 생성되었다.

① ㄱ   ② ㄴ   ③ ㄷ   ④ ㄱ, ㄷ   ⑤ ㄴ, ㄷ

13

그림은 우리나라 국가 지질 공원에서 볼 수 있는 지질 구조를 나타낸 것이다.

(가) 전라북도 격포 채석강   (나) 강원도 평창 백룡 동굴
(다) 제주도 만장굴   (라) 울릉도 주상 절리대

이에 대한 설명으로 옳지 않은 것은? [3점]

① (가)에서는 층리가 관찰된다.
② (나)는 석회암 지대에서 형성되었다.
③ (나)와 (다)는 모두 지하수의 용해 작용으로 형성되었다. ④ (다)와 (라)를 구성하는 암석은 모두 신생대에 생성되었다.
⑤ (라)의 주상 절리는 용암이 급격히 냉각 수축하는 과정에서 형성되었다.

14

표는 학생 A가 세 지역을 답사한 후 정리한 것이다.

	(가)	(나)	(다)
지역	경기도 시화호	강원도 구문소	경기도 한탄강
특징	○ 사암, 역암 등이 분포함. ○ 공룡알 화석이 발견됨.	○ 석회암이 분포함. ○ 삼엽충 화석이 발견됨.	○ 현무암이 분포함. ○ 절벽에 주상 절리가 나타남.
사진			

이에 대한 옳은 설명만을 〈보기〉에서 있는 대로 고른 것은? [3점]

〈보기〉
ㄱ. (가)와 (나)의 지층은 모두 육지에서 퇴적되었다.
ㄴ. (다)의 주상 절리는 압력 감소로 형성된 것이다.
ㄷ. 주요 구성 암석의 나이는 (나)>(가)>(다)이다.

① ㄱ   ② ㄴ   ③ ㄷ   ④ ㄱ, ㄴ   ⑤ ㄴ, ㄷ

한눈에 정리하는
평가원 기출 경향

주제 \ 학년도	2025	2024
지층의 대비		

빈출 — 상대 연령

10 대표 문제　2024학년도 수능 지I 11번

그림은 어느 지역의 지질 단면을 나타낸 것이다. 현재 화성암에 포함된 방사성 원소 X의 함량은 처음 양의 $\frac{1}{32}$이고, 지층 A에서는 방추충 화석이 산출된다.

이 자료에 대한 설명으로 옳은 것만을 〈보기〉에서 있는 대로 고른 것은?

〈보기〉
ㄱ. 경사 부정합이 나타난다.
ㄴ. 단층 $f-f'$은 화성암보다 먼저 형성되었다.
ㄷ. X의 반감기는 0.4억 년보다 짧다.

① ㄱ　② ㄷ　③ ㄱ, ㄴ　④ ㄴ, ㄷ　⑤ ㄱ, ㄴ, ㄷ

19 대표 문제　2024학년도 9월 모평 지I 17번

그림은 어느 지역의 지질 단면을 나타낸 것이다.

구간 X–Y에 해당하는 지층의 연령 분포로 가장 적절한 것은? [3점]

11　2024학년도 6월 모평 지I 11번

그림은 어느 지역의 지질 단면을 나타낸 것이다.

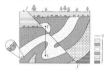

이 자료에 대한 설명으로 옳은 것만을 〈보기〉에서 있는 대로 고른 것은? [3점]

〈보기〉
ㄱ. 단층 $f-f'$은 장력에 의해 형성되었다.
ㄴ. 습곡과 단층의 형성 시기 사이에 부정합면이 형성되었다.
ㄷ. X → Y를 따라 각 지층 경계를 통과할 때의 지층 연령의 증감은 '증가 → 감소 → 감소 → 증가'이다.

① ㄱ　② ㄴ　③ ㄷ　④ ㄱ, ㄴ　⑤ ㄴ, ㄷ

빈출 — 절대 연령

23 대표 문제　2024학년도 9월 모평 지I 1번

다음은 방사성 동위 원소를 이용하여 암석의 절대 연령을 구하는 원리에 대하여 학생 A, B, C가 나눈 대화를 나타낸 것이다.

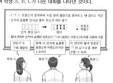

제시한 내용이 옳은 학생만을 있는 대로 고른 것은?

① A　② B　③ C　④ A, B　⑤ A, C

25　2024학년도 6월 모평 지I 19번

그림은 방사성 동위 원소 X의 붕괴 곡선의 일부를 나타낸 것이다. 화성암에 포함된 X의 자원소 Y는 모두 X가 붕괴하여 생성되었다.

이 자료에 대한 설명으로 옳은 것만을 〈보기〉에서 있는 대로 고른 것은? (단, 모든 화성암에는 X가 포함되어 있으며, X의 양(%)은 화성암 생성 당시 X의 함량에 대한 남아 있는 X의 함량의 비율이고, Y의 양(%)은 붕괴한 X의 양과 같다.) [3점]

〈보기〉
ㄱ. 현재의 X의 양이 95 %인 화성암은 속씨식물이 존재하던 시기에 생성되었다.
ㄴ. X의 반감기는 6억 년보다 길다.
ㄷ. 중생대에 생성된 모든 화성암에서는 현재의 $\frac{X의 \, 양(\%)}{Y의 \, 양(\%)}$이 4보다 크다.

① ㄱ　② ㄷ　③ ㄱ, ㄴ　④ ㄴ, ㄷ　⑤ ㄱ, ㄴ, ㄷ

2023

2022~2019

02 (대표) 문제　2020학년도 9월 모평 지Ⅱ 1번

그림은 서로 다른 지역 (가)와 (나)의 지질 주상도와 각 지층에서 산출되는 화석을 나타낸 것이다.

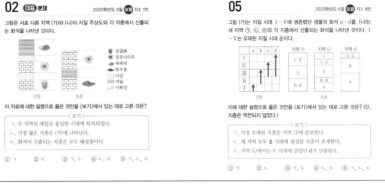

이 자료에 대한 설명으로 옳은 것만을 〈보기〉에서 있는 대로 고른 것은?

〈보기〉
ㄱ. 두 지역의 셰일은 동일한 시대에 퇴적되었다.
ㄴ. 가장 젊은 지층은 (가)에 나타난다.
ㄷ. 화석이 산출되는 지층은 모두 해성층이다.

① ㄱ　② ㄷ　③ ㄱ, ㄴ　④ ㄴ, ㄷ　⑤ ㄱ, ㄴ, ㄷ

05　2020학년도 6월 모평 지Ⅱ 4번

그림 (가)는 지질 시대 Ⅰ~Ⅴ에 생존했던 생물의 화석 a~d를, (나)는 세 지역 ㉠, ㉡, ㉢의 각 지층에서 산출되는 화석을 나타낸 것이다. Ⅰ~Ⅴ는 오래된 지질 시대 순이다.

이에 대한 설명으로 옳은 것만을 〈보기〉에서 있는 대로 고른 것은? (단, 지층은 역전되지 않았다.)

〈보기〉
ㄱ. 가장 오래된 지층은 지역 ㉠에 분포한다.
ㄴ. 세 지역 모두 Ⅲ 시대에 생성된 지층이 존재한다.
ㄷ. 지역 ㉢에서는 Ⅴ 시대에 살았던 d가 산출된다.

① ㄱ　② ㄴ　③ ㄱ, ㄷ　④ ㄴ, ㄷ　⑤ ㄱ, ㄴ, ㄷ

21　2022학년도 수능 지Ⅱ 16번

그림은 습곡과 단층이 나타나는 어느 지역의 지질 단면도이다.

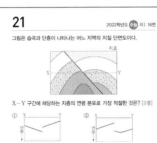

X-Y 구간에 해당하는 지층의 연령 분포로 가장 적절한 것은? [3점]

18　2019학년도 수능 지Ⅱ 6번

그림은 서로 다른 두 지역의 지질 단면과 지층에서 관찰된 퇴적 구조를 나타낸 것이다. (가)와 (나)의 퇴적층은 각각 해수면이 상승하는 동안과 하강하는 동안에 생성된 것 중 하나이다. 두 지역에서 화강암의 절대 연령은 같다.

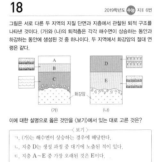

이에 대한 설명으로 옳은 것만을 〈보기〉에서 있는 대로 고른 것은?

〈보기〉
ㄱ. (가)는 해수면이 상승하는 경우에 해당한다.
ㄴ. 지층 D는 생성 과정 중 대기에 노출된 적이 있다.
ㄷ. 지층 A~E 중 가장 오래된 것은 E이다.

① ㄱ　② ㄴ　③ ㄱ, ㄷ　④ ㄴ, ㄷ　⑤ ㄱ, ㄴ, ㄷ

17　2023학년도 6월 모평 지Ⅱ 9번

그림은 어느 지역의 지질 단면도를 나타낸 것이다. 지층 A에서는 삼엽충 화석이, 지층 C와 D에서는 공룡 화석이 발견되었다.

이에 대한 설명으로 옳은 것만을 〈보기〉에서 있는 대로 고른 것은?

〈보기〉
ㄱ. F에서는 고생대 암석이 포획암으로 나타날 수 있다.
ㄴ. 단층이 형성된 시기에 암모나이트가 번성하였다.
ㄷ. 습곡은 고생대에 형성되었다.

① ㄱ　② ㄷ　③ ㄱ, ㄴ　④ ㄴ, ㄷ　⑤ ㄱ, ㄴ, ㄷ

16　2019학년도 6월 모평 지Ⅱ 1번

그림은 어느 지역의 지질 단면도와 산출되는 화석을 나타낸 것이다.

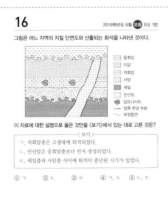

이 자료에 대한 설명으로 옳은 것만을 〈보기〉에서 있는 대로 고른 것은?

〈보기〉
ㄱ. 석회암층은 고생대에 퇴적되었다.
ㄴ. 안산암은 유문암층보다 먼저 생성되었다.
ㄷ. 셰일층과 사암층 사이에 퇴적이 중단된 시기가 있었다.

① ㄱ　② ㄴ　③ ㄷ　④ ㄱ, ㄴ　⑤ ㄴ, ㄷ

34 (대표) 문제　2023학년도 6월 모평 지Ⅱ 19번

방사성 동위 원소 X, Y가 포함된 어느 화강암에서, 현재 X의 자원소 함량은 X 함량의 3배이고, Y의 자원소 함량은 Y 함량과 같다. 자원소는 모두 각각의 모원소가 붕괴하여 생성된다.
이에 대한 설명으로 옳은 것만을 〈보기〉에서 있는 대로 고른 것은? [3점]

〈보기〉
ㄱ. 화강암의 절대 연령은 Y의 반감기와 같다.
ㄴ. 화강암 생성 당시부터 현재까지 $\frac{모원소\ 함량}{모원소\ 함량+자원소\ 함량}$ 의 감소량은 X가 Y의 2배이다.
ㄷ. Y의 함량이 현재의 $\frac{1}{2}$ 이 될 때, X의 자원소 함량은 X 함량의 7배이다.

① ㄱ　② ㄴ　③ ㄱ, ㄷ　④ ㄴ, ㄷ　⑤ ㄱ, ㄴ, ㄷ

28　2021학년도 9월 모평 지Ⅱ 6번

그림은 방사성 동위 원소 A와 B의 붕괴 곡선을 나타낸 것이다.
이에 대한 설명으로 옳은 것만을 〈보기〉에서 있는 대로 고른 것은?

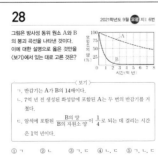

〈보기〉
ㄱ. 반감기는 A가 B의 14배이다.
ㄴ. 7억 년 전 생성된 화성암에 포함된 A는 두 번의 반감기를 거쳤다.
ㄷ. 암석에 포함된 $\frac{B의\ 양}{B의\ 자원소\ 양}$ 이 $\frac{1}{4}$ 로 되는 데 걸리는 시간은 1억 년이다.

① ㄱ　② ㄴ　③ ㄱ, ㄷ　④ ㄴ, ㄷ　⑤ ㄱ, ㄴ, ㄷ

27　2019학년도 9월 모평 지Ⅱ 2번

그림은 서로 다른 방사성 원소 A, B, C의 붕괴 곡선을 나타낸 것이다.
이에 대한 설명으로 옳은 것만을 〈보기〉에서 있는 대로 고른 것은?

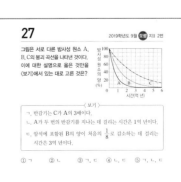

〈보기〉
ㄱ. 반감기는 C가 A의 3배이다.
ㄴ. A가 두 번의 반감기를 지나는 데 걸리는 시간은 1억 년이다.
ㄷ. 암석에 포함된 B의 양이 처음의 $\frac{1}{8}$ 로 감소하는 데 걸리는 시간은 3억 년이다.

① ㄱ　② ㄴ　③ ㄱ, ㄷ　④ ㄴ, ㄷ　⑤ ㄱ, ㄴ, ㄷ

01

2019학년도 4월 학평 지Ⅱ 18번

그림 (가)는 어느 지역의 지질 단면도와 지층군 A와 C에서 산출되는 화석을, (나)는 (가)에서 화석으로 산출되는 생물의 생존 기간을 나타낸 것이다. 이 지역은 지층의 역전이 없었고, 지층군 A와 C는 각각 ㉠과 ㉡ 중 어느 하나의 시기에 형성된 것이다.

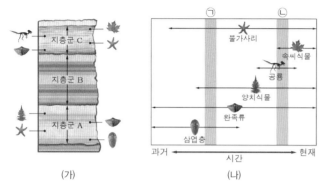

지층군 A, B, C에 대한 설명으로 옳은 것만을 〈보기〉에서 있는 대로 고른 것은? [3점]

〈 보기 〉
ㄱ. A는 ㉠ 시기에 형성된 것이다.
ㄴ. B에서는 화폐석이 산출될 수 있다.
ㄷ. C는 모두 해성층으로 이루어져 있다.

① ㄱ   ② ㄴ   ③ ㄱ, ㄷ   ④ ㄴ, ㄷ   ⑤ ㄱ, ㄴ, ㄷ

02 대표문제

2020학년도 9월 모평 지Ⅱ 1번

그림은 서로 다른 지역 (가)와 (나)의 지질 주상도와 각 지층에서 산출되는 화석을 나타낸 것이다.

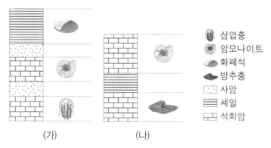

이 자료에 대한 설명으로 옳은 것만을 〈보기〉에서 있는 대로 고른 것은?

〈 보기 〉
ㄱ. 두 지역의 셰일은 동일한 시대에 퇴적되었다.
ㄴ. 가장 젊은 지층은 (가)에 나타난다.
ㄷ. 화석이 산출되는 지층은 모두 해성층이다.

① ㄱ   ② ㄷ   ③ ㄱ, ㄴ   ④ ㄴ, ㄷ   ⑤ ㄱ, ㄴ, ㄷ

03

2022학년도 7월 학평 지Ⅰ 4번

다음은 서로 다른 지역 A, B, C의 지층에서 산출되는 화석을 이용하여 지층의 선후 관계를 알아보기 위한 탐구 과정이다.

[탐구 자료]

			⑥ 암모나이트
			⑥ 삼엽충
			⑥ 화폐석
A	B	C	⑥ 고사리

[탐구 과정]
(가) A, B, C의 지층에 포함된 화석의 생존 시기와 서식 환경을 조사한다.
(나) A, B, C의 표준 화석을 보고 지층의 역전 여부를 확인한다.
(다) 같은 종류의 표준 화석이 산출되는 지층을 A, B, C에서 찾아 연결한다.

이에 대한 설명으로 옳은 것만을 〈보기〉에서 있는 대로 고른 것은? [3점]

〈 보기 〉
ㄱ. 가장 최근에 퇴적된 지층은 A에 위치한다.
ㄴ. B에는 역전된 지층이 발견된다.
ㄷ. C에는 해성층만 분포한다.

① ㄱ   ② ㄷ   ③ ㄱ, ㄴ   ④ ㄴ, ㄷ   ⑤ ㄱ, ㄴ, ㄷ

04

그림은 세 지역 A, B, C의 지질 단면과 지층에서 산출되는 화석을 나타낸 것이다.

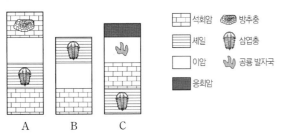

석회암	방추충
셰일	삼엽충
이암	공룡 발자국
응회암	

이에 대한 설명으로 옳은 것만을 〈보기〉에서 있는 대로 고른 것은? (단, 세 지역 모두 지층의 역전은 없었다.)

〈 보기 〉
ㄱ. 가장 최근에 생성된 지층은 응회암층이다.
ㄴ. B 지역의 이암층은 중생대에 생성되었다.
ㄷ. 세 지역의 모든 지층은 바다에서 생성되었다.

① ㄱ   ② ㄷ   ③ ㄱ, ㄴ   ④ ㄴ, ㄷ   ⑤ ㄱ, ㄴ, ㄷ

05

그림 (가)는 지질 시대 I ~ V에 생존했던 생물의 화석 a~d를, (나)는 세 지역 ㉠, ㉡, ㉢의 각 지층에서 산출되는 화석을 나타낸 것이다. I ~ V는 오래된 지질 시대 순이다.

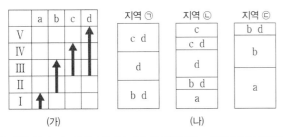

(가)   (나)

이에 대한 설명으로 옳은 것만을 〈보기〉에서 있는 대로 고른 것은? (단, 지층은 역전되지 않았다.)

〈 보기 〉
ㄱ. 가장 오래된 지층은 지역 ㉠에 분포한다.
ㄴ. 세 지역 모두 III 시대에 생성된 지층이 존재한다.
ㄷ. 지역 ㉡에서는 V 시대에 살았던 d가 산출된다.

① ㄱ   ② ㄴ   ③ ㄱ, ㄷ   ④ ㄴ, ㄷ   ⑤ ㄱ, ㄴ, ㄷ

06

그림은 어느 지역의 지질 단면과 산출 화석을 나타낸 것이다.
이에 대한 옳은 설명만을 〈보기〉에서 있는 대로 고른 것은? [3점]

암모나이트
고사리
삼엽충

〈 보기 〉
ㄱ. A층은 D층보다 먼저 생성되었다.
ㄴ. B층과 C층은 부정합 관계이다.
ㄷ. C층은 판게아가 형성되기 전에 퇴적되었다.

① ㄱ   ② ㄷ   ③ ㄱ, ㄴ   ④ ㄴ, ㄷ   ⑤ ㄱ, ㄴ, ㄷ

07

그림은 어느 지역의 지질 단면을 나타낸 것이다. 이 지역의 사암층에서는 공룡 화석이 발견되었다.
이 자료에 대한 설명으로 옳은 것만을 〈보기〉에서 있는 대로 고른 것은?

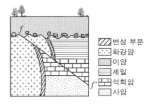

변성 부분
화강암
이암
셰일
석회암
사암

〈 보기 〉
ㄱ. 화강암이 생성된 시기에 삼엽충이 번성하였다.
ㄴ. 이 지역에서는 난정합이 관찰된다.
ㄷ. 단층 $f-f'$는 정단층이다.

① ㄱ   ② ㄷ   ③ ㄱ, ㄴ   ④ ㄴ, ㄷ   ⑤ ㄱ, ㄴ, ㄷ

08

그림은 어느 지역의 지질 단면도를 나타낸 것이다.

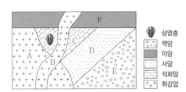

🐚	삼엽충
° ° °	역암
▬	이암
· · ·	사암
	석회암
+ +	화강암

이 자료에 대한 설명으로 옳은 것만을 〈보기〉에서 있는 대로 고른 것은? (단, 지층의 역전은 없었다.)

〈 보기 〉
ㄱ. 경사 부정합이 나타난다.
ㄴ. 지층 D에서는 매머드 화석이 산출될 수 있다.
ㄷ. 지층과 암석의 생성 순서는 $E \rightarrow D \rightarrow C \rightarrow A \rightarrow B \rightarrow F$이다.

① ㄱ　　② ㄷ　　③ ㄱ, ㄴ　　④ ㄴ, ㄷ　　⑤ ㄱ, ㄴ, ㄷ

09

그림은 어느 지역의 지질 단면을 나타낸 것이다.
이 자료에 대한 설명으로 옳은 것만을 〈보기〉에서 있는 대로 고른 것은?

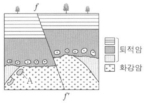

	퇴적암
· ·	화강암

〈 보기 〉
ㄱ. $f-f'$은 역단층이다.
ㄴ. 암석의 나이는 A가 화강암보다 많다.
ㄷ. 단층은 부정합보다 먼저 형성되었다.

① ㄱ　　② ㄷ　　③ ㄱ, ㄴ　　④ ㄴ, ㄷ　　⑤ ㄱ, ㄴ, ㄷ

10 대표문제

그림은 어느 지역의 지질 단면을 나타낸 것이다. 현재 화성암에 포함된 방사성 원소 X의 함량은 처음 양의 $\frac{1}{32}$이고, 지층 A에서는 방추충 화석이 산출된다.

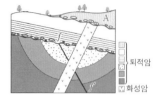

	퇴적암
✕	화성암

이 자료에 대한 설명으로 옳은 것만을 〈보기〉에서 있는 대로 고른 것은?

〈 보기 〉
ㄱ. 경사 부정합이 나타난다.
ㄴ. 단층 $f-f'$은 화성암보다 먼저 형성되었다.
ㄷ. X의 반감기는 0.4억 년보다 짧다.

① ㄱ　　② ㄷ　　③ ㄱ, ㄴ　　④ ㄴ, ㄷ　　⑤ ㄱ, ㄴ, ㄷ

11

그림은 어느 지역의 지질 단면을 나타낸 것이다.

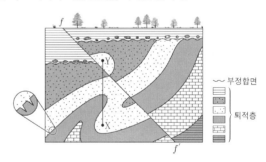

〜〜	부정합면
· ·	퇴적층

이 자료에 대한 설명으로 옳은 것만을 〈보기〉에서 있는 대로 고른 것은? [3점]

〈 보기 〉
ㄱ. 단층 $f-f'$은 장력에 의해 형성되었다.
ㄴ. 습곡과 단층의 형성 시기 사이에 부정합면이 형성되었다.
ㄷ. $X \rightarrow Y$를 따라 각 지층 경계를 통과할 때의 지층 연령의 증감은 '증가 → 감소 → 감소 → 증가'이다.

① ㄱ　　② ㄴ　　③ ㄷ　　④ ㄱ, ㄴ　　⑤ ㄴ, ㄷ

12

그림은 어느 지역의 지질 단면도를 나타낸 것이다. B와 C는 화성암이고 나머지 층은 퇴적층이다.

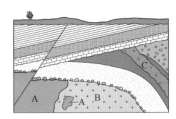

이 지역에 대한 설명으로 옳은 것만을 〈보기〉에서 있는 대로 고른 것은? [3점]

〈 보기 〉
ㄱ. 습곡은 단층보다 나중에 형성되었다.
ㄴ. 최소 4회의 융기가 있었다.
ㄷ. A, B, C의 생성 순서는 A → B → C이다.

① ㄱ   ② ㄷ   ③ ㄱ, ㄴ   ④ ㄴ, ㄷ   ⑤ ㄱ, ㄴ, ㄷ

13

그림은 어느 지역의 지질 구조를 나타낸 것이다. A는 화성암, B~E는 퇴적암이고, 단층은 C와 D층이 기울어지기 전에 형성되었다.
이 지역에 대한 설명으로 옳은 것은?

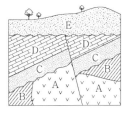

① 수면 위로 2회 융기하였다.
② A와 C는 평행 부정합 관계이다.
③ A에는 C의 암석 조각이 포획되어 나타난다.
④ 암석의 생성 순서는 A → B → C → D → E이다.
⑤ 단층은 횡압력에 의해 형성되었다.

14

다음은 어느 지역의 지질 단면도와 관찰 내용이다.

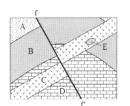

• C는 화성암임
• 습곡이 나타남
• B와 E는 동일 암석임
• f-f'를 경계로 암석이 어긋남

이에 대한 설명으로 옳은 것만을 〈보기〉에서 있는 대로 고른 것은? (단, 지층은 역전되지 않았다.)

〈 보기 〉
ㄱ. 역단층이 관찰된다.
ㄴ. 배사 구조가 관찰된다.
ㄷ. C보다 E가 먼저 형성되었다.

① ㄱ   ② ㄷ   ③ ㄱ, ㄴ   ④ ㄴ, ㄷ   ⑤ ㄱ, ㄴ, ㄷ

15

그림은 어느 지역의 지질 단면도를 나타낸 것이다.

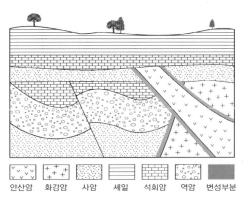

| 안산암 | 화강암 | 사암 | 셰일 | 석회암 | 역암 | 변성부분 |

이 지역에 대한 설명으로 옳은 것만을 〈보기〉에서 있는 대로 고른 것은? (단, 지층의 역전은 없었다.)

〈 보기 〉
ㄱ. 단층은 횡압력에 의해 형성되었다.
ㄴ. 최소 3회의 융기가 있었다.
ㄷ. 역암층은 화강암보다 먼저 생성되었다.

① ㄱ   ② ㄴ   ③ ㄱ, ㄷ   ④ ㄴ, ㄷ   ⑤ ㄱ, ㄴ, ㄷ

16

그림은 어느 지역의 지질 단면도와 산출되는 화석을 나타낸 것이다.

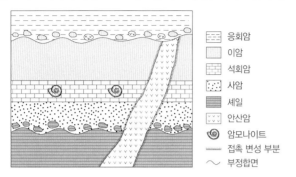

	응회암
	이암
	석회암
	사암
	셰일
	안산암
	암모나이트
	접촉 변성 부분
	부정합면

이 자료에 대한 설명으로 옳은 것만을 〈보기〉에서 있는 대로 고른 것은?

〈 보기 〉
ㄱ. 석회암층은 고생대에 퇴적되었다.
ㄴ. 안산암은 응회암층보다 먼저 생성되었다.
ㄷ. 셰일층과 사암층 사이에 퇴적이 중단된 시기가 있었다.

① ㄱ   ② ㄴ   ③ ㄷ   ④ ㄱ, ㄴ   ⑤ ㄴ, ㄷ

17

그림은 어느 지역의 지질 단면을 나타낸 것이다. 지층 A에서는 삼엽충 화석이, 지층 C와 D에서는 공룡 화석이 발견되었다.

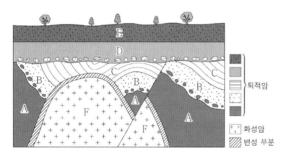

	퇴적암
	화성암
	변성 부분

이에 대한 설명으로 옳은 것만을 〈보기〉에서 있는 대로 고른 것은?

〈 보기 〉
ㄱ. F에서는 고생대 암석이 포획암으로 나타날 수 있다.
ㄴ. 단층이 형성된 시기에 암모나이트가 번성하였다.
ㄷ. 습곡은 고생대에 형성되었다.

① ㄱ   ② ㄷ   ③ ㄱ, ㄴ   ④ ㄴ, ㄷ   ⑤ ㄱ, ㄴ, ㄷ

18

그림은 서로 다른 두 지역의 지질 단면과 지층에서 관찰된 퇴적 구조를 나타낸 것이다. (가)와 (나)의 퇴적층은 각각 해수면이 상승하는 동안과 하강하는 동안에 생성된 것 중 하나이다. 두 지역에서 화강암의 절대 연령은 같다.

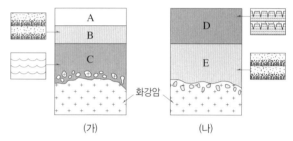

(가)   (나)

이에 대한 설명으로 옳은 것만을 〈보기〉에서 있는 대로 고른 것은?

〈 보기 〉
ㄱ. (가)는 해수면이 상승하는 경우에 해당한다.
ㄴ. 지층 D는 생성 과정 중 대기에 노출된 적이 있다.
ㄷ. 지층 A~E 중 가장 오래된 것은 E이다.

① ㄱ   ② ㄴ   ③ ㄱ, ㄷ   ④ ㄴ, ㄷ   ⑤ ㄱ, ㄴ, ㄷ

19 대표 문제

그림은 어느 지역의 지질 단면을 나타낸 것이다.

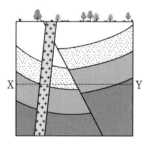

구간 X−Y에 해당하는 지층의 연령 분포로 가장 적절한 것은? [3점]

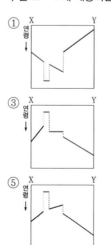
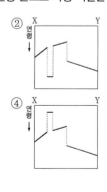

20

그림 (가)는 어느 지역의 지질 단면을, (나)는 X에서 Y까지의 암석의 연령 분포를 나타낸 것이다. P 지점에서는 건열이 ㉠과 ㉡ 중 하나의 모습으로 관찰된다.

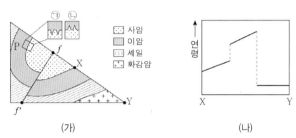

(가)

(나)

이에 대한 옳은 설명만을 〈보기〉에서 있는 대로 고른 것은?

〈 보기 〉

ㄱ. P 지점의 모습은 ㉠에 해당한다.

ㄴ. 단층 $f-f'$은 횡압력에 의해 형성되었다.

ㄷ. 이 지역에서는 난정합이 나타난다.

① ㄱ   ② ㄴ   ③ ㄱ, ㄷ   ④ ㄴ, ㄷ   ⑤ ㄱ, ㄴ, ㄷ

21

그림은 습곡과 단층이 나타나는 어느 지역의 지질 단면도이다.

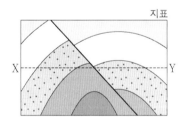

X-Y 구간에 해당하는 지층의 연령 분포로 가장 적절한 것은? [3점]

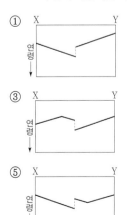

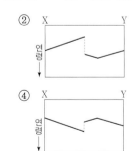

22

그림 (가)는 어느 지역의 지질 단면을, (나)는 X-Y 구간에 해당하는 암석의 생성 시기를 나타낸 것이다.

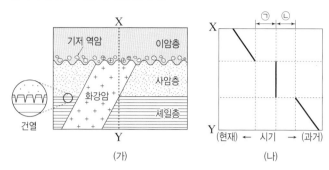

(가)

(나)

이에 대한 설명으로 옳은 것만을 〈보기〉에서 있는 대로 고른 것은? [3점]

〈 보기 〉

ㄱ. ㉠ 시기에 융기와 침식 작용이 있었다.

ㄴ. 사암층은 ㉡ 시기 중에 퇴적되었다.

ㄷ. 셰일층은 건조한 환경에 노출된 적이 있었다.

① ㄱ   ② ㄴ   ③ ㄱ, ㄷ   ④ ㄴ, ㄷ   ⑤ ㄱ, ㄴ, ㄷ

23 대표 문제

다음은 방사성 동위 원소를 이용하여 암석의 절대 연령을 구하는 원리에 대하여 학생 A, B, C가 나눈 대화를 나타낸 것이다.

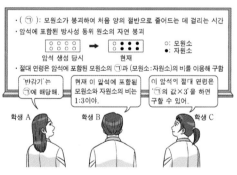

제시한 내용이 옳은 학생만을 있는 대로 고른 것은?

① A   ② B   ③ C   ④ A, B   ⑤ A, C

8
일차

24

그림 (가)는 마그마가 식으면서 두 종류의 광물이 생성된 때의 모습을, (나)는 (가) 이후 P의 반감기가 n회 지났을 때 화성암에 포함된 두 광물의 모습을 나타낸 것이다. 이 화성암에는 방사성 원소 P, Q와 P, Q의 자원소 P′, Q′가 포함되어 있다.

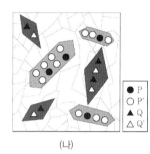

(가)　　　　　　(나)

● P
○ P′
▲ Q
△ Q′

이에 대한 옳은 설명만을 〈보기〉에서 있는 대로 고른 것은? [3점]

〈보기〉
ㄱ. 반감기는 P가 Q보다 짧다.
ㄴ. (나)의 화성암의 절대 연령은 P의 반감기의 약 2배이다.
ㄷ. (가)에서 광물 속 P의 양이 많을수록 P와 P′의 양이 같아질 때까지 걸리는 시간이 길어진다.

① ㄱ　　② ㄷ　　③ ㄱ, ㄴ　　④ ㄴ, ㄷ　　⑤ ㄱ, ㄴ, ㄷ

25

그림은 방사성 동위 원소 X의 붕괴 곡선의 일부를 나타낸 것이다. 화성암에 포함된 X의 자원소 Y는 모두 X가 붕괴하여 생성되었다.

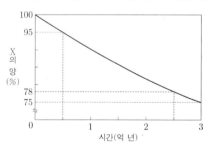

이 자료에 대한 설명으로 옳은 것만을 〈보기〉에서 있는 대로 고른 것은? (단, 모든 화성암에는 X가 포함되어 있으며, X의 양(%)은 화성암 생성 당시 X의 함량에 대한 남아 있는 X의 함량의 비율이고, Y의 양(%)은 붕괴한 X의 양과 같다.) [3점]

〈보기〉
ㄱ. 현재의 X의 양이 95 %인 화성암은 속씨식물이 존재하던 시기에 생성되었다.
ㄴ. X의 반감기는 6억 년보다 길다.
ㄷ. 중생대에 생성된 모든 화성암에서는 현재의 $\dfrac{\text{X의 양(\%)}}{\text{Y의 양(\%)}}$이 4보다 크다.

① ㄱ　　② ㄷ　　③ ㄱ, ㄴ　　④ ㄴ, ㄷ　　⑤ ㄱ, ㄴ, ㄷ

26

그림은 화성암 A에 포함된 방사성 동위 원소 X의 붕괴 곡선을 나타낸 것이다. Y는 X의 자원소이다.

이 자료에 대한 옳은 설명만을 〈보기〉에서 있는 대로 고른 것은? (단, X의 양(%)은 화성암 생성 당시 X의 함량에 대한 남아 있는 함량의 비율이고, Y의 양(%)은 붕괴한 X의 양과 같다.) [3점]

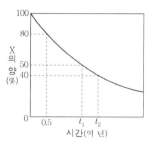

〈보기〉
ㄱ. A가 생성된 후 $2t_1$이 지났을 때 $\dfrac{\text{X의 양(\%)}}{\text{Y의 양(\%)}}$은 $\dfrac{1}{4}$이다.
ㄴ. (t_2-t_1)은 0.5억 년이다.
ㄷ. A가 생성된 후 1억 년이 지났을 때 X의 양은 60 %보다 크다.

① ㄱ　　② ㄴ　　③ ㄱ, ㄷ　　④ ㄴ, ㄷ　　⑤ ㄱ, ㄴ, ㄷ

27

그림은 서로 다른 방사성 원소 A, B, C의 붕괴 곡선을 나타낸 것이다. 이에 대한 설명으로 옳은 것만을 〈보기〉에서 있는 대로 고른 것은?

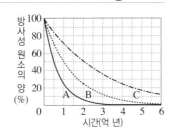

─〈 보기 〉─

ㄱ. 반감기는 C가 A의 3배이다.

ㄴ. A가 두 번의 반감기를 지나는 데 걸리는 시간은 1억 년이다.

ㄷ. 암석에 포함된 B의 양이 처음의 $\frac{1}{8}$로 감소하는 데 걸리는 시간은 3억 년이다.

① ㄱ   ② ㄴ   ③ ㄱ, ㄷ   ④ ㄴ, ㄷ   ⑤ ㄱ, ㄴ, ㄷ

28

그림은 방사성 동위 원소 A와 B의 붕괴 곡선을 나타낸 것이다. 이에 대한 설명으로 옳은 것만을 〈보기〉에서 있는 대로 고른 것은?

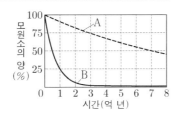

─〈 보기 〉─

ㄱ. 반감기는 A가 B의 14배이다.

ㄴ. 7억 년 전 생성된 화성암에 포함된 A는 두 번의 반감기를 거쳤다.

ㄷ. 암석에 포함된 $\frac{\text{B의 양}}{\text{B의 자원소 양}}$이 $\frac{1}{4}$로 되는 데 걸리는 시간은 1억 년이다.

① ㄱ   ② ㄴ   ③ ㄱ, ㄷ   ④ ㄴ, ㄷ   ⑤ ㄱ, ㄴ, ㄷ

29

그림 (가)는 현재 어느 화성암에 포함된 방사성 원소 X, Y와 각각의 자원소 X′, Y′의 함량을 ○, □, ●, ■의 개수로 나타낸 것이고, (나)는 X′와 Y′의 시간에 따른 함량 변화를 ㉠과 ㉡으로 순서 없이 나타낸 것이다.

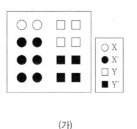 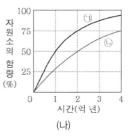

(가)   (나)

이에 대한 옳은 설명만을 〈보기〉에서 있는 대로 고른 것은? (단, 암석에 포함된 X′, Y′는 모두 X, Y의 붕괴로 생성되었다.) [3점]

─〈 보기 〉─

ㄱ. ㉠은 X′의 함량 변화를 나타낸 것이다.

ㄴ. 암석 생성 후 1억 년이 지났을 때 $\frac{\text{Y′의 함량}}{\text{X′의 함량}} = \frac{1}{2}$이다.

ㄷ. $\frac{\text{현재로부터 1억 년 후 모원소의 함량}}{\text{현재로부터 1억 년 전 모원소의 함량}}$은 X가 Y보다 작다.

① ㄱ   ② ㄴ   ③ ㄱ, ㄷ   ④ ㄴ, ㄷ   ⑤ ㄱ, ㄴ, ㄷ

30

다음은 방사성 원소 ^{14}C를 이용한 절대 연령 측정 원리를 설명한 것이다.

대기 중과 생물체 내의 방사성 원소 ^{14}C와 안정한 원소 ^{12}C의 비율(^{14}C/^{12}C)은 같다. 생물체가 죽으면 ㉠ $\underline{^{14}C}$가 ㉡ $\underline{^{14}N}$로 붕괴되는 과정은 진행되지만 ^{14}C의 공급은 중단되므로, 죽은 생물체 내의 ^{14}C/^{12}C가 감소한다. 따라서 대기 중 ^{14}C/^{12}C에 대한 죽은 생물체 내 ^{14}C/^{12}C의 비를 이용하여 절대 연령을 측정할 수 있다.

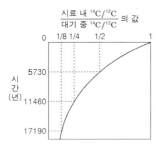

이에 대한 설명으로 옳은 것만을 〈보기〉에서 있는 대로 고른 것은? (단, 대기 중의 ^{14}C/^{12}C $= 1.2 \times 10^{-12}$으로 일정하다.) [3점]

〈 보기 〉
ㄱ. ㉠은 ㉡보다 안정하다.
ㄴ. ㉠의 반감기는 5730년이다.
ㄷ. ^{14}C/^{12}C의 값이 0.3×10^{-12}인 시료의 절대 연령은 17190년이다.

① ㄱ   ② ㄴ   ③ ㄷ   ④ ㄱ, ㄴ   ⑤ ㄴ, ㄷ

31

그림은 어느 화강암에 포함된 방사성 원소 X와 Y의 붕괴 곡선을, 표는 현재 화강암에 포함된 방사성 원소 X와 Y의 $\dfrac{\text{자원소 함량}}{\text{방사성 원소 함량}}$ 을 나타낸 것이다. 자원소는 모두 각각의 모원소가 붕괴하여 생성된다.

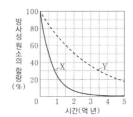

방사성 원소	자원소의 함량 / 방사성 원소 함량
X	7
Y	㉠

이에 대한 설명으로 옳은 것만을 〈보기〉에서 있는 대로 고른 것은? [3점]

〈 보기 〉
ㄱ. 반감기는 X가 Y의 $\dfrac{1}{4}$배이다.
ㄴ. ㉠은 $\dfrac{3}{5}$이다.
ㄷ. X의 함량이 현재의 $\dfrac{1}{2}$이 될 때, Y의 자원소 함량은 Y의 함량과 같다.

① ㄴ   ② ㄷ   ③ ㄱ, ㄴ   ④ ㄱ, ㄷ   ⑤ ㄱ, ㄴ, ㄷ

32

표는 화성암 A, B에 포함된 방사성 원소 X와 X의 자원소 양을, 그림은 시간에 따른 $\dfrac{\text{자원소의 양}}{\text{X의 처음 양}}$ 을 나타낸 것이다. 암석에 포함된 자원소는 모두 암석이 생성된 후부터 X가 붕괴하여 생성되었으며, 'X의 처음 양=X의 양+자원소의 양'이다.

화성암	A	B
X의 양	0.75	75
자원소의 양	5.25	25

(단위: ppm)

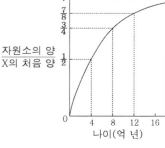

이에 대한 설명으로 옳은 것만을 〈보기〉에서 있는 대로 고른 것은? [3점]

〈 보기 〉
ㄱ. X의 반감기는 8억 년이다.
ㄴ. A에 포함된 X는 세 번의 반감기를 거쳤다.
ㄷ. 암석의 나이는 A가 B보다 많다.

① ㄱ   ② ㄴ   ③ ㄱ, ㄷ   ④ ㄴ, ㄷ   ⑤ ㄱ, ㄴ, ㄷ

33

2024학년도 10월 학평 지I 8번

표는 화성암 ㉠, ㉡, ㉢에 포함된 방사성 원소 X를 이용하여 암석의 절대 연령을 구한 것이다.
이에 대한 설명으로 옳은 것만을 <보기>에서 있는 대로 고른 것은? [3점]

화성암	처음 양에 대한 X의 현재 함량(%)	절대 연령 (억 년)
㉠	12.5	3.6
㉡	75	a
㉢	37.5	b

<보기>

ㄱ. X의 반감기는 1.8억 년이다.
ㄴ. ㉡은 신생대에 형성된 암석이다.
ㄷ. (b−a)는 X의 반감기와 같다.

① ㄱ ② ㄴ ③ ㄷ ④ ㄱ, ㄴ ⑤ ㄴ, ㄷ

34 대표 문제

2023학년도 6월 모평 지I 19번

방사성 동위 원소 X, Y가 포함된 어느 화강암에서, 현재 X의 자원소 함량은 X 함량의 3배이고, Y의 자원소 함량은 Y 함량과 같다. 자원소는 모두 각각의 모원소가 붕괴하여 생성된다.
이에 대한 설명으로 옳은 것만을 <보기>에서 있는 대로 고른 것은? [3점]

<보기>

ㄱ. 화강암의 절대 연령은 Y의 반감기와 같다.
ㄴ. 화강암 생성 당시부터 현재까지 $\frac{\text{모원소 함량}}{\text{모원소 함량}+\text{자원소 함량}}$의 감소량은 X가 Y의 2배이다.
ㄷ. Y의 함량이 현재의 $\frac{1}{2}$이 될 때, X의 자원소 함량은 X 함량의 7배이다.

① ㄱ ② ㄴ ③ ㄱ, ㄷ ④ ㄴ, ㄷ ⑤ ㄱ, ㄴ, ㄷ

한눈에 정리하는
평가원 기출 경향

주제 / 학년도	2025	2024	2023

빈출

상대 연령과 절대 연령
— 지질 단면도와 방사성 동위 원소 1개의 그래프

18 대표문제 2025학년도 9월 모평 지I 19번

그림은 어느 지역의 지질 단면을, 표는 화성암 P와 Q에 포함된 방사성 동위 원소 X의 자원소인 Y의 함량을 시기별로 나타낸 것이다. Y는 모두 X가 붕괴하여 생성되었고, X의 반감기는 1.5억 년이다.

시기	Y 함량(%)	
	P	Q
암석 생성 이후 1.5억 년 경과	a	a
현재	1.8a	1.6a

이 자료에 대한 설명으로 옳은 것만을 〈보기〉에서 있는 대로 고른 것은? (단, Y 함량(%)은 붕괴한 X 함량(%)과 같다.) [3점]

〈보기〉
ㄱ. P에는 암석 A가 포획암으로 나타난다.
ㄴ. 단층 f-f'은 고생대에 형성되었다.
ㄷ. 현재로부터 1.5억 년 후까지 P의 X 함량(%)의 감소량은 Q의 Y 함량(%)의 증가량보다 크다.

① ㄱ ② ㄴ ③ ㄷ ④ ㄱ, ㄷ ⑤ ㄴ, ㄷ

01 대표문제 2025학년도 6월 모평 지I 19번

그림은 어느 지역의 지질 단면을 나타낸 것이다. 현재 화성암 P와 Q에 포함된 방사성 동위 원소 X의 함량은 각각 처음 양의 $\frac{3}{16}$, $\frac{3}{8}$ 이고, X의 반감기는 1억 년이다.

이 자료에 대한 설명으로 옳은 것만을 〈보기〉에서 있는 대로 고른 것은? [3점]

〈보기〉
ㄱ. 단층 f-f'은 횡압력을 받아 형성되었다.
ㄴ. P는 Q보다 1억 년 먼저 형성되었다.
ㄷ. P는 고생대에 형성되었다.

① ㄱ ② ㄷ ③ ㄱ, ㄴ ④ ㄴ, ㄷ ⑤ ㄱ, ㄴ, ㄷ

상대 연령과 절대 연령
— 지질 단면도와 방사성 동위 원소 2개의 그래프

22 2025학년도 수능 지I 16번

그림 (가)는 어느 지역의 지질 단면을, (나)는 시간에 따른 방사성 원소 X의 함량(%)에 대한 방사성 원소 Y의 함량(%)을 시간에 따라 나타낸 것이다. 화성암 A와 B는 각각 X와 Y를 모두 포함하며, 현재 A에 포함된 X의 함량은 처음 양의 $\frac{3}{8}$ 이고, B에 포함된 X의 함량은 처음 양의 $\frac{1}{4}$ 이다. X의 반감기는 0.5억 년이다.

이에 대한 설명으로 옳은 것만을 〈보기〉에서 있는 대로 고른 것은? (단, X와 Y의 자원소는 모두 각각의 모원소가 붕괴하여 생성되었다.) [3점]

〈보기〉
ㄱ. 반감기는 X가 Y의 $\frac{1}{3}$ 배이다.
ㄴ. 현재로부터 2억 년 후, B에 포함된 Y의 자원소 함량은 Y 함량의 6배이다.
ㄷ. (가)에서 단층 f-f'은 중생대에 형성되었다.

① ㄱ ② ㄴ ③ ㄱ, ㄷ ④ ㄴ, ㄷ ⑤ ㄱ, ㄴ, ㄷ

13 대표문제 2023학년도 수능 지I 19번

그림 (가)와 (나)는 어느 두 지역의 지질 단면을, (다)는 시간에 따른 방사성 원소 X와 Y의 붕괴 곡선을 나타낸 것이다. 화강암 A와 B에는 한 종류의 방사성 원소만 존재하고, X와 Y 중 서로 다른 한 종류만 포함한다. 현재 A와 B에 포함된 방사성 원소의 함량은 각각 처음 양의 25 %, 12.5 % 중 서로 다른 하나이다. 두 지역의 셰일에는 삼엽충 화석이 산출된다.

이 자료에 대한 설명으로 옳은 것만을 〈보기〉에서 있는 대로 고른 것은? [3점]

〈보기〉
ㄱ. (가)에서는 관입이 나타난다.
ㄴ. B에 포함되어 있는 방사성 원소는 X이다.
ㄷ. 현재의 함량으로부터 1억 년 후의 A에 포함된 방사성 원소 함량 / B에 포함된 방사성 원소 함량 은 1이다.

① ㄱ ② ㄷ ③ ㄱ, ㄴ ④ ㄴ, ㄷ ⑤ ㄱ, ㄴ, ㄷ

17 2023학년도 9월 모평 지I 19번

그림 (가)는 어느 지역의 지질 단면을, (나)는 시간에 따른 방사성 원소 X와 Y의 자원소 함량 / 방사성 원소 함량 을 나타낸 것이다. 화성암 A와 B에는 X와 Y 중 서로 다른 한 종류만 포함하고, 현재 A와 B에 포함된 방사성 원소의 함량은 각각 처음 양의 50 %와 25 % 중 서로 다른 하나이다.

이에 대한 설명으로 옳은 것만을 〈보기〉에서 있는 대로 고른 것은? [3점]

〈보기〉
ㄱ. 반감기는 X가 Y의 $\frac{1}{2}$ 배이다.
ㄴ. A에 포함되어 있는 방사성 원소는 Y이다.
ㄷ. (가)에서 단층 f-f'은 중생대에 형성되었다.

① ㄱ ② ㄷ ③ ㄱ, ㄴ ④ ㄴ, ㄷ ⑤ ㄱ, ㄴ, ㄷ

상대 연령과 절대 연령
— 지질 단면도와 방사성 동위 원소 2개의 표

2022~2019

10 대표문제
2022학년도 6월 연결 지Ⅰ 20번

그림 (가)는 어느 지역의 지질 단면도로, A~E는 퇴적암, F와 G는 화성암, f—f'은 단층이다. 그림 (나)는 F와 G에 포함된 방사성 원소 X의 함량을 붕괴 곡선에 나타낸 것이다. X의 반감기는 1억 년이다.

(가)   (나)

이에 대한 설명으로 옳은 것만을 〈보기〉에서 있는 대로 고른 것은? [3점]

ㄱ. A는 고생대에 퇴적되었다.
ㄴ. D가 퇴적된 이후 f—f'이 형성되었다.
ㄷ. 단층 상반에 위치한 F는 최소 2회 육상에 노출되었다.

① ㄴ   ② ㄷ   ③ ㄱ, ㄴ   ④ ㄴ, ㄷ   ⑤ ㄱ, ㄴ, ㄷ

11
2021학년도 6월 연결 지Ⅰ 14번

그림 (가)는 어느 지역의 지질 단면을, (나)는 방사성 원소 X에 의해 생성된 자원소 Y의 함량을 시간에 따라 나타낸 것이다. 화성암 A, B, C에는 X와 Y가 포함되어 있으며, Y는 모두 X의 붕괴 결과 생성되었다. 현재 C에 있는 X와 Y의 함량은 같다.

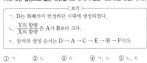

이에 대한 설명으로 옳은 것만을 〈보기〉에서 있는 대로 고른 것은? [3점]

ㄱ. D는 화폐석이 번성하던 시대에 생성되었다.
ㄴ. $\frac{Y의 \ 함량}{X의 \ 함량}$ 은 A가 B보다 크다.
ㄷ. 암석의 생성 순서는 D → A → C → E → B → F이다.

① ㄱ   ② ㄴ   ③ ㄷ   ④ ㄱ, ㄴ   ⑤ ㄴ, ㄷ

08
2020학년도 6월 연결 지Ⅱ 14번

그림 (가)는 어느 지역의 지질 단면을, (나)는 방사성 원소 X의 붕괴 곡선을 나타낸 것이다. (가)의 화성암 E와 F에 포함된 방사성 원소 X의 양은 각각 처음 양의 $\frac{1}{4}$과 $\frac{1}{2}$이다.

(가)   (나)

이에 대한 설명으로 옳은 것만을 〈보기〉에서 있는 대로 고른 것은? [3점]

ㄱ. 단층은 습곡 생성 이후에 만들어졌다.
ㄴ. 암석 A는 신생대에 생성되었다.
ㄷ. 가장 최근에 생성된 암석은 D이다.

① ㄱ   ② ㄴ   ③ ㄷ   ④ ㄱ, ㄴ   ⑤ ㄱ, ㄷ

16
2022학년도 9월 연결 지Ⅰ 17번

그림 (가)는 어느 지역의 깊이에 따른 지층과 화성암의 연령을, (나)는 방사성 원소 X와 Y의 붕괴 곡선을 나타낸 것이다. 화성암 B와 D는 X와 Y 중 서로 다른 한 종류만 포함하고, 현재 B와 D에 포함된 방사성 원소의 함량은 각각 처음 양의 50 %와 25 %이다.

(가)   (나)

이에 대한 설명으로 옳은 것만을 〈보기〉에서 있는 대로 고른 것은? [3점]

ㄱ. A층 하부의 기저 역암에는 B의 암석 조각이 있다.
ㄴ. 반감기는 X가 Y의 2배이다.
ㄷ. B와 D의 연령 차는 3억 년이다.

① ㄱ   ② ㄴ   ③ ㄱ, ㄷ   ④ ㄴ, ㄷ   ⑤ ㄱ, ㄴ, ㄷ

15
2021학년도 연결 지Ⅰ 19번

그림 (가)는 어느 지역의 지표에 나타난 화강암 A, B와 셰일 C의 분포를, (나)는 화강암 A, B에 포함된 방사성 원소의 붕괴 곡선 X, Y를 순서 없이 나타낸 것이다. A는 B를 관입하고 있고, B와 C는 부정합으로 접하고 있다. A, B에 포함된 방사성 원소의 양은 각각 처음 양의 20 %와 50 %이다.

(가)   (나)

A, B, C에 대한 설명으로 옳은 것만을 〈보기〉에서 있는 대로 고른 것은? [3점]

ㄱ. A에 포함된 방사성 원소의 붕괴 곡선은 X이다.
ㄴ. 가장 오래된 암석은 B이다.
ㄷ. C는 고생대 암석이다.

① ㄱ   ② ㄷ   ③ ㄱ, ㄴ   ④ ㄴ, ㄷ   ⑤ ㄱ, ㄴ, ㄷ

01 대표문제

그림은 어느 지역의 지질 단면을 나타낸 것이다. 현재 화성암 P와 Q에 포함된 방사성 동위 원소 X의 함량은 각각 처음 양의 $\frac{3}{16}$, $\frac{3}{8}$ 이고, X의 반감기는 1억 년이다.

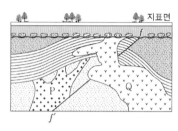

이 자료에 대한 설명으로 옳은 것만을 〈보기〉에서 있는 대로 고른 것은? [3점]

〈 보기 〉
ㄱ. 단층 $f-f'$은 횡압력을 받아 형성되었다.
ㄴ. P는 Q보다 1억 년 먼저 형성되었다.
ㄷ. P는 고생대에 형성되었다.

① ㄱ   ② ㄷ   ③ ㄱ, ㄴ   ④ ㄴ, ㄷ   ⑤ ㄱ, ㄴ, ㄷ

02

그림은 어느 지역의 지질 단면과 산출되는 화석을 나타낸 것이다. 화성암 A와 D에 각각 포함된 방사성 원소 X와 Y의 양은 처음 양의 $\frac{1}{2}$ 이다.

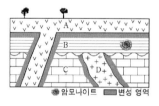

이에 대한 설명으로 옳은 것만을 〈보기〉에서 있는 대로 고른 것은?

〈 보기 〉
ㄱ. 생성 순서는 C → B → A → D이다.
ㄴ. 반감기는 X보다 Y가 길다.
ㄷ. 지층 C에서는 화폐석이 산출될 수 있다.

① ㄱ   ② ㄴ   ③ ㄷ   ④ ㄱ, ㄴ   ⑤ ㄴ, ㄷ

03

그림은 어느 지역의 지질 단면도를 나타낸 것이다. 화성암 Q에 포함된 방사성 원소 X의 양은 처음 양의 25 %이고, X의 반감기는 2억 년이다.

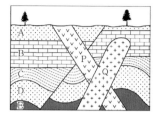

이에 대한 설명으로 옳은 것은? [3점]

① A는 단층 형성 이후에 퇴적되었다.
② B와 C는 평행 부정합 관계이다.
③ P는 Q보다 먼저 생성되었다.
④ Q를 형성한 마그마는 지표로 분출되었다.
⑤ B에서는 암모나이트 화석이 발견될 수 있다.

04

그림은 어느 지역의 지질 단면도이다. 관입암 P와 Q에 포함된 방사성 원소 X의 양은 각각 처음의 $\frac{1}{8}$, $\frac{1}{64}$ 이고, 방사성 원소 X의 반감기는 1억 년이다.

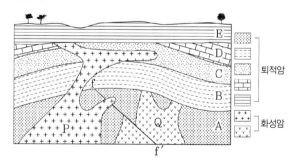

이에 대한 설명으로 옳지 않은 것은? (단, 지층의 역전은 없었다.) [3점]

① P는 3억 년 전에 생성되었다.
② 단층 f−f′는 장력에 의해 형성되었다.
③ 이 지역은 최소 3회의 융기가 있었다.
④ 생성 순서는 A → Q → B → C → D → P → E이다.
⑤ A층이 생성된 시기에 최초의 척추동물이 출현하였다.

05

그림 (가)는 퇴적암 A~D와 화성암 P가 존재하는 어느 지역의 지질 단면을, (나)는 방사성 동위 원소 X의 붕괴 곡선을 나타낸 것이다. P에 포함된 X의 양은 처음 양의 25 %이다.

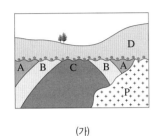 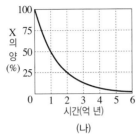

(가)   (나)

이에 대한 옳은 설명만을 〈보기〉에서 있는 대로 고른 것은? [3점]

〈 보기 〉
ㄱ. 이 지역에는 배사 구조가 나타난다.
ㄴ. C와 D는 부정합 관계이다.
ㄷ. D가 생성된 시기는 2억 년보다 오래되었다.

① ㄱ   ② ㄷ   ③ ㄱ, ㄴ   ④ ㄴ, ㄷ   ⑤ ㄱ, ㄴ, ㄷ

07

그림 (가)는 어느 지역의 지질 단면도이고, (나)는 방사성 동위 원소 X의 붕괴 곡선이다. 화성암 C와 D에 포함되어 있는 X의 양은 각각 처음 양의 $\frac{1}{4}$과 $\frac{1}{16}$이다.

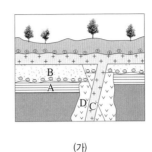 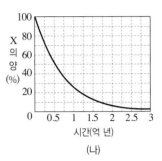

(가)   (나)

이에 대한 옳은 설명만을 〈보기〉에서 있는 대로 고른 것은? [3점]

〈 보기 〉
ㄱ. A는 D보다 먼저 생성되었다.
ㄴ. B가 퇴적된 시기에는 매머드가 번성하였다.
ㄷ. 이 지역은 현재까지 2회 융기하였다.

① ㄱ   ② ㄷ   ③ ㄱ, ㄴ   ④ ㄴ, ㄷ   ⑤ ㄱ, ㄴ, ㄷ

06

그림 (가)는 어느 지역의 지질 단면도이고, (나)는 (가)의 화성암 F에 들어 있는 방사성 원소 X의 붕괴 곡선이다. F에 들어 있는 X의 모원소와 자원소의 함량비는 1 : 3이다.

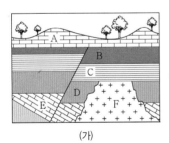 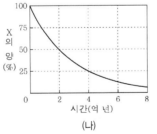

(가)   (나)

이에 대한 옳은 설명만을 〈보기〉에서 있는 대로 고른 것은? [3점]

〈 보기 〉
ㄱ. 지층의 생성 순서는 E → D → F → C → B → A이다.
ㄴ. D에서는 암모나이트 화석이 산출될 수 있다.
ㄷ. 이 지역은 4번 이상 융기하였다.

① ㄱ   ② ㄴ   ③ ㄱ, ㄷ   ④ ㄴ, ㄷ   ⑤ ㄱ, ㄴ, ㄷ

08

그림 (가)는 어느 지역의 지질 단면을, (나)는 방사성 원소 X의 붕괴 곡선을 나타낸 것이다. (가)의 화성암 E와 F에 포함된 방사성 원소 X의 양은 각각 처음 양의 $\frac{1}{4}$과 $\frac{1}{2}$이다.

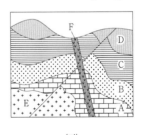 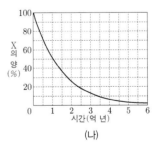

(가)   (나)

이에 대한 설명으로 옳은 것만을 〈보기〉에서 있는 대로 고른 것은? [3점]

〈 보기 〉
ㄱ. 단층은 습곡 생성 이후에 만들어졌다.
ㄴ. 암석 A는 신생대에 생성되었다.
ㄷ. 가장 최근에 생성된 암석은 D이다.

① ㄱ   ② ㄴ   ③ ㄷ   ④ ㄱ, ㄴ   ⑤ ㄱ, ㄷ

09

그림 (가)는 어느 지역의 지질 단면도를, (나)는 방사성 원소 X의 붕괴 곡선을 나타낸 것이다. 화성암 A와 B에 포함된 방사성 원소 X의 양은 각각 처음 양의 50 %, 25 %이다.

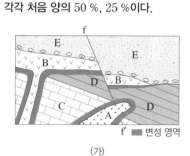 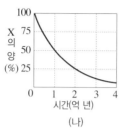

(가)   (나)

이에 대한 설명으로 옳은 것만을 〈보기〉에서 있는 대로 고른 것은? [3점]

〈 보기 〉
ㄱ. 화성암 A는 단층 f—f′보다 나중에 생성되었다.
ㄴ. 화성암 B에 포함된 방사성 원소 X는 세 번의 반감기를 거쳤다.
ㄷ. 지층 E에서는 화폐석이 산출될 수 있다.

① ㄱ　　　② ㄴ　　　③ ㄱ, ㄷ　　　④ ㄴ, ㄷ　　　⑤ ㄱ, ㄴ, ㄷ

10 대표문제

그림 (가)는 어느 지역의 지질 단면도로, A~E는 퇴적암, F와 G는 화성암, f—f′은 단층이다. 그림 (나)는 F와 G에 포함된 방사성 원소 X의 함량을 붕괴 곡선에 나타낸 것이다. X의 반감기는 1억 년이다.

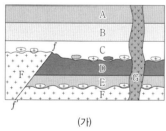 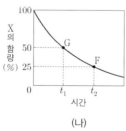

(가)   (나)

이에 대한 설명으로 옳은 것만을 〈보기〉에서 있는 대로 고른 것은? [3점]

〈 보기 〉
ㄱ. A는 고생대에 퇴적되었다.
ㄴ. D가 퇴적된 이후 f—f′이 형성되었다.
ㄷ. 단층 상반에 위치한 F는 최소 2회 육상에 노출되었다.

① ㄴ　　　② ㄷ　　　③ ㄱ, ㄴ　　　④ ㄴ, ㄷ　　　⑤ ㄱ, ㄴ, ㄷ

11

그림 (가)는 어느 지역의 지질 단면을, (나)는 방사성 원소 X에 의해 생성된 자원소 Y의 함량을 시간에 따라 나타낸 것이다. 화성암 A, B, C에는 X와 Y가 포함되어 있으며, Y는 모두 X의 붕괴 결과 생성되었다. 현재 C에 있는 X와 Y의 함량은 같다.

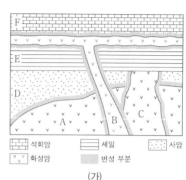 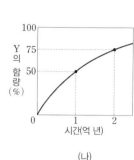

석회암	셰일	사암
화성암	변성 부분	

(가)   (나)

이에 대한 설명으로 옳은 것만을 〈보기〉에서 있는 대로 고른 것은? [3점]

〈 보기 〉
ㄱ. D는 화폐석이 번성하던 시대에 생성되었다.
ㄴ. $\dfrac{\text{Y의 함량}}{\text{X의 함량}}$ 은 A가 B보다 크다.
ㄷ. 암석의 생성 순서는 D → A → C → E → B → F이다.

① ㄱ　　　② ㄴ　　　③ ㄷ　　　④ ㄱ, ㄴ　　　⑤ ㄴ, ㄷ

12

그림 (가)는 화성암 A, B, C와 퇴적암 D, E가 분포하는 어느 지역의 지질 단면을, (나)는 방사성 동위 원소 X, Y, Z의 붕괴 곡선을 나타낸 것이다. A, B, C에 방사성 원소는 각각 순서대로 X, Y, Z만 존재하고, X, Y, Z의 현재 양은 각각 처음 양의 12.5 %, 25 %, 50 %이다.

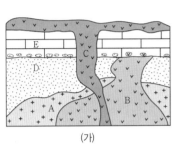
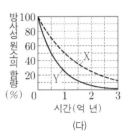

(가)   (나)

이에 대한 설명으로 옳은 것은? [3점]

① A의 절대 연령은 2억 년이다.
② 반감기는 Y보다 Z가 길다.
③ B에는 E의 암석 조각이 포획암으로 발견된다.
④ C는 E보다 나중에 생성되었다.
⑤ D는 신생대에 생성되었다.

13 대표문제

그림 (가)와 (나)는 어느 두 지역의 지질 단면을, (다)는 시간에 따른 방사성 원소 X와 Y의 붕괴 곡선을 나타낸 것이다. 화강암 A와 B에는 한 종류의 방사성 원소만 존재하고, X와 Y 중 서로 다른 한 종류만 포함한다. 현재 A와 B에 포함된 방사성 원소의 함량은 각각 처음 양의 25 %, 12.5 % 중 서로 다른 하나이다. 두 지역의 셰일에서는 삼엽충 화석이 산출된다.

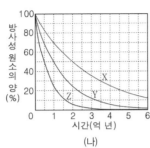

(가)   (나)   (다)

이 자료에 대한 설명으로 옳은 것만을 〈보기〉에서 있는 대로 고른 것은? [3점]

〈 보기 〉
ㄱ. (가)에서는 관입이 나타난다.
ㄴ. B에 포함되어 있는 방사성 원소는 X이다.
ㄷ. 현재의 함량으로부터 1억 년 후의

$\dfrac{\text{A에 포함된 방사성 원소 함량}}{\text{B에 포함된 방사성 원소 함량}}$ 은 1이다.

① ㄱ   ② ㄷ   ③ ㄱ, ㄴ   ④ ㄴ, ㄷ   ⑤ ㄱ, ㄴ, ㄷ

14

그림 (가)는 어느 지역의 지질 단면을, (나)는 방사성 원소 X와 Y의 붕괴 곡선을 나타낸 것이다. 화성암 P와 Q 중 하나에는 X가, 다른 하나에는 Y가 포함되어 있다. X와 Y의 처음 양은 같았으며, P와 Q에 포함되어 있는 방사성 원소의 양은 각각 처음 양의 25 %와 50 %이다.

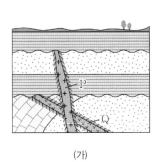 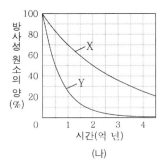

(가)   (나)

이에 대한 옳은 설명만을 〈보기〉에서 있는 대로 고른 것은? [3점]

〈 보기 〉
ㄱ. 이 지역은 3번 이상 융기하였다.
ㄴ. P에 포함되어 있는 방사성 원소는 X이다.
ㄷ. 앞으로 2억 년 후의 $\dfrac{\text{Y의 양}}{\text{X의 양}}$ 은 $\dfrac{1}{16}$ 이다.

① ㄱ   ② ㄴ   ③ ㄷ   ④ ㄱ, ㄴ   ⑤ ㄱ, ㄷ

15

그림 (가)는 어느 지역의 지표에 나타난 화강암 A, B와 셰일 C의 분포를, (나)는 화강암 A, B에 포함된 방사성 원소의 붕괴 곡선 X, Y를 순서 없이 나타낸 것이다. A는 B를 관입하고 있고, B와 C는 부정합으로 접하고 있다. A, B에 포함된 방사성 원소의 양은 각각 처음 양의 20 %와 50 %이다.

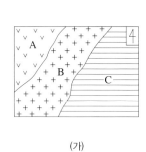 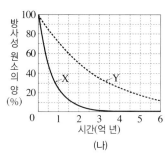

(가)   (나)

A, B, C에 대한 설명으로 옳은 것만을 〈보기〉에서 있는 대로 고른 것은? [3점]

〈 보기 〉
ㄱ. A에 포함된 방사성 원소의 붕괴 곡선은 X이다.
ㄴ. 가장 오래된 암석은 B이다.
ㄷ. C는 고생대 암석이다.

① ㄱ   ② ㄷ   ③ ㄱ, ㄴ   ④ ㄴ, ㄷ   ⑤ ㄱ, ㄴ, ㄷ

16

그림 (가)는 어느 지역의 깊이에 따른 지층과 화성암의 연령을, (나)는 방사성 원소 X와 Y의 붕괴 곡선을 나타낸 것이다. 화성암 B와 D는 X와 Y 중 서로 다른 한 종류만 포함하고, 현재 B와 D에 포함된 방사성 원소의 함량은 각각 처음 양의 50 %와 25 %이다.

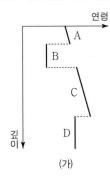
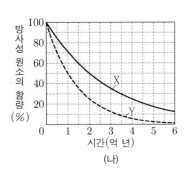

(가)   (나)

이에 대한 설명으로 옳은 것만을 〈보기〉에서 있는 대로 고른 것은? [3점]

─────〈 보기 〉─────
ㄱ. A층 하부의 기저 역암에는 B의 암석 조각이 있다.
ㄴ. 반감기는 X가 Y의 2배이다.
ㄷ. B와 D의 연령 차는 3억 년이다.
─────────────────

① ㄱ   ② ㄴ   ③ ㄱ, ㄷ   ④ ㄴ, ㄷ   ⑤ ㄱ, ㄴ, ㄷ

17

그림 (가)는 어느 지역의 지질 단면을, (나)는 시간에 따른 방사성 원소 X와 Y의 $\dfrac{\text{자원소 함량}}{\text{방사성 원소 함량}}$ 을 나타낸 것이다. 화성암 A와 B에는 X와 Y 중 서로 다른 한 종류만 포함하고, 현재 A와 B에 포함된 방사성 원소의 함량은 각각 처음 양의 50 %와 25 % 중 서로 다른 하나이다.

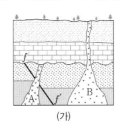
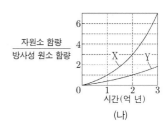

(가)   (나)

이에 대한 설명으로 옳은 것만을 〈보기〉에서 있는 대로 고른 것은? [3점]

─────〈 보기 〉─────
ㄱ. 반감기는 X가 Y의 $\dfrac{1}{2}$ 배이다.
ㄴ. A에 포함되어 있는 방사성 원소는 Y이다.
ㄷ. (가)에서 단층 $f-f'$은 중생대에 형성되었다.
─────────────────

① ㄱ   ② ㄷ   ③ ㄱ, ㄴ   ④ ㄴ, ㄷ   ⑤ ㄱ, ㄴ, ㄷ

18 대표 문제

그림은 어느 지역의 지질 단면을, 표는 화성암 P와 Q에 포함된 방사성 동위 원소 X의 자원소인 Y의 함량을 시기별로 나타낸 것이다. Y는 모두 X가 붕괴하여 생성되었고, X의 반감기는 1.5억 년이다.

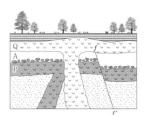

시기	Y 함량(%)	
	P	Q
암석 생성 이후 1.5억 년 경과	a	a
현재	$1.8a$	$1.6a$

이 자료에 대한 설명으로 옳은 것만을 〈보기〉에서 있는 대로 고른 것은? (단, Y 함량(%)은 붕괴한 X 함량(%)과 같다.) [3점]

〈 보기 〉
ㄱ. P에는 암석 A가 포획암으로 나타난다.
ㄴ. 단층 $f-f'$은 고생대에 형성되었다.
ㄷ. 현재로부터 1.5억 년 후까지 P의 X 함량(%)의 감소량은 Q의 Y 함량(%)의 증가량보다 적다.

① ㄱ　② ㄴ　③ ㄷ　④ ㄱ, ㄷ　⑤ ㄴ, ㄷ

19

표는 방사성 원소 X와 Y가 포함된 화성암이 생성된 뒤 각각 1억 년과 2억 년이 지난 후 X와 Y의 $\dfrac{\text{자원소의 함량}}{\text{모원소의 함량}}$ 을, 그림은 어느 지역의 지질 단면과 산출되는 화석을 나타낸 것이다. 화강암은 X와 Y 중 한 종류만 포함하고, 현재 포함된 방사성 원소의 함량은 처음 양의 12.5 %이다. 자원소는 모두 각각의 모원소가 붕괴하여 생성된다.

시간	$\dfrac{\text{자원소의 함량}}{\text{모원소의 함량}}$	
	X	Y
1억 년 후	1	㉠
2억 년 후	( )	15

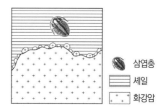

삼엽충
셰일
화강암

이 자료에 대한 설명으로 옳은 것만을 〈보기〉에서 있는 대로 고른 것은? [3점]

〈 보기 〉
ㄱ. 화강암에 포함된 방사성 원소는 X이다.
ㄴ. ㉠은 3이다.
ㄷ. 반감기는 X가 Y의 4배이다.

① ㄱ　② ㄷ　③ ㄱ, ㄴ　④ ㄴ, ㄷ　⑤ ㄱ, ㄴ, ㄷ

20

그림은 어느 지역의 지질 단면을, 표는 화성암 A와 B에 포함된 방사성 원소의 현재 함량비를 나타낸 것이다. X와 Y의 반감기는 각각 0.5억 년과 2억 년이다.

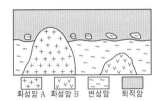

화성암	모원소	자원소	모원소 : 자원소
A	X	X′	1 : 1
B	Y	Y′	1 : 3

이에 대한 설명으로 옳은 것만을 〈보기〉에서 있는 대로 고른 것은? [3점]

〈보기〉
ㄱ. 이 지역에서는 난정합이 나타난다.
ㄴ. 퇴적암의 연령은 0.5억 년보다 많다.
ㄷ. 현재로부터 2억 년 후 화성암 B에 포함된 $\dfrac{Y′\ 함량}{Y\ 함량}$ 은 8이다.

① ㄱ　　② ㄷ　　③ ㄱ, ㄴ　　④ ㄴ, ㄷ　　⑤ ㄱ, ㄴ, ㄷ

21

그림은 어느 지역의 지질 단면도를, 표는 화성암 P와 Q에 포함된 방사성 원소 X와 이 원소가 붕괴되어 생성된 자원소의 함량을 나타낸 것이다.

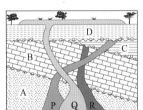

구분	방사성 원소 X(%)	자원소 (%)
P	24	76
Q	52	48

이에 대한 설명으로 옳은 것만을 〈보기〉에서 있는 대로 고른 것은? (단, 화성암 P, Q는 생성될 당시에 방사성 원소 X의 자원소가 포함되지 않았다.) [3점]

〈보기〉
ㄱ. 이 지역에서는 최소한 4회 이상의 융기가 있었다.
ㄴ. $\dfrac{\text{P의 절대 연령}}{\text{Q의 절대 연령}}$ 은 2보다 크다.
ㄷ. 지층과 암석의 생성 순서는 A → B → C → R → P → D → Q이다.

① ㄱ　　② ㄴ　　③ ㄷ　　④ ㄱ, ㄴ　　⑤ ㄴ, ㄷ

22

그림 (가)는 어느 지역의 지질 단면을, (나)는 방사성 원소 X의 함량(%)에 대한 방사성 원소 Y의 함량(%)을 시간에 따라 나타낸 것이다. 화성암 A와 B는 각각 X와 Y를 모두 포함하며, 현재 A에 포함된 Y의 함량은 처음 양의 $\dfrac{3}{8}$ 이고, B에 포함된 X의 함량은 처음 양의 $\dfrac{1}{4}$ 이다. X의 반감기는 0.5억 년이다.

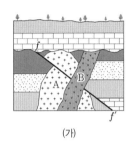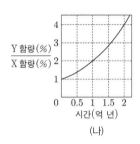

(가)　　　　　　　　(나)

이에 대한 설명으로 옳은 것만을 〈보기〉에서 있는 대로 고른 것은? (단, X와 Y의 자원소는 모두 각각의 모원소가 붕괴하여 생성되었다.) [3점]

〈보기〉
ㄱ. 반감기는 X가 Y의 $\dfrac{1}{2}$ 배이다.
ㄴ. 현재로부터 2억 년 후, B에 포함된 Y의 자원소 함량은 Y 함량의 7배이다.
ㄷ. (가)에서 단층 f-$f′$은 중생대에 형성되었다.

① ㄱ　　② ㄴ　　③ ㄱ, ㄷ　　④ ㄴ, ㄷ　　⑤ ㄱ, ㄴ, ㄷ

한눈에 정리하는
평가원 기출 경향

주제 \ 학년도	2025	2024	2023
고기후 연구 방법			

빈출
생물의 대멸종

34   2025학년도 수능 지I 7번

그림은 현생 누대 동안 생물 과의 멸종 비율과 대멸종이 일어난 시기 A, B, C를 나타낸 것이다. 이에 대한 설명으로 옳은 것만을 〈보기〉에서 있는 대로 고른 것은?

─〈보기〉─
ㄱ. A에 방추충이 멸종하였다.
ㄴ. B와 C 사이에 판게아가 분리되기 시작하였다.
ㄷ. C는 팔레오기와 네오기의 지질 시대 경계이다.

① ㄱ ② ㄴ ③ ㄷ ④ ㄴ, ㄷ ⑤ ㄱ, ㄴ, ㄷ

06   2024학년도 수능 지I 7번

그림은 현생 누대 동안 해양 생물 과의 수와 대멸종 시기 A, B, C 를 나타낸 것이다. 이에 대한 설명으로 옳은 것만을 〈보기〉에서 있는 대로 고른 것은?

─〈보기〉─
ㄱ. 해양 생물 과의 수는 A가 B보다 많다.
ㄴ. B와 C 사이에 생성된 지층에서 양치식물 화석이 발견된다.
ㄷ. C는 쥐라기와 백악기의 지질 시대 경계이다.

① ㄱ ② ㄴ ③ ㄱ, ㄴ ④ ㄴ, ㄷ ⑤ ㄱ, ㄴ, ㄷ

07 대표 문제   2023학년도 9월 모평 지I 7번

그림은 현생 누대 동안 생물 과의 멸종 비율과 대멸종이 일어난 시기 A, B, C를 나타낸 것이다. 이에 대한 설명으로 옳은 것만을 〈보기〉에서 있는 대로 고른 것은?

─〈보기〉─
ㄱ. 생물 과의 멸종 비율은 A가 B보다 높다.
ㄴ. A와 B 사이에 최초의 양서류가 출현하였다.
ㄷ. B와 C 사이에 히말라야산맥이 형성되었다.

① ㄱ ② ㄴ ③ ㄷ ④ ㄱ, ㄷ ⑤ ㄴ, ㄷ

빈출
지질 시대의 환경과 생물

27 대표 문제   2025학년도 9월 모평 지I 7번

그림은 지질 시대에 일어난 주요 사건을 시간 순서대로 나타낸 것이다.

A, B, C 기간에 대한 설명으로 옳은 것만을 〈보기〉에서 있는 대로 고른 것은?

─〈보기〉─
ㄱ. A에 최초의 육상 식물이 출현하였다.
ㄴ. B에 방추충이 번성하였다.
ㄷ. C에 히말라야산맥이 형성되었다.

① ㄱ ② ㄴ ③ ㄱ, ㄷ ④ ㄴ, ㄷ ⑤ ㄱ, ㄴ, ㄷ

12 대표 문제   2024학년도 9월 모평 지I 10번

그림은 40억 년 전부터 현재까지 지질 시대 A~E의 지속 기간을 비율로 나타낸 것이다. A~E에 대한 설명으로 옳은 것만을 〈보기〉에서 있는 대로 고른 것은? [3점]

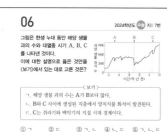

─〈보기〉─
ㄱ. 최초의 다세포 동물이 출현한 시기는 B이다.
ㄴ. 최초의 척추동물이 출현한 시기는 C이다.
ㄷ. 히말라야 산맥이 형성된 시기는 E이다.

① ㄱ ② ㄷ ③ ㄱ, ㄴ ④ ㄴ, ㄷ ⑤ ㄱ, ㄴ, ㄷ

23   2023학년도 수능 지I 10번

그림 (가)는 40억 년 전부터 현재까지의 지질 시대를 구성하는 A, B, C의 지속 기간을 비율로 나타낸 것이고, (나)는 초대륙 로디니아의 모습을 나타낸 것이다. A, B, C는 각각 시생 누대, 원생 누대, 현생 누대 중 하나이다.

이 자료에 대한 설명으로 옳은 것만을 〈보기〉에서 있는 대로 고른 것은?

─〈보기〉─
ㄱ. A는 원생 누대이다.
ㄴ. (나)는 A에 나타난 대륙 분포이다.
ㄷ. 다세포 동물은 B에 출현했다.

① ㄱ ② ㄴ ③ ㄷ ④ ㄱ, ㄴ ⑤ ㄴ, ㄷ

18 대표 문제   2025학년도 6월 모평 지I 5번

표는 지질 시대 A, B, C의 특징을 나타낸 것이다. A, B, C는 각각 백악기, 오르도비스기, 팔레오기 중 하나이다.

지질 시대	특징
A	삼엽충과 필석류를 포함한 무척추동물이 번성하였다.
B	공룡과 암모나이트가 번성하였다가 멸종하였다.
C	화폐석과 속씨식물이 번성하였다.

A, B, C에 대한 설명으로 옳은 것만을 〈보기〉에서 있는 대로 고른 것은? [3점]

─〈보기〉─
ㄱ. 지질 시대를 오래된 것부터 나열하면 A – C – B 순이다.
ㄴ. B에 판게아가 분리되기 시작하였다.
ㄷ. C에 생성된 지층에서 양치식물 화석이 발견된다.

① ㄱ ② ㄷ ③ ㄱ, ㄴ ④ ㄴ, ㄷ ⑤ ㄱ, ㄴ, ㄷ

2022~2019

01 대표 문제 2020학년도 9월 모평 지Ⅰ 9번

다음은 나무의 나이테 지수를 이용한 고기후 연구 방법에 대한 설명이다. 그림 (가)는 북반구 A 지역과 남반구 B 지역의 기온 편차를 각각 나타낸 것이고, (나)는 A 지역의 나이테 지수이다.

○ 나이테의 폭을 측정하여 나이테 지수를 구한다.
○ 나이테 지수가 클수록 기온이 높다고 추정한다.

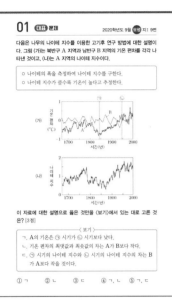

이 자료에 대한 설명으로 옳은 것만을 〈보기〉에서 있는 대로 고른 것은? [3점]

〈보기〉
ㄱ. A의 기온은 ⊙ 시기가 ⓒ 시기보다 낮다.
ㄴ. 기온 편차의 최댓값과 최솟값의 차는 A가 B보다 작다.
ㄷ. ⊙ 시기의 나이테 지수와 ⓒ 시기의 나이테 지수의 차는 B가 A보다 작을 것이다.

① ㄱ ② ㄴ ③ ㄷ ④ ㄱ, ㄴ ⑤ ㄱ, ㄷ

14 2021학년도 9월 모평 지Ⅰ 2번

그림은 현생 누대 동안 동물 과의 수를 현재 동물 과의 수에 대한 비로 나타낸 것이다.

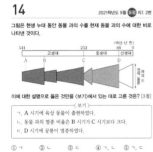

이에 대한 설명으로 옳은 것만을 〈보기〉에서 있는 대로 고른 것은? [3점]

〈보기〉
ㄱ. A 시기에 육상 동물이 출현하였다.
ㄴ. 동물 과의 멸종 비율은 B 시기가 C 시기보다 크다.
ㄷ. D 시기에 공룡이 멸종하였다.

① ㄱ ② ㄴ ③ ㄷ ④ ㄱ, ㄴ ⑤ ㄱ, ㄷ

05 2020학년도 수능 지Ⅰ 17번

그림은 현생 누대 동안의 해수면 높이와 해양 생물 과의 수를 나타낸 것이다. 이에 대한 설명으로 옳은 것만을 〈보기〉에서 있는 대로 고른 것은?

〈보기〉
ㄱ. 최초의 다세포 생물은 캄브리아기 전에 출현하였다.
ㄴ. 중생대 말에 감소한 해양 생물 과의 수는 고생대 말보다 크다.
ㄷ. 판게아가 분리되기 시작할 때의 해수면은 현재보다 높았다.

① ㄱ ② ㄷ ③ ㄱ, ㄴ ④ ㄴ, ㄷ ⑤ ㄱ, ㄴ, ㄷ

09 2019학년도 6월 모평 지Ⅰ 13번

그림 (가)는 현생 누대 동안 완족류와 삼엽충의 과의 수 변화를, (나)는 현생 누대 동안 생물 과의 멸종 비율을 나타낸 것이다. A와 B는 각각 완족류와 삼엽충 중 하나이다.

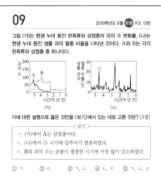

이에 대한 설명으로 옳은 것만을 〈보기〉에서 있는 대로 고른 것은? [3점]

〈보기〉
ㄱ. (가)에서 A는 삼엽충이다.
ㄴ. (나)에서 ⊙ 시기에 갑주어가 멸종하였다.
ㄷ. B의 과의 수는 공룡이 멸종한 시기에 가장 많이 감소하였다.

① ㄱ ② ㄷ ③ ㄱ, ㄴ ④ ㄴ, ㄷ ⑤ ㄱ, ㄴ, ㄷ

28 2022학년도 수능 지Ⅰ 6번

그림은 지질 시대에 일어난 주요 사건을 시간 순서대로 나타낸 것이다.

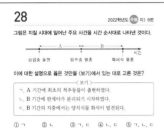

이에 대한 설명으로 옳은 것만을 〈보기〉에서 있는 대로 고른 것은?

〈보기〉
ㄱ. A 기간에 최초의 척추동물이 출현하였다.
ㄴ. B 기간에 판게아가 분리되기 시작하였다.
ㄷ. B 기간의 지층에서는 양치식물 화석이 발견된다.

① ㄱ ② ㄴ ③ ㄱ, ㄷ ④ ㄴ, ㄷ ⑤ ㄱ, ㄴ, ㄷ

33 2022학년도 9월 모평 지Ⅰ 1번

그림은 주요 동물군의 생존 시기를 나타낸 것이다. A, B, C는 어류, 파충류, 포유류를 순서 없이 나타낸 것이다.

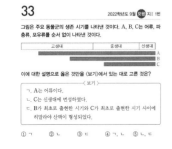

이에 대한 설명으로 옳은 것만을 〈보기〉에서 있는 대로 고른 것은?

〈보기〉
ㄱ. A는 어류이다.
ㄴ. C는 신생대에 번성하였다.
ㄷ. B가 최초로 출현한 시기와 C가 최초로 출현한 시기 사이에 히말라야 산맥이 형성되었다.

① ㄱ ② ㄴ ③ ㄷ ④ ㄱ, ㄴ ⑤ ㄴ, ㄷ

20 2022학년도 6월 모평 지Ⅰ 1번

다음은 지질 시대의 특징에 대하여 학생 A, B, C가 나눈 대화를 나타낸 것이다. (가), (나), (다)는 각각 고생대, 중생대, 신생대 중 하나이다.

지질 시대	특징
(가)	• 판게아가 분리되기 시작하였다. • 파충류가 번성하였다.
(나)	• 히말라야산맥이 형성되었다. • 속씨식물이 번성하였다.
(다)	• 육상에 식물이 출현하였다. • 삼엽충이 번성하였다.

(가)의 지층에서는 공룡 화석이 발견될 수 있어. 학생 A
(나)는 고생대야. 학생 B
(다)에는 매머드가 번성하였어. 학생 C

제시한 내용이 옳은 학생만을 있는 대로 고른 것은?

① A ② B ③ C ④ A, B ⑤ A, C

16 2021학년도 수능 지Ⅰ 5번

그림은 40억 년 전부터 현재까지의 지질 시대를 3개의 누대로 나타낸 것이다.

이에 대한 설명으로 옳은 것만을 〈보기〉에서 있는 대로 고른 것은? [3점]

〈보기〉
ㄱ. 대기 중 산소의 농도는 A 시기가 B 시기보다 높았다.
ㄴ. 다세포 동물은 B 시기에 출현한다.
ㄷ. 가장 큰 규모의 대멸종은 C 시기에 발생했다.

① ㄱ ② ㄷ ③ ㄱ, ㄴ ④ ㄴ, ㄷ ⑤ ㄱ, ㄴ, ㄷ

01 대표 문제

다음은 나무의 나이테 지수를 이용한 고기후 연구 방법에 대한 설명이다. 그림 (가)는 북반구 A 지역과 남반구 B 지역의 기온 편차를 각각 나타낸 것이고, (나)는 A 지역의 나이테 지수이다.

○ 나이테의 폭을 측정하여 나이테 지수를 구한다.
○ 나이테 지수가 클수록 기온이 높다고 추정한다.

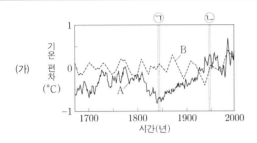

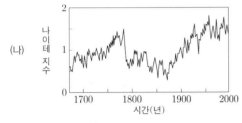

이 자료에 대한 설명으로 옳은 것만을 〈보기〉에서 있는 대로 고른 것은? [3점]

〈 보기 〉
ㄱ. A의 기온은 ㉠ 시기가 ㉡ 시기보다 낮다.
ㄴ. 기온 편차의 최댓값과 최솟값의 차는 A가 B보다 작다.
ㄷ. ㉠ 시기의 나이테 지수와 ㉡ 시기의 나이테 지수의 차는 B가 A보다 작을 것이다.

① ㄱ   ② ㄴ   ③ ㄷ   ④ ㄱ, ㄴ   ⑤ ㄱ, ㄷ

02

그림 (가)는 지질 시대의 평균 기온 변화를, (나)는 암모나이트 화석을 나타낸 것이다.

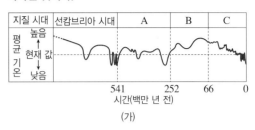

(가)   (나)

이에 대한 설명으로 옳은 것만을 〈보기〉에서 있는 대로 고른 것은?

〈 보기 〉
ㄱ. A 시기 말에는 판게아가 형성되었다.
ㄴ. B 시기는 현재보다 대체로 온난하였다.
ㄷ. (나)는 C 시기의 표준 화석이다.

① ㄱ   ② ㄷ   ③ ㄱ, ㄴ   ④ ㄴ, ㄷ   ⑤ ㄱ, ㄴ, ㄷ

03

그림은 현생 누대에 북반구에서 대륙 빙하가 분포한 범위를 나타낸 것이다.
이 자료에 대한 옳은 설명만을 〈보기〉에서 있는 대로 고른 것은?

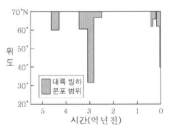

〈 보기 〉
ㄱ. 지구의 평균 기온은 3억 년 전이 2억 년 전보다 높았다.
ㄴ. 공룡이 멸종한 시기에 35°N에는 대륙 빙하가 분포하였다.
ㄷ. 평균 해수면의 높이는 백악기가 제4기보다 높았다.

① ㄱ   ② ㄷ   ③ ㄱ, ㄴ   ④ ㄴ, ㄷ   ⑤ ㄱ, ㄴ, ㄷ

04

2019학년도 7월 학평 지Ⅱ 11번

그림은 어느 지역의 지질 단면도와 지층에서 산출되는 화석의 범위를 나타낸 것이다.

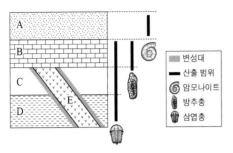

이에 대한 설명으로 옳은 것만을 〈보기〉에서 있는 대로 고른 것은? [3점]

〈보기〉
ㄱ. A~D는 해양 환경에서 퇴적된 지층이다.
ㄴ. E가 관입한 시대에 속씨식물이 번성하였다.
ㄷ. A~D를 2개의 지질 시대로 구분할 때 가장 적합한 위치는 B와 C의 경계이다.

① ㄱ   ② ㄴ   ③ ㄱ, ㄷ   ④ ㄴ, ㄷ   ⑤ ㄱ, ㄴ, ㄷ

06

2024학년도 수능 지Ⅰ 7번

그림은 현생 누대 동안 해양 생물 과의 수와 대멸종 시기 A, B, C 를 나타낸 것이다.

이에 대한 설명으로 옳은 것만을 〈보기〉에서 있는 대로 고른 것은?

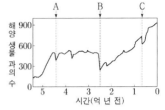

〈보기〉
ㄱ. 해양 생물 과의 수는 A가 B보다 많다.
ㄴ. B와 C 사이에 생성된 지층에서 양치식물 화석이 발견된다.
ㄷ. C는 쥐라기와 백악기의 지질 시대 경계이다.

① ㄱ   ② ㄷ   ③ ㄱ, ㄴ   ④ ㄴ, ㄷ   ⑤ ㄱ, ㄴ, ㄷ

05

2020학년도 수능 지Ⅱ 17번

그림은 현생 누대 동안의 해수면 높이와 해양 생물 과의 수를 나타낸 것이다.

이에 대한 설명으로 옳은 것만을 〈보기〉에서 있는 대로 고른 것은?

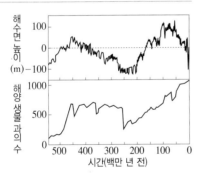

〈보기〉
ㄱ. 최초의 다세포 생물은 캄브리아기 전에 출현하였다.
ㄴ. 중생대 말에 감소한 해양 생물 과의 수는 고생대 말보다 크다.
ㄷ. 판게아가 분리되기 시작했을 때의 해수면은 현재보다 높았다.

① ㄱ   ② ㄷ   ③ ㄱ, ㄴ   ④ ㄴ, ㄷ   ⑤ ㄱ, ㄴ, ㄷ

07 대표 문제

2023학년도 9월 모평 지Ⅰ 7번

그림은 현생 누대 동안 생물 과의 멸종 비율과 대멸종이 일어난 시기 A, B, C를 나타낸 것이다.

이에 대한 설명으로 옳은 것만을 〈보기〉에서 있는 대로 고른 것은?

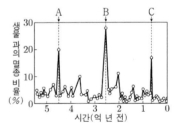

〈보기〉
ㄱ. 생물 과의 멸종 비율은 A가 B보다 높다.
ㄴ. A와 B 사이에 최초의 양서류가 출현하였다.
ㄷ. B와 C 사이에 히말라야산맥이 형성되었다.

① ㄱ   ② ㄴ   ③ ㄷ   ④ ㄱ, ㄷ   ⑤ ㄴ, ㄷ

08

그림은 현생 누대 동안 생물 과의 멸종 비율과 대멸종 시기 A, B, C를 나타낸 것이다. 이에 대한 설명으로 옳은 것만을 <보기>에서 있는 대로 고른 것은?

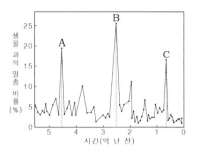

―――〈 보기 〉―――

ㄱ. 생물 과의 멸종 비율은 A보다 B 시기에 높다.

ㄴ. B 시기를 경계로 고생대와 중생대가 구분된다.

ㄷ. 방추충은 C 시기에 멸종하였다.

① ㄱ　　② ㄷ　　③ ㄱ, ㄴ　　④ ㄴ, ㄷ　　⑤ ㄱ, ㄴ, ㄷ

09

그림 (가)는 현생 누대 동안 완족류와 삼엽충의 과의 수 변화를, (나)는 현생 누대 동안 생물 과의 멸종 비율을 나타낸 것이다. A와 B는 각각 완족류와 삼엽충 중 하나이다.

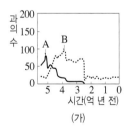 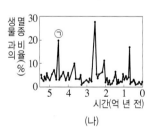

이에 대한 설명으로 옳은 것만을 <보기>에서 있는 대로 고른 것은? [3점]

―――〈 보기 〉―――

ㄱ. (가)에서 A는 삼엽충이다.

ㄴ. (나)에서 ㉠ 시기에 갑주어가 멸종하였다.

ㄷ. B의 과의 수는 공룡이 멸종한 시기에 가장 많이 감소하였다.

① ㄱ　　② ㄷ　　③ ㄱ, ㄴ　　④ ㄴ, ㄷ　　⑤ ㄱ, ㄴ, ㄷ

10

표는 지질 시대의 일부를 기 수준으로 구분하여 순서대로 나타낸 것이고, 그림은 서로 다른 표준 화석을 나타낸 것이다.

대	기
고생대	오르도비스기
	A
	데본기
	B
	페름기
중생대	트라이아스기
	쥐라기
	C

㉠　　　㉡

이에 대한 설명으로 옳은 것은?

① A는 실루리아기이다.

② B에 파충류가 번성하였다.

③ 판게아는 C에 형성되었다.

④ ㉠은 A를 대표하는 표준 화석이다.

⑤ ㉠과 ㉡은 육상 생물의 화석이다.

11

표는 누대 A, B, C의 특징을 나타낸 것이다. A, B, C는 각각 현생 누대, 시생 누대, 원생 누대 중 하나이다.

누대	특징
A	초대륙 로디니아가 형성되었다.
B	( )
C	남세균이 최초로 출현하였다.

이에 대한 설명으로 옳은 것만을 〈보기〉에서 있는 대로 고른 것은? [3점]

〈 보기 〉
ㄱ. A는 시생 누대이다.
ㄴ. 가장 큰 규모의 대멸종은 B 시기에 발생했다.
ㄷ. C 시기 지층에서는 에디아카라 동물군 화석이 발견된다.

① ㄱ　　② ㄴ　　③ ㄱ, ㄷ　　④ ㄴ, ㄷ　　⑤ ㄱ, ㄴ, ㄷ

12 대표문제

그림은 40억 년 전부터 현재까지 지질 시대 A~E의 지속 기간을 비율로 나타낸 것이다. A~E에 대한 설명으로 옳은 것만을 〈보기〉에서 있는 대로 고른 것은? [3점]

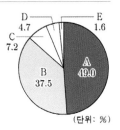

〈 보기 〉
ㄱ. 최초의 다세포 동물이 출현한 시기는 B이다.
ㄴ. 최초의 척추동물이 출현한 시기는 C이다.
ㄷ. 히말라야 산맥이 형성된 시기는 E이다.

① ㄱ　　② ㄷ　　③ ㄱ, ㄴ　　④ ㄴ, ㄷ　　⑤ ㄱ, ㄴ, ㄷ

13

그림은 현생 누대의 일부를 기 단위로 구분하여 생물의 생존 기간과 번성 정도를 나타낸 것이다. ㉠과 ㉡은 각각 양치식물과 겉씨식물 중 하나이다.

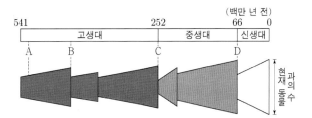

이에 대한 옳은 설명만을 〈보기〉에서 있는 대로 고른 것은? [3점]

〈 보기 〉
ㄱ. A 시기는 중생대에 속한다.
ㄴ. ㉠은 겉씨식물이다.
ㄷ. B 시기 말에는 최대 규모의 대멸종이 있었다.

① ㄱ　　② ㄴ　　③ ㄱ, ㄷ　　④ ㄴ, ㄷ　　⑤ ㄱ, ㄴ, ㄷ

14

그림은 현생 누대 동안 동물 과의 수를 현재 동물 과의 수에 대한 비로 나타낸 것이다.

이에 대한 설명으로 옳은 것만을 〈보기〉에서 있는 대로 고른 것은? [3점]

〈 보기 〉
ㄱ. A 시기에 육상 동물이 출현하였다.
ㄴ. 동물 과의 멸종 비율은 B 시기가 C 시기보다 크다.
ㄷ. D 시기에 공룡이 멸종하였다.

① ㄱ　　② ㄴ　　③ ㄷ　　④ ㄱ, ㄴ　　⑤ ㄱ, ㄷ

15

다음은 스트로마톨라이트에 대한 설명과 A, B, C 누대의 특징이다. A, B, C는 각각 시생 누대, 원생 누대, 현생 누대 중 하나이다.

스트로마톨라이트는 광합성을 하는 (㉠)이 만든 층상 구조의 석회질 암석으로 따뜻하고 수심이 얕은 바다에서 형성된다.

누대	특징
A	대륙 지각 형성 시작
B	에디아카라 동물군 출현
C	겉씨식물 출현

이에 대한 옳은 설명만을 〈보기〉에서 있는 대로 고른 것은?

〈 보기 〉
ㄱ. ㉠은 A 누대에 출현하였다.
ㄴ. 지질 시대의 길이는 A 누대가 C 누대보다 짧다.
ㄷ. B 누대에는 초대륙이 존재하지 않았다.

① ㄱ   ② ㄷ   ③ ㄱ, ㄴ   ④ ㄴ, ㄷ   ⑤ ㄱ, ㄴ, ㄷ

17

표는 고생대와 중생대를 기 단위로 구분하여 시간 순서대로 나타낸 것이다.

대	고생대						중생대	
기	캄브리아기	오르도비스기	A	데본기	B	페름기	C	쥐라기	백악기

이에 대한 설명으로 옳은 것만을 〈보기〉에서 있는 대로 고른 것은? [3점]

〈 보기 〉
ㄱ. A 시기에 삼엽충이 생존하였다.
ㄴ. B 시기에 은행나무와 소철이 번성하였다.
ㄷ. C 시기에 히말라야산맥이 형성되었다.

① ㄱ   ② ㄷ   ③ ㄱ, ㄴ   ④ ㄴ, ㄷ   ⑤ ㄱ, ㄴ, ㄷ

16

그림은 40억 년 전부터 현재까지의 지질 시대를 3개의 누대로 나타낸 것이다.

이에 대한 설명으로 옳은 것만을 〈보기〉에서 있는 대로 고른 것은? [3점]

〈 보기 〉
ㄱ. 대기 중 산소의 농도는 A 시기가 B 시기보다 높았다.
ㄴ. 다세포 동물은 B 시기에 출현했다.
ㄷ. 가장 큰 규모의 대멸종은 C 시기에 발생했다.

① ㄱ   ② ㄷ   ③ ㄱ, ㄴ   ④ ㄴ, ㄷ   ⑤ ㄱ, ㄴ, ㄷ

18 대표 문제

표는 지질 시대 A, B, C의 특징을 나타낸 것이다. A, B, C는 각각 백악기, 오르도비스기, 팔레오기 중 하나이다.

지질 시대	특징
A	삼엽충과 필석류를 포함한 무척추동물이 번성하였다.
B	공룡과 암모나이트가 번성하였다가 멸종하였다.
C	화폐석과 속씨식물이 번성하였다.

A, B, C에 대한 설명으로 옳은 것만을 〈보기〉에서 있는 대로 고른 것은? [3점]

〈 보기 〉
ㄱ. 지질 시대를 오래된 것부터 나열하면 A − C − B 순이다.
ㄴ. B에 판게아가 분리되기 시작하였다.
ㄷ. C에 생성된 지층에서 양치식물 화석이 발견된다.

① ㄱ   ② ㄷ   ③ ㄱ, ㄴ   ④ ㄴ, ㄷ   ⑤ ㄱ, ㄴ, ㄷ

19

표는 지질 시대의 환경과 생물에 대한 특징을 기 수준으로 구분하여 나타낸 것이다.

지질 시대(기)	특징
A	양치식물과 방추충 등이 번성하였고, 말기에 가장 큰 규모의 생물 대멸종이 일어났다.
B	삼엽충과 필석 등이 번성하였고, 최초의 척추동물인 어류가 출현하였다.
C	대형 파충류가 번성하였고, 시조새가 출현하였다.

A, B, C에 해당하는 지질 시대(기)로 가장 적절한 것은?

	A	B	C
①	석탄기	오르도비스기	백악기
②	석탄기	캄브리아기	쥐라기
③	페름기	캄브리아기	백악기
④	페름기	오르도비스기	쥐라기
⑤	페름기	트라이아스기	데본기

20

다음은 지질 시대의 특징에 대하여 학생 A, B, C가 나눈 대화를 나타낸 것이다. (가), (나), (다)는 각각 고생대, 중생대, 신생대 중 하나이다.

지질 시대	특징
(가)	• 판게아가 분리되기 시작하였다. • 파충류가 번성하였다.
(나)	• 히말라야산맥이 형성되었다. • 속씨식물이 번성하였다.
(다)	• 육상에 식물이 출현하였다. • 삼엽충이 번성하였다.

학생 A: (가)의 지층에서는 공룡 화석이 발견될 수 있어.
학생 B: (나)는 고생대야.
학생 C: (다)에는 매머드가 번성하였어.

제시한 내용이 옳은 학생만을 있는 대로 고른 것은?

① A   ② B   ③ C   ④ A, B   ⑤ A, C

21

다음은 지질 시대에 대한 원격 수업 장면이다.

지질 시대	설명
(가)	갑주어를 비롯한 어류가 번성하였고 최초의 양서류가 출현하였다.
(나)	양서류가 전성기를 이루었으며 최초의 파충류가 출현하였다.
(다)	해안의 낮은 습지에서 최초의 육상 식물이 출현하였다.

(가), (나), (다)는 각각 실루리아기, 데본기, 석탄기 중 하나입니다.

학생 A: 오존층은 (다)보다 먼저 형성되었어요.
학생 B: (나)는 데본기예요.
학생 C: 지질 시대는 (가) → (나) → (다) 순이에요.

제시한 내용이 옳은 학생만을 있는 대로 고른 것은? [3점]

① A   ② B   ③ A, C   ④ B, C   ⑤ A, B, C

22

그림 (가)는 지질 시대 중 어느 시기의 대륙 분포를, (나)와 (다)는 각각 단풍나무와 필석의 화석을 나타낸 것이다.

(가)　　　　(나)　　　　(다)

이에 대한 옳은 설명만을 〈보기〉에서 있는 대로 고른 것은? [3점]

―――〈 보기 〉―――
ㄱ. 히말라야산맥은 (가)의 시기보다 나중에 형성되었다.
ㄴ. (나)와 (다)의 고생물은 모두 육상에서 서식하였다.
ㄷ. (가)의 시기에는 (다)의 고생물이 번성하였다.

① ㄱ　　② ㄴ　　③ ㄱ, ㄷ　　④ ㄴ, ㄷ　　⑤ ㄱ, ㄴ, ㄷ

23

그림 (가)는 40억 년 전부터 현재까지의 지질 시대를 구성하는 A, B, C의 지속 기간을 비율로 나타낸 것이고, (나)는 초대륙 로디니아의 모습을 나타낸 것이다. A, B, C는 각각 시생 누대, 원생 누대, 현생 누대 중 하나이다.

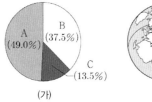

(가)　　　　　　　(나)

이 자료에 대한 설명으로 옳은 것만을 〈보기〉에서 있는 대로 고른 것은?

―――〈 보기 〉―――
ㄱ. A는 원생 누대이다.
ㄴ. (나)는 A에 나타난 대륙 분포이다.
ㄷ. 다세포 동물은 B에 출현했다.

① ㄱ　　② ㄴ　　③ ㄷ　　④ ㄱ, ㄴ　　⑤ ㄴ, ㄷ

24

다음은 판게아가 존재했던 시기에 대해 학생들이 나눈 대화를 나타낸 것이다.

이에 대해 옳게 설명한 학생만을 있는 대로 고른 것은? [3점]

① A　　② B　　③ A, C　　④ B, C　　⑤ A, B, C

25

그림 (가), (나), (다)는 고생대, 중생대, 신생대의 모습을 순서 없이 나타낸 것이다.

(가)　　　　　　(나)　　　　　　(다)

이에 대한 설명으로 옳은 것만을 〈보기〉에서 있는 대로 고른 것은?

─〈 보기 〉─
ㄱ. (가) 시대에 판게아가 분리되기 시작하였다.
ㄴ. (나) 시대에 양치식물이 번성하였다.
ㄷ. (다) 시대에는 여러 번의 빙하기가 있었다.

① ㄱ　　② ㄴ　　③ ㄱ, ㄷ　　④ ㄴ, ㄷ　　⑤ ㄱ, ㄴ, ㄷ

27

그림은 지질 시대에 일어난 주요 사건을 시간 순서대로 나타낸 것이다.

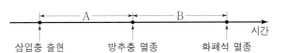

로디니아　　대서양 확장　　속씨식물　　매머드
형성 시작　　　시작　　　　출현　　　멸종

A, B, C 기간에 대한 설명으로 옳은 것만을 〈보기〉에서 있는 대로 고른 것은?

─〈 보기 〉─
ㄱ. A에 최초의 육상 식물이 출현하였다.
ㄴ. B에 방추충이 번성하였다.
ㄷ. C에 히말라야산맥이 형성되었다.

① ㄱ　　② ㄴ　　③ ㄱ, ㄷ　　④ ㄴ, ㄷ　　⑤ ㄱ, ㄴ, ㄷ

26

그림 (가)는 현생 누대 동안 대륙 수의 변화를, (나)는 서로 다른 시기의 대륙 분포를 나타낸 것이다. A, B, C는 각각 ㉠, ㉡, ㉢ 시기의 대륙 분포 중 하나이다.

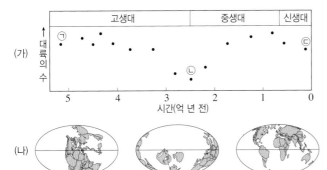

(나)

A　　　　B　　　　C

이에 대한 설명으로 옳은 것만을 〈보기〉에서 있는 대로 고른 것은? [3점]

─〈 보기 〉─
ㄱ. ㉠ 시기에 최초의 육상 척추동물이 출현하였다.
ㄴ. ㉡ 시기의 대륙 분포는 A이다.
ㄷ. 해안선의 길이는 ㉡보다 ㉢ 시기에 길었다.

① ㄱ　　② ㄷ　　③ ㄱ, ㄴ　　④ ㄴ, ㄷ　　⑤ ㄱ, ㄴ, ㄷ

28

그림은 지질 시대에 일어난 주요 사건을 시간 순서대로 나타낸 것이다.

삼엽충 출현　　방추충 멸종　　화폐석 멸종

이에 대한 설명으로 옳은 것만을 〈보기〉에서 있는 대로 고른 것은?

─〈 보기 〉─
ㄱ. A 기간에 최초의 척추동물이 출현하였다.
ㄴ. B 기간에 판게아가 분리되기 시작하였다.
ㄷ. B 기간의 지층에서는 양치식물 화석이 발견된다.

① ㄱ　　② ㄴ　　③ ㄱ, ㄷ　　④ ㄴ, ㄷ　　⑤ ㄱ, ㄴ, ㄷ

10
일차

29

그림은 고생대, 중생대, 신생대의 상대적 길이를 나타낸 것이다.

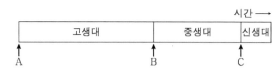

이에 대한 옳은 설명만을 〈보기〉에서 있는 대로 고른 것은?

〈 보기 〉
ㄱ. 최초의 육상 식물은 A 시기 이후에 출현하였다.
ㄴ. B 시기에 삼엽충이 출현하였다.
ㄷ. 암모나이트는 C 시기에 멸종하였다.

① ㄱ   ② ㄴ   ③ ㄱ, ㄷ   ④ ㄴ, ㄷ   ⑤ ㄱ, ㄴ, ㄷ

30

그림은 지질 시대 동안 일어난 주요 사건을 나타낸 것이다.

이에 대한 설명으로 옳은 것은? [3점]

① 최초의 다세포 생물이 출현한 지질 시대는 ㉠이다.
② 생물의 광합성이 최초로 일어난 지질 시대는 ㉡이다.
③ 최초의 육상 식물이 출현한 지질 시대는 ㉢이다.
④ 빙하기가 없었던 지질 시대는 ㉢이다.
⑤ 방추충이 번성한 지질 시대는 ㉣이다.

31

그림은 두 생물군의 생존 시기를 나타낸 것이다. A와 B는 각각 양서류와 포유류 중 하나이다.

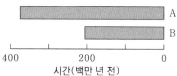

이에 대한 설명으로 옳은 것만을 〈보기〉에서 있는 대로 고른 것은? [3점]

〈 보기 〉
ㄱ. B는 포유류이다.
ㄴ. 필석은 A보다 먼저 출현하였다.
ㄷ. B가 최초로 출현한 시기는 신생대이다.

① ㄱ   ② ㄴ   ③ ㄷ   ④ ㄱ, ㄴ   ⑤ ㄱ, ㄷ

32

그림은 지질 시대 동안 생물 A, B, C의 생존 기간을 나타낸 것이다. A, B, C는 각각 겉씨식물, 공룡, 어류 중 하나이다.

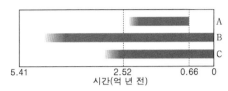

이에 대한 설명으로 옳은 것만을 〈보기〉에서 있는 대로 고른 것은?

─〈 보기 〉─
ㄱ. A는 공룡이다.
ㄴ. B가 최초로 출현한 시기는 트라이아스기이다.
ㄷ. 오존층은 C가 번성한 시기에 형성되기 시작하였다.

① ㄱ   ② ㄴ   ③ ㄱ, ㄷ   ④ ㄴ, ㄷ   ⑤ ㄱ, ㄴ, ㄷ

33

그림은 주요 동물군의 생존 시기를 나타낸 것이다. A, B, C는 어류, 파충류, 포유류를 순서 없이 나타낸 것이다.

이에 대한 설명으로 옳은 것만을 〈보기〉에서 있는 대로 고른 것은?

─〈 보기 〉─
ㄱ. A는 어류이다.
ㄴ. C는 신생대에 번성하였다.
ㄷ. B가 최초로 출현한 시기와 C가 최초로 출현한 시기 사이에 히말라야 산맥이 형성되었다.

① ㄱ   ② ㄴ   ③ ㄷ   ④ ㄱ, ㄴ   ⑤ ㄴ, ㄷ

34

그림은 현생 누대 동안 생물 과의 멸종 비율과 대멸종이 일어난 시기 A, B, C를 나타낸 것이다. 이에 대한 설명으로 옳은 것만을 〈보기〉에서 있는 대로 고른 것은?

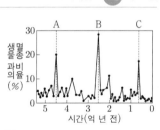

─〈 보기 〉─
ㄱ. A에 방추충이 멸종하였다.
ㄴ. B와 C 사이에 판게아가 분리되기 시작하였다.
ㄷ. C는 팔레오기와 네오기의 지질 시대 경계이다.

① ㄱ   ② ㄴ   ③ ㄷ   ④ ㄱ, ㄴ   ⑤ ㄴ, ㄷ

한눈에 정리하는
평가원 기출 경향

주제 \ 학년도	2025	2024	2023
전선과 날씨		**02** 대표문제 — 2024학년도 9월 모평 지Ⅰ 8번 그림 (가)는 어느 날 21시 주변의 지상 일기도를, (나)는 같은 시각의 적외 영상을 나타낸 것이다. 이날 서해안 지역에서는 폭설이 내렸다. 이 자료에 대한 설명으로 옳은 것만을 〈보기〉에서 있는 대로 고른 것은? [3점] ─〈보기〉─ ㄱ. 지점 A에서는 남풍 계열의 바람이 분다. ㄴ. 시베리아 기단이 확장하는 동안 황해상을 지나는 기단의 하층 기온은 높아진다. ㄷ. 구름 최상부에서 방출하는 적외선 복사 에너지양은 영역 ㉠이 영역 ㉡보다 많다. ① ㄱ ② ㄴ ③ ㄷ ④ ㄱ, ㄴ ⑤ ㄴ, ㄷ	
온대 저기압의 날씨	**33** — 2025학년도 수능 지Ⅰ 6번 그림 (가)는 어느 날 21시의 지상 일기도를, (나)는 다음 날 09시의 가시 영상을 나타낸 것이다. 이 기간 동안 온난 전선과 한랭 전선 중 하나가 관측소 A를 통과하였다. 이에 대한 설명으로 옳은 것만을 〈보기〉에서 있는 대로 고른 것은? ─〈보기〉─ ㄱ. (가)에서 A의 상공에는 온난 전선면이 나타난다. ㄴ. 전선이 통과하는 동안 A의 풍향은 시계 방향으로 변한다. ㄷ. (나)에서 구름이 반사하는 태양 복사 에너지의 세기는 영역 ㉠이 영역 ㉡보다 강하다. ① ㄱ ② ㄴ ③ ㄷ ④ ㄱ, ㄷ ⑤ ㄴ, ㄷ	**25** — 2022학년도 7월 학평 지Ⅰ 8번 그림은 전선을 동반한 온대 저기압의 모습을 인공위성에서 촬영한 가시광선 영상이다. ㉠과 ㉡은 각각 온난 전선과 한랭 전선 중 하나이다. 이에 대한 설명으로 옳은 것만을 〈보기〉에서 있는 대로 고른 것은? [3점] ─〈보기〉─ ㄱ. 온난 전선은 ㉡이다. ㄴ. 구름의 두께는 A 지역이 C 지역보다 두껍다. ㄷ. 지점 B의 상공에는 전선면이 발달한다. ① ㄱ ② ㄷ ③ ㄱ, ㄴ ④ ㄴ, ㄷ ⑤ ㄱ, ㄴ, ㄷ	
온대 저기압의 연속 일기도 해석			

2022~2019

16
2022학년도 9월 평가원 지I 10번

그림 (가)와 (나)는 장마 기간 중 어느 날 같은 시각 우리나라 부근의 지상 일기도와 적외 영상을 각각 나타낸 것이다.

(가)

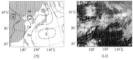

(나)

이 자료에 대한 설명으로 옳은 것만을 〈보기〉에서 있는 대로 고른 것은? [3점]

〈보기〉
ㄱ. 북태평양 고기압은 고온 다습한 공기를 우리나라로 공급한다.
ㄴ. 125°E에서 장마 전선은 지점 a와 지점 b 사이에 위치한다.
ㄷ. 구름 최상부의 온도는 영역 A가 영역 B보다 높다.

① ㄱ　② ㄴ　③ ㄱ, ㄷ　④ ㄴ, ㄷ　⑤ ㄱ, ㄴ, ㄷ

17
2021학년도 수능 지I 8번

그림 (가)와 (나)는 어느 날 같은 시각 우리나라 부근의 가시 영상과 지상 일기도를 각각 나타낸 것이다.

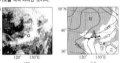

(가)　　　(나)

이 자료에 대한 설명으로 옳은 것만을 〈보기〉에서 있는 대로 고른 것은?

〈보기〉
ㄱ. 구름의 두께는 A 지역이 B 지역보다 두껍다.
ㄴ. A 지역의 구름을 형성하는 수증기는 주로 전선의 남쪽에 위치한 기단에서 공급된다.
ㄷ. B 지역의 지상에서는 남풍 계열의 바람이 분다.

① ㄱ　② ㄴ　③ ㄱ, ㄷ　④ ㄴ, ㄷ　⑤ ㄱ, ㄴ, ㄷ

14
2020학년도 수능 지I 12번

표의 (가)는 1일 강수량 분포를, (나)는 지점 A의 1일 풍향 빈도를 나타낸 것이다. $D_1 → D_2$는 하루 간격이고 이 기간 동안 우리나라는 정체 전선의 영향권에 있었다.

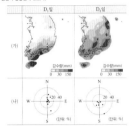

지점 A에 대한 설명으로 옳은 것만을 〈보기〉에서 있는 대로 고른 것은? [3점]

〈보기〉
ㄱ. D_1일 때 정체 전선의 위치는 D_2일 때보다 북쪽이다.
ㄴ. D_1일 때 남동풍의 빈도는 남서풍의 빈도보다 크다.
ㄷ. D_2일 때가 D_1일 때보다 북태평양 기단의 영향을 더 받는다.

① ㄱ　② ㄴ　③ ㄱ, ㄷ　④ ㄴ, ㄷ　⑤ ㄱ, ㄴ, ㄷ

19
2019학년도 9월 평가원 지I 4번

그림은 우리나라의 일기도이고, 표의 ㉠, ㉡, ㉢은 각각 일기도에 나타난 전선 A, B, C의 특징 중 하나이다.

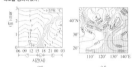

	특징
㉠	찬 공기와 따뜻한 공기의 세력이 비슷하여 거의 이동하지 않고 한 지역에 머무를 때 형성된다. 전선을 따라 상공에서 긴 구름 띠가 장시간 형성된다.
㉡	찬 공기가 따뜻한 공기 밑으로 밀고 들어가 따뜻한 공기를 들어 올리면서 형성된다. 전선은 빠르게 이동하며 전선면을 따라 적운형 구름이 형성된다.
㉢	따뜻한 공기가 찬 공기를 타고 올라가면서 형성된다. 전선은 천천히 이동하며 전선면을 따라 층운형 구름이 형성된다.

㉠, ㉡, ㉢에 해당하는 전선으로 옳은 것은?

	㉠	㉡	㉢
①	A	B	C
②	B	A	C
③	B	C	A
④	C	A	B
⑤	C	B	A

11
2019학년도 수능 지I 10번

그림 (가)는 어느 날 06시부터 21시간 동안 우리나라 어느 관측소에서 높이에 따른 기온을, (나)는 이날 06시의 우리나라 주변 지상 일기도를 나타낸 것이다. 관측 기간 동안 온난 전선과 한랭 전선 중 하나가 이 관측소를 통과하였다.

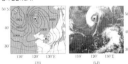

이에 대한 설명으로 옳은 것만을 〈보기〉에서 있는 대로 고른 것은? [3점]

〈보기〉
ㄱ. 관측소를 통과한 전선은 온난 전선이다.
ㄴ. 관측소의 지상 평균 기압은 ㉡ 시기가 ㉠ 시기보다 높다.
ㄷ. ㉢ 시기에 관측소는 A 지역 기단의 영향을 받는다.

① ㄱ　② ㄴ　③ ㄱ, ㄷ　④ ㄴ, ㄷ　⑤ ㄱ, ㄴ, ㄷ

28
2022학년도 수능 지I 12번

그림 (가)와 (나)는 우리나라에 온대 저기압이 위치할 때, 온난 전선과 한랭 전선 주변의 지상 기온 분포를 순서 없이 나타낸 것이다.

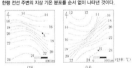

(가)　　　(나)

이에 대한 설명으로 옳은 것만을 〈보기〉에서 있는 대로 고른 것은? [3점]

〈보기〉
ㄱ. 온난 전선 주변의 지상 기온 분포는 (가)이다.
ㄴ. A 지역의 상공에는 전선면이 나타난다.
ㄷ. B 지역에서는 북풍 계열의 바람이 분다.

① ㄱ　② ㄴ　③ ㄱ, ㄷ　④ ㄴ, ㄷ　⑤ ㄱ, ㄴ, ㄷ

23
2022학년도 6월 평가원 지I 8번

그림 (가)와 (나)는 어느 날 같은 시각의 지상 일기도와 적외 영상을 나타낸 것이다. 이때 우리나라 주변에는 전선을 동반한 2개의 온대 저기압이 발달하였다.

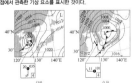

(가)　　　(나)

이 자료에 대한 설명으로 옳은 것만을 〈보기〉에서 있는 대로 고른 것은? [3점]

〈보기〉
ㄱ. A 지점의 저기압은 폐색 전선을 동반하고 있다.
ㄴ. B 지점은 서풍 계열의 바람이 우세하다.
ㄷ. C 지역에는 적란운이 발달해 있다.

① ㄱ　② ㄷ　③ ㄱ, ㄴ　④ ㄴ, ㄷ　⑤ ㄱ, ㄴ, ㄷ

30
2021학년도 6월 평가원 지I 15번

그림 (가)와 (나)는 어느 온대 저기압이 우리나라를 지날 때 12시간 간격으로 작성한 지상 일기도를 순서대로 나타낸 것이다. 일기 기호는 A 지점에서 관측한 기상 요소를 표시한 것이다.

(가)　　　(나)

이 자료에 대한 설명으로 옳은 것만을 〈보기〉에서 있는 대로 고른 것은?

〈보기〉
ㄱ. A 지점의 풍향은 시계 방향으로 바뀌었다.
ㄴ. 한랭 전선이 통과한 후에 A에서의 기온은 9 °C 하강하였다.
ㄷ. 온난 전선면과 한랭 전선면은 각각 전선으로부터 지표상의 공기가 더 차가운 쪽에 위치한다.

① ㄱ　② ㄷ　③ ㄱ, ㄴ　④ ㄴ, ㄷ　⑤ ㄱ, ㄴ, ㄷ

01

그림 (가)와 (나)는 8월 어느 날 같은 시각의 지상 일기도와 적외 영상을 나타낸 것이다.

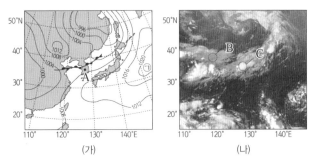

(가)   (나)

이에 대한 설명으로 옳은 것만을 〈보기〉에서 있는 대로 고른 것은?

〈 보기 〉
ㄱ. A 지역의 상공에는 전선면이 나타난다.
ㄴ. 구름의 최상부 높이는 C 지역이 B 지역보다 높다.
ㄷ. ㉠은 북태평양 고기압이다.

① ㄱ   ② ㄴ   ③ ㄷ   ④ ㄱ, ㄴ   ⑤ ㄴ, ㄷ

02 대표 문제

그림 (가)는 어느 날 21시 우리나라 주변의 지상 일기도를, (나)는 같은 시각의 적외 영상을 나타낸 것이다. 이날 서해안 지역에서는 폭설이 내렸다.

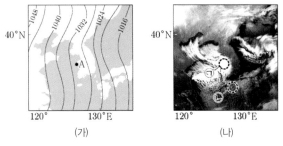

(가)   (나)

이 자료에 대한 설명으로 옳은 것만을 〈보기〉에서 있는 대로 고른 것은? [3점]

〈 보기 〉
ㄱ. 지점 A에서는 남풍 계열의 바람이 분다.
ㄴ. 시베리아 기단이 확장하는 동안 황해상을 지나는 기단의 하층 기온은 높아진다.
ㄷ. 구름 최상부에서 방출하는 적외선 복사 에너지양은 영역 ㉠이 영역 ㉡보다 많다.

① ㄱ   ② ㄴ   ③ ㄷ   ④ ㄱ, ㄴ   ⑤ ㄴ, ㄷ

03

그림 (가)와 (나)는 우리나라 장마 기간 중 어느 날과 서해안 지역에 폭설이 내린 어느 날의 가시 영상을 순서 없이 나타낸 것이다. (가)와 (나)의 촬영 시각은 각각 오전 8시와 오후 7시 중 하나이다.

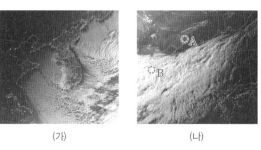

(가)   (나)

이 자료에 대한 설명으로 옳은 것만을 〈보기〉에서 있는 대로 고른 것은?

〈 보기 〉
ㄱ. (가)의 촬영 시각은 오후 7시이다.
ㄴ. 영상을 촬영한 날 우리나라의 평균 기온은 (가)일 때가 (나)일 때보다 높다.
ㄷ. 구름이 반사하는 태양 복사 에너지의 세기는 영역 A에서가 영역 B에서보다 약하다.

① ㄱ   ② ㄷ   ③ ㄱ, ㄴ   ④ ㄱ, ㄷ   ⑤ ㄴ, ㄷ

04

그림 (가)와 (나)는 어느 해 9월에 정체 전선이 우리나라 부근에 위치할 때, 24시간 간격으로 관측한 가시 영상을 순서대로 나타낸 것이다.

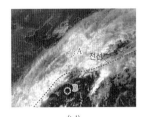

|(가)|(나)|

이 자료에 대한 설명으로 옳은 것만을 〈보기〉에서 있는 대로 고른 것은? [3점]

〈 보기 〉
ㄱ. (가)에서 구름의 두께는 B 지역이 A 지역보다 두껍다.
ㄴ. (나)에서 A 지역에는 남풍 계열의 바람이 우세하다.
ㄷ. (나)에서 B 지역 상공에는 전선면이 나타난다.

① ㄱ ② ㄷ ③ ㄱ, ㄴ ④ ㄴ, ㄷ ⑤ ㄱ, ㄴ, ㄷ

05

그림 (가)와 (나)는 같은 시각에 우리나라 주변을 관측한 가시 영상과 적외 영상을 순서 없이 나타낸 것이다.

|(가)|(나)|

이에 대한 옳은 설명만을 〈보기〉에서 있는 대로 고른 것은?

〈 보기 〉
ㄱ. 관측 파장은 (가)가 (나)보다 길다.
ㄴ. 비가 내릴 가능성은 A에서가 C에서보다 높다.
ㄷ. 구름 최상부의 온도는 B에서가 D에서보다 높다.

① ㄴ ② ㄷ ③ ㄱ, ㄴ ④ ㄱ, ㄷ ⑤ ㄴ, ㄷ

06

다음은 위성 영상을 해석하는 탐구 활동이다.

[탐구 과정]
(가) 동일한 시각에 촬영한 가시 영상과 적외 영상을 준비한다.
(나) 가시 영상과 적외 영상에서 육지와 바다의 밝기를 비교한다.
(다) 가시 영상과 적외 영상에서 구름 A와 B의 밝기를 비교한다.

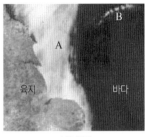
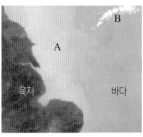

|가시 영상|적외 영상|

[탐구 결과]

구분	가시 영상	적외 영상
(나)	육지가 바다보다 밝다.	바다가 육지보다 밝다.
(다)	A와 B의 밝기가 비슷하다.	B가 A보다 밝다.

이에 대한 설명으로 옳은 것만을 〈보기〉에서 있는 대로 고른 것은? [3점]

〈 보기 〉
ㄱ. 육지는 바다보다 온도가 높다.
ㄴ. 위성 영상은 밤에 촬영한 것이다.
ㄷ. 구름 최상부의 높이는 B가 A보다 높다.

① ㄱ ② ㄴ ③ ㄷ ④ ㄱ, ㄷ ⑤ ㄴ, ㄷ

07

그림 (가)와 (나)는 어느 날 같은 시각에 우리나라 부근을 촬영한 기상 위성 영상을 나타낸 것이다.

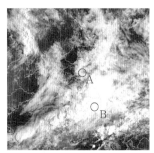 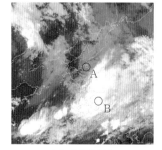

(가) 가시광선 영상   (나) 적외선 영상

이에 대한 옳은 설명만을 〈보기〉에서 있는 대로 고른 것은?

〈 보기 〉
ㄱ. (가)에서는 구름이 두꺼운 곳일수록 밝게 보인다.
ㄴ. 구름 최상부에서 방출되는 적외선은 B가 A보다 강하다.
ㄷ. 집중 호우가 발생할 가능성은 B가 A보다 높다.

① ㄱ   ② ㄴ   ③ ㄱ, ㄷ   ④ ㄴ, ㄷ   ⑤ ㄱ, ㄴ, ㄷ

08

그림 (가)는 우리나라에 집중 호우가 발생했을 때의 기상 레이더 영상을, (나)와 (다)는 (가)와 같은 시각의 위성 영상을 나타낸 것이다.

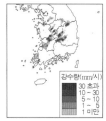  

(가) 레이더 영상   (나) 가시 영상   (다) 적외 영상

이 자료에 대한 설명으로 옳은 것만을 〈보기〉에서 있는 대로 고른 것은? [3점]

〈 보기 〉
ㄱ. A 지역의 대기는 불안정하다.
ㄴ. (나)는 야간에 촬영한 것이다.
ㄷ. 구름 정상부의 고도는 A보다 B 지역이 높다.

① ㄱ   ② ㄴ   ③ ㄱ, ㄷ   ④ ㄴ, ㄷ   ⑤ ㄱ, ㄴ, ㄷ

09

그림 (가)는 온대 저기압에 동반된 전선이 우리나라를 통과하는 동안 관측소 A와 B에서 측정한 기온을, (나)는 T+9시에 관측한 강수 구역을 나타낸 것이다. ㉠과 ㉡은 각각 A와 B 중 하나이다.

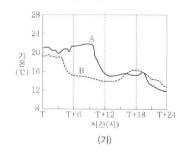 

(가)   (나)

이에 대한 옳은 설명만을 〈보기〉에서 있는 대로 고른 것은?

〈 보기 〉
ㄱ. A는 ㉠이다.
ㄴ. (나)에서 우리나라에는 한랭 전선이 위치한다.
ㄷ. T+6시에 A에는 남풍 계열의 바람이 분다.

① ㄱ   ② ㄷ   ③ ㄱ, ㄴ   ④ ㄴ, ㄷ   ⑤ ㄱ, ㄴ, ㄷ

10

다음은 전선의 형성 원리를 알아보기 위한 실험이다.

[실험 과정]

(가) 수조의 가운데에 칸막이를 설치하고, 양쪽 칸에 온도계를 설치한 후 ㉠ 칸에 드라이아이스를 넣는다.

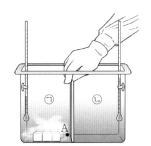

(나) 5분 후 ㉠ 칸과 ㉡ 칸의 기온을 측정하여 비교한다.

(다) 칸막이를 천천히 들어 올리면서 공기의 움직임을 살펴본다.

[실험 결과]

○(나)에서 기온은 ㉠ 칸이 ㉡ 칸보다 낮았다.

○(다)에서 A 지점의 공기는 수조의 바닥을 따라 ㉡ 칸 쪽으로 이동하였다.

이에 대한 옳은 설명만을 〈보기〉에서 있는 대로 고른 것은?

〈 보기 〉

ㄱ. (나)에서 공기의 밀도는 ㉠ 칸이 ㉡ 칸보다 크다.

ㄴ. (다)에서 A 지점 부근의 공기 움직임으로 한랭 전선의 형성 과정을 설명할 수 있다.

ㄷ. 수조 안 전체 공기의 무게 중심은 (나)보다 (다)에서 높다.

① ㄱ   ② ㄷ   ③ ㄱ, ㄴ   ④ ㄴ, ㄷ   ⑤ ㄱ, ㄴ, ㄷ

11

그림 (가)는 어느 날 06시부터 21시간 동안 우리나라 어느 관측소에서 높이에 따른 기온을, (나)는 이날 06시의 우리나라 주변 지상 일기도를 나타낸 것이다. 관측 기간 동안 온난 전선과 한랭 전선 중 하나가 이 관측소를 통과하였다.

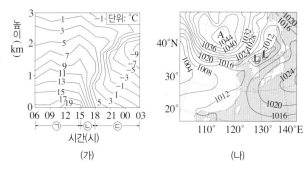

(가)   (나)

이에 대한 설명으로 옳은 것만을 〈보기〉에서 있는 대로 고른 것은? [3점]

〈 보기 〉

ㄱ. 관측소를 통과한 전선은 온난 전선이다.

ㄴ. 관측소의 지상 평균 기압은 ㉢ 시기가 ㉠ 시기보다 높다.

ㄷ. ㉢ 시기에 관측소는 A 지역 기단의 영향을 받는다.

① ㄱ   ② ㄴ   ③ ㄱ, ㄷ   ④ ㄴ, ㄷ   ⑤ ㄱ, ㄴ, ㄷ

12

그림은 우리나라에 영향을 준 어떤 전선의 6월 29일부터 7월 4일까지의 위치 변화를 나타낸 것이다.

이에 대한 옳은 설명만을 〈보기〉에서 있는 대로 고른 것은?

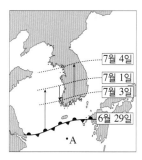

〈 보기 〉

ㄱ. 이 전선은 폐색 전선이다.

ㄴ. A 지점에 영향을 주는 기단은 고온 다습하다.

ㄷ. 이 기간 동안 한랭한 기단의 세력은 계속 확장되었다.

① ㄱ   ② ㄴ   ③ ㄱ, ㄷ   ④ ㄴ, ㄷ   ⑤ ㄱ, ㄴ, ㄷ

13

그림 (가)와 (나)는 정체 전선이 발달한 두 시기에 한 시간 동안 측정한 강수량을 나타낸 것이다. A에서는 (가)와 (나) 중 한 시기에 열대야가 발생하였다.

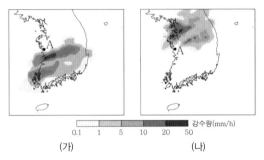

강수량(mm/h)
0.1 1 5 10 20 50

(가)   (나)

이에 대한 옳은 설명만을 〈보기〉에서 있는 대로 고른 것은?

─────〈 보기 〉─────
ㄱ. 전선은 (가) 시기보다 (나) 시기에 북쪽에 위치하였다.
ㄴ. (가) 시기에 A에서는 주로 남풍 계열의 바람이 불었다.
ㄷ. A에서 열대야가 발생한 시기는 (나)이다.

① ㄱ   ② ㄴ   ③ ㄱ, ㄴ   ④ ㄱ, ㄷ   ⑤ ㄴ, ㄷ

14

표의 (가)는 1일 강수량 분포를, (나)는 지점 A의 1일 풍향 빈도를 나타낸 것이다. $D_1 \rightarrow D_2$는 하루 간격이고 이 기간 동안 우리나라는 정체 전선의 영향권에 있었다.

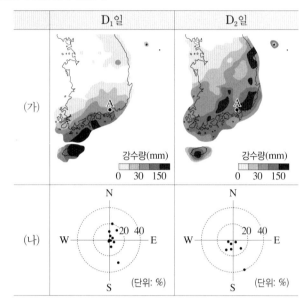

지점 A에 대한 설명으로 옳은 것만을 〈보기〉에서 있는 대로 고른 것은? [3점]

─────〈 보기 〉─────
ㄱ. D_1일 때 정체 전선의 위치는 D_2일 때보다 북쪽이다.
ㄴ. D_2일 때 남동풍의 빈도는 남서풍의 빈도보다 크다.
ㄷ. D_1일 때가 D_2일 때보다 북태평양 기단의 영향을 더 받는다.

① ㄱ   ② ㄴ   ③ ㄱ, ㄷ   ④ ㄴ, ㄷ   ⑤ ㄱ, ㄴ, ㄷ

15

그림은 정체 전선의 영향으로 호우가 발생했던 어느 날 자정에 관측한 우리나라 부근의 기상 위성 영상이다.
이에 대한 옳은 설명만을 〈보기〉에서 있는 대로 고른 것은?

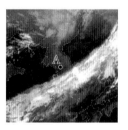

─────〈 보기 〉─────
ㄱ. 가시광선 영역을 촬영한 영상이다.
ㄴ. A 지역에는 남풍 계열의 바람이 우세하다.
ㄷ. 정체 전선은 북동─남서 방향으로 발달해 있다.

① ㄱ   ② ㄷ   ③ ㄱ, ㄴ   ④ ㄴ, ㄷ   ⑤ ㄱ, ㄴ, ㄷ

16

그림 (가)와 (나)는 장마 기간 중 어느 날 같은 시각 우리나라 부근의 지상 일기도와 적외 영상을 각각 나타낸 것이다.

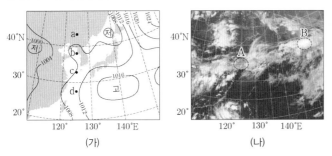

(가)   (나)

이 자료에 대한 설명으로 옳은 것만을 〈보기〉에서 있는 대로 고른 것은? [3점]

〈보기〉
ㄱ. 북태평양 고기압은 고온 다습한 공기를 우리나라로 공급한다.
ㄴ. 125°E에서 장마 전선은 지점 a와 지점 b 사이에 위치한다.
ㄷ. 구름 최상부의 온도는 영역 A가 영역 B보다 높다.

① ㄱ   ② ㄴ   ③ ㄱ, ㄷ   ④ ㄴ, ㄷ   ⑤ ㄱ, ㄴ, ㄷ

17

그림 (가)와 (나)는 어느 날 같은 시각 우리나라 부근의 가시 영상과 지상 일기도를 각각 나타낸 것이다.

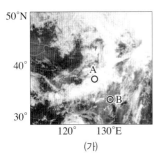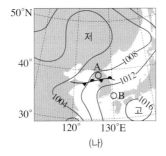

(가)   (나)

이 자료에 대한 설명으로 옳은 것만을 〈보기〉에서 있는 대로 고른 것은?

〈보기〉
ㄱ. 구름의 두께는 A 지역이 B 지역보다 두껍다.
ㄴ. A 지역의 구름을 형성하는 수증기는 주로 전선의 남쪽에 위치한 기단에서 공급된다.
ㄷ. B 지역의 지상에서는 남풍 계열의 바람이 분다.

① ㄱ   ② ㄴ   ③ ㄱ, ㄷ   ④ ㄴ, ㄷ   ⑤ ㄱ, ㄴ, ㄷ

18

그림 (가)는 우리나라가 정체 전선의 영향을 받은 어느 날 06시의 지상 일기도를 나타낸 것이고, (나)와 (다)는 각각 이날 06시와 18시의 레이더 영상 중 하나이다.

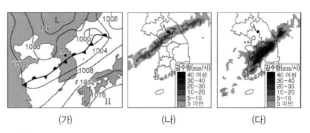

(가)   (나)   (다)

이 자료에 대한 설명으로 옳은 것만을 〈보기〉에서 있는 대로 고른 것은?

〈보기〉
ㄱ. (나)는 06시의 레이더 영상이다.
ㄴ. (다)에는 집중 호우가 발생한 지역이 있다.
ㄷ. A 지점에서는 06시와 18시 사이에 전선이 통과하였다.

① ㄱ   ② ㄷ   ③ ㄱ, ㄴ   ④ ㄴ, ㄷ   ⑤ ㄱ, ㄴ, ㄷ

19

그림은 우리나라 주변의 일기도이고, 표의 ㉠, ㉡, ㉢은 각각 일기도에 나타난 전선 A, B, C의 특징 중 하나이다.

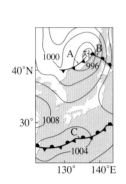

	특징
㉠	찬 공기와 따뜻한 공기의 세력이 비슷하여 거의 이동하지 않고 한 지역에 머무를 때 형성된다. 전선을 따라 상공에서 긴 구름 띠가 장시간 형성된다.
㉡	찬 공기가 따뜻한 공기 밑으로 밀고 들어가 따뜻한 공기를 들어 올리면서 형성된다. 전선은 빠르게 이동하며 전선면을 따라 적운형 구름이 형성된다.
㉢	따뜻한 공기가 찬 공기를 타고 올라가면서 형성된다. 전선은 천천히 이동하며 전선면을 따라 층운형 구름이 형성된다.

㉠, ㉡, ㉢에 해당하는 전선으로 옳은 것은?

	㉠	㉡	㉢
①	A	B	C
②	B	A	C
③	B	C	A
④	C	A	B
⑤	C	B	A

20

그림 (가)와 (나)는 전선이 발달해 있는 북반구의 두 지역에서 전선의 위치와 일기 기호를 나타낸 것이다. (가)와 (나)의 전선은 각각 온난 전선과 정체 전선 중 하나이고, 영역 A, B, C는 지표상에 위치한다.

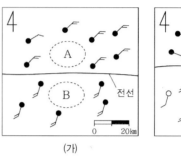 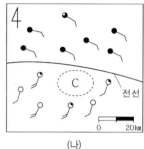

(가)   (나)

이에 대한 옳은 설명만을 〈보기〉에서 있는 대로 고른 것은? [3점]

〈 보기 〉
ㄱ. (가)의 전선은 온난 전선이다.
ㄴ. 평균 기온은 A보다 B에서 높다.
ㄷ. C의 상공에는 전선면이 존재한다.

① ㄱ   ② ㄴ   ③ ㄱ, ㄴ   ④ ㄱ, ㄷ   ⑤ ㄴ, ㄷ

21

그림은 온대 저기압의 발생 과정 중 전선에 파동이 형성되는 모습을 나타낸 것이다.
이 자료에 대한 옳은 설명만을 〈보기〉에서 있는 대로 고른 것은?

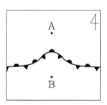

〈 보기 〉
ㄱ. 이러한 파동은 주로 열대 해상에서 발생한다.
ㄴ. 폐색 전선이 발달해 있다.
ㄷ. 기온은 A 지점이 B 지점보다 낮다.

① ㄱ   ② ㄷ   ③ ㄱ, ㄴ   ④ ㄴ, ㄷ   ⑤ ㄱ, ㄴ, ㄷ

22

그림 (가)는 어느 날 우리나라 주변의 지상 일기도를, (나)는 B, C 중 한 곳의 날씨를 일기 기호로 나타낸 것이다.

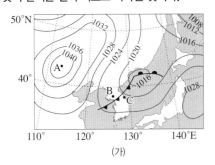

(가)   (나)

이에 대한 설명으로 옳은 것만을 〈보기〉에서 있는 대로 고른 것은?

〈보기〉
ㄱ. A에는 하강 기류가 나타난다.
ㄴ. 기온은 B가 C보다 높다.
ㄷ. (나)는 B의 일기 기호이다.

① ㄱ   ② ㄴ   ③ ㄱ, ㄷ   ④ ㄴ, ㄷ   ⑤ ㄱ, ㄴ, ㄷ

24

그림 (가)는 어느 날 21시의 일기도이고, (나)는 같은 시각의 위성 영상이다.

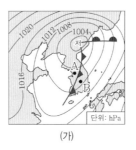 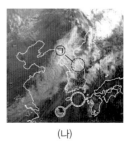

(가)   (나)

이에 대한 옳은 설명만을 〈보기〉에서 있는 대로 고른 것은? [3점]

〈보기〉
ㄱ. 온대 저기압이 통과하는 동안 B 지점에서 바람의 방향은 시계 방향으로 변한다.
ㄴ. 지표면 부근의 기온은 A 지점이 B 지점보다 높다.
ㄷ. 구름 최상부의 높이는 ㉠보다 ㉡에서 높다.

① ㄱ   ② ㄷ   ③ ㄱ, ㄴ   ④ ㄴ, ㄷ   ⑤ ㄱ, ㄴ, ㄷ

23

그림 (가)와 (나)는 어느 날 같은 시각의 지상 일기도와 적외 영상을 나타낸 것이다. 이때 우리나라 주변에는 전선을 동반한 2개의 온대 저기압이 발달하였다.

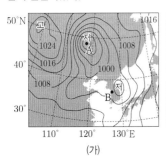 

(가)   (나)

이 자료에 대한 설명으로 옳은 것만을 〈보기〉에서 있는 대로 고른 것은? [3점]

〈보기〉
ㄱ. A 지점의 저기압은 폐색 전선을 동반하고 있다.
ㄴ. B 지점은 서풍 계열의 바람이 우세하다.
ㄷ. C 지역에는 적란운이 발달해 있다.

① ㄱ   ② ㄴ   ③ ㄷ   ④ ㄱ, ㄴ   ⑤ ㄴ, ㄷ

25

그림은 전선을 동반한 온대 저기압의 모습을 인공위성에서 촬영한 가시광선 영상이다. ㉠과 ㉡은 각각 온난 전선과 한랭 전선 중 하나이다.

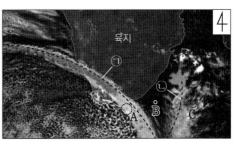

이에 대한 설명으로 옳은 것만을 〈보기〉에서 있는 대로 고른 것은? [3점]

〈보기〉
ㄱ. 온난 전선은 ㉡이다.
ㄴ. 구름의 두께는 A 지역이 C 지역보다 두껍다.
ㄷ. 지점 B의 상공에는 전선면이 발달한다.

① ㄱ   ② ㄷ   ③ ㄱ, ㄴ   ④ ㄴ, ㄷ   ⑤ ㄱ, ㄴ, ㄷ

26

그림은 폐색 전선을 동반한 온대 저기압 주변 지표면에서의 풍향과 풍속 분포를 강수량 분포와 함께 나타낸 것이다. 지표면의 구간 X−X′과 Y−Y′에서의 강수량 분포는 각각 A와 B 중 하나이다.

이 자료에 대한 설명으로 옳은 것만을 〈보기〉에서 있는 대로 고른 것은? [3점]

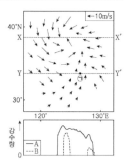

───〈 보기 〉───
ㄱ. A는 X−X′에서의 강수량 분포이다.
ㄴ. Y−Y′에는 폐색 전선이 위치한다.
ㄷ. ㉠ 지점의 상공에는 전선면이 있다.

① ㄱ   ② ㄷ   ③ ㄱ, ㄴ   ④ ㄴ, ㄷ   ⑤ ㄱ, ㄴ, ㄷ

27 대표 문제

그림 (가)와 (나)는 우리나라에 온대 저기압이 위치할 때, 이 온대 저기압에 동반된 온난 전선과 한랭 전선 주변의 지상 기온 분포를 순서 없이 나타낸 것이다. (가)와 (나)는 같은 시각의 지상 기온 분포이고, (나)에서 전선은 구간 ㉠과 ㉡ 중 하나에 나타난다.

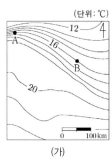 

(가)   (나)

이 자료에 대한 설명으로 옳은 것만을 〈보기〉에서 있는 대로 고른 것은? [3점]

───〈 보기 〉───
ㄱ. (나)에서 전선은 ㉠에 나타난다.
ㄴ. 기압은 지점 A가 지점 B보다 낮다.
ㄷ. 지점 B는 지점 C보다 서쪽에 위치한다.

① ㄱ   ② ㄴ   ③ ㄷ   ④ ㄱ, ㄴ   ⑤ ㄴ, ㄷ

28

그림 (가)와 (나)는 우리나라에 온대 저기압이 위치할 때, 온난 전선과 한랭 전선 주변의 지상 기온 분포를 순서 없이 나타낸 것이다.

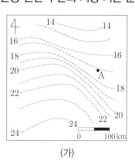 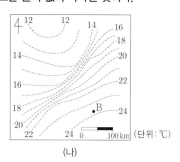

(가)   (나)   (단위: ℃)

이에 대한 설명으로 옳은 것만을 〈보기〉에서 있는 대로 고른 것은? [3점]

───〈 보기 〉───
ㄱ. 온난 전선 주변의 지상 기온 분포는 (가)이다.
ㄴ. A 지역의 상공에는 전선면이 나타난다.
ㄷ. B 지역에서는 북풍 계열의 바람이 분다.

① ㄱ   ② ㄷ   ③ ㄱ, ㄴ   ④ ㄴ, ㄷ   ⑤ ㄱ, ㄴ, ㄷ

29

그림은 어느 날 특정 시각의 온대 저기압 모습과 구간 A, B, C에서 관측한 기상 요소를 나타낸 것이다.

이 자료에 대한 설명으로 옳은 것만을 〈보기〉에서 있는 대로 고른 것은?

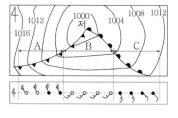

───〈 보기 〉───
ㄱ. 평균 기온은 A가 B보다 높다.
ㄴ. 평균 풍속은 A가 C보다 느리다.
ㄷ. 구름의 수평 분포 범위는 A가 C보다 좁다.

① ㄴ   ② ㄷ   ③ ㄱ, ㄴ   ④ ㄱ, ㄷ   ⑤ ㄱ, ㄴ, ㄷ

30

그림 (가)와 (나)는 어느 온대 저기압이 우리나라를 지날 때 12시간 간격으로 작성한 지상 일기도를 순서대로 나타낸 것이다. 일기 기호는 A 지점에서 관측한 기상 요소를 표시한 것이다.

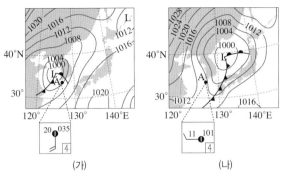

(가)　　　　　　　(나)

이 자료에 대한 설명으로 옳은 것만을 〈보기〉에서 있는 대로 고른 것은?

〈보기〉
ㄱ. A 지점의 풍향은 시계 방향으로 바뀌었다.
ㄴ. 한랭 전선이 통과한 후에 A에서의 기온은 9 ℃ 하강하였다.
ㄷ. 온난 전선면과 한랭 전선면은 각각 전선으로부터 지표상의 공기가 더 차가운 쪽에 위치한다.

① ㄱ　　② ㄷ　　③ ㄱ, ㄴ　　④ ㄴ, ㄷ　　⑤ ㄱ, ㄴ, ㄷ

31

그림 (가)와 (나)는 12시간 간격으로 작성된 우리나라 주변의 일기도를 순서 없이 나타낸 것이다.

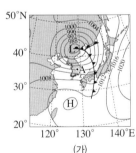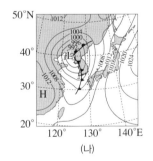

(가)　　　　　　　(나)

이에 대한 설명으로 옳은 것만을 〈보기〉에서 있는 대로 고른 것은? [3점]

〈보기〉
ㄱ. (가)의 A 지역에는 북서풍이 분다.
ㄴ. (나)는 (가)보다 12시간 전의 일기도이다.
ㄷ. 온대 저기압의 세력은 (나)보다 (가)가 크다.

① ㄱ　　② ㄴ　　③ ㄱ, ㄷ　　④ ㄴ, ㄷ　　⑤ ㄱ, ㄴ, ㄷ

32

그림 (가)와 (나)는 겨울철 어느 날 6시간 간격으로 작성된 지상 일기도를 순서 없이 나타낸 것이다.

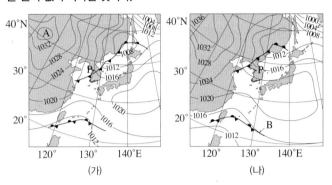

(가)　　　　　　　(나)

이에 대한 설명으로 옳은 것만을 〈보기〉에서 있는 대로 고른 것은?

〈보기〉
ㄱ. A는 한랭 건조한 고기압이다.
ㄴ. B는 정체 전선이다.
ㄷ. 이 기간 동안 P 지역의 풍향은 시계 방향으로 변했다.

① ㄱ　　② ㄷ　　③ ㄱ, ㄴ　　④ ㄴ, ㄷ　　⑤ ㄱ, ㄴ, ㄷ

33

그림 (가)는 어느 날 21시의 지상 일기도를, (나)는 다음 날 09시의 가시 영상을 나타낸 것이다. 이 기간 동안 온난 전선과 한랭 전선 중 하나가 관측소 A를 통과하였다.

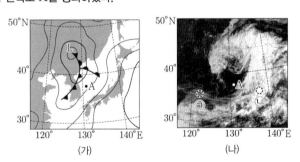

(가)　　　　　　　(나)

이에 대한 설명으로 옳은 것만을 〈보기〉에서 있는 대로 고른 것은?

〈보기〉
ㄱ. (가)에서 A의 상공에는 온난 전선면이 나타난다.
ㄴ. 전선이 통과하는 동안 A의 풍향은 시계 방향으로 변한다.
ㄷ. (나)에서 구름이 반사하는 태양 복사 에너지의 세기는 영역 ㉠이 영역 ㉡보다 강하다.

① ㄱ　　② ㄴ　　③ ㄷ　　④ ㄱ, ㄷ　　⑤ ㄴ, ㄷ

주제	학년도	2025	2024	2023

빈출
온대 저기압의 이동에 따른 날씨 변화

01 대표문제   2025학년도 9월 모평 지I 6번

표는 어느 온대 저기압이 우리나라를 통과하는 동안 관측소 P에서 $t_1 \rightarrow t_5$ 시기에 6시간 간격으로 관측한 기상 요소를, 그림은 이 중 어느 한 시각의 지상 일기도에 온대 저기압 중심의 이동 경로를 나타낸 것이다. 이 기간 중 온난 전선과 한랭 전선 중 하나가 P를 통과하였다.

시각	기압(hPa)	풍향
t_1	1007	남남서
t_2	1002	남서
t_3	998	남서
t_4	999	남서
t_5	1003	서북서

▶ 이동 경로

이 자료에 대한 설명으로 옳은 것만을 〈보기〉에서 있는 대로 고른 것은?

〈보기〉
ㄱ. $t_1 \sim t_5$ 사이에 전선이 P를 통과하였다.
ㄴ. P의 기온은 t_3일 때가 t_4일 때보다 높다.
ㄷ. t_3일 때, P의 상공에는 전선면이 나타난다.

① ㄱ ② ㄷ ③ ㄷ ④ ㄱ, ㄴ ⑤ ㄴ, ㄷ

---

26   2024학년도 수능 지I 6번

그림 (가)는 어느 날 t_1 시각의 지상 일기도에 온대 저기압 중심의 이동 경로를 나타낸 것이고, (나)는 이날 관측소 A와 B에서 t_1부터 15시간 동안 측정한 기압, 기온, 풍향을 순서 없이 나타낸 것이다. A와 B의 위치는 각각 ㉠과 ㉡ 중 하나이다.

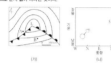

(가)   (나)

이 자료에 대한 설명으로 옳은 것만을 〈보기〉에서 있는 대로 고른 것은?

〈보기〉
ㄱ. A의 위치는 ㉠이다.
ㄴ. t_1에 기온은 A가 B보다 낮다.
ㄷ. t_9에 ㉡의 상공에는 전선면이 있다

① ㄱ ② ㄷ ③ ㄷ ④ ㄱ, ㄴ ⑤ ㄴ, ㄷ

---

07   2023학년도 수능 지I 8번

그림은 어느 온대 저기압이 우리나라를 지나는 3시간($T_1 \rightarrow T_4$) 동안 전선 주변에서 발생한 번개의 분포를 1시간 간격으로 나타낸 것이다. 이 기간 동안 온난 전선과 한랭 전선 중 하나가 A 지역을 통과하였다.

이 자료에 대한 설명으로 옳은 것만을 〈보기〉에서 있는 대로 고른 것은? [3점]

〈보기〉
ㄱ. 이 기간 중 A의 상공에는 전선면이 나타난다.
ㄴ. $T_2 \rightarrow T_3$ 동안 A에서는 적운형 구름이 발달하였다.
ㄷ. 전선이 통과하는 동안 A의 풍향은 시계 반대 방향으로 바뀌었다.

① ㄱ ② ㄷ ③ ㄱ, ㄴ ④ ㄴ, ㄷ ⑤ ㄱ, ㄴ, ㄷ

---

09   2023학년도 9월 모평 지I 8번

그림은 온대 저기압 중심이 북반구 어느 관측소의 북쪽을 통과하는 36시간 동안 관측한 기상 요소를 나타낸 것이다. 이 기간 동안 온난 전선과 한랭 전선이 모두 이 관측소를 통과하였다.

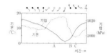

이 자료에 대한 설명으로 옳은 것만을 〈보기〉에서 있는 대로 고른 것은? [3점]

〈보기〉
ㄱ. 기압이 가장 낮게 관측되었을 때 남풍 계열의 바람이 불었다.
ㄴ. A일 때 관측소의 상공에는 온난 전선면이 나타난다.
ㄷ. 관측소에서 B와 C 사이에는 주로 적운형 구름이 관측된다.

① ㄱ ② ㄴ ③ ㄷ ④ ㄴ, ㄷ ⑤ ㄱ, ㄴ, ㄷ

---

02   2025학년도 6월 모평 지I 7번

그림 (가)는 어느 날 온대 저기압 주변의 기압 분포를 모식적으로 나타낸 것이고, (나)는 지역 A와 B에 나타나는 기상 요소를 ㉠과 ㉡으로 순서 없이 나타낸 것이다.

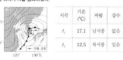

(가)   (나)

이에 대한 설명으로 옳은 것만을 〈보기〉에서 있는 대로 고른 것은?

〈보기〉
ㄱ. 기압은 A가 B보다 낮다.
ㄴ. B의 상공에는 전선면이 나타난다.
ㄷ. ㉡은 A의 기상 요소를 나타낸 것이다.

① ㄱ ② ㄷ ③ ㄱ, ㄷ ④ ㄴ, ㄷ ⑤ ㄱ, ㄴ, ㄷ

---

03   2024학년도 6월 모평 지I 10번

그림은 어느 t_1 시각의 지상 일기도에 온대 저기압 중심의 이동 경로를, 표는 이 날 관측소 A에서 t_1, t_2 시각에 관측한 기상 요소를 나타낸 것이다. t_2는 전선 통과 3시간 후이며, $t_1 \rightarrow t_2$ 동안 온난 전선과 한랭 전선 중 하나가 A를 통과하였다.

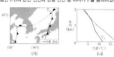

시각	기온(°C)	바람	강수
t_1	17.1	남서풍	없음
t_2	12.5	북서풍	있음

이 자료에 대한 설명으로 옳은 것만을 〈보기〉에서 있는 대로 고른 것은? [3점]

〈보기〉
ㄱ. t_1일 때 A 상공에는 전선면이 나타난다.
ㄴ. $t_1 \sim t_2$ 사이에 A에서는 적운형 구름이 관측된다.
ㄷ. $t_1 \rightarrow t_2$ 동안 A에서의 풍향은 시계 방향으로 변한다.

① ㄱ ② ㄴ ③ ㄱ, ㄷ ④ ㄴ, ㄷ ⑤ ㄱ, ㄴ, ㄷ

---

06   2023학년도 6월 모평 지I 12번

그림 (가)는 $T_1 \rightarrow T_2$ 동안 온대 저기압의 이동 경로를, (나)는 관측소 P에서 T_1, T_2 관측한 높이에 따른 기온을 나타낸 것이다. 이 기간 동안 (가)의 온난 전선과 한랭 전선 중 하나가 P를 통과하였다.

이 자료에 대한 설명으로 옳은 것만을 〈보기〉에서 있는 대로 고른 것은? [3점]

〈보기〉
ㄱ. (나)에서 높이에 따른 기온 감소율은 T_1이 T_2보다 작다.
ㄴ. P를 통과한 전선은 한랭 전선이다.
ㄷ. P에서 전선이 통과하는 동안 풍향은 시계 방향으로 바뀌었다.

① ㄱ ② ㄴ ③ ㄱ, ㄷ ④ ㄴ, ㄷ ⑤ ㄱ, ㄴ, ㄷ

태풍
- 태풍의 발생
- 태풍의 구조

14 대표문제   2024학년도 9월 모평 지I 7번

그림은 북쪽으로 이동하는 태풍의 풍속을 동서 방향의 연직 단면에 나타낸 것이다. 지점 A~E는 해수면상에 위치한다. 이 자료에 대한 설명으로 옳은 것만을 〈보기〉에서 있는 대로 고른 것은?

서 A B C D E 동

〈보기〉
ㄱ. A는 안전 반원에 위치한다.
ㄴ. 해수면 부근에서 공기의 연직 운동은 B가 C보다 활발하다.
ㄷ. 지상 일기도에서 등압선의 평균 간격은 구간 C - D가 구간 D - E보다 좁다.

① ㄱ ② ㄴ ③ ㄷ ④ ㄱ, ㄴ ⑤ ㄴ, ㄷ

---

16   2023학년도 수능 지I 7번

그림 (가)는 어느 날 18시의 지상 일기도에 태풍의 이동 경로를 나타낸 것이고, (나)는 이 시기에 태풍에 의해 발생한 강수량 분포를 나타낸 것이다.

(가)   (나)

이 자료에 대한 설명으로 옳은 것만을 〈보기〉에서 있는 대로 고른 것은? [3점]

〈보기〉
ㄱ. 풍속은 A 지점이 B 지점보다 크다.
ㄴ. 공기의 연직 운동은 C 지점이 D 지점보다 활발하다.
ㄷ. C 지점에서는 남풍 계열의 바람이 분다.

① ㄱ ② ㄴ ③ ㄷ ④ ㄱ, ㄴ ⑤ ㄴ, ㄷ

빈출
태풍 통과 시의 기상 요소 변화

27   2025학년도 수능 지I 13번

그림은 북상하는 어느 태풍의 영향을 받은 어느 날 우리나라 관측소 A와 B에서 01시부터 23시까지 관측한 풍향과 기압을 나타낸 것이다.

이 자료에 대한 설명으로 옳은 것만을 〈보기〉에서 있는 대로 고른 것은? [3점]

〈보기〉
ㄱ. 13~19시 동안 A는 위험 반원에 위치하였다.
ㄴ. 01~23시 동안 기압의 변화 폭은 A가 B보다 크다.
ㄷ. 09시에 태풍 중심까지의 최단 거리는 A가 B보다 가깝다.

① ㄱ ② ㄴ ③ ㄷ ④ ㄱ, ㄴ ⑤ ㄴ, ㄷ

---

18 대표문제   2024학년도 6월 모평 지I 13번

그림은 태풍의 영향을 받은 우리나라 어느 관측소에서 24시간 동안 관측한 표층 수온과 기상 요소를 시간에 따라 나타낸 것이다.

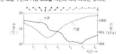

이 자료에 대한 설명으로 옳은 것만을 〈보기〉에서 있는 대로 고른 것은? [3점]

〈보기〉
ㄱ. 이 기간 동안 관측소는 태풍의 위험 반원에 위치하였다.
ㄴ. $t_1 \rightarrow t_2$ 동안 수온 변화는 태풍에 의한 해수 침강에 의해 발생하였다.

① ㄱ ② ㄷ ③ ㄱ, ㄴ ④ ㄴ, ㄷ ⑤ ㄱ, ㄴ, ㄷ

---

23   2023학년도 9월 모평 지I 13번

그림은 태풍의 영향을 받은 우리나라 어느 관측소에서 24시간 동안 관측한 시간에 따른 기압, 풍향, 풍속, 시간당 강수량을 순서 없이 나타낸 것이다. 이 기간 동안 태풍의 눈이 관측소를 통과하였다.

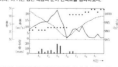

이 자료에 대한 설명으로 옳은 것만을 〈보기〉에서 있는 대로 고른 것은? [3점]

〈보기〉
ㄱ. 관측소에서 풍속이 가장 강하게 나타난 시각은 t_3이다.
ㄴ. 관측소에 태풍의 눈이 통과하기 전에는 서풍 계열의 바람이 불었다.
ㄷ. 관측소에서 공기의 연직 운동은 t_1이 t_4보다 활발하다.

① ㄱ ② ㄷ ③ ㄷ ④ ㄱ, ㄴ ⑤ ㄴ, ㄷ

2022~2019

04
2021학년도 9월 모평 지I 4번

그림 (가)는 어느 날 21시 우리나라 주변의 지상 일기도를, (나)는 (가)의 21시부터 14시간 동안 관측소 A와 B 중 한 곳에서 관측한 기온과 기압을 나타낸 것이다.

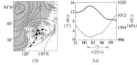

(가)　　　　　　(나)

이 자료에 대한 설명으로 옳은 것만을 〈보기〉에 있는 대로 고른 것은? [3점]

〈보기〉
ㄱ. (가)에서 A의 상층부에는 주로 층운형 구름이 발달한다.
ㄴ. (나)는 B의 관측 자료이다.
ㄷ. (나)의 관측소에서 이 기간 동안 풍향은 시계 반대 방향으로 바뀌었다.

① ㄱ　② ㄴ　③ ㄱ, ㄷ　④ ㄴ, ㄷ　⑤ ㄱ, ㄴ, ㄷ

10
2020학년도 9월 모평 지I 10번

그림 (가)와 (나)는 어느 온대 저기압이 우리나라를 통과하는 동안 A와 B 지역의 기압과 풍향을 관측 시작 시각으로부터의 경과 시간에 따라 각각 나타낸 것이다. A와 B는 동일 경도상이며, 온대 저기압의 영향권에 있었다.

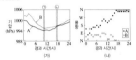

이에 대한 설명으로 옳은 것만을 〈보기〉에 있는 대로 고른 것은? [3점]

〈보기〉
ㄱ. A는 ⓛ 시기가 ⓒ 시기보다 찬 공기의 영향을 받았다.
ㄴ. 한랭 전선은 경과 시간 12~18시에 B를 통과하였다.
ㄷ. A는 B보다 저위도에 위치한다.

① ㄱ　② ㄴ　③ ㄱ, ㄷ　④ ㄴ, ㄷ　⑤ ㄱ, ㄴ, ㄷ

13
2022학년도 9월 모평 지I 7번

그림은 잘 발달한 태풍의 물리량을 태풍 중심으로부터의 거리에 따라 개략적으로 나타낸 것이다. A, B, C는 해수면 상의 강수량, 기압, 풍속을 순서 없이 나타낸 것이다.
이에 대한 설명으로 옳은 것만을 〈보기〉에 있는 대로 고른 것은?

〈보기〉
ㄱ. B는 강수량이다.
ㄴ. 지역 ⓛ에서는 상승 기류가 나타난다.
ㄷ. 일기도상의 등압선 간격은 지역 ⓛ에서가 지역 ⓒ에서보다 조밀하다.

① ㄱ　② ㄴ　③ ㄷ　④ ㄱ, ㄴ　⑤ ㄴ, ㄷ

15
2021학년도 6월 모평 지I 18번

그림은 북반구 해상에서 관측한 태풍의 하층(고도 2 km 수평면) 풍속 분포를 나타낸 것이다.

이에 대한 설명으로 옳은 것만을 〈보기〉에 있는 대로 고른 것은? (단, 등압선은 태풍의 이동 방향 축에 대해 대칭이라고 가정한다.) [3점]

〈보기〉
ㄱ. 태풍은 북동 방향으로 이동하고 있다.
ㄴ. 태풍 중심 부근의 해역에서 수온 약층의 차가운 물이 용승한다.
ㄷ. 태풍의 상승 공기는 반시계 방향으로 불어 나간다.

① ㄱ　② ㄴ　③ ㄷ　④ ㄱ, ㄴ　⑤ ㄴ, ㄷ

17
2021학년도 9월 모평 지I 19번

그림 (가)는 어느 날 05시 우리나라 주변의 적외 영상을, (나)는 다음 날 09시 지상 일기도를 나타낸 것이다.

(가)　　　　　　(나)

이 자료에 대한 설명으로 옳은 것만을 〈보기〉에 있는 대로 고른 것은?

〈보기〉
ㄱ. (가)의 A 해역에서 표층 해수의 침강이 나타난다.
ㄴ. (가)에서 구름 최상부의 고도는 B가 C보다 높다.
ㄷ. (나)에서 풍속은 E가 D보다 크다.

① ㄱ　② ㄴ　③ ㄱ, ㄴ　④ ㄴ, ㄷ　⑤ ㄱ, ㄴ, ㄷ

11
2019학년도 9월 모평 지I 19번

그림 (가)는 어느 해 7월에 관측된 태풍의 위치를 24시간 간격으로 표시한 이동 경로이고, (나)는 이 시기의 해양 열용량 분포를 나타낸 것이다. 해양 열용량은 태풍에 공급할 수 있는 해양의 단위 면적당 열량이다.

(가)　　　　　　(나)

이에 대한 설명으로 옳은 것만을 〈보기〉에서 있는 대로 고른 것은?

〈보기〉
ㄱ. 12일 0시에 태풍은 편서풍의 영향을 받는다.
ㄴ. 11일 0시부터 13일 0시까지 제주도에서는 풍향이 시계 반대 방향으로 변한다.
ㄷ. 해양에서 이 태풍으로 공급되는 에너지양은 12일이 10일보다 적다.

① ㄱ　② ㄴ　③ ㄱ, ㄷ　④ ㄴ, ㄷ　⑤ ㄱ, ㄴ, ㄷ

21
2022학년도 6월 모평 지I 18번

그림 (가)와 (나)는 어느 날 동일한 태풍의 영향을 받은 우리나라 관측소 A와 B에서 측정한 기압, 풍속, 풍향의 변화를 순서 없이 나타낸 것이다.

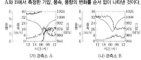

(가) 관측소 A　　(나) 관측소 B

이 자료에 대한 설명으로 옳은 것만을 〈보기〉에서 있는 대로 고른 것은?

〈보기〉
ㄱ. 최대 풍속은 B가 A보다 크다.
ㄴ. 태풍 중심까지의 최단 거리는 A가 B보다 가깝다.
ㄷ. B는 태풍의 안전 반원에 위치한다.

① ㄱ　② ㄴ　③ ㄱ, ㄷ　④ ㄴ, ㄷ　⑤ ㄱ, ㄴ, ㄷ

19
2021학년도 수능 지I 11번

그림 (가)는 우리나라의 어느 해양 관측소에서 관측된 풍속과 풍향 변화를, (나)는 이 관측소의 표층 수온 변화를 나타낸 것이다. A와 B는 서로 다른 두 태풍의 영향을 받은 기간이다.

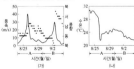

(가)　　　　　　(나)

이 자료에 대한 설명으로 옳은 것만을 〈보기〉에서 있는 대로 고른 것은? [3점]

〈보기〉
ㄱ. A 시기에 태풍의 눈이 관측소를 통과하였다.
ㄴ. B 시기에 관측소는 태풍의 안전 반원에 위치하였다.
ㄷ. A 시기의 급격한 수온 하강은 B 시기에 통과하는 태풍을 강화시켰다.

① ㄱ　② ㄴ　③ ㄷ　④ ㄱ, ㄴ　⑤ ㄴ, ㄷ

22
2020학년도 수능 지I 13번

그림 (가)와 (나)는 태풍의 영향을 받은 우리나라 관측소 A와 B에서 T_1~T_5 동안 측정한 기온, 기압, 풍향을 순서 없이 나타낸 것이다.

(가) 관측소 A　　(나) 관측소 B

이 자료에 대한 설명으로 옳은 것만을 〈보기〉에 있는 대로 고른 것은?

〈보기〉
ㄱ. T_1~T_3 동안 A는 위험 반원, B는 안전 반원에 위치한다.
ㄴ. 태풍의 중심이 가장 가까이 통과한 시각은 A가 B보다 늦다.
ㄷ. T_4~T_5 동안 A와 B의 기온은 상승한다.

① ㄱ　② ㄴ　③ ㄱ, ㄷ　④ ㄴ, ㄷ　⑤ ㄱ, ㄴ, ㄷ

01 대표문제

표는 어느 온대 저기압이 우리나라를 통과하는 동안 관측소 P에서 t_1 → t_5 시기에 6시간 간격으로 관측한 기상 요소를, 그림은 이 중 어느 한 시각의 지상 일기도에 온대 저기압 중심의 이동 경로를 나타낸 것이다. 이 기간 중 온난 전선과 한랭 전선 중 하나가 P를 통과하였다.

시각	기압 (hPa)	풍향
t_1	1007	남남서
t_2	1002	남서
t_3	998	남서
t_4	999	남서
t_5	1003	서북서

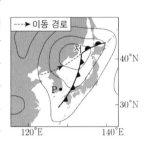

이 자료에 대한 설명으로 옳은 것만을 〈보기〉에서 있는 대로 고른 것은?

〈 보기 〉
ㄱ. t_1~t_2 사이에 전선이 P를 통과하였다.
ㄴ. P의 기온은 t_1일 때가 t_5일 때보다 높다.
ㄷ. t_2일 때, P의 상공에는 전선면이 나타난다.

① ㄱ   ② ㄴ   ③ ㄷ   ④ ㄱ, ㄷ   ⑤ ㄴ, ㄷ

02

그림 (가)는 어느 날 온대 저기압 주변의 기압 분포를 모식적으로 나타낸 것이고, (나)는 이때 지역 A와 B에서 나타나는 기상 요소를 ㉠과 ㉡으로 순서 없이 나타낸 것이다.

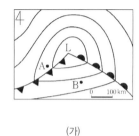 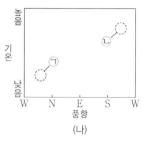

(가)   (나)

이에 대한 설명으로 옳은 것만을 〈보기〉에서 있는 대로 고른 것은?

〈 보기 〉
ㄱ. 기압은 A가 B보다 낮다.
ㄴ. B의 상공에는 전선면이 나타난다.
ㄷ. ㉠은 A의 기상 요소를 나타낸 것이다.

① ㄱ   ② ㄴ   ③ ㄱ, ㄷ   ④ ㄴ, ㄷ   ⑤ ㄱ, ㄴ, ㄷ

03

그림은 어느 날 t_1 시각의 지상 일기도에 온대 저기압 중심의 이동 경로를, 표는 이 날 관측소 A에서 t_1, t_2 시각에 관측한 기상 요소를 나타낸 것이다. t_2는 전선 통과 3시간 후이며, t_1→t_2 동안 온난 전선과 한랭 전선 중 하나가 A를 통과하였다.

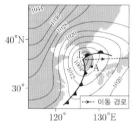

시각	기온 (°C)	바람	강수
t_1	17.1	남서풍	없음
t_2	12.5	북서풍	있음

이 자료에 대한 설명으로 옳은 것만을 〈보기〉에서 있는 대로 고른 것은? [3점]

〈 보기 〉
ㄱ. t_1일 때 A 상공에는 전선면이 나타난다.
ㄴ. t_1~t_2 사이에 A에서는 적운형 구름이 관측된다.
ㄷ. t_1 → t_2 동안 A에서의 풍향은 시계 방향으로 변한다.

① ㄱ   ② ㄴ   ③ ㄱ, ㄷ   ④ ㄴ, ㄷ   ⑤ ㄱ, ㄴ, ㄷ

04

그림 (가)는 어느 날 21시 우리나라 주변의 지상 일기도를, (나)는 (가)의 21시부터 14시간 동안 관측소 A와 B 중 한 곳에서 관측한 기온과 기압을 나타낸 것이다.

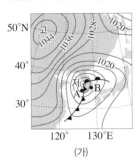
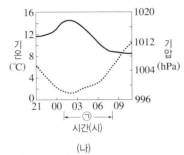

(가)   (나)

이 자료에 대한 설명으로 옳은 것만을 〈보기〉에서 있는 대로 고른 것은? [3점]

〈보기〉

ㄱ. (가)에서 A의 상층부에는 주로 층운형 구름이 발달한다.

ㄴ. (나)는 B의 관측 자료이다.

ㄷ. (나)의 관측소에서 ㉠ 기간 동안 풍향은 시계 반대 방향으로 바뀌었다.

① ㄱ   ② ㄴ   ③ ㄱ, ㄷ   ④ ㄴ, ㄷ   ⑤ ㄱ, ㄴ, ㄷ

05

그림 (가)는 어느 날 우리나라를 통과한 온대 저기압의 이동 경로를, (나)는 이날 관측소 A, B 중 한 곳에서 관측한 풍향의 변화를 나타낸 것이다.

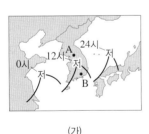
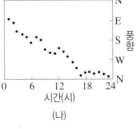

(가)   (나)

이에 대한 옳은 설명만을 〈보기〉에서 있는 대로 고른 것은?

〈보기〉

ㄱ. (가)에서 온대 저기압의 이동은 편서풍의 영향을 받았다.

ㄴ. (나)는 A에서 관측한 결과이다.

ㄷ. (나)를 관측한 지역에서는 이날 12시 이전에 소나기가 내렸을 것이다.

① ㄱ   ② ㄷ   ③ ㄱ, ㄴ   ④ ㄴ, ㄷ   ⑤ ㄱ, ㄴ, ㄷ

06

그림 (가)는 $T_1 \rightarrow T_2$ 동안 온대 저기압의 이동 경로를, (나)는 관측소 P에서 T_1, T_2 시각에 관측한 높이에 따른 기온을 나타낸 것이다. 이 기간 동안 (가)의 온난 전선과 한랭 전선 중 하나가 P를 통과하였다.

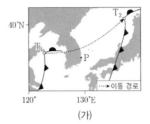
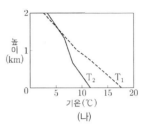

(가)   (나)

이 자료에 대한 설명으로 옳은 것만을 〈보기〉에서 있는 대로 고른 것은? [3점]

〈보기〉

ㄱ. (나)에서 높이에 따른 기온 감소율은 T_1이 T_2보다 작다.

ㄴ. P를 통과한 전선은 한랭 전선이다.

ㄷ. P에서 전선이 통과하는 동안 풍향은 시계 방향으로 바뀌었다.

① ㄱ   ② ㄴ   ③ ㄱ, ㄷ   ④ ㄴ, ㄷ   ⑤ ㄱ, ㄴ, ㄷ

07

그림은 어느 온대 저기압이 우리나라를 지나는 3시간($T_1 \rightarrow T_4$) 동안 전선 주변에서 발생한 번개의 분포를 1시간 간격으로 나타낸 것이다. 이 기간 동안 온난 전선과 한랭 전선 중 하나가 A 지역을 통과하였다.

이 자료에 대한 설명으로 옳은 것만을 〈보기〉에서 있는 대로 고른 것은? [3점]

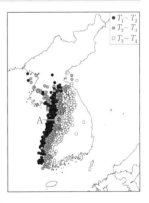

〈보기〉

ㄱ. 이 기간 중 A의 상공에는 전선면이 나타났다.

ㄴ. $T_2 \rightarrow T_3$ 동안 A에서는 적운형 구름이 발달하였다.

ㄷ. 전선이 통과하는 동안 A의 풍향은 시계 반대 방향으로 바뀌었다.

① ㄱ   ② ㄷ   ③ ㄱ, ㄴ   ④ ㄴ, ㄷ   ⑤ ㄱ, ㄴ, ㄷ

08

그림 (가)와 (나)는 북반구 어느 지점에서 온대 저기압이 통과하는 동안 관측한 풍향과 기온을 나타낸 것이다. 이 기간 동안 온난 전선과 한랭 전선이 이 지점을 통과하였다.

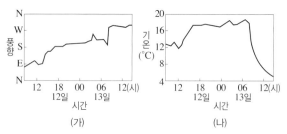

(가)   (나)

이 지점에서 나타난 현상에 대한 옳은 설명만을 〈보기〉에서 있는 대로 고른 것은? [3점]

〈 보기 〉
ㄱ. 풍향은 대체로 시계 방향으로 변하였다.
ㄴ. 한랭 전선은 13일 06시 이전에 통과하였다.
ㄷ. 저기압 중심은 이 지점의 남쪽으로 통과하였다.

① ㄱ　　② ㄴ　　③ ㄱ, ㄷ　　④ ㄴ, ㄷ　　⑤ ㄱ, ㄴ, ㄷ

09

그림은 온대 저기압 중심이 북반구 어느 관측소의 북쪽을 통과하는 36시간 동안 관측한 기상 요소를 나타낸 것이다. 이 기간 동안 온난 전선과 한랭 전선이 모두 이 관측소를 통과하였다.

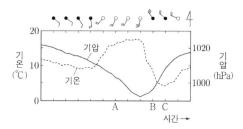

이 자료에 대한 설명으로 옳은 것만을 〈보기〉에서 있는 대로 고른 것은? [3점]

〈 보기 〉
ㄱ. 기압이 가장 낮게 관측되었을 때 남풍 계열의 바람이 불었다.
ㄴ. A일 때 관측소의 상공에는 온난 전선면이 나타난다.
ㄷ. 관측소에서 B와 C 사이에는 주로 적운형 구름이 관측된다.

① ㄱ　　② ㄴ　　③ ㄱ, ㄷ　　④ ㄴ, ㄷ　　⑤ ㄱ, ㄴ, ㄷ

10

그림 (가)와 (나)는 어느 온대 저기압이 우리나라를 통과하는 동안 A와 B 지역의 기압과 풍향을 관측 시작 시각으로부터의 경과 시간에 따라 각각 나타낸 것이다. A와 B는 동일 경도상이며, 온대 저기압의 영향권에 있었다.

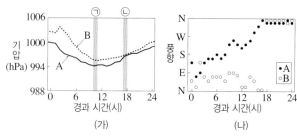

(가)   (나)

이에 대한 설명으로 옳은 것만을 〈보기〉에서 있는 대로 고른 것은? [3점]

〈 보기 〉
ㄱ. A는 ㉡ 시기가 ㉠ 시기보다 찬 공기의 영향을 받았다.
ㄴ. 한랭 전선은 경과 시간 12~18시에 B를 통과하였다.
ㄷ. A는 B보다 저위도에 위치한다.

① ㄱ　　② ㄴ　　③ ㄱ, ㄷ　　④ ㄴ, ㄷ　　⑤ ㄱ, ㄴ, ㄷ

11

그림 (가)는 어느 해 7월에 관측된 태풍의 위치를 24시간 간격으로 표시한 이동 경로이고, (나)는 이 시기의 해양 열용량 분포를 나타낸 것이다. 해양 열용량은 태풍에 공급할 수 있는 해양의 단위 면적당 열량이다.

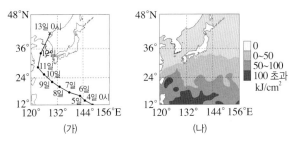

(가)

(나)

이에 대한 설명으로 옳은 것만을 〈보기〉에서 있는 대로 고른 것은?

〈보기〉
ㄱ. 12일 0시에 태풍은 편서풍의 영향을 받는다.
ㄴ. 11일 0시부터 13일 0시까지 제주도에서는 풍향이 시계 반대 방향으로 변한다.
ㄷ. 해양에서 이 태풍으로 공급되는 에너지양은 12일이 10일보다 적다.

① ㄱ   ② ㄴ   ③ ㄱ, ㄷ   ④ ㄴ, ㄷ   ⑤ ㄱ, ㄴ, ㄷ

12

그림 (가)는 어느 해 우리나라에 상륙한 태풍의 이동 경로를, (나)는 B 지점에서 태풍이 통과하기 전과 통과한 후에 측정한 깊이에 따른 수온 분포를 각각 ㉠과 ㉡으로 순서 없이 나타낸 것이다.

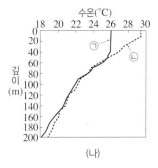

(가)   (나)

이에 대한 옳은 설명만을 〈보기〉에서 있는 대로 고른 것은? [3점]

〈보기〉
ㄱ. 태풍이 통과하기 전의 수온 분포는 ㉠이다.
ㄴ. 태풍이 지나가는 동안 A 지점에서는 풍향이 시계 방향으로 변한다.
ㄷ. 태풍이 지나가는 동안 관측된 최대 풍속은 A 지점보다 B 지점에서 크다.

① ㄱ   ② ㄷ   ③ ㄱ, ㄴ   ④ ㄴ, ㄷ   ⑤ ㄱ, ㄴ, ㄷ

13

그림은 잘 발달한 태풍의 물리량을 태풍 중심으로부터의 거리에 따라 개략적으로 나타낸 것이다. A, B, C는 해수면 상의 강수량, 기압, 풍속을 순서 없이 나타낸 것이다.

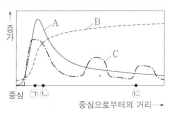

이에 대한 설명으로 옳은 것만을 〈보기〉에서 있는 대로 고른 것은?

〈보기〉
ㄱ. B는 강수량이다.
ㄴ. 지역 ㉠에서는 상승 기류가 나타난다.
ㄷ. 일기도에서 등압선 간격은 지역 ㉢에서가 지역 ㉡에서보다 조밀하다.

① ㄱ   ② ㄴ   ③ ㄷ   ④ ㄱ, ㄴ   ⑤ ㄴ, ㄷ

14 대표 문제

그림은 북쪽으로 이동하는 태풍의 풍속을 동서 방향의 연직 단면에 나타낸 것이다. 지점 A~E는 해수면상에 위치한다. 이 자료에 대한 설명으로 옳은 것만을 〈보기〉에서 있는 대로 고른 것은?

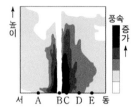

서 A BC D E 동

〈보기〉
ㄱ. A는 안전 반원에 위치한다.
ㄴ. 해수면 부근에서 공기의 연직 운동은 B가 C보다 활발하다.
ㄷ. 지상 일기도에서 등압선의 평균 간격은 구간 C – D가 구간 D – E보다 좁다.

① ㄱ   ② ㄴ   ③ ㄷ   ④ ㄱ, ㄴ   ⑤ ㄱ, ㄷ

15

그림은 북반구 해상에서 관측한 태풍의 하층(고도 2 km 수평면) 풍속 분포를 나타낸 것이다.

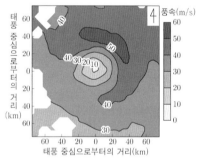

태풍 중심으로부터의 거리(km)

이에 대한 설명으로 옳은 것만을 〈보기〉에서 있는 대로 고른 것은? (단, 등압선은 태풍의 이동 방향 축에 대해 대칭이라고 가정한다.) [3점]

〈보기〉
ㄱ. 태풍은 북동 방향으로 이동하고 있다.
ㄴ. 태풍 중심 부근의 해역에서 수온 약층의 차가운 물이 용승한다.
ㄷ. 태풍의 상층 공기는 반시계 방향으로 불어 나간다.

① ㄱ   ② ㄴ   ③ ㄷ   ④ ㄱ, ㄴ   ⑤ ㄴ, ㄷ

16

그림 (가)는 어느 날 18시의 지상 일기도에 태풍의 이동 경로를 나타낸 것이고, (나)는 이 시기에 태풍에 의해 발생한 강수량 분포를 나타낸 것이다.

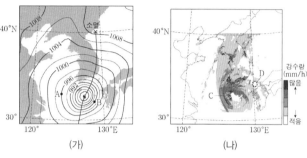

(가)   (나)

이 자료에 대한 설명으로 옳은 것만을 〈보기〉에서 있는 대로 고른 것은? [3점]

〈보기〉
ㄱ. 풍속은 A 지점이 B 지점보다 크다.
ㄴ. 공기의 연직 운동은 C 지점이 D 지점보다 활발하다.
ㄷ. C 지점에서는 남풍 계열의 바람이 분다.

① ㄱ   ② ㄴ   ③ ㄷ   ④ ㄱ, ㄴ   ⑤ ㄴ, ㄷ

17

그림 (가)는 어느 날 05시 우리나라 주변의 적외 영상을, (나)는 다음 날 09시 지상 일기도를 나타낸 것이다.

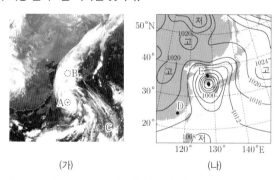

(가)   (나)

이 자료에 대한 설명으로 옳은 것만을 〈보기〉에서 있는 대로 고른 것은?

〈보기〉
ㄱ. (가)의 A 해역에서 표층 해수의 침강이 나타난다.
ㄴ. (가)에서 구름 최상부의 고도는 B가 C보다 높다.
ㄷ. (나)에서 풍속은 E가 D보다 크다.

① ㄱ   ② ㄷ   ③ ㄱ, ㄴ   ④ ㄴ, ㄷ   ⑤ ㄱ, ㄴ, ㄷ

18 대표 문제

그림은 태풍의 영향을 받은 우리나라 어느 관측소에서 24시간 동안 관측한 표층 수온과 기상 요소를 시간에 따라 나타낸 것이다.

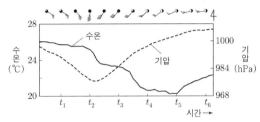

이 자료에 대한 설명으로 옳은 것만을 〈보기〉에서 있는 대로 고른 것은? [3점]

〈 보기 〉
ㄱ. 이 기간 동안 관측소는 태풍의 위험 반원에 위치하였다.
ㄴ. 관측소와 태풍 중심 사이의 거리는 t_2가 t_4보다 가깝다.
ㄷ. $t_2 \rightarrow t_4$ 동안 수온 변화는 태풍에 의한 해수 침강에 의해 발생하였다.

① ㄱ   ② ㄷ   ③ ㄱ, ㄴ   ④ ㄴ, ㄷ   ⑤ ㄱ, ㄴ, ㄷ

19

그림 (가)는 우리나라의 어느 해양 관측소에서 관측된 풍속과 풍향 변화를, (나)는 이 관측소의 표층 수온 변화를 나타낸 것이다. A와 B는 서로 다른 두 태풍의 영향을 받은 기간이다.

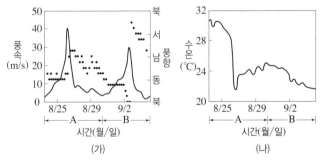

이 자료에 대한 설명으로 옳은 것만을 〈보기〉에서 있는 대로 고른 것은? [3점]

〈 보기 〉
ㄱ. A 시기에 태풍의 눈은 관측소를 통과하였다.
ㄴ. B 시기에 관측소는 태풍의 안전 반원에 위치하였다.
ㄷ. A 시기의 급격한 수온 하강은 B 시기에 통과하는 태풍을 강화시켰다.

① ㄱ   ② ㄴ   ③ ㄷ   ④ ㄱ, ㄴ   ⑤ ㄴ, ㄷ

20

그림 (가)와 (나)는 어느 날 태풍이 우리나라를 통과하는 동안 서울과 부산에서 관측한 기압, 풍향, 풍속 자료를 순서 없이 나타낸 것이다.

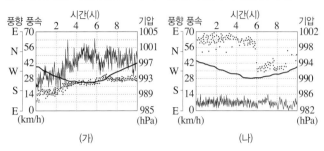

(가)   (나)

이 자료에 대한 설명으로 옳은 것만을 〈보기〉에서 있는 대로 고른 것은? [3점]

〈 보기 〉
ㄱ. 태풍의 중심은 (가)가 관측된 장소의 서쪽을 통과하였다.
ㄴ. 최저 기압은 (가)가 (나)보다 낮다.
ㄷ. 평균 풍속은 (가)가 (나)보다 크다.

① ㄱ   ② ㄴ   ③ ㄱ, ㄷ   ④ ㄴ, ㄷ   ⑤ ㄱ, ㄴ, ㄷ

12
일차

21

그림 (가)와 (나)는 어느 날 동일한 태풍의 영향을 받은 우리나라 관측소 A와 B에서 측정한 기압, 풍속, 풍향의 변화를 순서 없이 나타낸 것이다.

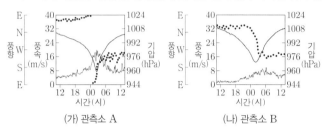

(가) 관측소 A   (나) 관측소 B

이 자료에 대한 설명으로 옳은 것만을 〈보기〉에서 있는 대로 고른 것은?

〈보기〉
ㄱ. 최대 풍속은 B가 A보다 크다.
ㄴ. 태풍 중심까지의 최단 거리는 A가 B보다 가깝다.
ㄷ. B는 태풍의 안전 반원에 위치한다.

① ㄱ   ② ㄴ   ③ ㄱ, ㄷ   ④ ㄴ, ㄷ   ⑤ ㄱ, ㄴ, ㄷ

22

그림 (가)와 (나)는 태풍의 영향을 받은 우리나라 관측소 A와 B에서 T_1~T_5 동안 측정한 기온, 기압, 풍향을 순서 없이 나타낸 것이다.

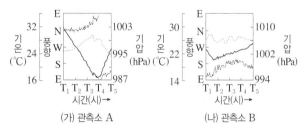

(가) 관측소 A   (나) 관측소 B

이 자료에 대한 설명으로 옳은 것만을 〈보기〉에서 있는 대로 고른 것은?

〈보기〉
ㄱ. T_1~T_4 동안 A는 위험 반원, B는 안전 반원에 위치한다.
ㄴ. 태풍의 중심이 가장 가까이 통과한 시각은 A가 B보다 늦다.
ㄷ. T_4~T_5 동안 A와 B의 기온은 상승한다.

① ㄱ   ② ㄴ   ③ ㄱ, ㄷ   ④ ㄴ, ㄷ   ⑤ ㄱ, ㄴ, ㄷ

23

그림은 태풍의 영향을 받은 우리나라 어느 관측소에서 24시간 동안 관측한 시간에 따른 기압, 풍향, 풍속, 시간당 강수량을 순서 없이 나타낸 것이다. 이 기간 동안 태풍의 눈이 관측소를 통과하였다.

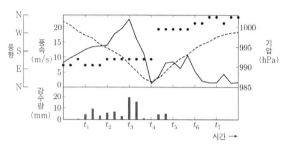

이 자료에 대한 설명으로 옳은 것만을 〈보기〉에서 있는 대로 고른 것은? [3점]

〈보기〉
ㄱ. 관측소에서 풍속이 가장 강하게 나타난 시각은 t_3이다.
ㄴ. 관측소에서 태풍의 눈이 통과하기 전에는 서풍 계열의 바람이 불었다.
ㄷ. 관측소에서 공기의 연직 운동은 t_3이 t_4보다 활발하다.

① ㄱ   ② ㄴ   ③ ㄷ   ④ ㄱ, ㄷ   ⑤ ㄴ, ㄷ

24

표는 우리나라를 통과한 어느 태풍의 중심 기압과 강풍 반경을, 그림은 이 태풍의 영향을 받은 우리나라 관측소 A에서 관측한 기압과 풍향을 나타낸 것이다.

일시	중심 기압 (hPa)	강풍 반경 (km)
10일 03시	970	330
10일 06시	970	330
10일 09시	975	320
10일 12시	980	300

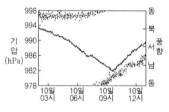

이 자료에 대한 설명으로 옳은 것만을 〈보기〉에서 있는 대로 고른 것은? [3점]

〈보기〉
ㄱ. 태풍의 세력은 03시보다 12시에 강하다.
ㄴ. A와 태풍 중심 사이의 거리는 03시보다 09시에 가깝다.
ㄷ. 태풍의 영향을 받는 동안 A는 안전 반원에 위치한다.

① ㄱ   ② ㄴ   ③ ㄱ, ㄷ   ④ ㄴ, ㄷ   ⑤ ㄱ, ㄴ, ㄷ

25

표는 어느 태풍의 중심 기압과 이동 속도를, 그림은 이 태풍이 우리나라를 통과할 때 어느 관측소에서 측정한 기온과 풍향 및 풍속을 나타낸 것이다.

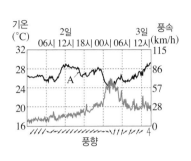

일시	중심 기압 (hPa)	이동 속도 (km/h)
2일 00시	935	23
2일 06시	940	22
2일 12시	945	23
2일 18시	945	32
3일 00시	950	36
3일 06시	960	70
3일 12시	970	45

이 자료에 대한 설명으로 옳은 것만을 〈보기〉에서 있는 대로 고른 것은? [3점]

〈 보기 〉
ㄱ. A는 기온이다.
ㄴ. 태풍의 세력이 약해질수록 이동 속도는 빠르다.
ㄷ. 관측소는 태풍 진행 경로의 오른쪽에 위치하였다.

① ㄱ 　② ㄴ 　③ ㄱ, ㄷ 　④ ㄴ, ㄷ 　⑤ ㄱ, ㄴ, ㄷ

26

그림 (가)는 어느 날 t_1 시각의 지상 일기도에 온대 저기압 중심의 이동 경로를 나타낸 것이고, (나)는 이날 관측소 A와 B에서 t_1부터 15시간 동안 측정한 기압, 기온, 풍향을 순서 없이 나타낸 것이다. A와 B의 위치는 각각 ㉠과 ㉡ 중 하나이다.

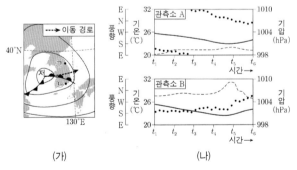

(가) 　　　　　(나)

이 자료에 대한 설명으로 옳은 것만을 〈보기〉에서 있는 대로 고른 것은? [3점]

〈 보기 〉
ㄱ. A의 위치는 ㉠이다.
ㄴ. t_2에 기온은 A가 B보다 낮다.
ㄷ. t_3에 ㉡의 상공에는 전선면이 있다

① ㄱ 　② ㄴ 　③ ㄷ 　④ ㄱ, ㄴ 　⑤ ㄱ, ㄷ

27

그림은 북상하는 어느 태풍의 영향을 받은 어느 날 우리나라 관측소 A와 B에서 01시부터 23시까지 관측한 풍향과 기압을 나타낸 것이다.

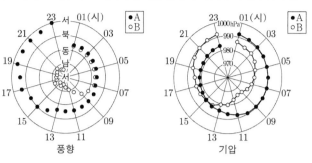

이 자료에 대한 설명으로 옳은 것만을 〈보기〉에서 있는 대로 고른 것은? [3점]

〈 보기 〉
ㄱ. 13~19시 동안 A는 위험 반원에 위치하였다.
ㄴ. 01~23시 동안 기압의 변화 폭은 A가 B보다 작다.
ㄷ. 09시에 태풍 중심까지의 최단 거리는 A가 B보다 가깝다.

① ㄱ 　② ㄴ 　③ ㄷ 　④ ㄱ, ㄷ 　⑤ ㄴ, ㄷ

주제	학년도	2025	2024	2023

태풍의
이동 경로와
중심 기압의
변화

2025

02 대표 문제
2025학년도 9월 모평 지I 8번

그림 (가)는 어느 태풍의 이동 경로에 6시간 간격으로 나타낸 태풍 중심의 위치를, (나)는 t_1 시각의 적외 영상을 나타낸 것이다.

(가) (나)

이 자료에 대한 설명으로 옳은 것만을 〈보기〉에서 있는 대로 고른 것은? [3점]

보기
ㄱ. 태풍의 중심 기압은 t_1일 때가 t_2일 때보다 높다.
ㄴ. $t_6 \to t_7$ 동안 관측소 A의 풍향은 시계 반대 방향으로 변한다.
ㄷ. (나)에서 구름 최상부의 온도는 영역 B가 영역 C보다 낮다.

① ㄱ ② ㄴ ③ ㄷ ④ ㄱ, ㄴ ⑤ ㄴ, ㄷ

18
2025학년도 6월 모평 지I 10번

그림 (가)는 어느 태풍의 이동 경로에 태풍 중심의 위치를 3시간 간격으로 나타낸 것이고, (나)는 $t_1 \to t_5$ 동안 이 태풍의 중심 기압, 이동 속도, 최대 풍속을 ㉠, ㉡, ㉢으로 순서 없이 나타낸 것이다.

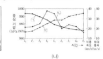

(가) (나)

이 자료에 대한 설명으로 옳은 것만을 〈보기〉에서 있는 대로 고른 것은? [3점]

보기
ㄱ. ㉡은 태풍의 최대 풍속이다.
ㄴ. 태풍의 세력은 t_1일 때가 t_3일 때보다 강하다.
ㄷ. $t_2 \to t_3$ 동안 A 지점의 풍향은 시계 반대 방향으로 변한다.

① ㄱ ② ㄴ ③ ㄷ ④ ㄱ, ㄴ ⑤ ㄴ, ㄷ

2024

04
2024학년도 수능 지I 9번

그림 (가)는 어느 날 어느 태풍의 이동 경로에 6시간 간격으로 태풍 중심의 위치와 중심 기압을, (나)는 이날 09시의 가시 영상을 나타낸 것이다.

(가) (나)

이 자료에 대한 설명으로 옳은 것만을 〈보기〉에서 있는 대로 고른 것은?

보기
ㄱ. 태풍의 영향을 받는 동안 지점 ㉠은 위험 반원에 위치한다.
ㄴ. 태풍의 세력은 03시가 21시보다 약하다.
ㄷ. (나)에서 구름이 반사하는 태양 복사 에너지의 세기는 영역 A가 영역 B보다 약하다.

① ㄱ ② ㄴ ③ ㄷ ④ ㄱ, ㄴ ⑤ ㄱ, ㄷ

태풍의
이동 경로와
기상 요소의
변화

2023

14 대표 문제
2023학년도 6월 모평 지I 8번

그림 (가)는 어느 태풍이 우리나라 부근을 지나는 어느 날 21시에 촬영한 적외 영상에 태풍 중심의 이동 경로를 나타낸 것이고, (나)는 다음 날 05시부터 3시간 간격으로 우리나라 어느 관측소에서 관측한 기상 요소를 나타낸 것이다.

(가) (나)

이 자료에 대한 설명으로 옳은 것만을 〈보기〉에서 있는 대로 고른 것은? [3점]

보기
ㄱ. (가)에서 태풍의 최상층 공기는 주로 바깥쪽으로 불어 나간다.
ㄴ. (가)에서 구름 최상부의 고도는 B 지역이 A 지역보다 높다.
ㄷ. 관측소는 태풍의 안전 반원에 위치하였다.

① ㄱ ② ㄴ ③ ㄱ, ㄷ ④ ㄴ, ㄷ ⑤ ㄱ, ㄴ, ㄷ

2022~2019

13
2020학년도 9월 모평 지Ⅰ 12번

그림은 어느 태풍의 이동 경로를, 표는 이 태풍이 이동하는 동안 관측소 A에서 관측한 풍향과 태풍의 중심 기압을 나타낸 것이다. A의 위치는 ㉠과 ㉡ 중 하나이다.

일시	풍향	태풍의 중심 기압 (hPa)
12일 21시	동	955
13일 00시	남동	960
13일 03시	남남서	970
13일 06시	남서	970

이에 대한 설명으로 옳은 것만을 〈보기〉에서 있는 대로 고른 것은? [3점]

〈보기〉
ㄱ. A의 위치는 ㉡에 해당한다.
ㄴ. 태풍의 세력은 13일 03시가 12일 21시보다 강하다.
ㄷ. 태풍의 중심과 A 사이의 거리는 13일 06시가 13일 03시보다 멀다.

① ㄱ ② ㄴ ③ ㄱ, ㄷ ④ ㄴ, ㄷ ⑤ ㄱ, ㄴ, ㄷ

07
2020학년도 6월 모평 지Ⅰ 4번

다음은 어느 태풍의 이동 경로와 그에 따른 풍향과 기압 변화를 알아보기 위한 탐구 활동이다.

[탐구 과정]
(가) 표를 이용하여 태풍의 이동 경로를 지도에 표시한다.
(나) 지점 A에서의 풍향 변화를 추정하여 기록한다.
(다) 관측 풍향을 조사하여 추정 풍향과 비교한다.
(라) 태풍 중심의 기압 변화량(관측 당시 기압 − 생성 당시 기압)을 기록한다.

일시	태풍 중심 위도(°N)	경도(°E)	기압(hPa)
⋮	⋮	⋮	⋮
6일 06시	33.8	127.3	975
6일 09시	34.7	128.1	975
6일 12시	35.8	129.2	985
6일 15시	37.2	130.5	985
⋮	⋮	⋮	⋮
7일 09시 (소멸)	42.0	141.1	990

[탐구 결과]

일시	추정 풍향	기압 변화량 (hPa)
6일 06시		−25
6일 09시		
6일 12시		
6일 15시		
7일 09시		

이 자료에 대한 설명으로 옳은 것만을 〈보기〉에서 있는 대로 고른 것은? [3점]

〈보기〉
ㄱ. 6일 06시에 태풍은 편서풍의 영향을 받는다.
ㄴ. 6일 06시부터 6일 15시까지 A의 관측 풍향은 시계 반대 방향으로 변한다.
ㄷ. 이 태풍의 소멸 당시 중심 기압 / 생성 당시 중심 기압 은 1보다 크다.

① ㄱ ② ㄷ ③ ㄱ, ㄴ ④ ㄴ, ㄷ ⑤ ㄱ, ㄴ, ㄷ

06
2019학년도 수능 지Ⅰ 13번

그림 (가)는 어느 태풍의 중심 기압을 22일부터 24일까지 3시간 간격으로, (나)는 이 태풍의 위치를 6시간 간격으로 나타낸 것이다.

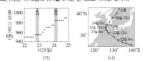

이에 대한 설명으로 옳은 것만을 〈보기〉에서 있는 대로 고른 것은?

〈보기〉
ㄱ. 태풍의 세력은 A 시기가 B 시기보다 강하다.
ㄴ. 태풍의 평균 이동 속도는 A 시기가 B 시기보다 빠르다.
ㄷ. 23일 18시부터 24일 06시까지 ㉠ 지점에서 풍향은 시계 반대 방향으로 변한다.

① ㄱ ② ㄷ ③ ㄱ, ㄴ ④ ㄴ, ㄷ ⑤ ㄱ, ㄴ, ㄷ

22
2022학년도 수능 지Ⅰ 8번

그림 (가)는 어느 태풍이 이동하는 동안 관측소 P에서 관측한 기압과 풍속을 ㉠과 ㉡으로 순서 없이 나타낸 것이고, (나)는 이 기간 중 어느 한 시점에 촬영한 가시 영상에 태풍의 이동 경로, 태풍의 눈의 위치, P의 위치를 나타낸 것이다.

이 자료에 대한 설명으로 옳은 것만을 〈보기〉에서 있는 대로 고른 것은? [3점]

〈보기〉
ㄱ. 기압은 ㉠이다.
ㄴ. (가)의 기간 동안 P에서 풍향은 시계 반대 방향으로 변했다.
ㄷ. (나)의 영상은 (가)에서 풍속이 최소일 때 촬영한 것이다.

① ㄱ ② ㄴ ③ ㄷ ④ ㄱ, ㄴ ⑤ ㄴ, ㄷ

23
2019학년도 6월 모평 지Ⅰ 11번

그림 (가)는 어느 태풍의 위치를 6시간 간격으로 나타낸 것이고, (나)는 이 태풍이 이동하는 동안 관측소 a와 b 중 한 곳에서 관측한 풍향, 풍속, 기압 자료의 일부를 나타낸 것이다. ㉠과 ㉡은 각각 풍속과 기압 중 하나이다.

이에 대한 설명으로 옳은 것만을 〈보기〉에서 있는 대로 고른 것은?

〈보기〉
ㄱ. 9시~21시 동안 태풍의 이동 속도는 12일이 11일보다 빠르다.
ㄴ. (나)는 a의 관측 자료이다.
ㄷ. (나)에서 12일에 측정된 기압은 9시가 21시보다 낮다.

① ㄱ ② ㄷ ③ ㄱ, ㄴ ④ ㄴ, ㄷ ⑤ ㄱ, ㄴ, ㄷ

01

2022학년도 7월 학평 지Ⅰ 9번

그림은 어느 태풍의 이동 경로를 나타낸 것이다.

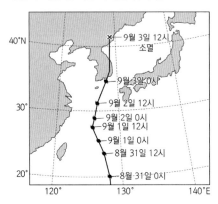

이에 대한 설명으로 옳은 것만을 〈보기〉에서 있는 대로 고른 것은?

─〈 보기 〉─
ㄱ. 태풍의 평균 이동 속력은 8월 31일이 9월 1일보다 빠르다.
ㄴ. 9월 3일 0시 이후로 태풍 중심의 기압은 계속 낮아졌다.
ㄷ. 태풍이 우리나라를 통과하는 동안 서울에서의 풍향은 시계 방향으로 바뀌었다.

① ㄱ   ② ㄴ   ③ ㄱ, ㄷ   ④ ㄴ, ㄷ   ⑤ ㄱ, ㄴ, ㄷ

02 대표 문제

2025학년도 9월 모평 지Ⅰ 8번

그림 (가)는 어느 태풍의 이동 경로에 6시간 간격으로 나타낸 태풍 중심의 위치를, (나)는 t_1 시각의 적외 영상을 나타낸 것이다.

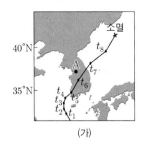
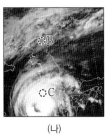

(가)   (나)

이 자료에 대한 설명으로 옳은 것만을 〈보기〉에서 있는 대로 고른 것은? [3점]

─〈 보기 〉─
ㄱ. 태풍의 중심 기압은 t_4일 때가 t_7일 때보다 높다.
ㄴ. $t_6 \rightarrow t_7$ 동안 관측소 A의 풍향은 시계 반대 방향으로 변한다.
ㄷ. (나)에서 구름 최상부의 온도는 영역 B가 영역 C보다 낮다.

① ㄱ   ② ㄴ   ③ ㄷ   ④ ㄱ, ㄴ   ⑤ ㄴ, ㄷ

03

2021학년도 4월 학평 지Ⅰ 8번

그림 (가)는 서로 다른 시기에 우리나라에 영향을 준 태풍 A와 B의 이동 경로를, (나)는 A 또는 B의 영향을 받은 시기에 촬영한 적외선 영상을 나타낸 것이다.

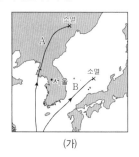
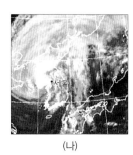

(가)   (나)

이에 대한 설명으로 옳은 것만을 〈보기〉에서 있는 대로 고른 것은?

─〈 보기 〉─
ㄱ. A는 육지를 지나는 동안 중심 기압이 지속적으로 낮아졌다.
ㄴ. 서울은 B의 영향을 받는 동안 위험 반원에 위치하였다.
ㄷ. (나)는 A의 영향을 받은 시기에 촬영한 것이다.

① ㄱ   ② ㄷ   ③ ㄱ, ㄴ   ④ ㄴ, ㄷ   ⑤ ㄱ, ㄴ, ㄷ

04

그림 (가)는 어느 날 어느 태풍의 이동 경로에 6시간 간격으로 태풍 중심의 위치와 중심 기압을, (나)는 이날 09시의 가시 영상을 나타낸 것이다.

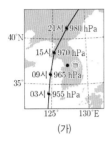

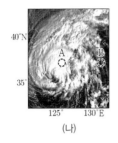

(가)   (나)

이 자료에 대한 설명으로 옳은 것만을 〈보기〉에서 있는 대로 고른 것은?

〈 보기 〉
ㄱ. 태풍의 영향을 받는 동안 지점 ㉠은 위험 반원에 위치한다.
ㄴ. 태풍의 세력은 03시가 21시보다 약하다.
ㄷ. (나)에서 구름이 반사하는 태양 복사 에너지의 세기는 영역 A가 영역 B보다 약하다.

① ㄱ 　　② ㄴ 　　③ ㄷ 　　④ ㄱ, ㄴ 　　⑤ ㄱ, ㄷ

05

그림 (가)는 우리나라를 통과한 어느 태풍 중심의 이동 방향과 이동 속력을 순서 없이 ㉠과 ㉡으로 나타낸 것이고, (나)는 18시일 때 이 태풍 중심의 위치를 나타낸 것이다.

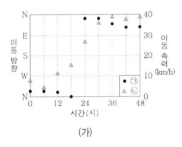

(가)   (나)

이 자료에 대한 옳은 설명만을 〈보기〉에서 있는 대로 고른 것은? [3점]

〈 보기 〉
ㄱ. 태풍 중심의 이동 방향은 ㉠이다.
ㄴ. 태풍이 지나가는 동안 제주도에서의 풍향은 시계 방향으로 변한다.
ㄷ. 태풍 중심의 평균 이동 속력은 전향점 통과 전이 통과 후보다 빠르다.

① ㄱ 　　② ㄷ 　　③ ㄱ, ㄴ 　　④ ㄴ, ㄷ 　　⑤ ㄱ, ㄴ, ㄷ

06

그림 (가)는 어느 태풍의 중심 기압을 22일부터 24일까지 3시간 간격으로, (나)는 이 태풍의 위치를 6시간 간격으로 나타낸 것이다.

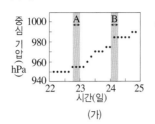

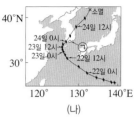

(가)   (나)

이에 대한 설명으로 옳은 것만을 〈보기〉에서 있는 대로 고른 것은?

〈 보기 〉
ㄱ. 태풍의 세력은 A 시기가 B 시기보다 강하다.
ㄴ. 태풍의 평균 이동 속도는 A 시기가 B 시기보다 빠르다.
ㄷ. 23일 18시부터 24일 06시까지 ㉠ 지점에서 풍향은 시계 반대 방향으로 변한다.

① ㄱ 　　② ㄷ 　　③ ㄱ, ㄴ 　　④ ㄴ, ㄷ 　　⑤ ㄱ, ㄴ, ㄷ

07

다음은 어느 태풍의 이동 경로와 그에 따른 풍향과 기압 변화를 알아보기 위한 탐구 활동이다.

[탐구 과정]

(가) 표를 이용하여 태풍의 이동 경로를 지도에 표시한다.

(나) 지점 A에서의 풍향 변화를 추정하여 기록한다.

(다) 관측 풍향을 조사하여 추정 풍향과 비교한다.

(라) 태풍 중심의 기압 변화량(관측 당시 기압 − 생성 당시 기압)을 기록한다.

일시	태풍 중심		
	위도 (°N)	경도 (°E)	기압 (hPa)
⋮	⋮	⋮	⋮
6일 06시	33.8	127.3	975
6일 09시	34.7	128.1	975
6일 12시	35.8	129.2	985
6일 15시	37.2	130.5	985
⋮	⋮	⋮	⋮
7일 09시 (소멸)	42.0	141.1	990

[탐구 결과]

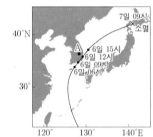

일시	추정 풍향	기압 변화량 (hPa)
⋮	⋮	⋮
6일 06시		−25
6일 09시		
6일 12시		
6일 15시		
⋮	⋮	⋮
7일 09시		

이 자료에 대한 설명으로 옳은 것만을 〈보기〉에서 있는 대로 고른 것은? [3점]

〈 보기 〉

ㄱ. 6일 06시에 태풍은 편서풍의 영향을 받는다.

ㄴ. 6일 06시부터 6일 15시까지 A의 관측 풍향은 시계 반대 방향으로 변한다.

ㄷ. 이 태풍의 $\dfrac{\text{소멸 당시 중심 기압}}{\text{생성 당시 중심 기압}}$ 은 1보다 크다.

① ㄱ   ② ㄷ   ③ ㄱ, ㄴ   ④ ㄴ, ㄷ   ⑤ ㄱ, ㄴ, ㄷ

08

표는 어느 태풍의 중심 위치와 중심 기압을, 그림은 관측 지점 A의 위치를 나타낸 것이다.

일시	태풍의 중심 위치		중심 기압 (hPa)
	위도(°N)	경도(°E)	
29일 03시	18	128	985
30일 03시	21	124	975
1일 03시	26	121	965
2일 03시	31	123	980
3일 03시	36	128	992

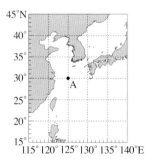

이 자료에 대한 옳은 설명만을 〈보기〉에서 있는 대로 고른 것은? [3점]

〈 보기 〉

ㄱ. 태풍은 30일 03시 이전에 전향점을 통과하였다.

ㄴ. 태풍 중심 부근의 최대 풍속은 1일 03시가 3일 03시보다 강했을 것이다.

ㄷ. 1일~3일에 A 지점의 풍향은 시계 방향으로 변했을 것이다.

① ㄱ   ② ㄴ   ③ ㄱ, ㄷ   ④ ㄴ, ㄷ   ⑤ ㄱ, ㄴ, ㄷ

09

표는 어느 날 03시, 12시, 21시의 태풍 중심 위치와 중심 기압이고, 그림은 이날 12시의 우리나라 부근의 일기도이다.

시각 (시)	태풍 중심 위치		중심 기압 (hPa)
	위도 (°N)	경도 (°E)	
03	35	125	970
12	38	127	990
21	40	131	995

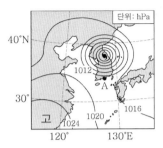

이에 대한 옳은 설명만을 〈보기〉에서 있는 대로 고른 것은? [3점]

〈보기〉
ㄱ. 태풍이 지나가는 동안 A 지점의 풍향은 시계 방향으로 변한다.
ㄴ. 12시에 A 지점에서는 북풍 계열의 바람이 우세하다.
ㄷ. 이날 태풍의 최대 풍속은 21시에 가장 크다.

① ㄱ   ② ㄷ   ③ ㄱ, ㄴ   ④ ㄴ, ㄷ   ⑤ ㄱ, ㄴ, ㄷ

10

그림은 어느 태풍의 이동 경로에 6시간 간격으로 중심 기압과 최대 풍속을 나타낸 것이고, 표는 태풍의 최대 풍속에 따른 태풍 강도를 나타낸 것이다.

최대 풍속(m/s)	태풍 강도
54 이상	초강력
44 이상 ~ 54 미만	매우강
33 이상 ~ 44 미만	강
25 이상 ~ 33 미만	중

이에 대한 설명으로 옳은 것만을 〈보기〉에서 있는 대로 고른 것은?

〈보기〉
ㄱ. 5일 21시에 제주는 태풍의 안전 반원에 위치한다.
ㄴ. 태풍의 세력은 6일 09시보다 6일 03시가 강하다.
ㄷ. 6일 15시의 태풍 강도는 '중'이다.

① ㄱ   ② ㄴ   ③ ㄱ, ㄷ   ④ ㄴ, ㄷ   ⑤ ㄱ, ㄴ, ㄷ

11

그림은 어느 해 10월 4일 00시부터 6일 00시까지 태풍이 이동한 경로와 4일의 해수면 온도 분포를, 표는 태풍의 중심 기압과 최대 풍속을 나타낸 것이다.

일시	중심 기압 (hPa)	최대 풍속 (m/s)
4일 00시	930	50
4일 12시	940	47
5일 00시	950	43
5일 12시	㉠	32
6일 00시	소멸	

이에 대한 옳은 설명만을 〈보기〉에서 있는 대로 고른 것은? (단, 태풍의 이동 경로는 3시간 간격으로 나타낸 것이다.) [3점]

〈보기〉
ㄱ. 4일 하루 동안 태풍 이동 경로상의 해수면 온도는 고위도로 갈수록 높아진다.
ㄴ. 태풍의 평균 이동 속도는 4일이 5일보다 빠르다.
ㄷ. ㉠은 950보다 컸을 것이다.

① ㄱ   ② ㄷ   ③ ㄱ, ㄴ   ④ ㄴ, ㄷ   ⑤ ㄱ, ㄴ, ㄷ

12

그림 (가)는 서로 다른 해에 발생한 태풍 ㉠과 ㉡의 이동 경로에 6시간 간격으로 중심 기압과 강풍 반경을 나타낸 것이고, (나)의 A와 B는 각각 태풍 ㉠과 ㉡의 중심으로부터 제주도까지의 거리가 가장 가까운 시기에 발효된 특보 상황 중 하나이다.

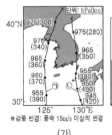
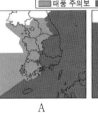
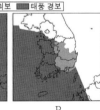

(가)   (나)

이 자료에 대한 설명으로 옳은 것만을 〈보기〉에서 있는 대로 고른 것은? [3점]

〈보기〉
ㄱ. A는 태풍 ㉠에 의한 특보 상황이다.
ㄴ. B의 특보 상황이 발효된 시기에 제주도는 태풍의 위험 반원에 위치한다.
ㄷ. A와 B의 특보 상황이 발효된 시기에 태풍의 세력은 ㉠보다 ㉡이 약하다.

① ㄱ   ② ㄴ   ③ ㄱ, ㄷ   ④ ㄴ, ㄷ   ⑤ ㄱ, ㄴ, ㄷ

13

그림은 어느 태풍의 이동 경로를, 표는 이 태풍이 이동하는 동안 관측소 A에서 관측한 풍향과 태풍의 중심 기압을 나타낸 것이다. A의 위치는 ㉠과 ㉡ 중 하나이다.

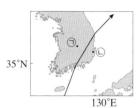

일시	풍향	태풍의 중심 기압 (hPa)
12일 21시	동	955
13일 00시	남동	960
13일 03시	남남서	970
13일 06시	남서	970

이에 대한 설명으로 옳은 것만을 〈보기〉에서 있는 대로 고른 것은? [3점]

― 〈보기〉―
ㄱ. A의 위치는 ㉡에 해당한다.
ㄴ. 태풍의 세력은 13일 03시가 12일 21시보다 강하다.
ㄷ. 태풍의 중심과 A 사이의 거리는 13일 06시가 13일 03시보다 멀다.

① ㄱ   ② ㄴ   ③ ㄱ, ㄷ   ④ ㄴ, ㄷ   ⑤ ㄱ, ㄴ, ㄷ

14 대표문제

그림 (가)는 어느 태풍이 우리나라 부근을 지나는 어느 날 21시에 촬영한 적외 영상에 태풍 중심의 이동 경로를 나타낸 것이고, (나)는 다음 날 05시부터 3시간 간격으로 우리나라 어느 관측소에서 관측한 기상 요소를 나타낸 것이다.

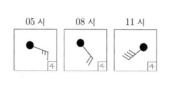

(가)   (나)

이 자료에 대한 설명으로 옳은 것만을 〈보기〉에서 있는 대로 고른 것은? [3점]

― 〈보기〉―
ㄱ. (가)에서 태풍의 최상층 공기는 주로 바깥쪽으로 불어 나간다.
ㄴ. (가)에서 구름 최상부의 고도는 B 지역이 A 지역보다 높다.
ㄷ. 관측소는 태풍의 안전 반원에 위치하였다.

① ㄱ   ② ㄴ   ③ ㄱ, ㄷ   ④ ㄴ, ㄷ   ⑤ ㄱ, ㄴ, ㄷ

15

그림 (가)는 위도가 동일한 관측소 A, B, C의 위치와 태풍의 이동 경로를, (나)는 태풍이 우리나라를 통과하는 동안 A, B, C에서 같은 시각에 관측한 날씨를 ㉠, ㉡, ㉢으로 순서 없이 나타낸 것이다.

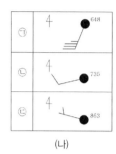

(가)   (나)

이에 대한 옳은 설명만을 〈보기〉에서 있는 대로 고른 것은? [3점]

― 〈보기〉―
ㄱ. A는 태풍의 안전 반원에 위치한다.
ㄴ. ㉠은 C에서 관측한 자료이다.
ㄷ. (나)는 태풍의 중심이 세 관측소보다 고위도에 위치할 때 관측한 자료이다.

① ㄱ   ② ㄷ   ③ ㄱ, ㄴ   ④ ㄴ, ㄷ   ⑤ ㄱ, ㄴ, ㄷ

16

그림 (가)는 어느 태풍 중심의 이동 경로와 관측소 A, B를, (나)는 $t_1 \rightarrow t_5$ 동안 A, B에서 관측한 기압을, (다)는 t_2, t_3, t_4일 때 A와 B에서 관측한 풍속과 풍향을 ㉠과 ㉡으로 순서 없이 나타낸 것이다.

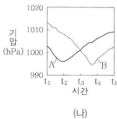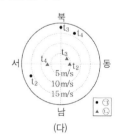

(가)   (나)   (다)

이 자료에 대한 설명으로 옳은 것만을 〈보기〉에서 있는 대로 고른 것은? [3점]

― 〈보기〉―
ㄱ. 태풍의 영향을 받는 동안 A는 위험 반원에 위치한다.
ㄴ. ㉡은 B에서 관측한 자료이다.
ㄷ. 태풍의 중심과 관측소의 거리가 가장 가까울 때 $\dfrac{\text{관측 기압}}{\text{태풍의 중심 기압}}$은 B에서가 A에서보다 작다.

① ㄱ   ② ㄷ   ③ ㄱ, ㄴ   ④ ㄴ, ㄷ   ⑤ ㄱ, ㄴ, ㄷ

17

그림 (가)는 어느 날 어느 태풍의 이동 경로와 중심 기압을, (나)는 이 태풍이 통과하는 동안 관측소 A와 B 중 한 관측소에서 06시, 09시, 12시, 15시에 관측한 풍향과 풍속을 나타낸 것이다.

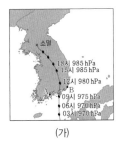
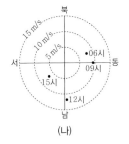

(가)　　　　　　(나)

이 자료에 대한 설명으로 옳은 것만을 〈보기〉에서 있는 대로 고른 것은?

〈 보기 〉
ㄱ. A는 안전 반원에 위치한다.
ㄴ. (나)는 B에서 관측한 결과이다.
ㄷ. 태풍의 세력은 03시가 18시보다 강하다.

① ㄱ　　② ㄴ　　③ ㄱ, ㄷ　　④ ㄴ, ㄷ　　⑤ ㄱ, ㄴ, ㄷ

18

그림 (가)는 어느 태풍의 이동 경로에 태풍 중심의 위치를 3시간 간격으로 나타낸 것이고, (나)는 $t_1 \rightarrow t_9$ 동안 이 태풍의 중심 기압, 이동 속도, 최대 풍속을 ⊙, ⓒ, ⓒ으로 순서 없이 나타낸 것이다.

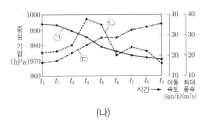

(가)　　　　　　(나)

이 자료에 대한 설명으로 옳은 것만을 〈보기〉에서 있는 대로 고른 것은? [3점]

〈 보기 〉
ㄱ. ⓒ은 태풍의 최대 풍속이다.
ㄴ. 태풍의 세력은 t_4일 때가 t_7일 때보다 강하다.
ㄷ. $t_2 \rightarrow t_4$ 동안 A 지점의 풍향은 시계 반대 방향으로 변한다.

① ㄱ　　② ㄴ　　③ ㄷ　　④ ㄱ, ㄴ　　⑤ ㄴ, ㄷ

19

그림 (가)는 어느 태풍이 이동하는 동안 시각 $T_1 \sim T_9$일 때의 태풍 중심 위치를, (나)는 이 태풍이 이동하는 동안 관측소 P에서 관측한 기압과 풍향을 나타낸 것이다. T_1, T_2, …, T_9의 시간 간격은 일정하고, P의 위치는 ⊙과 ⓒ 중 하나이다.

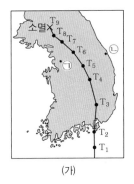
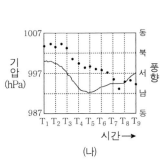

(가)　　　　　　(나)

이 자료에 대한 설명으로 옳은 것만을 〈보기〉에서 있는 대로 고른 것은?
[3점]

〈 보기 〉
ㄱ. P의 위치는 ⊙이다.
ㄴ. 태풍의 평균 이동 속력은 $T_1 \sim T_2$일 때가 $T_3 \sim T_4$일 때보다 빠르다.
ㄷ. (나)에서 기압이 가장 낮을 때, P와 태풍 중심 사이의 거리가 가장 가깝다.

① ㄱ　　② ㄷ　　③ ㄱ, ㄴ　　④ ㄴ, ㄷ　　⑤ ㄱ, ㄴ, ㄷ

20

그림 (가)는 어느 태풍의 이동 경로와 관측소 A와 B의 위치를, (나)는 이 태풍이 우리나라를 통과하는 동안 A와 B 중 한 곳에서 관측한 풍향, 풍속, 기압 변화를 나타낸 것이다.

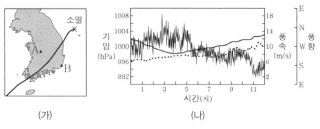

(가)   (나)

이에 대한 옳은 설명만을 〈보기〉에서 있는 대로 고른 것은?

〈 보기 〉
- ㄱ. (나)에서 기압은 4시가 11시보다 낮다.
- ㄴ. (나)는 A에서 관측한 것이다.
- ㄷ. 태풍이 통과하는 동안 관측된 평균 풍속은 A가 B보다 크다.

① ㄱ   ② ㄴ   ③ ㄱ, ㄷ   ④ ㄴ, ㄷ   ⑤ ㄱ, ㄴ, ㄷ

21

그림 (가)는 어느 해 9월 6일 15시부터 8일 09시까지 태풍이 이동한 경로를, (나)는 이 기간 동안 서울에서 관측한 기압과 풍속의 변화를 나타낸 것이다.

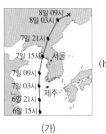 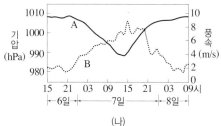

(가)   (나)

이에 대한 옳은 설명만을 〈보기〉에서 있는 대로 고른 것은? [3점]

〈 보기 〉
- ㄱ. A는 풍속, B는 기압이다.
- ㄴ. 6일 21시부터 7일 09시까지 제주에서의 풍향은 시계 방향으로 변하였다.
- ㄷ. 7일 15시에 서울은 태풍의 눈에 위치하였다.

① ㄱ   ② ㄴ   ③ ㄱ, ㄷ   ④ ㄴ, ㄷ   ⑤ ㄱ, ㄴ, ㄷ

22

그림 (가)는 어느 태풍이 이동하는 동안 관측소 P에서 관측한 기압과 풍속을 ㉠과 ㉡으로 순서 없이 나타낸 것이고, (나)는 이 기간 중 어느 한 시점에 촬영한 가시 영상에 태풍의 이동 경로, 태풍의 눈의 위치, P의 위치를 나타낸 것이다.

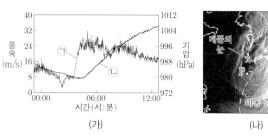

(가)   (나)

이 자료에 대한 설명으로 옳은 것만을 〈보기〉에서 있는 대로 고른 것은? [3점]

〈 보기 〉
- ㄱ. 기압은 ㉠이다.
- ㄴ. (가)의 기간 동안 P에서 풍향은 시계 반대 방향으로 변했다.
- ㄷ. (나)의 영상은 (가)에서 풍속이 최소일 때 촬영한 것이다.

① ㄱ   ② ㄴ   ③ ㄷ   ④ ㄱ, ㄴ   ⑤ ㄴ, ㄷ

23

그림 (가)는 어느 태풍의 위치를 6시간 간격으로 나타낸 것이고, (나)는 이 태풍이 이동하는 동안 관측소 a와 b 중 한 곳에서 관측한 풍향, 풍속, 기압 자료의 일부를 나타낸 것이다. ㉠과 ㉡은 각각 풍속과 기압 중 하나이다.

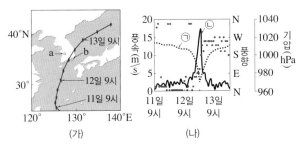

(가)   (나)

이에 대한 설명으로 옳은 것만을 〈보기〉에서 있는 대로 고른 것은?

〈 보기 〉
ㄱ. 9시～21시 동안 태풍의 이동 속도는 12일이 11일보다 빠르다.
ㄴ. (나)는 a의 관측 자료이다.
ㄷ. (나)에서 12일에 측정된 기압은 9시가 21시보다 낮다.

① ㄱ   ② ㄷ   ③ ㄱ, ㄴ   ④ ㄴ, ㄷ   ⑤ ㄱ, ㄴ, ㄷ

24

그림 (가)는 우리나라를 통과한 어느 태풍의 이동 경로와 최대 풍속이 20 m/s 이상인 지역의 범위를, (나)는 (가)의 기간 중 18일 하루 동안 이어도 해역에서 관측한 수심 10 m와 40 m의 수온 변화를 나타낸 것이다.

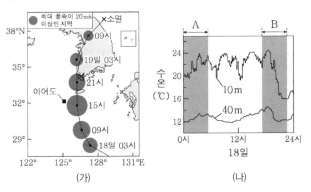

(가)   (나)

이에 대한 옳은 설명만을 〈보기〉에서 있는 대로 고른 것은?

〈 보기 〉
ㄱ. 18일 09시부터 21시까지 이어도에서 풍향은 시계 반대 방향으로 변했다.
ㄴ. 태풍의 중심 기압은 18일 09시가 19일 09시보다 높았다.
ㄷ. 이어도 해역에서 표층 해수의 연직 혼합은 A 시기가 B 시기보다 강했다.

① ㄱ   ② ㄷ   ③ ㄱ, ㄴ   ④ ㄴ, ㄷ   ⑤ ㄱ, ㄴ, ㄷ

25

그림 (가)는 어느 태풍의 이동 경로와 중심 기압을, (나)는 이 태풍의 영향을 받은 날 우리나라의 관측소 A와 B에서 측정한 기압과 풍향을 나타낸 것이다.

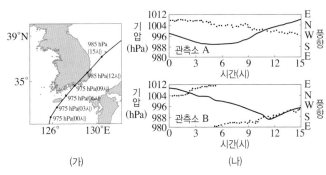

(가)   (나)

이에 대한 설명으로 옳은 것만을 〈보기〉에서 있는 대로 고른 것은? [3점]

〈 보기 〉
ㄱ. (가)에서 태풍의 세력은 06시보다 12시에 강하다.
ㄴ. 태풍의 영향을 받는 동안 B는 위험 반원에 위치한다.
ㄷ. 태풍의 이동 경로와 관측소 사이의 최단 거리는 A보다 B가 짧다.

① ㄱ   ② ㄴ   ③ ㄱ, ㄷ   ④ ㄴ, ㄷ   ⑤ ㄱ, ㄴ, ㄷ

한눈에 정리하는
평가원 기출 경향

주제 \ 학년도	2025	2024	2023

악기상

2025

06 대표문제 2025학년도 6월 모평 지I 9번

그림 (가)와 (나)는 어느 뇌우의 발달 과정 중 성숙 단계와 적운 단계를 순서 없이 나타낸 것이다.

이에 대한 설명으로 옳은 것만을 〈보기〉에서 있는 대로 고른 것은? [3점]

〈보기〉
ㄱ. (나)는 성숙 단계이다.
ㄴ. 번개 발생 빈도는 대체로 (가)가 (나)보다 높다.
ㄷ. 구름의 최상부가 단위 시간당 단위 면적에서 방출하는 적외선 복사 에너지양은 (가)가 (나)보다 적다.

① ㄱ ② ㄴ ③ ㄱ, ㄷ ④ ㄴ, ㄷ ⑤ ㄱ, ㄴ, ㄷ

2023

12 2023학년도 9월 모평 지I 1번

다음은 뇌우, 우박, 황사에 대하여 학생 A, B, C가 나눈 대화를 나타낸 것이다.

제시한 내용이 옳은 학생만을 있는 대로 고른 것은?

① A ② B ③ A, C ④ B, C ⑤ A, B, C

빈출

해수의 성질
- 표층 염분
- 용존 기체
- 수온(층상 구조)

18 대표문제 2025학년도 6월 모평 지I 4번

다음은 해수의 연직 수온 변화에 영향을 미치는 요인 중 일부를 알아보기 위한 실험이다.

[실험 과정]
(가) 그림과 같이 수조에 소금물을 채우고 온도계를 수면으로부터 각각 깊이 1, 3, 5, 7, 9 cm에 위치하도록 설치한 후 각 온도계의 눈금을 읽는다.
(나) 전등을 켜고 15분이 지났을 때 각 온도계의 눈금을 읽는다.
(다) 전등을 켠 상태에서 수면을 향해 휴대용 선풍기로 바람을 일으키면서 3분이 지났을 때 각 온도계의 눈금을 읽는다.
(라) 과정 (가)~(다)에서 측정한 깊이에 따른 온도 변화를 각각 그래프로 나타낸다.

[실험 결과]

이 자료에 대한 설명으로 옳은 것만을 〈보기〉에서 있는 대로 고른 것은?

〈보기〉
ㄱ. (나)의 결과는 C에 해당한다.
ㄴ. 바람의 영향에 의한 수온 변화의 폭은 깊이 1 cm가 3 cm보다 크다.
ㄷ. ⓐ은 '수온 약층'에 해당한다.

① ㄱ ② ㄴ ③ ㄱ, ㄷ ④ ㄴ, ㄷ ⑤ ㄱ, ㄴ, ㄷ

37 2024학년도 수능 지I 4번

다음은 담수의 유입과 해수의 결빙이 해수의 염분에 미치는 영향을 알아보기 위한 실험이다.

[실험 과정]
(가) 수온이 15 ℃, 염분이 35 psu인 소금물 600 g을 만든다.
(나) (가)의 소금물을 비커 A와 B에 각각 300 g씩 나눠 담는다.
(다) A의 소금물에 수온이 15 ℃인 증류수 50 g을 섞는다.
(라) B의 소금물을 표층이 얼 때까지 천천히 냉각시킨다.
(마) A와 B에 있는 소금물의 염분을 측정하여 기록한다.

[실험 결과]

비커	A	B
염분(psu)	(ⓐ)	(ⓑ)

[결과 해석]
ㅇ 담수의 유입이 있는 해역에서는 해수의 염분이 감소한다.
ㅇ 해수의 결빙이 있는 해역에서는 해수의 염분이 (ⓒ).

이에 대한 설명으로 옳은 것만을 〈보기〉에서 있는 대로 고른 것은?

〈보기〉
ㄱ. (다)는 담수의 유입에 의한 해수의 염분 변화를 알아보기 위한 과정에 해당한다.
ㄴ. ⓐ은 ⓑ보다 크다.
ㄷ. '감소한다'는 ⓒ에 해당한다.

① ㄱ ② ㄴ ③ ㄱ, ㄷ ④ ㄴ, ㄷ ⑤ ㄱ, ㄴ, ㄷ

29 2023학년도 수능 지I 9번

그림 (가)는 북대서양의 해역 A와 B의 위치를, (나)와 (다)는 A와 B에서 같은 시기에 측정한 물리량을 순서 없이 나타낸 것이다. ⓐ과 ⓑ은 각각 수온과 용존 산소량 중 하나이다.

이 자료에 대한 설명으로 옳은 것만을 〈보기〉에서 있는 대로 고른 것은? [3점]

〈보기〉
ㄱ. (나)는 A에 해당한다.
ㄴ. 표층에서 용존 산소량은 A가 B보다 작다.
ㄷ. 수온 약층은 A가 B보다 뚜렷하게 나타난다.

① ㄱ ② ㄷ ③ ㄱ, ㄴ ④ ㄴ, ㄷ ⑤ ㄱ, ㄴ, ㄷ

20 2023학년도 6월 모평 지I 5번

그림 (가)와 (나)는 어느 해 A, B 시기에 우리나라 두 해역에서 측정한 연직 수온 자료를 각각 나타낸 것이다.

이에 대한 설명으로 옳은 것만을 〈보기〉에서 있는 대로 고른 것은? [3점]

〈보기〉
ㄱ. (가)에서 50 m 깊이의 수온과 표층 수온의 차이는 B가 A보다 크다.
ㄴ. A와 B의 표층 수온 차이는 (가)보다 (나)가 크다.
ㄷ. B의 혼합층 두께는 (나)가 (가)보다 두껍다.

① ㄱ ② ㄷ ③ ㄱ, ㄴ ④ ㄴ, ㄷ ⑤ ㄱ, ㄴ, ㄷ

빈출

해수의 성질
- 수온, 염분, 밀도
- 수온 염분도

49 2025학년도 수능 지I 2번

그림 (가)와 (나)는 어느 해역에서 1년 동안 관측한 깊이에 따른 수온과 염분 분포를 나타낸 것이다.

이 자료에 대한 설명으로 옳은 것만을 〈보기〉에서 있는 대로 고른 것은?

〈보기〉
ㄱ. 혼합층의 두께는 8월이 11월보다 얇다.
ㄴ. 깊이 20 m의 염분은 2월이 8월보다 높다.
ㄷ. 표층 해수의 밀도는 2월이 8월보다 크다.

① ㄱ ② ㄷ ③ ㄱ, ㄴ ④ ㄴ, ㄷ ⑤ ㄱ, ㄴ, ㄷ

28 대표문제 2024학년도 9월 모평 지I 3번

그림 (가)는 우리나라 어느 해역의 표층 수온과 표층 염분을, (나)는 이 해역의 혼합층 두께를 나타낸 것이다. (가)의 A와 B는 각각 표층 수온과 표층 염분 중 하나이다.

이 자료에 대한 설명으로 옳은 것만을 〈보기〉에서 있는 대로 고른 것은? [3점]

〈보기〉
ㄱ. 표층 해수의 밀도는 4월이 10월보다 크다.
ㄴ. 수온 약층이 나타나기 시작하는 깊이는 1월이 7월보다 깊다.
ㄷ. 표층과 깊이 50 m 해수의 수온 차는 2월이 8월보다 크다.

① ㄱ ② ㄷ ③ ㄱ, ㄴ ④ ㄴ, ㄷ ⑤ ㄱ, ㄴ, ㄷ

45 2023학년도 9월 모평 지I 3번

그림은 중위도 해역에서 A 시기와 B 시기에 각각 측정한 깊이 0~50 m의 해수 특성을 수온-염분도에 나타낸 것이다.

이 자료에 대한 설명으로 옳은 것만을 〈보기〉에서 있는 대로 고른 것은? [3점]

〈보기〉
ㄱ. 수온만을 고려할 때, 해수면에서 산소 기체의 용해도는 A가 B보다 크다.
ㄴ. 수온이 14 ℃인 해수의 밀도는 A가 B보다 작다.
ㄷ. 혼합층의 두께는 A가 B보다 두껍다.

① ㄱ ② ㄷ ③ ㄴ ④ ㄱ, ㄴ ⑤ ㄴ, ㄷ

39 대표문제 2025학년도 9월 모평 지I 5번

그림은 우리나라 동해의 어느 해역에서 깊이 0~200 m의 해수 특성을 A 시기와 B 시기에 각각 측정한 수온-염분도에 나타낸 것이다. A와 B는 2월과 8월을 순서 없이 나타낸 것이다.

이 자료에 대한 설명으로 옳은 것만을 〈보기〉에서 있는 대로 고른 것은?

〈보기〉
ㄱ. A의 해수 밀도는 표층이 깊이 200 m보다 크다.
ㄴ. B는 2월이다.
ㄷ. 수온만을 고려할 때, 표층에서 산소 기체의 용해도는 A가 B보다 작다.

① ㄱ ② ㄴ ③ ㄱ, ㄷ ④ ㄴ, ㄷ ⑤ ㄱ, ㄴ, ㄷ

35 2024학년도 6월 모평 지I 8번

그림은 어느 해역에서 A 시기와 B 시기에 각각 측정한 깊이 0~200 m의 해수 특성을 수온-염분도에 나타낸 것이다.

이 자료에 대한 설명으로 옳은 것만을 〈보기〉에서 있는 대로 고른 것은? [3점]

〈보기〉
ㄱ. A 시기에 깊이가 증가할수록 해수의 밀도는 증가한다.
ㄴ. 수온만을 고려할 때, 표층에서 산소 기체의 용해도는 A 시기가 B 시기보다 크다.
ㄷ. 혼합층의 두께는 A 시기가 B 시기보다 두껍다.

① ㄱ ② ㄴ ③ ㄷ ④ ㄱ, ㄷ ⑤ ㄱ, ㄴ

2022~2019

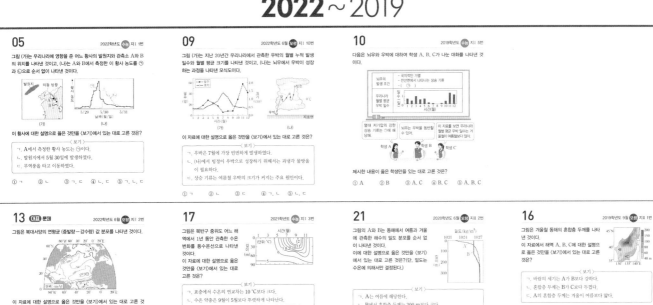

05 2022학년도 수능 지Ⅰ 1번

그림 (가)는 우리나라에 영향을 준 어느 황사의 발원지와 관측소 A와 B의 위치를 나타낸 것이고, (나)는 A와 B에서 측정한 이 황사 농도를 ⊙과 ⓒ으로 순서 없이 나타낸 것이다.

이 황사에 대한 설명으로 옳은 것만을 〈보기〉에서 있는 대로 고른 것은?

〈보기〉
ㄱ. A에서 측정한 황사 농도는 ⊙이다.
ㄴ. 발원지에서 5월 30일에 발생하였다.
ㄷ. 무역풍을 타고 이동하였다.

① ㄱ ② ㄴ ③ ㄱ, ㄷ ④ ㄴ, ㄷ ⑤ ㄱ, ㄴ, ㄷ

09 2022학년도 6월 모평 지Ⅰ 10번

그림 (가)는 지난 20년간 우리나라에서 관측한 우박의 월별 누적 발생 일수와 월별 평균 크기를 나타낸 것이고, (나)는 뇌우에서 우박이 성장하는 과정을 나타낸 모식도이다.

이 자료에 대한 설명으로 옳은 것만을 〈보기〉에서 있는 대로 고른 것은?

〈보기〉
ㄱ. 우박은 7월에 가장 빈번하게 발생하였다.
ㄴ. (나)에서 빙정이 우박으로 성장하기 위해서는 과냉각 물방울이 필요하다.
ㄷ. 상승 기류는 여름철 우박의 크기가 커지는 주요 원인이다.

① ㄱ ② ㄴ ③ ㄷ ④ ㄱ, ㄴ ⑤ ㄴ, ㄷ

10 2019학년도 9월 지Ⅰ 5번

다음은 뇌우와 우박에 대하여 학생 A, B, C가 나눈 대화를 나타낸 것이다.

제시된 내용이 옳은 학생만을 있는 대로 고른 것은?

① A ② B ③ A, C ④ B, C ⑤ A, B, C

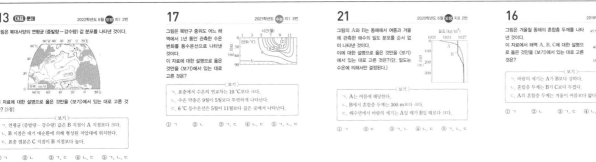

13 대표 문제 2022학년도 6월 모평 지Ⅰ 2번

그림은 북대서양의 연평균 (증발량-강수량) 값 분포를 나타낸 것이다.

이 자료에 대한 설명으로 옳은 것만을 〈보기〉에서 있는 대로 고른 것은? [3점]

〈보기〉
ㄱ. 연평균 (증발량-강수량) 값은 B 지점이 A 지점보다 크다.
ㄴ. B 지점은 대기 대순환에 의해 형성된 저압대에 위치한다.
ㄷ. 표층 염분은 C 지점이 B 지점보다 높다.

① ㄱ ② ㄴ ③ ㄱ, ㄷ ④ ㄴ, ㄷ ⑤ ㄱ, ㄴ, ㄷ

17 2021학년도 6월 지Ⅰ 3번

그림은 북반구 중위도 어느 해역에서 1년 동안 관측한 수온 변화를 등수온선으로 나타낸 것이다.
이 자료에 대한 설명으로 옳은 것만을 〈보기〉에서 있는 대로 고른 것은?

〈보기〉
ㄱ. 표층에서 수온의 연교차는 10 ℃보다 크다.
ㄴ. 수온 약층은 9월이 5월보다 뚜렷하게 나타난다.
ㄷ. 6 ℃ 등수온선은 5월이 11월보다 깊은 곳에서 나타난다.

① ㄱ ② ㄴ ③ ㄱ, ㄷ ④ ㄴ, ㄷ ⑤ ㄱ, ㄴ, ㄷ

21 2020학년도 6월 모평 지Ⅱ 2번

그림의 A와 B는 동해에서 여름과 겨울에 관측한 해수의 밀도 분포를 순서 없이 나타낸 것이다.
이에 대한 설명으로 옳은 것만을 〈보기〉에서 있는 대로 고른 것은?(단, 밀도는 수온에 의해서만 결정된다.)

〈보기〉
ㄱ. A는 여름에 해당한다.
ㄴ. B에서 혼합층 두께는 300 m보다 크다.
ㄷ. 해수면에서 바람의 세기는 A일 때가 B일 때보다 크다.

① ㄱ ② ㄴ ③ ㄱ, ㄷ ④ ㄴ, ㄷ ⑤ ㄱ, ㄴ, ㄷ

16 2019학년도 9월 지Ⅱ 1번

그림은 겨울철 동해의 혼합층 두께를 나타낸 것이다.
이 자료에서 해역 A, B, C에 대한 설명으로 옳은 것만을 〈보기〉에서 있는 대로 고른 것은?

〈보기〉
ㄱ. 바람의 세기는 A가 B보다 크다.
ㄴ. 혼합층 두께는 B가 C보다 두껍다.
ㄷ. A의 혼합층 두께는 겨울이 여름보다 얇다.

① ㄱ ② ㄴ ③ ㄱ, ㄷ ④ ㄴ, ㄷ ⑤ ㄱ, ㄴ, ㄷ

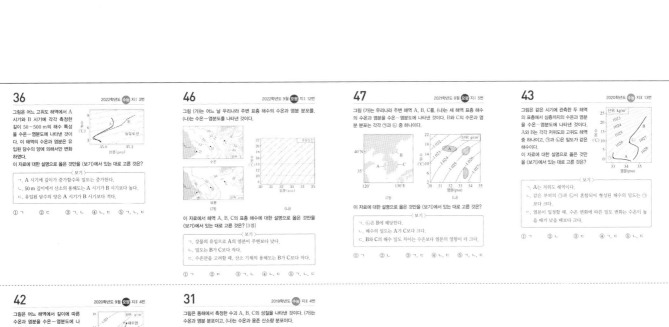

36 2022학년도 수능 지Ⅰ 3번

그림은 어느 고위도 해역에서 A 시기와 B 시기에 각각 측정한 깊이 50~500 m의 해수 특성을 수온-염분도에 나타낸 것이다. 이 해역의 수온과 염분은 유입된 담수의 양에 의해서만 변화하였다.
이 자료에 대한 설명으로 옳은 것만을 〈보기〉에서 있는 대로 고른 것은?

〈보기〉
ㄱ. A 시기에 깊이가 증가할수록 밀도는 증가한다.
ㄴ. 50 m 깊이에서 산소의 용해도는 A 시기가 B 시기보다 높다.
ㄷ. 유입된 담수의 양은 A 시기가 B 시기보다 적다.

① ㄱ ② ㄴ ③ ㄷ ④ ㄴ, ㄷ ⑤ ㄱ, ㄴ, ㄷ

46 2022학년도 9월 모평 지Ⅰ 12번

그림 (가)는 어느 날 우리나라 주변 표층 해수의 수온과 염분 분포를, (나)는 수온-염분도를 나타낸 것이다.

이 자료에서 해역 A, B, C의 표층 해수에 대한 설명으로 옳은 것만을 〈보기〉에서 있는 대로 고른 것은? [3점]

〈보기〉
ㄱ. 강물의 유입으로 A의 염분이 주변보다 낮다.
ㄴ. 밀도는 B가 C보다 작다.
ㄷ. 수온만을 고려할 때, 산소 기체의 용해도는 B가 C보다 작다.

① ㄱ ② ㄴ ③ ㄱ, ㄴ ④ ㄴ, ㄷ ⑤ ㄱ, ㄴ, ㄷ

47 2021학년도 9월 모평 지Ⅰ 5번

그림 (가)는 우리나라 주변 해역 A, B, C를, (나)는 세 해역 표층 해수의 수온과 염분을 수온-염분도에 나타낸 것이다. B와 C의 수온과 염분 분포는 각각 ⊙과 ⓒ 중 하나이다.

이 자료에 대한 설명으로 옳은 것만을 〈보기〉에서 있는 대로 고른 것은?

〈보기〉
ㄱ. ⓒ은 B에 해당한다.
ㄴ. 해수의 밀도는 A가 C보다 크다.
ㄷ. B와 C의 해수 밀도 차이는 수온보다 염분의 영향이 더 크다.

① ㄱ ② ㄴ ③ ㄱ, ㄴ ④ ㄴ, ㄷ ⑤ ㄱ, ㄴ, ㄷ

43 2020학년도 수능 지Ⅱ 13번

그림은 같은 시기에 관측한 두 해역의 표층에서 심층까지의 수온과 염분을 수온-염분도에 나타낸 것이다. A와 B는 각각 저위도와 고위도 해역 중 하나이고, ⊙과 ⓒ은 밀도가 같은 두 해수이다.
이 자료에 대한 설명으로 옳은 것만을 〈보기〉에서 있는 대로 고른 것은?

〈보기〉
ㄱ. A는 저위도 해역이다.
ㄴ. 같은 부피의 ⊙과 ⓒ이 혼합되어 형성된 해수의 밀도는 ⊙보다 크다.
ㄷ. 염분이 일정할 때, 수온 변화에 따른 밀도 변화는 수온이 높을 때가 낮을 때보다 크다.

① ㄱ ② ㄴ ③ ㄷ ④ ㄱ, ㄷ ⑤ ㄴ, ㄷ

42 2020학년도 9월 모평 지Ⅰ 4번

그림은 어느 해역에서 깊이에 따른 수온과 염분을 수온-염분도에 나타낸 것이다.
이 자료에 대한 설명으로 옳은 것만을 〈보기〉에서 있는 대로 고른 것은?

〈보기〉
ㄱ. A 구간은 혼합층이다.
ㄴ. 해수의 밀도 변화는 C 구간이 B 구간보다 크다.
ㄷ. D 구간에서 해수의 밀도 변화는 수온보다 염분의 영향이 더 크다.

① ㄱ ② ㄴ ③ ㄷ ④ ㄱ, ㄴ ⑤ ㄱ, ㄷ

31 2019학년도 수능 지Ⅰ 4번

그림은 동해에서 측정한 수괴 A, B, C의 성질을 나타낸 것이다. (가)는 수온과 염분 분포이고, (나)는 수온과 용존 산소량 분포이다.

A, B, C에 대한 설명으로 옳은 것만을 〈보기〉에서 있는 대로 고른 것은?

〈보기〉
ㄱ. 밀도는 A가 가장 낮다.
ㄴ. 염분이 높은 수괴일수록 용존 산소량이 많다.
ㄷ. B는 A와 C가 혼합되어 형성되었다.

① ㄱ ② ㄴ ③ ㄷ ④ ㄱ, ㄴ ⑤ ㄱ, ㄷ

01

그림 (가)는 관측소 A, B에서 측정한 우리나라에 영향을 준 어느 황사의 시간에 따른 황사 농도를, (나)는 이 기간 중 t 시각의 지상 일기도에 황사가 관측된 위치와 A, B의 위치를 나타낸 것이다. X는 고기압과 저기압 중 하나이다.

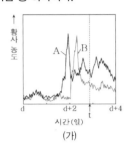
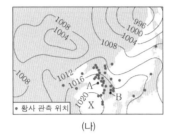

(가)   (나)

이 자료에 대한 설명으로 옳은 것만을 〈보기〉에서 있는 대로 고른 것은?

〈 보기 〉

ㄱ. 이 황사는 발원지에서 (d+2)일에 발원하였다.

ㄴ. X는 고기압이다.

ㄷ. 이 황사는 극동풍을 타고 이동하였다.

① ㄱ   ② ㄴ   ③ ㄱ, ㄷ   ④ ㄴ, ㄷ   ⑤ ㄱ, ㄴ, ㄷ

02

다음은 우리나라에 영향을 주는 황사와 관련된 탐구 활동이다.

[탐구 과정]

(가) 공공데이터포털을 이용하여 최근 10년 동안 서울과 부산의 월평균 황사 일수를 조사한다.

(나) 우리나라에 영향을 주는 황사의 발원지와 이동 경로를 조사하여 지도에 나타낸다.

[탐구 결과]

○ (가)의 결과

(단위: 일)

월	1	2	3	4	5	6	7	8	9	10	11	12
서울	0.5	0.6	2.2	1.4	1.7	0.0	0.0	0.0	0.0	0.2	1.0	0.2
부산	0.4	0.3	0.7	1.0	1.4	0.0	0.0	0.0	0.0	0.1	0.3	0.2

○ (나)의 결과

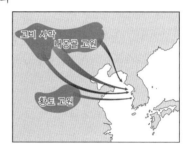

이에 대한 설명으로 옳은 것만을 〈보기〉에서 있는 대로 고른 것은?

〈 보기 〉

ㄱ. 최근 10년 동안의 연평균 황사 일수는 서울보다 부산이 많다.

ㄴ. 발원지에서 생성된 모래 먼지가 우리나라로 이동할 때 편서풍의 영향을 받는다.

ㄷ. 우리나라에서 황사는 고온 다습한 기단의 영향이 우세한 계절에 주로 발생한다.

① ㄱ   ② ㄴ   ③ ㄱ, ㄷ   ④ ㄴ, ㄷ   ⑤ ㄱ, ㄴ, ㄷ

03

그림은 우리나라에 영향을 주는 황사의 발원지와 이동 경로에 대한 자료를 보고 학생들이 나눈 대화를 나타낸 것이다.

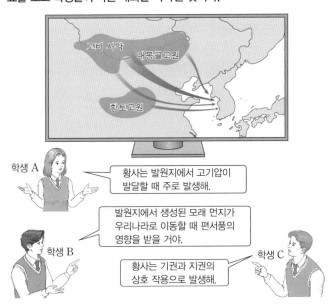

제시한 내용이 옳은 학생만을 있는 대로 고른 것은?

① A   ② B   ③ A, C   ④ B, C   ⑤ A, B, C

04

그림은 우리나라에 영향을 주는 황사의 발원지와 이동 경로를, 표는 우리나라의 관측소 ㉠과 ㉡에서 최근 20년간 관측한 황사 발생 일수를 계절별로 누적하여 나타낸 것이다. A와 B는 각각 ㉠과 ㉡ 중 한 곳이다.

관측소 계절	A	B
봄 (3~5월)	95	170
여름 (6~8월)	0	0
가을 (9~11월)	8	30
겨울 (12~2월)	22	32

이에 대한 옳은 설명만을 〈보기〉에서 있는 대로 고른 것은?

〈 보기 〉
ㄱ. A는 ㉠이다.
ㄴ. 우리나라에서 황사는 북태평양 기단의 영향이 우세한 계절에 주로 발생한다.
ㄷ. 황사 발원지에서 사막화가 심해지면 우리나라의 연간 황사 발생 일수는 증가할 것이다.

① ㄱ   ② ㄷ   ③ ㄱ, ㄴ   ④ ㄴ, ㄷ   ⑤ ㄱ, ㄴ, ㄷ

05

그림 (가)는 우리나라에 영향을 준 어느 황사의 발원지와 관측소 A와 B의 위치를 나타낸 것이고, (나)는 A와 B에서 측정한 이 황사 농도를 ㉠과 ㉡으로 순서 없이 나타낸 것이다.

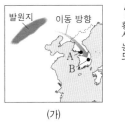 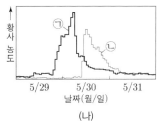

(가)   (나)

이 황사에 대한 설명으로 옳은 것만을 〈보기〉에서 있는 대로 고른 것은?

〈 보기 〉
ㄱ. A에서 측정한 황사 농도는 ㉠이다.
ㄴ. 발원지에서 5월 30일에 발생하였다.
ㄷ. 무역풍을 타고 이동하였다.

① ㄱ   ② ㄴ   ③ ㄱ, ㄷ   ④ ㄴ, ㄷ   ⑤ ㄱ, ㄴ, ㄷ

06 대표 문제

그림 (가)와 (나)는 어느 뇌우의 발달 과정 중 성숙 단계와 적운 단계를 순서 없이 나타낸 것이다.

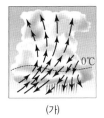 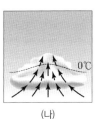

(가)   (나)

이에 대한 설명으로 옳은 것만을 〈보기〉에서 있는 대로 고른 것은? [3점]

〈 보기 〉
ㄱ. (나)는 성숙 단계이다.
ㄴ. 번개 발생 빈도는 대체로 (가)가 (나)보다 높다.
ㄷ. 구름의 최상부가 단위 시간당 단위 면적에서 방출하는 적외선 복사 에너지양은 (가)가 (나)보다 적다.

① ㄱ   ② ㄴ   ③ ㄱ, ㄷ   ④ ㄴ, ㄷ   ⑤ ㄱ, ㄴ, ㄷ

07

다음은 지난 10년간 우리나라에서 관측한 우박의 월별 누적 발생 일수와 뇌우의 성숙 단계에 대한 학생들의 대화이다.

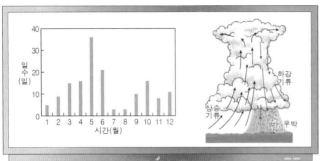

제시한 내용이 옳은 학생만을 있는 대로 고른 것은?

① A   ② C   ③ A, B   ④ B, C   ⑤ A, B, C

08

그림은 시간에 따라 뇌우에 공급되는 물의 양과 비가 되어 내린 물의 양을 A와 B로 순서 없이 나타낸 것이다. ㉠, ㉡, ㉢은 뇌우의 발달 단계에서 각각 성숙 단계, 적운 단계, 소멸 단계 중 하나이다. 이에 대한 설명으로 옳은 것만을 〈보기〉에서 있는 대로 고른 것은?

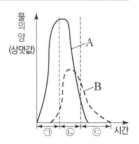

〈 보기 〉
ㄱ. A는 비가 되어 내린 물의 양이다.
ㄴ. 뇌우로 인한 강수량은 ㉠이 ㉡보다 적다.
ㄷ. ㉢은 하강 기류가 상승 기류보다 우세하다.

① ㄱ   ② ㄴ   ③ ㄱ, ㄷ   ④ ㄴ, ㄷ   ⑤ ㄱ, ㄴ, ㄷ

09

그림 (가)는 지난 20년간 우리나라에서 관측한 우박의 월별 누적 발생 일수와 월별 평균 크기를 나타낸 것이고, (나)는 뇌우에서 우박이 성장하는 과정을 나타낸 모식도이다.

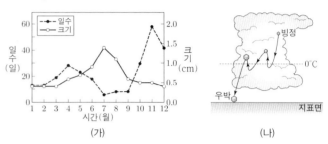

이 자료에 대한 설명으로 옳은 것만을 〈보기〉에서 있는 대로 고른 것은?

〈 보기 〉
ㄱ. 우박은 7월에 가장 빈번하게 발생하였다.
ㄴ. (나)에서 빙정이 우박으로 성장하기 위해서는 과냉각 물방울이 필요하다.
ㄷ. 상승 기류는 여름철 우박의 크기가 커지는 주요 원인이다.

① ㄱ   ② ㄴ   ③ ㄷ   ④ ㄱ, ㄴ   ⑤ ㄴ, ㄷ

10

다음은 뇌우와 우박에 대하여 학생 A, B, C가 나눈 대화를 나타낸 것이다.

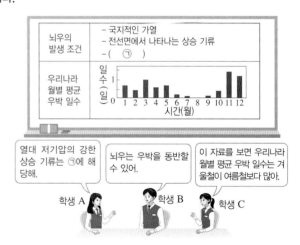

제시한 내용이 옳은 학생만을 있는 대로 고른 것은?

① A   ② B   ③ A, C   ④ B, C   ⑤ A, B, C

11

그림 (가)와 (나)는 우리나라 일부 지역에 폭설 주의보가 발령된 어느 날 21시의 지상 일기도와 위성 영상을 나타낸 것이다.

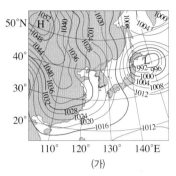 

(가)   (나)

이날 우리나라의 날씨에 대한 옳은 설명만을 〈보기〉에서 있는 대로 고른 것은? [3점]

〈보기〉
ㄱ. 동풍 계열의 바람이 우세하였다.
ㄴ. ㉠에서 상승 기류가 발달하였다.
ㄷ. 폭설이 내릴 가능성은 서해안보다 동해안이 높다.

① ㄱ   ② ㄴ   ③ ㄱ, ㄴ   ④ ㄱ, ㄷ   ⑤ ㄴ, ㄷ

12

다음은 뇌우, 우박, 황사에 대하여 학생 A, B, C가 나눈 대화를 나타낸 것이다.

제시한 내용이 옳은 학생만을 있는 대로 고른 것은?

① A   ② B   ③ A, C   ④ B, C   ⑤ A, B, C

13 대표 문제

그림은 북대서양의 연평균 (증발량-강수량) 값 분포를 나타낸 것이다.

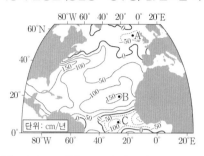

이 자료에 대한 설명으로 옳은 것만을 〈보기〉에서 있는 대로 고른 것은? [3점]

〈보기〉
ㄱ. 연평균 (증발량-강수량) 값은 B 지점이 A 지점보다 크다.
ㄴ. B 지점은 대기 대순환에 의해 형성된 저압대에 위치한다.
ㄷ. 표층 염분은 C 지점이 B 지점보다 높다.

① ㄱ   ② ㄴ   ③ ㄱ, ㄷ   ④ ㄴ, ㄷ   ⑤ ㄱ, ㄴ, ㄷ

14

그림은 남태평양에서 표층 해수의 용존 산소량이 같은 지점을 연결한 선을 나타낸 것이다.
이에 대한 옳은 설명만을 〈보기〉에서 있는 대로 고른 것은?

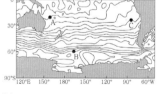

〈보기〉
ㄱ. 표층 해수의 용존 산소량은 A 해역이 B 해역보다 많다.
ㄴ. C 해역에는 한류가 흐른다.
ㄷ. 남태평양에서 아열대 순환의 방향은 시계 방향이다.

① ㄱ   ② ㄴ   ③ ㄱ, ㄷ   ④ ㄴ, ㄷ   ⑤ ㄱ, ㄴ, ㄷ

15

그림은 해수의 위도별 층상 구조를 나타낸 것이다. A, B, C는 각각 혼합층, 수온 약층, 심해층 중 하나이다.

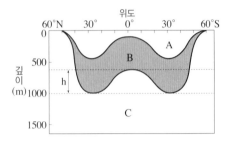

이에 대한 옳은 설명만을 〈보기〉에서 있는 대로 고른 것은?

〈 보기 〉
ㄱ. 적도 지역은 30°N 지역보다 바람이 강하게 분다.
ㄴ. B층은 A층과 C층 사이의 물질 교환을 억제하는 역할을 한다.
ㄷ. 구간 h에서 깊이에 따른 수온 변화율은 30°N 지역이 적도 지역보다 크다.

① ㄱ   ② ㄴ   ③ ㄱ, ㄷ   ④ ㄴ, ㄷ   ⑤ ㄱ, ㄴ, ㄷ

16

그림은 겨울철 동해의 혼합층 두께를 나타낸 것이다.
이 자료에서 해역 A, B, C에 대한 설명으로 옳은 것만을 〈보기〉에서 있는 대로 고른 것은?

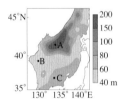

〈 보기 〉
ㄱ. 바람의 세기는 A가 B보다 강하다.
ㄴ. 혼합층 두께는 B가 C보다 두껍다.
ㄷ. A의 혼합층 두께는 겨울이 여름보다 얇다.

① ㄱ   ② ㄴ   ③ ㄱ, ㄷ   ④ ㄴ, ㄷ   ⑤ ㄱ, ㄴ, ㄷ

17

그림은 북반구 중위도 어느 해역에서 1년 동안 관측한 수온 변화를 등수온선으로 나타낸 것이다.
이 자료에 대한 설명으로 옳은 것만을 〈보기〉에서 있는 대로 고른 것은?

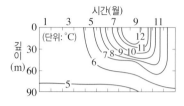

〈 보기 〉
ㄱ. 표층에서 수온의 연교차는 10 °C보다 크다.
ㄴ. 수온 약층은 9월이 5월보다 뚜렷하게 나타난다.
ㄷ. 6 °C 등수온선은 5월이 11월보다 깊은 곳에서 나타난다.

① ㄱ   ② ㄴ   ③ ㄱ, ㄷ   ④ ㄴ, ㄷ   ⑤ ㄱ, ㄴ, ㄷ

18 대표문제

다음은 해수의 연직 수온 변화에 영향을 미치는 요인 중 일부를 알아보기 위한 실험이다.

[실험 과정]

(가) 그림과 같이 수조에 소금물을 채우고 온도계를 수면으로부터 각각 깊이 1, 3, 5, 7, 9 cm에 위치하도록 설치한 후 각 온도계의 눈금을 읽는다.

(나) 전등을 켜고 15분이 지났을 때 각 온도계의 눈금을 읽는다.

(다) 전등을 켠 상태에서 수면을 향해 휴대용 선풍기로 바람을 일으키면서 3분이 지났을 때 각 온도계의 눈금을 읽는다.

(라) 과정 (가)~(다)에서 측정한 깊이에 따른 온도 변화를 각각 그래프로 나타낸다.

[실험 결과]

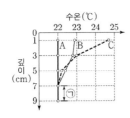

이 자료에 대한 설명으로 옳은 것만을 〈보기〉에서 있는 대로 고른 것은?

〈 보기 〉

ㄱ. (나)의 결과는 C에 해당한다.

ㄴ. 바람의 영향에 의한 수온 변화의 폭은 깊이 1 cm가 3 cm보다 작다.

ㄷ. ㉠은 '수온 약층'에 해당한다.

① ㄱ   ② ㄴ   ③ ㄱ, ㄷ   ④ ㄴ, ㄷ   ⑤ ㄱ, ㄴ, ㄷ

19

다음은 해수의 수온 연직 분포를 알아보기 위한 실험이다.

[실험 과정]

(가) 수조에 소금물을 채우고 온도계의 끝이 각각 수면으로부터 깊이 0 cm, 2 cm, 4 cm, 6 cm, 8 cm에 놓이도록 설치한 후 온도를 측정한다.

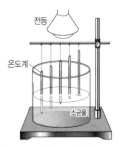

(나) 전등을 켠 후, 더 이상 온도 변화가 없을 때 온도를 측정한다.

(다) 1분 동안 수면 위에서 부채질을 한 후, 온도를 측정한다.

[실험 결과]

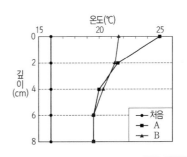

이에 대한 설명으로 옳은 것만을 〈보기〉에서 있는 대로 고른 것은? [3점]

〈 보기 〉

ㄱ. (나)의 결과는 B이다.

ㄴ. A에서 깊이에 따른 온도 차는 0~4 cm 구간이 4~8 cm 구간보다 크다.

ㄷ. 표면과 깊이 8 cm 소금물의 밀도 차는 B가 A보다 크다.

① ㄱ   ② ㄴ   ③ ㄱ, ㄷ   ④ ㄴ, ㄷ   ⑤ ㄱ, ㄴ, ㄷ

20

그림 (가)와 (나)는 어느 해 A, B 시기에 우리나라 두 해역에서 측정한 연직 수온 자료를 각각 나타낸 것이다.

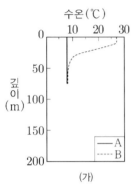 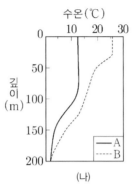

(가)   (나)

이에 대한 설명으로 옳은 것만을 <보기>에서 있는 대로 고른 것은? [3점]

〈 보기 〉

ㄱ. (가)에서 50 m 깊이의 수온과 표층 수온의 차이는 B가 A보다 크다.

ㄴ. A와 B의 표층 수온 차이는 (가)가 (나)보다 크다.

ㄷ. B의 혼합층 두께는 (나)가 (가)보다 두껍다.

① ㄱ   ② ㄷ   ③ ㄱ, ㄴ   ④ ㄴ, ㄷ   ⑤ ㄱ, ㄴ, ㄷ

21

그림의 A와 B는 동해에서 여름과 겨울에 관측한 해수의 밀도 분포를 순서 없이 나타낸 것이다.
이에 대한 설명으로 옳은 것만을 <보기>에서 있는 대로 고른 것은?(단, 밀도는 수온에 의해서만 결정된다.)

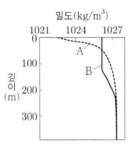

〈 보기 〉

ㄱ. A는 여름에 해당한다.

ㄴ. B에서 혼합층 두께는 300 m보다 크다.

ㄷ. 해수면에서 바람의 세기는 A일 때가 B일 때보다 크다.

① ㄱ   ② ㄷ   ③ ㄱ, ㄴ   ④ ㄴ, ㄷ   ⑤ ㄱ, ㄴ, ㄷ

22

그림은 어느 해역에서 측정한 깊이에 따른 해수의 수온과 염분 분포를 나타낸 것이다. 이 해역에는 강물이 유입되고 있으며, 강물의 유입 방향은 ㉠과 ㉡ 중 하나이다. A, B는 해수면에 위치한 지점이다.

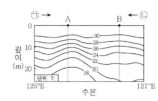 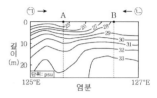

이에 대한 설명으로 옳은 것만을 <보기>에서 있는 대로 고른 것은? [3점]

〈 보기 〉

ㄱ. 수온만을 고려할 때, 깊이 20 m에서 산소 기체의 용해도는 A에서가 B에서보다 작다.

ㄴ. 강물의 유입 방향은 ㉠이다.

ㄷ. 해수면과 깊이 20 m의 해수 밀도 차는 A에서가 B에서보다 크다.

① ㄱ   ② ㄷ   ③ ㄱ, ㄴ   ④ ㄴ, ㄷ   ⑤ ㄱ, ㄴ, ㄷ

23

그림 (가)와 (나)는 우리나라 어느 해역에서 2월과 8월에 관측한 깊이에 따른 수온 분포를 순서 없이 나타낸 것이다.

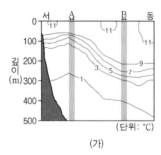 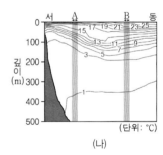

(가)   (나)

이 자료에 대한 설명으로 옳은 것만을 <보기>에서 있는 대로 고른 것은?

〈 보기 〉

ㄱ. (가)는 2월에 관측한 자료이다.

ㄴ. A 구간에서 깊이 0 m와 400 m의 평균 수온 차이는 (가)보다 (나)에서 작다.

ㄷ. B 구간에서 혼합층의 두께는 (가)보다 (나)에서 두껍다.

① ㄱ   ② ㄴ   ③ ㄱ, ㄷ   ④ ㄴ, ㄷ   ⑤ ㄱ, ㄴ, ㄷ

24

그림 (가)와 (나)는 어느 해역에서 1년 동안 해수면으로부터 깊이에 따라 측정한 염분과 수온 분포를 각각 나타낸 것이다.

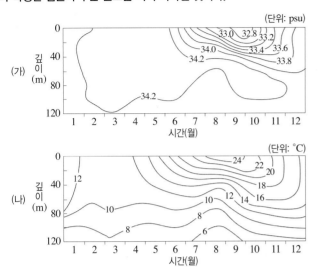

이 자료에 대한 설명으로 옳은 것만을 〈보기〉에서 있는 대로 고른 것은? [3점]

〈보기〉
ㄱ. 해수면에서의 염분은 2월보다 9월이 작다.
ㄴ. 수온의 연교차는 깊이 0 m보다 80 m에서 크다.
ㄷ. 깊이 0~20 m 구간에서 해수의 평균 밀도는 3월보다 8월이 크다.

① ㄱ　　② ㄴ　　③ ㄱ, ㄷ　　④ ㄴ, ㄷ　　⑤ ㄱ, ㄴ, ㄷ

26

그림 (가)는 어느 시기에 우리나라 주변 해역에서 수온과 염분을 측정한 구간을, (나)와 (다)는 이 구간의 깊이에 따른 수온과 염분 분포를 나타낸 것이다. A, B, C는 해수면에 위치한 지점이다.

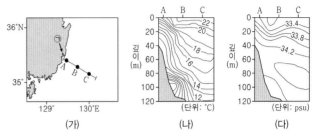

이에 대한 설명으로 옳은 것만을 〈보기〉에서 있는 대로 고른 것은? [3점]

〈보기〉
ㄱ. 해수면과 깊이 40 m의 수온 차는 B보다 A가 크다.
ㄴ. ㉠ 방향으로 유입되는 담수의 양이 증가하면 A의 표층 염분은 33.4 psu보다 커진다.
ㄷ. 표층 해수의 밀도는 C보다 A가 크다.

① ㄱ　　② ㄴ　　③ ㄱ, ㄷ　　④ ㄴ, ㄷ　　⑤ ㄱ, ㄴ, ㄷ

25

그림 (가)와 (나)는 전 세계 해수면의 평균 수온 분포와 평균 표층 염분 분포를 순서 없이 나타낸 것이다. 등치선은 각각 등수온선과 등염분선 중 하나이다.

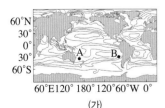

이에 대한 옳은 설명만을 〈보기〉에서 있는 대로 고른 것은? [3점]

〈보기〉
ㄱ. 해수면의 평균 수온 분포를 나타낸 것은 (나)이다.
ㄴ. 수온과 염분은 A 해역이 B 해역보다 높다.
ㄷ. 염류 중 염화 나트륨이 차지하는 비율은 A와 B 해역에서 거의 같다.

① ㄱ　　② ㄷ　　③ ㄱ, ㄴ　　④ ㄴ, ㄷ　　⑤ ㄱ, ㄴ, ㄷ

27

그림 (가)는 해역 A와 B의 위치를, (나)와 (다)는 4월에 측정한 A와 B의 연직 수온 분포를 순서 없이 나타낸 것이다.

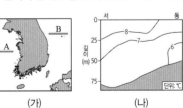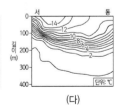

이에 대한 설명으로 옳은 것만을 〈보기〉에서 있는 대로 고른 것은?

〈보기〉
ㄱ. (나)는 B의 측정 자료이다.
ㄴ. 수온 약층은 (다)가 (나)보다 뚜렷하다.
ㄷ. (다)가 (나)보다 표층 수온이 높은 이유는 위도의 영향 때문이다.

① ㄱ　　② ㄴ　　③ ㄱ, ㄷ　　④ ㄴ, ㄷ　　⑤ ㄱ, ㄴ, ㄷ

28 대표 문제

그림 (가)는 우리나라 어느 해역의 표층 수온과 표층 염분을, (나)는 이 해역의 혼합층 두께를 나타낸 것이다. (가)의 A와 B는 각각 표층 수온과 표층 염분 중 하나이다.

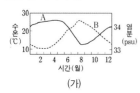 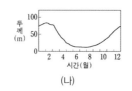

(가)   (나)

이 자료에 대한 설명으로 옳은 것만을 〈보기〉에서 있는 대로 고른 것은? [3점]

〈보기〉
ㄱ. 표층 해수의 밀도는 4월이 10월보다 크다.
ㄴ. 수온 약층이 나타나기 시작하는 깊이는 1월이 7월보다 깊다.
ㄷ. 표층과 깊이 50 m 해수의 수온 차는 2월이 8월보다 크다.

① ㄱ   ② ㄷ   ③ ㄱ, ㄴ   ④ ㄴ, ㄷ   ⑤ ㄱ, ㄴ, ㄷ

29

그림 (가)는 북대서양의 해역 A와 B의 위치를, (나)와 (다)는 A와 B에서 같은 시기에 측정한 물리량을 순서 없이 나타낸 것이다. ㉠과 ㉡은 각각 수온과 용존 산소량 중 하나이다.

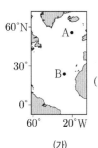 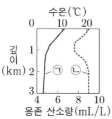 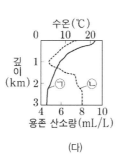

(가)   (나)   (다)

이 자료에 대한 설명으로 옳은 것만을 〈보기〉에서 있는 대로 고른 것은? [3점]

〈보기〉
ㄱ. (나)는 A에 해당한다.
ㄴ. 표층에서 용존 산소량은 A가 B보다 작다.
ㄷ. 수온 약층은 A가 B보다 뚜렷하게 나타난다.

① ㄱ   ② ㄴ   ③ ㄷ   ④ ㄱ, ㄴ   ⑤ ㄱ, ㄷ

30

그림 (가)와 (나)는 어느 시기 우리나라 주변의 표층 수온과 표층 염분을 나타낸 것이다.

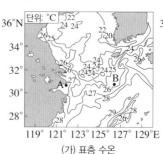 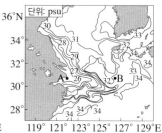

(가) 표층 수온   (나) 표층 염분

이에 대한 설명으로 옳은 것만을 〈보기〉에서 있는 대로 고른 것은?

〈보기〉
ㄱ. 겨울철에 관측한 것이다.
ㄴ. A 해역에는 담수 유입이 일어나고 있다.
ㄷ. 표층 해수의 밀도는 A 해역이 B 해역보다 크다.

① ㄱ   ② ㄴ   ③ ㄱ, ㄷ   ④ ㄴ, ㄷ   ⑤ ㄱ, ㄴ, ㄷ

31

그림은 동해에서 측정한 수괴 A, B, C의 성질을 나타낸 것이다. (가)는 수온과 염분 분포이고, (나)는 수온과 용존 산소량 분포이다.

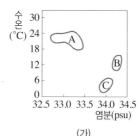 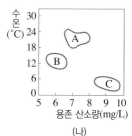

(가)   (나)

A, B, C에 대한 설명으로 옳은 것만을 〈보기〉에서 있는 대로 고른 것은?

〈보기〉
ㄱ. 밀도는 A가 가장 낮다.
ㄴ. 염분이 높은 수괴일수록 용존 산소량이 많다.
ㄷ. B는 A와 C가 혼합되어 형성되었다.

① ㄱ   ② ㄴ   ③ ㄱ, ㄷ   ④ ㄴ, ㄷ   ⑤ ㄱ, ㄴ, ㄷ

32

그림 (가)와 (나)는 동해의 어느 지점에서 두 시기에 측정한 수심 0~ 500 m 구간의 수온과 염분 분포를 나타낸 것이다. (가)와 (나)는 각각 2월 또는 8월에 측정한 자료 중 하나이다.

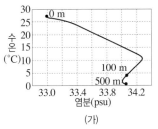 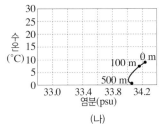

(가)   (나)

이에 대한 옳은 설명만을 〈보기〉에서 있는 대로 고른 것은?

〈 보기 〉
ㄱ. (가)는 8월에 측정한 자료이다.
ㄴ. 수온 약층은 (가)보다 (나)에서 뚜렷하게 나타난다.
ㄷ. 표면 해수의 밀도는 (가)보다 (나)에서 작다.

① ㄱ   ② ㄴ   ③ ㄱ, ㄷ   ④ ㄴ, ㄷ   ⑤ ㄱ, ㄴ, ㄷ

33

그림 (가)는 어느 해역에서의 수심에 따른 밀도, 수온, 염분을, (나)는 (가)의 자료를 수온-염분도에 나타낸 것이다.

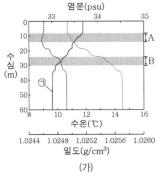 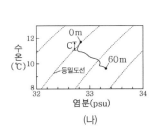

(가)   (나)

이 자료에 대한 설명으로 옳은 것만을 〈보기〉에서 있는 대로 고른 것은?

[3점]

〈 보기 〉
ㄱ. ㉠은 수온이다.
ㄴ. 수심에 따른 밀도 변화량은 A 구간이 B 구간보다 크다.
ㄷ. C 구간은 혼합층에 해당한다.

① ㄱ   ② ㄷ   ③ ㄱ, ㄴ   ④ ㄴ, ㄷ   ⑤ ㄱ, ㄴ, ㄷ

34

그림 (가)는 어느 해역의 깊이에 따른 수온과 염분 분포를 ㉠과 ㉡으로 순서 없이 나타낸 것이고, (나)는 수온 - 염분도를 나타낸 것이다.

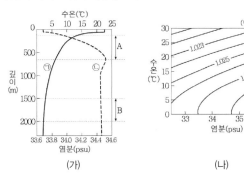

(가)   (나)

이에 대한 옳은 설명만을 〈보기〉에서 있는 대로 고른 것은?

〈 보기 〉
ㄱ. ㉠은 염분 분포이다.
ㄴ. 혼합층의 평균 밀도는 1.025 g/cm^3보다 크다.
ㄷ. 깊이에 따른 해수의 밀도 변화는 A 구간이 B 구간보다 크다.

① ㄱ   ② ㄷ   ③ ㄱ, ㄴ   ④ ㄴ, ㄷ   ⑤ ㄱ, ㄴ, ㄷ

35

그림은 어느 해역에서 A 시기와 B 시기에 각각 측정한 깊이 0~200 m 의 해수 특성을 수온-염분도에 나타낸 것이다.

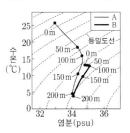

이 자료에 대한 설명으로 옳은 것만을 〈보기〉에서 있는 대로 고른 것은?

[3점]

〈 보기 〉
ㄱ. A 시기에 깊이가 증가할수록 해수의 밀도는 증가한다.
ㄴ. 수온만을 고려할 때, 표층에서 산소 기체의 용해도는 A 시기가 B 시기보다 크다.
ㄷ. 혼합층의 두께는 A 시기가 B 시기보다 두껍다.

① ㄱ   ② ㄴ   ③ ㄷ   ④ ㄱ, ㄴ   ⑤ ㄱ, ㄷ

36

그림은 어느 고위도 해역에서 A 시기와 B 시기에 각각 측정한 깊이 50~500 m의 해수 특성을 수온-염분도에 나타낸 것이다. 이 해역의 수온과 염분은 유입된 담수의 양에 의해서만 변화하였다.

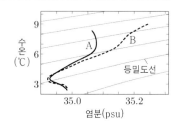

이 자료에 대한 설명으로 옳은 것만을 〈보기〉에서 있는 대로 고른 것은?

──〈 보기 〉──
ㄱ. A 시기에 깊이가 증가할수록 밀도는 증가한다.
ㄴ. 50 m 깊이에서 산소의 용해도는 A 시기가 B 시기보다 높다.
ㄷ. 유입된 담수의 양은 A 시기가 B 시기보다 적다.

① ㄱ   ② ㄷ   ③ ㄱ, ㄴ   ④ ㄴ, ㄷ   ⑤ ㄱ, ㄴ, ㄷ

37

다음은 담수의 유입과 해수의 결빙이 해수의 염분에 미치는 영향을 알아보기 위한 실험이다.

[실험 과정]
(가) 수온이 15 ℃, 염분이 35 psu인 소금물 600 g을 만든다.
(나) (가)의 소금물을 비커 A와 B에 각각 300 g씩 나눠 담는다.
(다) A의 소금물에 수온이 15 ℃인 증류수 50 g을 섞는다.
(라) B의 소금물을 표층이 얼 때까지 천천히 냉각시킨다.
(마) A와 B에 있는 소금물의 염분을 측정하여 기록한다.

[실험 결과]

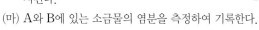

비커	A	B
염분(psu)	(㉠)	(㉡)

[결과 해석]
ㅇ 담수의 유입이 있는 해역에서는 해수의 염분이 감소한다.
ㅇ 해수의 결빙이 있는 해역에서는 해수의 염분이 (㉢).

이에 대한 설명으로 옳은 것만을 〈보기〉에서 있는 대로 고른 것은?

──〈 보기 〉──
ㄱ. (다)는 담수의 유입에 의한 해수의 염분 변화를 알아보기 위한 과정에 해당한다.
ㄴ. ㉠은 ㉡보다 크다.
ㄷ. '감소한다'는 ㉢에 해당한다.

① ㄱ   ② ㄴ   ③ ㄷ   ④ ㄱ, ㄴ   ⑤ ㄱ, ㄷ

38

다음은 해수의 성질을 알아보기 위한 탐구이다.

[탐구 과정]
(가) 우리나라 어느 해역에서 2월과 8월에 측정한 깊이에 따른 수온과 염분 자료를 준비한다.

<수온과 염분 자료>

	깊이(m)	0	10	20	30	50	75	100
2월	수온(℃)	11.6	11.6	11.3	11.0	9.9	5.8	4.5
	염분(psu)	34.3	34.3	34.3	34.3	34.2	34.0	34.0
8월	수온(℃)	25.4	21.9	13.8	12.9	8.9	4.1	2.7
	염분(psu)	32.7	33.3	34.2	34.3	34.2	34.1	34.0

(나) (가)의 자료를 수온 - 염분도에 나타내고 특징을 분석한다.

[탐구 결과]

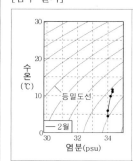

• 혼합층의 두께는 2월이 8월보다 (㉠).
• 깊이 0 ~ 100 m에서의 평균 밀도 변화율은 2월이 8월보다 (㉡).

이 자료에 대한 옳은 설명만을 〈보기〉에서 있는 대로 고른 것은? [3점]

──〈 보기 〉──
ㄱ. '두껍다'는 ㉠에 해당한다.
ㄴ. 해수의 밀도는 2월의 75 m 깊이에서가 8월의 50 m 깊이에서보다 크다.
ㄷ. '크다'는 ㉡에 해당한다.

① ㄱ   ② ㄷ   ③ ㄱ, ㄴ   ④ ㄴ, ㄷ   ⑤ ㄱ, ㄴ, ㄷ

39 대표 문제

그림은 우리나라 동해의 어느 해역에서 깊이 0~200 m의 해수 특성을 A 시기와 B 시기에 각각 측정하여 수온 – 염분도에 나타낸 것이다. A와 B는 2월과 8월을 순서 없이 나타낸 것이다.

이 자료에 대한 설명으로 옳은 것만을 〈보기〉에서 있는 대로 고른 것은?

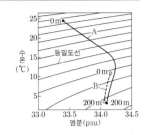

―〈 보기 〉―
ㄱ. A의 해수 밀도는 표층이 깊이 200 m보다 크다.
ㄴ. B는 2월이다.
ㄷ. 수온만을 고려할 때, 표층에서 산소 기체의 용해도는 A가 B 보다 작다.

① ㄱ   ② ㄴ   ③ ㄱ, ㄷ   ④ ㄴ, ㄷ   ⑤ ㄱ, ㄴ, ㄷ

41

그림은 어느 해역에서 측정한 깊이에 따른 수온과 염분을 수온–염분도에 나타낸 것이다.

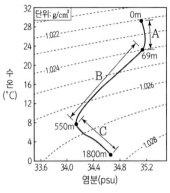

이에 대한 설명으로 옳은 것만을 〈보기〉에서 있는 대로 고른 것은? [3점]

―〈 보기 〉―
ㄱ. A 구간은 혼합층이다.
ㄴ. B 구간에서는 해수의 연직 혼합이 활발하게 일어난다.
ㄷ. 깊이에 따른 수온의 평균 변화량은 B 구간이 C 구간보다 크다.

① ㄱ   ② ㄷ   ③ ㄱ, ㄴ   ④ ㄴ, ㄷ   ⑤ ㄱ, ㄴ, ㄷ

40

그림은 동해의 어느 지점에서 두 시기에 측정한 수온과 염분 분포를 나타낸 것이다. ㉠과 ㉡은 각각 1월과 8월 중 하나이다.

이에 대한 설명으로 옳은 것만을 〈보기〉에서 있는 대로 고른 것은?

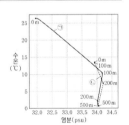

―〈 보기 〉―
ㄱ. ㉠은 1월에 해당한다.
ㄴ. 혼합층의 두께는 ㉠이 ㉡보다 두껍다.
ㄷ. ㉠에서 해수의 밀도 변화는 0 m~100 m 구간이 100 m~ 200 m 구간보다 크다.

① ㄱ   ② ㄷ   ③ ㄱ, ㄴ   ④ ㄴ, ㄷ   ⑤ ㄱ, ㄴ, ㄷ

42

그림은 어느 해역에서 깊이에 따른 수온과 염분을 수온–염분도에 나타낸 것이다.

이 자료에 대한 설명으로 옳은 것만을 〈보기〉에서 있는 대로 고른 것은?

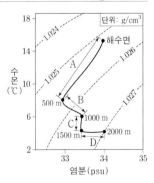

―〈 보기 〉―
ㄱ. A 구간은 혼합층이다.
ㄴ. 해수의 밀도 변화는 C 구간이 B 구간보다 크다.
ㄷ. D 구간에서 해수의 밀도 변화는 수온보다 염분의 영향이 더 크다.

① ㄱ   ② ㄴ   ③ ㄷ   ④ ㄱ, ㄴ   ⑤ ㄱ, ㄷ

43

그림은 같은 시기에 관측한 두 해역의 표층에서 심층까지의 수온과 염분을 수온－염분도에 나타낸 것이다. A와 B는 각각 저위도와 고위도 해역 중 하나이고, ㉠과 ㉡은 밀도가 같은 해수이다.

이 자료에 대한 설명으로 옳은 것만을 〈보기〉에서 있는 대로 고른 것은?

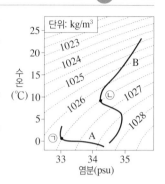

─────〈 보기 〉─────
ㄱ. A는 저위도 해역이다.
ㄴ. 같은 부피의 ㉠과 ㉡이 혼합되어 형성된 해수의 밀도는 ㉠보다 크다.
ㄷ. 염분이 일정할 때, 수온 변화에 따른 밀도 변화는 수온이 높을 때가 낮을 때보다 크다.

① ㄱ　　② ㄴ　　③ ㄷ　　④ ㄱ, ㄷ　　⑤ ㄴ, ㄷ

44

그림은 어느 해역에서 서로 다른 시기에 수심에 따라 측정한 수온과 염분을 수온－염분도에 나타낸 것이다.

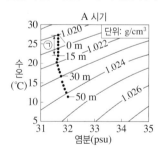 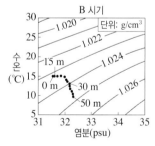

이에 대한 설명으로 옳은 것만을 〈보기〉에서 있는 대로 고른 것은?

─────〈 보기 〉─────
ㄱ. 이 해역의 해수면에 입사하는 태양 복사 에너지양은 A보다 B 시기에 많다.
ㄴ. A 시기에 ㉠ 구간에서의 밀도 변화는 수온보다 염분의 영향이 크다.
ㄷ. 혼합층의 두께는 A보다 B 시기에 두껍다.

① ㄱ　　② ㄷ　　③ ㄱ, ㄴ　　④ ㄴ, ㄷ　　⑤ ㄱ, ㄴ, ㄷ

45

그림은 어느 중위도 해역에서 A 시기와 B 시기에 각각 측정한 깊이 0～50 m의 해수 특성을 수온－염분도에 나타낸 것이다.

이 자료에 대한 설명으로 옳은 것만을 〈보기〉에서 있는 대로 고른 것은? [3점]

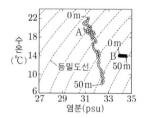

─────〈 보기 〉─────
ㄱ. 수온만을 고려할 때, 해수면에서 산소 기체의 용해도는 A가 B보다 크다.
ㄴ. 수온이 14 ℃인 해수의 밀도는 A가 B보다 작다.
ㄷ. 혼합층의 두께는 A가 B보다 두껍다.

① ㄱ　　② ㄴ　　③ ㄷ　　④ ㄱ, ㄷ　　⑤ ㄴ, ㄷ

46

그림 (가)는 어느 날 우리나라 주변 표층 해수의 수온과 염분 분포를, (나)는 수온－염분도를 나타낸 것이다.

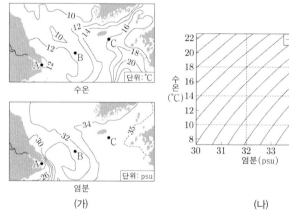

이 자료에서 해역 A, B, C의 표층 해수에 대한 설명으로 옳은 것만을 〈보기〉에서 있는 대로 고른 것은? [3점]

─────〈 보기 〉─────
ㄱ. 강물의 유입으로 A의 염분이 주변보다 낮다.
ㄴ. 밀도는 B가 C보다 작다.
ㄷ. 수온만을 고려할 때, 산소 기체의 용해도는 B가 C보다 작다.

① ㄱ　　② ㄷ　　③ ㄱ, ㄴ　　④ ㄴ, ㄷ　　⑤ ㄱ, ㄴ, ㄷ

47

그림 (가)는 우리나라 주변 해역 A, B, C를, (나)는 세 해역 표층 해수의 수온과 염분을 수온─염분도에 나타낸 것이다. B와 C의 수온과 염분 분포는 각각 ㉠과 ㉡ 중 하나이다.

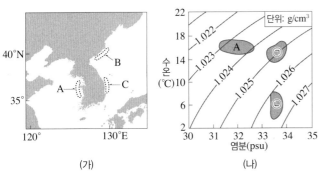

(가)

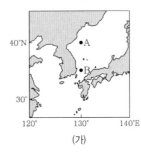

(나)

이 자료에 대한 설명으로 옳은 것만을 〈보기〉에서 있는 대로 고른 것은?

─〈 보기 〉─
ㄱ. ㉡은 B에 해당한다.
ㄴ. 해수의 밀도는 A가 C보다 크다.
ㄷ. B와 C의 해수 밀도 차이는 수온보다 염분의 영향이 더 크다.

① ㄱ   ② ㄴ   ③ ㄱ, ㄷ   ④ ㄴ, ㄷ   ⑤ ㄱ, ㄴ, ㄷ

48

그림 (가)는 어느 해 겨울에 우리나라 주변 바다에서 표층 해수를 채취한 A와 B 지점의 위치를, (나)는 수온─염분도에 A와 B의 수온과 염분을 순서 없이 ㉠, ㉡으로 나타낸 것이다.

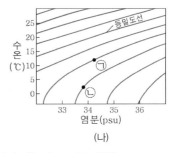

(가)

(나)

이에 대한 설명으로 옳은 설명만을 〈보기〉에서 있는 대로 고른 것은?

─〈 보기 〉─
ㄱ. 염분은 A에서가 B에서보다 낮다.
ㄴ. ㉠과 ㉡의 해수가 만난다면 ㉠의 해수는 ㉡의 해수 아래로 이동한다.
ㄷ. 여름에는 B의 해수 밀도가 (나)에서보다 감소할 것이다.

① ㄱ   ② ㄴ   ③ ㄷ   ④ ㄱ, ㄷ   ⑤ ㄴ, ㄷ

49

그림 (가)와 (나)는 북반구 어느 해역에서 1년 동안 관측한 깊이에 따른 수온과 염분 분포를 나타낸 것이다.

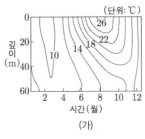
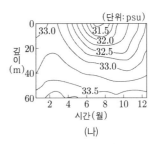

(가)

(나)

이 자료에 대한 설명으로 옳은 것만을 〈보기〉에서 있는 대로 고른 것은?

─〈 보기 〉─
ㄱ. 혼합층의 두께는 8월이 11월보다 얇다.
ㄴ. 깊이 20 m 해수의 염분은 2월이 8월보다 높다.
ㄷ. 표층 해수의 밀도는 2월이 8월보다 크다.

① ㄱ   ② ㄷ   ③ ㄱ, ㄴ   ④ ㄴ, ㄷ   ⑤ ㄱ, ㄴ, ㄷ

한눈에 정리하는
평가원 기출 경향

학년도 주제	2025	2024	2023

빈출

대기 대순환

- 위도별
  에너지 분포
- 대기 대순환
- 대기
  대순환과
  표층 순환

---

32   2025학년도 수능 지I 9번

그림은 대기 대순환에 의해 지표 부근에서 부는 바람의 남북 방향과 동서 방향의 연평균 풍속을 ⊙과 ⓒ으로 순서 없이 나타낸 것이다. (+)는 남풍과 서풍, (−)는 북풍과 동풍에 해당한다.
이에 대한 설명으로 옳은 것만을 〈보기〉에서 있는 대로 고른 것은? [3점]

〈보기〉
ㄱ. ⊙은 남북 방향의 연평균 풍속이다.
ㄴ. A의 해역에는 멕시코 만류가 흐른다.
ㄷ. B에서는 대기 대순환의 직접 순환이 나타난다.

① ㄱ   ② ㄴ   ③ ㄷ   ④ ㄱ, ㄴ   ⑤ ㄱ, ㄷ

---

08   2024학년도 수능 지I 10번

그림은 태평양 표층 해수의 동서 방향 연평균 유속을 위도에 따라 나타낸 것이다. (+)와 (−)는 각각 동쪽으로 향하는 방향과 서쪽으로 향하는 방향 중 하나이다.

이 자료에 대한 설명으로 옳은 것만을 〈보기〉에서 있는 대로 고른 것은? [3점]

〈보기〉
ㄱ. (+)는 동쪽으로 향하는 방향이다.
ㄴ. A의 해역에서 나타나는 주요 표층 해류는 극동풍에 의해 형성된다.
ㄷ. 북적도 해류는 B의 해역에서 나타난다.

① ㄱ   ② ㄴ   ③ ㄷ   ④ ㄱ, ㄴ   ⑤ ㄱ, ㄷ

---

18   2023학년도 수능 지I 14번

그림은 1월과 7월의 지표 부근의 평년 바람 분포 중 하나를 나타낸 것이다. A, B, C는 주요 표층 해류가 흐르는 해역이다.

이에 대한 설명으로 옳은 것만을 〈보기〉에서 있는 대로 고른 것은? [3점]

〈보기〉
ㄱ. 이 평년 바람 분포는 1월에 해당한다.
ㄴ. A와 B의 표층 해류는 모두 고위도 방향으로 흐른다.
ㄷ. C에서는 대기 대순환에 의해 표층 해수가 수렴한다.

① ㄱ   ② ㄴ   ③ ㄷ   ④ ㄱ, ㄴ   ⑤ ㄱ, ㄷ

---

01 대표 문제   2025학년도 9월 모평 지I 11번

그림은 대기와 해양에 의한 남북 방향으로의 연평균 에너지 수송량을 위도별로 나타낸 것이다.
이에 대한 설명으로 옳은 것만을 〈보기〉에서 있는 대로 고른 것은? [3점]

〈보기〉
ㄱ. A에서는 대기에 의한 에너지 수송량이 해양에 의한 에너지 수송량보다 많다.
ㄴ. A는 대기 대순환의 간접 순환 영역에 위치한다.
ㄷ. B의 해역에서 쿠로시오 해류에 의한 에너지 수송이 일어난다.

① ㄱ   ② ㄴ   ③ ㄱ, ㄷ   ④ ㄴ, ㄷ   ⑤ ㄱ, ㄴ, ㄷ

---

11 대표 문제   2024학년도 6월 모평 지I 5번

그림은 위도에 따른 연평균 증발량과 강수량을 순서 없이 나타낸 것이다.

이 자료에 대한 설명으로 옳은 것만을 〈보기〉에서 있는 대로 고른 것은?

〈보기〉
ㄱ. 표층 해수의 평균 염분은 A 해역이 B 해역보다 높다.
ㄴ. A에서는 해들리 순환의 상승 기류가 나타난다.
ㄷ. 캘리포니아 해류는 B 해역에서 나타난다.

① ㄱ   ② ㄴ   ③ ㄷ   ④ ㄱ, ㄴ   ⑤ ㄴ, ㄷ

---

04   2023학년도 9월 모평 지I 11번

그림은 대기에 의한 남북 방향으로의 연평균 에너지 수송량을 위도별로 나타낸 것이다.

이에 대한 설명으로 옳은 것만을 〈보기〉에서 있는 대로 고른 것은?

〈보기〉
ㄱ. A에서는 대기 대순환의 간접 순환이 위치한다.
ㄴ. B에서는 해들리 순환에 의해 에너지가 북쪽 방향으로 수송된다.
ㄷ. 캘리포니아 해류는 C의 해역에서 나타난다.

① ㄱ   ② ㄷ   ③ ㄱ, ㄴ   ④ ㄴ, ㄷ   ⑤ ㄱ, ㄴ, ㄷ

**해수의
표층 순환**

- 태평양
- 대서양

---

15 대표 문제   2025학년도 6월 모평 지I 8번

그림은 해수면 부근의 평년 바람 분포를 나타낸 것이다. A, B, C는 주요 표층 해류가 흐르는 해역이다.
이에 대한 설명으로 옳은 것만을 〈보기〉에서 있는 대로 고른 것은? [3점]

〈보기〉
ㄱ. A에서는 북대서양 해류가 흐른다.
ㄴ. B에서는 해들리 순환에 의한 하강 기류가 우세하다.
ㄷ. C의 표층 해류는 편서풍에 의해 형성된다.

① ㄱ   ② ㄴ   ③ ㄱ, ㄷ   ④ ㄴ, ㄷ   ⑤ ㄱ, ㄴ, ㄷ

---

24   2023학년도 6월 모평 지I 11번

그림 (가)와 (나)는 어느 해 2월과 8월의 남태평양의 표층 수온을 순서 없이 나타낸 것이다. A와 B는 주요 표층 해류가 흐르는 해역이다.

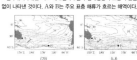

(가)   (나)

이에 대한 설명으로 옳은 것만을 〈보기〉에서 있는 대로 고른 것은?

〈보기〉
ㄱ. 8월에 해당하는 것은 (나)이다.
ㄴ. A에서 흐르는 해류는 고위도 방향으로 에너지를 이동시킨다.
ㄷ. B에서 흐르는 해류와 북태평양 해류의 방향은 반대이다.

① ㄱ   ② ㄴ   ③ ㄷ   ④ ㄱ, ㄴ   ⑤ ㄴ, ㄷ

**해수의
표층 순환**

- 우리나라

2022~2019

---

14 2022학년도 수능 지Ⅰ 10번

그림은 평균 해면 기압을 위도에 따라 나타낸 것이다.

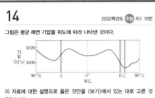

이 자료에 대한 설명으로 옳은 것만을 〈보기〉에서 있는 대로 고른 것은? [3점]

〈보기〉
ㄱ. A는 대기 대순환의 간접 순환 영역에 위치한다.
ㄴ. B 해역에서는 남극 순환류가 흐른다.
ㄷ. C 해역에서는 대기 대순환에 의해 표층 해수가 발산한다.

① ㄱ ② ㄷ ③ ㄱ, ㄴ ④ ㄴ, ㄷ ⑤ ㄱ, ㄴ, ㄷ

---

03 2020학년도 6월 모평 지Ⅰ 6번

그림은 대기와 해양에서 남북 방향의 연평균 에너지 수송량을 위도별로 나타낸 것이다. A와 B는 각각 대기와 해양 중 하나이다.

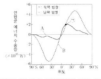

이에 대한 설명으로 옳은 것만을 〈보기〉에서 있는 대로 고른 것은? [3점]

〈보기〉
ㄱ. A는 대기에 해당한다.
ㄴ. A와 B가 교차하는 ㉠의 위도에서 복사 평형을 이루고 있다.
ㄷ. 적도에서는 에너지 과잉이다.

① ㄴ ② ㄷ ③ ㄱ, ㄴ ④ ㄱ, ㄷ ⑤ ㄴ, ㄷ

---

02 2019학년도 6월 모평 지Ⅰ 13번

그림은 대기와 해양에서 남북 방향으로의 연평균 에너지 수송량을 위도별로 나타낸 것이다.
이에 대한 설명으로 옳은 것만을 〈보기〉에서 있는 대로 고른 것은? [3점]

〈보기〉
ㄱ. 흡수하는 태양 복사 에너지양과 방출하는 지구 복사 에너지양의 차는 38°S가 0°보다 크다.
ㄴ. 대기에 의한 에너지 수송량은 A 지역이 B 지역보다 크다.
ㄷ. 위도별 에너지 불균형은 대기와 해양의 순환을 일으킨다.

① ㄱ ② ㄷ ③ ㄱ, ㄴ ④ ㄴ, ㄷ ⑤ ㄱ, ㄴ, ㄷ

---

13 2022학년도 9월 모평 지Ⅰ 15번

그림은 해수면 부근에서 부는 바람의 남북 방향의 연평균 풍속을 나타낸 것이다. ㉠과 ㉡은 각각 60°N과 60°S 중 하나이다.

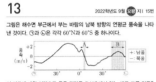

이 자료에 대한 설명으로 옳은 것만을 〈보기〉에서 있는 대로 고른 것은?

〈보기〉
ㄱ. ㉠은 60°S이다.
ㄴ. A에서 해들리 순환의 하강 기류가 나타난다.
ㄷ. 페루 해류는 B에서 나타난다.

① ㄱ ② ㄴ ③ ㄷ ④ ㄱ, ㄴ ⑤ ㄱ, ㄷ

---

12 2020학년도 9월 모평 지Ⅰ 16번

그림은 대기 대순환에 의해 지표 부근에서 부는 동서 방향 바람의 연평균 풍속을 위도에 따라 나타낸 것이다.

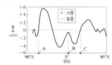

이 자료에 대한 설명으로 옳은 것만을 〈보기〉에서 있는 대로 고른 것은?

〈보기〉
ㄱ. 남북 방향의 온도 차는 A가 C보다 작다.
ㄴ. B에서는 해들리 순환의 상승 기류가 나타난다.
ㄷ. C에 생성되는 고기압은 지표면 냉각에 의한 것이다.

① ㄱ ② ㄴ ③ ㄷ ④ ㄴ, ㄷ ⑤ ㄴ, ㄷ

---

25 2021학년도 수능 지Ⅰ 2번

그림 (가)는 태평양의 해역 A, B, C를, (나)는 이 세 해역에서 관측한 수온과 염분을 수온-염분도에 ㉠, ㉡, ㉢으로 순서 없이 나타낸 것이다.

이에 대한 설명으로 옳은 것만을 〈보기〉에서 있는 대로 고른 것은?

〈보기〉
ㄱ. A의 관측값은 ㉡이다.
ㄴ. A, B, C 중 해수의 밀도가 가장 큰 해역은 B이다.
ㄷ. C에 흐르는 해류는 무역풍에 의해 형성된다.

① ㄱ ② ㄷ ③ ㄱ, ㄴ ④ ㄴ, ㄷ ⑤ ㄱ, ㄴ, ㄷ

---

21 2021학년도 9월 모평 지Ⅰ 10번

그림은 어느 해 태평양에서 유실된 컨테이너에 실려 있던 운동화가 발견된 지점과 표층 해류 A와 B의 일부를 나타낸 것이다.
이에 대한 설명으로 옳은 것만을 〈보기〉에서 있는 대로 고른 것은? [3점]

〈보기〉
ㄱ. A는 편서풍의 영향을 받는다.
ㄴ. B는 아열대 순환의 일부이다.
ㄷ. 북아메리카 해안에서 발견된 운동화는 북태평양 해류의 영향을 받았다.

① ㄱ ② ㄴ ③ ㄱ, ㄷ ④ ㄴ, ㄷ ⑤ ㄱ, ㄴ, ㄷ

---

30 대표문제 2021학년도 6월 모평 지Ⅰ 5번

그림 (가)와 (나)는 서로 다른 계절에 관측된 우리나라 주변 표층 해류의 평균 속력과 이동 방향을 나타낸 것이다.

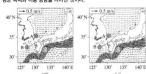

이 자료에 대한 설명으로 옳은 것만을 〈보기〉에서 있는 대로 고른 것은?

〈보기〉
ㄱ. (가)와 (나)의 평균 속력 차는 해역 A보다 B에서 크다.
ㄴ. 동한 난류의 평균 속력은 (나)보다 (가)가 빠르다.
ㄷ. 해역 C에 흐르는 해류는 북태평양 아열대 순환의 일부이다.

① ㄱ ② ㄴ ③ ㄷ ④ ㄱ, ㄴ ⑤ ㄴ, ㄷ

---

01 대표 문제

그림은 대기와 해양에 의한 남북 방향으로의 연평균 에너지 수송량을 위도별로 나타낸 것이다.

이에 대한 설명으로 옳은 것만을 〈보기〉에서 있는 대로 고른 것은?

[3점]

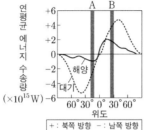

─〈 보기 〉─

ㄱ. A에서는 대기에 의한 에너지 수송량이 해양에 의한 에너지 수송량보다 많다.

ㄴ. A는 대기 대순환의 간접 순환 영역에 위치한다.

ㄷ. B의 해역에서 쿠로시오 해류에 의한 에너지 수송이 일어난다.

① ㄱ　　② ㄴ　　③ ㄱ, ㄷ　　④ ㄴ, ㄷ　　⑤ ㄱ, ㄴ, ㄷ

02

그림은 대기와 해양에서 남북 방향으로의 연평균 에너지 수송량을 위도별로 나타낸 것이다.

이에 대한 설명으로 옳은 것만을 〈보기〉에서 있는 대로 고른 것은? [3점]

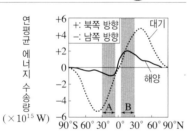

─〈 보기 〉─

ㄱ. 흡수하는 태양 복사 에너지양과 방출하는 지구 복사 에너지양의 차는 38°S가 0°보다 크다.

ㄴ. $\dfrac{\text{대기에 의한 에너지 수송량}}{\text{해양에 의한 에너지 수송량}}$ 은 A 지역이 B 지역보다 크다.

ㄷ. 위도별 에너지 불균형은 대기와 해양의 순환을 일으킨다.

① ㄱ　　② ㄷ　　③ ㄱ, ㄴ　　④ ㄴ, ㄷ　　⑤ ㄱ, ㄴ, ㄷ

03

그림은 대기와 해양에서 남북 방향으로의 연평균 에너지 수송량을 위도별로 나타낸 것이다. A와 B는 각각 대기와 해양 중 하나이다.

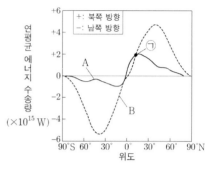

이에 대한 설명으로 옳은 것만을 〈보기〉에서 있는 대로 고른 것은? [3점]

─〈 보기 〉─

ㄱ. A는 대기에 해당한다.

ㄴ. A와 B가 교차하는 ㉠의 위도에서 복사 평형을 이루고 있다.

ㄷ. 적도에서는 에너지 과잉이다.

① ㄴ　　② ㄷ　　③ ㄱ, ㄴ　　④ ㄱ, ㄷ　　⑤ ㄱ, ㄴ, ㄷ

04

그림은 대기에 의한 남북 방향으로의 연평균 에너지 수송량을 위도별로 나타낸 것이다.

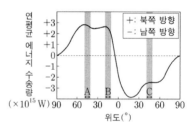

이에 대한 설명으로 옳은 것만을 〈보기〉에서 있는 대로 고른 것은?

─〈 보기 〉─

ㄱ. A에서는 대기 대순환의 간접 순환이 위치한다.

ㄴ. B에서는 해들리 순환에 의해 에너지가 북쪽 방향으로 수송된다.

ㄷ. 캘리포니아 해류는 C의 해역에서 나타난다.

① ㄱ　　② ㄷ　　③ ㄱ, ㄴ　　④ ㄴ, ㄷ　　⑤ ㄱ, ㄴ, ㄷ

05

그림은 북반구의 대기 대순환을 나타낸 것이다. A, B, C는 각각 해들리 순환, 페렐 순환, 극순환 중 하나이다.
이에 대한 설명으로 옳은 것만을 〈보기〉에서 있는 대로 고른 것은?

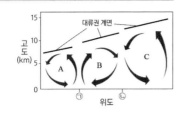

〈 보기 〉
ㄱ. A의 지상에는 동풍 계열의 바람이 우세하게 분다.
ㄴ. 직접 순환에 해당하는 것은 B이다.
ㄷ. 남북 방향의 온도 차는 ⓒ에서가 ㉠에서보다 크다.

① ㄱ   ② ㄴ   ③ ㄱ, ㄷ   ④ ㄴ, ㄷ   ⑤ ㄱ, ㄴ, ㄷ

06

그림은 북반구에서 대기 대순환을 이루는 순환 세포 A, B, C를 나타낸 것이다.

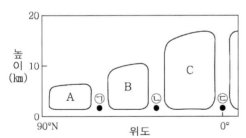

이에 대한 옳은 설명만을 〈보기〉에서 있는 대로 고른 것은?

〈 보기 〉
ㄱ. 직접 순환에 해당하는 것은 A와 C이다.
ㄴ. 온대 저기압은 ㉠보다 ⓒ 부근에서 주로 발생한다.
ㄷ. ⓒ에서는 공기가 발산한다.

① ㄱ   ② ㄷ   ③ ㄱ, ㄴ   ④ ㄴ, ㄷ   ⑤ ㄱ, ㄴ, ㄷ

07

그림은 60°S~60°N 사이에서 나타나는 대기 대순환의 순환 세포 A~D를 모식적으로 나타낸 것이다.

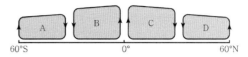

이에 대한 옳은 설명만을 〈보기〉에서 있는 대로 고른 것은?

〈 보기 〉
ㄱ. A는 직접 순환이다.
ㄴ. B와 C의 지상에서는 주로 동풍 계열의 바람이 분다.
ㄷ. 온대 저기압은 주로 C와 D의 경계 부근에서 형성된다.

① ㄱ   ② ㄴ   ③ ㄱ, ㄷ   ④ ㄴ, ㄷ   ⑤ ㄱ, ㄴ, ㄷ

08

그림은 태평양 표층 해수의 동서 방향 연평균 유속을 위도에 따라 나타낸 것이다. (＋)와 (－)는 각각 동쪽으로 향하는 방향과 서쪽으로 향하는 방향 중 하나이다.

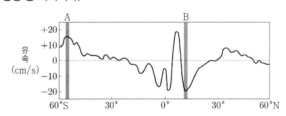

이 자료에 대한 설명으로 옳은 것만을 〈보기〉에서 있는 대로 고른 것은? [3점]

〈 보기 〉
ㄱ. (＋)는 동쪽으로 향하는 방향이다.
ㄴ. A의 해역에서 나타나는 주요 표층 해류는 극동풍에 의해 형성된다.
ㄷ. 북적도 해류는 B의 해역에서 나타난다.

① ㄱ   ② ㄴ   ③ ㄷ   ④ ㄱ, ㄴ   ⑤ ㄱ, ㄷ

09

그림은 A와 B 시기에 관측한 북반구의 평균 해면 기압을 위도에 따라 나타낸 것이다.

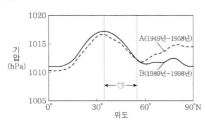

이 자료에 대한 옳은 설명만을 〈보기〉에서 있는 대로 고른 것은?

〈 보기 〉
ㄱ. 무역풍대에서는 위도가 높아질수록 평균 해면 기압이 대체로 높아진다.
ㄴ. ㉠ 구간의 지표 부근에서는 북풍 계열의 바람이 우세하다.
ㄷ. 중위도 고압대의 평균 해면 기압은 A 시기가 B 시기보다 낮다.

① ㄱ   ② ㄴ   ③ ㄷ   ④ ㄱ, ㄴ   ⑤ ㄱ, ㄷ

10

그림은 경도 150°E의 해수면 부근에서 측정한 연평균 풍속의 남북 방향 성분 분포와 동서 방향 성분 분포를 위도에 따라 나타낸 것이다.

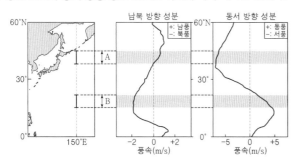

이에 대한 설명으로 옳은 것만을 〈보기〉에서 있는 대로 고른 것은? [3점]

〈 보기 〉
ㄱ. A 구간의 해수면 부근에는 북서풍이 우세하다.
ㄴ. B 구간의 해역에 흐르는 해류는 해들리 순환의 영향을 받는다.
ㄷ. 표층 수온은 A 구간의 해역보다 B 구간의 해역에서 높다.

① ㄱ   ② ㄷ   ③ ㄱ, ㄴ   ④ ㄴ, ㄷ   ⑤ ㄱ, ㄴ, ㄷ

11 대표 문제

그림은 위도에 따른 연평균 증발량과 강수량을 순서 없이 나타낸 것이다.

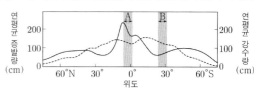

이 자료에 대한 설명으로 옳은 것만을 〈보기〉에서 있는 대로 고른 것은?

〈 보기 〉
ㄱ. 표층 해수의 평균 염분은 A 해역이 B 해역보다 높다.
ㄴ. A에서는 해들리 순환의 상승 기류가 나타난다.
ㄷ. 캘리포니아 해류는 B 해역에서 나타난다.

① ㄱ   ② ㄴ   ③ ㄷ   ④ ㄱ, ㄴ   ⑤ ㄴ, ㄷ

12

그림은 대기 대순환에 의해 지표 부근에서 부는 동서 방향 바람의 연평균 풍속을 위도에 따라 나타낸 것이다.

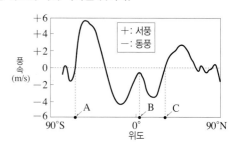

이 자료에 대한 설명으로 옳은 것만을 〈보기〉에서 있는 대로 고른 것은?

〈 보기 〉
ㄱ. 남북 방향의 온도 차는 A가 C보다 작다.
ㄴ. B에서는 해들리 순환의 상승 기류가 나타난다.
ㄷ. C에 생성되는 고기압은 지표면 냉각에 의한 것이다.

① ㄱ   ② ㄴ   ③ ㄷ   ④ ㄱ, ㄴ   ⑤ ㄴ, ㄷ

13

그림은 해수면 부근에서 부는 바람의 남북 방향의 연평균 풍속을 나타 낸 것이다. ⊙과 ⓒ은 각각 60°N과 60°S 중 하나이다.

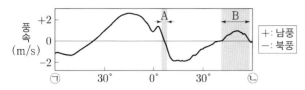

이 자료에 대한 설명으로 옳은 것만을 〈보기〉에서 있는 대로 고른 것은?

〈 보기 〉
ㄱ. ⊙은 60°S이다.
ㄴ. A에서 해들리 순환의 하강 기류가 나타난다.
ㄷ. 페루 해류는 B에서 나타난다.

① ㄱ   ② ㄴ   ③ ㄷ   ④ ㄱ, ㄴ   ⑤ ㄱ, ㄷ

14

그림은 평균 해면 기압을 위도에 따라 나타낸 것이다.

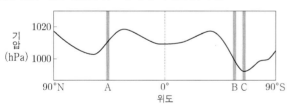

이 자료에 대한 설명으로 옳은 것만을 〈보기〉에서 있는 대로 고른 것은? [3점]

〈 보기 〉
ㄱ. A는 대기 대순환의 간접 순환 영역에 위치한다.
ㄴ. B 해역에서는 남극 순환류가 흐른다.
ㄷ. C 해역에서는 대기 대순환에 의해 표층 해수가 발산한다.

① ㄱ   ② ㄷ   ③ ㄱ, ㄴ   ④ ㄴ, ㄷ   ⑤ ㄱ, ㄴ, ㄷ

15 대표 문제

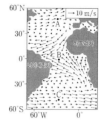

그림은 해수면 부근의 평년 바람 분포를 나타 낸 것이다. A, B, C는 주요 표층 해류가 흐르 는 해역이다.
이에 대한 설명으로 옳은 것만을 〈보기〉에서 있는 대로 고른 것은? [3점]

〈 보기 〉
ㄱ. A에서는 북대서양 해류가 흐른다.
ㄴ. B에서는 해들리 순환에 의한 하강 기류가 우세하다.
ㄷ. C의 표층 해류는 편서풍에 의해 형성된다.

① ㄱ   ② ㄴ   ③ ㄱ, ㄷ   ④ ㄴ, ㄷ   ⑤ ㄱ, ㄴ, ㄷ

16

그림 (가)와 (나)는 북태평양 어느 해역에서 서로 다른 두 시기 해수면 위에서의 바람을 나타낸 것이다. 화살표의 방향과 길이는 각각 풍향과 풍속을 나타낸다.

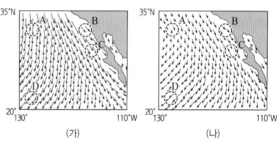

(가)   (나)

이에 대한 설명으로 옳은 것만을 〈보기〉에서 있는 대로 고른 것은?

〈 보기 〉
ㄱ. C 해역에서 표층 해류는 남쪽 방향으로 흐른다.
ㄴ. B 해역에는 쿠로시오 해류가 흐른다.
ㄷ. 수온만을 고려할 때, (나)에서 표층 해수의 용존 산소량은 D 해역에서가 A 해역에서보다 많다.

① ㄱ   ② ㄴ   ③ ㄱ, ㄷ   ④ ㄴ, ㄷ   ⑤ ㄱ, ㄴ, ㄷ

17

그림은 7월의 지표 부근의 평년 풍향 분포를 나타낸 것이다.

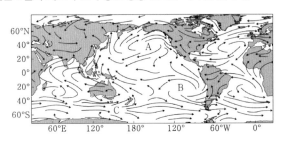

이 자료에 대한 설명으로 옳은 것만을 〈보기〉에서 있는 대로 고른 것은?

〈보기〉
ㄱ. A 지역의 고기압은 해들리 순환의 하강으로 생성된다.
ㄴ. B 지역에는 저기압이 위치한다.
ㄷ. C 지역에는 남극 순환류가 흐른다.

① ㄱ ② ㄴ ③ ㄱ, ㄷ ④ ㄴ, ㄷ ⑤ ㄱ, ㄴ, ㄷ

18

그림은 1월과 7월의 지표 부근의 평년 바람 분포 중 하나를 나타낸 것이다. A, B, C는 주요 표층 해류가 흐르는 해역이다.

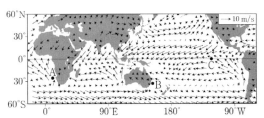

이에 대한 설명으로 옳은 것만을 〈보기〉에서 있는 대로 고른 것은? [3점]

〈보기〉
ㄱ. 이 평년 바람 분포는 1월에 해당한다.
ㄴ. A와 B의 표층 해류는 모두 고위도 방향으로 흐른다.
ㄷ. C에서는 대기 대순환에 의해 표층 해수가 수렴한다.

① ㄱ ② ㄴ ③ ㄷ ④ ㄱ, ㄴ ⑤ ㄱ, ㄷ

19

그림은 표층 해류가 흐르는 해역 A, B, C의 위치와 대기 대순환에 의해 지표면에서 부는 바람을 나타낸 것이다. ㉠과 ㉡은 각각 중위도 고압대와 한대 전선대 중 하나이다.

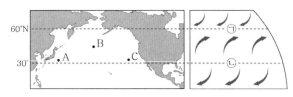

이에 대한 옳은 설명만을 〈보기〉에서 있는 대로 고른 것은?

〈보기〉
ㄱ. 중위도 고압대는 ㉠이다.
ㄴ. 수온만을 고려할 때, 표층에서 산소의 용해도는 A에서보다 C에서 높다.
ㄷ. B에 흐르는 해류는 편서풍의 영향으로 형성된다.

① ㄴ ② ㄷ ③ ㄱ, ㄴ ④ ㄱ, ㄷ ⑤ ㄴ, ㄷ

20

다음은 붉은바다거북의 생애와 이동 경로에 대한 설명이다.

붉은바다거북은 오스트레일리아 해변에서 부화한 후 이동 과정에서 ㉠남태평양 아열대 순환을 이용한다. ㉡동오스트레일리아 해류를 이용하여 남쪽으로 이동하고 남태평양을 횡단하여 남아메리카 연안에서 성장한다. 이후 산란을 위해 해류를 이용하여 다시 오스트레일리아 해변으로 돌아온다.

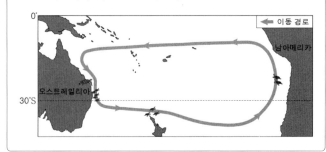

이에 대한 설명으로 옳은 것만을 〈보기〉에서 있는 대로 고른 것은?

〈보기〉
ㄱ. ㉠의 방향은 시계 방향이다.
ㄴ. ㉡은 저위도의 열에너지를 고위도로 수송한다.
ㄷ. 붉은바다거북이 남아메리카에서 오스트레일리아로 돌아올 때 남적도 해류를 이용한다.

① ㄱ ② ㄴ ③ ㄱ, ㄷ ④ ㄴ, ㄷ ⑤ ㄱ, ㄴ, ㄷ

21

그림은 어느 해 태평양에서 유실된 컨테이너에 실려 있던 운동화가 발견된 지점과 표층 해류 A와 B의 일부를 나타낸 것이다.
이에 대한 설명으로 옳은 것만을 〈보기〉에서 있는 대로 고른 것은? [3점]

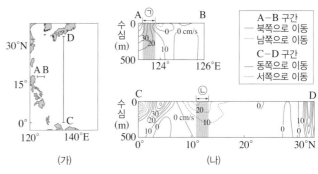

〈 보기 〉
ㄱ. A는 편서풍의 영향을 받는다.
ㄴ. B는 아열대 순환의 일부이다.
ㄷ. 북아메리카 해안에서 발견된 운동화는 북태평양 해류의 영향을 받았다.

① ㄱ   ② ㄴ   ③ ㄱ, ㄷ   ④ ㄴ, ㄷ   ⑤ ㄱ, ㄴ, ㄷ

22

그림 (가)는 북태평양 아열대 순환을 구성하는 표층 해류가 흐르는 해역 A, B, C를, (나)는 A, B, C에서 동일한 시기에 측정한 수온과 염분 자료를 나타낸 것이다. ㉠, ㉡, ㉢은 각각 A, B, C에서 측정한 자료 중 하나이다.

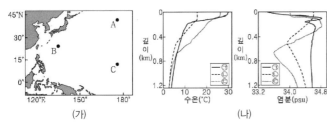

(가)   (나)

이 자료에 대한 설명으로 옳지 않은 것은?

① A에는 북태평양 해류가 흐른다.
② ㉠은 C에서 측정한 자료이다.
③ 표면 해수의 염분은 B에서 가장 높다.
④ C에 흐르는 표층 해류는 무역풍의 영향을 받는다.
⑤ 혼합층의 두께는 C보다 A에서 두껍다.

23

그림 (가)는 북태평양 해역의 일부를, (나)는 (가)의 A－B 구간과 C－D 구간에서의 수심에 따른 해류의 평균 유속과 방향을 나타낸 것이다.

이에 대한 설명으로 옳은 것만을 〈보기〉에서 있는 대로 고른 것은? [3점]

〈 보기 〉
ㄱ. ㉠ 구간에는 난류가 흐른다.
ㄴ. ㉡ 구간의 표층 해류는 무역풍의 영향을 받아 흐른다.
ㄷ. 북태평양에서 아열대 표층 순환의 방향은 시계 반대 방향이다.

① ㄱ   ② ㄷ   ③ ㄱ, ㄴ   ④ ㄴ, ㄷ   ⑤ ㄱ, ㄴ, ㄷ

24

그림 (가)와 (나)는 어느 해 2월과 8월의 남태평양의 표층 수온을 순서 없이 나타낸 것이다. A와 B는 주요 표층 해류가 흐르는 해역이다.

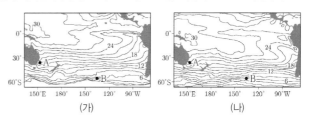

(가)   (나)

이에 대한 설명으로 옳은 것만을 〈보기〉에서 있는 대로 고른 것은?

〈 보기 〉
ㄱ. 8월에 해당하는 것은 (나)이다.
ㄴ. A에서 흐르는 해류는 고위도 방향으로 에너지를 이동시킨다.
ㄷ. B에서 흐르는 해류와 북태평양 해류의 방향은 반대이다.

① ㄱ   ② ㄴ   ③ ㄷ   ④ ㄱ, ㄴ   ⑤ ㄴ, ㄷ

25

그림 (가)는 태평양의 해역 A, B, C를, (나)는 이 세 해역에서 관측한 수온과 염분을 수온-염분도에 ㉠, ㉡, ㉢으로 순서 없이 나타낸 것이다.

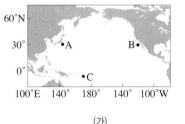
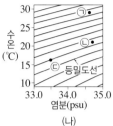

(가)   (나)

이에 대한 설명으로 옳은 것만을 〈보기〉에서 있는 대로 고른 것은?

─〈 보기 〉─
ㄱ. A의 관측값은 ㉡이다.
ㄴ. A, B, C 중 해수의 밀도가 가장 큰 해역은 B이다.
ㄷ. C에 흐르는 해류는 무역풍에 의해 형성된다.

① ㄱ   ② ㄷ   ③ ㄱ, ㄴ   ④ ㄴ, ㄷ   ⑤ ㄱ, ㄴ, ㄷ

26

그림은 대서양의 표층 순환을 나타낸 것이다. A~D는 해류이다.

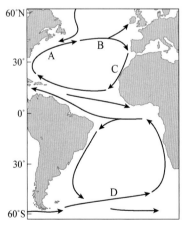

이에 대한 설명으로 옳은 것만을 〈보기〉에서 있는 대로 고른 것은?

─〈 보기 〉─
ㄱ. A는 한류, C는 난류이다.
ㄴ. B와 D는 편서풍의 영향을 받는다.
ㄷ. 아열대 표층 순환의 분포는 북반구와 남반구가 적도를 경계로 대칭적이다.

① ㄱ   ② ㄴ   ③ ㄱ, ㄷ   ④ ㄴ, ㄷ   ⑤ ㄱ, ㄴ, ㄷ

27

그림은 북극 상공에서 바라본 주요 표층 해류의 방향을 나타낸 것이다.
해역 A ~ D에 대한 옳은 설명만을 〈보기〉에서 있는 대로 고른 것은?

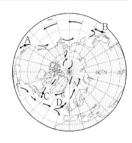

─〈 보기 〉─
ㄱ. 표층 염분은 A에서가 B에서보다 낮다.
ㄴ. 표층 해수의 용존 산소량은 C에서가 D에서보다 적다.
ㄷ. D에는 주로 극동풍에 의해 형성된 해류가 흐른다.

① ㄱ   ② ㄴ   ③ ㄷ   ④ ㄱ, ㄴ   ⑤ ㄴ, ㄷ

28

그림은 어느 해 여름철에 관측한 우리나라 주변 표층 해류의 평균 속력과 이동 방향을 나타낸 것이다.

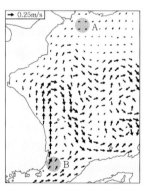

이에 대한 설명으로 옳은 것만을 〈보기〉에서 있는 대로 고른 것은?

─〈 보기 〉─
ㄱ. A 해역에서는 한류, B 해역에서는 난류가 흐른다.
ㄴ. B 해역에서 해류는 여름철이 겨울철보다 대체로 강하게 흐른다.
ㄷ. 겨울철 B 해역에 흐르는 해류는 주변 대기로 열을 공급한다.

① ㄱ   ② ㄷ   ③ ㄱ, ㄴ   ④ ㄴ, ㄷ   ⑤ ㄱ, ㄴ, ㄷ

29

그림은 우리나라 주변의 해류를 나타낸 것이다. A, B, C는 각각 동한 난류, 북한 한류, 쿠로시오 해류 중 하나이다.

이에 대한 설명으로 옳은 것만을 〈보기〉에서 있는 대로 고른 것은?

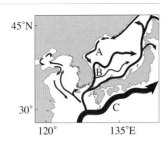

─〈 보기 〉─
ㄱ. A는 북한 한류이다.
ㄴ. 동해에서는 A와 B가 만나 조경 수역이 형성된다.
ㄷ. C는 북태평양 아열대 순환의 일부이다.

① ㄱ   ② ㄴ   ③ ㄱ, ㄷ   ④ ㄴ, ㄷ   ⑤ ㄱ, ㄴ, ㄷ

31

다음은 동한 난류, 북한 한류, 대마 난류의 특징을 순서 없이 정리한 것이다.

해류	특징
(가)	북한의 동쪽 연안을 따라 남쪽으로 흐르는 해류이며, 폭이 좁다.
(나)	한국의 동해안을 따라서 북쪽으로 흐르는 해류이다.
(다)	대한 해협을 통해서 동해로 들어오는 해류로 쿠로시오 해류로부터 유래한다.

이에 대한 설명으로 옳은 것만을 〈보기〉에서 있는 대로 고른 것은?

─〈 보기 〉─
ㄱ. (가)와 (나)가 만나는 해역에는 조경 수역이 나타난다.
ㄴ. (나)는 겨울철보다 여름철에 강하게 나타난다.
ㄷ. 동일 위도에서 용존 산소량은 (가)가 (다)보다 적다.

① ㄱ   ② ㄷ   ③ ㄱ, ㄴ   ④ ㄴ, ㄷ   ⑤ ㄱ, ㄴ, ㄷ

30 대표문제

그림 (가)와 (나)는 서로 다른 계절에 관측된 우리나라 주변 표층 해류의 평균 속력과 이동 방향을 나타낸 것이다.

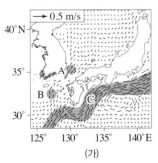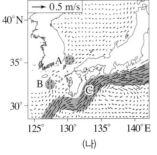

이 자료에 대한 설명으로 옳은 것만을 〈보기〉에서 있는 대로 고른 것은?

─〈 보기 〉─
ㄱ. (가)와 (나)의 평균 속력 차는 해역 A보다 B에서 크다.
ㄴ. 동한 난류의 평균 속력은 (나)보다 (가)가 빠르다.
ㄷ. 해역 C에 흐르는 해류는 북태평양 아열대 순환의 일부이다.

① ㄱ   ② ㄴ   ③ ㄷ   ④ ㄱ, ㄴ   ⑤ ㄴ, ㄷ

32

그림은 대기 대순환에 의해 지표 부근에서 부는 바람의 남북 방향과 동서 방향의 연평균 풍속을 ㉠과 ㉡으로 순서 없이 나타낸 것이다. (+)는 남풍과 서풍, (−)는 북풍과 동풍에 해당한다.

이에 대한 설명으로 옳은 것만을 〈보기〉에서 있는 대로 고른 것은? [3점]

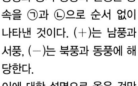

─〈 보기 〉─
ㄱ. ㉠은 남북 방향의 연평균 풍속이다.
ㄴ. A의 해역에는 멕시코 만류가 흐른다.
ㄷ. B에서는 대기 대순환의 직접 순환이 나타난다.

① ㄱ   ② ㄴ   ③ ㄷ   ④ ㄱ, ㄴ   ⑤ ㄱ, ㄷ

한눈에 정리하는
평가원 기출 경향

주제 \ 학년도	2025	2024

해수의 심층 순환
- 심층 순환 발생

03 대표 문제　　2024학년도 9월 모평 지 4번

다음은 심층 순환을 일으키는 요인 중 일부를 알아보기 위한 실험이다.

[실험 목표]
○ 해수의 (㉠)에 따른 밀도 차에 의해 심층 순환이 발생할 수 있음을 설명할 수 있다.

[실험 과정]
(가) 위와 아래에 각각 구멍이 뚫린 칸막이를 준비한다.
(나) 칸막이의 구멍을 필름으로 막은 후, 칸막이로 수조를 A 칸과 B 칸으로 분리한다.
(다) 염분이 35 psu이고 수온이 20℃인 동일한 양의 소금물을 A와 B에 넣고, 각각 서로 다른 색의 잉크로 착색한다.
(라) 그림과 같이 A와 B에 각각 얼음물과 뜨거운 물이 담긴 비커를 설치한다.
(마) 칸막이의 필름을 제거하고 소금물의 이동을 관찰한다.

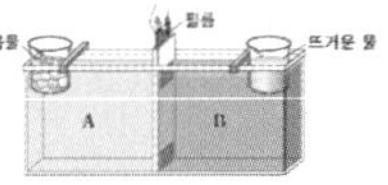

[실험 결과]
○ 아래쪽의 구멍을 통해 (㉡)의 소금물은 (㉢) 쪽으로 이동한다.

이에 대한 설명으로 옳은 것만을 〈보기〉에서 있는 대로 고른 것은?

〈보기〉
ㄱ. '수온 변화'는 ㉠에 해당한다.
ㄴ. A는 고위도 해역에 해당한다.
ㄷ. A는 ㉡, B는 ㉢에 해당한다.

① ㄱ　② ㄷ　③ ㄱ, ㄴ　④ ㄴ, ㄷ　⑤ ㄱ, ㄴ, ㄷ

빈출

해수의 심층 순환
- 대서양의 심층 순환

21 대표 문제　　2024학년도 수능 지Ⅰ 3번

그림 (가)는 대서양 심층 순환의 일부를 나타낸 것이고, (나)는 수온 - 염분도에 수괴 A, B, C의 물리량을 ㉠, ㉡, ㉢으로 순서 없이 나타낸 것이다. A, B, C는 각각 남극 저층수, 남극 중층수, 북대서양 심층수 중 하나이다.

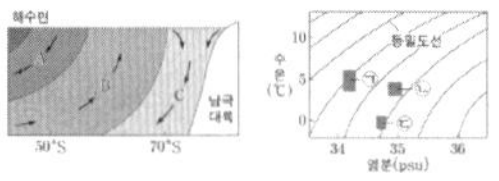

이에 대한 설명으로 옳은 것만을 〈보기〉에서 있는 대로 고른 것은? [3점]

〈보기〉
ㄱ. A의 물리량은 ㉠이다.
ㄴ. B는 A와 C가 혼합하여 형성된다.
ㄷ. C는 심층 해수에 산소를 공급한다.

① ㄱ　② ㄴ　③ ㄷ　④ ㄱ, ㄴ　⑤ ㄱ, ㄷ

08 대표 문제　　2024학년도 6월 모평 지Ⅰ 3번

그림은 해수의 심층 순환을 나타낸 모식도이다. A와 B는 각각 표층 해류와 심층 해류 중 하나이다.

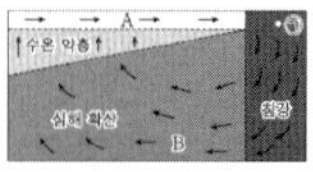

이에 대한 설명으로 옳은 것만을 〈보기〉에서 있는 대로 고른 것은? [3점]

〈보기〉
ㄱ. A에 의해 에너지가 수송된다.
ㄴ. ㉠ 해역에서 해수가 침강하여 심해층에 산소를 공급한다.
ㄷ. 평균 이동 속력은 A가 B보다 느리다.

① ㄱ　② ㄴ　③ ㄷ　④ ㄱ, ㄴ　⑤ ㄱ, ㄷ

해수의 표층 순환과 심층 순환

2023

20
2023학년도 수능 지Ⅰ 12번

그림 (가)와 (나)는 어느 해역의 수온과 염분 분포를 각각 나타낸 것이고, (다)는 수온-염분도이다. A, B, C는 수온과 염분이 서로 다른 해수이고, ㉠과 ㉡은 이 해역의 서로 다른 수괴이다.

이 자료에 대한 설명으로 옳은 것만을 〈보기〉에서 있는 대로 고른 것은?

─〈보기〉─
ㄱ. B는 ㉡에 해당한다.
ㄴ. A와 B의 수온에 의한 밀도 차는 A와 B의 염분에 의한 밀도 차보다 크다.
ㄷ. C의 수괴가 서쪽으로 이동하면, C의 수괴는 B의 수괴 아래쪽으로 이동한다.

① ㄱ   ② ㄴ   ③ ㄱ, ㄷ   ④ ㄴ, ㄷ   ⑤ ㄱ, ㄴ, ㄷ

10
2023학년도 6월 모평 지Ⅰ 17번

그림은 대서양의 수온과 염분 분포를, 표는 수괴 A, B, C의 평균 수온과 염분을 나타낸 것이다. A, B, C는 남극 저층수, 남극 중층수, 북대서양 심층수를 순서 없이 나타낸 것이다.

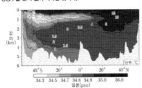

수괴	평균 수온(℃)	평균 염분(psu)
A	2.5	34.9
B	0.4	34.7
C		34.3

이 자료에 대한 설명으로 옳은 것만을 〈보기〉에서 있는 대로 고른 것은? [3점]

─〈보기〉─
ㄱ. A는 북대서양 심층수이다.
ㄴ. 평균 밀도는 A가 C보다 작다.
ㄷ. B는 주로 남쪽으로 이동한다.

① ㄱ   ② ㄴ   ③ ㄱ, ㄷ   ④ ㄴ, ㄷ   ⑤ ㄱ, ㄴ, ㄷ

2022~2019

11
2021학년도 9월 모평 지Ⅰ 16번

그림은 대서양 심층 순환의 일부를 모식적으로 나타낸 것이다. 수괴 A, B, C는 각각 북대서양 심층수, 남극 저층수, 남극 중층수 중 하나이다. 이에 대한 설명으로 옳은 것만을 〈보기〉에서 있는 대로 고른 것은?

─〈보기〉─
ㄱ. 침강하는 해수의 밀도는 A가 C보다 작다.
ㄴ. B는 형성된 곳에서 ㉠ 지점까지 도달하는 데 걸리는 시간이 1년보다 짧다.
ㄷ. C는 표층 해수에서 (증발량 - 강수량) 값의 감소에 의한 밀도 변화로 형성된다.

① ㄱ   ② ㄴ   ③ ㄱ, ㄷ   ④ ㄴ, ㄷ   ⑤ ㄱ, ㄴ, ㄷ

09
2022학년도 9월 모평 지Ⅰ 3번

그림은 대서양의 심층 순환을 나타낸 것이다. 수괴 A, B, C는 각각 남극 저층수, 남극 중층수, 북대서양 심층수 중 하나이다. 이에 대한 설명으로 옳은 것만을 〈보기〉에서 있는 대로 고른 것은? [3점]

─〈보기〉─
ㄱ. A는 남극 저층수이다.
ㄴ. 밀도는 C가 A보다 크다.
ㄷ. 빙하가 녹은 물이 해역 P에 유입되면 B의 흐름은 강해질 것이다.

① ㄱ   ② ㄴ   ③ ㄷ   ④ ㄱ, ㄷ   ⑤ ㄴ, ㄷ

05
2021학년도 6월 모평 지Ⅰ 4번

다음은 해수의 염분에 영향을 미치는 요인을 알아보기 위한 실험이다.

[실험 과정]
(가) 염분이 34.5 psu인 소금물 900 mL를 만들고, 3개의 비커에 각각 300 mL씩 나눠 담는다.
(나) 각 비커의 소금물에 다음과 같이 각각 다른 과정을 수행한다.

과정	실험 방법
A	증류수 100 mL를 넣어 섞는다.
B	10분간 가열하여 증발시킨다.
C	표층이 얼음으로 덮일 정도까지 천천히 얼린다.

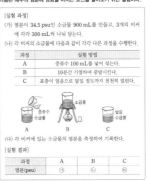

(다) 각 비커에 있는 소금물의 염분을 측정하여 기록한다.

[실험 결과]

과정	A	B	C
염분(psu)	㉠	㉡	㉢

이에 대한 설명으로 옳은 것만을 〈보기〉에서 있는 대로 고른 것은? [3점]

─〈보기〉─
ㄱ. 담수의 유입에 의한 염분 변화를 알아보기 위한 과정은 A에 해당한다.
ㄴ. 실험 결과에서 34.5보다 큰 값은 ㉡과 ㉢이다.
ㄷ. 남극 저층수가 형성되는 과정은 C에 해당한다.

① ㄱ   ② ㄴ   ③ ㄱ, ㄷ   ④ ㄴ, ㄷ   ⑤ ㄱ, ㄴ, ㄷ

14
2021학년도 수능 지Ⅰ 13번

그림은 북대서양 심층 순환의 세기 변화를 시간에 따라 나타낸 것이다.

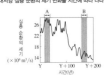

A 시기와 비교할 때, B 시기의 북대서양 심층 순환과 관련된 설명으로 옳은 것만을 〈보기〉에서 있는 대로 고른 것은? [3점]

─〈보기〉─
ㄱ. 북대서양 심층수가 형성되는 해역에서 침강이 약하다.
ㄴ. 북대서양에서 고위도로 이동하는 표층 해류의 흐름이 강하다.
ㄷ. 북대서양에서 저위도와 고위도의 표층 수온 차가 크다.

① ㄱ   ② ㄴ   ③ ㄴ, ㄷ   ④ ㄱ, ㄷ   ⑤ ㄱ, ㄴ, ㄷ

24 대표문제
2022학년도 6월 모평 지Ⅰ 11번

그림은 심층 해수의 연령 분포를 나타낸 것이다. 심층 해수의 연령은 해수가 표층에서 침강한 이후부터 현재까지 경과한 시간을 의미한다.

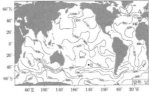

이 자료에 대한 설명으로 옳은 것만을 〈보기〉에서 있는 대로 고른 것은?

─〈보기〉─
ㄱ. 심층 해수의 평균 연령은 북태평양이 북대서양보다 많다.
ㄴ. A 해역에는 표층 해수가 침강하는 곳이 있다.
ㄷ. B에는 저위도로 흐르는 심층 해수가 있다.

① ㄱ   ② ㄷ   ③ ㄱ, ㄴ   ④ ㄴ, ㄷ   ⑤ ㄱ, ㄴ, ㄷ

23
2021학년도 6월 모평 지Ⅰ 10번

그림 (가)는 대서양의 해수 순환의 모식도를, (나)는 ㉠과 ㉡에서 형성되는 각각의 수괴를 수온-염분도에 A와 B로 순서 없이 나타낸 것이다.

이에 대한 설명으로 옳은 것만을 〈보기〉에서 있는 대로 고른 것은? [3점]

─〈보기〉─
ㄱ. ㉡에서 형성되는 수괴는 A에 해당한다.
ㄴ. A와 B는 심층 해수에 산소를 공급한다.
ㄷ. 심층 순환은 표층 순환보다 느리다.

① ㄱ   ② ㄴ   ③ ㄱ, ㄷ   ④ ㄴ, ㄷ   ⑤ ㄱ, ㄴ, ㄷ

01

다음은 심층수 형성에 빙하가 녹은 물의 유입이 미치는 영향을 알아보기 위한 실험이다.

[실험 과정]
(가) 수조에 ㉠ 수온이 10℃, 염분이 34 psu인 소금물을 넣는다.
(나) 비커 A에 ㉡ 수온이 10℃, 염분이 36 psu인 소금물 200 g을 만들고, 비커 B에는 10℃인 증류수 50 g에 조각 얼음 50 g을 넣어 녹인다.
(다) A와 B에 서로 다른 색의 잉크를 몇 방울 떨어뜨린다.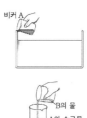
(라) A의 소금물 100 g을 수조의 한쪽 벽을 타고 내려가게 천천히 부으면서 수조 안을 관찰한다.
(마) 비커 C에 A의 소금물 100 g과 B의 물 100 g을 넣고 섞는다.
(바) C의 소금물을 수조의 반대쪽 벽을 타고 내려가게 천천히 부으면서 수조 안을 관찰한다.

[실험 결과]
○ (라): A의 소금물이 수조 바닥으로 가라앉았다.
○ (바): C의 소금물이 (ⓐ)

[실험 해석]
○ 소금물의 밀도는 C가 A보다 ( )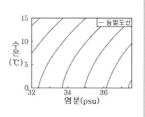
○ 이 실험 결과는 '심층수 형성 장소에 빙하가 녹은 물이 유입되면, 심층수의 형성이 (ⓑ)'는 것을 나타낸다.

이에 대한 설명으로 옳은 것만을 ⟨보기⟩에서 있는 대로 고른 것은? [3점]

⟨ 보기 ⟩
ㄱ. 밀도는 ㉠이 ㉡보다 작다.
ㄴ. '수조 밑으로 가라앉아 A의 소금물 아래쪽으로 파고든다.'는 ⓐ에 해당한다.
ㄷ. '활발해진다.'는 ⓑ에 해당한다.

① ㄱ   ② ㄴ   ③ ㄱ, ㄷ   ④ ㄴ, ㄷ   ⑤ ㄱ, ㄴ, ㄷ

02

다음은 심층 순환의 형성 원리를 알아보기 위한 실험이다.

[실험 과정]
(가) 수온과 염분이 다른 소금물 A, B, C를 준비한 후 서로 다른 색의 잉크를 떨어뜨린다.

소금물	수온(℃)	염분(psu)
A	5	34
B	20	34
C	2	38

(나) 칸막이가 있는 수조의 한쪽 칸에는 A를, 다른 쪽 칸에는 B를 같은 높이로 채운다.
(다) 바닥에 구멍을 뚫은 종이컵을 그림과 같이 수면 바로 위에 오도록 하여 수조의 가장자리에 부착한다.
(라) 칸막이를 열고 A와 B의 이동을 관찰한다.
(마) C를 종이컵에 서서히 부으면서 C의 이동을 관찰한다.

[실험 결과]

과정	결과
(라)	A는 B의 (㉠)으로/로 이동한다.
(마)	C는 수조의 가장 아래로 이동한다.

이에 대한 설명으로 옳은 것만을 ⟨보기⟩에서 있는 대로 고른 것은?

⟨ 보기 ⟩
ㄱ. '아래'는 ㉠에 해당한다.
ㄴ. 과정 (라)는 염분이 같을 때 수온이 해수의 밀도에 미치는 영향을 알아보기 위한 것이다.
ㄷ. 밀도는 A, B, C 중 C가 가장 크다.

① ㄱ   ② ㄴ   ③ ㄱ, ㄷ   ④ ㄴ, ㄷ   ⑤ ㄱ, ㄴ, ㄷ

03 대표문제

다음은 심층 순환을 일으키는 요인 중 일부를 알아보기 위한 실험이다.

[실험 목표]

○ 해수의 (㉠)에 따른 밀도 차에 의해 심층 순환이 발생할 수 있음을 설명할 수 있다.

[실험 과정]

(가) 위와 아래에 각각 구멍이 뚫린 칸막이를 준비한다.

(나) 칸막이의 구멍을 필름으로 막은 후, 칸막이로 수조를 A 칸과 B 칸으로 분리한다.

(다) 염분이 35 psu이고 수온이 20 ℃인 동일한 양의 소금물을 A와 B에 넣고, 각각 서로 다른 색의 잉크로 착색한다.

(라) 그림과 같이 A와 B에 각각 얼음물과 뜨거운 물이 담긴 비커를 설치한다.

(마) 칸막이의 필름을 제거하고 소금물의 이동을 관찰한다.

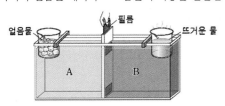

[실험 결과]

○ 아래쪽의 구멍을 통해 (㉡)의 소금물은 (㉢) 쪽으로 이동한다.

이에 대한 설명으로 옳은 것만을 〈보기〉에서 있는 대로 고른 것은?

〈 보기 〉

ㄱ. '수온 변화'는 ㉠에 해당한다.

ㄴ. A는 고위도 해역에 해당한다.

ㄷ. A는 ㉡, B는 ㉢에 해당한다.

① ㄱ   ② ㄷ   ③ ㄱ, ㄴ   ④ ㄴ, ㄷ   ⑤ ㄱ, ㄴ, ㄷ

04

다음은 심층 순환의 형성 원리를 알아보기 위한 탐구이다.

[탐구 과정]

(가) 수조에 ㉠ 20 ℃의 증류수를 넣는다.

(나) 비커 A와 B에 각각 10 ℃의 증류수 500 g을 넣는다.

(다) A에는 소금 17 g을, B에는 소금 (㉡) g을 녹인다.

(라) A와 B에 각각 서로 다른 색의 잉크를 몇 방울 떨어뜨린다.

(마) 그림과 같이 A와 B의 소금물을 수조의 양 끝에서 동시에 천천히 부으면서 수조 안을 관찰한다.

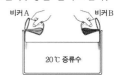

[탐구 결과]

○ A와 B의 소금물이 수조 바닥으로 가라앉아 이동하다가 만나서 A의 소금물이 B의 소금물 아래로 이동한다.

이에 대한 옳은 설명만을 〈보기〉에서 있는 대로 고른 것은?

〈 보기 〉

ㄱ. (다)에서 A의 소금물은 염분이 34 psu보다 작다.

ㄴ. ㉡은 17보다 작다.

ㄷ. ㉠을 10 ℃의 증류수로 바꾸어 실험하면 A와 B의 소금물이 수조 바닥으로 가라앉는 속도는 더 빠를 것이다.

① ㄱ   ② ㄷ   ③ ㄱ, ㄴ   ④ ㄴ, ㄷ   ⑤ ㄱ, ㄴ, ㄷ

다음은 해수의 염분에 영향을 미치는 요인을 알아보기 위한 실험이다.

[실험 과정]

(가) 염분이 34.5 psu인 소금물 900 mL를 만들고, 3개의 비커에 각각 300 mL씩 나눠 담는다.

(나) 각 비커의 소금물에 다음과 같이 각각 다른 과정을 수행한다.

과정	실험 방법
A	증류수 100 mL를 넣어 섞는다.
B	10분간 가열하여 증발시킨다.
C	표층이 얼음으로 덮일 정도까지 천천히 얼린다.

      A   B   C

(다) 각 비커에 있는 소금물의 염분을 측정하여 기록한다.

[실험 결과]

과정	A	B	C
염분(psu)	㉠	㉡	㉢

이에 대한 설명으로 옳은 것만을 〈보기〉에서 있는 대로 고른 것은? [3점]

〈 보기 〉

ㄱ. 담수의 유입에 의한 염분 변화를 알아보기 위한 과정은 A에 해당한다.

ㄴ. 실험 결과에서 34.5보다 큰 값은 ㉡과 ㉢이다.

ㄷ. 남극 저층수가 형성되는 과정은 C에 해당한다.

① ㄱ   ② ㄴ   ③ ㄱ, ㄷ   ④ ㄴ, ㄷ   ⑤ ㄱ, ㄴ, ㄷ

그림은 남대서양의 수괴 A, B, C와 염분 분포를 나타낸 것이다. A, B, C는 각각 남극 저층수, 남극 중층수, 북대서양 심층수 중 하나이다.

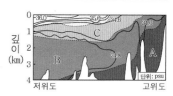

이에 대한 설명으로 옳은 것만을 〈보기〉에서 있는 대로 고른 것은?

〈 보기 〉

ㄱ. A는 주로 북쪽으로 흐른다.

ㄴ. 평균 밀도는 A가 C보다 크다.

ㄷ. 평균 이동 속력은 B가 표층 해류보다 빠르다.

① ㄴ   ② ㄷ   ③ ㄱ, ㄴ   ④ ㄱ, ㄷ   ⑤ ㄴ, ㄷ

그림은 대서양의 심층 순환과 두 해역 A와 B의 위치를 나타낸 것이다.

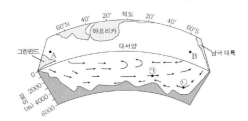

이에 대한 옳은 설명만을 〈보기〉에서 있는 대로 고른 것은?

〈 보기 〉

ㄱ. A 해역에서는 해수의 용승이 침강보다 우세하다.

ㄴ. B 해역에서 표층 해류는 서쪽으로 흐른다.

ㄷ. 해수의 밀도는 ㉠ 지점이 ㉡ 지점보다 작다.

① ㄱ   ② ㄷ   ③ ㄱ, ㄴ   ④ ㄴ, ㄷ   ⑤ ㄱ, ㄴ, ㄷ

08 대표문제

그림은 해수의 심층 순환을 나타낸 모식도이다. A와 B는 각각 표층 해류와 심층 해류 중 하나이다.

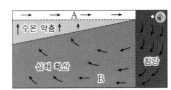

이에 대한 설명으로 옳은 것만을 〈보기〉에서 있는 대로 고른 것은? [3점]

〈보기〉
ㄱ. A에 의해 에너지가 수송된다.
ㄴ. ㉠ 해역에서 해수가 침강하여 심해층에 산소를 공급한다.
ㄷ. 평균 이동 속력은 A가 B보다 느리다.

① ㄱ ② ㄴ ③ ㄷ ④ ㄱ, ㄴ ⑤ ㄱ, ㄷ

09

그림은 대서양의 심층 순환을 나타낸 것이다. 수괴 A, B, C 는 각각 남극 저층수, 남극 중층수, 북대서양 심층수 중 하나이다.
이에 대한 설명으로 옳은 것만을 〈보기〉에서 있는 대로 고른 것은? [3점]

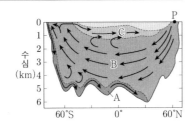

〈보기〉
ㄱ. A는 남극 저층수이다.
ㄴ. 밀도는 C가 A보다 크다.
ㄷ. 빙하가 녹은 물이 해역 P에 유입되면 B의 흐름은 강해질 것이다.

① ㄱ ② ㄴ ③ ㄷ ④ ㄱ, ㄷ ⑤ ㄴ, ㄷ

10

그림은 대서양의 수온과 염분 분포를, 표는 수괴 A, B, C의 평균 수온과 염분을 나타낸 것이다. A, B, C는 남극 저층수, 남극 중층수, 북대서양 심층수를 순서 없이 나타낸 것이다.

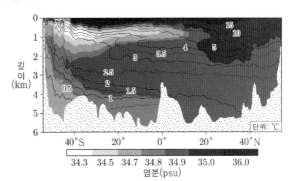

수괴	평균 수온(℃)	평균 염분(psu)
A	2.5	34.9
B	0.4	34.7
C	( )	34.3

이 자료에 대한 설명으로 옳은 것만을 〈보기〉에서 있는 대로 고른 것은? [3점]

〈보기〉
ㄱ. A는 북대서양 심층수이다.
ㄴ. 평균 밀도는 A가 C보다 작다.
ㄷ. B는 주로 남쪽으로 이동한다.

① ㄱ ② ㄴ ③ ㄱ, ㄷ ④ ㄴ, ㄷ ⑤ ㄱ, ㄴ, ㄷ

16
일차

11

그림은 대서양 심층 순환의 일부를 모식적으로 나타낸 것이다. 수괴 A, B, C는 각각 북대서양 심층수, 남극 저층수, 남극 중층수 중 하나이다. 이에 대한 설명으로 옳은 것만을 〈보기〉에서 있는 대로 고른 것은?

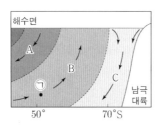

〈 보기 〉
ㄱ. 침강하는 해수의 밀도는 A가 C보다 작다.
ㄴ. B는 형성된 곳에서 ㉠ 지점까지 도달하는 데 걸리는 시간이 1년보다 짧다.
ㄷ. C는 표층 해수에서 (증발량 − 강수량) 값의 감소에 의한 밀도 변화로 형성된다.

① ㄱ   ② ㄴ   ③ ㄱ, ㄷ   ④ ㄴ, ㄷ   ⑤ ㄱ, ㄴ, ㄷ

12

그림은 대서양 심층 순환의 일부를 나타낸 것이다. A, B, C는 각각 남극 저층수, 남극 중층수, 북대서양 심층수 중 하나이다. 이에 대한 설명으로 옳은 것만을 〈보기〉에서 있는 대로 고른 것은?

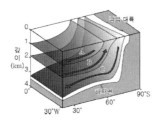

〈 보기 〉
ㄱ. A는 남극 중층수이다.
ㄴ. 해수의 밀도는 B보다 C가 크다.
ㄷ. C는 심해층에 산소를 공급한다.

① ㄱ   ② ㄷ   ③ ㄱ, ㄴ   ④ ㄴ, ㄷ   ⑤ ㄱ, ㄴ, ㄷ

13

표는 심층 순환을 이루는 수괴에 대한 설명을 나타낸 것이다. (가), (나), (다)는 각각 남극 저층수, 북대서양 심층수, 남극 중층수 중 하나이다.

구분	설명
(가)	해저를 따라 북쪽으로 이동하여 30°N에 이른다.
(나)	수심 1000 m 부근에서 20°N까지 이동한다.
(다)	수심 약 1500~4000 m 사이에서 60°S까지 이동한다.

이에 대한 설명으로 옳은 것만을 〈보기〉에서 있는 대로 고른 것은?

〈 보기 〉
ㄱ. (나)는 남극 대륙 주변의 웨델해에서 생성된다.
ㄴ. 평균 염분은 (가)가 (나)보다 높다.
ㄷ. 평균 밀도는 (가)가 (다)보다 크다.

① ㄱ   ② ㄴ   ③ ㄱ, ㄷ   ④ ㄴ, ㄷ   ⑤ ㄱ, ㄴ, ㄷ

14

그림은 북대서양 심층 순환의 세기 변화를 시간에 따라 나타낸 것이다.

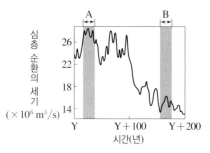

A 시기와 비교할 때, B 시기의 북대서양 심층 순환과 관련된 설명으로 옳은 것만을 〈보기〉에서 있는 대로 고른 것은? [3점]

〈 보기 〉
ㄱ. 북대서양 심층수가 형성되는 해역에서 침강이 약하다.
ㄴ. 북대서양에서 고위도로 이동하는 표층 해류의 흐름이 강하다.
ㄷ. 북대서양에서 저위도와 고위도의 표층 수온 차가 크다.

① ㄱ   ② ㄴ   ③ ㄱ, ㄷ   ④ ㄴ, ㄷ   ⑤ ㄱ, ㄴ, ㄷ

15

그림 (가)와 (나)는 남대서양의 수온과 염분 분포를 나타낸 것이다. A, B, C는 각각 남극 저층수, 남극 중층수, 북대서양 심층수 중 하나이다.

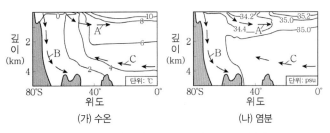

(가) 수온   (나) 염분

이에 대한 옳은 설명만을 〈보기〉에서 있는 대로 고른 것은?

〈 보기 〉
ㄱ. A가 표층에서 침강하는 데 미치는 영향은 염분이 수온보다 크다.
ㄴ. B는 북반구 해역의 심층에 도달한다.
ㄷ. A, B, C는 모두 저위도와 고위도의 에너지 불균형을 줄이는 역할을 한다.

① ㄱ   ② ㄴ   ③ ㄱ, ㄷ   ④ ㄴ, ㄷ   ⑤ ㄱ, ㄴ, ㄷ

17

그림은 대서양 어느 해역에서 깊이에 따라 측정한 수온과 염분을 심층 수괴의 분포와 함께 수온 – 염분도에 나타낸 것이다. A, B, C는 각각 북대서양 심층수, 남극 중층수, 남극 저층수 중 하나이다.

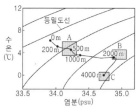

이에 대한 설명으로 옳은 것만을 〈보기〉에서 있는 대로 고른 것은?

〈 보기 〉
ㄱ. 평균 밀도는 A보다 C가 크다.
ㄴ. 이 해역의 깊이가 4000 m인 지점에는 남극 중층수가 존재한다.
ㄷ. 해수의 평균 이동 속도는 0~200 m보다 2000~4000 m에서 느리다.

① ㄱ   ② ㄴ   ③ ㄷ   ④ ㄱ, ㄷ   ⑤ ㄴ, ㄷ

16

그림 (가)와 (나)는 현재와 신생대 팔레오기의 대서양 심층 순환을 순서 없이 나타낸 것이다.

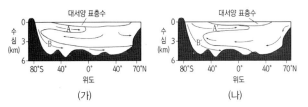

(가)   (나)

이에 대한 설명으로 옳은 것만을 〈보기〉에서 있는 대로 고른 것은? [3점]

〈 보기 〉
ㄱ. 지구의 평균 기온은 (나)일 때가 (가)일 때보다 높다.
ㄴ. (나)에서 해수의 평균 염분은 B′가 A′보다 높다.
ㄷ. B는 B′보다 북반구의 고위도까지 흐른다.

① ㄱ   ② ㄷ   ③ ㄱ, ㄴ   ④ ㄴ, ㄷ   ⑤ ㄱ, ㄴ, ㄷ

18

그림은 대서양에서 관측되는 수괴의 수온과 염분 분포를 나타낸 것이다. A~D는 북대서양 중앙 표층수, 남극 저층수, 북대서양 심층수, 남극 중층수를 순서 없이 나타낸 것이다.

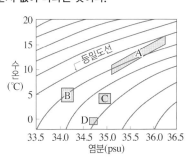

이에 대한 설명으로 옳은 것만을 〈보기〉에서 있는 대로 고른 것은?

〈 보기 〉
ㄱ. 수온 분포의 폭이 가장 큰 것은 A이다.
ㄴ. C는 그린란드 해역 주변에서 침강한다.
ㄷ. 평균 밀도는 D가 가장 크다.

① ㄱ   ② ㄷ   ③ ㄱ, ㄴ   ④ ㄴ, ㄷ   ⑤ ㄱ, ㄴ, ㄷ

19

그림은 남극 중층수, 북대서양 심층수, 남극 저층수를 각각 ㉠, ㉡, ㉢으로 순서 없이 수온－염분도에 나타낸 것이고, 표는 남대서양에 위치한 A, B 해역에서의 깊이에 따른 수온과 염분을 나타낸 것이다.

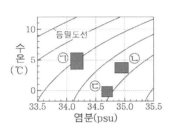

깊이 (m)	A 해역		B 해역	
	수온 (℃)	염분 (psu)	수온 (℃)	염분 (psu)
1000	3.8	34.2	0.3	34.6
2000	3.4	34.9	0.0	34.7
3000	3.1	34.9	−0.3	34.7

이에 대한 옳은 설명만을 〈보기〉에서 있는 대로 고른 것은? [3점]

─〈 보기 〉─
ㄱ. ㉠은 남극 저층수이다.
ㄴ. A의 3000 m 깊이에는 북대서양 심층수가 존재한다.
ㄷ. 위도는 A가 B보다 낮다.

① ㄱ ② ㄴ ③ ㄱ, ㄷ ④ ㄴ, ㄷ ⑤ ㄱ, ㄴ, ㄷ

20

그림 (가)와 (나)는 어느 해역의 수온과 염분 분포를 각각 나타낸 것이고, (다)는 수온－염분도이다. A, B, C는 수온과 염분이 서로 다른 해수이고, ㉠과 ㉡은 이 해역의 서로 다른 수괴이다.

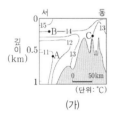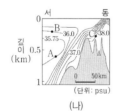

(가)   (나)   (다)

이 자료에 대한 설명으로 옳은 것만을 〈보기〉에서 있는 대로 고른 것은?

─〈 보기 〉─
ㄱ. B는 ㉡에 해당한다.
ㄴ. A와 B의 수온에 의한 밀도 차는 A와 B의 염분에 의한 밀도 차보다 크다.
ㄷ. C의 수괴가 서쪽으로 이동하면, C의 수괴는 B의 수괴 아래쪽으로 이동한다.

① ㄱ ② ㄴ ③ ㄱ, ㄷ ④ ㄴ, ㄷ ⑤ ㄱ, ㄴ, ㄷ

21 대표문제

그림 (가)는 대서양 심층 순환의 일부를 나타낸 것이고, (나)는 수온－염분도에 수괴 A, B, C의 물리량을 ㉠, ㉡, ㉢으로 순서 없이 나타낸 것이다. A, B, C는 각각 남극 저층수, 남극 중층수, 북대서양 심층수 중 하나이다.

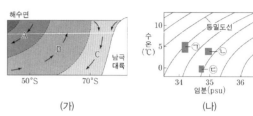

(가)   (나)

이에 대한 설명으로 옳은 것만을 〈보기〉에서 있는 대로 고른 것은? [3점]

─〈 보기 〉─
ㄱ. A의 물리량은 ㉠이다.
ㄴ. B는 A와 C가 혼합하여 형성된다.
ㄷ. C는 심층 해수에 산소를 공급한다.

① ㄱ ② ㄴ ③ ㄷ ④ ㄱ, ㄴ ⑤ ㄱ, ㄷ

22

그림 (가)는 대서양의 심층 순환을, (나)는 수온－염분도를 나타낸 것이다. (나)의 A, B, C는 각각 북대서양 심층수, 남극 중층수, 남극 저층수 중 하나이다.

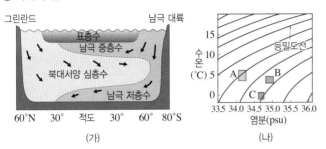

(가)　(나)

이 자료에 대한 옳은 설명만을 〈보기〉에서 있는 대로 고른 것은? [3점]

〈보기〉
ㄱ. A는 남극 중층수이다.

ㄴ. B는 침강한 후 대체로 북쪽으로 흐른다.

ㄷ. 남극 저층수는 북대서양 심층수보다 수온과 염분이 낮다.

① ㄱ　② ㄴ　③ ㄱ, ㄷ　④ ㄴ, ㄷ　⑤ ㄱ, ㄴ, ㄷ

23

그림 (가)는 대서양의 해수 순환의 모식도를, (나)는 ㉠과 ㉡에서 형성되는 각각의 수괴를 수온－염분도에 A와 B로 순서 없이 나타낸 것이다.

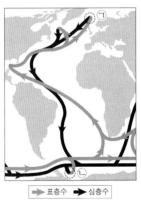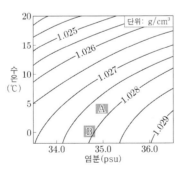

➡ 표층수　➡ 심층수

(가)　(나)

이에 대한 설명으로 옳은 것만을 〈보기〉에서 있는 대로 고른 것은? [3점]

〈보기〉
ㄱ. ㉡에서 형성되는 수괴는 A에 해당한다.

ㄴ. A와 B는 심층 해수에 산소를 공급한다.

ㄷ. 심층 순환은 표층 순환보다 느리다.

① ㄱ　② ㄴ　③ ㄱ, ㄷ　④ ㄴ, ㄷ　⑤ ㄱ, ㄴ, ㄷ

24 대표 문제

그림은 심층 해수의 연령 분포를 나타낸 것이다. 심층 해수의 연령은 해수가 표층에서 침강한 이후부터 현재까지 경과한 시간을 의미한다.

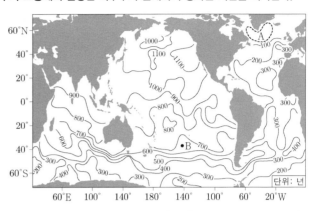

이 자료에 대한 설명으로 옳은 것만을 〈보기〉에서 있는 대로 고른 것은?

〈보기〉
ㄱ. 심층 해수의 평균 연령은 북태평양이 북대서양보다 많다.

ㄴ. A 해역에는 표층 해수가 침강하는 곳이 있다.

ㄷ. B에는 저위도로 흐르는 심층 해수가 있다.

① ㄱ　② ㄷ　③ ㄱ, ㄴ　④ ㄴ, ㄷ　⑤ ㄱ, ㄴ, ㄷ

25

그림은 북대서양 표층 순환과 심층 순환의 일부를 나타낸 것이다. A와 B는 각각 표층수와 심층수 중 하나이다.

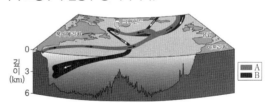

이에 대한 설명으로 옳은 것만을 〈보기〉에서 있는 대로 고른 것은?

〈보기〉
ㄱ. A는 표층수이다.

ㄴ. 해수의 평균 이동 속력은 A보다 B가 느리다.

ㄷ. 빙하가 녹은 물이 해역 ㉠에 유입되면 B의 흐름은 강해질 것이다.

① ㄱ　② ㄷ　③ ㄱ, ㄴ　④ ㄴ, ㄷ　⑤ ㄱ, ㄴ, ㄷ

26

그림 (가)는 대서양의 해수 순환을, (나)는 대서양 해수의 연직 순환을 나타낸 모식도이다. A, B, C는 각각 남극 저층수, 북대서양 심층수, 표층수 중 하나이다.

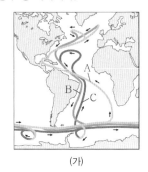 

(가)   (나)

이에 대한 옳은 설명만을 〈보기〉에서 있는 대로 고른 것은?

〈 보기 〉
ㄱ. 해수의 이동 속도는 A가 C보다 느리다.
ㄴ. B는 북대서양 심층수이다.
ㄷ. 해수의 평균 밀도는 B가 C보다 크다.

① ㄱ   ② ㄴ   ③ ㄱ, ㄷ   ④ ㄴ, ㄷ   ⑤ ㄱ, ㄴ, ㄷ

27

그림은 대서양 표층 순환과 심층 순환의 일부를 확대하여 나타낸 것이다. ㉠과 ㉡은 각각 표층수와 심층수 중 하나이다.

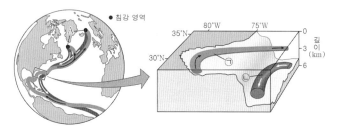

이에 대한 설명으로 옳은 것만을 〈보기〉에서 있는 대로 고른 것은?

〈 보기 〉
ㄱ. 해수의 밀도는 ㉠보다 ㉡이 크다.
ㄴ. 해수가 흐르는 평균 속력은 ㉠보다 ㉡이 빠르다.
ㄷ. A 해역에 빙하가 녹은 물이 유입되면 표층수의 침강은 강해진다.

① ㄱ   ② ㄴ   ③ ㄱ, ㄷ   ④ ㄴ, ㄷ   ⑤ ㄱ, ㄴ, ㄷ

28

그림은 북대서양의 해수 흐름과 침강 해역을 나타낸 것이다. A와 B는 각각 표층수와 심층수의 흐름 중 하나이다.

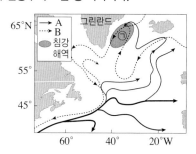

이 자료에 대한 설명으로 옳은 것만을 〈보기〉에서 있는 대로 고른 것은?

〈 보기 〉
ㄱ. A는 표층수의 흐름이다.
ㄴ. 유속은 A보다 B가 빠르다.
ㄷ. 그린란드에서 ㉠ 해역으로 빙하가 녹은 물이 유입되면 해수의 침강이 강해진다.

① ㄱ   ② ㄴ   ③ ㄱ, ㄷ   ④ ㄴ, ㄷ   ⑤ ㄱ, ㄴ, ㄷ

그림 (가)는 북대서양의 표층 순환과 심층 순환의 일부를, (나)는 고위도 해역에서 결빙이 일어날 때 해수의 움직임을 나타낸 것이다.

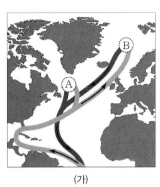 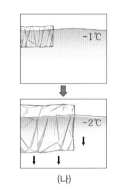

(가)   (나)

이에 대한 옳은 설명만을 〈보기〉에서 있는 대로 고른 것은?

〈 보기 〉
ㄱ. A와 B에서는 표층 해수의 침강이 일어난다.

ㄴ. (나)의 과정에서 빙하 주변 표층 해수의 밀도는 커진다.

ㄷ. A와 B에 빙하가 녹은 물이 유입되면 북대서양의 심층 순환이 강화될 것이다.

① ㄱ   ② ㄷ   ③ ㄱ, ㄴ   ④ ㄱ, ㄷ   ⑤ ㄴ, ㄷ

그림 (가)는 북대서양의 표층수와 심층수의 이동을, (나)는 대서양의 해수 순환을 나타낸 것이다. A, B, C는 각각 표층수, 남극 저층수, 북대서양 심층수 중 하나이다.

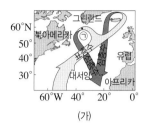 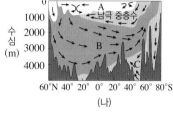

(가)   (나)

이에 대한 옳은 설명만을 〈보기〉에서 있는 대로 고른 것은?

〈 보기 〉
ㄱ. (가)의 심층수는 (나)의 B에 해당한다.

ㄴ. 해수의 평균 이동 속도는 A가 C보다 크다.

ㄷ. ㉠ 해역에서 표층수의 밀도가 현재보다 커지면 침강이 약해진다.

① ㄱ   ② ㄷ   ③ ㄱ, ㄴ   ④ ㄱ, ㄷ   ⑤ ㄴ, ㄷ

16
일차

한눈에 정리하는
평가원 기출 경향

주제 \ 학년도	2025	2024	2023
용승과 침강			
엘니뇨			
엘니뇨와 라니냐 - 대기 순환 - 표층 수온 편차 - 연직 수온 편차	**06** 대표 문제　2025학년도 6월 모평 지Ⅰ 15번 그림 (가)와 (나)는 태평양 적도 부근 해역에서 관측된 수온 편차 분포를 나타낸 것이다. (가)와 (나)는 각각 엘니뇨와 라니냐 시기 중 하나이며, 편차는 (관측값−평년값)이다. 이 자료에 대한 설명으로 옳은 것만을 〈보기〉에서 있는 대로 고른 것은? 〈보기〉 ㄱ. 워커 순환의 세기는 (가)가 (나)보다 강하다. ㄴ. 동태평양 적도 부근 해역에서 수온 약층이 나타나기 시작하는 깊이는 (가)가 (나)보다 깊다. ㄷ. 적도 부근에서 (동태평양 해면 기압−서태평양 해면 기압) 값은 (가)가 (나)보다 작다. ① ㄱ　② ㄴ　③ ㄱ, ㄷ　④ ㄴ, ㄷ　⑤ ㄱ, ㄴ, ㄷ		
엘니뇨와 라니냐 - 해수면 높이 - 수온 약층 깊이	**12** 대표 문제　2025학년도 9월 모평 지Ⅰ 12번 그림은 동태평양 적도 부근 해역에서 관측한 해수면의 높이 편차를 시간에 따라 나타낸 것이다. A와 B는 각각 엘니뇨 시기와 라니냐 시기 중 하나이고, 편차는 (관측값−평년값)이다. 이에 대한 설명으로 옳은 것만을 〈보기〉에서 있는 대로 고른 것은? 〈보기〉 ㄱ. 동태평양 적도 부근 해역의 용승은 A가 B보다 약하다. ㄴ. 서태평양 적도 부근 해역에서 A의 강수량 편차는 (+) 값이다. ㄷ. 적도 부근 해역에서 (동태평양 해면 기압 편차−서태평양 해면 기압 편차) 값은 A가 B보다 크다. ① ㄱ　② ㄴ　③ ㄷ　④ ㄱ, ㄴ　⑤ ㄴ, ㄷ		

---

03 대표 문제

그림은 동태평양 적도 부근 해역에서 A 시기와 B 시기에 관측한 구름의 양을 높이에 따라 나타낸 것이다. A와 B는 각각 엘니뇨 시기와 평상시 중 하나이다.

이에 대한 설명으로 옳은 것만을 〈보기〉에서 있는 대로 고른 것은?

〈 보기 〉
ㄱ. A는 엘니뇨 시기이다.
ㄴ. 서태평양 적도 부근 해역에서 상승 기류는 A가 B보다 활발하다.
ㄷ. 동태평양 적도 부근 해역에서 수온 약층이 나타나기 시작하는 깊이는 A가 B보다 얕다.

① ㄱ ② ㄴ ③ ㄱ, ㄷ ④ ㄴ, ㄷ ⑤ ㄱ, ㄴ, ㄷ

10

그림은 동태평양 적도 부근 해역에서 관측한 수온 편차 분포를 깊이에 따라 나타낸 것이다. (가)와 (나)는 각각 엘니뇨와 라니냐 시기 중 하나이다. 편차는 (관측값-평년값)이다.

이 해역에 대한 설명으로 옳은 것만을 〈보기〉에서 있는 대로 고른 것은? [3점]

〈 보기 〉
ㄱ. (가)는 엘니뇨 시기이다.
ㄴ. 용승은 (나)일 때가 (가)일 때보다 강하다.
ㄷ. (나)일 때 해수면의 높이 편차는 (-) 값이다.

① ㄱ ② ㄷ ③ ㄱ, ㄴ ④ ㄴ, ㄷ ⑤ ㄱ, ㄴ, ㄷ

04

그림은 태평양 적도 부근 해역에서의 대기 순환 모습을 나타낸 것이다. (가)와 (나)는 각각 엘니뇨와 라니냐 시기 중 하나이다.

이에 대한 설명으로 옳은 것만을 〈보기〉에서 있는 대로 고른 것은? [3점]

〈 보기 〉
ㄱ. 서태평양 적도 부근 무역풍의 세기는 (가)가 (나)보다 강하다.
ㄴ. 동태평양 적도 부근 해역의 용승은 (가)가 (나)보다 강하다.
ㄷ. (B 지점 해면 기압 - A 지점 해면 기압)의 값은 (가)가 (나)보다 크다.

① ㄱ ② ㄷ ③ ㄱ, ㄴ ④ ㄴ, ㄷ ⑤ ㄱ, ㄴ, ㄷ

05

그림 (가)는 북반구 여름철에 관측한 태평양 적도 부근 해역의 표층 수온 편차(관측값-평년값)를, (나)는 이 시기에 관측한 북서태평양 중위도 해역의 표층 수온 편차를 나타낸 것이다. 이 시기는 엘니뇨 시기와 라니냐 시기 중 하나이다.

-1.0 -0.5 0 +0.5 +1.0 +1.5 ℃

이 자료에 근거해서 평년과 비교할 때, 이 시기에 대한 설명으로 옳은 것만을 〈보기〉에서 있는 대로 고른 것은?

〈 보기 〉
ㄱ. 동태평양 적도 부근 연안에서는 가뭄이 심하다.
ㄴ. 서태평양 적도 해역에서는 상승 기류가 강하다.
ㄷ. 우리나라 주변 해역의 수온이 낮다.

① ㄱ ② ㄷ ③ ㄱ, ㄴ ④ ㄴ, ㄷ ⑤ ㄱ, ㄴ, ㄷ

13

표의 (가)와 (나)는 태평양 적도 부근 해역에서 관측된 해수면 높이 편차(관측값-평년값)와 엽록소 a 농도 분포를 엘니뇨 시기와 라니냐 시기로 구분하여 순서 없이 나타낸 것이다.

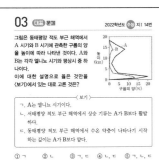

0.1 0.2 0.3 0.5 1 mg/m³

이에 대한 설명으로 옳은 것만을 〈보기〉에서 있는 대로 고른 것은? [3점]

〈 보기 〉
ㄱ. 무역풍의 세기는 (가)가 (나)보다 강하다.
ㄴ. 동태평양 적도 부근 해역의 따뜻한 해수층의 두께는 (가)가 (나)보다 두껍다.
ㄷ. A 해역의 엽록소 a 농도는 엘니뇨 시기가 라니냐 시기보다 높다.

① ㄱ ② ㄷ ③ ㄱ, ㄴ ④ ㄴ, ㄷ ⑤ ㄱ, ㄴ, ㄷ

01

그림은 우리나라에서 연안 용승이 발생한 A 해역의 위치와 3일간의 표층 수온 변화를 나타낸 것이다.

 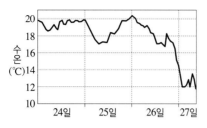

A 해역에 대한 옳은 설명만을 〈보기〉에서 있는 대로 고른 것은? [3점]

─〈 보기 〉─
ㄱ. 연안 용승은 24일보다 26일에 활발하였다.
ㄴ. 연안 용승이 일어나는 기간에는 북풍 계열의 바람이 우세하였다.
ㄷ. 표층 해수의 용존 산소량은 24일보다 26일에 대체로 높았을 것이다.

① ㄱ   ② ㄷ   ③ ㄱ, ㄴ   ④ ㄱ, ㄷ   ⑤ ㄴ, ㄷ

02

그림 (가)와 (나)는 평상시와 엘니뇨 발생 시기의 태평양 적도 해역 대기 순환을 순서 없이 나타낸 것이다.

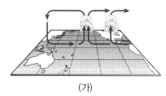 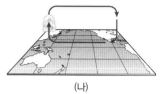

(가)   (나)

(가)보다 (나)일 때 큰 값을 갖는 것만을 〈보기〉에서 있는 대로 고른 것은? [3점]

─〈 보기 〉─
ㄱ. 무역풍의 세기
ㄴ. 동태평양 적도 해역의 강수량
ㄷ. 서태평양과 동태평양 적도 해역의 해수면 높이 차

① ㄱ   ② ㄴ   ③ ㄱ, ㄷ   ④ ㄴ, ㄷ   ⑤ ㄱ, ㄴ, ㄷ

03 대표 문제

그림은 동태평양 적도 부근 해역에서 A 시기와 B 시기에 관측한 구름의 양을 높이에 따라 나타낸 것이다. A와 B는 각각 엘니뇨 시기와 평상시 중 하나이다.
이에 대한 설명으로 옳은 것만을 〈보기〉에서 있는 대로 고른 것은?

 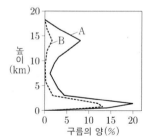

─〈 보기 〉─
ㄱ. A는 엘니뇨 시기이다.
ㄴ. 서태평양 적도 부근 해역에서 상승 기류는 A가 B보다 활발하다.
ㄷ. 동태평양 적도 부근 해역에서 수온 약층이 나타나기 시작하는 깊이는 A가 B보다 얕다.

① ㄱ   ② ㄴ   ③ ㄱ, ㄷ   ④ ㄴ, ㄷ   ⑤ ㄱ, ㄴ, ㄷ

04

그림은 태평양 적도 부근 해역에서의 대기 순환 모습을 나타낸 것이다. (가)와 (나)는 각각 엘니뇨와 라니냐 시기 중 하나이다.

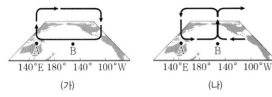

이에 대한 설명으로 옳은 것만을 〈보기〉에서 있는 대로 고른 것은? [3점]

〈 보기 〉
ㄱ. 서태평양 적도 부근 무역풍의 세기는 (가)가 (나)보다 강하다.
ㄴ. 동태평양 적도 부근 해역의 용승은 (가)가 (나)보다 강하다.
ㄷ. (B 지점 해면 기압 − A 지점 해면 기압)의 값은 (가)가 (나)보다 크다.

① ㄱ   ② ㄷ   ③ ㄱ, ㄴ   ④ ㄴ, ㄷ   ⑤ ㄱ, ㄴ, ㄷ

05

그림 (가)는 북반구 여름철에 관측한 태평양 적도 부근 해역의 표층 수온 편차(관측값−평년값)를, (나)는 이 시기에 관측한 북서태평양 중위도 해역의 표층 수온 편차를 나타낸 것이다. 이 시기는 엘니뇨 시기와 라니냐 시기 중 하나이다.

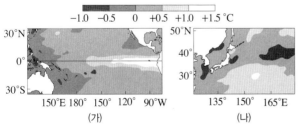

이 자료에 근거해서 평년과 비교할 때, 이 시기에 대한 설명으로 옳은 것만을 〈보기〉에서 있는 대로 고른 것은?

〈 보기 〉
ㄱ. 동태평양 적도 부근 연안에서는 가뭄이 심하다.
ㄴ. 서태평양 적도 해역에서는 상승 기류가 강하다.
ㄷ. 우리나라 주변 해역의 수온이 낮다.

① ㄱ   ② ㄷ   ③ ㄱ, ㄴ   ④ ㄴ, ㄷ   ⑤ ㄱ, ㄴ, ㄷ

06 대표문제

그림 (가)와 (나)는 태평양 적도 부근 해역에서 관측된 수온 편차 분포를 나타낸 것이다. (가)와 (나)는 각각 엘니뇨와 라니냐 시기 중 하나이며, 편차는 (관측값−평년값)이다.

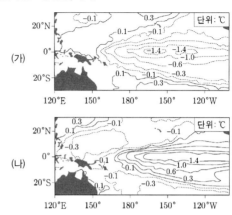

이 자료에 대한 설명으로 옳은 것만을 〈보기〉에서 있는 대로 고른 것은?

〈 보기 〉
ㄱ. 워커 순환의 세기는 (가)가 (나)보다 강하다.
ㄴ. 동태평양 적도 부근 해역에서 수온 약층이 나타나기 시작하는 깊이는 (가)가 (나)보다 깊다.
ㄷ. 적도 부근에서 (동태평양 해면 기압−서태평양 해면 기압) 값은 (가)가 (나)보다 작다.

① ㄱ   ② ㄴ   ③ ㄱ, ㄷ   ④ ㄴ, ㄷ   ⑤ ㄱ, ㄴ, ㄷ

07

그림 (가)와 (나)는 엘니뇨와 라니냐 시기에 태평양 적도 부근 해역에서 관측된 깊이에 따른 수온 편차(관측값−평년값)를 순서 없이 나타낸 것이다.

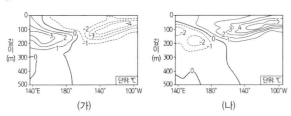

이에 대한 설명으로 옳은 것만을 〈보기〉에서 있는 대로 고른 것은? [3점]

─〈 보기 〉─

ㄱ. 무역풍의 세기는 (가)가 (나)보다 강하다.

ㄴ. 서태평양 적도 부근 해역의 해면 기압은 (나)가 (가)보다 높다.

ㄷ. 동태평양 적도 부근 해역의 용승 현상은 (가)가 (나)보다 강하다.

① ㄱ　　② ㄴ　　③ ㄱ, ㄷ　　④ ㄴ, ㄷ　　⑤ ㄱ, ㄴ, ㄷ

08

그림은 서로 다른 시기에 관측한 동태평양 적도 부근 해역의 연직 수온 분포를 나타낸 것이다. (가)와 (나)는 각각 엘니뇨와 라니냐 시기 중 하나이다.

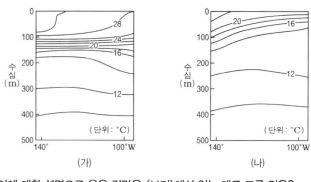

이에 대한 설명으로 옳은 것만을 〈보기〉에서 있는 대로 고른 것은?

─〈 보기 〉─

ㄱ. (가)는 엘니뇨 시기이다.

ㄴ. 이 해역의 평균 해수면은 (가)보다 (나) 시기에 낮다.

ㄷ. 이 해역에서 수심 100~200 m 구간의 깊이에 따른 수온 감소율은 (가)보다 (나) 시기에 작다.

① ㄱ　　② ㄷ　　③ ㄱ, ㄴ　　④ ㄴ, ㄷ　　⑤ ㄱ, ㄴ, ㄷ

그림은 태평양 적도 부근 해역에서 깊이에 따른 수온을 측정하여 수온이 20 °C인 곳의 깊이를 나타낸 것이다. (가)와 (나)는 각각 엘니뇨 시기와 라니냐 시기 중 하나이다.

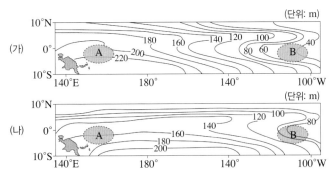

이에 대한 옳은 설명만을 〈보기〉에서 있는 대로 고른 것은? [3점]

〈 보기 〉
ㄱ. B 해역에서 수온이 20 °C 이상인 해수층의 평균 두께는 (가)가 (나)보다 두껍다.
ㄴ. A 해역의 강수량은 (가)가 (나)보다 많다.
ㄷ. 남적도 해류는 (가)가 (나)보다 약하다.

① ㄱ   ② ㄴ   ③ ㄱ, ㄷ   ④ ㄴ, ㄷ   ⑤ ㄱ, ㄴ, ㄷ

그림은 동태평양 적도 부근 해역에서 관측된 수온 편차 분포를 깊이에 따라 나타낸 것이다. (가)와 (나)는 각각 엘니뇨와 라니냐 시기 중 하나이다. 편차는 (관측값－평년값)이다.

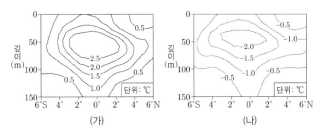

이 해역에 대한 설명으로 옳은 것만을 〈보기〉에서 있는 대로 고른 것은? [3점]

〈 보기 〉
ㄱ. (가)는 엘니뇨 시기이다.
ㄴ. 용승은 (나)일 때가 (가)일 때보다 강하다.
ㄷ. (나)일 때 해수면의 높이 편차는 (－) 값이다.

① ㄱ   ② ㄷ   ③ ㄱ, ㄴ   ④ ㄴ, ㄷ   ⑤ ㄱ, ㄴ, ㄷ

11

그림은 태평양 적도 부근 해역의 깊이에 따른 수온 편차(관측값−평년값)를 나타낸 것이다. (가)와 (나)는 각각 엘니뇨 시기와 라니냐 시기 중 하나이다.

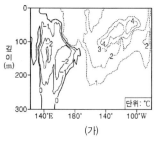 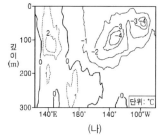

(가)   (나)

(가) 시기와 비교할 때, (나) 시기에 대한 설명으로 옳은 것만을 〈보기〉에서 있는 대로 고른 것은? [3점]

〈보기〉
ㄱ. 무역풍의 세기가 강하다.
ㄴ. 동태평양 적도 부근 해역에서의 용승이 강하다.
ㄷ. 서태평양 적도 부근 해역에서의 해면 기압이 크다.

① ㄱ   ② ㄷ   ③ ㄱ, ㄴ   ④ ㄴ, ㄷ   ⑤ ㄱ, ㄴ, ㄷ

12 대표문제

그림은 동태평양 적도 부근 해역에서 관측한 해수면의 높이 편차를 시간에 따라 나타낸 것이다. A와 B는 각각 엘니뇨 시기와 라니냐 시기 중 하나이고, 편차는 (관측값−평년값)이다.

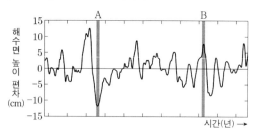

이에 대한 설명으로 옳은 것만을 〈보기〉에서 있는 대로 고른 것은?

〈보기〉
ㄱ. 동태평양 적도 부근 해역의 용승은 A가 B보다 약하다.
ㄴ. 서태평양 적도 부근 해역에서 A의 강수량 편차는 (+) 값이다.
ㄷ. 적도 부근 해역에서 (동태평양 해면 기압 편차−서태평양 해면 기압 편차) 값은 A가 B보다 크다.

① ㄱ   ② ㄴ   ③ ㄷ   ④ ㄱ, ㄴ   ⑤ ㄴ, ㄷ

13

표의 (가)와 (나)는 태평양 적도 부근 해역에서 관측된 해수면 높이 편차 (관측값−평년값)와 엽록소 a 농도 분포를 엘니뇨 시기와 라니냐 시기로 구분하여 순서 없이 나타낸 것이다.

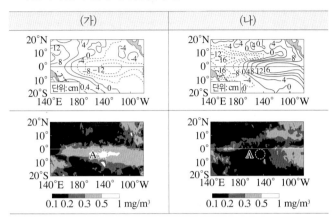

이에 대한 설명으로 옳은 것만을 〈보기〉에서 있는 대로 고른 것은? [3점]

〈 보기 〉

ㄱ. 무역풍의 세기는 (가)가 (나)보다 강하다.

ㄴ. 동태평양 적도 부근 해역의 따뜻한 해수층의 두께는 (가)가 (나)보다 두껍다.

ㄷ. A 해역의 엽록소 a 농도는 엘니뇨 시기가 라니냐 시기보다 높다.

① ㄱ   ② ㄷ   ③ ㄱ, ㄴ   ④ ㄴ, ㄷ   ⑤ ㄱ, ㄴ, ㄷ

14

그림 (가)와 (나)는 각각 엘니뇨 시기와 라니냐 시기에 관측한 태평양 적도 부근 해역의 해수면 높이 변화를 순서 없이 나타낸 것이다. 그림에서 (＋)인 곳은 해수면이 평년보다 높아진 해역이고, (－)인 곳은 평년보다 낮아진 해역이다.

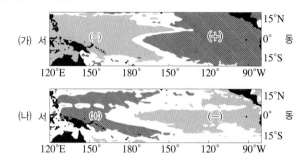

이에 대한 옳은 설명만을 〈보기〉에서 있는 대로 고른 것은? [3점]

〈 보기 〉

ㄱ. (가)는 엘니뇨 시기에 관측한 자료이다.

ㄴ. 태평양 적도 부근 해역에서 동서 방향의 해수면 경사는 (가)가 (나)보다 완만하다.

ㄷ. 동태평양 적도 부근 해역에서 표층 수온은 (가)가 (나)보다 낮다.

① ㄱ   ② ㄷ   ③ ㄱ, ㄴ   ④ ㄱ, ㄷ   ⑤ ㄴ, ㄷ

한눈에 정리하는
평가원 기출 경향

주제 \ 학년도	2025	2024	2023

엘니뇨와 라니냐
- 풍향, 풍속
- 해류 속도
- 구름양
- 강수량

2024

01 대표 문제   2024학년도 9월 모평 지I 15번

그림 (가)는 태평양 적도 부근 해역에서 부는 바람의 동서 방향 풍속 편차를, (나)는 A와 B 중 어느 한 시기에 관측한 강수량 편차를 나타낸 것이다. A와 B는 각각 엘니뇨와 라니냐 시기 중 하나이고, 편차는 (관측값－평년값)이다. (가)에서 동쪽으로 향하는 바람을 양(＋)으로 한다.

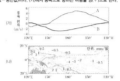

이에 대한 설명으로 옳은 것만을 〈보기〉에서 있는 대로 고른 것은? [3점]

〈보기〉
ㄱ. (나)는 B에 관측한 것이다.
ㄴ. 동태평양 적도 부근 해역의 해면 기압은 A가 B보다 높다.
ㄷ. 적도 부근 해역에서 (서태평양 표층 수온 편차－동태평양 표층 수온 편차) 같은 A가 B보다 크다.

① ㄱ ② ㄴ ③ ㄱ, ㄷ ④ ㄴ, ㄷ ⑤ ㄱ, ㄴ, ㄷ

2023

02   2023학년도 수능 지I 17번

그림 (가)는 태평양 적도 부근 해역에서 관측한 바람의 동서 방향 풍속 편차를, (나)는 이 해역에서 A와 B 중 어느 한 시기에 관측한 20 ℃ 등수온선의 깊이 편차를 나타낸 것이다. A와 B는 각각 엘니뇨와 라니냐 시기 중 하나이고, (＋)는 서풍, (－)는 동풍에 해당한다. 편차는 (관측값－평년값)이다.

이에 대한 설명으로 옳은 것만을 〈보기〉에서 있는 대로 고른 것은?

〈보기〉
ㄱ. (나)는 B에 해당한다.
ㄴ. 동태평양 적도 부근 해역에서 해수면 높이는 B가 평년보다 낮다.
ㄷ. 적도 부근의 (동태평양 해면 기압－서태평양 해면 기압) 값은 A가 B보다 크다.

① ㄱ ② ㄴ ③ ㄷ ④ ㄱ, ㄷ ⑤ ㄴ, ㄷ

엘니뇨와 라니냐
- 수온 편차 변화
- 풍속 편차 변화

빈출

엘니뇨와 라니냐
- 기압 편차 변화
- 강수량 편차 변화
- 표층 염분 편차 변화

2025

30   2025학년도 수능 지I 12번

그림 (가)는 동태평양 적도 부근 해역에서 관측한 수온 약층이 시작되는 깊이 편차를, (나)는 A와 B 중 어느 한 시기에 관측한 태평양 적도 부근 해역의 강수량 편차를 나타낸 것이다. A와 B는 각각 엘니뇨와 라니냐 시기 중 하나이고, 편차는 (관측값－평년값)이다.

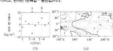

이에 대한 설명으로 옳은 것만을 〈보기〉에서 있는 대로 고른 것은?

〈보기〉
ㄱ. (나)는 A에 해당한다.
ㄴ. 동태평양 적도 부근 해역의 용승은 A가 B보다 강하다.
ㄷ. 적도 부근 해역에서 (동태평양 해면 기압－서태평양 해면 기압) 값은 A가 B보다 크다.

① ㄱ ② ㄴ ③ ㄷ ④ ㄱ, ㄴ ⑤ ㄴ, ㄷ

2024

29   2024학년도 수능 지I 17번

그림 (가)는 기상 위성으로 관측한 서태평양 적도 부근의 수증기량 편차를, (나)는 A와 B 중 한 시기에 관측한 태평양 적도 부근 해역의 해수면 높이 편차를 나타낸 것이다. A와 B는 각각 엘니뇨와 라니냐 시기 중 하나이고, 편차는 (관측값－평년값)이다.

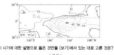

이에 대한 설명으로 옳은 것만을 〈보기〉에서 있는 대로 고른 것은?

〈보기〉
ㄱ. (나)는 B에 해당한다.
ㄴ. 동태평양 적도 부근 해역에서 수온 약층이 나타나기 시작하는 깊이는 A가 B보다 깊다.
ㄷ. 적도 부근 해역에서 (동태평양 해면 기압－서태평양 해면 기압) 같은 A가 B보다 크다.

① ㄱ ② ㄴ ③ ㄷ ④ ㄱ, ㄴ ⑤ ㄴ, ㄷ

12 대표 문제   2024학년도 6월 모평 지I 17번

그림은 엘니뇨 또는 라니냐 중 어느 한 시기에 태평양 적도 부근에서 기상 위성으로 관측한 적외선 방출 복사 에너지의 편차(관측값－평년값)를 나타낸 것이다. 적외선 방출 복사 에너지는 구름, 대기, 지표에서 방출된 에너지이다.

이 시기에 대한 설명으로 옳은 것만을 〈보기〉에서 있는 대로 고른 것은?

〈보기〉
ㄱ. 서태평양 적도 부근 해역의 강수량은 평년보다 적다.
ㄴ. 동태평양 적도 부근 해역의 용승은 평년보다 강하다.
ㄷ. 적도 부근의 (동태평양 해면 기압－서태평양 해면 기압) 같은 평년보다 작다.

① ㄱ ② ㄷ ③ ㄱ, ㄷ ④ ㄴ, ㄷ ⑤ ㄱ, ㄴ, ㄷ

2023

21 대표 문제   2023학년도 9월 모평 지I 15번

그림 (가)는 동태평양 적도 해역과 서태평양 적도 해역의 시간에 따른 해면 기압 편차를, (나)는 (가)의 A와 B 중 한 시기에 동태평양 적도 해역의 깊이에 따른 수온 편차를 나타낸 것이다. A와 B는 각각 엘니뇨 시기와 라니냐 시기 중 하나이고, 편차는 (관측값－평년값)이다.

이에 대한 설명으로 옳은 것만을 〈보기〉에서 있는 대로 고른 것은?

〈보기〉
ㄱ. (나)는 B에 측정한 것이다.
ㄴ. 적도 부근에서 (서태평양 평균 표층 수온 편차－동태평양 평균 표층 수온 편차) 같은 A가 B보다 크다.
ㄷ. 적도 부근에서 (동태평양 평균 해면 기압－서태평양 평균 해면 기압) 같은 A가 B보다 크다.

① ㄱ ② ㄴ ③ ㄱ, ㄴ ④ ㄴ, ㄷ ⑤ ㄱ, ㄴ, ㄷ

22   2023학년도 6월 모평 지I 16번

그림은 동태평양 적도 부근 해역의 강수량 편차와 수온 약층 시작 깊이 편차를 나타낸 것이다. A, B, C는 각각 엘니뇨와 라니냐 시기 중 하나이고, 편차는 (관측값－평년값)이다.

이 해역에 대한 설명으로 옳은 것만을 〈보기〉에서 있는 대로 고른 것은?

〈보기〉
ㄱ. 강수량은 A가 B보다 많다.
ㄴ. 용승은 C가 평년보다 강하다.
ㄷ. 평균 해수면 높이는 A가 C보다 높다.

① ㄱ ② ㄷ ③ ㄱ, ㄴ ④ ㄴ, ㄷ ⑤ ㄱ, ㄴ, ㄷ

2022~2019

08

2022학년도 9월 평가원 지 I 20번

그림의 유형 Ⅰ과 Ⅱ는 두 물리량 x와 y 사이의 대략적인 관계를 나타낸 것이다. 표는 엘니뇨와 라니냐가 일어나는 시기에 태평양 적도 부근 해역에서 동시에 관측한 물리량과 이들의 관계 유형을 Ⅰ 또는 Ⅱ로 나타낸 것이다.

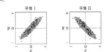

물리량 관계 유형	x	y
ⓐ	동태평양에서 적운형 구름양의 편차	(서태평양 해수면 높이 − 동태평양 해수면 높이)의 편차
Ⅰ	서태평양에서의 해변 기압 편차	(㉠)의 편차
ⓑ	(서태평양 해수면 수온 − 동태평양 해수면 수온)의 편차	워커 순환 세기의 편차

(편차=관측값−평년값)

이 자료에 대한 설명으로 옳은 것만을 〈보기〉에서 있는 대로 고른 것은? [3점]

〈보기〉
ㄱ. ⓐ는 Ⅱ이다.
ㄴ. '동태평양에서 수온 약층이 나타나기 시작하는 깊이'는 ㉠에 해당한다.
ㄷ. ⓑ는 Ⅰ이다.

① ㄱ ② ㄷ ③ ㄱ, ㄴ ④ ㄴ, ㄷ ⑤ ㄱ, ㄴ, ㄷ

05

2019학년도 수능 지 I 12번

표의 (가)와 (나)는 태평양 적도 부근 해역에서 관측된 바람과 구름양의 분포를 엘니뇨 시기와 라니냐 시기로 구분하여 순서 없이 나타낸 것이다.

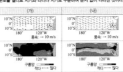

이에 대한 설명으로 옳은 것만을 〈보기〉에서 있는 대로 고른 것은? [3점]

〈보기〉
ㄱ. 태평양 적도 부근 해역에서 구름양은 라니냐 시기가 엘니뇨 시기보다 많다.
ㄴ. A 해역의 수온은 (가)가 (나)보다 높다.
ㄷ. 남적도 해류는 (가)가 (나)보다 강하다.

① ㄱ ② ㄴ ③ ㄷ ④ ㄱ, ㄴ ⑤ ㄱ, ㄷ

13

2021학년도 수능 지 I 20번

그림 (가)는 서태평양 적도 부근 해역의 표면에 도달하는 태양 복사 에너지 편차(관측값−평년값)를, (나)는 태평양 적도 부근 해역에서 A와 B를 한 시기에 1년 동안 관측한 20 °C 등수온선의 깊이 편차를 나타낸 것이다. A와 B는 각각 엘니뇨와 라니냐 시기 중 하나이다.

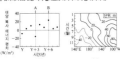

이에 대한 설명으로 옳은 것만을 〈보기〉에서 있는 대로 고른 것은? [3점]

〈보기〉
ㄱ. (나)는 A에 해당한다.
ㄴ. B일 때는 서태평양 적도 해역이 평년보다 건조하다.
ㄷ. 적도 부근에서 서태평양 해면 기압은 A가 B보다 작다.
　　　　　　　　　 동태평양 해면 기압

① ㄱ ② ㄴ ③ ㄱ, ㄷ ④ ㄴ, ㄷ ⑤ ㄱ, ㄴ, ㄷ

10

2020학년도 9월 평가원 지 I 19번

그림 (가)는 적도 부근 해역에서 서태평양과 동태평양의 겨울철 표층의 평균 수온 차(서태평양 수온−동태평양 수온)를, (나)는 (가)의 A와 B 중 한 시기에 관측한 적도 부근 태평양 해역의 동서 방향 풍속 편차(관측값−평년값)를 나타낸 것이다. A와 B는 각각 엘니뇨 시기와 라니냐 시기 중 하나이다. 동쪽으로 향하는 바람을 양(+)으로 한다.

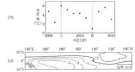

이 자료에 대한 설명으로 옳은 것만을 〈보기〉에서 있는 대로 고른 것은? [3점]

〈보기〉
ㄱ. (나)는 A에 해당한다.
ㄴ. 상승 기류는 (나)의 ㉠ 해역에서 발생한다.
ㄷ. 서태평양 적도 해역과 동태평양 적도 해역 사이의 해수면 높이 차는 A가 B보다 크다.

① ㄱ ② ㄷ ③ ㄱ, ㄷ ④ ㄴ, ㄷ ⑤ ㄱ, ㄴ, ㄷ

09

2019학년도 9월 평가원 지 I 15번

그림은 동태평양과 서태평양 적도 부근 해역에서 관측한 북반구 겨울철 표층의 평균 수온을 ○와 ×로 순서 없이 나타낸 것이다. A와 B는 각각 엘니뇨와 라니냐 시기 중 하나이다.

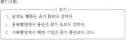

이 자료에 대한 설명으로 옳은 것만을 〈보기〉에서 있는 대로 고른 것은? [3점]

〈보기〉
ㄱ. 남적도 해류는 A가 B보다 강하다.
ㄴ. 동태평양에서 용승은 B가 A보다 강하다.
ㄷ. 서태평양에서 해면 기압은 B가 평년보다 크다.

① ㄱ ② ㄴ ③ ㄱ, ㄷ ④ ㄴ, ㄷ ⑤ ㄱ, ㄴ, ㄷ

28

2021학년도 6월 평가원 지 I 20번

그림 (가)는 어느 해(Y)에 시작된 엘니뇨 또는 라니냐 시기 동안 태평양 적도 부근에서 기상위성으로 관측한 적외선 방출 복사 에너지의 편차(관측값−평년값)를, (나)는 서태평양과 동태평양에 위치한 각 지점의 해면 기압 편차(관측값−평년값)를 나타낸 것이다. (가)의 시기는 (나)의 ㉠에 해당한다.

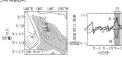

이 자료에 근거해서 평년과 비교할 때, (가) 시기에 대한 설명으로 옳은 것만을 〈보기〉에서 있는 대로 고른 것은? [3점]

〈보기〉
ㄱ. 동태평양에서 두꺼운 적운형 구름의 발생이 줄어든다.
ㄴ. 워커 순환이 약화된다.
ㄷ. (나)의 A는 서태평양에 해당한다.

① ㄱ ② ㄴ ③ ㄱ, ㄷ ④ ㄴ, ㄷ ⑤ ㄱ, ㄴ, ㄷ

27

2020학년도 수능 지 I 9번

그림 (가)는 적도 부근 해역에서 동태평양과 서태평양의 해수면 기압 차(동태평양 기압−서태평양 기압)를, (나)는 태평양 적도 부근 해역에서 ㉠과 ㉡ 중 한 시기에 관측한 따뜻한 해수층의 두께 편차(관측값−평년값)를 나타낸 것이다. ㉠과 ㉡은 각각 엘니뇨와 라니냐 시기 중 하나이다.

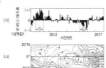

이에 대한 설명으로 옳은 것만을 〈보기〉에서 있는 대로 고른 것은? [3점]

〈보기〉
ㄱ. (나)는 ㉡에 해당한다.
ㄴ. 서태평양 적도 해역과 동태평양 적도 해역 사이의 해수면 높이 차는 ㉠이 ㉡보다 크다.
ㄷ. 동태평양 적도 부근 해역에서 구름양은 ㉠이 ㉡보다 많다.

① ㄱ ② ㄴ ③ ㄷ ④ ㄱ, ㄴ ⑤ ㄴ, ㄷ

01 대표문제

그림 (가)는 태평양 적도 부근 해역에서 부는 바람의 동서 방향 풍속 편차를, (나)는 A와 B 중 어느 한 시기에 관측한 강수량 편차를 나타낸 것이다. A와 B는 각각 엘니뇨와 라니냐 시기 중 하나이고, 편차는 (관측값−평년값)이다. (가)에서 동쪽으로 향하는 바람을 양(＋)으로 한다.

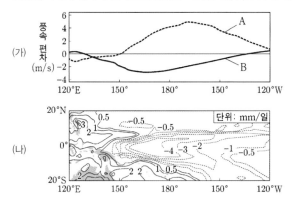

이에 대한 설명으로 옳은 것만을 〈보기〉에서 있는 대로 고른 것은? [3점]

〈 보기 〉

ㄱ. (나)는 B에 관측한 것이다.

ㄴ. 동태평양 적도 부근 해역의 해면 기압은 A가 B보다 높다.

ㄷ. 적도 부근 해역에서 (서태평양 표층 수온 편차−동태평양 표층 수온 편차) 값은 A가 B보다 크다.

① ㄱ   ② ㄴ   ③ ㄱ, ㄷ   ④ ㄴ, ㄷ   ⑤ ㄱ, ㄴ, ㄷ

02

그림 (가)는 태평양 적도 부근 해역에서 관측한 바람의 동서 방향 풍속 편차를, (나)는 이 해역에서 A와 B 중 어느 한 시기에 관측된 20 ℃ 등수온선의 깊이 편차를 나타낸 것이다. A와 B는 각각 엘니뇨와 라니냐 시기 중 하나이고, (＋)는 서풍, (−)는 동풍에 해당한다. 편차는 (관측값−평년값)이다.

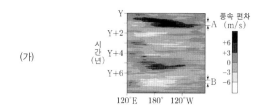

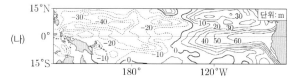

이에 대한 설명으로 옳은 것만을 〈보기〉에서 있는 대로 고른 것은?

〈 보기 〉

ㄱ. (나)는 B에 해당한다.

ㄴ. 동태평양 적도 부근 해역에서 해수면 높이는 B가 평년보다 낮다.

ㄷ. 적도 부근의 (동태평양 해면 기압−서태평양 해면 기압) 값은 A가 B보다 크다.

① ㄱ   ② ㄴ   ③ ㄷ   ④ ㄱ, ㄷ   ⑤ ㄴ, ㄷ

03

그림 (가)와 (나)는 태평양 적도 부근 해역에서 엘니뇨와 라니냐 시기의 표층 풍속 편차(관측값−평년값)를 순서 없이 나타낸 것이다.

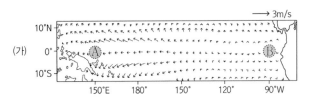

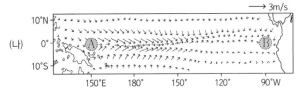

이에 대한 설명으로 옳은 것만을 〈보기〉에서 있는 대로 고른 것은?

〈 보기 〉
ㄱ. A 해역의 강수량은 (가)일 때가 (나)일 때보다 많다.
ㄴ. (나)일 때 B 해역에서 수온 약층이 나타나기 시작하는 깊이 편차(관측값−평년값)는 양(+)의 값을 갖는다.
ㄷ. A 해역과 B 해역의 해수면 높이 차는 (가)일 때가 (나)일 때보다 크다.

① ㄱ　　② ㄴ　　③ ㄱ, ㄷ　　④ ㄴ, ㄷ　　⑤ ㄱ, ㄴ, ㄷ

04

그림은 서로 다른 시기에 중앙 태평양 적도 해역에서 관측한 바람의 풍향 빈도를 나타낸 것이다. (가)와 (나)는 각각 엘니뇨 시기와 라니냐 시기 중 하나이다.

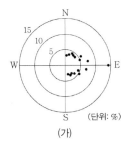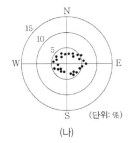

(가)　　　　　　　　(나)

이에 대한 옳은 설명만을 〈보기〉에서 있는 대로 고른 것은? [3점]

〈 보기 〉
ㄱ. 무역풍의 세기는 (가)일 때가 (나)일 때보다 약하다.
ㄴ. (나)일 때 서태평양 적도 해역의 기압 편차(관측값−평년값)는 양(+)의 값을 갖는다.
ㄷ. 동태평양 적도 해역에서 따뜻한 해수층의 두께는 (가)일 때가 (나)일 때보다 두껍다.

① ㄱ　　② ㄴ　　③ ㄱ, ㄷ　　④ ㄴ, ㄷ　　⑤ ㄱ, ㄴ, ㄷ

05

표의 (가)와 (나)는 태평양 적도 부근 해역에서 관측된 바람과 구름양의 분포를 엘니뇨 시기와 라니냐 시기로 구분하여 순서 없이 나타낸 것이다.

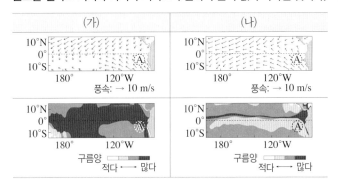

이에 대한 설명으로 옳은 것만을 〈보기〉에서 있는 대로 고른 것은? [3점]

〈 보기 〉
ㄱ. 태평양 적도 부근 해역에서 구름양은 라니냐 시기가 엘니뇨 시기보다 많다.
ㄴ. A 해역의 수온은 (가)가 (나)보다 높다.
ㄷ. 남적도 해류는 (가)가 (나)보다 강하다.

① ㄱ　　② ㄴ　　③ ㄷ　　④ ㄱ, ㄴ　　⑤ ㄱ, ㄷ

06

그림은 엘니뇨 또는 라니냐가 발생한 어느 해 11월 ~ 12월의 태평양의 강수량 편차(관측값—평년값)를 나타낸 것이다.

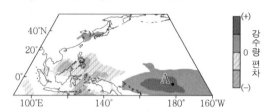

이 자료에 대한 옳은 설명만을 〈보기〉에서 있는 대로 고른 것은?

─〈 보기 〉─
ㄱ. 우리나라의 강수량은 평년보다 많다.
ㄴ. A 해역의 표층 수온은 평년보다 높다.
ㄷ. 무역풍의 세기는 평년보다 강하다.

① ㄱ   ② ㄴ   ③ ㄷ   ④ ㄱ, ㄴ   ⑤ ㄴ, ㄷ

07

그림 (가)와 (나)는 각각 엘니뇨 또는 라니냐가 발생한 어느 시기의 겨울철 기후 변화를 순서 없이 나타낸 것이다.

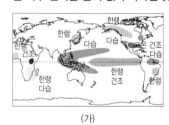 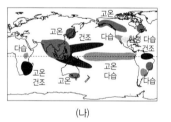

(가)   (나)

이에 대한 옳은 설명만을 〈보기〉에서 있는 대로 고른 것은?

─〈 보기 〉─
ㄱ. 태평양에서 워커 순환의 상승 기류가 나타나는 지역은 (가)일 때가 (나)일 때보다 동쪽에 위치한다.
ㄴ. 서태평양에서 홍수가 발생할 가능성은 (가)일 때가 (나)일 때보다 높다.
ㄷ. 동태평양에서 수온 약층이 나타나는 깊이는 (가)일 때가 (나)일 때보다 얕다.

① ㄱ   ② ㄴ   ③ ㄱ, ㄷ   ④ ㄴ, ㄷ   ⑤ ㄱ, ㄴ, ㄷ

08

그림의 유형 I과 II는 두 물리량 x와 y 사이의 대략적인 관계를 나타낸 것이다. 표는 엘니뇨와 라니냐가 일어난 시기에 태평양 적도 부근 해역에서 동시에 관측한 물리량과 이들의 관계 유형을 I 또는 II로 나타낸 것이다.

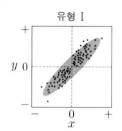 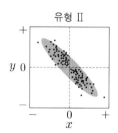

유형 I   유형 II

관계 유형 / 물리량	x	y
ⓐ	동태평양에서 적운형 구름양의 편차	(서태평양 해수면 높이— 동태평양 해수면 높이)의 편차
I	서태평양에서의 해면 기압 편차	(㉠)의 편차
ⓑ	(서태평양 해수면 수온— 동태평양 해수면 수온)의 편차	워커 순환 세기의 편차

(편차=관측값—평년값)

이 자료에 대한 설명으로 옳은 것만을 〈보기〉에서 있는 대로 고른 것은? [3점]

─〈 보기 〉─
ㄱ. ⓐ는 II이다.
ㄴ. '동태평양에서 수온 약층이 나타나기 시작하는 깊이'는 ㉠에 해당한다.
ㄷ. ⓑ는 I이다.

① ㄱ   ② ㄷ   ③ ㄱ, ㄴ   ④ ㄴ, ㄷ   ⑤ ㄱ, ㄴ, ㄷ

09

그림은 동태평양과 서태평양 적도 부근 해역에서 관측한 북반구 겨울철 표층의 평균 수온을 ○와 ×로 순서 없이 나타낸 것이다. A와 B는 각각 엘니뇨와 라니냐 시기 중 하나이다.

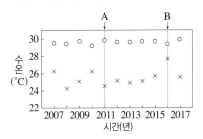

이 자료에 대한 설명으로 옳은 것만을 〈보기〉에서 있는 대로 고른 것은? [3점]

〈보기〉
ㄱ. 남적도 해류는 A가 B보다 강하다.
ㄴ. 동태평양에서 용승은 B가 A보다 강하다.
ㄷ. 서태평양에서 해면 기압은 B가 평년보다 크다.

① ㄱ ② ㄴ ③ ㄱ, ㄷ ④ ㄴ, ㄷ ⑤ ㄱ, ㄴ, ㄷ

10

그림 (가)는 적도 부근 해역에서 서태평양과 동태평양의 겨울철 표층의 평균 수온 차(서태평양 수온−동태평양 수온)를, (나)는 (가)의 A와 B 중 한 시기에 관측한 적도 부근 태평양 해역의 동서 방향 풍속 편차(관측값−평년값)를 나타낸 것이다. A와 B는 각각 엘니뇨 시기와 라니냐 시기 중 하나이다. 동쪽으로 향하는 바람을 양(＋)으로 한다.

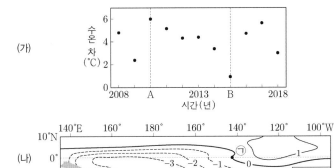

이 자료에 대한 설명으로 옳은 것만을 〈보기〉에서 있는 대로 고른 것은? [3점]

〈보기〉
ㄱ. (나)는 A에 해당한다.
ㄴ. 상승 기류는 (나)의 ㉠ 해역에서 발생한다.
ㄷ. 서태평양 적도 해역과 동태평양 적도 해역 사이의 해수면 높이 차는 A가 B보다 크다.

① ㄱ ② ㄴ ③ ㄱ, ㄷ ④ ㄴ, ㄷ ⑤ ㄱ, ㄴ, ㄷ

11

그림은 적도 부근 서태평양과 중앙 태평양 중 어느 한 해역에서 최근 40년 동안 매년 같은 시기에 기상 위성으로 관측한 적외선 방출 복사 에너지 편차와 수온 편차를 나타낸 것이다. 편차는 (관측값−평년값)이며, A는 엘니뇨 시기에 관측한 값이다.

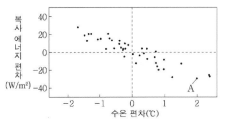

이 해역에 대한 옳은 설명만을 〈보기〉에서 있는 대로 고른 것은? [3점]

〈보기〉
ㄱ. 서태평양에 위치한다.
ㄴ. 강수량은 적외선 방출 복사 에너지 편차가 (＋)일 때가 (−)일 때보다 대체로 적다.
ㄷ. 평균 해면 기압은 엘니뇨 시기가 평년보다 낮다.

① ㄱ ② ㄴ ③ ㄱ, ㄷ ④ ㄴ, ㄷ ⑤ ㄱ, ㄴ, ㄷ

12 대표 문제

그림은 엘니뇨 또는 라니냐 중 어느 한 시기에 태평양 적도 부근에서 기상 위성으로 관측한 적외선 방출 복사 에너지의 편차(관측값−평년값)를 나타낸 것이다. 적외선 방출 복사 에너지는 구름, 대기, 지표에서 방출된 에너지이다.

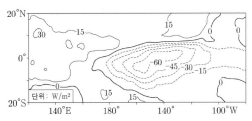

이 시기에 대한 설명으로 옳은 것만을 〈보기〉에서 있는 대로 고른 것은?

〈보기〉
ㄱ. 서태평양 적도 부근 해역의 강수량은 평년보다 적다.
ㄴ. 동태평양 적도 부근 해역의 용승은 평년보다 강하다.
ㄷ. 적도 부근의 (동태평양 해면 기압−서태평양 해면 기압) 값은 평년보다 작다.

① ㄱ ② ㄴ ③ ㄱ, ㄷ ④ ㄴ, ㄷ ⑤ ㄱ, ㄴ, ㄷ

13

그림 (가)는 서태평양 적도 부근 해역의 표층에 도달하는 태양 복사 에너지 편차(관측값−평년값)를, (나)는 태평양 적도 부근 해역에서 A와 B 중 한 시기에 1년 동안 관측한 20 ℃ 등수온선의 깊이 편차를 나타낸 것이다. A와 B는 각각 엘니뇨와 라니냐 시기 중 하나이다.

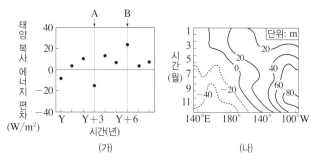

(가)   (나)

이에 대한 설명으로 옳은 것만을 〈보기〉에서 있는 대로 고른 것은? [3점]

〈보기〉
ㄱ. (나)는 A에 해당한다.
ㄴ. B일 때는 서태평양 적도 부근 해역이 평년보다 건조하다.
ㄷ. 적도 부근에서 $\dfrac{\text{서태평양 해면 기압}}{\text{동태평양 해면 기압}}$ 은 A가 B보다 작다.

① ㄱ   ② ㄴ   ③ ㄱ, ㄷ   ④ ㄴ, ㄷ   ⑤ ㄱ, ㄴ, ㄷ

14

그림 (가)는 다윈과 타히티에서 측정한 해수면 기압 편차(관측 기압−평년 기압)를, (나)는 A와 B 중 한 시기의 태평양 적도 부근 해역의 대기 순환 모습을 나타낸 것이다. A와 B는 각각 엘니뇨와 라니냐 시기 중 하나이다.

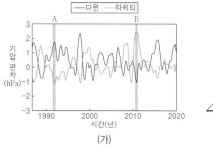 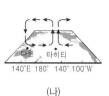

(가)   (나)

이에 대한 설명으로 옳은 것만을 〈보기〉에서 있는 대로 고른 것은? [3점]

〈보기〉
ㄱ. (나)는 A 시기의 대기 순환 모습이다.
ㄴ. B 시기에 타히티 부근 해역의 강수량은 평상시보다 적다.
ㄷ. $\dfrac{\text{다윈 부근 해역의 평균 수온}}{\text{타히티 부근 해역의 평균 수온}}$ 은 A 시기보다 B 시기에 크다.

① ㄱ   ② ㄴ   ③ ㄱ, ㄷ   ④ ㄴ, ㄷ   ⑤ ㄱ, ㄴ, ㄷ

15

그림 (가)는 동태평양 적도 부근 해역의 수온 편차(관측 수온−평균 수온)를, (나)는 태평양 적도 부근의 두 해역 ㉠, ㉡을 나타낸 것이다.

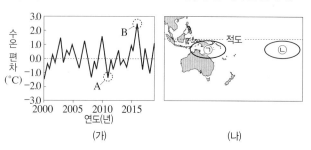

(가)   (나)

이에 대한 옳은 설명만을 〈보기〉에서 있는 대로 고른 것은?

〈보기〉
ㄱ. A 시기에 엘니뇨가 나타났다.
ㄴ. B 시기에는 ㉠ 지역의 기압이 평상시보다 높았다.
ㄷ. ㉡ 해역의 해류는 A 시기보다 B 시기에 강했을 것이다.

① ㄱ   ② ㄴ   ③ ㄱ, ㄷ   ④ ㄴ, ㄷ   ⑤ ㄱ, ㄴ, ㄷ

16

그림은 2019년 10월부터 2020년 7월까지 태평양 적도 해역에서 20 ℃ 등수온선의 깊이 편차(관측값−평년값)를 나타낸 것이다. ㉠과 ㉡은 각각 엘니뇨 시기와 라니냐 시기 중 하나이다.

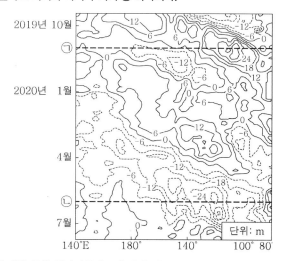

이에 대한 옳은 설명만을 〈보기〉에서 있는 대로 고른 것은? [3점]

〈보기〉
ㄱ. ㉠은 라니냐 시기이다.
ㄴ. 이 해역의 동서 방향 해수면 경사는 ㉠보다 ㉡일 때 크다.
ㄷ. ㉡일 때 동태평양 적도 해역의 기압 편차(관측값−평년값)는 (+) 값이다.

① ㄱ   ② ㄷ   ③ ㄱ, ㄴ   ④ ㄴ, ㄷ   ⑤ ㄱ, ㄴ, ㄷ

17

그림은 태평양 적도 해역의 해수면으로부터 수심 300 m까지의 평균 수온 편차(관측값−평년값)를 나타낸 것이다. A와 B는 각각 엘니뇨와 라니냐 시기 중 하나이다.

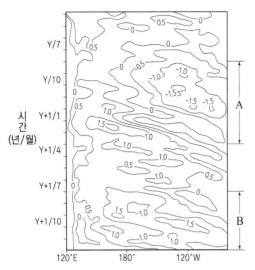

이에 대한 설명으로 옳은 것만을 〈보기〉에서 있는 대로 고른 것은? [3점]

〈보기〉
ㄱ. 남적도 해류의 세기는 A가 B보다 약하다.
ㄴ. 적도 부근의 (동태평양 해면 기압−서태평양 해면 기압)은 A가 B보다 작다.
ㄷ. 적도 부근 동태평양 해역에서 수온 약층이 나타나기 시작하는 깊이는 B가 A보다 깊다.

① ㄱ　　② ㄷ　　③ ㄱ, ㄴ　　④ ㄴ, ㄷ　　⑤ ㄱ, ㄴ, ㄷ

18

그림은 2014년부터 2016년까지 관측한 태평양 적도 부근 해역의 해수면 기압 편차(관측 기압−평년 기압)를 나타낸 것이다. A는 엘니뇨 시기와 라니냐 시기 중 하나이다.

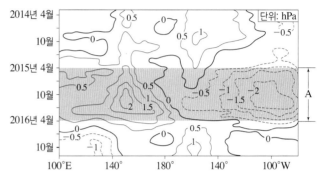

A 시기에 대한 설명으로 옳은 것만을 〈보기〉에서 있는 대로 고른 것은? [3점]

〈보기〉
ㄱ. 라니냐 시기이다.
ㄴ. 평상시보다 남적도 해류가 약하다.
ㄷ. 평상시보다 동태평양 적도 부근 해역에서의 용승이 강하다.

① ㄱ　　② ㄴ　　③ ㄷ　　④ ㄱ, ㄷ　　⑤ ㄴ, ㄷ

19

그림은 2020년 12월부터 2021년 1월까지 태평양 적도 부근 해역의 해수면 기압 편차(관측값−평년값)를 나타낸 것이다. 이 기간은 엘니뇨 시기와 라니냐 시기 중 하나이다.

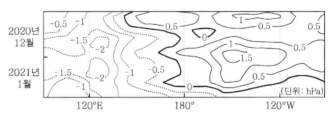

이 시기에 대한 옳은 설명만을 〈보기〉에서 있는 대로 고른 것은?

〈보기〉
ㄱ. 서태평양 적도 부근 해역에서 상승 기류는 평상시보다 강하다.
ㄴ. 동태평양 적도 부근 해역에서 따뜻한 해수층의 두께는 평상시보다 두껍다.
ㄷ. 동태평양 적도 부근 해역의 해수면 높이 편차는 (+)값을 가진다.

① ㄱ　　② ㄴ　　③ ㄱ, ㄷ　　④ ㄴ, ㄷ　　⑤ ㄱ, ㄴ, ㄷ

20

그림 (가)는 엘니뇨 시기와 라니냐 시기 적도 부근 태평양의 평균 표층 수온 분포를 나타낸 것이고, ㉠과 ㉡은 엘니뇨와 라니냐 시기 중 하나이다. 그림 (나)는 적도 부근 해역의 (동태평양 해면 기압 편차-서태평양 해면 기압 편차) 값(ΔP)을 시간에 따라 나타낸 것이고, A 시기는 ㉠과 ㉡ 중 하나이다. 편차는 (관측값-평년값)이다.

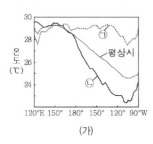
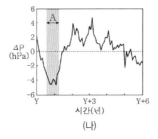

(가)   (나)

이 자료에 대한 설명으로 옳은 것만을 〈보기〉에서 있는 대로 고른 것은? [3점]

―〈 보기 〉―

ㄱ. 적도 부근에서 (동태평양 평균 표층 수온 편차-서태평양 평균 표층 수온 편차) 값이 ㉠이 ㉡보다 크다.

ㄴ. 동태평양의 해면 기압은 A 시기가 평년보다 낮다.

ㄷ. A 시기는 ㉠에 해당한다.

① ㄱ   ② ㄷ   ③ ㄱ, ㄴ   ④ ㄴ, ㄷ   ⑤ ㄱ, ㄴ, ㄷ

21 대표문제

그림 (가)는 동태평양 적도 해역과 서태평양 적도 해역의 시간에 따른 해면 기압 편차를, (나)는 (가)의 A와 B 중 한 시기의 태평양 적도 해역의 깊이에 따른 수온 편차를 나타낸 것이다. A와 B는 각각 엘니뇨 시기와 라니냐 시기 중 하나이고, 편차는 (관측값-평년값)이다.

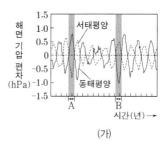
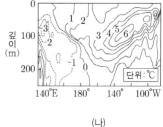

(가)   (나)

이에 대한 설명으로 옳은 것만을 〈보기〉에서 있는 대로 고른 것은?

―〈 보기 〉―

ㄱ. (나)는 B에 측정한 것이다.

ㄴ. 적도 부근에서 (서태평양 평균 표층 수온 편차-동태평양 평균 표층 수온 편차) 값은 A가 B보다 크다.

ㄷ. 적도 부근에서 $\dfrac{\text{동태평양 평균 해면 기압}}{\text{서태평양 평균 해면 기압}}$은 A가 B보다 크다.

① ㄱ   ② ㄷ   ③ ㄱ, ㄴ   ④ ㄴ, ㄷ   ⑤ ㄱ, ㄴ, ㄷ

22

그림은 동태평양 적도 부근 해역의 강수량 편차와 수온 약층 시작 깊이 편차를 나타낸 것이다. A, B, C는 각각 엘니뇨와 라니냐 시기 중 하나이고, 편차는 (관측값-평년값)이다.

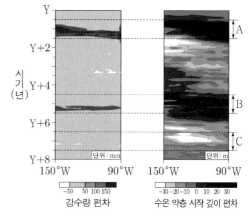

이 해역에 대한 설명으로 옳은 것만을 〈보기〉에서 있는 대로 고른 것은?

―〈 보기 〉―

ㄱ. 강수량은 A가 B보다 많다.

ㄴ. 용승은 C가 평년보다 강하다.

ㄷ. 평균 해수면 높이는 A가 C보다 높다.

① ㄱ   ② ㄷ   ③ ㄱ, ㄴ   ④ ㄴ, ㄷ   ⑤ ㄱ, ㄴ, ㄷ

23

그림 (가)는 태평양 적도 부근 해역에서 관측한 무역풍의 동서 방향 풍속 편차를, (나)는 (가)의 A와 B 중 어느 한 시기에 관측한 태평양 적도 해역의 깊이에 따른 수온 편차를 나타낸 것이다. (가)에서 A와 B는 각각 엘니뇨 시기와 라니냐 시기 중 하나이고, (+)는 서풍, (−)는 동풍에 해당한다. 편차는 (관측값−평년값)이다.

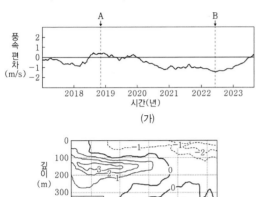

(가)

(나)

이에 대한 설명으로 옳은 것만을 〈보기〉에서 있는 대로 고른것은? [3점]

〈 보기 〉
ㄱ. (나)는 B에 관측한 것이다.
ㄴ. A일 때 동태평양 적도 부근 해역의 표층 수온 편차는 (−) 값이다.
ㄷ. 동태평양 적도 부근 해역에서 수온 약층이 나타나기 시작하는 깊이는 A가 B보다 깊다.

① ㄱ   ② ㄴ   ③ ㄱ, ㄷ   ④ ㄴ, ㄷ   ⑤ ㄱ, ㄴ, ㄷ

24

그림 (가)는 태평양 적도 부근 해역에서 시간에 따라 관측한 해수면 높이 편차를, (나)는 이 해역에서 A와 B 중 한 시기에 관측한 표층 수온 편차를 나타낸 것이다. A와 B는 각각 엘니뇨와 라니냐 시기 중 하나이고, 편차는 (관측값−평년값)이다.

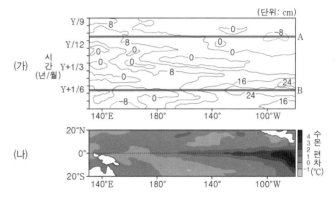

(가)

(나)

이에 대한 설명으로 옳은 것만을 〈보기〉에서 있는 대로 고른 것은? [3점]

〈 보기 〉
ㄱ. 적도 부근 해역에서 (서태평양 해수면 높이−동태평양 해수면 높이) 값은 A보다 B일 때 크다.
ㄴ. (나)는 B일 때 관측한 자료이다.
ㄷ. 동태평양 적도 부근 해역의 용승은 평년보다 B일 때 강하다.

① ㄱ   ② ㄴ   ③ ㄱ, ㄴ   ④ ㄱ, ㄷ   ⑤ ㄴ, ㄷ

그림 (가)와 (나)는 태평양 적도 부근 해역에서 측정한 무역풍의 동서 방향 풍속 편차와 20 ℃ 등수온선 깊이 편차의 변화를 시간에 따라 나타낸 것이다. 편차는 (관측값−평년값)이고, (가)에서 무역풍이 서쪽으로 향하는 방향을 양(+)으로 한다.

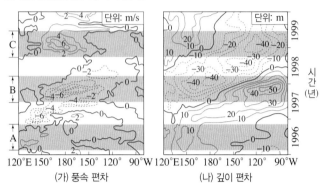

(가) 풍속 편차　　(나) 깊이 편차

A, B, C 시기에 대한 설명으로 옳은 것만을 〈보기〉에서 있는 대로 고른 것은? [3점]

〈보기〉
ㄱ. 동태평양의 용승은 A보다 B가 강하다.
ㄴ. 동태평양과 서태평양의 수온 약층 깊이 차이는 A보다 C가 크다.
ㄷ. $\dfrac{\text{동태평양의 해수면 평균 기압}}{\text{서태평양의 해수면 평균 기압}}$ 은 B보다 C가 크다.

① ㄱ　　② ㄴ　　③ ㄱ, ㄷ　　④ ㄴ, ㄷ　　⑤ ㄱ, ㄴ, ㄷ

그림 (가)는 기상 위성으로 관측한 적도 부근 160°E~160°W 지역의 적외선 방출 복사 에너지 편차를, (나)는 태평양 적도 부근 해역에서 A와 B 중 어느 한 시기에 관측한 바람의 동서 방향 풍속 편차를 나타낸 것이다. A와 B는 각각 엘니뇨와 라니냐 시기 중 하나이고, 편차는 (관측값−평년값)이다. 복사 에너지 편차가 양(+)일 때에는 구름 최상부의 평균 온도가 평상시보다 높을 때이다.

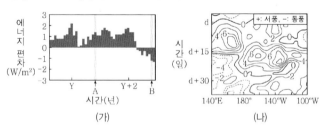

(가)　　　　　　(나)

이에 대한 설명으로 옳은 것만을 〈보기〉에서 있는 대로 고른 것은? [3점]

〈보기〉
ㄱ. 적도 부근 160°E~160°W 지역에서 두꺼운 적운형 구름의 발생은 A 시기가 B 시기보다 많다.
ㄴ. (나)는 B 시기에 해당한다.
ㄷ. 동태평양 적도 부근 해역에서 수온 약층이 나타나기 시작하는 깊이는 A 시기가 B 시기보다 얕다.

① ㄱ　　② ㄷ　　③ ㄱ, ㄴ　　④ ㄴ, ㄷ　　⑤ ㄱ, ㄴ, ㄷ

그림 (가)는 적도 부근 해역에서 동태평양과 서태평양의 해수면 기압 차(동태평양 기압−서태평양 기압)를, (나)는 태평양 적도 부근 해역에서 ㉠과 ㉡ 중 한 시기에 관측된 따뜻한 해수층의 두께 편차(관측값−평년값)를 나타낸 것이다. ㉠과 ㉡은 각각 엘니뇨와 라니냐 시기 중 하나이다.

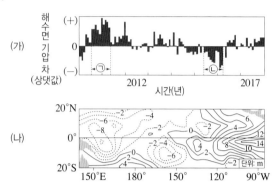

이에 대한 설명으로 옳은 것만을 〈보기〉에서 있는 대로 고른 것은? [3점]

〈보기〉
ㄱ. (나)는 ㉠에 해당한다.
ㄴ. 서태평양 적도 해역과 동태평양 적도 해역 사이의 해수면 높이 차는 ㉠이 ㉡보다 크다.
ㄷ. 동태평양 적도 부근 해역에서 구름양은 ㉠이 ㉡보다 많다.

① ㄱ　　② ㄴ　　③ ㄷ　　④ ㄱ, ㄴ　　⑤ ㄴ, ㄷ

28

그림 (가)는 어느 해(Y)에 시작된 엘니뇨 또는 라니냐 시기 동안 태평양 적도 부근에서 기상위성으로 관측한 적외선 방출 복사 에너지의 편차(관측값-평년값)를, (나)는 서태평양과 동태평양에 위치한 각 지점의 해면 기압 편차(관측값-평년값)를 나타낸 것이다. (가)의 시기는 (나)의 ㉠에 해당한다.

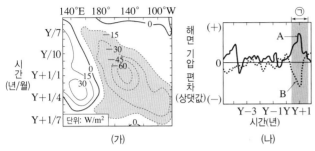

(가)   (나)

이 자료에 근거해서 평년과 비교할 때, (가) 시기에 대한 설명으로 옳은 것만을 〈보기〉에서 있는 대로 고른 것은? [3점]

〈보기〉
ㄱ. 동태평양에서 두꺼운 적운형 구름의 발생이 줄어든다.
ㄴ. 워커 순환이 약화된다.
ㄷ. (나)의 A는 서태평양에 해당한다.

① ㄱ   ② ㄴ   ③ ㄱ, ㄷ   ④ ㄴ, ㄷ   ⑤ ㄱ, ㄴ, ㄷ

29

그림 (가)는 기상 위성으로 관측한 서태평양 적도 부근의 수증기량 편차를, (나)는 A와 B 중 한 시기에 관측한 태평양 적도 부근 해역의 해수면 높이 편차를 나타낸 것이다. A와 B는 각각 엘니뇨와 라니냐 시기 중 하나이고, 편차는 (관측값-평년값)이다.

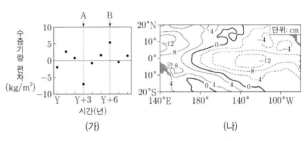

(가)   (나)

이에 대한 설명으로 옳은 것만을 〈보기〉에서 있는 대로 고른 것은?

〈보기〉
ㄱ. (나)는 B에 해당한다.
ㄴ. 동태평양 적도 부근 해역에서 수온 약층이 나타나기 시작하는 깊이는 A가 B보다 깊다.
ㄷ. 적도 부근 해역에서 (동태평양 해면 기압 편차-서태평양 해면 기압 편차) 값은 A가 B보다 크다.

① ㄱ   ② ㄷ   ③ ㄱ, ㄴ   ④ ㄴ, ㄷ   ⑤ ㄱ, ㄴ, ㄷ

30

그림 (가)는 동태평양 적도 부근 해역에서 관측한 수온 약층이 시작되는 깊이 편차를, (나)는 A와 B 중 한 시기에 관측한 태평양 적도 부근 해역의 강수량 편차를 나타낸 것이다. A와 B는 각각 엘니뇨와 라니냐 시기 중 하나이고, 편차는 (관측값-평년값)이다.

 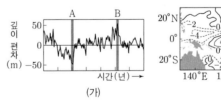

(가)   (나)

이에 대한 설명으로 옳은 것만을 〈보기〉에서 있는 대로 고른 것은?

〈보기〉
ㄱ. (나)는 A에 해당한다.
ㄴ. 동태평양 적도 부근 해역의 용승은 A가 B보다 강하다.
ㄷ. 적도 부근 해역의 $\dfrac{동태평양\ 해면\ 기압}{서태평양\ 해면\ 기압}$ 은 A가 B보다 크다.

① ㄱ   ② ㄴ   ③ ㄷ   ④ ㄱ, ㄴ   ⑤ ㄴ, ㄷ

주제 \ 학년도	2025	2024	2023
과거의 기후			

기후 변화의 천문학적 요인
- 세차 운동
- 자전축 경사각
- 세차 운동과 자전축 경사각

02 기출 문제   2025학년도 6월 모평 지 I 14번

그림 (가)와 (나)는 지구 공전 궤도면의 수직 방향에서 바라보았을 때 지구의 북극점 위치를 나타낸 것이다. (가)는 현재이고, (나)는 현재로부터 6500년 전과 19500년 전 중 하나이다. 세차 운동의 방향은 지구 공전 방향과 반대이고, 주기는 약 26000년이다.

이 자료에 대한 설명으로 옳은 것만을 〈보기〉에 있는 대로 고른 것은? (단, 세차 운동 이외의 요인은 변화하지 않는다고 가정한다.) [3점]

〈보기〉
ㄱ. (나)는 현재로부터 19500년 전의 모습이다.
ㄴ. (나)일 때 근일점에서 30°S의 계절은 가을철이다.
ㄷ. 30°N에서 여름철 평균 기온은 (가)가 (나)보다 높다.

① ㄱ ② ㄷ ③ ㄱ, ㄴ ④ ㄴ, ㄷ ⑤ ㄱ, ㄴ, ㄷ

08 대표 문제   2023학년도 9월 모평 지 I 16번

그림 (가)는 지구의 공전 궤도를, (나)는 지구 자전축 경사각의 변화를 나타낸 것이다. 지구 자전축 세차 운동의 방향은 지구 공전 방향과 반대이고 주기는 약 26000년이다.

이에 대한 설명으로 옳은 것만을 〈보기〉에 있는 대로 고른 것은? (단, 지구 자전축 세차 운동과 지구 자전축 경사각 이외의 요인은 변화하지 않는다고 가정한다.) [3점]

〈보기〉
ㄱ. 약 6500년 전 지구가 A 부근에 있을 때 북반구는 겨울철이다.
ㄴ. 35°N에서 기온의 연교차는 약 6500년 전이 현재보다 작다.
ㄷ. 35°S에서 여름철 평균 기온은 약 13000년 후가 현재보다 낮다.

① ㄱ ② ㄴ ③ ㄱ, ㄷ ④ ㄴ, ㄷ ⑤ ㄱ, ㄴ, ㄷ

빈출

기후 변화의 천문학적 요인
- 공전 궤도 이심률
- 세차 운동과 공전 궤도 이심률
- 세차 운동과 자전축 경사각과 공전 궤도 이심률

30   2025학년도 수능 지 I 8번

그림은 지구의 공전 궤도 이심률과 자전축 경사각의 변화를 나타낸 것이다.

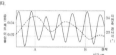

이 자료에 대한 설명으로 옳은 것만을 〈보기〉에 있는 대로 고른 것은? (단, 지구의 공전 궤도 이심률과 자전축 경사각 이외의 요인은 변화하지 않는다고 가정한다.)

〈보기〉
ㄱ. 30°N에서 기온의 연교차는 A 시기가 현재보다 작다.
ㄴ. 근일점과 원일점에서 지구에 도달하는 태양 복사 에너지양의 차는 B 시기가 현재보다 크다.
ㄷ. 30°S에서 겨울철 평균 기온은 B 시기가 현재보다 낮다.

① ㄱ ② ㄴ ③ ㄱ, ㄷ ④ ㄴ, ㄷ ⑤ ㄱ, ㄴ, ㄷ

19   2024학년도 수능 지 I 15번

그림 (가)는 지구 자전축 경사각과 지구 공전 궤도 이심률의 변화를, (나)는 위도별로 지구에 도달하는 태양 복사 에너지양의 편차(추정값—현재값)를 나타낸 것이다. (나)는 ㉠, ㉡, ㉢ 중 한 시기의 자료이다.

이 자료에 대한 설명으로 옳은 것만을 〈보기〉에 있는 대로 고른 것은? (단, 자전축 경사각과 지구의 공전 궤도 이심률 이외의 요인은 변하지 않는다고 가정한다.) [3점]

〈보기〉
ㄱ. 근일점과 원일점에서 지구에 도달하는 태양 복사 에너지양의 차는 ㉠이 ㉡보다 크다.
ㄴ. (나)는 ㉡의 자료에 해당한다.
ㄷ. 35°S에서 낮의 길이는 ㉢이 현재보다 길다.

① ㄱ ② ㄴ ③ ㄷ ④ ㄱ, ㄷ ⑤ ㄱ, ㄷ

17 대표 문제   2025학년도 9월 모평 지 I 14번

그림은 지구 자전축 경사각과 지구 공전 궤도 이심률을 시간에 따라 나타낸 것이다.
이 자료에 대한 설명으로 옳은 것만을 〈보기〉에 있는 대로 고른 것은? (단, 지구 자전축 경사각과 지구 공전 궤도 이심률 이외의 요인은 변하지 않는다고 가정한다.) [3점]

〈보기〉
ㄱ. 35°N에서 기온의 연교차는 A 시기가 현재보다 크다.
ㄴ. 지구가 근일점에 위치할 때 지구에 도달하는 태양 복사 에너지양은 B 시기가 A보다 현재 같다.
ㄷ. 35°S에서 겨울철 평균 기온은 A 시기가 B 시기보다 낮다.

① ㄱ ② ㄴ ③ ㄱ, ㄷ ④ ㄴ, ㄷ ⑤ ㄱ, ㄴ, ㄷ

11 대표 문제   2024학년도 9월 모평 지 I 16번

그림은 지구 자전축의 경사각과 세차 운동에 의한 자전축의 경사 방향 변화를 나타낸 것이다.

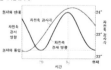

이에 대한 설명으로 옳은 것만을 〈보기〉에 있는 대로 고른 것은? (단, 지구 자전축 경사각과 세차 운동 이외의 요인은 변화하지 않는다고 가정한다.)

〈보기〉
ㄱ. 우리나라의 겨울철 평균 기온은 ㉠ 시기가 현재보다 높다.
ㄴ. 우리나라에서 기온의 연교차는 ㉠ 시기가 현재보다 크다.
ㄷ. 지구가 근일점에 위치할 때 우리나라에서 낮의 길이는 ㉠ 시기가 ㉡ 시기보다 길다.

① ㄱ ② ㄷ ③ ㄱ, ㄴ ④ ㄴ, ㄷ ⑤ ㄱ, ㄴ, ㄷ

2022~2019

---

01 대표문제   2020학년도 6월 평가원 지Ⅰ 14번

그림은 남극 빙하 연구를 통해 알
아낸 과거 40만 년 동안의 해수
면 높이, 기온 편차(당시 기온—
현재 기온), 대기 중 CO_2 농도 변
화를 나타낸 것이다.
A와 B 시기에 대한 설명으로 옳
은 것만을 〈보기〉에 있는 대로
고른 것은?

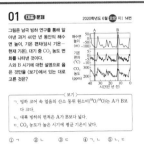

〈보기〉
ㄱ. 빙하 코어 속 얼음의 산소 동위 원소비($^{18}O/^{16}O$)는 A가 B보
   다 크다.
ㄴ. 대륙 빙하의 면적은 A가 B보다 넓다.
ㄷ. CO_2 농도가 높은 시기에 평균 기온이 낮다.

① ㄱ   ② ㄴ   ③ ㄷ   ④ ㄱ, ㄴ   ⑤ ㄴ, ㄷ

---

05 대표문제   2022학년도 6월 평가원 지Ⅰ 12번

다음은 기후 변화 요인 중 지구 자전축 기울기 변화의 영향을 알아보기
위한 탐구이다.

[탐구 과정]

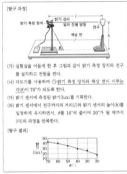

(가) 실험실을 어둡게 한 후 그림과 같이 밝기 측정 장치와 전구
   를 설치하고 전원을 켠다.
(나) 각도기를 사용하여 ⊙밝기 측정 장치와 책상 면이 이루는
   각(θ)이 70°가 되도록 한다.
(다) 밝기 센서에 측정된 밝기(lux)를 기록한다.
(라) 밝기 센서와 전구까지의 거리(l)와 밝기 센서의 높이(h)를
   일정하게 유지하면서, θ를 10°씩 줄이며 20°가 될 때까지
   (다)의 과정을 반복한다.

[탐구 결과]

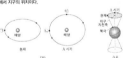

이에 대한 설명으로 옳은 것만을 〈보기〉에 있는 대로 고른 것은? [3점]

〈보기〉
ㄱ. ⊙의 크기는 '태양의 남중 고도'에 해당한다.
ㄴ. 측정된 밝기는 θ가 클수록 감소한다.
ㄷ. 다른 요인의 변화가 없다면 지구 자전축의 기울기가 커질수
   록 우리나라 기온의 연교차는 감소한다.

① ㄱ   ② ㄴ   ③ ㄱ, ㄴ   ④ ㄴ, ㄷ   ⑤ ㄱ, ㄴ, ㄷ

---

04   2021학년도 6월 평가원 지Ⅰ 13번

그림은 지구 자전축 경사각의
변화를 나타낸 것이다.
이에 대한 설명으로 옳은 것
을 〈보기〉에서 있는 대로 고른
것은? (단, 지구 자전축 경사각
이외의 요인은 변하지 않는다.)

〈보기〉
ㄱ. 30°S에서 기온의 연교차는 현재가 ⊙ 시기보다 작다.
ㄴ. 30°N에서 겨울철 태양의 남중 고도는 현재가 ⊙ 시기보다
   높다.
ㄷ. 1년 동안 지구에 입사하는 평균 태양 복사 에너지양은 ⊙ 시
   기가 ⓒ 시기보다 많다.

① ㄱ   ② ㄴ   ③ ㄷ   ④ ㄱ, ㄴ   ⑤ ㄱ, ㄷ

---

14   2022학년도 수능 지Ⅰ 17번

그림 (가)는 현재와 A 시기의 지구 공전 궤도를, (나)는 현재와 A 시기
의 지구 자전축 방향을 나타낸 것이다. (가)의 ⊙, ⓒ, ⓒ은 공전 궤도상
에서 지구의 위치이다.

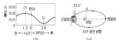

이에 대한 설명으로 옳은 것만을 〈보기〉에 있는 대로 고른 것은? (단,
지구의 공전 궤도 이심률, 세차 운동 이외의 요인은 변하지 않는다고 가
정한다.)

〈보기〉
ㄱ. ⊙에서 북반구는 여름이다.
ㄴ. 37°N에서 연교차는 현재가 A 시기보다 작다.
ㄷ. 37°S에서 태양이 남중했을 때, 지표에 도달하는 태양 복사
   에너지양은 ⓒ이 ⓒ보다 적다.

① ㄱ   ② ㄴ   ③ ㄱ, ㄷ   ④ ㄴ, ㄷ   ⑤ ㄴ, ㄷ

---

27 대표문제   2020학년도 수능 지Ⅰ 19번

그림 (가)와 (나)는 지구 공전 궤도 이심률과 자전축 경사각의 변화를
각각 나타낸 것이다. 지구 자전축 세차 운동의 주기는 약 26000년이고
방향은 지구 공전 방향과 반대이다.

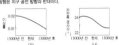

이에 대한 설명으로 옳은 것만을 〈보기〉에 있는 대로 고른 것은? (단,
지구의 공전 궤도 이심률, 자전축 경사각, 세차 운동 이외의 요인은 변하
지 않는다.)

〈보기〉
ㄱ. 원일점에서 30°S의 밤의 길이는 현재가 13000년 전보다 짧다.
ㄴ. 30°N에서 기온의 연교차는 현재가 13000년 전보다 작다.
ㄷ. 30°S의 겨울철 태양의 남중 고도는 6500년 후가 현재보다
   낮다.

① ㄱ   ② ㄴ   ③ ㄱ, ㄷ   ④ ㄴ, ㄷ   ⑤ ㄱ, ㄴ, ㄷ

---

28   2019학년도 6월 평가원 지Ⅰ 12번

그림은 밀란코비치 주기를 이용하여, 위도별로 지구에 도달하는 태양
복사 에너지양의 편차(과거 추정값—현재 평균값)를 나타낸 것이다. 그
림에서 북반구는 7월에 여름이고, 1월에 겨울이다.

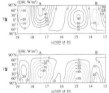

이 자료에 대한 설명으로 옳은 것만을 〈보기〉에 있는 대로 고른 것
은? (단, 공전 궤도 이심률, 자전축 경사각, 세차 운동 이외의 요인은 고
려하지 않는다.) [3점]

〈보기〉
ㄱ. 7월의 30°S에 도달하는 태양 복사 에너지양은 A 시기가 현
   재보다 많다.
ㄴ. 1월의 30°N에 도달하는 태양 복사 에너지양은 A 시기가 B
   시기보다 많다.
ㄷ. 30°S에서 기온의 연교차(1월 평균 기온—7월 평균 기온)는
   A 시기가 B 시기보다 크다.

① ㄱ   ② ㄴ   ③ ㄱ, ㄷ   ④ ㄴ, ㄷ   ⑤ ㄱ, ㄴ, ㄷ

---

16   2019학년도 9월 평가원 지Ⅰ 14번

그림 (가)는 지구 공전 궤도 이심률의 변화를, (나)는 ⊙ 시기의 지구 자
전축 방향과 공전 궤도를 나타낸 것이다. 지구 자전축 세차 운동의 주기
는 약 26000년이며 방향은 지구의 공전 방향과 반대이다.

〈그림 생략〉

이에 대한 설명으로 옳은 것만을 〈보기〉에 있는 대로 고른 것은? (단,
지구 공전 궤도 이심률과 자전축 경사 방향 이외의 요인은 변하지 않는
다고 가정한다.) [3점]

〈보기〉
ㄱ. 현재 북반구는 근일점에서 여름철이다.
ㄴ. 현재로부터 약 6500년 전 지구가 A 부근에 있을 때 북반구
   는 겨울철이 된다.
ㄷ. 북반구 기온의 연교차는 ⊙ 시기가 현재보다 크다.

① ㄱ   ② ㄷ   ③ ㄱ, ㄴ   ④ ㄴ, ㄷ   ⑤ ㄱ, ㄴ, ㄷ

01 대표 문제
2020학년도 6월 모평 지I 14번

그림은 남극 빙하 연구를 통해 알아낸 과거 40만 년 동안의 해수면 높이, 기온 편차(당시 기온－현재 기온), 대기 중 CO_2 농도 변화를 나타낸 것이다.
A와 B 시기에 대한 설명으로 옳은 것만을 〈보기〉에서 있는 대로 고른 것은?

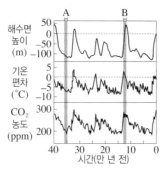

─〈 보기 〉─
ㄱ. 빙하 코어 속 얼음의 산소 동위 원소비($^{18}O/^{16}O$)는 A가 B보다 크다.
ㄴ. 대륙 빙하의 면적은 A가 B보다 넓다.
ㄷ. CO_2 농도가 높은 시기에 평균 기온이 낮다.

① ㄱ   ② ㄴ   ③ ㄷ   ④ ㄱ, ㄴ   ⑤ ㄴ, ㄷ

02 대표 문제
2025학년도 6월 모평 지I 14번

그림 (가)와 (나)는 지구 공전 궤도면의 수직 방향에서 바라보았을 때 지구의 북극점 위치를 나타낸 것이다. (가)는 현재이고, (나)는 현재로부터 6500년 전과 19500년 전 중 하나이다. 세차 운동의 방향은 지구 공전 방향과 반대이고, 주기는 약 26000년이다.

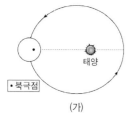 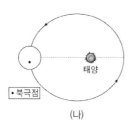

(가)   (나)

이 자료에 대한 설명으로 옳은 것만을 〈보기〉에서 있는 대로 고른 것은? (단, 세차 운동 이외의 요인은 변하지 않는다고 가정한다.) [3점]

─〈 보기 〉─
ㄱ. (나)는 현재로부터 19500년 전의 모습이다.
ㄴ. (나)일 때 근일점에서 30°S의 계절은 가을철이다.
ㄷ. 30°N에서 여름철 평균 기온은 (가)가 (나)보다 높다.

① ㄱ   ② ㄷ   ③ ㄱ, ㄴ   ④ ㄴ, ㄷ   ⑤ ㄱ, ㄴ, ㄷ

03
2021학년도 4월 학평 지I 12번

그림 (가)와 (나)는 지구 공전 궤도면의 수직 방향에서 바라보았을 때, 지구 중심을 지나는 지구 공전 궤도면의 수직축에 대한 북극의 상대적인 위치를 나타낸 것이다.

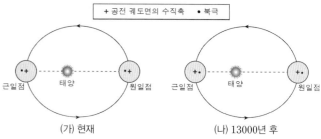

(가) 현재   (나) 13000년 후

이에 대한 설명으로 옳은 것만을 〈보기〉에서 있는 대로 고른 것은? (단, 지구 자전축 경사 방향 이외의 요인은 변하지 않는다고 가정한다.) [3점]

─〈 보기 〉─
ㄱ. (가)에서 지구가 근일점에 위치할 때 북반구는 겨울이다.
ㄴ. 우리나라 기온의 연교차는 (가)보다 (나)에서 작다.
ㄷ. 남반구가 여름일 때 지구와 태양 사이의 거리는 (가)보다 (나)에서 길다.

① ㄱ   ② ㄴ   ③ ㄱ, ㄷ   ④ ㄴ, ㄷ   ⑤ ㄱ, ㄴ, ㄷ

04
2021학년도 6월 모평 지I 13번

그림은 지구 자전축 경사각의 변화를 나타낸 것이다.
이에 대한 설명으로 옳은 것만을 〈보기〉에서 있는 대로 고른 것은? (단, 지구 자전축 경사각 이외의 요인은 변하지 않는다.)

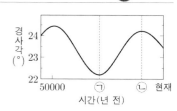

─〈 보기 〉─
ㄱ. 30°S에서 기온의 연교차는 현재가 ⓛ 시기보다 작다.
ㄴ. 30°N에서 겨울철 태양의 남중 고도는 현재가 ⊙ 시기보다 높다.
ㄷ. 1년 동안 지구에 입사하는 평균 태양 복사 에너지양은 ⊙ 시기가 ⓛ 시기보다 많다.

① ㄱ   ② ㄴ   ③ ㄷ   ④ ㄱ, ㄴ   ⑤ ㄱ, ㄷ

05 대표문제

다음은 기후 변화 요인 중 지구 자전축 기울기 변화의 영향을 알아보기 위한 탐구이다.

[탐구 과정]

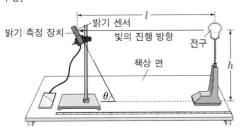

(가) 실험실을 어둡게 한 후 그림과 같이 밝기 측정 장치와 전구를 설치하고 전원을 켠다.

(나) 각도기를 사용하여 ㉠밝기 측정 장치와 책상 면이 이루는 각(θ)이 70°가 되도록 한다.

(다) 밝기 센서에 측정된 밝기(lux)를 기록한다.

(라) 밝기 센서에서 전구까지의 거리(l)와 밝기 센서의 높이(h)를 일정하게 유지하면서, θ를 10°씩 줄이며 20°가 될 때까지 (다)의 과정을 반복한다.

[탐구 결과]

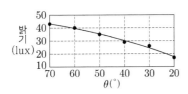

이에 대한 설명으로 옳은 것만을 〈보기〉에서 있는 대로 고른 것은? [3점]

〈 보기 〉

ㄱ. ㉠의 크기는 '태양의 남중 고도'에 해당한다.

ㄴ. 측정된 밝기는 θ가 클수록 감소한다.

ㄷ. 다른 요인의 변화가 없다면 지구 자전축의 기울기가 커질수록 우리나라 기온의 연교차는 감소한다.

① ㄱ ② ㄴ ③ ㄱ, ㄷ ④ ㄴ, ㄷ ⑤ ㄱ, ㄴ, ㄷ

06

그림 (가)는 현재와 비교한 A와 B 시기의 지구 자전축 경사각을, (나)는 A 시기와 비교한 B 시기의 지구에 입사하는 태양 복사 에너지의 변화량을 나타낸 것이다.

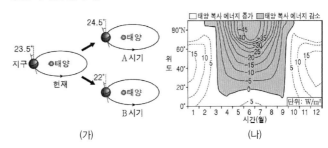

(가)   (나)

이에 대한 설명으로 옳은 것만을 〈보기〉에서 있는 대로 고른 것은? (단, 지구 자전축 경사각 이외의 요인은 고려하지 않는다.) [3점]

〈 보기 〉

ㄱ. 현재 근일점에서 북반구의 계절은 겨울이다.

ㄴ. (나)에서 6월의 태양 복사 에너지의 감소량은 20°N보다 60°N에서 많다.

ㄷ. 40°N에서 연교차는 A 시기보다 B 시기가 크다.

① ㄱ ② ㄷ ③ ㄱ, ㄴ ④ ㄴ, ㄷ ⑤ ㄱ, ㄴ, ㄷ

07

그림 (가)는 지구 자전축의 모습을, (나)는 (가)의 A 방향으로 바라본 1년 동안 태양에 대한 북극의 상대적인 위치 변화를 현재와 13000년 후로 구분하여 나타낸 것이다. 북극이 ㉠에 위치할 때 지구는 공전 궤도의 근일점 부근에 있고, 세차 운동 주기는 26000년이다.

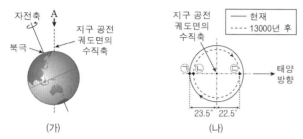

(가)

(나)

이에 대한 설명으로 옳은 것만을 ⟨보기⟩에서 있는 대로 고른 것은? (단, 지구 자전축의 경사각 변화와 세차 운동 이외의 요인은 변하지 않는다고 가정한다.) [3점]

⟨ 보기 ⟩

ㄱ. 북극이 ㉠에 위치할 때 북반구는 겨울철이다.

ㄴ. 우리나라에서 태양의 남중 고도는 북극이 ㉠에 위치할 때보다 ㉢에 위치할 때가 낮다.

ㄷ. 지구와 태양 사이의 거리는 북극이 ㉡에 위치할 때보다 ㉢에 위치할 때가 가깝다.

① ㄱ   ② ㄴ   ③ ㄱ, ㄷ   ④ ㄴ, ㄷ   ⑤ ㄱ, ㄴ, ㄷ

08 대표 문제

그림 (가)는 지구의 공전 궤도를, (나)는 지구 자전축 경사각의 변화를 나타낸 것이다. 지구 자전축 세차 운동의 방향은 지구 공전 방향과 반대이고 주기는 약 26000년이다.

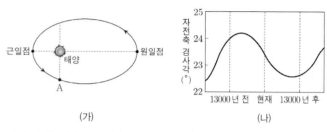

(가)

(나)

이에 대한 설명으로 옳은 것만을 ⟨보기⟩에서 있는 대로 고른 것은? (단, 지구 자전축 세차 운동과 지구 자전축 경사각 이외의 요인은 변하지 않는다고 가정한다.) [3점]

⟨ 보기 ⟩

ㄱ. 약 6500년 전 지구가 A 부근에 있을 때 북반구는 겨울철이다.

ㄴ. 35°N에서 기온의 연교차는 약 6500년 전이 현재보다 작다.

ㄷ. 35°S에서 여름철 평균 기온은 약 13000년 후가 현재보다 낮다.

① ㄱ   ② ㄴ   ③ ㄱ, ㄷ   ④ ㄴ, ㄷ   ⑤ ㄱ, ㄴ, ㄷ

09

2021학년도 3월 학평 지I 15번

그림은 현재와 A 시기에 근일점에 위치한 지구의 모습과 지구 공전 궤도 일부를 나타낸 것이다.

이에 대한 옳은 설명만을 〈보기〉에서 있는 대로 고른 것은? (단, 지구 공전 궤도 이심률 이외의 요인은 변하지 않는다.) [3점]

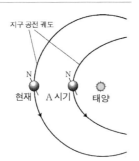

〈 보기 〉
ㄱ. 지구 공전 궤도 이심률은 현재가 A 시기보다 크다.
ㄴ. 현재 북반구는 근일점에서 겨울철이다.
ㄷ. 지구가 원일점에 위치할 때, 지구가 받는 태양 복사 에너지 양은 현재가 A 시기보다 많다.

① ㄱ ② ㄷ ③ ㄱ, ㄴ ④ ㄴ, ㄷ ⑤ ㄱ, ㄴ, ㄷ

10

2020학년도 10월 학평 지I 9번

표는 A, B, C 시기의 지구 공전 궤도 이심률을, 그림은 B 시기에 지구가 근일점과 원일점에 위치할 때 남반구에서 같은 배율로 관측한 태양의 모습을 각각 ㉠과 ㉡으로 순서 없이 나타낸 것이다.

시기	이심률
A	0.011
B	0.017
C	0.023

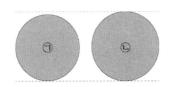

㉠을 관측한 시기가 남반구의 겨울철일 때, 이에 대한 옳은 설명만을 〈보기〉에서 있는 대로 고른 것은? (단, 공전 궤도 이심률 이외의 요인은 변하지 않는다.) [3점]

〈 보기 〉
ㄱ. B 시기에 지구가 근일점을 지날 때 북반구는 겨울철이다.
ㄴ. 남반구의 겨울철 평균 기온은 A보다 B 시기에 높다.
ㄷ. 북반구에서 기온의 연교차는 A보다 C 시기에 크다.

① ㄱ ② ㄴ ③ ㄱ, ㄷ ④ ㄴ, ㄷ ⑤ ㄱ, ㄴ, ㄷ

11 대표 문제

2024학년도 9월 모평 지I 16번

그림은 지구 자전축의 경사각과 세차 운동에 의한 자전축의 경사 방향 변화를 나타낸 것이다.

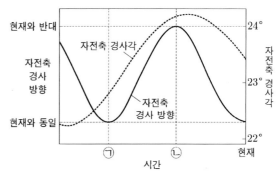

이에 대한 설명으로 옳은 것만을 〈보기〉에서 있는 대로 고른 것은? (단, 지구 자전축 경사각과 세차 운동 이외의 요인은 변하지 않는다고 가정한다.)

〈 보기 〉
ㄱ. 우리나라의 겨울철 평균 기온은 ㉠ 시기가 현재보다 높다.
ㄴ. 우리나라에서 기온의 연교차는 ㉡ 시기가 현재보다 크다.
ㄷ. 지구가 근일점에 위치할 때 우리나라에서 낮의 길이는 ㉠ 시기가 ㉡ 시기보다 길다.

① ㄱ ② ㄷ ③ ㄱ, ㄴ ④ ㄴ, ㄷ ⑤ ㄱ, ㄴ, ㄷ

12

2024학년도 10월 학평 지Ⅰ 18번

그림은 지구 공전 궤도 이심률과 세차 운동에 의한 자전축의 경사 방향 변화를, 표는 현재와 T 시기의 태양 겉보기 크기 비(근일점에서의 크기 : 원일점에서의 크기)를 나타낸 것이다. T는 ㉠과 ㉡ 중 하나이다.

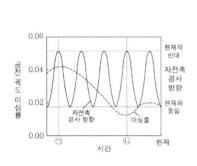

시기	크기 비 (근일점 = 1)
현재	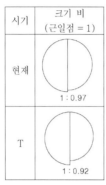 1 : 0.97
T	1 : 0.92

이에 대한 설명으로 옳은 것만을 〈보기〉에서 있는 대로 고른 것은? (단, 지구 공전 궤도 이심률과 세차 운동 이외의 요인은 고려하지 않는다.) [3점]

〈 보기 〉
ㄱ. ㉠일 때, 근일점에서 우리나라는 겨울이다.
ㄴ. T는 ㉡이다.
ㄷ. 우리나라에서 연교차는 ㉠이 ㉡보다 크다.

① ㄱ   ② ㄷ   ③ ㄱ, ㄴ   ④ ㄴ, ㄷ   ⑤ ㄱ, ㄴ, ㄷ

13

2024학년도 7월 학평 지Ⅰ 14번

그림 (가)는 현재 지구의 공전 궤도를, (나)는 지구의 공전 궤도 이심률 변화를 나타낸 것이다. 지구 자전축 세차 운동의 방향은 지구 공전 방향과 반대이고 주기는 약 26000년이다.

(가)

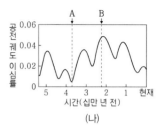

(나)

이에 대한 설명으로 옳은 것만을 〈보기〉에서 있는 대로 고른 것은? (단, 지구의 공전 궤도 이심률과 지구 자전축 세차 운동 이외의 요인은 변하지 않는다고 가정한다.) [3점]

〈 보기 〉
ㄱ. (가)에서 지구가 근일점에 위치할 때 남반구는 여름철이다.
ㄴ. 근일점과 원일점에서 지구에 도달하는 태양 복사 에너지양의 차는 A 시기가 B 시기보다 크다.
ㄷ. 우리나라에서 기온의 연교차는 약 13만 년 전이 현재보다 크다.

① ㄱ   ② ㄷ   ③ ㄱ, ㄴ   ④ ㄴ, ㄷ   ⑤ ㄱ, ㄴ, ㄷ

14

2022학년도 수능 지Ⅰ 17번

그림 (가)는 현재와 A 시기의 지구 공전 궤도를, (나)는 현재와 A 시기의 지구 자전축 방향을 나타낸 것이다. (가)의 ㉠, ㉡, ㉢은 공전 궤도상에서 지구의 위치이다.

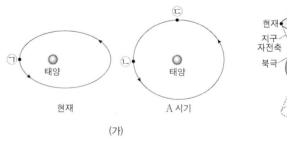

이에 대한 설명으로 옳은 것만을 〈보기〉에서 있는 대로 고른 것은? (단, 지구의 공전 궤도 이심률, 세차 운동 이외의 요인은 변하지 않는다고 가정한다.)

〈 보기 〉
ㄱ. ㉠에서 북반구는 여름이다.
ㄴ. 37°N에서 연교차는 현재가 A 시기보다 작다.
ㄷ. 37°S에서 태양이 남중했을 때, 지표에 도달하는 태양 복사 에너지양은 ㉢이 ㉡보다 적다.

① ㄱ   ② ㄴ   ③ ㄷ   ④ ㄱ, ㄴ   ⑤ ㄴ, ㄷ

15

그림 (가)는 현재 지구의 공전 궤도와 자전축 경사 방향을, (나)는 10만 년 전부터 현재까지 지구 공전 궤도의 이심률 변화를 나타낸 것이다.

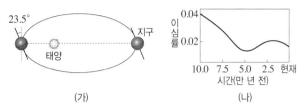

(가)   (나)

이에 대한 옳은 설명만을 〈보기〉에서 있는 대로 고른 것은? (단, 세차 운동의 주기는 26000년이며, 지구 공전 궤도의 이심률과 세차 운동 이외의 요인은 고려하지 않는다.) [3점]

---〈 보기 〉---
ㄱ. 13000년 전 북반구는 근일점에서 여름철이다.
ㄴ. 근일점에서 태양의 시직경은 현재가 10만 년 전보다 크다.
ㄷ. 북반구에서 기온의 연교차는 26000년 전이 52000년 전 보다 크다.
---

① ㄱ   ② ㄷ   ③ ㄱ, ㄴ   ④ ㄴ, ㄷ   ⑤ ㄱ, ㄴ, ㄷ

16

그림 (가)는 지구 공전 궤도 이심률의 변화를, (나)는 ㉠ 시기의 지구 자전축 방향과 공전 궤도를 나타낸 것이다. 지구 자전축 세차 운동의 주기는 약 26000년이며 방향은 지구의 공전 방향과 반대이다.

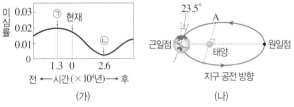

(가)   (나)

이에 대한 설명으로 옳은 것만을 〈보기〉에서 있는 대로 고른 것은? (단, 지구 공전 궤도 이심률과 자전축 경사 방향 이외의 요인은 변하지 않는다고 가정한다.) [3점]

---〈 보기 〉---
ㄱ. 현재 북반구는 근일점에서 여름철이다.
ㄴ. 현재로부터 약 6500년 전 지구가 A 부근에 있을 때 북반구는 겨울철이 된다.
ㄷ. 북반구 기온의 연교차는 ㉠ 시기가 ㉡ 시기보다 크다.
---

① ㄱ   ② ㄷ   ③ ㄱ, ㄴ   ④ ㄴ, ㄷ   ⑤ ㄱ, ㄴ, ㄷ

17 대표문제

그림은 지구 자전축 경사각과 지구 공전 궤도 이심률을 시간에 따라 나타낸 것이다.

이 자료에 대한 설명으로 옳은 것만을 〈보기〉에서 있는 대로 고른 것은? (단, 지구 자전축 경사각과 지구 공전 궤도 이심률 이외의 요인은 변하지 않는다고 가정한다.) [3점]

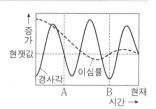

---〈 보기 〉---
ㄱ. 35°N에서 기온의 연교차는 A 시기가 현재보다 크다.
ㄴ. 지구가 근일점에 위치할 때 지구에 도달하는 태양 복사 에너지양은 B 시기와 현재가 같다.
ㄷ. 35°S에서 겨울철 평균 기온은 A 시기가 B 시기보다 낮다.
---

① ㄱ   ② ㄴ   ③ ㄷ   ④ ㄱ, ㄴ   ⑤ ㄴ, ㄷ

18

그림 (가)는 현재 지구의 공전 궤도와 자전축 경사 방향을, (나)는 지구의 공전 궤도 이심률과 자전축 경사각의 변화를 나타낸 것이다.

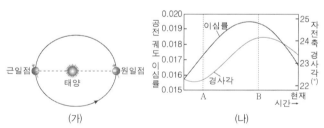

(가)   (나)

이에 대한 설명으로 옳은 것만을 〈보기〉에서 있는 대로 고른 것은? (단, 지구의 공전 궤도 이심률과 자전축 경사각 이외의 요인은 변하지 않는다고 가정한다.) [3점]

---〈 보기 〉---
ㄱ. 현재 지구가 근일점에 위치할 때 북반구는 여름철이다.
ㄴ. 원일점 거리는 현재보다 B 시기가 멀다.
ㄷ. 35°S에서 기온의 연교차는 A 시기보다 B 시기가 크다.
---

① ㄱ   ② ㄴ   ③ ㄱ, ㄷ   ④ ㄴ, ㄷ   ⑤ ㄱ, ㄴ, ㄷ

19

그림 (가)는 지구 자전축 경사각과 지구 공전 궤도 이심률의 변화를, (나)는 위도별로 지구에 도달하는 태양 복사 에너지양의 편차(추정값−현잿값)를 나타낸 것이다. (나)는 ㉠, ㉡, ㉢ 중 한 시기의 자료이다.

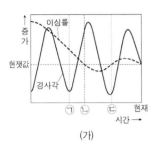 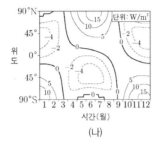

(가) (나)

이 자료에 대한 설명으로 옳은 것만을 〈보기〉에서 있는 대로 고른 것은? (단, 자전축 경사각과 지구의 공전 궤도 이심률 이외의 요인은 변하지 않는다고 가정한다.) [3점]

〈 보기 〉
ㄱ. 근일점과 원일점에서 지구에 도달하는 태양 복사 에너지양의 차는 ㉠이 ㉡보다 크다.
ㄴ. (나)는 ㉡의 자료에 해당한다.
ㄷ. 35°S에서 여름철 낮의 길이는 ㉢이 현재보다 길다.

① ㄱ ② ㄴ ③ ㄷ ④ ㄱ, ㄴ ⑤ ㄱ, ㄷ

20

그림은 현재 지구의 공전 궤도와 자전축 경사를 나타낸 것이다. a는 원일점 거리, b는 근일점 거리, θ는 지구의 공전 궤도면과 자전축이 이루는 각이다.

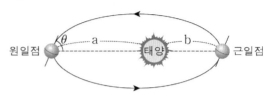

이에 대한 옳은 설명만을 〈보기〉에서 있는 대로 고른 것은? (단, 공전 궤도 이심률과 자전축 경사각 이외의 요인은 고려하지 않는다.) [3점]

〈 보기 〉
ㄱ. θ가 일정할 때 (a−b)가 커지면 북반구 중위도에서 기온의 연교차는 작아질 것이다.
ㄴ. a, b가 일정할 때 θ가 커지면 남반구 중위도에서 기온의 연교차는 커질 것이다.
ㄷ. θ가 커지면 우리나라에서 여름철 태양의 남중 고도는 현재보다 높아질 것이다.

① ㄱ ② ㄴ ③ ㄷ ④ ㄱ, ㄴ ⑤ ㄴ, ㄷ

21

그림은 현재와 A, B, C 시기일 때 지구 자전축 경사각과 공전 궤도 이심률을 나타낸 것이다.
이에 대한 옳은 설명만을 〈보기〉에서 있는 대로 고른 것은? (단, 지구 자전축 경사각과 공전 궤도 이심률 이외의 요인은 변하지 않는다고 가정한다.) [3점]

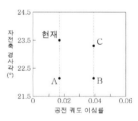

〈 보기 〉
ㄱ. 우리나라에서 여름철 평균 기온은 현재가 A보다 높다.
ㄴ. 지구가 근일점에 위치할 때 하루 동안 받는 태양 복사 에너지양은 현재가 B보다 많다.
ㄷ. 남반구 중위도 지역에서 기온의 연교차는 B가 C보다 크다.

① ㄱ ② ㄴ ③ ㄱ, ㄷ ④ ㄴ, ㄷ ⑤ ㄱ, ㄴ, ㄷ

22

그림은 지구 공전 궤도 이심률의 변화와 자전축 기울기의 변화를 나타낸 것이다.

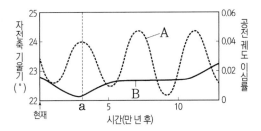

이에 대한 설명으로 옳은 것만을 〈보기〉에서 있는 대로 고른 것은? (단, 지구 공전 궤도 이심률, 자전축 기울기 외의 요인은 고려하지 않는다.) [3점]

〈 보기 〉
ㄱ. 자전축 기울기의 변화는 B이다.
ㄴ. 10만 년 후 근일점에 위치할 때 우리나라는 겨울이다.
ㄷ. 우리나라에서 기온의 연교차는 현재보다 a 시기에 커진다.

① ㄱ　　② ㄷ　　③ ㄱ, ㄴ　　④ ㄴ, ㄷ　　⑤ ㄱ, ㄴ, ㄷ

23

그림은 과거 지구 자전축의 경사각과 지구 공전 궤도 이심률 변화를 나타낸 것이다.

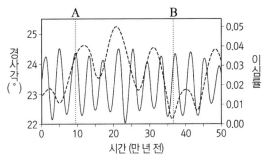

이에 대한 설명으로 옳은 것만을 〈보기〉에서 있는 대로 고른 것은? (단, 지구 자전축 경사각과 지구 공전 궤도 이심률 이외의 조건은 고려하지 않는다.) [3점]

〈 보기 〉
ㄱ. 지구 자전축 경사각 변화의 주기는 6만 년보다 짧다.
ㄴ. A 시기의 남반구 기온의 연교차는 현재보다 크다.
ㄷ. 원일점과 근일점에서 태양까지의 거리 차는 A 시기가 B 시기보다 크다.

① ㄱ　　② ㄷ　　③ ㄱ, ㄴ　　④ ㄴ, ㄷ　　⑤ ㄱ, ㄴ, ㄷ

24

그림 (가)는 지구 자전축 경사각과 지구 공전 궤도 이심률의 변화를, (나)는 ㉠ 또는 ㉡ 시기의 지구 자전축 경사각을 나타낸 것이다.

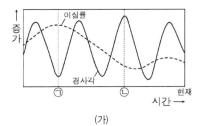

이에 대한 옳은 설명만을 〈보기〉에서 있는 대로 고른 것은? (단, 지구 자전축 경사각과 지구 공전 궤도 이심률 이외의 요인은 고려하지 않는다.) [3점]

〈 보기 〉
ㄱ. 근일점 거리는 ㉠ 시기가 ㉡ 시기보다 가깝다.
ㄴ. (나)는 ㉠ 시기에 해당한다.
ㄷ. 우리나라에서 기온의 연교차는 현재가 ㉠ 시기보다 크다.

① ㄱ　　② ㄴ　　③ ㄱ, ㄷ　　④ ㄴ, ㄷ　　⑤ ㄱ, ㄴ, ㄷ

25

그림은 지구가 근일점에 위치할 때 A 시기와 현재의 지구 자전축 방향을, 표는 A 시기와 현재의 공전 궤도 이심률과 자전축 경사각을 나타낸 것이다.

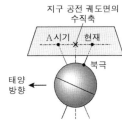

시기	공전 궤도 이심률	자전축 경사각(°)
A	0.03	24.0
현재	0.017	23.5

이 자료에 대한 설명으로 옳은 것만을 〈보기〉에서 있는 대로 고른 것은? (단, 공전 궤도 이심률, 자전축 경사각, 세차 운동 이외의 요인은 고려하지 않는다.) [3점]

〈 보기 〉
ㄱ. 현재 북반구는 근일점에서 겨울철이다.
ㄴ. 원일점에서 지구와 태양까지의 거리는 A 시기가 현재보다 멀다.
ㄷ. 30°N에서 여름철 평균 기온은 A 시기가 현재보다 높다.

① ㄱ　　② ㄴ　　③ ㄱ, ㄷ　　④ ㄴ, ㄷ　　⑤ ㄱ, ㄴ, ㄷ

26

표는 현재와 (가), (나) 시기에 지구의 자전축 경사각, 공전 궤도 이심률, 지구가 근일점에 위치할 때 북반구의 계절을 나타낸 것이다.

시기	자전축 경사각	공전 궤도 이심률	근일점에 위치할 때 북반구의 계절
현재	23.5°	0.017	겨울
(가)	24.0°	0.004	겨울
(나)	24.3°	0.033	여름

이에 대한 옳은 설명만을 〈보기〉에서 있는 대로 고른 것은? (단, 지구의 자전축 경사각, 공전 궤도 이심률, 세차 운동 이외의 조건은 변하지 않는다고 가정한다.) [3점]

〈 보기 〉
ㄱ. 45°N에서 여름철일 때 태양과 지구 사이의 거리는 (가) 시기가 현재보다 멀다.
ㄴ. 45°S에서 겨울철 태양의 남중 고도는 (나) 시기가 현재보다 낮다.
ㄷ. 45°N에서 기온의 연교차는 (가) 시기가 (나) 시기보다 작다.

① ㄱ   ② ㄴ   ③ ㄱ, ㄷ   ④ ㄴ, ㄷ   ⑤ ㄱ, ㄴ, ㄷ

27 대표문제

그림 (가)와 (나)는 지구의 공전 궤도 이심률과 자전축 경사각의 변화를 각각 나타낸 것이다. 지구 자전축 세차 운동의 주기는 약 26000년이고 방향은 지구 공전 방향과 반대이다.

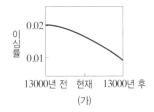
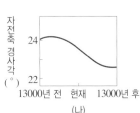

이에 대한 설명으로 옳은 것만을 〈보기〉에서 있는 대로 고른 것은? (단, 지구의 공전 궤도 이심률, 자전축 경사각, 세차 운동 이외의 요인은 변하지 않는다.)

〈 보기 〉
ㄱ. 원일점에서 30°S의 밤의 길이는 현재가 13000년 전보다 짧다.
ㄴ. 30°N에서 기온의 연교차는 현재가 13000년 전보다 작다.
ㄷ. 30°S의 겨울철 태양의 남중 고도는 6500년 후가 현재보다 낮다.

① ㄱ   ② ㄴ   ③ ㄱ, ㄷ   ④ ㄴ, ㄷ   ⑤ ㄱ, ㄴ, ㄷ

28

그림은 밀란코비치 주기를 이용하여, 위도별로 지구에 도달하는 태양 복사 에너지양의 편차(과거 추정값−현재 평균값)를 나타낸 것이다. 그림에서 북반구는 7월에 여름이고, 1월에 겨울이다.

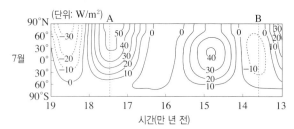
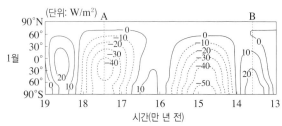

이 자료에 대한 설명으로 옳은 것만을 〈보기〉에서 있는 대로 고른 것은? (단, 공전 궤도 이심률, 자전축 경사각, 세차 운동 이외의 요인은 고려하지 않는다.) [3점]

〈 보기 〉
ㄱ. 7월의 30°S에 도달하는 태양 복사 에너지양은 A 시기가 현재보다 많다.
ㄴ. 1월의 30°N에 도달하는 태양 복사 에너지양은 A 시기가 B 시기보다 많다.
ㄷ. 30°S에서 기온의 연교차(1월 평균 기온−7월 평균 기온)는 A 시기가 B 시기보다 크다.

① ㄱ   ② ㄴ   ③ ㄱ, ㄷ   ④ ㄴ, ㄷ   ⑤ ㄱ, ㄴ, ㄷ

29

그림은 지구 공전 궤도 이심률 변화, 지구 자전축의 기울기 변화, 북반구가 여름일 때 지구의 공전 궤도상 위치 변화를 나타낸 것이다.

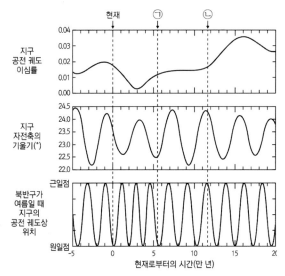

이에 대한 설명으로 옳은 것만을 〈보기〉에서 있는 대로 고른 것은? (단, 지구 공전 궤도 이심률과 자전축의 기울기, 북반구가 여름일 때 지구의 공전 궤도상 위치 이외의 요인은 변하지 않는다고 가정한다.) [3점]

─〈 보기 〉─
ㄱ. 남반구 기온의 연교차는 현재가 ㉠ 시기보다 크다.
ㄴ. 30°N에서 겨울철 태양의 남중 고도는 ㉡ 시기가 현재보다 높다.
ㄷ. 근일점에서 태양까지의 거리는 ㉡ 시기가 ㉠ 시기보다 멀다.

① ㄱ   ② ㄷ   ③ ㄱ, ㄴ   ④ ㄴ, ㄷ   ⑤ ㄱ, ㄴ, ㄷ

30

그림은 지구의 공전 궤도 이심률과 자전축 경사각의 변화를 나타낸 것이다.

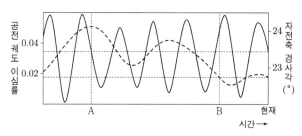

이 자료에 대한 설명으로 옳은 것만을 〈보기〉에서 있는 대로 고른 것은? (단, 지구의 공전 궤도 이심률과 자전축 경사각 이외의 요인은 변하지 않는다고 가정한다.)

─〈 보기 〉─
ㄱ. 30°N에서 기온의 연교차는 A 시기가 현재보다 작다.
ㄴ. 근일점과 원일점에서 지구에 도달하는 태양 복사 에너지양의 차는 B 시기가 현재보다 크다.
ㄷ. 30°S에서 겨울철 평균 기온은 B 시기가 현재보다 낮다.

① ㄱ   ② ㄴ   ③ ㄱ, ㄷ   ④ ㄴ, ㄷ   ⑤ ㄱ, ㄴ, ㄷ

한눈에 정리하는
평가원 기출 경향

주제 \ 학년도	2025	2024	2023
기후 변화의 여러 가지 요인		**01** (신유형 문제) 2024학년도 6월 모평 지I 6번 그림은 1940~2003년 동안 지구 평균 기온 편차(관측값-기준값)와 대규모 화산 분출 시기를 나타낸 것이다. 기준값은 1940년의 평균 기온이다. 이 자료에 대한 설명으로 옳은 것만을 〈보기〉에서 있는 대로 고른 것은? 〈보기〉 ㄱ. 기온의 평균 상승률은 A 시기가 B 시기보다 크다. ㄴ. 화산 활동은 기후 변화를 일으키는 지구 내적 요인에 해당한다. ㄷ. 성층권에 도달한 다량의 화산 분출물은 지구 평균 기온을 높이는 역할을 한다. ① ㄱ　② ㄴ　③ ㄷ　④ ㄱ, ㄷ　⑤ ㄴ, ㄷ	**02** 2023학년도 6월 모평 지I 3번 그림은 1750년 대비 2011년의 지구 기온 변화를 요인별로 나타낸 것이다. 이 자료에 대한 설명으로 옳은 것만을 〈보기〉에서 있는 대로 고른 것은? 〈보기〉 ㄱ. 기온 변화에 영향은 ⊙이 자연적 요인보다 크다. ㄴ. 인위적 요인 중 ⓒ은 기온을 상승시킨다. ㄷ. 자연적 요인에는 태양 활동이 포함된다. ① ㄱ　② ㄴ　③ ㄷ　④ ㄱ, ㄷ　⑤ ㄴ, ㄷ
지구의 기후 변화 - 지구의 기후 변화 - 온실 효과 - 지구 온난화			**08** 2023학년도 수능 지I 1번 그림 (가)는 1850~2019년 동안 전 지구와 아시아의 기온 편차(관측값-기준값)를, (나)는 (가)의 A 기간 동안 대기 중 CO_2 농도를 나타낸 것이다. 기준값은 1850~1900년의 평균 기온이다. 이 자료에 대한 설명으로 옳은 것만을 〈보기〉에서 있는 대로 고른 것은? 〈보기〉 ㄱ. (가) 기간 동안 기온의 평균 상승률은 아시아가 전 지구보다 크다. ㄴ. (나)에서 CO_2 농도의 연교차는 하와이가 남극보다 크다. ㄷ. A 기간 동안 전 지구의 기온과 CO_2 농도는 높아지는 경향이 있다. ① ㄱ　② ㄷ　③ ㄱ, ㄴ　④ ㄴ, ㄷ　⑤ ㄱ, ㄴ, ㄷ
지구의 열수지			

15 대표 문제   2022학년도 9월 모평 지Ⅰ 5번

그림 (가)는 2004년부터의 그린란드 빙하의 누적 용해량을, (나)는 전 지구에서 일어난 빙하 용해와 해수 열팽창에 의한 평균 해수면의 높이 편차(관측값-2004년 값)를 나타낸 것이다.

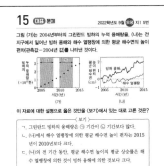

(가)   (나)

이 자료에 대한 설명으로 옳은 것만을 〈보기〉에서 있는 대로 고른 것은?

─〈보기〉─
ㄱ. 그린란드 빙하의 용해량은 ⊙ 기간이 ⓒ 기간보다 많다.
ㄴ. (나)에서 해수 열팽창에 의한 평균 해수면 높이 편차는 2015년이 2010년보다 크다.
ㄷ. (나)의 전 기간 동안, 평균 해수면 높이의 평균 상승률은 해수 열팽창에 의한 것이 빙하 용해에 의한 것보다 크다.

① ㄱ   ② ㄴ   ③ ㄱ, ㄷ   ④ ㄴ, ㄷ   ⑤ ㄱ, ㄴ, ㄷ

---

09   2021학년도 수능 지Ⅰ 10번

그림 (가)는 전 지구와 안면도의 대기 중 CO_2 농도를, (나)는 전 지구와 우리나라의 기온 편차(관측값-평년값)를 나타낸 것이다.

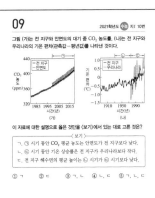

(가)   (나)

이 자료에 대한 설명으로 옳은 것만을 〈보기〉에서 있는 대로 고른 것은?

─〈보기〉─
ㄱ. ⊙ 시기 동안 CO_2 평균 농도는 안면도가 전 지구보다 높다.
ㄴ. ⊙ 시기 기온 상승률은 전 지구가 우리나라보다 작다.
ㄷ. 전 지구 해수면의 평균 높이는 ⊙ 시기가 ⓒ 시기보다 낮다.

① ㄱ   ② ㄷ   ③ ㄱ, ㄴ   ④ ㄴ, ㄷ   ⑤ ㄱ, ㄴ, ㄷ

---

06   2021학년도 9월 모평 지Ⅰ 14번

그림은 기후 변화 요인 ⊙과 ⓒ을 고려하여 추정한 지구 평균 기온 편차(추정값-기준값)와 관측 기온 편차(관측값-기준값)를 나타낸 것이다. ⊙과 ⓒ은 각각 온실 기체와 자연적 요인 중 하나이고, 기준값은 1880년~1919년의 평균 기온이다.

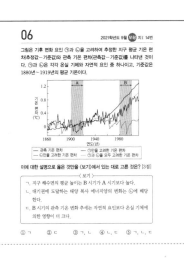

이에 대한 설명으로 옳은 것만을 〈보기〉에서 있는 대로 고른 것은? [3점]

─〈보기〉─
ㄱ. 지구 해수면의 평균 높이는 B 시기가 A 시기보다 높다.
ㄴ. 대기권에 도달하는 태양 복사 에너지양의 변화는 ⓒ에 해당한다.
ㄷ. B 시기의 관측 기온 변화 추세는 자연적 요인보다 온실 기체에 의한 영향이 더 크다.

① ㄱ   ② ㄷ   ③ ㄱ, ㄴ   ④ ㄴ, ㄷ   ⑤ ㄱ, ㄴ, ㄷ

---

14   2019학년도 9월 모평 지Ⅰ 7번

그림은 1900년부터 2010년까지 북극해 얼음 면적과 전 지구 평균 해수면 높이를 A와 B로 순서 없이 나타낸 것이다.

이에 대한 설명으로 옳은 것을 〈보기〉에서 있는 대로 고른 것은?

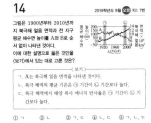

─〈보기〉─
ㄱ. A는 북극해 얼음 면적을 나타낸 것이다.
ㄴ. 북극 해역의 평균 기온은 ⊙ 기간이 ⓒ 기간보다 높다.
ㄷ. 북극 해역에서 태양 복사 에너지 반사율은 ⊙ 기간이 ⓒ 기간보다 높다.

① ㄱ   ② ㄴ   ③ ㄱ, ㄷ   ④ ㄴ, ㄷ   ⑤ ㄱ, ㄴ, ㄷ

---

12   2019학년도 6월 모평 지Ⅰ 3번

그림은 지구 온난화의 원인과 결과의 일부를 나타낸 것이다.
이에 대한 설명으로 옳은 것만을 〈보기〉에서 있는 대로 고른 것은? [3점]

─〈보기〉─
ㄱ. (가)로 인해 해수의 이산화 탄소 용해도는 감소한다.
ㄴ. (나)로 인해 극지방의 지표면 반사율은 감소한다.
ㄷ. ⊙에 의한 복사 에너지의 흡수율은 적외선 영역이 가시광선 영역보다 높다.

① ㄱ   ② ㄷ   ③ ㄱ, ㄴ   ④ ㄴ, ㄷ   ⑤ ㄱ, ㄴ, ㄷ

---

20 대표 문제   2020학년도 수능 지Ⅰ 10번

그림 (가)는 복사 평형 상태에 있는 지구의 열수지를, (나)는 파장에 따른 대기의 지구 복사 에너지 흡수도를 나타낸 것이다. ⊙, ⓒ, ⓒ은 파장 영역에 해당한다.

이에 대한 설명으로 옳은 것만을 〈보기〉에서 있는 대로 고른 것은?

─〈보기〉─
ㄱ. $\dfrac{E+H-C}{D}=1$이다.
ㄴ. C는 대부분 ⊙으로 방출되는 에너지양이다.
ㄷ. 대규모 산불이 진행되는 동안 발생하는 다량의 기체는 대기의 지구 복사 에너지 흡수도를 증가시킨다.

① ㄱ   ② ㄴ   ③ ㄱ, ㄷ   ④ ㄴ, ㄷ   ⑤ ㄱ, ㄴ, ㄷ

---

18   2020학년도 9월 모평 지Ⅰ 13번

그림은 지구에 도달하는 태양 복사 에너지를 100이라고 할 때, 복사 평형 상태에 있는 지구의 열수지를 나타낸 것이다.

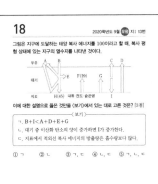

이에 대한 설명으로 옳은 것만을 〈보기〉에서 있는 대로 고른 것은? [3점]

─〈보기〉─
ㄱ. B+I<A+D+E+G
ㄴ. 대기 중 이산화 탄소의 양이 증가하면 I가 증가한다.
ㄷ. 지표에서 적외선 복사 에너지의 방출량은 흡수량보다 많다.

① ㄱ   ② ㄴ   ③ ㄷ   ④ ㄴ, ㄷ   ⑤ ㄱ, ㄴ, ㄷ

---

19   2019학년도 수능 지Ⅰ 16번

그림은 복사 평형 상태에 있는 지구의 열수지를 나타낸 것이다.

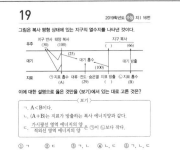

이에 대한 설명으로 옳은 것을 〈보기〉에서 있는 대로 고른 것은?

─〈보기〉─
ㄱ. A<B이다.
ㄴ. (A+B)는 지표가 방출하는 복사 에너지양과 같다.
ㄷ. 가시광선 영역 에너지의 양은 ⊙이 ⓒ보다 작다. 적외선 영역 에너지의 양은 ⊙이 ⓒ보다 작다.

① ㄱ   ② ㄷ   ③ ㄱ, ㄴ   ④ ㄴ, ㄷ   ⑤ ㄱ, ㄴ, ㄷ

01 대표문제

그림은 1940~2003년 동안 지구 평균 기온 편차(관측값−기준값)와 대규모 화산 분출 시기를 나타낸 것이다. 기준값은 1940년의 평균 기온이다.

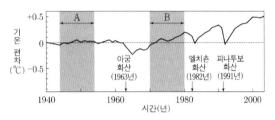

이 자료에 대한 설명으로 옳은 것만을 〈보기〉에서 있는 대로 고른 것은?

〈 보기 〉
ㄱ. 기온의 평균 상승률은 A 시기가 B 시기보다 크다.
ㄴ. 화산 활동은 기후 변화를 일으키는 지구 내적 요인에 해당한다.
ㄷ. 성층권에 도달한 다량의 화산 분출물은 지구 평균 기온을 높이는 역할을 한다.

① ㄱ   ② ㄴ   ③ ㄷ   ④ ㄱ, ㄷ   ⑤ ㄴ, ㄷ

02

그림은 1750년 대비 2011년의 지구 기온 변화를 요인별로 나타낸 것이다.

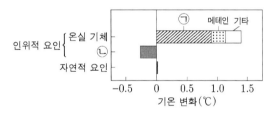

이 자료에 대한 설명으로 옳은 것만을 〈보기〉에서 있는 대로 고른 것은?

〈 보기 〉
ㄱ. 기온 변화에 대한 영향은 ㉠이 자연적 요인보다 크다.
ㄴ. 인위적 요인 중 ㉡은 기온을 상승시킨다.
ㄷ. 자연적 요인에는 태양 활동이 포함된다.

① ㄱ   ② ㄴ   ③ ㄷ   ④ ㄱ, ㄷ   ⑤ ㄴ, ㄷ

03

그림 (가)는 2015년부터 2100년까지 기후 변화 시나리오에 따른 연간 이산화 탄소 배출량의 변화를, (나)는 (가)의 시나리오에 따른 육지와 해양이 흡수한 이산화 탄소의 누적량과 대기 중에 남아 있는 이산화 탄소의 누적량을 나타낸 것이다.

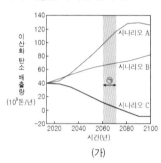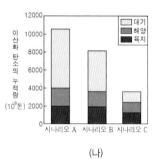

(가)   (나)

시나리오 A, B, C에 대한 설명으로 옳은 것만을 〈보기〉에서 있는 대로 고른 것은? [3점]

〈 보기 〉
ㄱ. ㉠ 기간 동안 이산화 탄소 배출량의 변화율은 A보다 B에서 크다.
ㄴ. 2080년에 지구 표면의 평균 온도는 A보다 C에서 낮다.
ㄷ. $\dfrac{\text{육지와 해양이 흡수한 이산화 탄소의 누적량}}{\text{대기 중에 남아 있는 이산화 탄소의 누적량}}$ 은 A < B < C 이다.

① ㄱ   ② ㄴ   ③ ㄱ, ㄷ   ④ ㄴ, ㄷ   ⑤ ㄱ, ㄴ, ㄷ

04

그림은 2000년부터 2015년까지 연간 온실 기체 배출량과 2015년 이후 지구 온난화 대응 시나리오 A, B, C에 따른 연간 온실 기체 예상 배출량을 나타낸 것이다. 기온 변화의 기준값은 1850년~1900년의 평균 기온이다.

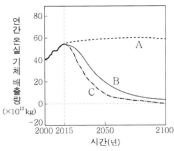

A: 현재 시행되고 있는 대응 정책에 따른 시나리오

B: 2100년까지 지구 평균 기온 상승을 기준값 대비 2℃로 억제하기 위한 시나리오

C: 2100년까지 지구 평균 기온 상승을 기준값 대비 1.5℃로 억제하기 위한 시나리오

이 자료에 대한 옳은 설명만을 〈보기〉에서 있는 대로 고른 것은? [3점]

〈 보기 〉
ㄱ. 연간 온실 기체 배출량은 2015년이 2000년보다 많다.
ㄴ. C에 따르면 2100년에 지구의 평균 기온은 기준값보다 낮아질 것이다.
ㄷ. A에 따르면 2100년에 지구의 평균 기온은 기준값보다 2 ℃ 이상 높아질 것이다.

① ㄱ　　② ㄴ　　③ ㄱ, ㄷ　　④ ㄴ, ㄷ　　⑤ ㄱ, ㄴ, ㄷ

05

그림은 1850~2020년 동안 육지와 해양에서의 온도 편차(관측값−기준값)를 각각 나타낸 것이다. 기준값은 1850~1900년의 평균 온도이다.

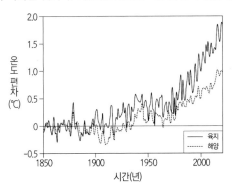

이에 대한 설명으로 옳은 것만을 〈보기〉에서 있는 대로 고른 것은?

〈 보기 〉
ㄱ. 지구 해수면의 평균 높이는 2000년이 1900년보다 높다.
ㄴ. 이 기간 동안 온도의 평균 상승률은 육지가 해양보다 크다.
ㄷ. 육지 온도의 평균 상승률은 1950~2020년이 1850~1950년보다 크다.

① ㄱ　　② ㄴ　　③ ㄱ, ㄷ　　④ ㄴ, ㄷ　　⑤ ㄱ, ㄴ, ㄷ

06

그림은 기후 변화 요인 ㉠과 ㉡을 고려하여 추정한 지구 평균 기온 편차(추정값−기준값)와 관측 기온 편차(관측값−기준값)를 나타낸 것이다. ㉠과 ㉡은 각각 온실 기체와 자연적 요인 중 하나이고, 기준값은 1880년~1919년의 평균 기온이다.

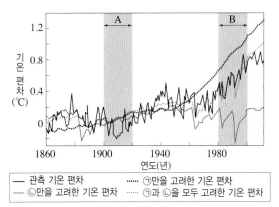

── 관측 기온 편차　　⋯⋯㉠만을 고려한 기온 편차
── ㉡만을 고려한 기온 편차　　⋯⋯㉠과 ㉡을 모두 고려한 기온 편차

이에 대한 설명으로 옳은 것만을 〈보기〉에서 있는 대로 고른 것은? [3점]

〈 보기 〉
ㄱ. 지구 해수면의 평균 높이는 B 시기가 A 시기보다 높다.
ㄴ. 대기권에 도달하는 태양 복사 에너지양의 변화는 ㉡에 해당한다.
ㄷ. B 시기의 관측 기온 변화 추세는 자연적 요인보다 온실 기체에 의한 영향이 더 크다.

① ㄱ　　② ㄷ　　③ ㄱ, ㄴ　　④ ㄴ, ㄷ　　⑤ ㄱ, ㄴ, ㄷ

07

그림은 1991년부터 2020년까지 제주 지역의 연간 열대야 일수와 폭염 일수를 나타낸 것이다.

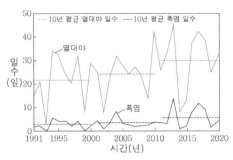

이 기간 동안 제주 지역의 기후 변화에 대한 옳은 설명만을 〈보기〉에서 있는 대로 고른 것은?

─〈 보기 〉─

ㄱ. 연간 열대야 일수는 증가하는 추세이다.

ㄴ. 10년 평균 폭염 일수는 1991년~2000년이 2011년~2020년보다 적다.

ㄷ. 폭염 일수가 증가한 해에는 대체로 열대야 일수가 증가하였다.

① ㄱ　　② ㄷ　　③ ㄱ, ㄴ　　④ ㄴ, ㄷ　　⑤ ㄱ, ㄴ, ㄷ

08

그림 (가)는 1850~2019년 동안 전 지구와 아시아의 기온 편차(관측값-기준값)를, (나)는 (가)의 A 기간 동안 대기 중 CO_2 농도를 나타낸 것이다. 기준값은 1850~1900년의 평균 기온이다.

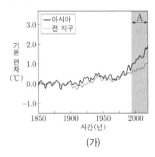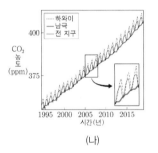

이 자료에 대한 설명으로 옳은 것만을 〈보기〉에서 있는 대로 고른 것은?

─〈 보기 〉─

ㄱ. (가) 기간 동안 기온의 평균 상승률은 아시아가 전 지구보다 크다.

ㄴ. (나)에서 CO_2 농도의 연교차는 하와이가 남극보다 크다.

ㄷ. A 기간 동안 전 지구의 기온과 CO_2 농도는 높아지는 경향이 있다.

① ㄱ　　② ㄷ　　③ ㄱ, ㄴ　　④ ㄴ, ㄷ　　⑤ ㄱ, ㄴ, ㄷ

09

그림 (가)는 전 지구와 안면도의 대기 중 CO_2 농도를, (나)는 전 지구와 우리나라의 기온 편차(관측값-평년값)를 나타낸 것이다.

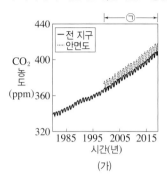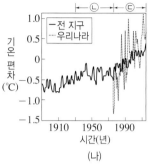

이 자료에 대한 설명으로 옳은 것만을 〈보기〉에서 있는 대로 고른 것은?

─〈 보기 〉─

ㄱ. ㉠ 시기 동안 CO_2 평균 농도는 안면도가 전 지구보다 낮다.

ㄴ. ㉢ 시기 동안 기온 상승률은 전 지구가 우리나라보다 작다.

ㄷ. 전 지구 해수면의 평균 높이는 ㉡ 시기가 ㉢ 시기보다 낮다.

① ㄱ　　② ㄷ　　③ ㄱ, ㄴ　　④ ㄴ, ㄷ　　⑤ ㄱ, ㄴ, ㄷ

10

그림은 2004년 1월부터 2016년 1월까지 서로 다른 관측소 A와 B에서 측정한 대기 중 이산화 탄소와 메테인의 농도 변화를 나타낸 것이다. A와 B는 각각 30°N과 30°S에 위치한 관측소 중 하나이다.

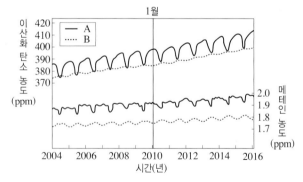

이 자료에 대한 설명으로 옳은 것만을 〈보기〉에서 있는 대로 고른 것은?

─〈 보기 〉─

ㄱ. A는 30°N에 위치한 관측소이다.

ㄴ. 2010년 1월에 이산화 탄소의 평균 농도는 A보다 B가 높다.

ㄷ. 이 기간 동안 기체 농도의 평균 증가율은 이산화 탄소보다 메테인이 크다.

① ㄱ　　② ㄴ　　③ ㄱ, ㄷ　　④ ㄴ, ㄷ　　⑤ ㄱ, ㄴ, ㄷ

11

그림은 대기 중 이산화 탄소 농도가 현재보다 2배 증가할 경우 위도에 따른 기온 변화량(예측 기온−현재 기온) 예상도이다.

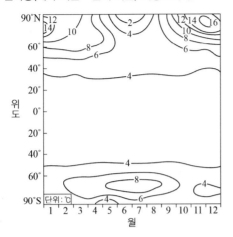

이에 대한 설명으로 옳은 것만을 〈보기〉에서 있는 대로 고른 것은? [3점]

〈보기〉
ㄱ. 평균 해수면은 상승할 것이다.
ㄴ. 60°N의 기온 연교차는 현재보다 증가할 것이다.
ㄷ. 겨울철 극지방의 기온 변화량은 북반구보다 남반구가 더 크다.

① ㄱ   ② ㄷ   ③ ㄱ, ㄴ   ④ ㄴ, ㄷ   ⑤ ㄱ, ㄴ, ㄷ

13

그림 (가)는 2003년부터 2012년까지 남극 대륙과 그린란드의 빙하량 변화를, (나)는 같은 기간 동안 빙하의 총누적 변화량을 나타낸 것이다.

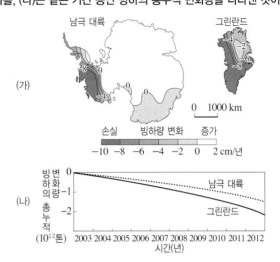

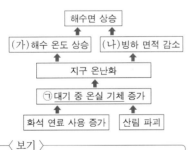

이 기간 동안의 변화에 대한 설명으로 옳은 것만을 〈보기〉에서 있는 대로 고른 것은?

〈보기〉
ㄱ. $\dfrac{\text{빙하가 손실된 육지 면적}}{\text{전체 육지 면적}}$ 의 값은 남극 대륙보다 그린란드가 크다.
ㄴ. 남극 대륙에서는 빙하의 증가량보다 손실량이 크다.
ㄷ. 그린란드의 지표면에서 태양 복사 에너지의 반사율은 증가하였다.

① ㄱ   ② ㄷ   ③ ㄱ, ㄴ   ④ ㄴ, ㄷ   ⑤ ㄱ, ㄴ, ㄷ

12

그림은 지구 온난화의 원인과 결과의 일부를 나타낸 것이다.
이에 대한 설명으로 옳은 것만을 〈보기〉에서 있는 대로 고른 것은? [3점]

해수면 상승
↑
(가)해수 온도 상승   (나)빙하 면적 감소
↑
지구 온난화
↑
㉠대기 중 온실 기체 증가
↑
화석 연료 사용 증가   산림 파괴

〈보기〉
ㄱ. (가)로 인해 해수의 이산화 탄소 용해도는 감소한다.
ㄴ. (나)로 인해 극지방의 지표면 반사율은 감소한다.
ㄷ. ㉠에 의한 복사 에너지의 흡수율은 적외선 영역이 가시광선 영역보다 높다.

① ㄱ   ② ㄷ   ③ ㄱ, ㄴ   ④ ㄴ, ㄷ   ⑤ ㄱ, ㄴ, ㄷ

14

그림은 1900년부터 2010년까지 북극해 얼음 면적과 전 지구 평균 해수면 높이를 A와 B로 순서 없이 나타낸 것이다.
이에 대한 설명으로 옳은 것만을 〈보기〉에서 있는 대로 고른 것은?

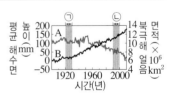

〈보기〉
ㄱ. A는 북극해 얼음 면적을 나타낸 것이다.
ㄴ. 북극 해역의 평균 기온은 ㉠ 기간이 ㉡ 기간보다 높다.
ㄷ. 북극 해역에서 태양 복사 에너지 반사율은 ㉠ 기간이 ㉡ 기간보다 높다.

① ㄱ   ② ㄴ   ③ ㄱ, ㄷ   ④ ㄴ, ㄷ   ⑤ ㄱ, ㄴ, ㄷ

20
일차

15 대표문제

그림 (가)는 2004년부터의 그린란드 빙하의 누적 융해량을, (나)는 전 지구에서 일어난 빙하 융해와 해수 열팽창에 의한 평균 해수면의 높이 편차(관측값−2004년 값)를 나타낸 것이다.

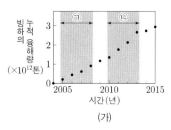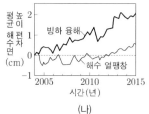

(가)   (나)

이 자료에 대한 설명으로 옳은 것만을 〈보기〉에서 있는 대로 고른 것은?

〈 보기 〉
ㄱ. 그린란드 빙하의 융해량은 ㉠ 기간이 ㉡ 기간보다 많다.
ㄴ. (나)에서 해수 열팽창에 의한 평균 해수면 높이 편차는 2015 년이 2010년보다 크다.
ㄷ. (나)의 전 기간 동안, 평균 해수면 높이의 평균 상승률은 해 수 열팽창에 의한 것이 빙하 융해에 의한 것보다 크다.

① ㄱ   ② ㄴ   ③ ㄱ, ㄷ   ④ ㄴ, ㄷ   ⑤ ㄱ, ㄴ, ㄷ

16

그림 (가)는 우리나라의 계절별 길이 변화를, (나)는 우리나라에서 아열 대 기후 지역의 경계 변화를 예상하여 나타낸 것이다.

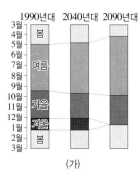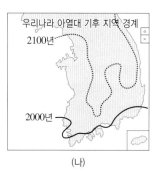

(가)   (나)

이에 대한 옳은 설명만을 〈보기〉에서 있는 대로 고른 것은?

〈 보기 〉
ㄱ. (가)에서 여름의 길이 변화는 봄의 길이 변화보다 크다.
ㄴ. (나)에서 아열대 기후 지역의 확장은 대체로 내륙 지역보다 해 안 지역에서 뚜렷하다.
ㄷ. 아열대 기후에서 자라는 작물의 재배 가능 지역은 북상할 것 이다.

① ㄱ   ② ㄴ   ③ ㄱ, ㄷ   ④ ㄴ, ㄷ   ⑤ ㄱ, ㄴ, ㄷ

17

그림은 지구에 도달하는 태양 복사 에너지의 양을 100이라고 할 때, 복 사 평형 상태에 있는 지구의 에너지 출입을 나타낸 것이다.

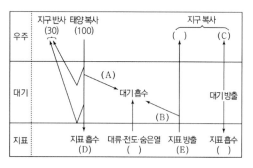

이에 대한 설명으로 옳은 것만을 〈보기〉에서 있는 대로 고른 것은?

〈 보기 〉
ㄱ. A+B−C=E−D이다.
ㄴ. 지구 온난화가 진행되면 B가 증가한다.
ㄷ. C는 주로 적외선 영역으로 방출된다.

① ㄱ   ② ㄴ   ③ ㄱ, ㄷ   ④ ㄴ, ㄷ   ⑤ ㄱ, ㄴ, ㄷ

18

그림은 지구에 도달하는 태양 복사 에너지를 100이라고 할 때, 복사 평 형 상태에 있는 지구의 열수지를 나타낸 것이다.

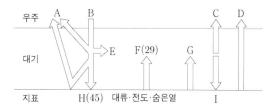

이에 대한 설명으로 옳은 것만을 〈보기〉에서 있는 대로 고른 것은? [3점]

〈 보기 〉
ㄱ. B+I<A+D+E+G
ㄴ. 대기 중 이산화 탄소의 양이 증가하면 I가 증가한다.
ㄷ. 지표에서 적외선 복사 에너지의 방출량은 흡수량보다 많다.

① ㄱ   ② ㄴ   ③ ㄱ, ㄷ   ④ ㄴ, ㄷ   ⑤ ㄱ, ㄴ, ㄷ

19

그림은 복사 평형 상태에 있는 지구의 열수지를 나타낸 것이다.

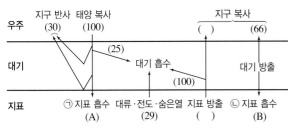

이에 대한 설명으로 옳은 것만을 〈보기〉에서 있는 대로 고른 것은?

〈 보기 〉
ㄱ. A < B이다.
ㄴ. (A+B)는 지표가 방출하는 복사 에너지양과 같다.
ㄷ. $\dfrac{\text{가시광선 영역 에너지의 양}}{\text{적외선 영역 에너지의 양}}$ 은 ㉠이 ㉡보다 작다.

① ㄱ　　② ㄷ　　③ ㄱ, ㄴ　　④ ㄴ, ㄷ　　⑤ ㄱ, ㄴ, ㄷ

20 대표문제

그림 (가)는 복사 평형 상태에 있는 지구의 열수지를, (나)는 파장에 따른 대기의 지구 복사 에너지 흡수도를 나타낸 것이다. ㉠, ㉡, ㉢은 파장 영역에 해당한다.

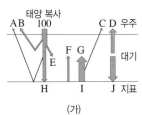 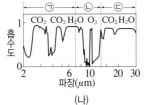

(가)　　　　　　(나)

이에 대한 설명으로 옳은 것만을 〈보기〉에서 있는 대로 고른 것은?

〈 보기 〉
ㄱ. $\dfrac{E+H-C}{D}=1$이다.
ㄴ. C는 대부분 ㉠으로 방출되는 에너지양이다.
ㄷ. 대규모 산불이 진행되는 동안 발생하는 다량의 기체는 대기의 지구 복사 에너지 흡수도를 증가시킨다.

① ㄱ　　② ㄴ　　③ ㄱ, ㄷ　　④ ㄴ, ㄷ　　⑤ ㄱ, ㄴ, ㄷ

21

그림은 복사 평형 상태에 있는 지구의 열수지를 나타낸 것이다.

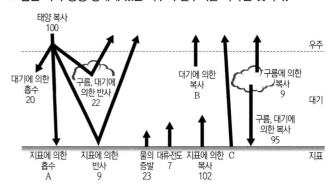

이에 대한 설명으로 옳은 것만을 〈보기〉에서 있는 대로 고른 것은? [3점]

〈 보기 〉
ㄱ. A는 B보다 크다.
ㄴ. C는 지표에서 우주로 직접 방출되는 에너지양이다.
ㄷ. 대기에서는 방출되는 적외선 영역의 에너지양이 흡수되는 가시광선 영역 에너지양보다 크다.

① ㄱ　　② ㄴ　　③ ㄱ, ㄷ　　④ ㄴ, ㄷ　　⑤ ㄱ, ㄴ, ㄷ

20
일차

21 일차

한눈에 정리하는
평가원 기출 경향

주제 \ 학년도	**2025**	**2024**	**2023**
별의 표면 온도			

별의 물리량

33 2025학년도 수능 지I 14번

표는 중심핵에서 핵융합 반응이 일어나고 있는 별 (가), (나), (다)의 물리량을 나타낸 것이다.
이 자료에 대한 설명으로 옳은 것만을 〈보기〉에서 있는 대로 고른 것은? [3점]

별	질량(태양=1)	광도(태양=1)	광도 계급
(가)	1	60	( )
(나)	4	100	V
(다)	1	1	V

〈보기〉
ㄱ. 표면 온도는 중심핵 온도는 (가)가 (나)보다 작다.
ㄴ. 단위 시간당 에너지 생성량은 (가)가 (다)보다 많다.
ㄷ. 주계열 단계 동안, 별의 질량의 평균 감소 속도는 (나)가 (다)보다 빠르다.

① ㄱ ② ㄷ ③ ㄱ, ㄴ ④ ㄴ, ㄷ ⑤ ㄱ, ㄴ, ㄷ

34 2025학년도 수능 지I 20번

표는 별 (가), (나), (다)의 물리량을 나타낸 것이다. (가), (나), (다) 중 주계열성은 2개이고, 태양의 절대 등급은 +4.8, 태양의 표면 온도는 5800 K이다.

별	표면 온도(K)	반지름(상댓값)	겉보기 등급
(가)	16000	0.025	8
(나)	8000	2.5	10
(다)	4000	1	13

이 자료에 대한 설명으로 옳은 것만을 〈보기〉에서 있는 대로 고른 것은?

〈보기〉
ㄱ. 복사 에너지를 최대로 방출하는 파장은 (나)가 (다)의 2배이다.
ㄴ. 지구로부터의 거리는 (가)가 (나)의 20배보다 멀다.
ㄷ. (가)의 절대 등급은 +12보다 크다.

① ㄱ ② ㄴ ③ ㄷ ④ ㄱ, ㄴ ⑤ ㄴ, ㄷ

14 대표문제 2025학년도 9월 모평 지I 18번

표는 별 (가), (나), (다)의 물리량을 나타낸 것이다. (나)와 (다)는 지구로부터의 거리가 같고, 태양의 절대 등급은 +4.8이다.

별	표면 온도(태양=1)	반지름(태양=1)	겉보기 등급	광도 계급
(가)	1	( )	+4.8	( )
(나)	4	6.25	+3.8	V
(다)	1	( )	+13.8	( )

이 자료에 대한 설명으로 옳은 것만을 〈보기〉에서 있는 대로 고른 것은? [3점]

〈보기〉
ㄱ. 질량은 (가)가 (나)보다 작다.
ㄴ. 지구로부터의 거리는 (나)가 (가)의 6배보다 멀다.
ㄷ. 중심핵에서의 p-p 반응에 의한 에너지 생성량/CNO 순환 반응에 의한 에너지 생성량 은 (나)가 (다)보다 작다.

① ㄱ ② ㄴ ③ ㄱ, ㄴ ④ ㄴ, ㄷ ⑤ ㄱ, ㄴ, ㄷ

15 2025학년도 6월 모평 지I 18번

표는 별 ㉠, ㉡, ㉢의 물리량을 나타낸 것이다. 태양의 절대 등급은 +4.8 등급이다.

별	반지름(태양=1)	지구로부터의 거리(pc)	광도(태양=1)	분광형
㉠	10	( )	100	( )
㉡	0.4	20	0.04	( )
㉢	( )	100	100	M1

이 자료에 대한 설명으로 옳은 것만을 〈보기〉에서 있는 대로 고른 것은? [3점]

〈보기〉
ㄱ. 단위 시간당 단위 면적에서 방출하는 복사 에너지양은 ㉠이 ㉡의 4배이다.
ㄴ. 별의 반지름은 ㉠이 ㉢보다 크다.
ㄷ. (㉡의 겉보기 등급+㉢의 겉보기 등급) 값은 15보다 크다.

① ㄱ ② ㄴ ③ ㄷ ④ ㄱ, ㄷ ⑤ ㄴ, ㄷ

16 2024학년도 수능 지I 18번

표는 별 (가), (나), (다)의 물리량을 나타낸 것이다. 태양의 절대 등급은 +4.8 등급이다.

별	단위 시간당 단위 면적에서 방출하는 복사 에너지(태양=1)	겉보기 등급	지구로부터의 거리(pc)
(가)	16	( )	( )
(나)	1/16	+4.8	1000
(다)	( )	−2.2	5

이에 대한 설명으로 옳은 것만을 〈보기〉에서 있는 대로 고른 것은?

〈보기〉
ㄱ. 복사 에너지를 최대로 방출하는 파장은 (가)가 (나)의 1/2 배이다.
ㄴ. 반지름은 (나)가 태양의 400배이다.
ㄷ. (다)의 광도는 태양의 광도는 100보다 작다.

① ㄱ ② ㄴ ③ ㄷ ④ ㄱ, ㄴ ⑤ ㄴ, ㄷ

19 2024학년도 9월 모평 지I 14번

표는 태양과 별 (가), (나), (다)의 물리량을 나타낸 것이다.

별	표면 온도(태양=1)	반지름(태양=1)	절대 등급
태양	1	1	+4.8
(가)	0.5	(㉠)	−5.2
(나)	( )	0.01	+9.8
(다)	√2	( )	( )

이 자료에 대한 설명으로 옳은 것만을 〈보기〉에서 있는 대로 고른 것은?

〈보기〉
ㄱ. ㉠은 400이다.
ㄴ. 복사 에너지를 최대로 방출하는 파장은 (나)가 (다)의 1/2 배다.
ㄷ. 절대 등급은 (다)가 태양보다 크다.

① ㄱ ② ㄴ ③ ㄷ ④ ㄱ, ㄴ ⑤ ㄴ, ㄷ

12 2024학년도 6월 모평 지I 16번

그림은 별 ㉠과 ㉡의 물리량을 나타낸 것이다.

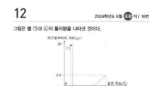

이 자료에 대한 설명으로 옳은 것만을 〈보기〉에서 있는 대로 고른 것은? [3점]

〈보기〉
ㄱ. 복사 에너지를 최대로 방출하는 파장은 ㉠이 ㉡의 1/5 배이다.
ㄴ. 별의 반지름은 ㉠이 ㉡보다 2500배이다.
ㄷ. (㉡의 겉보기 등급−㉠의 겉보기 등급) 값은 6보다 크다.

① ㄱ ② ㄴ ③ ㄷ ④ ㄱ, ㄴ ⑤ ㄴ, ㄷ

20 2023학년도 수능 지I 16번

표는 태양과 별 (가), (나), (다)의 물리량을 나타낸 것이다. (가), (나), (다) 중 주계열성은 2개이고, (나)와 (다)의 겉보기 밝기는 같다.

별	복사 에너지를 최대로 방출하는 파장(μm)	절대 등급	반지름(태양=1)
태양	0.50	+4.8	1
(가)	(㉠)	−0.2	2.5
(나)	0.10		4
(다)	0.25	+9.8	( )

이 자료에 대한 설명으로 옳은 것만을 〈보기〉에서 있는 대로 고른 것은?

〈보기〉
ㄱ. ㉠은 0.125이다.
ㄴ. 중심핵에서의 p-p 반응에 의한 에너지 생성량/CNO 순환 반응에 의한 에너지 생성량 은 (나)가 태양보다 크다.
ㄷ. 지구로부터의 거리는 (나)가 (다)의 1000배이다.

① ㄱ ② ㄴ ③ ㄷ ④ ㄱ, ㄴ ⑤ ㄴ, ㄷ

30 2023학년도 6월 모평 지I 18번

표는 별 (가)~(라)의 물리량을 나타낸 것이다.

별	표면 온도(K)	절대 등급	반지름(×10⁴ km)
(가)	6000	+3.8	1
(나)	12000	−1.2	㉠
(다)	( )	−6.2	100
(라)	3000		4

이에 대한 설명으로 옳은 것은?

① ㉠은 25이다.
② (가)의 분광형은 M형에 해당한다.
③ 복사 에너지를 최대로 방출하는 파장은 (다)가 (가)보다 길다.
④ 단위 시간당 방출하는 복사 에너지양은 (나)가 (라)보다 많다.
⑤ (가)와 같은 별 10000개로 구성된 성단의 절대 등급은 (라)의 절대 등급과 같다.

2023

2022~2019

---

07 대표 문제
2022학년도 6월 모평 지Ⅰ 14번

그림은 분광형이 서로 다른 별 (가), (나), (다)가 방출하는 복사 에너지의 상대적 세기를 파장에 따라 나타낸 것이다. (가)의 분광형은 O형이고, (나)와 (다)는 각각 A형과 G형 중 하나이다. 이 자료에 대한 설명으로 옳은 것만을 〈보기〉에서 있는 대로 고른 것은? [3점]

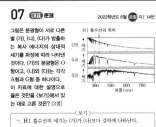

〈보기〉
ㄱ. HⅠ 흡수선의 세기는 (가)가 (나)보다 강하게 나타난다.
ㄴ. 복사 에너지를 최대로 방출하는 파장은 (나)가 (다)보다 길다.
ㄷ. 표면 온도는 (나)가 태양보다 높다.

① ㄱ   ② ㄴ   ③ ㄷ   ④ ㄱ, ㄴ   ⑤ ㄴ, ㄷ

04
2021학년도 6월 모평 지Ⅰ 3번

그림은 별의 분광형에 따른 흡수선의 상대적 세기를 나타낸 것이다.

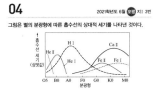

이 자료에 대한 설명으로 옳은 것을 〈보기〉에서 있는 대로 고른 것은?

〈보기〉
ㄱ. 흰색 별에서 HⅠ 흡수선이 CaⅡ 흡수선보다 강하게 나타난다.
ㄴ. 주계열에서 B0형보다 표면 온도가 높은 별일수록 HⅠ 흡수선의 세기가 강해진다.
ㄷ. 태양과 광도가 같고 반지름이 작은 별의 CaⅡ 흡수선은 G2형 별보다 강하게 나타난다.

① ㄱ   ② ㄴ   ③ ㄱ, ㄷ   ④ ㄴ, ㄷ   ⑤ ㄱ, ㄴ, ㄷ

29
2023학년도 9월 모평 지Ⅰ 14번

표는 별 ⊙, ⓛ, ⓒ의 표면 온도, 광도, 반지름을 나타낸 것이다. ⊙, ⓛ, ⓒ은 각각 주계열성, 거성, 백색 왜성 중 하나이다.

별	표면 온도(태양=1)	광도(태양=1)	반지름(태양=1)
⊙	$\sqrt{10}$	( )	0.01
ⓛ	( )	100	2.5
ⓒ	0.75	81	( )

이에 대한 설명으로 옳은 것을 〈보기〉에서 있는 대로 고른 것은?

〈보기〉
ㄱ. 복사 에너지를 최대로 방출하는 파장은 ⊙이 ⓛ보다 길다.
ㄴ. (⊙의 절대 등급-ⓛ의 절대 등급) 값은 10이다.
ㄷ. 별의 질량은 ⓒ이 ⊙보다 크다.

① ㄱ   ② ㄴ   ③ ㄷ   ④ ㄱ, ㄷ   ⑤ ㄴ, ㄷ

23
2022학년도 9월 모평 지Ⅰ 14번

표는 여러 별들의 절대 등급을 분광형과 광도 계급에 따라 구분하여 나타낸 것이다. (가), (나), (다)는 광도 계급 Ⅰb(초거성), Ⅲ(거성), Ⅴ(주계열성)을 순서 없이 나타낸 것이다.

광도 계급 분광형	(가)	(나)	(다)
B0	-4.1	-5.0	-6.2
A0	+0.6	-0.6	-4.9
G0	+4.4	+0.6	-4.5
M0	+9.2	-0.4	-4.5

이 자료에 대한 설명으로 옳은 것만을 〈보기〉에서 있는 대로 고른 것은?

〈보기〉
ㄱ. (가)는 Ⅴ(주계열성)이다.
ㄴ. (나)에서 광도가 가장 작은 별의 표면 온도가 가장 낮다.
ㄷ. (다)에서 별의 반지름은 G0인 별이 M0인 별보다 작다.

① ㄱ   ② ㄴ   ③ ㄷ   ④ ㄱ, ㄴ   ⑤ ㄱ, ㄷ

22
2021학년도 수능 지Ⅰ 9번

표는 별 (가), (나), (다)의 분광형과 절대 등급을 나타낸 것이다. (가), (나), (다)에 대한 설명으로 옳은 것만을 〈보기〉에서 있는 대로 고른 것은? [3점]

별	분광형	절대 등급
(가)	G	0.0
(나)	A	+1.0
(다)	K	+8.0

〈보기〉
ㄱ. (가)의 중심핵에서는 주로 양성자·양성자 반응(p-p 반응)이 일어난다.
ㄴ. 단위 면적당 단위 시간에 방출하는 에너지양은 (나)가 가장 많다.
ㄷ. (다)의 중심핵 내부에서는 주로 대류에 의해 에너지가 전달된다.

① ㄱ   ② ㄴ   ③ ㄷ   ④ ㄴ, ㄷ   ⑤ ㄱ, ㄴ, ㄷ

28
2021학년도 수능 지Ⅰ 14번

그림은 별 A, B, C의 반지름과 절대 등급을 나타낸 것이다. A, B, C는 각각 초거성, 거성, 주계열성 중 하나이다. A, B, C에 대한 설명으로 옳은 것만을 〈보기〉에서 있는 대로 고른 것은? [3점]

〈보기〉
ㄱ. 표면 온도는 A가 B의 $\sqrt{10}$배이다.
ㄴ. 복사 에너지를 최대로 방출하는 파장은 B가 C보다 길다.
ㄷ. 광도 계급이 Ⅴ인 것은 C이다.

① ㄱ   ② ㄴ   ③ ㄷ   ④ ㄱ, ㄷ   ⑤ ㄴ, ㄷ

31
2022학년도 수능 지Ⅰ 13번

표는 별 (가), (나), (다)의 분광형, 반지름, 광도를 나타낸 것이다.

별	분광형	반지름 (태양=1)	광도 (태양=1)
(가)	( )	10	10
(나)	A0	5	( )
(다)	A0	( )	10

(가), (나), (다)에 대한 설명으로 옳은 것만을 〈보기〉에서 있는 대로 고른 것은? [3점]

〈보기〉
ㄱ. 복사 에너지를 최대로 방출하는 파장은 (가)가 가장 짧다.
ㄴ. 절대 등급은 (나)가 가장 작다.
ㄷ. 반지름은 (다)가 가장 크다.

① ㄱ   ② ㄴ   ③ ㄷ   ④ ㄱ, ㄴ   ⑤ ㄴ, ㄷ

11
2021학년도 9월 모평 지Ⅰ 15번

그림은 별의 스펙트럼에 나타난 흡수선의 상대적 세기를 온도에 따라 나타낸 것이고, 표는 별 A, B, C의 물리량과 특징을 나타낸 것이다.

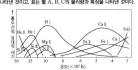

별	표면 온도(K)	절대 등급	특징
A	( )	11.0	별의 색깔은 흰색이다.
B	3500	( )	반지름이 C의 100배이다.
C	6000	6.0	( )

이에 대한 설명으로 옳은 것은?

① 반지름은 A가 C보다 크다.
② B의 절대 등급은 -4.0보다 크다.
③ 세 별 중 FeⅠ 흡수선은 A에서 가장 강하다.
④ 단위 시간당 방출하는 복사 에너지양은 C가 B보다 많다.
⑤ C에서는 FeⅡ 흡수선이 CaⅡ 흡수선보다 강하게 나타난다.

01
2024학년도 5월 학평 지I 13번

그림 (가)는 별의 분광형에 따른 흡수선의 상대적 세기를, (나)는 주계열성 ㉠과 ㉡의 스펙트럼을 나타낸 것이다. ㉠과 ㉡의 분광형은 각각 A0와 G0 중 하나이다.

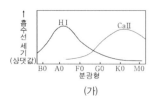 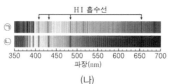

(가)   (나)

이에 대한 설명으로 옳은 것만을 〈보기〉에서 있는 대로 고른 것은?

〈보기〉
ㄱ. 분광형이 G0인 별에서는 HI 흡수선보다 CaII 흡수선이 강하게 나타난다.
ㄴ. ㉡의 분광형은 A0이다.
ㄷ. 광도는 ㉠보다 ㉡이 크다.

① ㄱ ② ㄷ ③ ㄱ, ㄴ ④ ㄴ, ㄷ ⑤ ㄱ, ㄴ, ㄷ

03
2023학년도 10월 학평 지I 12번

그림은 별 ㉠~㉣의 반지름과 광도를 나타낸 것이다. A는 표면 온도가 T인 별의 반지름과 광도의 관계이다.
이 자료에 대한 옳은 설명만을 〈보기〉에서 있는 대로 고른 것은? (단, 태양의 절대 등급은 4.8이다.) [3점]

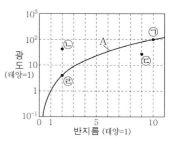

〈보기〉
ㄱ. ㉠의 절대 등급은 0보다 작다.
ㄴ. ㉢의 표면 온도는 T보다 높다.
ㄷ. CaII 흡수선의 상대적 세기는 ㉡이 ㉣보다 강하다.

① ㄱ ② ㄷ ③ ㄱ, ㄴ ④ ㄴ, ㄷ ⑤ ㄱ, ㄴ, ㄷ

02
2023학년도 4월 학평 지I 13번

그림은 서로 다른 별의 스펙트럼, 최대 복사 에너지 방출 파장(λ_{max}), 반지름을 나타낸 것이다. (가), (나), (다)의 분광형은 각각 A0V, G0V, K0V 중 하나이다.

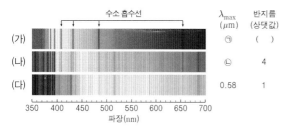

이에 대한 설명으로 옳은 것만을 〈보기〉에서 있는 대로 고른 것은? [3점]

〈보기〉
ㄱ. (가)의 분광형은 A0V이다.
ㄴ. ㉠은 ㉡보다 짧다.
ㄷ. 광도는 (나)가 (다)의 16배이다.

① ㄱ ② ㄷ ③ ㄱ, ㄴ ④ ㄴ, ㄷ ⑤ ㄱ, ㄴ, ㄷ

04
2021학년도 6월 모평 지I 3번

그림은 별의 분광형에 따른 흡수선의 상대적 세기를 나타낸 것이다.

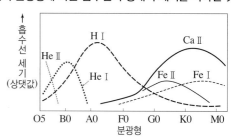

이 자료에 대한 설명으로 옳은 것만을 〈보기〉에서 있는 대로 고른 것은?

〈보기〉
ㄱ. 흰색 별에서 HI 흡수선이 CaII 흡수선보다 강하게 나타난다.
ㄴ. 주계열에서 B0형보다 표면 온도가 높은 별일수록 HI 흡수선의 세기가 강해진다.
ㄷ. 태양과 광도가 같고 반지름이 작은 별의 CaII 흡수선은 G2형 별보다 강하게 나타난다.

① ㄱ ② ㄴ ③ ㄱ, ㄷ ④ ㄴ, ㄷ ⑤ ㄱ, ㄴ, ㄷ

05

2021학년도 3월 학평 지I 17번

그림은 두 주계열성 (가)와 (나)의 파장에 따른 복사 에너지 세기의 분포를 나타낸 것이다. (가)와 (나)의 분광형은 각각 B형과 G형 중 하나이다.

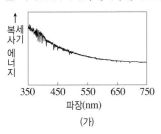
(가)

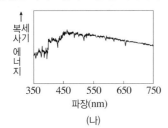
(나)

이에 대한 옳은 설명만을 〈보기〉에서 있는 대로 고른 것은?

〈 보기 〉
ㄱ. 표면 온도는 (가)가 (나)보다 낮다.
ㄴ. 질량은 (가)가 (나)보다 작다.
ㄷ. 태양의 파장에 따른 복사 에너지 세기의 분포는 (가)보다 (나)와 비슷하다.

① ㄱ　　② ㄷ　　③ ㄱ, ㄴ　　④ ㄴ, ㄷ　　⑤ ㄱ, ㄴ, ㄷ

06

2021학년도 10월 학평 지I 13번

그림은 주계열성 (가)와 (나)가 방출하는 복사 에너지의 상대적인 세기를 파장에 따라 나타낸 것이다. (가)와 (나)의 분광형은 각각 A0형과 G2형 중 하나이다.

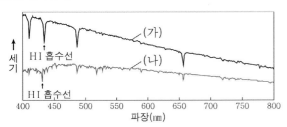

이 자료에 대한 옳은 설명만을 〈보기〉에서 있는 대로 고른 것은? [3점]

〈 보기 〉
ㄱ. HI 흡수선의 세기는 (가)가 (나)보다 약하다.
ㄴ. 복사 에너지를 최대로 방출하는 파장은 (가)가 (나)보다 길다.
ㄷ. 별의 반지름은 (가)가 (나)보다 크다.

① ㄱ　　② ㄷ　　③ ㄱ, ㄴ　　④ ㄴ, ㄷ　　⑤ ㄱ, ㄴ, ㄷ

07 대표문제

2022학년도 6월 모평 지I 14번

그림은 분광형이 서로 다른 별 (가), (나), (다)가 방출하는 복사 에너지의 상대적 세기를 파장에 따라 나타낸 것이다. (가)의 분광형은 O형이고, (나)와 (다)는 각각 A형과 G형 중 하나이다. 이 자료에 대한 설명으로 옳은 것만을 〈보기〉에서 있는 대로 고른 것은? [3점]

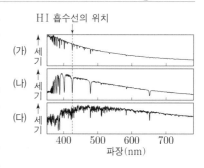

〈 보기 〉
ㄱ. HI 흡수선의 세기는 (가)가 (나)보다 강하게 나타난다.
ㄴ. 복사 에너지를 최대로 방출하는 파장은 (나)가 (다)보다 길다.
ㄷ. 표면 온도는 (나)가 태양보다 높다.

① ㄱ　　② ㄴ　　③ ㄷ　　④ ㄱ, ㄴ　　⑤ ㄴ, ㄷ

08

2021학년도 7월 학평 지I 16번

그림은 지구 대기권 밖에서 단위 시간 동안 관측한 주계열성 A, B, C의 복사 에너지 세기를 파장에 따라 나타낸 것이다.

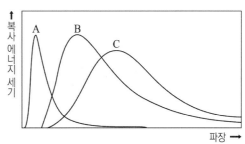

이에 대한 설명으로 옳은 것만을 〈보기〉에서 있는 대로 고른 것은? [3점]

〈 보기 〉
ㄱ. 표면 온도는 A가 B보다 높다.
ㄴ. 광도는 B가 C보다 크다.
ㄷ. 반지름은 A가 C보다 작다.

① ㄱ　　② ㄷ　　③ ㄱ, ㄴ　　④ ㄴ, ㄷ　　⑤ ㄱ, ㄴ, ㄷ

그림은 단위 시간 동안 별 ㉠과 ㉡에서 방출된 복사 에너지 세기를 파장에 따라 나타낸 것이다. 그래프와 가로축 사이의 면적은 각각 S, 4S이다.

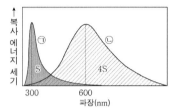

㉠과 ㉡에 대한 옳은 설명만을 〈보기〉에서 있는 대로 고른 것은?

─〈 보기 〉─

ㄱ. 광도는 ㉡이 ㉠의 4배이다.

ㄴ. 표면 온도는 ㉡이 ㉠의 2배이다.

ㄷ. 반지름은 ㉡이 ㉠의 2배이다.

① ㄱ　　② ㄴ　　③ ㄱ, ㄷ　　④ ㄴ, ㄷ　　⑤ ㄱ, ㄴ, ㄷ

표는 별 A, B의 표면 온도와 반지름을, 그림은 A, B에서 단위 면적당 단위 시간에 방출되는 복사 에너지의 파장에 따른 세기를 ㉠과 ㉡으로 순서 없이 나타낸 것이다.

별	A	B
표면 온도 (K)	5000	10000
반지름 (상댓값)	2	1

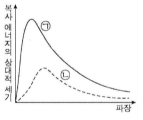

이에 대한 옳은 설명만을 〈보기〉에서 있는 대로 고른 것은?

─〈 보기 〉─

ㄱ. A는 ㉡에 해당한다.

ㄴ. B는 붉은색 별이다.

ㄷ. 별의 광도는 A가 B의 4배이다.

① ㄱ　　② ㄷ　　③ ㄱ, ㄴ　　④ ㄴ, ㄷ　　⑤ ㄱ, ㄴ, ㄷ

그림은 별의 스펙트럼에 나타난 흡수선의 상대적 세기를 온도에 따라 나타낸 것이고, 표는 별 A, B, C의 물리량과 특징을 나타낸 것이다.

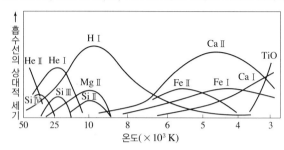

별	표면 온도(K)	절대 등급	특징
A	(　　　)	11.0	별의 색깔은 흰색이다.
B	3500	(　　)	반지름이 C의 100배이다.
C	6000	6.0	(　　　)

이에 대한 설명으로 옳은 것은?

① 반지름은 A가 C보다 크다.

② B의 절대 등급은 −4.0보다 크다.

③ 세 별 중 Fe I 흡수선은 A에서 가장 강하다.

④ 단위 시간당 방출하는 복사 에너지양은 C가 B보다 많다.

⑤ C에서는 Fe II 흡수선이 Ca II 흡수선보다 강하게 나타난다.

12

그림은 별 ㉠과 ㉡의 물리량을 나타낸 것이다.

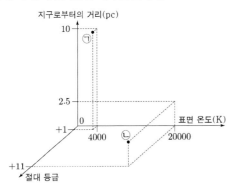

이 자료에 대한 설명으로 옳은 것만을 〈보기〉에서 있는 대로 고른 것은? [3점]

〈 보기 〉
ㄱ. 복사 에너지를 최대로 방출하는 파장은 ㉠이 ㉡의 $\frac{1}{5}$배이다.

ㄴ. 별의 반지름은 ㉠이 ㉡의 2500배이다.

ㄷ. (㉡의 겉보기 등급 − ㉠의 겉보기 등급) 값은 6보다 크다.

① ㄱ   ② ㄴ   ③ ㄷ   ④ ㄱ, ㄴ   ⑤ ㄴ, ㄷ

13

표는 별 ㉠, ㉡, ㉢의 물리량을 나타낸 것이다. ㉠은 주계열성이다.

이 자료에 대한 설명으로 옳은 것만을 〈보기〉에서 있는 대로 고른 것은? [3점]

별	분광형	최대 복사 에너지 방출 파장(상댓값)	절대 등급
㉠	A0	1	+0.6
㉡	A9	( )	( )
㉢	( )	2	−4.6

〈 보기 〉
ㄱ. 단위 시간당 단위 면적에서 방출하는 복사 에너지양은 ㉠이 ㉡보다 크다.

ㄴ. ㉢은 주계열성이다.

ㄷ. $\frac{㉢의\ 반지름}{㉠의\ 반지름}$ 은 40보다 작다.

① ㄱ   ② ㄴ   ③ ㄷ   ④ ㄱ, ㄷ   ⑤ ㄴ, ㄷ

14 대표문제

표는 별 (가), (나), (다)의 물리량을 나타낸 것이다. (나)와 (다)는 지구로부터의 거리가 같고, 태양의 절대 등급은 +4.8이다.

별	표면 온도 (태양=1)	반지름 (태양=1)	겉보기 등급	광도 계급
(가)	1	10	+4.8	( )
(나)	4	6.25	+3.8	V
(다)	1	( )	+13.8	( )

이 자료에 대한 설명으로 옳은 것만을 〈보기〉에서 있는 대로 고른 것은? [3점]

〈 보기 〉
ㄱ. 질량은 (가)가 (나)보다 작다.

ㄴ. 지구로부터의 거리는 (나)가 (가)의 6배보다 멀다.

ㄷ. 중심핵에서의 $\dfrac{\text{p-p 반응에 의한 에너지 생성량}}{\text{CNO 순환 반응에 의한 에너지 생성량}}$ 은 (나)가 (다)보다 작다.

① ㄱ   ② ㄴ   ③ ㄱ, ㄷ   ④ ㄴ, ㄷ   ⑤ ㄱ, ㄴ, ㄷ

15

표는 별 ㉠, ㉡, ㉢의 물리량을 나타낸 것이다. 태양의 절대 등급은 +4.8 등급이다.

별	반지름 (태양=1)	지구로부터의 거리(pc)	광도 (태양=1)	분광형
㉠	10	( )	100	( )
㉡	0.4	20	0.04	( )
㉢	( )	100	100	M1

이 자료에 대한 설명으로 옳은 것만을 〈보기〉에서 있는 대로 고른 것은? [3점]

〈 보기 〉
ㄱ. 단위 시간당 단위 면적에서 방출하는 복사 에너지양은 ㉠이 ㉡의 4배이다.
ㄴ. 별의 반지름은 ㉠이 ㉢보다 크다.
ㄷ. (㉡의 겉보기 등급+㉢의 겉보기 등급) 값은 15보다 크다.

① ㄱ   ② ㄴ   ③ ㄷ   ④ ㄱ, ㄴ   ⑤ ㄱ, ㄷ

16

표는 별 (가), (나), (다)의 물리량을 나타낸 것이다. 태양의 절대 등급은 +4.8 등급이다.

별	단위 시간당 단위 면적에서 방출하는 복사 에너지 (태양=1)	겉보기 등급	지구로부터의 거리(pc)
(가)	16	( )	( )
(나)	$\frac{1}{16}$	+4.8	1000
(다)	( )	−2.2	5

이에 대한 설명으로 옳은 것만을 〈보기〉에서 있는 대로 고른 것은?

〈 보기 〉
ㄱ. 복사 에너지를 최대로 방출하는 파장은 (가)가 (나)의 $\frac{1}{2}$ 배이다.
ㄴ. 반지름은 (나)가 태양의 400배이다.
ㄷ. $\frac{(다)의 \ 광도}{태양의 \ 광도}$ 는 100보다 작다.

① ㄱ   ② ㄴ   ③ ㄷ   ④ ㄱ, ㄴ   ⑤ ㄴ, ㄷ

17

표는 별의 종류 (가), (나), (다)에 해당하는 별들의 절대 등급과 분광형을 나타낸 것이다. (가), (나), (다)는 각각 거성, 백색 왜성, 주계열성 중 하나이다.

별의 종류	별	절대 등급	분광형
(가)	㉠	$+0.5$	A0
	㉡	-0.6	B7
(나)	㉢	$+1.1$	K0
	㉣	-0.7	G2
(다)	㉤	$+13.3$	F5
	㉥	$+11.5$	B1

이에 대한 옳은 설명만을 〈보기〉에서 있는 대로 고른 것은?

〈 보기 〉
ㄱ. (가)는 주계열성이다.
ㄴ. 평균 밀도는 (나)가 (다)보다 작다.
ㄷ. 단위 시간당 단위 면적에서 방출하는 에너지양은 ㉠~㉥ 중 ㉣이 가장 많다.

① ㄱ ② ㄷ ③ ㄱ, ㄴ ④ ㄴ, ㄷ ⑤ ㄱ, ㄴ, ㄷ

18

표는 별 $S_1 \sim S_6$의 광도 계급, 분광형, 절대 등급을 나타낸 것이다. (가)와 (나)는 각각 광도 계급 Ⅰb(초거성)와 V(주계열성) 중 하나이다.

별	광도 계급	분광형	절대 등급
S_1	(가)	A0	(㉠)
S_2		K2	(㉡)
S_3		M1	-5.2
S_4	(나)	A0	(㉢)
S_5		K2	(㉣)
S_6		M1	9.4

이에 대한 설명으로 옳은 것만을 〈보기〉에서 있는 대로 고른 것은? [3점]

〈 보기 〉
ㄱ. (가)는 Ⅰb(초거성)이다.
ㄴ. 광도는 S_4가 S_5보다 작다.
ㄷ. $|㉠-㉢| < |㉡-㉣|$이다.

① ㄱ ② ㄴ ③ ㄱ, ㄷ ④ ㄴ, ㄷ ⑤ ㄱ, ㄴ, ㄷ

19

표는 태양과 별 (가), (나), (다)의 물리량을 나타낸 것이다.

별	표면 온도 (태양=1)	반지름(태양=1)	절대 등급
태양	1	1	$+4.8$
(가)	0.5	(㉠)	-5.2
(나)	( )	0.01	$+9.8$
(다)	$\sqrt{2}$	2	( )

이 자료에 대한 설명으로 옳은 것만을 〈보기〉에서 있는 대로 고른 것은?

〈 보기 〉
ㄱ. ㉠은 400이다.
ㄴ. 복사 에너지를 최대로 방출하는 파장은 (나)가 (다)의 $\frac{1}{2}$배보다 길다.
ㄷ. 절대 등급은 (다)가 태양보다 크다.

① ㄱ ② ㄴ ③ ㄷ ④ ㄱ, ㄴ ⑤ ㄴ, ㄷ

20

표는 태양과 별 (가), (나), (다)의 물리량을 나타낸 것이다. (가), (나), (다) 중 주계열성은 2개이고, (나)와 (다)의 겉보기 밝기는 같다.

별	복사 에너지를 최대로 방출하는 파장(μm)	절대 등급	반지름 (태양=1)
태양	0.50	+4.8	1
(가)	(㉠)	-0.2	2.5
(나)	0.10	( )	4
(다)	0.25	+9.8	( )

이 자료에 대한 설명으로 옳은 것만을 〈보기〉에서 있는 대로 고른 것은?

〈 보기 〉

ㄱ. ㉠은 0.125이다.

ㄴ. 중심핵에서의 $\dfrac{\text{p-p 반응에 의한 에너지 생성량}}{\text{CNO 순환 반응에 의한 에너지 생성량}}$ 은 (나)가 태양보다 작다.

ㄷ. 지구로부터의 거리는 (나)가 (다)의 1000배이다.

① ㄱ   ② ㄴ   ③ ㄷ   ④ ㄱ, ㄴ   ⑤ ㄴ, ㄷ

21

표는 주계열성 (가)와 (나)의 분광형과 절대 등급을 나타낸 것이다.
(가)가 (나)보다 큰 값을 가지는 것만을 〈보기〉에서 있는 대로 고른 것은?

별	분광형	절대 등급
(가)	A0V	+0.6
(나)	M4V	+13.2

〈 보기 〉

ㄱ. 표면 온도   ㄴ. 광도   ㄷ. 주계열에 머무는 시간

① ㄱ   ② ㄷ   ③ ㄱ, ㄴ   ④ ㄴ, ㄷ   ⑤ ㄱ, ㄴ, ㄷ

22

표는 별 (가), (나), (다)의 분광형과 절대 등급을 나타낸 것이다.
(가), (나), (다)에 대한 설명으로 옳은 것만을 〈보기〉에서 있는 대로 고른 것은? [3점]

별	분광형	절대 등급
(가)	G	0.0
(나)	A	+1.0
(다)	K	+8.0

〈 보기 〉

ㄱ. (가)의 중심핵에서는 주로 양성자·양성자 반응(p-p 반응)이 일어난다.

ㄴ. 단위 면적당 단위 시간에 방출하는 에너지양은 (나)가 가장 많다.

ㄷ. (다)의 중심핵 내부에서는 주로 대류에 의해 에너지가 전달된다.

① ㄱ   ② ㄴ   ③ ㄷ   ④ ㄱ, ㄴ   ⑤ ㄴ, ㄷ

23

표는 여러 별들의 절대 등급을 분광형과 광도 계급에 따라 구분하여 나타낸 것이다. (가), (나), (다)는 광도 계급 Ⅰb(초거성), Ⅲ(거성), Ⅴ(주계열성)를 순서 없이 나타낸 것이다.

광도 계급 분광형	(가)	(나)	(다)
B0	−4.1	−5.0	−6.2
A0	+0.6	−0.6	−4.9
G0	+4.4	+0.6	−4.5
M0	+9.2	−0.4	−4.5

이 자료에 대한 설명으로 옳은 것만을 〈보기〉에서 있는 대로 고른 것은?

〈 보기 〉
ㄱ. (가)는 Ⅴ(주계열성)이다.
ㄴ. (나)에서 광도가 가장 작은 별의 표면 온도가 가장 낮다.
ㄷ. (다)에서 별의 반지름은 G0인 별이 M0인 별보다 작다.

① ㄱ ② ㄴ ③ ㄷ ④ ㄱ, ㄴ ⑤ ㄱ, ㄷ

24

표는 별 A~D의 특징을 나타낸 것이다. A~D 중 주계열성은 3개이다.

별	광도(태양=1)	표면 온도(K)
A	20000	25000
B	0.01	11000
C	1	5500
D	0.0017	3000

A~D에 대한 설명으로 옳은 것만을 〈보기〉에서 있는 대로 고른 것은?
[3점]

〈 보기 〉
ㄱ. 별의 반지름은 A가 C보다 10배 이상 크다.
ㄴ. CaⅡ 흡수선의 상대적 세기는 C가 A보다 강하다.
ㄷ. 별의 평균 밀도가 가장 큰 것은 D이다.

① ㄱ ② ㄴ ③ ㄱ, ㄷ ④ ㄴ, ㄷ ⑤ ㄱ, ㄴ, ㄷ

25

그림은 지구로부터 거리가 같은 별 (가)와 (나)의 가시광선 영상을, 표는 (가)와 (나)의 물리량을 각각 나타낸 것이다. (가)와 (나)는 각각 주계열성과 백색 왜성 중 하나이다.

	(가)	(나)
분광형	A1	B1
절대 등급	1.5	11.3

이 자료에 대한 설명으로 옳은 것은? [3점]

① (나)의 광도 계급은 태양과 같다.
② 겉보기 등급은 (가)가 (나)보다 크다.
③ 별의 평균 밀도는 (가)가 (나)보다 크다.
④ 단위 시간당 방출하는 복사 에너지양은 (가)가 (나)보다 많다.
⑤ 복사 에너지를 최대로 방출하는 파장은 (가)가 (나)보다 짧다.

26

그림은 별 A~D의 상대적 크기를, 표는 별의 물리량을 나타낸 것이다. 별 A~D는 각각 ㉠~㉣ 중 하나이다.

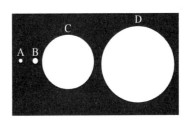

별	광도 (태양=1)	표면 온도 (태양=1)
㉠	0.01	1
㉡	1	1
㉢	1	4
㉣	2	1

이에 대한 설명으로 옳은 것만을 〈보기〉에서 있는 대로 고른 것은? [3점]

〈 보기 〉
ㄱ. 표면 온도는 A가 B보다 높다.
ㄴ. 광도는 B가 D보다 작다.
ㄷ. C는 주계열성이다.

① ㄱ ② ㄴ ③ ㄱ, ㄷ ④ ㄴ, ㄷ ⑤ ㄱ, ㄴ, ㄷ

27

그림은 별 A, B, C의 물리량을 나타낸 것이다. A, B, C 중 2개는 주계열성, 1개는 거성이다.
이에 대한 설명으로 옳은 것만을 〈보기〉에서 있는 대로 고른 것은?

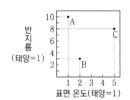

──────〈 보기 〉──────
ㄱ. A는 주계열성이다.
ㄴ. C 는 B보다 질량이 크다.
ㄷ. A와 C의 절대 등급 차는 5보다 크다.
─────────────────────

① ㄱ   ② ㄴ   ③ ㄱ, ㄷ   ④ ㄴ, ㄷ   ⑤ ㄱ, ㄴ, ㄷ

28

그림은 별 A, B, C의 반지름과 절대 등급을 나타낸 것이다. A, B, C는 각각 초거성, 거성, 주계열성 중 하나이다.
A, B, C에 대한 설명으로 옳은 것만을 〈보기〉에서 있는 대로 고른 것은? [3점]

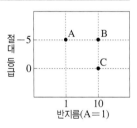

──────〈 보기 〉──────
ㄱ. 표면 온도는 A가 B의 $\sqrt{10}$ 배이다.
ㄴ. 복사 에너지를 최대로 방출하는 파장은 B가 C보다 길다.
ㄷ. 광도 계급이 V인 것은 C이다.
─────────────────────

① ㄱ   ② ㄴ   ③ ㄷ   ④ ㄱ, ㄷ   ⑤ ㄴ, ㄷ

29

표는 별 ㉠, ㉡, ㉢의 표면 온도, 광도, 반지름을 나타낸 것이다. ㉠, ㉡, ㉢은 각각 주계열성, 거성, 백색 왜성 중 하나이다.

별	표면 온도(태양=1)	광도(태양=1)	반지름(태양=1)
㉠	$\sqrt{10}$	( )	0.01
㉡	( )	100	2.5
㉢	0.75	81	( )

이에 대한 설명으로 옳은 것만을 〈보기〉에서 있는 대로 고른 것은?

──────〈 보기 〉──────
ㄱ. 복사 에너지를 최대로 방출하는 파장은 ㉠이 ㉡보다 길다.
ㄴ. (㉠의 절대 등급−㉡의 절대 등급) 값은 10이다.
ㄷ. 별의 질량은 ㉡이 ㉢보다 크다.
─────────────────────

① ㄱ   ② ㄴ   ③ ㄷ   ④ ㄱ, ㄷ   ⑤ ㄴ, ㄷ

30

표는 별 (가)~(라)의 물리량을 나타낸 것이다.

별	표면 온도(K)	절대 등급	반지름($\times 10^6$ km)
(가)	6000	+3.8	1
(나)	12000	−1.2	㉠
(다)	( )	−6.2	100
(라)	3000	( )	4

이에 대한 설명으로 옳은 것은?

① ㉠은 25이다.
② (가)의 분광형은 M형에 해당한다.
③ 복사 에너지를 최대로 방출하는 파장은 (다)가 (가)보다 길다.
④ 단위 시간당 방출하는 복사 에너지양은 (나)가 (라)보다 많다.
⑤ (가)와 같은 별 10000개로 구성된 성단의 절대 등급은 (라)의 절대 등급과 같다.

31

표는 별 (가), (나), (다)의 분광형, 반지름, 광도를 나타낸 것이다.

별	분광형	반지름 (태양=1)	광도 (태양=1)
(가)	( )	10	10
(나)	A0	5	( )
(다)	A0	( )	10

(가), (나), (다)에 대한 설명으로 옳은 것만을 〈보기〉에서 있는 대로 고른 것은? [3점]

〈 보기 〉
ㄱ. 복사 에너지를 최대로 방출하는 파장은 (가)가 가장 짧다.
ㄴ. 절대 등급은 (나)가 가장 작다.
ㄷ. 반지름은 (다)가 가장 크다.

① ㄱ   ② ㄴ   ③ ㄷ   ④ ㄱ, ㄴ   ⑤ ㄴ, ㄷ

32

표는 별 A와 B의 물리량을 태양과 비교하여 나타낸 것이다.

별	광도 (상댓값)	반지름 (상댓값)	최대 복사 에너지 방출 파장(nm)
태양	1	1	500
A	170	25	㉠
B	64	㉡	250

이에 대한 설명으로 옳은 것만을 〈보기〉에서 있는 대로 고른 것은? [3점]

〈 보기 〉
ㄱ. ㉠은 500보다 크다.
ㄴ. ㉡은 4이다.
ㄷ. 단위 면적당 단위 시간에 방출하는 복사 에너지의 양은 A보다 B가 많다.

① ㄱ   ② ㄴ   ③ ㄷ   ④ ㄱ, ㄴ   ⑤ ㄱ, ㄷ

33

표는 중심핵에서 핵융합 반응이 일어나고 있는 별 (가), (나), (다)의 물리량을 나타낸 것이다.

이 자료에 대한 설명으로 옳은 것만을 〈보기〉에서 있는 대로 고른 것은? [3점]

별	질량 (태양=1)	광도 (태양=1)	광도 계급
(가)	1	60	( )
(나)	4	100	V
(다)	1	1	V

〈 보기 〉
ㄱ. $\dfrac{\text{표면 온도}}{\text{중심핵 온도}}$ 는 (가)가 (나)보다 작다.
ㄴ. 단위 시간당 에너지 생성량은 (가)가 (다)보다 많다.
ㄷ. 주계열 단계 동안, 별의 질량의 평균 감소 속도는 (나)가 (다)보다 빠르다.

① ㄱ   ② ㄷ   ③ ㄱ, ㄴ   ④ ㄴ, ㄷ   ⑤ ㄱ, ㄴ, ㄷ

34

표는 별 (가), (나), (다)의 물리량을 나타낸 것이다. (가), (나), (다) 중 주계열성은 2개이고, 태양의 절대 등급은 +4.8, 태양의 표면 온도는 5800 K이다.

별	표면 온도(K)	반지름(상댓값)	겉보기 등급
(가)	16000	0.025	8
(나)	8000	2.5	10
(다)	4000	1	13

이 자료에 대한 설명으로 옳은 것만을 〈보기〉에서 있는 대로 고른 것은?

〈 보기 〉
ㄱ. 복사 에너지를 최대로 방출하는 파장은 (나)가 (다)의 2배이다.
ㄴ. 지구로부터의 거리는 (다)가 (가)의 20배보다 멀다.
ㄷ. (가)의 절대 등급은 +12보다 크다.

① ㄱ   ② ㄴ   ③ ㄷ   ④ ㄱ, ㄷ   ⑤ ㄴ, ㄷ

한눈에 정리하는
평가원 기출 경향

주제 \ 학년도	2025	2024	2023
별의 물리량과 H-R도		**01 대표 문제** 2024학년도 9월 모평 지Ⅰ 2번 그림은 서로 다른 별의 집단 (가)~(라)를 H-R도에 나타낸 것이다. (가)~(라)는 각각 거성, 백색 왜성, 주계열성, 초거성 중 하나이다. (가)~(라)에 대한 설명으로 옳은 것만을 〈보기〉에서 있는 대로 고른 것은? 〈보기〉 ㄱ. 평균 광도는 (가)가 (라)보다 작다. ㄴ. 평균 표면 온도는 (나)가 (라)보다 낮다. ㄷ. 평균 밀도는 (라)가 가장 크다. ① ㄱ ② ㄴ ③ ㄷ ④ ㄱ, ㄴ ⑤ ㄴ, ㄷ	**04** 2023학년도 9월 모평 지Ⅰ 6번 그림 (가)는 H-R도에 별 ㉠, ㉡, ㉢을, (나)는 별의 분광형에 따른 흡수선의 상대적 세기를 나타낸 것이다. 이에 대한 설명으로 옳은 것만을 〈보기〉에서 있는 대로 고른 것은? 〈보기〉 ㄱ. 반지름은 ㉠이 ㉡보다 작다. ㄴ. 광도 계급은 ㉡과 ㉢이 같다. ㄷ. ㉢에서는 HⅠ 흡수선이 CaⅡ 흡수선보다 강하게 나타난다. ① ㄱ ② ㄴ ③ ㄱ, ㄷ ④ ㄴ, ㄷ ⑤ ㄱ, ㄴ, ㄷ
별의 진화			**13 대표 문제** 2023학년도 수능 지Ⅰ 13번 그림은 질량이 태양 정도인 어느 별이 원시별에서 주계열 단계 전까지 진화하는 동안의 반지름과 광도 변화를 나타낸 것이다. A, B, C는 이 원시별이 진화하는 동안의 서로 다른 시기이다. 이 원시별에 대한 설명으로 옳은 것만을 〈보기〉에서 있는 대로 고른 것은? [3점] 〈보기〉 ㄱ. 평균 밀도는 C가 A보다 작다. ㄴ. 표면 온도는 A가 B보다 낮다. ㄷ. 중심부의 온도는 B가 C보다 높다. ① ㄱ ② ㄴ ③ ㄱ, ㄷ ④ ㄴ, ㄷ ⑤ ㄱ, ㄴ, ㄷ
별의 진화와 H-R도	**18 대표 문제** 2025학년도 6월 모평 지Ⅰ 13번 그림은 태양이 $A_0 \rightarrow A_1 \rightarrow A_2 \rightarrow A_3$으로 진화하는 경로를 H-R도에 나타낸 것이다. 이에 대한 설명으로 옳은 것만을 〈보기〉에서 있는 대로 고른 것은? [3점] 〈보기〉 ㄱ. A_0의 중심핵은 탄소를 포함한다. ㄴ. 수소의 총 질량은 A_0이 A_1보다 작다. ㄷ. $\dfrac{A_0의\ 반지름}{A_2의\ 반지름} > \dfrac{A_2의\ 반지름}{A_3의\ 반지름}$ 이다. ① ㄱ ② ㄴ ③ ㄷ ④ ㄱ, ㄴ ⑤ ㄱ, ㄷ		

2022~2019

05
2022학년도 6월 모평 지Ⅰ 17번

그림 (가)는 별의 질량에 따라 주계열 단계에 도달하였을 때의 광도와 이 단계에 머무는 시간을, (나)는 주계열성을 H−R도에 나타낸 것이다. A와 B는 각각 광도와 시간 중 하나이다.

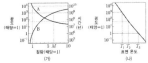

이 자료에 대한 설명으로 옳은 것만을 〈보기〉에서 있는 대로 고른 것은? [3점]

〈보기〉
ㄱ. B는 광도이다.
ㄴ. 질량이 M인 별의 표면 온도는 T_2이다.
ㄷ. 표면 온도가 T_1인 별은 T_3인 별보다 주계열 단계에 머무는 시간이 100배 이상 길다.

① ㄱ   ② ㄴ   ③ ㄱ, ㄷ   ④ ㄴ, ㄷ   ⑤ ㄱ, ㄴ, ㄷ

08
2022학년도 수능 지Ⅰ 18번

그림은 별 A와 B가 주계열 단계가 끝난 직후부터 진화하는 동안의 반지름과 표면 온도 변화를 나타낸 것이다. A와 B의 질량은 각각 태양 질량의 1배와 6배 중 하나이다.

이 자료에 대한 설명으로 옳은 것만을 〈보기〉에서 있는 대로 고른 것은? [3점]

〈보기〉
ㄱ. 진화 속도는 A가 B보다 빠르다.
ㄴ. 절대 등급의 변화 폭은 A가 B보다 크다.
ㄷ. 주계열 단계일 때, 대류가 일어나는 영역의 평균 온도는 A가 B보다 높다.

① ㄱ   ② ㄴ   ③ ㄱ, ㄷ   ④ ㄴ, ㄷ   ⑤ ㄱ, ㄴ, ㄷ

16
2021학년도 수능 지Ⅰ 16번

그림은 주계열성 A와 B가 각각 A'와 B'로 진화하는 경로를 H−R도에 나타낸 것이다. B는 태양이다.
이에 대한 설명으로 옳은 것만을 〈보기〉에서 있는 대로 고른 것은?

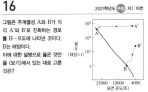

〈보기〉
ㄱ. A가 A'로 진화하는 데 걸리는 시간은 B가 B'로 진화하는 데 걸리는 시간보다 짧다.
ㄴ. B와 B'의 중심핵은 모두 탄소를 포함한다.
ㄷ. A는 B보다 최종 진화 단계에서의 밀도가 크다.

① ㄱ   ② ㄷ   ③ ㄱ, ㄴ   ④ ㄴ, ㄷ   ⑤ ㄱ, ㄴ, ㄷ

10
2021학년도 9월 모평 지Ⅰ 3번

그림은 분광형과 광도를 기준으로 한 H−R도이고, 표의 (가), (나), (다)는 각각 H−R도에 분류된 별의 집단 ㉠, ㉡, ㉢의 특징 중 하나이다.

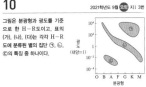

구분	특징
(가)	별이 일생의 대부분을 보내는 단계로, 정역학 평형 상태에 놓여 별의 크기가 거의 일정하게 유지된다.
(나)	주계열을 벗어난 단계로, 핵융합 반응을 통해 무거운 원소들이 만들어진다.
(다)	태양과 질량이 비슷한 별의 최종 진화 단계로, 별의 바깥층 물질이 우주로 방출된 후 중심핵만 남는다.

(가), (나), (다)에 해당하는 별의 집단으로 옳은 것은?

	(가)	(나)	(다)
①	㉠	㉡	㉢
②	㉠	㉢	㉡
③	㉡	㉢	㉠
④	㉢	㉡	㉠
⑤	㉢	㉠	㉡

12
2021학년도 6월 모평 지Ⅰ 12번

표는 질량이 서로 다른 별 A~D의 물리적 성질을, 그림은 별 A와 D를 H−R도에 나타낸 것이다. $L_\odot$는 태양 광도이다.

별	표면 온도 (K)	광도 ($L_\odot$)
A	( )	( )
B	3500	100000
C	20000	10000
D	( )	( )

이 자료에 대한 설명으로 옳은 것만을 〈보기〉에서 있는 대로 고른 것은? [3점]

〈보기〉
ㄱ. A와 B는 적색 거성이다.
ㄴ. 반지름은 B>C>D이다.
ㄷ. C의 나이는 태양보다 적다.

① ㄱ   ② ㄷ   ③ ㄱ, ㄴ   ④ ㄴ, ㄷ   ⑤ ㄱ, ㄴ, ㄷ

01 대표문제

그림은 서로 다른 별의 집단 (가)~(라)를 H−R도에 나타낸 것이다. (가)~(라)는 각각 거성, 백색 왜성, 주계열성, 초거성 중 하나이다.

(가)~(라)에 대한 설명으로 옳은 것만을 〈보기〉에서 있는 대로 고른 것은?

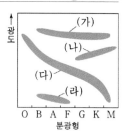

─〈 보기 〉─
ㄱ. 평균 광도는 (가)가 (라)보다 작다.
ㄴ. 평균 표면 온도는 (나)가 (라)보다 낮다.
ㄷ. 평균 밀도는 (라)가 가장 크다.

① ㄱ ② ㄴ ③ ㄷ ④ ㄱ, ㄴ ⑤ ㄴ, ㄷ

02

그림 (가)는 전갈자리에 있는 세 별 ㉠, ㉡, ㉢의 절대 등급과 분광형을, (나)는 H−R도에 별의 집단을 나타낸 것이다.

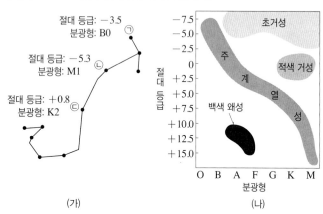

별 ㉠, ㉡, ㉢에 대한 옳은 설명만을 〈보기〉에서 있는 대로 고른 것은?

[3점]

─〈 보기 〉─
ㄱ. ㉠은 주계열성이다.
ㄴ. ㉡은 파란색으로 관측된다.
ㄷ. 반지름은 ㉢이 가장 크다.

① ㄱ ② ㄴ ③ ㄷ ④ ㄱ, ㄷ ⑤ ㄴ, ㄷ

03

다음은 H−R도를 작성하여 별을 분류하는 탐구이다.

[탐구 과정]
표는 별 a~f의 분광형과 절대 등급이다.

별	a	b	c	d	e	f
분광형	A0	B1	G2	M5	M2	B6
절대 등급	+11.0	−3.6	+4.8	+13.2	−3.1	+10.3

(가) 각 별의 위치를 H−R도에 표시한다.
(나) H−R도에 표시한 위치에 따라 별들을 백색 왜성, 주계열성, 거성의 세 집단으로 분류한다.

[탐구 결과]

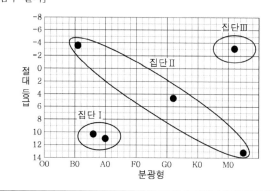

이에 대한 옳은 설명만을 〈보기〉에서 있는 대로 고른 것은?

─〈 보기 〉─
ㄱ. a와 f는 집단 I에 속한다.
ㄴ. 집단 II는 주계열성이다.
ㄷ. 별의 평균 밀도는 집단 I이 집단 III보다 크다

① ㄱ ② ㄴ ③ ㄱ, ㄷ ④ ㄴ, ㄷ ⑤ ㄱ, ㄴ, ㄷ

04

그림 (가)는 H−R도에 별 ㉠, ㉡, ㉢을, (나)는 별의 분광형에 따른 흡수선의 상대적 세기를 나타낸 것이다.

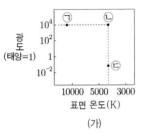
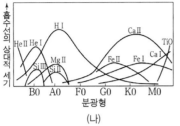

(가)　　　　　　　(나)

이에 대한 설명으로 옳은 것만을 〈보기〉에서 있는 대로 고른 것은?

〈 보기 〉
ㄱ. 반지름은 ㉠이 ㉡보다 작다.
ㄴ. 광도 계급은 ㉡과 ㉢이 같다.
ㄷ. ㉢에서는 HI 흡수선이 CaII 흡수선보다 강하게 나타난다.

① ㄱ　　② ㄴ　　③ ㄱ, ㄷ　　④ ㄴ, ㄷ　　⑤ ㄱ, ㄴ, ㄷ

05

그림 (가)는 별의 질량에 따라 주계열 단계에 도달하였을 때의 광도와 이 단계에 머무는 시간을, (나)는 주계열성을 H−R도에 나타낸 것이다. A와 B는 각각 광도와 시간 중 하나이다.

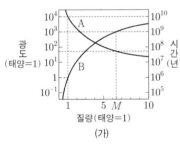
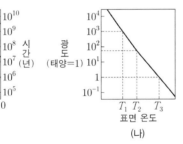

(가)　　　　　　　(나)

이 자료에 대한 설명으로 옳은 것만을 〈보기〉에서 있는 대로 고른 것은? [3점]

〈 보기 〉
ㄱ. B는 광도이다.
ㄴ. 질량이 M인 별의 표면 온도는 T_2이다.
ㄷ. 표면 온도가 T_3인 별은 T_1인 별보다 주계열 단계에 머무는 시간이 100배 이상 길다.

① ㄱ　　② ㄴ　　③ ㄱ, ㄷ　　④ ㄴ, ㄷ　　⑤ ㄱ, ㄴ, ㄷ

06

그림은 태양과 질량이 비슷한 별의 시간에 따른 광도 변화를 나타낸 것이다.

이 자료에 대한 설명으로 옳은 것만을 〈보기〉에서 있는 대로 고른 것은?

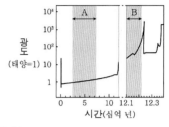

〈 보기 〉
ㄱ. A 시기는 주계열 단계이다.
ㄴ. 별의 평균 표면 온도는 A 시기가 B 시기보다 높다.
ㄷ. B 시기 별의 중심핵에서는 헬륨 핵융합 반응이 일어난다.

① ㄱ　　② ㄷ　　③ ㄱ, ㄴ　　④ ㄴ, ㄷ　　⑤ ㄱ, ㄴ, ㄷ

07

그림은 질량이 태양과 비슷한 별의 진화 과정에서 생성된 성운을 나타낸 것이다.

이 성운에 대한 설명으로 옳은 것만을 〈보기〉에서 있는 대로 고른 것은?

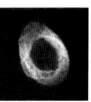

〈 보기 〉
ㄱ. 행성상 성운이다.
ㄴ. 성운이 형성되는 과정에서 철보다 무거운 원소가 만들어진다.
ㄷ. 성운을 만든 별의 중심부는 최종 진화 단계에서 백색 왜성이 된다.

① ㄴ　　② ㄷ　　③ ㄱ, ㄴ　　④ ㄱ, ㄷ　　⑤ ㄴ, ㄷ

22 일차

08

그림은 별 A와 B가 주계열 단계가 끝난 직후부터 진화하는 동안의 반지름과 표면 온도 변화를 나타낸 것이다. A와 B의 질량은 각각 태양 질량의 1배와 6배 중 하나이다.

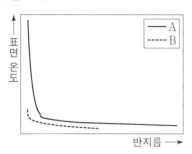

이 자료에 대한 설명으로 옳은 것만을 〈보기〉에서 있는 대로 고른 것은? [3점]

〈 보기 〉

ㄱ. 진화 속도는 A가 B보다 빠르다.

ㄴ. 절대 등급의 변화 폭은 A가 B보다 크다.

ㄷ. 주계열 단계일 때, 대류가 일어나는 영역의 평균 온도는 A가 B보다 높다.

① ㄱ   ② ㄴ   ③ ㄱ, ㄷ   ④ ㄴ, ㄷ   ⑤ ㄱ, ㄴ, ㄷ

09

그림은 질량이 태양과 비슷한 별의 나이에 따른 광도와 표면 온도를 A와 B로 순서 없이 나타낸 것이다. ㉠, ㉡, ㉢은 각각 원시별, 적색 거성, 주계열성 단계 중 하나이다.

이에 대한 설명으로 옳은 것만을 〈보기〉에서 있는 대로 고른 것은?

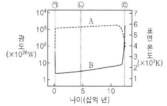

〈 보기 〉

ㄱ. A는 표면 온도이다.

ㄴ. ㉠의 주요 에너지원은 수소 핵융합 반응이다.

ㄷ. 별의 평균 밀도는 ㉡보다 ㉢일 때 작다.

① ㄱ   ② ㄴ   ③ ㄷ   ④ ㄱ, ㄷ   ⑤ ㄴ, ㄷ

10

그림은 분광형과 광도를 기준으로 한 H−R도이고, 표의 (가), (나), (다)는 각각 H−R도에 분류된 별의 집단 ㉠, ㉡, ㉢의 특징 중 하나이다.

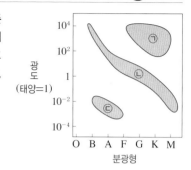

구분	특징
(가)	별이 일생의 대부분을 보내는 단계로, 정역학 평형 상태에 놓여 별의 크기가 거의 일정하게 유지된다.
(나)	주계열을 벗어난 단계로, 핵융합 반응을 통해 무거운 원소들이 만들어진다.
(다)	태양과 질량이 비슷한 별의 최종 진화 단계로, 별의 바깥층 물질이 우주로 방출된 후 중심핵만 남는다.

(가), (나), (다)에 해당하는 별의 집단으로 옳은 것은?

	(가)	(나)	(다)
①	㉠	㉡	㉢
②	㉡	㉠	㉢
③	㉡	㉢	㉠
④	㉢	㉠	㉡
⑤	㉢	㉡	㉠

11

그림은 H−R도에 별 (가)~(라)를 나타낸 것이다.

이에 대한 옳은 설명만을 〈보기〉에서 있는 대로 고른 것은?

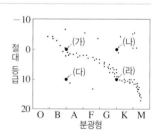

〈 보기 〉

ㄱ. 별의 평균 밀도는 (가)가 (나)보다 크다.

ㄴ. (다)는 초신성 폭발을 거쳐 형성되었다.

ㄷ. 별의 수명은 (가)가 (라)보다 짧다.

① ㄱ   ② ㄷ   ③ ㄱ, ㄴ   ④ ㄱ, ㄷ   ⑤ ㄴ, ㄷ

12

표는 질량이 서로 다른 별 A~D의 물리적 성질을, 그림은 별 A와 D를 H−R도에 나타낸 것이다. $L_\odot$는 태양 광도이다.

별	표면 온도 (K)	광도 ($L_\odot$)
A	( )	( )
B	3500	100000
C	20000	10000
D	( )	( )

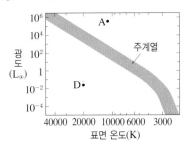

이 자료에 대한 설명으로 옳은 것만을 〈보기〉에서 있는 대로 고른 것은? [3점]

〈 보기 〉
ㄱ. A와 B는 적색 거성이다.
ㄴ. 반지름은 B>C>D이다.
ㄷ. C의 나이는 태양보다 적다.

① ㄱ   ② ㄷ   ③ ㄱ, ㄴ   ④ ㄴ, ㄷ   ⑤ ㄱ, ㄴ, ㄷ

13 대표문제

그림은 질량이 태양 정도인 어느 별이 원시별에서 주계열 단계 전까지 진화하는 동안의 반지름과 광도 변화를 나타낸 것이다. A, B, C는 이 원시별이 진화하는 동안의 서로 다른 시기이다.

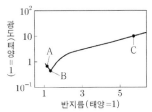

이 원시별에 대한 설명으로 옳은 것만을 〈보기〉에서 있는 대로 고른 것은? [3점]

〈 보기 〉
ㄱ. 평균 밀도는 C가 A보다 작다.
ㄴ. 표면 온도는 A가 B보다 낮다.
ㄷ. 중심부의 온도는 B가 C보다 높다.

① ㄱ   ② ㄴ   ③ ㄱ, ㄷ   ④ ㄴ, ㄷ   ⑤ ㄱ, ㄴ, ㄷ

14

그림은 원시별 A, B, C를 H−R도에 나타낸 것이다. 점선은 원시별이 탄생한 이후 경과한 시간이 같은 위치를 연결한 것이다.

A, B, C에 대한 옳은 설명만을 〈보기〉에서 있는 대로 고른 것은?

[3점]

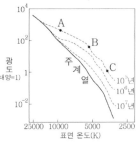

〈 보기 〉
ㄱ. 주계열성이 되기까지 걸리는 시간은 A가 C보다 길다.
ㄴ. B와 C의 질량은 같다.
ㄷ. C는 표면에서 중력이 기체 압력 차에 의한 힘보다 크다.

① ㄱ   ② ㄴ   ③ ㄷ   ④ ㄱ, ㄷ   ⑤ ㄴ, ㄷ

15

그림은 주계열성 A, B, C가 원시별에서 주계열성이 되기까지의 경로를 H−R도에 나타낸 것이다.

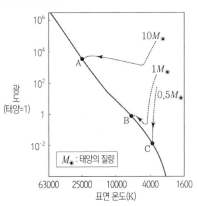

이에 대한 설명으로 옳은 것만을 〈보기〉에서 있는 대로 고른 것은?

〈 보기 〉
ㄱ. 주계열성이 되는 데 걸리는 시간은 A가 B보다 길다.
ㄴ. A의 내부는 복사층이 대류층을 둘러싸고 있는 구조이다.
ㄷ. 절대 등급은 C가 가장 크다.

① ㄱ   ② ㄷ   ③ ㄱ, ㄴ   ④ ㄴ, ㄷ   ⑤ ㄱ, ㄴ, ㄷ

22
일차

16

그림은 주계열성 A와 B가 각
각 A′와 B′로 진화하는 경로
를 H−R도에 나타낸 것이다.
B는 태양이다.
이에 대한 설명으로 옳은 것만
을 〈보기〉에서 있는 대로 고른
것은?

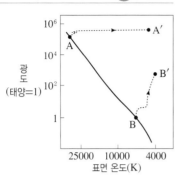

〈 보기 〉
ㄱ. A가 A′로 진화하는 데 걸리는 시간은 B가 B′로 진화하는 데
　　걸리는 시간보다 짧다.
ㄴ. B와 B′의 중심핵은 모두 탄소를 포함한다.
ㄷ. A는 B보다 최종 진화 단계에서의 밀도가 크다.

① ㄱ　　② ㄷ　　③ ㄱ, ㄴ　　④ ㄴ, ㄷ　　⑤ ㄱ, ㄴ, ㄷ

17

그림은 서로 다른 질량의 주계열성 A_1과 B_1이 진화하는 경로의 일부를
H−R도에 나타낸 것이다. A_2와 A_3, B_2와 B_3은 별 A_1과 B_1이 각각 진
화하는 경로상에 위치한 별이고, A_3과 B_3의 중심핵에서는 헬륨 핵융합
반응이 일어난다.

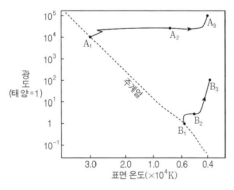

이에 대한 설명으로 옳은 것만을 〈보기〉에서 있는 대로 고른 것은? [3점]

〈 보기 〉
ㄱ. 별의 질량은 A_1보다 B_1이 크다.
ㄴ. A_2와 B_2의 내부에서는 수소 핵융합 반응이 일어나지 않는다.
ㄷ. $\dfrac{A_3의\ 반지름}{A_1의\ 반지름} > \dfrac{B_3의\ 반지름}{B_1의\ 반지름}$ 이다.

① ㄱ　　② ㄷ　　③ ㄱ, ㄴ　　④ ㄴ, ㄷ　　⑤ ㄱ, ㄴ, ㄷ

18 대표 문제

그림은 태양이 $A_0 \rightarrow A_1 \rightarrow A_2 \rightarrow A_3$으로 진
화하는 경로를 H−R도에 나타낸 것이다.
이에 대한 설명으로 옳은 것만을 〈보기〉에서 있
는 대로 고른 것은? [3점]

〈 보기 〉
ㄱ. A_0의 중심핵은 탄소를 포함한다.
ㄴ. 수소의 총 질량은 A_0이 A_1보다 작다.
ㄷ. $\dfrac{A_1의\ 반지름}{A_0의\ 반지름} > \dfrac{A_2의\ 반지름}{A_3의\ 반지름}$ 이다.

① ㄱ　　② ㄴ　　③ ㄷ　　④ ㄱ, ㄴ　　⑤ ㄱ, ㄷ

19

그림 (가)는 어느 별의 진화 경로를, (나)는 이 별의 진화 과정 일부를 나
타낸 것이다.

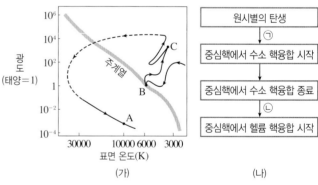

(가)　　　　　　　　　　　　(나)

이 별에 대한 설명으로 옳은 것만을 〈보기〉에서 있는 대로 고른 것은?
[3점]

〈 보기 〉
ㄱ. 별의 평균 밀도는 A보다 B일 때 작다.
ㄴ. C일 때는 ㉠ 과정에 해당한다.
ㄷ. ㉡ 과정에서 별의 중심핵은 정역학 평형 상태이다.

① ㄱ　　② ㄴ　　③ ㄱ, ㄷ　　④ ㄴ, ㄷ　　⑤ ㄱ, ㄴ, ㄷ

20

그림은 주계열성 A와 B가 각각 거성 A′와 B′로 진화하는 경로의 일부를 H−R도에 나타낸 것이다. 이에 대한 설명으로 옳은 것만을 〈보기〉에서 있는 대로 고른 것은?

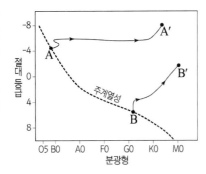

〈 보기 〉

ㄱ. 주계열에 머무는 기간은 A가 B보다 짧다.

ㄴ. 절대 등급의 변화량은 A가 A′로 진화했을 때가 B가 B′로 진화했을 때보다 크다.

ㄷ. $\dfrac{\text{CNO 순환 반응에 의한 에너지 생성량}}{\text{p−p 반응에 의한 에너지 생성량}}$ 은 A가 B보다 작다.

① ㄱ   ② ㄴ   ③ ㄱ, ㄷ   ④ ㄴ, ㄷ   ⑤ ㄱ, ㄴ, ㄷ

21

그림은 어느 별의 진화 경로를 H−R도에 나타낸 것이다. 이 별에 대한 설명으로 옳은 것만을 〈보기〉에서 있는 대로 고른 것은?

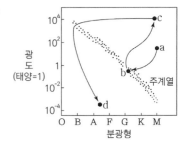

〈 보기 〉

ㄱ. 절대 등급은 a 단계에서 b 단계로 갈수록 작아진다.

ㄴ. $\dfrac{\text{반지름}}{\text{표면 온도}}$ 은 c 단계가 b 단계보다 크다.

ㄷ. 반지름은 c 단계가 d 단계보다 크다.

① ㄱ   ② ㄷ   ③ ㄱ, ㄴ   ④ ㄴ, ㄷ   ⑤ ㄱ, ㄴ, ㄷ

주제 \ 학년도	2025	2024	2023

별의 에너지원

31   2024학년도 수능 지I 16번

표는 중심핵에서 핵융합 반응이 일어나고 있는 별 (가), (나), (다)의 반지름, 질량, 광도 계급을 나타낸 것이다.

별	반지름 (태양=1)	질량 (태양=1)	광도 계급
(가)	50	1	( )
(나)	4	8	V
(다)	0.9	0.8	V

이에 대한 설명으로 옳은 것만을 〈보기〉에서 있는 대로 고른 것은? [3점]

〈보기〉
ㄱ. 중심핵의 온도는 (가)가 (나)보다 높다.
ㄴ. (다)의 핵융합 반응이 일어나는 영역에서, 별의 중심으로부터 거리에 따른 수소 함량비(%)는 일정하다.
ㄷ. 단위 시간 동안 방출하는 에너지양에 대한 별의 질량은 (나)가 (다)보다 작다.

① ㄱ   ② ㄴ   ③ ㄷ   ④ ㄱ, ㄴ   ⑤ ㄱ, ㄷ

별의 에너지원과 내부 구조

28 대표문제   2025학년도 9월 모평 지I 16번

그림은 질량이 다른 주계열성 (가)와 (나)의 내부 구조를 물리량 M과 R에 따라 나타낸 것이다. (가)와 (나)의 질량은 각각 태양 질량의 1배와 5배 중 하나이며, ㉠과 ㉡은 에너지가 전달되는 방식 중 대류와 복사를 순서 없이 나타낸 것이다.

이 자료에 대한 설명으로 옳은 것만을 〈보기〉에서 있는 대로 고른 것은? [3점]

〈보기〉
ㄱ. ㉡은 '복사'이다.
ㄴ. 대류가 일어나는 영역의 전체 질량은 (가)가 (나)의 10배이다.
ㄷ. 주계열 단계 동안, 수소 핵융합 반응이 일어나는 영역에서 헬륨 함량비(%)의 평균 증가 속도는 (가)가 (나)보다 빠르다.

① ㄱ   ② ㄴ   ③ ㄱ, ㄷ   ④ ㄴ, ㄷ   ⑤ ㄱ, ㄴ, ㄷ

07 대표문제   2024학년도 6월 모평 지I 12번

그림은 주계열성 (가)와 (나)의 내부 구조를 나타낸 것이다. (가)와 (나)의 질량은 각각 태양 질량의 5배와 1배 중 하나이다.

(가)   (나)

이에 대한 설명으로 옳은 것만을 〈보기〉에서 있는 대로 고른 것은?

〈보기〉
ㄱ. 질량은 (가)가 (나)보다 작다.
ㄴ. (나)의 핵에서 $\dfrac{\text{p-p 반응에 의한 에너지 생성량}}{\text{CNO 순환 반응에 의한 에너지 생성량}}$ 은 1보다 작다.
ㄷ. 주계열 단계가 끝난 직후부터 핵에서 헬륨 연소가 일어나기 직전까지의 절대 등급의 변화 폭은 (가)가 (나)보다 작다.

① ㄱ   ② ㄴ   ③ ㄱ, ㄴ   ④ ㄴ, ㄷ   ⑤ ㄱ, ㄴ, ㄷ

별의 진화와 내부 구조

30 대표문제   2024학년도 9월 모평 지I 13번

그림은 주계열 단계가 시작한 직후부터 별 A와 B가 진화하는 동안의 표면 온도를 시간에 따라 나타낸 것이다. A와 B의 질량은 각각 태양 질량의 1배와 4배 중 하나이다.
이 자료에 대한 설명으로 옳은 것만을 〈보기〉에서 있는 대로 고른 것은? [3점]

〈보기〉
ㄱ. B는 중성자별로 진화한다.
ㄴ. ㉠ 시기일 때, 대류가 일어나는 영역의 평균 깊이는 A가 B보다 깊다.
ㄷ. ㉠ 시기일 때, 핵에서의 $\dfrac{\text{p-p 반응에 의한 에너지 생성량}}{\text{CNO 순환 반응에 의한 에너지 생성량}}$ 은 A가 B보다 크다.

① ㄱ   ② ㄴ   ③ ㄷ   ④ ㄱ, ㄴ   ⑤ ㄴ, ㄷ

24 대표문제   2023학년도 9월 모평 지I 12번

그림은 질량이 태양 정도인 별이 진화하는 과정에서 주계열 단계가 끝난 이후 어느 시기에 나타나는 별의 내부 구조이다.
이 시기의 별에 대한 설명으로 옳은 것을 〈보기〉에서 있는 대로 고른 것은? [3점]

〈보기〉
ㄱ. 중심핵의 온도는 주계열 단계일 때보다 높다.
ㄴ. 표면에서 단위 면적당 단위 시간에 방출하는 에너지양은 주계열 단계일 때보다 많다.
ㄷ. 수소 함량 비율(%)은 중심핵이 A 영역보다 높다.

① ㄱ   ② ㄴ   ③ ㄷ   ④ ㄱ, ㄴ   ⑤ ㄱ, ㄷ

2023

2022~2019

02
2021학년도 6월 모평 지I 19번

그림 (가)와 (나)는 주계열에 속한 별 A와 B에서 우세하게 일어나는 핵융합 반응을 각각 나타낸 것이다.

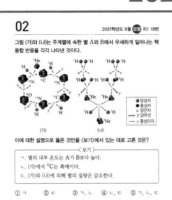

(가)   (나)

- ● 양성자
- ● 중성자
- ○ 양전자
- ∿ 감마선
- → ν 중성미자

이에 대한 설명으로 옳은 것만을 〈보기〉에서 있는 대로 고른 것은?

〈보기〉
ㄱ. 별의 내부 온도는 A가 B보다 높다.
ㄴ. (가)에서 ^{12}C는 촉매이다.
ㄷ. (가)와 (나)에 의해 별의 질량은 감소한다.

① ㄱ ② ㄷ ③ ㄱ, ㄴ ④ ㄴ, ㄷ ⑤ ㄱ, ㄴ, ㄷ

20
2022학년도 9월 모평 지I 11번

그림은 주계열성 ㉠, ㉡, ㉢의 반지름과 표면 온도를 나타낸 것이다.
이에 대한 설명으로 옳은 것만을 〈보기〉에서 있는 대로 고른 것은? [3점]

〈보기〉
ㄱ. ㉠이 주계열 단계를 벗어나면 중심핵에서 CNO 순환 반응이 일어난다.
ㄴ. ㉡의 중심핵에서는 주로 대류에 의해 에너지가 전달된다.
ㄷ. ㉢은 백색 왜성으로 진화한다.

① ㄱ ② ㄴ ③ ㄷ ④ ㄱ, ㄴ ⑤ ㄴ, ㄷ

13
2021학년도 9월 모평 지I 11번

그림 (가)의 A와 B는 분광형이 G2인 주계열성의 중심으로부터 표면까지 거리에 따른 수소 함량 비율과 온도를 순서 없이 나타낸 것이고, ㉠과 ㉡은 에너지 전달 방식이 다른 구간을 표시한 것이다. (나)는 별의 중심 온도에 따른 p-p 반응과 CNO 순환 반응의 상대적 에너지 생산량을 비교한 것이다.

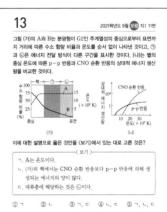

(가)   (나)

이에 대한 설명으로 옳은 것만을 〈보기〉에서 있는 대로 고른 것은?

〈보기〉
ㄱ. A는 온도이다.
ㄴ. (가)의 핵에서는 CNO 순환 반응보다 p-p 반응에 의해 생성되는 에너지의 양이 많다.
ㄷ. 대류층에 해당하는 것은 ㉡이다.

① ㄱ ② ㄴ ③ ㄱ, ㄷ ④ ㄴ, ㄷ ⑤ ㄱ, ㄴ, ㄷ

25
2023학년도 6월 모평 지I 15번

그림 (가)는 태양이 $A_0 \to A_1 \to A_2$로 진화하는 경로를 H-R도에 나타낸 것이고, (나)는 A_0, A_1, A_2 중 하나의 내부 구조를 나타낸 것이다.

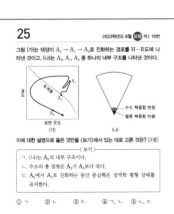

(가)   (나)

이에 대한 설명으로 옳은 것만을 〈보기〉에서 있는 대로 고른 것은? [3점]

〈보기〉
ㄱ. (나)는 A_0의 내부 구조이다.
ㄴ. 수소의 총 질량은 A_2가 A_0보다 작다.
ㄷ. A_0에서 A_1로 진화하는 동안 중심핵은 정역학 평형 상태를 유지한다.

① ㄱ ② ㄴ ③ ㄷ ④ ㄱ, ㄴ ⑤ ㄴ, ㄷ

21
2022학년도 6월 모평 지I 7번

그림 (가)는 질량이 태양과 같은 주계열성의 내부 구조를, (나)는 이 별의 진화 과정을 나타낸 것이다. A와 B는 각각 대류층과 복사층 중 하나이다.

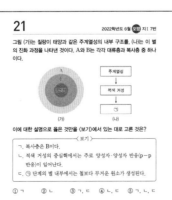

(가)   (나)

이에 대한 설명으로 옳은 것만을 〈보기〉에서 있는 대로 고른 것은?

〈보기〉
ㄱ. 복사층은 B이다.
ㄴ. 적색 거성의 중심핵에서는 주로 양성자·양성자 반응(p-p 반응)이 일어난다.
ㄷ. ㉠ 단계의 별 내부에서는 철보다 무거운 원소가 생성된다.

① ㄱ ② ㄴ ③ ㄱ, ㄷ ④ ㄴ, ㄷ ⑤ ㄱ, ㄴ, ㄷ

01

2023학년도 10월 학평 지Ⅰ 19번

그림은 질량이 서로 다른 별 A와 B의 진화에 따른 중심부 에서의 밀도와 온도 변화를 나타낸 것이다. ㉠, ㉡, ㉢은 각각 별의 중심부에서 수소 핵융합, 탄소 핵융합, 헬륨 핵융합 반응이 시작되는 밀도 – 온도 조건 중 하나이다.
이 자료에 대한 옳은 설명만을 〈보기〉에서 있는 대로 고른 것은? [3점]

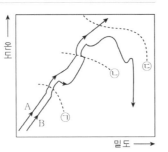

〈 보기 〉
ㄱ. 별의 중심부에서 헬륨 핵융합 반응이 시작되는 밀도 – 온도 조건은 ㉠이다.
ㄴ. 별의 중심부에서 수소 핵융합 반응이 시작될 때, 중심부의 밀도는 A가 B보다 작다.
ㄷ. 별의 탄생 이후 별의 중심부에서 밀도와 온도가 ㉡에 도달할 때까지 걸리는 시간은 A가 B보다 길다.

① ㄱ   ② ㄴ   ③ ㄱ, ㄷ   ④ ㄴ, ㄷ   ⑤ ㄱ, ㄴ, ㄷ

02

2021학년도 6월 모평 지Ⅰ 19번

그림 (가)와 (나)는 주계열에 속한 별 A와 B에서 우세하게 일어나는 핵융합 반응을 각각 나타낸 것이다.

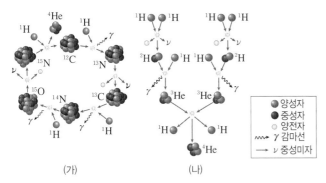

〈범례〉
● 양성자
● 중성자
○ 양전자
〰 γ 감마선
→ ν 중성미자

(가)   (나)

이에 대한 설명으로 옳은 것만을 〈보기〉에서 있는 대로 고른 것은?

〈 보기 〉
ㄱ. 별의 내부 온도는 A가 B보다 높다.
ㄴ. (가)에서 ^{12}C는 촉매이다.
ㄷ. (가)와 (나)에 의해 별의 질량은 감소한다.

① ㄱ   ② ㄷ   ③ ㄱ, ㄴ   ④ ㄴ, ㄷ   ⑤ ㄱ, ㄴ, ㄷ

03

2022학년도 3월 학평 지Ⅰ 12번

표는 주계열성 A, B의 물리량을 나타낸 것이다.

주계열성	광도 (태양=1)	질량 (태양=1)	예상 수명 (억 년)
A	1	1	100
B	80	3	X

이에 대한 옳은 설명만을 〈보기〉에서 있는 대로 고른 것은? [3점]

〈 보기 〉
ㄱ. A에서는 p–p 반응이 CNO 순환 반응보다 우세하다.
ㄴ. X는 100보다 작다.
ㄷ. 중심핵의 단위 시간당 질량 감소량은 A가 B보다 많다.

① ㄱ   ② ㄷ   ③ ㄱ, ㄴ   ④ ㄴ, ㄷ   ⑤ ㄱ, ㄴ, ㄷ

04

2020학년도 7월 학평 지Ⅰ 16번

그림은 중심부 온도에 따른 p–p 반응과 CNO 순환 반응에 의한 광도를 A, B로 순서 없이 나타낸 것이다.
이에 대한 설명으로 옳은 것만을 〈보기〉에서 있는 대로 고른 것은?

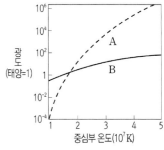

〈 보기 〉
ㄱ. 태양에서는 A 반응이 우세하다.
ㄴ. 태양의 중심부 온도는 2000만 K이다.
ㄷ. 주계열성의 질량이 클수록 전체 광도에서 B에 의한 비율이 감소한다.

① ㄱ   ② ㄷ   ③ ㄱ, ㄴ   ④ ㄴ, ㄷ   ⑤ ㄱ, ㄴ, ㄷ

05

2022학년도 7월 학평 지Ⅰ 20번

그림은 별의 중심 온도에 따른 p−p 반응과 CNO 순환 반응, 헬륨 핵융합 반응의 상대적 에너지 생산량을 A, B, C로 순서 없이 나타낸 것이다.

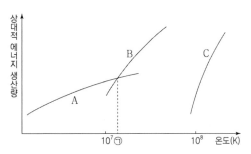

이에 대한 설명으로 옳은 것만을 〈보기〉에서 있는 대로 고른 것은? [3점]

─〈 보기 〉─
ㄱ. A와 B는 수소 핵융합 반응이다.
ㄴ. 현재 태양의 중심 온도는 ㉠보다 낮다.
ㄷ. 주계열 단계에서는 질량이 클수록 전체 에너지 생산량에서 C에 의한 비율이 증가한다.

① ㄱ 　② ㄷ 　③ ㄱ, ㄴ 　④ ㄴ, ㄷ 　⑤ ㄱ, ㄴ, ㄷ

06

2021학년도 10월 학평 지Ⅰ 12번

그림 (가)는 H−R도를, (나)는 별 A와 B 중 하나의 중심부에서 일어나는 핵융합 반응을 나타낸 것이다.

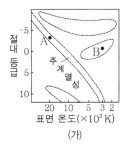 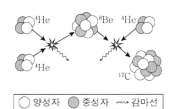

이에 대한 옳은 설명만을 〈보기〉에서 있는 대로 고른 것은?

─〈 보기 〉─
ㄱ. (나)는 A의 중심부에서 일어난다.
ㄴ. 별의 평균 밀도는 A가 B보다 크다.
ㄷ. 광도 계급의 숫자는 A가 B보다 크다.

① ㄱ 　② ㄴ 　③ ㄱ, ㄷ 　④ ㄴ, ㄷ 　⑤ ㄱ, ㄴ, ㄷ

07 대표 문제

2024학년도 6월 모평 지Ⅰ 12번

그림은 주계열성 (가)와 (나)의 내부 구조를 나타낸 것이다. (가)와 (나)의 질량은 각각 태양 질량의 1배와 5배 중 하나이다.

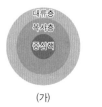

이에 대한 설명으로 옳은 것만을 〈보기〉에서 있는 대로 고른 것은?

─〈 보기 〉─
ㄱ. 질량은 (가)가 (나)보다 작다.
ㄴ. (나)의 핵에서 $\dfrac{\text{p−p 반응에 의한 에너지 생성량}}{\text{CNO 순환 반응에 의한 에너지 생성량}}$ 은 1보다 작다.
ㄷ. 주계열 단계가 끝난 직후부터 핵에서 헬륨 연소가 일어나기 직전까지의 절대 등급의 변화 폭은 (가)가 (나)보다 작다.

① ㄱ 　② ㄷ 　③ ㄱ, ㄴ 　④ ㄴ, ㄷ 　⑤ ㄱ, ㄴ, ㄷ

08

2020학년도 4월 학평 지Ⅰ 16번

그림은 질량이 서로 다른 주계열성 A와 B의 내부 구조를 나타낸 것이다.
이에 대한 설명으로 옳은 것만을 〈보기〉에서 있는 대로 고른 것은? (단, 별의 크기는 고려하지 않는다.)

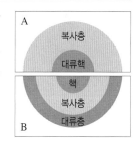

─〈 보기 〉─
ㄱ. 별의 질량은 A보다 B가 작다.
ㄴ. A와 B는 정역학적 평형 상태에 있다.
ㄷ. 수소 핵융합 반응 중 CNO 순환 반응이 차지하는 비율은 A보다 B가 높다.

① ㄱ 　② ㄷ 　③ ㄱ, ㄴ 　④ ㄴ, ㄷ 　⑤ ㄱ, ㄴ, ㄷ

09

그림 (가)는 질량이 서로 다른 주계열성 A와 B의 내부 구조를, (나)는 어느 수소 핵융합 반응을 나타낸 것이다. A와 B의 질량은 각각 태양 질량의 1배와 5배 중 하나이다.

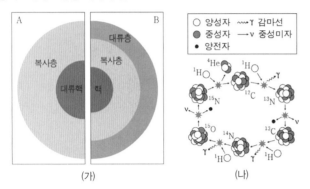

(가)   (나)

이에 대한 설명으로 옳은 것만을 〈보기〉에서 있는 대로 고른 것은? [3점]

─〈 보기 〉─
ㄱ. 별의 중심부 온도는 A보다 B가 높다.
ㄴ. (나)에서 ^{12}C는 촉매로 작용한다.
ㄷ. $\dfrac{\text{(나)에 의한 에너지 생산량}}{\text{수소 핵융합 반응에 의한 총에너지 생산량}}$ 은 A보다 B가 크다.

① ㄱ   ② ㄴ   ③ ㄱ, ㄷ   ④ ㄴ, ㄷ   ⑤ ㄱ, ㄴ, ㄷ

11

그림 (가)는 별의 중심부 온도에 따른 수소 핵융합 반응의 에너지 생산량을, (나)는 주계열성 A와 B의 내부 구조를 나타낸 것이다. A와 B의 중심부 온도는 각각 ㉠과 ㉡ 중 하나이다.

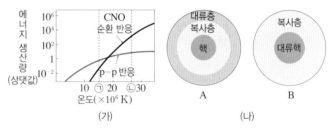

(가)   (나)

이에 대한 설명으로 옳은 것만을 〈보기〉에서 있는 대로 고른 것은? (단, 별의 크기는 고려하지 않는다.) [3점]

─〈 보기 〉─
ㄱ. 중심부 온도가 ㉠인 주계열성의 중심부에서는 CNO 순환 반응보다 p-p 반응이 우세하게 일어난다.
ㄴ. 별의 질량은 A보다 B가 크다.
ㄷ. A의 중심부 온도는 ㉡이다.

① ㄱ   ② ㄷ   ③ ㄱ, ㄴ   ④ ㄴ, ㄷ   ⑤ ㄱ, ㄴ, ㄷ

10

그림 (가)는 양성자·양성자 반응을, (나)는 어느 주계열성의 내부 구조를 나타낸 것이다.

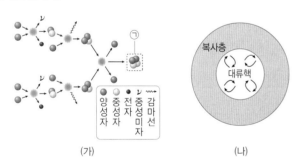

(가)   (나)

이에 대한 옳은 설명만을 〈보기〉에서 있는 대로 고른 것은?

─〈 보기 〉─
ㄱ. ㉠은 헬륨 원자핵이다.
ㄴ. (나)는 태양보다 질량이 큰 별의 내부 구조이다.
ㄷ. (나)의 대류핵에서는 탄소·질소·산소 순환 반응보다 (가)의 반응이 우세하다.

① ㄱ   ② ㄷ   ③ ㄱ, ㄴ   ④ ㄴ, ㄷ   ⑤ ㄱ, ㄴ, ㄷ

12

그림 (가)는 수소 핵융합 반응 ㉠과 ㉡을, (나)는 현재 태양의 중심으로부터의 거리에 따른 수소와 헬륨의 질량비를 나타낸 것이다. ㉠과 ㉡은 각각 p-p 반응과 CNO 순환 반응 중 하나이다.

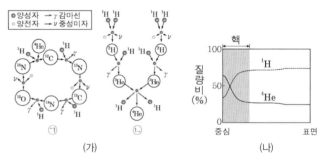

(가)   (나)

이 자료에 대한 설명으로 옳은 것만을 〈보기〉에서 있는 대로 고른 것은?

─〈 보기 〉─
ㄱ. ㉠은 p-p 반응이다.
ㄴ. 태양의 핵에서는 ㉠이 ㉡보다 우세하게 일어난다.
ㄷ. 태양의 핵에서 헬륨(^4He)의 평균 질량비는 주계열 단계가 끝날 때가 현재보다 클 것이다.

① ㄴ   ② ㄷ   ③ ㄱ, ㄴ   ④ ㄱ, ㄷ   ⑤ ㄴ, ㄷ

13

그림 (가)의 A와 B는 분광형이 G2인 주계열성의 중심으로부터 표면까지 거리에 따른 수소 함량 비율과 온도를 순서 없이 나타낸 것이고, ㉠과 ㉡은 에너지 전달 방식이 다른 구간을 표시한 것이다. (나)는 별의 중심 온도에 따른 p−p 반응과 CNO 순환 반응의 상대적 에너지 생산량을 비교한 것이다.

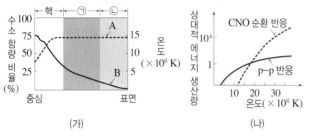

(가)   (나)

이에 대한 설명으로 옳은 것만을 〈보기〉에서 있는 대로 고른 것은?

〈보기〉
ㄱ. A는 온도이다.
ㄴ. (가)의 핵에서는 CNO 순환 반응보다 p−p 반응에 의해 생성되는 에너지의 양이 많다.
ㄷ. 대류층에 해당하는 것은 ㉡이다.

① ㄱ   ② ㄴ   ③ ㄱ, ㄷ   ④ ㄴ, ㄷ   ⑤ ㄱ, ㄴ, ㄷ

14

그림은 태양 중심으로부터의 거리에 따른 밀도와 온도의 변화를 나타낸 것이다.

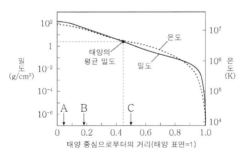

이에 대한 옳은 설명만을 〈보기〉에서 있는 대로 고른 것은? [3점]

〈보기〉
ㄱ. p−p 반응에 의한 에너지 생성량은 A 지점이 B 지점보다 많다.
ㄴ. C 지점에서는 주로 대류에 의해 에너지가 전달된다.
ㄷ. 태양 내부에서 밀도가 평균 밀도보다 큰 영역의 부피는 태양 전체 부피의 40 %보다 크다.

① ㄱ   ② ㄴ   ③ ㄱ, ㄷ   ④ ㄴ, ㄷ   ⑤ ㄱ, ㄴ, ㄷ

15

그림은 태양 내부의 온도 분포를 나타낸 것이다. ㉠, ㉡, ㉢은 각각 중심핵, 복사층, 대류층 중 하나이다.
이에 대한 옳은 설명만을 〈보기〉에서 있는 대로 고른 것은?

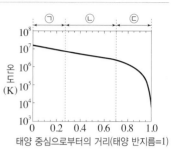

〈보기〉
ㄱ. 태양 중심에서 표면으로 갈수록 온도는 낮아진다.
ㄴ. ㉠에서는 수소 핵융합 반응이 일어난다.
ㄷ. ㉢에서는 주로 대류에 의해 에너지 전달이 일어난다.

① ㄱ   ② ㄴ   ③ ㄱ, ㄷ   ④ ㄴ, ㄷ   ⑤ ㄱ, ㄴ, ㄷ

16

그림은 주계열성 내부의 에너지 전달 영역을 주계열성의 질량과 중심으로부터의 누적 질량비에 따라 나타낸 것이다. A와 B는 각각 복사와 대류에 의해 에너지 전달이 주로 일어나는 영역 중 하나이다.
이에 대한 설명으로 옳은 것만을 〈보기〉에서 있는 대로 고른 것은? [3점]

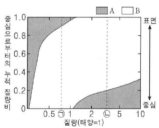

〈보기〉
ㄱ. A 영역의 평균 온도는 질량이 ㉠인 별보다 ㉡인 별이 높다.
ㄴ. B는 복사에 의해 에너지 전달이 주로 일어나는 영역이다.
ㄷ. 질량이 ㉠인 별의 중심부에서는 p−p 반응보다 CNO 순환 반응이 우세하게 일어난다.

① ㄱ   ② ㄴ   ③ ㄷ   ④ ㄱ, ㄴ   ⑤ ㄱ, ㄷ

17

그림은 태양 중심으로부터의 거리에 따른 단위 시간당 누적 에너지 생성량과 누적 질량을 나타낸 것이다. ㉠, ㉡, ㉢은 각각 핵, 대류층, 복사층 중 하나이다.

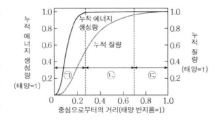

이에 대한 옳은 설명만을 〈보기〉에서 있는 대로 고른 것은?

〈 보기 〉

ㄱ. 단위 시간 동안 생성되는 에너지양은 ㉠이 ㉡보다 많다.

ㄴ. ㉢에서는 주로 대류에 의해 에너지가 전달된다.

ㄷ. 평균 밀도는 ㉡이 ㉢보다 크다.

① ㄱ　　② ㄷ　　③ ㄱ, ㄴ　　④ ㄴ, ㄷ　　⑤ ㄱ, ㄴ, ㄷ

18

그림은 주계열성의 내부에서 대류가 일어나는 영역의 질량을 별의 질량에 따라 나타낸 것이다.

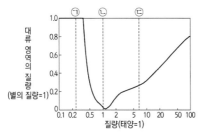

주계열성 ㉠, ㉡, ㉢에 대한 설명으로 옳은 것만을 〈보기〉에서 있는 대로 고른 것은? [3점]

〈 보기 〉

ㄱ. 별 내부의 $\dfrac{\text{주계열 단계가 끝난 직후 수소량}}{\text{주계열 단계에 도달한 직후 수소량}}$ 은 ㉡이 ㉠보다 작다.

ㄴ. ㉢의 중심핵에서는 p – p 반응이 CNO 순환 반응보다 우세하다.

ㄷ. 중심부에서 에너지 생성량은 ㉢이 ㉠보다 크다.

① ㄱ　　② ㄷ　　③ ㄱ, ㄴ　　④ ㄴ, ㄷ　　⑤ ㄱ, ㄴ, ㄷ

19

그림 (가)와 (나)는 서로 다른 두 시기에 태양 중심으로부터의 거리에 따른 수소와 헬륨의 질량비를 나타낸 것이다. A와 B는 각각 수소와 헬륨 중 하나이다.

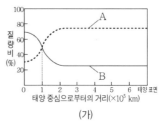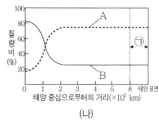

(가)　　　　　　　(나)

이에 대한 옳은 설명만을 〈보기〉에서 있는 대로 고른 것은? [3점]

〈 보기 〉

ㄱ. 태양의 나이는 (가)보다 (나)일 때 많다.

ㄴ. (가)일 때 핵의 반지름은 1×10^5 km보다 크다.

ㄷ. ㉠에서는 주로 대류에 의해 에너지가 전달된다.

① ㄱ　　② ㄴ　　③ ㄱ, ㄷ　　④ ㄴ, ㄷ　　⑤ ㄱ, ㄴ, ㄷ

20

그림은 주계열성 ㉠, ㉡, ㉢의 반지름과 표면 온도를 나타낸 것이다.
이에 대한 설명으로 옳은 것만을 〈보기〉에서 있는 대로 고른 것은? [3점]

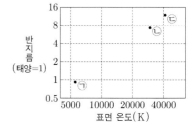

〈 보기 〉

ㄱ. ㉠이 주계열 단계를 벗어나면 중심핵에서 CNO 순환 반응이 일어난다.

ㄴ. ㉡의 중심핵에서는 주로 대류에 의해 에너지가 전달된다.

ㄷ. ㉢은 백색 왜성으로 진화한다.

① ㄱ　　② ㄴ　　③ ㄷ　　④ ㄱ, ㄴ　　⑤ ㄴ, ㄷ

21

그림 (가)는 질량이 태양과 같은 주계열성의 내부 구조를, (나)는 이 별의 진화 과정을 나타낸 것이다. A와 B는 각각 대류층과 복사층 중 하나이다.

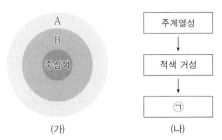

(가)　　　　　　(나)

이에 대한 설명으로 옳은 것만을 〈보기〉에서 있는 대로 고른 것은?

〈 보기 〉
ㄱ. 복사층은 B이다.
ㄴ. 적색 거성의 중심핵에서는 주로 양성자·양성자 반응(p−p 반응)이 일어난다.
ㄷ. ㉠ 단계의 별 내부에서는 철보다 무거운 원소가 생성된다.

① ㄱ 　② ㄴ 　③ ㄱ, ㄷ 　④ ㄴ, ㄷ 　⑤ ㄱ, ㄴ, ㄷ

23

그림 (가)는 태양의 나이에 따른 광도 변화를, (나)는 A와 B 중 한 시기의 내부 구조와 수소 핵융합 반응이 일어나는 영역을 나타낸 것이다.

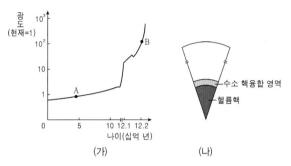

(가)　　　　　　(나)

이에 대한 설명으로 옳은 것만을 〈보기〉에서 있는 대로 고른 것은? [3점]

〈 보기 〉
ㄱ. 태양의 절대 등급은 A 시기보다 B 시기에 크다.
ㄴ. (나)는 B 시기이다.
ㄷ. B 시기 이후 태양의 주요 에너지원은 탄소 핵융합 반응이다.

① ㄱ 　② ㄴ 　③ ㄱ, ㄷ 　④ ㄴ, ㄷ 　⑤ ㄱ, ㄴ, ㄷ

22

그림 (가)는 주계열성 A와 B가 각각 A′과 B′으로 진화하는 경로를, (나)는 A와 B 중 한 별의 중심부에서 핵융합 반응이 종료된 직후의 내부 구조를 나타낸 것이다.

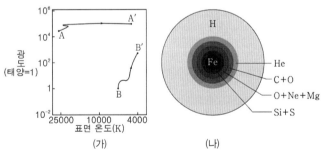

(가)　　　　　　(나)

이에 대한 설명으로 옳은 것만을 〈보기〉에서 있는 대로 고른 것은? [3점]

〈 보기 〉
ㄱ. 주계열 단계에 도달한 후, 이 단계에 머무는 시간은 A보다 B가 짧다.
ㄴ. 절대 등급의 변화 폭은 A가 A′으로 진화할 때보다 B가 B′으로 진화할 때가 크다.
ㄷ. (나)는 B의 중심부에서 핵융합 반응이 종료된 직후의 내부 구조이다.

① ㄱ 　② ㄴ 　③ ㄱ, ㄷ 　④ ㄴ, ㄷ 　⑤ ㄱ, ㄴ, ㄷ

24 대표문제

그림은 질량이 태양 정도인 별이 진화하는 과정에서 주계열 단계가 끝난 이후 어느 시기에 나타나는 별의 내부 구조이다.
이 시기의 별에 대한 설명으로 옳은 것만을 〈보기〉에서 있는 대로 고른 것은? [3점]

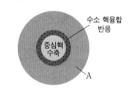

〈 보기 〉
ㄱ. 중심핵의 온도는 주계열 단계일 때보다 높다.
ㄴ. 표면에서 단위 면적당 단위 시간에 방출하는 에너지양은 주계열 단계일 때보다 많다.
ㄷ. 수소 함량 비율(%)은 중심핵이 A 영역보다 높다.

① ㄱ 　② ㄴ 　③ ㄷ 　④ ㄱ, ㄴ 　⑤ ㄱ, ㄷ

25

그림 (가)는 태양이 $A_0 \rightarrow A_1 \rightarrow A_2$로 진화하는 경로를 H−R도에 나타낸 것이고, (나)는 A_0, A_1, A_2 중 하나의 내부 구조를 나타낸 것이다.

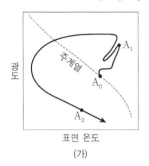
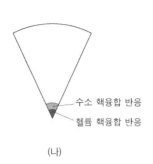

(가)   (나)

이에 대한 설명으로 옳은 것만을 〈보기〉에서 있는 대로 고른 것은? [3점]

〈 보기 〉
ㄱ. (나)는 A_0의 내부 구조이다.
ㄴ. 수소의 총 질량은 A_2가 A_0보다 작다.
ㄷ. A_0에서 A_1로 진화하는 동안 중심핵은 정역학 평형 상태를 유지한다.

① ㄱ   ② ㄴ   ③ ㄷ   ④ ㄱ, ㄴ   ⑤ ㄴ, ㄷ

26

그림 (가)는 질량이 태양과 같은 어느 별의 진화 경로를, (나)의 ㉠과 ㉡은 별의 내부 구조와 핵융합 반응이 일어나는 영역을 나타낸 것이다. ㉠과 ㉡은 각각 A와 B 시기 중 하나에 해당한다.

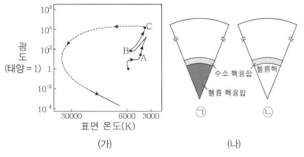

(가)   (나)

이에 대한 옳은 설명만을 〈보기〉에서 있는 대로 고른 것은? [3점]

〈 보기 〉
ㄱ. ㉠에 해당하는 시기는 A이다.
ㄴ. ㉡의 헬륨핵은 수축하고 있다.
ㄷ. C 시기 이후 중심부에서 탄소 핵융합 반응이 일어난다.

① ㄱ   ② ㄴ   ③ ㄱ, ㄷ   ④ ㄴ, ㄷ   ⑤ ㄱ, ㄴ, ㄷ

27

그림은 중심부의 핵융합 반응이 끝난 별 (가)와 (나)의 내부 구조를 나타낸 것이다.

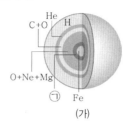
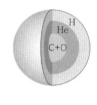

(가)   (나)

이에 대한 옳은 설명만을 〈보기〉에서 있는 대로 고른 것은? (단, 별의 크기는 고려하지 않는다.)

〈 보기 〉
ㄱ. ㉠은 Fe보다 무거운 원소이다.
ㄴ. 별의 질량은 (가)가 (나)보다 크다.
ㄷ. (가)는 이후의 진화 과정에서 초신성 폭발을 거친다.

① ㄱ   ② ㄷ   ③ ㄱ, ㄴ   ④ ㄴ, ㄷ   ⑤ ㄱ, ㄴ, ㄷ

28 대표 문제

그림은 질량이 다른 주계열성 (가)와 (나)의 내부 구조를 물리량 M과 R에 따라 나타낸 것이다. (가)와 (나)의 질량은 각각 태양 질량의 1배와 5배 중 하나이고, ㉠과 ㉡은 에너지가 전달되는 방식 중 대류와 복사를 순서 없이 나타낸 것이다.

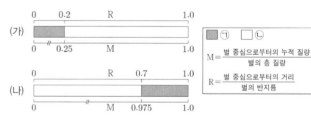

이 자료에 대한 설명으로 옳은 것만을 〈보기〉에서 있는 대로 고른 것은? [3점]

〈 보기 〉
ㄱ. ㉡은 '복사'이다.
ㄴ. 대류가 일어나는 영역의 전체 질량은 (가)가 (나)의 10배이다.
ㄷ. 주계열 단계 동안, 수소 핵융합 반응이 일어나는 영역에서 헬륨 함량비(%)의 평균 증가 속도는 (가)가 (나)보다 빠르다.

① ㄱ   ② ㄴ   ③ ㄱ, ㄷ   ④ ㄴ, ㄷ   ⑤ ㄱ, ㄴ, ㄷ

29

그림 (가)와 (나)는 각각 주계열성 A와 B의 중심으로부터 표면까지 거리에 따른 수소 함량 비율을 나타낸 것이다. A와 B가 주계열 단계에 도달했을 때의 질량은 태양 질량의 5배이다.

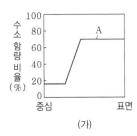
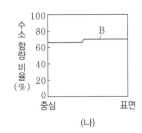

이 자료에 대한 설명으로 옳은 것만을 〈보기〉에서 있는 대로 고른 것은? [3점]

〈보기〉

ㄱ. A의 중심부에는 대류핵이 존재한다.
ㄴ. A의 중심핵에서는 헬륨 핵융합 반응이 일어난다.
ㄷ. 주계열 단계에 도달한 이후 경과한 시간은 B가 A보다 길다.

① ㄱ   ② ㄴ   ③ ㄱ, ㄷ   ④ ㄴ, ㄷ   ⑤ ㄱ, ㄴ, ㄷ

30 대표문제

그림은 주계열 단계가 시작한 직후부터 별 A와 B가 진화하는 동안의 표면 온도를 시간에 따라 나타낸 것이다. A와 B의 질량은 각각 태양 질량의 1배와 4배 중 하나이다.
이 자료에 대한 설명으로 옳은 것만을 〈보기〉에서 있는 대로 고른 것은? [3점]

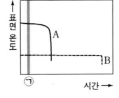

〈보기〉

ㄱ. B는 중성자별로 진화한다.
ㄴ. ㉠ 시기일 때, 대류가 일어나는 영역의 평균 깊이는 A가 B보다 깊다.
ㄷ. ㉠ 시기일 때, 핵에서의 $\dfrac{p-p \text{ 반응에 의한 에너지 생성량}}{CNO \text{ 순환 반응에 의한 에너지 생성량}}$ 은 A가 B보다 크다.

① ㄱ   ② ㄴ   ③ ㄷ   ④ ㄱ, ㄴ   ⑤ ㄴ, ㄷ

31

표는 중심핵에서 핵융합 반응이 일어나고 있는 별 (가), (나), (다)의 반지름, 질량, 광도 계급을 나타낸 것이다.

별	반지름 (태양=1)	질량 (태양=1)	광도 계급
(가)	50	1	( )
(나)	4	8	V
(다)	0.9	0.8	V

이에 대한 설명으로 옳은 것만을 〈보기〉에서 있는 대로 고른 것은? [3점]

〈보기〉

ㄱ. 중심핵의 온도는 (가)가 (나)보다 높다.
ㄴ. (다)의 핵융합 반응이 일어나는 영역에서, 별의 중심으로부터 거리에 따른 수소 함량비(%)는 일정하다.
ㄷ. 단위 시간 동안 방출하는 에너지양에 대한 별의 질량은 (나)가 (다)보다 작다.

① ㄱ   ② ㄴ   ③ ㄷ   ④ ㄱ, ㄴ   ⑤ ㄱ, ㄷ

주제 \ 학년도	2025	2024

외계 행성계 탐사 방법
– 식 현상 이용

외계 행성계 탐사 방법
– 시선 속도 변화 이용

(빈출)

24
2025학년도 수능 지I 18번

그림 (가)는 t_0일 때 외계 행성의 위치를 공통 질량 중심에 대하여 공전하는 원 궤도에 나타낸 것이고, (나)는 중심별의 스펙트럼에서 기준 파장이 λ_0인 흡수선의 관측 결과를 t_0부터 일정한 시간 간격 T에 따라 순서대로 나타낸 것이다. $\Delta\lambda_{max}$은 파장의 최대 편이량이고, 이 기간 동안 식 현상은 1회 관측되었다.

(가)   (나)

이에 대한 설명으로 옳은 것만을 〈보기〉에서 있는 대로 고른 것은? (단, 중심별의 시선 속도 변화는 행성과의 공통 질량 중심에 대한 공전에 의해서만 나타나며, 행성의 공전 궤도면은 관측자의 시선 방향과 나란하다.) [3점]

〈보기〉
ㄱ. $t_0+2.5T \rightarrow t_0+3T$ 동안 중심별의 흡수선 파장은 점차 짧아진다.
ㄴ. $\dfrac{\Delta\lambda_2}{\Delta\lambda_1}$의 절댓값은 $\dfrac{\sqrt{6}}{2}$이다.
ㄷ. $t_0+0.5T \rightarrow t_0+T$ 사이에 기준 파장보다 $2\lambda_0$인 중심별의 흡수선 파장으로 $(2\lambda_0+\Delta\lambda_1)$로 관측되는 시기가 있다.

① ㄱ ② ㄴ ③ ㄷ ④ ㄷ, ㄷ ⑤ ㄴ, ㄷ

---

09 대표문제
2025학년도 9월 모평 지I 20번

그림은 어느 외계 행성계에서 중심별과 행성이 공통 질량 중심을 중심으로 공전하는 원 궤도로 공전할 때 중심별의 어느 흡수선의 시선 속도를 일정한 시간 간격에 따라 나타낸 것이다. A는 t_2와 t_3 사이의 어느 한 시기이다.

이 자료에 대한 설명으로 옳은 것만을 〈보기〉에서 있는 대로 고른 것은? (단, 행성의 공전 궤도면은 관측자의 시선 방향과 나란하고, 중심별의 시선 속도 변화는 행성과의 공통 질량 중심에 대한 공전에 의해서만 나타난다.)

〈보기〉
ㄱ. A일 때, 공통 질량 중심으로부터 지구와 행성을 각각 잇는 선분이 이루는 사잇각은 30°보다 작다.
ㄴ. $t_1 \rightarrow t_2$ 동안 중심별의 스펙트럼에서 흡수선의 파장은 점차 짧아진다.
ㄷ. 중심별의 공전 속도는 $20\sqrt{3}$ m/s이다.

① ㄱ ② ㄴ ③ ㄷ ④ ㄱ, ㄷ ⑤ ㄴ, ㄷ

---

23 대표문제
2024학년도 수능 지I 19번

그림은 어느 외계 행성과 중심별이 공통 질량 중심을 중심으로 공전하는 원 궤도를, 표는 행성이 A, B, C에 위치할 때 중심별의 어느 흡수선 관측 결과를 나타낸 것이다. 행성의 공전 궤도면은 관측자의 시선 방향과 나란하다.

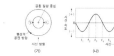

기준 파장 (nm)	관측 파장(nm)		
	A	B	C
λ_0	499.990	500.005	(㉠)

이 자료에 대한 설명으로 옳은 것만을 〈보기〉에서 있는 대로 고른 것은? (단, 빛의 속도는 3×10^5 km/s이고, 중심별의 시선 속도 변화는 행성과의 공통 질량 중심에 대한 공전에 의해서만 나타난다.) [3점]

〈보기〉
ㄱ. 행성이 B에 위치할 때, 중심별의 스펙트럼에서 적색 편이가 나타난다.
ㄴ. ㉠은 499.995보다 작다.
ㄷ. 중심별의 공전 속도는 6 km/s이다.

① ㄱ ② ㄷ ③ ㄱ, ㄴ ④ ㄴ, ㄷ ⑤ ㄱ, ㄴ, ㄷ

15
2024학년도 6월 모평 지I 18번

그림 (가)는 어느 외계 행성계에서 중심별과 행성이 공통 질량 중심에 대하여 공전하는 원 궤도를 나타낸 것이고, (나)는 이 중심별의 시선 속도를 일정한 시간 간격에 따라 나타낸 것이다. t_1일 때 중심별의 위치는 ㉠과 ㉡ 중 하나이다.

(가)   (나)

이 자료에 대한 설명으로 옳은 것만을 〈보기〉에서 있는 대로 고른 것은? (단, 행성의 공전 궤도면은 관측자의 시선 방향과 나란하고, 중심별의 겉보기 등급 변화는 행성의 식 현상에 의해서만 나타난다.) [3점]

〈보기〉
ㄱ. t_1일 때 중심별의 위치는 ㉠이다.
ㄴ. 중심별의 겉보기 등급은 t_2가 t_3보다 작다.
ㄷ. $t_1 \rightarrow t_2$ 동안 중심별의 스펙트럼에서 흡수선의 파장은 점차 길어진다.

① ㄱ ② ㄷ ③ ㄱ, ㄴ ④ ㄴ, ㄷ ⑤ ㄱ, ㄴ, ㄷ

---

16 대표문제
2025학년도 6월 모평 지I 20번

그림 (가)는 어느 외계 행성과 중심별이 공통 질량 중심을 중심으로 공전하는 원 궤도를 나타낸 것이고, (나)는 행성이 ㉠~㉣에 위치할 때 지구에서 관측한 중심별의 스펙트럼을 A~D로 순서 없이 나타낸 것이다. 중심별의 공전 속도는 2 km/s이고, 관측한 흡수선의 기준 파장은 동일하다.

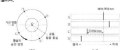

(가)   (나)

이 자료에 대한 설명으로 옳은 것만을 〈보기〉에서 있는 대로 고른 것은? (단, 빛의 속도는 3×10^5 km/s이고, 중심별의 시선 속도 변화는 행성과의 공통 질량 중심에 대한 공전에 의해서만 나타나며, 행성의 공전 궤도면은 관측자의 시선 방향과 나란하다.)

〈보기〉
ㄱ. A는 행성이 ㉡에 위치할 때 관측한 결과이다.
ㄴ. $\dfrac{\text{A 흡수선의 파장} - \text{D 흡수선의 파장}}{\text{B 흡수선의 파장} - \text{C 흡수선의 파장}}$ 은 1이다.
ㄷ. 중심별의 시선 속도는 행성이 ㉢을 지날 때가 ㉠을 지날 때의 $\sqrt{3}$배이다.

① ㄱ ② ㄴ ③ ㄷ ④ ㄱ, ㄷ ⑤ ㄴ, ㄷ

17
2024학년도 9월 모평 지I 18번

그림 (가)는 어느 외계 행성계에서 중심별과 행성이 공통 질량 중심에 대하여 원 궤도로 공전하는 모습을 나타낸 것이고, (나)는 행성이 ㉠, ㉡, ㉢에 위치할 때 지구에서 관측한 중심별의 스펙트럼을 A, B, C로 순서 없이 나타낸 것이다.

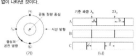

(가)   (나)

이 자료에 대한 설명으로 옳은 것만을 〈보기〉에서 있는 대로 고른 것은? (단, 중심별의 시선 속도 변화는 행성과의 공통 질량 중심에 대한 공전에 의해서만 나타나고, 행성의 공전 궤도면은 관측자의 시선 방향과 나란하다.)

〈보기〉
ㄱ. A는 행성이 ㉠에 위치할 때 관측한 결과이다.
ㄴ. 행성이 ㉡ → ㉢으로 공전하는 동안 중심별의 시선 속도는 커진다.
ㄷ. a×b는 c×d보다 크다.

① ㄱ ② ㄴ ③ ㄷ ④ ㄱ, ㄴ ⑤ ㄴ, ㄷ

2023

2022~2019

03

그림은 어느 외계 행성계에서 식 현상을 일으키는 행성에 의한 중심별의 상대적 밝기 변화를 일정한 시간 간격에 따라 나타낸 것이다. 중심별의 반지름에 대하여 행성 반지름은 $\frac{1}{20}$배, 행성의 중심과 중심별의 중심 사이의 거리는 4.2배이다. A는 식 현상이 끝난 직후이다.

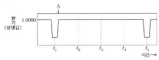

이 자료에 대한 설명으로 옳은 것만을 〈보기〉에서 있는 대로 고른 것은? (단, 행성은 원 궤도를 따라 공전하며, t_1, t_5일 때 행성의 중심과 중심별의 중심은 관측자의 시선과 동일한 방향에 위치하고, 중심별의 시선 속도 변화는 행성과의 공통 질량 중심에 대한 공전에 의해서만 나타난다.) [3점]

〈보기〉
ㄱ. t_1일 때, 중심별의 상대적 밝기는 원래 광도의 99.75 %이다.
ㄴ. $t_2 \rightarrow t_3$ 동안 중심별의 스펙트럼에서 흡수선의 파장은 점차 길어진다.
ㄷ. 중심별의 시선 속도는 A일 때가 t_2일 때의 $\frac{1}{4}$배이다.

① ㄱ　② ㄷ　③ ㄱ, ㄴ　④ ㄴ, ㄷ　⑤ ㄱ, ㄴ, ㄷ

05 대표 문제

그림 (가)와 (나)는 서로 다른 외계 행성계에서 행성이 식 현상을 일으킬 때, 중심별의 상대적 밝기 변화를 시간에 따라 나타낸 것이다. 두 중심별의 반지름은 같고, 각 행성은 원 궤도를 따라 공전하며, 공전 궤도면은 관측자의 시선 방향과 나란하다.

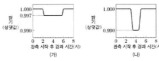

이에 대한 설명으로 옳은 것만을 〈보기〉에서 있는 대로 고른 것은? [3점]

〈보기〉
ㄱ. 식 현상이 지속되는 시간은 (가)가 (나)보다 길다.
ㄴ. (가)의 행성 반지름은 (나)의 행성 반지름의 0.3배이다.
ㄷ. 중심별의 흡수선 파장은 식 현상이 시작되기 직전이 식 현상이 끝난 직후보다 길다.

① ㄱ　② ㄴ　③ ㄱ, ㄷ　④ ㄴ, ㄷ　⑤ ㄱ, ㄴ, ㄷ

07

그림 (가)는 어느 외계 행성계에서 식 현상을 일으키는 행성 A, B, C에 의한 시간에 따른 중심별의 겉보기 밝기 변화를, (나)는 A, B, C 중 두 행성에 의한 중심별의 겉보기 밝기 변화를 나타낸 것이다. 세 행성의 공전 궤도면은 관측자의 시선 방향과 나란하다.

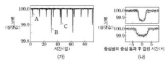

이 자료에 대한 설명으로 옳은 것만을 〈보기〉에서 있는 대로 고른 것은? [3점]

〈보기〉
ㄱ. 행성의 반지름은 B가 A의 3배이다.
ㄴ. 행성의 공전 주기는 C가 가장 길다.
ㄷ. 행성이 중심별을 통과하는 데 걸리는 시간은 C가 B보다 길다.

① ㄱ　② ㄴ　③ ㄱ, ㄷ　④ ㄴ, ㄷ　⑤ ㄱ, ㄴ, ㄷ

20

그림 (가)는 중심별과 행성이 공통 질량 중심에 대하여 공전하는 원 궤도를, (나)는 중심별의 시선 속도를 시간에 따라 나타낸 것이다. 행성이 A에 위치할 때 중심별의 시선 속도는 −60 m/s이고, 행성의 공전 궤도면은 관측자의 시선 방향과 나란하다.

이에 대한 설명으로 옳은 것만을 〈보기〉에서 있는 대로 고른 것은? (단, 빛의 속도는 3×10^8 m/s이다.) [3점]

〈보기〉
ㄱ. 행성의 공전 방향은 A → B → C이다.
ㄴ. 중심별의 스펙트럼에서 500 nm의 기준 파장을 갖는 흡수선의 최대 파장 변화량은 0.001 nm이다.
ㄷ. 중심별의 시선 속도는 행성이 B를 지날 때가 C를 지날 때의 $\sqrt{2}$배이다.

① ㄱ　② ㄴ　③ ㄱ, ㄷ　④ ㄴ, ㄷ　⑤ ㄱ, ㄴ, ㄷ

11

그림은 어느 외계 행성계의 시선 속도를 관측하여 나타낸 것이다.
이 자료에 대한 설명으로 옳은 것만을 〈보기〉에서 있는 대로 고른 것은? [3점]

〈보기〉
ㄱ. 행성의 스펙트럼을 관측하여 얻은 자료이다.
ㄴ. A 시기에 행성은 지구로부터 멀어지고 있다.
ㄷ. B 시기에 행성으로 인한 식 현상이 관측된다.

① ㄱ　② ㄴ　③ ㄷ　④ ㄱ, ㄴ　⑤ ㄴ, ㄷ

01

그림 (가)와 (나)는 서로 다른 외계 행성계에서 행성이 식 현상을 일으킬 때, 주계열성인 중심별 A와 B의 상대적 밝기 변화를 시간에 따라 나타낸 것이다. 식 현상을 일으키는 두 행성의 반지름은 같고, (가)의 $t_2 \sim t_3$의 시간은 (나)의 $t_4 \sim t_5$의 2배이다. 각 행성은 원 궤도를 따라 공전하며, 행성의 공전 궤도면은 관측자의 시선 방향과 나란하다.

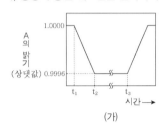
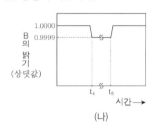

이 자료에 대한 설명으로 옳은 것만을 〈보기〉에서 있는 대로 고른 것은? (단, 행성의 공전 궤도면은 관측자의 시선 방향과 나란하고, 중심별의 시선 속도 변화는 행성과의 공통 질량 중심에 대한 공전에 의해서만 나타난다.) [3점]

〈 보기 〉
ㄱ. 별의 반지름은 A가 B의 $\frac{1}{2}$배이다.

ㄴ. 행성의 공전 속도는 (가)에서가 (나)에서의 $\frac{1}{4}$배보다 작다.

ㄷ. A의 흡수선 파장은 t_1일 때가 t_3일 때보다 짧다.

① ㄱ　　② ㄷ　　③ ㄱ, ㄴ　　④ ㄴ, ㄷ　　⑤ ㄱ, ㄴ, ㄷ

02

다음은 외계 행성 탐사 방법을 알아보기 위한 실험이다.

[실험 과정]

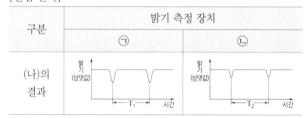

(가) 그림과 같이 전구와 스타이로폼 공을 회전대 위에 고정시키고 회전대를 일정한 속도로 회전시킨다.

(나) 회전대가 회전하는 동안 밝기 측정 장치 A와 B로 각각 측정한 밝기를 기록하고 최소 밝기가 나타나는 주기를 표시한다.

(다) 반지름이 $\frac{1}{2}$배인 스타이로폼 공으로 교체한 후 (나)의 과정을 반복한다.

[실험 결과]

구분	밝기 측정 장치	
	㉠	㉡
(나)의 결과	밝기(상댓값) ↕ T₁ 시간	밝기(상댓값) ↕ T₂ 시간

이에 대한 설명으로 옳은 것만을 〈보기〉에서 있는 대로 고른 것은? [3점]

〈 보기 〉
ㄱ. 최소 밝기가 나타나는 주기 T_1과 T_2는 같다.

ㄴ. ㉠은 B이다.

ㄷ. A로 측정한 밝기 감소 최대량은 (다) 결과가 (나) 결과의 2배이다.

① ㄱ　　② ㄷ　　③ ㄱ, ㄴ　　④ ㄴ, ㄷ　　⑤ ㄱ, ㄴ, ㄷ

03

2023학년도 수능 지I 20번

그림은 어느 외계 행성계에서 식 현상을 일으키는 행성에 의한 중심별의 상대적 밝기 변화를 일정한 시간 간격에 따라 나타낸 것이다. 중심별의 반지름에 대하여 행성 반지름은 $\frac{1}{20}$ 배, 행성의 중심과 중심별의 중심 사이의 거리는 4.2배이다. A는 식 현상이 끝난 직후이다.

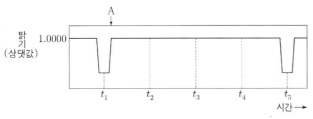

이 자료에 대한 설명으로 옳은 것만을 〈보기〉에서 있는 대로 고른 것은? (단, 행성은 원 궤도를 따라 공전하며, t_1, t_5일 때 행성의 중심과 중심별의 중심은 관측자의 시선과 동일한 방향에 위치하고, 중심별의 시선 속도 변화는 행성과의 공통 질량 중심에 대한 공전에 의해서만 나타난다.) [3점]

〈 보기 〉
ㄱ. t_1일 때, 중심별의 상대적 밝기는 원래 광도의 99.75 %이다.
ㄴ. $t_2 \rightarrow t_3$ 동안 중심별의 스펙트럼에서 흡수선의 파장은 점차 길어진다.
ㄷ. 중심별의 시선 속도는 A일 때가 t_2일 때의 $\frac{1}{4}$배이다.

① ㄱ   ② ㄷ   ③ ㄱ, ㄴ   ④ ㄴ, ㄷ   ⑤ ㄱ, ㄴ, ㄷ

04

2020학년도 3월 학평 지I 19번

그림은 외계 행성의 식 현상에 의해 일어나는 중심별의 밝기 변화를 나타낸 것이다.

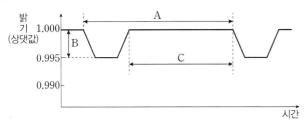

이에 대한 옳은 설명만을 〈보기〉에서 있는 대로 고른 것은? (단, 이 외계 행성계의 행성은 한 개이다.) [3점]

〈 보기 〉
ㄱ. A 기간은 행성의 공전 주기에 해당한다.
ㄴ. 행성의 반지름이 2배가 되면 B는 2배가 된다.
ㄷ. C 기간에 중심별의 스펙트럼을 관측하면 적색 편이가 청색 편이보다 먼저 나타난다.

① ㄱ   ② ㄴ   ③ ㄷ   ④ ㄱ, ㄷ   ⑤ ㄴ, ㄷ

05 대표 문제

2022학년도 9월 모평 지I 18번

그림 (가)와 (나)는 서로 다른 외계 행성계에서 행성이 식 현상을 일으킬 때, 중심별의 상대적 밝기 변화를 시간에 따라 나타낸 것이다. 두 중심별의 반지름은 같고, 각 행성은 원 궤도를 따라 공전하며, 공전 궤도면은 관측자의 시선 방향과 나란하다.

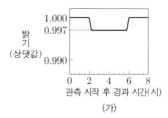
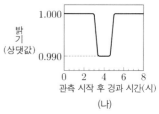

이에 대한 설명으로 옳은 것만을 〈보기〉에서 있는 대로 고른 것은? [3점]

〈 보기 〉
ㄱ. 식 현상이 지속되는 시간은 (가)가 (나)보다 길다.
ㄴ. (가)의 행성 반지름은 (나)의 행성 반지름의 0.3배이다.
ㄷ. 중심별의 흡수선 파장은 식 현상이 시작되기 직전이 식 현상이 끝난 직후보다 길다.

① ㄱ   ② ㄴ   ③ ㄱ, ㄷ   ④ ㄴ, ㄷ   ⑤ ㄱ, ㄴ, ㄷ

06

2020학년도 7월 학평 지I 17번

그림은 광도가 동일한 서로 다른 주계열성을 공전하는 행성 A와 B에 의한 중심별의 밝기 변화를 나타낸 것이다.

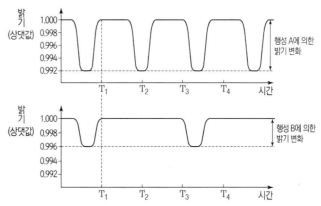

이에 대한 설명으로 옳은 것만을 〈보기〉에서 있는 대로 고른 것은? (단, 시선 방향과 행성의 공전 궤도면은 일치한다.) [3점]

〈 보기 〉
ㄱ. 공전 주기는 A가 B보다 짧다.
ㄴ. 반지름은 A가 B의 2배이다.
ㄷ. T_1 시기에는 A, B 모두 지구에 가까워지고 있다.

① ㄱ   ② ㄴ   ③ ㄱ, ㄷ   ④ ㄴ, ㄷ   ⑤ ㄱ, ㄴ, ㄷ

07

그림 (가)는 어느 외계 행성계에서 식 현상을 일으키는 행성 A, B, C에 의한 시간에 따른 중심별의 겉보기 밝기 변화를, (나)는 A, B, C 중 두 행성에 의한 중심별의 겉보기 밝기 변화를 나타낸 것이다. 세 행성의 공전 궤도면은 관측자의 시선 방향과 나란하다.

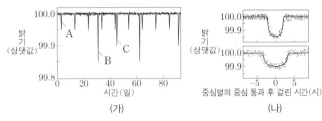

(가)   (나)

이 자료에 대한 설명으로 옳은 것만을 〈보기〉에서 있는 대로 고른 것은? [3점]

〈 보기 〉

ㄱ. 행성의 반지름은 B가 A의 3배이다.

ㄴ. 행성의 공전 주기는 C가 가장 길다.

ㄷ. 행성이 중심별을 통과하는 데 걸리는 시간은 C가 B보다 길다.

① ㄱ   ② ㄴ   ③ ㄱ, ㄷ   ④ ㄴ, ㄷ   ⑤ ㄱ, ㄴ, ㄷ

08

그림 (가)는 중심별을 원 궤도로 공전하는 외계 행성 A와 B의 공전 방향을, (나)는 A와 B에 의한 중심별의 겉보기 밝기 변화를 나타낸 것이다. A와 B의 공전 궤도 반지름은 각각 0.4 AU와 0.6 AU이고, B의 공전 궤도면은 관측자의 시선 방향과 나란하다.

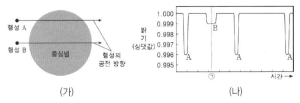

(가)   (나)

이에 대한 설명으로 옳은 것만을 〈보기〉에서 있는 대로 고른 것은? [3점]

〈 보기 〉

ㄱ. 공전 주기는 A보다 B가 길다.

ㄴ. 반지름은 A가 B의 4배이다.

ㄷ. ㉠ 시기에 A와 B 사이의 거리는 1 AU보다 멀다.

① ㄱ   ② ㄷ   ③ ㄱ, ㄴ   ④ ㄴ, ㄷ   ⑤ ㄱ, ㄴ, ㄷ

09 대표문제

그림은 어느 외계 행성계에서 중심별과 행성이 공통 질량 중심에 대하여 원 궤도로 공전할 때 중심별의 시선 속도를 일정한 시간 간격에 따라 나타낸 것이다. A는 t_2와 t_3 사이의 어느 한 시기이다.

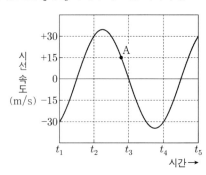

이 자료에 대한 설명으로 옳은 것만을 〈보기〉에서 있는 대로 고른 것은? (단, 행성의 공전 궤도면은 관측자의 시선 방향과 나란하고, 중심별의 시선 속도 변화는 행성과의 공통 질량 중심에 대한 공전에 의해서만 나타난다.)

〈 보기 〉

ㄱ. A일 때, 공통 질량 중심으로부터 지구와 행성을 각각 잇는 선분이 이루는 사잇각은 30°보다 작다.

ㄴ. $t_4 \rightarrow t_5$ 동안 중심별의 스펙트럼에서 흡수선의 파장은 점차 짧아진다.

ㄷ. 중심별의 공전 속도는 $20\sqrt{3}$ m/s이다.

① ㄱ   ② ㄴ   ③ ㄷ   ④ ㄱ, ㄷ   ⑤ ㄴ, ㄷ

10

그림은 어느 외계 행성과 중심별이 공통 질량 중심을 중심으로 공전하는 모습을 나타낸 것이다. 행성은 원 궤도로 공전하며 공전 궤도면은 관측자의 시선 방향과 나란하다.

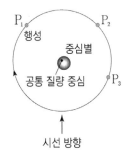

이에 대한 설명으로 옳은 것만을 〈보기〉에서 있는 대로 고른 것은? [3점]

〈보기〉
ㄱ. 행성이 P_1에 위치할 때 중심별의 적색 편이가 나타난다.
ㄴ. 중심별의 질량이 클수록 중심별의 시선 속도 최댓값이 커진다.
ㄷ. 중심별의 어느 흡수선의 파장 변화 크기는 행성이 P_3에 위치할 때가 P_2에 위치할 때보다 크다.

① ㄱ　　② ㄷ　　③ ㄱ, ㄴ　　④ ㄴ, ㄷ　　⑤ ㄱ, ㄴ, ㄷ

11

그림은 어느 외계 행성계의 시선 속도를 관측하여 나타낸 것이다.

이 자료에 대한 설명으로 옳은 것만을 〈보기〉에서 있는 대로 고른 것은? [3점]

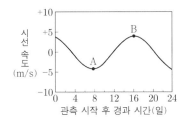

〈보기〉
ㄱ. 행성의 스펙트럼을 관측하여 얻은 자료이다.
ㄴ. A 시기에 행성은 지구로부터 멀어지고 있다.
ㄷ. B 시기에 행성으로 인한 식 현상이 관측된다.

① ㄱ　　② ㄴ　　③ ㄷ　　④ ㄱ, ㄴ　　⑤ ㄴ, ㄷ

12

그림 (가)는 공통 질량 중심에 대해 원 궤도로 공전하는 외계 행성 P와 중심별 S의 공전 궤도를, (나)는 P에 의한 S의 시선 속도 변화를 나타낸 것이다. T_1일 때 P는 ㉠에 위치하고, θ는 관측자의 시선 방향과 공전 궤도면이 이루는 각의 크기이며 h는 S의 시선 속도 변화 폭이다.

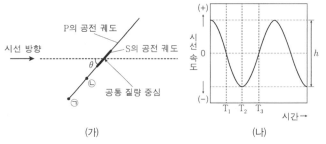

(가)　　　　　　(나)

이 자료에 대한 설명으로 옳은 것만을 〈보기〉에서 있는 대로 고른 것은? [3점]

〈보기〉
ㄱ. 관측자로부터 S까지의 거리는 P가 ㉠에 위치할 때보다 ㉡에 위치할 때가 가깝다.
ㄴ. T_2에서 T_3 동안 S의 스펙트럼에서 흡수선의 파장은 점차 짧아진다.
ㄷ. θ가 작아지면 h는 커진다.

① ㄱ　　② ㄴ　　③ ㄱ, ㄷ　　④ ㄴ, ㄷ　　⑤ ㄱ, ㄴ, ㄷ

13

그림 (가)와 (나)는 두 외계 행성계에 속한 중심별의 시선 속도 변화를 나타낸 것이다. 두 외계 행성계에는 행성이 1개씩만 존재하고, 중심별의 질량, 중심별과 행성 사이의 거리는 각각 같다. 두 행성은 원 궤도를 따라 공전하며 공전 궤도면은 관측자의 시선 방향과 나란하다.

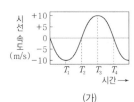　　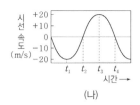

(가)　　　　　　(나)

이에 대한 설명으로 옳은 것만을 〈보기〉에서 있는 대로 고른 것은? (단, 중심별의 시선 속도 변화는 행성과의 공통 질량 중심에 대한 공전에 의해서만 나타난다.) [3점]

〈보기〉
ㄱ. (가)에서 T_2일 때 행성과 지구와의 거리는 가장 가깝다.
ㄴ. 행성의 질량은 (가)가 (나)보다 크다.
ㄷ. 행성과 공통 질량 중심 사이의 거리는 (가)가 (나)보다 멀다.

① ㄱ　　② ㄷ　　③ ㄱ, ㄴ　　④ ㄴ, ㄷ　　⑤ ㄱ, ㄴ, ㄷ

14

그림 (가)는 공전 궤도면이 시선 방향과 나란한 어느 외계 행성계에서 관측된 중심별의 시선 속도 변화를, (나)는 이 외계 행성계의 중심별과 행성이 공통 질량 중심을 중심으로 공전하는 모습을 나타낸 것이다.

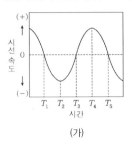 

(가)   (나)

이에 대한 옳은 설명만을 〈보기〉에서 있는 대로 고른 것은? [3점]

〈 보기 〉
ㄱ. 지구와 중심별 사이의 거리는 T_1일 때가 T_2일 때보다 크다.
ㄴ. 중심별과 행성이 (나)와 같이 위치한 시기는 $T_2 \sim T_3$에 해당한다.
ㄷ. T_5일 때 행성에 의한 식 현상이 나타난다.

① ㄱ   ② ㄴ   ③ ㄷ   ④ ㄱ, ㄴ   ⑤ ㄱ, ㄷ

15

그림 (가)는 어느 외계 행성계에서 중심별과 행성이 공통 질량 중심에 대하여 공전하는 원 궤도를 나타낸 것이고, (나)는 이 중심별의 시선 속도를 일정한 시간 간격에 따라 나타낸 것이다. t_1일 때 중심별의 위치는 ㉠과 ㉡ 중 하나이다.

 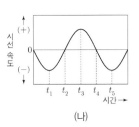

(가)   (나)

이 자료에 대한 설명으로 옳은 것만을 〈보기〉에서 있는 대로 고른 것은? (단, 행성의 공전 궤도면은 관측자의 시선 방향과 나란하고, 중심별의 겉보기 등급 변화는 행성의 식 현상에 의해서만 나타난다.) [3점]

〈 보기 〉
ㄱ. t_1일 때 중심별의 위치는 ㉠이다.
ㄴ. 중심별의 겉보기 등급은 t_2가 t_4보다 작다.
ㄷ. $t_1 \rightarrow t_2$ 동안 중심별의 스펙트럼에서 흡수선의 파장은 점차 길어진다.

① ㄱ   ② ㄷ   ③ ㄱ, ㄴ   ④ ㄴ, ㄷ   ⑤ ㄱ, ㄴ, ㄷ

16 대표문제

그림 (가)는 어느 외계 행성과 중심별이 공통 질량 중심을 중심으로 공전하는 원 궤도를 나타낸 것이고, (나)는 행성이 ㉠~㉣에 위치할 때 지구에서 관측한 중심별의 스펙트럼을 A~D로 순서 없이 나타낸 것이다. 중심별의 공전 속도는 2 km/s이고, 관측한 흡수선의 기준 파장은 동일하다.

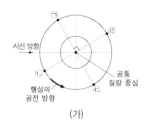 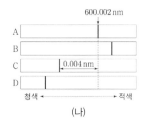

(가)   (나)

이 자료에 대한 설명으로 옳은 것만을 〈보기〉에서 있는 대로 고른 것은? (단, 빛의 속도는 3×10^5 km/s이고, 중심별의 시선 속도 변화는 행성과의 공통 질량 중심에 대한 공전에 의해서만 나타나며, 행성의 공전 궤도면은 관측자의 시선 방향과 나란하다.)

〈 보기 〉
ㄱ. A는 행성이 ㉡에 위치할 때 관측한 결과이다.
ㄴ. $\dfrac{\text{A 흡수선의 파장} - \text{D 흡수선의 파장}}{\text{B 흡수선의 파장} - \text{C 흡수선의 파장}}$ 은 1이다.
ㄷ. 중심별의 시선 속도는 행성이 ㉢을 지날 때가 ㉡을 지날 때의 $\sqrt{3}$ 배이다.

① ㄱ   ② ㄴ   ③ ㄷ   ④ ㄱ, ㄴ   ⑤ ㄴ, ㄷ

17

그림 (가)는 어느 외계 행성계에서 중심별과 행성이 공통 질량 중심에 대하여 원 궤도로 공전하는 모습을 나타낸 것이고, (나)는 행성이 ㉠, ㉡, ㉢에 위치할 때 지구에서 관측한 중심별의 스펙트럼을 A, B, C로 순서 없이 나타낸 것이다.

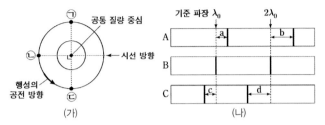

(가) / (나)

이 자료에 대한 설명으로 옳은 것만을 〈보기〉에서 있는 대로 고른 것은? (단, 중심별의 시선 속도 변화는 행성과의 공통 질량 중심에 대한 공전에 의해서만 나타나고, 행성의 공전 궤도면은 관측자의 시선 방향과 나란하다.)

〈 보기 〉
ㄱ. A는 행성이 ㉠에 위치할 때 관측한 결과이다.
ㄴ. 행성이 ㉡ → ㉢으로 공전하는 동안 중심별의 시선 속도는 커진다.
ㄷ. a×b는 c×d보다 작다.

① ㄱ   ② ㄴ   ③ ㄷ   ④ ㄱ, ㄴ   ⑤ ㄴ, ㄷ

18

그림 (가)는 어느 외계 행성과 중심별이 공통 질량 중심을 중심으로 공전할 때 중심별의 시선 속도 변화를, (나)는 t일 때 이 중심별과 행성의 위치 관계를 나타낸 것이다.

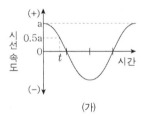 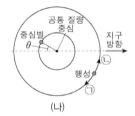

(가) / (나)

이에 대한 옳은 설명만을 〈보기〉에서 있는 대로 고른 것은? (단, 외계 행성은 원 궤도로 공전하며, 공전 궤도면은 관측자의 시선 방향과 나란하다.) [3점]

〈 보기 〉
ㄱ. 공통 질량 중심에 대한 행성의 공전 방향은 ㉠이다.
ㄴ. θ의 크기는 30°이다.
ㄷ. 행성의 공전 주기가 현재보다 길어지면 a는 증가한다.

① ㄱ   ② ㄴ   ③ ㄱ, ㄷ   ④ ㄴ, ㄷ   ⑤ ㄱ, ㄴ, ㄷ

19

그림 (가)는 어느 외계 행성계에서 공통 질량 중심을 원 궤도로 공전하는 중심별의 모습을, (나)는 중심별의 시선 속도를 시간에 따라 나타낸 것이다. 이 외계 행성계에는 행성이 1개만 존재하고, 중심별의 공전 궤도면과 시선 방향이 이루는 각은 60°이다.

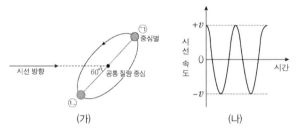

(가) / (나)

이에 대한 옳은 설명만을 〈보기〉에서 있는 대로 고른 것은? [3점]

〈 보기 〉
ㄱ. 지구로부터 행성까지의 거리는 중심별이 ㉠에 있을 때가 ㉡에 있을 때보다 가깝다.
ㄴ. 중심별의 공전 속도는 $2v$이다.
ㄷ. 중심별의 공전 궤도면과 시선 방향이 이루는 각이 현재보다 작아지면 중심별의 시선 속도 변화 주기는 길어진다.

① ㄱ   ② ㄴ   ③ ㄷ   ④ ㄱ, ㄴ   ⑤ ㄴ, ㄷ

24
일차

20

그림 (가)는 중심별과 행성이 공통 질량 중심에 대하여 공전하는 원 궤도를, (나)는 중심별의 시선 속도를 시간에 따라 나타낸 것이다. 행성이 A에 위치할 때 중심별의 시선 속도는 -60 m/s이고, 행성의 공전 궤도면은 관측자의 시선 방향과 나란하다.

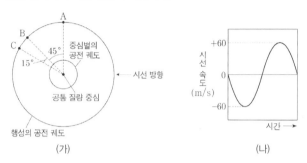

(가)

(나)

이에 대한 설명으로 옳은 것만을 〈보기〉에서 있는 대로 고른 것은? (단, 빛의 속도는 3×10^8 m/s이다.) [3점]

─〈보기〉─
ㄱ. 행성의 공전 방향은 A → B → C이다.
ㄴ. 중심별의 스펙트럼에서 500 nm의 기준 파장을 갖는 흡수선의 최대 파장 변화량은 0.001 nm이다.
ㄷ. 중심별의 시선 속도는 행성이 B를 지날 때가 C를 지날 때의 $\sqrt{2}$ 배이다.

① ㄱ ② ㄴ ③ ㄱ, ㄷ ④ ㄴ, ㄷ ⑤ ㄱ, ㄴ, ㄷ

21

다음은 어느 외계 행성계에 대한 기사의 일부이다.

한글 이름을 사용하는 외계 행성계 '백두'와 '한라'

우리나라 천문학자가 발견한 외계 행성계의 중심별과 외계 행성의 이름에 각각 '백두'와 '한라'가 선정되었다. '한라'는 '백두'의 ㉠시선 속도 변화를 이용한 탐사 방법으로 발견하였다.

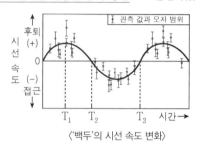

〈'백두'의 시선 속도 변화〉

이에 대한 설명으로 옳은 것만을 〈보기〉에서 있는 대로 고른 것은? [3점]

─〈보기〉─
ㄱ. T_1일 때 '백두'는 적색 편이가 나타난다.
ㄴ. 태양으로부터 '한라'까지의 거리는 T_2보다 T_3일 때 멀다.
ㄷ. ㉠에서 행성의 질량이 클수록 중심별의 시선 속도 변화가 커진다.

① ㄱ ② ㄴ ③ ㄱ, ㄷ ④ ㄴ, ㄷ ⑤ ㄱ, ㄴ, ㄷ

22

다음은 한국 천문 연구원에서 발견한 어느 외계 행성계에 대한 설명이다.

국제 천문 연맹은 보현산 천문대에서 ㉠분광 관측 장비로 별의 주기적인 움직임을 관측해 발견한 외계 행성계의 중심별 8 UMi와 외계 행성 8 UMi b의 이름을 각각 백두와 한라로 결정했다. 한라는 목성보다 무거운 가스 행성으로 백두로부터 약 0.49 AU 떨어져 있다.

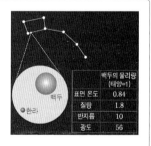

백두의 물리량 (태양=1)	
표면 온도	0.84
질량	1.8
반지름	10
광도	56

이에 대한 옳은 설명만을 〈보기〉에서 있는 대로 고른 것은? [3점]

─〈보기〉─
ㄱ. 백두는 주계열성이다.
ㄴ. ㉠의 과정에서 백두의 도플러 효과를 관측하였다.
ㄷ. 한라는 백두의 생명 가능 지대에 위치한다.

① ㄱ ② ㄴ ③ ㄱ, ㄷ ④ ㄴ, ㄷ ⑤ ㄱ, ㄴ, ㄷ

그림은 어느 외계 행성과 중심별이 공통 질량 중심을 중심으로 공전하는 원 궤도를, 표는 행성이 A, B, C에 위치할 때 중심별의 어느 흡수선 관측 결과를 나타낸 것이다. 행성의 공전 궤도면은 관측자의 시선 방향과 나란하다.

기준 파장	관측 파장(nm)		
(nm)	A	B	C
λ_0	499.990	500.005	(㉠)

이 자료에 대한 설명으로 옳은 것만을 〈보기〉에서 있는 대로 고른 것은? (단, 빛의 속도는 3×10^5 km/s이고, 중심별의 시선 속도 변화는 행성과의 공통 질량 중심에 대한 공전에 의해서만 나타난다.) [3점]

〈 보기 〉

ㄱ. 행성이 B에 위치할 때, 중심별의 스펙트럼에서 적색 편이가 나타난다.

ㄴ. ㉠은 499.995보다 작다.

ㄷ. 중심별의 공전 속도는 6 km/s이다.

① ㄱ ② ㄷ ③ ㄱ, ㄴ ④ ㄴ, ㄷ ⑤ ㄱ, ㄴ, ㄷ

그림 (가)는 t_0일 때 외계 행성의 위치를 공통 질량 중심에 대하여 공전하는 원 궤도에 나타낸 것이고, (나)는 중심별의 스펙트럼에서 기준 파장이 λ_0인 흡수선의 관측 결과를 t_0부터 일정한 시간 간격 T에 따라 순서대로 나타낸 것이다. $\Delta\lambda_{max}$은 파장의 최대 편이량이고, 이 기간 동안 식 현상은 1회 관측되었다.

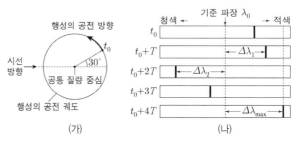

(가)   (나)

이에 대한 설명으로 옳은 것만을 〈보기〉에서 있는 대로 고른 것은? (단, 중심별의 시선 속도 변화는 행성과의 공통 질량 중심에 대한 공전에 의해서만 나타나며, 행성의 공전 궤도면은 관측자의 시선 방향과 나란하다.) [3점]

〈 보기 〉

ㄱ. $t_0+2.5T \rightarrow t_0+3T$ 동안 중심별의 흡수선 파장은 점차 짧아진다.

ㄴ. $\dfrac{\Delta\lambda_2}{\Delta\lambda_1}$의 절댓값은 $\dfrac{\sqrt{6}}{2}$이다.

ㄷ. $t_0+0.5T \rightarrow t_0+T$ 사이에 기준 파장이 $2\lambda_0$인 중심별의 흡수선 파장이 $(2\lambda_0+\Delta\lambda_1)$로 관측되는 시기가 있다.

① ㄱ ② ㄴ ③ ㄷ ④ ㄱ, ㄷ ⑤ ㄴ, ㄷ

주제	학년도	2025	2024	2023

**외계 행성계
탐사 방법**
– 식 현상과
시선 속도
변화 이용

02 대표 문제   2023학년도 9월 모평 지I 18번

그림 (가)는 중심별이 주계열성인 어느 외계 행성계의 생명 가능 지대와 행성의 공전 궤도를, (나)는 (가)의 행성이 식 현상을 일으킬 때 중심별의 상대적 밝기 변화를 시간에 따라 나타낸 것이다.

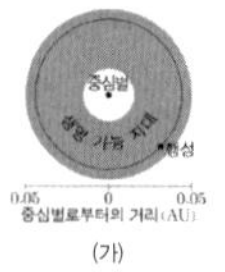

(가) 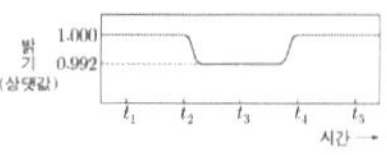   (나)

이 자료에 대한 설명으로 옳은 것만을 〈보기〉에서 있는 대로 고른 것은? (단, 중심별의 시선 속도 변화는 행성과의 공통 질량 중심에 대한 공전에 의해서만 나타나고, 행성은 원 궤도를 따라 공전하며, 행성의 공전 궤도면은 관측자의 시선 방향과 나란하다.) [3점]

〈보기〉
ㄱ. 생명 가능 지대의 폭은 이 외계 행성계가 태양계보다 좁다.
ㄴ. $\dfrac{\text{행성의 반지름}}{\text{중심별의 반지름}}$ 은 $\dfrac{1}{125}$ 이다.
ㄷ. 중심별의 흡수선 파장은 t_2가 t_1보다 짧다.

① ㄱ   ② ㄴ   ③ ㄷ   ④ ㄱ, ㄴ   ⑤ ㄱ, ㄷ

**외계 행성계
탐사 방법**
– 미세 중력
렌즈 현상
이용
– 미세 중력
렌즈 현상과
식 현상 이용

**외계 행성계
탐사 결과**

08

표는 주계열성 A, B, C를 각각 원 궤도로 공전하는 외계 행성 a, b, c 의 공전 궤도 반지름, 질량, 반지름을 나타낸 것이다. 세 별의 질량과 반 지름은 각각 같으며, 행성의 공전 궤도면은 관측자의 시선 방향과 나란 하다.

외계 행성	공전 궤도 반지름 (AU)	질량 (목성=1)	반지름 (목성=1)
a	1	1	2
b	1	2	1
c	2	2	1

이에 대한 설명으로 옳은 것만을 〈보기〉에서 있는 대로 고른 것은? (단, A, B, C의 시선 속도 변화는 각각 a, b, c와의 공통 질량 중심을 공전 하는 과정에서만 나타난다.) [3점]

〈보기〉
ㄱ. 시선 속도 변화량은 A가 B보다 작다.
ㄴ. 별과 공통 질량 중심 사이의 거리는 B가 C보다 짧다.
ㄷ. 행성의 식 현상에 의한 겉보기 밝기 변화는 A가 C보다 작다.

① ㄱ ② ㄷ ③ ㄱ, ㄴ ④ ㄴ, ㄷ ⑤ ㄱ, ㄴ, ㄷ

07

그림은 어느 외계 행성과 중심별이 공통 질량 중심을 중심으로 공전하 는 모습을 나타낸 것이다. 행성은 원 궤도를 따라 공전하며, 공전 궤도면 은 관측자의 시선 방향과 나란하다. 이에 대한 설명으로 옳은 것만을 〈보기〉에서 있는 대로 고른 것은?

〈보기〉
ㄱ. 식 현상을 이용하여 행성의 존재를 확인할 수 있다.
ㄴ. 행성이 A를 지날 때 중심별의 청색 편이가 나타난다.
ㄷ. 중심별의 어느 흡수선의 파장 변화 크기는 행성이 A를 지날 때가 A′를 지날 때의 2배이다.

① ㄱ ② ㄴ ③ ㄱ, ㄷ ④ ㄴ, ㄷ ⑤ ㄱ, ㄴ, ㄷ

05

그림 (가)와 (나)는 어느 외계 행성에 의한 중심별의 시선 속도 변화와 겉보기 밝기 변화를 관측하여 각각 나타낸 것이다.

(가)   (나)

이에 대한 설명으로 옳은 것만을 〈보기〉에서 있는 대로 고른 것은? [3점]

〈보기〉
ㄱ. (가)에서 T_3일 때 (나)에서 겉보기 밝기는 최소이다.
ㄴ. (가)에서 지구로부터 중심별까지의 거리는 T_2일 때가 T_4일 때보다 가깝다.
ㄷ. (나)에서 t_4일 때 외계 행성은 지구로부터 멀어지고 있다.

① ㄱ ② ㄴ ③ ㄱ, ㄷ ④ ㄴ, ㄷ ⑤ ㄱ, ㄴ, ㄷ

09 대표 문제

그림 (가)는 별 A와 B의 상대적 위치 변화를 시간 순서로 배열한 것이 고, (나)는 (가)의 관측 기간 동안 이 중 한 별의 밝기 변화를 나타낸 것이다. 이 기간 동안 B는 A보다 지구로부터 멀리 있고, 별과 행성에 의한 미세 중력 렌즈 현상이 관측되었다.

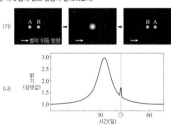

이 자료에 대한 설명으로 옳은 것만을 〈보기〉에서 있는 대로 고른 것은? [3점]

〈보기〉
ㄱ. (나)의 ㉠ 시기에 관측자와 두 별의 중심은 일직선상에 위치한다.
ㄴ. (나)에서 별의 겉보기 등급 최대 변화량은 1등급보다 작다.
ㄷ. (나)로부터 A가 행성을 가지고 있다는 것을 알 수 있다.

① ㄱ ② ㄷ ③ ㄱ, ㄴ ④ ㄴ, ㄷ ⑤ ㄱ, ㄴ, ㄷ

11 대표 문제

그림은 여러 탐사 방법을 이용하여 최근까지 발견한 외계 행성의 특징을 나타낸 것이다.

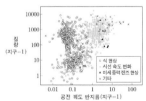

이 자료에 대한 설명으로 옳은 것만을 〈보기〉에서 있는 대로 고른 것은?

〈보기〉
ㄱ. 시선 속도 변화 방법은 도플러 효과를 이용한다.
ㄴ. 중력에 의한 빛의 굴절 현상을 이용하여 발견한 행성의 수가 가장 많다.
ㄷ. 행성의 공전 궤도 반지름의 평균값은 식 현상을 이용한 방법이 시선 속도를 이용한 방법보다 크다.

① ㄱ ② ㄷ ③ ㄱ, ㄴ ④ ㄴ, ㄷ ⑤ ㄱ, ㄴ, ㄷ

01

그림은 외계 행성이 중심별 주위를 공전하며 식 현상을 일으키는 모습과 중심별의 밝기 변화를 나타낸 것이다. 이 외계 행성에 의해 중심별의 도플러 효과가 관측된다.

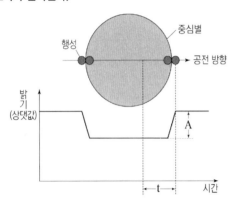

이에 대한 설명으로 옳은 것만을 〈보기〉에서 있는 대로 고른 것은?

〈 보기 〉
ㄱ. 행성의 반지름이 2배 커지면 A 값은 2배 커진다.
ㄴ. t 동안 중심별의 적색 편이가 관측된다.
ㄷ. 중심별과 행성의 공통 질량 중심을 중심으로 공전하는 속도는 중심별이 행성보다 느리다.

① ㄱ ② ㄷ ③ ㄱ, ㄴ ④ ㄴ, ㄷ ⑤ ㄱ, ㄴ, ㄷ

02 대표 문제

그림 (가)는 중심별이 주계열성인 어느 외계 행성계의 생명 가능 지대와 행성의 공전 궤도를, (나)는 (가)의 행성이 식 현상을 일으킬 때 중심별의 상대적 밝기 변화를 시간에 따라 나타낸 것이다.

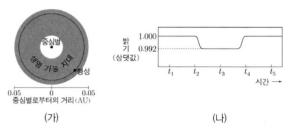

이 자료에 대한 설명으로 옳은 것만을 〈보기〉에서 있는 대로 고른 것은? (단, 중심별의 시선 속도 변화는 행성과의 공통 질량 중심에 대한 공전에 의해서만 나타나고, 행성은 원 궤도를 따라 공전하며, 행성의 공전 궤도면은 관측자의 시선 방향과 나란하다.) [3점]

〈 보기 〉
ㄱ. 생명 가능 지대의 폭은 이 외계 행성계가 태양계보다 좁다.
ㄴ. $\dfrac{\text{행성의 반지름}}{\text{중심별의 반지름}}$ 은 $\dfrac{1}{125}$ 이다.
ㄷ. 중심별의 흡수선 파장은 t_2가 t_1보다 짧다.

① ㄱ ② ㄴ ③ ㄷ ④ ㄱ, ㄴ ⑤ ㄱ, ㄷ

03

그림 (가)와 (나)는 어느 외계 행성에 의한 중심별의 시선 속도 변화와 겉보기 밝기 변화를 각각 나타낸 것이다. (나)의 t는 (가)의 T_1, T_2, T_3, T_4 중 하나이다.

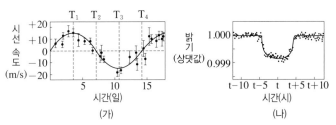

(가)   (나)

이 자료에 대한 설명으로 옳은 것만을 〈보기〉에서 있는 대로 고른 것은? [3점]

─〈 보기 〉─
ㄱ. 중심별은 T_1일 때 적색 편이가 나타난다.
ㄴ. 지구로부터 외계 행성까지의 거리는 T_2보다 T_3일 때 멀다.
ㄷ. (나)의 t는 (가)의 T_4이다.

① ㄱ   ② ㄷ   ③ ㄱ, ㄴ   ④ ㄴ, ㄷ   ⑤ ㄱ, ㄴ, ㄷ

04

그림 (가)와 (나)는 어느 외계 행성에 의한 중심별의 시선 속도 변화와 밝기 변화를 나타낸 것이다.

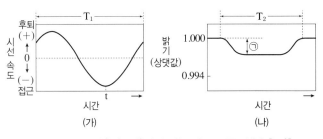

(가)   (나)

이에 대한 옳은 설명만을 〈보기〉에서 있는 대로 고른 것은? [3점]

─〈 보기 〉─
ㄱ. 관측 시간은 T_1이 T_2보다 길다.
ㄴ. t일 때 외계 행성은 지구로부터 멀어진다.
ㄷ. $\dfrac{\text{행성의 반지름}}{\text{중심별의 반지름}}$ 값이 클수록 ㉠은 커진다.

① ㄱ   ② ㄴ   ③ ㄱ, ㄷ   ④ ㄴ, ㄷ   ⑤ ㄱ, ㄴ, ㄷ

05

그림 (가)와 (나)는 어느 외계 행성에 의한 중심별의 시선 속도 변화와 겉보기 밝기 변화를 관측하여 각각 나타낸 것이다.

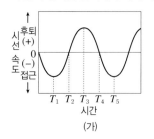 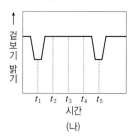

(가)   (나)

이에 대한 설명으로 옳은 것만을 〈보기〉에서 있는 대로 고른 것은? [3점]

─〈 보기 〉─
ㄱ. (가)에서 T_1일 때 (나)에서 겉보기 밝기는 최소이다.
ㄴ. (가)에서 지구로부터 중심별까지의 거리는 T_2일 때가 T_3일 때보다 가깝다.
ㄷ. (나)에서 t_4일 때 외계 행성은 지구로부터 멀어지고 있다.

① ㄱ   ② ㄴ   ③ ㄱ, ㄷ   ④ ㄴ, ㄷ   ⑤ ㄱ, ㄴ, ㄷ

06

그림은 어느 외계 행성계에서 공통 질량 중심을 중심으로 공전하는 행성 P와 중심별 S의 모습을 나타낸 것이다. P의 공전 궤도면은 관측자의 시선 방향과 나란하다.

이 자료에 대한 옳은 설명만을 〈보기〉에서 있는 대로 고른 것은? [3점]

─〈 보기 〉─
ㄱ. P와 S가 공통 질량 중심을 중심으로 공전하는 주기는 같다.
ㄴ. P의 질량이 작을수록 S의 스펙트럼 최대 편이량은 크다.
ㄷ. P의 반지름이 작을수록 식 현상에 의한 S의 밝기 감소율은 작다.

① ㄱ   ② ㄴ   ③ ㄷ   ④ ㄱ, ㄷ   ⑤ ㄴ, ㄷ

07

그림은 어느 외계 행성과 중심별이 공통 질량 중심을 중심으로 공전하는 모습을 나타낸 것이다. 행성은 원 궤도를 따라 공전하며, 공전 궤도면은 관측자의 시선 방향과 나란하다. 이에 대한 설명으로 옳은 것만을 〈보기〉에서 있는 대로 고른 것은?

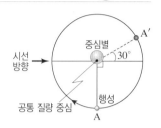

〈 보기 〉
ㄱ. 식 현상을 이용하여 행성의 존재를 확인할 수 있다.
ㄴ. 행성이 A를 지날 때 중심별의 청색 편이가 나타난다.
ㄷ. 중심별의 어느 흡수선의 파장 변화 크기는 행성이 A를 지날 때가 A′를 지날 때의 2배이다.

① ㄱ ② ㄴ ③ ㄱ, ㄷ ④ ㄴ, ㄷ ⑤ ㄱ, ㄴ, ㄷ

08

표는 주계열성 A, B, C를 각각 원 궤도로 공전하는 외계 행성 a, b, c의 공전 궤도 반지름, 질량, 반지름을 나타낸 것이다. 세 별의 질량과 반지름은 각각 같으며, 행성의 공전 궤도면은 관측자의 시선 방향과 나란하다.

외계 행성	공전 궤도 반지름 (AU)	질량 (목성=1)	반지름 (목성=1)
a	1	1	2
b	1	2	1
c	2	2	1

이에 대한 설명으로 옳은 것만을 〈보기〉에서 있는 대로 고른 것은? (단, A, B, C의 시선 속도 변화는 각각 a, b, c와의 공통 질량 중심을 공전하는 과정에서만 나타난다.) [3점]

〈 보기 〉
ㄱ. 시선 속도 변화량은 A가 B보다 작다.
ㄴ. 별과 공통 질량 중심 사이의 거리는 B가 C보다 짧다.
ㄷ. 행성의 식 현상에 의한 겉보기 밝기 변화는 A가 C보다 작다.

① ㄱ ② ㄷ ③ ㄱ, ㄴ ④ ㄴ, ㄷ ⑤ ㄱ, ㄴ, ㄷ

09 대표 문제

그림 (가)는 별 A와 B의 상대적 위치 변화를 시간 순서로 배열한 것이고, (나)는 (가)의 관측 기간 동안 이 중 한 별의 밝기 변화를 나타낸 것이다. 이 기간 동안 B는 A보다 지구로부터 멀리 있고, 별과 행성에 의한 미세 중력 렌즈 현상이 관측되었다.

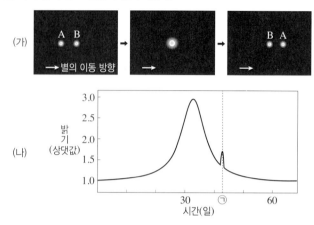

이 자료에 대한 설명으로 옳은 것만을 〈보기〉에서 있는 대로 고른 것은? [3점]

〈 보기 〉
ㄱ. (나)의 ㉠ 시기에 관측자와 두 별의 중심은 일직선상에 위치한다.
ㄴ. (나)에서 별의 겉보기 등급 최대 변화량은 1등급보다 작다.
ㄷ. (나)로부터 A가 행성을 가지고 있다는 것을 알 수 있다.

① ㄱ ② ㄷ ③ ㄱ, ㄴ ④ ㄴ, ㄷ ⑤ ㄱ, ㄴ, ㄷ

10

그림 (가)는 서로 다른 탐사 방법을 이용하여 발견한 외계 행성의 공전 궤도 반지름과 질량을, (나)는 A 또는 B를 이용한 방법으로 알아낸 어느 별 S의 밝기 변화를 나타낸 것이다. A와 B는 각각 식 현상과 미세 중력 렌즈 현상 중 하나이다.

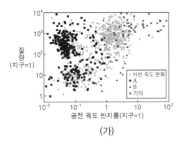

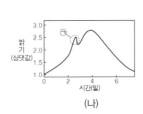

(가)   (나)

이 자료에 대한 설명으로 옳은 것만을 〈보기〉에서 있는 대로 고른 것은? [3점]

---〈 보기 〉---

ㄱ. A를 이용한 방법으로 발견한 외계 행성의 공전 궤도 반지름은 대체로 1 AU보다 작다.

ㄴ. (나)는 B를 이용한 방법으로 알아낸 것이다.

ㄷ. ㉠은 별 S를 공전하는 행성에 의해 나타난다.

---

① ㄱ　　　② ㄷ　　　③ ㄱ, ㄴ　　　④ ㄴ, ㄷ　　　⑤ ㄱ, ㄴ, ㄷ

11 대표 문제

그림은 여러 탐사 방법을 이용하여 최근까지 발견한 외계 행성의 특징을 나타낸 것이다.

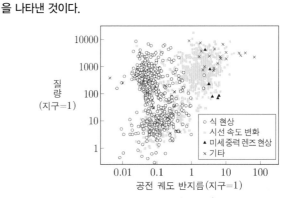

이 자료에 대한 설명으로 옳은 것만을 〈보기〉에서 있는 대로 고른 것은?

---〈 보기 〉---

ㄱ. 시선 속도 변화 방법은 도플러 효과를 이용한다.

ㄴ. 중력에 의한 빛의 굴절 현상을 이용하여 발견한 행성의 수가 가장 많다.

ㄷ. 행성의 공전 궤도 반지름의 평균값은 식 현상을 이용한 방법이 시선 속도를 이용한 방법보다 크다.

---

① ㄱ　　　② ㄷ　　　③ ㄱ, ㄴ　　　④ ㄴ, ㄷ　　　⑤ ㄱ, ㄴ, ㄷ

주제 \ 학년도	**2025**	**2024**

빈출

생명 가능 지대

– 중심별의 표면 온도, 광도

04 대표 문제　　2025학년도 9월 모평 지I 9번

그림은 서로 다른 외계 행성계에 위치한 행성 A~D가 중심별로부터 단위 시간당 단위 면적에서 받는 복사 에너지(S)와 중심별의 광도(L)를 나타낸 것이다.

이 자료에 대한 설명으로 옳은 것만을 〈보기〉에서 있는 대로 고른 것은?

〈보기〉
ㄱ. 액체 상태의 물이 존재할 가능성은 A가 D보다 높다.
ㄴ. 생명 가능 지대의 폭은 B의 중심별이 C의 중심별보다 넓다.
ㄷ. 중심별의 중심으로부터의 거리는 C가 D보다 멀다.

① ㄱ　② ㄴ　③ ㄷ　④ ㄱ, ㄷ　⑤ ㄴ, ㄷ

01 대표 문제　　2025학년도 6월 모평 지I 3번

그림은 태양으로부터 생명 가능 지대가 나타나기 시작하는 거리를 시간에 따라 나타낸 것이다.
현재와 비교할 때, 40억 년 후에 대한 설명으로 옳은 것만을 〈보기〉에서 있는 대로 고른 것은?

〈보기〉
ㄱ. 태양의 광도는 작아진다.
ㄴ. 생명 가능 지대의 폭은 넓어진다.
ㄷ. 태양으로부터 1 AU 거리에서 물이 액체 상태로 존재할 가능성은 높아진다.

① ㄱ　② ㄴ　③ ㄷ　④ ㄱ, ㄴ　⑤ ㄴ, ㄷ

빈출

생명 가능 지대

– 생명 가능 지대의 범위

23　　2025학년도 수능 지I 10번

그림 (가)와 (나)는 주계열성 A와 B의 생명 가능 지대를 별의 나이에 따라 나타낸 것이다. 행성 a는 A를, 행성 b는 B를 각각 공전하고, a와 b는 중심별로부터 같은 거리에 위치한다.

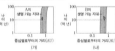

이 자료에 대한 설명으로 옳은 것만을 〈보기〉에서 있는 대로 고른 것은? [3점]

〈보기〉
ㄱ. 질량은 A가 B보다 크다.
ㄴ. 10억 년일 때, 행성이 중심별로부터 단위 시간당 단위 면적에서 받는 복사 에너지양은 a와 b가 같다.
ㄷ. A의 생명 가능 지대의 폭은 1억 년일 때와 100억 년일 때가 같다.

① ㄱ　② ㄴ　③ ㄷ　④ ㄱ, ㄴ　⑤ ㄱ, ㄷ

02　　2024학년도 수능 지I 1번

다음은 생명 가능 지대에 대하여 학생 A, B, C가 나눈 대화를 나타낸 것이다.

제시한 내용이 옳은 학생만을 있는 대로 고른 것은?

① A　② B　③ C　④ A, B　⑤ A, C

---

10 대표 문제　　2024학년도 6월 모평 지I 14번

그림은 어느 별의 시간에 따른 생명 가능 지대의 범위를 나타낸 것이다. 이 별은 현재 주계열성이다.
이 자료에 대한 설명으로 옳은 것만을 〈보기〉에서 있는 대로 고른 것은? [3점]

〈보기〉
ㄱ. 이 별의 광도는 ⊙ 시기가 현재보다 작다.
ㄴ. 현재 중심별에서 생명 가능 지대까지의 거리는 이 별이 태양보다 가깝다.
ㄷ. 현재 표면에서 단위 면적당 단위 시간에 방출하는 에너지양은 이 별이 태양보다 적다.

① ㄱ　② ㄴ　③ ㄱ, ㄷ　④ ㄴ, ㄷ　⑤ ㄱ, ㄴ, ㄷ

생명 가능 지대

– 여러 가지 물리량

2023

08 대표 문제

표는 별 (가), (나), (다)의 분광형과 절대 등급을 나타낸 것이다. (가), (나), (다) 중 2개는 주계열성, 1개는 초거성이다.

별	분광형	절대 등급
(가)	G	−5
(나)	A	0
(다)	G	+5

이에 대한 설명으로 옳은 것만을 〈보기〉에서 있는 대로 고른 것은?

─〈보기〉─
ㄱ. 질량은 (다)가 (나)보다 크다.
ㄴ. 생명 가능 지대에서 액체 상태의 물이 존재할 수 있는 시간은 (다)가 (나)보다 길다.
ㄷ. 생명 가능 지대의 폭은 (다)가 (가)보다 넓다.

① ㄱ　② ㄴ　③ ㄱ, ㄷ　④ ㄴ, ㄷ　⑤ ㄱ, ㄴ, ㄷ

19 대표 문제

표는 주계열성 A와 B의 질량, 생명 가능 지대에 위치한 행성의 공전 궤도 반지름, 생명 가능 지대의 폭을 나타낸 것이다.

주계열성	질량 (태양=1)	행성의 공전 궤도 반지름(AU)	생명 가능 지대의 폭(AU)
A	5	(㉠)	(㉢)
B	0.5	(㉡)	(㉣)

이에 대한 설명으로 옳은 것만을 〈보기〉에서 있는 대로 고른 것은?

─〈보기〉─
ㄱ. 광도는 A가 B보다 크다.
ㄴ. ㉠은 ㉡보다 크다.
ㄷ. ㉢은 ㉣보다 크다.

① ㄱ　② ㄷ　③ ㄱ, ㄴ　④ ㄴ, ㄷ　⑤ ㄱ, ㄴ, ㄷ

2022～2019

07

그림은 별 A, B, C를 H−R도에 나타낸 것이다.
이에 대한 설명으로 옳은 것만을 〈보기〉에서 있는 대로 고른 것은?

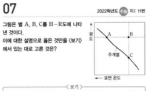

─〈보기〉─
ㄱ. 별의 중심으로부터 생명 가능 지대까지의 거리는 A와 B가 같다.
ㄴ. 생명 가능 지대의 폭은 B가 C보다 넓다.
ㄷ. 생명 가능 지대에 위치하는 행성에서 액체 상태의 물이 존재할 수 있는 시간은 C가 A보다 길다.

① ㄱ　② ㄴ　③ ㄱ, ㄷ　④ ㄴ, ㄷ　⑤ ㄱ, ㄴ, ㄷ

15 대표 문제

그림은 태양보다 질량이 작은 주계열성이 중심별인 어느 외계 행성계를 나타낸 것이다. 각 행성의 위치는 중심별로부터 행성까지의 거리에 해당하고, S 값은 그 위치에서 단위 시간당 단위 면적이 받는 복사 에너지이다. 생명 가능 지대에 존재하는 행성은 A이다.

이 행성계가 태양계보다 큰 값을 가지는 것만을 〈보기〉에서 있는 대로 고른 것은? [3점]

─〈보기〉─
ㄱ. 중심별로부터 생명 가능 지대 안쪽 경계까지의 행성 수
ㄴ. S=1인 위치에서 중심별까지의 거리
ㄷ. 생명 가능 지대에 존재하는 행성의 S 값

① ㄱ　② ㄷ　③ ㄱ, ㄴ　④ ㄴ, ㄷ　⑤ ㄱ, ㄴ, ㄷ

20

표는 서로 다른 외계 행성계에 속한 행성 (가)와 (나)에 대한 물리량을 나타낸 것이다. (가)와 (나)는 생명 가능 지대에 위치하며, 각각의 중심별은 주계열성이다.

외계 행성	중심별의 광도 (태양=1)	중심별로부터의 거리(AU)	단위 시간당 단위 면적이 받는 복사 에너지양 (지구=1)
(가)	0.0005	㉠	1
(나)	1.2	1	㉡

이 자료에 대한 설명으로 옳은 것만을 〈보기〉에서 있는 대로 고른 것은?

─〈보기〉─
ㄱ. ㉠은 1보다 작다.
ㄴ. ㉡은 1보다 작다.
ㄷ. 생명 가능 지대의 폭은 (나)의 중심별이 (가)의 중심별보다 좁다.

① ㄱ　② ㄷ　③ ㄱ, ㄴ　④ ㄴ, ㄷ　⑤ ㄱ, ㄴ, ㄷ

05

그림은 생명 가능 지대에 위치한 외계 행성 A, B, C가 주계열인 중심별로부터 받는 복사 에너지를 중심별의 표면 온도에 따라 나타낸 것이다.
이에 대한 설명으로 옳은 것만을 〈보기〉에서 있는 대로 고른 것은? [3점]

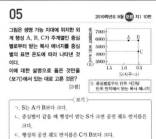

S: 중심별로부터 단위 시간당 단위 면적에서 받는 복사 에너지

─〈보기〉─
ㄱ. S는 A가 B보다 크다.
ㄴ. 중심별이 같을 때 행성이 받는 S 크면 공전 궤도 반지름은 크다.
ㄷ. 행성의 공전 궤도 반지름은 C보다 B가 크다.

① ㄱ　② ㄴ　③ ㄱ, ㄷ　④ ㄴ, ㄷ　⑤ ㄱ, ㄴ, ㄷ

12

그림은 주계열성인 외계 항성 S를 공전하는 5개 행성과 생명 가능 지대를 나타낸 것이다.
이에 대한 설명으로 옳은 것만을 〈보기〉에서 있는 대로 고른 것은?

─〈보기〉─
ㄱ. S의 광도는 태양의 광도보다 작다.
ㄴ. a는 액체 상태의 물이 존재할 수 있다.
ㄷ. 생명 가능 지대에 머물 수 있는 기간은 지구가 a보다 짧다.

① ㄱ　② ㄷ　③ ㄱ, ㄴ　④ ㄴ, ㄷ　⑤ ㄱ, ㄴ, ㄷ

01 대표 문제

2025학년도 6월 모평 지I 3번

그림은 태양으로부터 생명 가능 지대가 나타나기 시작하는 거리를 시간에 따라 나타낸 것이다.
현재와 비교할 때, 40억 년 후에 대한 설명으로 옳은 것만을 〈보기〉에서 있는 대로 고른 것은?

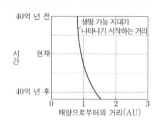

─────〈 보기 〉─────

ㄱ. 태양의 광도는 작아진다.

ㄴ. 생명 가능 지대의 폭은 넓어진다.

ㄷ. 태양으로부터 1 AU 거리에서 물이 액체 상태로 존재할 가능성은 높아진다.

① ㄱ   ② ㄴ   ③ ㄷ   ④ ㄱ, ㄴ   ⑤ ㄴ, ㄷ

02

2024학년도 수능 지I 1번

다음은 생명 가능 지대에 대하여 학생 A, B, C가 나눈 대화를 나타낸 것이다.

생명 가능 지대에 위치한 행성에는 물이 액체 상태로 존재할 가능성이 있어.

중심별의 광도가 클수록 중심별로부터 생명 가능 지대까지의 거리는 멀어져.

중심별의 광도가 클수록 생명 가능 지대의 폭은 좁아져.

학생 A   학생 B   학생 C

제시한 내용이 옳은 학생만을 있는 대로 고른 것은?

① A   ② B   ③ C   ④ A, B   ⑤ A, C

03

2019학년도 3월 학평 지I 1번

다음은 세 학생 A, B, C가 지구에 생명체가 번성할 수 있는 이유에 대해 나눈 대화이다.

지구는 태양으로부터 적절한 거리에 떨어져 있어 물이 액체 상태로 존재할 수 있어.

지구의 대기는 자외선을 흡수하여 생명체를 보호하는 역할을 해.

태양의 수명은 생명체가 탄생하고 진화하기에 충분히 길어.

A   B   C

제시한 내용이 옳은 학생만을 있는 대로 고른 것은?

① A   ② B   ③ A, C   ④ B, C   ⑤ A, B, C

04 대표 문제

2025학년도 9월 모평 지I 9번

그림은 서로 다른 외계 행성계에 위치한 행성 A~D가 중심별로부터 단위 시간당 단위 면적에서 받는 복사 에너지(S)와 중심별의 광도(L)를 나타낸 것이다.
이 자료에 대한 설명으로 옳은 것만을 〈보기〉에서 있는 대로 고른 것은?

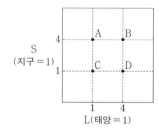

─────〈 보기 〉─────

ㄱ. 액체 상태의 물이 존재할 가능성은 A가 D보다 높다.

ㄴ. 생명 가능 지대의 폭은 B의 중심별이 C의 중심별보다 넓다.

ㄷ. 중심별의 중심으로부터의 거리는 C가 D보다 멀다.

① ㄱ   ② ㄴ   ③ ㄷ   ④ ㄱ, ㄷ   ⑤ ㄴ, ㄷ

05

그림은 생명 가능 지대에 위치한 외계 행성 A, B, C가 주계열인 중심별로부터 받는 복사 에너지를 중심별의 표면 온도에 따라 나타낸 것이다.

이에 대한 설명으로 옳은 것만을 〈보기〉에서 있는 대로 고른 것은?

[3점]

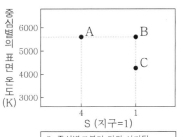

S: 중심별로부터 단위 시간당 단위 면적에서 받는 복사 에너지

─〈 보기 〉─
ㄱ. S는 A가 B보다 크다.
ㄴ. 중심별이 같을 때 행성이 받는 S가 크면 공전 궤도 반지름은 크다.
ㄷ. 행성의 공전 궤도 반지름은 C가 B보다 크다.

① ㄱ 　② ㄴ 　③ ㄱ, ㄷ 　④ ㄴ, ㄷ 　⑤ ㄱ, ㄴ, ㄷ

07

그림은 별 A, B, C를 H−R도에 나타낸 것이다.

이에 대한 설명으로 옳은 것만을 〈보기〉에서 있는 대로 고른 것은?

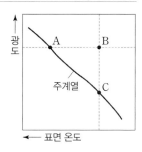

─〈 보기 〉─
ㄱ. 별의 중심으로부터 생명 가능 지대까지의 거리는 A와 B가 같다.
ㄴ. 생명 가능 지대의 폭은 B가 C보다 넓다.
ㄷ. 생명 가능 지대에 위치하는 행성에서 액체 상태의 물이 존재할 수 있는 시간은 C가 A보다 길다.

① ㄱ 　② ㄴ 　③ ㄱ, ㄷ 　④ ㄴ, ㄷ 　⑤ ㄱ, ㄴ, ㄷ

06

그림은 행성이 주계열성인 중심별로부터 받는 복사 에너지와 중심별의 표면 온도를 나타낸 것이다. 행성 A, B, C 중 B와 C만 생명 가능 지대에 위치하며 A와 B의 반지름은 같다.

이에 대한 옳은 설명만을 〈보기〉에서 있는 대로 고른 것은? (단, 행성은 흑체이고, 행성 대기의 효과는 무시한다.) [3점]

S: 중심별로부터 단위 시간당 단위 면적에서 받는 복사 에너지

─〈 보기 〉─
ㄱ. 행성이 복사 평형을 이룰 때 표면 온도(K)는 A가 B의 $\sqrt{2}$배 이다.
ㄴ. 공전 궤도 반지름은 B가 C보다 작다.
ㄷ. A의 중심별이 적색 거성으로 진화하면 A는 생명 가능 지대에 속할 수 있다.

① ㄱ 　② ㄴ 　③ ㄷ 　④ ㄱ, ㄴ 　⑤ ㄱ, ㄷ

08 대표 문제

표는 별 (가), (나), (다)의 분광형과 절대 등급을 나타낸 것이다. (가), (나), (다) 중 2개는 주계열성, 1개는 초거성이다.

이에 대한 설명으로 옳은 것만을 〈보기〉에서 있는 대로 고른 것은?

별	분광형	절대 등급
(가)	G	−5
(나)	A	0
(다)	G	+5

─〈 보기 〉─
ㄱ. 질량은 (다)가 (나)보다 크다.
ㄴ. 생명 가능 지대에서 액체 상태의 물이 존재할 수 있는 시간은 (다)가 (나)보다 길다.
ㄷ. 생명 가능 지대의 폭은 (다)가 (가)보다 넓다.

① ㄱ 　② ㄴ 　③ ㄱ, ㄷ 　④ ㄴ, ㄷ 　⑤ ㄱ, ㄴ, ㄷ

09

그림은 중심별의 질량에 따른 생명 가능 지대를 나타낸 것이다. 이에 대한 설명으로 옳은 것만을 〈보기〉에서 있는 대로 고른 것은? (단, 중심별은 주계열성이다.)

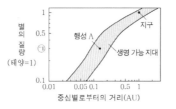

〈보기〉
ㄱ. 중심별로부터 생명 가능 지대까지의 거리는 질량이 ㉠인 별이 태양보다 멀다.
ㄴ. 생명 가능 지대의 폭은 질량이 ㉠인 별이 태양보다 좁다.
ㄷ. 생명 가능 지대에 머무는 기간은 행성 A가 지구보다 짧다.

① ㄱ　　② ㄴ　　③ ㄱ, ㄷ　　④ ㄴ, ㄷ　　⑤ ㄱ, ㄴ, ㄷ

11

그림 (가)와 (나)는 두 외계 행성계의 생명 가능 지대를 나타낸 것이다. 중심별 A와 B는 모두 주계열성이다.

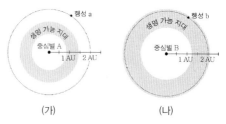

(가)　　　　　　(나)

이에 대한 옳은 설명만을 〈보기〉에서 있는 대로 고른 것은? (단, 행성의 대기에 의한 효과는 무시한다.)

〈보기〉
ㄱ. 광도는 A가 B보다 크다.
ㄴ. 행성의 표면 온도는 a가 b보다 높다.
ㄷ. 주계열 단계에 머무르는 기간은 A가 B보다 길다.

① ㄱ　　　　　　② ㄷ　　　　　　③ ㄱ, ㄴ
④ ㄴ, ㄷ　　　　⑤ ㄱ, ㄴ, ㄷ

10 대표 문제

그림은 어느 별의 시간에 따른 생명 가능 지대의 범위를 나타낸 것이다. 이 별은 현재 주계열성이다. 이 자료에 대한 설명으로 옳은 것만을 〈보기〉에서 있는 대로 고른 것은? [3점]

〈보기〉
ㄱ. 이 별의 광도는 ㉠ 시기가 현재보다 작다.
ㄴ. 현재 중심별에서 생명 가능 지대까지의 거리는 이 별이 태양보다 가깝다.
ㄷ. 현재 표면에서 단위 면적당 단위 시간에 방출하는 에너지양은 이 별이 태양보다 적다.

① ㄱ　　② ㄴ　　③ ㄱ, ㄷ　　④ ㄴ, ㄷ　　⑤ ㄱ, ㄴ, ㄷ

12

그림은 주계열성인 외계 항성 S를 공전하는 5개 행성과 생명 가능 지대를 나타낸 것이다. 이에 대한 설명으로 옳은 것만을 〈보기〉에서 있는 대로 고른 것은?

〈보기〉
ㄱ. S의 광도는 태양의 광도보다 작다.
ㄴ. a는 액체 상태의 물이 존재할 수 있다.
ㄷ. 생명 가능 지대에 머물 수 있는 기간은 지구가 a보다 짧다.

① ㄱ　　② ㄷ　　③ ㄱ, ㄴ　　④ ㄴ, ㄷ　　⑤ ㄱ, ㄴ, ㄷ

13

그림은 주계열성 S의 생명 가능 지대를, 표는 S를 원 궤도로 공전하는 행성 a, b, c의 특징을 나타낸 것이다. ㉠은 생명 가능 지대의 가운데에 해당하는 면이다.

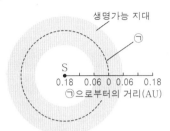

생명가능 지대

S
0.18 0.06 0 0.06 0.18
㉠으로부터의 거리(AU)

행성	㉠으로부터 행성 공전 궤도까지의 최단 거리(AU)	단위 시간당 단위 면적이 받는 복사 에너지(행성 a=1)
a	0.02	1
b	0.10	0.32
c	0.13	9.68

이에 대한 설명으로 옳은 것만을 〈보기〉에서 있는 대로 고른 것은? (단, 행성의 대기 조건은 고려하지 않는다.) [3점]

〈보기〉
ㄱ. 광도는 태양보다 S가 작다.
ㄴ. a에서는 물이 액체 상태로 존재할 수 있다.
ㄷ. 행성의 평균 표면 온도는 b보다 c가 높다.

① ㄱ   ② ㄷ   ③ ㄱ, ㄴ   ④ ㄴ, ㄷ   ⑤ ㄱ, ㄴ, ㄷ

14

그림은 서로 다른 주계열성 A, B, C를 각각 원궤도로 공전하는 행성을 나타낸 것이다.

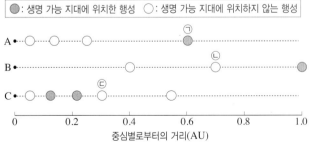

●: 생명 가능 지대에 위치한 행성   ○: 생명 가능 지대에 위치하지 않는 행성

A
B
C
0   0.2   0.4   0.6   0.8   1.0
중심별로부터의 거리(AU)

이에 대한 설명으로 옳은 것만을 〈보기〉에서 있는 대로 고른 것은? (단, 행성의 대기 조건은 고려하지 않는다.)

〈보기〉
ㄱ. ㉠에서는 물이 액체 상태로 존재할 수 있다.
ㄴ. 행성의 평균 표면 온도는 ㉡보다 ㉢이 높다.
ㄷ. 생명 가능 지대의 폭은 A, B, C 중 C가 가장 넓다.

① ㄱ   ② ㄴ   ③ ㄱ, ㄷ   ④ ㄴ, ㄷ   ⑤ ㄱ, ㄴ, ㄷ

15 대표문제

그림은 태양보다 질량이 작은 주계열성이 중심별인 어느 외계 행성계를 나타낸 것이다. 각 행성의 위치는 중심별로부터 행성까지의 거리에 해당하고, S 값은 그 위치에서 단위 시간당 단위 면적이 받는 복사 에너지이다. 생명 가능 지대에 존재하는 행성은 A이다.

A
100 10 5   2   1   0.5   0.25
단위 시간당 단위 면적이 받는 복사 에너지 S(지구=1)   ◉ 행성

이 행성계가 태양계보다 큰 값을 가지는 것만을 〈보기〉에서 있는 대로 고른 것은? [3점]

〈보기〉
ㄱ. 중심별로부터 생명 가능 지대 안쪽 경계까지의 행성 수
ㄴ. S=1인 위치에서 중심별까지의 거리
ㄷ. 생명 가능 지대에 존재하는 행성의 S 값

① ㄱ   ② ㄷ   ③ ㄱ, ㄴ   ④ ㄴ, ㄷ   ⑤ ㄱ, ㄴ, ㄷ

16

표는 중심별 A, B, C의 생명 가능 지대 안쪽 경계와 바깥쪽 경계가 중심별로부터 떨어진 거리를 나타낸 것이다. A, B, C는 주계열성이고, $x<y$ 이다.

중심별	중심별로부터의 거리(AU)	
	안쪽 경계	바깥쪽 경계
A	2.1	x
B	( )	1.8
C	y	5.5

이 자료에 대한 설명으로 옳은 것만을 〈보기〉에서 있는 대로 고른 것은? [3점]

〈보기〉
ㄱ. 생명 가능 지대의 폭은 A가 B보다 좁다.
ㄴ. 주계열 단계에 머무는 기간은 A가 C보다 길다.
ㄷ. $x+y<7.6$이다.

① ㄱ   ② ㄴ   ③ ㄱ, ㄴ   ④ ㄱ, ㄷ   ⑤ ㄴ, ㄷ

17

표는 주계열성 A, B, C의 질량, 생명 가능 지대, 생명 가능 지대에 위치한 행성의 공전 궤도 반지름을 나타낸 것이다. A, B, C는 각각 1개의 행성만 가지고 있으며, 행성들은 원 궤도로 공전한다. 별의 나이는 모두 같다.

주계열성	질량 (태양=1)	생명 가능 지대(AU)	행성의 공전 궤도 반지름(AU)
A	1.0	0.82~1.17	1.16
B	1.2	1.27~1.81	1.28
C	2.0	( )	( )

이에 대한 설명으로 옳은 것만을 〈보기〉에서 있는 대로 고른 것은?

〈 보기 〉
ㄱ. 광도는 C가 A보다 크다.
ㄴ. C의 생명 가능 지대의 폭은 0.54 AU보다 넓다.
ㄷ. 생명 가능 지대에 머무르는 기간은 A의 행성이 B의 행성 보다 길다.

① ㄱ   ② ㄷ   ③ ㄱ, ㄴ   ④ ㄴ, ㄷ   ⑤ ㄱ, ㄴ, ㄷ

18

표는 중심별이 주계열성인 서로 다른 외계 행성계에 속한 행성 (가), (나), (다)에 대한 물리량을 나타낸 것이다. (가), (나), (다) 중 생명 가능 지대에 위치한 것은 2개이다.

외계 행성	중심별의 질량 (태양=1)	행성의 질량 (지구=1)	중심별로부터 행성까지의 거리(AU)
(가)	1	1	1
(나)	1	2	4
(다)	2	2	4

이에 대한 설명으로 옳은 것만을 〈보기〉에서 있는 대로 고른 것은? (단, 각각의 외계 행성계는 1개의 행성만 가지고 있으며, 행성 (가), (나), (다)는 중심별을 원 궤도로 공전한다.) [3점]

〈 보기 〉
ㄱ. 별과 공통 질량 중심 사이의 거리는 (나)의 중심별에서가 (다)의 중심별에서보다 길다.
ㄴ. 중심별로부터 단위 시간당 단위 면적이 받는 복사 에너지양은 (나)가 (가)보다 많다.
ㄷ. (다)에는 물이 액체 상태로 존재할 수 있다.

① ㄱ   ② ㄴ   ③ ㄷ   ④ ㄱ, ㄷ   ⑤ ㄴ, ㄷ

19 대표문제

표는 주계열성 A와 B의 질량, 생명 가능 지대에 위치한 행성의 공전 궤도 반지름, 생명 가능 지대의 폭을 나타낸 것이다.

주계열성	질량 (태양=1)	행성의 공전 궤도 반지름(AU)	생명 가능 지대의 폭(AU)
A	5	(㉠)	(㉢)
B	0.5	(㉡)	(㉣)

이에 대한 설명으로 옳은 것만을 〈보기〉에서 있는 대로 고른 것은?

〈 보기 〉
ㄱ. 광도는 A가 B보다 크다.
ㄴ. ㉠은 ㉡보다 크다.
ㄷ. ㉢은 ㉣보다 크다.

① ㄱ   ② ㄷ   ③ ㄱ, ㄴ   ④ ㄴ, ㄷ   ⑤ ㄱ, ㄴ, ㄷ

20

표는 서로 다른 외계 행성계에 속한 행성 (가)와 (나)에 대한 물리량을 나타낸 것이다. (가)와 (나)는 생명 가능 지대에 위치하고, 각각의 중심별은 주계열성이다.

외계 행성	중심별의 광도 (태양=1)	중심별로부터의 거리(AU)	단위 시간당 단위 면적이 받는 복사 에너지양 (지구=1)
(가)	0.0005	㉠	1
(나)	1.2	1	㉡

이 자료에 대한 설명으로 옳은 것만을 〈보기〉에서 있는 대로 고른 것은?

〈 보기 〉
ㄱ. ㉠은 1보다 작다.
ㄴ. ㉡은 1보다 작다.
ㄷ. 생명 가능 지대의 폭은 (나)의 중심별이 (가)의 중심별보다 좁다.

① ㄱ   ② ㄷ   ③ ㄱ, ㄴ   ④ ㄴ, ㄷ   ⑤ ㄱ, ㄴ, ㄷ

21

표는 외계 행성계 (가)와 (나)의 특징을 나타낸 것이다. (가)와 (나)는 각각 중심별과 중심별을 원 궤도로 공전하는 하나의 행성으로 구성된다.

구분	(가)	(나)
중심별의 분광형	F6V	M2V
생명 가능 지대(AU)	1.7~3.0	( )
행성의 공전 궤도 반지름(AU)	1.82	3.10
행성의 단위 면적당 단위 시간에 입사하는 중심별의 복사 에너지양(지구=1)	1.03	㉠

이에 대한 설명으로 옳은 것만을 〈보기〉에서 있는 대로 고른 것은?

〈 보기 〉
ㄱ. (가)의 행성에서는 물이 액체 상태로 존재할 수 있다.
ㄴ. (나)에서 생명 가능 지대의 폭은 1.3 AU보다 넓다.
ㄷ. ㉠은 1.03보다 크다.

① ㄱ   ② ㄴ   ③ ㄱ, ㄷ   ④ ㄴ, ㄷ   ⑤ ㄱ, ㄴ, ㄷ

22

그림 (가)는 주계열성 A와 B의 중심으로부터 거리에 따른 생명 가능 지대의 지속 시간을, (나)는 A 또는 B가 주계열 단계에 머무는 동안 생명 가능 지대의 변화를 나타낸 것이다.

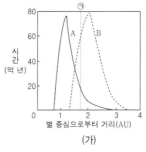 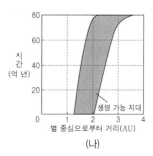

(가)   (나)

이 자료에 대한 설명으로 옳은 것만을 〈보기〉에서 있는 대로 고른 것은? [3점]

〈 보기 〉
ㄱ. 별의 질량은 A보다 B가 작다.
ㄴ. ㉠에서 생명 가능 지대의 지속 시간은 A보다 B가 짧다.
ㄷ. (나)는 B의 자료이다.

① ㄱ   ② ㄷ   ③ ㄱ, ㄴ   ④ ㄴ, ㄷ   ⑤ ㄱ, ㄴ, ㄷ

23

그림 (가)와 (나)는 주계열성 A와 B의 생명 가능 지대를 별의 나이에 따라 나타낸 것이다. 행성 a는 A를, 행성 b는 B를 각각 공전하고, a와 b는 중심별로부터 같은 거리에 위치한다.

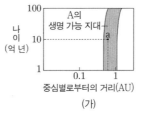 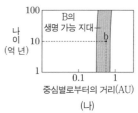

(가)   (나)

이 자료에 대한 설명으로 옳은 것만을 〈보기〉에서 있는 대로 고른 것은? [3점]

〈 보기 〉
ㄱ. 질량은 A가 B보다 크다.
ㄴ. 10억 년일 때, 행성이 중심별로부터 단위 시간당 단위 면적에서 받는 복사 에너지양은 a와 b가 같다.
ㄷ. A의 생명 가능 지대의 폭은 1억 년일 때와 100억 년일 때가 같다.

① ㄱ   ② ㄴ   ③ ㄷ   ④ ㄱ, ㄴ   ⑤ ㄱ, ㄷ

주제 \ 학년도	2025	2024	2023

은하의 분류

2024

02 대표문제 2024학년도 9월 지I 8번

표는 허블의 은하 분류 기준과 이에 따라 분류한 은하의 종류를 나타낸 것이다. (가), (나), (다)는 각각 막대 나선 은하, 불규칙 은하, 타원 은하 중 하나이다.

분류 기준	(가)	(나)	(다)
(㉠)	○	○	×
나선팔이 있는가?	○	×	×
편평도에 따라 세분할 수 있는가?	×	○	×

(○: 있다, ×: 없다)

이에 대한 설명으로 옳은 것만을 〈보기〉에서 있는 대로 고른 것은?

〈보기〉
ㄱ. '중심부에 막대 구조가 있는가?'는 ㉠에 해당한다.
ㄴ. 주계열성의 평균 광도는 (가)가 (나)보다 크다.
ㄷ. 은하의 질량에 대한 성간 물질의 질량비는 (나)가 (다)보다 크다.

① ㄱ ② ㄴ ③ ㄷ ④ ㄱ, ㄴ ⑤ ㄴ, ㄷ

은하의 분류와 특징

빈출

2025

30 2025학년도 9월 지I 5번

그림은 은하 (가)와 (나)의 스펙트럼을 나타낸 것이다. (가)와 (나)는 각각 세이퍼트은하와 타원 은하 중 하나이다.

이에 대한 설명으로 옳은 것만을 〈보기〉에서 있는 대로 고른 것은?

〈보기〉
ㄱ. (가)는 세이퍼트은하이다.
ㄴ. (나)의 스펙트럼에는 방출선이 나타난다.
ㄷ. 은하를 구성하는 주계열성의 평균 표면 온도는 (가)가 우리은하보다 낮다.

① ㄱ ② ㄴ ③ ㄱ, ㄷ ④ ㄴ, ㄷ ⑤ ㄱ, ㄴ, ㄷ

2024

10 2024학년도 9월 지I 5번

그림 (가)와 (나)는 정상 나선 은하와 타원 은하를 순서 없이 나타낸 것이다.

(가) (나)

이에 대한 설명으로 옳은 것만을 〈보기〉에서 있는 대로 고른 것은? [3점]

〈보기〉
ㄱ. 별의 평균 나이는 (가)가 (나)보다 많다.
ㄴ. 주계열성의 평균 질량은 (가)가 (나)보다 크다.
ㄷ. (나)에서 별의 평균 표면 온도는 분광형이 A0인 별보다 높다.

① ㄱ ② ㄴ ③ ㄷ
④ ㄱ, ㄴ ⑤ ㄴ, ㄷ

2023

06 2023학년도 6월 모평 지I 2번

그림은 어느 외부 은하를 나타낸 것이다. A와 B는 각각 은하의 중심부와 나선팔이다.
이 은하에 대한 설명으로 옳은 것만을 〈보기〉에서 있는 대로 고른 것은?

〈보기〉
ㄱ. 막대 나선 은하에 해당한다.
ㄴ. B에는 성간 물질이 존재하지 않는다.
ㄷ. 붉은 별의 비율은 A가 B보다 높다.

① ㄱ ② ㄴ ③ ㄷ ④ ㄱ, ㄴ ⑤ ㄴ, ㄷ

2025

12 대표문제 2025학년도 6월 모평 지I 12번

그림은 은하 A와 B가 탄생한 후부터 연간 생성된 별의 총 질량을 시간에 따라 나타낸 것이다. A와 B는 나선 은하와 타원 은하를 순서 없이 나타낸 것이다.
이 자료에 대한 설명으로 옳은 것만을 〈보기〉에서 있는 대로 고른 것은?

〈보기〉
ㄱ. B는 나선 은하이다.
ㄴ. t_1일 때 은하를 구성하는 별의 평균 나이는 A가 B보다 적다.
ㄷ. A에서 태양보다 질량이 큰 주계열성의 개수는 t_1일 때가 t_2일 때보다 적다.

① ㄱ ② ㄴ ③ ㄷ ④ ㄱ, ㄴ ⑤ ㄱ, ㄷ

2024

09 대표문제 2024학년도 6월 모평 지I 2번

그림 (가), (나), (다)는 타원 은하, 나선 은하, 불규칙 은하를 순서 없이 나타낸 것이다.

(가) (나) (다)

이에 대한 설명으로 옳은 것만을 〈보기〉에서 있는 대로 고른 것은?

〈보기〉
ㄱ. (가)는 타원 은하이다.
ㄴ. 은하를 구성하는 별의 평균 나이는 (가)가 (나)보다 크다.
ㄷ. (가)는 (다)로 진화한다.

① ㄱ ② ㄴ ③ ㄷ ④ ㄱ, ㄴ ⑤ ㄴ, ㄷ

2023

11 2023학년도 9월 모평 지I 5번

그림 (가)와 (나)는 가시광선으로 관측한 어느 타원 은하와 불규칙 은하를 순서 없이 나타낸 것이다.

(가) (나)

이에 대한 설명으로 옳은 것만을 〈보기〉에서 있는 대로 고른 것은?

〈보기〉
ㄱ. (가)는 불규칙 은하이다.
ㄴ. (나)를 구성하는 별들은 푸른 별이 붉은 별보다 많다.
ㄷ. 은하를 구성하는 별들의 평균 나이는 (가)가 (나)보다 적다.

① ㄱ ② ㄷ ③ ㄱ, ㄴ ④ ㄱ, ㄷ ⑤ ㄴ, ㄷ

특이 은하
- 전파 은하
- 세이퍼트은하
- 퀘이사

2025

23 대표문제 2025학년도 9월 모평 지I 10번

그림 (가)는 어떤 은하의 모습을, (나)는 이 은하에서 관측한 수소 방출선 A의 위치를 나타낸 것이다. A의 기준 파장은 656.3 nm이다.

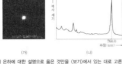
(가) (나)

이 은하에 대한 설명으로 옳은 것만을 〈보기〉에서 있는 대로 고른 것은? (단, 빛의 속도는 3×10^5 km/s이고, 허블 상수는 70 km/s/Mpc이다.) [3점]

〈보기〉
ㄱ. 단위 시간 동안 방출하는 에너지양은 우리은하보다 적다.
ㄴ. 중심부에는 거대 질량의 블랙홀이 존재할 것으로 추정된다.
ㄷ. 은하까지의 거리는 400 Mpc보다 멀다.

① ㄱ ② ㄴ ③ ㄷ ④ ㄱ, ㄴ ⑤ ㄴ, ㄷ

2023

17 2023학년도 수능 지I 3번

그림 (가)와 (나)는 어느 은하를 각각 가시광선과 전파로 관측한 영상이며, ㉠은 제트이다.
이 은하에 대한 설명으로 옳은 것만을 〈보기〉에서 있는 대로 고른 것은? [3점]

(가) (나)

〈보기〉
ㄱ. 나선팔을 가지고 있다.
ㄴ. 대부분의 별은 분광형이 A0인 별보다 표면 온도가 낮다.
ㄷ. ㉠은 암흑 물질이 분출되는 모습이다.

① ㄱ ② ㄴ ③ ㄷ ④ ㄱ, ㄴ ⑤ ㄴ, ㄷ

2022~2019

05
2021학년도 9월 평가원 지I 7번

표는 허블의 은하 분류 기준과 이에 따라 분류한 은하의 종류를 나타낸 것이고, 그림은 은하 A의 가시광선 영상이다. (가)~(라)는 각각 타원 은하, 정상 나선 은하, 막대 나선 은하, 불규칙 은하 중 하나이고, A는 (가)~(라) 중 하나에 해당한다.

분류 기준	(가)	(나)	(다)	(라)
규칙적인 구조가 있는가?	○	○	×	○
나선팔이 있는가?	○	○	×	×
중심부에 막대 구조가 있는가?	○	×	×	×

(○: 있다, ×: 없다)

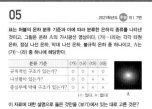
A

이 자료에 대한 설명으로 옳은 것만을 〈보기〉에 있는 대로 고른 것은?

─〈 보기 〉─
ㄱ. 은하의 질량에 대한 성간 물질의 질량비는 (가)가 (다)보다 작다.
ㄴ. 은하를 구성하는 별의 평균 표면 온도는 (나)가 (라)보다 높다.
ㄷ. A는 (라)에 해당한다.

① ㄱ ② ㄷ ③ ㄱ, ㄴ ④ ㄴ, ㄷ ⑤ ㄱ, ㄴ, ㄷ

03
2021학년도 9월 평가원 지I 12번

다음은 세 학생이 다양한 외부 은하를 형태에 따라 분류하는 탐구 활동의 일부를 나타낸 것이다.

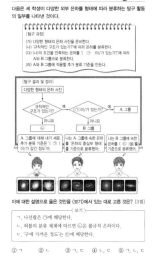

이에 대한 설명으로 옳은 것만을 〈보기〉에서 있는 대로 고른 것은? [3점]

─〈 보기 〉─
ㄱ. 나선팔은 ㉠에 해당한다.
ㄴ. 허블의 분류 체계에 따르면 ㉡은 불규칙 은하이다.
ㄷ. '구에 가까운 정도'는 ㉢에 해당한다.

① ㄱ ② ㄴ ③ ㄱ, ㄷ ④ ㄴ, ㄷ ⑤ ㄱ, ㄴ, ㄷ

13
2022학년도 9월 모평 지I 9번

그림은 두 은하 A와 B가 탄생한 후, 연간 생성된 별의 총질량을 시간에 따라 나타낸 것이다. A와 B는 허블 은하 분류 체계에 따른 서로 다른 종류이며, 각각 E0과 Sb 중 하나이다.

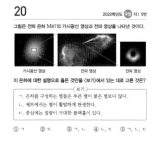

이에 대한 설명으로 옳은 것만을 〈보기〉에서 있는 대로 고른 것은?

─〈 보기 〉─
ㄱ. B는 나선팔을 가지고 있다.
ㄴ. T_1일 때 연간 생성된 별의 총질량은 A가 B보다 크다.
ㄷ. T_2일 때 별의 평균 표면 온도는 B가 A보다 높다.

① ㄱ ② ㄷ ③ ㄱ, ㄴ ④ ㄴ, ㄷ ⑤ ㄱ, ㄴ, ㄷ

20
2022학년도 9월 모평 지I 5번

그림은 전파 은하 M87의 가시광선 영상과 전파 영상을 나타낸 것이다.

가시광선 영상   전파 영상   전파 영상

이 은하에 대한 설명으로 옳은 것만을 〈보기〉에서 있는 대로 고른 것은?

─〈 보기 〉─
ㄱ. 은하를 구성하는 별들은 푸른 별이 붉은 별보다 많다.
ㄴ. 제트에서는 별이 활발하게 탄생한다.
ㄷ. 중심에는 질량이 거대한 블랙홀이 있다.

① ㄱ ② ㄷ ③ ㄱ, ㄴ ④ ㄴ, ㄷ ⑤ ㄱ, ㄴ, ㄷ

22
2022학년도 6월 모평 지I 5번

그림 (가)와 (나)는 가시광선으로 관측한 외부 은하와 퀘이사를 나타낸 것이다.

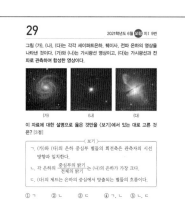

(가) 외부 은하   (나) 퀘이사

이에 대한 설명으로 옳은 것만을 〈보기〉에서 있는 대로 고른 것은?

─〈 보기 〉─
ㄱ. (가)는 불규칙 은하이다.
ㄴ. (나)는 항성이다.
ㄷ. (나)는 우리은하로부터 멀어지고 있다.

① ㄱ ② ㄷ ③ ㄱ, ㄴ ④ ㄴ, ㄷ ⑤ ㄱ, ㄴ, ㄷ

29
2021학년도 6월 모평 지I 9번

그림 (가), (나), (다)는 각각 세이퍼트은하, 퀘이사, 전파 은하의 영상을 나타낸 것이다. (가)와 (나)는 가시광선 영상이고, (다)는 가시광선과 전파로 관측하여 합성한 영상이다.

(가)   (나)   (다)

이 자료에 대한 설명으로 옳은 것만을 〈보기〉에서 있는 대로 고른 것은? [3점]

─〈 보기 〉─
ㄱ. (가)와 (다)의 은하 중심부 별들의 회전축은 관측자의 시선 방향과 일치한다.
ㄴ. 각 은하의 중심부의 밝기/전체의 밝기 는 (나)의 은하가 가장 크다.
ㄷ. (다)의 제트는 은하의 중심에서 방출되는 별들의 흐름이다.

① ㄱ ② ㄴ ③ ㄷ ④ ㄱ, ㄴ ⑤ ㄴ, ㄷ

01

표는 은하의 종류별 특징을 나타낸 것이고, (가), (나), (다)는 각각 타원 은하, 막대 나선 은하, 불규칙 은하 중 하나이다. 그림은 어느 은하의 가 시광선 영상을 나타낸 것이고, 이 은하는 (가), (나), (다) 중 하나에 해당 한다.

종류	특징
(가)	E0~E7로 구분한다.
(나)	(㉠)
(다)	중심부에 막대 구조가 보인다.

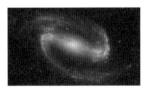

이에 대한 설명으로 옳은 것만을 〈보기〉에서 있는 대로 고른 것은?

〈 보기 〉
ㄱ. E7은 E0보다 구 모양에 가깝다.
ㄴ. '규칙적인 구조가 없다.'는 ㉠에 해당한다.
ㄷ. 그림의 은하는 (다)에 해당한다.

① ㄱ ② ㄴ ③ ㄱ, ㄷ ④ ㄴ, ㄷ ⑤ ㄱ, ㄴ, ㄷ

02 대표문제

표는 허블의 은하 분류 기준과 이에 따라 분류한 은하의 종류를 나타낸 것이다. (가), (나), (다)는 각각 막대 나선 은하, 불규칙 은하, 타원 은하 중 하나이다.

분류 기준	(가)	(나)	(다)
(㉠)	○	○	×
나선팔이 있는가?	○	×	×
편평도에 따라 세분할 수 있는가?	×	○	×

(○: 있다. ×: 없다)

이에 대한 설명으로 옳은 것만을 〈보기〉에서 있는 대로 고른 것은?

〈 보기 〉
ㄱ. '중심부에 막대 구조가 있는가?'는 ㉠에 해당한다.
ㄴ. 주계열성의 평균 광도는 (가)가 (나)보다 크다.
ㄷ. 은하의 질량에 대한 성간 물질의 질량비는 (나)가 (다)보다 크다.

① ㄱ ② ㄴ ③ ㄷ ④ ㄱ, ㄴ ⑤ ㄴ, ㄷ

03

다음은 세 학생이 다양한 외부 은하를 형태에 따라 분류하는 탐구 활동 의 일부를 나타낸 것이다.

[탐구 과정]
(가) 다양한 형태의 은하 사진을 준비한다.
(나) '규칙적인 구조가 있는가?'에 따라 은하를 분류한다.
(다) (나)의 조건을 만족하는 은하를 '(㉠)이/가 있는가?'에 따라 A와 B 그룹으로 분류한다.
(라) A와 B 그룹에 적용할 추가 분류 기준을 만든다.

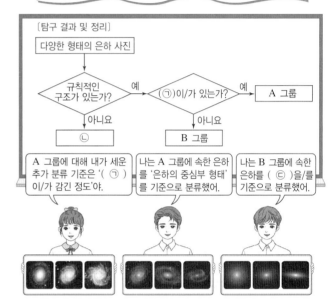

이에 대한 설명으로 옳은 것만을 〈보기〉에서 있는 대로 고른 것은? [3점]

〈 보기 〉
ㄱ. 나선팔은 ㉠에 해당한다.
ㄴ. 허블의 분류 체계에 따르면 ㉡은 불규칙 은하이다.
ㄷ. '구에 가까운 정도'는 ㉢에 해당한다.

① ㄱ ② ㄴ ③ ㄱ, ㄷ ④ ㄴ, ㄷ ⑤ ㄱ, ㄴ, ㄷ

04

2021학년도 3월 학평 지I 9번

그림은 외부 은하 중 일부를 형태에 따라 (가), (나), (다)로 분류한 것이다.

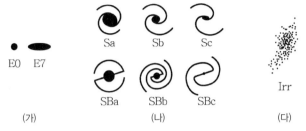

Sa	Sb	Sc
SBa	SBb	SBc

E0 E7

Irr

(가)　　　　　　　(나)　　　　　　(다)

이에 대한 옳은 설명만을 〈보기〉에서 있는 대로 고른 것은?

〈 보기 〉
ㄱ. (가)는 타원 은하이다.
ㄴ. (나)의 은하들은 나선팔이 있다.
ㄷ. 은하를 구성하는 별의 평균 표면 온도는 (가)가 (다)보다 낮다.

① ㄱ　　② ㄷ　　③ ㄱ, ㄴ　　④ ㄴ, ㄷ　　⑤ ㄱ, ㄴ, ㄷ

06

2023학년도 6월 모평 지I 2번

그림은 어느 외부 은하를 나타낸 것이다. A와 B는 각각 은하의 중심부와 나선팔이다.
이 은하에 대한 설명으로 옳은 것만을 〈보기〉에서 있는 대로 고른 것은?

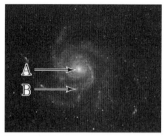

〈 보기 〉
ㄱ. 막대 나선 은하에 해당한다.
ㄴ. B에는 성간 물질이 존재하지 않는다.
ㄷ. 붉은 별의 비율은 A가 B보다 높다.

① ㄱ　　② ㄴ　　③ ㄷ　　④ ㄱ, ㄴ　　⑤ ㄴ, ㄷ

05

2021학년도 수능 지I 7번

표는 허블의 은하 분류 기준과 이에 따라 분류한 은하의 종류를 나타낸 것이고, 그림은 은하 A의 가시광선 영상이다. (가)~(라)는 각각 타원 은하, 정상 나선 은하, 막대 나선 은하, 불규칙 은하 중 하나이고, A는 (가)~(라) 중 하나에 해당한다.

분류 기준	(가)	(나)	(다)	(라)
규칙적인 구조가 있는가?	○	○	×	○
나선팔이 있는가?	○	○	×	×
중심부에 막대 구조가 있는가?	○	×	×	×

(○: 있다, ×: 없다)

A

이 자료에 대한 설명으로 옳은 것만을 〈보기〉에서 있는 대로 고른 것은?

〈 보기 〉
ㄱ. 은하의 질량에 대한 성간 물질의 질량비는 (가)가 (다)보다 작다.
ㄴ. 은하를 구성하는 별의 평균 표면 온도는 (나)가 (라)보다 높다.
ㄷ. A는 (라)에 해당한다.

① ㄱ　　② ㄷ　　③ ㄱ, ㄴ　　④ ㄴ, ㄷ　　⑤ ㄱ, ㄴ, ㄷ

07

2023학년도 3월 학평 지I 6번

그림 (가)와 (나)는 나선 은하와 불규칙 은하를 순서 없이 나타낸 것이다.

(가)　　　　　　　　　(나)

이에 대한 옳은 설명만을 〈보기〉에서 있는 대로 고른 것은?

〈 보기 〉
ㄱ. (가)는 불규칙 은하이다.
ㄴ. (나)에서 별은 주로 은하 중심부에서 생성된다.
ㄷ. 우리은하의 형태는 (나)보다 (가)에 가깝다.

① ㄱ　　　　② ㄴ　　　　③ ㄱ, ㄷ
④ ㄴ, ㄷ　　　⑤ ㄱ, ㄴ, ㄷ

08

그림 (가)와 (나)는 나선 은하와 타원 은하를 순서 없이 나타낸 것이다.

(가)   (나)

이에 대한 설명으로 옳은 것만을 〈보기〉에서 있는 대로 고른 것은?

〈 보기 〉
ㄱ. (가)는 타원 은하이다.
ㄴ. (나)에서 성간 물질은 주로 은하 중심부에 분포한다.
ㄷ. 은하는 (가)의 형태에서 (나)의 형태로 진화한다.

① ㄱ   ② ㄴ   ③ ㄱ, ㄷ
④ ㄴ, ㄷ   ⑤ ㄱ, ㄴ, ㄷ

09 [대표] 문제

그림 (가), (나), (다)는 타원 은하, 나선 은하, 불규칙 은하를 순서 없이 나타낸 것이다.

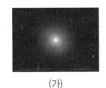

(가)   (나)   (다)

이에 대한 설명으로 옳은 것만을 〈보기〉에서 있는 대로 고른 것은?

〈 보기 〉
ㄱ. (가)는 타원 은하이다.
ㄴ. 은하를 구성하는 별의 평균 나이는 (가)가 (나)보다 적다.
ㄷ. (가)는 (다)로 진화한다.

① ㄱ   ② ㄷ   ③ ㄱ, ㄴ   ④ ㄱ, ㄷ   ⑤ ㄴ, ㄷ

10

그림 (가)와 (나)는 정상 나선 은하와 타원 은하를 순서 없이 나타낸 것이다.

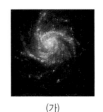 

(가)   (나)

이에 대한 설명으로 옳은 것만을 〈보기〉에서 있는 대로 고른 것은? [3점]

〈 보기 〉
ㄱ. 별의 평균 나이는 (가)가 (나)보다 많다.
ㄴ. 주계열성의 평균 질량은 (가)가 (나)보다 크다.
ㄷ. (나)에서 별의 평균 표면 온도는 분광형이 A0인 별보다 높다.

① ㄱ   ② ㄴ   ③ ㄷ
④ ㄱ, ㄴ   ⑤ ㄴ, ㄷ

11

그림 (가)와 (나)는 가시광선으로 관측한 어느 타원 은하와 불규칙 은하를 순서 없이 나타낸 것이다.

 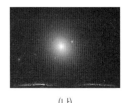

(가)   (나)

이에 대한 설명으로 옳은 것만을 〈보기〉에서 있는 대로 고른 것은?

〈 보기 〉
ㄱ. (가)는 불규칙 은하이다.
ㄴ. (나)를 구성하는 별들은 푸른 별이 붉은 별보다 많다.
ㄷ. 은하를 구성하는 별들의 평균 나이는 (가)가 (나)보다 적다.

① ㄱ   ② ㄴ   ③ ㄱ, ㄷ   ④ ㄴ, ㄷ   ⑤ ㄱ, ㄴ, ㄷ

12 대표 문제

그림은 은하 A와 B가 탄생한 후부터 연간 생성된 별의 총 질량을 시간에 따라 나타낸 것이다. A와 B는 나선 은하와 타원 은하를 순서 없이 나타낸 것이다.

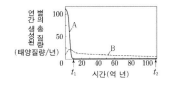

이 자료에 대한 설명으로 옳은 것만을 〈보기〉에서 있는 대로 고른 것은?

〈 보기 〉
ㄱ. B는 나선 은하이다.
ㄴ. t_2일 때 은하를 구성하는 별의 평균 나이는 A가 B보다 적다.
ㄷ. A에서 태양보다 질량이 큰 주계열성의 개수는 t_1일 때가 t_2일 때보다 적다.

① ㄱ   ② ㄴ   ③ ㄷ   ④ ㄱ, ㄴ   ⑤ ㄱ, ㄷ

13

그림은 두 은하 A와 B가 탄생한 후, 연간 생성된 별의 총질량을 시간에 따라 나타낸 것이다. A와 B는 허블 은하 분류 체계에 따른 서로 다른 종류이며, 각각 E0과 Sb 중 하나이다.

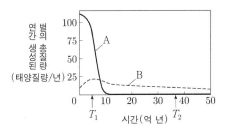

이에 대한 설명으로 옳은 것만을 〈보기〉에서 있는 대로 고른 것은?

〈 보기 〉
ㄱ. B는 나선팔을 가지고 있다.
ㄴ. T_1일 때 연간 생성된 별의 총질량은 A가 B보다 크다.
ㄷ. T_2일 때 별의 평균 표면 온도는 B가 A보다 높다.

① ㄱ   ② ㄷ   ③ ㄱ, ㄴ   ④ ㄴ, ㄷ   ⑤ ㄱ, ㄴ, ㄷ

14

그림 (가)는 타원 은하와 나선 은하의 시간에 따른 연간 별 생성량을, (나)는 은하 A의 모습을 나타낸 것이다. A는 허블의 은하 분류 체계에서 E1과 SBb 중 하나에 해당한다.

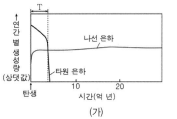

(가)   (나)

이 자료에 대한 설명으로 옳은 것만을 〈보기〉에서 있는 대로 고른 것은?

〈 보기 〉
ㄱ. T 기간 동안 누적 별 생성량은 나선 은하보다 타원 은하가 많다.
ㄴ. A는 E1에 해당한다.
ㄷ. A는 탄생 이후 연간 별 생성량이 지속적으로 증가한다.

① ㄱ   ② ㄷ   ③ ㄱ, ㄴ   ④ ㄴ, ㄷ   ⑤ ㄱ, ㄴ, ㄷ

15

그림 (가)는 은하 ㉠과 ㉡의 모습을, (나)는 은하의 종류 A와 B가 탄생한 이후 시간에 따라 연간 생성된 별의 질량을 추정하여 나타낸 것이다. ㉠과 ㉡은 각각 A와 B 중 하나에 속한다.

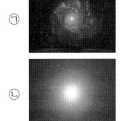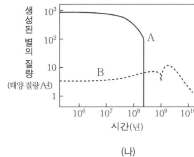

(가)   (나)

이 자료에 대한 옳은 설명만을 〈보기〉에서 있는 대로 고른 것은? [3점]

〈 보기 〉
ㄱ. ㉠은 A에 속한다.
ㄴ. 은하의 질량 중 성간 물질이 차지하는 질량의 비율은 ㉠이 ㉡보다 크다.
ㄷ. 은하가 탄생한 이후 10^{10}년이 지났을 때 은하를 구성하는 별의 평균 표면 온도는 A가 B보다 높다.

① ㄱ   ② ㄴ   ③ ㄱ, ㄷ   ④ ㄴ, ㄷ   ⑤ ㄱ, ㄴ, ㄷ

16

그림 (가)와 (나)는 가시광선 영역에서 관측한 퀘이사와 나선 은하를 나타낸 것이다. A는 은하 중심부이고 B는 나선팔이다.

 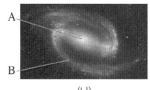

(가)　　　　　　　　　　(나)

이에 대한 설명으로 옳은 것만을 〈보기〉에서 있는 대로 고른 것은?

─〈 보기 〉─

ㄱ. (가)는 은하이다.

ㄴ. (나)에서 붉은 별의 비율은 A가 B보다 높다.

ㄷ. 후퇴 속도는 (가)가 (나)보다 크다.

① ㄱ 　　② ㄴ 　　③ ㄱ, ㄷ 　　④ ㄴ, ㄷ 　　⑤ ㄱ, ㄴ, ㄷ

17

그림 (가)와 (나)는 어느 은하를 각각 가시광선과 전파로 관측한 영상이며, ㉠은 제트이다. 이 은하에 대한 설명으로 옳은 것만을 〈보기〉에서 있는 대로 고른 것은? [3점]

(가)　　　　　　(나)

─〈 보기 〉─

ㄱ. 나선팔을 가지고 있다.

ㄴ. 대부분의 별은 분광형이 A0인 별보다 표면 온도가 낮다.

ㄷ. ㉠은 암흑 물질이 분출되는 모습이다.

① ㄱ 　　② ㄴ 　　③ ㄷ 　　④ ㄱ, ㄷ 　　⑤ ㄴ, ㄷ

18

그림 (가)와 (나)는 어느 전파 은하의 가시광선 영상과 전파 영상을 순서 없이 나타낸 것이다.

(가)　　　　　　　　　　(나)

이 은하에 대한 옳은 설명만을 〈보기〉에서 있는 대로 고른 것은?

─〈 보기 〉─

ㄱ. (가)는 전파 영상이다.

ㄴ. 허블의 분류 체계에 따르면 타원 은하에 해당한다.

ㄷ. ㉠은 은하 중심부에서 방출되는 물질의 흐름이다.

① ㄱ 　　② ㄴ 　　③ ㄱ, ㄷ 　　④ ㄴ, ㄷ 　　⑤ ㄱ, ㄴ, ㄷ

19

그림은 어느 전파 은하의 영상을 나타낸 것이다. (가)와 (나)는 각각 가시광선 영상과 전파 영상 중 하나이고, (다)는 (가)와 (나)의 합성 영상이다.

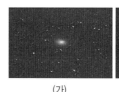 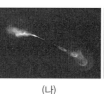 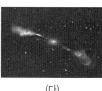

(가)　　　　　　(나)　　　　　　(다)

이에 대한 설명으로 옳은 것만을 〈보기〉에서 있는 대로 고른 것은?

─〈 보기 〉─

ㄱ. (가)는 가시광선 영상이다.

ㄴ. (나)에서는 제트가 관측된다.

ㄷ. 이 은하는 특이 은하에 해당한다.

① ㄱ 　　② ㄷ 　　③ ㄱ, ㄴ 　　④ ㄴ, ㄷ 　　⑤ ㄱ, ㄴ, ㄷ

20

그림은 전파 은하 M87의 가시광선 영상과 전파 영상을 나타낸 것이다.

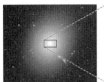 

가시광선 영상   전파 영상   전파 영상

이 은하에 대한 설명으로 옳은 것만을 〈보기〉에서 있는 대로 고른 것은?

〈 보기 〉
ㄱ. 은하를 구성하는 별들은 푸른 별이 붉은 별보다 많다.
ㄴ. 제트에서는 별이 활발하게 탄생한다.
ㄷ. 중심에는 질량이 거대한 블랙홀이 있다.

① ㄱ   ② ㄷ   ③ ㄱ, ㄴ   ④ ㄴ, ㄷ   ⑤ ㄱ, ㄴ, ㄷ

21

그림 (가)는 어느 은하의 가시광선 영상을, (나)는 (가)와 종류가 다른 은하의 가시광선 영상과 전파 영상을 나타낸 것이다.

가시광선 영상   전파 영상
(가)   (나)

이에 대한 설명으로 옳은 것만을 〈보기〉에서 있는 대로 고른 것은?

〈 보기 〉
ㄱ. (가)에서는 막대 구조가 관찰된다.
ㄴ. (나)의 전파 영상에서는 제트가 관찰된다.
ㄷ. 새로운 별의 생성은 (가)에서가 (나)에서보다 활발하다.

① ㄱ   ② ㄷ   ③ ㄱ, ㄴ   ④ ㄴ, ㄷ   ⑤ ㄱ, ㄴ, ㄷ

22

그림 (가)와 (나)는 가시광선으로 관측한 외부 은하와 퀘이사를 나타낸 것이다.

(가) 외부 은하   (나) 퀘이사

이에 대한 설명으로 옳은 것만을 〈보기〉에서 있는 대로 고른 것은?

〈 보기 〉
ㄱ. (가)는 불규칙 은하이다.
ㄴ. (나)는 항성이다.
ㄷ. (나)는 우리은하로부터 멀어지고 있다.

① ㄱ   ② ㄷ   ③ ㄱ, ㄴ   ④ ㄴ, ㄷ   ⑤ ㄱ, ㄴ, ㄷ

23 대표 문제

그림 (가)는 어떤 은하의 모습을, (나)는 이 은하에서 관측된 수소 방출선 A의 위치를 나타낸 것이다. A의 기준 파장은 656.3 nm이다.

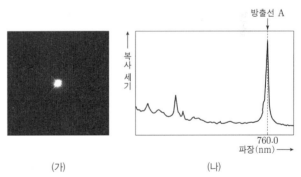

(가)   (나)

이 은하에 대한 설명으로 옳은 것만을 〈보기〉에서 있는 대로 고른 것은? (단, 빛의 속도는 3×10^5 km/s이고, 허블 상수는 70 km/s/Mpc이다.) [3점]

〈 보기 〉
ㄱ. 단위 시간 동안 방출하는 에너지양은 우리은하보다 적다.
ㄴ. 중심부에는 거대 질량의 블랙홀이 존재할 것으로 추정된다.
ㄷ. 은하까지의 거리는 400 Mpc보다 멀다.

① ㄱ   ② ㄴ   ③ ㄷ   ④ ㄱ, ㄴ   ⑤ ㄴ, ㄷ

그림 (가)는 가시광선 영역에서 관측된 어느 퀘이사를, (나)는 퀘이사의 적색 편이에 따른 개수 밀도를 나타낸 것이다.

 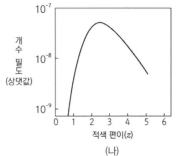

(가)   (나)

이에 대한 설명으로 옳은 것만을 〈보기〉에서 있는 대로 고른 것은?

〈 보기 〉
ㄱ. 퀘이사의 광도는 항성의 광도보다 크다.
ㄴ. 퀘이사는 우리은하 내부에 있는 천체이다.
ㄷ. 퀘이사의 개수 밀도는 정상 우주론으로 설명할 수 있다.

① ㄱ   ② ㄴ   ③ ㄱ, ㄷ   ④ ㄴ, ㄷ   ⑤ ㄱ, ㄴ, ㄷ

그림 (가)와 (나)는 서로 다른 두 은하의 스펙트럼과 Hα 방출선의 파장 변화(→)를 나타낸 것이다. (가)와 (나)는 각각 퀘이사와 일반 은하 중 하나이다.

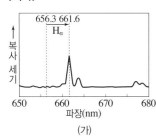 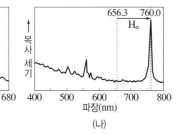

(가)   (나)

이에 대한 옳은 설명만을 〈보기〉에서 있는 대로 고른 것은?

〈 보기 〉
ㄱ. 퀘이사의 스펙트럼은 (나)이다.
ㄴ. 은하의 후퇴 속도는 (가)가 (나)보다 크다.
ㄷ. $\dfrac{\text{은하 중심부에서 방출되는 에너지}}{\text{은하 전체에서 방출되는 에너지}}$ 는 (가)가 (나)보다 크다.

① ㄱ   ② ㄴ   ③ ㄷ   ④ ㄱ, ㄷ   ⑤ ㄴ, ㄷ

그림 (가)는 지구에서 관측한 어느 퀘이사 X의 모습을, (나)는 X의 스펙트럼과 Hα 방출선의 파장 변화(→)를 나타낸 것이다. X의 절대 등급은 −26.7이고, 우리은하의 절대 등급은 −20.8이다.

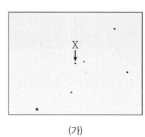 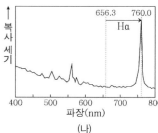

(가)   (나)

이에 대한 옳은 설명만을 〈보기〉에서 있는 대로 고른 것은? [3점]

〈 보기 〉
ㄱ. X는 많은 별들로 이루어진 천체이다.
ㄴ. $\dfrac{\text{X의 광도}}{\text{우리은하의 광도}}$ 는 100보다 작다.
ㄷ. X보다 거리가 먼 퀘이사의 스펙트럼에서는 Hα 방출선의 파장 변화량이 103.7 nm보다 크다.

① ㄱ   ② ㄴ   ③ ㄱ, ㄴ   ④ ㄱ, ㄷ   ⑤ ㄴ, ㄷ

27

그림은 어느 퀘이사의 스펙트럼 분석 자료 중 일부를 나타낸 것이다. A 와 B는 각각 방출선과 흡수선 중 하나이다.

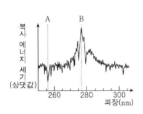

(단위: nm)

A의 정지 상태 파장	112
A의 관측 파장	256
B의 정지 상태 파장	㉠
B의 관측 파장	277

이에 대한 설명으로 옳은 것만을 〈보기〉에서 있는 대로 고른 것은?

〈 보기 〉

ㄱ. A는 흡수선이다.

ㄴ. ㉠은 133이다.

ㄷ. 이 퀘이사는 우리은하로부터 멀어지고 있다.

① ㄱ　　② ㄴ　　③ ㄱ, ㄷ　　④ ㄴ, ㄷ　　⑤ ㄱ, ㄴ, ㄷ

29

그림 (가), (나), (다)는 각각 세이퍼트은하, 퀘이사, 전파 은하의 영상을 나타낸 것이다. (가)와 (나)는 가시광선 영상이고, (다)는 가시광선과 전파로 관측하여 합성한 영상이다.

 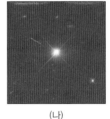 

(가)　　　　　(나)　　　　　(다)

이 자료에 대한 설명으로 옳은 것만을 〈보기〉에서 있는 대로 고른 것은? [3점]

〈 보기 〉

ㄱ. (가)와 (다)의 은하 중심부 별들의 회전축은 관측자의 시선 방향과 일치한다.

ㄴ. 각 은하의 $\dfrac{\text{중심부의 밝기}}{\text{전체의 밝기}}$ 는 (나)의 은하가 가장 크다.

ㄷ. (다)의 제트는 은하의 중심에서 방출되는 별들의 흐름이다.

① ㄱ　　② ㄴ　　③ ㄷ　　④ ㄱ, ㄴ　　⑤ ㄴ, ㄷ

28

그림 (가)는 세이퍼트은하, (나)는 전파 은하를 관측한 것이다.

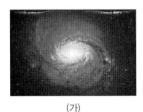 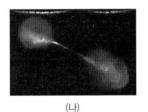

(가)　　　　　(나)

이에 대한 옳은 설명만을 〈보기〉에서 있는 대로 고른 것은?

〈 보기 〉

ㄱ. (가)에서는 나선팔이 관측된다.

ㄴ. (나)에서는 제트가 관측된다.

ㄷ. (가)와 (나)는 모두 특이 은하에 속한다.

① ㄱ　　② ㄷ　　③ ㄱ, ㄴ　　④ ㄴ, ㄷ　　⑤ ㄱ, ㄴ, ㄷ

30

그림은 은하 (가)와 (나)의 스펙트럼을 나타낸 것이다. (가)와 (나)는 각각 세이퍼트은하와 타원 은하 중 하나이다.

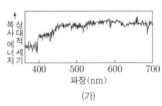 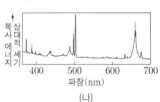

(가)　　　　　(나)

이에 대한 설명으로 옳은 것만을 〈보기〉에서 있는 대로 고른 것은?

〈 보기 〉

ㄱ. (가)는 세이퍼트은하이다.

ㄴ. (나)의 스펙트럼에는 방출선이 나타난다.

ㄷ. 은하를 구성하는 주계열성의 평균 표면 온도는 (가)가 우리 은하보다 낮다.

① ㄱ　　② ㄴ　　③ ㄱ, ㄷ　　④ ㄴ, ㄷ　　⑤ ㄱ, ㄴ, ㄷ

한눈에 정리하는
평가원 기출 경향

주제 \ 학년도	2025	2024

빈출 — 외부 은하의 적색 편이

16 대표문제   2024학년도 수능 지I 12번

다음은 외부 은하 A, B, C에 대한 설명이다.

- A와 B 사이의 거리는 30 Mpc이다.
- A에서 관측할 때 B와 C의 시선 방향은 90°를 이룬다.
- A에서 측정한 B와 C의 후퇴 속도는 각각 2100 km/s와 2800 km/s이다.

이 자료에 대한 설명으로 옳은 것만을 〈보기〉에서 있는 대로 고른 것은? (단, 빛의 속도는 3×10^5 km/s이고, 세 은하는 허블 법칙을 만족한다.) [3점]

〈보기〉
ㄱ. 허블 상수는 70 km/s/Mpc이다.
ㄴ. B에서 측정한 C의 후퇴 속도는 3500 km/s이다.
ㄷ. B에서 측정한 A의 $\left(\dfrac{\text{관측 파장}-\text{기준 파장}}{\text{기준 파장}}\right)$은 0.07이다.

① ㄱ   ② ㄴ   ③ ㄱ, ㄴ   ④ ㄴ, ㄷ   ⑤ ㄱ, ㄴ, ㄷ

13 대표문제   2024학년도 9월 모평 지I 19번

그림은 우리은하에서 외부 은하 A와 B를 관측한 결과를 나타낸 것이다. B에서 A를 관측할 때의 적색 편이량은 우리은하에서 A를 관측한 적색 편이량의 3배이다. 적색 편이량은 $\left(\dfrac{\text{관측 파장}-\text{기준 파장}}{\text{기준 파장}}\right)$이고, 세 은하는 허블 법칙을 만족한다.

이 자료에 대한 설명으로 옳은 것만을 〈보기〉에서 있는 대로 고른 것은? [3점]

〈보기〉
ㄱ. 우리은하에서 관측한 적색 편이량은 B가 A의 3배이다.
ㄴ. A에서 관측한 후퇴 속도는 B가 우리은하의 3배이다.
ㄷ. 우리은하에서 관측한 A와 B는 동일한 시선 방향에 위치한다.

① ㄱ   ② ㄷ   ③ ㄱ, ㄴ   ④ ㄴ, ㄷ   ⑤ ㄱ, ㄴ, ㄷ

05   2024학년도 6월 모평 지I 20번

그림은 허블 법칙을 만족하는 외부 은하의 거리와 후퇴 속도의 관계 ⅼ과 우리은하에서 은하 A, B, C를 관측한 결과이고, 표는 이 은하들의 흡수선 관측 결과를 나타낸 것이다. B의 흡수선 관측 파장은 허블 법칙으로 예상되는 값보다 8 nm 더 길다.

은하	기준 파장	관측 파장
A	400	㉠
B	600	( )
C	600	642

(단위: nm)

이 자료에 대한 설명으로 옳은 것만을 〈보기〉에서 있는 대로 고른 것은? (단, 우리은하에서 관측했을 때 A, B, C는 동일한 시선 방향에 놓여있고, 빛의 속도는 3×10^5 km/s이다.)

〈보기〉
ㄱ. 허블 상수는 70 km/s/Mpc이다.
ㄴ. ㉠은 410보다 작다.
ㄷ. A에서 B까지의 거리는 140 Mpc보다 크다.

① ㄱ   ② ㄷ   ③ ㄱ, ㄴ   ④ ㄴ, ㄷ   ⑤ ㄱ, ㄴ, ㄷ

빈출 — 우주 팽창

32   2025학년도 수능 지I 15번

그림은 빅뱅 우주론에 따라 팽창하는 우주에서 T_1 시기와 T_2 시기에 은하 A, B, C의 위치와 A에서 관측한 B, C의 후퇴 속도를 나타낸 것이다.

(T_1: A 160Mpc B, 120Mpc, 11100km/s)
(T_2: A 240Mpc, 180Mpc, 16800km/s)

이 자료에 대한 설명으로 옳은 것만을 〈보기〉에서 있는 대로 고른 것은? (단, 은하들은 허블 법칙을 만족하고, 빛의 속도는 3×10^5 km/s이다.)

〈보기〉
ㄱ. T_2의 허블 상수는 70 km/s/Mpc이다.
ㄴ. A에서 관측한 C의 후퇴 속도는 T_1이 T_2보다 빠르다.
ㄷ. T_2에 B에서 C를 관측하면, 기준 파장이 500 nm인 흡수선은 540 nm보다 길게 관측된다.

① ㄱ   ② ㄷ   ③ ㄷ   ④ ㄱ, ㄴ   ⑤ ㄱ, ㄷ

24 대표문제   2025학년도 9월 모평 지I 13번

그림은 빅뱅 우주론에 따라 팽창하는 우주 모형 A와 B의 우주 팽창 속도를 시간에 따라 나타낸 것이다. 현재 우주 배경 복사의 온도는 A와 B에서 동일하다.

이 자료에 대한 설명으로 옳은 것만을 〈보기〉에서 있는 대로 고른 것은?

〈보기〉
ㄱ. T 시기에 A의 우주는 팽창하고 있다.
ㄴ. T 시기 이후 현재까지 B의 우주는 계속 가속 팽창한다.
ㄷ. T 시기에 우주 배경 복사의 온도는 A가 B보다 낮다.

① ㄱ   ② ㄷ   ③ ㄱ, ㄷ   ④ ㄴ, ㄷ   ⑤ ㄱ, ㄴ, ㄷ

빅뱅 우주론

19 대표문제   2025학년도 6월 모평 지I 11번

그림은 빅뱅 이후 일어난 주요 사건을 시간 순서대로 나타낸 것이다.

(헬륨 원자핵 형성 — A — 중성 원자 형성 — B — 최초의 별과 은하 형성 → 시간)

이에 대한 설명으로 옳은 것만을 〈보기〉에서 있는 대로 고른 것은?

〈보기〉
ㄱ. A 기간에 우주의 급팽창이 일어난다.
ㄴ. B 기간에 우주에서 수소와 헬륨의 질량비는 약 3 : 1이다.
ㄷ. B 기간 동안 우주 배경 복사의 평균 온도는 3000 K 이하이다.

① ㄱ   ② ㄴ   ③ ㄷ   ④ ㄱ, ㄴ   ⑤ ㄴ, ㄷ

2023

2022~2019

18
2022학년도 수능 지I 20번

그림은 외부 은하 A와 B에서 각각 발견된 Ia형 초신성의 겉보기 밝기를 시간에 따라 나타낸 것이다. 우리은하에서 관측하였을 때 A와 B의 시선 방향은 60°를 이루고, F_0은 Ia형 초신성이 100 Mpc에 있을 때 겉보기 밝기의 최댓값이다.

이 자료에 대한 설명으로 옳은 것만을 <보기>에서 있는 대로 고른 것은? (단, 빛의 속도는 $3×10^5$ km/s이고, 허블 상수는 70 km/s/Mpc이며, 두 은하는 허블 법칙을 만족한다.) [3점]

<보기>
ㄱ. 우리은하에서 관측한 A의 후퇴 속도는 1750 km/s이다.
ㄴ. 우리은하에서 B를 관측하면, 기준 파장이 600 nm인 흡수선은 603.5 nm로 관측된다.
ㄷ. A에서 B의 Ia형 초신성을 관측하면, 겉보기 밝기의 최댓값은 $\dfrac{4}{\sqrt{3}}F_0$이다.

① ㄱ ② ㄴ ③ ㄱ, ㄴ ④ ㄴ, ㄷ ⑤ ㄱ, ㄴ, ㄷ

17
2021학년도 수능 지I 17번

다음은 우리은하와 외부 은하 A, B에 대한 설명이다. 세 은하는 일직선 상에 위치하며, 허블 법칙을 만족한다.

o 우리은하에서 A까지의 거리는 20 Mpc이다.
o B에서 우리은하를 관측하면, 우리은하는 2800 km/s의 속도로 멀어진다.
o A에서 B를 관측하면, B의 스펙트럼에서 500 nm의 기준 파장을 갖는 흡수선이 507 nm로 관측된다.

우리은하에서 A와 B를 관측한 결과에 대한 설명으로 옳은 것만을 <보기>에 있는 대로 고른 것은? (단, 허블 상수는 70 km/s/Mpc이고, 빛의 속도는 $3×10^5$ km/s이다.)

<보기>
ㄱ. A의 후퇴 속도는 1400 km/s이다.
ㄴ. 스펙트럼에서 기준 파장이 동일한 흡수선의 파장 변화량은 B가 A의 2배이다.
ㄷ. A와 B는 동일한 시선 방향에 위치한다.

① ㄱ ② ㄷ ③ ㄱ, ㄴ ④ ㄴ, ㄷ ⑤ ㄱ, ㄴ, ㄷ

22
2023학년도 9월 모평 지I 20번

그림 (가)는 어느 우주 모형에서 시간에 따른 우주의 상대적 크기를 나타낸 것이고, (나)는 120억 년 전 은하 P에서 방출된 파장 λ인 빛이 80억 년 전 은하 Q를 지나 현재의 관측자에게 도달하는 상황을 가정하여 나타낸 것이다. 우주 공간을 진행하는 빛의 파장은 우주의 크기에 비례하여 증가한다.

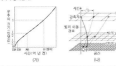

이 자료에 대한 설명으로 옳은 것만을 <보기>에 있는 대로 고른 것은? (단, P와 Q는 관측자의 시선과 동일한 방향에 위치한다.)

<보기>
ㄱ. 120억 년 전에 우주는 가속 팽창하였다.
ㄴ. P에서 방출된 파장 λ인 빛이 Q에 도달할 때 파장은 2.5λ이다.
ㄷ. (나)에서 현재 관측자로부터 Q까지의 거리 ⊙은 80억 광년이다.

① ㄱ ② ㄴ ③ ㄷ ④ ㄱ, ㄷ ⑤ ㄴ, ㄷ

21
2022학년도 수능 지I 7번

그림은 빅뱅 우주론에 따라 팽창하는 우주의 물질, 암흑 에너지, 우주 배경 복사를 시간에 따라 나타낸 것이다.

시간이 흐름에 따라 나타나는 우주의 변화에 대한 설명으로 옳은 것만을 <보기>에 있는 대로 고른 것은?

<보기>
ㄱ. 물질 밀도는 일정하다.
ㄴ. 우주 배경 복사의 온도는 감소한다.
ㄷ. 물질 밀도에 대한 암흑 에너지 밀도의 비는 증가한다.

① ㄱ ② ㄴ ③ ㄱ, ㄴ ④ ㄴ, ㄷ ⑤ ㄱ, ㄴ, ㄷ

31
2023학년도 수능 지I 11번

그림 (가)와 (나)는 우주의 나이가 각각 10만 년과 100만 년일 때에 빛이 우주 공간을 진행하는 모습을 순서 없이 나타낸 것이다.
이에 대한 설명으로 옳은 것만을 <보기>에서 있는 대로 고른 것은?

<보기>
ㄱ. (가) 시기 우주의 나이는 10만 년이다.
ㄴ. (나) 시기에 우주 배경 복사의 온도는 2.7 K이다.
ㄷ. 수소 원자핵에 대한 헬륨 원자핵의 함량비는 (가) 시기가 (나) 시기보다 크다.

① ㄱ ② ㄴ ③ ㄷ ④ ㄱ, ㄴ ⑤ ㄱ, ㄷ

26
2022학년도 9월 모평 지I 16번

그림 (가)와 (나)는 각각 COBE 우주 망원경과 WMAP 우주 망원경으로 관측한 우주 배경 복사의 온도 편차를 나타낸 것이다. 지점 A와 B는 지구에서 관측한 시선 방향이 서로 반대이다.

−150 μK +150 μK (가)
−200 μK +200 μK (나)

이에 대한 설명으로 옳은 것만을 <보기>에서 있는 대로 고른 것은? [3점]

<보기>
ㄱ. (나)가 (가)보다 온도 편차의 형태가 더욱 세밀해 보이는 것은 관측 기술의 발달 때문이다.
ㄴ. A와 B는 빛을 통하여 현재 상호 작용할 수 있다.
ㄷ. A와 B의 온도가 거의 같다는 사실은 급팽창 우주론으로 설명할 수 있다.

① ㄱ ② ㄴ ③ ㄱ, ㄷ ④ ㄴ, ㄷ ⑤ ㄱ, ㄴ, ㄷ

27
2021학년도 9월 모평 지I 18번

그림은 여러 외부 은하를 관측해서 구한 은하 A~I의 성간 기체에 존재하는 원소의 질량비를 나타낸 것이다.

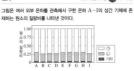

이에 대한 설명으로 옳은 것만을 <보기>에 있는 대로 고른 것은? [3점]

<보기>
ㄱ. ⊙은 수소 핵융합으로부터 만들어지는 원소이다.
ㄴ. 성간 기체에 포함된 $\dfrac{\text{수소의 총 질량}}{\text{산소의 총 질량}}$은 A가 B보다 크다.
ㄷ. 이 관측 결과는 우주의 밀도가 시간과 관계없이 일정하다고 보는 우주론의 증거가 된다.

① ㄱ ② ㄴ ③ ㄱ, ㄷ ④ ㄴ, ㄷ ⑤ ㄱ, ㄴ, ㄷ

30
2021학년도 6월 모평 지I 17번

그림 (가)는 우주론 A에 의한 우주의 크기를, (나)는 우주론 B에 의한 우주의 온도를 나타낸 것이다. A와 B는 우주 팽창을 설명한다.

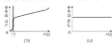

이에 대한 설명으로 옳은 것만을 <보기>에 있는 대로 고른 것은?

<보기>
ㄱ. 우주 배경 복사가 우주의 양쪽 반대편 지평선에서 거의 같게 관측되는 것은 (가)의 ⊙ 시기에 일어난 팽창으로 설명된다.
ㄴ. A는 수소와 헬륨의 질량비가 거의 3:1로 관측되는 결과와 부합된다.
ㄷ. 우주의 밀도 변화는 B가 A보다 크다.

① ㄱ ② ㄷ ③ ㄱ, ㄴ ④ ㄴ, ㄷ ⑤ ㄱ, ㄴ, ㄷ

01

그림 (가)와 (나)는 각각 서로 다른 거리에 있는 외부 은하의 거리와 후퇴 속도, 추세선의 기울기 H_1, H_2를 나타낸 것이다. 은하 ㉠은 추세선 상에 위치하고, $H_1 = 70$ km/s/Mpc이다.

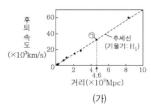
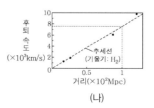

(가)   (나)

이 자료에 대한 설명으로 옳은 것만을 〈보기〉에서 있는 대로 고른 것은?

〈 보기 〉

ㄱ. 은하 ㉠의 후퇴 속도는 32200 km/s이다.

ㄴ. H_2는 H_1보다 크다.

ㄷ. (가), (나)가 각각 허블 법칙을 만족할 때, 관측 가능한 우주의 크기는 H_2로 구한 값이 H_1로 구한 값보다 크다.

① ㄱ   ② ㄷ   ③ ㄱ, ㄴ   ④ ㄴ, ㄷ   ⑤ ㄱ, ㄴ, ㄷ

02

그림 (가)와 (나)는 각각 가까운 은하들과 먼 은하들의 거리와 후퇴 속도를 나타낸 것이다.

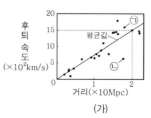
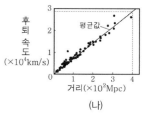

(가)   (나)

이 자료에 대한 설명으로 옳은 것만을 〈보기〉에서 있는 대로 고른 것은?

[3점]

〈 보기 〉

ㄱ. 은하의 적색 편이량$\left(= \dfrac{\text{관측 파장} - \text{기준 파장}}{\text{기준 파장}} \right)$은 ㉠이 ㉡보다 크다.

ㄴ. 우주의 팽창을 지지하는 증거 자료이다.

ㄷ. (가)를 이용해 구한 우주의 나이는 (나)를 이용해 구한 우주의 나이보다 많다.

① ㄱ   ② ㄷ   ③ ㄱ, ㄴ   ④ ㄴ, ㄷ   ⑤ ㄱ, ㄴ, ㄷ

03

그림은 우리은하에서 관측한 외부 은하 A와 B의 거리와 후퇴 속도를 나타낸 것이다. A와 B는 허블 법칙을 만족한다.
이에 대한 옳은 설명만을 〈보기〉에서 있는 대로 고른 것은? (단, 빛의 속도는 3×10^5 km/s이다.) [3점]

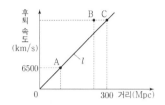

〈 보기 〉
ㄱ. R_A는 60 Mpc이다.
ㄴ. 허블 상수는 70 km/s/Mpc이다.
ㄷ. 우리은하에서 A를 관측했을 때 관측된 흡수선의 파장이 507 nm라면 이 흡수선의 기준 파장은 500 nm이다.

① ㄱ   ② ㄷ   ③ ㄱ, ㄴ   ④ ㄴ, ㄷ   ⑤ ㄱ, ㄴ, ㄷ

04

그림은 외부 은하까지의 거리와 후퇴 속도를 나타낸 것이다. A와 B는 각각 서로 다른 시기에 관측한 자료이다.
이에 대한 설명으로 옳은 것만을 〈보기〉에서 있는 대로 고른 것은?

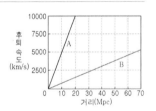

〈 보기 〉
ㄱ. A에서 허블 상수는 500 km/s/Mpc이다.
ㄴ. 후퇴 속도가 5000 km/s인 은하까지의 거리는 A보다 B에서 멀다.
ㄷ. 허블 법칙으로 계산한 우주의 나이는 A보다 B에서 많다.

① ㄱ   ② ㄷ   ③ ㄱ, ㄴ   ④ ㄴ, ㄷ   ⑤ ㄱ, ㄴ, ㄷ

05

그림은 허블 법칙을 만족하는 외부 은하의 거리와 후퇴 속도의 관계 l과 우리은하에서 은하 A, B, C를 관측한 결과이고, 표는 이 은하들의 흡수선 관측 결과를 나타낸 것이다. B의 흡수선 관측 파장은 허블 법칙으로 예상되는 값보다 8 nm 더 길다.

은하	기준 파장	관측 파장
A	400	㉠
B	600	( )
C	600	642

(단위: nm)

이 자료에 대한 설명으로 옳은 것만을 〈보기〉에서 있는 대로 고른 것은? (단, 우리은하에서 관측했을 때 A, B, C는 동일한 시선 방향에 놓여있고, 빛의 속도는 3×10^5 km/s이다.)

〈 보기 〉
ㄱ. 허블 상수는 70 km/s/Mpc이다.
ㄴ. ㉠은 410보다 작다.
ㄷ. A에서 B까지의 거리는 140 Mpc보다 크다.

① ㄱ   ② ㄷ   ③ ㄱ, ㄴ   ④ ㄴ, ㄷ   ⑤ ㄱ, ㄴ, ㄷ

06

표는 우리은하에서 관측한 은하 A, B, C의 스펙트럼 관측 결과를 나타낸 것이다. B에서 관측할 때 A와 C의 시선 방향은 정반대이다. 우리은하와 A, B, C는 허블 법칙을 만족한다.

기준 파장 (nm)	관측 파장(nm)		
	A	B	C
300	307.5	㉠	307.5
600		612	

이에 대한 설명으로 옳은 것만을 〈보기〉에서 있는 대로 고른 것은? (단, 빛의 속도는 3×10^5 km/s이다.) [3점]

〈 보기 〉
ㄱ. ㉠은 306이다.
ㄴ. B의 후퇴 속도는 6×10^3 km/s이다.
ㄷ. 우리은하, B, C 중 A에서 가장 멀리 있는 은하는 우리은하이다.

① ㄱ   ② ㄷ   ③ ㄱ, ㄴ   ④ ㄴ, ㄷ   ⑤ ㄱ, ㄴ, ㄷ

28
일차

07

표는 우리은하에서 외부 은하 A와 B를 관측한 결과이다. 우리은하에서 관측한 A와 B의 시선 방향은 90°를 이룬다.

은하	흡수선의 파장(nm)		거리(Mpc)
	기준 파장	관측 파장	
A	400	405.6	60
B	600	606.3	( )

이에 대한 옳은 설명만을 〈보기〉에서 있는 대로 고른 것은? (단, A와 B는 허블 법칙을 만족하고, 빛의 속도는 3×10^5 km/s 이다.) [3점]

〈 보기 〉
ㄱ. 허블 상수는 70 km/s/Mpc이다.
ㄴ. 우리은하에서 A를 관측하면 기준 파장이 600 nm인 흡수 선의 관측 파장은 606.3 nm보다 길다.
ㄷ. A에서 관측한 B의 후퇴 속도는 5250 km/s이다.

① ㄱ　　② ㄴ　　③ ㄱ, ㄷ　　④ ㄴ, ㄷ　　⑤ ㄱ, ㄴ, ㄷ

08

표는 우리은하에서 관측한 외부 은하 A와 B의 흡수선 파장과 거리를 나타낸 것이다. A에서 관측한 B의 후퇴 속도는 17300 km/s이고, 세 은하는 허블 법칙을 만족한다.

은하	흡수선 파장(nm)	거리(Mpc)
A	404.6	50
B	423	(가)

이에 대한 설명으로 옳은 것만을 〈보기〉에서 있는 대로 고른 것은? (단, 빛의 속도는 3×10^5 km/s이고, 이 흡수선의 고유 파장은 400 nm이다.) [3점]

〈 보기 〉
ㄱ. (가)는 250이다.
ㄴ. 허블 상수는 70 km/s/Mpc보다 크다.
ㄷ. 우리은하로부터 A까지의 시선 방향과 B까지의 시선 방향이 이루는 각도는 60°보다 작다.

① ㄱ　　② ㄴ　　③ ㄷ　　④ ㄱ, ㄴ　　⑤ ㄱ, ㄷ

09

표는 서로 다른 방향에 위치한 은하 (가)와 (나)의 스펙트럼에서 관측된 방출선 A와 B의 고유 파장과 관측 파장을 나타낸 것이다. 우리은하로부터의 거리는 (가)가 (나)의 두 배이다.

방출선	고유 파장 (nm)	관측 파장(nm)	
		은하 (가)	은하 (나)
A	(㉠)	468	459
B	650	(㉡)	(㉢)

이에 대한 옳은 설명만을 〈보기〉에서 있는 대로 고른 것은?(단, (가)와 (나)는 허블 법칙을 만족한다.) [3점]

〈 보기 〉
ㄱ. ㉠은 450이다.
ㄴ. ㉡－468＝㉢－459이다.
ㄷ. (가)에서 (나)를 관측하면 A의 파장은 477 nm보다 길다.

① ㄱ　　② ㄴ　　③ ㄱ, ㄷ　　④ ㄴ, ㄷ　　⑤ ㄱ, ㄴ, ㄷ

10

다음은 스펙트럼을 이용하여 외부 은하의 후퇴 속도를 구하는 탐구이다.

[탐구 과정]

(가) 겉보기 등급이 같은 두 외부 은하 A와 B의 스펙트럼을 관측한다.

(나) 정지 상태에서 파장이 410.0 nm와 656.0 nm인 흡수선이 A와 B의 스펙트럼에서 각각 얼마의 파장으로 관측되었는지 분석한다.

(다) A와 B의 후퇴 속도를 계산한다. (단, 빛의 속도는 3×10^5 km/s 이다.)

[탐구 결과]

정지 상태에서 흡수선의 파장(nm)	관측된 파장(nm)	
	은하 A	은하 B
410.0	451.0	414.1
656.0	(㉠)	( )

- A의 후퇴 속도: (㉡) km/s
- B의 후퇴 속도: ( ) km/s

이에 대한 옳은 설명만을 〈보기〉에서 있는 대로 고른 것은? (단, A와 B는 허블 법칙을 만족한다.) [3점]

〈 보기 〉

ㄱ. ㉠은 721.6이다.

ㄴ. ㉡은 3×10^4이다.

ㄷ. A와 B의 절대 등급 차는 5이다.

① ㄱ   ② ㄷ   ③ ㄱ, ㄴ   ④ ㄴ, ㄷ   ⑤ ㄱ, ㄴ, ㄷ

11

그림 (가)는 은하 A~D의 상대적인 위치를, (나)는 B에서 관측한 C와 D의 스펙트럼에서 방출선이 각각 적색 편이된 것을 비교 스펙트럼과 함께 나타낸 것이다. A~D는 동일 평면상에 위치하고, 허블 법칙을 만족한다.

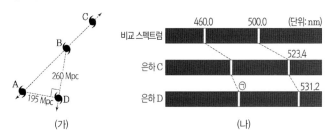

(가)   (나)

이에 대한 설명으로 옳은 것만을 〈보기〉에서 있는 대로 고른 것은? (단, 광속은 3×10^5 km/s이다.) [3점]

〈 보기 〉

ㄱ. ㉠은 491.2이다.

ㄴ. 허블 상수는 72 km/s/Mpc이다.

ㄷ. A에서 C까지의 거리는 520 Mpc이다.

① ㄱ   ② ㄴ   ③ ㄱ, ㄷ   ④ ㄴ, ㄷ   ⑤ ㄱ, ㄴ, ㄷ

12

표는 은하 A~D에서 서로 관측하였을 때 스펙트럼에서 기준 파장이 600 nm인 흡수선의 파장을 나타낸 것이다. 은하 A~D는 같은 평면상에 위치하며 허블 법칙을 만족한다.

(단위: nm)

은하	A	B	C	D
A		606	608	604
B	606		610	610
C	608	610		㉠

이에 대한 설명으로 옳은 것만을 〈보기〉에서 있는 대로 고른 것은? (단, 광속은 3×10^5 km/s이고, 허블 상수는 70 km/s/Mpc이다.) [3점]

〈 보기 〉

ㄱ. A와 B 사이의 거리는 $\frac{200}{7}$ Mpc이다.

ㄴ. ㉠은 608보다 작다.

ㄷ. D에서 거리가 가장 먼 은하는 B이다.

① ㄱ   ② ㄴ   ③ ㄷ   ④ ㄱ, ㄴ   ⑤ ㄴ, ㄷ

13 대표문제

그림은 우리은하에서 외부 은하 A와 B를 관측한 결과를 나타낸 것이다. B에서 A를 관측할 때의 적색 편이량은 우리은하에서 A를 관측한 적색 편이량의 3배이다. 적색 편이량은 $\left(\dfrac{\text{관측 파장}-\text{기준 파장}}{\text{기준 파장}}\right)$이고, 세 은하는 허블 법칙을 만족한다.

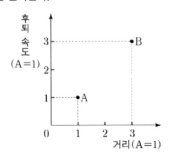

이 자료에 대한 설명으로 옳은 것만을 〈보기〉에서 있는 대로 고른 것은? [3점]

───────〈 보기 〉───────
ㄱ. 우리은하에서 관측한 적색 편이량은 B가 A의 3배이다.
ㄴ. A에서 관측한 후퇴 속도는 B가 우리은하의 3배이다.
ㄷ. 우리은하에서 관측한 A와 B는 동일한 시선 방향에 위치한다.

① ㄱ　　② ㄷ　　③ ㄱ, ㄴ　　④ ㄴ, ㄷ　　⑤ ㄱ, ㄴ, ㄷ

14

다음은 우리은하와 외부 은하 A, B에 대한 설명이다. 적색 편이량은 $\left(\dfrac{\text{관측 파장}-\text{기준 파장}}{\text{기준 파장}}\right)$이고, 세 은하는 허블 법칙을 만족한다.

───────────────────
ㅇ 우리은하에서 A를 관측하면, 기준 파장이 500 nm인 흡수선은 503.5 nm로 관측된다.

ㅇ 우리은하에서 B를 관측하면, 기준 파장이 600 nm인 흡수선은 608.4 nm로 관측된다.

ㅇ B에서 A를 관측하면, 적색 편이량은 우리은하에서 A를 관측한 적색 편이량의 $\sqrt{3}$배이다.
───────────────────

이에 대한 설명으로 옳은 것만을 〈보기〉에서 있는 대로 고른 것은? (단, 빛의 속도는 3×10^5 km/s이고, 허블 상수는 70 km/s/Mpc이다.) [3점]

───────〈 보기 〉───────
ㄱ. 우리은하에서 A까지의 거리는 30 Mpc이다.
ㄴ. 우리은하에서 관측한 적색 편이량은 B가 A의 2배이다.
ㄷ. B에서 관측할 때, 우리은하와 A의 시선 방향은 30°를 이룬다.

① ㄱ　　② ㄷ　　③ ㄱ, ㄴ　　④ ㄴ, ㄷ　　⑤ ㄱ, ㄴ, ㄷ

15

다음은 우리은하와 외부 은하 A, B에 대한 설명이다.

○ 우리은하에서 A까지의 거리는 40 Mpc이다.
○ 우리은하에서 관측할 때 A의 시선 방향과 B의 시선 방향이 이루는 각도는 30°이다.
○ B에서 관측한 우리은하의 후퇴 속도는 A에서 관측한 우리은하의 후퇴 속도의 $\frac{\sqrt{3}}{2}$배이다.

이에 대한 설명으로 옳은 것만을 〈보기〉에서 있는 대로 고른 것은? (단, 세 은하는 동일 평면상에 위치하며 허블 법칙을 만족한다.) [3점]

〈 보기 〉
ㄱ. 우리은하에서 관측한 후퇴 속도는 A보다 B가 빠르다.
ㄴ. A에서 B까지의 거리는 20 Mpc이다.
ㄷ. A에서 관측할 때 우리은하의 시선 방향과 B의 시선 방향이 이루는 각도는 90°이다.

① ㄱ　　② ㄴ　　③ ㄷ　　④ ㄱ, ㄴ　　⑤ ㄴ, ㄷ

16 대표문제

다음은 외부 은하 A, B, C에 대한 설명이다.

• A와 B 사이의 거리는 30 Mpc이다.
• A에서 관측할 때 B와 C의 시선 방향은 90°를 이룬다.
• A에서 측정한 B와 C의 후퇴 속도는 각각 2100 km/s와 2800 km/s이다.

이 자료에 대한 설명으로 옳은 것만을 〈보기〉에서 있는 대로 고른 것은? (단, 빛의 속도는 3×10^5 km/s이고, 세 은하는 허블 법칙을 만족한다.) [3점]

〈 보기 〉
ㄱ. 허블 상수는 70 km/s/Mpc이다.
ㄴ. B에서 측정한 C의 후퇴 속도는 3500 km/s이다.
ㄷ. B에서 측정한 A의 $\left(\frac{\text{관측 파장} - \text{기준 파장}}{\text{기준 파장}} \right)$은 0.07이다.

① ㄱ　　② ㄷ　　③ ㄱ, ㄴ　　④ ㄴ, ㄷ　　⑤ ㄱ, ㄴ, ㄷ

17

다음은 우리은하와 외부 은하 A, B에 대한 설명이다. 세 은하는 일직선 상에 위치하며, 허블 법칙을 만족한다.

○ 우리은하에서 A까지의 거리는 20 Mpc이다.
○ B에서 우리은하를 관측하면, 우리은하는 2800 km/s의 속도로 멀어진다.
○ A에서 B를 관측하면, B의 스펙트럼에서 500 nm의 기준 파장을 갖는 흡수선이 507 nm로 관측된다.

우리은하에서 A와 B를 관측한 결과에 대한 설명으로 옳은 것만을 〈보기〉에서 있는 대로 고른 것은? (단, 허블 상수는 70 km/s/Mpc이고, 빛의 속도는 3×10^5 km/s이다.)

〈 보기 〉
ㄱ. A의 후퇴 속도는 1400 km/s이다.
ㄴ. 스펙트럼에서 기준 파장이 동일한 흡수선의 파장 변화량은 B가 A의 2배이다.
ㄷ. A와 B는 동일한 시선 방향에 위치한다.

① ㄱ　　② ㄷ　　③ ㄱ, ㄴ　　④ ㄴ, ㄷ　　⑤ ㄱ, ㄴ, ㄷ

18

그림은 외부 은하 A와 B에서 각각 발견된 Ia형 초신성의 겉보기 밝기를 시간에 따라 나타낸 것이다. 우리은하에서 관측하였을 때 A와 B의 시선 방향은 $60°$를 이루고, F_0은 Ia형 초신성이 100 Mpc에 있을 때 겉보기 밝기의 최댓값이다.

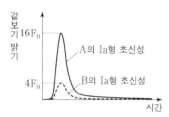

이 자료에 대한 설명으로 옳은 것만을 〈보기〉에서 있는 대로 고른 것은? (단, 빛의 속도는 3×10^5 km/s이고, 허블 상수는 70 km/s/Mpc이며, 두 은하는 허블 법칙을 만족한다.) [3점]

〈보기〉
ㄱ. 우리은하에서 관측한 A의 후퇴 속도는 1750 km/s이다.
ㄴ. 우리은하에서 B를 관측하면, 기준 파장이 600 nm인 흡수선은 603.5 nm로 관측된다.
ㄷ. A에서 B의 Ia형 초신성을 관측하면, 겉보기 밝기의 최댓값은 $\frac{4}{\sqrt{3}} F_0$이다.

① ㄱ   ② ㄴ   ③ ㄱ, ㄷ   ④ ㄴ, ㄷ   ⑤ ㄱ, ㄴ, ㄷ

19 대표문제

그림은 빅뱅 이후 일어난 주요 사건을 시간 순서대로 나타낸 것이다.

이에 대한 설명으로 옳은 것만을 〈보기〉에서 있는 대로 고른 것은?

〈보기〉
ㄱ. A 기간에 우주의 급팽창이 일어났다.
ㄴ. B 기간에 우주에서 수소와 헬륨의 질량비는 약 3 : 1이다.
ㄷ. B 기간 동안 우주 배경 복사의 평균 온도는 3000 K 이하이다.

① ㄱ   ② ㄴ   ③ ㄷ   ④ ㄱ, ㄴ   ⑤ ㄴ, ㄷ

20

다음은 우주의 팽창에 따른 우주 배경 복사의 파장 변화를 알아보기 위한 탐구이다.

[탐구 과정]
(가) 눈금자를 이용하여 탄성 밴드에 이웃한 점 사이의 간격(L)이 1 cm가 되도록 몇 개의 점을 찍는다.
(나) 그림과 같이 각 점이 파의 마루에 위치하도록 물결 모양의 곡선을 그린다. L은 우주 배경 복사 중 최대 복사 에너지 세기를 갖는 파장(λ_{max})이라고 가정한다.

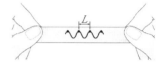

(다) 탄성 밴드를 조금 늘린 상태에서 L을 측정한다.
(라) 탄성 밴드를 (다)보다 늘린 상태에서 L을 측정한다.
(마) 측정값 1 cm를 파장 2 μm로 가정하고 λ_{max}에 해당하는 파장을 계산한다.

[탐구 결과]

과정	L(cm)	λ_{max}에 해당하는 파장(μm)
(나)	1.0	2
(다)	1.9	( )
(라)	2.8	( )

이에 대한 옳은 설명만을 〈보기〉에서 있는 대로 고른 것은? (단, 현재 우주의 λ_{max}은 약 1000 μm이다.) [3점]

〈보기〉
ㄱ. 우주의 크기는 (다)일 때가 (라)일 때보다 작다.
ㄴ. 우주가 팽창함에 따라 λ_{max}은 길어진다.
ㄷ. 우주의 온도는 (라)일 때가 현재보다 높다.

① ㄱ   ② ㄷ   ③ ㄱ, ㄴ   ④ ㄴ, ㄷ   ⑤ ㄱ, ㄴ, ㄷ

21

그림은 빅뱅 우주론에 따라 팽창하는 우주에서 물질, 암흑 에너지, 우주 배경 복사를 시간에 따라 나타낸 것이다.

- 물질(보통 물질+암흑 물질)
- 암흑 에너지
- 우주 배경 복사

시간(우주의 나이)

시간이 흐름에 따라 나타나는 우주의 변화에 대한 설명으로 옳은 것만을 〈보기〉에서 있는 대로 고른 것은?

〈 보기 〉
ㄱ. 물질 밀도는 일정하다.
ㄴ. 우주 배경 복사의 온도는 감소한다.
ㄷ. 물질 밀도에 대한 암흑 에너지 밀도의 비는 증가한다.

① ㄱ ② ㄴ ③ ㄱ, ㄷ ④ ㄴ, ㄷ ⑤ ㄱ, ㄴ, ㄷ

22

그림 (가)는 어느 우주 모형에서 시간에 따른 우주의 상대적 크기를 나타낸 것이고, (나)는 120억 년 전 은하 P에서 방출된 파장 λ인 빛이 80억 년 전 은하 Q를 지나 현재의 관측자에게 도달하는 상황을 가정하여 나타낸 것이다. 우주 공간을 진행하는 빛의 파장은 우주의 크기에 비례하여 증가한다.

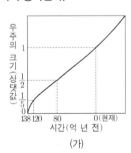 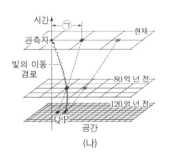

(가) (나)

이 자료에 대한 설명으로 옳은 것만을 〈보기〉에서 있는 대로 고른 것은? (단, P와 Q는 관측자의 시선과 동일한 방향에 위치한다.)

〈 보기 〉
ㄱ. 120억 년 전에 우주는 가속 팽창하였다.
ㄴ. P에서 방출된 파장 λ인 빛이 Q에 도달할 때 파장은 2.5λ이다.
ㄷ. (나)에서 현재 관측자로부터 Q까지의 거리 ㉠은 80억 광년이다.

① ㄱ ② ㄴ ③ ㄷ ④ ㄱ, ㄷ ⑤ ㄴ, ㄷ

23

그림은 우주의 나이가 38만 년일 때 A와 B의 위치에서 출발한 우주 배경 복사를 우리은하에서 관측하는 상황을 가정하여 나타낸 것이다. (가)와 (나)는 우주의 나이가 각각 138억 년과 60억 년일 때이다.

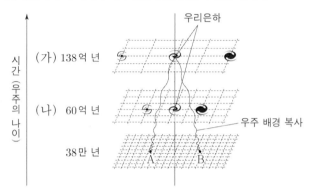

우리은하

시간 (우주의 나이)

(가) 138억 년

(나) 60억 년

우주 배경 복사

38만 년

A B

이에 대한 설명으로 옳은 것만을 〈보기〉에서 있는 대로 고른 것은? [3점]

〈 보기 〉
ㄱ. A와 B로부터 출발한 우주 배경 복사의 온도가 (가)에서 거의 같게 측정되는 것은 우주의 급팽창으로 설명된다.
ㄴ. (나)에서 측정되는 우주 배경 복사의 온도는 2.7 K보다 높다.
ㄷ. A에서 출발한 우주 배경 복사는 (나)의 우리은하에 도달한다.

① ㄱ ② ㄷ ③ ㄱ, ㄴ ④ ㄴ, ㄷ ⑤ ㄱ, ㄴ, ㄷ

24 대표문제

그림은 빅뱅 우주론에 따라 팽창하는 우주 모형 A와 B의 우주 팽창 속도를 시간에 따라 나타낸 것이다. 현재 우주 배경 복사의 온도는 A와 B에서 동일하다.

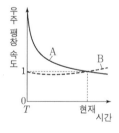

이 자료에 대한 설명으로 옳은 것만을 〈보기〉에서 있는 대로 고른 것은?

〈 보기 〉
ㄱ. T 시기에 A의 우주는 팽창하고 있다.
ㄴ. T 시기 이후 현재까지 B의 우주는 계속 가속 팽창한다.
ㄷ. T 시기에 우주 배경 복사의 온도는 A가 B보다 낮다.

① ㄱ ② ㄴ ③ ㄱ, ㄷ ④ ㄴ, ㄷ ⑤ ㄱ, ㄴ, ㄷ

25

그림은 빅뱅 이후 시간에 따른 우주의 온도 변화를 나타낸 것이다. A와 B는 각각 헬륨 원자핵과 중성 원자가 형성된 시기 중 하나이다.

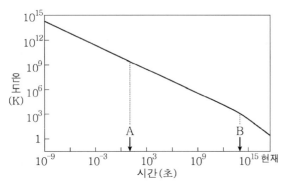

이에 대한 옳은 설명만을 〈보기〉에서 있는 대로 고른 것은?

〈 보기 〉
ㄱ. A는 헬륨 원자핵이 형성된 시기이다.
ㄴ. 우주의 밀도는 A 시기가 B 시기보다 크다.
ㄷ. 최초의 별은 B 시기 이후에 형성되었다.

① ㄱ　　② ㄷ　　③ ㄱ, ㄴ　　④ ㄴ, ㄷ　　⑤ ㄱ, ㄴ, ㄷ

26

그림 (가)와 (나)는 각각 COBE 우주 망원경과 WMAP 우주 망원경으로 관측한 우주 배경 복사의 온도 편차를 나타낸 것이다. 지점 A와 B는 지구에서 관측한 시선 방향이 서로 반대이다.

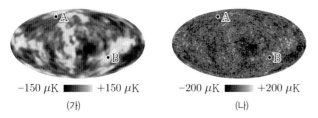

(가)　　　　　　　　　(나)

이에 대한 설명으로 옳은 것만을 〈보기〉에서 있는 대로 고른 것은? [3점]

〈 보기 〉
ㄱ. (나)가 (가)보다 온도 편차의 형태가 더욱 세밀해 보이는 것은 관측 기술의 발달 때문이다.
ㄴ. A와 B는 빛을 통하여 현재 상호 작용할 수 있다.
ㄷ. A와 B의 온도가 거의 같다는 사실은 급팽창 우주론으로 설명할 수 있다.

① ㄱ　　② ㄴ　　③ ㄱ, ㄷ　　④ ㄴ, ㄷ　　⑤ ㄱ, ㄴ, ㄷ

27

그림은 여러 외부 은하를 관측해서 구한 은하 A~I의 성간 기체에 존재하는 원소의 질량비를 나타낸 것이다.

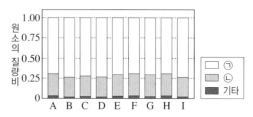

이에 대한 설명으로 옳은 것만을 〈보기〉에서 있는 대로 고른 것은? [3점]

〈 보기 〉
ㄱ. ⓛ은 수소 핵융합으로부터 만들어지는 원소이다.
ㄴ. 성간 기체에 포함된 $\frac{수소의\ 총\ 질량}{산소의\ 총\ 질량}$ 은 A가 B보다 크다.
ㄷ. 이 관측 결과는 우주의 밀도가 시간과 관계없이 일정하다고 보는 우주론의 증거가 된다.

① ㄱ　　② ㄷ　　③ ㄱ, ㄴ　　④ ㄴ, ㄷ　　⑤ ㄱ, ㄴ, ㄷ

28

그림은 급팽창 우주론에 따른 우주의 크기 변화를 우주의 지평선과 함께 나타낸 것이다.

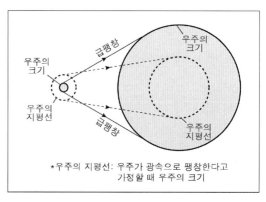

*우주의 지평선: 우주가 광속으로 팽창한다고 가정할 때 우주의 크기

급팽창 우주론에 대한 옳은 설명만을 〈보기〉에서 있는 대로 고른 것은? [3점]

〈 보기 〉
ㄱ. 급팽창이 일어날 때 우주는 빛보다 빠른 속도로 팽창하였다.
ㄴ. 급팽창 전에는 우주의 크기가 우주의 지평선보다 작았다.
ㄷ. 우주 배경 복사가 우주의 모든 방향에서 거의 균일하게 관측되는 현상을 설명할 수 있다.

① ㄱ　　② ㄴ　　③ ㄱ, ㄷ　　④ ㄴ, ㄷ　　⑤ ㄱ, ㄴ, ㄷ

29

그림은 표준 우주 모형에 근거하여 시간에 따른 우주의 크기 변화를 나타낸 것이다.
이에 대한 옳은 설명만을 〈보기〉에서 있는 대로 고른 것은? [3점]

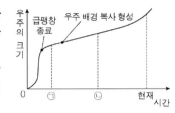

─〈 보기 〉─

ㄱ. ㉠ 시기에 우주의 모든 지점은 서로 정보 교환이 가능하였다.

ㄴ. ㉡ 시기에 우주는 불투명한 상태였다.

ㄷ. $\dfrac{\text{암흑 에너지 밀도}}{\text{물질 밀도}}$ 는 현재가 ㉡ 시기보다 크다.

① ㄱ　　② ㄴ　　③ ㄷ　　④ ㄱ, ㄴ　　⑤ ㄱ, ㄷ

31

그림 (가)와 (나)는 우주의 나이가 각각 10만 년과 100만 년일 때에 빛이 우주 공간을 진행하는 모습을 순서 없이 나타낸 것이다.
이에 대한 설명으로 옳은 것만을 〈보기〉에서 있는 대로 고른 것은?

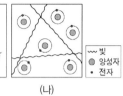

(가)　　　　　(나)

─〈 보기 〉─

ㄱ. (가) 시기 우주의 나이는 10만 년이다.

ㄴ. (나) 시기에 우주 배경 복사의 온도는 2.7 K이다.

ㄷ. 수소 원자핵에 대한 헬륨 원자핵의 함량비는 (가) 시기가 (나) 시기보다 크다.

① ㄱ　　② ㄴ　　③ ㄷ　　④ ㄱ, ㄴ　　⑤ ㄱ, ㄷ

30

그림 (가)는 우주론 A에 의한 우주의 크기를, (나)는 우주론 B에 의한 우주의 온도를 나타낸 것이다. A와 B는 우주 팽창을 설명한다.

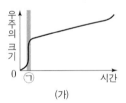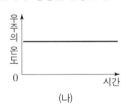

(가)　　　　　(나)

이에 대한 설명으로 옳은 것만을 〈보기〉에서 있는 대로 고른 것은?

─〈 보기 〉─

ㄱ. 우주 배경 복사가 우주의 양쪽 반대편 지평선에서 거의 같게 관측되는 것은 (가)의 ㉠ 시기에 일어난 팽창으로 설명된다.

ㄴ. A는 수소와 헬륨의 질량비가 거의 3 : 1로 관측되는 결과와 부합된다.

ㄷ. 우주의 밀도 변화는 B가 A보다 크다.

① ㄱ　　② ㄷ　　③ ㄱ, ㄴ　　④ ㄴ, ㄷ　　⑤ ㄱ, ㄴ, ㄷ

32

그림은 빅뱅 우주론에 따라 팽창하는 우주에서 T_1 시기와 T_2 시기에 은하 A, B, C의 위치와 A에서 관측한 B, C의 후퇴 속도를 나타낸 것이다.

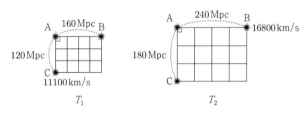

T_1　　　　　T_2

이 자료에 대한 설명으로 옳은 것만을 〈보기〉에서 있는 대로 고른 것은? (단, 은하들은 허블 법칙을 만족하고, 빛의 속도는 3×10^5 km/s이다.)

─〈 보기 〉─

ㄱ. T_2의 허블 상수는 70 km/s/Mpc이다.

ㄴ. A에서 관측한 C의 후퇴 속도는 T_1이 T_2보다 빠르다.

ㄷ. T_2에 B에서 C를 관측하면, 기준 파장이 500 nm인 흡수선은 540 nm보다 길게 관측된다.

① ㄱ　　② ㄴ　　③ ㄷ　　④ ㄱ, ㄴ　　⑤ ㄱ, ㄷ

28
일차

한눈에 정리하는
평가원 기출 경향

주제 \ 학년도	**2025**	**2024**

빈출

**암흑 물질과
암흑 에너지**

2025

26 　2025학년도 수능 지I 17번

표는 표준 우주 모형에 따라 팽창하는 우주에서 어느 두 시기의 우주의 크기와 우주 구성 요소의 밀도를 나타낸 것이다. T_1은 T_2보다 과거 시기이며, T_2에 우주 구성 요소의 총밀도는 1이다. A, B, C는 보통 물질, 암흑 물질, 암흑 에너지를 순서 없이 나타낸 것이다.

시기	우주의 크기 (현재=1)	우주 구성 요소의 밀도		
		A	B	C
T_1	( )	( )		0.96
T_2	0.50		0.21	0.12

이에 대한 설명으로 옳은 것만을 〈보기〉에서 있는 대로 고른 것은? (단, 우주의 크기는 은하 간 거리를 나타낸 척도이다.) [3점]

〈보기〉
ㄱ. 중성자는 C에 포함된다.
ㄴ. 전체 우주 구성 요소에서 A가 차지하는 비율을 T_1이 T_2보다 크다.
ㄷ. T_1에 전체 우주 구성 요소 중 C가 차지하는 비율은 15 %보다 작다.

① ㄱ ② ㄷ ③ ㄱ, ㄴ ④ ㄴ, ㄷ ⑤ ㄱ, ㄴ, ㄷ

---

15 대표문제 　2025학년도 9월 모평 지I 17번

표는 빅뱅 우주론에 따라 팽창하는 우주에서 우주 구성 요소의 밀도와 우주의 크기를 시기별로 나타낸 것이다. A, B, C는 보통 물질, 암흑 물질, 암흑 에너지를 순서 없이 나타낸 것이다. 현재 우주 구성 요소의 총밀도는 1이다.

시기	A 밀도	B 밀도	C 밀도	우주의 크기(상댓값)
현재	0.27	( )	0.05	1
T		0.68	( )	0.5

이에 대한 설명으로 옳은 것만을 〈보기〉에서 있는 대로 고른 것은? (단, 우주의 크기는 은하 간 거리를 나타낸 척도이다.) [3점]

〈보기〉
ㄱ. 중력 렌즈 현상을 통해 A가 존재함을 추정할 수 있다.
ㄴ. 우주가 팽창하는 동안 B의 총량은 일정하다.
ㄷ. T 시기에 우주 구성 요소 중 C가 차지하는 비율은 10 %보다 낮다.

① ㄱ ② ㄴ ③ ㄷ ④ ㄱ, ㄴ ⑤ ㄱ, ㄷ

---

06 대표문제 　2025학년도 6월 모평 지I 16번

그림은 표준 우주 모형에 따라 우주가 팽창하는 동안 우주 구성 요소의 밀도와 ⊙과 ⓒ의 변화를 나타낸 것이다. A, B, C는 보통 물질, 암흑 물질, 암흑 에너지를 순서 없이 나타낸 것이다. 현재 ⓒ은 1보다 작다.

A, B, C에 대한 설명으로 옳은 것만을 〈보기〉에 있는 대로 고른 것은? [3점]

〈보기〉
ㄱ. 현재 우주를 가속 팽창시키는 역할을 하는 것은 A이다.
ㄴ. 우주가 팽창하는 동안 B의 밀도는 일정하다.
ㄷ. C는 전자기파로 관측할 수 있다.

① ㄱ ② ㄴ ③ ㄱ, ㄷ ④ ㄴ, ㄷ ⑤ ㄱ, ㄴ, ㄷ

2024

18 　2024학년도 수능 지I 14번

그림은 빅뱅 우주론에 따라 우주가 팽창하는 동안 우주 구성 요소 A와 B의 상대적 비율을 시간에 따라 나타낸 것이다. A, B는 각각 암흑 에너지와 물질(보통 물질+암흑 물질) 중 하나이다.

이에 대한 설명으로 옳은 것만을 〈보기〉에서 있는 대로 고른 것은?

〈보기〉
ㄱ. A는 물질에 해당한다.
ㄴ. 우주 배경 복사의 온도는 과거 T 시기가 현재보다 낮다.
ㄷ. 우주가 팽창하는 동안 B의 총량은 일정하다.

① ㄱ ② ㄴ ③ ㄷ ④ ㄱ, ㄴ ⑤ ㄱ, ㄷ

11 　2024학년도 9월 모평 지I 11번

그림은 우주 구성 요소 A, B, C의 상대적 비율을 시간에 따라 나타낸 것이다. A, B, C는 각각 암흑 물질, 보통 물질, 암흑 에너지 중 하나이다.

이에 대한 설명으로 옳은 것을 〈보기〉에서 있는 대로 고른 것은?

〈보기〉
ㄱ. 우주 배경 복사의 파장은 T 시기가 현재보다 짧다.
ㄴ. T 시기부터 현재까지 $\dfrac{A의\ 비율}{B의\ 비율}$은 감소한다.
ㄷ. A, B, C 중 항성 질량의 대부분을 차지하는 것은 C이다.

① ㄱ ② ㄷ ③ ㄱ, ㄴ ④ ㄴ, ㄷ ⑤ ㄱ, ㄴ, ㄷ

10 　2024학년도 6월 모평 지I 15번

그림 (가)는 은하에 의한 중력 렌즈 현상을, (나)는 T 시기 이후 우주 구성 요소의 밀도 변화를 나타낸 것이다. A, B, C는 각각 보통 물질, 암흑 물질, 암흑 에너지 중 하나이다.

(가)　(나)

이에 대한 설명으로 옳은 것만을 〈보기〉에서 있는 대로 고른 것은?

〈보기〉
ㄱ. (가)를 이용하여 A가 존재함을 추정할 수 있다.
ㄴ. B에서 가장 많은 양을 차지하는 것은 양성자이다.
ㄷ. T 시기부터 현재까지 우주의 팽창 속도는 계속 증가하였다.

① ㄱ ② ㄴ ③ ㄱ, ㄷ ④ ㄴ, ㄷ ⑤ ㄱ, ㄴ, ㄷ

**표준 우주
모형**

우주의 미래

2023

2022~2019

---

17 2023학년도 6월 평가원 지Ⅰ 18번

표 (가)는 외부 은하 A와 B의 스펙트럼 관측 결과를, (나)는 우주 구성 요소의 상대적 비율을 T_1, T_2 시기에 따라 나타낸 것이다. T_1, T_2는 관측된 A, B의 빛이 각각 출발한 시기 중 하나이고, a, b, c는 각각 보통 물질, 암흑 물질, 암흑 에너지 중 하나이다.

은하	기준 파장	관측 파장
A	120	132
B	150	600

(단위: nm)

우주 구성 요소	T_1	T_2
a	62.7	3.4
b	31.4	81.3
c	5.9	15.3

(가)

(나)

(단위: %)

이 자료에 대한 설명으로 옳은 것만을 〈보기〉에서 있는 대로 고른 것은? (단, 빛의 속도는 3×10^5 km/s이다.)

〈보기〉
ㄱ. 우리은하에서 관측한 A의 후퇴 속도는 3000 km/s이다.
ㄴ. B는 T_1 시기의 천체이다.
ㄷ. 우주를 가속 팽창시키는 요소는 b이다.

① ㄱ ② ㄴ ③ ㄷ ④ ㄱ, ㄴ ⑤ ㄴ, ㄷ

---

02 2023학년도 9월 모평 지Ⅰ 10번

그림 (가)는 현재 우주 구성 요소의 비율을, (나)는 은하에 의한 중력 렌즈 현상을 나타낸 것이다. A, B, C는 각각 암흑 물질, 암흑 에너지, 보통 물질 중 하나이다.

(가) (나)

이에 대한 설명으로 옳은 것만을 〈보기〉에서 있는 대로 고른 것은? [3점]

〈보기〉
ㄱ. A는 암흑 에너지이다.
ㄴ. 현재 이후 우주가 팽창하는 동안 $\dfrac{\text{B의 비율}}{\text{C의 비율}}$ 은 감소한다.
ㄷ. (나)를 이용하여 B가 존재함을 추정할 수 있다.

① ㄱ ② ㄴ ③ ㄷ ④ ㄱ, ㄴ ⑤ ㄴ, ㄷ

---

01 2022학년도 9월 모평 지Ⅰ 2번

다음은 우주의 구성 요소에 대하여 학생 A, B, C가 나눈 대화이다. ㉠과 ㉡은 각각 암흑 물질과 암흑 에너지 중 하나이다.

구성 요소	특징
㉠	질량을 가지고 있으나 빛으로 관측되지 않음
㉡	척력으로 작용하여 우주를 가속 팽창시키는 역할을 함

제시한 내용이 옳은 학생만을 있는 대로 고른 것은?

① A ② B ③ C ④ A, B ⑤ A, C

---

12 2021학년도 수능 지Ⅰ 15번

그림은 어느 팽창 우주 모형에서 시간에 따른 우주의 크기 변화를 나타낸 것이다.

이에 대한 설명으로 옳은 것만을 〈보기〉에서 있는 대로 고른 것은?

〈보기〉
ㄱ. A 시기에 우주는 감속 팽창했다.
ㄴ. 현재 우주에서 물질이 차지하는 비율은 암흑 에너지가 차지하는 비율보다 크다.
ㄷ. 우주 배경 복사의 파장은 A 시기가 현재보다 길다.

① ㄱ ② ㄷ ③ ㄱ, ㄴ ④ ㄴ, ㄷ ⑤ ㄱ, ㄴ, ㄷ

---

16 2023학년도 6월 모평 지Ⅰ 14번

표는 우주 구성 요소 A, B, C의 상대적 비율을 T_1, T_2 시기에 따라 나타낸 것이다. T_1, T_2는 각각 과거와 미래 중 하나에 해당하고, A, B, C는 각각 보통 물질, 암흑 물질, 암흑 에너지 중 하나이다.

구성 요소	T_1	T_2
A	66	11
B	22	87
C	12	2

(단위: %)

이에 대한 설명으로 옳은 것만을 〈보기〉에서 있는 대로 고른 것은?

〈보기〉
ㄱ. T_2는 미래에 해당한다.
ㄴ. A는 항성 질량의 대부분을 차지한다.
ㄷ. C는 전자기파로 관측할 수 있다.

① ㄱ ② ㄴ ③ ㄱ, ㄷ ④ ㄴ, ㄷ ⑤ ㄱ, ㄴ, ㄷ

---

14 2022학년도 6월 모평 지Ⅰ 15번

그림 (가)와 (나)는 현재와 과거 어느 시기의 우주 구성 요소 비율을 순서 없이 나타낸 것이다. A, B, C는 각각 보통 물질, 암흑 물질, 암흑 에너지 중 하나이다.

(가) (나)

이에 대한 설명으로 옳은 것만을 〈보기〉에서 있는 대로 고른 것은?

〈보기〉
ㄱ. (가)일 때 우주는 가속 팽창하고 있다.
ㄴ. B는 전자기파로 관측할 수 있다.
ㄷ. $\dfrac{\text{A의 비율}}{\text{C의 비율}}$ 은 (가)일 때와 (나)일 때 같다.

① ㄱ ② ㄴ ③ ㄷ ④ ㄱ, ㄴ ⑤ ㄴ, ㄷ

---

22 2021학년도 6월 모평 지Ⅰ 16번

그림 (가)는 현재 우주를 구성하는 요소 A, B, C의 상대적 비율을 나타낸 것이고, (나)는 빅뱅 이후 현재까지 우주의 팽창 속도를 추정하여 나타낸 것이다. A, B, C는 각각 보통 물질, 암흑 물질, 암흑 에너지 중 하나이다.

(가) (나)

이에 대한 설명으로 옳은 것만을 〈보기〉에서 있는 대로 고른 것은? [3점]

〈보기〉
ㄱ. 우주가 팽창하는 동안 C가 차지하는 비율은 증가한다.
ㄴ. ㉠ 시기에 우주는 팽창하지 않았다.
ㄷ. 우주 팽창에 미치는 B의 영향은 ㉡ 시기가 ㉠ 시기보다 크다.

① ㄱ ② ㄴ ③ ㄷ ④ ㄱ, ㄴ ⑤ ㄱ, ㄷ

---

23 대표문제 2023학년도 6월 모평 지Ⅰ 10번

그림은 우주에서 일어난 주요한 사건 (가)~(라)를 시간 순서대로 나타낸 것이다.

이에 대한 설명으로 옳은 것만을 〈보기〉에서 있는 대로 고른 것은? [3점]

(라) 최초의 별과 은하 생성
(다) 원자의 형성
(나) 별빛 없이 태양
(가) 급팽창 종료

〈보기〉
ㄱ. (가)와 (라) 사이에 우주는 감속 팽창한다.
ㄴ. (나)와 (다) 사이에 헬륨이 형성된다.
ㄷ. (라) 시기에 우주 배경 복사 온도는 2.7 K보다 높다.

① ㄱ ② ㄴ ③ ㄱ, ㄷ ④ ㄴ, ㄷ ⑤ ㄱ, ㄴ, ㄷ

---

24 2021학년도 9월 모평 지Ⅰ 17번

그림 (가)는 표준 우주 모형에서 시간에 따른 우주의 크기 변화를, (나)는 플랑크 망원경의 우주 배경 복사 관측 결과로부터 추론한 현재 우주를 구성하는 요소의 비율을 나타낸 것이다.

급팽창

(가) 현재

(나)

이에 대한 설명으로 옳은 것만을 〈보기〉에서 있는 대로 고른 것은?

〈보기〉
ㄱ. 우주 배경 복사는 ㉠ 시기에 방출된 빛이다.
ㄴ. 현재 우주를 가속 팽창시키는 역할을 하는 것은 A이다.
ㄷ. B에서 가장 큰 비율을 차지하는 것은 중성자이다.

① ㄱ ② ㄴ ③ ㄷ ④ ㄱ, ㄴ ⑤ ㄱ, ㄷ

01

2022학년도 9월 모평 지I 2번

다음은 우주의 구성 요소에 대하여 학생 A, B, C가 나눈 대화이다. ㉠과 ㉡은 각각 암흑 물질과 암흑 에너지 중 하나이다.

구성 요소	특징
㉠	질량을 가지고 있으나 빛으로 관측되지 않음.
㉡	척력으로 작용하여 우주를 가속 팽창시키는 역할을 함.

㉠은 암흑 물질이야. (학생 A)

㉡으로 초신성 Ia형의 관측 결과를 설명할 수 있어. (학생 B)

현재 우주를 구성하는 비율은 ㉠이 ㉡보다 커. (학생 C)

제시한 내용이 옳은 학생만을 있는 대로 고른 것은?

① A ② B ③ C ④ A, B ⑤ A, C

02

2023학년도 9월 모평 지I 10번

그림 (가)는 현재 우주 구성 요소의 비율을, (나)는 은하에 의한 중력 렌즈 현상을 나타낸 것이다. A, B, C는 각각 암흑 물질, 암흑 에너지, 보통 물질 중 하나이다.

A 4.9%
B 26.8%
C 68.3%

(가) (나)

이에 대한 설명으로 옳은 것만을 〈보기〉에서 있는 대로 고른 것은? [3점]

〈보기〉
ㄱ. A는 암흑 에너지이다.
ㄴ. 현재 이후 우주가 팽창하는 동안 $\dfrac{\text{B의 비율}}{\text{C의 비율}}$ 은 감소한다.
ㄷ. (나)를 이용하여 B가 존재함을 추정할 수 있다.

① ㄱ ② ㄴ ③ ㄷ ④ ㄱ, ㄴ ⑤ ㄴ, ㄷ

03

2021학년도 3월 학평 지I 20번

그림 (가)는 현재 우주에서 암흑 물질, 보통 물질, 암흑 에너지가 차지하는 비율을 각각 ㉠, ㉡, ㉢으로 순서 없이 나타낸 것이고, (나)는 우리은하의 회전 속도를 은하 중심으로부터의 거리에 따라 나타낸 것이다. A와 B는 각각 관측 가능한 물질만을 고려한 추정값과 실제 관측값 중 하나이다.

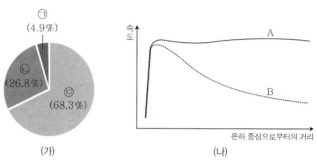

㉠ (4.9%)
㉡ (26.8%)
㉢ (68.3%)

(가) (나)

이에 대한 옳은 설명만을 〈보기〉에서 있는 대로 고른 것은? [3점]

〈보기〉
ㄱ. ㉠과 ㉡은 현재 우주를 가속 팽창시키는 역할을 한다.
ㄴ. 관측 가능한 물질만을 고려한 추정값은 B이다.
ㄷ. A와 B의 회전 속도 차이는 ㉡의 영향으로 나타난다.

① ㄱ ② ㄴ ③ ㄱ, ㄷ ④ ㄴ, ㄷ ⑤ ㄱ, ㄴ, ㄷ

04

2024학년도 10월 학평 지I 12번

그림은 빅뱅 이후 20억 년부터 현재까지 우주를 구성하는 요소 A, B, C가 차지하는 상대적 비율 변화를 나타낸 것이다. A, B, C는 각각 보통 물질, 암흑 물질, 암흑 에너지 중 하나이다.

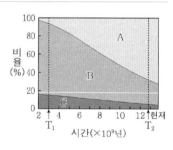

이에 대한 설명으로 옳은 것만을 〈보기〉에서 있는 대로 고른 것은?

〈보기〉
ㄱ. A는 암흑 에너지이다.
ㄴ. B는 은하에 의한 중력 렌즈 현상을 이용하여 존재를 추정할 수 있다.
ㄷ. 우주는 T_1 시기에는 감속 팽창, T_2 시기에는 가속 팽창했다.

① ㄱ ② ㄴ ③ ㄱ, ㄷ ④ ㄴ, ㄷ ⑤ ㄱ, ㄴ, ㄷ

05

그림은 빅뱅 우주론에 따라 우주가 팽창하는 동안 우주 구성 요소 A와 B의 밀도 변화를 시간에 따라 나타낸 것이다. A와 B는 각각 물질(보통 물질＋암흑 물질)과 암흑 에너지 중 하나이다.

이에 대한 설명으로 옳은 것만을 〈보기〉에서 있는 대로 고른 것은?

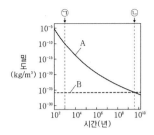

〈 보기 〉
ㄱ. A는 물질이다.
ㄴ. 우주 배경 복사는 ㉠ 시기 이전에 방출된 빛이다.
ㄷ. $\dfrac{\text{암흑 에너지 밀도}}{\text{물질 밀도}}$ 는 ㉡ 시기가 ㉠ 시기보다 크다.

① ㄱ   ② ㄴ   ③ ㄱ, ㄷ   ④ ㄴ, ㄷ   ⑤ ㄱ, ㄴ, ㄷ

06 대표 문제

그림은 표준 우주 모형에 따라 우주가 팽창하는 동안 우주 구성 요소의 밀도비 ㉠과 ㉡의 변화를 나타낸 것이다. A, B, C는 보통 물질, 암흑 물질, 암흑 에너지를 순서 없이 나타낸 것이다. 현재 ㉡은 1보다 작다.

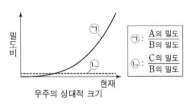

A, B, C에 대한 설명으로 옳은 것만을 〈보기〉에서 있는 대로 고른 것은? [3점]

〈 보기 〉
ㄱ. 현재 우주를 가속 팽창시키는 역할을 하는 것은 A이다.
ㄴ. 우주가 팽창하는 동안 B의 밀도는 일정하다.
ㄷ. C는 전자기파로 관측할 수 있다.

① ㄱ   ② ㄴ   ③ ㄱ, ㄷ   ④ ㄴ, ㄷ   ⑤ ㄱ, ㄴ, ㄷ

07

그림은 우주 구성 요소 A와 B의 시간에 따른 밀도를 나타낸 것이다. A와 B는 각각 물질(보통 물질＋암흑 물질)과 암흑 에너지 중 하나이다.

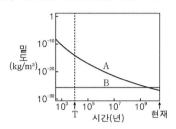

이에 대한 설명으로 옳은 것만을 〈보기〉에서 있는 대로 고른 것은?

〈 보기 〉
ㄱ. A는 물질이다.
ㄴ. $\dfrac{\text{물질의 밀도}}{\text{암흑 에너지의 밀도}}$ 는 T 시기보다 현재가 크다.
ㄷ. B는 현재 우주를 가속 팽창시키는 요소이다.

① ㄱ   ② ㄴ   ③ ㄱ, ㄷ   ④ ㄴ, ㄷ   ⑤ ㄱ, ㄴ, ㄷ

08

그림은 우주 모형 A, B와 외부 은하에서 발견된 Ia형 초신성의 관측 자료를 나타낸 것이다. Ω_m과 Ω_Λ는 각각 현재 우주의 물질 밀도와 암흑 에너지 밀도를 임계 밀도로 나눈 값이다.

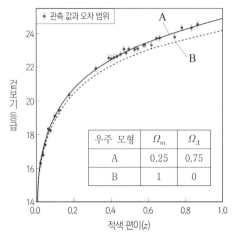

우주 모형	Ω_m	Ω_Λ
A	0.25	0.75
B	1	0

이에 대한 설명으로 옳은 것만을 〈보기〉에서 있는 대로 고른 것은?

〈보기〉

ㄱ. Ia형 초신성의 관측 결과를 설명할 수 있는 우주 모형은 B 보다 A이다.

ㄴ. $z=0.8$인 Ia형 초신성의 거리 예측 값은 A가 B보다 크다.

ㄷ. 보통 물질, 암흑 물질, 암흑 에너지를 모두 고려한 우주 모형 은 B이다.

① ㄱ   ② ㄷ   ③ ㄱ, ㄴ   ④ ㄴ, ㄷ   ⑤ ㄱ, ㄴ, ㄷ

09

그림은 우주를 구성하는 요소의 비율 변화를 시간에 따라 나타낸 것이다. A, B, C는 보통 물질, 암흑 물질, 암흑 에너지 중 하나이다.
이에 대한 설명으로 옳은 것만을 〈보기〉에서 있는 대로 고른 것은?

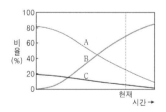

〈보기〉

ㄱ. 현재 우주를 구성하는 요소의 비율은 C<A<B이다.

ㄴ. A는 암흑 물질이다.

ㄷ. B는 현재 우주를 가속 팽창시키는 요소이다.

① ㄱ   ② ㄷ   ③ ㄱ, ㄴ

④ ㄴ, ㄷ   ⑤ ㄱ, ㄴ, ㄷ

10

그림 (가)는 은하에 의한 중력 렌즈 현상을, (나)는 T 시기 이후 우주 구성 요소의 밀도 변화를 나타낸 것이다. A, B, C는 각각 보통 물질, 암흑 물질, 암흑 에너지 중 하나이다.

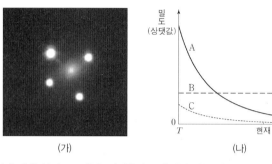

(가)   (나)

이에 대한 설명으로 옳은 것만을 〈보기〉에서 있는 대로 고른 것은?

〈보기〉

ㄱ. (가)를 이용하여 A가 존재함을 추정할 수 있다.

ㄴ. B에서 가장 많은 양을 차지하는 것은 양성자이다.

ㄷ. T 시기부터 현재까지 우주의 팽창 속도는 계속 증가하였다.

① ㄱ   ② ㄴ   ③ ㄱ, ㄷ   ④ ㄴ, ㄷ   ⑤ ㄱ, ㄴ, ㄷ

11

그림은 우주 구성 요소 A, B, C 의 상대적 비율을 시간에 따라 나타낸 것이다. A, B, C는 각각 암흑 물질, 보통 물질, 암흑 에너지 중 하나이다.
이에 대한 설명으로 옳은 것만을 〈보기〉에서 있는 대로 고른 것은?

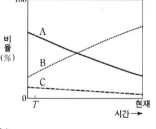

〈보기〉

ㄱ. 우주 배경 복사의 파장은 T 시기가 현재보다 짧다.

ㄴ. T 시기부터 현재까지 $\dfrac{\text{A의 비율}}{\text{B의 비율}}$ 은 감소한다.

ㄷ. A, B, C 중 항성 질량의 대부분을 차지하는 것은 C이다.

① ㄱ   ② ㄷ   ③ ㄱ, ㄴ

④ ㄴ, ㄷ   ⑤ ㄱ, ㄴ, ㄷ

12

그림은 어느 팽창 우주 모형에서 시간에 따른 우주의 크기 변화를 나타낸 것이다.

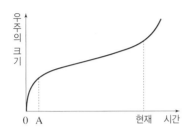

이에 대한 설명으로 옳은 것만을 〈보기〉에서 있는 대로 고른 것은?

〈 보기 〉
ㄱ. A 시기에 우주는 감속 팽창했다.
ㄴ. 현재 우주에서 물질이 차지하는 비율은 암흑 에너지가 차지하는 비율보다 크다.
ㄷ. 우주 배경 복사의 파장은 A 시기가 현재보다 길다.

① ㄱ   ② ㄷ   ③ ㄱ, ㄴ   ④ ㄴ, ㄷ   ⑤ ㄱ, ㄴ, ㄷ

13

표는 현재 우주 구성 요소 A, B, C의 비율이고, 그림은 시간에 따른 우주의 상대적 크기 변화를 나타낸 것이다. A, B, C는 각각 보통 물질, 암흑 물질, 암흑 에너지 중 하나이다.

우주 구성 요소	비율(%)
A	68.3
B	26.8
C	4.9

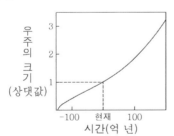

이에 대한 옳은 설명만을 〈보기〉에서 있는 대로 고른 것은?

〈 보기 〉
ㄱ. B는 보통 물질이다.
ㄴ. 빅뱅 이후 현재까지 우주의 팽창 속도는 일정하였다.
ㄷ. $\dfrac{\text{B의 비율} + \text{C의 비율}}{\text{A의 비율}}$ 은 100억 년 후가 현재보다 작을 것이다.

① ㄱ   ② ㄷ   ③ ㄱ, ㄴ   ④ ㄴ, ㄷ   ⑤ ㄱ, ㄴ, ㄷ

14

그림 (가)와 (나)는 현재와 과거 어느 시기의 우주 구성 요소 비율을 순서 없이 나타낸 것이다. A, B, C는 각각 보통 물질, 암흑 물질, 암흑 에너지 중 하나이다.

이에 대한 설명으로 옳은 것만을 〈보기〉에서 있는 대로 고른 것은?

〈 보기 〉
ㄱ. (가)일 때 우주는 가속 팽창하고 있다.
ㄴ. B는 전자기파로 관측할 수 있다.
ㄷ. $\dfrac{\text{A의 비율}}{\text{C의 비율}}$ 은 (가)일 때와 (나)일 때 같다.

① ㄱ   ② ㄴ   ③ ㄷ   ④ ㄱ, ㄴ   ⑤ ㄴ, ㄷ

15 대표 문제

2025학년도 9월 모평 지I 17번

표는 빅뱅 우주론에 따라 팽창하는 우주에서 우주 구성 요소의 밀도와 우주의 크기를 시기별로 나타낸 것이다. A, B, C는 보통 물질, 암흑 물질, 암흑 에너지를 순서 없이 나타낸 것이다. 현재 우주 구성 요소의 총 밀도는 1이다.

시기	A 밀도	B 밀도	C 밀도	우주의 크기(상댓값)
현재	0.27	(　　)	0.05	1
T	(　　)	0.68	(　　)	0.5

이에 대한 설명으로 옳은 것만을 〈보기〉에서 있는 대로 고른 것은? (단, 우주의 크기는 은하 간 거리를 나타낸 척도이다.) [3점]

〈보기〉

ㄱ. 중력 렌즈 현상을 통해 A가 존재함을 추정할 수 있다.
ㄴ. 우주가 팽창하는 동안 B의 총량은 일정하다.
ㄷ. T 시기에 우주 구성 요소 중 C가 차지하는 비율은 10 % 보다 낮다.

① ㄱ　② ㄴ　③ ㄷ　④ ㄱ, ㄴ　⑤ ㄱ, ㄷ

16

2023학년도 6월 모평 지I 14번

표는 우주 구성 요소 A, B, C의 상대적 비율을 T_1, T_2 시기에 따라 나타낸 것이다. T_1, T_2는 각각 과거와 미래 중 하나에 해당하고, A, B, C는 각각 보통 물질, 암흑 물질, 암흑 에너지 중 하나이다.

구성 요소	T_1	T_2
A	66	11
B	22	87
C	12	2

(단위: %)

이에 대한 설명으로 옳은 것만을 〈보기〉에서 있는 대로 고른 것은?

〈보기〉

ㄱ. T_2는 미래에 해당한다.
ㄴ. A는 항성 질량의 대부분을 차지한다.
ㄷ. C는 전자기파로 관측할 수 있다.

① ㄱ　② ㄴ　③ ㄱ, ㄷ　④ ㄴ, ㄷ　⑤ ㄱ, ㄴ, ㄷ

17

2023학년도 수능 지I 18번

표 (가)는 외부 은하 A와 B의 스펙트럼 관측 결과를, (나)는 우주 구성 요소의 상대적 비율을 T_1, T_2 시기에 따라 나타낸 것이다. T_1, T_2는 관측된 A, B의 빛이 각각 출발한 시기 중 하나이고, a, b, c는 각각 보통 물질, 암흑 물질, 암흑 에너지 중 하나이다.

은하	기준 파장	관측 파장
A	120	132
B	150	600

(단위: nm)

(가)

우주 구성 요소	T_1	T_2
a	62.7	3.4
b	31.4	81.3
c	5.9	15.3

(단위: %)

(나)

이 자료에 대한 설명으로 옳은 것만을 〈보기〉에서 있는 대로 고른 것은? (단, 빛의 속도는 3×10^5 km/s이다.)

〈보기〉

ㄱ. 우리은하에서 관측한 A의 후퇴 속도는 3000 km/s이다.
ㄴ. B는 T_2 시기의 천체이다.
ㄷ. 우주를 가속 팽창시키는 요소는 b이다.

① ㄱ　② ㄴ　③ ㄷ　④ ㄱ, ㄴ　⑤ ㄴ, ㄷ

18

그림은 빅뱅 우주론에 따라 우주가 팽창하는 동안 우주 구성 요소 A와 B의 상대적 비율(%)을 시간에 따라 나타낸 것이다. A와 B는 각각 암흑 에너지와 물질(보통 물질＋암흑 물질) 중 하나이다.

이에 대한 설명으로 옳은 것만을 〈보기〉에서 있는 대로 고른 것은?

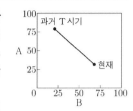

─── 〈 보기 〉 ───

ㄱ. A는 물질에 해당한다.

ㄴ. 우주 배경 복사의 온도는 과거 T 시기가 현재보다 낮다.

ㄷ. 우주가 팽창하는 동안 B의 총량은 일정하다.

① ㄱ   ② ㄴ   ③ ㄷ   ④ ㄱ, ㄴ   ⑤ ㄱ, ㄷ

19

그림 (가)는 어느 우주 모형에서 시간에 따른 우주의 크기 변화를, (나)는 현재 우주 구성 요소의 비율을 나타낸 것이다. A, B, C는 각각 암흑 물질, 암흑 에너지, 보통 물질 중 하나이다.

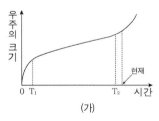 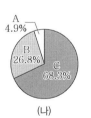

(가)   (나)

이에 대한 설명으로 옳은 것만을 〈보기〉에서 있는 대로 고른 것은? [3점]

─── 〈 보기 〉 ───

ㄱ. 우주의 평균 온도는 T_1 시기가 T_2 시기보다 높다.

ㄴ. T_1 시기에 우주는 감속 팽창했다.

ㄷ. $\dfrac{(A+B)의\ 비율}{C의\ 비율}$ 은 T_1 시기가 T_2 시기보다 크다.

① ㄱ   ② ㄷ   ③ ㄱ, ㄴ   ④ ㄴ, ㄷ   ⑤ ㄱ, ㄴ, ㄷ

20

그림 (가)는 가속 팽창 우주 모형에 의한 시간에 따른 우주의 크기를, (나)는 T_1 시기와 T_2 시기의 우주 구성 요소의 비율을 ⊙과 ⓒ으로 순서 없이 나타낸 것이다. A, B, C는 각각 보통 물질, 암흑 물질, 암흑 에너지 중 하나이다.

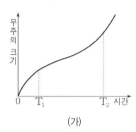 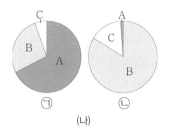

(가)   (나)

이에 대한 옳은 설명만을 〈보기〉에서 있는 대로 고른 것은? [3점]

─── 〈 보기 〉 ───

ㄱ. T_1 시기에 우주의 팽창 속도는 증가하고 있다.

ㄴ. T_2 시기의 우주 구성 요소의 비율은 ⊙이다.

ㄷ. 전자기파를 이용해 직접 관측할 수 있는 것은 C이다.

① ㄱ   ② ㄷ   ③ ㄱ, ㄴ   ④ ㄴ, ㄷ   ⑤ ㄱ, ㄴ, ㄷ

21

표는 우주 구성 요소의 상대적 비율을 T_1, T_2 시기에 따라 나타낸 것이고, 그림은 표준 우주 모형에 따른 빅뱅 이후 현재까지 우주의 팽창 속도를 나타낸 것이다. ⊙, ⓒ, ⓒ은 각각 보통 물질, 암흑 물질, 암흑 에너지 중 하나이다.

구성 요소	T_1	T_2
⊙	59.6	75.5
ⓒ	29.2	10.3
ⓒ	11.2	14.2

(단위: %)

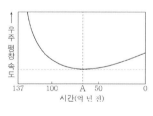

이에 대한 옳은 설명만을 〈보기〉에서 있는 대로 고른 것은? [3점]

─── 〈 보기 〉 ───

ㄱ. ⊙은 질량을 가지고 있다.

ㄴ. T_2 시기는 A 시기보다 나중이다.

ㄷ. 우주 배경 복사는 A 시기 이전에 방출된 빛이다.

① ㄱ   ② ㄴ   ③ ㄱ, ㄷ   ④ ㄴ, ㄷ   ⑤ ㄱ, ㄴ, ㄷ

22

그림 (가)는 현재 우주를 구성하는 요소 A, B, C의 상대적 비율을 나타낸 것이고, (나)는 빅뱅 이후 현재까지 우주의 팽창 속도를 추정하여 나타낸 것이다. A, B, C는 각각 보통 물질, 암흑 물질, 암흑 에너지 중 하나이다.

(가)

(나)

이에 대한 설명으로 옳은 것만을 〈보기〉에서 있는 대로 고른 것은? [3점]

〈보기〉
ㄱ. 우주가 팽창하는 동안 C가 차지하는 비율은 증가한다.
ㄴ. ㉠ 시기에 우주는 팽창하지 않았다.
ㄷ. 우주 팽창에 미치는 B의 영향은 ㉡ 시기가 ㉠ 시기보다 크다.

① ㄱ   ② ㄴ   ③ ㄷ   ④ ㄱ, ㄴ   ⑤ ㄱ, ㄷ

23 대표 문제

그림은 우주에서 일어난 주요한 사건 (가)~(라)를 시간 순서대로 나타낸 것이다.
이에 대한 설명으로 옳은 것만을 〈보기〉에서 있는 대로 고른 것은?

[3점]

(라) 최초의 별과 은하 형성
(다) 원자의 형성
(나) 헬륨 원자핵 형성
(가) 급팽창 종료

〈보기〉
ㄱ. (가)와 (라) 사이에 우주는 감속 팽창한다.
ㄴ. (나)와 (다) 사이에 퀘이사가 형성된다.
ㄷ. (라) 시기에 우주 배경 복사 온도는 2.7 K보다 높다.

① ㄱ   ② ㄴ   ③ ㄱ, ㄷ   ④ ㄴ, ㄷ   ⑤ ㄱ, ㄴ, ㄷ

24

그림 (가)는 표준 우주 모형에서 시간에 따른 우주의 크기 변화를, (나)는 플랑크 망원경의 우주 배경 복사 관측 결과로부터 추론한 현재 우주를 구성하는 요소의 비율을 나타낸 것이다.

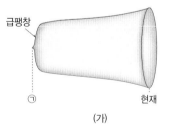

급팽창

㉠   현재

(가)

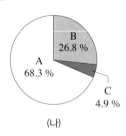

B 26.8 %
A 68.3 %
C 4.9 %

(나)

이에 대한 설명으로 옳은 것만을 〈보기〉에서 있는 대로 고른 것은?

〈보기〉
ㄱ. 우주 배경 복사는 ㉠ 시기에 방출된 빛이다.
ㄴ. 현재 우주를 가속 팽창시키는 역할을 하는 것은 A이다.
ㄷ. B에서 가장 큰 비율을 차지하는 것은 중성자이다.

① ㄱ   ② ㄴ   ③ ㄷ   ④ ㄱ, ㄴ   ⑤ ㄱ, ㄷ

25

표는 우주 모형 A, B, C의 Ω_m과 Ω_Λ를 나타낸 것이고, 그림은 A, B, C에서 적색 편이와 겉보기 등급 사이의 관계를 C를 기준으로 하여 Ⅰa형 초신성 관측 자료와 함께 나타낸 것이다. ㉠과 ㉡은 각각 A와 B의 편차 자료 중 하나이고, Ω_m과 Ω_Λ는 각각 현재 우주의 물질 밀도와 암흑 에너지 밀도를 임계 밀도로 나눈 값이다.

우주 모형	Ω_m	Ω_Λ
A	0.27	0.73
B	1.0	0
C	0.27	0

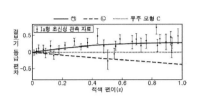

이 자료에 대한 설명으로 옳은 것만을 〈보기〉에서 있는 대로 고른 것은? [3점]

〈보기〉
ㄱ. ㉠은 B의 편차 자료이다.
ㄴ. $z=1.0$인 천체의 겉보기 등급은 A보다 B에서 크다.
ㄷ. Ⅰa형 초신성 관측 자료와 가장 부합하는 모형은 A이다.

① ㄱ   ② ㄷ   ③ ㄱ, ㄴ   ④ ㄴ, ㄷ   ⑤ ㄱ, ㄴ, ㄷ

26

표는 표준 우주 모형에 따라 팽창하는 우주에서 어느 두 시기의 우주의 크기와 우주 구성 요소의 밀도를 나타낸 것이다. T_1은 T_2보다 과거 시기이며, T_2에 우주 구성 요소의 총밀도는 1이다. A, B, C는 보통 물질, 암흑 물질, 암흑 에너지를 순서 없이 나타낸 것이다.

시기	우주의 크기 (현재=1)	우주 구성 요소의 밀도		
		A	B	C
T_1	( )	( )	( )	0.96
T_2	0.50	( )	0.21	0.12

이에 대한 설명으로 옳은 것만을 〈보기〉에서 있는 대로 고른 것은? (단, 우주의 크기는 은하 간 거리를 나타낸 척도이다.) [3점]

〈보기〉
ㄱ. 중성자는 C에 포함된다.
ㄴ. 전체 우주 구성 요소에서 $\dfrac{\text{A가 차지하는 비율}}{\text{B가 차지하는 비율}}$은 T_1이 T_2보다 크다.
ㄷ. T_1에 전체 우주 구성 요소 중 C가 차지하는 비율은 15 %보다 작다.

① ㄱ   ② ㄷ   ③ ㄱ, ㄴ   ④ ㄴ, ㄷ   ⑤ ㄱ, ㄴ, ㄷ

정답률 낮은 문제, 한 번 더!

01 정답률 14% 2023학년도 수능 지I 15번

그림은 어느 해양판의 고지자기 분포와 지점 A, B의 연령을 나타낸 것이다. 해양판의 이동 속도와 해저 퇴적물이 쌓이는 속도는 일정하고, 현재 해양판의 이동 방향은 남쪽과 북쪽 중 하나이다.

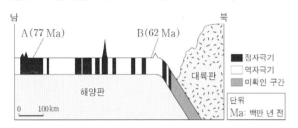

이 자료에 대한 설명으로 옳은 것만을 〈보기〉에서 있는 대로 고른 것은? (단, 해양판의 이동 속도는 대륙판보다 빠르다.) [3점]

〈 보기 〉
ㄱ. A와 B 사이에 해령이 위치한다.
ㄴ. 해저 퇴적물의 두께는 A가 B보다 두껍다.
ㄷ. 현재 A의 이동 방향은 남쪽이다.

① ㄱ   ② ㄴ   ③ ㄱ, ㄷ   ④ ㄴ, ㄷ   ⑤ ㄱ, ㄴ, ㄷ

02 정답률 42% 2024학년도 9월 모평 지I 20번

그림은 남반구에 위치한 열점에서 생성된 화산섬의 위치와 연령을 나타낸 것이다. 해양판 A와 B에는 각각 하나의 열점이 존재하고, 열점에서 생성된 화산섬은 동일 경도상을 따라 각각 일정한 속도로 이동한다.

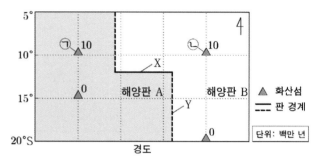

이 자료에 대한 설명으로 옳은 것만을 〈보기〉에서 있는 대로 고른 것은? (단, 고지자기극은 고지자기 방향으로 추정한 지리상 북극이고, 지리상 북극은 변하지 않았다.) [3점]

〈 보기 〉
ㄱ. 판의 경계에서 화산 활동은 X가 Y보다 활발하다.
ㄴ. 고지자기 복각의 절댓값은 화산섬 ㉠과 ㉡이 같다.
ㄷ. 화산섬 ㉠에서 구한 고지자기극은 화산섬 ㉡에서 구한 고지자기극보다 저위도에 위치한다.

① ㄱ   ② ㄴ   ③ ㄷ
④ ㄱ, ㄴ   ⑤ ㄱ, ㄷ

03 정답률 40 %

그림은 지괴 A와 B의 현재 위치와 ㉠ 시기부터 ㉡ 시기까지 시기별 고지자기극의 위치를 나타낸 것이다. A와 B는 동일 경도를 따라 일정한 방향으로 이동하였으며, ㉠부터 현재까지의 어느 시기에 서로 한 번 분리된 후 현재의 위치에 있다.

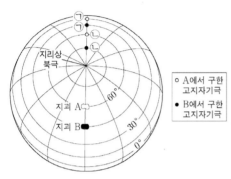

이 자료에 대한 설명으로 옳은 것만을 〈보기〉에서 있는 대로 고른 것은? (단, 고지자기극은 고지자기 방향으로 추정한 지리상 북극이고, 지리상 북극은 변하지 않았다.) [3점]

〈 보기 〉
ㄱ. A에서 구한 고지자기 복각의 절댓값은 ㉠이 ㉡보다 작다.
ㄴ. A와 B는 북반구에서 분리되었다.
ㄷ. ㉡부터 현재까지의 평균 이동 속도는 A가 B보다 빠르다.

① ㄱ   ② ㄷ   ③ ㄱ, ㄴ   ④ ㄴ, ㄷ   ⑤ ㄱ, ㄴ, ㄷ

04 정답률 34 %

그림은 고정된 열점에서 형성된 화산섬 A, B, C를, 표는 A, B, C의 연령, 위도, 고지자기 복각을 나타낸 것이다. A, B, C는 동일 경도에 위치한다.

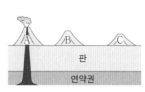

화산섬	A	B	C
연령 (백만 년)	0	15	40
위도	10°N	20°N	40°N
고지자기 복각	( )	(㉠)	(㉡)

이 자료에 대한 설명으로 옳은 것만을 〈보기〉에서 있는 대로 고른 것은? (단, 고지자기극은 고지자기 방향으로 추정한 지리상 북극이고, 지리상 북극은 변하지 않았다.) [3점]

〈 보기 〉
ㄱ. ㉠은 ㉡보다 작다.
ㄴ. 판의 이동 방향은 북쪽이다.
ㄷ. B에서 구한 고지자기극의 위도는 80°N이다.

① ㄱ   ② ㄴ   ③ ㄱ, ㄷ   ④ ㄴ, ㄷ   ⑤ ㄱ, ㄴ, ㄷ

정답률 낮은 문제, 한 번 더!

01 정답률 48 %

그림은 어느 지역의 지질 단면을, 표는 화성암 P와 Q에 포함된 방사성 동위 원소 X의 자원소인 Y의 함량을 시기별로 나타낸 것이다. Y는 모두 X가 붕괴하여 생성되었고, X의 반감기는 1.5억 년이다.

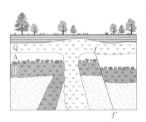

시기	Y 함량(%)	
	P	Q
암석 생성 이후 1.5억 년 경과	a	a
현재	$1.8a$	$1.6a$

이 자료에 대한 설명으로 옳은 것만을 〈보기〉에서 있는 대로 고른 것은? (단, Y 함량(%)은 붕괴한 X 함량(%)과 같다.) [3점]

〈 보기 〉
ㄱ. P에는 암석 A가 포획암으로 나타난다.
ㄴ. 단층 $f-f'$은 고생대에 형성되었다.
ㄷ. 현재로부터 1.5억 년 후까지 P의 X 함량(%)의 감소량은 Q의 Y 함량(%)의 증가량보다 적다.

① ㄱ　　② ㄴ　　③ ㄷ　　④ ㄱ, ㄷ　　⑤ ㄴ, ㄷ

02 정답률 47 %

그림은 어느 지역의 지질 단면을 나타낸 것이다.

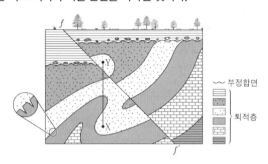

~ 부정합면
퇴적층

이 자료에 대한 설명으로 옳은 것만을 〈보기〉에서 있는 대로 고른 것은? [3점]

〈 보기 〉
ㄱ. 단층 $f-f'$은 장력에 의해 형성되었다.
ㄴ. 습곡과 단층의 형성 시기 사이에 부정합면이 형성되었다.
ㄷ. X → Y를 따라 각 지층 경계를 통과할 때의 지층 연령의 증감은 '증가 → 감소 → 감소 → 증가'이다.

① ㄱ　　　　　　② ㄴ　　　　　　③ ㄷ
④ ㄱ, ㄴ　　　　⑤ ㄴ, ㄷ

03 정답률 47 %

방사성 동위 원소 X, Y가 포함된 어느 화강암에서, 현재 X의 자원소 함량은 X 함량의 3배이고, Y의 자원소 함량은 Y 함량과 같다. 자원소 는 모두 각각의 모원소가 붕괴하여 생성된다.

이에 대한 설명으로 옳은 것만을 〈보기〉에서 있는 대로 고른 것은? [3점]

〈 보기 〉
ㄱ. 화강암의 절대 연령은 Y의 반감기와 같다.

ㄴ. 화강암 생성 당시부터 현재까지 $\dfrac{\text{모원소 함량}}{\text{모원소 함량}+\text{자원소 함량}}$ 의 감소량은 X가 Y의 2배이다.

ㄷ. Y의 함량이 현재의 $\dfrac{1}{2}$이 될 때, X의 자원소 함량은 X 함량 의 7배이다.

① ㄱ   ② ㄴ   ③ ㄱ, ㄷ   ④ ㄴ, ㄷ   ⑤ ㄱ, ㄴ, ㄷ

04 정답률 49 %

그림은 방사성 동위 원소 X의 붕괴 곡선의 일부를 나타낸 것이다. 화성 암에 포함된 X의 자원소 Y는 모두 X가 붕괴하여 생성되었다.

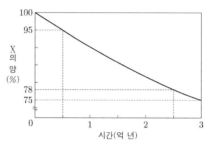

이 자료에 대한 설명으로 옳은 것만을 〈보기〉에서 있는 대로 고른 것 은? (단, 모든 화성암에는 X가 포함되어 있으며, X의 양(%)은 화성암 생성 당시 X의 함량에 대한 남아 있는 X의 함량의 비율이고, Y의 양 (%)은 붕괴한 X의 양과 같다.) [3점]

〈 보기 〉
ㄱ. 현재의 X의 양이 95 %인 화성암은 속씨식물이 존재하던 시 기에 생성되었다.

ㄴ. X의 반감기는 6억 년보다 길다.

ㄷ. 중생대에 생성된 모든 화성암에서는 현재의 $\dfrac{\text{X의 양(\%)}}{\text{Y의 양(\%)}}$이 4보다 크다.

① ㄱ   ② ㄷ   ③ ㄱ, ㄴ
④ ㄴ, ㄷ   ⑤ ㄱ, ㄴ, ㄷ

정답률 낮은 문제, 한 번 더!

01 정답률 44% — 2020학년도 수능 지Ⅰ 12번

표의 (가)는 1일 강수량 분포를, (나)는 지점 A의 1일 풍향 빈도를 나타낸 것이다. $D_1 \to D_2$는 하루 간격이고 이 기간 동안 우리나라는 정체 전선의 영향권에 있었다.

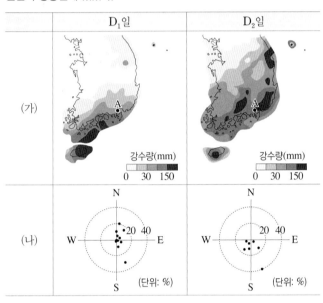

지점 A에 대한 설명으로 옳은 것만을 〈보기〉에서 있는 대로 고른 것은? [3점]

〈보기〉
ㄱ. D_1일 때 정체 전선의 위치는 D_2일 때보다 북쪽이다.
ㄴ. D_2일 때 남동풍의 빈도는 남서풍의 빈도보다 크다.
ㄷ. D_1일 때가 D_2일 때보다 북태평양 기단의 영향을 더 받는다.

① ㄱ   ② ㄴ   ③ ㄱ, ㄷ   ④ ㄴ, ㄷ   ⑤ ㄱ, ㄴ, ㄷ

02 정답률 22% — 2021학년도 6월 모평 지Ⅰ 18번

그림은 북반구 해상에서 관측한 태풍의 하층(고도 2 km 수평면) 풍속 분포를 나타낸 것이다.

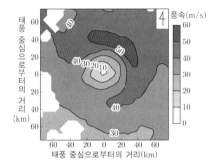

이에 대한 설명으로 옳은 것만을 〈보기〉에서 있는 대로 고른 것은? (단, 등압선은 태풍의 이동 방향 축에 대해 대칭이라고 가정한다.) [3점]

〈보기〉
ㄱ. 태풍은 북동 방향으로 이동하고 있다.
ㄴ. 태풍 중심 부근의 해역에서 수온 약층의 차가운 물이 용승한다.
ㄷ. 태풍의 상층 공기는 반시계 방향으로 불어 나간다.

① ㄱ   ② ㄴ   ③ ㄷ   ④ ㄱ, ㄴ   ⑤ ㄴ, ㄷ

정답률 낮은 문제, 한 번 더!

01 [정답률 43 %]

그림은 대기와 해양에서 남북 방향으로의 연평균 에너지 수송량을 위도별로 나타낸 것이다. A와 B는 각각 대기와 해양 중 하나이다.

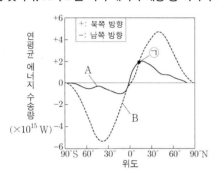

이에 대한 설명으로 옳은 것만을 〈보기〉에서 있는 대로 고른 것은? [3점]

〈 보기 〉
ㄱ. A는 대기에 해당한다.
ㄴ. A와 B가 교차하는 ㉠의 위도에서 복사 평형을 이루고 있다.
ㄷ. 적도에서는 에너지 과잉이다.

① ㄴ   ② ㄷ   ③ ㄱ, ㄴ   ④ ㄱ, ㄷ   ⑤ ㄱ, ㄴ, ㄷ

02 [정답률 48 %]

그림은 위도에 따른 연평균 증발량과 강수량을 순서 없이 나타낸 것이다.

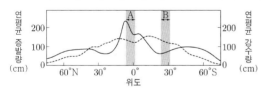

이 자료에 대한 설명으로 옳은 것만을 〈보기〉에서 있는 대로 고른 것은?

〈 보기 〉
ㄱ. 표층 해수의 평균 염분은 A 해역이 B 해역보다 높다.
ㄴ. A에서는 해들리 순환의 상승 기류가 나타난다.
ㄷ. 캘리포니아 해류는 B 해역에서 나타난다.

① ㄱ   ② ㄴ   ③ ㄷ
④ ㄱ, ㄴ   ⑤ ㄴ, ㄷ

03 [정답률 45 %]

그림은 해수면 부근에서 부는 바람의 남북 방향의 연평균 풍속을 나타낸 것이다. ㉠과 ㉡은 각각 60°N과 60°S 중 하나이다.

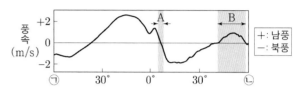

이 자료에 대한 설명으로 옳은 것만을 〈보기〉에서 있는 대로 고른 것은?

〈 보기 〉
ㄱ. ㉠은 60°S이다.
ㄴ. A에서 해들리 순환의 하강 기류가 나타난다.
ㄷ. 페루 해류는 B에서 나타난다.

① ㄱ   ② ㄴ   ③ ㄷ   ④ ㄱ, ㄴ   ⑤ ㄱ, ㄷ

04

그림은 평균 해면 기압을 위도에 따라 나타낸 것이다.

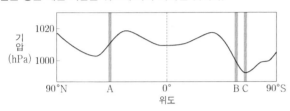

이 자료에 대한 설명으로 옳은 것만을 〈보기〉에서 있는 대로 고른 것은? [3점]

──〈 보기 〉──

ㄱ. A는 대기 대순환의 간접 순환 영역에 위치한다.

ㄴ. B 해역에서는 남극 순환류가 흐른다.

ㄷ. C 해역에서는 대기 대순환에 의해 표층 해수가 발산한다.

① ㄱ　　② ㄷ　　③ ㄱ, ㄴ　　④ ㄴ, ㄷ　　⑤ ㄱ, ㄴ, ㄷ

05

그림 (가)는 태평양 적도 부근 해역에서 관측한 바람의 동서 방향 풍속 편차를, (나)는 이 해역에서 A와 B 중 어느 한 시기에 관측된 20 ℃ 등수온선의 깊이 편차를 나타낸 것이다. A와 B는 각각 엘니뇨와 라니냐 시기 중 하나이고, (＋)는 서풍, (－)는 동풍에 해당한다. 편차는 (관측값－평년값)이다.

(가)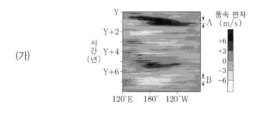

(나)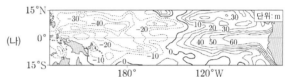

이에 대한 설명으로 옳은 것만을 〈보기〉에서 있는 대로 고른 것은?

──〈 보기 〉──

ㄱ. (나)는 B에 해당한다.

ㄴ. 동태평양 적도 부근 해역에서 해수면 높이는 B가 평년보다 낮다.

ㄷ. 적도 부근의 (동태평양 해면 기압－서태평양 해면 기압) 값은 A가 B보다 크다.

① ㄱ　　② ㄴ　　③ ㄷ　　④ ㄱ, ㄷ　　⑤ ㄴ, ㄷ

그림의 유형 Ⅰ과 Ⅱ는 두 물리량 x와 y 사이의 대략적인 관계를 나타낸 것이다. 표는 엘니뇨와 라니냐가 일어난 시기에 태평양 적도 부근 해역에서 동시에 관측한 물리량과 이들의 관계 유형을 Ⅰ 또는 Ⅱ로 나타낸 것이다.

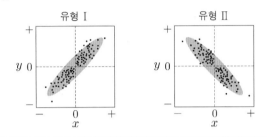

관계 유형 \\ 물리량	x	y
ⓐ	동태평양에서 적운형 구름양의 편차	(서태평양 해수면 높이 − 동태평양 해수면 높이)의 편차
Ⅰ	서태평양에서의 해면 기압 편차	(㉠)의 편차
ⓑ	(서태평양 해수면 수온 − 동태평양 해수면 수온)의 편차	워커 순환 세기의 편차

(편차＝관측값−평년값)

이 자료에 대한 설명으로 옳은 것만을 〈보기〉에서 있는 대로 고른 것은? [3점]

〈 보기 〉
ㄱ. ⓐ는 Ⅱ이다.
ㄴ. '동태평양에서 수온 약층이 나타나기 시작하는 깊이'는 ㉠에 해당한다.
ㄷ. ⓑ는 Ⅰ이다.

① ㄱ   ② ㄷ   ③ ㄱ, ㄴ   ④ ㄴ, ㄷ   ⑤ ㄱ, ㄴ, ㄷ

그림 (가)는 어느 해(Y)에 시작된 엘니뇨 또는 라니냐 시기 동안 태평양 적도 부근에서 기상위성으로 관측한 적외선 방출 복사 에너지의 편차(관측값−평년값)를, (나)는 서태평양과 동태평양에 위치한 각 지점의 해면 기압 편차(관측값−평년값)를 나타낸 것이다. (가)의 시기는 (나)의 ㉠에 해당한다.

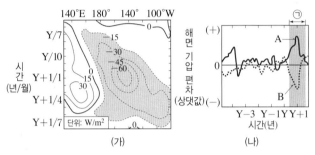

(가)   (나)

이 자료에 근거해서 평년과 비교할 때, (가) 시기에 대한 설명으로 옳은 것만을 〈보기〉에서 있는 대로 고른 것은? [3점]

〈 보기 〉
ㄱ. 동태평양에서 두꺼운 적운형 구름의 발생이 줄어든다.
ㄴ. 워커 순환이 약화된다.
ㄷ. (나)의 A는 서태평양에 해당한다.

① ㄱ   ② ㄴ   ③ ㄱ, ㄷ   ④ ㄴ, ㄷ   ⑤ ㄱ, ㄴ, ㄷ

그림 (가)는 서태평양 적도 부근 해역의 표층에 도달하는 태양 복사 에너지 편차(관측값−평년값)를, (나)는 태평양 적도 부근 해역에서 A와 B 중 한 시기에 1년 동안 관측한 20 ℃ 등수온선의 깊이 편차를 나타낸 것이다. A와 B는 각각 엘니뇨와 라니냐 시기 중 하나이다.

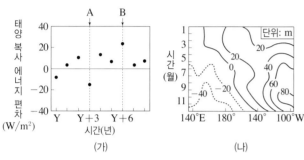

(가)　　　　　　　　　　(나)

이에 대한 설명으로 옳은 것만을 〈보기〉에서 있는 대로 고른 것은? [3점]

〈 보기 〉
ㄱ. (나)는 A에 해당한다.
ㄴ. B일 때는 서태평양 적도 부근 해역이 평년보다 건조하다.
ㄷ. 적도 부근에서 $\dfrac{\text{서태평양 해면 기압}}{\text{동태평양 해면 기압}}$ 은 A가 B보다 작다.

① ㄱ　　② ㄴ　　③ ㄱ, ㄷ　　④ ㄴ, ㄷ　　⑤ ㄱ, ㄴ, ㄷ

그림 (가)와 (나)는 지구의 공전 궤도 이심률과 자전축 경사각의 변화를 각각 나타낸 것이다. 지구 자전축 세차 운동의 주기는 약 26000년이고 방향은 지구 공전 방향과 반대이다.

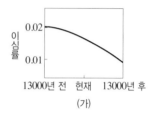　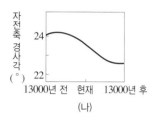

(가)　　　　　　　　　　(나)

이에 대한 설명으로 옳은 것만을 〈보기〉에서 있는 대로 고른 것은? (단, 지구의 공전 궤도 이심률, 자전축 경사각, 세차 운동 이외의 요인은 변하지 않는다.)

〈 보기 〉
ㄱ. 원일점에서 30°S의 밤의 길이는 현재가 13000년 전보다 짧다.
ㄴ. 30°N에서 기온의 연교차는 현재가 13000년 전보다 작다.
ㄷ. 30°S의 겨울철 태양의 남중 고도는 6500년 후가 현재보다 낮다.

① ㄱ　　② ㄴ　　③ ㄱ, ㄷ　　④ ㄴ, ㄷ　　⑤ ㄱ, ㄴ, ㄷ

정답률 낮은 문제, 한 번 더!

01 정답률 38 %   2023학년도 수능 지I 16번

표는 태양과 별 (가), (나), (다)의 물리량을 나타낸 것이다. (가), (나), (다) 중 주계열성은 2개이고, (나)와 (다)의 겉보기 밝기는 같다.

별	복사 에너지를 최대로 방출하는 파장(μm)	절대 등급	반지름 (태양=1)
태양	0.50	+4.8	1
(가)	(㉠)	−0.2	2.5
(나)	0.10	( )	4
(다)	0.25	+9.8	( )

이 자료에 대한 설명으로 옳은 것만을 〈보기〉에서 있는 대로 고른 것은?

─〈 보기 〉─

ㄱ. ㉠은 0.125이다.

ㄴ. 중심핵에서의 $\dfrac{\text{p−p 반응에 의한 에너지 생성량}}{\text{CNO 순환 반응에 의한 에너지 생성량}}$ 은 (나)가 태양보다 작다.

ㄷ. 지구로부터의 거리는 (나)가 (다)의 1000배이다.

① ㄱ   ② ㄴ   ③ ㄷ   ④ ㄱ, ㄴ   ⑤ ㄴ, ㄷ

02 정답률 38 %   2024학년도 6월 모평 지I 16번

그림은 별 ㉠과 ㉡의 물리량을 나타낸 것이다.

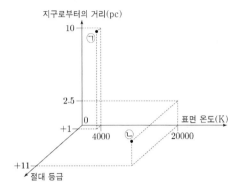

이 자료에 대한 설명으로 옳은 것만을 〈보기〉에서 있는 대로 고른 것은? [3점]

─〈 보기 〉─

ㄱ. 복사 에너지를 최대로 방출하는 파장은 ㉠이 ㉡의 $\dfrac{1}{5}$ 배이다.

ㄴ. 별의 반지름은 ㉠이 ㉡의 2500배이다.

ㄷ. (㉡의 겉보기 등급−㉠의 겉보기 등급) 값은 6보다 크다.

① ㄱ   ② ㄴ   ③ ㄷ

④ ㄱ, ㄴ   ⑤ ㄴ, ㄷ

03 정답률 30 %

2025학년도 9월 모평 지I 18번

표는 별 (가), (나), (다)의 물리량을 나타낸 것이다. (나)와 (다)는 지구로부터의 거리가 같고, 태양의 절대 등급은 +4.8이다.

별	표면 온도 (태양=1)	반지름 (태양=1)	겉보기 등급	광도 계급
(가)	1	10	+4.8	(　　)
(나)	4	6.25	+3.8	V
(다)	1	(　　)	+13.8	(　　)

이 자료에 대한 설명으로 옳은 것만을 〈보기〉에서 있는 대로 고른 것은? [3점]

〈보기〉

ㄱ. 질량은 (가)가 (나)보다 작다.

ㄴ. 지구로부터의 거리는 (나)가 (가)의 6배보다 멀다.

ㄷ. 중심핵에서의 $\frac{\text{p-p 반응에 의한 에너지 생성량}}{\text{CNO 순환 반응에 의한 에너지 생성량}}$은 (나)가 (다)보다 작다.

① ㄱ　② ㄴ　③ ㄱ, ㄷ　④ ㄴ, ㄷ　⑤ ㄱ, ㄴ, ㄷ

04 정답률 31 %

2025학년도 6월 모평 지I 18번

표는 별 ㉠, ㉡, ㉢의 물리량을 나타낸 것이다. 태양의 절대 등급은 +4.8 등급이다.

별	반지름 (태양=1)	지구로부터의 거리(pc)	광도 (태양=1)	분광형
㉠	10	(　　)	100	(　　)
㉡	0.4	20	0.04	(　　)
㉢	(　　)	100	100	M1

이 자료에 대한 설명으로 옳은 것만을 〈보기〉에서 있는 대로 고른 것은? [3점]

〈보기〉

ㄱ. 단위 시간당 단위 면적에서 방출하는 복사 에너지양은 ㉠이 ㉡의 4배이다.

ㄴ. 별의 반지름은 ㉠이 ㉢보다 크다.

ㄷ. (㉡의 겉보기 등급+㉢의 겉보기 등급) 값은 15보다 크다.

① ㄱ　② ㄴ　③ ㄷ　④ ㄱ, ㄴ　⑤ ㄱ, ㄷ

05

정답률 38 %

2024학년도 수능 지I 16번

표는 중심핵에서 핵융합 반응이 일어나고 있는 별 (가), (나), (다)의 반지름, 질량, 광도 계급을 나타낸 것이다.

별	반지름 (태양=1)	질량 (태양=1)	광도 계급
(가)	50	1	( )
(나)	4	8	V
(다)	0.9	0.8	V

이에 대한 설명으로 옳은 것만을 〈보기〉에서 있는 대로 고른 것은? [3점]

〈 보기 〉

ㄱ. 중심핵의 온도는 (가)가 (나)보다 높다.

ㄴ. (다)의 핵융합 반응이 일어나는 영역에서, 별의 중심으로부터 거리에 따른 수소 함량비(%)는 일정하다.

ㄷ. 단위 시간 동안 방출하는 에너지양에 대한 별의 질량은 (나)가 (다)보다 작다.

① ㄱ   ② ㄴ   ③ ㄷ   ④ ㄱ, ㄴ   ⑤ ㄱ, ㄷ

06

정답률 38 %

2023학년도 9월 모평 지I 14번

표는 별 ㉠, ㉡, ㉢의 표면 온도, 광도, 반지름을 나타낸 것이다. ㉠, ㉡, ㉢은 각각 주계열성, 거성, 백색 왜성 중 하나이다.

별	표면 온도(태양=1)	광도(태양=1)	반지름(태양=1)
㉠	$\sqrt{10}$	( )	0.01
㉡	( )	100	2.5
㉢	0.75	81	( )

이에 대한 설명으로 옳은 것만을 〈보기〉에서 있는 대로 고른 것은?

〈 보기 〉

ㄱ. 복사 에너지를 최대로 방출하는 파장은 ㉠이 ㉡보다 길다.

ㄴ. (㉠의 절대 등급 − ㉡의 절대 등급) 값은 10이다.

ㄷ. 별의 질량은 ㉡이 ㉢보다 크다.

① ㄱ   ② ㄴ   ③ ㄷ   ④ ㄱ, ㄷ   ⑤ ㄴ, ㄷ

07

정답률 34 %

2022학년도 수능 지I 18번

그림은 별 A와 B가 주계열 단계가 끝난 직후부터 진화하는 동안의 반지름과 표면 온도 변화를 나타낸 것이다. A와 B의 질량은 각각 태양 질량의 1배와 6배 중 하나이다.

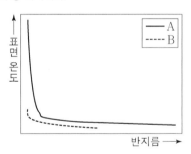

이 자료에 대한 설명으로 옳은 것만을 〈보기〉에서 있는 대로 고른 것은? [3점]

〈 보기 〉

ㄱ. 진화 속도는 A가 B보다 빠르다.

ㄴ. 절대 등급의 변화 폭은 A가 B보다 크다.

ㄷ. 주계열 단계일 때, 대류가 일어나는 영역의 평균 온도는 A가 B보다 높다.

① ㄱ   ② ㄴ   ③ ㄱ, ㄷ   ④ ㄴ, ㄷ   ⑤ ㄱ, ㄴ, ㄷ

정답률 낮은 문제, 한 번 더!

08 정답률 13 %

그림은 어느 외계 행성계에서 식 현상을 일으키는 행성에 의한 중심별의 상대적 밝기 변화를 일정한 시간 간격에 따라 나타낸 것이다. 중심별의 반지름에 대하여 행성 반지름은 $\frac{1}{20}$ 배, 행성의 중심과 중심별의 중심 사이의 거리는 4.2배이다. A는 식 현상이 끝난 직후이다.

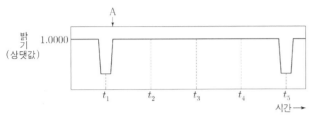

이 자료에 대한 설명으로 옳은 것만을 〈보기〉에서 있는 대로 고른 것은? (단, 행성은 원 궤도를 따라 공전하며, t_1, t_5일 때 행성의 중심과 중심별의 중심은 관측자의 시선과 동일한 방향에 위치하고, 중심별의 시선 속도 변화는 행성과의 공통 질량 중심에 대한 공전에 의해서만 나타난다.) [3점]

〈 보기 〉
ㄱ. t_1일 때, 중심별의 상대적 밝기는 원래 광도의 99.75 %이다.
ㄴ. $t_2 \rightarrow t_3$ 동안 중심별의 스펙트럼에서 흡수선의 파장은 점차 길어진다.
ㄷ. 중심별의 시선 속도는 A일 때가 t_2일 때의 $\frac{1}{4}$ 배이다.

① ㄱ   ② ㄷ   ③ ㄱ, ㄴ   ④ ㄴ, ㄷ   ⑤ ㄱ, ㄴ, ㄷ

09 정답률 38 %

그림은 어느 외계 행성계에서 중심별과 행성이 공통 질량 중심에 대하여 원 궤도로 공전할 때 중심별의 시선 속도를 일정한 시간 간격에 따라 나타낸 것이다. A는 t_2와 t_3 사이의 어느 한 시기이다.

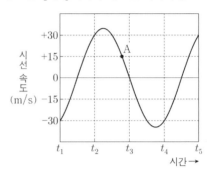

이 자료에 대한 설명으로 옳은 것만을 〈보기〉에서 있는 대로 고른 것은? (단, 행성의 공전 궤도면은 관측자의 시선 방향과 나란하고, 중심별의 시선 속도 변화는 행성과의 공통 질량 중심에 대한 공전에 의해서만 나타난다.)

〈 보기 〉
ㄱ. A일 때, 공통 질량 중심으로부터 지구와 행성을 각각 잇는 선분이 이루는 사잇각은 30°보다 작다.
ㄴ. $t_4 \rightarrow t_5$ 동안 중심별의 스펙트럼에서 흡수선의 파장은 점차 짧아진다.
ㄷ. 중심별의 공전 속도는 $20\sqrt{3} \, \mathrm{m/s}$이다.

① ㄱ   ② ㄴ   ③ ㄷ   ④ ㄱ, ㄷ   ⑤ ㄴ, ㄷ

10 정답률 40 %

그림은 어느 외계 행성계의 시선 속도를 관측하여 나타낸 것이다.
이 자료에 대한 설명으로 옳은 것만을 〈보기〉에서 있는 대로 고른 것은? [3점]

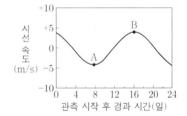

〈 보기 〉
ㄱ. 행성의 스펙트럼을 관측하여 얻은 자료이다.
ㄴ. A 시기에 행성은 지구로부터 멀어지고 있다.
ㄷ. B 시기에 행성으로 인한 식 현상이 관측된다.

① ㄱ   ② ㄴ   ③ ㄷ   ④ ㄱ, ㄴ   ⑤ ㄴ, ㄷ

그림은 어느 외계 행성과 중심별이 공통 질량 중심을 중심으로 공전하는 원 궤도를, 표는 행성이 A, B, C에 위치할 때 중심별의 어느 흡수선 관측 결과를 나타낸 것이다. 행성의 공전 궤도면은 관측자의 시선 방향과 나란하다.

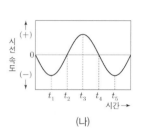

기준 파장 (nm)	관측 파장(nm)		
λ_0	A	B	C
	499.990	500.005	(㉠)

이 자료에 대한 설명으로 옳은 것만을 〈보기〉에서 있는 대로 고른 것은? (단, 빛의 속도는 3×10^5 km/s이고, 중심별의 시선 속도 변화는 행성과의 공통 질량 중심에 대한 공전에 의해서만 나타난다.) [3점]

─── 〈 보기 〉 ───
ㄱ. 행성이 B에 위치할 때, 중심별의 스펙트럼에서 적색 편이가 나타난다.
ㄴ. ㉠은 499.995보다 작다.
ㄷ. 중심별의 공전 속도는 6 km/s이다.

① ㄱ   ② ㄷ   ③ ㄱ, ㄴ   ④ ㄴ, ㄷ   ⑤ ㄱ, ㄴ, ㄷ

그림 (가)는 어느 외계 행성계에서 중심별과 행성이 공통 질량 중심에 대하여 공전하는 원 궤도를 나타낸 것이고, (나)는 이 중심별의 시선 속도를 일정한 시간 간격에 따라 나타낸 것이다. t_1일 때 중심별의 위치는 ㉠과 ㉡ 중 하나이다.

(가)   (나)

이 자료에 대한 설명으로 옳은 것만을 〈보기〉에서 있는 대로 고른 것은? (단, 행성의 공전 궤도면은 관측자의 시선 방향과 나란하고, 중심별의 겉보기 등급 변화는 행성의 식 현상에 의해서만 나타난다.) [3점]

─── 〈 보기 〉 ───
ㄱ. t_1일 때 중심별의 위치는 ㉠이다.
ㄴ. 중심별의 겉보기 등급은 t_2가 t_4보다 작다.
ㄷ. $t_1 \rightarrow t_2$ 동안 중심별의 스펙트럼에서 흡수선의 파장은 점차 길어진다.

① ㄱ   ② ㄷ   ③ ㄱ, ㄴ
④ ㄴ, ㄷ   ⑤ ㄱ, ㄴ, ㄷ

그림 (가)는 중심별과 행성이 공통 질량 중심에 대하여 공전하는 원 궤도를, (나)는 중심별의 시선 속도를 시간에 따라 나타낸 것이다. 행성이 A에 위치할 때 중심별의 시선 속도는 -60 m/s이고, 행성의 공전 궤도면은 관측자의 시선 방향과 나란하다.

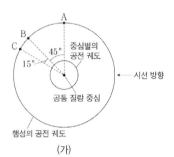
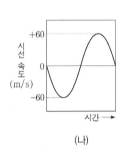

(가) 　　　　　　(나)

이에 대한 설명으로 옳은 것만을 〈보기〉에서 있는 대로 고른 것은? (단, 빛의 속도는 3×10^8 m/s이다.) [3점]

〈 보기 〉
ㄱ. 행성의 공전 방향은 A → B → C이다.
ㄴ. 중심별의 스펙트럼에서 500 nm의 기준 파장을 갖는 흡수선의 최대 파장 변화량은 0.001 nm이다.
ㄷ. 중심별의 시선 속도는 행성이 B를 지날 때가 C를 지날 때의 $\sqrt{2}$ 배이다.

① ㄱ　　② ㄴ　　③ ㄱ, ㄷ　　④ ㄴ, ㄷ　　⑤ ㄱ, ㄴ, ㄷ

그림 (가)는 중심별이 주계열성인 어느 외계 행성계의 생명 가능 지대와 행성의 공전 궤도를, (나)는 (가)의 행성이 식 현상을 일으킬 때 중심별의 상대적 밝기 변화를 시간에 따라 나타낸 것이다.

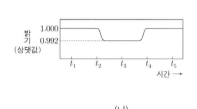

(가) 　　　　　　(나)

이 자료에 대한 설명으로 옳은 것만을 〈보기〉에서 있는 대로 고른 것은? (단, 중심별의 시선 속도 변화는 행성과의 공통 질량 중심에 대한 공전에 의해서만 나타나고, 행성은 원 궤도를 따라 공전하며, 행성의 공전 궤도면은 관측자의 시선 방향과 나란하다.) [3점]

〈 보기 〉
ㄱ. 생명 가능 지대의 폭은 이 외계 행성계가 태양계보다 좁다.
ㄴ. $\dfrac{행성의 반지름}{중심별의 반지름}$ 은 $\dfrac{1}{125}$ 이다.
ㄷ. 중심별의 흡수선 파장은 t_2가 t_1보다 짧다.

① ㄱ　　② ㄴ　　③ ㄷ　　④ ㄱ, ㄴ　　⑤ ㄱ, ㄷ

정답률 낮은 문제, 한 번 더!

01

정답률 38 %   2021학년도 6월 모평 지I 9번

그림 (가), (나), (다)는 각각 세이퍼트은하, 퀘이사, 전파 은하의 영상을 나타낸 것이다. (가)와 (나)는 가시광선 영상이고, (다)는 가시광선과 전파로 관측하여 합성한 영상이다.

 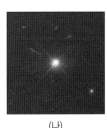 

(가)   (나)   (다)

이 자료에 대한 설명으로 옳은 것만을 〈보기〉에서 있는 대로 고른 것은? [3점]

―――〈 보기 〉―――
ㄱ. (가)와 (다)의 은하 중심부 별들의 회전축은 관측자의 시선 방향과 일치한다.
ㄴ. 각 은하의 $\dfrac{중심부의 밝기}{전체의 밝기}$ 는 (나)의 은하가 가장 크다.
ㄷ. (다)의 제트는 은하의 중심에서 방출되는 별들의 흐름이다.

① ㄱ   ② ㄴ   ③ ㄷ   ④ ㄱ, ㄴ   ⑤ ㄴ, ㄷ

02

정답률 43 %   2024학년도 6월 모평 지I 20번

그림은 허블 법칙을 만족하는 외부 은하의 거리와 후퇴 속도의 관계 l 과 우리은하에서 은하 A, B, C를 관측한 결과이고, 표는 이 은하들의 흡수선 관측 결과를 나타낸 것이다. B의 흡수선 관측 파장은 허블 법칙으로 예상되는 값보다 8 nm 더 길다.

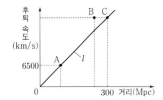

은하	기준 파장	관측 파장
A	400	㉠
B	600	( )
C	600	642

(단위: nm)

이 자료에 대한 설명으로 옳은 것만을 〈보기〉에서 있는 대로 고른 것은? (단, 우리은하에서 관측했을 때 A, B, C는 동일한 시선 방향에 놓여있고, 빛의 속도는 3×10^5 km/s이다.)

―――〈 보기 〉―――
ㄱ. 허블 상수는 70 km/s/Mpc이다.
ㄴ. ㉠은 410보다 작다.
ㄷ. A에서 B까지의 거리는 140 Mpc보다 크다.

① ㄱ   ② ㄷ   ③ ㄱ, ㄴ
④ ㄴ, ㄷ   ⑤ ㄱ, ㄴ, ㄷ

그림은 외부 은하 A와 B에서 각각 발견된 Ia형 초신성의 겉보기 밝기를 시간에 따라 나타낸 것이다. 우리은하에서 관측하였을 때 A와 B의 시선 방향은 $60°$를 이루고, F_0은 Ia형 초신성이 100 Mpc에 있을 때 겉보기 밝기의 최댓값이다.

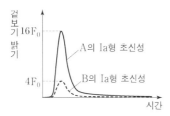

이 자료에 대한 설명으로 옳은 것만을 〈보기〉에서 있는 대로 고른 것은? (단, 빛의 속도는 3×10^5 km/s이고, 허블 상수는 70 km/s/Mpc이며, 두 은하는 허블 법칙을 만족한다.) [3점]

─〈 보기 〉─
ㄱ. 우리은하에서 관측한 A의 후퇴 속도는 1750 km/s이다.
ㄴ. 우리은하에서 B를 관측하면, 기준 파장이 600 nm인 흡수선은 603.5 nm로 관측된다.
ㄷ. A에서 B의 Ia형 초신성을 관측하면, 겉보기 밝기의 최댓값은 $\frac{4}{\sqrt{3}}F_0$이다.

① ㄱ   ② ㄴ   ③ ㄱ, ㄷ   ④ ㄴ, ㄷ   ⑤ ㄱ, ㄴ, ㄷ

그림 (가)는 어느 우주 모형에서 시간에 따른 우주의 상대적 크기를 나타낸 것이고, (나)는 120억 년 전 은하 P에서 방출된 파장 λ인 빛이 80억 년 전 은하 Q를 지나 현재의 관측자에게 도달하는 상황을 가정하여 나타낸 것이다. 우주 공간을 진행하는 빛의 파장은 우주의 크기에 비례하여 증가한다.

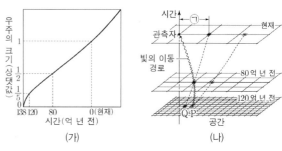

(가)   (나)

이 자료에 대한 설명으로 옳은 것만을 〈보기〉에서 있는 대로 고른 것은? (단, P와 Q는 관측자의 시선과 동일한 방향에 위치한다.)

─〈 보기 〉─
ㄱ. 120억 년 전에 우주는 가속 팽창하였다.
ㄴ. P에서 방출된 파장 λ인 빛이 Q에 도달할 때 파장은 2.5λ이다.
ㄷ. (나)에서 현재 관측자로부터 Q까지의 거리 ㉠은 80억 광년이다.

① ㄱ   ② ㄴ   ③ ㄷ   ④ ㄱ, ㄷ   ⑤ ㄴ, ㄷ

05

정답률 39 %

그림 (가)는 은하에 의한 중력 렌즈 현상을, (나)는 T 시기 이후 우주 구성 요소의 밀도 변화를 나타낸 것이다. A, B, C는 각각 보통 물질, 암흑 물질, 암흑 에너지 중 하나이다.

(가)

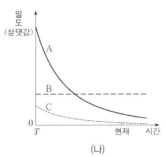

(나)

이에 대한 설명으로 옳은 것만을 〈보기〉에서 있는 대로 고른 것은?

〈 보기 〉
ㄱ. (가)를 이용하여 A가 존재함을 추정할 수 있다.
ㄴ. B에서 가장 많은 양을 차지하는 것은 양성자이다.
ㄷ. T 시기부터 현재까지 우주의 팽창 속도는 계속 증가하였다.

① ㄱ   ② ㄴ   ③ ㄱ, ㄷ
④ ㄴ, ㄷ   ⑤ ㄱ, ㄴ, ㄷ

06

정답률 39 %

표는 빅뱅 우주론에 따라 팽창하는 우주에서 우주 구성 요소의 밀도와 우주의 크기를 시기별로 나타낸 것이다. A, B, C는 보통 물질, 암흑 물질, 암흑 에너지를 순서 없이 나타낸 것이다. 현재 우주 구성 요소의 총 밀도는 1이다.

시기	A 밀도	B 밀도	C 밀도	우주의 크기(상댓값)
현재	0.27	( )	0.05	1
T	( )	0.68	( )	0.5

이에 대한 설명으로 옳은 것만을 〈보기〉에서 있는 대로 고른 것은? (단, 우주의 크기는 은하 간 거리를 나타낸 척도이다.) [3점]

〈 보기 〉
ㄱ. 중력 렌즈 현상을 통해 A가 존재함을 추정할 수 있다.
ㄴ. 우주가 팽창하는 동안 B의 총량은 일정하다.
ㄷ. T 시기에 우주 구성 요소 중 C가 차지하는 비율은 10 % 보다 낮다.

① ㄱ   ② ㄴ   ③ ㄷ   ④ ㄱ, ㄴ   ⑤ ㄱ, ㄷ

07 정답률 49 %

2023학년도 수능 지I 18번

표 (가)는 외부 은하 A와 B의 스펙트럼 관측 결과를, (나)는 우주 구성 요소의 상대적 비율을 T_1, T_2 시기에 따라 나타낸 것이다. T_1, T_2는 관측된 A, B의 빛이 각각 출발한 시기 중 하나이고, a, b, c는 각각 보통 물질, 암흑 물질, 암흑 에너지 중 하나이다.

은하	기준 파장	관측 파장
A	120	132
B	150	600

(단위: nm)

(가)

우주 구성 요소	T_1	T_2
a	62.7	3.4
b	31.4	81.3
c	5.9	15.3

(단위: %)

(나)

이 자료에 대한 설명으로 옳은 것만을 〈보기〉에서 있는 대로 고른 것은? (단, 빛의 속도는 3×10^5 km/s이다.)

〈보기〉

ㄱ. 우리은하에서 관측한 A의 후퇴 속도는 3000 km/s이다.

ㄴ. B는 T_2 시기의 천체이다.

ㄷ. 우주를 가속 팽창시키는 요소는 b이다.

① ㄱ ② ㄴ ③ ㄷ ④ ㄱ, ㄴ ⑤ ㄴ, ㄷ

F매수록
수능기출문제집

빠른
정답
확인

빠른 정답 확인을 펼쳐 놓고,
정답을 확인하면 편리합니다.

지구과학 I

공부하고자 책을 잡았다면, 최소한 하루 1일차 학습은 마무리하자.

20일차

기후 변화의 요인(2), 지구 기후 변화　　210쪽~215쪽

01 ② 03 ④ 04 ③ 06 ⑤　　07 ⑤ 09 ④ 11 ① 13 ③　　15 ② 17 ⑤ 19 ① 21 ⑤
02 ④ 　　 05 ⑤ 　　08 ⑤ 10 ① 12 ⑤ 14 ③　　16 ⑤ 18 ④ 20 ③

21일차

별의 물리량(1)　　218쪽~227쪽

01 ⑤ 03 ① 05 ② 07 ⑤　　09 ① 11 ① 12 ③ 14 ①　　15 ① 16 ② 17 ③ 18 ③　　20 ⑤ 21 ③ 23 ⑤ 25 ④
02 ③ 04 ① 06 ② 08 ⑤　　10 ① 　　 13 ① 　　 19 ①　　22 ② 24 ① 26 ⑤

27 ④ 29 ⑤ 31 ③ 33 ⑤
28 ① 30 ④ 32 ⑤ 34 ②

22일차

별의 물리량(2), 별의 진화　　230쪽~235쪽

01 ⑤ 03 ⑤ 04 ① 06 ③　　08 ③ 10 ② 12 ④ 14 ③　　16 ⑤ 18 ① 20 ① 21 ④
02 ① 　　 05 ③ 07 ④　　09 ④ 11 ④ 13 ③ 15 ④　　17 ② 19 ①

23일차

별의 에너지원과 내부 구조　　238쪽~245쪽

01 ② 03 ③ 05 ⑤ 07 ⑦　　09 ③ 11 ③ 13 ④ 15 ⑤　　17 ⑤ 19 ⑤ 21 ① 23 ②　　25 ② 27 ④ 29 ① 31 ⑤
02 ⑤ 04 ② 06 ④ 08 ③　　10 ③ 12 ⑤ 14 ① 16 ④　　18 ② 20 ② 22 ② 24 ①　　26 ② 28 ③ 30 ②

24일차

외계 행성계 탐사(1)　　248쪽~255쪽

01 ③ 02 ① 03 ⑤ 05 ③　　07 ④ 09 ④ 10 ② 12 ③　　14 ⑤ 16 ⑤ 17 ② 19 ④　　20 ③ 21 ⑤ 23 ⑤ 24 ②
　　 04 ① 06 ①　　08 ① 　　 11 ① 13 ③　　15 ① 　　 18 ① 　　22 ②

25일차

외계 행성계 탐사(2)　　258쪽~261쪽

01 ② 02 ⑤ 03 ③ 05 ②　　07 ③ 09 ① 10 ③ 11 ①
　　 04 ⑤ 06 ④　　08 ③

26일차

외계 생명체 탐사　　264쪽~269쪽

01 ② 03 ⑤ 05 ① 07 ⑤　　09 ② 11 ③ 13 ⑤ 15 ①　　17 ⑤ 18 ④ 20 ① 22 ②
02 ④ 04 ② 06 ① 08 ②　　10 ④ 12 ⑤ 14 ① 16 ⑤　　 19 ⑤ 21 ① 23 ①

27일차

외부 은하　　272쪽~279쪽

01 ④ 03 ⑤ 04 ⑤ 06 ③　　08 ① 10 ② 12 ① 14 ③　　16 ⑤ 18 ④ 20 ② 22 ②　　24 ① 26 ④ 27 ③ 29 ②
02 ② 　　 05 ⑤ 07 ①　　09 ① 11 ③ 13 ③ 15 ③　　17 ⑤ 19 ② 21 ② 23 ⑤　　25 ① 　　 28 ⑤ 30 ④

28일차

허블 법칙, 빅뱅 우주론　　282쪽~291쪽

01 ② 02 ② 03 ⑤ 05 ⑤　　07 ⑤ 09 ① 10 ⑤ 11 ④　　13 ③ 14 ① 15 ② 17 ③　　18 ① 20 ⑤ 21 ④ 23 ③
　　 04 ⑤ 06 ③　　08 ① 　　 12 ③　　 16 ③　　19 ⑤ 22 ② 24 ①

25 ⑤ 27 ① 29 ③ 31 ①
26 ③ 28 ⑤ 30 ④ 32 ①

29일차

암흑 물질과 암흑 에너지　　294쪽~301쪽

01 ④ 03 ② 05 ③ 07 ③　　08 ③ 10 ① 12 ① 14 ④　　15 ① 16 ③ 18 ① 20 ④　　22 ① 23 ③ 25 ② 26 ⑤
02 ⑤ 04 ⑤ 06 ③　　09 ④ 11 ⑤ 13 ②　　 17 ② 19 ① 21 ①　　24 ②

Full수록

수능기출문제집

빠른
정답
확인

빠른 정답 확인을 펼쳐 놓고,
정답을 확인하면 편리합니다.

지구과학 Ⅰ

visang

우리는 남다른 상상과 혁신으로
교육 문화의 새로운 전형을 만들어
모든 이의 행복한 경험과 성장에 기여한다.
https://book.visang.com

정답률 낮은 문제, 한 번 더!

I단원	01 ②	02 ①	03 ⑤	04 ④					

II단원	01 ⑤	02 ⑤	03 ①	04 ③					

III단원	01 ②	02 ②							

IV단원	01 ②	02 ②	03 ①	04 ⑤	05 ②	06 ⑤	07 ④	08 ④	09 ②

V단원	01 ⑤	02 ⑤	03 ⑤	04 ①	05 ⑤	06 ⑤	07 ③	08 ⑤	09 ④	10 ②	11 ⑤	12 ⑤	13 ③	14 ⑤

VI단원	01 ②	02 ⑤	03 ①	04 ②	05 ①	06 ①	07 ②		

실전모의고사

1회	01 ④	02 ⑤	03 ②	04 ①	05 ②	06 ④	07 ③	08 ③	09 ④	10 ②	11 ⑤	12 ①	13 ①	14 ③	15 ①	16 ③	17 ⑤	18 ①	19 ③	20 ⑤
2회	01 ④	02 ⑤	03 ④	04 ①	05 ④	06 ②	07 ③	08 ②	09 ②	10 ⑤	11 ③	12 ⑤	13 ①	14 ⑤	15 ②	16 ③	17 ①	18 ⑤	19 ⑤	20 ④
3회	01 ④	02 ⑤	03 ④	04 ③	05 ④	06 ②	07 ②	08 ③	09 ①	10 ①	11 ③	12 ⑤	13 ②	14 ⑤	15 ①	16 ⑤	17 ⑤	18 ②	19 ④	20 ②

수능 준비 마무리 전략

☑ 새로운 것을 준비하기보다는 그동안 공부했던 내용들을 정리한다.

☑ 수능 시험일 기상 시간에 맞춰 일어나는 습관을 기른다.

☑ 수능 시간표에 생활 패턴을 맞춰 보면서 시험 당일 최적의 상태가 될 수 있도록 한다.

☑ 무엇보다 중요한 것은 체력 관리이다. 늦게까지 공부한다거나 과도한 스트레스를 받으면 집중력이 저하되어 몸에 무리가 올 수 있으므로 평소 수면 상태를 유지한다.

공부하고자 책을 잡았다면, 최소한 하루 1일차 학습은 마무리하자.

1일차 — 판 구조론의 정립 과정(1) 008쪽~015쪽

| 01 ② | 03 ③ | 04 ② | 05 ⑤ | 07 ③ | 09 ⑤ | 10 ① | 11 ① | 12 ② | 14 ④ | 15 ① | 17 ② | 18 ① | 20 ⑤ | 21 ③ | 23 ④ |
| 02 ⑤ | | | 06 ① | 08 ② | | | | 13 ② | | 16 ② | | 19 ③ | | 22 ③ | |

2일차 — 판 구조론의 정립 과정(2), 판 경계 018쪽~023쪽

| 01 ⑤ | 03 ③ | 04 ① | 06 ① | 07 ⑤ | 09 ④ | 10 ① | 11 ① | 12 ⑤ | 13 ④ | 14 ① | 15 ② |
| 02 ① | | 05 ③ | | 08 ① | | | | | | | 16 ③ |

3일차 — 고지자기와 대륙 분포의 변화 026쪽~033쪽

| 01 ② | 02 ② | 04 ③ | 05 ③ | 06 ② | 08 ② | 10 ⑤ | 12 ② | 13 ① | 14 ① | 16 ① | 18 ③ | 19 ③ | 20 ② | 22 ④ | 23 ⑤ |
| | 03 ⑤ | | | 07 ① | 09 ① | 11 ① | | | 15 ③ | 17 ④ | | | 21 ⑤ | | 24 ④ |

4일차 — 맨틀 대류와 플룸 구조론, 마그마 성질 036쪽~043쪽

| 01 ④ | 02 ③ | 03 ① | 04 ① | 06 ① | 08 ③ | 10 ⑤ | 12 ① | 14 ③ | 16 ① | 18 ⑤ | 20 ② | 21 ⑤ | 23 ① | 24 ④ | 26 ③ |
| | | | 05 ② | 07 ⑤ | 09 ④ | 11 ① | 13 ③ | 15 ① | 17 ⑤ | 19 ① | | 22 ③ | | 25 ② | |

5일차 — 마그마 생성과 화성암 046쪽~055쪽

| 01 ③ | 03 ② | 05 ⑤ | 07 ④ | 09 ① | 11 ③ | 13 ② | 15 ① | 17 ④ | 19 ② | 21 ② | 23 ① | 25 ④ | 27 ② | 29 ② | 31 ① |
| 02 ③ | 04 ① | 06 ① | 08 ⑤ | 10 ③ | 12 ④ | 14 ② | 16 ② | 18 ① | 20 ④ | 22 ④ | 24 ① | 26 ① | 28 ④ | 30 ① | |

| 32 ④ | 33 ④ | 35 ② | 37 ③ |
| | 34 ③ | 36 ③ | 38 ③ |

6일차 — 퇴적암과 퇴적 구조 058쪽~065쪽

| 01 ③ | 03 ⑤ | 04 ③ | 05 ③ | 07 ② | 09 ③ | 10 ④ | 11 ⑤ | 12 ③ | 14 ④ | 16 ⑤ | 18 ⑤ | 20 ③ | 22 ② | 24 ④ | 25 ④ |
| 02 ② | | | 06 ③ | 08 ① | | | | 13 ④ | 15 ① | 17 ⑤ | 19 ③ | 21 ② | 23 ③ | | 26 ④ |

7일차 — 지질 구조 068쪽~071쪽

| 01 ② | 03 ⑤ | 04 ② | 06 ⑤ | 08 ⑤ | 10 ③ | 12 ④ | 14 ③ |
| 02 ① | | 05 ⑤ | 07 ⑤ | 09 ⑤ | 11 ⑤ | 13 ③ | |

8일차 — 상대 연령, 절대 연령(1) 074쪽~083쪽

| 01 ① | 03 ③ | 04 ① | 06 ⑤ | 08 ① | 10 ③ | 12 ④ | 14 ⑤ | 16 ⑤ | 18 ⑤ | 20 ② | 22 ⑤ | 24 ③ | 26 ④ | 27 ④ | 29 ③ |
| 02 ④ | | 05 ② | 07 ⑤ | 09 ① | 11 ⑤ | 13 ⑤ | 15 ⑤ | 17 ③ | 19 ④ | 21 ⑤ | 23 ④ | 25 ③ | | 28 ① | |

| 30 ② | 31 ④ | 33 ⑤ | 34 ① |
| | 32 ④ | | |

9일차 — 절대 연령(2) 086쪽~093쪽

| 01 ③ | 03 ③ | 05 ③ | 07 ③ | 09 ① | 11 ② | 12 ④ | 13 ⑤ | 14 ⑤ | 15 ④ | 16 ④ | 17 ③ | 18 ⑤ | 19 ② | 20 ③ | 22 ⑤ |
| 02 ② | 04 ⑤ | 06 ① | 08 ① | 10 ④ | | | | | | | | | | 21 ④ | |

10일차 — 지질 시대의 환경과 생물 096쪽~105쪽

| 01 ⑤ | 02 ② | 04 ④ | 06 ① | 08 ① | 10 ① | 11 ① | 13 ① | 15 ① | 17 ① | 19 ④ | 21 ① | 22 ① | 24 ① | 25 ② | 27 ① |
| | 03 ② | 05 ① | 07 ④ | 09 ① | | 12 ④ | 14 ③ | 16 ④ | 18 ② | 20 ① | | 23 ① | | 26 ④ | 28 ⑤ |

| 29 ③ | 31 ④ | 32 ① | 33 ④ |
| 30 ③ | | | 34 ② |

틀린 문제는 "공부할 거리가 생겼다."라는 긍정적인 마음으로 정복하기 위해 노력하자.

11일차 기압과 날씨 변화(1)

108쪽~117쪽

01 ⑤	03 ②	04 ①	06 ④	07 ③	09 ④	10 ③	11 ④	13 ④	14 ②	16 ③	18 ③	19 ④	20 ②	22 ①	24 ①		
02 ②		05 ⑤		08 ①			12 ②		15 ②	17 ⑤			21 ③	23 ④	25 ③		

26 ①	28 ③	30 ⑤	32 ⑤
27 ②	29 ②	31 ①	33 ③

12일차 기압과 날씨 변화(2), 태풍(1)

120쪽~127쪽

01 ②	02 ③	04 ②	06 ④	08 ①	10 ③	11 ③	12 ②	14 ⑤	16 ②	18 ③	20 ③	21 ④	23 ④	25 ③	27 ②
	03 ④	05 ①	07 ③	09 ③			13 ②	15 ②	17 ⑤	19 ②		22 ①	24 ②	26 ④	

13일차 태풍(2)

130쪽~137쪽

01 ①	03 ②	04 ①	06 ①	07 ③	08 ④	09 ①	11 ②	13 ③	15 ①	17 ⑤	19 ①	20 ①	22 ②	23 ①	25 ④
02 ②		05 ③				10 ①	12 ①	14 ①	16 ⑤	18 ①		21 ②		24 ①	

14일차 악기상, 해수의 성질

140쪽~153쪽

01 ①	02 ②	03 ④	05 ①	07 ⑤	09 ⑤	11 ④	13 ①	15 ④	17 ①	18 ①	19 ①	20 ⑤	22 ④	24 ①	26 ⑤
		04 ②	06 ④	08 ④	10 ⑤	12 ①	14 ②	16 ①				21 ③	23 ①	25 ⑤	27 ②

28 ③	30 ②	32 ①	34 ②	36 ③	38 ③	39 ④	41 ①	43 ⑤	45 ②	47 ①	48 ④
29 ①	31 ①	33 ③	35 ①	37 ③		40 ②	42 ③	44 ②	46 ③		49 ⑤

15일차 대기 대순환, 해수의 표층 순환

156쪽~163쪽

01 ③	03 ②	05 ①	07 ②	09 ⑤	11 ②	13 ①	15 ③	17 ③	19 ⑤	21 ③	23 ③	25 ⑤	27 ①	29 ⑤	31 ③
02 ④	04 ③	06 ①	08 ⑤	10 ④	12 ①	14 ①	16 ①	18 ①	20 ①	22 ③	24 ①	26 ①	28 ⑤	30 ⑤	32 ①

16일차 해수의 심층 순환

166쪽~175쪽

01 ①	02 ①	03 ②	04 ③	05 ④	06 ③	08 ⑤	10 ①	11 ④	13 ②	15 ⑤	17 ④	19 ④	21 ⑤	22 ⑤	24 ⑤
					07 ②	09 ①		12 ⑤	14 ③	16 ④	18 ⑤	20 ④		23 ④	25 ③

26 ②	28 ①	29 ③	30 ③
27 ①			

17일차 용승과 침강, 엘니뇨와 라니냐(1)

178쪽~183쪽

01 ④	02 ③	04 ⑤	06 ①	07 ⑤	08 ⑤	09 ⑤	10 ⑤	11 ③	12 ⑤	13 ①	14 ③
	03 ①	05 ②									

18일차 엘니뇨와 라니냐(2)

186쪽~195쪽

01 ①	02 ②	03 ⑤	05 ②	06 ④	08 ⑤	09 ③	11 ④	13 ④	15 ③	17 ②	18 ⑤	20 ⑤	21 ⑤	23 ③	24 ②
		04 ②		07 ④		10 ③	12 ③	14 ③	16 ④		19 ①		22 ⑤		

25 ④	27 ②	28 ④	29 ③
26 ④			30 ⑤

19일차 기후 변화의 요인(1)

198쪽~207쪽

01 ②	03 ③	05 ④	06 ③	07 ③	08 ④	09 ④	11 ③	12 ②	13 ①	15 ①	17 ⑤	19 ④	20 ①	22 ④	24 ①
02 ③	04 ①					10 ①			14 ②	16 ②	18 ④		21 ①	23 ⑤	25 ①

26 ④	28 ①	29 ①	30 ③
27 ②			

➡ 빠른 정답 확인 뒷면에 이어집니다.

공부하고자 책을 잡았다면, 최소한 하루 1일차 학습은 마무리하자.

20 일차

기후 변화의 요인(2), 지구 기후 변화

| 01 ② | 03 ④ | 04 ③ | 06 ⑤ | 07 ⑤ | 09 ④ | 11 ① | 13 ③ | 15 ② | 17 ② | 19 ① | 21 ⑤ |
| 02 ④ | | 05 ⑤ | | 08 ⑤ | 10 ① | 12 ⑤ | 14 ③ | 16 ⑤ | 18 ④ | 20 ③ | |

21 일차

별의 물리량(1)

218쪽~227쪽

| 01 ⑤ | 03 ① | 05 ② | 07 ③ | 09 ① | 11 ② | 12 ⑤ | 14 ⑤ | 15 ① | 16 ② | 17 ③ | 18 ③ | 20 ⑤ | 21 ③ | 23 ⑤ | 25 ④ |
| 02 ③ | 04 ① | 06 ② | 08 ① | 10 ① | | 13 ① | | | | | 19 ① | | 22 ② | 24 ② | 26 ② |

| 27 ④ | 29 ⑤ | 31 ② | 33 ⑤ |
| 28 ① | 30 ④ | 32 ⑤ | 34 ② |

22 일차

별의 물리량(2), 별의 진화

230쪽~235쪽

| 01 ⑤ | 03 ⑤ | 04 ① | 06 ③ | 08 ③ | 10 ② | 12 ④ | 14 ③ | 16 ⑤ | 18 ① | 20 ① | 21 ④ |
| 02 ① | | 05 ③ | 07 ④ | 09 ④ | 11 ④ | 13 ③ | 15 ④ | 17 ② | 19 ① | | |

23 일차

별의 에너지원과 내부 구조

238쪽~245쪽

| 01 ② | 03 ③ | 05 ③ | 07 ③ | 09 ② | 11 ① | 13 ④ | 15 ② | 17 ② | 19 ⑤ | 21 ① | 23 ② | 25 ② | 27 ④ | 29 ① | 31 ⑤ |
| 02 ⑤ | 04 ② | 06 ④ | 08 ⑤ | 10 ② | 12 ② | 14 ① | 16 ④ | 18 ② | 20 ② | 22 ② | 24 ① | 26 ② | 28 ③ | 30 ② | |

24 일차

외계 행성계 탐사(1)

248쪽~255쪽

| 01 ③ | 02 ① | 03 ⑤ | 05 ③ | 07 ④ | 09 ④ | 10 ② | 12 ③ | 14 ⑤ | 16 ⑤ | 17 ② | 19 ④ | 20 ③ | 21 ⑤ | 23 ⑤ | 24 ② |
| | | 04 ① | 06 ① | 08 ① | | 11 ② | 13 ① | 15 ⑤ | | 18 ② | | | 22 ② | | |

25 일차

외계 행성계 탐사(2)

258쪽~261쪽

| 01 ② | 02 ⑤ | 03 ③ | 05 ② | 07 ③ | 09 ② | 10 ③ | 11 ① |
| | | 04 ⑤ | 06 ④ | 08 ③ | | | |

26 일차

외계 생명체 탐사

264쪽~269쪽

| 01 ② | 03 ⑤ | 05 ① | 07 ⑤ | 09 ② | 11 ② | 13 ⑤ | 15 ① | 17 ⑤ | 18 ④ | 20 ① | 22 ② |
| 02 ④ | 04 ② | 06 ① | 08 ② | 10 ④ | 12 ⑤ | 14 ① | 16 ⑤ | | 19 ⑤ | 21 ① | 23 ① |

27 일차

외부 은하

272쪽~279쪽

| 01 ④ | 03 ⑤ | 04 ⑤ | 06 ③ | 08 ① | 10 ② | 12 ① | 14 ③ | 16 ⑤ | 18 ④ | 20 ② | 22 ② | 24 ① | 26 ④ | 27 ③ | 29 ② |
| 02 ② | | 05 ⑤ | 07 ① | 09 ① | 11 ③ | 13 ⑤ | 15 ② | 17 ⑤ | 19 ⑤ | 21 ⑤ | 23 ⑤ | 25 ① | | 28 ⑤ | 30 ④ |

28 일차

허블 법칙, 빅뱅 우주론

282쪽~291쪽

| 01 ③ | 02 ③ | 03 ⑤ | 05 ⑤ | 07 ⑤ | 09 ① | 10 ⑤ | 11 ④ | 13 ③ | 14 ⑤ | 15 ② | 17 ⑤ | 18 ① | 20 ⑤ | 21 ④ | 23 ③ |
| | | 04 ⑤ | 06 ③ | 08 ① | | | 12 ③ | | | 16 ③ | | 19 ⑤ | | 22 ② | 24 ① |

| 25 ⑤ | 27 ① | 29 ③ | 31 ① |
| 26 ③ | 28 ⑤ | 30 ③ | 32 ① |

29 일차

암흑 물질과 암흑 에너지

294쪽~301쪽

| 01 ④ | 03 ② | 05 ③ | 07 ③ | 08 ③ | 10 ① | 12 ① | 14 ④ | 15 ① | 16 ③ | 18 ① | 20 ④ | 22 ① | 23 ④ | 25 ② | 26 ⑤ |
| 02 ⑤ | 04 ⑤ | 06 ③ | | 09 ⑤ | 11 ⑤ | 13 ② | | | 17 ② | 19 ⑤ | 21 ① | | 24 ② | | |

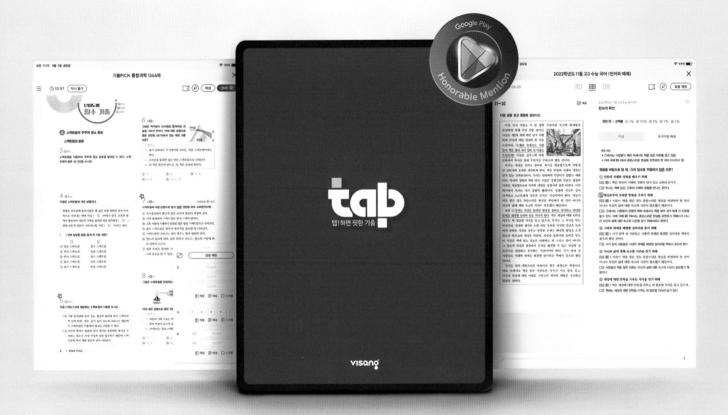

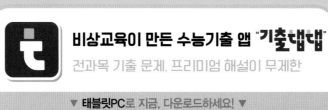

비상교육이 만든 수능기출 앱 "기출탭탭"

전과목 기출 문제, 프리미엄 해설이 무제한

▼ 태블릿PC로 지금, 다운로드하세요! ▼

Full수록 수·능·기·출·문·제·집 29일 내 완성, 평가원 기출 완전 정복 Full수록! 수능기출 완벽 마스터

비상교재
누리집에
방문해 보세요

https://book.visang.com/

발간 이후에 발견되는 오류 고등교재 〉 학습자료실 〉 정오표
본 교재의 정답 고등교재 〉 학습자료실 〉 정답과해설

품질혁신코드 VS01QI25

2026

수능대비
880제 29일 완성!

정답 확인
해설 이해
개념 복습

지구과학 Ⅰ

visang

ABOVE IMAGINATION

우리는 남다른 상상과 혁신으로
교육 문화의 새로운 전형을 만들어
모든 이의 행복한 경험과 성장에 기여한다

1일차　　　　　　문제편 008쪽~015쪽

01 ②	02 ⑤	03 ③	04 ②	05 ⑤	06 ①
07 ③	08 ②	09 ⑤	10 ①	11 ①	12 ②
13 ③	14 ②	15 ①	16 ②	17 ②	18 ①
19 ③	20 ⑤	21 ③	22 ③	23 ④	

2일차　　　　　　문제편 018쪽~023쪽

01 ⑤	02 ①	03 ③	04 ①	05 ③	06 ①
07 ⑤	08 ①	09 ④	10 ⑤	11 ①	12 ⑤
13 ④	14 ①	15 ②	16 ③		

3일차　　　　　　문제편 026쪽~033쪽

01 ②	02 ②	03 ⑤	04 ③	05 ③	06 ②
07 ①	08 ②	09 ①	10 ⑤	11 ①	12 ②
13 ①	14 ①	15 ④	16 ①	17 ④	18 ③
19 ③	20 ②	21 ⑤	22 ④	23 ⑤	24 ④

4일차　　　　　　문제편 036쪽~043쪽

01 ④	02 ③	03 ①	04 ①	05 ②	06 ①
07 ⑤	08 ③	09 ④	10 ⑤	11 ③	12 ①
13 ②	14 ⑤	15 ①	16 ②	17 ⑤	18 ⑤
19 ⑤	20 ②	21 ⑤	22 ③	23 ②	24 ④
25 ②	26 ③				

5일차　　　　　　문제편 046쪽~055쪽

01 ③	02 ③	03 ②	04 ①	05 ③	06 ①
07 ④	08 ③	09 ①	10 ③	11 ③	12 ④
13 ⑤	14 ②	15 ①	16 ②	17 ④	18 ①
19 ②	20 ④	21 ④	22 ④	23 ①	24 ④
25 ④	26 ③	27 ②	28 ④	29 ②	30 ③
31 ①	32 ④	33 ①	34 ③	35 ②	36 ③
37 ①	38 ④				

6일차　　　　　　문제편 058쪽~065쪽

01 ③	02 ②	03 ⑤	04 ③	05 ③	06 ③
07 ②	08 ①	09 ③	10 ④	11 ⑤	12 ③
13 ④	14 ④	15 ⑤	16 ⑤	17 ⑤	18 ⑤
19 ③	20 ③	21 ②	22 ③	23 ③	24 ④
25 ④	26 ④				

7일차　　　　　　문제편 068쪽~071쪽

01 ②	02 ①	03 ⑤	04 ⑤	05 ⑤	06 ⑤
07 ⑤	08 ⑤	09 ⑤	10 ③	11 ⑤	12 ④
13 ③	14 ③				

8일차　　　　　　문제편 074쪽~083쪽

01 ①	02 ④	03 ③	04 ①	05 ②	06 ③
07 ④	08 ①	09 ③	10 ③	11 ⑤	12 ④
13 ⑤	14 ⑤	15 ④	16 ⑤	17 ⑤	18 ⑤
19 ④	20 ②	21 ⑤	22 ⑤	23 ④	24 ③
25 ③	26 ④	27 ④	28 ①	29 ③	30 ②
31 ④	32 ④	33 ⑤	34 ①		

9일차　　　　　　문제편 086쪽~093쪽

01 ③	02 ②	03 ③	04 ⑤	05 ③	06 ③
07 ①	08 ⑤	09 ①	10 ④	11 ②	12 ④
13 ⑤	14 ⑤	15 ③	16 ④	17 ③	18 ⑤
19 ③	20 ③	21 ④	22 ⑤		

10일차　　　　　　문제편 096쪽~105쪽

01 ⑤	02 ③	03 ②	04 ①	05 ①	06 ③
07 ②	08 ③	09 ①	10 ①	11 ②	12 ④
13 ⑤	14 ③	15 ①	16 ④	17 ①	18 ②
19 ④	20 ①	21 ①	22 ②	23 ④	24 ①
25 ②	26 ④	27 ④	28 ⑤	29 ③	30 ②
31 ④	32 ①	33 ④	34 ②		

11일차　　　　　　문제편 108쪽~117쪽

01 ⑤	02 ②	03 ②	04 ①	05 ⑤	06 ④
07 ③	08 ①	09 ④	10 ③	11 ④	12 ②
13 ②	14 ②	15 ②	16 ①	17 ⑤	18 ③
19 ④	20 ②	21 ②	22 ①	23 ④	24 ①
25 ②	26 ①	27 ②	28 ③	29 ②	30 ⑤
31 ④	32 ⑤	33 ③			

12일차　　　　　　문제편 120쪽~127쪽

01 ②	02 ③	03 ④	04 ②	05 ①	06 ④
07 ②	08 ①	09 ③	10 ③	11 ③	12 ②
13 ②	14 ⑤	15 ②	16 ②	17 ④	18 ③
19 ⑤	20 ③	21 ④	22 ②	23 ④	24 ②
25 ②	26 ④	27 ②			

13일차　　　　　　문제편 130쪽~137쪽

01 ①	02 ②	03 ②	04 ③	05 ③	06 ①
07 ③	08 ④	09 ①	10 ⑤	11 ②	12 ②
13 ③	14 ①	15 ⑤	16 ⑤	17 ②	18 ②
19 ①	20 ①	21 ②	22 ②	23 ①	24 ①
25 ④					

14일차　　　　　　문제편 140쪽~153쪽

01 ②	02 ②	03 ④	04 ②	05 ①	06 ④
07 ⑤	08 ④	09 ⑤	10 ⑤	11 ②	12 ①
13 ①	14 ②	15 ④	16 ①	17 ②	18 ①
19 ②	20 ②	21 ④	22 ④	23 ④	24 ①
25 ⑤	26 ③	27 ④	28 ⑤	29 ④	30 ②
31 ②	32 ③	33 ①	34 ③	35 ①	36 ③
37 ①	38 ③	39 ④	40 ②	41 ②	42 ③
43 ⑤	44 ②	45 ②	46 ④	47 ①	48 ④
49 ①					

15일차　　　　　　문제편 156쪽~163쪽

01 ③	02 ④	03 ②	04 ③	05 ①	06 ①
07 ②	08 ⑤	09 ⑤	10 ④	11 ②	12 ②
13 ①	14 ⑤	15 ⑤	16 ⑤	17 ③	18 ①
19 ⑤	20 ④	21 ③	22 ③	23 ⑤	24 ②
25 ⑤	26 ④	27 ①	28 ⑤	29 ⑤	30 ⑤
31 ③	32 ①				

16일차　　　　　　문제편 166쪽~175쪽

01 ①	02 ⑤	03 ⑤	04 ③	05 ⑤	06 ③
07 ②	08 ④	09 ①	10 ①	11 ①	12 ⑤
13 ④	14 ③	15 ④	16 ④	17 ④	18 ⑤
19 ④	20 ④	21 ⑤	22 ③	23 ④	24 ⑤
25 ③	26 ①	27 ①	28 ①	29 ③	30 ④

17일차　　　　　　문제편 178쪽~183쪽

01 ④	02 ④	03 ①	04 ⑤	05 ②	06 ①
07 ⑤	08 ⑤	09 ②	10 ⑤	11 ③	12 ⑤
13 ①	14 ③				

18일차　　　　　　문제편 186쪽~195쪽

01 ①	02 ②	03 ⑤	04 ②	05 ②	06 ④
07 ④	08 ⑤	09 ③	10 ③	11 ④	12 ③
13 ④	14 ⑤	15 ④	16 ④	17 ②	18 ②
19 ①	20 ⑤	21 ⑤	22 ⑤	23 ③	24 ②
25 ④	26 ④	27 ②	28 ④	29 ③	30 ⑤

19일차　　　　　　문제편 198쪽~207쪽

01 ②	02 ③	03 ③	04 ①	05 ④	06 ③
07 ③	08 ③	09 ④	10 ①	11 ③	12 ②
13 ④	14 ②	15 ①	16 ②	17 ⑤	18 ④
19 ④	20 ④	21 ①	22 ④	23 ⑤	24 ③
25 ⑤	26 ④	27 ②	28 ①	29 ①	30 ①

20일차　　　　　　문제편 210쪽~215쪽

01 ②	02 ④	03 ④	04 ③	05 ⑤	06 ⑤
07 ②	08 ⑤	09 ④	10 ①	11 ①	12 ⑤
13 ③	14 ③	15 ②	16 ⑤	17 ⑤	18 ④
19 ①	20 ③	21 ⑤			

21일차　　　　　　문제편 218쪽~227쪽

01 ⑤	02 ②	03 ①	04 ①	05 ②	06 ②
07 ③	08 ③	09 ①	10 ①	11 ②	12 ⑤
13 ①	14 ①	15 ①	16 ②	17 ③	18 ③
19 ②	20 ②	21 ②	22 ②	23 ⑤	24 ②
25 ④	26 ①	27 ④	28 ①	29 ⑤	30 ④
31 ②	32 ⑤	33 ⑤	34 ①		

22일차　　　　　　문제편 230쪽~235쪽

01 ⑤	02 ①	03 ⑤	04 ①	05 ④	06 ⑤
07 ④	08 ④	09 ④	10 ②	11 ④	12 ④
13 ②	14 ⑤	15 ④	16 ⑤	17 ②	18 ④
19 ①	20 ④	21 ④			

23일차　　　　　　문제편 238쪽~245쪽

01 ②	02 ⑤	03 ③	04 ②	05 ③	06 ④
07 ③	08 ③	09 ②	10 ③	11 ③	12 ⑤
13 ④	14 ①	15 ⑤	16 ④	17 ⑤	18 ②
19 ③	20 ⑤	21 ①	22 ②	23 ③	24 ①
25 ③	26 ③	27 ④	28 ③	29 ①	30 ④
31 ⑤					

24일차　　　　　　문제편 248쪽~255쪽

01 ②	02 ③	03 ⑤	04 ②	05 ③	06 ①
07 ④	08 ①	09 ④	10 ②	11 ②	12 ③
13 ②	14 ⑤	15 ⑤	16 ⑤	17 ②	18 ②
19 ③	20 ③	21 ⑤	22 ③	23 ⑤	24 ②

25일차　　　　　　문제편 258쪽~261쪽

01 ②	02 ⑤	03 ⑤	04 ⑤	05 ②	06 ④
07 ③	08 ③	09 ②	10 ③	11 ①	

26일차　　　　　　문제편 264쪽~269쪽

01 ②	02 ④	03 ⑤	04 ③	05 ①	06 ①
07 ⑤	08 ②	09 ②	10 ④	11 ②	12 ⑤
13 ⑤	14 ①	15 ①	16 ⑤	17 ⑤	18 ④
19 ⑤	20 ①	21 ②	22 ②	23 ①	

27일차　　　　　　문제편 272쪽~279쪽

01 ④	02 ②	03 ⑤	04 ⑤	05 ⑤	06 ③
07 ①	08 ①	09 ①	10 ②	11 ③	12 ①
13 ④	14 ③	15 ②	16 ⑤	17 ②	18 ④
19 ④	20 ④	21 ⑤	22 ②	23 ⑤	24 ③
25 ①	26 ④	27 ④	28 ⑤	29 ②	30 ④

28일차　　　　　　문제편 282쪽~291쪽

01 ②	02 ③	03 ⑤	04 ⑤	05 ⑤	06 ③
07 ⑤	08 ①	09 ①	10 ⑤	11 ④	12 ③
13 ③	14 ④	15 ②	16 ③	17 ③	18 ①
19 ⑤	20 ⑤	21 ④	22 ②	23 ③	24 ①
25 ④	26 ③	27 ①	28 ⑤	29 ③	30 ③
31 ①	32 ①				

29일차　　　　　　문제편 294쪽~301쪽

01 ④	02 ⑤	03 ②	04 ⑤	05 ⑤	06 ③
07 ③	08 ⑤	09 ⑤	10 ①	11 ⑤	12 ①
13 ②	14 ④	15 ①	16 ③	17 ②	18 ①
19 ⑤	20 ④	21 ⑤	22 ①	23 ③	24 ②
25 ②	26 ⑤				

정답률 낮은 문제, 한 번 더!　　　문제편 302쪽~320쪽

I 단원	01 ②	02 ①	03 ⑤	04 ④	
II 단원	01 ⑤	02 ⑤	03 ①	04 ③	
III 단원	01 ②	02 ②			
IV 단원	01 ②	02 ①	03 ①	04 ⑤	05 ②
	06 ⑤	07 ④	08 ④	09 ②	
V 단원	01 ⑤	02 ⑤	03 ①	04 ①	05 ⑤
	06 ⑤	07 ③	08 ⑤	09 ④	10 ②
	11 ⑤	12 ⑤	13 ③	14 ⑤	
VI 단원	01 ②	02 ⑤	03 ①	04 ②	05 ①
	06 ①	07 ②			

실전모의고사

회					
1회	1 ④	2 ⑤	3 ②	4 ①	5 ②
	6 ④	7 ③	8 ③	9 ④	10 ②
	11 ⑤	12 ①	13 ①	14 ③	15 ①
	16 ②	17 ①	18 ①	19 ③	20 ⑤
2회	1 ④	2 ⑤	3 ④	4 ①	5 ④
	6 ②	7 ③	8 ②	9 ②	10 ⑤
	11 ③	12 ⑤	13 ①	14 ⑤	15 ②
	16 ③	17 ①	18 ⑤	19 ⑤	20 ④
3회	1 ②	2 ⑤	3 ④	4 ③	5 ④
	6 ②	7 ②	8 ③	9 ①	10 ①
	11 ③	12 ⑤	13 ②	14 ⑤	15 ①
	16 ②	17 ⑤	18 ②	19 ④	20 ②

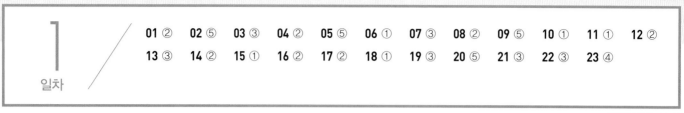

1 일차

01 ②	02 ⑤	03 ③	04 ②	05 ⑤	06 ①	07 ③	08 ②	09 ⑤	10 ①	11 ①	12 ②
13 ③	14 ②	15 ①	16 ②	17 ②	18 ①	19 ③	20 ⑤	21 ③	22 ③	23 ④	

문제편 008쪽~015쪽

---

01 **대륙 이동설** 2023학년도 3월 학평 지I 1번   정답 ② | 정답률 66 %

적용해야 할 개념 ④가지

① 대륙 이동설의 근거로 두 대륙 간의 해안선 모양 유사성, 여러 대륙에 걸친 고생물 화석 분포의 연속성, 여러 대륙에 걸친 습곡 산맥과 지질 분포의 연속성, 고생대 말기 빙하의 분포 등이 있다.
② 베게너는 대륙 이동설을 주장하였으나 대륙 이동의 원동력을 제대로 설명하지 못하였다.
③ 단열대에서는 지진이 거의 발생하지 않으나 변환 단층에서는 천발 지진이 발생한다. ➡ 윌슨은 변환 단층을 발견하고 해양저 확장의 결과라고 해석하였다.
④ 해령을 축으로 고지자기 줄무늬가 좌우 대칭으로 분포한다. ➡ 해양저가 해령을 중심으로 확장되기 때문이다.

문제 보기

그림은 수업 시간에 학생이 작성한 대륙 이동설에 대한 마인드맵이다.

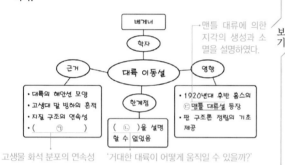

이에 대한 옳은 설명만을 〈보기〉에서 있는 대로 고른 것은?

〈보기〉 풀이

✗ **'변환 단층의 발견'은 ㉠에 해당한다.**
➡ 변환 단층은 윌슨이 해령 부근에서 발생하는 지진의 특징을 해석하는 과정에서 발견한 것으로, 이로 인해 판 구조론이 정립되기 시작하였다. 따라서 '변환 단층의 발견'은 베게너가 제시한 대륙 이동설의 근거에 해당하지 않는다.

Ⓛ **'대륙 이동의 원동력'은 ㉡에 해당한다.**
➡ 베게너는 여러 가지 근거를 제시하여 대륙 이동설을 주장하였지만 거대한 대륙이 이동할 수 있는 원동력을 옳게 설명하지 못하였으므로 당시에는 받아들여지지 않았다.

✗ **㉢에서는 고지자기 줄무늬가 해령을 축으로 대칭을 이룬다고 설명하였다.**
➡ 맨틀 대류설은 맨틀 상하부의 온도 차에 의해 맨틀 내에서 대류가 일어나 대륙이 이동한다는 홈스의 학설이다. 해령을 축으로 나타나는 고지자기 줄무늬의 대칭적 분포는 해양저 확장설을 뒷받침하는 증거가 되는 것으로, 맨틀 대류설이 등장할 당시에는 고지자기 연구가 이루어지지 않았다.

---

02 **베게너의 대륙 이동설의 증거** 2022학년도 4월 학평 지I 1번   정답 ⑤ | 정답률 90 %

적용해야 할 개념 ③가지

① 현재 여러 대륙에서 발견되는 고생대 말의 빙하 퇴적층은 대륙을 한 덩어리로 모아보면 그 분포가 연결된다.
② 북아메리카 대륙과 유라시아 대륙을 한 덩어리로 모아보면 애팔래치아산맥과 칼레도니아산맥의 분포가 연결된다.
③ 저위도에 있는 인도 대륙에서 고생대 말의 빙하 퇴적층이 나타나는 것은 그 당시에 인도 대륙이 남반구 고위도에 있었기 때문이다.

문제 보기

그림은 베게너가 제시한 대륙 이동의 증거 중 일부를 나타낸 것이다.

이에 대한 설명으로 옳은 것만을 〈보기〉에서 있는 대로 고른 것은?

〈보기〉 풀이

ㄱ. **㉠ 지점과 ㉡ 지점 사이의 거리는 현재보다 고생대 말에 가까웠다.**
➡ 고생대 말에는 판게아가 형성되었으므로 남아메리카 대륙의 ㉠ 지점과 아프리카 대륙의 ㉡ 지점은 서로 연결되어 있어 고생대 말 빙하 퇴적층이 연속성을 보인다. 따라서 두 지점 사이의 거리는 현재보다 고생대 말에 가까웠다.

ㄴ. **고생대 말에 애팔래치아산맥과 칼레도니아산맥은 하나로 연결된 산맥이었다.**
➡ 애팔래치아산맥과 칼레도니아산맥은 판게아가 형성되는 과정에서 만들어진 습곡 산맥으로, 판게아가 분리되면서 북아메리카 대륙과 유라시아 대륙으로 갈라져 현재는 대서양을 사이에 두고 멀리 떨어져 있게 되었다.

ㄷ. **㉢ 지점은 고생대 말에 남반구에 위치하였다.**
➡ ㉢ 지점(인도 대륙)은 판게아가 형성될 당시에는 남극 대륙과 연결되어 있었고, 판게아가 분리되면서 점차 북쪽으로 이동하여 현재에 이르렀다. 따라서 ㉢ 지점은 고생대 말에 남반구에 위치하였다.

03 판 구조론의 정립 과정 2024학년도 3월 학평 지I 1번

정답 ③ | 정답률 65 %

적용해야 할 개념 ③가지

① 베게너가 제시한 대륙 이동의 증거는 대서양 양쪽 해안선 모양의 유사성, 여러 대륙에 걸친 고생물 화석 분포 연속성, 고생대 말의 빙하 흔적 분포 연속성, 대서양 양쪽 산맥 분포와 암석 분포의 연속성 등이 있다.

② 해령은 수심이 얕은 해저 산맥으로, 중앙부에는 열곡이 있다.

③ 음향 측심법에 의해 수심 $= \frac{1}{2} \times$ (음파의 속력) $\times$ (음파의 왕복 시간)의 관계식이 성립한다.

문제 보기

다음은 판 구조론이 정립되는 과정에서 제시된 일부 자료를 보고 학생 A, B, C가 나눈 대화를 나타낸 것이다.

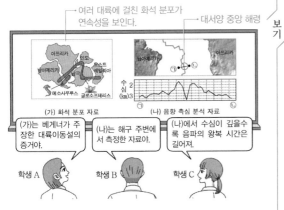

제시한 내용이 옳은 학생만을 있는 대로 고른 것은?

<보기> 풀이

학생 Ⓐ (가)는 베게너가 주장한 대륙이동설의 증거야.

➡ 베게너는 현재 멀리 떨어져 있는 여러 대륙을 한 덩어리로 모아보면 화석의 분포가 연결된다는 것을 대륙이동설의 한 가지 증거로 제시하였으므로, (가)는 베게너가 주장한 대륙이동설의 증거이다.

학생 Ⓑ (나)는 해구 주변에서 측정한 자료야.

➡ (나)는 대서양 중앙부에서 동서 방향의 수심을 나타낸 것으로, ㉠-㉡에서는 중앙부로 갈수록 수심이 깊은 열곡이 나타난다. 따라서 (나)는 해령 주변에서 측정한 자료이다.

학생 Ⓒ (나)에서 수심이 깊을수록 음파의 왕복 시간은 길어져.

➡ 해수면에서 발사한 음파가 해저면에서 반사되어 되돌아온 시간(t)을 측정하면 수심(d)은 $d = \frac{1}{2} \times v \times t (v$: 음파의 속력)이다. 따라서 (나)에서 수심이 깊을수록 음파의 왕복 시간은 길어진다.

---

04 판 구조론의 정립 과정 2024학년도 6월 모평 지I 1번

정답 ② | 정답률 84 %

적용해야 할 개념 ④가지

① 대륙 이동설은 판게아의 형성과 분리, 대륙의 이동에 의해 수륙 분포가 변한다는 학설이다. ➡ 대륙 이동의 원동력을 설명하지 못하였다.

② 맨틀 대류설은 맨틀 내의 열대류에 의해 대륙이 분리되어 이동한다는 학설이다. ➡ 맨틀 대류를 뒷받침하는 증거를 제시하지 못하였다.

③ 해양저 확장설은 해령에서 새로운 해양 지각이 생성되면서 해양저가 점점 확장한다는 학설이다.

④ 해양저 확장설의 증거로는 해령으로부터의 거리에 따른 해양 지각의 연령 변화와 퇴적물 두께 변화, 고지자기 줄무늬의 대칭적 분포 등이 있다.

문제 보기

다음은 판 구조론이 정립되는 과정에서 등장한 이론에 대하여 학생 A, B, C가 나눈 대화를 나타낸 것이다. ㉠과 ㉡은 각각 대륙 이동설과 해양저 확장설 중 하나이다.

이론	내용
대륙 이동설 ㉠	과거에 하나로 모여 있던 초대륙 판게아가 분리되고 이동하여 현재와 같은 수륙 분포가 되었다.
해양저 확장설 ㉡	해령을 축으로 해양 지각이 생성되고 양쪽으로 멀어짐에 따라 해양저가 확장된다.

제시한 내용이 옳은 학생만을 있는 대로 고른 것은?

<보기> 풀이

학생 Ⓐ ㉠은 해양저 확장설에 해당해.

➡ 초대륙 판게아의 분리와 대륙의 이동에 의한 수륙 분포 변화를 주장한 학설은 베게너가 주장한 대륙 이동설이다.

학생 Ⓑ ㉠을 제시한 베게너는 대륙을 움직이는 힘을 맨틀 대류로 설명했어.

➡ 베게너는 여러 가지 증거를 제시하여 대륙 이동을 주장하였지만 대륙을 움직이는 힘을 옳게 설명하지 못하였다. 맨틀 대류에 의해 대륙이 움직인다고 설명한 학설은 홈스가 주장한 맨틀 대류설이다.

학생 Ⓒ 해령에서 멀어질수록 해양 지각의 연령이 증가하는 것은 ㉡의 증거가 될 수 있어.

➡ ㉡은 해양저 확장설이다. 해령에서 생성된 해양 지각은 해령을 축으로 양쪽으로 멀어지므로 해령에서 멀어질수록 해양 지각의 연령이 증가하는 것은 ㉡의 증거이다.

05 판 구조론의 정립 과정 2023학년도 10월 학평 지Ⅰ 1번   정답 ⑤ | 정답률 96%

적용해야 할 개념 ③가지

① 판게아는 고생대 말부터 중생대 초까지 한 덩어리로 존재하였던 초대륙이다.

② 베게너는 대륙 이동의 증거로 해안선 모양의 유사성, 고생물 화석 분포의 연속성, 지질 구조의 연속성, 빙하의 분포와 이동 흔적 등을 제시하였다.

③ 해양 지각은 해령에서 생성되어 해령 축에 대해 양쪽으로 이동하고, 해구에서 소멸한다.

문제 보기

그림은 어느 학생이 생성형 인공 지능 서비스를 이용해 대륙 이동설과 해양저 확장설에 대해 검색한 결과의 일부이다.

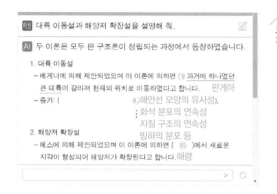

이에 대한 옳은 설명만을 〈보기〉에서 있는 대로 고른 것은?

〈보기〉 풀이

ㄱ. ㉠은 판게아이다.

➡ 고생대 말~중생대 초에 한 덩어리를 이루었던 판게아가 갈라지고 이동하여 현재의 수륙 분포를 이루었으므로, ㉠은 판게아이다.

ㄴ. '같은 종류의 화석이 멀리 떨어진 여러 대륙에서 발견된다'는 ㉡에 해당한다.

➡ 현재 멀리 떨어진 여러 대륙에서 발견되는 메소사우루스, 글로소프테리스 등의 고생물 화석은 여러 대륙을 한 덩어리로 모으면 분포 지역이 연결된다. 따라서 이러한 고생물 화석의 분포는 대륙 이동의 증거인 ㉡에 해당한다.

ㄷ. '해령'은 ㉢에 해당한다.

➡ 해양저 확장설에 따르면 해양 지각은 해령에서 생성되고, 해령을 축으로 양쪽으로 이동하여 해구에서 소멸된다. 따라서 '해령'은 ㉢에 해당한다.

---

06 판 구조론의 정립 과정 2021학년도 수능 지Ⅰ 1번   정답 ① | 정답률 90%

적용해야 할 개념 ③가지

① 판 구조론이 정립된 과정은 대륙 이동설(베게너) → 맨틀 대류설(홈스) → 해양저 확장설(헤스와 디츠 등) → 판 구조론(윌슨 등)의 순서이다.

② 대륙 이동설에서는 지형학적, 지질학적, 고기후학적 증거들이 제시되었다.

해안선 모양의 유사성	대서양을 사이에 두고 남아메리카 대륙과 아프리카 대륙 해안선의 모양이 유사하다.
고생물 화석 분포의 연속성	대륙을 모으면 고생물 화석이 연속적으로 분포한다.
지질 구조의 연속성	북아메리카 대륙과 유럽에 있는 산맥의 지질 구조가 유사하고, 남아메리카 대륙과 아프리카 대륙의 습곡대가 연결된다.
빙하의 흔적 분포	저위도에서 고생대 말기의 빙하 흔적이 나타나고, 대륙을 모으면 고생대 말의 빙하 흔적이 남극 대륙을 중심으로 분포한다.

③ 맨틀 대류설에 따르면 맨틀 대류의 상승부에서는 대륙이 갈라져 새로운 해양 지각이 생성되고, 맨틀 대류의 하강부에서는 습곡 산맥과 해구가 형성된다.

문제 보기

다음은 판 구조론이 정립되는 과정에서 등장한 두 이론에 대하여 학생 A, B, C가 나눈 대화를 나타낸 것이다.

이론	내용
㉠ 대륙 이동설	고생대 말에 판게아가 존재하였고, 약 2억 년 전에 분리되기 시작하여 현재와 같은 대륙 분포가 되었다.
㉡ → 맨틀 대류설	맨틀이 대류하는 과정에서 대륙이 이동할 수 있다.

대서양 양쪽에 있는 남아메리카 대륙과 아프리카 대륙의 해안선 모양이 비슷한 것은 ㉠의 증거가 될 수 있어. → 하나의 대륙이 분리되었기 때문

㉡에 의하면 맨틀 대류가 상승하는 곳에 해구가 형성돼. → 하강

베게너는 음향 측심 자료를 이용하여 ㉠을 설명했어. → 해저 확장설이 등장하는 데 중요한 역할을 함

학생 A   학생 B   학생 C

제시한 내용이 옳은 학생만을 있는 대로 고른 것은?

〈보기〉 풀이

베게너는 지질학적 증거, 고생물학적 증거, 고기후학적 증거 등을 제시하여 대륙 이동설(㉠)을 주장하였으나 대륙 이동의 원동력을 설명하지 못하였고, 홈스는 맨틀 대류에 의해 대륙이 이동할 수 있다는 맨틀 대류설(㉡)을 주장하여 대륙 이동설을 뒷받침하였으나 당시의 과학 기술로는 맨틀 대류를 확인할 수 없었으므로 인정받지 못하였다.

학생 A 대서양 양쪽에 있는 남아메리카 대륙과 아프리카 대륙의 해안선 모양이 비슷한 것은 ㉠의 증거가 될 수 있어.

➡ 판게아 상태에서는 남아메리카 대륙과 아프리카 대륙이 한 덩어리를 이루었으나 대서양이 형성되면서 대륙이 분리되었으므로 남아메리카 대륙의 동쪽 해안선과 아프리카 대륙의 서쪽 해안선 모양이 비슷하다. 따라서 해안선 모양의 유사성은 대륙 이동설(㉠)의 증거가 된다.

학생 B ㉡에 의하면 맨틀 대류가 상승하는 곳에 해구가 형성돼.

➡ 맨틀 대류설에 의하면 맨틀 대류가 상승하는 곳에서는 대륙 지각이 분리되어 양쪽으로 이동하므로 새로운 해양 지각이 생성되고, 맨틀 대류가 하강하는 곳에서는 횡압력이 작용하여 습곡 산맥이 형성되고 지각이 맨틀 속으로 들어가면서 해구가 형성된다.

학생 C 베게너는 음향 측심 자료를 이용하여 ㉠을 설명했어.

➡ 베게너가 대륙 이동설을 주장하고 홈스가 맨틀 대류설을 제안한 이후 20세기 중반 해저 지형의 탐사 기술이 발전하였다. 특히, 음향 측심 기술의 발달로 해저 지형의 모습을 자세하게 알게 되었고 이를 설명하기 위해 해양저 확장설이 등장하였다. 즉, 베게너는 음향 측심 자료를 이용하여 대륙 이동설을 설명하지 않았다.

07 판 구조론의 정립 과정 2021학년도 10월 학평 지I 1번

정답 ③ | 정답률 78 %

적용해야 할 개념 ③가지

① 판 구조론이 정립된 과정은 대륙 이동설(베게너) → 맨틀 대류설(홈스) → 해양저 확장설(헤스와 디츠 등) → 판 구조론(윌슨 등)의 순서이다.

② 해양저가 확장되면 해령에서 멀어질수록 해양 지각의 나이와 퇴적물의 두께가 증가한다.

③ 변환 단층은 해령과 해령 사이 구간에서 나타나며, 해양저의 확장 속도 차이에 의해 생기므로 해양저 확장의 증거가 된다.

문제 보기

다음은 판 구조론이 정립되는 과정에서 등장한 세 이론 (가), (나), (다)와 학생 A, B, C의 대화를 나타낸 것이다.

이론	내용
해양저 확장설 (가)	⑦해령을 중심으로 해양 지각이 양쪽으로 이동하면서 해양저가 확장된다. [해양 지각이 생성된다. 해구 쪽으로 이동한다.]
맨틀 대류설 (나)	맨틀 상하부의 온도 차로 맨틀이 대류하고 이로 인해 대륙이 이동할 수 있다.
대륙 이동설 (다)	과거에 하나로 모여 있던 대륙이 분리되고 이동하여 현재와 같은 수륙 분포를 이루었다.

보기

제시한 내용이 옳은 학생만을 있는 대로 고른 것은?

<보기> 풀이

(가)는 해양저 확장설, (나)는 맨틀 대류설, (다)는 대륙 이동설이다.

학생 Ⓐ 세 이론 중 가장 먼저 등장한 이론은 (다)야.

➡ 판 구조론이 정립되는 과정에서 이론이 등장한 순서는 (다) 대륙 이동설 → (나) 맨틀 대류설 → (가) 해양저 확장설이므로 세 이론 중 (다)가 가장 먼저 등장하였다.

학생 Ⓑ 해령에서 멀어질수록 해양 지각의 나이가 많아지는 것은 ⑦ 때문이야.

➡ 해양 지각은 해령에서 생성되어 양쪽으로 이동하므로 해양저가 확장된다. 따라서 해령에서 멀어질수록 해양 지각의 나이가 많아지는 것은 ⑦ 때문이다.

학생 C̶ 홈스는 변환 단층의 발견을 (나)의 증거로 제시하였어.

➡ 홈스는 맨틀에서 일어나는 열대류에 의해 대륙이 이동한다는 맨틀 대류설을 주장하였으며, 변환 단층의 발견과는 관련이 없다. 변환 단층은 해령에서 맨틀 물질이 올라와 양쪽으로 퍼져 나갈 때의 속도 차이로 형성되며, 윌슨이 이를 발견하였다.

---

08 판 구조론의 정립 과정 2020학년도 4월 학평 지I 1번

정답 ② | 정답률 85 %

적용해야 할 개념 ③가지

① 베게너는 대륙 이동의 증거를 제시하였지만 대륙 이동의 원동력을 설명하지 못하였으므로 당시의 과학자들에게 받아들여지지 않았고, 홈스는 맨틀 대류설로 대륙 이동의 원동력을 설명하였지만 증거를 제시하지 못하였다.

② 해령에서 양쪽으로 멀어질수록 해양 지각의 나이가 많아지고, 퇴적물의 두께는 두꺼워진다.

③ 암석에 기록된 고지자기 줄무늬는 해령을 축으로 대칭적으로 분포한다. ➡ 해저가 확장되고 지구 자기의 역전 현상이 반복되기 때문이다.

문제 보기

그림은 대륙 이동설과 해양저 확장설에 대한 학생들의 대화 장면이다.

보기

제시한 내용이 옳은 학생만을 있는 대로 고른 것은?

<보기> 풀이

학생 A̶ 베게너는 대륙 이동의 원동력을 맨틀의 대류로 설명했어.

➡ 베게너는 대륙 이동설을 주장하면서 지질 구조의 연속성, 빙하 이동 흔적, 화석 분포의 연속성 등을 증거로 제시하였지만, 대륙 이동의 원동력을 설명하지 못하였다. 이후 홈스가 맨틀 대류설을 주장하면서 대륙 이동의 원동력을 맨틀의 대류로 설명하였다.

학생 B̶ 해령에서 멀어질수록 해저 퇴적물의 두께는 얇아져.

➡ 해령에서 멀어질수록 해양 지각의 나이가 많아지고 해저에 퇴적물이 쌓이는 기간이 길어지므로 해저 퇴적물의 두께는 두꺼워진다.

학생 Ⓒ 고지자기 줄무늬가 해령을 축으로 대칭적으로 분포하는 것은 해양저 확장의 증거야.

➡ 해령에서 생성된 해양 지각은 해령을 축으로 양쪽으로 멀어지고, 해양 지각이 멀어지는 동안 지구 자극의 역전 현상이 반복되면 해양 지각에 고지자기 줄무늬가 나타난다. 따라서 고지자기 줄무늬가 해령을 축으로 대칭적으로 분포하는 것은 해양저 확장의 증거이다.

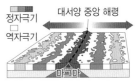

▲ 고지자기 줄무늬의 대칭적인 분포

적용해야 할 개념 ③가지

① 판 구조론이 정립된 과정은 대륙 이동설(베게너) → 맨틀 대류설(홈스) → 해양저 확장설(헤스와 디츠 등) → 판 구조론(윌슨 등)의 순서이다.

② 대륙 이동설에서는 지형학적, 지질학적, 고기후학적 증거들이 제시되었다.

해안선 모양의 유사성	대서양을 사이에 두고, 남아메리카 대륙과 아프리카 대륙 해안선의 모양이 유사하다.
고생물 화석 분포의 연속성	대륙을 모으면 고생물 화석이 연속적으로 분포한다.
지질 구조의 연속성	대륙을 모으면 대륙의 산맥과 습곡대가 이어진다.
빙하의 흔적 분포	대륙을 모으면 고생대 말의 빙하 흔적이 남극 대륙을 중심으로 분포한다.

③ 해양저 확장설에서는 고지자기 분포, 해양 지각의 나이, 퇴적물의 두께 분포, 해저 지형의 특징, 섭입대의 지진 특성 등이 증거로 제시되었다.

고지자기 줄무늬의 대칭성	해령에서 멀어짐에 따라 고지자기 줄무늬는 정자극기와 역자극기가 반복되어 나타나며, 해령을 축으로 대칭을 이룬다.
해양 지각의 나이	해령에서 멀어질수록 해양 지각의 나이가 많아진다.
해저 퇴적물의 두께	해령에서 멀어질수록 해저 퇴적물의 두께가 두꺼워진다.
열곡과 변환 단층	해령 정상부에 열곡이 분포하고, 해령과 해령 사이에 변환 단층이 형성된다.
섭입대의 지진 분포	해구에서 대륙 쪽으로 갈수록 진원의 깊이가 깊어진다.

문제 보기

다음은 판 구조론이 정립되기까지 제시되었던 이론을 ㉠, ㉡, ㉢으로 순서 없이 나타낸 것이다.

㉠	㉡	㉢
대륙 이동설	해양저 확장설	맨틀 대류설
• 증거: 빙하의 흔적 분포 등	• 증거: 고지자기 줄무늬의 대칭성 등	• 대륙 이동의 원동력 설명 시도
• 대륙 이동의 원동력을 설명하지 못함		

보기

이에 대한 옳은 설명만을 〈보기〉에서 있는 대로 고른 것은?

〈보기〉 풀이

ㄱ. 이론이 제시된 순서는 ㉠ → ㉢ → ㉡이다.
➡ 베게너는 여러 가지 증거를 제시하면서 대륙 이동설을 주장하였으나 대륙 이동의 원동력을 설명하지 못하였다. 홈스는 대륙 이동의 원동력을 맨틀 내부의 열대류로 설명하는 맨틀 대류설을 주장하였다. 이후 해저 지형 탐사, 고지자기 연구 등을 통해 해양저 확장설이 등장하였다. 따라서 이론이 제시된 순서는 ㉠ → ㉢ → ㉡이다.

ㄴ. ㉠에서는 여러 대륙에 남아 있는 과거의 빙하 흔적들이 증거로 제시되었다.
➡ 대륙 이동설은 대륙 이동의 증거로 과거의 빙하 흔적들을 제시하였는데, 이에 따르면 고생대 말기의 빙하 흔적이 현재 저위도 대륙에도 있고, 빙하의 흔적을 따라 남극 대륙을 중심으로 여러 대륙을 모으면 초대륙(판게아)이 나타난다.

ㄷ. 해령 양쪽의 고지자기 분포가 대칭을 이루는 것은 ㉡의 증거이다.
➡ 해령에서 새로운 해양 지각이 생성되고 해령을 축으로 양쪽으로 멀어지는 동안 정자극기와 역자극기가 반복되면, 고지자기 줄무늬는 해령에 대해 대칭적으로 나타난다.

10 **해양저 확장설** 2023학년도 4월 학평 지I 1번   정답 ① | 정답률 80 %

적용해야 할 개념 ③가지

① 해령을 중심으로 해양 지각이 양쪽으로 멀어지면서 해저가 점점 확장된다는 학설을 해양저 확장설이라고 한다.

② 해양저 확장설의 증거

고지자기 줄무늬의 대칭적 분포	해령을 축으로 양쪽 해양 지각의 고지자기 줄무늬가 대칭을 이룬다.
해양 지각과 퇴적물의 분포	해령에서 멀어질수록 해양 지각과 퇴적물 최하부의 나이가 많아지고, 퇴적물의 두께가 두꺼워진다.
변환 단층	해양 지각의 확장 속도 차이에 의해 변환 단층이 형성된다.

③ 지질 시대의 길이는 고생대(약 5.41억 년 전 ~ 약 2.52억 년 전), 중생대(약 2.52억 년 전 ~ 약 0.66억 년 전), 신생대(약 0.66억 년 전 ~ 현재)로 갈수록 짧아진다.

문제 보기

그림은 어느 판의 해저면에 시추 지점 P_1~P_5의 위치를, 표는 각 지점에서의 퇴적물 두께와 가장 오래된 퇴적물의 나이를 나타낸 것이다.

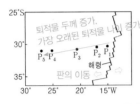

구분	P_1	P_2	P_3	P_4	P_5
두께(m)	50	94	138	203	510
나이(백만 년)	6.6	15.2	30.6	49.2	61.2

이에 대한 설명으로 옳은 것만을 〈보기〉에서 있는 대로 고른 것은?

〈보기〉 풀이

ㄱ. 퇴적물 두께는 P_2보다 P_4에서 두껍다.

➡ P_2와 P_4에서 퇴적물의 두께는 각각 94 m, 203 m이므로 P_2보다 P_4에서 두껍다.

ㄴ. P_5 지점의 가장 오래된 퇴적물은 중생대에 퇴적되었다.

➡ 중생대의 지속 기간은 약 2.52억 년 전 ~ 약 0.66억 년 전이다. P_5 지점에서 가장 오래된 퇴적물의 나이는 6120만 년이므로 신생대에 퇴적되었다.

ㄷ. P_1~P_5가 속한 판은 해령을 기준으로 동쪽으로 이동한다.

➡ 해령에서 멀어질수록 퇴적물의 두께가 두꺼워지고, 퇴적물 최하부의 나이가 증가하는 것은 해령에서 생성된 해양 지각이 양쪽으로 멀어지기 때문이다. 따라서 P_1~P_5가 속한 판은 해령을 기준으로 서쪽으로 이동한다.

적용해야 할 개념 ③가지

① 수심이 깊을수록 초음파의 왕복 시간은 길게 측정된다. ➡ 수심 = $\frac{1}{2}$ × 초음파의 속력 × 초음파의 왕복 시간

② 해구는 폭이 좁고 수심이 깊은 대륙 주변부의 해저 지형이다.

③ 해구에서는 주변보다 초음파의 왕복 시간이 길게 측정된다.

문제 보기

다음은 음향 측심 자료를 이용하여 해저 지형을 알아보기 위한 탐구 활동이다.

[탐구 과정]

(가) 하나의 해구가 나타나는 어느 해역의 음향 측심 자료를 조사한다. └→ 수심이 가장 깊은 곳

(나) (가)의 해역에서 해구를 가로지르는 직선 구간을 따라 일정한 거리 간격으로 탐사 지점 P_1~P_8을 선정한다.

(다) 각 지점별로 ㉠해수면에서 연직 방향으로 발사한 초음파가 해저면에서 반사되어 되돌아오는 데 걸리는 시간을 표에 기록한다.

(라) 초음파의 속력이 1500 m/s로 일정하다고 가정한 후, 각 지점의 수심을 계산하여 표에 기록한다.

(마) (라)에서 계산된 수심으로부터 해구가 나타나는 지점을 찾는다.

[탐구 결과]

초음파의 왕복 시간이 가장 길다.
➡ 수심이 가장 깊다.

지점	P_1	P_2	P_3	P_4	P_5	P_6	P_7	P_8
시간(초)	6.8	6.4	5.1	10.0	6.1	7.6	7.8	7.1
수심(m)				(㉡)				

└→ 수심 = $\frac{1}{2}$ × 초음파의 속력 × 초음파의 왕복 시간

이 자료에 대한 설명으로 옳은 것만을 〈보기〉에서 있는 대로 고른 것은?

〈보기〉 풀이

ㄱ. ㉠은 수심에 비례한다.

➡ '수심 = $\frac{1}{2}$ × 초음파의 속력 × 초음파의 왕복 시간'이므로 ㉠은 수심에 비례한다.

ㄴ. ㉡은 '15000'이다.

➡ P_4에서 ㉠ 값이 10초이므로 수심 = $\frac{1}{2}$ × 1500 m/s × 10 초 = 7500 m이다.

ㄷ. P_2는 해구가 위치한 지점이다.

➡ 해구는 해저 지형 중 수심이 가장 깊은 곳이고, 이 해역에는 하나의 해구가 나타난다고 했으므로 해구는 ㉠ 값이 가장 큰 P_4에 위치한다.

적용해야 할 개념 ④가지

① 해령은 높이 2 km~4 km인 해저 산맥으로, 판의 발산형 경계에서 형성된다.

② 해구는 수심 6000 m 이상인 해저 골짜기로, 판의 수렴형 경계에서 형성된다.

③ 수심 $=\dfrac{1}{2}\times$음파 왕복 시간$\times$음파의 평균 속력 ➡ 음파의 왕복 시간이 길수록 수심이 깊다.

④ 해령에서 해구 쪽으로 갈수록 해양 지각의 나이가 많아진다.

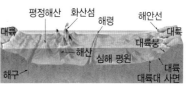

▲ 해저 지형

문제 보기

다음은 음향 측심 자료를 이용하여 해저 지형을 알아보기 위한 탐구 과정이다.

[탐구 과정]

↳ 음파의 왕복 시간이 길수록 수심이 깊다.

표는 A와 B 해역에서 직선 구간을 따라 일정한 간격으로 음향 측심을 한 자료이다. A와 B 해역에는 각각 해령과 해구 중 하나가 존재한다.

음파 왕복 시간이 가장 짧다.　➡ 수심이 가장 얕다.

A 해역	탐사 지점	A_1	A_2	A_3	A_4	A_5	A_6
	음파 왕복 시간(초)	5.5	5.2	4.8	4.2	4.7	5.1
B 해역	탐사 지점	B_1	B_2	B_3	B_4	B_5	B_6
	음파 왕복 시간(초)	5.6	9.4	6.2	5.9	5.7	5.6

음파 왕복 시간이 가장 길다. ➡ 수심이 가장 깊다.

(가) A와 B 해역의 음향 측심 자료를 바탕으로 각 지점의 수심을 구한다.

(나) 가로축은 탐사 지점, 세로축은 수심으로 그래프를 작성한다.

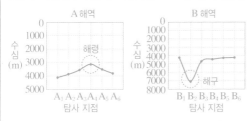

이에 대한 옳은 설명만을 〈보기〉에서 있는 대로 고른 것은? (단, 해양에서 음파의 평균 속력은 1500 m/s이다.)

〈보기〉 풀이

'거리=속력×시간'이므로 '수심$=\dfrac{1}{2}\times$음파 왕복 시간×음파의 평균 속력'이다.

✗ ㄱ. A 해역에는 수렴형 경계가 존재한다.

➡ A 해역에서는 음파의 왕복 시간이 가장 긴 A_1 지점에서 수심이 가장 깊고, 음파의 왕복 시간이 가장 짧은 A_4 지점에서 수심이 가장 얕다. A_4 지점의 수심은 $\dfrac{1}{2}\times 4.2$ s$\times 1500$ m/s$=$3150 m로 위로 솟아 있는 해저 지형이 나타난다. 따라서 A 해역에는 수렴형 경계가 존재하지 않으며 발산형 경계가 존재한다.

⟨ㄴ⟩ B 해역에는 수심이 7000 m보다 깊은 지점이 존재한다.

➡ B 해역에서 수심이 가장 깊은 B_2 지점의 수심이 $\dfrac{1}{2}\times 9.4$ s$\times 1500$ m/s$=7050$ m이므로, B 해역에는 수심이 7000 m보다 깊은 해구가 존재한다.

✗ ㄷ. 판의 경계에서 해양 지각의 평균 연령은 A 해역이 B 해역보다 많다.

➡ 발산형 경계인 해령에서는 새로운 해양 지각이 생성되고 수렴형 경계인 해구에서는 오래된 해양 지각이 소멸되므로, 해양 지각의 평균 연령은 해구 부근이 해령 부근보다 많다. A 해역에는 해령이 존재하고, B 해역에는 해구가 존재하므로 해양 지각의 평균 연령은 B 해역이 A 해역보다 많다.

13 해저 지형 탐사 – 음향 측심법 2021학년도 6월 모평 지Ⅰ 7번   정답 ③ | 정답률 87 %

적용해야 할 개념 ③가지

① 음파의 왕복 시간이 길수록 수심이 깊다.

② 해령은 판의 발산형 경계이고, 해구는 판의 수렴형 경계이다.

③ 해령에서 멀어질수록 해양 지각의 나이가 많아진다.

문제 보기

그림은 대서양의 해저면에서 판의 경계를 가로지르는 P_1-P_6 구간을, 표는 각 지점의 연직 방향에 있는 해수면상에서 음파를 발사하여 해저면에 반사되어 되돌아오는 데 걸리는 시간을 나타낸 것이다.

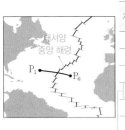

지점	P_1로부터의 거리 (km)	시간 (초)	수심 (m)
P_1	0	7.70	5775
P_2	420	7.36	5520
P_3	840	6.14	4605
P_4	1260	3.95	2963
P_5	1680	6.55	4913
P_6	2100	6.97	5228

→ 해령 축 부근

이 자료에 대한 설명으로 옳은 것만을 〈보기〉에서 있는 대로 고른 것은? (단, 해수에서 음파의 속도는 일정하다.)

〈보기〉 풀이

물속에서 음파의 속도를 1500 m/s라고 할 때, 표의 자료를 이용하여 구한 P_1-P_6 구간의 거리에 따른 수심은 다음 그림과 같다.

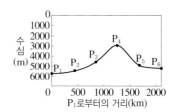

ㄱ. 수심은 P_6이 P_4보다 깊다.

➡ 해수면에서 발사한 음파의 왕복 시간이 길수록 수심이 깊다. P_6은 P_4보다 음파의 왕복 시간이 길므로 수심이 더 깊다.

ㄴ. P_3-P_5 구간에는 발산형 경계가 있다.

➡ 대서양 중앙부에는 남북 방향으로 길게 발산형 경계인 해령이 나타난다. P_3-P_5 구간에는 P_4 부근에서 위로 솟은 해령이 형성되어 있으므로 발산형 경계가 있다.

ㄷ. 해양 지각의 나이는 P_4가 P_2보다 많다.

➡ 해양 지각은 해령에서 해저 화산 활동에 의해 생성되고, 해령 축에서 멀어질수록 해양 지각의 나이가 많아진다. P_4는 해령 축과 가까운 지점이고 P_2는 P_4보다 해령 축에서 멀리 떨어진 지점이므로 해양 지각의 나이는 P_2가 P_4보다 많다.

---

14 고지자기 줄무늬 2024학년도 수능 지Ⅰ 13번   정답 ② | 정답률 73 %

적용해야 할 개념 ③가지

① 해령으로부터 멀어질수록 해저 퇴적물의 두께는 두꺼워진다.

② 해령 하부에는 맨틀 대류의 상승류가 존재한다.

③ 고지자기 방향은 정자극기에 북쪽을 가리키고, 역자극기에 남쪽을 가리킨다.

문제 보기

그림은 남반구 중위도에 위치한 어느 해양 지각의 연령과 고지자기 줄무늬를 나타낸 것이다. ㉠과 ㉡은 각각 정자극기와 역자극기 중 하나이다.

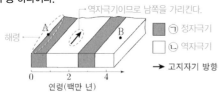

지역 A와 B에 대한 설명으로 옳은 것만을 〈보기〉에서 있는 대로 고른 것은? (단, 해저 퇴적물이 쌓이는 속도는 일정하다.) [3점]

〈보기〉 풀이

ㄱ. 해저 퇴적물의 두께는 A가 B보다 두껍다.

➡ A에서 B로 갈수록 해양 지각의 연령이 증가하므로 해저 퇴적물은 A보다 B에서 오랫동안 퇴적되었다. 따라서 해저 퇴적물의 두께는 A가 B보다 얇다.

ㄴ. A의 하부에는 맨틀 대류의 상승류가 존재한다.

➡ A는 해양 지각의 연령이 0이므로 해양 지각이 생성되는 해령에 위치한다. 따라서 A의 하부에는 맨틀 대류의 상승류가 존재한다.

ㄷ. B는 A의 동쪽에 위치한다.

➡ ㉠은 고지자기 방향이 현재와 같은 정자극기이고, ㉡은 고지자기 방향이 현재와 반대인 역자극기이므로 약 2억 년 전은 역자극기이고, 이 시기에 고지자기 방향(→)은 남쪽을 가리킨다. 따라서 A의 오른쪽은 서쪽이고, B는 A의 서쪽에 위치한다.

15 해양저 확장설 증거 – 고지자기 연구 2022학년도 3월 학평 지Ⅰ 3번 정답 ① | 정답률 74 %

적용해야 할 개념 ③가지

① 지구 자기장의 방향이 현재와 같은 시기를 정자극기, 현재와 반대인 시기를 역자극기라고 한다.
② 해저 퇴적물은 상부에서 하부로 갈수록 나이가 많아지고, 고지자기 역전 줄무늬가 반복적으로 나타난다.
③ 베게너는 남아메리카 대륙과 아프리카 대륙의 해안선 모양 유사성, 고생물 화석 분포의 연속성, 지질 구조(습곡 산맥, 암석 분포)의 연속성, 고생대 말 빙하 분포 등을 대륙 이동의 증거로 제시하였다.

문제 보기

그림은 두 해역 A, B의 해저 퇴적물에서 측정한 잔류 자기 분포를 나타낸 것이다. ㉠과 ㉡은 각각 정자극기와 역자극기 중 하나이다.

이에 대한 옳은 설명만을 <보기>에서 있는 대로 고른 것은? [3점]

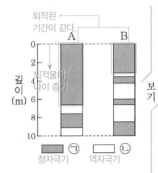

<보기> 풀이

㉠ **㉠은 정자극기, ㉡은 역자극기에 해당한다.**

➡ 지구 자기장의 방향이 현재와 같은 시기를 정자극기, 현재와 반대인 시기를 역자극기라고 한다. 깊이가 0인 곳의 퇴적물은 현재 퇴적된 것이므로 ㉠은 정자극기, ㉡은 역자극기에 해당한다.

✕ **6 m 깊이에서 퇴적물의 나이는 A가 B보다 많다.**

➡ A와 B에서 고지자기 역전 줄무늬가 나타나는 것은 두 해역에서 퇴적물이 각각 쌓이는 동안 지구 자기장의 방향이 변하였기 때문이다. 깊이 0~6 m 구간에서 A는 지구 자기장 방향의 역전이 나타나지 않지만 B는 여러 차례 지구 자기장 방향의 역전이 나타난다. 이는 A보다 B의 퇴적물 나이가 많기 때문이다.

✕ **베게너는 해저 퇴적물에서 측정한 잔류 자기 분포를 대륙 이동의 증거로 제시하였다.**

➡ 베게너는 지질학적 증거, 고기후학적 증거, 고생물학적 증거 등을 제시하여 대륙의 이동을 주장하였다. 잔류 자기 분포는 해양저 확장설의 출현과 함께 연구되었으므로 베게너가 제시한 대륙 이동의 증거가 아니다.

16 고지자기 분포, 판의 이동과 판 경계의 종류 2023학년도 수능 지Ⅰ 15번 정답 ② | 정답률 14 %

적용해야 할 개념 ④가지

① 해령을 축으로 양쪽 해양 지각은 고지자기 줄무늬가 대칭적으로 나타난다.
② 해령에서 멀어질수록 해양 지각의 연령이 증가하고, 해저 퇴적물의 두께가 두꺼워진다.
③ 섭입형 경계에서는 밀도가 큰 해양판이 밀도가 작은 대륙판(또는 해양판) 아래로 섭입한다.
④ 두 판이 서로 멀어지면 발산형 경계, 두 판이 서로 가까워지면 수렴형 경계가 형성된다.
➡ 두 판이 같은 방향으로 이동할 때, 뒤쪽 판의 이동 속도가 더 빠르면 수렴형 경계가 형성된다.

문제 보기

그림은 어느 해양판의 고지자기 분포와 지점 A, B의 연령을 나타낸 것이다. 해양판의 이동 속도와 해저 퇴적물이 쌓이는 속도는 일정하고, 현재 해양판의 이동 방향은 남쪽과 북쪽 중 하나이다.

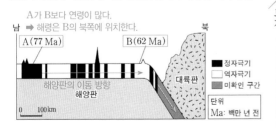

이 자료에 대한 설명으로 옳은 것만을 <보기>에서 있는 대로 고른 것은? (단, 해양판의 이동 속도는 대륙판보다 빠르다.) [3점]

<보기> 풀이

✕ **A와 B 사이에 해령이 위치한다.**

➡ 해령에서 생성된 해양 지각은 해령을 축으로 양쪽으로 멀어지므로 고지자기의 역전 줄무늬는 해령에 대해 대칭적으로 나타난다. 만약 A와 B 사이에 해령이 있다면 고지자기 줄무늬가 대칭적으로 나타나야 하지만 대칭성이 보이지 않으므로 A와 B 사이에는 해령이 위치하지 않는다. 한편, B에서 A로 갈수록 해양 지각의 연령이 증가하므로 해령은 B보다 북쪽에 위치하거나 해구 아래로 섭입하고 있다.

㉡ **해저 퇴적물의 두께는 A가 B보다 두껍다.**

➡ 퇴적물이 오랫동안 쌓일수록 두께가 두꺼워진다. A는 B보다 해양 지각의 연령이 많으므로 해저 퇴적물의 두께는 A가 B보다 두껍다.

✕ **현재 A의 이동 방향은 남쪽이다.**

➡ 해양판과 대륙판이 수렴하여 섭입형 경계를 이루고 있는데, 해양판의 이동 속도가 대륙판보다 빠르므로 대륙판의 이동 방향과 관계없이 해양판은 북쪽으로 이동한다.
└→ 해양판이 대륙판보다 빠르므로 해양판이 남쪽으로 이동할 경우에는 수렴형 경계가 형성되지 않는다.

적용해야 할 개념 ④가지

① 해양 지각은 해령에서 생성되고, 해구 쪽으로 갈수록 나이가 많아지며, 해구에서 소멸된다.

② 암석 내에 기록된 지구 자기장의 방향은 정자극기에는 현재와 같고, 역자극기에는 현재와 반대이다.

③ 고지자기 줄무늬는 정자극기와 역자극기가 반복되어 나타나고, 해령을 축으로 대칭적으로 분포한다.

④ 해양 지각의 평균 이동 속력 = $\dfrac{\text{해령으로부터의 거리}}{\text{해양 지각의 연령}}$ 이다.

문제 보기

그림 (가)와 (나)는 각각 서로 다른 해령 부근에서 열곡으로부터의 거리에 따른 해양 지각의 나이와 고지자기 분포를 나타낸 것이다.

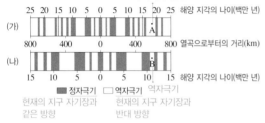

이 자료에 대한 설명으로 옳은 것만을 〈보기〉에서 있는 대로 고른 것은?

〈보기〉 풀이

✗ ㄱ. 해양 지각의 나이는 A와 B 지점이 같다.

➡ 해양 지각의 나이는 A 지점이 1500만 년에서 2000만 년 사이이고, B 지점이 1000만 년에서 1500만 년 사이이므로 A 지점이 더 많다.

✗ ㄴ. B 지점의 해양 지각이 생성될 당시 지구 자기장의 방향은 현재와 같았다.

➡ 지구 자기장의 방향이 현재와 같은 시기를 정자극기, 현재와 반대인 시기를 역자극기라고 한다. B 지점의 해양 지각은 역자극기에 생성되었으므로 해양 지각이 생성될 당시 지구 자기장의 방향은 현재와 반대였다.

ㄷ. 해양 지각의 평균 이동 속력은 (가)보다 (나)에서 빠르게 나타난다.

➡ 속력 = $\dfrac{\text{거리}}{\text{시간}}$ 이므로 해양 지각의 평균 이동 속력 = $\dfrac{\text{해령으로부터의 거리}}{\text{해양 지각의 연령}}$ 이다. A와 B 지점은 해령으로부터 같은 거리에 있지만 해양 지각의 연령은 B 지점이 더 적으므로 해양 지각의 평균 이동 속력은 (가)보다 (나)에서 빠르게 나타난다.

보기 ㄷ

18 해양저 확장설 증거 – 해양 지각의 나이 2020학년도 7월 학평 지Ⅰ 9번

정답 ① | 정답률 79 %

적용해야 할 개념 ③가지

① 해령에서 멀어질수록 해양 지각의 나이가 많아진다.

② 고지자기 줄무늬는 정자극기와 역자극기가 반복되어 나타나며, 해령을 축으로 대칭적으로 분포한다. ➡ 해저가 확장되고 지구 자기의 역전 현상이 반복되기 때문이다.

③ 해양 지각이 확장하는 속도 차이에 의해 해령이 끊어져 해령과 해령 사이에 변환 단층이 형성된다.

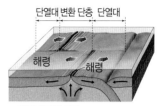

▲ 해령과 변환 단층

문제 보기

그림은 어느 해령 부근의 X−X′ 구간을 직선으로 이동하며 측정한 해양 지각의 나이를 나타낸 것이다.

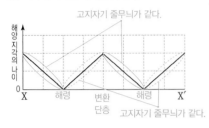

측정한 지역 부근의 고지자기 분포로 가장 적절한 것은? (단, ▒은 정자극기, □은 역자극기이다.) [3점]

<보기> 풀이

해령에서 생성된 해양 지각은 해령을 축으로 양쪽으로 멀어지므로 고지자기 분포는 해령을 축으로 대칭적으로 나타난다. 그림에서 해양 지각의 나이가 0인 두 지점에는 해령이 존재하며, 보기에서 변환 단층이 존재하는 것으로부터 하나의 해령이 변환 단층에 의해 어긋난 것임을 알 수 있다. 따라서 해령을 축으로 고지자기 줄무늬가 대칭적으로 분포하면서 두 해령 사이에서 고지자기 줄무늬가 서로 일치하는 것을 찾는다.

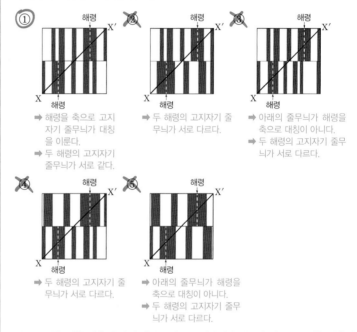

① ➡ 해령을 축으로 고지자기 줄무늬가 대칭을 이룬다. ➡ 두 해령의 고지자기 줄무늬가 서로 같다.

② ➡ 두 해령의 고지자기 줄무늬가 서로 다르다.

③ ➡ 아래의 줄무늬가 해령을 축으로 대칭이 아니다. ➡ 두 해령의 고지자기 줄무늬가 서로 다르다.

④ ➡ 두 해령의 고지자기 줄무늬가 서로 다르다.

⑤ ➡ 아래의 줄무늬가 해령을 축으로 대칭이 아니다. ➡ 두 해령의 고지자기 줄무늬가 서로 다르다.

한편 해령은 변환 단층에 의해 거의 수직으로 절단되어 어긋나 있으므로 변환 단층이 형성되기 이전의 상태로 이동시켜 두 해령을 맞추어 보면 다음과 같다.

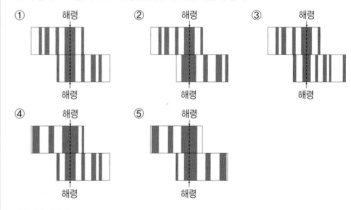

다른 풀이

그림에서 해양 지각의 나이가 0이 되는 두 지점에는 해령이 존재한다. 또한 해령을 축으로 한 그래프 기울기의 크기가 같으므로 두 해령에서 생성된 해양 지각의 이동 속도가 서로 같다. 이로부터 두 해령을 중심으로 한 고지자기 줄무늬의 모양이 서로 동일하게 나타남을 알 수 있다. 따라서 해령을 축으로 고지자기 줄무늬가 대칭적으로 분포하면서 두 해령 사이에서 고지자기 줄무늬가 서로 일치하는 것을 찾으면 ①에 해당한다.

적용해야 할 개념 ③가지

① 해양 지각의 평균 확장 속도는 $\dfrac{해령으로부터의\ 거리}{해양지각의\ 나이}$ 이다.

② 해령으로부터 멀어질수록 해양 지각의 나이가 증가하고, 해양저 퇴적물의 두께가 두꺼워진다.

③ 해령에서 생성된 해양 지각은 해령으로부터 멀어지면서 냉각되어 밀도가 커지고, 해저면의 깊이가 깊어진다.

문제 보기

그림 (가)는 해양 지각의 나이 분포와 지점 A, B, C의 위치를, (나)는 태평양과 대서양에서 관측한 해양 지각의 나이에 따른 해령 정상으로부터 해저면까지의 깊이를 나타낸 것이다.

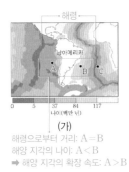

(가)

해령으로부터 거리: A＝B
해양 지각의 나이: A＜B
➡ 해양 지각의 확장 속도: A＞B

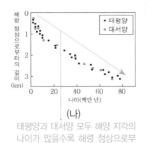

(나)

태평양과 대서양 모두 해양 지각의 나이가 많을수록 해령 정상으로부터의 깊이가 깊어진다.

이 자료에 대한 옳은 설명만을 〈보기〉에서 있는 대로 고른 것은?

[3점]

〈보기〉 풀이

태평양과 대서양에서 해양 지각의 나이가 '0'인 지점을 따라 해령이 분포한다.

ㄱ. **해양 지각의 평균 확장 속도는 A가 속한 판이 B가 속한 판보다 빠르다.**

➡ 속도＝$\dfrac{거리}{시간}$ 이다. A와 B는 해령으로부터의 거리가 비슷하지만, 해양 지각의 나이는 A가 B보다 적다. 따라서 해양 지각의 평균 확장 속도는 A가 속한 판이 B가 속한 판보다 빠르다.

ㄴ. **해양저 퇴적물의 두께는 B에서가 C에서보다 두껍다.**

➡ 해양 지각의 연령이 많을수록 퇴적물이 오랫동안 퇴적되므로 퇴적물의 두께가 두꺼워진다. B에서는 C에서보다 해양 지각의 연령이 더 많으므로 해양저 퇴적물의 두께가 더 두껍다.

ㄷ. **해령 정상으로부터 해저면까지의 깊이는 A에서가 B에서보다 깊다.**

➡ (나)에서 해양 지각의 나이가 많을수록 해령 정상으로부터의 깊이가 깊어진다. (가)에서 해양 지각의 나이는 B에서가 A에서보다 많으므로 해령 정상으로부터 해저면까지의 깊이는 B에서가 A에서보다 깊다.

보기

적용해야 할 개념 ③가지

① 해령에서는 맨틀 물질이 상승하여 현무암질 마그마가 분출한다.

② 해양저가 확장하므로 해령에서 멀어질수록 해양 지각의 나이가 많아진다.

③ 해령과 해령 사이 구간에서는 변환 단층(보존형 경계)이 형성된다.

문제 보기

그림은 어느 지역 해양 지각의 나이 분포를 나타낸 것이다.

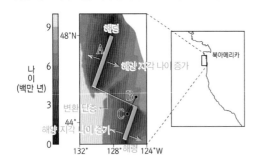

이에 대한 설명으로 옳은 것만을 〈보기〉에서 있는 대로 고른 것은?

〈보기〉 풀이

ㄱ. **지점 A에서 현무암질 마그마가 분출된다.**

➡ A는 해양 지각의 나이가 0이므로 해양 지각이 생성되는 해령이다. 해령에서는 맨틀 물질이 상승하면서 현무암질 마그마가 분출된다.

ㄴ. **지점 B와 지점 C를 잇는 직선 구간에는 변환 단층이 있다.**

➡ C 지점의 오른쪽에 해양 지각의 나이가 가장 적은 해령이 위치한다. 즉, B－C를 잇는 직선 구간은 해령(A)과 해령(C의 오른쪽) 사이에 위치하므로 B－C와 거의 수직으로 변환 단층이 있다.

ㄷ. **지각의 나이는 지점 B가 지점 C보다 많다.**

➡ 해령으로부터 멀어질수록 해양 지각의 나이가 증가한다. B는 C보다 해령으로부터 멀리 있으므로 지각의 나이는 B가 C보다 많다.

보기

21 해양저 확장설 증거 – 해양 지각의 나이 2022학년도 6월 모평 지I 4번   정답 ③ | 정답률 90 %

적용해야 할 개념 ③가지

① 해양저 확장설은 해령 아래에서 고온의 맨틀 물질이 상승하여 새로운 해양 지각이 생성되고, 해양 지각이 해구 쪽으로 이동하면서 해저가 점점 확장된다는 학설이다.

② 해양저 확장설에서는 고지자기 분포, 해양 지각의 나이, 퇴적물의 두께 분포, 변환 단층 등이 증거로 제시되었다.

고지자기 줄무늬의 대칭성	해령에서 멀어짐에 따라 고지자기 줄무늬는 정자극기와 역자극기가 반복되어 나타나며, 해령을 축으로 대칭을 이룬다.
해양 지각의 나이	해령에서 멀어질수록 해양 지각의 나이가 많아진다.
해저 퇴적물의 두께	해령에서 멀어질수록 퇴적물 최하층의 연령이 많아지고, 해저 퇴적물의 두께가 두꺼워진다.
변환 단층	해양 지각이 확장하는 속도 차이에 의해 해령이 끊어져 해령과 해령 사이에 변환 단층이 형성된다.

③ 대서양 중앙부에는 주로 남북 방향으로 길게 중앙 해령이 분포하고, 해령이 수많은 변환 단층에 의해 어긋나 있다.

문제 보기

그림 (가)는 대서양에서 시추한 지점 $P_1 \sim P_7$을 나타낸 것이고, (나)는 각 지점에서 가장 오래된 퇴적물의 연령을 판의 경계로부터 거리에 따라 나타낸 것이다.

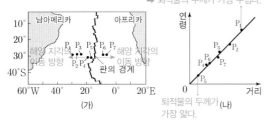
(가)   (나)

이에 대한 설명으로 옳은 것만을 〈보기〉에서 있는 대로 고른 것은?

〈보기〉 풀이

ㄱ. 가장 오래된 퇴적물의 연령은 P_2가 P_7보다 많다.

➡ P_2는 P_7보다 (가)에서 판 경계로부터의 거리가 멀고, (나)에서 가장 오래된 퇴적물의 연령도 많다.

ㄴ. 해저 퇴적물의 두께는 P_1에서 P_5로 갈수록 두꺼워진다.

➡ 가장 오래된 퇴적물의 연령이 많을수록 퇴적물이 오랫동안 퇴적된 것이므로 퇴적물의 두께는 두꺼워진다. P_1에서 P_5로 갈수록 가장 오래된 퇴적물의 연령이 적어지므로 해저 퇴적물의 두께는 얇아진다.

ㄷ. P_3과 P_7 사이의 거리는 점점 증가할 것이다.

➡ 판 경계에서 멀어질수록 가장 오래된 퇴적물의 연령이 많아지는 까닭은 해양 지각이 판 경계인 해령에서 생성되어 해령을 축으로 점차 양쪽으로 멀어지기 때문이다. P_3과 P_7은 해령을 축으로 서로 반대쪽에 있으므로 서로 반대 방향으로 이동한다. 따라서 P_3과 P_7 사이의 거리는 점점 증가할 것이다.

---

22 해양저 확장설 증거 – 해양 지각의 나이 2021학년도 9월 모평 지I 8번   정답 ③ | 정답률 68 %

적용해야 할 개념 ③가지

① 해령에서 멀어질수록 해양 지각의 나이가 많아지고, 퇴적물의 두께는 두꺼워진다.

② 해양판의 이동 속력 $= \dfrac{\text{해령으로부터의 거리(cm)}}{\text{해양 지각의 연령(년)}}$ ➡ 해양 지각의 연령이 같으면 해령으로부터의 거리가 멀수록 해양판의 이동 속력이 빠르다.

③ 해령과 해구 부근에서 지진과 화산 활동이 활발하게 나타난다.

문제 보기

그림은 해양 지각의 연령 분포를 나타낸 것이다.

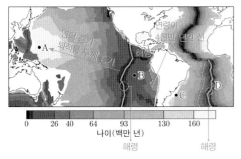

0	26	40	64	93	130	160

나이(백만 년)
해령   해령

A~D 지점에 대한 설명으로 옳은 것만을 〈보기〉에서 있는 대로 고른 것은?

〈보기〉 풀이

ㄱ. 해저 퇴적물의 두께는 A가 B보다 두껍다.

➡ 해령에서 해구 쪽으로 갈수록 해양 지각의 나이가 많아지고, 퇴적물이 오랫동안 쌓이므로 해저 퇴적물의 두께도 두꺼워진다. A와 B는 동태평양 해령의 양쪽에 있는 두 지점이고, 해령으로부터의 거리는 A가 B보다 멀다. 따라서 해저 퇴적물의 두께는 A가 B보다 두껍다.

ㄴ. 최근 4천만 년 동안 평균 이동 속력은 B가 속한 판이 C가 속한 판보다 크다.

➡ 속력 $= \dfrac{\text{거리}}{\text{시간}}$ 이므로 해양판의 이동 속력 $= \dfrac{\text{해령으로부터의 거리(cm)}}{\text{해양 지각의 연령(년)}}$ 이다. 즉, 해양 지각의 연령이 같다면 해양판이 해령으로부터 이동한 거리가 멀수록 이동 속력이 빠르다. 최근 4천만 년 동안 해령으로부터 이동한 거리는 B가 속한 판이 C가 속한 판보다 멀다. 따라서 최근 4천만 년 동안 평균 이동 속력은 B가 속한 판이 C가 속한 판보다 크다.

ㄷ. 지진 활동은 C가 D보다 활발하다.

➡ 판 경계 지형인 해령과 해구 부근에서는 지진이 활발하게 나타난다. C는 해구가 아닌 판 내부에 위치하고 있고, D는 해령에 위치하므로 지진 활동은 D가 C보다 활발하다.

적용해야 할 개념 ③가지

① 해양 지각의 연령이 많을수록 퇴적물이 오랫동안 쌓이므로 해저 퇴적물의 두께가 두꺼워진다.

② 해령의 경사가 급할수록 동일한 두 지점 사이의 수심 차가 크다. ➡ 동태평양 해령은 경사가 완만하고, 대서양 중앙 해령은 경사가 급하다.

③ 해양 지각의 확장 속도 $= \dfrac{\text{해령으로부터의 거리}}{\text{해양 지각의 연령}}$ 이다. ➡ 해령 부근에서의 확장 속도는 동태평양 해령이 대서양 중앙 해령보다 빠르다.

문제 보기

그림 (가)와 (나)는 각각 태평양과 대서양에서 측정한 해령으로부터의 거리에 따른 해양 지각의 연령과 수심을 나타낸 것이다.

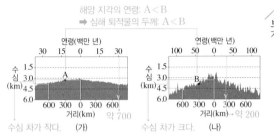

해양 지각의 연령: A < B
➡ 심해 퇴적물의 두께: A < B

수심 차가 작다. (가)   수심 차가 크다. (나)

이에 대한 설명으로 옳은 것만을 〈보기〉에서 있는 대로 고른 것은? (단, 태평양과 대서양에서 심해 퇴적물이 쌓이는 속도는 같다.) [3점]

〈보기〉 풀이

ㄱ. 심해 퇴적물의 두께는 A에서가 B에서보다 두껍다.

➡ 해양 지각은 해령에서 생성되어 해령에서 점점 멀어지며, 해양 지각의 연령이 많을수록 퇴적물이 쌓이는 기간이 길어져 해저 퇴적물의 두께가 두껍다. A에서는 B에서보다 해양 지각의 연령이 적으므로 심해 퇴적물의 두께는 A에서가 B에서보다 얇다.

ㄴ. (해령으로부터 거리가 600 km 지점의 수심 − 해령의 수심)은 (가)에서가 (나)에서보다 작다.

➡ (가)와 (나)에서는 해령의 수심이 약 3.2 km로 거의 같지만 해령으로부터의 거리가 600 km인 지점에서의 수심은 (가)에서가 더 얕다. 따라서 두 지점의 수심 차는 (가)에서가 (나)에서보다 작다.

ㄷ. 최근 3천만 년 동안 해양 지각의 평균 확장 속도는 (가)가 (나)보다 빠르다.

➡ 속력 $= \dfrac{\text{거리}}{\text{시간}}$ 이므로 최근 3천만 년 동안 해양 지각이 해령으로부터 이동한 거리가 멀수록 해양 지각의 평균 확장 속도가 빠르다. 해양 지각의 연령이 3천만 년인 지점의 거리는 (가)가 약 700 km, (나)가 약 200 km이므로 해양 지각의 평균 확장 속도는 (가)가 (나)보다 빠르다.

보기

2 일차

01 ⑤   02 ①   03 ③   04 ①   05 ③   06 ①   07 ⑤   08 ①   09 ④   10 ⑤   11 ①   12 ⑤

13 ④   14 ①   15 ②   16 ③

문제편 018쪽~023쪽

---

01 판의 운동과 지각 변동 2025학년도 6월 모평 지I 2번

정답 ⑤ | 정답률 88 %

적용해야 할 개념 ③가지

① 해령에서는 고온의 맨틀 물질이 상승(맨틀 대류의 상승류)하고, 해구에서는 저온의 맨틀 물질이 하강(맨틀 대류의 하강류)한다.
② 해령에서는 판을 밀어내는 힘이 작용하고, 섭입대에서는 침강하는 판이 잡아당기는 힘이 작용한다.
③ 해령과 섭입대에서는 화산 활동이 활발하지만 변환 단층에서는 화산 활동이 거의 일어나지 않는다.

문제 보기

그림은 태평양 어느 지역의 판 경계 주변을 모식적으로 나타낸 것이다.

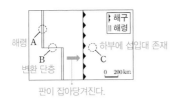

지역 A, B, C에 대한 설명으로 옳은 것만을 〈보기〉에서 있는 대로 고른 것은?

〈보기〉 풀이

ㄱ. **A의 하부에는 맨틀 대류의 상승류가 존재한다.**
➡ 해령에서는 고온의 맨틀 물질이 상승하여 마그마가 분출된다. A는 해령이므로 A의 하부에는 맨틀 대류의 상승류가 존재한다.

ㄴ. **C의 하부에는 침강하는 판이 잡아당기는 힘이 작용한다.**
➡ C의 하부에는 섭입대가 존재한다. 해구에서는 냉각에 의해 밀도가 커진 해양판이 침강하면서 해령으로부터 이어진 해양판을 섭입대 쪽으로 잡아당긴다. 따라서 C의 하부에는 침강하는 판이 잡아당기는 힘이 작용한다.

ㄷ. **화산 활동은 A가 B보다 활발하다.**
➡ A는 맨틀 대류의 상승부이므로 고온의 마그마가 분출하여 화산 활동이 활발하게 일어난다. B는 해령과 해령 사이의 변환 단층이므로 맨틀 대류의 상승부나 하강부와는 관련이 없으며, 화산 활동이 거의 일어나지 않는다. 따라서 화산 활동은 A가 B보다 활발하다.

---

02 해양저 확장설 증거 – 변환 단층 2019학년도 7월 학평 지I 8번

정답 ① | 정답률 81 %

적용해야 할 개념 ③가지

① 해령은 맨틀 대류의 상승부로, 판의 발산형 경계이며 해양 지각이 생성되는 곳이다.
② 해령으로부터 멀어질수록 해양 지각의 나이가 많아진다.
③ 변환 단층은 판의 보존형 경계로, 천발 지진이 발생하고 화산 활동이 일어나지 않는다.

해령으로부터의 거리에 따른 해양 지각의 나이 ▶

문제 보기

그림은 판의 경계와 이동 방향을 나타낸 것이다.

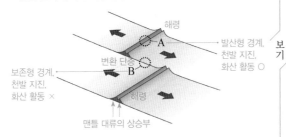

이에 대한 설명으로 옳은 것만을 〈보기〉에서 있는 대로 고른 것은?

〈보기〉 풀이

A는 해령으로, 판이 서로 멀어지는 발산형 경계이고, B는 변환 단층으로, 이웃한 판이 서로 어긋나는 보존형 경계이다.

ㄱ. **A는 맨틀 대류의 상승부에 위치한다.**
➡ A는 해령으로, 맨틀 대류의 상승부에 위치하여 새로운 해양 지각이 생성되는 곳이다.

✗ **B에서는 화산 활동이 활발하다.**
➡ B는 해령과 해령 사이에서 두 판이 어긋나는 변환 단층으로, 보존형 경계이다. 보존형 경계는 맨틀 대류의 상승부나 하강부가 아니므로 화산 활동이 일어나지 않는다.

✗ **해양 지각의 나이는 B보다 A가 많다.**
➡ 해양 지각은 해령에서 생성되어 해구 쪽으로 이동하므로 해령에서 멀어질수록 나이가 많아진다. A는 해령이고, B는 해령으로부터 떨어져 있으므로 해양 지각의 나이는 A보다 B가 많다.

적용해야 할 개념 ③가지

① 해령에서 암석이 생성될 때는 그 당시의 지구 자기장 방향으로 자화된다.

➡ 해령을 축으로 양쪽으로 해저가 확장되고, 지구 자기의 역전 현상이 반복되기 때문에 고지자기 줄무늬가 나타난다.

② 고지자기 줄무늬가 해령을 축으로 대칭으로 나타나면 해령 양쪽 판이 해령으로부터 멀어지는 속도가 같다.

③ 해령 양쪽 판이 멀어지는 속도가 같더라도, 해령이 한쪽 방향으로 이동하면 양쪽 판의 이동 속도는 달라진다.

문제 보기

그림은 동서 방향으로 이동하는 두 해양판의 경계와 이동 속도를 나타낸 것이다.

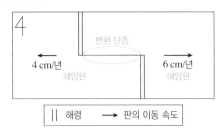

고지자기 줄무늬가 해령을 축으로 대칭일 때, 이에 대한 설명으로 옳은 것만을 〈보기〉에서 있는 대로 고른 것은? [3점]

〈보기〉 풀이

해령을 축으로 고지자기 줄무늬가 대칭을 이룬다는 것은 해령 양쪽 판이 해령으로부터 멀어지는 속도가 같기 때문인데, 그림에서 양쪽 판의 이동 속도가 다른 것은 해령이 이동했기 때문이다.

ㄱ. 두 해양판의 경계에는 변환 단층이 있다.

➡ 해령의 축이 연속되지 않고 끊어져 있으며, 해령과 해령 사이의 구간에는 두 판이 서로 어긋나는 변환 단층(보존형 경계)이 있다.

ㄴ. 해령에서 두 해양판은 1년에 각각 5 cm씩 생성된다.

➡ 해령의 서쪽에서는 판이 4 cm/년, 동쪽에서는 판이 6 cm/년의 속도로 이동하므로 해령에서는 1년에 10 cm의 해양판이 생성된다. 그런데 해령을 축으로 고지자기 줄무늬가 대칭을 이룬다고 하였으므로 해령의 양쪽에서 해양판의 생성 속도는 같아야 한다. 따라서 서쪽과 동쪽의 판은 각각 1년에 5 cm(= 10 cm/년 ÷ 2)씩 생성된다.

✗ 해령은 1년에 2 cm씩 동쪽으로 이동한다.

➡ 해령에 대해 서쪽과 동쪽의 판이 각각 1년에 5 cm씩 생성되는데, 서쪽의 판은 4 cm/년, 동쪽의 판은 6 cm/년의 속도로 이동하는 것은 해령이 1년에 1 cm씩 동쪽으로 이동하기 때문이다.

▲ 해령이 이동하지 않는 경우

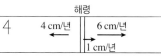

▲ 해령이 이동하는 경우

적용해야 할 개념 ③가지

① 섭입형 경계에서는 밀도가 큰 판이 밀도가 작은 판 아래로 섭입하면서 지진이 발생한다.

② 지진파의 속도는 지하 물질의 온도가 높을수록, 밀도가 작을수록 느려진다.

③ 섭입대에서는 냉각된 해양 지각이 섭입하므로 주변보다 지진파의 속도가 빠르다.

문제 보기

그림 (가)와 (나)는 섭입대가 나타나는 서로 다른 두 지역의 지진파 단층 촬영 영상을 진원 분포와 함께 나타낸 것이다.

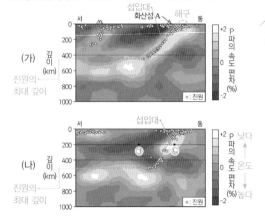

이 자료에 대한 설명으로 옳은 것만을 〈보기〉에서 있는 대로 고른 것은?

〈보기〉 풀이

ㄱ. (가)에서 화산섬 A의 동쪽에 판의 경계가 위치한다.

➡ 섭입형 수렴형 경계에서는 밀도가 큰 판이 밀도가 작은 판 아래로 섭입하면서 섭입대를 따라 지진이 발생한다. (가)에서는 화산섬 A의 동쪽에 있는 판이 비스듬히 섭입하면서 화산 활동이 일어나 화산섬 A가 형성되었다. 따라서 판의 경계는 화산섬 A의 동쪽에 위치한다.

✗ 온도는 ⓛ 지점이 ㉠ 지점보다 높다.

➡ 지하 물질의 온도가 높을수록 지진파의 속도가 느려진다. ⓛ 지점은 ㉠ 지점보다 P파의 속도가 빠르므로 온도는 ⓛ 지점이 ㉠ 지점보다 낮다.

✗ 진원의 최대 깊이는 (가)가 (나)보다 깊다.

➡ (가)에서는 진원의 최대 깊이가 500 km보다 얕고, (나)에서는 진원의 최대 깊이가 약 500 km이므로 (가)는 (나)보다 진원의 최대 깊이가 얕다.

05 섭입대의 진원 분포 2021학년도 10월 학평 지Ⅰ 5번   정답 ③ | 정답률 77 %

**적용해야 할
개념 ④가지**

① 수렴형 경계(섭입형)에서는 해구에서 대륙 쪽으로 갈수록 진원의 깊이가 깊어진다.
② 수렴형 경계에서는 두 판이 수렴하면서 횡압력에 의한 역단층이나 습곡이 발달한다.
③ 정단층은 장력에 의해 형성되고, 역단층과 습곡은 횡압력에 의해 형성된다.
④ 수렴형 경계(섭입형)에서 화산 활동은 밀도가 작은 판 쪽에서 일어난다.

문제 보기

그림은 어느 판 경계 부근에서 진원의 평균 깊이를 점선으로 나타낸 것이다. A와 B 지점 중 한 곳은 대륙판에, 다른 한 곳은 해양판에 위치한다.
이에 대한 옳은 설명만을 〈보기〉에서 있는 대로 고른 것은?
(단, A와 B는 모두 지표면 상의 지점이다.)

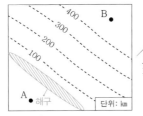

〈보기〉 풀이

ㄱ. 판의 경계는 A보다 B에 가깝다.

➡ 수렴형 경계에서는 섭입대를 따라 해구에서 대륙 쪽으로 갈수록 진원의 깊이가 깊어진다. 이 지역에서는 A에서 B 쪽으로 갈수록 진원의 깊이가 깊어지므로 판의 경계인 해구는 B보다 A에 가깝다.

ㄴ. 이 지역에서는 정단층이 역단층보다 우세하게 발달한다.

➡ 이 지역에는 수렴형 경계가 나타나므로 장력보다 횡압력이 우세하게 작용하여 역단층이나 습곡이 발달한다. 정단층은 장력이 작용하는 발산형 경계에서 우세하게 발달한다.

ㄷ. 이 지역에서 화산 활동은 주로 B가 속한 판에서 일어난다.

➡ 판이 섭입하면 밀도가 작은 판 쪽에서 화산 활동이 일어난다. 이 지역에서는 A에 밀도가 큰 해양판이 위치하고, B에 밀도가 작은 대륙판이 위치하므로 화산 활동은 주로 B가 속한 판에서 일어난다.

▲ 판 경계 단면

---

06 섭입대의 진원 분포 2019학년도 9월 모평 지Ⅰ 6번   정답 ① | 정답률 80 %

**적용해야 할
개념 ③가지**

① 해구는 밀도가 다른 두 판이 수렴하여 섭입하는 경계에서 발달한다.
② 판이 섭입하면 해구로부터 섭입대를 따라 진원 깊이가 깊어진다.
③ 섭입하는 판의 기울기는 $\dfrac{섭입하는\ 판의\ 깊이}{판의\ 수평\ 거리}$ 에 비례한다.

문제 보기

그림 (가)는 일본 주변에 있는 판의 경계를, (나)는 (가)의 두 지역에서 섭입하는 판의 깊이를 나타낸 것이다.

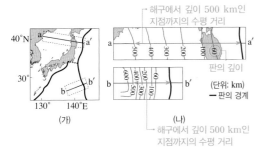

이에 대한 설명으로 옳은 것만을 〈보기〉에서 있는 대로 고른 것은?

〈보기〉 풀이

ㄱ. a – a′에는 해구가 존재하는 지점이 있다.

➡ a에서 a′로 갈수록 섭입하는 판의 깊이가 얕아지므로 a′ 부근의 판의 경계에는 수렴형 경계인 해구가 존재한다.

ㄴ. b – b′에서 지진은 판 경계의 서쪽보다 동쪽에서 자주 발생한다.

➡ 판 경계에서 b 쪽(서쪽)으로 갈수록 섭입하는 판의 깊이가 깊어지므로 섭입대는 b 쪽에 형성되며, 지진은 주로 섭입대에서 발생하므로 판 경계의 동쪽보다 서쪽에서 자주 발생한다.

ㄷ. 섭입하는 판의 기울기는 a – a′이 b – b′보다 크다.

➡ 수평면에 대해 판이 섭입하는 각도는 $\dfrac{섭입하는\ 판의\ 깊이}{판의\ 수평\ 거리}$ 에 비례한다. a – a′과 b – b′에서 각각 해구로부터 판이 섭입한 깊이 500 km 지점까지의 수평 거리를 비교해 보면, a – a′이 b – b′보다 더 길므로 판의 기울기는 a – a′이 b – b′보다 작다.

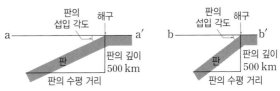

▲ 판의 섭입 각도

적용해야 할 개념 ③가지

① 뜨거운 플룸은 외핵과 맨틀의 경계부에서 생성되어 지표로 상승하는 플룸 상승류이다.

② 해령에서는 맨틀 대류의 상승류가 존재하고, 섭입대에서는 맨틀 대류의 하강류가 존재한다.

③ 대륙판은 (대륙 지각+상부 맨틀의 일부)에 해당하고, 해양판은 (해양 지각+상부 맨틀의 일부)에 해당한다. ➡ 판의 두께는 대륙판이 해양판보다 두껍고, 판의 밀도는 해양판이 대륙판보다 크다.

문제 보기

그림은 판의 경계와 최근 발생한 화산 분포의 일부를 나타낸 것이다.

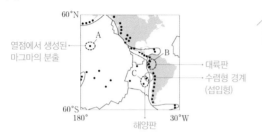

이 자료에 대한 설명으로 옳은 것만을 〈보기〉에서 있는 대로 고른 것은?

〈보기〉 풀이

ㄱ. 지역 A의 하부에는 외핵과 맨틀의 경계부에서 상승하는 플룸이 있다.

➡ A는 판의 내부에서 화산 활동이 일어나는 지역이므로 열점에서 생성된 마그마가 분출하는 곳이다. 열점은 뜨거운 플룸이 상승하는 곳에서 형성되므로 지역 A의 하부에는 외핵과 맨틀의 경계부에서 상승하는 플룸이 있다.

ㄴ. 지역 B의 하부에는 맨틀 대류의 하강류가 존재한다.

➡ B는 섭입대에서 해양판이 섭입하면서 생성된 마그마가 분출하는 곳이다. 섭입대에서는 맨틀 대류의 하강류가 나타나므로 지역 B의 하부에는 맨틀 대류의 하강류가 존재한다.

ㄷ. 암석권의 평균 두께는 지역 B가 지역 C보다 두껍다.

➡ 지역 B는 대륙판에 위치하여 대륙 지각을 포함하고, 지역 C는 해양판에 위치하여 해양 지각을 포함한다. 따라서 암석권의 평균 두께는 지역 B가 지역 C보다 두껍다.

적용해야 할 개념 ④가지

① 두 판이 수렴하는 경계에서는 밀도가 큰 판이 밀도가 작은 판 아래로 섭입한다.

② 변환 단층에서는 두 판이 서로 반대 방향으로 이동한다.

③ 판 구조론이 정립된 과정은 대륙 이동설(베게너) → 맨틀 대류설(홈스) → 해양저 확장설(헤스와 디츠 등) → 판 구조론(윌슨 등)의 순서이다.

④ 변환 단층의 발견은 판 구조론이 등장하게 된 계기가 되었다.

문제 보기

그림은 북아메리카 부근의 판 A, B, C와 판 경계를 나타낸 것이다. 이 지역에는 세 종류의 판 경계가 모두 존재한다. 이에 대한 옳은 설명만을 〈보기〉에서 있는 대로 고른 것은?

밀도: A>B

〈보기〉 풀이

ㄱ. 판의 밀도는 A가 B보다 크다.

➡ 두 판이 수렴하면 밀도가 큰 판이 밀도가 작은 판 아래로 섭입하므로 판의 밀도는 A가 B보다 크다.

✗ B는 C에 대해 남동쪽으로 이동한다.

➡ B와 C의 경계 지역에서는 발산형 경계인 해령과 보존형 경계인 변환 단층이 나타난다. 오른쪽 그림과 같이 해령에서는 두 판이 서로 멀어지며 이를 근거로 판의 이동 방향을 판단해 보면 B는 북서쪽으로 이동하고, C는 남동쪽으로 이동한다.

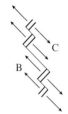

▲ 판의 이동 방향

✗ ㉠의 발견은 맨틀 대류설이 등장하게 된 계기가 되었다.

➡ ㉠은 해령과 해령 사이에 분포하는 판 경계이므로 보존형 경계이며, 변환 단층이 발달한다. 윌슨은 변환 단층의 존재를 발견하고, 변환 단층이 해저의 확장에 의해 생기는 것이라는 사실을 밝혀내어 판 구조론이 등장하는 계기를 마련하였다.

09 판의 이동과 판 경계의 지각 변동 2019학년도 4월 학평 지I 7번 정답 ④ | 정답률 65%

적용해야 할 개념 ③가지

① 해구 부근의 화산 활동은 섭입대 쪽에서 나타난다.
② 해령에서 해구로 갈수록 해양 지각의 나이가 많아진다.
③ 변환 단층에서는 판이 생성되거나 소멸되지 않는다.

문제 보기

그림은 어느 지역의 판 경계와 판의 이동 방향을 나타낸 것이다.
A~D 지역에 대한 설명으로 옳은 것만을 〈보기〉에서 있는 대로 고른 것은? [3점]

해구, 판의 소멸
섭입대
A
B
해령
해구
지각의 나이 증가
변환 단층
보기
C
D
해령, 판의 생성

〈보기〉 풀이

A와 B 지역은 판의 수렴형 경계 부근에, C 지역은 발산형 경계 부근에, D 지역은 보존형 경계에 위치한다.

✗ 화산 활동은 A보다 B에서 활발하다.
➡ A와 B 사이에는 해구가 있으며, B 지역의 판이 A 지역의 판 아래로 섭입한다. 따라서 섭입대는 A 지역 쪽에 형성되며, 섭입대에서 생성된 마그마가 지표로 분출하므로 화산 활동은 B보다 A에서 활발하다.

ㄴ. 지각의 나이는 B보다 C가 적다.
➡ C는 해령 부근에 있으며, 해령에서 생성된 해양 지각은 B 쪽으로 이동하여 해구에서 소멸된다. 따라서 지각의 나이는 B보다 C가 적다.

ㄷ. D에는 변환 단층이 발달한다.
➡ D는 해령과 해령 사이에 있는 단층 지역으로, 단층을 경계로 두 판이 서로 어긋나 이동하므로 D에는 보존형 경계인 변환 단층이 발달한다.

10 판의 이동과 판 경계의 지각 변동 2022학년도 3월 학평 지I 15번 정답 ⑤ | 정답률 67%

적용해야 할 개념 ③가지

① 해구에서는 밀도가 큰 해양판이 밀도가 작은 해양판 또는 대륙판 아래로 섭입한다.
② 판의 경계와 지각 변동

판의 경계	수렴형 경계(섭입형)	수렴형 경계(충돌형)	발산형 경계	보존형 경계
지각 변동	• 천발~심발 지진 • 주로 안산암질 마그마 분출	• 천발~중발 지진 • 화산 활동 거의 없음	• 천발 지진 • 현무암질 마그마 분출	• 천발 지진 • 화산 활동 거의 없음

③ 태평양 주변에는 해구가 분포하지만 대서양 주변에는 해구가 거의 없다.

문제 보기

그림 (가)는 현재 판의 이동 방향과 이동 속력을, (나)는 시간에 따른 대양의 면적 변화를 나타낸 것이다. A와 B는 각각 태평양과 대서양 중 하나이다.

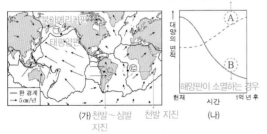

북아메리카판
태평양판
㉠
㉢
㉡
판 경계
5cm/년
(가) 천발~심발 지진   천발 지진

해양판이 소멸하지 않는 경우
A
대양의 면적
B
해양판이 소멸하는 경우
현재   시간   1억 년 후
(나)

보기

이에 대한 옳은 설명만을 〈보기〉에서 있는 대로 고른 것은?

〈보기〉 풀이

ㄱ. ㉠의 하부에서는 해양판이 섭입하고 있다.
➡ ㉠에서는 태평양판(해양판)이 북아메리카판(대륙판) 아래로 섭입하면서 수렴형 경계(해구)가 형성되므로 ㉠의 하부에서는 해양판이 섭입하고 있다.

ㄴ. 지진이 발생하는 평균 깊이는 ㉡보다 ㉢에서 얕다.
➡ ㉡에서는 나스카판이 남아메리카판 아래로 섭입하면서 수렴형 경계(해구)가 형성되므로 천발~심발 지진이 발생한다. ㉢에서는 남아메리카판과 아프리카판이 서로 멀어지면서 발산형 경계(해령)가 형성되므로 천발 지진이 발생한다. 따라서 지진이 발생하는 평균 깊이는 ㉡보다 ㉢에서 얕다.

ㄷ. A는 대서양, B는 태평양이다.
➡ 태평양 주변에는 해구가 분포하여 해령에서 생성된 해양판이 해구에서 소멸하지만 대서양 주변에는 해구가 거의 없으므로 해령에서 생성된 해양판이 이동하면서 해저가 확장된다. 따라서 대양의 면적이 증가하는 A는 대서양이고, 대양의 면적이 감소하는 B는 태평양이다.

적용해야 할 개념 ③가지

① 두 판이 수렴하면 밀도가 큰 판이 섭입한다.

② 호상 열도는 섬들이 활 모양으로 길게 배열되어 있는 지형으로, 해구와 나란하게 분포한다.

③ 호상 열도가 분포하는 판 쪽에 섭입대가 있다.

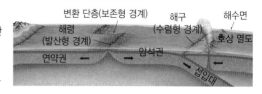

판 경계의 지형 ▶

문제 보기

그림은 인도네시아 부근의 판 경계와 화산 분포를 나타낸 것이다.

이 지역에 대한 옳은 설명만을 〈보기〉에서 있는 대로 고른 것은? [3점]

〈보기〉 풀이

ㄱ. 수렴형 경계가 발달해 있다.

➡ B 판 쪽에 A 판과 B 판의 경계와 나란하게 화산이 분포하므로 호상 열도가 나타난 모습이다. 호상 열도는 섭입대에서 생성된 마그마가 분출하여 형성되므로 이 지역에는 수렴형 경계가 발달해 있다.

└→ 진원에서 연직 방향으로 지표면과 만나는 지점

✗ 진앙은 주로 A 판에 분포한다.

➡ 수렴형 경계에서 호상 열도는 섭입대가 있는 판 쪽에 형성되며, 지진은 섭입대를 따라 발생하므로 진앙은 주로 B 판에 분포한다.

✗ 판의 밀도는 A 판이 B 판보다 작다.

➡ 이 지역에서 섭입대가 B 판 쪽에 있는 것은 A 판의 밀도가 B 판의 밀도보다 커서 A 판이 섭입하기 때문이다.

적용해야 할 개념 ③가지

① 해양판은 해령에서 생성되어 양쪽으로 멀어지고, 해구에서 소멸한다.

② 수렴형 경계에서 밀도가 큰 판이 밀도가 작은 판 아래로 섭입하면서 진원 깊이가 깊어진다.

③ 해양판이 대륙판 아래로 섭입하는 경계에 해구가 발달하고, 해구에서는 인접한 두 판의 밀도 차가 크다.

문제 보기

그림은 중앙 아메리카 어느 지역의 판 경계와 진앙 분포를 나타낸 것이다.

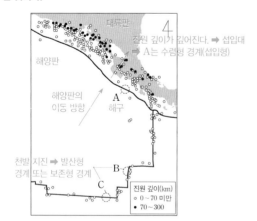

지역 A, B, C에 대한 설명으로 옳은 것만을 〈보기〉에서 있는 대로 고른 것은? [3점]

〈보기〉 풀이

판 경계를 기준으로 진원 깊이가 깊어지는 A는 수렴형 경계이고, 천발 지진만 발생하는 B와 C는 발산형 경계 또는 보존형 경계이다.

✗ C에서 인접한 두 판의 이동 방향은 대체로 동서 방향이다.

➡ A가 위치한 판 경계에서 북쪽으로 갈수록 진원 깊이가 깊어지므로 A에는 해구가 발달하며, 해양판이 대륙판 아래로 섭입하여 소멸한다. 따라서 해양판이 대체로 북쪽으로 이동하므로 C의 판 경계는 보존형 경계가 아닌 발산형 경계이고, 해양판이 생성되는 해령이 발달한다. C에서는 해령을 경계로 인접한 두 판이 대체로 남북 방향으로 이동한다.

ㄴ. 인접한 두 판의 밀도 차는 A가 C보다 크다.

➡ A는 해양판과 대륙판의 경계이고, C는 해양판과 해양판의 경계이므로 인접한 두 판의 밀도 차는 A가 C보다 크다.

ㄷ. 인접한 두 판의 나이 차는 B가 C보다 크다.

➡ C가 해령이므로 이를 거의 수직으로 절단하는 B는 변환 단층이다. C에서는 해양판이 생성되어 양쪽으로 멀어지므로 인접한 두 판의 나이 차가 거의 없다. B에서는 변환 단층을 경계로 양쪽에 있는 해양판이 해령으로부터의 거리가 다르다. B의 왼쪽에 있는 판이 B의 오른쪽에 있는 판보다 해령으로부터 거리가 멀므로 나이가 더 많다. 따라서 인접한 두 판의 나이 차는 B가 C보다 크다.

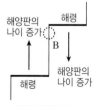

▲ B에 인접한 판

13 판 경계 부근의 지진 발생 2019학년도 수능 지I 7번

정답 ④ | 정답률 75 %

적용해야 할 개념 ③가지

① 해령에서 해구 쪽으로 갈수록 해양 지각의 나이가 많아진다.
② 해양판이 대륙판 아래로 섭입하는 경계에는 해구가 형성된다.
③ 판이 섭입하는 경계에서는 섭입대 쪽에서 화산 활동이 활발하다.

판 경계의 지형 ▶

문제 보기

그림 (가)는 어느 지역의 판 경계 부근에서 발생한 진앙 분포를, (나)는 (가)의 X – X′에 따른 지형의 단면을 나타낸 것이다.

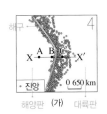 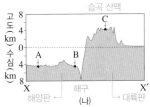

지역 A, B, C에 대한 설명으로 옳은 것만을 〈보기〉에서 있는 대로 고른 것은? [3점]

〈보기〉 풀이

그림 (나)에서 B와 C 사이에 해구가 존재하고, C에 습곡 산맥이 존재하므로 (가)는 해양판이 대륙판 아래로 섭입하는 수렴형 경계 부근의 진앙 분포이다. 따라서 X 부근의 판은 A에서 B 쪽으로 이동하여 C의 아래로 섭입하고 있다.

ㄱ. 지각의 나이는 A가 B보다 많다.
➡ B의 동쪽에는 대륙 주변부에 폭이 좁고 수심이 깊으며 남북 방향으로 길게 발달한 해구가 존재한다. 해양 지각은 해령에서 생성되어 해구 쪽으로 이동하므로 지각의 나이는 해구에 더 가까운 B가 A보다 많다.

ㄴ. B와 C 사이에는 수렴형 경계가 존재한다.
➡ B와 C 사이에는 해구가 나타나므로 수렴형 경계가 존재한다.

ㄷ. 화산 활동은 C가 A보다 활발하다.
➡ A보다 C에 진앙이 많이 분포하는 것은 해구를 경계로 A가 속한 판이 C가 속한 판 아래로 섭입하면서 C 쪽에 섭입대가 형성되기 때문이다. 섭입대에서 마그마가 생성되므로 화산 활동은 C가 A보다 활발하다.

14 판 경계 부근의 지진 발생 2019학년도 10월 학평 지I 9번

정답 ① | 정답률 66 %

적용해야 할 개념 ③가지

① 수렴형 경계(섭입형)인 해구 부근에서는 천발, 중발, 심발 지진이 발생한다.
② 섭입대 부근에서 판은 진원 깊이가 깊어지는 방향으로 섭입한다.
③ 수렴형 경계에서는 횡압력이 작용하고, 발산형 경계에서는 장력이 작용한다.
  ➡ 횡압력이 작용할 때는 역단층이, 장력이 작용할 때는 정단층이 발달한다.

문제 보기

그림은 중앙아메리카 부근의 판 경계와 지진의 진앙 분포를 나타낸 것이다.

A: 해구, 수렴형 경계(섭입형)   C: 해구, 수렴형 경계(섭입형)

이에 대한 옳은 설명만을 〈보기〉에서 있는 대로 고른 것은? [3점]

〈보기〉 풀이

진원 깊이가 얕은 곳에서부터 깊은 곳까지 분포하여 천발, 중발, 심발 지진이 모두 발생하는 A와 C는 수렴형(섭입형) 경계이고 해구가 발달하며, 천발 지진만 발생하는 B는 보존형 경계이고 변환 단층이 발달한다.

ㄱ. A에서는 정단층보다 역단층이 발달한다.
➡ A에서는 판의 경계에서 카리브 판 쪽으로 갈수록 진원 깊이가 깊어지므로 수렴형 경계가 발달한다. 수렴형 경계에서는 두 판이 모이면서 횡압력이 우세하게 작용하므로 정단층보다 역단층이 발달한다.

ㄴ. B에서는 해구가 발달한다.
➡ 해구는 판이 섭입하는 곳에서 만들어진 깊은 골짜기로, 해구 부근에서는 판이 섭입하면서 천발, 중발, 심발 지진이 모두 발생한다. B에서는 천발 지진만 발생하므로 해구가 발달하지 않으며, 변환 단층이 발달한다.

ㄷ. A와 C에서 판이 섭입하는 방향은 대체로 같다.
➡ 섭입대에서 판은 진원 깊이가 깊어지는 방향으로 섭입한다. A에서는 왼쪽에 있는 코코스 판이 북동쪽으로 섭입하고, C에서는 오른쪽에 있는 남아메리카 판이 서쪽으로 섭입하므로 A와 C에서 판이 섭입하는 방향은 대체로 반대이다.

15 | 판 경계 부근의 지진 발생 2019학년도 6월 모평 지Ⅰ 14번

정답 ② | 정답률 74 %

적용해야 할 개념 ③가지

① 해령에서 해구 쪽으로 갈수록 해양 지각의 나이가 많아진다.
② 판이 섭입하는 경계에서는 섭입대 쪽에서 화산 활동이 활발하다.
③ 해령과 변환 단층에서는 천발 지진이 발생한다.

판 경계의 지형 ▶

문제 보기

그림은 어느 지역의 판의 경계와 진앙 분포를 나타낸 것이다.

이에 대한 설명으로 옳은 것만을 〈보기〉에서 있는 대로 고른 것은? [3점]

〈보기〉 풀이

A는 천발 지진이 발생하므로 발산형 경계이고, B와 C 사이의 경계는 천발, 중발, 심발 지진이 모두 발생하므로 수렴형 경계(섭입형)이다. B는 수렴형 경계의 밀도가 큰 판 쪽에, C는 수렴형 경계의 밀도가 작은 판 쪽에 위치한다.

✗ **해양 지각의 나이는 A 지역이 B 지역보다 많다.**
➡ A는 두 해양판이 경계를 이루는 지역으로, 판 경계를 따라 천발 지진이 발생하므로 해령이 분포한다. 해양 지각은 해령에서 멀어질수록 나이가 많아진다. A에서 B로 갈수록 해령에서 멀어지므로 해양 지각의 나이는 A 지역이 B 지역보다 적다.

ㄴ **화산 활동은 C 지역이 B 지역보다 활발하다.**
➡ B와 C 사이에는 판의 경계가 있으며, C 쪽에서 천발, 중발, 심발 지진이 발생하므로 B가 속한 판이 C가 속한 판 아래로 섭입한다. 따라서 C 쪽에 섭입대가 발달하므로 화산 활동은 C 지역에서 활발하게 일어난다.

✗ **판의 경계 ㉠을 따라 수렴형 경계가 발달한다.**
➡ 수렴형 경계에서는 진원 깊이가 다양하게 나타나는데, ㉠ 부근에서는 천발 지진만 발생한다. 따라서 ㉠에서는 발산형 경계나 보존형 경계가 발달한다.

---

16 | 판의 운동과 지각 변동 2025학년도 수능 지Ⅰ 11번

정답 ③ | 정답률 73 %

적용해야 할 개념 ③가지

① 해령과 해령 사이의 변환 단층에서는 지진이 자주 발생한다.
② 해령에서 생성된 암석은 시간이 지남에 따라 해령의 양쪽으로 멀어진다.
③ 판의 이동 속력 $= \dfrac{\text{해령으로부터의 거리}}{\text{암석의 연령}}$ 이다.

문제 보기

그림 (가)는 판 A와 B의 경계 주변과 시추 지점 ㉠~㉣을, (나)는 각 지점에서 가장 오래된 퇴적물 하부의 암석 연령을 판 경계로부터 최단 거리에 따라 나타낸 것이다.

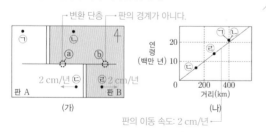

이 자료에 대한 설명으로 옳은 것만을 〈보기〉에서 있는 대로 고른 것은? [3점]

〈보기〉 풀이

ㄱ **지진은 지역 ⓐ가 지역 ⓑ보다 활발하게 일어난다.**
➡ ⓐ는 해령과 해령 사이 구간에 발달한 변환 단층이므로 지진이 활발하게 일어나지만, ⓑ는 판의 경계가 아닌 단열대이므로 지진이 거의 발생하지 않는다.

ㄴ **가장 오래된 퇴적물 하부의 암석에 기록된 고지자기 방향은 ㉠과 ㉡이 같다.**
➡ (나)에서 ㉠과 ㉡은 해령으로부터의 거리가 같고, 암석 연령이 같으므로 해령에서 동일한 시기에 형성되어 해령의 양쪽으로 이동한 것이다. 따라서 ㉠과 ㉡의 고지자기 방향은 같다.

✗ **㉢은 ㉣에 대해 2 cm/년의 속도로 멀어진다.**
➡ (나)에서 판 A, B의 이동 속력 $\dfrac{200 \times 10^5 \, \text{cm}}{10 \times 10^6 \text{년}} = 2 \, \text{cm/년}$이다. ㉢과 ㉣은 해령에 대해 양쪽으로 멀어지므로 ㉢은 ㉣에 대해 4 cm/년의 속도로 멀어진다.

3
일차

01 ② **02** ② **03** ⑤ **04** ③ **05** ③ **06** ② **07** ① **08** ② **09** ① **10** ⑤ **11** ① **12** ②

13 ① **14** ① **15** ④ **16** ① **17** ④ **18** ③ **19** ③ **20** ② **21** ⑤ **22** ④ **23** ⑤ **24** ④

문제편 026쪽~033쪽

---

01 고지자기 연구 2025학년도 9월 모평 지Ⅰ 15번 정답 ② | 정답률 70 %

적용해야 할 개념 ③가지

① 암석은 생성 당시의 지구 자기 방향을 현재까지 그대로 보존하는데, 이를 고지자기(과거의 지구 자기 흔적)라고 한다.

② 고지자기극이 지리상 북극과 일치하고 지리상 북극의 위치가 변하지 않았을 때, 고지자기극의 위치가 변하는 것은 지괴가 이동하였기 때문이다.

③ 고지자기 복각은 적도에서 0°이고, 북극으로 갈수록 커져 북극에서는 90°이다.

문제 보기

그림은 동일 경도를 따라 이동한 지괴의 현재 위치와 시기별 고지자기극의 위치를 나타낸 것이다.

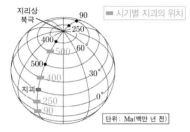

이 지괴에 대한 설명으로 옳은 것만을 〈보기〉에서 있는 대로 고른 것은? (단, 고지자기극은 고지자기 방향으로 추정한 지리상 북극이고, 지리상 북극은 변하지 않았다.) [3점]

〈보기〉 풀이

✗ ㄱ. **90 Ma에 지괴는 북반구에 위치하였다.**

➡ 90 Ma에 고지자기극은 지리상 북극에 위치하였으나 현재의 지괴에서 측정한 값은 60°N에 위치하는데, 이는 지괴가 이동하였기 때문이다. 90 Ma의 고지자기극을 지리상 북극으로 이동시키면 15°N에 있는 지괴는 15°S로 이동한다. 따라서 90 Ma에 지괴는 남반구에 위치하였다.

◯ ㄴ. **지괴에서 구한 고지자기 복각은 400 Ma일 때가 500 Ma일 때보다 작다.**

➡ 400 Ma일 때 지괴는 30°N에 있었고, 500 Ma일 때 지괴는 60°N에 있었다. 적도에서 북극으로 갈수록 복각이 커지므로 지괴에서 구한 고지자기 복각은 400 Ma일 때가 작다.

✗ ㄷ. **지괴의 평균 이동 속도는 400 Ma~250 Ma가 90 Ma~현재보다 빠르다.**

➡ 속도 = $\dfrac{이동한\ 거리}{시간}$ 이다. 지괴가 이동한 위도는 400 Ma~250 Ma와 90 Ma~현재 모두 30°이다. 그런데 지괴가 이동한 시간은 400 Ma~250 Ma가 더 길므로 지괴의 평균 이동 속도는 400 Ma~250 Ma가 90 Ma~현재보다 느리다.

---

02 고지자기극의 겉보기 이동 2024학년도 7월 학평 지Ⅰ 20번 정답 ② | 정답률 42 %

적용해야 할 개념 ③가지

① 마그마가 굳은 후에는 암석 내의 지자기 자화 방향이 변하지 않는다.

② 암석 내의 지자기 자화 방향이 변한 것은 지괴가 이동했거나 회전하였기 때문이다.

③ 지리상 북극과 지자기극이 일치한다면 복각은 적도에서 0°이고, 양쪽 극으로 갈수록 증가한다.

문제 보기

그림은 어느 지괴의 현재 위치와 시기별 고지자기극의 위치를 나타낸 것이다. 고지자기극은 고지자기 방향으로 추정한 지리상 북극이고, 지리상 북극은 변하지 않았다. 현재 지자기 북극은 지리상 북극과 일치한다.

시기(Ma)	60	40	20	0
지리상 북극과 고지자기극 사이의 각도	90°	60°	30°	0°

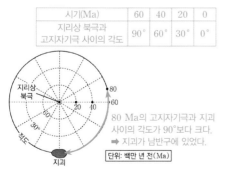

이 지괴에 대한 설명으로 옳은 것만을 〈보기〉에서 있는 대로 고른 것은? [3점]

〈보기〉 풀이

80 Ma~60 Ma에 지괴는 남반구에서 적도로 이동하였고, 60 Ma~0 Ma에 지괴는 적도에서 위치하면서 시계 방향으로 회전하였다.

✗ ㄱ. **80 Ma에는 적도에 위치하였다.**

➡ 80 Ma에 고지자기극(지리상 북극)과 지괴 사이의 각도가 90°보다 컸으므로 지괴는 남반구에 위치하였고, 점차 북쪽으로 이동하여 60 Ma에는 적도에 위치하였다.

✗ ㄴ. **40 Ma~20 Ma 동안 고지자기 복각은 증가하였다.**

➡ 40 Ma~20 Ma 동안 지괴는 적도에 위치하였으므로 고지자기 복각은 변하지 않았다.

◯ ㄷ. **60 Ma~0 Ma 동안 시계 방향으로 회전하였다.**

➡ 60 Ma~0 Ma 동안 고지자기극은 지괴의 동쪽 방향에 있으며, 고지자기극과 지리상 북극 사이의 각도는 60 Ma에 90°, 40 Ma에 60°, 20 Ma에 20°이다. 즉, 60 Ma에 지자기극 방향은 지리상 북극을 향하였으나 현재는 60 Ma의 지자기극이 지리상 북극에 대해 시계 방향으로 90° 회전한 방향을 가리킨다. 이는 지괴가 시계 방향으로 90° 회전하였기 때문이다.

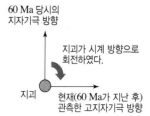

적용해야 할 개념 ③가지

① 고지자기극의 겉보기 위치가 변한 것은 지괴가 이동하였기 때문이다.

② 암석 내에 기록된 고지자기극의 복각은 지괴가 이동하더라도 변하지 않는다.

③ 고지자기극과 지리상 북극이 일치한다면 복각의 크기(절댓값)는 적도에서 0°이고, 고위도로 갈수록 증가하여 지리상 북극에서 90°이다.

문제 보기

그림은 지괴 A와 B의 현재 위치와 ㉠ 시기부터 ㉡ 시기까지 시기별 고지자기극의 위치를 나타낸 것이다. A와 B는 동일 경도를 따라 일정한 방향으로 이동하였으며, ㉠부터 현재까지의 어느 시기에 서로 한 번 분리된 후 현재의 위치에 있다.

○ A에서 구한 고지자기극
● B에서 구한 고지자기극

· 0°~30°N까지는 한 덩어리를 형성하였다.
· 30°N 이후에 지괴가 분리되었다.

이 자료에 대한 설명으로 옳은 것만을 〈보기〉에서 있는 대로 고른 것은? (단, 고지자기극은 고지자기 방향으로 추정한 지리상 북극이고, 지리상 북극은 변하지 않았다.) [3점]

〈보기〉 풀이

ㄱ. **A에서 구한 고지자기 복각의 절댓값은 ㉠이 ㉡보다 작다.**

➡ A에서 구한 ㉠, ㉡ 시기의 고지자기극은 각각 현재의 지리상 북극에서 60°, 30° 떨어져 있으므로 ㉠ 시기에 지괴 A는 현재 위치에서 남쪽으로 60° 이동한 적도(0°)에 위치하였고, ㉡ 시기에 지괴 A는 현재 위치에서 남쪽으로 30° 이동한 30°N에 위치하였다. 따라서 고지자기 복각의 절댓값은 ㉠이 ㉡보다 작다.

ㄴ. **A와 B는 북반구에서 분리되었다.**

➡ B에서 구한 ㉠, ㉡ 시기의 고지자기극은 각각 현재의 지리상 북극에서 45°, 15° 떨어져 있으므로 ㉠ 시기에 지괴 B는 현재 위치에서 남쪽으로 45° 이동한 적도(0°)에 위치하였고, ㉡ 시기에 지괴 B는 현재 위치에서 남쪽으로 15° 이동한 30°N에 위치하였다. 따라서 ㉠에서 ㉡에 이르는 시기 동안 지괴 A와 B는 서로 붙어 있었고, 그 후 분리되었으므로 A와 B는 북반구에서 분리되었다.

ㄷ. **㉡부터 현재까지의 평균 이동 속도는 A가 B보다 빠르다.**

➡ ㉡ 시기에 지괴 A와 B는 30°N에 위치하였으므로 현재의 지괴 위치와 비교해 보면 평균 이동 속도는 A가 B보다 빠르다.

보기

적용해야 할 개념 ③가지

① 고지자기극의 실제 위치가 변하지 않았다면 고지자기극의 겉보기 위치 변화는 지괴가 이동하였기 때문이다.

② 일정한 기간 동안 고지자기극의 겉보기 위치 변화가 클수록 지괴의 이동 속도가 빠르다.

③ 복각의 크기는 자기 적도에서 0°이고, 자극으로 갈수록 증가하여 자북극과 자남극에서는 90°로 최대이다.

문제 보기

그림은 지괴 A와 B의 현재 위치와 시기별 고지자기극 위치를 나타낸 것이다. 고지자기극은 이 지괴의 고지자기 방향으로 추정한 지리상 북극이고, 실제 지리상 북극의 위치는 변하지 않았다. 지괴의 이동에 의한 겉보기 위치 변화

─○─ A
─●─ B

단위: 백만 년 전(Ma)

이에 대한 설명으로 옳은 것만을 〈보기〉에서 있는 대로 고른 것은? [3점]

고지자기극과 지괴가 가까이 있으므로 140 Ma일 때 지괴는 북극 근처에 있었다.

〈보기〉 풀이

ㄱ. **140 Ma~0 Ma 동안 A는 적도에 위치한 시기가 있었다.**

➡ 실제 지리상 북극(고지자기극)의 위치가 변하지 않았으므로 140 Ma에 A는 북극 근처에 있었고, 현재는 남반구에 있으므로 140 Ma~0 Ma 동안 A는 적도에 위치한 시기가 있었다.

ㄴ. **50 Ma일 때 복각의 절댓값은 A가 B보다 크다.**

➡ 고지자기극과 지리상 북극이 같으므로 복각은 적도에서 0°이고, 양쪽 극으로 갈수록 절댓값이 증가한다. 50 Ma일 때 B는 A보다 북극에 가까우므로 복각의 절댓값은 B가 A보다 크다.

ㄷ. **80 Ma~20 Ma 동안 지괴의 평균 이동 속도는 A가 B보다 빠르다.**

➡ 고지자기극의 위치가 변한 것은 지괴가 이동하였기 때문이다. 80 Ma~20 Ma 동안 고지자기극의 위치 변화는 A가 B보다 크므로 이 기간 동안 지괴의 평균 이동 속도는 A가 B보다 빠르다.

보기

05 고지자기와 대륙의 이동 2021학년도 수능 지I 12번

정답 ③ | 정답률 66 %

적용해야 할 개념 ③가지

① 고지자기극(고지자기 방향으로 추정한 지리상 북극)이 이동한 것처럼 보이는 것은 대륙이 이동하였기 때문이다.

② 현재의 위치에서 대륙을 이동시켜 고지자기극과 지리상 북극을 일치시키면 당시의 대륙 위치를 알아낼 수 있다.

③ 자극에 가까울수록 복각의 크기가 크고, 자기 적도에 가까울수록 복각의 크기가 작다.

문제 보기

다음은 고지자기 자료를 이용하여 대륙의 과거 위치를 알아보기 위한 탐구 활동이다.

[가정] → 지질 시대의 고지자기극=현재의 지리상 북극

○ 고지자기극은 고지자기 방향으로 추정한 지리상 북극이고, 지리상 북극은 변하지 않았다.

○ 현재 지자기 북극은 지리상 북극과 일치한다.

[탐구 과정]

(가) 대륙 A의 현재 위치, 1억 년 전 A의 고지자기극 위치, 회전 중심이 표시된 지구본을 준비한다.

(나) 오른쪽 그림과 같이 회전 중심을 중심으로 1억 년 전 A의 고지자기극과 지리상 북극 사이의 각(θ)을 측정한다. → 대륙의 위치가 회전한 각과 같다.

(다) 회전 중심을 중심으로 A를 θ만큼 회전시키고, 1억 년 전 A의 위치를 표시한 후, 현재와 1억 년 전 A의 위치를 비교한다. 회전 방향은 1억 년 전 A의 고지자기극이 (㉠)을/를 향하는 방향이다. → 지리상 북극 └ 1억 년 전의 고지자기극과 지리상 북극은 일치하므로

[탐구 결과]

○ 각(θ): (　　　)

○ 대륙 A의 위치 비교: 1억 년 전 A의 위치는 현재보다 (㉡)에 위치한다. └ 고위도

이에 대한 설명으로 옳은 것만을 〈보기〉에서 있는 대로 고른 것은?

[3점]

〈보기〉 풀이

지리상 북극은 변하지 않은 것으로 가정했으므로 1억 년 전의 대륙 위치에서 고지자기극은 현재 지리상 북극과 일치해야 한다. 그런데 1억 년 전의 고지자기극이 지리상 북극에 대해 시계 반대 방향으로 θ만큼 회전한 위치에 있는 것은 1억 년 동안 대륙이 시계 반대 방향으로 θ만큼 회전한 위치로 이동하였기 때문이다. 따라서 1억 년 전 대륙은 현재의 위치에서 θ만큼 시계 방향으로 회전한 위치에 있다.

ㄱ. 지리상 북극은 ㉠에 해당한다.

➡ 지리상 북극의 위치가 변하지 않았으므로 1억 년 전 A의 고지자기극의 위치는 현재 지리상 북극과 일치해야 한다. 따라서 [탐구 결과]에 제시된 그림과 같이 현재 대륙 A의 위치에서 시계 방향으로 θ만큼 회전시킨 지점이 1억 년 전의 대륙의 위치이고, 이 위치에서 1억 년 전 고지자기극과 지리상 북극(㉠)은 일치한다.

ㄴ. 고위도는 ㉡에 해당한다.

➡ 1억 년 전 대륙 A의 위치가 현재 위치보다 시계 방향으로 회전해 있으므로 현재보다 고위도(㉡)에 위치한다.

✗ A의 고지자기 복각은 1억 년 전이 현재보다 작다.

➡ 지자기 북극이 지리상 북극과 일치하므로 복각은 적도에서 0°이고, 지리상 북극으로 갈수록 증가하여 지리상 북극에서는 +90°로 최대가 된다. 1억 년 전 대륙 A는 현재보다 고위도에 위치하므로 고지자기 복각은 현재보다 크다.

06 고지자기와 대륙의 이동 2022학년도 9월 모평 지I 19번   정답 ② | 정답률 50%

적용해야 할
개념 ③가지

① 지질 시대 동안 고지자기극의 겉보기 이동 경로가 변한 것은 대륙이 이동하였기 때문이다.
② 암석이 생성되면서 암석에 기록된 고지자기의 복각은 암석이 생성된 후에는 변하지 않는다.
③ 복각의 크기(절댓값)는 자북극과 자남극에서 90°로 최대이고, 자기 적도에서 0°로 최소이다.

문제 보기

그림은 남아메리카 대륙의 현재 위치와 시기별 고지자기극의 위치를 나타낸 것이다. 고지자기극은 남아메리카 대륙의 고지자기 방향으로 추정한 지리상 남극이고, 지리상 남극은 변하지 않았다. 현재 지자기 남극은 지리상 남극과 일치한다.

대륙 위의 지점 A에 대한 설명으로 옳은 것만을 〈보기〉에서 있는 대로 고른 것은?

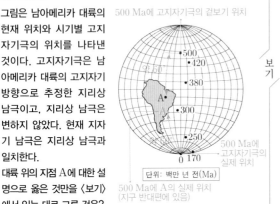

500 Ma에 고지자기극의 겉보기 위치

500 Ma에 고지자기극의 실제 위치
단위: 백만 년 전(Ma)
500 Ma에 A의 실제 위치 (지구 반대편에 있음)

보기

〈보기〉 풀이

고지자기극은 고지자기 방향으로 추정한 지리상 남극이고, 지리상 남극은 변하지 않았다고 했으므로 500 Ma 동안 고지자기극의 실제 위치는 현재의 지리상 남극에 고정되어 있었다. 500 Ma부터 현재까지 고지자기극의 겉보기 위치가 변한 까닭은 남아메리카 대륙이 이동하였기 때문이다.

✗ 500 Ma에는 북반구에 있었다.

➡ 500 Ma일 때 고지자기극의 겉보기 위치와 A 지점 사이의 위도 차는 약 60°이다. 500 Ma일 때 고지자기극의 실제 위치는 현재의 지리상 남극에 있었으므로 고지자기극의 겉보기 위치를 실제 위치로 가져가면 고지자기극의 겉보기 위치와 약 60° 떨어져 있는 남아메리카 대륙은 현재 지구 위치 반대쪽의 남반구에 있다.

ⓛ 복각의 절댓값은 300 Ma일 때가 250 Ma일 때보다 컸다.

➡ A 지점과 고지자기극의 겉보기 위치 사이의 위도 차는 300 Ma일 때 약 20°이고, 250 Ma일 때 약 55°이다. 이는 300 Ma일 때 A 지점은 지자기 남극으로부터 약 20° 떨어져 있었고, 250 Ma일 때 약 55° 떨어져 있었음을 나타낸다. 복각의 절댓값은 지자기 남극에서 90°로 가장 크고, 자기 적도로 갈수록 작아지므로 복각의 절댓값은 300 Ma일 때가 250 Ma일 때보다 컸다.

✗ 250 Ma일 때는 170 Ma일 때보다 북쪽에 위치하였다.

➡ A 지점과 고지자기극의 겉보기 위치 사이의 위도 차는 250 Ma일 때 약 55°이고, 170 Ma일 때 약 70°이다. 따라서 고지자기극의 실제 위치로부터 A 지점이 떨어진 거리는 170 Ma일 때가 더 멀다. 따라서 A 지점은 250 Ma일 때가 170 Ma일 때보다 남쪽에 위치하였다.

---

07 고지자기와 대륙의 이동 2023학년도 9월 모평 지I 17번   정답 ① | 정답률 57%

적용해야 할
개념 ③가지

① 고지자기극(지리상 북극)이 변하지 않았다면 겉보기 고지자기극의 이동은 대륙의 이동 때문이다.
② 동일한 기간 동안 고지자기극의 겉보기 이동 거리가 멀수록 지괴의 이동 속력은 빠르다.
③ 자기 적도보다 북반구에서는 복각이 (+) 값이고, 남반구에서는 복각이 (−) 값이다.

문제 보기

고지자기극(지리상 북극)의 겉보기 위치가 이동한 것은 대륙이 이동하였기 때문이다.

그림은 어느 지괴의 현재 위치와 시기별 고지자기극의 위치를 나타낸 것이다. 고지자기극은 고지자기 방향으로 추정한 지리상 북극이고, 지리상 북극은 변하지 않았다. 현재 지자기 북극은 지리상 북극과 일치한다.

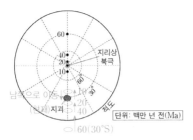

지리상 북극
단위: 백만 년 전(Ma)
(현재)지괴
적도
남쪽으로 이동
60(30°S)

이 지괴에 대한 설명으로 옳은 것만을 〈보기〉에서 있는 대로 고른 것은?

보기

〈보기〉 풀이

ⓛ 지괴는 60 Ma~40 Ma가 40 Ma~20 Ma보다 빠르게 이동하였다.

➡ 지리상 북극은 변하지 않았다고 했으므로 지리상 북극의 겉보기 위치(고지자기극의 위치)가 변한 것은 지괴가 이동하였기 때문이다. 같은 기간 동안 지괴는 60 Ma~40 Ma가 40 Ma~20 Ma보다 멀리 이동하였으므로 이동한 거리가 먼 60 Ma~40 Ma가 더 빠르게 이동하였다.

✗ 60 Ma에 생성된 암석에 기록된 고지자기 복각은 (+) 값이다.

➡ 지리상 북극의 겉보기 위치가 변한 것이 지괴의 이동 때문이므로 60 Ma에도 지리상 북극은 현재 위치에 있었다. 60 Ma에 지리상 북극의 겉보기 위치가 실제 위치와 60° 떨어져 있으므로 60°만큼 북쪽으로 이동시키면 60 Ma의 지괴 위치는 60°만큼 남쪽으로 이동한다. 따라서 60 Ma에 지괴는 남반구의 30°에 위치하므로 고지자기 복각은 (−) 값이다.

지리상 북극을 60°N 북쪽으로 이동
지리상 북극
60 Ma의 겉보기 지리상 북극
60°N
30°N
적도
30°S
지괴의 현재 위치
지괴는 60° 남쪽으로 이동
60 Ma의 지괴 위치
▲ 옆에서 본 지구의 모습

✗ 10 Ma부터 현재까지 지괴의 이동 방향은 북쪽이다.

➡ 10 Ma의 겉보기 지리상 북극은 현재 지괴 위치 쪽에 있으므로 10 Ma에 지괴의 위치는 현재보다 북쪽에 있었으며, 10 Ma부터 현재까지 지괴의 이동 방향은 남쪽이다.

08 고지자기와 대륙의 이동 2021학년도 9월 모평 지I 20번 정답 ② | 정답률 57 %

적용해야 할 개념 ③가지

① 지질 시대 동안 자극의 위치는 현재 자극의 위치와 거의 같다.
② 자극의 겉보기 위치가 다르게 관측되는 까닭은 대륙이 이동하였기 때문이다.
③ 자기 적도에서 자극으로 갈수록 복각의 크기가 증가한다.

문제 보기

그림은 유럽과 북아메리카 대륙에서 측정한 5억 년 전부터 ⓒ 시기까지 고지자기극의 겉보기 이동 경로를 겹쳤을 때의 대륙 모습을 나타낸 것이다. 고지자기극은 고지자기 방향으로부터 추정한 지리상 북극이고, 실제 진북은 변하지 않았다.

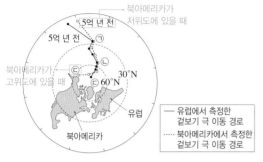

- ── 유럽에서 측정한 겉보기 극 이동 경로
- ···· 북아메리카에서 측정한 겉보기 극 이동 경로

이 자료에 대한 설명으로 옳은 것만을 〈보기〉에서 있는 대로 고른 것은? [3점]

〈보기〉 풀이

✗ 5억 년 전에 지자기 북극은 적도 부근에 위치하였다.
➡ 그림에서 북아메리카와 유럽의 위치는 고정되어 있고 자극이 이동한 것처럼 보인다. 그러나 이는 지질 시대 동안 자극의 실제 위치가 변한 것이 아니라 대륙의 이동으로 자극의 위치가 변한 것처럼 나타나는 현상이다. 따라서 5억 년 전에도 지자기 북극은 현재의 위치 부근에 있었다.

ㄴ. 북아메리카에서 측정한 고지자기 복각은 ⓛ 시기가 ㉠ 시기보다 크다.
➡ 복각은 자극에 가까울수록 크다. ㉠ 시기에서 ⓛ 시기로 가면서 자극이 고위도 방향으로 이동한 것은 이 기간 동안 북아메리카가 고위도 방향으로 이동하였기 때문이다. 따라서 고지자기 복각은 ⓛ 시기가 ㉠ 시기보다 크다.

✗ 유럽은 ⓛ 시기부터 ⓒ 시기까지 저위도 방향으로 이동하였다.
➡ ⓛ 시기부터 ⓒ 시기까지 자극의 위치가 고위도 방향으로 변하였으므로 유럽은 고위도 방향으로 이동하였다.

---

09 고지자기와 대륙의 이동 2022학년도 10월 학평 지I 4번 정답 ① | 정답률 72 %

적용해야 할 개념 ③가지

① 고지자기 북극 또는 남극의 실제 위치가 변하지 않았는데도 겉보기 위치가 변한 것은 대륙이 이동하였기 때문이다.
② 동일한 기간 동안 대륙의 이동 거리가 멀수록 대륙의 이동 속도가 빠르다.
③ 고지자기 복각의 크기(절댓값)는 자기 적도에서 자극으로 갈수록 커진다.

위도	고지자기 복각
자기 적도	$0°$
자기 적도 → 자극	• 북반구: $(+)$ 값 증가 • 남반구: $(-)$ 값 증가
자극	• 북극: $+90°$ • 남극: $-90°$

문제 보기

그림은 인도와 오스트레일리아 대륙에서 측정한 1억 4천만 년 전부터 현재까지 고지자기 남극의 겉보기 이동 경로를 천만 년 간격으로 나타낸 것이다.

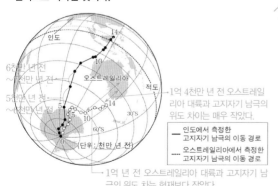

- 1억 4천만 년 전 오스트레일리아 대륙과 고지자기 남극의 위도 차이는 매우 작았다.
- ── 인도에서 측정한 고지자기 남극의 이동 경로
- ···· 오스트레일리아에서 측정한 고지자기 남극의 이동 경로
- (단위 : 천만 년 전)
- 1억 년 전 오스트레일리아 대륙과 고지자기 남극의 위도 차는 현재보다 작았다.
- ➡ 1억 년 전에는 현재보다 고위도에 위치하였다.

이 자료에 대한 옳은 설명만을 〈보기〉에서 있는 대로 고른 것은? (단, 고지자기 남극은 각 대륙의 고지자기 방향으로 추정한 지리상 남극이며 실제 지리상 남극의 위치는 변하지 않았다.) [3점]

〈보기〉 풀이

고지자기 남극(지리상 남극)의 실제 위치가 변하지 않았으므로 고지자기 남극이 이동한 것처럼 보이는 것은 대륙이 이동하였기 때문이다.

ㄱ. 1억 4천만 년 전에 인도와 오스트레일리아 대륙은 모두 남반구에 위치하였다.
➡ 인도에서 측정한 고지자기 남극의 겉보기 이동 경로에서 1억 4천만 년 전 고지자기 남극의 겉보기 위치가 적도 부근에 있으므로 고지자기 남극의 겉보기 위치를 실제 위치인 남극으로 가져가면, 인도 대륙은 남극 부근에 위치한다. 오스트레일리아에서 측정한 고지자기 남극의 겉보기 이동 경로에서 1억 4천만 년 전 고지자기 남극의 겉보기 위치가 45°S에 있으므로 고지자기 남극의 겉보기 위치를 실제 위치인 남극으로 가져가면, 오스트레일리아 대륙은 남극 부근에 위치한다. 따라서 1억 4천만 년 전에 인도와 오스트레일리아 대륙은 모두 남반구에 위치하였다.

✗ 인도 대륙의 평균 이동 속도는 6천만 년 전~7천만 년 전이 5천만 년 전~6천만 년 전보다 빨랐다.
➡ 인도 대륙은 5천만 년 전~6천만 년 전이 6천만 년 전~7천만 년 전보다 더 멀리 이동하였다. 천만 년 동안 더 먼 거리를 이동하였으므로 인도 대륙의 평균 이동 속도는 5천만 년 전이 6천만 년 전~7천만 년 전보다 더 빨랐다.

✗ 오스트레일리아 대륙에서 복각의 절댓값은 현재가 1억 년 전보다 크다.
➡ 복각의 절댓값은 자기 적도에서 0이고 고위도로 갈수록 커진다. 1억 년 전, 오스트레일리아 대륙은 현재보다 더 남극에 가까웠으므로 고위도에 있었다. 따라서 복각의 절댓값은 1억 년 전이 현재보다 크다.

적용해야 할 개념 ③가지

① 동일한 기간 동안 지괴가 이동한 거리가 멀수록 지괴의 평균 이동 속도는 빠르다.
② 고지자기극과 지리상 북극이 일치하고 그 위치가 변하지 않았을 때, 고지자기 복각은 북반구에서 (+) 값, 남반구에서 (−) 값이다.
③ 고지자기극과 지리상 북극이 일치하고 그 위치가 변하지 않았을 때, 지괴가 동일 위도를 따라 이동한다면 고지자기극의 위치는 변하지 않는다.

문제 보기

그림은 동일 위도를 따라 이동한 지괴 A와 B의 시기별 위치를 나타낸 것이다.

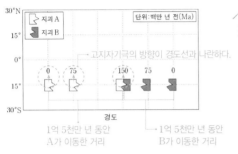

이 자료에 대한 설명으로 옳은 것만을 〈보기〉에서 있는 대로 고른 것은? (단, 고지자기극은 고지자기 방향으로 추정한 지리상 북극이고, 지리상 북극은 변하지 않았다.) [3점]

〈보기〉 풀이

ㄱ. **150 Ma~0 Ma 동안 지괴의 평균 이동 속도는 A가 B보다 빠르다.**
➡ 150 Ma~0 Ma 동안 지괴 A와 B는 동일 위도에서 이동하였으므로 이동 속도는 경도 사이의 거리가 멀수록 빠르다. A는 3칸의 경도를 이동하였고, B는 2칸의 경도를 이동하였으므로 지괴의 평균 이동 속도는 A가 B보다 빠르다.

✘ **75 Ma에 A와 B에서 생성된 암석에 기록된 고지자기 복각은 모두 (+) 값이다.**
➡ 고지자기극과 지리상 북극이 일치하고, 그 위치가 변하지 않으므로 적도를 경계로 북반구는 고지자기 복각이 (+) 값이고, 남반구는 고지자기 복각이 (−) 값이다. 75 Ma에 A와 B는 남반구에 위치하므로 암석에 기록된 고지자기 복각은 모두 (−) 값이다.

ㄷ. **A에서 구한 고지자기극의 위치는 75 Ma와 150 Ma가 같다.**
➡ 150 Ma~0 Ma 동안 지괴가 위치한 위도가 변하지 않았으므로 이 기간 동안 A에서 구한 고지자기극의 위치는 현재와 같은 위치이며, 75 Ma와 150 Ma에도 고지자기극의 위치가 현재와 같다.

보기

적용해야 할 개념 ③가지

① 열점에서 생성된 일련의 화산섬은 판의 이동 방향을 따라 나열된다.
② 이동 속도가 다른 두 판의 경계에서 상대적인 이동 방향이 서로 엇갈리는 곳에는 변환 단층이 형성되고, 서로 멀어지는 곳에는 해령이 형성된다.
③ 고지자기극의 실제 위치가 변하지 않았는데도 겉보기 위치가 변한 것은 지괴(또는 판)가 이동하였기 때문이다.

문제 보기

그림은 남반구에 위치한 열점에서 생성된 화산섬의 위치와 연령을 나타낸 것이다. 해양판 A와 B에는 각각 하나의 열점이 존재하고, 열점에서 생성된 화산섬은 동일 경도상을 따라 각각 일정한 속도로 이동한다.

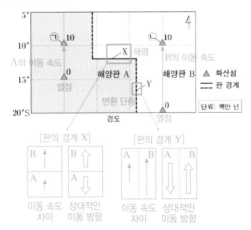

이 자료에 대한 설명으로 옳은 것만을 〈보기〉에서 있는 대로 고른 것은? (단, 고지자기극은 고지자기 방향으로 추정한 지리상 북극이고, 지리상 북극은 변하지 않았다.) [3점]

〈보기〉 풀이

해양판 A, B의 내부에서 현재 화산 활동이 일어나는 화산섬(연령 0)이 있으므로 이곳에는 각각 열점이 위치한다. 따라서 ㉠과 ㉡은 각각 연령이 0인 화산섬(열점)의 위치에서 생성되어 동일 경도상을 따라 북쪽으로 이동하였다.

ㄱ. **판의 경계에서 화산 활동은 X가 Y보다 활발하다.**
➡ ㉠과 ㉡은 연령이 같지만 이동한 거리는 ㉡이 ㉠보다 크므로 판의 이동 속도는 B가 A보다 빠르다. 따라서 X에서 상대적인 이동 방향은 서로 멀어지고, Y에서 상대적인 이동 방향은 서로 엇갈리게 된다. 즉, X에는 해령이 발달하고, Y에는 변환 단층이 발달하므로 화산 활동은 X가 Y보다 활발하다.

✘ **고지자기 복각의 절댓값은 화산섬 ㉠과 ㉡이 같다.**
➡ 고지자기 복각은 마그마가 분출할 당시의 값을 가지며, 마그마가 굳어져 화산섬이 생성된 이후로는 변하지 않는다. 따라서 고지자기 복각의 절댓값은 생성 위치가 고위도인 ㉡이 ㉠보다 크다.

✘ **화산섬 ㉠에서 구한 고지자기극은 화산섬 ㉡에서 구한 고지자기극보다 저위도에 위치한다.**
➡ ㉠은 생성된 위치(열점)에서 5°만큼 북쪽으로 이동하였으므로 ㉠에서 구한 고지자기극은 85°N이 된다. 한편 ㉡은 생성된 위치(열점)에서 10°만큼 북쪽으로 이동하였으므로 ㉡에서 구한 고지자기극은 80°N이 된다. 따라서 ㉡에서 구한 고지자기극이 더 저위도에 위치한다.

보기

12 고지자기와 대륙의 이동 2024학년도 10월 학평 지Ⅰ 19번

정답 ② | 정답률 42 %

적용해야 할 개념 ③가지

① 고지자기극과 지리상 북극이 같다면 고지자기극의 위도가 변한 것은 지괴가 이동하였기 때문이다.

② 고지자기 복각의 절댓값은 적도에서 0°이고, 양극으로 갈수록 증가하여 양극에서 90°가 된다.

③ (지리상 북극의 위도－고지자기극의 위도)만큼 현재의 지괴 위치를 이동시켜 그 당시의 지괴 위치를 알아낸다.

문제 보기

그림은 현재 20°S에 위치한 어느 지괴에서 구한 60 Ma부터 현재까지 시기별 고지자기극의 위도를 나타낸 것이다. 시기별 고지자기극의 위치는 특정 경도 상에서 나타나고, 이 기간 동안 지괴도 이와 동일한 경도를 따라 이동하였다.

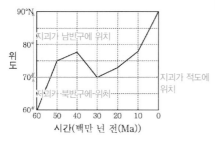

이 자료에 대한 설명으로 옳은 것만을 〈보기〉에서 있는 대로 고른 것은? (단, 고지자기극은 고지자기 방향으로 추정한 지리상 북극이고, 지리상 북극은 변하지 않았다.) [3점]

보기

〈보기〉 풀이

✗ ㄱ. 이 지괴는 40 Ma~30 Ma 동안 남쪽으로 이동하였다.

➡ 고지자기극의 위치가 변한 것은 지괴가 이동하였기 때문이다. 현재 지괴는 20°S에 있지만 40 Ma에는 고지자기극의 위도가 지리상 북극으로부터 약 12.5° 떨어져 있으므로 이 당시 지괴의 위치는 약 7.5°S이고, 30 Ma에는 고지자기극의 위도가 지리상 북극으로부터 20° 떨어져 있으므로 이 당시 지괴의 위치는 적도이다. 따라서 이 기간 동안 지괴는 북쪽으로 이동하였다.

ㄴ. 지괴에서 구한 고지자기 복각의 절댓값은 60 Ma가 30 Ma보다 크다.

➡ 60 Ma에 고지자기극의 위도는 지리상 북극으로부터 30° 떨어져 있으므로 지괴의 위치는 10°N이고, 30 Ma일 때 지괴의 위치는 적도이다. 고지자기 복각의 절댓값은 고위도로 갈수록 증가하므로 60 Ma가 30 Ma보다 크다.

✗ ㄷ. 이 기간 동안 지괴는 북반구에 머문 기간이 남반구에 머문 기간보다 길다.

➡ 현재 지괴가 20°S에 있으므로 고지자기극의 위도가 70°N보다 낮으면 북반구에 있다. 따라서 지괴는 대부분의 기간을 남반구에 있었다.

적용해야 할 개념 ③가지

① 지리상 북극과 고지자기극이 일치하고, 그 위치가 변하지 않았을 때, 고지자기 복각이 (+)이면 북반구, (−)이면 남반구이다.

② 화성암 내의 자성 광물이 가지는 복각은 지괴가 이동하더라도 생성 당시의 복각을 그대로 유지한다.

③ 지리상 북극과 고지자기극이 일치하고 그 위치가 변하지 않았을 때, 지괴 내에서 고지자기 복각이 변한 것은 지괴가 이동하였기 때문이다.

문제 보기

다음은 고지자기 복각을 이용하여 어느 지괴의 이동을 알아보는 탐구이다.

[가정]
o 고지자기극은 고지자기 방향으로 추정한 지리상 북극이고, 지리상 북극은 변하지 않았다.
o 지괴는 동일 경도를 따라 일정한 방향으로 이동했다.

[탐구 과정]
(가) 지괴의 한 지역에서 서로 다른 시기에 생성된 화성암의 절대 연령과 고지자기 복각을 조사한다.

(나) 고지자기 복각과 위도 관계를 이용하여, 지괴의 시기별 고지자기 위도를 구한다.

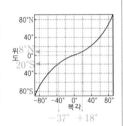

[탐구 결과]

화성암	절대 연령(만 년)	복각	위도
A	8000	−48°	약 29°S
B	6000	−37°	20°S
C	2000	+18°	8°N
D	0	+38°	약 21°N

(북쪽으로 이동)

이에 대한 설명으로 옳은 것만을 〈보기〉에서 있는 대로 고른 것은?

[3점]

〈보기〉 풀이

ㄱ. **B가 생성된 위치는 남반구이다.**

➡ 지리상 북극과 고지자기극이 일치하고, 그 위치가 변하지 않았으므로 적도를 기준으로 북반구는 복각이 (+), 남반구는 복각이 (−)이다. B의 복각이 −37°이므로 B가 생성된 위치는 약 20°S로 남반구이다.

ㄴ. **지리상 북극과의 최단 거리는 C가 생성된 위치보다 D가 생성된 위치가 멀다.**

➡ C는 복각이 +18°이므로 C가 생성된 위치는 약 8°N이고, D가 생성된 위치는 약 21°N이다. 따라서 지리상 북극과의 최단 거리는 C가 생성된 위치보다 D가 생성된 위치가 가깝다.

ㄷ. **이 지괴는 A가 생성된 후 현재까지 남쪽으로 이동하였다.**

➡ 이 지괴에서 화성암은 A, B, C, D 순으로 생성되었고, 위도는 약 29°S → 약 20°S → 약 8°N → 약 21°N으로 변하였다. 따라서 이 지괴는 A가 생성된 후 현재까지 북쪽으로 이동하였다.

14 고지자기와 대륙의 이동 2024학년도 3월 학평 지I 17번

정답 ① | 정답률 65 %

적용해야 할 개념 ②가지

① 암석이 생성된 이후에는 대륙이 이동하여도 암석 내의 잔류 자기의 복각은 변하지 않는다.

② 고지자기 복각을 측정하면 암석이 생성된 시기에 대륙이 위치한 위도를 추정할 수 있다.

문제 보기

표는 어느 대륙의 한 지점에서 서로 다른 시기에 생성된 화성암의 고지자기 복각을, 그림은 위도와 복각의 관계를 나타낸 것이다.

생성 시기 (백만 년 전)	고지자기 복각(°)
0	+38
20	+18
60	−37
80	−48
200	−66
225	−55

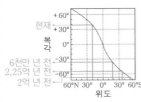

이 지점에 대한 설명으로 옳은 것만을 〈보기〉에서 있는 대로 고른 것은? (단, 고지자기극은 고지자기 방향으로 추정한 지리상 북극이고, 지리상 북극은 변하지 않았다.) [3점]

〈보기〉 풀이

ㄱ. 2.25억 년 전부터 현재 사이에 남쪽으로 이동한 적이 있다.

➡ 2.25억 년 전부터 2억 년 전까지 고지자기 복각이 −55°에서 −66°로 바뀌었다. 이를 위도와 복각 관계 그래프에서 찾으면 대륙의 위도는 약 35°S에서 약 50°S로 변하였다. 따라서 이 시기에 대륙은 남쪽으로 이동하였다.

✗ 6천만 년 전에는 북반구에 위치하였다.

➡ 6천만 년 전에 고지자기 복각이 −37°이므로 위도는 약 18°S이다. 따라서 대륙은 남반구에 위치하였다.

✗ 6천만 년 전부터 현재까지의 위도 변화는 75°이다.

➡ 현재 고지자기 복각은 +38°이므로 위도는 약 20°N이고, 6천만 년 전의 위도는 약 18°S이다. 따라서 6천만 년 전부터 현재까지의 위도 변화는 약 38°이다.

---

15 고지자기와 대륙의 이동 2022학년도 7월 학평 지I 2번

정답 ④ | 정답률 83 %

적용해야 할 개념 ③가지

① 지구 자기장의 방향이 현재와 같은 시기를 정자극기, 현재와 반대인 시기를 역자극기라고 한다.

② 지구 자기장의 복각은 자기 적도(0°)를 기준으로 북반구에서는 (+) 값이고, 남반구에서는 (−) 값이다.

③ 자기 적도에서 복각은 0°이고, 북반구와 남반구의 고위도로 갈수록 복각의 크기가 커져 지자기극에서는 복각이 90°이다.

문제 보기

표는 현재 40°N에 위치한 A와 B 지역의 암석에서 측정한 연령, 고지자기 복각, 생성 당시 지구 자기의 역전 여부를 나타낸 것이다. 고지자기극은 고지자기 방향으로 추정한 지리상의 북극이고, 지리상 북극은 변하지 않았다.

적도에서 0°, 지리상 북극에서 90°   지구 자기장의 방향이 현재와 같다.

지역	연령 (백만 년)	고지자기 복각	생성 당시 지구 자기의 역전 여부
A	45	+10°	× (정자극기)
B	10	+40°	× (정자극기)

북반구

이에 대한 설명으로 옳은 것만을 〈보기〉에서 있는 대로 고른 것은?

〈보기〉 풀이

✗ 4500만 년 전 지구의 자기장 방향은 현재와 반대였다.

➡ A의 암석에서 측정한 4500만 년 전의 지구 자기는 정자극기였으므로 당시 지구의 자기장 방향은 현재와 같았다.

ㄴ. A의 현재 위치는 4500만 년 전보다 고위도이다.

➡ A의 암석은 현재는 40°N에 있지만 4500만 년 전에는 고지자기 복각이 +10°이므로 위도 약 10°N에 있었다. 따라서 A 지역은 점차 북상하여 현재 위치는 4500만 년 전보다 고위도에 있다.

ㄷ. B는 1000만 년 전 북반구에 위치하였다.

➡ B의 암석은 1000만 년 전에 고지자기 복각이 (+) 값이므로 당시에 B 지역은 북반구에 위치하였다.

적용해야 할 개념 ③가지

① 나침반의 자침은 지구 자기장의 자기력선을 따라 움직이며, 나침반 자침이 수평면과 이루는 각을 복각이라고 한다.

지점	자남극	자남극 → 자기 적도	자기 적도	자기 적도 → 자북극	자북극
복각	−90°	복각의 크기(절댓값) 감소	0°	복각의 크기(절댓값) 증가	+90°

→ (−) 값이 감소   → (+) 값이 증가

② 마그마에서 화성암이 생성될 때 암석 내의 철 성분은 그 당시의 지구 자기장 방향으로 자화되어 굳는다. ➡ 고지자기 복각을 측정하면 화성암이 생성될 당시의 위도를 알 수 있다.

③ 고지자기 연구를 통해 대륙이 이동하였음을 알 수 있고, 대륙 이동설이 받아들여지게 되었다.

문제 보기

그림은 고지자기 복각과 위도의 관계를 나타낸 것이고, 표는 어느 대륙의 한 지역에서 생성된 화성암 A~D의 생성 시기와 고지자기 복각을 측정한 자료이다.

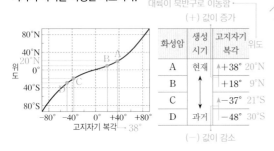

화성암	생성 시기	고지자기 복각	위도
A	현재	+38°	20°N
B	↕	+18°	9°N
C	↕	−37°	21°S
D	과거	−48°	30°S

이 지역에 대한 설명으로 옳은 것만을 〈보기〉에서 있는 대로 고른 것은? (단, 화성암 A~D는 정자극기일 때 생성되었고, 지리상 북극의 위치는 변하지 않았다.) [3점]

보기

〈보기〉 풀이

ㄱ. **A가 생성될 당시 북반구에 위치하였다.**
➡ A가 생성될 당시 고지자기 복각은 +38°이고, 고지자기 복각과 위도 관계 그래프에서 위도를 읽으면 약 20°N이므로 A가 생성될 당시 이 지역은 북반구에 위치하였다.

ㄴ. **B가 생성될 당시 위도와 C가 생성될 당시 위도의 차는 55°였다.**
➡ B가 생성될 당시 위도는 약 9°N이고, C가 생성될 당시 위도는 약 21°S이므로 위도의 차는 약 30°였다.

ㄷ. **D가 생성된 이후 현재까지 남쪽으로 이동하였다.**
➡ D가 생성될 당시 이 지역은 위도가 약 30°S로 남반구에 있었으나 이후 A가 생성될 당시의 위도는 약 20°N으로 북반구에 있다. 따라서 D가 생성된 이후 이 지역은 점차 북쪽으로 이동하였다.

적용해야 할 개념 ③가지

① 현재 복각은 북반구에서 (+), 남반구에서 (−)이고, 적도에서 극으로 갈수록 복각의 크기가 커진다.

② 정자극기와 역자극기의 복각

구분	북반구	남반구
정자극기	(+)	(−)
역자극기	(−)	(+)

③ 지괴가 이동하더라도 화성암에 기록된 고지자기 복각은 생성 당시의 값이 그대로 보존된다.

문제 보기

그림 (가)는 어느 지괴의 한 지점에서 서로 다른 세 시기에 생성된 화성암 A, B, C의 고지자기 복각을, (나)는 500만 년 동안의 고지자기 연대표를 나타낸 것이다. A, B, C의 절대 연령은 각각 10만 년, 150만 년, 400만 년 중 하나이며, 이 지괴는 계속 북쪽으로 이동하였다.

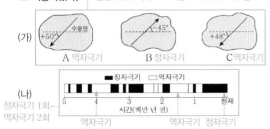

(나)
정자극기 1회, 역자극기 2회

이에 대한 옳은 설명만을 〈보기〉에서 있는 대로 고른 것은? (단, 이 지괴는 최근 400만 년 동안 적도를 통과하지 않았다.) [3점]

보기

〈보기〉 풀이

ㄱ. **이 지괴는 북반구에 위치한다.**
➡ (나)에서 10만 년 전은 정자극기, 150만 년 전과 400만 년 전은 역자극기이다. 그런데 (가)에서 고지자기 복각이 (+)인 화성암이 2개, (−)인 화성암이 1개이므로 A와 C는 역자극기이고, B는 정자극기임을 알 수 있다. 따라서 정자극기일 때 복각이 (−)이므로 이 지괴는 남반구에 위치한다.

ㄴ. **정자극기에 생성된 암석은 B이다.**
➡ A, B, C의 절대 연령은 2개의 역자극기와 1개의 정자극기에 해당하므로 복각이 (−)인 B는 정자극기에 생성된 암석이다.

ㄷ. **화성암의 생성 순서는 A → C → B이다.**
➡ 이 지괴는 남반구에 있고, 북쪽으로 이동하였으므로 복각의 크기는 점차 감소하였다. A, B, C의 복각의 크기는 A>C>B이므로 화성암의 생성 순서는 A → C → B이다.

18 고지자기와 인도 대륙의 이동 2020학년도 7월 학평 지I 2번 정답 ③ | 정답률 70 %

적용해야 할 개념 ④가지

① 고지자기는 지질 시대에 생성된 암석에 남아 있는 지구 자기로, 이후 자기장이 변해도 암석에 기록된 고지자기는 변하지 않는다.

② 정자극기일 때 지구 자기 방향이 수평면과 이루는 각

위도	자기 북극	북반구 중위도	자기 적도	남반구 중위도	자기 남극
지구 자기 방향	↓ 자기 북극	↙ 북 남	← 자기 적도	↗ 북 남	↑ 자기 남극
	지구 자기 방향이 수평면에 대해 수직임	지구 자기 방향이 수평면에 대해 아래로 경사짐	지구 자기 방향이 수평면과 나란함	지구 자기 방향이 수평면에 대해 위로 경사짐	지구 자기 방향이 수평면에 대해 수직임
복각	$+90°$	$0°$와 $+90°$ 사이	$0°$	$0°$와 $-90°$ 사이	$-90°$

③ 자기 적도에서 자극으로 갈수록 복각의 크기가 증가한다.

④ 히말라야산맥은 인도 대륙이 북상하여 유라시아 대륙과 충돌하여 조산 운동에 의해 형성되었다.

문제 보기

그림은 인도 대륙 중앙의 한 지점에서 채취한 암석 A, B, C의 나이와 암석이 생성될 당시 고지자기의 방향과 복각을 나타낸 것이다.

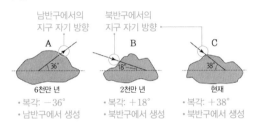

남반구에서의 지구 자기 방향 / 북반구에서의 지구 자기 방향

A (36°) 6천만 년
- 복각: $-36°$
- 남반구에서 생성

B (18°) 2천만 년
- 복각: $+18°$
- 북반구에서 생성

C (38°) 현재
- 복각: $+38°$
- 북반구에서 생성

이에 대한 설명으로 옳은 것만을 〈보기〉에서 있는 대로 고른 것은? (단, A, B, C는 정자극기에 생성되었고, 지리상 북극의 위치는 변하지 않았다.) [3점] └─ 지구 자기장의 방향이 현재와 같은 시기

〈보기〉 풀이

ㄱ. **A는 생성될 당시 남반구에 있었다.**

➡ A는 고지자기의 방향이 수평면에서 위쪽을 향하고 수평면과 36°의 각을 이루므로 복각은 $-36°$이다. 남반구에서 지구 자기 방향은 수평면으로부터 위쪽을 향하고 복각은 $(-)$이므로, A가 생성될 당시 인도 대륙은 남반구에 있었다.

ㄴ. **B가 C보다 고위도에서 생성되었다.** ✗

➡ 저위도에서 고위도로 갈수록 복각의 크기가 증가한다. 복각의 크기는 B에서 18°이고 C에서 38°이므로, B는 C보다 저위도에서 생성되었다.

ㄷ. **A가 만들어진 이후 히말라야산맥이 형성되었다.**

➡ 히말라야산맥은 인도 대륙과 유라시아 대륙이 충돌하면서 대륙 주변부에 쌓여 있던 해저 퇴적물이 변형되고 융기하여 형성되었다. A가 만들어질 당시에 인도 대륙은 남반구에 있었고 현재 히말라야산맥은 북반구에 있으므로, A가 남반구에서 만들어진 이후 인도 대륙이 북반구로 북상하여 히말라야산맥이 형성되었다.

보기 ㄱ

---

19 인도 대륙의 이동 2020학년도 3월 학평 지I 2번 정답 ③ | 정답률 83 %

적용해야 할 개념 ④가지

① 두 대륙 지각이 충돌하는 지역에는 수렴형 경계(습곡 산맥)가 형성된다.

② 지각의 평균 이동 속도 $= \dfrac{\text{두 지점 사이의 거리}}{\text{이동한 시간}}$ 이다.

③ 자기 적도에서 자극으로 갈수록 복각의 크기가 증가한다.

④ 암석이 생성되면서 암석에 기록된 고지자기의 편각과 복각은 암석이 생성된 후에는 변하지 않는다.

문제 보기

그림은 7100만 년 전부터 현재까지 인도 대륙의 위치 변화를 나타낸 것이다.

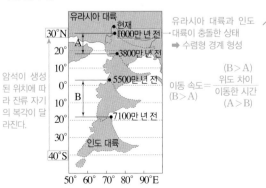

암석이 생성된 위치에 따라 잔류 자기의 복각이 달라진다.

유라시아 대륙
현재 / 1000만 년 전 / 3800만 년 전 / 5500만 년 전 / 7100만 년 전
인도 대륙
30°N 20° 10° 0° 10° 20° 30° 40°S
50° 60° 70° 80° 90°E
A / B 구간

유라시아 대륙과 인도 대륙이 충돌한 상태
➡ 수렴형 경계 형성

이동 속도 $= \dfrac{\text{위도 차이}}{\text{이동한 시간}}$ (B>A) (A>B)

이에 대한 옳은 설명만을 〈보기〉에서 있는 대로 고른 것은?

〈보기〉 풀이

ㄱ. **1000만 년 전에 인도 대륙과 유라시아 대륙 사이에는 수렴형 경계가 존재하였다.**

➡ 남반구에 위치해 있던 인도 대륙은 유라시아 대륙 쪽으로 계속 북상하였으며, 1000만 년 전에는 인도 대륙이 유라시아 대륙과 충돌한 상태이다. 두 대륙 지각이 충돌하는 곳에는 수렴형 경계가 형성되므로 1000만 년 전에 인도 대륙과 유라시아 대륙 사이에는 수렴형 경계가 존재하였다.

ㄴ. **인도 대륙의 평균 이동 속도는 A 구간보다 B 구간에서 빨랐다.**

➡ 속도 $= \dfrac{\text{거리}}{\text{시간}}$ 이므로 인도 대륙의 평균 이동 속도 $= \dfrac{\text{두 지점 사이의 거리}}{\text{이동한 시간}}$ 이다. B 구간은 A 구간보다 이동한 기간이 짧고 위도 차이는 더 크므로 인도 대륙의 평균 이동 속도는 A 구간보다 B 구간에서 빨랐다.

ㄷ. **이 기간 동안 인도 대륙에서 생성된 암석들의 복각은 동일하다.** ✗

➡ 암석은 생성 당시에 지구 자기장에 의해 자화되고, 암석이 생성된 후에는 대륙이 이동하더라도 잔류 자기는 변하지 않는다. 복각은 자기 적도에서 자극으로 갈수록 커지며, 인도 대륙은 이동하는 동안 위도가 계속 달라졌으므로 이 기간 동안 인도 대륙에서 생성된 암석들의 복각도 모두 다르다.

보기 ㄴ

**적용해야 할
개념 ③가지**

① 지질 시대 동안 지리상 북극의 겉보기 위치가 변한 것은 대륙이 이동하였기 때문이다.
② 판게아가 형성되어 있던 시기에 인도 대륙은 남극 부근에 있었으며, 계속 북상하여 현재는 북반구에 있다.
③ 자기 적도에서 자극으로 갈수록 복각의 크기가 증가한다.

문제 보기

그림은 6000만 년 전부터 현재까지 인도 대륙의 고지자기 방향으로 추정한 지리상 북극의 위치 변화를 현재 인도 대륙의 위치를 기준으로 나타낸 것이다. 이 기간 동안 실제 지리상 북극의 위치는 변하지 않았다.

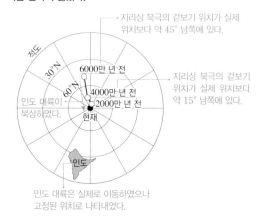

이에 대한 옳은 설명만을 〈보기〉에서 있는 대로 고른 것은? [3점]

〈보기〉 풀이

✗ 이 기간 동안 인도 대륙의 이동 속도는 계속 빨라졌다.

➡ 지리상 북극의 위치가 변한 것처럼 보이는 것은 인도 대륙이 이동하였기 때문이다. 따라서 지리상 북극의 위치 변화가 컸던 시기일수록 인도 대륙의 이동 속도가 빨랐다. 2000만 년 간격의 위치 변화는 현재에 가까울수록 작아지므로 이 기간 동안 인도 대륙의 이동 속도는 느려졌다.

ㄴ 인도 대륙은 6000만 년 전~4000만 년 전에 적도 부근에 위치하였다.

➡ 6000만 년 전 지리상 북극의 겉보기 위치는 약 45°N으로, 실제 위치에서 약 45° 남쪽에 있다. 따라서 6000만 년 전에 인도 대륙은 현재보다 약 45° 남쪽에 있었으며, 현재 인도 대륙은 약 20°N에 위치하므로 6000만 년 전에는 약 25°S에 위치하였다. 같은 원리로 4000만 년 전에는 인도 대륙이 약 5°N에 있었다. 따라서 인도 대륙은 6000만 년 전~4000만 년 전에 적도 부근에 위치하였다.

✗ 4000만 년 전부터 현재까지 인도 대륙에서 고지자기 복각의 크기는 계속 작아졌다.

➡ 자극에 가까울수록 고지자기 복각의 크기가 증가하고, 자기 적도에 가까울수록 작아진다. 4000만 년 전부터 현재까지 인도 대륙은 북쪽으로 이동하였으므로, 이 기간 동안 인도 대륙에서 고지자기 복각의 크기는 계속 커졌다.

**적용해야 할
개념 ③가지**

① 주요 산맥의 형성 시기

고생대 말 (판게아 형성)	애팔래치아산맥과 칼레도니아산맥(베게너가 주장한 대륙 이동의 증거), 우랄산맥 등
신생대(판게아 분리 이후의 대륙 이동)	히말라야산맥, 알프스산맥 등

▲ 판게아 시기   ▲ 현재

② 애팔래치아산맥은 북아메리카 대륙이 유럽 대륙 및 아프리카 대륙과 충돌하여 형성되었다. ➡ 고생대 말의 판게아 형성으로 형성되었다.
③ 인도 대륙은 판게아 시기 남반구에 있었고, 판게아 이후 북쪽으로 이동하여 현재는 북반구에 위치한다.

문제 보기

그림 (가)와 (나)는 고생대 이후 서로 다른 두 시기의 대륙 분포를 나타낸 것이다.

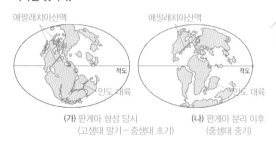

(가) 판게아 형성 당시   (나) 판게아 분리 이후
(고생대 말기~중생대 초기)   (중생대 중기)

이에 대한 설명으로 옳은 것만을 〈보기〉에서 있는 대로 고른 것은?

〈보기〉 풀이

ㄱ 대륙 분포는 (가)에서 (나)로 변하였다.

➡ (가)는 고생대 말기부터 중생대 초기까지 지속된 판게아이고, (나)는 판게아 이후 대륙이 분리되어 이동한 중생대 중기의 모습이므로 대륙 분포는 (가)에서 (나)로 변하였다.

ㄴ (나)에 애팔래치아산맥이 존재하였다.

➡ 애팔래치아산맥은 판게아가 형성될 때 북아메리카 대륙이 아프리카 대륙 및 유럽 대륙과 충돌하여 형성되었으므로 판게아 이후의 시기인 (나)에 애팔래치아산맥이 존재하였다.

ㄷ (가)와 (나) 모두 인도 대륙은 남반구에 존재하였다.

➡ 고생대 말기에 인도 대륙은 남반구에 있었으나 현재는 북반구에 있으므로 인도 대륙은 대륙의 분리 이후 점차 북쪽으로 이동하였다. 그러나 (가)와 (나) 시기에 인도 대륙의 위치를 보면 인도 대륙은 모두 남반구에 존재하였다.

22 | 지질 시대 대륙 분포의 변화 2021학년도 3월 학평 지I 3번 | 정답 ④ | 정답률 75%

적용해야 할 개념 ④가지

① 로디니아는 선캄브리아 시대(약 12억 년 전~약 8억 년 전)의 초대륙이다.
② 초대륙이 형성되는 과정에서 대륙의 충돌이 일어나므로 습곡 산맥이 형성된다.
③ 판게아는 고생대 말기~중생대 초기의 초대륙이다.
④ 대서양은 판게아가 분리되면서 형성되었고, 현재에 이르기까지 대서양 면적은 점차 넓어졌다.

문제 보기

그림 (가), (나), (다)는 서로 다른 세 시기의 대륙 분포를 나타낸 것이다.

판게아의 분리로 형성됨

(가) 선캄브리아 시대
(나) 고생대 말~중생대 초
(다) 중생대 말~신생대 초

이에 대한 옳은 설명만을 〈보기〉에서 있는 대로 고른 것은?

〈보기〉 풀이

✗ **(가)**의 초대륙은 고생대 말에 형성되었다.

➡ (가)는 판게아 이전의 초대륙인 로디니아가 형성된 모습이다. 로디니아는 약 12억 년 전에 형성되어 약 8억 년 전부터 분리되기 시작하였으므로 초대륙이 형성된 시기는 선캄브리아 시대이다.

ㄴ. (나)의 초대륙이 형성되는 과정에서 습곡 산맥이 만들어졌다.

➡ 습곡 산맥은 수렴형 경계에서 두 대륙판이 충돌하거나 해양판이 대륙판 아래로 섭입하는 과정에서 만들어진다. (나)는 흩어져 있던 여러 대륙들이 한 덩어리로 모여 판게아가 형성된 것이므로 초대륙의 형성 과정에서 습곡 산맥이 만들어졌다.

ㄷ. (다)에서 대서양의 면적은 현재보다 좁다.

➡ (다)가 나타난 시기는 판게아 이후 대륙이 분리되어 이동한 중생대 초기 이후로, 남아메리카 대륙과 아프리카 대륙이 분리되어 서로 멀어지면서 대서양이 형성되기 시작하였다. 대서양은 점차 확장되었으므로 (다)에서 대서양의 면적은 현재보다 좁다.

23 | 지질 시대 대륙 분포의 변화 2023학년도 6월 모평 지I 1번 | 정답 ⑤ | 정답률 77%

적용해야 할 개념 ③가지

① 여러 대륙이 모여 형성된 하나의 거대한 대륙을 초대륙이라고 한다.

고생대 이전	로디니아 초대륙(약 12억 년 전~8억 년 전)을 비롯하여 여러 차례 초대륙이 존재하였다.
고생대 이후	고생대 말(페름기)~중생대 초(트라이아스기)에 판게아가 존재하였으며, 이후 대륙이 분리되고 이동하여 현재의 대륙 분포가 되었다.

② 초대륙의 형성과 분리 과정: 초대륙 분리 시작 → 열곡대 형성 → 해양저 확장 → 해구와 섭입대 형성 → 해양 지각 소멸 → 대륙과 대륙의 충돌 → 초대륙 형성
③ 해양저 확장

해양저 확장의 원인	맨틀 대류의 상승부(해령)에서 장력에 의해 해양 지각이 서로 멀어진다.
해양저 확장의 증거	• 해령에서 양쪽으로 갈수록 해양 지각의 연령이 증가하고, 해저 퇴적물의 두께가 두꺼워진다. • 해령과 해령 사이에 변환 단층이 존재한다. • 고지자기 줄무늬가 해령을 기준으로 대칭적으로 분포한다. • 해구에서 해양 지각이 섭입하여 소멸된다.

문제 보기

다음은 초대륙의 형성과 분리 과정 중 일부에 대하여 학생 A, B, C가 나눈 대화를 나타낸 것이다.

지구 자극의 정상기와 역전기가 반복되면서 해저가 확장되기 때문이다.

초대륙의 형성 → ⊙ 대륙의 분리 → ⓒ 해저 확장

열곡대는 ⊙ 중에 형성될 수 있어.

판게아는 초대륙에 해당해.

해령을 축으로 해저 지자기 줄무늬가 대칭적으로 분포하는 것은 ⓒ의 증거야.

고생대 말~중생대 초의 초대륙

발산형 경계에서 형성된다.

학생 A

학생 B

학생 C

제시한 내용이 옳은 학생만을 있는 대로 고른 것은?

〈보기〉 풀이

학생 **A.** 판게아는 초대륙에 해당해.

➡ 지구는 탄생 이후 여러 차례 초대륙이 형성되고 분리되어 왔다. 판게아는 고생대 말~중생대 초에 형성되었던 초대륙이다.

학생 **B.** 열곡대는 ⊙ 중에 형성될 수 있어.

➡ 열곡대는 맨틀 대류의 상승부에서 지각이 장력을 받아 갈라지면서 형성되는 좁고 긴 계곡 형태의 지형을 말한다. 따라서 열곡대는 대륙의 분리 과정에서 형성될 수 있다.

학생 **C.** 해령을 축으로 해저 지자기 줄무늬가 대칭적으로 분포하는 것은 ⓒ의 증거야.

➡ 지질 시대 동안 지구 자기의 극은 정상기와 역전기가 반복되었으며, 해양 지각은 생성 당시의 자극 방향을 그대로 보존하므로 해저가 해령에 대해 양쪽으로 확장되면 해양 지각에 기록된 정상기와 역전기는 해령에 대해 대칭적이고, 반복적으로 나타난다. 따라서 해저 지자기 줄무늬의 대칭적인 분포는 해저 확장의 증거가 된다.

적용해야 할 개념 ③가지

① 지자기 N극 방향이 수평면 아래를 향하면 북반구이고, 수평면 위를 향하면 남반구이다.
② 복각과 위도 관계 그래프에서 시기별 지괴의 위치를 알아낸다.
③ 지괴의 위치가 변한 위도만큼 고지자기극의 위치도 변한다.

문제 보기

그림 (가)는 어느 지괴 A와 B에서 구한 암석의 생성 시기와 고지자기 복각을, (나)는 복각과 위도와의 관계를 나타낸 것이다. A와 B는 동일 경도를 따라 회전 없이 일정한 방향으로 이동하였다.

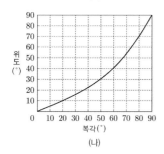

시기 (Ma)	고지자기 복각		지괴 위도	
	A	B	A	B
0	50° 수평면	60°	30°N	40°N
50	20°	30°	10°N	15°N
200	40°	40°	22°S	22°S

Ma: 백만 년 전
(가)

(나)

이 자료에 대한 설명으로 옳은 것만을 〈보기〉에서 있는 대로 고른 것은? (단, 고지자기극은 고지자기 방향으로 추정한 지리상 북극이고, 지리상 북극은 변하지 않았다.) [3점]

〈보기〉 풀이

ㄱ. A의 이동 방향은 남쪽이다.

➡ A는 고지자기 복각이 40°S → 20°N → 50°N으로 변하였으므로 지괴의 위도는 약 22°S → 10°N → 30°N으로 변하였다. 따라서 A의 이동 방향은 북쪽이다.

ㄴ. 50 Ma~0 Ma 동안의 평균 이동 속도는 A가 B보다 느리다.

➡ 50 Ma~0 Ma 동안 A의 위도는 10°N → 30°N으로 변하였고, B의 위도는 15°N → 40°N으로 변하였으므로 평균 이동 속도는 A가 B보다 느리다.

ㄷ. 현재 A에서 구한 200 Ma의 고지자기극은 현재 B에서 구한 200 Ma의 고지자기극보다 고위도에 위치한다.

➡ A는 현재 30°N에 있고, 고지자기극은 현재와 같은 90°N에 있지만 200 Ma에는 A가 약 22°S에 있으므로 지괴는 52°만큼 북쪽으로 이동하였고, 이에 따라 고지자기극도 현재의 90°N에서 약 52°만큼 이동하였으므로 200 Ma에 고지자기극은 38°N이다. 같은 원리로 B는 현재 약 40°N에 있고, 200 Ma에는 약 22°S에 있으므로 지괴는 약 62°만큼 북쪽으로 이동하였고, 고지자기극은 약 28°N이다. 따라서 A에서 구한 고지자기극이 B에서 구한 고지자기극보다 고위도에 위치한다.

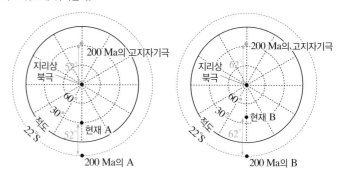

4 일차	01 ④	02 ③	03 ①	04 ①	05 ②	06 ①	07 ⑤	08 ③	09 ④	10 ⑤	11 ③	12 ①
	13 ②	14 ③	15 ①	16 ②	17 ⑤	18 ⑤	19 ⑤	20 ②	21 ⑤	22 ③	23 ②	24 ④
	25 ②	26 ③										

문제편 036쪽~043쪽

4 일차

---

01 **맨틀 대류와 판의 이동** 2023학년도 9월 모평 지Ⅰ 2번 　　　　정답 ④ | 정답률 69 %

적용해야 할 개념 ③가지

① 판 이동의 원동력

해령	해구	해령과 해구 사이
판을 밀어내는 힘 ➡ 해령은 주위보다 높기 때문에 해령에서 생성된 판이 중력에 의해 해령의 사면을 따라 미끄러지면서 판을 밀어낸다.	판을 잡아당기는 힘 ➡ 섭입대를 따라 침강하는 판이 자체의 무게에 의해 판을 섭입대 쪽으로 잡아당긴다.	맨틀 대류가 끄는 힘 ➡ 연약권에서 맨틀 물질이 대류하면 판은 대류 방향을 따라 이동한다.

② 해양판은 해령에서 생성되어 해구 쪽으로 이동하고, 해구에서는 섭입대를 따라 해양판이 소멸한다.

③ 뜨거운 플룸은 외핵과 맨틀 경계부의 고온 영역에서 형성되어 지표로 상승하는 플룸 상승류이고, 차가운 플룸은 해양판이 섭입하여 외핵과 맨틀의 경계부까지 하강하는 플룸 하강류이다.

문제 보기

그림은 상부 맨틀에서만 대류가 일어나는 모형을 나타낸 것이다.

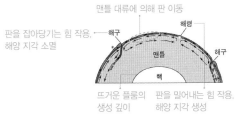

맨틀 대류에 의해 판 이동
판을 잡아당기는 힘 작용.
해양 지각 소멸
해구
해령
해구
맨틀
핵
뜨거운 플룸의 생성 깊이
판을 밀어내는 힘 작용.
해양 지각 생성

이 모형에 대한 설명으로 옳은 것만을 〈보기〉에서 있는 대로 고른 것은? [3점]

〈보기〉 풀이

ㄱ. **판을 이동시키는 힘의 원동력을 설명할 수 있다.**

➡ 맨틀 대류가 상승하는 해령에서는 판을 밀어내고, 맨틀 대류가 하강하는 해구에서는 판을 섭입대 쪽으로 잡아당기며, 해령과 해구 사이에서는 맨틀이 대류하면서 판이 이동한다. 따라서 맨틀 대류를 통해 판을 이동시키는 힘의 원동력을 설명할 수 있다.

ㄴ. **해양 지각의 평균 연령이 대륙 지각의 평균 연령보다 적은 이유를 설명할 수 있다.**

➡ 해령에서 생성된 해양 지각은 해구 쪽으로 이동하여 섭입대를 따라 소멸하지만 대륙 지각은 해양 지각보다 밀도가 작아 소멸하지 않는다. 따라서 해양 지각의 평균 연령이 대륙 지각의 평균 연령보다 적은 이유를 설명할 수 있다.

ㄷ. 뜨거운 플룸이 핵과 맨틀의 경계 부근에서 생성되어 상승하는 것을 설명할 수 있다.

➡ 뜨거운 플룸은 핵과 맨틀의 경계 부근에서 생성되는 플룸 상승류이므로 상부 맨틀에서 일어나는 대류로 설명되지 않는다.

보기

적용해야 할 개념 ③가지

① 차가운 플룸은 섭입하는 판이 상부 맨틀과 하부 맨틀의 경계에 쌓여 있다가 가라앉아 맨틀과 핵의 경계에 도달하는 플룸 하강류이다.
　➡ 주변보다 온도가 낮으므로 지진파 속도가 크다.
② 뜨거운 플룸은 맨틀과 핵의 경계에서 밀도 감소로 상승하여 지표까지 도달하는 플룸 상승류이다. ➡ 주변보다 온도가 높으므로 지진파 속도가 작다.
③ 열점은 뜨거운 플룸이 상승하여 지표와 만나는 지점 아래에 마그마가 생성되는 곳이다.

문제 보기

다음은 어느 플룸의 연직 이동 원리를 알아보기 위한 실험이다.
차가운 플룸은 하강하고, 뜨거운 플룸은 상승한다.

[실험 목표]
• (A)의 연직 이동 원리를 설명할 수 있다.

[실험 과정]
(가) 비커에 5 ℃ 물 800 mL를 담는다.
(나) 그림과 같이 비커 바닥에 수성 잉크 소량을 스포이트로 주입한다.
(다) 비커 바닥의 물이 고르게 착색된 후, 비커 바닥 중앙을 촛불로 30초간 가열하면서 착색된 물이 움직이는 모습을 관찰한다.

물
잉크

차가운 플룸의 하강

[실험 결과]
• 그림과 같이 착색된 물이 밀도 차에 의해 (B)하는 모습이 관찰되었다.

뜨거운 플룸의 상승
맨틀과 핵의 경계

이에 대한 설명으로 옳은 것만을 〈보기〉에서 있는 대로 고른 것은?
[3점]

〈보기〉 풀이

ㄱ. '뜨거운 플룸'은 A에 해당한다.
➡ 촛불로 비커 바닥의 착색된 물을 가열하면 밀도가 감소한 물이 위로 떠오르는 모습을 볼 수 있다. 이는 맨틀과 핵의 경계에서 가열되어 상승하는 플룸에 대비되는 개념이므로 '뜨거운 플룸'은 A에 해당한다.

ㄴ. '상승'은 B에 해당한다.
➡ 착색된 물이 가열되면 밀도가 감소하므로 상승한다. 따라서 '상승'은 B에 해당한다.

ㄷ. 플룸은 내핵과 외핵의 경계에서 생성된다.
➡ 수렴형 경계에서 섭입한 판의 물질이 맨틀과 외핵의 경계에 도달하면 물질의 교란이 일어나면서 뜨거운 플룸이 생성된다. 따라서 플룸은 맨틀과 외핵의 경계에서 생성된다.

보기

적용해야 할 개념 ③가지

① 지각에서 맨틀 하부로 하강하거나 맨틀과 핵의 경계에서 지각으로 상승하는 기둥 모양의 물질과 에너지의 흐름을 플룸이라 하고, 플룸에 의해 지구 내부 변동이 일어난다는 이론을 플룸 구조론이라고 한다.
② 플룸 하강류는 섭입대에서 차가운 해양판이 섭입하여 형성된 차가운 플룸으로, 맨틀과 외핵의 경계부까지 하강한다.
③ 플룸 상승류는 차가운 플룸이 맨틀과 외핵의 경계 쪽으로 가라앉으면 그 영향으로 맨틀과 외핵의 경계부에서 상승하는 뜨거운 플룸이다.

문제 보기

다음은 플룸 상승류를 관찰하기 위한 모형 실험이다.

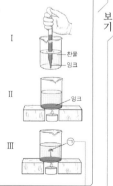

[실험 과정] 플룸 주변의 맨틀 물질
(가) 그림 Ⅰ과 같이 찬물을 담은 비커 바닥에 스포이트로 잉크를 조금씩 떨어뜨린다.
(나) 그림 Ⅱ와 같이 잉크가 가라앉은 부분을 촛불로 가열한다.
(다) 비커에서 잉크가 움직이는 모양을 관찰한다.

플룸 하강류가 맨틀과 외핵의 경계부에 가라앉은 모습

[실험 결과]
• 그림 Ⅲ과 같이 바닥에 가라앉은 잉크 일부가 버섯 모양으로 상승하는 모습이 나타났다.

찬물
잉크
Ⅰ

잉크
Ⅱ

㉠
Ⅲ
플룸 상승류

플룸 상승류

이 실험 결과에 대한 옳은 설명만을 〈보기〉에서 있는 대로 고른 것은?

〈보기〉 풀이

ㄱ. ㉠은 플룸 상승류에 해당한다.
➡ ㉠은 비커 바닥으로 가라앉은 잉크가 촛불에 의해 가열되어 일부가 버섯 모양으로 상승하는 모습이다. 플룸 상승류는 맨틀과 외핵의 경계부에서 위로 상승하는 뜨거운 플룸으로 ㉠은 플룸 상승류에 해당한다.

ㄴ. ㉠은 주변의 찬물보다 밀도가 크다.
➡ ㉠은 비커의 바닥에서 촛불에 의해 가열되어 위로 상승하는 잉크이므로 주변의 찬물보다 밀도가 작다.

ㄷ. 잉크가 상승하기 시작하는 지점은 지구 내부에서 내핵과 외핵의 경계부에 해당한다.
➡ 섭입대에서 섭입한 해양판이 차가운 플룸이 되어 하강하여 맨틀과 외핵의 경계부에 도달하면 그 영향으로 맨틀과 외핵의 경계부에 있던 맨틀 물질이 플룸 상승류가 되어 위로 이동하게 된다. 따라서 실험 과정에서 잉크가 상승하기 시작하는 지점은 지구 내부에서 맨틀과 외핵의 경계부에 해당한다.

보기

04 플룸 구조론 2020학년도 10월 학평 지Ⅰ 5번

정답 ① | 정답률 73%

적용해야 할 개념 ③가지

① 열점에서 생성된 화산섬은 판의 이동 방향을 따라 열점에서 멀어진다.

② 차가운 플룸은 주변보다 밀도가 커서 하강하고, 뜨거운 플룸은 주변보다 밀도가 작아서 상승한다.

③ 뜨거운 플룸은 차가운 플룸이 맨틀과 외핵의 경계부에 도달하면서 온도 교란과 물질을 밀어 올리는 작용이 일어나 형성되는 뜨거운 상승류이다.

문제 보기

그림은 뜨거운 플룸이 상승하는 모습을 나타낸 것이다.

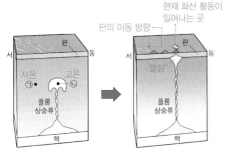

이에 대한 옳은 설명만을 〈보기〉에서 있는 대로 고른 것은?

〈보기〉 풀이

ㄱ. 판은 서쪽으로 이동하였다.

➡ 플룸 상승류에서 마그마가 생성되는 지표 부근의 지점을 열점이라고 한다. 열점은 지하에 고정된 지점이므로 판이 이동하더라도 계속 같은 위치에서 화산 활동을 일으킨다. 따라서 열점에서 화산 활동이 지속적으로 일어나는 동안 판이 이동하면 화산은 판의 이동 방향을 따라 열점에서 멀어진다. 현재 화산 활동이 일어나는 지점 아래에 열점이 있고 생성된 화산섬은 서쪽으로 배열되어 있으므로 판은 서쪽으로 이동하였다.

✗ 밀도는 ㉠ 지점이 ㉡ 지점보다 작다.

➡ ㉡ 지점은 고온의 플룸이 상승하는 곳으로, 주변부인 ㉠ 지점보다 온도가 높다. 따라서 밀도는 ㉠ 지점이 ㉡ 지점보다 크다.

✗ 뜨거운 플룸은 내핵과 외핵의 경계에서부터 상승한다.

➡ 수렴형 경계에서 판의 물질이 하강하여 맨틀과 외핵의 경계부에 도달하면 고온의 맨틀 물질을 밀어 올리는 작용이 일어나면서 뜨거운 플룸이 형성된다. 따라서 뜨거운 플룸은 맨틀과 외핵의 경계에서부터 상승한다.

---

05 플룸 구조론 2020학년도 3월 학평 지Ⅰ 3번

정답 ② | 정답률 73%

적용해야 할 개념 ②가지

① 지각에서 맨틀 하부로 하강하거나 맨틀과 핵의 경계에서 지각으로 상승하는 기둥 모양의 물질과 에너지의 흐름을 플룸이라 하고, 플룸에 의해 지구 내부 변동이 일어난다는 이론을 플룸 구조론이라고 한다.

차가운 플룸	섭입된 판의 물질이 상부 맨틀과 하부 맨틀 경계부에 쌓여 있다가 밀도가 커지면 맨틀과 핵의 경계부까지 가라앉아 형성되는 차가운 하강류
뜨거운 플룸	차가운 플룸이 맨틀 최하부에 도달하면서 온도 교란과 물질을 밀어 올리는 작용이 일어나 형성되는 뜨거운 상승류

② 판 이동의 원동력에는 맨틀 대류, 해령에서 밀어 올리는 힘, 섭입하는 판이 잡아당기는 힘, 판이 미끄러지는 힘 등이 있다.

▲ 플룸 구조론 모형

문제 보기

그림은 두 지역 (가)와 (나)에서 지하의 온도 분포와 판의 구조를 나타낸 것이다. (가)와 (나)에서는 각각 플룸의 상승류와 하강류 중 하나가 나타난다.

뜨거운 플룸 차가운 플룸

등온선이 위로 볼록하다.
A ➡ 고온의 물질 상승

(가) 깊이
0 km
150 km
암석권
연약권
200 °C
600 °C
1000 °C
1400 °C
1800 °C

등온선이 아래로 볼록하다.
B ➡ 저온의 물질 하강

(나) 깊이
0 km
150 km
암석권
연약권
200 °C
600 °C
1000 °C
1400 °C
1800 °C

이에 대한 옳은 설명만을 〈보기〉에서 있는 대로 고른 것은? [3점]

〈보기〉 풀이

✗ 0~150 km 사이에서 깊이에 따른 온도 증가율은 A보다 B에서 크다.

➡ 지하로 들어갈수록 온도가 증가하며, 등온선의 간격이 조밀할수록 온도 증가율이 크다. A와 B에서 각각 200 °C 등온선과 1800 °C 등온선 사이의 간격을 비교해 보면, A가 B보다 조밀하므로 0~150 km 사이에서 깊이에 따른 온도 증가율은 A가 B보다 크다.

✗ (가)의 하부에는 차가운 플룸이 존재한다.

➡ A의 하부는 등온선의 간격이 조밀하고 모양이 위로 볼록하므로 고온의 물질이 상승하는 곳이다. 뜨거운 플룸은 맨틀의 최하부에서 형성되는 고온의 상승류이므로 (가)의 하부에는 뜨거운 플룸이 존재한다.

ㄷ. (나)에서는 섭입하는 판을 지구 내부로 잡아당기는 힘이 작용하고 있다.

➡ B의 하부는 등온선의 모양이 아래로 볼록하므로 저온의 물질이 하강하는 곳이며 암석권이 연약권까지 비스듬히 분포하므로 (나)에는 섭입대가 분포한다. 섭입대에서는 냉각에 의해 밀도가 커진 해양판이 섭입하면서 판을 지구 내부로 잡아당기는 힘이 작용하고 있다.

적용해야 할 개념 ③가지

① 지진파의 속도는 물질의 온도가 높을수록 느리다.
② 차가운 플룸은 판의 섭입형 경계에서 형성되어 맨틀과 외핵의 경계 부근까지 하강한다.
③ 뜨거운 플룸은 맨틀과 외핵의 경계 부근에서 형성되어 지표 쪽으로 상승한다.

문제 보기

그림은 지구에서 X−Y 단면의 지진파 단층 촬영 영상과 지표면 상의 지점 A와 B를 나타낸 것이다.

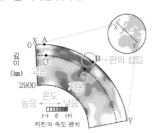

이에 대한 설명으로 옳은 것만을 〈보기〉에서 있는 대로 고른 것은?

〈보기〉풀이

ㄱ. 온도는 ㉠ 지점이 ㉡ 지점보다 높다.
➡ 지구 내부에서 전파하는 지진파의 속도는 물질의 온도가 높을수록 느리다. ㉠은 ㉡보다 지진파의 속도가 느리므로 온도는 ㉠ 지점이 ㉡ 지점보다 높다.

ㄴ. A는 판의 수렴형 경계에 위치한다.
➡ A와 A 하부에는 지진파의 속도가 느린 곳이 존재하므로 이곳에 분포하는 물질은 주변보다 온도가 높다. 따라서 이곳에는 뜨거운 플룸이 형성되어 있으므로 판의 수렴형 경계가 위치하지 않는다.

ㄷ. B의 하부에는 외핵과 맨틀의 경계에서 상승하는 플룸이 있다.
➡ B의 하부에는 주변보다 온도가 낮은 물질이 분포한다. 따라서 이곳에서는 냉각된 해양판이 섭입대를 따라 섭입하면서 플룸 하강류를 형성한다.

보기

적용해야 할 개념 ③가지

① 차가운 플룸은 판의 섭입대에서 침강하는 해양판에 의해 생성된다.
② 뜨거운 플룸은 맨틀과 외핵의 경계 부근에서 상승하여 지표까지 도달하는 고온의 열기둥이다.
③ 열점은 뜨거운 플룸이 상승하다가 지표면과 만나는 지점 아래에서 마그마가 생성되는 곳이다.

문제 보기

그림은 플룸 구조론을 나타낸 모식도이다. A와 B는 뜨거운 플룸과 차가운 플룸을 순서 없이 나타낸 것이다.

이에 대한 설명으로 옳은 것만을 〈보기〉에서 있는 대로 고른 것은?

〈보기〉풀이

A는 차가운 플룸, B는 뜨거운 플룸이다.

ㄱ. A는 섭입한 해양판에 의해 생성된다.
➡ A는 차가운 플룸(플룸 하강류)이다. 차가운 플룸은 섭입대를 따라 침강한 해양판이 상부 맨틀과 하부 맨틀의 경계에 쌓여 있다가 하강하여 생성된다.

ㄴ. B는 외핵과 맨틀의 경계 부근에서 생성되어 상승한다.
➡ B는 뜨거운 플룸(플룸 상승류)이다. 뜨거운 플룸은 외핵과 맨틀 경계의 부근에서 생성되어 상승한다.

ㄷ. 판의 내부에서 일어나는 화산 활동은 B로 설명할 수 있다.
➡ 판의 내부에서 일어나는 화산 활동은 열점으로 설명된다. 열점은 뜨거운 플룸이 상승하여 마그마가 생성된 지점이므로 판의 내부에서 일어나는 화산 활동은 B로 설명할 수 있다.

보기

08 플룸 구조론 2024학년도 7월 학평 지Ⅰ 1번 정답 ③ | 정답률 80%

적용해야 할 개념 ③가지

① 차가운 플룸은 해구에서 섭입한 판에 의해 형성되어 맨틀과 외핵의 경계까지 가라앉는다.
② 뜨거운 플룸은 맨틀과 외핵의 경계 부근에서 형성되어 지표로 상승한다.
③ 뜨거운 플룸은 주변보다 밀도가 작고, 차가운 플룸은 주변보다 밀도가 크다.

문제 보기

그림은 플룸 구조론을 나타낸 모식도이다. A와 B는 각각 차가운 플룸과 뜨거운 플룸 중 하나이다.

이에 대한 설명으로 옳은 것만을 〈보기〉에서 있는 대로 고른 것은?

〈보기〉 풀이

ㄱ. **A는 섭입한 해양판에 의해 형성된다.**
→ A는 해구에서 맨틀과 외핵의 경계까지 이어진 플룸이므로 해구에서 섭입한 밀도가 큰 해양판이 상부 맨틀과 하부 맨틀의 경계에 쌓였다가 하강하는 차가운 플룸이다.

ㄴ. **밀도는 ㉠ 지점이 ㉡ 지점보다 크다.**
→ ㉡은 밀도가 작은 맨틀 물질이 상승하는 뜨거운 플룸에 위치한 지점이고 ㉠은 주변 지점이다. 뜨거운 플룸은 주변 지역보다 밀도가 작으므로, 밀도는 ㉠ 지점이 ㉡ 지점보다 크다.

ㄷ. **B는 내핵과 외핵의 경계에서 생성된다.**
→ B는 뜨거운 플룸이므로 맨틀과 외핵의 경계 부근에서 생성되어 상승한다.

09 판의 운동과 플룸 구조 2024학년도 5월 학평 지Ⅰ 1번 정답 ④ | 정답률 77%

적용해야 할 개념 ③가지

① 열점에서 생성된 화산섬(해산)은 열점에서 멀어질수록 판의 이동 방향을 따라 연령이 증가한다.
② 지구 내부에서 지진파의 속도는 고온의 물질에서 느리고, 저온의 물질에서 빠르다.
③ 열점은 뜨거운 플룸이 상승하면서 마그마가 생성되는 지하의 지점이다.

문제 보기

그림 (가)는 어느 열점으로부터 생성된 화산섬과 해산의 분포를 절대 연령과 함께 나타낸 것이고, (나)는 X–X′ 구간의 지진파 단층 촬영 영상을 나타낸 것이다.

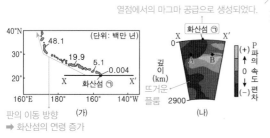

이에 대한 설명으로 옳은 것만을 〈보기〉에서 있는 대로 고른 것은?

〈보기〉 풀이

ㄱ. **㉠이 속한 판의 이동 방향은 남동쪽이다.**
→ 열점에서 생성된 화산섬은 판의 이동에 의해 열점으로부터 멀어진다. 따라서 판의 이동 방향은 화산섬의 연령이 증가하는 방향이므로 ㉠이 속한 판의 이동 방향은 북서쪽이다.

ㄴ. **지진파의 속도는 A 지점보다 B 지점에서 빠르다.**
→ P파의 속도 편차는 A 지점에서 (−)이고 B 지점에서 (+)이므로, 지진파의 속도는 A 지점보다 B 지점에서 빠르다.

ㄷ. **㉠은 뜨거운 플룸에 의해 생성되었다.**
→ 열점은 뜨거운 플룸이 상승하는 곳에서 마그마가 생성되는 지점이다. A 지점은 지진파의 속도가 느리므로 뜨거운 플룸이 있는 곳이고, 깊이 2900 km에서 A 지점을 거쳐 화산섬 ㉠까지 뜨거운 플룸이 형성되어 있다. 따라서 ㉠은 뜨거운 플룸에 의해 생성되었다.

적용해야 할 개념 ③가지

① 섭입대에서는 해구 부근에서 천발 지진이, 대륙 쪽으로 갈수록 심발 지진이 자주 발생한다.

② 지하의 온도가 낮을수록 물질의 밀도가 커서 지진파의 속도가 빠르고, 지하의 온도가 높을수록 물질의 밀도가 작아서 지진파의 속도가 느리다.

③ 해령에서는 고온의 맨틀 물질이 상승하므로 지진파의 속도가 느리고, 해구에서는 저온의 해양 지각이 섭입하므로 지진파의 속도가 빠르다.

문제 보기

그림은 어느 지역의 판 경계 분포와 지진파 단층 촬영 영상을 나타낸 것이다. ㉠과 ㉡에는 각각 발산형 경계와 수렴형 경계 중 하나가 위치한다.

이 자료에 대한 옳은 설명만을 〈보기〉에서 있는 대로 고른 것은?

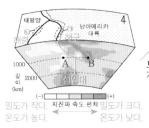

보기

〈보기〉 풀이

ㄱ. ㉠의 판 경계에서 동쪽으로 갈수록 지진이 발생하는 깊이는 대체로 깊어진다.

➡ ㉠에서 동쪽으로 지하 깊이 들어갈수록 지진파의 속도가 빨라지므로 섭입대가 형성되어 있다. 따라서 ㉠의 판 경계에서 동쪽으로 갈수록 지진이 발생하는 깊이는 대체로 깊어진다.

ㄴ. 판 경계 부근의 평균 수심은 ㉠이 ㉡보다 깊다.

➡ ㉠은 해구이므로 평균 수심이 심해저 평균 수심보다 깊고, ㉡은 해령이므로 평균 수심이 심해저 평균 수심보다 얕다. 따라서 평균 수심은 ㉠이 ㉡보다 깊다.

ㄷ. 온도는 A 지점이 B 지점보다 높다.

➡ A 지점은 B 지점보다 지진파의 속도가 느리므로 지하의 밀도는 A 지점이 B 지점보다 작다. 이는 B 지점에 섭입대가 형성되어 있어 A 지점의 온도가 B 지점보다 높기 때문이다.

적용해야 할 개념 ③가지

① 뜨거운 플룸은 맨틀과 외핵의 경계 부근에서 지표 쪽으로 상승하는 플룸 상승류이다. ➡ 주변보다 밀도가 작아 지진파의 속도가 느리다.

② 차가운 플룸은 섭입대에서 섭입한 물질이 상부 맨틀과 하부 맨틀의 경계에 쌓여 있다가 침강하는 플룸 하강류이다. ➡ 주변보다 밀도가 커서 지진파의 속도가 빠르다.

③ 열점은 뜨거운 플룸이 상승하여 지표면과 만나는 지점 아래에 마그마가 생성되는 지점이다. ➡ 열점에서 생성된 화산섬은 한 방향으로 배열되며, 열점에서 멀어질수록 화산섬의 연령이 증가한다.

문제 보기

그림은 플룸 구조론을 나타낸 모식도이다. A와 B는 각각 뜨거운 플룸과 차가운 플룸 중 하나이며, a, b, c는 동일한 열점에서 생성된 화산섬이다.

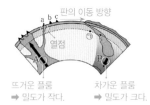

뜨거운 플룸   차가운 플룸
➡ 밀도가 작다.   ➡ 밀도가 크다.

이에 대한 옳은 설명만을 〈보기〉에서 있는 대로 고른 것은?

보기

〈보기〉 풀이

ㄱ. A는 뜨거운 플룸이다.

➡ A는 맨틀과 외핵의 경계 부근에서 지표로 상승하는 플룸이므로 뜨거운 플룸이고, B는 상부 맨틀과 하부 맨틀의 경계에서 하강하는 플룸이므로 차가운 플룸이다.

ㄴ. 밀도는 ㉠ 지점이 ㉡ 지점보다 작다.

➡ 차가운 플룸은 섭입대에서 섭입한 물질이 상부 맨틀과 하부 맨틀의 경계에 쌓여 있다가 가라앉는 플룸 하강류로 밀도가 크다. ㉠은 차가운 플룸의 주변 지점이므로 차가운 플룸에 속해 있는 ㉡ 지점보다 밀도가 작다.

✗ 화산섬의 나이는 a＞b＞c이다.

➡ ㉡은 섭입대의 하부에 해당하므로 ㉡의 왼쪽 위에 해구가 위치한다. 한편 화산섬 a는 뜨거운 플룸과 이어져 있으므로 a, b, c는 열점에서 생성된 화산섬이다. 열점에서 생성된 화산섬은 판의 이동을 따라 해구 쪽으로 이동하므로 화산섬의 나이는 c＞b＞a이다.

12 **플룸 구조론** 2023학년도 4월 학평 지Ⅰ 2번 정답 ① | 정답률 75%

적용해야 할 개념 ③가지
① 지진파 속도는 고온의 물질을 통과할 때는 느리고, 저온의 물질을 통과할 때는 빠르다.
② 뜨거운 플룸에서는 지진파 속도가 느리고, 차가운 플룸에서는 지진파 속도가 빠르다.
③ 차가운 플룸은 맨틀과 외핵의 경계 부근으로 하강하고, 뜨거운 플룸은 맨틀과 외핵의 경계 부근에서 상승한다.

문제 보기

그림은 X − Y 구간의 지진파 단층 촬영 영상을 나타낸 것이다. 화산섬은 상승하는 플룸에 의해 생성되었다.

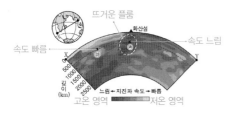

이에 대한 설명으로 옳은 것만을 〈보기〉에서 있는 대로 고른 것은?

〈보기〉 풀이

ㄱ. 지진파 속도는 ㉠ 지점보다 ㉡ 지점이 느리다.
➡ 지진파 단층 촬영 영상에서 지진파 속도를 비교하면 ㉠ 지점보다 ㉡ 지점에서 지진파 속도가 느리다.

ㄴ. ㉡ 지점에는 차가운 플룸이 존재한다.
➡ 지진파는 고온 영역을 통과할 때 속도가 느려진다. ㉡ 지점은 지진파 속도가 느리므로 고온의 맨틀 물질이 분포하며, 뜨거운 플룸이 존재한다.

ㄷ. 화산섬을 생성시킨 플룸은 내핵과 외핵의 경계부에서 생성되었다.
➡ 화산섬을 생성시킨 플룸은 뜨거운 플룸으로, 맨틀과 외핵의 경계부에서 생성되어 상승한다.

보기

---

13 **플룸 구조론** 2024학년도 6월 모평 지Ⅰ 9번 정답 ② | 정답률 86%

적용해야 할 개념 ③가지
① 뜨거운 플룸은 맨틀과 핵의 경계에서 상승하는 플룸 상승류이다.
② 차가운 플룸은 섭입한 판의 물질이 상부 맨틀과 하부 맨틀의 경계에 쌓여 있다가 가라앉는 플룸 하강류이다.
③ 열점은 뜨거운 플룸이 상승하는 곳에서 마그마가 생성되는 지하의 지점으로, 화산 열도를 형성한다. 예 하와이 열도 등

문제 보기

그림은 플룸 구조론을 나타낸 모식도이다. A와 B는 각각 뜨거운 플룸과 차가운 플룸 중 하나이다.

이에 대한 설명으로 옳은 것만을 〈보기〉에서 있는 대로 고른 것은?

〈보기〉 풀이

ㄱ. A는 뜨거운 플룸이다.
➡ A는 섭입하는 해양판이 상부 맨틀과 하부 맨틀의 경계에 쌓여 있다가 침강하는 플룸 하강류이므로 차가운 플룸이다.

ㄴ. B에 의해 여러 개의 화산이 형성될 수 있다.
➡ B는 뜨거운 플룸이다. 뜨거운 플룸이 상승하면 물질의 부분 용융이 일어나 열점이 생성되고, 판의 이동에 의해 화산 열도가 만들어진다. 따라서 B에 의해 여러 개의 화산이 형성될 수 있다.

ㄷ. B는 내핵과 외핵의 경계에서 생성된다.
➡ 차가운 플룸이 외핵과 맨틀의 경계에 도달하면 그 영향으로 B(뜨거운 플룸)가 상승한다. 따라서 B는 외핵과 맨틀의 경계에서 생성된다.

보기

적용해야 할 개념 ③가지

① 차가운 플룸은 수렴형 경계에서 섭입하는 판의 물질이 상부 맨틀과 하부 맨틀의 경계 부근에 쌓여 있다가 가라앉는 플룸 하강류이다.

② 뜨거운 플룸은 맨틀과 핵의 경계에서 상승하여 지표까지 도달하는 플룸 상승류이다.

③ 열점은 뜨거운 플룸이 지표면과 만나는 지점 아래에 마그마가 생성되는 곳이다.
  ➡ 열점은 암석권보다 깊은 곳에 있으므로 판이 이동하더라도 열점의 위치는 변하지 않는다.

문제 보기

그림은 플룸 구조론을 나타낸 모식도이다. A와 B는 각각 차가운 플룸과 뜨거운 플룸 중 하나이고, ㉠은 화산섬이다.
이에 대한 설명으로 옳은 것만을 〈보기〉에서 있는 대로 고른 것은?

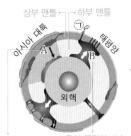

〈보기〉 풀이

ㄱ. **A는 섭입한 해양판에 의해 형성된다.**
  ➡ A는 상부 맨틀과 하부 맨틀의 경계 부근에 쌓인 물질이 외핵과 맨틀의 경계까지 가라앉는 모습이므로 차가운 플룸이다. 차가운 플룸은 섭입대에서 해양판이 섭입하여 형성된다.

ㄴ. **B는 태평양에 여러 화산을 형성한다.**
  ➡ B는 외핵과 맨틀의 경계에 있는 물질이 상승하는 모습이므로 뜨거운 플룸이다. 태평양에는 뜨거운 플룸에서 생성된 마그마가 분출하여 하와이 열도 등과 같은 화산 열도가 형성되었다.

ㄷ. **㉠을 형성한 열점은 판과 같은 방향으로 움직인다.**
  ➡ 열점은 뜨거운 플룸에서 마그마가 생성되는 곳으로, 암석권보다 깊은 곳에 있으므로 판이 이동하여도 열점의 위치는 변하지 않는다. 따라서 ㉠을 형성한 열점은 지하의 고정된 지점에 있다.

적용해야 할 개념 ③가지

① 차가운 플룸(플룸 하강류)은 섭입대를 따라 침강한 해양 지각이 맨틀 내에 축적되었다가 맨틀과 핵의 경계부로 하강하는 저온의 열기둥이다.

② 뜨거운 플룸(플룸 상승류)은 맨틀과 핵의 경계에서 상승하여 지표까지 도달하는 고온의 열기둥이다.

③ 차가운 플룸은 주변보다 밀도가 크고, 뜨거운 플룸은 주변보다 밀도가 작다.

문제 보기

그림은 플룸 구조론을 나타낸 모식도이다. A와 B는 각각 차가운 플룸과 뜨거운 플룸 중 하나이다.

이에 대한 설명으로 옳은 것만을 〈보기〉에서 있는 대로 고른 것은?

〈보기〉 풀이

ㄱ. **A는 차가운 플룸이다.**
  ➡ A는 플룸이 하강하는 모습이므로 주변보다 밀도가 큰 차가운 플룸이다.

ㄴ. **B에 의해 호상 열도가 형성된다.**
  ➡ B는 플룸이 상승하는 모습이므로 주변보다 밀도가 작은 뜨거운 플룸이다. 호상 열도는 섭입대에서 일어나는 화산 활동에 의해 해구와 나란하게 형성된 화산섬이므로 뜨거운 플룸(B)에 의해 형성되지 않는다.

ㄷ. **상부 맨틀과 하부 맨틀 사이의 경계에서 B가 생성된다.**
  ➡ 차가운 플룸이 하부 맨틀과 외핵의 경계로 하강하면 그 영향으로 뜨거운 플룸이 형성되므로 B는 맨틀과 외핵의 경계에서 생성된다.

16 플룸 구조론 2021학년도 6월 모평 지Ⅰ 11번

정답 ② | 정답률 79 %

적용해야 할 개념 ②가지

① 지각에서 맨틀 하부로 하강하거나 맨틀과 핵의 경계에서 지각으로 상승하는 기둥 모양의 물질과 에너지의 흐름을 플룸이라 하고, 플룸에 의해 지구 내부 변동이 일어난다는 이론을 플룸 구조론이라고 한다.

차가운 플룸	섭입된 판의 물질이 상부 맨틀과 하부 맨틀 경계부에 쌓여 있다가 밀도가 커지면 맨틀과 핵의 경계부까지 가라앉아 형성되는 차가운 하강류
뜨거운 플룸	차가운 플룸이 맨틀 최하부에 도달하면서 온도 교란과 물질을 밀어 올리는 작용이 일어나 형성되는 뜨거운 상승류

② 열점은 뜨거운 플룸이 지표면과 만나는 지점 아래 마그마가 생성되는 곳이다. ➡ 판이 이동하더라도 열점의 위치는 변하지 않는다.

▲ 플룸 구조론 모형

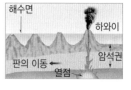

▲ 열점에서 화산섬의 형성

문제 보기

그림 (가)는 지구의 플룸 구조 모식도이고, (나)는 판의 경계와 열점의 분포를 나타낸 것이다. (가)의 ㉠~㉣은 플룸이 상승하거나 하강하는 곳이고, 이들의 대략적 위치는 각각 (나)의 A~D 중 하나이다.

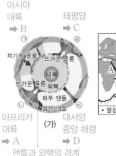

(가)

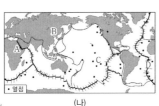

(나)

이에 대한 설명으로 옳은 것만을 〈보기〉에서 있는 대로 고른 것은? [3점]

〈보기〉 풀이

㉠은 아시아 대륙 아래에서 차가운 플룸이 하강하고 있는 곳이므로 B, ㉡은 아프리카 대륙 아래에서 뜨거운 플룸이 상승하여 마그마가 생성되는 열점이 위치하는 곳이므로 A, ㉢은 대서양 중앙 해령 아래에서 뜨거운 플룸이 상승하여 마그마가 생성되는 열점이 위치하는 곳이므로 D, ㉣은 태평양 아래에 열점이 위치하는 곳이므로 C에 해당한다.

✗ **A는 ㉠에 해당한다.**

➡ 맨틀과 외핵의 경계에 있는 뜨거운 맨틀 물질이 가늘고 긴 원기둥 형태로 지표로 상승하는 것을 뜨거운 플룸이라 하고, 뜨거운 플룸이 지각을 뚫고 분출하는 곳을 열점이라고 한다. A에는 열점이 있으므로 A는 ㉡, ㉢, ㉣과 같이 뜨거운 플룸이 있는 위치에 해당하며 차가운 플룸이 있는 ㉠에는 해당하지 않는다.

✗ **열점은 판과 같은 방향과 속력으로 움직인다.**

➡ 열점은 뜨거운 플룸이 형성되는 지점에 위치하며, 판을 이동시키는 맨틀 대류는 열점의 위치에 영향을 주지 않는다. 따라서 열점은 판이 이동하더라도 위치가 변하지 않는다.

ㄷ **대규모의 뜨거운 플룸은 맨틀과 외핵의 경계부에서 생성된다.**

➡ 수렴형 경계에서 섭입한 물질이 차가운 플룸을 형성하여 가라앉아 맨틀과 외핵의 경계부에 도달하면 그 영향으로 일부 맨틀 물질이 상승하여 뜨거운 플룸이 형성된다. 즉, 대규모의 뜨거운 플룸은 맨틀과 외핵의 경계부에서 생성된다.

---

17 플룸 구조론 2021학년도 4월 학평 지Ⅰ 3번

정답 ⑤ | 정답률 84 %

적용해야 할 개념 ③가지

① 수렴형 경계에서 해양판이 소멸되는 곳에서는 해구가 형성되고, 발산형 경계에서 해양판이 생성되는 곳에서는 해령이 형성된다.
② 지구 내부에서 물질의 온도가 주변보다 높으면 지진파 속도가 느리고, 물질의 온도가 주변보다 낮으면 지진파 속도가 빠르다.
③ 섭입대의 지하에는 플룸 하강류(차가운 플룸)가 존재하고, 열점의 지하에는 플룸 상승류(뜨거운 플룸)가 존재한다.

문제 보기

그림 (가)는 판 경계와 열점의 분포를, (나)는 A 또는 B 구간의 깊이에 따른 지진파 속도 분포를 나타낸 것이다.

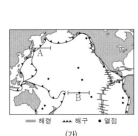

(가)

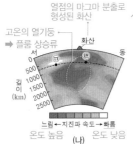

(나)

이에 대한 설명으로 옳은 것만을 〈보기〉에서 있는 대로 고른 것은?

〈보기〉 풀이

ㄱ **A 구간에는 판의 수렴형 경계가 있다.**

➡ 태평양 주변부에는 해구가 긴 띠를 이루면서 분포한다. A 구간에는 해양판이 대륙판 아래로 섭입하는 해구가 있으므로 판의 수렴형 경계가 있다.

ㄴ **온도는 ㉠보다 ㉡ 지점이 높다.**

➡ 지진파의 속도는 지진파가 통과하는 지하 물질의 온도가 주변보다 높을수록 느리다. 지진파의 속도가 ㉠보다 ㉡ 지점이 느리므로 온도는 ㉠보다 ㉡ 지점이 높다.

ㄷ **(나)는 B 구간의 지진파 속도 분포이다.**

➡ (나)에서 지진파 속도를 보면 화산이 있는 지점 아래에 고온의 열기둥이 있는 것으로 해석된다. 이 열기둥은 플룸 상승류이며, 고온의 플룸이 상승하여 형성된 열점에서는 마그마의 분출로 화산이 형성되므로 (나)는 B 구간의 지진파 속도 분포이다.

적용해야 할 개념 ③가지

① 지하에서 지진파의 속도는 온도가 낮은 물질을 통과할 때가 온도가 높은 물질을 통과할 때보다 빠르다.

② 뜨거운 플룸은 맨틀과 핵의 경계(약 2900 km 깊이)에서 형성되고, 주변보다 밀도가 작으므로 지표로 상승한다.

③ 현무암질 마그마의 생성 과정

열점, 해령(발산형 경계)	맨틀 물질의 상승 → 압력 하강 → 용융점보다 온도가 높아짐 → 맨틀 물질의 부분 용융 → 현무암질 마그마 생성
해구(섭입형 수렴 경계)	해양 지각의 침강 → 해양 지각 내의 함수 광물에서 물 방출 → 맨틀에 물 공급 → 맨틀 물질의 용융점 하강 → 용융점보다 온도가 높아짐 → 맨틀 물질의 부분 용융 → 현무암질 마그마 생성

문제 보기

그림은 지구에서 X − Y 단면을 따라 관측한 지진파 단층 촬영 영상을 나타낸 것이다. A는 용암이 분출되는 지역이다.

이에 대한 옳은 설명만을 〈보기〉에서 있는 대로 고른 것은? [3점]

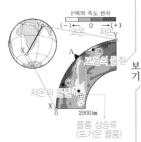

〈보기〉풀이

ㄱ. 평균 온도는 ㉠ 지점이 ㉡ 지점보다 낮다.

➡ ㉠ 지점은 P파의 속도 편차가 (＋)이므로 저온의 물질이 분포하고, ㉡ 지점은 P파의 속도 편차가 (−)이므로 고온의 물질이 분포한다. 따라서 평균 온도는 ㉠ 지점이 ㉡ 지점보다 낮다.

ㄴ. ㉢ 지점에서는 플룸이 상승하고 있다.

➡ ㉢ 지점은 P파의 속도 편차가 (−)이므로 고온의 물질이 분포하며, 깊이 약 2900 km(맨틀과 외핵의 경계)에서 A까지 고온의 물질이 기둥 모양으로 연결되어 있다. 따라서 ㉢ 지점에서는 뜨거운 플룸이 상승하고 있다.

ㄷ. A의 하부에서는 압력 감소로 인해 마그마가 생성된다.

➡ 고온의 맨틀 물질이 상승하면 압력이 감소하면서 맨틀 물질의 온도가 용융점보다 높아지게 된다. A의 하부에서는 뜨거운 플룸이 상승하므로 맨틀 물질의 압력 감소로 인해 현무암질 마그마가 생성된다.

적용해야 할 개념 ③가지

① 판을 움직이는 힘

장소	해령	해령과 해구 사이	해구
특징	• 해양 지각이 생성된다. • 판이 계속 생성되면서 판을 양쪽으로 밀어내는 힘이 작용한다.	• 해양 지각이 이동한다. • 해저면 경사에 의해 판이 미끄러지는 힘이 작용한다.	• 해양 지각이 소멸된다. • 섭입하는 판이 판을 섭입대 쪽으로 잡아당기는 힘이 작용한다.

② 섭입대에서 침강하는 해양 지각은 차가운 플룸을 형성하고, 맨틀과 외핵의 경계부에서 상승하는 맨틀 물질은 뜨거운 플룸을 형성한다.

③ 수렴형(섭입형) 경계에서는 천발, 중발, 심발 지진이 발생하고, 발산형 경계에서는 천발 지진만 발생한다.

문제 보기

그림 (가)와 (나)는 남아메리카와 아프리카 주변에서 발생한 지진의 진앙 분포를 나타낸 것이다.

(가)
나스카판이 남아메리카판 아래로 섭입한다.

(나)
아프리카판이 갈라진다.

지역 ㉠과 ㉡에 대한 설명으로 옳은 것만을 〈보기〉에서 있는 대로 고른 것은?

〈보기〉풀이

ㄱ. ㉠의 하부에는 침강하는 해양판이 잡아당기는 힘이 작용한다.

➡ (가)에서는 대륙과 해양의 경계부에서 대륙 쪽으로 갈수록 진원의 깊이가 깊어지므로 섭입대가 존재한다. 섭입대에서는 냉각된 해양판이 침강하므로 ㉠의 하부에는 침강하는 해양판이 잡아당기는 힘이 작용한다.

ㄴ. ㉡의 하부에는 외핵과 맨틀의 경계부에서 상승하는 플룸이 있다.

➡ (나)는 아프리카 대륙의 내부에서 천발 지진의 발생 지역이 길게 이어져 있으므로 대륙이 갈라지는 곳으로, 동아프리카 열곡대가 존재한다. 동아프리카 열곡대의 하부에는 외핵과 맨틀의 경계부에서 상승하는 뜨거운 플룸이 있다.

ㄷ. 진원의 평균 깊이는 ㉠이 ㉡보다 깊다.

➡ (가)에서는 나스카판이 남아메리카판 아래로 섭입하면서 천발~심발 지진이 발생하고, (나)에서는 동아프리카 열곡대에서 대륙이 갈라지면서 천발 지진이 발생한다. 따라서 진원의 평균 깊이는 ㉠이 ㉡보다 깊다.

20 플룸 구조론 – 열점 2020학년도 4월 학평 지I 6번
정답 ② | 정답률 72%

적용해야 할 개념 ③가지

① 열점은 뜨거운 플룸이 지표면과 만나는 지점 아래 마그마가 생성되는 곳이다.
➡ 맨틀 대류에 의해 판이 이동하더라도 열점의 위치는 변하지 않는다.
② 열점에서 생성된 화산섬은 판의 이동 방향을 따라 열점에서 멀어진다.
③ 화산섬의 생성 시기와 열점으로부터의 거리로 판의 이동 속도를 추정할 수 있다.

문제 보기

그림은 태평양판에 위치한 하와이 열도의 각 섬들을 화산의 연령과 함께 나타낸 것이다.

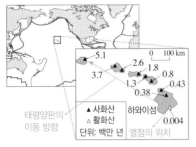

이에 대한 설명으로 옳은 것만을 〈보기〉에서 있는 대로 고른 것은?

〈보기〉 풀이

✗ 태평양판은 일정한 속도로 이동하였다.

➡ 속도 $=\dfrac{거리}{시간}$ 이므로 거리와 시간이 비례 관계에 있을 때 이동 속도가 일정하다. 태평양판의

이동 속도 $=\dfrac{두\ 화산\ 사이의\ 거리}{두\ 화산의\ 연령\ 차}$ 이고, 두 화산 사이의 거리가 두 화산의 연령 차에 비례하

여 증가하거나 감소하지 않으므로 태평양판의 이동 속도는 일정하지 않았다.

다른 풀이 370만 년 전과 180만 년 전에 생성된 두 화산의 연령 차는 190만 년이고, 80만 년 전과 38만 년 전에 생성된 두 화산의 연령 차는 42만 년으로 큰 차이가 있으나, 두 화산 사이의 거리는 서로 비슷하다. 두 화산 사이의 거리가 두 화산의 연령 차에 비례하지 않으므로 태평양판은 일정한 속도로 이동하지 않았다.

ㄴ 하와이섬은 뜨거운 플룸의 상승에 의해 생성된 지역이다.

➡ 하와이섬은 열점에서 마그마가 분출되어 형성된 화산섬이다. 열점은 뜨거운 플룸이 상승하여 지각을 뚫고 분출하는 지점이므로 하와이섬은 뜨거운 플룸의 상승에 의해 생성된 지역이다.

✗ 새로 생성되는 섬은 하와이섬의 북서쪽에 위치할 것이다.

➡ 하와이섬에서 북서쪽에 있는 섬일수록 연령이 증가하는 것은 열점의 위치는 변하지 않으면서 태평양판이 북서쪽으로 이동하기 때문이다. 따라서 새로 생성되는 섬은 하와이섬의 남동쪽에 위치할 것이다.

21 플룸 구조론 – 열점 2022학년도 6월 모평 지I 6번
정답 ⑤ | 정답률 83%

적용해야 할 개념 ④가지

① 발산형 경계인 해령은 맨틀 대류의 상승부에서 발달하고, 수렴형 경계인 해구는 맨틀 대류의 하강부에서 발달한다.
② 열점

열점의 생성	• 열점은 뜨거운 플룸이 지표면과 만나는 지점 아래 마그마가 생성되는 곳이다. ➡ 판이 이동하여도 열점의 위치는 변하지 않는다.
열점의 분포	• 전 세계에 수십 개가 있다. 예 하와이 섬 아래 등 • 판의 경계와 관계없이 분포한다. ➡ 해양판뿐만 아니라 대륙판의 내부에도 존재한다.
열점과 화산섬(해산)	• 열점에서 생성된 화산섬(해산)은 판의 이동 방향을 따라 이동한다. • 화산섬(해산)은 한 방향으로 배열되고, 열점에서 멀어질수록 화산섬(해산)의 나이가 많아진다.

③ 뜨거운 플룸(플룸 상승류)은 맨틀과 외핵의 경계부에서 형성되어 지표로 상승하는 고온의 물질의 흐름이다.
④ 차가운 플룸(플룸 하강류)은 섭입된 판의 물질이 상부 맨틀과 하부 맨틀 경계부에 쌓여 있다가 가라앉는 저온의 물질의 흐름이다.

문제 보기

그림은 화산 활동으로 형성된 하와이와 그 주변 해산들의 분포를 절대 연령과 함께 나타낸 것이다. B 지점에서 판의 이동 방향은 ⊙과 ⓒ 중 하나이다.
이 자료에 대한 설명으로 옳은 것만을 〈보기〉에서 있는 대로 고른 것은? [3점]

〈보기〉 풀이

ㄱ A 지점의 하부에는 맨틀 대류의 하강류가 있다.

➡ 발산형 경계(해령)의 하부에는 맨틀 대류의 상승류가 있고, 수렴형 경계(해구)의 하부에는 맨틀 대류의 하강류가 있다. A 부근에는 수렴형 경계(알류산 해구)가 있으므로 A 지점의 하부에는 맨틀 대류의 하강류가 있다.

ㄴ B 지점의 화산은 뜨거운 플룸에 의해 형성되었다.

➡ 해산이 일렬로 나열되어 있고, B 지점에서 북서쪽으로 갈수록 해산의 연령이 높아지는 것은 해산이 열점인 B 지점에서 형성된 후 이동하였기 때문이다. 열점의 지하에서는 뜨거운 플룸이 상승하므로 B 지점의 화산은 뜨거운 플룸에 의해 형성되었다.

ㄷ B 지점에서 판의 이동 방향은 ⊙이다.

➡ B 지점에서 형성된 해산은 판의 이동 방향을 따라 배열된다. 약 4700만 년 전부터 최근까지 형성된 해산이 ⊙ 방향으로 배열되어 있으므로 B 지점에서 판의 이동 방향은 ⊙이다.

적용해야 할 개념 ③가지

① 열점에서 생성된 화산섬이나 해산은 판의 이동 방향을 따라 열점에서 멀어진다.

② 열점에서는 뜨거운 플룸이 상승하면서 압력 감소로 현무암질 마그마가 생성된다.

③ 태평양판은 북서쪽으로 이동하고, 태평양의 열점에서 형성된 화산섬과 해산은 북서쪽으로 갈수록 연령이 높아진다.

문제 보기

그림은 태평양판에 위치한 열점들에 의해 형성된 섬과 해산의 일부를 나타낸 것이다.

이에 대한 설명으로 옳은 것만을 〈보기〉에서 있는 대로 고른 것은?

〈보기〉 풀이

ㄱ. **A는 B보다 먼저 형성되었다.**

➡ 태평양판은 북서쪽으로 이동하고, 하와이 열도는 열점에서 생성된 섬과 해산으로 이루어져 있으므로 현재 열점이 위치하는 하와이섬에서 북서쪽으로 갈수록 해산의 연령이 높아진다. 따라서 A는 B보다 먼저 형성되었다.

ㄴ. **C에는 현무암이 분포한다.**

➡ 맨틀 물질이 빠르게 상승하여 압력이 감소하면, 물질의 온도가 현무암의 용융점보다 높은 상태가 되어 부분 용융이 일어난다. 열점에서는 맨틀 물질이 빠르게 상승하면서 부분 용융이 일어나 현무암질 마그마가 생성된다. C는 열점에서 형성된 섬이므로 C에는 현무암이 분포한다.

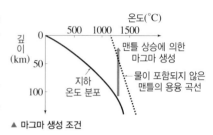

▲ 마그마 생성 조건

ㄷ. **태평양판의 이동 방향은 남동쪽이다.**

➡ B와 C의 지하에 각각 열점이 위치하며, 섬과 해산은 열점에서 형성된 후 태평양판의 이동 방향을 따라 북서쪽으로 이동하여 한 방향으로 배열된다. 따라서 태평양판의 이동 방향은 북서쪽이다.

적용해야 할 개념 ④가지

① 열점에서 생성된 해산이 이동할 때 판의 이동 속력은 $\dfrac{두\ 해산\ 사이의\ 거리}{두\ 해산의\ 생성\ 시기\ 차이}$ 로부터 구할 수 있다.

② 지하 물질의 온도가 높을수록 지진파의 속도가 느려지고, 지하 물질의 온도가 낮을수록 지진파의 속도가 빨라진다.

③ 뜨거운 플룸은 지하 약 2900 km의 맨틀과 외핵의 경계부에서 생성되어 지표로 상승한다.

④ 열점은 뜨거운 플룸이 지표면과 만나는 지점 아래에 마그마가 생성되는 곳이다.

문제 보기

그림 (가)는 어느 열점으로부터 생성된 해산의 배열을 연령과 함께 선으로 나타낸 것이고, (나)는 X−X′ 구간의 지진파 단층 촬영 영상을 나타낸 것이다.

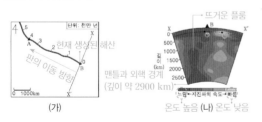

이 자료에 대한 설명으로 옳은 것만을 〈보기〉에서 있는 대로 고른 것은? [3점]

〈보기〉 풀이

ㄱ. **해산 A가 생성된 이후 A가 속한 판의 이동 속력은 지속적으로 감소하였다.**

➡ 해산 A는 열점이 위치한 B에서 화산 활동으로 생성되었으며, 판의 이동에 의해 북서쪽으로 이동하였다. (가)에서 천만 년 동안 이동한 거리 간격이 현재로 올수록 길어졌으므로 판의 이동 속력은 점차 증가하였다.

ㄴ. **온도는 ㉠ 지점보다 ㉡ 지점이 높다.**

➡ 지하 물질의 온도가 높을수록 지진파의 속도가 느려진다. ㉠ 지점은 ㉡ 지점보다 지진파의 속도가 느리므로 온도는 ㉠ 지점이 높다.

ㄷ. **해산 B는 뜨거운 플룸에 의해 생성되었다.**

➡ 해산 B 아래에 지진파의 속도가 느린 영역이 깊이 약 2900 km까지 이어져 있다. 이는 맨틀과 외핵의 경계부에서 상승한 뜨거운 플룸에 의해 해산 B가 생성되었기 때문이다.

24 고지자기와 판의 이동 2022학년도 수능 지Ⅰ 19번 정답 ④ | 정답률 34%

적용해야 할 개념 ③가지
① 열점에서 생성된 화산섬은 판의 이동 방향을 따라 배열된다.
② 고지자기극의 실제 위치가 변하지 않는다면 동일한 지점(고정된 열점)에서 고지자기 복각의 크기는 변하지 않는다.
③ 고지자기극의 실제 위치가 변하지 않는다면 열점에서 생성된 화산섬이 이동한 거리만큼 고지자기극의 겉보기 위치가 변한다.

문제 보기

그림은 고정된 열점에서 형성된 화산섬 A, B, C를, 표는 A, B, C의 연령, 위도, 고지자기 복각을 나타낸 것이다. A, B, C는 동일 경도에 위치한다.

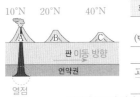

화산섬	A	B	C
연령 (백만 년)	0	15	40
위도	10°N	20°N	40°N
고지자기 복각	( )	(㉠)	(㉡)

지리상 북극과 떨어져 있는 거리를 알 수 있다.

이 자료에 대한 설명으로 옳은 것만을 〈보기〉에서 있는 대로 고른 것은? (단, 고지자기극은 고지자기 방향으로 추정한 지리상 북극이고, 지리상 북극은 변하지 않았다.) [3점]

〈보기〉 풀이

✗ ㉠은 ㉡보다 작다.
➡ 고지자기극은 고지자기 방향으로 추정한 지리상 북극이고, 지리상 북극은 변하지 않았다고 했으므로 화산섬 A, B, C가 생성된 기간 동안 고지자기극의 실제 위치는 현재의 지리상 북극에 고정되어 있었다. A, B, C는 모두 고정된 열점인 A 위치에서 생성되었으므로 고지자기 복각은 변하지 않았다. 따라서 ㉠과 ㉡은 같다.

ㄴ. 판의 이동 방향은 북쪽이다.
➡ 화산섬 A, B, C는 열점이 위치하는 10°N에서 생성되었고, 현재 A → B → C로 갈수록 연령과 위도가 증가하는데, 이는 판이 이동하였기 때문이다. A, B, C는 동일 경도에 있고, A → B → C로 갈수록 북극에 가까워지므로 판의 이동 방향은 북쪽이다.

ㄷ. B에서 구한 고지자기극의 위도는 80°N이다.
➡ B는 위도 10°N인 열점에서 생성되었으며, B가 생성될 당시 고지자기극은 지리상 북극인 90°N에 있었다. 그러나 현재 B는 열점에서 10° 북상하여 20°N에 있으므로 B에서 구한 고지자기극의 위도도 현재의 90°N에서 10° 이동한다. 따라서 B에서 구한 고지자기극의 위도는 80°N이다.

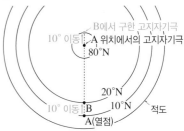

25 마그마의 성질 – 분출 유형 2020학년도 9월 모평 지Ⅰ 3번 정답 ② | 정답률 54%

적용해야 할 개념 ③가지
① 화산재와 고온의 화산 가스가 섞여 화산의 사면을 따라 빠르게 흘러내리는 흐름을 화산 쇄설류라고 한다.
② 점성이 큰 용암은 폭발적으로 분출하고, 점성이 작은 용암은 조용히 분출하여 흘러내린다.
③ 대기로 방출된 화산재는 태양 빛을 차단하여 기온을 낮춘다.

문제 보기

표는 역사상 발생하였던 화산 분출 피해 사례를 나타낸 것이다.

화산 분출 피해 사례	
(가)	1980년 미국 세인트헬렌스 화산 분출에 의한 ㉠화산 쇄설류 등으로 59명의 인명 피해가 발생하였다. └ 폭발적으로 분출, 용암의 점성이 크다.
(나)	1990년 하와이 킬라우에아 화산의 용암이 인근 도로와 공원까지 밀어 닥쳤다. → 용암의 유동성이 크다.
(다)	1991년 필리핀 피나투보 화산 분출로 34 km 상공까지 화산재가 분출되었으며, 약 350명의 인명 피해가 발생하였다. └ 폭발적으로 분출, 용암의 점성이 크다.

이에 대한 설명으로 옳은 것만을 〈보기〉에서 있는 대로 고른 것은? [3점]

〈보기〉 풀이

(가)와 (다)는 화산이 폭발적으로 분출하여 다량의 화산재가 방출되었고, (나)는 상대적으로 조용하게 분출하여 용암이 멀리까지 흘러갔다.

✗ ㉠은 화산재가 물에 포화되어 흘러내리는 흐름이다.
➡ ㉠은 화산 분출이 일어날 때 화산재 등의 화산 쇄설물과 고온의 화산 가스가 섞여 빠르게 흘러내리는 흐름을 말한다. 화산재가 물에 포화되어 흘러내리는 흐름은 화산 이류이다.

ㄴ. 분출 용암의 점성은 (가)가 (나)보다 크다.
➡ 점성이 큰 용암은 화산이 폭발적으로 분출하여 다량의 화산 쇄설물을 방출한다. (가)는 화산 쇄설류에 의한 피해가 발생하였으므로 점성이 큰 용암이 분출하였다. 세인트헬렌스 화산은 안산암질 용암이 분출한 경우이다. 한편, 하와이섬의 지하에는 열점이 있으므로 (나)는 열점에서의 화산 분출이며, 점성이 작은 현무암질 용암이 분출하여 용암이 멀리까지 흘러가 피해를 입혔다. 따라서 분출 용암의 점성은 (가)가 (나)보다 크다.

✗ (다)에서 성층권에 도달한 화산 분출물로 인하여 지구의 평균 기온이 높아졌다.
➡ 34 km 상공은 성층권에 해당한다. 성층권에 도달한 화산재 등의 화산 분출물은 태양 빛을 차단하여 지구의 평균 기온을 낮추었다.

적용해야 할 개념 ③가지

① 열점은 뜨거운 플룸이 상승하여 마그마가 생성되는 곳이므로 지하 깊은 곳에 고정되어 있다.

② 열점에서 생성된 화산암체들은 판의 이동 방향을 따라 한 방향으로 배열된다.

③ 판이 이동하는 방향은 열점에서 생성된 화산암체들의 연령이 증가하는 방향이다.

문제 보기

다음은 판의 이동에 따라 열점에서 생성된 화산암체들이 배열되는 과정을 알아보기 위한 탐구 활동이다.

판이 이동하더라도 열점은 이동하지 않는다.

[탐구 과정]

(가) 책상에 종이를 고정시킨 후, ㉠ 종이 위에 점을 찍고 A로 표시한다. 열점에 해당한다.

(나) 그림과 같이 (가)의 종이 위에 투명 용지를 올린 후, 투명 용지에 방위를 표시하고 종이의 점 A의 위치에 점을 찍는다. 판에 해당한다.

종이   투명 용지

(다) 투명 용지를 일정한 거리만큼 (㉡) 방향으로 이동시킨다.

(라) 투명 용지에 종이의 점 A의 위치에 점을 찍는다.

(마) (다)~(라)의 과정을 2회 반복한다.

(바) (나)~(마)의 과정에서 투명 용지에 점을 찍은 순서대로 숫자 1~4를 기록한다.

[탐구 결과]

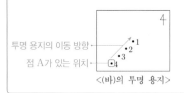

투명 용지의 이동 방향 →
점 A가 있는 위치 →

<(바)의 투명 용지>

이 자료에 대한 설명으로 옳은 것만을 〈보기〉에서 있는 대로 고른 것은? [3점]

〈보기〉 풀이

ㄱ. ㉠은 '열점'에 해당한다.

➡ 열점은 판의 내부에서 마그마가 생성되는 곳으로, 지하 깊은 곳에 고정되어 있으므로 판이 이동하더라도 열점은 이동하지 않는다. ㉠은 투명 용지가 이동하더라도 고정되어 있으므로 ㉠은 '열점'에 해당한다.

ㄴ. (다)는 판이 이동하는 과정에 해당한다.

➡ 투명 용지는 판에 해당하므로 투명 용지를 이동시키는 과정은 판이 이동하는 과정에 해당한다.

✘ '남서쪽'은 ㉡에 해당한다.

➡ 열점에서 형성된 화산암체들은 판의 이동 방향을 따라 이동하므로 열점에서 멀어질수록 연령이 증가한다. (바)에서 숫자의 순서는 4 → 3 → 2 → 1로 갈수록 오래된 것이므로 투명 용지는 북동쪽으로 이동하였다. 따라서 ㉡에 해당하는 방향은 '북동쪽'이다.

보기

5
일차

01 ③	02 ③	03 ②	04 ①	05 ③	06 ①	07 ④	08 ③	09 ①	10 ③	11 ③	12 ④
13 ⑤	14 ②	15 ①	16 ②	17 ④	18 ①	19 ②	20 ④	21 ④	22 ④	23 ①	24 ①
25 ④	26 ③	27 ②	28 ④	29 ②	30 ①	31 ①	32 ④	33 ④	34 ④	35 ②	36 ③
37 ③	38 ④										

문제편 046쪽~055쪽

---

01 마그마의 생성 조건 2024학년도 9월 모평 지I 6번   정답 ③ | 정답률 72 %

적용해야 할 개념 ③가지

① 암석권 내에서 지하의 온도 분포는 해령이 섭입대보다 높다.

② 해령에서는 맨틀 물질의 부분 용융이 일어나 주로 현무암질 마그마가 생성된다.

③ 해령에서는 맨틀 물질이 상승함에 따라 물을 포함하지 않은 맨틀 물질의 압력 하강으로 마그마가 생성되고, 섭입대에서는 물을 포함하는 맨틀 물질의 용융점 하강으로 마그마가 생성된다.

문제 보기

그림은 암석의 용융 곡선과 지역 ㉠, ㉡의 지하 온도 분포를 깊이에 따라 나타낸 것이다. ㉠과 ㉡은 각각 해령과 섭입대 중 하나이다.

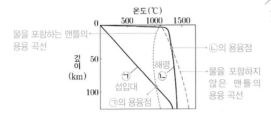

이 자료에 대한 설명으로 옳은 것만을 〈보기〉에서 있는 대로 고른 것은?

〈보기〉 풀이

해령은 맨틀 대류의 상승부이고, 섭입대는 맨틀 대류의 하강부이므로 암석권에서의 온도는 해령이 섭입대보다 높다. 따라서 ㉠은 섭입대, ㉡은 해령이다.

ㄱ. ㉠에서는 물이 포함된 맨틀 물질이 용융되어 마그마가 생성된다.

➡ ㉠(섭입대)에서는 해양 지각과 해양 퇴적물이 섭입할 때 빠져나온 물이 맨틀에 공급되어 맨틀 물질의 용융점이 낮아져 마그마가 생성된다.

✗ ㉡에서는 주로 유문암질 마그마가 생성된다.

➡ ㉡(해령)에서는 맨틀 물질이 상승하면서 압력이 낮아져 맨틀 물질의 온도가 용융점보다 높은 상태로 되면 부분 용융이 일어나 현무암질 마그마가 생성된다.

ㄷ. 맨틀 물질이 용융되기 시작하는 온도는 ㉠이 ㉡보다 낮다.

➡ 그림의 두 점선 중 ----는 물을 포함하지 않은 맨틀의 용융 곡선이므로 ㉡(해령)에서의 마그마 생성을 설명하는 데 쓰이고, ······는 물을 포함한 맨틀의 용융 곡선이므로 ㉠(섭입대)에서의 마그마 생성을 설명하는 데 쓰인다. 맨틀 물질의 온도(실선)가 용융점(점선)보다 높으면 마그마가 생성되므로 맨틀 물질이 용융되기 시작하는 온도는 ㉠이 ㉡보다 낮다.

적용해야 할 개념 ③가지

① 물이 포함되지 않은 맨틀에 물이 포함되면 용융점이 낮아진다.

② 마그마의 생성 과정

현무암질 마그마	• 섭입대에서는 맨틀 물질에 물이 공급되어 용융점이 하강하여 현무암질 마그마가 생성된다. • 해령 하부와 열점에서는 맨틀 물질이 상승하여 온도가 용융점보다 높아지므로 현무암질 마그마가 생성된다.
화강암질 마그마	• 섭입대에서 생성된 마그마가 상승하여 대륙 지각 하부의 온도를 높이면 화강암질(유문암질) 마그마가 생성된다. • 화강암질 암석이 지하 깊은 곳으로 침강하면 온도가 용융점보다 높아져 화강암질(유문암질) 마그마가 생성된다.
안산암질 마그마	• 섭입대에서 상승한 현무암질 마그마와 이로부터 생성된 화강암질 마그마가 혼합되어 안산암질 마그마가 생성된다.

③ 마그마의 화학 조성

SiO₂ 함량	← → 52% ← → 63% ← →		
마그마	현무암질 마그마	안산암질 마그마	유문암질(화강암질) 마그마

문제 보기

그림은 깊이에 따른 지하의 온도 분포와 맨틀의 용융 곡선 X, Y를 나타낸 것이다. X, Y는 각각 물이 포함된 맨틀의 용융 곡선과 물이 포함되지 않은 맨틀의 용융 곡선 중 하나이고, ㉠, ㉡은 마그마의 생성 과정이다.

이에 대한 옳은 설명만을 〈보기〉에서 있는 대로 고른 것은? [3점]

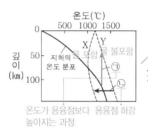

〈보기〉풀이

ㄱ. X는 물이 포함된 맨틀의 용융 곡선이다.

➡ 맨틀에 물이 포함되면 용융점이 낮아지므로 X는 물이 포함된 맨틀의 용융 곡선, Y는 물이 포함되지 않은 맨틀의 용융 곡선이다.

ㄴ. 해령 하부에서는 마그마가 ㉠으로 생성된다.

➡ ㉠은 온도가 용융점보다 높아지는 과정이고, ㉡은 용융점이 낮아지는 과정이다. 맨틀 대류의 상승부인 해령 하부에서 대류에 의해 맨틀 물질이 ㉠ 과정으로 상승하면 압력이 낮아지면서 온도가 용융점보다 높아져 마그마가 생성된다.

ㄷ. ㉡으로 생성된 마그마는 SiO₂ 함량이 63% 이상이다.

➡ ㉡은 맨틀 물질에 물이 포함되면서 용융점이 낮아져 마그마가 생성되는 과정이다. 맨틀 물질이 부분 용융되면 현무암질 마그마가 생성되므로 ㉡으로 생성된 마그마는 SiO₂ 함량이 52% 이하이다.

적용해야 할 개념 ③가지

① 지하의 온도가 암석 물질의 용융점보다 높으면 암석이 녹아 마그마가 생성된다.

② 해령에서는 맨틀 물질의 상승(압력 감소)으로 현무암질 마그마가 생성된다.

③ 섭입대에서는 맨틀 물질의 용융점 하강(물의 공급)으로 현무암질 마그마가 생성된다.

문제 보기

그림은 서로 다른 두 지역 (가)와 (나)의 지하 온도 분포와 암석의 용융 곡선을 나타낸 것이다. (가)와 (나)는 각각 해령과 섭입대 중 하나이고, ㉠과 ㉡은 암석의 용융 곡선이다.

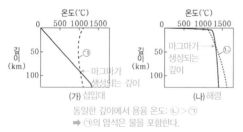

이 자료에 대한 설명으로 옳은 것만을 〈보기〉에서 있는 대로 고른 것은? [3점]

〈보기〉풀이

ㄱ. (가)는 해령이다.

➡ 물을 포함하는 맨틀 물질은 물을 포함하지 않는 맨틀 물질보다 용융점이 낮다. 섭입대에서는 섭입하는 해양 지각에서 맨틀로 물이 공급되어 용융점이 낮아진다. 따라서 (가)는 섭입대이고, (나)는 해령이다.

ㄴ. 마그마가 생성되는 깊이는 (가)가 (나)보다 깊다.

➡ 지하의 온도가 맨틀 물질의 용융점보다 높아지면 마그마가 생성된다. (가)는 깊이 약 90~100 km에서 마그마가 생성되고, (나)는 깊이 약 30~40 km에서 마그마가 생성되므로 마그마가 생성되는 깊이는 (가)가 (나)보다 깊다.

ㄷ. 물을 포함한 암석의 용융 곡선은 ㉡이다.

➡ 암석에 물이 포함되면 용융점이 낮아지므로 물을 포함한 암석의 용융 곡선은 ㉠이다.

04 마그마 생성 조건 2020학년도 9월 모평 지Ⅱ 5번 정답 ① | 정답률 51 %

적용해야 할 개념 ④가지

① 지하(암석)의 온도가 암석의 용융점보다 높으면 암석이 용융되어 마그마가 된다.

② 맨틀 물질이 용융되면 현무암질 마그마가 생성될 수 있다.

③ 물이 포함되지 않은 맨틀에 물이 공급되면 맨틀의 용융 곡선이 변한다.
   ➡ 맨틀의 용융점이 낮아져 마그마가 생성될 수 있다. 예 섭입대

④ 맨틀 물질이 상승하여 압력이 감소하면, 맨틀 물질의 온도보다 맨틀의 용융점(물 불포함)이 낮아져 마그마가 생성될 수 있다. 예 해령, 열점

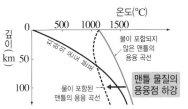

▲ 물이 포함될 때 맨틀의 용융점 변화

문제 보기

그림 (가)는 어느 판 경계부에서 지하 온도 분포와 암석 용융 곡선을, (나)는 이 경계부에서 마그마가 생성될 때 (가)의 암석 용융 곡선이 변화한 것을 나타낸 것이다.

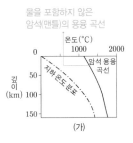

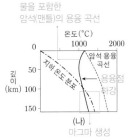

이에 대한 설명으로 옳은 것만을 〈보기〉에서 있는 대로 고른 것은? [3점]

〈보기〉 풀이

ㄱ. 암석에 물이 포함되는 경우, (가)의 암석 용융 곡선은 (나)의 암석 용융 곡선으로 변한다.

➡ 물이 포함되지 않은 암석(맨틀)의 용융 곡선은 (가)와 같이 나타난다. 암석(맨틀)에 물이 포함되면 깊이에 따라 암석이 용융되는 온도가 (나)와 같이 낮아진다. 섭입대에서 해양 지각이 지하 깊은 곳으로 들어가면 함수 광물에 포함되어 있던 물이 빠져나와 맨틀에 공급되어 (나)와 같은 변화가 일어나 지하의 온도보다 용융점이 낮아지는 깊이에서는 마그마가 생성된다.

ㄴ. (나)에서는 유문암질 마그마가 생성된다. ── 화학 결합 내부에 수산화 이온(OH⁻)을 포함하고 있어서 가열하면 물이 빠져나오는 광물

➡ (나)에서는 암석(맨틀)의 용융점 하강으로 지하 깊은 곳에서 온도가 높은 마그마가 생성되므로 현무암질 마그마가 생성된다.

ㄷ. 열점에서는 (나)와 같은 조건에서 마그마가 생성된다.

➡ 열점에서는 플룸 상승류에 의해 맨틀 물질이 상승하면서 압력이 감소하는 조건에서 마그마가 생성된다. (나)는 섭입대에서 해양 지각이 섭입하며 함수 광물에서 빠져나온 물이 공급되어 맨틀의 용융점이 낮아져 마그마가 생성되는 조건이다.

05 마그마 생성 조건 2022학년도 9월 모평 지Ⅰ 13번 정답 ③ | 정답률 55 %

적용해야 할 개념 ④가지

① 지하(암석)의 온도가 암석의 용융점보다 높으면 암석이 용융되어 마그마가 된다.

② 대륙 지각이 가열되면 온도가 상승하여 화강암질 마그마가 생성된다.

③ 맨틀 물질이 빠르게 상승하면 온도가 맨틀의 용융점보다 높아져 부분 용융이 일어나 현무암질 마그마가 생성된다.

④ 맨틀에 물이 공급되면 용융점이 낮아져 맨틀의 부분 용융이 일어나 현무암질 마그마가 생성된다.

문제 보기

그림은 대륙과 해양의 지하 온도 분포를 나타낸 것이고, ㉠, ㉡, ㉢은 암석의 용융 곡선이다.

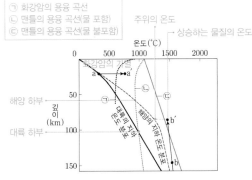

이 자료에 대한 설명으로 옳은 것만을 〈보기〉에서 있는 대로 고른 것은? [3점]

〈보기〉 풀이

지하의 온도는 암석의 용융점보다 낮으므로 지하에 분포하는 암석은 녹지 않은 고체 상태로 존재하며, 암석의 온도가 높아지거나 용융점이 낮아지는 변화가 일어나면 암석의 온도가 용융점보다 높아져 마그마가 생성된다.

ㄱ. a → a′ 과정으로 생성되는 마그마는 b → b′ 과정으로 생성되는 마그마보다 SiO_2 함량이 많다.

➡ ㉠은 화강암의 용융 곡선이므로 a → a′ 과정으로 화강암질 마그마가 생성된다. ㉡과 ㉢은 맨틀의 용융 곡선이므로 b → b′ 과정으로 현무암질 마그마가 생성된다. 화강암질 마그마는 현무암질 마그마보다 SiO_2 함량이 많다.

ㄴ. b → b′ 과정으로 상승하고 있는 물질은 주위보다 온도가 높다.

➡ 대륙과 해양의 지하 온도 분포를 보면 깊이가 얕아질수록 온도가 낮아진다. b → b′ 과정으로 물질이 상승하면 물질의 온도는 거의 변하지 않으나 주변의 온도가 낮아지므로 상승하고 있는 물질의 온도는 주위보다 높다.

ㄷ. 물의 공급에 의해 맨틀 물질의 용융이 시작되는 깊이는 해양 하부에서가 대륙 하부에서보다 깊다.

➡ ㉡은 물이 포함된 맨틀의 용융 곡선이고, ㉢은 물이 포함되지 않은 맨틀의 용융 곡선이므로 ㉡과 ㉢ 중 물의 공급에 의해 맨틀 물질이 용융되는 과정은 ㉡을 통해 알 수 있다. 따라서 ㉡이 대륙과 해양의 지하 온도 분포 곡선과 각각 만나는 깊이를 비교해 보면 대륙의 지하 온도 분포 곡선과 만나는 경우가 더 깊다. 이는 대륙 하부에서가 해양 하부에서보다 맨틀 물질의 용융이 시작되는 깊이가 깊음을 나타낸다.

적용해야 할 개념 ③가지

① 섭입하는 해양 지각에서 방출되는 물은 맨틀 물질의 용융 온도를 감소시킨다.

② 안산암질 마그마가 지표 부근에서 굳으면 안산암, 지하 깊은 곳에서 굳으면 섬록암이 된다.

③ 해령에서는 맨틀 물질의 부분 용융에 의해 현무암질 마그마가 생성된다.

문제 보기

그림 (가)는 암석의 용융 곡선과 지역 A, B의 지하 온도 분포를 깊이에 따라 나타낸 것이고, (나)는 마그마 X, Y, Z의 온도와 SiO_2 함량을 나타낸 것이다. A와 B는 각각 섭입대와 해령 중 하나이고, X, Y, Z는 각각 현무암질, 안산암질, 유문암질 마그마 중 하나이다.

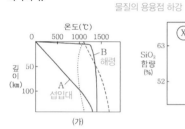
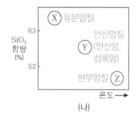

(가)   (나)

이에 대한 설명으로 옳은 것만을 〈보기〉에서 있는 대로 고른 것은?

〈보기〉 풀이

ㄱ. A에서 물은 암석의 용융 온도를 감소시키는 요인이다.

➡ A는 B보다 온도가 낮으므로 섭입대이다. 섭입대에서는 섭입하는 해양 지각에서 방출되는 물이 암석의 용융 온도를 감소시키는 요인으로 작용한다.

✗ Y가 지하 깊은 곳에서 굳으면 반려암이 생성된다.

➡ 마그마의 SiO_2 함량은 현무암질 마그마 → 안산암질 마그마 → 유문암질 마그마로 갈수록 증가한다. 따라서 X는 유문암질 마그마, Y는 안산암질 마그마, Z는 현무암질 마그마이다. 안산암질 마그마가 지하 깊은 곳에서 굳으면 섬록암이 된다.

✗ B에서 생성되는 마그마는 주로 X이다.

➡ B는 A보다 온도가 높으므로 해령이다. 해령에서는 맨틀 물질이 상승하면서 부분 용융되어 현무암질 마그마가 생성되므로 B에서 생성되는 마그마는 주로 Z이다.

적용해야 할 개념 ③가지

① 해령에서는 맨틀 물질의 상승에 의한 압력 감소로 현무암질 마그마가 생성된다.

② 섭입대의 대륙 지각 하부에서는 지각에 공급된 열에 의해 지각의 일부가 녹아 유문암질 마그마가 되고, 유문암질 마그마와 열을 공급한 현무암질 마그마가 혼합되면 안산암질 마그마가 된다.

③ 마그마가 생성되는 온도는 현무암질 마그마＞안산암질 마그마＞유문암질 마그마이다.

문제 보기

그림 (가)는 마그마가 생성되는 지역 A와 B를, (나)는 깊이에 따른 지하 온도 분포와 암석의 용융 곡선을 나타낸 것이다. (나)의 ㉠과 ㉡은 A와 B에서 마그마가 생성되는 과정을 순서 없이 나타낸 것이다.

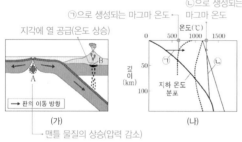

(가)   (나)

이 자료에 대한 설명으로 옳은 것만을 〈보기〉에서 있는 대로 고른 것은?

〈보기〉 풀이

✗ A에서 맨틀 물질이 용융되는 주된 요인은 압력 증가이다.

➡ A는 맨틀 대류의 상승부인 해령이다. 해령 하부에서는 고온의 맨틀 물질이 상승하여 압력이 감소하면 맨틀 물질의 온도가 용융점보다 높은 상태가 되어 부분 용융이 일어나 마그마가 생성된다. 따라서 A에서 맨틀 물질이 용융되는 주된 요인은 압력 감소이다.

ㄴ. B에서 유문암질 마그마가 생성될 수 있다.

➡ 섭입대에서 생성된 고온의 현무암질 마그마가 상승하여 대륙 지각을 가열하고, 대륙 지각의 일부가 녹아 유문암질 마그마가 생성된다. 따라서 B에서는 유문암질 마그마가 생성될 수 있다.

ㄷ. 마그마가 생성되기 시작하는 온도는 ㉠이 ㉡보다 낮다.

➡ ㉠은 대륙 지각이 가열되어 유문암질 마그마가 생성되는 과정이고, ㉡은 맨틀 물질의 부분 용융으로 현무암질 마그마가 생성되는 과정이다. 유문암질 마그마는 현무암질 마그마보다 생성되는 온도가 낮다. 따라서 마그마가 생성되기 시작하는 온도는 ㉠이 ㉡보다 낮다.

08 마그마의 생성 과정 2024학년도 5월 학평 지Ⅰ 2번
정답 ③ | 정답률 55 %

적용해야 할 개념 ③가지

① 해령에서는 맨틀 물질이 상승하면서 주로 현무암질 마그마가 분출한다.

② 깊이 약 100 km까지 지하의 평균 온도 변화율은 해령 부근이 섭입대보다 크다.

③ 해령에서는 고온의 맨틀 물질이 상승하므로 지하의 온도가 주변보다 높고, 섭입대에서는 저온의 맨틀 물질이 하강하므로 지하의 온도가 주변보다 낮다.

문제 보기

그림 (가)는 마그마 분출 지역 A와 B를, (나)는 깊이에 따른 지하 온도 분포와 암석의 용융 곡선을 나타낸 것이다. ㉠과 ㉡은 A와 B의 지하 온도 분포를 순서 없이 나타낸 것이다.

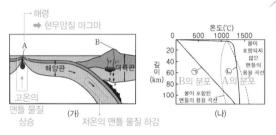

이에 대한 설명으로 옳은 것만을 〈보기〉에서 있는 대로 고른 것은?
[3점]

〈보기〉 풀이

ㄱ. **A에서 마그마가 분출하여 굳으면 주로 현무암이 된다.**

➡ A는 맨틀 대류의 상승부이므로 맨틀 물질이 상승하면서 압력 감소로 현무암질 마그마가 생성된다. 따라서 A에서 마그마가 분출하여 굳으면 주로 현무암이 된다.

ㄴ. **깊이 0~20 km 구간에서 지하의 평균 온도 변화율은 ㉠보다 ㉡이 크다.**

➡ 지하의 온도 변화율(℃/km)은 $\dfrac{온도}{깊이}$ 이므로 (나)의 그래프에서 기울기가 완만할수록 크다. 따라서 깊이 0~20 km 구간에서 지하의 평균 온도 변화율은 ㉠보다 ㉡이 크다.

ㄷ. **㉡은 B의 지하 온도 분포이다.**

➡ 해령은 맨틀 대류의 상승부이고 해구와 섭입대는 맨틀 대류의 하강부이므로, 깊이 약 100 km까지의 지하 온도는 해령이 해구(섭입대)보다 높다. 따라서 ㉡은 A의 지하 온도 분포이다.

---

09 마그마의 생성 지역과 생성 조건 2024학년도 3월 학평 지Ⅰ 3번
정답 ① | 정답률 74 %

적용해야 할 개념 ③가지

① 마그마의 생성

열점과 해령	섭입대	대륙 지각 하부
맨틀 물질이 상승(압력 감소)하면서 온도가 용융점보다 높아진다. ➡ 현무암질 마그마 생성	해양 지각에서 방출된 물이 맨틀에 공급되어 맨틀의 용융점을 낮춘다. ➡ 현무암질 마그마 생성	상승하는 현무암질 마그마로부터 대륙 지각에 열이 공급(온도 상승)되어 온도가 용융점보다 높아진다. ➡ 유문암질(또는 안산암질) 마그마 생성

② 마그마의 생성 온도는 현무암질 마그마 → 안산암질 마그마 → 유문암질 마그마로 갈수록 낮아진다.

③ 마그마의 SiO_2 함량은 현무암질 마그마(52 % 이하) → 안산암질 마그마(52~63 %) → 유문암질 마그마(63 % 이상)로 갈수록 증가한다.

문제 보기

그림 (가)는 마그마가 생성되는 지역 A, B, C를, (나)는 깊이에 따른 지하의 온도 분포와 암석의 용융 곡선을 나타낸 것이다.

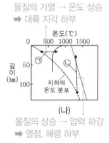

이 자료에 대한 설명으로 옳은 것만을 〈보기〉에서 있는 대로 고른 것은?

〈보기〉 풀이

ㄱ. **A의 마그마는 ㉡ 과정에 의해 생성된다.**

➡ A는 뜨거운 플룸이 상승하면서 맨틀 물질의 온도가 용융점보다 높아져 현무암질 마그마가 생성되는 열점이다. ㉡은 맨틀 물질의 상승으로 압력 감소에 의해 맨틀 물질의 온도가 용융점보다 높아져 현무암질 마그마가 생성되는 과정이므로 A의 마그마는 ㉡ 과정에 의해 생성된다.

ㄴ. **마그마의 평균 온도는 A에서가 B에서보다 낮다.**

➡ 마그마의 온도는 현무암질 마그마 → 안산암질 마그마 → 유문암질 마그마로 갈수록 낮아진다. A에서는 현무암질 마그마가 생성되고, B에서는 안산암질 또는 유문암질 마그마가 생성되므로, 마그마의 평균 온도는 A에서가 B에서보다 높다.

ㄷ. **마그마의 SiO_2 함량은 B에서가 C에서보다 낮다.**

➡ 마그마의 SiO_2 함량은 현무암질 마그마 → 안산암질 마그마 → 유문암질 마그마로 갈수록 높아진다. C에서는 물의 공급에 의해 맨틀 물질의 용융점 하강으로 현무암질 마그마가 생성되고, B에서는 대륙 지각의 가열과 마그마의 혼합에 의해 유문암질 또는 안산암질 마그마가 생성된다. 따라서 SiO_2 함량은 B에서가 C에서보다 높다.

| 10 | 마그마의 생성 조건 | 2024학년도 수능 지Ⅰ 5번 | 정답 ③ | 정답률 82% |

적용해야 할 개념 ③가지

① 화성암의 분류와 화학 조성

마그마(SiO_2 함량) / 화성암	현무암질 마그마 (52% 이하)	안산암질 마그마 (52~63%)	유문암질 마그마 (63% 이상)
화산암	현무암	안산암	유문암
심성암	반려암	섬록암	화강암

② 섭입대 하부에서는 맨틀에 물이 공급되어 맨틀의 용융점이 낮아지므로 현무암질 마그마가 만들어진다.

③ 대륙 지각 하부에서는 상승하는 현무암질 마그마에 의해 대륙 지각이 가열되어 유문암질 마그마가 만들어진다.

문제 보기

그림 (가)는 판 경계 주변에서 마그마가 생성되는 모습을, (나)는 깊이에 따른 지하 온도 분포와 암석의 용융 곡선을 나타낸 것이다. ㉠과 ㉡은 안산암질 마그마와 현무암질 마그마를 순서 없이 나타낸 것이다.

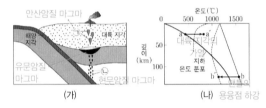

이에 대한 설명으로 옳은 것만을 〈보기〉에서 있는 대로 고른 것은? [3점]

〈보기〉 풀이

✗ ㉠이 분출하여 굳으면 섬록암이 된다.

➡ ㉠은 섭입대에서 상승한 현무암질 마그마와 대륙 지각의 가열에 의해 생성된 유문암질 마그마가 혼합되어 만들어진 안산암질 마그마이다. 안산암질 마그마가 지표로 분출하여 굳으면 주로 안산암이 된다. 섬록암은 안산암질 마그마가 지하에서 천천히 식어 생성되는 암석이다.

✗ ㉡은 a → a′ 과정에 의해 생성된다.

➡ ㉡은 해양 지각의 섭입 과정에서 방출된 물이 맨틀에 공급되어 맨틀의 용융점이 낮아져 생성된 현무암질 마그마이다. 맨틀의 용융점이 낮아지는 과정은 b → b′에 해당한다.

ⓒ SiO_2 함량(%)은 ㉠이 ㉡보다 높다.

➡ ㉠은 안산암질 마그마로 SiO_2 함량이 52~63%이고, ㉡은 현무암질 마그마로 SiO_2 함량이 52% 이하이다. 따라서 SiO_2 함량(%)은 ㉠이 ㉡보다 높다.

| 11 | 마그마 생성 조건과 생성 장소 | 2020학년도 10월 학평 지Ⅰ 6번 | 정답 ③ | 정답률 31% |

적용해야 할 개념 ③가지

① 동일한 깊이에서 화강암의 용융점은 맨틀의 용융점보다 낮다.

② 섭입대에서는 섭입하는 해양 지각에 포함된 함수 광물에서 물이 방출된다.

③ 섭입대에서는 맨틀 물질에 물이 공급되어 용융점이 하강하여 현무암질 마그마가 생성된다.

문제 보기

그림 (가)는 지하의 온도 분포와 암석의 용융 곡선을, (나)는 어느 판 경계 주변의 단면을 나타낸 것이다.

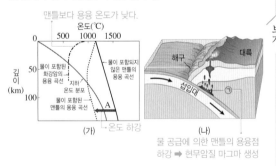

이에 대한 옳은 설명만을 〈보기〉에서 있는 대로 고른 것은?

〈보기〉 풀이

ⓙ 대륙 지각은 맨틀보다 용융 온도가 대체로 낮다.

➡ 대륙 지각은 주로 물이 포함된 화강암질 암석으로 이루어져 있으므로 깊이에 따른 대륙 지각의 용융 온도는 '물이 포함된 화강암의 용융 곡선'에 해당한다. 이 용융 곡선은 '물이 포함된 맨틀의 용융 곡선'이나 '물이 포함되지 않은 맨틀의 용융 곡선'보다 용융 온도가 더 낮으므로 대륙 지각은 맨틀보다 용융 온도가 대체로 낮다.

ⓛ ㉠의 마그마는 (가)의 A와 같은 과정으로 생성된다.

➡ 섭입대에서 해양 지각이 섭입하여 온도와 압력이 상승하면 지각의 함수 광물에서 물이 빠져나오고, 이 물이 맨틀에 공급되면 맨틀의 용융점이 낮아진다. 이 과정은 (가)의 A에 해당하며, 맨틀의 용융점이 지하의 온도보다 낮은 상태가 될 때 ㉠의 마그마가 생성된다.

✗ ㉠의 마그마는 주로 해양 지각이 용융된 것이다.

➡ ㉠의 마그마는 해양 지각의 함수 광물에서 방출된 물이 맨틀에 공급되어 맨틀 물질의 부분 용융이 일어나 생성된 현무암질 마그마이다. 따라서 ㉠의 마그마는 주로 맨틀 물질이 용융된 것이다.

| **12** | 마그마 생성 조건과 생성 장소 2020학년도 6월 모평 지Ⅱ 11번 | 정답 ④ | 정답률 64% |

**적용해야 할
개념 ③가지**

① 깊이가 깊어질수록 압력이 증가함에 따라 화강암(물 포함)의 용융 온도는 낮아진다.
② 깊이가 깊어질수록 압력이 증가함에 따라 현무암(물 불포함)의 용융 온도는 높아진다.
③ 압력이 감소하거나, 물이 공급되거나, 온도가 상승하여 암석의 용융 온도에 도달하면 마그마가 생성될 수 있다.

해령	해령의 하부에서는 압력의 감소로 마그마가 생성될 수 있다.
섭입대	해양 지각이 섭입할 때 물이 방출되어 맨틀에 공급되면 맨틀 물질의 용융점이 낮아져 마그마가 생성될 수 있다.
섭입대 부근의
대륙 지각 하부	섭입대에서 생성된 마그마가 상승하여 대륙 지각의 하부에 도달하면 지각의 온도가 상승하여 유문암질 마그마가 생성될 수 있으며, 현무암질 마그마가 유문암질 마그마와 혼합되거나 성분이 변하여 안산암질 마그마가 생성될 수 있다.

문제 보기

그림 (가)는 지하의 온도 분포와 암석의 용융 곡선을, (나)는 마그마가 생성되는 장소 A, B, C를 모식적으로 나타낸 것이다. (가)에서 a와 b는 현무암의 용융 곡선과 물을 포함한 화강암의 용융 곡선을 순서 없이 나타낸 것이다.

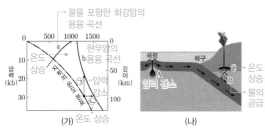

(가)

(나)

이에 대한 설명으로 옳지 <u>않은</u> 것은?

<보기> 풀이

① **a는 물을 포함한 화강암의 용융 곡선이다.**
➡ a는 곡선이 왼쪽 아래로 기울어져 압력이 증가함에 따라 용융 온도가 낮아지므로 물을 포함한 화강암의 용융 곡선이다. b는 현무암의 용융 곡선이다.

　다른 풀이 화강암은 현무암보다 용융 온도가 낮으므로 a는 화강암, b는 현무암의 용융 곡선이다.

② **압력이 증가하면 현무암의 용융 온도는 증가한다.**
➡ 현무암의 용융 곡선은 b이고, b는 곡선이 오른쪽 아래로 기울어져 있으므로 압력이 증가하면 현무암의 용융 온도는 증가한다.

③ **A에서는 (가)의 ㉠ 과정에 의하여 마그마가 생성된다.**
➡ A는 맨틀 대류의 상승부인 해령의 하부로, 이 곳에서는 맨틀 물질이 상승하면서 압력이 감소하여 맨틀 물질의 부분 용융이 일어나 마그마가 생성된다. (가)에서 압력 감소로 마그마가 생성되는 것은 ㉠ 과정이다.

④ **B에서는 (가)의 ㉡ 과정에 의하여 마그마가 생성된다.**
➡ B는 섭입대의 하부이다. 해양 지각은 함수 광물을 포함하고 있으므로 섭입하는 해양 지각에서 빠져나온 물이 맨틀에 공급되면 맨틀 물질의 용융점이 낮아지면서 부분 용융이 일어나 현무암질 마그마가 생성된다. 따라서 B에서는 물의 공급에 의한 맨틀 물질의 용융점 하강에 의해 마그마가 생성된다. ㉡ 과정은 맨틀의 용융점은 변하지 않고, 온도가 상승하는 과정이다.

⑤ **C에서는 유문암질 마그마가 생성될 수 있다.**
➡ C는 대륙 지각의 하부이므로 화강암질(유문암질) 암석으로 이루어져 있다. B에서 생성된 고온의 마그마가 상승하여 C에 도달하면 대륙 지각 물질의 온도가 높아져 부분 용융이 일어나므로 유문암질 마그마가 생성될 수 있다.

적용해야 할 개념 ⑤가지

① 물이 포함되지 않은 맨틀 물질은 깊이가 깊어질수록(압력이 증가할수록) 용융점이 높아진다.
② 맨틀 물질에 물이 포함되면 용융점이 낮아진다.
③ 해령과 열점에서는 맨틀 물질이 상승하면서 압력 감소로 현무암질 마그마가 생성된다.
④ 대륙 지각의 하부에서는 현무암질 마그마와 유문암질 마그마의 혼합에 의해 안산암질 마그마가 생성된다.
⑤ 안산암질 마그마가 냉각되어 굳으면 안산암(화산암), 섬록 반암(반심성암), 섬록암(심성암)이 만들어진다.

문제 보기

그림 (가)는 깊이에 따른 지하 온도 분포와 암석의 용융 곡선 ⊙, ⊙, ⓒ을, (나)는 마그마가 생성되는 지역 A, B를 나타낸 것이다.

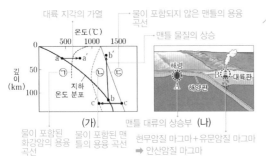

(가)
(나)

이에 대한 설명으로 옳은 것만을 〈보기〉에서 있는 대로 고른 것은?
[3점]

〈보기〉 풀이

ㄱ. 물이 포함되지 않은 암석의 용융 곡선은 ⓒ이다.
➡ ⊙은 물이 포함된 화강암의 용융 곡선, ⊙은 물이 포함된 맨틀의 용융 곡선, ⓒ은 물이 포함되지 않은 맨틀의 용융 곡선이다.

ㄴ. B에서는 섬록암이 생성될 수 있다.
➡ B에서는 섭입대에서 상승한 현무암질 마그마가 대륙 지각에 열을 공급하여 유문암질 마그마가 생성되고, 염기성의 현무암질 마그마와 산성의 유문암질 마그마가 혼합되어 중성의 안산암질 마그마가 생성된다. 안산암질 마그마가 지하 깊은 곳에서 식어 굳으면 섬록암이 된다.

ㄷ. A에서는 주로 b → b′ 과정에 의해 마그마가 생성된다.
➡ 맨틀 대류의 상승부인 해령에서는 맨틀 물질이 상승하여 맨틀 물질의 온도가 용융점보다 높은 상태로 되면 부분 용융이 일어나 현무암질 마그마가 생성된다. 따라서 A에서는 주로 b → b′ 과정에 의해 마그마가 생성된다.

적용해야 할 개념 ④가지

① 해령에서는 맨틀 물질의 상승에 의해 물이 포함되지 않은 맨틀 물질이 용융되어 현무암질 마그마가 생성된다.
② 섭입대의 하부에서는 맨틀 물질에 물이 공급되어 현무암질 마그마가 생성된다.
③ 섭입대 하부에서 생성된 현무암질 마그마가 상승하여 대륙 지각 하부의 온도를 높이면 유문암질 마그마가 생성되고, 현무암질 마그마와 유문암질 마그마가 혼합되어 안산암질 마그마가 생성된다.
④ 마그마의 SiO_2 함량은 현무암질 마그마(52 % 이하) → 안산암질 마그마(52~63 %) → 유문암질 마그마(63 % 이상)로 갈수록 증가한다.

문제 보기

그림 (가)는 마그마가 생성되는 지역 A, B, C를, (나)는 깊이에 따른 암석의 용융 곡선을 나타낸 것이다. (나)의 ⊙은 A, B, C 중 하나의 지역에서 마그마가 생성되는 조건이다.

대륙 지각의 가열에 의한 유문암질 마그마 또는 현무암질 마그마와 유문암질 마그마의 혼합에 의한 안산암질 마그마 생성

해령

A

→ 판의 이동 방향

(가)

맨틀 물질 상승으로 압력이 감소하여 현무암질 마그마 생성

맨틀에 물 공급으로 현무암질 마그마 생성

물이 포함된 화강암의 용융 곡선
온도(℃)
0 500 1000 1500
깊이(km) 50 100

물이 포함된 맨틀의 용융 곡선
(나)
물이 포함되지 않은 맨틀의 용융 곡선

A, B, C에 대한 설명으로 옳은 것만을 〈보기〉에서 있는 대로 고른 것은?

〈보기〉 풀이

A는 맨틀 대류의 상승부인 해령, B는 대륙 지각의 하부, C는 해양 지각이 소멸하는 지하의 섭입대이다.

✗ A에서는 주로 물이 포함된 맨틀 물질이 용융되어 마그마가 생성된다.
➡ A에서는 맨틀 물질이 상승하여 압력이 낮아지면서 맨틀 물질의 온도가 용융점보다 높아져 마그마가 생성된다. 맨틀 물질은 함수 광물을 포함하지 않으므로 A에서는 주로 물이 포함되지 않은 맨틀이 용융되어 마그마가 생성된다.

ㄴ. 생성되는 마그마의 SiO_2 함량(%)은 B가 C보다 높다.
➡ B에서는 지하 깊은 곳에서 상승한 현무암질 마그마로부터 열이 공급되어 대륙 지각이 녹아 유문암질 마그마가 생성되거나 현무암질 마그마와 유문암질 마그마의 혼합에 의해 안산암질 마그마가 생성된다. C에서는 섭입하는 해양 지각에서 맨틀로 물이 공급되어 맨틀 물질의 부분 용융이 일어나 현무암질 마그마가 생성된다. 따라서 마그마의 SiO_2 함량은 B가 C보다 높다.

✗ ⊙은 C에서 마그마가 생성되는 조건에 해당한다.
➡ ⊙의 곡선은 깊이가 깊어질수록 용융 온도가 낮아지므로 물을 포함하는 암석의 용융 곡선이고, 지표에서의 용융점이 1000 ℃보다 낮으므로 화강암(유문암)의 용융 곡선이다. 따라서 ⊙은 대륙 지각(화강암질 암석)이 용융되는 B에서 마그마가 생성되는 조건에 해당한다.

15 마그마 생성 조건과 생성 장소 2021학년도 수능 지Ⅰ 4번

정답 ① | 정답률 82 %

적용해야 할 개념 ③가지

① 열점은 뜨거운 플룸이 지표면과 만나는 지점 아래 마그마가 생성되는 곳이다.

② 마그마의 생성 지역에 따른 마그마의 생성 과정과 종류

열점	뜨거운 플룸이 상승하면서 압력 감소로 현무암질 마그마가 생성된다.
해령	맨틀 대류에 의해 맨틀 물질이 상승하면서 압력 감소로 현무암질 마그마가 생성된다.
섭입대	해양 지각이 섭입할 때 물이 방출되어 맨틀에 공급되면 맨틀 물질의 용융점이 낮아져 현무암질 마그마가 생성된다.
섭입대 부근의 대륙 지각 하부	섭입대에서 생성된 마그마가 상승하여 대륙 지각의 하부에 도달하면 지각의 온도가 상승하여 유문암질 마그마가 생성되고, 현무암질 마그마가 유문암질 마그마와 혼합되거나 성분이 변하여 안산암질 마그마가 생성된다.

③ 마그마의 SiO_2 함량: 현무암질 마그마는 52 % 이하, 안산암질 마그마는 52 %~63 %, 유문암질 마그마는 63 % 이상이다.

문제 보기

그림 (가)는 마그마가 생성되는 지역 A~D를, (나)는 마그마가 생성되는 과정 중 하나를 나타낸 것이다.

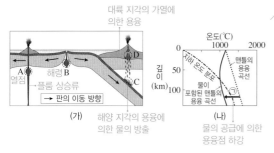

(가)

(나)

이에 대한 설명으로 옳은 것만을 〈보기〉에서 있는 대로 고른 것은?

[3점]

〈보기〉 풀이

ㄱ. **A의 하부에는 플룸 상승류가 있다.**

➡ A는 판 아래의 연약권에 위치하면서 마그마가 모여 있는 지역으로, 열점이다. 열점에서는 뜨거운 플룸이 상승하는 곳에서 맨틀이 부분 용융되어 마그마가 생성되므로 A의 하부에는 플룸 상승류가 있다.

ㄴ. **(나)의 ㉠ 과정에 의해 마그마가 생성되는 지역은 B이다.**

➡ B는 판의 발산형 경계인 해령 아래에 위치하므로 맨틀 대류의 상승부이다. 이 지역에서는 맨틀 물질이 상승하면서 압력이 감소하여 용융점보다 온도가 높아지므로 마그마가 생성된다. ㉠은 맨틀에 물이 첨가되면서 맨틀 물질의 용융점이 낮아져 마그마가 생성되는 과정이므로 C에서 마그마가 생성되는 과정에 해당한다.

ㄷ. **생성되는 마그마의 SiO_2 함량(%)은 C에서가 D에서보다 높다.**

➡ C에서는 맨틀 물질의 용융점이 낮아져 SiO_2 함량이 52 % 이하인 현무암질 마그마가 생성된다. D에서는 대륙 지각이 가열되어 암석의 부분 용융이 일어나 SiO_2 함량이 63 % 이상인 유문암질 마그마가 생성되거나, 유문암질 마그마와 현무암질 마그마가 혼합되어 안산암질 마그마가 생성된다. 따라서 SiO_2 함량은 C보다 D에서 높다.

16 마그마의 생성 조건과 생성 장소 2022학년도 7월 학평 지Ⅰ 5번

정답 ② | 정답률 76 %

적용해야 할 개념 ③가지

① 해령과 열점에서는 맨틀 물질의 상승에 의한 압력 하강으로 현무암질 마그마가 생성된다.

② 열점은 상승하는 플룸에서 마그마가 생성되는 지하의 장소이다. ➡ 열점에서의 화산 활동으로 생성된 화산섬은 판의 이동 방향을 따라 배열된다.

③ 섭입대 하부에서는 맨틀의 용융점 하강에 의한 현무암질 마그마, 대륙 지각의 가열에 의한 유문암질 마그마, 현무암질 마그마와 유문암질 마그마의 혼합에 의한 안산암질 마그마가 각각 생성된다.

문제 보기

그림 (가)는 마그마가 분출되는 지역 A, B, C를, (나)는 깊이에 따른 지하의 온도 분포와 암석의 용융 곡선을 마그마 생성 과정과 함께 나타낸 것이다.

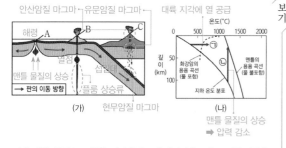

(가)

(나)

이에 대한 설명으로 옳은 것만을 〈보기〉에서 있는 대로 고른 것은?

〈보기〉 풀이

ㄱ. **A에서는 ㉠ 과정으로 형성된 마그마가 분출된다.**

➡ A는 마그마가 분출하여 해양 지각이 생성되는 해령이다. 해령은 맨틀 대류의 상승부이므로 맨틀 물질이 상승하면서 압력이 낮아져 맨틀 물질의 온도가 용융점보다 높아지면 현무암질 마그마가 생성된다. 따라서 A에서는 ㉡ 과정으로 형성된 마그마가 분출한다.

ㄴ. **B의 하부에서는 플룸이 상승하고 있다.**

➡ B는 판의 내부에서 마그마가 생성되어 화산 활동이 일어나므로 열점에서 생성된 화산섬이다. 열점은 상승하는 플룸에서 마그마가 생성되는 지하의 장소이므로 B의 하부에서는 플룸이 상승하고 있다.

ㄷ. **C에서는 주로 현무암질 마그마가 분출된다.**

➡ 섭입대 하부의 맨틀은 해양 지각으로부터 물을 공급받아 용융점이 낮아지고, 현무암질 마그마가 생성된다. 현무암질 마그마는 주변의 물질보다 밀도가 작으므로 위로 떠올라 대륙 지각의 하부에 도달하여 대륙 지각을 가열시킨다. 그 결과 대륙 지각의 일부는 녹아 유문암질 마그마가 생성되며, 현무암질 마그마와 유문암질 마그마가 혼합되어 안산암질 마그마가 생성된다. 안산암질 마그마는 지각을 뚫고 분출하여 해구와 나란하게 호상 열도를 형성한다. 따라서 C에서는 주로 안산암질 마그마가 분출된다.

17 마그마의 생성 장소와 마그마의 성질 2025학년도 9월 모평 지I 3번

정답 ④ | 정답률 66 %

적용해야 할 개념 ④가지

① 열점에서는 상승하는 맨틀 물질의 압력 감소로 현무암질 마그마가 생성된다.
② 섭입대에서는 맨틀 물질에 공급된 물에 의한 용융점 하강으로 현무암질 마그마가 생성된다.
③ 섭입대에서 생성된 현무암질 마그마가 상승하여 대륙 지각을 가열하면 부분 용융이 일어나 유문암질 마그마가 생성된다.
④ 유문암과 화강암은 화학 조성은 같고, 생성되는 깊이가 다르다.

문제 보기

그림은 마그마가 분출되는 지역 A와 B를, 표는 이 지역 하부에서 생성된 주요 마그마의 특성을 나타낸 것이다. (가)와 (나)는 A와 B를 순서 없이 나타낸 것이고, ㉠과 ㉡은 유문암질 마그마와 현무암질 마그마를 순서 없이 나타낸 것이다.

현무암질 마그마 →
화강암질 마그마와
화학 조성이 같다.

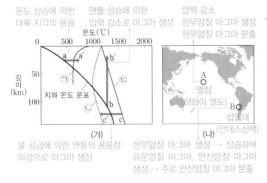

	마그마의 종류	마그마의 주요 생성 요인
(가)	(㉠)	물의 공급
	(㉡)	온도 증가
(나)	현무암질 마그마	(㉢)

↑ 유문암질 마그마   압력 감소

이 자료에 대한 설명으로 옳은 것만을 〈보기〉에서 있는 대로 고른 것은? [3점]

〈보기〉 풀이

A는 현무암질 마그마가 생성되는 열점으로 (나)에 해당하고, B는 다양한 화학 조성의 마그마가 생성되는 섭입대로 (가)에 해당한다.

✗ **ㄱ.** SiO₂ 함량(%)은 ㉠이 ㉡보다 높다.

➡ 섭입대에서 침강하는 해양 지각에서 방출된 물이 맨틀에 공급되면 맨틀의 용융점이 낮아져 현무암질 마그마(㉠)가 생성된다. 이 현무암질 마그마가 상승하여 대륙 지각 하부에 도달하면 대륙 지각에 열을 공급하여 부분 용융이 일어나 유문암질 마그마(㉡)가 생성된다. 따라서 SiO_2 함량은 ㉡이 ㉠보다 높다.

◯ **ㄴ.** '압력 감소'는 ㉢에 해당한다.

➡ 뜨거운 플룸이 빠르게 상승하면 압력이 감소하면서 맨틀 물질의 온도가 용융점보다 높아져 현무암질 마그마가 생성된다. 따라서 (나) 마그마의 생성 요인(㉢)은 '압력 감소'이다.

◯ **ㄷ.** B의 하부에서는 화강암이 생성될 수 있다.

➡ B에서는 대륙 지각의 용융에 의해 유문암질 마그마가 생성될 수 있다. 유문암질 마그마가 지하 깊은 곳에서 천천히 식으면 화강암이 된다. 따라서 B의 하부에서는 화강암이 생성될 수 있다.

---

18 마그마 생성 조건과 생성 장소 2021학년도 6월 모평 지I 6번

정답 ① | 정답률 72 %

적용해야 할 개념 ③가지

① 압력이 감소하거나, 물이 공급되거나, 온도가 상승하여 암석의 용융 온도에 도달하면 마그마가 생성될 수 있다.
② 열점에서는 주로 현무암질 마그마가 분출하고, 섭입대에서는 주로 안산암질 마그마가 분출한다.
③ 열점에서는 뜨거운 플룸이 상승하면서 압력 감소로 현무암질 마그마가 생성된다.

문제 보기

그림 (가)는 지하 온도 분포와 암석의 용융 곡선 ㉠, ㉡, ㉢을, (나)는 마그마가 분출되는 지역 A와 B를 나타낸 것이다.

온도 상승에 의한 대륙 지각의 용융   맨틀 상승에 의한 압력 감소로 마그마 생성   압력 감소 현무암질 마그마 생성 현무암질 마그마 분출

온도(℃)
깊이(km)
0   500   1000   1500   2000
a a'
㉠   ㉢   b'
㉡ b
지하 온도 분포
c' c

(가)

A 열점 (하와이 열도) B 섭입대 (안데스산맥)

(나)

물 공급에 의한 맨틀의 용융점 하강으로 마그마 생성   현무암질 마그마 생성 → 상승하여 유문암질 마그마 생성 → 주로 안산암질 마그마 분출

이에 대한 설명으로 옳은 것만을 〈보기〉에서 있는 대로 고른 것은?

〈보기〉 풀이

(가)에서 ㉠은 물이 포함된 화강암의 용융 곡선, ㉡은 물이 포함된 맨틀의 용융 곡선, ㉢은 물이 포함되지 않은 맨틀의 용융 곡선이다. 마그마의 생성 조건 a → a′는 온도 상승, b → b′는 압력 감소, c → c′는 물의 공급을 의미한다. (나)에서 마그마의 생성 장소 A는 열점, B는 섭입대이다.

◯ **ㄱ.** (가)에서 물이 포함된 암석의 용융 곡선은 ㉠과 ㉡이다.

➡ 물이 포함되지 않은 암석은 지표에서부터 지하로 들어갈수록 압력이 증가함에 따라 용융점이 높아지지만 물이 포함된 암석은 압력이 증가함에 따라 용융점이 낮아진다. ㉠과 ㉡은 지표에서 지하로 들어갈수록 압력이 증가하면서 용융점이 낮아지므로 물이 포함된 암석의 용융 곡선이다.

✗ **ㄴ.** B에서는 주로 현무암질 마그마가 분출된다.

➡ 섭입대에서는 지하 깊은 곳으로 섭입하는 해양 지각에서 물이 빠져나와 맨틀에 유입되므로 맨틀 물질의 용융점 하강으로 현무암질 마그마가 생성된다. 이 마그마가 상승하여 대륙 지각 하부 물질의 온도를 높이면 유문암질 마그마가 생성되고, 현무암질 마그마와 유문암질 마그마가 혼합되어 안산암질 마그마가 생성된다. B는 섭입대에 위치하므로 주로 안산암질 마그마가 분출된다.

✗ **ㄷ.** A에서 분출되는 마그마는 주로 c → c′ 과정에 의해 생성된다.

➡ A는 하와이 열도가 분포하는 지역으로, 열점에서 분출한 화산섬이 나열되어 있다. 열점에서는 뜨거운 플룸의 상승류를 따라 맨틀 물질이 상승하면서 압력이 감소하여 부분 용융이 일어난다. 따라서 A에서 분출되는 마그마는 주로 b → b′ 과정에 의해 생성된다.

19 | 마그마 생성 조건과 생성 장소 2020학년도 7월 학평 지I 5번

정답 ② | 정답률 79 %

적용해야 할 개념 ③가지

① 열점은 뜨거운 플룸이 지표면과 만나는 지점 아래 마그마가 생성되는 곳이다.
② 열점은 지하에 고정되어 있고, 판의 경계에 관계없이 분포한다.
③ 열점에서는 압력 감소로 현무암질 마그마가 생성된다.

문제 보기

그림 (가)는 아메리카 대륙 주변의 열점 분포와 판의 경계를, (나)는 지하의 온도 분포와 암석의 용융 곡선을 나타낸 것이다.

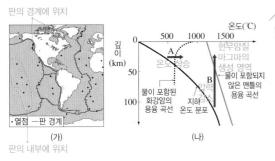

판의 경계에 위치

·열점 ─판 경계
(가)
판의 내부에 위치

이에 대한 설명으로 옳은 것만을 〈보기〉에서 있는 대로 고른 것은?

〈보기〉 풀이

열점은 뜨거운 플룸이 상승하면서 맨틀 물질이 부분 용융되어 마그마가 생성되는 곳이다.

✗ 열점은 판의 내부에만 존재한다.
➡ (가)에서 열점은 판의 내부와 판의 경계에 상관없이 분포하고 있다. 따라서 열점은 판의 내부와 판의 경계에 모두 존재할 수 있다.

(ㄴ) 열점에서는 (나)의 B 과정에 의해 마그마가 생성된다.
➡ 열점에서는 뜨거운 플룸이 상승하면서 압력이 감소하여 맨틀 물질이 부분 용융되어 마그마가 생성되므로 (나)의 B 과정에 의해 현무암질 마그마가 생성된다.

✗ 열점에서는 안산암질 마그마가 우세하게 나타난다.
➡ 열점에서는 압력 감소로 맨틀 물질이 부분 용융되어 현무암질 마그마가 우세하게 나타난다.

20 | 판 경계와 마그마 생성 2022학년도 4월 학평 지I 6번

정답 ④ | 정답률 82 %

적용해야 할 개념 ③가지

① 해령과 열점에서는 고온의 맨틀 물질이 상승하여 용융점보다 온도가 높아져 현무암질 마그마가 생성된다.
② 맨틀에 물이 포함되면 용융점이 낮아져 현무암질 마그마가 생성된다.
③ 섭입대에서 마그마의 생성 과정

| 해구에서 해양 지각 섭입 | ➡ | 해양 지각 속의 함수 광물에서 물 방출 | ➡ | 맨틀에 공급된 물이 맨틀의 용융점 낮춤 | ➡ | 맨틀의 부분 용융에 의해 현무암질 마그마 생성 | ➡ | 현무암질 마그마가 상승하여 대륙 지각에 열 공급 | ➡ | 대륙 지각의 용융에 의한 유문암질 마그마 생성 | ➡ | 유문암질 마그마와 현무암질 마그마의 혼합에 의한 안산암질 마그마 생성 |

문제 보기

그림 (가)는 어느 지역의 판 경계와 마그마가 분출되는 영역 A와 B의 위치를, (나)는 A와 B 중 한 영역의 하부에서 마그마가 생성되는 과정 ㉠을 나타낸 것이다.

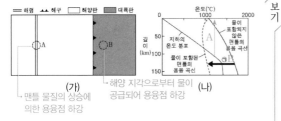

(가)
─ 맨틀 물질의 상승에 의한 용융점 하강

─ 해양 지각으로부터 물이 공급되어 용융점 하강
(나)

이에 대한 설명으로 옳은 것만을 〈보기〉에서 있는 대로 고른 것은?

〈보기〉 풀이

(ㄱ) A에서 분출되는 마그마는 주로 현무암질 마그마이다.
➡ (나)를 보면 지하 깊은 곳에서 지표 쪽으로 올수록 맨틀의 용융점은 낮아진다. A(해령)는 맨틀 대류의 상승부이므로 고온의 맨틀 물질이 상승하여 용융점보다 온도가 높아지면 맨틀 물질이 부분 용융되어 현무암질 마그마가 생성된다. 따라서 A에서 분출되는 마그마는 주로 현무암질 마그마이다.

✗ (나)에서 맨틀의 용융점은 물이 포함되지 않은 경우보다 물이 포함된 경우가 높다.
➡ 동일한 깊이에서 맨틀의 용융점은 물이 포함되지 않은 경우보다 물이 포함된 경우에 낮다.

(ㄷ) ㉠은 B의 하부에서 마그마가 생성되는 과정이다.
➡ B(섭입대)에서는 섭입하는 해양 지각에서 방출된 물이 맨틀에 공급되어 맨틀의 용융점을 낮추므로 맨틀 물질의 부분 용융이 일어나 현무암질 마그마가 생성된다.

적용해야 할 개념 ③가지

① 마그마는 SiO_2 함량에 따라 현무암질 마그마(약 52 % 이하), 안산암질 마그마(약 52~63 %), 유문암질 마그마(약 63 % 이상)로 분류한다.
② 판의 운동과 마그마 생성

해령	맨틀 물질이 상승(압력 하강)함에 따라 맨틀 물질의 온도가 용융점보다 높아져서 마그마가 생성된다. ➡ 현무암질 마그마
섭입대	• 섭입하는 해양 지각에서 빠져나온 물이 맨틀에 공급되면 맨틀 물질의 용융점이 하강하여 마그마가 생성된다. ➡ 현무암질 마그마 • 현무암질 마그마가 상승하여 대륙 지각을 가열(온도 상승)하면 마그마가 생성된다. ➡ 유문암질(화강암질) 마그마 • 유문암질(화강암질) 마그마와 현무암질 마그마가 혼합되어 마그마가 생성된다. ➡ 안산암질 마그마

③ 맨틀 물질은 물을 포함하면 용융점이 낮아져 부분 용융이 일어날 수 있다.

문제 보기

그림은 마그마가 생성되는 지역 A, B, C를 나타낸 것이다.

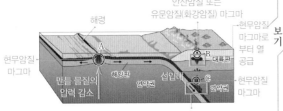

이 자료에 대한 설명으로 옳은 것만을 〈보기〉에서 있는 대로 고른 것은?

〈보기〉 풀이

ㄱ. 생성되는 마그마의 SiO_2 함량(%)은 A가 B보다 낮다.

➡ A에서는 SiO_2 함량이 52 % 이하인 현무암질 마그마가 생성되고, B에서는 SiO_2 함량이 52~63 %인 안산암질 마그마가 생성되거나 SiO_2 함량이 63 % 이상인 유문암질(화강암질) 마그마가 생성된다. 따라서 생성되는 마그마의 SiO_2 함량(%)은 A가 B보다 낮다.

ㄴ. A에서 주로 생성되는 암석은 유문암이다.

➡ A에서는 맨틀 물질의 상승에 따른 압력 감소에 의해 현무암질 마그마가 생성되고, 현무암질 마그마가 굳으면 현무암이나 반려암이 된다. 유문암은 SiO_2 함량이 63 % 이상이므로 A에서는 거의 생성되지 않는다.

ㄷ. C에서 물의 공급은 암석의 용융 온도를 감소시키는 요인에 해당한다.

➡ 섭입대에서는 해양 지각에서 빠져나온 물이 맨틀에 공급되어 맨틀 물질의 용융점이 낮아진다. 따라서 C에서 물의 공급은 암석의 용융 온도를 감소시키는 요인에 해당한다.

적용해야 할 개념 ④가지

① 화산암에서는 주로 세립질(유리질) 조직이 나타나고, 심성암에서는 주로 조립질 조직이 나타난다.
② 섭입대에서는 맨틀 물질에 물이 공급되어 용융점이 하강하여 현무암질 마그마가 생성된다.
③ 섭입대에서 생성된 마그마가 상승하여 대륙 지각 하부의 온도를 높이면 유문암질 마그마가 생성된다.
④ 현무암질 마그마와 유문암질 마그마가 혼합되거나 현무암질 마그마의 성분이 변하면 안산암질 마그마가 생성된다.

문제 보기

그림은 해양판이 섭입되는 모습을 나타낸 것이다. A, B, C는 각각 마그마가 생성되는 지역과 분출되는 지역 중 하나이다.
이에 대한 설명으로 옳은 것만을 〈보기〉에서 있는 대로 고른 것은?

물 공급에 의한 용융점 하강, 현무암질 마그마 생성

C에서 생성된 마그마가 상승하여 대륙 지각이 가열되면서 유문암질 마그마 생성. 유문암질 마그마와 현무암질 마그마가 혼합되면 안산암질 마그마 생성

〈보기〉 풀이

ㄱ. A에서는 주로 조립질 암석이 생성된다.

➡ A에서는 마그마가 지표로 분출하여 빠르게 냉각되므로 광물 결정이 성장할 시간이 부족하여 주로 세립질 암석이 생성된다.

ㄴ. B에서는 안산암질 마그마가 생성될 수 있다.

➡ B에서는 C로부터 상승한 고온의 현무암질 마그마가 대륙 지각에 열을 공급하여 대륙 지각의 용융으로 유문암질 마그마가 생성되고, 현무암질 마그마와 유문암질 마그마가 혼합되면 안산암질 마그마가 생성될 수 있다.

ㄷ. C에서는 맨틀 물질의 용융으로 마그마가 생성된다.

➡ C에서는 섭입하는 해양 지각에서 공급된 물이 맨틀의 용융점을 낮추어 맨틀 물질의 용융으로 현무암질 마그마가 생성된다.

23 마그마의 생성 과정 2023학년도 10월 학평 지Ⅰ 3번

정답 ① | 정답률 76 %

적용해야 할 개념 ②가지

① 섭입대 부근의 마그마 생성

구분	섭입대	대륙 지각 하부	화산 열도(호상 열도)
마그마 생성 과정	물 공급으로 맨틀 물질의 용융점 하강	대륙 지각의 가열	현무암질 마그마와 유문암질 마그마의 혼합
생성되는 마그마	현무암질 마그마	유문암질 마그마	안산암질 마그마

② 마그마의 종류에 따른 화학 조성과 화성암의 종류

마그마		현무암질	안산암질	유문암질
화학 조성(SiO_2 함량)		52 % 이하	52~63 %	63 % 이상
화성암	화산암(분출암)	현무암	안산암	유문암
	심성암(관입암)	반려암	섬록암	화강암

문제 보기

그림은 해양판이 섭입되는 어느 지역에서 생성되는 마그마 A와 B를, 표는 A와 B의 SiO_2 함량을 나타낸 것이다.

마그마	SiO_2 함량(%)
A 안산암질	58
B 현무암질	㉠ 52 이하

이에 대한 옳은 설명만을 〈보기〉에서 있는 대로 고른 것은?

〈보기〉 풀이

섭입대에서 섭입한 해양 지각은 압력이 증가하면서 함수 광물에서 물이 방출되어 맨틀에 공급되고, 맨틀의 용융점이 낮아져 부분 용융이 일어나 현무암질 마그마(B)가 생성된다. 이 마그마가 상승하여 대륙 지각 하부에 도달하면 대륙 지각을 가열하여 유문암질 마그마를 생성하며, 현무암질 마그마와 유문암질 마그마가 혼합되면 안산암질 마그마(A)가 된다.

✗ **A가 분출하면 반려암이 생성된다.**
➡ A는 SiO_2 함량이 58 %이므로 안산암질 마그마이다. 안산암질 마그마가 분출하면 안산암이 생성된다. 반려암은 현무암질 마그마(B)가 지하 깊은 곳에서 천천히 굳어 생성된다.

ㄴ. **㉠은 58보다 작다.**
➡ B는 현무암질 마그마로 SiO_2 함량이 52 % 이하이다. 따라서 ㉠은 58보다 작다.

✗ **B는 주로 압력 감소에 의해 생성된다.**
➡ B는 섭입하는 해양 지각에서 빠져나온 물이 맨틀에 공급되어 맨틀의 용융점이 낮아짐으로써 부분 용융이 일어나 생성된다.

24 마그마의 생성 과정 2023학년도 3월 학평 지Ⅰ 15번

정답 ① | 정답률 47 %

적용해야 할 개념 ③가지

① 섭입대에서는 해구와 나란하게 화산 활동이 일어나며, 호상 열도가 형성된다.
② 열점과 해령에서는 주로 현무암질 마그마가 분출하고, 섭입대에서는 주로 안산암질 마그마가 분출한다.
③ 열점과 해령에서는 압력 감소로 마그마가 생성되고, 섭입대에서는 물의 공급으로 인한 용융점 하강, 온도 상승에 의해 마그마가 생성된다.

문제 보기

그림은 판 경계가 존재하는 어느 지역의 화산섬과 활화산의 분포를 나타낸 것이다. 이 지역에는 하나의 열점이 분포한다.
이에 대한 옳은 설명만을 〈보기〉에서 있는 대로 고른 것은? [3점]

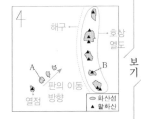

〈보기〉 풀이

ㄱ. **이 지역에는 해구가 존재한다.**
➡ 열점에서 생성된 화산섬은 열점으로부터 멀어지면 화산 활동이 멈추게 되지만 호상 열도를 이루는 화산섬은 섭입대로부터 멀어지지 않으므로 해구와 나란하게 활화산으로 나타난다. 따라서 B는 호상 열도에 속한 화산섬이고, 호상 열도의 서쪽에 해구가 존재한다.

✗ **화산섬 A는 주로 안산암으로 이루어져 있다.**
➡ A는 열점에서의 화산 활동으로 생성된 화산섬이다. 열점에서는 맨틀 물질의 압력 감소로 현무암질 마그마가 생성되므로 화산섬 A는 주로 현무암으로 이루어져 있다.

✗ **활화산 B에서 분출되는 마그마는 압력 감소에 의해 생성된다.**
➡ B는 섭입대에서 화산 활동이 일어나는 곳이다. 섭입대에서는 물의 공급에 의한 맨틀 물질의 용융점 하강으로 현무암질 마그마가 생성되고, 현무암질 마그마가 대륙 지각에 열을 공급하여 온도 상승에 의해 유문암질(화강암질) 마그마가 생성되며, 현무암질 마그마와 유문암질 마그마가 혼합되어 안산암질 마그마가 생성되어 분출한다. 압력 감소에 의해 마그마가 생성되는 곳은 열점이나 해령이다.

적용해야 할
개념 ④가지

① 섭입대에서는 맨틀 물질에 물이 공급되어 용융점이 하강하여 현무암질 마그마가 생성된다.

② 섭입대에서 생성된 마그마가 상승하여 대륙 지각 하부의 온도를 높이면 화강암질(유문암질) 마그마가 생성된다.

③ 현무암질 마그마와 화강암질 마그마가 혼합되거나 현무암질 마그마의 성분이 변하면 안산암질 마그마가 생성된다.

④ 현무암질 마그마 → 안산암질 마그마 → 유문암질 마그마로 갈수록 온도가 낮아지고 SiO_2 함량이 높아진다.

마그마 생성 장소	마그마 종류
해령, 열점	현무암질 마그마
섭입대 부근의 연약권	현무암질 마그마
섭입대 부근의 대륙 지각 하부	유문암질 마그마, 안산암질 마그마

문제 보기

→ 해양 지각이 섭입한다.

그림 (가)는 섭입대 부근에서 생성된 마그마 A와 B의 위치를, (나)는 마그마 X와 Y의 성질을 나타낸 것이다. A와 B는 각각 X와 Y중 하나이다.

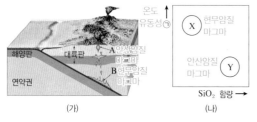

(가)   (나)

이에 대한 설명으로 옳은 것만을 〈보기〉에서 있는 대로 고른 것은?

〈보기〉 풀이

✗ **ㄱ. A는 X이다.**

➡ 섭입대에서는 맨틀 물질이 부분 용융되어 현무암질 마그마가 생성되고, 이 마그마가 상승하여 지각 물질의 온도를 높여 유문암질 마그마가 생성된다. 유문암질 마그마는 현무암질 마그마와 혼합되어 안산암질 마그마가 생성된다. 따라서 (가)에서 A는 안산암질 마그마, B는 현무암질 마그마이고, 안산암질 마그마는 현무암질 마그마보다 SiO_2 함량이 많으므로 A는 Y, B는 X이다.

○ **ㄴ. B가 생성될 때, 물은 암석의 용융점을 낮추는 역할을 한다.**

➡ 섭입대를 따라 섭입하는 해양 지각에서 빠져나온 물이 맨틀 물질의 용융점을 낮추면 맨틀 물질이 부분 용융되어 현무암질 마그마가 생성된다. 따라서 B가 생성될 때, 물은 암석의 용융점을 낮추는 역할을 한다.

○ **ㄷ. 온도는 ㉠에 해당하는 물리량이다.**

➡ 현무암질 마그마 → 안산암질 마그마 → 유문암질 마그마로 갈수록 온도가 낮아진다. X는 현무암질 마그마, Y는 안산암질 마그마이므로 온도는 ㉠에 해당하는 물리량이다.

보기

적용해야 할
개념 ④가지

① 해령에서 해구 쪽으로 갈수록 해양판의 두께가 두꺼워진다.

② 해령에서는 현무암질 용암이 분출하고, 해구 부근에서는 주로 안산암질 용암이 분출한다.

③ 현무암질 → 안산암질 → 유문암질로 갈수록 용암의 점성이 증가한다.

④ 해령에서는 인접한 두 판의 밀도가 비슷하고, 대륙판과 해양판의 섭입형 경계에서는 인접한 두 판의 밀도 차가 크다.

문제 보기

그림은 태평양 어느 지역의 판 경계를 나타낸 것이다.

지역 A, B, C에 대한 설명으로 옳은 것만을 〈보기〉에서 있는 대로 고른 것은? [3점]

〈보기〉 풀이

○ **ㄱ. 판의 두께가 가장 얇은 곳은 B이다.**

➡ 해령에서 마그마의 분출로 생성된 해양판은 해구 쪽으로 이동한다. 이 과정에서 연약권 상부가 점차 냉각되므로 판의 두께는 해령에서 해구 쪽으로 갈수록 두꺼워진다. A와 C는 해구이고, B는 해령이므로 판의 두께는 B에서 가장 얇다.

○ **ㄴ. 분출된 용암의 평균 점성은 B가 A보다 작다.**

➡ 해령인 B에서는 현무암질 마그마가 분출하고, 해구 부근인 A에서는 안산암질 마그마가 분출한다. 용암의 점성은 현무암질 → 안산암질 → 유문암질로 갈수록 커지므로 분출된 용암의 평균 점성은 B가 A보다 작다.

✗ **ㄷ. 인접한 두 판의 밀도 차는 C가 B보다 작다.**

➡ B는 밀도가 비슷한 두 해양판이 경계를 이루는 해령이고, C는 밀도가 큰 해양판과 밀도가 작은 대륙판이 경계를 이루는 해구이므로 인접한 두 판의 밀도 차는 C가 B보다 크다.

보기

27 판 경계와 마그마 생성 장소 2022학년도 10월 학평 지I 5번

정답 ② | 정답률 79 %

적용해야 할 개념 ④가지

① 대륙판은 해양판보다 평균 밀도가 작고, 평균 두께가 두껍다.

구분	특징	판의 평균 밀도	판의 평균 두께
대륙판	대륙 지각＋상부 맨틀의 일부	작다(화강암질 지각).	두껍다.
해양판	해양 지각＋상부 맨틀의 일부	크다(현무암질 지각).	얇다.

② 해양판과 대륙판이 수렴하는 경계에서는 해구가 발달한다.

③ 섭입대에서는 해구에서 멀어질수록 진원의 깊이가 깊어진다(천발 지진 → 중발 지진 → 심발 지진).

④ 마그마의 생성 장소에 따른 마그마의 생성 과정과 종류

열점	뜨거운 플룸이 상승하면서 압력 감소로 현무암질 마그마가 생성된다.
해령	맨틀 대류에 의해 맨틀 물질이 상승하면서 압력 감소로 현무암질 마그마가 생성된다.
섭입대	해양 지각이 섭입할 때 물이 방출되어 맨틀에 공급되면 맨틀 물질의 용융점이 낮아져 현무암질 마그마가 생성된다.
섭입대 부근의 대륙 지각 하부	섭입대에서 생성된 마그마가 상승하여 대륙 지각의 하부에 도달하면 지각의 온도가 상승하여 유문암질 마그마가 생성되고, 현무암질 마그마가 유문암질 마그마와 혼합되거나 성분이 변하여 안산암질 마그마가 생성된다.

문제 보기

그림 (가)는 판 A와 B의 경계를, (나)는 A와 B의 이동 속력과 방향을, (다)는 A와 B에 포함된 지각의 평균 두께와 밀도를 나타낸 것이다. A와 B는 각각 대륙판과 해양판 중 하나이다.

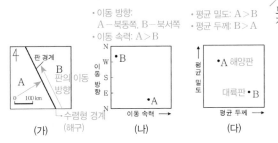

・이동 방향: A－북동쪽, B－북서쪽
・이동 속력: A＞B
・평균 밀도: A＞B
・평균 두께: B＞A

(가) (나) (다)

이 자료에 대한 옳은 설명만을 〈보기〉에서 있는 대로 고른 것은?

〈보기〉 풀이

✗ B는 해양판이다.
→ 판의 평균 밀도는 해양판이 대륙판보다 크고, 판의 평균 두께는 대륙판이 해양판보다 두껍다. (다)에서 B는 A보다 평균 밀도가 작고 평균 두께가 두꺼우므로 대륙판이고, A는 해양판이다.

ㄴ. 판 경계에서 북동쪽으로 갈수록 진원의 깊이는 대체로 깊어진다.
→ (나)에서 A는 북동쪽으로 이동하고, B는 북서쪽으로 이동한다. (가)에서 해양판인 A가 북동쪽으로 이동하고, 대륙판인 B가 북서쪽으로 이동하므로 A가 B 아래로 섭입하여 해구가 형성되고, 판 경계의 북동쪽으로 섭입대가 발달한다. 따라서 판 경계에서 북동쪽으로 갈수록 진원의 깊이는 대체로 깊어진다.

✗ 판 경계의 하부에서 주로 압력 감소에 의해 마그마가 생성된다.
→ 섭입대가 발달한 판 경계의 하부에서는 맨틀에 공급된 물에 의해 맨틀의 용융점이 낮아져 현무암질 마그마가 생성되거나, 대륙 지각 하부가 가열되어 유문암질 마그마가 생성되거나, 현무암질 마그마와 유문암질 마그마가 혼합되어 안산암질 마그마가 생성된다. 압력 감소에 의해 마그마가 주로 생성되는 곳은 해령 또는 열점이다.

보기

28 플룸 구조론과 마그마 생성 장소 2021학년도 9월 모평 지I 9번

정답 ④ | 정답률 50 %

적용해야 할 개념 ④가지

① 열점은 뜨거운 플룸이 지표면과 만나는 지점 아래 마그마가 생성되는 곳이다.

② 지구 내부에서 주변보다 온도가 높은 지역은 지진파 속도가 느리고, 주변보다 온도가 낮은 지역은 지진파 속도가 빠르다.

③ 섭입대에서는 맨틀 물질에 물이 공급되어 용융점이 하강하여 현무암질 마그마가 생성된다.

④ 마그마의 SiO_2 함량: 현무암질 마그마는 52 % 이하, 안산암질 마그마는 52 %～63 %, 유문암질 마그마는 63 % 이상이다.

문제 보기

그림은 해양판이 섭입하면서 마그마가 생성되는 어느 해구 지역의 지진파 단층 촬영 영상을 나타낸 것이다.

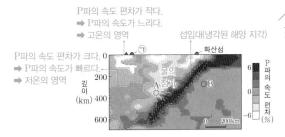

이에 대한 설명으로 옳은 것만을 〈보기〉에서 있는 대로 고른 것은? [3점]

〈보기〉 풀이

그림에서 P파의 속도 편차가 클수록 저온의 영역이고, P파의 속도 편차가 작을수록 고온의 영역이다.

✗ ㉠은 열점이다.
→ 열점은 맨틀과 외핵의 경계에서 생성된 뜨거운 플룸이 상승하여 지표면과 만나는 지점 아래에 마그마가 생성되어 있는 곳이다. 따라서 지진파 영상에서 열점 하부에는 P파의 속도 편차가 작은 영역(고온의 플룸이 상승하는 영역)이 기둥 모양으로 나타나야 한다. ㉠ 하부에는 깊이 약 300～600 km 구간에 상대적으로 저온인 영역이 분포하므로 ㉠은 열점이 아니다.

ㄴ. A 지점에서는 주로 SiO_2의 함량이 52 %보다 낮은 마그마가 생성된다.
→ 해구에서 해양 지각이 섭입하면 온도와 압력이 상승하여 해양 지각에서 물이 빠져나온다. 이 물이 맨틀에 유입되면 맨틀 물질의 용융점이 낮아져 부분 용융이 일어나 현무암질 마그마가 생성된다. A 지점은 섭입한 해양 지각에 인접한 곳이므로 A 지점에서는 주로 SiO_2의 함량이 52 %보다 낮은 현무암질 마그마가 생성된다.

ㄷ. B 지점은 맨틀 대류의 하강부이다.
→ 해구 부근에서는 맨틀 대류가 하강함에 따라 냉각된 판이 섭입하므로 B 지점은 맨틀 대류의 하강부이다.

보기

적용해야 할 개념 ③가지

① 화성암의 분류

구분	현무암질 마그마	안산암질 마그마	유문암질 마그마
SiO_2 함량	52 % 이하	52 % ~ 63 %	63 % 이상
화산암(세립질 암석)	현무암	안산암	유문암
심성암(조립질 암석)	반려암	섬록암	화강암

② 마그마의 냉각 속도가 느릴수록 생성되는 결정의 크기가 크다. ➡ 화산암은 세립질 암석, 심성암은 조립질 암석이 된다.
③ 대륙 지각의 하부에서는 주로 화강암이 생성되고, 해령에서는 주로 현무암이 생성된다.

문제 보기

그림은 SiO_2 함량과 결정 크기에 따라 화성암 A, B, C의 상대적인 위치를 나타낸 것이다. A, B, C는 각각 유문암, 현무암, 화강암 중 하나이다.
이에 대한 설명으로 옳은 것만을 〈보기〉에서 있는 대로 고른 것은?

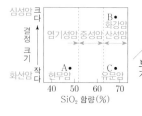

〈보기〉 풀이

✗ C는 화강암이다.
➡ C는 SiO_2 함량이 63 % 이상인 산성암이고, 결정의 크기가 작은 화산암이므로 유문암이다. 화강암은 산성암이고, 결정의 크기가 큰 심성암이므로 B에 해당한다.

◯ ㄴ B는 A보다 천천히 냉각되어 생성된다.
➡ 마그마가 천천히 냉각될수록 결정이 크게 성장한다. 따라서 결정의 크기가 더 큰 B(화강암)가 A(현무암)보다 천천히 냉각되어 생성된다.

✗ B는 주로 해령에서 생성된다.
➡ 해령에서는 주로 해양 지각을 이루는 현무암이 생성되므로, 염기성암이면서 화산암인 A(현무암)가 주로 생성된다.

적용해야 할 개념 ④가지

① 화성암은 생성되는 깊이에 따라 심성암(조립질)과 화산암(세립질)으로 구분한다.
② 화성암은 SiO_2 함량에 따라 염기성암(52 % 이하), 중성암(52~63 %), 산성암(63 % 이상)으로 구분한다.
③ 대륙 지각에 열이 공급되면 온도가 상승하여 유문암질(화강암질) 마그마가 생성된다.
④ 맨틀 물질의 용융점이 낮아지거나 압력이 감소하면 현무암질 마그마가 생성된다.

문제 보기

그림 (가)는 화성암 A와 B의 SiO_2 함량과 결정 크기를, (나)는 깊이에 따른 지하의 온도 분포와 암석의 용융 곡선을 나타낸 것이다. A와 B는 각각 현무암과 화강암 중 하나이다.

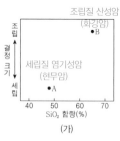 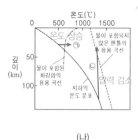

(가) (나)

이에 대한 설명으로 옳은 것만을 〈보기〉에서 있는 대로 고른 것은? [3점]

〈보기〉 풀이

◯ ㄱ 생성 깊이는 A보다 B가 깊다.
➡ 마그마는 지하 깊은 곳에서 냉각될수록 냉각 속도가 느려 조립질 화성암이 생성된다. 따라서 화성암이 생성된 깊이는 A보다 B가 깊다.

✗ ㄴ 과정으로 생성되어 상승하는 마그마는 주변보다 밀도가 크다.
➡ ㄴ은 열점이나 해령 하부에서 맨틀 물질의 상승에 따른 압력 감소에 의해 현무암질 마그마가 생성되는 과정이다. 현무암질 마그마는 주변의 맨틀보다 밀도가 작다.

✗ A는 ㉠ 과정에 의해 생성된 마그마가 굳어진 암석이다.
➡ A는 SiO_2 함량이 52 % 이하이므로 현무암질 마그마가 굳어진 암석이다. ㉠은 대륙 지각에 열이 공급되어 온도 상승에 의해 유문암질(화강암질) 마그마가 생성되는 과정이므로 B의 마그마가 생성되는 과정이다.

31 마그마의 생성과 화성암의 성질 2023학년도 7월 학평 지Ⅰ 1번

정답 ① | 정답률 58%

적용해야 할 개념 ③가지

① 열점이나 해령의 하부에서는 맨틀 물질의 상승(압력 감소)에 의해 현무암질 마그마가 생성된다.

② 마그마가 천천히 냉각되면 조립질 암석이 생성되고, 마그마가 빠르게 냉각되면 세립질 암석이 생성된다.

③ SiO_2 함량에 따른 마그마의 분류

마그마	염기성 마그마(현무암질 마그마)	중성 마그마(안산암질 마그마)	산성 마그마(유문암질 마그마)
SiO_2 함량(%)	◀────────── 52	──────────── 63	◀──────────
암석	현무암, 반려암	안산암, 섬록암	유문암, 화강암

문제 보기

그림 (가)는 깊이에 따른 지하의 온도 분포와 암석의 용융 곡선을, (나)는 화성암 A와 B의 성질을 나타낸 것이다. A와 B는 각각 (가)의 ㉠ 과정과 ㉡ 과정으로 생성된 마그마가 굳어진 암석 중 하나이다.

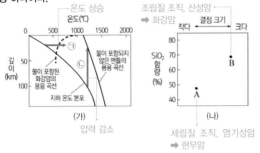

(가) / (나)

이 자료에 대한 설명으로 옳은 것만을 〈보기〉에서 있는 대로 고른 것은?

〈보기〉 풀이

㉠은 대륙 지각이 가열되면서 온도가 용융점보다 높아져 유문암질(화강암질) 마그마가 생성되는 과정이고, ㉡은 맨틀 물질이 상승하면서 압력이 감소하여 현무암질 마그마가 생성되는 과정이다.

ㄱ. **압력 감소에 의한 마그마 생성 과정은 ㉡이다.**
➡ ㉡은 해령이나 열점의 하부에서 맨틀 물질이 상승하면서 압력이 낮아져 맨틀 물질의 온도가 용융점보다 높은 상태로 되어 현무암질 마그마가 생성되는 과정이다.

ㄴ. **A는 B보다 마그마가 천천히 냉각되어 생성된다.**
➡ 마그마가 지하 깊은 곳에서 천천히 냉각되면 광물 결정의 크기가 커진다. A는 B보다 결정 크기가 작으므로 A는 B보다 마그마가 빠르게 냉각되어 생성된다.

ㄷ. **A는 ㉠ 과정으로 생성된 마그마가 굳어진 것이다.**
➡ ㉠ 과정으로 생성된 유문암질(화강암질) 마그마는 SiO_2 함량이 63% 이상이다. A는 SiO_2 함량이 50% 미만이므로 ㉠ 과정으로는 생성되지 않는다.

---

32 마그마 생성 조건과 화성암의 분류 2022학년도 수능 지Ⅰ 9번

정답 ④ | 정답률 62%

적용해야 할 개념 ④가지

① 대륙 지각이 가열되어 온도가 용융점보다 높아지면 화강암질 마그마가 생성된다. ➡ 섭입대 하부에서 상승한 현무암질 마그마는 대륙 지각을 가열시킨다.

② 맨틀 물질이 빠르게 상승하여 온도가 용융점보다 높아지면 현무암질 마그마가 생성된다. 예 열점, 해령

③ 반려암은 염기성암이고, 화강암은 산성암이다.

④ 염기성암은 SiO_2 함량이 52%보다 낮고, 산성암은 SiO_2 함량이 63%보다 높다.

문제 보기

그림 (가)는 깊이에 따른 지하의 온도 분포와 암석의 용융 곡선을 나타낸 것이고, (나)는 반려암과 화강암을 A와 B로 순서 없이 나타낸 것이다. A와 B는 각각 (가)의 ㉠ 과정과 ㉡ 과정으로 생성된 마그마가 굳어진 암석 중 하나이다.

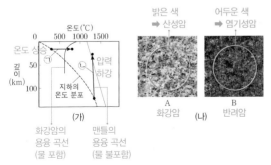

(가) / A 화강암 (나) B 반려암

이에 대한 설명으로 옳은 것만을 〈보기〉에서 있는 대로 고른 것은?

〈보기〉 풀이

반려암은 염기성암이므로 유색 광물의 함량이 많아 어두운 색을 띠고, 화강암은 산성암이므로 무색 광물의 함량이 많아 밝은 색을 띤다. 따라서 밝은 색을 띠는 A는 화강암이고, 어두운 색을 띠는 B는 반려암이다.

ㄱ. **㉠ 과정으로 생성된 마그마가 굳으면 B가 된다.**
➡ ㉠은 화강암질 암석으로 이루어진 대륙 지각 하부가 가열되어 화강암의 용융점보다 높아져 화강암질 마그마가 생성되는 과정이다. 따라서 ㉠ 과정으로 생성된 마그마는 A(화강암)를 생성한다.

ㄴ. **㉡ 과정에서는 열이 공급되지 않아도 마그마가 생성된다.**
➡ ㉡은 맨틀 물질이 상승하여 맨틀 물질의 온도가 용융점보다 높아져 현무암질 마그마가 생성되는 과정이다. 따라서 ㉡ 과정에서는 압력 하강으로 마그마가 생성되므로 열이 공급되지 않아도 마그마가 생성된다.

ㄷ. **SiO_2 함량(%)은 A가 B보다 높다.**
➡ A는 산성암이고, B는 염기성암이다. 산성암은 SiO_2 함량이 63%보다 높고, 염기성암은 SiO_2 함량이 52%보다 낮으므로 SiO_2 함량은 A가 B보다 높다.

적용해야 할 개념 ④가지

① 대륙 지각이 가열되어 물질의 온도가 용융점보다 높아지면 화강암질 마그마가 생성된다.

② 맨틀 물질이 상승하여 압력이 감소하면 현무암질 마그마가 생성된다.

③ 설악산 울산바위, 북한산 인수봉 등은 화강암질 마그마가 지하 깊은 곳에서 천천히 냉각되어 입자의 크기가 크다.

④ 제주도 현무암, 한탄강 일대의 현무암 등은 현무암질 마그마가 지표 부근에서 빠르게 냉각되어 입자의 크기가 작다.

문제 보기

그림 (가)는 지하의 온도 분포와 암석의 용융 곡선을, (나)와 (다)는 설악산 울산바위와 제주도 용두암의 모습을 나타낸 것이다.

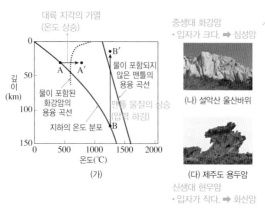

(가)

(나) 설악산 울산바위

(다) 제주도 용두암

이에 대한 옳은 설명만을 〈보기〉에서 있는 대로 고른 것은? [3점]

〈보기〉풀이

ㄱ. A → A′ 과정을 거쳐 생성된 마그마는 B → B′ 과정을 거쳐 생성된 마그마보다 SiO_2 함량이 높다.

➡ 대륙 지각에 열이 가해져 A → A′ 과정을 거치면 지각 물질의 온도가 화강암의 용융점보다 높아지므로 화강암질 마그마가 생성된다. 지하 깊은 곳의 맨틀 물질이 B → B′ 과정을 거치면서 상승하면 물질의 온도가 용융점보다 높아지므로 부분 용융이 일어나 현무암질 마그마가 생성된다. SiO_2 함량은 화강암질 마그마가 63 % 이상이고 현무암질 마그마가 52 % 이하이므로 A → A′ 과정을 거쳐 생성된 화강암질 마그마는 B → B′ 과정을 거쳐 생성된 현무암질 마그마보다 SiO_2 함량이 높다.

ㄴ. (나)를 형성한 마그마는 B → B′ 과정을 거쳐 생성되었다.

➡ 설악산 울산바위는 화강암질 마그마가 지하 깊은 곳에서 관입하여 거대한 암체를 형성한 후 천천히 지표로 드러난 것이므로 (나)를 형성한 마그마는 A → A′ 과정을 거쳐 생성되었다.

ㄷ. 암석을 이루는 광물 입자의 크기는 (나)가 (다)보다 크다.

➡ (나)의 화강암은 심성암으로, 마그마가 지하 깊은 곳에서 천천히 냉각되어 생성되었으므로 광물 입자의 크기가 크다. (다)의 현무암은 화산암으로, 마그마가 지표 부근에서 빠르게 냉각되어 형성되었으므로 광물 입자의 크기가 작다. 따라서 암석을 이루는 광물 입자의 크기는 (나)가 (다)보다 크다.

적용해야 할 개념 ③가지

① 암석에 형성된 틈이나 균열을 절리라고 한다.

구분	모양	생성 과정		주요 암석	예
주상 절리	다각형의 기둥 모양	용암이 급격하게 냉각되는 과정에서 수축하여 생성됨		화산암	제주도 해안, 포천 한탄강 등
판상 절리	얇은 판 모양	지하 깊은 곳의 암석이 지표로 융기하면서 압력이 감소하여 팽창하면서 생성됨		심성암	북한산 인수봉, 설악산 울산바위 등

② 화산암은 지표 부근에서, 심성암은 지하 깊은 곳에서 생성된다.

③ 화산암은 심성암보다 마그마의 냉각 속도가 빠르다.

문제 보기

그림 (가)는 화성암의 생성 위치를, (나)는 북한산 인수봉의 모습을 나타낸 것이다.

용암이나 마그마가 빠르게 식는다.

마그마가 천천히 식는다.

(가)

판상 절리

(나)

이에 대한 옳은 설명만을 〈보기〉에서 있는 대로 고른 것은?

〈보기〉풀이

ㄱ. 주상 절리는 B보다 A에서 잘 형성된다.

➡ 주상 절리는 지표로 분출한 용암이 빠르게 식는 과정에서 수축하여 다각형의 기둥 모양으로 형성된다. A에서는 지표 부근에서 용암이나 마그마가 굳어 화산암이 생성되고, B에서는 지하 깊은 곳에서 마그마가 굳은 심성암이 생성되므로 주상 절리는 B보다 A에서 잘 형성된다.

ㄴ. (나)의 암석은 A에서 생성되었다.

➡ (나)의 암석에서는 판상 절리가 나타난다. 판상 절리는 지하 깊은 곳에서 생성된 심성암이 융기하면서 팽창하여 판 모양으로 형성되므로 (나)의 암석은 심성암이고, B에서 생성되었다.

ㄷ. 마그마의 냉각 속도는 B보다 A에서 빠르다.

➡ 지하로 깊어질수록 온도가 상승하므로 마그마가 천천히 냉각된다. 따라서 마그마의 냉각 속도는 심성암이 생성되는 B보다 화산암이 생성되는 A에서 빠르다.

35 한반도의 화성암 2019학년도 4월 학평 지Ⅰ 8번   정답 ② ┃ 정답률 68 %

적용해야 할 개념 ③가지

① 주상 절리는 화산암에서 잘 나타난다.
② 현무암은 SiO_2 함량이 45 %~52 % 범위인 염기성암이다.
③ 무등산 입석대는 중생대에, 제주도 지삿개는 신생대에 형성되었다.

문제 보기

그림은 우리나라 지질 명소에서 나타나는 주상 절리 A와 B의 모습을, 표는 이 주상 절리를 구성하는 암석의 SiO_2 함량을 나타낸 것이다.

→ 화산암에서 잘 나타난다.

→ 주상 절리

	SiO_2 함량(%)
A	60~64
B	45~50

A. 무등산 입석대   B. 제주도 지삿개

· A: 화산암이면서 SiO_2 함량이 많은 중성암 또는 산성암이다.
  ➡ 안산암 또는 유문암
· B: 화산암이면서 SiO_2 함량이 적은 염기성암이다. ➡ 현무암

이에 대한 설명으로 옳은 것만을 〈보기〉에서 있는 대로 고른 것은? [3점]

〈보기〉 풀이

보기

✗ A는 지하 깊은 곳의 암석이 융기하여 형성되었다.
➡ 주상 절리는 용암이 급격히 냉각되는 과정에서 생성된다. A에서 주상 절리가 나타나므로 A의 암석은 지표에 분출한 용암이 굳어져서 생성되었다.

ㄴ. B는 주로 현무암으로 구성된다.
➡ 현무암은 염기성암으로 SiO_2 함량이 45 %~52 % 범위에 있다. B는 화산암이고, SiO_2 함량이 45 %~50 %인 염기성암이므로 현무암이다.

✗ A와 B는 모두 중생대에 형성되었다.
➡ A는 중생대의 화산 활동으로 형성되었고, B는 신생대의 화산 활동으로 형성되었다.

36 한반도의 화성암 2019학년도 10월 학평 지Ⅰ 2번   정답 ③ ┃ 정답률 74 %

적용해야 할 개념 ③가지

① 용암 대지는 유동성이 큰 용암이 분출하여 형성된 평탄한 지형이다.
② 화강암은 지하 깊은 곳에서 생성되어 지표로 노출되면서 판상 절리가 생긴다.
③ 한탄강 주변의 현무암은 신생대에 생성되었고, 화강암은 중생대에 생성되었다.

문제 보기

다음은 한탄강 주변의 지질 명소인 대교천 협곡과 고석정의 특징을 나타낸 것이다.

A. 대교천 협곡   B. 고석정

ⓐ용암 대지가 형성된 후 물에 의한 침식 작용으로 ⓑ현무암 협곡이 생성되었다.

유동성이 큰 현무암질 용암이 분출하여 형성

ⓒ화강암으로 이루어진 기반암이 지표가 침식되어 노출되었다.

화산암: 지표 부근에서 생성   심성암: 지하 깊은 곳에서 생성
➡ 주상 절리 형성 가능   ➡ 판상 절리 형성 가능
➡ 신생대에 생성   ➡ 중생대에 생성

이 지역에 대한 옳은 설명만을 〈보기〉에서 있는 대로 고른 것은?
[3점]

〈보기〉 풀이

보기

ㄱ. ⓐ은 화산 활동에 의해 형성되었다.
➡ 용암 대지는 유동성이 큰 용암이 지표에 분출하여 형성된 경사가 거의 없는 평탄한 지형이므로, 화산 활동에 의해 형성되었다.

ㄴ. B에서는 판상 절리를 관찰할 수 있다.
➡ 화강암은 지하 깊은 곳에서 생성되는 심성암이다. 화강암으로 이루어진 기반암이 지표에 노출된 것은 주변 암석이 침식되면서 융기하였기 때문인데, 이 과정에서 화강암에 가해지는 압력이 감소하므로 화강암은 천천히 팽창하여 판상 절리가 생긴다.

✗ 암석의 나이는 ⓑ이 ⓒ보다 많다.
➡ 한탄강 주변에 분포하는 현무암은 신생대의 화산 활동으로 생성되었고, 기반암을 이루는 화강암은 중생대의 화성 활동으로 생성되었으므로 암석의 나이는 ⓑ이 ⓒ보다 적다.

37 한반도의 화성암 2019학년도 6월 모평 지I 5번

적용해야 할 개념 ③가지

① 화강암은 심성암이고, 현무암은 화산암이다.
② 규암은 사암이 변성 작용을 받아 생성되는 변성암이다.
③ 절리는 암석이 팽창 또는 수축하거나 압력이 작용하여 생기며, 화성암뿐만 아니라 변성암이나 퇴적암에서도 발달한다.

문제 보기

그림 (가), (나), (다)는 우리나라 지질 명소의 주요 암석을 나타낸 것이다.

┌ 판상 절리 발달   ┌ 절리 발달   ┌ 주상 절리 발달

(가) 북한산 화강암   (나) 백령도 규암   (다) 제주도 현무암

화성암 중 심성암 ➡ 지하 깊은 곳에서 생성 / 사암이 변성 작용을 받아 생성된 변성암 / 화성암 중 화산암 ➡ 지표 부근에서 생성

이에 대한 설명으로 옳은 것만을 〈보기〉에서 있는 대로 고른 것은?

〈보기〉 풀이

(가)와 (다)는 화성암이고, (나)는 변성암이다.

ㄱ. **(가)는 (다)보다 지하 깊은 곳에서 생성되었다.**
➡ 화강암은 심성암이므로 마그마가 지하 깊은 곳에서 천천히 냉각되어 생성되고, 현무암은 화산암이므로 마그마가 지표 부근에서 급격하게 냉각되어 생성된다. 따라서 (가)는 (다)보다 지하 깊은 곳에서 생성되었다.

ㄴ. **(나)와 (다)는 모두 화성암이다.**
➡ 규암은 퇴적암인 사암이 변성 작용을 받아 생성되는 변성암이다. 따라서 (나)는 변성암이고, (다)는 화성암이다.

ㄷ. **(가), (나), (다) 모두 절리가 나타난다.**
➡ (가)는 지하 깊은 곳에서 생성된 화강암이 융기하는 과정에서 팽창하여 판상 절리가 나타난다. (나)는 사암이 변성 작용을 받는 과정에서 높은 압력이 작용하여 절리가 나타난다. (다)는 지표 부근에서 용암이 급격하게 냉각되는 과정에서 수축하여 주상 절리가 나타난다. 절리는 화성암에서 잘 나타나지만 변성암이나 퇴적암에서도 압력 변화로 나타날 수 있다.

보기

---

38 마그마의 생성 조건 2025학년도 수능 지I 3번

적용해야 할 개념 ③가지

① 지하에서 물질의 온도가 물질의 용융점보다 높아지면 마그마가 생성된다.
② 대륙 지각의 온도가 상승하여 화강암의 용융점보다 온도가 높아지면 화강암질(유문암질) 마그마가 생성될 수 있다.
③ 섭입대에서는 맨틀 물질에 공급된 물이 맨틀의 용융점을 낮추어 현무암질 마그마가 생성된다.

문제 보기

그림은 어느 지역의 깊이에 따른 지하 온도 분포와 암석의 용융 곡선을 나타낸 것이다.

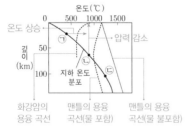

온도(℃)
0   500 1000 1500
온도 상승   압력 감소
깊이(km) 50   ㉠   ㉢
100   지하 온도 분포   ㉡
화강암의 용융 곡선   맨틀의 용융 곡선(물 포함)   맨틀의 용융 곡선(물 불포함)

이 자료에 대한 설명으로 옳은 것만을 〈보기〉에서 있는 대로 고른 것은?

〈보기〉 풀이

ㄱ. **㉠의 깊이에서 온도가 증가하면 유문암질 마그마가 생성될 수 있다.**
➡ ㉠의 깊이에서 온도가 상승하여 화강암의 용융점보다 높아지면 유문암질 마그마가 생성될 수 있다.

ㄴ. **㉡ 깊이의 맨틀 물질은 온도 변화 없이 상승하면 현무암질 마그마로 용융될 수 있다.**
➡ 맨틀 물질의 온도가 용융점보다 높아지면 마그마가 생성된다. ㉡ 깊이의 맨틀 물질이 온도 변화 없이 지표까지 상승하더라도 맨틀 물질의 용융점보다 낮으므로 현무암질 마그마로 용융될 수 없다.

ㄷ. **㉢의 깊이에서 맨틀 물질은 물이 공급되면 용융될 수 있다.**
➡ ㉢의 깊이에서 맨틀 물질에 물이 공급되면 용융점이 낮아져 맨틀 물질의 온도가 용융점보다 높은 상태가 되므로 용융될 수 있다.

보기

6 일차	01 ③	02 ②	03 ⑤	04 ③	05 ③	06 ⑤	07 ②	08 ①	09 ③	10 ④	11 ⑤	12 ③
	13 ④	14 ④	15 ⑤	16 ⑤	17 ⑤	18 ⑤	19 ③	20 ③	21 ②	22 ③	23 ③	24 ④
	25 ④	26 ④										

문제편 058쪽~065쪽

---

01 퇴적암의 생성 과정 2024학년도 7월 학평 지Ⅰ 5번

정답 ③ | 정답률 72 %

적용해야 할 개념 ③가지

① 퇴적물이 다짐 작용을 받으면 공극이 감소하고, 밀도가 증가한다.

② 퇴적물이 교결 작용을 받으면 공극은 더 감소하고, 밀도는 더 증가한다.

③ 사암은 주로 모래($2 \sim \frac{1}{16}$ mm)가 퇴적되어 굳어진 암석이고, 이암은 주로 실트나 점토($\frac{1}{16}$ mm 이하)가 퇴적되어 굳어진 암석이다.

문제 보기

그림 (가)와 (나)는 어느 쇄설성 퇴적암의 생성 과정 일부를 순서대로 나타낸 것이다.

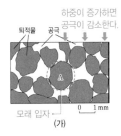
하중이 증가하면 공극이 감소한다.
퇴적물 / 공극 / 모래 입자
(가)

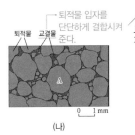
퇴적물 입자를 단단하게 결합시켜 준다.
퇴적물 / 교결물
(나)

이에 대한 설명으로 옳은 것만을 〈보기〉에서 있는 대로 고른 것은?

〈보기〉 풀이

ㄱ. **(가)에서 다짐 작용을 받으면 공극은 감소한다.**

➡ (가)에서 퇴적물이 쌓이면서 다짐 작용을 받으면 입자들 사이의 공간이 줄어들어 공극이 감소한다.

ㄴ. **(나)에서 교결물은 퇴적물 입자들을 결합시켜 주는 역할을 한다.**

➡ 다짐 작용을 받으면 퇴적물 사이의 공간은 줄어들지만 입자들이 강하게 결합되지는 않는다. (나)에서 공극에 교결물이 채워지면 퇴적물이 결합되고 단단하게 굳어져 퇴적암이 된다.

✗ **이암은 주로 A와 같은 크기의 퇴적물 입자가 퇴적되어 만들어진다.**

➡ 이암은 입자의 크기가 $\frac{1}{16}$ mm 이하인 실트나 점토가 퇴적되어 만들어진다. A는 입자의 크기가 1 mm 정도인 모래이므로 사암이 만들어진다.

---

02 퇴적암과 퇴적 구조 2023학년도 7월 학평 지Ⅰ 3번

정답 ② | 정답률 76 %

적용해야 할 개념 ③가지

① 퇴적암의 종류

쇄설성 퇴적암	암석이 풍화, 침식을 받아 생성된 입자나 화산 분출물이 쌓여 만들어진 퇴적암 ⑩ 셰일, 사암, 역암, 응회암 등
화학적 퇴적암	물속에 녹아 있는 석회질, 규질, 산화 철, 염분 등이 침전하거나 물이 증발하면서 만들어진 퇴적암 ⑩ 석회암, 암염 등
유기적 퇴적암	생물의 유해나 골격의 일부가 쌓여 만들어진 퇴적암 ⑩ 석회암, 석탄 등

② 점토가 굳으면 셰일, 모래가 굳으면 사암, 자갈이 굳으면 역암이 되고, 화산재가 굳으면 응회암이 된다.

③ 연흔은 퇴적물 표면에 물결의 흔적이 남은 것이므로 입자가 작은 퇴적암에서 잘 형성된다.

문제 보기

표는 퇴적암 A, B, C를 이루는 자갈의 비율과 모래의 비율을 나타낸 것이다. A, B, C는 각각 역암, 사암, 셰일 중 하나이다.

퇴적암	자갈의 비율(%)	모래의 비율(%)
A 사암	5	90
B 셰일	4	5
C 역암	80	10

점토의 비율이 매우 높다. ➡ 셰일

이에 대한 설명으로 옳은 것만을 〈보기〉에서 있는 대로 고른 것은?

〈보기〉 풀이

✗ **A는 셰일이다.**

➡ 셰일은 주로 점토가 굳어 형성되고, 사암은 주로 모래가 굳어 형성된다. A는 퇴적물의 대부분이 모래이므로 사암이고, B는 자갈과 모래의 비율이 매우 작으므로 퇴적물의 대부분이 점토로 이루어진 셰일이다.

✗ **연흔은 C층에서 주로 나타난다.**

➡ 연흔은 퇴적물 입자의 크기가 작은 점토나 모래에서 잘 형성되므로 A 또는 B로 이루어진 퇴적층에서 주로 나타난다.

ㄷ. **A, B, C는 쇄설성 퇴적암이다.**

➡ 쇄설성 퇴적암은 기존 암석이 풍화와 침식을 받아 생긴 점토, 모래, 자갈 등이 쌓인 후 속성 작용을 받아 만들어진다. A, B, C는 각각 사암, 셰일, 역암이므로 쇄설성 퇴적암이다.

적용해야 할 개념 ③가지

① 퇴적암이 형성되는 과정에서 교결 물질이 공극을 채워 입자들을 단단하게 결합시키는 것을 교결 작용이라고 한다.

② 교결 물질에는 지하수에 녹은 석회질, 규질, 산화 철 등이 있으며, 이들 물질이 공극에 침전하여 교결 작용이 일어난다.

③ 퇴적물의 부피와 공극 부피의 변화

다짐 작용	퇴적물의 부피와 공극의 부피가 모두 감소한다.
교결 작용	퇴적물의 부피 변화는 거의 없고, 공극의 부피는 크게 감소한다.

문제 보기

다음은 쇄설성 퇴적암이 형성되는 과정의 일부를 알아보기 위한 실험이다.

[실험 목표]

○ 쇄설성 퇴적암이 형성되는 과정 중 (㉠)을/를 설명할 수 있다.
  └속성 작용(다짐 작용 + 교결 작용)을 받는다. ← 교결 작용

[실험 과정]

(가) 크기가 다양한 자갈, 모래, 점토를 각각 준비하여 투명한 원통에 넣는다.
(나) (가)의 원통의 퇴적물에서 입자 사이의 빈 공간(공극)의 모습을 관찰한다. └교결 물질
(다) 컵에 석회질 물질과 물을 부어 석회질 반죽을 만든다.
(라) ㉡석회질 반죽을 (가)의 원통에 부어 퇴적물이 쌓인 높이(h)까지 채운 후 건조시켜 굳힌다.
(마) (라)의 입자 사이의 빈 공간(공극)의 모습을 관찰한다. └교결 작용

[실험 결과]

㉢ (나)의 결과	㉣ (마)의 결과
	공극의 부피 감소

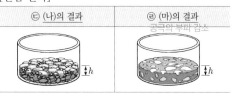

이 자료에 대한 설명으로 옳은 것만을 〈보기〉에서 있는 대로 고른 것은? [3점]

〈보기〉 풀이

ㄱ. '교결 작용'은 ㉠에 해당한다.
➡ (라)에서 석회질 반죽을 퇴적물 입자 사이의 빈 공간에 채워 단단하게 굳혔으므로 ㉠은 쇄설성 퇴적암이 형성되는 과정 중 교결 작용에 해당한다.

ㄴ. ㉡은 퇴적물 입자들을 단단하게 결합시켜 주는 물질에 해당한다.
➡ 석회질 반죽은 공극을 채워 단단하게 굳어지게 한 물질로, 퇴적물 입자들을 단단하게 결합시켜 퇴적암을 만드는 석회질, 규질, 산화 철 등의 교결 물질에 해당한다.

ㄷ. 단위 부피당 공극이 차지하는 부피는 ㉢이 ㉣보다 크다.
➡ ㉢은 석회질 반죽을 붓기 전이고, ㉣은 석회질 반죽을 부어 공극을 채운 후이므로 단위 부피당 공극이 차지하는 부피는 ㉢이 ㉣보다 크다.

보기

**적용해야 할
개념 ③가지**

① 퇴적물이 퇴적암으로 되는 과정에서 다짐 작용과 교결 작용이 일어난다.

② 다짐 작용은 퇴적물이 압력을 받아 다져지는 작용이다. ➡ 퇴적물 입자들 사이의 공극이 감소하고, 퇴적물의 밀도가 커진다.

③ 교결 작용은 퇴적물 입자 사이의 공극에 교결 물질이 채워져서 공극을 메우고, 입자들이 단단히 붙게 하여 굳어지는 과정이다.

문제 보기

다음은 퇴적암이 형성되는 과정의 일부를 알아보기 위한 실험이다.

[실험 목표]

○ 퇴적암이 형성되는 과정 중 (㉠)을/를 설명할 수 있다.

250 mL−추출된 물의 부피
= 원통에 남아 있는 물의 부피

[실험 과정]

(가) 입자 크기 2 mm 정도인 퇴적물 250 mL가 담긴 원통에 물 250 mL를 넣는다.

(나) 물의 높이가 퇴적물의 높이와 같아질 때까지 물을 추출한 뒤, 추출된 물의 부피를 측정한다.

(다) 그림과 같이 원형 판 1개를 원통에 넣어 퇴적물을 압축시킨다.

(라) 물의 높이가 퇴적물의 높이와 같아질 때까지 물을 추출하고, 그 물의 부피를 측정한다.

(마) 동일한 원형 판의 개수를 1개씩 증가시키면서 (라)의 과정을 반복한다.

퇴적물의 무게에 의한 다짐 작용을 가정한 실험 과정

(바) 원형 판의 개수와 추출된 물의 부피와의 관계를 정리한다.

[실험 결과]

○ 과정 (나)에서 추출된 물의 부피: 100 mL

○ 과정 (다)~(마)에서 원형 판의 개수에 따른 추출된 물의 부피

원형 판 개수(개)	1	2	3	4	5
추출된 물의 부피(mL)	27.5	8.0	6.5	5.3	4.5

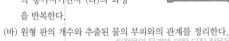

원형 판 개수 증가 ➡ 물의 추출 ➡ 공극 감소 ➡ 퇴적물 밀도 증가

이 자료에 대한 설명으로 옳은 것만을 〈보기〉에서 있는 대로 고른 것은? [3점]

〈보기〉 풀이

ㄱ. **'다짐 작용'은 ㉠에 해당한다.**

➡ 원형 판으로 퇴적물을 압축하여 퇴적물의 부피가 감소하였으므로 퇴적암의 형성 과정 중 다짐 작용을 알아보는 실험이다. 따라서 ㉠은 '다짐 작용'이다.

✗. **과정 (나)에서 원통 속에 남아 있는 물의 부피는 222.5 mL이다.**

➡ 퇴적물이 담긴 원통 속에 250 mL의 물을 부었고, 100 mL를 추출하였으므로 퇴적물 입자 사이의 공극에 채워진 물의 양은 150 mL이다.

ㄷ. **원형 판의 개수가 증가할수록 단위 부피당 퇴적물 입자의 개수는 증가한다.**

➡ 원형 판으로 퇴적물을 압축하면서 원형 판의 개수를 1개씩 증가시킬 때마다 물이 추출되는 것은 퇴적물의 공극이 감소하였기 때문이다. 따라서 원형 판의 개수가 증가할수록 퇴적물의 밀도가 증가하므로 단위 부피당 퇴적물 입자의 개수는 증가한다.

보기

6
일차

적용해야 할 개념 ③가지

① 퇴적물이 다짐 작용과 교결 작용을 받아 퇴적암으로 되는 전 과정을 속성 작용이라고 한다. ➡ 퇴적물의 종류나 생성 원인에 관계없이 모든 퇴적암은 속성 작용을 받아 만들어진다.

② 퇴적물이 위에서 누르는 압력에 의해 치밀하게 다져지는 작용을 다짐 작용(압축 작용)이라고 한다. ➡ 퇴적물이 다짐 작용(압축 작용)을 받으면 공극이 감소하고, 밀도가 커진다.

③ 퇴적물 입자 사이에 교결 물질이 침전하여 입자들을 단단하게 연결시키는 작용을 교결 작용이라고 한다. ➡ 지하수에 녹은 탄산 칼슘, 규산염 광물, 철분 등이 교결 물질로 작용한다.

문제 보기

그림 (가)는 어느 쇄설성 퇴적층의 단면을, (나)는 속성 작용이 일어나는 동안 (가)의 모래층에서 모래 입자 사이 공간(㉠)의 부피 변화를 나타낸 것이다.

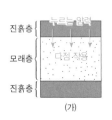

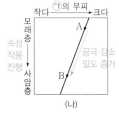

(가)의 모래층에서 속성 작용이 일어나는 동안 나타나는 변화에 대한 설명으로 옳은 것만을 〈보기〉에서 있는 대로 고른 것은?

〈보기〉 풀이

ㄱ. ㉠에 교결 물질이 침전된다.
➡ 퇴적물이 쌓이면서 다짐 작용을 받으면 입자 사이의 공간인 공극(㉠)의 부피가 감소하고, 공극에 교결 물질이 침전되면 입자들이 단단하게 결합되어 퇴적암이 된다. 따라서 ㉠에 교결 물질이 침전된다.

ㄴ. 밀도는 증가한다.
➡ 다짐 작용이 진행되면 공극(㉠)의 부피가 감소하면서 퇴적물의 밀도는 증가하고, 교결 작용이 진행되면 모래층은 점차 사암층이 된다.

✗ 단위 부피당 모래 입자의 개수는 A에서 B로 갈수록 감소한다.
➡ A에서 B로 갈수록 퇴적물 입자가 다져져 공극(㉠)의 부피가 감소하므로 단위 부피당 모래 입자의 개수는 증가한다.

적용해야 할 개념 ④가지

① 유기적 퇴적암은 동식물이나 식물의 유해가 쌓여 생성된다.

② 쇄설성 퇴적암은 암석이 풍화, 침식을 받아 생긴 암석의 파편(조각)이나 화산 분출물(화산 쇄설물)이 쌓여 생성된다.

③ 암염은 해수가 증발하여 해수에 녹은 NaCl(염화 나트륨)이 침전하여 생성되는 화학적 퇴적암이다.

④ 역암은 자갈, 모래, 점토가 쌓인 후 속성 작용을 받아 만들어지는 쇄설성 퇴적암이다.

구분	예
유기적 퇴적암	석탄, 석회암, 처트, 규조토 등
쇄설성 퇴적암	셰일, 사암, 역암, 응회암 등
화학적 퇴적암	석회암, 처트, 암염 등

문제 보기

표는 퇴적물의 기원에 따른 퇴적암의 종류를 나타낸 것이다. 이에 대한 설명으로 옳은 것만을 〈보기〉에서 있는 대로 고른 것은?

생물의 유해

구분	퇴적물	퇴적암
유기적 퇴적암 A	식물	석탄
	규조	처트
쇄설성 퇴적암 B	모래	㉠ 사암
	㉡ 자갈	역암

풍화와 침식의 생성물

〈보기〉 풀이

✗ A는 쇄설성 퇴적암이다.
➡ A는 석탄과 처트가 속하는 퇴적암이다. 석탄은 식물체가 지층에 매몰되어 생성되고, 처트는 규산(SiO₂)이 포함된 방산충이나 규조류가 쌓여 생성된다. 따라서 A는 유기적 퇴적암이고 B는 쇄설성 퇴적암이다. └→ 바다에 사는 부유 동물

✗ ㉠은 암염이다.
➡ 암염은 해수에 녹아 있는 NaCl(염화 나트륨)이 해수의 증발로 침전하여 생성된다. ㉠은 모래가 기원인 퇴적암이므로 사암에 해당한다.

ㄷ. 자갈은 ㉡에 해당한다.
➡ 역암은 자갈을 비롯하여 소량의 모래, 점토 등이 퇴적된 후 속성 작용을 받아 생성된다. 따라서 자갈은 ㉡에 해당한다.

07 퇴적 환경과 퇴적 구조 2023학년도 4월 학평 지I 3번

정답 ② | 정답률 59 %

적용해야 할 개념 ③가지

① 점이 층리는 수심이 깊은 곳에서 퇴적물 입자의 크기에 따른 낙하 속도 차에 의해 형성된다. ➡ 입자가 큰 퇴적물일수록 낙하 속도가 빨라 먼저 퇴적되므로, 하부에서 상부로 갈수록 퇴적물 입자의 크기가 작아진다.

② 사층리는 물이나 바람에 의해 운반된 퇴적물이 경사면을 따라 기울어진 상태로 쌓인 퇴적 구조이다.

③ 퇴적 환경

육상 환경	육지에 주로 쇄설성 퇴적물이 쌓이는 환경 예 선상지, 호수, 강, 범람원, 사막 등
연안 환경	육상 환경과 해양 환경의 중간에 해당하는 퇴적 환경 예 삼각주, 사주, 석호, 해빈 등
해양 환경	바다에 퇴적물이 쌓이는 환경 예 대륙붕, 대륙 사면, 대륙대, 심해저 등

문제 보기

그림 (가)는 퇴적 환경의 일부를, (나)는 서로 다른 퇴적 구조를 나타낸 것이다.

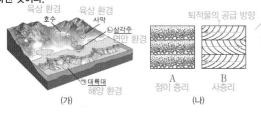

(가) (나)

이에 대한 설명으로 옳은 것만을 〈보기〉에서 있는 대로 고른 것은?

<보기> 풀이

✘ **ㄱ** A는 ㉠보다 ㉡에서 잘 생성된다.

➡ A는 지층의 하부에서 상부로 갈수록 입자의 크기가 작아지는 점이 층리이다. 점이 층리는 크기가 다양한 입자가 수심이 깊은 곳에서 한꺼번에 퇴적될 때 입자가 큰 것부터 가라앉아 생성된다. 따라서 A는 ㉡보다 ㉠에서 잘 생성된다.

ㄴ. **B를 통해 퇴적물이 공급된 방향을 알 수 있다.**

➡ B는 퇴적물이 경사면을 따라 기울어진 상태로 퇴적된 사층리이다. 사층리는 퇴적물이 층리가 기울어진 방향으로 공급되어 생성된다. 따라서 B를 통해 퇴적물이 공급된 방향을 알 수 있다.

✘ **ㄷ** ㉡은 퇴적 환경 중 육상 환경에 해당한다.

➡ 삼각주는 강이나 호수의 하구에서 유수의 흐름이 느려져 주로 입자가 작은 물질이 퇴적되어 형성된 삼각형 모양의 지형이다. 따라서 ㉡은 연안 환경에 해당한다.

---

08 퇴적 구조 – 점이 층리 2022학년도 4월 학평 지I 4번

정답 ① | 정답률 49 %

적용해야 할 개념 ③가지

① 점이 층리는 물속에서 크기가 다양한 퇴적 입자가 가라앉을 때 입자가 큰 것부터 퇴적되어 형성된다.

② 수면 아래의 물속에서는 퇴적물이 쌓이고(퇴적 환경), 수면 위의 공기 중에서는 퇴적물이 깎여나간다(침식 환경).

③ 부정합은 해수면 아래에서 퇴적 → 해수면 위로 융기 → 공기 중에서 침식 → 해수면 아래로 침강 → 해수면 아래에서 퇴적의 과정을 거쳐 형성된다.

문제 보기

그림 (가)는 해성층 A, B, C로 이루어진 어느 지역의 지층 단면과 A의 일부에서 발견된 퇴적 구조를, (나)는 A의 퇴적이 완료된 이후 해수면에 대한 ⓐ지점의 상대적 높이 변화를 나타낸 것이다.

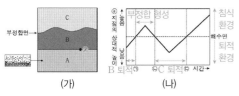

(가) (나)

이에 대한 설명으로 옳은 것만을 〈보기〉에서 있는 대로 고른 것은?

[3점]

<보기> 풀이

ㄱ. **A의 퇴적 구조는 입자 크기에 따른 퇴적 속도 차이에 의해 형성되었다.**

➡ A에서는 위로 갈수록 입자 크기가 작아지는 점이 층리가 나타난다. 점이 층리는 물속에서 크기가 다양한 퇴적물이 한꺼번에 쌓일 때 입자가 큰 것부터 먼저 가라앉아 형성되므로, A의 퇴적 구조는 입자 크기에 따른 퇴적 속도 차이에 의해 형성되었다.

✘ **ㄴ** B의 두께는 ㉠ 시기보다 ㉡ 시기에 두꺼웠다.

➡ ⓐ 지점의 상대적인 높이가 해수면보다 낮은 기간에는 퇴적 환경이 되어 해성층의 두께가 두꺼워지고, 해수면보다 높은 기간에는 침식 환경이 되어 해성층의 두께가 얇아진다. 따라서 B의 두께는 ㉠ 시기가 ㉡ 시기보다 두꺼웠다.

✘ **ㄷ** C는 ㉢ 시기 이후에 생성되었다.

➡ ㉠~㉡의 기간은 침식 환경이므로 이 기간에 B와 C 사이의 부정합이 형성되었고, ㉡~㉢의 기간은 퇴적 환경이므로 이 기간에 C가 퇴적되었다. 따라서 C는 ㉢ 시기 이전에 생성되었다.

적용해야 할 개념 ③가지

① 지층 내에서 위로 갈수록 입자의 크기가 작아지는 퇴적 구조를 점이 층리라고 한다.
② 점이 층리는 물속에서 입자의 크기에 따른 낙하 속도 차이로 형성된다.
③ 점이 층리는 크기가 다양한 퇴적물이 수심이 깊은 바다나 호수로 유입될 때 형성된다.
　⇒ 경사가 급한 해저에 쌓여 있던 퇴적물이 한꺼번에 쓸려 내려가 심해저에 쌓일 때 형성된다.

문제 보기

다음은 어느 퇴적 구조가 형성되는 원리를 알아보기 위한 실험이다.

[실험 목표]
○ (　㉠　)의 형성 원리를 설명할 수 있다.
　　점이 층리
[실험 과정]
(가) 입자의 크기가 2 mm 이하인 모래, 2~4 mm인 왕모래, 4~6 mm인 잔자갈을 각각 100 g씩 준비하여 물이 담긴 원통에 넣는다. → 해저에서 퇴적물 입자가 한꺼번에 쓸려 내려가는 과정에 해당한다.
(나) 원통을 흔들어 입자들을 골고루 섞은 후, 원통을 세워 입자들이 가라앉기를 기다린다. → 입자가 큰 것부터 먼저 가라앉는다.
(다) 그림과 같이 원통의 퇴적물을 같은 간격의 세 구간 A, B, C로 나눈다.
(라) 각 구간의 퇴적물을 모래, 왕모래, 잔자갈로 구분하여 각각의 질량을 측정한다.

[실험 결과]
○ A, B, C 구간별 입자 종류에 따른 질량비

모래 비율 감소, 잔자갈 비율 증가

□ 모래
▨ 왕모래
■ 잔자갈

질량비(%) 0 ... 50 ... 100

○ 퇴적물 입자의 크기가 클수록 (　㉡　) 가라앉는다.
빠르게

이에 대한 설명으로 옳은 것만을 〈보기〉에서 있는 대로 고른 것은? [3점]

〈보기〉 풀이

ㄱ. '점이 층리'는 ㉠에 해당한다.
⇒ 이 실험은 입자의 크기에 따라 물속에서 퇴적물이 가라앉는 속도가 다르다는 것을 나타낸다. 점이 층리는 위로 갈수록 퇴적물 입자의 크기가 점점 작아지는 퇴적 구조이므로 원통 내의 입자 크기 분포와 같은 모습을 보인다. 따라서 ㉠에는 '점이 층리'가 적합하다.

▲ 점이 층리

✗. '느리게'는 ㉡에 해당한다.
⇒ 실험 결과를 보면 A → B → C로 갈수록 입자의 크기가 작은 모래의 질량비가 감소하고 입자의 크기가 큰 잔자갈의 질량비가 증가한다. 이는 퇴적물 입자의 크기가 클수록 물속에서 가라앉는 속도가 빠르다는 것을 나타낸다. 따라서 ㉡에는 '빠르게'가 적합하다.

ㄷ. 경사가 급한 해저에서 빠르게 이동하던 퇴적물의 유속이 갑자기 느려지면서 퇴적되는 과정은 (나)에 해당한다.
⇒ 해저에서 지진이나 화산 활동이 일어나면 경사가 급한 대륙 사면에 쌓여 있던 퇴적물은 경사면을 따라 빠르게 흘러내리다가 경사가 완만한 대륙대에 도달하면 퇴적물의 유속이 느려지면서 입자의 크기가 큰 것부터 먼저 가라앉아 점이 층리가 형성된다. (나)는 원통을 흔든 후 입자들을 가라앉히는 과정이므로 해저에서 일어나는 퇴적물의 빠른 이동과 퇴적 과정에 해당한다.

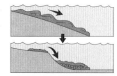
▲ 점이 층리의 형성 과정

적용해야 할 개념 ②가지

① 건열은 퇴적물이 수면 위로 노출되어 표면이 말라 갈라진 퇴적 구조이다. ➡ 형성 과정: 수면 아래에서 퇴적 → 수면 하강 → 퇴적물이 건조한 환경에 노출 → 퇴적물 표면이 갈라짐

② 퇴적물이 갈라지는 이유는 점토 사이의 공극에 있는 수분이 빠져나가면서 부피가 감소하여 수축하기 때문이다. ➡ 이암(셰일)에서 잘 나타난다.

문제 보기

다음은 어느 퇴적 구조가 형성되는 원리를 알아보기 위한 실험이다.

[실험 목표]

○ (㉠)의 형성 원리를 설명할 수 있다.

[실험 과정]

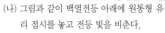 수면 아래의 환경

(가) 100 mL의 물이 담긴 원통형 유리 접시에 입자 크기가 $\frac{1}{16}$ mm 이하인 점토 100 g을 고르게 붓는다. 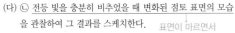 이암(셰일)에서 잘 나타나는 퇴적 구조를 만들기 위한 조건

(나) 그림과 같이 백열전등 아래에 원통형 유리 접시를 놓고 전등 빛을 비춘다.

(다) ㉡ 전등 빛을 충분히 비추었을 때 변화된 점토 표면의 모습을 관찰하여 그 결과를 스케치한다. 표면이 마르면서 갈라진다.

[실험 결과]

 〈위에서 본 모습〉   〈옆에서 본 모습〉

이에 대한 설명으로 옳은 것만을 〈보기〉에서 있는 대로 고른 것은? [3점]

<보기> 풀이

ㄱ. '건열'은 ㉠에 해당한다.
➡ 이 실험은 젖은 점토가 마르면서 점토 표면이 갈라지는 구조를 관찰하는 것이므로 ㉠은 건열에 해당한다.

ㄴ. 건조한 환경에 노출되어 퇴적물의 표면이 갈라진 모습은 ㉡에 해당한다.
➡ 위에서 본 실험 결과는 표면이 갈라지고, 옆에서 본 실험 결과는 쐐기 모양이 나타난다. 건열은 수심이 얕은 곳에 쌓인 퇴적물이 건조한 환경에 노출되어 퇴적물 표면이 말라 갈라진 구조로, 실험 과정의 ㉡에 해당한다.

ㄷ. 이 퇴적 구조는 주로 역암층에서 관찰된다.
➡ 퇴적물의 표면이 마르면서 갈라지는 것은 퇴적물 입자의 크기가 작은 점토에서 잘 나타나므로 주로 이암층(셰일층)에서 관찰되며, 자갈로 이루어진 역암층에서는 거의 나타나지 않는다.

적용해야 할 개념 ③가지

① 건열은 퇴적물 표면의 물이 증발하면서 말라 갈라진 구조로, 수심이 얕은 물밑에서 퇴적되었음을 알려준다.
② 사층리는 층리가 나란하지 않고 기울어진 구조로, 물이나 바람에 의해 퇴적물이 공급된 방향을 알려준다.
③ 연흔은 흐르는 물이나 파도의 흔적이 퇴적물 표면에 남아 있는 구조로, 수심이 얕은 물밑에서 퇴적되었음을 알려준다.

문제 보기

다음은 인공지능[AI] 프로그램을 이용하여 퇴적 구조를 분류하는 탐구 활동이다.

[탐구 과정]
(가) 이미지를 분류해 주는 AI 프로그램에 접속한다.
(나) 건열, 사층리, 연흔의 명칭을 입력하고, 각각에 해당하는 서로 다른 사진 파일을 10개씩 업로드하여 AI 학습 과정을 진행시킨다.

데이터 입력
명칭: (사층리) +9개 | 명칭: (A) 건열 +9개 | 명칭: (연흔) +9개

(다) 학습된 AI에 퇴적 구조의 새로운 사진 파일 2개를 업로드하여 분류 결과를 확인한다.

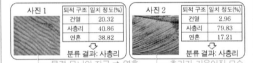

사진 1	퇴적 구조	일치 정도(%)
	건열	20.32
	사층리	40.86
	연흔	38.82
	분류 결과: 사층리	

사진 2	퇴적 구조	일치 정도(%)
	건열	2.96
	사층리	79.83
	연흔	17.21
	분류 결과: 사층리	

물결 무늬의 자국 ➡ 연흔   층리가 기울어진 모습

(라) (다)의 사진에 나타난 퇴적 구조의 특징을 각각 분석하여 모둠별로 퇴적 구조의 종류를 판단하고, AI의 분류 결과와 일치하는지 확인한다.

[탐구 결과]   판단 결과가 옳다.

	사진에 나타난 퇴적 구조의 특징	모둠별 판단 결과	AI의 분류 결과	일치 여부 (○: 일치, ×: 불일치)
사진1	(㉠)	연흔	사층리	×
사진2	층리가 평행하지 않고 기울어짐.	(사층리)	사층리	(㉡) ○

이 자료에 대한 설명으로 옳은 것만을 〈보기〉에서 있는 대로 고른 것은? (단, 모둠별 판단 결과는 모두 옳게 제시하였다.) [3점]

〈보기〉 풀이

ㄱ. **(나)에서 A는 건열이다.**
➡ (나)에서 A는 퇴적물 표면의 물이 증발하면서 말라 갈라진 구조이므로 건열이다. A는 층리 면상에서 관찰한 모습이고, 단면에서는 V자 모양으로 갈라진 모습이 관찰된다.

ㄴ. **'지층의 표면에 물결 무늬의 자국이 보임.'은 ㉠에 해당한다.**
➡ 사진 1은 모둠별 판단 결과 연흔으로 드러났으므로 퇴적 구조의 특징으로 '지층의 표면에 물결 무늬의 자국이 보임.'은 ㉠에 해당한다.

ㄷ. **㉡은 '○'이다.**
➡ 사층리는 경사면을 따라 퇴적물이 공급되어 층리가 기울어진 모습의 퇴적 구조이다. 사진 2에서 층리가 평행하지 않고 기울어진 특징을 기술하였으므로 퇴적 구조는 사층리이고, ㉡은 '○'이다.

12 퇴적 구조 – 연흔, 사층리, 건열 2024학년도 10월 학평 지Ⅰ 1번

정답 ③ | 정답률 90 %

적용해야 할 개념 ③가지

① 연흔은 수심이 얕은 물밑에서 쌓인 퇴적물의 표면에 물결 모양의 흔적이 남은 퇴적 구조이다.
② 사층리는 퇴적물이 경사면을 따라 기울어진 상태로 쌓인 퇴적 구조이다.
③ 건열은 건조한 환경에 노출된 퇴적물이 갈라져 생긴 퇴적 구조이다.

문제 보기

다음은 세 가지 퇴적 구조를 특징에 따라 구분하는 과정을 나타낸 것이다.

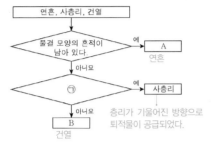

이에 대한 설명으로 옳은 것만을 〈보기〉에서 있는 대로 고른 것은?

〈보기〉 풀이

ㄱ. A는 연흔이다.
➡ 연흔은 수면에서 생긴 물결이 수심이 얕은 물밑의 퇴적물에 흔적으로 남아 있는 퇴적 구조이므로 A는 연흔이다.

ㄴ. '퇴적물이 공급된 방향을 알 수 있다.'는 ㉠에 해당한다.
➡ 사층리는 층리가 기울어진 방향으로 퇴적물이 공급된 방향을 판단한다. 따라서 '퇴적물이 공급된 방향을 알 수 있다.'는 ㉠에 해당한다.

✗ B는 수심이 깊은 환경에서 형성된다.
➡ B는 건열이다. 건열은 수심이 얕은 물밑에서 퇴적된 퇴적물이 건조한 환경에 노출되어 형성된다.

---

13 퇴적 구조 – 건열, 연흔 2025학년도 9월 모평 지Ⅰ 1번

정답 ④ | 정답률 86 %

적용해야 할 개념 ③가지

① 건열은 수면 아래에서 퇴적물이 쌓인 후 공기 중에 노출되어 말라 갈라진 퇴적 구조이다.
② 연흔은 얕은 물밑에서 형성된 물결 무늬가 바닥의 퇴적물에 흔적으로 남아 있는 퇴적 구조이다.
③ 연흔, 건열, 사층리, 점이 층리 등 특징적인 퇴적 구조는 지층의 역전 여부를 판단하는 데 활용된다.

문제 보기

그림 (가)와 (나)는 건열과 연흔을 순서 없이 나타낸 것이다.

물결의 흔적   말라서 갈라진 모습

(가) 연흔   (나) 건열

이에 대한 설명으로 옳은 것만을 〈보기〉에서 있는 대로 고른 것은?

〈보기〉 풀이

✗ (가)는 건열이다.
➡ (가)는 수면에서 생긴 물결이 수심이 얕은 바닥의 퇴적물에 흔적으로 남은 연흔이다.

ㄴ. (나)는 역암층보다 이암층에서 흔히 나타난다.
➡ (나)는 퇴적물이 건조한 환경에 노출되어 말라 갈라진 건열이므로 퇴적물 입자의 크기가 작은 점토나 진흙인 경우에 잘 형성된다. 따라서 (나)는 역암층보다 이암층에서 흔히 나타난다.

ㄷ. (가)와 (나)는 지층의 역전 여부를 판단하는 데 활용된다.
➡ (가)는 물결 모양의 뾰족한 부분이 위를 향하고, (나)는 퇴적물 단면에서 갈라진 쐐기(V) 모양이 아래를 향하므로 (가)와 (나)는 지층의 역전 여부를 판단하는 데 활용된다.

적용해야 할
개념 ③가지

① 점이 층리는 위로 갈수록 입자의 크기가 작아지는 퇴적 구조이다. ➡ 물속에서 입자의 크기에 따른 낙하 속도의 차이로 형성된다.

② 건열은 표면이 말라서 갈라진 퇴적 구조이다. ➡ 퇴적물이 수면 위로 노출되어 형성된다.

③ 점이 층리, 건열, 사층리, 연흔 등의 퇴적 구조는 지층의 역전 여부를 판단하는 데 이용된다.

문제 보기

다음은 퇴적 구조 (가)와 (나)에 대한 학생 A, B, C의 대화를 나타낸 것이다. (가)와 (나)는 건열과 점이 층리를 순서 없이 나타낸 것이다.

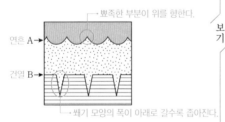

제시한 내용이 옳은 학생만을 있는 대로 고른 것은? ㅅ

<보기> 풀이

학생 Ⓐ (가)는 점이 층리야.

➡ (가)는 위로 갈수록 퇴적물 입자의 크기가 점차 작아지는 퇴적 구조로, 점이 층리이다.

학생 B̶ (나)는 수심이 깊은 곳에서 형성돼.

➡ (나)는 퇴적물의 표면이 갈라진 구조를 보이므로 건열이다. 건열은 수심이 얕은 물밑에서 쌓인 퇴적물이 수면 위로 드러나면서 말라 갈라진 퇴적 구조이다. 따라서 (나)는 수심이 얕은 곳에서 형성된다.

학생 Ⓒ (가)와 (나)는 모두 지층의 역전 여부를 판단하는 데 활용될 수 있어.

➡ (가)는 퇴적물 입자의 크기가 큰 쪽이 아래이고, (나)는 쐐기 모양의 폭이 좁은 쪽이 아래이다. 따라서 (가)와 (나)는 모두 지층의 역전 여부를 판단하는 데 활용될 수 있다.

적용해야 할
개념 ③가지

① 연흔은 수심이 얕은 물밑에서 퇴적물이 퇴적될 때 물결 모양이 흔적으로 남아 있는 퇴적 구조이다.

② 건열은 수심이 얕은 물밑에서 쌓인 퇴적물이 대기에 노출되어 건조해지면서 갈라진 퇴적 구조이다.

③ 연흔, 건열, 사층리, 점이 층리 등의 퇴적 구조는 지층의 역전 여부, 퇴적 환경을 판단하는 데 이용된다.

문제 보기

그림은 퇴적 구조 A와 B가 발달한 지층 단면을 나타낸 것이다. A와 B는 각각 건열과 연흔 중 하나이다.

뾰족한 부분이 위를 향한다.

연흔 A →

건열 B →

쐐기 모양의 폭이 아래로 갈수록 좁아진다.

이에 대한 설명으로 옳은 것만을 <보기>에서 있는 대로 고른 것은?

<보기> 풀이

ㄱ A는 연흔이다.

➡ 연흔은 물결 모양의 흔적이 지층에 남아 있는 퇴적 구조이므로 A는 연흔이다.

ㄴ B는 주로 건조한 환경에서 형성된다.

➡ B는 쐐기 모양으로 나타나는 건열로, 퇴적물이 주로 건조한 환경에 노출되어 형성된다.

ㄷ A와 B를 통해 지층의 역전 여부를 확인할 수 있다.

➡ 지층이 역전되지 않았다면, 연흔은 물결 모양의 뾰족한 부분이 위를 향하고, 건열은 쐐기 모양의 폭이 아래로 갈수록 점점 좁아진다. 따라서 A와 B를 통해 지층의 역전 여부를 확인할 수 있다.

16 퇴적 구조 - 사층리, 연흔, 점이 층리 2024학년도 수능 지I 2번 정답 ⑤ | 정답률 91%

적용해야 할 개념 ③가지

① 점이층리는 지층 내에서 상부로 갈수록 입자의 크기가 작아지는 퇴적 구조이다.
② 퇴적물이 쌓일수록 지층의 하부에 압력이 가해지기 때문에 사층리는 지층의 하부로 갈수록 층리와 수평면이 이루는 각이 작아진다.
③ 연흔은 퇴적물 입자의 크기가 작은 모래나 진흙에 물결 자국이 남아 있는 퇴적 구조이다.

문제 보기

그림 (가), (나), (다)는 사층리, 연흔, 점이층리를 순서 없이 나타낸 것이다.

층리와 수평면이 이루는 각이 크다.

(가) 점이층리 / (나) 사층리 / (다) 연흔

층리와 수평면이 이루는 각이 작다.

이에 대한 설명으로 옳은 것만을 〈보기〉에서 있는 대로 고른 것은?

〈보기〉 풀이

ㄱ. **(가)는 점이층리이다.**
➡ (가)는 지층을 이루는 퇴적 입자의 크기가 상부로 갈수록 점차 작아지므로 점이층리이다.

ㄴ. **(나)는 지층의 역전 여부를 판단할 수 있는 퇴적 구조이다.**
➡ (나)는 층리가 기울어져서 퇴적된 사층리이다. 사층리는 지층의 하부로 갈수록 층리와 수평면이 이루는 각도가 작아지므로 이를 이용하면 지층의 역전 여부를 판단할 수 있다.

ㄷ. **(다)는 역암층보다 사암층에서 주로 나타난다.**
➡ (다)는 물결 자국이 지층에 남아 있는 연흔이다. 수면에서 생기는 물결이 바닥의 퇴적물에 자국을 만들기 위해서는 모래나 진흙 등과 같이 입자의 크기가 작아야 한다. 따라서 (다)는 역암층보다 사암층에서 주로 나타난다.

---

17 퇴적 구조 - 점이 층리, 연흔, 건열 2020학년도 9월 모평 지II 3번 정답 ⑤ | 정답률 94%

적용해야 할 개념 ③가지

① 점이 층리, 연흔, 건열, 사층리는 지층의 상하 판단에 이용된다.
② 연흔은 퇴적물 표면에 물결 자국이 남아 있는 퇴적 구조이다.
③ 건열은 퇴적물이 건조한 대기에서 표면이 말라 갈라지면서 틈이 생긴 퇴적 구조이다.

문제 보기

그림은 퇴적 구조 A, B, C를 나타낸 것이다.

A → 점이 층리: 위로 갈수록 퇴적물 입자의 크기가 작아지는 퇴적 구조 ➡ 지층이 역전되지 않았다.
B → 연흔: 퇴적물의 표면에 생긴 물결 자국 ➡ 지층이 역전되지 않았다.
C → 건열: 건조한 환경에서 퇴적물 표면이 갈라져 틈이 생긴 구조 ➡ 지층이 역전되지 않았다.

이에 대한 설명으로 옳은 것만을 〈보기〉에서 있는 대로 고른 것은?

〈보기〉 풀이

ㄱ. **A는 지층의 상하 판단에 이용된다.**
➡ A는 지층 내에서 위로 갈수록 퇴적물 입자의 크기가 작아지므로 점이 층리이다. 역전된 지층에서 점이 층리는 위로 갈수록 퇴적물 입자의 크기가 커지므로 이를 통해 지층의 상하를 판단할 수 있다.

ㄴ. **B는 연흔이다.**
➡ B는 수면에서 생긴 물결에 의해 수심이 얕은 물 밑에 쌓인 퇴적물의 표면에 물결 모양이 남아 있는 것이므로 연흔이다.

ㄷ. **C가 생성되는 동안 건조한 대기에 노출된 시기가 있었다.**
➡ C는 퇴적물의 표면이 말라 갈라진 건열이다. 건열은 퇴적물이 쌓인 후 수면 위로 노출되어 건조한 대기에서 표면이 말라 갈라지면서 틈이 생긴 퇴적 구조이다.

18 퇴적 구조 – 사층리, 건열 2020학년도 7월 학평 지I 1번   정답 ⑤ | 정답률 91%

적용해야 할 개념 ③가지

① 사층리는 물이나 바람에 의해 운반되는 퇴적물이 경사면에 쌓여 형성된다.
② 건열은 퇴적물이 건조한 대기에 노출되어 퇴적물의 표면이 말라 갈라지면서 틈이 생긴 퇴적 구조이다.
③ 사층리, 건열, 점이 층리, 연흔 등의 퇴적 구조를 통해 퇴적 환경과 지층의 역전 여부를 알 수 있다.

문제 보기

그림 (가)와 (나)는 퇴적 구조를 나타낸 것이다.

┌ 층리가 경사져 있다.

└ (가) 사층리
 퇴적물의 공급 방향

(나) 건열
표면이 갈라져 있다.

이에 대한 설명으로 옳은 것만을 〈보기〉에서 있는 대로 고른 것은?

〈보기〉 풀이

ㄱ. (가)로부터 퇴적물이 공급된 방향을 알 수 있다.
➡ 사층리는 경사면에 물이나 바람의 방향을 따라 운반되는 퇴적물이 연속적으로 쌓여 비스듬하게 형성된 퇴적 구조이다. 따라서 (가)로부터 퇴적물이 공급된 방향을 알 수 있다.

ㄴ. (나)는 형성 당시에 건조한 시기가 있었다.
➡ 건열은 퇴적물이 쌓인 후 수면 위로 노출되어 건조한 대기에서 표면이 말라 갈라지면서 틈이 생긴 퇴적 구조이다. 따라서 (나)는 형성 당시에 건조한 시기가 있었다.

ㄷ. (가)와 (나)를 통해 지층의 역전 여부를 판단할 수 있다.
➡ 지층이 역전되지 않았다면 사층리는 아래로 갈수록 층리의 경사가 완만해지고, 건열은 갈라진 틈이 V자 모양이므로 (가)와 (나)를 통해 지층의 역전 여부를 판단할 수 있다.

---

19 퇴적 구조 – 사층리, 연흔 2021학년도 6월 모평 지I 1번   정답 ③ | 정답률 62%

적용해야 할 개념 ④가지

① 사층리는 층리가 기울어진 상태로 퇴적이 일어나 형성된다.
② 사층리는 물이나 바람의 이동 방향 쪽의 경사면에 퇴적물이 쌓인다.
③ 연흔은 수심이 얕은 물 밑에서 물결의 작용으로 퇴적물의 표면에 생긴 물결 자국이다.
④ 사층리와 연흔은 역암층보다 사암층에서 잘 나타난다.

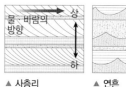

▲ 사층리   ▲ 연흔

문제 보기

다음은 어느 지층의 퇴적 구조에 대한 학생 A, B, C의 대화를 나타낸 것이다.

층리가 기울어져 있음
┌ 퇴적물이 공급된 방향
┌ 층리면상에 형성된 모습

사층리 (가)   연흔 (나)

특징: 층리가 평행하지 않고 비스듬히 기울어져 보임.
특징: 물결 모양의 흔적이 지층에 남아 있음.

(가)로부터 퇴적물이 공급된 방향을 알 수 있어.
(나)는 층리면을 관찰한 거야.
(가)와 (나)는 주로 역암층에서 나타나.
 └ 사암층

학생 A   학생 B   학생 C

제시한 내용이 옳은 학생만을 있는 대로 고른 것은?

〈보기〉 풀이

학생 A (가)로부터 퇴적물이 공급된 방향을 알 수 있어.
➡ (가)는 층리가 기울어진 상태로 퇴적물이 쌓여 있으므로 사층리이다. 사층리는 물이나 바람에 의해 퇴적물이 운반되어 경사면에 쌓여 형성되므로 퇴적물이 공급된 방향을 알 수 있으며 (가)에서 퇴적물이 공급된 방향은 오른쪽에서 왼쪽 방향이다.

학생 B (나)는 층리면을 관찰한 거야.
➡ 모양이나 크기가 서로 다른 퇴적물이 겹겹이 쌓이면서 생기는 층상 구조를 층리라고 하며, 각 층의 경계면을 층리면이라고 한다. 따라서 (나)는 연흔이 나타난 층리면을 관찰한 것이며, 만약 연흔을 층리면에 수직인 방향에서 관찰한다면 오른쪽 그림과 같이 나타난다.

위
아래
▲ 연흔

학생 C (가)와 (나)는 주로 역암층에서 나타나.
➡ 사층리와 연흔은 퇴적물 입자가 물이나 바람에 의해 운반되거나 배열되는 과정에서 형성되므로 입자의 크기가 크고 무거운 자갈일 때보다 입자의 크기가 작고 가벼운 모래일 때 잘 형성된다. 따라서 (가)와 (나)는 역암층보다 사암층에서 잘 나타난다.

20 퇴적 구조 – 사층리, 연흔 2021학년도 수능 지I 6번 정답 ③ | 정답률 46 %

적용해야 할 개념 ④가지

① 퇴적물은 자갈 → 모래 → 진흙의 순서로 육지에서 먼 바다까지 운반되므로 퇴적암이 생성되는 깊이는 역암 → 사암 → 이암으로 갈수록 깊어진다.
② 사층리는 바람이 불거나 물이 흘러가는 방향의 경사면에 입자가 쌓여 생긴 구조이다.
③ 연흔은 물이나 파도의 흔적이 수심이 얕은 물밑의 퇴적물에 생긴 구조이다.
④ 층리면(퇴적 당시의 수평면)에서 나타나는 연흔을 보면 연속되는 물결의 흔적을 관찰할 수 있다.

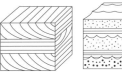
▲ 사층리 ▲ 연흔

6 일차

문제 보기

그림 (가)는 해수면이 하강하는 과정에서 형성된 퇴적층의 단면이고, (나)는 (가)의 퇴적층에서 나타나는 퇴적 구조 A와 B이다.

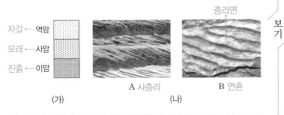

자갈 ← 역암
모래 ← 사암
진흙 ← 이암
(가)

층리면
A 사층리   B 연흔
(나)

이 자료에 대한 설명으로 옳은 것만을 〈보기〉에서 있는 대로 고른 것은?

〈보기〉 풀이

✗ (가)의 퇴적층 중 가장 얕은 수심에서 형성된 것은 이암층이다.
➡ 육지에서 바다로 운반되는 퇴적물은 입자의 크기가 작을수록 가벼워서 해안에서 멀리까지 운반된다. 따라서 (가)의 퇴적층 중 가장 얕은 수심에서 형성된 것은 구성 입자의 크기가 가장 큰 역암층이고, 가장 깊은 수심에서 형성된 것은 구성 입자의 크기가 작은 이암층이다.

✗ (나)의 A와 B는 주로 역암층에서 관찰된다.
➡ A는 경사면에서 퇴적된 사층리이고, B는 물결 모양의 퇴적 구조가 나타나는 연흔이다. 사층리와 연흔은 물이나 바람에 의해 퇴적물 입자가 운반되어 형성되므로 무거운 자갈로 이루어진 역암층에서는 관찰되기 어려우며, 모래나 진흙으로 이루어진 사암층 또는 이암층에서 주로 관찰된다.

ㄷ (나)의 A와 B 중 층리면에서 관찰되는 퇴적 구조는 B이다.
➡ 사층리는 퇴적물이 경사면을 따라 퇴적되어 생기므로 A는 층리면에 대해 수직인 지층의 단면에서 관찰되는 모습이다. 연흔은 수심이 얕은 곳의 퇴적물에 물결 흔적이 남아 지층 내에 보존된 것이므로 B는 층리면에서 관찰되는 모습이다. 만약 연흔이 층리면에 수직인 지층 단면에서 나타난다면 오른쪽 그림과 같은 파동 모양이 관찰된다.

상 ↕ 하
▲ 연흔 단면

---

21 퇴적 구조 – 사층리, 점이 층리 2021학년도 7월 학평 지I 3번 정답 ② | 정답률 90 %

적용해야 할 개념 ③가지

① 퇴적 구조의 특징과 환경

퇴적 구조	사층리	점이 층리	연흔	건열
특징 (단면)	물·바람의 방향 → 상 ↑ 하 층리가 기울어진 모양	상 ↑ 하 위로 갈수록 입자의 크기 감소	상 ↑ 하 표면에 물결 자국이 보임	상 ↑ 하 표면이 말라서 갈라짐
퇴적 환경	사막, 하천	대륙대, 심해저, 깊은 호수	수심이 얕은 물밑	건조한 기후

② 퇴적 구조의 상하를 판단하면 지층의 역전 여부를 알 수 있다. ➡ 지층 누중의 법칙 적용에 이용
③ 퇴적 구조를 통해 퇴적물이 공급된 방향, 퇴적 환경을 알 수 있다. ➡ 과거의 퇴적 환경 유추에 이용

문제 보기

그림 (가)와 (나)는 서로 다른 퇴적 구조를 나타낸 것이다.

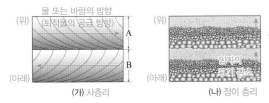

물 또는 바람의 방향
(위) [퇴적물의 공급 방향]
A
B
(아래)
(가) 사층리

(위)
입자의 크기 감소
(아래)
(나) 점이 층리

이에 대한 설명으로 옳은 것만을 〈보기〉에서 있는 대로 고른 것은?

〈보기〉 풀이

✗ (가)에서 퇴적물의 공급 방향은 A와 B가 같다.
➡ (가)는 물이나 바람에 의해 운반된 퇴적물이 쌓여 형성된 사층리이다. 사층리는 층리가 경사진 방향을 따라 퇴적물이 공급되어 나타나므로 A는 퇴적물이 왼쪽에서 오른쪽 방향으로 공급되었고, B는 퇴적물이 오른쪽에서 왼쪽 방향으로 공급되었다. 따라서 A와 B의 퇴적물 공급 방향은 서로 반대이다.

ㄴ (나)는 입자 크기에 따른 퇴적 속도 차이에 의해 생성된다.
➡ (나)는 위로 갈수록 퇴적물 입자의 크기가 작아지는 점이 층리이다. 점이 층리는 입자의 크기가 다른 여러 퇴적물이 물속에서 한꺼번에 가라앉을 때 입자의 크기가 큰 것부터 먼저 퇴적되어 생성된다. 따라서 (나)는 입자 크기에 따른 퇴적 속도 차이에 의해 생성된다.

✗ (가)는 (나)보다 수심이 깊은 곳에서 잘 생성된다.
➡ (가)는 수심이 얕은 물속에서 퇴적물이 운반되어 생성되고, (나)는 경사가 급한 해저에 쌓인 퇴적물이 한꺼번에 쓸려 내려가 수심이 깊은 해저에서 다시 쌓일 때 생성된다. 따라서 (가)는 (나)보다 수심이 얕은 곳에서 잘 생성된다.

보기

적용해야 할 개념 ②가지

① 퇴적 구조의 모습

점이 층리(단면)	사층리(단면)	연흔(층리면)	건열(층리면)
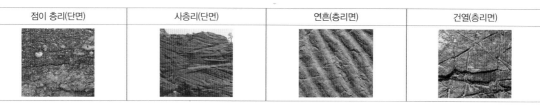			

② 퇴적 구조의 형성 환경

점이 층리	사층리	연흔	건열
• 수심이 깊은 바다, 호수 등 • 흙탕물 속에서 입자의 크기에 따른 퇴적 속도 차이로 생김	• 수심이 얕은 곳, 바람의 방향이 자주 변하는 사막 등 • 비탈면에 퇴적물이 쌓임	• 수심이 얕은 물밑 • 물결 모양의 자국이 퇴적물에 남음	• 건조한 환경 • 수심이 얕은 물밑에서 퇴적된 후 건조한 환경에 노출됨

문제 보기

그림 (가)와 (나)는 퇴적 구조를 나타낸 것이다.

위에서 내려다 본 모습(층리면)

(가) 건열 퇴적물의 갈라짐　　　(나) 연흔 물결 자국

이에 대한 설명으로 옳은 것만을 〈보기〉에서 있는 대로 고른 것은?

〈보기〉 풀이

ㄱ. (가)는 형성되는 동안 건조한 대기에 노출된 적이 있다.
→ 건열은 퇴적물이 수면 위의 건조한 환경에 노출되어 퇴적물의 표면이 갈라진 구조이다. 따라서 (가)는 형성되는 동안 건조한 대기에 노출된 적이 있다.

ㄴ. (나)는 횡압력에 의해 형성되었다.
→ 연흔은 수심이 얕은 물밑에서 물결의 영향으로 퇴적물 표면에 물결 모양의 자국이 남아 있는 구조이다. 따라서 (나)의 형성은 횡압력(지층을 양쪽에서 미는 힘)과는 관련이 없다.

ㄷ. (가)와 (나)는 모두 층리면을 관찰한 것이다.
→ 여러 지층이 쌓일 때 지층과 지층 사이의 경계면을 층리면이라고 한다. (가)는 층리면이 대기와 만나 갈라진 모습이 드러났으므로 층리면을 관찰한 것이고, (나)는 물결 모양이 층리면에 남아 있는 모습이므로 층리면을 관찰한 것이다.

보기

적용해야 할 개념 ③가지

① 연흔은 수심이 얕은 곳에서 퇴적물의 표면에 생긴 물결 자국이다.
② 건열은 퇴적물이 건조한 환경에 노출되어 퇴적물 표면이 갈라진 퇴적 구조이다.
③ 사층리에서 퇴적물의 공급 방향은 층리가 경사진 방향이다.

문제 보기

그림 (가), (나), (다)는 어느 지역에서 관찰되는 건열, 사층리, 연흔을 순서 없이 나타낸 것이다.

(가) 연흔　　　　(나) 건열　　　　(다) 사층리
→ 수심이 얕은 물밑에서 생성　→ 건조한 환경에서 생성　→ 하천이나 사막에서 생성

이에 대한 설명으로 옳은 것만을 〈보기〉에서 있는 대로 고른 것은?

〈보기〉 풀이

ㄱ. (가)는 연흔이다.
→ (가)는 수면에서 생긴 물결이 바닥의 퇴적물에 흔적으로 남은 물결 자국이므로 연흔이다.

ㄴ. (나)는 심해 환경에서 생성된다.
→ (나)는 수심이 얕은 곳에서 퇴적물이 쌓인 후 수면 위로 노출되면서 건조한 환경에서 퇴적물 표면이 말라 갈라진 건열이므로, 수심이 얕은 곳에서 생성된다.

ㄷ. (다)에서는 퇴적물의 공급 방향을 알 수 있다.
→ (다)는 층리가 기울어져 있고, 방향이 엇갈려 나타나므로 사층리이다. 사층리는 물이나 바람에 의해 운반된 퇴적물이 경사면에 쌓이면서 퇴적물의 운반 방향을 따라 경사면이 조금씩 이동하여 생기므로 (다)를 통해 퇴적물의 공급 방향을 알 수 있다.

보기

적용해야 할 개념 ③가지

① 연흔은 퇴적물의 표면에 물결 자국이 남아 있는 퇴적 구조이다. ➡ 수심이 얕은 환경에서 형성된다.

② 점이 층리는 퇴적물 입자의 크기가 클수록 빠르게 가라앉아 아래에서 위로 갈수록 퇴적물 입자의 크기가 작아지는 구조이다. ➡ 수심이 깊은 환경에서 형성된다.

③ 건열은 퇴적물의 표면이 말라 갈라진 흔적이다. ➡ 퇴적물이 쌓인 후 건조한 환경에 노출되어 형성된다.

문제 보기

그림은 서로 다른 퇴적 구조를 나타낸 것이다.

입자의 크기가 작다.

(가) 연흔 / 물결 자국   (나) 점이 층리 / 입자의 크기가 크다.   (다) 건열 / 말라서 갈라진 흔적

이에 대한 설명으로 옳은 것만을 〈보기〉에서 있는 대로 고른 것은?

〈보기〉 풀이

✗ (가)는 (나)보다 주로 수심이 깊은 곳에서 형성된다.

➡ 연흔은 수심이 얕은 물밑에서 퇴적물의 표면에 생긴 유수나 파도의 흔적이다. 점이 층리는 대륙 주변부의 경사가 급한 해저에 쌓인 퇴적물이 한꺼번에 수심이 깊은 바다로 이동하여 다시 쌓일 때, 입자가 큰 것부터 쌓여 형성된다. 따라서 연흔인 (가)는 점이 층리인 (나)보다 주로 수심이 얕은 곳에서 형성된다.

ㄴ. (나)는 입자의 크기에 따른 퇴적 속도 차이에 의해 형성된다.

➡ 물속에서 퇴적물 입자가 가라앉을 때는 입자의 크기가 클수록 먼저 가라앉는다. (나)에서 아래에서 위로 갈수록 입자의 크기가 작아지는 것은 입자의 크기에 따른 퇴적 속도 차이 때문이다.

ㄷ. (다)는 형성되는 동안 건조한 환경에 노출된 시기가 있었다.

➡ 건열은 퇴적물의 표면이 말라 갈라진 흔적이므로 (다)는 물속에서 퇴적물이 쌓인 후 건조한 환경에 노출된 시기가 있었음을 나타낸다.

보기

6 일차

적용해야 할 개념 ③가지

① 건열은 건조한 환경에서 퇴적물의 표면이 건조해지면서 갈라져 생성된다.
② 사층리는 층리가 기울어진 방향을 따라 퇴적물이 공급되어 생성된다.
③ 점이 층리는 퇴적물 입자의 크기가 클수록 물속에서 빠르게 가라앉아 생성된다.

문제 보기

그림 (가), (나), (다)는 서로 다른 퇴적 구조를 나타낸 것이다.

(가) 건열   (나) 사층리   (다) 점이 층리

• 건조한 환경에서 생성
• 퇴적물의 공급 방향: 층리가 경사진 방향
• 하천이나 사막에서 생성
• 심해 환경에서 생성
• 퇴적물 입자의 크기가 큰 것부터 가라앉는다.

이에 대한 설명으로 옳은 것만을 〈보기〉에서 있는 대로 고른 것은?

〈보기〉 풀이

✗ (가)는 심해 환경에서 생성된다.
➡ (가)는 퇴적물의 표면이 말라 갈라진 건열이므로 수심이 얕은 물 밑에서 퇴적물이 쌓인 후 건조한 대기로 노출되어 생성된다.

(ㄴ) (나)에서는 퇴적물의 공급 방향을 알 수 있다.
➡ 사층리는 퇴적물이 경사면에 쌓여 층리가 경사진 구조이므로 (나)에서 퇴적물은 층리가 경사진 방향을 따라 공급되었다.

(ㄷ) (다)는 입자 크기에 따른 퇴적 속도 차이에 의해 생성된다.
➡ 점이 층리는 물 밑의 경사면에 쌓여 있던 퇴적물이 한꺼번에 수심이 깊은 곳으로 쓸려 내려간 후 다시 쌓일 때 퇴적물 입자의 크기가 큰 것부터 먼저 가라앉아 생성된다. 따라서 (다)는 퇴적물 입자 크기에 따른 퇴적 속도 차이에 의해 생성된다.

보기

적용해야 할 개념 ③가지

① 연흔은 퇴적물 표면에 물결 모양의 자국이 생긴 후 퇴적층 속에 남아 있는 구조이다.
② 건열은 퇴적물이 수면 위의 건조한 환경에 노출되어 퇴적물 표면이 갈라진 구조이다.
③ 사층리에서 층리가 기울어진 각도는 위에서 아래로 갈수록 작아진다.

문제 보기

그림은 건열, 사층리, 연흔이 나타나는 지층의 단면을 나타낸 것이다.

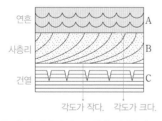

연흔   A
사층리   B
건열   C

각도가 작다.   각도가 크다.

지층 A, B, C에 대한 설명으로 옳은 것만을 〈보기〉에서 있는 대로 고른 것은?

〈보기〉 풀이

✗ A에서는 건열이 관찰된다.
➡ A는 수면에서 생긴 파동이 퇴적물에 흔적으로 남은 것이므로 연흔이다.

(ㄴ) B의 퇴적 구조를 통해 지층의 역전 여부를 판단할 수 있다.
➡ B는 층리가 기울어진 상태로 퇴적된 사층리이다. 사층리에서 층리의 기울어진 각도가 아래로 갈수록 완만해지므로 이를 통해 지층의 역전 여부를 판단할 수 있다.

(ㄷ) C가 형성되는 동안 건조한 환경에 노출된 시기가 있었다.
➡ C는 수심이 얕은 물밑의 퇴적물이 수면 위로 드러나면서 말라 갈라진 건열이다. 따라서 C가 형성되는 동안 건조한 환경에 노출된 시기가 있었다.

보기

7	01 ②	02 ①	03 ⑤	04 ⑤	05 ⑤	06 ⑤	07 ⑤	08 ⑤	09 ⑤	10 ③	11 ⑤	12 ④
일차	13 ③	14 ③										

문제편 068쪽~071쪽

---

01 **지질 구조 − 단층** 2022학년도 3월 학평 지Ⅰ 4번   정답 ② | 정답률 74 %

적용해야 할 개념 ③가지

① 암석에 힘이 작용하여 끊어진 지질 구조를 단층이라 하고, 단층면 위에 놓인 부분을 상반, 아래에 놓인 부분을 하반이라고 한다.

② 단층의 종류

구분	정단층	역단층	주향 이동 단층
특징	• 단층면을 기준으로 상대적으로 상반이 아래로, 하반이 위로 이동한 단층 • 장력(당기는 힘)이 작용하여 형성된다.	• 단층면을 기준으로 상대적으로 상반이 위로, 하반이 아래로 이동한 단층 • 횡압력(미는 힘)이 작용하여 형성된다.	• 단층면을 기준으로 지괴가 수평 방향으로 이동한 단층 • 어긋나는 힘이 작용하여 형성된다.

③ 해령의 열곡에서는 정단층, 섭입대와 습곡 산맥에서는 역단층, 변환 단층에서는 주향 이동 단층이 발달한다.

문제 보기

그림은 어느 지괴가 서로 다른 종류의 힘 A, B를 받아 형성된 단층의 모습을 나타낸 것이다.

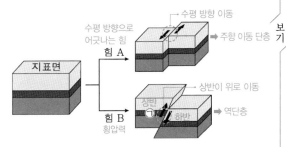

이에 대한 옳은 설명만을 〈보기〉에서 있는 대로 고른 것은?

〈보기〉 풀이

✗ 힘 A에 의해 역단층이 형성되었다.

➡ 단층면을 따라 양쪽의 지괴가 수평 방향으로 이동하였으므로, 힘 A에 의해 주향 이동 단층이 형성되었다.

Ⓛ ㉠은 상반이다.

➡ 단층면이 경사져 있을 때, 단층면 위에 놓인 부분을 상반, 아래에 놓인 부분을 하반이라고 한다. ㉠은 단층면 위의 부분이므로 상반이다.

✗ 힘 B는 장력이다.

➡ 지층을 양쪽에서 미는 힘은 횡압력, 양쪽으로 당기는 힘은 장력이다. 지괴에 미는 힘이 작용하여 상반이 단층면을 따라 위쪽으로 이동하였으므로 힘 B는 횡압력이다.

02

지질 구조 – 단층 2023학년도 6월 모평 지I 6번

적용해야 할 개념 ③가지

① 단층면을 기준으로 위에 놓인 부분을 상반, 아래에 놓인 부분을 하반이라고 한다.

② 단층의 종류

정단층		역단층		주향 이동 단층	
하반/상반	• 상반이 상대적으로 아래로 이동한 단층 • 장력 작용	하반/상반	• 상반이 상대적으로 위로 이동한 단층 • 횡압력 작용		• 양쪽 지층이 수평 방향으로 이동한 단층 • 수평 방향으로 엇갈리는 힘 작용

③ 발산형 경계에서는 정단층, 수렴형 경계에서는 역단층, 보존형 경계에서는 주향 이동 단층(변환 단층)이 잘 발달한다.

문제 보기

그림 (가)는 판의 경계를, (나)는 어느 단층 구조를 나타낸 것이다.

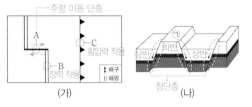

(가)   (나)

이에 대한 설명으로 옳은 것만을 〈보기〉에서 있는 대로 고른 것은?

〈보기〉 풀이

ㄱ. **A 지역에서는 주향 이동 단층이 발달한다.**

➡ 주향 이동 단층은 단층면을 경계로 양쪽 지층이 수평 방향으로 이동한 단층이다. A는 해령과 해령 사이의 구간으로, 주향 이동 단층의 일종인 변환 단층이 발달한다.

ㄴ. **⊙은 상반이다.**

➡ 단층면에 대해 위에 놓인 부분을 상반, 아래에 놓인 부분을 하반이라고 한다. (나)에서 나타나는 모든 단층은 정단층이며, ⊙은 왼쪽과 오른쪽 중 어느 부분을 보더라도 단층면보다 아래에 놓인 하반이다.

ㄷ. **(나)는 C 지역에서가 B 지역에서보다 잘 나타난다.**

➡ B는 장력이 우세하게 작용하는 해령이므로 정단층이 잘 발달하고, C는 횡압력이 우세하게 작용하는 해구이므로 역단층이 잘 발달한다. 따라서 (나)는 B에서 잘 나타난다.

보기

03

지질 구조 – 부정합 2022학년도 9월 모평 지I 4번

적용해야 할 개념 ③가지

① 지층에 작용하는 힘과 형성되는 지질 구조

구분	장력		횡압력		
특징	• 지층을 양쪽에서 당기는 힘 • 지층이 끊어져 정단층이 형성된다. • 판의 발산형 경계에서 우세하게 나타난다.	정단층	• 지층을 양쪽에서 미는 힘 • 지층이 끊어져 역단층이 형성되거나 휘어져 습곡이 형성된다. • 판의 수렴형 경계에서 우세하게 나타난다.	역단층	습곡

② 부정합은 퇴적 → 융기 → 침식 → 침강 → 퇴적의 과정을 거치면서 상하 지층 사이에 긴 시간 간격이 생긴 지질 구조이다.

③ 부정합면 위에는 기저 역암이 분포하기도 하고, 부정합면을 경계로 상하 지층에서 산출되는 표준 화석, 지질 구조가 크게 다르다.

문제 보기

다음은 어느 지질 구조의 형성 과정을 알아보기 위한 탐구이다.

[탐구 과정]

(가) 지점토 판 세 개를 하나씩 순서대로 쌓은 뒤, Ⅰ과 같이 경사지게 지점토 칼로 자른다.

(나) 잘린 지점토 판 전체를 조심스럽게 들어 올리고, Ⅱ와 같이 ⊙ 양쪽 끝을 서서히 잡아당겨 가운데 조각이 내려가도록 한다. *장력 ➡ 정단층 형성*

(다) Ⅲ과 같이 지점토 칼로 지점토 판의 위쪽을 수평으로 자른다. *침식 작용*

(라) 잘린 지점토 판 위에 Ⅳ와 같이 새로운 지점토 판을 수평이 되도록 쌓는다. *양쪽에서 당기는 힘 ➡ 장력*

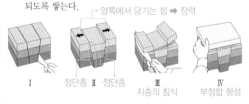

Ⅰ   정단층 Ⅱ 정단층   Ⅲ 지층의 침식   Ⅳ 부정합 형성

이에 대한 설명으로 옳은 것만을 〈보기〉에서 있는 대로 고른 것은? [3점]

〈보기〉 풀이

ㄱ. **⊙에 해당하는 힘은 횡압력이다.**

➡ 지층을 양쪽에서 당기는 힘을 장력, 양쪽에서 미는 힘을 횡압력이라고 하므로 ⊙에 해당하는 힘은 장력이다.

ㄴ. **(다)는 지층의 침식 과정에 해당한다.**

➡ 지점토 판의 윗부분을 칼로 자른 것은 지층이 융기하여 침식되는 과정을 가정한 활동이다.

ㄷ. **(라)에서 부정합 형태의 지질 구조가 만들어진다.**

➡ (라)에서 아래의 판은 칼로 경사지게 잘린 구조이지만 위의 판은 잘리지 않은 구조이다. 이는 부정합면을 경계로 하부 지층에는 단층이 있고, 상부 지층은 단층이 없는 지질 구조에 해당한다. 따라서 (라)에서 부정합 형태의 지질 구조가 만들어진다.

보기

---

04 | 지질 구조 – 관입과 포획 2021학년도 3월 학평 지Ⅰ 6번 | 정답 ⑤ | 정답률 80 %

적용해야 할 개념 ③가지
① 마그마가 지층이나 주변의 암석을 뚫고 들어가는 것을 관입이라고 한다.
② 마그마가 관입할 때 주변 암석의 깨진 조각이 마그마 속에 유입(포획)되어 녹지 않고 화성암 속에 남아 있는 것을 포획암이라고 한다.
③ 관입암은 관입당한 암석보다 나중에 생성되었고, 포획암은 포획한 암석보다 먼저 생성되었다.

문제 보기

그림 (가)와 (나)는 각각 관입암과 포획암이 존재하는 암석의 모습을 나타낸 것이다. (가)와 (나)에 있는 관입암과 포획암의 나이는 같다.

(가) 관입암 주변의 암석
관입암은 관입당한 암석보다 나중에 생성되었다.
➡ 생성 순서: B → A

(나) 주변의 암석 포획암
포획암은 포획한 암석보다 먼저 생성되었다.
➡ 생성 순서: D → C

암석 A~D에 대한 옳은 설명만을 〈보기〉에서 있는 대로 고른 것은? [3점]

〈보기〉 풀이

보기

ㄱ. **A는 B를 관입하였다.**
➡ (가)에서 A는 주변의 암석 B를 뚫고 들어가 형성된 관입암이므로 A는 B를 관입하였다.

ㄴ. **포획암은 D이다.**
➡ (나)에서 C는 관입한 마그마가 굳은 화성암이고, D는 주변 암석의 깨진 조각이 녹지 않고 남아 있는 포획암이다.

ㄷ. **암석의 나이는 C가 가장 적다.**
➡ (가)에서 A와 B는 관입 관계이므로 암석의 생성 순서는 B → A이고, (나)에서 C와 D는 포획 관계이므로 암석의 생성 순서는 D → C이다. 관입암 A와 포획암 D의 나이가 같으므로 암석의 나이는 C가 가장 적다.

05 | 지질 구조 – 절리 2019학년도 9월 모평 지Ⅰ 2번 | 정답 ⑤ | 정답률 88 %

적용해야 할 개념 ③가지
① 현무암은 어두운 색을 띠는 세립질의 화산암이다.
② 주상 절리의 단면은 육각형 모양이 가장 많다.
③ 주상 절리는 용암이 급격히 냉각되는 과정에서 수축하여 형성된다.

구분	염기성암	중성암	산성암
암석의 색	어두운 색	←——→	밝은 색
화산암	현무암	안산암	유문암
심성암	반려암	섬록암	화강암

문제 보기

다음은 영희가 제주도 서귀포시의 어느 지질 명소에 대하여 조사한 탐구 활동의 일부이다.

[탐구 과정]
(가) 암석의 특징을 관찰하여 기록한다.
(나) 암석 기둥의 윗면에서 나타나는 다각형의 모양을 분류하고 모양에 따른 빈도 수를 기록한다.
(다) (나)의 결과를 그래프로 나타낸다.

주상 절리: 육각기둥 모양으로 발달한 절리
➡ 화산암에서 잘 나타나고, 용암이 급격히 냉각되어 수축하면서 형성된다.

[탐구 결과]
현무암 → 색이 어둡고, 세립질 조직이다.

암석의 특징	㉠
빈도 수가 가장 높은 다각형	㉡
…	…

육각형

빈도 수: 육각형 > 오각형 > 칠각형 > 팔각형 > 사각형

이에 대한 설명으로 옳은 것만을 〈보기〉에서 있는 대로 고른 것은?
[3점]

〈보기〉 풀이

보기

ㄱ. **'색이 어둡고 입자의 크기가 매우 작다.'는 ㉠에 해당한다.**
➡ 제시된 사진은 주상 절리로, 이 지역의 주상 절리는 현무암질 용암이 분출하여 생성되었다. 현무암은 유색 광물의 함량이 많은 염기성암이기 때문에 색이 어둡고, 용암이 지표 부근에서 빠르게 식어 굳은 화산암이므로 입자의 크기가 매우 작다.

ㄴ. **㉡은 '육각형'이다.**
➡ 제시된 그래프를 보면 주상 절리의 단면 모양은 사각형~팔각형에 해당하지만 빈도 수가 가장 높은 다각형(㉡)은 육각형이다.

ㄷ. **기둥 모양을 형성하는 절리는 용암이 급격히 냉각 수축하는 과정에서 만들어진다.**
➡ 주상 절리는 지표에 분출한 용암이 급격히 냉각되는 과정에서 수축하여 만들어진 기둥 모양의 절리이다.

적용해야 할
개념 ③가지

① 습곡에서 지층이 위로 볼록한 부분을 배사 구조라 하고, 아래로 오목한 부분을 향사 구조라고 한다.
② 정단층은 단층면을 따라 상대적으로 상반이 아래로 이동한 단층이고, 역단층은 단층면을 따라 상대적으로 상반이 위로 이동한 단층이다.
③ 정단층은 장력을 받아 형성되고, 역단층은 횡압력을 받아 형성된다.

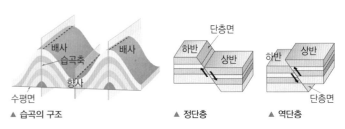
▲ 습곡의 구조　　▲ 정단층　　▲ 역단층

문제 보기

그림 (가)와 (나)는 서로 다른 지질 구조를 나타낸 것이다.

(가) 습곡
횡압력에 의해 형성

(나) 단층
역단층 ➡ 횡압력에 의해 형성

이에 대한 설명으로 옳은 것만을 〈보기〉에서 있는 대로 고른 것은? (단, 지층의 역전은 없었다.)

〈보기〉 풀이

ㄱ. (가)에서는 향사 구조가 나타난다.
➡ 습곡에서 지층이 위로 볼록한 부분을 배사 구조라 하고, 아래로 오목한 부분을 향사 구조라고 한다. (가)에서는 지층이 아래로 오목하므로 향사 구조가 나타난다.

ㄴ. (나)에서 상반은 단층면을 따라 위로 이동하였다.
➡ 단층면에 대해 위쪽 부분을 상반, 아래쪽 부분을 하반이라고 한다. (나)에서는 단층면을 따라 상반이 위로 이동하였다.

ㄷ. (가)와 (나)는 모두 횡압력을 받아 형성되었다.
➡ 지층은 횡압력을 받으면 휘어지거나 끊어지는데, 지층이 휘어지면 습곡이 되고 끊어지면 역단층이 된다. (가)는 습곡이고, (나)는 역단층이므로 (가)와 (나)는 모두 횡압력을 받아 형성되었다.

보기

적용해야 할
개념 ③가지

① 습곡에서 지층이 위로 볼록한 부분을 배사 구조라 하고, 아래로 오목한 부분을 향사 구조라고 한다.
② 습곡축면이 수평면에 대하여 거의 수직인 것을 정습곡, 수평으로 누운 것을 횡와 습곡이라고 한다.
③ 습곡과 역단층은 횡압력이 작용하여 만들어지고, 정단층은 장력이 작용하여 만들어진다.

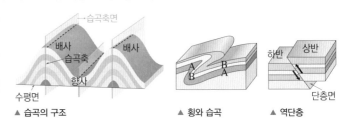
▲ 습곡의 구조　　▲ 횡와 습곡　　▲ 역단층

문제 보기

그림은 지질 구조 (가), (나), (다)를 나타낸 것이다.

(가) 정습곡　　(나) 횡와 습곡　　(다) 역단층

이에 대한 옳은 설명만을 〈보기〉에서 있는 대로 고른 것은?

〈보기〉 풀이

ㄱ. A에는 향사 구조가 나타난다.
➡ A는 습곡에서 지층이 아래로 오목한 부분이므로 향사 구조가 나타난다.

ㄴ. (나)와 (다)에는 나이가 많은 지층 아래에 나이가 적은 지층이 나타나는 부분이 있다.
➡ (나)는 습곡축면이 수평면에 대해 거의 누워있는 횡와 습곡이고, (다)는 단층면에 대해 상반이 위로 올라간 역단층이다. 따라서 (나)와 (다)에서는 모두 나이가 많은 지층 아래에 나이가 적은 지층이 나타나는 부분이 있다.

ㄷ. (가), (나), (다)는 모두 횡압력에 의해 형성된다.
➡ (가)와 (나)는 습곡이고, (다)는 역단층이므로 모두 횡압력에 의해 형성된다.

보기

08 지질 구조 – 습곡, 포획, 절리 2021학년도 6월 모평 지I 2번

정답 ⑤ | 정답률 73%

적용해야 할 개념 ③가지

① 습곡은 지층이 횡압력을 받아 휘어진 지질 구조이다.
② 주상 절리는 지표로 분출한 용암이 빠르게 식는 과정에서 수축하여 형성된다.
③ 포획암은 관입암보다 먼저 생성되었다.

문제 보기

그림 (가), (나), (다)는 습곡, 포획, 절리를 순서 없이 나타낸 것이다.

다각형의 기둥 모양

(가) 습곡   (나) 절리   (다) 포획

이에 대한 설명으로 옳은 것만을 〈보기〉에서 있는 대로 고른 것은?

[3점]

보기

〈보기〉 풀이

ㄱ. **(가)는 (나)보다 깊은 곳에서 형성되었다.**

➡ (가)는 온도가 높은 지하 깊은 곳에서 지층이 횡압력을 받아 휘어진 습곡이고, (나)는 지표로 분출한 용암이 빠르게 식으면서 수축하여 주로 육각기둥 모양으로 발달한 주상 절리이다. 따라서 (가)는 (나)보다 깊은 곳에서 형성되었다.

ㄴ. **(나)는 수축에 의해 형성되었다.**

➡ (나)는 주상 절리이므로 지표로 분출한 용암이 급격히 냉각되는 과정에서 수축하여 형성되었다.

ㄷ. **(다)에서 A는 B보다 먼저 생성되었다.**

➡ 포획은 마그마가 암석을 관입할 때 관입당한 암석에서 떨어져 나온 조각이 마그마 속에 포함되는 것으로, (다)에서 A는 포획되었으므로 포획암이고 B는 마그마가 관입하면서 냉각된 관입암이다. 포획암은 관입암보다 먼저 생성되었으므로 A는 B보다 먼저 생성되었다.

---

09 지질 구조와 퇴적 구조 2023학년도 3월 학평 지I 4번

정답 ⑤ | 정답률 68%

적용해야 할 개념 ③가지

① 사층리는 퇴적물이 공급된 방향을 따라 층리가 기울어진 퇴적 구조이다. ➡ 정상층에서는 지층의 하부로 갈수록 층리의 기울기가 완만해진다.
② 건열은 퇴적물이 쌓인 후 수면 위로 노출되어 말라 갈라진 퇴적 구조이다. ➡ 정상층에서는 쐐기 모양이 아래로 갈수록 뾰족해진다.
③ 정단층은 단층면을 따라 상반이 아래로 이동한 지질 구조이다. ➡ 장력에 의해 형성된다.

문제 보기

그림은 어느 지역의 지층과 퇴적 구조를 나타낸 것이다.

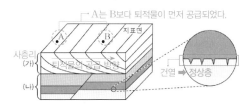

이 자료에 대한 설명으로 옳은 것은?

보기

〈보기〉 풀이

① **(가)에는 연흔이 나타난다.**

➡ (가)에서는 층리가 기울어져 있으며, 지층 내의 위에서 아래로 갈수록 층리의 기울기가 완만해지므로 사층리가 나타난다.

② **A는 B보다 나중에 퇴적되었다.**

➡ 사층리에서는 층리가 기울어진 방향으로 퇴적물이 공급되었으므로 A에서 B 방향으로 퇴적물이 공급되었다. 따라서 A는 B보다 먼저 퇴적되었다.

③ **(나)에는 역전된 지층이 나타난다.**

➡ (나)에서는 건열의 단면이 나타나는데, 갈라진 모양이 V자이므로 하부 지층이 쌓인 다음 건열이 형성되고, 그 후에 상부 지층이 쌓인 것이다. 따라서 (나)에서는 역전된 지층이 나타나지 않는다.

④ **(나)의 단층은 횡압력에 의해 형성되었다.**

➡ (나)의 단층은 단층면을 따라 상반이 아래로 내려간 정단층으로, 장력을 받아 형성되었다.

⑤ **(나)는 형성 과정에서 수면 위로 노출된 적이 있다.**

➡ (나)에서는 건열이 관찰된다. 건열은 수면 아래에서 퇴적물이 쌓인 후 공기 중에 노출되어 말라서 갈라진 퇴적 구조이다. 따라서 (나)는 형성 과정에서 수면 위로 노출된 적이 있다.

적용해야 할 개념 ③가지

① 퇴적암에서는 층리가 흔히 나타나며, 사층리, 점이 층리, 연흔, 건열 등의 퇴적 구조가 나타나기도 한다.

② 지층이 장력을 받으면 끊어져 정단층이 되고, 횡압력을 받으면 휘어져 습곡이 되거나 끊어져 역단층이 된다.

③ 암석에 생긴 틈이나 균열을 절리라고 한다.

구분	모양	생성 과정		주요 암석	예
주상 절리	다각형의 기둥 모양	용암이 급격하게 냉각되는 과정에서 수축하여 생성됨		화산암	제주도 해안, 포천 한탄강 등
판상 절리	얇은 판 모양	지하 깊은 곳의 암석이 지표로 융기하면서 압력이 감소하여 팽창하면서 생성됨		심성암	북한산 인수봉, 설악산 울산바위 등

문제 보기

그림 (가), (나), (다)는 주상 절리, 습곡, 사층리를 순서 없이 나타낸 것이다.

경사진 층리   휘어진 구조   기둥 모양

(가) 사층리   (나) 습곡   (다) 주상 절리

이에 대한 옳은 설명만을 〈보기〉에서 있는 대로 고른 것은?

〈보기〉 풀이

(가)는 사층리, (나)는 습곡, (다)는 주상 절리이다.

보기

ㄱ. **(가)는 주로 퇴적암에 나타나는 구조이다.**
➡ 사층리는 물이나 바람에 의해 운반되는 퇴적물이 경사면에 쌓이면서 경사진 층리가 형성된 것이므로 주로 퇴적암에 나타난다.

ㄴ. **(나)는 횡압력을 받아 형성된다.**
➡ 지층이 횡압력을 받으면 휘어져 습곡이 되거나 끊어져 역단층이 된다. (나)는 지층이 횡압력을 받아 휘어진 습곡이다.

ㄷ. **(다)는 지하 깊은 곳에서 생성된 암석이 지표로 융기할 때 형성된다.**
➡ (다)는 주상 절리이므로 지표에 분출한 용암이 빠르게 식는 과정에서 수축하여 형성된다. 지하 깊은 곳에서 생성된 암석이 지표로 융기할 때는 판상 절리가 형성될 수 있다.

11　퇴적 구조와 지질 구조　2020학년도 3월 학평 지Ⅰ 5번

정답 ⑤ | 정답률 86 %

적용해야 할 개념 ④가지

① 판상 절리는 심성암에서, 주상 절리는 화산암에서 잘 형성된다.
② 습곡과 역단층은 지층이 횡압력을 받아 형성된 지질 구조이다.
③ 연흔은 수심이 얕은 물 밑에서 형성되는 물결 모양의 퇴적 구조이다.
④ 건열은 수심이 얕은 물 밑에서 쌓인 퇴적물이 말라 갈라진 모양의 퇴적 구조이다.

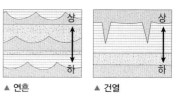

▲ 연흔　　▲ 건열

문제 보기

그림 (가), (나), (다)는 세 암석에서 각각 관찰한 건열, 연흔, 절리를 순서 없이 나타낸 것이다.

→ 육각기둥 모양　수심이 얕은 물 밑에서 형성

(가)주상 절리　(나)연흔　(다) 건열
뾰족한 부분이 위를 향하므로 지층이 역전되지 않았다.　갈라진 부분이 아래로 갈수록 좁아지므로 지층이 역전되지 않았다.

이에 대한 설명으로 옳은 것은?

<보기> 풀이

~~① (가)는 판상 절리이다.~~

➡ 판상 절리는 얇은 판 모양으로 발달하고, 주상 절리는 용암이 냉각하여 수축하는 과정에서 생성되며 주로 육각기둥 모양으로 발달한다. (가)는 육각기둥 모양으로 발달한 주상 절리이다.

~~② (가)는 심성암에서 잘 나타난다.~~

➡ 주상 절리는 지표에 분출한 용암이 냉각되면서 수축하는 과정에서 형성된다. 따라서 (가)는 마그마가 지표로 분출하여 급격히 냉각되어 생성된 화산암에서 잘 나타난다.

~~③ (나)는 횡압력을 받아 형성된다.~~

➡ (나)는 층리가 수평으로 나란하게 형성되었고, 횡압력을 받아 형성되는 습곡 구조나 역단층이 나타나지 않으므로 횡압력을 받지 않았다.

~~④ (다)는 수심이 깊은 곳에서 잘 형성된다.~~

➡ (다)는 수면 아래에서 퇴적물이 쌓인 후 건조한 대기에 노출되어 퇴적물 표면이 말라 갈라진 건열이므로 수심이 깊은 곳에서는 형성되기 어렵다.

⑤ **(나)와 (다)로부터 지층의 역전 여부를 판단할 수 있다.**

➡ (나)는 물결 모양의 자국이 퇴적층에 남아 있는 연흔이고, (다)는 퇴적물의 표면이 갈라진 건열이다. 연흔은 물결 모양의 뾰족한 부분이 위를 향하고, 건열은 갈라진 부분이 아래로 갈수록 점점 좁아지므로 (나)와 (다)로부터 지층의 역전 여부를 판단할 수 있다.

보기

12　한반도의 퇴적 구조와 지질 구조　2020학년도 9월 모평 지Ⅰ 2번

정답 ④ | 정답률 71 %

적용해야 할 개념 ③가지

① 암석이 풍화 작용을 받아 자갈 등이 떨어져 나가 생긴 구멍을 타포니라고 한다.
② 마이산의 역암층과 인수봉의 화강암은 중생대에 생성되었고, 제주도의 현무암은 신생대에 생성되었다.
③ 판상 절리는 심성암의 융기에 의한 팽창으로 생성되고, 주상 절리는 용암의 급격한 냉각에 의한 수축으로 생성된다.

문제 보기

그림 (가), (나), (다)는 우리나라 지질 명소를 나타낸 것이다.

→타포니: 풍화 작용으로 자갈 등이 떨어져 나가 생긴 구멍 ➡ 풍화 작용이 심한 곳에 타포니가 많이 분포

→판상 절리: 지하 깊은 곳에서 생성된 심성암이 지표로 노출될 때 압력이 감소하여 암석이 서서히 팽창하면서 쪼개져 생성

→주상 절리: 지표 부근에서 용암이 급격히 냉각되어 수축하면서 생성

(가) 진안 마이산
중생대에 생성　(나) 북한산 인수봉
중생대에 생성　(다) 제주도 주상 절리대
신생대에 생성

이에 대한 설명으로 옳은 것만을 〈보기〉에서 있는 대로 고른 것은?

<보기> 풀이

ㄱ. **(가)의 타포니는 북쪽 사면보다 남쪽 사면에 많이 분포한다.**

➡ 마이산의 사면에서 보이는 벌집처럼 생긴 구멍을 타포니라고 한다. 마이산의 타포니는 겨울철에 물이 얼거나 녹는 과정을 반복하면서 역암 내의 자갈이 떨어져 나와 형성된 것이다. 따라서 (가)의 타포니는 북쪽 사면보다 물의 동결과 융해가 잘 반복되는 남쪽 사면에 많이 분포한다.

~~ㄴ. (가)의 암석은 (다)의 암석보다 나중에 생성되었다.~~

➡ (가)의 암석은 중생대의 퇴적 분지에 자갈, 모래 등이 쌓여 생성된 역암이고, (다)의 암석은 신생대의 화산 활동으로 지표에 분출한 용암이 급격히 냉각되어 생성된 현무암이다. 따라서 (가)의 암석은 (다)의 암석보다 먼저 생성되었다.

ㄷ. **(나)의 암석은 (다)의 암석보다 지하 깊은 곳에서 생성되었다.**

➡ (나)에서는 판상 절리가 나타나고, (다)에서는 주상 절리가 나타난다. 판상 절리는 심성암이 융기하는 과정에서 팽창하여 형성되고, 주상 절리는 지표에 분출한 용암이 급격히 냉각되어 수축하면서 형성되므로 (나)의 암석은 (다)의 암석보다 지하 깊은 곳에서 생성되었다.

보기

적용해야 할 개념 ④가지

① 퇴적암에서는 퇴적물이 쌓이면서 생긴 층리가 나타난다.
② 석회동굴은 지하수의 용해 작용에 의해 형성되고, 용암 동굴은 용암의 유동과 냉각에 의해 형성된다.
③ 주상 절리는 용암이 급격히 냉각되어 수축하는 과정에서 형성된다.
④ 한반도의 현무암은 주로 신생대에 생성되었다.

문제 보기

그림은 우리나라 국가 지질 공원에서 볼 수 있는 지질 구조를 나타낸 것이다.

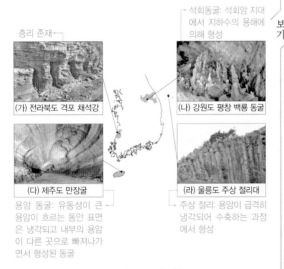

층리 존재

(가) 전라북도 격포 채석강

(다) 제주도 만장굴

용암 동굴: 유동성이 큰 용암이 흐르는 동안 표면은 냉각되고 내부의 용암이 다른 곳으로 빠져나가면서 형성된 동굴

석회동굴: 석회암 지대에서 지하수의 용해에 의해 형성

(나) 강원도 평창 백룡 동굴

(라) 울릉도 주상 절리대

주상 절리: 용암이 급격히 냉각되어 수축하는 과정에서 형성

보기

이에 대한 설명으로 옳지 <u>않은</u> 것은? [3점]

＜보기＞ 풀이

① **(가)에서는 층리가 관찰된다.**
➡ 퇴적물 입자의 크기, 종류, 색 등이 다른 여러 퇴적물이 나란히 쌓여 생긴 줄무늬를 층리라고 한다. (가)에서는 퇴적물이 쌓여 생긴 층리가 관찰된다.

② **(나)는 석회암 지대에서 형성되었다.**
➡ 이산화 탄소가 물에 녹아 생긴 약한 산성의 지하수가 석회암 지대를 흐르면 석회암을 녹여 석회동굴이 형성된다. (나)의 백룡 동굴은 석회암 지대에서 지하수가 석회암을 녹여 만든 석회동굴이다.

③ **(나)와 (다)는 모두 지하수의 용해 작용으로 형성되었다.**
➡ (나)는 석회암이 지하수에 녹아 만들어졌으므로 지하수의 용해 작용으로 형성된 석회동굴이고, (다)는 용암의 유동과 냉각에 의해 형성된 용암 동굴이다. 용암 동굴은 유동성이 큰 용암이 흐르는 동안 표면은 냉각되지만 내부는 유동 상태이기 때문에 내부의 용암이 다른 곳으로 빠져나가면서 형성된다.

④ **(다)와 (라)를 구성하는 암석은 모두 신생대에 생성되었다.**
➡ (다)와 (라)는 신생대의 화산 활동으로 생성된 용암 동굴과 주상 절리이다.

⑤ **(라)의 주상 절리는 용암이 급격히 냉각 수축하는 과정에서 형성되었다.**
➡ 주상 절리는 지표로 분출된 용암이 급격히 냉각되는 과정에서 수축하여 형성된다.

14 한반도의 퇴적 구조와 지질 구조 2019학년도 3월 학평 지Ⅰ 4번

정답 ③ | 정답률 63 %

적용해야 할 개념 ③가지

① 공룡은 중생대에 육지에서 번성하였다.
② 삼엽충은 고생대에 바다에서 번성하였다.
③ 주상 절리는 용암이 급격히 냉각되어 수축하면서 형성된다.

문제 보기

표는 학생 A가 세 지역을 답사한 후 정리한 것이다.

지역	(가)	(나)	(다)
	경기도 시화호	강원도 구문소	경기도 한탄강
특징	○ 사암, 역암 등이 분포함. ─퇴적암 ○ 공룡알 화석이 발견됨.	○ 석회암이 분포함. ○ 삼엽충 화석이 발견됨.	○ 현무암이 분포함. ─신생대에 생성 ○ 절벽에 주상 절리가 나타남.
사진	중생대의 육지에서 번성	고생대의 바다에서 번성	용암이 급격히 냉각되어 수축하면서 형성

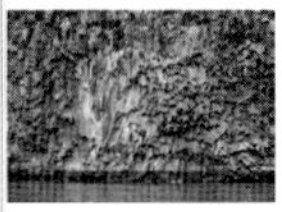

이에 대한 옳은 설명만을 〈보기〉에서 있는 대로 고른 것은? [3점]

보기

〈보기〉 풀이

✗ (가)와 (나)의 지층은 모두 육지에서 퇴적되었다.
➡ 공룡은 육지에서 번성하였으므로 공룡알 화석이 발견되는 (가)의 지층은 육지의 강이나 호수 등에서 퇴적되었다. 삼엽충은 바다에서 번성하였으므로 삼엽충 화석이 발견되는 (나)의 지층은 바다에서 퇴적되었다.

✗ (다)의 주상 절리는 압력 감소로 형성된 것이다.
➡ (다)의 주상 절리는 용암이 급격히 식는 동안 수축하여 형성되었다.

ⓒ 주요 구성 암석의 나이는 (나)>(가)>(다)이다.
➡ (가)는 공룡알 화석이 발견되므로 중생대, (나)는 삼엽충 화석이 발견되므로 고생대, (다)는 한탄강에서 화산 활동에 의해 현무암이 분포하므로 신생대에 생성되었다. 따라서 암석의 나이는 (나)>(가)>(다)의 순으로 많다.

8 일차

01 ①	02 ④	03 ③	04 ①	05 ②	06 ③	07 ④	08 ①	09 ③	10 ③	11 ⑤	12 ④
13 ⑤	14 ⑤	15 ⑤	16 ⑤	17 ③	18 ⑤	19 ④	20 ②	21 ⑤	22 ⑤	23 ④	24 ③
25 ③	26 ④	27 ④	28 ①	29 ③	30 ②	31 ④	32 ④	33 ⑤	34 ①		

문제편 074쪽~083쪽

---

01 지사학 법칙 – 지층 누중의 법칙, 동물군 천이의 법칙 2019학년도 4월 학평 지Ⅱ 18번 | 정답 ① | 정답률 79 %

적용해야 할 개념 ③가지

① 지층이 역전되지 않았다면, 아래에 놓인 지층이 먼저 퇴적되었다.
② 삼엽충은 고생대, 공룡은 중생대, 화폐석은 신생대의 표준 화석이다.
③ 삼엽충, 완족류, 불가사리는 해성층에서, 공룡, 양치식물, 속씨식물은 육성층에서 산출된다.

문제 보기

그림 (가)는 어느 지역의 지질 단면도와 지층군 A와 C에서 산출되는 화석을, (나)는 (가)에서 화석으로 산출되는 생물의 생존 기간을 나타낸 것이다. 이 지역은 지층의 역전이 없었고, 지층군 A와 C는 각각 ㉠과 ㉡ 중 어느 하나의 시기에 형성된 것이다.

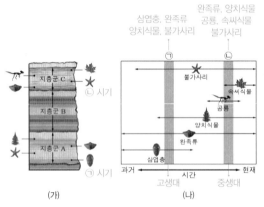

(가)　　　(나)

지층군 A, B, C에 대한 설명으로 옳은 것만을 〈보기〉에서 있는 대로 고른 것은? [3점]

〈보기〉 풀이

삼엽충은 고생대, 공룡은 중생대의 표준 화석이므로 ㉠은 고생대, ㉡은 중생대이며, 지층군 A는 고생대에, 지층군 C는 중생대에 퇴적되었다.

㉠ A는 ㉠ 시기에 형성된 것이다.
➡ 지층의 역전이 없었으므로 지층 누중의 법칙에 따라 아래에 놓인 지층이 먼저 생성된 것이다. 따라서 지층군 A는 ㉠ 시기에 형성되었고, 지층군 C는 ㉡ 시기에 형성되었다.

다른 풀이 지층군 A에서는 삼엽충이 발견되었으므로 지층군 A는 (나)에서 삼엽충이 생존한 ㉠ 시기에 형성된 것이다.

✗ B에서는 화폐석이 산출될 수 있다.
➡ 지층의 역전이 없었으므로 지층 누중의 법칙에 따라 지층군의 생성 순서는 A → B → C이다. 지층군 C는 중생대 생물인 공룡이 번성한 시기에 퇴적되었으므로 지층군 B는 중생대나 중생대 이전에 퇴적되었다. 따라서 신생대 화석인 화폐석은 B에서 산출될 수 없다.

✗ C는 모두 해성층으로 이루어져 있다.
➡ 지층군 C에서는 완족류, 불가사리, 공룡, 속씨식물 화석이 산출되며, C를 이루는 지층 중 공룡과 속씨식물이 산출되는 지층은 육성층이다.

02 화석에 의한 지층의 대비 2020학년도 9월 모평 지Ⅱ 1번

정답 ④ | 정답률 92%

적용해야 할 개념 ③가지

① 동일한 표준 화석이 산출되는 지층들은 동일한 시기에 퇴적되었다.
② 화폐석은 신생대, 암모나이트는 중생대, 삼엽충과 방추충은 고생대의 표준 화석이다.
③ 삼엽충, 암모나이트, 화폐석, 방추충은 모두 바다에서 번성하였다.

지질 시대	고생대	중생대	신생대
표준 화석	삼엽충, 필석, 방추충	공룡, 암모나이트	화폐석, 매머드

문제 보기

그림은 서로 다른 지역 (가)와 (나)의 지질 주상도와 각 지층에서 산출되는 화석을 나타낸 것이다.

└ 지층이 쌓여 있는 순서대로 지층의 두께와 간단한 특징을 기둥 모양으로 나타낸 것

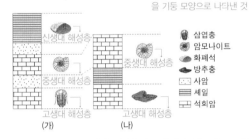

신생대 해성층 / 중생대 해성층 / 중생대 해성층 / 고생대 해성층 / 고생대 해성층
(가) (나)

삼엽충
암모나이트
화폐석
방추충
사암
셰일
석회암

이 자료에 대한 설명으로 옳은 것만을 〈보기〉에서 있는 대로 고른 것은?

〈보기〉 풀이

화폐석이 산출되는 셰일층은 신생대, 암모나이트가 산출되는 석회암층은 중생대, 삼엽충과 방추충이 산출되는 석회암층은 고생대 지층이다. (가)와 (나) 지역은 모두 아래층으로 갈수록 오래된 지층이므로 지층이 역전되지 않았다.

보기

✗ **두 지역의 셰일은 동일한 시대에 퇴적되었다.**

➡ 두 지역에서 표준 화석인 암모나이트가 산출되는 석회암층을 연결해 보면, (가)의 셰일층은 암모나이트가 산출되는 석회암층보다 나중에 퇴적되었고, (나)의 셰일층은 암모나이트가 산출되는 석회암층보다 먼저 퇴적되었으므로 두 지역의 셰일은 퇴적된 시기가 다르다.

ㄴ **가장 젊은 지층은 (가)에 나타난다.**

➡ (가)에서 가장 젊은 지층은 화폐석이 산출되는 셰일층이고, (나)에서 가장 젊은 지층은 암모나이트가 산출되는 석회암층이다. 화폐석은 신생대, 암모나이트는 중생대의 표준 화석이므로 두 지역에서 가장 젊은 지층은 (가)의 셰일층이다.

ㄷ **화석이 산출되는 지층은 모두 해성층이다.**

➡ 삼엽충, 암모나이트, 화폐석, 방추충은 모두 바다에서 번성하였던 고생물이므로 화석이 산출되는 지층은 모두 해성층이다.

---

03 지층의 대비 2022학년도 7월 학평 지Ⅰ 4번

정답 ③ | 정답률 82%

적용해야 할 개념 ④가지

① 동일한 표준 화석이 산출되는 지층은 퇴적된 시기가 같다.
② 위로 갈수록 지층의 나이가 많아지는 것을 지층이 역전되었다고 한다. ➡ 지각 변동이 일어났음을 알 수 있다.
③ 삼엽충은 고생대(바다), 암모나이트는 중생대(바다), 화폐석은 신생대(바다)의 표준 화석이다.
④ 고사리는 온난 다습한 육지에서 번성하므로 시상 화석으로 이용된다.

문제 보기

다음은 서로 다른 지역 A, B, C의 지층에서 산출되는 화석을 이용하여 지층의 선후 관계를 알아보기 위한 탐구 과정이다.

[탐구 자료]

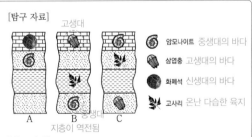

고생대
A   B   C
지층이 역전됨
중생대

암모나이트 중생대의 바다
삼엽충 고생대의 바다
화폐석 신생대의 바다
고사리 온난 다습한 육지

[탐구 과정]

(가) A, B, C의 지층에 포함된 화석의 생존 시기와 서식 환경을 조사한다. └암모나이트, 삼엽충, 화폐석

(나) A, B, C의 표준 화석을 보고 지층의 역전 여부를 확인한다.

(다) 같은 종류의 표준 화석이 산출되는 지층을 A, B, C에서 찾아 연결한다.

이에 대한 설명으로 옳은 것만을 〈보기〉에서 있는 대로 고른 것은?

[3점]

〈보기〉 풀이

ㄱ **가장 최근에 퇴적된 지층은 A에 위치한다.**

➡ B는 역전된 지층이므로 이를 정상층으로 뒤집어 두고, 암모나이트를 이용하여 지층을 대비해 보면 오른쪽 그림과 같다. 위에 있는 지층일수록 최근에 퇴적된 것이므로, 가장 최근에 퇴적된 지층은 A에서 화폐석이 산출되는 지층이다.

보기

ㄴ **B에는 역전된 지층이 발견된다.**

➡ 삼엽충은 고생대, 암모나이트는 중생대의 표준 화석이므로 삼엽충이 최상부 지층, 암모나이트가 최하부 지층에서 산출되는 B는 지층이 역전되었다.

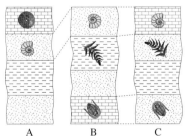

A   B   C

✗ **C에는 해성층만 분포한다.**

➡ 암모나이트, 삼엽충, 화폐석은 각각 바다에서 번성하였고, 고사리는 육지에서 번성하였다. C에서는 고사리 화석이 산출되므로 육성층이 분포한다.

적용해야 할 개념 ③가지

① 지질 시대의 표준 화석으로 고생대에는 삼엽충, 필석, 방추충 등이, 중생대에는 공룡, 암모나이트 등이, 신생대에는 화폐석, 매머드 등이 있다.

② 지층을 대비할 때, 동일한 표준 화석이 산출되는 지층은 동일한 지질 시대에 퇴적된 것으로 판단한다.

③ 지층을 대비할 때, 암석의 종류가 같더라도 반드시 동일한 지질 시대에 퇴적된 것으로 판단하지 않는다.

지질 시대	고생대	중생대	신생대
표준 화석	삼엽충, 필석, 갑주어, 방추충	공룡, 암모나이트	화폐석, 매머드

문제 보기

그림은 세 지역 A, B, C의 지질 단면과 지층에서 산출되는 화석을 나타낸 것이다.

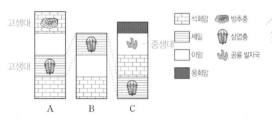

이에 대한 설명으로 옳은 것만을 〈보기〉에서 있는 대로 고른 것은? (단, 세 지역 모두 지층의 역전은 없었다.)

〈보기〉 풀이

ㄱ 가장 최근에 생성된 지층은 응회암층이다.

➡ 삼엽충과 방추충 화석은 고생대의 표준 화석이고, 공룡 발자국 화석은 중생대의 표준 화석이다. 세 지역에서 최상부층이 생성된 시기 중 A의 석회암층과 B의 셰일층은 고생대이고, C의 응회암층은 중생대 또는 그 후이다. 아래층으로 갈수록 오래 전에 생성된 지층이므로 가장 최근에 생성된 지층은 응회암층이다.

✗ B 지역의 이암층은 중생대에 생성되었다.

➡ B 지역에서 이암층은 셰일층보다 먼저 생성되었다. 셰일층에서 고생대의 삼엽충 화석이 산출되므로 이암층은 고생대 또는 그 전에 생성되었다.

✗ 세 지역의 모든 지층은 바다에서 생성되었다.

➡ 삼엽충과 방추충은 고생대의 바다에서 번성하였고, 공룡은 중생대의 육지에서 번성하였다. 따라서 C 지역의 이암층은 육지에서 생성되었다.

적용해야 할 개념 ③가지

① 서로 멀리 떨어진 지층에서 같은 화석이 산출되면 이들 지층은 같은 시대에 생성되었다고 판단한다.

② 오래된 지층일수록 오래된 화석이 산출된다.

③ 동물군 천이의 법칙에 따르면 퇴적 시기가 다른 지층에서는 발견되는 화석의 종류가 다르다.

문제 보기

그림 (가)는 지질 시대 Ⅰ~Ⅴ에 생존했던 생물의 화석 a~d를, (나)는 세 지역 ㉠, ㉡, ㉢의 각 지층에서 산출되는 화석을 나타낸 것이다. Ⅰ~Ⅴ는 오래된 지질 시대 순이다.

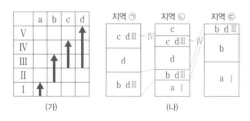

이에 대한 설명으로 옳은 것만을 〈보기〉에서 있는 대로 고른 것은? (단, 지층은 역전되지 않았다.)

〈보기〉 풀이

두 화석이 함께 발견되는 지층은 두 화석의 생존 기간이 겹치는 지질 시대에 형성된 것이다.

✗ 가장 오래된 지층은 지역 ㉠에 분포한다.

➡ Ⅰ~Ⅴ는 오래된 지질 시대 순이므로 Ⅰ 시대에 생존했던 a가 화석으로 발견되는 지층이 가장 오래된 것이다. (나)의 세 지역 중 화석 a가 산출되는 지층은 ㉡과 ㉢이므로 가장 오래된 지층은 ㉡과 ㉢에 분포한다.

ㄴ 세 지역 모두 Ⅲ 시대에 생성된 지층이 존재한다.

➡ Ⅲ 시대에 생성되었다고 판단할 수 있는 지층은 화석 b와 c 또는 화석 b와 d가 함께 산출되는 지층이다. 화석 c와 d가 함께 산출되는 지층은 Ⅲ 시대나 Ⅳ 시대에 생성되었다고 판단할 수 있다. ㉠~㉢ 지역에서 모두 화석 b와 d가 함께 산출되는 지층이 있으므로 Ⅲ 시대에 생성된 지층이 존재한다.

✗ 지역 ㉡에서는 Ⅴ 시대에 살았던 d가 산출된다.

➡ 고생물 d는 Ⅲ, Ⅳ, Ⅴ 시대에 걸쳐 살았다. 지층은 역전되지 않았으므로 위로 갈수록 최근에 생성된 지층이며, 지역 ㉡의 최상층은 화석 c가 발견되었으므로 Ⅲ 시대나 Ⅳ 시대에 생성되었다. 따라서 그보다 최근의 시기인 Ⅴ 시대에 살았던 d는 산출되지 않는다.

06 　**지질 단면도 해석** 2023학년도 3월 학평 지I 7번　　　　　정답 ③ | 정답률 50%

적용해야 할 개념 ③가지

① 부정합면을 경계로 상하 지층은 긴 퇴적 시간 간격이 있으며, 하부의 지층은 상부의 지층보다 먼저 생성되었다. ➡ 부정합의 법칙
② 부정합면을 경계로 상하 지층의 경사가 다른 부정합을 경사 부정합이라고 한다.
③ 판게아는 고생대 말~중생대 초에 존재하였던 초대륙으로, 판게아가 분리되고 대륙이 이동하여 현재의 대륙 분포를 이루게 되었다.

문제 보기

그림은 어느 지역의 지질 단면과 산출 화석을 나타낸 것이다.

이에 대한 옳은 설명만을 〈보기〉에서 있는 대로 고른 것은? [3점]

〈보기〉 풀이

ㄱ. **A층은 D층보다 먼저 생성되었다.**
➡ A층은 삼엽충 화석이 산출되므로 고생대 지층이고, C층은 암모나이트 화석이 산출되므로 중생대 지층이므로 A층은 C층보다 먼저 생성되었다. 또한 D층은 C층보다 나중에 생성되었으므로 A층은 D층보다 먼저 생성되었다.

ㄴ. **B층과 C층은 부정합 관계이다.**
➡ 지층의 생성 순서는 B층 → A층(고생대) → C층(중생대) → D층이다. B층과 A층은 경사층이고 C층과 D층은 수평층이므로, B층과 C층은 부정합 관계이다.

✗ **C층은 판게아가 형성되기 전에 퇴적되었다.**
➡ 판게아는 고생대 말~중생대 초에 존재하였던 초대륙이다. C층에서는 중생대의 표준 화석인 암모나이트 화석이 산출되므로 C층은 판게아가 형성된 이후에 퇴적되었다.

보기

07 　**지질 단면 해석** 2024학년도 10월 학평 지I 9번　　　　　정답 ④ | 정답률 82%

적용해야 할 개념 ③가지

① 공룡은 중생대에 번성하였고, 삼엽충은 고생대에 번성하였다.
② 부정합의 종류

평행 부정합		경사 부정합		난정합	
	부정합면을 경계로 상하 지층이 나란한 부정합		부정합면을 경계로 상하 지층의 경사가 다른 부정합		부정합면 아래에 심성암이나 변성암이 분포하는 부정합

③ 지층에 장력(양쪽에서 잡아당기는 힘)이 작용하면 정단층이 형성되고, 횡압력(양쪽에서 미는 힘)이 작용하면 역단층이 형성된다.

문제 보기

그림은 어느 지역의 지질 단면을 나타낸 것이다. 이 지역의 사암 층에서는 공룡 화석이 발견되었다.

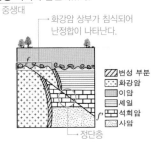

이 자료에 대한 설명으로 옳은 것만을 〈보기〉에서 있는 대로 고른 것은?

〈보기〉 풀이

이 지역의 지질은 사암 → 석회암 → 셰일 → 화강암 → 단층 → 부정합 → 이암 순으로 생성되었다.

✗ **화강암이 생성된 시기에 삼엽충이 번성하였다.**
➡ 공룡은 중생대의 고생물, 삼엽충은 고생대의 고생물이다. 사암은 중생대에 생성되었으므로 화강암이 생성된 시기에 삼엽충은 이미 멸종하였다.

ㄴ. **이 지역에서는 난정합이 관찰된다.**
➡ 화강암은 마그마가 지하 깊은 곳에서 굳어 생성된 심성암이다. 화강암 상부가 침식되어 부정합이 형성되었으므로 이 지역에서는 난정합이 관찰된다.

ㄷ. **단층 $f-f'$는 정단층이다.**
➡ 단층면을 경계로 상대적으로 상반이 하반에 대해 아래로 이동하였으므로 $f-f'$는 정단층이다.

보기

적용해야 할 개념 ③가지

① 경사 부정합은 부정합면을 경계로 상하의 지층이 나란하지 않고 경사가 다른 지질 구조이다.
② 삼엽충은 고생대 표준 화석이고, 매머드는 신생대 표준 화석이다.
③ 관입한 화성암은 관입당한 지층보다 나중에 생성되었다.

문제 보기

그림은 어느 지역의 지질 단면도를 나타낸 것이다.

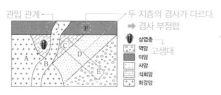

이 자료에 대한 설명으로 옳은 것만을 〈보기〉에서 있는 대로 고른 것은? (단, 지층의 역전은 없었다.)

〈보기〉 풀이

ㄱ. **경사 부정합이 나타난다.**

➡ 지층 C, D, E는 경사져 있고, 지층 F는 수평으로 놓여 있다. 따라서 부정합면을 경계로 상하 지층의 경사가 다르므로 경사 부정합이 나타난다.

ㄴ. **지층 D에서는 매머드 화석이 산출될 수 있다.**

➡ 지층 C에서 고생대의 표준 화석인 삼엽충이 산출되므로 지층 C보다 하부에 있는 지층 D에서는 신생대 표준 화석인 매머드가 산출될 수 없다.

ㄷ. **지층과 암석의 생성 순서는 E → D → C → A → B → F이다.**

➡ 암석 A와 B는 주변 지층을 관입하였고, 관입한 암석은 주변 지층보다 나중에 생성되었으므로, A는 지층 C보다 나중에 생성되었고, B는 A와 지층 F보다 나중에 생성되었다. 지층 C, D, E는 지층 누중의 법칙에 따라 퇴적되었다. 따라서 지층과 암석의 생성 순서는 E → D → C → A → F → B이다.

보기

적용해야 할 개념 ③가지

① 정단층은 장력이 작용하여 상반이 하반에 대해 상대적으로 아래로 이동한 단층이고, 역단층은 횡압력이 작용하여 상반이 하반에 대해 상대적으로 위로 이동한 단층이다.
② 관입한 암석은 주변 암석보다 나중에 생성된 것이고, 포획암은 관입암보다 먼저 생성된 것이다.
③ 단층에 의해 절단된 지질 구조는 단층보다 먼저 생성된 것이다.

문제 보기

그림은 어느 지역의 지질 단면을 나타낸 것이다.

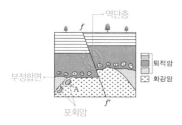

이 자료에 대한 설명으로 옳은 것만을 〈보기〉에서 있는 대로 고른 것은?

〈보기〉 풀이

ㄱ. **$f-f'$은 역단층이다.**

➡ 역단층은 단층면을 경계로 상반이 하반에 대해 상대적으로 위로 이동한 단층이다. 단층면을 경계로 오른쪽이 상반이고, 상반이 위로 이동하였으므로 $f-f'$은 역단층이다.

보기

ㄴ. **암석의 나이는 A가 화강암보다 많다.**

➡ 화성암이 관입하면서 주변 암석을 포획하였다면 주변 암석이 먼저 생성된 것이다. A는 포획암이므로 암석의 나이는 A가 화강암보다 많다.

ㄷ. **단층은 부정합보다 먼저 형성되었다.**

➡ 화강암의 상부가 침식된 부분에서 부정합면이 나타난다. 부정합은 단층에 의해 절단되었으므로 부정합이 만들어진 후 단층이 형성되었다.

10 상대 연령과 절대 연령 2024학년도 수능 지Ⅰ 11번

정답 ③ | 정답률 82 %

적용해야 할 개념 ③가지

① 부정합면을 경계로 상하 지층의 경사가 다른 지질 구조를 경사 부정합이라고 한다.
② 화성암이 주변 지층이나 지질 구조를 관입하였다면 화성암이 나중에 생성된 것이다.
③ 방추충 화석이 산출되는 지층의 절대 연령은 2.52억 년보다 많다.

문제 보기

그림은 어느 지역의 지질 단면을 나타낸 것이다. 현재 화성암에 포함된 방사성 원소 X의 함량은 처음 양의 $\frac{1}{32}$이고, 지층 A에서는 방추충 화석이 산출된다.

5회의 반감기

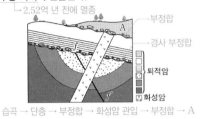

2.52억 년 전에 멸종 / A / 부정합 / 경사 부정합 / 퇴적암 / 화성암 / f'

습곡 → 단층 → 부정합 → 화성암 관입 → 부정합 → A

이 자료에 대한 설명으로 옳은 것만을 〈보기〉에서 있는 대로 고른 것은?

〈보기〉 풀이

보기

ㄱ. **경사 부정합이 나타난다.**
➡ 이 지역에는 2회의 부정합이 나타난다. 그중 습곡과 단층을 절단한 부정합은 부정합면을 경계로 상하 지층의 경사가 다르므로 경사 부정합이다.

ㄴ. **단층 f-f'은 화성암보다 먼저 형성되었다.**
➡ 화성암이 단층을 절단하였으므로 단층 f-f'은 화성암보다 먼저 형성되었다.

✗ **X의 반감기는 0.4억 년보다 짧다.**
➡ 방추충은 고생대 말(2.52억 년 전)에 멸종하였다. A에서 방추충 화석이 산출되므로 A의 절대 연령은 2.52억 년보다 많다. 한편 화성암에 포함된 방사성 원소 X의 함량이 처음 양의 $\frac{1}{32}=\left(\frac{1}{2}\right)^5$이므로 방사성 원소 X는 5회의 반감기($T$)를 거쳤으며, 화성암의 절대 연령은 $5T$이다. 화성암은 A보다 먼저 생성되었으므로 연령을 비교하면 $5T>2.52$억 년이고, X의 반감기(T)는 약 0.5억 년보다 크다.

11 지질 단면도 해석 2024학년도 6월 모평 지Ⅰ 11번

정답 ⑤ | 정답률 47 %

적용해야 할 개념 ③가지

① 정단층은 장력을 받아 상반이 아래로 내려간 단층이고, 역단층은 횡압력을 받아 상반이 위로 올라간 단층이다.
② 단층에 의해 절단된 지질 구조나 지층은 단층보다 먼저 형성되었다.
③ 횡와 습곡과 같이 습곡축이 크게 기울어진 습곡이나 역단층에서는 하부 지층이 상부 지층의 위에 놓이는 경우가 있다. ➡ 지층의 역전

문제 보기

그림은 어느 지역의 지질 단면을 나타낸 것이다.

역단층 ➡ 횡압력 작용

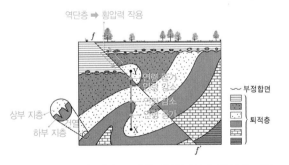

f / Y / 연령 증가 / 연령 감소 / 연령 감소 / 연령 증가 / 부정합면 / 퇴적층 / 상부 지층 / 하부 지층 / X / f'

이 자료에 대한 설명으로 옳은 것만을 〈보기〉에서 있는 대로 고른 것은? [3점]

〈보기〉 풀이

보기

✗ **단층 f-f'은 장력에 의해 형성되었다.**
➡ 단층 f-f'은 단층면을 경계로 상반이 위로 이동하였으므로 횡압력을 받아 형성된 역단층이다.

ㄴ. **습곡과 단층의 형성 시기 사이에 부정합면이 형성되었다.**
➡ 부정합면을 경계로 하부 지층은 횡압력을 받아 습곡이 형성되었고, 상부 지층은 수평층이다. 또한 습곡과 부정합면은 단층에 의해 절단되었다. 따라서 지질 구조는 습곡 → 부정합 → 단층 순으로 형성되었다.

ㄷ. **X → Y를 따라 각 지층 경계를 통과할 때의 지층 연령의 증감은 '증가 → 감소 → 감소 → 증가'이다.**
➡ 두 지층의 경계에서 나타나는 건열의 모습이 역전되지 않았으므로 X → Y에 해당하는 지층의 생성 순서는 ■ → ⬚ → ⬚이고, 습곡과 단층에 의해 X → Y에서 일부 지층은 역전되었으므로, 지층 경계를 통과할 때 지층 연령의 증감은 '증가 → 감소 → 감소 → 증가'이다.

적용해야 할 개념 ③가지

① 습곡, 단층, 부정합 등이 단층에 의해 절단되면 절단 당한 지질 구조가 먼저 형성된 것이다.

② 부정합이 형성될 때 지층은 융기 → 침식 → 침강의 과정을 거친다.

③ 마그마가 주변 암석을 관입할 때 주변 암석의 조각을 포획하여 화성암 속에 포획암으로 남는 경우가 있다.

문제 보기

그림은 어느 지역의 지질 단면도를 나타낸 것이다. B와 C는 화성암이고 나머지 층은 퇴적층이다.

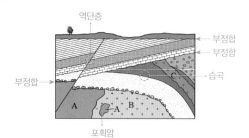

지층과 지질 구조의 생성 순서: A → B 관입 → 부정합 → 퇴적층 → 습곡 → C 관입 → 부정합 → 퇴적층 → 역단층 → 부정합 → 퇴적층

이 지역에 대한 설명으로 옳은 것만을 〈보기〉에서 있는 대로 고른 것은? [3점]

〈보기〉풀이

보기

✗ 습곡은 단층보다 나중에 형성되었다.

➡ 단층은 습곡과 경사진 지층을 절단하였으므로, 습곡은 단층보다 먼저 형성되었다.

ㄴ. 최소 4회의 융기가 있었다.

➡ A와 B의 상부가 침식되었으므로 부정합이 있었고, C의 상부가 침식되었으므로 부정합이 있었다. 또한 단층 이후 부정합이 형성되었다. 즉, 3회의 부정합이 일어날 때 각각 지층의 융기 과정이 있었고, 현재 지층 전체가 융기하여 육지로 드러났으므로 최소 4회의 융기가 있었다.

ㄷ. A, B, C의 생성 순서는 A → B → C이다.

➡ B의 내부에 A의 조각이 포획되어 있으므로 A가 퇴적된 후 B가 관입하였다. 또한 B의 상부에 부정합이 형성된 후 퇴적된 지층들을 C가 관입하였으므로 생성 순서는 A → B → C이다.

적용해야 할 개념 ④가지

① 부정합은 퇴적 → 융기 → 침식 → 침강 → 퇴적의 과정으로 형성된다.

② 부정합면을 경계로 구성 암석의 종류, 지질 구조 등이 달라지며, 부정합의 종류에는 평행 부정합, 경사 부정합, 난정합이 있다.

평행 부정합		경사 부정합		난정합	
	부정합면을 경계로 상하 지층이 나란한 부정합		부정합면을 경계로 상하 지층의 경사가 다른 부정합		부정합면 아래에 심성암이나 변성암이 분포하는 부정합

③ 관입당한 암석은 관입한 암석보다 먼저 생성되었다(관입의 법칙).

④ 정단층은 장력을 받아 형성되고, 역단층은 횡압력을 받아 형성된다.

문제 보기

그림은 어느 지역의 지질 구조를 나타낸 것이다. A는 화성암, B~E는 퇴적암이고, 단층은 C와 D층이 기울어지기 전에 형성되었다.

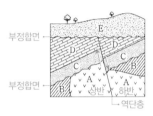

이 지역에 대한 설명으로 옳은 것은?

<보기> 풀이

보기

①. **수면 위로 2회 융기하였다.**

➡ 부정합은 융기 → 침식 → 침강 → 퇴적의 과정으로 형성되므로 1회의 부정합이 나타날 때마다 1회의 융기가 일어난다. B와 C 사이, D와 E 사이에 부정합면이 있으므로 2회의 융기가 있었고, 이 지역은 현재 지층이 육지로 드러나 있으므로 1회의 융기가 더 있었다. 따라서 이 지역은 수면 위로 최소 3회 융기하였다.

②. **A와 C는 평행 부정합 관계이다.**

➡ 평행 부정합은 부정합면을 경계로 상하 지층이 쌓인 방향이 나란한 부정합이고, 난정합은 부정합면의 아래에 심성암이나 변성암이 분포하는 부정합이다. 화성암인 A의 상부가 침식되어 있고 그 위에 C가 퇴적되었으므로 A와 C는 부정합 중 난정합 관계이다.

③. **A에는 C의 암석 조각이 포획되어 나타난다.**

➡ 포획암은 마그마가 관입하는 과정에서 주변 암석의 일부가 마그마 내에 포함된 것이다. C는 A가 관입한 후 오랜 기간 퇴적이 중단되었다가 그 위에 퇴적된 것이므로 A에는 C의 암석 조각이 포획될 수 없고, 관입당한 B의 암석 조각은 포획될 수 있다.

④. **암석의 생성 순서는 A → B → C → D → E이다.**

➡ A와 B의 생성 순서는 관입의 법칙에 따라 B → A이고, C와 D의 생성 순서는 지층 누중의 법칙에 따라 C → D이다. (B → A)와 (C → D), (C → D)와 E 사이에는 긴 시간 간격이 있었으므로, 암석의 생성 순서는 B → A → C → D → E이다.

⑤. **단층은 횡압력에 의해 형성되었다.**

➡ 단층은 C와 D층이 기울어지기 전에 형성되었으므로, C와 D층이 기울어지기 전에는 단층면에 대해 왼쪽이 상반이고 오른쪽이 하반이다. 단층면을 경계로 상반이 위로 올라가 있는 역단층이므로 단층은 횡압력에 의해 형성되었다.

적용해야 할 개념 ③가지

① 단층 중 상반이 위로 이동하면 역단층, 상반이 아래로 이동하면 정단층이다.

② 습곡에서 위로 볼록한 구조를 배사 구조, 아래로 오목한 구조를 향사 구조라고 한다.

③ 관입당한 암석은 관입한 암석보다 먼저 생성된 것이고, 마그마가 주변 암석을 관입하는 동안 주변 암석의 조각을 포획하여 관입암에 포획암이 있는 경우가 있다.

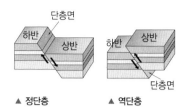

▲ 정단층   ▲ 역단층

문제 보기

다음은 어느 지역의 지질 단면도와 관찰 내용이다.

- C는 화성암임
- 습곡이 나타남
- B와 E는 동일 암석임
- f-f'를 경계로 암석이 어긋남

이에 대한 설명으로 옳은 것만을 〈보기〉에서 있는 대로 고른 것은? (단, 지층은 역전되지 않았다.)

〈보기〉 풀이

이 지역에서 암석의 생성과 지각 변동이 일어난 순서는 'D → B → A → 습곡 → C 관입 → f−f' 단층'이다.

ㄱ. **역단층이 관찰된다.**

➡ 지질 단면도에서 단층 f−f'의 왼쪽이 하반이고, 오른쪽이 상반이다. 이 단층은 상반이 단층면을 따라 위로 이동하였으므로 횡압력이 작용하여 생성된 역단층이 관찰된다.

ㄴ. **배사 구조가 관찰된다.**

➡ 습곡에서 위로 볼록하게 휘어진 구조를 배사 구조, 아래로 오목하게 휘어진 구조를 향사 구조라고 한다. 이 지역에서는 지층이 위로 볼록하게 휘었으므로 배사 구조가 관찰된다.

ㄷ. **C보다 E가 먼저 형성되었다.**

➡ B와 E는 동일한 암석이다. 마그마가 B를 관입하는 동안 B 암석의 조각인 E가 포함되었고, 마그마가 냉각되어 C가 생성되었다. 따라서 C보다 E가 먼저 형성되었다.

보기

적용해야 할 개념 ③가지

① 정단층은 장력을 받아 상반이 아래로 이동한 단층, 역단층은 횡압력을 받아 상반이 위로 이동한 단층이다.

② 물속에서는 퇴적물이 쌓이고, 지반이 융기하여 퇴적물이 공기 중에 노출되면 침식이 일어난다. ➡ 부정합은 융기 → 침식 → 침강의 과정을 거쳐 생기므로 1회의 부정합이 생길 때 1회의 융기가 일어나고, 지층이 지표에 드러나면 추가로 1회의 융기가 일어난 것이다.

③ 지층의 생성 순서는 지층 누중의 법칙, 관입의 법칙, 부정합의 법칙, 동물군 천이의 법칙 등을 적용한다. ➡ 관입당한 암석은 관입한 암석보다 먼저 생성된 것이다.

문제 보기

그림은 어느 지역의 지질 단면도를 나타낸 것이다.

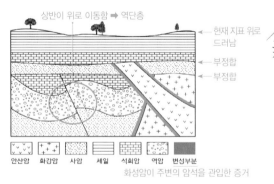

상반이 위로 이동함 ➡ 역단층

현재 지표 위로 드러남

부정합

부정합

| 안산암 | 화강암 | 사암 | 셰일 | 석회암 | 역암 | 변성부분 |

화성암이 주변의 암석을 관입한 증거

이 지역에 대한 설명으로 옳은 것만을 〈보기〉에서 있는 대로 고른 것은? (단, 지층의 역전은 없었다.)

〈보기〉 풀이

이 지역 지사는 사암 → 역암 → 석회암 → 습곡 및 역단층 → 화강암 관입 → 부정합 → 사암 → 안산암 분출 → 부정합 → 석회암 → 셰일 순이다.

ㄱ. **단층은 횡압력에 의해 형성되었다.**

➡ 단층면을 기준으로 상반이 위로 이동하였으므로 횡압력(지층을 양쪽에서 미는 힘)을 받아 역단층이 형성되었다.

ㄴ. **최소 3회의 융기가 있었다.**

➡ 안산암과 화강암의 상부가 침식 작용을 받았고, 그 위에 새로운 지층이 각각 퇴적되었으므로 2회의 부정합(융기 → 침식 → 침강)이 있었으며, 현재 지층이 육지로 드러났으므로 1회의 융기가 더 있었다. 따라서 이 지역은 최소 3회의 융기가 있었다.

ㄷ. **역암층은 화강암보다 먼저 생성되었다.**

➡ 화강암은 역암층을 관입하였으므로 관입당한 역암층이 먼저 생성되었다.

보기

16 **상대 연령** 2019학년도 6월 모평 지II 1번   정답 ⑤ | 정답률 82 %

적용해야 할 개념 ④가지
① 암모나이트는 중생대의 표준 화석이다.
② 기저 역암은 부정합면 아래 지층이 침식받아 부서진 암석 조각이다.
③ 부정합면 아래의 암석은 부정합면 위의 암석보다 먼저 생성되었다(부정합의 법칙).
④ 부정합은 퇴적 → 융기 → 침식 → 침강 → 퇴적의 과정으로 형성되어, 중간에 퇴적이 중단된 시기가 있다.

문제 보기

그림은 어느 지역의 지질 단면도와 산출되는 화석을 나타낸 것이다.

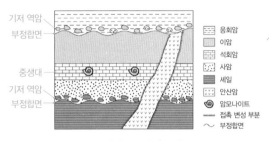

이 자료에 대한 설명으로 옳은 것만을 〈보기〉에서 있는 대로 고른 것은?

〈보기〉 풀이

이 지역에서 암석의 생성과 지각 변동이 일어난 순서는 '셰일층 → 부정합 → 사암층 → 석회암층 (중생대) → 이암층 → 안산암 → 부정합 → 응회암층'이다.

✗ **석회암층은 고생대에 퇴적되었다.**
⇒ 암모나이트는 중생대의 표준 화석이므로 암모나이트가 산출되는 석회암층은 중생대에 퇴적 되었다.

ㄴ. **안산암은 응회암층보다 먼저 생성되었다.**
⇒ 응회암층에서 안산암의 암석 조각이 기저 역암으로 발견되므로 안산암이 생성된 후 부정합이 형성되었고, 부정합면 위에 응회암층이 퇴적되었으므로 안산암은 응회암층보다 먼저 생성되 었다.

ㄷ. **셰일층과 사암층 사이에 퇴적이 중단된 시기가 있었다.**
⇒ 사암층에서 셰일층의 암석 조각이 기저 역암으로 발견되므로 셰일층과 사암층 사이에 부정합 면이 형성되어 있다. 셰일층이 쌓인 후 융기하여 침식 작용이 일어났고, 그 후 침강하여 사암 층이 쌓여 두 지층 사이에 부정합이 나타났다. 따라서 셰일층과 사암층 사이에 퇴적이 중단된 시기가 있었다.

---

17 **상대 연령** 2023학년도 6월 모평 지I 9번   정답 ③ | 정답률 70 %

적용해야 할 개념 ③가지
① 화성암이 주변 암석을 관입하면 주변 암석이 화성암 내에 포획될 수 있다. ⇒ 포획암은 화성암보다 먼저 생성되었다.
② 삼엽충은 고생대 표준 화석이고, 공룡과 암모나이트는 중생대 표준 화석이다.
③ 단층이 주변 암석을 절단하였다면 단층은 주변 암석보다 나중에 형성되었다.

문제 보기

그림은 어느 지역의 지질 단면을 나타낸 것이다. 지층 A에서는 삼엽충 화석이, 지층 C와 D에서는 공룡 화석이 발견되었다.

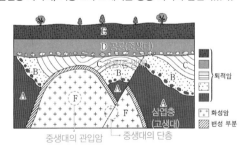

이에 대한 설명으로 옳은 것만을 〈보기〉에서 있는 대로 고른 것은?

〈보기〉 풀이

이 지역의 지사는 A → 부정합 → B → C → F 관입 → 단층 → 부정합 → D → E 순이다.

ㄱ. **F에서는 고생대 암석이 포획암으로 나타날 수 있다.**
⇒ A에서 삼엽충(고생대) 화석이 발견되고, F는 A를 관입하였으므로 F는 고생대 암석을 관입 하였다. 따라서 F에서는 고생대 암석이 포획암으로 나타날 수 있다.

ㄴ. **단층이 형성된 시기에 암모나이트가 번성하였다.**
⇒ C와 D에서 공룡(중생대) 화석이 발견되고, C → 단층 → D 순이므로 단층은 중생대에 형성 되었다. 따라서 단층이 형성된 시기에 암모나이트(중생대)가 번성하였다.

✗ **습곡은 고생대에 형성되었다.**
⇒ C와 D가 중생대에 퇴적되었으므로 C가 횡압력을 받아 형성된 습곡도 중생대에 형성되었다.

① 퇴적 구조를 통해 지층의 상하를 판단하거나 퇴적 환경을 파악할 수 있다.

퇴적 구조	연흔	점이 층리	건열	사층리
모습	상 하	상 하	상 하	물·바람의 방향 상 하
퇴적 환경	수심이 얕은 곳	대륙대, 심해저, 깊은 호수	건조 기후 지역	하천이나 사막

적용해야 할 개념 ④가지

② 퇴적 구조가 연흔 → 점이 층리 순으로 나타나면 수심이 깊어진 경우이다.

③ 퇴적 구조가 점이 층리 → 건열 순으로 나타나면 수심이 얕아진 경우이다.

④ 화성암 내에 포획암이 있으면 화성암이 주변 암석을 관입한 것이다.

문제 보기

그림은 서로 다른 두 지역의 지질 단면과 지층에서 관찰된 퇴적 구조를 나타낸 것이다. (가)와 (나)의 퇴적층은 각각 해수면이 상승하는 동안과 하강하는 동안에 생성된 것 중 하나이다. 두 지역에서 화강암의 절대 연령은 같다.

수심이 깊어진다.
점이 층리
연흔
부정합면

수심이 얕아진다.
기저 역암
화강암

건열
점이 층리
포획암

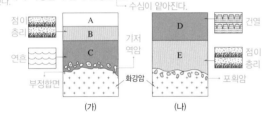

(가)　　　　(나)

이에 대한 설명으로 옳은 것만을 〈보기〉에서 있는 대로 고른 것은?

〈보기〉 풀이

B 층에서는 점이 층리, C 층에서는 연흔, D 층에서는 건열, E 층에서는 점이 층리가 나타나며 퇴적 구조의 모습으로 보아 지층의 역전은 없었다.

ㄱ. **(가)는 해수면이 상승하는 경우에 해당한다.**
➡ (가)는 C 층에서 연흔이 나타나고, B 층에서 점이 층리가 나타난다. 연흔은 수심이 얕은 물 밑에서 형성되고, 점이 층리는 수심이 깊은 해저에서 형성되므로 C 층이 퇴적된 후, B 층이 퇴적되는 동안 수심이 깊어진 경우이다. 해수면이 상승할 때 수심이 깊어지므로 (가)는 해수면이 상승하는 경우에 해당한다.

ㄴ. **지층 D는 생성 과정 중 대기에 노출된 적이 있다.**
➡ (나)는 E 층에서 점이 층리가 나타나고, D 층에서 건열이 나타난다. 건열은 퇴적물이 쌓인 후 수면 위로 노출되어 건조해지면서 갈라진 구조이므로 (나)는 E 층이 생성된 후, 해수면이 점차 하강하면서 D가 퇴적된 후에는 대기에 노출되었다.

ㄷ. **지층 A~E 중 가장 오래된 것은 E이다.**
➡ (가)에서는 화강암 조각이 기저 역암으로 C의 하부에 퇴적되었으므로 C와 화강암은 부정합 관계이며, 퇴적 구조에서 지층의 역전은 없었으므로 '화강암 → C → B → A' 순으로 생성되었다. (나)에서는 화강암 내에 E의 조각이 포획되었으므로 E와 화강암은 관입 관계이며 화강암이 E보다 나중에 생성되었다. 따라서 'E → 화강암 → D' 또는 'E → D → 화강암' 순으로 생성되었다. (가)와 (나) 지역의 화강암은 절대 연령이 같으므로 가장 오래된 것은 E이다.

보기

19 지질 단면도 해석 2024학년도 9월 모평 지Ⅰ 17번   정답 ④ | 정답률 65 %

적용해야 할 개념 ③가지

① 지층이 역전되지 않았다면 지층의 아래쪽 또는 하부 지층으로 갈수록 먼저 퇴적된 것이다.
② 관입암은 주변의 지층보다 나중에 생성된 것이다.
③ 단층이 형성될 때 상반 또는 하반이 상대적으로 이동하므로 단층면을 경계로 지층의 연령이 불연속적으로 나타난다.

문제 보기

그림은 어느 지역의 지질 단면을 나타낸 것이다.

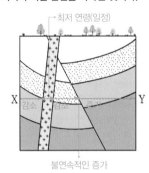

구간 X–Y에 해당하는 지층의 연령 분포로 가장 적절한 것은? [3점]

<보기> 풀이

이 지역은 지층이 연속적으로 쌓인 후 역단층이 전체 지층을 절단하였고, 그 후 마그마가 지층과 단층을 관입하였다. 따라서 화성암의 연령이 가장 적으며, 지층 단면에서 상부로 갈수록 나중에 퇴적되었으므로 연령이 적어진다. 이를 근거로 X→Y의 연령 분포를 해석해 보면 다음과 같다.

X에서 점선을 따라 단층까지 갈 때 퇴적층의 연령은 계속 적어지며, 중간의 화성암의 경계에서는 연령이 불연속적으로 적어진다. 한편 단층에서는 연령이 다른 두 지층이 접촉하므로 연령이 불연속적으로 많아지며, 단층에서 점선을 따라 Y까지 갈 때 퇴적층의 연령은 계속 많아진다. 이러한 경향을 보이는 것은 ④와 ⑤이고, 단층면과 X 지점의 연령을 비교하면 ④의 그래프가 옳다.

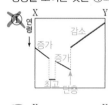
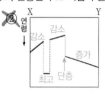
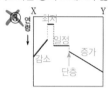

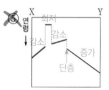

20 지층의 상대 연령 2023학년도 10월 학평 지Ⅰ 11번   정답 ② | 정답률 49 %

적용해야 할 개념 ③가지

① 지층이 역전되지 않은 경우, 두 지층의 경계에 형성된 건열 구조의 쐐기 모양은 아래쪽 지층에서 나타난다.
② 횡압력을 받아 상반이 위로 이동한 단층을 역단층, 장력을 받아 상반이 아래로 이동한 단층을 정단층이라고 한다.
③ 두 지층(암석)이 부정합 관계라면 부정합면 아래에 놓인 지층(암석)이 먼저 생성된 것이다.

문제 보기

그림 (가)는 어느 지역의 지질 단면을, (나)는 X에서 Y까지의 암석의 연령 분포를 나타낸 것이다. P 지점에서는 건열이 ㉠과 ㉡ 중 하나의 모습으로 관찰된다.

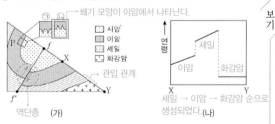

이에 대한 옳은 설명만을 〈보기〉에서 있는 대로 고른 것은?

<보기> 풀이

✗ **P 지점의 모습은 ㉠에 해당한다.**
➡ (나)에서 지층의 연령이 셰일이 이암보다 많으므로 생성 순서는 셰일 → 이암이다. (가)에서 건열이 나타나는 지층의 생성 순서는 이암 → 사암이고, 건열의 쐐기 모양은 이암에서 나타나야 한다. 따라서 P 지점의 모습은 ㉡에 해당한다.

○ **단층 f–f'은 횡압력에 의해 형성되었다.**
➡ 단층면을 경계로 상반이 하반에 대해 상대적으로 위로 이동하였으므로 f–f'은 횡압력에 의해 형성된 역단층이다.

✗ **이 지역에서는 난정합이 나타난다.**
➡ 심성암(또는 변성암)이 상부의 지층과 부정합을 이루는 지질 구조를 난정합이라고 한다. 만약 이 지역의 화강암과 셰일이 난정합 관계라면 생성 순서는 화강암 → 셰일이어야 한다. 그런데 생성 순서가 셰일 → 화강암이므로 화강암은 셰일을 관입하였고, 난정합 관계가 아니다.

적용해야 할 개념 ③가지

① 지층이 역전되지 않았다면, 하부의 지층은 상부의 지층보다 먼저 퇴적되었다.(지층 누중의 법칙) ➡ 퇴적층 내에서는 하부에서 상부로 갈수록 연령이 점차 감소한다.

② 정습곡에서는 수평면을 따라 배사축에 가까이 가면 퇴적물의 연령이 증가하고, 배사축에서 멀어지면 퇴적물의 연령이 감소한다.

③ 정단층은 단층면을 따라 상반이 아래로 이동한 것이다. ➡ 단층면을 경계로 연령이 불연속적이다.

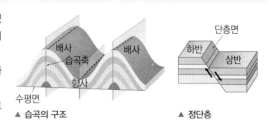

▲ 습곡의 구조   ▲ 정단층

문제 보기

그림은 습곡과 단층이 나타나는 어느 지역의 지질 단면도이다.

X−Y 구간에 해당하는 지층의 연령 분포로 가장 적절한 것은?

[3점]

<보기> 풀이

아래에 놓인 지층은 위에 놓인 지층보다 먼저 쌓인 것이므로 X에서 단층으로 갈수록 지층의 연령이 많아진다. 단층에서는 상반이 아래로 이동하였으므로 지층의 연령이 불연속적으로 작아진다. 단층에서 배사축으로 가면 지층의 아래쪽 부분이므로 연령이 많아지고, 배사축에서 Y로 가면 지층의 위쪽 부분이므로 연령이 적어진다. 이러한 조건에 맞는 연령 분포는 ⑤이다.

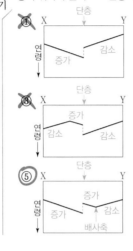

적용해야 할 개념 ③가지

① 부정합은 퇴적 → 융기 → 침식 → 침강 → 퇴적의 과정으로 형성된다.

② 관입암은 마그마가 짧은 시간에 주변 지층을 뚫고 상승하여 생성되므로 암석 상부와 하부의 나이 차이가 거의 없다.

③ 건열은 퇴적물이 건조한 대기에 노출되어 퇴적물의 표면이 말라 갈라지면서 틈이 생긴 퇴적 구조이다.

문제 보기

그림 (가)는 어느 지역의 지질 단면을, (나)는 X−Y 구간에 해당하는 암석의 생성 시기를 나타낸 것이다.

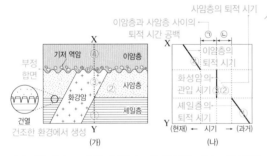

이에 대한 설명으로 옳은 것만을 〈보기〉에서 있는 대로 고른 것은?

[3점]

<보기> 풀이

(가)에서 이 지역 암석의 생성과 지각 변동이 일어난 순서는 '셰일층 → 사암층 → 화강암 관입 → (융기 → 침식 → 침강) → 이암층'이다.
             └────→ 부정합 형성

(나)에서 ㉠ 시기 이후에 이암층이 퇴적되었고, ㉠ 시기와 ㉡ 시기의 경계에는 화강암의 관입이 있었다. 또한 ㉡ 시기 전에는 셰일층이 퇴적되었으며, X−Y 구간에는 화강암의 관입으로 사암층의 퇴적 시기가 드러나지 않는다.

ㄱ. ㉠ 시기에 융기와 침식 작용이 있었다.

➡ 이암층과 사암층 사이에 기저 역암과 침식의 흔적이 있으므로 두 지층은 부정합 관계이다. 사암층에 화강암이 관입한 후 융기하여 침식 작용을 받았고, 침강하여 이암층이 퇴적되었다. ㉠ 시기는 화강암 관입 이후 이암층이 퇴적되기 전 퇴적이 중단된 시기이므로 ㉠ 시기에 융기와 침식 작용이 있었다.

ㄴ. 사암층은 ㉡ 시기 중에 퇴적되었다.

➡ 사암층은 화강암의 관입 이전에 퇴적되었으며, X−Y 구간에서는 화강암의 관입으로 사암층의 퇴적 시기가 드러나지 않는다. 그러나 ㉡ 시기는 셰일층 퇴적 후 화강암 관입 전 시기이므로 사암층은 ㉡ 시기 중에 퇴적되었다.

ㄷ. 셰일층은 건조한 환경에 노출된 적이 있었다.

➡ 건열은 수면 아래에서 퇴적물이 쌓인 후 수면 위의 건조한 환경에 노출되어 퇴적물 표면이 갈라진 퇴적 구조이다. 셰일층에서 건열이 나타나므로 셰일층이 형성된 후 건조한 환경에 노출된 적이 있었다.

23 절대 연령의 측정 2024학년도 9월 모평 지I 1번 　정답 ④ ｜ 정답률 96%

적용해야 할 개념 ④가지

① 방사성 동위 원소가 붕괴하여 처음 양의 절반으로 줄어드는 데 걸리는 시간을 반감기라고 한다.
② 방사성 동위 원소(모원소)가 붕괴하면 감소하는 양만큼 자원소의 양이 증가한다.
③ 방사성 동위 원소의 반감기를 1회, 2회, 3회, …, n회 거치면 모원소와 자원소의 비는 $1:1$, $1:3$, $1:7$, …, $1:(2^n-1)$이다.
④ 방사성 동위 원소의 반감기를 T라고 하면, 암석의 절대 연령(t)은 $t=nT$(n: 반감기 횟수)이다.

문제 보기

다음은 방사성 동위 원소를 이용하여 암석의 절대 연령을 구하는 원리에 대하여 학생 A, B, C가 나눈 대화를 나타낸 것이다.

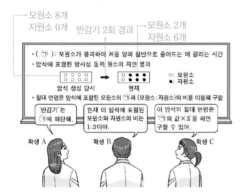

제시한 내용이 옳은 학생만을 있는 대로 고른 것은?

<보기> 풀이

학생 A. '반감기'는 ㉠에 해당해.

➡ 방사성 동위 원소는 자연적으로 붕괴하여 점차 안정한 원소로 변하는데, 방사성 동위 원소가 처음 양의 절반으로 줄어드는 데 걸리는 시간을 반감기라고 한다.

학생 B. 현재 이 암석에 포함된 모원소와 자원소의 비는 1 : 3이야.

➡ 현재 암석 속에 포함된 모원소는 2개, 자원소는 6개이므로 모원소와 자원소의 비는 1 : 3 이다.

학생 C. 이 암석의 절대 연령은 '㉠의 값×3'을 하면 구할 수 있어.

➡ 현재 암석 속에 포함된 모원소와 자원소의 비가 1 : 3이므로 방사성 동위 원소는 2회의 반감 기를 거쳤다. 따라서 절대 연령은 '㉠의 값×2'이다.

---

24 절대 연령 – 방사성 동위 원소 2020학년도 10월 학평 지I 18번 　정답 ③ ｜ 정답률 69%

적용해야 할 개념 ③가지

① 방사성 동위 원소가 붕괴하여 처음 양의 절반으로 줄어드는 데 걸리는 시간을 반감기라고 한다.
② '암석의 절대 연령=반감기×반감 횟수'이다.
③ 동일한 원소의 반감기는 방사성 동위 원소의 양에 관계없이 일정하다.

문제 보기

그림 (가)는 마그마가 식으면서 두 종류의 광물이 생성된 때의 모습을, (나)는 (가) 이후 P의 반감기가 n회 지났을 때 화성암에 포함된 두 광물의 모습을 나타낸 것이다. 이 화성암에는 방사성 원소 P, Q와 P, Q의 자원소 P′, Q′가 포함되어 있다.

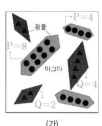

이에 대한 옳은 설명만을 〈보기〉에서 있는 대로 고른 것은? [3점]

<보기> 풀이

ㄱ. 반감기는 P가 Q보다 짧다.

➡ (가)에서 (나)가 될 때까지 방사성 동위 원소 P는 8 → 2 또는 4 → 1이 되었으므로 2회의 반감기를 거쳤고, 방사성 동위 원소 Q는 4 → 2 또는 2 → 1이 되었으므로 1회의 반감기를 거쳤다. 같은 시간 동안 P가 Q보다 반감기를 많이 거쳤으므로 반감기는 P가 Q보다 짧다.

ㄴ. (나)의 화성암의 절대 연령은 P의 반감기의 약 2배이다.

➡ (나)에서 P는 2회의 반감기를 거쳤으므로 화성암의 절대 연령은 P의 반감기의 약 2배이다.

ㄷ. (가)에서 광물 속 P의 양이 많을수록 P와 P′의 양이 같아질 때까지 걸리는 시간이 길어진다.

➡ P와 P′의 양이 같아질 때까지 걸리는 시간은 P의 반감기에 해당한다. 반감기는 방사성 동위 원소의 종류에 따라 다르지만, 동일한 방사성 동위 원소에서는 그 양에 관계없이 반감기가 일정하다.

적용해야 할 개념 ③가지

① 속씨식물은 중생대 말기(백악기)에 출현하여 신생대에 번성하였다.

② 방사성 동위 원소는 양이 많을 때는 단위 시간 동안 붕괴하는 양이 많고, 양이 적을 때는 단위 시간 동안 붕괴하는 양도 적다.

③ 중생대는 약 2.52억 년 전부터 약 0.66억 년 전까지 지속되었다.

문제 보기

그림은 방사성 동위 원소 X의 붕괴 곡선의 일부를 나타낸 것이다. 화성암에 포함된 X의 자원소 Y는 모두 X가 붕괴하여 생성되었다.

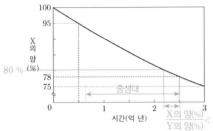

이 자료에 대한 설명으로 옳은 것만을 〈보기〉에서 있는 대로 고른 것은? (단, 모든 화성암에는 X가 포함되어 있으며, X의 양(%)은 화성암 생성 당시 X의 함량에 대한 남아 있는 X의 함량의 비율이고, Y의 양(%)은 붕괴한 X의 양과 같다.) [3점]

〈보기〉 풀이

ㄱ. 현재의 X의 양이 95 %인 화성암은 속씨식물이 존재하던 시기에 생성되었다.

➡ 현재의 X의 양이 95 %이면 절대 연령은 0.5억 년이다. 속씨식물은 중생대 백악기에 출현하여 신생대에 번성하였으므로 속씨식물이 존재하던 시기에 화성암이 생성되었다.

ㄴ. X의 반감기는 6억 년보다 길다.

➡ 방사성 동위 원소의 붕괴 그래프는 오른쪽 그림과 같이 시간이 경과할수록 기울기가 완만해진다. 이는 방사성 동위 원소의 양이 많을 때는 단위 시간 동안 붕괴하는 양이 많지만 방사성 동위 원소의 양이 적을 때는 단위 시간 동안 붕괴하는 양이 적어지기 때문이다. X의 양이 100 % → 75 %로 감소하는 데 걸리는 시간이 3억 년이지만 75 % → 50 %로 감소하는 데는 3억 년보다 오래 걸린다. 따라서 X의 반감기는 6억 년보다 길다.

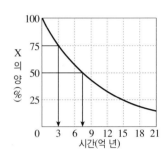

~~ㄷ. 중생대에 생성된 모든 화성암에서는 현재의 $\frac{X의 양(\%)}{Y의 양(\%)}$이 4보다 크다.~~

➡ 중생대는 약 2.52억 년 전~약 0.66억 년 전까지의 기간이다. $\frac{X의 양(\%)}{Y의 양(\%)}$이 4보다 크다면 X의 양은 80 %보다 크고, Y의 양은 20 %보다 작아야 한다. 문제의 그림에서 X의 양이 80 % 남아 있을 때 화성암의 절대 연령은 약 2.2억 년에 해당한다. 따라서 약 2.2억 년 전~2.52억 년 전에 해당하는 중생대 초기의 화성암에서는 현재의 $\frac{X의 양(\%)}{Y의 양(\%)}$이 4보다 작다.

적용해야 할 개념 ③가지

① 방사성 동위 원소가 반감기를 1회, 2회, 3회, … 거치면 (모원소의 양) : (자원소의 양)은 1 : 1, 1 : 3, 1 : 7, …로 변한다.

② 방사성 동위 원소는 주변의 온도와 압력에 관계없이 일정한 비율로 붕괴하여 안정한 원소로 된다.

③ 방사성 동위 원소가 일정한 시간 동안 붕괴하여 감소하는 비율은 $\frac{X의 감소량}{X의 현재량}$으로 나타낼 수 있다.

문제 보기

그림은 화성암 A에 포함된 방사성 동위 원소 X의 붕괴 곡선을 나타낸 것이다. Y는 X의 자원소이다.

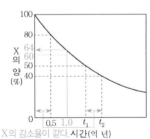

이 자료에 대한 옳은 설명만을 〈보기〉에서 있는 대로 고른 것은? (단, X의 양(%)은 화성암 생성 당시 X의 함량에 대한 남아 있는 함량의 비율이고, Y의 양(%)은 붕괴한 X의 양과 같다.) [3점]

〈보기〉 풀이

~~ㄱ. A가 생성된 후 $2t_1$이 지났을 때 $\frac{X의 양(\%)}{Y의 양(\%)}$은 $\frac{1}{4}$이다.~~

➡ t_1은 X의 양이 처음 양의 절반으로 줄어드는 데 걸린 시간이므로 반감기이다. 따라서 $2t_1$은 2회의 반감기에 해당하고, $\frac{X의 양(\%)}{Y의 양(\%)} = \frac{1}{3}$이다.

ㄴ. $(t_2 - t_1)$은 0.5억 년이다.

➡ 방사성 동위 원소는 주변 환경에 관계없이 일정한 비율로 감소한다. 따라서 $(t_2 - t_1)$은 X의 양이 50 % → 40 %로 감소하는 시간이며, 이는 100 % → 80 %로 감소하는 시간인 0.5억 년과 같다.

ㄷ. A가 생성된 후 1억 년이 지났을 때 X의 양은 60 %보다 크다.

➡ 처음 0.5억 년 동안 방사성 동위 원소 X가 감소한 비율은 $\frac{X의 감소량}{X의 현재량} = \frac{20}{100} = 0.20$이다. 그러므로 방사성 동위 원소 X의 양이 80일 때부터 다시 0.5억 년이 지날 때도 감소하는 비율은 0.20이고, $\frac{X의 감소량}{80} = 0.20$이므로, X의 감소량은 16이다. 따라서 A가 생성된 후 1억 년이 지났을 때 X의 감소량은 20 %＋16 %＝36 %이고, 남아 있는 X의 양은 64 %이다.

27 절대 연령 – 방사성 동위 원소 2019학년도 9월 모평 지Ⅱ 2번
정답 ④ | 정답률 88 %

적용해야 할 개념 ③가지

① 방사성 동위 원소가 붕괴하여 처음 양의 절반으로 줄어드는 데 걸리는 시간을 반감기라고 한다.

② '암석의 절대 연령=반감기×반감 횟수'이다.

③ 반감기를 n회 거치면, 현재 남아 있는 방사성 동위 원소의 양은 처음 양의 $\left(\frac{1}{2}\right)^n$이 된다.

문제 보기

그림은 서로 다른 방사성 원소 A, B, C의 붕괴 곡선을 나타낸 것이다.

이에 대한 설명으로 옳은 것만을 〈보기〉에서 있는 대로 고른 것은?

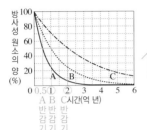

〈보기〉 풀이

반감기는 방사성 원소의 양이 처음의 절반으로 줄어드는 데 걸리는 시간이므로 그래프에서 방사성 동위 원소의 양이 50 %일 때 시간이 반감기이다. 따라서 반감기는 A가 0.5억 년, B가 1억 년, C가 2억 년이다.

✗ **반감기는 C가 A의 3배이다.**
➡ A의 반감기는 0.5억 년이고, C의 반감기는 2억 년이므로 C가 A의 4배이다.

ㄴ. **A가 두 번의 반감기를 지나는 데 걸리는 시간은 1억 년이다.**
➡ A는 반감기가 0.5억 년이므로 두 번의 반감기를 지나는 데 걸리는 시간은 '0.5억 년×2회 =1억 년'이다.

ㄷ. **암석에 포함된 B의 양이 처음의 $\frac{1}{8}$로 감소하는 데 걸리는 시간은 3억 년이다.**
➡ B는 반감기가 1억 년이고, B의 양이 처음의 $\frac{1}{8}=\left(\frac{1}{2}\right)^3$로 감소하는 데 3번의 반감기를 지나므로 이때까지 걸리는 시간은 '1억 년×3회=3억 년'이다.

---

28 절대 연령 – 방사성 동위 원소 2021학년도 9월 모평 지Ⅰ 6번
정답 ① | 정답률 55 %

① 방사성 동위 원소가 붕괴하여 처음 양의 절반으로 줄어드는 데 걸리는 시간을 반감기라고 한다.

② '암석의 절대 연령=반감기×반감 횟수'이다.

③ 암석 속의 방사성 동위 원소의 $\dfrac{\text{모원소의 양}}{\text{자원소의 양}}$은 시간이 경과함에 따라 감소한다.

적용해야 할 개념 ③가지

반감 횟수	1회	2회	3회	4회	⋯	n회
모원소의 양 (처음 양=1)	$\frac{1}{2}$	$\left(\frac{1}{2}\right)^2=\frac{1}{4}$	$\left(\frac{1}{2}\right)^3=\frac{1}{8}$	$\left(\frac{1}{2}\right)^4=\frac{1}{16}$	⋯	$\left(\frac{1}{2}\right)^n$
자원소의 양 (처음 양=0)	$1-\frac{1}{2}=\frac{1}{2}$	$1-\left(\frac{1}{2}\right)^2=\frac{3}{4}$	$1-\left(\frac{1}{2}\right)^3=\frac{7}{8}$	$1-\left(\frac{1}{2}\right)^4=\frac{15}{16}$	⋯	$1-\left(\frac{1}{2}\right)^n$
$\dfrac{\text{모원소의 양}}{\text{자원소의 양}}$	–	$\frac{1}{3}$	$\frac{1}{7}$	$\frac{1}{15}$	⋯	$\frac{1}{2^n-1}$

문제 보기

그림은 방사성 동위 원소 A와 B의 붕괴 곡선을 나타낸 것이다.

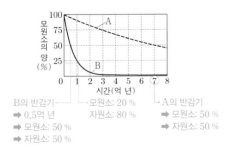

B의 반감기
➡ 0.5억 년
➡ 모원소: 50 %
➡ 자원소: 50 %

모원소: 20 %
자원소: 80 %

A의 반감기
➡ 모원소: 50 %
➡ 자원소: 50 %

이에 대한 설명으로 옳은 것만을 〈보기〉에서 있는 대로 고른 것은?

〈보기〉 풀이

반감기는 방사성 동위 원소의 양이 처음의 절반으로 줄어드는 데 걸리는 시간이므로 그래프에서 모원소의 양이 50 %일 때의 시간이 반감기이다. 따라서 반감기는 A가 7억 년, B가 0.5억 년이다.

ㄱ. **반감기는 A가 B의 14배이다.**
➡ A의 반감기는 7억 년이고, B의 반감기는 0.5억 년이므로 반감기는 A가 B의 14배이다.

✗ **7억 년 전 생성된 화성암에 포함된 A는 두 번의 반감기를 거쳤다.**
➡ A는 반감기가 7억 년이므로 7억 년 전에 생성된 화성암에 포함된 A는 한 번의 반감기를 거쳤다.

✗ **암석에 포함된 $\dfrac{\text{B의 양}}{\text{B의 자원소 양}}$이 $\dfrac{1}{4}$로 되는 데 걸리는 시간은 1억 년이다.**
➡ 방사성 동위 원소 B가 붕괴하여 감소한 양만큼 B의 자원소 양이 증가하여 B의 양이 20 %, B의 자원소 양이 80 %가 될 때 $\dfrac{\text{B의 양}}{\text{B의 자원소 양}}$이 $\dfrac{1}{4}$이 된다. 그래프에서 B의 양이 25 %가 되는 데 걸리는 시간이 1억 년이므로 20 %로 되는 데 걸리는 시간은 1억 년보다 길다.

적용해야 할 개념 ③가지

① 방사성 동위 원소가 붕괴하면 모원소의 함량은 감소하고, 자원소의 함량이 증가한다.

② 방사성 동위 원소가 붕괴하여 처음 양의 절반으로 줄어드는 데 걸리는 시간을 반감기라고 한다. ➡ 반감기를 n회 거치면, 남아 있는 방사성 동위 원소의 양은 처음 양의 $\left(\dfrac{1}{2}\right)^{n}$이 된다.

③ 반감기가 짧은 방사성 동위 원소일수록 동일한 기간 동안 모원소의 함량 감소가 크다.

모원소의 비율	모원소의 양	반감기 횟수
50 %	처음 양의 $\dfrac{1}{2}$	1회
25 %	처음 양의 $\dfrac{1}{4}$	2회
12.5 %	처음 양의 $\dfrac{1}{8}$	3회

문제 보기

그림 (가)는 현재 어느 화성암에 포함된 방사성 원소 X, Y와 각각의 자원소 X′, Y′의 함량을 ○, □, ●, ■의 개수로 나타낸 것이고, (나)는 X′와 Y′의 시간에 따른 함량 변화를 ㉠과 ㉡으로 순서 없이 나타낸 것이다.

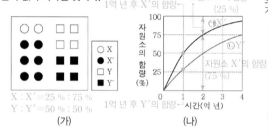

(가)　　　　　　　(나)

이에 대한 옳은 설명만을 〈보기〉에서 있는 대로 고른 것은? (단, 암석에 포함된 X′, Y′는 모두 X, Y의 붕괴로 생성되었다.) [3점]

〈보기〉 풀이

(ㄱ) ㉠은 X′의 함량 변화를 나타낸 것이다.

➡ (가)에서 현재 화성암에 포함된 자원소 X′와 Y′는 각각 처음 방사성 원소 함량의 $\dfrac{3}{4}=75\,\%$, $\dfrac{1}{2}=50\,\%$이다. (나)에서 시간에 따른 자원소의 함량 변화가 ㉠이 ㉡보다 크므로 ㉠은 X′의 함량 변화, ㉡은 Y′의 함량 변화이다.

다른 풀이 (가)에서 모원소 X와 Y는 각각 처음 양의 25 %, 50 %이므로 반감기를 2회, 1회 지났다. 따라서 X의 반감기가 Y보다 짧다. (나)에서 자원소의 함량이 50 %인 시간이 반감기이므로 ㉠의 반감기는 1억 년이고, ㉡의 반감기는 2억 년이다. 따라서 ㉠은 X의 자원소인 X′의 함량 변화이고, ㉡은 Y의 자원소인 Y′의 함량 변화이다.

ㄴ. 암석 생성 후 1억 년이 지났을 때 $\dfrac{\text{Y′의 함량}}{\text{X′의 함량}}=\dfrac{1}{2}$이다.

➡ (나)에서 암석 생성 후 1억 년이 지났을 때 X′의 함량은 50 %이고, Y′의 함량은 25 %보다 크다. 따라서 $\dfrac{\text{Y′의 함량}}{\text{X′의 함량}}$은 $\dfrac{1}{2}$보다 크다.

(ㄷ) $\dfrac{\text{현재로부터 1억 년 후 모원소의 함량}}{\text{현재로부터 1억 년 전 모원소의 함량}}$ 은 X가 Y보다 작다.

➡ 현재를 기준으로 1억 년 전과 1억 년 후의 기간은 2억 년에 해당한다. (나)에서 2억 년 동안 모원소 X, Y의 함량은 각각 처음 양의 25 %, 50 %가 되므로 X는 반감기를 2회 거치고, Y는 반감기를 1회 거친다. 2억 년 동안 모원소의 함량 감소는 2회의 반감기를 거치는 X가 1회의 반감기를 거치는 Y보다 크다. 따라서 $\dfrac{\text{현재로부터 1억 년 후 모원소의 함량}}{\text{현재로부터 1억 년 후 모원소의 함량}}$ 은 X가 Y보다 작다.

30 절대 연령 – 방사성 동위 원소 2019학년도 4월 학평 지II 20번 정답 ② | 정답률 77 %

적용해야 할 개념 ③가지

① ^{14}C는 ^{14}N가 대기 중의 중성자와 충돌하여 생성되며, 붕괴하여 ^{14}N가 된다.

② 시료 내의 $^{14}C/^{12}C$가 처음 값의 절반으로 줄어드는 데 걸리는 시간이 반감기이다.

③ 살아 있는 생물체 내의 $\dfrac{\text{시료 내 }^{14}C/^{12}C}{\text{대기 중 }^{14}C/^{12}C}$ 값은 1이고, 생물체가 죽은 후에는 그 값이 점차 감소한다.

문제 보기

다음은 방사성 원소 ^{14}C를 이용한 절대 연령 측정 원리를 설명한 것이다.

대기 중과 생물체 내의 방사성 원소 ^{14}C와 안정한 원소 ^{12}C의 비율($^{14}C/^{12}C$)은 같다. 생물체가 죽으면 ㉠ ^{14}C가 ㉡ ^{14}N로 붕괴되는 과정은 진행되지만 ^{14}C의 공급은 중단되므로, 죽은 생물체 내의 $^{14}C/^{12}C$가 감소한다. 따라서 대기 중 $^{14}C/^{12}C$에 대한 죽은 생물체 내 $^{14}C/^{12}C$의 비를 이용하여 절대 연령을 측정할 수 있다.

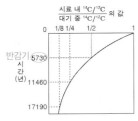

이에 대한 설명으로 옳은 것만을 〈보기〉에서 있는 대로 고른 것은? (단, 대기 중의 $^{14}C/^{12}C = 1.2 \times 10^{-12}$으로 일정하다.) [3점]

〈보기〉 풀이

✘ ㉠은 ㉡보다 안정하다.

➡ 방사성 원소인 ㉠(^{14}C)은 자연적으로 붕괴되어 안정한 원소인 ㉡(^{14}N)이 되므로 ㉠(^{14}C)은 ㉡(^{14}N)보다 불안정한 원소이다.

ㄴ. ㉠의 반감기는 5730년이다.

➡ 그래프에서 대기 중 $^{14}C/^{12}C$는 일정하지만 시료 내의 $^{14}C/^{12}C$는 ^{14}C가 줄어들면서 점차 감소하여 5730년이 지나면 처음 값의 $\dfrac{1}{2}$로 된다. 따라서 ㉠의 반감기는 5730년이다.

✘ $^{14}C/^{12}C$의 값이 0.3×10^{-12}인 시료의 절대 연령은 17190년이다.

➡ 대기 중의 $^{14}C/^{12}C = 1.2 \times 10^{-12}$로 일정한 값이고 시료의 $^{14}C/^{12}C = 0.3 \times 10^{-12}$이므로 $\dfrac{\text{시료 내 }^{14}C/^{12}C}{\text{대기 중 }^{14}C/^{12}C}$ 값은 $\dfrac{0.3 \times 10^{-12}}{1.2 \times 10^{-12}} = \dfrac{1}{4}$이다. 그래프 가로축의 $\dfrac{1}{4}$에 해당하는 세로축의 시간을 읽으면, 이 시료의 절대 연령은 11460년이다.

---

31 절대 연령의 측정 2024학년도 7월 학평 지I 6번 정답 ④ | 정답률 72 %

적용해야 할 개념 ③가지

① 반감기는 방사성 원소가 붕괴하여 처음 양의 절반으로 감소하는 데 걸리는 시간이다.

② 화성암이 생성된 후 시간이 경과할수록 방사성 원소의 함량은 감소하고, 감소한 양만큼 자원소의 함량이 증가한다.

③ 반감기가 T, 반감기 경과 횟수가 n일 때, 절대 연령은 nT이다.

문제 보기

그림은 어느 화강암에 포함된 방사성 원소 X와 Y의 붕괴 곡선을, 표는 현재 화강암에 포함된 방사성 원소 X와 Y의 $\dfrac{\text{자원소 함량}}{\text{방사성 원소 함량}}$을 나타낸 것이다. 자원소는 모두 각각의 모원소가 붕괴하여 생성된다.

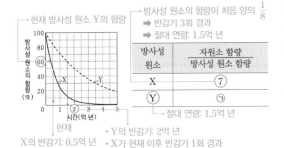

방사성 원소	$\dfrac{\text{자원소 함량}}{\text{방사성 원소 함량}}$
X	7
Y	㉠

이에 대한 설명으로 옳은 것만을 〈보기〉에서 있는 대로 고른 것은? [3점]

〈보기〉 풀이

ㄱ. 반감기는 X가 Y의 $\dfrac{1}{4}$배이다.

➡ X의 반감기는 0.5억 년이고, Y의 반감기는 2억 년이므로, 반감기는 X가 Y의 $\dfrac{1}{4}$배이다.

✘ ㉠은 $\dfrac{3}{5}$이다.

➡ X는 $\dfrac{\text{자원소 함량}}{\text{방사성 원소 함량}}$이 7이므로 방사성 원소의 함량은 처음 양의 $\dfrac{1}{8} = \left(\dfrac{1}{2}\right)^3$이고, 3회의 반감기를 거쳤으므로 절대 연령은 1.5억 년이다. X와 Y는 동일한 화성암에 포함된 방사성 원소이므로 Y로 구한 절대 연령도 1.5억 년이고, Y의 그래프에서 1.5억 년의 값을 읽으면 방사성 원소의 함량은 60 %, 자원소의 함량은 40 %이다. 따라서 ㉠은 $\dfrac{2}{3}$이다.

ㄷ. X의 함량이 현재의 $\dfrac{1}{2}$이 될 때, Y의 자원소 함량은 Y의 함량과 같다.

➡ X의 절대 연령이 1.5억 년이므로 X의 함량이 현재의 $\dfrac{1}{2}$이 되는 시점은 1회의 반감기(0.5억 년)가 더 지나 2억 년이 되는 때이고, 이때 Y는 방사성 원소의 함량이 최초 함량의 50 %가 되므로 Y의 자원소 함량은 Y의 함량과 같아진다.

적용해야 할 개념 ③가지

① 암석 생성 당시 자원소가 존재하지 않았다면 '방사성 원소의 양=자원소의 양'인 시기가 반감기에 해당한다.

② 반감기를 0회(처음), 1회, 2회, 3회, … 거치면 자원소의 양은 0 %(처음), 50 %, 75 %, 87.5 %, …가 된다.

③ 암석의 절대 연령이 많을수록 방사성 원소의 양은 감소하고, 자원소의 양은 증가한다.

문제 보기

표는 화성암 A, B에 포함된 방사성 원소 X와 X의 자원소 양을, 그림은 시간에 따른 $\dfrac{\text{자원소의 양}}{\text{X의 처음 양}}$ 을 나타낸 것이다. 암석에 포함된 자원소는 모두 암석이 생성된 후부터 X가 붕괴하여 생성되었으며, 'X의 처음 양=X의 양+자원소의 양'이다.

$\dfrac{\text{자원소의 양}}{\text{X의 처음 양}}$	$\dfrac{7}{8}$	$\dfrac{1}{4}$
화성암	A	B
X의 양	0.75	75
자원소의 양	5.25	25

(단위: ppm)

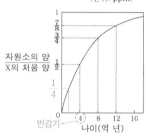

이에 대한 설명으로 옳은 것만을 〈보기〉에서 있는 대로 고른 것은?

[3점]

〈보기〉 풀이

✗ ㄱ. X의 반감기는 8억 년이다.

➡ 자원소는 모두 방사성 원소 X가 붕괴하여 생성된 것이므로 $\dfrac{\text{자원소의 양}}{\text{X의 처음 양}}$ 이 $\dfrac{1}{2}$ 인 4억 년이 X의 반감기이다.

○ ㄴ. A에 포함된 X는 세 번의 반감기를 거쳤다.

➡ A는 $\dfrac{\text{자원소의 양}}{\text{X의 처음 양}}=\dfrac{5.25}{6}=\dfrac{7}{8}$ 이고, 이때의 나이가 12억 년이다. X의 반감기는 4억 년이므로 A에 포함된 X는 세 번의 반감기를 거쳤다.

○ ㄷ. 암석의 나이는 A가 B보다 많다.

➡ B는 $\dfrac{\text{자원소의 양}}{\text{X의 처음 양}}=\dfrac{25}{100}=\dfrac{1}{4}$ 이다. 암석의 나이가 많을수록 이 값이 증가하여 1에 가까워지므로 A가 B보다 나이가 많다.

적용해야 할 개념 ③가지

① 반감기는 방사성 원소가 붕괴하여 처음 양의 절반으로 감소하는 데 걸리는 시간이다.

② 방사성 원소는 함량이 많을 때는 붕괴하는 양이 많고, 함량이 적을수록 붕괴하는 양도 감소한다.

③ 시간에 따른 방사성 원소의 붕괴 곡선은 점차 가로축(시간축)에 나란해진다.

문제 보기

표는 화성암 ㉠, ㉡, ㉢에 포함된 방사성 원소 X를 이용하여 암석의 절대 연령을 구한 것이다.

화성암	처음 양에 대한 X의 현재 함량(%)	절대 연령 (억 년)
㉠	12.5 3회의 반감기	3.6
㉡	75 함량이 절반으로	a 0.6 미만
㉢	37.5 감소	b

이에 대한 설명으로 옳은 것만을 〈보기〉에서 있는 대로 고른 것은?

[3점]

〈보기〉 풀이

✗ ㄱ. X의 반감기는 1.8억 년이다.

➡ '암석의 절대 연령=방사성 원소의 반감기×반감기 횟수'이다. ㉠은 X의 현재 함량이 처음 양의 12.5 %이므로 3회의 반감기를 지났고, 절대 연령이 3.6억 년이므로 반감기는 1.2억 년이다.

○ ㄴ. ㉡은 신생대에 형성된 암석이다.

➡ ㉡은 X의 함량이 75 %로, 100 %(절대 연령 0년)와 50 %(절대 연령 1.2억 년)의 중간값에 해당한다. 그런데 방사성 원소의 붕괴 그래프는 시간이 지남에 따라 가로축에 나란해지므로 X의 함량이 75 %인 ㉡의 절대 연령은 0.6억 년보다 적다. 따라서 ㉡은 신생대에 형성된 암석이다.

○ ㄷ. (b−a)는 X의 반감기와 같다.

➡ (b−a) 시간은 X의 함량이 75 %에서 37.5 %로 변하는 데 걸리는 시간과 같으며, 이는 처음 양의 절반으로 감소하는 데 걸린 시간에 해당한다. 따라서 (b−a)는 X의 반감기와 같다.

적용해야 할 개념 ③가지

① 동일한 암석의 절대 연령을 측정할 때 반감기가 긴 방사성 동위 원소일수록 반감기의 횟수가 작다.

② 방사성 동위 원소가 붕괴하면 모원소의 함량이 감소하고, 감소한 양만큼 자원소가 생성된다.

③ 암석 속의 방사성 동위 원소는 시간에 관계없이 '모원소 함량＋자원소 함량'이 항상 일정하고, 100 % 또는 1의 값을 가진다.

문제 보기

방사성 동위 원소 X, Y가 포함된 어느 화강암에서, 현재 X의 자원소 함량은 X 함량의 3배이고, Y의 자원소 함량은 Y 함량과 같다. 자원소는 모두 각각의 모원소가 붕괴하여 생성된다. 이에 대한 설명으로 옳은 것만을 〈보기〉에서 있는 대로 고른 것은?

┌ 모원소 : 자원소＝1 : 3   모원소 : 자원소＝1 : 1   [3점]
└ ➡ 반감기 2회 경과   ➡ 반감기 1회 경과

〈보기〉

〈보기〉 풀이

X는 '모원소 : 자원소＝1 : 3', Y는 '모원소 : 자원소＝1 : 1'이므로 방사성 동위 원소의 붕괴 곡선은 오른쪽 그림과 같다.

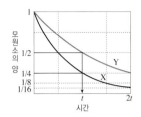

ㄱ. **화강암의 절대 연령은 Y의 반감기와 같다.**

➡ 화강암의 절대 연령은 X를 기준으로 2회의 반감기를 거쳤고, Y를 기준으로 1회의 반감기를 거쳤다. 따라서 화강암의 절대 연령은 Y의 반감기와 같다.

✗. **화강암 생성 당시부터 현재까지 $\dfrac{\text{모원소 함량}}{\text{모원소 함량＋자원소 함량}}$의 감소량은 X가 Y의 2배이다.**

➡ 화강암 생성 당시와 현재의 $\dfrac{\text{모원소 함량}}{\text{모원소 함량＋자원소 함량}}$은 X가 1, $\dfrac{1}{4}$이고, Y가 1, $\dfrac{1}{2}$이므로 감소량은 각각 $\dfrac{3}{4}$, $\dfrac{1}{2}$이다. 따라서 감소량은 $\dfrac{X}{Y}=\dfrac{3}{2}$이므로 X가 Y의 1.5배이다.

원소	생성 당시	현재	감소량
X	1	$\dfrac{1}{4}$	$\dfrac{3}{4}$
Y	1	$\dfrac{1}{2}$	$\dfrac{1}{2}$

✗. **Y의 함량이 현재의 $\dfrac{1}{2}$이 될 때, X의 자원소 함량은 X 함량의 7배이다.**

➡ Y의 함량이 현재의 $\dfrac{1}{2}$이 되는 시간은 생성 이후 반감기를 2회 거친 때이다. X의 반감기는 Y의 절반이므로 이때 X는 생성 이후 반감기를 4회 거치게 되며, X의 함량은 $\left(\dfrac{1}{2}\right)^{4}=\dfrac{1}{16}$, 자원소의 함량은 $1-\left(\dfrac{1}{2}\right)^{4}=\dfrac{15}{16}$이다. 따라서 X의 자원소 함량은 X 함량의 15배이다.

9 일차

| 01 ③ | 02 ② | 03 ③ | 04 ⑤ | 05 ③ | 06 ③ | 07 ① | 08 ① | 09 ① | 10 ④ | 11 ② | 12 ④ |
| 13 ⑤ | 14 ⑤ | 15 ③ | 16 ④ | 17 ③ | 18 ⑤ | 19 ③ | 20 ③ | 21 ④ | 22 ⑤ |

문제편 086쪽~093쪽

01 지질 단면과 절대 연령 2025학년도 6월 모평 지Ⅰ 19번

정답 ③ | 정답률 52 %

적용해야 할 개념 ③가지

① 지층이 횡압력을 받으면 역단층이 형성되고, 장력을 받으면 정단층이 형성된다.

② 화성암이 생성된 후 어느 시점부터 1회의 반감기를 거치면 방사성 동위 원소의 양은 그 시점에 해당하는 양의 $\frac{1}{2}$로 감소한다.

③ 방사성 동위 원소는 함량이 많을수록 붕괴되는 양이 많고, 함량이 적을수록 붕괴되는 양이 적다. 방사성 동위 원소의 붕괴 곡선은 시간이 경과할수록 가로축에 나란해진다.

문제 보기

그림은 어느 지역의 지질 단면을 나타낸 것이다. 현재 화성암 P 와 Q에 포함된 방사성 동위 원소 X의 함량은 각각 처음 양의 $\frac{3}{16}$, $\frac{3}{8}$ 이고, X의 반감기는 1억 년이다.

P는 Q의 $\frac{1}{2}$이다.

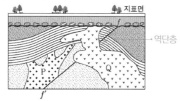

이 자료에 대한 설명으로 옳은 것만을 〈보기〉에서 있는 대로 고른 것은? [3점]

〈보기〉 풀이

ㄱ. **단층 $f-f'$은 횡압력을 받아 형성되었다.**

➡ 지층이 횡압력을 받아 끊어지면 역단층이 형성된다. 이 지역은 단층면을 경계로 상반이 위로 이동한 역단층이므로 단층 $f-f'$은 횡압력을 받아 형성되었다.

ㄴ. **P는 Q보다 1억 년 먼저 형성되었다.**

➡ P, Q에 포함된 X의 함량은 각각 처음 양의 $\frac{3}{16}$, $\frac{3}{8}\left(=\frac{6}{16}\right)$이므로, 이는 Q에 포함된 양이 P에 포함된 양의 2배에 해당한다. 즉, Q가 1회의 반감기(1억 년)를 더 거치게 되면 X의 양이 $\frac{3}{16}$으로, 현재 P에 포함된 X의 양과 같아지게 되므로 P와 Q의 절대 연령은 1억 년 차이가 난다. 따라서 P는 Q보다 1억 년 먼저 형성되었다.

ㄷ. **P는 고생대에 형성되었다.**

➡ P에 포함된 X의 양이 $\frac{3}{16}$인데, 이 값은 $\frac{1}{4}\left(=\frac{4}{16}\right)$과 $\frac{1}{8}\left(=\frac{2}{16}\right)$의 중간값이므로 P의 절대 연령은 2억 년과 3억 년 사이에 해당한다. 그런데 방사성 동위 원소의 붕괴 곡선은 시간이 경과할수록 가로축과 나란하게 기울기가 완만해지므로 $\frac{1}{4}$과 $\frac{1}{8}$의 중간값인 $\frac{3}{16}$은 2.5억 년보다 작은 값이다. 중생대와 고생대의 경계가 약 2.52억 년 전이므로 이 값은 중생대에 해당한다. 따라서 P는 중생대에 형성되었다.

보기

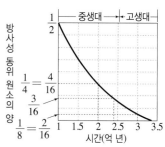

▲ 방사성 동위 원소 붕괴 곡선의 일부

02 상대 연령과 절대 연령 2022학년도 4월 학평 지I 5번

정답 ② | 정답률 73 %

적용해야 할 개념 ③가지

① 관입당한 암석은 관입한 화성암보다 먼저 생성되었다.

② 두 암석에서 $\dfrac{\text{방사성 동위 원소의 현재 양}}{\text{방사성 동위 원소의 처음 양}}$ 의 값이 서로 같으면 방사성 동위 원소의 반감기가 길수록 절대 연령이 크다.

③ 중생대의 표준 화석으로 공룡, 암모나이트 등이 있고, 신생대의 표준 화석으로 화폐석, 매머드 등이 있다.

문제 보기

그림은 어느 지역의 지질 단면과 산출되는 화석을 나타낸 것이다. 화성암 A와 D에 각각 포함된 방사성 원소 X와 Y의 양은 처음 양의 $\dfrac{1}{2}$이다.

이에 대한 설명으로 옳은 것만을 〈보기〉에서 있는 대로 고른 것은?

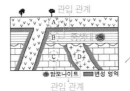

〈보기〉 풀이

✗ 생성 순서는 C → B → A → D이다.

➡ C가 퇴적된 후 D가 관입하였고, C와 D는 부정합에 의해 상부가 침식되었다. 그 후 B가 퇴적되었으며, A가 지표에 분출하였다. 따라서 생성 순서는 C → D → B → A이다.

ㄴ. 반감기는 X보다 Y가 길다.

➡ D는 A보다 절대 연령이 크다. 그런데 A와 D에 각각 포함된 방사성 원소 X와 Y의 양이 처음 양의 $\dfrac{1}{2}$로 같으므로 반감기는 X보다 Y가 길다.

✗ 지층 C에서는 화폐석이 산출될 수 있다.

➡ 지층 B에서 중생대의 표준 화석인 암모나이트가 산출되므로 지층 C에서는 신생대의 표준 화석인 화폐석이 산출될 수 없다.

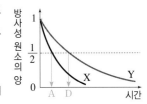

---

03 상대 연령과 절대 연령 2022학년도 3월 학평 지I 6번

정답 ③ | 정답률 79 %

적용해야 할 개념 ③가지

① 부정합의 종류

구분	평행 부정합	경사 부정합	난정합
특징	부정합면 상하 지층의 경사가 나란한 구조	부정합면 상하 지층의 경사가 다른 구조	부정합면 아래에 화성암이나 변성암이 있는 구조

② 방사성 동위 원소의 반감기가 T일 때, 반감 횟수가 n이면 절대 연령은 nT이다.

③ 고생대는 5.41억～2.52억 년 전, 중생대는 2.52억～0.66억 년 전, 신생대는 0.66억 년 전～현재의 기간에 해당한다.

문제 보기

그림은 어느 지역의 지질 단면도를 나타낸 것이다. 화성암 Q에 포함된 방사성 원소 X의 양은 처음 양의 25 %이고, X의 반감기는 2억 년이다. 이에 대한 설명으로 옳은 것은? [3점]

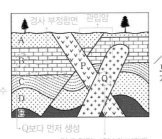

〈보기〉 풀이

이 지역의 지층과 지질 구조의 생성 순서는 E → D → C → 습곡 → 부정합 → B → A → 단층 → P → Q이다.

① A는 단층 형성 이후에 퇴적되었다.

➡ A는 단층에 의해 절단되었으므로 A가 퇴적된 이후에 단층이 형성되었다.

② B와 C는 평행 부정합 관계이다.

➡ 부정합면을 경계로 상하 지층의 경사가 다른 구조를 경사 부정합이라고 한다. B는 수평층이고, C는 경사층이므로 B와 C는 경사 부정합 관계이다.

③ P는 Q보다 먼저 생성되었다.

➡ 관입한 암석은 관입당한 암석보다 나중에 생성된 것이다. Q는 P를 관입하였으므로 P는 Q보다 먼저 생성되었다.

④ Q를 형성한 마그마는 지표로 분출되었다.

➡ Q는 암맥 형태로 지층을 관입하였으므로 지표로 분출하지 않았다.

⑤ B에서는 암모나이트 화석이 발견될 수 있다.

➡ Q에 포함된 방사성 원소 X의 양이 처음 양의 25 %이므로 2회의 반감기를 거쳤고, X의 반감기가 2억 년이므로 Q의 절대 연령은 4억 년(고생대에 생성)이다. 따라서 Q보다 이전에 생성된 B에서 중생대의 표준 화석인 암모나이트 화석이 발견될 수 없다.

적용해야 할 개념 ④가지

① 반감기를 n회 거치면, 암석 속에 포함된 방사성 동위 원소의 양은 처음의 $\left(\dfrac{1}{2}\right)^n$이 되고, '암석의 절대 연령=반감기×반감 횟수'이다.

② 정단층은 장력에 의해 상반이 아래로 이동한 단층이고, 역단층은 횡압력에 의해 상반이 위로 이동한 단층이다.

③ 최초의 척추동물(어류)은 고생대 오르도비스기에 출현하였다.

④ 부정합이 형성되는 과정에서 1회의 융기와 침강이 각각 일어나며, 퇴적된 지층이 육지로 드러난 경우에는 1회의 융기가 더 일어난다.

➡ 부정합의 형성 과정: 퇴적 → 융기 → 침식 → 침강 → 퇴적

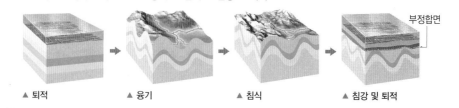

▲ 퇴적   ▲ 융기   ▲ 침식   ▲ 침강 및 퇴적

문제 보기

그림은 어느 지역의 지질 단면도이다. 관입암 P와 Q에 포함된 방사 원소 X의 양은 각각 처음의 $\dfrac{1}{8}$, $\dfrac{1}{64}$이고, 방사성 원소 X의 반감기는 1억 년이다.

처음 양의 $\dfrac{1}{8}=\left(\dfrac{1}{2}\right)^3$
➡ 반감기 3회
➡ 1억 년×3회=3억 년

처음 양의 $\dfrac{1}{64}=\left(\dfrac{1}{2}\right)^6$
➡ 반감기 6회
➡ 1억 년×6회=6억 년

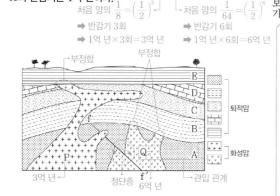

이에 대한 설명으로 옳지 <u>않은</u> 것은? (단, 지층의 역전은 없었다.)

[3점]

<보기> 풀이

①̶ P는 3억 년 전에 생성되었다.

➡ P에 포함된 방사성 원소 X의 양이 처음 양의 $\dfrac{1}{8}=\left(\dfrac{1}{2}\right)^3$이므로 반감기를 3회 지났고, X의 반감기가 1억 년이므로 P의 절대 연령은 '1억 년×3회=3억 년'이다. 따라서 P는 3억 년 전에 생성되었다.

②̶ 단층 f−f′는 장력에 의해 형성되었다.

➡ 화성암 Q가 단층 f−f′에 의해 어긋나 상반이 단층면을 따라 아래로 내려갔으므로 단층 f−f′는 정단층이다. 따라서 단층 f−f′는 장력에 의해 형성되었다.

③̶ 이 지역은 최소 3회의 융기가 있었다.

➡ 관입암인 Q의 상부가 B와 접촉하고 있으므로 침식 작용이 일어났으며, A와 B는 부정합 관계이다. 같은 원리로 D와 E도 부정합 관계이다. 1회의 부정합이 일어날 때마다 1회의 융기가 일어났으며, 현재 지층이 육지로 드러나는 과정에서 1회의 융기가 더 일어났다. 따라서 이 지역은 최소 3회의 융기가 있었다.

④̶ 생성 순서는 A → Q → B → C → D → P → E이다.

➡ 이 지역에서 암석의 생성과 지각 변동이 일어난 순서는 'A 퇴적 → Q 관입 → (정단층) → (부정합) → B 퇴적 → C 퇴적 → D 퇴적 → P 관입 → (부정합) → E 퇴적 → (융기)'이다.

⑤ A층이 생성된 시기에 최초의 척추동물이 출현하였다.

➡ Q에 포함된 방사성 원소 X의 양은 처음 양의 $\dfrac{1}{64}=\left(\dfrac{1}{2}\right)^6$이므로 반감기를 6회 지났으며, Q의 절대 연령은 '1억 년×6회=6억 년'이다. A는 Q보다 먼저 퇴적되었으므로 6억 년 전 이전인 선캄브리아 시대에 퇴적되었다. 최초의 척추동물인 어류는 고생대 오르도비스기에 출현하였으므로 A층이 생성된 시기에는 척추동물이 출현하지 않았다.

05 상대 연령과 절대 연령 2021학년도 3월 학평 지Ⅰ 4번
정답 ③ | 정답률 79 %

적용해야 할 개념 ③가지

① 습곡에서 지층이 위로 볼록한 부분은 배사 구조, 아래로 오목한 부분은 향사 구조이다.

② 부정합은 기저 역암의 존재, 상하 지층의 산출 화석 분포, 상하 지층의 지질 구조 차이, 심성암이나 변성암 상부의 침식 흔적 등으로 알아낸다.

③ 방사성 동위 원소는 시간이 경과함에 따라 일정한 비율로 붕괴하여 모원소 양은 지속적으로 감소하고, 자원소 양은 지속적으로 증가한다.

문제 보기

그림 (가)는 퇴적암 A~D와 화성암 P가 존재하는 어느 지역의 지질 단면을, (나)는 방사성 동위 원소 X의 붕괴 곡선을 나타낸 것이다. P에 포함된 X의 양은 처음 양의 25 %이다.

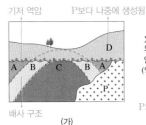
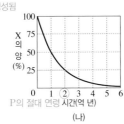

기저 역암 | P보다 나중에 생성됨

배사 구조

(가) | (나)

이에 대한 옳은 설명만을 〈보기〉에서 있는 대로 고른 것은? [3점]

〈보기〉 풀이

보기

ㄱ. 이 지역에는 배사 구조가 나타난다.

➡ 퇴적암 A~C는 횡압력을 받아 습곡 구조가 형성되었으며, 위로 볼록한 모습이므로 배사 구조가 나타난다.

ㄴ. C와 D는 부정합 관계이다.

➡ 퇴적암 A~C는 경사져 있고, 퇴적암 D의 하부에 기저 역암이 분포하므로 퇴적암 A~C와 D는 부정합 관계이다.

✗ ㄷ. D가 생성된 시기는 2억 년보다 오래되었다.

➡ 화성암 P는 퇴적암 A~C를 관입하였고, 화성암 P의 상부가 침식을 받았으므로 퇴적암과 화성암의 생성 순서는 C 퇴적 → B 퇴적 → A 퇴적 → P 관입 → (부정합) → D 퇴적이다. 그런데 P에 포함된 방사성 원소 X의 양이 처음 양의 25 %이므로 P의 절대 연령은 2억 년이고, D는 2억 년 전보다 나중에 생성되었다.

---

06 상대 연령과 절대 연령 2019학년도 10월 학평 지Ⅱ 4번
정답 ③ | 정답률 60 %

적용해야 할 개념 ④가지

① 지층의 생성 순서를 정하는 데는 지사학 법칙을 이용한다.

➡ 관입의 법칙: 관입당한 암석이 관입한 암석보다 먼저 생성되었다.

➡ 부정합의 법칙: 부정합면을 경계로 아래 지층이 먼저 생성되었다.

➡ 지층 누중의 법칙: 지각 변동으로 지층이 변형되거나 역전되지 않았다면, 아래에 놓인 지층일수록 먼저 퇴적된 것이다.

② '암석의 절대 연령＝반감기×반감 횟수'이다.

③ 중생대는 약 2.522억 년 전~약 0.66억 년 전의 지질 시대로, 공룡과 암모나이트가 번성하였다.

④ 부정합은 퇴적 → 융기 → 침식 → 침강 → 퇴적의 과정으로 형성된다.

문제 보기

그림 (가)는 어느 지역의 지질 단면도이고, (나)는 (가)의 화성암 F에 들어 있는 방사성 원소 X의 붕괴 곡선을 나타낸 것이다. F에 들어 있는 X의 모원소와 자원소의 함량비는 1 : 3이다.

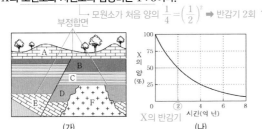
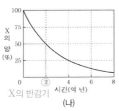

부정합면

모원소가 처음 양의 $\frac{1}{4} = \left(\frac{1}{2}\right)^2$ ➡ 반감기 2회

(가) | (나)

이에 대한 옳은 설명만을 〈보기〉에서 있는 대로 고른 것은? [3점]

〈보기〉 풀이

보기

ㄱ. 지층의 생성 순서는 E → D → F → C → B → A이다.

➡ F는 D와 E를 관입하였고, D와 E, F와 C는 부정합 관계이므로 각각 관입의 법칙과 부정합의 법칙에 의해 생성 순서는 E → D → F → C이다. B와 C는 정합 관계, A와 B는 부정합 관계이므로 각각 지층 누중의 법칙과 부정합의 법칙에 의해 생성 순서는 C → B → A이다. 따라서 전체 지층의 생성 순서는 E → D → F → C → B → A이다.

✗ ㄴ. D에서는 암모나이트 화석이 산출될 수 있다.

➡ (나)에서 화성암 F에 들어 있는 방사성 원소 X의 반감기는 2억 년이다. 모원소와 자원소의 함량비가 1 : 3이면 2회의 반감기를 지났으므로 화성암 F의 절대 연령은 4억 년이고, 따라서 F는 고생대에 생성되었다. D는 화성암 F보다 먼저 생성되었으므로 D에서 중생대의 표준 화석인 암모나이트가 산출될 수 없다.

ㄷ. 이 지역은 4번 이상 융기하였다.

➡ 부정합은 융기 → 침식 → 침강을 거치는 과정에서 형성된다. (가)에서 A와 B, C와 F, D와 E는 각각 부정합 관계이므로 3회의 융기가 있었고, 이 지역은 현재 육지로 드러나 있으므로 1회의 융기가 더 일어나 총 4번 이상 융기하였다.

적용해야 할 개념 ④가지

① 관입당한 암석은 관입한 암석보다 먼저 생성되었다.

② '암석의 절대 연령＝반감기×반감 횟수'이다.

③ 고생대와 중생대의 경계는 약 2.522억 년 전, 중생대와 신생대의 경계는 약 0.66억 년 전이다.

④ 1회의 부정합이 형성되는 과정에서 1회의 융기가 일어나고, 퇴적된 지층이 육지로 드러난 경우에는 1회의 융기가 더 일어난다.

  ➡ 부정합의 형성 과정: 퇴적 → 융기 → 침식 → 침강 → 퇴적

문제 보기

그림 (가)는 어느 지역의 지질 단면도이고, (나)는 방사성 동위 원소 X의 붕괴 곡선이다. 화성암 C와 D에 포함되어 있는 X의 양은 각각 처음 양의 $\frac{1}{4}$과 $\frac{1}{16}$이다.

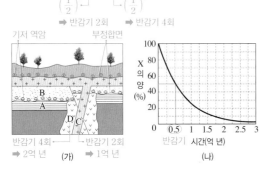

이에 대한 옳은 설명만을 〈보기〉에서 있는 대로 고른 것은? [3점]

· A~D의 상대 연령 ➡ A → D(2억 년) → B → C(1억 년)

A와 B	A → B(부정합 관계)
A와 D	A → D(관입 관계)
B와 C	B → C(관입 관계)
B와 D	D → B(부정합 관계)

〈보기〉 풀이

ㄱ. **A는 D보다 먼저 생성되었다.**

➡ A는 퇴적층이고, D는 A를 비롯한 주변 암석을 관입한 화성암이다. 관입당한 암석은 관입한 암석보다 먼저 생성되었으므로 A는 D보다 먼저 생성되었다.

ㄴ. **B가 퇴적된 시기에는 매머드가 번성하였다.**

➡ A~D의 생성 순서는 A → D → B → C이다. B는 역전되지 않은 퇴적층이므로 화성암 C와 화성암 D가 생성된 사이에 퇴적되었고, 화성암 C와 D의 절대 연령을 측정하면 B의 절대 연령을 추정할 수 있다. 화성암 C와 D에 포함된 방사성 동위 원소 X의 양이 각각 처음 양의 $\frac{1}{4}=\left(\frac{1}{2}\right)^2$, $\frac{1}{16}=\left(\frac{1}{2}\right)^4$이므로 반감기를 각각 2회, 4회 지났다. (나)에서 X의 반감기가 0.5억 년이므로 C의 절대 연령은 '0.5억 년×2회＝1억 년'이고, D의 절대 연령은 '0.5억 년×4회＝2억 년'이다. 따라서 B의 절대 연령은 1억 년과 2억 년 사이로, 중생대에 퇴적되었으므로 B가 퇴적된 시기에 신생대의 고생물인 매머드는 번성하지 않았다.

ㄷ. **이 지역은 현재까지 2회 융기하였다.**

➡ (가)에서 B의 하부와 C의 상부 지층 하부에서 기저 역암이 발견되므로 A와 B 사이, C와 상부 지층 사이에 각각 부정합면이 형성되어 있다. 부정합은 퇴적 → 융기 → 침식 → 침강 → 퇴적의 과정으로 형성되므로 1회의 부정합이 형성되는 과정에서 1회의 융기가 일어나고 과거에 수면 아래에서 퇴적된 지층이 현재 육지로 드러나는 과정에서 1회의 융기가 일어난다. 이 지역에서는 2회의 부정합이 나타나고 퇴적층이 현재 육지로 드러났으므로 이 지역은 현재까지 최소 3회 융기하였다.

08 상대 연령과 절대 연령 2020학년도 6월 모평 지Ⅱ 14번

정답 ① | 정답률 71 %

적용해야 할 개념 ④가지

① 단층이 습곡을 절단하고 있으면 단층이 나중에 형성되었다.

② 관입한 암석은 관입당한 암석보다 나중에 생성되었다.

③ 퇴적암의 절대 연령은 주변 화성암의 절대 연령을 구한 후, 화성암과의 선후 관계를 따져 알아낸다.
➡ '암석의 절대 연령＝반감기×반감 횟수'이다.

④ 고생대와 중생대의 경계는 약 2.522억 년 전, 중생대와 신생대의 경계는 약 0.66억 년 전이다.

문제 보기

그림 (가)는 어느 지역의 지질 단면을, (나)는 방사성 원소 X의 붕괴 곡선을 나타낸 것이다. (가)의 화성암 E와 F에 포함된 방사성 원소 X의 양은 각각 처음 양의 $\frac{1}{4}$과 $\frac{1}{2}$이다.

25 %   50 %

→ 처음 양의 $\frac{1}{2}$ ➡ 반감기 1회
➡ 절대 연령 1억 년

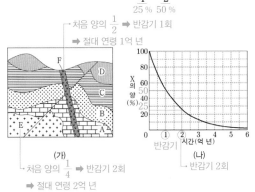

→ 처음 양의 $\frac{1}{4}$ ➡ 반감기 2회
➡ 절대 연령 2억 년

(가)   (나)
반감기   반감기 2회

이에 대한 설명으로 옳은 것만을 〈보기〉에서 있는 대로 고른 것은? [3점]

〈보기〉풀이

보기

(가)에서 지각 변동의 순서는 '습곡 → 화성암 E 관입 → 단층 → 화성암 F 관입'이다. 화성암에는 습곡이 나타나지 않으므로 습곡보다 나중에 형성되었고, 단층은 습곡과 화성암 E를 지나므로 그보다 나중에 형성되었다.

(나)에서 방사성 원소 X의 반감기는 X의 양이 50 %일 때의 시간인 1억 년이다.

ㄱ. 단층은 습곡 생성 이후에 만들어졌다.
➡ 지층이 휘어진 습곡이 단층에 의해 절단되었으므로 단층은 습곡 생성 이후에 만들어졌다.

ㄴ. 암석 A는 신생대에 생성되었다.
➡ 암석 A의 생성 시대는 절대 연령을 알 수 있는 화성암과 생성 순서를 비교하여 알아낸다. 암석 A를 화성암 E가 관입하였으므로 암석 A는 화성암 E보다 먼저 생성되었다. E에 포함된 방사성 원소 X의 양이 처음 양의 $\frac{1}{4}$이므로 반감기가 2회 지났고, 반감기가 1억 년이므로 E의 절대 연령은 '1억 년×2회＝2억 년'이다. 신생대는 약 6600만 년 전부터 시작되었으므로 암석 A는 중생대 또는 그 이전에 생성되었다.

ㄷ. 가장 최근에 생성된 암석은 D이다.
➡ E는 단층이 형성되기 전에 생성되었고, F는 단층과 습곡을 포함하여 A~D의 암석을 관입하였으므로 가장 최근에 생성된 암석은 F이다.

상대 연령과 절대 연령 2021학년도 4월 학평 지Ⅰ 6번 　　　정답 ① | 정답률 67%

적용해야 할 개념 ④가지

① 관입당한 암석은 관입한 암석보다 먼저 생성되었다(관입의 법칙).
② 암석에 포함된 방사성 동위 원소의 양은 시간이 지남에 따라 처음(100 %) → 반감기 1회(50 % 또는 $\frac{1}{2}$) → 반감기 2회(25 % 또는 $\frac{1}{4}$) → 반감기 3회(12.5 % 또는 $\frac{1}{8}$) 등으로 감소한다.
③ 고생대는 약 5.41억 년 전~약 2.522억 년 전, 중생대는 약 2.522억 년 전~약 0.66억 년 전, 신생대는 약 0.66억 년 전~현재까지이다.
④ 중생대의 표준 화석으로 공룡과 암모나이트가 있고, 신생대의 표준 화석으로 화폐석과 매머드가 있다.

문제 보기

그림 (가)는 어느 지역의 지질 단면도를, (나)는 방사성 원소 X의 붕괴 곡선을 나타낸 것이다. 화성암 A와 B에 포함된 방사성 원소 X의 양은 각각 처음 양의 50 %, 25 %이다.

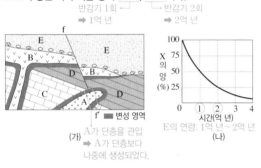

(가) A가 단층을 관입 ➡ A가 단층보다 나중에 생성되었다.

이에 대한 설명으로 옳은 것만을 〈보기〉에서 있는 대로 고른 것은? [3점]

〈보기〉 풀이

이 지역의 지층의 생성 및 지각 변동의 순서는 C 퇴적 → D 퇴적 → 화성암 B 관입 → 부정합 → E 퇴적 → 정단층 $f-f'$ → 화성암 A 관입이다.

ㄱ. 화성암 A는 단층 $f-f'$보다 나중에 생성되었다.
➡ 화성암 A는 단층 $f-f'$을 관입하였으므로 관입한 화성암 A가 단층보다 나중에 생성되었다.

✗ 화성암 B에 포함된 방사성 원소 X는 세 번의 반감기를 거쳤다.
➡ 암석에 포함된 방사성 원소의 양은 시간이 경과함에 따라 처음(100 %) → 반감기 1회(50 %) → 반감기 2회(25 %)이므로, 화성암 B에 포함된 방사성 원소 X의 양이 처음 양의 25 %이면 방사성 원소 X는 두 번의 반감기를 거쳤다.

✗ 지층 E에서는 화폐석이 산출될 수 있다.
➡ 화성암 A, B와 지층 E의 생성 순서는 화성암 B → E → 화성암 A이다. 화성암 A는 1회의 반감기를 거쳤고, 화성암 B는 2회의 반감기를 거쳤으므로 화성암 A와 B의 절대 연령은 각각 1억 년과 2억 년이다. 따라서 지층 E의 생성 시기는 2억 년 전에서 1억 년 전 사이로, 중생대(약 2.522억 년 전~약 0.66억 년 전)에 퇴적되었다. 화폐석은 신생대의 표준 화석이므로 중생대 지층인 E에서 산출될 수 없다.

10

상대 연령과 절대 연령 2022학년도 6월 모평 지Ⅰ 20번 　　　정답 ④ | 정답률 62%

적용해야 할 개념 ③가지

① 고생대는 약 5.41억 년 전~약 2.522억 년 전, 중생대는 약 2.522억 년 전~약 0.66억 년 전, 신생대는 약 0.66억 년 전~현재까지이다.
② 퇴적암의 절대 연령은 주변 화성암의 절대 연령을 구한 후, 화성암과의 선후 관계를 따져 알아낸다.
③ 부정합은 A 퇴적 → 융기 → 침식 → 침강 → B 퇴적의 과정으로 형성되며, A와 B의 관계를 부정합이라고 한다. ➡ 부정합면 위에는 역암이 퇴적되기도 하는데, 이를 기저 역암이라고 한다.

문제 보기

그림 (가)는 어느 지역의 지질 단면도로, A~E는 퇴적암, F와 G는 화성암, $f-f'$은 단층이다. 그림 (나)는 F와 G에 포함된 방사성 원소 X의 함량을 붕괴 곡선에 나타낸 것이다. X의 반감기는 1억 년이다.

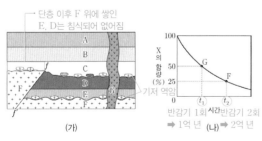

(가)

이에 대한 설명으로 옳은 것만을 〈보기〉에서 있는 대로 고른 것은? [3점]

〈보기〉 풀이

퇴적암과 화성암이 생성된 순서는 F 관입 → 부정합 → E 퇴적 → D 퇴적 → 단층 $f-f'$ → 부정합 → C 퇴적 → B 퇴적 → A 퇴적 → G 관입이다.

✗ A는 고생대에 퇴적되었다.
➡ 화성암 F와 G에 포함된 방사성 원소의 양이 각각 처음 양의 25 %와 50 %이고, 방사성 원소 X의 반감기가 1억 년이므로 화성암 F와 G의 절대 연령은 각각 2억 년과 1억 년이다. 퇴적암 A의 생성 시기는 F(2억 년 전) → A → G(1억 년 전)이므로 A는 중생대(약 2.522억 년 전~약 0.66억 년 전)에 퇴적되었다.

ㄴ. D가 퇴적된 이후 $f-f'$이 형성되었다.
➡ D가 단층에 의해 끊어져 있으므로 D가 퇴적된 이후 단층 $f-f'$이 형성되었다.

ㄷ. 단층 상반에 위치한 F는 최소 2회 육상에 노출되었다.
➡ 부정합은 지반이 융기하여 침식 작용을 받는 과정에서 생긴다. F는 생성된 후 육상에 노출되어 침식 작용을 받았고, 침강한 후 E, D가 퇴적되었으나 단층 상반에 위치한 F는 다시 육상에 노출되어 E, D는 모두 침식되어 없어졌다. 따라서 단층 상반의 F는 최소 2회 육상에 노출되었다.

11 상대 연령과 절대 연령 2021학년도 6월 모평 지Ⅰ 14번   정답 ② | 정답률 50 %

적용해야 할 개념 ④가지

① 고생대와 중생대의 경계는 약 2.522억 년 전이고, 중생대와 신생대의 경계는 약 0.66억 년 전이다.
　➡ 화폐석은 신생대 표준 화석이다.

② 암석의 절대 연령이 클수록 방사성 동위 원소의 $\dfrac{\text{자원소의 양}}{\text{모원소의 양}}$ 이 크다.

③ 마그마가 관입한 경우에는 화성암 주변의 모든 지층에서 변성 부분이 나타난다. ➡ 화성암과 지층은 관입 관계

④ 마그마가 지표로 분출한 경우에는 화성암의 상부에 놓인 지층에서 변성 부분이 나타나지 않는다. ➡ 화성암과 상부 지층은 부정합 관계

문제 보기

그림 (가)는 어느 지역의 지질 단면을, (나)는 방사성 원소 X에 의해 생성된 자원소 Y의 함량을 시간에 따라 나타낸 것이다. 화성암 A, B, C에는 X와 Y가 포함되어 있으며, Y는 모두 X의 붕괴 결과 생성되었다. 현재 C에 있는 X와 Y의 함량은 같다.

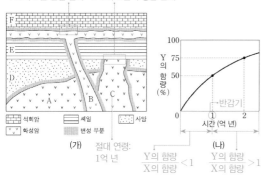

F층 하부가 변성됨　E층 하부가 변성되지 않음
➡ B와 F는 관입 관계　➡ C와 E는 부정합 관계

　　　　　　　　　　　Y의 함량 50 %
　　　　　　　　　➡ 절대 연령: 1억 년

절대 연령: 1억 년　$\dfrac{\text{Y의 함량}}{\text{X의 함량}}<1$　$\dfrac{\text{Y의 함량}}{\text{X의 함량}}>1$

(가)　　　　　　　　(나)

이에 대한 설명으로 옳은 것만을 〈보기〉에서 있는 대로 고른 것은?
[3점]

보기

〈보기〉 풀이

✗ ㄱ. D는 화폐석이 번성하던 시대에 생성되었다.

➡ 화성암 C가 사암 D를 관입하였으므로 관입당한 D가 먼저 생성되었다. C에 포함된 자원소 Y의 함량은 50 %이므로 C의 절대 연령은 1억 년이고, D는 1억 년 전보다 이전에 생성되었다. 화폐석은 신생대 표준 화석이므로 D는 화폐석이 번성하던 신생대 이전에 생성되었다.

◯ ㄴ. $\dfrac{\text{Y의 함량}}{\text{X의 함량}}$ 은 A가 B보다 크다.

➡ 화성암 A와 B는 관입 관계이므로 관입당한 A의 절대 연령은 관입한 B보다 크다. 방사성 원소 X는 시간이 지남에 따라 붕괴하여 자원소 Y가 되므로 절대 연령이 클수록 $\dfrac{\text{Y의 함량}}{\text{X의 함량}}$ 은 커진다. 따라서 $\dfrac{\text{Y의 함량}}{\text{X의 함량}}$ 은 A가 B보다 크다.

✗ ㄷ. 암석의 생성 순서는 D → A → C → E → B → F이다.

➡ 화강암 주변부에서 마그마가 관입하는 동안 열에 의한 변성 작용이 일어났으므로, 암석 A는 암석 D를, 암석 C는 암석 A와 D를, 암석 B는 암석 A, C, D, E, F를 관입하였다. 그리고 지층 C와 E는 부정합 관계이다. 따라서 관입의 법칙, 부정합의 법칙에 따른 이 지역 암석의 생성 순서는 D → A → C → E → F → B이다.

적용해야 할 개념 ③가지

① 암석의 절대 연령＝(반감기)×(반감기 횟수)이다.
② 마그마가 주변 암석을 관입할 때 주변 암석의 조각이 마그마에 포함되어 포획암이 된다.
③ 관입한 암석은 관입 당한 주변 암석보다 나중에 생성되었다.

문제 보기

그림 (가)는 화성암 A, B, C와 퇴적암 D, E가 분포하는 어느 지역의 지질 단면을, (나)는 방사성 동위 원소 X, Y, Z의 붕괴 곡선을 나타낸 것이다. A, B, C에 방사성 원소는 각각 순서대로 X, Y, Z만 존재하고, X, Y, Z의 현재 양은 각각 처음 양의 12.5 %, 25 %, 50 %이다.

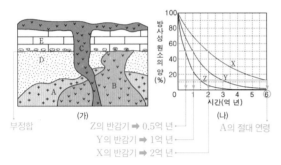

(가)   (나)

부정합
Z의 반감기 ➡ 0.5억 년   A의 절대 연령
Y의 반감기 ➡ 1억 년
X의 반감기 ➡ 2억 년

이에 대한 설명으로 옳은 것은? [3점]

보기

＜보기＞ 풀이

(가)에서 A는 D를 관입하였고, B는 A와 D를 관입하였으며, B 이후 부정합이 형성되고 E가 퇴적된 후 C가 분출하였다. 따라서 암석과 지층의 생성 순서는 D → A → B → E → C이다. X, Y, Z의 반감기는 각각 2억 년, 1억 년, 0.5억 년이고, 현재 양은 처음 양의 12.5 %, 25 %, 50 %이므로 A, B, C의 절대 연령은 각각 6억 년, 2억 년, 0.5억 년이다.

①̶ **A의 절대 연령은 2억 년이다.**
➡ A에 존재하는 방사성 원소 X의 현재 양이 처음 양의 12.5 %이고, X의 반감기는 2억 년이므로 절대 연령은 6억 년이다.

②̶ **반감기는 Y보다 Z가 길다.**
➡ Y는 반감기가 1억 년, Z는 반감기가 0.5억 년이므로 반감기는 Y가 Z보다 길다.

③̶ **B에는 E의 암석 조각이 포획암으로 발견된다.**
➡ B가 관입한 후 부정합이 생성되었고, 이후 E가 퇴적되었으므로 E는 B보다 나중에 생성되었다. 따라서 E의 암석 조각이 B에서 포획암으로 발견될 수 없다.

④ **C는 E보다 나중에 생성되었다.**
➡ C는 E를 관입한 후 지표로 분출하였으므로 C는 E보다 나중에 생성되었다.

⑤̶ **D는 신생대에 생성되었다.**
➡ A가 D를 관입하였으므로 D는 A보다 먼저 생성되었으며, A의 절대 연령이 6억 년이므로 D는 선캄브리아 시대에 생성되었다.

13 상대 연령과 절대 연령 2023학년도 수능 지I 19번 　　　정답 ⑤ | 정답률 50 %

적용해야 할 개념 ③가지

① 관입암은 관입당한 암석보다 나중에 생성되었고, 포획암은 포획한 암석보다 먼저 생성되었다.
➡ 화강암 내에 퇴적암 조각이 있으면 퇴적암 → 화강암, 퇴적암 내에 화강암 조각이 있으면 화강암 → 퇴적암 순으로 생성된 것이다.
② 삼엽충은 고생대 표준 화석이고, 고생대의 지속 기간은 5.41억 년~2.52억 년이다.
③ 반감기를 n회 거치면, 현재 남아 있는 방사성 동위 원소의 양은 처음 양의 $(\frac{1}{2})^n$이 된다. ➡ 반감기가 1회 지날 때마다 50 %씩 감소한다.

문제 보기

그림 (가)와 (나)는 어느 두 지역의 지질 단면을, (다)는 시간에 따른 방사성 원소 X와 Y의 붕괴 곡선을 나타낸 것이다. 화강암 A와 B에는 한 종류의 방사성 원소만 존재하고, X와 Y 중 서로 다른 한 종류만 포함한다. 현재 A와 B에 포함된 방사성 원소의 함량은 각각 처음 양의 25 %, 12.5 % 중 서로 다른 하나이다. 두 지역의 셰일에서는 삼엽충 화석이 산출된다.

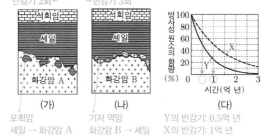

(가)
포획암
셰일 → 화강암 A

(나)
기저 역암
화강암 B → 셰일

(다)
Y의 반감기: 0.5억 년
X의 반감기: 1억 년

이 자료에 대한 설명으로 옳은 것만을 〈보기〉에서 있는 대로 고른 것은? [3점]

〈보기〉 풀이

(가)는 화강암 A가 셰일을 관입하였으므로 셰일 → 화강암 A 순으로 생성되었고, (나)는 화강암 B가 생성된 후 침식을 받고 그 이후에 셰일이 퇴적되었으므로 화강암 B → 셰일 순으로 생성되었다. (다)에서 X의 반감기는 1억 년, Y의 반감기는 0.5억 년이다.

ㄱ. **(가)에서는 관입이 나타난다.**
➡ (가)에서 화강암 A 속에 셰일의 암석 조각이 포함되어 있는 것은 고온의 마그마가 셰일을 관입하는 동안 암석 조각을 포획하였기 때문이다. 따라서 (가)에서는 관입이 나타난다.

ㄴ. **B에 포함되어 있는 방사성 원소는 X이다.**
➡ 방사성 원소의 현재 함량이 처음 양의 25 %, 12.5 %이면, 반감기 횟수가 각각 2회, 3회에 해당한다. 셰일은 고생대의 삼엽충 화석이 산출되므로 2.52억 년보다 오래되었다.
만약, B에 포함된 방사성 원소가 Y이고 현재 함량이 25 % 또는 12.5 %라면 절대 연령은 각각 1억 년, 1.5억 년이고, 이 값은 2.52억 년보다 적으므로 셰일에서 삼엽충 화석이 산출될 수 없다.
이와 반대로 B에 포함된 방사성 원소가 X이고, 현재 함량이 25 % 또는 12.5 %라면 절대 연령은 각각 2억 년, 3억 년이다. 이 경우 12.5 %라면 셰일에서 삼엽충 화석이 산출될 수 있다. 따라서 B에 포함되어 있는 방사성 원소는 X이고, 현재 함량은 12.5 %이다.

ㄷ. **현재의 함량으로부터 1억 년 후의 $\dfrac{\text{A에 포함된 방사성 원소 함량}}{\text{B에 포함된 방사성 원소 함량}}$ 은 1이다.**
➡ 현재 A에는 Y가 25 %, B에는 X가 12.5 % 포함되어 있다. 현재로부터 1억 년 후에는 A에 포함된 Y는 2회의 반감기를 거쳐 6.25 %가 되고, B에 포함된 X는 1회의 반감기를 거쳐 6.25 %가 된다. 따라서 현재의 함량으로부터 1억 년 후의 $\dfrac{\text{A에 포함된 방사성 원소 함량}}{\text{B에 포함된 방사성 원소 함량}}$ 은 1이다.

적용해야 할 개념 ③가지

① 부정합은 상하 지층 사이에 커다란 시간적 공백이 생긴 지질 구조로, 퇴적 → 융기 → 침식 → 침강 → 퇴적의 과정으로 형성된다.

② 방사성 동위 원소가 붕괴하여 처음 양의 절반으로 줄어드는 데 걸리는 시간을 반감기라고 한다.

③ 방사성 동위 원소는 온도나 압력 등 외부 환경에 관계없이 일정한 비율로 붕괴하여 안정한 원소로 변한다.

문제 보기

그림 (가)는 어느 지역의 지질 단면을, (나)는 방사성 원소 X와 Y의 붕괴 곡선을 나타낸 것이다. 화성암 P와 Q 중 하나에는 X가, 다른 하나에는 Y가 포함되어 있다. X와 Y의 처음 양은 같았으며, P와 Q에 포함되어 있는 방사성 원소의 양은 각각 처음 양의 25 %와 50 %이다.

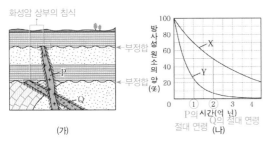

(가)

이에 대한 옳은 설명만을 〈보기〉에서 있는 대로 고른 것은? [3점]

〈보기〉 풀이

ㄱ. **이 지역은 3번 이상 융기하였다.**

➡ 부정합은 퇴적 → 융기 → 침식 → 침강 → 퇴적의 과정을 거쳐 형성된다. 지질 단면도에서 Q의 상부, P의 상부가 각각 침식되었으므로 2회의 부정합이 있었다. 또한 현재 지층이 융기하여 지표가 육지로 드러났으므로 이 지역은 최소한 3번 이상 융기하였다.

ㄴ. **P에 포함되어 있는 방사성 원소는 X이다.**

➡ Q의 관입 이후에 P의 관입이 일어났으므로, 절대 연령은 Q가 P보다 많아야 한다. P와 Q에 포함된 방사성 원소의 양이 각각 처음 양의 25 %와 50 %이므로 P와 Q는 각각 2회, 1회의 반감기를 지났다. 만약 P에 포함된 방사성 원소가 X이고, Q에 포함된 방사성 원소가 Y라고 하면 P의 절대 연령은 4억 년이고, Q의 절대 연령은 0.5억 년으로 모순이다. 따라서 P에 포함되어 있는 방사성 원소는 Y이고, Q에 포함되어 있는 방사성 원소는 X이다.

ㄷ. **앞으로 2억 년 후의 $\dfrac{\text{Y의 양}}{\text{X의 양}}$ 은 $\dfrac{1}{16}$ 이다.**

➡ X, Y의 처음 양을 a라고 하면, 현재 X, Y의 양은 각각 처음 양의 50 %, 25 %이므로 $\dfrac{1}{2}a$, $\dfrac{1}{4}a$이다. X, Y는 반감기가 각각 2억 년, 0.5억 년이므로 현재로부터 2억 년 후에는 반감기를 각각 1회, 4회 지나게 된다. 따라서 현재로부터 2억 년 후 X, Y의 양은 각각 현재 양의 $\dfrac{1}{2}$, $\left(\dfrac{1}{2}\right)^4 = \dfrac{1}{16}$이 되므로 현재로부터 2억 년 후 X의 양은 $\dfrac{1}{2}a \times \dfrac{1}{2} = \dfrac{1}{4}a$, Y의 양은 $\dfrac{1}{4}a \times \dfrac{1}{16} = \dfrac{1}{64}a$이고, $\dfrac{\text{Y의 양}}{\text{X의 양}}$ 은 $\dfrac{1}{16}$ 이다.

15 상대 연령과 절대 연령 2021학년도 수능 지I 19번 　　　　정답 ③ | 정답률 54 %

적용해야 할
개념 ③가지

① 관입당한 암석은 관입한 암석보다 먼저 생성되었다(관입의 법칙).

② 서로 접하는 심성암과 퇴적암이 관입 관계이면 심성암이 나중에 생성되었고, 부정합 관계이면 심성암이 먼저 생성되었다.

③ 선캄브리아 시대와 고생대의 경계는 약 5.41억 년 전, 고생대와 중생대의 경계는 약 2.522억 년 전, 중생대와 신생대의 경계는 약 0.66억 년 전이다.

문제 보기

그림 (가)는 어느 지역의 지표에 나타난 화강암 A, B와 셰일 C의 분포를, (나)는 화강암 A, B에 포함된 방사성 원소의 붕괴 곡선 X, Y를 순서 없이 나타낸 것이다. A는 B를 관입하고 있고, B와 C는 부정합으로 접하고 있다. A, B에 포함된 방사성 원소의 양은 각각 처음 양의 20 %와 50 %이다.
└─ 생성 순서: B → A
└─ 생성 순서: B → C

(가)

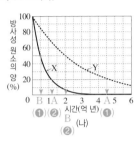
(나)

A, B, C에 대한 설명으로 옳은 것만을 〈보기〉에서 있는 대로 고른 것은? [3점]

〈보기〉 풀이

ㄱ. **A에 포함된 방사성 원소의 붕괴 곡선은 X이다.**

➡ A가 B를 관입했으므로 암석의 생성 순서는 B → A이다. A, B에 포함된 방사성 원소의 양이 각각 처음 양의 20 %와 50 %이므로,

❶ A, B에 포함된 방사성 원소의 붕괴 곡선을 각각 Y, X라고 가정하면 (나)에서 A의 절대 연령(약 4.5억 년)이 B의 절대 연령(약 0.5억 년)보다 많으므로 암석의 생성 순서와 일치하지 않는다.

❷ A, B에 포함된 방사성 원소의 붕괴 곡선을 각각 X, Y라고 가정하면 (나)에서 A의 절대 연령(약 1.1억 년)은 B의 절대 연령(약 2억 년)보다 적으므로 암석의 생성 순서와 일치한다.

따라서 A에 포함된 방사성 원소의 붕괴 곡선은 X이고, B의 방사성 원소 붕괴 곡선은 Y이다.

ㄴ. **가장 오래된 암석은 B이다.**

➡ A와 B 중 관입당한 B가 관입한 A보다 먼저 생성되었다. A와 C 중 C가 먼저 퇴적된 후 B가 생성되었다면 B와 C는 관입 관계이다. 그러나 B와 C는 부정합 관계이므로 지하 깊은 곳에서 B가 먼저 생성되었고, 침식 작용을 받은 후 C가 퇴적되었다. B는 A와 C보다 먼저 생성되었으므로, 가장 오래된 암석은 B이다.

✗ **C는 고생대 암석이다.**

➡ C는 B보다 나중에 생성되었다. B의 방사성 원소 붕괴 곡선은 Y이고, B에 포함된 방사성 원소의 양이 처음 양의 50 %이므로 B의 절대 연령은 약 2억 년(중생대)이다. 따라서 C는 B보다 나중 시기의 중생대 또는 신생대 암석이다.

---

16 상대 연령과 절대 연령 2022학년도 9월 모평 지I 17번 　　　　정답 ④ | 정답률 56 %

적용해야 할
개념 ③가지

① 기저 역암은 부정합면보다 먼저 생성된 암석의 조각으로 이루어진다.

② 방사성 동위 원소가 붕괴하여 처음 양의 절반으로 줄어드는 데 걸리는 시간을 반감기라고 한다.

③ 방사성 동위 원소의 반감기가 T이면 반감기 횟수가 1회, 2회 … n회인 암석의 절대 연령은 각각 T, $2T$ … nT이다.

문제 보기

그림 (가)는 어느 지역의 깊이에 따른 지층과 화성암의 연령을, (나)는 방사성 원소 X와 Y의 붕괴 곡선을 나타낸 것이다. 화성암 B와 D는 X와 Y 중 서로 다른 한 종류만 포함하고, 현재 B와 D에 포함된 방사성 원소의 함량은 각각 처음 양의 50 %와 25 %이다.
반감기 1회 ─┘ └─ 반감기 2회

생성 순서: C → D → A → B
깊이: (위쪽)A → B → C → D(아래쪽)

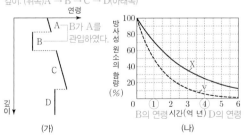
(가)　　　　　(나)

이에 대한 설명으로 옳은 것만을 〈보기〉에서 있는 대로 고른 것은? [3점]

〈보기〉 풀이

이 지역에서 지층과 화성암의 생성 순서를 나열하면 C 퇴적 → D 관입 → A 퇴적 → B 관입이다. 따라서 생성 순서와 지표로부터의 깊이 순서를 고려하여 지질 단면도를 예상해 보면 오른쪽 그림과 같다. 지질 단면도의 P 지점에서 연직 방향으로 깊어지면 A → B → C → D 순으로 지층과 화성암을 지나게 된다.

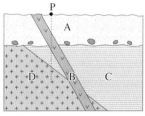
▲ 이 지역의 지층 예상도

✗ **A층 하부의 기저 역암에는 B의 암석 조각이 있다.**

➡ A층은 화성암 B보다 먼저 생성되었으므로 A와 B는 관입 관계이며, A층 하부의 기저 역암에 B의 암석 조각이 포함될 수 없다.

ㄴ. **반감기는 X가 Y의 2배이다.**

➡ (나)에서 방사성 원소의 함량이 50 %가 되는 시간은 X가 2억 년이고, Y가 1억 년이므로 반감기는 X가 Y의 2배이다.

ㄷ. **B와 D의 연령 차는 3억 년이다.**

➡ B는 반감기를 1회 지났고, D는 반감기를 2회 지났다. 만약 B가 X를 포함하고, D가 Y를 포함하고 있다고 가정하면 B와 D의 절대 연령은 2억 년으로 같아지는 오류가 생긴다. 따라서 B는 Y를 포함하고, D는 X를 포함하고 있으며, B와 D의 절대 연령은 각각 1억 년과 4억 년이므로 연령 차는 3억 년이다.

적용해야 할 개념 ③가지

① 반감기는 방사성 원소가 붕괴를 시작하여 '방사성 원소의 함량'과 '자원소의 함량'이 같아질 때까지의 시간에 해당한다.

② 화성암이 단층, 부정합, 습곡 등의 지질 구조를 뚫고 관입하였다면 화성암이 나중에 생성된 것이다.

③ 고생대의 지속 기간은 약 5.41억 년 전~2.52억 년 전, 중생대의 지속 기간은 약 2.52억 년 전~0.66억 년 전, 신생대의 지속 기간은 약 0.66억 년 전~현재이다.

「문제 보기」

그림 (가)는 어느 지역의 지질 단면을, (나)는 시간에 따른 방사성 원소 X와 Y의 $\dfrac{\text{자원소 함량}}{\text{방사성 원소 함량}}$ 을 나타낸 것이다. 화성암 A와 B에는 X와 Y 중 서로 다른 한 종류만 포함하고, 현재 A와 B에 포함된 방사성 원소의 함량은 각각 처음 양의 50 %와 25 % 중 서로 다른 하나이다.

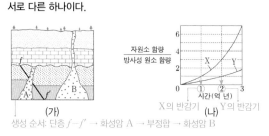

(가)
생성 순서: 단층 $f-f'$ → 화성암 A → 부정합 → 화성암 B

X의 반감기 (나) Y의 반감기

이에 대한 설명으로 옳은 것만을 〈보기〉에서 있는 대로 고른 것은?
[3점]

〈보기〉 풀이

ㄱ. 반감기는 X가 Y의 $\dfrac{1}{2}$ 배이다.

➡ 반감기는 방사성 원소가 붕괴를 시작하여 모원소와 자원소의 함량이 같아질 때까지의 시간이므로 (나)에서 $\dfrac{\text{자원소 함량}}{\text{방사성 원소 함량}}=1$에 해당하는 시간이다. 따라서 X의 반감기는 1억 년, Y의 반감기는 2억 년이고, X가 Y의 $\dfrac{1}{2}$ 배이다.

ㄴ. A에 포함되어 있는 방사성 원소는 Y이다.

➡ (가)를 보면 A는 B보다 연령이 많다. 만약 A에 포함된 방사성 원소가 X이고 B에 포함된 방사성 원소가 Y라면, 방사성 원소의 함량이 각각 처음 양의 50 %와 25 % 중 하나이므로 아래 표의 두 가지 경우를 들 수 있다.

▼A의 방사성 원소가 X, B의 방사성 원소가 Y인 경우

구분	방사성 원소(반감기)	방사성 원소의 함량(%)	절대 연령(억 년)	성립 여부
첫 번째 경우	A(X=1억 년)	50	1	×
	B(Y=2억 년)	25	4	
두 번째 경우	A(X=1억 년)	25	2	×
	B(Y=2억 년)	50	2	

즉, 첫 번째 경우는 A가 B보다 연령이 적으므로 성립하지 않으며, 두 번째 경우는 A와 B의 연령이 같으므로 성립하지 않는다. 한편 A에 포함된 방사성 원소는 Y이고 B에 포함된 방사성 원소는 X라면, 방사성 원소의 함량이 각각 처음 양의 50 %와 25 % 중 하나이므로 아래 표의 두 가지 경우를 들 수 있다.

▼A의 방사성 원소가 Y, B의 방사성 원소가 X인 경우

구분	방사성 원소(반감기)	방사성 원소의 함량(%)	절대 연령(억 년)	성립 여부
세 번째 경우	A(Y=2억 년)	50	2	×
	B(X=1억 년)	25	2	
네 번째 경우	A(Y=2억 년)	25	4	○
	B(X=1억 년)	50	1	

세 번째 경우는 A와 B의 연령이 같으므로 성립하지 않으며, 네 번째 경우만 A가 4억 년, B가 1억 년으로 성립한다. 따라서 A에 포함되어 있는 방사성 원소는 Y이다.

ㄷ. (가)에서 단층 $f-f'$은 중생대에 형성되었다.

➡ 화성암 A가 단층 $f-f'$을 절단하였으므로 단층은 화성암 A보다 먼저 형성되었다. 화성암 A의 절대 연령이 4억 년(고생대)이므로 단층은 고생대 또는 그 이전에 형성되었다.

18 절대 연령과 상대 연령 2025학년도 9월 모평 지I 19번

정답 ⑤ | 정답률 48%

적용해야 할 개념 ③가지

① 화성암 내의 포획암은 화성암보다 먼저 생성되었다.

② 고생대는 약 5.41억 년 전부터 약 2.52억 년 전까지 지속된 지질 시대이다.

③ 시간이 지남에 따라 방사성 동위 원소의 양은 감소하고, 감소한 양만큼 자원소의 양이 증가한다.

문제 보기

그림은 어느 지역의 지질 단면을, 표는 화성암 P와 Q에 포함된 방사성 동위 원소 X의 자원소인 Y의 함량을 시기별로 나타낸 것이다. Y는 모두 X가 붕괴하여 생성되었고, X의 반감기는 1.5억 년이다.

보기

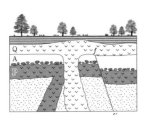

P → 부정합 → A → 단층 f–f' → Q

시기	Y 함량(%)		X 함량(%)	
	P	Q	P	Q
암석 생성 이후 1.5억 년 경과	a	a	a	a
현재	$1.8a$	$1.6a$	$0.2a$	$0.4a$
현재로부터 1.5억 년 후	$1.9a$	$1.8a$	$0.1a$	$0.2a$

이 자료에 대한 설명으로 옳은 것만을 〈보기〉에서 있는 대로 고른 것은? (단, Y 함량(%)은 붕괴한 X 함량(%)과 같다.) [3점]

〈보기〉 풀이

✗ ㄱ. P에는 암석 A가 포획암으로 나타난다.

➡ P와 A 사이에 P의 암석 조각이 기저 역암으로 분포하므로 P가 생성된 후 부정합이 형성되었고, 그 후 A가 퇴적되었다. 따라서 P는 A보다 먼저 생성되었으므로 P에 암석 A가 포획암으로 나타날 수 없다.

ㄴ. 단층 f–f'은 고생대에 형성되었다.

➡ P, Q는 생성된 후 반감기인 1.5억 년이 지났을 때 Y의 함량이 모두 a이므로 X의 함량도 모두 a이다. 따라서 P, Q에 포함된 X의 처음 함량은 모두 $2a$이고, 현재 X의 함량은 각각 $0.2a$, $0.4a$이다. P에서 X의 함량은 $2a$(처음) → a(1회) → $0.5a$(2회) → $0.25a$(3회) → $0.2a$(현재)로 변하여 3회의 반감기를 조금 더 거쳤으므로 P의 절대 연령은 4.5억 년이 조금 넘는다. 같은 방법으로, Q에서 X의 함량은 $2a$(처음) → a(1회) → $0.5a$(2회) → $0.4a$(현재)로 변하여 2회의 반감기를 조금 더 거쳤으므로 Q의 절대 연령은 3억 년이 조금 넘는다. 화성암과 단층의 형성 시기는 P → 단층 → Q이므로 단층은 고생대에 형성되었다.

ㄷ. 현재로부터 1.5억 년 후까지 P의 X 함량(%)의 감소량은 Q의 Y 함량(%)의 증가량보다 적다.

➡ 현재 P, Q의 X 함량은 각각 $0.2a$, $0.4a$이므로 현재로부터 1.5억 년이 지나면 X 함량의 감소량은 $0.1a$이고, Q의 X 함량의 감소량이 $0.2a$이다. Q의 X 함량이 감소한 만큼 Y 함량이 증가하므로 P의 X 함량의 감소량은 Q의 Y 함량의 증가량보다 적다.

적용해야 할 개념 ③가지

① 반감기가 1회, 2회, 3회, 4회, …로 횟수를 거듭하면 $\dfrac{자원소의\ 함량}{모원소의\ 함량}$ 은 1, 3, 7, 15, …가 된다.

② 고생대의 지속 기간은 약 5.41억 년 전 ~ 약 2.52억 년 전이다.

③ 화강암의 상부가 침식된 지질 단면도에서 생성 순서는 화강암 → 부정합(난정합) → 상부 지층 순이다.

문제 보기

표는 방사성 원소 X와 Y가 포함된 화성암이 생성된 뒤 각각 1억 년과 2억 년이 지난 후 X와 Y의 $\dfrac{자원소의\ 함량}{모원소의\ 함량}$ 을, 그림은 어느 지역의 지질 단면과 산출되는 화석을 나타낸 것이다. 화강암은 X와 Y 중 한 종류만 포함하고, 현재 포함된 방사성 원소의 함량은 처음 양의 12.5 %이다. 자원소는 모두 각각의 모원소가 붕괴하여 생성된다. 반감기 3회 경과

이 자료에 대한 설명으로 옳은 것만을 〈보기〉에서 있는 대로 고른 것은? [3점]

보기

〈보기〉풀이

ㄱ. 화강암에 포함된 방사성 원소는 X이다.

➡ X는 반감기가 1억 년이고, Y는 반감기가 0.5억 년이므로 화강암 속에 X 또는 Y가 처음 양의 12.5 % 포함되어 있다면 화강암의 연령은 X인 경우 3억 년(고생대), Y인 경우 1.5억 년(중생대)이다. 그런데 지질 단면도에서 화강암의 상부가 침식되어 부정합이 형성되었고, 그 위의 셰일층에서 삼엽충 화석이 산출되므로 화강암은 고생대 또는 그 이전에 형성되었다. 따라서 화강암에 포함된 방사성 원소는 X이다.

ㄴ. ㉠은 **3**이다.

➡ Y는 화성암이 생성된 뒤 2억 년 지난 후에 $\dfrac{자원소의\ 함량}{모원소의\ 함량}$ 이 15이므로 이때 모원소의 함량은 처음 함량의 $\dfrac{1}{16}=\left(\dfrac{1}{2}\right)^4$ 이고, 4회의 반감기를 거쳤다. 따라서 화성암이 생성된 뒤 1억 년이 지난 후에는 2회의 반감기를 거치게 되고, 모원소 함량 : 자원소 함량＝1 : 3이 되므로 ㉠은 3이다.

ㄷ. 반감기는 X가 Y의 4배이다.

➡ X는 화성암이 생성된 뒤 1억 년이 지난 후에 $\dfrac{자원소의\ 함량}{모원소의\ 함량}$ 이 1이므로 반감기가 1억 년이고, Y는 화성암이 생성된 뒤 2억 년이 지난 후에 $\dfrac{자원소의\ 함량}{모원소의\ 함량}$ 이 15이므로 반감기가 0.5억 년이다. 따라서 반감기는 X가 Y의 2배이다.

적용해야 할 개념 ③가지

① 부정합면 아래에 심성암이나 변성암이 분포하는 지질 구조를 난정합이라고 한다.

② 반감기가 T이고, 반감기의 횟수가 n인 화성암의 절대 연령은 nT이다.

③ 퇴적암의 절대 연령은 주변 화성암의 절대 연령을 구한 후 상대 연령을 파악하여 구한다.

문제 보기

그림은 어느 지역의 지질 단면을, 표는 화성암 A와 B에 포함된 방사성 원소의 현재 함량비를 나타낸 것이다. X와 Y의 반감기는 각각 0.5억 년과 2억 년이다.

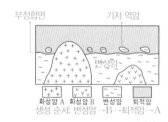

반감기 1회 경과

화성암	모원소	자원소	모원소 : 자원소
A	X	X′	1 : 1
B	Y	Y′	1 : 3

반감기 2회 경과

이에 대한 설명으로 옳은 것만을 〈보기〉에서 있는 대로 고른 것은? [3점]

보기

〈보기〉풀이

ㄱ. 이 지역에서는 난정합이 나타난다.

➡ 이 지역에서는 부정합면 아래에 변성암이 분포하므로 난정합이 나타난다.

ㄴ. 퇴적암의 연령은 **0.5억 년**보다 많다.

➡ A는 모원소 X의 함량이 처음 양의 $\dfrac{1}{2}$ 이므로 1회의 반감기를 거쳤고, X의 반감기는 0.5억 년이므로 화성암 A의 절대 연령은 0.5억 년이다. B는 모원소 Y의 함량이 처음 양의 $\dfrac{1}{4}$ 이므로 2회의 반감기를 거쳤고, Y의 반감기는 2억 년이므로 절대 연령은 4억 년이다. 상대 연령은 변성암 → B → 퇴적암 → A 순이므로 퇴적암의 연령은 0.5억 년보다 많다.

ㄷ. 현재로부터 2억 년 후 화성암 B에 포함된 $\dfrac{Y'\ 함량}{Y\ 함량}$ 은 8이다.

➡ 현재로부터 2억 년이 지나면 B의 모원소 Y는 1회의 반감기를 더 거치게 되므로 Y : Y′＝1 : 7이고, $\dfrac{Y'\ 함량}{Y\ 함량}$ 은 7이다.

21 상대 연령과 절대 연령 2021학년도 7월 학평 지I 5번

정답 ④ | 정답률 70 %

적용해야 할 개념 ③가지

① 1회의 부정합이 형성되는 과정에서 1회의 융기가 일어나고, 퇴적된 지층이 육지로 드러난 경우에는 1회의 융기가 더 일어난다.
  ➡ 부정합의 형성 과정: 퇴적 → 융기 → 침식 → 침강 → 퇴적
② 부정합면 바로 위에 쌓인 지층에서는 하부에 기저 역암이 나타난다.
③ 방사성 동위 원소의 함량이 50 %보다 많으면 절대 연령은 반감기보다 적고, 25 %보다 적으면 절대 연령은 반감기가 2회 지난 시간보다 많다.

문제 보기

그림은 어느 지역의 지질 단면도를, 표는 화성암 P와 Q에 포함된 방사성 원소 X와 이 원소가 붕괴되어 생성된 자원소의 함량을 나타낸 것이다.

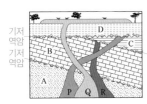

25 %보다 작다. ➡ 절대 연령이 2회의 반감기보다 많다.

구분	방사성 원소 X(%)	자원소 (%)
P	㉔	76
Q	㉒	48

50 %보다 크다. ➡ 절대 연령이 1회의 반감기보다 적다.

이에 대한 설명으로 옳은 것만을 〈보기〉에서 있는 대로 고른 것은? (단, 화성암 P, Q는 생성될 당시에 방사성 원소 X의 자원소가 포함되지 않았다.) [3점]

〈보기〉 풀이

ㄱ. 이 지역에서는 최소한 4회의 융기가 있었다.

➡ 부정합이 형성될 때 퇴적 → 융기 → 침식 → 침강 → 퇴적의 과정을 거치므로 1회의 부정합이 형성될 때 1회의 융기가 일어난다. 이 지역은 3회의 기저 역암이 나타나므로 3회의 부정합이 있었고, 현재 지표가 육지로 드러났으므로 1회의 융기가 있었다. 따라서 이 지역은 최소한 4회의 융기가 있었다.

ㄴ. $\dfrac{\text{P의 절대 연령}}{\text{Q의 절대 연령}}$ 은 2보다 크다.

➡ 방사성 원소 X의 반감기를 T라고 하면 P에 포함된 X의 함량(24 %)은 반감기를 2회 지난 25 %보다 적으므로 P의 절대 연령은 2T보다 많다. 같은 원리로 Q에 포함된 방사성 원소 X의 함량(52 %)은 반감기를 1회 지난 50 %보다 많으므로 Q의 절대 연령은 T보다 적다. 따라서 $\dfrac{\text{P의 절대 연령}}{\text{Q의 절대 연령}}$ 은 2보다 크다.

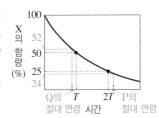

▲ 방사성 원소 X의 붕괴 곡선

✗ 지층과 암석의 생성 순서는 A → B → C → R → P → D → Q이다.

➡ 이 지역의 지층과 화성암이 생성된 순서는 A 퇴적 → (부정합) → B 퇴적 → R 관입 → (부정합) → C 퇴적 → P 관입 → (부정합) → D 퇴적 → Q 분출이다.

22 절대 연령의 측정 2025학년도 수능 지I 16번

정답 ⑤ | 정답률 47 %

적용해야 할 개념 ③가지

① 반감기가 짧은 방사성 원소는 반감기가 긴 방사성 원소보다 시간에 따른 감소량이 크다.
② 자원소가 모두 모원소의 붕괴로 생성되었다면 시간에 관계 없이 '모원소의 양(%)＋자원소의 양(%)＝100(%)'이다.
③ 화성암이 단층에 의해 절단되었다면 화성암이 단층보다 먼저 형성되었다.

문제 보기

그림 (가)는 어느 지역의 지질 단면을, (나)는 방사성 원소 X의 함량(%)에 대한 방사성 원소 Y의 함량(%)을 시간에 따라 나타낸 것이다. 화성암 A와 B는 각각 X와 Y를 모두 포함하며, 현재 A에 포함된 Y의 함량은 처음 양의 $\dfrac{3}{8}$이고, B에 포함된 X의 함량은 처음 양의 $\dfrac{1}{4}$이다. X의 반감기는 0.5억 년이다.

A의 연령: 1억 년보다 조금 많다. / B의 연령: 1억 년

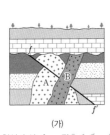

(가)

형성 순서: A → 단층 f-f' → B

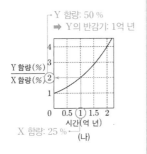

Y 함량: 50 %
➡ Y의 반감기: 1억 년

(나)

이에 대한 설명으로 옳은 것만을 〈보기〉에서 있는 대로 고른 것은? (단, X와 Y의 자원소는 모두 각각의 모원소가 붕괴하여 생성되었다.) [3점]

〈보기〉 풀이

ㄱ. 반감기는 X가 Y의 $\dfrac{1}{2}$ 배이다.

➡ X의 반감기가 0.5억 년이므로 1억 년이 지나면 X 함량은 처음 양의 25 %이고, 이때 $\dfrac{\text{Y 함량}}{\text{X 함량}}$＝2이므로 Y 함량은 처음 양의 50 %이다. 따라서 Y의 반감기는 1억 년이고, 반감기는 X가 Y의 $\dfrac{1}{2}$ 배이다.

ㄴ. 현재로부터 2억 년 후, B에 포함된 Y의 자원소 함량은 Y 함량의 7배이다.

➡ 현재 B에 포함된 X의 함량이 처음 양의 $\dfrac{1}{4}$이므로 B의 절대 연령은 1억 년이다. 한편 Y의 반감기는 1억 년이므로 현재 B에 포함된 Y의 함량은 처음 양의 $\dfrac{1}{2}$이고, Y의 자원소 함량도 $\dfrac{1}{2}$로 같다. 따라서 현재로부터 2억 년이 지나면 Y의 함량은 처음 양의 $\dfrac{1}{8}$이고, Y의 자원소 함량은 $\dfrac{7}{8}$이 되므로, Y의 자원소 함량은 Y 함량의 7배가 된다.

ㄷ. (가)에서 단층 f-f'은 중생대에 형성되었다.

➡ (가)에서 화성암과 단층은 A → 단층 f-f' → B 순으로 형성되었다. 한편 A에 포함된 Y의 함량이 처음 양의 $\dfrac{3}{8}$이므로 A의 연령은 1억 년보다 조금 많고, B는 연령이 1억 년이므로 단층 f-f'은 중생대에 형성되었다.

10 일차

01 ⑤ 02 ③ 03 ② 04 ① 05 ① 06 ③ 07 ② 08 ③ 09 ① 10 ① 11 ② 12 ④

13 ⑤ 14 ③ 15 ① 16 ④ 17 ① 18 ② 19 ④ 20 ① 21 ① 22 ① 23 ④ 24 ①

25 ② 26 ④ 27 ③ 28 ⑤ 29 ③ 30 ③ 31 ④ 32 ① 33 ④ 34 ②

문제편 096쪽~105쪽

---

01 | 고기후 연구 방법 2020학년도 9월 모평 지Ⅰ 9번

정답 ⑤ | 정답률 85 %

적용해야 할 개념 ②가지

① 나무의 나이테 폭은 온난 다습한 시기에는 넓고, 한랭 건조한 시기에는 좁다.

② 나이테 지수가 클수록 기온이 높다.

문제 보기

다음은 나무의 나이테 지수를 이용한 고기후 연구 방법에 대한 설명이다. 그림 (가)는 북반구 A 지역과 남반구 B 지역의 기온 편차를 각각 나타낸 것이고, (나)는 A 지역의 나이테 지수이다.

○ 나이테의 폭을 측정하여 나이테 지수를 구한다.
○ 나이테 지수가 클수록 기온이 높다고 추정한다.

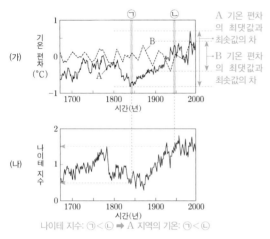

나이테 지수: ㉠<㉡ ➡ A 지역의 기온: ㉠<㉡

이 자료에 대한 설명으로 옳은 것만을 〈보기〉에서 있는 대로 고른 것은? [3점]

〈보기〉 풀이

(가)에서 A 지역은 ㉠과 ㉡ 시기의 기온 편차의 차이가 크게 나타나고, B 지역은 ㉠과 ㉡ 시기의 기온 편차의 차이가 작게 나타난다.

(나)에서 A 지역의 나이테 지수는 ㉡ 시기가 ㉠ 시기보다 높다.

㉠ **A의 기온은 ㉠ 시기가 ㉡ 시기보다 낮다.**

➡ 나이테 지수가 클수록 기온이 높으므로 이로부터 기온을 비교할 수 있다. (나)에서 나이테 지수는 ㉠ 시기가 ㉡ 시기보다 작으므로 A의 기온은 ㉠ 시기가 ㉡ 시기보다 낮다.

✗ **기온 편차의 최댓값과 최솟값의 차는 A가 B보다 작다.**

➡ A는 기온 편차 최댓값과 최솟값의 차가 1 ℃ 이상이다. 그러나 B는 기온 편차 최댓값과 최솟값의 차가 1 ℃ 미만이므로 기온 편차의 최댓값과 최솟값의 차이는 A가 B보다 크다.

㉢ **㉠ 시기의 나이테 지수와 ㉡ 시기의 나이테 지수의 차는 B가 A보다 작을 것이다.**

➡ 나이테 지수가 클수록 기온이 높으므로 기온 차가 클수록 나이테 지수의 차도 클 것이다. A는 ㉠ 시기와 ㉡ 시기의 기온 편차 값의 차가 약 1 ℃이지만, B는 ㉠ 시기와 ㉡ 시기의 기온 편차 값의 차가 거의 없다. 따라서 ㉠ 시기와 ㉡ 시기의 나이테 지수의 차는 B가 A보다 작을 것이다.

02	**지질 시대의 기후** 2021학년도 4월 학평 지I 5번	정답 ③	정답률 86%

적용해야 할 개념 ③가지

① 판게아는 고생대 말기~중생대 초기에 존재했던 초대륙으로, 판게아가 분리되면서 대륙이 이동하여 현재의 대륙 분포가 되었다.

② 지질 시대의 기후

지질 시대	선캄브리아 시대	고생대	중생대	신생대
기후	초기에 온난, 중기와 후기에 빙하기	초기에 온난, 중기와 후기에 빙하기	전 기간 동안 온난 (빙하기 없었음)	초기에 온난, 후기에 빙하기

③ 지질 시대의 생물

지질 시대	선캄브리아 시대	고생대	중생대	신생대
생물	남세균 출현(광합성 시작), 다세포 생물 출현(에디아카라 동물군 화석)	삼엽충, 필석, 갑주어, 방추충, 육상 생물 출현, 양치식물 번성(후기)	공룡, 암모나이트, 겉씨식물 번성	화폐석, 매머드, 속씨식물 번성

문제 보기

그림 (가)는 지질 시대의 평균 기온 변화를, (나)는 암모나이트 화석을 나타낸 것이다.

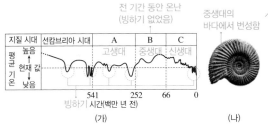

(가)   (나)

이에 대한 설명으로 옳은 것만을 〈보기〉에서 있는 대로 고른 것은?

〈보기〉 풀이

ㄱ. **A 시기 말에는 판게아가 형성되었다.**

➡ 판게아는 고생대 말기부터 중생대 초기까지 있었던 초대륙이다. A 시기는 5.41억 년 전~2.52억 년 전의 지질 시대이므로 고생대이며, 고생대 말기에는 판게아가 형성되었다.

ㄴ. **B 시기는 현재보다 대체로 온난하였다.**

➡ B 시기의 평균 기온을 현재 값과 비교해 보면 전 기간에 걸쳐 높았으므로 B 시기는 현재보다 대체로 온난하였다.

ㄷ. **(나)는 C 시기의 표준 화석이다.**

➡ B 시기는 2.52억 년 전~0.66억 년 전의 지질 시대이므로 중생대이고, C 시기는 0.66억 년 전 이후의 지질 시대이므로 신생대이다. (나)는 중생대의 바다에서 번성하였던 암모나이트이므로 B 시기의 표준 화석이다.

03	**지질 시대의 기후** 2022학년도 10월 학평 지I 8번	정답 ②	정답률 82%

적용해야 할 개념 ④가지

① 대륙 빙하는 기온이 한랭해지면 중위도로 분포 범위가 확장되고, 기온이 온난해지면 고위도로 분포 범위가 수축된다.

② 평균 해수면의 높이는 대륙 빙하 면적이 증가하는 한랭한 시기에 낮아지고, 대륙 빙하 면적이 감소하는 온난한 시기에 높아진다.

③ 공룡은 중생대 백악기 말(약 0.66억 년 전)에 멸종하였다.

④ 중생대 백악기의 지속 기간은 약 1.45억 년 전 ~ 약 0.66억 년 전이고, 신생대 제4기의 지속 기간은 약 0.258억 년 전 ~ 현재이다.

문제 보기

그림은 현생 누대에 북반구에서 대륙 빙하가 분포한 범위를 나타낸 것이다.
이 자료에 대한 옳은 설명만을 〈보기〉에서 있는 대로 고른 것은?

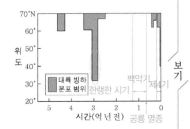

〈보기〉 풀이

ㄱ. **지구의 평균 기온은 3억 년 전이 2억 년 전보다 높았다.**

➡ 3억 년 전에는 대륙 빙하가 약 30°N까지 확장되었으나 2억 년 전에는 고위도인 70°N에도 대륙 빙하가 분포하지 않았다. 따라서 지구의 평균 기온은 2억 년 전이 3억 년 전보다 높았다.

ㄴ. **공룡이 멸종한 시기에 35°N에는 대륙 빙하가 분포하였다.**

➡ 공룡은 중생대 백악기 말(약 0.66억 년 전)에 멸종하였다. 이 시기에 35°N에는 대륙 빙하가 분포하지 않았다.

ㄷ. **평균 해수면의 높이는 백악기가 제4기보다 높았다.**

➡ 빙하 면적이 증가한 한랭한 시기에는 평균 해수면의 높이가 낮아지고, 빙하 면적이 감소한 온난한 시기에는 평균 해수면의 높이가 높아진다. 백악기(약 1.45억 년 전~약 0.66억 년 전)에는 제4기(약 0.258억 년 전~현재)보다 대륙 빙하의 면적이 좁았으므로 평균 해수면의 높이는 백악기가 제4기보다 높았다.

적용해야 할 개념 ③가지

① 삼엽충과 방추충은 고생대, 암모나이트는 중생대의 바다에서 번성한 고생물이다.
② 지질 시대 동안 식물계에서 번성한 순서는 양치식물(고생대) → 겉씨식물(중생대) → 속씨식물(신생대)이다.
③ 지질 시대는 생물계의 급격한 변화를 기준으로 구분한다. ➡ 표준 화석을 이용하여 지질 시대를 구분할 수 있다.

문제 보기

그림은 어느 지역의 지질 단면도와 지층에서 산출되는 화석의 범위를 나타낸 것이다.

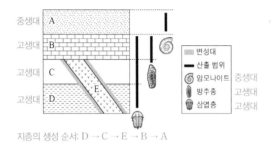

지층의 생성 순서: D → C → E → B → A

이에 대한 설명으로 옳은 것만을 〈보기〉에서 있는 대로 고른 것은? [3점]

〈보기〉풀이

A에서는 중생대 표준 화석인 암모나이트가 산출되므로 중생대에 퇴적된 지층이고, B~D에서는 고생대 표준 화석인 삼엽충과 방추충이 산출되므로 고생대에 퇴적된 지층이다.
B와 C는 부정합 관계이고, E는 C와 D를 관입하였으므로 지층의 생성 순서는 D → C → E → B → A이다.

보기

ㄱ **A~D는 해양 환경에서 퇴적된 지층이다.**
➡ A~D에서 삼엽충, 방추충, 암모나이트가 화석으로 산출된다. 이들 고생물은 바다에서 번성하였으므로 A~D는 해양 환경에서 퇴적된 지층이다.

ㄴ **E가 관입한 시대에 속씨식물이 번성하였다.**
➡ E는 B가 생성되기 전에 관입하였고, B와 C는 고생대 표준 화석인 삼엽충과 방추충이 산출되므로 E가 관입한 시대는 고생대이다. 고생대에는 양치식물이 번성하였으며, 속씨식물은 신생대에 번성하였다.

ㄷ **A~D를 2개의 지질 시대로 구분할 때 가장 적합한 위치는 B와 C의 경계이다.**
➡ 지질 시대는 생물계의 큰 변화와 대규모 지각 변동을 기준으로 구분하고, 주된 기준은 생물계의 큰 변화이다. A~D를 2개의 지질 시대로 구분할 때 가장 적합한 위치는 산출되는 화석의 종류가 크게 변하는 A와 B의 경계이다. 삼엽충과 방추충은 고생대의 표준 화석이고, 암모나이트는 중생대의 표준 화석이다.

적용해야 할 개념 ③가지

① 최초의 다세포 생물은 선캄브리아 시대 말기에 출현하였다.
② 현생 누대 동안 해양 생물 과의 수는 고생대 페름기 말에 가장 크게 감소하였다.
③ 판게아는 고생대 말기에 형성되었으며 중생대 트라이아스기 말에 분리되기 시작하였다.

문제 보기

그림은 현생 누대 동안의 해수면 높이와 해양 생물 과의 수를 나타낸 것이다.

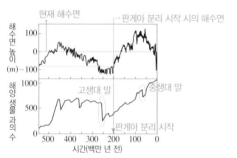

이에 대한 설명으로 옳은 것만을 〈보기〉에서 있는 대로 고른 것은?

〈보기〉풀이

ㄱ **최초의 다세포 생물은 캄브리아기 전에 출현하였다.**
➡ 고생대를 '기' 단위로 구분하면 캄브리아기부터 시작된다. 선캄브리아 시대 말기에 산출되는 에디아카라 동물군 화석이 원시 다세포 생물이므로 최초의 다세포 생물은 캄브리아기 전에 출현하였다.

보기

ㄴ **중생대 말에 감소한 해양 생물 과의 수는 고생대 말보다 크다.**
➡ 그래프에서 해양 생물 과의 수 감소 폭을 보면 약 2억 5천만 년 전(고생대 말기)이 약 약 7천만 년 전(중생대 말기)보다 크므로 고생대 말기에 감소한 해양 생물 과의 수가 중생대 말기보다 더 큰 것을 알 수 있다.

ㄷ **판게아가 분리되기 시작했을 때의 해수면은 현재보다 높았다.**
➡ 판게아는 고생대 말기에서 중생대 초기까지 유지된 초대륙으로, 중생대 트라이아스기 말(약 2억 년 전)에 분리되기 시작하였다. 2억 년 전의 해수면 높이는 현재보다 낮았으므로 판게아가 분리되기 시작했을 때의 해수면은 현재보다 낮았다.

적용해야 할 개념 ③가지

① 현생 누대에 5회의 생물 대멸종이 있었다. ➡ 오르도비스기 말, 데본기 후기, 페름기 말, 트라이아스기 말, 백악기 말

② 생물 대멸종 중 가장 큰 규모의 멸종은 페름기 말에 일어났다.

③ 양치식물은 고생대 후기에 번성하였으며, 현재까지 육지에 서식하고 있다.

문제 보기

그림은 현생 누대 동안 해양 생물 과의 수와 대멸종 시기 A, B, C를 나타낸 것이다.

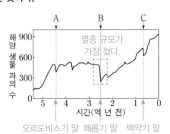

이에 대한 설명으로 옳은 것만을 〈보기〉에서 있는 대로 고른 것은?

〈보기〉 풀이

A는 오르도비스기 말, B는 페름기 말, C는 백악기 말의 생물 대멸종 시기이다.

ㄱ. **해양 생물 과의 수는 A가 B보다 많다.**

➡ A와 B의 해양 생물 과의 수를 비교하면 A가 B보다 많다. 이는 지질 시대의 생물 대멸종 중 가장 큰 규모의 멸종이 B 시기에 일어났기 때문이다.

ㄴ. **B와 C 사이에 생성된 지층에서 양치식물 화석이 발견된다.**

➡ 양치식물은 고생대 석탄기에 번성하였고, 현재까지 멸종하지 않고 육지에 서식하고 있다. 따라서 B와 C 사이에 생성된 지층에서 양치식물 화석이 발견된다.

ㄷ. **C는 쥐라기와 백악기의 지질 시대 경계이다.**

➡ C는 여러 차례의 생물 대멸종 시기 중 가장 나중에 일어난 시기로 중생대 백악기와 신생대 팔레오기의 경계이다.

적용해야 할 개념 ③가지

① 생물 대멸종은 총 5회 일어났으며, 생물 과의 멸종 비율이 가장 큰 것은 고생대 페름기 말에 일어났다.
② 최초의 척추동물(어류)은 오르도비스기, 최초의 양서류는 데본기, 최초의 파충류는 석탄기, 겉씨식물은 페름기에 출현하였다.
③ 애팔래치아산맥과 칼레도니아산맥은 고생대, 안데스산맥은 중생대, 히말라야산맥은 신생대에 형성되었다.

문제 보기

그림은 현생 누대 동안 생물 과의 멸종 비율과 대멸종이 일어난 시기 A, B, C를 나타낸 것이다.

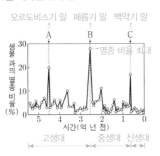

이에 대한 설명으로 옳은 것만을 〈보기〉에서 있는 대로 고른 것은?

〈보기〉 풀이

현생 누대 동안 생물 대멸종은 5회 일어났으며, 그 시기는 고생대 오르도비스기 말(A), 데본기 말, 페름기 말(B), 중생대 트라이아스기 말, 백악기 말(C)이다.

✗ 생물 과의 멸종 비율은 A가 B보다 높다.
➡ A는 멸종 비율이 약 20 %이고, B는 멸종 비율이 약 28 %이므로 생물 과의 멸종 비율은 A가 B보다 낮다.

ㄴ. A와 B 사이에 최초의 양서류가 출현하였다.
➡ 최초의 양서류는 고생대 데본기에 출현하였으므로 A(오르도비스기 말)와 B(페름기 말) 사이에 출현하였다.

✗ B와 C 사이에 히말라야산맥이 형성되었다.
➡ 히말라야산맥은 신생대에 형성되었으므로 C(백악기 말) 이후에 형성되었다.

보기

적용해야 할 개념 ③가지

① 현생 누대 동안 여러 차례 생물의 대멸종이 있었으며, 오르도비스기 말, 페름기 말, 백악기 말이 대표적인 시기이다.
② 현생 누대의 생물 대멸종 중 규모가 가장 컸던 때는 고생대와 중생대의 경계인 페름기 말이다. ➡ 원인으로는 판게아 형성, 빙하기 등으로 추정된다.
③ 페름기 말에는 삼엽충, 방추충, 바다 전갈 등 해양 생물종의 90 % 이상이 멸종하였다.

문제 보기

그림은 현생 누대 동안 생물 과의 멸종 비율과 대멸종 시기 A, B, C를 나타낸 것이다.

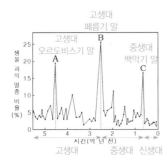

이에 대한 설명으로 옳은 것만을 〈보기〉에서 있는 대로 고른 것은?

〈보기〉 풀이

A 시기는 고생대 오르도비스기 말이고, B 시기는 고생대 페름기 말, C 시기는 중생대 백악기 말이다.

ㄱ. 생물 과의 멸종 비율은 A보다 B 시기에 높다.
➡ A 시기는 멸종 비율이 약 20 %이고, B 시기는 멸종 비율이 25 % 이상이므로 A보다 B 시기에 멸종 비율이 높다.

ㄴ. B 시기를 경계로 고생대와 중생대가 구분된다.
➡ B 시기는 약 2.522억 년 전으로, 고생대 페름기 말의 대멸종 시기에 해당한다. 따라서 B 시기는 현생 누대 전체 중에서 멸종 비율이 가장 높았던 시기로 경계로 고생대와 중생대가 구분된다.

✗ 방추충은 C 시기에 멸종하였다.
➡ 방추충은 고생대에 번성하였던 고생물로, 삼엽충, 바다 전갈 등과 함께 고생대 페름기 말인 B 시기에 멸종하였다.

보기

09 생물의 대멸종 2019학년도 6월 모평 지Ⅱ 13번

정답 ① | 정답률 63 %

적용해야 할 개념 ③가지

① 삼엽충은 고생대 말기에 멸종하였고, 완족류는 현재까지 생존해 있다.
② 갑주어는 고생대 오르도비스기 말에 출현하였고, 고생대 데본기 말에 멸종하였다.
③ 현생 누대의 생물 대멸종 시기 중 생물 과의 멸종 비율이 가장 큰 것은 고생대 페름기 말 대멸종이다.

문제 보기

그림 (가)는 현생 누대 동안 완족류와 삼엽충의 과의 수 변화를, (나)는 현생 누대 동안 생물 과의 멸종 비율을 나타낸 것이다. A와 B는 각각 완족류와 삼엽충 중 하나이다.

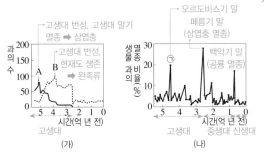

(가)

(나)

이에 대한 설명으로 옳은 것만을 〈보기〉에서 있는 대로 고른 것은? [3점]

〈보기〉 풀이

보기

ㄱ. (가)에서 A는 삼엽충이다.
➡ 삼엽충은 고생대에 번성하였다가 고생대 말기에 멸종하였으며, 완족류는 고생대 이후 크게 쇠퇴하였으나 현재도 생존해 있다. 따라서 A는 삼엽충, B는 완족류이다.

ㄴ. (나)에서 ㉠ 시기에 갑주어가 멸종하였다.
➡ ㉠ 시기는 고생대 오르도비스기 말에 해당한다. 갑주어는 고생대 오르도비스기에 출현하였고, 고생대 데본기 말에 멸종하였으므로 ㉠ 시기 이후(고생대 말기)에 멸종하였다.

ㄷ. B의 과의 수는 공룡이 멸종한 시기에 가장 많이 감소하였다.
➡ (가)에서 B(완족류)의 과의 수가 가장 많이 감소한 시기는 약 2.522억 년 전인 고생대 페름기 말 대멸종이고, 이때 고생대에 번성하였던 많은 생물이 멸종하였다. 공룡이 멸종한 시기는 약 0.66억 년 전인 중생대 백악기 말 대멸종이다.

10 지질 시대 구분과 생물 2023학년도 4월 학평 지Ⅰ 7번

정답 ① | 정답률 81 %

적용해야 할 개념 ④가지

① 고생대는 캄브리아기 → 오르도비스기 → 실루리아기 → 데본기 → 석탄기 → 페름기 순으로 나타난다.
② 중생대는 트라이아스기 → 쥐라기 → 백악기 순으로 나타난다.
③ 파충류는 고생대 석탄기에 출현하여 중생대에 번성하였다.
④ 암모나이트는 중생대의 바다에서, 삼엽충은 고생대의 바다에서 번성하였다.

문제 보기

표는 지질 시대의 일부를 기 수준으로 구분하여 순서대로 나타낸 것이고, 그림은 서로 다른 표준 화석을 나타낸 것이다.

대	기
고생대	오르도비스기
	A 실루리아기
	데본기
	B 석탄기
	페름기
중생대	트라이아스기
	쥐라기
	C 백악기

㉠ 암모나이트   ㉡ 삼엽충

이에 대한 설명으로 옳은 것은?

〈보기〉 풀이

보기

① A는 실루리아기이다.
➡ A는 고생대 오르도비스기와 데본기 사이의 기간이므로 실루리아기이다.

② B에 파충류가 번성하였다.
➡ 파충류는 고생대 말에 출현하여 중생대에 번성하였다. B는 석탄기로 파충류가 출현한 시기이다.

③ 판게아는 C에 형성되었다.
➡ 판게아는 고생대 말~중생대 초에 존재했던 초대륙이다. C(백악기)는 판게아가 분리되어 대륙들이 이동하는 시기이다.

④ ㉠은 A를 대표하는 표준 화석이다.
➡ ㉠은 암모나이트 화석으로, 중생대의 주요 표준 화석이다.

⑤ ㉠과 ㉡은 육상 생물의 화석이다.
➡ ㉠은 암모나이트 화석, ㉡은 삼엽충 화석으로, 각각 중생대와 고생대의 바다에서 번성하였던 해양 생물의 화석이다.

11

지질 시대의 특징 2023학년도 7월 학평 지I 4번   정답 ② | 정답률 36 %

적용해야 할 개념 ③가지

① 지질 시대(누대)의 구분과 경계 시기

시생 누대(37.5 %)	원생 누대(49.0 %)	현생 누대(13.5 %)
40억 년 전	25억 년 전	5.41억 년 전 현재

② 로디니아는 약 12억 년 전부터 약 8억 년 전까지 존재하였던 초대륙이다.

③ 원생 누대 후기인 약 7억 년 전에 최초의 다세포 생물이 출현하였고, 그 일부는 에디아카라 동물군 화석으로 남아 있다.

[문제 보기]

표는 누대 A, B, C의 특징을 나타낸 것이다. A, B, C는 각각 현생 누대, 시생 누대, 원생 누대 중 하나이다.

누대	특징
원생 누대 A	초대륙 로디니아가 형성되었다.
현생 누대 B	( )
시생 누대 C	남세균이 최초로 출현하였다.

— 약 12억 년 전~약 8억 년 전에 존재하였다.

— 약 35억 년 전

이에 대한 설명으로 옳은 것만을 〈보기〉에서 있는 대로 고른 것은? [3점]

〈보기〉 풀이

A는 원생 누대(약 25억 년 전~약 5.41억 년 전), B는 현생 누대(약 5.41억 년 전~현재), C는 시생 누대(약 40억 년 전~약 25억 년 전)이다.

✗ **A는 시생 누대이다.**
➡ 시생 누대와 원생 누대를 구분하는 경계는 약 25억 년 전이다. 로디니아는 약 12억 년 전에 형성된 초대륙이므로 A는 원생 누대이다.

ㄴ. **가장 큰 규모의 대멸종은 B 시기에 발생했다.**
➡ 지질 시대에 5회의 대멸종 시기가 있었으며, 가장 큰 규모는 고생대 말 페름기의 대멸종이다. 현생 누대는 고생대부터 시작되었으므로 가장 큰 규모의 대멸종은 B 시기에 발생하였다.

✗ **C 시기 지층에서는 에디아카라 동물군 화석이 발견된다.**
➡ 에디아카라 동물군 화석은 원생 누대 후기의 다세포 생물 화석이다. C는 시생 누대이므로 C 시기의 지층에서는 에디아카라 동물군 화석이 발견되지 않는다.

(보기)

12

지질 시대의 생물과 환경 2024학년도 9월 모평 지I 10번   정답 ④ | 정답률 65 %

적용해야 할 개념 ④가지

① 지질 시대의 지속 기간

지질 시대	시생 누대	원생 누대	현생 누대		
			고생대	중생대	신생대
지속 기간	약 40억 년 전~ 약 25억 년 전	약 25억 년 전~ 약 5.41억 년 전	약 5.41억 년 전~ 약 2.52억 년 전	약 2.52억 년 전~ 약 0.66억 년 전	약 0.66억 년 전~현재
상대적 비율	37.5 %	49.0 %	7.2 %	4.7 %	1.6 %

② 최초의 다세포 동물은 원생 누대에 출현하였고, 일부는 에디아카라 동물군 화석으로 남아 있다.

③ 최초의 척추동물은 고생대 오르도비스기에 출현한 어류이다.

④ 히말라야 산맥은 신생대에 인도 대륙과 유라시아 대륙이 충돌하면서 형성되었다.

[문제 보기]

그림은 40억 년 전부터 현재까지 지질 시대 A~E의 지속 기간을 비율로 나타낸 것이다.

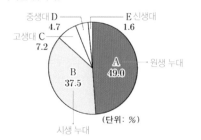

A~E에 대한 설명으로 옳은 것만을 〈보기〉에서 있는 대로 고른 것은? [3점]

〈보기〉 풀이

지질 시대의 상대적인 길이는 원생 누대(A)＞시생 누대(B)＞고생대(C)＞중생대(D)＞신생대(E) 순이다.

✗ **최초의 다세포 동물이 출현한 시기는 B이다.**
➡ 최초의 다세포 동물은 원생 누대 후기에 출현하였으므로 A 시기에 출현하였다.

ㄴ. **최초의 척추동물이 출현한 시기는 C이다.**
➡ 최초의 척추동물인 어류는 고생대 오르도비스기에 출현하였으므로 C 시기에 출현하였다.

ㄷ. **히말라야 산맥이 형성된 시기는 E이다.**
➡ 히말라야 산맥은 인도 대륙이 북상하여 유라시아 대륙과 충돌한 신생대에 형성되었으므로 E 시기에 형성되었다.

(보기)

13 생물의 대멸종 2021학년도 10월 학평 지Ⅰ 10번

적용해야 할 개념 ③가지

① 지질 시대의 주요 표준 화석

지질 시대	고생대	중생대	신생대
표준 화석	삼엽충, 필석, 갑주어, 방추충	공룡, 암모나이트	화폐석, 매머드

② 식물이 번성한 순서는 양치식물(고생대 후기) → 겉씨식물(중생대) → 속씨식물(신생대)이다.

③ 현생 누대에는 크게 5번의 생물 대멸종(오르도비스기 말, 데본기 말, 페름기 말, 트라이아스기 말, 백악기 말)이 있었으며, 가장 큰 규모의 멸종은 고생대 페름기 말에 일어났다.

문제 보기

그림은 현생 누대의 일부를 기 단위로 구분하여 생물의 생존 기간과 번성 정도를 나타낸 것이다. ⊙과 ⓛ은 각각 양치식물과 겉씨식물 중 하나이다.

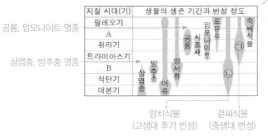

이에 대한 옳은 설명만을 〈보기〉에서 있는 대로 고른 것은? [3점]

〈보기〉 풀이

ㄱ. A 시기는 중생대에 속한다.

➡ A 시기 말에는 공룡과 암모나이트가 멸종하였다. 공룡과 암모나이트는 중생대의 표준 화석이므로 A 시기는 중생대에 속하며, 백악기에 해당한다.

ㄴ. ⊙은 겉씨식물이다.

➡ 겉씨식물은 고생대 말기에 출현하였고, 중생대에 번성하였으므로 ⊙은 겉씨식물이다.

ㄷ. B 시기 말에는 최대 규모의 대멸종이 있었다.

➡ B 시기 말에는 삼엽충과 방추충이 멸종하였으므로 B는 고생대 페름기이다. 현생 누대에는 총 5번의 생물 대멸종이 있었으며, 최대 규모의 멸종은 B 시기 말인 고생대 페름기 말에 있었다.

---

14 생물의 대멸종 2021학년도 9월 모평 지Ⅰ 2번

적용해야 할 개념 ④가지

① 고생대는 캄브리아기-오르도비스기-실루리아기-데본기-석탄기-페름기로 세분한다.

② 최초의 육상 동물은 고생대 중기(실루리아기)에 출현하였다.

③ 현생 누대에 약 5번의 대멸종이 있었으며, 고생대 페름기 말은 고생대 오르도비스기 말보다 동물 과의 멸종 비율이 컸다.

④ 공룡은 중생대 전 기간에 걸쳐 번성하였으며, 중생대 말에 멸종하였다.

문제 보기

그림은 현생 누대 동안 동물 과의 수를 현재 동물 과의 수에 대한 비로 나타낸 것이다.

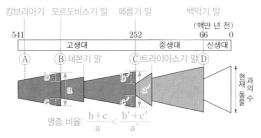

이에 대한 설명으로 옳은 것만을 〈보기〉에서 있는 대로 고른 것은? [3점]

〈보기〉 풀이

A 시기는 고생대 캄브리아기, B 시기는 고생대 오르도비스기 말, C 시기는 고생대 페름기 말, D 시기는 중생대 백악기 말이고, 그 중 오르도비스기 말, 페름기 말, 백악기 말에 생물의 대멸종이 있었다.

ㄱ. A 시기에 육상 동물이 출현하였다.

➡ A 시기는 선캄브리아 시대가 끝나고, 현생 누대가 시작되면서 생물의 수가 급격하게 증가하기 시작한 고생대 캄브리아기이다. 최초의 육상 동물로 생각되는 유립테러스라는 전갈은 고생대 실루리아기에 출현하였으므로 B 시기 후에 출현하였다.

ㄴ. 동물 과의 멸종 비율은 B 시기가 C 시기보다 크다.

➡ 동물 과의 멸종 비율은 $\dfrac{멸종한\ 동물\ 과의\ 수}{멸종\ 직전\ 동물\ 과의\ 수}$ 이다. B 시기와 C 시기는 멸종 직전 동물 과의 수가 비슷하지만 멸종한 동물 과의 수는 C 시기가 더 많으므로 멸종 비율은 B 시기보다 C 시기가 크다.

ㄷ. D 시기에 공룡이 멸종하였다.

➡ 공룡은 중생대에 번성하였던 육상 생물로 지구 환경이 급격히 변화함에 따라 암모나이트 등과 함께 중생대 백악기 말인 D 시기에 멸종하였다.

**적용해야 할
개념 ③가지**

① 지질 시대는 크게 시생 누대, 원생 누대, 현생 누대로 구분한다.

연도	40억 년 전	25억 년 전	5.41억 년 전
누대	시생 누대	원생 누대	현생 누대
특징	• 대륙 지각의 형성 시작 • 남세균 출현 • 남세균에 의한 광합성 시작	• 로디니아 초대륙 형성(약 12억 년 전)과 분리(약 8억 년 전) • 에디아카라 동물군(원시 다세포 생물) 화석 형성	• 고생대, 중생대, 신생대로 세분 • 고생대 초기에 생물의 폭발적 증가 • 약 5회의 생물 대멸종

② 스트로마톨라이트는 남세균이 층상 구조로 만든 석회질 암석(또는 화석)이다.

③ 겉씨식물은 고생대 말기에 출현하여 중생대에 번성하였고, 속씨식물은 중생대 말기에 출현하여 신생대에 번성하였다.

문제 보기

다음은 스트로마톨라이트에 대한 설명과 A, B, C 누대의 특징이다. A, B, C는 각각 시생 누대, 원생 누대, 현생 누대 중 하나이다.

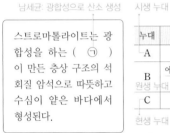

스트로마톨라이트는 광합성을 하는 (㉠)이 만든 층상 구조의 석회질 암석으로 따뜻하고 수심이 얕은 바다에서 형성된다.

누대	특징
A	대륙 지각 형성 시작
B	에디아카라 동물군 출현 원시 다세포 생물의 화석
C	겉씨식물 출현

이에 대한 옳은 설명만을 〈보기〉에서 있는 대로 고른 것은?

〈보기〉 풀이

대륙 지각은 시생 누대(A)에 형성되기 시작하였고, 에디아카라 동물군 화석은 원생 누대(B)에 출현한 원시 다세포 생물로 이루어져 있다. 겉씨식물은 고생대 말에 출현하였으므로 현생 누대(C)에 출현하였다.

ㄱ. ㉠은 A 누대에 출현하였다.
➡ 스트로마톨라이트는 시생 누대에 출현한 남세균이 얕은 바다에서 층상으로 쌓여 만들어진 석회질 암석이다. 따라서 ㉠은 남세균이고, 시생 누대인 A 누대에 출현하였다.

ㄴ. 지질 시대의 길이는 A 누대가 C 누대보다 짧다.
➡ 시생 누대(A)는 약 40억 년 전~약 25억 년 전에 해당하는 지질 시대이고 현생 누대(C)는 약 5.41억 년 전~현재에 해당하는 지질 시대이므로, 지질 시대의 길이는 A 누대가 C 누대보다 길다.

ㄷ. B 누대에는 초대륙이 존재하지 않았다.
➡ 지질 시대에는 여러 차례 초대륙이 형성되었으며, 약 12억 년 전인 원생 누대(B)에는 초대륙 로디니아가 형성되었다. 따라서 B 누대에 초대륙이 존재하였다.

**적용해야 할
개념 ③가지**

① 지질 시대를 가장 큰 단위로 구분하면 시생 누대, 원생 누대, 현생 누대로 나눌 수 있으며, 시생 누대와 원생 누대는 선캄브리아 시대에 해당한다.

② 남세균의 광합성 작용으로 대기 중의 산소 농도가 증가하였으며, 오존층이 형성되면서 육상에 생물이 출현할 수 있었다.

③ 지질 시대 동안 약 5번의 생물 대멸종이 있었으며, 가장 큰 규모의 멸종은 고생대 페름기 말의 대멸종이다.

문제 보기

그림은 40억 년 전부터 현재까지의 지질 시대를 3개의 누대로 나타낸 것이다.

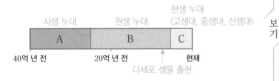

이에 대한 설명으로 옳은 것만을 〈보기〉에서 있는 대로 고른 것은?

[3점]

〈보기〉 풀이

지질 시대는 크게 시생 누대(A), 원생 누대(B), 현생 누대(C)로 구분할 수 있다.

ㄱ. 대기 중 산소의 농도는 A 시기가 B 시기보다 높았다.
➡ 지구 생성 초기에는 대기 중에 산소가 거의 없었으나 A 시기(시생 누대)에 광합성을 하는 남세균이 출현한 후 대기 중의 산소가 점차 증가하기 시작하였다. B 시기(원생 누대)에는 대기 중에 산소가 축적되면서 더 많은 생물이 등장할 수 있었다. 따라서 대기 중 산소의 농도는 A 시기(시생 누대)보다 B 시기(원생 누대)에 높았다.

ㄴ. 다세포 동물은 B 시기에 출현했다.
➡ 약 38억 년 전에 단세포 원핵생물이 출현하였고, 다세포 생물은 선캄브리아 시대 말기인 약 7억 년 전(B 시기)에 처음으로 출현하였다.

ㄷ. 가장 큰 규모의 대멸종은 C 시기에 발생했다.
➡ 지질 시대 동안 약 5번의 생물 대멸종이 있었으며, 그 중에서 가장 큰 규모의 대멸종은 고생대 말기에 있었으므로 C 시기(현생 누대)에 발생했다.

17 지질 시대의 환경과 생물 2022학년도 7월 학평 지I 3번   정답 ① | 정답률 63%

적용해야 할 개념 ③가지

① 고생대에는 삼엽충, 필석 등이 번성하였고, 말기에 방추충이 번성하였다.

② 고생대 실루리아기 말에 육상 식물이 출현한 이후 양치식물(고생대 후기) → 겉씨식물(중생대) → 속씨식물(신생대) 순으로 번성하였다.

③ 히말라야산맥은 인도 대륙과 유라시아 대륙이 충돌하면서 대륙 주변부의 해저 퇴적물이 심하게 변형되어 형성되었다. ➡ 두 대륙은 신생대에 충돌하였고, 산맥을 이루는 지층에서 해양 생물 화석이 발견된다.

문제 보기

표는 고생대와 중생대를 기 단위로 구분하여 시간 순서대로 나타낸 것이다.

판게아 분리 시작(인도 대륙 북상 시작)

대	고생대						중생대		
기	캄브리아기	오르도비스기	A 실루리아기	데본기	B 석탄기	페름기	C 트라이아스기	쥐라기	백악기

삼엽충 번성   겉씨식물 번성

이에 대한 설명으로 옳은 것만을 〈보기〉에서 있는 대로 고른 것은? [3점]

〈보기〉 풀이

A는 실루리아기, B는 석탄기, C는 트라이아스기이다.

ㄱ. **A 시기에 삼엽충이 생존하였다.**
➡ 삼엽충은 고생대 초기에 출현하여 말기의 생물 대멸종 시기에 멸종하였다. 따라서 A(실루리아기) 시기에는 삼엽충이 생존하였다.

ㄴ. **B 시기에 은행나무와 소철이 번성하였다.**
➡ 은행나무, 소철 등 겉씨식물은 고생대 페름기 말에 출현하여 중생대에 번성하였다. B(석탄기) 시기에는 양치식물이 크게 번성하여 삼림을 이루었다.

ㄷ. **C 시기에 히말라야산맥이 형성되었다.**
➡ C는 중생대 초기인 트라이아스기이다. 히말라야산맥은 판게아에서 분리된 인도 대륙이 북상하여 유라시아 대륙과 충돌한 신생대에 형성되었으며, C 시기에는 인도 대륙이 남반구에 있었으므로 히말라야산맥이 형성되지 않았다.

---

18 지질 시대의 생물과 환경 2025학년도 6월 모평 지I 5번   정답 ② | 정답률 61%

적용해야 할 개념 ③가지

① 지질 시대의 주요 생물

지질 시대	고생대	중생대	신생대
생물	삼엽충, 필석류, 양치식물(말기)	공룡, 암모나이트, 겉씨식물	화폐석, 매머드, 속씨식물

② 판게아는 고생대 말기~중생대 초기에 존재하였던 초대륙이다.

③ 판게아는 약 2억 년 전(중생대 트라이아스기 말~쥐라기 초)에 분리되기 시작하였다.

문제 보기

표는 지질 시대 A, B, C의 특징을 나타낸 것이다. A, B, C는 각각 백악기, 오르도비스기, 팔레오기 중 하나이다.

오르도비스기(고생대)

지질 시대	특징
A	삼엽충과 필석류를 포함한 무척추동물이 번성하였다.
B	공룡과 암모나이트가 번성하였다가 멸종하였다.
C	화폐석과 속씨식물이 번성하였다.

백악기(중생대)
팔레오기(신생대)

A, B, C에 대한 설명으로 옳은 것만을 〈보기〉에서 있는 대로 고른 것은? [3점]

〈보기〉 풀이

백악기는 중생대, 오르도비스기는 고생대, 팔레오기는 신생대이다.

ㄱ. **지질 시대를 오래된 것부터 나열하면 A−C−B 순이다.**
➡ 삼엽충과 필석은 고생대에 번성하였으므로 A는 오르도비스기(고생대), 공룡과 암모나이트는 각각 중생대의 육지와 바다에서 번성하였으므로 B는 백악기(중생대), 화폐석은 신생대 초기에 번성하였으므로 C는 팔레오기(신생대)이다. 따라서 지질 시대를 오래된 것부터 나열하면 A−B−C 순이다.

ㄴ. **B에 판게아가 분리되기 시작하였다.**
➡ 판게아는 고생대 말기~중생대 초기에 존재하였던 초대륙으로, 약 2억 년 전(중생대 트라이아스기 말~쥐라기 초)부터 분리되기 시작하였다. 따라서 B(백악기)에 판게아는 이미 분리되어 현재의 대륙 분포로 변하는 과정에 있었다.

ㄷ. **C에 생성된 지층에서 양치식물 화석이 발견된다.**
➡ 양치식물은 고생대 석탄기 이전에 출현하여 석탄기와 페름기에는 크게 번성하였으며, 현재까지 지구상에 분포하고 있다. 따라서 C(팔레오기)에 생성된 지층에서 양치식물 화석이 발견될 수 있다.

적용해야 할 개념 ④가지

① 고생대 초기에는 삼엽충, 완족류 등의 해양 무척추동물이 번성하였고, 오르도비스기에는 최초의 척추동물인 어류가 출현하였다.

② 고생대 중기에는 실루리아기에 최초의 육상 생물이 출현하였고, 데본기에는 양서류가 출현하였으며, 갑주어를 비롯한 어류가 번성하였다.

③ 고생대 말기에는 방추충, 양치식물 등이 번성하였고, 페름기에 겉씨식물이 출현하였으며, 말기에 가장 큰 규모의 생물 대멸종이 일어났다.

④ 중생대에는 공룡을 비롯한 파충류, 암모나이트가 번성하였고, 쥐라기에 시조새가 출현하였다.

문제 보기

표는 지질 시대의 환경과 생물에 대한 특징을 기 수준으로 구분하여 나타낸 것이다.

지질 시대(기)	특징
A	양치식물과 방추충 등이 번성하였고, 말기에 가장 큰 규모의 생물 대멸종이 일어났다. → 석탄기~페름기 / 페름기 말
B	삼엽충과 필석 등이 번성하였고, 최초의 척추동물인 어류가 출현하였다. → 오르도비스기
C	대형 파충류가 번성하였고, 시조새가 출현하였다. → 쥐라기

A, B, C에 해당하는 지질 시대(기)로 가장 적절한 것은?

<보기> 풀이

A: 양치식물과 방추충은 고생대 석탄기와 페름기에 번성하였고, 페름기 말에는 가장 큰 규모의 생물 대멸종이 일어나 삼엽충과 방추충을 비롯한 해양 생물종의 90 % 이상이 멸종하였으므로 A는 페름기이다.

B: 최초의 척추동물인 어류는 고생대 오르도비스기에 출현하였으며, 이 시기에는 삼엽충과 필석이 바다에서 번성하였다.

C: 시조새는 중생대 쥐라기에 출현하였으며, 중생대에는 기온이 높고 강수량이 많아 대형 파충류가 번성하였다.

	A	B	C
①	석탄기	오르도비스기	백악기
②	석탄기	캄브리아기	쥐라기
③	페름기	캄브리아기	백악기
④	페름기	오르도비스기	쥐라기
⑤	페름기	트라이아스기	데본기

적용해야 할 개념 ③가지

① 판게아는 고생대 말기~중생대 초기에 존재했던 초대륙으로, 중생대 초기 이후에 분리되었다.

② 현생 누대의 습곡 산맥 형성

지질 시대	고생대	중생대	신생대
습곡 산맥	애팔래치아산맥, 우랄산맥 등	로키산맥, 안데스산맥 등	히말라야산맥, 알프스산맥 등

③ 현생 누대의 생물

지질 시대	고생대	중생대	신생대
생물	• 삼엽충, 필석, 갑주어, 방추충 등 • 육상 생물 출현(중기), 양치식물 번성(후기), 생물의 최대 대량 멸종(페름기 말)	• 공룡, 암모나이트 등 • 파충류 번성, 시조새 출현(중기), 겉씨식물 번성, 생물의 대량 멸종(백악기 말)	• 화폐석, 매머드 등 • 포유류 번성, 속씨식물 번성, 인류 출현

문제 보기

다음은 지질 시대의 특징에 대하여 학생 A, B, C가 나눈 대화를 나타낸 것이다. (가), (나), (다)는 각각 고생대, 중생대, 신생대 중 하나이다.

인도 대륙과 유라시아 대륙의 충돌 ➡ 신생대

고생대 말~중생대 초

지질 시대	특징
중생대(가)	• 판게아가 분리되기 시작하였다. • 파충류가 번성하였다.
신생대(나)	• 히말라야산맥이 형성되었다. • 속씨식물이 번성하였다.
고생대(다)	• 육상에 식물이 출현하였다. 고생대 중기 • 삼엽충이 번성하였다.

(가)의 지층에서는 공룡 화석이 발견될 수 있어. ← 중생대

(나)는 고생대야.

(다)에는 매머드가 번성하였어. → 신생대

학생 A　　학생 B　　학생 C

제시한 내용이 옳은 학생만을 있는 대로 고른 것은?

<보기> 풀이

보기

학생 Ⓐ (가)의 지층에서는 공룡 화석이 발견될 수 있어.

➡ 판게아는 고생대 말기~중생대 초기의 초대륙이므로 판게아가 분리되기 시작한 시기는 중생대이다. 중생대에는 전 기간에 걸쳐 파충류가 번성하였다. 공룡은 중생대의 표준 화석이므로 (가)의 지층에서 공룡 화석이 발견될 수 있다.

학생 ~~B~~ (나)는 고생대야.

➡ 히말라야산맥은 남반구에 있던 인도 대륙이 적도를 지나 북상하여 유라시아 대륙과 충돌하면서 형성되었으며 히말라야산맥이 형성된 시기는 신생대이다. 신생대의 육지에는 속씨식물이 번성하였다. 따라서 (나)는 신생대이다.

학생 ~~C~~ (다)에는 매머드가 번성하였어.

➡ 육상에 식물이 출현한 시기는 고생대 중기이고, 삼엽충은 고생대의 표준 화석이므로 (다)는 고생대이다. 매머드는 신생대의 육지에서 번성하였으므로 (다)에는 매머드가 번성하지 않았다.

10
일차

적용해야 할 개념 ③가지

① 고생대의 주요 생물

지질 시대	캄브리아기	오르도비스기	실루리아기	데본기	석탄기	페름기
생물	• 삼엽충, 완족류 등 무척추동물 ➡ 삼엽충의 시대	• 삼엽충, 완족류, 필석, 산호 등 • 최초의 어류(척추동물) 출현	• 갑주어, 바다 전갈 등 • 최초의 육상 식물과 육상 동물 출현	• 갑주어, 어류 등 ➡ 어류의 시대 • 최초의 양서류 출현	• 방추충, 양서류, 산호, 곤충류 등 • 양치식물 번성 • 최초의 파충류 출현	• 겉씨식물 출현 • 삼엽충, 방추충 등 해양 생물 종의 90 % 이상 멸종

② 대기 중의 오존층 형성은 자외선을 차단하여 실루리아기에 육상 생물이 출현할 수 있는 환경이 되었다.

③ 석탄기에는 양서류가 번성하였고, 양치식물이 거대한 삼림을 이루었다.

문제 보기

다음은 지질 시대에 대한 원격 수업 장면이다.

↳ 육상 생물 출현의 필수 조건

제시한 내용이 옳은 학생만을 있는 대로 고른 것은? [3점]

<보기> 풀이

학생 A 오존층은 (다)보다 먼저 형성되었어요.

➡ 지구 대기에 오존이 형성되기 이전에는 강한 자외선이 지표까지 도달하였으므로 육지에 생물이 살기 어려웠다. 그러나 오존층이 형성된 이후에는 자외선이 차단되어 육지에 생물이 살 수 있는 환경이 되었다. (다)는 육상 식물이 출현한 시기이므로 고생대 실루리아기이고, 오존층은 (다)보다 먼저 형성되었다.

학생 B (나)는 데본기예요.

➡ 양서류는 물과 육지에서 모두 생활하였으므로 양서류가 전성기를 이룬 (나)는 육상 생물이 출현한 고생대 중기 이후의 시기로, 고생대 석탄기이다.

학생 C 지질 시대는 (가) → (나) → (다) 순이에요.

➡ (가)는 갑주어를 비롯한 어류가 번성한 시기이므로 고생대 데본기이다. 따라서 지질 시대는 (다) 실루리아기 → (가) 데본기 → (나) 석탄기 순이다.

적용해야 할 개념 ③가지

① 히말라야산맥은 인도 대륙이 유라시아 대륙과 충돌한 신생대에 형성되었다.

② 인도 대륙은 고생대 말~중생대 초에 남극 대륙 주변에 있었고, 판게아의 분리 이후 북쪽으로 이동하여 현재는 북반구에 위치한다.

③ 고생대의 주요 표준 화석으로 삼엽충, 필석, 방추충 등이 있으며, 이들 고생물은 바다에서 번성하였다.

문제 보기

그림 (가)는 지질 시대 중 어느 시기의 대륙 분포를, (나)와 (다)는 각각 단풍나무와 필석의 화석을 나타낸 것이다.

↳ 인도 대륙

(가) 신생대　　(나) 신생대에 육지에서 번성　　(다) 고생대에 바다에서 번성

이에 대한 옳은 설명만을 <보기>에서 있는 대로 고른 것은? [3점]

<보기> 풀이

ㄱ. 히말라야산맥은 (가)의 시기보다 나중에 형성되었다.

➡ 히말라야산맥은 인도 대륙이 북상하여 유라시아 대륙과 충돌하여 형성되었다. (가)에서 인도 대륙은 적도 부근에 있으므로 히말라야산맥은 (가)의 시기보다 나중에 형성되었다.

ㄴ. (나)와 (다)의 고생물은 모두 육상에서 서식하였다.

➡ 단풍나무는 육상에서 서식하였지만 필석은 바다에서 서식하였으므로 (나)와 (다)의 고생물이 모두 육상에서 서식한 것은 아니다.

ㄷ. (가)의 시기에는 (다)의 고생물이 번성하였다.

➡ (가)는 판게아가 분리된 후 수륙 분포가 현재와 비슷해진 신생대에 해당한다. 필석은 고생대 말에 멸종한 고생물이므로 (가)의 시기에 (다)의 고생물은 이미 멸종하였다.

23 | 지질 시대의 환경과 생물 2023학년도 수능 지Ⅰ 10번 | 정답 ④ | 정답률 53 %

적용해야 할 개념 ③가지

① 지질 시대의 구분(누대 단위)

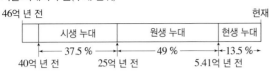

46억 년 전 ─────────────────────────── 현재

| 시생 누대 | 원생 누대 | 현생 누대 |

← 37.5 % → ← 49 % → ←13.5 %→

40억 년 전   25억 년 전   5.41억 년 전

② 로디니아는 약 12억 년 전에 형성된 초대륙이다.
③ 최초의 단세포 생물은 시생 누대에 출현하였고, 최초의 다세포 생물은 원생 누대에 출현하였다.

문제 보기

그림 (가)는 40억 년 전부터 현재까지의 지질 시대를 구성하는 A, B, C의 지속 기간을 비율로 나타낸 것이고, (나)는 초대륙 로디니아의 모습을 나타낸 것이다. A, B, C는 각각 시생 누대, 원생 누대, 현생 누대 중 하나이다.

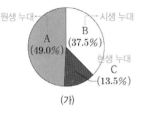

원생 누대 ─ 시생 누대
A (49.0%) B (37.5%)
현생 누대 C (13.5%)
(가)

적도 / 남극
로디니아 (나)
➡ 약 12억 년 전 초대륙

이 자료에 대한 설명으로 옳은 것만을 〈보기〉에서 있는 대로 고른 것은?

〈보기〉 풀이

보기

ㄱ. **A는 원생 누대이다.**
➡ 시생 누대와 원생 누대의 경계는 약 25억 년 전이고, 원생 누대와 현생 누대의 경계는 약 5.41억 년 전이다. 따라서 A는 원생 누대(약 25억 년 전~약 5.41억 년 전), B는 시생 누대(약 40억 년 전~약 25억 년 전), C는 현생 누대(약 5.41억 년 전~현재)이다.

ㄴ. **(나)는 A에 나타난 대륙 분포이다.**
➡ (나)의 초대륙 로디니아는 약 12억 년 전에 형성되었고, 약 8억 년 전부터 분리되기 시작하였다. 따라서 (나)는 원생 누대인 A에 나타난 대륙 분포이다.

ㄷ. **다세포 동물은 B에 출현했다.**
➡ 최초의 다세포 동물은 원생 누대(A) 말기에 출현하였고, 그 일부는 에디아카라 동물군 화석으로 남아 있다.

---

24 | 지질 시대의 환경과 생물 2020학년도 3월 학평 지Ⅰ 7번 | 정답 ① | 정답률 55 %

적용해야 할 개념 ③가지

① 판게아는 고생대 말기~중생대 초기에 존재했던 초대륙으로, 중생대 초기 이후에 분리되었다.
② 지질 시대 동안 식물계에서 번성한 순서는 양치식물(고생대) → 겉씨식물(중생대) → 속씨식물(신생대)이다.
③ 고생대에는 다양한 생물들이 번성하였고, 고생대 말에 판게아 형성 등이 원인이 되어 생물의 대멸종이 있었다.

캄브리아기	오르도비스기	데본기	석탄기	페름기
삼엽충의 시대	필석의 시대	어류의 시대	양서류의 시대	대멸종

문제 보기

다음은 판게아가 존재했던 시기에 대해 학생들이 나눈 대화를 나타낸 것이다. └ 고생대 말기~중생대 초기의 초대륙

판게아는 고생대 말부터 중생대 초까지 존재했어. / 바다에는 필석류가 번성했어. / 고생대 초기 (오르도비스기) / 육지에는 속씨식물이 번성했어. / └ 신생대
학생 A   학생 B   학생 C

이에 대해 옳게 설명한 학생만을 있는 대로 고른 것은? [3점]

〈보기〉 풀이

보기

학생 **A** **판게아는 고생대 말부터 중생대 초까지 존재했어.**
➡ 약 46억 년의 지질 시대를 거치는 동안 여러 차례 초대륙이 만들어지고 분리되었으며, 고생대 말부터 중생대 초까지 존재했던 초대륙을 판게아라고 한다.

학생 **B** **육지에는 속씨식물이 번성했어.**
➡ 속씨식물은 중생대 말에 출현하였고 신생대에 번성하여 초원을 이루었으므로 판게아가 존재했던 시기인 고생대 말기~중생대 초기에는 속씨식물이 번성하지 않았다. 판게아가 존재했던 고생대 말기에는 양치식물이, 중생대 초기에는 겉씨식물이 번성하였다.

학생 **C** **바다에는 필석류가 번성했어.**
➡ 필석은 고생대 초기인 오르도비스기에 바다에서 크게 번성하였던 고생물로, 판게아가 존재했던 고생대 말에는 거의 멸종하였고 중생대 초기에는 바다에 존재하지 않았다.

적용해야 할 개념 ③가지

① 판게아는 고생대 말기~중생대 초기에 존재했던 초대륙으로, 중생대 초기 이후에 분리되었다.

② 지질 시대의 주요 생물

지질 시대	고생대	중생대	신생대
동물계	삼엽충, 필석, 갑주어, 방추충	공룡, 암모나이트	화폐석, 매머드
식물계	양치식물(고생대 말기) 번성	겉씨식물 번성	속씨식물 번성

③ 중생대는 전 기간에 걸쳐 온난하여 빙하기가 없었고, 신생대는 전기에 기후가 온난하였으나 후기에 빙하기와 간빙기가 반복되었다.

문제 보기

그림 (가), (나), (다)는 고생대, 중생대, 신생대의 모습을 순서 없이 나타낸 것이다.

(가)　　　　　(나)　　　　　(다)
매머드 ➡ 신생대　삼엽충 ➡ 고생대　공룡 ➡ 중생대

이에 대한 설명으로 옳은 것만을 〈보기〉에서 있는 대로 고른 것은?

〈보기〉 풀이

✗ (가) 시대에 판게아가 분리되기 시작하였다.
➡ (가)는 육지에 매머드가 번성하였던 신생대의 모습이다. 판게아는 고생대 말기~중생대 초기에 존재했던 초대륙으로, 중생대 초기 이후에 분리되기 시작하였다. 따라서 (가) 시대에는 이미 판게아가 분리되었으며, 현재와 비슷한 수륙 분포를 이루었다.

ㄴ. (나) 시대에 양치식물이 번성하였다.
➡ (나)는 바다에 삼엽충이 번성하였던 고생대의 모습이다. 양치식물은 고생대 말기에 번성하여 삼림을 이루었으므로 (나) 시대에는 양치식물이 번성하였다.

✗ (다) 시대에는 여러 번의 빙하기가 있었다.
➡ (다)는 육상에 공룡이 번성하였던 중생대의 모습이다. 중생대에는 화산 활동으로 대기 중의 이산화 탄소 농도가 증가하여 온난한 기후가 지속되었으므로 (다) 시대에는 빙하기가 없었다.

적용해야 할 개념 ③가지

① 최초의 육상 식물은 고생대 실루리아기 말에 출현하였다.
② 고생대 말에는 여러 대륙이 한 덩어리로 모여 초대륙 판게아를 이루었다.
③ 대륙들이 한 덩어리로 모이면 해안선의 길이가 짧아지고, 대륙이 분리되면 해안선의 길이가 길어진다.

문제 보기

그림 (가)는 현생 누대 동안 대륙 수의 변화를, (나)는 서로 다른 시기의 대륙 분포를 나타낸 것이다. A, B, C는 각각 ㉠, ㉡, ㉢ 시기의 대륙 분포 중 하나이다.

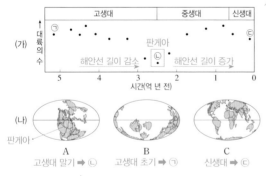

(나)
판게아
A　　　　　B　　　　　C
고생대 말기 ➡ ㉡　고생대 초기 ➡ ㉠　신생대 ➡ ㉢

이에 대한 설명으로 옳은 것만을 〈보기〉에서 있는 대로 고른 것은?

[3점]

〈보기〉 풀이

✗ ㉠ 시기에 최초의 육상 척추동물이 출현하였다.
➡ 고생대에 오존층이 형성되어 자외선을 차단하면서 육지에서 생물이 살 수 있는 환경이 만들어지면서 최초의 육상 식물이 ㉠ 시기 이후인 고생대 실루리아기(약 4.44억 년 전~약 4.19억 년 전)에 출현하였고, 최초의 육상 척추동물은 그보다 이후의 시기에 출현하였다.

ㄴ. ㉡ 시기의 대륙 분포는 A이다.
➡ ㉡ 시기에 대륙의 수가 가장 적은 것은 여러 대륙들이 하나로 모여 초대륙인 판게아를 이루었기 때문이다. 따라서 ㉡ 시기의 대륙 분포는 A이다.

ㄷ. 해안선의 길이는 ㉡보다 ㉢ 시기에 길었다.
➡ 해안선은 육지와 바다의 경계를 따라 형성되므로 대륙이 분리되면 대륙의 수가 증가하여 해안선의 길이가 길어지고, 대륙이 합쳐지면 대륙의 수가 감소하여 해안선의 길이가 짧아진다. 대륙의 수는 ㉡보다 ㉢ 시기에 많았으므로 해안선의 길이는 ㉡보다 ㉢ 시기에 길었다.

| 27 | 지질 시대의 생물과 환경 2025학년도 9월 모평 지I 7번 | 정답 ③ | 정답률 73 % |

적용해야 할 개념 ③가지

① 최초의 육상 식물은 오존층이 형성된 이후인 고생대 중기(실루리아기)에 출현하였다.
② 방추충은 고생대 후기(석탄기)에 출현하였다가 고생대 말(페름기 말)에 멸종하였다.
③ 히말라야산맥은 신생대에 인도 대륙과 유라시아 대륙이 충돌하면서 형성되었다.

문제 보기

그림은 지질 시대에 일어난 주요 사건을 시간 순서대로 나타낸 것이다.

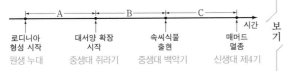

A, B, C 기간에 대한 설명으로 옳은 것만을 〈보기〉에서 있는 대로 고른 것은?

〈보기〉 풀이

ㄱ. **A에 최초의 육상 식물이 출현하였다.**

➡ 로디니아는 약 12억 년 전에 형성되기 시작하였고, 약 8억 년 전부터 분리되기 시작하였다. 대서양은 판게아가 분리되기 시작한 약 1억 5천만 년 전에 확장되기 시작하였다. 최초의 육상 식물은 고생대 중기에 출현하였으므로 A에 출현하였다.

✗. **B에 방추충이 번성하였다.**

➡ 방추충은 고생대 후기에 번성하였으므로 B 이전에 번성하였다.

ㄷ. **C에 히말라야산맥이 형성되었다.**

➡ 속씨식물은 중생대 후기에 출현하였고, 매머드는 신생대 제4기 말에 멸종하였다. 히말라야산맥은 신생대에 형성되었으므로 C에 형성되었다.

| 28 | 지질 시대의 환경과 생물 2022학년도 수능 지I 6번 | 정답 ⑤ | 정답률 63 % |

적용해야 할 개념 ④가지

① 고생대 캄브리아기에 삼엽충이 출현하여 번성하였고, 오르도비스기에 최초의 척추동물인 어류가 출현하였다.
② 고생대 석탄기에는 양치식물이 번성하였고, 페름기 말에는 삼엽충과 방추충을 비롯한 해양 생물의 대량 멸종이 일어났다.
③ 판게아는 고생대 말기~중생대 초기에 존재했던 초대륙으로, 중생대 초기 이후(트라이아스기 말)에 분리되었다.
④ 신생대 팔레오기와 네오기에 바다에서는 화폐석이 번성하다가 멸종하였다.

문제 보기

그림은 지질 시대에 일어난 주요 사건을 시간 순서대로 나타낸 것이다.

이에 대한 설명으로 옳은 것만을 〈보기〉에서 있는 대로 고른 것은?

〈보기〉 풀이

삼엽충은 고생대 초기에 출현하였고, 방추충은 고생대 말기에 멸종하였으므로 A는 고생대에 해당한다. 화폐석은 신생대 전반부에 번성하다가 멸종하였으므로 B는 중생대~신생대 전기에 해당한다.

ㄱ. **A 기간에 최초의 척추동물이 출현하였다.**

➡ 최초의 척추동물은 어류이다. 어류는 고생대 오르도비스기에 출현하여 데본기에 크게 번성하였으므로 A 기간에 최초의 척추동물이 출현하였다.

ㄴ. **B 기간에 판게아가 분리되기 시작하였다.**

➡ 판게아는 고생대 말기에 형성되어 중생대 초기까지 지속되었고, 중생대 초기 이후에 분리되기 시작하였다. B는 중생대를 포함하므로 B 기간에 판게아가 분리되기 시작하였다.

ㄷ. **B 기간의 지층에서는 양치식물 화석이 발견된다.**

➡ 양치식물은 고생대 석탄기에 크게 번성하였고, 그 이후로 쇠퇴하였으나 중생대와 신생대를 거쳐 현재까지 멸종되지 않았으므로 B 기간의 지층에서 양치식물 화석이 발견된다.

적용해야 할 개념 ③가지

① 고생대에는 삼엽충, 필석, 방추충 등이 번성하여 표준 화석으로 산출된다.

지질 시대(기)	캄브리아기	오르도비스기	실루리아기	데본기	석탄기	페름기
생물의 출현과 번성	해양 무척추동물 번성	척추동물(어류) 출현	육상 식물 출현	갑주어와 어류 번성, 양서류 출현	양치식물 번성, 파충류 출현	겉씨식물 출현, 해양 생물의 대멸종(90 % 이상)

② 중생대에는 공룡, 암모나이트 등이 번성하여 표준 화석으로 산출된다.

지질 시대(기)	트라이아스기	쥐라기	백악기
생물의 출현과 번성	포유류 출현, 파충류(공룡)와 암모나이트 번성, 겉씨식물 번성	파충류(공룡)와 암모나이트 크게 번성, 시조새 출현	속씨식물 출현, 공룡과 암모나이트 등의 생물 멸종

③ 고생대 말과 중생대 말에는 각각 생물 대멸종이 있었으며, 멸종 시기 이후에는 새로운 생물 종이 번성하였다.

문제 보기

그림은 고생대, 중생대, 신생대의 상대적 길이를 나타낸 것이다.

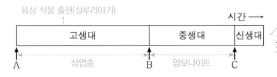

이에 대한 옳은 설명만을 〈보기〉에서 있는 대로 고른 것은?

〈보기〉 풀이

ㄱ. **최초의 육상 식물은 A 시기 이후에 출현하였다.**
➡ 최초의 육상 식물은 고생대 중기(실루리아기)에 출현하였으므로 A 시기 이후에 출현하였다.

✗ **B 시기에 삼엽충이 출현하였다.**
➡ 삼엽충은 고생대 전 기간에 걸쳐 번성하였고, 고생대 말에 멸종하였으므로 A 시기에 삼엽충이 출현하였다.

ㄷ. **암모나이트는 C 시기에 멸종하였다.**
➡ 암모나이트는 중생대의 바다에서 번성하였고, 중생대 말에 멸종하였으므로 C 시기에 멸종하였다.

적용해야 할 개념 ⑤가지

① 최초의 다세포 생물은 선캄브리아 시대 말기에 출현하였고, 에디아카라 동물군 화석으로 남아 있다.
② 최초의 광합성 생물은 약 35억 년 전 선캄브리아 시대에 출현한 남세균(사이아노박테리아)이다.
③ 최초의 육상 식물은 고생대 중기(실루리아기)에 출현하였다.
④ 중생대는 전 기간에 걸쳐 온난하여 빙하기가 없었다.
⑤ 방추충은 고생대 후기(석탄기~페름기)에 번성하였고, 페름기 말에 멸종하였다.

문제 보기

그림은 지질 시대 동안 일어난 주요 사건을 나타낸 것이다.

이에 대한 설명으로 옳은 것은? [3점]

〈보기〉 풀이

✗① **최초의 다세포 생물이 출현한 지질 시대는 ㉠이다.**
➡ 최초의 다세포 생물이 출현한 지질 시대는 선캄브리아 시대 말기인 약 7억 년 전이므로 ㉡이다.

✗② **생물의 광합성이 최초로 일어난 지질 시대는 ㉡이다.**
➡ 생물의 광합성은 남세균(사이아노박테리아)이 출현하면서 최초로 시작되었으므로 지질 시대는 ㉠에 해당한다.

③ **최초의 육상 식물이 출현한 지질 시대는 ㉢이다.**
➡ 최초의 육상 식물이 출현한 지질 시대는 고생대 중기인 실루리아기이므로 삼엽충 출현(고생대 초기)~공룡 출현(중생대 초기)의 시기인 ㉢이다.

✗④ **빙하기가 없었던 지질 시대는 ㉢이다.**
➡ '대' 단위의 지질 시대 중 빙하기가 없었던 시대는 전 기간 동안 온난하였던 중생대이며, 중생대는 ㉣에 포함된다.

✗⑤ **방추충이 번성한 지질 시대는 ㉣이다.**
➡ 방추충은 고생대 후기인 석탄기와 페름기에 얕은 바다에서 번성하였던 해양 생물이므로 방추충이 번성한 지질 시대는 ㉢이다.

31 지질 시대의 생물 2024학년도 7월 학평 지I 3번

정답 ④ | 정답률 69 %

적용해야 할 개념 ③가지

① 필석은 고생대 캄브리아기에 출현하여 석탄기에 멸종한 해양 무척추동물이다.
② 양서류는 고생대 데본기에 출현하여 석탄기에 전성기를 이루었다.
③ 포유류는 중생대 트라이아스기에 출현하여 신생대에 번성하였다.

문제 보기

그림은 두 생물군의 생존 시기를 나타낸 것이다. A와 B는 각각 양서류와 포유류 중 하나이다.

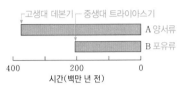

이에 대한 설명으로 옳은 것만을 〈보기〉에서 있는 대로 고른 것은?
[3점]

〈보기〉 풀이

ㄱ. **B는 포유류이다.**

➡ 양서류는 고생대 데본기에 출현하였고, 포유류는 중생대 트라이아스기에 출현하였으므로 A는 양서류, B는 포유류이다.

ㄴ. **필석은 A보다 먼저 출현하였다.**

➡ 필석은 고생대 초기에 출현하였으므로 고생대 중기에 출현한 A보다 먼저 출현하였다.

ㄷ. **B가 최초로 출현한 시기는 신생대이다.**

➡ 포유류는 중생대 트라이아스기에 출현하여 공룡이 멸종된 후 신생대에 번성하였으므로 B가 최초로 출현한 시기는 중생대이다.

보기

---

32 지질 시대의 환경과 생물 2024학년도 5월 학평 지I 6번

정답 ① | 정답률 77 %

적용해야 할 개념 ③가지

① 공룡은 중생대 초기(트라이아스기)에 출현하여 중기(쥐라기)에 크게 번성하였고, 말기(백악기 말)에 멸종하였다.
② 어류는 고생대 오르도비스기에 출현한 최초의 척추동물이다.
③ 오존층이 형성되어 유해한 자외선이 차단되면서 고생대 실루리아기 말에 최초의 육상 식물이 출현하였다.

문제 보기

그림은 지질 시대 동안 생물 A, B, C의 생존 기간을 나타낸 것이다. A, B, C는 각각 겉씨식물, 공룡, 어류 중 하나이다.

이에 대한 설명으로 옳은 것만을 〈보기〉에서 있는 대로 고른 것은?

〈보기〉 풀이

겉씨식물은 고생대 페름기에 출현하였고, 공룡은 중생대 트라이아스기에 출현하였으며, 어류는 고생대 오르도비스기에 출현하였으므로, A는 공룡, B는 어류, C는 겉씨식물이다.

ㄱ. **A는 공룡이다.**

➡ 공룡은 중생대 초기(트라이아스기)에 출현하여 번성하다가 중생대 말기에 멸종하였다. 따라서 A는 공룡이다.

ㄴ. **B가 최초로 출현한 시기는 트라이아스기이다.**

➡ B는 어류로, 고생대 초기(오르도비스기)에 출현하였다.

ㄷ. **오존층은 C가 번성한 시기에 형성되기 시작하였다.**

➡ 겉씨식물은 고생대 말기(페름기)에 출현하여 중생대에 크게 번성하였으므로 C는 겉씨식물이다. 육지에 최초의 생물이 출현하였던 시기는 고생대 중기(실루리아기 말)이며 오존층은 육상 생물이 출현하기 전에 형성되었다. 따라서 오존층이 형성되기 시작한 시기에 C는 존재하지 않았다.

보기

적용해야 할 개념 ②가지

① 현생 누대의 생물 출현

지질 시대	고생대		중생대
생물의 출현 시기	• 캄브리아기: 삼엽충 • 실루리아기: 육상 식물(양치식물) • 석탄기: 파충류	• 오르도비스기: 어류 • 데본기: 양서류 • 페름기: 겉씨식물	• 트라이아스기: 포유류 • 쥐라기: 시조새 • 백악기: 속씨식물

② 히말라야산맥은 인도 대륙이 유라시아 대륙과 충돌한 신생대에 형성되었다.

문제 보기

그림은 주요 동물군의 생존 시기를 나타낸 것이다. A, B, C는 어류, 파충류, 포유류를 순서 없이 나타낸 것이다.

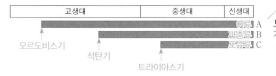

이에 대한 설명으로 옳은 것만을 〈보기〉에서 있는 대로 고른 것은?

〈보기〉 풀이

어류(A)는 고생대 오르도비스기에 출현하였고, 파충류(B)는 고생대 석탄기에 출현하였다. 포유류(C)는 중생대 트라이아스기에 출현하였다.

ㄱ. **A는 어류이다.**
→ 고생대 오르도비스기에는 최초의 척추동물인 어류가 출현하여 현재까지 생존하고 있으므로 A는 어류이다.

ㄴ. **C는 신생대에 번성하였다.**
→ 포유류는 중생대 초기인 트라이아스기에 출현하였으나 신생대에 넓은 초원이 형성되면서 번성하였다.

✗ **B가 최초로 출현한 시기와 C가 최초로 출현한 시기 사이에 히말라야산맥이 형성되었다.**
→ 히말라야산맥은 인도 대륙이 북상하여 유라시아 대륙과 충돌한 신생대에 형성되었다. B가 최초로 출현한 시기와 C가 최초로 출현한 시기 사이는 고생대와 중생대 사이이다.

적용해야 할 개념 ③가지

① 고생대 이후 5번의 생물 대멸종이 있었으며, 고생대 말과 중생대 초의 경계에서 멸종 규모가 가장 컸다.
② 판게아는 고생대 말에 형성된 초대륙으로, 중생대 초 이후에 분리되기 시작하였다.
③ 중생대 백악기 말의 대멸종 시기에 공룡, 암모나이트 등의 생물이 멸종하였다.

문제 보기

그림은 현생 누대 동안 생물 과의 멸종 비율과 대멸종이 일어난 시기 A, B, C를 나타낸 것이다.

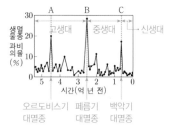

이에 대한 설명으로 옳은 것만을 〈보기〉에서 있는 대로 고른 것은?

〈보기〉 풀이

✗ **A에 방추충이 멸종하였다.**
→ A는 고생대 오르도비스기의 대멸종이다. 방추충은 고생대 페름기 말에 멸종하였으므로 B에 멸종하였다.

ㄴ. **B와 C 사이에 판게아가 분리되기 시작하였다.**
→ B는 고생대 페름기 말이고, C는 중생대 백악기 말이다. 판게아는 중생대 초기까지 지속되었다가 분리되기 시작하였으므로 B와 C 사이에 판게아가 분리되기 시작하였다.

✗ **C는 팔레오기와 네오기의 지질 시대 경계이다.**
→ 팔레오기와 네오기는 신생대에 속한다. C는 중생대 백악기와 신생대 팔레오기의 지질 시대 경계이다.

11 일차

01 ⑤	02 ②	03 ②	04 ①	05 ⑤	06 ④	07 ③	08 ①	09 ④	10 ③	11 ④	12 ②
13 ④	14 ②	15 ②	16 ③	17 ⑤	18 ③	19 ④	20 ②	21 ②	22 ①	23 ④	24 ①
25 ③	26 ①	27 ②	28 ③	29 ②	30 ⑤	31 ④	32 ⑤	33 ②			

문제편 108쪽~117쪽

01 일기도와 위성 영상 분석 2023학년도 7월 학평 지Ⅰ 7번

정답 ⑤ | 정답률 72 %

적용해야 할 개념 ③가지

① 성질이 크게 다른 두 기단의 경계면을 전선면이라 하고, 전선면과 지표면이 만나는 선을 전선이라고 한다.

② 찬 기단과 따뜻한 기단의 세력이 비슷하여 전선이 거의 이동하지 않고 한곳에 오랫동안 머무르는 전선을 정체 전선이라고 한다. 예 장마 전선

③ 위성 영상 해석

가시 영상	구름과 지표면에서 반사된 태양 빛의 반사 강도를 나타낸다. ➡ 구름의 두께가 두꺼울수록 햇빛을 많이 반사하므로 밝게 보인다.
적외 영상	물체가 온도에 따라 방출하는 적외선 복사 에너지양의 차이를 이용하는 것으로, 온도가 높을수록 어둡게, 온도가 낮을수록 밝게 나타난다. ➡ 구름 최상부의 높이가 높을수록 밝게 나타난다.

문제 보기

그림 (가)와 (나)는 8월 어느 날 같은 시각의 지상 일기도와 적외 영상을 나타낸 것이다.

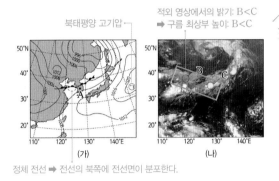

적외 영상에서의 밝기: B<C
➡ 구름 최상부 높이: B<C

북태평양 고기압

(가) (나)

정체 전선 ➡ 전선의 북쪽에 전선면이 분포한다.

이에 대한 설명으로 옳은 것만을 〈보기〉에서 있는 대로 고른 것은?

〈보기〉 풀이

✗ ㄱ. **A 지역의 상공에는 전선면이 나타난다.**

➡ (가)의 정체 전선은 남쪽의 따뜻한 기단이 북쪽의 찬 기단 위로 상승하면서 형성되므로 전선면은 찬 공기가 있는 북쪽으로 기울어져 있다. 따라서 전선의 남쪽에 위치하는 A 지역의 상공에는 전선면이 나타나지 않는다.

ㄴ. **구름의 최상부 높이는 C 지역이 B 지역보다 높다.**

➡ 구름의 최상부 높이가 높을수록 온도가 낮아 적외 영상에서 밝게 나타나므로, 구름의 최상부 높이는 C 지역이 B 지역보다 높다.

ㄷ. **㉠은 북태평양 고기압이다.**

➡ 우리나라 중부 지방에 동서 방향으로 길게 형성된 정체 전선(장마 전선)은 남쪽의 따뜻한 북태평양 기단과 북쪽의 차가운 오호츠크해 기단 사이에서 형성된다. 따라서 ㉠은 북태평양 기단 내에 형성된 북태평양 고기압이다.

적용해야 할 개념 ③가지

① 겨울철에 한랭 건조한 시베리아 기단이 확장하여 황해상을 지나는 동안 열과 수증기를 공급받아 습도가 높아지고 기층이 불안정해지면서 적란운이 형성된다. 이로 인해 서해안에 폭설이 내리기도 한다.

② 북반구에서는 바람이 고기압에서 저기압 쪽으로 등압선에 비스듬히 시계 방향으로 불어 나간다. 남반구에서는 바람이 고기압에서 저기압 쪽으로 등압선에 비스듬히 시계 반대 방향으로 불어 나간다.

③ 적외 영상에서는 구름 최상부의 높이가 높을수록, 즉 구름 최상부의 온도가 낮을수록 밝게 보인다.

문제 보기

그림 (가)는 어느 날 21시 우리나라 주변의 지상 일기도를, (나)는 같은 시각의 적외 영상을 나타낸 것이다. 이날 서해안 지역에서는 폭설이 내렸다.

└→ 겨울철에 한랭 건조한 시베리아 기단의 확장 → 따뜻한 황해를 지나면서 기단 하층의 기온과 습도 상승 → 기층이 불안정해지면서 적란운 형성 → 서해안에 폭설

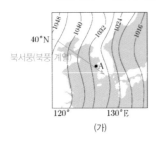
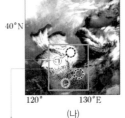

(가)   (나)

밝기: ㉠>㉡
➡ 구름 최상부의 온도: ㉠<㉡
➡ 구름 최상부에서 방출하는 적외선 복사 에너지양: ㉠<㉡

이 자료에 대한 설명으로 옳은 것만을 〈보기〉에서 있는 대로 고른 것은? [3점]

〈보기〉 풀이

✗ 지점 A에서는 남풍 계열의 바람이 분다.

➡ 북반구에서는 바람이 고기압에서 저기압 쪽으로 등압선에 비스듬히 시계 방향으로 불어 나간다. 지점 A 부근에서는 등압선이 대체로 남북 방향으로 분포하며 서쪽이 동쪽보다 기압이 높다. 따라서 지점 A에서는 북풍 계열의 바람(북서풍)이 분다.

ㄴ. 시베리아 기단이 확장하는 동안 황해상을 지나는 기단의 하층 기온은 높아진다.

➡ 시베리아 기단이 확장하는 동안 황해상을 지나게 되면 상대적으로 따뜻한 해수면으로부터 열을 공급받으므로 기단의 하층 기온은 높아진다.

✗ 구름 최상부에서 방출하는 적외선 복사 에너지양은 영역 ㉠이 영역 ㉡보다 많다.

➡ 적외 영상은 온도에 따라 물체가 방출하는 적외선 에너지양의 차이를 이용하는 것으로, 온도가 높을수록 어둡게, 온도가 낮을수록 밝게 나타난다. (나)에서 영역 ㉠은 영역 ㉡보다 밝게 보이므로 구름 최상부의 온도는 영역 ㉠이 영역 ㉡보다 낮다. 따라서 구름 최상부에서 방출하는 적외선 복사 에너지양은 영역 ㉠이 영역 ㉡보다 적다.

적용해야 할 개념 ③가지

① 가시 영상은 구름과 지표면에서 반사된 태양 빛의 반사 강도를 나타내는 것으로, 반사율이 큰 부분은 밝게 나타나고 반사율이 작은 부분은 어둡게 나타난다.

② 정체 전선은 세력이 비슷한 찬 공기와 따뜻한 공기가 한곳에 오랫동안 머물러 형성되는 전선으로, 대표적인 예로는 초여름에 우리나라에 영향을 주는 장마 전선이 있다.

③ 폭설은 짧은 시간에 많은 양의 눈이 내리는 기상 현상으로, 겨울철 서해안에 내리는 폭설은 시베리아 기단의 찬 공기가 남하하여 따뜻한 황해상을 지나면서 변질되어 기층이 불안정해져 상승 기류가 발달할 때 잘 발생한다.

문제 보기

그림 (가)와 (나)는 우리나라 장마 기간 중 어느 날과 서해안 지역에 폭설이 내린 어느 날의 가시 영상을 순서 없이 나타낸 것이다. (가)와 (나)의 촬영 시각은 각각 오전 8시와 오후 7시 중 하나이다.

밝기: A<B
➡ 구름이 반사하는 태양 복사 에너지의 세기: A<B

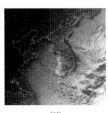

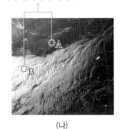

(가)   (나)
• 오전에 촬영(오전 8시)   • 오후에 촬영(오후 7시)
• 폭설(겨울철)   • 장마 기간(여름철)

이 자료에 대한 설명으로 옳은 것만을 〈보기〉에서 있는 대로 고른 것은?

〈보기〉 풀이

✗ (가)의 촬영 시각은 오후 7시이다.

➡ 지구가 서쪽에서 동쪽으로 자전하므로 햇빛이 동쪽에서부터 비추기 시작해서 서쪽으로 옮겨 간다. 또한 가시 영상은 햇빛이 비출 때에만 관측이 가능하다. (가)에서는 우리나라 동쪽 지역에서, (나)에서는 우리나라 서쪽 지역에서 주로 구름이 관측되고 있는 것으로 보아, (가)의 촬영 시각은 오전 8시, (나)의 촬영 시각은 오후 7시이다.

✗ 영상을 촬영한 날 우리나라의 평균 기온은 (가)일 때가 (나)일 때보다 높다.

➡ 가시 영상의 구름 분포를 보았을 때, (가)는 시베리아 기단의 찬 공기가 남하하면서 황해상으로부터 열과 수증기를 공급받아 생긴 눈구름으로부터 서해안 지역에 폭설이 내린 어느 날이고, (나)는 우리나라 남부 지방에 동서로 길게 발달한 장마 전선의 영향을 받는 장마 기간 중의 어느 날이다. 폭설은 겨울철, 장마는 여름철에 나타나므로, 영상을 촬영한 날 우리나라의 평균 기온은 (가)일 때가 (나)일 때보다 낮다.

ㄷ. 구름이 반사하는 태양 복사 에너지의 세기는 영역 A에서가 영역 B에서보다 약하다.

➡ 가시 영상에서는 구름의 두께가 두꺼울수록 태양 복사 에너지를 많이 반사하므로 더 밝게 보인다. 따라서 구름이 반사하는 태양 복사 에너지의 세기는 영역 A에서가 영역 B에서보다 약하다.

보기

| 04 | 기상 위성 영상 분석 2024학년도 7월 학평 지 I 8번 | 정답 ① | 정답률 60% |

적용해야 할 개념 ③가지

① 가시 영상은 지표면이나 구름에서 반사되는 가시광선을 관측하는 영상으로, 구름의 두께가 두꺼울수록 밝게 보인다.

② 정체 전선은 세력이 비슷한 찬 공기와 따뜻한 공기가 한곳에 오랫동안 머물러 형성되는 전선으로, 대표적인 예로는 초여름에 우리나라에 영향을 주는 장마 전선이 있다.

③ 찬 기단과 따뜻한 기단이 만나 지표면과 비스듬하게 이루는 경계면을 전선면이라 하고, 전선면과 지표면이 만나서 이루는 경계선을 전선이라고 한다.

문제 보기

그림 (가)와 (나)는 어느 해 9월에 정체 전선이 우리나라 부근에 위치할 때, 24시간 간격으로 관측한 가시 영상을 순서대로 나타낸 것이다.

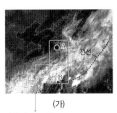

(가)
밝기: A<B
➡ 구름의 두께: A<B

(나)
전선면은 찬 공기가 분포하는 곳에 위치한다.
➡ 전선의 북쪽에 위치한다.

이 자료에 대한 설명으로 옳은 것만을 〈보기〉에서 있는 대로 고른 것은? [3점]

〈보기〉 풀이

보기

ㄱ. (가)에서 구름의 두께는 B 지역이 A 지역보다 두껍다.

➡ 가시 영상에서는 구름의 두께가 두꺼울수록 밝게 보이므로, (가)에서 구름의 두께는 B 지역이 A 지역보다 두껍다.

✗ (나)에서 A 지역에는 남풍 계열의 바람이 우세하다.

➡ (나)에서 정체 전선을 경계로 북쪽의 찬 공기는 남하하고 남쪽의 따뜻한 공기는 북상하고 있다. A 지역은 정체 전선의 북쪽에 위치하므로 북풍 계열의 바람이 우세하다.

✗ (나)에서 B 지역 상공에는 전선면이 나타난다.

➡ 밀도가 큰 찬 공기가 밀도가 작은 따뜻한 공기의 아래쪽에 위치하므로 전선면은 항상 찬 공기 쪽으로 기울어져 있다. 따라서 (나)에서 전선면은 전선의 북쪽 상공에 나타나므로 전선 남쪽에 위치한 B 지역 상공에는 전선면이 나타나지 않는다.

| 05 | 위성 영상 해석 2023학년도 10월 학평 지 I 14번 | 정답 ⑤ | 정답률 68% |

적용해야 할 개념 ③가지

① 가시 영상은 구름과 지표면에서 반사된 태양 빛의 세기에 따라 나타낸 영상이다. ➡ 구름이 두꺼울수록 태양 빛을 많이 반사하므로 밝게 보인다.

② 적외 영상은 물체가 방출하는 적외선 에너지양에 따라 나타낸 영상이다. ➡ 구름 최상부의 고도가 높을수록 온도가 낮아 밝게 보인다.

③ 가시 영상은 구름과 지표면에서 반사된 태양 빛의 반사 강도를 나타낸 것으로 태양 빛이 없는 야간에는 이용할 수 없다. 반면에 적외 영상은 물체가 방출하는 적외선 에너지를 탐지하는 것이므로 태양 빛이 없는 야간에도 관측이 가능하다.

문제 보기

그림 (가)와 (나)는 같은 시각에 우리나라 주변을 관측한 가시 영상과 적외 영상을 순서 없이 나타낸 것이다.

최상부 고도가 높은 두꺼운 구름 ────┐   구름 최상부의 온도: B>D

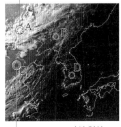 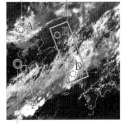

(가) 가시 영상   (나) 적외 영상
                                관측 파장: (가)<(나)
최상부 고도가 낮고 얇은 구름

이에 대한 옳은 설명만을 〈보기〉에서 있는 대로 고른 것은?

〈보기〉 풀이

가시 영상은 태양 빛이 없는 야간에는 이용할 수 없지만 적외 영상은 야간에도 관측이 가능하다. 따라서 (가)는 가시 영상이고 (나)는 적외 영상이다.

보기

✗ 관측 파장은 (가)가 (나)보다 길다.

➡ 가시광선은 적외선보다 파장이 짧다. 따라서 관측 파장은 가시 영상인 (가)가 적외 영상인 (나)보다 짧다.

ㄴ. 비가 내릴 가능성은 A에서가 C에서보다 높다.

➡ A는 가시 영상과 적외 영상에서 모두 밝게 나타나고, C는 가시 영상에서는 옅게, 적외 영상에서는 어둡게 나타난다. 이로부터 A에는 최상부의 고도가 높은 두꺼운 구름이, C에는 최상부의 고도가 낮고 얇은 구름이 분포한다는 것을 알 수 있다. 따라서 비가 내릴 가능성은 적란운에 가까운 구름이 분포하는 A에서가 C에서보다 높다.

ㄷ. 구름 최상부의 온도는 B에서가 D에서보다 높다.

➡ 적외 영상은 물체가 온도에 따라 방출하는 적외선 에너지양의 차이를 이용하는 것으로, 온도가 높을수록 어둡게, 온도가 낮을수록 밝게 나타난다. 적외 영상인 (나)에서 B는 어둡게, D는 밝게 나타나는 것으로 보아, 구름 최상부의 온도는 B에서가 D에서보다 높다.

적용해야 할 개념 ②가지

① 가시 영상은 구름과 지표면에서 반사된 햇빛의 세기에 따라 나타낸 영상이다. 반사도가 큰 부분은 밝게 나타나고, 반사도가 작은 부분은 어둡게 나타난다.
➡ 구름이 두꺼울수록 햇빛을 강하게 반사하여 밝게 보인다. ➡ 구름의 두께 추정
➡ 햇빛이 없는 야간에는 이용할 수 없다.
② 적외 영상은 물체가 방출하는 적외선의 에너지양에 따라 나타낸 영상이다. 온도가 높을수록 어둡게 나타나고, 온도가 낮을수록 밝게 나타난다.
➡ 구름의 최상부 높이가 높을수록 온도가 낮아 밝게 보인다. ➡ 구름의 고도 추정
➡ 낮과 밤에 관계없이 24시간 관측이 가능하다.

문제 보기

다음은 위성 영상을 해석하는 탐구 활동이다.

[탐구 과정]
(가) 동일한 시각에 촬영한 가시 영상과 적외 영상을 준비한다.
(나) 가시 영상과 적외 영상에서 육지와 바다의 밝기를 비교한다.
(다) 가시 영상과 적외 영상에서 구름 A와 B의 밝기를 비교한다.

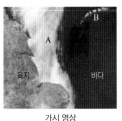 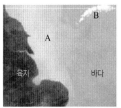

가시 영상   적외 영상
└ 야간에 관측 불가능   └ 낮과 밤에 관계없이
관측 가능

[탐구 결과]

┌→ 바다가 육지보다
온도가 낮다.

구분	가시 영상	적외 영상
(나)	육지가 바다보다 밝다.	바다가 육지보다 밝다.
(다)	A와 B의 밝기가 비슷하다.	B가 A보다 밝다.

└→ A와 B의 구름의   └→ B가 A보다 구름 최상
두께가 비슷하다.   부의 높이가 높다.

이에 대한 설명으로 옳은 것만을 〈보기〉에서 있는 대로 고른 것은? [3점]

〈보기〉 풀이

보기

ㄱ. 육지는 바다보다 온도가 높다.
➡ 적외 영상에서는 온도가 높을수록 어둡게, 온도가 낮을수록 밝게 나타난다. 육지가 바다보다 적외 영상에서 어둡게 나타나므로 온도가 더 높다.

ㄴ. 위성 영상은 밤에 촬영한 것이다.
➡ 적외 영상은 물체가 방출하는 적외선 에너지양을 탐지하는 것이므로 낮과 밤에 관계없이 24시간 관측이 가능하지만, 가시 영상은 햇빛이 없는 밤에는 이용할 수 없다. 따라서 위성 영상은 낮에 촬영한 것이다.

ㄷ. 구름 최상부의 높이는 B가 A보다 높다.
➡ 적외 영상은 온도가 낮을수록 밝게 나타나므로, 최상부의 높이가 높은 구름일수록 온도가 낮아 밝게 나타난다. 적외 영상에서 B가 A보다 밝게 나타나므로 구름 최상부의 높이는 B가 A보다 높다.

07 기상 영상 해석 2020학년도 10월 학평 지Ⅰ 14번
정답 ③ | 정답률 37%

적용해야 할 개념 ③가지

① 가시광선 영상은 구름과 지표면에서 반사된 햇빛의 세기에 따라 나타낸 영상이다.
　➡ 구름이 두꺼울수록 햇빛을 많이 반사하므로 밝게 보인다.
② 적외선 영상은 물체가 방출하는 적외선의 에너지양에 따라 나타낸 영상이다.
　➡ 구름 최상부의 고도가 높을수록 온도가 낮아 밝게 보인다.
③ 집중 호우는 강한 상승 기류가 발달하여 형성되는 적란운에서 발생한다.

문제 보기

그림 (가)와 (나)는 어느 날 같은 시각에 우리나라 부근을 촬영한 기상 위성 영상을 나타낸 것이다.

구름이 두꺼울수록 햇빛을 많이 반사하므로 밝게 보인다.

구름 최상부의 고도가 높다. ➡ 온도가 낮다. ➡ 방출되는 적외선이 약하다. ➡ 밝게 보인다.

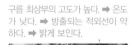

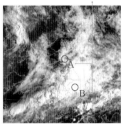
(가) 가시광선 영상

(나) 적외선 영상

· A: 가시광선 영상에서 밝게 보이고, 적외선 영상에서 어둡게 보인다.
➡ 두껍고 낮게 발달한 구름
· B: 가시광선 영상과 적외선 영상에서 모두 밝게 보인다. ➡ 두껍고 높게 발달한 구름 ➡ 집중 호우 발생할 가능성이 높다.

이에 대한 옳은 설명만을 〈보기〉에서 있는 대로 고른 것은?

〈보기〉 풀이

(가) 가시광선 영상에서 A와 B 모두 밝게 보이므로 A와 B에서 모두 구름이 두껍게 발달하였다.
(나) 적외선 영상에서 B가 A보다 밝게 보이므로 구름 최상부의 고도는 B가 A보다 높다.

ㄱ. **(가)에서는 구름이 두꺼운 곳일수록 밝게 보인다.**
➡ (가) 가시광선 영상에서는 구름이 두꺼울수록 햇빛을 많이 반사하므로 밝게 보인다.

✗ **구름 최상부에서 방출되는 적외선은 B가 A보다 강하다.**
➡ 구름 최상부의 온도는 적외선 영상에서 어둡게 보이는 A가 밝게 보이는 B보다 높다. 온도가 높은 구름일수록 적외선이 강하게 방출되므로, 구름 최상부에서 방출되는 적외선은 A가 B보다 강하다.

ㄷ. **집중 호우가 발생할 가능성은 B가 A보다 높다.**
➡ A는 가시광선 영상에서 밝게 보이고 적외선 영상에서는 어둡게 보이므로 구름이 두껍고 낮게 발달하였다. B는 가시광선 영상과 적외선 영상에서 모두 밝게 보이므로 구름이 두껍고 높게 발달하였다. 집중 호우는 주로 강한 상승 기류에 의해 형성된 두껍고 높게 솟은 적란운에서 발생하므로 집중 호우가 발생할 가능성은 B가 A보다 높다.

---

08 기상 영상 해석 2020학년도 4월 학평 지Ⅰ 8번
정답 ① | 정답률 76%

적용해야 할 개념 ②가지

① 기상 영상과 날씨

레이더 영상	· 대기 중에 전파를 발사해 구름이나 물방울에 반사 및 산란된 전파를 수신한 영상 · 일반적으로 물방울이 크거나 많으면 수신되는 신호의 강도가 강하다. ➡ 강수 구역 추정
가시 영상	· 구름과 지표면에서 반사된 햇빛의 세기에 따라 나타낸 영상 · 구름이 두꺼울수록 햇빛을 강하게 반사하여 밝게 보인다. ➡ 구름의 두께 추정 · 햇빛이 없는 야간에는 이용할 수 없다.
적외 영상	· 물체가 방출하는 적외선의 에너지양에 따라 나타낸 영상 · 대체로 구름의 고도가 높을수록 온도가 낮아 밝게 보인다. ➡ 구름의 고도 추정 · 낮과 밤에 관계없이 24시간 관측이 가능하다.

② 국지성 호우(집중 호우): 1시간 동안 30 mm 이상의 비가 내리거나 하루 동안 80 mm 이상 비가 내리는 현상 ➡ 주로 강한 상승 기류에 의해 적란운이 발달할 때, 장마 전선 또는 태풍의 영향을 받거나 저기압 가장자리에 들어 대기가 불안정할 때 발생한다.

문제 보기

그림 (가)는 우리나라에 집중 호우가 발생했을 때의 기상 레이더 영상을, (나)와 (다)는 (가)와 같은 시각의 위성 영상을 나타낸 것이다.

A가 B보다 밝게 보인다.
➡ 구름의 두께: A>B

A가 B보다 밝게 보인다.
➡ 구름 정상부 고도: A>B

(가) 레이더 영상
↳ A 지역 ➡ 강수량이 1시간에 30 mm 이상
➡ 집중 호우

(나) 가시 영상 ┐
낮에만 관측 가능

(다) 적외 영상 ┐
24시간 관측 가능

이 자료에 대한 설명으로 옳은 것만을 〈보기〉에서 있는 대로 고른 것은? [3점]

〈보기〉 풀이

가시 영상은 구름과 지표면에 의해 가시광선이 반사되는 정도를 이용하는 것이므로 햇빛이 없는 야간에는 관측할 수 없다. 적외 영상은 물체가 온도에 따라 방출하는 적외선 에너지양의 차이를 이용하는 것이므로 야간에도 관측이 가능하다.

ㄱ. **A 지역의 대기는 불안정하다.**
➡ (가)의 A 지역에서는 시간당 30 mm가 넘는 강수량이 나타나므로 집중 호우가 발생하였다. 집중 호우는 주로 강한 상승 기류에 의해 적란운이 발달할 때 생성되므로, A 지역의 대기는 불안정하였음을 알 수 있다.

✗ **(나)는 야간에 촬영한 것이다.**
➡ 가시 영상은 햇빛이 있는 낮에만 관측이 가능하다. 따라서 (나)는 주간에 촬영한 것이다.

✗ **구름 정상부의 고도는 A보다 B 지역이 높다.**
➡ 적외 영상에서는 분포하는 구름의 고도가 높을수록 온도가 낮아 밝게 보인다. (다)에서 A 지역이 B 지역보다 밝게 보이므로 구름 정상부의 고도는 A 지역에서 더 높다.

적용해야 할 개념 ③가지

① 온대 저기압은 북반구에서는 찬 공기가 남하하는 남서쪽에 한랭 전선을, 따뜻한 공기가 북상하는 남동쪽에 온난 전선을 동반한다.

② 온난 전선과 한랭 전선 통과 전후 기온과 풍향 변화(북반구)

기온 변화	온난 전선이 통과한 후에는 기온이 상승하고, 한랭 전선이 통과한 후에는 기온이 하강한다.
풍향 변화	온난 전선이 통과할 때는 풍향이 남동풍 → 남서풍으로, 한랭 전선이 통과할 때는 풍향이 남서풍 → 북서풍으로 변한다. ➡ 시계 방향

③ 찬 공기와 따뜻한 공기가 만나는 전선면의 위쪽에 구름이 생기므로 전선 부근에서 강수 구역은 항상 찬 공기가 있는 쪽에 형성된다.

구분	한랭 전선	온난 전선	정체 전선	폐색 전선
강수 구역	강수 구역 / 찬 공기 / 따뜻한 공기	찬 공기 / 따뜻한 공기	찬 공기 / 따뜻한 공기	찬 공기 / 찬 공기

문제 보기

그림 (가)는 온대 저기압에 동반된 전선이 우리나라를 통과하는 동안 관측소 A와 B에서 측정한 기온을, (나)는 T+9시에 관측한 강수 구역을 나타낸 것이다. ㉠과 ㉡은 각각 A와 B 중 하나이다.

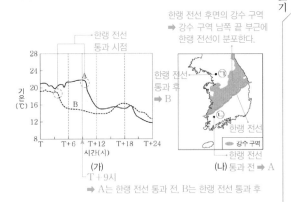

- 한랭 전선 통과 시점
- 한랭 전선 후면의 강수 구역 ➡ 강수 구역 남쪽 끝 부근에 한랭 전선이 분포한다.
- 한랭 전선 통과 후 ➡ B
- (나) 통과 전 ➡ A
- 한랭 전선

(가) T+9시
➡ A는 한랭 전선 통과 전, B는 한랭 전선 통과 후

이에 대한 옳은 설명만을 〈보기〉에서 있는 대로 고른 것은?

〈보기〉 풀이

온대 저기압은 북반구에서는 저기압 중심의 남서쪽으로 한랭 전선을, 남동쪽으로 온난 전선을 동반하며, 온난 전선 전면의 넓은 구역과 한랭 전선 후면의 좁은 구역에서 강수 현상이 일어난다.

✗ **A는 ㉠이다.**
➡ (가)에서 기온이 급격히 하강하는 시점이 한랭 전선이 통과하는 시점이므로, T+9시에 B는 이미 한랭 전선이 통과하였고 A는 곧 한랭 전선이 통과하게 된다. (나)의 강수 구역은 한랭 전선 후면에 해당하므로, T+9시에 ㉠은 이미 한랭 전선이 통과하였고, ㉡은 한랭 전선이 곧 통과하게 된다. 따라서 A는 ㉡이고, B는 ㉠이다.

ㄴ. **(나)에서 우리나라에는 한랭 전선이 위치한다.**
➡ (나)의 강수 구역이 한랭 전선 후면에 해당하므로 강수 구역 남쪽 끝 부근에 한랭 전선이 위치한다. 따라서 (나)에서 우리나라에는 한랭 전선이 위치한다.

ㄷ. **T+6시에 A에는 남풍 계열의 바람이 분다.**
➡ T+6시에 A에는 한랭 전선이 통과하기 전이므로 남풍 계열의 바람이 분다.

10 전선 형성 원리 2020학년도 10월 학평 지Ⅰ 2번

정답 ③ | 정답률 58 %

적용해야 할 개념 ③가지

① 찬 공기는 따뜻한 공기보다 밀도가 크다.

② 한랭 전선은 찬 공기가 따뜻한 공기 쪽으로 이동할 때 따뜻한 공기 밑으로 파고들면서 형성되는 전선이다.

③ 온난 전선은 따뜻한 공기가 찬 공기 쪽으로 이동할 때 찬 공기 위로 타고 올라가면서 형성되는 전선이다

▲ 한랭 전선

▲ 온난 전선

문제 보기

다음은 전선의 형성 원리를 알아보기 위한 실험이다.

[실험 과정]

(가) 수조의 가운데에 칸막이를 설치하고, 양쪽 칸에 온도계를 설치한 후 ㉠ 칸에드라이아이스를 넣는다.
→ 기온 감소, 밀도 증가

(나) 5분 후 ㉠ 칸과 ㉡ 칸의 기온을 측정하여 비교한다.

(다) 칸막이를 천천히 들어 올리면서 공기의 움직임을 살펴본다.

→ A 지점의 공기 이동

[실험 결과]
→ ㉠ 칸이 ㉡ 칸보다 공기의 밀도가 크다.
○ (나)에서 기온은 ㉠ 칸이 ㉡ 칸보다 낮았다.
○ (다)에서 A 지점의 공기는 수조의 바닥을 따라 ㉡ 칸 쪽으로 이동하였다. · 한랭 전선의 형성 과정과 유사하다.
· 전체 공기의 무게 중심이 낮아진다.

이에 대한 옳은 설명만을 〈보기〉에서 있는 대로 고른 것은?

〈보기〉 풀이

보기

ㄱ. (나)에서 공기의 밀도는 ㉠ 칸이 ㉡ 칸보다 크다.
➡ 기온이 낮을수록 공기의 밀도가 크므로 ㉡ 칸보다 기온이 낮은 ㉠ 칸이 공기의 밀도가 크다.

ㄴ. (다)에서 A 지점 부근의 공기 움직임으로 한랭 전선의 형성 과정을 설명할 수 있다.
➡ 한랭 전선은 찬 공기가 따뜻한 공기 쪽으로 이동하여 따뜻한 공기 아래로 파고들면서 형성된다. 따라서 ㉠ 칸의 찬 공기가 수조의 바닥을 따라 A 지점을 지나 ㉡ 칸의 따뜻한 공기 아래로 이동하는 것은 한랭 전선의 형성 과정과 유사하다.

ㄷ. 수조 안 전체 공기의 무게 중심은 (나)보다 (다)에서 높다.
➡ (다)에서 수조의 칸막이를 천천히 들어 올리면 밀도가 큰 ㉠ 칸의 공기는 아래로 이동하고, 밀도가 작은 ㉡ 칸의 공기는 위로 이동하여 수조 안 전체 공기의 무게 중심이 낮아진다.

○ 찬 공기의 중심
× 따뜻한 공기의 중심
⊗ 전체 중심

▲ 무게 중심의 이동

---

11 전선 통과 시 날씨 변화 2019학년도 수능 지Ⅰ 10번

정답 ④ | 정답률 69 %

적용해야 할 개념 ③가지

① 고위도에서 발생한 기단은 한랭하고, 저위도에서 발생한 기단은 온난하다. 또한, 해양에서 발생한 기단은 습윤하고, 대륙에서 발생한 기단은 건조하다.

② 한랭 전선이 통과한 후에는 기온은 하강하고, 기압은 상승한다.

③ 온난 전선이 통과한 후에는 기온은 상승하고, 기압은 하강한다.

문제 보기

그림 (가)는 어느 날 06시부터 21시간 동안 우리나라 어느 관측소에서 높이에 따른 기온을, (나)는 이날 06시의 우리나라 주변 지상 일기도를 나타낸 것이다. 관측 기간 동안 온난 전선과 한랭 전선 중 하나가 이 관측소를 통과하였다.

A 기단: 고위도의 대륙에서 형성되었다. ➡ 한랭 건조

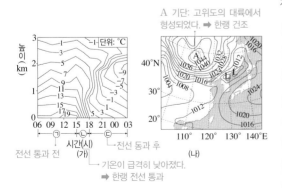

전선 통과 전 ── (가) ── 전선 동과 후
→ 기온이 급격히 낮아졌다.
➡ 한랭 전선 통과

(나)

이에 대한 설명으로 옳은 것만을 〈보기〉에서 있는 대로 고른 것은? [3점]

〈보기〉 풀이

보기

(가)에서 측정된 기온이 15시~18시 사이에 급격하게 낮아졌으므로 이 시간 동안 한랭 전선이 통과하였다.

ㄱ. 관측소를 통과한 전선은 온난 전선이다.
➡ 한랭 전선이 통과하면 기온이 하강하고, 온난 전선이 통과하면 기온이 상승한다. (가)에서 ㉡ 시기 이후에 지표면 부근의 기온이 크게 낮아졌으므로, 관측소를 통과한 전선은 한랭 전선이다.

ㄴ. 관측소의 지상 평균 기압은 ㉢ 시기가 ㉠ 시기보다 높다.
➡ 한랭 전선이 통과하면 기압은 상승한다. 따라서 관측소의 지상 평균 기압은 한랭 전선이 통과한 후인 ㉢ 시기가 통과하기 전인 ㉠ 시기보다 높다.

ㄷ. ㉢ 시기에 관측소는 A 지역 기단의 영향을 받는다.
➡ (나)에서 A 지역의 기단은 고위도의 대륙에서 형성되었으므로 한랭 건조하다. ㉢ 시기에 기온이 낮아진 것은 한랭한 기단인 A의 영향을 받기 때문이다.

적용해야 할 개념 ④가지

① 정체 전선은 세력이 비슷한 찬 기단과 따뜻한 기단이 한곳에 오랫동안 머물러 형성되는 전선이다.
　　　예 우리나라의 초여름에 형성되는 장마 전선
② 우리나라의 초여름에는 북쪽의 찬 기단과 남쪽의 따뜻한 북태평양 기단이 만나 동서로 길게 장마 전선이 형성된다.
③ 북태평양 기단은 고온 다습하다.
④ 북쪽의 찬 기단의 세력이 확장되면 정체 전선이 남하하고, 남쪽의 따뜻한 기단의 세력이 확장되면 정체 선선이 북상한다.

문제 보기

그림은 우리나라에 영향을 준 어떤 전선의 6월 29일부터 7월 4일 까지의 위치 변화를 나타낸 것이다.

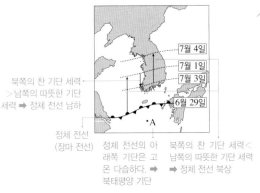

북쪽의 찬 기단 세력 >남쪽의 따뜻한 기단 세력 ➡ 정체 전선 남하

정체 전선 (장마 전선)　정체 전선의 아래쪽 기단은 고온 다습하다. ➡ 북태평양 기단　북쪽의 찬 기단 세력< 남쪽의 따뜻한 기단 세력 ➡ 정체 전선 북상

이에 대한 옳은 설명만을 〈보기〉에서 있는 대로 고른 것은?

〈보기〉 풀이

우리나라의 6월 하순부터 7월 말까지 북태평양 기단과 북쪽의 찬 기단이 비슷한 세력을 이루어 한곳에 오래 머물면서 정체 전선을 형성한다.

✗ 이 전선은 폐색 전선이다.
➡ 이 전선은 찬 기단과 따뜻한 기단이 동서 방향으로 길게 전선을 형성하며 남북으로 오르내렸으므로, 정체 전선의 일종인 장마 전선이다. 폐색 전선은 한랭 전선이 온난 전선과 겹쳐지면서 형성된 전선으로, 넓은 지역에 걸쳐 구름이 많고 강수량도 많다.

ㄴ. A 지점에 영향을 주는 기단은 고온 다습하다.
➡ 정체 전선의 아래쪽에 있는 기단은 따뜻한 기단이다. 따라서 A 지점에 영향을 주는 기단은 북태평양 기단으로, 고온 다습하다.

✗ 이 기간 동안 한랭한 기단의 세력은 계속 확장되었다.
➡ 북쪽의 찬 기단의 세력이 확장되면 정체 전선이 남하하고, 남쪽의 따뜻한 기단의 세력이 확장되면 정체 전선이 북상한다. 이 기간 동안 전선의 위치가 북상(6월 29일~7월 1일)하였다가 남하(7월 1일~7월 3일)한 후 다시 북상(7월 3일~7월 4일)하였다. 따라서 한랭한 기단의 세력은 축소되었다가 잠시 확장된 후 다시 축소되었다.

강수 구역
찬 공기
찬 공기
▲ 폐색 전선에서의 강수 구역

적용해야 할 개념 ③가지

① 성질이 크게 다른 두 기단의 경계면을 전선면이라 하고, 전선면과 지표면이 만나는 선을 전선이라고 한다.
② 정체 전선은 찬 기단과 따뜻한 기단의 세력이 비슷하여 전선이 거의 이동하지 않고 한 곳에 오랫동안 머무르는 전선이다.
　➡ 주로 전선의 북쪽에 강수 구역이 형성되며, 전선이 거의 이동하지 않으므로 한 지역에 지속적으로 비가 내린다.
③ 열대야는 밤 최저 기온이 25 ℃ 이상으로 지속되는 현상이다.

문제 보기

그림 (가)와 (나)는 정체 전선이 발달한 두 시기에 한 시간 동안 측정한 강수량을 나타낸 것이다. A에서는 (가)와 (나) 중 한 시기에 열대야가 발생하였다.

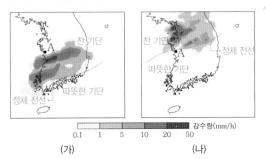

강수량(mm/h)
0.1　1　5　10　20　50
(가)　　　(나)

이에 대한 옳은 설명만을 〈보기〉에서 있는 대로 고른 것은?

〈보기〉 풀이

ㄱ. 전선은 (가) 시기보다 (나) 시기에 북쪽에 위치하였다.
➡ 정체 전선은 찬 기단과 따뜻한 기단의 세력이 비슷하여 전선이 거의 이동하지 않고 한 곳에 오랫동안 머무르는 전선으로, 남쪽의 따뜻한 공기가 북쪽의 찬 공기 위로 비스듬히 상승하면서 형성되는 전선면의 위쪽에 구름이 생성되어 비가 내린다. 따라서 그림 (가)와 (나)에서 정체 전선은 표시된 강수 구역의 남쪽 끝 부근에 위치하므로 (가) 시기보다 (나) 시기에 정체 전선이 북쪽에 위치하였다.

✗ (가) 시기에 A에서는 주로 남풍 계열의 바람이 불었다.
➡ 정체 전선을 경계로 남쪽에서는 따뜻한 공기가 북상하여 남풍 계열의 바람이 불고, 북쪽에서는 찬 공기가 남하하여 북풍 계열의 바람이 분다. (가) 시기에 A는 정체 전선의 북쪽에 위치하므로 주로 북풍 계열의 바람이 불었다.

ㄷ. A에서 열대야가 발생한 시기는 (나)이다.
➡ 정체 전선을 경계로 북쪽에는 찬 기단, 남쪽에는 따뜻한 기단이 분포하므로, A에서 열대야가 발생한 시기는 따뜻한 기단의 영향을 받는 (나)이다.

14 정체 전선과 날씨 2020학년도 수능 지I 12번

정답 ② | 정답률 44 %

적용해야 할 개념 ③가지

① 정체 전선은 찬 기단과 따뜻한 기단의 세력이 비슷하여 전선이 거의 이동하지 않고 한곳에 오랫동안 머무르는 전선이다.

② 우리나라의 장마 전선은 정체 전선의 일종으로, 남쪽의 북태평양 기단과 북쪽의 찬 기단이 만나 형성된다.

➡ 장마 전선을 따라 동서 방향으로 구름이 생성되고, 이로부터 많은 비가 내린다.

③ 장마 전선은 북태평양 기단의 세력이 커지면 북상하고, 북태평양 기단의 세력이 약해지면 남하한다.

문제 보기

표의 (가)는 1일 강수량 분포를, (나)는 지점 A의 1일 풍향 빈도를 나타낸 것이다. D₁ → D₂는 하루 간격이고 이 기간 동안 우리나라는 정체 전선의 영향권에 있었다.

· 강수 구역: D₁일이 D₂일 때보다 남쪽에 분포
➡ 정체 전선: D₁일이 D₂일 때보다 남쪽에 분포

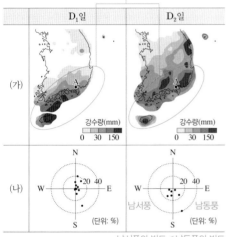

남서풍의 빈도<남동풍의 빈도

지점 A에 대한 설명으로 옳은 것만을 〈보기〉에서 있는 대로 고른 것은? [3점]

〈보기〉 풀이

보기

✗ ㄱ. D₁일 때 정체 전선의 위치는 D₂일 때보다 북쪽이다.

➡ (가)에서 강수 구역은 D₁일 때가 D₂일 때보다 남쪽에 분포하므로, 정체 전선은 D₁일 때가 D₂일 때보다 남쪽에 위치한다.

◯ ㄴ. D₂일 때 남동풍의 빈도는 남서풍의 빈도보다 크다.

➡ D₂일 때 A 지점에서의 풍향 빈도는 남서풍이 20 % 미만으로 4회 관측되었고 남동풍이 20 % 미만으로 2회, 40 %로 1회 관측되었다. 따라서 총 빈도는 남동풍이 남서풍보다 크다.

✗ ㄷ. D₁일 때가 D₂일 때보다 북태평양 기단의 영향을 더 받는다.

➡ 정체 전선의 남쪽에는 북태평양 기단이 분포하며, 북태평양 기단의 영향이 우세할수록 정체 전선의 위치가 북쪽으로 이동한다. D₂일 때가 D₁일 때보다 정체 전선이 북쪽에 위치하므로 북태평양 기단의 영향을 더 받는다.

161

15 | 정체 전선과 기상 영상 해석 2020학년도 3월 학평 지Ⅰ 15번

정답 ② | 정답률 59 %

적용해야 할 개념 ③가지

① 가시 영상은 햇빛을 받지 못하는 야간에는 이용할 수 없다.
② 우리나라의 초여름에는 북쪽의 찬 기단과 남쪽의 따뜻한 기단이 만나 동서로 길게 정체 전선(장마 전선)이 형성된다.
③ 정체 전선의 남쪽에는 고온 다습한 북태평양 기단이, 북쪽에는 한랭한 기단(오호츠크해 기단 등)이 분포한다.

문제 보기

그림은 정체 전선의 영향으로 호우가 발생했던 어느 날 자정에 관측한 우리나라 부근의 기상 위성 영상이다.

적외 영상

찬 기단

찬 기단 ➡ 오호츠크해 고기압의 영향 ➡ 북풍 계열의 바람 우세

보기

북동─남서 방향으로 발달하는 정체 전선면을 따라 구름 형성

정체 전선의 위치   따뜻한 기단

이에 대한 옳은 설명만을 〈보기〉에서 있는 대로 고른 것은?

〈보기〉 풀이

✗ 가시광선 영역을 촬영한 영상이다.

➡ 가시 영상은 햇빛이 반사되는 정도를 이용하므로 햇빛이 없는 밤에는 관측할 수 없지만, 적외 영상은 구름이나 지표면이 방출하는 적외선의 양을 이용하므로 밤낮 관계없이 관측이 가능하다. 따라서 자정에 관측한 기상 위성 영상은 적외선 영역을 촬영한 영상이다.

✗ A 지역에는 남풍 계열의 바람이 우세하다.

➡ 우리나라에서 형성되는 정체 전선(장마 전선)은 대체로 북쪽의 오호츠크해 고기압과 남쪽의 북태평양 고기압 사이에서 형성된다. A 지역은 정체 전선의 북쪽에 위치하므로 오호츠크해 고기압으로부터 불어오는 북풍 계열의 바람이 우세하다.

ㄷ. 정체 전선은 북동─남서 방향으로 발달해 있다.

➡ 북동─남서 방향으로 길게 분포한 구름은 북쪽의 찬 기단과 남쪽의 따뜻한 기단이 만나 발달한 정체 전선의 전선면을 따라 형성된 것이다. 따라서 정체 전선은 북동─남서 방향으로 발달해 있다.

---

16 | 정체 전선과 기상 영상 해석 2022학년도 9월 모평 지Ⅰ 10번

정답 ③ | 정답률 69 %

적용해야 할 개념 ③가지

① 우리나라의 장마 전선은 정체 전선의 일종으로, 남쪽의 북태평양 기단과 북쪽의 오호츠크해 기단이 만나 형성된다.
　➡ 장마 전선을 따라 동서 방향으로 구름이 형성되고, 이로부터 많은 비가 내린다.
② 장마 전선에서는 남쪽의 따뜻한 공기가 북쪽의 찬 공기를 타고 상승하면서 구름이 형성된다. ➡ 장마 전선의 북쪽이 남쪽보다 강수량이 많다.
③ 적외 영상: 온도가 높을수록 어둡게, 온도가 낮을수록 밝게 나타난다. ➡ 낮과 밤에 관계없이 24시간 관측이 가능하다.

문제 보기

그림 (가)와 (나)는 장마 기간 중 어느 날 같은 시각 우리나라 부근의 지상 일기도와 적외 영상을 각각 나타낸 것이다.

장마 전선: 구름대 남쪽 경계 부근에 위치
➡ 125°E에서 지점 b와 c 사이에 위치

장마 전선의 구름대

보기

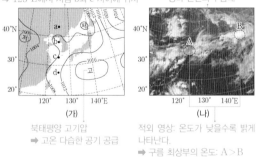

(가)   (나)
북태평양 고기압   적외 영상: 온도가 낮을수록 밝게
➡ 고온 다습한 공기 공급   나타난다.
　　　　　　　　　　　　　➡ 구름 최상부의 온도: A>B

이 자료에 대한 설명으로 옳은 것만을 〈보기〉에서 있는 대로 고른 것은? [3점]

〈보기〉 풀이

우리나라에 영향을 미치는 장마 전선은 대체로 북쪽의 오호츠크해 고기압과 남쪽의 북태평양 고기압이 만나 한 곳에 오래 머무르면서 생기는 정체 전선으로 초여름에 주로 형성된다.

ㄱ. 북태평양 고기압은 고온 다습한 공기를 우리나라로 공급한다.

➡ 장마 전선이 형성될 때 장마 전선의 남쪽에 위치한 북태평양 고기압에서 고온 다습한 공기가 유입되며, 고온 다습한 공기가 전선면을 따라 상승하면서 구름이 형성되고 강수가 나타난다. 따라서 북태평양 고기압은 고온 다습한 공기를 우리나라로 공급한다.

✗ 125°E에서 장마 전선은 지점 a와 지점 b 사이에 위치한다.

➡ 장마 전선을 경계로 남쪽의 따뜻한 공기가 북쪽의 찬 공기를 타고 올라가므로 주로 전선의 북쪽에 구름이 형성되고, 강수가 나타난다. 따라서 구름대의 남쪽 경계 부근에 전선이 위치하며, (나)에서 125°E에 형성된 구름의 위치를 (가)와 비교하면 장마 전선은 지점 b와 지점 c 사이에 위치한다.

ㄷ. 구름 최상부의 온도는 영역 A가 영역 B보다 높다.

➡ 적외 영상은 물체가 온도에 따라 방출하는 적외선 에너지양의 차이를 이용하는 것으로 온도가 높을수록 어둡게, 온도가 낮을수록 밝게 나타난다. (나)의 적외 영상에서 영역 A가 영역 B보다 어둡게 나타나므로 구름 최상부의 온도는 영역 A가 영역 B보다 높다.

17 정체 전선과 기상 영상 해석 2021학년도 수능 지Ⅰ 8번   정답 ⑤ | 정답률 79 %

적용해야 할 개념 ③가지

① 가시광선 영상에서는 구름이 두꺼울수록 햇빛을 많이 반사하므로 밝게 보인다.

② 전선이 형성될 때 밀도가 큰 찬 공기가 밀도가 작은 따뜻한 공기의 아래쪽에 위치하므로 전선면은 지표상의 공기가 찬 공기 쪽에 위치한다.
➡ 전선 부근에서 강수 구역은 항상 찬 공기가 있는 쪽에 형성된다.

구분	한랭 전선	온난 전선	정체 전선	폐색 전선
강수 구역	강수 구역 찬 공기 따뜻한 공기	찬 공기 따뜻한 공기	찬 공기 따뜻한 공기	찬 공기 찬 공기

③ 고기압은 주위보다 기압이 높은 곳으로, 북반구의 지상에서는 바람이 시계 방향으로 불어 나간다.

문제 보기

그림 (가)와 (나)는 어느 날 같은 시각 우리나라 부근의 가시 영상과 지상 일기도를 각각 나타낸 것이다.

북쪽의 찬 기단 위로 남쪽의 더운 기단이 상승하며 정체 전선 형성

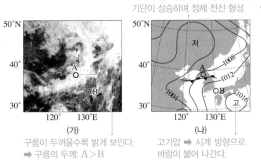

(가)
구름이 두꺼울수록 밝게 보인다.
➡ 구름의 두께: A > B

(나)
고기압 ➡ 시계 방향으로 바람이 불어 나간다.

이 자료에 대한 설명으로 옳은 것만을 〈보기〉에서 있는 대로 고른 것은?

〈보기〉 풀이

ㄱ. **구름의 두께는 A 지역이 B 지역보다 두껍다.**
➡ 가시 영상에서는 구름이 두꺼울수록 햇빛의 반사도가 커서 밝게 보인다. (가) 가시 영상에서 A 지역이 B 지역보다 밝게 보이므로 구름의 두께는 A 지역이 B 지역보다 두껍다.

ㄴ. **A 지역의 구름을 형성하는 수증기는 주로 전선의 남쪽에 위치한 기단에서 공급된다.**
➡ A 지역 부근에는 찬 공기와 따뜻한 공기가 만나 형성된 정체 전선(장마 전선)이 분포하고 있다. A 지역의 구름은 밀도가 큰 북쪽의 찬 기단 위로 밀도가 작은 남쪽의 따뜻한 기단이 상승하면서 수증기가 응결하여 형성된 것이다. 따라서 A 지역의 구름을 형성하는 수증기는 주로 전선의 남쪽에 위치한 따뜻한 기단에서 공급된다.

ㄷ. **B 지역의 지상에서는 남풍 계열의 바람이 분다.**
➡ B 지역의 남동쪽에는 고기압이 위치하고 있다. 고기압이 위치하는 북반구의 지상에서는 바람이 시계 방향으로 불어 나가므로, B 지역의 지상에서는 남풍 계열의 바람이 분다.

보기

정체 전선과 기상 영상 해석 2022학년도 4월 학평 지Ⅰ 10번   정답 ③ | 정답률 54 %

적용해야 할 개념 ③가지

① 레이더 영상은 전파가 구름 속 빗방울에 반사되는 시간을 측정하여 강우 정도, 구름의 이동 속도 및 방향 등을 분석할 수 있는 영상이다.
② 정체 전선은 세력이 비슷한 찬 공기와 따뜻한 공기가 만나 형성되어 한곳에 오랫동안 머물러있는 전선이다.
③ 집중 호우(국지성 호우)는 국지적으로 단시간 내에 많은 양의 비가 내리는 현상으로, 비교적 좁은 지역(반지름 10~20 km 정도)에 집중적으로 비가 내린다.

문제 보기

그림 (가)는 우리나라가 정체 전선의 영향을 받은 어느 날 06시의 지상 일기도를 나타낸 것이고, (나)와 (다)는 각각 이날 06시와 18시의 레이더 영상 중 하나이다.

→ 전선의 북쪽에 구름 구역과 강수 구역이 분포한다.

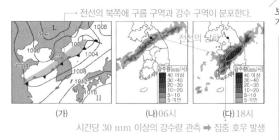

(가)   (나) 06시   (다) 18시
시간당 30 mm 이상의 강수량 관측 ➡ 집중 호우 발생

이 자료에 대한 설명으로 옳은 것만을 〈보기〉에서 있는 대로 고른 것은?

〈보기〉 풀이

ㄱ. **(나)는 06시의 레이더 영상이다.**
➡ (가)에서 우리나라에 영향을 미치는 정체 전선은 남쪽의 따뜻한 공기가 북쪽의 찬 공기 위로 상승하면서 전선면이 북쪽으로 기울어져 형성되므로 주로 전선의 북쪽에 구름 구역과 강수 구역이 분포한다. 따라서 (나)는 06시, (다)는 18시의 레이더 영상이다.

ㄴ. **(다)에는 집중 호우가 발생한 지역이 있다.**
➡ 집중 호우는 국지적으로 단시간 내에 많은 양의 비가 집중하여 내리는 현상으로, 한 시간에 30 mm 이상이나 하루에 80 mm 이상의 비가 내리거나 연 강수량의 10 % 정도의 비가 하루에 내리는 것을 말한다. (다)의 레이더 영상에서 시간당 30 mm 이상의 강수량이 관측되므로 (다)에는 집중 호우가 발생한 지역이 있다.

✗ **A 지점에서는 06시와 18시 사이에 전선이 통과하였다.**
➡ (나)와 (다)의 레이더 영상에 나타난 강수 구역을 보았을 때, 정체 전선은 06시에 A 지점보다 남쪽에 위치하였고 18시에는 더 남쪽으로 이동하였다. 따라서 A 지점에서는 06시와 18시 사이에 전선이 통과하지 않았다.

19

전선의 종류 2019학년도 9월 모평 지Ⅰ 4번   정답 ④ | 정답률 89 %

적용해야 할 개념 ③가지

① 한랭 전선은 찬 공기가 따뜻한 공기 쪽으로 이동할 때 따뜻한 공기 밑으로 파고들면서 형성되는 전선으로, 한랭 전선의 뒤쪽에는 적운형 구름이 발달한다.
② 온난 전선은 따뜻한 공기가 찬 공기 쪽으로 이동할 때 찬 공기 위로 타고 올라가면서 형성되는 전선으로, 온난 전선의 앞쪽에는 층운형 구름이 발달한다.
③ 정체 전선은 찬 공기와 따뜻한 공기의 세력이 비슷하여 한곳에 오랫동안 머물러 형성되는 전선이다.

문제 보기

그림은 우리나라 주변의 일기도이고, 표의 ㉠, ㉡, ㉢은 각각 일기도에 나타난 전선 A, B, C의 특징 중 하나이다.

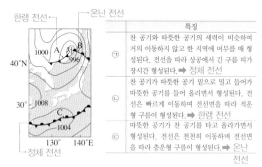

	특징
㉠	찬 공기와 따뜻한 공기의 세력이 비슷하여 거의 이동하지 않고 한 지역에 머무를 때 형성된다. 전선을 따라 상공에서 긴 구름 띠가 장시간 형성된다. ➡ 정체 전선
㉡	찬 공기가 따뜻한 공기 밑으로 밀고 들어가 따뜻한 공기를 들어 올리면서 형성된다. 전선은 빠르게 이동하며 전선면을 따라 적운형 구름이 형성된다. ➡ 한랭 전선
㉢	따뜻한 공기가 찬 공기를 타고 올라가면서 형성된다. 전선은 천천히 이동하며 전선면을 따라 층운형 구름이 형성된다. ➡ 온난 전선

㉠, ㉡, ㉢에 해당하는 전선으로 옳은 것은?

〈보기〉 풀이

성질이 다른 두 공기가 만나서 생기는 경계면을 전선면이라 하고, 전선면과 지표면이 만나서 이루는 경계선을 전선이라고 한다. 전선의 종류에는 한랭 전선, 온난 전선, 폐색 전선, 정체 전선이 있다.

㉠ **찬 공기와 따뜻한 공기의 세력이 비슷하여 거의 이동하지 않고 한 지역에 머무를 때 형성된다. 전선을 따라 상공에서 긴 구름 띠가 장시간 형성된다.**
➡ 세력이 비슷한 두 공기가 만나 한곳에 오랫동안 머무는 정체 전선이므로, C에 해당한다.

㉡ **찬 공기가 따뜻한 공기 밑으로 밀고 들어가 따뜻한 공기를 들어 올리면서 형성된다. 전선은 빠르게 이동하며 전선면을 따라 적운형 구름이 형성된다.**
➡ 찬 공기가 따뜻한 공기를 파고들며 형성되는 한랭 전선이므로, A에 해당한다.

㉢ **따뜻한 공기가 찬 공기를 타고 올라가면서 형성된다. 전선은 천천히 이동하며 전선면을 따라 층운형 구름이 형성된다.**
➡ 따뜻한 공기가 찬 공기를 타고 오르면서 형성되는 온난 전선이므로, B에 해당한다.

	㉠	㉡	㉢
✗①	A	B	C
✗②	B	A	C
✗③	B	C	A
④	C	A	B
✗⑤	C	B	A

20 전선의 종류 2022학년도 3월 학평 지Ⅰ 9번 | 정답 ② | 정답률 48 %

적용해야 할 개념 ③가지

① 성질이 크게 다른 두 기단의 경계면을 전선면이라 하고, 전선면과 지표면이 만나는 선을 전선이라고 한다.

② 한랭 전선은 찬 기단이 따뜻한 기단 쪽으로 이동할 때 따뜻한 기단 밑으로 파고 들어가 형성되는 전선이고, 온난 전선은 따뜻한 기단이 찬 기단 쪽으로 이동할 때 찬 기단 위로 타고 올라가면서 형성되는 전선이다.

구분		한랭 전선	온난 전선
전선 통과 후의 변화	기온	하강	상승
	기압	상승	하강
	풍향(북반구)	남서풍 → 북서풍	남동풍 → 남서풍

③ 정체 전선은 찬 기단과 따뜻한 기단의 세력이 비슷하여 전선이 거의 이동하지 않고 한 곳에 오랫동안 머무르는 전선이다.

문제 보기

그림 (가)와 (나)는 전선이 발달해 있는 북반구의 두 지역에서 전선의 위치와 일기 기호를 나타낸 것이다. (가)와 (나)의 전선은 각각 온난 전선과 정체 전선 중 하나이고, 영역 A, B, C는 지표상에 위치한다.

전선 남쪽의 따뜻한 공기가 전선 북쪽의 찬 공기 위로 올라가면서 전선면을 형성한다.

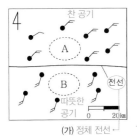

(가) 정체 전선

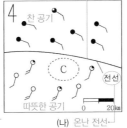

(나) 온난 전선

이에 대한 옳은 설명만을 〈보기〉에서 있는 대로 고른 것은? [3점]

〈보기〉 풀이

✗ (가)의 전선은 온난 전선이다.
➡ 전선을 경계로 남풍 계열과 북풍 계열의 바람이 부는 (가)는 정체 전선이고, 전선을 경계로 남풍 계열의 남서풍과 남동풍이 부는 (나)는 온난 전선이다.

ㄴ. 평균 기온은 A보다 B에서 높다.
➡ 북반구에서 정체 전선의 남쪽에는 따뜻한 공기가, 북쪽에는 찬 공기가 위치하므로 평균 기온은 A보다 B에서 높다.

✗ C의 상공에는 전선면이 존재한다.
➡ (나)에서는 전선 남쪽의 따뜻한 공기가 전선 북쪽의 찬 공기 위로 타고 올라가면서 경사가 완만한 온난 전선면이 형성되므로 C의 상공에는 전선면이 존재하지 않는다.

---

21 온대 저기압의 발생 과정 2021학년도 3월 학평 지Ⅰ 5번 | 정답 ② | 정답률 54 %

적용해야 할 개념 ②가지

① 온대 저기압은 중위도의 온대 지방에서 발생하며 전선을 동반하는 저기압이다.
➡ 저기압 중심의 남서쪽에는 한랭 전선이 형성되고, 남동쪽에는 온난 전선이 형성된다.
➡ 편서풍의 영향으로 서에서 동으로 이동하면서 중위도 지방의 날씨에 영향을 준다.

② 온대 저기압의 발생과 소멸

| 찬 공기와 따뜻한 공기가 만나 정체 전선 형성 | 남북 간의 기온 차이로 불안정해져 파동 형성 | 한랭 전선과 온난 전선이 형성되어 온대 저기압 발달 | 한랭 전선과 온난 전선이 겹쳐져 폐색 전선 형성 | 따뜻한 공기(위)와 찬 공기(아래)로 분리되어 온대 저기압 소멸 |

문제 보기

그림은 온대 저기압의 발생 과정 중 전선에 파동이 형성되는 모습을 나타낸 것이다.
이 자료에 대한 옳은 설명만을 〈보기〉에서 있는 대로 고른 것은?

정체 전선: 북쪽의 찬 공기와 남쪽의 따뜻한 공기가 만나 형성
➡ 기온: A < B

〈보기〉 풀이

✗ 이러한 파동은 주로 열대 해상에서 발생한다.
➡ 온대 저기압은 중위도의 온대 지방에서 찬 공기와 따뜻한 공기가 만나는 정체 전선에서 파동이 형성될 때 발생한다. 열대 해상에서 숨은열을 에너지원으로 하여 발생하는 것은 열대 저기압(태풍)이다.

✗ 폐색 전선이 발달해 있다.
➡ 그림은 온대 저기압의 발생 과정 중 정체 전선에서 파동이 형성되는 단계를 나타낸 것으로 아직 한랭 전선과 온난 전선이 형성되지는 않은 상태이다. 따라서 한랭 전선과 온난 전선이 겹쳐져서 형성되는 폐색 전선은 발달하지 않았다.

ㄷ. 기온은 A 지점이 B 지점보다 낮다.
➡ A 지점에는 찬 공기가, B 지점에는 따뜻한 공기가 있으므로 기온은 A 지점이 B 지점보다 낮다.

적용해야 할 개념 ③가지

① 고기압은 주위보다 기압이 높은 곳으로, 고기압 중심에서는 하강 기류가 나타난다.

② 온대 저기압 주변의 날씨

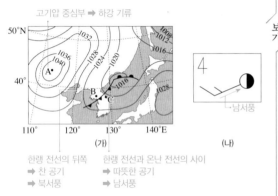

지역	A	B	C
풍향	남동풍	남서풍	북서풍
구름	층운형 구름	–	적운형 구름
기온	낮다. (찬 공기)	높다. (따뜻한 공기)	낮다. (찬 공기)

③ 일기 기호에서 운량을 나타내는 곳이 관측 지점이고, 바람은 관측 지점을 향해서 불어온다.

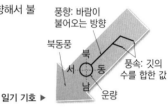

일기 기호 ▶

문제 보기

그림 (가)는 어느 날 우리나라 주변의 지상 일기도를, (나)는 B, C 중 한 곳의 날씨를 일기 기호로 나타낸 것이다.

고기압 중심부 ➡ 하강 기류

(가)

한랭 전선의 뒤쪽   한랭 전선과 온난 전선의 사이
➡ 찬 공기   ➡ 따뜻한 공기
➡ 북서풍   ➡ 남서풍

(나)   ➡ 남서풍

이에 대한 설명으로 옳은 것만을 〈보기〉에서 있는 대로 고른 것은?

〈보기〉 풀이

A는 고기압 중심부에 해당하며, B는 한랭 전선의 뒤쪽, C는 한랭 전선과 온난 전선의 사이에 위치한다.

ㄱ. **A에는 하강 기류가 나타난다.**
➡ 고기압은 주위보다 기압이 높은 곳으로, 지상에서는 고기압 중심의 공기가 발산하므로 하강 기류가 발달한다. 따라서 고기압 중심부에 위치한 A에는 하강 기류가 나타난다.

ㄴ. **기온은 B가 C보다 높다.**
➡ B와 C 사이에 한랭 전선이 위치하므로 B에는 찬 공기가, C에는 따뜻한 공기가 위치한다. 따라서 기온은 B가 C보다 낮다.

ㄷ. **(나)는 B의 일기 기호이다.**
➡ B는 한랭 전선의 뒤쪽에 위치하여 북서풍이 우세하게 불고, C는 한랭 전선과 온난 전선의 사이에 위치하여 남서풍이 우세하게 분다. (나)는 남서풍을 나타내므로 C의 일기 기호이다.

보기

23 온대 저기압과 날씨 2022학년도 6월 모평 지I 8번

정답 ④ | 정답률 56 %

적용해야 할 개념 ③가지

① 기압과 날씨

고기압	• 주위보다 기압이 높은 곳 • 북반구의 지상에서는 바람이 시계 방향으로 불어 나간다. ➡ 고기압 중심에서는 하강 기류가 발달하여 날씨가 맑다.
저기압	• 주위보다 기압이 낮은 곳 • 북반구의 지상에서는 바람이 시계 반대 방향으로 불어 들어온다. ➡ 저기압 중심에서는 상승 기류가 발달하여 날씨가 흐리거나 비가 내린다.

② 폐색 전선은 이동 속도가 상대적으로 빠른 한랭 전선이 이동 속도가 느린 온난 전선을 따라 잡아 두 전선이 겹쳐질 때 형성된다.

③ 적외 영상은 물체가 방출하는 적외선의 에너지양에 따라 나타낸 영상이다. ➡ 구름 최상부의 높이가 높을수록 온도가 낮아 밝게 보인다.

문제 보기

그림 (가)와 (나)는 어느 날 같은 시각의 지상 일기도와 적외 영상을 나타낸 것이다. 이때 우리나라 주변에는 전선을 동반한 2개의 온대 저기압이 발달하였다.

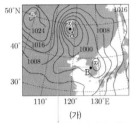

쉼표 모양의 구름 ➡ 폐색 전선 형성

(가)

저기압에서 바람이 시계 반대 방향으로 불어 들어간다.
➡ B 지점: 서풍 계열의 바람 우세

(나)

C 지역: 적외 영상에서 어둡게 보인다. ➡ 적란운이 발달하지 않았다.

이 자료에 대한 설명으로 옳은 것만을 〈보기〉에서 있는 대로 고른 것은? [3점]

〈보기〉 풀이

가시 영상에서는 구름이 두꺼울수록 밝게 보이고, 적외 영상에서는 구름 최상부의 고도가 높을수록 밝게 보인다.

ㄱ. **A 지점의 저기압은 폐색 전선을 동반하고 있다.**
➡ (나)에서 구름이 A 지점의 온대 저기압 중심을 향해 휘어 들어가는 것으로 보아 한랭 전선과 온난 전선이 겹쳐져 있다. 따라서 A 지점의 저기압은 폐색 전선을 동반하고 있다.

ㄴ. **B 지점은 서풍 계열의 바람이 우세하다.**
➡ 북반구의 저기압에서는 지상에서 바람이 시계 반대 방향으로 저기압 중심을 향해 불어 들어가므로, B 지점은 서풍 계열의 바람이 우세하다.

ㄷ. **C 지역에는 적란운이 발달해 있다.**
➡ 적란운은 구름의 두께가 두껍고 구름 최상부의 고도가 높기 때문에 가시 영상과 적외 영상 모두에서 매우 밝게 나타난다. (나)의 적외 영상에서 C 지역은 어둡게 나타나므로 C 지역에 적란운이 발달해 있다고 볼 수 없다.

보기

---

24 온대 저기압과 날씨 2021학년도 10월 학평 지I 6번

정답 ① | 정답률 85 %

적용해야 할 개념 ③가지

① 온대 저기압은 편서풍의 영향으로 서에서 동으로 이동하며 온난 전선, 한랭 전선의 순으로 통과한다.
➡ 온대 저기압에서는 통과하는 전선의 영향으로 전선을 경계로 날씨, 기온, 풍향이 급변한다.

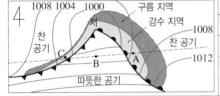

지역	A	B	C
풍향	남동풍	남서풍	북서풍
구름	층운형 구름	−	적운형 구름
기온	낮다. (찬 공기)	높다. (따뜻한 공기)	낮다. (찬 공기)

② 가시 영상은 구름과 지표면에서 반사된 햇빛의 세기에 따라 나타낸 영상이다. ➡ 구름이 두꺼울수록 햇빛을 많이 반사하므로 밝게 보인다.

③ 적외 영상은 물체가 방출하는 적외선의 에너지양에 따라 나타낸 영상이다. ➡ 구름 최상부의 높이가 높을수록 온도가 낮아 밝게 보인다.

문제 보기

그림 (가)는 어느 날 21시의 일기도이고, (나)는 같은 시각의 위성 영상이다.
└ 밤에 촬영 ➡ (나)는 적외 영상

온난 전선

한랭 전선 (가)

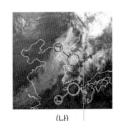

(나)

적외 영상에서 구름 최상부의 높이가 높을수록 온도가 낮아 밝게 나타난다.
➡ 구름 최상부의 높이: ㉠ > ㉡

이에 대한 옳은 설명만을 〈보기〉에서 있는 대로 고른 것은? [3점]

〈보기〉 풀이

가시 영상은 햇빛이 없는 야간에는 관측할 수 없고, 적외 영상은 밤낮 관계없이 24시간 관측이 가능하다. 따라서 21시에 촬영된 위성 영상인 (나)는 적외 영상에 해당한다.

ㄱ. **온대 저기압이 통과하는 동안 B 지점에서 바람의 방향은 시계 방향으로 변한다.**
➡ 온대 저기압은 편서풍의 영향으로 서에서 동으로 이동하므로, B 지점에는 한랭 전선이 통과하면서 풍향이 남서풍에서 북서풍으로 시계 방향으로 변한다.

ㄴ. **지표면 부근의 기온은 A 지점이 B 지점보다 높다.**
➡ 온대 저기압의 온난 전선의 앞쪽과 한랭 전선의 뒤쪽에는 찬 공기가, 온난 전선과 한랭 전선 사이에는 따뜻한 공기가 분포한다. A 지점은 한랭 전선의 뒤쪽에 위치하고, B 지점은 온난 전선과 한랭 전선 사이에 위치하므로 지표면 부근의 기온은 A 지점이 B 지점보다 낮다.

ㄷ. **구름 최상부의 높이는 ㉠보다 ㉡에서 높다.**
➡ 적외 영상에서 구름 최상부의 높이가 높을수록 온도가 낮아 밝게 나타나므로 구름 최상부의 높이는 ㉡보다 ㉠에서 높다.

보기

적용해야 할 개념 ③가지

① 온대 저기압은 중위도의 온대 지방에서 발생하는 저기압으로 온난 전선과 한랭 전선을 동반한다. ➡ 편서풍의 영향으로 서에서 동으로 이동하면서 중위도 지방의 날씨에 영향을 준다.

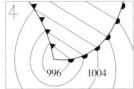
▲ 남반구의 온대 저기압

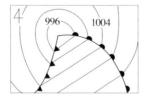
▲ 북반구의 온대 저기압

② 밀도가 큰 찬 공기가 밀도가 작은 따뜻한 공기의 아래쪽에 위치하므로 전선면은 항상 찬 공기 쪽으로 기울어져 있다.

③ 가시 영상은 구름과 지표면에서 반사된 태양빛의 반사 강도를 나타내는 것으로, 반사도가 큰 부분은 밝게 나타나고 반사도가 작은 부분은 어둡게 나타난다. ➡ 구름이 두꺼울수록 햇빛을 많이 반사하므로 층운형 구름보다 적운형 구름이 더 밝게 보인다.

문제 보기

그림은 전선을 동반한 온대 저기압의 모습을 인공위성에서 촬영한 가시광선 영상이다. ㉠과 ㉡은 각각 온난 전선과 한랭 전선 중 하나이다.

가시광선 영상에서는 구름의 두께가 두꺼울수록 밝게 보인다.
➡ 구름의 두께: A>C

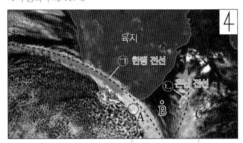

이에 대한 설명으로 옳은 것만을 〈보기〉에서 있는 대로 고른 것은?
[3점]

〈보기〉 풀이

㉠ 온난 전선은 ㉡이다.
➡ 위성 영상에서 온대 저기압에 동반된 전선의 형태를 보았을 때 이 지역은 남반구에 해당한다. 남반구의 온대 저기압에서 ㉠은 한랭 전선, ㉡은 온난 전선이다.

㉡ 구름의 두께는 A 지역이 C 지역보다 두껍다.
➡ A 지역에는 한랭 전선 후면에 발달한 적운형 구름이, C 지역에는 온난 전선 전면에 발달한 층운형 구름이 나타나므로 구름의 두께는 A 지역이 C 지역보다 두껍다. 또한 가시광선 영상에서는 구름이 두꺼울수록 반사되는 태양빛이 강해 밝게 보이므로, 구름의 두께는 A 지역이 C 지역보다 두껍다.

✕ 지점 B의 상공에는 전선면이 발달한다.
➡ 한랭 전선 ㉠에서는 전선 후면의 찬 공기 쪽으로 경사가 급한 전선면이, 온난 전선 ㉡에서는 전선 전면의 찬 공기 쪽으로 경사가 완만한 전선면이 형성된다. 지점 B는 온난 전선과 한랭 전선 사이에 위치하므로 상공에 전선면이 발달하지 않는다.

26 온대 저기압의 날씨 2022학년도 4월 학평 지Ⅰ 8번

정답 ① | 정답률 43 %

적용해야 할 개념 ②가지

① 폐색 전선은 이동 속도가 빠른 뒤쪽의 한랭 전선이 이동 속도가 느린 앞쪽의 온난 전선을 따라잡아 겹쳐져서 형성되는 전선이다.

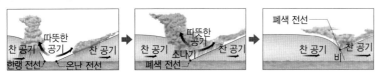

▲ 폐색 전선의 형성 과정

② 온대 저기압은 찬 공기와 따뜻한 공기가 만나는 정체 전선에서 파동이 생성될 때 발생하며, 한랭 전선과 온난 전선이 겹쳐진 폐색 전선이 형성되면서 소멸한다.

▲ 온대 저기압의 일생

문제 보기

그림은 폐색 전선을 동반한 온대 저기압 주변 지표면에서의 풍향과 풍속 분포를 강수량 분포와 함께 나타낸 것이다. 지표면의 구간 X-X′과 Y-Y′에서의 강수량 분포는 각각 A와 B 중 하나이다.
이 자료에 대한 설명으로 옳은 것만을 〈보기〉에서 있는 대로 고른 것은? [3점]

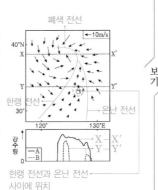

〈보기〉 풀이

북반구의 온대 저기압 주변 지표면에서는 바람이 저기압 중심을 향해 시계 반대 방향으로 불어 들어가므로 X-X′에는 폐색 전선이, Y-Y′에는 한랭 전선과 온난 전선이 위치한다.

ㄱ. **A는 X-X′에서의 강수량 분포이다.**

➡ 온대 저기압에 동반된 온난 전선과 한랭 전선의 강수 구역은 각각 전선의 앞쪽과 전선의 뒤쪽에 나타난다. 폐색 전선은 이동 속도가 빠른 뒤쪽의 한랭 전선이 이동 속도가 느린 앞쪽의 온난 전선을 따라잡아 겹쳐져서 형성되므로, 폐색 전선을 따라 나타나는 강수 구역은 한랭 전선과 온난 전선의 강수 구역을 합친 것과 같이 나타난다. 따라서 A는 X-X′, B는 Y-Y′에서의 강수량 분포이다.

ㄴ. **Y-Y′에는 폐색 전선이 위치한다.**

➡ 북반구에 발달한 온대 저기압의 경우 온난 전선 앞쪽에서는 남동풍, 한랭 전선 뒤쪽에서는 북서풍이 불며 온난 전선과 한랭 전선 사이에서는 남서풍이 분다. Y-Y′를 따라 북서풍, 남서풍, 남동풍이 불고 있는 것으로 보아 Y-Y′에는 한랭 전선과 온난 전선이 위치한다.

ㄷ. **㉠ 지점의 상공에는 전선면이 있다.**

➡ ㉠ 지점은 남서풍이 불고 있는 것으로 보아 한랭 전선과 온난 전선 사이에 위치한다. 따라서 ㉠ 지점의 상공에는 전선면이 존재하지 않는다.

적용해야 할 개념 ③가지

① 성질이 크게 다른 두 기단의 경계면을 전선면이라 하고, 전선면과 지표면이 만나는 선을 전선이라고 한다. 전선을 경계로 기온, 습도, 풍향 등의 기상 요소가 크게 달라진다.

② 온대 저기압은 찬 기단과 따뜻한 기단이 만나는 중위도의 정체 전선상의 파동으로부터 발생하며, 북반구에서 온대 저기압은 찬 공기가 남하하는 남서쪽으로 한랭 전선을, 따뜻한 공기가 북상하는 남동쪽으로 온난 전선을 동반한다.

③ 온대 저기압 주변의 날씨

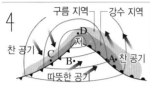

지역	A	B	C	D
날씨	넓은 지역에 지속적인 비	맑다.	좁은 지역에 소나기성 비	비
기온	낮다.	높다.	낮다.	낮다.
풍향	남동풍	남서풍	북서풍	북풍 계열

문제 보기

그림 (가)와 (나)는 우리나라에 온대 저기압이 위치할 때, 이 온대 저기압에 동반된 온난 전선과 한랭 전선 주변의 지상 기온 분포를 순서 없이 나타낸 것이다. (가)와 (나)는 같은 시각의 지상 기온 분포이고, (나)에서 전선은 구간 ㉠과 ㉡ 중 하나에 나타난다.

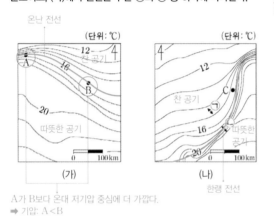

(가)

(나)

A가 B보다 온대 저기압 중심에 더 가깝다.
➡ 기압: A<B

이 자료에 대한 설명으로 옳은 것만을 〈보기〉에서 있는 대로 고른 것은? [3점]

〈보기〉 풀이

온대 저기압은 중위도의 온대 지방에서 발생하는 전선을 동반하는 저기압으로, 북반구의 경우 저기압 중심의 남서쪽에는 한랭 전선, 남동쪽에는 온난 전선이 형성된다.

✘ (나)에서 전선은 ㉠에 나타난다.

➡ 전선은 성질이 크게 다른 두 기단의 경계면인 전선면이 지표면과 만나는 선이므로, 전선을 경계로 기온, 기압, 풍향 등이 크게 변한다. 따라서 (나)에서 등온선이 조밀하게 분포하는 ㉡에 전선이 나타나는데, 이 전선은 온대 저기압 중심의 남서쪽에 형성되는 한랭 전선이다.

◯ ㉡ 기압은 지점 A가 지점 B보다 낮다.

➡ (가)에서 등온선이 조밀하게 분포하는 곳에 전선이 분포하는데, 이 전선은 온대 저기압 중심의 남동쪽에 형성되는 온난 전선이다. 지점 A와 B는 온난 전선 부근에 위치하며, A가 B보다 온대 저기압 중심에 더 가깝다. 저기압의 중심으로 갈수록 기압이 낮아지므로, 기압은 지점 A가 지점 B보다 낮다.

✘ 지점 B는 지점 C보다 서쪽에 위치한다.

➡ 온대 저기압에 동반된 온난 전선은 한랭 전선보다 동쪽에 위치한다. 따라서 온난 전선 부근에 위치한 지점 B는 한랭 전선 부근에 위치한 지점 C보다 동쪽에 위치한다.

보기

28 온대 저기압과 날씨 2022학년도 수능 지Ⅰ 12번   정답 ③ | 정답률 62 %

적용해야 할 개념 ②가지

① 온대 저기압은 중위도 온대 지방에서 발생하여 전선을 동반하는 저기압으로, 저기압 중심의 남서쪽에 한랭 전선, 남동쪽에 온난 전선을 동반한다.

② 온대 저기압과 날씨

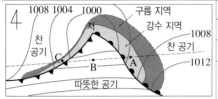

지역	A	B	C
풍향	남동풍	남서풍	북서풍
구름	층운형 구름	–	적운형 구름
기온	낮다. (찬 공기)	높다. (따뜻한 공기)	낮다. (찬 공기)

문제 보기

그림 (가)와 (나)는 우리나라에 온대 저기압이 위치할 때, 온난 전선과 한랭 전선 주변의 지상 기온 분포를 순서 없이 나타낸 것이다.

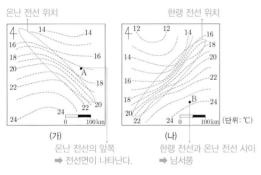

(가) 온난 전선의 앞쪽 ➡ 전선면이 나타난다.
(나) 한랭 전선과 온난 전선 사이 ➡ 남서풍

이에 대한 설명으로 옳은 것만을 〈보기〉에서 있는 대로 고른 것은? [3점]

〈보기〉 풀이

ㄱ. 온난 전선 주변의 지상 기온 분포는 (가)이다.
➡ 전선을 경계로 성질이 다른 기단이 분포하여 기온, 기압, 풍향 등이 크게 달라지므로 (가)와 (나)에서 등온선이 조밀하게 분포한 곳에 전선이 위치한다. 북반구에서 온대 저기압 중심의 남서쪽에 한랭 전선, 남동쪽에 온난 전선이 형성되므로 온난 전선 주변의 지상 기온 분포는 (가)이고, 한랭 전선 주변의 지상 기온 분포는 (나)이다.

ㄴ. A 지역의 상공에는 전선면이 나타난다.
➡ A 지역은 온난 전선의 앞쪽에 위치하므로 상공에 온난 전선면이 나타난다.

ㄷ. B 지역에서는 북풍 계열의 바람이 분다.
➡ B 지역은 한랭 전선과 온난 전선 사이에 위치하므로 B 지역에서는 주로 남서풍이 분다. 따라서 B 지역에서는 남풍 계열의 바람이 분다.

보기

---

29 온대 저기압의 특징 2024학년도 3월 학평 지Ⅰ 11번   정답 ② | 정답률 79 %

적용해야 할 개념 ②가지

① 온대 저기압은 중위도 온대 지방에서 발생한 저기압으로, 온난 전선과 한랭 전선을 동반한다.

② 온대 저기압 주변의 날씨

지역	A	B	C	D
날씨	넓은 지역에 지속적인 비	맑다.	좁은 지역에 소나기성 비	비
기온	낮다.	높다.	낮다.	낮다.
풍향	남동풍	남서풍	북서풍	북풍 계열

문제 보기

그림은 어느 날 특정 시각의 온대 저기압 모습과 구간 A, B, C에서 관측한 기상 요소를 나타낸 것이다.

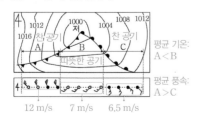

평균 기온: A<B
평균 풍속: A>C
12 m/s 7 m/s 6.5 m/s

이 자료에 대한 설명으로 옳은 것만을 〈보기〉에서 있는 대로 고른 것은?

〈보기〉 풀이

ㄱ. 평균 기온은 A가 B보다 높다.
➡ 한랭 전선 후면에 위치한 A에는 찬 공기가, 온난 전선과 한랭 전선 사이에 위치한 B에는 따뜻한 공기가 분포하므로 평균 기온은 A가 B보다 낮다.

ㄴ. 평균 풍속은 A가 C보다 느리다.
➡ 일기 기호에서 깃은 풍속을 나타내는데, 긴 깃은 5 m/s, 짧은 깃은 2 m/s이다. A에서 평균 풍속은 12 m/s이고 C에서 평균 풍속은 6.5 m/s이므로, 평균 풍속은 A가 C보다 빠르다.

ㄷ. 구름의 수평 분포 범위는 A가 C보다 좁다.
➡ 온대 저기압에서는 한랭 전선 후면의 좁은 구역과 온난 전선 전면의 넓은 구역에서 구름이 생성된다. 따라서 구름의 수평 분포 범위는 A가 C보다 좁다. 일기 기호에 표시된 운량 자료를 보더라도 구름의 수평 분포 범위는 A가 C보다 좁다는 것을 알 수 있다.

보기

적용해야 할 개념 ③가지

① 온대 저기압 중심이 관측소의 북쪽을 지나가면 온난 전선과 한랭 전선이 차례대로 통과하면서 풍향은 남동풍 → 남서풍 → 북서풍의 순서로 시계 방향으로 바뀐다.

② 한랭 전선이 통과하면 기온은 하강하고, 기압은 상승하며, 풍향은 남서풍에서 북서풍으로 변한다.

③ 일기 기호는 어느 지점의 기온, 기압, 풍향, 풍속 등의 일기 요소를 기호나 숫자로 표시한 것이다.

▲ 온대 저기압　　　　▲ 일기 기호

문제 보기

그림 (가)와 (나)는 어느 온대 저기압이 우리나라를 지날 때 12시간 간격으로 작성한 지상 일기도를 순서대로 나타낸 것이다. 일기 기호는 A 지점에서 관측한 기상 요소를 표시한 것이다.

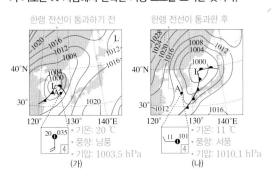

· 기온: 20 ℃
· 풍향: 남풍
· 기압: 1003.5 hPa
(가)

· 기온: 11 ℃
· 풍향: 서풍
· 기압: 1010.1 hPa
(나)

이 자료에 대한 설명으로 옳은 것만을 〈보기〉에서 있는 대로 고른 것은?

〈보기〉 풀이

(가)와 (나) 사이에 A 지점에는 한랭 전선이 통과하였다.

ㄱ. **A 지점의 풍향은 시계 방향으로 바뀌었다.**

➡ A 지점에서 바람은 남풍에서 서풍으로 바뀌었으므로 풍향은 시계 방향으로 바뀌었다. 온대 저기압 중심이 관측 지점의 북쪽을 통과하면 풍향이 시계 방향으로 변한다.

▲ A 지점의 풍향

ㄴ. **한랭 전선이 통과한 후에 A에서의 기온은 9 ℃ 하강하였다.**

➡ A에서의 기온은 20 ℃였다가 한랭 전선이 통과한 후 11 ℃가 되었으므로 9 ℃ 하강하였다.

ㄷ. **온난 전선면과 한랭 전선면은 각각 전선으로부터 지표상의 공기가 더 차가운 쪽에 위치한다.**

➡ 온난 전선은 따뜻한 공기가 차가운 공기 위를 타고 올라가면서 형성되고, 한랭 전선은 차가운 공기가 따뜻한 공기 밑으로 파고들 때 형성된다. 따라서 온난 전선면과 한랭 전선면은 각각 전선으로부터 지표상의 공기가 더 차가운 쪽에 위치한다.

적용해야 할 개념 ④가지

① 고기압은 주위보다 기압이 높은 곳으로, 북반구의 지상에서는 바람이 시계 방향으로 불어 나간다.

② 저기압은 주위보다 기압이 낮은 곳으로, 북반구의 지상에서는 바람이 시계 반대 방향으로 불어 들어온다.

③ 우리나라는 중위도 편서풍대에 위치하므로 일기 상태가 서에서 동으로 이동한다.

④ 온대 저기압의 세력은 중심 기압이 낮을수록 크다.

문제 보기

그림 (가)와 (나)는 12시간 간격으로 작성된 우리나라 주변의 일기도를 순서 없이 나타낸 것이다.

온대 저기압의 중심 기압: (가)<(나) ➡ 온대 저기압의 세력: (가)>(나)

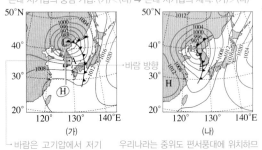

→ 바람은 고기압에서 저기압으로 분다. ➡ A에는 남풍 계열의 바람이 분다.

우리나라는 중위도 편서풍대에 위치하므로 전선이나 기압 분포 등이 서에서 동으로 이동한다 ➡ 시간 순서: (나) → (가)

이에 대한 설명으로 옳은 것만을 〈보기〉에서 있는 대로 고른 것은?

[3점]

〈보기〉 풀이

우리나라는 중위도 편서풍대에 위치하므로 전선이나 기압 분포 등이 서에서 동으로 이동한다.

✗ **(가)의 A 지역에는 북서풍이 분다.**

➡ 바람은 고기압 중심에서 불어 나와서 저기압 중심으로 불어 들어오므로 (가)의 A 지역에는 남풍 계열의 바람이 분다.

ㄴ. **(나)는 (가)보다 12시간 전의 일기도이다.**

➡ 우리나라는 편서풍의 영향을 받으므로 온대 저기압이 서에서 동으로 이동한다. 따라서 일기도는 (나) → (가)의 순으로 온대 저기압이 이동하였으므로 (나)가 (가)보다 12시간 전의 일기도이다.

ㄷ. **온대 저기압의 세력은 (나)보다 (가)가 크다.**

➡ 저기압의 세력은 중심 기압이 낮을수록 크다. 따라서 온대 저기압의 중심 기압이 992 hPa 미만인 (나)보다 988 hPa 미만인 (가)가 더 낮으므로 온대 저기압의 세력은 (나)보다 (가)가 크다.

32 온대 저기압의 연속 일기도 해석 2021학년도 7월 학평 지I 10번

정답 ⑤ | 정답률 68 %

적용해야 할 개념 ③가지

① 계절에 따른 우리나라의 일기도와 날씨

봄철, 가을철	이동성 고기압과 저기압이 교대로 통과하여 날씨가 자주 변한다.
여름철	해양에 고기압의, 육상에 저기압의 기압 배치를 보이며 고온 다습한 남풍 계열의 바람이 분다. ➡ 남고북저형 기압 배치
겨울철	시베리아 지방에 고기압이 발달하며, 한랭 건조한 북서 계절풍이 강하게 분다. ➡ 서고동저형 기압 배치

② 정체 전선은 북쪽의 찬 기단과 남쪽의 따뜻한 기단이 만나 형성된다.

③ 온대 저기압 중심이 관측소의 북쪽을 지나가면 온난 전선과 한랭 전선이 차례대로 통과하면서 풍향은 남동풍 → 남서풍 → 북서풍의 순서로 시계 방향으로 변한다.

문제 보기

그림 (가)와 (나)는 겨울철 어느 날 6시간 간격으로 작성된 지상 일기도를 순서 없이 나타낸 것이다.

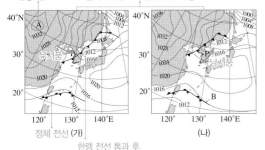

중위도 지방에서 온대 저기압은 편서풍의 영향으로 서 → 동으로 이동
➡ 일기도: (나) → (가) 순서로 작성

시베리아 고기압
➡ 한랭 건조

정체 전선 (가)

한랭 전선 통과 후
➡ 풍향이 남서풍 → 북서풍으로 변화(시계 방향)

(나)

이에 대한 설명으로 옳은 것만을 〈보기〉에서 있는 대로 고른 것은?

〈보기〉 풀이

우리나라는 중위도의 편서풍 지대에 위치하므로 기압 배치나 전선 등이 서에서 동으로 이동한다. 따라서 온대 저기압의 중심이 더 동쪽으로 이동한 (가)가 나중에 작성된 일기도이다.

ㄱ. **A는 한랭 건조한 고기압이다.**
➡ A는 겨울철 우리나라의 날씨에 영향을 미치는 시베리아 고기압으로, 겨울철 찬 대륙의 영향으로 냉각된 공기가 침강하여 형성되었기 때문에 한랭 건조하다.

ㄴ. **B는 정체 전선이다.**
➡ 전선을 나타내는 기호로 보아 B는 북쪽의 찬 기단과 남쪽의 따뜻한 기단이 만나 동서 방향으로 길게 형성된 정체 전선이다.

ㄷ. **이 기간 동안 P 지역의 풍향은 시계 방향으로 변했다.**
➡ 이 기간 동안 온대 저기압 중심이 P 지역의 북쪽을 지나면서 P 지역에는 한랭 전선이 통과하였으므로 풍향이 남서풍 → 북서풍으로 시계 방향으로 변하였다.

보기

---

33 지상 일기도와 위성 영상 해석 2025학년도 수능 지I 6번

정답 ② | 정답률 80 %

적용해야 할 개념 ③가지

① 찬 기단과 따뜻한 기단이 만나 지표면과 비스듬하게 이루는 경계면을 전선면이라 하고, 전선면과 지표면이 만나서 이루는 경계선을 전선이라고 한다.

② 온대 저기압은 편서풍의 영향으로 서에서 동으로 이동하면서 중위도 지방의 날씨에 영향을 준다.

③ 가시 영상은 구름과 지표면에서 반사된 태양 빛의 반사 강도를 나타내는 것으로, 반사도가 큰 부분은 밝게, 반사도가 작은 부분은 어둡게 나타난다.

문제 보기

그림 (가)는 어느 날 21시의 지상 일기도를, (나)는 다음 날 09시의 가시 영상을 나타낸 것이다. 이 기간 동안 온난 전선과 한랭 전선 중 하나가 관측소 A를 통과하였다.

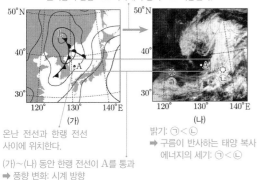

편서풍의 영향으로 서쪽에서 동쪽으로 이동한다.

(가)

온난 전선과 한랭 전선 사이에 위치한다.

(가)~(나) 동안 한랭 전선이 A를 통과
➡ 풍향 변화: 시계 방향

(나)

밝기: ㉠ < ㉡
➡ 구름이 반사하는 태양 복사 에너지의 세기: ㉠ < ㉡

이에 대한 설명으로 옳은 것만을 〈보기〉에서 있는 대로 고른 것은?

〈보기〉 풀이

✗ **(가)에서 A의 상공에는 온난 전선면이 나타난다.**
➡ (가)에서 관측소 A는 온난 전선과 한랭 전선 사이에 위치한다. 온난 전선면은 온난 전선 앞쪽의 상공에, 한랭 전선면은 한랭 전선 뒤쪽의 상공에 나타나므로, (가)에서 A의 상공에는 전선면이 나타나지 않는다.

ㄴ. **전선이 통과하는 동안 A의 풍향은 시계 방향으로 변한다.**
➡ (가)의 온대 저기압은 편서풍의 영향으로 서쪽에서 동쪽으로 이동하므로 이 기간 동안 관측소 A에는 한랭 전선이 통과하게 된다. 따라서 전선이 통과하는 동안 A의 풍향은 남서풍에서 북서풍으로 바뀌어 시계 방향으로 변한다.

✗ **(나)에서 구름이 반사하는 태양 복사 에너지의 세기는 영역 ㉠이 영역 ㉡보다 강하다.**
➡ 가시 영상에서는 구름이 반사하는 태양 복사 에너지의 세기가 강할수록 밝게 나타난다. 따라서 구름이 반사하는 태양 복사 에너지의 세기는 영역 ㉡이 영역 ㉠보다 강하다.

보기

12
일차

01 ②	02 ③	03 ④	04 ②	05 ①	06 ④	07 ③	08 ①	09 ③	10 ③	11 ③	12 ②
13 ②	14 ⑤	15 ②	16 ②	17 ④	18 ③	19 ②	20 ③	21 ④	22 ②	23 ④	24 ②
25 ③	26 ④	27 ②									

문제편 120쪽~127쪽

01 온대 저기압과 날씨 2025학년도 9월 모평 지Ⅰ 6번
정답 ② | 정답률 84 %

**적용해야 할
개념 ③가지**

① 온난 전선이 통과한 후 기온은 상승하고 기압은 하강하며, 풍향은 남동풍 → 남서풍으로 변한다.
② 한랭 전선이 통과한 후 기온은 하강하고 기압은 상승하며, 풍향은 남서풍 → 북서풍으로 변한다.
③ 기온, 습도 등의 성질이 크게 다른 두 기단의 경계면을 전선면이라 하고, 전선면과 지표면이 만나서 이루는 경계선을 전선이라고 한다.

문제 보기

표는 어느 온대 저기압이 우리나라를 통과하는 동안 관측소 P에서 $t_1 \to t_5$ 시기에 6시간 간격으로 관측한 기상 요소를, 그림은 이 중 어느 한 시각의 지상 일기도에 온대 저기압 중심의 이동 경로를 나타낸 것이다. 이 기간 중 온난 전선과 한랭 전선 중 하나가 P를 통과하였다.

→ 온난 전선과 한랭 전선 사이에 위치한다.
 ➡ 기온이 높다.

시각	기압 (hPa)	풍향
t_1	1007	남남서
t_2	1002	남서
t_3	998	남서
t_4	999	남서
t_5	1003	서북서

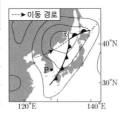

→ 한랭 전선 후면에 위치한다.
 ➡ 기온이 낮다.

→ $t_4 \sim t_5$ 사이
 ➡ 기압 상승
 ➡ 풍향: 남서풍 → 서북서풍
 ➡ 한랭 전선 통과

이 자료에 대한 설명으로 옳은 것만을 〈보기〉에서 있는 대로 고른 것은?

보기

〈보기〉 풀이

✗ ㄱ. $t_1 \sim t_2$ 사이에 전선이 P를 통과하였다.
➡ 온대 저기압에 동반된 한랭 전선이 통과하면 기온은 낮아지고 기압은 상승하며, 북반구의 경우 풍향은 대체로 남서풍에서 북서풍으로 바뀐다. 기압과 풍향의 변화를 보았을 때 $t_4 \sim t_5$ 사이에 기압은 상승하고 풍향은 남서풍에서 서북서풍으로 변한 것으로 보아, $t_4 \sim t_5$ 사이에 한랭 전선이 P를 통과하였다.

◯ ㄴ. P의 기온은 t_1일 때가 t_5일 때보다 높다.
➡ 풍향으로 보아 관측소 P는 t_1일 때 온난 전선과 한랭 전선 사이, t_5일 때 한랭 전선 후면에 위치한다는 것을 알 수 있다. 관측소가 온난 전선과 한랭 전선 사이에 위치할 때는 상대적으로 따뜻한 공기의 영향을 받고, 한랭 전선 후면에 위치할 때는 상대적으로 차가운 공기의 영향을 받으므로, P의 기온은 t_1일 때가 t_5일 때보다 높다.

✗ ㄷ. t_2일 때, P의 상공에는 전선면이 나타난다.
➡ 풍향으로 보아 관측소 P는 t_2일 때 온난 전선과 한랭 전선 사이에 위치한다. 온난 전선면은 온난 전선 전면, 한랭 전선면은 한랭 전선 후면의 상공에 나타나므로, t_2일 때 P의 상공에는 전선면이 나타나지 않는다.

| **02** | **온대 저기압과 날씨** 2025학년도 6월 모평 지I 7번 | | 정답 ③ │ 정답률 84 % |

적용해야 할 개념 ③가지

① 온대 저기압은 찬 기단과 따뜻한 기단이 만나는 온대 지방의 한대 전선대(위도 60° 부근)에서 발생한 저기압으로, 온난 전선과 한랭 전선을 동반한다.

② 밀도가 큰 찬 공기는 밀도가 작은 따뜻한 공기의 아래쪽에 위치하므로 전선면은 항상 찬 공기 쪽으로 기울어져 있다.

③ 온대 저기압에 동반된 전선이 통과하게 되면 날씨, 기온, 기압, 풍향 등이 급변한다.

온난 전선 앞쪽	층운형 구름이 발달해 넓은 지역에 걸쳐 흐리거나 지속적으로 비가 내리며, 기온이 낮고 남동풍 계열의 바람이 분다.
온난 전선과 한랭 전선 사이	대체로 날씨가 맑으며, 기온이 높고 남서풍 계열의 바람이 분다.
한랭 전선 뒤쪽	적운형 구름이 발달해 좁은 지역에 걸쳐 소나기가 내리며, 기온이 낮고 북서풍 계열의 바람이 분다.

문제 보기

그림 (가)는 어느 날 온대 저기압 주변의 기압 분포를 모식적으로 나타낸 것이고, (나)는 이때 지역 A와 B에서 나타나는 기상 요소를 ㉠과 ㉡으로 순서 없이 나타낸 것이다.

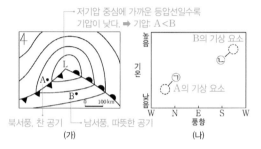

(가)　(나)

이에 대한 설명으로 옳은 것만을 〈보기〉에서 있는 대로 고른 것은?

〈보기〉 풀이

온대 저기압은 찬 기단과 따뜻한 기단이 만나는 중위도의 정체 전선상의 파동으로부터 발생하며, 북반구에서는 찬 공기가 남하하는 남서쪽으로 한랭 전선을, 따뜻한 공기가 북상하는 남동쪽으로 온난 전선을 동반한다.

보기

㉠ **기압은 A가 B보다 낮다.**
➡ 저기압 중심에 가까운 등압선일수록 기압이 낮으므로, A가 B보다 기압이 낮다.

✗ **B의 상공에는 전선면이 나타난다.**
➡ 온대 저기압에 동반된 한랭 전선과 온난 전선의 전선면은 찬 공기가 분포하는 지역의 상공에 존재하므로, 온난 전선 전면의 상공과 한랭 전선 후면의 상공에 각각의 전선면이 나타난다. B는 온난 전선과 한랭 전선 사이에 위치하므로 B의 상공에는 전선면이 나타나지 않는다.

㉢ **㉠은 A의 기상 요소를 나타낸 것이다.**
➡ 한랭 전선 후면에 위치한 A는 북서풍이 불고 기온이 상대적으로 낮다. 온난 전선과 한랭 전선 사이에 위치한 B는 남서풍이 불고 기온이 상대적으로 높다. 따라서 ㉠은 A, ㉡은 B의 기상 요소를 나타낸 것이다.

적용해야 할 개념 ③가지

① 온대 저기압은 찬 기단과 따뜻한 기단이 만나는 중위도의 정체 전선상의 파동으로부터 발생하며, 북반구에서는 찬 공기가 남하하는 남서쪽으로 한랭 전선을, 따뜻한 공기가 북상하는 남동쪽으로 온난 전선을 동반한다.

② 온대 저기압은 편서풍의 영향으로 대체로 서쪽에서 동쪽으로 이동하며, 중위도 지방의 날씨 변화에 큰 영향을 미친다. ➡ 전선을 경계로 풍향, 날씨, 기온 등이 크게 달라진다.

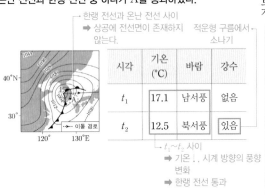

구분	A 지역	B 지역	C 지역
풍향	남동풍	남서풍	북서풍
구름	층운형 구름	–	적운형 구름
기온	낮음 (찬 공기)	높음 (따뜻한 공기)	낮음 (찬 공기)
강수 형태	넓은 구역에 이슬비	대체로 맑음	좁은 구역에 소나기

③ 온대 저기압의 중심이 관측소의 북쪽을 통과할 때 온난 전선과 한랭 전선이 차례로 지나가면서 관측소에서 풍향은 남동풍 → 남서풍 → 북서풍으로 변한다. ➡ 풍향 변화(북반구): 시계 방향

문제 보기

그림은 어느 날 t_1 시각의 지상 일기도에 온대 저기압 중심의 이동 경로를, 표는 이 날 관측소 A에서 t_1, t_2 시각에 관측한 기상 요소를 나타낸 것이다. t_2는 전선 통과 3시간 후이며, $t_1 \rightarrow t_2$ 동안 온난 전선과 한랭 전선 중 하나가 A를 통과하였다.

→ 한랭 전선과 온난 전선 사이
➡ 상공에 전선면이 존재하지 않는다.

적운형 구름에서 → 소나기

시각	기온 (°C)	바람	강수
t_1	17.1	남서풍	없음
t_2	12.5	북서풍	있음

→ $t_1 \sim t_2$ 사이
➡ 기온↓, 시계 방향의 풍향 변화
➡ 한랭 전선 통과

이 자료에 대한 설명으로 옳은 것만을 〈보기〉에서 있는 대로 고른 것은? [3점]

〈보기〉 풀이

✗ ㄱ. t_1일 때 A 상공에는 전선면이 나타난다.

➡ 온대 저기압에서 전선면은 온난 전선 전면과 한랭 전선 후면에 위치한 지점의 상공에 나타난다. t_1일 때 A는 온난 전선과 한랭 전선 사이에 위치하므로 A 상공에는 전선면이 나타나지 않는다.

ㄴ. $t_1 \sim t_2$ 사이에 A에서는 적운형 구름이 관측된다.

➡ 표에서 $t_1 \sim t_2$ 사이에 기온이 낮아지고, 풍향이 남서풍에서 북서풍으로 변하였으므로, A에는 한랭 전선이 통과하였다. 한랭 전선 후면에는 적운형 구름이 발달하므로 $t_1 \sim t_2$ 사이에 A에서는 적운형 구름이 관측된다.

ㄷ. $t_1 \rightarrow t_2$ 동안 A에서의 풍향은 시계 방향으로 변한다.

➡ $t_1 \rightarrow t_2$ 동안 A에서의 풍향은 남서풍에서 북서풍으로 시계 방향으로 변한다.

적용해야 할 개념 ②가지

① 온난 전선이 통과한 후에는 기온이 상승하고 기압이 하강하며, 한랭 전선이 통과한 후에는 기온이 하강하고 기압이 상승한다.

② 저기압 중심의 진행 방향의 오른쪽 지역은 풍향이 시계 방향으로 변한다.

문제 보기

그림 (가)는 어느 날 21시 우리나라 주변의 지상 일기도를, (나)는 (가)의 21시부터 14시간 동안 관측소 A와 B 중 한 곳에서 관측한 기온과 기압을 나타낸 것이다.

• 한랭 전선의 뒤쪽 ➡ 적운형 구름 발달
• 기압: 약 1002 hPa

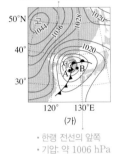

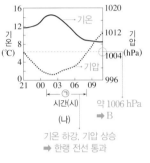

(가)

• 한랭 전선의 앞쪽
• 기압: 약 1006 hPa

기온 하강, 기압 상승
➡ 한랭 전선 통과

약 1006 hPa
➡ B

(나)

이 자료에 대한 설명으로 옳은 것만을 〈보기〉에서 있는 대로 고른 것은? [3점]

〈보기〉 풀이

(가)에서 A는 한랭 전선의 뒤쪽에 위치하고 B는 한랭 전선의 앞쪽에 위치한다. (나)에서 00시에서 03시 사이에 기온과 기압이 급변하였으므로 전선이 통과하였다.

✗ (가)에서 A의 상층부에는 주로 층운형 구름이 발달한다.

➡ 한랭 전선면은 한랭 전선 뒤쪽에 형성되어 있으며, 경사가 급하다. 따라서 따뜻한 공기가 전선면을 타고 강하게 상승하므로 적운형 구름이 발달한다. A는 한랭 전선 뒤쪽이므로 A의 상층부에는 주로 적운형 구름이 발달한다.

ㄴ. (나)는 B의 관측 자료이다.

➡ (가)에서 21시 A의 기압은 약 1002 hPa, B의 기압은 약 1006 hPa이다. (나)의 관측 결과를 모두 기압이라고 가정하면 21시에 실선은 약 1014 hPa, 점선은 약 1006 hPa을 나타내므로, 점선만이 B의 기압에 해당하고 실선은 어느 것에도 해당하지 않는다. 따라서 (나)는 B의 관측 자료이며 실선은 기온, 점선은 기압이다.

✗ (나)의 관측소에서 ㉠ 기간 동안 풍향은 시계 반대 방향으로 바뀌었다.

➡ ㉠ 기간 동안 기온이 낮아지고 기압은 높아졌으므로 한랭 전선이 B를 통과하였다. B는 저기압 중심 이동 경로의 오른쪽 지역이므로 풍향은 시계 방향으로 바뀌었다.

보기

적용해야 할 개념 ③가지

① 온대 저기압은 편서풍의 영향으로 서에서 동으로 이동하고, 온난 전선과 한랭 전선이 차례대로 통과하면서 날씨 변화가 나타난다.

② 온대 저기압 주변의 날씨

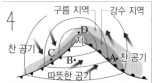

지역	A	B	C	D
날씨	넓은 지역에 지속적인 비	맑다.	좁은 지역에 소나기성 비	비
기온	낮다.	높다.	낮다.	낮다.
풍향	남동풍	남서풍	북서풍	북풍 계열

③ 온대 저기압의 중심이 관측소의 북쪽을 통과할 때 온난 전선, 한랭 전선의 순으로 통과하면서 풍향은 남동풍 → 남서풍 → 북서풍(시계 방향)으로 변하고, 온대 저기압의 중심이 관측소의 남쪽을 통과할 때 풍향은 시계 반대 방향으로 변한다.

저기압이 통과할 때 진행 방향의 왼쪽(온대 저기압이 관측소의 남쪽을 통과할 때)		저기압이 통과할 때 진행 방향의 오른쪽(온대 저기압이 관측소의 북쪽을 통과할 때)
풍향이 시계 반대 방향으로 변화 (①′ → ②′ → ③′)	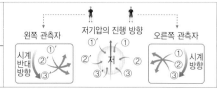	풍향이 시계 방향으로 변화 (① → ② → ③)

문제 보기

그림 (가)는 어느 날 우리나라를 통과한 온대 저기압의 이동 경로를, (나)는 이날 관측소 A, B 중 한 곳에서 관측한 풍향의 변화를 나타낸 것이다.

온대 저기압 중심의 진행 방향의 왼쪽 ➡ 풍향이 시계 반대 방향으로 변한다.

(가)

온대 저기압 중심의 진행 방향의 오른쪽 ➡ 풍향이 시계 방향으로 변한다.

온대 저기압의 이동 방향: 편서풍의 영향으로 서에서 동으로 이동

(나)

풍향 변화: 남동풍 → 남서풍 → 북서풍(시계 방향)

이에 대한 옳은 설명만을 〈보기〉에서 있는 대로 고른 것은?

〈보기〉 풀이

(가)에서 온대 저기압 중심이 진행하는 방향에 대해 A는 왼쪽에 위치하고, B는 오른쪽에 위치한다. (나)에서 온대 저기압이 통과하는 동안 풍향이 시계 방향으로 변하였다.

ㄱ. (가)에서 온대 저기압의 이동은 편서풍의 영향을 받았다.
➡ 우리나라는 편서풍 지대에 속하므로 (가)에서 우리나라를 통과한 온대 저기압은 편서풍의 영향을 받아 서에서 동으로 이동하였다.

ㄴ. (나)는 A에서 관측한 결과이다.
➡ (나)에서 관측 기간 동안 풍향은 남동풍 → 남서풍 → 북서풍(시계 방향)으로 변하였으므로 온대 저기압 중심이 관측소의 북쪽을 통과하였다. 따라서 (나)는 온대 저기압 중심의 남쪽에 위치한 B에서 관측한 결과이다.

ㄷ. (나)를 관측한 지역에서는 이날 12시 이전에 소나기가 내렸을 것이다.
➡ 우리나라에 온대 저기압이 통과할 때는 온난 전선과 한랭 전선이 순서대로 통과한다. (가)에서 B는 12시에 온난 전선과 한랭 전선의 사이에 위치하였으며, 12시 이후 한랭 전선이 B를 통과하였다. 따라서 (나)를 관측한 지역(B)에서는 12시 이후 한랭 전선이 통과하여 한랭 전선의 뒤쪽에 위치할 때 소나기가 내렸을 것이다.

06 온대 저기압의 이동에 따른 날씨 변화 2023학년도 6월 모평 지Ⅰ 12번
정답 ④ | 정답률 65 %

적용해야 할 개념 ②가지

① 한랭 전선과 온난 전선 통과 후의 일기 요소 변화

구분		한랭 전선	온난 전선
통과 후의 변화	기온	하강	상승
	기압	상승	하강
	풍향(북반구)	남서풍 → 북서풍	남동풍 → 남서풍

② 북반구에서 온대 저기압 중심이 관측소의 북쪽을 통과할 때 온난 전선과 한랭 전선이 차례로 통과하면서 풍향은 남동풍 → 남서풍 → 북서풍(시계 방향)으로 변한다.

문제 보기

그림 (가)는 $T_1 → T_2$ 동안 온대 저기압의 이동 경로를, (나)는 관측소 P에서 T_1, T_2 시각에 관측한 높이에 따른 기온을 나타낸 것이다. 이 기간 동안 (가)의 온난 전선과 한랭 전선 중 하나가 P를 통과하였다.

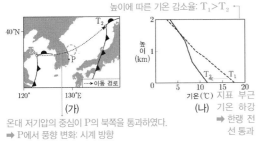

(가)
온대 저기압의 중심이 P의 북쪽을 통과하였다.
➡ P에서 풍향 변화: 시계 방향

(나)
➡ 한랭 전선 통과

이 자료에 대한 설명으로 옳은 것만을 〈보기〉에서 있는 대로 고른 것은? [3점]

〈보기〉 풀이

✗ (나)에서 높이에 따른 기온 감소율은 T_1이 T_2보다 작다.
➡ 지표 부근에서의 기온은 T_1이 T_2보다 높고, 높이 2 km에서의 기온은 T_1이 T_2보다 약간 낮으므로 (나)에서 높이에 따른 기온 감소율은 T_1이 T_2보다 크다.

ㄴ. P를 통과한 전선은 한랭 전선이다.
➡ 온난 전선이 통과하면 지표 부근에서의 기온은 높아지고, 한랭 전선이 통과하면 지표 부근에서의 기온은 낮아진다. $T_1 → T_2$ 동안 지표 부근의 기온이 낮아졌으므로 P를 통과한 전선은 한랭 전선이다.

ㄷ. P에서 전선이 통과하는 동안 풍향은 시계 방향으로 바뀌었다.
➡ 북반구에서 온대 저기압의 중심이 관측소의 북쪽을 통과하면 관측소에서의 풍향은 시계 방향으로 바뀐다. (가)에서 온대 저기압의 중심이 P의 북쪽을 통과하였으므로 P에서 전선이 통과하는 동안 풍향은 시계 방향으로 바뀌었다.

보기

07 온대 저기압의 이동에 따른 날씨 변화 2023학년도 수능 지Ⅰ 8번
정답 ③ | 정답률 77 %

적용해야 할 개념 ③가지

① 온대 저기압 중심의 남서쪽에는 한랭 전선이, 남동쪽에는 온난 전선이 형성된다.
② 강한 상승 기류에 의해 적란운이 발달하면서 천둥, 번개와 함께 소나기가 내리는 현상을 뇌우라고 한다.
➡ 한랭 전선에서 찬 공기 위로 따뜻한 공기가 빠르게 상승할 때 뇌우가 잘 발생한다.
③ 온대 저기압 중심이 관측소의 북쪽을 지나가면 온난 전선과 한랭 전선이 차례대로 통과하면서 풍향은 남동풍 → 남서풍 → 북서풍의 순서로 시계 방향으로 바뀐다.

▲ 한랭 전선

문제 보기

그림은 어느 온대 저기압이 우리나라를 지나는 3시간($T_1 → T_4$) 동안 전선 주변에서 발생한 번개의 분포를 1시간 간격으로 나타낸 것이다. 이 기간 동안 온난 전선과 한랭 전선 중 하나가 A 지역을 통과하였다.
이 자료에 대한 설명으로 옳은 것만을 〈보기〉에서 있는 대로 고른 것은? [3점]

번개는 주로 한랭 전선 뒤쪽에서 발생
➡ 번개 분포 지역 앞쪽에 한랭 전선 위치

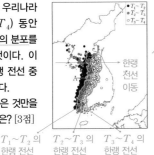

한랭 전선 이동

$T_1 \sim T_2$의 한랭 전선　$T_2 \sim T_3$의 한랭 전선　$T_3 \sim T_4$의 한랭 전선

〈보기〉 풀이

ㄱ. 이 기간 중 A의 상공에는 전선면이 나타났다.
➡ 번개는 주로 강한 상승 기류에 의해 적란운이 발달하면서 발생하므로 한랭 전선 뒤쪽에서 잘 나타난다. $T_1 → T_4$ 동안 번개의 분포를 보면 한랭 전선이 A 지역을 통과하였고, 한랭 전선에서는 전선면이 전선의 뒤쪽으로 기울어져 형성되므로 이 기간 중 A의 상공에는 전선면이 나타났다.

ㄴ. $T_2 \sim T_3$ 동안 A에서는 적운형 구름이 발달하였다.
➡ $T_2 \sim T_3$ 동안 발생한 번개의 분포를 보면, 이 기간 중 A는 한랭 전선 뒤쪽에 위치하였으므로 적운형 구름이 발달하였다.

✗ 전선이 통과하는 동안 A의 풍향은 시계 반대 방향으로 바뀌었다.
➡ A는 $T_1 \sim T_2$ 동안 한랭 전선 앞쪽에 위치하였고, $T_2 \sim T_4$ 동안에는 한랭 전선 뒤쪽에 위치하였다. 따라서 전선이 통과하는 동안 A의 풍향은 남서풍 → 북서풍으로 시계 방향으로 바뀌었다.

다른 풀이 온대 저기압의 중심이 A 지역의 위쪽을 통과하므로 이 기간 동안 A 지역은 온대 저기압 이동 방향의 오른쪽에 위치하여 풍향이 시계 방향으로 바뀌었다.

보기

적용해야 할 개념 ②가지

① 한랭 전선이 통과하면 기온은 하강하고, 기압은 상승하며, 풍향은 남서풍에서 북서풍으로 변한다.

② 온대 저기압 중심이 관측소의 북쪽을 지나가면 온난 전선과 한랭 전선이 차례대로 통과하면서 풍향은 남동풍 → 남서풍 → 북서풍의 순서로 시계 방향으로 바뀐다.

문제 보기

그림 (가)와 (나)는 북반구 어느 지점에서 온대 저기압이 통과하는 동안 관측한 풍향과 기온을 나타낸 것이다. 이 기간 동안 온난 전선과 한랭 전선이 이 지점을 통과하였다.

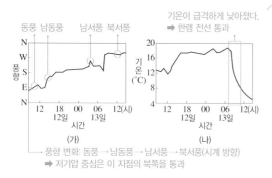

풍향 변화: 동풍 → 남동풍 → 남서풍 → 북서풍(시계 방향)
➡ 저기압 중심은 이 지점의 북쪽을 통과

이 지점에서 나타난 현상에 대한 옳은 설명만을 〈보기〉에서 있는 대로 고른 것은? [3점]

〈보기〉 풀이

ㄱ. 풍향은 대체로 시계 방향으로 변하였다.
➡ (가)에서 이 기간 동안 풍향은 동풍 → 남동풍 → 남서풍 → 북서풍으로 변했으므로 대체로 시계 방향으로 변했다.

✗. 한랭 전선은 13일 06시 이전에 통과하였다.
➡ 한랭 전선의 앞쪽에는 따뜻한 공기가 분포하고, 뒤쪽에는 찬 공기가 분포하므로 한랭 전선이 통과하면 기온이 급격히 낮아진다. 13일 06시~12시 사이에 기온이 급격하게 낮아졌으므로, 이때 한랭 전선이 통과하였다.

✗. 저기압 중심은 이 지점의 남쪽으로 통과하였다.
➡ 저기압 중심이 관측소의 북쪽을 지나가면 풍향이 시계 방향으로 변하고, 관측소의 남쪽을 지나가면 풍향이 시계 반대 방향으로 변한다. 이 지역은 풍향이 시계 방향으로 변하였으므로 온대 저기압의 중심은 이 지점의 북쪽으로 통과하였다.

적용해야 할 개념 ③가지

① 온대 저기압은 북반구에서는 찬 공기가 남하하는 남서쪽으로 한랭 전선을, 따뜻한 공기가 북상하는 남동쪽으로 온난 전선을 동반한다.

② 한랭 전선은 찬 공기가 따뜻한 공기 쪽으로 이동하여 따뜻한 공기 밑으로 파고들면서 형성되는 전선으로 전선면의 경사가 급하고, 온난 전선은 따뜻한 공기가 찬 공기 쪽으로 이동하여 찬 공기 위로 타고 올라가면서 형성되는 전선으로 전선면의 경사가 완만하다.
➡ 밀도가 큰 찬 공기가 밀도가 작은 따뜻한 공기의 아래쪽에 위치하므로 전선면은 항상 찬 공기 쪽으로 기울어져 있다.

③ 한랭 전선과 온난 전선 통과 후의 기온, 기압, 풍향의 변화

구분		한랭 전선	온난 전선
통과 후의 변화	기온	하강	상승
	기압	상승	하강
	풍향(북반구)	남서풍 → 북서풍	남동풍 → 남서풍

문제 보기

그림은 온대 저기압 중심이 북반구 어느 관측소의 북쪽을 통과하는 36시간 동안 관측한 기상 요소를 나타낸 것이다. 이 기간 동안 온난 전선과 한랭 전선이 모두 이 관측소를 통과하였다.

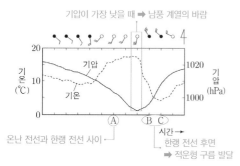

온난 전선과 한랭 전선 사이 ←
한랭 전선 후면
➡ 적운형 구름 발달

이 자료에 대한 설명으로 옳은 것만을 〈보기〉에서 있는 대로 고른 것은? [3점]

〈보기〉 풀이

관측소에 온난 전선이 통과하면 기온이 상승하고 기압은 하강하며 북반구의 경우 풍향은 남동풍에서 남서풍으로 변한다. 또한 한랭 전선이 통과하면 기온이 하강하고 기압은 상승하며 북반구의 경우 풍향은 남서풍에서 북서풍으로 변한다.

ㄱ. 기압이 가장 낮게 관측되었을 때 남풍 계열의 바람이 불었다.
➡ 기압이 가장 낮게 관측되었을 때의 일기 기호를 보면 바람은 남풍 내지 남서풍이 불었음을 알 수 있다. 따라서 기압이 가장 낮게 관측되었을 때 남풍 계열의 바람이 불었다.

✗. A일 때 관측소의 상공에는 온난 전선면이 나타난다.
➡ 주어진 자료에서 기온과 기압 및 풍향의 변화 등을 보면, A일 때 관측소는 온난 전선과 한랭 전선 사이에 위치함을 알 수 있다. 온난 전선면은 온난 전선 앞쪽에 위치하므로 A일 때 관측소의 상공에는 온난 전선면이 나타나지 않는다.

ㄷ. 관측소에서 B와 C 사이에는 주로 적운형 구름이 관측된다.
➡ 주어진 자료에서 기온과 기압 및 풍향의 변화 등을 보면, 한랭 전선이 B 이전에 관측소를 통과했음을 알 수 있다. 따라서 B와 C 사이에 관측소는 한랭 전선 후면에 위치하므로 주로 적운형 구름이 관측된다.

10 온대 저기압의 이동에 따른 날씨 변화 2020학년도 9월 모평 지I 10번

정답 ③ | 정답률 51 %

적용해야 할 개념 ③가지

① 온난 전선과 한랭 전선이 차례로 통과하면서 기온, 기압, 풍향이 급변한다.

② 온대 저기압 중심이 관측소의 북쪽을 통과할 때 온난 전선 → 한랭 전선의 순으로 통과하면서 풍향은 남동풍 → 남서풍 → 북서풍(시계 방향)으로 변한다.

③ 온대 저기압 중심이 관측소의 남쪽을 통과할 때 풍향은 시계 반대 방향으로 변한다.

구분		한랭 전선	온난 전선
통과 후의 변화	기온	하강	상승
	기압	상승	하강
	풍향	남서풍 → 북서풍	남동풍 → 남서풍

문제 보기

그림 (가)와 (나)는 어느 온대 저기압이 우리나라를 통과하는 동안 A와 B 지역의 기압과 풍향을 관측 시작 시각으로부터의 경과 시간에 따라 각각 나타낸 것이다. A와 B는 동일 경도상이며, 온대 저기압의 영향권에 있었다.

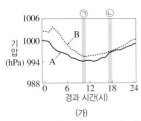
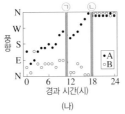

A: ㉠ 시기－남서풍, ㉡ 시기－북서풍
➡ ㉠과 ㉡ 시기 사이에 한랭 전선 통과
➡ 온대 저기압의 중심보다 남쪽에 위치
B: ㉠ 시기－북동풍, ㉡ 시기－북풍
➡ 북풍 계열의 바람
➡ 온대 저기압의 중심보다 북쪽에 위치

이에 대한 설명으로 옳은 것만을 〈보기〉에서 있는 대로 고른 것은? [3점]

〈보기〉 풀이

(가)에서 중심 기압이 낮아졌다가 높아지므로 ㉠과 ㉡ 시기에는 이 지역에 온대 저기압이 통과하였다. (나)에서 A는 ㉠ 시기에 남서풍이 불었고, ㉡ 시기에 북서풍이 불었으므로 풍향이 급변하여 ㉠과 ㉡ 시기 사이에 전선이 통과하였고, 온대 저기압 중심보다 남쪽에 있었다. B는 관측 기간 동안 계속 북풍 계열의 바람이 불었으므로 온대 저기압의 중심보다 북쪽에 위치한다.

ㄱ. **A는 ㉡ 시기가 ㉠ 시기보다 찬 공기의 영향을 받았다.**

➡ A는 ㉠ 시기에 남서풍이 불었고, ㉡ 시기에 북서풍이 불었다. 따라서 한랭 전선이 통과한 후인 ㉡ 시기가 한랭 전선이 통과하기 전인 ㉠ 시기보다 찬 공기의 영향을 받았다.

ㄴ. **한랭 전선은 경과 시간 12~18시에 B를 통과하였다.**

➡ B에서는 관측 기간 동안 계속 북풍 계열의 바람이 불었으므로 B는 온대 저기압의 중심보다 북쪽에 위치한다. 온난 전선과 한랭 전선은 온대 저기압 중심보다 남쪽에 위치하므로 한랭 전선은 온대 저기압의 중심보다 북쪽에 위치한 B를 통과하지 않았다.

ㄷ. **A는 B보다 저위도에 위치한다.**

➡ A는 전선이 통과하였으므로 온대 저기압의 중심보다 남쪽에 위치하고, B는 온대 저기압의 중심보다 북쪽에 위치한다. 북반구에서는 남쪽으로 갈수록 위도가 낮아지므로 A는 B보다 저위도에 위치한다.

---

11 태풍의 발생과 이동 2019학년도 9월 모평 지I 19번

정답 ③ | 정답률 71 %

적용해야 할 개념 ③가지

① 열대 해상에서 발생한 태풍은 처음에 무역풍의 영향으로 북서쪽으로 이동하다가 북위 25°~30° 부근에서 편서풍의 영향으로 북동쪽으로 휘어져 북상한다.

② 위험 반원은 태풍 이동 경로의 오른쪽 반원이다. ➡ 태풍 내 바람 방향이 태풍의 이동 방향 및 대기 대순환의 바람 방향과 같은 방향이므로 풍속이 강해져 더 큰 피해가 발생하고, 풍향이 시계 방향으로 변한다.

③ 안전 반원(가항 반원)은 태풍 이동 경로의 왼쪽 반원이다. ➡ 태풍 내 바람 방향이 태풍의 이동 방향 및 대기 대순환에 의한 바람 방향과 반대 방향이므로 풍속이 약해져 피해가 더 작게 발생하고, 풍향이 시계 반대 방향으로 변한다.

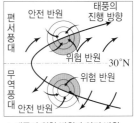

▲ 태풍의 위험 반원과 안전 반원

문제 보기

그림 (가)는 어느 해 7월에 관측된 태풍의 위치를 24시간 간격으로 표시한 이동 경로이고, (나)는 이 시기의 해양 열용량 분포를 나타낸 것이다. 해양 열용량은 태풍에 공급할 수 있는 해양의 단위 면적당 열량이다.

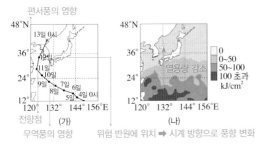

이에 대한 설명으로 옳은 것만을 〈보기〉에서 있는 대로 고른 것은?

〈보기〉 풀이

ㄱ. **12일 0시에 태풍은 편서풍의 영향을 받는다.**

➡ 12일 0시에 태풍은 북동쪽으로 이동하고 있으므로 편서풍의 영향을 받는다.

ㄴ. **11일 0시부터 13일 0시까지 제주도에서는 풍향이 시계 반대 방향으로 변한다.**

➡ 제주도는 11일 0시부터 13일 0시까지 태풍의 진행 방향을 기준으로 오른쪽, 즉 위험 반원에 위치한다. 따라서 이 기간 동안 제주도에서는 풍향이 시계 방향으로 변한다.

ㄷ. **해양에서 이 태풍으로 공급되는 에너지양은 12일이 10일보다 적다.**

➡ 태풍에 공급할 수 있는 해양의 단위 면적당 열량은 대체로 고위도로 갈수록 감소하는 경향을 보인다. 태풍이 12일에는 10일보다 상대적으로 고위도에 위치하므로 해양에서 태풍으로 공급되는 에너지양은 12일이 10일보다 적다.

12 태풍의 발생과 이동 2020학년도 10월 학평 지Ⅰ 3번 정답 ② | 정답률 75%

적용해야 할 개념 ③가지

① 혼합층은 태양 복사 에너지가 대부분 흡수되어 수온이 가장 높으며, 바람의 혼합 작용으로 깊이에 따른 수온이 거의 일정하다.
　➡ 혼합층은 바람이 강하게 부는 지역일수록 두껍다.
② 태풍의 안전 반원에서는 시계 반대 방향으로, 위험 반원에서는 시계 방향으로 풍향이 변한다.
③ 태풍의 풍속은 태풍의 가장자리에서 중심부로 갈수록 강해지다가 태풍의 눈에서 약해진다.

문제 보기

그림 (가)는 어느 해 우리나라에 상륙한 태풍의 이동 경로를, (나)는 B 지점에서 태풍이 통과하기 전과 통과한 후에 측정한 깊이에 따른 수온 분포를 각각 ⊙과 ⓒ으로 순서 없이 나타낸 것이다.

안전 반원에 위치 ➡ 풍향이 시계 반대 방향으로 변한나.

(가)

태풍 중심부와의 거리: A>B ➡ 태풍이 지나가는 동안 관측된 최대 풍속: A<B

혼합층의 두께: ⊙>ⓒ

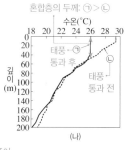

(나)

이에 대한 옳은 설명만을 〈보기〉에서 있는 대로 고른 것은? [3점]

〈보기〉 풀이

✗ 태풍이 통과하기 전의 수온 분포는 ⊙이다.
　➡ 태풍이 통과하는 해역에서는 강한 바람에 의해 해수의 혼합 작용이 활발하게 일어나므로 혼합층의 두께가 두꺼워지고 수온이 감소한다. ⊙이 ⓒ보다 혼합층의 두께가 두껍고 수온이 낮으므로 태풍이 통과한 후의 수온 분포는 ⊙이고, 태풍이 통과하기 전의 수온 분포는 ⓒ이다.

✗ 태풍이 지나가는 동안 A 지점에서는 풍향이 시계 방향으로 변한다.
　➡ A 지점은 태풍 진행 경로의 안전 반원에 위치하므로 A 지점에서는 태풍이 지나가는 동안 풍향이 시계 반대 방향으로 변한다.

ㄷ. 태풍이 지나가는 동안 관측된 최대 풍속은 A 지점보다 B 지점에서 크다.
　➡ 태풍의 풍속은 태풍의 가장자리에서 중심부로 갈수록 빨라지다가 태풍의 눈벽에서 가장 강하므로, 태풍의 중심부에 근접할수록 태풍이 지나가는 동안 관측된 최대 풍속이 크다. 따라서 태풍이 지나가는 동안 관측된 최대 풍속은 B 지점이 A 지점보다 크다.

---

13 태풍의 구조 2022학년도 9월 모평 지Ⅰ 7번 정답 ② | 정답률 71%

적용해야 할 개념 ③가지

① 태풍의 눈은 태풍 중심으로부터 반지름이 약 30 km~50 km에 이르는 지역으로, 하강 기류가 나타나 날씨가 맑고 바람이 약하다.
② 태풍의 눈 주위에서 크게 발달한 적란운과 강한 상승 기류로 인해 많은 비가 내리고, 풍속이 매우 빠르다. 태풍의 가장자리에서 중심부로 갈수록 기압은 낮아지고, 풍속은 강해지다가 태풍의 눈에서 약해진다.
③ 등압선 간격이 좁을수록 풍속이 강하며, 바람은 고기압에서 저기압으로 분다.

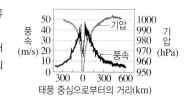

▲ 태풍의 풍속과 기압 분포

문제 보기

그림은 잘 발달한 태풍의 물리량을 태풍 중심으로부터의 거리에 따라 개략적으로 나타낸 것이다. A, B, C는 해수면 상의 강수량, 기압, 풍속을 순서 없이 나타낸 것이다.

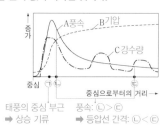

태풍의 중심 부근　풍속: ⓒ>ⓒ
➡ 상승 기류　➡ 등압선 간격: ⓒ<ⓒ

이에 대한 설명으로 옳은 것만을 〈보기〉에서 있는 대로 고른 것은?

〈보기〉 풀이

잘 발달한 태풍에서 나타나는 태풍의 눈은 태풍 중심으로부터 약 30 km~50 km에 이르는 범위로, 약한 하강 기류가 나타나 날씨가 맑고 바람이 약한 구역이다.

✗ B는 강수량이다.
　➡ 기압은 태풍의 중심으로 갈수록 낮아지고, 풍속은 태풍의 중심으로 갈수록 강해지다가 태풍의 눈에서 약해진다. 따라서 A는 풍속, B는 기압, C는 강수량이다.

ㄴ. 지역 ⊙에서는 상승 기류가 나타난다.
　➡ 지역 ⊙에서 풍속이 매우 강하고 강수량이 매우 많은 것으로 보아 지역 ⊙은 태풍의 중심 부근에 해당한다. 태풍의 중심 부근에서는 상승 기류가 나타난다.

✗ 일기도에서 등압선 간격은 지역 ⓒ에서가 지역 ⓒ에서보다 조밀하다.
　➡ 일기도에서 등압선 간격이 조밀한 지역일수록 풍속이 강한 지역이다. 풍속은 지역 ⓒ에서가 지역 ⓒ에서보다 강하므로 일기도에서 등압선 간격은 지역 ⓒ에서가 지역 ⓒ에서보다 조밀하다.

| 14 | 태풍의 풍속 분포 2024학년도 9월 모평 지I 7번 | 정답 ⑤ | 정답률 88 % |

적용해야 할 개념 ③가지

① 태풍의 가장자리에서 중심부로 갈수록 풍속은 강해지다가 태풍의 눈에서 약해지고, 기압은 낮아진다.

② 북반구에서 태풍 진행 방향의 오른쪽 지역은 태풍의 이동 방향이 태풍 내 바람 방향과 같아 풍속이 상대적으로 강하므로 위험 반원이라고 하며, 태풍 진행 방향의 왼쪽 지역은 태풍의 이동 방향이 태풍 내 바람 방향과 반대여서 풍속이 상대적으로 약하므로 안전 반원이라고 한다.

③ 바람은 등압선의 간격이 좁을수록 강하게 불며, 고기압에서 저기압 방향으로 불어간다.

문제 보기

그림은 북쪽으로 이동하는 태풍의 풍속을 동서 방향의 연직 단면에 나타낸 것이다. 지점 A~E는 해수면상에 위치한다.

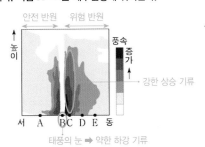

이 자료에 대한 설명으로 옳은 것만을 〈보기〉에서 있는 대로 고른 것은?

〈보기〉 풀이

ㄱ. **A는 안전 반원에 위치한다.**

➡ 북반구에서 태풍 진행 방향의 오른쪽 지역은 태풍의 풍속이 상대적으로 강한 위험 반원이고, 태풍 진행 방향의 왼쪽 지역은 태풍의 풍속이 상대적으로 약한 안전 반원이다. 태풍이 북쪽으로 이동하고 있으므로 A는 태풍 진행 방향의 왼쪽 지역에 해당하여 안전 반원에 위치한다.

ㄴ. **해수면 부근에서 공기의 연직 운동은 B가 C보다 활발하다.**

➡ B는 태풍의 눈에 위치하므로 약한 하강 기류가 나타나는 반면, C는 태풍의 눈 바로 바깥쪽에 위치하여 강한 상승 기류가 나타난다. 따라서 해수면 부근에서 공기의 연직 운동은 C가 B보다 활발하다.

ㄷ. **지상 일기도에서 등압선의 평균 간격은 구간 C – D가 구간 D – E보다 좁다.**

➡ 일기도에서 등압선 간격이 좁을수록 풍속이 강하다. 풍속은 구간 C – D가 구간 D – E보다 강하므로, 지상 일기도에서 등압선의 평균 간격은 구간 C – D가 구간 D – E보다 좁다.

| 15 | 태풍의 풍속 분포 2021학년도 6월 모평 지I 18번 | 정답 ② | 정답률 22 % |

적용해야 할 개념 ③가지

① 열대 해상에서 발생한 태풍은 처음에 무역풍의 영향으로 북서쪽으로 이동하다가 북위 25°~30° 부근에서 편서풍의 영향으로 북동쪽으로 휘어져 북상한다.

② 태풍의 이동 경로의 왼쪽 지역을 안전 반원, 오른쪽 지역을 위험 반원이라고 한다.

안전 반원	태풍 내 바람 방향이 태풍의 이동 방향 및 대기 대순환에 의한 바람 방향과 반대 방향이므로 풍속이 약해져 피해가 더 작게 발생하고, 풍향이 시계 반대 방향으로 변한다.
위험 반원	태풍 내 바람 방향이 태풍의 이동 방향 및 대기 대순환의 바람 방향과 같은 방향이므로 풍속이 강해져 더 큰 피해가 발생하고, 풍향이 시계 방향으로 변한다.

③ 북반구 저기압(태풍)에서는 바람이 시계 반대 방향으로 불고, 표층 해수는 저기압 중심에서 바깥쪽으로 이동하여 용승이 일어난다.

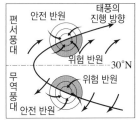

▲ 태풍의 위험 반원과 안전 반원

문제 보기

그림은 북반구 해상에서 관측한 태풍의 하층(고도 2 km 수평면) 풍속 분포를 나타낸 것이다.

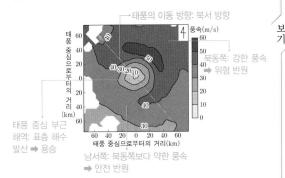

이에 대한 설명으로 옳은 것만을 〈보기〉에서 있는 대로 고른 것은? (단, 등압선은 태풍의 이동 방향 축에 대해 대칭이라고 가정한다.)

[3점]

〈보기〉 풀이

태풍이 이동할 때 태풍 진행 방향의 오른쪽 반원인 위험 반원이 왼쪽 반원인 안전 반원보다 풍속이 강하게 나타난다.

ㄱ. **태풍은 북동 방향으로 이동하고 있다.**

➡ 태풍의 중심을 기준으로 북동쪽이 남서쪽보다 풍속이 강하게 나타나므로 태풍의 중심을 기준으로 북동쪽이 위험 반원, 남서쪽이 안전 반원이다. 위험 반원은 태풍 진행 방향의 오른쪽에 위치하므로 태풍은 북서 방향으로 이동하고 있다.

ㄴ. **태풍 중심 부근의 해역에서 수온 약층의 차가운 물이 용승한다.**

➡ 태풍은 중심부로 갈수록 기압이 낮아지는 저기압이므로 북반구에서는 바람이 시계 반대 방향으로 분다. 따라서 북반구에 위치한 태풍 중심 부근의 해역에서는 표층 해수가 풍향의 오른쪽 방향으로 이동하여 중심에서 바깥쪽으로 발산하므로 이를 채우기 위해 수온 약층의 차가운 물이 용승한다.

ㄷ. **태풍의 상층 공기는 반시계 방향으로 불어 나간다.**

➡ 지상에서는 태풍의 바람이 중심부를 향해 시계 반대 방향으로 불어 들어가며 중심부에서는 상승 기류가 발생한다. 태풍의 중심부에서 상승한 공기는 상층에서 대부분 바깥쪽으로 불어 나가는데, 북반구에서 바깥쪽으로 불어 나가는 공기는 전향력에 의해 오른쪽으로 편향되므로 시계 방향으로 불어 나간다.

16 태풍의 구조 2023학년도 수능 지I 7번 정답 ② | 정답률 73 %

적용해야 할 개념 ④가지

① 태풍은 강한 바람과 비를 동반하는 기상 현상으로, 태풍은 중심 부근의 최대 풍속이 17 m/s 이상인 열대 저기압이다.

② 태풍은 지름이 수백 km 정도이고, 북반구 지상에서 바람은 중심부를 향해 시계 반대 방향으로 불어 들어가며 상승한다.
　➡ 중심 부근에는 두꺼운 적란운이 발달하고, 가장자리에는 적운형 구름이 발달한다.

③ 태풍의 이동 경로의 왼쪽 지역을 안전 반원, 오른쪽 지역을 위험 반원이라고 한다.
　➡ 안전 반원은 상대적으로 풍속이 약하고, 위험 반원은 상대적으로 풍속이 강하다.

④ 일기도에서 등압선 간격이 좁을수록 풍속이 크며, 바람은 고기압에서 저기압으로 분다.

문제 보기

그림 (가)는 어느 날 18시의 지상 일기도에 태풍의 이동 경로를 나타낸 것이고, (나)는 이 시기에 태풍에 의해 발생한 강수량 분포를 나타낸 것이다.

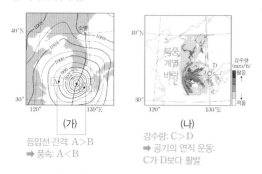

(가)
등압선 간격: A>B
➡ 풍속: A<B

(나)
강수량: C>D
➡ 공기의 연직 운동: C가 D보다 활발

이 자료에 대한 설명으로 옳은 것만을 〈보기〉에서 있는 대로 고른 것은? [3점]

〈보기〉 풀이

✗ 풍속은 A 지점이 B 지점보다 크다.
➡ 일기도에서 등압선 간격이 좁을수록 풍속이 강하다. 따라서 풍속은 등압선 간격이 상대적으로 좁은 B 지점이 A 지점보다 크다.

ㄴ. 공기의 연직 운동은 C 지점이 D 지점보다 활발하다.
➡ 태풍은 전체적으로 강한 상승 기류와 함께 많은 강수를 동반하는데, 상승 기류가 강한 지역일수록 구름이 두껍게 발달하고 강수량이 많다. 따라서 공기의 연직 운동은 강수량이 많은 C 지점이 강수량이 적은 D 지점보다 활발하다.

✗ C 지점에서는 남풍 계열의 바람이 분다.
➡ 태풍 주변에서는 공기가 저기압성 회전을 하면서 바람이 분다. 북반구에서는 중심부를 향해서 바람이 시계 반대 방향으로 불어 들어가므로, C 지점에서는 북풍 계열의 바람이 분다.

보기

---

17 태풍의 일기도와 기상 영상 해석 2021학년도 9월 모평 지I 19번 정답 ④ | 정답률 76 %

적용해야 할 개념 ④가지

① 북반구 저기압(태풍)에서는 바람이 시계 반대 방향으로 불고, 표층 해수는 저기압 중심에서 바깥쪽으로 이동하여 용승이 일어난다.

② 북반구 고기압에서는 바람이 시계 방향으로 불고, 표층 해수는 중심 쪽으로 이동하여 침강이 일어난다.

③ 적외 영상은 물체가 방출하는 적외선의 에너지양에 따라 나타낸 영상으로 온도가 낮을수록 밝게 나타난다. ➡ 구름 최상부의 고도가 높을수록 밝게 나타난다.

④ 등압선 간격이 좁을수록 풍속이 크며, 바람은 고기압에서 저기압으로 분다.

문제 보기

그림 (가)는 어느 날 05시 우리나라 주변의 적외 영상을, (나)는 다음 날 09시 지상 일기도를 나타낸 것이다.

태풍 중심 부근 ➡ 시계 반대 방향의 저기압성 바람 ➡ 표층 해수 발산 ➡ 용승

등압선 간격이 좁다.
➡ 풍속이 크다.

(가)
구름 최상부의 고도가 높을수록 밝게 보인다.
➡ 구름 최상부의 고도: B>C

(나)
등압선 간격이 넓다.
➡ 풍속이 작다.

이 자료에 대한 설명으로 옳은 것만을 〈보기〉에서 있는 대로 고른 것은?

〈보기〉 풀이

북반구에서 표층 해수는 평균적으로 풍향의 오른쪽 90° 방향으로 이동한다.

✗ (가)의 A 해역에서 표층 해수의 침강이 나타난다.
➡ (가)의 A 해역은 태풍의 중심 부근이므로 바람이 시계 반대 방향으로 불어 표층 해수는 풍향의 오른쪽으로 이동하여 저기압 중심에서 바깥쪽으로 발산하므로 용승이 일어난다.

ㄴ. (가)에서 구름 최상부의 고도는 B가 C보다 높다.
➡ 적외 영상은 물체가 온도에 따라 방출하는 적외선 에너지양의 차이를 이용하는 것으로, 적외 영상에서는 구름 최상부의 고도가 높을수록 밝게 나타난다. (가)에서 B가 C보다 밝게 보이므로 구름 최상부의 고도는 B가 C보다 높다.

ㄷ. (나)에서 풍속은 E가 D보다 크다.
➡ 등압선의 간격이 좁을수록 풍속이 강하다. (나)에서 E가 D보다 등압선의 간격이 조밀하므로 풍속이 더 크다.

보기

18 태풍과 날씨 2024학년도 6월 모평 지Ⅰ 13번   정답 ③ | 정답률 67%

적용해야 할 개념 ③가지

① 태풍 진행 방향의 오른쪽 지역은 태풍의 이동 방향이 태풍 내 바람 방향과 같아 풍속이 상대적으로 강하므로 위험 반원이라고 하며, 태풍 진행 방향의 왼쪽 지역은 태풍의 이동 방향이 태풍 내 바람 방향과 반대여서 풍속이 상대적으로 약하므로 안전 반원(가항 반원)이라고 한다. ➡ 태풍 통과 시 위험 반원에서는 풍향이 시계 방향으로, 안전 반원에서는 풍향이 시계 반대 방향으로 변한다.

② 태풍은 중심으로 갈수록 기압이 낮아지므로, 관측소에서 관측한 기압은 태풍 중심이 관측소에 가까워질수록 낮아지고, 관측소에서 멀어질수록 높아진다.

③ 북반구에서는 시계 방향으로 지속적으로 부는 고기압성 바람에 의해 고기압 중심부에서는 표층 해수가 수렴하여 침강이 일어나고, 시계 반대 방향으로 지속적으로 부는 저기압성 바람에 의해 저기압 중심부에서는 표층 해수가 발산하여 용승이 일어난다.

문제 보기

그림은 태풍의 영향을 받은 우리나라 어느 관측소에서 24시간 동안 관측한 표층 수온과 기상 요소를 시간에 따라 나타낸 것이다.

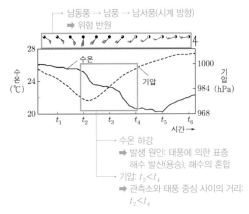

이 자료에 대한 설명으로 옳은 것만을 〈보기〉에서 있는 대로 고른 것은? [3점]

〈보기〉 풀이

태풍의 위험 반원은 안전 반원에 비해 풍속이 강하며, 태풍 통과 시 풍향이 시계 방향으로 변한다.

ㄱ. 이 기간 동안 관측소는 태풍의 위험 반원에 위치하였다.
➡ 이 기간 동안 풍향이 남동풍 → 남풍 → 남서풍으로 시계 방향으로 변하였으므로 관측소는 태풍의 위험 반원에 위치하였다.

ㄴ. 관측소와 태풍 중심 사이의 거리는 t_2가 t_4보다 가깝다.
➡ 관측소에 태풍 중심이 가까워질수록 기압은 낮아지고, 태풍 중심이 관측소로부터 멀어지면 기압은 높아진다. 자료에서 기압은 t_2가 t_4보다 낮으므로 관측소와 태풍 중심 사이의 거리는 t_2가 t_4보다 가깝다.

✗ $t_2 → t_4$ 동안 수온 변화는 태풍에 의한 해수 침강에 의해 발생하였다.
➡ 태풍 중심 부근 해역에서는 시계 반대 방향으로 부는 저기압성 바람에 의해 표층 해수가 발산하여 용승이 일어나며, 태풍에 의한 강한 바람으로 해수의 혼합이 활발하게 일어난다. 따라서 $t_2 → t_4$ 동안 수온 변화는 태풍에 의한 표층 해수 발산(용승)과 해수의 혼합에 의해 발생하였다.

---

19 태풍 통과 시의 기상 요소 변화 2021학년도 수능 지Ⅰ 11번   정답 ② | 정답률 58%

적용해야 할 개념 ③가지

① 태풍의 가장자리에서 중심부로 갈수록 풍속이 강해지다가 태풍의 눈에서 약해진다.

② 태풍의 안전 반원에서는 시계 반대 방향으로, 위험 반원에서는 시계 방향으로 풍향이 변한다.

③ 태풍의 에너지원은 수증기가 응결하면서 방출하는 응결열(숨은열)이다. ➡ 태풍이 수온이 낮은 고위도 해상으로 북상하거나 육지에 상륙하면 수증기의 공급이 줄어들고 지표면과의 마찰이 증가하여 세력이 급격히 약해진다.

문제 보기

그림 (가)는 우리나라의 어느 해양 관측소에서 관측된 풍속과 풍향 변화를, (나)는 이 관측소의 표층 수온 변화를 나타낸 것이다. A와 B는 서로 다른 두 태풍의 영향을 받은 기간이다.

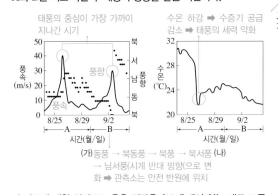

이 자료에 대한 설명으로 옳은 것만을 〈보기〉에서 있는 대로 고른 것은? [3점]

〈보기〉 풀이

북반구에서 태풍 진행 방향의 오른쪽 지역은 태풍의 이동 방향이 태풍 내 바람 방향과 같아 풍속이 상대적으로 강하므로 위험 반원이라고 한다. 태풍 진행 방향의 왼쪽 지역은 태풍의 이동 방향이 태풍 내 바람 방향과 반대여서 풍속이 상대적으로 약하므로 안전 반원이라고 한다.

✗ A 시기에 태풍의 눈은 관측소를 통과하였다.
➡ 태풍의 눈은 태풍 중심으로부터 약 30 km~50 km에 이르는 범위로, 약한 하강 기류가 나타나 날씨가 맑고 바람이 약하다. 태풍의 풍속은 중심부로 갈수록 증가하여 태풍의 눈 주위(태풍의 눈벽)에서 가장 빠르게 나타나며, 태풍의 눈에서는 급격하게 느려진다. A 시기에서 태풍의 중심이 다가와 최대 풍속이 나타날 때 풍속이 급격하게 감소하는 시기가 나타나지 않았으므로 태풍의 눈은 관측소를 통과하지 않았다.

ㄴ. B 시기에 관측소는 태풍의 안전 반원에 위치하였다.
➡ B 시기에 태풍의 풍향은 동풍 → 북동풍 → 북풍 → 북서풍 → 남서풍(시계 반대 방향)으로 변하였으므로 관측소는 태풍의 안전 반원에 위치하였다.

✗ A 시기의 급격한 수온 하강은 B 시기에 통과하는 태풍을 강화시켰다.
➡ 태풍의 에너지원은 상승하는 공기 중의 수증기가 응결하면서 방출하는 응결열(숨은열)이므로 A 시기의 급격한 수온 하강은 수증기의 공급을 감소시켜 B 시기에 통과하는 태풍의 세력을 약화시켰다.

적용해야 할 개념 ③가지

① 태풍은 저기압이므로 중심부로 갈수록 기압이 낮아진다. ➡ 태풍이 다가올수록 기압은 낮아지고, 멀어질수록 기압은 높아진다.

② 태풍의 가장자리에서 중심부로 갈수록 기압은 낮아지고, 풍속은 강해지다가 태풍의 눈에서 약해진다.

③ 태풍의 안전 반원에서는 시계 반대 방향으로, 위험 반원에서는 시계 방향으로 풍향이 변한다.

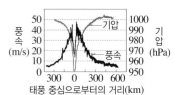

▲ 태풍의 풍속과 기압 분포

문제 보기

그림 (가)와 (나)는 어느 날 태풍이 우리나라를 통과하는 동안 서울과 부산에서 관측한 기압, 풍향, 풍속 자료를 순서 없이 나타낸 것이다.

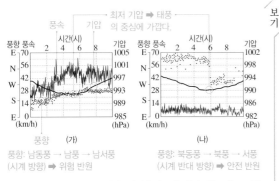

풍향: 남동풍 → 남풍 → 남서풍
(시계 방향) ➡ 위험 반원

풍향: 북동풍 → 북풍 → 서풍
(시계 반대 방향) ➡ 안전 반원

이 자료에 대한 설명으로 옳은 것만을 〈보기〉에서 있는 대로 고른 것은? [3점]

〈보기〉 풀이

태풍의 안전 반원에서는 풍향이 시계 반대 방향으로, 위험 반원에서는 풍향이 시계 방향으로 변한다.

ㄱ. **태풍의 중심은 (가)가 관측된 장소의 서쪽을 통과하였다.**

➡ 태풍이 (가)가 관측된 장소를 지나는 동안 풍향은 남동풍 → 남풍 → 남서풍으로 변하였다. 풍향이 시계 방향으로 변하였으므로 관측 장소는 태풍의 위험 반원에 위치하고, 태풍의 중심은 (가)가 관측된 장소의 서쪽을 통과하였다.

ㄴ. **최저 기압은 (가)가 (나)보다 낮다.**

➡ 최저 기압은 (가)에서는 약 992 hPa, (나)에서는 약 990 hPa이다. 따라서 최저 기압은 (가)가 (나)보다 높다.

ㄷ. **평균 풍속은 (가)가 (나)보다 크다.**

➡ (가)에서는 풍속이 약 14 km/h~약 60 km/h이고 (나)에서는 약 0 km/h~약 14 km/h이다. 따라서 평균 풍속은 (가)가 (나)보다 크다.

적용해야 할 개념 ③가지

① 태풍의 눈은 태풍 중심으로부터 반지름이 약 30 km~50 km에 이르는 지역으로, 하강 기류가 나타나 날씨가 맑고 바람이 약하다.

② 태풍의 눈 주위에서 크게 발달한 적란운과 강한 상승 기류로 인해 많은 비가 내리고, 풍속이 매우 빠르다. 태풍의 가장자리에서 중심부로 갈수록 기압은 낮아지고, 풍속은 강해지다가 태풍의 눈에서 약해진다.

③ 태풍의 안전 반원에서는 시계 반대 방향으로, 위험 반원에서는 시계 방향으로 풍향이 변한다.

문제 보기

그림 (가)와 (나)는 어느 날 동일한 태풍의 영향을 받은 우리나라 관측소 A와 B에서 측정한 기압, 풍속, 풍향의 변화를 순서 없이 나타낸 것이다.

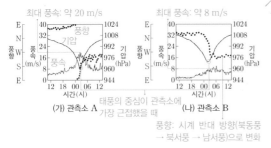

(가) 관측소 A
태풍의 중심이 관측소에 가장 근접했을 때

(나) 관측소 B

풍향: 시계 반대 방향(북동풍 → 북서풍 → 남서풍)으로 변화

이 자료에 대한 설명으로 옳은 것만을 〈보기〉에서 있는 대로 고른 것은?

〈보기〉 풀이

저기압의 일종인 태풍의 영향을 받을 때 태풍의 중심이 관측소에 가까워졌다가 멀어지므로 관측소에서 측정한 기압은 낮아지다가 높아진다. 또한, 풍속은 태풍이 관측소에 가까워질수록 강해지고 멀어질수록 약해진다. 태풍이 통과하는 동안 풍향은 위험 반원에서는 시계 방향으로, 안전 반원에서는 시계 반대 방향으로 변한다. 따라서 (가)와 (나)에서 짙은 실선은 기압, 옅은 실선은 풍속, 점은 풍향을 나타낸다.

ㄱ. **최대 풍속은 B가 A보다 크다.**

➡ 최대 풍속은 A에서 약 20 m/s, B에서 약 8 m/s이므로 A가 B보다 크다.

ㄴ. **태풍 중심까지의 최단 거리는 A가 B보다 가깝다.**

➡ 태풍 중심이 관측소에 근접할수록 기압이 낮게 측정되므로 관측소에서 측정한 기압이 낮을수록 태풍 중심까지의 최단 거리가 가깝다. 태풍 중심이 각 관측소에 가장 근접했을 때의 기압은 A가 B보다 낮으므로, 태풍 중심까지의 최단 거리는 A가 B보다 가깝다.

ㄷ. **B는 태풍의 안전 반원에 위치한다.**

➡ 태풍이 통과하는 동안 A에서 측정한 풍향은 시계 방향(북동풍 → 남동풍 → 남서풍)으로 변하였고, B에서 측정한 풍향은 시계 반대 방향(북동풍 → 북서풍 → 남서풍)으로 변하였다. 태풍의 안전 반원에 위치하면 풍향이 시계 반대 방향으로 변하므로 B는 태풍의 안전 반원에 위치한다.

22 태풍 통과 시의 기상 요소 변화 2020학년도 수능 지Ⅰ 13번   정답 ② | 정답률 62%

적용해야 할 개념 ③가지

① 태풍은 중심 부근의 최대 풍속이 17 m/s 이상인 열대 저기압이다.

② 위험 반원은 태풍 이동 경로의 오른쪽 반원이다. ➡ 태풍 내 바람 방향이 태풍의 이동 방향 및 대기 대순환의 바람 방향과 같은 방향이므로 풍속이 강해져 더 큰 피해가 발생하고, 풍향이 시계 방향으로 변한다.

③ 안전 반원(가항 반원)은 태풍 이동 경로의 왼쪽 반원이다. ➡ 태풍 내 바람 방향이 태풍의 이동 방향 및 대기 대순환에 의한 바람 방향과 반대 방향이므로 풍속이 약해져 피해가 더 작게 발생하고, 풍향이 시계 반대 방향으로 변한다.

문제 보기

그림 (가)와 (나)는 태풍의 영향을 받은 우리나라 관측소 A와 B에서 T_1~T_5 동안 측정한 기온, 기압, 풍향을 순서 없이 나타낸 것이다.

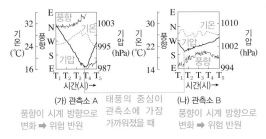

(가) 관측소 A
풍향이 시계 방향으로 변화 ➡ 위험 반원

태풍의 중심이 관측소에 가장 가까워졌을 때

(나) 관측소 B
풍향이 시계 방향으로 변화 ➡ 위험 반원

이 자료에 대한 설명으로 옳은 것만을 〈보기〉에서 있는 대로 고른 것은?

〈보기〉 풀이

저기압인 태풍이 다가올 때는 기압이 낮아지고 멀어질 때는 기압이 높아지므로 그림에서 실선은 기압이고, 일정한 범위 내에서 오르내리는 점선은 기온이며, 점으로 표시한 자료는 풍향을 나타낸다.

✗ T_1~T_4 동안 A는 위험 반원, B는 안전 반원에 위치한다.

➡ 태풍의 위험 반원에서는 풍향이 시계 방향으로 변하고, 안전 반원에서는 풍향이 시계 반대 방향으로 변한다. T_1~T_4 동안 A에서는 풍향이 북풍 → 북동풍 → 동풍으로 변하였고, B에서는 풍향이 동풍 → 남동풍 → 남풍으로 변하였으므로 두 관측소 모두 풍향이 시계 방향으로 변하였다. 따라서 A와 B는 모두 위험 반원에 위치한다.

ㄴ. 태풍의 중심이 가장 가까이 통과한 시각은 A가 B보다 늦다.

➡ 태풍은 중심부로 갈수록 기압이 낮은 저기압이므로, 태풍의 중심이 관측소에 가장 가까워졌을 때 기압이 가장 낮다. 태풍의 중심이 관측소를 가장 가까이 통과한 시각은 A에서는 T_4 부근이고, B에서는 T_1~T_2 사이이므로, 태풍이 통과한 시각은 A가 B보다 늦다.

✗ T_4~T_5 동안 A와 B의 기온은 상승한다.

➡ 관측소 A와 B에서 모두 T_4~T_5 동안 기온이 하강하였다.

---

23 태풍 통과 시의 기상 요소 변화 2023학년도 9월 모평 지Ⅰ 13번   정답 ④ | 정답률 75%

적용해야 할 개념 ③가지

① 태풍은 중심 부근의 최대 풍속이 17 m/s 이상인 열대 저기압으로, 수증기의 공급이 충분히 이루어지는 위도 5°~25°, 수온이 27 ℃ 이상인 열대 해상에서 발생한다.

② 태풍은 반지름이 약 500 km에 이르고, 전체적으로 상승 기류가 발달하여 중심부로 갈수록 두꺼운 적운형 구름이 형성된다. ➡ 중심부로 갈수록 바람이 강해지다가 태풍의 눈에서 약해지며, 기압은 중심으로 갈수록 계속 낮아진다.

③ 태풍의 눈은 태풍 중심으로부터 약 50 km에 이르는 지역으로, 약한 하강 기류가 나타나 날씨가 맑고 바람이 약하다.

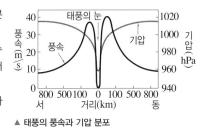

▲ 태풍의 풍속과 기압 분포

문제 보기

그림은 태풍의 영향을 받은 우리나라 어느 관측소에서 24시간 동안 관측한 시간에 따른 기압, 풍향, 풍속, 시간당 강수량을 순서 없이 나타낸 것이다. 이 기간 동안 태풍의 눈이 관측소를 통과하였다.

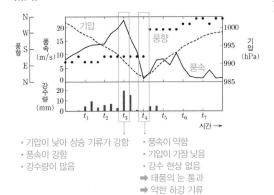

• 기압이 낮아 상승 기류가 강함
• 풍속이 강함
• 강수량이 많음

• 풍속이 약함
• 기압이 가장 낮음
• 강수 현상 없음
➡ 태풍의 눈 통과
➡ 약한 하강 기류

이 자료에 대한 설명으로 옳은 것만을 〈보기〉에서 있는 대로 고른 것은? [3점]

〈보기〉 풀이

태풍 중심이 관측소에 가까워질 때에는 기압이 낮아지다가 관측소에서 멀어질 때에는 기압이 높아지므로 자료에서 점선은 기압을 나타낸다. 이 기간 동안 태풍의 눈이 관측소를 통과하였으므로 관측소에서 측정한 기압이 가장 낮을 무렵에 풍속이 가장 약하게 나타난다. 따라서 자료의 실선은 풍속, 점선은 기압, 점은 풍향을 나타낸다.

ㄱ. 관측소에서 풍속이 가장 강하게 나타난 시각은 t_3이다.

➡ 자료에서 실선이 풍속에 해당하므로, 관측소에서 풍속이 가장 강하게 나타난 시각은 t_3이다.

✗ 관측소에서 태풍의 눈이 통과하기 전에는 서풍 계열의 바람이 불었다.

➡ 관측소에 태풍의 눈이 통과한 시각은 기압이 가장 낮고 풍속이 약한 t_4이다. 따라서 태풍의 눈이 관측소를 통과하기 전인 t_4 이전에는 동풍 계열의 바람이 불었음을 알 수 있다.

ㄷ. 관측소에서 공기의 연직 운동은 t_3이 t_4보다 활발하다.

➡ 태풍의 눈 주변에서는 강한 상승 기류가 나타나고, 풍속이 강하며 많은 비가 내리는 반면 태풍의 눈에서는 약한 하강 기류가 나타나고, 풍속이 약하며 대체로 맑은 날씨가 나타난다. 관측소에서 t_3일 때는 태풍의 눈 주변에 위치하여 강한 상승 기류가 나타났으며, t_4일 때는 태풍의 눈에 위치하여 약한 하강 기류가 나타났다. 따라서 관측소에서 공기의 연직 운동은 t_3이 t_4보다 활발하다.

보기

24 태풍 2024학년도 5월 학평 지Ⅰ 7번

정답 ② | 정답률 69 %

적용해야 할 개념 ③가지

① 태풍의 중심 기압이 낮을수록 세력이 강하다.

② 바람은 태풍 중심부로 갈수록 강해지다가 태풍의 눈에서는 약하고, 기압은 태풍 중심으로 갈수록 계속 낮아진다.

③ 태풍 진행 방향의 왼쪽 지역(안전 반원)에서는 풍향이 시계 반대 방향으로 변하고, 태풍 진행 방향의 오른쪽 지역(위험 반원)에서는 풍향이 시계 방향으로 변한다.

문제 보기

표는 우리나라를 통과한 어느 태풍의 중심 기압과 강풍 반경을, 그림은 이 태풍의 영향을 받은 우리나라 관측소 A에서 관측한 기압과 풍향을 나타낸 것이다.

일시	중심 기압 (hPa)	강풍 반경 (km)
10일 03시	970	330
10일 06시	970	330
10일 09시	975	320
10일 12시	980	300

중심 기압이 낮을수록 태풍의 세력이 강하고 강풍 반경이 크다.

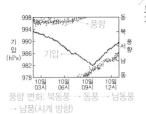

풍향 변화: 북동풍 → 동풍 → 남동풍 → 남풍(시계 방향)
➡ 관측소는 위험 반원에 위치한다.

이 자료에 대한 설명으로 옳은 것만을 〈보기〉에서 있는 대로 고른 것은? [3점]

〈보기〉 풀이

✗ 태풍의 세력은 03시보다 12시에 강하다.

➡ 강풍 반경은 풍속 15 m/s 이상의 강한 바람이 부는 영역을 말한다. 태풍은 중심 기압이 낮을수록 세력이 강하고 강풍 반경이 크다. 태풍은 12시보다 03시에 중심 기압이 낮고 강풍 반경이 크므로, 태풍의 세력은 12시보다 03시에 강하다.

ㄴ. A와 태풍 중심 사이의 거리는 03시보다 09시에 가깝다.

➡ 태풍은 중심으로 갈수록 기압이 낮아지므로 관측소에서 관측한 기압은 태풍 중심으로부터의 거리가 가까울수록 낮아진다. 태풍의 중심 기압은 03시보다 09시에 높지만, 관측소 A에서 관측한 기압은 03시보다 09시에 낮다. 따라서 A와 태풍 중심 사이의 거리는 03시보다 09시에 가깝다.

✗ 태풍의 영향을 받는 동안 A는 안전 반원에 위치한다.

➡ 태풍의 영향을 받는 동안 A에서 관측한 풍향이 시계 방향(북동풍 → 동풍 → 남동풍 → 남풍)으로 변하는 것으로 보아 A는 위험 반원에 위치한다.

보기

---

25 태풍 통과 시의 기상 요소 변화 2021학년도 7월 학평 지Ⅰ 11번

정답 ③ | 정답률 58 %

적용해야 할 개념 ③가지

① 태풍은 저기압이므로 중심부로 갈수록 기압이 낮아진다. ➡ 태풍이 다가올수록 기압은 낮아지고, 멀어질수록 기압은 높아진다.

② 태풍의 가장자리에서 중심부로 갈수록 기압은 낮아지고, 풍속은 강해지다가 태풍의 눈에서 약해진다.

③ 태풍의 안전 반원에서는 시계 반대 방향으로, 위험 반원에서는 시계 방향으로 풍향이 변한다.

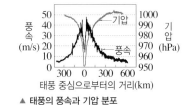

▲ 태풍의 풍속과 기압 분포

문제 보기

표는 어느 태풍의 중심 기압과 이동 속도를, 그림은 이 태풍이 우리나라를 통과할 때 어느 관측소에서 측정한 기온과 풍향 및 풍속을 나타낸 것이다.

중심 기압이 점점 높아진다. ➡ 세력이 점점 약해진다.

일시	중심 기압 (hPa)	이동 속도 (km/h)
2일 00시	935	23
2일 06시	940	22
2일 12시	945	23
2일 18시	945	32
3일 00시	950	36
3일 06시	960	70
3일 12시	970	45

이동 속도가 감소하다가 증가하다가 다시 감소한다.

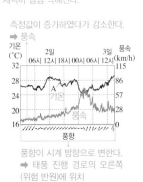

측정값이 증가하였다가 감소한다. ➡ 풍속

풍향이 시계 방향으로 변한다. ➡ 태풍 진행 경로의 오른쪽(위험 반원)에 위치

이 자료에 대한 설명으로 옳은 것만을 〈보기〉에서 있는 대로 고른 것은? [3점]

〈보기〉 풀이

ㄱ. A는 기온이다.

➡ 풍속은 태풍이 관측소에 다가올 때 증가하였다가 멀어질 때 감소하므로 측정값이 증가하다가 감소하는 선은 풍속이고, 태풍의 통과와는 관계없이 측정값이 변하는 A는 기온이다.

✗ 태풍의 세력이 약해질수록 이동 속도는 빠르다.

➡ 태풍은 중심 기압이 낮을수록 세력이 강하다. 주어진 기간 동안 태풍의 중심 기압이 점점 높아지는 것으로 보아 태풍의 세력은 점점 약해졌으며, 이 기간 동안 태풍의 이동 속도는 감소하다가 증가하고 다시 감소하였다. 따라서 태풍의 세력이 약해질수록 이동 속도가 빠르다고 할 수는 없다.

ㄷ. 관측소는 태풍 진행 경로의 오른쪽에 위치하였다.

➡ 태풍이 통과하는 동안 관측소에서 측정한 풍향이 북동풍 → 동풍 → 남동풍 → 남서풍으로 시계 방향으로 변하였다. 따라서 관측소는 태풍 진행 경로의 오른쪽, 즉 위험 반원에 위치하였다.

보기

26 온대 저기압 통과에 따른 일기 요소 변화 2024학년도 수능 지Ⅰ 6번

정답 ④ | 정답률 76 %

적용해야 할 개념 ③가지

① 중위도 지역에 위치하는 우리나라에서 온대 저기압은 편서풍의 영향으로 대체로 서쪽에서 동쪽으로 이동한다.

② 온대 저기압 중심이 관측소의 북쪽을 통과할 때는 풍향이 시계 방향으로 바뀌고, 관측소의 남쪽을 통과할 때는 풍향이 시계 반대 방향으로 바뀐다.

③ 온난 전선이 통과하면 기온은 상승하고 기압은 하강하며, 한랭 전선이 통과하면 기온은 하강하고 기압은 상승한다.

문제 보기

그림 (가)는 어느 날 t_1 시각의 지상 일기도에 온대 저기압 중심의 이동 경로를 나타낸 것이고, (나)는 이날 관측소 A와 B에서 t_1부터 15시간 동안 측정한 기압, 기온, 풍향을 순서 없이 나타낸 것이다. A와 B의 위치는 각각 ㉠과 ㉡ 중 하나이다.

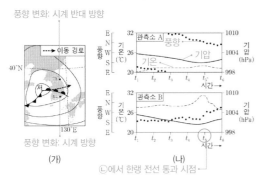

(가)

풍향 변화: 시계 반대 방향
풍향 변화: 시계 방향

㉡에서 한랭 전선 통과 시점

(나)

이 자료에 대한 설명으로 옳은 것만을 〈보기〉에서 있는 대로 고른 것은? [3점]

〈보기〉 풀이

(가)에서 t_1 시각에 ㉠은 온난 전선 전면에 위치하여 동풍 계열의 바람이 불고, ㉡은 온난 전선 후면에 위치하여 남풍 계열의 바람이 분다. 또한 ㉠에는 찬 공기, ㉡에는 따뜻한 공기가 분포하므로 기온은 ㉠이 ㉡보다 낮고, 등압선의 분포로 보아 기압은 ㉠과 ㉡이 거의 비슷하다. 이를 (나)에서 t_1 시각의 일기 요소와 비교해 보면, 실선은 기압, 점선은 기온, 점은 풍향을 나타낸다는 것을 알 수 있다.

㉠ A의 위치는 ㉠이다.
➡ ㉡의 경우처럼 온대 저기압 중심이 관측소의 북쪽을 통과할 때는 풍향이 시계 방향으로 바뀌고, ㉠의 경우처럼 온대 저기압 중심이 관측소의 남쪽을 통과할 때는 풍향이 시계 반대 방향으로 바뀐다. A에서는 풍향이 시계 반대 방향(남동풍 → 동풍 → 북동풍)으로, B에서는 풍향이 시계 방향(남풍 → 남서풍 → 북서풍)으로 바뀌었다. 따라서 A의 위치는 ㉠이고, B의 위치는 ㉡이다.

㉡ t_2에 기온은 A가 B보다 낮다.
➡ (나)에서 점선이 기온을 나타내므로, t_2에 기온은 A가 B보다 낮다.

✗ t_3에 ㉡의 상공에는 전선면이 있다.
➡ ㉡(관측소 B)은 t_1에 온난 전선과 한랭 전선 사이에 위치하며, t_5 무렵에 기온이 하강하기 시작하고 풍향이 남풍에서 점차 서풍 계열로 변하는 것으로 보아 한랭 전선이 통과하였다. 따라서 t_3에 ㉡은 온난 전선과 한랭 전선 사이에 위치하므로 상공에 전선면이 없다.

27 태풍 통과에 따른 일기 요소 변화 2025학년도 수능 지Ⅰ 13번

정답 ② | 정답률 55 %

적용해야 할 개념 ③가지

① 태풍은 수온이 약 27 ℃ 이상인 열대 해상에서 발생하여 중심 부근의 최대 풍속이 17 m/s 이상으로 성장한 열대 저기압이다.

② 태풍 주변에서는 공기가 저기압성 회전을 하면서 기압이 낮은 중심부를 향해 시계 반대 방향(북반구)으로 바람이 불어 들어간다. ➡ 태풍 통과 시 위험 반원에서는 풍향이 시계 방향으로, 안전 반원에서는 풍향이 시계 반대 방향으로 변한다.

③ 태풍 중심부로 갈수록 바람이 강해지다가 태풍의 눈에서 약해지며, 중심으로 갈수록 기압은 계속 낮아진다.

문제 보기

그림은 북상하는 어느 태풍의 영향을 받은 어느 날 우리나라 관측소 A와 B에서 01시부터 23시까지 관측한 풍향과 기압을 나타낸 것이다.

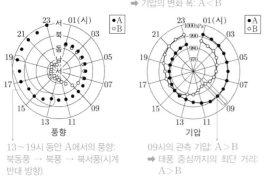

최저 기압: A>B, 최고 기압: A≒B
➡ 기압의 변화 폭: A<B

풍향   기압

13~19시 동안 A에서의 풍향: 09시의 관측 기압: A>B
북동풍 → 북풍 → 북서풍(시계   ➡ 태풍 중심까지의 최단 거리:
반대 방향)   A>B
➡ A는 안전 반원에 위치

이 자료에 대한 설명으로 옳은 것만을 〈보기〉에서 있는 대로 고른 것은? [3점]

〈보기〉 풀이

✗ 13~19시 동안 A는 위험 반원에 위치하였다.
➡ 13~19시 동안 A의 풍향은 북동풍 → 북풍 → 북서풍으로 시계 반대 방향으로 변했으므로, 이 기간 동안 A는 안전 반원에 위치하였다.

㉡ 01~23시 동안 기압의 변화 폭은 A가 B보다 작다.
➡ 01~23시 동안 최저 기압은 B가 A보다 낮고, 최고 기압은 A와 B가 비슷하므로 이 기간 동안 기압의 변화 폭은 A가 B보다 작다.

✗ 09시에 태풍 중심까지의 최단 거리는 A가 B보다 가깝다.
➡ 관측소에 태풍 중심이 가까워질수록 태풍의 관측 기압은 낮아진다. 09시에 관측한 기압이 B가 A보다 낮으므로 태풍 중심까지의 최단 거리는 B가 A보다 가깝다.

13 일차

01 ①	02 ②	03 ②	04 ①	05 ③	06 ①	07 ③	08 ④	09 ①	10 ⑤	11 ②	12 ②
13 ③	14 ①	15 ⑤	16 ⑤	17 ⑤	18 ②	19 ①	20 ①	21 ②	22 ②	23 ①	24 ①
25 ④											

문제편 130쪽~137쪽

01 태풍의 이동 경로 2022학년도 7월 학평 지Ⅰ 9번

정답 ① | 정답률 76 %

적용해야 할 개념 ②가지

① 태풍은 열대 해상에서 발생한 저기압으로, 중심 기압이 낮을수록 세력이 강하다.

② 태풍의 위험 반원과 안전 반원

위험 반원	태풍 진행 방향의 오른쪽 지역으로 태풍의 이동 방향이 태풍 내 바람 방향과 같으므로 풍속이 강해져 더 큰 피해가 발생하고, 풍향이 시계 방향으로 변한다.	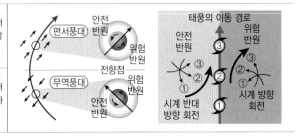
안전 반원	태풍 진행 방향의 왼쪽 지역으로 태풍의 이동 방향이 태풍 내 바람 방향과 반대여서 풍속이 상대적으로 약하므로 피해가 비교적 작게 발생하고, 풍향이 시계 반대 방향으로 변한다.	

문제 보기

그림은 어느 태풍의 이동 경로를 나타낸 것이다.

태풍의 중심 기압이 낮을수록 태풍의 세력이 강하다.

서울 ·
➡ 안전 반원
➡ 풍향 변화: 시계 반대 방향

· 하루 동안 이동한 거리: 8월 31일>9월 1일
➡ 평균 이동 속력: 8월 31일>9월 1일

이에 대한 설명으로 옳은 것만을 〈보기〉에서 있는 대로 고른 것은?

〈보기〉 풀이

ㄱ. **태풍의 평균 이동 속력은 8월 31일이 9월 1일보다 빠르다.**

➡ 평균 이동 속력은 이동한 거리를 시간으로 나눈 값이다. 태풍이 하루 동안 이동한 거리는 8월 31일이 9월 1일보다 크므로 태풍의 평균 이동 속력은 8월 31일이 9월 1일보다 빠르다.

ㄴ. **9월 3일 0시 이후로 태풍 중심의 기압은 계속 낮아졌다.**

➡ 고온의 열대 해양에서 발생한 태풍은 찬 바다 위로 이동하거나 육지에 상륙하면 중심 기압이 높아지면서 세력이 급격히 약해져 결국에는 소멸하게 된다. 따라서 9월 3일 0시 이후로 태풍이 소멸할 때까지 태풍 중심의 기압은 대체로 높아졌다.

ㄷ. **태풍이 우리나라를 통과하는 동안 서울에서의 풍향은 시계 방향으로 바뀌었다.**

➡ 서울은 태풍 이동 경로의 왼쪽(안전 반원)에 위치한다. 따라서 태풍이 우리나라를 통과하는 동안 서울에서의 풍향은 시계 반대 방향으로 바뀌었다.

02 태풍의 이동 경로와 기상 영상 해석 2025학년도 9월 모평 지I 8번

정답 ② | 정답률 77%

적용해야 할 개념 ③가지

① 태풍의 에너지원은 수증기가 물방울로 응결하면서 방출하는 잠열(응결열)이고, 태풍의 세력은 중심 기압이 낮을수록 강하다.

② 태풍 진행 방향의 왼쪽 반원(안전 반원)에서는 시계 반대 방향, 오른쪽 반원(위험 반원)에서는 시계 방향으로 풍향이 변한다.

③ 적외 영상은 물체가 온도에 따라 방출하는 적외선 에너지양의 차이를 이용하여 관측한다. ➡ 적외 영상에서는 온도가 높을수록 어둡게 나타나고, 온도가 낮을수록 밝게 나타난다.

문제 보기

그림 (가)는 어느 태풍의 이동 경로에 6시간 간격으로 나타낸 태풍 중심의 위치를, (나)는 t_1 시각의 적외 영상을 나타낸 것이다.

안전 반원에 위치한다.
➡ 풍향 변화: 시계 반대 방향

구름 최상부의
온도: B>C

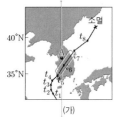

(가)   (나)

태풍이 육지에 상륙하면 세력이 약해진다.
➡ 태풍의 중심 기압: $t_4 < t_7$

이 자료에 대한 설명으로 옳은 것만을 〈보기〉에서 있는 대로 고른 것은? [3점]

〈보기〉 풀이

ㄱ. 태풍의 중심 기압은 t_4일 때가 t_7일 때보다 높다.

➡ 태풍의 에너지원은 수증기가 응결하면서 방출하는 잠열(응결열)이며, 태풍은 저기압이므로 중심 기압이 낮을수록 세력이 강하다. 태풍이 육지에 상륙하면 수증기의 공급이 감소하고, 지표면과의 마찰이 증가하여 태풍의 세력이 급격히 약해진다. 따라서 태풍의 중심 기압은 육지에 상륙하기 전인 t_4일 때가 육지를 통과한 후인 t_7일 때보다 낮다.

ㄴ. $t_6 \to t_7$ 동안 관측소 A의 풍향은 시계 반대 방향으로 변한다.

➡ $t_6 \to t_7$ 동안 관측소 A는 태풍 진행 방향의 왼쪽인 안전 반원에 위치한다. 따라서 $t_6 \to t_7$ 동안 관측소 A의 풍향은 시계 반대 방향으로 변한다.

ㄷ. (나)에서 구름 최상부의 온도는 영역 B가 영역 C보다 낮다.

➡ 적외 영상에서는 구름 최상부의 높이가 높을수록 온도가 낮으므로 밝게 보인다. 따라서 (나)에서 구름 최상부의 온도는 영역 C가 영역 B보다 낮다.

---

03 태풍의 이동 경로와 기상 영상 해석 2021학년도 4월 학평 지I 8번

정답 ② | 정답률 75%

적용해야 할 개념 ④가지

① 태풍은 반지름이 약 500 km에 이르고, 전체적으로 상승 기류가 발달하여 중심 부근에는 두꺼운 적란운이 발달하고, 가장자리에는 적운형 구름이 발달한다.

② 태풍의 에너지원은 수증기가 응결하면서 방출하는 응결열(숨은열)이다. ➡ 태풍이 수온이 낮은 고위도 해상으로 북상하거나 육지에 상륙하면 수증기의 공급이 줄어들고 지표면과의 마찰이 증가하여 세력이 급격히 약해진다.

③ 태풍의 이동 경로의 왼쪽 지역을 안전 반원, 오른쪽 지역을 위험 반원이라고 한다.

안전 반원	태풍 내 바람 방향이 태풍의 이동 방향 및 대기 대순환에 의한 바람 방향과 반대 방향이므로 풍속이 약해져 피해가 더 작게 발생하고, 풍향이 시계 반대 방향으로 변한다.
위험 반원	태풍 내 바람 방향이 태풍의 이동 방향 및 대기 대순환의 바람 방향과 같은 방향이므로 풍속이 강해져 더 큰 피해가 발생하고, 풍향이 시계 방향으로 변한다.

④ 적외선 영상은 물체가 방출하는 적외선의 에너지양에 따라 나타낸 영상이다. ➡ 구름 최상부의 높이가 높을수록 밝게 보인다.

문제 보기

그림 (가)는 서로 다른 시기에 우리나라에 영향을 준 태풍 A와 B의 이동 경로를, (나)는 A 또는 B의 영향을 받은 시기에 촬영한 적외선 영상을 나타낸 것이다.

태풍이 고위도 해상으로 북상하거나 육지에 상륙 ➡ 수증기 공급 감소, 지표면 마찰 증가 ➡ 중심 기압 상승 ➡ 세력 감소

상승 기류 ➡ 적란운

(가)   (나)

A의 위험 반원, B의 안전 반원에 위치

이에 대한 설명으로 옳은 것만을 〈보기〉에서 있는 대로 고른 것은?

〈보기〉 풀이

태풍의 에너지원은 상승하는 공기 중의 수증기가 응결하면서 방출하는 응결열(숨은열)이므로, 태풍의 세력이 유지되거나 더 강하게 발달하려면 지속적인 에너지(수증기) 공급이 필요하다.

ㄱ. A는 육지를 지나는 동안 중심 기압이 지속적으로 낮아졌다.

➡ 태풍이 수온이 낮은 고위도 해상으로 북상하거나 육지에 상륙하면 수증기의 공급이 줄어들고 지표면과의 마찰로 운동 에너지가 감소하게 되므로 중심 기압이 높아지면서 세력이 급격하게 약해진다. 따라서 육지를 지나는 동안 A는 중심 기압이 높아졌다.

ㄴ. 서울은 B의 영향을 받는 동안 위험 반원에 위치하였다.

➡ 태풍 이동 경로의 오른쪽 지역을 위험 반원, 왼쪽 지역을 안전 반원이라고 한다. B의 영향을 받는 동안 서울은 태풍 이동 경로의 왼쪽에 있으므로 안전 반원에 위치하였다.

ㄷ. (나)는 A의 영향을 받은 시기에 촬영한 것이다.

➡ 태풍은 북반구에서 발생한 저기압으로, 지상에서 바람은 중심을 향해 시계 반대 방향으로 불어 들어가며 상승하므로 태풍의 중심 부근에는 두꺼운 적란운이 발달하고, 가장자리에는 적운형 구름이 발달한다. (나)의 적외선 영상에서 상승 기류가 황해에 나타나는 것으로 보아 태풍의 중심부가 황해에 위치하므로, (나)는 A의 영향을 받은 시기에 촬영한 것이다.

04

태풍의 이동과 위성 영상 해석 2024학년도 수능 지I 9번 정답 ① | 정답률 73 %

적용해야 할 개념 ③가지

① 북반구에서 태풍 진행 방향의 오른쪽 지역은 태풍의 이동 방향이 태풍 내 바람 방향과 같아 풍속이 상대적으로 강하므로 위험 반원이라 하고, 태풍 진행 방향의 왼쪽 지역은 태풍의 이동 방향이 태풍 내 바람 방향과 반대여서 풍속이 상대적으로 약하므로 안전 반원이라고 한다.
② 태풍의 세력은 중심 기압이 낮을수록 강하다.
③ 가시 영상은 구름과 지표면에서 반사된 태양 빛의 반사 강도를 나타내는 것으로, 반사도가 큰 부분은 밝게 나타나고 반사도가 작은 부분은 어둡게 나타난다.

[문제 보기]

그림 (가)는 어느 날 어느 태풍의 이동 경로에 6시간 간격으로 태풍 중심의 위치와 중심 기압을, (나)는 이날 09시의 가시 영상을 나타낸 것이다.

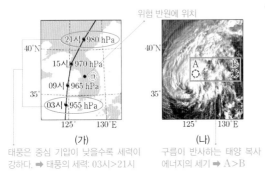

(가)
태풍은 중심 기압이 낮을수록 세력이 강하다. ➡ 태풍의 세력: 03시>21시

(나)
구름이 반사하는 태양 복사 에너지의 세기 ➡ A>B

이 자료에 대한 설명으로 옳은 것만을 〈보기〉에서 있는 대로 고른 것은?

〈보기〉 풀이

태풍 이동 경로의 오른쪽 지역은 위험 반원, 왼쪽 지역은 안전 반원에 해당한다.

ㄱ. **태풍의 영향을 받는 동안 지점 ㉠은 위험 반원에 위치한다.**
➡ 지점 ㉠은 태풍 이동 경로의 오른쪽에 위치하므로 태풍의 영향을 받는 동안 위험 반원에 위치한다.

ㄴ. **태풍의 세력은 03시가 21시보다 약하다.**
➡ 태풍은 저기압이므로, 중심 기압이 낮을수록 세력이 강하다. 03시에 태풍의 중심 기압은 955 hPa이고, 21시에 태풍의 중심 기압은 980 hPa이므로, 태풍의 중심 기압은 03시가 21시보다 낮다. 따라서 태풍의 세력은 03시가 21시보다 강하다.

ㄷ. **(나)에서 구름이 반사하는 태양 복사 에너지의 세기는 영역 A가 영역 B보다 약하다.**
➡ 가시 영상에서는 구름과 지표면이 반사하는 태양 복사 에너지의 세기가 강할수록 밝게 보인다. 따라서 (나)에서 구름이 반사하는 태양 복사 에너지의 세기는 영역 A가 영역 B보다 강하다.

05

태풍의 이동 방향과 이동 속력 2023학년도 3월 학평 지I 8번 정답 ③ | 정답률 63 %

적용해야 할 개념 ③가지

① 태풍은 발생 초기에는 무역풍의 영향으로 북서쪽으로 이동하다가 편서풍의 영향을 받는 위도(북위 25°~30° 부근)에 진입하면 북동쪽으로 이동 방향이 바뀐다. 태풍이 진로를 바꾸는 위치를 전향점이라고 하는데 태풍이 전향점을 지난 후에는 태풍의 이동 방향과 편서풍의 방향이 일치하여 이동 속력이 대체로 빨라진다.
② 태풍 이동 경로의 오른쪽 지역은 태풍의 이동 방향이 태풍 내 바람 방향과 같아 풍속이 상대적으로 강하므로 위험 반원이라고 하며, 태풍 이동 경로의 왼쪽 지역은 태풍의 이동 방향이 태풍 내 바람 방향과 반대여서 풍속이 상대적으로 약하므로 안전 반원(가항 반원)이라고 한다.
③ 태풍이 통과할 때 위험 반원에서는 풍향이 시계 방향으로, 안전 반원에서는 풍향이 시계 반대 방향으로 변한다.

[문제 보기]

그림 (가)는 우리나라를 통과한 어느 태풍 중심의 이동 방향과 이동 속력을 순서 없이 ㉠과 ㉡으로 나타낸 것이고, (나)는 18시일 때 이 태풍 중심의 위치를 나타낸 것이다.

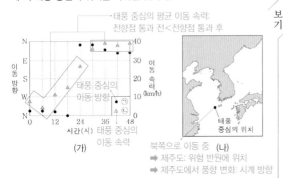

(가)
태풍 중심의 평균 이동 속력: 전향점 통과 전<전향점 통과 후
태풍 중심의 이동 방향 ➡ 북쪽으로 이동 중

(나)
북쪽으로 이동 중
➡ 제주도: 위험 반원에 위치
➡ 제주도에서 풍향 변화: 시계 방향

이 자료에 대한 옳은 설명만을 〈보기〉에서 있는 대로 고른 것은?

[3점]

〈보기〉 풀이

태풍은 발생 초기에는 무역풍과 북태평양 고기압의 영향을 받아 대체로 북서쪽으로 진행하다가 북위 25°~30° 부근(전향점)에서는 편서풍의 영향으로 진로를 바꾸어 북동쪽으로 진행하는 포물선 궤도를 그린다. 태풍이 전향점을 지난 후에는 태풍 중심의 이동 방향과 편서풍의 방향이 일치하여 이동 속력이 대체로 빨라진다.

ㄱ. **태풍 중심의 이동 방향은 ㉠이다.**
➡ 우리나라 부근에서 태풍 중심은 대체로 북쪽이나 북동쪽으로 이동한다. (가)에서 태풍 중심의 이동 방향이 ㉠이라면 18시에 태풍 중심은 북쪽으로 이동하고, ㉡이라면 18시에 태풍 중심은 남서쪽으로 이동한다. 따라서 (나)의 태풍 중심 위치(18시)에서 북쪽으로 이동하는 ㉠이 태풍 중심의 이동 방향이다.

ㄴ. **태풍이 지나가는 동안 제주도에서의 풍향은 시계 방향으로 변한다.**
➡ (나)에서 18시에 태풍 중심이 제주도의 왼쪽에 위치하므로 제주도는 태풍의 위험 반원에 위치한다. 따라서 태풍이 지나가는 동안 제주도에서의 풍향은 시계 방향으로 변한다.

ㄷ. **태풍 중심의 평균 이동 속력은 전향점 통과 전이 통과 후보다 빠르다.**
➡ (가)에서 태풍 중심의 이동 방향이 급격하게 변하는 18시~24시 사이에 태풍은 전향점을 지났으며, 전향점 통과 후가 통과 전보다 평균 이동 속력이 빠르다는 것을 알 수 있다.

06 **태풍의 이동 경로와 중심 기압의 변화** 2019학년도 수능 지I 13번   정답 ① | 정답률 74 %

적용해야 할 개념 ③가지
① 태풍은 열대 해상에서 발생한 저기압이므로 중심 기압이 낮을수록 세력이 강하다.
② 태풍이 전향점(태풍이 진로를 바꾸는 위치)을 지난 후에는 태풍의 진행 방향과 편서풍의 방향이 일치하므로 이동 속도가 대체로 빨라진다.
③ 태풍의 안전 반원에서는 시계 반대 방향으로, 위험 반원에서는 시계 방향으로 풍향이 변한다.

문제 보기

그림 (가)는 어느 태풍의 중심 기압을 22일부터 24일까지 3시간 간격으로, (나)는 이 태풍의 위치를 6시간 간격으로 나타낸 것이다.

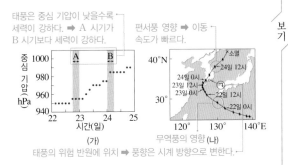

태풍은 중심 기압이 낮을수록 세력이 강하다. ➡ A 시기가 B 시기보다 세력이 강하다.

편서풍 영향 ➡ 이동 속도가 빠르다.

태풍의 위험 반원에 위치 ➡ 풍향은 시계 방향으로 변한다.

이에 대한 설명으로 옳은 것만을 〈보기〉에서 있는 대로 고른 것은?

〈보기〉 풀이

태풍은 저기압이므로 중심 기압이 낮을수록 세력이 강하다.

ㄱ. 태풍의 세력은 A 시기가 B 시기보다 강하다.
➡ 태풍은 중심 기압이 낮을수록 세력이 강하므로 기압이 더 낮은 A 시기가 B 시기보다 세력이 강하다.

✗ 태풍의 평균 이동 속도는 A 시기가 B 시기보다 빠르다.
➡ A 시기의 태풍 위치를 (나)에서 보면 태풍이 전향점 부근에 있으므로 이동 속도가 느리다. 반면에 B 시기에는 전향점을 지나 편서풍의 영향을 받으므로 이동 속도가 빠르다.

✗ 23일 18시부터 24일 06시까지 ㉠ 지점에서 풍향은 시계 반대 방향으로 변한다.
➡ ㉠ 지점은 태풍 이동 경로의 오른쪽 반원, 즉 위험 반원에 위치한다. 따라서 23일 18시부터 24일 06시까지 ㉠ 지점에서 풍향은 시계 방향으로 변한다.

적용해야 할 개념 ③가지

① 태풍은 포물선을 그리며 고위도로 이동하는데, 발생 초기에는 무역풍의 영향으로 북서쪽으로 향하다가 북위 25°~30° 부근에서는 편서풍의 영향으로 북동쪽으로 휘어져 북상한다.

② 태풍의 안전 반원에서는 시계 반대 방향으로, 위험 반원에서는 시계 방향으로 풍향이 변한다.

③ 태풍은 생성된 후 점차 기압이 낮아지며 세력이 강해지다가, 점차 기압이 높아지고 세력이 약해지면서 소멸한다.

문제 보기

다음은 어느 태풍의 이동 경로와 그에 따른 풍향과 기압 변화를 알아보기 위한 탐구 활동이다.

[탐구 과정]

(가) 표를 이용하여 태풍의 이동 경로를 지도에 표시한다.

(나) 지점 A에서의 풍향 변화를 추정하여 기록한다.

(다) 관측 풍향을 조사하여 추정 풍향과 비교한다.

(라) 태풍 중심의 기압 변화량(관측 당시 기압 - 생성 당시 기압)을 기록한다.

일시	태풍 중심		
	위도 (°N)	경도 (°E)	기압 (hPa)
⋮	⋮	⋮	⋮
6일 06시	33.8	127.3	975
6일 09시	34.7	128.1	975
6일 12시	35.8	129.2	985
6일 15시	37.2	130.5	985
⋮	⋮	⋮	⋮
7일 09시 (소멸)	42.0	141.1	990

소멸 당시 중심 기압 ─

[탐구 결과]

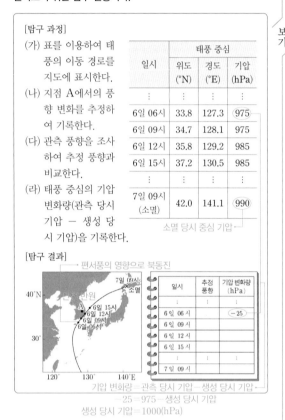

편서풍의 영향으로 북동진

일시	추정 풍향	기압 변화량 (hPa)
⋮	⋮	⋮
6일 06시		-25
6일 09시		
6일 12시		
6일 15시		
⋮	⋮	⋮
7일 09시		

기압 변화량=관측 당시 기압-생성 당시 기압
-25=975-생성 당시 기압
생성 당시 기압=1000(hPa)

이 자료에 대한 설명으로 옳은 것만을 〈보기〉에서 있는 대로 고른 것은? [3점]

〈보기〉 풀이

태풍은 발생 초기에는 무역풍의 영향으로 북서진하다가 북위 25°~30° 부근에서는 편서풍의 영향으로 북동진한다.

ㄱ. **6일 06시에 태풍은 편서풍의 영향을 받는다.**

➡ 6일 06시에 태풍은 북동쪽으로 이동하였으므로 편서풍의 영향을 받았다.

ㄴ. **6일 06시부터 6일 15시까지 A의 관측 풍향은 시계 반대 방향으로 변한다.**

➡ 6일 06시부터 6일 15시까지 태풍이 이동하는 동안 A는 태풍 이동 경로의 왼쪽에 위치하였으므로 안전 반원에 속한다. 따라서 이 기간 동안 A에서 관측된 풍향은 시계 반대 방향으로 변했을 것이다.

✗ 이 태풍의 $\dfrac{\text{소멸 당시 중심 기압}}{\text{생성 당시 중심 기압}}$ 은 1보다 크다.

➡ 6일 06시에 태풍 중심의 기압 변화량(관측 당시 기압-생성 당시 기압)은 -25 hPa이고, 중심 기압이 975 hPa이다. 따라서 생성 당시 태풍의 중심 기압은 1000 hPa이었다. 7일 09시 이 태풍이 소멸할 때 중심 기압은 990 hPa이었으므로 이 태풍의 $\dfrac{\text{소멸 당시 중심 기압}}{\text{생성 당시 중심 기압}}$ 은 1보다 작다.

보기

08 태풍의 이동 경로와 중심 기압의 변화 2021학년도 3월 학평 지Ⅰ 11번 정답 ④ | 정답률 71 %

적용해야 할 개념 ③가지

① 태풍은 발생 초기에는 무역풍과 주변 기압 배치의 영향으로 북서쪽으로 진행하다가 북위 25°~30° 부근에서 편서풍의 영향으로 진로를 바꾸어 북동쪽으로 진행하는 포물선 궤도를 그린다. ➡ 태풍이 진로를 바꾸는 위치를 전향점이라고 한다.

② 태풍은 열대 해상에서 발생한 저기압이므로 중심 기압이 낮을수록 세력이 강하다.

③ 태풍의 안전 반원에서는 시계 반대 방향으로, 위험 반원에서는 시계 방향으로 풍향이 변한다.

문제 보기

표는 어느 태풍의 중심 위치와 중심 기압을, 그림은 관측 지점 A의 위치를 나타낸 것이다.

일시	태풍의 중심 위치		중심 기압 (hPa)
	위도(°N)	경도(°E)	
29일 03시	18	128	985
30일 03시	21	124	975
1일 03시	26	121	965
2일 03시	31	123	980
3일 03시	36	128	992

중심 기압: 1일 03시＜3일 03시
➡ 중심 부근 최대 풍속: 1일 03시＞3일 03시

➡ 위험 반원에 위치 ➡ 시계 방향으로 풍향 변화

이 자료에 대한 옳은 설명만을 〈보기〉에서 있는 대로 고른 것은? [3점]

〈보기〉 풀이

ㄱ. 태풍은 30일 03시 이전에 전향점을 통과하였다.
➡ 태풍이 30일 03시 이후에도 북서쪽으로 진행하고 있는 것으로 보아 30일 03시 이전에 전향점을 통과하지 않았다.

ㄴ. 태풍 중심 부근의 최대 풍속은 1일 03시가 3일 03시보다 강했을 것이다.
➡ 태풍은 열대 해상에서 발생한 저기압이므로 중심 기압이 낮을수록 세력이 강하고 중심 부근의 최대 풍속도 크다. 따라서 태풍 중심 부근의 최대 풍속은 중심 기압이 더 낮은 1일 03시가 3일 03시보다 강했을 것이다.

ㄷ. 1일~3일에 A 지점의 풍향은 시계 방향으로 변했을 것이다.
➡ 태풍 이동 경로의 오른쪽 반원인 위험 반원에서는 풍향이 시계 방향으로 변하고, 태풍 이동 경로의 왼쪽 반원인 안전 반원에서는 풍향이 시계 반대 방향으로 변한다. A 지점은 태풍의 위험 반원에 위치하므로 풍향이 시계 방향으로 변했을 것이다.

보기

---

09 태풍의 이동 경로와 중심 기압의 변화 2021학년도 10월 학평 지Ⅰ 14번 정답 ① | 정답률 68 %

적용해야 할 개념 ③가지

① 태풍 이동 경로의 왼쪽 지역을 안전 반원, 오른쪽 지역을 위험 반원이라고 한다.

안전 반원	태풍 내 바람 방향이 태풍의 이동 방향 및 대기 대순환에 의한 바람 방향과 반대 방향이므로 풍속이 약해져 피해가 더 작게 발생하고, 풍향이 시계 반대 방향으로 변한다.
위험 반원	태풍 내 바람 방향이 태풍의 이동 방향 및 대기 대순환의 바람 방향과 같은 방향이므로 풍속이 강해져 더 큰 피해가 발생하고, 풍향이 시계 방향으로 변한다.

② 태풍은 북반구에서 발생한 저기압이므로 지상에서 바람은 중심을 향해 시계 반대 방향으로 불어 들어간다.

③ 태풍의 중심 기압이 낮을수록 세력이 강하다.

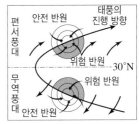

▲ 태풍의 위험 반원과 안전 반원

문제 보기

표는 어느 날 03시, 12시, 21시의 태풍 중심 위치와 중심 기압이고, 그림은 이날 12시의 우리나라 부근의 일기도이다.

시각 (시)	태풍 중심 위치		중심 기압 (hPa)
	위도 (°N)	경도 (°E)	
03	35	125	970
12	38	127	990
21	40	131	995

중심 기압이 가장 낮다.
➡ 최대 풍속이 가장 크다.

위험 반원에 위치
➡ 시계 방향으로 풍향 변화

이에 대한 옳은 설명만을 〈보기〉에서 있는 대로 고른 것은? [3점]

〈보기〉 풀이

ㄱ. 태풍이 지나가는 동안 A 지점의 풍향은 시계 방향으로 변한다.
➡ A 지점은 태풍 이동 경로의 오른쪽(위험 반원)에 위치하므로, 태풍이 지나가는 동안 풍향이 시계 방향으로 변한다.

ㄴ. 12시에 A 지점에서는 북풍 계열의 바람이 우세하다.
➡ 태풍은 북반구에서 발생한 저기압이므로 바람이 바깥쪽에서 중심부를 향해 시계 반대 방향으로 불어 들어간다. 따라서 12시에 A 지점에서는 남풍 계열의 바람이 우세하다.

ㄷ. 이날 태풍의 최대 풍속은 21시에 가장 크다.
➡ 태풍의 최대 풍속은 중심 기압이 낮을수록 크다. 따라서 이날 태풍의 최대 풍속은 중심 기압이 가장 낮은 03시에 가장 크다.

보기

적용해야 할 개념 ③가지	① 태풍 이동 경로의 오른쪽 지역은 태풍의 이동 방향이 태풍 내 바람 방향과 같아 풍속이 상대적으로 강하므로 위험 반원이라 하고, 태풍 이동 경로의 왼쪽 지역은 태풍의 이동 방향이 태풍 내 바람 방향과 반대여서 풍속이 상대적으로 약하므로 안전 반원(가항 반원)이라고 한다.
	② 태풍이 통과할 때 위험 반원에서는 풍향이 시계 방향으로, 안전 반원에서는 풍향이 시계 반대 방향으로 변한다.
	③ 태풍은 열대 해상에서 발생한 저기압이므로, 중심 기압이 낮을수록 세력이 강하다.

문제 보기

그림은 어느 태풍의 이동 경로에 6시간 간격으로 중심 기압과 최대 풍속을 나타낸 것이고, 표는 태풍의 최대 풍속에 따른 태풍 강도를 나타낸 것이다.

→ 중심 기압이 낮을수록 태풍의 세력이 강하다.
➡ 태풍의 세력: 6일 03시>6일 09시
/ 태풍 강도: 중

최대 풍속(m/s)	태풍 강도
54 이상	초강력
44 이상 ~ 54 미만	매우강
33 이상 ~ 44 미만	강
25 이상 ~ 33 미만	중

제주는 태풍의 안전 반원에 위치한다.

이에 대한 설명으로 옳은 것만을 〈보기〉에서 있는 대로 고른 것은?

〈보기〉 풀이

ㄱ. 5일 21시에 제주는 태풍의 안전 반원에 위치한다.
➡ 5일 21시에 제주는 태풍 이동 경로의 왼쪽에 있으므로 태풍의 안전 반원에 위치한다.

ㄴ. 태풍의 세력은 6일 09시보다 6일 03시가 강하다.
➡ 태풍은 저기압이므로 중심 기압이 낮을수록 세력이 강하다. 따라서 태풍의 세력은 6일 09시보다 6일 03시가 강하다.

ㄷ. 6일 15시의 태풍 강도는 '중'이다.
➡ 6일 15시에 태풍의 최대 풍속은 32 m/s이므로 태풍 강도는 '중'이다.

보기

적용해야 할 개념 ③가지	① 태풍은 위도가 5°~25°이며 수온이 27 ℃ 이상인 열대 해상에서 발생하는 저기압으로, 중심 부근의 최대 풍속이 17 m/s 이상이다.
	② 태풍은 열대 해상에서 발생한 저기압이므로, 태풍의 중심 기압이 낮을수록 세력이 강하다.
	③ 태풍의 에너지원은 수증기의 응결열(숨은열)이며, 태풍이 육지에 상륙하면 수증기의 공급이 줄어들고 지표면과의 마찰이 증가하여 세력이 급격히 약해진다.

문제 보기

그림은 어느 해 10월 4일 00시부터 6일 00시까지 태풍이 이동한 경로와 4일의 해수면 온도 분포를, 표는 태풍의 중심 기압과 최대 풍속을 나타낸 것이다.

태풍이 3시간 동안 이동한 거리: 4일<5일
➡ 태풍의 평균 이동 속도: 4일<5일

일시	중심 기압 (hPa)	최대 풍속 (m/s)
4일 00시	930	50
4일 12시	940	47
5일 00시	950	43
5일 12시	㉠ ↓	32
6일 00시	소멸	

태풍의 중심 기압이 높아진다. ➡ 태풍의 세력이 약해지고 있다.
➡ ㉠은 950 hPa보다 컸을 것이다.

이에 대한 옳은 설명만을 〈보기〉에서 있는 대로 고른 것은 (단, 태풍의 이동 경로는 3시간 간격으로 나타낸 것이다.) [3점]

〈보기〉 풀이

✗ ㄱ. 4일 하루 동안 태풍 이동 경로상의 해수면 온도는 고위도로 갈수록 높아진다.
➡ 주어진 자료에서 보면, 4일에 태풍이 북상할 때 해수면 온도는 낮아지고 있다.

✗ ㄴ. 태풍의 평균 이동 속도는 4일이 5일보다 빠르다.
➡ 주어진 그림에서 태풍이 3시간 동안 이동한 평균 거리가 4일보다 5일에 큰 것으로 보아, 태풍의 평균 이동 속도는 5일이 4일보다 빠르다.

ㄷ. ㉠은 950보다 컸을 것이다.
➡ 태풍은 열대 해상에서 발생한 저기압이므로 중심 기압이 낮을수록 세력이 강하다. 주어진 표에서 중심 기압의 변화 양상을 보면 태풍의 세력이 약해지고 있으므로 5일 12시에는 태풍의 중심 기압이 950 hPa보다 컸을 것이다.

보기

12 태풍의 이동 경로와 세력 변화 2022학년도 4월 학평 지Ⅰ 9번

적용해야 할 개념 ②가지

① 태풍의 위험 반원과 안전 반원

위험 반원	• 태풍 진행 방향의 오른쪽 지역 • 태풍의 이동 방향이 태풍 내 바람 방향과 같으므로 풍속이 강해져 큰 피해가 발생한다. • 풍향이 시계 방향으로 변한다.
안전 반원	• 태풍 진행 방향의 왼쪽 지역 • 태풍의 이동 방향이 태풍 내 바람 방향과 반대여서 풍속이 상대적으로 약하므로 피해가 비교적 작게 발생한다. • 풍향이 시계 반대 방향으로 변한다.

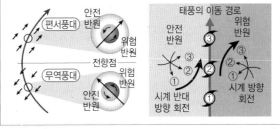

② 태풍은 열대 해상에서 발생한 저기압이므로, 중심 기압이 낮을수록 세력이 강하다.

문제 보기

그림 (가)는 서로 다른 해에 발생한 태풍 ㉠과 ㉡의 이동 경로에 6시간 간격으로 중심 기압과 강풍 반경을 나타낸 것이고, (나)의 A와 B는 각각 태풍 ㉠과 ㉡의 중심으로부터 제주도까지의 거리가 가장 가까운 시기에 발효된 특보 상황 중 하나이다.

제주도는 태풍의 위험 반원, 태풍의 안전 반원에 위치한다.

➡ 태풍 중심 기압: ㉠>㉡
강풍 반경: ㉠<㉡
➡ 태풍의 세력: ㉠<㉡

이 자료에 대한 설명으로 옳은 것만을 〈보기〉에서 있는 대로 고른 것은? [3점]

〈보기〉 풀이

✗ A는 태풍 ㉠에 의한 특보 상황이다.
➡ A는 동쪽이 서쪽보다 태풍에 의한 피해가 강할 것으로 예상되고, B는 서쪽이 동쪽보다 태풍에 의한 피해가 강할 것으로 예상된다. 이로부터 A는 태풍이 제주도 동쪽에, B는 태풍이 제주도 서쪽에 위치하고 있음을 알 수 있다. 따라서 A는 태풍 ㉡, B는 태풍 ㉠에 의한 특보 상황이다.

ㄴ. B의 특보 상황이 발효된 시기에 제주도는 태풍의 위험 반원에 위치한다.
➡ B의 특보 상황이 발효된 시기에 제주도는 태풍 ㉠의 영향을 받고 있으며, 태풍 이동 경로의 오른쪽에 위치한다. 따라서 제주도는 태풍의 위험 반원에 위치한다.

✗ A와 B의 특보 상황이 발효된 시기에 태풍의 세력은 ㉠보다 ㉡이 약하다.
➡ A와 B의 특보 상황이 발효된 시기(태풍 중심으로부터 제주도까지의 거리가 가장 가까운 시기)에 태풍 ㉡은 ㉠보다 중심 기압이 낮고 강풍 반경이 크다. 따라서 A와 B의 특보 상황이 발효된 시기에 태풍의 세력은 ㉠보다 ㉡이 강하다.

적용해야 할 개념 ③가지

① 태풍은 북반구에서 발생한 저기압이므로 지상에서 바람은 중심을 향해 시계 반대 방향으로 불어 들어간다.

② 태풍의 이동 경로의 왼쪽 지역을 안전 반원, 오른쪽 지역을 위험 반원이라고 한다.

안전 반원	태풍 내 바람 방향이 태풍의 이동 방향 및 대기 대순환에 의한 바람 방향과 반대 방향이므로 풍속이 약해져 피해가 더 작게 발생하고, 풍향이 시계 반대 방향으로 변한다.
위험 반원	태풍 내 바람 방향이 태풍의 이동 방향 및 대기 대순환의 바람 방향과 같은 방향이므로 풍속이 강해져 더 큰 피해가 발생하고, 풍향이 시계 방향으로 변한다.

③ 태풍은 열대 해상에서 발생한 저기압이므로 중심 기압이 낮을수록 세력이 강하다.

문제 보기

그림은 어느 태풍의 이동 경로를, 표는 이 태풍이 이동하는 동안 관측소 A에서 관측한 풍향과 태풍의 중심 기압을 나타낸 것이다. A의 위치는 ㉠과 ㉡ 중 하나이다.

풍향이 시계 방향으로 변화 ➡ 관측소는 위험 반원에 위치(㉡에 위치)

일시	풍향	태풍의 중심 기압 (hPa)
12일 21시	동	955
13일 00시	남동	960
13일 03시	남남서	970
13일 06시	남서	970

관측소 A(㉡ 지점)에서 태풍이 가장 가까운 북서쪽에 위치했을 때, A의 풍향은 남풍에 가까운 바람이 불었을 것이다.
➡ 태풍의 중심과 A 사이의 거리는 13일 03시(남남서풍)가 13일 06시(남서풍)보다 가까웠을 것이다.

태풍의 중심 기압
: 13일 03시 > 12일 21시
➡ 태풍의 세력
: 13일 03시 < 12일 21시

이에 대한 설명으로 옳은 것만을 〈보기〉에서 있는 대로 고른 것은?
[3점]

〈보기〉 풀이

태풍이 이동하는 동안 풍향은 시계 방향(동 → 남동 → 남남서 → 남서)으로 변하였다.

㉠ A의 위치는 ㉡에 해당한다.

➡ 태풍이 이동하는 동안 관측소 A에서 풍향이 시계 방향으로 변하였으므로 A는 태풍 진행 방향의 오른쪽 반원인 위험 반원에 위치해 있다. 따라서 A의 위치는 ㉡에 해당한다.

✗ 태풍의 세력은 13일 03시가 12일 21시보다 강하다.

➡ 태풍의 중심 기압이 낮을수록 태풍의 세력이 강하다. 태풍의 중심 기압은 13일 03시가 970 hPa, 12일 21시가 955 hPa이므로 13일 03시가 12일 21시보다 높다. 따라서 태풍의 세력은 12일 21시가 13일 03시보다 강하다.

㉢ 태풍의 중심과 A 사이의 거리는 13일 06시가 13일 03시보다 멀다.

➡ 태풍은 북반구에서 발생한 저기압이므로, 바람은 중심을 향해 시계 반대 방향으로 불어 들어간다. 제시된 자료와 같이 A(㉡ 지점)에서의 풍향이 나타나려면 대략적인 태풍의 중심 위치는 다음 그림과 같아야 한다. 따라서 태풍의 중심과 A 사이의 거리는 13일 06시가 13일 03시보다 멀다.

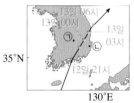

14 태풍의 이동 경로와 기상 요소의 변화 2023학년도 6월 모평 지I 8번

정답 ① | 정답률 70 %

적용해야 할 개념 ②가지

① 적외 영상: 대체로 구름 최상부의 고도가 높을수록 온도가 낮아 밝게 보인다. ➡ 구름 최상부의 고도 추정

② 태풍의 위험 반원과 안전 반원

		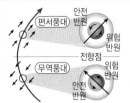 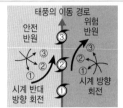
위험 반원	태풍 진행 방향의 오른쪽 지역으로, 태풍의 이동 방향이 태풍 내 바람 방향과 같으므로 풍속이 강해져 더 큰 피해가 발생하고, 풍향이 시계 방향으로 변한다.	
안전 반원	태풍 진행 방향의 왼쪽 지역으로, 태풍의 이동 방향이 태풍 내 바람 방향과 반대여서 풍속이 상대적으로 약하므로 피해가 비교적 작게 발생하고, 풍향이 시계 반대 방향으로 변한다.	

문제 보기

→ 구름 최상부의 고도가 높을수록 밝게 나타난다.

그림 (가)는 어느 태풍이 우리나라 부근을 지나는 어느 날 21시에 촬영한 적외 영상에 태풍 중심의 이동 경로를 나타낸 것이고, (나)는 다음 날 05시부터 3시간 간격으로 우리나라 어느 관측소에서 관측한 기상 요소를 나타낸 것이다.

(가)
A 지역이 B 지역보다 밝다.
➡ 구름 최상부의 고도: A>B

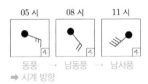

동풍 → 남동풍 → 남서풍
➡ 시계 방향

(나) → 관측소는 태풍의 위험 반원에 위치하였다.

이 자료에 대한 설명으로 옳은 것만을 〈보기〉에서 있는 대로 고른 것은? [3점]

<보기> 풀이

ㄱ. **(가)에서 태풍의 최상층 공기는 주로 바깥쪽으로 불어 나간다.**

➡ 태풍은 지상에서는 바람이 시계 반대 방향으로 회전하면서 중심을 향해 불어 들어가고, 최상층에서는 바람이 시계 방향으로 회전하면서 바깥쪽으로 불어 나간다.

ㄴ. **(가)에서 구름 최상부의 고도는 B 지역이 A 지역보다 높다.**

➡ 적외 영상에서는 온도가 높을수록 어둡게, 온도가 낮을수록 밝게 나타난다. 따라서 구름 최상부의 고도가 높을수록(온도가 낮을수록) 적외 영상에서 밝게 나타난다. (가)의 적외 영상에서 A 지역이 B 지역보다 밝게 보이므로 구름 최상부의 고도는 A 지역이 B 지역보다 높다.

ㄷ. **관측소는 태풍의 안전 반원에 위치하였다.**

➡ 태풍의 위험 반원에서는 풍향이 시계 방향으로, 안전 반원에서는 풍향이 시계 반대 방향으로 바뀐다. 태풍이 우리나라 부근을 지나는 동안 관측소에서의 풍향은 동풍 → 남동풍 → 남서풍으로 시계 방향으로 바뀌었다. 따라서 관측소는 태풍의 위험 반원에 위치하였다.

---

15 태풍의 이동 경로와 기상 요소의 변화 2022학년도 10월 학평 지I 17번

정답 ⑤ | 정답률 65 %

적용해야 할 개념 ③가지

① 태풍은 주로 표층 수온이 27 ℃ 이상인 열대 해상에서 발생하여 중심 부근 최대 풍속이 17 m/s 이상으로 성장한 열대 저기압이다.
➡ 북반구 저기압에서는 바람이 시계 반대 방향으로 불어 들어간다.

② 태풍의 가장자리에서 중심부로 갈수록 기압은 낮아지고, 풍속은 강해지다가 태풍의 눈 부근에서 약해진다.

③ 태풍이 진행할 때 이동 경로의 오른쪽 반원은 풍속이 상대적으로 강하므로 위험 반원이라 하고, 이동 경로의 왼쪽 반원은 풍속이 상대적으로 약하므로 안전 반원이라고 한다.

문제 보기

그림 (가)는 위도가 동일한 관측소 A, B, C의 위치와 태풍의 이동 경로를, (나)는 태풍이 우리나라를 통과하는 동안 A, B, C에서 같은 시각에 관측한 날씨를 ⊙, ⊙, ⊙으로 순서 없이 나타낸 것이다.

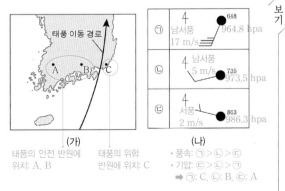

(가)
태풍의 안전 반원에 위치: A, B
태풍의 위험 반원에 위치: C

(나)
· 풍속: ⊙>⊙>⊙
· 기압: ⊙>⊙>⊙
➡ ⊙: C, ⊙: B, ⊙: A

이에 대한 옳은 설명만을 〈보기〉에서 있는 대로 고른 것은? [3점]

<보기> 풀이

ㄱ. **A는 태풍의 안전 반원에 위치한다.**

➡ A는 태풍 이동 경로의 왼쪽에 위치하므로, 태풍의 안전 반원에 위치한다.

ㄴ. **⊙은 C에서 관측한 자료이다.**

➡ (나)에서 풍속이 가장 빠르고 기압이 가장 낮은 ⊙은 태풍 이동 경로에 가장 가까이 위치한 C에서 관측한 자료이고, 풍속이 가장 느리고 기압이 가장 높은 ⊙은 태풍 이동 경로에서 가장 멀리 위치한 A에서 관측한 자료이다.

ㄷ. **(나)는 태풍의 중심이 세 관측소보다 고위도에 위치할 때 관측한 자료이다.**

➡ 태풍 주변에서는 공기가 저기압성 회전을 하면서 바람이 불기 때문에, 북반구에서는 기압이 낮은 중심부를 향해서 시계 반대 방향으로 바람이 불어 들어간다. 따라서 태풍의 중심이 관측소보다 저위도에 위치할 때는 C에서 ⊙과 같은 남서풍 계열의 바람이 관측될 수 없다. 따라서 (나)는 태풍의 중심이 세 관측소보다 고위도에 위치할 때 관측한 자료이다.

▲ 태풍 중심이 관측소보다 저위도에 위치할 때 ▲ 태풍 중심이 관측소보다 고위도에 위치할 때

적용해야 할 개념 ③가지

① 태풍 중심 이동 경로의 오른쪽 지역은 태풍의 이동 방향이 태풍 내 바람 방향과 같아 풍속이 상대적으로 강하므로 위험 반원이라고 하며, 태풍 중심 이동 경로의 왼쪽 지역은 태풍의 이동 방향이 태풍 내 바람 방향과 반대여서 풍속이 상대적으로 약하므로 안전 반원이라고 한다.

② 태풍 주변에서는 공기가 저기압성 회전을 하면서 기압이 낮은 중심부를 향해 시계 반대 방향(북반구)으로 바람이 불어 들어간다. ➡ 태풍 통과 시 위험 반원에서는 풍향이 시계 방향으로, 안전 반원에서는 풍향이 시계 반대 방향으로 변한다.

③ 태풍이 다가올 때는 관측 기압이 낮아지다가 태풍이 멀어질 때는 관측 기압이 높아진다. ➡ 태풍의 중심이 가장 근접했을 때 관측 기압이 가장 낮다.

문제 보기

그림 (가)는 어느 태풍 중심의 이동 경로와 관측소 A, B를, (나)는 $t_1 \rightarrow t_5$ 동안 A, B에서 관측한 기압을, (다)는 t_2, t_3, t_4일 때 A와 B에서 관측한 풍속과 풍향을 ⊙과 ⊙으로 순서 없이 나타낸 것이다.

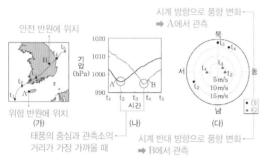

시계 방향으로 풍향 변화
➡ A에서 관측

안전 반원에 위치

위험 반원에 위치
(가)

태풍의 중심과 관측소의 거리가 가장 가까울 때

(나)

시계 반대 방향으로 풍향 변화
➡ B에서 관측

(다)

태풍이 육지에 상륙하면 세력이 약해져 중심 기압 상승
➡ 태풍의 중심과 관측소의 거리가 가장 가까울 때 :
　관측 기압: A>B, 태풍의 중심 기압: A<B

이 자료에 대한 설명으로 옳은 것만을 〈보기〉에서 있는 대로 고른 것은? [3점]

〈보기〉 풀이

ㄱ. 태풍의 영향을 받는 동안 A는 위험 반원에 위치한다.
➡ A는 태풍 중심 이동 경로의 오른쪽 지역에 위치한다. 따라서 태풍의 영향을 받는 동안 A는 위험 반원에 위치한다.

ㄴ. ⊙은 B에서 관측한 자료이다.
➡ (나)에서 ⊙은 풍향이 동풍 → 북동풍 → 서풍(시계 반대 방향)으로 변하므로 안전 반원에 위치한 B에서 관측한 자료이다.

ㄷ. 태풍의 중심과 관측소의 거리가 가장 가까울 때 $\dfrac{\text{관측 기압}}{\text{태풍의 중심 기압}}$ 은 B에서가 A에서보다 작다.

➡ 태풍이 육지에 상륙하면 세력이 약해져 중심 기압이 높아지므로, (가)에서 태풍의 중심과 관측소의 거리가 가장 가까울 때 태풍의 중심 기압은 A에서가 B에서보다 낮다. (나)에서 태풍의 중심과 관측소의 거리가 가장 가까울 때의 관측 기압은 A에서가 B에서보다 높다. 따라서 태풍의 중심과 관측소의 거리가 가장 가까울 때 $\dfrac{\text{관측 기압}}{\text{태풍의 중심 기압}}$ 은 B에서가 A에서보다 작다.

보기

적용해야 할 개념 ③가지

① 태풍 이동 경로의 왼쪽 지역을 안전 반원, 오른쪽 지역을 위험 반원이라고 한다.

② 태풍의 안전 반원에서는 풍향이 시계 반대 방향으로, 위험 반원에서는 풍향이 시계 방향으로 변한다.

③ 태풍은 저기압이므로 중심 기압이 낮을수록 세력이 크다.

문제 보기

그림 (가)는 어느 날 어느 태풍의 이동 경로와 중심 기압을, (나)는 이 태풍이 통과하는 동안 관측소 A와 B 중 한 관측소에서 06시, 09시, 12시, 15시에 관측한 풍향과 풍속을 나타낸 것이다.

안전 반원에 위치

위험 반원에 위치

(가)

18시 985 hPa
15시 985 hPa
12시 980 hPa
09시 975 hPa
06시 970 hPa
03시 970 hPa

(나)

풍향 변화: 시계 방향
➡ 위험 반원에 위치
➡ B

중심 기압: 03시<18시
➡ 태풍의 세력: 03시>18시

이 자료에 대한 설명으로 옳은 것만을 〈보기〉에서 있는 대로 고른 것은?

〈보기〉 풀이

ㄱ. A는 안전 반원에 위치한다.
➡ A는 태풍 이동 경로의 왼쪽 지역에 있으므로 안전 반원에 위치한다.

ㄴ. (나)는 B에서 관측한 결과이다.
➡ 위험 반원에서는 풍향이 시계 방향으로 변하고, 안전 반원에서는 풍향이 시계 반대 방향으로 변한다. (나)에서 풍향이 시간에 따라 북동풍 → 동풍 → 남풍 → 남서풍으로 시계 방향으로 변하였으므로, (나)는 태풍 이동 경로의 오른쪽 지역(위험 반원)에 위치한 B에서 관측한 결과이다.

ㄷ. 태풍의 세력은 03시가 18시보다 강하다.
➡ 태풍은 저기압이므로 중심 기압이 낮을수록 세력이 강하다. 태풍의 중심 기압은 03시에는 970 hPa이고 18시에는 985 hPa이므로, 태풍의 세력은 03시가 18시보다 강하다.

보기

18 태풍과 날씨 2025학년도 6월 모평 지 I 10번 정답 ② | 정답률 54%

적용해야 할 개념 ③가지

① 태풍의 에너지원은 수증기가 물방울로 응결하면서 방출하는 응결열(숨은열)이다. 태풍의 세력이 유지되거나 더 강하게 발달하려면 지속적인 에너지원(수증기)의 공급이 필요하다.

② 태풍은 저기압이므로 중심 기압이 낮을수록 세력이 강하다.

③ 태풍 진행 방향의 왼쪽 지역(안전 반원)은 풍향이 시계 반대 방향으로 변하고, 태풍 진행 방향의 오른쪽 지역(위험 반원)은 풍향이 시계 방향으로 변한다.

문제 보기

그림 (가)는 어느 태풍의 이동 경로에 태풍 중심의 위치를 3시간 간격으로 나타낸 것이고, (나)는 $t_1 \rightarrow t_9$ 동안 이 태풍의 중심 기압, 이동 속도, 최대 풍속을 ㉠, ㉡, ㉢으로 순서 없이 나타낸 것이다.

위험 반원에 위치한다.
➡ 풍향 변화: 시계 방향

최대 풍속 이동 속도

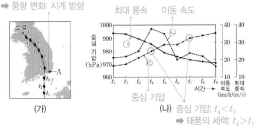

(가)   (나) 중심 기압: $t_4 < t_7$
➡ 태풍의 세력: $t_4 > t_7$

이 자료에 대한 설명으로 옳은 것만을 〈보기〉에서 있는 대로 고른 것은? [3점]

<보기> 풀이

✗ ㉡은 태풍의 최대 풍속이다.
➡ 태풍의 에너지원은 상승하는 공기 중의 수증기가 응결하면서 방출하는 잠열(숨은열, 응결열)이다. 태풍이 육지에 상륙하면 수증기의 공급이 감소할 뿐만 아니라 지표면과의 마찰이 증가하여 세력이 급격히 약해지므로, 중심 기압은 높아지고, 풍속은 작아진다. 한편, (가)에서 3시간 동안 태풍 중심의 이동 거리를 비교해 보았을 때, 태풍의 이동 속도는 t_4 부근에서 가장 빠르다는 것을 알 수 있다. 따라서 ㉠은 태풍의 최대 풍속, ㉡은 태풍의 이동 속도, ㉢은 태풍의 중심 기압이다.

ㄴ. 태풍의 세력은 t_4일 때가 t_7일 때보다 강하다.
➡ 태풍의 세력은 중심 기압이 낮을수록 강하다. 태풍의 중심 기압은 t_4일 때가 t_7일 때보다 낮으므로, 태풍의 세력은 t_4일 때가 t_7일 때보다 강하다.

✗ $t_2 \rightarrow t_4$ 동안 A 지점의 풍향은 시계 반대 방향으로 변한다.
➡ $t_2 \rightarrow t_4$ 동안 A 지점은 태풍 진행 경로의 오른쪽 지역인 위험 반원에 위치한다. 따라서 $t_2 \rightarrow t_4$ 동안 A 지점의 풍향은 시계 방향으로 변한다.

---

19 태풍의 이동 방향과 속력 2024학년도 3월 학평 지 I 6번 정답 ① | 정답률 55%

적용해야 할 개념 ③가지

① 태풍은 열대 해상에서 발생하여 중심 부근의 최대 풍속이 17 m/s 이상으로 성장한 열대 저기압을 말한다.

② 태풍 진행 방향의 오른쪽 지역은 태풍의 이동 방향이 태풍 내 바람 방향과 같아 풍속이 상대적으로 강하므로 위험 반원, 태풍 진행 방향의 왼쪽 지역은 태풍의 이동 방향이 태풍 내 바람 방향과 반대여서 풍속이 상대적으로 약하므로 안전 반원이라고 한다.

③ 태풍 진행 경로의 오른쪽(위험 반원)에 위치하면 태풍 통과 시 풍향이 시계 방향으로 변하고, 태풍 진행 경로의 왼쪽(안전 반원)에 위치하면 태풍 통과 시 풍향이 시계 반대 방향으로 변한다.

문제 보기

그림 (가)는 어느 태풍이 이동하는 동안 시각 $T_1 \sim T_9$일 때의 태풍 중심 위치를, (나)는 이 태풍이 이동하는 동안 관측소 P에서 관측한 기압과 풍향을 나타낸 것이다. T_1, T_2, …, T_9의 시간 간격은 일정하고, P의 위치는 ㉠과 ㉡ 중 하나이다.

위험 반원에 위치한다.

풍향 변화: 시계 반대 방향
➡ 안전 반원

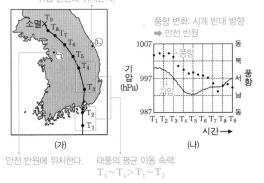

(가)   (나)

안전 반원에 위치한다.   태풍의 평균 이동 속력:
$T_3 \sim T_4 > T_1 \sim T_2$

이 자료에 대한 설명으로 옳은 것만을 〈보기〉에서 있는 대로 고른 것은? [3점]

<보기> 풀이

태풍이 관측소를 통과하기 전에는 기압이 하강하고, 관측소를 통과한 후에는 기압이 상승한다. 따라서 (나)에서 실선은 기압, 점은 풍향을 나타낸다.

ㄱ. P의 위치는 ㉠이다.
➡ (나)에서 태풍이 이동하는 동안 관측소 P에서 관측한 풍향이 북동풍 → 북서풍 → 남서풍으로 시계 반대 방향으로 변했으므로 관측소 P는 태풍의 안전 반원에 위치한다. 따라서 P의 위치는 ㉠이다.

✗ 태풍의 평균 이동 속력은 $T_1 \sim T_2$일 때가 $T_3 \sim T_4$일 때보다 빠르다.
➡ 같은 시간 동안 이동한 거리가 길수록 평균 이동 속력이 빠르다. 따라서 태풍의 평균 이동 속력은 $T_3 \sim T_4$일 때가 $T_1 \sim T_2$일 때보다 빠르다.

✗ (나)에서 기압이 가장 낮을 때, P와 태풍 중심 사이의 거리가 가장 가깝다.
➡ 기압이 가장 낮을 때는 T_5일 때이고, P와 태풍 중심 사이의 거리가 가장 가까울 때는 T_6일 때이다.

태풍 통과에 따른 일기 요소의 변화 2023학년도 10월 학평 지I 7번

정답 ① | 정답률 82%

적용해야 할 개념 ③가지

① 바람은 태풍 중심부로 갈수록 강해지다가 태풍의 눈에서 약해지며, 기압은 태풍 중심으로 갈수록 계속 낮아진다.

② 태풍 진행 방향의 오른쪽 지역은 태풍의 이동 방향이 태풍 내 바람 방향과 같아 풍속이 상대적으로 강하므로 위험 반원이라고 하며, 태풍 진행 방향의 왼쪽 지역은 태풍의 이동 방향이 태풍 내 바람 방향과 반대여서 풍속이 상대적으로 약하므로 안전 반원이라고 한다.

③ 태풍이 통과할 때 위험 반원에서는 풍향이 시계 방향으로, 안전 반원에서는 풍향이 시계 반대 방향으로 변한다.

문제 보기

그림 (가)는 어느 태풍의 이동 경로와 관측소 A와 B의 위치를, (나)는 이 태풍이 우리나라를 통과하는 동안 A와 B 중 한 곳에서 관측한 풍향, 풍속, 기압 변화를 나타낸 것이다.

풍향 변화: 남풍 → 남서풍 → 서풍(시계 방향)
➡ 위험 반원에 위치하는 B에서 관측

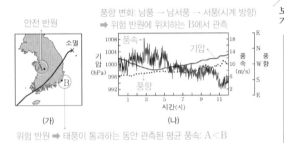

(가)   (나)

위험 반원 ➡ 태풍이 통과하는 동안 관측된 평균 풍속: A < B

이에 대한 옳은 설명만을 〈보기〉에서 있는 대로 고른 것은?

〈보기〉 풀이

태풍은 저기압이므로 태풍 중심이 관측소에 다가올 때에는 기압이 낮아지다가 관측소에서 멀어질 때에는 기압이 높아진다. 풍속은 기압과 반대로 태풍 중심이 관측소에 다가올 때에는 강해지다가 관측소에서 멀어질 때에는 약해진다. 따라서 (나)에서 굵은 실선은 기압, 가는 실선은 풍속, 점은 풍향을 나타낸다.

ㄱ. (나)에서 기압은 4시가 11시보다 낮다.

➡ (나)의 자료에서 보면, 기압(굵은 실선)은 4시가 11시보다 낮음을 알 수 있다.

✗ (나)는 A에서 관측한 것이다.

➡ 태풍 진행 방향의 왼쪽 지역(안전 반원)에서는 풍향이 시계 반대 방향으로, 오른쪽 지역(위험 반원)에서는 풍향이 시계 방향으로 변한다. (나)에서 풍향이 남풍 → 남서풍 → 서풍(시계 방향)으로 변했으므로, 위험 반원에 위치하는 B에서 관측한 것이다.

✗ 태풍이 통과하는 동안 관측된 평균 풍속은 A가 B보다 크다.

➡ 태풍 진행 방향의 오른쪽 지역(위험 반원)에서는 태풍의 이동 방향이 태풍 내 바람 방향과 같아 풍속이 상대적으로 강하고, 태풍 진행 방향의 왼쪽 지역(안전 반원)에서는 태풍의 이동 방향이 태풍 내 바람 방향과 반대여서 풍속이 상대적으로 약하다. 따라서 태풍이 통과하는 동안 관측된 평균 풍속은 위험 반원에 위치한 B가 안전 반원에 위치한 A보다 크다.

---

21 **태풍의 이동 경로와 기상 요소의 변화** 2020학년도 3월 학평 지I 18번

정답 ② | 정답률 64%

적용해야 할 개념 ③가지

① 태풍은 중심부로 갈수록 기압이 낮아지고 풍속은 커지다가 태풍의 눈에서 약해진다.

② 태풍 이동 경로의 오른쪽 반원은 바람이 강하므로 위험 반원이라고 하고, 이동 경로의 왼쪽 반원은 바람이 비교적 약하므로 안전 반원이라고 한다.

③ 태풍의 안전 반원에서는 시계 반대 방향으로, 위험 반원에서는 시계 방향으로 풍향이 변한다.

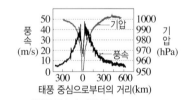

▲ 태풍의 풍속과 기압 분포

문제 보기

그림 (가)는 어느 해 9월 6일 15시부터 8일 09시까지 태풍이 이동한 경로를, (나)는 이 기간 동안 서울에서 관측한 기압과 풍속의 변화를 나타낸 것이다.

기압이 가장 낮다. ➡ 태풍이 관측소에 가장 근접했다. ➡ 풍속이 강하다. ➡ 태풍의 눈이 관측소를 통과하지 않았다.

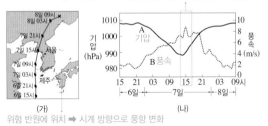

(가)   (나)

위험 반원에 위치 ➡ 시계 방향으로 풍향 변화

이에 대한 옳은 설명만을 〈보기〉에서 있는 대로 고른 것은? [3점]

〈보기〉 풀이

✗ A는 풍속, B는 기압이다.

➡ 태풍은 중심부로 갈수록 기압이 낮아지는 저기압이므로 태풍이 다가옴에 따라 기압은 낮아지다가 태풍이 멀어짐에 따라 높아진다. 반대로 풍속은 태풍이 다가옴에 따라 증가하였다가 태풍이 멀어짐에 따라 감소하는 경향을 띤다. 따라서 (나)에서 A는 기압, B는 풍속이다.

ㄴ. 6일 21시부터 7일 09시까지 제주에서의 풍향은 시계 방향으로 변하였다.

➡ 6일 21시부터 7일 09시까지 제주는 태풍 이동 경로의 오른쪽(위험 반원)에 위치한다. 따라서 제주에서의 풍향은 시계 방향으로 변하였다.

✗ 7일 15시에 서울은 태풍의 눈에 위치하였다.

➡ 7일 15시경에 서울에서 기압은 가장 낮고 풍속은 가장 높았다. 서울이 태풍의 눈에 위치하였다면 풍속이 약하게 나타났어야 하므로 7일 15시에 서울은 태풍의 눈에 위치하지 않았다.

22 태풍의 이동 경로와 기상 요소의 변화 2022학년도 수능 지Ⅰ 8번   정답 ② | 정답률 83 %

적용해야 할 개념 ③가지

① 태풍의 눈은 태풍 중심으로부터 반지름이 약 30 km～50 km에 이르는 지역으로, 하강 기류가 나타나 날씨가 맑고 바람이 약하다.

② 태풍의 눈 주위에서 크게 발달한 적란운과 강한 상승 기류로 인해 많은 비가 내리고, 풍속이 매우 빠르다. 태풍의 가장자리에서 중심부로 갈수록 기압은 낮아지고, 풍속은 강해지다가 태풍의 눈에서 약해진다.

③ 태풍 이동 경로의 왼쪽 지역을 안전 반원, 오른쪽 지역을 위험 반원이라고 한다.

안전 반원	태풍 내 바람 방향이 태풍의 이동 방향 및 대기 대순환에 의한 바람 방향과 반대 방향이므로 풍속이 약해져 피해가 더 작게 발생하고, 풍향이 시계 반대 방향으로 변한다.
위험 반원	태풍 내 바람 방향이 태풍의 이동 방향 및 대기 대순환의 바람 방향과 같은 방향이므로 풍속이 강해져 더 큰 피해가 발생하고, 풍향이 시계 방향으로 변한다.

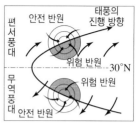

▲ 태풍의 위험 반원과 안전 반원

문제 보기

그림 (가)는 어느 태풍이 이동하는 동안 관측소 P에서 관측한 기압과 풍속을 ㉠과 ㉡으로 순서 없이 나타낸 것이고, (나)는 이 기간 중 어느 한 시점에 촬영한 가시 영상에 태풍의 이동 경로, 태풍의 눈의 위치, P의 위치를 나타낸 것이다.

관측 값이 낮아졌다가 높아진다.   안전 반원에 위치
➡ 기압   ➡ 시계 반대 방향으로 풍향 변화

(가)

기압이 가장 낮다.
➡ 태풍이 관측소에 가장 근접했을 때

(나)

이 자료에 대한 설명으로 옳은 것만을 〈보기〉에서 있는 대로 고른 것은? [3점]

보기

〈보기〉 풀이

✗ 기압은 ㉠이다.

➡ 태풍은 저기압의 일종이므로, 태풍이 관측소에 다가올 때는 관측되는 기압은 점점 낮아지고, 관측소에서 멀어질 때는 관측되는 기압은 점점 높아진다. 따라서 관측 값이 낮아졌다가 높아지는 ㉡이 기압이고, ㉠은 풍속이다.

ㄴ. (가)의 기간 동안 P에서 풍향은 시계 반대 방향으로 변했다.

➡ 관측소 P는 태풍 이동 경로의 왼쪽(안전 반원)에 위치하므로, (가)의 기간 동안 풍향은 시계 반대 방향으로 변했다.

✗ (나)의 영상은 (가)에서 풍속이 최소일 때 촬영한 것이다.

➡ 태풍의 눈의 위치와 이동 방향으로 보아 (나)의 영상은 태풍이 관측소에서 멀어지고 있을 때 촬영한 것이다. (가)에서 풍속이 최소일 때는 기압이 점점 낮아지는 시기로, 태풍이 다가올 때이므로 (나)의 영상은 풍속이 최소일 때 촬영한 것이라고 볼 수 없다.

적용해야 할 개념 ③가지

① 태풍은 저기압이므로 중심부로 갈수록 기압이 낮아진다. ➡ 태풍이 다가올수록 기압은 낮아지고, 멀어질수록 기압은 높아진다.

② 태풍의 가장자리에서 중심부로 갈수록 기압은 낮아지고, 풍속은 강해지다가 태풍의 눈에서 약해진다.

③ 태풍의 안전 반원에서는 시계 반대 방향으로, 위험 반원에서는 시계 방향으로 풍향이 변한다.

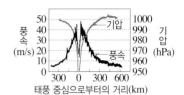

▲ 태풍의 풍속과 기압 분포

문제 보기

그림 (가)는 어느 태풍의 위치를 6시간 간격으로 나타낸 것이고, (나)는 이 태풍이 이동하는 동안 관측소 a와 b 중 한 곳에서 관측한 풍향, 풍속, 기압 자료의 일부를 나타낸 것이다. ⊙과 ⓒ은 각각 풍속과 기압 중 하나이다.

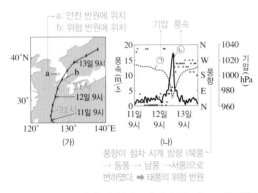

풍향이 점차 시계 방향 (북풍 → 동풍 → 남풍 →서풍)으로 변하였다. ➡ 태풍의 위험 반원

이에 대한 설명으로 옳은 것만을 〈보기〉에서 있는 대로 고른 것은?

〈보기〉 풀이

(가)에서 태풍의 중심은 12일 21시경에 관측소 부근에 있었고, 태풍 중심이 관측소 부근을 지나는 동안 기압은 낮아졌다가 높아지고, 풍속은 강해졌다가 약해지므로 (나)에서 ⊙은 기압이고, ⓒ은 풍속이다.

보기

ㄱ. 9시~21시 동안 태풍의 이동 속도는 12일이 11일보다 빠르다.

➡ 같은 시간 동안 이동한 거리가 클수록 이동 속도는 빠르고 9시~21시 동안 태풍이 이동한 거리는 12일이 11일보다 크므로 태풍의 이동 속도는 12일이 11일보다 빠르다.

✗ (나)는 a의 관측 자료이다.

➡ (나)에서 태풍이 관측소 부근을 지나는 동안 풍향은 점차 시계 방향(북풍 → 동풍 → 남풍 → 서풍)으로 변하였으므로 (나)는 위험 반원에서 관측한 자료이다. 따라서 (나)는 태풍 이동 경로의 오른쪽인 b에서 관측한 자료이다.

✗ (나)에서 12일에 측정된 기압은 9시가 21시보다 낮다.

➡ (나)에서 ⊙은 관측된 기압 자료이다. 따라서 12일에 측정된 기압은 9시가 21시보다 높다.

24 태풍의 이동 경로와 기상 요소의 변화 2022학년도 3월 학평 지Ⅰ 10번

정답 ① | 정답률 58 %

적용해야 할 개념 ③가지

① 태풍은 수온이 약 27 ℃ 이상인 북반구 열대 해상에서 발생하여 중심 부근 최대 풍속이 17 m/s 이상으로 성장한 열대 저기압이다.

② 위험 반원과 안전 반원

위험 반원	태풍 진행 방향의 오른쪽 지역은 태풍의 이동 방향이 태풍 내 바람 방향과 같으므로 풍속이 강해져 더 큰 피해가 발생하고, 풍향이 시계 방향으로 변한다.	
안전 반원	태풍 진행 방향의 왼쪽 지역은 태풍의 이동 방향이 태풍 내 바람 방향과 반대여서 풍속이 상대적으로 약하므로 피해가 비교적 작게 발생하고, 풍향이 시계 반대 방향으로 변한다.	

③ 태풍은 열대 해상에서 발생한 저기압이므로, 중심 기압이 낮을수록 세력이 강하다.

문제 보기

그림 (가)는 우리나라를 통과한 어느 태풍의 이동 경로와 최대 풍속이 20 m/s 이상인 지역의 범위를, (나)는 (가)의 기간 중 18일 하루 동안 이어도 해역에서 관측한 수심 10 m와 40 m의 수온 변화를 나타낸 것이다.

→태풍의 안전 반원에 위치한다.
➡ 풍향이 시계 반대 방향으로 변한다.

표층 수온이 크게 낮아졌다.
➡ 표층 해수의 연직 혼합이 활발해졌다.

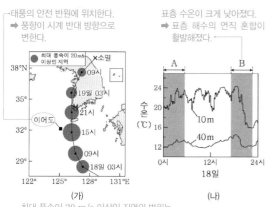

최대 풍속이 20 m/s 이상인 지역의 범위는 18일 09시가 19일 09시보다 넓다.
➡ 태풍 세력은 18일 09시가 더 강했다.
➡ 태풍의 중심 기압은 18일 09시가 더 낮았다.

이에 대한 옳은 설명만을 〈보기〉에서 있는 대로 고른 것은?

〈보기〉 풀이

보기

ㄱ. **18일 09시부터 21시까지 이어도에서 풍향은 시계 반대 방향으로 변했다.**
➡ 이어도는 태풍 진행 경로의 왼쪽(안전 반원)에 위치한다. 따라서 18일 09시부터 21시까지 이어도에서 풍향은 시계 반대 방향으로 변했다.

ㄴ. **태풍의 중심 기압은 18일 09시가 19일 09시보다 높았다.**
➡ 최대 풍속이 20 m/s 이상인 지역의 범위는 18일 09시가 19일 09시보다 넓으므로 태풍의 세력은 18일 09시가 19일 09시보다 강했다. 따라서 태풍의 중심 기압은 18일 09시가 19일 09시보다 낮았다.

ㄷ. **이어도 해역에서 표층 해수의 연직 혼합은 A 시기가 B 시기보다 강했다.**
➡ 태풍에 의해 표층 해수의 연직 혼합이 일어나면 표층 수온이 낮아진다. 따라서 이어도 해역에서 표층 해수의 연직 혼합은 표층 수온이 크게 낮아진 B 시기가 A 시기보다 강했다.

적용해야 할 개념 ③가지

① 태풍은 열대 해상에서 발생한 저기압이므로, 태풍의 중심 기압이 낮을수록 세력이 강하다.

② 태풍의 가장자리에서 중심부로 갈수록 기압은 낮아지고, 풍속은 강해지다가 태풍의 눈에서 약해진다.

③ 태풍의 안전 반원에서는 시계 반대 방향으로, 위험 반원에서는 시계 방향으로 풍향이 변한다.

문제 보기

그림 (가)는 어느 태풍의 이동 경로와 중심 기압을, (나)는 이 태풍의 영향을 받은 날 우리나라의 관측소 A와 B에서 측정한 기압과 풍향을 나타낸 것이다.

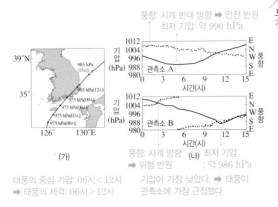

풍향: 시계 반대 방향 ➡ 안전 반원
최저 기압: 약 990 hPa

(가)

태풍의 중심 기압: 06시 < 12시
➡ 태풍의 세력: 06시 > 12시

풍향: 시계 방향
➡ 위험 반원

(나) 최저 기압
: 약 986 hPa

기압이 가장 낮았다. ➡ 태풍이 관측소에 가장 근접했다.

이에 대한 설명으로 옳은 것만을 〈보기〉에서 있는 대로 고른 것은?

[3점]

〈보기〉 풀이

(나)에서 관측소 A는 05시경에, B는 11시경에 중심 기압이 가장 낮았으므로 태풍의 이동 경로와 최단 거리에 위치하였다.

ㄱ. (가)에서 태풍의 세력은 06시보다 12시에 강하다.

➡ 태풍은 중심 기압이 낮을수록 세력이 강하며, (가)에서 태풍의 중심 기압은 06시에 975 hPa, 12시에 985 hPa이다. 따라서 (가)에서 태풍의 세력은 06시보다 12시에 약하다.

ㄴ. 태풍의 영향을 받는 동안 B는 위험 반원에 위치한다.

➡ 태풍의 영향을 받는 동안 B에서의 풍향은 시계 방향(북풍 → 동풍 → 남풍 → 서풍)으로 변하였다. 풍향이 시계 방향으로 변하므로 B는 위험 반원에 위치한다.

ㄷ. 태풍의 이동 경로와 관측소 사이의 최단 거리는 A보다 B가 짧다.

➡ (가)에서 태풍의 중심 기압은 05시경보다 11시경이 높은 반면 A에서 05시경에 측정한 최저 기압보다 B에서 11시경에 측정한 최저 기압이 낮다. 태풍의 세력이 약해져서 중심 기압이 높아졌는데 나중에 관측한 B의 최저 기압이 A보다 낮았다는 것은 B 관측소가 태풍의 중심에 더 가까이 위치하여 기압이 더 낮게 측정되었기 때문이다. 따라서 태풍의 이동 경로와 관측소 사이의 최단 거리는 A보다 B가 짧다.

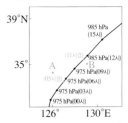

▲ 관측소 A와 B의 추정 위치

01 ②	02 ②	03 ④	04 ②	05 ①	06 ④	07 ⑤	08 ④	09 ⑤	10 ⑤	11 ②	12 ①
13 ①	14 ②	15 ④	16 ①	17 ②	18 ①	19 ②	20 ⑤	21 ①	22 ④	23 ①	24 ①
25 ⑤	26 ③	27 ②	28 ③	29 ①	30 ②	31 ①	32 ①	33 ①	34 ②	35 ①	36 ③
37 ①	38 ③	39 ④	40 ②	41 ①	42 ③	43 ⑤	44 ②	45 ②	46 ③	47 ①	48 ④
49 ⑤											

문제편 140쪽~153쪽

---

01 황사 2024학년도 10월 학평 지Ⅰ 15번

정답 ② | 정답률 85 %

적용해야 할 개념 ③가지

① 황사는 발원지에서 강한 바람이 불어 상공으로 올라간 다량의 모래 먼지가 상층의 편서풍을 타고 멀리까지 날아가 서서히 내려오는 현상이다.

② 우리나라에 영향을 미치는 황사의 주요 발원지는 중국 북부나 몽골의 사막 또는 건조한 황토 지대이다.

③ 주변보다 상대적으로 기압이 높은 곳을 고기압, 주변보다 상대적으로 기압이 낮은 곳을 저기압이라고 한다.

문제 보기

그림 (가)는 관측소 A, B에서 측정한 우리나라에 영향을 준 어느 황사의 시간에 따른 황사 농도를, (나)는 이 기간 중 t 시각의 지상 일기도에 황사가 관측된 위치와 A, B의 위치를 나타낸 것이다. X는 고기압과 저기압 중 하나이다.

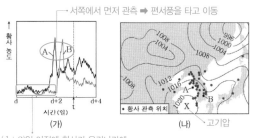

(d+2)일 이전에 황사가 우리나라에
영향을 주고 있다.

이 자료에 대한 설명으로 옳은 것만을 〈보기〉에서 있는 대로 고른 것은?

〈보기〉 풀이

ㄱ. 이 황사는 발원지에서 (d+2)일에 발원하였다.

➡ (가)에서 (d+2)일 이전에 이미 황사가 우리나라에 영향을 주고 있는 것으로 보아, 이 황사는 발원지에서 (d+2)일에 발원한 것이 아니다.

ㄴ. X는 고기압이다.

➡ X로 갈수록 등압선의 기압 값이 증가하는 것으로 보아, X는 고기압이다.

ㄷ. 이 황사는 극동풍을 타고 이동하였다.

➡ 황사는 발원지에서 강한 바람과 함께 상승 기류가 나타나 상공으로 올라간 다량의 모래 먼지가 상층의 편서풍을 타고 이동하여 우리나라에 영향을 주는 현상이다.

적용해야 할 개념 ③가지

① 황사는 중국 북부나 몽골 사막 또는 대륙의 황토 지대에서 강한 바람으로 인해 대기 중으로 올라간 미세한 토양 입자가 서서히 내려오는 현상이다.

② 황사는 발원지에서 강풍이 불거나 강한 햇빛에 의해 저기압이 형성될 때 발생한다.

③ 황사는 건조한 겨울철이 지나고 얼었던 토양이 녹기 시작하는 봄철에 주로 발생하며, 편서풍을 타고 이동하여 우리나라에 영향을 미친다.

문제 보기

다음은 우리나라에 영향을 주는 황사와 관련된 탐구 활동이다.

[탐구 과정]

(가) 공공데이터포털을 이용하여 최근 10년 동안 서울과 부산의 월평균 황사 일수를 조사한다.

(나) 우리나라에 영향을 주는 황사의 발원지와 이동 경로를 조사하여 지도에 나타낸다.

[탐구 결과]

○(가)의 결과   최근 10년 동안의 연평균 황사 일수: 서울>부산

(단위: 일)

월	1	2	3	4	5	6	7	8	9	10	11	12	총합
서울	0.5	0.6	2.2	1.4	1.7	0.0	0.0	0.0	0.0	0.2	1.0	0.2	7.8
부산	0.4	0.3	0.7	1.0	1.4	0.0	0.0	0.0	0.0	0.1	0.3	0.2	4.4

○(나)의 결과   봄철에 주로 발생하였다.

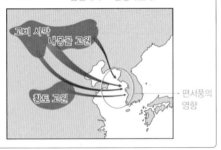

이에 대한 설명으로 옳은 것만을 <보기>에서 있는 대로 고른 것은?

<보기> 풀이

✗ **ㄱ. 최근 10년 동안의 연평균 황사 일수는 서울보다 부산이 많다.**

➡ (가)의 탐구 결과를 보면, 최근 10년 동안의 연평균 황사 일수는 서울이 7.8일, 부산이 4.4일로 서울보다 부산이 적음을 알 수 있다.

◯ **ㄴ. 발원지에서 생성된 모래 먼지가 우리나라로 이동할 때 편서풍의 영향을 받는다.**

➡ (나)의 탐구 결과에서 보듯이 고비 사막 등 황사 발원지에서 강한 바람에 의해 상공으로 올라간 다량의 모래 먼지가 상층의 편서풍을 타고 우리나라로 이동해 오고 있음을 알 수 있다.

✗ **ㄷ. 우리나라에서 황사는 고온 다습한 기단의 영향이 우세한 계절에 주로 발생한다.**

➡ 우리나라에서 황사는 건조한 겨울철이 지나고 얼었던 토양이 녹기 시작하는 봄철에 주로 발생한다. 우리나라에서 고온 다습한 기단의 영향이 우세한 계절은 여름철이다.

03 악기상 - 황사 2021학년도 4월 학평 지I 9번 정답 ④ | 정답률 67%

적용해야 할 개념 ③가지

① 황사는 주로 몽골이나 중국 북부의 건조 지대에서 강한 바람에 의해 상승한 미세한 모래 먼지가 상층의 편서풍에 의해 이동한 후 서서히 하강하는 현상이다.

② 황사가 발생하기 위해서는 발원지에서 강한 바람과 함께 상승 기류가 나타나고, 지표면의 토양은 건조해야 하며, 토양의 구성 입자는 미세해야 한다. 또한 지표면에 식물 군락이 형성되어 있지 않아서 토양의 일부가 쉽게 공중으로 떠오를 수 있어야 한다.

③ 황사는 일반적으로 봄철인 3월~5월에 많이 발생하며, 발원지에서 강풍이 불거나 햇빛이 강하게 비추어 저기압이 형성될 때 발생한다.

문제 보기

그림은 우리나라에 영향을 주는 황사의 발원지와 이동 경로에 대한 자료를 보고 학생들이 나눈 대화를 나타낸 것이다.

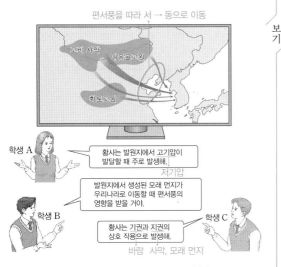

제시한 내용이 옳은 학생만을 있는 대로 고른 것은?

〈보기〉 풀이

학생 A. 황사는 발원지에서 고기압이 발달할 때 주로 발생해.

➡ 저기압은 주위보다 상대적으로 기압이 낮은 곳으로, 지상에서는 주변의 공기가 저기압 중심으로 수렴하므로 상승 기류가 발달한다. 황사가 발생하려면 발원지에 강한 바람과 함께 상승 기류가 나타나야 하므로 황사는 발원지에서 저기압이 발달할 때 주로 발생한다.

학생 B. 발원지에서 생성된 모래 먼지가 우리나라로 이동할 때 편서풍의 영향을 받을 거야.

➡ 우리나라에 영향을 미치는 황사의 주요 발원지는 중국 북부나 몽골의 사막 또는 건조한 황토 지대이다. 발원지에서 상승한 모래 먼지는 편서풍을 따라 서쪽에서 동쪽으로 이동하여 우리나라로 이동해 온다.

학생 C. 황사는 기권과 지권의 상호 작용으로 발생해.

➡ 황사는 강한 바람(기권)에 의해 상공으로 올라간 모래 먼지(지권)가 상층의 편서풍(기권)을 타고 멀리까지 날아가 서서히 내려오는 현상이므로 기권과 지권의 상호 작용으로 발생한다.

---

04 악기상 - 황사 2022학년도 10월 학평 지I 1번 정답 ② | 정답률 86%

적용해야 할 개념 ③가지

① 황사는 강한 바람에 의해 상승한 미세한 모래 먼지가 상층의 편서풍에 의해 이동한 후 서서히 하강하는 현상이다.

② 우리나라에 영향을 미치는 황사의 주요 발원지는 중국 북부나 몽골의 사막 또는 건조한 황토 지대이다.

③ 황사는 일반적으로 봄철인 3월~5월에 발생하며, 편서풍을 타고 우리나라에 영향을 미친다.

문제 보기

그림은 우리나라에 영향을 주는 황사의 발원지와 이동 경로를, 표는 우리나라의 관측소 ㉠과 ㉡에서 최근 20년간 관측한 황사 발생 일수를 계절별로 누적하여 나타낸 것이다. A와 B는 각각 ㉠과 ㉡ 중 한 곳이다.

계절 \ 관측소	A	B
봄 (3~5월)	95	170
여름 (6~8월)	0	0
가을 (9~11월)	8	30
겨울 (12~2월)	22	32

황사가 거의 발생하지 않는다.

이에 대한 옳은 설명만을 〈보기〉에서 있는 대로 고른 것은?

〈보기〉 풀이

황사는 발원지에서 강한 바람에 의해 상공으로 올라간 다량의 모래 먼지가 상층의 편서풍을 타고 멀리까지 날아가 서서히 내려오는 현상이다. 건조한 겨울철이 지나고 얼었던 토양이 녹기 시작하는 봄철에 주로 발생한다.

✗ A는 ㉠이다.

➡ A는 B보다 황사 발생 일수가 적다. ㉠은 ㉡보다 황사 발원지에 더 가까우므로 황사 발생 일수가 더 많을 것이다. 따라서 A는 황사 발원지에서 더 먼 ㉡에 해당한다.

✗ 우리나라에서 황사는 북태평양 기단의 영향이 우세한 계절에 주로 발생한다.

➡ 우리나라에서 북태평양 기단의 영향이 우세한 계절은 여름철이다. 여름철의 황사 발생 일수는 A와 B에서 모두 0으로, 강수량이 많은 여름철에는 황사가 거의 발생하지 않는다.

ㄷ. 황사 발원지에서 사막화가 심해지면 우리나라의 연간 황사 발생 일수는 증가할 것이다.

➡ 황사 발원지에서 사막화가 심해지면 황사를 일으키는 모래 먼지의 양이 많아지므로 우리나라의 연간 황사 발생 일수는 증가할 것이다.

적용해야 할 개념 ③가지

① 황사는 주로 몽골이나 중국 북부의 건조 지대에서 강한 바람에 의해 상승한 미세한 모래 먼지가 상층의 편서풍에 의해 이동한 후 서서히 하강하는 현상이다.

② 황사가 발생하기 위해서는 발원지에서 강한 바람과 함께 상승 기류가 나타나고, 지표면의 토양은 건조해야 하며, 토양의 구성 입자는 미세해야 한다. 또한 지표면에 식물 군락이 형성되어 있지 않아서 토양의 일부가 쉽게 공중으로 떠오를 수 있어야 한다.

③ 황사는 일반적으로 봄철인 3월~5월에 많이 발생하며, 발원지에서 강풍이 불거나 햇빛이 강하게 비추어 저기압이 형성될 때 발생한다.

문제 보기

그림 (가)는 우리나라에 영향을 준 어느 황사의 발원지와 관측소 A와 B의 위치를 나타낸 것이고, (나)는 A와 B에서 측정한 이 황사 농도를 ㉠과 ㉡으로 순서 없이 나타낸 것이다.

편서풍을 따라 서 → 동으로 이동
➡ 황사는 A를 지난 후 B를 지남

㉠: ㉡보다 이른 시점에 높아짐
➡ A에서 측정한 황사 농도

(가)

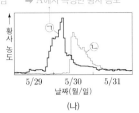

(나)

이 황사에 대한 설명으로 옳은 것만을 〈보기〉에서 있는 대로 고른 것은?

〈보기〉 풀이

보기

㉠. A에서 측정한 황사 농도는 ㉠이다.

➡ (가)에서 황사가 이동할 때 관측소 A를 지난 후 B를 지났고, (나)에서 황사 농도는 ㉠으로 높아진 이후에 ㉡으로 높아졌다. 따라서 A에서 측정한 황사 농도는 (나)에서 더 이른 시점에 높게 나타난 ㉠이다.

✗. 발원지에서 5월 30일에 발생하였다.

➡ (나)에서 우리나라에 영향을 준 이 황사 농도가 5월 30일보다 이전에 높아진 것으로 보아 황사는 발원지에서 5월 30일보다 이전에 발생하였다.

✗. 무역풍을 타고 이동하였다.

➡ 이 황사는 발원지에서 강한 바람이 불어 모래 먼지가 상승하여 상층의 편서풍을 타고 우리나라로 이동하였다.

적용해야 할 개념 ③가지

① 뇌우는 강한 상승 기류에 의해 적란운이 발달하면서 천둥, 번개와 함께 소나기가 내리는 현상이다.

② 뇌우는 적운 단계 → 성숙 단계 → 소멸 단계를 거치면서 변한다. 적운 단계에서는 강한 상승 기류에 의해 적운이 발달하고, 성숙 단계에서는 상승 기류와 하강 기류가 함께 나타나며, 천둥, 번개, 소나기, 우박 등이 동반된다.

③ 온도가 낮을수록 단위 시간당 단위 면적에서 방출하는 적외선 복사 에너지양이 적다.

문제 보기

그림 (가)와 (나)는 어느 뇌우의 발달 과정 중 성숙 단계와 적운 단계를 순서 없이 나타낸 것이다.

번개 발생 빈도: (가)>(나)

(가) 성숙 단계

(나) 적운 단계

구름 최상부의 고도: (가)>(나)
➡ 구름 최상부 온도: (가)<(나)
➡ 구름의 최상부가 단위 시간당 단위 면적에서 방출하는 적외선 복사 에너지양: (가)<(나)

이에 대한 설명으로 옳은 것만을 〈보기〉에서 있는 대로 고른 것은?

[3점]

〈보기〉 풀이

보기

✗. (나)는 성숙 단계이다.

➡ (가)는 상승 기류와 하강 기류가 함께 나타나며, 천둥, 번개, 소나기, 우박 등이 동반되는 성숙 단계이고, (나)는 강한 상승 기류에 의해 적운이 발달하는 적운 단계이다.

ㄴ. 번개 발생 빈도는 대체로 (가)가 (나)보다 높다.

➡ 뇌우에 동반되어 나타나는 번개는 적란운 내에서 분리된 양전하와 음전하가 구름 속에 쌓였다가 방전이 일어나면서 발생하는 것으로, 뇌우가 크게 발달하는 성숙 단계에서 잘 나타난다. 따라서 번개 발생 빈도는 성숙 단계인 (가)가 적운 단계인 (나)보다 대체로 높다.

ㄷ. 구름의 최상부가 단위 시간당 단위 면적에서 방출하는 적외선 복사 에너지양은 (가)가 (나)보다 적다.

➡ 성숙 단계인 (가)는 적운 단계인 (나)보다 구름 최상부의 고도가 높고, 온도가 낮으므로 구름의 최상부가 단위 시간당 단위 면적에서 방출하는 적외선 복사 에너지양은 (가)가 (나)보다 적다.

07 악기상 2024학년도 5월 학평 지I 5번 정답 ⑤ | 정답률 87%

적용해야 할 개념 ③가지

① 뇌우는 강한 상승 기류에 의해 적란운이 발달하면서 천둥, 번개와 함께 소나기가 내리는 현상이다.
② 뇌우는 대기가 불안정하여 강한 상승 기류가 발달할 때 잘 발생한다.
③ 뇌우의 성숙 단계에서는 상승 기류와 하강 기류가 함께 나타나며, 천둥, 번개, 소나기, 우박 등이 나타난다.

문제 보기

다음은 지난 10년간 우리나라에서 관측한 우박의 월별 누적 발생 일수와 뇌우의 성숙 단계에 대한 학생들의 대화이다.

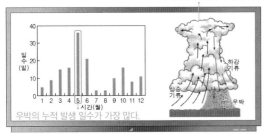

대기가 불안정할 때 잘 발생한다.
상승 기류와 하강 기류 공존 → 천둥, 번개, 소나기, 우박
우박의 누적 발생 일수가 가장 많다.

지난 10년간 우리나라에서 관측한 우박의 월별 누적 발생 일수는 5월이 가장 많아.
뇌우는 주로 대기가 불안정할 때 발생해.
우박은 뇌우의 성숙 단계에서 발생할 수 있어.

학생 A   학생 B   학생 C

제시한 내용이 옳은 학생만을 있는 대로 고른 것은?

<보기> 풀이

학생 (A.) 지난 10년간 우리나라에서 관측한 우박의 월별 발생 일수는 5월이 가장 많아.
➡ 주어진 자료에서 보면, 지난 10년간 우리나라에서 관측한 우박의 월별 누적 발생 일수는 5월이 약 36일로 가장 많음을 알 수 있다.

학생 (B.) 뇌우는 주로 대기가 불안정할 때 발생해.
➡ 뇌우는 여름철에 국지적으로 가열된 공기가 빠르고 강하게 상승할 경우, 온대 저기압이나 태풍에 의해 강한 상승 기류가 발달할 경우 등 대기가 불안정할 때 잘 발생한다.

학생 (C.) 우박은 뇌우의 성숙 단계에서 발생할 수 있어.
➡ 우박은 주로 적란운 내에서 얼음덩어리가 상승과 하강을 반복하며 생성된다. 뇌우의 성숙 단계에서는 상승 기류와 하강 기류가 함께 나타나므로 우박이 발생할 수 있다.

---

08 뇌우 2023학년도 7월 학평 지I 8번 정답 ④ | 정답률 68%

적용해야 할 개념 ③가지

① 뇌우는 강한 상승 기류에 의해 적란운이 발달하면서 천둥, 번개와 함께 소나기가 내리는 현상이다.
② 뇌우는 여름철 강한 일사에 의한 국지적 가열로 강한 상승 기류가 형성될 때, 한랭 전선에서 따뜻한 공기가 상승하면서 적란운이 형성될 때, 온대 저기압이나 태풍에 의해 강한 상승 기류가 발달할 때 등 대기가 불안정할 때 잘 발생한다.
③ 뇌우는 적운 단계 → 성숙 단계 → 소멸 단계를 거치면서 변한다.

적운 단계	성숙 단계	소멸 단계
강한 상승 기류가 발생하여 적운이 급격하게 성장한다.	상승 기류와 하강 기류가 함께 나타나며, 천둥, 번개, 소나기, 우박 등을 동반한다.	하강 기류가 우세해지면서 뇌우가 소멸한다.

문제 보기

그림은 시간에 따라 뇌우에 공급되는 물의 양과 비가 되어 내린 물의 양을 A와 B로 순서 없이 나타낸 것이다. ㉠, ㉡, ㉢은 뇌우의 발달 단계에서 각각 성숙 단계, 적운 단계, 소멸 단계 중 하나이다.

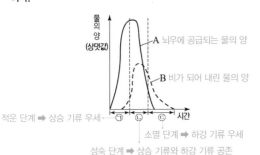

물의 양 (상댓값)
A 뇌우에 공급되는 물의 양
B 비가 되어 내린 물의 양
적운 단계 ➡ 상승 기류 우세
소멸 단계 ➡ 하강 기류 우세
성숙 단계 ➡ 상승 기류와 하강 기류 공존

이에 대한 설명으로 옳은 것만을 <보기>에서 있는 대로 고른 것은?

<보기> 풀이

뇌우의 발달 단계는 적운 단계 → 성숙 단계 → 소멸 단계 순이므로, ㉠은 적운 단계, ㉡은 성숙 단계, ㉢은 소멸 단계에 해당한다.

✗ A는 비가 되어 내린 물의 양이다.
➡ 뇌우의 발달 단계 중 적운 단계에서는 강한 상승 기류가 발생하여 적운이 급격하게 성장하지만 강수 현상은 거의 나타나지 않는다. 반면 소멸 단계에서는 강하게 내리는 소나기로 인해 하강 기류가 점차 우세해지면서 뇌우가 소멸한다. 따라서 A는 뇌우에 공급되는 물의 양이고, B는 비가 되어 내린 물의 양이다.

(ㄴ.) 뇌우로 인한 강수량은 ㉠이 ㉡보다 적다.
➡ B는 비가 되어 내린 물의 양으로, ㉠이 ㉡보다 적다. 따라서 뇌우로 인한 강수량은 ㉠이 ㉡보다 적다.

(ㄷ.) ㉢은 하강 기류가 상승 기류보다 우세하다.
➡ ㉢(소멸 단계)에서는 하강 기류가 상승 기류보다 우세하여 구름이 점차 사라지면서 뇌우가 소멸된다.

09 악기상 – 우박 2022학년도 6월 모평 지Ⅰ 10번 　　　정답 ⑤ | 정답률 83 %

적용해야 할 개념 ③가지

① 우박은 빙정의 결정 주위에 0 ℃ 이하의 차가운 물방울(과냉각 물방울)이 얼어붙어 땅 위로 떨어지는 얼음 덩어리이다.

② 우박의 생성에는 강한 상승 기류가 중요한 역할을 한다. ➡ 주로 적란운 내에서 강한 상승 기류를 타고 발생하며, 상승과 하강을 반복하며 성장한다.

③ 우박은 한여름에는 거의 발생하지 않는다. ➡ 한여름에는 우박이 떨어지는 동안에 녹아서 없어지기 때문이다.

문제 보기

그림 (가)는 지난 20년간 우리나라에서 관측한 우박의 월별 누적 발생 일수와 월별 평균 크기를 나타낸 것이고, (나)는 뇌우에서 우박이 성장하는 과정을 나타낸 모식도이다.

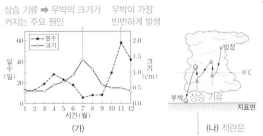

상승 기류 ➡ 우박의 크기가 커지는 주요 원인　　우박이 가장 빈번하게 발생

(가)　　(나) 적란운

과냉각 물방울에서 증발한 수증기가 빙정에 달라붙으면서 빙정이 성장 → 상승과 하강을 반복하며 큰 얼음 덩어리로 성장 → 무거워져 지상으로 떨어짐(우박)

이 자료에 대한 설명으로 옳은 것만을 〈보기〉에서 있는 대로 고른 것은?

〈보기〉 풀이

우박은 강한 상승 기류로 인해 높게 발달한 적란운에서 빙정이 상승과 하강을 반복하면서 크기가 커져서 발생한다.

✘ 우박은 7월에 가장 빈번하게 발생하였다.

➡ (가)에서 우박의 월별 누적 발생 일수가 11월에 가장 많으므로 우박은 11월에 가장 빈번하게 발생하였다.

ㄴ (나)에서 빙정이 우박으로 성장하기 위해서는 과냉각 물방울이 필요하다.

➡ 0 ℃보다 낮은 온도에서 얼지 않고 액체 상태로 존재하는 물방울을 과냉각 물방울이라고 한다. 우박은 기온이 0 ℃ 이하인 적란운 내에서 과냉각 물방울에서 증발한 수증기가 달라붙으면서 성장한 빙정이 상승과 하강을 반복하면서 더욱 성장하고, 상승 기류가 지탱하지 못할 정도로 무거워지면 지상으로 떨어지는 것이다. 따라서 (나)에서 빙정이 우박으로 성장하기 위해서는 과냉각 물방울이 필요하다.

ㄷ 상승 기류는 여름철 우박의 크기가 커지는 주요 원인이다.

➡ 우박은 적란운 내에서 강한 상승 기류를 타고 상승과 하강을 반복하며 성장한다. (가)에서 여름철에 우박의 평균 크기가 가장 큰 것은 활발한 상승 기류로 인해 우박이 크게 성장했기 때문이다. 따라서 상승 기류는 여름철 우박의 크기가 커지는 주요 원인이라고 할 수 있다.

보기

---

10 악기상 – 뇌우, 우박 2019학년도 수능 지Ⅰ 5번 　　　정답 ⑤ | 정답률 69 %

적용해야 할 개념 ②가지

① 뇌우는 여름철 강한 일사에 의한 국지적 가열로 강한 상승 기류가 형성될 때, 한랭 전선에서 따뜻한 공기가 상승하면서 적란운이 형성될 때, 온대 저기압이나 태풍에 의해 강한 상승 기류가 발달할 때 등 대기가 불안정할 때 잘 발생한다.

② 뇌우에 동반되는 현상에는 번개, 천둥, 우박 등이 있다.

번개	양전기와 음전기가 쌓여 구름과 구름 사이, 구름과 지표면 사이의 전압 차이가 커지면서 방전이 일어나는 현상이다.
천둥	번개가 발생하면 갑작스런 온도 상승으로 공기가 팽창하여 천둥이 일어난다.
우박	눈의 결정 주위에 차가운 물방울이 얼어붙어 땅으로 떨어지는 얼음 덩어리 ➡ 적란운 내에서 상승과 하강을 반복하여 성장하고, 농작물에 피해를 입힌다.

문제 보기

다음은 뇌우와 우박에 대하여 학생 A, B, C가 나눈 대화를 나타낸 것이다.

여름철 월별 평균 우박 일수가 가장 적다.

뇌우의 발생 조건
- 국지적인 가열
- 전선면에서 나타나는 상승 기류
- (㉠)

우리나라 월별 평균 우박 일수

일수(일)

시간(월)

열대 저기압의 강한 상승 기류는 ㉠에 해당해.　　뇌우는 우박을 동반할 수 있어.　　이 자료를 보면 우리나라 월별 평균 우박 일수는 겨울철이 여름철보다 많아.

학생 A　　학생 B　　학생 C

제시한 내용이 옳은 학생만을 있는 대로 고른 것은?

〈보기〉 풀이

학생 Ⓐ 열대 저기압의 강한 상승 기류는 ㉠에 해당해.

➡ 뇌우는 강한 상승 기류에 의해 형성되는 적란운에서 발생한다. 열대 저기압의 강한 상승 기류는 적란운을 형성하므로 뇌우의 발생 조건에 해당한다.

학생 Ⓑ 뇌우는 우박을 동반할 수 있어.

➡ 우박은 적란운 내에서 빙정이 상승과 하강을 반복하면서 성장하여 형성되므로 뇌우는 우박을 동반할 수 있다.

학생 Ⓒ 이 자료를 보면 우리나라 월별 평균 우박 일수는 겨울철이 여름철보다 많아.

➡ 우리나라 월별 평균 우박 일수를 보면 겨울철(0.5일~1.5일)이 여름철(0.5일 미만)보다 많다. 여름철에는 지표 부근 기온이 높아 우박이 떨어지는 도중에 녹기 쉽기 때문이다.

보기

11 악기상 – 폭설 2021학년도 3월 학평 지 I 12번 정답 ② | 정답률 63 %

적용해야 할 개념 ③가지

① 등압선 간격이 좁을수록 풍속이 크며, 바람은 고기압에서 저기압으로 분다.

② 기상 영상

가시 영상	반사도가 큰 부분은 밝게 나타나고, 반사도가 작은 부분은 어둡게 나타난다. ➡ 햇빛이 없는 야간에는 이용할 수 없다.
적외 영상	온도가 높을수록 어둡게, 온도가 낮을수록 밝게 나타난다. ➡ 낮과 밤에 관계없이 24시간 관측이 가능하다.

③ 차고 건조한 시베리아 기단이 남하하면 황해를 지나면서 열과 수증기를 공급받아 온도와 습도가 높아지고 기층이 불안정해지면서 적란운이 형성된다. 이로 인해 서해안에는 폭설이 내리기도 한다.

문제 보기

그림 (가)와 (나)는 우리나라 일부 지역에 폭설 주의보가 발령된 어느 날 21시의 지상 일기도와 위성 영상을 나타낸 것이다.
┗ 야간에도 이용 가능 ➡ 적외 영상

시베리아 고기압 ➡ 한랭 건조

상승 기류 발달
➡ 고도가 높은 구름 형성

(가)

(나) 적외 영상

시베리아 고기압의 찬 공기 남하 ➡ 황해상에서 열과 수증기
공급 ➡ 기층 불안정 ➡ 적운형 구름 형성 ➡ 서해안에 폭설

이날 우리나라의 날씨에 대한 옳은 설명만을 〈보기〉에서 있는 대로 고른 것은? [3점]

〈보기〉 풀이

폭설 주의보가 발령되었고, 일기도에서 서고동저형의 기압 배치를 보이는 것으로 보아 겨울철의 일기도와 위성 영상이다.

✗ **동풍 계열의 바람이 우세하였다.**

➡ (가)에서 우리나라의 북서쪽에는 고기압이, 동쪽에는 저기압이 위치하고 있다. 바람은 고기압에서 저기압으로 불어가므로 우리나라에는 서풍 계열의 바람이 우세하였다.

ㄴ. **⊙에서 상승 기류가 발달하였다.**

➡ (나)는 21시에 관측한 것이므로 24시간 관측이 가능한 적외 영상이다. 적외 영상에서 밝게 보이는 ⊙에는 최상부의 고도가 높은 구름이 형성되어 있다. 구름은 저기압이 발달한 곳에서 형성되므로 ⊙에서 상승 기류가 발달하였다.

✗ **폭설이 내릴 가능성은 서해안보다 동해안이 높다.**

➡ 겨울철 시베리아 고기압의 찬 공기가 남하하면서 황해상에서 열과 수증기를 공급받으면 기층이 불안정해져 상승 기류가 발달하고, 이때 폭설이 잘 발생한다. 따라서 폭설이 내릴 가능성은 동해안보다 서해안이 높다.

보기

12 악기상 2023학년도 9월 모평 지 I 1번 정답 ① | 정답률 89 %

적용해야 할 개념 ③가지

① 뇌우는 강한 상승 기류에 의해 적란운이 발달하면서 천둥, 번개와 함께 소나기가 내리는 현상으로, 대기가 매우 불안정한 경우에 발생한다.
➡ 적운 단계 → 성숙 단계 → 소멸 단계를 거친다.

② 우박은 얼음의 결정 주위에 차가운 물방울이 얼어붙어 땅 위로 떨어지는 얼음덩어리로, 주로 적란운에서 강한 상승 기류를 타고 발생한다.

③ 황사는 중국 북부나 몽골 사막 또는 대륙의 황토 지대에서 강한 바람으로 인해 대기 중으로 올라간 미세한 토양 입자가 서서히 내려오는 현상으로, 건조한 겨울철이 지나고 얼었던 토양이 녹기 시작하는 봄철에 주로 발생한다.

문제 보기

다음은 뇌우, 우박, 황사에 대하여 학생 A, B, C가 나눈 대화를 나타낸 것이다.

주로 적란운에서 강한 상승 기류를 타고 발생한다.

뇌우	우박	황사
뇌우는 성숙 단계에서 천둥과 번개를 동반해.	우박은 주로 층운형 구름에서 발생해.	우리나라에서 황사는 주로 여름철에 나타나.
학생 A	학생 B	학생 C

천둥, 번개, 소나기, 강한 돌풍, 우박 등을 동반한다.

봄철에 주로 발생한다.

제시한 내용이 옳은 학생만을 있는 대로 고른 것은?

〈보기〉 풀이

학생 A 뇌우는 성숙 단계에서 천둥과 번개를 동반해.

➡ 뇌우는 적운 단계 → 성숙 단계 → 소멸 단계를 거치면서 변하며, 뇌우가 가장 크게 발달하는 성숙 단계에서 천둥, 번개, 소나기, 강한 돌풍, 우박 등을 동반한다.

학생 ✗ 우박은 주로 층운형 구름에서 발생해.

➡ 우박은 주로 적란운에서 강한 상승 기류를 타고 발생하므로 주로 적운형 구름에서 발생한다.

학생 ✗ 우리나라에서 황사는 주로 여름철에 나타나.

➡ 우리나라에서 황사는 건조한 겨울철이 지나고 얼었던 토양이 녹기 시작하는 봄철에 주로 발생하며, 강수량이 많은 여름철에는 잘 발생하지 않는다.

보기

적용해야 할 개념 ②가지

① 해수의 표층 염분은 증발량이 많을수록, 강수량이 적을수록 높게 나타난다. ➡ 표층 염분은 (증발량 − 강수량) 값에 대체로 비례한다.

② 위도별 표층 염분의 분포

적도 부근	저압대가 위치하므로 강수량이 증발량보다 많아 표층 염분이 낮다.
위도 30° 부근	고압대가 위치하므로 증발량이 강수량보다 많아 표층 염분이 높다.
극	기온이 낮아 증발량이 적고 빙하의 융해로 표층 염분이 낮지만, 결빙이 일어나는 곳은 비교적 표층 염분이 높다.

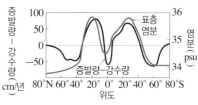

▲ 위도별 표층 염분 분포

문제 보기

그림은 북대서양의 연평균 (증발량−강수량) 값 분포를 나타낸 것이다.

연평균 (증발량−강수량) 값이 다른 지점보다 크다. ➡ 고압대에 위치

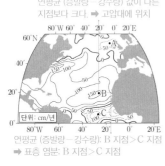

연평균 (증발량−강수량): B 지점>C 지점
➡ 표층 염분: B 지점>C 지점

이 자료에 대한 설명으로 옳은 것만을 〈보기〉에서 있는 대로 고른 것은? [3점]

〈보기〉 풀이

ㄱ 연평균 (증발량−강수량) 값은 B 지점이 A 지점보다 크다.

➡ 연평균 (증발량−강수량) 값이 A 지점은 약 −50 cm/년이고, B 지점은 약 150 cm/년이다. 따라서 연평균 (증발량−강수량) 값은 B 지점이 A 지점보다 크다.

✗ B 지점은 대기 대순환에 의해 형성된 저압대에 위치한다.

➡ 대기 대순환에 의해 저압대가 형성된 곳은 강수량이 증발량보다 많아 (증발량−강수량) 값이 작게 나타나고, 고압대가 형성된 곳은 증발량이 강수량보다 많아 (증발량−강수량) 값이 크게 나타난다. 북대서양에서 B 지점은 연평균 (증발량−강수량) 값이 다른 지점보다 크게 나타나므로 대기 대순환에 의해 형성된 고압대에 위치한다.

✗ 표층 염분은 C 지점이 B 지점보다 높다.

➡ 적도와 중위도 해역에서 표층 염분은 대체로 (증발량−강수량) 값에 비례한다. C 지점은 B 지점보다 연평균 (증발량−강수량) 값이 작게 나타나므로 표층 염분은 C 지점이 B 지점보다 낮다.

적용해야 할 개념 ③가지

① 기체의 용해도는 수압이 클수록, 염분과 수온이 낮을수록 증가한다.

② 난류는 저위도에서 고위도로 흐르면서 열을 전달하고, 한류는 고위도에서 저위도로 흐르면서 열을 흡수한다.

③ 아열대 순환은 무역풍대의 해류와 편서풍대의 해류로 이루어진 순환으로, 북반구에서는 시계 방향, 남반구에서는 시계 반대 방향으로 일어난다.

문제 보기

고위도에서 저위도로 한류가 흐른다.
저위도에서 고위도로 난류가 흐른다.

그림은 남태평양에서 표층 해수의 용존 산소량이 같은 지점을 연결한 선을 나타낸 것이다.

이에 대한 옳은 설명만을 〈보기〉에서 있는 대로 고른 것은?

기체의 용해도는 수온에 반비례한다.
➡ 용존 산소량: A<B

남반구에서 아열대 순환은 시계 반대 방향으로 일어난다.

〈보기〉 풀이

✗ 표층 해수의 용존 산소량은 A 해역이 B 해역보다 많다.

➡ 기체의 용해도는 수온에 반비례한다. 표층 수온은 저위도로 갈수록 대체로 높아지므로 표층 해수의 용존 산소량이 같은 지점을 연결한 선은 저위도로 갈수록 값이 작아진다. 따라서 표층 해수의 용존 산소량은 수온이 높은 A 해역이 수온이 낮은 B 해역보다 적다.

ㄴ C 해역에는 한류가 흐른다.

➡ 남반구의 아열대 순환은 시계 반대 방향으로 일어나므로, C 해역에는 고위도에서 저위도로 한류가 흐른다.

✗ 남태평양에서 아열대 순환의 방향은 시계 방향이다.

➡ 표층 순환은 적도를 경계로 대체로 대칭으로 나타나며, 북반구의 아열대 순환은 시계 방향으로, 남반구의 아열대 순환은 시계 반대 방향으로 일어난다.

적용해야 할 개념 ②가지

① 해수는 깊이에 따른 수온 분포를 기준으로 혼합층, 수온 약층, 심해층으로 구분한다.

혼합층	• 해양의 표층으로, 태양 복사 에너지가 대부분 흡수되어 수온이 가장 높다. • 바람의 혼합 작용으로 깊이에 따른 수온이 거의 일정하다.
수온 약층	• 깊어질수록 수온이 급격히 낮아진다. • 안정한 층이다. ➡ 위 아래층의 물질과 에너지 교환을 차단한다.
심해층	• 수온이 가장 낮고 깊이에 따른 수온 변화가 거의 없다. • 위도나 계절에 관계없이 수온이 거의 일정하다.

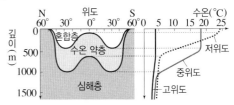

▲ 해수의 위도별 층상 구조

② 혼합층은 저위도 지역보다 바람이 강한 중위도 지역에서 두껍고, 고위도 지역의 표층수는 심해층과 수온 차이가 거의 없기 때문에 해수의 층상 구조가 나타나지 않는다.

문제 보기

그림은 해수의 위도별 층상 구조를 나타낸 것이다. A, B, C는 각각 혼합층, 수온 약층, 심해층 중 하나이다.

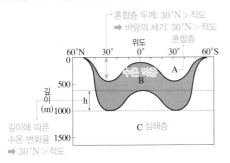

이에 대한 옳은 설명만을 〈보기〉에서 있는 대로 고른 것은?

〈보기〉 풀이

저위도와 중위도 지방의 해수는 수온의 연직 분포에 따라 혼합층, 수온 약층, 심해층으로 구분된다. A는 혼합층, B는 수온 약층, C는 심해층이다.

✗ ㄱ. **적도 지역은 30°N 지역보다 바람이 강하게 분다.**

➡ 적도 지역보다 30°N 지역에서 혼합층(A)이 두껍게 나타난다. 혼합층은 바람에 의해 해수가 혼합되어 깊이에 관계없이 수온이 거의 일정하며, 대체로 바람이 강한 지역에서 두껍게 나타나므로 적도 지역보다 30°N 지역에서 바람이 강하게 분다.

ㄴ. **B층은 A층과 C층 사이의 물질 교환을 억제하는 역할을 한다.**

➡ 수온 약층(B층)은 수심이 깊어질수록 수온이 낮아지고 밀도는 커지므로 안정하고, 대류가 일어나지 않으므로 혼합층(A층)과 심해층(C층) 사이의 물질 및 에너지 교환을 억제하는 역할을 한다.

ㄷ. **구간 h에서 깊이에 따른 수온 변화율은 30°N 지역이 적도 지역보다 크다.**

➡ 구간 h는 30°N 지역에서는 수온 약층이고, 적도 지역에서는 심해층이다. 수온 약층은 수심이 깊어질수록 수온이 급격히 낮아지는 층으로, 깊이에 따른 수온 변화가 거의 없는 심해층보다 수온 변화율이 크다. 따라서 구간 h에서 깊이에 따른 수온 변화율은 30°N 지역이 적도 지역보다 크다.

적용해야 할 개념 ②가지

① 혼합층은 해양의 표층으로, 태양 복사 에너지를 대부분 흡수하여 수온이 가장 높으며, 바람의 혼합 작용으로 깊이에 따른 수온이 거의 일정하다.

② 혼합층은 바람이 강하게 부는 지역일수록 두껍다.

문제 보기

그림은 겨울철 동해의 혼합층 두께를 나타낸 것이다.

이 자료에서 해역 A, B, C에 대한 설명으로 옳은 것만을 〈보기〉에서 있는 대로 고른 것은?

→ 혼합층 두께 ∝ 바람의 세기

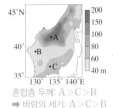

혼합층 두께: A > C > B
➡ 바람의 세기: A > C > B

〈보기〉 풀이

혼합층에서는 바람에 의해 해수가 혼합되어 연직 수온이 일정하므로 혼합층의 두께는 바람의 세기에 비례한다. 그림에서 혼합층의 두께는 A가 150 m~200 m, B가 40 m~60 m, C가 60 m~80 m이다.

ㄱ. 바람의 세기는 A가 B보다 강하다.
➡ 바람의 세기가 강할수록 혼합층의 두께가 두껍다. A가 B보다 혼합층의 두께가 두꺼우므로 바람의 세기도 강하다.

✗ 혼합층 두께는 B가 C보다 두껍다.
➡ 주어진 자료에서 혼합층의 두께는 B가 C보다 얇다.

✗ A의 혼합층 두께는 겨울이 여름보다 얇다.
➡ 우리나라는 대체로 겨울철이 여름철보다 바람의 세기가 강하기 때문에 A의 혼합층 두께는 겨울이 여름보다 두껍다.

적용해야 할 개념 ②가지

① 혼합층은 해양의 표층으로, 태양 복사 에너지를 대부분 흡수하여 수온이 가장 높으며, 바람의 혼합 작용으로 깊이에 따른 수온이 거의 일정하다.

② 수온 약층은 혼합층 바로 아래에 있는, 수심이 깊어짐에 따라 수온이 급격히 낮아지는 층이다. ➡ 혼합층과 심해층 사이의 물질 및 에너지 교환을 차단하는 역할을 한다.

문제 보기

그림은 북반구 중위도 어느 해역에서 1년 동안 관측한 수온 변화를 등수온선으로 나타낸 것이다.

6 ℃ 등수온선이 나타나는 깊이
➡ 5월 < 11월

이 자료에 대한 설명으로 옳은 것만을 〈보기〉에서 있는 대로 고른 것은?

〈보기〉 풀이

해수 표면에 도달한 태양 복사 에너지양은 수심이 깊어질수록 급격히 감소하여 수온의 연직 분포가 달라진다.

✗ 표층에서 수온의 연교차는 10 ℃보다 크다.
➡ 표층에서 수온은 1년 동안 약 5 ℃~6 ℃(1~4월)에서 약 12 ℃~13 ℃(8~9월)까지 변하므로 수온의 연교차는 10 ℃보다 작다.

ㄴ. 수온 약층은 9월이 5월보다 뚜렷하게 나타난다.
➡ 수온 약층은 혼합층 아래에서 수심이 깊어질수록 수온이 급격히 낮아지는 층이므로, 수온의 연직 분포에서 등수온선 간격이 조밀하게 나타난다. 등수온선 간격은 9월이 5월보다 좁게 나타나므로 수온 약층은 9월이 5월보다 뚜렷하게 나타난다.

✗ 6 ℃ 등수온선은 5월이 11월보다 깊은 곳에서 나타난다.
➡ 6 ℃ 등수온선은 5월에는 약 15 m~50 m 깊이에서 나타나고, 11월에는 약 80 m 깊이에서 나타나므로 5월이 11월보다 얕은 곳에서 나타난다.

적용해야 할 개념 ③가지

① 저위도와 중위도 지방의 해수는 수온의 연직 분포에 따라 혼합층, 수온 약층, 심해층으로 구분한다.
② 혼합층은 태양 복사 에너지에 의한 가열로 수온이 높고, 바람에 의한 혼합 작용으로 깊이에 관계 없이 수온이 거의 일정한 층이다.
③ 수온 약층은 혼합층 아래에서 깊이에 따라 수온이 급격히 낮아지는 층으로, 매우 안정하여 혼합층과 심해층의 물질 교환 및 에너지 이동을 억제한다.

문제 보기

다음은 해수의 연직 수온 변화에 영향을 미치는 요인 중 일부를 알아보기 위한 실험이다.

[실험 과정]

(가) 그림과 같이 수조에 소금물을 채우고 온도계를 수면으로부터 각각 깊이 1, 3, 5, 7, 9 cm에 위치하도록 설치한 후 각 온도계의 눈금을 읽는다.

(나) 전등을 켜고 15분이 지났을 때 각 온도계의 눈금을 읽는다.

(다) 전등을 켠 상태에서 수면을 향해 휴대용 선풍기로 바람을 일으키면서 3분이 지났을 때 각 온도계의 눈금을 읽는다.

(라) 과정 (가)~(다)에서 측정한 깊이에 따른 온도 변화를 각각 그래프로 나타낸다.

[실험 결과]

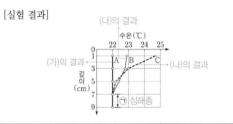

이 자료에 대한 설명으로 옳은 것만을 〈보기〉에서 있는 대로 고른 것은?

〈보기〉 풀이

ㄱ. (나)의 결과는 C에 해당한다.

➡ 수조에 소금물을 채운 직후에는 깊이에 따른 수온 변화가 거의 없지만, 전등을 켜고 15분이 지났을 때는 표층이 가열되어 표면에서 수온이 가장 높고 깊이가 깊어질수록 수온이 낮아지는 분포를 보인다. 이후 전등을 켠 상태에서 선풍기로 바람을 일으키면 표층에서는 소금물의 혼합이 일어나 깊이에 따라 수온이 거의 일정한 구간이 나타나고, 표층 수온이 낮아진다. 따라서 (가), (나), (다)의 결과는 각각 A, C, B에 해당한다.

✗ 바람의 영향에 의한 수온 변화의 폭은 깊이 1 cm가 3 cm보다 작다.

➡ 실험에서 바람을 일으켰을 때 수온이 C에서 B로 변했다. B와 C의 수온 분포를 비교해 보면 바람의 영향에 의한 수온 변화 폭은 깊이 1 cm가 3 cm보다 크다.

✗ ㉠은 '수온 약층'에 해당한다.

➡ 수온 약층은 깊이가 깊어짐에 따라 수온이 급격히 낮아지는 층이다. ㉠은 깊이에 따라 일정한 수온을 유지하므로 '수온 약층'에 해당하지 않는다. ㉠은 실험 과정과 관계 없이 일정한 수온을 유지하므로 심해층에 해당한다.

적용해야 할 개념 ②가지

① 혼합층은 태양 복사 에너지가 대부분 흡수되어 수온이 가장 높으며, 바람의 혼합 작용으로 깊이에 따른 수온이 거의 일정하다. ➡ 혼합층은 바람이 강하게 부는 지역일수록 두껍다.

② 해수의 밀도는 수온이 낮을수록, 염분이 높을수록 증가한다.

문제 보기

다음은 해수의 수온 연직 분포를 알아보기 위한 실험이다.

[실험 과정]

(가) 수조에 소금물을 채우고 온도계의 끝이 각각 수면으로부터 깊이 0 cm, 2 cm, 4 cm, 6 cm, 8 cm 에 놓이도록 설치한 후 온도를 측정한다.

(나) 전등을 켠 후, 더 이상 온도 변화가 없을 때 온도를 측정한다.

(다) 1분 동안 수면 위에서 부채질을 한 후, 온도를 측정한다.

[실험 결과] ┌ 바람 ➡ 혼합층이 생성된다.

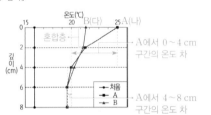

이에 대한 설명으로 옳은 것만을 〈보기〉에서 있는 대로 고른 것은?

[3점]

〈보기〉 풀이

✗ (나)의 결과는 B이다.

➡ 전등에서 나오는 빛에너지는 수면에서 가장 많이 흡수되므로 바람에 의한 혼합 작용이 없다면 수면에서 온도가 가장 높고, 수심이 깊어질수록 수온이 낮아져야 한다. 따라서 (나)의 결과는 A이고, (다)의 결과는 바람의 혼합 작용으로 수면에서부터 깊이에 따른 수온이 거의 일정한 구간이 있는 B이다.

ㄴ. A에서 깊이에 따른 온도 차는 0~4 cm 구간이 4~8 cm 구간보다 크다.

➡ A에서 각 구간에서의 깊이 차는 4 cm로 같지만 온도 차는 0~4 cm 구간이 약 5 ℃, 4~8 cm 구간이 약 0.5 ℃로 0~4 cm 구간이 4~8 cm 구간보다 크다.

✗ 표면과 깊이 8 cm 소금물의 밀도 차는 B가 A보다 크다.

➡ 소금물의 밀도는 수온이 낮을수록 증가하므로 밀도 차는 온도 변화가 클수록 커진다. 표면과 깊이 8 cm에서 소금물의 온도 변화량은 A가 약 5.5 ℃이고 B가 약 2 ℃이다. 따라서 표면과 깊이 8 cm 소금물의 밀도 차는 A가 B보다 크다.

적용해야 할 개념 ③가지

① 해수는 깊이에 따른 수온 변화에 따라 혼합층, 수온 약층, 심해층으로 구분한다.

혼합층	표층에서 바람의 혼합 작용으로 인해 깊이에 따른 수온이 거의 일정한 층이다. 바람이 강할수록 두껍게 발달한다.
수온 약층	혼합층 아래에서 깊이에 따라 수온이 급격히 낮아지는 층이다. 수심이 깊어질수록 밀도가 커지므로 매우 안정하며, 혼합층과 심해층 사이의 물질 교환 및 에너지 이동을 억제한다.
심해층	수온이 낮고 태양 복사 에너지가 도달하지 않으므로, 계절이나 깊이에 따른 수온 변화가 거의 없는 층이다.

② 혼합층의 두께는 저위도 해역보다 바람이 강한 중위도 해역에서 두껍다.

③ 고위도 해역은 표층에서 흡수하는 태양 복사 에너지양이 매우 적어 심해층과의 수온 차이가 거의 없기 때문에 수온 약층이 발달하지 못한다.

문제 보기

그림 (가)와 (나)는 어느 해 A, B 시기에 우리나라 두 해역에서 측정한 연직 수온 자료를 각각 나타낸 것이다.

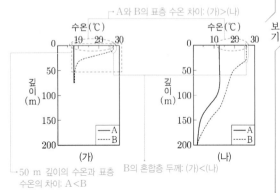

이에 대한 설명으로 옳은 것만을 〈보기〉에서 있는 대로 고른 것은?

[3점]

〈보기〉 풀이

해수는 연직 수온 분포에 따라 혼합층, 수온 약층, 심해층으로 구분된다.

ㄱ. (가)에서 50 m 깊이의 수온과 표층 수온의 차이는 B가 A보다 크다.

➡ (가)에서 A는 50 m 깊이의 수온과 표층 수온이 같으며, B는 50 m 깊이의 수온과 표층 수온의 차이가 약 20 ℃이다. 따라서 50 m 깊이의 수온과 표층 수온의 차이는 B가 A보다 크다.

ㄴ. A와 B의 표층 수온 차이는 (가)가 (나)보다 크다.

➡ A와 B의 표층 수온 차이는 (가)가 약 20 ℃이고 (나)가 약 13 ℃이다. 따라서 A와 B의 표층 수온 차이는 (가)가 (나)보다 크다.

ㄷ. B의 혼합층 두께는 (나)가 (가)보다 두껍다.

➡ 혼합층은 바람에 의한 혼합 작용으로 인해 깊이에 따라 수온이 거의 일정한 층이다. B의 혼합층 두께는 (가)가 약 10 m이고 (나)가 약 35 m이므로 (나)가 (가)보다 두껍다.

21 해수의 층상 구조 – 밀도의 연직 분포 2020학년도 6월 모평 지Ⅱ 2번   정답 ① | 정답률 77 %

적용해야 할 개념 ③가지

① 혼합층은 해양의 표층으로, 태양 복사 에너지를 대부분 흡수하여 수온이 가장 높으며, 바람의 혼합 작용으로 깊이에 따른 수온이 거의 일정하다.
② 혼합층은 바람이 강하게 부는 지역일수록 두껍게 나타난다.
③ 해수의 밀도 분포는 수온 분포와 반비례하는 경향이 있다.

문제 보기

그림의 A와 B는 동해에서 여름과 겨울에 관측한 해수의 밀도 분포를 순서 없이 나타낸 것이다.
이에 대한 설명으로 옳은 것만을 〈보기〉에서 있는 대로 고른 것은? (단, 밀도는 수온에 의해서만 결정된다.)

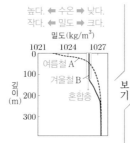

높다. ← 수온 → 낮다.
작다. ← 밀도 → 크다.

보기

〈보기〉 풀이

표층 해수의 밀도가 작을수록 표층 수온이 높다. 표층에서 깊이에 따른 밀도가 일정한 구간이 혼합층이고, 밀도 변화가 큰 구간은 수온 약층이다.

ㄱ. **A는 여름에 해당한다.**
➡ 해수의 밀도는 수온이 낮을수록 커진다. A는 B보다 표층 해수의 밀도가 작으므로 표층 수온이 높은 여름에 해당한다.

ㄴ. **B에서 혼합층 두께는 300 m보다 크다.**
➡ 혼합층은 수온이 높고 깊이에 관계없이 수온이 일정한 층이다. B에서 혼합층은 해수면~약 120 m까지 밀도가 일정한 영역에 형성되어 있으므로 두께가 300 m보다 작다.

ㄷ. **해수면에서 바람의 세기는 A일 때가 B일 때보다 크다.**
➡ 혼합층의 두께는 바람이 강할수록 두껍다. A일 때 혼합층이 거의 나타나지 않으며 B일 때 혼합층이 두꺼우므로 바람의 세기는 A일 때가 B일 때보다 작다.

22 해수의 성질 2024학년도 10월 학평 지Ⅰ 11번   정답 ④ | 정답률 80 %

적용해야 할 개념 ③가지

① 기체의 용해도는 수압이 클수록, 염분이 낮을수록, 수온이 낮을수록 증가한다.
② 염분을 포함하지 않은 빗물이 모여 흐르는 강물은 해수에 비해 염분이 낮기 때문에 강물이 유입되는 곳은 주변 해역보다 염분이 낮아진다.
③ 해수의 밀도는 주로 수온과 염분에 의해 결정되는데, 수온이 낮을수록, 염분이 높을수록 밀도가 크다.

문제 보기

그림은 어느 해역에서 측정한 깊이에 따른 해수의 수온과 염분 분포를 나타낸 것이다. 이 해역에는 강물이 유입되고 있으며, 강물의 유입 방향은 ㉠과 ㉡ 중 하나이다. A, B는 해수면에 위치한 지점이다.

강물의 유입 방향

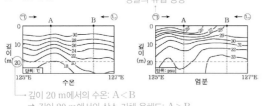

└─ 깊이 20 m에서의 수온: A<B
➡ 깊이 20 m에서의 산소 기체 용해도: A>B

해수면에서 깊이 20 m까지 수온 하강 폭과 염분 상승 폭: A>B
➡ 해수면과 깊이 20 m의 해수 밀도 차: A>B

이에 대한 설명으로 옳은 것만을 〈보기〉에서 있는 대로 고른 것은?
[3점]

보기

〈보기〉 풀이

ㄱ. **수온만을 고려할 때, 깊이 20 m에서 산소 기체의 용해도는 A에서가 B에서보다 작다.**
➡ 수온만 고려할 때, 기체의 용해도는 수온이 낮을수록 증가한다. 깊이 20 m에서 수온은 A에서가 B에서보다 낮다. 따라서 수온만을 고려할 때, 깊이 20 m에서 산소 기체의 용해도는 A에서가 B에서보다 크다.

ㄴ. **강물의 유입 방향은 ㉠이다.**
➡ 강물은 해수에 비해 염분이 낮다. (나)에서 표층 염분이 왼쪽(서쪽)으로 갈수록 감소하고 있으므로 강물의 유입 방향은 ㉠이다.

ㄷ. **해수면과 깊이 20 m의 해수 밀도 차는 A에서가 B에서보다 크다.**
➡ 해수의 밀도는 수온이 낮을수록, 염분이 높을수록 커진다. 해수면으로부터 깊이 20 m까지의 수온 하강 폭과 염분 상승 폭 모두 A에서가 B에서보다 크다. 따라서 해수면과 깊이 20 m의 해수 밀도 차는 A에서가 B에서보다 크다.

적용해야 할 개념 ③가지

① 표층 수온은 태양 복사 에너지의 영향을 가장 크게 받으며, 위도와 계절에 따라 달라진다. 표층 수온은 저위도가 고위도보다 높고, 여름철이 겨울철보다 높다.

② 저위도와 중위도 지방의 해수는 수온의 연직 분포에 따라 혼합층, 수온 약층, 심해층으로 구분한다.

③ 혼합층은 태양 복사 에너지에 의해 가열되어 수온이 높고, 바람에 의한 혼합 작용으로 깊이에 관계없이 수온이 거의 일정한 층이다.

문제 보기

그림 (가)와 (나)는 우리나라 어느 해역에서 2월과 8월에 관측한 깊이에 따른 수온 분포를 순서 없이 나타낸 것이다.

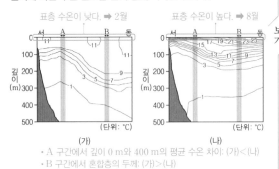

• A 구간에서 깊이 0 m와 400 m의 평균 수온 차이: (가)<(나)
• B 구간에서 혼합층의 두께: (가)>(나)

이 자료에 대한 설명으로 옳은 것만을 〈보기〉에서 있는 대로 고른 것은?

〈보기〉 풀이

ㄱ. **(가)는 2월에 관측한 자료이다.**
➡ 표층 수온은 (가)가 (나)보다 낮다. 따라서 (가)는 2월, (나)는 8월에 관측한 자료이다.

ㄴ. **A 구간에서 깊이 0 m와 400 m의 평균 수온 차이는 (가)보다 (나)에서 작다.**
➡ A 구간에서 깊이 0 m에서의 평균 수온은 (가)가 (나)보다 낮지만, 깊이 400 m에서의 평균 수온은 (가)와 (나)에서 비슷하다. A 구간에서 깊이 0 m와 400 m의 평균 수온 차이는 (가)에서 약 10 ℃, (나)에서 약 20 ℃이므로, (가)보다 (나)에서 크다.

ㄷ. **B 구간에서 혼합층의 두께는 (가)보다 (나)에서 두껍다.**
➡ 혼합층은 바람에 의한 혼합 작용으로 깊이에 따라 수온이 거의 일정한 층이다. 자료에 나타난 연직 수온 분포로 보아 B 구간에서 혼합층의 두께는 (나)보다 (가)에서 두껍다.

적용해야 할 개념 ④가지

① 염분은 해수 1 kg 속에 녹아 있는 염류의 총량을 g 수로 나타낸 것으로, 단위로 psu를 사용한다. ➡ (증발량−강수량) 값에 대체로 비례한다.

② 표층 해수의 수온 분포에 가장 큰 영향을 미치는 요인은 태양 복사 에너지이다. ➡ 표층 수온은 위도와 계절에 따라 달라진다.

③ 해수는 깊이에 따른 수온 변화를 기준으로 혼합층, 수온 약층, 심해층으로 구분된다.
➡ 혼합층의 두께는 저위도 지역보다 바람이 강한 중위도 지역에서 두껍게 나타난다.
➡ 고위도 지역의 표층 해수는 흡수하는 태양 복사 에너지가 매우 적어 심해층과 수온 차이가 없기 때문에 수온 약층이 발달하지 못한다.

④ 해수의 밀도는 수온이 낮을수록, 염분이 높을수록 크다.

문제 보기

그림 (가)와 (나)는 어느 해역에서 1년 동안 해수면으로부터 깊이에 따라 측정한 염분과 수온 분포를 각각 나타낸 것이다.

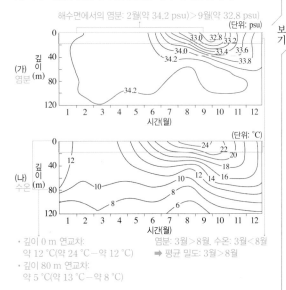

• 깊이 0 m 연교차: 염분: 3월>8월, 수온: 3월<8월
    약 12 ℃(약 24 ℃−약 12 ℃)   ➡ 평균 밀도: 3월>8월
• 깊이 80 m 연교차:
    약 5 ℃(약 13 ℃−약 8 ℃)

이 자료에 대한 설명으로 옳은 것만을 〈보기〉에서 있는 대로 고른 것은? [3점]

〈보기〉 풀이

ㄱ. **해수면에서의 염분은 2월보다 9월이 작다.**
➡ 해수면에서의 염분은 2월이 약 34.2 psu이고, 9월이 약 32.8 psu이므로 2월보다 9월이 작다.

ㄴ. **수온의 연교차는 깊이 0 m보다 80 m에서 크다.**
➡ 수온의 연교차는 1년 중 가장 수온이 높을 때와 가장 낮을 때의 온도 차를 말한다. 깊이 0 m에서 수온의 연교차는 약 12 ℃(약 24 ℃−약 12 ℃)이고, 깊이 80 m에서 수온의 연교차는 약 5 ℃(약 13 ℃−약 8 ℃)이다. 따라서 수온의 연교차는 깊이 80 m보다 0 m에서 크다.

ㄷ. **깊이 0~20 m 구간에서 해수의 평균 밀도는 3월보다 8월이 크다.**
➡ 해수의 밀도는 주로 수온과 염분에 의해 결정되는데, 수온이 낮을수록, 염분이 높을수록 크다. 깊이 0 m~20 m 구간에서 염분은 3월보다 8월이 낮고, 수온은 3월보다 8월이 높다. 따라서 깊이 0 m~20 m 구간에서 해수의 평균 밀도는 8월보다 3월이 크다.

25 해수의 표층 수온과 염분 분포 2020학년도 10월 학평 지Ⅰ 19번

정답 ⑤ | 정답률 56%

적용해야 할 개념 ④가지

① 고위도에서 저위도로 갈수록 단위 면적당 입사하는 태양 복사 에너지양이 많아져 표층 수온이 높아진다.
② 대륙의 연안 해역은 육지로부터 담수가 유입되므로 대양의 중심 해역보다 표층 염분이 낮다.
③ 난류는 한류보다 수온과 염분이 높다.
④ 염분은 장소나 계절에 따라 다르지만 염류 사이의 비율은 항상 일정하다(염분비 일정 법칙).

문제 보기

그림 (가)와 (나)는 전 세계 해수면의 평균 수온 분포와 평균 표층 염분 분포를 순서 없이 나타낸 것이다. 등치선은 각각 등수온선과 등염분선 중 하나이다.

난류가 흐른다.

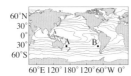
한류가 흐른다.

(가) 표층 염분 분포　　(나) 수온 분포

· 난류는 한류보다 수온과 염분이 높다. ➡ B 해역 < A 해역
· 염류 중 염화 나트륨의 비율
　➡ A 해역 = B 해역(염분비 일정 법칙)

이에 대한 옳은 설명만을 〈보기〉에서 있는 대로 고른 것은? [3점]

〈보기〉 풀이

표층 염분은 연안 해역보다 대양의 중심에서 높고, 표층 수온은 고위도에서 저위도로 갈수록 높아진다.

ㄱ. **해수면의 평균 수온 분포를 나타낸 것은 (나)이다.**
➡ 저위도에서 고위도로 갈수록 지표에 도달하는 태양 복사 에너지양이 적어지므로, 저위도에서 고위도로 갈수록 표층 수온이 낮아지고 등수온선은 대체로 위도와 나란하게 나타난다. 따라서 해수면의 평균 수온 분포를 나타낸 것은 (나)이다.

ㄴ. **수온과 염분은 A 해역이 B 해역보다 높다.**
➡ 남반구에서 해류의 아열대 순환은 시계 반대 방향으로 나타나므로 A 해역에는 난류가 흐르고 B 해역에는 한류가 흐른다. 난류는 한류에 비해 수온과 염분이 높으므로, 수온과 염분은 A 해역이 B 해역보다 높다.

ㄷ. **염류 중 염화 나트륨이 차지하는 비율은 A와 B 해역에서 거의 같다.**
➡ 염분비 일정 법칙에 의하면 지역이나 계절에 따라 염분이 달라도 전체 염류에서 각 염류가 차지하는 비율은 항상 일정하다. 따라서 A와 B 해역에서 염분은 서로 다르더라도 염류 중 염화 나트륨이 차지하는 비율은 거의 같다.

보기

---

26 해수의 성질 2023학년도 4월 학평 지Ⅰ 5번

정답 ③ | 정답률 75%

적용해야 할 개념 ③가지

① 저위도와 중위도 지방의 해수는 수온의 연직 분포에 따라 혼합층, 수온 약층, 심해층으로 구분한다.

혼합층	표층에서 바람의 혼합 작용으로 인해 깊이에 따른 수온이 거의 일정한 층이다. ➡ 바람이 강할수록 두껍게 발달한다.
수온 약층	혼합층 아래에서 깊이에 따라 수온이 급격히 낮아지는 층이다. ➡ 수심이 깊어질수록 밀도가 커지므로 매우 안정하며, 혼합층과 심해층 사이의 물질 및 에너지 교환을 억제한다.
심해층	태양 복사 에너지가 도달하지 않으므로 수온이 낮고, 계절이나 깊이에 따른 수온 변화가 거의 없다.

② 표층 염분 변화에 가장 큰 영향을 주는 요인은 증발량과 강수량이다. 염분을 증가시키는 요인으로는 증발, 해수의 결빙 등이 있고, 염분을 감소시키는 요인으로는 강수, 육지로부터 담수의 유입, 빙하의 융해 등이 있다.
③ 해수의 밀도는 수온이 낮을수록, 염분이 높을수록 커진다.

문제 보기

그림 (가)는 어느 시기에 우리나라 주변 해역에서 수온과 염분을 측정한 구간을, (나)와 (다)는 이 구간의 깊이에 따른 수온과 염분 분포를 나타낸 것이다. A, B, C는 해수면에 위치한 지점이다.

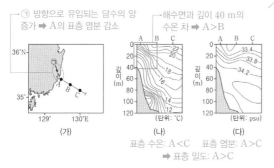

ⓣ 방향으로 유입되는 담수의 양 증가 ➡ A의 표층 염분 감소
→해수면과 깊이 40 m의 수온 차 ➡ A>B

(가)　　(나)　　(다)

표층 수온: A<C　　표층 염분: A>C
➡ 표층 밀도: A>C

이에 대한 설명으로 옳은 것만을 〈보기〉에서 있는 대로 고른 것은? [3점]

〈보기〉 풀이

ㄱ. **해수면과 깊이 40 m의 수온 차는 B보다 A가 크다.**
➡ 해수면과 깊이 40 m의 수온 차는 A에서는 약 7~8 ℃, B에서는 약 5~6 ℃이므로 B보다 A가 크다.

✗ ㄴ. **ⓣ 방향으로 유입되는 담수의 양이 증가하면 A의 표층 염분은 33.4 psu보다 커진다.**
➡ 담수는 해수에 비해 염분이 낮다. 따라서 ⓣ 방향으로 유입되는 담수의 양이 증가하면 A의 표층 염분은 33.4 psu보다 작아진다.

ㄷ. **표층 해수의 밀도는 C보다 A가 크다.**
➡ 해수의 밀도는 수온이 낮을수록, 염분이 높을수록 커진다. A는 C보다 표층 수온이 낮고 표층 염분이 높으므로, 표층 해수의 밀도는 C보다 A가 크다.

보기

적용해야 할 개념 ③가지

① 우리나라 근해의 평균 수심은 동해는 약 1530 m, 황해는 약 44 m로 동해가 황해에 비해 매우 깊다.

② 저위도와 중위도 지방의 해수는 수온의 연직 분포에 따라 혼합층, 수온 약층, 심해층으로 구분한다.

혼합층	표층에서 바람의 혼합 작용으로 인해 깊이에 따라 수온이 거의 일정한 층이다. ➡ 바람이 강할수록 두껍게 발달한다.
수온 약층	혼합층 아래에서 깊이에 따라 수온이 급격히 낮아지는 층이다. 수심이 깊어질수록 밀도가 커지므로 매우 안정하며, 혼합층과 심해층 사이의 물질 및 에너지 교환을 억제한다.
심해층	태양 복사 에너지가 도달하지 않으므로 수온이 낮고, 계절이나 깊이에 따른 수온 변화가 거의 없다.

③ 저위도에서 고위도로 갈수록 지표면에 도달하는 태양 복사 에너지양이 적어지기 때문에 등수온선의 분포는 대체로 위도와 나란하게 나타나며, 저위도에서 고위도로 갈수록 표층 수온이 낮아진다. ➡ 해류나 용승 등의 영향을 받는 곳은 등수온선이 위도와 나란하지 않다.

문제 보기

그림 (가)는 해역 A와 B의 위치를, (나)와 (다)는 4월에 측정한 A와 B의 연직 수온 분포를 순서 없이 나타낸 것이다.

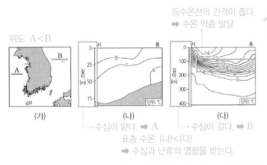

위도: A<B

등수온선의 간격이 좁다. ➡ 수온 약층 발달

(가)　(나)　(다)

수심이 얕다. ➡ A　수심이 깊다. ➡ B
표층 수온: (나)<(다)
➡ 수심과 난류의 영향을 받는다.

이에 대한 설명으로 옳은 것만을 〈보기〉에서 있는 대로 고른 것은?

〈보기〉 풀이

✗ (나)는 B의 측정 자료이다.

➡ A는 황해, B는 동해의 해역이며, 황해는 동해보다 평균 수심이 매우 얕다. 따라서 (나)는 A, (다)는 B의 측정 자료이다.

ㄴ. 수온 약층은 (다)가 (나)보다 뚜렷하다.

➡ 수온 약층은 깊이에 따른 수온의 변화가 크게 나타나는 층이다. 따라서 수온 약층은 등수온선의 간격이 좁은 (다)가 (나)보다 뚜렷하다.

✗ (다)가 (나)보다 표층 수온이 높은 이유는 위도의 영향 때문이다.

➡ 저위도에서 고위도로 갈수록 지표면에 도달하는 태양 복사 에너지양이 적어지므로 표층 수온은 저위도에서 고위도로 갈수록 대체로 낮아진다. (나)는 A, (다)는 B의 측정 자료이므로 위도의 영향 때문이라면 (나)가 (다)보다 표층 수온이 높아야 한다. 따라서 (다)가 (나)보다 표층 수온이 높은 이유는 위도가 아니고 수심이나 난류 등의 영향 때문이다.

적용해야 할 개념 ③가지

① 표층 수온의 변화에 가장 큰 영향을 미치는 것은 태양 복사 에너지이며, 위도와 계절에 따라 달라진다.

② 해수의 밀도는 수온이 낮을수록, 염분이 높을수록 커진다.

③ 혼합층은 해양의 표층에서 태양 복사 에너지가 대부분 흡수되어 수온이 높고 바람의 혼합 작용으로 깊이에 따른 수온이 거의 일정한 층이며, 수온 약층은 혼합층 바로 아래에서 깊이에 따라 수온이 급격히 낮아지는 층이다.

문제 보기

그림 (가)는 우리나라 어느 해역의 표층 수온과 표층 염분을, (나)는 이 해역의 혼합층 두께를 나타낸 것이다. (가)의 A와 B는 각각 표층 수온과 표층 염분 중 하나이다.

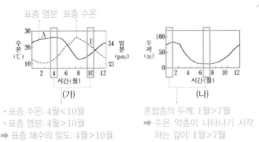

표층 염분　표층 수온

(가)　(나)

・표층 수온: 4월<10월
・표층 염분: 4월>10월
➡ 표층 해수의 밀도: 4월>10월

혼합층의 두께: 1월>7월
➡ 수온 약층이 나타나기 시작하는 깊이: 1월>7월

이 자료에 대한 설명으로 옳은 것만을 〈보기〉에서 있는 대로 고른 것은? [3점]

〈보기〉 풀이

우리나라에서 표층 수온은 여름철(6월~8월)에 높고 겨울철(12월~2월)에 낮다. 따라서 A는 표층 염분, B는 표층 수온이다.

ㄱ. 표층 해수의 밀도는 4월이 10월보다 크다.

➡ 해수의 밀도는 주로 수온과 염분에 의해 결정되는데, 수온이 낮을수록, 염분이 높을수록 해수의 밀도는 커진다. 4월은 10월보다 표층 수온은 낮고 표층 염분은 높다. 따라서 표층 해수의 밀도는 4월이 10월보다 크다.

ㄴ. 수온 약층이 나타나기 시작하는 깊이는 1월이 7월보다 깊다.

➡ 수온 약층은 혼합층 아래에 위치하므로 혼합층의 두께가 두꺼울수록 수온 약층이 나타나기 시작하는 깊이는 깊어진다. (나)에서 혼합층의 두께는 1월이 7월보다 깊으므로, 수온 약층이 나타나기 시작하는 깊이는 1월이 7월보다 깊다.

✗ 표층과 깊이 50 m 해수의 수온 차는 2월이 8월보다 크다.

➡ 혼합층은 바람에 의한 혼합 작용으로 깊이에 따라 수온이 거의 일정한 층이다. 2월은 혼합층의 두께가 약 80 m이므로 표층과 깊이 50 m 해수가 모두 혼합층에 포함되어 두 해수의 수온 차가 작지만, 8월은 혼합층의 두께가 약 10 m이므로 표층과 깊이 50 m 해수의 수온 차가 크다. 따라서 표층과 깊이 50 m 해수의 수온 차는 8월이 2월보다 크다.

29 해수의 성질 – 연직 수온 분포와 용존 산소량 2023학년도 수능 지I 9번 정답 ① | 정답률 72 %

적용해야 할 개념 ③가지

① 표층 해수의 온도 분포에 가장 큰 영향을 미치는 요인은 태양 복사 에너지이다.
➡ 표층 수온은 저위도에서 고위도로 갈수록 대체로 낮아진다.
② 저위도와 중위도 지방의 해수는 깊이에 따른 수온 분포를 기준으로 혼합층, 수온 약층, 심해층으로 구분한다.

혼합층	표층에서 바람의 혼합 작용으로 인해 깊이에 따른 수온이 거의 일정한 층이다. 바람이 강할수록 두껍게 발달한다.
수온 약층	혼합층 아래에서 깊이에 따라 수온이 급격히 낮아지는 층이다. 수심이 깊어질수록 밀도가 커지므로 매우 안정하며, 혼합층과 심해층 사이의 물질 교환 및 에너지 이동을 억제한다.
심해층	수온이 낮고 태양 복사 에너지가 도달하지 않으므로, 계절이나 깊이에 따른 수온 변화가 거의 없는 층이다.

③ 기체의 용해도는 수압이 클수록, 염분과 수온이 낮을수록 증가한다. ➡ 수압과 염분이 일정할 경우 수온이 낮을수록 증가한다.

문제 보기

그림 (가)는 북대서양의 해역 A와 B의 위치를, (나)와 (다)는 A와 B에서 같은 시기에 측정한 물리량을 순서 없이 나타낸 것이다. ⊙과 ⓛ은 각각 수온과 용존 산소량 중 하나이다.

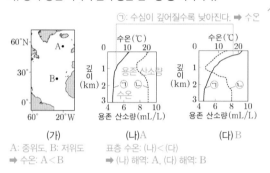

⊙: 수심이 깊어질수록 낮아진다. ➡ 수온

(가) (나)A (다)B
A: 중위도, B: 저위도   표층 수온: (나)<(다)
➡ 수온: A<B   ➡ (나) 해역: A, (다) 해역: B

이 자료에 대한 설명으로 옳은 것만을 〈보기〉에서 있는 대로 고른 것은? [3점]

〈보기〉 풀이

(나), (다)에서 모두 수심이 깊어질수록 감소하는 ⊙은 수온에 해당하고, ⓛ은 용존 산소량에 해당한다.

ㄱ. (나)는 A에 해당한다.
➡ (가)에서 표층 수온은 중위도에 위치한 A가 저위도에 위치한 B보다 낮다. (나)가 (다)보다 표층 수온(⊙)이 낮으므로 (나)는 A에 해당한다.

✗ 표층에서 용존 산소량은 A가 B보다 작다.
➡ 표층에서 용존 산소량(ⓛ)은 (나)가 (다)보다 크므로 A가 B보다 크다.

✗ 수온 약층은 A가 B보다 뚜렷하게 나타난다.
➡ 수온 약층은 혼합층 아래에서 깊이에 따라 수온이 급격히 낮아지는 층으로, 표층 수온이 높을수록 뚜렷하게 발달한다. 따라서 수온 약층은 표층 수온이 높은 B가 A보다 뚜렷하게 나타난다.

30 해수의 표층 수온과 표층 염분 분포 2021학년도 7월 학평 지I 8번 정답 ② | 정답률 84 %

적용해야 할 개념 ④가지

① 고위도에서 저위도로 갈수록 단위 면적당 입사하는 태양 복사 에너지양이 많아져 표층 수온이 높아진다.
② 등수온선은 대체로 위도와 나란하게 나타난다. ➡ 등수온선이 위도와 나란하지 않은 곳은 해류나 용승 등의 영향을 받는 곳이다.
③ 해수의 표층 염분은 증발량이 많을수록, 강수량이 적을수록 높게 나타난다.

염분 증가 요인	증발, 해수의 결빙 등
염분 감소 요인	강수, 육지로부터 담수의 유입, 빙하의 융해 등

④ 해수의 밀도는 주로 수온과 염분에 의해 결정되며, 수온이 낮을수록, 염분이 높을수록 커진다.

문제 보기

그림 (가)와 (나)는 어느 시기 우리나라 주변의 표층 수온과 표층 염분을 나타낸 것이다.

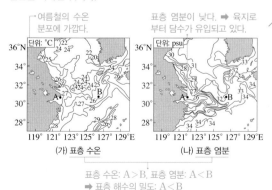

여름철의 수온 분포에 가깝다.
표층 염분이 낮다. ➡ 육지로부터 담수가 유입되고 있다.

(가) 표층 수온   (나) 표층 염분
표층 수온: A>B, 표층 염분: A<B
➡ 표층 해수의 밀도: A<B

이에 대한 설명으로 옳은 것만을 〈보기〉에서 있는 대로 고른 것은?

〈보기〉 풀이

✗ 겨울철에 관측한 것이다.
➡ 우리나라 주변 바다의 표층 수온 분포로 보아 관측 시기는 겨울철보다는 여름철에 가깝다.

ㄴ. A 해역에는 담수 유입이 일어나고 있다.
➡ 강물이나 호수, 지하수와 같은 담수는 해수에 비해 염분이 낮기 때문에 육지로부터 담수가 흘러들어오는 연안은 표층 염분이 낮게 나타난다. A 해역에서 먼 바다 쪽으로 표층 염분이 낮은 해수가 분포하고 있으므로 A 해역에는 육지로부터 담수 유입이 일어나고 있다.

✗ 표층 해수의 밀도는 A 해역이 B 해역보다 크다.
➡ 해수의 밀도는 수온이 낮을수록, 염분이 높을수록 커진다. A 해역은 B 해역보다 표층 수온이 높고 표층 염분은 낮으므로, 표층 해수의 밀도는 A 해역이 B 해역보다 작다.

적용해야 할 개념 ③가지

① 해수의 밀도는 주로 수온과 염분에 의해 결정되며 그 중에서도 주로 수온의 영향을 받는다.

② 해수의 밀도는 수온이 낮을수록, 염분이 높을수록 증가한다. ➡ 해수의 밀도 분포는 수온 분포와 반비례하는 경향이 있다.

③ 해수의 용존 산소량은 수온이 낮을수록 많다.

문제 보기

그림은 동해에서 측정한 수괴 A, B, C의 성질을 나타낸 것이다. (가)는 수온과 염분 분포이고, (나)는 수온과 용존 산소량 분포이다.

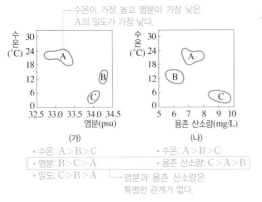

수온이 가장 높고 염분이 가장 낮은 A의 밀도가 가장 낮다.

(가)
- 수온: A>B>C
- 염분: B>C>A
- 밀도: C>B>A

(나)
- 수온: A>B>C
- 용존 산소량: C>A>B

염분과 용존 산소량은 특별한 관계가 없다.

A, B, C에 대한 설명으로 옳은 것만을 〈보기〉에서 있는 대로 고른 것은?

〈보기〉 풀이

보기

ㄱ. 밀도는 A가 가장 낮다.

➡ 밀도는 수온이 낮을수록, 염분이 높을수록 크므로 A~C 중 수온이 가장 높고 염분이 가장 낮은 A의 밀도가 가장 낮다.

✗ 염분이 높은 수괴일수록 용존 산소량이 많다.

➡ 염분은 A<C<B이고, 용존 산소량은 B<A<C이므로 염분과 용존 산소량은 관계가 없음을 알 수 있다. 용존 산소량에 주로 영향을 주는 물리량은 수온이다.

✗ B는 A와 C가 혼합되어 형성되었다.

➡ A와 C를 혼합하면 A와 C 사이의 염분 값이 나와야 하는데 B의 염분 값은 A와 C보다 높으므로 B는 A와 C의 혼합으로 형성된 수괴가 아니다.

적용해야 할 개념 ③가지

① 표층 해수의 수온 분포에 가장 큰 영향을 미치는 요인은 태양 복사 에너지이다. ➡ 표층 수온은 위도와 계절에 따라 달라진다.

② 해수는 깊이에 따른 수온 분포를 기준으로 혼합층, 수온 약층, 심해층으로 구분한다.

혼합층	햇빛에 의해 표층이 가열된 후 바람에 의한 혼합 작용으로 깊이에 따른 수온 변화가 거의 없는 층
수온 약층	깊이에 따라 수온이 급격히 낮아지는 층으로, 하부 해수의 밀도가 상부 해수의 밀도보다 크므로 매우 안정하다.
심해층	연중 수온이 낮고 깊이에 따른 수온 변화가 거의 없는 층

③ 해수의 밀도는 주로 수온과 염분에 의해 결정되며, 수온이 낮을수록, 염분이 높을수록 커진다.

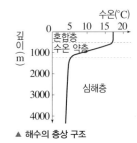

▲ 해수의 층상 구조

문제 보기

그림 (가)와 (나)는 동해의 어느 지점에서 두 시기에 측정한 수심 0~500 m 구간의 수온과 염분 분포를 나타낸 것이다. (가)와 (나)는 각각 2월 또는 8월에 측정한 자료 중 하나이다.

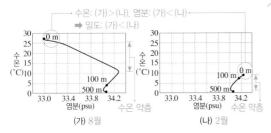

- 수온: (가)>(나), 염분: (가)<(나)
- 밀도: (가)<(나)

(가) 8월   수온 약층
(나) 2월   수온 약층

이에 대한 옳은 설명만을 〈보기〉에서 있는 대로 고른 것은?

〈보기〉 풀이

보기

ㄱ. (가)는 8월에 측정한 자료이다.

➡ 동해에서 표면 수온(수심 0 m에서의 수온)은 2월(겨울철)보다 8월(여름철)이 높다. 따라서 8월에 측정한 자료는 표면 수온이 더 높은 (가)이고, 2월에 측정한 자료는 (나)이다.

✗ 수온 약층은 (가)보다 (나)에서 뚜렷하게 나타난다.

➡ 수온 약층은 수심이 깊어짐에 따라 수온이 급격히 낮아지는 층이다. 따라서 수심에 따른 수온 감소율이 더 큰 (가)에서 더 뚜렷하게 나타난다.

✗ 표면 해수의 밀도는 (가)보다 (나)에서 작다.

➡ 해수의 밀도는 수온이 낮을수록, 염분이 높을수록 커진다. 수심 0 m에서의 수온은 (가)보다 (나)에서 낮고, 염분은 (가)보다 (나)에서 높다. 따라서 표면 해수의 밀도는 (가)보다 (나)에서 크다.

33 해수의 성질 2024학년도 3월 학평 지Ⅰ 14번

적용해야 할 개념 ③가지

① 수온 염분도(T–S도)는 세로축을 수온, 가로축을 염분으로 하여 수온과 염분, 밀도 사이의 관계를 그래프로 나타낸 것이다. ➡ 수온 염분도의 왼쪽 위에서 오른쪽 아래로 갈수록 해수의 밀도가 증가한다.

② 해수의 밀도는 수온이 낮을수록, 염분이 높을수록 커진다.

③ 혼합층은 태양 복사 에너지에 의해 가열되어 수온이 높고, 바람에 의한 혼합 작용으로 깊이에 따라 수온이 거의 일정한 층이다.

문제 보기

그림 (가)는 어느 해역에서의 수심에 따른 밀도, 수온, 염분을, (나)는 (가)의 자료를 수온–염분도에 나타낸 것이다.

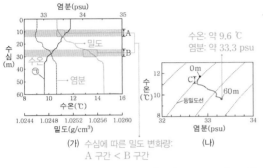

(가) 수심에 따른 밀도 변화량:
A 구간 < B 구간

(나)

이 자료에 대한 설명으로 옳은 것만을 〈보기〉에서 있는 대로 고른 것은? [3점]

<보기> 풀이

ㄱ. ㉠은 수온이다.
➡ (나)의 수온 염분도에서 보면, 수심 60 m에서 수온은 약 9.6 ℃이다. 따라서 (가)에서 ㉠은 수온이다.

✗. 수심에 따른 밀도 변화량은 A 구간이 B 구간보다 크다.
➡ (나)의 수온 염분도에서 보면, 수심 60 m에서 염분은 약 33.3 psu이므로 (가)에서 굵은 점선은 염분, 가는 점선은 밀도를 나타낸다. 따라서 수심에 따른 밀도 변화량은 B 구간이 A 구간보다 크다.

✗. C 구간은 혼합층에 해당한다.
➡ 혼합층은 태양 복사 에너지에 의한 가열로 수온이 높고, 바람의 혼합 작용으로 인해 깊이에 따라 수온이 거의 일정한 층이다. (나)의 수온 염분도에서 보면, C 구간에서 깊이에 따라 수온이 낮아지고 있으므로 혼합층이라고 볼 수 없다.

---

34 해수의 성질 2023학년도 3월 학평 지Ⅰ 2번

적용해야 할 개념 ③가지

① 수온 분포

표층 수온 분포	표층 해수의 온도 분포에 가장 큰 영향을 미치는 요인은 태양 복사 에너지이다. ➡ 표층 수온은 저위도에서 고위도로 갈수록 대체로 낮아진다.
연직 수온 분포	저위도와 중위도 지방의 해수는 깊이에 따른 수온 분포에 따라 혼합층, 수온 약층, 심해층으로 구분한다. ➡ 바람이 강하게 부는 해역일수록 혼합층이 두껍다.

② 염분은 해수 1 kg에 녹아 있는 염류의 총량을 g 수로 나타낸 것으로, 표층 염분은 (증발량−강수량) 값에 대체로 비례하며, 중위도 지방에서 가장 높다.

③ 해수의 밀도는 수온이 낮을수록, 염분이 높을수록 크다.

문제 보기

그림 (가)는 어느 해역의 깊이에 따른 수온과 염분 분포를 ㉠과 ㉡으로 순서 없이 나타낸 것이고, (나)는 수온 – 염분도를 나타낸 것이다.

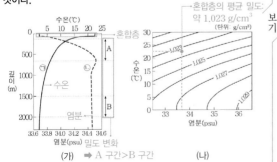

(가) ➡ A 구간>B 구간

(나)

이에 대한 옳은 설명만을 〈보기〉에서 있는 대로 고른 것은?

<보기> 풀이

✗. ㉠은 염분 분포이다.
➡ 해수에 도달한 태양 복사 에너지양은 수심이 깊어질수록 감소하므로, 수온은 대체로 깊이가 깊어질수록 감소한다. 따라서 깊이에 따라 그 값이 감소하는 ㉠은 수온 분포이고, ㉡은 염분 분포이다.

✗. 혼합층의 평균 밀도는 1.025 g/cm³보다 크다.
➡ 혼합층은 표층에서 태양 복사 에너지에 의한 가열로 수온이 높고, 바람에 의한 혼합 작용으로 깊이에 관계없이 수온이 거의 일정한 층이다. (가)에서 혼합층의 평균 수온은 약 22.5 ℃, 염분은 약 33.7 psu이므로 평균 밀도는 약 1.023 g/cm³이다.

ㄷ. 깊이에 따른 해수의 밀도 변화는 A 구간이 B 구간보다 크다.
➡ 해수의 밀도는 수온이 낮을수록, 염분이 높을수록 커진다. 따라서 깊이에 따른 해수의 밀도 변화는 수온이 급격히 감소하고 염분이 급격히 증가하는 A 구간이 수온과 염분의 변화가 거의 없는 B 구간보다 크다.

35 해수의 성질 2024학년도 6월 모평 지Ⅰ 8번

정답 ① | 정답률 60%

적용해야 할 개념 ③가지

① 세로축을 수온으로, 가로축을 염분으로 하여 수온, 염분, 밀도 사이의 관계를 나타낸 그래프를 수온 – 염분도라고 한다. ➡ 수온 – 염분도의 왼쪽 상단에서 오른쪽 하단으로 갈수록 밀도가 커진다.

② 기체의 용해도는 수압이 클수록, 염분이 낮을수록, 수온이 낮을수록 증가한다.

③ 혼합층은 태양 복사 에너지에 의한 가열로 수온이 높고, 바람에 의한 혼합 작용으로 깊이에 관계없이 수온이 거의 일정한 층이다. ➡ 바람이 강할수록 두껍게 발달한다.

문제 보기

그림은 어느 해역에서 A 시기와 B 시기에 각각 측정한 깊이 0~200 m의 해수 특성을 수온-염분도에 나타낸 것이다.

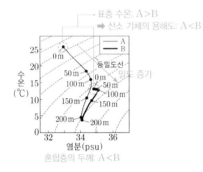

표층 수온: A>B
산소 기체의 용해도: A<B

혼합층의 두께: A<B

이 자료에 대한 설명으로 옳은 것만을 〈보기〉에서 있는 대로 고른 것은? [3점]

〈보기〉 풀이

ㄱ. **A 시기에 깊이가 증가할수록 해수의 밀도는 증가한다.**
➡ 해수의 밀도는 수온이 낮을수록, 염분이 높을수록 커지므로, 수온 – 염분도에서 오른쪽 아래로 갈수록 밀도가 커진다. 따라서 A 시기에 깊이가 증가할수록 해수의 밀도는 증가한다.

ㄴ. **수온만을 고려할 때, 표층에서 산소 기체의 용해도는 A 시기가 B 시기보다 크다.**
➡ 수온만을 고려할 때, 산소 기체의 용해도는 수온이 낮을수록 크다. 표층 수온은 B 시기가 A 시기보다 낮으므로 수온만을 고려할 때, 표층에서 산소 기체의 용해도는 B 시기가 A 시기보다 크다.

ㄷ. **혼합층의 두께는 A 시기가 B 시기보다 두껍다.**
➡ 혼합층은 표층에서 바람의 혼합 작용으로 인해 깊이에 따라 수온이 거의 일정한 층이다. A 시기에는 혼합층이 거의 나타나지 않지만, B 시기에는 깊이 0~100 m 구간에 혼합층이 나타난다. 따라서 혼합층의 두께는 B 시기가 A 시기보다 두껍다.

---

36 수온 염분도 해석 2022학년도 수능 지Ⅰ 3번

정답 ③ | 정답률 61%

적용해야 할 개념 ④가지

① 수온 염분도(T – S도)는 세로축을 해수의 수온으로, 가로축을 염분으로 하여 수온과 염분, 밀도 사이의 관계를 그래프로 나타낸 것이다.
➡ 수온 염분도의 왼쪽 위에서 오른쪽 아래로 갈수록 해수의 밀도가 증가한다.

② 해수의 밀도는 주로 수온과 염분에 의해 결정된다. ➡ 수온이 낮을수록, 염분이 높을수록 커진다.

③ 해수의 용존 기체량은 수온이 낮을수록, 수압이 높을수록 많다.

④ 해수의 표층 염분은 증발량이 많을수록, 강수량이 적을수록 높게 나타난다.

염분 증가 요인	증발, 해수의 결빙 등
염분 감소 요인	강수, 육지로부터 담수의 유입, 빙하의 융해 등

문제 보기

그림은 어느 고위도 해역에서 A 시기와 B 시기에 각각 측정한 깊이 50~500 m의 해수 특성을 수온-염분도에 나타낸 것이다. 이 해역의 수온과 염분은 유입된 담수의 양에 의해서만 변화하였다.

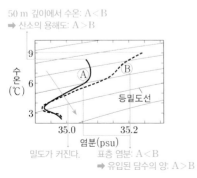

50 m 깊이에서 수온: A<B
➡ 산소의 용해도: A>B

밀도가 커진다. 표층 염분: A<B
➡ 유입된 담수의 양: A>B

이 자료에 대한 설명으로 옳은 것만을 〈보기〉에서 있는 대로 고른 것은?

〈보기〉 풀이

ㄱ. **A 시기에 깊이가 증가할수록 밀도는 증가한다.**
➡ 해수의 밀도는 수온이 낮을수록, 염분이 높을수록 크므로 수온 염분도에서 왼쪽 위에서 오른쪽 아래로 갈수록 밀도가 증가한다. 따라서 A 시기에 깊이가 증가할수록 밀도는 증가한다.

ㄴ. **50 m 깊이에서 산소의 용해도는 A 시기가 B 시기보다 높다.**
➡ 산소의 용해도는 수온이 낮을수록 높고, 50 m 깊이에서 A 시기가 B 시기보다 수온이 낮다. 따라서 50 m 깊이에서 산소의 용해도는 A 시기가 B 시기보다 높다.

ㄷ. **유입된 담수의 양은 A 시기가 B 시기보다 적다.**
➡ 담수는 해수보다 염분이 낮으므로 육지로부터 유입된 담수의 양이 많은 해역일수록 표층 염분이 낮아진다. 표층 염분은 A 시기가 B 시기보다 낮으므로 유입된 담수의 양은 A 시기가 B 시기보다 많다.

적용해야 할 개념 ③가지

① 염분은 해수 1 kg 속에 녹아 있는 염류의 총량을 g 수로 나타낸 값으로, 단위는 psu(실용염분단위)를 사용한다.

② 표층 염분에 가장 큰 영향을 주는 요인은 증발량과 강수량이다. ➡ 표층 염분은 대체로 (증발량 − 강수량) 값이 클수록 높다.

③ 표층 염분의 증가 요인으로는 증발, 해수의 결빙 등이 있고, 감소 요인으로는 강수, 육지로부터 담수의 유입, 빙하의 융해 등이 있다.

문제 보기

다음은 담수의 유입과 해수의 결빙이 해수의 염분에 미치는 영향을 알아보기 위한 실험이다.

[실험 과정]

(가) 수온이 15 ℃, 염분이 35 psu인 소금물 600 g을 만든다. *담수의 유입에 의한 해수의 염분 변화를 알아보기 위한 과정*

(나) (가)의 소금물을 비커 A와 B에 각각 300 g씩 나눠 담는다.

(다) A의 소금물에 수온이 15 ℃인 증류수 50 g을 섞는다.

증류수
소금물
A

(라) B의 소금물을 표층이 얼 때까지 천천히 냉각시킨다.

얼음
소금물
B

(마) A와 B에 있는 소금물의 염분을 측정하여 기록한다. *해수의 결빙에 의한 해수의 염분 변화를 알아보기 위한 과정*

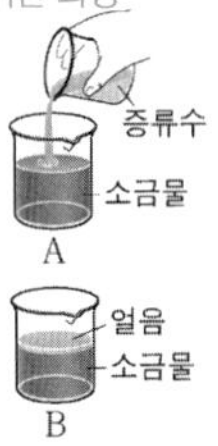

[실험 결과]

비커	A	B
염분(psu)	(㉠)	(㉡)
	35 psu보다 작다.	*35 psu보다 크다.*

[결과 해석]

○ 담수의 유입이 있는 해역에서는 해수의 염분이 감소한다.

○ 해수의 결빙이 있는 해역에서는 해수의 염분이 (㉢). *증가한다*

이에 대한 설명으로 옳은 것만을 〈보기〉에서 있는 대로 고른 것은?

〈보기〉 풀이

담수는 해수에 비해 염분이 낮으므로 담수가 유입되는 곳에서는 해수의 염분이 감소한다. 해수의 결빙이 일어날 때 염류는 빠져나가고 순수한 물만 얼기 때문에 주변 해수의 염분이 증가한다.

ㄱ. **(다)는 담수의 유입에 의한 해수의 염분 변화를 알아보기 위한 과정에 해당한다.**

➡ A의 소금물에 증류수를 섞으면 염분이 낮아지므로, (다)는 담수의 유입에 의한 해수의 염분 변화를 알아보기 위한 과정에 해당한다.

ㄴ. **㉠은 ㉡보다 크다.**

➡ 염분이 35 psu인 A의 소금물에 염류가 녹아 있지 않은 증류수를 섞으면 염분이 35 psu보다 낮아진다. 또한 염분이 35 psu인 B의 소금물을 표층이 얼 때까지 천천히 냉각시키면 물이 얼 때 염류가 빠져나가므로 소금물의 염분은 35 psu보다 높아진다. 따라서 ㉠은 ㉡보다 작다.

ㄷ. **'감소한다'는 ㉢에 해당한다.**

➡ 해수의 결빙이 있는 해역에서는 해수의 염분이 증가한다. 따라서 '감소한다'는 ㉢에 해당하지 않는다.

보기

적용해야 할 개념 ③가지

① 저위도와 중위도 지방의 해수는 수온의 연직 분포에 따라 혼합층, 수온 약층, 심해층으로 구분한다. ➡ 혼합층은 표층에서 깊이에 관계없이 수온이 거의 일정한 층이다.

② 수온 – 염분도(T – S도)는 세로축을 해수의 수온으로, 가로축을 염분으로 하여 수온과 염분, 밀도 사이의 관계를 나타낸 그래프이다. ➡ 수온 – 염분도를 이용하면 해수의 밀도를 알아낼 수 있으며, 해수의 특성과 이동을 추정할 수 있다.

③ 해수의 밀도는 수온이 낮을수록, 염분이 높을수록 크다. ➡ 수온 – 염분도의 왼쪽 위에서 오른쪽 아래로 갈수록 해수의 밀도는 커진다.

문제 보기

다음은 해수의 성질을 알아보기 위한 탐구이다.

[탐구 과정]

(가) 우리나라 어느 해역에서 2월과 8월에 측정한 깊이에 따른 수온과 염분 자료를 준비한다.

혼합층 ─┐ <수온과 염분 자료>

	깊이(m)	0	10	20	30	50	75	100
2월	수온(℃)	11.6	11.6	11.3	11.0	9.9	5.8	4.5
	염분(psu)	34.3	34.3	34.3	34.3	34.2	34.0	34.0
8월	수온(℃)	25.4	21.9	13.8	12.9	8.9	4.1	2.7
	염분(psu)	32.7	33.3	34.2	34.3	34.2	34.1	34.0

(나) (가)의 자료를 수온 – 염분도에 나타내고 특징을 분석한다.

[탐구 결과]

밀도: 8월의 깊이 50 m < 2월의 깊이 75 m

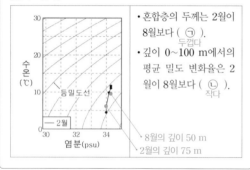

• 혼합층의 두께는 2월이 8월보다 (㉠). 두껍다

• 깊이 0~100 m에서의 평균 밀도 변화율은 2월이 8월보다 (㉡). 작다

8월의 깊이 50 m
2월의 깊이 75 m

이 자료에 대한 옳은 설명만을 〈보기〉에서 있는 대로 고른 것은?

[3점]

<보기> 풀이

ㄱ. '두껍다'는 ㉠에 해당한다.

➡ 혼합층은 해수 표층에서 깊이에 관계없이 수온이 거의 일정한 층이다. 자료에서 보면, 표층에서부터 수온이 거의 일정한 깊이는 2월이 8월보다 깊음을 알 수 있다. 따라서 '두껍다'는 ㉠에 해당한다.

ㄴ. 해수의 밀도는 2월의 75 m 깊이에서가 8월의 50 m 깊이에서보다 크다.

➡ 수온 – 염분도의 왼쪽 위에서 오른쪽 아래로 갈수록 해수의 밀도는 커진다. 2월의 75 m 깊이에서 수온은 5.8 ℃, 염분은 34.0 psu이고, 8월의 50 m 깊이에서 수온은 8.9 ℃, 염분은 34.2 psu이다. 두 지점의 해수 특성을 수온 – 염분도에 나타내 보면 해수의 밀도는 2월의 75 m 깊이에서가 8월의 50 m 깊이에서보다 크다는 것을 알 수 있다.

ㄷ. '크다'는 ㉡에 해당한다.

➡ 표의 수온과 염분 자료를 수온 – 염분도에 나타내 보면 깊이 0~100 m에서 밀도의 변화 폭은 2월이 8월보다 작다. 따라서 깊이 0~100 m에서의 평균 밀도 변화율은 2월이 8월보다 작다.

보기

39 **해수의 성질** 2025학년도 9월 모평 지I 5번   정답 ④ | 정답률 88 %

적용해야 할 개념 ③가지
① 해수의 밀도는 수온이 낮을수록, 염분이 높을수록 크다.
② 표층 수온은 태양 복사 에너지의 영향을 가장 크게 받으며, 위도와 계절에 따라 달라진다.
③ 해수의 용존 기체량은 수온이 낮을수록, 수압이 클수록 증가한다.

문제 보기

그림은 우리나라 동해의 어느 해역에서 깊이 0~200 m의 해수 특성을 A 시기와 B 시기에 각각 측정하여 수온 – 염분도에 나타낸 것이다. A와 B는 2월과 8월을 순서 없이 나타낸 것이다.

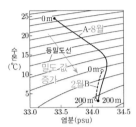

기체의 용해도는 수온에 반비례한다.
➡ 표층에서 산소 기체의 용해도: A<B

이 자료에 대한 설명으로 옳은 것만을 〈보기〉에서 있는 대로 고른 것은?

〈보기〉 풀이

✗ **ㄱ. A의 해수 밀도는 표층이 깊이 200 m보다 크다.**
➡ 해수의 밀도는 수온이 낮을수록, 염분이 높을수록 크므로 수온 염분도에서 오른쪽 아래에 위치한 등밀도선일수록 밀도 값이 크다. 따라서 A의 해수 밀도는 표층이 깊이 200 m보다 작다.

ㄴ. B는 2월이다.
➡ 해수면(깊이 0 m)에서 수온은 A가 약 24 ℃, B가 약 11 ℃이다. 따라서 표층 수온이 높은 A가 8월이고, 표층 수온이 낮은 B가 2월이다.

ㄷ. 수온만을 고려할 때, 표층에서 산소 기체의 용해도는 A가 B보다 작다.
➡ 수압이 일정할 때 기체의 용해도는 수온에 반비례하므로 수온이 높을수록 산소 기체의 용해도는 작아진다. 표층에서의 수온은 A가 B보다 높으므로 수온만을 고려할 때 표층에서 산소 기체의 용해도는 A가 B보다 작다.

---

40 **동해의 수온과 염분 분포** 2024학년도 7월 학평 지I 16번   정답 ② | 정답률 60 %

적용해야 할 개념 ③가지
① 표층 수온은 태양 복사 에너지의 영향을 가장 크게 받으며, 위도와 계절에 따라 달라진다. ➡ 표층 수온은 저위도에서 고위도로 갈수록 대체로 낮아지며, 여름철에는 높고 겨울철에는 낮다.
② 혼합층은 태양 복사 에너지에 의한 가열로 수온이 높고, 바람에 의한 혼합 작용으로 깊이에 관계없이 수온이 거의 일정한 층이다.
③ 해수의 밀도는 수온이 낮을수록, 염분이 높을수록 크다.

문제 보기

그림은 동해의 어느 지점에서 두 시기에 측정한 수온과 염분 분포를 나타낸 것이다. ㉠과 ㉡은 각각 1월과 8월 중 하나이다.

표층 수온: 1월<8월

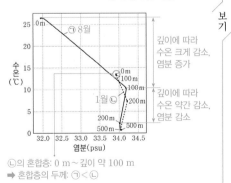

㉡의 혼합층: 0 m~깊이 약 100 m
➡ 혼합층의 두께: ㉠<㉡

이에 대한 설명으로 옳은 것만을 〈보기〉에서 있는 대로 고른 것은?

〈보기〉 풀이

✗ **ㄱ. ㉠은 1월에 해당한다.**
➡ 동해에서 표층 수온은 8월이 1월보다 높으므로 ㉠은 8월에 해당한다.

✗ **ㄴ. 혼합층의 두께는 ㉠이 ㉡보다 두껍다.**
➡ 혼합층은 해수 표층에서 바람에 의한 혼합 작용으로 깊이에 관계없이 수온이 거의 일정한 층이다. 따라서 혼합층의 두께는 ㉡이 ㉠보다 두껍다.

ㄷ. ㉠에서 해수의 밀도 변화는 0 m~100 m 구간이 100 m~200 m 구간보다 크다.
➡ ㉠에서 깊이에 따른 수온 감소율은 0 m~100 m 구간이 100 m~200 m 구간보다 크고, 염분은 0 m~100 m 구간은 높아지는 반면 100 m~200 m 구간은 낮아진다. 해수의 밀도는 수온이 낮을수록, 염분이 높을수록 커지므로, ㉠에서 해수의 밀도 변화는 0 m~100 m 구간이 100 m~200 m 구간보다 크다.

적용해야 할 개념 ②가지

① 수온 염분도는 세로축을 수온으로, 가로축을 염분으로 하고, 그래프 안쪽에 등밀도선을 그려 수온과 염분, 밀도 사이의 관계를 나타낸 그래프이다. ➡ 해수의 밀도는 수온이 낮을수록, 염분이 높을수록 커지므로, 수온 염분도의 왼쪽 위에서 오른쪽 아래로 갈수록 밀도가 커진다.

② 해수는 깊이에 따른 수온 변화에 따라 혼합층, 수온 약층, 심해층으로 구분한다.

혼합층	표층에서 바람의 혼합 작용으로 인해 깊이에 따른 수온이 거의 일정한 층으로, 바람이 강할수록 두껍게 발달한다.
수온 약층	혼합층 아래에서 깊이에 따라 수온이 급격히 낮아지는 층으로, 수심이 깊어질수록 밀도가 커지므로 매우 안정하며, 혼합층과 심해층 사이의 물질 교환 및 에너지 이동을 억제한다.
심해층	수온이 낮고 태양 복사 에너지가 도달하지 않으므로, 계절이나 깊이에 따른 수온 변화가 거의 없다.

문제 보기

그림은 어느 해역에서 측정한 깊이에 따른 수온과 염분을 수온─염분도에 나타낸 것이다.

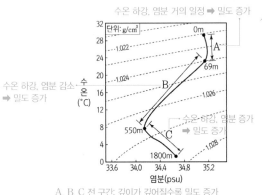

수온 하강, 염분 거의 일정 ➡ 밀도 증가

수온 하강, 염분 감소 ➡ 밀도 증가

A, B, C 전 구간: 깊이가 깊어질수록 밀도 증가

이에 대한 설명으로 옳은 것만을 〈보기〉에서 있는 대로 고른 것은?
[3점]

〈보기〉 풀이

보기

✗ **A 구간은 혼합층이다.**
➡ 혼합층은 깊이에 따라 수온이 거의 일정한 층이다. A 구간은 깊이에 따라 수온이 낮아지므로 혼합층이 아니다.

✗ **B 구간에서는 해수의 연직 혼합이 활발하게 일어난다.**
➡ B 구간은 깊이에 따라 밀도가 커지므로 매우 안정한 층을 이루어 해수의 연직 혼합이 거의 일어나지 않는다.

ㄷ **깊이에 따른 수온의 평균 변화량은 B 구간이 C 구간보다 크다.**
➡ B 구간은 깊이 69 m~550 m에서 수온이 약 15 ℃ 변했고 C 구간은 깊이 550 m~1800 m에서 수온이 약 7 ℃ 변했다. 따라서 깊이에 따른 수온의 평균 변화량은 B 구간이 C 구간보다 크다.

적용해야 할 개념 ③가지

① 해수는 깊이에 따른 수온 분포를 기준으로 혼합층, 수온 약층, 심해층으로 구분한다.

혼합층	햇빛에 의해 표층이 가열된 후 바람에 의한 혼합 작용으로 깊이에 따른 수온 변화가 거의 없는 층
수온 약층	깊이에 따라 수온이 급격히 낮아지는 층으로, 하부의 물의 밀도가 상부의 물의 밀도보다 크므로 매우 안정하다.
심해층	연중 수온이 낮고 깊이에 따른 수온 변화가 거의 없는 층

② 해수의 밀도는 수온이 낮을수록, 염분이 높을수록, 수압이 클수록 크다.

③ 수온 염분도(T-S도)는 세로축을 해수의 수온으로, 가로축을 염분으로 하여 수온과 염분, 밀도 사이의 관계를 그래프로 나타낸 것이다.
➡ 수온 염분도의 왼쪽 위에서 오른쪽 아래로 갈수록 해수의 밀도가 증가한다.

문제 보기

그림은 어느 해역에서 깊이에 따른 수온과 염분을 수온─염분도에 나타낸 것이다.

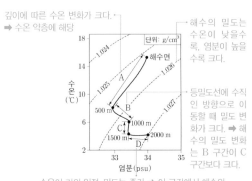

깊이에 따른 수온 변화가 크다. ➡ 수온 약층에 해당

해수의 밀도는 수온이 낮을수록, 염분이 높을수록 크다.

등밀도선에 수직인 방향으로 이동할 때 밀도 변화가 크다. ➡ 해수의 밀도 변화는 B 구간이 C 구간보다 크다.

수온이 거의 일정, 밀도는 증가 ➡ 이 구간에서 해수의 밀도 변화는 수온보다 염분의 영향이 크다.

이 자료에 대한 설명으로 옳은 것만을 〈보기〉에서 있는 대로 고른 것은?

〈보기〉 풀이

보기

✗ **A 구간은 혼합층이다.**
➡ 혼합층은 태양 복사 에너지에 의한 가열과 바람의 혼합 작용으로 인해, 수온이 높고 깊이에 관계없이 수온이 거의 일정한 층이다. A 구간은 깊이에 따라 수온 변화가 크게 나타나므로 혼합층이 아니라 수온 약층에 해당한다.

✗ **해수의 밀도 변화는 C 구간이 B 구간보다 크다.**
➡ B 구간에서는 해수의 밀도가 약 0.001 g/cm³ 변하였고 C 구간에서는 약 0.0005 g/cm³ 변하였다. 따라서 해수의 밀도 변화는 B 구간이 C 구간보다 크다.

ㄷ **D 구간에서 해수의 밀도 변화는 수온보다 염분의 영향이 더 크다.**
➡ 해수의 밀도는 수온이 낮을수록, 염분이 높을수록 크다. D 구간에서는 깊이에 따른 수온이 거의 일정한데도 밀도가 증가하고 있으므로 D 구간에서 해수의 밀도 변화는 수온보다 염분의 영향이 더 크다.

43 수온 염분도 해석 2020학년도 수능 지Ⅱ 13번

정답 ⑤ | 정답률 66 %

적용해야 할 개념 ③가지

① 수온 염분도(T-S도)는 세로축을 해수의 수온으로, 가로축을 염분으로 하여 수온과 염분, 밀도 사이의 관계를 그래프로 나타낸 것이다.
➡ 수온 염분도의 왼쪽 상단에서 오른쪽 하단으로 갈수록 해수의 밀도가 증가한다.
② 해수의 밀도는 수온이 낮을수록, 염분이 높을수록, 수압이 클수록 커진다.
③ 해양의 층상 구조는 깊이에 따른 수온 분포에 따라 혼합층, 수온 약층, 심해층으로 구분한다.
➡ 고위도 해역에서는 표층과 심층의 온도 차이가 거의 없어 층상 구조가 발달하지 않는다.

문제 보기

그림은 같은 시기에 관측한 두 해역의 표층에서 심층까지의 수온과 염분을 수온 – 염분도에 나타낸 것이다. A와 B는 각각 저위도와 고위도 해역 중 하나이고, ㉠과 ㉡은 밀도가 같은 해수이다.
이 자료에 대한 설명으로 옳은 것만을 〈보기〉에서 있는 대로 고른 것은?

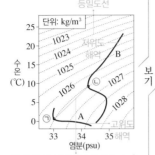

㉠과 ㉡의 밀도는 1026.5 kg/m³으로 같고, 같은 부피를 혼합하면 1026.5 kg/m³보다 커진다.

〈보기〉 풀이

해수의 밀도는 수온이 낮을수록, 염분이 높을수록 크다.

✗ㄱ. **A는 저위도 해역이다.**
➡ 해수의 표층 수온은 저위도에서 고위도로 갈수록 낮아진다. A는 B보다 표층 수온이 낮으므로 고위도 해역이다.

○ㄴ. **같은 부피의 ㉠과 ㉡이 혼합되어 형성된 해수의 밀도는 ㉠보다 크다.**
➡ 같은 부피의 ㉠과 ㉡이 혼합되어 형성된 해수의 밀도는 수온 염분도에서 ㉠과 ㉡을 직선으로 연결한 선분의 중간 지점에 해당하므로 ㉠보다 밀도가 크다.

○ㄷ. **염분이 일정할 때, 수온 변화에 따른 밀도 변화는 수온이 높을 때가 낮을 때보다 크다.**
➡ 염분이 일정할 때, 수온이 높을 때가 낮을 때보다 수온 염분도의 등밀도선 간격이 좁으므로 수온 변화에 따른 밀도 변화가 크다.

---

44 수온 염분도 해석 2020학년도 4월 학평 지Ⅰ 9번

정답 ② | 정답률 78 %

적용해야 할 개념 ③가지

① 수온 염분도(T-S도)는 세로축을 해수의 수온으로, 가로축을 염분으로 하여 수온, 염분, 밀도 사이의 관계를 그래프로 나타낸 것이다.
➡ 수온 염분도의 왼쪽 위에서 오른쪽 아래로 갈수록 해수의 밀도가 증가한다.
② 해수의 밀도는 주로 수온과 염분에 의해 결정된다.
③ 혼합층은 태양 복사 에너지에 의한 가열로 수온이 높고, 바람의 혼합 작용으로 인해 수온이 거의 일정한 층이다.

문제 보기

그림은 어느 해역에서 서로 다른 시기에 수심에 따라 측정한 수온과 염분을 수온–염분도에 나타낸 것이다.

표층 수온: A 시기>B 시기
➡ 해수면에 입사하는 태양 복사 에너지양: A 시기>B 시기

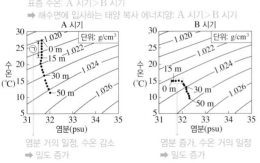

염분 거의 일정, 수온 감소 ➡ 밀도 증가
염분 증가, 수온 거의 일정 ➡ 밀도 증가

이에 대한 설명으로 옳은 것만을 〈보기〉에서 있는 대로 고른 것은?

〈보기〉 풀이

✗ㄱ. **이 해역의 해수면에 입사하는 태양 복사 에너지양은 A보다 B 시기에 많다.**
➡ 해수의 표층에서 태양 복사 에너지가 대부분 흡수되므로 해수면에 입사하는 태양 복사 에너지양이 많을수록 표층 수온이 높아진다. A 시기가 B 시기보다 표층 수온이 높으므로 해수면에 입사하는 태양 복사 에너지양은 A 시기가 B 시기보다 많다.

✗ㄴ. **A 시기에 ㉠ 구간에서의 밀도 변화는 수온보다 염분의 영향이 크다.**
➡ 해수의 밀도는 수온이 낮을수록, 염분이 높을수록 커진다. A 시기에 ㉠ 구간에서 염분은 거의 일정하지만 수온이 감소함에 따라 밀도가 커졌으므로 ㉠ 구간에서의 밀도 변화는 염분보다 수온의 영향이 크다.

○ㄷ. **혼합층의 두께는 A보다 B 시기에 두껍다.**
➡ 혼합층은 해양의 표층으로 수온이 가장 높고, 바람의 혼합 작용으로 인해 깊이에 따른 수온이 거의 일정한 층이다. 해수면으로부터 깊이에 따른 수온이 일정한 구간은 B 시기가 A 시기보다 두껍게 나타나므로 혼합층의 두께는 A보다 B 시기에 두껍다.

적용해야 할 개념 ③가지

① 해수의 용존 기체량은 수온이 낮을수록, 수압이 클수록 증가한다.

② 해수의 밀도는 주로 수온과 염분에 의해 결정된다. ➡ 해수의 밀도는 수온이 낮을수록, 염분이 높을수록 커진다.

③ 해수는 깊이에 따른 수온 분포를 기준으로 혼합층, 수온 약층, 심해층으로 구분한다.

혼합층	• 햇빛에 의해 표층이 가열된 후 바람에 의한 혼합 작용으로 깊이에 따라 수온이 거의 일정한 층이다. • 바람이 강할수록 두껍게 발달한다.
수온 약층	• 혼합층 아래에서 깊이에 따라 수온이 급격히 낮아지는 층이다. • 수심이 깊어질수록 밀도가 커지므로 매우 안정하며, 혼합층과 심해층 사이의 물질 교환 및 에너지 이동을 억제한다.
심해층	• 수온이 낮고 태양 복사 에너지가 도달하지 않으므로, 계절이나 깊이에 따른 수온 변화가 거의 없는 층이다.

문제 보기

그림은 어느 중위도 해역에서 A 시기와 B 시기에 각각 측정한 깊이 0~50 m의 해수 특성을 수온-염분도에 나타낸 것이다.

오른쪽 아래로 갈수록 등밀도선의 밀도 값이 크다.

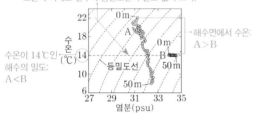

수온이 14℃인 해수의 밀도: A<B

해수면에서 수온: A>B

이 자료에 대한 설명으로 옳은 것만을 〈보기〉에서 있는 대로 고른 것은? [3점]

〈보기〉 풀이

✗ 수온만을 고려할 때, 해수면에서 산소 기체의 용해도는 A가 B보다 크다.

➡ 기체의 용해도는 수온이 낮을수록 크다. 해수면에서 수온은 A가 약 22 ℃, B가 약 14 ℃로 B가 A보다 낮다. 따라서 수온만을 고려할 때, 해수면에서 산소 기체의 용해도는 B가 A보다 크다.

ㄴ. 수온이 14 ℃인 해수의 밀도는 A가 B보다 작다.

➡ 수온이 같을 때 염분이 낮을수록 해수의 밀도는 작아진다. A와 B에서 수온이 14 ℃인 해수의 염분은 A가 B보다 낮다. 따라서 수온이 14 ℃인 해수의 밀도는 A가 B보다 작다.

✗ 혼합층의 두께는 A가 B보다 두껍다.

➡ 혼합층은 표층에서 바람의 혼합 작용으로 인해 깊이에 따라 수온이 거의 일정한 층이다. A에서는 깊이 0~50 m에서 깊이에 따라 수온이 낮아지지만, B에서는 깊이 0~50 m에서 수온이 14 ℃로 거의 일정하므로, 혼합층의 두께는 B가 A보다 두껍다.

적용해야 할 개념 ③가지

① 해수의 표층 염분은 증발량이 많을수록, 강수량이 적을수록 높게 나타난다.

염분 증가 요인	증발, 해수의 결빙 등
염분 감소 요인	강수, 육지로부터 담수의 유입, 빙하의 융해 등

② 해수의 밀도는 수온이 낮을수록, 염분이 높을수록 커진다.

③ 해수의 용존 기체량은 수온이 낮을수록, 수압이 높을수록 많다.

문제 보기

그림 (가)는 어느 날 우리나라 주변 표층 해수의 수온과 염분 분포를, (나)는 수온-염분도를 나타낸 것이다.

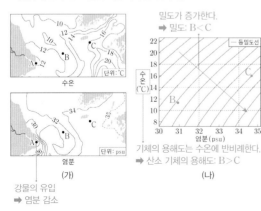

밀도가 증가한다. ➡ 밀도: B<C

기체의 용해도는 수온에 반비례한다. ➡ 산소 기체의 용해도: B>C

강물의 유입 ➡ 염분 감소

이 자료에서 해역 A, B, C의 표층 해수에 대한 설명으로 옳은 것만을 〈보기〉에서 있는 대로 고른 것은? [3점]

〈보기〉 풀이

ㄱ. 강물의 유입으로 A의 염분이 주변보다 낮다.

➡ 연안에서는 육지로부터 담수인 강물이 흘러 들어오기 때문에 주변의 해수보다 표층 염분이 낮다. A는 육지로부터 담수가 흘러들어오는 연안 지역으로 대양의 중심부보다 표층 염분이 낮게 나타난다.

ㄴ. 밀도는 B가 C보다 작다.

➡ B의 표층 수온은 약 11 ℃, 표층 염분은 약 31 psu이며, C의 표층 수온은 16 ℃, 표층 염분은 약 34.5 psu이다. 이를 (나)의 수온 염분도에 표시하면 B는 C보다 왼쪽 위의 등밀도선에 위치한다. 해수의 밀도는 수온이 낮을수록, 염분이 높을수록 커지므로 수온 염분도에서 왼쪽 위에 위치한 등밀도선일수록 밀도가 작다. 따라서 해수의 밀도는 B가 C보다 작다.

✗ 수온만을 고려할 때, 산소 기체의 용해도는 B가 C보다 작다.

➡ 수온만을 고려할 때, 산소 기체의 용해도는 수온이 낮을수록 커진다. 따라서 산소 기체의 용해도는 수온이 더 낮은 B가 C보다 크다.

적용해야 할 개념 ④가지

① 우리나라 주변에는 쿠로시오 해류의 지류인 동한 난류와 황해 난류가 흐르고, 연해주 한류의 지류인 북한 한류가 동해안을 따라 남하한다.

② 난류는 한류보다 수온과 염분이 높고, 용존 산소량과 영양 염류가 적다.

구분	이동 방향	수온	염분	밀도	영양 염류	용존 산소량
난류	저위도 → 고위도	높다.	높다.	작다.	적다.	적다.
한류	고위도 → 저위도	낮다.	낮다.	크다.	많다.	많다.

③ 해수의 밀도는 수온이 낮을수록, 염분이 높을수록 커진다.

④ 수온 염분도(T−S도)는 세로축을 해수의 수온으로, 가로축을 염분으로 하여 수온과 염분, 밀도 사이의 관계를 그래프로 나타낸 것이다.
➡ 수온 염분도의 왼쪽 위에서 오른쪽 아래로 갈수록 해수의 밀도가 증가한다.

문제 보기

그림 (가)는 우리나라 주변 해역 A, B, C를, (나)는 세 해역 표층 해수의 수온과 염분을 수온–염분도에 나타낸 것이다. B와 C의 수온과 염분 분포는 각각 ㉠과 ㉡ 중 하나이다.

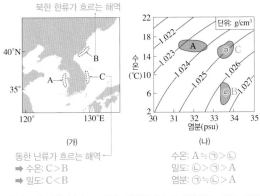

(가)

북한 한류가 흐르는 해역
동한 난류가 흐르는 해역
➡ 수온: C>B
➡ 밀도: C<B

(나)
수온: A≒㉠>㉡
밀도: ㉡>㉠>A
염분: ㉠≒㉡>A

이 자료에 대한 설명으로 옳은 것만을 〈보기〉에서 있는 대로 고른 것은?

〈보기〉 풀이

보기

㉠. ㉡은 B에 해당한다.
➡ B는 한류가 흐르는 해역이고, C는 난류가 흐르는 해역이므로 B가 C보다 표층 수온이 낮다. (나)에서 ㉡이 ㉠보다 수온이 낮으므로 ㉡은 B에 해당하고, ㉠은 C에 해당한다.

✗. 해수의 밀도는 A가 C보다 크다.
➡ A는 C와 수온은 비슷하지만 염분이 C보다 더 낮다. 따라서 해수의 밀도는 A가 C보다 작다.

✗. B와 C의 해수 밀도 차이는 수온보다 염분의 영향이 더 크다.
➡ B의 수온과 염분은 ㉡이고 C의 수온과 염분은 ㉠이며, B와 C는 염분은 비슷하지만 수온이 다르므로 밀도도 다르게 나타난다. 따라서 B와 C의 해수 밀도 차이는 염분보다 수온의 영향이 더 크다.

적용해야 할 개념 ④가지

① 해수의 표층 수온은 태양 복사 에너지가 강한 여름철에 높게 나타나고, 한류보다 난류의 영향을 받는 해역에서 높게 나타난다.

② 해수의 표층 염분은 강수량이 많은 여름철에 대체로 낮게 나타나고, 강물이 유입되는 연안에서 낮게 나타난다. 또한 난류보다 한류의 영향을 받는 해역에서 낮게 나타난다.

③ 수온 염분도(T−S도)는 세로축을 해수의 수온으로, 가로축을 염분으로 하여 수온, 염분, 밀도 사이의 관계를 그래프로 나타낸 것이다.
➡ 수온 염분도의 왼쪽 위에서 오른쪽 아래로 갈수록 해수의 밀도가 증가한다.

④ 해수의 밀도는 수온이 낮을수록, 염분이 높을수록 커진다.

문제 보기

그림 (가)는 어느 해 겨울에 우리나라 주변 바다에서 표층 해수를 채취한 A와 B 지점의 위치를, (나)는 수온−염분도에 A와 B의 수온과 염분을 순서 없이 ㉠, ㉡으로 나타낸 것이다.

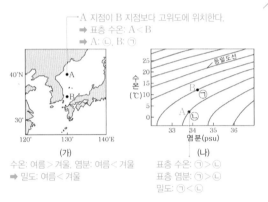

(가)

수온: 여름 > 겨울, 염분: 여름 < 겨울
➡ 밀도: 여름 < 겨울

(나)

표층 수온: ㉠ > ㉡
표층 염분: ㉠ > ㉡
밀도: ㉠ < ㉡

이에 대한 옳은 설명만을 〈보기〉에서 있는 대로 고른 것은?

〈보기〉 풀이

표층 수온은 상대적으로 고위도에 위치한 A 지점이 저위도에 위치한 B 지점보다 낮다. 따라서 A 지점에서 채취한 해수는 ㉡, B 지점에서 채취한 해수는 ㉠이다.

ㄱ. 염분은 A에서가 B에서보다 낮다.
➡ 수온 염분도에서 오른쪽에 위치할수록 염분이 높다. A 지점에서 채취한 해수는 ㉡, B 지점에서 채취한 해수는 ㉠이므로 염분은 A에서가 B에서보다 낮다.

ㄴ. ㉠과 ㉡의 해수가 만난다면 ㉠의 해수는 ㉡의 해수 아래로 이동한다.
➡ 수온 염분도에서 오른쪽 아래로 갈수록 등밀도선의 밀도값 수치가 커지므로 ㉡이 ㉠보다 밀도가 크다. 따라서 ㉠과 ㉡의 해수가 만난다면 밀도가 큰 ㉡의 해수가 밀도가 작은 ㉠의 해수 아래로 이동한다.

ㄷ. 여름에는 B의 해수 밀도가 (나)에서보다 감소할 것이다.
➡ 해수의 밀도는 수온이 낮을수록, 염분이 높을수록 커진다. 겨울과 비교하여 여름에는 B 지점에서 수온은 높아지고, 강수량이 증가하여 염분은 낮아진다. 따라서 여름에는 B의 해수 밀도가 겨울철 밀도인 (나)에서보다 감소할 것이다.

적용해야 할 개념 ③가지

① 혼합층은 태양 복사 에너지에 의해 해수가 가열되어 수온이 높고, 바람의 혼합 작용으로 인해 깊이에 따라 수온이 거의 일정한 층이다.

② 해수가 결빙되는 지역은 염류가 주위로 빠져나와 주변 염분이 높아지고, 해빙되는 지역은 염분이 낮아진다.

③ 해수의 밀도는 수온이 낮을수록, 염분이 높을수록 크다.

문제 보기

그림 (가)와 (나)는 북반구 어느 해역에서 1년 동안 관측한 깊이에 따른 수온과 염분 분포를 나타낸 것이다.

표층 해수의 수온: 2월 < 8월, 표층 해수의 염분: 2월 > 8월
➡ 표층 해수의 밀도: 2월 > 8월

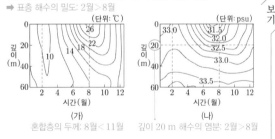

(가)
혼합층의 두께: 8월 < 11월

(나)
깊이 20 m 해수의 염분: 2월 > 8월

이 자료에 대한 설명으로 옳은 것만을 〈보기〉에서 있는 대로 고른 것은?

〈보기〉 풀이

ㄱ. 혼합층의 두께는 8월이 11월보다 얇다.
➡ 혼합층은 태양 복사 에너지에 의해 해수가 가열되어 수온이 높고, 바람의 혼합 작용으로 인해 깊이에 따라 수온이 거의 일정한 층이다. 따라서 (가)에서 보면 혼합층의 두께는 8월이 11월보다 얇다.

ㄴ. 깊이 20 m 해수의 염분은 2월이 8월보다 높다.
➡ (나)에서 보면, 깊이 20 m 해수의 염분은 2월이 33.0〜33.25 psu이고 8월은 약 32.0〜32.5 psu이므로 2월이 8월보다 높다.

ㄷ. 표층 해수의 밀도는 2월이 8월보다 크다.
➡ 해수의 밀도는 주로 수온과 염분에 의해 결정되는데, 수온이 낮을수록, 염분이 높을수록 해수의 밀도는 커진다. 표층 해수의 수온은 2월이 8월보다 낮고, 염분은 2월이 8월보다 높다. 따라서 표층 해수의 밀도는 2월이 8월보다 크다.

15
일차

01 ③	02 ④	03 ②	04 ③	05 ①	06 ①	07 ②	08 ⑤	09 ⑤	10 ④	11 ②	12 ②
13 ①	14 ⑤	15 ③	16 ①	17 ③	18 ①	19 ⑤	20 ④	21 ②	22 ③	23 ③	24 ②
25 ⑤	26 ④	27 ①	28 ⑤	29 ⑤	30 ⑤	31 ③	32 ①				

문제편 156쪽~163쪽

---

01   대기와 해양에 의한 에너지 수송   2025학년도 9월 모평 지Ⅰ 11번   정답 ③ | 정답률 81%

적용해야 할 개념 ③가지

① 위도 약 38°보다 저위도의 남는 에너지는 대기와 해수에 의해 고위도로 이동하며, 위도 약 38° 부근에서 에너지 이동량이 가장 많다.

② 고온에서 상승하여 저온에서 하강하는 열대류의 원리로 발생하는 순환을 직접 순환(예 해들리 순환, 극 순환), 두 직접 순환 사이에서 역학적으로 만들어지는 순환을 간접 순환(예 페렐 순환)이라고 한다.

③ 북태평양의 아열대 순환은 북적도 해류, 쿠로시오 해류, 북태평양 해류, 캘리포니아 해류로 이루어져 있으며, 시계 방향으로 순환한다.

문제 보기

그림은 대기와 해양에 의한 남북 방향으로의 연평균 에너지 수송량을 위도별로 나타낸 것이다.

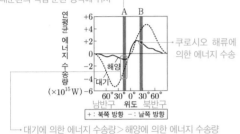

대기 대순환의 직접 순환 영역에 위치 →

쿠로시오 해류에 의한 에너지 수송

→ 대기에 의한 에너지 수송량 > 해양에 의한 에너지 수송량

이에 대한 설명으로 옳은 것만을 〈보기〉에서 있는 대로 고른 것은? [3점]

〈보기〉 풀이

대기와 해양에 의한 에너지 수송 방향은 북반구에서는 대체로 북쪽 방향, 남반구에서는 대체로 남쪽 방향으로 나타난다. 따라서 그림에서 위도 0°를 기준으로 왼쪽은 남반구, 오른쪽은 북반구에 해당한다.

보기

ㄱ. **A에서는 대기에 의한 에너지 수송량이 해양에 의한 에너지 수송량보다 많다.**
➡ 주어진 자료를 보면, A에서는 대기에 의한 에너지 수송량이 해양에 의한 에너지 수송량보다 많은 것을 알 수 있다.

ㄴ. **A는 대기 대순환의 간접 순환 영역에 위치한다.**
➡ 위도 0°~30° 사이와 위도 60°~90° 사이는 직접 순환 영역, 위도 30°~60° 사이는 간접 순환 영역에 해당한다. A는 위도 0°~30° 사이에 위치하므로 대기 대순환의 직접 순환 영역에 위치한다.

ㄷ. **B의 해역에서 쿠로시오 해류에 의한 에너지 수송이 일어난다.**
➡ B의 해역은 북반구의 위도 30° 부근에 위치하고, 쿠로시오 해류는 북태평양의 아열대 해역에서 대체로 북쪽 방향으로 흐르므로, B의 해역에서 쿠로시오 해류에 의한 에너지 수송이 일어난다.

적용해야 할 개념 ③가지

① 위도 38°에서 입사하는 태양 복사 에너지양과 방출하는 지구 복사 에너지양이 같다.

저위도(위도 0°~38°)	태양 복사 에너지 입사량 > 지구 복사 에너지 방출량 ➡ 에너지 과잉
고위도(위도 38°~90°)	태양 복사 에너지 입사량 < 지구 복사 에너지 방출량 ➡ 에너지 부족

② 대기와 해수의 순환에 의해 저위도의 남는 에너지가 고위도로 이동한다. ➡ 연평균 기온이 일정하게 유지된다.

③ 대기에 의한 에너지 수송량이 해양에 의한 에너지 수송량보다 많다.

문제 보기

그림은 대기와 해양에서 남북 방향으로서의 연평균 에너지 수송량을 위도별로 나타낸 것이다.

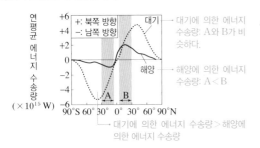

이에 대한 설명으로 옳은 것만을 〈보기〉에서 있는 대로 고른 것은? [3점]

〈보기〉 풀이

지구는 타원체이므로 위도에 따라 흡수하는 태양 복사 에너지양이 다르다. 이로 인해 저위도에서는 에너지 과잉이, 고위도에서는 에너지 부족이 나타난다.

ㄱ. ✗ 흡수하는 태양 복사 에너지양과 방출하는 지구 복사 에너지양의 차는 38°S가 0°보다 크다.

➡ 적도 부근에서는 흡수하는 태양 복사 에너지양이 방출하는 지구 복사 에너지양보다 많아 에너지 과잉 상태이고, 위도 38° 부근에서는 흡수하는 태양 복사 에너지양이 방출하는 지구 복사 에너지양과 거의 같아 균형을 이루고 있으므로 두 복사 에너지양의 차는 38°S가 0°보다 작다.

ㄴ. ○ $\dfrac{\text{대기에 의한 에너지 수송량}}{\text{해양에 의한 에너지 수송량}}$ 은 A 지역이 B 지역보다 크다.

➡ 대기에 의한 에너지 수송량은 A 지역과 B 지역에서 거의 비슷하고, 해양에 의한 에너지 수송량은 A 지역이 B 지역보다 작다. 따라서 $\dfrac{\text{대기에 의한 에너지 수송량}}{\text{해양에 의한 에너지 수송량}}$ 은 A 지역이 B 지역보다 크다.

ㄷ. ○ 위도별 에너지 불균형은 대기와 해양의 순환을 일으킨다.

➡ 위도에 따른 에너지 불균형에 의해 대기와 해양의 순환이 일어나며, 대기와 해양이 저위도의 남는 에너지를 고위도로 수송하여 지구는 전체적으로 에너지 평형 상태를 유지한다.

적용해야 할 개념 ③가지

① 남북 방향으로의 연평균 에너지 수송량은 대기가 수송하는 양이 해양이 수송하는 양보다 많다.

② 위도 38°에서 입사하는 태양 복사 에너지양과 방출하는 지구 복사 에너지양이 같다.

저위도(위도 0°~38°)	태양 복사 에너지 입사량 > 지구 복사 에너지 방출량 ➡ 에너지 과잉
고위도(위도 38°~90°)	태양 복사 에너지 입사량 < 지구 복사 에너지 방출량 ➡ 에너지 부족

③ 위도 약 38°보다 저위도의 남는 에너지는 대기와 해수에 의해 고위도로 이동하며, 위도 38° 부근에서 에너지 이동량이 가장 많다.

문제 보기

그림은 대기와 해양에서 남북 방향으로의 연평균 에너지 수송량을 위도별로 나타낸 것이다. A와 B는 각각 대기와 해양 중 하나이다.

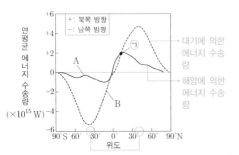

대기와 해양에 의한 에너지 수송량이 최대로 나타나는 위도(약 38° 부근)
➡ 태양 복사 에너지 입사량과 지구 복사 에너지 방출량이 같다.

이에 대한 설명으로 옳은 것만을 〈보기〉에서 있는 대로 고른 것은?
[3점]

〈보기〉 풀이

저위도는 에너지 과잉, 고위도는 에너지 부족 상태이며, 저위도의 과잉된 에너지는 대기와 해양에 의해 고위도로 수송된다.

ㄱ. ✗ A는 대기에 해당한다.

➡ 저위도에서 고위도로 수송되는 에너지양은 대기가 수송하는 것이 해양이 수송하는 것보다 많다. 따라서 A는 해양, B는 대기이다.

ㄴ. ✗ A와 B가 교차하는 ㉠의 위도에서 복사 평형을 이루고 있다.

➡ 태양 복사 에너지 입사량과 지구 복사 에너지 방출량이 같아 복사 평형이 이루어지는 위도(약 38° 부근)에서 대기와 해양에 의한 에너지 수송량이 최대로 나타난다. 따라서 38°보다 저위도에 위치한 ㉠에서는 에너지 과잉이 나타난다.

ㄷ. ○ 적도에서는 에너지 과잉이다.

➡ 적도에서는 태양 복사 에너지 입사량이 지구 복사 에너지 방출량보다 많으므로 에너지 과잉이 나타난다.

04 대기 대순환과 해수의 표층 순환 2023학년도 9월 모평 지Ⅰ 11번

적용해야 할 개념 ②가지

① 대기 대순환은 위도에 따른 에너지의 불균형으로 인해 발생하며, 지구 자전에 의해 각 반구에 3개의 순환 세포가 형성된다.

해들리 순환 (적도~위도 30°)	적도에서 가열된 공기가 상승하여 고위도로 이동하다가 위도 30°에서 하강하여 적도로 이동하는 순환 ➡ 직접 순환
페렐 순환 (위도 30°~60°)	위도 30°에서 하강한 공기의 일부가 고위도로 이동하여 위도 60°에서 상승하는 순환 ➡ 간접 순환
극순환 (위도 60°~극)	극에서 냉각된 공기가 하강하여 저위도로 이동하다가 위도 60°에서 상승하여 극으로 이동하는 순환 ➡ 직접 순환

② 아열대 순환은 무역풍대의 해류와 편서풍대의 해류로 이루어진 해수의 순환이다.

북태평양의 아열대 순환	북적도 해류, 쿠로시오 해류, 북태평양 해류, 캘리포니아 해류로 이루어져 있으며, 시계 방향으로 순환한다.
남태평양의 아열대 순환	남적도 해류, 동오스트레일리아 해류, 남극 순환 해류, 페루 해류로 이루어져 있으며, 시계 반대 방향으로 순환한다.

문제 보기

그림은 대기에 의한 남북 방향으로의 연평균 에너지 수송량을 위도별로 나타낸 것이다.

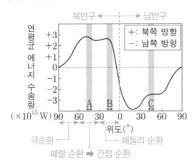

이에 대한 설명으로 옳은 것만을 〈보기〉에서 있는 대로 고른 것은?

〈보기〉 풀이

ㄱ. A에서는 대기 대순환의 간접 순환이 위치한다.

➡ 위도 약 0°~30° 사이에 형성된 해들리 순환과 위도 약 60°~90° 사이에 형성된 극순환은 가열된 공기가 상승하거나 냉각된 공기가 하강하면서 만들어진 열적 순환으로 직접 순환에 해당한다. 한편 위도 약 30°~60° 사이에 형성된 페렐 순환은 해들리 순환과 극순환 사이에서 형성된 간접 순환이다. A는 위도 30°~60° 사이에 위치하므로 A에서는 대기 대순환의 간접 순환이 위치한다.

ㄴ. B에서는 해들리 순환에 의해 에너지가 북쪽 방향으로 수송된다.

➡ B에서는 해들리 순환에 의해 에너지가 수송되며, 그림에서 보면 B에서의 에너지 수송 방향은 북쪽이다. 따라서 B에서는 해들리 순환에 의해 에너지가 북쪽 방향으로 수송된다.

ㄷ. 캘리포니아 해류는 C의 해역에서 나타난다.

➡ 대기와 해수의 순환에 의해 저위도의 남는 에너지가 고위도로 수송되므로, 그림에서 위도 0°를 기준으로 왼쪽이 북반구, 오른쪽이 남반구에 해당한다. 따라서 C는 남반구 중위도에 위치하며, 캘리포니아 해류는 북태평양의 아열대 순환을 구성하는 해류이므로 C의 해역에서 나타나지 않는다.

---

05 대기 대순환 2023학년도 7월 학평 지Ⅰ 13번

적용해야 할 개념 ③가지

① 대류권과 성층권의 경계면을 대류권 계면이라고 하며, 대류권 계면의 높이는 적도 지방에서 약 16~18 km, 중위도 지방에서 약 10~12 km, 극지방에서 약 6~8 km로 위도와 계절에 따라 변한다.

② 대기 대순환은 위도에 따른 에너지의 불균형으로 인해 발생하며, 지구 자전에 의한 전향력의 영향으로 각 반구에 3개의 순환 세포가 형성된다.

해들리 순환	적도에서 가열된 공기가 상승하여 고위도 쪽으로 이동하다가 위도 30° 부근에서 냉각되어 하강하여 적도로 이동하는 순환 ➡ 직접 순환
페렐 순환	위도 30° 부근에서 하강한 공기의 일부가 고위도 쪽으로 이동하고 위도 60° 부근에서 상승하는 순환 ➡ 간접 순환
극순환	극 지역의 상공에서 냉각된 공기가 하강하여 저위도 쪽으로 이동하다가 위도 60° 부근에서 상승하여 극으로 이동하는 순환 ➡ 직접 순환

③ 고온에서 상승하여 저온에서 하강하는 열대류의 원리로 발생하는 순환을 직접 순환이라 하고, 열대류와 관련 없이 두 직접 순환 사이에서 역학적으로 만들어진 순환을 간접 순환이라고 한다.

문제 보기

그림은 북반구의 대기 대순환을 나타낸 것이다. A, B, C는 각각 해들리 순환, 페렐 순환, 극순환 중 하나이다.

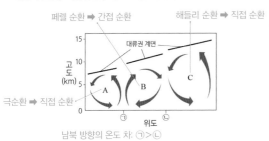

이에 대한 설명으로 옳은 것만을 〈보기〉에서 있는 대로 고른 것은?

〈보기〉 풀이

대류권 계면의 높이가 낮은 A는 극순환이고, B는 페렐 순환, C는 해들리 순환이다.

ㄱ. A의 지상에는 동풍 계열의 바람이 우세하게 분다.

➡ A(극순환)의 지상에는 동풍 계열의 바람(극동풍)이 우세하게 분다.

ㄴ. 직접 순환에 해당하는 것은 B이다.

➡ 극순환(A)과 해들리 순환(C)은 가열된 공기가 상승하거나 냉각된 공기가 하강하면서 만들어진 열적 순환으로 직접 순환에 해당하고, 페렐 순환(B)은 해들리 순환과 극순환에 의해 역학적으로 만들어진 순환으로 간접 순환에 해당한다.

ㄷ. 남북 방향의 온도 차는 ⓛ에서가 ⓞ에서보다 크다.

➡ 남북 방향의 온도 차는 남하하는 찬 공기와 북상하는 따뜻한 공기가 수렴하는 ⓞ(한대 전선대)에서가 따뜻한 공기가 남북 방향으로 발산하는 ⓛ(아열대 고압대)에서보다 크다.

적용해야 할 개념 ③가지

① 자전하는 지구에서 열대류와 전향력에 의해 적도와 극 사이에 3개의 순환 세포가 형성된다.

② 직접 순환은 가열된 공기는 상승하고 냉각된 공기는 하강하여 형성되는 열적 순환으로 발생하는 순환이다. 예 해들리 순환, 극순환

③ 간접 순환은 두 직접 순환 사이에서 역학적으로 형성되는 순환이다. 예 페렐 순환

▲ 대기 대순환

순환 세포	위도	지상 바람 (북반구)
해들리 순환	0°~30°	무역풍(북동풍)
페렐 순환	30°~60°	편서풍(남서풍)
극순환	60°~90°	극동풍(북동풍)

문제 보기

그림은 북반구에서 대기 대순환을 이루는 순환 세포 A, B, C를 나타낸 것이다.

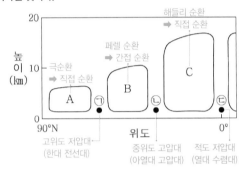

이에 대한 옳은 설명만을 〈보기〉에서 있는 대로 고른 것은?

〈보기〉 풀이

A는 극순환, B는 페렐 순환, C는 해들리 순환에 해당한다.

ㄱ. **직접 순환에 해당하는 것은 A와 C이다.**

➡ 해들리 순환과 극순환은 가열된 공기가 상승하거나 냉각된 공기가 하강하면서 만들어진 열적 순환으로 직접 순환에 해당한다. 이에 비해 위도 30°~60° 사이의 페렐 순환은 해들리 순환과 극순환 사이에서 형성된 간접 순환이다.

ㄴ. **온대 저기압은 ㉠보다 ㉡ 부근에서 주로 발생한다.**

➡ ㉠은 고위도 저압대(한대 전선대)이고, ㉡은 아열대 고압대(중위도 고압대)이다. 온대 저기압은 한대 전선대에서 주로 발생하므로, ㉡보다 ㉠ 부근에서 주로 발생한다.

ㄷ. **㉢에서는 공기가 발산한다.**

➡ 해들리 순환은 적도 지방에서 공기가 상승하여 고위도로 이동한 다음 위도 30° 부근에서 하강하여 다시 적도 지방으로 되돌아오는 대기의 순환이다. 이때 적도 지방에서는 열대 수렴대(적도 저압대)를 형성하고, 위도 30° 부근에서는 아열대 고압대(중위도 고압대)를 형성한다. 따라서 ㉢에서는 해들리 순환에 의해 모여든 공기가 수렴하여 상승한다.

적용해야 할 개념 ③가지

① 대기 대순환은 지구의 자전에 의해 적도와 극 사이에 3개의 순환 세포가 형성된다.

② 해들리 순환과 극순환은 직접 순환에 해당하고, 페렐 순환은 간접 순환에 해당한다.

③ 대기 대순환에 의해 해들리 순환의 지상에서는 무역풍, 페렐 순환의 지상에서는 편서풍, 극순환의 지상에서는 극동풍이 분다.

순환 세포	위도	지상 바람(북반구)
해들리 순환	0°~30°	무역풍(북동풍)
페렐 순환	30°~60°	편서풍(남서풍)
극순환	60°~90°	극동풍(북동풍)

문제 보기

그림은 60°S~60°N 사이에서 나타나는 대기 대순환의 순환 세포 A~D를 모식적으로 나타낸 것이다.

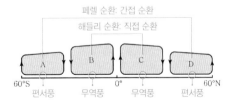

이에 대한 옳은 설명만을 〈보기〉에서 있는 대로 고른 것은?

〈보기〉 풀이

B와 C는 해들리 순환이고, A와 D는 페렐 순환이다.

ㄱ. **A는 직접 순환이다.**

➡ B와 C는 가열된 공기가 상승하거나 냉각된 공기가 하강하면서 만들어진 열적 순환으로 직접 순환이고, A와 D는 해들리 순환과 극순환 사이에서 역학적으로 형성된 간접 순환이다.

ㄴ. **B와 C의 지상에서는 주로 동풍 계열의 바람이 분다.**

➡ B와 C의 지상에서는 해들리 순환에 의해 동풍 계열의 무역풍이 분다.

ㄷ. **온대 저기압은 주로 C와 D의 경계 부근에서 형성된다.**

➡ 온대 저기압은 위도 60° 부근의 한대 전선대에서 주로 형성되므로 D와 극순환의 경계 부근에서 형성된다.

08 대기 대순환과 표층 순환 2024학년도 수능 지Ⅰ 10번

정답 ⑤ | 정답률 62%

적용해야 할 개념 ③가지

① 아열대 순환은 무역풍대의 해류와 편서풍대의 해류로 이루어진 순환이다.
② 북태평양 아열대 순환을 구성하는 표층 해류 중 북태평양 해류는 동쪽으로 흐르고 북적도 해류는 서쪽으로 흐른다.
③ 남태평양 아열대 순환을 구성하는 표층 해류 중 남극 순환 해류는 동쪽으로 흐르고 남적도 해류는 서쪽으로 흐른다.

문제 보기

그림은 태평양 표층 해수의 동서 방향 연평균 유속을 위도에 따라 나타낸 것이다. (H)와 (F)는 각각 동쪽으로 향하는 방향과 서쪽으로 향하는 방향 중 하나이다.

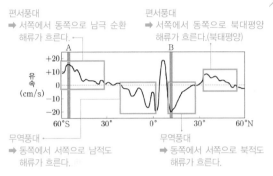

편서풍대
➡ 서쪽에서 동쪽으로 남극 순환 해류가 흐른다.

편서풍대
➡ 서쪽에서 동쪽으로 북대평양 해류가 흐른다.(북태평양)

무역풍대
➡ 동쪽에서 서쪽으로 남적도 해류가 흐른다.

무역풍대
➡ 동쪽에서 서쪽으로 북적도 해류가 흐른다.

이 자료에 대한 설명으로 옳은 것만을 〈보기〉에서 있는 대로 고른 것은? [3점]

〈보기〉 풀이

ㄱ. **(+)는 동쪽으로 향하는 방향이다.**
➡ 북태평양의 무역풍대에서는 동쪽에서 서쪽으로 북적도 해류가, 편서풍대에서는 서쪽에서 동쪽으로 북태평양 해류가 흐른다. 따라서 (+)는 동쪽으로, (−)는 서쪽으로 향하는 방향이다.

ㄴ. **A의 해역에서 나타나는 주요 표층 해류는 극동풍에 의해 형성된다.**
➡ A의 해역에서 나타나는 주요 표층 해류는 남극 순환 해류로, 편서풍에 의해 형성된다.

ㄷ. **북적도 해류는 B의 해역에서 나타난다.**
➡ 북적도 해류는 북반구의 무역풍대에서 동쪽에서 서쪽으로 흐르는 해류이므로 B의 해역에서 나타난다.

보기

09 해면 기압 분포와 대기 대순환 2023학년도 3월 학평 지Ⅰ 5번

정답 ⑤ | 정답률 55%

적용해야 할 개념 ③가지

① 해들리 순환은 적도 지방에서 상승한 공기가 상공에서 고위도로 이동하고, 위도 30° 부근에서 하강하여 다시 적도로 돌아오면서 형성되는 순환 세포로, 지표 부근에서는 무역풍을 형성한다. ➡ 적도 부근에는 적도 저압대가 형성된다.
② 페렐 순환은 위도 30° 부근에서 하강한 공기가 고위도로 이동하여 위도 60° 부근에서 상승하면서 형성되는 순환 세포로, 지표 부근에서는 편서풍을 형성한다. ➡ 위도 30° 부근에는 중위도 고압대(아열대 고압대)가 형성되고, 위도 60° 부근에는 고위도 저압대(한대 전선대)가 형성된다.
③ 극순환은 극지방에서 냉각되어 하강한 공기가 저위도로 이동하면서 위도 60° 부근에서 상승하는 순환 세포로, 지표 부근에서는 극동풍을 형성한다.

문제 보기

그림은 A와 B 시기에 관측한 북반구의 평균 해면 기압을 위도에 따라 나타낸 것이다.

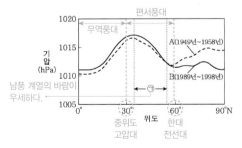

〈보기〉 풀이

ㄱ. **무역풍대에서는 위도가 높아질수록 평균 해면 기압이 대체로 높아진다.**
➡ 무역풍대는 위도 0°~30° 부근 사이에 해당한다. 이 시기에 관측된 자료를 통해 무역풍대에서는 위도가 높아질수록 평균 해면 기압이 대체로 높아짐을 알 수 있다.

ㄴ. **㉠ 구간의 지표 부근에서는 북풍 계열의 바람이 우세하다.**
➡ ㉠ 구간에서는 남쪽의 해면 기압이 높다. 따라서 ㉠ 구간의 지표 부근에서는 남풍 계열의 바람이 우세하다.

ㄷ. **중위도 고압대의 평균 해면 기압은 A 시기가 B 시기보다 낮다.**
➡ 중위도 고압대는 위도 30° 부근으로, 이 지역에서의 평균 해면 기압은 A 시기가 B 시기보다 낮다.

보기

이 자료에 대한 옳은 설명만을 〈보기〉에서 있는 대로 고른 것은?

적용해야 할 개념 ③가지

① 적도 지방에서 가열된 공기가 상승하면서 적도 저압대를 형성하고, 상승한 공기는 상공에서 고위도로 이동해 위도 30° 부근에서 하강하여 중위도 고압대(아열대 고압대)를 형성한 다음 다시 적도로 돌아오면서 무역풍을 형성한다. ➡ 해들리 순환

② 위도 30° 부근에서 하강한 공기가 고위도로 이동하면서 편서풍을 형성하고, 위도 60° 부근에서 상승한다. ➡ 페렐 순환

③ 저위도에서 고위도로 갈수록 지표면에 도달하는 태양 복사 에너지양이 적어지므로, 표층 수온은 저위도에서 고위도로 갈수록 대체로 낮아진다.

문제 보기

그림은 경도 150°E의 해수면 부근에서 측정한 연평균 풍속의 남북 방향 성분 분포와 동서 방향 성분 분포를 위도에 따라 나타낸 것이다.

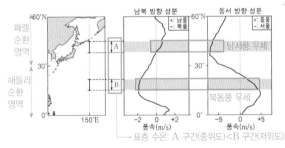

이에 대한 설명으로 옳은 것만을 〈보기〉에서 있는 대로 고른 것은? [3점]

〈보기〉 풀이

ㄱ. A 구간의 해수면 부근에는 북서풍이 우세하다.
➡ 위도 약 30°N~약 60°N의 지표 부근에는 편서풍(남서풍)이 분다. 따라서 A 구간의 해수면 부근에는 남서풍이 우세하다.

ㄴ. B 구간의 해역에 흐르는 해류는 해들리 순환의 영향을 받는다.
➡ B 구간은 해들리 순환이 일어나는 영역에 속하므로, B 구간의 해역에 흐르는 해류는 해들리 순환의 영향을 받는다.

ㄷ. 표층 수온은 A 구간의 해역보다 B 구간의 해역에서 높다.
➡ 표층 해수의 온도 분포에 가장 큰 영향을 미치는 요인은 태양 복사 에너지로, 저위도에서 고위도로 갈수록 지표면에 도달하는 태양 복사 에너지양이 감소하기 때문에 저위도에서 고위도로 갈수록 표층 수온은 대체로 낮아진다. 따라서 표층 수온은 중위도에 위치한 A 구간보다 저위도에 위치한 B 구간의 해역에서 높다.

적용해야 할 개념 ③가지

① 표층 염분은 대체로 (증발량－강수량) 값이 클수록 높다. ➡ 적도 지방은 저압대가 형성되어 증발량보다 강수량이 많으므로 고압대가 형성되어 있는 중위도 지방보다 표층 염분이 낮다.

② 적도 부근에는 가열된 공기가 상승하여 적도 저압대가 형성되고, 상승한 공기는 상공에서 고위도로 이동해 위도 30° 부근에서 하강하여 중위도 고압대(아열대 고압대)를 형성한 다음, 다시 적도 부근으로 되돌아오면서 지상에 무역풍을 형성한다. ➡ 해들리 순환

③ 아열대 순환은 무역풍대의 해류와 편서풍대의 해류로 이루어진 순환으로, 북태평양에서의 아열대 순환은 북적도 해류 → 쿠로시오 해류 → 북태평양 해류 → 캘리포니아 해류(시계 방향)로 이루어져 있다.

문제 보기

그림은 위도에 따른 연평균 증발량과 강수량을 순서 없이 나타낸 것이다.

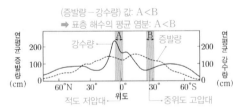

이 자료에 대한 설명으로 옳은 것만을 〈보기〉에서 있는 대로 고른 것은?

〈보기〉 풀이

대기 대순환에 의해 저압대가 형성되는 위도 0° 부근은 강수량이 증발량보다 많고, 고압대가 형성되는 위도 30° 부근은 증발량이 강수량보다 많다. 따라서 그림에서 실선은 강수량, 점선은 증발량이다.

ㄱ. 표층 해수의 평균 염분은 A 해역이 B 해역보다 높다.
➡ 저위도와 중위도 해역에서 표층 해수의 평균 염분은 대체로 (증발량－강수량) 값에 비례한다. 따라서 표층 해수의 평균 염분은 (증발량－강수량) 값이 작은 A 해역이 큰 B 해역보다 낮다.

ㄴ. A에서는 해들리 순환의 상승 기류가 나타난다.
➡ 위도 0° 부근에서는 가열된 공기가 상승하여 고위도로 이동하고, 위도 30° 부근에서 하강하여 해들리 순환을 형성한다. 따라서 A에서는 해들리 순환의 상승 기류가 나타난다.

ㄷ. 캘리포니아 해류는 B 해역에서 나타난다.
➡ 캘리포니아 해류는 북태평양의 아열대 순환을 이루는 해류이고, B 해역은 남반구의 아열대 해역에 위치한다. 따라서 캘리포니아 해류는 B 해역에서 나타나지 않는다.

12 | **대기 대순환** 2020학년도 9월 모평 지Ⅰ 16번 | 정답 ② | 정답률 50 %

적용해야 할 개념 ②가지

① 대기 대순환은 전 지구적인 규모로 일어나는 대기의 순환으로, 지구 자전의 영향으로 북반구와 남반구에 각각 3개의 대기 순환 세포가 존재한다. ➡ 해들리 순환(적도~위도 30°), 페렐 순환(위도 30°~60°), 극순환(위도 60°~극)

② 지구 자전에 따른 전향력의 영향으로 적도 상층에서 발산한 공기는 위도 30° 부근에서 하강하고, 극 하층에서 발산한 공기는 위도 60° 부근에서 상승한다. ➡ 대기 대순환의 상승 기류나 하강 기류가 발달하는 곳에서 기압대가 형성된다.

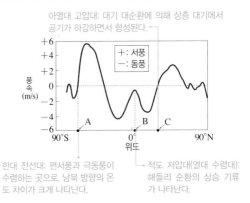

▲ 대기 대순환과 기압대

구분	위도	공기의 수렴과 발산
적도 저압대	0°	북동·남동 무역풍 수렴
아열대 고압대	30°	무역풍과 편서풍 발산
한대 전선대	60°	편서풍과 극동풍 수렴
극 고압대	90°	극동풍 발산

문제 보기

그림은 대기 대순환에 의해 지표 부근에서 부는 동서 방향 바람의 연평균 풍속을 위도에 따라 나타낸 것이다.

아열대 고압대: 대기 대순환에 의해 상층 대기에서 공기가 하강하면서 형성된다.

한대 전선대: 편서풍과 극동풍이 수렴하는 곳으로, 남북 방향의 온도 차이가 크게 나타난다.

적도 저압대(열대 수렴대): 해들리 순환의 상승 기류가 나타난다.

이 자료에 대한 설명으로 옳은 것만을 〈보기〉에서 있는 대로 고른 것은?

〈보기〉 풀이

해들리 순환은 적도 지방에서 상승하여 고위도로 이동한 다음 위도 30° 부근에서 하강하여 다시 적도 지방으로 되돌아온다. 이때 적도 지방에서는 적도 저압대(열대 수렴대)를 형성하고, 위도 30° 부근에서는 아열대 고압대(중위도 고압대)를 형성한다.

✕ **남북 방향의 온도 차는 A가 C보다 작다.**

➡ A보다 저위도인 지역에서는 서풍, A보다 고위도인 지역에서는 동풍이 불고 있으므로 A는 위도 60°인 한대 전선대에 해당한다. C보다 저위도인 지역에서는 동풍, C보다 고위도인 지역에서는 서풍이 불고 있으므로 C는 위도 30°인 아열대 고압대에 해당한다. 위도 60° 부근의 지상에서는 편서풍과 극동풍이 수렴하므로 남북 방향의 온도 차이가 크게 나타난다. 따라서 남북 방향의 온도 차는 A가 C보다 크다.

ⓛ. **B에서는 해들리 순환의 상승 기류가 나타난다.**

➡ B는 적도 저압대(열대 수렴대)에 해당하므로 B에서는 해들리 순환의 상승 기류가 나타난다.

✕ **C에 생성되는 고기압은 지표면 냉각에 의한 것이다.**

➡ C에 생성되는 아열대 고압대는 대기 대순환에 의해 상층 대기에서 공기가 하강하는 과정에서 형성된 것이다.

보기

적용해야 할
개념 ③가지

① 대기 대순환은 전 지구적인 규모로 일어나는 대기의 순환으로, 지구 자전의 영향으로 북반구와 남반구에 각각 3개의 대기 순환 세포가 존재한다. ➡ 해들리 순환(적도~위도 30°), 페렐 순환 (위도 30°~60°), 극순환(위도 60°~극)

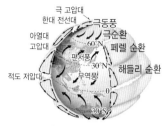

▲ 대기 대순환

해들리 순환	• 적도에서 가열된 공기가 상승하여 고위도로 이동하다가 위도 30°에서 하강하는 순환 • 지표 부근에서는 무역풍이 형성됨
페렐 순환	• 위도 30°에서 하강한 공기의 일부가 고위도로 이동하여 위도 60°에서 상승하는 순환 • 지표 부근에서는 편서풍이 형성됨
극순환	• 극에서 냉각된 공기가 하강하여 저위도로 이동하다가 위도 60°에서 상승하는 순환 • 지표 부근에서는 극동풍이 형성됨

② 북태평양의 아열대 순환은 북적도 해류 → 쿠로시오 해류 → 북태평양 해류 → 캘리포니아 해류로 이루어져 있다(시계 방향).

③ 남태평양의 아열대 순환은 남적도 해류 → 동오스트레일리아 해류 → 남극 순환 해류 → 페루 해류로 이루어져 있다(시계 반대 방향).

문제 보기

그림은 해수면 부근에서 부는 바람의 남북 방향의 연평균 풍속을 나타낸 것이다. ㉠과 ㉡은 각각 60°N과 60°S 중 하나이다.

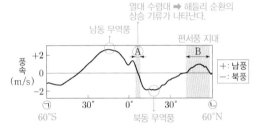

이 자료에 대한 설명으로 옳은 것만을 〈보기〉에서 있는 대로 고른 것은?

〈보기〉 풀이

해들리 순환은 적도에서 가열된 공기가 상승하여 고위도로 이동하다가 위도 30° 부근에서 냉각되어 하강하여 다시 적도로 되돌아오는 순환으로, 북반구 지상에서는 북동 무역풍을 형성하고, 남반구 지상에서는 남동 무역풍을 형성한다.

보기

ㄱ. ㉠은 60°S이다.

➡ 해들리 순환에 의해 위도 약 0°~30°N의 해수면 부근에서는 북풍(북동 무역풍)이 불고, 위도 약 0°~30°S의 해수면 부근에서는 남풍(남동 무역풍)이 분다. 따라서 ㉠은 60°S, ㉡은 60°N 이다.

ㄴ. A에서 해들리 순환의 하강 기류가 나타난다.

➡ A는 북동 무역풍과 남동 무역풍이 만나는 열대 수렴대이다. 열대 수렴대에서는 해들리 순환의 상승 기류가 나타난다.

ㄷ. 페루 해류는 B에서 나타난다.

➡ 페루 해류는 남태평양의 아열대 순환을 이루는 해류이다. B는 북반구에 해당하므로 페루 해류는 B에서 나타나지 않는다.

14　대기 대순환　2022학년도 수능 지Ⅰ 10번

정답 ⑤ | 정답률 45%

적용해야 할 개념 ③가지

① 대기 대순환으로 위도 0° 부근에는 적도 저압대, 위도 30° 부근에는 중위도 고압대(아열대 고압대), 위도 60° 부근에는 고위도 저압대(한대 전선대)가 분포한다.

② 대기 대순환의 바람에 의해 동서 방향의 해류가 형성된다.

무역풍 지대	무역풍의 영향으로 해류가 동에서 서로 흐른다. 예 북적도 해류, 남적도 해류
편서풍 지대	편서풍의 영향으로 해류가 서에서 동으로 흐른다. 예 북태평양 해류, 북대서양 해류, 남극 순환 해류(남극 순환류)

③ 해수면 위에서 바람이 한 방향으로 지속적으로 불면, 마찰층 내의 표층 해수는 평균적으로 바람 방향의 90° 방향으로 이동한다. ➡ 북반구에서는 풍향의 오른쪽 90°, 남반구에서는 풍향의 왼쪽 90° 방향으로 이동

▲ 대기 대순환

문제 보기

그림은 평균 해면 기압을 위도에 따라 나타낸 것이다.

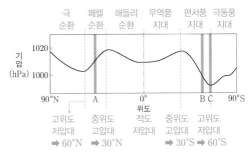

이 자료에 대한 설명으로 옳은 것만을 〈보기〉에서 있는 대로 고른 것은? [3점]

〈보기〉 풀이

A는 북반구 중위도 고압대와 고위도 저압대 사이(30°N~60°N)에 위치하고, B는 남반구 중위도 고압대와 고위도 저압대 사이(30°S~60°S)에 위치하며, C는 남반구 고위도 저압대에 위치한다.

ㄱ. **A는 대기 대순환의 간접 순환 영역에 위치한다.**
➡ A는 대기 대순환의 페렐 순환 영역에 위치한다. 해들리 순환과 극순환은 가열된 공기가 상승하거나 냉각된 공기가 하강하면서 만들어진 열적 순환(직접 순환)이고, 페렐 순환은 해들리 순환과 극 순환 사이에 형성된 간접 순환이다.

ㄴ. **B 해역에서는 남극 순환류가 흐른다.**
➡ B 해역이 있는 30°S~60°S는 편서풍 지대이므로 B 해역에서는 편서풍의 영향으로 서에서 동으로 남극 순환류가 흐른다.

ㄷ. **C 해역에서는 대기 대순환에 의해 표층 해수가 발산한다.**
➡ C 해역을 경계로 북쪽에서는 편서풍이, 남쪽에서는 극동풍이 불고, 남반구에서 표층 해수는 평균적으로 풍향의 왼쪽 90° 방향으로 이동한다. 따라서 C 해역을 경계로 북쪽에서는 표층 해수가 북동쪽으로 이동하고 남쪽에서는 표층 해수가 남서쪽으로 이동하여 C 해역에서는 표층 해수가 발산한다.

15　대기 대순환과 표층 해류　2025학년도 6월 모평 지Ⅰ 8번

정답 ③ | 정답률 77%

적용해야 할 개념 ③가지

① 아열대 순환은 무역풍대의 해류와 편서풍대의 해류로 이루어진 순환이다.

② 북대서양의 아열대 순환은 북적도 해류, 멕시코 만류, 북대서양 해류, 카나리아 해류로 이루어져 있으며, 시계 방향으로 순환한다.

③ 남대서양의 아열대 순환은 남적도 해류, 브라질 해류, 남극 순환 해류, 벵겔라 해류로 이루어져 있으며, 시계 반대 방향으로 순환한다.

문제 보기

그림은 해수면 부근의 평년 바람 분포를 나타낸 것이다. A, B, C는 주요 표층 해류가 흐르는 해역이다.

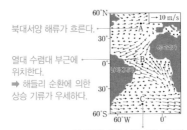

북대서양 해류가 흐른다.

열대 수렴대 부근에 위치한다.
➡ 해들리 순환에 의한 상승 기류가 우세하다.

편서풍에 의해 남극 순환 해류가 흐른다.

이에 대한 설명으로 옳은 것을 〈보기〉에서 있는 대로 고른 것은?
[3점]

〈보기〉 풀이

아열대 순환은 무역풍대의 해류와 편서풍대의 해류로 이루어진 순환으로, 북반구에서는 시계 방향, 남반구에서는 시계 반대 방향으로 나타난다.

ㄱ. **A에서는 북대서양 해류가 흐른다.**
➡ A는 북대서양의 아열대 해역에 위치하며, 서쪽에서 동쪽으로 바람이 분다. 따라서 A에서는 편서풍에 의해 형성된 북대서양 해류가 흐른다.

ㄴ. **B에서는 해들리 순환에 의한 하강 기류가 우세하다.**
➡ B는 북동 무역풍과 남동 무역풍이 수렴하는 열대 수렴대 부근에 위치한다. 따라서 B에서는 해들리 순환에 의한 상승 기류가 우세하게 나타난다.

ㄷ. **C의 표층 해류는 편서풍에 의해 형성된다.**
➡ C는 남대서양의 아열대 해역에 위치하며, 서쪽에서 동쪽으로 바람이 분다. 따라서 C에서는 편서풍에 의해 형성된 남극 순환 해류가 흐른다.

16 표층 해류 2023학년도 7월 학평 지Ⅰ 10번
정답 ① | 정답률 64 %

적용해야 할 개념 ③가지

① 무역풍대의 해류와 편서풍대의 해류로 이루어진 해수의 순환을 아열대 순환이라고 한다.
② 북태평양에서의 아열대 순환은 북적도 해류, 쿠로시오 해류, 북태평양 해류, 캘리포니아 해류로 이루어져 있으며, 시계 방향으로 순환한다.
③ 기체의 용해도는 수압이 클수록, 염분이 낮을수록, 수온이 낮을수록 증가한다.

문제 보기

그림 (가)와 (나)는 북태평양 어느 해역에서 서로 다른 두 시기 해수면 위에서의 바람을 나타낸 것이다. 화살표의 방향과 길이는 각각 풍향과 풍속을 나타낸다.

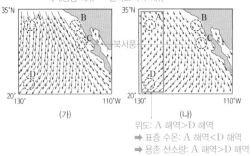

북태평양 아열대 순환: 북적도 해류 → 쿠로시오 해류 → 북태평양 해류 → 캘리포니아 해류

북서풍

위도: A 해역>D 해역
➡ 표층 수온: A 해역<D 해역
➡ 용존 산소량: A 해역>D 해역

이에 대한 설명으로 옳은 것만을 〈보기〉에서 있는 대로 고른 것은?

〈보기〉 풀이

자료는 북태평양 아열대 순환의 일부 해역으로, 북아메리카 대륙의 서안에 해당한다.

ㄱ. C 해역에서 표층 해류는 남쪽 방향으로 흐른다.
➡ C 해역에는 북서풍이 불고 있으며, 이 바람과 북아메리카 대륙의 영향으로 C 해역에서 표층 해류는 남쪽 방향으로 흐른다.

ㄴ. B 해역에는 쿠로시오 해류가 흐른다.
➡ B 해역은 북태평양 아열대 해역 중 북아메리카 대륙의 서안에 해당한다. 따라서 B 해역에는 캘리포니아 해류가 흐른다.

ㄷ. 수온만을 고려할 때, (나)에서 표층 해수의 용존 산소량은 D 해역에서가 A 해역에서보다 많다.
➡ 수온만을 고려할 때, 해수의 용존 산소량은 수온이 낮을수록 많다. 표층 수온은 고위도의 A 해역이 저위도의 D 해역보다 낮으므로, 표층 해수의 용존 산소량은 A 해역에서가 D 해역에서보다 많다.

---

17 대기 대순환과 표층 순환 2024학년도 7월 학평 지Ⅰ 10번
정답 ③ | 정답률 69 %

적용해야 할 개념 ③가지

① 해들리 순환은 적도 지방에서 공기가 상승하여 고위도로 이동한 다음 위도 30° 부근에서 하강하여 다시 적도 지방으로 되돌아오는 순환이다.
② 적도 부근에는 해들리 순환의 상승으로 인해 적도 저압대가 형성되고, 위도 30° 부근에는 해들리 순환의 하강으로 인해 아열대 고압대가 형성된다.
③ 남극 순환류는 편서풍에 의해 남극 대륙 주위를 서에서 동으로 흐르는 해류이다.

문제 보기

그림은 7월의 지표 부근의 평년 풍향 분포를 나타낸 것이다.

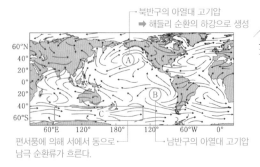

북반구의 아열대 고기압
➡ 해들리 순환의 하강으로 생성

편서풍에 의해 서에서 동으로 남극 순환류가 흐른다.
남반구의 아열대 고기압

이 자료에 대한 설명으로 옳은 것만을 〈보기〉에서 있는 대로 고른 것은?

〈보기〉 풀이

ㄱ. A 지역의 고기압은 해들리 순환의 하강으로 생성된다.
➡ A 지역의 고기압은 위도 30° 부근에 형성되는 아열대 고압대(중위도 고압대)에 해당하며, 아열대 고압대는 해들리 순환의 하강으로 생성된다.

ㄴ. B 지역에는 저기압이 위치한다.
➡ B 지역이 위치한 위도대는 남반구의 아열대 고압대에 해당하므로 B 지역에는 고기압이 위치한다.

ㄷ. C 지역에는 남극 순환류가 흐른다.
➡ C 지역은 남반구의 편서풍대에 해당한다. 따라서 C 지역에는 편서풍에 의해 서에서 동으로 남극 순환류가 흐른다.

18 대기 대순환과 해수의 표층 순환 2023학년도 수능 지Ⅰ 14번

적용해야 할 개념 ④가지

① 우리나라 겨울철에는 시베리아 고기압의 영향으로 북서 계절풍이 분다.

② 표층 순환은 대기 대순환의 바람 의해 발생한다.

③ 해수면 위에서 바람이 한 방향으로 지속적으로 불면, 마찰층 내의 표층 해수는 평균적으로 바람 방향의 90° 방향으로 이동한다. ➡ 북반구에서는 풍향의 오른쪽 90°, 남반구에서는 풍향의 왼쪽 90°로 이동

④ 무역풍의 영향을 받는 적도 해역에서는 표층 해수의 평균적인 이동이 북반구에서는 북서쪽으로, 남반구에서는 남서쪽으로 일어나 적도에서 해수가 발산하고, 이를 보충하기 위해 심층의 찬 해수가 용승한다(적도 용승).

북동 무역풍   남동 무역풍

▲ 적도 용승

문제 보기

그림은 1월과 7월의 지표 부근의 평년 바람 분포 중 하나를 나타낸 것이다. A, B, C는 주요 표층 해류가 흐르는 해역이다.

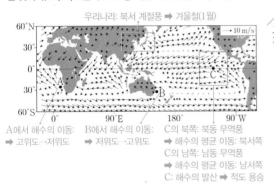

우리나라: 북서 계절풍 ➡ 겨울철(1월)

A에서 해수의 이동:
➡ 고위도→저위도

B에서 해수의 이동:
➡ 저위도→고위도

C의 북쪽: 북동 무역풍
➡ 해수의 평균 이동: 북서쪽
C의 남쪽: 남동 무역풍
➡ 해수의 평균 이동: 남서쪽
C: 해수의 발산 ➡ 적도 용승

이에 대한 설명으로 옳은 것만을 〈보기〉에서 있는 대로 고른 것은? [3점]

〈보기〉 풀이

보기

ㄱ. 이 평년 바람 분포는 1월에 해당한다.
➡ 우리나라에서 북서 계절풍이 불고 있다. 따라서 이 자료는 겨울철의 평년 바람 분포이므로 1월에 해당한다.

ㄴ. A와 B의 표층 해류는 모두 고위도 방향으로 흐른다.
➡ 표층 해류는 주로 지표 부근의 바람에 의해 발생하므로, A의 표층 해류는 고위도에서 저위도 방향으로 흐르고, B의 표층 해류는 저위도에서 고위도 방향으로 흐른다.

ㄷ. C에서는 대기 대순환에 의해 표층 해수가 수렴한다.
➡ 해수면 위에서 바람이 한 방향으로 지속적으로 불면, 바람에 의해 표층 해수가 이동하는데, 북반구에서는 바람 방향의 오른쪽 90°로, 남반구에서는 바람 방향의 왼쪽 90°로 이동한다. 적도 해상에 위치한 C의 북쪽에서는 북동 무역풍에 의해 표층 해수가 북서쪽으로 이동하고, C의 남쪽에서는 남동 무역풍에 의해 표층 해수가 남서쪽으로 이동하여 C에서는 표층 해수가 발산한다.

19 대기와 해양의 상호 작용 2023학년도 10월 학평 지Ⅰ 5번

적용해야 할 개념 ③가지

① 대기 대순환 중 페렐 순환은 위도 30° 부근에서 하강한 공기가 고위도로 이동하여 위도 60° 부근에서 상승하면서 형성되는 순환 세포로, 지표 부근에서는 편서풍을 형성한다. ➡ 위도 30° 부근에는 중위도 고압대(아열대 고압대)가 형성되고, 위도 60° 부근에는 고위도 저압대(한대 전선대)가 형성된다.

② 해수의 용존 기체량은 수온이 낮을수록, 수압이 클수록 증가한다.

③ 북태평양의 아열대 순환은 북적도 해류, 쿠로시오 해류, 북태평양 해류, 캘리포니아 해류로 이루어져 있으며, 시계 방향으로 순환한다.

문제 보기

그림은 표층 해류가 흐르는 해역 A, B, C의 위치와 대기 대순환에 의해 지표면에서 부는 바람을 나타낸 것이다. ㉠과 ㉡은 각각 중위도 고압대와 한대 전선대 중 하나이다.

편서풍의 영향으로 북태평양 해류가 흐른다.

㉠한대 전선대

㉡중위도 고압대

수온만을 고려할 때 표층에서 산소의 용해도: A<C

이에 대한 옳은 설명만을 〈보기〉에서 있는 대로 고른 것은?

〈보기〉 풀이

보기

ㄱ. 중위도 고압대는 ㉠이다.
➡ 대기 대순환에서 위도 30°N 부근인 ㉡은 중위도 고압대, 위도 60°N 부근인 ㉠은 한대 전선대(고위도 저압대)이다.

ㄴ. 수온만을 고려할 때, 표층에서 산소의 용해도는 A에서보다 C에서 높다.
➡ 북태평양의 아열대 순환은 무역풍과 편서풍의 영향으로 시계 방향으로 일어나므로, A에는 저위도에서 고위도로 난류가, C에는 고위도에서 저위도로 한류가 흐른다. 해수의 용존 기체량은 수온이 낮을수록, 수압이 클수록 증가하며, 한류는 난류보다 수온이 낮으므로, 수온만을 고려할 때 표층에서 산소의 용해도는 난류가 흐르는 A에서보다 한류가 흐르는 C에서 높다.

ㄷ. B에 흐르는 해류는 편서풍의 영향으로 형성된다.
➡ B에 흐르는 해류는 북태평양의 아열대 순환을 이루는 북태평양 해류이다. 북태평양 해류는 편서풍의 영향으로 서에서 동으로 흐른다.

적용해야 할 개념 ③가지

① 대기 대순환의 바람에 의해 형성된 표층 해류는 동서 방향으로 흐르다가 대륙과 부딪치면 남북 방향으로 갈라져 흐르면서 순환을 형성한다.

② 남태평양 아열대 순환은 남적도 해류, 동오스트레일리아 해류, 남극 순환 해류, 페루 해류로 이루어져 있으며, 시계 반대 방향으로 순환한다.

③ 난류는 저위도에서 고위도 쪽으로 흐르는 해류로 고위도에서 저위도 쪽으로 흐르는 한류보다 수온과 염분이 높고, 용존 산소량과 영양염이 적다.

문제 보기

다음은 붉은바다거북의 생애와 이동 경로에 대한 설명이다.

> 붉은바다거북은 오스트레일리아 해변에서 부화한 후 이동 과정에서 ㉠남태평양 아열대 순환을 이용한다. ㉡동오스트레일리아 해류를 이용하여 남쪽으로 이동하고 남태평양을 횡단하여 남아메리카 연안에서 성장한다. 이후 산란을 위해 해류를 이용하여 다시 오스트레일리아 해변으로 돌아온다.

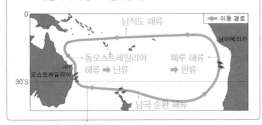

남태평양 아열대 순환
➡ 시계 반대 방향으로 순환한다.

이에 대한 설명으로 옳은 것만을 〈보기〉에서 있는 대로 고른 것은?

〈보기〉 풀이

✗ ㉠의 방향은 시계 방향이다.

➡ 아열대 순환은 무역풍대의 해류와 편서풍대의 해류로 이루어진 표층 순환이다. 남태평양 아열대 순환은 남적도 해류 → 동오스트레일리아 해류 → 남극 순환 해류 → 페루 해류로 이루어져 있으며, 시계 반대 방향으로 순환한다.

ㄴ ㉡은 저위도의 열에너지를 고위도로 수송한다.

➡ 동오스트레일리아 해류는 저위도에서 고위도로 흐르는 난류이므로 저위도의 열에너지를 고위도로 수송한다.

ㄷ 붉은바다거북이 남아메리카에서 오스트레일리아로 돌아올 때 남적도 해류를 이용한다.

➡ 붉은바다거북은 이동 과정에서 남태평양 아열대 순환을 이용하므로 남아메리카에서 오스트레일리아로 돌아올 때 남적도 해류를 이용한다.

적용해야 할 개념 ②가지

① 대기 대순환의 바람에 의해 동서 방향의 해류가 형성된다.

무역풍 지대	무역풍의 영향으로 해류가 동에서 서로 흐른다. 예 북적도 해류, 남적도 해류
편서풍 지대	편서풍의 영향으로 해류가 서에서 동으로 흐른다. 예 북태평양 해류, 북대서양 해류, 남극 순환 해류

② 북태평양의 아열대 순환은 북적도 해류 → 쿠로시오 해류 → 북태평양 해류 → 캘리포니아 해류로 이루어져 있다(시계 방향).

문제 보기

그림은 어느 해 태평양에서 유실된 컨테이너에 실려 있던 운동화가 발견된 지점과 표층 해류 A와 B의 일부를 나타낸 것이다.

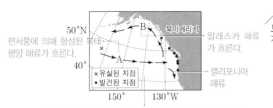

북태평양의 아열대 순환: 북적도 해류 → 쿠로시오 해류 → 북태평양 해류 → 캘리포니아 해류

이에 대한 설명으로 옳은 것만을 〈보기〉에서 있는 대로 고른 것은? [3점]

〈보기〉 풀이

ㄱ A는 편서풍의 영향을 받는다.

➡ A는 북태평양 해류로, 편서풍의 영향을 받아 서에서 동으로 흐른다.

✗ B는 아열대 순환의 일부이다.

➡ 북태평양에서 아열대 순환은 북적도 해류 → 쿠로시오 해류 → 북태평양 해류 → 캘리포니아 해류의 시계 방향으로 나타난다. B는 아한대 순환의 일부인 알래스카 해류이다.

ㄷ 북아메리카 해안에서 발견된 운동화는 북태평양 해류의 영향을 받았다.

➡ 중앙 태평양에서 유실된 운동화는 북태평양 해류의 영향을 받아 서에서 동으로 이동하여 북아메리카 해안에서 발견되었다.

22 해수의 표층 순환 – 북태평양 2022학년도 4월 학평 지I 11번
정답 ③ | 정답률 65%

**적용해야 할
개념 ③가지**

① 아열대 순환은 무역풍대의 해류와 편서풍대의 해류로 이루어진 순환으로, 북반구에서는 시계 방향으로 순환한다.
• 북태평양: 북적도 해류 → 쿠로시오 해류 → 북태평양 해류 → 캘리포니아 해류
• 북대서양: 북적도 해류 → 멕시코 만류 → 북대서양 해류 → 카나리아 해류
② 대기 대순환의 바람에 의해 동서 방향의 해류가 형성된다.

무역풍 지대	무역풍의 영향으로 해류가 동에서 서로 흐른다. 예 북적도 해류, 남적도 해류
편서풍 지대	편서풍의 영향으로 해류가 서에서 동으로 흐른다. 예 북태평양 해류, 북대서양 해류, 남극 순환 해류

③ 혼합층은 태양 복사 에너지에 의해 가열되어 수온이 높고, 바람에 의한 혼합 작용으로 깊이에 관계없이 수온이 거의 일정한 층이다.

문제 보기

그림 (가)는 북태평양 아열대 순환을 구성하는 표층 해류가 흐르는 해역 A, B, C를, (나)는 A, B, C에서 동일한 시기에 측정한 수온과 염분 자료를 나타낸 것이다. ㉠, ㉡, ㉢은 각각 A, B, C에서 측정한 자료 중 하나이다.

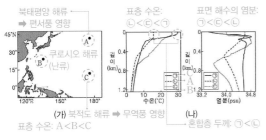

이 자료에 대한 설명으로 옳지 않은 것은?

＜보기＞ 풀이

북태평양의 아열대 순환은 북적도 해류, 쿠로시오 해류, 북태평양 해류, 캘리포니아 해류로 이루어져 있으며, 시계 방향으로 순환한다. 따라서 A는 북태평양 해류, B는 쿠로시오 해류, C는 북적도 해류가 흐르는 해역이다.

보기

① A에는 북태평양 해류가 흐른다.
➡ A에는 편서풍의 영향을 받아 서쪽에서 동쪽으로 북태평양 해류가 흐른다.

② ㉠은 C에서 측정한 자료이다.
➡ 표층 수온은 위도가 높아질수록 대체로 낮아지므로, A, B, C 해역의 표층 수온은 C가 가장 높고 A가 가장 낮다. 따라서 ㉠은 C 해역, ㉡은 A 해역, ㉢은 B 해역에서 측정한 자료이다.

③ 표면 해수의 염분은 B에서 가장 높다.
➡ (나)에서 표면 해수의 염분은 ㉡에서 가장 높으므로 A 해역에서 가장 높다.

④ C에 흐르는 표층 해류는 무역풍의 영향을 받는다.
➡ C에는 무역풍의 영향을 받아 동쪽에서 서쪽으로 북적도 해류가 흐른다.

⑤ 혼합층의 두께는 C보다 A에서 두껍다.
➡ 혼합층은 해수 표층에서 깊이에 따라 수온이 거의 일정한 층이다. (나)에서 혼합층의 두께는 ㉡이 ㉠보다 두꺼우므로, 혼합층의 두께는 C보다 A에서 두껍다.

23 해수의 표층 순환 – 북태평양 2020학년도 4월 학평 지I 10번
정답 ③ | 정답률 68%

**적용해야 할
개념 ④가지**

① 난류는 저위도에서 고위도로 흐르는 해류이고, 한류는 고위도에서 저위도로 흐르는 해류이다.
② 대기 대순환의 바람에 의해 동서 방향의 해류가 형성된다.

무역풍 지대	무역풍의 영향으로 해류가 동에서 서로 흐른다. 예 북적도 해류, 남적도 해류
편서풍 지대	편서풍의 영향으로 해류가 서에서 동으로 흐른다. 예 북태평양 해류, 북대서양 해류, 남극 순환 해류

③ 북태평양의 아열대 순환은 북적도 해류 → 쿠로시오 해류 → 북태평양 해류 → 캘리포니아 해류로 이루어져 있다.
④ 아열대 순환은 무역풍대의 해류와 편서풍대의 해류로 이루어진 순환으로, 북반구에서는 시계 방향으로 순환한다.

문제 보기

그림 (가)는 북태평양 해역의 일부를, (나)는 (가)의 A−B 구간과 C−D 구간에서의 수심에 따른 해류의 평균 유속과 방향을 나타낸 것이다.

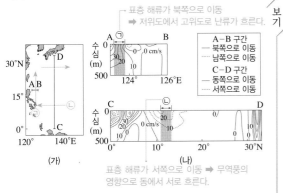

이에 대한 설명으로 옳은 것만을 ＜보기＞에서 있는 대로 고른 것은? [3점]

＜보기＞ 풀이

A−B 구간의 해류와 C−D 구간의 해류는 북태평양의 아열대 순환을 이룬다.

보기

ㄱ. ㉠ 구간에는 난류가 흐른다.
➡ ㉠ 구간에는 표층 해류가 북쪽으로 이동하고 있으므로 저위도에서 고위도로 난류가 흐른다.

ㄴ. ㉡ 구간의 표층 해류는 무역풍의 영향을 받아 흐른다.
➡ ㉡ 구간의 표층 해류는 무역풍대에서 서쪽으로 흐르고 있으므로 동풍 계열인 무역풍의 영향을 받아 동에서 서로 흐른다.

ㄷ. 북태평양에서 아열대 표층 순환의 방향은 시계 반대 방향이다.
➡ 북태평양의 아열대 순환을 이루는 해류는 ㉡ 구간에서 동에서 서로 흐르고 ㉠ 구간에서 저위도에서 고위도로 흐르며 시계 방향으로 순환을 이룬다. 즉, 북태평양에서 아열대 표층 순환은 무역풍과 편서풍의 영향을 받아 형성되며, 해류가 무역풍대에서는 대양의 서쪽으로 흐르고 편서풍대에서는 대양의 동쪽으로 흐르며 시계 방향으로 순환한다.

적용해야 할 개념 ③가지

① 표층 수온은 저위도에서 고위도로 갈수록 대체로 낮아지므로 등수온선은 대체로 위도와 나란하게 나타난다. ➡ 등수온선이 위도와 나란하지 않은 곳은 해류나 용승 등의 영향을 받는 곳이다.

② 아열대 해양에서는 한류가 흐르는 대양의 동안보다 난류가 흐르는 대양의 서안에서 표층 수온이 대체로 높다.

③ 대기 대순환에 의한 바람으로 인해 동서 방향의 해류가 형성된다.

무역풍 지대	무역풍의 영향으로 해류가 동에서 서로 흐른다. 예 북적도 해류, 남적도 해류
편서풍 지대	편서풍의 영향으로 해류가 서에서 동으로 흐른다. 예 북태평양 해류, 북대서양 해류, 남극 순환 해류

문제 보기

그림 (가)와 (나)는 어느 해 2월과 8월의 남태평양의 표층 수온을 순서 없이 나타낸 것이다. A와 B는 주요 표층 해류가 흐르는 해역이다.

여름   겨울

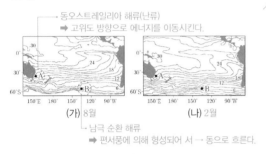

- 동오스트레일리아 해류(난류)
  ➡ 고위도 방향으로 에너지를 이동시킨다.

(가) 8월   (나) 2월

- 남극 순환 해류
  ➡ 편서풍에 의해 형성되어 서 → 동으로 흐른다.

이에 대한 설명으로 옳은 것만을 〈보기〉에서 있는 대로 고른 것은?

〈보기〉 풀이

보기

✗ 8월에 해당하는 것은 (나)이다.

➡ 남반구는 2월이 여름이고, 8월이 겨울이다. 따라서 남태평양 중위도 해역의 표층 수온이 상대적으로 낮은 (가)가 8월에 해당한다.

ㄴ A에서 흐르는 해류는 고위도 방향으로 에너지를 이동시킨다.

➡ A 해역은 남태평양 아열대 해역의 서쪽 연안으로, 이 해역에는 저위도에서 고위도로 난류(동오스트레일리아 해류)가 흐른다. 따라서 A에서 흐르는 해류는 고위도 방향으로 에너지를 이동시킨다.

✗ B에서 흐르는 해류와 북태평양 해류의 방향은 반대이다.

➡ B에서 흐르는 해류는 편서풍에 의해 서에서 동으로 흐르는 남극 순환 해류이다. 북태평양 해류도 편서풍에 의해 서에서 동으로 흐르므로, B에서 흐르는 해류와 북태평양 해류의 방향은 같다.

적용해야 할 개념 ④가지

① 표층 해수의 온도 분포에 가장 큰 영향을 미치는 요인은 태양 복사 에너지이다. ➡ 표층 수온은 저위도에서 고위도로 갈수록 대체로 낮아진다.

② 난류는 한류보다 수온과 염분이 높고 용존 산소량과 영양 염류가 적다.

③ 해수의 밀도는 수온이 낮을수록, 염분이 높을수록 커진다. ➡ 수온 염분도의 왼쪽 위에서 오른쪽 아래로 갈수록 해수의 밀도가 증가한다.

④ 대기 대순환의 바람에 의해 동서 방향의 해류가 생긴다.

무역풍 지대	무역풍의 영향으로 해류가 동에서 서로 흐른다. 예 북적도 해류, 남적도 해류
편서풍 지대	편서풍의 영향으로 해류가 서에서 동으로 흐른다. 예 북태평양 해류, 북대서양 해류, 남극 순환 해류

문제 보기

그림 (가)는 태평양의 해역 A, B, C를, (나)는 이 세 해역에서 관측한 수온과 염분을 수온–염분도에 ㉠, ㉡, ㉢으로 순서 없이 나타낸 것이다.

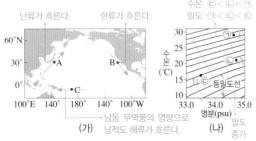

- 난류가 흐른다.   한류가 흐른다.
- 수온: ㉢ < ㉡ < ㉠
- 밀도: ㉠ < ㉡ < ㉢
- 동밀도선

- 남동 무역풍의 영향으로
  (가) 남적도 해류가 흐른다.   (나) 밀도 증가

이에 대한 설명으로 옳은 것만을 〈보기〉에서 있는 대로 고른 것은?

〈보기〉 풀이

보기

표층 해수의 온도는 저위도에서 고위도로 갈수록 낮아지므로 C는 A, B보다 수온이 높다. A와 B는 위도가 같지만 A에는 난류가 흐르고 B에는 한류가 흐르므로 A가 B보다 수온이 높다. 따라서 수온은 B<A<C이다.

㉠ A의 관측값은 ㉡이다.

➡ (가)에서 수온은 B<A<C이고, (나)의 수온 염분도에서 수온은 ㉢<㉡<㉠이다. 따라서 A의 관측값은 ㉡이고, B는 ㉢, C는 ㉠이다.

ㄴ A, B, C 중 해수의 밀도가 가장 큰 해역은 B이다.

➡ 해수의 밀도는 수온이 낮을수록, 염분이 높을수록 커지므로 수온 염분도에서 왼쪽 위에서 오른쪽 아래로 갈수록 해수의 밀도가 커진다. (나)에서 해수의 밀도는 ㉠<㉡<㉢이므로 A, B, C 중 해수의 밀도가 가장 큰 해역은 B이다.

ㄷ C에 흐르는 해류는 무역풍에 의해 형성된다.

➡ C는 남반구의 무역풍 지대에 위치하므로 C에는 남동 무역풍에 의해 형성된 남적도 해류가 흐른다.

| 26 | 해수의 표층 순환 – 대서양 2019학년도 7월 학평 지I 9번 | 정답 ④ | 정답률 77 % |

적용해야 할 개념 ③가지

① 난류는 저위도에서 고위도로 흐르는 해류이고, 한류는 고위도에서 저위도로 흐르는 해류이다.

② 중위도 해역에서는 편서풍에 의하여 서쪽에서 동쪽으로 흐르는 해류가 형성되는데, 이 해류가 북태평양 해류와 남극 순환 해류이다.

③ 아열대 표층 순환은 적도를 경계로 북반구와 남반구에서 대칭적인 분포를 보인다. ➡ 북반구에서는 시계 방향, 남반구에서는 시계 반대 방향이다.

문제 보기

그림은 대서양의 표층 순환을 나타낸 것이다. A∼D는 해류이다.

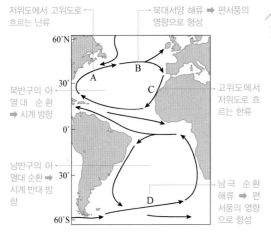

저위도에서 고위도로 흐르는 난류

북대서양 해류 ➡ 편서풍의 영향으로 형성

북반구의 아열대 순환 ➡ 시계 방향

고위도에서 저위도로 흐르는 한류

남반구의 아열대 순환 ➡ 시계 반대 방향

남극 순환 해류 ➡ 편서풍의 영향으로 형성

이에 대한 설명으로 옳은 것만을 〈보기〉에서 있는 대로 고른 것은?

〈보기〉 풀이

보기

✗ **A는 한류, C는 난류이다.**
➡ A는 저위도에서 고위도로 흐르는 난류(멕시코만류)이고, C는 고위도에서 저위도로 흐르는 한류(카나리아 해류)이다.

ㄴ. **B와 D는 편서풍의 영향을 받는다.**
➡ B는 북대서양 해류, D는 남극 순환 해류로 중위도 해역에서 편서풍의 영향을 받아 형성되었다.

ㄷ. **아열대 표층 순환의 분포는 북반구와 남반구가 적도를 경계로 대칭적이다.**
➡ 아열대 표층 순환은 북반구에서는 시계 방향, 남반구에서는 시계 반대 방향으로 순환하므로 적도를 경계로 북반구와 남반구가 대칭적인 분포를 이룬다.

| 27 | 해수의 표층 순환 – 북반구 2022학년도 10월 학평 지I 11번 | 정답 ① | 정답률 70 % |

적용해야 할 개념 ③가지

① 난류는 한류보다 수온과 염분이 높고, 용존 산소량과 영양 염류가 적다.

구분	이동 방향	수온	염분	밀도	영양 염류	용존 산소량
난류	저위도 → 고위도	높다.	높다.	작다.	적다.	적다.
한류	고위도 → 저위도	낮다.	낮다.	크다.	많다.	많다.

② 위도 0°∼30°에서는 무역풍, 30°∼60°에서는 편서풍, 60°∼90°에서는 극동풍이 분다.

③ 대기 대순환의 바람에 의해 동서 방향의 해류가 형성된다.

무역풍 지대	무역풍의 영향으로 해류가 동에서 서로 흐른다. 예 북적도 해류, 남적도 해류
편서풍 지대	편서풍의 영향으로 해류가 서에서 동으로 흐른다. 예 북태평양 해류, 북대서양 해류, 남극 순환 해류

문제 보기

· A: 고위도 → 저위도 ➡ 한류
· B: 저위도 → 고위도 ➡ 난류 ➡ 표층 염분: B>A

그림은 북극 상공에서 바라본 주요 표층 해류의 방향을 나타낸 것이다.
해역 A∼D에 대한 옳은 설명만을 〈보기〉에서 있는 대로 고른 것은?

편서풍과 대륙의 영향으로 형성된 해류

· C: 고위도 → 저위도 ➡ 한류
· D: 저위도 → 고위도 ➡ 난류 ➡ 용존 산소량: C>D

〈보기〉 풀이

보기

ㄱ. **표층 염분은 A에서가 B에서보다 낮다.**
➡ 표층 염분은 난류가 한류보다 높다. 북태평양의 아열대 순환에서 A는 고위도에서 저위도로 한류가 흐르는 해역이고, B는 저위도에서 고위도로 난류가 흐르는 해역이므로 표층 염분은 A에서가 B에서보다 낮다.

✗ **표층 해수의 용존 산소량은 C에서가 D에서보다 적다.**
➡ 해수의 용존 산소량은 수온이 낮을수록 증가한다. C는 고위도에서 저위도로 한류가 흐르는 해역이고, D는 저위도에서 고위도로 난류가 흐르는 해역이므로 표층 해수의 용존 산소량은 C에서가 D에서보다 많다.

✗ **D에는 주로 극동풍에 의해 형성된 해류가 흐른다.**
➡ D는 위도 45°N에서 60°N 사이(편서풍대)에 위치한 해역이므로, D에는 주로 편서풍과 대륙의 영향을 받아 형성된 해류가 흐른다.

적용해야 할 개념 ③가지

① 난류는 저위도에서 고위도 쪽으로, 한류는 고위도에서 저위도 쪽으로 흐르는 해류이다.

② 대체로 난류는 여름철에, 한류는 겨울철에 강하게 흐른다.

③ 난류는 열에너지를 방출하고, 한류는 열에너지를 흡수하여 주변 지역의 기후에 영향을 준다.

문제 보기

그림은 어느 해 여름철에 관측한 우리나라 주변 표층 해류의 평균 속력과 이동 방향을 나타낸 것이다.

난류
➡ 겨울철보다 여름철이 강하다.
➡ 겨울철에 주변 대기로 열을 공급한다.

이에 대한 설명으로 옳은 것만을 〈보기〉에서 있는 대로 고른 것은?

〈보기〉 풀이

ㄱ. A 해역에서는 한류, B 해역에서는 난류가 흐른다.

➡ A 해역에서는 고위도에서 저위도로 한류(북한 한류)가 흐르고, B 해역에서는 저위도에서 고위도로 난류(동한 난류)가 흐른다.

ㄴ. B 해역에서 해류는 여름철이 겨울철보다 대체로 강하게 흐른다.

➡ B 해역에 흐르는 난류는 대체로 겨울철보다 여름철에 강해진다.

ㄷ. 겨울철 B 해역에 흐르는 해류는 주변 대기로 열을 공급한다.

➡ 겨울철에 B 해역에 흐르는 해류(난류)의 수온은 대기의 온도보다 높다. 따라서 겨울철 B 해역에 흐르는 해류는 주변 대기로 열을 공급한다.

적용해야 할 개념 ②가지

① 우리나라 주변의 해류

동해	동한 난류와 북한 한류가 만나 조경 수역을 이룬다. • 동한 난류: 쿠로시오 해류에서 갈라져 나와 동해안을 따라 북상하는 해류 • 북한 한류: 연해주 한류에서 연장되어 동해안을 따라 남하하는 해류
남해	연중 쿠로시오 해류의 영향을 받으며 계절에 따른 해류 변화가 거의 없다.
황해	쿠로시오 해류에서 갈라져 나온 황해 난류가 북상하고 중국과 서해안 연안을 따라 중국 연안류, 서한 연안류가 황해에서 빠져나온다.

② 북태평양의 아열대 순환은 북적도 해류 → 쿠로시오 해류 → 북태평양 해류 → 캘리포니아 해류로 이루어져 있다.

▲ 우리나라 주변의 해류

문제 보기

그림은 우리나라 주변의 해류를 나타낸 것이다. A, B, C는 각각 동한 난류, 북한 한류, 쿠로시오 해류 중 하나이다.

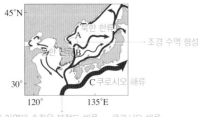

북태평양의 아열대 순환은 북적도 해류 → 쿠로시오 해류 → 북태평양 해류 →캘리포니아 해류로 이루어진다.

이에 대한 설명으로 옳은 것만을 〈보기〉에서 있는 대로 고른 것은?

〈보기〉 풀이

ㄱ. A는 북한 한류이다.

➡ A는 우리나라 주변 한류의 근원인 연해주 한류에서 연장되어 동해안을 따라 남하하는 북한 한류이고, B는 동한 난류, C는 쿠로시오 해류이다.

ㄴ. 동해에서는 A와 B가 만나 조경 수역이 형성된다.

➡ 조경 수역은 난류와 한류가 만나는 해역으로 영양 염류, 플랑크톤, 용존 산소량이 풍부하여 좋은 어장이 형성된다. 우리나라 동해에서는 북한 한류(A)와 동한 난류(B)가 만나 조경 수역이 형성된다.

ㄷ. C는 북태평양 아열대 순환의 일부이다.

➡ 아열대 순환은 무역풍 지대에서 서쪽으로 흐르는 해류와 편서풍 지대에서 동쪽으로 흐르는 해류가 이어져 형성된 순환으로, 북태평양에서는 북적도 해류 → 쿠로시오 해류 → 북태평양 해류 → 캘리포니아 해류로 이루어져 있다. 따라서 C(쿠로시오 해류)는 북태평양 아열대 순환의 일부이다.

30 **우리나라 주변의 해류** 2021학년도 6월 모평 지Ⅰ 5번   정답 ⑤ | 정답률 78 %

적용해야 할 개념 ②가지

① 우리나라 주변의 해류

동해	동한 난류와 북한 한류가 만나 조경 수역을 이룬다. • 동한 난류: 쿠로시오 해류에서 갈라져 나와 동해안을 따라 북상하는 해류 • 북한 한류: 연해주 한류에서 연장되어 동해안을 따라 남하하는 해류
남해	연중 쿠로시오 해류의 영향을 받으며 계절에 따른 해류 변화가 거의 없다.
황해	쿠로시오 해류에서 갈라져 나온 황해 난류가 북상하고 중국과 서해안 연안을 따라 중국 연안류, 서한 연안류가 황해에서 빠져나온다.

② 북태평양의 아열대 순환은 북적도 해류 → 쿠로시오 해류 → 북태평양 해류 → 캘리포니아 해류로 이루어져 있다.

▲ 우리나라 주변의 해류

문제 보기

그림 (가)와 (나)는 서로 다른 계절에 관측된 우리나라 주변 표층 해류의 평균 속력과 이동 방향을 나타낸 것이다.

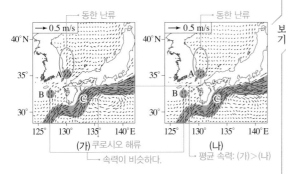

이 자료에 대한 설명으로 옳은 것만을 〈보기〉에서 있는 대로 고른 것은?

〈보기〉 풀이

✗ (가)와 (나)의 평균 속력 차는 해역 A보다 B에서 크다.
➡ 화살표 길이는 표층 해류의 평균 속력을 의미하는데, (가)와 (나) 사이의 화살표 길이 차는 해역 B보다 A에서 크다. 따라서 (가)와 (나)의 평균 속력 차는 해역 B보다 A에서 크다.

ⓛ 동한 난류의 평균 속력은 (나)보다 (가)가 빠르다.
➡ 동한 난류는 우리나라 남동 연안을 따라 북상하는 해류이다. (나)보다 (가)에서 남동 연안에 긴 화살표가 많이 분포하므로 동한 난류의 평균 속력은 (나)보다 (가)가 빠르다.

ⓓ 해역 C에 흐르는 해류는 북태평양 아열대 순환의 일부이다.
➡ 북태평양의 아열대 순환은 북적도 해류 → 쿠로시오 해류 → 북태평양 해류 → 캘리포니아 해류로 이루어져 있다. 해역 C에는 북태평양 아열대 순환의 일부인 쿠로시오 해류가 흐른다.

31

우리나라 주변의 해류 2020학년도 7월 학평 지Ⅰ 8번

정답 ③ | 정답률 80 %

적용해야 할 개념 ②가지

① 우리나라 주변의 해류

북한 한류	연해주 한류의 지류로, 동해안을 따라 남하하는 해류이다.
동한 난류	쿠로시오 해류의 지류로, 동해안을 따라 북상하는 해류이다. ➡ 북한 한류와 만나 조경 수역을 이룬다.
쓰시마 난류 (대마 난류)	쿠로시오 해류의 지류로, 우리나라 남해안과 대한 해협을 거쳐 동해로 흐르는 해류이다.

② 난류는 한류보다 수온과 염분이 높고, 용존 산소량과 영양 염류가 적다.

구분	이동 방향	수온	염분	밀도	영양 염류	용존 산소량
난류	저위도 → 고위도	높다.	높다.	작다.	적다.	적다.
한류	고위도 → 저위도	낮다.	낮다.	크다.	많다.	많다.

문제 보기

다음은 동한 난류, 북한 한류, 대마 난류의 특징을 순서 없이 정리한 것이다.

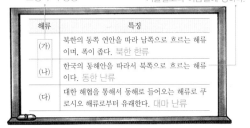

조경 수역 형성 겨울철보다 여름철에 강하다.

해류	특징
(가)	북한의 동쪽 연안을 따라 남쪽으로 흐르는 해류이며, 폭이 좁다. 북한 한류
(나)	한국의 동해안을 따라서 북쪽으로 흐르는 해류이다. 동한 난류
(다)	대한 해협을 통해서 동해로 들어오는 해류로 쿠로시오 해류로부터 유래한다. 대마 난류

이에 대한 설명으로 옳은 것만을 〈보기〉에서 있는 대로 고른 것은?

〈보기〉풀이

(가)는 북한 한류, (나)는 동한 난류, (다)는 대마 난류이다.

플랑크톤과 영양 염류가 풍부해 좋은 어장을 형성한다.

ㄱ. **(가)와 (나)가 만나는 해역에는 조경 수역이 나타난다.**
➡ 조경 수역은 난류와 한류가 만나는 해역으로, 우리나라 동해에서는 북한 한류인 (가)와 동한 난류인 (나)가 만나 조경 수역을 형성한다.

ㄴ. **(나)는 겨울철보다 여름철에 강하게 나타난다.**
➡ (나)는 동한 난류로, 여름철에는 유속이 빠르고 겨울철에는 유속이 느리다. 따라서 (나)는 겨울철보다 여름철에 강하게 나타난다.

✗ **동일 위도에서 용존 산소량은 (가)가 (다)보다 적다.**
➡ 기체는 수온이 낮을수록 많이 녹으므로 한류는 난류보다 용존 산소량이 많다. (가)는 한류이고 (다)는 난류이므로 동일 위도에서 용존 산소량은 (가)가 (다)보다 많다.

32

대기 대순환과 표층 해류 2025학년도 수능 지Ⅰ 9번

정답 ① | 정답률 54 %

적용해야 할 개념 ③가지

① 대기 대순환은 전 지구적인 규모로 일어나는 대기의 순환으로, 북반구와 남반구에 각각 3개의 순환 세포가 형성된다. ➡ 해들리 순환(적도 ~위도 30°), 페렐 순환(위도 30°~60°), 극순환(위도 60°~극)
② 북대서양의 아열대 순환은 북적도 해류, 멕시코 만류, 북대서양 해류, 카나리아 해류로 이루어져 있으며, 시계 방향으로 순환한다.
③ 해들리 순환과 극순환은 가열된 공기가 상승하거나 냉각된 공기가 하강하면서 만들어진 열적 순환으로 직접 순환에 해당한다. 위도 30°~60° 사이의 페렐 순환은 해들리 순환과 극순환 사이에서 형성된 간접 순환이다.

문제 보기

그림은 대기 대순환에 의해 지표 부근에서 부는 바람의 남북 방향과 동서 방향의 연평균 풍속을 ㉠과 ㉡으로 순서 없이 나타낸 것이다. (+)는 남풍과 서풍, (−)는 북풍과 동풍에 해당한다.

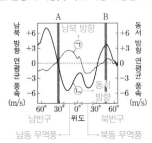

이에 대한 설명으로 옳은 것만을 〈보기〉에서 있는 대로 고른 것은? [3점]

〈보기〉풀이

ㄱ. **㉠은 남북 방향의 연평균 풍속이다.**
➡ 대기 대순환에 의해 위도 0°~30°N에서는 북동 무역풍이, 위도 0°~30°S에서는 남동 무역풍이 불므로, 위도 0°~30°N에서는 남북 방향과 동서 방향 풍향의 부호가 모두 (−)이고, 위도 0°~30°S에서는 남북 방향 풍향의 부호는 (+), 동서 방향 풍향의 부호는 (−)이다. 따라서 ㉠은 남북 방향, ㉡은 동서 방향의 연평균 풍속이다.

✗ **A의 해역에는 멕시코 만류가 흐른다.**
➡ 그림의 가로축에서 위도 0°를 기준으로 왼쪽은 남반구, 오른쪽은 북반구에 해당하므로, A의 해역은 남반구의 위도 30° 부근에 위치한다. 멕시코 만류는 북대서양의 아열대 순환을 이루는 해류이다. 따라서 A의 해역에는 멕시코 만류가 흐르지 않는다.

✗ **B에서는 대기 대순환의 직접 순환이 나타난다.**
➡ B는 위도 30°와 60° 사이에 위치하므로 대기 대순환에서 페렐 순환이 일어나는 구간에 해당한다. 따라서 B에서는 대기 대순환의 간접 순환이 나타난다.

16
일차

01 ①	02 ⑤	03 ⑤	04 ③	05 ⑤	06 ③	07 ②	08 ④	09 ①	10 ①	11 ①	12 ⑤
13 ④	14 ⑤	15 ④	16 ④	17 ④	18 ⑤	19 ④	20 ④	21 ⑤	22 ③	23 ④	24 ⑤
25 ③	26 ②	27 ①	28 ①	29 ③	30 ③						

문제편 166쪽~175쪽

---

01 **심층 순환의 원리** 2024학년도 10월 학평 지Ⅰ 4번

정답 ① | 정답률 73 %

적용해야 할 개념 ③가지

① 해수의 밀도는 수온이 낮을수록, 염분이 높을수록, 수압이 클수록 커진다.

② 표층에서 수온이 낮아지거나 염분이 높아져 밀도가 커진 해수가 심해로 가라앉아 심층 순환이 일어난다.

③ 해수가 결빙되면 염류가 주위로 빠져나와 주변 해수의 염분이 높아지고, 빙하가 녹는 지역은 염분이 낮아진다.

문제 보기

다음은 심층수 형성에 빙하가 녹은 물의 유입이 미치는 영향을 알아보기 위한 실험이다.

[실험 과정]

(가) 수조에 ㉠ 수온이 10℃, 염분이 34 psu인 소금물을 넣는다.

(나) 비커 A에 ㉡ 수온이 10℃, 염분이 36 psu인 소금물 200 g을 만들고, 비커 B에는 10℃인 증류수 50 g에 조각 얼음 50 g을 넣어 녹인다.

(다) A와 B에 서로 다른 색의 잉크를 몇 방울 떨어뜨린다.

(라) A의 소금물 100 g을 수조의 한쪽 벽을 타고 내려가게 천천히 부으면서 수조 안을 관찰한다.

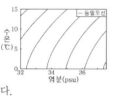
비커 A
B의 물
A의 소금물
비커 C

(마) 비커 C에 A의 소금물 100 g과 B의 물 100 g을 넣고 섞는다.

(바) C의 소금물을 수조의 반대쪽 벽을 타고 내려가게 천천히 부으면서 수조 안을 관찰한다.

비커 C

[실험 결과]
○ (라): A의 소금물이 수조 바닥으로 가라앉는다.
○ (바): C의 소금물이 (ⓐ) → 수조 밑으로 가라앉지 않고 수조 물의 위쪽에 위치한다.

[실험 해석] → 밀도: C<㉠<㉡
○ 소금물의 밀도는 C가 A보다 ( )

○ 이 실험 결과는 '심층수 형성 장소에 빙하가 녹은 물이 유입되면, 심층수의 형성이 (ⓑ)'는 것을 나타낸다.
→ 약화된다.

그래프: 가로축 염분(psu) 32, 34, 36 / 세로축 수온(℃) 0, 5, 10, 15 / 등밀도선

이에 대한 설명으로 옳은 것만을 〈보기〉에서 있는 대로 고른 것은?
[3점]

〈보기〉 풀이

ㄱ. 밀도는 ㉠이 ㉡보다 작다.

➡ 소금물의 밀도는 온도가 낮을수록, 염분이 높을수록 커진다. ㉠과 ㉡은 수온은 같고 염분은 ㉠이 ㉡보다 낮으므로 밀도는 ㉠이 ㉡보다 작다.

✗ '수조 밑으로 가라앉아 A의 소금물 아래쪽으로 파고든다.'는 ⓐ에 해당한다.

➡ C의 소금물은 A의 소금물과 B의 물을 같은 양씩 섞은 것이다. 증류수에 조각 얼음을 넣어 녹인 B의 물이 C의 소금물 온도를 어느 정도 낮춘다 하더라도 B의 물의 염분이 0 psu이므로 C의 소금물은 밀도가 매우 작다. 수온 염분도에서 밀도를 비교해 보면, C의 소금물은 A의 소금물(㉡)보다 밀도가 작을 뿐만 아니라 수조의 소금물(㉠)보다도 밀도가 작다. 따라서 C의 소금물은 수조 밑으로 가라앉지 않고 수조 물의 위쪽에 위치하게 된다.

✗ '활발해진다.'는 ⓑ에 해당한다.

➡ 심층수 형성 장소에 빙하가 녹은 물이 유입되면, 빙하가 녹은 물이 해수의 밀도를 낮추어 표층 해수의 침강이 약해지므로 심층수의 형성이 약화된다.

적용해야 할 개념 ③가지

① 해수 표층에서 수온이 낮아지거나 염분이 높아지면 밀도가 커진 해수가 심해로 가라앉아 심층 순환을 형성한다.

② 해수의 밀도는 수온이 낮을수록, 염분이 높을수록 커진다.

③ 밀도가 서로 다른 수괴가 만나면 밀도가 큰 수괴가 밀도가 작은 수괴 아래로 흐른다.

문제 보기

다음은 심층 순환의 형성 원리를 알아보기 위한 실험이다.

[실험 과정]

(가) 수온과 염분이 다른 소금물 A, B, C를 준비한 후 서로 다른 색의 잉크를 떨어뜨린다.

수온: A<B, 염분: A=B
➡ 밀도: A>B

소금물	수온(℃)	염분(psu)
A	5	34
B	20	34
C	2	38

(나) 칸막이가 있는 수조의 한 쪽 칸에는 A를, 다른 쪽 칸에는 B를 같은 높이로 채운다.

(다) 바닥에 구멍을 뚫은 종이컵을 그림과 같이 수면 바로 위에 오도록 하여 수조의 가장자리에 부착한다.

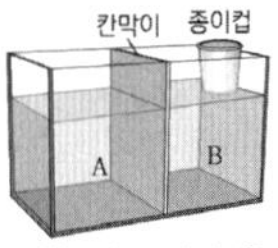

칸막이 / 종이컵

C는 A보다 수온이 낮고 염분이 높다.

(라) 칸막이를 열고 A와 B의 이동을 관찰한다. ➡ 밀도: C>A

(마) C를 종이컵에 서서히 부으면서 C의 이동을 관찰한다.

[실험 결과] 밀도: C>A>B ┌→ 아래

과정	결과
(라)	A는 B의 (㉠)으로/로 이동한다.
(마)	C는 수조의 가장 아래로 이동한다.

이에 대한 설명으로 옳은 것만을 〈보기〉에서 있는 대로 고른 것은?

보기

〈보기〉 풀이

ㄱ. '아래'는 ㉠에 해당한다.

➡ 해수의 밀도는 수온이 낮을수록, 염분이 높을수록 크므로, 밀도는 소금물 A가 소금물 B보다 크다. 따라서 A는 B의 아래로 이동한다.

ㄴ. 과정 (라)는 염분이 같을 때 수온이 해수의 밀도에 미치는 영향을 알아보기 위한 것이다.

➡ 과정 (라)에서 염분이 같고 수온이 다른 소금물 A와 B를 이용하였으므로, 과정 (라)는 염분이 같을 때 수온이 해수의 밀도에 미치는 영향을 알아보기 위한 것이다.

ㄷ. 밀도는 A, B, C 중 C가 가장 크다.

➡ 실험 결과를 보면 소금물 C가 수조의 가장 아래로 이동하였으므로 밀도는 A, B, C 중 C가 가장 크다.

03 심층 순환의 발생 요인 2024학년도 9월 모평 지I 4번

정답 ⑤ | 정답률 89 %

적용해야 할 개념 ③가지

① 표층 해수의 수온이 낮아지거나 염분이 높아지면 밀도가 커져 해수의 침강이 일어나고, 심층 해류가 이동하여 심층 순환이 발생한다.

② 해수의 밀도는 수온이 낮을수록, 염분이 높을수록 크다.

③ 해양에서 염분은 장소에 따라 큰 차이가 나지 않고 거의 비슷하지만 수온은 적도와 양극 지방 사이에 큰 차이가 난다. 따라서 해수의 밀도는 염분보다는 수온의 변화에 의해 더 큰 영향을 받는다.

문제 보기

다음은 심층 순환을 일으키는 요인 중 일부를 알아보기 위한 실험이다.

[실험 목표] 수온 변화
o 해수의 (㉠)에 따른 밀도 차에 의해 심층 순환이 발생할 수 있음을 설명할 수 있다.

[실험 과정]
(가) 위와 아래에 각각 구멍이 뚫린 칸막이를 준비한다.
(나) 칸막이의 구멍을 필름으로 막은 후, 칸막이로 수조를 A 칸과 B 칸으로 분리한다.
(다) 염분이 35 psu이고 수온이 20℃인 동일한 양의 소금물을 A와 B에 넣고, 각각 서로 다른 색의 잉크로 착색한다.
(라) 그림과 같이 A와 B에 각각 얼음물과 뜨거운 물이 담긴 비커를 설치한다. └─ 수온 차이를 만드는 실험 과정
(마) 칸막이의 필름을 제거하고 소금물의 이동을 관찰한다.

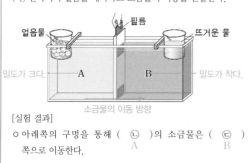

[실험 결과]
o 아래쪽의 구멍을 통해 (㉡)의 소금물은 (㉢) 쪽으로 이동한다. A   B

이에 대한 설명으로 옳은 것만을 〈보기〉에서 있는 대로 고른 것은?

〈보기〉 풀이

표층 해수의 수온이 낮아지거나 염분이 높아지면 밀도가 커진 해수가 심해로 가라앉아 심층 순환이 일어난다.

ㄱ. '수온 변화'는 ㉠에 해당한다.
➡ 이 실험에서는 A와 B의 수온을 변화시켰을 때 나타나는 소금물의 이동을 관찰하고 있다. 따라서 해수의 수온 변화에 따른 밀도 차에 의해 심층 순환이 발생할 수 있음을 설명하는 것이 이 실험의 목표라고 할 수 있다.

ㄴ. A는 고위도 해역에 해당한다.
➡ A에는 얼음물이 담긴 비커를, B에는 뜨거운 물이 담긴 비커를 설치했으므로 A는 수온이 낮은 고위도 해역, B는 수온이 높은 저위도 해역에 해당한다.

ㄷ. A는 ㉡, B는 ㉢에 해당한다.
➡ A에서는 수온이 낮아져 밀도가 커진 해수가 침강하므로 수조 아래쪽의 구멍을 통해 A의 소금물이 B 쪽으로 이동한다. 따라서 ㉡은 A, ㉢은 B에 해당한다.

적용해야 할 개념 ③가지

① 해수의 밀도는 수온이 낮을수록, 염분이 높을수록 커진다.

② 표층 해수의 온도가 낮아지거나 염분이 높아지면 밀도가 커진 해수가 침강하여 심층 순환이 일어난다.

③ 염분은 해수 1000 g 속에 녹아 있는 염류의 총량을 g 수로 나타낸 것이다. ➡ 염분$(psu) = \dfrac{\text{염류}(g)}{\text{물}(g) + \text{염류}(g)} \times 1000$

문제 보기

다음은 심층 순환의 형성 원리를 알아보기 위한 탐구이다.

[탐구 과정] ┌ 염분 $= \dfrac{17}{517} \times 1000 ≒ 32.9$ psu

(가) 수조에 ㉠ 20 ℃의 증류수를 넣는다.

(나) 비커 A와 B에 각각 10 ℃의 증류수 500 g을 넣는다.

(다) A에는 소금 17 g을, B에는 소금 (㉡) g을 녹인다.

(라) A와 B에 각각 서로 다른 색의 잉크를 몇 방울 떨어뜨린다.

(마) 그림과 같이 A와 B의 소금물을 수조의 양 끝에서 동시에 천천히 부으면서 수조 안을 관찰한다.

비커 A   비커 B
20℃ 증류수

[탐구 결과]

○ A와 B의 소금물이 수조 바닥으로 가라앉아 이동하다가 만나서 A의 소금물이 B의 소금물 아래로 이동한다.

└→ A의 소금물의 밀도 > B의 소금물의 밀도
➡ A의 염분 > B의 염분

이에 대한 옳은 설명만을 〈보기〉에서 있는 대로 고른 것은?

〈보기〉 풀이

㉠. (다)에서 A의 소금물은 염분이 34 psu보다 작다.

➡ 염분은 해수(=물+염류) 1 kg 속에 녹아 있는 염류의 총량을 g 수로 나타낸 값이다. 물 500 g에 소금 17 g을 녹이면 해수 517 g에 소금 17 g이 녹아 있으므로 염분을 구하면 $\dfrac{17}{517} \times 1000 ≒ 32.9$ psu이다. 따라서 A의 소금물은 염분이 34 psu보다 작다.

㉡. ㉡은 17보다 작다.

➡ A의 소금물이 B의 소금물 아래로 이동하였으므로 소금물의 밀도는 B가 A보다 작다. 해수의 밀도는 수온이 낮을수록, 염분이 높을수록 크다. 소금물 B는 소금물 A와 수온이 같고 밀도는 A보다 작으므로 염분이 A보다 낮다. 따라서 ㉡은 17보다 작다.

✗. ㉠을 10 ℃의 증류수로 바꾸어 실험하면 A와 B의 소금물이 수조 바닥으로 가라앉는 속도는 더 빠를 것이다.

➡ 수조의 증류수와 비커 속 소금물의 밀도 차이가 클수록 소금물이 가라앉는 속도는 빨라진다. 20 ℃인 ㉠을 10 ℃의 증류수로 바꾸어 실험하면 수조의 증류수와 비커 속 소금물의 밀도 차이가 작아지므로 A와 B의 소금물이 수조 바닥으로 가라앉는 속도는 더 느릴 것이다.

보기

적용해야 할 개념 ④가지

① 염분은 해수 1000 g에 녹아 있는 염류의 총량을 g 수로 나타낸 것이다. ➡ 염분(psu)= $\dfrac{\text{염류(g)}}{\text{물(g)}+\text{염류(g)}} \times 1000$

② 염분의 변화 요인

증발량과 강수량	강수량이 많을수록, 해수의 증발량이 적을수록 염분이 낮다.
담수의 유입	담수는 해수에 비해 염분이 낮기 때문에 담수가 유입되는 곳에서는 염분이 낮게 나타난다.
해수의 결빙과 해빙	해수가 결빙되면 주변 해수의 염분이 높아지고, 해빙되는 지역의 해수는 염분이 낮아진다.

③ 표층 해수의 온도가 낮아지거나 염분이 높아지면 밀도가 커진 표층 해수가 침강하여 심층 순환이 발생한다.

④ 남극 저층수는 남극 대륙 주변의 웨델해에서 결빙에 의해 밀도가 커진 해수가 침강하여 해저를 따라 위도 30°N 부근까지 이동하는 수괴이다.

문제 보기

다음은 해수의 염분에 영향을 미치는 요인을 알아보기 위한 실험이다.

[실험 과정]

(가) 염분이 34.5 psu인 소금물 900 mL를 만들고, 3개의 비커에 각각 300 mL씩 나눠 담는다.

(나) 각 비커의 소금물에 다음과 같이 각각 다른 과정을 수행한다.

과정	실험 방법
A	증류수 100 mL를 넣어 섞는다. ➡ 담수 유입에 의한 염분 변화 과정
B	10분간 가열하여 증발시킨다. ➡ 증발에 의한 염분 변화 과정
C	표층이 얼음으로 덮일 정도까지 천천히 얼린다. ➡ 결빙에 의한 염분 변화 과정

증류수
소금물
A 염분 감소

소금물
B 염분 증가

얼음
소금물
C 염분 증가

(다) 각 비커에 있는 소금물의 염분을 측정하여 기록한다.

[실험 결과]

과정	A	B	C
염분(psu)	㉠	㉡	㉢

㉠ 34.5보다 작은 값   ㉡㉢ 34.5보다 큰 값

이에 대한 설명으로 옳은 것만을 〈보기〉에서 있는 대로 고른 것은? [3점]

〈보기〉 풀이

해수의 염분에 영향을 미치는 요인에는 증발량과 강수량, 담수의 유입, 해수의 결빙과 해빙이 있다. A는 담수의 유입, B는 증발, C는 결빙에 의한 염분 변화를 알아보기 위한 실험이다.

보기

ㄱ. 담수의 유입에 의한 염분 변화를 알아보기 위한 과정은 A에 해당한다.

➡ 해수에 담수가 유입되면 표층 해수의 염분이 낮아지며, 이는 소금물에 증류수를 섞어서 소금물의 염분을 낮춘 경우(A)에 해당한다.

ㄴ. 실험 결과에서 34.5보다 큰 값은 ㉡과 ㉢이다.

➡ 소금물에 증류수를 넣어 섞으면 염류에 대한 물의 양이 증가하여 염분이 낮아지고, 소금물을 가열하여 증발시키거나 표층이 얼음으로 덮일 정도까지 천천히 얼리면 염류에 대한 물의 양이 감소하여 염분이 높아진다. 따라서 실험 결과에서 염분이 34.5보다 큰 값은 ㉡과 ㉢이다.

ㄷ. 남극 저층수가 형성되는 과정은 C에 해당한다.

➡ 남극 대륙 주변의 웨델해에서 결빙에 의해 염분이 높아져 밀도가 커진 해수가 침강하여 남극 저층수가 형성된다. 따라서 남극 저층수가 형성되는 과정은 결빙에 의해 염분이 높아지는 C에 해당한다.

적용해야 할 개념 ③가지

① 남극 저층수는 전 세계에서 밀도가 가장 큰 수괴로, 남극 대륙 주변의 웨델해에서 형성되며, 해저를 따라 북쪽으로 이동하여 30°N 부근까지 흐른다.

② 북대서양 심층수는 북대서양의 그린란드 해역에서 표층수가 가라앉아 형성되며, 남극 저층수와 남극 중층수 사이에서 60°S 부근까지 흐른다.

③ 해수의 심층 순환은 표층 순환에 비해 매우 느리게 일어난다.

문제 보기

그림은 남대서양의 수괴 A, B, C와 염분 분포를 나타낸 것이다. A, B, C는 각각 남극 저층수, 남극 중층수, 북대서양 심층수 중 하나이다.

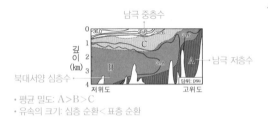

- 평균 밀도: A>B>C
- 유속의 크기: 심층 순환<표층 순환

이에 대한 설명으로 옳은 것만을 〈보기〉에서 있는 대로 고른 것은?

〈보기〉 풀이

A는 남극 저층수, B는 북대서양 심층수, C는 남극 중층수이다.

ㄱ. **A는 주로 북쪽으로 흐른다.**
➡ A는 남극 대륙 주변의 웨델해에서 겨울철 결빙으로 염분이 높아지면서 해수가 심층으로 가라앉아 형성된 남극 저층수이다. 남극 저층수(A)는 해저를 따라 북쪽으로 확장하여 위도 30°N 부근까지 흐른다.

ㄴ. **평균 밀도는 A가 C보다 크다.**
➡ 북대서양 심층수는 남극 저층수보다 밀도가 작아 남극 저층수 위쪽으로 흐르고, 남극 중층수는 북대서양 심층수보다 밀도가 작아 북대서양 심층수 위쪽으로 흐른다. 따라서 평균 밀도는 남극 저층수(A)가 남극 중층수(C)보다 크다.

ㄷ. **평균 이동 속력은 B가 표층 해류보다 빠르다.**
➡ 해수의 심층 순환은 표층 순환에 비해 해수의 이동 속도가 매우 느리다. 따라서 평균 이동 속력은 B가 표층 해류보다 느리다.

보기

적용해야 할 개념 ③가지

① 남극 대륙 주변에서는 웨델해에서, 북대서양에서는 그린란드 남쪽의 래브라도해와 그린란드 동쪽의 노르웨이해에서 해수의 침강이 일어난다.

② 대서양의 심층 순환

남극 중층수	위도 50°S~60°S 부근 해역에서 형성되어 수심 약 1000 m에서 위도 20°N 부근까지 이동한다.
북대서양 심층수	북대서양의 그린란드 해역에서 표층수가 가라앉아 형성되며, 남극 저층수와 남극 중층수 사이에서 위도 60°S 부근까지 흐른다.
남극 저층수	남극 대륙 주변의 웨델해에서 형성되어 해저를 따라 북쪽으로 이동하여 위도 30°N 부근까지 흐른다.

③ 남극 순환 해류는 남대서양의 아열대 순환을 이루는 해류로, 편서풍의 영향으로 남극 대륙 주변을 서에서 동으로 흐른다.

문제 보기

그림은 대서양의 심층 순환과 두 해역 A와 B의 위치를 나타낸 것이다.

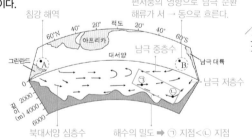

- 편서풍의 영향으로 남극 순환 해류가 서 → 동으로 흐른다.
- 해수의 밀도 ➡ ㉠ 지점<㉡ 지점

이에 대한 옳은 설명만을 〈보기〉에서 있는 대로 고른 것은?

〈보기〉 풀이

대서양의 심층 순환에서 북대서양 심층수는 그린란드 주변 해역에서, 남극 저층수는 남극 대륙 주변 해역에서 형성된다.

ㄱ. **A 해역에서는 해수의 용승이 침강보다 우세하다.**
➡ 북대서양의 그린란드 주변 해역(A 해역)에서는 표층 해수가 가라앉아 북대서양 심층수를 형성하는데, 이 심층수는 수심 약 1500~4000 m 사이에서 남쪽으로 확장하여 위도 60°S 부근까지 흐른다. 따라서 A 해역에서는 해수의 침강이 용승보다 우세하다.

ㄴ. **B 해역에서 표층 해류는 서쪽으로 흐른다.**
➡ B 해역에서는 편서풍의 영향으로 남극 순환 해류가 동쪽으로 흐른다.

ㄷ. **해수의 밀도는 ㉠ 지점이 ㉡ 지점보다 작다.**
➡ 대서양의 심층 순환에서 북대서양 심층수는 남극 저층수보다 밀도가 작아 남극 저층수 위쪽으로 흐른다. 따라서 해수의 밀도는 북대서양 심층수가 흐르는 ㉠ 지점이 남극 저층수가 흐르는 ㉡ 지점보다 작다.

보기

08 심층 순환 2024학년도 6월 모평 지I 3번

정답 ④ | 정답률 88 %

적용해야 할 개념 ③가지

① 표층에서 수온이 낮아지거나 염분이 높아지면 밀도가 커진 해수가 심해로 가라앉아 해수의 심층 순환이 일어난다.

② 심층 순환은 매우 느리지만 거의 전체 수심에 걸쳐 일어나면서 해수를 순환시키는 역할을 하며, 표층 순환과 연결되어 열에너지를 수송하여 위도 간의 열수지 불균형을 해소시킨다.

③ 심층 순환은 용존 산소가 풍부한 표층 해수를 심해로 운반하여 심해에 산소를 공급하고, 심해의 영양 염류를 표층으로 운반하여 해양 생물이 살 수 있도록 해 준다.

문제 보기

그림은 해수의 심층 순환을 나타낸 모식도이다. A와 B는 각각 표층 해류와 심층 해류 중 하나이다.

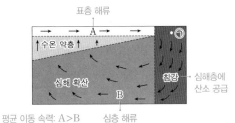

이에 대한 설명으로 옳은 것만을 〈보기〉에서 있는 대로 고른 것은? [3점]

〈보기〉 풀이

A는 표층 해류이고, B는 심층 해류이다.

ㄱ. **A에 의해 에너지가 수송된다.**
➡ 표층 해류는 저위도의 에너지를 고위도로 수송하는 역할을 한다. 따라서 A에 의해 에너지가 수송된다.

ㄴ. **㉠ 해역에서 해수가 침강하여 심해층에 산소를 공급한다.**
➡ ㉠ 해역은 표층 해수의 침강이 일어나는 고위도 해역으로, ㉠ 해역의 찬 해수는 용존 산소가 풍부하므로 침강하여 심해층에 산소를 공급한다.

✗ **평균 이동 속력은 A가 B보다 느리다.**
➡ 심층 순환은 표층 순환에 비해 유속이 매우 느리다. 따라서 평균 이동 속력은 A가 B보다 빠르다.

---

09 대서양의 심층 순환 2022학년도 9월 모평 지I 3번

정답 ① | 정답률 72 %

적용해야 할 개념 ②가지

① 대서양의 심층 순환을 이루는 수괴는 남극 중층수, 북대서양 심층수, 남극 저층수로 구분된다.

남극 중층수	• 위도 50°S~60°S 해역에서 형성되어 북쪽으로 이동한다. • 북대서양 심층수보다 밀도가 작아 북대서양 심층수 위에서 흐른다.
북대서양 심층수	• 그린란드 부근 해역에서 침강한 해수가 남쪽으로 이동한다. • 남극 저층수보다 밀도가 작아 남극 저층수 위에서 위도 60°S 부근까지 흐른다.
남극 저층수	• 웨델해에서 결빙에 의해 밀도가 커진 해수가 침강하여 북쪽으로 이동한다. • 밀도가 가장 큰 해수로, 해저를 따라 위도 30°N 부근까지 흐른다.

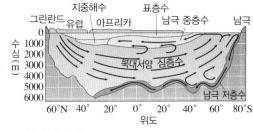

▲ 해수의 심층 순환

② 빙하의 융해와 강수량 증가로 해양으로 많은 양의 담수가 유입되면 해수의 염분이 감소하여 밀도가 감소하고, 해수의 침강이 약해져 심층 순환이 약해질 것이다.

문제 보기

그림은 대서양의 심층 순환을 나타낸 것이다. 수괴 A, B, C는 각각 남극 저층수, 남극 중층수, 북대서양 심층수 중 하나이다.

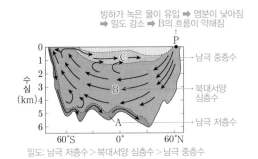

이에 대한 설명으로 옳은 것만을 〈보기〉에서 있는 대로 고른 것은? [3점]

〈보기〉 풀이

ㄱ. **A는 남극 저층수이다.**
➡ 대서양의 심층 순환에서 수괴의 밀도를 비교하면 남극 저층수>북대서양 심층수>남극 중층수이다. 밀도가 큰 수괴가 수심이 더 깊은 곳에 위치하므로 그림에서 A, B, C의 밀도를 비교하면 A>B>C이다. 따라서 A는 남극 저층수이고, B는 북대서양 심층수, C는 남극 중층수이다.

✗ **밀도는 C가 A보다 크다.**
➡ 대서양의 심층 순환에서 수괴의 밀도는 수심이 가장 깊은 곳을 흐르는 남극 저층수(A)가 수심 1 km 부근에서 흐르는 남극 중층수(C)보다 크다.

✗ **빙하가 녹은 물이 해역 P에 유입되면 B의 흐름은 강해질 것이다.**
➡ 빙하가 녹은 물이 해수에 유입되면 표층 해수의 염분이 낮아져 밀도가 작아지므로 표층 해수의 침강이 약해진다. 따라서 빙하가 녹은 물이 해역 P에 유입되면 북대서양 심층수(B)의 흐름은 약해질 것이다.

① 표층에서 수온이 낮아지거나 염분이 높아지면 밀도가 커진 해수가 심해로 가라앉아 해수의 심층 순환이 일어난다. ➡ 수온과 염분 변화에 따른 밀도 차로 발생하기 때문에 열염 순환이라고도 한다.

② 대서양 심층 순환을 이루는 수괴는 남극 중층수, 북대서양 심층수, 남극 저층수로 구분된다.

적용해야 할 개념 ②가지

남극 중층수	• 위도 50°S ~ 60°S 해역에서 형성되어 북쪽으로 이동한다. • 북대서양 심층수보다 밀도가 작아 북대서양 심층수 위에서 흐른다.
북대서양 심층수	• 그린란드 부근 해역에서 침강한 해수가 남쪽으로 이동한다. • 남극 저층수보다 밀도가 작아 남극 저층수 위에서 위도 60°S 부근까지 흐른다.
남극 저층수	• 웨델해에서 결빙에 의해 밀도가 커진 해수가 침강하여 북쪽으로 이동한다. • 밀도가 가장 큰 해수로, 해저를 따라 위도 30°N 부근까지 흐른다.

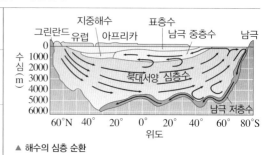

▲ 해수의 심층 순환

문제 보기

그림은 대서양의 수온과 염분 분포를, 표는 수괴 A, B, C의 평균 수온과 염분을 나타낸 것이다. A, B, C는 남극 저층수, 남극 중층수, 북대서양 심층수를 순서 없이 나타낸 것이다.

평균 밀도: 남극 중층수(C)<북대서양 심층수(A)<남극 저층수(B)

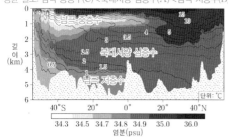

수괴	평균 수온(℃)	평균 염분(psu)
북대서양 심층수 A	2.5	34.9
남극 저층수 B	0.4	34.7
남극 중층수 C	( )	34.3

이 자료에 대한 설명으로 옳은 것만을 〈보기〉에서 있는 대로 고른 것은? [3점]

〈보기〉 풀이

ㄱ. A는 북대서양 심층수이다.

➡ 평균 수온이 2.5 ℃, 평균 염분이 34.9 psu인 A는 그림에서 40°S~40°N의 깊이 약 2.5~3 km에 위치한다. 그린란드 주변 해역에서 침강하여 형성된 북대서양 심층수는 깊이 약 1.5~4 km에서 60°S 부근까지 이동하므로 A는 북대서양 심층수이다.

ㄴ. 평균 밀도는 A가 C보다 작다.

➡ B는 평균 수온이 0.4 ℃, 평균 염분이 34.7 psu로, 북대서양 심층수인 A보다 더 깊은 곳에 위치한다. 북대서양 심층수보다 밀도가 커서 더 깊은 곳에서 흐르는 수괴는 남극 저층수이므로 B는 남극 저층수이고, C는 남극 중층수이다. 수괴의 평균 밀도는 '남극 중층수<북대서양 심층수<남극 저층수'이므로, 평균 밀도는 A가 C보다 크다.

ㄷ. B는 주로 남쪽으로 이동한다.

➡ B는 남극 저층수로, 남극 대륙 주변의 웨델해에서 침강한 후 해저를 따라 북쪽으로 이동하여 30°N 부근까지 흐른다. 따라서 B는 주로 북쪽으로 이동한다.

11 대서양의 심층 순환 2021학년도 9월 모평 지I 16번 정답 ① | 정답률 80 %

적용해야 할 개념 ②가지

① 대서양의 심층 순환을 이루는 수괴는 남극 중층수, 북대서양 심층수, 남극 저층수로 구분된다.

남극 중층수	• 위도 50°S~60°S 해역에서 형성되어 북쪽으로 이동한다. • 북대서양 심층수보다 밀도가 작아 북대서양 심층수 위에서 흐른다.
북대서양 심층수	• 그린란드 부근 해역에서 침강한 해수가 남쪽으로 이동한다. • 남극 저층수보다 밀도가 작아 남극 저층수 위에서 위도 60°S 부근까지 흐른다.
남극 저층수	• 웨델해에서 결빙에 의해 밀도가 커진 해수가 침강하여 북쪽으로 이동한다. • 밀도가 가장 큰 해수로, 해저를 따라 위도 30°N 부근까지 흐른다.

② 심층 순환은 거의 전 수심과 전 위도에 걸쳐 일어나며, 표층 순환에 비해 속도가 매우 느리다.

문제 보기

그림은 대서양 심층 순환의 일부를 모식적으로 나타낸 것이다. 수괴 A, B, C는 각각 북대서양 심층수, 남극 저층수, 남극 중층수 중 하나이다.

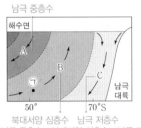

밀도: 남극 중층수 < 북대서양 심층수 < 남극 저층수

이에 대한 설명으로 옳은 것만을 〈보기〉에서 있는 대로 고른 것은?

〈보기〉 풀이

A는 남극 중층수, B는 북대서양 심층수, C는 남극 저층수이다.

ㄱ. 침강하는 해수의 밀도는 A가 C보다 작다.

➡ A는 B의 위로 흐르므로 B보다 밀도가 작고, C는 B의 아래로 흐르므로 B보다 밀도가 크다. 따라서 침강하는 해수의 밀도는 A가 C보다 작다.

✗ B는 형성된 곳에서 ㉠ 지점까지 도달하는 데 걸리는 시간이 1년보다 짧다.

➡ B는 북대서양 심층수로 북반구의 그린란드 부근 해역에서 해수가 침강하여 형성된다. 심층수는 표층수에 비해 이동 속도가 매우 느리므로, 표층수가 침강한 뒤 심층 순환을 거쳐 다시 표층으로 되돌아오는 데 수백 년에서 천 년에 가까운 시간이 걸린다. 따라서 B가 형성된 곳에서 침강하여 약 50°S인 ㉠ 지점까지 도달하는 데 걸리는 시간은 1년보다 매우 길다.

✗ C는 표층 해수에서 (증발량−강수량) 값의 감소에 의한 밀도 변화로 형성된다.

➡ C는 남극 저층수로, 남극 대륙 주변의 웨델해에서 결빙에 의해 밀도가 커진 해수가 침강하여 형성된다. 표층 해수에서 (증발량−강수량) 값이 감소하면 염분이 낮아져 밀도가 작아지므로 해수가 침강하기 어렵다.

12 대서양의 심층 순환 2022학년도 4월 학평 지I 12번 정답 ⑤ | 정답률 68 %

적용해야 할 개념 ②가지

① 대서양의 심층 순환을 이루는 수괴는 남극 중층수, 북대서양 심층수, 남극 저층수로 구분된다.

남극 중층수	• 위도 50°S ~ 60°S 해역에서 형성되어 북쪽으로 이동한다. • 북대서양 심층수보다 밀도가 작아 북대서양 심층수 위에서 흐른다.
북대서양 심층수	• 그린란드 부근 해역에서 침강한 해수가 남쪽으로 이동한다. • 남극 저층수보다 밀도가 작아 남극 저층수 위에서 위도 60°S 부근까지 흐른다.
남극 저층수	• 웨델해에서 결빙에 의해 밀도가 커진 해수가 침강하여 북쪽으로 이동한다. • 밀도가 가장 큰 해수로, 해저를 따라 위도 30°N 부근까지 흐른다.

▲ 해수의 심층 순환

② 심층 순환은 용존 산소가 풍부한 표층 해수를 심해로 운반하여 심해에 산소를 공급한다.

문제 보기

그림은 대서양 심층 순환의 일부를 나타낸 것이다. A, B, C는 각각 남극 저층수, 남극 중층수, 북대서양 심층수 중 하나이다. 이에 대한 설명으로 옳은 것만을 〈보기〉에서 있는 대로 고른 것은?

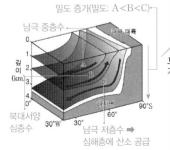

〈보기〉 풀이

수괴의 밀도는 '남극 중층수 < 북대서양 심층수 < 남극 저층수'이다. 따라서 심층 순환이 일어나는 깊이가 가장 얕은 A는 남극 중층수, 가장 깊은 C는 남극 저층수이고, B는 북대서양 심층수이다.

ㄱ. A는 남극 중층수이다.

➡ A는 위도 50°S~60°S 부근의 해역에서 침강하여 북쪽으로 흐르므로 남극 중층수이다.

ㄴ. 해수의 밀도는 B보다 C가 크다.

➡ 밀도가 다른 두 수괴가 만났을 때 밀도가 더 큰 수괴가 아래로 흐른다. C는 B의 아래에서 흐르므로 해수의 밀도는 B보다 C가 크다.

ㄷ. C는 심해층에 산소를 공급한다.

➡ 남극 대륙 주변의 웨델해에서 형성된 남극 저층수는 침강하면서 용존 산소가 풍부한 표층 해수를 심해로 운반하여 심해층에 산소를 공급한다.

적용해야 할 개념 ②가지

① 해수의 밀도는 수온이 낮을수록, 염분이 높을수록 커진다.

② 밀도가 서로 다른 해수가 만나면 잘 섞이지 않고 위나 아래로 흐른다. ➡ 대서양의 연직 단면을 보면 남극 중층수, 북대서양 심층수, 남극 저층수로 구분된다.

남극 중층수	• 위도 50°S~60°S 해역에서 형성되어 북쪽으로 이동한다. • 북대서양 심층수보다 밀도가 작아 북대서양 심층수 위에서 흐른다.
북대서양 심층수	• 그린란드 부근 해역에서 침강한 해수가 남쪽으로 이동한다. • 남극 저층수보다 밀도가 작아 남극 저층수 위에서 위도 60°S 부근까지 흐른다.
남극 저층수	• 웨델해에서 결빙에 의해 밀도가 커진 해수가 침강하여 북쪽으로 이동한다. • 밀도가 가장 큰 해수로, 해저를 따라 위도 30°N 부근까지 흐른다.

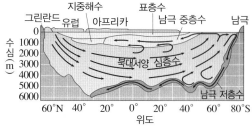

▲ 해수의 심층 순환

문제 보기

표는 심층 순환을 이루는 수괴에 대한 설명을 나타낸 것이다. (가), (나), (다)는 각각 남극 저층수, 북대서양 심층수, 남극 중층수 중 하나이다.

⌐ 수심: (가)>(다)>(나) ➡ 밀도: (가)>(다)>(나)

구분	설명
(가) 남극 저층수	해저를 따라 북쪽으로 이동하여 30°N에 이른다. 남극 대륙 주변의 웨델해에서 생성
(나) 남극 중층수	수심 1000 m 부근에서 20°N까지 이동한다. 평균 수온이 가장 높고, 평균 염분이 가장 낮다.
(다) 북대서양 심층수	수심 약 1500~4000 m 사이에서 60°S까지 이동한다. 그린란드 주변 해역에서 생성

이에 대한 설명으로 옳은 것만을 〈보기〉에서 있는 대로 고른 것은?

〈보기〉 풀이

대서양의 심층 순환을 이루는 각 수괴의 평균 밀도는 남극 저층수>북대서양 심층수>남극 중층수이다. 따라서 해저를 따라 흐르는 (가)는 남극 저층수, 가장 얕은 수심을 따라 흐르는 (나)는 남극 중층수, (다)는 북대서양 심층수이다.

보기

✗ (나)는 남극 대륙 주변의 웨델해에서 생성된다.
➡ 남극 대륙 주변의 웨델해에서 생성되는 수괴는 남극 저층수인 (가)이다.

ㄴ 평균 염분은 (가)가 (나)보다 높다.
➡ 세 수괴 중 평균 수온이 가장 높고, 평균 염분이 가장 낮은 것은 남극 중층수이다. 따라서 평균 염분은 남극 저층수인 (가)가 남극 중층수인 (나)보다 높다.

ㄷ 평균 밀도는 (가)가 (다)보다 크다.
➡ 평균 밀도는 남극 저층수가 북대서양 심층수보다 크므로 (가)가 (다)보다 크다.

적용해야 할 개념 ③가지

① 극 해역에서 밀도가 커져 해수의 침강이 일어나고, 해저를 따라 심층 해류가 이동하여 심층 순환이 발생하며, 저위도로 이동한 후 용승하여 표층 순환과 이어진다. ➡ 북대서양 심층수는 그린란드 주변 해역에서 표층 해수가 가라앉아 형성된다.

② 심층 순환과 표층 순환은 서로 연결되어 전 지구를 순환하면서 열에너지를 수송한다. ➡ 위도별 열수지 불균형을 해소한다.

③ 심층 순환이 약해지면 표층 순환도 약해져 지구의 전체적인 기후 변화가 생길 수 있다.

문제 보기

그림은 북대서양 심층 순환의 세기 변화를 시간에 따라 나타낸 것이다.

심층 순환의 세기 ➡ A>B
• 표층수의 침강: A>B
• 표층 해류의 흐름: A>B
• 저위도와 고위도의 표층 수온 차: A<B

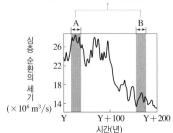

A 시기와 비교할 때, B 시기의 북대서양 심층 순환과 관련된 설명으로 옳은 것만을 〈보기〉에서 있는 대로 고른 것은? [3점]

〈보기〉 풀이

표층에서 수온이 낮아지거나 염분이 높아져 밀도가 커진 해수가 심해로 침강하면서 심층 순환이 일어나므로 표층수의 침강이 약해지면 심층 순환이 약해진다.

보기

ㄱ 북대서양 심층수가 형성되는 해역에서 침강이 약하다.
➡ 북대서양 심층수가 형성되는 그린란드 부근 해역에서 표층수의 침강이 약해지면 북대서양 심층 순환이 약해진다. B 시기는 A 시기보다 북대서양 심층 순환이 약한 것으로 보아 북대서양 심층수가 형성되는 해역에서 표층수의 침강이 약했음을 알 수 있다.

✗ 북대서양에서 고위도로 이동하는 표층 해류의 흐름이 강하다.
➡ 심층 순환은 표층 순환과 연결되어 전 지구 해양을 흐르는 하나의 거대한 순환을 이루므로, 심층 순환이 약해지면 표층 순환도 약해진다. B 시기는 A 시기보다 북대서양 심층 순환의 세기가 약하므로 북대서양에서 고위도로 이동하는 표층 해류의 흐름도 약하다.

ㄷ 북대서양에서 저위도와 고위도의 표층 수온 차가 크다.
➡ 심층 순환은 표층 순환과 연결되어 저위도의 남는 열에너지를 고위도로 수송하여 위도 간 열수지 불균형을 해소하는 역할을 한다. 따라서 심층 순환이 활발할수록 저위도에서 고위도로 이동하는 에너지 수송이 활발하여 저위도와 고위도의 표층 수온 차가 작아진다. B 시기는 A 시기보다 심층 순환의 세기가 약하므로 북대서양에서 저위도와 고위도의 표층 수온 차가 크다.

15 해수의 심층 순환 2023학년도 10월 학평 지Ⅰ 10번 · 정답 ④ | 정답률 55 %

적용해야 할 개념 ③가지

① 해수 표층에서 수온이 낮아지거나 염분이 높아지면 밀도가 커진 해수가 심해로 가라앉아 해수의 심층 순환이 일어난다.

② 대서양의 심층 순환

남극 중층수	• 위도 50°S~60°S 해역에서 형성되어 북쪽으로 이동한다. • 북대서양 심층수보다 밀도가 작아 북대서양 심층수 위에서 흐른다.
북대서양 심층수	• 그린란드 부근 해역에서 침강한 해수가 남쪽으로 이동한다. • 남극 저층수보다 밀도가 작아 남극 저층수 위에서 위도 60°S 부근까지 흐른다.
남극 저층수	• 남극 부근의 웨델해에서 결빙에 의해 밀도가 커진 해수가 침강하여 북쪽으로 이동한다. • 밀도가 가장 큰 해수로, 해저를 따라 위도 30°N 부근까지 흐른다.

③ 심층 순환은 매우 느리지만 거의 전체 수심에 걸쳐 일어나면서 해수를 순환시키는 역할을 하며, 표층 순환과 연결되어 열에너지를 수송하여 위도 간의 열수지 불균형을 해소시킨다.

문제 보기

그림 (가)와 (나)는 남대서양의 수온과 염분 분포를 나타낸 것이다. A, B, C는 각각 남극 저층수, 남극 중층수, 북대서양 심층수 중 하나이다.
└ 저위도와 고위도의 에너지 불균형을 줄인다.

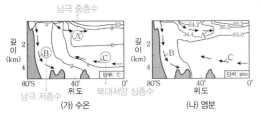

(가) 수온 (나) 염분

이에 대한 옳은 설명만을 〈보기〉에서 있는 대로 고른 것은?

〈보기〉풀이

A, B, C 수괴의 형성 위치와 이동 방향을 보았을 때, A는 남극 중층수, B는 남극 저층수, C는 북대서양 심층수이다.

✗ ㄱ. A가 표층에서 침강하는 데 미치는 영향은 염분이 수온보다 크다.
➡ 표층에서 수온과 염분의 변화로 수괴의 밀도가 커지면 침강이 일어난다. 표층에서 A의 수온과 염분을 주변과 비교해 보면, 수온은 2~10 ℃ 낮고, 염분은 0.2~1 psu 낮다. 해수의 밀도는 수온이 낮을수록, 염분이 높을수록 커지는데, A는 주변보다 염분이 낮은 것으로 보아 A가 표층에서 침강하는 데 미치는 영향은 수온이 염분보다 크다고 할 수 있다.

○ ㄴ. B는 북반구 해역의 심층에 도달한다.
➡ B(남극 저층수)는 남극 대륙 주변의 웨델해에서 만들어져 해저를 따라 북쪽으로 이동하여 30°N 부근까지 흐른다. 따라서 B는 북반구 해역의 심층에 도달한다.

○ ㄷ. A, B, C는 모두 저위도와 고위도의 에너지 불균형을 줄이는 역할을 한다.
➡ 심층 순환은 거의 전체 수심에 걸쳐 일어나면서 해수를 순환시키는 역할을 하며, 표층 순환과 연결되어 열에너지를 수송하여 위도 간의 열수지 불균형을 해소시킨다. 따라서 대서양의 심층 순환을 이루는 A, B, C는 모두 저위도와 고위도의 에너지 불균형을 줄이는 역할을 한다.

---

16 대서양의 심층 순환 2022학년도 7월 학평 지Ⅰ 11번 · 정답 ④ | 정답률 31 %

적용해야 할 개념 ②가지

① 표층에서 수온이 낮아지거나 염분이 높아지면 밀도가 커진 해수가 심해로 가라앉아 해수의 심층 순환이 일어난다.

② 대서양의 심층 순환을 이루는 수괴는 남극 중층수, 북대서양 심층수, 남극 저층수로 구분된다.

남극 중층수	• 위도 50°S ~ 60°S 해역에서 형성되어 북쪽으로 이동한다. • 북대서양 심층수보다 밀도가 작아 북대서양 심층수 위에서 흐른다.
북대서양 심층수	• 그린란드 부근 해역에서 침강한 해수가 남쪽으로 이동한다. • 남극 저층수보다 밀도가 작아 남극 저층수 위에서 위도 60°S 부근까지 흐른다.
남극 저층수	• 웨델해에서 결빙에 의해 밀도가 커진 해수가 침강하여 북쪽으로 이동한다. • 밀도가 가장 큰 해수로, 해저를 따라 위도 30°N 부근까지 흐른다.

문제 보기

그림 (가)와 (나)는 현재와 신생대 팔레오기의 대서양 심층 순환을 순서 없이 나타낸 것이다.

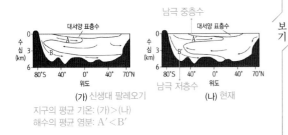

(가) 신생대 팔레오기 (나) 현재

지구의 평균 기온: (가)>(나)
해수의 평균 염분: A′＜B′

이에 대한 설명으로 옳은 것만을 〈보기〉에서 있는 대로 고른 것은?
[3점]

〈보기〉풀이

현재 남극 대륙 주변 해역(웨델해)에서 형성된 남극 저층수는 해저를 따라 북쪽으로 이동하여 30°N 부근까지 흐른다. 따라서 (가)는 신생대 팔레오기, (나)는 현재에 해당한다.

✗ ㄱ. 지구의 평균 기온은 (나)일 때가 (가)일 때보다 높다.
➡ 신생대 팔레오기와 네오기는 대체로 온난하였으나 제4기에 접어들면서 점차 한랭해져 여러 번의 빙하기와 간빙기가 있었다. 따라서 지구의 평균 기온은 (나)일 때가 (가)일 때보다 낮다.

○ ㄴ. (나)에서 해수의 평균 염분은 B′가 A′보다 높다.
➡ 현재 해수의 평균 염분은 남극 대륙 주변 해역에서 겨울철 결빙으로 염분이 높아지면서 해수가 심층으로 가라앉아 형성된 남극 저층수(B′)가 남극 중층수(A′)보다 높다.

○ ㄷ. B는 B′보다 북반구의 고위도까지 흐른다.
➡ B와 B′는 남극 대륙 주변 해역에서 생성되어 해저를 따라 북쪽으로 이동하여 각각 70°N 부근, 30°N 부근까지 흐른다. 따라서 B는 B′보다 북반구의 고위도까지 흐른다.

적용해야 할 개념 ③가지

① 해수의 밀도는 수온이 낮을수록, 염분이 높을수록 커진다. ➡ 수온 – 염분도의 왼쪽 위에서 오른쪽 아래로 갈수록 밀도가 크다.

② 표층에서 수온이 낮아지거나 염분이 높아지면 밀도가 커진 해수가 침강하여 심층 순환이 일어난다. ➡ 심층 순환은 표층 순환에 비해 유속이 매우 느리다.

③ 대서양에서의 심층 순환

남극 중층수	위도 50°S~60°S 부근 해역에서 형성되어 수심 약 1000 m에서 위도 20°N 부근까지 흐른다.
북대서양 심층수	북대서양의 그린란드 해역에서 표층수가 가라앉아 형성되며, 남극 저층수와 남극 중층수 사이에서 위도 60°S 부근까지 흐른다.
남극 저층수	남극 대륙 주변의 웨델해에서 형성되어 해저를 따라 북쪽으로 이동하여 위도 30°N 부근까지 흐른다.

문제 보기

그림은 대서양 어느 해역에서 깊이에 따라 측정한 수온과 염분을 심층 수괴의 분포와 함께 수온 – 염분도에 나타낸 것이다. A, B, C는 각각 북대서양 심층수, 남극 중층수, 남극 저층수 중 하나이다.

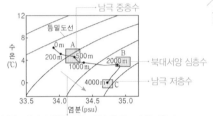

• 수온 – 염분도에서 오른쪽 아래로 갈수록 밀도가 증가한다.
➡ 평균 밀도: A＜C
• 심층 순환은 표층 순환에 비해 유속이 매우 느리다.
➡ 해수의 평균 이동 속도: 0~200 m(표층)＞2000~4000 m(심층)

이에 대한 설명으로 옳은 것만을 〈보기〉에서 있는 대로 고른 것은? [3점]

〈보기〉 풀이

ㄱ 평균 밀도는 A보다 C가 크다.

➡ 해수의 밀도는 수온이 낮을수록, 염분이 높을수록 크므로, 수온 – 염분도에서 오른쪽 아래로 갈수록 밀도가 커진다. 따라서 평균 밀도는 A보다 C가 크다.

✗ 이 해역의 깊이가 4000 m인 지점에는 남극 중층수가 존재한다.

➡ 심층 수괴의 평균 밀도는 '남극 중층수＜북대서양 심층수＜남극 저층수'이고, 수온 – 염분도에서 평균 밀도는 A＜B＜C이므로 A는 남극 중층수, B는 북대서양 심층수, C는 남극 저층수이다. 따라서 이 해역의 깊이가 4000 m인 지점에는 남극 저층수가 존재한다.

ㄷ 해수의 평균 이동 속도는 0~200 m보다 2000~4000 m에서 느리다.

➡ 해수의 심층 순환은 표층 순환에 비해 유속이 매우 느리므로, 해수의 평균 이동 속도는 깊이 0~200 m(표층)보다 깊이 2000~4000 m(심층)에서 느리다.

적용해야 할 개념 ②가지

① 수온 염분도(T–S도)는 세로축을 해수의 수온으로, 가로축을 염분으로 하여 수온과 염분, 밀도 사이의 관계를 그래프로 나타낸 것이다. ➡ 수온 염분도의 왼쪽 위에서 오른쪽 아래로 갈수록 해수의 밀도가 증가한다.

② 대서양의 수괴는 남극 중층수, 북대서양 심층수, 남극 저층수로 구분된다. ➡ 밀도가 서로 다른 해수가 만나면 잘 섞이지 않고 위나 아래로 흐르므로 연직 단면을 보면 위에서 아래로 표층수 → 남극 중층수 → 북대서양 심층수 → 남극 저층수로 분포한다.

남극 중층수	• 위도 50°S~60°S 해역에서 형성되어 북쪽으로 이동한다. • 북대서양 심층수보다 밀도가 작아 북대서양 심층수 위에서 흐른다.
북대서양 심층수	• 그린란드 부근 해역에서 침강한 해수가 남쪽으로 이동한다. • 남극 저층수보다 밀도가 작아 남극 저층수 위에서 위도 60°S 부근까지 흐른다.
남극 저층수	• 웨델해에서 결빙에 의해 밀도가 커진 해수가 침강하여 북쪽으로 이동한다. • 밀도가 가장 큰 해수로, 해저를 따라 위도 30°N 부근까지 흐른다.

문제 보기

그림은 대서양에서 관측되는 수괴의 수온과 염분 분포를 나타낸 것이다. A~D는 북대서양 중앙 표층수, 남극 저층수, 북대서양 심층수, 남극 중층수를 순서 없이 나타낸 것이다.

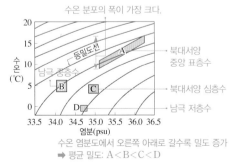

수온 분포의 폭이 가장 크다.

• 수온 염분도에서 오른쪽 아래로 갈수록 밀도 증가
➡ 평균 밀도: A＜B＜C＜D

이에 대한 설명으로 옳은 것만을 〈보기〉에서 있는 대로 고른 것은?

〈보기〉 풀이

밀도가 큰 해수는 밀도가 작은 해수의 아래로 흐른다. A~D의 평균 밀도를 비교해 보면 A＜B＜C＜D이고, 대서양에서 관측되는 수괴는 위에서부터 표층수 → 남극 중층수 → 북대서양 심층수 → 남극 저층수로 분포하므로 A는 북대서양 중앙 표층수, B는 남극 중층수, C는 북대서양 심층수, D는 남극 저층수이다.

ㄱ 수온 분포의 폭이 가장 큰 것은 A이다.

➡ 수온 염분도에서 수온 변화는 A에서 가장 크게 나타나므로 A에서 수온 분포의 폭이 가장 크다.

ㄴ C는 그린란드 해역 주변에서 침강한다.

➡ C는 북대서양 심층수로, 그린란드 주변의 래브라도해와 노르웨이해에서 해수가 수 km 깊이까지 침강하여 형성된다.

ㄷ 평균 밀도는 D가 가장 크다.

➡ 해수의 밀도는 수온이 낮을수록, 염분이 높을수록 증가하므로 수온 염분도에서 등밀도선은 오른쪽 아래로 갈수록 값이 커진다. 따라서 평균 밀도는 D(남극 저층수)가 가장 크다.

19 대서양의 심층 순환과 수온 염분도 2022학년도 3월 학평 지Ⅰ 13번 　정답 ④ | 정답률 62%

적용해야 할 개념 ③가지

① 표층에서 수온이 낮아지거나 염분이 높아지면 밀도가 커진 해수가 심해로 가라앉아 해수의 심층 순환이 일어난다. ➡ 수온과 염분 변화에 따른 밀도 차로 발생하기 때문에 열염 순환이라고도 한다.

② 대서양의 심층 순환을 이루는 수괴는 남극 중층수, 북대서양 심층수, 남극 저층수로 구분된다.

남극 중층수	• 위도 50°S ~ 60°S 해역에서 형성되어 북쪽으로 이동한다. • 북대서양 심층수보다 밀도가 작아 북대서양 심층수 위에서 흐른다.
북대서양 심층수	• 그린란드 부근 해역에서 침강한 해수가 남쪽으로 이동한다. • 남극 저층수보다 밀도가 작아 남극 저층수 위에서 위도 60°S 부근까지 흐른다.
남극 저층수	• 웨델해에서 결빙에 의해 밀도가 커진 해수가 침강하여 북쪽으로 이동한다. • 밀도가 가장 큰 해수로, 해저를 따라 위도 30°N 부근까지 흐른다.

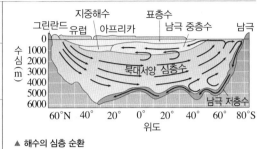

▲ 해수의 심층 순환

③ 심층 순환은 거의 전 수심과 전 위도에 걸쳐 일어나며, 표층 순환에 비해 속도가 매우 느리다.

문제 보기

그림은 남극 중층수, 북대서양 심층수, 남극 저층수를 각각 ㉠, ㉡, ㉢으로 순서 없이 수온-염분도에 나타낸 것이고, 표는 남대서양에 위치한 A, B 해역에서의 깊이에 따른 수온과 염분을 나타낸 것이다.

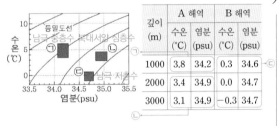

깊이 (m)	A 해역		B 해역	
	수온 (℃)	염분 (psu)	수온 (℃)	염분 (psu)
1000	3.8	34.2	0.3	34.6
2000	3.4	34.9	0.0	34.7
3000	3.1	34.9	-0.3	34.7

이에 대한 옳은 설명만을 〈보기〉에서 있는 대로 고른 것은? [3점]

〈보기〉 풀이

✗ ㉠은 남극 저층수이다.

➡ 해수의 밀도는 수온이 낮을수록, 염분이 높을수록 커지므로, 수온 염분도의 왼쪽 위에서 오른쪽 아래로 갈수록 등밀도선의 밀도 값이 크다. 수괴의 밀도는 '남극 중층수<북대서양 심층수<남극 저층수'이므로 ㉠은 남극 중층수, ㉡은 북대서양 심층수, ㉢은 남극 저층수이다.

(ㄴ) A의 3000 m 깊이에는 북대서양 심층수가 존재한다.

➡ A의 3000 m 깊이에서의 수온과 염분이 각각 3.1 ℃, 34.9 psu이므로 각각의 값을 수온 염분도에 표시해 보면 이곳에는 북대서양 심층수가 존재함을 알 수 있다.

(ㄷ) 위도는 A가 B보다 낮다.

➡ A와 B에서의 깊이에 따른 수온과 염분 값의 범위를 보면, A에는 남극 중층수와 북대서양 심층수가 존재하고, B에는 남극 저층수만 존재한다. 따라서 위도는 A가 B보다 낮다.

보기

---

20 해수의 심층 순환 발생 2023학년도 수능 지Ⅰ 12번 　정답 ④ | 정답률 78%

적용해야 할 개념 ③가지

① 수온 염분도(T-S도)는 세로축을 해수의 수온으로, 가로축을 염분으로 하여 수온과 염분, 밀도 사이의 관계를 그래프로 나타낸 것이다.
　➡ 수온 염분도의 왼쪽 위에서 오른쪽 아래로 갈수록 해수의 밀도가 증가한다.

② 해수의 밀도는 주로 수온과 염분의 영향을 받으며, 수온이 낮을수록, 염분이 높을수록 커진다.

③ 밀도가 큰 물은 침강하여 밀도가 작은 물 아래로 이동한다.

문제 보기

그림 (가)와 (나)는 어느 해역의 수온과 염분 분포를 각각 나타낸 것이고, (다)는 수온-염분도이다. A, B, C는 수온과 염분이 서로 다른 해수이고, ㉠과 ㉡은 이 해역의 서로 다른 수괴이다.

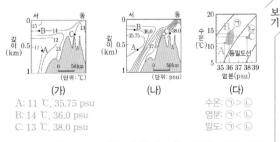

(가)	(나)	(다)

A: 11 ℃, 35.75 psu
B: 14 ℃, 36.0 psu
C: 13 ℃, 38.0 psu

수온: ㉠>㉡
염분: ㉠<㉡
밀도: ㉠<㉡

이 자료에 대한 설명으로 옳은 것만을 〈보기〉에서 있는 대로 고른 것은?

〈보기〉 풀이

✗ B는 ㉡에 해당한다.

➡ B의 수온(14 ℃)과 염분(36.0 psu)을 (다)의 수온 염분도에 표시해 보면 B는 ㉠에 해당한다.

(ㄴ) A와 B의 수온에 의한 밀도 차는 A와 B의 염분에 의한 밀도 차보다 크다.

➡ 수온 염분도 상의 등밀도선을 보면, 수온 약 5 ℃에 의한 밀도 차는 염분 약 1 psu에 의한 밀도 차와 같다. A와 B는 수온 차가 3 ℃이고, 염분 차가 0.25 psu이므로 A와 B의 수온에 의한 밀도 차는 A와 B의 염분에 의한 밀도 차보다 크다.

(ㄷ) C의 수괴가 서쪽으로 이동하면, C의 수괴는 B의 수괴 아래쪽으로 이동한다.

➡ 수온 염분도에서 오른쪽 아래에 있는 등밀도선일수록 밀도값이 크므로, ㉡은 ㉠보다 밀도가 크다. C의 수온(13 ℃)과 염분(38.0 psu)을 (다)의 수온 염분도에 표시해 보면 C는 ㉡에 해당한다. 따라서 C의 수괴(㉡)가 서쪽으로 이동하면 B의 수괴(㉠) 아래쪽으로 이동한다.

보기

적용해야 할 개념 ③가지

① 표층에서 수온이 낮아지거나 염분이 높아지면 밀도가 커진 해수가 심해로 가라앉아 해수의 심층 순환이 일어난다.

② 대서양에서의 심층 순환

남극 중층수	위도 50°S~60°S 부근 해역에서 형성되며, 수심 약 1000 m에서 위도 20°N 부근까지 이동한다.
북대서양 심층수	북대서양의 그린란드 해역에서 표층수가 가라앉아 형성되며, 남극 저층수와 남극 중층수 사이에서 위도 60°S 부근까지 흐른다.
남극 저층수	전 세계에서 밀도가 가장 큰 해수로, 남극 대륙 주변의 웨델해에서 형성되며, 해저를 따라 북쪽으로 이동하여 위도 30°N 부근까지 흐른다.

③ 심층 순환은 거의 전체 수심에 걸쳐 일어나면서 해수를 순환시키며 이 과정에서 용존 산소가 풍부한 표층 해수를 심해로 운반하여 심해에 산소를 공급한다.

문제 보기

그림 (가)는 대서양 심층 순환의 일부를 나타낸 것이고, (나)는 수온-염분도에 수괴 A, B, C의 물리량을 ⊙, ⓒ, ⓒ으로 순서 없이 나타낸 것이다. A, B, C는 각각 남극 저층수, 남극 중층수, 북대서양 심층수 중 하나이다.

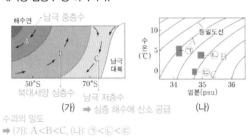

(가) ➡ 심층 해수에 산소 공급　　(나)

수괴의 밀도
➡ (가): A<B<C, (나): ⊙<ⓒ<ⓒ

이에 대한 설명으로 옳은 것만을 〈보기〉에서 있는 대로 고른 것은? [3점]

〈보기〉 풀이

위도 50°S~60°S 부근에서 침강하는 A는 남극 중층수, B는 북대서양 심층수이고, 남극 대륙 주변에서 침강하는 C는 남극 저층수이다.

(ㄱ) **A의 물리량은 ⊙이다.**
➡ 수괴의 밀도는 (가)에서 A<B<C이고 (나)에서 ⊙<ⓒ<ⓒ이다. 따라서 A, B, C의 물리량은 각각 ⊙, ⓒ, ⓒ이다.

✗ **B는 A와 C가 혼합하여 형성된다.**
➡ 수온-염분도에서 보면, B(ⓒ)는 A(⊙)와 C(ⓒ)보다 염분이 높다. 따라서 B는 A와 C가 혼합하여 형성된 것이 아니다.

(ㄷ) **C는 심층 해수에 산소를 공급한다.**
➡ C는 남극 대륙 주변에서 용존 산소가 풍부한 표층 해수가 침강하여 형성된 것이므로 심층 해수에 산소를 공급한다.

적용해야 할 개념 ②가지

① 밀도가 서로 다른 해수가 만나면 잘 섞이지 않고 위나 아래로 흐른다. ➡ 대서양의 연직 단면을 보면 남극 중층수, 북대서양 심층수, 남극 저층수로 구분된다.

남극 중층수	• 위도 50°S~60°S 해역에서 형성되어 북쪽으로 이동한다. • 북대서양 심층수보다 밀도가 작아 북대서양 심층수 위에서 흐른다.
북대서양 심층수	• 그린란드 부근 해역에서 침강한 해수가 남쪽으로 이동한다. • 남극 저층수보다 밀도가 작아 남극 저층수 위에서 위도 60°S 부근까지 흐른다.
남극 저층수	• 웨델해에서 결빙에 의해 밀도가 커진 해수가 침강하여 북쪽으로 이동한다. • 밀도가 가장 큰 해수로, 해저를 따라 위도 30°N 부근까지 흐른다.

② 수온 염분도에서 수온이 낮을수록, 염분이 높을수록 해수의 밀도는 커진다.

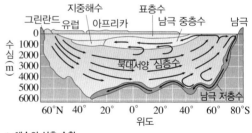

▲ 해수의 심층 순환

문제 보기

그림 (가)는 대서양의 심층 순환을, (나)는 수온-염분도를 나타낸 것이다. (나)의 A, B, C는 각각 북대서양 심층수, 남극 중층수, 남극 저층수 중 하나이다.

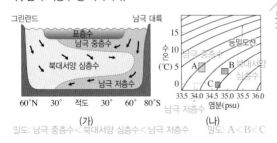

(가)　　　　　　(나)
밀도: 남극 중층수<북대서양 심층수<남극 저층수　　밀도: A<B<C

이 자료에 대한 옳은 설명만을 〈보기〉에서 있는 대로 고른 것은? [3점]

〈보기〉 풀이

(ㄱ) **A는 남극 중층수이다.**
➡ 수온이 낮을수록, 염분이 높을수록 해수의 밀도가 커지므로 (나)에서 해수의 평균 밀도는 A<B<C이다. 밀도가 서로 다른 해수가 만나면 잘 섞이지 않고 밀도가 큰 해수가 아래로 흐르므로 (가)에서 해수의 밀도는 남극 중층수<북대서양 심층수<남극 저층수이다. 따라서 A는 남극 중층수, B는 북대서양 심층수, C는 남극 저층수이다.

✗ **B는 침강한 후 대체로 북쪽으로 흐른다.**
➡ 북대서양 심층수(B)는 그린란드 부근 해역에서 해수의 침강으로 형성된 후 남쪽으로 이동하여 위도 60°S까지 흐른다.

(ㄷ) **남극 저층수는 북대서양 심층수보다 수온과 염분이 낮다.**
➡ 수온 염분도에서 수온은 위로 갈수록, 염분은 오른쪽으로 갈수록 높아진다. (나)에서 C는 B보다 왼쪽 아래에 위치하므로 수온과 염분이 낮다. B는 북대서양 심층수이고 C는 남극 저층수이므로, 남극 저층수는 북대서양 심층수보다 수온과 염분이 낮다.

적용해야 할 개념 ③가지

① 대서양의 심층 순환을 이루는 수괴는 남극 중층수, 북대서양 심층수, 남극 저층수로 구분된다.

남극 중층수	· 위도 50°S~60°S 해역에서 형성되어 북쪽으로 이동한다. · 북대서양 심층수보다 밀도가 작아 북대서양 심층수 위에서 흐른다.
북대서양 심층수	· 그린란드 부근 해역에서 침강한 해수가 남쪽으로 이동한다. · 남극 저층수보다 밀도가 작아 남극 저층수 위에서 위도 60°S 부근까지 흐른다.
남극 저층수	· 웨델해에서 결빙에 의해 밀도가 커진 해수가 침강하여 북쪽으로 이동한다. · 밀도가 가장 큰 해수로, 해저를 따라 위도 30°N 부근까지 흐른다.

② 심층 순환은 용존 산소가 풍부한 표층 해수를 심해로 운반하고, 영양 염류가 많은 심층수를 표층으로 운반한다.

③ 심층 순환은 거의 전 수심과 전 위도에 걸쳐 일어나고, 표층 순환에 비해 속도가 매우 느리다.

문제 보기

그림 (가)는 대서양의 해수 순환의 모식도를, (나)는 ㉠과 ㉡에서 형성되는 각각의 수괴를 수온-염분도에 A와 B로 순서 없이 나타낸 것이다.

㉠에서 침강한 해수가 북대서양 심층수를 형성한다.

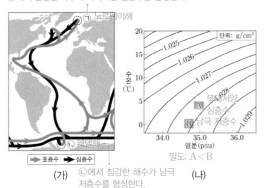

밀도: A < B

(가)   ㉡에서 침강한 해수가 남극 저층수를 형성한다.   (나)

이에 대한 설명으로 옳은 것만을 〈보기〉에서 있는 대로 고른 것은? [3점]

〈보기〉 풀이

보기

✗ ㉡에서 형성되는 수괴는 A에 해당한다.
➡ ㉠과 ㉡은 해수의 침강이 일어나는 해역으로 ㉠에서는 북대서양 심층수가 형성되고 ㉡에서는 남극 저층수가 형성된다. 남극 저층수는 북대서양 심층수보다 밀도가 크고 (나)에서 B가 A보다 밀도가 크므로, ㉡에서 형성되는 수괴는 B에 해당한다.

ㄴ A와 B는 심층 해수에 산소를 공급한다.
➡ A와 B는 용존 산소가 풍부한 표층 해수가 침강하여 형성되므로 심층 해수에 산소를 공급한다.

ㄷ 심층 순환은 표층 순환보다 느리다.
➡ 심층 순환은 표층 순환보다 매우 느리게 일어나므로 한 번 순환하는 데 약 1000년의 긴 시간이 걸린다.

적용해야 할 개념 ③가지

① 극 해역에서 밀도가 커져 해수의 침강이 일어나고, 해저를 따라 심층 해류가 이동하여 심층 순환이 발생하며, 용승하여 표층 순환과 이어진다.

② 물이 표층에서 침강한 뒤 심층 순환을 거쳐 다시 처음의 표층으로 되돌아오는 데는 수백 년에서 1000년에 가까운 오랜 시간이 걸린다.

③ 표층 순환과 심층 순환은 서로 연결되어 전 지구를 순환하면서 열에너지를 수송한다. ➡ 위도별 열수지 불균형을 해소한다.

문제 보기

그림은 심층 해수의 연령 분포를 나타낸 것이다. 심층 해수의 연령은 해수가 표층에서 침강한 이후부터 현재까지 경과한 시간을 의미한다.

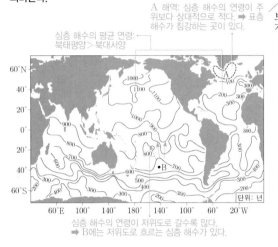

A 해역: 심층 해수의 연령이 주위보다 상대적으로 적다. ➡ 표층 해수가 침강하는 곳이 있다.

심층 해수의 평균 연령: 북태평양 > 북대서양

심층 해수의 연령이 저위도로 갈수록 많다. ➡ B에는 저위도로 흐르는 심층 해수가 있다.

이 자료에 대한 설명으로 옳은 것만을 〈보기〉에서 있는 대로 고른 것은?

〈보기〉풀이

ㄱ. 심층 해수의 평균 연령은 북태평양이 북대서양보다 많다.

➡ 그림에서 심층 해수의 연령은 북태평양이 약 900년~약 1100년이고, 북대서양이 약 100년~약 300년이다. 따라서 심층 해수의 평균 연령은 북태평양이 북대서양보다 많다.

ㄴ. A 해역에는 표층 해수가 침강하는 곳이 있다.

➡ A 해역은 심층 해수의 연령이 100년 이하이며, 주위보다 상대적으로 심층 해수의 연령이 적다. 이는 표층 해수가 침강한 이후 오랜 시간이 경과하지 않았다는 것을 의미하므로 A 해역에는 표층 해수가 침강하는 곳이 있다.

ㄷ. B에는 저위도로 흐르는 심층 해수가 있다.

➡ 심층 해수의 연령이 B 부근에서 저위도로 갈수록 많아지는 것으로 보아, B에는 저위도로 흐르는 심층 해수가 있다는 것을 알 수 있다.

적용해야 할 개념 ③가지

① 표층에서 수온이 낮아지거나 염분이 높아지면 밀도가 커진 해수가 심해로 가라앉아 해수의 심층 순환이 일어난다. 심층 순환을 이루는 해류는 물의 밀도 차에 기인하기 때문에 밀도류라고도 한다.

② 그린란드 해역에서 해수의 침강으로 만들어진 북대서양 심층수는 수심 약 1500~4000 m 사이에서 60°S 부근까지 이동한다.

③ 해수의 심층 순환은 표층 순환에 비해 매우 느리게 일어나기 때문에 그 흐름을 직접 관측하기 어렵다.

문제 보기

그림은 북대서양 표층 순환과 심층 순환의 일부를 나타낸 것이다. A와 B는 각각 표층수와 심층수 중 하나이다.

빙하가 녹은 물 유입 → 염분 감소 → 밀도 감소
→ 그린란드 주변 해역에서 해수의 침강 약화
→ 심층수의 흐름 약화

표층수 ➡ 유속이 빠르다.

깊이 (km) 0, 3, 6

■ A
■ B

심층수 ➡ 유속이 느리다.

이에 대한 설명으로 옳은 것만을 〈보기〉에서 있는 대로 고른 것은?

〈보기〉풀이

ㄱ. A는 표층수이다.

➡ 그림에서 북대서양 서쪽을 따라 북상하는 A는 표층수이고, 그린란드 주변 해역에서 남하하는 B는 심층수이다.

ㄴ. 해수의 평균 이동 속력은 A보다 B가 느리다.

➡ 해수의 평균 이동 속력은 표층수인 A보다 심층수인 B가 느리다.

✗ 빙하가 녹은 물이 해역 ㉠에 유입되면 B의 흐름은 강해질 것이다.

➡ 빙하가 녹은 물이 ㉠ 해역에 유입되면 염분 감소로 인해 해수의 밀도가 감소하여 그린란드 주변 해역에서 해수의 침강이 약화되므로 심층수 B의 흐름은 약해질 것이다.

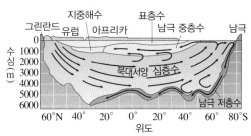
▲ 해수의 심층 순환

적용해야 할 개념 ③가지

① 표층 해수의 온도가 낮아지거나 염분이 높아지면 밀도가 커진 표층 해수가 침강하여 심층 순환이 발생한다.

② 심층 순환은 거의 전 수심과 전 위도에 걸쳐 일어나며, 표층 순환에 비해 속도가 매우 느리다.

③ 밀도가 다른 해수가 만나면 잘 섞이지 않고 위나 아래로 흐른다. ➡ 대서양의 연직 단면을 보면 남극 중층수, 북대서양 심층수, 남극 저층수로 구분된다.

남극 중층수	· 위도 50°S~60°S 해역에서 형성되어 북쪽으로 흐른다. · 북대서양 심층수보다 밀도가 작아 북대서양 심층수 위에서 흐른다.
북대서양 심층수	· 그린란드 부근 해역에서 침강한 해수가 남쪽으로 이동한다. · 남극 저층수보다 밀도가 작아 남극 저층수 위에서 위도 60°S 부근까지 흐른다.
남극 저층수	· 웨델해에서 결빙에 의해 밀도가 커진 해수가 침강하여 북쪽으로 이동한다. · 밀도가 가장 큰 해수로, 해저를 따라 위도 30°N 부근까지 흐른다.

문제 보기

그림 (가)는 대서양의 해수 순환을, (나)는 대서양 해수의 연직 순환을 나타낸 모식도이다. A, B, C는 각각 남극 저층수, 북대서양 심층수, 표층수 중 하나이다.

(가)

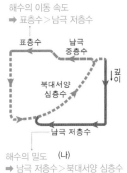
(나)

이에 대한 옳은 설명만을 〈보기〉에서 있는 대로 고른 것은?

〈보기〉 풀이

북대서양의 그린란드 부근 해역에서 침강하여 남쪽으로 흐르는 B는 북대서양 심층수이고, 남극 대륙 주변 해역에서 침강하여 북쪽으로 흐르는 C는 남극 저층수이다. 심층 해류와 연결되어 표층을 따라 북대서양으로 흐르는 A는 표층수이다.

ㄱ. 해수의 이동 속도는 A가 C보다 느리다.

➡ 표층 순환을 이루는 해수의 양은 상대적으로 매우 적고 심층 순환을 이루는 해수의 양은 매우 많으므로 표층 해류는 빠르게 흐르고, 심층 해류는 느리게 흐르면서 두 순환을 이루는 해수의 양이 균형을 이룬다. 따라서 해수의 이동 속도는 표층수(A)가 남극 저층수(C)보다 빠르다.

ㄴ. B는 북대서양 심층수이다.

➡ B는 북대서양 심층수로, 북대서양의 그린란드 부근 해역에서 침강하여 대서양 서쪽을 따라 남쪽으로 이동한다.

ㄷ. 해수의 평균 밀도는 B가 C보다 크다.

➡ 북대서양 그린란드 해역에서 형성되어 남하하는 북대서양 심층수는 남극 대륙 주변 해역에서 형성되어 북상하는 남극 저층수와 만나 남극 저층수 위쪽으로 흐른다. 따라서 해수의 평균 밀도는 북대서양 심층수(B)가 남극 저층수(C)보다 작다.

16 일차

적용해야 할 개념 ③가지

① 침강 해역에서 표층 해수의 온도가 낮아지거나 염분이 높아지면 밀도가 커져 해수의 침강이 일어나고, 해저를 따라 심층 해수가 이동하여 심층 순환이 발생한다.

② 심층 순환은 거의 전 수심과 전 위도에 걸쳐 일어나고, 표층 순환에 비해 속도가 매우 느리다.

③ 해수가 결빙되면 주변 해수의 염분이 높아지고, 해빙되는 지역은 염분이 낮아진다.

문제 보기

그림은 대서양 표층 순환과 심층 순환의 일부를 확대하여 나타낸 것이다. ㉠과 ㉡은 각각 표층수와 심층수 중 하나이다.

A 해역(침강 해역)에 빙하가 녹은 물 유입 ➡ 해수의 밀도가 작아짐 ➡ 표층수의 침강 약화

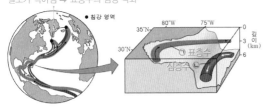

이에 대한 설명으로 옳은 것만을 〈보기〉에서 있는 대로 고른 것은?

〈보기〉 풀이

표층에서 수온이 낮아지거나 염분이 높아지면 밀도가 커진 해수가 심해로 가라앉아 해수의 심층 순환이 일어난다.

보기

ㄱ. 해수의 밀도는 ㉠보다 ㉡이 크다.
➡ ㉠은 표층수, ㉡은 심층수이다. 해수의 밀도는 표층수보다 심층수가 크므로, ㉠보다 ㉡이 밀도가 크다.

✗ 해수가 흐르는 평균 속력은 ㉠보다 ㉡이 빠르다.
➡ 심층 순환은 수온과 염분의 변화에 따른 해수의 밀도 차이에 의해 나타나는 순환으로, 표층 순환에 비해 매우 느리게 일어난다. 따라서 해수가 흐르는 평균 속력은 표층수인 ㉠이 심층수인 ㉡보다 빠르다.

✗ A 해역에 빙하가 녹은 물이 유입되면 표층수의 침강은 강해진다.
➡ A 해역은 그린란드 주변 해역에서 표층수의 침강이 일어나는 곳으로, A 해역에 빙하가 녹은 물이 유입되면 해수의 염분이 낮아지면서 밀도가 감소하므로 표층수의 침강은 약해진다.

적용해야 할 개념 ③가지

① 북대서양 심층수는 그린란드 주변 해역에서 표층 해수가 가라앉아 형성된다.

② 심층 순환은 거의 전 수심과 전 위도에 걸쳐 일어나고, 표층 순환에 비해 속도가 매우 느리다.

③ 극 해역에서 표층 해수가 냉각되거나 결빙에 의해 염분이 높아지면 밀도가 커져 침강이 일어난다.

문제 보기

그림은 북대서양의 해수 흐름과 침강 해역을 나타낸 것이다. A와 B는 각각 표층수와 심층수의 흐름 중 하나이다.

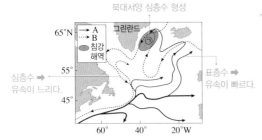

이 자료에 대한 설명으로 옳은 것만을 〈보기〉에서 있는 대로 고른 것은?

〈보기〉 풀이

표층 해수의 수온이 낮아지거나 염분이 높아지면 밀도가 커진 해수가 침강하여 심층 순환을 형성한다. 그린란드 주변 해역(㉠ 해역)에서 형성된 북대서양 심층수는 대서양 서쪽을 따라 남하하여 위도 60°S까지 흐른다.

보기

ㄱ. A는 표층수의 흐름이다.
➡ 그린란드 주변 해역에서 침강한 북대서양 심층수가 대서양 서쪽을 따라 남하하고 있으므로 북상하는 A는 표층수의 흐름이고, 남하하는 B는 심층수의 흐름이다.

✗ 유속은 A보다 B가 빠르다.
➡ 해수의 심층 순환은 표층 순환보다 매우 느리게 일어나므로 유속은 심층수의 흐름인 B보다 표층수의 흐름인 A가 빠르다.

✗ 그린란드에서 ㉠ 해역으로 빙하가 녹은 물이 유입되면 해수의 침강이 강해진다.
➡ 그린란드에서 빙하가 녹은 물이 ㉠ 해역으로 유입되면 염분이 감소하면서 해수의 밀도가 작아지므로 침강이 약해진다.

29 해수의 표층 순환과 심층 순환 – 북대서양 2020학년도 10월 학평 지I 1번 정답 ③ | 정답률 83 %

적용해야 할 개념 ③가지

① 남극 대륙 주변에서는 웨델해에서, 북대서양에서는 그린란드 남쪽의 래브라도해, 그린란드 동쪽의 노르웨이해에서 침강이 일어난다.
② 해수의 밀도는 수온이 낮을수록, 염분이 높을수록 증가한다.
③ 해수가 결빙되면 주변 해수의 염분이 높아지고, 해빙되는 지역은 염분이 낮아진다.

문제 보기

그림 (가)는 북대서양의 표층 순환과 심층 순환의 일부를, (나)는 고위도 해역에서 결빙이 일어날 때 해수의 움직임을 나타낸 것이다.

표층 해수가 침강하는 곳

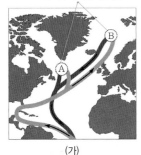

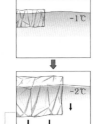

(가)　　　　　　　　(나)

수온이 낮아지고 결빙이 일어난다.
➡ 해수의 염분이 높아진다.
➡ 해수의 밀도가 커진다.

이에 대한 옳은 설명만을 〈보기〉에서 있는 대로 고른 것은?

〈보기〉 풀이

표층에서 수온이 낮아지거나 염분이 높아지면 밀도가 커진 해수가 침강하여 심층 순환이 형성된다.

ㄱ. **A와 B에서는 표층 해수의 침강이 일어난다.**
➡ 북대서양 그린란드 주변 해역인 A와 B에서는 표층 해수가 침강하여 북대서양 심층수가 형성된다.

ㄴ. **(나)의 과정에서 빙하 주변 표층 해수의 밀도는 커진다.**
➡ 고위도 해역에서 수온이 −1 ℃에서 −2 ℃로 낮아지면 해수의 결빙이 일어나면서 남아 있는 해수의 염분이 높아진다. 해수의 밀도는 수온이 낮을수록, 염분이 높을수록 커지므로 (나)의 과정에서 빙하 주변 표층 해수의 밀도는 커진다.

ㄷ. **A와 B에 빙하가 녹은 물이 유입되면 북대서양의 심층 순환이 강화될 것이다.**
➡ A와 B에 빙하가 녹은 물이 유입되면 표층 해수의 염분이 낮아져 해수의 밀도가 작아지고, 그에 따라 해수의 침강이 약해지므로 북대서양의 심층 순환이 약화될 것이다.

보기

271

적용해야 할 개념 ②가지

① 대서양의 심층 순환을 이루는 수괴는 남극 중층수, 북대서양 심층수, 남극 저층수로 구분된다.

남극 중층수	• 위도 50°S~60°S 해역에서 형성되어 북쪽으로 이동한다. • 북대서양 심층수보다 밀도가 작아 북대서양 심층수 위에서 흐른다.
북대서양 심층수	• 그린란드 부근 해역에서 침강한 해수가 남쪽으로 이동한다. • 남극 저층수보다 밀도가 작아 남극 저층수 위에서 위도 60°S 부근까지 흐른다.
남극 저층수	• 웨델해에서 결빙에 의해 밀도가 커진 해수가 침강하여 북쪽으로 이동한다. • 밀도가 가장 큰 해수로, 해저를 따라 위도 30°N 부근까지 흐른다.

② 심층 순환은 표층 순환에 비해 속도가 매우 느리다.

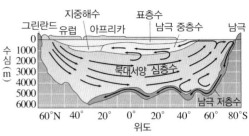

▲ 해수의 심층 순환

문제 보기

그림 (가)는 북대서양의 표층수와 심층수의 이동을, (나)는 대서양의 해수 순환을 나타낸 것이다. A, B, C는 각각 표층수, 남극 저층수, 북대서양 심층수 중 하나이다.

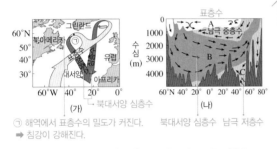

㉠ 해역에서 표층수의 밀도가 커진다.
➡ 침강이 강해진다.

이에 대한 옳은 설명만을 〈보기〉에서 있는 대로 고른 것은?

〈보기〉 풀이

(나)에서 남극 중층수의 위로 흐르는 A는 표층수이고, 남극 중층수의 아래로 흐르는 B는 북대서양 심층수이며, 북대서양 심층수 아래로 흐르는 C는 남극 저층수이다.

ㄱ. (가)의 심층수는 (나)의 B에 해당한다.
➡ (가)의 심층수는 북대서양의 그린란드 부근 해역에서 형성되는 북대서양 심층수이므로 (나)의 B에 해당한다.

ㄴ. 해수의 평균 이동 속도는 A가 C보다 크다.
➡ 심층 순환은 표층 순환과 연결되어 전 지구 해양을 흐르는 하나의 거대한 순환을 이루는데, 표층 해류를 이루는 해수의 양은 상대적으로 매우 적고 심층 해류를 이루는 해수의 양은 매우 많아서 심층 순환은 표층 순환에 비해 매우 느리게 일어난다. 따라서 해수의 평균 이동 속도는 A(표층수)가 C(남극 저층수)보다 크다.

✘ ㉠ 해역에서 표층수의 밀도가 현재보다 커지면 침강이 약해진다.
➡ 그린란드 남쪽의 ㉠ 해역은 북대서양 심층수가 형성되는 래브라도해이다. 이 해역에서 표층수의 밀도가 현재보다 커지면 침강이 강해진다.

문제편 178쪽~183쪽

01 연안 용승 2020학년도 3월 학평 지Ⅰ 16번

정답 ④ | 정답률 75 %

적용해야 할 개념 ③가지

① 해수면 위에서 바람이 한 방향으로 지속적으로 불면, 마찰층 내의 표층 해수는 평균적으로 바람 방향의 90° 방향으로 이동한다. ➡ 북반구에서는 풍향의 오른쪽 90°, 남반구에서는 풍향의 왼쪽 90°로 이동

② 대륙의 연안에서 지속적인 바람에 의해 표층 해수가 먼 바다 쪽(외해 쪽)으로 이동할 때 용승이 일어난다.

➡ 북반구: 대륙의 동안에서는 남풍이 불 때, 대륙의 서안에서는 북풍이 불 때 연안 용승 발생

③ 표층 해수의 용존 산소량은 표층 수온이 낮을수록 많아진다.

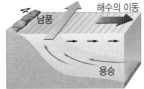

▲ 대륙 동안의 연안 용승(북반구)   ▲ 대륙 서안의 연안 용승(북반구)

문제 보기

그림은 우리나라에서 연안 용승이 발생한 A 해역의 위치와 3일간의 표층 수온 변화를 나타낸 것이다.

북반구에서 표층 해수의 평균적인 이동 방향은 풍향의 오른쪽 90° 방향이다.

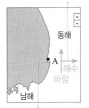
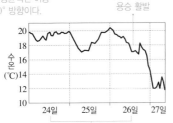

A 해역에서 남풍 계열의 방향이 지속적으로 분다. → 표층 해수가 평균적으로 동쪽으로 이동한다. → 연안 용승 → 표층 수온 하강

표층 수온: 24일>26일
→ 용존 산소량: 24일<26일

A 해역에 대한 옳은 설명만을 〈보기〉에서 있는 대로 고른 것은?

[3점]

〈보기〉 풀이

대륙의 연안에서 지속적인 바람에 의해 표층 해수가 먼 바다 쪽(외해 쪽)으로 이동할 때 연안 용승이 일어난다.

ㄱ. 연안 용승은 24일보다 26일에 활발하였다.

➡ 연안 용승이 활발하면 심층에서 상승하는 차가운 해수가 증가하므로 표층 수온이 낮아진다. 24일보다 26일에 표층 수온이 낮은 것으로 보아, 연안 용승은 24일보다 26일에 활발하였다.

✗ 연안 용승이 일어나는 기간에는 북풍 계열의 바람이 우세하였다.

➡ 북반구에서 표층 해수는 평균적으로 바람 방향의 오른쪽 90° 방향으로 이동한다. 연안 용승이 일어나는 기간에 A 해역의 표층 해수는 평균적으로 먼 바다 쪽인 동쪽으로 이동해야 하므로 남풍 계열의 바람이 우세하였다.

ㄷ. 표층 해수의 용존 산소량은 24일보다 26일에 대체로 높았을 것이다.

➡ 표층 해수의 용존 산소량은 표층 수온이 낮을수록 많아지므로 24일보다 표층 수온이 낮은 26일에 대체로 높았을 것이다.

적용해야 할 개념 ③가지

① 엘니뇨 시기에는 태평양의 적도 부근에서 부는 무역풍이 약해지면서 페루 연안 해역에서 용승 현상이 약해지고, 따뜻한 해수가 동쪽으로 이동하게 되어 태평양 중앙부에서 페루 연안에 이르는 해역의 표층 수온이 높아진다.

② 엘니뇨는 '무역풍 약화 → 적도 부근 따뜻한 해수의 이동 약화 → 동태평양 찬 해수의 용승 약화 → 동태평양 수온 상승 → 동태평양 강수량 증가 및 어획량 감소, 서태평양 가뭄 발생'의 과정으로 일어난다.

③ 엘니뇨 발생 시에는 무역풍이 약해지면서 적도 부근 따뜻한 해수의 서쪽으로의 이동이 약해지거나 동쪽으로 이동한다.
　➡ 서쪽의 해수면은 평상시보다 낮아지고, 동쪽의 해수면은 평상시보다 높아진다.

문제 보기

그림 (가)와 (나)는 평상시와 엘니뇨 발생 시기의 태평양 적도 해역 대기 순환을 순서 없이 나타낸 것이다.

동태평양 적도 해양의 강수량: (가)>(나)

(가) 엘니뇨 시기　　　　(나) 평상시

· 무역풍의 세기: (가)<(나)
· 서태평양과 동태평양 적도 해역의 해수면 높이 차: (가)<(나)

(가)보다 (나)일 때 큰 값을 갖는 것만을 〈보기〉에서 있는 대로 고른 것은? [3점]

〈보기〉 풀이

평상시에는 동태평양 적도 부근의 표층 수온이 낮아 하강 기류가 나타나고, 엘니뇨 발생 시에는 동태평양 적도 부근의 표층 수온이 높아 상승 기류가 나타나므로 (가)는 엘니뇨 시기이고, (나)는 평상시이다.

보기

ㄱ. **무역풍의 세기**
➡ 엘니뇨는 무역풍이 약해지면서 발생하므로, 무역풍의 세기는 (가) 엘니뇨 시기보다 (나) 평상시에 강하다.

✗ **동태평양 적도 해역의 강수량**
➡ 엘니뇨 시기에는 평상시보다 동태평양 적도 해역의 표층 수온이 상승하므로 상승 기류가 발달하여 강수량은 증가한다.

ㄷ. **서태평양과 동태평양 적도 해역의 해수면 높이 차**
➡ 엘니뇨 시기에는 평상시보다 무역풍이 약해지면서 따뜻한 해수가 동쪽으로 이동하므로 서태평양과 동태평양 적도 해역의 해수면 높이 차가 작아진다.

적용해야 할 개념 ③가지

① 평상시에 비해 무역풍이 약해지는 엘니뇨 시기에는 동태평양 적도 부근 해역에서 연안 용승이 약해지고, 해수면이 높은 서태평양에서 동쪽으로 따뜻한 해수가 이동하여 동태평양 적도 부근 해역의 표층 수온이 상승한다.

② 엘니뇨 시기에 동태평양 적도 부근 해역에서는 표층 수온 상승으로 상승 기류가 발달하고 강수량이 증가하며, 서태평양 적도 부근 해역에서는 표층 수온 하강으로 하강 기류가 발달하고 강수량이 감소한다.

③ 엘니뇨 시기에 동태평양 적도 부근 해역에서는 용승이 약화되어 온난 수역의 두께가 두꺼워지며, 수온 약층의 깊이가 깊어진다.

▲ 엘니뇨 시기

문제 보기

그림은 동태평양 적도 부근 해역에서 A 시기와 B 시기에 관측한 구름의 양을 높이에 따라 나타낸 것이다. A와 B는 각각 엘니뇨 시기와 평상시 중 하나이다.
이에 대한 설명으로 옳은 것만을 〈보기〉에서 있는 대로 고른 것은?

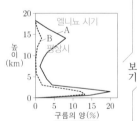

동태평양 적도 부근 해역 구름의 양: B<A
➡ B보다 A 시기에 상승 기류 발달
➡ B보다 A 시기에 표층 수온이 높다.
➡ B는 평상시, A는 엘니뇨 시기

〈보기〉 풀이

ㄱ. **A는 엘니뇨 시기이다.**
➡ 엘니뇨가 발생하면 동태평양 적도 부근 해역에서 표층 수온이 평년에 비해 상승하고 이로 인해 기압이 낮아져 평상시보다 구름이 많아지고 강수량이 증가한다. 따라서 A는 엘니뇨 시기, B는 평상시이다.

✗ **서태평양 적도 부근 해역에서 상승 기류는 A가 B보다 활발하다.**
➡ 평상시(B)에는 무역풍의 영향으로 태평양 적도 부근의 따뜻한 해수가 서쪽으로 이동하여 서태평양 적도 부근 해역의 표층 수온이 높아지고, 이에 따라 기압이 낮아지므로 상승 기류가 활발하다. 엘니뇨(A)가 발생하면 서태평양 적도 부근 해역에서 표층 수온이 평상시보다 낮아지고, 이에 따라 기압이 높아지므로 평상시보다 하강 기류가 활발해진다. 따라서 서태평양 적도 부근 해역에서 상승 기류는 평상시(B)가 엘니뇨 시기(A)보다 활발하다.

✗ **동태평양 적도 부근 해역에서 수온 약층이 나타나기 시작하는 깊이는 A가 B보다 얕다.**
➡ 엘니뇨 시기(A)에는 평상시(B)보다 무역풍이 약하여, 동태평양 적도 부근 해역에서 연안 용승이 약해지고, 해수면이 높은 서태평양에서 동쪽으로 따뜻한 해수가 이동하여 따뜻한 해수층의 두께가 두꺼워진다. 따라서 동태평양 적도 부근 해역에서 수온 약층이 나타나기 시작하는 깊이가 깊어진다.

04 엘니뇨와 라니냐 2021학년도 9월 모평 지Ⅰ 7번

정답 ⑤ | 정답률 80 %

적용해야 할 개념 ③가지

① 엘니뇨는 '무역풍 약화 → 적도 부근 따뜻한 해수의 동쪽에서 서쪽으로의 이동 약화 → 동태평양 찬 해수의 용승 약화 → 동태평양 수온 상승, 서태평양 수온 하강 → 동태평양 강수량 증가 및 어획량 감소, 서태평양 가뭄 발생'의 과정으로 일어난다.

② 라니냐는 '무역풍 강화 → 적도 부근 따뜻한 해수의 동쪽에서 서쪽으로의 이동 강화 → 동태평양 찬 해수의 용승 강화 → 동태평양 수온 하강, 서태평양 수온 상승 → 동태평양 강수량 감소, 서태평양 폭우 발생'의 과정으로 일어난다.

③ 엘니뇨 시기에는 서태평양에 고기압이, 동태평양에 저기압이 형성된다. 라니냐 시기에는 서태평양에서 저기압이 더 강해지고, 동태평양에서 고기압이 더 강해진다.

문제 보기

그림은 태평양 적도 부근 해역에서의 대기 순환 모습을 나타낸 것이다. (가)와 (나)는 각각 엘니뇨와 라니냐 시기 중 하나이다.

서태평양 적도 부근 무역풍의 세기: (가)>(나)

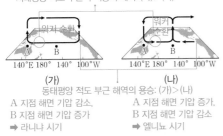

(가)
A 지점 해면 기압 감소,
B 지점 해면 기압 증가
➡ 라니냐 시기

(나)
A 지점 해면 기압 증가,
B 지점 해면 기압 감소
➡ 엘니뇨 시기

동태평양 적도 부근 해역의 용승: (가)>(나)

이에 대한 설명으로 옳은 것만을 〈보기〉에서 있는 대로 고른 것은? [3점]

〈보기〉 풀이

엘니뇨가 발생하면 동태평양 적도 부근 해역의 표층 수온이 상승하고 서태평양의 따뜻한 해수가 동쪽으로 이동한다. 이로 인해 워커 순환에서는 공기가 상승하는 지역이 동쪽으로 치우친다. 따라서 (나)는 엘니뇨 시기이고, (가)는 라니냐 시기이다.

ㄱ. **서태평양 적도 부근 무역풍의 세기는 (가)가 (나)보다 강하다.**

➡ 라니냐 시기인 (가)가 엘니뇨 시기인 (나)보다 서태평양 적도 부근 무역풍의 세기가 강하다.

ㄴ. **동태평양 적도 부근 해역의 용승은 (가)가 (나)보다 강하다.**

➡ 엘니뇨 시기에는 무역풍이 약해지므로 동태평양 적도 연안의 용승이 평상시보다 약해지고, 라니냐 시기에는 무역풍이 강해지므로 동태평양 적도 연안의 용승이 평상시보다 강해진다. 따라서 동태평양 적도 부근 해역의 용승은 (가) 라니냐 시기가 (나) 엘니뇨 시기보다 강하다.

ㄷ. **(B 지점 해면 기압－A 지점 해면 기압)의 값은 (가)가 (나)보다 크다.**

➡ 엘니뇨 시기에는 A 지점의 기압이 평소보다 높아지고, B 지점은 낮아지므로 (B 지점 해면 기압－A 지점 해면 기압)의 값은 평소보다 작아진다. 라니냐 시기에는 A 지점의 기압이 평소보다 낮아지고, B 지점은 높아지므로 (B 지점 해면 기압－A 지점 해면 기압)의 값은 평소보다 커진다. 따라서 (B 지점 해면 기압－A 지점 해면 기압)의 값은 (가) 라니냐 시기가 (나) 엘니뇨 시기보다 크다.

05 엘니뇨와 라니냐 – 표층 수온 편차 2019학년도 9월 모평 지Ⅰ 13번

정답 ② | 정답률 66 %

적용해야 할 개념 ②가지

① 엘니뇨 시기에 동태평양 적도 부근 해역에서는 용승 약화로 표층 영양 염류가 감소하고 어획량도 감소한다. 또한, 표층 수온 상승으로 대기의 하층 기온이 상승하여 상승 기류가 형성되면서 강수량이 증가한다.

② 엘니뇨 시기에 서태평양 적도 부근 해역에서는 표층 수온 하강으로 강수량이 감소하고 가뭄이 발생한다.

문제 보기

그림 (가)는 북반구 여름철에 관측한 태평양 적도 부근 해역의 표층 수온 편차(관측값－평년값)를, (나)는 이 시기에 관측한 북서 태평양 중위도 해역의 표층 수온 편차를 나타낸 것이다. 이 시기는 엘니뇨 시기와 라니냐 시기 중 하나이다.

동태평양 적도 부근 해역의 표층 수온 편차가 (+) 값이다. ➡ 엘니뇨 시기

우리나라 주변 해역의 표층 수온 편차가 (－) 값이다. ➡ 평년과 비교하여 표층 수온이 낮다.

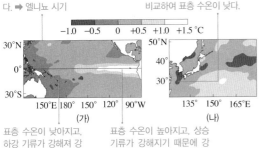

−1.0 −0.5 0 +0.5 +1.0 +1.5 ℃

표층 수온이 낮아지고, 하강 기류가 강해져 강수량이 적다. ➡ 가뭄

표층 수온이 높아지고, 상승 기류가 강해지기 때문에 강수량이 많다. ➡ 홍수

이 자료에 근거해서 평년과 비교할 때, 이 시기에 대한 설명으로 옳은 것만을 〈보기〉에서 있는 대로 고른 것은?

〈보기〉 풀이

동태평양 적도 부근 해역의 표층 수온 편차가 (+) 값으로 나타나므로, 이 시기는 평상시보다 동태평양 적도 해역의 수온이 높아지는 엘니뇨 시기이다.

✗ **동태평양 적도 부근 연안에서는 가뭄이 심하다.**

➡ (가)와 같이 평년보다 동태평양 적도 부근 해역의 표층 수온이 높아지면 상승 기류가 강해지기 때문에 강수량이 많아진다. 따라서 동태평양 적도 부근 연안에서는 홍수가 자주 발생할 수 있다.

✗ **서태평양 적도 해역에서는 상승 기류가 강하다.**

➡ (가)와 같이 평년보다 서태평양 적도 부근 해역의 표층 수온이 낮아지면 하강 기류가 강해진다.

ㄷ. **우리나라 주변 해역의 수온이 낮다.**

➡ (나)에서 우리나라 주변 해역의 표층 수온 편차가 대체로 (－) 값으로 나타나므로 이 시기에는 표층 수온이 평년과 비교하여 낮다.

적용해야 할 개념 ③가지

① 열대 태평양 해역에 형성되는 동서 방향의 거대한 대기 순환을 워커 순환이라고 한다. ➡ 평년에는 서태평양 적도 부근 해역에서 공기가 상승하고 동태평양 적도 부근 해역에서 공기가 하강한다.

② 동태평양 적도 부근 해역의 용승은 평년보다 엘니뇨 시기에는 약해지고 라니냐 시기에는 강해지므로, 이 해역에서 수온 약층이 나타나기 시작하는 깊이는 엘니뇨 시기에는 깊어지고 라니냐 시기에는 얕아진다.

③ 엘니뇨 시기에는 무역풍이 약해져 적도 부근에서 서태평양의 따뜻한 해수가 동쪽으로 이동하므로 평년보다 동태평양은 기압이 낮아지고, 서태평양은 기압이 높아진다. 반면 라니냐 시기에는 무역풍이 강해져 적도 부근에서 동태평양의 따뜻한 해수가 서쪽으로 더욱 많이 이동하므로 평년보다 동태평양은 기압이 높아지고, 서태평양은 기압이 낮아진다.

문제 보기

그림 (가)와 (나)는 태평양 적도 부근 해역에서 관측된 수온 편차 분포를 나타낸 것이다. (가)와 (나)는 각각 엘니뇨와 라니냐 시기 중 하나이며, 편차는 (관측값−평년값)이다.

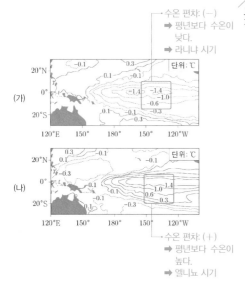

이 자료에 대한 설명으로 옳은 것만을 〈보기〉에서 있는 대로 고른 것은?

〈보기〉 풀이

동태평양 적도 부근 해역은 엘니뇨 시기에는 평년보다 수온이 높아 수온 편차는 (+) 값을 갖고, 라니냐 시기에는 평년보다 수온이 낮아 수온 편차는 (−) 값을 갖는다. 따라서 (가)는 라니냐 시기, (나)는 엘니뇨 시기이다.

ㄱ. **워커 순환의 세기는 (가)가 (나)보다 강하다.**

➡ 열대 태평양 해역에 형성되는 동서 방향의 거대한 대기 순환을 워커 순환이라고 한다. 엘니뇨 시기에는 평년보다 워커 순환의 세기가 약하고, 라니냐 시기에는 평년보다 워커 순환의 세기가 강하다. 따라서 워커 순환의 세기는 (가)가 (나)보다 강하다.

ㄴ. **동태평양 적도 부근 해역에서 수온 약층이 나타나기 시작하는 깊이는 (가)가 (나)보다 깊다.**

➡ 엘니뇨 시기에는 평년보다 동태평양 적도 부근 해역에서 용승이 약해 수온 약층이 나타나기 시작하는 깊이가 깊고, 라니냐 시기에는 평년보다 동태평양 적도 부근 해역에서 용승이 강해 수온 약층이 나타나기 시작하는 깊이가 얕다. 따라서 동태평양 적도 부근 해역에서 수온 약층이 나타나기 시작하는 깊이는 (가)가 (나)보다 얕다.

ㄷ. **적도 부근에서 (동태평양 해면 기압−서태평양 해면 기압) 값은 (가)가 (나)보다 작다.**

➡ 엘니뇨 시기에는 적도 부근 동태평양의 해면 기압은 평년보다 낮고, 적도 부근 서태평양의 해면 기압은 평년보다 높다. 반면, 라니냐 시기에는 적도 부근 동태평양의 해면 기압은 평년보다 높고, 적도 부근 서태평양의 해면 기압은 평년보다 낮다. 따라서 적도 부근에서 (동태평양 해면 기압−서태평양 해면 기압) 값은 (가)가 (나)보다 크다.

07 엘니뇨와 라니냐 2023학년도 7월 학평 지Ⅰ 14번

정답 ⑤ | 정답률 62%

적용해야 할 개념 ④가지

① 엘니뇨 시기에 무역풍이 평상시보다 약해지면 동태평양 적도 부근 해역에서 연안 용승이 약해지고, 해수면이 높은 서태평양에서 동쪽으로 따뜻한 해수가 이동하여 동태평양 적도 부근 해역의 표층 수온이 평상시보다 높아진다.

② 라니냐 시기에 무역풍이 평상시보다 강해지면 동태평양 적도 부근 해역에서는 연안 용승이 강해지고, 따뜻한 해수는 서태평양 쪽으로 더욱 집중되므로 동태평양 적도 부근 해역의 표층 수온이 평상시보다 낮아진다.

③ 엘니뇨 시기에 적도 부근에서 동태평양 해면 기압은 평년보다 낮고 서태평양 해면 기압은 평년보다 높다.

④ 라니냐 시기에 적도 부근에서 동태평양 해면 기압은 평년보다 높고 서태평양 해면 기압은 평년보다 낮다.

문제 보기

그림 (가)와 (나)는 엘니뇨와 라니냐 시기에 태평양 적도 부근 해역에서 관측된 깊이에 따른 수온 편차(관측값−평년값)를 순서 없이 나타낸 것이다.

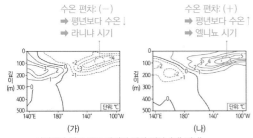

수온 편차: (−)
➡ 평년보다 수온↓
➡ 라니냐 시기

수온 편차: (+)
➡ 평년보다 수온↑
➡ 엘니뇨 시기

(가)   (나)

· 서태평양 적도 부근 해역의 해면 기압: (가)<(나)
· 동태평양 적도 부근 해역의 용승: (가)>(나)

이에 대한 설명으로 옳은 것만을 〈보기〉에서 있는 대로 고른 것은? [3점]

〈보기〉 풀이

동태평양 적도 부근 해역의 수온 편차가 (−) 값으로 나타난 (가)는 동태평양 적도 부근 해역의 표층 수온이 평년보다 하강한 라니냐 시기이고, 수온 편차가 (+) 값으로 나타난 (나)는 엘니뇨 시기이다.

ㄱ. **무역풍의 세기는 (가)가 (나)보다 강하다.**

➡ 무역풍의 세기는 라니냐 시기가 엘니뇨 시기보다 강하다. 따라서 무역풍의 세기는 (가)가 (나)보다 강하다.

ㄴ. **서태평양 적도 부근 해역의 해면 기압은 (나)가 (가)보다 높다.**

➡ 서태평양 적도 부근 해역의 해면 기압은 수온 편차가 (+) 값으로 나타난 (가) 시기에는 평년보다 낮아지고, 수온 편차가 (−) 값으로 나타난 (나) 시기에는 평년보다 높아진다. 따라서 서태평양 적도 부근 해역의 해면 기압은 (나)가 (가)보다 높다.

ㄷ. **동태평양 적도 부근 해역의 용승 현상은 (가)가 (나)보다 강하다.**

➡ 동태평양 적도 부근 해역의 용승 현상은 무역풍의 세기가 더 강해지는 (가) 라니냐 시기가 (나) 엘니뇨 시기보다 강하다.

08 엘니뇨와 라니냐 – 연직 수온 분포 2019학년도 4월 학평 지Ⅰ 15번

정답 ⑤ | 정답률 56%

적용해야 할 개념 ③가지

① 엘니뇨 시기에는 평상시보다 무역풍이 약화되어 서태평양의 따뜻한 표층 해수가 동태평양 쪽으로 이동하므로 동태평양 적도 부근 해역의 수온이 평상시보다 높아진다.

② 라니냐 시기에는 평상시보다 무역풍이 강화되어 따뜻한 표층 해수가 서태평양 쪽으로 이동하므로 동태평양 적도 부근 해역의 수온이 평상시보다 낮아진다.

③ 엘니뇨는 '무역풍 약화 → 적도 부근 따뜻한 해수의 동쪽에서 서쪽으로의 이동 약화 → 동태평양 찬 해수의 용승 약화 → 동태평양 수온 상승, 서태평양 수온 하강 → 동태평양 강수량 증가 및 어획량 감소, 서태평양 가뭄 발생'의 과정으로 일어난다.

문제 보기

그림은 서로 다른 시기에 관측한 동태평양 적도 부근 해역의 연직 수온 분포를 나타낸 것이다. (가)와 (나)는 각각 엘니뇨와 라니냐 시기 중 하나이다.

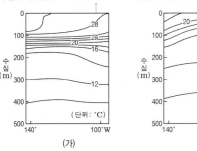

동태평양 적도 부근 해역의 수온이 높아지는 엘니뇨 시기이다.

동태평양 적도 부근 해역의 수온이 낮아지는 라니냐 시기이다.

(가)   (나)

· 동태평양 적도 부근 해역의 평균 해수면 높이: (가)>(나)
· 동태평양 적도 부근 해역에서 수심 100∼200 m 구간의 깊이에 따른 수온 감소율: (가)>(나)

이에 대한 설명으로 옳은 것만을 〈보기〉에서 있는 대로 고른 것은?

〈보기〉 풀이

엘니뇨 시기에는 무역풍이 약해짐에 따라 서태평양 적도 부근 해역의 따뜻한 물이 동태평양 적도 부근 해역으로 이동하므로 동태평양 적도 부근 해역의 표층 수온이 평상시보다 높아진다.

라니냐 시기에는 무역풍이 강해짐에 따라 적도 부근 해역의 따뜻한 물이 서태평양 적도 부근 해역으로 더 많이 이동하므로 동태평양 적도 부근 해역의 용승이 강화되어 표층 수온이 낮아진다. 따라서 (가)는 엘니뇨 시기, (나)는 라니냐 시기이다.

ㄱ. **(가)는 엘니뇨 시기이다.**

➡ (가)는 동태평양 적도 부근 해역의 수온이 (나)보다 높으므로 엘니뇨 시기이다.

ㄴ. **이 해역의 평균 해수면은 (가)보다 (나) 시기에 낮다.**

➡ 동태평양 적도 부근 해역의 평균 해수면은 (가) 엘니뇨 시기보다 (나) 라니냐 시기에 낮다.

ㄷ. **이 해역에서 수심 100∼200 m 구간의 깊이에 따른 수온 감소율은 (가)보다 (나) 시기에 작다.**

➡ 동태평양 적도 부근 해역에서 수심 100∼200 m 구간의 깊이에 따른 수온 감소율은 (가) 엘니뇨 시기보다 (나) 라니냐 시기에 작다.

적용해야 할 개념 ③가지

① 엘니뇨 시기에는 무역풍이 평상시보다 약해져 서태평양의 따뜻한 표층 해수가 동태평양 쪽으로 이동한다.

② 엘니뇨 시기에 동태평양 적도 부근 해역에서는 용승이 약화되어 표층 수온이 높아지고, 온난 수역의 두께가 두꺼워진다. 라니냐 시기에 동태평양 적도 부근 해역에서는 용승이 강화되어 표층 수온이 낮아지고, 온난 수역의 두께가 얇아진다.

③ 엘니뇨 시기에 서태평양 적도 부근 해역에서는 표층 수온 하강으로 하강 기류가 발달하고 강수량이 감소하여 건조해진다.

문제 보기

그림은 태평양 적도 부근 해역에서 깊이에 따른 수온을 측정하여 수온이 20 °C인 곳의 깊이를 나타낸 것이다. (가)와 (나)는 각각 엘니뇨 시기와 라니냐 시기 중 하나이다.

B 해역에서 수온이 20 °C인 깊이: (가)<(나)
➡ 동태평양 따뜻한 해수층의 두께: (가)<(나)

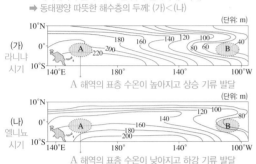

A 해역의 표층 수온이 높아지고 상승 기류 발달

A 해역의 표층 수온이 낮아지고 하강 기류 발달

이에 대한 옳은 설명만을 〈보기〉에서 있는 대로 고른 것은? [3점]

〈보기〉 풀이

엘니뇨 시기에는 무역풍의 약화로 인해 태평양 적도 부근 해역의 해수가 동쪽으로 이동하여 B 해역에서 따뜻한 해수층의 두께가 두꺼워진다. 따라서 (가)는 라니냐 시기, (나)는 엘니뇨 시기이다.

✗ **B 해역에서 수온이 20 °C 이상인 해수층의 평균 두께는 (가)가 (나)보다 두껍다.**

➡ B 해역에서 수온이 20°C인 곳의 깊이가 (가)보다 (나)에서 깊다. 따라서 B 해역에서 수온이 20 °C 이상인 해수층의 평균 두께는 (나)가 (가)보다 두껍다.

⭕ **ㄴ A 해역의 강수량은 (가)가 (나)보다 많다.**

➡ 엘니뇨 시기에는 태평양 적도 부근 해역의 해수가 동쪽으로 이동하여 A 해역의 표층 수온은 낮아지고 하강 기류가 우세해진다. 반면 라니냐 시기에는 태평양 적도 부근 해역의 해수가 평상시보다 강하게 서쪽으로 이동하여 A 해역의 표층 수온이 높아지고 상승 기류가 발달한다. 따라서 A 해역의 강수량은 (가)가 (나)보다 많다.

✗ **남적도 해류는 (가)가 (나)보다 약하다.**

➡ 남적도 해류는 무역풍이 강한 시기에 강하므로 라니냐 시기인 (가)가 엘니뇨 시기인 (나)보다 강하다.

적용해야 할 개념 ②가지

① 평상시는 무역풍에 의해 동태평양의 표층 해수가 서태평양 쪽으로 이동하여, 서태평양은 표층 수온이 높고, 동태평양은 표층 수온이 낮다.

② 엘니뇨와 라니냐 시기에 태평양 적도 부근 해역에서 나타나는 변화

구분	엘니뇨 시기	라니냐 시기
원인/영향	무역풍이 평상시보다 약화되어 서태평양의 따뜻한 표층 해수가 동쪽으로 이동하고, 동태평양에서 용승이 약화되어 표층 수온이 평상시보다 높아진다.	무역풍이 평상시보다 강화되어 동태평양의 따뜻한 표층 해수가 서쪽으로 더 많이 이동하고, 동태평양에서 용승이 강화되어 표층 수온이 평상시보다 낮아진다.
서태평양	하강 기류가 발달하고 강수량이 감소하여 가뭄이 발생한다.	동쪽에서 이동해 온 해수에 의해 평상시보다 따뜻한 해수층의 두께가 두꺼워지고 해수면의 높이가 높아진다.
동태평양	서쪽에서 이동해 온 해수에 의해 따뜻한 해수층의 두께가 두꺼워지고 해수면의 높이가 높아진다.	용승이 강화되므로 평상시보다 따뜻한 해수층의 두께가 얇아지고 해수면의 높이가 낮아진다.

문제 보기

그림은 동태평양 적도 부근 해역에서 관측된 수온 편차 분포를 깊이에 따라 나타낸 것이다. (가)와 (나)는 각각 엘니뇨와 라니냐 시기 중 하나이다. 편차는 (관측값−평년값)이다.

표층 수온 편차 (+) ➡ 표층 수온이 평년보다 높음 ➡ 엘니뇨

표층 수온 편차 (−) ➡ 표층 수온이 평년보다 낮음 ➡ 라니냐

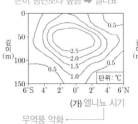

무역풍 약화
➡ 해수면 높이 평년보다 상승
➡ 해수면 높이 편차 (+)

무역풍 강화
➡ 해수면 높이 평년보다 하강
➡ 해수면 높이 편차 (−)

이 해역에 대한 설명으로 옳은 것만을 〈보기〉에서 있는 대로 고른 것은? [3점]

〈보기〉 풀이

⭕ **ㄱ (가)는 엘니뇨 시기이다.**

➡ 엘니뇨 시기에는 평년보다 무역풍이 약화되어 서태평양의 따뜻한 표층 해수가 동쪽으로 이동하고, 동태평양 적도 부근 해역에서 용승이 약해져 표층 수온이 높아진다. 라니냐 시기에는 평년보다 무역풍이 강화되어 동태평양의 따뜻한 표층 해수가 서쪽으로 더 많이 이동하고, 동태평양 적도 부근 해역에서 용승이 강해져 표층 수온이 낮아진다. 따라서 동태평양 적도 부근 해역에서 표층 수온 편차가 (+) 값으로 나타나는 (가)는 엘니뇨 시기이고, (−) 값으로 나타나는 (나)는 라니냐 시기이다.

⭕ **ㄴ 용승은 (나)일 때가 (가)일 때보다 강하다.**

➡ 무역풍이 강화되어 동태평양의 따뜻한 표층 해수가 서쪽으로 이동하여 동태평양 적도 부근 해역에서 용승이 강해지는 시기는 라니냐 시기이다. 따라서 동태평양 적도 부근 해역에서 용승은 엘니뇨 시기인 (가)일 때보다 라니냐 시기인 (나)일 때 강하다.

⭕ **ㄷ (나)일 때 해수면의 높이 편차는 (−) 값이다.**

➡ 라니냐 시기에는 무역풍의 세기가 평년에 비해 강해져 적도 부근의 따뜻한 해수가 동태평양에서 서태평양 쪽으로 많이 이동함에 따라 동태평양 적도 부근 해역에서 해수면의 높이가 평년보다 낮아진다. 따라서 라니냐 시기인 (나)일 때 동태평양 적도 부근 해역에서 해수면의 높이 편차는 (−) 값이다.

11 엘니뇨와 라니냐 – 연직 수온 분포 2022학년도 4월 학평 지Ⅰ 13번

정답 ③ | 정답률 61 %

적용해야 할 개념 ②가지

① 엘니뇨의 발생 과정: 무역풍 약화 → 서태평양의 따뜻한 해수가 동쪽으로 이동 → 동태평양 적도 부근 해역의 용승 약화 → 동태평양 표층 수온 상승, 서태평양 표층 수온 하강 → 동태평양 강수량 증가 및 어획량 감소, 서태평양 가뭄 증가 등

② 라니냐의 발생 과정: 무역풍 강화 → 따뜻한 해수가 서쪽으로 더 많이 이동 → 동태평양 적도 부근 해역의 용승 강화 → 동태평양 표층 수온 하강, 서태평양 표층 수온 상승 → 동태평양 강수량 감소, 서태평양 폭우 발생 등

문제 보기

그림은 태평양 적도 부근 해역의 깊이에 따른 수온 편차(관측값−평년값)를 나타낸 것이다. (가)와 (나)는 각각 엘니뇨 시기와 라니냐 시기 중 하나이다.

표층 수온 상승 ➡ 엘니뇨 시기

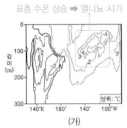

표층 수온 하강 ➡ 라니냐 시기

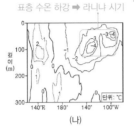

(가)   (나)

• 무역풍의 세기: (가)<(나)
• 동태평양 적도 부근 해역에서의 용승: (가)<(나)
• 서태평양 적도 부근 해역에서의 해면 기압: (나)<(가)

(가) 시기와 비교할 때, (나) 시기에 대한 설명으로 옳은 것만을 〈보기〉에서 있는 대로 고른 것은? [3점]

〈보기〉 풀이

동태평양 적도 부근 해역의 표층 수온이 평년보다 높아진 (가)는 엘니뇨 시기이고, 낮아진 (나)는 라니냐 시기이다.

ㄱ. **무역풍의 세기가 강하다.**
➡ 엘니뇨 시기에는 무역풍이 정상시보다 약해져서 서태평양의 따뜻한 표층 해수가 동태평양 쪽으로 이동하고, 라니냐 시기에는 무역풍이 정상시보다 강해져서 서태평양 쪽으로 이동하는 따뜻한 해수가 더 많아진다. 따라서 (가) 시기와 비교할 때 (나) 시기가 무역풍의 세기가 강하다.

ㄴ. **동태평양 적도 부근 해역에서의 용승이 강하다.**
➡ 무역풍이 정상시보다 약해지는 엘니뇨 시기에는 해수면이 높은 서태평양에서 동쪽으로 따뜻한 해수가 이동하므로 동태평양 적도 부근 해역에서의 용승이 정상시보다 약해진다. 무역풍이 정상시보다 강해지는 라니냐 시기에는 서태평양 쪽으로 이동하는 따뜻한 해수가 많아지므로 동태평양 적도 부근 해역에서는 용승이 정상시보다 강해진다. 따라서 (가) 시기와 비교할 때 (나) 시기가 동태평양 적도 부근 해역에서의 용승이 강하다.

ㄷ. **서태평양 적도 부근 해역에서의 해면 기압이 크다.**
➡ 엘니뇨 시기에는 서태평양 적도 부근 해역의 해수면 온도가 낮아져 해면 기압이 정상시보다 크다. 라니냐 시기에는 서태평양 적도 부근 해역의 해수면 온도가 높아져 해면 기압이 정상시보다 작다. 따라서 (가) 시기와 비교할 때 (나) 시기가 서태평양 적도 부근 해역에서의 해면 기압이 작다.

---

12 엘니뇨와 라니냐 2025학년도 9월 모평 지Ⅰ 12번

정답 ⑤ | 정답률 73 %

적용해야 할 개념 ③가지

① 엘니뇨 시기에는 무역풍이 약해지면서 적도 부근의 서태평양에서 동태평양 쪽으로 따뜻한 표층 해수가 이동하여 동태평양 적도 부근 해역의 표층 수온이 평년보다 높아진다. ➡ 동태평양 적도 부근 해역의 용승이 약해진다.

② 라니냐 시기에는 무역풍이 강해지면서 적도 부근의 동태평양에서 서태평양 쪽으로 이동하는 따뜻한 표층 해수가 증가하여 동태평양 적도 부근 해역의 표층 수온이 평년보다 낮아진다. ➡ 서태평양 적도 부근 해역에서 강수량이 많아진다.

③ 엘니뇨 시기는 평년보다 동태평양 적도 부근 해역의 해면 기압이 낮고, 서태평양 적도 부근 해역의 해면 기압이 높다.

문제 보기

그림은 동태평양 적도 부근 해역에서 관측한 해수면의 높이 편차를 시간에 따라 나타낸 것이다. A와 B는 각각 엘니뇨 시기와 라니냐 시기 중 하나이고, 편차는 (관측값−평년값)이다.

동태평양 적도 부근 해역의 용승: A>B

라니냐 시기
➡ 서태평양 적도 부근 해역에서 강수량 편차 값 (+)
➡ 적도 부근 해역에서 (동태평양 해면 기압 편차−서태평양 해면 기압 편차) 값 (+)

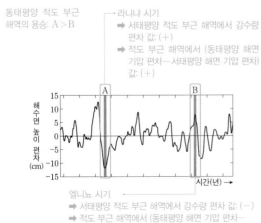

엘니뇨 시기
➡ 서태평양 적도 부근 해역에서 강수량 편차 값 (−)
➡ 적도 부근 해역에서 (동태평양 해면 기압 편차−서태평양 해면 기압 편차) 값 (−)

이에 대한 설명으로 옳은 것만을 〈보기〉에서 있는 대로 고른 것은?

〈보기〉 풀이

동태평양 적도 부근 해역의 해수면 높이는 엘니뇨 시기에는 평년보다 높고, 라니냐 시기에는 평년보다 낮다. 따라서 해수면 높이 편차가 (−) 값인 A는 라니냐 시기이고, 해수면 높이 편차가 (+) 값인 B는 엘니뇨 시기이다.

ㄱ. **동태평양 적도 부근 해역의 용승은 A가 B보다 약하다.**
➡ 라니냐 시기에는 엘니뇨 시기보다 무역풍의 세기가 강해 동태평양 적도 부근 해역의 용승이 강하다. 따라서 동태평양 적도 부근 해역의 용승은 A가 B보다 강하다.

ㄴ. **서태평양 적도 부근 해역에서 A의 강수량 편차는 (+) 값이다.**
➡ 라니냐 시기에는 평년보다 서태평양 적도 부근 해역의 상승 기류가 강해 강수량이 많다. 따라서 서태평양 적도 부근 해역에서 A의 강수량 편차는 (+) 값이다.

ㄷ. **적도 부근 해역에서 (동태평양 해면 기압 편차−서태평양 해면 기압 편차) 값은 A가 B보다 크다.**
➡ 엘니뇨 시기는 평년보다 동태평양 적도 부근 해역의 해면 기압이 낮고(해면 기압 편차 (−) 값), 서태평양 적도 부근 해역의 해면 기압이 높다(해면 기압 편차 (+) 값). 반면 라니냐 시기는 평년보다 동태평양 적도 부근 해역의 해면 기압이 높고(해면 기압 편차 (+) 값), 서태평양 적도 부근 해역의 해면 기압이 낮다(해면 기압 편차 (−) 값). 따라서 적도 부근 해역에서 (동태평양 해면 기압 편차−서태평양 해면 기압 편차) 값은 라니냐 시기에는 (+) 값을 갖고, 엘니뇨 시기에는 (−) 값을 가지므로 A가 B보다 크다.

13	엘니뇨와 라니냐 – 해수면 높이 2019학년도 6월 모평 지Ⅰ 19번	정답 ① | 정답률 56 %

적용해야 할 개념 ③가지

① 엘니뇨는 무역풍의 약화, 라니냐는 무역풍의 강화로 인해 발생한다.
② 엘니뇨 시기에 동태평양 적도 부근 해역에서는 용승이 약화되어 표층 수온이 높아지고, 온난 수역의 두께가 두꺼워진다.
③ 라니냐 시기에 동태평양 적도 부근 해역에서는 용승이 강화되어 표층 수온이 낮아지고, 온난 수역의 두께가 얇아진다.

문제 보기

표의 (가)와 (나)는 태평양 적도 부근 해역에서 관측된 해수면 높이 편차(관측값－평년값)와 엽록소 a 농도 분포를 엘니뇨 시기와 라니냐 시기로 구분하여 순서 없이 나타낸 것이다.

동태평양 적도 부근 해역의 해수면 높이 편차가 (－) 값 ➡ 라니냐 시기

동태평양 적도 부근 해역의 해수면 높이 편차가 (＋) 값 ➡ 엘니뇨 시기

(가)	(나)

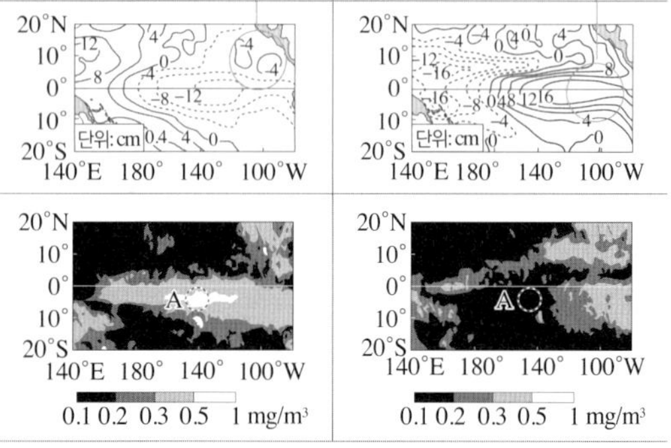

A 해역의 엽록소 a 농도: (가)>(나)

이에 대한 설명으로 옳은 것만을 〈보기〉에서 있는 대로 고른 것은? [3점]

<보기> 풀이

엘니뇨 시기에는 동태평양 적도 부근 해역의 해수면 높이가 평년보다 높고, 라니냐 시기에는 평년보다 낮다. 따라서 동태평양 적도 부근 해역의 해수면 높이 편차가 (＋) 값인 (나)가 엘니뇨 시기, (－) 값인 (가)가 라니냐 시기이다.

보기

ㄱ. 무역풍의 세기는 (가)가 (나)보다 강하다.
➡ 라니냐 시기인 (가)가 엘니뇨 시기인 (나)보다 무역풍의 세기가 강하다.

ㄴ. 동태평양 적도 부근 해역의 따뜻한 해수층의 두께는 (가)가 (나)보다 두껍다.
➡ 엘니뇨 시기는 라니냐 시기보다 무역풍이 약하므로 태평양 동쪽의 따뜻한 표층수를 서쪽으로 밀어내는 힘이 약해지고 용승이 약해지므로, 동태평양 적도 부근 해역의 따뜻한 해수층 두께가 라니냐 시기보다 두껍다.

ㄷ. A 해역의 엽록소 a 농도는 엘니뇨 시기가 라니냐 시기보다 높다.
➡ A 해역의 엽록소 a 농도는 (가)가 (나)보다 높으므로 라니냐 시기가 엘니뇨 시기보다 높다.

14 엘니뇨와 라니냐 – 해수면 높이 2021학년도 3월 학평 지Ⅰ 19번

정답 ③ | 정답률 63 %

적용해야 할 개념 ②가지

① 평상시에는 동쪽에서 서쪽으로 부는 무역풍으로 인해 동태평양 적도 부근 해역에서는 연안 용승이 활발하다. ➡ 표층 수온은 서태평양보다 동태평양 적도 부근 해역에서 낮게 나타난다.

② 엘니뇨와 라니냐 시기에 태평양 적도 부근 해역에서 나타나는 변화

구분	엘니뇨 시기	라니냐 시기
원인/영향	무역풍이 평상시보다 약화되어 서태평양의 따뜻한 표층 해수가 동쪽으로 이동하고, 동태평양에서 용승이 약화되어 표층 수온이 평상시보다 높아진다.	평상시보다 무역풍이 강화되어 동태평양의 따뜻한 표층 해수가 서쪽으로 더 많이 이동하고, 동태평양에서 용승이 강해져 표층 수온이 평상시보다 낮아진다.
서태평양	하강 기류가 발달하고 강수량이 감소하여 가뭄이 발생한다.	동쪽에서 이동해 온 해수에 의해 평상시보다 따뜻한 해수층의 두께가 두꺼워지고 해수면의 높이가 높아진다.
동태평양	서쪽에서 이동해 온 해수에 의해 따뜻한 해수층의 두께가 두꺼워지고 해수면의 높이가 높아진다.	용승이 강화되므로 평상시보다 따뜻한 해수층의 두께가 얇아지고 해수면의 높이가 낮아진다.

문제 보기

그림 (가)와 (나)는 각각 엘니뇨 시기와 라니냐 시기에 관측한 태평양 적도 부근 해역의 해수면 높이 변화를 순서 없이 나타낸 것이다. 그림에서 (+)인 곳은 해수면이 평년보다 높아진 해역이고, (−)인 곳은 평년보다 낮아진 해역이다.

동태평양 적도 부근 해역의 해수면 높이가 평년보다 높다.
➡ 엘니뇨 시기

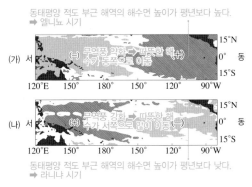

동태평양 적도 부근 해역의 해수면 높이가 평년보다 낮다.
➡ 라니냐 시기

이에 대한 옳은 설명만을 〈보기〉에서 있는 대로 고른 것은? [3점]

〈보기〉 풀이

보기

ㄱ. **(가)는 엘니뇨 시기에 관측한 자료이다.**

➡ (가)에서 무역풍이 약해지면서 서쪽에서 동쪽으로 따뜻한 해수가 이동하여 동태평양 적도 부근 해역의 해수면 높이가 평년보다 높아졌으므로 (가)는 엘니뇨 시기에 관측한 자료이다. (나)에서 무역풍이 강해지면서 서쪽으로 이동하는 해수가 더 많아져 동태평양 적도 부근 해역의 해수면 높이가 평년보다 낮아졌으므로 (나)는 라니냐 시기에 관측한 자료이다.

ㄴ. **태평양 적도 부근 해역에서 동서 방향의 해수면 경사는 (가)가 (나)보다 완만하다.**

➡ 평상시에는 무역풍의 영향으로 서태평양 적도 부근 해역이 동태평양 적도 부근 해역보다 해수면의 높이가 높다. 무역풍이 약해지는 엘니뇨 시기에는 서태평양에서 동쪽으로 해수가 이동하여 태평양 적도 부근 해역에서 동서 방향의 해수면 경사는 평상시보다 작아진다. 반면 무역풍이 강해지는 라니냐 시기에는 서태평양 쪽으로 해수가 더욱 집중되므로 태평양 적도 부근 해역에서 동서 방향의 해수면 경사는 평상시보다 커진다. 따라서 태평양 적도 부근 해역에서 동서 방향의 해수면 경사는 엘니뇨 시기인 (가)가 라니냐 시기인 (나)보다 완만하다.

ㄷ. **동태평양 적도 부근 해역에서 표층 수온은 (가)가 (나)보다 낮다.**

➡ 엘니뇨 시기에는 동태평양 적도 부근 해역에서 연안 용승이 약해지고, 동쪽으로 따뜻한 해수가 이동한다. 라니냐 시기에는 동태평양 적도 부근 해역에서 연안 용승이 강해지고, 따뜻한 해수는 서쪽으로 더 많이 이동한다. 따라서 동태평양 적도 부근 해역에서 표층 수온은 엘니뇨 시기인 (가)가 라니냐 시기인 (나)보다 높다.

18
일차

01 ①	02 ②	03 ⑤	04 ②	05 ②	06 ④	07 ④	08 ⑤	09 ③	10 ③	11 ④	12 ③
13 ④	14 ⑤	15 ②	16 ④	17 ②	18 ②	19 ①	20 ⑤	21 ⑤	22 ⑤	23 ③	24 ②
25 ④	26 ④	27 ②	28 ④	29 ③	30 ⑤						

문제편 186쪽~195쪽

01

엘니뇨와 라니냐 2024학년도 9월 모평 지Ⅰ 15번

정답 ① | 정답률 57 %

적용해야 할 개념 ③가지

① 엘니뇨는 무역풍 약화 → 적도 부근 따뜻한 해수의 동쪽에서 서쪽으로의 이동 약화 → 동태평양 찬 해수의 용승 약화 → 동태평양 수온 상승, 서태평양 수온 하강 → 동태평양 강수량 증가, 서태평양 가뭄 증가의 과정으로 일어난다.

② 라니냐는 무역풍 강화 → 적도 부근 따뜻한 해수의 동쪽에서 서쪽으로의 이동 강화 → 동태평양 찬 해수의 용승 강화 → 동태평양 수온 하강, 서태평양 수온 상승 → 동태평양 강수량 감소, 서태평양 폭우 발생의 과정으로 일어난다.

③ 동태평양 적도 부근 해역의 해면 기압은 엘니뇨 시기에는 평년보다 낮고 라니냐 시기에는 평년보다 높다.

문제 보기

그림 (가)는 태평양 적도 부근 해역에서 부는 바람의 동서 방향 풍속 편차를, (나)는 A와 B 중 어느 한 시기에 관측한 강수량 편차를 나타낸 것이다. A와 B는 각각 엘니뇨와 라니냐 시기 중 하나이고, 편차는 (관측값−평년값)이다. (가)에서 동쪽으로 향하는 바람을 양(+)으로 한다.

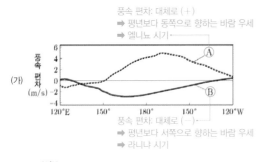

풍속 편차: 대체로 (+)
➡ 평년보다 동쪽으로 향하는 바람 우세
➡ 엘니뇨 시기

풍속 편차: 대체로 (−)
➡ 평년보다 서쪽으로 향하는 바람 우세
➡ 라니냐 시기

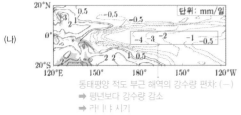

단위: mm/일

동태평양 적도 부근 해역의 강수량 편차: (−)
➡ 평년보다 강수량 감소
➡ 라니냐 시기

이에 대한 설명으로 옳은 것만을 〈보기〉에서 있는 대로 고른 것은? [3점]

〈보기〉 풀이

동쪽으로 향하는 바람을 양(+)으로 하였으므로, (가)에서 풍속 편차가 대체로 양(+)인 A는 평년보다 동쪽으로 향하는 바람이 우세하고, 풍속 편차가 대체로 음(−)인 B는 평년보다 서쪽으로 향하는 바람이 우세한 시기이다. 무역풍은 서쪽으로 향하는 바람이다. 따라서 A는 평년보다 무역풍이 약화된 엘니뇨 시기이고, B는 평년보다 무역풍이 강화된 라니냐 시기이다.

ㄱ **(나)는 B에 관측한 것이다.**

➡ (나)에서 적도 부근 중앙 태평양에서 동태평양에 이르는 해역의 강수량 편차가 음(−)으로 나타난 것으로 보아 이 해역에서 강수량은 평년보다 감소하였다. 따라서 (나)는 라니냐 시기인 B에 관측한 것이다.

ㄴ **동태평양 적도 부근 해역의 해면 기압은 A가 B보다 높다.**

➡ 동태평양 적도 부근 해역의 해면 기압은 라니냐 시기에는 평년보다 높고, 엘니뇨 시기에는 평년보다 낮다. 따라서 동태평양 적도 부근 해역의 해면 기압은 라니냐 시기(B)가 엘니뇨 시기(A)보다 높다.

ㄷ **적도 부근 해역에서 (서태평양 표층 수온 편차−동태평양 표층 수온 편차) 값은 A가 B보다 크다.**

➡ 엘니뇨 시기에는 적도 부근 해역에서 서태평양 표층 수온 편차가 음(−)의 값, 동태평양 표층 수온 편차가 양(+)의 값을 가진다. 라니냐 시기에는 적도 부근 해역에서 서태평양 표층 수온 편차가 양(+)의 값, 동태평양 표층 수온 편차가 음(−)의 값을 가진다. 따라서 적도 부근 해역에서 (서태평양 표층 수온 편차−동태평양 표층 수온 편차) 값은 라니냐 시기(B)가 엘니뇨 시기(A)보다 크다.

적용해야 할 개념 ④가지

① 엘니뇨 시기에는 무역풍이 평상시보다 약화되어 서태평양의 따뜻한 표층 해수가 동태평양 쪽으로 이동하므로 동태평양 열대 해역의 표층 수온이 평상시보다 높다. ➡ 동태평양 적도 부근 해역의 따뜻한 해수층의 두께가 평년보다 두껍다.

② 라니냐 시기에는 무역풍이 평상시보다 강해져 서태평양 쪽으로 이동하는 따뜻한 해수가 많아지고 용승이 강화되어 동태평양 열대 해역의 수온이 평상시보다 낮다. ➡ 동태평양 적도 부근 해역의 따뜻한 해수층의 두께가 평년보다 얇다.

③ 엘니뇨 시기에 적도 부근에서 동태평양 해면 기압은 평년보다 낮고 서태평양 해면 기압은 평년보다 높다.

④ 라니냐 시기에 적도 부근에서 동태평양 해면 기압은 평년보다 높고 서태평양 해면 기압은 평년보다 낮다.

문제 보기

그림 (가)는 태평양 적도 부근 해역에서 관측한 바람의 동서 방향 풍속 편차를, (나)는 이 해역에서 A와 B 중 어느 한 시기에 관측된 20 ℃ 등수온선의 깊이 편차를 나타낸 것이다. A와 B는 각각 엘니뇨와 라니냐 시기 중 하나이고, (+)는 서풍, (−)는 동풍에 해당한다. 편차는 (관측값−평년값)이다.

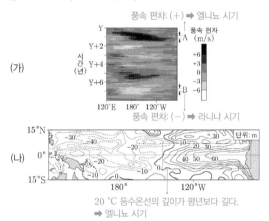

이에 대한 설명으로 옳은 것만을 〈보기〉에서 있는 대로 고른 것은?

〈보기〉 풀이

무역풍은 동풍 계열의 바람이므로 무역풍이 평년보다 강해지는 라니냐 시기에는 동서 방향 풍속 편차가 (−)값을 갖고, 무역풍이 평년보다 약해지는 엘니뇨 시기에는 동서 방향 풍속 편차가 (+)값을 갖는다. 따라서 A는 엘니뇨 시기, B는 라니냐 시기이다.

✗ **(나)는 B에 해당한다.**

➡ 평상시보다 무역풍이 약해지는 엘니뇨 시기에는 동태평양 적도 부근 해역에서 연안 용승이 약해지고, 해수면이 높은 서태평양에서 동쪽으로 따뜻한 해수가 이동하여 동태평양 적도 부근 해역에서 따뜻한 해수층의 두께가 두꺼워진다. (나)에서 동태평양 적도 부근 해역에서 20 ℃ 등수온선의 깊이가 평년보다 깊어졌으므로 따뜻한 해수층의 두께가 두꺼워졌다. 따라서 (나)는 엘니뇨 시기인 A에 해당한다.

ㄴ. **동태평양 적도 부근 해역에서 해수면 높이는 B가 평년보다 낮다.**

➡ 라니냐 시기(B)에는 평상시보다 무역풍이 강해져서 동태평양 적도 부근 해역의 표층 해수가 서쪽으로 더 강하게 이동한다. 따라서 동태평양 적도 부근 해역에서 해수면 높이는 평년보다 낮다.

✗ **적도 부근의 (동태평양 해면 기압 −서태평양 해면 기압) 값은 A가 B보다 크다.**

➡ 엘니뇨 시기에 적도 부근에서 동태평양 해면 기압은 평년보다 낮고 서태평양 해면 기압은 평년보다 높다. 라니냐 시기에 적도 부근에서 동태평양 해면 기압은 평년보다 높고 서태평양 해면 기압은 평년보다 낮다. 따라서 적도 부근의 (동태평양 해면 기압 −서태평양 해면 기압) 값은 라니냐 시기(B)가 엘니뇨 시기(A)보다 크다.

적용해야 할 개념 ②가지

① 평상시에는 동쪽에서 서쪽으로 부는 무역풍으로 인해 동태평양 적도 부근 해역에서 연안 용승이 활발하다. ➡ 표층 수온은 서태평양보다 동태평양 적도 부근 해역에서 낮게 나타난다.

② 엘니뇨와 라니냐 시기에 태평양 적도 부근 해역에서 나타나는 변화

구분	엘니뇨 시기	라니냐 시기
발생 원인/영향	평상시보다 무역풍이 약해지면서 따뜻한 해수가 동쪽으로 이동한다. 이에 따라 동태평양에서 용승이 약해지고 표층 수온이 평상시보다 높아진다.	평상시보다 무역풍이 강해지고 남적도 해류도 강해진다. 이에 따라 동태평양에서 용승이 강해지고 표층 수온이 평상시보다 낮아진다.
서태평양	하강 기류가 발달하면서 강수량이 감소하여 가뭄 피해가 생긴다.	동쪽에서 이동해 온 해수에 의해 평상시보다 따뜻한 해수층의 두께가 두꺼워지고 해수면의 높이가 높아진다.
동태평양	서쪽에서 이동해 온 해수에 의해 따뜻한 해수층의 두께가 두꺼워지고, 수온 약층이 나타나기 시작하는 깊이가 깊어지며, 해수면의 높이가 높아진다.	용승이 강해지므로 평상시보다 따뜻한 해수층의 두께가 얇아지고, 수온 약층이 나타나기 시작하는 깊이가 얕아지며, 해수면의 높이가 낮아진다.

문제 보기

그림 (가)와 (나)는 태평양 적도 부근 해역에서 엘니뇨와 라니냐 시기의 표층 풍속 편차(관측값−평년값)를 순서 없이 나타낸 것이다.

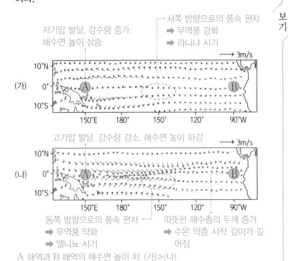

A 해역과 B 해역의 해수면 높이 차: (가)>(나)

이에 대한 설명으로 옳은 것만을 〈보기〉에서 있는 대로 고른 것은?

〈보기〉 풀이

태평양 적도 부근 해역에서 서쪽 방향으로의 풍속 편차가 나타나는 (가)는 라니냐 시기이고, 동쪽 방향으로의 풍속 편차가 나타나는 (나)는 엘니뇨 시기이다.

ㄱ. A 해역의 강수량은 (가)일 때가 (나)일 때보다 많다.

➡ 서태평양 적도 부근 해역(A 해역)은 엘니뇨 시기에는 평년보다 수온이 낮아지면서 하강 기류가 형성되고 라니냐 시기에는 평년보다 수온이 더 높아지면서 상승 기류가 더 강해진다. 따라서 A 해역의 강수량은 라니냐 시기인 (가)일 때가 엘니뇨 시기인 (나)일 때보다 많다.

ㄴ. (나)일 때 B 해역에서 수온 약층이 나타나기 시작하는 깊이 편차(관측값−평년값)는 양(+)의 값을 갖는다.

➡ 엘니뇨 시기에 동태평양 적도 부근 해역에서는 연안 용승이 약해지고, 서태평양에서 동쪽으로 따뜻한 해수가 이동하므로 수온 약층이 나타나기 시작하는 깊이가 평상시보다 깊어진다. 따라서 엘니뇨 시기에 B 해역에서 수온 약층이 나타나기 시작하는 깊이 편차(관측값−평년값)는 양(+)의 값을 갖는다.

ㄷ. A 해역과 B 해역의 해수면 높이 차는 (가)일 때가 (나)일 때보다 크다.

➡ 평상시에는 동쪽에서 서쪽으로 부는 무역풍으로 인해 A 해역이 B 해역보다 해수면이 높다. 평상시에 비해 무역풍이 강해지는 라니냐 시기에는 적도 부근의 표층 해수가 서쪽으로 더 강하게 이동하므로 A 해역과 B 해역의 해수면 높이 차는 평상시보다 더 커진다. 반면 평상시에 비해 무역풍이 약해지는 엘니뇨 시기에는 적도 부근의 표층 해수가 동쪽으로 이동하므로 A 해역과 B 해역의 해수면 높이 차는 평상시보다 작아진다. 따라서 A 해역과 B 해역의 해수면 높이 차는 라니냐 시기인 (가)일 때가 엘니뇨 시기인 (나)일 때보다 크다.

04 엘니뇨와 라니냐 – 풍향, 풍속 2022학년도 10월 학평 지Ⅰ 19번

정답 ② │ 정답률 64 %

적용해야 할 개념 ③가지

① 엘니뇨는 무역풍의 약화로 적도 부근 동태평양 해역의 표층 수온이 높아지는 현상이고, 라니냐는 무역풍의 강화로 적도 부근 동태평양 해역의 표층 수온이 낮아지는 현상이다.

② 태평양 적도 부근 해역의 해면 기압 변화

엘니뇨 시기	평상시보다 동태평양의 해면 기압은 낮아지고, 서태평양의 해면 기압은 높아진다.
라니냐 시기	평상시보다 동태평양의 해면 기압은 높아지고, 서태평양의 해면 기압은 낮아진다.

③ 따뜻한 해수층의 두께 변화

엘니뇨 시기	무역풍이 평상시보다 약해지면 적도 부근의 서태평양에서 동태평양으로 따뜻한 해수가 이동하여 동태평양의 따뜻한 해수층의 두께가 두꺼워진다.
라니냐 시기	무역풍이 평상시보다 강해지면 적도 부근의 동태평양에서 서태평양으로 따뜻한 해수가 더 강하게 이동하여 동태평양의 따뜻한 해수층의 두께가 얇아진다.

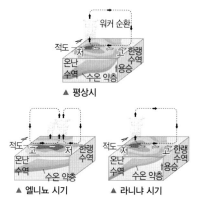

▲ 평상시

▲ 엘니뇨 시기   ▲ 라니냐 시기

문제 보기

그림은 서로 다른 시기에 중앙 태평양 적도 해역에서 관측한 바람의 풍향 빈도를 나타낸 것이다. (가)와 (나)는 각각 엘니뇨 시기와 라니냐 시기 중 하나이다.

동풍 계열의 풍향 빈도가 매우 높다.
➡ 라니냐 시기

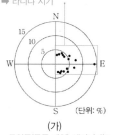

(가)

서풍 계열의 풍향 빈도도 높다.
➡ 엘니뇨 시기

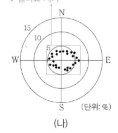

(나)

보기

• 무역풍(동풍 계열) 세기: (가)>(나)
• 동태평양 적도 해역에서 따뜻한 해수층의 두께: (나)>(가)

이에 대한 옳은 설명만을 〈보기〉에서 있는 대로 고른 것은? [3점]

〈보기〉 풀이

무역풍은 동풍 계열의 바람이므로 동풍 계열의 풍향 빈도가 매우 높은 (가)는 라니냐 시기, 동풍 계열뿐만 아니라 서풍 계열의 풍향 빈도도 높은 (나)는 엘니뇨 시기이다.

✗ 무역풍의 세기는 (가)일 때가 (나)일 때보다 약하다.
➡ 무역풍의 세기는 라니냐 시기인 (가)일 때가 엘니뇨 시기인 (나)일 때보다 강하다.

ㄴ. (나)일 때 서태평양 적도 해역의 기압 편차(관측값−평년값)는 양(+)의 값을 갖는다.
➡ 엘니뇨 시기에는 서태평양 적도 해역의 해수면 온도가 평상시보다 낮아지면서 기압이 평상시보다 높아지므로 기압 편차는 양(+)의 값을 갖는다.

✗ 동태평양 적도 해역에서 따뜻한 해수층의 두께는 (가)일 때가 (나)일 때보다 두껍다.
➡ (나) 엘니뇨 시기에는 무역풍 약화로 인해 해수면이 높은 서태평양 적도 해역에서 동쪽으로 따뜻한 표층 해수가 이동하여 동태평양 적도 해역에서 따뜻한 해수층의 두께가 평상시보다 두꺼워진다. (가) 라니냐 시기에는 무역풍 강화로 인해 동태평양 적도 해역의 따뜻한 표층 해수가 서쪽으로 더 강하게 이동하므로 동태평양 적도 해역에서 따뜻한 해수층의 두께가 평상시보다 얇아진다. 따라서 동태평양 적도 해역에서 따뜻한 해수층의 두께는 (나)일 때가 (가)일 때보다 두껍다.

적용해야 할 개념 ②가지

① 엘니뇨는 '무역풍 약화 → 적도 부근 따뜻한 해수의 동쪽에서 서쪽으로의 이동 약화 → 동태평양 찬 해수의 용승 약화 → 동태평양 수온 상승, 서태평양 수온 하강 → 동태평양 강수량 증가 및 어획량 감소, 서태평양 가뭄 발생'의 과정으로 일어난다.

② 라니냐는 '무역풍 강화 → 적도 부근 따뜻한 해수의 동쪽에서 서쪽으로의 이동 강화 → 동태평양 찬 해수의 용승 강화 → 동태평양 수온 하강, 서태평양 수온 상승 → 동태평양 강수량 감소, 서태평양 폭우 발생'의 과정으로 일어난다.

▲ 엘니뇨 시기의 대기 순환

▲ 라니냐 시기의 대기 순환

문제 보기

표의 (가)와 (나)는 태평양 적도 부근 해역에서 관측된 바람과 구름양의 분포를 엘니뇨 시기와 라니냐 시기로 구분하여 순서 없이 나타낸 것이다.

무역풍(동풍 계열)의 풍속: (가)<(나)
➡ (가)는 엘니뇨, (나)는 라니냐 시기

(가)	(나)
10°N 0° 10°S 180° 120°W 풍속: → 10 m/s	10°N 0° 10°S 180° 120°W 풍속: → 10 m/s
10°N 0° 10°S 180° 120°W 구름양 적다 ←→ 많다	10°N 0° 10°S 180° 120°W 구름양 적다 ←→ 많다

· 태평양 적도 부근 해역에서 구름양: (가)>(나)
· A 해역의 수온: (가)>(나)
· 남적도 해류의 세기: (가)<(나)

이에 대한 설명으로 옳은 것만을 〈보기〉에서 있는 대로 고른 것은? [3점]

〈보기〉 풀이

태평양 적도 부근 해역에서는 동풍 계열의 무역풍이 부는데, 무역풍의 풍속은 (가) 시기보다 (나) 시기에 강하다. 따라서 (가)는 엘니뇨 시기, (나)는 라니냐 시기이다.

보기

✗ ㄱ. 태평양 적도 부근 해역에서 구름양은 라니냐 시기가 엘니뇨 시기보다 많다.
➡ 구름양은 (가) 시기가 (나) 시기보다 많으므로 엘니뇨 시기가 라니냐 시기보다 많다.

○ ㄴ. A 해역의 수온은 (가)가 (나)보다 높다.
➡ A 해역의 수온은 용승이 강한 라니냐 시기에 낮고, 용승이 약한 엘니뇨 시기에 높다. 따라서 (가)가 (나)보다 높다.

✗ ㄷ. 남적도 해류는 (가)가 (나)보다 강하다.
➡ 남적도 해류는 무역풍에 의해 형성되므로 무역풍이 강한 (나)가 (가)보다 강하다.

적용해야 할 개념 ③가지

① 엘니뇨 시기에 무역풍이 평년보다 약해지면 열대 동태평양 해역에서 연안 용승이 약해지고, 해수면이 높은 서태평양에서 동쪽으로 따뜻한 해수가 이동하여 열대 중태평양 해역의 표층 수온은 평년보다 높아진다.

② 라니냐 시기에 무역풍이 평년보다 강해지면 열대 동태평양 해역에서 연안 용승이 강해지고, 따뜻한 해수는 서태평양 쪽으로 더욱 집중되므로 열대 동태평양 해역의 표층 수온은 평년보다 낮아진다.

③ 엘니뇨 시기에 열대 동태평양 해역은 평년보다 기압이 낮아져 강수량이 많아지고, 열대 서태평양 해역은 평년보다 기압이 높아져 강수량이 적은 건조한 날씨가 나타난다.

문제 보기

그림은 엘니뇨 또는 라니냐가 발생한 어느 해 11월 ～ 12월의 태평양의 강수량 편차(관측값－평년값)를 나타낸 것이다.

우리나라의 강수량 편차: (＋)
표층 수온이 평년보다 높다.
40°N
20°
0°
A
100°E 140° 180° 160°W
강수량 편차: (－)
➡ 엘니뇨 시기
무역풍의 세기가 평년보다 약하다.

(＋)
강수량 편차
0
(－)

이 자료에 대한 옳은 설명만을 〈보기〉에서 있는 대로 고른 것은?

〈보기〉 풀이

열대 서태평양 해역의 강수량 편차가 (－) 값을 가지므로 관측 시기는 엘니뇨가 발생한 해이다.

보기

○ ㄱ. 우리나라의 강수량은 평년보다 많다.
➡ 주어진 자료에서 우리나라의 강수량 편차는 (＋) 값을 가진다. 따라서 우리나라의 강수량은 평년보다 많다.

○ ㄴ. A 해역의 표층 수온은 평년보다 높다.
➡ 평년에 비해 무역풍이 약해지는 엘니뇨 시기에 열대 동태평양 해역에서는 연안 용승이 약해지고, 해수면이 높은 서태평양에서 동쪽으로 따뜻한 해수가 이동하여 열대 태평양 중앙부에서 동태평양에 이르는 해역의 표층 수온이 높아진다. 따라서 열대 태평양 중앙부에 해당하는 A 해역의 표층 수온은 평년보다 높다.

✗ ㄷ. 무역풍의 세기는 평년보다 강하다.
➡ 엘니뇨 시기에는 무역풍의 세기가 평년보다 약하다.

적용해야 할 개념 ④가지

① 평상시에는 적도 부근 서태평양에서 저기압이 발달하여 따뜻한 공기가 상승하고, 동태평양에서는 고기압이 발달하여 찬 공기가 하강하는 동서 방향의 거대한 순환을 형성하는데, 이를 워커 순환이라고 한다.

② 엘니뇨는 '무역풍 약화 → 적도 부근 따뜻한 해수의 동쪽에서 서쪽으로의 이동 약화 → 동태평양 찬 해수의 용승 약화 → 동태평양 수온 상승, 서태평양 수온 하강 → 동태평양 강수량 증가 및 어획량 감소, 서태평양 가뭄 발생'의 과정으로 일어난다.

③ 라니냐는 '무역풍 강화 → 적도 부근 따뜻한 해수의 동쪽에서 서쪽으로의 이동 강화 → 동태평양 찬 해수의 용승 강화 → 동태평양 수온 하강, 서태평양 수온 상승 → 동태평양 강수량 감소, 서태평양 폭우 발생'의 과정으로 일어난다.

④ 엘니뇨 시기에는 동태평양 적도 부근 해역에서 수온 약층이 나타나는 깊이가 깊어지고, 라니냐 시기에는 동태평양 적도 부근 해역에서 수온 약층이 나타나는 깊이가 얕아진다.

문제 보기

그림 (가)와 (나)는 각각 엘니뇨 또는 라니냐가 발생한 어느 시기의 겨울철 기후 변화를 순서 없이 나타낸 것이다.

홍수가 발생할 가능성이 높다.   가뭄이 발생할 가능성이 높다.

(가) 라니냐 시기   (나) 엘니뇨 시기

무역풍: (가)>(나) ➡ 동태평양 용승: (가)>(나)
➡ 수온 약층이 나타나는 깊이: (가)<(나)

이에 대한 옳은 설명만을 〈보기〉에서 있는 대로 고른 것은?

〈보기〉풀이

엘니뇨 시기에는 평상시보다 동태평양 적도 부근의 표층 수온이 상승하고 강수량이 증가하며, 라니냐 시기에는 평상시보다 동태평양 적도 부근의 표층 수온이 하강하고 강수량이 감소한다. 따라서 (가)는 라니냐 시기이고, (나)는 엘니뇨 시기이다.

✗ 태평양에서 워커 순환의 상승 기류가 나타나는 지역은 (가)일 때가 (나)일 때보다 동쪽에 위치한다.

➡ 엘니뇨 시기에는 무역풍이 약해져 서태평양의 따뜻한 표층 해수가 평상시보다 동쪽으로 이동하므로 상승 기류가 나타나는 지역도 평상시보다 동쪽에 위치한다. 따라서 태평양에서 상승 기류가 나타나는 지역은 (나) 엘니뇨 시기일 때가 (가) 라니냐 시기일 때보다 동쪽에 위치한다.

ㄴ. 서태평양에서 홍수가 발생할 가능성은 (가)일 때가 (나)일 때보다 높다.

➡ 라니냐 시기에 따뜻한 표층 해수가 서쪽으로 이동하면 서태평양에서는 표층 수온이 높아지므로 다습한 기후가 나타나고 강수량이 증가한다. 따라서 서태평양에서 홍수가 발생할 가능성은 (가) 라니냐 시기일 때가 (나) 엘니뇨 시기일 때보다 높다.

ㄷ. 동태평양에서 수온 약층이 나타나는 깊이는 (가)일 때가 (나)일 때보다 얕다.

➡ (가) 라니냐 시기에 평상시보다 무역풍이 강해져 서쪽으로 이동하는 따뜻한 표층 해수가 증가하면 동태평양에서는 용승이 활발하여 수온 약층이 나타나는 깊이가 평상시보다 얕아진다. (나) 엘니뇨 시기에 평상시보다 무역풍이 약해져 따뜻한 표층 해수가 동쪽으로 이동하면 동태평양에서 용승이 억제되어 수온 약층이 나타나는 깊이가 평상시보다 깊어진다. 따라서 동태평양에서 수온 약층이 나타나는 깊이는 (가)일 때가 (나)일 때보다 얕다.

18 일차

적용해야 할 개념 ③가지

① 엘니뇨 시기에는 평상시보다 무역풍이 약해지면서 따뜻한 해수가 동쪽으로 이동하고, 동태평양에서 용승이 약해져 표층 수온이 평상시보다 높아진다. ➡ 동태평양에서 수온 약층이 나타나기 시작하는 깊이는 평상시보다 깊어진다.

② 라니냐 시기에는 평상시보다 무역풍이 강해지고 남적도 해류도 강해지므로 동태평양에서 용승이 강해져 표층 수온이 평상시보다 낮아진다. ➡ 동태평양에서 수온 약층이 나타나기 시작하는 깊이는 평상시보다 얕아진다.

③ 평상시에는 적도 부근 서태평양에서 저기압이 발달하여 따뜻한 공기가 상승하고, 동태평양에서는 고기압이 발달하여 찬 공기가 하강하는 동서 방향의 거대한 순환을 형성하는데, 이를 워커 순환이라고 한다.

엘니뇨 시기	동태평양에서는 해면 기압이 평상시보다 낮아져 강수량이 많아지고, 서태평양은 해면 기압이 평상시보다 높아져 건조한 날씨가 나타난다.
라니냐 시기	동태평양에서는 해면 기압이 평상시보다 높아져 강수량이 적어지고, 서태평양은 해면 기압이 평상시보다 낮아져 강수량이 많아지고 홍수 피해가 발생한다.

문제 보기

그림의 유형 Ⅰ과 Ⅱ는 두 물리량 x와 y 사이의 대략적인 관계를 나타낸 것이다. 표는 엘니뇨와 라니냐가 일어난 시기에 태평양 적도 부근 해역에서 동시에 관측한 물리량과 이들의 관계 유형을 Ⅰ 또는 Ⅱ로 나타낸 것이다.

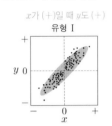
x가 (+)일 때 y도 (+)
유형 Ⅰ

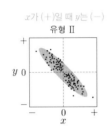
x가 (+)일 때 y는 (−)
유형 Ⅱ

물리량 관계 유형	x	y
ⓐ	동태평양에서 적운형 구름양의 편차 엘니뇨 시기에 (+)	(서태평양 해수면 높이−동태평양 해수면 높이)의 편차 엘니뇨 시기에 (−)
Ⅰ	서태평양에서의 해면 기압 편차 엘니뇨 시기에 (+)	(㉠)의 편차
ⓑ	(서태평양 해수면 수온−동태평양 해수면 수온)의 편차 라니냐 시기에 (+)	워커 순환 세기의 편차 라니냐 시기에 (+)

(편차=관측값−평년값)

엘니뇨 시기에 동태평양에서 수온 약층이 나타나기 시작하는 깊이의 편차 (+)

이 자료에 대한 설명으로 옳은 것만을 〈보기〉에서 있는 대로 고른 것은? [3점]

〈보기〉 풀이

유형 Ⅰ은 x가 (+)일 때 y도 (+)로 나타나고, 유형 Ⅱ는 x가 (+)일 때 y는 (−)로 나타난다.

ㄱ. ⓐ는 Ⅱ이다.

➡ 엘니뇨 시기에는 동태평양에서 적운형 구름양의 편차(x)가 (+)으로 나타나고, (서태평양 해수면 높이−동태평양 해수면 높이)의 편차(y)는 (−)으로 나타난다. 즉, x가 (+)일 때 y는 (−)으로 나타나므로 ⓐ는 Ⅱ이다.

ㄴ. '동태평양에서 수온 약층이 나타나기 시작하는 깊이'는 ㉠에 해당한다.

➡ 엘니뇨 시기에는 서태평양에서의 해면 기압 편차(x)가 (+)으로 나타나므로, 관계 유형이 Ⅰ이면 엘니뇨 시기에 ㉠의 편차(y)도 (+)으로 나타나야 한다. 엘니뇨 시기에는 평년보다 동태평양에서 용승이 약해져 수온 약층이 나타나기 시작하는 깊이가 깊어지므로 동태평양에서 수온 약층이 나타나기 시작하는 깊이의 편차가 (+)으로 나타난다. 따라서 '동태평양에서 수온 약층이 나타나기 시작하는 깊이'는 ㉠에 해당한다.

ㄷ. ⓑ는 Ⅰ이다.

➡ 라니냐 시기에는 평년보다 서태평양의 해수면 수온은 높아지고 동태평양의 해수면 수온은 낮아지며, 워커 순환의 세기도 평년보다 강해진다. 따라서 라니냐 시기에는 (서태평양 해수면 수온−동태평양 해수면 수온)의 편차(x)와 워커 순환 세기의 편차(y) 모두 (+)으로 나타난다. 즉, x가 (+)일 때 y도 (+)으로 나타나므로 ⓑ는 Ⅰ이다.

09 엘니뇨와 라니냐 - 수온 변화 2019학년도 9월 모평 지Ⅱ 15번 　　정답 ③ | 정답률 68 %

적용해야 할 개념 ③가지

① 엘니뇨는 '무역풍 약화 → 적도 부근 따뜻한 해수의 동쪽에서 서쪽으로의 이동 약화 → 동태평양 찬 해수의 용승 약화 → 동태평양 수온 상승, 서태평양 수온 하강 → 동태평양 강수량 증가 및 어획량 감소, 서태평양 가뭄 발생'의 과정으로 일어난다.

② 라니냐는 '무역풍 강화 → 적도 부근 따뜻한 해수의 동쪽에서 서쪽으로의 이동 강화 → 동태평양 찬 해수의 용승 강화 → 동태평양 수온 하강, 서태평양 수온 상승 → 동태평양 강수량 감소, 서태평양 폭우 발생'의 과정으로 일어난다.

③ 엘니뇨 시기에 동태평양에서는 평상시보다 수온이 높아져 저기압이 발달하고 서태평양에서는 평상시보다 수온이 낮아져 고기압이 발달한다.

문제 보기

그림은 동태평양과 서태평양 적도 부근 해역에서 관측한 북반구 겨울철 표층의 평균 수온을 ○와 ×로 순서 없이 나타낸 것이다. A와 B는 각각 엘니뇨와 라니냐 시기 중 하나이다.

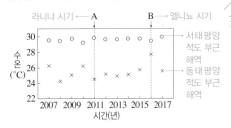

· 남적도 해류의 세기: A>B
· 동태평양 적도 부근 해역에서 용승: A>B

이 자료에 대한 설명으로 옳은 것만을 〈보기〉에서 있는 대로 고른 것은? [3점]

〈보기〉 풀이

태평양 적도 부근 해역에서 표층 수온은 서태평양이 동태평양보다 높으며, 서태평양과 동태평양의 표층 수온 차이는 엘니뇨 시기가 라니냐 시기보다 작다. 따라서 ○는 서태평양 적도 부근 해역의 북반구 겨울철 표층의 평균 수온을, ×는 동태평양 적도 부근 해역의 북반구 겨울철 표층의 평균 수온을 나타낸 것이고, A는 라니냐 시기, B는 엘니뇨 시기이다.

ㄱ. 남적도 해류는 A가 B보다 강하다.
➡ 남적도 해류는 무역풍이 강한 라니냐 시기(A)가 엘니뇨 시기(B)보다 강하다.

ㄴ. 동태평양에서 용승은 B가 A보다 강하다.
➡ 동태평양 적도 부근 해역에서 용승은 라니냐 시기(A)가 엘니뇨 시기(B)보다 강하다.

ㄷ. 서태평양에서 해면 기압은 B가 평년보다 크다.
➡ 엘니뇨 시기(B)에는 태평양 중앙부와 동태평양 쪽에서 상승 기류가 평년보다 강해지며, 서태평양 쪽에서는 하강 기류가 평년보다 강해진다. 따라서 서태평양에서 해면 기압은 엘니뇨 시기인 B가 평년보다 크다.

적용해야 할 개념 ②가지

① 엘니뇨 시기에는 무역풍이 평상시보다 약해져 서태평양의 따뜻한 표층 해수가 동태평양 쪽으로 이동한다. ➡ 서태평양 적도 해역과 동태평양 적도 해역의 평균 수온 차는 평년보다 작아진다.

② 라니냐 시기에는 무역풍이 평상시보다 강해져 서태평양 쪽으로 이동하는 따뜻한 해수가 많아지므로 서태평양 열대 해역의 수온이 평상시보다 높아진다. ➡ 서태평양 적도 해역과 동태평양 적도 해역 사이의 해수면 높이 차가 평상시보다 커진다.

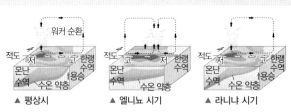

▲ 평상시   ▲ 엘니뇨 시기   ▲ 라니냐 시기

문제 보기

그림 (가)는 적도 부근 해역에서 서태평양과 동태평양의 겨울철 표층의 평균 수온 차(서태평양 수온－동태평양 수온)를, (나)는 (가)의 A와 B 중 한 시기에 관측한 적도 부근 태평양 해역의 동서 방향 풍속 편차(관측값－평년값)를 나타낸 것이다. A와 B는 각각 엘니뇨 시기와 라니냐 시기 중 하나이다. 동쪽으로 향하는 바람을 양(＋)으로 한다.

└➤ 서풍

서태평양 적도 해역과 동태평양 적도 해역의 평균 수온 차가 크다. ➡ 라니냐 시기

서태평양 적도 해역과 동태평양 적도 해역의 평균 수온 차가 작다. ➡ 엘니뇨 시기

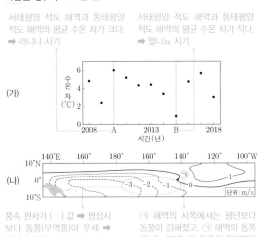

(가)

(나)

풍속 편차가 (－) 값 ➡ 평상시보다 동풍(무역풍)이 우세 ➡ 라니냐 시기

㉠ 해역의 서쪽에서는 평년보다 동풍이 강해졌고, ㉠ 해역의 동쪽에서는 평년보다 동풍이 약해졌거나 서풍이 분다.

이 자료에 대한 설명으로 옳은 것만을 〈보기〉에서 있는 대로 고른 것은? [3점]

〈보기〉 풀이

서태평양 적도 해역과 동태평양 적도 해역의 평균 수온 차는 라니냐 시기에는 평년보다 크고, 엘니뇨 시기에는 평년보다 작다. 따라서 A는 라니냐 시기, B는 엘니뇨 시기이다. (나)에서 서태평양 해역은 풍속 편차가 (－) 값이므로 평상시보다 서쪽으로 향하는 바람, 즉 동풍(무역풍)이 우세하다. 따라서 (나)는 라니냐 시기에 관측한 것이다.

ㄱ. (나)는 **A에 해당한다.**

➡ (나)는 평상시보다 무역풍이 강하므로 (가)에서 라니냐 시기인 A에 해당한다.

✗ 상승 기류는 (나)의 ㉠ 해역에서 발생한다.

➡ ㉠ 해역의 서쪽에서는 평년보다 동풍이 강해졌고, ㉠ 해역의 동쪽에서는 평년보다 동풍이 약해졌거나 서풍이 분다. 따라서 (나)의 ㉠ 해역에서는 하강 기류가 발생한다.

ㄷ. 서태평양 적도 해역과 동태평양 적도 해역 사이의 해수면 높이 차는 A가 B보다 크다.

➡ 엘니뇨 시기인 B일 때는 따뜻한 해수층이 동쪽으로 이동하여 서태평양 적도 해역과 동태평양 적도 해역 사이의 해수면 높이 차가 평상시보다 작아지고, 라니냐 시기인 A일 때는 따뜻한 해수층이 서쪽으로 많이 이동하여 해수면 높이 차가 평상시보다 커진다.

적용해야 할 개념 ②가지

① 태평양 적도 부근 해역의 표층 수온 분포

엘니뇨 시기	평년에 비해 무역풍이 약해지면 동태평양 해역에서는 연안 용승이 약해지고, 해수면이 높은 서태평양에서 동쪽으로 따뜻한 해수가 이동하여 태평양 중앙부에서 페루 연안에 이르는 해역의 표층 수온이 상승한다.
라니냐 시기	평년에 비해 무역풍이 강해지면 동태평양 해역에서는 연안 용승이 강해지고, 따뜻한 해수는 서태평양 쪽으로 더욱 집중되므로 페루 연안의 한랭 수역이 확대되어 표층 수온이 하강한다. ➡ 표층 수온의 동서 간 차이가 커진다.

② 태평양 적도 부근 해역의 해면 기압 변화

엘니뇨 시기	평년보다 동태평양의 해면 기압은 낮아지고, 서태평양의 해면 기압은 높아진다.
라니냐 시기	평년보다 동태평양의 해면 기압은 높아지고, 서태평양의 해면 기압은 낮아진다.

문제 보기

그림은 적도 부근 서태평양과 중앙 태평양 중 어느 한 해역에서 최근 40년 동안 매년 같은 시기에 기상 위성으로 관측한 적외선 방출 복사 에너지 편차와 수온 편차를 나타낸 것이다. 편차는 (관측값−평년값)이며, A는 엘니뇨 시기에 관측한 값이다.

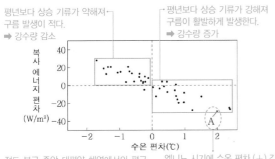

이 해역에 대한 옳은 설명만을 〈보기〉에서 있는 대로 고른 것은? [3점]

〈보기〉 풀이

평년보다 상승 기류가 강해져 구름 발생이 많아지면 기상 위성으로 관측한 적외선 방출 복사 에너지양이 감소한다(편차는 (−)). 반면 평년보다 상승 기류가 약해져 구름 발생이 적어지면 기상 위성으로 관측한 적외선 방출 복사 에너지양이 증가한다(편차는 (+)).

✗ 서태평양에 위치한다.
➡ 엘니뇨 시기에 적도 부근 서태평양 해역의 표층 수온은 평년보다 하강하여 수온 편차는 (−)로 나타나고, 중앙 태평양 해역의 표층 수온은 평년보다 상승하여 수온 편차는 (+)로 나타난다. A는 엘니뇨 시기에 관측한 값으로, 수온 편차가 (+)이므로, 이 해역은 적도 부근 중앙 태평양에 위치한다.

ㄴ. 강수량은 적외선 방출 복사 에너지 편차가 (+)일 때가 (−)일 때보다 대체로 적다.
➡ 기상 위성으로 관측한 적외선 방출 복사 에너지 편차가 (+)일 때가 (−)일 때보다 구름의 양이 적으므로 강수량도 대체로 적다.

ㄷ. 평균 해면 기압은 엘니뇨 시기가 평년보다 낮다.
➡ 적도 부근 중앙 태평양 해역에서 평균 해면 기압은 수온 편차가 (+)인 엘니뇨 시기가 평년보다 낮다.

적용해야 할 개념 ②가지

① 평년과 비교하여 엘니뇨와 라니냐 시기에 태평양 적도 부근 해역에서 나타나는 변화

구분	엘니뇨 시기	라니냐 시기
원인/영향	무역풍이 약해지면서 따뜻한 해수가 동쪽으로 이동하고, 동태평양에서 용승이 약해져 표층 수온이 높아진다.	무역풍이 강해지면서 동태평양에서 용승이 강해지고 표층 수온이 낮아진다.
서태평양	하강 기류가 발달하면서 강수량이 감소하여 가뭄 피해가 생긴다. 따뜻한 해수층의 두께가 얇아지고 해수면의 높이가 낮아진다.	상승 기류가 발달하면서 강수량이 증가하여 홍수가 난다. 따뜻한 해수층의 두께가 두꺼워지고 해수면의 높이가 높아진다.
동태평양	상승 기류가 발달하면서 강수량이 증가하여 홍수가 난다. 따뜻한 해수층의 두께가 두꺼워지고 해수면의 높이가 높아진다.	하강 기류가 발달하면서 강수량이 감소하여 가뭄 피해가 생긴다. 용승이 강해지므로 따뜻한 해수층의 두께가 얇아지고 해수면의 높이가 낮아진다.

② 태평양 적도 부근 해역에서의 해면 기압 변화

엘니뇨 시기	평년보다 동태평양의 해면 기압은 낮아지고, 서태평양의 해면 기압은 높아진다.
라니냐 시기	평년보다 동태평양의 해면 기압은 높아지고, 서태평양의 해면 기압은 낮아진다.

문제 보기

그림은 엘니뇨 또는 라니냐 중 어느 한 시기에 태평양 적도 부근에서 기상 위성으로 관측한 적외선 방출 복사 에너지의 편차(관측값−평년값)를 나타낸 것이다. 적외선 방출 복사 에너지는 구름, 대기, 지표에서 방출된 에너지이다.

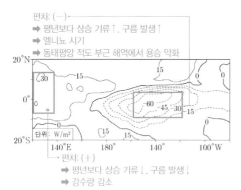

편차: (−)
➡ 평년보다 상승 기류↑, 구름 발생↑
➡ 엘니뇨 시기
➡ 동태평양 적도 부근 해역에서 용승 약화

편차: (+)
➡ 평년보다 상승 기류↓, 구름 발생↓
➡ 강수량 감소

엘니뇨 시기에 적도 부근 해역의 해면 기압 변화
➡ 동태평양: 평년보다 하강, 서태평양: 평년보다 상승
➡ (동태평양 해면 기압 − 서태평양 해면 기압) 값: 엘니뇨 시기<평년

이 시기에 대한 설명으로 옳은 것만을 〈보기〉에서 있는 대로 고른 것은?

〈보기〉 풀이

평년보다 상승 기류가 강해져 구름 발생이 많아지면 기상 위성으로 관측한 적외선 방출 복사 에너지양이 감소하여 편차가 음(−)의 값으로 나타난다. 그림에서 중앙 태평양과 동태평양 적도 부근 해역의 적외선 방출 복사 에너지 편차가 음(−)의 값으로 나타나므로 이 해역에서 평년보다 상승 기류가 강해진 것을 알 수 있다. 따라서 이 시기는 엘니뇨 시기이다.

ㄱ. 서태평양 적도 부근 해역의 강수량은 평년보다 적다.

➡ 엘니뇨 시기에 서태평양 적도 부근 해역은 평년보다 상승 기류가 약해지므로 구름 발생이 적어 강수량이 적어진다. 반면에 동태평양 적도 부근 해역은 평년보다 상승 기류가 강해지므로 구름 발생이 많고 강수량도 많아진다.

ㄴ. 동태평양 적도 부근 해역의 용승은 평년보다 강하다.

➡ 엘니뇨 시기에 동태평양 적도 부근 해역의 용승은 평년보다 약하다.

ㄷ. 적도 부근의 (동태평양 해면 기압−서태평양 해면 기압) 값은 평년보다 작다.

➡ 엘니뇨 시기에는 적도 부근에서 동태평양의 해면 기압은 평년보다 낮고 서태평양의 해면 기압은 평년보다 높다. 따라서 적도 부근의 (동태평양 해면 기압−서태평양 해면 기압) 값은 엘니뇨 시기가 평년보다 작다.

적용해야 할 개념 ③가지

① 엘니뇨는 '무역풍 약화 → 적도 부근 따뜻한 해수의 동쪽에서 서쪽으로의 이동 약화 → 동태평양 찬 해수의 용승 약화 → 동태평양 수온 상승, 서태평양 수온 하강 → 동태평양 강수량 증가 및 어획량 감소, 서태평양 가뭄 발생' 의 과정으로 일어난다.

② 라니냐는 '무역풍 강화 → 적도 부근 따뜻한 해수의 동쪽에서 서쪽으로의 이동 강화 → 동태평양 찬 해수의 용승 강화 → 동태평양 수온 하강, 서태평양 수온 상승 → 동태평양 강수량 감소, 서태평양 폭우 발생' 의 과정으로 일어난다.

③ 엘니뇨 시기에는 평년보다 동태평양의 해면 기압은 낮고 서태평양의 해면 기압은 높다. 라니냐 시기에는 평년보다 동태평양의 해면 기압은 높고 서태평양의 해면 기압은 낮다.

문제 보기

그림 (가)는 서태평양 적도 부근 해역의 표층에 도달하는 태양 복사 에너지 편차(관측값−평년값)를, (나)는 태평양 적도 부근 해역에서 A와 B 중 한 시기에 1년 동안 관측한 20 ℃ 등수온선의 깊이 편차를 나타낸 것이다. A와 B는 각각 엘니뇨와 라니냐 시기 중 하나이다.

서태평양 구름 양 증가 → 표층에 도달하는 태양 복사 에너지양 감소 ➡ 라니냐 시기

서태평양 구름 양 감소 → 표층에 도달하는 태양 복사 에너지양 증가 ➡ 엘니뇨 시기

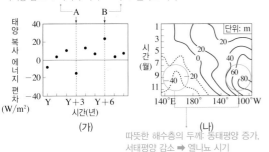

(가)

(나)

따뜻한 해수층의 두께: 동태평양 증가, 서태평양 감소 ➡ 엘니뇨 시기

이에 대한 설명으로 옳은 것만을 〈보기〉에서 있는 대로 고른 것은?

[3점]

〈보기〉 풀이

서태평양 적도 부근 해역에서 라니냐 시기에는 평년보다 상승 기류가 강하여 구름이 많아지므로 해수 표층에 도달하는 태양 복사 에너지양이 적어진다. 엘니뇨 시기에는 평년보다 구름이 적어지므로 표층에 도달하는 태양 복사 에너지양이 많아진다. 따라서 A는 라니냐 시기, B는 엘니뇨 시기이다.

❌ (나)는 A에 해당한다.

➡ (나)에서 20 ℃ 등수온선의 깊이가 동태평양 해역에서 평년보다 깊어지고 서태평양에서 평년보다 얕아졌으므로, 따뜻한 해수층의 두께가 동태평양에서 두꺼워지고 서태평양에서 얕아졌다. 따라서 (나)는 엘니뇨 시기인 B에 관측한 것이다.

ㄴ. B일 때는 서태평양 적도 부근 해역이 평년보다 건조하다.

➡ 엘니뇨 시기(B)에는 서태평양 적도 부근 해역에서 평년보다 하강 기류가 우세하므로 강수량이 감소하여 건조하다.

ㄷ. 적도 부근에서 $\dfrac{\text{서태평양 해면 기압}}{\text{동태평양 해면 기압}}$ 은 A가 B보다 작다.

➡ 라니냐 시기(A)에 적도 부근에서 서태평양 해면 기압은 평년보다 낮고 동태평양 해면 기압은 평년보다 높다. 엘니뇨 시기(B)에 적도 부근에서 서태평양 해면 기압은 평년보다 높고 동태평양 해면 기압은 평년보다 낮다.

따라서 적도 부근에서 $\dfrac{\text{서태평양 해면 기압}}{\text{동태평양 해면 기압}}$ 은 라니냐 시기(A)가 엘니뇨 시기(B)보다 작다.

14 엘니뇨와 라니냐 2023학년도 4월 학평 지Ⅰ 14번

정답 ⑤ | 정답률 61 %

적용해야 할 개념 ②가지

① 태평양 적도 부근 해역의 해수면 기압 변화

엘니뇨 시기	평년보다 동태평양의 해수면 기압은 낮아지고, 서태평양의 해수면 기압은 높아진다.
라니냐 시기	평년보다 동태평양의 해수면 기압은 높아지고, 서태평양의 해수면 기압은 낮아진다.

② 태평양 적도 부근 해역의 표층 수온 분포

엘니뇨 시기	평년에 비해 무역풍이 약해지면 동태평양 해역에서는 연안 용승이 약해지고, 해수면이 높은 서태평양에서 동쪽으로 따뜻한 해수가 이동하여 태평양 중앙부에서 페루 연안에 이르는 해역의 표층 수온이 상승한다.
라니냐 시기	평년에 비해 무역풍이 강해지면 동태평양 해역에서는 연안 용승이 강해지고, 따뜻한 해수는 서태평양 쪽으로 더욱 집중되므로 페루 연안의 한랭 수역이 확대되어 표층 수온이 하강한다. ➡ 표층 수온의 동서 간 차이가 커진다.

문제 보기

그림 (가)는 다윈과 타히티에서 측정한 해수면 기압 편차(관측 기압-평년 기압)를, (나)는 A와 B 중 한 시기의 태평양 적도 부근 해역의 대기 순환 모습을 나타낸 것이다. A와 B는 각각 엘니뇨와 라니냐 시기 중 하나이다.

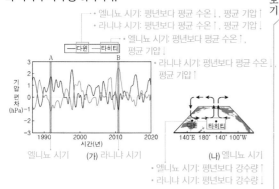

- 엘니뇨 시기: 평년보다 평균 수온↓, 평균 기압↑
- 라니냐 시기: 평년보다 평균 수온↑, 평균 기압↓
- 엘니뇨 시기: 평년보다 평균 수온↑, 평균 기압↓
- 라니냐 시기: 평년보다 평균 수온↓, 평균 기압↑

- 엘니뇨 시기: 평년보다 강수량↑
- 라니냐 시기: 평년보다 강수량↓

이에 대한 설명으로 옳은 것만을 〈보기〉에서 있는 대로 고른 것은? [3점]

〈보기〉 풀이

ㄱ. (나)는 A 시기의 대기 순환 모습이다.
➡ 다윈의 해수면 기압은 엘니뇨 시기에는 평년보다 높아지므로 기압 편차는 (+) 값으로 나타나고, 라니냐 시기에는 평년보다 낮아지므로 기압 편차는 (-) 값으로 나타난다. 따라서 A는 엘니뇨 시기, B는 라니냐 시기이다. (나)의 워커 순환에서 타히티 부근 해역에 상승 기류가 나타나는 것으로 보아 엘니뇨 시기(A 시기)의 대기 순환 모습이다.

ㄴ. B 시기에 타히티 부근 해역의 강수량은 평상시보다 적다.
➡ B 시기에 타히티에서 측정한 해수면 기압 편차가 (+) 값을 가지므로, 이 시기에 타히티의 해수면 기압은 평년보다 높다. 따라서 B 시기에 타히티 부근 해역의 강수량은 평상시보다 적다.

ㄷ. $\dfrac{\text{다윈 부근 해역의 평균 수온}}{\text{타히티 부근 해역의 평균 수온}}$ 은 A 시기보다 B 시기에 크다.
➡ 다윈 부근 해역의 평균 수온은 엘니뇨 시기에는 평년보다 낮고 라니냐 시기에는 평년보다 높다. 타히티 부근 해역의 평균 수온은 엘니뇨 시기에는 평년보다 높고 라니냐 시기에는 평년보다 낮다. 따라서 $\dfrac{\text{다윈 부근 해역의 평균 수온}}{\text{타히티 부근 해역의 평균 수온}}$ 은 엘니뇨 시기(A 시기)보다 라니냐 시기(B 시기)에 크다.

---

15 엘니뇨와 라니냐 - 수온 편차 변화 2019학년도 3월 학평 지Ⅰ 8번

정답 ② | 정답률 48 %

적용해야 할 개념 ③가지

① 엘니뇨 시기에는 무역풍이 평상시보다 약화되어 서태평양의 따뜻한 표층 해수가 동태평양 쪽으로 이동하고 동태평양에서 용승이 억제되어 동태평양 열대 해역의 수온이 평상시보다 높아진다.

② 라니냐 시기에는 무역풍이 평상시보다 강해져 서태평양 쪽으로 이동하는 따뜻한 해수가 많고 동태평양에서 용승이 활발하여 동태평양 열대 해역의 수온이 평상시보다 낮아진다.

③ 엘니뇨 시기에는 서태평양에 고기압이, 동태평양에 저기압이 형성된다. 라니냐 시기에는 서태평양에서 저기압이 더 강해지고, 동태평양에서 고기압이 더 강해진다.

문제 보기

그림 (가)는 동태평양 적도 부근 해역의 수온 편차(관측 수온-평균 수온)를, (나)는 태평양 적도 부근의 두 해역 ㉠, ㉡을 나타낸 것이다.

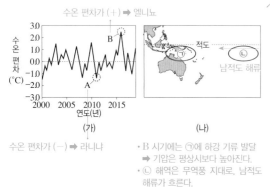

수온 편차가 (+) ➡ 엘니뇨

수온 편차가 (-) ➡ 라니냐

- B 시기에는 ㉠에 하강 기류 발달 ➡ 기압은 평상시보다 높아진다.
- ㉡ 해역은 무역풍 지대로, 남적도 해류가 흐른다.

이에 대한 옳은 설명만을 〈보기〉에서 있는 대로 고른 것은?

〈보기〉 풀이

✗ A 시기에 엘니뇨가 나타났다.
➡ A 시기는 수온 편차가 (-)이므로 동태평양 적도 부근 해역의 관측 수온이 평균 수온보다 낮은 라니냐이다.

ㄴ. B 시기에는 ㉠ 지역의 기압이 평상시보다 높았다.
➡ B는 엘니뇨 시기로 따뜻한 표층 해수가 동태평양 방향으로 이동하므로 ㉠ 지역에서는 하강 기류가 발달하여 기압은 평상시보다 높아진다.

✗ ㉡ 해역의 해류는 A 시기보다 B 시기에 강했을 것이다.
➡ ㉡ 해역에 흐르는 남적도 해류는 무역풍이 약해진 B 시기보다 무역풍이 강해진 A 시기에 강했다.

엘니뇨와 라니냐 - 등수온선 깊이 편차 변화 2021학년도 10월 학평 지Ⅰ 4번

정답 ④ | 정답률 67 %

적용해야 할 개념 ③가지

① 엘니뇨 시기에는 무역풍이 평상시보다 약해져 적도 부근 따뜻한 해수가 동태평양 쪽으로 이동한다. ➡ 동태평양 적도 부근 해역에서는 용승이 약화되어 표층 수온이 높아지고, 온난 수역의 두께가 두꺼워진다.

② 라니냐 시기에는 무역풍이 평상시보다 강해져 서태평양 쪽으로 이동하는 따뜻한 해수가 많아진다. ➡ 동태평양 적도 부근 해역에서는 용승이 강화되어 표층 수온이 낮아지고, 온난 수역의 두께가 얇아진다.

③ 라니냐 시기에는 서태평양에서 저기압이 더 강해지고, 동태평양에서 고기압이 더 강해진다.

문제 보기

그림은 2019년 10월부터 2020년 7월까지 태평양 적도 해역에서 20 ℃ 등수온선의 깊이 편차(관측값−평년값)를 나타낸 것이다. ㉠과 ㉡은 각각 엘니뇨 시기와 라니냐 시기 중 하나이다.

20℃ 등수온선 깊이 편차가 (+)
➡ 따뜻한 해수층의 두께가 평년보다 두꺼워졌다. ➡ 엘니뇨 시기

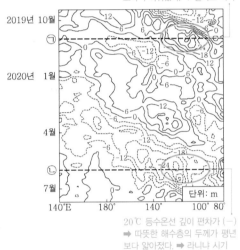

20℃ 등수온선 깊이 편차가 (−)
➡ 따뜻한 해수층의 두께가 평년보다 얇아졌다. ➡ 라니냐 시기

이에 대한 옳은 설명만을 〈보기〉에서 있는 대로 고른 것은? [3점]

보기

〈보기〉 풀이

동태평양 적도 해역에서 따뜻한 해수층의 두께가 엘니뇨 시기에는 평년보다 두꺼워지고 라니냐 시기에는 평년보다 얇아진다.

✗ ㉠은 라니냐 시기이다.

➡ 동태평양 적도 해역에서 20 ℃ 등수온선의 깊이 편차가 ㉠일 때는 (+)이므로 20 ℃ 등수온선의 깊이가 평년보다 깊어졌고, ㉡일 때는 (−)이므로 20 ℃ 등수온선의 깊이가 평년보다 얇아졌다. 따라서 따뜻한 해수층의 두께가 평년보다 두꺼워진 ㉠은 엘니뇨 시기이고, 따뜻한 해수층의 두께가 평년보다 얇아진 ㉡은 라니냐 시기이다.

ㄴ 이 해역의 동서 방향 해수면 경사는 ㉠보다 ㉡일 때 크다.

➡ 엘니뇨 시기에는 따뜻한 해수가 동쪽으로 이동하여 서태평양 적도 해역과 동태평양 적도 해역 사이의 해수면 높이 차가 평상시보다 작아지고, 라니냐 시기에는 따뜻한 해수가 서쪽으로 더 많이 이동하여 서태평양 적도 해역과 동태평양 적도 해역 사이의 해수면 높이 차가 평상시보다 커진다. 따라서 태평양 적도 해역의 동서 방향 해수면 경사는 엘니뇨 시기(㉠)보다 라니냐 시기(㉡)일 때가 크다.

ㄷ ㉡일 때 동태평양 적도 해역의 기압 편차(관측값−평년값)는 (+) 값이다.

➡ 라니냐 시기에는 평년보다 무역풍이 강해져서 동태평양 해역에서 찬 해수의 용승이 활발하고, 따뜻한 해수는 서태평양 쪽으로 더욱 집중되므로 동태평양 적도 해역에서는 평상시보다 수온이 낮아지고 기압은 높아진다. 따라서 라니냐 시기(㉡)일 때 동태평양 적도 해역의 기압 편차(관측값−평년값)는 (+) 값으로 나타난다.

적용해야 할 개념 ③가지

① 엘니뇨 시기에는 무역풍이 평상시보다 약해져 서태평양의 따뜻한 표층 해수가 동태평양 쪽으로 이동하여 동태평양 적도 부근 해역의 표층 수온이 높아지고, 라니냐 시기에는 무역풍이 평상시보다 강해져 따뜻한 해수가 서태평양 쪽으로 이동하여 동태평양 적도 부근 해역의 표층 수온이 낮아진다.

② 엘니뇨 시기에는 서태평양에 고기압이, 동태평양에 저기압이 형성된다. 라니냐 시기에는 평년보다 서태평양에서 저기압이 더 강해지고, 동태평양에서 고기압이 더 강해진다.

③ 엘니뇨 시기에는 동태평양 적도 부근 해역에서 수온 약층이 나타나기 시작하는 깊이가 깊어지고, 라니냐 시기에는 동태평양 적도 부근 해역에서 수온 약층이 나타나기 시작하는 깊이가 얕아진다.

문제 보기

그림은 태평양 적도 해역의 해수면으로부터 수심 300 m까지의 평균 수온 편차(관측값-평년값)를 나타낸 것이다. A와 B는 각각 엘니뇨와 라니냐 시기 중 하나이다.

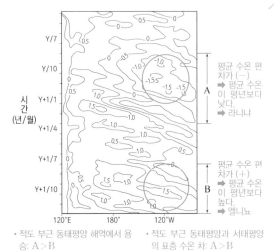

• 적도 부근 동태평양 해역에서 용승: A>B
➡ 수온 약층이 나타나기 시작하는 깊이: A<B

• 적도 부근 동태평양과 서태평양의 표층 수온 차: A>B
➡ 적도 부근의 (동태평양 해면 기압-서태평양 해면 기압): A>B

이에 대한 설명으로 옳은 것만을 〈보기〉에서 있는 대로 고른 것은? [3점]

〈보기〉풀이

동태평양 적도 해역에서 표층 해수의 평균 수온이 평년보다 낮아지는 A는 라니냐 시기이고, 평년보다 높아지는 B는 엘니뇨 시기이다.

✗ 남적도 해류의 세기는 A가 B보다 약하다.
➡ 남적도 해류의 세기는 무역풍이 강해지는 라니냐 시기(A)가 무역풍이 약해지는 엘니뇨 시기(B)보다 강하다.

✗ 적도 부근의 (동태평양 해면 기압-서태평양 해면 기압)은 A가 B보다 작다.
➡ 평상시 적도 부근의 태평양 해역에서는 동쪽에서 서쪽으로 부는 무역풍으로 인해 서태평양의 표층 수온이 높고, 동태평양의 표층 수온이 낮다. 무역풍이 약해지는 엘니뇨 시기에는 서쪽의 따뜻한 표층 해수가 동쪽으로 이동하므로 동태평양과 서태평양의 표층 수온 차가 평상시보다 작아진다. 한편, 무역풍이 강해지는 라니냐 시기에는 동태평양에서 연안 용승이 활발하고, 따뜻한 해수는 서태평양 쪽으로 더욱 집중되므로 동태평양과 서태평양의 표층 수온 차가 평상시보다 커진다. 따라서 적도 부근의 (동태평양 해면 기압-서태평양 해면 기압)은 동태평양과 서태평양의 표층 수온 차가 더 큰 라니냐 시기(A)가 엘니뇨 시기(B)보다 크다.

Ⓒ ㄷ. 적도 부근 동태평양 해역에서 수온 약층이 나타나기 시작하는 깊이는 B가 A보다 깊다.
➡ 수온 약층은 깊이가 깊어짐에 따라 수온이 급격하게 낮아지는 층이다. 적도 부근 동태평양 해역에서 수온 약층이 나타나기 시작하는 깊이는 찬 해수의 용승이 약한 엘니뇨 시기(B)가 용승이 강한 라니냐 시기(A)보다 깊다.

18 엘니뇨와 라니냐 – 해수면 기압 편차 변화 2021학년도 4월 학평 지I 13번 정답 ② | 정답률 54%

적용해야 할 개념 ③가지

① 엘니뇨 시기에 동태평양 적도 부근 해역에서는 평상시보다 수온이 높아져 저기압이 발달하고 서태평양 적도 부근 해역에서는 평상시보다 수온이 낮아져 고기압이 발달한다.

② 엘니뇨 시기에는 무역풍이 평상시보다 약화되어 서태평양의 따뜻한 표층 해수가 동태평양 쪽으로 이동하므로 동태평양 열대 해역의 표층 수온이 평상시보다 높아진다.

③ 엘니뇨 시기에는 동태평양 적도 부근 해역에서 찬 해수의 용승이 약해지고, 라니냐 시기에는 동태평양 적도 부근 해역에서 찬 해수의 용승이 강해진다.

문제 보기

그림은 2014년부터 2016년까지 관측한 태평양 적도 부근 해역의 해수면 기압 편차(관측 기압－평년 기압)를 나타낸 것이다. A는 엘니뇨 시기와 라니냐 시기 중 하나이다.

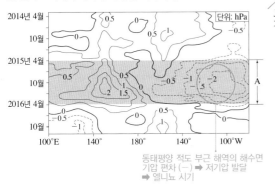

동태평양 적도 부근 해역의 해수면 기압 편차 (－) ➡ 저기압 발달 ➡ 엘니뇨 시기

A 시기에 대한 설명으로 옳은 것만을 〈보기〉에서 있는 대로 고른 것은? [3점]

〈보기〉 풀이

엘니뇨 시기에는 무역풍 약화로 따뜻한 표층 해수가 동쪽으로 이동하고 동태평양에서 용승이 약해지며 이로 인해 동태평양 적도 부근 해역에서는 평상시보다 표층 수온이 상승하고 해수면 기압이 낮아진다. 라니냐 시기에는 무역풍 강화로 따뜻한 표층 해수가 서쪽으로 더 많이 이동하고 동태평양에서 용승이 강해지며, 이로 인해 동태평양 적도 부근 해역에서는 평상시보다 표층 수온이 하강하고 해수면 기압이 높아진다.

✗ ㄱ. 라니냐 시기이다.
➡ A 시기에 동태평양 적도 부근 해역의 해수면 기압 편차가 (－) 값이므로 평년보다 해수면 기압이 낮아졌다. 따라서 A는 엘니뇨 시기이다.

○ ㄴ. 평상시보다 남적도 해류가 약하다.
➡ A 시기는 엘니뇨 시기이므로 무역풍이 평상시보다 약하며, 무역풍에 의해 형성되는 남적도 해류도 평상시보다 약하다.

✗ ㄷ. 평상시보다 동태평양 적도 부근 해역에서의 용승이 강하다.
➡ 엘니뇨 시기에는 무역풍 약화로 따뜻한 표층 해수가 동쪽으로 이동하므로 동태평양 적도 부근 해역에서의 용승도 평상시보다 약하다.

---

19 엘니뇨와 라니냐 – 해수면 기압 편차 변화 2022학년도 3월 학평 지I 7번 정답 ① | 정답률 47%

적용해야 할 개념 ②가지

① 평상시에는 동쪽에서 서쪽으로 부는 무역풍으로 인해 동태평양 적도 부근 해역에서 연안 용승이 활발하다. ➡ 표층 수온은 서태평양보다 동태평양 적도 부근 해역에서 낮다.

② 엘니뇨와 라니냐 시기에 태평양 적도 부근 해역에서 나타나는 변화

구분	엘니뇨 시기	라니냐 시기
발생 원인 /영향	평상시보다 무역풍이 약해지면서 따뜻한 해수가 동쪽으로 이동하고, 동태평양 적도 부근 해역에서는 용승이 약해져 표층 수온이 평상시보다 높아진다.	평상시보다 무역풍이 강해지면서 남적도 해류도 강해지고, 이에 따라 동태평양 적도 부근 해역에서는 용승이 강해져 표층 수온이 평상시보다 낮아진다.
서태평양	하강 기류가 발달하면서 강수량이 감소하여 가뭄 피해가 생긴다.	평상시보다 따뜻한 해수층의 두께가 더 두꺼워지고, 해수면의 높이가 높아진다.
동태평양	따뜻한 해수층의 두께가 두꺼워지고, 해수면의 높이가 높아지며, 강수량이 증가한다.	용승이 강해지므로 평상시보다 따뜻한 해수층의 두께가 얇아지고 해수면의 높이가 낮아진다.

문제 보기

그림은 2020년 12월부터 2021년 1월까지 태평양 적도 부근 해역의 해수면 기압 편차(관측값－평년값)를 나타낸 것이다. 이 기간은 엘니뇨 시기와 라니냐 시기 중 하나이다.

기압 편차가 (－) ➡ 기압이 평년보다 낮다. ➡ 상승 기류 발달

기압 편차가 (＋) ➡ 기압이 평년보다 높다. ➡ 하강 기류 발달

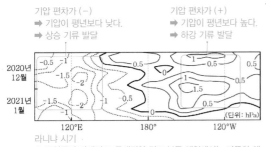

라니냐 시기 ➡ 무역풍이 강해지고, 동태평양 적도 부근 해역에서는 따뜻한 해수층의 두께가 감소하며 해수면 높이가 낮아진다.

이 시기에 대한 옳은 설명만을 〈보기〉에서 있는 대로 고른 것은?

〈보기〉 풀이

동태평양 적도 부근 해역의 해수면 기압 편차 값이 (＋)이므로 라니냐 시기이다.

○ ㄱ. 서태평양 적도 부근 해역에서 상승 기류는 평상시보다 강하다.
➡ 서태평양 적도 부근 해역의 해수면 기압 편차 값이 (－)이므로 평상시보다 해수면 기압이 낮아졌다. 따라서 서태평양 적도 부근 해역에서 상승 기류는 평상시보다 강하다.

✗ ㄴ. 동태평양 적도 부근 해역에서 따뜻한 해수층의 두께는 평상시보다 두껍다.
➡ 라니냐 시기에는 무역풍이 평상시보다 강하게 불어 따뜻한 해수가 서쪽으로 더 많이 이동하고, 동태평양 적도 부근 해역에서는 용승이 활발해진다. 따라서 동태평양 적도 부근 해역에서 따뜻한 해수층의 두께는 평상시보다 얇아진다.

✗ ㄷ. 동태평양 적도 부근 해역의 해수면 높이 편차는 (＋) 값을 가진다.
➡ 평상시에 비해 무역풍이 강해지는 라니냐 시기에는 태평양 적도 부근 해역의 따뜻한 해수가 서태평양 쪽으로 더욱 집중되어 동태평양 적도 부근 해역의 해수면 높이가 평상시보다 낮아진다. 따라서 해수면 높이 편차는 (－) 값을 가진다.

적용해야 할 개념 ③가지

① 엘니뇨 시기에는 무역풍이 약해지면서 적도 부근의 서태평양에서 동태평양 쪽으로 따뜻한 표층 해수가 이동하여 적도 부근 동태평양 해역의 표층 수온이 평년보다 높아진다.

② 라니냐 시기에는 무역풍이 강해지면서 적도 부근의 동태평양에서 서태평양 쪽으로 이동하는 따뜻한 표층 해수가 증가하여 적도 부근 동태평양 해역의 표층 수온이 평년보다 낮아진다.

③ 적도 부근 동태평양 해역의 해면 기압은 엘니뇨 시기에는 평년보다 낮고, 라니냐 시기에는 평년보다 높다.

문제 보기

그림 (가)는 엘니뇨 시기와 라니냐 시기 적도 부근 태평양의 평균 표층 수온 분포를 나타낸 것이고, ㉠과 ㉡은 엘니뇨와 라니냐 시기 중 하나이다. 그림 (나)는 적도 부근 해역의 (동태평양 해면 기압 편차−서태평양 해면 기압 편차) 값(ΔP)을 시간에 따라 나타낸 것이고, A 시기는 ㉠과 ㉡ 중 하나이다. 편차는 (관측값−평년값)이다.

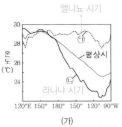
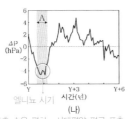

(가)   (나)

적도 부근 해역의 (동태평양 평균 표층 수온 편차−서태평양 평균 표층 수온 편차): 엘니뇨 시기 (+), 라니냐 시기 (−)

이 자료에 대한 설명으로 옳은 것만을 〈보기〉에서 있는 대로 고른 것은? [3점]

〈보기〉 풀이

적도 부근 동태평양 해역의 평균 표층 수온은 엘니뇨 시기에는 평상시보다 높고, 라니냐 시기에는 평상시보다 낮다. 따라서 (가)에서 ㉠은 엘니뇨 시기이고, ㉡은 라니냐 시기이다.

㉠ 적도 부근에서 (동태평양 평균 표층 수온 편차−서태평양 평균 표층 수온 편차) 값은 ㉠이 ㉡보다 크다.

➡ 적도 부근에서 동태평양 평균 표층 수온은 엘니뇨 시기에는 평년보다 높아 수온 편차가 양(＋)의 값으로 나타나고, 라니냐 시기에는 평년보다 낮아 수온 편차가 음(−)의 값으로 나타난다. 적도 부근에서 서태평양 평균 표층 수온은 엘니뇨 시기에는 평년보다 낮아 수온 편차가 음(−)의 값으로 나타나고, 라니냐 시기에는 평년보다 높아 수온 편차가 양(＋)의 값으로 나타난다. 따라서 적도 부근에서 (동태평양 평균 표층 수온 편차−서태평양 평균 표층 수온 편차) 값은 엘니뇨 시기에는 양(＋)의 값, 라니냐 시기에는 음(−)의 값을 가지므로 ㉠이 ㉡보다 크다.

㉡ 동태평양의 해면 기압은 A 시기가 평년보다 낮다.

➡ 적도 부근 동태평양 해역의 해면 기압은 엘니뇨 시기에는 평년보다 낮아 기압 편차가 음(−)의 값, 라니냐 시기에는 평년보다 높아 기압 편차가 양(＋)의 값으로 나타난다. 적도 부근 서태평양 해역의 해면 기압은 엘니뇨 시기에는 평년보다 높아 기압 편차가 양(＋)의 값, 라니냐 시기에는 평년보다 낮아 기압 편차가 음(−)의 값으로 나타난다. 따라서 (나)에서 적도 부근 해역의 (동태평양 해면 기압 편차−서태평양 해면 기압 편차) 값이 음(−)의 값을 가지는 A 시기는 엘니뇨 시기에 해당한다. 엘니뇨 시기에는 무역풍과 동태평양의 용승이 평년보다 약해지고 서태평양의 따뜻한 표층 해수가 동태평양으로 이동하므로, 동태평양의 해면 기압은 엘니뇨 시기에 해당하는 A 시기가 평년보다 낮다.

ㄷ. A 시기는 ㉠에 해당한다.

➡ A 시기는 엘니뇨 시기이므로 (가)에서 ㉠에 해당한다.

적용해야 할 개념 ②가지

① 태평양 적도 부근 해역의 표층 수온 변화

엘니뇨 시기	무역풍이 평상시보다 약해지면 동태평양에서는 연안 용승이 약해지고, 해수면이 높은 서태평양에서 동쪽으로 따뜻한 해수가 이동하여 동태평양의 표층 수온이 평상시보다 높아진다. ➡ 동태평양 표층 수온 편차: 양(＋)의 값
라니냐 시기	무역풍이 평상시보다 강해지면 동태평양에서는 연안 용승이 강해지고, 따뜻한 해수의 이동은 서태평양 쪽으로 더욱 집중되므로 동태평양의 표층 수온이 평상시보다 낮아진다. ➡ 동태평양 표층 수온 편차: 음(－)의 값

② 태평양 적도 부근 해역의 해면 기압 변화

엘니뇨 시기	평상시보다 동태평양의 해면 기압은 낮아지고 서태평양의 해면 기압은 높아진다.
라니냐 시기	평상시보다 동태평양의 해면 기압은 높아지고 서태평양의 해면 기압은 낮아진다.

문제 보기

그림 (가)는 동태평양 적도 해역과 서태평양 적도 해역의 시간에 따른 해면 기압 편차를, (나)는 (가)의 A와 B 중 한 시기의 태평양 적도 해역의 깊이에 따른 수온 편차를 나타낸 것이다. A와 B는 각각 엘니뇨 시기와 라니냐 시기 중 하나이고, 편차는 (관측값－평년값)이다.

평균 해면 기압
➡ 동태평양: 엘니뇨 시기<평년<라니냐 시기
➡ 서태평양: 라니냐 시기<평년<엘니뇨 시기

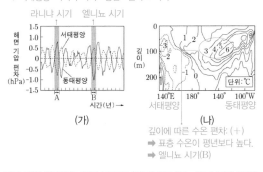

깊이에 따른 수온 편차: (＋)
➡ 표층 수온이 평년보다 높다.
➡ 엘니뇨 시기(B)

이에 대한 설명으로 옳은 것만을 〈보기〉에서 있는 대로 고른 것은?

〈보기〉 풀이

엘니뇨 시기에는 평년보다 동태평양 적도 해역의 해면 기압은 낮아지고 서태평양 적도 해역의 해면 기압은 높아진다. 따라서 해면 기압 편차가 동태평양 적도 해역에서는 음(－)의 값, 서태평양 적도 해역에서는 양(＋)의 값으로 나타나는 B가 엘니뇨 시기이고, A는 라니냐 시기이다.

ㄱ **(나)는 B에 측정한 것이다.**
➡ (나)에서 동태평양 적도 해역은 해수면부터 깊이 약 200 m까지 수온 편차가 양(＋)의 값으로 나타나는 것으로 보아 동태평양 적도 해역의 표층 수온이 평년보다 높고, 따뜻한 해수층의 두께가 두껍다. 따라서 (나)는 엘니뇨 시기(B)에 측정한 것이다.

ㄴ **적도 부근에서 (서태평양 평균 표층 수온 편차－동태평양 평균 표층 수온 편차) 값은 A가 B보다 크다.**
➡ 엘니뇨 시기에 서태평양 적도 부근 해역의 표층 수온은 평년보다 낮고, 동태평양 적도 부근 해역의 표층 수온은 평년보다 높으므로, 적도 부근에서 서태평양 평균 표층 수온 편차는 음(－)의 값, 동태평양 평균 표층 수온 편차는 양(＋)의 값으로 나타난다. 라니냐 시기에 서태평양 적도 부근 해역의 표층 수온은 평년보다 높고, 동태평양 적도 부근 해역의 표층 수온은 평년보다 낮으므로, 적도 부근에서 서태평양 평균 표층 수온 편차는 양(＋)의 값, 동태평양 평균 표층 수온 편차는 음(－)의 값으로 나타난다. 따라서 적도 부근에서 (서태평양 평균 표층 수온 편차－동태평양 평균 표층 수온 편차) 값은 라니냐 시기(A)에는 양(＋)의 값, 엘니뇨 시기(B)에는 음(－)의 값을 가지므로, A가 B보다 크다.

ㄷ **적도 부근에서 $\dfrac{\text{동태평양 평균 해면 기압}}{\text{서태평양 평균 해면 기압}}$ 은 A가 B보다 크다.**
➡ 적도 부근에서 동태평양 평균 해면 기압은 라니냐 시기에는 평년보다 높고, 엘니뇨 시기에는 평년보다 낮다. 반면에 적도 부근에서 서태평양 평균 해면 기압은 라니냐 시기에는 평년보다 낮고, 엘니뇨 시기에는 평년보다 높다. 따라서 적도 부근에서 $\dfrac{\text{동태평양 평균 해면 기압}}{\text{서태평양 평균 해면 기압}}$ 은 라니냐 시기(A)가 엘니뇨 시기(B)보다 크다.

적용해야 할 개념 ②가지

① 평상시에는 동쪽에서 서쪽으로 부는 무역풍으로 인해 동태평양 적도 부근 해역에서 연안 용승이 활발하다. ➡ 표층 수온은 서태평양보다 동태평양 적도 부근 해역에서 낮다.

② 엘니뇨와 라니냐 시기에 태평양 적도 부근 해역에서 나타나는 변화

구분	엘니뇨 시기	라니냐 시기
발생 원인 /영향	평상시보다 무역풍이 약해지면서 따뜻한 해수가 동쪽으로 이동한다. 이에 따라 동태평양 적도 부근 해역에서는 용승이 약해져 표층 수온이 평상시보다 높아진다.	평상시보다 무역풍이 강해지고 남적도 해류도 강해진다. 이에 따라 동태평양 적도 부근 해역에서는 용승이 강해지고 표층 수온이 평상시보다 낮아진다.
서태평양	하강 기류가 발달하면서 강수량이 감소하여 가뭄 피해가 생긴다.	동쪽에서 이동해온 해수에 의해 평상시보다 따뜻한 해수층의 두께가 두꺼워지고 해수면의 높이가 높아진다.
동태평양	서쪽에서 이동해온 해수에 의해 따뜻한 해수층의 두께가 두꺼워지고 해수면의 높이가 높아지며, 강수량이 증가한다.	용승이 강해지므로 평상시보다 따뜻한 해수층의 두께가 얇아지고 해수면의 높이가 낮아진다.

문제 보기

그림은 동태평양 적도 부근 해역의 강수량 편차와 수온 약층 시작 깊이 편차를 나타낸 것이다. A, B, C는 각각 엘니뇨와 라니냐 시기 중 하나이고, 편차는 (관측값−평년값)이다.

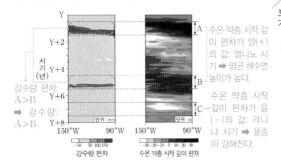

이 해역에 대한 설명으로 옳은 것만을 〈보기〉에서 있는 대로 고른 것은?

〈보기〉 풀이

동태평양 적도 부근 해역에서 수온 약층 시작 깊이는 엘니뇨 시기에는 평년보다 깊고, 라니냐 시기에는 평년보다 얕다. 따라서 수온 약층 시작 깊이 편차가 양(+)의 값을 갖는 A와 B는 엘니뇨 시기이고, 음(−)의 값을 갖는 C는 라니냐 시기이다.

ㄱ. **강수량은 A가 B보다 많다.**
➡ 평년보다 강수량이 많을수록 강수량 편차가 크다. 강수량 편차는 A가 B보다 크므로 동태평양 적도 부근 해역에서 강수량은 A가 B보다 많다.

ㄴ. **용승은 C가 평년보다 강하다.**
➡ 라니냐 시기에는 평년보다 동태평양 적도 부근 해역의 용승이 강해져 수온 약층 시작 깊이가 얕다. 따라서 이 해역에서의 용승은 C(라니냐 시기)가 평년보다 강하다.

ㄷ. **평균 해수면 높이는 A가 C보다 높다.**
➡ 엘니뇨 시기에는 평년보다 무역풍이 약해져 동쪽에서 서쪽으로 흐르는 해류의 세기가 약해지고, 동태평양 적도 부근 해역의 표층 수온이 높아져 평균 해수면 높이가 높다. 라니냐 시기에는 평년보다 무역풍이 강해져 동쪽에서 서쪽으로 흐르는 해류의 세기가 강해지고, 동태평양 적도 부근 해역의 표층 수온이 낮아져 평균 해수면 높이가 낮다. 따라서 이 해역의 평균 해수면 높이는 A(엘니뇨 시기)가 C(라니냐 시기)보다 높다.

적용해야 할 개념 ③가지

① 엘니뇨 시기에는 평상시에 비해 무역풍이 약해져 동태평양 적도 부근 해역에서는 용승이 약해지고, 해수면이 높은 서태평양에서 동쪽으로 따뜻한 해수가 이동하여 태평양 중앙부에서 페루 연안에 이르는 해역의 표층 수온이 상승한다.

② 라니냐 시기에는 평상시에 비해 무역풍이 강해져 동태평양 적도 부근 해역에서는 용승이 강해지고, 따뜻한 해수는 서태평양 쪽으로 더욱 집중되므로 페루 연안의 한랭 수역이 확대되어 표층 수온의 동서 간 차이가 커진다.

③ 수온 약층은 혼합층 바로 아래에서 수심이 깊어짐에 따라 수온이 급격히 낮아지는 층이다.

문제 보기

그림 (가)는 태평양 적도 부근 해역에서 관측한 무역풍의 동서 방향 풍속 편차를, (나)는 (가)의 A와 B 중 어느 한 시기에 관측한 태평양 적도 해역의 깊이에 따른 수온 편차를 나타낸 것이다. (가)에서 A와 B는 각각 엘니뇨 시기와 라니냐 시기 중 하나이고, (+)는 서풍, (−)는 동풍에 해당한다. 편차는 (관측값−평년값)이다.

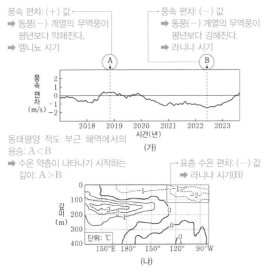

풍속 편차: (+) 값
➡ 동풍(−) 계열의 무역풍이 평년보다 약해진다.
➡ 엘니뇨 시기

풍속 편차: (−) 값
➡ 동풍(−) 계열의 무역풍이 평년보다 강해진다.
➡ 라니냐 시기

동태평양 적도 부근 해역에서의 용승: A<B
➡ 수온 약층이 나타나기 시작하는 깊이: A>B

표층 수온 편차: (−) 값
➡ 라니냐 시기(B)

이에 대한 설명으로 옳은 것만을 〈보기〉에서 있는 대로 고른것은?
[3점]

〈보기〉 풀이

무역풍은 동풍(−) 계열의 바람이다. 엘니뇨 시기에는 무역풍이 평년보다 약해지므로 동서 방향의 풍속 편차가 (+) 값을 갖고, 라니냐 시기에는 무역풍이 평년보다 강해지므로 동서 방향의 풍속 편차가 (−) 값을 갖는다. 따라서 (가)에서 A는 엘니뇨 시기이고, B는 라니냐 시기이다.

ㄱ. **(나)는 B에 관측한 것이다.**
➡ (나)에서 동태평양 적도 부근 해역의 표층 수온 편차가 (−) 값인 것으로 보아 이 해역에서 표층 수온은 평년보다 낮아졌다. 따라서 (나)는 라니냐 시기인 B에 관측한 것이다.

ㄴ. **A일 때 동태평양 적도 부근 해역의 표층 수온 편차는 (−) 값이다.**
➡ 동태평양 적도 부근 해역의 표층 수온은 평년보다 엘니뇨 시기에 높다. 따라서 엘니뇨 시기인 A일 때 동태평양 적도 부근 해역의 표층 수온 편차는 (+) 값을 갖는다.

ㄷ. **동태평양 적도 부근 해역에서 수온 약층이 나타나기 시작하는 깊이는 A가 B보다 깊다.**
➡ 동태평양 적도 부근 해역에서 용승은 라니냐 시기에는 강해지고 엘니뇨 시기에는 약해진다. 따라서 이 해역에서 수온 약층이 나타나기 시작하는 깊이는 엘니뇨 시기인 A가 라니냐 시기인 B보다 깊다.

적용해야 할 개념 ③가지

① 엘니뇨와 라니냐는 태평양의 적도 부근 해역에서 무역풍의 세기 변화로 나타나는 표층 해수의 수온 변화 현상이다.

② 엘니뇨 시기에는 무역풍이 평상시보다 약해져 적도 부근에서 따뜻한 해수가 서태평양에서 동태평양 쪽으로 이동한다. ➡ 동태평양에서는 용승이 약화되어 표층 수온이 높아지고, 해수면 높이가 높아진다. 서태평양에서는 표층 수온이 낮아지고, 해수면 높이가 낮아진다.

③ 라니냐 시기에는 무역풍이 평상시보다 강해져 적도 부근에서 서태평양 쪽으로 이동하는 따뜻한 해수의 양이 많아진다. ➡ 동태평양에서는 용승이 강화되어 표층 수온이 낮아지고, 해수면 높이가 낮아진다. 서태평양에서는 표층 수온이 높아지고, 해수면 높이가 높아진다.

문제 보기

그림 (가)는 태평양 적도 부근 해역에서 시간에 따라 관측한 해수면 높이 편차를, (나)는 이 해역에서 A와 B 중 한 시기에 관측한 표층 수온 편차를 나타낸 것이다. A와 B는 각각 엘니뇨와 라니냐 시기 중 하나이고, 편차는 (관측값−평년값)이다.

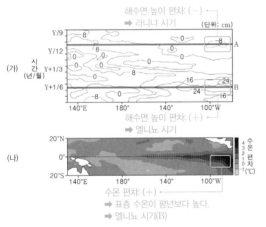

이에 대한 설명으로 옳은 것만을 〈보기〉에서 있는 대로 고른 것은?
[3점]

〈보기〉 풀이

엘니뇨 시기에는 적도 부근의 동태평양 해수면 높이는 평년보다 높아져 해수면 높이 편차가 (+) 값으로 나타나고, 서태평양 해수면 높이는 평년보다 낮아져 해수면 높이 편차가 (−) 값으로 나타난다. 라니냐 시기에는 이와 반대로 동태평양 해수면 높이 편차는 (−) 값으로, 서태평양 해수면 높이 편차는 (+) 값으로 나타난다. 따라서 A는 라니냐 시기이고 B는 엘니뇨 시기이다.

✗ 적도 부근 해역에서 (서태평양 해수면 높이−동태평양 해수면 높이) 값은 A보다 B일 때 크다.

➡ 평년에 비해 무역풍이 강해지는 라니냐 시기에는 적도 부근의 동태평양에서 서태평양 쪽으로 이동하는 해수가 더 많아진다. 따라서 적도 부근 해역에서 (서태평양 해수면 높이−동태평양 해수면 높이) 값은 엘니뇨 시기(B)보다 라니냐 시기(A)일 때 크다.

ㄴ (나)는 B일 때 관측한 자료이다.

➡ 동태평양 적도 부근 해역의 표층 수온은 평년보다 엘니뇨 시기에 높다. (나)는 동태평양 적도 부근 해역의 표층 수온 편차가 (+) 값으로 나타나므로 엘니뇨 시기(B)일 때 관측한 자료이다.

✗ 동태평양 적도 부근 해역의 용승은 평년보다 B일 때 강하다.

➡ 평년에는 동쪽에서 서쪽으로 부는 무역풍으로 인해 동태평양 적도 부근 해역에서 용승이 활발하다. 평년에 비해 무역풍이 약해지는 엘니뇨 시기에는 서태평양에서 동태평양 쪽으로 해수가 이동하므로 동태평양 적도 부근 해역에서 용승이 약해진다. 따라서 동태평양 적도 부근 해역의 용승은 평년보다 엘니뇨 시기(B)일 때 약하다.

적용해야 할 개념 ④가지

① 엘니뇨는 무역풍의 약화, 라니냐는 무역풍의 강화로 인해 발생한다.

② 엘니뇨 시기에는 동태평양 적도 부근 해역에서 찬 해수의 용승이 약해지고, 라니냐 시기에는 동태평양 적도 부근 해역에서 찬 해수의 용승이 강해진다.

③ 엘니뇨 시기에는 무역풍의 약화로 인해 서태평양의 따뜻한 표층 해수가 동태평양 쪽으로 이동하므로 수온 약층의 기울기가 감소하고, 라니냐 시기에는 무역풍의 강화로 인해 동태평양의 따뜻한 표층 해수가 서태평양 쪽으로 많이 이동하므로 수온 약층의 기울기가 증가한다.

④ 엘니뇨 시기에는 서태평양에 고기압이, 동태평양에 저기압이 형성된다. 라니냐 시기에는 서태평양에서 저기압이 더 강해지고, 동태평양에서 고기압이 더 강해진다.

18 일차

문제 보기

그림 (가)와 (나)는 태평양 적도 부근 해역에서 측정한 무역풍의 동서 방향 풍속 편차와 20 °C 등수온선 깊이 편차의 변화를 시간에 따라 나타낸 것이다. 편차는 (관측값−평년값)이고, (가)에서 무역풍이 서쪽으로 향하는 방향을 양(+)으로 한다.

· C: 무역풍이 강해짐 ➡ 라니냐 시기
· B: 무역풍이 약해짐 ➡ 엘니뇨 시기
· A: 무역풍의 편차 0 ➡ 평상시

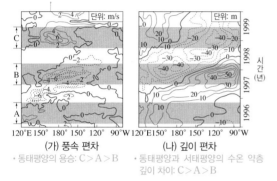

(가) 풍속 편차   (나) 깊이 편차

· 동태평양의 용승: C>A>B
· 동태평양과 서태평양의 수온 약층 깊이 차이: C>A>B

A, B, C 시기에 대한 설명으로 옳은 것만을 〈보기〉에서 있는 대로 고른 것은? [3점]

〈보기〉 풀이

그림에서 무역풍의 동서 방향 풍속 편차와 20 °C 등수온선 깊이 편차가 0에 가까운 A는 평상시이고, B는 평상시보다 무역풍이 약해되고 동태평양에서 20 °C 등수온선 깊이가 깊어졌으므로 엘니뇨 시기이다. C는 평상시보다 무역풍이 강화되고 동태평양에서 20 °C 등수온선 깊이가 얕아졌으므로 라니냐 시기이다.

✗ ㄱ. 동태평양의 용승은 A보다 B가 강하다.

➡ 엘니뇨 시기에는 무역풍이 약화되어 태평양 적도 부근의 따뜻한 해수가 동쪽으로 이동하므로 찬 해수의 용승이 약해진다. 따라서 동태평양 용승은 평상시(A)가 엘니뇨 시기(B)보다 강하다.

ㄴ. 동태평양과 서태평양의 수온 약층 깊이 차이는 A보다 C가 크다.

➡ 라니냐 시기에는 동태평양의 따뜻한 표층 해수가 평상시보다 서태평양 쪽으로 많이 이동하므로 동태평양의 수온 약층의 깊이가 얕아지고 서태평양의 수온 약층의 깊이가 깊어져 수온 약층의 기울기가 증가한다. 따라서 동태평양과 서태평양의 수온 약층 깊이 차이는 평상시(A)보다 라니냐 시기(C)가 크다.

ㄷ. $\dfrac{\text{동태평양의 해수면 평균 기압}}{\text{서태평양의 해수면 평균 기압}}$ 은 B보다 C가 크다.

➡ 엘니뇨 시기에는 평상시보다 동태평양의 해수면 평균 기압은 낮아지고 서태평양의 해수면 평균 기압은 높아지므로 $\dfrac{\text{동태평양의 해수면 평균 기압}}{\text{서태평양의 해수면 평균 기압}}$ 은 감소한다. 라니냐 시기에는 평상시보다 동태평양의 해수면 평균 기압은 높아지고 서태평양의 해수면 평균 기압은 낮아지므로 $\dfrac{\text{동태평양의 해수면 평균 기압}}{\text{서태평양의 해수면 평균 기압}}$ 은 증가한다.

따라서 $\dfrac{\text{동태평양의 해수면 평균 기압}}{\text{서태평양의 해수면 평균 기압}}$ 은 엘니뇨 시기(B)보다 라니냐 시기(C)가 크다.

보기

적용해야 할 개념 ③가지

① 구름 최상부의 고도가 높을수록 구름 최상부의 평균 온도가 낮으므로 적외선 방출 복사 에너지양이 감소한다.

② 엘니뇨 시기에는 무역풍과 동태평양의 용승이 평상시보다 약해지고 서태평양의 따뜻한 해수가 동태평양으로 이동하므로, 워커 순환에서 상승 기류가 형성되는 영역도 평상시보다 동쪽으로 이동한다.

③ 동태평양 적도 부근 해역에서 수온 약층이 나타나기 시작하는 깊이는 용승이 강한 라니냐 시기보다 용승이 약한 엘니뇨 시기에 더 깊다.

문제 보기

그림 (가)는 기상 위성으로 관측한 적도 부근 160°E~160°W 지역의 적외선 방출 복사 에너지 편차를, (나)는 태평양 적도 부근 해역에서 A와 B 중 어느 한 시기에 관측한 바람의 동서 방향 풍속 편차를 나타낸 것이다. A와 B는 각각 엘니뇨와 라니냐 시기 중 하나이고, 편차는 (관측값−평년값)이다. 복사 에너지 편차가 양(+)일 때에는 구름 최상부의 평균 온도가 평상시보다 높을 때이다.

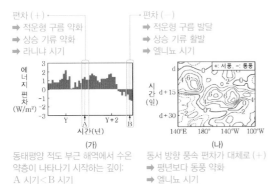

편차 (+) •
→ 적운형 구름 약화
→ 상승 기류 약화
→ 라니냐 시기

편차 (−) •
→ 적운형 구름 발달
→ 상승 기류 활발
→ 엘니뇨 시기

(가)

(나)

동태평양 적도 부근 해역에서 수온 약층이 나타나기 시작하는 깊이:
A 시기 < B 시기

동서 방향 풍속 편차가 대체로 (+)
→ 평년보다 동풍 약화
→ 엘니뇨 시기

이에 대한 설명으로 옳은 것만을 <보기>에서 있는 대로 고른 것은?
[3점]

<보기> 풀이

평년보다 상승 기류가 강해져 적운형 구름이 발달하면 구름 최상부의 고도가 높아지므로(구름 최상부의 온도가 낮아지므로) 구름 최상부에서 방출되는 적외선 방출량이 감소하고 그에 따라 적외선 방출 복사 에너지 편차는 음(−)의 값으로 나타난다.

✗ **적도 부근 160°E~160°W 지역에서 두꺼운 적운형 구름의 발생은 A 시기가 B 시기보다 많다.**

→ 엘니뇨 시기에는 무역풍과 동태평양의 용승이 평년보다 약해지고 서태평양의 따뜻한 해수가 동태평양으로 이동하므로, 워커 순환에서 상승 기류가 형성되는 영역도 평년보다 동쪽으로 이동한다. 따라서 적도 부근 160°E~160°W 지역에서 적운형 구름의 발달이 평년보다 더 활발해지고 그에 따라 적외선 방출 복사 에너지 편차는 음(−)의 값으로 나타난다. 반면 라니냐 시기에는 무역풍과 동태평양의 용승이 평상시보다 강해지고 따뜻한 해수가 서태평양 쪽으로 더욱 집중되므로, 적도 부근 160°E~160°W 지역에서 적운형 구름의 발달이 평년보다 약해지고 그에 따라 적외선 방출 복사 에너지 편차는 양(+)의 값으로 나타난다. 따라서 (가)에서 A는 라니냐 시기, B는 엘니뇨 시기이며, 적도 부근 160°E~160°W 지역에서 두꺼운 적운형 구름의 발생은 엘니뇨 시기인 B 시기가 라니냐 시기인 A 시기보다 많다.

(ㄴ) **(나)는 B 시기에 해당한다.**

→ 평상시 태평양 적도 부근 해역에는 동풍 계열의 무역풍이 분다. (나)에서 동서 방향 풍속 편차가 대체로 양(+)의 값인 것으로 보아 이 해역에서 평년보다 동풍이 약해졌다. 따라서 (나)는 엘니뇨 시기인 B 시기에 해당한다.

(ㄷ) **동태평양 적도 부근 해역에서 수온 약층이 나타나기 시작하는 깊이는 A 시기가 B 시기보다 얕다.**

→ 동태평양 적도 부근 해역에서 수온 약층이 나타나기 시작하는 깊이는 용승이 약한 엘니뇨 시기에 더 깊어지므로, 라니냐 시기인 A 시기가 엘니뇨 시기인 B 시기보다 얕다.

27 엘니뇨와 라니냐 – 해수면 기압 차와 따뜻한 해수층의 두께 편차 변화 2020학년도 수능 지I 9번 **정답 ②** | 정답률 70 %

적용해야 할 개념 ③가지

① 엘니뇨 시기에 동태평양에서는 평상시보다 수온이 높아져 저기압이 발달하고 서태평양에서는 평상시보다 수온이 낮아져 고기압이 발달한다.

② 엘니뇨 시기에 동태평양 적도 부근 해역에서 용승이 약화되어 온난 수역의 두께가 두꺼워지고, 강수량이 증가한다.

구분	엘니뇨 시기	라니냐 시기
온난 수역의 두께	• 서태평양: 얇아진다. • 동태평양: 두꺼워진다.	• 서태평양: 더 두꺼워진다. • 동태평양: 더 얇아진다.
강수량	• 서태평양: 적어진다.(가뭄) • 동태평양: 많아진다.(홍수)	• 서태평양: 더 많아진다.(홍수) • 동태평양: 더 적어진다.(가뭄)

③ 엘니뇨 시기에는 서태평양 적도 해역의 해수면은 낮아지고, 동태평양 적도 해역의 해수면은 높아진다. 라니냐 시기에는 서태평양 적도 해역의 해수면은 더 높아지고, 동태평양 적도 해역의 해수면은 더 낮아진다.

문제 보기

그림 (가)는 적도 부근 해역에서 동태평양과 서태평양의 해수면 기압 차(동태평양 기압−서태평양 기압)를, (나)는 태평양 적도 부근 해역에서 ㉠과 ㉡ 중 한 시기에 관측된 따뜻한 해수층의 두께 편차(관측값−평년값)를 나타낸 것이다. ㉠과 ㉡은 각각 엘니뇨와 라니냐 시기 중 하나이다.

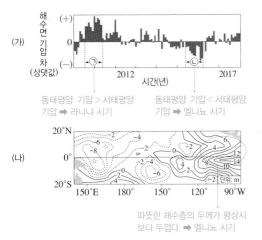

(가)

동태평양 기압 > 서태평양 기압 ➡ 라니냐 시기

동태평양 기압 < 서태평양 기압 ➡ 엘니뇨 시기

(나)

따뜻한 해수층의 두께가 평상시보다 두껍다. ➡ 엘니뇨 시기

이에 대한 설명으로 옳은 것만을 〈보기〉에서 있는 대로 고른 것은?

[3점]

〈보기〉 풀이

㉠ 시기는 적도 부근 해역에서 동태평양 해수면 기압이 서태평양 해수면 기압보다 크므로 무역풍이 강해지는 라니냐 시기이고, ㉡ 시기는 이와 반대로 무역풍이 약해지는 엘니뇨 시기이다.

✗ **(나)는 ㉠에 해당한다.**

➡ (나)에서 동태평양 적도 부근 해역의 따뜻한 해수층 두께가 평상시보다 두꺼운 것으로 보아 (나)는 엘니뇨 시기에 관측한 것임을 알 수 있다. 따라서 (나)는 ㉡에 해당한다.

✓ **ㄴ. 서태평양 적도 해역과 동태평양 적도 해역 사이의 해수면 높이 차는 ㉠이 ㉡보다 크다.**

➡ 엘니뇨 시기에는 따뜻한 해수가 동쪽으로 이동하여 서태평양과 동태평양 적도 해역 사이의 해수면 높이 차가 작아진다. 따라서 서태평양과 동태평양 적도 해역 사이의 해수면 높이 차는 ㉠(라니냐 시기)이 ㉡(엘니뇨 시기)보다 크다.

✗ **동태평양 적도 부근 해역에서 구름양은 ㉠이 ㉡보다 많다.**

➡ 라니냐 시기에는 동태평양 적도 부근 해역에서 용승이 강화되어 표층 수온이 평상시보다 낮아지고 그 결과 기압이 높아져 하강 기류가 우세해진다. 따라서 동태평양 적도 부근 해역에서 구름양은 ㉠(라니냐 시기)이 ㉡(엘니뇨 시기)보다 적다.

적용해야 할 개념 ②가지

① 평상시에는 적도 부근 서태평양에서 저기압이 발달하여 따뜻한 공기가 상승하고, 동태평양에서는 고기압이 발달하여 찬 공기가 하강하는 동서 방향의 거대한 순환을 형성하는데, 이를 워커 순환이라고 한다.

② 엘니뇨 시기에는 적도 부근 동태평양에서 저기압이 발달하고, 서태평양에서는 고기압이 발달하여 공기가 상승하는 지역과 강수대가 동쪽으로 이동하므로 워커 순환이 약화된다.

문제 보기

그림 (가)는 어느 해(Y)에 시작된 엘니뇨 또는 라니냐 시기 동안 태평양 적도 부근에서 기상위성으로 관측한 적외선 방출 복사 에너지의 편차(관측값−평년값)를, (나)는 서태평양과 동태평양에 위치한 각 지점의 해면 기압 편차(관측값−평년값)를 나타낸 것이다. (가)의 시기는 (나)의 ㉠에 해당한다.

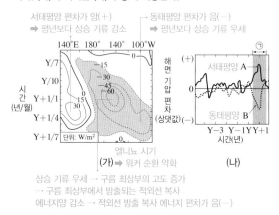

이 자료에 근거해서 평년과 비교할 때, (가) 시기에 대한 설명으로 옳은 것만을 〈보기〉에서 있는 대로 고른 것은? [3점]

〈보기〉 풀이

구름 최상부의 고도가 높을수록 온도가 낮아지므로 구름 최상부에서 방출되는 적외선 복사 에너지양이 감소한다. 따라서 평년에 비해 구름의 고도가 높아지면 적외선 방출 복사 에너지의 편차가 음(−)이 된다. (가) 시기 동안 동태평양 해역에서 적외선 방출 복사 에너지의 편차가 음(−)이므로 동태평양 해역은 평년보다 강한 상승 기류로 인해 적운형 구름이 발달하여 구름 최상부의 고도가 높아졌다. 서태평양 해역에서는 적외선 방출 복사 에너지의 편차가 양(+)이므로 서태평양 해역은 평년보다 상승 기류가 약해졌다. 따라서 (가)는 엘니뇨 시기이다.

✗ **동태평양에서 두꺼운 적운형 구름의 발생이 줄어든다.**
➡ 엘니뇨 시기에는 동태평양 적도 부근 해역의 표층 수온이 높아지면서 상승 기류가 강해져 두꺼운 적운형 구름의 발생이 증가한다.

ㄴ **워커 순환이 약화된다.**
➡ 워커 순환은 평상시에 서태평양 지역에서 공기가 상승하고 동태평양 지역에서 공기가 하강하여 형성되는 거대한 순환이다. 엘니뇨 시기에는 무역풍이 약화되어 공기가 상승하는 해역이 평년보다 동쪽으로 이동하므로 워커 순환이 약화된다.

ㄷ **(나)의 A는 서태평양에 해당한다.**
➡ 엘니뇨 시기에는 서태평양 적도 부근 해역의 해면 기압은 평년보다 높아지고, 동태평양 적도 부근 해역의 해면 기압은 평년보다 낮아진다. 따라서 (나)의 ㉠ 시기(엘니뇨 시기)에 A는 해면 기압 편차가 양(+)이므로 서태평양에 해당하고 B는 해면 기압 편차가 음(−)이므로 동태평양에 해당한다.

적용해야 할 개념 ②가지

① 평상시에는 동쪽에서 서쪽으로 부는 무역풍으로 인해 동태평양 적도 부근 해역에서는 연안 용승이 활발하다.
➡ 표층 수온은 서태평양보다 동태평양 적도 부근 해역에서 낮게 나타난다.

② 엘니뇨와 라니냐 시기에 태평양 적도 부근 해역에서 나타나는 변화

구분	엘니뇨 시기	라니냐 시기
원인/영향	평상시보다 무역풍이 약해지면서 따뜻한 해수가 동쪽으로 이동하고, 동태평양 해역은 용승이 약해져 표층 수온이 평상시보다 높아진다.	평상시보다 무역풍이 강해지고 남적도 해류도 강해진다. 이에 따라 동태평양 해역은 용승이 강해져 표층 수온이 평상시보다 낮아진다.
서태평양	하강 기류가 발달하면서 강수량이 감소하여 가뭄 피해가 생긴다.	동쪽에서 이동해온 해수에 의해 평상시보다 따뜻한 해수층의 두께가 두꺼워지고 해수면의 높이가 높아진다.
동태평양	서쪽에서 이동해온 해수에 의해 따뜻한 해수층의 두께가 두꺼워지고 해수면의 높이가 높아진다.	용승이 강해지므로 평상시보다 따뜻한 해수층의 두께가 얇아지고 해수면의 높이가 낮아진다.

문제 보기

그림 (가)는 기상 위성으로 관측한 서태평양 적도 부근의 수증기량 편차를, (나)는 A와 B 중 한 시기에 관측한 태평양 적도 부근 해역의 해수면 높이 편차를 나타낸 것이다. A와 B는 각각 엘니뇨와 라니냐 시기 중 하나이고, 편차는 (관측값-평년값)이다.

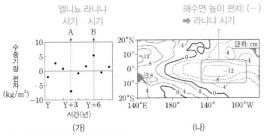

(가)

(나)

적도 부근 해역에서 해면 기압 편차
➡ 엘니뇨 시기: 동태평양 (−), 서태평양 (＋)
➡ 라니냐 시기: 동태평양 (＋), 서태평양 (−)

이에 대한 설명으로 옳은 것만을 〈보기〉에서 있는 대로 고른 것은?

〈보기〉 풀이

서태평양 적도 부근에서 엘니뇨 시기에는 평년보다 표층 수온이 낮아져 수증기량 편차가 (−) 값, 라니냐 시기에는 평년보다 표층 수온이 높아져 수증기량 편차가 (＋) 값으로 나타난다. 따라서 (가)에서 A는 엘니뇨 시기이고, B는 라니냐 시기이다.

ㄱ **(나)는 B에 해당한다.**
➡ 동태평양 적도 부근 해역에서 해수면 높이는 엘니뇨 시기에는 평년보다 높아 편차가 (＋) 값, 라니냐 시기에는 평년보다 낮아 편차가 (−) 값으로 나타난다. 따라서 (나)는 라니냐 시기인 B에 관측한 것이다.

ㄴ **동태평양 적도 부근 해역에서 수온 약층이 나타나기 시작하는 깊이는 A가 B보다 깊다.**
➡ 엘니뇨 시기는 라니냐 시기보다 동태평양 적도 부근 해역에서의 용승이 약해지므로 수온 약층이 형성되는 깊이가 깊다. 따라서 동태평양 적도 부근 해역에서 수온 약층이 나타나기 시작하는 깊이는 엘니뇨 시기인 A가 라니냐 시기인 B보다 깊다.

✗ **적도 부근 해역에서 (동태평양 해면 기압 편차−서태평양 해면 기압 편차) 값은 A가 B보다 크다.**
➡ 적도 부근 해역에서 해면 기압 편차는 엘니뇨 시기에는 동태평양이 (−) 값, 서태평양이 (＋) 값으로 나타나고, 라니냐 시기에는 동태평양이 (＋) 값, 서태평양이 (−) 값으로 나타난다. 따라서 적도 부근 해역에서 (동태평양 해면 기압 편차−서태평양 해면 기압 편차) 값은 라니냐 시기인 B가 엘니뇨 시기인 A보다 크다.

적용해야 할 개념 ③가지

① 엘니뇨 시기에는 평년보다 무역풍이 약해져 동태평양 적도 부근 해역에서는 용승이 약해지고, 해수면이 높은 서태평양에서 동쪽으로 따뜻한 해수가 이동하여 태평양 중앙부에서 페루 연안에 이르는 해역의 표층 수온이 상승한다.

② 라니냐 시기에는 평년보다 무역풍이 강해져 동태평양 적도 부근 해역에서는 용승이 강해지고, 따뜻한 해수는 서태평양 쪽으로 더욱 집중되므로 페루 연안의 한랭 수역이 확대되어 표층 수온의 동서 간 차이가 커진다.

③ 적도 부근 동태평양의 해면 기압은 엘니뇨 시기에는 평년보다 낮고, 라니냐 시기에는 평년보다 높다. 적도 부근 서태평양의 해면 기압은 이와 반대로 나타난다.

문제 보기

그림 (가)는 동태평양 적도 부근 해역에서 관측한 수온 약층이 시작되는 깊이 편차를, (나)는 A와 B 중 한 시기에 관측한 태평양 적도 부근 해역의 강수량 편차를 나타낸 것이다. A와 B는 각각 엘니뇨와 라니냐 시기 중 하나이고, 편차는 (관측값−평년값)이다.

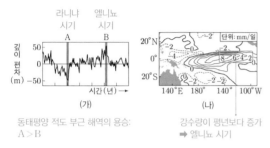

동태평양 적도 부근 해역의 용승:
A>B

강수량이 평년보다 증가
➡ 엘니뇨 시기

이에 대한 설명으로 옳은 것만을 〈보기〉에서 있는 대로 고른 것은?

〈보기〉 풀이

동태평양 적도 부근 해역의 용승은 라니냐 시기에는 평년보다 강해지고 엘니뇨 시기에는 평년보다 약해지므로, 이 해역에서 수온 약층이 시작되는 깊이는 엘니뇨 시기에는 평년보다 깊고(편차는 양(+)의 값), 라니냐 시기에는 평년보다 얕다(편차는 음(−)의 값). 따라서 (가)에서 A는 라니냐 시기, B는 엘니뇨 시기이다.

✗ **(나)는 A에 해당한다.**

➡ 엘니뇨 시기에는 적도 부근의 동태평양에서 중앙 태평양까지의 표층 수온이 평년보다 높아지므로 이 해역에서 상승 기류가 더욱 활발해지고 강수량이 평년보다 증가하여 강수량 편차가 양(+)의 값을 나타낸다. 따라서 (나)는 엘니뇨 시기인 B에 해당한다.

ㄴ. **동태평양 적도 부근 해역의 용승은 A가 B보다 강하다.**

➡ 동태평양 적도 부근 해역의 용승은 무역풍이 평년보다 강해지는 라니냐 시기(A)가 무역풍이 평년보다 약해지는 엘니뇨 시기(B)보다 강하다.

ㄷ. **적도 부근 해역의 $\dfrac{\text{동태평양 해면 기압}}{\text{서태평양 해면 기압}}$ 은 A가 B보다 크다.**

➡ 적도 부근 동태평양의 해면 기압은 엘니뇨 시기에는 평년보다 낮고, 라니냐 시기에는 평년보다 높다. 적도 부근 서태평양의 해면 기압은 엘니뇨 시기에는 평년보다 높고, 라니냐 시기에는 평년보다 낮다. 따라서 적도 부근 해역의 $\dfrac{\text{동태평양 해면 기압}}{\text{서태평양 해면 기압}}$ 은 라니냐 시기(A)가 엘니뇨 시기(B)보다 크다.

19
일차

01 ②	02 ③	03 ③	04 ①	05 ①	06 ③	07 ③	08 ③	09 ④	10 ①	11 ③	12 ②
13 ①	14 ②	15 ①	16 ②	17 ⑤	18 ④	19 ④	20 ①	21 ①	22 ④	23 ⑤	24 ③
25 ⑤	26 ④	27 ②	28 ①	29 ①	30 ③						

문제편 198쪽~207쪽

---

01 | **과거의 기후 변화와 산소 동위 원소비** 2020학년도 6월 모평 지I 14번 | 정답 ② | 정답률 65 %

적용해야 할 개념 ③가지

① 빙하 코어 속 얼음의 산소 동위 원소비($^{18}O/^{16}O$)가 높은 시기에 기후가 온난하였다.

② 대륙 빙하의 면적은 기온이 낮을수록 넓어진다.

③ 이산화 탄소는 온실 기체이므로, 지구의 평균 기온과 이산화 탄소 농도는 대체로 비례하여 이산화 탄소의 농도가 높은 시기에는 기온도 높게 나타나는 경향을 보인다.

문제 보기

그림은 남극 빙하 연구를 통해 알아낸 과거 40만 년 동안의 해수면 높이, 기온 편차(당시 기온−현재 기온), 대기 중 CO_2 농도 변화를 나타낸 것이다.

A와 B 시기에 대한 설명으로 옳은 것만을 〈보기〉에서 있는 대로 고른 것은?

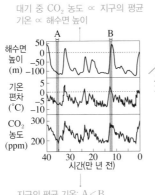

대기 중 CO_2 농도 ∝ 지구의 평균 기온 ∝ 해수면 높이

지구의 평균 기온: A<B
➡ 빙하 코어 속 얼음의 산소 동위 원소비: A<B
➡ 대륙 빙하의 면적: A>B

〈보기〉 풀이

✗ 빙하 코어 속 얼음의 산소 동위 원소비($^{18}O/^{16}O$)는 **A가 B보다 크다.**
➡ 기온 편차는 A가 B보다 작으므로 지구의 평균 기온은 A가 B보다 낮았다. 따라서 빙하 코어 속 얼음의 산소 동위 원소비($^{18}O/^{16}O$)는 A 시기보다 B 시기에 컸다.

ㄴ 대륙 빙하의 면적은 **A가 B보다 넓다.**
➡ 지구의 평균 기온이 A가 B보다 낮았으므로 대륙 빙하의 면적은 A가 B보다 넓다.

✗ CO_2 농도가 높은 시기에 평균 기온이 **낮다.**
➡ 대기 중 CO_2 농도가 높은 시기일수록 관측 기온이 높아 기온 편차가 크므로 지구의 평균 기온이 높다는 것을 알 수 있다.

적용해야 할 개념 ③가지

① 지구 기후 변화의 천문학적 요인에는 세차 운동(지구 자전축의 경사 방향 변화), 지구 자전축의 기울기(경사각) 변화, 지구 공전 궤도 이심률의 변화 등이 있다.

② 지구의 자전축이 약 26000년을 주기로 회전하는 현상을 세차 운동이라고 한다. 지구의 자전축이 시계 방향으로 회전하여 약 13000년 후에는 자전축의 경사 방향이 현재와 반대가 된다.

③ 현재 북반구는 근일점에서 겨울철, 원일점에서 여름철이지만 세차 운동에 의해 약 13000년 후에 북반구는 근일점에서 여름철, 원일점에서 겨울철이 된다. ➡ 다른 요인의 변화가 없다면 약 13000년 후 북반구에서 기온의 연교차는 현재보다 커진다.

문제 보기

그림 (가)와 (나)는 지구 공전 궤도면의 수직 방향에서 바라보았을 때 지구의 북극점 위치를 나타낸 것이다. (가)는 현재이고, (나)는 현재로부터 6500년 전과 19500년 전 중 하나이다. 세차 운동의 방향은 지구 공전 방향과 반대이고, 주기는 약 26000년이다.

지구 공전 방향: 시계 반대 방향
➡ 세차 운동 방향: 시계 방향

북반구 여름철, 남반구 겨울철

북반구 가을철, 남반구 봄철

원일점 · 태양 · 북극점

북반구 겨울철, 남반구 여름철 (가)

원일점 · 태양 · 북극점

북반구 봄철, 남반구 가을철 (나) 19500년 전

이 자료에 대한 설명으로 옳은 것만을 〈보기〉에서 있는 대로 고른 것은? (단, 세차 운동 이외의 요인은 변하지 않는다고 가정한다.) [3점]

보기

〈보기〉 풀이

ㄱ. (나)는 현재로부터 19500년 전의 모습이다.

➡ 세차 운동의 방향은 지구 공전 방향과 반대이므로 시계 방향이고, 주기는 약 26000년이다. 6500년, 19500년은 각각 세차 운동 주기의 약 $\frac{1}{4}$, 약 $\frac{3}{4}$에 해당하는 시간이다. 따라서 현재로부터 6500년 전의 지구 자전축은 (가)로부터 시계 반대 방향으로 약 90° 회전한 상태로 기울어져 있고, 현재로부터 19500년 전의 지구 자전축은 (가)로부터 시계 반대 방향으로 약 270° 회전한 상태로 기울어져 있다. (나)의 지구 자전축은 (가)로부터 시계 반대 방향으로 270° 회전한 상태로 기울어져 있으므로, (나)는 현재로부터 19500년 전의 모습이다.

ㄴ. (나)일 때 근일점에서 30°S의 계절은 가을철이다.

➡ (나)일 때 남반구의 여름철은 지구가 원일점에서 근일점으로 이동하는 사이에서 나타나므로, 지구가 근일점에 위치할 때 30°S의 계절은 가을철이다.

✗ 30°N에서 여름철 평균 기온은 (가)가 (나)보다 높다.

➡ 30°N에서 여름철은 (가)에서는 지구가 원일점 부근일 때 나타나지만 (나)에서는 지구가 근일점에서 원일점으로 이동하는 사이에 나타나므로, 30°N이 여름철일 때 지구와 태양 사이의 거리는 (가)일 때가 (나)일 때보다 멀다. 따라서 30°N에서 여름철 평균 기온은 (가)가 (나)보다 낮다.

적용해야 할 개념 ③가지

① 지구 자전축은 세차 운동으로 인해 약 26000년을 주기로 지구 자전 방향과 반대 방향으로 회전한다.

② 현재 북반구는 근일점에서 겨울, 원일점에서 여름이고, 남반구는 근일점에서 여름, 원일점에서 겨울이다.

③ 약 13000년 후 북반구는 원일점에서 겨울이 되고 근일점에서 여름이 되므로 여름은 현재보다 더 더워지고 겨울은 현재보다 더 추워져 기온의 연교차가 커진다.

문제 보기

그림 (가)와 (나)는 지구 공전 궤도면의 수직 방향에서 바라보았을 때, 지구 중심을 지나는 지구 공전 궤도면의 수직축에 대한 북극의 상대적인 위치를 나타낸 것이다.

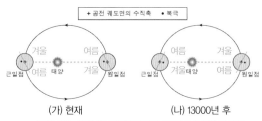

+ 공전 궤도면의 수직축   • 북극

겨울 · 여름
근일점 여름 태양 겨울 원일점

여름 · 겨울
근일점 겨울태양 여름 원일점

(가) 현재   (나) 13000년 후

우리나라는 (가)보다 (나)에서 여름은 더 덥고, 겨울은 더 춥다.
➡ 우리나라 기온의 연교차: (가)<(나)

이에 대한 설명으로 옳은 것만을 〈보기〉에서 있는 대로 고른 것은? (단, 지구 자전축 경사 방향 이외의 요인은 변하지 않는다고 가정한다.) [3점]

보기

〈보기〉 풀이

북반구와 남반구의 계절은 태양 빛의 입사각과 낮의 길이에 따라 결정된다. 태양 빛의 입사각이 크고 태양이 비추는 면적이 더 넓은 반구가 여름철이다.

ㄱ. (가)에서 지구가 근일점에 위치할 때 북반구는 겨울이다.

➡ (가)에서 지구가 근일점에 위치할 때, 북극이 공전 궤도면의 수직축을 기준으로 태양 반대 방향에 위치하므로 북반구는 겨울이고, 남반구는 여름이다.

✗ 우리나라 기온의 연교차는 (가)보다 (나)에서 작다.

➡ 우리나라는 (가)에서는 근일점에서 겨울, 원일점에서 여름이고, (나)에서는 근일점에서 여름, 원일점에서 겨울이 되므로, (가)보다 (나)에서 여름은 더 덥고 겨울은 더 춥다. 따라서 우리나라 기온의 연교차는 (가)보다 (나)에서 크다.

ㄷ. 남반구가 여름일 때 지구와 태양 사이의 거리는 (가)보다 (나)에서 길다.

➡ 남반구가 여름일 때는 (가)에서는 지구가 근일점 부근에 위치할 때이고, (나)에서는 지구가 원일점 부근에 위치할 때이다. 따라서 남반구가 여름일 때 지구와 태양 사이의 거리는 (가)보다 (나)에서 길다.

04 기후 변화의 천문학적 요인 – 자전축 경사각 2021학년도 6월 모평 지 I 13번

정답 ① | 정답률 53 %

적용해야 할 개념 ③가지

① 지구 자전축 경사는 약 41000년을 주기로 약 21.5°∼24.5° 사이에서 변한다.

② 북반구와 남반구 모두 지구 자전축 경사가 커질 때, 여름에는 태양의 남중 고도가 높아져 더 더워지고 겨울에는 태양의 남중 고도가 낮아져 더 추워지므로 기온의 연교차가 커진다.

③ 북반구와 남반구 모두 지구 자전축 경사가 작아질 때, 여름에는 태양의 남중 고도가 낮아져 서늘해지고 겨울에는 태양의 남중 고도가 높아져 따뜻해지므로 기온의 연교차가 작아진다.

구분	기울기(경사)가 커질 때			기울기(경사)가 작아질 때		
	태양의 남중 고도	기온	기온의 연교차	태양의 남중 고도	기온	기온의 연교차
여름	높아진다.	상승	커진다.	낮아진다.	하강	작아진다.
겨울	낮아진다.	하강		높아진다.	상승	

문제 보기

그림은 지구 자전축 경사각의 변화를 나타낸 것이다.

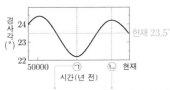

현재 23.5°

자전축 경사각이 현재보다 작다. ➡ 북반구와 남반구 중위도에서 겨울철 태양의 남중 고도는 현재보다 높고 여름철 태양의 남중 고도는 현재보다 낮아 기온의 연교차가 작아진다.

자전축 경사각이 현재보다 크다. ➡ 북반구와 남반구 중위도에서 겨울철 태양의 남중 고도는 현재보다 낮고 여름철 태양의 남중 고도는 현재보다 높아 기온의 연교차가 커진다.

이에 대한 설명으로 옳은 것만을 〈보기〉에서 있는 대로 고른 것은? (단, 지구 자전축 경사각 이외의 요인은 변하지 않는다.)

<보기> 풀이

지구 자전축의 경사각이 변하면 각 위도에서 받는 태양 빛의 입사각이 변하므로 기후 변화가 나타난다. 다른 요인의 변화가 없다면 자전축 경사각이 커질수록 태양의 남중 고도 차가 증가하여 기온의 연교차가 커진다.

┌ 남반구 중위도
ㄱ. **30°S에서 기온의 연교차는 현재가 ⓛ 시기보다 작다.**

➡ ⓛ 시기에는 지구 자전축 경사각이 현재보다 크므로 30°S에서 태양의 남중 고도는 여름철에 현재보다 더 높고 겨울철에 현재보다 더 낮다. 즉, ⓛ 시기에는 여름철에 더 더워지고 겨울철에 더 추워지므로 기온의 연교차가 현재보다 크다.

┌ 북반구 중위도
✗. 30°N에서 겨울철 태양의 남중 고도는 현재가 ㉠ 시기보다 높다.

➡ ㉠ 시기에는 현재보다 자전축 경사각이 작다. 지구 자전축 경사각이 작을수록 겨울철 태양의 남중 고도가 높아지므로 30°N에서 겨울철 태양의 남중 고도는 ㉠ 시기가 현재보다 높다.

✗. 1년 동안 지구에 입사하는 평균 태양 복사 에너지양은 ㉠ 시기가 ⓛ 시기보다 많다.

➡ 1년 동안 지구에 입사하는 평균 태양 복사 에너지양은 지구와 태양 사이의 평균 거리에 반비례한다. 지구 자전축 경사각 이외의 요인은 변하지 않았으므로 1년 동안 지구에 입사하는 평균 태양 복사 에너지양은 ㉠ 시기와 ⓛ 시기가 같다.

적용해야 할 개념 ④가지

① 태양의 남중 고도는 태양이 정남의 위치에 왔을 때의 고도를 말하며, 이때 하루 중 고도가 가장 높고 그림자의 길이가 가장 짧다.

② 지구 자전축의 경사는 약 41000년을 주기로 약 $21.5°$~$24.5°$ 사이에서 변한다.

③ 지구 자전축 경사가 작아질 때, 여름에는 태양의 남중 고도가 낮아져 서늘해지고 겨울에는 태양의 남중 고도가 높아져 따뜻해지므로 기온의 연교차가 작아진다.

④ 지구 자전축 경사가 커질 때, 여름에는 태양의 남중 고도가 높아져 더 더워지고 겨울에는 태양의 남중 고도가 낮아져 더 추워지므로 기온의 연교차가 커진다.

문제 보기

다음은 기후 변화 요인 중 지구 자전축 기울기 변화의 영향을 알아보기 위한 탐구이다.

[탐구 과정]

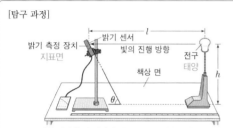

빛과 밝기 측정 장치가 이루는 각＝태양의 남중 고도
＝밝기 측정 장치와 책상 면이 이루는 각(θ)(엇각)

(가) 실험실을 어둡게 한 후 그림과 같이 밝기 측정 장치와 전구를 설치하고 전원을 켠다.

(나) 각도기를 사용하여 ㉠밝기 측정 장치와 책상 면이 이루는 각(θ)이 $70°$가 되도록 한다.

(다) 밝기 센서에 측정된 밝기(lux)를 기록한다.

(라) 밝기 센서에서 전구까지의 거리(l)와 밝기 센서의 높이(h)를 일정하게 유지하면서, θ를 $10°$씩 줄이며 $20°$가 될 때까지 (다)의 과정을 반복한다.

[탐구 결과]

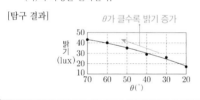

지구 자전축 기울기가 커짐 ➡ 우리나라 여름철 태양의 남중 고도 높아짐.
겨울철 태양의 남중 고도 낮아짐 ➡ 기온의 연교차가 커짐

이에 대한 설명으로 옳은 것만을 〈보기〉에서 있는 대로 고른 것은? [3점]

〈보기〉 풀이

탐구에서 밝기 측정 장치는 지표면을, 전구는 태양을 의미한다.

ㄱ. ㉠의 크기는 '태양의 남중 고도'에 해당한다.

➡ 태양의 남중 고도는 하루 중 태양이 가장 높이 떠 있을 때 햇빛과 지표면이 이루는 각도를 의미한다. 탐구에서 밝기 측정 장치에 입사되는 전구의 빛과 밝기 측정 장치가 이루는 각이 태양의 남중 고도에 해당하는데, 이 각은 밝기 측정 장치와 책상 면이 이루는 각(θ)과 엇각으로 같다. 따라서 ㉠의 크기는 '태양의 남중 고도'에 해당한다.

ㄴ. 측정된 밝기는 θ가 클수록 감소한다.

➡ 탐구 결과, θ가 클수록 측정된 밝기가 증가하는 것을 확인할 수 있다.

ㄷ. 다른 요인의 변화가 없다면 지구 자전축의 기울기가 커질수록 우리나라 기온의 연교차는 감소한다.

➡ 지구 자전축의 기울기가 커질수록 우리나라에서 여름철 태양의 남중 고도는 높아지고, 겨울철 태양의 남중 고도는 낮아진다. 따라서 다른 요인의 변화가 없다면 지구 자전축의 기울기가 커질수록 우리나라 여름철 기온은 높아지고, 겨울철 기온은 낮아지므로 기온의 연교차는 증가한다.

06 기후 변화의 천문학적 요인 – 자전축 경사각 2022학년도 4월 학평 지I 7번   정답 ③ | 정답률 72 %

적용해야 할 개념 ②가지

① 지구 자전축 경사각이 현재보다 커지면 북반구와 남반구 모두 중위도와 고위도에서 태양의 남중 고도가 여름에는 높아지고, 겨울에는 낮아진다. ➡ 여름은 기온이 높아지고, 겨울은 기온이 낮아져 기온의 연교차가 커진다.

② 지구 자전축 경사각이 현재보다 작아지면 북반구와 남반구 모두 중위도와 고위도에서 태양의 남중 고도가 여름에는 낮아지고, 겨울에는 높아진다. ➡ 여름은 기온이 낮아지고, 겨울은 기온이 높아져 기온의 연교차가 작아진다.

문제 보기

그림 (가)는 현재와 비교한 A와 B 시기의 지구 자전축 경사각을, (나)는 A 시기와 비교한 B 시기의 지구에 입사하는 태양 복사 에너지의 변화량을 나타낸 것이다.

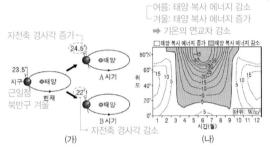

이에 대한 설명으로 옳은 것만을 〈보기〉에서 있는 대로 고른 것은? (단, 지구 자전축 경사각 이외의 요인은 고려하지 않는다.) [3점]

〈보기〉 풀이

ㄱ. **현재 근일점에서 북반구의 계절은 겨울이다.**
➡ 현재 근일점에서 지구 자전축의 북극이 태양의 반대 방향을 향하고 있다. 따라서 현재 북반구는 근일점에서 겨울, 원일점에서 여름이다.

ㄴ. **(나)에서 6월의 태양 복사 에너지의 감소량은 20°N보다 60°N에서 많다.**
➡ (나)에서 6월의 태양 복사 에너지 감소량은 20°N에서 약 2 W/m²이고, 60°N에서 약 28 W/m²이다. 따라서 6월의 태양 복사 에너지의 감소량은 20°N보다 60°N에서 많다.

✗ **40°N에서 연교차는 A 시기보다 B 시기가 크다.**
➡ A 시기보다 B 시기에 자전축 경사각이 감소하였으므로, A 시기와 비교해서 B 시기에 40°N에 입사하는 태양 복사 에너지가 여름에는 감소하고 겨울에는 증가한다. 따라서 연교차는 A 시기보다 B 시기가 작다.

---

07 기후 변화의 천문학적 요인 – 세차 운동, 자전축 경사각 2019학년도 4월 학평 지I 19번   정답 ③ | 정답률 37 %

적용해야 할 개념 ③가지

① 현재 북반구는 원일점에서 여름이 되고 근일점에서 겨울이 된다.
② 지구 자전축은 세차 운동으로 인해 약 26000년을 주기로 지구 자전 방향과 반대 방향으로 회전한다.
③ 우리나라에서 태양의 남중 고도는 여름철에 높고 겨울철에 낮다.(47° 차이)

문제 보기

그림 (가)는 지구 자전축의 모습을, (나)는 (가)의 A 방향으로 바라본 1년 동안 태양에 대한 북극의 상대적인 위치 변화를 현재와 13000년 후로 구분하여 나타낸 것이다. 북극이 ㉠에 위치할 때 지구는 공전 궤도의 근일점 부근에 있고, 세차 운동 주기는 26000년이다.

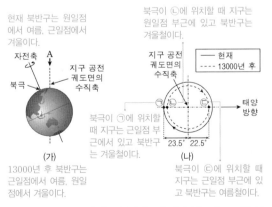

이에 대한 설명으로 옳은 것만을 〈보기〉에서 있는 대로 고른 것은? (단, 지구 자전축의 경사각 변화와 세차 운동 이외의 요인은 변하지 않는다고 가정한다.) [3점]

〈보기〉 풀이

지구 자전축은 세차 운동으로 인해 약 26000년을 주기로 회전한다.

ㄱ. **북극이 ㉠에 위치할 때 북반구는 겨울철이다.**
➡ 현재 북반구는 지구가 근일점 부근에 위치할 때 겨울철이고, 원일점 부근에 위치할 때 여름철이다. 북극이 ㉠에 위치할 때 지구는 공전 궤도의 근일점 부근에 있고, 북반구는 겨울철이다.

✗ **우리나라에서 태양의 남중 고도는 북극이 ㉠에 위치할 때보다 ㉢에 위치할 때가 낮다.**
➡ 13000년 후, 북극이 ㉢에 위치할 때 지구는 근일점 부근에 있고 자전축 방향이 반대로 바뀌므로 북반구는 여름철이다. 북극이 ㉠에 위치할 때 북반구는 겨울철이고, 우리나라에서 태양의 남중 고도는 겨울철보다 여름철에 높다. 따라서 우리나라에서 태양의 남중 고도는 북극이 ㉠에 위치할 때보다 ㉢에 위치할 때가 높다.

ㄷ. **지구와 태양 사이의 거리는 북극이 ㉡에 위치할 때보다 ㉢에 위치할 때가 가깝다.**
➡ 북극이 ㉡에 위치할 때 지구는 원일점 부근에 있고 북반구는 겨울철이다. 따라서 지구와 태양 사이의 거리는 북극이 ㉡에 위치할 때보다 ㉢에 위치할 때가 가깝다.

적용해야 할 개념 ④가지

① 지구 자전축이 약 26000년을 주기로 지구 공전 방향과 반대 방향으로 회전하는 현상을 세차 운동이라고 한다. ➡ 약 13000년마다 지구 자전축의 경사 방향이 반대가 되면 근일점과 원일점에서의 계절이 반대가 된다.

② 현재 북반구는 근일점에서 겨울철, 원일점에서 여름철이며, 약 13000년 후 북반구는 원일점에서 겨울철, 근일점에서 여름철이 된다. ➡ 다른 요인의 변화가 없다면, 약 13000년 후 북반구에서 기온의 연교차는 현재보다 커진다.

③ 지구 자전축 경사각이 현재보다 커지면 북반구와 남반구 모두 중위도와 고위도에서 태양의 남중 고도가 여름철에는 높아지고, 겨울철에는 낮아진다. ➡ 기온의 연교차가 커진다.

④ 지구 자전축 경사각이 현재보다 작아지면 북반구와 남반구 모두 중위도와 고위도에서 태양의 남중 고도가 여름철에는 낮아지고, 겨울철에는 높아진다. ➡ 기온의 연교차가 작아진다.

문제 보기

그림 (가)는 지구의 공전 궤도를, (나)는 지구 자전축 경사각의 변화를 나타낸 것이다. 지구 자전축 세차 운동의 방향은 지구 공전 방향과 반대이고 주기는 약 26000년이다.

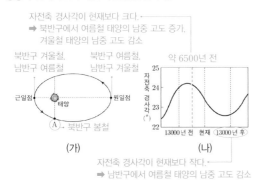

자전축 경사각이 현재보다 크다.
➡ 북반구에서 여름철 태양의 남중 고도 증가,
   겨울철 태양의 남중 고도 감소

북반구 겨울철,   북반구 여름철,
남반구 여름철   남반구 겨울철

약 6500년 전

근일점   원일점
태양
(A) 북반구 봄철

(가)

(나)

자전축 경사각이 현재보다 작다.
➡ 남반구에서 여름철 태양의 남중 고도 감소

약 6500년 전
➡ 자전축 경사 방향: 현재로부터 시계 반대 방향으로 90° 회전
➡ 근일점: 북반구 가을철, 남반구 봄철
➡ 원일점: 북반구 봄철, 남반구 가을철
➡ A: 북반구 겨울철, 남반구 여름철

이에 대한 설명으로 옳은 것만을 〈보기〉에서 있는 대로 고른 것은? (단, 지구 자전축 세차 운동과 지구 자전축 경사각 이외의 요인은 변하지 않는다고 가정한다.) [3점]

보기

〈보기〉 풀이

ㄱ. 약 6500년 전 지구가 A 부근에 있을 때 북반구는 겨울철이다.

➡ 현재 북반구는 원일점에서 여름철이고, 근일점에서 겨울철이다. 6500년은 세차 운동 주기의 약 $\frac{1}{4}$에 해당하므로 약 6500년 전의 지구 자전축은 지구 공전 방향(시계 반대 방향)으로 약 90° 회전한 상태로 기울어져 있으며, 이 상태로 지구가 A 부근에 있을 때 북반구는 겨울철이다.

ㄴ. 35°N에서 기온의 연교차는 약 6500년 전이 현재보다 작다.

➡ 약 6500년 전은 현재보다 지구 자전축 경사각이 크므로, 35°N에서 여름철 태양의 남중 고도는 현재보다 높고, 겨울철 태양의 남중 고도는 현재보다 낮다. 또한 세차 운동으로 인한 지구 자전축 회전으로 인해 35°N에서 여름일 때 지구와 태양 사이의 거리는 약 6500년 전이 현재보다 가깝고, 35°N에서 겨울철일 때 지구와 태양 사이의 거리는 약 6500년 전이 현재보다 멀다. 따라서 35°N에서 기온의 연교차는 약 6500년 전이 현재보다 크다.

ㄷ. 35°S에서 여름철 평균 기온은 약 13000년 후가 현재보다 낮다.

➡ 현재 35°S는 지구가 근일점 부근에 있을 때 여름철이지만 약 13000년 후에는 세차 운동으로 인해 지구 자전축 경사 방향이 현재와 반대가 되어 지구가 원일점 부근에 있을 때 여름철이 된다. 또한 약 13000년 후는 현재보다 지구 자전축 경사각이 작으므로, 35°S에서 여름철 태양의 남중 고도가 현재보다 낮다. 따라서 35°S에서 여름철 평균 기온은 약 13000년 후가 현재보다 낮다.

09 기후 변화의 천문학적 요인 – 공전 궤도 이심률 2021학년도 3월 학평 지Ⅰ 15번

정답 ④ | 정답률 60 %

적용해야 할 개념 ③가지

① 지구 공전 궤도는 이심률이 클수록 긴 타원 모양이고, 이심률이 작을수록 원에 가깝다.
② 현재 북반구는 원일점에서 여름이 되고 근일점에서 겨울이 된다.
③ 지구 공전 궤도의 이심률이 커지면 근일점은 태양에 더 가까워지고, 원일점은 태양에서 더 멀어진다.

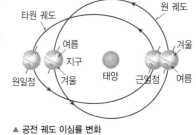

▲ 공전 궤도 이심률 변화

문제 보기

그림은 현재와 A 시기에 근일점에 위치한 지구의 모습과 지구 공전 궤도 일부를 나타낸 것이다.

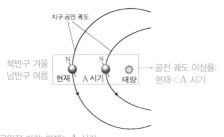

· 근일점 거리: 현재 > A 시기
· 원일점 거리: 현재 < A 시기
 ➡ 원일점에서 지구가 받는 태양 복사 에너지양: 현재 > A 시기

이에 대한 옳은 설명만을 〈보기〉에서 있는 대로 고른 것은? (단, 지구 공전 궤도 이심률 이외의 요인은 변하지 않는다.) [3점]

〈보기〉 풀이

✗ 지구 공전 궤도 이심률은 현재가 A 시기보다 크다.

➡ 이심률은 원에서 벗어난 정도를 나타내는데, 이심률이 클수록 납작한 타원에 가깝고, 이심률이 작을수록 원에 가깝다. 지구 공전 궤도 이심률은 공전 궤도의 모양이 원에 가까운 현재가 A 시기보다 작다.

ㄴ. 현재 북반구는 근일점에서 겨울철이다.

➡ 북반구와 남반구의 계절은 태양 빛의 입사각과 낮의 길이에 따라 결정된다. 태양 빛의 입사각이 크고 태양이 비추는 면적이 더 넓은 반구에서 여름철이다. 현재 근일점에서 남반구가 북반구보다 태양 빛의 입사각이 크고 태양이 비추는 면적이 더 넓으므로 남반구는 여름철이고, 북반구는 겨울철이다.

ㄷ. 지구가 원일점에 위치할 때, 지구가 받는 태양 복사 에너지양은 현재가 A 시기보다 많다.

➡ 원일점에서 태양까지의 거리(원일점 거리)는 현재가 A 시기보다 짧다. 따라서 지구가 원일점에 위치할 때 지구가 받는 태양 복사 에너지양은 현재가 A 시기보다 많다.

---

10 기후 변화의 천문학적 요인 – 공전 궤도 이심률 2020학년도 10월 학평 지Ⅰ 9번

정답 ① | 정답률 53 %

적용해야 할 개념 ③가지

① 현재 남반구는 근일점 부근에서 여름철이고 원일점 부근에서 겨울철이다.
② 지구 공전 궤도의 이심률이 현재보다 작아지면 근일점은 태양에서 멀어지고 원일점은 태양에 가까워진다.
③ 지구 공전 궤도 이심률이 현재보다 작아질 때 북반구의 경우 여름철(원일점)은 더 더워지고 겨울철(근일점)은 더 추워져 기온의 연교차가 커진다.

문제 보기

표는 A, B, C 시기의 지구 공전 궤도 이심률을, 그림은 B 시기에 지구가 근일점과 원일점에 위치할 때 남반구에서 같은 배율로 관측한 태양의 모습을 각각 ㉠과 ㉡으로 순서 없이 나타낸 것이다.

└ 남반구: 근일점에서 여름철, 원일점에서 겨울철
 ➡ 북반구: 근일점에서 겨울철, 원일점에서 여름철

태양의 겉보기 크기: ㉠ < ㉡

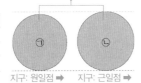

시기	이심률
A	0.011
B	0.017
C	0.023

지구: 원일점 ➡ 지구: 근일점 ➡
남반구: 겨울철   남반구: 여름철

이심률이 점점 작아진다. ➡ 근일점은 태양에서 멀어지고, 원일점은 태양에 가까워진다. ➡ 남반구에서 여름철 기온은 낮아지고 겨울철 기온은 높아진다. 북반구에서 여름철 기온은 높아지고 겨울철 기온은 낮아진다.

┌ 지구는 원일점에 위치한다.
㉠을 관측한 시기가 남반구의 겨울철일 때, 이에 대한 옳은 설명만을 〈보기〉에서 있는 대로 고른 것은? (단, 공전 궤도 이심률 이외의 요인은 변하지 않는다.) [3점]

〈보기〉 풀이

태양의 겉보기 크기가 ㉠보다 ㉡이 크므로, ㉠은 지구가 원일점에 위치할 때 관측하였고 ㉡은 지구가 근일점에 위치할 때 관측하였다.

ㄱ. B 시기에 지구가 근일점을 지날 때 북반구는 겨울철이다.

➡ ㉠을 관측한 시기에 지구는 원일점에 위치하므로 남반구의 겨울철이다. 지구가 원일점에 위치할 때 북반구는 여름철이므로 지구가 근일점을 지날 때 북반구는 겨울철이다.

✗ 남반구의 겨울철 평균 기온은 A보다 B 시기에 높다.

➡ 남반구는 지구가 근일점에 위치할 때 여름철이고, 원일점에 위치할 때 겨울철이다. 공전 궤도 이심률이 작을수록 근일점은 태양에서 멀어지고 원일점은 태양에 가까워지므로 남반구에서 여름철 기온은 낮아지고 겨울철 기온은 높아진다. A 시기가 B 시기보다 공전 궤도 이심률이 작으므로, 남반구의 겨울철 평균 기온은 A 시기가 B 시기보다 높다.

✗ 북반구에서 기온의 연교차는 A보다 C 시기에 크다.

➡ 북반구는 지구가 근일점에 위치할 때 겨울철이고 원일점에 위치할 때 여름철이다. C 시기에서 A 시기로 갈수록 공전 궤도 이심률이 작아지므로 북반구에서 겨울철 기온은 낮아지고 여름철 기온은 높아져 기온의 연교차가 커진다. 따라서 북반구에서 기온의 연교차는 A 시기가 C 시기보다 크다.

315

적용해야 할 개념 ②가지

① 현재 북반구는 근일점에서 겨울철, 원일점에서 여름철이다. 지구의 세차 운동에 의해 약 13000년 후에 북반구는 근일점에서 여름철, 원일점에서 겨울철이 된다. ➡ 다른 요인의 변화가 없다면 약 13000년 후 북반구에서 기온의 연교차는 현재보다 커진다.

② 지구 자전축의 경사각이 변하면 각 위도에서 받는 일사량이 변하므로 기후 변화가 생긴다. ➡ 다른 요인의 변화가 없다면 자전축 경사각이 커질수록 기온의 연교차가 커진다.

자전축의 경사각이 커질 때	북반구와 남반구 모두 중위도와 고위도의 태양의 남중 고도가 여름철에는 높아지고, 겨울철에는 낮아진다. ➡ 여름철 기온은 높아지고, 겨울철 기온은 낮아진다. ➡ 기온의 연교차가 커진다.
자전축의 경사각이 작아질 때	북반구와 남반구 모두 중위도와 고위도의 태양의 남중 고도가 여름철에는 낮아지고, 겨울철에는 높아진다. ➡ 여름철 기온은 낮아지고, 겨울철 기온은 높아진다. ➡ 기온의 연교차가 작아진다.

문제 보기

그림은 지구 자전축의 경사각과 세차 운동에 의한 자전축의 경사 방향 변화를 나타낸 것이다.

지구가 근일점에 위치 할 때 우리나라에서 낮 의 길이
➡ ⓛ 시기(여름철)> ㉠ 시기(겨울철)

· 자전축 경사 방향이 현재와 반대이다.
➡ 우리나라에서 기온의 연교차가 커진다.
· 자전축 경사각이 현재보다 크다.
➡ 우리나라에서 기온의 연교차가 커진다.
· 우리나라에서 기온의 연교차: ⓛ 시기>현재

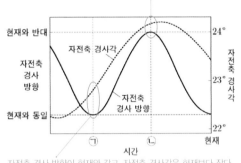

자전축 경사 방향이 현재와 같고, 자전축 경사각은 현재보다 작다.
➡ 우리나라의 겨울철 평균 기온: ㉠ 시기>현재

이에 대한 설명으로 옳은 것만을 〈보기〉에서 있는 대로 고른 것은? (단, 지구 자전축 경사각과 세차 운동 이외의 요인은 변하지 않는다고 가정한다.)

〈보기〉 풀이

ㄱ. 우리나라의 겨울철 평균 기온은 ㉠ 시기가 현재보다 높다.

➡ ㉠ 시기는 자전축 경사 방향이 현재와 같고 자전축 경사각은 현재보다 작다. 자전축 경사각이 현재보다 작아지면 북반구와 남반구 모두 중위도와 고위도의 태양의 남중 고도가 여름철에는 낮아지고, 겨울철에는 높아진다. 그 결과 여름철의 기온은 낮아지고, 겨울철의 기온은 높아진다. 따라서 우리나라의 겨울철 평균 기온은 ㉠ 시기가 현재보다 높다.

ㄴ. 우리나라에서 기온의 연교차는 ⓛ 시기가 현재보다 크다.

➡ ⓛ 시기는 자전축 경사 방향이 현재와 반대이고 자전축 경사각은 현재보다 크다. 현재 우리나라는 원일점에서 여름철이고, 근일점에서 겨울철인데, 자전축 경사 방향이 현재와 반대가 되면 근일점에서 여름철, 원일점에서 겨울철이 되어 기온의 연교차가 커진다. 또한 자전축 경사각이 현재보다 커지면 우리나라에서 태양의 남중 고도가 여름철에는 높아지고, 겨울철에는 낮아진다. 그 결과 여름철의 기온은 높아지고, 겨울철의 기온은 낮아져 기온의 연교차가 커진다. 따라서 우리나라에서 기온의 연교차는 ⓛ 시기가 현재보다 크다.

ㄷ. 지구가 근일점에 위치할 때 우리나라에서 낮의 길이는 ㉠ 시기가 ⓛ 시기보다 길다.

➡ 자전축 경사 방향이 현재와 같은 ㉠ 시기에는 지구가 근일점에 위치할 때 우리나라는 겨울철이다. 자전축 경사 방향이 현재와 반대인 ⓛ 시기에는 지구가 근일점에 위치할 때 우리나라는 여름철이다. 따라서 지구가 근일점에 위치할 때 우리나라에서 낮의 길이는 여름철인 ⓛ 시기가 겨울철인 ㉠ 시기보다 길다.

12 기후 변화의 지구 외적 요인 2024학년도 10월 학평 지I 18번

적용해야 할 개념 ③가지

① 현재 북반구는 원일점에서 여름이고 근일점에서 겨울이다.

② 세차 운동은 지구의 자전축이 약 26000년을 주기로 회전하는 운동으로, 약 13000년 후에는 지구 자전축의 경사 방향이 현재와 반대가 된다. ➡ 약 13000년 후에 북반구는 근일점에서 여름이 된다.

③ 지구 공전 궤도 이심률이 클수록 근일점 거리는 짧아지고 원일점 거리는 길어진다.

문제 보기

그림은 지구 공전 궤도 이심률과 세차 운동에 의한 자전축의 경사 방향 변화를, 표는 현재와 T 시기의 태양 겉보기 크기 비(근일점에서의 크기 : 원일점에서의 크기)를 나타낸 것이다. T는 ㉠과 ㉡ 중 하나이다.

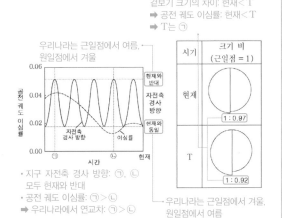

근일점과 원일점에서 관측한 태양 겉보기 크기의 차이: 현재< T
➡ 공전 궤도 이심률: 현재< T
➡ T는 ㉠

우리나라는 근일점에서 여름, 원일점에서 겨울

현재와 반대

자전축 경사 방향

현재와 동일

자전축 경사 방향 ········ 이심률

• 지구 자전축 경사 방향: ㉠, ㉡ 모두 현재와 반대
• 공전 궤도 이심률: ㉠ > ㉡
➡ 우리나라에서 연교차: ㉠ > ㉡

시기	크기 비 (근일점 = 1)
현재	1 : 0.97
T	1 : 0.92

우리나라는 근일점에서 겨울, 원일점에서 여름

이에 대한 설명으로 옳은 것만을 〈보기〉에서 있는 대로 고른 것은? (단, 지구 공전 궤도 이심률과 세차 운동 이외의 요인은 고려하지 않는다.) [3점]

보기

〈보기〉 풀이

✗ ㉠일 때, 근일점에서 우리나라는 겨울이다.

➡ 현재 근일점에서 우리나라는 겨울이다. ㉠일 때는 지구 자전축 경사 방향이 현재와 반대가 되므로 근일점에서 우리나라는 여름이다.

✗ T는 ㉡이다.

➡ 지구 공전 궤도 이심률이 클수록 근일점 거리와 원일점 거리의 차이가 커지므로 근일점과 원일점에서 관측한 태양 겉보기 크기의 차이가 커진다. 표에서 T 시기는 현재보다 근일점과 원일점에서 관측한 태양 겉보기 크기의 차이가 크다. 따라서 T는 현재보다 공전 궤도 이심률이 큰 ㉠이다.

ㄷ. 우리나라에서 연교차는 ㉠이 ㉡보다 크다.

➡ ㉠과 ㉡ 모두 지구 자전축 경사 방향이 현재와 반대이고 공전 궤도 이심률은 ㉠이 ㉡보다 크다. 지구 자전축 경사 방향이 현재와 반대이면 우리나라는 근일점에서 여름, 원일점에서 겨울이 되며, 공전 궤도 이심률이 클수록 근일점 거리는 짧아지고 원일점 거리는 길어진다. 따라서 우리나라에서 ㉠은 ㉡보다 여름은 더 더워지고 겨울은 더 추워져 연교차가 크다.

적용해야 할 개념 ③가지

① 현재 지구가 근일점에 위치할 때 북반구 겨울철, 남반구 여름철이고, 원일점에 위치할 때 북반구 여름철, 남반구 겨울철이다.

② 세차 운동은 지구 자전축이 약 26000년을 주기로 지구 공전 방향과 반대 방향으로 회전하는 현상이다. ➡ 약 13000년 후에는 현재와 자전축의 경사 방향이 반대가 된다.

③ 지구 공전 궤도 이심률이 현재보다 커지면 근일점은 현재보다 태양에 가까워지고, 원일점은 현재보다 태양에서 멀어진다. ➡ 다른 요인의 변화가 없다면 북반구에서 겨울철은 더 따뜻해지고 여름철은 더 시원해지므로 기온의 연교차가 현재보다 작아진다.

문제 보기

그림 (가)는 현재 지구의 공전 궤도를, (나)는 지구의 공전 궤도 이심률 변화를 나타낸 것이다. 지구 자전축 세차 운동의 방향은 지구 공전 방향과 반대이고 주기는 약 26000년이다.

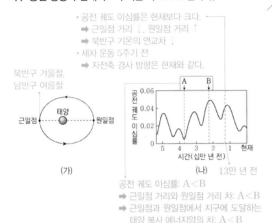

- 공전 궤도 이심률은 현재보다 크다.
 ➡ 근일점 거리 ↓, 원일점 거리 ↑
 ➡ 북반구 기온의 연교차 ↓
- 세차 운동 5주기 전
 ➡ 자전축 경사 방향은 현재와 같다.

공전 궤도 이심률: A＜B
➡ 근일점 거리와 원일점 거리 차: A＜B
➡ 근일점과 원일점에서 지구에 도달하는 태양 복사 에너지양의 차: A＜B

이에 대한 설명으로 옳은 것만을 〈보기〉에서 있는 대로 고른 것은? (단, 지구의 공전 궤도 이심률과 지구 자전축 세차 운동 이외의 요인은 변하지 않는다고 가정한다.) [3점]

〈보기〉 풀이

ㄱ. (가)에서 지구가 근일점에 위치할 때 남반구는 여름철이다.
➡ 현재 지구가 근일점에 위치할 때 북반구는 겨울철이고 남반구는 여름철이다.

✘ 근일점과 원일점에서 지구에 도달하는 태양 복사 에너지양의 차는 A 시기가 B 시기보다 크다.
➡ 지구의 공전 궤도 이심률이 클수록 근일점 거리와 원일점 거리의 차이가 크므로, 근일점과 원일점에서 지구에 도달하는 태양 복사 에너지양의 차는 B 시기가 A 시기보다 크다.

✘ 우리나라에서 기온의 연교차는 약 13만 년 전이 현재보다 크다.
➡ 세차 운동의 주기가 약 26000년이므로 약 13만 년 전 지구 자전축의 경사 방향은 현재와 같다(26000년×5＝130000년). 따라서 우리나라에서 기온의 연교차는 공전 궤도 이심률만 고려하면 된다. 현재 북반구는 근일점에서 겨울철, 원일점에서 여름철인데, 공전 궤도 이심률이 현재보다 커지면 근일점 거리는 현재보다 짧아지고 원일점 거리는 현재보다 길어지므로 북반구의 경우 여름철 기온은 더 낮아지고 겨울철 기온은 더 높아져 기온의 연교차는 현재보다 작아진다. (나)에서 보면 약 13만 년 전은 현재보다 공전 궤도 이심률이 크다. 따라서 우리나라에서 기온의 연교차는 약 13만 년 전이 현재보다 작다.

적용해야 할 개념 ③가지

① 현재 북반구는 원일점에서 여름이 되고, 근일점에서 겨울이 된다.

② 지구의 자전축이 약 26000년을 주기로 회전하는데, 이를 세차 운동이라고 한다. ➡ 13000년마다 경사 방향이 반대가 되면 근일점과 원일점에서 계절이 반대가 된다.

③ 북반구와 남반구의 계절은 태양 복사 에너지의 입사각과 낮의 길이에 따라 결정된다. ➡ 태양 복사 에너지의 입사각이 크고 태양이 비추는 면적이 더 넓은 반구가 여름이다.

문제 보기

그림 (가)는 현재와 A 시기의 지구 공전 궤도를, (나)는 현재와 A 시기의 지구 자전축 방향을 나타낸 것이다. (가)의 ㉠, ㉡, ㉢은 공전 궤도상에서 지구의 위치이다.

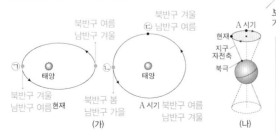

이에 대한 설명으로 옳은 것만을 〈보기〉에서 있는 대로 고른 것은? (단, 지구의 공전 궤도 이심률, 세차 운동 이외의 요인은 변하지 않는다고 가정한다.)

〈보기〉 풀이

✘ ㉠에서 북반구는 여름이다.
➡ ㉠에서 지구 자전축은 태양 반대 방향으로 기울어져 있으므로 북반구는 겨울이다.

ㄴ. 37°N에서 연교차는 현재가 A 시기보다 작다.
➡ 북반구의 중위도 지역인 37°N에서 현재는 근일점(㉠)에서 겨울이고 원일점에서 여름이지만, A 시기에는 ㉢에서 겨울이고 태양을 중심으로 ㉢의 건너편에서 여름이다. 지구 공전 궤도 이심률 변화에 따른 태양－지구 간 거리를 고려했을 때, 37°N에서 현재는 A 시기보다 여름은 태양으로부터의 거리가 더 멀어 시원하고, 겨울은 태양으로부터의 거리가 더 가까워 따뜻하다. 따라서 37°N에서 연교차는 현재가 A 시기보다 작다.

✘ 37°S에서 태양이 남중했을 때, 지표에 도달하는 태양 복사 에너지양은 ㉢이 ㉡보다 적다.
➡ A 시기에 ㉢에서 지구 자전축이 현재보다 시계 방향으로 90° 회전하여 태양 반대 방향으로 기울어져 있으므로 남반구는 여름이고, ㉡에서 남반구는 가을이다. 따라서 남반구의 중위도 지역인 37°S에서 태양이 남중했을 때, 지표에 도달하는 태양 복사 에너지양은 여름(㉢)이 가을(㉡)보다 많다.

보기

15 기후 변화의 천문학적 요인 – 세차 운동, 공전 궤도 이심률 2019학년도 3월 학평 지Ⅰ 18번 정답 ① | 정답률 41%

적용해야 할 개념 ③가지

① 지구 자전축은 세차 운동으로 인해 약 26000년을 주기로 지구 자전 방향과 반대 방향으로 회전한다.

② 현재 북반구는 근일점 부근에서 겨울, 원일점 부근에서 여름이다. ➡ 약 13000년 전에는 지구의 자전축 방향이 현재와 반대여서 북반구의 경우 근일점 부근에서 여름, 원일점 부근에서 겨울이 되므로 기온의 연교차가 현재보다 컸다.

③ 지구 공전 궤도의 이심률이 현재보다 커지면 원일점은 태양에서 더 멀어지고, 근일점은 태양에 더 가까워진다. ➡ 북반구의 경우 여름(원일점)은 더 시원해지고 겨울(근일점)은 더 따뜻해져 기온의 연교차가 작아진다.

문제 보기

그림 (가)는 현재 지구의 공전 궤도와 자전축 경사 방향을, (나)는 10만 년 전부터 현재까지 지구 공전 궤도의 이심률 변화를 나타낸 것이다.

10만 년 전에 지구의 공전 궤도 이심률은 현재보다 컸다.
➡ 근일점이 현재보다 태양에 더 가까웠다. ➡ 근일점에서
태양의 시직경: 10만 년 전 > 현재

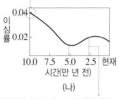

(가)

공전 궤도 이심률은 26000년 전이 52000년 전보다 크다. ➡ 북반구에서 기온의 연교차는 26000년 전이 52000년 전보다 작다.

이에 대한 옳은 설명만을 〈보기〉에서 있는 대로 고른 것은? (단, 세차 운동의 주기는 26000년이며, 지구 공전 궤도의 이심률과 세차 운동 이외의 요인은 고려하지 않는다.) [3점]

〈보기〉 풀이

지구 공전 궤도의 이심률이 현재보다 커지면 원일점은 태양에서 더 멀어지고, 근일점은 태양에 더 가까워진다.

（ㄱ）**13000년 전 북반구는 근일점에서 여름철이다.**
➡ 세차 운동의 주기가 26000년이므로 13000년 전 지구의 자전축 방향은 현재와 반대였다. 따라서 근일점에 위치할 때 북반구는 여름철이다.

❌ **근일점에서 태양의 시직경은 현재가 10만 년 전보다 크다.**
➡ 10만 년 전에 지구의 공전 궤도 이심률은 현재보다 컸다. 따라서 근일점이 현재보다 태양에 더 가까웠으므로 근일점에서 태양의 시직경은 10만 년 전이 현재보다 크다.

❌ **북반구에서 기온의 연교차는 26000년 전이 52000년 전보다 크다.**
➡ 26000년 전이 52000년 전보다 공전 궤도 이심률이 크므로 북반구에서 겨울의 기온이 높아지고 여름의 기온은 낮아져서 기온의 연교차는 작아진다.

---

16 기후 변화의 천문학적 요인 – 세차 운동, 공전 궤도 이심률 2019학년도 9월 모평 지Ⅰ 14번 정답 ② | 정답률 49%

적용해야 할 개념 ③가지

① 현재 북반구는 근일점 부근에서 겨울, 원일점 부근에서 여름이다. ➡ 세차 운동으로 인해 약 13000년 전에는 지구의 자전축 방향이 현재와 반대여서 북반구의 경우 근일점 부근에서 여름, 원일점 부근에서 겨울이었다.

② 현재보다 지구 공전 궤도 이심률이 커질 때 북반구의 경우 여름은 시원해지고 겨울은 따뜻해지므로 기온의 연교차가 작아진다. 남반구의 경우 겨울은 더 추워지고 여름은 더 더워지므로 기온의 연교차가 커진다.

③ 현재보다 지구 공전 궤도 이심률이 작아질 때 북반구의 경우 여름은 더 더워지고 겨울은 더 추워지므로 기온의 연교차가 커진다. 남반구의 경우 겨울은 따뜻해지고 여름은 시원해지므로 기온의 연교차가 작아진다.

문제 보기

그림 (가)는 지구 공전 궤도 이심률의 변화를, (나)는 ㉠ 시기의 지구 자전축 방향과 공전 궤도를 나타낸 것이다. 지구 자전축 세차 운동의 주기는 약 26000년이며 방향은 지구의 공전 방향과 반대이다.

약 6500년 전 지구가 A 부근에 있을 때 북반구는 여름철이다.

이 0.03
심 0.02
률 0.01
0
1.3 0 2.6
전 ←시간(×10⁴년)→ 후
(가)

23.5°
A
근일점   원일점
태양
북반구   북반구
여름   겨울
지구 공전 방향
(나)

㉠ 시기에는 현재보다 공전 궤도 이심률이 크다. 자전축 경사 방향은 현재와 반대이기 때문에 북반구는 근일점에서 여름, 원일점에서 겨울이다.
㉡ 시기에는 현재보다 공전 궤도 이심률이 작다. 자전축 경사 방향은 현재와 같기 때문에 북반구는 근일점에서 겨울, 원일점에서 여름이다.
➡ 북반구 기온의 연교차는 ㉠ 시기가 ㉡ 시기보다 크다.

이에 대한 설명으로 옳은 것만을 〈보기〉에서 있는 대로 고른 것은? (단, 지구 공전 궤도 이심률과 자전축 경사 방향 이외의 요인은 변하지 않는다고 가정한다.) [3점]

〈보기〉 풀이

13000년 전 북반구는 지구가 근일점에 위치할 때 여름철, 원일점에 위치할 때 겨울철이었다.

❌ **현재 북반구는 근일점에서 여름철이다.**
➡ 13000년 전에 지구가 근일점에 위치할 때 북반구가 여름철이었다. 현재는 지구 자전축 경사 방향이 반대가 되었으므로 지구가 근일점에 위치할 때 북반구는 겨울철이다.

❌ **현재로부터 약 6500년 전 지구가 A 부근에 있을 때 북반구는 겨울철이 된다.**
➡ 약 6500년은 세차 운동의 $\frac{1}{4}$ 주기에 해당하는 시간이다. 현재로부터 약 6500년 전 지구의 자전축은 경사각은 유지된 채로 자전축이 시계 반대 방향으로 약 90° 회전((나)는 13000년 전의 모습이므로 (나)에서는 시계 방향으로 약 90° 회전)한 상태로 기울어져 있었다. 이 상태로 지구가 A 부근에 위치할 때 북반구는 여름철이 되고, 근일점에서는 가을철, 원일점에서는 봄철이 된다.

（ㄷ）**북반구 기온의 연교차는 ㉠ 시기가 ㉡ 시기보다 크다.**
➡ ㉠ 시기에는 현재보다 공전 궤도 이심률이 크기 때문에 근일점은 태양에 더 가까워지고, 원일점은 태양에서 더 멀어졌다. 자전축 경사 방향은 현재와 반대이기 때문에 북반구는 근일점에서 여름, 원일점에서 겨울이 된다. ㉡ 시기에는 현재보다 공전 궤도 이심률이 작기 때문에 근일점은 태양에서 더 멀어지고, 원일점은 태양에 더 가까워진다. 자전축 경사 방향은 현재와 같기 때문에 북반구는 근일점에서 겨울, 원일점에서 여름이 된다. 북반구는 ㉠ 시기에 근일점에서 여름, ㉡ 시기에 원일점에서 여름이기 때문에 북반구 기온의 연교차는 ㉠ 시기가 ㉡ 시기보다 크다.

17

기후 변화의 지구 외적 요인 2025학년도 9월 모평 지I 14번 정답 ⑤ | 정답률 61%

적용해야 할 개념 ③가지

① 현재 북반구는 원일점에서 여름철, 근일점에서 겨울철이고, 남반구는 근일점에서 여름철, 원일점에서 겨울철이다.

② 지구 공전 궤도 이심률이 커질 때 원일점 거리는 더 멀어지고, 근일점 거리는 더 가까워진다. ➡ 북반구의 경우 여름철 기온은 낮아지고, 겨울철 기온은 높아져 기온의 연교차가 작아진다.

③ 지구 자전축 경사각이 커지면 북반구와 남반구 모두 태양의 남중 고도가 여름철에는 높아지고, 겨울철에는 낮아진다. ➡ 북반구와 남반구 모두 기온의 연교차가 커진다.

문제 보기

그림은 지구 자전축 경사각과 지구 공전 궤도 이심률을 시간에 따라 나타낸 것이다.

지구 공전 궤도 이심률: B 시기＝현재
➡ 근일점 거리: B 시기＝현재
➡ 지구가 근일점에 위치할 때 지구에 도달하는 태양 복사 에너지양: B 시기＝현재

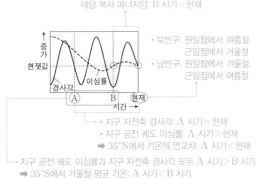

• 북반구: 원일점에서 여름철, 근일점에서 겨울철
• 남반구: 원일점에서 겨울철, 근일점에서 여름철

• 지구 자전축 경사각: A 시기＝현재
• 지구 공전 궤도 이심률: A 시기＞현재
➡ 35°N에서 기온의 연교차: A 시기＜현재

지구 공전 궤도 이심률과 지구 자전축 경사각 모두 A 시기＞B 시기
➡ 35°S에서 겨울철 평균 기온: A 시기＜B 시기

이 자료에 대한 설명으로 옳은 것만을 〈보기〉에서 있는 대로 고른 것은? (단, 지구 자전축 경사각과 지구 공전 궤도 이심률 이외의 요인은 변하지 않는다고 가정한다.) [3점]

〈보기〉 풀이

✗ ㄱ. 35°N에서 기온의 연교차는 A 시기가 현재보다 크다.

➡ 지구 공전 궤도 이심률이 커질수록 근일점 거리는 가까워지고 원일점 거리는 멀어진다. 세차 운동을 고려하지 않았을 때 35°N은 현재와 A 시기 모두 근일점에서 겨울철, 원일점에서 여름철이므로, 공전 궤도 이심률이 클수록 겨울철 평균 기온은 높아지고, 여름철 평균 기온은 낮아져 기온의 연교차는 작아진다. 지구 자전축 경사각은 A 시기와 현재가 같고, 공전 궤도 이심률은 A 시기가 현재보다 크기 때문에 35°N에서 기온의 연교차는 A 시기가 현재보다 작다.

ㄴ. 지구가 근일점에 위치할 때 지구에 도달하는 태양 복사 에너지양은 B 시기와 현재가 같다.

➡ 지구 자전축 경사각은 지구에 도달하는 태양 복사 에너지양과는 특별한 관계가 없다. 지구 공전 궤도 이심률은 B 시기와 현재가 같으므로 근일점 거리는 B 시기와 현재가 같다. 따라서 지구가 근일점에 위치할 때 지구에 도달하는 태양 복사 에너지양은 B 시기와 현재가 같다.

ㄷ. 35°S에서 겨울철 평균 기온은 A 시기가 B 시기보다 낮다.

➡ 세차 운동을 고려하지 않았을 때 35°S는 A 시기와 B 시기 모두 현재와 마찬가지로 지구가 원일점에 위치할 때 겨울철이므로, 지구 공전 궤도 이심률이 클수록 겨울철 평균 기온이 낮아진다. 또한 지구 자전축 경사각이 클수록 35°S에서 겨울철 태양의 남중 고도가 낮아 겨울철 평균 기온이 낮아진다. 지구 공전 궤도 이심률과 지구 자전축 경사각 모두 A 시기가 B 시기보다 크므로, 35°S에서 겨울철 평균 기온은 A 시기가 B 시기보다 낮다.

기후 변화 요인 2024학년도 5월 학평 지I 12번 정답 ④ | 정답률 77%

적용해야 할 개념 ③가지

① 현재 근일점에서 북반구는 겨울철, 남반구는 여름철이고, 원일점에서 북반구는 여름철, 남반구는 겨울철이다.

② 지구의 자전축 경사각이 현재보다 커지면 중위도와 고위도 지방의 여름철은 더 더워지고 겨울철은 더 추워져 기온의 연교차가 커진다.

③ 지구의 공전 궤도 이심률이 커지면 근일점은 태양에 가까워지고, 원일점은 태양에서 멀어진다. ➡ 북반구는 기온의 연교차가 작아지고, 남반구는 기온의 연교차가 커진다.

문제 보기

그림 (가)는 현재 지구의 공전 궤도와 자전축 경사 방향을, (나)는 지구의 공전 궤도 이심률과 자전축 경사각의 변화를 나타낸 것이다.

공전 궤도 이심률: B 시기＞현재
➡ 원일점 거리: B 시기＞현재

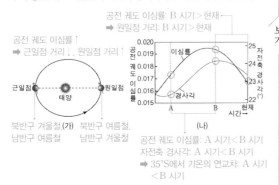

공전 궤도 이심률↑
➡ 근일점 거리↓, 원일점 거리↑

북반구 겨울철 (가) 북반구 여름철,
남반구 여름철   남반구 겨울철

공전 궤도 이심률: A 시기＜B 시기
자전축 경사각: A 시기＜B 시기
➡ 35°S에서 기온의 연교차: A 시기＜B 시기

이에 대한 설명으로 옳은 것만을 〈보기〉에서 있는 대로 고른 것은? (단, 지구의 공전 궤도 이심률과 자전축 경사각 이외의 요인은 변하지 않는다고 가정한다.) [3점]

〈보기〉 풀이

✗ ㄱ. 현재 지구가 근일점에 위치할 때 북반구는 여름철이다.

➡ 북반구 기준으로 현재 지구 자전축은 근일점에서 태양 반대쪽으로 기울어져 있다. 따라서 현재 지구가 근일점에 위치할 때 북반구는 겨울철이고 남반구는 여름철이다.

ㄴ. 원일점 거리는 현재보다 B 시기가 멀다.

➡ 지구 공전 궤도 이심률이 현재보다 커지면 근일점 거리는 현재보다 가까워지고, 원일점 거리는 현재보다 멀어진다. B 시기는 현재보다 공전 궤도 이심률이 크므로 원일점 거리는 현재보다 B 시기가 멀다.

ㄷ. 35°S에서 기온의 연교차는 A 시기보다 B 시기가 크다.

➡ 남반구는 근일점에서 여름철, 원일점에서 겨울철이다. 지구의 공전 궤도 이심률이 커지면 근일점 거리는 가까워지고 원일점 거리는 멀어지므로, 남반구에서는 여름철 기온은 상승하고 겨울철 기온은 하강하여 기온의 연교차가 커진다. 지구의 자전축 경사각이 커지면 남반구와 북반구 모두 여름철 기온은 상승하고 겨울철 기온은 하강하여 기온의 연교차가 커진다. 공전 궤도 이심률과 자전축 경사각 모두 A 시기보다 B 시기가 크므로, 35°S에서 기온의 연교차는 A 시기보다 B 시기가 크다.

19 | **기후 변화의 천문학적인 요인** 2024학년도 수능 지I 15번 | 정답 ④ | 정답률 61 %

적용해야 할 개념 ②가지

① 지구 자전축의 경사각이 변하면, 기온의 연교차는 북반구와 남반구에서 동일한 변화 경향이 나타난다.

지구 자전축의 경사각이 커지면	북반구와 남반구 모두 여름철 평균 기온은 높아지고 겨울철 평균 기온은 낮아진다. ➡ 기온의 연교차가 커진다.
지구 자전축의 경사각이 작아지면	북반구와 남반구 모두 여름철 평균 기온은 낮아지고 겨울철 평균 기온은 높아진다. ➡ 기온의 연교차가 작아진다.

② 지구 공전 궤도 이심률이 변하면, 태양과 지구 사이의 거리가 변한다.

지구 공전 궤도 이심률이 커지면	근일점 거리는 가까워지고, 원일점 거리는 멀어진다. ➡ 북반구에서 여름철은 태양에서 멀어지고 겨울철은 태양에 가까워지므로, 기온의 연교차가 작아진다.
지구 공전 궤도 이심률이 작아지면	근일점 거리는 멀어지고, 원일점 거리는 가까워진다. ➡ 북반구에서 여름철은 태양에 가까워지고 겨울철은 태양에서 멀어지므로 기온의 연교차가 커진다.

문제 보기

그림 (가)는 지구 자전축 경사각과 지구 공전 궤도 이심률의 변화를, (나)는 위도별로 지구에 도달하는 태양 복사 에너지양의 편차(추정값−현잿값)를 나타낸 것이다. (나)는 ㉠, ㉡, ㉢ 중 한 시기의 자료이다.

지구 공전 궤도 이심률: ㉠>㉡
➡ 근일점과 원일점에서 지구에 도달하는 태양 복사 에너지양의 차: ㉠>㉡

현재와 비교할 때 태양 복사 에너지양(남반구, 북반구 모두)
➡ 여름철: 증가, 겨울철: 감소
➡ 기온의 연교차: 증가
➡ ㉡ 시기의 관측 자료

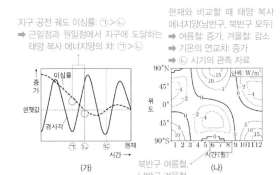

북반구 여름철, 남반구 겨울철

(가)   (나)

이 자료에 대한 설명으로 옳은 것만을 <보기>에서 있는 대로 고른 것은? (단, 자전축 경사각과 지구의 공전 궤도 이심률 이외의 요인은 변하지 않는다고 가정한다.) [3점]

<보기> 풀이

북반구와 남반구의 계절은 반대로 나타난다는 것을 고려할 때, (나)에서 북반구와 남반구 모두 지구에 도달하는 태양 복사 에너지양이 여름철에는 현재보다 많고, 겨울철에는 현재보다 적어 기온의 연교차가 현재보다 크다.

보기

㉠. 근일점과 원일점에서 지구에 도달하는 태양 복사 에너지양의 차는 ㉠이 ㉡보다 크다.

➡ 지구 공전 궤도 이심률이 클수록 근일점 거리는 가까워지고 원일점 거리는 멀어지므로, 근일점과 원일점에서 지구에 도달하는 태양 복사 에너지양의 차가 커진다. 지구 공전 궤도 이심률은 ㉠ 시기가 ㉡ 시기보다 크므로, 근일점과 원일점에서 지구에 도달하는 태양 복사 에너지양의 차는 ㉠이 ㉡보다 크다.

㉡. (나)는 ㉡의 자료에 해당한다.

➡ (가)에서 보면, ㉠ 시기에 지구 자전축 경사각은 현재보다 작고 지구 공전 궤도 이심률은 현재보다 크다. ㉡ 시기에 지구 자전축 경사각은 현재보다 크고 지구 공전 궤도 이심률은 현재와 같다. ㉢ 시기에 지구 자전축 경사각은 현재보다 작고 지구 공전 궤도 이심률은 현재와 같다. 지구 자전축 경사각이 현재보다 작으면 북반구와 남반구 모두 기온의 연교차가 현재보다 작아지며, 지구 공전 궤도 이심률이 현재보다 크면 기온의 연교차가 북반구에서는 현재보다 작아지고 남반구에서는 현재보다 커진다. (나)를 보면 북반구와 남반구 모두 기온의 연교차가 현재보다 크므로, (나)는 ㉡의 자료에 해당한다.

✗ 35°S에서 여름철 낮의 길이는 ㉢이 현재보다 길다.

➡ ㉢ 시기에 지구 자전축 경사각은 현재보다 작고 지구 공전 궤도 이심률은 현재와 같다. 자전축 경사각이 작아지면 북반구와 남반구 모두 여름철 태양의 남중 고도가 낮아지고 그에 따라 여름철 낮의 길이도 짧아진다. 따라서 35°S에서 여름철 낮의 길이는 ㉢이 현재보다 짧다.

적용해야 할 개념 ②가지

① 지구 자전축의 경사는 약 41000년을 주기로 약 21.5°∼24.5° 사이에서 변한다.

기울기(경사)가 커질 때	북반구와 남반구 모두 태양의 남중 고도가 여름에는 높아지고, 겨울에는 낮아지므로 기온의 연교차가 커진다.
기울기(경사)가 작아질 때	북반구와 남반구 모두 태양의 남중 고도가 여름에는 낮아지고, 겨울에는 높아지므로 기온의 연교차가 작아진다.

② 지구 공전 궤도는 약 10만 년을 주기로 거의 원 모양에서 타원 모양으로 변한다.

이심률이 커질 때	• 원일점의 거리는 더 멀어지고, 근일점의 거리는 더 가까워진다. • 북반구의 경우 여름일 때 기온이 낮아지고, 겨울일 때 기온이 높아져 기온의 연교차가 작아진다.
이심률이 작아질 때	• 원일점의 거리는 가까워지고, 근일점의 거리는 멀어진다. • 북반구의 경우 여름일 때 기온이 높아지고, 겨울일 때 기온이 낮아져 기온의 연교차가 커진다.

▲ 자전축 경사각 변화

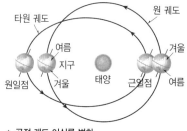

▲ 공전 궤도 이심률 변화

문제 보기

그림은 현재 지구의 공전 궤도와 자전축 경사를 나타낸 것이다. a는 원일점 거리, b는 근일점 거리, θ는 지구의 공전 궤도면과 자전축이 이루는 각이다.

(a−b)가 커진다.
➡ 공전 궤도 이심률이 커진다.
➡ 근일점 거리는 짧아지고, 원일점 거리는 길어진다.
➡ 북반구 중위도에서 겨울 기온은 높아지고, 여름 기온은 낮아진다.

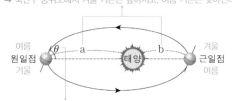

θ가 커진다.
➡ 자전축 기울기가 커진다.
➡ 근일점 거리는 짧아지고, 원일점 거리는 길어진다.
➡ 북반구와 남반구 중위도에서 태양의 남중 고도가 여름에는 낮아지고, 겨울에는 높아진다.

이에 대한 옳은 설명만을 〈보기〉에서 있는 대로 고른 것은? (단, 공전 궤도 이심률과 자전축 경사각 이외의 요인은 고려하지 않는다.) [3점]

〈보기〉 풀이

지구 자전축의 기울기가 변했을 때 기온의 연교차는 북반구와 남반구에서 동일한 변화 경향이 나타난다.

보기

ㄱ. θ가 일정할 때 (a−b)가 커지면 북반구 중위도에서 기온의 연교차는 작아질 것이다.
➡ 현재 북반구는 근일점에서 겨울이고, 원일점에서 여름이다. (a−b)가 커져서 공전 궤도 이심률이 커지면 근일점 거리는 현재보다 짧아지고 원일점 거리는 현재보다 멀어진다. 북반구 중위도에서 여름 기온은 낮아지고 겨울 기온은 높아지므로 기온의 연교차는 작아질 것이다.

ㄴ. a, b가 일정할 때 θ가 커지면 남반구 중위도에서 기온의 연교차는 커질 것이다.
➡ θ가 커져서 지구 자전축의 기울기 작아지면 남반구 중위도에서 태양의 남중 고도가 여름에는 현재보다 낮아지고 겨울에는 현재보다 높아지므로 기온의 연교차가 작아질 것이다.

ㄷ. θ가 커지면 우리나라에서 여름철 태양의 남중 고도는 현재보다 높아질 것이다.
➡ θ가 커지면 지구 자전축의 기울기가 작아져 북반구 중위도에 위치한 우리나라에서 태양의 남중 고도는 여름에는 현재보다 낮아지고 겨울에는 현재보다 높아질 것이다.

21 기후 변화의 지구 외적 요인 2023학년도 3월 학평 지I 16번

정답 ① | 정답률 49%

적용해야 할 개념 ②가지

① 지구 자전축의 경사각이 변하면 각 위도에서 받는 일사량이 변한다.

자전축의 경사각이 커질 때	북반구와 남반구 모두 중위도와 고위도에서 태양의 남중 고도가 여름철에는 높아지고, 겨울철에는 낮아진다. ➡ 기온의 연교차가 커진다.
자전축의 경사각이 작아질 때	북반구와 남반구 모두 중위도와 고위도에서 태양의 남중 고도가 여름철에는 낮아지고, 겨울철에는 높아진다. ➡ 기온의 연교차가 작아진다.

② 지구 공전 궤도 이심률이 변하면 태양과 지구 사이의 거리가 변한다.

공전 궤도 이심률이 커질 때	근일점 거리는 현재보다 가까워지고, 원일점 거리는 현재보다 멀어진다. ➡ 북반구에서는 기온의 연교차가 작아지고, 남반구에서는 기온의 연교차가 커진다.
공전 궤도 이심률이 작아질 때	근일점 거리는 현재보다 멀어지고, 원일점 거리는 현재보다 가까워진다. ➡ 북반구에서는 기온의 연교차가 커지고, 남반구에서는 기온의 연교차가 작아진다.

문제 보기

그림은 현재와 A, B, C 시기일 때 지구 자전축 경사각과 공전 궤도 이심률을 나타낸 것이다.

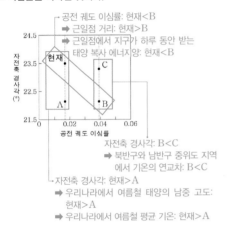

공전 궤도 이심률: 현재<B
➡ 근일점 거리: 현재>B
➡ 근일점에서 지구가 하루 동안 받는 태양 복사 에너지양: 현재<B

자전축 경사각: B<C
➡ 북반구와 남반구 중위도 지역에서 기온의 연교차: B<C

자전축 경사각: 현재>A
➡ 우리나라에서 여름철 태양의 남중 고도: 현재>A
➡ 우리나라에서 여름철 평균 기온: 현재>A

이에 대한 옳은 설명만을 〈보기〉에서 있는 대로 고른 것은? (단, 지구 자전축 경사각과 공전 궤도 이심률 이외의 요인은 변하지 않는다고 가정한다.) [3점]

〈보기〉 풀이

보기

ㄱ. **우리나라에서 여름철 평균 기온은 현재가 A보다 높다.**
➡ 지구 자전축 경사각이 현재보다 작아지면 우리나라에서 태양의 남중 고도는 여름철에는 현재보다 낮아지고, 겨울철에는 현재보다 높아진다. 따라서 우리나라에서 여름철 평균 기온은 현재가 A보다 높다.

ㄴ. **지구가 근일점에 위치할 때 하루 동안 받는 태양 복사 에너지양은 현재가 B보다 많다.**
➡ 지구 공전 궤도 이심률이 현재보다 커지면 근일점 거리는 현재보다 가까워지고, 원일점 거리는 현재보다 멀어진다. 따라서 지구가 근일점에 위치할 때 하루 동안 받는 태양 복사 에너지양은 공전 궤도 이심률이 큰 B가 현재보다 많다.

ㄷ. **남반구 중위도 지역에서 기온의 연교차는 B가 C보다 크다.**
➡ 지구 자전축 경사각이 커지면 북반구와 남반구 중위도 지역 모두 태양의 남중 고도가 여름철에는 높아지고, 겨울철에는 낮아져 기온의 연교차가 커진다. 따라서 남반구 중위도 지역에서 기온의 연교차는 자전축 경사각이 큰 C가 B보다 크다.

적용해야 할 개념 ②가지

① 지구 자전축의 경사는 약 41000년을 주기로 약 21.5°~24.5° 사이에서 변한다.

기울기(경사)가 커질 때	북반구와 남반구 모두 태양의 남중 고도가 여름에는 높아지고, 겨울에는 낮아지므로 기온의 연교차가 커진다.
기울기(경사)가 작아질 때	북반구와 남반구 모두 태양의 남중 고도가 여름에는 낮아지고, 겨울에는 높아지므로 기온의 연교차가 작아진다.

② 지구 공전 궤도는 약 10만 년을 주기로 거의 원 모양에서 타원 모양으로 변한다.

이심률이 커질 때	• 원일점의 거리는 더 멀어지고, 근일점의 거리는 더 가까워진다. • 북반구의 경우 여름일 때 기온이 낮아지고, 겨울일 때 기온이 높아져 기온의 연교차가 작아진다.
이심률이 작아질 때	• 원일점의 거리는 가까워지고, 근일점의 거리는 멀어진다. • 북반구의 경우 여름일 때 기온이 높아지고, 겨울일 때 기온이 낮아져 기온의 연교차가 커진다.

▲ 자전축 경사각 변화

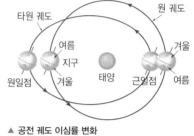

▲ 공전 궤도 이심률 변화

문제 보기

그림은 지구 공전 궤도 이심률의 변화와 자전축 기울기의 변화를 나타낸 것이다.

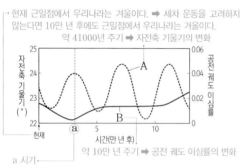

• 현재 근일점에서 우리나라는 겨울이다. ➡ 세차 운동을 고려하지 않는다면 10만 년 후에도 근일점에서 우리나라는 겨울이다.

약 41000년 주기 ➡ 자전축 기울기의 변화

약 10만 년 주기 ➡ 공전 궤도 이심률의 변화

a 시기
• 현재보다 자전축 기울기가 크다. ➡ 기온의 연교차가 커진다.
• 현재보다 공전 궤도 이심률이 작다. ➡ 근일점은 태양에서 멀어지고, 원일점은 태양에 가까워진다. ➡ 우리나라에서 겨울철 평균 기온은 낮아지고, 여름철 평균 기온은 높아진다. ➡ 우리나라에서 기온의 연교차가 커진다.

이에 대한 설명으로 옳은 것만을 〈보기〉에서 있는 대로 고른 것은? (단, 지구 공전 궤도 이심률, 자전축 기울기 외의 요인은 고려하지 않는다.) [3점]

〈보기〉 풀이

✗ 자전축 기울기의 변화는 B이다.

➡ 지구 자전축 기울기는 약 41000년을 주기로 21.5°~24.5° 사이에서 변하고, 지구 공전 궤도는 약 10만 년을 주기로 원에 가까운 모양에서 타원 모양으로 변한다. 따라서 A는 자전축 기울기의 변화이고, B는 공전 궤도 이심률의 변화이다.

ㄴ. 10만 년 후 근일점에 위치할 때 우리나라는 겨울이다.

➡ 현재 지구가 근일점에 위치할 때 우리나라는 겨울이다. 약 13000년 후 세차 운동에 의해 지구 자전축의 방향이 반대가 되면 근일점에 위치할 때 우리나라는 여름이 된다. 그림은 세차 운동을 고려하지 않고 지구 공전 궤도 이심률과 자전축 기울기만 고려했을 때이므로 10만 년 후에도 현재와 같이 근일점에 위치할 때 우리나라는 겨울이다.

ㄷ. 우리나라에서 기온의 연교차는 현재보다 a 시기에 커진다.

➡ a 시기에는 현재보다 자전축의 기울기가 커서 우리나라는 여름에는 태양의 남중 고도가 높아져 더 더워지고 겨울에는 태양의 남중 고도가 낮아져 더 추워지므로 기온의 연교차가 커진다. 또한 공전 궤도 이심률이 현재보다 작아지므로 근일점은 태양에서 멀어지고 원일점은 태양에 가까워진다. 현재 우리나라는 근일점에서 겨울이고 원일점에서 여름이므로, a 시기에는 현재보다 여름철 기온은 상승하고 겨울철 기온은 하강하여 기온의 연교차가 커진다. 따라서 자전축의 기울기의 변화와 공전 궤도 이심률의 변화를 고려했을 때 우리나라에서 기온의 연교차는 현재보다 a 시기에 커진다.

| 23 | 기후 변화의 천문학적 요인 – 자전축 경사각, 공전 궤도 이심률 | 2021학년도 7월 학평 지I 14번 | 정답 ⑤ | 정답률 66 % |

적용해야 할 개념 ②가지

① 지구 자전축의 경사는 약 41000년을 주기로 약 $21.5°\sim24.5°$ 사이에서 변한다.

기울기(경사)가 커질 때	북반구와 남반구 모두 태양의 남중 고도가 여름에는 높아지고, 겨울에는 낮아지므로 기온의 연교차가 커진다.
기울기(경사)가 작아질 때	북반구와 남반구 모두 태양의 남중 고도가 여름에는 낮아지고, 겨울에는 높아지므로 기온의 연교차가 작아진다.

② 지구 공전 궤도는 약 10만 년을 주기로 거의 원 모양에서 타원 모양으로 변한다.

이심률이 커질 때	• 원일점의 거리는 더 멀어지고, 근일점의 거리는 더 가까워진다. • 북반구의 경우 여름일 때 기온이 낮아지고, 겨울일 때 기온이 높아져 기온의 연교차가 작아진다.
이심률이 작아질 때	• 원일점의 거리는 가까워지고, 근일점의 거리는 멀어진다. • 북반구의 경우 여름일 때 기온이 높아지고, 겨울일 때 기온이 낮아져 기온의 연교차가 커진다.

문제 보기

그림은 과거 지구 자전축의 경사각과 지구 공전 궤도 이심률 변화를 나타낸 것이다.

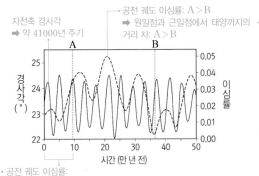

자전축 경사각
➡ 약 41000년 주기

공전 궤도 이심률: A>B
➡ 원일점과 근일점에서 태양까지의 거리 차: A>B

보기

• 공전 궤도 이심률:
현재<A ➡ 근일점 거리: 현재>A, 원일점 거리: 현재<A
➡ 남반구 기온의 연교차: 현재<A
• 자전축 경사각: 현재<A ➡ 남반구 기온의 연교차: 현재<A

이에 대한 설명으로 옳은 것만을 <보기>에서 있는 대로 고른 것은? (단, 지구 자전축 경사각과 지구 공전 궤도 이심률 이외의 조건은 고려하지 않는다.) [3점]

<보기> 풀이

그림에서 실선의 변화 주기가 점선의 변화 주기보다 짧으므로, 실선은 지구 자전축의 경사각 변화를 나타내고, 점선은 지구 공전 궤도 이심률의 변화를 나타낸다.

ㄱ. 지구 자전축 경사각 변화의 주기는 6만 년보다 짧다.
➡ 그림에서 지구 자전축 경사각은 50만 년 동안 약 12번의 주기적 변화가 나타나므로 지구 자전축 경사각 변화의 주기는 약 41000년으로 6만 년보다 짧다.

ㄴ. A 시기의 남반구 기온의 연교차는 현재보다 크다.
➡ 그림에서 지구 공전 궤도 이심률과 지구 자전축 경사각 모두 현재보다 A 시기에 크다. 공전 궤도 이심률이 현재보다 커지면 근일점(남반구 여름)에서 태양까지의 거리는 현재보다 가까워지고, 원일점(남반구 겨울)에서 태양까지의 거리는 현재보다 멀어지므로 남반구 기온의 연교차는 현재보다 A 시기에 크다. 또한 자전축 경사각이 커지면 여름과 겨울에 받는 태양 복사 에너지양의 차이가 커져 남반구와 북반구에 관계없이 기온의 연교차가 커진다. 따라서 남반구 기온의 연교차는 현재보다 A 시기에 크다.

ㄷ. 원일점과 근일점에서 태양까지의 거리 차는 A 시기가 B 시기보다 크다.
➡ 이심률이 클수록 근일점 거리는 가까워지고, 원일점 거리는 멀어지므로 원일점과 근일점에서 태양까지의 거리 차가 커진다. 따라서 원일점과 근일점에서 태양까지의 거리 차는 이심률이 더 큰 A 시기가 B 시기보다 크다.

적용해야 할 개념 ②가지

① 지구 자전축의 경사각이 변하면 각 위도에서 받는 일사량이 변하므로 기후 변화가 생긴다. ➡ 다른 요인의 변화가 없다면 자전축 경사각이 커질수록 기온의 연교차가 커진다.

② 지구 공전 궤도의 이심률이 현재보다 커지면 근일점 거리는 더 가까워지고 원일점 거리는 더 멀어진다. ➡ 북반구의 경우 여름(원일점)은 더 시원해지고, 겨울(근일점)은 더 따뜻해져 기온의 연교차가 작아진다.

문제 보기

그림 (가)는 지구 자전축 경사각과 지구 공전 궤도 이심률의 변화를, (나)는 ㉠ 또는 ㉡ 시기의 지구 자전축 경사각을 나타낸 것이다.

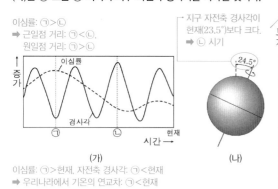

이심률: ㉠>㉡
➡ 근일점 거리: ㉠<㉡,
원일점 거리: ㉠>㉡

지구 자전축 경사각이 현재(23.5°)보다 크다. ➡ ㉡ 시기

이심률: ㉠>현재, 자전축 경사각: ㉠<현재
➡ 우리나라에서 기온의 연교차: ㉠<현재

(가) (나)

이에 대한 옳은 설명만을 〈보기〉에서 있는 대로 고른 것은? (단, 지구 자전축 경사각과 지구 공전 궤도 이심률 이외의 요인은 고려하지 않는다.) [3점]

〈보기〉 풀이

ㄱ 근일점 거리는 ㉠ 시기가 ㉡ 시기보다 가깝다.

➡ 지구 공전 궤도 이심률이 클수록 근일점 거리는 가까워지고 원일점 거리는 멀어진다. 따라서 근일점 거리는 이심률이 큰 ㉠ 시기가 이심률이 작은 ㉡ 시기보다 가깝다.

✗ (나)는 ㉠ 시기에 해당한다.

➡ 현재 지구 자전축 경사각은 약 23.5°이다. (나)는 지구 자전축 경사각이 현재보다 크므로 ㉡ 시기에 해당한다.

ㄷ 우리나라에서 기온의 연교차는 현재가 ㉠ 시기보다 크다.

➡ 현재 북반구에서는 근일점에서 겨울, 원일점에서 여름이다. 지구 공전 궤도 이심률이 작을수록 근일점 거리는 멀어지고 원일점 거리는 가까워지므로 북반구에서 기온의 연교차는 커진다. 또한 지구 자전축 경사각이 클수록 여름과 겨울의 태양의 남중 고도 차이가 커지므로 기온의 연교차가 커진다. 따라서 우리나라에서 기온의 연교차는 현재가 ㉠ 시기보다 크다.

적용해야 할 개념 ③가지

① 현재 북반구는 근일점에서 겨울철이고 원일점에서 여름철이다.

② 지구 자전축 경사각이 커질수록 여름철과 겨울철의 태양의 남중 고도 차이가 증가하여 기온의 연교차가 커진다.

③ 지구 공전 궤도 이심률이 현재보다 커지면 근일점 거리는 현재보다 가까워지고, 원일점 거리는 현재보다 멀어진다.

문제 보기

그림은 지구가 근일점에 위치할 때 A 시기와 현재의 지구 자전축 방향을, 표는 A 시기와 현재의 공전 궤도 이심률과 자전축 경사각을 나타낸 것이다.

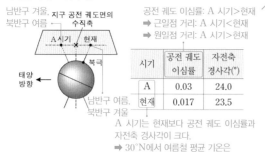

공전 궤도 이심률: A 시기>현재
➡ 근일점 거리: A 시기<현재
➡ 원일점 거리: A 시기>현재

시기	공전 궤도 이심률	자전축 경사각(°)
A	0.03	24.0
현재	0.017	23.5

A 시기는 현재보다 공전 궤도 이심률과 자전축 경사각이 크다.
➡ 30°N에서 여름철 평균 기온은 A 시기가 현재보다 높다.

이 자료에 대한 설명으로 옳은 것만을 〈보기〉에서 있는 대로 고른 것은? (단, 공전 궤도 이심률, 자전축 경사각, 세차 운동 이외의 요인은 고려하지 않는다.) [3점]

〈보기〉 풀이

ㄱ 현재 북반구는 근일점에서 겨울철이다.

➡ 현재 지구가 근일점에 위치할 때 태양은 남반구를 수직으로 비춘다. 따라서 현재 북반구는 근일점에서 겨울철이다.

ㄴ 원일점에서 지구와 태양까지의 거리는 A 시기가 현재보다 멀다.

➡ 지구 공전 궤도 이심률이 현재보다 커지면 근일점 거리는 현재보다 가까워지고, 원일점 거리는 현재보다 멀어진다. 공전 궤도 이심률이 A 시기가 현재보다 크므로, 원일점에서 지구와 태양까지의 거리(=원일점 거리)는 A 시기가 현재보다 멀다.

ㄷ 30°N에서 여름철 평균 기온은 A 시기가 현재보다 높다.

➡ 지구 자전축 경사각이 현재보다 커지면 북반구와 남반구 모두 여름철 평균 기온이 현재보다 높아진다. 또한 북반구는 현재 원일점에서 여름철이지만, A 시기에는 세차 운동으로 인해 자전축 경사 방향이 현재와 반대가 되어 근일점에서 여름철이 되고, 지구 공전 궤도 이심률이 현재보다 커져 근일점 거리는 현재보다 가까워진다. 따라서 30°N에서 여름철 평균 기온은 A 시기가 현재보다 높다.

26 기후 변화의 천문학적 요인 – 세차 운동, 자전축 경사각, 공전 궤도 이심률 2022학년도 10월 학평 지Ⅰ 12번 정답 ④ | 정답률 68%

적용해야 할 개념 ③가지

① 현재 북반구는 원일점에서 여름이 되고, 근일점에서 겨울이 된다.
  ➡ 세차 운동으로 계절이 반대가 되면, 원일점에서 겨울이 되고, 근일점에서 여름이 되어 기온의 연교차가 커진다.
② 지구 공전 궤도 이심률이 현재보다 작아지면, 근일점은 태양에서 더 멀어지고, 원일점은 태양에 더 가까워진다.
③ 지구 자전축의 경사각이 현재보다 커지면, 북반구와 남반구 모두 태양의 남중 고도가 여름에는 높아지고 겨울에는 낮아진다.
  ➡ 여름철 기온은 높아지고, 겨울철 기온은 낮아지므로 기온의 연교차가 커진다.

문제 보기

표는 현재와 (가), (나) 시기에 지구의 자전축 경사각, 공전 궤도 이심률, 지구가 근일점에 위치할 때 북반구의 계절을 나타낸 것이다.

공전 궤도 이심률: 현재>(가)
 ➡ 태양과 원일점 사이의 거리: 현재>(가)
근일점: 북반구 겨울
원일점: 북반구 여름

시기	자전축 경사각	공전 궤도 이심률	근일점에 위치할 때 북반구의 계절
현재	23.5°	0.017	겨울
(가)	24.0°	0.004	겨울
(나)	24.3°	0.033	여름

자전축 경사각: (나)>현재
 ➡ 남반구, 북반구 중위도에서 겨울철 태양의 남중 고도: (나)<현재
근일점: 북반구 여름
원일점: 북반구 겨울

이에 대한 옳은 설명만을 <보기>에서 있는 대로 고른 것은? (단, 지구의 자전축 경사각, 공전 궤도 이심률, 세차 운동 이외의 조건은 변하지 않는다고 가정한다.) [3점]

<보기> 풀이

ㄱ. 45°N에서 여름철일 때 태양과 지구 사이의 거리는 (가) 시기가 현재보다 멀다.
 ➡ 현재와 (가) 시기는 지구가 근일점에 위치할 때 북반구의 계절이 겨울이므로 원일점에 위치할 때 북반구의 계절은 여름이다. 따라서 45°N(북반구)에서 여름철일 때 지구는 원일점에 위치한다. 공전 궤도 이심률이 작아지면 원일점 거리가 가까워진다. 공전 궤도 이심률은 (가) 시기가 현재보다 작으므로 원일점 거리는 (가) 시기가 현재보다 가깝다.

ㄴ. 45°S에서 겨울철 태양의 남중 고도는 (나) 시기가 현재보다 낮다.
 ➡ 지구의 자전축 경사각이 현재보다 커지면 북반구와 남반구 모두 겨울철 태양의 남중 고도는 현재보다 낮아진다. 지구의 자전축 경사각은 (나) 시기가 현재보다 크므로 45°S에서 겨울철 태양의 남중 고도는 (나) 시기가 현재보다 낮다.

ㄷ. 45°N에서 기온의 연교차는 (가) 시기가 (나) 시기보다 작다.
 ➡ 자전축 경사각만을 고려하면, 자전축 경사각이 커지면 여름철 태양의 남중 고도는 높아지고 겨울철 태양의 남중 고도는 낮아져 기온의 연교차가 커진다. 따라서 자전축 경사각이 더 큰 (나) 시기가 (가) 시기보다 기온의 연교차가 크다. 세차 운동을 고려하면, 45°N(북반구)에서 (가) 시기는 근일점에서 겨울, 원일점에서 여름이 되지만 (나) 시기는 근일점에서 여름, 원일점에서 겨울이 되므로 (나) 시기가 (가) 시기보다 기온의 연교차가 크며, 여기에 공전 궤도 이심률까지 고려하면 그 차이는 더 커진다. 따라서 45°N(북반구)에서 기온의 연교차는 자전축 경사각이 작고, 근일점에서 겨울인 (가) 시기가 (나) 시기보다 작다.

적용해야 할 개념 ③가지

① 세차 운동은 지구의 자전축이 약 26000년을 주기로 회전하는 현상이다.
➡ 13000년마다 경사 방향이 반대가 되고, 이때 근일점과 원일점에서 계절이 반대가 된다.

② 지구의 자전축은 현재 약 23.5° 기울어져 있고, 약 41000년을 주기로 21.5°∼24.5° 사이에서 기울기가 변한다.
➡ 기울기가 커질수록 태양의 남중 고도 차이가 증가하여 기온의 연교차가 커진다.

③ 지구 공전 궤도는 약 10만 년을 주기로 거의 원 모양에서 타원 모양으로 변한다.
➡ 이심률이 커질수록 원일점은 태양에서 더 멀어지고, 근일점은 태양에 더 가까워지므로 원일점과 근일점에서 받는 태양 복사 에너지양 차이가 커진다.

문제 보기

그림 (가)와 (나)는 지구의 공전 궤도 이심률과 자전축 경사각의 변화를 각각 나타낸 것이다. 지구 자전축 세차 운동의 주기는 약 26000년이고 방향은 지구 공전 방향과 반대이다.

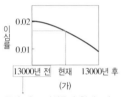

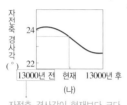

공전 궤도 이심률이 현재보다 크다. ➡ 현재보다 근일점 거리는 짧고 원일점 거리는 길다.

자전축 경사각이 현재보다 크다. ➡ 태양의 남중 고도가 여름에는 높아지고 겨울에는 낮아진다.

· 13000년 전: 지구 자전축 경사 방향이 현재와 반대
➡ 근일점과 원일점에서의 계절이 현재와 반대이다.

이에 대한 설명으로 옳은 것만을 〈보기〉에서 있는 대로 고른 것은? (단, 지구의 공전 궤도 이심률, 자전축 경사각, 세차 운동 이외의 요인은 변하지 않는다.)

보기

〈보기〉 풀이

✖ 원일점에서 30°S의 밤의 길이는 현재가 13000년 전보다 짧다.
➡ 현재는 지구가 원일점에 위치할 때 북반구가 여름, 남반구가 겨울이지만, 13000년 전에는 세차 운동에 의해 지구 자전축 경사 방향이 현재와 반대였다. 따라서 13000년 전에 지구가 원일점에 위치할 때 30°S에서 여름이고, 자전축 경사각이 현재보다 크므로 여름철 태양의 남중 고도가 현재보다 높다. 따라서 원일점에서 30°S의 낮의 길이는 13000년 전이 현재보다 길고, 밤의 길이는 13000년 전이 현재보다 짧다.

ㄴ 30°N에서 기온의 연교차는 현재가 13000년 전보다 작다.
➡ 13000년 전에는 세차 운동에 의해 지구 자전축 경사 방향이 현재와 반대이므로 30°N에서는 근일점에서 여름, 원일점에서 겨울이 되며, 현재보다 공전 궤도 이심률이 더 크므로 근일점 거리는 현재보다 짧고 원일점 거리는 현재보다 길다. 13000년 전에는 자전축 경사각이 현재보다 크므로, 태양의 남중 고도는 여름철에는 현재보다 더 높고, 겨울철에는 현재보다 더 낮다. 따라서 30°N에서 기온의 연교차는 13000년 전이 현재보다 더 크다.

✖ 30°S의 겨울철 태양의 남중 고도는 6500년 후가 현재보다 낮다.
➡ 지구 자전축의 경사각이 커질 때 북반구와 남반구 모두 중위도와 고위도의 태양의 남중 고도가 여름에는 높아지고, 겨울에는 낮아진다. 지구 자전축의 경사각이 작아질 때 북반구와 남반구 모두 중위도와 고위도의 태양의 남중 고도가 여름에는 낮아지고, 겨울에는 높아진다. 6500년 후에는 지구 자전축 경사각이 현재보다 작으므로, 30°S의 겨울철 태양의 남중 고도가 현재보다 높다.

적용해야 할 개념 ③가지

① 밀란코비치는 지구의 세차 운동, 자전축 경사, 공전 궤도 이심률이 서로 다른 주기로 변화하면서 이 변화들이 결합되어 동시에 일어난다면 빙하기와 같은 기후 변화를 일으킨다고 주장하였다 ➡ 밀란코비치 주기는 장기적인 기후 변화를 설명할 수 있지만 인간에 의해 일어나는 기후 변화는 설명하지 못한다.

② 북반구와 남반구에서 계절은 서로 반대이다. ➡ 북반구는 7월에 여름, 1월에 겨울이고, 남반구는 7월에 겨울, 1월에 여름이다.

③ 기온의 연교차는 '최난월 평균 기온-최한월 평균 기온'이다. 북반구에서 최난월은 7월 혹은 8월로 지역에 따라 다르고, 최한월은 대부분 1월에 나타나며 간혹 2월인 경우도 있다.

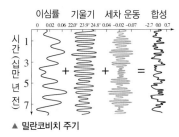
▲ 밀란코비치 주기

문제 보기

그림은 밀란코비치 주기를 이용하여, 위도별로 지구에 도달하는 태양 복사 에너지양의 편차(과거 추정값-현재 평균값)를 나타낸 것이다. 그림에서 북반구는 7월에 여름이고, 1월에 겨울이다.

편차가 (+) ➡ 지구에 도달하는 태양 복사 에너지양이 현재보다 많았다.
편차가 (-) ➡ 지구에 도달하는 태양 복사 에너지양이 현재보다 적었다.

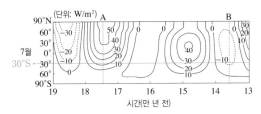

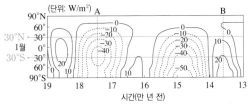

30°S에서 태양 복사 에너지양
· A 시기: 여름철(1월)에는 현재보다 적었고, 겨울철(7월)에는 현재보다 많았다.
· B 시기: 여름철(1월)에는 현재보다 많았고, 겨울철(7월)에는 현재보다 적었다.
➡ 30°S에서 기온의 연교차: A 시기 < B 시기

이 자료에 대한 설명으로 옳은 것만을 〈보기〉에서 있는 대로 고른 것은? (단, 공전 궤도 이심률, 자전축 경사각, 세차 운동 이외의 요인은 고려하지 않는다.) [3점]

〈보기〉 풀이

ㄱ. 7월의 30°S에 도달하는 태양 복사 에너지양은 A 시기가 현재보다 많다.

➡ A 시기에 7월의 30°S에 도달하는 태양 복사 에너지양의 편차는 약 +20 W/m²로 과거 추정값이 현재 평균값보다 크다. 따라서 7월의 30°S에 도달하는 태양 복사 에너지양은 A 시기가 현재보다 20 W/m² 정도 많다.

ㄴ. 1월의 30°N에 도달하는 태양 복사 에너지양은 A 시기가 B 시기보다 많다.

➡ 1월의 30°N에 도달하는 태양 복사 에너지양의 편차는 A 시기에 약 -25 W/m²이고, B 시기에 약 +5 W/m²이다. 따라서 1월의 30°N에 도달하는 태양 복사 에너지양은 A 시기가 B 시기보다 적다.

ㄷ. 30°S에서 기온의 연교차(1월 평균 기온-7월 평균 기온)는 A 시기가 B 시기보다 크다.

➡ 남반구는 7월이 겨울철, 1월이 여름철이고, 지구에 도달하는 태양 복사 에너지양이 많을수록 평균 기온이 높다. 30°S에서 A 시기에 1월(여름철) 평균 기온은 현재보다 낮고 7월(겨울철) 평균 기온은 현재보다 높다. 30°S에서 B 시기에 1월(여름철) 평균 기온은 현재보다 높고, 7월(겨울철) 평균 기온은 현재보다 낮다. 따라서 30°S에서 기온의 연교차는 B 시기가 A 시기보다 크다.

19
일차

적용해야 할 개념 ③가지

① 현재 북반구는 근일점에서 겨울, 원일점에서 여름이고, 남반구는 근일점에서 여름, 원일점에서 겨울이다.

② 지구 자전축의 기울기가 변하면 각 위도에서 받는 일사량이 변하므로 기후 변화가 생긴다. ➡ 다른 요인의 변화가 없다면, 자전축의 기울기가 커질수록 남반구와 북반구 모두 기온의 연교차가 커진다.

③ 지구 공전 궤도의 이심률이 현재보다 커지면 근일점 거리는 더 가까워지고 원일점 거리는 더 멀어진다. ➡ 다른 요인의 변화가 없다면, 북반구의 경우 여름(원일점)은 더 시원해지고 겨울(근일점)은 더 따뜻해져 기온의 연교차가 작아지고, 남반구의 경우 여름(근일점)은 더 더워지고 겨울(원일점)은 더 추워져 기온의 연교차가 커진다.

문제 보기

그림은 지구 공전 궤도 이심률 변화, 지구 자전축의 기울기 변화, 북반구가 여름일 때 지구의 공전 궤도상 위치 변화를 나타낸 것이다.

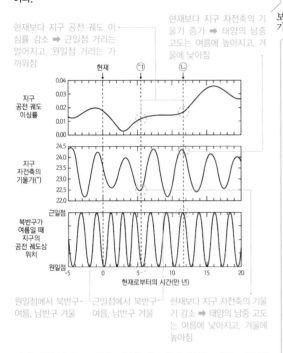

현재보다 지구 공전 궤도 이심률 감소 ➡ 근일점 거리는 멀어지고, 원일점 거리는 가까워짐

현재보다 지구 자전축의 기울기 증가 ➡ 태양의 남중 고도는 여름에 높아지고, 겨울에 낮아짐

원일점에서 북반구 여름, 남반구 겨울

근일점에서 북반구 여름, 남반구 겨울

현재보다 지구 자전축의 기울기 감소 ➡ 태양의 남중 고도는 여름에 낮아지고, 겨울에 높아짐

이에 대한 설명으로 옳은 것만을 〈보기〉에서 있는 대로 고른 것은? (단, 지구 공전 궤도 이심률과 자전축의 기울기, 북반구가 여름일 때 지구의 공전 궤도상 위치 이외의 요인은 변하지 않는다고 가정한다.) [3점]

〈보기〉 풀이

ㄱ. 남반구 기온의 연교차는 현재가 ㉠ 시기보다 크다.

➡ 현재와 비교해서 ㉠ 시기는 지구 공전 궤도 이심률과 지구 자전축 기울기가 작고, 북반구가 여름일 때 지구의 공전 궤도상 위치가 같다. 현재 북반구가 여름일 때 지구의 공전 궤도상 위치가 원일점이므로, 남반구는 근일점에서 여름, 원일점에서 겨울이다. 지구 공전 궤도 이심률이 현재보다 작아지면 근일점 거리는 멀어지고 원일점 거리는 가까워져 남반구에서 기온의 연교차는 현재보다 작아진다. 또한 지구 자전축 기울기가 현재보다 작아지면 북반구와 남반구 모두 태양의 남중 고도가 여름에는 낮아지고 겨울에는 높아져 기온의 연교차는 현재보다 작아진다. 따라서 남반구 기온의 연교차는 현재가 ㉠ 시기보다 크다.

✗. 30°N에서 겨울철 태양의 남중 고도는 ㉡ 시기가 현재보다 높다.

➡ ㉡ 시기는 현재보다 지구 자전축 기울기가 크므로, 30°N에서 여름철 태양의 남중 고도는 현재보다 높고, 겨울철 태양의 남중 고도는 현재보다 낮다.

✗. 근일점에서 태양까지의 거리는 ㉡ 시기가 ㉠ 시기보다 멀다.

➡ 근일점에서 태양까지의 거리(근일점 거리)는 공전 궤도 이심률이 큰 ㉡ 시기가 공전 궤도 이심률이 작은 ㉠ 시기보다 가깝다.

30 기후 변화의 지구 외적 요인 2025학년도 수능 지Ⅰ 8번

적용해야 할 개념 ③가지

① 현재 북반구는 원일점에서 여름철, 근일점에서 겨울철이고, 남반구는 근일점에서 여름철, 원일점에서 겨울철이다.

② 지구 공전 궤도 이심률이 현재보다 커질 때 원일점은 현재보다 멀어지고, 근일점은 현재보다 가까워진다. ➡ 북반구의 경우 여름철 기온은 낮아지고, 겨울철 기온은 높아져 기온의 연교차가 현재보다 작아진다.

③ 지구 자전축 경사각이 현재보다 커지면 북반구와 남반구 모두 중위도와 고위도의 태양의 남중 고도가 여름철에는 현재보다 높아지고, 겨울철에는 현재보다 낮아지므로 기온의 연교차가 현재보다 커진다.

문제 보기

그림은 지구의 공전 궤도 이심률과 자전축 경사각의 변화를 나타낸 것이다.

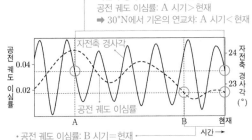

- 자전축 경사각: A 시기＝현재,
  공전 궤도 이심률: A 시기＞현재
  ➡ 30°N에서 기온의 연교차: A 시기＜현재

- 공전 궤도 이심률: B 시기＝현재
  ➡ 근일점과 원일점에서 지구에 도달하는 태양
    복사 에너지양의 차: B 시기＝현재
- 공전 궤도 이심률: B 시기＝현재,
  자전축 경사각: B 시기＞현재
  ➡ 30°S에서 겨울철 평균 기온: B 시기＜현재

이 자료에 대한 설명으로 옳은 것만을 〈보기〉에서 있는 대로 고른 것은? (단, 지구의 공전 궤도 이심률과 자전축 경사각 이외의 요인은 변하지 않는다고 가정한다.)

〈보기〉 풀이

지구 자전축 경사각의 변화 주기가 공전 궤도 이심률의 변화 주기보다 짧으며, 현재 지구 자전축 경사각은 약 23.5°이다. 따라서 그림에서 실선은 지구 자전축 경사각 변화를, 점선은 지구 공전 궤도 이심률 변화를 나타낸다.

ㄱ **30°N에서 기온의 연교차는 A 시기가 현재보다 작다.**

➡ 지구의 자전축 경사각은 A 시기와 현재가 같고, 공전 궤도 이심률은 A 시기가 현재보다 크다. 현재 북반구는 원일점에서 여름철, 근일점에서 겨울철인데, 공전 궤도 이심률이 현재보다 크면 근일점은 현재보다 가깝고(겨울철 기온은 현재보다 높고), 원일점은 현재보다 멀다(여름철 기온은 현재보다 낮다). 따라서 30°N에서 기온의 연교차는 A 시기가 현재보다 작다.

ㄴ **근일점과 원일점에서 지구에 도달하는 태양 복사 에너지양의 차는 B 시기가 현재보다 크다.**

➡ 지구에 도달하는 태양 복사 에너지양은 자전축 경사각과는 관계가 없고, 지구와 태양 간 거리에 따라 달라진다. B 시기와 현재는 공전 궤도 이심률이 같으므로 근일점 거리와 원일점 거리가 각각 같다. 따라서 근일점과 원일점에서 지구에 도달하는 태양 복사 에너지양의 차는 B 시기와 현재가 같다.

ㄷ **30°S에서 겨울철 평균 기온은 B 시기가 현재보다 낮다.**

➡ B 시기와 현재는 공전 궤도 이심률이 같고, 자전축 경사각은 B 시기가 현재보다 크다. 자전축 경사각이 현재보다 크면 북반구와 남반구 모두 중위도와 고위도의 태양의 남중 고도가 여름철에는 현재보다 높아지고 겨울철에는 현재보다 낮아지므로, 여름철 평균 기온은 현재보다 높고, 겨울철 평균 기온은 현재보다 낮다. 따라서 30°S에서 겨울철 평균 기온은 B 시기가 현재보다 낮다.

20 / 일차

| 01 ② | 02 ④ | 03 ④ | 04 ③ | 05 ⑤ | 06 ⑤ | 07 ⑤ | 08 ⑤ | 09 ④ | 10 ① | 11 ① | 12 ⑤ |
| 13 ③ | 14 ③ | 15 ② | 16 ⑤ | 17 ⑤ | 18 ④ | 19 ① | 20 ③ | 21 ⑤ | | | |

문제편 210쪽~215쪽

01　기후 변화의 요인 2024학년도 6월 모평 지Ⅰ 6번　　　　　정답 ② | 정답률 75 %

적용해야 할 개념 ②가지

① 지구 기후 변화의 원인에는 크게 자연적인 요인과 인위적인 요인이 있으며, 자연적인 요인은 지구 외적 요인(천문학적 요인)과 지구 내적 요인으로 나뉜다.

② 기후 변화의 지구 내적 요인

화산 활동	많은 양의 화산재가 대기 중으로 분출되면 지구의 반사율이 증가하여 기온이 낮아진다.
수륙 분포의 변화	대륙과 해양은 비열과 반사율이 다르므로, 판의 운동에 의해 수륙 분포가 달라지면 기후가 변한다.
지표면의 상태 변화	빙하의 분포나 식생 분포의 변화 등 지표면의 상태가 변하면 지구가 흡수하는 태양 복사 에너지의 양이 달라져 기후가 변한다.

문제 보기

그림은 1940~2003년 동안 지구 평균 기온 편차(관측값−기준값)와 대규모 화산 분출 시기를 나타낸 것이다. 기준값은 1940년의 평균 기온이다. 기후 변화의 지구 내적 요인

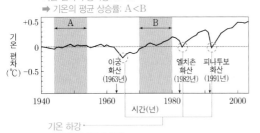

기온 편차의 증가량: A<B
➡ 기온의 평균 상승률: A<B

기온 하강
➡ 화산 분출물의 영향
➡ 지구의 반사율↑, 지표에 도달하는 태양 복사 에너지양↓
➡ 지구의 평균 기온 하강

이 자료에 대한 설명으로 옳은 것만을 〈보기〉에서 있는 대로 고른 것은?

〈보기〉 풀이

지구 기후 변화의 원인에는 크게 자연적인 요인과 인위적인 요인이 있으며, 자연적인 요인은 지구 외적 요인과 지구 내적 요인으로 구분한다.

✗ 기온의 평균 상승률은 A 시기가 B 시기보다 크다.
➡ 지구 평균 기온 편차의 증가량은 A 시기가 B 시기보다 작으므로 기온의 평균 상승률은 A 시기가 B 시기보다 작다.

ㄴ. 화산 활동은 기후 변화를 일으키는 지구 내적 요인에 해당한다.
➡ 기후 변화를 일으키는 요인 중 지구 외적 요인에는 세차 운동, 지구 자전축 경사각의 변화, 지구 공전 궤도 이심률의 변화, 태양 활동의 변화 등이 있고, 지구 내적 요인에는 화산 활동, 수륙 분포의 변화, 지표면의 상태 변화 등이 있다. 따라서 화산 활동은 기후 변화를 일으키는 지구 내적 요인에 해당한다.

✗ 성층권에 도달한 다량의 화산 분출물은 지구 평균 기온을 높이는 역할을 한다.
➡ 화산이 폭발할 때 분출된 화산재 등이 성층권에 퍼지면 태양 빛의 산란이 많이 일어나 지구의 반사율이 높아지고, 지표에 도달하는 태양 복사 에너지양이 감소하여 지구 평균 기온이 하강한다. 따라서 성층권에 도달한 다량의 화산 분출물은 지구 평균 기온을 낮추는 역할을 한다.

보기

02 기후 변화의 여러 가지 요인 2023학년도 6월 모평 지Ⅰ 3번

정답 ④ | 정답률 92 %

적용해야 할 개념 ③가지

① 고기후는 지질 시대의 퇴적물, 화석, 나무의 나이테, 빙하 등을 연구하여 알아낸다.

② 기후 변화의 자연적 요인

지구 내적 요인	지표면의 상태 변화, 대기의 투과율 변화(화산 폭발 등), 수륙 분포의 변화, 생물의 변화, 기권과 수권의 상호 작용 등
지구 외적 요인(천문학적 요인)	세차 운동, 자전축의 기울기(경사각) 변화, 지구 공전 궤도 이심률의 변화, 태양 활동의 변화 등

③ 기후 변화의 인위적 요인: 온실 기체 배출, 에어로졸 배출, 사막화, 산림 훼손과 도시화 등

문제 보기

그림은 1750년 대비 2011년의 지구 기온 변화를 요인별로 나타낸 것이다.

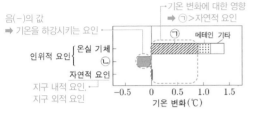

이 자료에 대한 설명으로 옳은 것만을 〈보기〉에서 있는 대로 고른 것은?

〈보기〉 풀이

지구의 기후 변화를 일으키는 요인에는 크게 인위적 요인과 자연적 요인이 있으며, 자연적 요인에는 지구 내적 요인과 지구 외적 요인이 있다.

ㄱ. 기온 변화에 대한 영향은 ㉠이 자연적 요인보다 크다.
➡ ㉠에 의한 기온 변화는 약 0.9 ℃이고, 자연적 요인에 의한 기온 변화는 0.1 ℃ 이하이다. 따라서 기온 변화에 대한 영향은 ㉠이 자연적 요인보다 크다.

ㄴ. 인위적 요인 중 ㉡은 기온을 상승시킨다.
➡ ㉡에 의한 기온 변화는 음(−)의 값으로 나타나므로 인위적 요인 중 ㉡은 기온을 하강시킨다.

ㄷ. 자연적 요인에는 태양 활동이 포함된다.
➡ 태양 활동의 변화로 인해 지구의 기온 변화가 일어날 수 있으며 이는 지구 기온 변화의 자연적 요인에 해당한다.

---

03 기후 변화 2023학년도 4월 학평 지Ⅰ 15번

정답 ④ | 정답률 81 %

적용해야 할 개념 ③가지

① 지구 대기는 짧은 파장의 태양 복사 에너지(주로 가시광선)는 잘 통과시키지만, 긴 파장의 지구 복사 에너지(대부분 적외선)는 대부분 흡수한 후 지표로 재복사하여 지표면의 온도를 높인다. ➡ 온실 효과

② 온실 기체는 온실 효과를 일으키는 기체로, 적외선을 잘 흡수하는 성질이 있다. ➡ 수증기(H_2O), 이산화 탄소(CO_2), 메테인(CH_4), 일산화 이질소(N_2O), 오존(O_3) 등

③ 인간 활동에 의해 온실 기체의 양이 증가하면, 대기 및 지표의 평균 온도가 상승하고 지구의 기후가 변한다.

문제 보기

그림 (가)는 2015년부터 2100년까지 기후 변화 시나리오에 따른 연간 이산화 탄소 배출량의 변화를, (나)는 (가)의 시나리오에 따른 육지와 해양이 흡수한 이산화 탄소의 누적량과 대기 중에 남아 있는 이산화 탄소의 누적량을 나타낸 것이다.

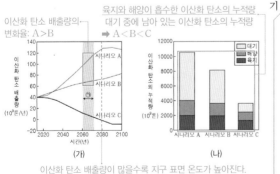

(가)

(나)

이산화 탄소 배출량이 많을수록 지구 표면 온도가 높아진다.
➡ 지구 표면의 평균 온도: A>B>C

시나리오 A, B, C에 대한 설명으로 옳은 것만을 〈보기〉에서 있는 대로 고른 것은? [3점]

〈보기〉 풀이

ㄱ. ① 기간 동안 이산화 탄소 배출량의 변화율은 A보다 B에서 크다.
➡ ① 기간 동안 이산화 탄소 배출량의 변화율은 그래프의 기울기가 더 가파른 A가 B보다 크다.

ㄴ. 2080년에 지구 표면의 평균 온도는 A보다 C에서 낮다.
➡ 이산화 탄소는 온실 기체이므로 대기 중에 이산화 탄소가 많이 배출될수록 온실 효과가 강해져 지구 표면의 평균 온도는 높아진다. 2080년에 이산화 탄소 배출량은 A보다 C가 적으므로 지구 표면의 평균 온도는 A보다 C에서 낮다.

ㄷ. $\dfrac{\text{육지와 해양이 흡수한 이산화 탄소의 누적량}}{\text{대기 중에 남아 있는 이산화 탄소의 누적량}}$ 은 A<B<C이다.
➡ (나)에서 $\dfrac{\text{육지와 해양이 흡수한 이산화 탄소의 누적량}}{\text{대기 중에 남아 있는 이산화 탄소의 누적량}}$ 은 A는 약 0.6, B는 약 1, C는 약 2이므로 A<B<C이다.

적용해야 할 개념 ③가지

① 기후 변화의 인위적 요인에는 온실 기체 배출, 사막화, 산림 훼손과 도시화 등이 있다.

② 온실 효과는 지구 대기가 짧은 파장의 태양 복사 에너지(가시광선)는 잘 통과시키지만, 긴 파장의 지구 복사 에너지(적외선)는 대부분 흡수한 후 지표로 재복사하여 지표면의 온도를 높이는 효과이다.

③ 온실 효과를 일으키는 온실 기체에는 수증기, 이산화 탄소, 메테인, 오존 등이 있다. ➡ 온실 기체가 온실 효과에 기여하는 정도는 수증기 > 이산화 탄소 > 메테인 > 오존 순이다.

문제 보기

그림은 2000년부터 2015년까지 연간 온실 기체 배출량과 2015년 이후 지구 온난화 대응 시나리오 A, B, C에 따른 연간 온실 기체 예상 배출량을 나타낸 것이다. 기온 변화의 기준값은 1850년 ~ 1900년의 평균 기온이다.

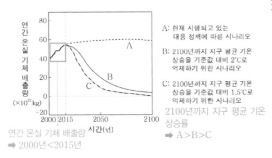

A: 현재 시행되고 있는 대응 정책에 따른 시나리오

B: 2100년까지 지구 평균 기온 상승을 기준값 대비 2°C로 억제하기 위한 시나리오

C: 2100년까지 지구 평균 기온 상승을 기준값 대비 1.5°C로 억제하기 위한 시나리오

2100년까지 지구 평균 기온 상승률
➡ A>B>C

연간 온실 기체 배출량
➡ 2000년<2015년

이 자료에 대한 옳은 설명만을 〈보기〉에서 있는 대로 고른 것은?

[3점]

〈보기〉 풀이

보기

ㄱ. 연간 온실 기체 배출량은 2015년이 2000년보다 많다.

➡ 자료에서 보면, 연간 온실 기체 배출량은 2000년보다 2015년이 많음을 알 수 있다.

✗ C에 따르면 2100년에 지구의 평균 기온은 기준값보다 낮아질 것이다.

➡ C는 2100년까지 지구 평균 기온 상승을 기준값 대비 1.5°C로 억제하기 위한 시나리오이므로, 2100년에 지구의 평균 기온은 기준값보다 1.5°C 높아질 것이다.

ㄷ. A에 따르면 2100년에 지구의 평균 기온은 기준값보다 2°C 이상 높아질 것이다.

➡ B에 따르면 2100년에 지구의 평균 기온은 기준값보다 2°C 높아질 것이다. 2100년에 A는 B보다 연간 온실 기체 배출량이 많으므로 지구의 평균 기온은 기준값보다 2°C 이상 높아질 것이다.

적용해야 할 개념 ③가지

① 편차는 관측값에서 평균값 또는 기준값을 뺀 것을 말한다.

② 지구 온난화는 대기 중 온실 기체의 농도 증가로 온실 효과가 강화되면서 지구의 평균 기온이 상승하는 현상으로, 19세기 중반부터 시작되었다.

③ 지구 해수면의 주요 상승 원인은 지구 온난화에 의한 평균 기온 상승과 해수 온도 상승으로 인한 물의 팽창(열팽창)과 빙하의 융해 등이다.

문제 보기

그림은 1850~2020년 동안 육지와 해양에서의 온도 편차(관측값－기준값)를 각각 나타낸 것이다. 기준값은 1850~1900년의 평균 온도이다.

육지와 해양의 온도: 1900년<2000년
➡ 지구 해수면의 평균 높이: 1900년<2000년

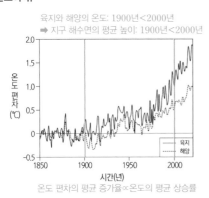

온도 편차의 평균 증가율∝온도의 평균 상승률

이에 대한 설명으로 옳은 것만을 〈보기〉에서 있는 대로 고른 것은?

〈보기〉 풀이

보기

ㄱ. 지구 해수면의 평균 높이는 2000년이 1900년보다 높다.

➡ 지구의 온도가 상승하면 대륙 빙하의 융해와 해수의 열팽창으로 인해 해수면의 평균 높이가 높아진다. 자료에서 육지와 해양의 온도는 2000년이 1900년보다 높으므로, 지구 해수면의 평균 높이도 2000년이 1900년보다 높다.

ㄴ. 이 기간 동안 온도의 평균 상승률은 육지가 해양보다 크다.

➡ 온도 편차가 증가한다는 것은 어떤 기준값으로부터 온도가 상승한다는 것을 의미한다. 따라서 이 기간 동안 온도의 평균 상승률은 온도 편차의 평균 증가율이 더 큰 육지가 해양보다 크다.

ㄷ. 육지 온도의 평균 상승률은 1950~2020년이 1850~1950년보다 크다.

➡ 육지 온도의 평균 상승률은 온도 편차의 평균 증가율이 더 큰 1950~2020년이 1850~1950년보다 크다.

적용해야 할 개념 ③가지

① 기후 변화를 일으키는 요인은 자연적 요인과 인위적 요인으로 나눌 수 있다.

자연적 요인	지구 외적 요인(천문학적 요인)	지구 자전축 방향의 변화(세차 운동), 지구 자전축 경사각의 변화, 지구 공전 궤도 이심률의 변화, 태양 활동의 변화 등
	지구 내적 요인	수륙 분포의 변화, 화산 활동, 지표면 상태의 변화 등
인위적 요인		온실 기체 배출, 에어로졸 배출, 과도한 토지 이용 등

② 화석 연료 사용량의 증가로 대기 중의 온실 기체의 양이 많아져 지구의 평균 기온이 상승하고 있으며, 최근 들어 이산화 탄소 농도와 지구의 평균 기온이 과거에 비해 급격하게 상승하고 있다.

③ 지구의 기온이 상승하면 빙하의 융해와 해수의 열팽창으로 인해 평균 해수면이 높아진다.

문제 보기

그림은 기후 변화 요인 ㉠과 ㉡을 고려하여 추정한 지구 평균 기온 편차(추정값－기준값)와 관측 기온 편차(관측값－기준값)를 나타낸 것이다. ㉠과 ㉡은 각각 온실 기체와 자연적 요인 중 하나이고, 기준값은 1880년~1919년의 평균 기온이다.

지구 평균 기온: A 시기<B 시기
➡ 해수면의 평균 높이: A 시기<B 시기

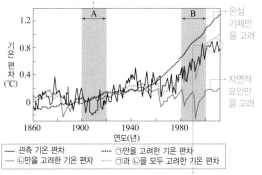

온실 기체만을 고려

자연적 요인만을 고려

━ 관측 기온 편차　　　┈ ㉠만을 고려한 기온 편차
━ ㉡만을 고려한 기온 편차　┈ ㉠과 ㉡을 모두 고려한 기온 편차

관측 기온 편차 ➡ 영향: 온실 기체>자연적 요인

이에 대한 설명으로 옳은 것만을 〈보기〉에서 있는 대로 고른 것은? [3점]

〈보기〉 풀이

실제 관측 기온은 ㉠과 ㉡을 모두 고려한 기온 편차와 경향성이 같다. 지구 평균 기온 추정값을 상승시키는 ㉠은 온실 기체이고, 추정값을 하강하게 하거나 유지시키는 ㉡은 자연적 요인이다.

㉠ **지구 해수면의 평균 높이는 B 시기가 A 시기보다 높다.**

➡ 지구의 평균 기온이 상승하면 해수의 온도도 상승하여 해수의 열팽창이 일어나고, 육지의 빙하가 녹아 바다로 흘러 들어가므로 지구의 평균 해수면이 높아진다. B 시기가 A 시기보다 지구의 평균 기온이 높으므로 지구 해수면의 평균 높이는 B 시기가 A 시기보다 높다.

㉡ **대기권에 도달하는 태양 복사 에너지양의 변화는 ㉡에 해당한다.**

➡ 대기권에 도달하는 태양 복사 에너지양의 변화는 기후 변화의 자연적 요인 중 지구 외적 요인(천문학적 요인)에 해당하므로 ㉡에 해당한다.

㉢ **B 시기의 관측 기온 변화 추세는 자연적 요인보다 온실 기체에 의한 영향이 더 크다.**

➡ B 시기에 관측 기온은 상승하는 추세이므로 자연적 요인보다 온실 기체에 의한 영향이 더 크다.

적용해야 할 개념 ③가지

① 폭염은 낮 최고 기온이 33 ℃ 이상인 경우이고, 열대야는 야간의 최저 기온이 25℃ 이상인 경우 이르는 말이다.

② 우리나라의 6월~9월에는 북태평양 기단의 영향을 주로 받아 폭염이나 열대야가 발생한다.

③ 폭염과 열대야는 건강과 생활에 큰 지장을 주며, 폭염과 열대야 현상이 발생하면 냉방기 사용이 많아져 전력 사용량이 크게 증가한다.

문제 보기

그림은 1991년부터 2020년까지 제주 지역의 연간 열대야 일수와 폭염 일수를 나타낸 것이다.

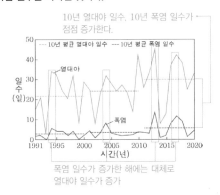

10년 열대야 일수, 10년 폭염 일수가 점점 증가한다.

폭염 일수가 증가한 해에는 대체로 열대야 일수가 증가

이 기간 동안 제주 지역의 기후 변화에 대한 옳은 설명만을 〈보기〉에서 있는 대로 고른 것은?

〈보기〉 풀이

ㄱ. 연간 열대야 일수는 증가하는 추세이다.

➡ 10년 평균 열대야 일수가 점차 증가하고 있으므로 연간 열대야 일수는 증가하는 추세라고 할 수 있다.

ㄴ. 10년 평균 폭염 일수는 1991년~2000년이 2011년~2020년보다 적다.

➡ 10년 평균 폭염 일수는 1991년~2000년이 약 3일이고 2011년~2020년이 약 5일로, 1991년~2000년이 2011년~2020년보다 적다.

ㄷ. 폭염 일수가 증가한 해에는 대체로 열대야 일수가 증가하였다.

➡ 그림에서 폭염 일수가 증가한 해에는 대체로 열대야 일수도 증가하고 있음을 알 수 있다.

보기

적용해야 할 개념 ④가지

① 지구 대기는 짧은 파장의 태양 복사 에너지(가시광선)는 잘 통과시키지만, 긴 파장의 지구 복사 에너지(적외선)는 대부분 흡수한 후 지표로 재복사하여 지표면의 온도를 높이는데, 이를 온실 효과라고 한다.

② 온실 효과를 일으키는 수증기, 이산화 탄소, 메테인, 오존 등의 기체를 온실 기체라고 한다.

③ 인간 활동에 의해 온실 기체가 증가하면, 대기 및 지표의 평균 온도가 상승하고 지구의 기후가 변한다.

④ 대기 중 이산화 탄소의 농도는 식물의 광합성이 활발한 여름철에는 감소하고, 화석 연료의 사용이 늘어나는 겨울철에는 증가한다.

문제 보기

그림 (가)는 1850~2019년 동안 전 지구와 아시아의 기온 편차 (관측값－기준값)를, (나)는 (가)의 A 기간 동안 대기 중 CO_2 농도를 나타낸 것이다. 기준값은 1850~1900년의 평균 기온이다.

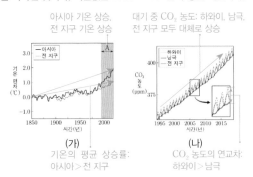

아시아 기온 상승. 전 지구 기온 상승

대기 중 CO_2 농도: 하와이, 남극, 전 지구 모두 대체로 상승

(가)
기온의 평균 상승률: 아시아＞전 지구

(나)
CO_2 농도의 연교차: 하와이＞남극

이 자료에 대한 설명으로 옳은 것만을 〈보기〉에서 있는 대로 고른 것은?

〈보기〉 풀이

ㄱ. (가) 기간 동안 기온의 평균 상승률은 아시아가 전 지구보다 크다.

➡ (가) 기간의 초기에는 아시아와 전 지구의 기온 편차가 거의 같지만, 후기에는 아시아의 기온 편차가 전 지구의 기온 편차보다 더 크다. 따라서 (가) 기간 동안 기온의 평균 상승률은 아시아가 전 지구보다 크다.

ㄴ. (나)에서 CO_2 농도의 연교차는 하와이가 남극보다 크다.

➡ (나)에서 대기 중 CO_2 농도의 연도별 변화를 보면 점선으로 나타낸 하와이가 굵은 실선으로 나타낸 남극보다 연교차가 크다.

└일 년 중 가장 큰 값과 가장 작은 값의 차이

ㄷ. A 기간 동안 전 지구의 기온과 CO_2 농도는 높아지는 경향이 있다.

➡ (가)에서 A 기간 동안 전 지구의 기온이 높아지는 경향이 있고, A 기간의 CO_2 농도 변화를 나타낸 (나)에서 전 지구의 대기 중 CO_2 농도는 높아지는 경향이 있다.

보기

09 우리나라의 기후 변화 2021학년도 수능 지Ⅰ 10번
정답 ④ | 정답률 88%

적용해야 할 개념 ③가지

① 온실 효과: 지구 대기가 짧은 파장의 태양 복사 에너지(가시광선)는 잘 통과시키지만, 긴 파장의 지구 복사 에너지(적외선)는 대부분 흡수한 후 지표로 재복사하여 지표면의 온도를 높이는 현상. ➡ 온실 효과를 일으키는 수증기, 이산화 탄소, 메테인 등의 기체를 온실 기체라고 한다.

② 지구 온난화: 대기 중의 온실 기체의 양이 증가하여 지구 복사 에너지가 대기에 갇히는 온실 효과가 증대된 결과 지구의 평균 기온이 상승하는 현상

③ 지구의 기온이 상승하면 빙하의 융해와 해수의 열팽창으로 인해 평균 해수면이 상승한다.

문제 보기

그림 (가)는 전 지구와 안면도의 대기 중 CO_2 농도를, (나)는 전 지구와 우리나라의 기온 편차(관측값−평년값)를 나타낸 것이다.

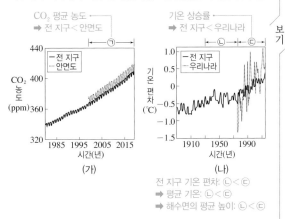

(가)

전 지구 기온 편차: ㉡<㉢
➡ 평균 기온: ㉡<㉢
➡ 해수면의 평균 높이: ㉡<㉢

이 자료에 대한 설명으로 옳은 것만을 〈보기〉에서 있는 대로 고른 것은?

〈보기〉 풀이

✗ ㉠ ㉠ 시기 동안 CO_2 평균 농도는 안면도가 전 지구보다 낮다.
➡ (가)에서 ㉠ 시기 동안 CO_2 평균 농도는 안면도가 전 지구보다 높다.

✓ ㉡ ㉢ 시기 동안 기온 상승률은 전 지구가 우리나라보다 작다.
➡ (나)에서 대체로 1990년 이전에는 전 지구보다 우리나라의 기온 편차가 작았다가 1990년 이후에는 전 지구보다 우리나라의 기온 편차가 컸다. 따라서 ㉢ 시기 동안 기온 상승률은 우리나라가 전 지구보다 크다.

✓ ㉢ 전 지구 해수면의 평균 높이는 ㉡ 시기가 ㉢ 시기보다 낮다.
➡ 지구의 평균 기온이 상승하면 육지의 빙하가 녹고 해수의 열팽창이 일어나 해수면이 상승한다. 전 지구의 평균 기온은 ㉡ 시기보다 ㉢ 시기에 더 높았으므로 해수면의 평균 높이는 ㉡ 시기보다 ㉢ 시기에 높다.

---

10 지구 온난화 - 온실 기체 2020학년도 4월 학평 지Ⅰ 12번
정답 ① | 정답률 75%

적용해야 할 개념 ③가지

① 온실 효과는 대기 중의 온실 기체가 태양 복사의 가시광선은 통과시키고, 지표에서 방출되는 적외선은 흡수했다가 지표로 재복사하여 지구 기온을 높이는 효과이다.

② 온실 기체는 이산화 탄소, 수증기, 메테인, 산화 이질소 등 적외선을 잘 흡수하는 성질이 있는 기체이다.

③ 대기 중의 온실 기체의 양이 증가하여 온실 효과가 증대된 결과 지구의 기온이 상승하는 현상을 지구 온난화라고 한다.

문제 보기

그림은 2004년 1월부터 2016년 1월까지 서로 다른 관측소 A와 B에서 측정한 대기 중 이산화 탄소와 메테인의 농도 변화를 나타낸 것이다. A와 B는 각각 30°N과 30°S에 위치한 관측소 중 하나이다.

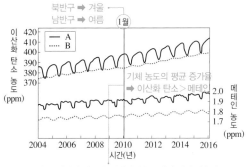

1년 중 이산화 탄소와 메테인의 농도가 A에서 상승하므로 A는 겨울철인 북반구이고, B에서는 감소하므로 B는 여름철인 남반구이다. ➡ A: 30°N, B: 30°S

이 자료에 대한 설명으로 옳은 것만을 〈보기〉에서 있는 대로 고른 것은?

〈보기〉 풀이

대기 중 이산화탄소와 메테인 같은 온실 기체의 농도는 식물의 광합성이 활발한 여름철에는 감소하고, 화석 연료의 사용이 늘어나는 겨울철에는 증가한다.

✓ ㄱ. A는 30°N에 위치한 관측소이다.
➡ 1월에 북반구는 겨울이고 남반구는 여름이다. 매년 1월경에 이산화 탄소와 메테인의 농도가 A에서는 높아지고 B에서는 낮아지므로, A는 북반구에 위치하고 B는 남반구에 위치한다. 따라서 A는 30°N에 위치한 관측소이고, B는 30°S에 위치한 관측소이다.

✗ 2010년 1월에 이산화 탄소의 평균 농도는 A보다 B가 높다.
➡ 2010년 1월에 이산화 탄소의 평균 농도는 겨울철인 A(30°N)가 여름철인 B(30°S)보다 높다.

✗ 이 기간 동안 기체 농도의 평균 증가율은 이산화 탄소보다 메테인이 크다.
➡ 위도 30°N 지역에서 2004년 1월부터 2016년 1월까지 12년 동안 대기 중 기체 농도의 증가량은 이산화 탄소가 약 26 ppm, 메테인이 약 0.11 ppm이며, 같은 기간 동안 기체 농도의 평균 증가율은 $\dfrac{12년\ 동안의\ 기체\ 농도\ 증가량(ppm)}{2004년\ 1월의\ 기체\ 농도(ppm)} \div 12(년) \times 100$으로 구할 수 있다. 따라서 이 기간 동안 기체 농도의 평균 증가율은 이산화 탄소(약 0.56 %)보다 메테인(약 0.49 %)이 작다.

적용해야 할 개념 ③가지

① 지구 대기는 짧은 파장의 태양 복사 에너지(가시광선)는 잘 통과시키지만, 긴 파장의 지구 복사 에너지(적외선)는 대부분 흡수한 후 지표로 재복사하여 지표면의 온도를 높이는데, 이것을 온실 효과라고 한다.

② 온실 효과를 일으키는 수증기, 이산화 탄소, 메테인 등의 기체를 온실 기체라고 한다. ➡ 이 중 대기 중의 농도가 가장 큰 이산화 탄소의 온실 효과 기여도가 가장 크다.

③ 지구의 기온이 상승하면 대륙 빙하의 융해와 해수의 열팽창으로 인해 평균 해수면이 상승한다.

문제 보기

그림은 대기 중 이산화 탄소 농도가 현재보다 2배 증가할 경우 위도에 따른 기온 변화량(예측 기온-현재 기온) 예상도이다.

60°N의 지표 기온은 여름철보다 겨울철에 더 크게 상승한다. ➡ 기온 연교차는 현재보다 작아진다.

대기 중 이산화 탄소의 농도 증가 ➡ 온실 효과의 증대 ➡ 지구의 평균 기온 상승 ➡ 평균 해수면 상승

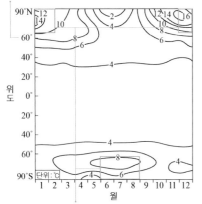

겨울철 극지방의 기온 변화량 ➡ 북반구>남반구

이에 대한 설명으로 옳은 것만을 〈보기〉에서 있는 대로 고른 것은? [3점]

〈보기〉 풀이

이산화 탄소는 온실 기체이므로 대기 중 이산화 탄소의 농도가 증가할 경우 온실 효과의 증대로 인해 지구의 평균 기온이 상승한다.

ㄱ 평균 해수면은 상승할 것이다.

➡ 대기 중 이산화 탄소의 농도가 2배가 되면 지표의 기온은 전체적으로 상승하므로, 대륙 빙하의 융해와 해수의 열팽창으로 인해 평균 해수면은 상승할 것이다.

✗ 60°N의 기온 연교차는 현재보다 증가할 것이다.

➡ 60°N의 지표 기온은 여름철보다 겨울철에 더 크게 상승하므로 기온 연교차는 현재보다 감소할 것이다.

✗ 겨울철 극지방의 기온 변화량은 북반구보다 남반구가 더 크다.

➡ 북반구는 12월~2월이 겨울철이고 남반구는 6월~8월이 겨울철이다. 주어진 자료에서 보면, 겨울철 극지방의 기온 변화량은 북반구(8 ℃~16 ℃)가 남반구(6 ℃~8 ℃)보다 더 크다.

---

12   지구 온난화의 원인과 영향 2019학년도 6월 모평 지I 3번   정답 ⑤ | 정답률 70 %

적용해야 할 개념 ③가지

① 기체의 용해도는 수온에 반비례한다. ➡ 수온이 상승하면 이산화 탄소의 용해도는 감소한다.

② 빙하는 반사율이 높은 지표 상태이므로, 지구 온난화로 인해 빙하의 면적이 감소하면 태양 복사 에너지의 지표 반사율이 감소한다.

③ 온실 효과는 대기 중의 온실 기체가 태양 복사의 가시광선은 통과시키고, 지표에서 방출되는 적외선은 흡수했다가 재복사하여 지구 기온을 높이는 효과이다. ➡ 온실 기체는 이산화 탄소, 수증기, 메테인 등 적외선을 잘 흡수하는 성질이 있는 기체이다.

문제 보기

그림은 지구 온난화의 원인과 결과의 일부를 나타낸 것이다.

빙하 면적 감소 ➡ 극지방의 지표면 반사율 감소

해수면 상승

(가) 해수 온도 상승   (나) 빙하 면적 감소

지구 온난화

㉠ 대기 중 온실 기체 증가

화석 연료 사용 증가   산림 파괴

이산화 탄소의 용해도는 수온에 반비례 ➡ 해수의 온도가 상승하면 이산화 탄소의 용해도 감소

온실 기체는 적외선을 잘 흡수한다. ➡ 온실 기체에 의한 복사 에너지 흡수율은 적외선 영역이 가시광선 영역보다 높다.

이에 대한 설명으로 옳은 것만을 〈보기〉에서 있는 대로 고른 것은? [3점]

〈보기〉 풀이

온실 효과는 대기 중의 온실 기체가 태양 복사의 가시광선은 통과시키고, 지표에서 방출되는 적외선은 흡수했다가 재복사하여 지구 기온을 높이는 효과이며 온실 기체는 적외선을 잘 흡수하는 성질이 있는 기체이다.

ㄱ (가)로 인해 해수의 이산화 탄소 용해도는 감소한다.

➡ 기체의 용해도는 수온에 반비례한다. 따라서 해수의 온도가 상승하면 이산화 탄소의 용해도는 감소한다.

ㄴ (나)로 인해 극지방의 지표면 반사율은 감소한다.

➡ 빙하는 지표를 덮고 있는 물, 토양, 숲 등에 비해 햇빛의 반사율이 높으므로 극지방을 덮고 있는 빙하의 면적이 감소하면 극지방의 지표면 반사율은 감소한다.

ㄷ ㉠에 의한 복사 에너지의 흡수율은 적외선 영역이 가시광선 영역보다 높다.

➡ 대기 중 온실 기체는 가시광선 영역보다 주로 적외선 영역의 복사 에너지를 흡수한다. 따라서 온실 기체에 의한 복사 에너지 흡수율은 적외선 영역이 가시광선 영역보다 높다.

13 | **지구 온난화의 영향-빙하량 변화** 2019학년도 4월 학평 지Ⅰ 14번 | 정답 ③ | 정답률 65 %

적용해야 할 개념 ③가지

① 대기 중의 온실 기체의 양이 증가하여 온실 효과가 증대된 결과 지구의 기온이 상승하는 현상을 지구 온난화라고 한다.

② 지구 온난화로 인한 기온 상승으로 인해 극지방과 그린란드의 빙하가 감소하고 있다.

③ 빙하는 반사율이 높은 지표 상태이므로, 지구 온난화로 인해 빙하의 면적이 감소하면 태양 복사 에너지의 지표 반사율이 감소한다.

문제 보기

그림 (가)는 2003년부터 2012년까지 남극 대륙과 그린란드의 빙하량 변화를, (나)는 같은 기간 동안 빙하의 총누적 변화량을 나타낸 것이다.

남극 대륙에서는 빙하의 양이 증가된 지역과 손실된 지역이 있지만, 그린란드에서는 모든 지역에서 손실되었다.

➡ 빙하가 손실된 육지 면적 / 전체 육지 면적 : 남극 대륙<그린란드

빙하 손실 ➡ 지표면에서 태양 복사 에너지의 반사율 감소

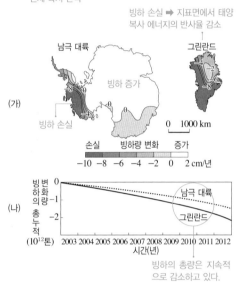

(가)

빙하 증가

남극 대륙 / 그린란드

빙하 손실

0   1000 km

손실   빙하량 변화   증가
−10 −8 −6 −4 −2 0 2 cm/년

(나)

빙하변화량의총누적 (10¹²톤)

남극 대륙
그린란드

0
−1
−2

2003 2004 2005 2006 2007 2008 2009 2010 2011 2012
시간(년)

빙하의 총량은 지속적으로 감소하고 있다.

이 기간 동안의 변화에 대한 설명으로 옳은 것만을 〈보기〉에서 있는 대로 고른 것은?

보기

<보기> 풀이

2003년부터 2012년까지 남극 대륙과 그린란드 모두 빙하의 총량은 지속적으로 감소하고 있다.

ㄱ. 빙하가 손실된 육지 면적 / 전체 육지 면적 의 값은 남극 대륙보다 그린란드가 크다.

➡ 남극 대륙에서는 빙하의 양이 손실된 지역과 증가된 지역이 있지만, 그린란드에서는 빙하의 양이 손실된 지역만 있으므로 전체 육지 면적에 대하여 빙하가 손실된 육지 면적의 비는 남극 대륙보다 그린란드가 크다.

ㄴ. 남극 대륙에서는 빙하의 증가량보다 손실량이 크다.

➡ (나)에서 남극 대륙의 빙하의 총누적 변화량이 감소하고 있으므로 남극 대륙에서는 빙하의 증가량보다 손실량이 크다.

ㄷ. 그린란드의 지표면에서 태양 복사 에너지의 반사율은 증가하였다.

➡ 빙하는 물, 토양, 숲 등에 비해 햇빛의 반사율이 높은 물질이다. 그린란드에서는 모든 지역에서 빙하가 손실되었으므로 지표면에서 태양 복사 에너지의 반사율은 감소하였다.

적용해야 할 개념 ③가지

① 지구 온난화로 인한 기온 상승으로 인해 전 세계 빙하의 양은 점차 감소하고 있다.

② 지구 온난화로 인해 지구의 평균 기온이 상승하면 대륙 빙하의 융해와 해수의 열팽창으로 인해 평균 해수면이 상승한다.

③ 얼음은 물, 토양, 숲 등에 비해 햇빛의 반사율이 높은 물질이다. ➡ 북극해 얼음 면적이 넓을수록 북극 해역에서 태양 복사 에너지 반사율이 높다.

문제 보기

그림은 1900년부터 2010년까지 북극해 얼음 면적과 전 지구 평균 해수면 높이를 A와 B로 순서 없이 나타낸 것이다.

이에 대한 설명으로 옳은 것만을 〈보기〉에서 있는 대로 고른 것은?

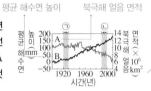
평균 해수면 높이   북극해 얼음 면적

북극해 얼음 면적: ㉠>㉡
➡ 북극 해역의 평균 기온: ㉠<㉡
➡ 북극 해역에서 태양 복사 에너지 반사율: ㉠>㉡

〈보기〉 풀이

ㄱ. A는 북극해 얼음 면적을 나타낸 것이다.
➡ 최근 지구 온난화로 인해 지구의 평균 기온이 상승하여 얼음 면적이 감소하고 평균 해수면 높이가 상승하고 있으므로 A는 북극해 얼음 면적을, B는 평균 해수면 높이를 나타낸 것이다.

ㄴ. 북극 해역의 평균 기온은 ㉠ 기간이 ㉡ 기간보다 높다.
➡ 북극 해역의 평균 기온이 높을수록 북극해 얼음 면적은 감소하게 되므로, 북극 해역의 평균 기온은 ㉠ 기간이 ㉡ 기간보다 낮다.

ㄷ. 북극 해역에서 태양 복사 에너지 반사율은 ㉠ 기간이 ㉡ 기간보다 높다.
➡ 얼음은 물이나 토양, 숲 등에 비해 햇빛의 반사율이 높은 물질이므로, 북극해 얼음 면적이 넓을수록 북극 해역에서 태양 복사 에너지 반사율이 높다. 따라서 북극 해역에서 태양 복사 에너지 반사율은 ㉠ 기간이 ㉡ 기간보다 높다.

15 지구 온난화의 영향 – 빙하량 변화 2022학년도 9월 모평 지Ⅰ 5번 　정답 ② ｜ 정답률 91 %

적용해야 할 개념 ③가지
① 대기 중의 온실 기체의 양이 증가하여 온실 효과가 증대된 결과 지구의 기온이 상승하는 현상을 지구 온난화라고 한다.
② 지구 온난화로 인해 지구의 평균 기온이 상승하면 대륙 빙하의 융해와 해수의 열팽창으로 인해 평균 해수면이 상승한다.
③ 해수면이 상승하면 해안 지역의 도시와 경작지 침수, 해안 저지대의 생태계 혼란 등의 피해가 생긴다.

문제 보기

그림 (가)는 2004년부터의 그린란드 빙하의 누적 융해량을, (나)는 전 지구에서 일어난 빙하 융해와 해수 열팽창에 의한 평균 해수면의 높이 편차(관측값-2004년 값)를 나타낸 것이다.

빙하의 누적 융해량 변화량: ㉠<㉡
➡ 빙하의 융해량: ㉠<㉡

평균 해수면 높이의 평균 상승률
➡ 빙하 융해>해수 열팽창

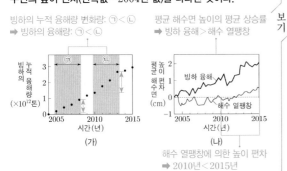

해수 열팽창에 의한 높이 편차
➡ 2010년<2015년

(가) 　　(나)

이 자료에 대한 설명으로 옳은 것만을 〈보기〉에서 있는 대로 고른 것은?

〈보기〉 풀이

지구 온난화가 일어나면 수온 상승으로 인한 열팽창으로 해수의 부피가 커지고, 극지방이나 고산 지대의 빙하가 녹아 바다로 유입되어 해수면이 상승한다.

✖ **그린란드 빙하의 융해량은 ㉠ 기간이 ㉡ 기간보다 많다.**
➡ ㉠ 기간과 ㉡ 기간에서 빙하의 누적 융해량의 변화량이 각 기간 동안 빙하의 융해량에 해당한다. 그린란드 빙하의 누적 융해량의 변화량은 ㉡ 기간이 ㉠ 기간보다 많으므로 그린란드 빙하의 융해량은 ㉡ 기간이 ㉠ 기간보다 많다.

○ **(나)에서 해수 열팽창에 의한 평균 해수면 높이 편차는 2015년이 2010년보다 크다.**
➡ 해수 열팽창에 의한 평균 해수면 높이 편차는 2010년에 거의 0 cm이고, 2015년에 약 +0.5 cm이므로 2015년이 2010년보다 크다.

✖ **(나)의 전 기간 동안 평균 해수면 높이의 평균 상승률은 해수 열팽창에 의한 것이 빙하 융해에 의한 것보다 크다.**
➡ 2004년의 평균 해수면 높이를 기준으로 2004년~2015년의 빙하 융해에 의한 평균 해수면 높이의 상승 정도가 해수 열팽창에 의한 평균 해수면 높이의 상승 정도보다 크다. 따라서 (나)의 전 기간 동안 평균 해수면 높이의 평균 상승률은 빙하 융해에 의한 것이 해수 열팽창에 의한 것보다 크다.

---

16 지구 온난화의 영향 – 기후대 변화 2020학년도 3월 학평 지Ⅰ 14번 　정답 ⑤ ｜ 정답률 70 %

적용해야 할 개념 ②가지
① 대기 중의 온실 기체의 양이 증가하여 온실 효과가 증대된 결과 지구의 기온이 상승하는 현상을 지구 온난화라고 한다.
② 지구 온난화로 인해 우리나라에서는 겨울이 짧아지고 있으며, 아열대 기후 지역이 확대되고 있다.

문제 보기

그림 (가)는 우리나라의 계절별 길이 변화를, (나)는 우리나라에서 아열대 기후 지역의 경계 변화를 예상하여 나타낸 것이다.

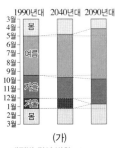
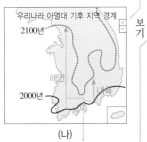

(가) 　　(나)

계절별 길이 변화
• 봄, 가을 ➡ 변화가 크지 않다.
• 여름 ➡ 점점 길어진다.
• 겨울 ➡ 2040년대 이후 급격히 줄어들어 거의 없어진다.

• 아열대 기후 지역 경계 북상
➡ 내륙 지역보다 해안 지역에서 뚜렷하다.

이에 대한 옳은 설명만을 〈보기〉에서 있는 대로 고른 것은?

〈보기〉 풀이

지구 온난화의 영향으로 (가)에서 우리나라의 여름은 길어지고 겨울은 짧아지고 있으며, (나)에서 아열대 기후 지역이 확대되고 있다.

㉠ **(가)에서 여름의 길이 변화는 봄의 길이 변화보다 크다.**
➡ (가)에서 1990년대부터 2090년대까지 여름은 약 한 달 반 길어졌고, 봄은 길이가 거의 변하지 않았다. 따라서 여름의 길이 변화는 봄의 길이 변화보다 크다.

㉡ **(나)에서 아열대 기후 지역의 확장은 대체로 내륙 지역보다 해안 지역에서 뚜렷하다.**
➡ (나)에서 우리나라 아열대 기후 지역의 경계는 대체로 내륙 지역보다 해안 지역에서 많이 북상하였다. 즉, 아열대 기후 지역의 확장은 대체로 내륙 지역보다 해안 지역에서 뚜렷하다.

㉢ **아열대 기후에서 자라는 작물의 재배 가능 지역은 북상할 것이다.**
➡ (나)에서 우리나라 아열대 기후 지역의 경계가 북상하였으므로 아열대 기후에서 자라는 작물의 재배 가능 지역은 북상할 것이다.

17

지구의 열수지 2022학년도 7월 학평 지Ⅰ 12번 　　　　　정답 ⑤ | 정답률 33 %

적용해야 할 개념 ③가지

① 지구는 흡수하는 태양 복사 에너지양과 방출하는 지구 복사 에너지양이 같아 복사 평형을 이룬다.
➡ 지구 전체, 지표, 대기, 우주에서 에너지 흡수량과 방출량은 각각 같다.

② 지구 대기는 짧은 파장의 태양 복사 에너지(주로 가시광선)는 잘 통과시키지만, 긴 파장의 지구 복사 에너지(대부분 적외선)는 대부분 흡수한 후 지표로 재복사하여 지표면의 온도를 높이는데, 이것을 온실 효과라고 한다.

③ 지구 복사 에너지는 대기와 지표에서 방출되는 복사 에너지로, 대부분 적외선 영역의 전자기파를 방출한다. ➡ 적외선 영역 중 10 μm 부근에서 에너지 세기가 최대이다(장파 복사 에너지).

문제 보기

그림은 지구에 도달하는 태양 복사 에너지의 양을 100이라고 할 때, 복사 평형 상태에 있는 지구의 에너지 출입을 나타낸 것이다.

흡수량＝방출량
➡ A＋B＋대류·전도·숨은열＝C＋대기 방출에 의한 지표 흡수

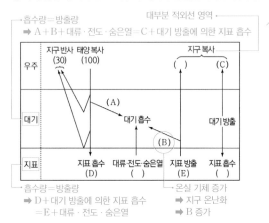

흡수량＝방출량
➡ D＋대기 방출에 의한 지표 흡수
＝E＋대류·전도·숨은열
온실 기체 증가
➡ 지구 온난화
➡ B 증가

이에 대한 설명으로 옳은 것만을 〈보기〉에서 있는 대로 고른 것은?

〈보기〉 풀이

ㄱ. A＋B－C＝E－D이다.
➡ 지구는 전체적으로 복사 평형을 이루며, 지표, 대기, 우주의 각 영역도 복사 평형을 이룬다. 대기가 흡수한 에너지와 방출한 에너지는 같으므로 A＋B－C＝(대기 방출에 의한 지표 흡수－대류·전도·숨은열)이고, 지표가 흡수한 에너지와 방출한 에너지는 같으므로 E－D＝(대기 방출에 의한 지표 흡수－대류·전도·숨은열)이다. 따라서 A＋B－C＝E－D이다.

ㄴ. 지구 온난화가 진행되면 B가 증가한다.
➡ 온실 기체의 증가로 지구 온난화가 진행되면 지표가 방출하는 에너지 중 지구 대기가 흡수하는 에너지(B)는 증가한다.

ㄷ. C는 주로 적외선 영역으로 방출된다.
➡ 지구의 지표와 대기에서 방출하는 복사 에너지를 지구 복사 에너지라고 한다. 지구 표면의 평균 온도는 15 ℃ 정도로 태양의 표면 온도보다 훨씬 낮으므로 지구 복사 에너지의 대부분은 적외선의 형태로 방출된다. C는 지구 대기에서 우주로 방출되는 에너지이므로 주로 적외선 영역으로 방출된다.

18

지구의 열수지 2020학년도 9월 모평 지Ⅰ 13번 　　　　　정답 ④ | 정답률 47 %

적용해야 할 개념 ④가지

① 지구는 흡수하는 태양 복사 에너지양과 방출하는 지구 복사 에너지양이 같아 복사 평형을 이룬다.
➡ 지구 전체의 에너지 흡수량과 방출량이 같고, 각 영역(지표, 대기, 우주 공간)에서도 에너지 흡수량과 방출량은 같다.

② 지구 대기는 짧은 파장의 태양 복사 에너지(주로 가시광선)는 잘 통과시키지만, 긴 파장의 지구 복사 에너지(대부분 적외선)는 대부분 흡수한 후 지표로 재복사하여 지표면의 온도를 높이는데, 이를 온실 효과라고 한다.

③ 온실 효과를 일으키는 수증기, 이산화 탄소, 메테인 등의 기체를 온실 기체라고 한다.

④ 지구 복사 에너지는 지구의 대기와 지표에서 방출되는 복사 에너지로, 대부분 적외선 영역의 전자기파를 방출한다.

문제 보기

그림은 지구에 도달하는 태양 복사 에너지를 100이라고 할 때, 복사 평형 상태에 있는 지구의 열수지를 나타낸 것이다.

우주에서 B＝A＋C＋D, 대기에서 I＋C＝E＋F＋G
➡ B＋I＝(A＋C＋D)＋(E＋F＋G－C)＝A＋D＋E＋F＋G
➡ B＋I＞A＋D＋E＋G

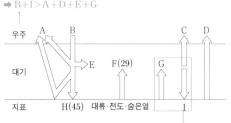

대기 중 이산화 탄소(온실 기체)의 양 증가
➡ 대기에서 흡수하는 지표 복사 에너지의 양(G) 증가
➡ 대기에서 지표로 방출하는 에너지양(I) 증가

이에 대한 설명으로 옳은 것만을 〈보기〉에서 있는 대로 고른 것은?

[3점]

〈보기〉 풀이

✗ B＋I＜A＋D＋E＋G
➡ 지구는 복사 평형 상태이므로 우주, 대기, 지표에서 각각 흡수하는 에너지양과 방출하는 에너지양은 같다. 우주에서 B＝A＋C＋D이고, 대기에서 I＋C＝E＋F＋G이다. 따라서 B＋I＝(A＋C＋D)＋(E＋F＋G－C)＝A＋D＋E＋F＋G이므로 A＋D＋E＋G보다 F만큼 크다. ➡ B＋I＞A＋D＋E＋G

ㄴ. 대기 중 이산화 탄소의 양이 증가하면 I가 증가한다.
➡ 이산화 탄소는 온실 기체이므로 대기 중 이산화 탄소의 양이 증가하면 대기에서 흡수하는 지표 복사 에너지의 양이 증가한다. 대기에서 흡수하는 에너지양이 증가하므로 대기에서 지표로 방출하는 에너지양인 I도 증가한다.

ㄷ. 지표에서 적외선 복사 에너지의 방출량은 흡수량보다 많다.
➡ 지표가 흡수하는 총 에너지양은 45＋I이고, 지표가 방출하는 총 에너지양은 G＋D＋29이다. 이 중 적외선 복사 에너지에 해당하는 것은 I, G, D이고, 45＋I＝G＋D＋29이므로 I＋16＝G＋D가 되어 지표에서 적외선 복사 에너지의 방출량(G＋D)은 흡수량(I)보다 많음을 알 수 있다.

19 지구의 열수지 2019학년도 수능 지I 16번 정답 ① | 정답률 57%

적용해야 할 개념 ③가지

① 지구는 흡수하는 태양 복사 에너지양과 방출하는 지구 복사 에너지양이 같아 복사 평형을 이룬다.
→ 지구 전체의 에너지 흡수량과 방출량이 같고, 각 영역(지표, 대기, 우주 공간)에서도 에너지 흡수량과 방출량은 같다.

② 태양 복사 에너지는 태양에서 방출되는 복사 에너지로 γ선, X선, 자외선, 가시광선, 적외선, 전파 등 다양한 파장의 전자기파를 방출하며, 그 중 가시광선이 가장 많다.

③ 지구 복사 에너지는 지구의 대기와 지표에서 방출되는 복사 에너지로, 대부분 적외선 영역의 전자기파를 방출한다.

문제 보기

그림은 복사 평형 상태에 있는 지구의 열수지를 나타낸 것이다.

지표에 흡수되는 태양 복사 에너지(㉠)는 대부분 가시광선 영역, 지표가 대기로부터 흡수하는 복사 에너지(㉡)는 대부분 적외선 영역 → $\dfrac{\text{가시광선 영역 에너지의 양}}{\text{적외선 영역 에너지의 양}}$: ㉠>㉡

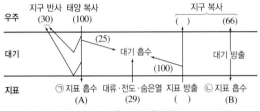

A = 100 − 30 − 25 = 45, B = 대기 흡수량(25 + 29 + 100) − 대기의 우주 공간 방출량(66) = 88 ➡ A < B

이에 대한 설명으로 옳은 것만을 〈보기〉에서 있는 대로 고른 것은?

〈보기〉 풀이

ㄱ. **A < B이다.**
→ A는 지구에 도달한 태양 복사 에너지 중 지표에 흡수되는 양이므로 100 − 30 − 25 = 45이다. B는 대기가 재방출하는 복사 에너지 중 지표에 흡수되는 양이므로 대기 흡수량(25 + 29 + 100) − 대기의 우주 공간 방출량(66) = 88이다. 따라서 A < B이다.

ㄴ. **(A + B)는 지표가 방출하는 복사 에너지 양과 같다.**
→ 지표가 흡수하는 복사 에너지의 일부는 대류·전도·숨은열(29)로 방출하므로 (A + B)는 지표가 방출하는 복사 에너지양보다 많다.

ㄷ. $\dfrac{\text{가시광선 영역 에너지의 양}}{\text{적외선 영역 에너지의 양}}$ **은 ㉠이 ㉡보다 작다.**
→ ㉠은 태양 복사 에너지의 지표 흡수량(45)이므로 대부분 가시광선 영역의 에너지양이고, ㉡은 대기의 재방출 에너지 중 지표 흡수량(88)이므로 대부분 적외선 영역의 에너지양이다. 따라서 $\dfrac{\text{가시광선 영역 에너지의 양}}{\text{적외선 영역 에너지의 양}}$ 은 ㉠이 ㉡보다 크다.

---

20 지구의 열수지 2020학년도 수능 지I 10번 정답 ③ | 정답률 64%

적용해야 할 개념 ③가지

① 지구는 흡수하는 태양 복사 에너지양과 방출하는 지구 복사 에너지양이 같아 복사 평형을 이룬다. ➡ 지구의 연평균 기온이 일정하게 유지

② 지구가 받는 태양 복사 에너지를 100 %라고 했을 때, 지구는 태양 복사 에너지의 30 %는 반사하고, 70 %는 흡수하였다가 지구 복사 에너지의 형태로 다시 방출한다.

③ 지구 복사 에너지는 대기를 통과하면서 적외선이 주로 H_2O(수증기), CO_2(이산화 탄소)에 의해 선택적으로 흡수된다.
➡ 지구 대기에 의해 거의 흡수되지 않고 그대로 우주 공간으로 빠져나가는 파장 영역(약 $8\ \mu m \sim 13\ \mu m$)을 대기의 창이라고 한다.

문제 보기

그림 (가)는 복사 평형 상태에 있는 지구의 열수지를, (나)는 파장에 따른 대기의 지구 복사 에너지 흡수도를 나타낸 것이다. ㉠, ㉡, ㉢은 파장 영역에 해당한다.

태양 복사 100 = (A + B) + E + H

대기에 의해 흡수되지 않고 지표면에서 우주로 직접 복사되는 에너지양

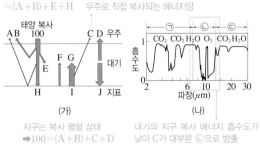

지구는 복사 평형 상태 ➡ 100 = (A + B) + C + D

대기의 지구 복사 에너지 흡수도가 낮아 C가 대부분 ㉡으로 방출

이에 대한 설명으로 옳은 것만을 〈보기〉에서 있는 대로 고른 것은?

〈보기〉 풀이

ㄱ. $\dfrac{E + H - C}{D} = 1$**이다.**
→ 태양 복사 100 = (A + B) + E + H이고, 지구는 복사 평형 상태이므로 100 = (A + B) + C + D이다. (A + B) + E + H = (A + B) + C + D로부터 E + H = C + D이고, E + H − C = D가 된다. 따라서 $\dfrac{E + H - C}{D} = 1$이 된다.

ㄴ. **C는 대부분 ㉠으로 방출되는 에너지양이다.**
→ C는 대기에서 흡수되지 않고 지표면에서 우주로 직접 방출되는 에너지양이다. (나)의 ㉡은 대기의 지구 복사 에너지 흡수도가 상대적으로 매우 낮은 영역으로, C는 대부분 ㉡으로 방출된다.

ㄷ. **대규모 산불이 진행되는 동안 발생하는 다량의 기체는 대기의 지구 복사 에너지 흡수도를 증가시킨다.**
→ 대규모 산불이 진행되는 동안 다량으로 발생하는 수증기와 이산화 탄소는 모두 온실 기체이므로 대기의 지구 복사 에너지 흡수도를 증가시킨다.

적용해야 할 개념 ③가지

① 지구는 흡수하는 태양 복사 에너지양과 방출하는 지구 복사 에너지양이 같아 복사 평형을 이룬다. ➡ 지구 전체의 에너지 흡수량과 방출량이 같고, 각 영역(지표, 대기, 우주 공간)에서도 에너지 흡수량과 방출량은 같다.

② 태양 복사 에너지는 태양에서 방출되는 복사 에너지로 γ선, X선, 자외선, 가시광선, 적외선, 전파 등 다양한 파장의 전자기파를 방출하며, 그 중 가시광선이 가장 많다.

③ 지구 복사 에너지는 지구의 대기와 지표에서 방출되는 복사 에너지로, 대부분 적외선 영역의 전자기파를 방출한다.

문제 보기

그림은 복사 평형 상태에 있는 지구의 열수지를 나타낸 것이다.

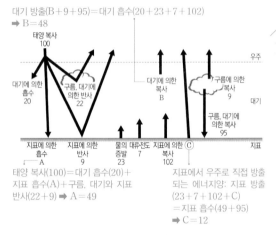

대기 방출(B+9+95)=대기 흡수(20+23+7+102)
➡ B=48

태양 복사 100

대기에 의한 흡수 20

구름, 대기에 의한 반사 22

대기에 의한 복사 B

구름에 의한 복사 9

구름, 대기에 의한 복사 95

우주

대기

지표

지표에 의한 흡수 A

지표에 의한 반사 9

물의 대류·전도 증발 23 7

지표에 의한 복사 102

ⓒ

태양 복사(100)=대기 흡수(20)+지표 흡수(A)+구름, 대기와 지표 반사(22+9) ➡ A=49

지표에서 우주로 직접 방출되는 에너지양: 지표 방출(23+7+102+C)=지표 흡수(49+95) ➡ C=12

이에 대한 설명으로 옳은 것만을 〈보기〉에서 있는 대로 고른 것은? [3점]

〈보기〉 풀이

지구는 태양으로부터 복사 에너지를 흡수하고, 흡수한 양만큼 우주 공간으로 지구 복사 에너지를 방출하여 복사 평형을 이룬다.

ㄱ A는 B보다 크다.

➡ 태양 복사 에너지(100)=대기 흡수(20)+지표 흡수(A)+대기와 지표 반사(22+9)로부터 A=49이다. 대기가 방출한 에너지(B+9+95)=대기가 흡수한 에너지(20+23+7+102)로부터 B=48이다. 따라서 A는 B보다 크다.

ㄴ C는 지표에서 우주로 직접 방출되는 에너지양이다.

➡ C는 지표가 방출한 에너지 중에서 대기에 의해 흡수되지 않고 우주로 직접 방출되는 에너지양으로, 지표가 방출한 에너지(23+7+102+C)=지표가 흡수한 에너지(49+95)로부터 C=12이다.

ㄷ 대기에서는 방출되는 적외선 영역의 에너지양이 흡수되는 가시광선 영역 에너지양보다 크다.

➡ 태양 복사 에너지는 다양한 파장의 전자기파를 방출하며 그 중 가시광선 영역이 제일 많다. 따라서 대기에서 흡수되는 에너지 중 태양으로부터 대기에 흡수되는 에너지양(20)은 주로 가시광선 영역의 에너지양이다. 반면, 지구 복사 에너지는 대부분 적외선 영역으로 방출되며, 그 중 대기에서 방출되는 복사 에너지양은 대기에 의한 복사(48)+구름에 의한 복사(9)+구름과 대기에 의한 복사(95)이다. 따라서 대기에서는 방출되는 적외선 영역의 에너지양이 흡수되는 가시광선 영역의 에너지양보다 크다.

보기

21 일차

01 ⑤	02 ③	03 ①	04 ①	05 ②	06 ②	07 ⑤	08 ③	09 ①	10 ①	11 ②	12 ⑤
13 ①	14 ⑤	15 ①	16 ②	17 ③	18 ③	19 ①	20 ⑤	21 ③	22 ②	23 ⑤	24 ②
25 ④	26 ⑤	27 ④	28 ①	29 ②	30 ④	31 ②	32 ⑤	33 ⑤	34 ②		

문제편 218쪽~227쪽

---

01 별의 물리량 2024학년도 5월 학평 지Ⅰ 13번 정답 ⑤ | 정답률 70 %

적용해야 할 개념 ③가지

① HI 흡수선의 세기는 분광형이 A0 부근인 별에서 가장 강하게 나타난다.
② 별의 분광형은 O, B, A, F, G, K, M형의 7개로 분류하며, O형으로 갈수록 고온이고, M형으로 갈수록 저온이다.
③ 주계열성은 분광형이 O형으로 갈수록 광도가 크고, M형으로 갈수록 광도가 작다.

[문제 보기]

그림 (가)는 별의 분광형에 따른 흡수선의 상대적 세기를, (나)는 주계열성 ㉠과 ㉡의 스펙트럼을 나타낸 것이다. ㉠과 ㉡의 분광형은 각각 A0와 G0 중 하나이다.

→ 표면 온도가 높을수록 광도가 크다.

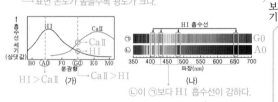

HI > CaⅡ (가)   ㉡이 ㉠보다 HI 흡수선이 강하다.   CaⅡ > HI (나)

이에 대한 설명으로 옳은 것만을 〈보기〉에서 있는 대로 고른 것은?

보기

〈보기〉 풀이

㉠ 분광형이 **G0**인 별에서는 **HI 흡수선**보다 **CaⅡ 흡수선**이 강하게 나타난다.
➡ (가)에서 분광형이 G0인 별의 두 원소 흡수선 세기를 비교해 보면 CaⅡ 흡수선이 HI 흡수선보다 강하게 나타난다.

㉡. **㉡의 분광형은 A0이다.**
➡ HI 흡수선 세기는 ㉠보다 ㉡ 스펙트럼에서 강하게 나타난다. (가)에서 분광형이 A0인 별은 HI 흡수선 세기가 강하므로 ㉡의 분광형은 A0이다.

㉢. **광도는 ㉠보다 ㉡이 크다.**
➡ ㉠, ㉡의 분광형은 각각 G0, A0이므로 표면 온도는 ㉡이 ㉠보다 높다. 주계열성은 표면 온도가 높을수록 광도가 크므로, 광도는 ㉠보다 ㉡이 크다.

---

02 별의 물리량 2023학년도 4월 학평 지Ⅰ 13번 정답 ③ | 정답률 60 %

적용해야 할 개념 ③가지

① 별의 분광형은 표면 온도가 높은 것부터 순서대로 O, B, A, F, G, K, M형으로 구분한다.
② A0형 별에서는 중성 수소에 의한 흡수선이 가장 강하게 나타난다.
③ 광도 계급은 별의 종류를 광도에 따라 나눈 것으로, 주계열성은 V로 나타낸다.

[문제 보기]

그림은 서로 다른 별의 스펙트럼, 최대 복사 에너지 방출 파장(λ_{max}), 반지름을 나타낸 것이다. (가), (나), (다)의 분광형은 각각 A0V, G0V, K0V 중 하나이다.

→ 수소 흡수선이 가장 강하게 나타난다. ➡ A0V
수소 흡수

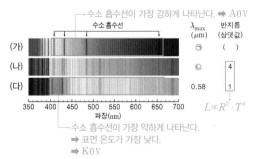

$L \propto R^2 \cdot T^4$

→ 수소 흡수선이 가장 약하게 나타난다.
➡ 표면 온도가 가장 낮다.
➡ K0V

이에 대한 설명으로 옳은 것만을 〈보기〉에서 있는 대로 고른 것은? [3점]

보기

〈보기〉 풀이

㉠ **(가)의 분광형은 A0V이다.**
➡ A0형 별에서는 중성 수소에 의한 흡수선이 가장 강하게 나타나는데, 수소 흡수선의 세기는 (가)의 스펙트럼에서 가장 강하게 나타나므로, (가)의 분광형은 A0V에 해당한다. 한편, A0형보다 표면 온도가 낮아질수록 중성 수소의 흡수선 세기는 감소하므로, 스펙트럼에서 중성 수소 흡수선이 가장 약하게 나타나는 (다)가 (나)보다 표면 온도가 낮다. 따라서 (나)는 G0V, (다)는 K0V에 해당한다.

㉡. **㉠은 ㉡보다 짧다.**
➡ 최대 복사 에너지를 방출하는 파장(λ_{max})은 별의 표면 온도가 낮을수록 길다. (가)는 A0V, (나)는 G0V이므로 λ_{max}은 표면 온도가 낮은 (나)에서 길다. 따라서 ㉠은 ㉡보다 짧다.

㉢ **광도는 (나)가 (다)의 16배이다.**
➡ 별의 광도(L)는 $L = 4\pi R^2 \cdot \sigma T^4$이다. (나)는 (다)보다 반지름이 4배가 크므로, 반지름으로 인한 광도의 차이는 $4^2 = 16$배이다. 한편 (나)는 G형, (다)는 K형 별이므로 표면 온도는 (나)가 (다)보다 높다. 따라서 광도는 (나)가 (다)의 16배보다 크다.

345

적용해야 할 개념 ③가지

① 별의 광도(L)는 별의 반지름(R)의 제곱과 표면 온도(T)의 네제곱의 곱에 비례한다. ➡ $L = 4\pi R^2 \cdot \sigma T^4$

② 태양 정도의 표면 온도를 갖는 별에서 가장 강하게 나타나는 흡수선은 CaⅡ이다.

③ 광도 차가 100배인 두 별의 절대 등급 차는 5이며, 광도가 클수록 절대 등급이 작다.

문제 보기

그림은 별 ㉠~㉣의 반지름과 광도를 나타낸 것이다. A는 표면 온도가 T인 별의 반지름과 광도의 관계이다.

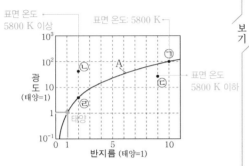

이 자료에 대한 옳은 설명만을 〈보기〉에서 있는 대로 고른 것은? (단, 태양의 절대 등급은 4.8이다.) [3점]

〈보기〉풀이

A의 그래프에서 반지름이 1일 때 광도가 1이므로, 표면 온도 T는 태양의 표면 온도와 같은 약 5800 K이다.

보기

㉠ **㉠의 절대 등급은 0보다 작다.**

➡ ㉠의 광도는 태양의 100배이므로 태양보다 절대 등급이 5등급 작다. 태양의 절대 등급은 4.8이므로 ㉠의 절대 등급은 4.8−5=−0.2이다. 따라서 0보다 작다.

✗ **㉢의 표면 온도는 T보다 높다.**

➡ 별의 광도는 $4\pi R^2 \cdot \sigma T^4$이다. 즉, 반지름이 같을 때 표면 온도는 광도가 클수록 높다. 표면 온도가 T이고, 반지름이 ㉢과 같은 별은 광도가 ㉢보다 크므로 표면 온도는 ㉢이 T보다 낮다.

✗ **CaⅡ의 흡수선의 상대적 세기는 ㉡이 ㉣보다 강하다.**

➡ 태양(G2V) 정도의 표면 온도를 갖는 별들에서 가장 강한 세기를 갖는 흡수선은 CaⅡ이다. ㉡은 ㉣보다 표면 온도가 높고, ㉣은 표면 온도가 태양과 같다. 아래 그림과 같이 CaⅡ의 흡수선의 세기는 태양보다 표면 온도가 높아질수록 감소한다. 따라서 CaⅡ 흡수선의 상대적 세기는 ㉡이 ㉣보다 약하다.

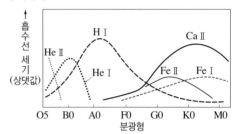

04 별의 표면 온도 – 분광형 2021학년도 6월 모평 지I 3번

정답 ① | 정답률 63%

적용해야 할 개념 ③가지

① 별은 표면 온도에 따라 스펙트럼에 나타나는 흡수선의 종류와 세기가 달라지며, 이를 기준으로 O, B, A, F, G, K, M형의 7개 분광형으로 분류한다.

➡ 별의 표면 온도는 O형이 가장 높고, M형으로 갈수록 낮다.

➡ 분광형의 가장 중요한 분류 기준은 중성 수소(HI) 흡수선의 세기로, 이 흡수선의 상대적 세기가 가장 강한 것은 A형이다.

분광형	O	B	A	F	G	K	M
표면 온도(K)	30000 이상	10000~30000	7500~10000	6000~7500	5000~6000	3500~5000	3500 이하
색	파란색	청백색	흰색	황백색	노란색	주황색	붉은색

② 주계열성에서는 표면 온도가 높은 별일수록 반지름이 크고, 질량이 크다.

③ 태양은 분광형이 G2형인 별이다.

문제 보기

그림은 별의 분광형에 따른 흡수선의 상대적 세기를 나타낸 것이다.

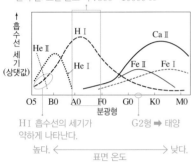

흰색 별: 표면 온도 약 7500~10000 K

HI 흡수선의 세기가 약하게 나타난다.
G2형 ➡ 태양
높다. ◄─ 표면 온도 ─► 낮다.

이 자료에 대한 설명으로 옳은 것만을 〈보기〉에서 있는 대로 고른 것은?

〈보기〉 풀이

ㄱ. 흰색 별에서 HI 흡수선이 CaII 흡수선보다 강하게 나타난다.

➡ 흰색 별은 표면 온도가 약 7500 K~10000 K이므로 분광형은 A형이다. 분광형이 A형인 별에서는 HI 흡수선이 CaII 흡수선보다 강하게 나타나므로 흰색 별에서 HI 흡수선이 CaII 흡수선보다 강하게 나타난다.

ㄴ. 주계열에서 B0형보다 표면 온도가 높은 별일수록 HI 흡수선의 세기가 강해진다.

➡ 분광형이 B0형에서 O5형으로 갈수록 별의 표면 온도가 높으며, B0형보다 표면 온도가 높은 별일수록 HI 흡수선의 세기가 약해진다.

ㄷ. 태양과 광도가 같고 반지름이 작은 별의 CaII 흡수선은 G2형 별보다 강하게 나타난다.

➡ 별의 광도는 반지름이 클수록, 표면 온도가 높을수록 크므로 태양과 광도가 같고 반지름이 작은 별은 태양보다 표면 온도가 높다. 태양의 분광형은 G2형이고, G2형 별보다 표면 온도가 높은 별일수록 CaII 흡수선의 세기는 약해진다. 즉, 태양과 광도가 같고 반지름이 작은 별의 CaII 흡수선은 G2형 별보다 약하게 나타난다.

05 별의 물리량 – 분광형 2021학년도 3월 학평 지I 17번

정답 ② | 정답률 64%

적용해야 할 개념 ③가지

① 흑체의 표면 온도(T)가 높을수록 최대 에너지를 방출하는 파장(λ_{max})이 짧아진다. ➡ $\lambda_{max} = \dfrac{a}{T}$ (a: 빈의 상수)

② 별은 표면 온도에 따라 스펙트럼에 나타나는 흡수선의 종류와 세기가 달라지며, 이를 기준으로 O, B, A, F, G, K, M형의 7개 분광형으로 분류한다.

➡ 별의 표면 온도는 O형이 가장 높고, M형으로 갈수록 낮다.

➡ 태양은 분광형이 G2형인 별이다.

③ 주계열성에서는 표면 온도가 높은 별일수록 질량이 크다.

문제 보기

그림은 두 주계열성 (가)와 (나)의 파장에 따른 복사 에너지 세기의 분포를 나타낸 것이다. (가)와 (나)의 분광형은 각각 B형과 G형 중 하나이다.

최대 에너지를 방출하는 파장(λ_{max}): (가)＜(나)
➡ 표면 온도: (가)＞(나)
➡ 주계열성의 질량: (가)＞(나)

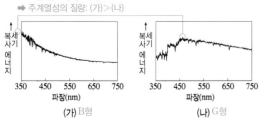

(가) B형   (나) G형

이에 대한 옳은 설명만을 〈보기〉에서 있는 대로 고른 것은?

〈보기〉 풀이

ㄱ. 표면 온도는 (가)가 (나)보다 낮다.

➡ 그림에서 최대 에너지를 방출하는 파장(λ_{max})이 (가)가 (나)보다 짧으므로 빈의 변위 법칙 $\lambda_{max} = \dfrac{a}{T}$ (a: 빈의 상수)에 따라 표면 온도는 (가)가 (나)보다 높다. 별의 분광형은 표면 온도가 높은 (가)가 B형이고, (나)가 G형이다.

ㄴ. 질량은 (가)가 (나)보다 작다.

➡ 주계열성은 표면 온도가 높을수록 질량이 크다. (가)가 (나)보다 표면 온도가 높으므로 질량은 (가)가 (나)보다 크다.

ㄷ. 태양의 파장에 따른 복사 에너지 세기의 분포는 (가)보다 (나)와 비슷하다.

➡ 태양은 분광형이 G형인 별이므로 태양의 파장에 따른 복사 에너지 세기의 분포는 분광형이 B형인 (가)보다 분광형이 G형인 (나)와 비슷할 것이다.

적용해야 할 개념 ③가지

① 별은 표면 온도에 따라 스펙트럼에 나타나는 흡수선의 종류와 세기가 달라지며, 이를 기준으로 O, B, A, F, G, K, M형의 7개 분광형으로 분류한다.

➡ 별의 표면 온도는 O형이 가장 높고, M형으로 갈수록 낮다.

➡ 분광형의 가장 중요한 분류 기준은 중성 수소(HⅠ) 흡수선의 세기로, 이 흡수선의 상대적 세기가 가장 강한 것은 A형이다.

분광형	O	B	A	F	G	K	M
표면 온도(K)	30000 이상	10000~30000	7500~10000	6000~7500	5000~6000	3500~5000	3500 이하
색	파란색	청백색	흰색	황백색	노란색	주황색	붉은색

② 흑체의 표면 온도(T)가 높을수록 최대 에너지를 방출하는 파장(λ_{max})이 짧아진다. ➡ $\lambda_{max} = \dfrac{a}{T}$ (a: 빈의 상수)

③ 주계열성은 질량이 클수록 표면 온도가 높고, 반지름과 광도가 크며, 수명은 짧다.

문제 보기

그림은 주계열성 (가)와 (나)가 방출하는 복사 에너지의 상대적인 세기를 파장에 따라 나타낸 것이다. (가)와 (나)의 분광형은 각각 A0형과 G2형 중 하나이다.

(가)가 (나)보다 흡수선의 세기가 세다.

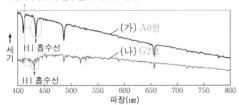

이 자료에 대한 옳은 설명만을 〈보기〉에서 있는 대로 고른 것은?

[3점]

〈보기〉 풀이

A0형과 G2형 별 중 중성 수소(HⅠ) 흡수선의 세기가 더 강한 것은 A0형이고, 그림에서 HⅠ 흡수선의 세기는 (나)보다 (가)에서 더 세다. 따라서 (가)는 A0형 별이고, (나)는 G2형 별이다.

✗ ㄱ. **HⅠ 흡수선의 세기는 (가)가 (나)보다 약하다.**

➡ 그림에서 HⅠ 흡수선이 (가)가 (나)보다 뚜렷하게 형성되어 있으므로 HⅠ 흡수선의 세기는 (가)가 (나)보다 강하다.

✗ ㄴ. **복사 에너지를 최대로 방출하는 파장은 (가)가 (나)보다 길다.**

➡ 복사 에너지를 최대로 방출하는 파장(λ_{max})은 $\lambda_{max} = \dfrac{a}{T}$ (a: 빈의 상수)에서 별의 표면 온도(K)가 높을수록 짧아진다. (가)는 A0형 별이므로 표면 온도가 약 10000 K이고, (나)는 G2형 별로 표면 온도가 약 5800 K이므로, 복사 에너지를 최대로 방출하는 파장은 (가)가 (나)보다 짧다.

✓ ㄷ. **별의 반지름은 (가)가 (나)보다 크다.**

➡ (가)와 (나)는 모두 주계열성으로, 주계열성은 표면 온도가 높은 별의 반지름이 더 크다. 따라서 반지름은 표면 온도가 더 높은 (가)가 (나)보다 크다.

07 별의 표면 온도 – 분광형 2022학년도 6월 모평 지I 14번

정답 ③ | 정답률 60%

**적용해야 할
개념 ③가지**

① 흑체의 표면 온도(T)가 높을수록 최대 에너지를 방출하는 파장(λ_{max})이 짧아진다. ➡ $\lambda_{max} = \dfrac{a}{T}$ (a: 빈의 상수)

② 별은 표면 온도에 따라 스펙트럼에 나타나는 흡수선의 종류와 세기가 달라지며, 이를 기준으로 O, B, A, F, G, K, M형의 7개 분광형으로 분류한다.

➡ 별의 표면 온도는 O형이 가장 높고, M형으로 갈수록 낮다.

➡ 분광형의 가장 중요한 분류 기준은 중성 수소(HI) 흡수선의 세기로, 이 흡수선의 상대적 세기가 가장 강한 것은 A형이다.

분광형	O	B	A	F	G	K	M
표면 온도(K)	30000 이상	10000~30000	7500~10000	6000~7500	5000~6000	3500~5000	3500 이하
색	파란색	청백색	흰색	황백색	노란색	주황색	붉은색

③ 태양은 분광형이 G2형인 별이다.

문제 보기

그림은 분광형이 서로 다른 별 (가), (나), (다)가 방출하는 복사 에너지의 상대적 세기를 파장에 따라 나타낸 것이다. (가)의 분광형은 O형이고, (나)와 (다)는 각각 A형과 G형 중 하나이다.

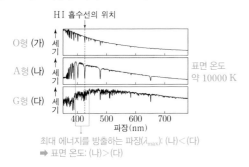

HI 흡수선의 위치

O형 (가) 세기

A형 (나) 세기   표면 온도
                        약 10000 K

G형 (다) 세기

400   500   600   700
파장(nm)

최대 에너지를 방출하는 파장(λ_{max}): (나)<(다)
➡ 표면 온도: (나)>(다)

이 자료에 대한 설명으로 옳은 것만을 〈보기〉에서 있는 대로 고른 것은? [3점]

〈보기〉 풀이

보기

최대 에너지를 방출하는 파장(λ_{max})이 (나)가 (다)보다 짧으므로 $\lambda_{max} = \dfrac{a}{T}$ (a: 빈의 상수)에 따라 표면 온도(T)는 (나)가 (다)보다 높다. 따라서 (나)는 A형 별이고, (다)는 G형 별이다.

✗ **HI 흡수선의 세기는 (가)가 (나)보다 강하게 나타난다.**

➡ HI(중성 수소) 흡수선의 세기가 가장 강하게 나타나는 별의 분광형은 A형이므로, HI 흡수선의 세기는 O형 별인 (가)보다 A형 별인 (나)에서 더 강하게 나타난다.

✗ **복사 에너지를 최대로 방출하는 파장은 (나)가 (다)보다 길다.**

➡ 그림에서 복사 에너지를 최대로 방출하는 파장(λ_{max})은 (나)가 (다)보다 짧다.

ㄷ. **표면 온도는 (나)가 태양보다 높다.**

➡ (나)는 분광형이 A형인 별로, A형 별의 표면 온도는 약 10000 K이고, 태양의 표면 온도는 약 5800 K이다. 따라서 표면 온도는 (나)가 태양보다 높다.

적용해야 할 개념 ②가지

① 흑체의 표면 온도(T)가 높을수록 최대 에너지를 방출하는 파장(λ_{max})이 짧아진다. ⇒ $\lambda_{max} = \dfrac{a}{T}$ (a: 빈의 상수)

② 주계열성에서는 여러 가지 물리량 사이에 연관성이 있다.

표면 온도	색지수	색	질량	반지름	광도	수명
높은 별	작다.	파란색에 가깝다.	크다.	크다.	크다.	짧다.
낮은 별	크다.	붉은색에 가깝다.	작다.	작다.	작다.	길다.

⇒ 주계열성이 아닌 별에도 적용된다. 　　　⇒ 주계열성에만 적용된다.

문제 보기

그림은 지구 대기권 밖에서 단위 시간 동안 관측한 주계열성 A, B, C의 복사 에너지 세기를 파장에 따라 나타낸 것이다.

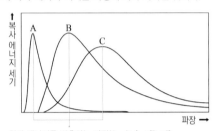

최대 에너지를 방출하는 파장(λ_{max}): A < B < C
⇒ 표면 온도: A > B > C
⇒ 광도: A > B > C
⇒ 반지름: A > B > C

이에 대한 설명으로 옳은 것만을 〈보기〉에서 있는 대로 고른 것은? [3점]

〈보기〉 풀이

ㄱ. 표면 온도는 A가 B보다 높다.

⇒ 빈위 변위 법칙 $\lambda_{max} = \dfrac{a}{T}$ (a: 빈의 상수)에 따르면 별의 표면 온도(T)가 높을수록 최대 에너지를 방출하는 파장(λ_{max})이 짧아진다. 최대 에너지를 방출하는 파장이 A가 B보다 짧으므로 표면 온도는 A가 B보다 높다.

ㄴ. 광도는 B가 C보다 크다.

⇒ 표면 온도가 높은 주계열성일수록 광도가 크다. 표면 온도는 B가 C보다 높으므로 광도는 B가 C보다 크다.

ㄷ. 반지름은 A가 C보다 작다.

⇒ 표면 온도가 높은 주계열성일수록 반지름이 크다. 표면 온도는 A가 C보다 높으므로 반지름은 A가 C보다 크다.

적용해야 할 개념 ③가지

① 별이 모든 파장에 걸쳐 단위 시간 동안 방출하는 에너지의 총량이 광도이다.

② 별의 표면 온도(T)가 높을수록 최대 에너지를 방출하는 파장(λ_{max})이 짧아진다. ⇒ $\lambda_{max} = \dfrac{a}{T}$ (a: 빈의 상수)

③ 별의 표면 온도와 광도를 알면 반지름을 추정할 수 있다.

⇒ $L = 4\pi R^2 \cdot \sigma T^4$, $R \propto \dfrac{\sqrt{L}}{T^2}$ (L: 광도, R: 반지름, T: 표면 온도, σ: 슈테판·볼츠만 상수)

문제 보기

그림은 단위 시간 동안 별 ㉠과 ㉡에서 방출된 복사 에너지 세기를 파장에 따라 나타낸 것이다. 그래프와 가로축 사이의 면적은 각각 S, 4S이다. ㉠과 ㉡에 대한 옳은 설명만을 〈보기〉에서 있는 대로 고른 것은?

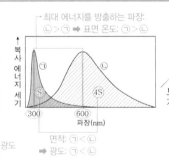

최대 에너지를 방출하는 파장: ㉡ > ㉠ ⇒ 표면 온도: ㉠ > ㉡
면적: ㉠ < ㉡
⇒ 광도: ㉠ < ㉡

〈보기〉 풀이

ㄱ. 광도는 ㉡이 ㉠의 4배이다.

⇒ 단위 시간 동안 방출하는 복사 에너지의 총량이 광도이다. 광도는 그래프에서와 가로축 사이의 면적에 해당하고, ㉠은 S, ㉡은 4S이므로 ㉡이 ㉠의 4배이다.

ㄴ. 표면 온도는 ㉡이 ㉠의 2배이다.

⇒ $\lambda_{max} = \dfrac{a}{T}$ (a: 빈의 상수)이고, 최대 에너지를 방출하는 파장(λ_{max})은 ㉡이 ㉠의 2배이므로 표면 온도(T)는 ㉠이 ㉡의 2배이다.

ㄷ. 반지름은 ㉡이 ㉠의 2배이다.

⇒ 별의 광도(L)은 $L = 4\pi R^2 \cdot \sigma T^4$이다. 표면 온도($T$)는 ㉠이 ㉡의 2배이지만, 광도($L$)는 ㉠이 ㉡의 $\dfrac{1}{4}$이므로 $\dfrac{L_㉠}{L_㉡} = \left(\dfrac{R_㉠}{R_㉡}\right)^2 \times \left(\dfrac{T_㉠}{T_㉡}\right)^4$에서 $\dfrac{1}{4} \times \left(\dfrac{1}{2}\right)^4 = \left(\dfrac{R_㉠}{R_㉡}\right)^2$이다.

따라서 $R_㉡ = 8R_㉠$이다.

10 별의 물리량 2022학년도 3월 학평 지I 16번   정답 ① | 정답률 67%

적용해야 할 개념 ③가지

① 별의 표면 온도(T)가 높을수록 최대 복사 에너지를 방출하는 파장(λ_{max})이 짧아진다. ➡ $\lambda_{max} = \dfrac{a}{T}$ (a: 빈의 상수)

② 별의 반지름을 R, 표면 온도를 T라고 할 때, 별의 광도(L)는 $L = 4\pi R^2 \cdot \sigma T^4$ (σ: 슈테판 · 볼츠만 상수)이다.

③ 별의 분광형이 A0형인 별은 색지수가 0이고, 표면 온도가 약 10000 K이며, 흰색이다.

문제 보기

표는 별 A, B의 표면 온도와 반지름을, 그림은 A, B에서 단위 면적당 단위 시간에 방출되는 복사 에너지의 파장에 따른 세기를 ㉠과 ㉡으로 순서 없이 나타낸 것이다.

색지수 0, 흰색, 분광형 A형

별	A	B
표면 온도 (K)	5000	(10000)
반지름 (상댓값)	2	1

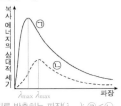

최대 복사 에너지를 방출하는 파장(λ_{max}): ㉠<㉡
➡ 표면 온도: ㉠>㉡

이에 대한 옳은 설명만을 〈보기〉에서 있는 대로 고른 것은?

〈보기〉 풀이

ㄱ. **A는 ㉡에 해당한다.**

➡ ㉠과 ㉡ 중 최대 복사 에너지를 방출하는 파장(λ_{max})은 ㉠이 짧다. $\lambda_{max} = \dfrac{a}{T}$ 이므로 표면 온도(T)가 높을수록 최대 복사 에너지를 방출하는 파장이 짧다. 따라서 ㉠은 표면 온도가 높은 B, ㉡은 표면 온도가 낮은 A에 해당한다.

✗ **B는 붉은색 별이다.**

➡ 표면 온도가 10000 K인 별은 색지수가 0이며, 흰색이다. 따라서 B는 흰색 별이다.

✗ **별의 광도는 A가 B의 4배이다.**

➡ 광도(L)는 $L = 4\pi R^2 \cdot \sigma T^4$ (R: 별의 반지름, σ: 슈테판 · 볼츠만 상수, T: 별의 표면 온도)이다. A는 B보다 표면 온도가 $\dfrac{1}{2}$ 배이지만 반지름은 2배이므로 광도는 $2^2 \times \left(\dfrac{1}{2}\right)^4 = \dfrac{1}{4}$ 배이다.

---

11 별의 물리량 2021학년도 9월 모평 지I 15번   정답 ② | 정답률 60%

적용해야 할 개념 ④가지

① 분광형이 A0형인 별은 표면 온도가 약 10000 K로 흰색을 띤다.

② 별의 표면 온도와 광도를 알면 반지름을 추정할 수 있다.

➡ $L = 4\pi R^2 \cdot \sigma T^4$, $R \propto \dfrac{\sqrt{L}}{T^2}$ (L: 광도, R: 반지름, σ: 슈테판·볼츠만 상수, T: 표면 온도)

③ 별의 광도는 별이 단위 시간 동안 방출하는 총 에너지양이고, 절대 등급이 작을수록 광도가 크다.

④ 별의 등급이 5등급 작으면, 별의 밝기는 100배 밝다.

문제 보기

그림은 별의 스펙트럼에 나타난 흡수선의 상대적 세기를 온도에 따라 나타낸 것이고, 표는 별 A, B, C의 물리량과 특징을 나타낸 것이다.

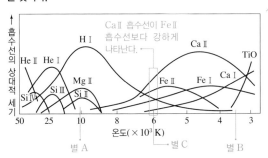

별	표면 온도(K)	절대 등급	특징
A	(약 10000)	11.0	별의 색깔은 흰색이다.
B	3500	( )	반지름이 C의 100배이다.
C	6000	6.0	( )

이에 대한 설명으로 옳은 것은?

분광형: A형
➡ 표면 온도: 약 10000 K

〈보기〉 풀이

① **반지름은 A가 C보다 크다.**

➡ 별의 광도를 구하는 식 $L = 4\pi R^2 \cdot \sigma T^4$에서 $R \propto \dfrac{\sqrt{L}}{T^2}$ 이므로 별의 반지름(R)은 별의 광도(L)가 클수록, 표면 온도(T)가 낮을수록 크다. A는 흰색 별이므로 분광형이 A형이고 표면 온도가 약 10000 K이다. 따라서 A는 C보다 표면 온도가 높고, 절대 등급이 C보다 크므로 광도는 C보다 작다. 즉, A는 C보다 표면 온도가 높고 광도가 작으므로 반지름은 C보다 작다.

② **B의 절대 등급은 -4.0보다 크다.**

➡ 절대 등급이 작을수록 광도가 크고, 별의 광도가 100배일 때 절대 등급은 5등급 작아진다. B의 반지름은 C의 100배이고, 표면 온도는 C의 $\dfrac{3500}{6000} = \dfrac{7}{12}$ 배이다. $L = 4\pi R^2 \cdot \sigma T^4$, $L \propto R^2 \cdot T^4$에서 B의 광도는 C의 광도의 $100^2 \times \left(\dfrac{7}{12}\right)^4$ 배이므로 10000배보다 작다. B의 광도가 C의 10000배라면 B의 절대 등급은 -4.0등급이므로 B의 절대 등급은 -4.0보다 크다.

✗ **세 별 중 Fe I 흡수선은 A에서 가장 강하다.**

➡ 중성 철(Fe I)의 흡수선은 표면 온도가 약 4500 K인 별에서 가장 강하고 A∼C 중에서는 B에서 가장 강하다.

✗ **단위 시간당 방출하는 복사 에너지양은 C가 B보다 많다.**

➡ 별이 단위 시간당 방출하는 복사 에너지양은 별의 광도에 해당한다. 별의 광도는 별의 반지름이 클수록, 표면 온도가 높을수록 크다. $L \propto R^2 \cdot T^4$으로부터 B의 광도는 C의 $100^2 \times \left(\dfrac{7}{12}\right)^4$ 배이므로, 별의 광도는 B가 C보다 크다.

✗ **C에서는 Fe II 흡수선이 Ca II 흡수선보다 강하게 나타난다.**

➡ C의 표면 온도인 6000 K에서는 Ca II 흡수선이 Fe II 흡수선보다 강하게 나타난다.

적용해야 할 개념 ②가지

① 별의 표면 온도(T)가 높을수록 최대 에너지를 방출하는 파장(λ_{max})이 짧아진다. ➡ $\lambda_{max} = \dfrac{a}{T}$ (a: 빈의 상수)

② 별의 광도(L)는 별의 반지름(R)의 제곱과 표면 온도(T)의 네제곱의 곱에 비례한다. ➡ $L = 4\pi R^2 \cdot \sigma T^4$

③ 별의 겉보기 밝기(l)는 별까지의 거리(r)의 제곱에 반비례한다. ➡ $l \propto \dfrac{1}{r^2}$

문제 보기

그림은 별 ㉠과 ㉡의 물리량을 나타낸 것이다.

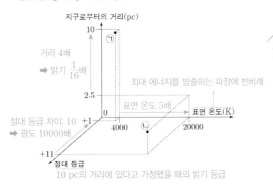

지구로부터의 거리(pc)

거리 4배 ➡ 밝기 $\dfrac{1}{16}$배

최대 에너지를 방출하는 파장에 반비례

표면 온도 5배

절대 등급 차이: 10 ➡ 광도 10000배

절대 등급

10 pc의 거리에 있다고 가정했을 때의 밝기 등급

이 자료에 대한 설명으로 옳은 것만을 〈보기〉에서 있는 대로 고른 것은? [3점]

〈보기〉 풀이

✘ 복사 에너지를 최대로 방출하는 파장은 ㉠이 ㉡의 $\dfrac{1}{5}$배이다.

➡ 별이 복사 에너지를 최대로 방출하는 파장은 별의 표면 온도에 반비례한다. 표면 온도는 ㉠이 4000 K, ㉡이 20000 K으로 ㉡이 ㉠의 5배이다. 따라서 복사 에너지를 최대로 방출하는 파장은 ㉠이 ㉡의 5배이다.

ⓛ 별의 반지름은 ㉠이 ㉡의 2500배이다.

➡ 절대 등급이 5등급 작으면 광도는 100배 크다. 절대 등급은 ㉠이 $+1$, ㉡이 $+11$로, ㉠이 ㉡보다 10등급 작으므로 광도(L)는 ㉠이 ㉡의 10000배이다. 한편, 표면 온도(T)는 ㉠이 ㉡의 $\dfrac{1}{5}$배이다. 광도 공식($L = 4\pi R^2 \cdot \sigma T^4$)으로부터 $R \propto \dfrac{\sqrt{L}}{T^2}$이므로 $\dfrac{\sqrt{10000}}{\left(\dfrac{1}{5}\right)^2} = 2500$이다.

따라서 별의 반지름은 ㉠이 ㉡의 2500배이다.

ⓒ (㉡의 겉보기 등급 − ㉠의 겉보기 등급) 값은 6보다 크다.

➡ ㉡이 10 pc의 거리에 있을 때 겉보기 등급은 절대 등급과 같으므로 $+11$이다. 별의 밝기는 거리의 제곱에 반비례하는데, ㉡은 10 pc보다 $\dfrac{1}{4}$배 가까이 있으므로 겉보기 밝기는 실제 밝기보다 16배 밝게 보인다. 1등급 차는 약 2.5배의 밝기 차이므로 ㉡의 겉보기 등급은 절대 등급보다 약 3등급 작은 약 $+8$이다. 한편, ㉠은 10 pc의 거리에 있으므로 겉보기 등급이 절대 등급과 같은 $+1$이다. 따라서 ㉡과 ㉠의 겉보기 등급 차이는 약 7이다.

적용해야 할 개념 ③가지

① 단위 시간당 단위 면적에서 방출하는 복사 에너지양(E)은 표면 온도(T)의 네제곱에 비례한다. ➡ $E = \sigma T^4$ (σ: 상수)

② 최대 복사 에너지 방출 파장(λ_{max})은 표면 온도(T)에 반비례한다. ➡ $\lambda_{max} = \dfrac{a}{T}$ (a: 상수)

③ 별의 광도(L)는 반지름(R)의 제곱과 표면 온도(T)의 4제곱에 비례한다. ➡ $L = 4\pi R^2 \cdot \sigma T^4$

문제 보기

표는 별 ㉠, ㉡, ㉢의 물리량을 나타낸 것이다. ㉠은 주계열성이다.

별	분광형	최대 복사 에너지 방출 파장 (상댓값)	절대 등급
㉠	A0 고온	①	$+0.6$
㉡	A9 저온	( )	( )
㉢	( )	②	-4.6

파장이 2배이면 표면 온도는 $\dfrac{1}{2}$배이다.

5등급 차보다 크므로 광도비는 100배보다 크다.

이 자료에 대한 설명으로 옳은 것만을 〈보기〉에서 있는 대로 고른 것은? [3점]

〈보기〉 풀이

㉠ 단위 시간당 단위 면적에서 방출하는 복사 에너지양은 ㉠이 ㉡보다 크다.

➡ 별의 분광형은 고온의 0에서 저온의 9까지 세분하므로 A0은 A9보다 표면 온도가 높다. 따라서 단위 시간당 단위 면적에서 방출하는 복사 에너지양은 표면 온도가 높은 ㉠이 ㉡보다 크다.

✘ ㉢은 주계열성이다.

➡ ㉢은 ㉠보다 최대 복사 에너지 방출 파장이 길므로 표면 온도가 낮고, 절대 등급이 작으므로 광도가 크다. 따라서 H−R도에서 ㉢은 ㉠보다 오른쪽 상단에 위치하므로 거성 또는 초거성이다.

✘ $\dfrac{㉢의 반지름}{㉠의 반지름}$은 40보다 작다.

➡ $\dfrac{L_㉢}{L_㉠} = \left(\dfrac{R_㉢}{R_㉠}\right)^2 \cdot \left(\dfrac{T_㉢}{T_㉠}\right)^4$에서 $\dfrac{R_㉢}{R_㉠} = \sqrt{\dfrac{L_㉢}{L_㉠}} \cdot \left(\dfrac{T_㉠}{T_㉢}\right)^2$이다. 최대 복사 에너지 방출 파장은 표면 온도에 반비례하므로 표면 온도는 ㉠이 ㉢의 2배이다. 한편 ㉢과 ㉠의 절대 등급 차가 5.2이므로 광도는 ㉢이 ㉠의 100배보다 조금 더 크다. 따라서 $\left(\dfrac{T_㉠}{T_㉢}\right)^2 = 4$이고, $\sqrt{\dfrac{L_㉢}{L_㉠}} > 10$이므로 $\dfrac{㉢의 반지름}{㉠의 반지름}$은 40보다 크다.

14 별의 물리량 2025학년도 9월 모평 지Ⅰ 18번

적용해야 할 개념 ③가지

① 질량이 태양 정도인 주계열성이 거성으로 진화하면 광도가 증가한다.

② 별의 밝기(l)는 별까지의 거리(r)의 제곱에 반비례한다. ➡ $l \propto \dfrac{1}{r^2}$

③ 질량이 태양 질량의 약 1.5배보다 큰 별은 p-p 반응보다 CNO 순환 반응에 의한 에너지 생성이 우세하다.

문제 보기

표는 별 (가), (나), (다)의 물리량을 나타낸 것이다. (나)와 (다)는 지구로부터의 거리가 같고, 태양의 절대 등급은 +4.8이다.

광도 (태양=1)	별	표면 온도 (태양=1)	반지름 (태양=1)	겉보기 등급	광도 계급
100	(가)	1	10	+4.8	(거성)
10000	(나)	4	6.25	+3.8	V 주계열성
	(다)	1	( )	+13.8	( ) 주계열성

보기

밝기 2.5배 증가

이 자료에 대한 설명으로 옳은 것만을 〈보기〉에서 있는 대로 고른 것은? [3점]

〈보기〉 풀이

ㄱ. 질량은 (가)가 (나)보다 작다.

➡ 광도는 반지름의 제곱과 표면 온도의 4제곱에 비례하므로 (가)의 광도는 태양 광도의 100배이고, (나)의 광도는 태양 광도의 10000배이다. 한편 (나)는 광도 계급이 V인 주계열성이다. 이를 근거로 두 별을 H-R도에 나타내 보면 (가)는 거성에 해당한다. 거성의 광도는 주계열성일 때의 광도보다 크므로 (가)가 주계열성일 때의 광도는 (나)보다 작다. 따라서 질량은 (가)가 (나)보다 작다.

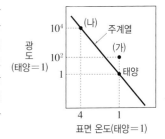

ㄴ. 지구로부터의 거리는 (나)가 (가)의 6배보다 멀다.

➡ (나)의 광도는 (가)보다 100배 크므로, 두 별을 같은 거리에 두었을 때 (가)의 밝기를 l이라고 하면 (나)의 밝기는 $100l$이다. 그런데 표에서 (나)의 겉보기 등급은 (가)의 겉보기 등급보다 1등급 작으므로 (나)의 겉보기 밝기는 $2.5l$이 된다. 그러므로 (나)는 (가)와 같은 거리에 있을 때보다 $\dfrac{1}{40}$배로 어둡게 보인다. 한편 지구로부터의 거리가 (나)가 (가)보다 6배 멀다면 (나)의 밝기는 (가)의 거리에 있을 때보다 $\dfrac{1}{36}$배로 어두워져 (나)의 밝기는 약 $2.8l\left(=\dfrac{100l}{36}\right)$이 된다. 이 값은 (나)가 실제 거리에 있는 경우보다 더 밝으므로 지구로부터의 거리는 (나)가 (가)의 6배보다 멀다.

ㄷ. 중심핵에서의 $\dfrac{\text{p-p 반응에 의한 에너지 생성량}}{\text{CNO 순환 반응에 의한 에너지 생성량}}$은 (나)가 (다)보다 작다.

➡ 광도가 10000배가 크면 절대 등급은 10등급 작다. (나)는 절대 등급이 4.8인 태양보다 광도가 10000배 크므로 (나)의 절대 등급은 4.8-10=-5.2이다. (나)의 겉보기 등급은 +3.8이므로 (나)를 10 pc 거리에서 실제 거리로 가져가면 9등급 커진다. 한편 (나)와 같은 거리에 있는 (다)는 실제 거리에서 겉보기 등급이 +13.8이므로 10 pc 거리로 가져가면 9등급 작아져 절대 등급이 +4.8이 된다. 즉, (다)는 표면 온도와 절대 등급이 태양과 같으므로 주계열성이다. 따라서 (나)와 (다)는 주계열성인데, (나)가 (다)보다 질량이 크므로 중심핵에서의 $\dfrac{\text{p-p 반응에 의한 에너지 생성량}}{\text{CNO 순환 반응에 의한 에너지 생성량}}$은 (나)가 (다)보다 작다.

적용해야 할 개념 ④가지

① 단위 시간당 단위 면적에서 방출하는 별의 복사 에너지양은 $\dfrac{광도}{표면적}$ 이다.

② 별의 광도(L)는 별의 반지름(R)의 제곱과 표면 온도(T)의 네제곱에 비례한다. ➡ $L \propto R^2 \cdot T^4$

③ 별의 겉보기 밝기(l)는 별까지의 거리(r)의 제곱에 반비례한다. ➡ $l \propto \dfrac{1}{r^2}$

④ 별의 밝기가 100배 어두워지면 별의 등급은 5만큼 커진다.

문제 보기

표는 별 ㉠, ㉡, ㉢의 물리량을 나타낸 것이다. 태양의 절대 등급은 +4.8 등급이다.

10 pc에서 겉보기 등급도 +4.8이다.

광도 비는 10 pc에서의 밝기 비와 같다.

별	반지름 (태양=1)	지구로부터의 거리(pc)	광도 (태양=1)	분광형
㉠	10	( )	100	(G2)
㉡	0.4	20	0.04	( )
㉢	( )	100	100	M1

태양과 표면 온도가 같다.

이 자료에 대한 설명으로 옳은 것만을 〈보기〉에서 있는 대로 고른 것은? [3점]

〈보기〉 풀이

㉠ 단위 시간당 단위 면적에서 방출하는 복사 에너지양은 ㉠이 ㉡의 **4배**이다.

➡ 단위 시간당 단위 면적에서 방출하는 복사 에너지양(E)은 $E = \dfrac{L}{4\pi R^2}$ (L: 광도, R: 반지름)이다. ㉠과 ㉡에서 반지름은 ㉠이 ㉡의 25배이고, 광도는 ㉠이 ㉡의 2500배이므로, $\dfrac{E_㉠}{E_㉡} = 4$ 이다. 따라서 단위 시간당 단위 면적에서 방출하는 복사 에너지양은 ㉠이 ㉡의 4배이다.

✗ 별의 반지름은 ㉠이 ㉢보다 크다.

➡ 별의 광도(L), 반지름(R), 표면 온도(T)는 $L = 4\pi R^2 \cdot \sigma T^4$의 관계식이 성립하므로 ㉠의 표면 온도는 태양과 같고, 분광형이 G2이다. 한편 ㉢은 분광형이 M1로 ㉠보다 표면 온도가 낮은데, ㉠과 ㉢은 광도가 같으므로 반지름은 ㉢이 ㉠보다 크다.

✗ (㉡의 겉보기 등급+㉢의 겉보기 등급) 값은 15보다 크다.

➡ 태양의 절대 등급이 +4.8이므로 태양이 10 pc의 거리에 있을 때 겉보기 등급은 +4.8이다. 태양의 광도를 $L_\odot$라 하고 ㉡을 10 pc의 거리에 두고 태양의 밝기와 비교하면 $L_㉡ = 0.04 L_\odot$인데, ㉡의 실제 거리는 10 pc 거리의 2배이므로 밝기는 $\dfrac{1}{4}$배가 되어 $0.04 L_\odot \times \dfrac{1}{4} = 0.01 L_\odot$이다. 이는 10 pc 거리에 있는 태양 밝기의 $\dfrac{1}{100}$배에 해당하며, 등급으로 나타내면 5만큼 커진다. 따라서 ㉡의 겉보기 등급은 (+4.8)+5=+9.8이다. 이와 같은 원리로 ㉢은 10 pc에서 $L_㉢ = 100 L_\odot$이고, 실제 거리는 10 pc 거리의 10배이므로 밝기는 $\dfrac{1}{100}$배가 되어 10 pc 거리에 있는 태양의 밝기와 같아진다. 따라서 ㉢의 겉보기 등급은 +4.8이다. 그러므로 (㉡의 겉보기 등급+㉢의 겉보기 등급) 값은 14.6으로, 15보다 작다.

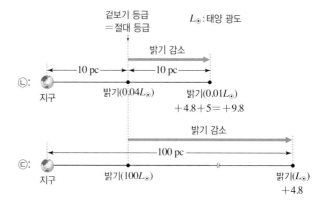

보기

---

16 별의 물리량 2024학년도 수능 지Ⅰ 18번

정답 ② | 정답률 49 %

적용해야 할 개념 ③가지

① 별의 광도(L)는 별의 반지름(R)의 제곱과 표면 온도(T)의 네제곱에 비례한다. ➡ $L=4\pi R^2 \cdot \sigma T^4$

② 빈의 변위 법칙: 별의 표면 온도(T)가 높을수록 최대 에너지를 방출하는 파장(λ_{max})이 짧아진다. ➡ $\lambda_{max}=\dfrac{a}{T}$ (a: 빈의 상수)

③ 슈테판·볼츠만 법칙: 단위 시간당 단위 면적에서 방출하는 복사 에너지(E)는 표면 온도(T)의 4제곱에 비례한다. ➡ $E=\sigma T^4$

문제 보기

표는 별 (가), (나), (다)의 물리량을 나타낸 것이다. 태양의 절대 등급은 +4.8 등급이다.

· 10 pc에 있다고 가정하면, 밝기가 10000배 밝아진다.
➡ 절대 등급은 겉보기 등급보다 10등급 작아진다.
➡ 태양 광도의 10000배

$E=\sigma T^4$

별	단위 시간당 단위 면적에서 방출하는 복사 에너지 (태양=1)	겉보기 등급	지구로부터의 거리(pc)	표면 온도 (태양=1)
(가)	16	( )	( )	2
(나)	$\dfrac{1}{16}$	+4.8	1000	$\dfrac{1}{2}$
(다)	( )	−2.2	5	

이에 대한 설명으로 옳은 것만을 〈보기〉에서 있는 대로 고른 것은?

〈보기〉 풀이

✗ 복사 에너지를 최대로 방출하는 파장은 (가)가 (나)의 $\dfrac{1}{2}$ 배이다.

➡ 빈의 변위 법칙에 따르면 복사 에너지를 최대로 방출하는 파장은 표면 온도에 반비례한다. 한편, 슈테판·볼츠만 법칙에 따라 단위 시간당 단위 면적에서 방출하는 에너지는 표면 온도의 네제곱에 비례하므로, (가)의 표면 온도는 태양의 2배, (나)의 표면 온도는 태양의 $\dfrac{1}{2}$배이다.

따라서 복사 에너지를 최대로 방출하는 파장은 (가)가 (나)의 $\dfrac{1}{4}$ 배이다.

ㄴ. 반지름은 (나)가 태양의 400배이다.

➡ 별의 절대 등급은 별이 지구로부터 10 pc 떨어져 있을 때의 겉보기 등급과 같고, 별의 겉보기 밝기는 거리의 제곱에 반비례한다. (나)는 지구로부터 1000 pc 떨어져 있으므로, (나)가 10 pc의 거리에 있다고 가정하면 밝기는 100^2배 밝아진다. 한편, (나)의 겉보기 등급은 태양의 절대 등급과 같은 +4.8이므로 (나)의 광도는 태양의 10000배이고, 표면 온도는 태양의 $\dfrac{1}{2}$ 배이므로 광도 식($L=4\pi R^2 \cdot \sigma T^4$)을 이용하면, $\dfrac{L_{(가)}}{L_{태양}}=10000=\dfrac{4\pi R_{(나)}{}^2}{4\pi R_{태양}{}^2}\times\dfrac{\sigma\left(\frac{1}{2}T_{태양}\right)^4}{\sigma T_{태양}{}^4}$ 이다. 따라서 (나)의 반지름은 태양의 400배이다.

✗ $\dfrac{(다)의\ 광도}{태양의\ 광도}$ 는 100보다 작다.

➡ (다)는 지구로부터의 거리가 5 pc이므로 10 pc에 있다고 가정하면 밝기는 $\dfrac{1}{4}$배로 어두워져 약 1~2등급 크게 나타난다. 즉, (다)의 절대 등급은 태양의 절대 등급보다 5등급 이상 작다. 따라서 (다)의 광도는 태양의 100배 이상 크므로 $\dfrac{(다)의\ 광도}{태양의\ 광도}$ 는 100보다 크다.

적용해야 할 개념 ③가지

① 분광형이 A0형인 주계열성의 절대 등급은 약 0이다.
② 분광형은 표면 온도가 높은 것부터 순서대로 O → B → A → F → G → K → M이다.
③ 별의 평균 밀도는 백색 왜성이 거성보다 크다.

문제 보기

표는 별의 종류 (가), (나), (다)에 해당하는 별들의 절대 등급과 분광형을 나타낸 것이다. (가), (나), (다)는 각각 거성, 백색 왜성, 주계열성 중 하나이다.

별의 종류	별	절대 등급	분광형
(가) 주계열성	㉠	+0.5	A0
	㉡	−0.6	B7
(나) 거성	㉢	+1.1	K0
	㉣	−0.7	G2
(다) 백색 왜성	㉤	+13.3	F5
	㉥	+11.5	B1

분광형이 A0형일 때 주계열성의 절대 등급은 0에 가깝다.

보기

이에 대한 옳은 설명만을 〈보기〉에서 있는 대로 고른 것은?

〈보기〉 풀이

㉠ (가)는 주계열성이다.

➡ 주계열성인 A0형 별의 절대 등급은 약 0이므로 (가)의 별들은 주계열성에 해당한다. 한편, (나)는 태양과 표면 온도가 비슷하거나 더 낮은 별들인데 절대 등급은 태양보다 작으므로 거성이고, (다)는 태양보다 표면 온도는 높은 별들인데 절대 등급은 태양보다 크므로 백색 왜성에 해당한다.

㉡ 평균 밀도는 (나)가 (다)보다 작다.

➡ (나)는 거성이고 (다)는 백색 왜성이다. 평균 밀도는 백색 왜성 > 주계열성 > 거성 순이다. 따라서 평균 밀도는 거성인 (나)가 백색 왜성인 (다)보다 작다.

✗ 단위 시간당 단위 면적에서 방출하는 에너지양은 ㉠~㉥ 중 ㉣이 가장 많다.

➡ 단위 시간당 단위 면적에서 방출하는 에너지양은 슈테판·볼츠만 법칙에 따라 표면 온도의 네제곱에 비례한다. 분광형은 표면 온도가 높은 것부터 순서대로 O, B, A, F, G, K, M형으로 구분하고, 각 분광형은 다시 0(고온)에서 9(저온)까지로 세분한다. ㉠ ~ ㉥ 중 표면 온도가 가장 높은 별은 분광형이 B1인 ㉥이다. 따라서 단위 시간당 단위 면적에서 방출하는 에너지양은 ㉥이 가장 많다.

적용해야 할 개념 ③가지

① 주계열성은 H−R도의 왼쪽 위에서 오른쪽 아래로 이어지는 좁은 띠 영역에 분포한다. ➡ 왼쪽 위에 분포할수록 표면 온도가 높고, 광도가 크며, 질량과 반지름이 크다.
② 광도 계급은 별의 표면 온도와 광도를 고려하여 별을 분류한 것으로, 광도가 큰 I(초거성)에서부터 광도가 작은 Ⅶ(백색 왜성)까지 7개의 광도 계급으로 구분한다.
③ 별의 분광형은 스펙트럼에 나타나는 흡수선의 종류와 세기를 기준으로 하여 고온에서 저온 순으로 O, B, A, F, G, K, M형의 7가지로 분류한다. ➡ 표면 온도가 약 5800 K인 태양의 분광형은 G2형이다.

문제 보기

표는 별 $S_1 \sim S_6$의 광도 계급, 분광형, 절대 등급을 나타낸 것이다. (가)와 (나)는 각각 광도 계급 Ib(초거성)와 Ⅴ(주계열성) 중 하나이다.

표면 온도: A0>K2>M1

별	광도 계급	분광형	절대 등급
S_1	Ib(초거성) (가)	A0	(㉠)
S_2		K2	(㉡)
S_3		M1	−5.2
S_4		A0	(㉢)
S_5	(나)	K2	(㉣)
S_6		M1	9.4

Ⅴ(주계열성)
➡ 표면 온도가 높을수록 광도가 크다.
초거성과 주계열성의 절대 등급 차이(절댓값)는 표면 온도가 낮을수록 커진다.
➡ |㉠−㉢| < |㉡−㉣|

보기

이에 대한 설명으로 옳은 것만을 〈보기〉에서 있는 대로 고른 것은? [3점]

〈보기〉 풀이

㉠ (가)는 Ib(초거성)이다.

➡ 주계열성은 표면 온도가 낮을수록 광도가 작다. 주계열성인 태양과 비교했을 때, S_3은 태양보다 표면 온도가 낮고 광도가 큰 반면 S_6은 태양보다 표면 온도가 낮고 광도가 작다. 따라서 (가)는 Ib(초거성)이고, (나)는 Ⅴ(주계열성)이다.

✗ 광도는 S_4가 S_5보다 작다.

➡ 주계열성의 경우 표면 온도가 높을수록 광도가 크다. 분광형으로 보아 표면 온도는 S_4가 S_5보다 높으므로, 광도는 S_4가 S_5보다 크다.

㉢ |㉠−㉢| < |㉡−㉣|이다.

➡ 초거성은 분광형에 따른 절대 등급의 차이가 매우 작은 반면, 주계열성은 분광형이 O형에서 M형으로 갈수록 절대 등급이 커진다. 따라서 |(초거성의 절대 등급)−(주계열성의 절대 등급)|은 분광형이 K2형인 별이 A0형인 별보다 크므로 |㉠−㉢| < |㉡−㉣|이다.

19 별의 물리량 2024학년도 9월 모평 지Ⅰ 14번 　　　　정답 ① | 정답률 58 %

적용해야 할 개념 ③가지

① 별의 표면 온도(T)가 높을수록 최대 에너지를 방출하는 파장(λ_{max})이 짧아진다. ➡ $\lambda_{max} = \dfrac{a}{T}$ (a: 빈의 상수)

② 별의 광도(L)는 별의 반지름(R)의 제곱과 표면 온도(T)의 네제곱의 곱에 비례한다. ➡ $L = 4\pi R^2 \cdot \sigma T^4$

③ 광도가 100배 차이인 두 별의 절대 등급 차는 5이며, 광도가 클수록 절대 등급이 작다.

문제 보기

표는 태양과 별 (가), (나), (다)의 물리량을 나타낸 것이다.

10등급 차 ➡ 광도 10000배 차
➡ 광도: (가)>태양

별	표면 온도 (태양=1)	반지름 (태양=1)	절대 등급
태양	1	1	+4.8
(가)	0.5	(㉠)	−5.2
(나)	( )	0.01	+9.8
(다)	$\sqrt{2}$	2	( )

보기

15등급 차 ➡ 광도 1000000배 차
➡ 광도: (가)>(나)

이 자료에 대한 설명으로 옳은 것만을 〈보기〉에서 있는 대로 고른 것은?

〈보기〉 풀이

ㄱ ㉠은 **400**이다.

➡ 태양과 (가)의 절대 등급 차는 10이므로 광도는 (가)가 태양보다 10000배 크다. 광도 식 ($L = 4\pi R^2 \cdot \sigma T^4$)으로부터 $\dfrac{L_{(가)}}{L_{태양}} = \dfrac{4\pi R^2_{(가)} \cdot \sigma T^4_{(가)}}{4\pi R^2_{태양} \cdot \sigma T^4_{태양}} = 10000$이고, $T_{(가)} = \dfrac{1}{2} T_{태양}$이므로 $\dfrac{R_{(가)}}{R_{태양}} = 400$이 된다. 따라서 (가)의 반지름 ㉠은 400이다.

ㄴ 복사 에너지를 최대로 방출하는 파장은 (나)가 (다)의 $\dfrac{1}{2}$배보다 길다.

➡ (가)와 (나)의 절대 등급 차이는 −15이므로 광도는 (가)가 (나)보다 10^6배 크다. 광도 식으로부터 $\dfrac{L_{(가)}}{L_{(나)}} = \dfrac{4\pi R^2_{(가)} \cdot \sigma T^4_{(가)}}{4\pi R^2_{(나)} \cdot \sigma T^4_{(나)}} = 10^6$이고, $R_{(가)} = 400$, $R_{(나)} = 0.01$, $T_{(가)} = 0.5$이므로 $T_{(나)} = \sqrt{10}$이다. 복사 에너지를 최대로 방출하는 파장(λ_{max})은 표면 온도에 반비례하고, 표면 온도는 (나)가 (다)의 $\sqrt{5}$배이므로, 복사 에너지를 최대로 방출하는 파장(λ_{max})은 (나)가 (다)의 $\dfrac{1}{\sqrt{5}}$배이다. 따라서 최대 복사 에너지 파장(λ_{max})은 (나)가 (다)의 $\dfrac{1}{2}$배보다 짧다.

ㄷ 절대 등급은 (다)가 태양보다 크다.

➡ (다)는 태양보다 별의 표면 온도도 높고, 반지름도 크므로 광도도 태양보다 크다. 따라서 절대 등급은 (다)가 태양보다 작다.

적용해야 할 개념 ⑤가지

① 별의 표면 온도(T)가 높을수록 최대 에너지를 방출하는 파장(λ_{max})이 짧아진다. ➡ $\lambda_{max} = \dfrac{a}{T}$($a$: 빈의 상수)

② 주계열성에서는 표면 온도가 높을수록 질량, 광도, 반지름이 크다.

③ 별의 광도(L)는 별의 반지름(R)의 제곱에 비례하고, 표면 온도(T)의 4제곱에 비례한다. ➡ $L = 4\pi R^2 \cdot \sigma T^4$($\sigma$: 슈테판·볼츠만 상수)

④ 별의 광도가 100배 크면 절대 등급은 5등급 작다.

⑤ 질량이 태양 정도인 주계열성에서는 p-p 반응(양성자·양성자 반응)이 우세하고, 질량이 태양보다 매우 큰 주계열성에서는 CNO 순환 반응(탄소·질소·산소 순환 반응)이 우세하다.

문제 보기

표는 태양과 별 (가), (나), (다)의 물리량을 나타낸 것이다. (가), (나), (다) 중 주계열성은 2개이고, (나)와 (다)의 겉보기 밝기는 같다.

표면 온도 비교($\lambda \propto \dfrac{1}{T}$)

별	복사 에너지를 최대로 방출하는 파장(μm)	광도 비교 절대 등급	반지름 (태양=1)
태양	0.50	+4.8	1
(가)	(㉠)	−0.2	2.5
(나)	0.10	( )	4
(다)	0.25	+9.8	( )

└ 표면 온도가 태양보다 높은데, 절대 등급이 크므로 주계열성이 아니다.

이 자료에 대한 설명으로 옳은 것만을 〈보기〉에서 있는 대로 고른 것은?

〈보기〉 풀이

(가)~(다) 중 (다)는 태양보다 복사 에너지를 최대로 방출하는 파장(λ_{max})이 짧으므로 표면 온도가 높지만, 절대 등급이 5등급 크므로 광도는 작다. 주계열성은 표면 온도가 높을수록 광도도 크기 때문에 (다)는 주계열성이 아니다. 따라서 주계열성은 (가)와 (나)이다.

✘ **㉠은 0.125이다.**

➡ 별의 광도는 반지름의 제곱, 표면 온도의 4제곱에 비례한다($L = 4\pi R^2 \cdot \sigma T^4$). (가)의 절대 등급은 태양보다 5등급 작으므로 광도는 태양의 100배이고, 반지름은 태양의 2.5배이다. 따라서 (가)의 표면 온도는 태양의 2배이다. 복사 에너지를 최대로 방출하는 파장(λ_{max})은 표면 온도에 반비례하므로 ㉠은 태양의 $\dfrac{1}{2}$인 0.25이다.

ㄴ. **중심핵에서의 $\dfrac{\text{p-p 반응에 의한 에너지 생성량}}{\text{CNO 순환 반응에 의한 에너지 생성량}}$은 (나)가 태양보다 작다.**

➡ 질량이 태양 정도인 별은 중심부에서 p-p 반응이 우세하고, 태양 질량의 약 1.5배 이상인 별은 중심부에서 CNO 순환 반응이 우세하다. (나)는 복사 에너지를 최대로 방출하는 파장(λ_{max})이 태양의 $\dfrac{1}{5}$이므로 표면 온도는 태양의 5배이고, 주계열성은 표면 온도가 높을수록 질량이 크므로 태양보다 질량이 매우 크다. 따라서 (나)에서는 CNO 순환 반응이 우세하므로 $\dfrac{\text{p-p 반응에 의한 에너지 생성량}}{\text{CNO 순환 반응에 의한 에너지 생성량}}$은 (나)가 태양보다 작다.

ㄷ. **지구로부터의 거리는 (나)가 (다)의 1000배이다.**

➡ (나)의 반지름은 태양의 4배, 표면 온도는 태양의 5배이다. 광도는 반지름의 제곱에 비례하고 표면 온도의 4제곱에 비례하므로 (나)의 광도는 태양의 10000배이다. (다)는 절대 등급이 +9.8로 태양보다 5등급 크므로 광도는 태양의 0.01배이다. 따라서 광도는 (나)가 (다)의 1000000배이다. 한편, (나)와 (다)의 겉보기 밝기가 같고, 겉보기 밝기는 광도에 비례하고 거리의 제곱에 반비례하므로 지구로부터의 거리는 (나)가 (다)의 1000배이다.

보기

21 별의 물리량 2021학년도 4월 학평 지I 14번

정답 ③ | 정답률 75 %

적용해야 할 개념 ③가지

① 별의 분광형으로부터 표면 온도를 추정할 수 있다.
→ 별의 분광형은 고온에서 저온 순으로 O, B, A, F, G, K, M형으로 분류하고, 각 분광형은 고온의 0에서 저온의 9까지 세분한다.
② 주계열성은 표면 온도가 높을수록 광도와 질량이 크다.
③ 별의 질량이 클수록 주계열성에 머무는 기간이 짧고, 수명도 짧다.

문제 보기

표는 주계열성 (가)와 (나)의 분광형과 절대 등급을 나타낸 것이다.

표면 온도: (가)>(나)

별	분광형	절대 등급
(가)	A0V	+0.6
(나)	M4V	+13.2

광도: (가)>(나)

(가)가 (나)보다 큰 값을 가지는 것만을 〈보기〉에서 있는 대로 고른 것은?

〈보기〉 풀이

ㄱ. 표면 온도
→ 표면 온도는 분광형으로 판단할 수 있다. 분광형은 크게 O → B → A → F → G → K → M으로, 세부적으로는 0에서 9로 갈수록 별의 표면 온도가 낮아진다. 분광형은 (가)가 A0V형이고, (나)가 M4V형이므로 (가)가 (나)보다 표면 온도가 높다.

ㄴ. 광도
→ 광도는 절대 등급으로 판단할 수 있다. 절대 등급이 작을수록 광도가 크고, (가)가 (나)보다 절대 등급이 작으므로 광도가 더 크다.

다른 풀이 주계열성에서는 표면 온도가 높을수록 광도가 크다. (가)는 (나)보다 표면 온도가 높은 주계열성이므로 광도가 더 크다.

ㄷ. 주계열에 머무는 시간
→ 주계열에 머무는 시간은 질량이 큰 별일수록 짧다. 주계열성에서는 표면 온도가 높고 광도가 큰 별일수록 질량이 크므로, 표면 온도가 더 높고 광도가 더 큰 (가)가 (나)보다 질량이 크다. 따라서 주계열에 머무는 시간은 (나)가 (가)보다 길다.

---

22 별의 물리량 2021학년도 수능 지I 9번

정답 ② | 정답률 41 %

적용해야 할 개념 ③가지

① 별은 표면 온도에 따라 스펙트럼에 나타나는 흡수선의 세기가 달라지며, 이를 기준으로 O, B, A, F, G, K, M형의 7개 분광형으로 분류한다.
→ 별의 표면 온도는 O형이 가장 높고, M형으로 갈수록 낮다.
② 주계열성 내부에서 발생하는 수소 핵융합 반응에는 p−p 반응과 CNO 순환 반응이 있다.
③ 질량이 태양의 약 (1.5~2)배 미만인 주계열성의 내부 구조는 중심부로부터 '핵 → 복사층 → 대류층'으로 구성되고, 태양의 약 (1.5~2)배 이상인 주계열성의 내부 구조는 중심부로부터 '대류핵 → 복사층'이다.

문제 보기

표는 별 (가), (나), (다)의 분광형과 절대 등급을 나타낸 것이다.

표면 온도 → (나)>(가)>(다)   광도 → (가)>(나)>(다)

별	분광형	절대 등급
(가) 적색 거성	G	0.0
(나) 주계열성	A	+1.0
(다) 주계열성	K	+8.0

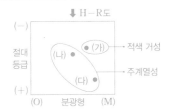

H−R도

(가), (나), (다)에 대한 설명으로 옳은 것만을 〈보기〉에서 있는 대로 고른 것은? [3점]

〈보기〉 풀이

(가)는 표면 온도가 낮지만 광도가 큰 별이므로 적색 거성이고, (나)와 (다)는 주계열성이다.

✗ (가)의 중심핵에서는 주로 양성자·양성자 반응(p−p 반응)이 일어난다.
→ (가)는 적색 거성이므로 중심핵에서는 주로 헬륨 핵융합 반응이 일어난다. 양성자·양성자 반응은 수소 핵융합 반응이므로 주계열성인 (나)와 (다)의 중심핵에서 주로 일어난다.

ㄴ. 단위 면적당 단위 시간에 방출하는 에너지양은 (나)가 가장 많다.
→ 단위 면적당 단위 시간에 방출하는 에너지양(E)은 $E = \sigma T^4$에서 별의 표면 온도(T)가 높을수록 많다. 표면 온도는 분광형이 A형>G형>K형 순으로 높으므로 단위 면적당 단위 시간에 방출하는 에너지양은 (나)가 가장 많다.

✗ (다)의 중심핵 내부에서는 주로 대류에 의해 에너지가 전달된다.
→ (다)는 태양보다 표면 온도가 낮고 광도가 작은 주계열성이므로 태양보다 질량이 작다. 태양보다 질량이 1.5~2배 이상 큰 주계열성은 중심부에 대류핵이 존재하여 에너지를 전달하는 반면, 질량이 태양 정도이거나 더 작은 별의 중심핵 내부에서는 주로 복사에 의해 에너지가 전달된다.

23

별의 물리량 2022학년도 9월 모평 지I 14번　　　　　　　　정답 ⑤ | 정답률 71%

적용해야 할 개념 ③가지

① 별의 광도(L)는 별이 단위 시간 동안 방출하는 총 에너지양이고, 절대 등급이 작을수록 광도가 크다.
➡ $L = 4\pi R^2 \cdot \sigma T^4$($R$: 별의 반지름, σ: 슈테판·볼츠만 상수, T: 표면 온도)

② 별의 표면 온도와 광도를 알면 반지름을 추정할 수 있다. ➡ $L = 4\pi R^2 \cdot \sigma T^4$, $R \propto \dfrac{\sqrt{L}}{T^2}$

③ 광도 계급은 초거성에서 백색 왜성으로 갈수록 커진다.

광도 계급	I	II	III	IV	V	VI	VII
별의 종류	초거성	밝은 거성	거성	준거성	주계열성	준왜성	백색 왜성
광도	크다 ◄───► 작다						
반지름	크다 ◄───► 작다						

문제 보기

표는 여러 별들의 절대 등급을 분광형과 광도 계급에 따라 구분하여 나타낸 것이다. (가), (나), (다)는 광도 계급 Ib(초거성), III(거성), V(주계열성)를 순서 없이 나타낸 것이다.

분광형 ＼ 광도 계급	(가) V(주계열성)	(나) III(거성)	(다) Ib(초거성)
B0	−4.1	−5.0	−6.2
A0	+0.6	−0.6	−4.9
G0	+4.4	+0.6	−4.5
M0	+9.2	−0.4	−4.5

표면 온도 증가 ↓

표면 온도가 높을수록 광도가 크다. ➡ 주계열성

(나)보다 대체로 광도가 크다. ➡ 초거성

이 자료에 대한 설명으로 옳은 것만을 〈보기〉에서 있는 대로 고른 것은?

〈보기〉 풀이

광도 계급은 분광형과 광도 계급을 고려한 별의 분류법으로, M−K 분류법이라고 한다. Ib(초거성), III(거성), V(주계열성) 중 Ib(초거성)의 광도가 가장 크고, V(주계열성)은 상대적으로 광도가 작다.

ㄱ. **(가)는 V(주계열성)이다.**
➡ 분광형이 같은 경우 (다)의 광도가 가장 크고, (가)의 광도가 가장 작다. 따라서 (다)는 Ib(초거성), (가)는 V(주계열성)이고, (나)는 III(거성)이다.

ㄴ. **(나)에서 광도가 가장 작은 별의 표면 온도가 가장 낮다.**
➡ (나)에서 절대 등급이 가장 커서 광도가 가장 작은 별은 분광형이 G0형인 별이고, 표면 온도가 가장 낮은 별은 분광형이 M0형인 별이다.

ㄷ. **(다)에서 별의 반지름은 G0인 별이 M0인 별보다 작다.**
➡ (다)에서 분광형이 G0형과 M0형인 별은 절대 등급이 같아 광도가 같다. 두 별의 광도가 같은 경우 표면 온도가 낮은 별의 반지름이 더 크므로, 별의 반지름은 M0형인 별이 G0형인 별보다 크다.

24

별의 물리량 2022학년도 7월 학평 지I 13번　　　　　　　　정답 ② | 정답률 45%

적용해야 할 개념 ③가지

① 별의 광도(L)는 $L = 4\pi R^2 \cdot \sigma T^4$($R$: 별의 반지름, σ: 슈테판·볼츠만 상수, T: 별의 표면 온도)이다.
② 별은 흡수선의 세기에 따라 O, B, A, F, G, K, M형으로 분류할 수 있으며, 태양과 같은 G형 별에서는 CaII 흡수선의 세기가 가장 강하다.
③ 별의 평균 밀도는 진화의 최종 단계일 때가 거성 단계일 때보다 크다.

문제 보기

표는 별 A~D의 특징을 나타낸 것이다. A~D 중 주계열성은 3개이다.

광도가 작고 표면 온도가 높다. ➡ 백색 왜성

	별	광도(태양=1)	표면 온도(K)	분광형
주계열성	A	20000	25000	B
	B	0.01	11000	A
주계열성	C	1	5500	G
주계열성	D	0.0017	3000	M

A~D에 대한 설명으로 옳은 것만을 〈보기〉에서 있는 대로 고른 것은? [3점]

〈보기〉 풀이

ㄱ. **별의 반지름은 A가 C보다 10배 이상 크다.**
➡ 별의 광도(L)는 $L = 4\pi R^2 \cdot \sigma T^4$($R$: 별의 반지름, σ: 슈테판·볼츠만 상수, T: 별의 표면 온도)으로부터 별의 반지름은 $R \propto \dfrac{\sqrt{L}}{T^2}$의 관계가 성립하므로, $\dfrac{R_A}{R_C} = \sqrt{\dfrac{L_A}{L_C}} \times \left(\dfrac{T_C}{T_A}\right)^2 = \sqrt{\dfrac{20000}{1}} \times \left(\dfrac{5500}{25000}\right)^2 ≒ 7$이다. 따라서 별의 반지름은 A가 C의 약 7배이다.

ㄴ. **CaII 흡수선의 상대적 세기는 C가 A보다 강하다.**
➡ CaII 흡수선의 세기는 태양과 유사한 G형 별에서 강하게 나타난다. A는 표면 온도가 25000 K이므로 B형 별에 해당한다. 따라서 CaII 흡수선의 상대적 세기는 C가 A보다 강하다.

ㄷ. **별의 평균 밀도가 가장 큰 것은 D이다.**
➡ B는 표면 온도가 11000 K으로 높지만 광도는 태양의 0.01배로 매우 작은 것으로 보아 백색 왜성이고, 나머지 A, C, D는 주계열성임을 알 수 있다. 별의 평균 밀도는 백색 왜성이 주계열성보다 크다. 따라서 별의 평균 밀도가 가장 큰 것은 B이다.

25 별의 물리적 특성 2024학년도 3월 학평 지Ⅰ 8번
정답 ④ | 정답률 57 %

적용해야 할 개념 ④가지

① H-R도에서 백색 왜성은 주계열을 경계로 왼쪽 하단에 위치하고, 거성과 초거성은 주계열을 경계로 오른쪽 상단에 위치한다.

② 질량이 태양 정도인 별은 주계열성 → 적색 거성 → 행성상 성운과 백색 왜성으로 진화하여 일생을 마친다.

③ 분광형이 O → B → A → F → G → K → M으로 갈수록 별의 표면 온도가 낮아진다.

④ 복사 에너지를 최대로 방출하는 파장(λ_{max})은 표면 온도(T)에 반비례한다. ➡ $\lambda_{max} = \dfrac{a}{T}$ (a: 빈의 상수)

문제 보기

그림은 지구로부터 거리가 같은 별 (가)와 (나)의 가시광선 영상을, 표는 (가)와 (나)의 물리량을 각각 나타낸 것이다. (가)와 (나)는 각각 주계열성과 백색 왜성 중 하나이다.

주계열성 ← (가)

(나) →

표면 온도가 높지만 광도가 작다.
➡ 백색 왜성

→ 표면 온도: (나) > (가)

	(가)	(나)
분광형	A1	B1
절대 등급	1.5	11.3

↳ 광도: (가) > (나)

이 자료에 대한 설명으로 옳은 것은? [3점]

<보기> 풀이

보기

①. (나)의 광도 계급은 태양과 같다.
➡ 백색 왜성은 표면 온도가 높고, 광도가 작아서 H-R도에서 주계열의 왼쪽 하단에 위치한다. H-R도에서 (가)는 (나)보다 오른쪽 상단에 위치하므로 (가)는 주계열성이고, (나)가 백색 왜성이다. 태양은 주계열성이므로 (나)의 광도 계급은 태양과 다르다.

②. 겉보기 등급은 (가)가 (나)보다 크다.
➡ (가)와 (나)는 지구로부터의 거리가 같으므로 절대 등급이 작을수록 겉보기 등급도 작다. 따라서 겉보기 등급은 (가)가 (나)보다 작다.

③. 별의 평균 밀도는 (가)가 (나)보다 크다.
➡ 백색 왜성은 별의 진화 단계 마지막에 중심부가 수축하여 만들어지므로 평균 밀도는 주계열성보다 크다. 따라서 별의 평균 밀도는 (가)가 (나)보다 작다.

④. 단위 시간당 방출하는 복사 에너지양은 (가)가 (나)보다 많다.
➡ 백색 왜성은 질량이 태양 정도인 별이 진화하는 마지막 단계이므로 핵융합으로 에너지를 생성하지 않고 점차 어두워진다. 따라서 단위 시간당 방출하는 복사 에너지양은 (가)가 (나)보다 많다.

⑤. 복사 에너지를 최대로 방출하는 파장은 (가)가 (나)보다 짧다.
➡ 복사 에너지를 최대로 방출하는 파장은 표면 온도가 높을수록 짧아진다. 표면 온도는 (나)가 (가)보다 높으므로 복사 에너지를 최대로 방출하는 파장은 (나)가 (가)보다 짧다.

26 별의 물리량 2021학년도 7월 학평 지Ⅰ 17번
정답 ⑤ | 정답률 41 %

적용해야 할 개념 ②가지

① 별의 표면 온도와 광도를 알면 반지름을 추정할 수 있다.

➡ $L = 4\pi R^2 \cdot \sigma T^4$, $R \propto \dfrac{\sqrt{L}}{T^2}$ (L: 광도, R: 별의 반지름, σ: 슈테판·볼츠만 상수, T: 표면 온도)

② 태양은 주계열성이다.

문제 보기

그림은 별 A~D의 상대적 크기를, 표는 별의 물리량을 나타낸 것이다. 별 A~D는 각각 ㉠~㉣ 중 하나이다.

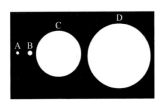

C   D
A B

별	광도 (태양=1)	표면 온도 (태양=1)	반지름 (상댓값)	
㉠	0.01	1	0.1	➡ B
㉡	1	1	1	➡ C
㉢	1	4	$\dfrac{1}{16}$	➡ A
㉣	2	1	$\sqrt{2}$	➡ D

이에 대한 설명으로 옳은 것만을 <보기>에서 있는 대로 고른 것은? [3점]

<보기> 풀이

보기

$L = 4\pi R^2 \cdot \sigma T^4$으로부터 $R \propto \dfrac{\sqrt{L}}{T^2}$의 관계가 성립하므로, 별의 반지름($R$)은 광도($L$)가 클수록, 표면 온도($T$)가 낮을수록 크다. ㉠은 ㉡과 표면 온도는 같지만 광도가 작으므로 반지름이 더 작다. ㉢은 ㉡과 광도가 같지만 표면 온도가 높으므로 반지름이 더 작다. 주어진 물리량으로 ㉠의 반지름(0.1)과 ㉢의 반지름($\dfrac{1}{16}$)의 상댓값을 구하면 ㉠의 반지름이 더 크다. ㉣은 ㉡보다 광도가 크고 표면 온도는 ㉡과 같으므로 반지름이 크다.

따라서 ㉠은 B, ㉡은 C, ㉢은 A, ㉣은 D에 해당한다.

ㄱ. 표면 온도는 A가 B보다 높다.
➡ 표면 온도는 A(㉢)가 4이고, B(㉠)가 1이므로 A가 B보다 높다.

ㄴ. 광도는 B가 D보다 작다.
➡ 광도는 B(㉠)가 0.01이고, D(㉣)가 2이므로 B가 D보다 작다.

ㄷ. C는 주계열성이다.
➡ C(㉡)는 광도와 표면 온도가 태양과 같으므로 태양과 물리량이 같은 주계열성이다.

적용해야 할 개념 ③가지

① 주계열성은 표면 온도가 높을수록 질량이 크다.

② 별의 광도(L)는 별의 반지름(R)의 제곱과 표면 온도(T)의 네제곱에 비례한다. ➡ $L=4\pi R^2 \cdot \sigma T^4$ (σ: 슈테판·볼츠만 상수)

③ 1등급인 별은 6등급인 별보다 100배 밝다. ➡ 5등급 차이가 나면 밝기는 100배 차이가 난다.

문제 보기

그림은 별 A, B, C의 물리량을 나타낸 것이다. A, B, C 중 2개는 주계열성, 1개는 거성이다.

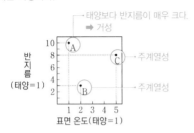

이에 대한 설명으로 옳은 것만을 〈보기〉에서 있는 대로 고른 것은?

〈보기〉 풀이

✗ A는 주계열성이다.

➡ 주계열성은 표면 온도가 같으면 반지름이 거의 같고, 표면 온도가 높을수록 반지름이 크다. A는 표면 온도가 태양과 같지만 반지름이 태양의 10배이다. 따라서 A는 거성, B와 C는 주계열성이다.

ㄴ. C는 B보다 질량이 크다.

➡ 주계열성은 표면 온도가 높을수록 질량이 크다. B와 C는 주계열성이므로 질량은 C가 B보다 크다.

ㄷ. A와 C의 절대 등급 차는 5보다 크다.

➡ 광도(L)는 반지름(R)의 제곱과 표면 온도(T)의 네제곱에 비례한다. A, C의 광도는 각각 $L_A=10^2 \times 1^4=100$, $L_C=8^2 \times 5^4=40000$이고, C는 A보다 광도가 400배 크다. 광도가 100배 차이가 나면 절대 등급은 5만큼 차이가 나므로 A와 C의 절대 등급 차는 5보다 크다.

적용해야 할 개념 ④가지

① 빈의 변위 법칙: 흑체의 표면 온도(T)가 높을수록 최대 에너지를 방출하는 파장(λ_{max})이 짧아진다. ➡ $\lambda_{max}=\dfrac{a}{T}$ (a: 빈의 상수)

② 별의 광도(L): 별이 단위 시간당 방출하는 에너지의 총량 ➡ $L=4\pi R^2 \cdot \sigma T^4$ (R: 별의 반지름, σ: 슈테판·볼츠만 상수, T: 표면 온도)

③ 별의 등급이 5등급 작으면, 별의 밝기는 100배 밝다.

④ 광도 계급은 초거성에서 백색 왜성으로 갈수록 커진다. ➡ 광도가 큰 순서대로 I(초거성), II(밝은 거성), III(거성), IV(준거성), V(주계열성), VI(준왜성), VII(백색 왜성)까지 구분한다.

문제 보기

그림은 별 A, B, C의 반지름과 절대 등급을 나타낸 것이다. A, B, C는 각각 초거성, 거성, 주계열성 중 하나이다.

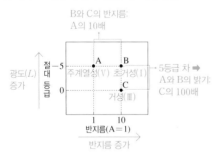

A, B, C에 대한 설명으로 옳은 것만을 〈보기〉에서 있는 대로 고른 것은? [3점]

〈보기〉 풀이

A는 반지름이 작지만 광도가 크므로 표면 온도가 높은 별이다. 반면 C는 반지름이 A의 10배이지만 광도가 A의 $\dfrac{1}{100}$로 작아 표면 온도가 낮은 별이다. B는 A와 광도가 같지만 반지름이 A의 10배인 별이다. 따라서 A는 주계열성, C는 거성, B는 C보다 더 밝은 초거성이다.

ㄱ. 표면 온도는 A가 B의 $\sqrt{10}$배이다.

➡ A와 B는 절대 등급이 같으므로 광도가 같다. $L=4\pi R^2 \cdot \sigma T^4$에서 광도가 같다면($L$) 표면 온도($T$)는 반지름($R$)의 제곱근에 반비례한다. 반지름은 B가 A의 10배이므로 표면 온도는 A가 B의 $\sqrt{10}$배이다.

✗ 복사 에너지를 최대로 방출하는 파장은 B가 C보다 길다.

➡ 복사 에너지를 최대로 방출하는 파장(λ_{max})은 $\lambda_{max}=\dfrac{a}{T}$에서 별의 표면 온도($T$)가 높을수록 짧다. B는 C와 반지름이 같지만 C보다 광도가 100배 크므로 표면 온도가 높다. 따라서 복사 에너지를 최대로 방출하는 파장은 B가 C보다 짧다.

✗ 광도 계급이 V인 것은 C이다.

➡ 광도 계급은 별의 광도가 큰 것부터 I~VII로 나타낸다. 그 중 광도 계급이 V인 별은 주계열성이므로 A이고, C는 거성이므로 광도 계급이 III이다.

29 별의 물리량 2023학년도 9월 모평 지Ⅰ 14번

정답 ⑤ | 정답률 38 %

적용해야 할 개념 ③가지

① 별의 표면 온도(T)가 높을수록 최대 복사 에너지를 방출하는 파장(λ_{max})이 짧아진다. ➡ $\lambda_{max} = \dfrac{a}{T}$ (a: 빈의 상수)

② 별의 광도가 100배 크면 절대 등급은 5등급 작다.

③ 주계열성은 질량이 클수록 광도와 반지름이 크다.

문제 보기

표는 별 ㉠, ㉡, ㉢의 표면 온도, 광도, 반지름을 나타낸 것이다. ㉠, ㉡, ㉢은 각각 주계열성, 거성, 백색 왜성 중 하나이다.

→ 태양보다 표면 온도는 높고, 반지름이 작다. ➡ 백색 왜성

별	표면 온도(태양=1)	광도(태양=1)	반지름(태양=1)
㉠	$\sqrt{10}$	( )	0.01
㉡ 주계열성( )		100	2.5
㉢	0.75	81	( )

→ 태양보다 표면 온도는 낮고, 광도가 훨씬 크다. ➡ 거성

이에 대한 설명으로 옳은 것만을 〈보기〉에서 있는 대로 고른 것은?

〈보기〉 풀이

✗ 복사 에너지를 최대로 방출하는 파장은 ㉠이 ㉡보다 길다.

➡ $L = 4\pi R^2 \cdot \sigma T^4$으로부터 $T^4 \propto \dfrac{L}{R^2}$이므로, ㉡의 광도와 반지름을 이용해 표면 온도를 구해 보면 $T^4 = \dfrac{100}{2.5^2} = 2^4$이므로 ㉡의 표면 온도는 2이다. 따라서 표면 온도는 ㉠이 ㉡보다 높고, 복사 에너지를 최대로 방출하는 파장은 표면 온도에 반비례하므로 ㉡이 ㉠보다 길다.

ㄴ (㉠의 절대 등급－㉡의 절대 등급) 값은 10이다.

➡ $L = 4\pi R^2 \cdot \sigma T^4$으로부터 ㉠의 광도는 $L = 0.01^2 \times (\sqrt{10})^4 = 0.01$이다. ㉡은 광도가 100으로 ㉠보다 10000배 크므로 절대 등급은 10등급 작다. 따라서 (㉠의 절대 등급－㉡의 절대 등급) 의 값은 10이다.

ㄷ 별의 질량은 ㉡이 ㉢보다 크다.

➡ ㉠은 태양보다 표면 온도가 높지만 반지름이 작으므로 백색 왜성이고, ㉢은 표면 온도가 태양보다 낮지만 광도가 매우 크므로 거성이며, ㉡은 주계열성이다. 별은 주계열성일 때보다 거성일 때 광도가 더 큰데, 주계열성인 ㉡의 광도가 거성인 ㉢의 광도보다 크므로 ㉢은 주계열성일 때의 광도가 태양의 81배보다 작은 별이 진화한 것이다. 주계열성은 광도가 클수록 질량이 크므로 별의 질량은 ㉡이 ㉢보다 크다.

---

30 별의 물리량 2023학년도 6월 모평 지Ⅰ 18번

정답 ④ | 정답률 68 %

적용해야 할 개념 ③가지

① 별의 표면 온도가 높을수록 최대 복사 에너지를 방출하는 파장이 짧아진다.

② 태양의 분광형은 G2V이다.

③ 광도는 별이 단위 시간당 방출하는 복사 에너지양으로, 별의 반지름의 제곱에 비례하고, 표면 온도의 4제곱에 비례한다.

문제 보기

표는 별 (가)~(라)의 물리량을 나타낸 것이다.

절대 등급이 작을수록 광도가 크다. ┐ 5등급 작다. ➡ 광도가 100배 크다.

별	표면 온도(K)	분광형	절대 등급	반지름($\times 10^6$ km)
(가)	6000	G	+3.8	1
(나)	12000	B	−1.2	㉠
(다)	( )		−6.2	100
(라)	3000	M	( )	4

이에 대한 설명으로 옳은 것은?

반지름 $\propto \dfrac{\sqrt{광도}}{표면 온도^2}$

〈보기〉 풀이

① ㉠은 25이다.

➡ 별의 광도(L)는 반지름(R)의 제곱에 비례하고, 표면 온도(T)의 4제곱에 비례한다($L \propto R^2 \cdot T^4$). (나)는 (가)에 비해 표면 온도는 2배, 광도는 100배이므로, 반지름은 $\dfrac{R_{(나)}}{R_{(가)}} = \sqrt{\dfrac{L_{(나)}}{L_{(가)}}} \times \left(\dfrac{T_{(가)}}{T_{(나)}}\right)^2 = 2.5$이다. 따라서 ㉠은 2.50이다.

② (가)의 분광형은 M형에 해당한다.

➡ (가)는 표면 온도가 6000 K이므로 분광형은 G형에 해당한다.

③ 복사 에너지를 최대로 방출하는 파장은 (다)가 (가)보다 길다.

➡ (다)는 (가)보다 절대 등급이 10등급 작으므로 광도는 10000배 크다. $L \propto R^2 \cdot T^4$이고, (다)는 (가)에 비해 반지름이 100배 크므로 표면 온도는 (가)와 (다)가 같다. 복사 에너지를 최대로 방출하는 파장은 표면 온도에 반비례하므로, 복사 에너지를 최대로 방출하는 파장은 (가)와 (다)가 같다.

④ 단위 시간당 방출하는 복사 에너지양은 (나)가 (라)보다 많다.

➡ (라)는 (가)보다 표면 온도는 0.5배, 반지름은 4배이므로 광도는 (가)와 (라)가 같다. 즉, (라)의 절대 등급은 +3.8이다. 따라서 (나)는 (라)보다 절대 등급이 작아 광도가 크므로, 단위 시간당 방출하는 복사 에너지양은 (나)가 (라)보다 많다.

⑤ (가)와 같은 별 10000개로 구성된 성단의 절대 등급은 (라)의 절대 등급과 같다.

➡ (가)와 같은 별 10000개로 구성된 성단의 광도는 (가)의 10000배이므로, 이 성단의 절대 등급은 (가)보다 10등급 작은 −6.2이다. 따라서 이 성단의 절대 등급은 (라)의 절대 등급보다 작다.

31 별의 물리량 2022학년도 수능 지Ⅰ 13번   정답 ② | 정답률 58%

적용해야 할 개념 ③가지

① 흑체의 표면 온도(T)가 높을수록 최대 에너지를 방출하는 파장(λ_{max})이 짧아진다. ➡ $\lambda_{max} = \dfrac{a}{T}$ (a: 빈의 상수)

② 별의 표면 온도와 광도를 알면 반지름을 추정할 수 있다.

➡ $L = 4\pi R^2 \cdot \sigma T^4$, $R \propto \dfrac{\sqrt{L}}{T^2}$ (L: 광도, R: 반지름, σ: 슈테판·볼츠만 상수, T: 표면 온도)

③ 분광형이 A0형인 별의 표면 온도는 약 10000 K이다.

문제 보기

표는 별 (가), (나), (다)의 분광형, 반지름, 광도를 나타낸 것이다.

별	분광형	반지름 (태양=1)	광도 (태양=1)
(가)	( )	10	10
(나)	A0	5	( )
(다)	A0	( )	10

표면 온도 약 10000 K

(가), (나), (다)에 대한 설명으로 옳은 것만을 〈보기〉에서 있는 대로 고른 것은? [3점]

〈보기〉 풀이

✗ **복사 에너지를 최대로 방출하는 파장은 (가)가 가장 짧다.**

➡ (가)는 반지름(R)과 광도(L)가 태양의 10배이다. $L = 4\pi R^2 \cdot \sigma T^4$으로부터 (가)의 표면 온도($T$)는 태양보다 낮다. 태양의 표면 온도는 약 5800 K이고, 분광형이 A0형 별인 (나)와 (다)의 표면 온도는 약 10000 K이므로 (가)의 표면 온도가 가장 낮다. 별이 복사 에너지를 최대로 방출하는 파장은 표면 온도에 반비례하므로 (가)가 가장 길다.

(ㄴ) **절대 등급은 (나)가 가장 작다.**

➡ (나)의 표면 온도는 약 10000 K으로 표면 온도(T)가 약 5800 K인 태양의 표면 온도의 약 1.72배이고, 반지름(R)은 태양의 약 5배이므로 $L = 4\pi R^2 \cdot \sigma T^4$에서 광도는 태양의 200배가 넘는다. 절대 등급이 작을수록 광도가 큰 별이므로, 절대 등급은 (나) 가장 작다.

✗ **반지름은 (다)가 가장 크다.**

➡ (다)는 (나)와 표면 온도가 약 10000 K으로 같지만 광도는 (나)보다 작다. 두 별의 표면 온도가 같다면 광도가 큰 별의 반지름이 더 크므로, 반지름은 (다)보다 (나)가 더 크다. 따라서 반지름은 (가)가 가장 크다.

32 **별의 물리량** 2022학년도 4월 학평 지Ⅰ 14번 정답 ⑤ | 정답률 37 %

적용해야 할 개념 ③가지

① 별의 표면 온도(T)가 높을수록 최대 복사 에너지를 방출하는 파장(λ_{max})이 짧아진다. ➡ $\lambda_{max} = \dfrac{a}{T}$ (a: 빈의 상수)

② 별의 광도(L)는 별의 반지름(R)의 제곱에 비례하고, 표면 온도(T)의 4제곱에 비례한다. ➡ $L = 4\pi R^2 \cdot \sigma T^4$ (σ: 슈테판 · 볼츠만 상수)

③ 슈테판 · 볼츠만 법칙은 단위 면적당 단위 시간에 방출하는 에너지양(E)과 표면 온도(T)의 관계를 나타낸 것이다. ➡ $E = \sigma T^4$

문제 보기

표는 별 A와 B의 물리량을 태양과 비교하여 나타낸 것이다.

광도: 태양<B<A

반지름 ∝ $\dfrac{\sqrt{광도}}{표면 온도^2}$

별	광도 (상댓값)	반지름 (상댓값)	최대 복사 에너지 방출 파장(nm)
태양	1	1	500
A	170	25	㉠
B	64	㉡	250

최대 복사 에너지 방출 파장은 표면 온도(T)에 반비례한다. ➡ $2T_{태양} = T_B$

이에 대한 설명으로 옳은 것만을 <보기>에서 있는 대로 고른 것은?

[3점]

<보기> 풀이

㉠ **㉠은 500보다 크다.**

➡ $L = 4\pi R^2 \cdot \sigma T^4$으로부터 별 A와 태양의 광도를 비교하면, $\dfrac{L_A}{L_{태양}} = \left(\dfrac{R_A}{R_{태양}}\right)^2 \times \left(\dfrac{T_A}{T_{태양}}\right)^4$에서 $\left(\dfrac{T_A}{T_{태양}}\right)^2 = \sqrt{\dfrac{L_A}{L_{태양}}} \times \dfrac{R_{태양}}{R_A}$이므로 $\left(\dfrac{T_A}{T_{태양}}\right)^2 = \sqrt{17} \times \dfrac{1}{25}$로부터 $T_A ≒ 0.7T_{태양}$이다. 즉, 표면 온도는 A가 태양보다 낮다. 최대 복사 에너지 방출 파장은 표면 온도에 반비례하므로 A의 최대 복사 에너지 방출 파장은 태양(500 nm)보다 길다. 따라서 ㉠은 500보다 크다.

✗ **㉡은 4이다.**

➡ 최대 복사 에너지 방출 파장은 표면 온도에 반비례한다. 별 B의 최대 복사 에너지 방출 파장이 태양의 0.5배이므로 표면 온도는 B가 태양의 2배이다. 별 B와 태양의 광도를 비교하면, $\dfrac{L_B}{L_{태양}} = \left(\dfrac{R_B}{R_{태양}}\right)^2 \times \left(\dfrac{T_B}{T_{태양}}\right)^4$에서 $\dfrac{R_B}{R_{태양}} = \sqrt{\dfrac{L_B}{L_{태양}}} \times \left(\dfrac{T_{태양}}{T_B}\right)^2$이므로, $\dfrac{R_B}{R_{태양}} = \sqrt{64} \times \left(\dfrac{1}{2}\right)^2$으로부터 $R_B = 2R_{태양}$이다. 따라서 ㉡은 2이다.

㉢ **단위 면적당 단위 시간에 방출하는 복사 에너지의 양은 A보다 B가 많다.**

➡ 표면 온도는 별 B가 별 A보다 2배 이상 크다. 단위 면적당 단위 시간에 방출하는 복사 에너지양(E)은 슈테판 · 볼츠만 법칙($E = \sigma T^4$)으로부터 A보다 B가 16배 이상 크다는 것을 알 수 있다.

보기

365

33 별의 에너지원 2025학년도 수능 지I 14번

적용해야 할 개념 ③가지

① 태양이 적색 거성으로 진화하면 표면 온도는 낮아지고, 중심핵 온도는 높아진다.
② 광도는 별이 단위 시간 동안 방출하는 에너지의 총량으로 나타낸다.
③ 주계열성은 질량이 클수록 에너지 생성량이 많아서 질량 감소율이 크다.

문제 보기

표는 중심핵에서 핵융합 반응이 일어나고 있는 별 (가), (나), (다)의 물리량을 나타낸 것이다.

별	질량 (태양=1)	광도 (태양=1)	광도 계급
(가)	1	60	(Ⅲ) 적색 거성
(나)	4	100	V 주계열성
(다)	1	1	V 주계열성

헬륨 핵융합 반응
질량이 크다.
➡ 에너지 생성량이 많다.
➡ 질량 감소 속도가 빠르다.

이 자료에 대한 설명으로 옳은 것만을 〈보기〉에서 있는 대로 고른 것은? [3점]

〈보기〉 풀이

ㄱ. $\dfrac{\text{표면 온도}}{\text{중심핵 온도}}$ 는 (가)가 (나)보다 작다.

➡ (가)는 질량이 태양과 같은데 광도가 태양의 60배로 크므로 적색 거성이다. 적색 거성은 중심핵에서 헬륨 핵융합 반응이 일어나므로 주계열성인 (나)보다 중심핵의 온도가 높다. 한편 (가)는 태양보다 표면 온도가 낮고, (나)는 태양보다 표면 온도가 높으므로 표면 온도는 (가)가 (나)보다 낮다. 따라서 $\dfrac{\text{표면 온도}}{\text{중심핵 온도}}$ 는 (가)가 (나)보다 작다.

ㄴ. 단위 시간당 에너지 생성량은 (가)가 (다)보다 많다.

➡ (가)는 (다)보다 광도가 크므로 단위 시간당 에너지 생성량은 (가)가 (다)보다 많다.

ㄷ. 주계열 단계 동안, 별의 질량의 평균 감소 속도는 (나)가 (다)보다 빠르다.

➡ 주계열성은 질량이 클수록 단위 시간당 에너지 생성량이 많으므로 질량의 평균 감소 속도가 빠르다. (나)는 (다)보다 질량이 크므로 주계열 단계 동안 별의 질량의 평균 감소 속도는 (나)가 (다)보다 빠르다.

---

34 별의 물리량 2025학년도 수능 지I 20번

적용해야 할 개념 ③가지

① 복사 에너지를 최대로 방출하는 파장은 표면 온도에 반비례한다.
② 별의 밝기(l)는 광도(L)에 비례하고, 거리(r)의 제곱에 반비례한다. ➡ $l = \dfrac{L}{r^2}$
③ 밝기가 100배 차이가 나면 등급은 5등급 차이가 나고, 1등급 간의 밝기 차이는 2.5배이다.

문제 보기

표는 별 (가), (나), (다)의 물리량을 나타낸 것이다. (가), (나), (다) 중 주계열성은 2개이고, 태양의 절대 등급은 +4.8, 태양의 표면 온도는 5800 K이다.

별	표면 온도(K)	반지름(상댓값)	겉보기 등급
(가)	16000	0.025	8
(나)	8000	2.5	10
(다)	4000	1	13

광도 $\dfrac{16}{100}$ (가)
광도 100 (나)
광도 1 (다)

태양의 절대 등급은 (나)와 (다) 사이에 해당한다.

이 자료에 대한 설명으로 옳은 것만을 〈보기〉에서 있는 대로 고른 것은?

〈보기〉 풀이

✗ 복사 에너지를 최대로 방출하는 파장은 (나)가 (다)의 2배이다.

➡ (나)는 (다)보다 표면 온도가 2배 크므로 복사 에너지를 최대로 방출하는 파장은 (나)가 (다)의 $\dfrac{1}{2}$ 배이다.

ㄴ. 지구로부터의 거리는 (다)가 (가)의 20배보다 멀다.

➡ 광도는 표면 온도의 4제곱과 반지름의 제곱에 비례하므로 (다)의 광도를 $L_{(\text{다})}$ 라고 하면, (가)의 광도는 $\dfrac{16}{100} L_{(\text{다})}$ 이다. 그런데 (가)의 겉보기 등급이 (다)의 겉보기 등급보다 5등급 작으므로 겉보기 밝기는 (가)가 (나)의 100배이다. 밝기는 광도에 비례하고, 거리의 제곱에 반비례하므로 $l_{(\text{가})} = \dfrac{L_{(\text{가})}}{r^2_{(\text{가})}} = \dfrac{\frac{16}{100} L_{(\text{다})}}{r^2_{(\text{가})}}$ 이고, $l_{(\text{다})} = \dfrac{L_{(\text{다})}}{r^2_{(\text{다})}}$ 이다. (가)와 (다)의 밝기의 비 $\left(\dfrac{l_{(\text{가})}}{l_{(\text{다})}} \right)$ 는 100이므로 $\dfrac{0.16 r^2_{(\text{다})}}{r^2_{(\text{가})}} = 100$, $r_{(\text{다})} = 25 r_{(\text{가})}$ 이다. 따라서 지구로부터의 거리는 (다)가 (가)의 20배보다 멀다.

✗ (가)의 절대 등급은 +12보다 크다.

➡ (나), (다)가 주계열성이므로 표면 온도로 절대 등급을 비교해 보면 (나)<태양(+4.8)<(다)이다. (가)와 (나)의 광도를 구하면, (나)의 광도는 (가)의 $\dfrac{10000}{16}$ 배이다. 광도가 10000배이면 절대 등급은 10등급 작아지고, $\dfrac{1}{16}$ 배이면 절대 등급은 약 3등급 커진다. 따라서 (나)의 절대 등급은 (가)의 절대 등급보다 약 7등급 작다. 한편 (나)의 절대 등급은 태양보다 작으므로 (나)의 절대 등급의 최댓값은 +4.8이고, (가)는 이보다 7등급 크므로 (가)의 절대 등급의 최댓값은 +11.8이다. 따라서 (가)의 절대 등급은 +12보다 작다.

22 일차

01 ⑤ 02 ① 03 ⑤ 04 ① 05 ③ 06 ③ 07 ④ 08 ③ 09 ④ 10 ② 11 ④ 12 ④

13 ③ 14 ③ 15 ④ 16 ⑤ 17 ② 18 ① 19 ④ 20 ① 21 ④

문제편 230쪽~235쪽

22 일차

---

01 별의 물리량과 H−R도 2024학년도 9월 모평 지I 2번 | 정답 ⑤ | 정답률 84%

적용해야 할 개념 ③가지

① H−R도에서 별은 주계열성, 거성, 초거성, 백색 왜성으로 분류할 수 있다.

② 별의 표면 온도는 O형이 가장 높고, M형으로 갈수록 낮다.

③ 별의 진화 마지막 단계의 천체인 백색 왜성, 중성자별, 블랙홀 등은 평균 밀도가 매우 크다.

문제 보기

그림은 서로 다른 별의 집단 (가)~(라)를 H−R도에 나타낸 것이다. (가)~(라)는 각각 거성, 백색 왜성, 주계열성, 초거성 중하나이다.

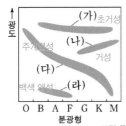

별의 평균 밀도: 초거성 < 거성 < 주계열성 < 백색 왜성

(가)~(라)에 대한 설명으로 옳은 것만을 〈보기〉에서 있는 대로 고른 것은?

〈보기〉 풀이

H−R도에서 별의 집단은 왼쪽 위에서 오른쪽 아래로 대각선으로 이어지는 곳에 주계열성이 분포하고, 주계열성의 오른쪽 위에 주계열성보다 평균 광도가 큰 거성이 분포하며, 거성 위에 평균 광도가 가장 큰 초거성이 분포한다. 주계열성의 왼쪽 아래에는 표면 온도가 높고 광도가 작은 백색 왜성이 분포한다. 따라서 (가)는 초거성, (나)는 거성, (다)는 주계열성, (라)는 백색 왜성이다.

✗ 평균 광도는 (가)가 (라)보다 작다.
➡ 평균 광도는 초거성인 (가)가 백색 왜성인 (라)보다 크다.

ㄴ 평균 표면 온도는 (나)가 (라)보다 낮다.
➡ O형에서 M형으로 갈수록 표면 온도가 낮으므로, 별의 평균 표면 온도는 (나)가 (라)보다 낮다.

ㄷ 평균 밀도는 (라)가 가장 크다.
➡ 평균 밀도는 백색 왜성인 (라)가 가장 크고, 초거성인 (가)가 가장 작다.

---

02 별의 물리량과 H−R도 2021학년도 3월 학평 지I 7번 | 정답 ① | 정답률 77%

적용해야 할 개념 ④가지

① 별은 표면 온도에 따라 스펙트럼에 나타나는 흡수선의 종류와 세기가 달라지며, 이를 기준으로 O, B, A, F, G, K, M형의 7개 분광형으로 분류한다. ➡ 별의 표면 온도는 O형이 가장 높고, M형으로 갈수록 낮다.

② H−R도에서 별은 왼쪽에 위치할수록 표면 온도가 높아 파란색을 띠고, 오른쪽에 위치할수록 표면 온도가 낮아 붉은색을 띤다.

③ H−R도에서 별은 주계열성, 백색 왜성, 적색 거성, 초거성으로 분류할 수 있다.

④ 별의 표면 온도와 광도를 알면 슈테판·볼츠만 법칙으로부터 반지름을 추정할 수 있다.

➡ $L = 4\pi R^2 \cdot \sigma T^4$, $R \propto \dfrac{\sqrt{L}}{T^2}$ (L: 광도, R: 반지름, σ: 슈테판·볼츠만 상수, T: 표면 온도)

문제 보기

그림 (가)는 전갈자리에 있는 세 별 ㉠, ㉡, ㉢의 절대 등급과 분광형을, (나)는 H−R도에 별의 집단을 나타낸 것이다.

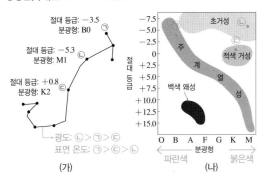

별 ㉠, ㉡, ㉢에 대한 옳은 설명만을 〈보기〉에서 있는 대로 고른 것은? [3점]

〈보기〉 풀이

별의 절대 등급이 작을수록 광도가 크므로, 광도는 ㉡ > ㉠ > ㉢이다. 분광형이 O형에서 M형으로 갈수록 별의 표면 온도가 낮으므로, 표면 온도는 ㉠ > ㉢ > ㉡이다.

ㄱ ㉠은 주계열성이다.
➡ 세 별 ㉠~㉢의 절대 등급과 분광형을 (나)의 H−R도에 표시해 보면 ㉠은 주계열성이고, ㉡은 초거성, ㉢은 적색 거성이다.

✗ ㉡은 파란색으로 관측된다.
➡ ㉡의 분광형은 M1형으로 표면 온도가 낮은 별이므로, 파란색보다는 붉은색 계열로 관측될 것이다.

✗ 반지름은 ㉢이 가장 크다.
➡ $L = 4\pi R^2 \cdot \sigma T^4$으로부터 $R \propto \dfrac{\sqrt{L}}{T^2}$의 관계가 성립하므로, 별의 반지름($R$)은 광도($L$)가 클수록, 표면 온도($T$)가 낮을수록 크다. ㉠~㉢ 중 ㉡의 절대 등급이 가장 작아 광도가 가장 크고, 표면 온도는 가장 낮으므로 반지름이 가장 크다.

적용해야 할 개념 ③가지

① H-R도에서는 별을 분광형(색지수, 표면 온도)과 절대 등급(광도)에 따라 나타내며, 위치에 따라 주계열성, 백색 왜성, 적색 거성, 초거성으로 구분할 수 있다.

② H-R도에서 주계열성은 왼쪽 위에서 오른쪽 아래로 대각선을 따라 띠 형태로 분포한다.

③ 백색 왜성은 표면 온도가 높고 반지름이 매우 작은 별이다.

문제 보기

다음은 H-R도를 작성하여 별을 분류하는 탐구이다.

[탐구 과정]

표는 별 a~f의 분광형과 절대 등급이다.

별	a	b	c	d	e	f
분광형	A0	B1	G2	M5	M2	B6
절대 등급	+11.0	−3.6	+4.8	+13.2	−3.1	+10.3

(가) 각 별의 위치를 H-R도에 표시한다.

(나) H-R도에 표시한 위치에 따라 별들을 백색 왜성, 주계열성, 거성의 세 집단으로 분류한다.

[탐구 결과]

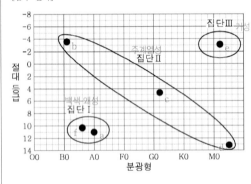

이에 대한 옳은 설명만을 〈보기〉에서 있는 대로 고른 것은?

〈보기〉풀이

ㄱ. **a와 f는 집단 I에 속한다.**

➡ a는 분광형이 A0, 절대 등급이 +11.0이고, f는 분광형이 B6, 절대 등급이 +10.3이다. 따라서 a와 f는 집단 I인 백색 왜성에 속한다.

ㄴ. **집단 II는 주계열성이다.**

➡ 집단 II는 H-R도의 왼쪽 위에서 오른쪽 아래의 대각선 영역에 분포하므로 주계열성이다. 주계열성에는 b, c, d가 속한다.

ㄷ. **별의 평균 밀도는 집단 I이 집단 III보다 크다.**

➡ 집단 I은 백색 왜성, 집단 III은 거성이다. 밀도는 $\dfrac{질량}{부피}$ 이므로 별의 평균 밀도는 반지름이 매우 작은 집단 I이 집단 III보다 크다.

보기

04 **별의 물리량** 2023학년도 9월 모평 지 I 6번 정답 ① | 정답률 81 %

적용해야 할 개념 ③가지	① 별의 광도(L)는 별의 반지름(R)의 제곱에 비례하고, 표면 온도(T)의 4제곱에 비례한다. ➡ $L = 4\pi R^2 \cdot \sigma T^4$($\sigma$: 슈테판 · 볼츠만 상수)
	② 동일한 분광형일 때 광도가 클수록 광도 계급은 작아진다. ➡ 초거성: I, 주계열성: V
	③ 분광형이 A0형인 별은 중성 수소(HI)에 의한 흡수선이 가장 강하다.

문제 보기

그림 (가)는 H−R도에 별 ㉠, ㉡, ㉢을, (나)는 별의 분광형에 따른 흡수선의 상대적 세기를 나타낸 것이다.

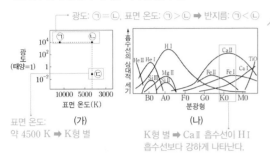

광도: ㉠=㉡, 표면 온도: ㉠>㉡ ➡ 반지름: ㉠<㉡

표면 온도: 약 4500 K ➡ K형 별

(가)

(나)

K형 별 ➡ Ca II 흡수선이 H I 흡수선보다 강하게 나타난다.

이에 대한 설명으로 옳은 것만을 〈보기〉에서 있는 대로 고른 것은?

〈보기〉 풀이

ㄱ. **반지름은 ㉠이 ㉡보다 작다.**

➡ ㉠과 ㉡은 광도가 같지만, 표면 온도는 ㉠이 ㉡보다 높다. $L = 4\pi R^2 \cdot \sigma T^4$으로부터 $R \propto \dfrac{\sqrt{L}}{T^2}$의 관계가 성립하므로 광도가 같을 때 반지름은 표면 온도가 높을수록 작다. 따라서 반지름은 ㉠이 ㉡보다 작다.

✗ **광도 계급은 ㉡과 ㉢이 같다.**

➡ ㉡과 ㉢은 표면 온도가 약 4500 K으로 같지만, 광도는 ㉡이 ㉢보다 약 10^5배 크다. 따라서 광도 계급은 광도가 큰 ㉡이 ㉢보다 작다. 참고로 ㉡은 표면 온도가 약 4500 K이고 광도가 태양의 10^4배이므로 초거성이며, ㉢은 주계열성에 해당한다.

✗ **㉢에서는 H I 흡수선이 Ca II 흡수선보다 강하게 나타난다.**

➡ ㉢의 표면 온도는 약 4500 K이므로 K형 별에 해당한다. K형 별에서는 Ca II 흡수선이 H I 흡수선보다 강하게 나타난다.

보기

---

05 **별의 물리량과 H−R도** 2022학년도 6월 모평 지 I 17번 정답 ③ | 정답률 65 %

적용해야 할 개념 ②가지	① 주계열성은 질량이 클수록 광도가 크고, 표면 온도가 높다.
	② 별의 질량이 클수록 주계열성에 머무는 기간이 짧고, 수명도 짧다.

문제 보기

그림 (가)는 별의 질량에 따라 주계열 단계에 도달하였을 때의 광도와 이 단계에 머무는 시간을, (나)는 주계열성을 H−R도에 나타낸 것이다. A와 B는 각각 광도와 시간 중 하나이다.

별의 질량이 클수록 주계열 단계에 머무는 시간이 짧다. ➡ A: 시간

주계열 단계에 머무는 시간

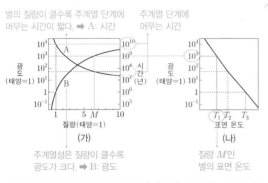

(가)

주계열성은 질량이 클수록 광도가 크다. ➡ B: 광도

(나)

질량 M인 별의 표면 온도

이 자료에 대한 설명으로 옳은 것만을 〈보기〉에서 있는 대로 고른 것은? [3점]

〈보기〉 풀이

ㄱ. **B는 광도이다.**

➡ (가)에서 별의 질량이 커질수록 A는 감소하고 B는 증가한다. 별의 질량이 클수록 주계열 단계에 머무는 시간이 짧아지고, 광도는 커지므로 A는 주계열 단계에 머무는 시간, B는 광도이다.

✗ **질량이 M인 별의 표면 온도는 T_2이다.**

➡ (가)에서 질량이 M인 별의 광도는 10^3이고, (나)에서 광도가 10^3인 별의 표면 온도는 T_1로, T_2보다 높다.

ㄷ. **표면 온도가 T_3인 별은 T_1인 별보다 주계열 단계에 머무는 시간이 100배 이상 길다.**

➡ 표면 온도가 T_3인 별의 광도는 1이고, T_1인 별의 광도는 10^3이다. (가)에서 광도가 1인 별이 주계열 단계에 머무는 시간은 약 10^{10}년이고, 광도가 10^3인 별이 주계열 단계에 머무는 시간은 약 10^7년~10^8년이다. 따라서 주계열 단계에 머무는 시간은 표면 온도가 T_3인 별이 T_1인 별보다 100배 이상 길다.

보기

22
일차

06 별의 진화 2024학년도 10월 학평 지I 5번

정답 ③ | 정답률 29 %

적용해야 할 개념 ③가지

① 질량이 태양 정도인 별은 주계열성 → 적색 거성 → 행성상 성운 → 백색 왜성으로 진화한다.
② 주계열성이 적색 거성으로 진화하면 반지름이 커지고, 표면 온도는 낮아진다.
③ 적색 거성의 초기 단계에서는 헬륨 핵이 중력 수축한다.

문제 보기

그림은 태양과 질량이 비슷한 별의 시간에 따른 광도 변화를 나타낸 것이다. 주계열성 → 적색 거성으로 진화한다.

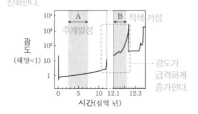

이 자료에 대한 설명으로 옳은 것만을 〈보기〉에서 있는 대로 고른 것은?

〈보기〉 풀이

ㄱ. **A 시기는 주계열 단계이다.**
➡ A 시기는 별의 내부가 안정하여 광도가 현재의 태양과 거의 같으므로 주계열 단계이다.

ㄴ. **별의 평균 표면 온도는 A 시기가 B 시기보다 높다.**
➡ B 시기에는 별의 광도가 크게 증가하였는데, 이는 주계열 단계가 끝나고 적색 거성으로 진화하면서 별의 바깥층이 팽창하여 반지름이 증가하고, 표면 온도가 낮아졌기 때문이다. 따라서 별의 평균 표면 온도는 A 시기가 B 시기보다 높다.

✗ **B 시기 별의 중심핵에서는 헬륨 핵융합 반응이 일어난다.**
➡ B 시기에 별의 중심핵에서는 헬륨 핵융합 반응이 일어날 만큼의 온도에 도달하지 못해 중력 수축에 의해 온도가 상승하며, 이후 중심부 온도가 약 1억 K에 도달하면 광도가 작아지고 헬륨 핵융합 반응이 일어나기 시작한다.

07 별의 진화 과정 2024학년도 3월 학평 지I 16번

정답 ④ | 정답률 76 %

적용해야 할 개념 ③가지

① 질량이 태양 정도인 별은 주계열성 → 적색 거성 → 맥동 변광성 → 행성상 성운과 백색 왜성의 진화 경로를 거친다.
② 별의 진화 과정에서 철보다 무거운 원소는 초신성 폭발이 일어날 때 일시적으로 생성된다.
③ 백색 왜성은 핵융합 반응을 마친 별의 중심부가 수축하여 크기가 매우 작고, 밀도가 큰 최종 진화 단계의 천체이다.

문제 보기

그림은 질량이 태양과 비슷한 별의 진화 과정에서 생성된 성운을 나타낸 것이다.
이 성운에 대한 설명으로 옳은 것만을 〈보기〉에서 있는 대로 고른 것은?

행성상 성운

〈보기〉 풀이

ㄱ. **행성상 성운이다.**
➡ 질량이 태양 정도인 별은 거성 단계를 지난 후 내부가 불안정하여 팽창과 수축을 반복하고, 별의 바깥층 물질이 우주 공간으로 방출되어 그림과 같은 행성상 성운이 된다.

✗ **성운이 형성되는 과정에서 철보다 무거운 원소가 만들어진다.**
➡ 질량이 태양 정도인 별에서는 철보다 무거운 원소가 만들어지지 않는다. 철보다 무거운 원소는 질량이 매우 큰 별이 진화하여 중심핵이 철로 채워진 후 초신성 폭발이 일어나면서 만들어진다.

ㄷ. **성운을 만든 별의 중심부는 최종 진화 단계에서 백색 왜성이 된다.**
➡ 행성상 성운 단계에서는 별의 중심부에서 핵융합 반응이 멈추고 계속 수축하여 최종 진화 단계로 백색 왜성이 된다.

08 별의 진화 2022학년도 수능 지I 18번 정답 ③ | 정답률 34 %

적용해야 할 개념 ③가지

① 주계열성은 질량이 클수록 표면 온도가 높고, 반지름과 광도가 크며, 수명이 짧다.

② 별의 광도(L)는 별이 단위 시간 동안 방출하는 총 에너지양이고, 절대 등급이 작을수록 광도가 크다.
➡ $L = 4\pi R^2 \cdot \sigma T^4$ (R: 별의 반지름, σ: 슈테판·볼츠만 상수, T: 표면 온도)

③ 질량이 태양의 약 (1.5~2)배 미만인 주계열성의 내부 구조는 중심부로부터 '핵 → 복사층 → 대류층'으로 구성되고, 태양의 약 (1.5~2)배 이상인 주계열성의 내부 구조는 중심부로부터 '대류핵 → 복사층'으로 구성된다.

문제 보기

그림은 별 A와 B가 주계열 단계가 끝난 직후부터 진화하는 동안의 반지름과 표면 온도 변화를 나타낸 것이다. A와 B의 질량은 각각 태양 질량의 1배와 6배 중 하나이다.

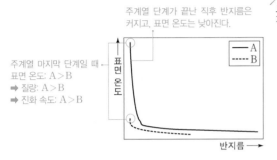

주계열 단계가 끝난 직후 반지름은 커지고, 표면 온도는 낮아진다.

주계열 마지막 단계일 때,
표면 온도: A>B
➡ 질량: A>B
➡ 진화 속도: A>B

이 자료에 대한 설명으로 옳은 것만을 〈보기〉에서 있는 대로 고른 것은? [3점]

〈보기〉 풀이

반지름이 커지기 직전, 즉 주계열 단계가 끝난 직후 별의 표면 온도는 A가 B보다 높다. 주계열성은 질량이 클수록 표면 온도가 높으므로 A는 질량이 태양 질량의 6배인 별이고, B는 질량이 태양 질량의 1배인 별이다.

ㄱ. 진화 속도는 A가 B보다 빠르다.
➡ 질량이 큰 별일수록 진화 속도가 빠르므로 A의 진화 속도가 B보다 빠르다.

✗ 절대 등급의 변화 폭은 A가 B보다 크다.
➡ H−R도에서 질량이 태양 정도인 별은 주계열 단계 이후 진화하는 동안 광도 변화가 크게 나타나고, 질량이 큰 별은 주계열 단계 이후 진화하는 동안 표면 온도 변화가 크게 나타난다. 광도 변화 폭이 클수록 절대 등급의 변화 폭이 크므로 진화하는 동안 절대 등급의 변화 폭은 질량이 태양 질량의 1배인 B가 A보다 크다.

ㄷ. 주계열 단계일 때, 대류가 일어나는 영역의 평균 온도는 A가 B보다 높다.
➡ 주계열 단계에서 태양 질량의 약 2배가 넘는 별은 중심부에 대류가 일어나는 대류핵이 존재하고, 질량이 태양 정도인 별은 외곽부에 대류층이 존재한다. A는 중심부에서 대류가 일어나고, B는 외곽부에서 대류가 일어나므로 대류가 일어나는 영역의 평균 온도는 A가 B보다 높다.

09 별의 진화 2022학년도 4월 학평 지I 16번 정답 ④ | 정답률 56 %

적용해야 할 개념 ③가지

① 원시별 단계의 별에서 가장 중요한 에너지원은 중력 수축 에너지이다.

② 태양 정도의 질량을 갖는 별이 원시별에서 주계열성으로 진화할 때 표면 온도의 변화보다는 광도의 변화가 크다.

③ 적색 거성으로 진화할 때는 별의 반지름이 증가하므로 주계열성보다 적색 거성의 평균 밀도가 작다.

문제 보기

그림은 질량이 태양과 비슷한 별의 나이에 따른 광도와 표면 온도를 A와 B로 순서 없이 나타낸 것이다. ㉠, ㉡, ㉢은 각각 원시별, 적색 거성, 주계열성 단계 중 하나이다.
이에 대한 설명으로 옳은 것만을 〈보기〉에서 있는 대로 고른 것은?

적색 거성으로 진화하는 동안 표면 온도는 감소, 광도는 급격히 증가

주계열 단계에서 점차 증가

〈보기〉 풀이

ㄱ. A는 표면 온도이다.
➡ 원시별에서 주계열성으로 진화하면서 표면 온도는 상승하지만, 주계열성에서 적색 거성으로 진화할 때는 표면 온도가 낮아지게 된다. 따라서 A는 표면 온도, B는 광도에 해당한다.

✗ ㉠의 주요 에너지원은 수소 핵융합 반응이다.
➡ ㉠, ㉡, ㉢은 각각 원시별, 주계열성, 적색 거성 단계이다. 원시별 단계에서의 주요 에너지원은 중력 수축 에너지이다.

ㄷ. 별의 평균 밀도는 ㉡보다 ㉢일 때 작다.
➡ 주계열성에서 적색 거성으로 진화하면서 별의 반지름이 급격히 증가하므로, 별의 평균 밀도는 주계열성(㉡)일 때가 적색 거성(㉢)일 때보다 크다.

적용해야 할 개념 ③가지

① H−R도에서 별은 주계열성, 백색 왜성, 적색 거성, 초거성으로 분류할 수 있다.

② 주계열성의 중심에서는 수소 핵융합 반응이 일어나고, 적색 거성의 중심에서는 헬륨 핵융합 반응이 일어나 탄소를 생성한다.

③ 정역학 평형 상태란 기체 압력 차이로 발생한 힘과 별의 중력이 평형을 이루는 상태이다.

➡ 주계열성은 정역학 평형 상태를 유지하여 안정한 상태(모양과 크기가 거의 변하지 않는 상태)를 이루고 있으며, 적색 거성으로 진화할 때는 기체 압력 차이로 발생한 힘이 중력에 비해 증가하여 크기가 커진다.

▲ 정역학 평형

문제 보기

그림은 분광형과 광도를 기준으로 한 H−R도이고, 표의 (가), (나), (다)는 각각 H−R도에 분류된 별의 집단 ㉠, ㉡, ㉢의 특징 중 하나이다.

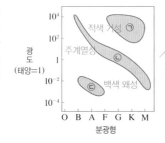

기체압 차이에 의한 힘=중력

구분	특징
(가) 주계열성	별이 일생의 대부분을 보내는 단계로, 정역학 평형 상태에 놓여 별의 크기가 거의 일정하게 유지된다.
(나) 적색 거성	주계열을 벗어난 단계로, 핵융합 반응을 통해 무거운 원소들이 만들어진다. 탄소, 산소 등 ┘
(다) 백색 왜성	태양과 질량이 비슷한 별의 최종 진화 단계로, 별의 바깥층 물질이 우주로 방출된 후 중심핵만 남는다.

(가), (나), (다)에 해당하는 별의 집단으로 옳은 것은?

<보기> 풀이

(가) 별이 일생의 대부분을 보내는 단계로, 정역학 평형 상태에 놓여 별의 크기가 거의 일정하게 유지된다.

➡ 정역학 평형 상태를 유지하여 별의 모양과 크기가 일정하고, 일생의 대부분을 보내는 단계는 주계열이다. 주계열 단계는 ㉡에 해당하고, H−R도에서 긴 대각선 영역으로 분포한다.

(나) 주계열을 벗어난 단계로, 핵융합 반응을 통해 무거운 원소들이 만들어진다.

➡ (나)는 적색 거성으로 핵융합 반응을 통해 탄소, 산소와 같은 무거운 원소를 생성한다. 적색 거성은 주계열성보다 표면 온도가 낮고 광도는 크므로 ㉠에 해당한다.

(다) 태양과 질량이 비슷한 별의 최종 진화 단계로, 별의 바깥층 물질이 우주로 방출된 후 중심핵만 남는다.

➡ (다)는 백색 왜성으로, 적색 거성 중심부에서 핵융합 반응이 끝난 후 밀도가 커진 중심핵이 수축하여 형성된다. 백색 왜성은 표면 온도가 높지만 반지름이 매우 작기 때문에 광도가 작으므로 ㉢에 해당한다.

	(가)	(나)	(다)
①	㉠	㉡	㉢
②	㉡	㉠	㉢
③	㉡	㉢	㉠
④	㉢	㉠	㉡
⑤	㉢	㉡	㉠

적용해야 할 개념 ④가지

① H−R도에서 별은 주계열성, 백색 왜성, 적색 거성, 초거성으로 분류할 수 있다.

② 적색 거성은 별의 반지름이 매우 크므로 밀도가 작다.

③ 질량이 태양 정도인 주계열성의 진화 단계는 '주계열성 → 적색 거성 → 행성상 성운 → 백색 왜성'이고, 질량이 태양보다 매우 큰 주계열성의 진화 단계는 '주계열성 → 초거성 → 초신성 폭발 → 중성자별이나 블랙홀'이다.

④ 주계열성은 질량이 클수록 광도가 크다. 주계열성은 질량이 작을수록 수명이 길다.

---

22 **일차**

문제 보기

그림은 H−R도에 별 (가)~(라)를 나타낸 것이다.
이에 대한 옳은 설명만을 〈보기〉에서 있는 대로 고른 것은?

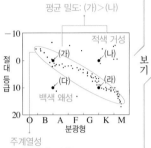

평균 밀도: (가)>(나)

보기

주계열성
• 광도: (가)>(라)
  ➡ 질량: (가)>(라)
  ➡ 수명: (가)<(라)

〈보기〉 풀이

(가)와 (라)는 주계열성, (나)는 적색 거성, (다)는 백색 왜성이다.

ㄱ. **별의 평균 밀도는 (가)가 (나)보다 크다.**

➡ 별이 주계열 단계를 지나 적색 거성으로 진화하면 중심핵 바깥층에서 수소각 연소가 일어나고 별이 팽창하여 크기가 커진다. 따라서 적색 거성의 평균 밀도는 주계열성보다 작다. (나)는 적색 거성, (가)는 주계열성이므로 별의 평균 밀도는 (가)가 (나)보다 크다.

✗ **(다)는 초신성 폭발을 거쳐 형성되었다.**

➡ (다)는 질량이 태양 정도인 별의 최종 진화 단계인 백색 왜성으로, 적색 거성의 중심에서 핵융합이 멈춘 후 중심핵이 수축하여 형성된다. 초신성은 질량이 태양보다 매우 큰 별의 진화 단계이고, 초신성 폭발 후에는 중심핵이 남아 밀도가 매우 큰 중성자별이나 블랙홀을 형성한다. 따라서 (다)는 초신성 폭발을 거치지 않았다.

ㄷ. **별의 수명은 (가)가 (라)보다 짧다.**

➡ (가)와 (라)는 주계열성이고, 주계열성은 질량이 클수록 수명이 짧다. (가)는 (라)보다 절대 등급이 작으므로 광도가 크고, 주계열성은 질량이 클수록 광도가 크므로 (가)는 (라)보다 질량이 크다. 따라서 별의 수명은 (가)가 (라)보다 짧다.

적용해야 할 개념 ④가지

① H−R도에서 별은 주계열성, 백색 왜성, 적색 거성, 초거성으로 분류할 수 있다.

② 별의 반지름은 $L=4\pi R^2 \cdot \sigma T^4$($L$: 광도, R: 반지름, σ: 슈테판·볼츠만 상수, T: 표면 온도)으로부터 알 수 있다.

③ 주계열성은 질량이 클수록 광도가 크다.

④ 주계열성은 질량이 작을수록 수명이 길다.

문제 보기

표는 질량이 서로 다른 별 A~D의 물리적 성질을, 그림은 별 A와 D를 H−R도에 나타낸 것이다. $L_\odot$는 태양 광도이다.

별	표면 온도 (K)	광도 ($L_\odot$)
A	(약 10000)	(10^5 이상)
B	3500	100000
C	20000	10000
D	(20000)	(약 10^{-2})

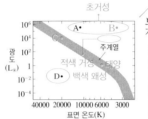

이 자료에 대한 설명으로 옳은 것만을 〈보기〉에서 있는 대로 고른 것은? [3점]

〈보기〉 풀이

H−R도는 별의 표면 온도(또는 분광형)와 광도(또는 절대 등급)를 축으로 별의 분포를 나타낸 그래프이다. H−R도에서 별의 종류는 크게 4가지(주계열성, 적색 거성, 초거성, 백색 왜성)이다.

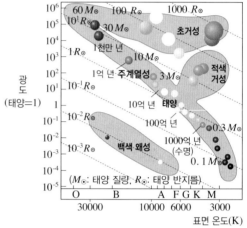

▲ H−R도

✗ A와 B는 적색 거성이다.

➡ B는 표면 온도가 3500 K이므로 적색에 가깝지만 A는 표면 온도가 10000 K에 가까우므로 흰색에 가까운 별이다. A와 B는 적색 거성보다 광도가 매우 크므로 적색 거성보다 더 큰 초거성이다.

ㄴ 반지름은 B>C>D이다.

➡ 별의 광도 $L=4\pi R^2 \cdot \sigma T^4$에서 별의 광도($L$)와 표면 온도($T$)를 알면 반지름 $R=\dfrac{1}{\sqrt{4\pi\sigma}}\times\dfrac{\sqrt{L}}{T^2}$ 을 구할 수 있다.

B의 반지름$=\dfrac{1}{\sqrt{4\pi\sigma}}\times\dfrac{100\sqrt{10}}{3500^2}$, C의 반지름$=\dfrac{1}{\sqrt{4\pi\sigma}}\times\dfrac{100}{20000^2}$,

D의 반지름$\simeq\dfrac{1}{\sqrt{4\pi\sigma}}\times\dfrac{0.1}{20000^2}$이므로 B, C, D의 반지름을 비교하면 B>C>D이다.

다른 풀이 ❶ $R\propto\dfrac{\sqrt{L}}{T^2}$이므로 별의 반지름($R$)은 광도($L$)가 클수록, 표면 온도($T$)가 낮을수록 크다. B는 C보다 광도가 크고 표면 온도는 낮으므로 C보다 반지름이 크다. C는 D와 표면 온도가 같지만 광도는 더 크므로 반지름은 C가 D보다 크다. 따라서 반지름은 B>C>D이다.

다른 풀이 ❷ B는 초거성, C는 주계열성, D는 백색 왜성이므로 반지름은 B>C>D이다.

ㄷ C의 나이는 태양보다 적다.

➡ C는 태양보다 광도가 큰 주계열성이므로 태양보다 질량이 크다. 주계열성의 질량이 클수록 수명은 짧으므로 C의 수명은 태양보다 짧다. C의 주계열성으로서의 수명은 약 1천만 년~1억 년이므로 C의 나이는 1억 년보다 적고, 태양의 주계열성으로서의 수명은 약 100억 년이고 태양의 나이는 약 50억 년이다. 따라서 C의 나이는 태양보다 적다.

13 별의 진화 2023학년도 수능 지Ⅰ 13번

정답 ③ | 정답률 50 %

적용해야 할 개념 ③가지

① 원시별은 중심부의 온도가 높지 않아 수소 핵융합 반응이 일어나지 못한다.
➡ 원시별에서 가장 중요한 에너지원은 중력 수축 에너지이다.
② 원시별이 주계열에 도달하기까지 반지름이 감소하고 표면 온도는 증가한다.
③ 원시별 초기 단계에는 반지름이 크므로 주계열 단계보다 광도가 크다.

문제 보기

그림은 질량이 태양 정도인 어느 별이 원시별에서 주계열 단계 전까지 진화하는 동안의 반지름과 광도 변화를 나타낸 것이다. A, B, C는 이 원시별이 진화하는 동안의 서로 다른 시기이다.
이 원시별에 대한 설명으로 옳은 것만을 〈보기〉에서 있는 대로 고른 것은? [3점]

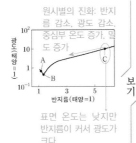

원시별의 진화: 반지름 감소, 광도 감소, 중심부 온도 증가, 밀도 증가

표면 온도는 낮지만 반지름이 커서 광도가 크다.

〈보기〉 풀이

밀도= 질량/부피

ㄱ. 평균 밀도는 C가 A보다 작다.
➡ C → A는 원시별이 주계열로 진화하는 경로이다. 밀도는 질량에 비례하고 부피에 반비례한다. A와 C의 질량은 비슷하지만, 반지름은 C가 A보다 크므로 평균 밀도는 C가 A보다 작다.

ㄴ. 표면 온도는 A가 B보다 낮다.
➡ 원시별이 주계열성으로 진화하는 과정에서 중력에 의해 수축하면서 에너지가 발생하여 표면 온도는 증가한다. 따라서 표면 온도는 A가 B보다 높다.
다른 풀이 A는 B보다 반지름이 작은데 광도가 크므로 표면 온도가 더 높다.

ㄷ. 중심부의 온도는 B가 C보다 높다.
➡ 원시별은 주계열성에 도달할 때까지 중력에 의해 수축하여 계속 크기가 감소하고, 중심부의 온도가 상승하므로 중심부 온도는 B가 C보다 높다.

14 별의 진화와 H−R도 2022학년도 10월 학평 지Ⅰ 16번

정답 ③ | 정답률 80 %

적용해야 할 개념 ③가지

① 원시별의 질량이 클수록 주계열성에 도달하는 시간이 짧다.
➡ 원시별의 질량이 클수록 중력 수축이 빠르게 일어나 주계열 단계에 빨리 도달한다.
② 원시별의 질량이 클수록 H−R도에서 주계열의 왼쪽 위에 도달한다.
➡ 원시별의 질량이 클수록 광도가 크고 표면 온도가 높은 주계열성이 된다.
③ 원시별은 주계열로 진화하며 반지름이 감소한다.

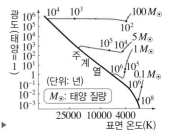

질량에 따른 원시별의 진화 경로와 주계열에 도달하는 데 걸리는 시간 ▶

문제 보기

그림은 원시별 A, B, C를 H−R도에 나타낸 것이다. 점선은 원시별이 탄생한 이후 경과한 시간이 같은 위치를 연결한 것이다.
A, B, C에 대한 옳은 설명만을 〈보기〉에서 있는 대로 고른 것은? [3점]

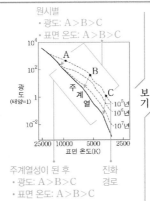

원시별
·광도: A>B>C
·표면 온도: A>B>C

주계열성이 된 후
·광도: A>B>C
·표면 온도: A>B>C

진화 경로

〈보기〉 풀이

ㄱ. 주계열성이 되기까지 걸리는 시간은 A가 C보다 길다.
➡ A가 C보다 주계열 단계에 빨리 도달하므로 주계열성이 되기까지 걸리는 시간은 A가 C보다 짧다.

ㄴ. B와 C의 질량은 같다.
➡ 원시별의 질량이 클수록 광도가 크고 표면 온도가 높은 주계열성이 되고, 주계열성에 도달하는 시간이 짧다. 따라서 A, B, C 중 원시별 상태에서 질량이 큰 순서는 A>B>C이므로 B는 C보다 질량이 크다.

ㄷ. C는 표면에서 중력이 기체 압력 차에 의한 힘보다 크다.
➡ 원시별은 주계열성으로 진화하면서 반지름이 점차 작아진다. 따라서 원시별인 C는 표면에서 중력이 기체 압력 차에 의한 힘보다 크다.

적용해야 할 개념 ③가지

① 원시별에서 주계열성에 도달하는 데 걸리는 시간은 별의 질량이 클수록 짧다.

② 질량이 태양의 약 (1.5~2)배 미만인 주계열성의 내부 구조는 중심부로부터 '핵 → 복사층 → 대류층'으로 구성되고, 태양의 약 (1.5~2)배 이상인 주계열성의 내부 구조는 중심부로부터 '대류핵 → 복사층'으로 구성된다.

③ 별의 광도가 클수록 절대 등급이 작다.

문제 보기

그림은 주계열성 A, B, C가 원시별에서 주계열성이 되기까지의 경로를 H−R도에 나타낸 것이다.

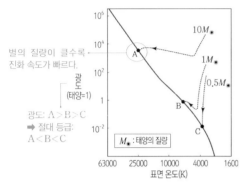

별의 질량이 클수록 진화 속도가 빠르다.

광도: A > B > C
➡ 절대 등급: A < B < C

$M_\odot$: 태양의 질량

이에 대한 설명으로 옳은 것만을 〈보기〉에서 있는 대로 고른 것은?

〈보기〉 풀이

✗ 주계열성이 되는 데 걸리는 시간은 A가 B보다 길다.
➡ 원시별의 질량은 A가 B의 10배이다. 질량이 클수록 원시별에서 주계열성이 되는 데 걸리는 시간이 짧으므로 주계열성이 되는 데 걸리는 시간은 A가 B보다 짧다.

ㄴ. A의 내부는 복사층이 대류층을 둘러싸고 있는 구조이다.
➡ A는 질량이 태양보다 매우 큰 주계열성이므로 내부 구조는 중심부에 대류핵이 있고, 그 바깥을 복사층이 둘러싸고 있다.

ㄷ. 절대 등급은 C가 가장 크다.
➡ 별의 광도가 클수록 절대 등급이 작으므로 광도가 가장 작은 C의 절대 등급이 가장 크다.

보기

적용해야 할 개념 ④가지

① H−R도에서 주계열성은 왼쪽 위로 갈수록 표면 온도가 높고, 광도가 크며, 질량과 반지름이 크다.

② 질량이 큰 별일수록 진화하는 데 걸리는 시간이 짧다.

③ 질량이 태양 정도인 주계열성의 진화 단계는 '주계열성 → 적색 거성 → 행성상 성운 → 백색 왜성'이고, 질량이 태양보다 매우 큰 주계열성의 진화 단계는 '주계열성 → 초거성 → 초신성 폭발 → 중성자별이나 블랙홀'이다.

④ 주계열성에서 일어나는 수소 핵융합 반응에는 p−p 반응과 CNO 순환 반응이 있다. ➡ 질량이 태양 정도인 주계열성에서는 CNO 순환 반응보다 p−p 반응이 우세하다.

문제 보기

그림은 주계열성 A와 B가 각각 A′와 B′로 진화하는 경로를 H−R도에 나타낸 것이다. B는 태양이다.

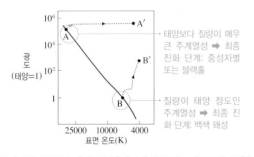

태양보다 질량이 매우 큰 주계열성 ➡ 최종 진화 단계: 중성자별 또는 블랙홀

질량이 태양 정도인 주계열성 ➡ 최종 진화 단계: 백색 왜성

이에 대한 설명으로 옳은 것만을 〈보기〉에서 있는 대로 고른 것은?

〈보기〉 풀이

ㄱ. A가 A′로 진화하는 데 걸리는 시간은 B가 B′로 진화하는 데 걸리는 시간보다 짧다.
➡ H−R도상에서 B보다 A가 왼쪽 위에 위치하므로 A의 질량이 B보다 크다. 항성의 질량이 클수록 진화하는 데 걸리는 시간이 짧으므로 A가 진화하는 데 걸리는 시간은 B가 진화하는 데 걸리는 시간보다 짧다.

ㄴ. B와 B′의 중심핵은 모두 탄소를 포함한다.
➡ B는 질량이 태양 정도인 주계열성이다. 태양 정도의 질량을 가진 주계열성은 수소 핵융합 반응 중 p−p 반응이 우세하지만 CNO 순환 반응도 함께 발생한다. CNO 순환 반응이 일어나기 위해서는 탄소가 필요하므로 B의 중심핵은 탄소를 포함한다. 따라서 B와 B가 진화한 B′ 모두 중심핵에 탄소를 포함한다.

ㄷ. A는 B보다 최종 진화 단계에서의 밀도가 크다.
➡ A는 질량이 태양보다 매우 큰 별이므로 최종 진화 단계는 중성자별 또는 블랙홀이다. B는 질량이 태양 정도인 별이므로 최종 진화 단계는 백색 왜성이다. 중성자별과 블랙홀은 백색 왜성보다 밀도가 매우 크므로 최종 진화 단계에서의 밀도는 A가 B보다 크다.

보기

적용해야 할 개념 ③가지

① 주계열성에서는 질량이 클수록 광도가 크고, 표면 온도가 높다.

② 주계열성 중심에서 수소가 모두 헬륨으로 바뀌면, 수소 핵융합 반응을 멈추고 헬륨 핵이 수축한다. 이때 발생하는 중력 수축 에너지는 수소각 연소를 일으키고, 수소 핵융합 반응으로 발생한 에너지는 별의 반지름을 증가시켜 적색 거성이 된다.

③ 별의 표면 온도와 광도를 알면 반지름을 추정할 수 있다.

$$\Rightarrow L=4\pi R^2 \cdot \sigma T^4,\ R \propto \frac{\sqrt{L}}{T^2}\ (L: \text{광도},\ R: \text{반지름},\ \sigma: \text{슈테판·볼츠만 상수},\ T: \text{표면 온도})$$

▲ 주계열성에서 적색 거성으로 진화하는 단계의 내부 구조

문제 보기

그림은 서로 다른 질량의 주계열성 A_1과 B_1이 진화하는 경로의 일부를 H−R도에 나타낸 것이다. A_2와 A_3, B_2와 B_3은 별 A_1과 B_1이 각각 진화하는 경로상에 위치한 별이고, A_3과 B_3의 중심핵에서는 헬륨 핵융합 반응이 일어난다.

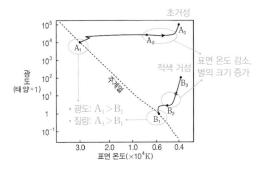

이에 대한 설명으로 옳은 것만을 〈보기〉에서 있는 대로 고른 것은?

[3점]

〈보기〉 풀이

✗ 별의 질량은 A_1보다 B_1이 크다.

➡ 주계열성에서는 별의 질량이 클수록 광도가 크다. A_1은 B_1보다 광도가 크므로 별의 질량도 A_1이 B_1보다 크다.

✗ A_2와 B_2의 내부에서는 수소 핵융합 반응이 일어나지 않는다.

➡ A_2는 주계열성에서 초거성으로 진화하는 단계이고 B_2는 주계열성에서 적색 거성으로 진화하는 단계이다. 주계열성 중심부에서 수소 핵융합 반응이 끝나면 헬륨 핵은 수축하고, 헬륨 핵을 둘러싼 수소층에서 수소 핵융합 반응(수소각 연소)이 일어난다. 따라서 A_2와 B_2의 내부에서는 수소 핵융합 반응으로 발생한 에너지로 인해 바깥층이 팽창하여 적색 거성 또는 초거성으로 진화한다.

ⓒ $\dfrac{A_3\text{의 반지름}}{A_1\text{의 반지름}} > \dfrac{B_3\text{의 반지름}}{B_1\text{의 반지름}}$ 이다.

➡ 별의 표면 온도와 광도를 알면 $L=4\pi R^2 \cdot \sigma T^4$을 이용하여 반지름을 추정할 수 있다.
A와 B의 표면 온도비와 광도비를 각각 구하면,

A의 표면 온도비 $\dfrac{A_3\text{의 표면 온도}}{A_1\text{의 표면 온도}} \simeq \dfrac{0.4}{3.0} = \dfrac{2}{15}$,

B의 표면 온도비 $\dfrac{B_3\text{의 표면 온도}}{B_1\text{의 표면 온도}} \simeq \dfrac{0.4}{0.6} = \dfrac{2}{3}$이고,

A의 광도비 $\dfrac{A_3\text{의 광도}}{A_1\text{의 광도}} \simeq \dfrac{10^5}{10^4} = 10$,

B의 광도비 $\dfrac{B_3\text{의 광도}}{B_1\text{의 광도}} \simeq \dfrac{10^2}{1} = 1000$이다.

$R \propto \dfrac{\sqrt{L}}{T^2}$로부터 $\dfrac{A_3\text{의 반지름}}{A_1\text{의 반지름}} \simeq \dfrac{\sqrt{10}}{\left(\dfrac{2}{15}\right)^2} \simeq 178$이고, $\dfrac{B_3\text{의 반지름}}{B_1\text{의 반지름}} \simeq \dfrac{\sqrt{100}}{\left(\dfrac{2}{3}\right)^2} = 22.5$이다.

따라서 $\dfrac{A_3\text{의 반지름}}{A_1\text{의 반지름}} > \dfrac{B_3\text{의 반지름}}{B_1\text{의 반지름}}$ 이다.

다른 풀이 ❶ $R \propto \dfrac{\sqrt{L}}{T^2}$로부터 각 반지름의 비를 구할 수 있다.

$\dfrac{A_3\text{의 반지름}}{A_1\text{의 반지름}} \simeq \dfrac{\dfrac{\sqrt{10^5}}{(0.4)^2}}{\dfrac{\sqrt{10^4}}{(3.0)^2}} \simeq 178$이고, $\dfrac{B_3\text{의 반지름}}{B_1\text{의 반지름}} \simeq \dfrac{\dfrac{\sqrt{10^2}}{(0.4)^2}}{\dfrac{\sqrt{1^2}}{(0.6)^2}} = 22.5$이다.

따라서 $\dfrac{A_3\text{의 반지름}}{A_1\text{의 반지름}} > \dfrac{B_3\text{의 반지름}}{B_1\text{의 반지름}}$ 이다.

다른 풀이 ❷ 주계열성이 거성으로 진화할 때 질량이 큰 별일수록 반지름이 크게 증가하므로 주계열성의 반지름에 대한 거성 단계의 반지름의 비는 A가 B보다 크다.

18 태양의 진화 2025학년도 6월 모평 지Ⅰ 13번   정답 ① | 정답률 51%

적용해야 할 개념 ③가지

① 성간 물질은 기체와 티끌로 이루어지며, 성간 티끌은 탄소, 규소, 산소, 철 등으로 이루어진다.
② 수소 핵융합 반응이 진행되면 수소의 함량은 감소하고, 헬륨의 함량은 증가한다.
③ 태양이 주계열성에서 적색 거성으로 진화하면서 반지름이 커지고, 백색 왜성이 되면서 반지름이 작아진다.

문제 보기

그림은 태양이 $A_0 \rightarrow A_1 \rightarrow A_2 \rightarrow A_3$으로 진화하는 경로를 H-R도에 나타낸 것이다.

이에 대한 설명으로 옳은 것만을 〈보기〉에서 있는 대로 고른 것은? [3점]

〈보기〉 풀이

ㄱ. A_0의 중심핵은 탄소를 포함한다.

➡ A_0은 성간 물질이 뭉쳐진 원시별이 중력 수축하면서 밀도와 온도가 높아져 생성되었다. 성간 물질은 수소 등의 기체와 탄소, 규소, 산소, 철 등의 티끌로 이루어지므로 A_0의 중심핵은 탄소를 포함한다.

✗ 수소의 총 질량은 A_0이 A_1보다 작다.

➡ A_0의 중심핵에서는 수소 핵융합 반응이 일어나므로 시간이 지남에 따라 수소의 양은 감소하고, 헬륨의 양은 증가한다. 한편 $A_0 \rightarrow A_1$ 경로에서는 중심핵 바깥층(수소 연소각)에서 수소 핵융합 반응이 일어나므로 수소의 양이 감소하고, 헬륨의 양이 증가한다. 따라서 수소의 총 질량은 A_0이 A_1보다 크다.

✗ $\dfrac{A_1\text{의 반지름}}{A_0\text{의 반지름}} > \dfrac{A_2\text{의 반지름}}{A_3\text{의 반지름}}$ 이다.

➡ 별의 광도는 (반지름)$^2 \times$(표면 온도)^{4}에 비례하므로 광도가 클수록, 표면 온도가 낮을수록 별의 반지름이 크다. A_1과 A_2는 적색 거성으로, 표면 온도와 광도가 비슷하므로 반지름이 크게 다르지 않다. 그러나 A_0(주계열성)에 비해 A_3(백색 왜성)은 표면 온도가 높고, 광도가 작으므로 반지름은 A_0이 A_3보다 매우 크다. 따라서 $\dfrac{A_1\text{의 반지름}}{A_0\text{의 반지름}} < \dfrac{A_2\text{의 반지름}}{A_3\text{의 반지름}}$ 이다.

---

19 별의 진화와 H-R도 2021학년도 4월 학평 지Ⅰ 15번   정답 ① | 정답률 61%

적용해야 할 개념 ③가지

① 질량이 태양 정도인 별의 진화 단계는 원시별을 거쳐 '주계열성 → 적색 거성 → 행성상 성운 → 백색 왜성'으로 진화한다.
② 주계열성의 중심핵에서는 수소 핵융합 반응이 일어나고, 적색 거성의 중심핵에서는 헬륨 핵융합 반응이 일어난다.
③ 정역학 평형 상태란 기체 압력 차이로 발생한 힘과 별의 중력이 평형을 이루는 상태이다.
➡ 주계열성은 정역학 평형 상태를 유지하여 안정한 상태(모양과 크기가 거의 변하지 않는 상태)를 이루고 있으며, 적색 거성으로 진화할 때는 기체 압력 차이로 발생한 힘이 중력에 비해 증가하여 크기가 커진다.

▲ 정역학 평형

문제 보기

그림 (가)는 어느 별의 진화 경로를, (나)는 이 별의 진화 과정 일부를 나타낸 것이다.

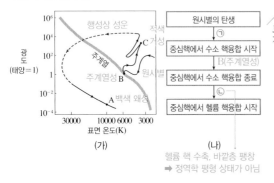

(가)   (나)
헬륨 핵 수축, 바깥층 팽창
➡ 정역학 평형 상태가 아님

이 별에 대한 설명으로 옳은 것만을 〈보기〉에서 있는 대로 고른 것은? [3점]

〈보기〉 풀이

(가)는 태양과 질량이 비슷한 별의 진화 경로를 나타낸 것으로, A는 백색 왜성, B는 주계열성, C는 적색 거성이다.

ㄱ. 별의 평균 밀도는 A보다 B일 때 작다.

➡ 백색 왜성은 태양과 질량이 비슷한 별의 진화의 마지막에 나타나는 단계로, 행성상 성운에서 별의 외곽의 가스를 모두 날려버린 별의 중심부가 남은 천체이다. 따라서 별의 평균 밀도는 백색 왜성(A)이 주계열성(B)과 적색 거성(C)보다 크다.

✗ C일 때는 ㉠ 과정에 해당한다.

➡ ㉠ 과정은 원시별에서 주계열성(B)으로 진화하는 과정이고, ㉡ 과정은 주계열성(B)에서 적색 거성(C)으로 진화하는 과정이다. 따라서 C는 주계열성 이전 단계인 ㉠ 과정에 해당하지 않는다.

✗ ㉡ 과정에서 별의 중심핵은 정역학 평형 상태이다.

➡ ㉡ 과정은 주계열성(B)의 중심핵에서 수소가 소진된 후 헬륨 핵융합 반응이 일어나는 적색 거성(C)으로 진화하는 과정이다. 적색 거성으로 진화하는 과정에서 별의 중심핵은 수축하므로 정역학 평형 상태가 아니다. 중심핵이 정역학 평형 상태인 진화 단계는 주계열성(B)이다.

적용해야 할 개념 ③가지

① 별의 질량이 클수록 주계열 단계에서 머무르는 시간이 짧다.

② 별의 광도는 절대 등급으로 나타낼 수 있고, 절대 등급이 작을수록 광도가 큰 별이다.

③ 질량이 태양 정도인 주계열성에서는 p－p 반응이 우세하고, 질량이 태양보다 매우 큰 주계열성에서는 CNO 순환 반응이 우세하다.

문제 보기

그림은 주계열성 A와 B가 각각 거성 A′와 B′로 진화하는 경로의 일부를 H－R도에 나타낸 것이다.

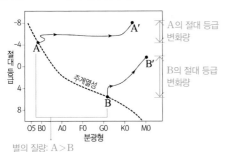

별의 질량: A>B
➡ 주계열에 머무는 기간: A<B
➡ CNO 순환 반응에 의한 에너지 생성률: A>B

이에 대한 설명으로 옳은 것만을 〈보기〉에서 있는 대로 고른 것은?

〈보기〉 풀이

ㄱ. 주계열에 머무는 기간은 A가 B보다 짧다.

➡ 별의 질량이 클수록 주계열에 머무는 기간이 짧다. H－R도에서 왼쪽 위로 갈수록 주계열성의 질량이 커지므로 A가 B보다 질량이 크다. 따라서 주계열에 머무는 기간은 A가 B보다 짧다.

ㄴ. 절대 등급의 변화량은 A가 A′로 진화했을 때가 B가 B′로 진화했을 때보다 크다.

➡ 주계열성에서 거성으로 진화할 때 절대 등급을 의미하는 세로축의 변화량을 보면 B가 B′로 진화했을 때가 A가 A′로 진화했을 때보다 크다.

ㄷ. $\dfrac{\text{CNO 순환 반응에 의한 에너지 생성량}}{\text{p－p 반응에 의한 에너지 생성량}}$ 은 A가 B보다 작다.

➡ 주계열성의 질량이 클수록 중심부에서는 CNO 순환 반응이 p－p 반응보다 우세하게 일어나므로 질량이 큰 A가 B보다 CNO 순환 반응이 우세하게 일어난다.

따라서 $\dfrac{\text{CNO 순환 반응에 의한 에너지 생성량}}{\text{p－p 반응에 의한 에너지 생성량}}$ 은 A가 B보다 크다.

보기

22
일차

적용해야 할 개념 ③가지

① 태양 정도의 질량을 가진 별은 원시별 → 주계열성 → 적색 거성 → 행성상 성운 → 백색 왜성 단계를 거친다.

② 광도가 100배 차이나면 절대 등급은 5등급 차이난다.

③ 적색 거성은 주계열성에 비해 표면 온도는 낮고, 반지름은 크다.

문제 보기

그림은 어느 별의 진화 경로를 H−R도에 나타낸 것이다.

이 별에 대한 설명으로 옳은 것만을 〈보기〉에서 있는 대로 고른 것은?

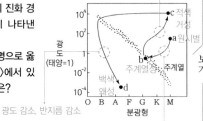

표면 온도 감소, 광도 증가, 반지름 증가

광도 감소, 반지름 감소

광도 감소 ➡ 절대 등급 증가

보기

〈보기〉 풀이

✗ 절대 등급은 a 단계에서 b 단계로 갈수록 작아진다.

➡ 절대 등급은 별의 광도가 클수록 작아진다. a(원시별) 단계에서 b(주계열성) 단계로 진화할 때 광도는 감소하므로 절대 등급은 증가한다.

ㄴ. $\dfrac{반지름}{표면\ 온도}$ 은 c 단계가 b 단계보다 크다.

➡ 이 별은 주계열에 도달했을 때 분광형이 G형이므로, 질량이 태양과 비슷한 별이다. b는 주계열성, c는 적색 거성 단계로, 태양과 비슷한 질량을 갖는 별은 주계열성에서 적색 거성으로 진화하는 과정에서 반지름이 증가하고, 표면 온도가 감소한다. 따라서 $\dfrac{반지름}{표면\ 온도}$ 은 c 단계가 b 단계보다 크다.

ㄷ. 반지름은 c 단계가 d 단계보다 크다.

➡ d는 백색 왜성 단계이다. 따라서 반지름은 a~d 단계 중 d 단계가 가장 작다.

23
일차

01 ②	02 ⑤	03 ③	04 ②	05 ③	06 ④	07 ③	08 ③	09 ②	10 ③	11 ③	12 ②
13 ④	14 ①	15 ⑤	16 ④	17 ⑤	18 ②	19 ⑤	20 ②	21 ①	22 ②	23 ②	24 ①
25 ②	26 ②	27 ④	28 ③	29 ①	30 ②	31 ⑤					

문제편 238쪽~245쪽

---

01 | **별의 내부 구조와 진화** 2023학년도 10월 학평 지Ⅰ 19번 | 정답 ② | 정답률 74 %

적용해야 할 개념 ③가지
① 별의 질량이 클수록 진화 속도가 빠르다.
② 질량이 태양 정도인 별은 중심부에서 헬륨 핵융합 반응까지 나타나고, 질량이 큰 별은 더 많은 핵융합 반응 과정이 나타난다.
③ 주계열성은 중심부에서 수소 핵융합 반응이 일어난다.

문제 보기

그림은 질량이 서로 다른 별 A와 B의 진화에 따른 중심부에서의 밀도와 온도 변화를 나타낸 것이다. ㉠, ㉡, ㉢은 각각 별의 중심부에서 수소 핵융합, 탄소 핵융합, 헬륨 핵융합 반응이 시작되는 밀도 – 온도 조건 중 하나이다.

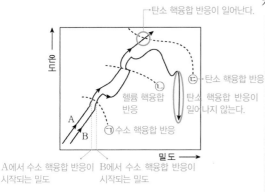

이 자료에 대한 옳은 설명만을 〈보기〉에서 있는 대로 고른 것은? [3점]

〈보기〉 풀이

✗ 별의 중심부에서 헬륨 핵융합 반응이 시작되는 밀도 – 온도 조건은 ㉠이다.
➡ 별은 주계열 단계에서 수소 핵융합 반응을 하고, 거성으로 진화하여 중심부 온도가 약 1억 K이 되면 헬륨 핵융합 반응을 시작한다. 한편 태양보다 더 무거운 별은 중심부의 온도가 더 상승하여 탄소 핵융합 반응을 한다. ㉠ → ㉡ → ㉢으로 갈수록 온도가 높아지므로, ㉠, ㉡, ㉢은 각각 수소 핵융합, 헬륨 핵융합, 탄소 핵융합 반응이 시작되는 조건에 해당한다.

㉡ 별의 중심부에서 수소 핵융합 반응이 시작될 때, 중심부의 밀도는 A가 B보다 작다.
➡ 그림에서 수소 핵융합 반응이 시작될 때의 밀도는 A보다 B에서 더 큰 것을 알 수 있다.

✗ 별의 탄생 이후 별의 중심부에서 밀도와 온도가 ㉡에 도달할 때까지 걸리는 시간은 A가 B보다 길다.
➡ 별의 탄생 이후 별의 중심부에서의 밀도와 온도가 헬륨 핵융합 반응을 시작할 수 있을 때까지 걸리는 시간은 별의 질량이 클수록 짧다. A는 탄소 핵융합 반응이 일어나는 밀도와 온도 조건에 도달하지만, B는 헬륨 핵융합 반응까지만 일어나므로 별의 질량은 A가 B보다 크다. 따라서 별의 탄생 이후 별의 중심부에서 밀도와 온도가 ㉡에 도달하는 시간은 A가 B보다 짧다.

적용해야 할
개념 ③가지

① 주계열성 내부에서 발생하는 수소 핵융합 반응에는 p-p 반응과 CNO 순환 반응이 있다.

② 질량이 태양과 비슷하여 중심부 온도가 약 1800만 K 이하인 주계열성에서는 p-p 반응이 우세하고, 질량이 태양의 약 (1.5~2)배 이상이고, 중심부 온도가 약 1800만 K 이상인 주계열성에서는 CNO 순환 반응이 우세하다.

③ CNO 순환 반응은 수소 원자핵 4개가 반응에 참여하여 1개의 헬륨 원자핵을 생성하고, 탄소, 질소, 산소는 촉매 역할을 한다.

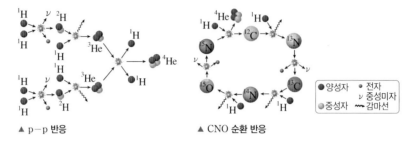

▲ p-p 반응　　　　　　　　▲ CNO 순환 반응

● 양성자　• 전자
　　　　　ν 중성미자
● 중성자　～ 감마선

문제 보기

그림 (가)와 (나)는 주계열에 속한 별 A와 B에서 우세하게 일어나는 핵융합 반응을 각각 나타낸 것이다.

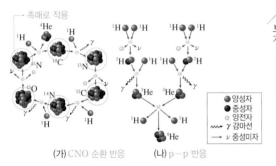

(가) CNO 순환 반응　　　(나) p-p 반응

● 양성자
● 중성자
○ 양전자
～ γ 감마선
→ ν 중성미자

이에 대한 설명으로 옳은 것만을 〈보기〉에서 있는 대로 고른 것은?

〈보기〉 풀이

(가)는 CNO 순환 반응이고, (나)는 p-p 반응이다. CNO 순환 반응은 질량이 태양보다 매우 크고 중심부 온도가 약 1800만 K 이상인 주계열성에서 우세하게 일어나고, p-p 반응은 질량이 태양 정도이고 중심부 온도가 약 1800만 K 이하인 주계열성에서 우세하게 일어난다. 따라서 별 A는 B보다 질량이 큰 별이다.

ㄱ. 별의 내부 온도는 A가 B보다 높다.

➡ A에서는 CNO 순환 반응이 우세하게 일어나고 B에서는 p-p 반응이 우세하게 일어난다. CNO 순환 반응이 우세하게 일어나는 주계열성은 p-p 반응이 우세하게 일어나는 주계열성보다 중심부 온도가 높으므로 별의 내부 온도는 A가 B보다 높다.

ㄴ. (가)에서 ^{12}C는 촉매이다.

➡ 촉매란 반응이 일어날 때 자신은 변하지 않으면서 반응 속도를 변화시키는 물질이다. (가)에서 수소 원자핵 4개가 반응에 참여하여 헬륨 원자핵을 생성하고 탄소, 질소, 산소는 촉매 역할을 하므로 ^{12}C는 촉매이다.

ㄷ. (가)와 (나)에 의해 별의 질량은 감소한다.

➡ (가)와 (나)는 모두 수소 핵융합 반응이다. 수소 핵융합 반응에서는 4개의 수소 원자핵이 융합하여 1개의 헬륨 원자핵을 생성하는데, 이 과정에서 약 0.7 %의 질량이 감소하고, 감소한 질량만큼 에너지로 전환된다. 따라서 (가)와 (나)에 의해 별의 질량은 감소한다.

보기

03 별의 에너지원 2022학년도 3월 학평 지I 12번 정답 ③ | 정답률 75%

적용해야 할 개념 ③가지

① 수소 핵융합 반응 중 중심부 온도가 약 1800만 K 이하인 별에서는 p−p 반응이, 중심 온도가 약 1800만 K 이상인 별에서는 CNO 순환 반응이 우세하다.

② 태양 정도의 질량을 갖는 별의 수명은 약 100억 년이다.

③ 수소 핵융합 반응에서 수소 원자핵 4개의 질량은 헬륨 원자핵 1개의 질량보다 크므로 줄어든 질량만큼이 에너지로 변환된다.

문제 보기

표는 주계열성 A, B의 물리량을 나타낸 것이다.

질량이 클수록 수명이 짧다.

주계열성	광도 (태양=1)	질량 (태양=1)	예상 수명 (억 년)
A	1	1	100
B	80	3	X

질량이 클수록 광도가 크다.

이에 대한 옳은 설명만을 〈보기〉에서 있는 대로 고른 것은?

보기

〈보기〉 풀이

ㄱ. **A에서는 p−p 반응이 CNO 순환 반응보다 우세하다.**

→ A는 질량이 태양과 같은 주계열성이다. 질량이 태양 정도인 주계열에서의 수소 핵융합 반응은 p−p 반응이 CNO 순환 반응보다 우세하다.

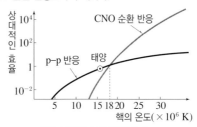

▲ p−p 반응과 CNO 순환 반응의 효율

ㄴ. **X는 100보다 작다.**

→ 주계열성은 질량이 클수록 수명이 짧다. B는 태양 질량의 3배이고 태양의 수명은 100억 년이므로, 태양보다 질량이 큰 B의 수명은 100억 년보다 짧을 것이다. 따라서 X는 100보다 작다.

ㄷ. **중심핵의 단위 시간당 질량 감소량은 A가 B보다 많다.**

→ 주계열성의 중심핵에서는 수소 핵융합 반응이 일어나고, 이때 발생한 질량 결손이 에너지로 변환되어 별의 에너지원이 된다. 별이 단위 시간당 방출하는 에너지양이 광도이므로 광도가 큰 별에서는 더 큰 에너지를 중심핵에서 생산해야 한다. 따라서 광도가 큰 B에서 더 많은 질량 감소가 일어나 더 많은 에너지를 생산하고 있으므로 중심핵의 단위 시간당 질량 감소량은 B가 A보다 많다.

04 별의 에너지원 2020학년도 7월 학평 지I 16번 정답 ② | 정답률 63%

적용해야 할 개념 ②가지

① 질량이 태양과 비슷하여 중심부 온도가 약 1800만 K 이하인 주계열성에서는 p−p 반응이 우세하다.

② 질량이 태양의 약 (1.5~2)배 이상이고, 중심 온도가 약 1800만 K 이상인 주계열성에서는 CNO 순환 반응이 우세하다.

문제 보기

그림은 중심부 온도에 따른 p−p 반응과 CNO 순환 반응에 의한 광도를 A, B로 순서 없이 나타낸 것이다.

이에 대한 설명으로 옳은 것만을 〈보기〉에서 있는 대로 고른 것은?

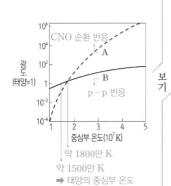

약 1800만 K
약 1500만 K
→ 태양의 중심부 온도
→ p−p 반응 우세

보기

〈보기〉 풀이

A는 별의 중심부 온도가 약 1800만 K 이상일 때 우세하게 나타나는 CNO 순환 반응이고, B는 별의 중심부 온도가 약 1800만 K 이하일 때 우세하게 나타나는 p−p 반응이다.

ㄱ. **태양에서는 A 반응이 우세하다.**

→ 태양과 질량이 비슷한 별의 중심핵에서는 p−p 반응이 우세하므로, 태양에서는 p−p 반응인 B 반응이 우세하다.

ㄴ. **태양의 중심부 온도는 2000만 K이다.**

→ 태양의 중심핵에서는 p−p 반응이 우세하므로 태양의 중심부 온도는 1800만 K보다 낮다. 태양의 중심부 온도는 약 1500만 K이다.

ㄷ. **주계열성의 질량이 클수록 전체 광도에서 B에 의한 비율이 감소한다.**

→ 주계열성의 질량이 태양의 약 1.5배~2배 이상일 때 CNO 순환 반응이 우세하게 일어난다. 따라서 주계열성의 질량이 클수록 전체 광도에서 p−p 반응(B 반응)에 의한 비율은 감소한다.

적용해야 할 개념 ③가지

① 주계열성 내부에서 일어나는 핵융합 반응은 수소 핵융합 반응으로, p−p 반응과 CNO 순환 반응이 있다.

② 질량이 태양과 비슷하여 중심부 온도가 약 1800만 K 이하인 주계열성에서는 p−p 반응이 우세하다.

③ 헬륨 핵융합 반응은 중심부 온도가 약 1억 K 이상인 적색 거성의 내부에서 일어난다.

문제 보기

그림은 별의 중심 온도에 따른 p−p 반응과 CNO 순환 반응, 헬륨 핵융합 반응의 상대적 에너지 생산량을 A, B, C로 순서 없이 나타낸 것이다.

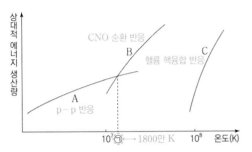

이에 대한 설명으로 옳은 것만을 〈보기〉에서 있는 대로 고른 것은?

[3점]

〈보기〉 풀이

ㄱ. **A와 B는 수소 핵융합 반응이다.**

➡ A, B는 10^7 K 부근에서 일어나는 반응에 의한 에너지 생산량으로 수소핵 융합 반응이다. 이 때 낮은 온도에서는 A가 우세하므로 A는 p−p 반응, B는 CNO 순환 반응이다. 한편 C는 약 10^8 K 이상에서 일어나는 반응에 의한 에너지 생산량이므로 헬륨 핵융합 반응이다.

ㄴ. **현재 태양의 중심 온도는 ㉠보다 낮다.**

➡ ㉠은 p−p 반응과 CNO 순환 반응에 의한 에너지 생산량이 같은 지점으로 약 1.8×10^7 K 이다. 태양은 p−p 반응에 의한 에너지 생산량이 더 우세하므로 현재 태양의 중심 온도는 ㉠ 보다 낮다.

✗ **주계열 단계에서는 질량이 클수록 전체 에너지 생산량에서 C에 의한 비율이 증가한다.**

➡ 주계열 단계에서는 질량이 클수록 CNO 순환 반응인 B의 비율이 증가한다. C는 헬륨 핵융합 반응이므로 주계열 단계에서 일어나지 않는다.

적용해야 할 개념 ③가지

① 주계열성의 중심에서는 수소 핵융합 반응이 일어나고, 적색 거성의 중심에서는 헬륨 핵융합 반응이 일어나 탄소를 생성한다.

② 적색 거성은 주계열성보다 반지름이 매우 크므로 밀도가 작다.

③ 광도 계급은 초거성에서 백색 왜성으로 갈수록 커진다.

광도 계급	I	II	III	IV	V	VI	VII
별의 종류	초거성	밝은 거성	거성	준거성	주계열성	준왜성	백색 왜성

문제 보기

그림 (가)는 H−R도를, (나)는 별 A와 B 중 하나의 중심부에서 일어나는 핵융합 반응을 나타낸 것이다.

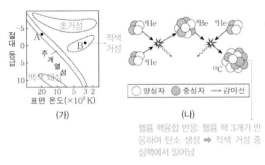

(가)   (나)

헬륨 핵융합 반응: 헬륨 핵 3개가 반응하여 탄소 생성 ➡ 적색 거성 중심핵에서 일어남

이에 대한 옳은 설명만을 〈보기〉에서 있는 대로 고른 것은?

〈보기〉 풀이

(가)의 H−R도에서 왼쪽 위에서 오른쪽 아래로 이어지는 영역에 위치하는 A는 주계열성이고, B는 주계열성의 오른쪽 상단에 위치하여 주계열성보다 표면 온도는 낮지만 광도가 큰 적색 거성이다. (나)는 헬륨 핵이 융합하여 탄소가 생성되는 과정이므로 헬륨 핵융합 반응이다.

✗ **(나)는 A의 중심부에서 일어난다.**

➡ (나)는 헬륨 핵이 융합하여 탄소가 생성되는 헬륨 핵융합 반응으로, 적색 거성(B)의 헬륨 핵에서 일어난다. 주계열성(A)의 중심핵에서 일어나는 반응은 수소가 융합하여 헬륨을 생성하는 수소 핵융합 반응이다.

ㄴ. **별의 평균 밀도는 A가 B보다 크다.**

➡ 주계열성(A)이 적색 거성으로 진화하면 헬륨 핵 바깥의 수소층에서 수소 핵융합 반응이 일어나고 별의 바깥층이 팽창하므로 별의 평균 밀도는 A가 B보다 크다.

ㄷ. **광도 계급의 숫자는 A가 B보다 크다.**

➡ 주계열성(A)의 광도 계급은 V이고, 적색 거성(B)의 광도 계급은 III이다. 따라서 광도 계급의 숫자는 A가 B보다 크다.

07 주계열성의 내부 구조 2024학년도 6월 모평 지I 12번 정답 ③ | 정답률 56%

적용해야 할 개념 ③가지

① 태양 질량과 비슷한 주계열성의 내부 구조는 중심부로부터 '중심핵 → 복사층 → 대류층'으로 구성된다.
② 태양 질량의 약 1.5~2배가 넘는 주계열성은 중심부에서 p−p 반응보다 CNO 순환 반응에 의한 에너지 생성량이 크다.
③ 주계열성이 거성으로 진화할 때, 태양 질량 정도의 별은 H−R도에서 대체로 수직 방향으로, 태양보다 질량이 매우 큰 별은 대체로 수평 방향으로 이동한다.

문제 보기

그림은 주계열성 (가)와 (나)의 내부 구조를 나타낸 것이다. (가)와 (나)의 질량은 각각 태양 질량의 1배와 5배 중 하나이다.

(가) 태양 질량의 1배　　(나) 태양 질량의 5배

이에 대한 설명으로 옳은 것만을 〈보기〉에서 있는 대로 고른 것은?

〈보기〉 풀이

ㄱ. **질량은 (가)가 (나)보다 작다.**
➡ (가)는 중심핵 → 복사층 → 대류층으로 구성되어 있으므로 태양 질량의 1배인 주계열성의 내부 구조이다. 한편, (나)는 대류핵 → 복사층으로 구성되어 있으므로 태양 질량의 5배인 주계열성의 내부 구조이다. 따라서 질량은 (가)가 (나)보다 작다.

ㄴ. **(나)의 핵에서 $\dfrac{\text{p−p 반응에 의한 에너지 생성량}}{\text{CNO 순환 반응에 의한 에너지 생성량}}$ 은 1보다 작다.**
➡ (나)는 태양 질량의 5배인 주계열성이므로 중심부의 온도가 태양보다 매우 높으므로 p−p 반응보다 CNO 순환 반응에 의한 에너지 생산량이 더 많다.
따라서 $\dfrac{\text{p−p 반응에 의한 에너지 생성량}}{\text{CNO 순환 반응에 의한 에너지 생성량}}$ 은 1보다 작다.

ㄷ. **주계열 단계가 끝난 직후부터 핵에서 헬륨 연소가 일어나기 직전까지의 절대 등급의 변화 폭은 (가)가 (나)보다 작다.**
➡ 질량이 큰 별들은 주계열성에서 거성으로 진화할 때 절대 등급의 변화가 작은 반면, 태양과 비슷한 질량을 가진 주계열성은 절대 등급의 변화가 크다.

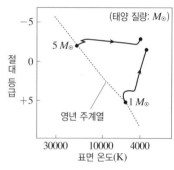

---

08 별의 내부 구조 2020학년도 4월 학평 지I 16번 정답 ③ | 정답률 64%

적용해야 할 개념 ③가지

① 질량이 태양의 약 (1.5~2)배 미만인 주계열성의 내부 구조는 중심부로부터 '핵 → 복사층 → 대류층'으로 구성되고, 태양의 약 (1.5~2)배 이상인 주계열성의 내부 구조는 중심부로부터 '대류핵 → 복사층'으로 구성된다.
② 정역학 평형 상태는 기체 압력 차이로 발생한 힘과 별의 중력이 평형을 이루는 상태이다. ➡ 주계열성은 정역학 평형 상태를 유지하므로 안정한 상태(모양과 크기가 거의 변하지 않는 상태)를 이루고 있다.
③ 질량이 태양 정도인 주계열성에서는 p−p 반응이 우세하고, 질량이 태양보다 매우 큰 주계열성에서는 CNO 순환 반응이 우세하다.

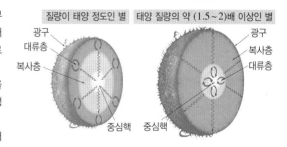

▲ 질량에 따른 별의 내부 구조

문제 보기

그림은 질량이 서로 다른 주계열성 A와 B의 내부 구조를 나타낸 것이다.

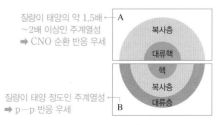

질량이 태양의 약 1.5배~2배 이상인 주계열성 ➡ CNO 순환 반응 우세

질량이 태양 정도인 주계열성 ➡ p−p 반응 우세

이에 대한 설명으로 옳은 것만을 〈보기〉에서 있는 대로 고른 것은? (단, 별의 크기는 고려하지 않는다.)

〈보기〉 풀이

ㄱ. **별의 질량은 A보다 B가 작다.**
➡ A는 내부 구조가 중심부로부터 '대류핵 → 복사층'이고, B는 중심부로부터 '핵 → 복사층 → 대류층'이다. 질량이 태양보다 매우 큰 별에서는 중심부에서 생성된 에너지를 대류로 전달하므로 별의 질량은 A보다 B가 작다.

ㄴ. **A와 B는 정역학적 평형 상태에 있다.**
➡ 별 A와 B는 모두 주계열성이다. 주계열성은 정역학적 평형 상태를 유지하므로 안정한 상태를 이루고 있다.

ㄷ. **수소 핵융합 반응 중 CNO 순환 반응이 차지하는 비율은 A보다 B가 높다.**
➡ CNO 순환 반응은 질량이 태양의 약 1.5배~2배 이상인 주계열성에서 우세하게 일어난다. A는 B보다 질량이 큰 별이므로, 수소 핵융합 반응 중 CNO 순환 반응이 차지하는 비율은 A가 B보다 높다.

09 별의 내부 구조와 에너지원 2024학년도 5월 학평 지I 15번

정답 ② | 정답률 66%

적용해야 할 개념 ②가지

① 질량에 따른 주계열성의 내부 구조와 에너지 생성

구분	질량이 태양 정도인 주계열성	질량이 태양 질량의 약 2배 이상인 주계열성
내부 구조	중심핵, 복사층, 대류층	대류핵, 복사층
에너지 생성 과정	p-p 반응(양성자·양성자 반응)이 우세하다.	CNO 순환 반응(탄소·질소·산소 순환 반응)이 우세하다.

② CNO 순환 반응은 p-p 반응보다 시간당 에너지 생성량이 많다.

문제 보기

그림 (가)는 질량이 서로 다른 주계열성 A와 B의 내부 구조를, (나)는 어느 수소 핵융합 반응을 나타낸 것이다. A와 B의 질량은 각각 태양 질량의 1배와 5배 중 하나이다.

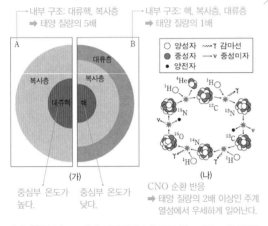

(가)

(나)
CNO 순환 반응
➡ 태양 질량의 2배 이상인 주계열성에서 우세하게 일어난다.

이에 대한 설명으로 옳은 것만을 〈보기〉에서 있는 대로 고른 것은?
[3점]

〈보기〉 풀이

✗ 별의 중심부 온도는 A보다 B가 높다.
➡ 질량이 태양 정도인 주계열성은 중심핵에서 생성된 에너지가 복사층과 대류층을 거쳐 표면을 빠져나오고, 질량이 태양 질량의 약 2배 이상인 주계열성은 중심부의 온도가 매우 높아 중심부에 대류가 일어나는 대류핵이 있고, 바깥쪽에 복사층이 있다. 따라서 A는 질량이 태양 질량의 5배인 주계열성이고, B는 질량이 태양 질량의 1배인 주계열성이므로, 중심부 온도는 A가 B보다 높다.

ㄴ (나)에서 ^{12}C는 촉매로 작용한다.
➡ (나)는 4개의 수소 원자핵이 융합하여 헬륨 원자핵을 만드는 과정에서 탄소, 질소, 산소의 원자핵이 반응에 참여하는 CNO 순환 반응으로, 탄소, 질소, 산소는 촉매로 작용한다.

✗ $\dfrac{\text{(나)에 의한 에너지 생산량}}{\text{수소 핵융합 반응에 의한 총에너지 생산량}}$ 은 A보다 B가 크다.
➡ 질량이 태양 정도로 작은 주계열성은 p-p 반응(양성자·양성자 반응)이 우세하게 일어나지만 질량이 태양 질량의 2배보다 큰 주계열성은 CNO 순환 반응이 우세하게 일어난다. CNO 순환 반응은 p-p 반응보다 시간당 에너지 생산량이 많다. A는 CNO 순환 반응, B는 p-p 반응이 우세하게 일어나므로 $\dfrac{\text{(나)에 의한 에너지 생산량}}{\text{수소 핵융합 반응에 의한 총에너지 생산량}}$ 은 A가 B보다 크다.

보기

---

10 별의 에너지원과 내부 구조 2020학년도 3월 학평 지I 10번

정답 ③ | 정답률 73%

적용해야 할 개념 ③가지

① 질량이 태양 정도인 주계열성에서는 p-p 반응(양성자·양성자 반응)이 우세하고, 질량이 태양보다 매우 큰 주계열성에서는 CNO 순환 반응(탄소·질소·산소 순환 반응)이 우세하다.

② p-p 반응(양성자·양성자 반응)이 일어나면 수소 원자핵 6개가 융합하여 1개의 헬륨 원자핵을 생성하고, 2개의 수소 원자핵이 방출된다.

③ 질량이 태양의 약 (1.5~2)배 미만인 주계열성의 내부 구조는 중심부로부터 '핵 → 복사층 → 대류층'으로 구성되고, 태양의 약 (1.5~2)배 이상인 주계열성의 내부 구조는 중심부로부터 '대류핵 → 복사층'으로 구성된다.

문제 보기

그림 (가)는 양성자·양성자 반응을, (나)는 어느 주계열성의 내부 구조를 나타낸 것이다.

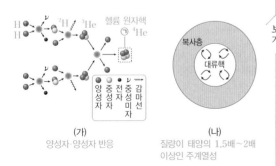

(가)
양성자·양성자 반응

(나)
질량이 태양의 1.5배~2배 이상인 주계열성

이에 대한 옳은 설명만을 〈보기〉에서 있는 대로 고른 것은?

〈보기〉 풀이

ㄱ ㉠은 헬륨 원자핵이다.
➡ (가)는 양성자·양성자 반응으로, 수소 원자핵이 융합하여 헬륨 원자핵이 생성된다. ㉠은 양성자·양성자 반응으로 생성된 헬륨 원자핵이다.

ㄴ (나)는 태양보다 질량이 큰 별의 내부 구조이다.
➡ (나)는 중심부에 대류핵이 있고 바깥쪽을 복사층이 둘러싸고 있으므로 태양 질량의 약 1.5배~2배 이상인 주계열성의 내부 구조이다.

✗ (나)의 대류핵에서는 탄소·질소·산소 순환 반응보다 (가)의 반응이 우세하다.
➡ 질량이 태양의 1.5배~2배 이상인 주계열성의 내부에서는 탄소·질소·산소 순환 반응이 우세하다.

보기

11 별의 에너지원과 내부 구조 2021학년도 4월 학평 지Ⅰ 16번 　　　정답 ③ | 정답률 70%

적용해야 할 개념 ③가지

① 질량이 태양과 비슷하여 중심부 온도가 약 1800만 K 이하인 주계열성에서는 p−p 반응이 우세하다.
② 질량이 태양의 약 (1.5~2)배 이상이고, 중심부 온도가 약 1800만 K 이상인 주계열성에서는 CNO 순환 반응이 우세하다.
③ 주계열성의 중심부에서 열이 전달되는 방식은 별의 질량에 따라 다르게 나타난다.

질량이 태양의 약 (1.5~2)배 미만인 주계열성의 내부 구조	질량이 태양의 약 (1.5~2)배 이상인 주계열성의 내부 구조
중심부로부터 '핵 → 복사층 → 대류층'	중심부로부터 '대류핵 → 복사층'

문제 보기

그림 (가)는 별의 중심부 온도에 따른 수소 핵융합 반응의 에너지 생산량을, (나)는 주계열성 A와 B의 내부 구조를 나타낸 것이다. A와 B의 중심부 온도는 각각 ㉠과 ㉡ 중 하나이다.

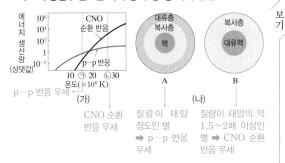

이에 대한 설명으로 옳은 것만을 〈보기〉에서 있는 대로 고른 것은? (단, 별의 크기는 고려하지 않는다.) [3점]

〈보기〉 풀이

보기

㉠. 중심부 온도가 ㉠인 주계열성의 중심부에서는 CNO 순환 반응보다 p−p 반응이 우세하게 일어난다.
➡ (가)에서 ㉠의 중심부 온도는 약 1800만 K 이하로, 이 온도에서의 에너지 생산량은 p−p 반응이 CNO 순환 반응보다 더 많다. 따라서 중심부 온도가 ㉠인 주계열성의 중심부에서는 CNO 순환 반응보다 p−p 반응이 우세하게 일어난다.

ㄴ. 별의 질량은 A보다 B가 크다.
➡ A는 내부 구조가 중심부로부터 '핵 → 복사층 → 대류층'이므로 질량이 태양 정도인 주계열성이고, B는 내부 구조가 중심부로부터 '대류핵 → 복사층'이므로 질량이 태양의 약 1.5배~2배 이상인 주계열성이다. 따라서 별의 질량은 B가 A보다 크다.

✗ A의 중심부 온도는 ㉡이다.
➡ A는 질량이 태양 정도인 주계열성이고, B는 질량이 태양의 약 1.5배~2배 이상인 주계열성이다. 주계열 단계에서 별의 질량이 클수록 중심부의 온도가 높으므로, A의 중심부 온도는 ㉠이고, B의 중심부 온도는 ㉡이다.

12 수소 핵융합 반응 2024학년도 3월 학평 지Ⅰ 10번 　　　정답 ② | 정답률 71%

적용해야 할 개념 ④가지

① 주계열성은 중심핵의 온도가 1800만 K보다 낮으면 p−p 반응이 우세하고, 중심핵의 온도가 1800만 K보다 높으면 CNO 순환 반응이 우세하다.
② p−p 반응에서는 6개의 수소 원자핵이 융합하여 1개의 헬륨 원자핵이 생성되고, 2개의 수소 원자핵이 방출된다.
③ CNO 순환 반응에서는 4개의 수소 원자핵이 융합하여 1개의 헬륨 원자핵이 생성되고, C, N, O가 촉매 역할을 한다.
④ 중심핵에서 수소 핵융합 반응이 진행되면 수소의 양은 감소하고, 헬륨의 양은 증가한다.

문제 보기

그림 (가)는 수소 핵융합 반응 ㉠과 ㉡을, (나)는 현재 태양의 중심으로부터의 거리에 따른 수소와 헬륨의 질량비를 나타낸 것이다. ㉠과 ㉡은 각각 p−p 반응과 CNO 순환 반응 중 하나이다.

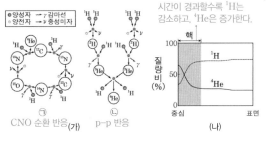

이 자료에 대한 설명으로 옳은 것만을 〈보기〉에서 있는 대로 고른 것은?

〈보기〉 풀이

보기

✗ ㉠은 p−p 반응이다.
➡ ㉠은 수소 핵융합 반응에서 탄소(C), 질소(N), 산소(O)가 촉매 역할을 하여 4개의 수소가 1개의 헬륨을 생성하므로 CNO 순환 반응이다.

✗ 태양의 핵에서는 ㉠이 ㉡보다 우세하게 일어난다.
➡ 중심핵의 온도가 1800만 K보다 낮은 별에서는 p−p 반응이 우세하게 일어나고, 중심핵의 온도가 1800만 K보다 높은 별에서는 CNO 순환 반응이 우세하게 일어난다. 태양은 중심핵의 온도가 약 1500만 K이므로 ㉠보다 ㉡(p−p 반응)이 우세하게 일어난다.

㉢. 태양의 핵에서 헬륨(^{4}He)의 평균 질량비는 주계열 단계가 끝날 때가 현재보다 클 것이다.
➡ 주계열성의 중심핵에서는 수소 핵융합 반응이 일어나 헬륨이 생성된다. 태양은 주계열성이므로 중심핵에서 수소가 고갈되어 주계열 단계가 끝나면 헬륨만 분포하게 된다. 따라서 주계열 단계가 끝날 때 태양의 핵에서 헬륨(^{4}He)의 평균 질량비는 현재보다 커진다.

적용해야 할 개념 ③가지

① 태양은 분광형이 G2형인 별이다.

② 질량이 태양과 비슷하여 중심부 온도가 약 1800만 K 이하인 주계열성에서는 p−p 반응이 우세하고, 질량이 태양의 약 (1.5~2)배 이상이고, 중심부 온도가 약 1800만 K 이상인 주계열성에서는 CNO 순환 반응이 우세하다.

③ 질량이 태양의 약 (1.5~2)배 미만인 주계열성의 내부 구조는 중심부로부터 '핵 → 복사층 → 대류층'으로 구성되고, 태양의 약 (1.5~2)배 이상인 주계열성의 내부 구조는 중심부로부터 '대류핵 → 복사층'으로 구성된다.

문제 보기

그림 (가)의 A와 B는 분광형이 G2인 주계열성의 중심으로부터 표면까지 거리에 따른 수소 함량 비율과 온도를 순서 없이 나타낸 것이고, ㉠과 ㉡은 에너지 전달 방식이 다른 구간을 표시한 것이다. (나)는 별의 중심 온도에 따른 p−p 반응과 CNO 순환 반응의 상대적 에너지 생산량을 비교한 것이다.

→ 태양

→ 복사 또는 대류

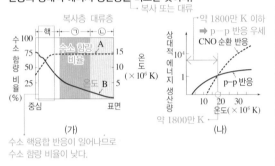

(가)

수소 핵융합 반응이 일어나므로 수소 함량 비율이 낮다.

약 1800만 K 이하 ⇒ p−p 반응 우세
CNO 순환 반응

(나)

약 1800만 K

이에 대한 설명으로 옳은 것만을 〈보기〉에서 있는 대로 고른 것은?

〈보기〉풀이

✗ A는 온도이다.

⇒ (가)에서 A는 주계열성의 중심부에서 감소하는 반면, B는 중심부에서 표면으로 갈수록 감소한다. 별의 중심부 온도는 표면 온도보다 훨씬 높으므로 B는 온도이고, A는 별의 중심부에서 수소 핵융합 반응에 의해 감소하므로 수소 함량 비율이다.

ㄴ (가)의 핵에서는 CNO 순환 반응보다 p−p 반응에 의해 생성되는 에너지의 양이 많다.

⇒ (가)에서 별의 중심부 온도는 약 1500만 K이다. (나)에서 별의 중심부 온도가 약 1800만 K 이하일 때 p−p 반응의 상대적 에너지 생산량은 CNO 순환 반응의 상대적 에너지 생산량보다 많다. 따라서 (가)의 핵에서는 CNO 순환 반응보다 p−p 반응에 의해 생성되는 에너지의 양이 많다.

다른 풀이 분광형이 G2인 주계열성에는 태양이 있다. 질량이 태양과 비슷하여 별의 중심 온도가 약 1800만 K 이하인 주계열성에서는 p−p 반응이 우세하므로, (가)의 핵에서는 p−p 반응에 의해 생성되는 에너지양이 더 많다.

ㄷ 대류층에 해당하는 것은 ㉡이다.

⇒ 태양 정도의 질량인 주계열성의 내부 구조는 중심으로부터 '핵 → 복사층 → 대류층'으로 구성되므로 ㉠은 복사층, ㉡은 대류층에 해당한다.

적용해야 할 개념 ③가지

① 주계열성의 내부에서 일어나는 수소 핵융합 반응에는 p−p 반응과 CNO 순환 반응이 있다.

② 주계열성의 내부 온도가 높을수록 수소 핵융합 반응에 의한 에너지 생성량이 크다.

③ 태양 정도 질량의 별은 중심핵, 복사층, 대류층으로 구성되어 있다.

문제 보기

그림은 태양 중심으로부터의 거리에 따른 밀도와 온도의 변화를 나타낸 것이다.

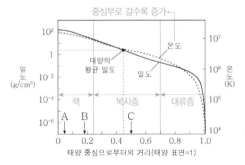

이에 대한 옳은 설명만을 〈보기〉에서 있는 대로 고른 것은? [3점]

〈보기〉풀이

ㄱ p−p 반응에 의한 에너지 생성량은 A 지점이 B 지점보다 많다.

⇒ p−p 반응에 의해 단위 시간당 생성되는 에너지양은 온도가 높을수록 많다. 태양 중심으로 갈수록 온도가 증가하므로, 중심부에 가까이 있는 A 지점이 B 지점보다 p−p 반응에 의한 에너지 생성량이 더 많다.

✗ C 지점에서는 주로 대류에 의해 에너지가 전달된다.

⇒ 태양의 반지름을 1.0이라고 할 때, 핵은 중심~약 0.25, 복사층은 약 0.25~약 0.7, 대류층은 약 0.7~1.0이다. C 지점은 태양 중심으로부터 약 0.5에 위치하므로 복사층에 해당한다. 따라서 주로 복사에 의해 에너지가 전달된다.

✗ 태양 내부에서 밀도가 평균 밀도보다 큰 영역의 부피는 태양 전체 부피의 40 %보다 크다.

⇒ 태양 내부에서 밀도가 태양의 평균 밀도보다 큰 영역은 중심으로부터 약 0.45 이내에 해당한다. 부피는 반지름의 세제곱에 비례하므로, 0.45 이내의 부피는 태양 전체 부피의 약 $0.45^3 ≈ 0.09$, 약 9 %에 해당한다. 따라서 태양 전체 부피의 0.4인 40 %보다 작다.

15 별의 에너지원과 내부 구조 2021학년도 3월 학평 지Ⅰ 14번   정답 ⑤ | 정답률 74 %

적용해야 할
개념 ③가지

① 질량이 태양 정도인 주계열성의 내부 구조는 중심부로부터 '핵 → 복사층 → 대류층'이다.
② 주계열성의 중심핵에서는 수소 핵융합 반응이 일어난다.
③ 수소 핵융합 반응이 일어나기 위해서는 약 1000만 K 이상의 온도가 필요하다.

문제 보기

그림은 태양 내부의 온도 분포를 나타낸 것이다. ㉠, ㉡, ㉢은 각 각 중심핵, 복사층, 대류층 중 하나이다.

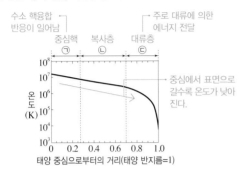

이에 대한 옳은 설명만을 〈보기〉에서 있는 대로 고른 것은?

〈보기〉 풀이

㉠. 태양 중심에서 표면으로 갈수록 온도는 낮아진다.
➡ 그림에서 태양 중심으로부터의 거리가 증가할수록 온도는 낮아진다.

㉡. ㉠에서는 수소 핵융합 반응이 일어난다.
➡ ㉠에서 1000만 K 이상의 온도가 나타나므로 수소 핵융합 반응이 일어난다.

㉢. ㉢에서는 주로 대류에 의해 에너지 전달이 일어난다.
➡ 태양의 내부 구조는 중심으로부터 '중심핵 → 복사층 → 대류층'이다. ㉢은 대류층으로, 대류 층에서는 대류에 의한 에너지 전달이 일어난다.

보기

---

16 별의 에너지원과 내부 구조 2022학년도 4월 학평 지Ⅰ 15번   정답 ④ | 정답률 62 %

적용해야 할
개념 ③가지

① 질량이 태양의 약 2배가 넘는 주계열성의 내부 구조는 중심부로부터 '대류핵 → 복사층'으로 구성된다.
② 질량이 태양보다 크고 중심부의 온도가 약 1800만 K 이상인 주계열성의 중심핵에서는 CNO 순환 반응이 p—p 반응보다 우세하다.
③ 별 내부에서 에너지를 전달하는 방식은 대류와 복사가 있다.

문제 보기

그림은 주계열성 내부의 에 너지 전달 영역을 주계열성 의 질량과 중심으로부터의 누적 질량비에 따라 나타낸 것이다. A와 B는 각각 복사 와 대류에 의해 에너지 전달 이 주로 일어나는 영역 중 하나이다.
이에 대한 설명으로 옳은 것만을 〈보기〉에서 있는 대로 고른 것은? [3점]

〈보기〉 풀이

그림에서 중심으로부터의 누적 질량비는 중심으로부터의 거리에 비례한다. 즉, 누적 질량비가 작 을수록 중심으로부터 거리가 가깝다. 태양 질량의 2배인 별에서 누적 질량비가 약 0.1인 영역을 보면 A, B 중 회색인 A 영역이 표시되어 있음을 알 수 있다. 태양 질량의 2배인 별은 대류핵 → 복사층의 구조로 되어 있으므로 A는 대류, B는 복사라는 것을 알 수 있다.

㉠. A 영역의 평균 온도는 질량이 ㉠인 별보다 ㉡인 별이 높다.
➡ A 영역은 대류이다. ㉠인 별에서의 대류는 별의 표면 쪽에서 나타나는 반면, 질량이 큰 ㉡인 별에서의 대류는 가장 뜨거운 중심부에서 나타나게 된다. 따라서 A 영역의 평균 온도는 ㉡인 별에서 더 높다.

㉡. B는 복사에 의해 에너지 전달이 주로 일어나는 영역이다.
➡ A는 대류, B는 복사에 의해 에너지 전달이 일어나는 영역이다.

✗ 질량이 ㉠인 별의 중심부에서는 p—p 반응보다 CNO 순환 반응이 우세하게 일어난다.
➡ ㉠은 태양보다 질량이 작다. 태양보다 질량이 작은 별 내부에서는 CNO 순환 반응보다 p—p 반응이 우세하게 일어난다.

보기

17 별의 에너지원과 내부 구조 2022학년도 10월 학평 지Ⅰ 13번

정답 ⑤ | 정답률 64 %

적용해야 할 개념 ③가지

① 질량이 태양 정도인 주계열성의 내부 구조는 중심부로부터 '핵 → 복사층 → 대류층'이다.
② 주계열성의 중심핵에서는 수소 핵융합 반응이 일어나 에너지가 생성된다.
③ 별에서 에너지를 전달하는 방식은 대류와 복사가 있다.

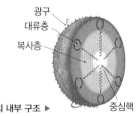

질량이 태양 정도인 주계열성의 내부 구조 ▶

문제 보기

그림은 태양 중심으로부터의 거리에 따른 단위 시간당 누적 에너지 생성량과 누적 질량을 나타낸 것이다. ㉠, ㉡, ㉢은 각각 핵, 대류층, 복사층 중 하나이다.

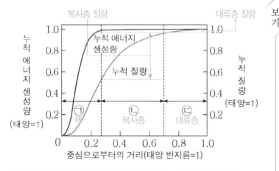

이에 대한 옳은 설명만을 〈보기〉에서 있는 대로 고른 것은?

〈보기〉 풀이

㉠ 단위 시간 동안 생성되는 에너지양은 ㉠이 ㉡보다 많다.

➡ 단위 시간 동안 생성되는 에너지양은 누적 에너지의 변화량을 보면 알 수 있다. 구간 ㉠이 구간 ㉡에 비해 누적 에너지 생성량 변화가 크므로 단위 시간 동안 생성되는 에너지양은 ㉠이 ㉡보다 많다.

다른 풀이 ㉠은 핵, ㉡은 복사층, ㉢은 대류층에 해당한다. 태양은 주계열성이고, 주계열성에서 수소 핵융합 반응은 핵에서 일어나므로 에너지 생성량은 ㉠이 ㉡보다 많다.

㉡ ㉢에서는 주로 대류에 의해 에너지가 전달된다.

➡ ㉢은 대류층에 해당하므로 대류에 의해 에너지가 전달된다.

㉢ 평균 밀도는 ㉡이 ㉢보다 크다.

➡ 밀도 = $\frac{질량}{부피}$ 이다. 누적 질량에서 ㉡에서의 변화량이 ㉢에서의 변화량에 비해 크므로 ㉡(복사층) 질량이 ㉢(대류층) 질량보다 더 크다. 부피는 ㉡(복사층)이 ㉢(대류층)보다 더 작으므로 평균 밀도는 ㉡이 ㉢보다 크다. └→ 부피는 반지름의 세 제곱에 비례한다.

다른 풀이 별에서 내부로 갈수록 밀도가 크다. 따라서 더 안쪽에 있는 ㉡이 ㉢보다 밀도가 크다.

---

18 주계열성의 내부 구조와 에너지원 2023학년도 7월 학평 지Ⅰ 19번

정답 ② | 정답률 63 %

적용해야 할 개념 ③가지

① 질량이 태양 정도인 주계열성은 수소 핵융합 반응이 일어나는 중심핵을 복사층과 대류층이 차례로 둘러싸고 있다. 질량이 태양 질량의 약 2배보다 큰 주계열성은 중심부의 온도가 매우 높기 때문에 중심부에 대류가 일어나는 대류핵이 나타나고, 바깥쪽에 복사층이 나타난다.
② 중심부 온도가 약 1800만 K 이하인 주계열 하단부의 별은 p-p 반응이 우세하고, 중심부 온도가 약 1800만 K 이상인 주계열 상단부의 별은 CNO 순환 반응이 우세하게 일어난다.
③ 주계열성은 질량이 클수록 광도가 크다. ➡ 주계열성의 질량-광도 관계

문제 보기

그림은 주계열성의 내부에서 대류가 일어나는 영역의 질량을 별의 질량에 따라 나타낸 것이다.

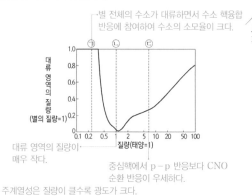

주계열성 ㉠, ㉡, ㉢에 대한 설명으로 옳은 것만을 〈보기〉에서 있는 대로 고른 것은? [3점]

〈보기〉 풀이

✘ 별 내부의 $\frac{주계열\ 단계가\ 끝난\ 직후\ 수소량}{주계열\ 단계에\ 도달한\ 직후\ 수소량}$ 은 ㉡이 ㉠보다 작다.

➡ ㉠은 태양보다 질량이 매우 작은 별로 별 전체에서 대류가 일어나고 ㉡은 태양과 질량이 비슷한 별로 대류 영역의 질량이 매우 작다. 즉, ㉠은 별 전체의 수소가 대류하면서 핵융합 반응에 참여하는 반면 ㉡은 주로 중심핵에 분포하는 수소가 핵융합 반응에 참여하므로 수소의 소모율은 ㉠이 ㉡보다 크다. 따라서 별 내부의 $\frac{주계열\ 단계가\ 끝난\ 직후\ 수소량}{주계열\ 단계에\ 도달한\ 직후\ 수소량}$ 은 ㉠이 ㉡보다 작다.

✘ ㉢의 중심핵에서는 p-p 반응이 CNO 순환 반응보다 우세하다.

➡ p-p 반응은 질량이 태양과 비슷하여 중심부 온도가 약 1800만 K 이하인 별에서 우세하게 일어나고, CNO 순환 반응은 질량이 태양의 약 2배 이상이어서 중심부 온도가 약 1800만 K 이상인 별에서 우세하게 일어난다. 따라서 ㉢의 중심핵에서는 CNO 순환 반응이 p-p 반응보다 우세하다.

㉢ 중심부에서 에너지 생성량은 ㉢이 ㉠보다 크다.

➡ 주계열성은 질량이 클수록 중심핵에서 수소 핵융합 반응이 활발하게 일어나면서 단위 시간당 방출하는 에너지가 많아 광도가 크다(질량-광도 관계). 따라서 중심부에서 에너지 생성량은 질량이 큰 ㉢이 질량이 작은 ㉠보다 크다.

19 별의 에너지원과 내부 구조 2020학년도 10월 학평 지Ⅰ 12번

정답 ⑤ | 정답률 25 %

적용해야 할 개념 ③가지

① 주계열성의 중심에서는 수소 핵융합 반응이 일어난다.
② 수소 원자핵 4개가 융합하여 헬륨 원자핵 1개를 만드는 반응을 수소 핵융합 반응이라고 한다.
③ 질량이 태양 정도인 주계열성의 내부 구조는 중심부로부터 '핵 → 복사층 → 대류층'이다.

문제 보기

그림 (가)와 (나)는 서로 다른 두 시기에 태양 중심으로부터의 거리에 따른 수소와 헬륨의 질량비를 나타낸 것이다. A와 B는 각각 수소와 헬륨 중 하나이다.

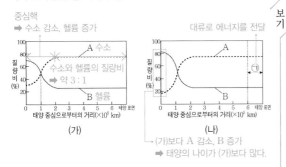

이에 대한 옳은 설명만을 〈보기〉에서 있는 대로 고른 것은? [3점]

〈보기〉 풀이

주계열성인 태양은 중심부에서 수소 핵융합 반응으로 에너지를 생성하므로 중심부에서 수소의 질량비가 낮고 헬륨의 질량비는 높다. 따라서 A는 수소, B는 헬륨이다.

ㄱ. 태양의 나이는 (가)보다 (나)일 때 많다.

➡ 태양은 중심부에서 수소 핵융합 반응으로 헬륨을 생성하므로, 태양이 주계열성으로 머무는 시간이 길어질수록 태양 중심부에서 수소의 질량비는 감소하고 헬륨의 질량비는 증가한다. (가)보다 (나)에서 수소(A)의 질량비가 작고 헬륨(B)의 질량비는 크므로 태양의 나이는 (가)보다 (나)일 때 많다.

ㄴ. (가)일 때 핵의 반지름은 1×10^5 km보다 크다.

➡ (가)일 때 태양 중심으로부터의 거리가 약 2×10^5 km인 지점까지의 영역은 태양 외곽에 비해 수소의 비율이 작고 헬륨의 비율이 높게 나타난다. 따라서 태양에서 수소 핵융합 반응이 일어나는 영역은 태양 중심으로부터의 거리가 약 2×10^5 km인 영역까지이므로, 핵의 반지름은 1×10^5 km보다 크다.

다른 풀이 (가)에서 태양 중심으로부터의 거리가 1×10^5 km일 때 수소와 헬륨의 질량비는 약 1 : 1이다. 태양을 구성하는 수소와 헬륨의 질량비는 약 3 : 1이므로, 태양의 중심핵에서 수소 핵융합 반응이 일어나면 태양 구성 성분의 비율은 수소가 약 75 %보다 감소하고, 헬륨은 약 25 %보다 증가할 것이다. 따라서 태양 중심으로부터의 거리가 1×10^5 km인 지점은 핵의 반지름 안쪽에 위치할 것이다.

ㄷ. ㉠에서는 주로 대류에 의해 에너지가 전달된다.

➡ 질량이 태양과 비슷한 별의 중심부에서 생성된 에너지는 반지름의 70 %에 이르는 거리까지 복사로 전달되고, 그 바깥층으로는 표면까지 대류로 전달된다. ㉠은 태양 중심으로부터의 거리가 반지름의 70 %가 넘는 구간이므로 ㉠에서는 주로 대류에 의해 에너지가 전달된다.

20 | 별의 에너지원과 내부 구조 2022학년도 9월 모평 지I 11번 | 정답 ② | 정답률 71%

적용해야 할 개념 ④가지

① 주계열성에서는 표면 온도가 높은 별일수록 질량과 반지름이 크다.

② 질량이 태양과 비슷하여 중심부 온도가 약 1800만 K 이하인 주계열성에서는 p−p 반응이 우세하고, 질량이 태양의 약 (1.5~2)배 이상이고, 중심부 온도가 약 1800만 K 이상인 주계열성에서는 CNO 순환 반응이 우세하다.

③ 질량이 태양의 약 (1.5~2)배 미만인 주계열성의 내부 구조는 중심부로부터 '핵 → 복사층 → 대류층'으로 구성되고, 태양의 약 (1.5~2)배 이상인 주계열성의 내부 구조는 중심부로부터 '대류핵 → 복사층'으로 구성된다.

④ 질량이 태양보다 매우 큰 주계열성의 진화 단계는 '주계열성 → 초거성 → 초신성 폭발 → 중성자별이나 블랙홀'이다.

문제 보기

그림은 주계열성 ㉠, ㉡, ㉢의 반지름과 표면 온도를 나타낸 것이다.

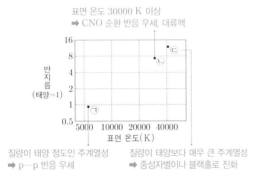

표면 온도 30000 K 이상
➡ CNO 순환 반응 우세, 대류핵

질량이 태양 정도인 주계열성
➡ p−p 반응 우세

질량이 태양보다 매우 큰 주계열성
➡ 중성자별이나 블랙홀로 진화

이에 대한 설명으로 옳은 것만을 〈보기〉에서 있는 대로 고른 것은?
[3점]

〈보기〉 풀이

주계열성의 중심핵에서는 수소 핵융합 반응이 일어나며, 수소 핵융합 반응을 하는 방식에는 p−p 반응과 CNO 순환 반응이 있다.

✗ ㉠이 주계열 단계를 벗어나면 중심핵에서 CNO 순환 반응이 일어난다.
➡ 별이 주계열 단계를 벗어나면 중심핵에서는 수소가 소진된 상태이므로 수소 핵융합 반응이 일어나지 않는다. 따라서 ㉠이 주계열 단계를 벗어나면 중심핵에서 CNO 순환 반응이 일어나지 않는다.

㉡ ㉡의 중심핵에서는 주로 대류에 의해 에너지가 전달된다.
➡ ㉡은 반지름이 태양의 약 8배, 표면 온도는 30000 K 정도인 질량이 태양보다 매우 큰 주계열성이므로 중심핵에서 CNO 순환 반응이 우세하게 일어나며, 에너지를 대류로 전달하는 대류핵이 나타난다.

✗ ㉢은 백색 왜성으로 진화한다.
➡ ㉢은 태양에 비해 반지름은 10배 이상 크고, 표면 온도는 40000 K 정도로 매우 높으므로 질량이 태양보다 매우 큰 주계열성이다. 질량이 태양보다 매우 큰 주계열성은 최종적으로 중성자별이나 블랙홀로 진화한다.

---

21 | 별의 내부 구조와 진화 2022학년도 6월 모평 지I 7번 | 정답 ① | 정답률 65%

적용해야 할 개념 ④가지

① 질량이 태양과 비슷한 주계열성은 '주계열성 → 적색 거성 → 행성상 성운 → 백색 왜성'으로 진화하고, 질량이 태양보다 매우 큰 주계열성은 '주계열성 → 초거성 → 초신성 → 중성자별이나 블랙홀'로 진화한다.

② 질량이 태양 정도인 주계열성의 내부 구조는 중심부로부터 '핵 → 복사층 → 대류층'이다.

③ 주계열성의 중심핵에서는 수소 핵융합 반응이 일어난다.

④ 태양보다 질량이 매우 큰 별에서는 핵융합 반응으로 철까지 생성되고, 그보다 무거운 원소(금, 우라늄 등)는 초신성 폭발 때 생성된다.

문제 보기

그림 (가)는 질량이 태양과 같은 주계열성의 내부 구조를, (나)는 이 별의 진화 과정을 나타낸 것이다. A와 B는 각각 대류층과 복사층 중 하나이다.

(가)

주계열성
↓
적색 거성
↓
㉠ 백색 왜성
➡ 초신성 폭발 과정을 거치지 않음

(나)

이에 대한 설명으로 옳은 것만을 〈보기〉에서 있는 대로 고른 것은?

〈보기〉 풀이

㉠ 복사층은 B이다.
➡ 질량이 태양과 같은 주계열성의 내부 구조는 중심부로부터 '중심핵 → 복사층 → 대류층'이다. 따라서 A는 대류층, B는 복사층이다.

✗ 적색 거성의 중심핵에서는 주로 양성자·양성자 반응(p−p 반응)이 일어난다.
➡ 적색 거성은 헬륨 핵에서 헬륨 핵융합 반응이 일어나고 바깥층은 팽창하는 단계이므로 중심핵에서 수소 핵융합 반응인 양성자·양성자 반응(p−p 반응)이 일어나지 않는다. 양성자·양성자 반응은 질량이 태양 정도인 주계열성의 중심핵에서 우세하게 일어난다.

✗ ㉠ 단계의 별 내부에서는 철보다 무거운 원소가 생성된다.
➡ 질량이 태양과 같은 주계열성의 마지막 진화 단계는 백색 왜성이다. 철보다 무거운 원소는 질량이 태양보다 매우 큰 주계열성의 진화 단계 중 초신성 폭발 과정에서 생성되므로 백색 왜성(㉠)의 별 내부에서는 철보다 무거운 원소가 생성되지 않는다.

22 별의 진화 2024학년도 5월 학평 지I 19번

정답 ② | 정답률 73 %

적용해야 할 개념 ③가지

① 질량이 클수록 주계열 단계에 머무는 시간이 짧고, 진화 속도도 빠르다.
② 주계열성에서 거성(또는 초거성)으로 진화할 때 질량이 큰 별일수록 광도 변화가 작다.
③ 질량이 매우 큰 별은 중심부에서 최종적으로 철이 만들어지면 핵융합 반응을 멈추고 초신성 폭발을 일으킨다.

문제 보기

그림 (가)는 주계열성 A와 B가 각각 A′과 B′으로 진화하는 경로를, (나)는 A와 B 중 한 별의 중심부에서 핵융합 반응이 종료된 직후의 내부 구조를 나타낸 것이다.

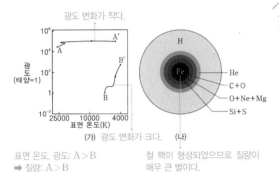

표면 온도, 광도: A>B
➡ 질량: A>B

철 핵이 형성되었으므로 질량이 매우 큰 별이다.

이에 대한 설명으로 옳은 것만을 〈보기〉에서 있는 대로 고른 것은? [3점]

〈보기〉 풀이

✗ 주계열 단계에 도달한 후, 이 단계에 머무는 시간은 A보다 B가 짧다.
➡ 주계열 단계의 질량이 클수록 진화 속도가 빠르다. 주계열 단계에서 A는 B보다 광도가 크므로 질량이 크다. 따라서 주계열 단계에 머무는 시간은 A가 B보다 짧다.

ㄴ. 절대 등급의 변화 폭은 A가 A′으로 진화할 때보다 B가 B′으로 진화할 때가 크다.
➡ 절대 등급의 변화는 광도의 변화가 클수록 크게 나타난다. A → A′에서는 가로축(표면 온도) 방향의 변화가 크고, B → B′에서는 세로축(광도) 방향의 변화가 크므로 절대 등급의 변화 폭은 A → A′보다 B → B′으로 진화할 때가 크다.

✗ (나)는 B의 중심부에서 핵융합 반응이 종료된 직후의 내부 구조이다.
➡ 질량이 매우 큰 별은 중심부에서 점차 무거운 원소의 핵융합 반응이 일어나 철(Fe)이 만들어지면 핵융합 반응이 더 이상 일어나지 않는다. A는 B보다 질량이 크므로 (나)는 A의 중심부에서 핵융합 반응이 종료된 직후의 내부 구조이다.

---

23 별의 내부 구조와 진화 2023학년도 4월 학평 지I 16번

정답 ② | 정답률 53 %

적용해야 할 개념 ③가지

① 태양은 주계열 단계에서 약 100억 년간 머문다.
② 주계열성의 중심부에서는 수소 핵융합 반응이 일어나고, 수소를 모두 소모하고 나면 헬륨으로 된 핵을 가지며 거성 단계로 진화한다.
③ 태양은 중심핵이 주로 탄소로 되어 있는 백색 왜성으로 진화한다.

문제 보기

그림 (가)는 태양의 나이에 따른 광도 변화를, (나)는 A와 B 중 한 시기의 내부 구조와 수소 핵융합 반응이 일어나는 영역을 나타낸 것이다.

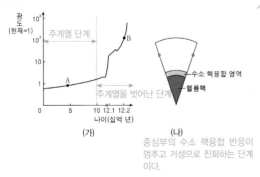

중심부의 수소 핵융합 반응이 멈추고 거성으로 진화하는 단계이다.

이에 대한 설명으로 옳은 것만을 〈보기〉에서 있는 대로 고른 것은? [3점]

〈보기〉 풀이

✗ 태양의 절대 등급은 A 시기보다 B 시기에 크다.
➡ 절대 등급은 광도가 클수록 작다. 태양의 광도는 A 시기보다 B 시기에 더 크다. 따라서 절대 등급은 A 시기보다 B 시기에 작다.

ㄴ. (나)는 B 시기이다.
➡ (나)에서 중심에 헬륨핵이 있고, 헬륨핵 바깥쪽에서 수소각 연소가 일어나고 있다. 따라서 주계열을 벗어난 상황이다. 한편 A 시기는 태양의 나이가 아직 100억 년이 되지 않은 시기인 주계열 단계이므로 중심부에서 수소 핵융합 반응이 일어나야 한다. 따라서 (나)는 B 시기에 해당한다.

✗ B 시기 이후 태양의 주요 에너지원은 탄소 핵융합 반응이다.
➡ B 시기는 거성 단계이다. 질량이 태양 정도인 별은 탄소 핵융합 반응이 일어날 정도로 중심부의 온도가 높아질 수 없다. 따라서 탄소 핵융합 반응은 주요 에너지원이 될 수 없다.

적용해야 할 개념 ③가지

① 주계열성은 중심부에서 수소 핵융합 반응이 멈추면 거성 또는 초거성으로 진화한다.

② 주계열성에서 적색 거성으로 진화할 때 별의 표면 온도는 낮아진다.

③ 단위 면적당 단위 시간에 방출하는 에너지의 양(E)은 표면 온도(T)가 높을수록 크다. ➡ $E = \sigma T^4$

문제 보기

그림은 질량이 태양 정도인 별이 진화하는 과정에서 주계열 단계가 끝난 이후 어느 시기에 나타나는 별의 내부 구조이다.

이 시기의 별에 대한 설명으로 옳은 것만을 〈보기〉에서 있는 대로 고른 것은? [3점]

바깥층 팽창, 표면 온도 감소

수소 핵융합 반응

중심핵 수축

A

수소 핵융합 반응으로 수소가 소진된 후 헬륨 핵 형성 → 헬륨 핵의 중력 수축 → 중심 온도 상승

〈보기〉 풀이

ㄱ. 중심핵의 온도는 주계열 단계일 때보다 높다.

➡ 주계열 단계가 끝나고 중심핵이 수축하고 있는 시기이므로, 중력 수축 에너지가 방출되어 중심핵의 온도가 높아진다. 따라서 이 시기에 중심핵의 온도는 주계열 단계일 때보다 높다.

✗ 표면에서 단위 면적당 단위 시간에 방출하는 에너지양은 주계열 단계일 때보다 많다.

➡ 질량이 태양 정도인 별이 주계열 단계에서 적색 거성 단계로 진화하는 동안 별의 크기는 커지고 표면 온도는 낮아진다. 단위 면적당 단위 시간에 방출하는 에너지양은 표면 온도의 4제곱에 비례하므로, 이 시기에 단위 면적당 단위 시간에 방출하는 에너지양은 주계열 단계일 때보다 작다.

✗ 수소 함량 비율(%)은 중심핵이 A 영역보다 높다.

➡ 중심핵에서 수소 핵융합 반응으로 수소를 모두 소진한 후 헬륨 핵을 형성하므로, 이 시기에 수소 함량 비율(%)은 A 영역이 중심핵보다 더 높다.

보기

적용해야 할 개념 ③가지

① 태양 정도의 질량을 가진 별은 원시별 → 주계열성 → 적색 거성 → 행성상 성운 → 백색 왜성 단계를 거친다.

② 주계열 단계에서 중심부의 수소 핵융합 반응이 끝난 후 별의 크기가 커지며 표면 온도가 낮아지는 적색 거성 단계로 진화한다.

③ 정역학 평형은 중력과 기체 압력 차에 의한 힘이 서로 평형을 이루는 상태이다.

문제 보기

그림 (가)는 태양이 $A_0 \rightarrow A_1 \rightarrow A_2$로 진화하는 경로를 H−R도에 나타낸 것이고, (나)는 A_0, A_1, A_2 중 하나의 내부 구조를 나타낸 것이다.

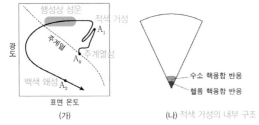

행성상 성운

적색 거성
A_1

주계열

주계열성
A_0

광도

백색 왜성 A_2

표면 온도

(가)

수소 핵융합 반응

헬륨 핵융합 반응

(나) 적색 거성의 내부 구조

이에 대한 설명으로 옳은 것만을 〈보기〉에서 있는 대로 고른 것은? [3점]

〈보기〉 풀이

A_0은 주계열성, A_1은 적색 거성, A_2는 백색 왜성이다.

✗ (나)는 A_0의 내부 구조이다.

➡ (나)는 중심부에서 헬륨 핵융합 반응이 일어나고 있으므로 적색 거성이다. 따라서 (나)는 A_1의 내부 구조이다.

ㄴ. 수소의 총 질량은 A_2가 A_0보다 작다.

➡ 태양은 주계열성에서 백색 왜성으로 진화하면서 별의 내부에서 수소 핵융합 반응에 의해 수소의 양이 감소하고, 행성상 성운 단계에서 별의 바깥층 물질이 우주 공간으로 방출되므로 수소의 양이 감소한다. 따라서 수소의 총 질량은 A_2가 A_0보다 작다.

✗ A_0에서 A_1로 진화하는 동안 중심핵은 정역학 평형 상태를 유지한다.

➡ 주계열성에서 적색 거성으로 진화하는 과정에서 중심핵은 수축하고 바깥층은 팽창한다. 이때 별의 중심핵에서는 중력이 기체 압력 차에 의한 힘보다 크므로 정역학적 평형 상태는 유지되지 않는다.

보기

26 별의 진화와 내부 구조 2022학년도 3월 학평 지Ⅰ 20번

적용해야 할 개념 ②가지

① 질량이 태양 정도인 별은 내부에서 헬륨 핵융합 반응까지 일어난다.

② 주계열성에서 적색 거성으로 진화할 때 중심핵은 수축하고, 핵을 둘러싼 외각부는 팽창한다.

문제 보기

그림 (가)는 질량이 태양과 같은 어느 별의 진화 경로를, (나)의 ㉠과 ㉡은 별의 내부 구조와 핵융합 반응이 일어나는 영역을 나타낸 것이다. ㉠과 ㉡은 각각 A와 B 시기 중 하나에 해당한다.

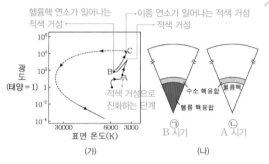

(가) (나)

이에 대한 옳은 설명만을 〈보기〉에서 있는 대로 고른 것은? [3점]

〈보기〉 풀이

✗ ㉠에 해당하는 시기는 A이다.

➡ ㉠은 중심부에서 헬륨 핵융합 반응이 일어나고 있는 시기이다. (가)에서 A는 적색 거성으로 진화하는 단계이므로 중심부의 헬륨핵에서는 아직 핵융합 반응이 일어나지 않고, 헬륨핵 바깥쪽에서 수소 핵융합 반응(수소각 연소)이 일어난다. 이에 해당하는 것은 ㉡이다.

◯ ㉡의 헬륨핵은 수축하고 있다.

➡ ㉡은 수소 핵융합 반응이 멈추고 정역학 평형 상태가 깨지면서 중심부의 헬륨핵이 수축하는 단계이다.

✗ C 시기 이후 중심부에서 탄소 핵융합 반응이 일어난다.

➡ 질량이 태양과 비슷한 별은 질량이 작으므로 중심부의 온도가 충분히 높아지지 않아 헬륨 핵융합 반응까지만 일어난다.

---

27 별의 내부 구조 2021학년도 10월 학평 지Ⅰ 9번

적용해야 할 개념 ②가지

① 별의 중심부에서는 핵융합 반응이 일어나 원소가 생성되며, 질량이 태양과 비슷한 별은 최종적으로 주로 탄소로 구성된 중심핵이 만들어지고, 태양보다 질량이 매우 큰 별은 최종적으로 철로 구성된 중심핵이 만들어진다.

➡ 중심으로 갈수록 더 무거운 원소로 이루어진 내부 구조를 이룬다.

② 질량이 태양 정도인 주계열성의 진화 단계는 '주계열성 → 적색 거성 → 행성상 성운 → 백색 왜성'이고, 질량이 태양보다 매우 큰 주계열성의 진화 단계는 '주계열성 → 초거성 → 초신성 폭발 → 중성자별이나 블랙홀'이다.

문제 보기

그림은 중심부의 핵융합 반응이 끝난 별 (가)와 (나)의 내부 구조를 나타낸 것이다.

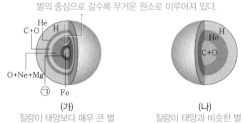

(가) (나)
질량이 태양보다 매우 큰 별 / 질량이 태양과 비슷한 별

이에 대한 옳은 설명만을 〈보기〉에서 있는 대로 고른 것은? (단, 별의 크기는 고려하지 않는다.)

〈보기〉 풀이

✗ ㉠은 Fe보다 무거운 원소이다.

➡ 별의 중심으로 갈수록 무거운 원소의 핵융합 반응이 일어나며, ㉠이 융합하여 철(Fe)이 생성되었다. 따라서 ㉠은 철(Fe)보다 가벼운 원소이다.

◯ 별의 질량은 (가)가 (나)보다 크다.

➡ (가)의 중심부에는 최종적으로 철로 구성된 핵이, (나)의 중심부에는 최종적으로 탄소와 산소로 구성된 핵이 존재하므로 (가)는 태양보다 질량이 매우 큰 별이고, (나)는 질량이 태양과 비슷한 별이다. 따라서 별의 질량은 (가)가 (나)보다 크다.

◯ (가)는 이후의 진화 과정에서 초신성 폭발을 거친다.

➡ (가)에서 철로 구성된 핵이 만들어진 후 중심핵에서는 더 이상 핵융합 반응이 일어나지 않고, 빠르게 중력 수축하며 폭발하는 초신성 폭발을 거친다.

28 주계열성의 내부 구조 2025학년도 9월 모평 지I 16번

정답 ③ | 정답률 54 %

적용해야 할 개념 ③가지

① 질량이 태양 정도인 별은 중심핵 주위를 복사층과 대류층이 차례로 둘러싸고 있다. ➡ 반지름의 약 70 %에 해당하는 거리까지 에너지가 복사로 전달된다.

② 질량이 태양의 약 2배 이상인 별은 중심부에 대류핵이 있고, 바깥쪽에 복사층이 나타난다.

③ 주계열성은 질량이 클수록 중심부에서 수소 핵융합 반응이 활발하여 헬륨의 생성이 활발해진다.

문제 보기

그림은 질량이 다른 주계열성 (가)와 (나)의 내부 구조를 물리량 M과 R에 따라 나타낸 것이다. (가)와 (나)의 질량은 각각 태양 질량의 1배와 5배 중 하나이고, ㉠과 ㉡은 에너지가 전달되는 방식 중 대류와 복사를 순서 없이 나타낸 것이다.

복사보다 에너지 전달이 효과적이다.

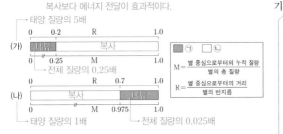

이 자료에 대한 설명으로 옳은 것만을 〈보기〉에서 있는 대로 고른 것은? [3점]

〈보기〉 풀이

㉠. ㉡은 '복사'이다.

➡ 질량이 태양 정도인 별은 중심부에서 생성된 에너지가 반지름의 약 0.7배에 이르는 거리까지 복사로 전달된다. 한편, 태양보다 질량이 매우 큰 별은 중심부에서 대류로 에너지가 전달되고, 바깥층에서 복사로 에너지가 전달된다. 따라서 (가)는 질량이 태양 질량의 5배이고, (나)는 질량이 태양 질량의 1배이며, ㉠은 대류, ㉡은 복사이다.

✗ 대류가 일어나는 영역의 전체 질량은 (가)가 (나)의 **10배이다.**

➡ 대류가 일어나는 영역은 ㉠이다. (가)에서 대류가 일어나는 영역의 질량은 전체 질량의 0.25배이고, (나)에서 대류가 일어나는 영역의 질량은 전체 질량의 0.025배인데, 별의 질량이 (가)가 (나)보다 5배 크다. 따라서 대류가 일어나는 영역의 전체 질량은 (가)가 (나)보다 50배 크다.

ㄷ. 주계열 단계 동안, 수소 핵융합 반응이 일어나는 영역에서 헬륨 함량비(%)의 평균 증가 속도는 (가)가 (나)보다 빠르다.

➡ (가)의 중심부에서 대류가 일어나는 것은 에너지 생성이 매우 활발하여 복사로는 에너지가 효과적으로 전달되지 않기 때문이다. 따라서 수소 핵융합 반응은 (가)가 (나)보다 활발하며, 헬륨 함량비(%)의 평균 증가 속도도 (가)가 (나)보다 빠르다.

---

29 별의 진화 2024학년도 7월 학평 지I 13번

정답 ① | 정답률 57 %

적용해야 할 개념 ③가지

① 질량이 태양 정도인 주계열성의 내부 구조는 핵 → 복사층 → 대류층으로 이루어진다.

② 질량이 태양 질량의 약 2배 이상인 주계열성의 내부 구조는 대류핵 → 복사층으로 이루어진다.

③ 주계열성의 중심핵에서는 수소 핵융합 반응이 일어나 시간이 지남에 따라 수소 함량이 감소하고, 헬륨 함량이 증가한다.

문제 보기

그림 (가)와 (나)는 각각 주계열성 A와 B의 중심으로부터 표면까지 거리에 따른 수소 함량 비율을 나타낸 것이다. A와 B가 주계열 단계에 도달했을 때의 질량은 태양 질량의 5배이다.

수소 핵융합 반응이 일어난다.   내부 구조: 대류핵 → 복사층
➡ 4H → He + 에너지

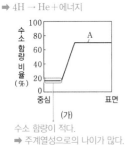

수소 함량이 적다.   수소 함량이 많다.
➡ 주계열성으로의 나이가 많다.   ➡ 주계열성으로의 나이가 적다.

이 자료에 대한 설명으로 옳은 것만을 〈보기〉에서 있는 대로 고른 것은? [3점]

〈보기〉 풀이

㉠. A의 중심부에는 대류핵이 존재한다.

➡ 질량이 태양 질량의 약 2배보다 큰 주계열성은 중심부에 대류핵이 존재한다. A와 B는 주계열 단계에서 질량이 태양 질량의 5배이므로 두 별 모두 중심부에 대류핵이 존재한다.

✗ A의 중심핵에서는 헬륨 핵융합 반응이 일어난다.

➡ 주계열성은 중심핵에서 수소 핵융합 반응이 일어나 헬륨을 생성한다. A, B는 모두 주계열성이므로 중심핵에서 수소 핵융합 반응이 일어난다.

✗ 주계열 단계에 도달한 이후 경과한 시간은 B가 A보다 길다.

➡ 주계열 단계에 도달하면 수소 핵융합 반응이 일어나므로 시간이 경과함에 따라 수소 함량은 감소한다. 또한 A와 B는 질량이 같으므로 주계열 단계에서 수소 함량의 감소율은 같다. 따라서 주계열에 도달한 이후 경과한 시간은 수소 함량이 적은 A가 B보다 길다.

30 **별의 내부 구조와 진화** 2024학년도 9월 모평 지I 13번   정답 ② | 정답률 72%

적용해야 할 개념 ③가지

① 질량이 태양과 비슷한 주계열성의 내부 구조는 중심부로부터 '핵 → 복사층 → 대류층'으로 구성되고, 질량이 태양의 약 2배 이상인 주계열성의 내부 구조는 중심부로부터 '대류핵 → 복사층'으로 구성된다.

② 질량이 태양과 비슷하여 중심부 온도가 약 1800만 K 이하인 주계열성에서는 p – p 반응이 우세하고, 질량이 태양의 약 2배 이상이고 중심부 온도가 약 1800만 K 이상인 주계열성에서는 CNO 순환 반응이 우세하다.

③ 태양은 중심핵이 주로 탄소로 되어 있는 백색 왜성으로 진화한다.

문제 보기

그림은 주계열 단계가 시작한 직후부터 별 A와 B가 진화하는 동안의 표면 온도를 시간에 따라 나타낸 것이다. A와 B의 질량은 각각 태양 질량의 1배와 4배 중 하나이다.

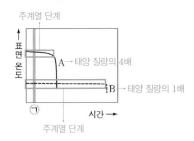

이 자료에 대한 설명으로 옳은 것만을 〈보기〉에서 있는 대로 고른 것은? [3점]

〈보기〉 풀이

주계열 단계가 시작한 이후 ㉠ 시기에는 A와 B의 표면 온도가 각각 일정하므로 ㉠ 시기는 주계열 단계이다. 주계열성은 질량이 클수록 표면 온도가 높으므로, ㉠ 시기에 표면 온도가 높은 A가 B보다 질량이 크다. 따라서 A는 태양 질량의 4배, B는 태양 질량의 1배인 별이다.

✗ **B는 중성자별로 진화한다.**

➡ B는 질량이 태양 질량의 1배이므로 백색 왜성으로 진화한다.

◯ㄴ **㉠ 시기일 때, 대류가 일어나는 영역의 평균 깊이는 A가 B보다 깊다.**

➡ 주계열 단계에서 질량이 태양 정도인 별의 내부 구조는 중심으로부터 '중심핵 → 복사층 → 대류층'으로 이루어져 있고, 질량이 태양보다 약 2배 이상 큰 별의 내부 구조는 중심으로부터 '대류핵 → 복사층'으로 이루어져 있다. 따라서 ㉠ 시기일 때 대류가 일어나는 영역의 평균 깊이는 태양보다 질량이 큰 A에서 더 깊다.

✗ **㉠ 시기일 때, 핵에서의 $\dfrac{\text{p–p 반응에 의한 에너지 생성량}}{\text{CNO 순환 반응에 의한 에너지 생성량}}$ 은 A가 B보다 크다.**

➡ 주계열 단계에서 수소 핵융합 반응은 질량이 태양 정도인 별은 p – p 반응이 우세하고, 태양보다 질량이 2배 이상 큰 별은 CNO 순환 반응이 우세하다.

따라서 $\dfrac{\text{p–p 반응에 의한 에너지 생성량}}{\text{CNO 순환 반응에 의한 에너지 생성량}}$ 은 태양보다 질량이 큰 A가 태양 질량인 B보다 작다.

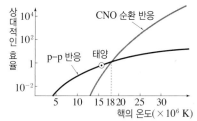

▲ p–p 반응과 CNO 순환 반응의 효율

적용해야 할 개념 ③가지

① 헬륨 핵융합 반응은 온도가 1억 K 이상일 때 일어나기 시작한다.

② 태양 질량 정도의 주계열성은 핵 → 복사층 → 대류층으로 이루어져 있고, 태양보다 질량이 2배 이상 큰 별은 대류핵 → 복사층으로 이루어져 있다.

③ 주계열 단계에서 별은 질량이 클수록 광도가 크다.

문제 보기

표는 중심핵에서 핵융합 반응이 일어나고 있는 별 (가), (나), (다)의 반지름, 질량, 광도 계급을 나타낸 것이다.

중심핵의 온도: (가)>(나)>(다)

별	반지름 (태양=1)	질량 (태양=1)	광도 계급
(가)	50	1	( ) 거성
(나)	4	8	V
(다)	0.9	0.8	V

→ 중심부에서 수소 핵융합 반응이 일어난다.   주계열성

이에 대한 설명으로 옳은 것만을 〈보기〉에서 있는 대로 고른 것은? [3점]

〈보기〉 풀이

ㄱ. 중심핵의 온도는 (가)가 (나)보다 높다.

→ (가)는 반지름이 태양의 50배인데, 질량은 태양의 질량과 같으므로 거성이고, (나)는 광도 계급이 V이므로 주계열성이다. 거성의 중심핵에서는 수소보다 더 큰 질량을 가진 원소의 핵융합 반응이 일어나고, 주계열성의 중심핵에서는 수소 핵융합 반응이 일어난다. 온도가 높을수록 무거운 원소의 핵융합 반응이 일어날 수 있으므로, 중심핵의 온도는 (가)가 (나)보다 높다.

✗ (다)의 핵융합 반응이 일어나는 영역에서, 별의 중심으로부터 거리에 따른 수소 함량비(%)는 일정하다.

→ (다)는 태양보다 질량이 작은 주계열성이므로 중심핵 → 복사층 → 대류층으로 이루어져 있으며, 중심핵에서 수소 핵융합 반응이 일어난다. 이때 중심핵에서는 대류보다는 복사의 형태로 에너지가 주로 전달되므로 물질의 혼합은 잘 일어나지 않는다. 따라서 (다)의 핵융합 반응이 일어나는 영역에서, 별의 중심으로부터 멀어질수록 수소 함량비(%)는 증가한다.

ㄷ. 단위 시간 동안 방출하는 에너지양에 대한 별의 질량은 (나)가 (다)보다 작다.

→ 별이 단위 시간 동안 방출하는 에너지양은 광도이다. 광도는 주계열성의 질량의 약 3~4제곱에 비례한다. 따라서 광도에 대한 별의 질량은 질량이 큰 (나)가 질량이 작은 (다)보다 작다.

24 일차

01 ③	02 ①	03 ⑤	04 ①	05 ③	06 ①	07 ④	08 ①	09 ④	10 ②	11 ②	12 ③
13 ②	14 ⑤	15 ⑤	16 ⑤	17 ②	18 ②	19 ④	20 ③	21 ③	22 ②	23 ⑤	24 ②

문제편 248쪽~255쪽

01 외계 행성계 탐사 방법 – 식 현상 이용 2024학년도 10월 학평 지Ⅰ 20번

정답 ③ | 정답률 47 %

적용해야 할 개념 ③가지

① 행성의 식 현상에 의해 중심별의 밝기가 감소한 비율은 $\dfrac{\text{행성의 단면적}}{\text{중심별의 단면적}}$ 이다.

② 중심별의 밝기가 최소인 시간 동안 행성이 이동한 거리는 (중심별의 지름−행성의 지름)이다.

③ 행성에 의한 식 현상이 시작될 때 중심별은 지구로부터 멀어지고, 식 현상이 끝날 때 중심별은 지구에 접근한다.

문제 보기

그림 (가)와 (나)는 서로 다른 외계 행성계에서 행성이 식 현상을 일으킬 때, 주계열성인 중심별 A와 B의 상대적 밝기 변화를 시간에 따라 나타낸 것이다. 식 현상을 일으키는 두 행성의 반지름은 같고, (가)의 t_2~t_3의 시간은 (나)의 t_4~t_5의 2배이다. 각 행성은 원 궤도를 따라 공전하며, 행성의 공전 궤도면은 관측자의 시선 방향과 나란하다.

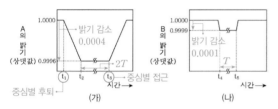

(가)   (나)

이 자료에 대한 설명으로 옳은 것만을 〈보기〉에서 있는 대로 고른 것은? (단, 행성의 공전 궤도면은 관측자의 시선 방향과 나란하고, 중심별의 시선 속도 변화는 행성과의 공통 질량 중심에 대한 공전에 의해서만 나타난다.) [3점]

〈보기〉 풀이

ㄱ. 별의 반지름은 A가 B의 $\dfrac{1}{2}$배이다.

➡ 행성의 단면적이 별의 단면적을 가려 밝기가 감소하였으므로, 행성의 반지름을 r, 두 별의 반지름을 각각 R_A, R_B라고 하면 $\dfrac{\pi r^2}{\pi R_A^2}=0.0004$, $\dfrac{\pi r^2}{\pi R_B^2}=0.0001$이고, $R_A=50r$, $R_B=100r$이다. 따라서 별의 반지름은 A가 B의 $\dfrac{1}{2}$배이다.

ㄴ. 행성의 공전 속도는 (가)에서가 (나)에서의 $\dfrac{1}{4}$배보다 작다.

➡ (가)에서 t_2~t_3의 시간은 오른쪽 그림에서 행성의 한 점 P가 P′로 이동한 시간에 해당한다. t_4~t_5의 시간을 T라고 하면 t_2~t_3의 시간은 $2T$이므로 행성의 공전 속도는 $v_{(가)}=\dfrac{2R_A-2r}{2T}$

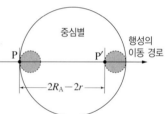

$=\dfrac{49r}{T}$이다. 같은 원리로 $v_{(나)}=\dfrac{2R_B-2r}{T}$

$=\dfrac{198r}{T}$이므로 행성의 공전 속도는 $v_{(나)}≒4.04v_{(가)}$이다. 따라서 행성의 공전 속도는 (가)에서가 (나)에서의 $\dfrac{1}{4}$배보다 작다.

ㄷ. A의 흡수선 파장은 t_1일 때가 t_3일 때보다 짧다.

➡ t_1일 때 행성은 지구에 접근하고, A는 지구로부터 멀어진다. 또한 t_3일 때 행성은 지구로부터 멀어지고, A는 지구에 접근한다. 따라서 A의 흡수선 파장은 t_1일 때가 t_3일 때보다 길다.

적용해야 할 개념 ③가지

① 중심별 주위를 공전하는 행성이 중심별의 앞면을 지날 때 중심별의 일부가 가려지는 식 현상이 나타난다. ➡ 식 현상에 의한 중심별의 밝기 변화를 관측하여 행성의 존재를 확인할 수 있다.

② 식 현상을 이용한 외계 행성 탐사에서 행성의 반지름이 클수록 중심별이 행성에 의해 가려지는 면적이 커서 중심별의 밝기 변화가 크므로 행성의 존재를 확인하기 쉽다.

③ 식 현상을 이용한 외계 행성 탐사에서 식 현상이 일어나는 주기는 행성의 공전 주기에 해당한다.

문제 보기

다음은 외계 행성 탐사 방법을 알아보기 위한 실험이다.

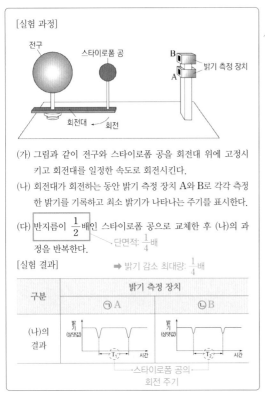

[실험 과정]

전구   스타이로폼 공   B   밝기 측정 장치   A   회전대   회전

(가) 그림과 같이 전구와 스타이로폼 공을 회전대 위에 고정시키고 회전대를 일정한 속도로 회전시킨다.

(나) 회전대가 회전하는 동안 밝기 측정 장치 A와 B로 각각 측정한 밝기를 기록하고 최소 밝기가 나타나는 주기를 표시한다.

(다) 반지름이 $\frac{1}{2}$ 배인 스타이로폼 공으로 교체한 후 (나)의 과정을 반복한다.   단면적: $\frac{1}{4}$ 배

[실험 결과]   ➡ 밝기 감소 최대량: $\frac{1}{4}$ 배

구분	밝기 측정 장치	
	㉠ A	㉡ B
(나)의 결과	밝기(상댓값) ⌄ T_1 시간	밝기(상댓값) ⌄ T_2 시간

스타이로폼 공의 회전 주기

이에 대한 설명으로 옳은 것만을 〈보기〉에서 있는 대로 고른 것은? [3점]

〈보기〉 풀이

ㄱ. 최소 밝기가 나타나는 주기 T_1과 T_2는 같다.

➡ 실험에서 최소 밝기가 나타나는 주기는 스타이로폼 공의 회전 주기에 해당한다. A와 B로 측정했을 때 스타이로폼 공의 회전 주기는 동일하므로 T_1과 T_2는 같다.

✘ ㉠은 B이다.

➡ A는 스타이로폼 공이 회전하는 궤도면과 나란한 방향으로, B는 스타이로폼 공이 회전하는 궤도면에 비스듬한 방향으로 측정하므로 전구의 밝기 감소 최대량은 B보다 A에서 클 것이다. 따라서 ㉠은 A이고, ㉡은 B이다.

✘ A로 측정한 밝기 감소 최대량은 (다) 결과가 (나) 결과의 2배이다.

➡ 반지름이 $\frac{1}{2}$ 배인 스타이로폼 공의 단면적은 $\frac{1}{4}$ 배이다. 반지름이 $\frac{1}{2}$ 배인 스타이로폼 공으로 교체한 후 A로 측정하면 전구가 최대로 가려지는 면적이 $\frac{1}{4}$ 배가 되어 밝기 감소 최대량은 $\frac{1}{4}$ 배가 된다. 따라서 A로 측정한 밝기 감소 최대량은 (다) 결과가 (나) 결과의 $\frac{1}{4}$ 배가 된다.

보기

적용해야 할 개념 ③가지

① 식 현상은 외계 행성이 중심별을 가리며 중심별의 밝기 변화가 나타나는 현상이다.
　➡ 식 현상이 일어날 때 중심별 밝기의 감소율은 행성에 의해 가려지는 면적(행성의 단면적)에 비례한다.
② 중심별이 관측자로부터 멀어지면 적색 편이가 나타나고, 관측자에게 다가오면 청색 편이가 나타난다.
③ 중심별의 스펙트럼에서 흡수선의 파장의 변화량은 시선 속도의 절댓값이 클수록 크다.

문제 보기

그림은 어느 외계 행성계에서 식 현상을 일으키는 행성에 의한 중심별의 상대적 밝기 변화를 일정한 시간 간격에 따라 나타낸 것이다. 중심별의 반지름에 대하여 행성 반지름은 $\frac{1}{20}$ 배, 행성의 중심과 중심별의 중심 사이의 거리는 4.2배이다. A는 식 현상이 끝난 직후이다.

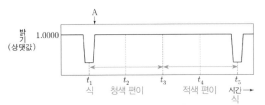

이 자료에 대한 설명으로 옳은 것만을 〈보기〉에서 있는 대로 고른 것은? (단, 행성은 원 궤도를 따라 공전하며, t_1, t_5일 때 행성의 중심과 중심별의 중심은 관측자의 시선과 동일한 방향에 위치하고, 중심별의 시선 속도 변화는 행성과의 공통 질량 중심에 대한 공전에 의해서만 나타난다.) [3점]

〈보기〉 풀이

ㄱ. t_1일 때, 중심별의 상대적 밝기는 원래 광도의 **99.75 %이다.**
　➡ t_1일 때 식 현상이 일어나며, 행성에 의해 중심별이 가려지면서 중심별의 밝기가 감소한다. 중심별에 대한 행성의 반지름이 $\frac{1}{20}$ 배이므로 단면적은 $\frac{1}{400}$ 배이다. 따라서 중심별의 상대적 밝기는 원래 광도의 $\frac{399}{400} \times 100 = 99.75$(%)이다.

ㄴ. $t_2 \rightarrow t_3$ 동안 중심별의 스펙트럼에서 흡수선의 파장은 점차 길어진다.
　➡ 식 현상이 일어날 때(t_1) 관측자로부터 행성까지의 거리가 가장 가깝다. 따라서 $t_1 \rightarrow t_3$는 행성이 관측자에게 멀어지는 구간이므로 중심별은 다가온다(청색 편이). 이때 t_2에서 t_3로 갈수록 중심별의 시선 방향의 속도 성분은 감소하므로 흡수선의 파장은 점차 길어진다.

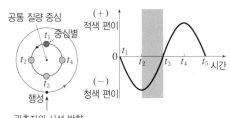

▲ 중심별과 행성의 위치와 시선 속도 변화

ㄷ. 중심별의 시선 속도는 A일 때가 t_2일 때의 $\frac{1}{4}$ 배이다.
　➡ A는 식 현상이 끝난 직후로, 중심별과 행성의 위치는 그림과 같다. 중심별의 중심과 행성의 중심을 잇는 선분과 관측자의 시선 방향이 이루는 각도가 θ일 때, 중심별의 시선 속도는 공전 속도$\times \sin\theta$이다.
중심별의 반지름을 1이라고 할 때 중심별의 중심에서 행성의 중심까지의 거리가 4.2이므로

$$\sin\theta = \frac{1 + \frac{1}{20}}{4.2} = \frac{1}{4} \text{이다.}$$

따라서 A일 때 중심별의 시선 속도는 공전 속도의 $\frac{1}{4}$ 배이다.

한편, t_2일 때의 시선 속도는 공전 속도와 같으므로, A일 때의 시선 속도는 t_2일 때의 시선 속도의 $\frac{1}{4}$ 배이다.

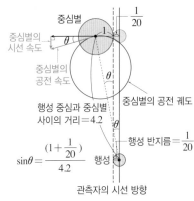

▲ 식 현상이 끝난 직후 중심별과 행성의 상대적 위치

적용해야 할 개념 ②가지

① 식 현상을 이용한 외계 행성 탐사 방법은 중심별의 겉보기 밝기 감소를 관측하여 외계 행성의 존재를 확인한다.
➡ 식 현상은 관측자의 시선 방향과 행성의 공전 궤도면이 수직인 경우에는 일어나지 않는다.
➡ 행성의 크기가 클수록 겉보기 밝기 감소량이 크다.

② 시선 속도 변화(도플러 효과): 중심별이 행성과의 공통 질량 중심 주위를 공전함에 따라 관측자와 가까워지고 멀어지면서 청색 편이와 적색 편이가 번갈아가며 나타난다.

▲ 식 현상

▲ 시선 속도 변화(도플러 효과)

다가오는 경우 – 청색 편이	멀어지는 경우 – 적색 편이
별빛의 파장이 짧아져 스펙트럼에서 흡수선이 파란색 쪽으로 이동한다.	별빛의 파장이 길어져 스펙트럼에서 흡수선이 붉은색 쪽으로 이동한다.

문제 보기

그림은 외계 행성의 식 현상에 의해 일어나는 중심별의 밝기 변화를 나타낸 것이다.

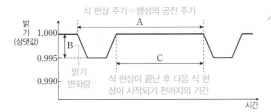

이에 대한 옳은 설명만을 〈보기〉에서 있는 대로 고른 것은? (단, 이 외계 행성계의 행성은 한 개이다.) [3점]

〈보기〉 풀이

ㄱ. **A 기간은 행성의 공전 주기에 해당한다.**
➡ 행성이 한 번 공전할 때마다 식 현상이 한 번씩 일어나므로 행성의 공전 주기는 식 현상이 일어나는 공전 주기와 같다. A 기간은 식 현상이 일어나는 주기이므로 행성의 공전 주기에 해당한다.

ㄴ. **행성의 반지름이 2배가 되면 B는 2배가 된다.**
➡ 중심별의 밝기 변화는 외계 행성의 단면적에 비례한다. 외계 행성의 반지름이 2배가 되면 단면적(πR^2)은 4배가 되므로 중심별의 밝기 변화량 B도 4배가 된다.

ㄷ. **C 기간에 중심별의 스펙트럼을 관측하면 적색 편이가 청색 편이보다 먼저 나타난다.**
➡ C 기간은 외계 행성이 중심별을 가리는 식 현상이 끝난 후부터 다음 식 현상이 시작되기 전까지이다. 외계 행성은 중심별 앞을 지난 후 시선 방향에서 멀어지다가 가까워지므로 중심별은 시선 방향에서 가까워지다가 멀어진다. 따라서 중심별의 스펙트럼에서 청색 편이가 나타난 후 적색 편이가 나타난다. 그러므로 C 기간에 중심별의 스펙트럼을 관측하면 적색 편이가 청색 편이보다 나중에 나타난다.

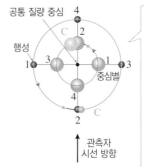

1: 적색 편이가 가장 클 때 ➡ 행성이 관측자에게 다가오는(↓) 속도가 가장 빠를 때로, 중심별이 관측자에게서 멀어지는(↑) 속도가 가장 빠르다.
2: 식 현상이 관측될 때 ➡ 행성이 관측자의 시선 방향에 직각 방향으로(→) 이동하므로 중심별도 관측자의 시선 방향에 직각 방향으로(←) 이동하여 시선 속도 변화가 거의 없다.
3: 청색 편이가 가장 클 때 ➡ 행성이 관측자에게서 멀어지는(↑) 속도가 가장 빠를 때로, 중심별이 관측자에게 다가오는(↓) 속도가 가장 빠르다.
4: 행성이 관측자의 시선 방향에 직각 방향으로(←) 이동하므로 중심별도 관측자의 시선 방향에 직각 방향으로(→) 이동하여 시선 속도 변화가 거의 없다.
➡ 식 현상 이후 C 구간에서 2 → 3 → 4 → 1 → 2 순으로 나타난다.

05 외계 행성계 탐사 방법 – 식 현상 이용 2022학년도 9월 모평 지I 18번 정답 ③ | 정답률 62%

적용해야 할 개념 ③가지

① 중심별이 관측자에게 다가오면 청색 편이가 나타나고, 관측자로부터 멀어지면 적색 편이가 나타난다.

청색 편이	별빛의 파장이 짧아져 스펙트럼에서 흡수선이 파란색 쪽으로 이동하는 현상
적색 편이	별빛의 파장이 길어져 스펙트럼에서 흡수선이 붉은색 쪽으로 이동하는 현상

② 식 현상이 일어날 때 중심별의 밝기가 감소한다.

③ 식 현상이 일어날 때 외계 행성의 반지름이 클수록 중심별의 밝기 변화가 크다.

문제 보기

그림 (가)와 (나)는 서로 다른 외계 행성계에서 행성이 식 현상을 일으킬 때, 중심별의 상대적 밝기 변화를 시간에 따라 나타낸 것이다. 두 중심별의 반지름은 같고, 각 행성은 원 궤도를 따라 공전하며, 공전 궤도면은 관측자의 시선 방향과 나란하다.

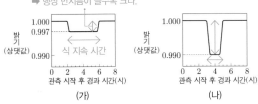

밝기 변화량
➡ 행성 반지름이 클수록 크다.

(가) / (나)
관측 시작 후 경과 시간(시)

이에 대한 설명으로 옳은 것만을 〈보기〉에서 있는 대로 고른 것은? [3점]

〈보기〉 풀이

ㄱ. 식 현상이 지속되는 시간은 (가)가 (나)보다 길다.
➡ (나)보다 (가)에서 식 현상으로 중심별의 밝기가 감소하는 시간이 길게 나타나고 있으므로 식 현상이 지속되는 시간은 (가)가 (나)보다 길다.

✗ (가)의 행성 반지름은 (나)의 행성 반지름의 0.3배이다.
➡ 중심별의 밝기 감소량은 (가)에서 0.003이고, (나)에서 0.01이다. 중심별의 반지름이 같으므로 중심별 밝기의 감소율은 행성에 의해 가려지는 면적에 비례한다. 따라서 행성의 면적은 (가)가 (나)의 $\frac{3}{10}$이고, 면적은 반지름의 제곱에 비례하므로 행성의 반지름은 (가)가 (나)의 $\sqrt{\frac{3}{10}}$이다.

ㄷ. 중심별의 흡수선 파장은 식 현상이 시작되기 직전이 식 현상이 끝난 직후보다 길다.
➡ 식 현상이 시작되기 전 행성은 시선 방향으로 다가오고 중심별은 멀어지므로 중심별의 흡수선 파장은 길어진다. 식 현상이 끝난 직후 행성은 시선 방향으로 멀어지고 중심별은 가까워지므로 중심별의 흡수선 파장은 짧아진다. 따라서 중심별의 흡수선 파장은 식 현상이 시작되기 직전이 끝난 직후보다 길다.

---

06 외계 행성계 탐사 방법 – 식 현상 이용 2020학년도 7월 학평 지I 17번 정답 ① | 정답률 64%

적용해야 할 개념 ②가지

① 식 현상을 이용한 외계 행성 탐사 방법은 중심별의 겉보기 밝기가 감소하는 현상을 관측한다.
➡ 외계 행성의 반지름이 클수록 중심별의 겉보기 밝기가 감소하는 밝기 변화량이 크다.

② 식 현상이 반복되는 주기는 외계 행성의 공전 주기와 같다.
➡ 외계 행성의 공전 주기가 길수록 식 현상이 일어나는 주기도 길다.

문제 보기

그림은 광도가 동일한 서로 다른 주계열성을 공전하는 행성 A와 B에 의한 중심별의 밝기 변화를 나타낸 것이다.

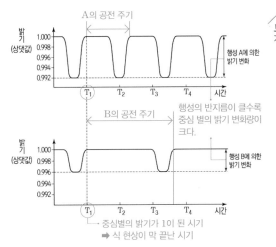

A의 공전 주기

행성 A에 의한 밝기 변화

B의 공전 주기

행성의 반지름이 클수록 중심별의 밝기 변화량이 크다.

행성 B에 의한 밝기 변화

중심별의 밝기가 1이 된 시기
➡ 식 현상이 막 끝난 시기

이에 대한 설명으로 옳은 것만을 〈보기〉에서 있는 대로 고른 것은? (단, 시선 방향과 행성의 공전 궤도면은 일치한다.) [3점]

〈보기〉 풀이

ㄱ. 공전 주기는 A가 B보다 짧다.
➡ 행성의 공전 주기가 길수록 식 현상이 일어나는 주기도 길다. 식 현상이 일어나는 주기는 A가 B보다 짧으므로 행성의 공전 주기도 A가 B보다 짧다.

✗ 반지름은 A가 B의 2배이다.
➡ 행성 A와 행성 B는 광도가 동일한 주계열성을 공전하므로, A의 중심별과 B의 중심별의 표면 온도와 반지름은 서로 유사하다. 따라서 중심별의 밝기 변화량을 비교하면 행성 A와 B의 반지름의 비를 알 수 있다. A에 의한 중심별의 밝기 변화량은 B에 의한 중심별의 밝기 변화량의 2배이므로 A의 단면적은 B의 단면적의 2배이다. 면적은 반지름의 제곱에 비례하므로, 반지름은 A가 B의 $\sqrt{2}$배이다.

✗ T_1 시기에는 A, B 모두 지구에 가까워지고 있다.
➡ 행성 A와 B 모두 T_1 시기는 중심별의 밝기가 1이 된 시점으로 식 현상이 막 끝난 시기이다. 따라서 A와 B 모두 지구로부터 멀어지고 있다.

적용해야 할 개념 ②가지

① 외계 행성의 반지름이 클수록 중심별의 겉보기 밝기가 감소하는 밝기 변화량이 크다.

② 외계 행성의 공전 주기가 길수록 외계 행성의 식 현상이 일어나는 주기도 길다.

문제 보기

그림 (가)는 어느 외계 행성계에서 식 현상을 일으키는 행성 A, B, C에 의한 시간에 따른 중심별의 겉보기 밝기 변화를, (나)는 A, B, C 중 두 행성에 의한 중심별의 겉보기 밝기 변화를 나타낸 것이다. 세 행성의 공전 궤도면은 관측자의 시선 방향과 나란하다.

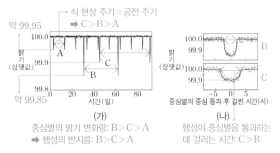

(가)

중심별의 밝기 변화량: B>C>A
➡ 행성의 반지름: B>C>A

(나)

행성이 중심별을 통과하는 데 걸리는 시간: C>B

이 자료에 대한 설명으로 옳은 것만을 〈보기〉에서 있는 대로 고른 것은? [3점]

〈보기〉 풀이

✗ 행성의 반지름은 B가 A의 3배이다.

➡ 중심별을 가리는 행성의 단면적(πR^2)은 중심별의 밝기 변화량에 비례하므로 행성의 반지름은 중심별의 밝기 변화량의 제곱근에 비례한다. 중심별의 밝기 변화량의 상댓값은 B가 약 0.15이고, A가 약 0.05이므로 B가 A의 3배이다. 따라서 행성의 반지름은 B가 A의 $\sqrt{3}$배이다.

ㄴ. 행성의 공전 주기는 C가 가장 길다.

➡ (가)에서 행성의 공전 주기는 식 현상이 나타나는 주기와 같으므로 C가 가장 길다.

ㄷ. 행성이 중심별을 통과하는 데 걸리는 시간은 C가 B보다 길다.

➡ (나)에서 위쪽 그래프는 행성 전체가 중심별을 통과할 때의 밝기가 약 99.85이므로 B에 해당하고, 아래쪽 그래프는 밝기가 약 99.9이므로 C에 해당한다. 행성이 중심별을 통과하는 동안 중심별의 밝기가 감소하며, 중심별의 밝기가 감소하는 시간은 C가 B보다 더 길다. 따라서 행성이 중심별을 통과하는 데 걸리는 시간은 C가 B보다 길다.

보기

적용해야 할 개념 ②가지

① 식 현상이 반복되는 주기는 외계 행성의 공전 주기와 같다.

② 식 현상에 의해 중심별의 밝기가 감소하는 비율은 $\dfrac{행성의 \ 단면적}{중심별의 \ 단면적}$ 이다.

문제 보기

그림 (가)는 중심별을 원 궤도로 공전하는 외계 행성 A와 B의 공전 방향을, (나)는 A와 B에 의한 중심별의 겉보기 밝기 변화를 나타낸 것이다. A와 B의 공전 궤도 반지름은 각각 0.4 AU와 0.6 AU이고, B의 공전 궤도면은 관측자의 시선 방향과 나란하다.

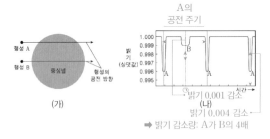

(가)

(나)

밝기 0.001 감소
밝기 0.004 감소
➡ 밝기 감소량: A가 B의 4배

이에 대한 설명으로 옳은 것만을 〈보기〉에서 있는 대로 고른 것은? [3점]

〈보기〉 풀이

ㄱ. 공전 주기는 A보다 B가 길다.

➡ (나)에서 A에 의한 식 현상은 3번 나타났지만, B에 의한 식 현상은 ⊙일 때 한 번만 나타났다. 이는 A보다 B의 공전 주기가 길기 때문이다.

✗ 반지름은 A가 B의 4배이다.

➡ 식 현상에 의해 감소한 밝기는 행성의 단면적에 비례한다. 즉, 행성의 반지름이 클수록 식 현상에 의한 중심별의 밝기 감소량이 크다. A에 의한 중심별의 밝기 감소량은 B의 4배이므로 면적은 A가 B의 4배이다. 따라서 반지름은 A가 B의 2배이다.

✗ ⊙ 시기에 A와 B 사이의 거리는 1 AU보다 멀다.

➡ ⊙ 시기에 B는 식 현상이 발생하였으므로 관측자-행성 B-중심별 순서로 위치하였고, A는 공전 주기의 절반이므로 관측자-중심별-행성 A 순으로 위치하였다. A와 B의 공전 궤도 반지름은 각각 0.4 AU와 0.6 AU이고, A와 B는 동일 평면 상에 위치하지 않으므로 ⊙ 시기에 A와 B 사이의 거리는 1 AU보다 가깝다. 한편, 동일한 조건에서 A와 B가 동일 평면 상에 위치할 경우 A와 B 사이의 거리는 1 AU이다.

보기

적용해야 할 개념 ③가지

① 중심별과 행성은 공통 질량 중심에 대해 공전하는 주기가 같다. ➡ 중심별과 행성의 위치는 공통 질량 중심을 기준으로 서로 정반대 쪽에 있다.

② 중심별의 흡수선 파장은 시선 속도가 '(−) 최댓값' → 0 → '(+) 최댓값'일 때는 길어지고, '(+) 최댓값' → 0 → '(−) 최댓값'일 때는 짧아진다.

③ 중심별의 시선 속도는 공전 속도에 대한 시선 방향의 속도 성분이다.

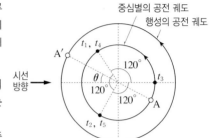

24 일차

문제 보기

그림은 어느 외계 행성계에서 중심별과 행성이 공통 질량 중심에 대하여 원 궤도로 공전할 때 중심별의 시선 속도를 일정한 시간 간격에 따라 나타낸 것이다. A는 t_2와 t_3 사이의 어느 한 시기이다.

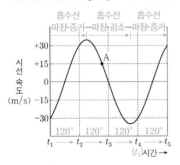

이 자료에 대한 설명으로 옳은 것만을 〈보기〉에서 있는 대로 고른 것은? (단, 행성의 공전 궤도면은 관측자의 시선 방향과 나란하고, 중심별의 시선 속도 변화는 행성과의 공통 질량 중심에 대한 공전에 의해서만 나타난다.)

〈보기〉 풀이

t_1에서 t_4까지 시선 속도의 변화가 주기를 이루므로 $t_1 \sim t_2$, $t_2 \sim t_3$, $t_3 \sim t_4$는 각각 120°를 이루며, 중심별의 위치(A)와 이때 행성의 위치(A′)를 나타내 보면 오른쪽 그림과 같다.

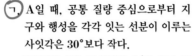

ㄱ. **A일 때, 공통 질량 중심으로부터 지구와 행성을 각각 잇는 선분이 이루는 사잇각은 30°보다 작다.**

➡ 중심별이 A일 때 행성은 A′에 있다. 중심별의 공전 속도를 v, 공통 질량 중심으로부터 지구와 행성을 각각 잇는 선분이 이루는 사잇각을 θ라고 하면, 중심별의 시선 속도는 $v\sin\theta = 15$ m/s이고, $v = \dfrac{15 \text{ m/s}}{\sin\theta}$이다. $\theta = 30°$이면 $v = 30$ m/s인데 그래프에서 중심별의 공전 속도는 30 m/s보다 크다. 따라서 θ는 30°보다 작다.

ㄴ. **$t_4 \to t_5$ 동안 중심별의 스펙트럼에서 흡수선의 파장은 점차 짧아진다.**

➡ t_4에서 시선 속도가 0인 위치까지는 청색 편이가 일어나는 구간으로, 흡수선의 파장이 점차 길어지면서 원래의 파장에 가까워진다. 시선 속도가 0인 위치부터 t_5까지는 적색 편이가 일어나는 구간으로, 흡수선의 파장이 점차 길어지면서 원래의 파장에서 멀어진다. 따라서 $t_4 \to t_5$ 동안 흡수선의 파장은 점차 길어진다.

ㄷ. **중심별의 공전 속도는 $20\sqrt{3}$ m/s이다.**

➡ $t_2 \sim t_3$이 120°를 이루므로 중심별의 공전 속도를 v라고 하면, t_2일 때의 시선 속도는 $v\cos30° = 30$ m/s이고, 이로부터 $v = 20\sqrt{3}$ m/s이다. 따라서 중심별의 공전 속도는 $20\sqrt{3}$ m/s이다.

적용해야 할 개념 ③가지

① 중심별이 관측자에게 다가올 때는 청색 편이, 멀어질 때는 적색 편이가 나타난다.

② 중심별과 외계 행성은 공통 질량 중심을 중심으로 동일한 주기로 공전하며, 공통 질량 중심에 대해 대칭적으로 위치한다.

③ 청색 편이나 적색 편이가 나타날 때 파장 변화량($\Delta\lambda$)은 시선 속도(v)에 비례한다. ➡ $v = c \times \dfrac{\Delta\lambda}{\lambda_0}$

문제 보기

그림은 어느 외계 행성과 중심별이 공통 질량 중심을 중심으로 공전하는 모습을 나타낸 것이다. 행성은 원 궤도로 공전하며 공전 궤도면은 관측자의 시선 방향과 나란하다.

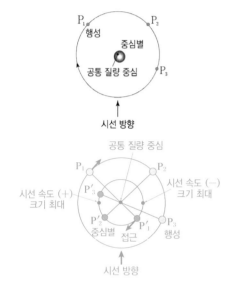

이에 대한 설명으로 옳은 것만을 〈보기〉에서 있는 대로 고른 것은?

[3점]

〈보기〉풀이

보기

✗ ㄱ. 행성이 P_1에 위치할 때 중심별의 적색 편이가 나타난다.

➡ 행성이 P_1에 위치할 때 시선 방향에 대해 멀어지고 있으므로 중심별은 접근하고 있다. 따라서 중심별의 청색 편이가 나타난다.

✗ ㄴ. 중심별의 질량이 클수록 중심별의 시선 속도 최댓값이 커진다.

➡ 중심별의 질량이 클수록 중심별과 공통 질량 중심과의 거리는 가까워지고, 공전 궤도 반지름이 줄어들므로 공전 속도는 감소한다. 따라서 시선 속도 최댓값도 작아진다.

물리량 변화	중심별의 시선 속도 변화
중심별의 질량 증가	감소
행성의 질량 증가	증가

ㄷ. 중심별의 어느 흡수선의 파장 변화 크기는 행성이 P_3에 위치할 때가 P_2에 위치할 때보다 크다.

➡ 중심별의 파장 변화 크기는 시선 방향과 공통 질량 중심, 중심별 사이의 각도가 90°일 때 가장 크다. P_2보다 P_3에 위치할 때 중심별과 공통 질량 중심, 시선 방향이 이루는 각도가 90°에 더 가깝다. 따라서 P_3에 위치할 때가 P_2에 위치할 때보다 중심별의 흡수선의 파장 변화 크기가 크다.

11 외계 행성계 탐사 방법 – 시선 속도 변화 이용 2022학년도 6월 모평 지Ⅰ 9번

정답 ② | 정답률 40 %

적용해야 할 개념 ③가지

① 중심별이 관측자에게 다가오면 청색 편이가 나타나고, 관측자로부터 멀어지면 적색 편이가 나타난다.

청색 편이	별빛의 파장이 짧아져 스펙트럼에서 흡수선이 파란색 쪽으로 이동하는 현상
적색 편이	별빛의 파장이 길어져 스펙트럼에서 흡수선이 붉은색 쪽으로 이동하는 현상

② 식 현상을 이용한 외계 행성의 탐사 방법은 중심별의 겉보기 밝기가 감소하는 현상을 관측한다.

③ 시선 속도 변화와 식 현상을 이용한 외계 행성 탐사 방법은 중심별을 관측하여 외계 행성의 존재를 확인한다.

문제 보기

그림은 어느 외계 행성계의 시선 속도를 관측하여 나타낸 것이다.
행성과 그 행성의 중심별을 포함한다.

이 자료에 대한 설명으로 옳은 것만을 〈보기〉에서 있는 대로 고른 것은? [3점]

〈보기〉 풀이

ㄱ. 행성의 스펙트럼을 관측하여 얻은 자료이다.

➡ 외계 행성계 탐사 방법 중 시선 속도 변화를 이용하는 방법은 중심별의 스펙트럼을 관측하여 이로부터 외계 행성의 존재를 확인하는 방법이다. 행성은 중심별에 비해 매우 어두워 관측이 거의 되지 않으므로 중심별의 스펙트럼을 관측한다. 따라서 그림은 중심별의 스펙트럼을 관측하여 얻은 자료이다.

ㄴ. A 시기에 행성은 지구로부터 멀어지고 있다.

➡ 행성과 중심별은 같은 주기로 공전하며, 행성과 중심별의 위치는 공통 질량 중심에 대해 서로 대칭이다. A 시기에 중심별의 시선 속도가 (−) 값이므로 중심별은 지구로 다가오고 있으며, 행성은 지구로부터 멀어지고 있다.

ㄷ. B 시기에 행성으로 인한 식 현상이 관측된다.

➡ B 시기는 중심별의 시선 속도 값이 가장 큰 시기로, 오른쪽 그림과 같이 중심별은 멀어지고, 행성은 지구로 다가오고 있다. 오른쪽 그림에서 식 현상은 P일 때 관측된다.

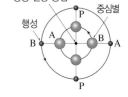

▲ 위에서 본 모습

---

12 외계 행성의 탐사 2024학년도 5월 학평 지Ⅰ 20번

정답 ③ | 정답률 47 %

적용해야 할 개념 ③가지

① 외계 행성과 중심별은 공통 질량 중심에 대해 같은 방향으로 공전하고, 공전 주기는 같다.

② 외계 행성과 중심별은 공통 질량 중심에 대해 항상 정반대 쪽에 위치한다.

③ 중심별의 시선 속도가 (+)일 때 흡수선 파장은 원래의 파장보다 길고, (−)일 때 흡수선 파장은 원래의 파장보다 짧다.

문제 보기

그림 (가)는 공통 질량 중심에 대해 원 궤도로 공전하는 외계 행성 P와 중심별 S의 공전 궤도를, (나)는 P에 의한 S의 시선 속도 변화를 나타낸 것이다. T_1일 때 P는 ㉠에 위치하고, θ는 관측자의 시선 방향과 공전 궤도면이 이루는 각의 크기이며 h는 S의 시선 속도 변화 폭이다.

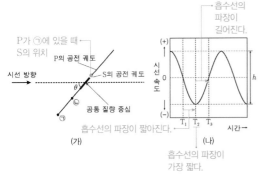

이 자료에 대한 설명으로 옳은 것만을 〈보기〉에서 있는 대로 고른 것은? [3점]

〈보기〉 풀이

ㄱ. 관측자로부터 S까지의 거리는 P가 ㉠에 위치할 때보다 ㉡에 위치할 때가 가깝다.

➡ P와 S는 공통 질량 중심에 대해 원 궤도로 공전하므로 P가 ㉠에 위치할 때 S는 ㉠의 정반대 쪽 공전 궤도에 위치한다. 이때 P는 관측자로부터의 거리가 가장 가깝고, S는 관측자로부터의 거리가 가장 멀다. 이로부터 P가 공전하여 ㉡ 위치로 오면, S도 그만큼 공전하여 관측자로부터의 거리가 가까워진다. 따라서 관측자로부터 S까지의 거리는 P가 ㉠에 위치할 때보다 ㉡에 위치할 때가 가깝다.

ㄴ. T_2에서 T_3 동안 S의 스펙트럼에서 흡수선의 파장은 점차 짧아진다.

➡ T_2일 때 시선 속도가 (−)의 최댓값을 가지므로 S는 이때 관측자에게로 접근하는 속도가 최대이고, S의 스펙트럼에서 흡수선 파장은 가장 짧은 상태이다. 이후 T_3일 때는 시선 속도가 0이므로 S는 관측자에 대해 접선 방향으로 공전하여 흡수선 파장은 원래의 파장과 같은 상태이다. 따라서 T_2에서 T_3 동안 S의 스펙트럼에서 흡수선의 파장은 점차 길어진다.

ㄷ. θ가 작아지면 h는 커진다.

➡ S의 공전 속도는 시선 속도와 접선 속도의 벡터 합으로 표현되는데, (나)는 그중 시선 속도 성분만을 나타낸다. 만약 θ가 커져 90°가 되면 S의 공전 속도 중 시선 속도는 항상 0이 되며, 이와 반대로 θ가 작아지면 시선 속도의 변화 폭은 점차 커지게 된다. 따라서 θ가 작아지면 h는 커진다.

적용해야 할 개념 ③가지

① 중심별과 행성의 시선 운동

시선 속도	$(-)$ — 접근 → 0 — 후퇴 → $(+)$ — 후퇴 → 0			
중심별과 지구와의 거리	가까워진다.	가장 가깝다.	멀어진다.	가장 멀다.
행성과 지구와의 거리	멀어진다.	가장 멀다.	가까워진다.	가장 가깝다.

② 행성의 질량이 클수록 중심별은 시선 속도의 변화 폭이 커진다.

③ 공통 질량 중심과의 거리는 중심별의 질량이 클수록 중심별 쪽으로 이동하고, 행성의 질량이 클수록 행성 쪽으로 이동한다.

문제 보기

그림 (가)와 (나)는 두 외계 행성계에 속한 중심별의 시선 속도 변화를 나타낸 것이다. 두 외계 행성계에는 행성이 1개씩만 존재하고, 중심별의 질량, 중심별과 행성 사이의 거리는 각각 같다. 두 행성은 원 궤도를 따라 공전하며 공전 궤도면은 관측자의 시선 방향과 나란하다.

(가)보다 (나)의 시선 속도가 크다. ➡ (가)보다 (나)의 행성 질량이 크다.

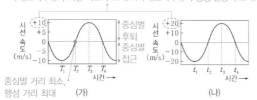

중심별 거리 최소,
행성 거리 최대

이에 대한 설명으로 옳은 것만을 〈보기〉에서 있는 대로 고른 것은? (단, 중심별의 시선 속도 변화는 행성과의 공통 질량 중심에 대한 공전에 의해서만 나타난다.) [3점]

〈보기〉 풀이

✗ (가)에서 T_2일 때 행성과 지구와의 거리는 가장 가깝다.
➡ 중심별이 T_1일 때 시선 속도가 $(-)$로 최대이고, T_2일 때 시선 속도가 0이므로 T_2일 때 중심별은 지구로부터 가장 가까운 거리에 있다. 중심별과 행성은 공통 질량 중심에 대해 서로 반대쪽에서 공전하고 있다. 따라서 T_2일 때 행성과 지구와의 거리는 가장 멀다.

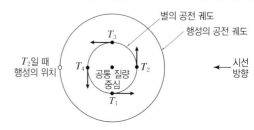

✗ 행성의 질량은 (가)가 (나)보다 크다.
➡ 행성의 질량이 클수록 공통 질량 중심은 행성 쪽으로 이동하여 중심별과 공통 질량 중심 사이의 거리가 멀어지고, 중심별의 시선 속도 변화 폭이 커진다. (나)는 (가)보다 시선 속도의 변화 폭이 크므로 행성의 질량은 (나)가 (가)보다 크다.

ㄷ 행성과 공통 질량 중심 사이의 거리는 (가)가 (나)보다 멀다.
➡ 행성의 질량이 작을수록 공통 질량 중심은 행성 쪽에서 멀어진다. 행성의 질량은 (가)가 (나)보다 작으므로 행성과 공통 질량 중심 사이의 거리는 (가)가 (나)보다 멀다.

보기

적용해야 할 개념 ③가지

① 식 현상이 나타날 때는 외계 행성이 관측자와 중심별 사이에 놓여 있다. ➡ 위치 관계: 관측자 – 외계 행성 – 중심별

② 중심별이 관측자에게 다가오면 청색 편이, 멀어지면 적색 편이가 나타난다.

③ 시선 속도가 최대로 나타나는 경우는 중심별의 속도 성분이 시선 방향과 나란할 때이다.

문제 보기

그림 (가)는 공전 궤도면이 시선 방향과 나란한 어느 외계 행성계에서 관측된 중심별의 시선 속도 변화를, (나)는 이 외계 행성계의 중심별과 행성이 공통 질량 중심을 중심으로 공전하는 모습을 나타낸 것이다.

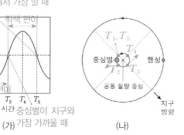

중심별이 지구에서 가장 멀 때

중심별이 지구와 가장 가까울 때

(가) 　　(나)

이에 대한 옳은 설명만을 〈보기〉에서 있는 대로 고른 것은? [3점]

〈보기〉 풀이

ㄱ 지구와 중심별 사이의 거리는 T_1일 때가 T_2일 때보다 크다.
➡ T_1일 때 중심별의 시선 속도는 0이므로 중심별과 지구는 일직선상에 위치한다. 한편 T_2일 때 시선 속도가 $(-)$ 값으로 최대이므로 $T_1 \sim T_3$ 사이에 중심별은 지구 쪽으로 접근하고 있다. 따라서 T_1일 때보다 T_2일 때가 지구와의 거리가 더 가깝다.

✗ 중심별과 행성이 (나)와 같이 위치한 시기는 $T_2 \sim T_3$에 해당한다.
➡ (나)에서 중심별은 지구 쪽으로 접근하고 있으므로 시선 속도는 $(-)$이고, 아직 시선 속도의 최댓값에 해당하는 위치(T_2)에 도달하지 않았으므로 T_1과 T_2 사이에 위치한다.

ㄷ T_5일 때 행성에 의한 식 현상이 나타난다.
➡ T_5일 때는 T_1일 때의 위치와 같다. 이때 중심별은 지구에서 가장 먼 곳에 위치하며, 행성은 공통 질량 중심을 중심으로 중심별과 반대 방향에 위치하므로 지구에 가장 가까이 위치한다. 또한 공전 궤도면이 시선 방향과 나란하므로 이 위치에서는 행성이 중심별과 지구 사이에 위치하여 식 현상이 나타난다.

보기

| **15** | **외계 행성계 탐사 – 식 현상, 시선 속도 이용** 2024학년도 6월 모평 지I 18번 | 정답 ⑤ | 정답률 39 % |

적용해야 할 개념 ③가지

① 식 현상이 나타날 때는 외계 행성이 관측자와 중심별 사이에 놓여 있다. ➡ 위치 관계: 관측자 - 외계 행성 - 중심별
② 중심별이 관측자에게 다가오면 청색 편이, 멀어지면 적색 편이가 나타난다.
③ 시선 속도가 최대로 나타나는 경우는 외계 행성의 속도 성분이 시선 방향과 나란하다.

문제 보기

그림 (가)는 어느 외계 행성계에서 중심별과 행성이 공통 질량 중심에 대하여 공전하는 원 궤도를 나타낸 것이고, (나)는 이 중심별의 시선 속도를 일정한 시간 간격에 따라 나타낸 것이다. t_1일 때 중심별의 위치는 ㉠과 ㉡ 중 하나이다.

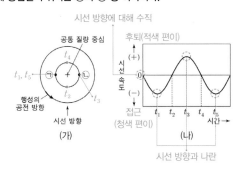

(가)

(나)

이 자료에 대한 설명으로 옳은 것만을 〈보기〉에서 있는 대로 고른 것은? (단, 행성의 공전 궤도면은 관측자의 시선 방향과 나란하고, 중심별의 겉보기 등급 변화는 행성의 식 현상에 의해서만 나타난다.) [3점]

보기

〈보기〉 풀이

㉠ t_1일 때 중심별의 위치는 ㉠이다.

➡ 행성의 공전 방향이 시계 반대 방향이므로 중심별의 공전 방향도 시계 반대 방향이다. t_1일 때 중심별은 시선 속도가 최대로 접근하고 있으므로 이때의 위치는 ㉠이다.

㉡ 중심별의 겉보기 등급은 t_2가 t_4보다 작다.

➡ 밝기가 어두울수록 겉보기 등급이 크므로, 중심별의 겉보기 등급은 행성이 중심별 앞쪽을 지나 식 현상이 나타날 때가 가장 크다. t_4일 때 식 현상이 나타나므로 중심별의 겉보기 등급은 t_2일 때가 t_4일 때보다 작다.

㉢ $t_1 \rightarrow t_2$ 동안 중심별의 스펙트럼에서 흡수선의 파장은 점차 길어진다.

➡ $t_1 \rightarrow t_2$ 동안 시선 속도는 증가한다. 도플러 효과에 따르면 $\dfrac{v}{c} = \dfrac{\Delta\lambda}{\lambda}$이므로, 시선 속도가 증가하게 되면 $\Delta\lambda (= \lambda - \lambda_0)$가 증가하므로 관측된 흡수선의 파장은 길어진다.

적용해야 할 개념 ③가지

① 중심별이 관측자에게 접근할 때는 흡수선 파장이 짧아지고, 멀어질 때는 흡수선 파장이 길어진다.

② 중심별의 흡수선 파장은 시선 속도에 따라 달라지며, $\dfrac{\text{파장의 변화량}}{\text{원래의 파장}} = \dfrac{\text{시선 속도}}{\text{빛의 속도}}$ 의 관계가 있다.

③ 중심별의 시선 속도는 공전하는 위치에 따라 달라지며, 시선 방향과 나란한 위치에서 최대이다.

문제 보기

그림 (가)는 어느 외계 행성과 중심별이 공통 질량 중심을 중심으로 공전하는 원 궤도를 나타낸 것이고, (나)는 행성이 ㉠~㉣에 위치할 때 지구에서 관측한 중심별의 스펙트럼을 A~D로 순서 없이 나타낸 것이다. 중심별의 공전 속도는 2 km/s이고, 관측한 흡수선의 기준 파장은 동일하다.

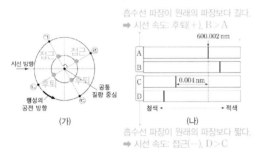

흡수선 파장이 원래의 파장보다 길다.
➡ 시선 속도: 후퇴(+), B>A

흡수선 파장이 원래의 파장보다 짧다.
➡ 시선 속도: 접근(−), D>C

이 자료에 대한 설명으로 옳은 것만을 〈보기〉에서 있는 대로 고른 것은? (단, 빛의 속도는 3×10^5 km/s이고, 중심별의 시선 속도 변화는 행성과의 공통 질량 중심에 대한 공전에 의해서만 나타나며, 행성의 공전 궤도면은 관측자의 시선 방향과 나란하다.)

〈보기〉 풀이

✘ **A는 행성이 ㉡에 위치할 때 관측한 결과이다.**

➡ 행성이 ㉠~㉣에 위치할 때 중심별의 위치는 오른쪽 그림에서 각각 ㄱ~ㄹ이므로 스펙트럼에서는 ㄱ과 ㄹ에서 적색 편이, ㄴ과 ㄷ에서 청색 편이가 나타난다. 한편 ㄱ은 적색 편이가 최대인 지점을 막 지났고, ㄹ은 적색 편이가 최소(0)인 지점을 막 지났으므로 흡수선 파장은 ㄱ(B)>ㄹ(A)이다. 같은 원리로 ㄴ은 청색 편이가 최소(0)인 지점을 막 지났고, ㄷ은 청색 편이가 최대인 지점을 막 지났으므로 흡수선 파장은 ㄴ(C)>ㄷ(D)이다. 따라서 흡수선 파장은 ㄱ>ㄹ>ㄴ>ㄷ이므로 A는 ㄹ에 해당하고, 이때 행성은 ㉣에 위치한다.

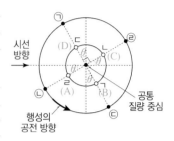

ㄴ. **$\dfrac{\text{A 흡수선의 파장}-\text{D 흡수선의 파장}}{\text{B 흡수선의 파장}-\text{C 흡수선의 파장}}$ 은 1이다.**

➡ ㄱ~ㄹ이 시선 방향 또는 시선 방향과 수직인 방향에 대해 이루는 각도(위 그림의 θ)는 모두 같다. 따라서 원래의 파장을 기준으로 편이량을 간단하게 비교해 보면, A에서 증가한 양($\Delta\lambda$)과 C에서 감소한 양($-\Delta\lambda$)이 같고, B에서 증가한 양($\Delta\lambda$)과 D에서 감소한 양($-\Delta\lambda$)이 같으므로 $\dfrac{\text{A 흡수선의 파장}-\text{D 흡수선의 파장}}{\text{B 흡수선의 파장}-\text{C 흡수선의 파장}}$ 은 1이 된다.

ㄷ. **중심별의 시선 속도는 행성이 ㉢을 지날 때가 ㉡을 지날 때의 $\sqrt{3}$ 배이다.**

➡ A에서 증가한 스펙트럼 편이량($\Delta\lambda$)과 C에서 감소한 스펙트럼 편이량($\Delta\lambda$)은 같은데, A는 600.002 nm이고, C는 599.998 nm이므로 원래의 파장은 600 nm이고, $\Delta\lambda=0.002$ nm이다. 행성이 ㉢, ㉡에 있을 때 중심별의 스펙트럼은 각각 D, C이므로 C에서의 흡수선 파장의 도플러 효과를 적용하면 $\dfrac{\Delta\lambda}{\lambda}=\dfrac{V_R}{c}$ (c: 빛의 속도)로부터 $\dfrac{2\times10^{-3}\,\text{nm}}{6\times10^2\,\text{nm}}=\dfrac{V_R}{3\times10^5\,\text{km/s}}$, 즉 C에서의 시선 속도($V_R$)는 1 km/s이다. 그림에서 $V_R=V\times\sin\theta$(V: 중심별의 공전 속도)에 해당하고, $V=2$ km/s라고 하였으므로 $\theta=30°$이다. 한편 D에서의 시선 속도(V_R)는 $V_R=V\times\cos\theta=2\times\dfrac{\sqrt{3}}{2}=\sqrt{3}$ km/s이다. 따라서 중심별의 시선 속도는 행성이 ㉢을 지날 때가 ㉡을 지날 때의 $\sqrt{3}$ 배이다.

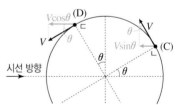

17 외계 행성계 탐사 - 시선 속도 변화 이용 2024학년도 9월 모평 지Ⅰ 18번 정답 ② | 정답률 59 %

적용해야 할
개념 ③가지
① 외계 행성의 공전 방향과 중심별의 공전 방향은 같다.
② 중심별이 관측자에게 다가오면 청색 편이, 멀어지면 적색 편이가 나타난다.
③ 시선 속도가 최대로 나타나는 경우는 외계 행성의 속도 성분이 시선 방향과 나란할 때이다.

문제 보기

그림 (가)는 어느 외계 행성계에서 중심별과 행성이 공통 질량 중심에 대하여 원 궤도로 공전하는 모습을 나타낸 것이고, (나)는 행성이 ㉠, ㉡, ㉢에 위치할 때 지구에서 관측한 중심별의 스펙트럼을 A, B, C로 순서 없이 나타낸 것이다.

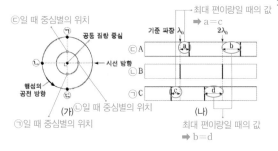

이 자료에 대한 설명으로 옳은 것만을 〈보기〉에서 있는 대로 고른 것은? (단, 중심별의 시선 속도 변화는 행성과의 공통 질량 중심에 대한 공전에 의해서만 나타나고, 행성의 공전 궤도면은 관측자의 시선 방향과 나란하다.)

〈보기〉 풀이

✗ **A는 행성이 ㉠에 위치할 때 관측한 결과이다.**
➡ (나)에서 A일 때 중심별의 파장은 기준 파장보다 길다. 따라서 적색 편이가 나타난다. 외계 행성이 시계 반대 방향으로 공전하므로 중심별도 시계 반대 방향으로 공전하고, 중심별의 위치는 외계 행성에 대해 공통 질량 중심의 반대편에 위치하므로 ㉠, ㉡, ㉢ 중 중심별이 적색 편이가 나타나는 시기는 ㉢에 해당한다. 따라서 A는 행성이 ㉢에 위치할 때 관측한 결과이다.

㉡ **행성이 ㉡ → ㉢으로 공전하는 동안 중심별의 시선 속도는 커진다.**
➡ 행성이 ㉡ → ㉢으로 공전하는 동안 중심별은 관측자로부터 멀어진다. 따라서 중심별의 시선 속도는 커진다.

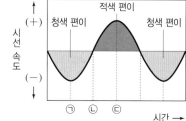

✗ **a×b는 c×d보다 작다.**
➡ a, b, c, d는 각각 파장의 변화량에 해당한다. (나)에서 A와 C는 각각 행성이 (가)에서 ㉢, ㉠의 위치에 있을 때이므로 a, c, b, d는 각각 기준 파장에서의 파장 변화량($\varDelta \lambda$)의 최댓값에 해당한다. 한편, 중심별은 원 궤도로 공전하고 있으므로 파장 변화량($\varDelta \lambda$)의 최댓값은 일정하다. 따라서 a×b와 c×d는 같다.

---

18 외계 행성계 탐사 2023학년도 10월 학평 지Ⅰ 20번 정답 ② | 정답률 56 %

적용해야 할
개념 ②가지
① 외계 행성의 공전 방향과 중심별의 공전 방향은 같다.
② 중심별이 관측자에게 다가오면 청색 편이, 멀어지면 적색 편이가 나타난다.

문제 보기

그림 (가)는 어느 외계 행성과 중심별이 공통 질량 중심을 중심으로 공전할 때 중심별의 시선 속도 변화를, (나)는 t일 때 이 중심별과 행성의 위치 관계를 나타낸 것이다.

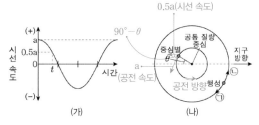

이에 대한 옳은 설명만을 〈보기〉에서 있는 대로 고른 것은? (단, 외계 행성은 원 궤도로 공전하며, 공전 궤도면은 관측자의 시선 방향과 나란하다.) [3점]

〈보기〉 풀이

✗ **공통 질량 중심에 대한 행성의 공전 방향은 ㉠이다.**
➡ (가)에서 t일 때 시선 속도가 0.5a로 양(+)의 값이므로, t일 때 중심별은 지구로부터 멀어지고 있다. (나)는 t일 때의 모습이므로 중심별이 지구로부터 멀어지기 위해서는 시계 반대 방향으로 공전해야 한다. 따라서 공통 질량 중심에 대한 행성의 공전 방향도 ㉡이다.

㉡ **θ의 크기는 30°이다.**
➡ (가)에서 t일 때 시선 속도가 0.5a로 시선 속도 최댓값의 절반이다. 따라서 공전 속도와 시선 속도의 속도 성분을 나누어 보면, $\cos(90°-\theta) \times a = \frac{1}{2} \times a$로부터 $\cos(90°-\theta) = \frac{1}{2}$이므로 θ는 30°이다.

✗ **행성의 공전 주기가 현재보다 길어지면 a는 증가한다.**
➡ 행성의 공전 주기가 현재보다 길어지면 공전 속도는 감소한다. 따라서 시선 속도의 최댓값인 a는 감소한다.

일차

적용해야 할 개념 ③가지

① 중심별과 외계 행성은 공통 질량 중심을 중심으로 동일한 주기로 공전하며, 공통 질량 중심의 반대편에 위치한다.
② 공전 궤도면이 시선 방향에 대해 기울어져 있으면, 기울어진 각도가 클수록 중심별의 시선 속도가 작게 관측된다.
③ 시선 속도의 변화 주기는 중심별의 공전 주기와 같다.

문제 보기

그림 (가)는 어느 외계 행성계에서 공통 질량 중심을 원 궤도로 공전하는 중심별의 모습을, (나)는 중심별의 시선 속도를 시간에 따라 나타낸 것이다. 이 외계 행성계에는 행성이 1개만 존재하고, 중심별의 공전 궤도면과 시선 방향이 이루는 각은 60°이다.

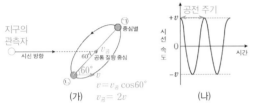

(가)   (나)

이에 대한 옳은 설명만을 〈보기〉에서 있는 대로 고른 것은? [3점]

〈보기〉 풀이

ㄱ. 지구로부터 행성까지의 거리는 중심별이 ㉠에 있을 때가 ㉡에 있을 때보다 가깝다.

➡ 외계 행성은 중심별과 공통 질량 중심의 반대 위치에 있으므로 중심별이 ㉠에 있을 때는 행성이 ㉡ 방향에 위치하고, 중심별이 ㉡에 있을 때는 행성이 ㉠ 방향에 위치한다. 따라서 중심별이 ㉠에 있을 때가 ㉡에 있을 때보다 지구로부터 행성까지의 거리가 가깝다.

ㄴ. 중심별의 공전 속도는 $2v$이다.

➡ (나)에서 관측된 시선 속도가 v이다. 이 외계 행성계의 중심별의 공전 궤도면과 시선 방향이 이루는 각도가 60°이므로 관측되는 시선 속도는 원래의 공전 속도의 $\frac{1}{2}$배이다. ($\because \cos60° = \frac{1}{2}$). 따라서 중심별의 공전 속도는 $2v$이다.

✗ 중심별의 공전 궤도면과 시선 방향이 이루는 각이 현재보다 작아지면 중심별의 시선 속도 변화 주기는 길어진다.

➡ 중심별의 시선 속도 변화 주기는 중심별의 공전 주기와 같다. 공전 궤도면과 시선 방향이 이루는 각이 변화하더라도 공전 주기가 변하지 않으므로 중심별의 시선 속도 변화 주기에는 영향이 없다(단, 공전 궤도면이 시선 방향에 직각이면 시선 속도 변화 주기가 관찰되지 않는다.).

적용해야 할 개념 ③가지

① 중심별이 관측자에게 다가올 때는 청색 편이, 관측자로부터 멀어질 때는 적색 편이가 나타난다.
② 중심별과 외계 행성은 공통 질량 중심을 중심으로 동일한 주기로 공전하며, 공통 질량 중심에 대해 반대 방향에 위치한다.
③ 청색 편이, 적색 편이가 나타날 때 파장의 변화량은 시선 속도에 비례한다.

문제 보기

그림 (가)는 중심별과 행성이 공통 질량 중심에 대하여 공전하는 원 궤도를, (나)는 중심별의 시선 속도를 시간에 따라 나타낸 것이다. 행성이 A에 위치할 때 중심별의 시선 속도는 -60 m/s이고, 행성의 공전 궤도면은 관측자의 시선 방향과 나란하다.

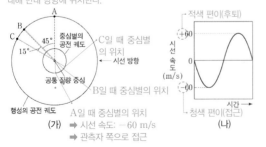

(가) ➡ 시선 속도: -60 m/s   (나)
     ➡ 관측자 쪽으로 접근

이에 대한 설명으로 옳은 것만을 〈보기〉에서 있는 대로 고른 것은? (단, 빛의 속도는 3×10^8 m/s이다.) [3점]

〈보기〉 풀이

ㄱ. 행성의 공전 방향은 A → B → C이다.

➡ 행성이 A에 있을 때 중심별의 시선 속도가 -60 m/s로 (−) 값을 가지므로 중심별은 지구에 가까워지는 방향으로 이동하고 있다. 행성과 중심별은 공통 질량 중심을 중심으로 서로 반대 방향에 위치하며, 공전 방향은 서로 같으므로 A에서 행성은 지구에서 멀어지고 있다. 따라서 행성은 A → B → C 방향으로 공전한다.

✗ 중심별의 스펙트럼에서 500 nm의 기준 파장을 갖는 흡수선의 최대 파장 변화량은 0.001nm이다.

➡ 이 중심별의 최대 시선 속도는 ± 60 m/s이다. 기준 파장을 λ_0, 파장 변화량을 $\Delta\lambda$, 시선 속도를 v, 빛의 속도를 c라고 할 때 $\frac{\Delta\lambda}{\lambda_0} = \frac{v}{c}$이므로, $\Delta\lambda = \frac{60}{3 \times 10^8} \times 500 = 0.0001$ nm이다.

ㄷ. 중심별의 시선 속도는 행성이 B를 지날 때가 C를 지날 때의 $\sqrt{2}$배이다.

➡ 시선 방향과 공통 질량 중심, 중심별 사이의 각도는 B일 때 45°이고, C일 때 30°이다. 중심별의 최대 시선 속도를 v라고 하면, 행성이 B에 위치할 때 중심별의 시선 속도는 $v\cos45° = \frac{v}{\sqrt{2}}$이고, 행성이 C에 위치할 때 중심별의 시선 속도는 $v\cos60° = \frac{v}{2}$이다. 따라서 중심별의 시선 속도는 행성이 B를 지날 때가 C를 지날 때의 $\sqrt{2}$배이다.

21 외계 행성계 탐사 방법 – 시선 속도 변화 이용 2020학년도 4월 학평 지I 17번

정답 ⑤ | 정답률 43 %

적용해야 할 개념 ③가지

① 중심별과 외계 행성은 공통 질량 중심에 대해 같은 방향으로, 같은 주기로 공전한다.

② 중심별이 관측자에게 다가올 때는 청색 편이가 나타나고, 관측자에게서 멀어질 때는 적색 편이가 나타난다.

청색 편이	별빛의 파장이 짧아져 스펙트럼에서 흡수선이 파란색 쪽으로 이동하는 현상
적색 편이	별빛의 파장이 길어져 스펙트럼에서 흡수선이 붉은색 쪽으로 이동하는 현상

③ 외계 행성의 질량이 클수록 중심별의 시선 속도 변화가 커지므로 중심별 스펙트럼의 편이량은 증가한다.

문제 보기

다음은 어느 외계 행성계에 대한 기사의 일부이다.

> 한글 이름을 사용하는 외계 행성계 '백두'와 '한라'
>
> 우리나라 천문학자가 발견한 외계 행성계의 중심별과 외계 행성의 이름에 각각 '백두'와 '한라'가 선정되었다. '한라'는 '백두'의 ㉠시선 속도 변화를 이용한 탐사 방법으로 발견하였다.

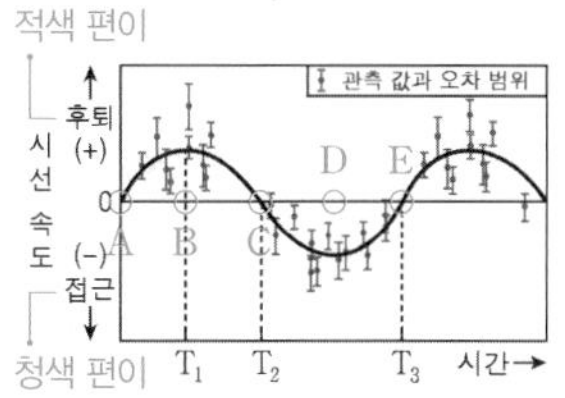

〈'백두'의 시선 속도 변화〉

이에 대한 설명으로 옳은 것만을 〈보기〉에서 있는 대로 고른 것은? [3점]

<보기> 풀이

'백두'는 중심별, '한라'는 외계 행성이다. 시선 속도 변화는 중심별을 관측하여 얻을 수 있다.

ㄱ. T_1일 때 '백두'는 적색 편이가 나타난다.

➡ T_1일 때 시선 속도가 양(+)이므로 '백두'는 관측자로부터 후퇴하고(멀어지고) 있다. 따라서 '백두'는 T_1일 때 적색 편이가 나타난다.

▲ 위에서 볼 때

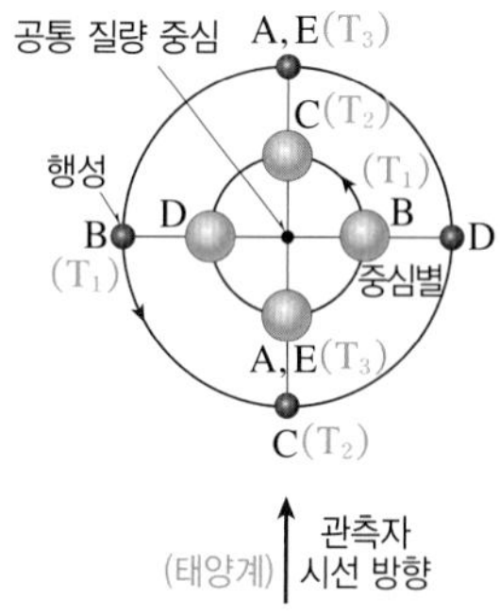

ㄴ. 태양으로부터 '한라'까지의 거리는 T_2보다 T_3일 때 멀다.

➡ 외계 행성으로부터 태양까지의 거리는 중심별로부터 태양까지의 거리와 반대로 나타난다. 즉, 중심별과 태양 사이의 거리가 최소일 때, 외계 행성과 태양 사이의 거리는 최대이고, 중심별과 태양 사이의 거리가 최대일 때, 외계 행성과 태양 사이의 거리는 최소이다. T_2는 '백두'가 멀어지면서 시선 속도가 0이 되었으므로 '백두'가 태양으로부터 가장 멀리 있고, '한라'가 태양에 가장 가까이 있을 때이다. 따라서 태양으로부터 '한라'까지의 거리는 T_2보다 T_3일 때 멀다.

ㄷ. ㉠에서 행성의 질량이 클수록 중심별의 시선 속도 변화가 커진다.

➡ 행성의 질량이 클수록 공통 질량 중심이 중심별에서 멀어지고 중심별의 흔들림이 커져 시선 속도 변화가 증가한다.

적용해야 할 개념 ④가지

① 시선 속도 변화를 이용한 외계 행성 탐사 방법은 도플러 효과로 인해 중심별의 스펙트럼에서 청색 편이와 적색 편이가 주기적으로 반복되는 현상을 관측하여 외계 행성의 존재를 확인한다.

② 적색 거성은 표면 온도가 낮지만 반지름이 매우 커서 광도가 크다.

③ 생명 가능 지대란 액체 상태의 물이 존재할 수 있는 영역을 의미한다.

④ 중심별의 광도가 클수록 중심별에서 생명 가능 지대까지의 거리가 멀다.

문제 보기

다음은 한국 천문 연구원에서 발견한 어느 외계 행성계에 대한 설명이다.

중심별의 도플러 효과로 인해 스펙트럼에 파장 변화가 나타난다.

태양보다 표면 온도가 낮다. 반지름이 태양의 10배이다. 광도가 매우 크다. ➡ 적색 거성

국제 천문 연맹은 보현산 천문대에서 ㉠분광 관측 장비로 별의 주기적인 움직임을 관측해 발견한 외계 행성계의 중심별 8 UMi와 외계 행성 8 UMi b의 이름을 각각 백두와 한라로 결정했다. 한라는 목성보다 무거운 가스 행성으로 백두로부터 약 0.49 AU 떨어져 있다.

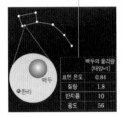

백두의 물리량 [태양=1]	
표면 온도	0.84
질량	1.8
반지름	10
광도	56

보기

행성의 질량이 크다. ➡ 중심별의 시선 속도 변화가 크다. ➡ 행성이 발견되기 쉽다.

• 태양과 지구 사이의 거리보다 가깝다.
• 중심별 광도는 태양보다 매우 크다.
➡ 행성은 생명 가능 지대보다 안쪽에 위치한다.

이에 대한 옳은 설명만을 〈보기〉에서 있는 대로 고른 것은? [3점]

〈보기〉 풀이

✗ 백두는 주계열성이다.
➡ 백두는 주계열성인 태양보다 표면 온도가 낮고, 반지름과 광도가 큰 별이다. 주계열성에 비해 별의 표면 온도는 낮지만, 반지름이 매우 커서 광도가 매우 큰 별은 적색 거성에 해당하므로 백두는 적색 거성이다.

ㄴ. ㉠의 과정에서 백두의 도플러 효과를 관측하였다.
➡ 분광 관측 장비로 중심별의 도플러 효과로 인해 나타나는 스펙트럼의 파장 변화를 확인할 수 있으므로, ㉠의 과정에서 중심별인 백두의 도플러 효과를 관측하였다.

✗ 한라는 백두의 생명 가능 지대에 위치한다.
➡ 중심별의 광도가 클수록 중심별에서 생명 가능 지대까지의 거리가 멀다. 태양계에서 생명 가능 지대까지의 거리는 1 AU 부근이므로 태양보다 광도가 큰 백두의 생명 가능 지대는 1 AU보다 멀다. 한라는 백두로부터 약 0.49 AU 떨어져 있으므로 생명 가능 지대보다 안쪽에 위치한다.

적용해야 할 개념 ③가지

① 외계 행성의 공전 방향과 중심별의 공전 방향은 같다.

② 외계 행성과 중심별은 공통 질량 중심에 대해 대칭적인 자리에 위치한다.

③ 중심별이 관측자에게 다가오면 청색 편이, 멀어지면 적색 편이가 나타난다.

문제 보기

그림은 어느 외계 행성과 중심별이 공통 질량 중심을 중심으로 공전하는 원 궤도를, 표는 행성이 A, B, C에 위치할 때 중심별의 어느 흡수선 관측 결과를 나타낸 것이다. 행성의 공전 궤도면은 관측자의 시선 방향과 나란하다.

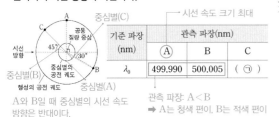

시선 속도 크기 최대

기준 파장 (nm)	관측 파장(nm)		
λ_0	Ⓐ	B	C
	499.990	500.005	(㉠)

관측 파장: A < B
➡ A는 청색 편이, B는 적색 편이

A와 B일 때 중심별의 시선 속도 방향은 반대이다.

이 자료에 대한 설명으로 옳은 것만을 〈보기〉에서 있는 대로 고른 것은? (단, 빛의 속도는 3×10^5 km/s이고, 중심별의 시선 속도 변화는 행성과의 공통 질량 중심에 대한 공전에 의해서만 나타난다.) [3점]

〈보기〉 풀이

ㄱ. **행성이 B에 위치할 때, 중심별의 스펙트럼에서 적색 편이가 나타난다.**

➡ 행성과 중심별은 공통 질량 중심을 중심으로 대칭적인 자리에 위치한다. 행성이 A에 있을 때 중심별은 시선 방향과 나란하므로 청색 편이나 적색 편이의 최댓값이 나타나는 시기이다. 그런데 행성이 A에 있을 때의 중심별의 파장은 B에 있을 때의 파장에 비해 짧으므로 청색 편이일 때의 최댓값이 나타날 때이다. 따라서 이 외계 행성계의 공전 방향은 시계 방향이다. 그러므로 행성이 B에 위치할 때 중심별은 적색 편이가 나타난다.

ㄴ. **㉠은 499.995보다 작다.**

➡ 행성이 B에 있을 때의 시선 방향과 공통 질량 중심, 중심별이 이루는 각도는 30°이므로 $v \times \sin 30°$로부터 중심별의 시선 속도는 중심별의 공전 속도의 $\frac{1}{2}$임을 알 수 있다. 또한 표의 관측 파장을 이용하여 도플러 효과로부터 기준 파장(λ_0)을 구하면 다음과 같다.

$$A: -\frac{v}{c} = \frac{\Delta\lambda_A}{\lambda_0} \cdots ①$$

$$B: \frac{\frac{1}{2}v}{c} = \frac{\Delta\lambda_B}{\lambda_0} \cdots ②$$

(단, $\Delta\lambda_A = \lambda_A - \lambda_0$, $\Delta\lambda_B = \lambda_B - \lambda_0$)

①과 ②를 연립해서 풀면, $\lambda_0 = 500$ nm이다.

한편, 행성이 C에 있을 때 중심별의 시선 속도는 B에 있을 때의 $\frac{1}{\sqrt{2}}$배이다. $\frac{1}{\sqrt{2}} > \frac{1}{2}$이므로, 시선 방향의 속도에 해당하는 파장 변화량은 행성이 B에 있을 때의 파장 변화량 (500.005−500=0.005)보다 크다. 따라서 ㉠은 499.005보다 작다.

ㄷ. **중심별의 공전 속도는 6 km/s이다.**

➡ 행성이 A에 있을 때 파장 변화량은 0.01이다. 따라서 중심별의 공전 속도는 $\frac{0.01\,\text{nm}}{500\,\text{nm}}$ $= \frac{v}{300000\,\text{km/s}}$로부터 $v = 6$ km/s임을 알 수 있다.

적용해야 할
개념 ③가지

① 중심별이 시선 방향에서 멀어지면 흡수선 파장이 길어지고, 가까워지면 흡수선 파장이 짧아진다.

② 중심별의 공전 속도는 시선 속도와 접선 속도의 벡터 합으로 표현된다.

③ 스펙트럼에서 흡수선 파장의 편이량은 $\dfrac{\text{파장의 편이량}}{\text{기준 파장}} = \dfrac{\text{후퇴 속도}}{\text{빛의 속도}}$ 의 관계가 성립한다.

문제 보기

그림 (가)는 t_0일 때 외계 행성의 위치를 공통 질량 중심에 대하여 공전하는 원 궤도에 나타낸 것이고, (나)는 중심별의 스펙트럼에서 기준 파장이 λ_0인 흡수선의 관측 결과를 t_0부터 일정한 시간 간격 T에 따라 순서대로 나타낸 것이다. $\Delta\lambda_{\max}$은 파장의 최대 편이량이고, 이 기간 동안 식 현상은 1회 관측되었다.

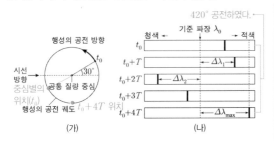

(가) (나)

이에 대한 설명으로 옳은 것만을 〈보기〉에서 있는 대로 고른 것은? (단, 중심별의 시선 속도 변화는 행성과의 공통 질량 중심에 대한 공전에 의해서만 나타나며, 행성의 공전 궤도면은 관측자의 시선 방향과 나란하다.) [3점]

보기

〈보기〉 풀이

✘ $t_0+2.5T \rightarrow t_0+3T$ 동안 중심별의 흡수선 파장은 점차 짧아진다.

➡ $t_0+2.5T \rightarrow t_0+3T$ 동안 중심별의 흡수선 파장이 적색 쪽으로 이동하였으므로 파장은 점차 길어졌다.

ㄴ. $\dfrac{\Delta\lambda_2}{\Delta\lambda_1}$ 의 절댓값은 $\dfrac{\sqrt{6}}{2}$ 이다.

➡ t_0+4T일 때 적색 편이가 최대이고, 중심별이 t_0부터 t_0+4T까지 420° 공전하는 동안 일정한 시간 간격으로 관측하였으므로 T는 105°의 각도에 해당한다. 중심별의 공전 속도를 v라고 할 때, t_0+T인 시기에 중심별의 후퇴 속도(v_R)는 $v_R = v\cdot\cos 45° = \dfrac{\sqrt{2}v}{2}$ 이고, t_0+2T인 시기에 중심별의 후퇴 속도(v_R)는 $v_R = v\cdot\cos 30° = \dfrac{\sqrt{3}v}{2}$ 이다. $\dfrac{\Delta\lambda_2}{\Delta\lambda_1}$ 는 후퇴 속도의 비와 같으므로 $\left(\dfrac{\sqrt{3}v}{2} \middle/ \dfrac{\sqrt{2}v}{2}\right) = \dfrac{\sqrt{6}}{2}$ 이다.

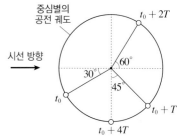

✘ $t_0+0.5T \rightarrow t_0+T$ 사이에 기준 파장이 $2\lambda_0$인 중심별의 흡수선 파장이 $(2\lambda_0+\Delta\lambda_1)$로 관측되는 시기가 있다.

➡ $t_0+0.5T \rightarrow t_0+T$에서 후퇴 속도의 최댓값은 t_0+4T 위치에서와 같고, 최솟값은 t_0+T 위치에서와 같다. t_0+4T에서 후퇴 속도는 t_0+T에서보다 $\sqrt{2}$배 크고, 이때 파장의 편이량은 $\sqrt{2}\Delta\lambda_1$이며, t_0+T까지 파장의 편이량이 감소하여 t_0+T에서 파장의 편이량은 $\Delta\lambda_1$이 된다. 만약 λ_0가 2배가 되면 $\Delta\lambda$도 2배가 되어 이 구간에서 파장의 편이량은 $2\sqrt{2}\Delta\lambda_1 \sim 2\Delta\lambda_1$의 범위를 가지므로 흡수선 파장이 $(2\lambda_0 \sim \Delta\lambda_1)$로 관측되는 시기가 없다.

25
일차

01 ②   02 ⑤   03 ③   04 ⑤   05 ②   06 ④   07 ③   08 ③   09 ②   10 ③   11 ①

25
일차

문제편 258쪽~261쪽

01 | 외계 행성계 탐사 방법 – 시선 속도 변화, 식 현상 이용 2021학년도 7월 학평 지I 19번

정답 ② | 정답률 55 %

적용해야 할 개념 ③가지

① 중심별이 관측자에게 다가오면 청색 편이가 나타나고, 관측자로부터 멀어지면 적색 편이가 나타난다.

청색 편이	별빛의 파장이 짧아져 스펙트럼에서 흡수선이 파란색 쪽으로 이동하는 현상
적색 편이	별빛의 파장이 길어져 스펙트럼에서 흡수선이 붉은색 쪽으로 이동하는 현상

② 중심별과 외계 행성은 공통 질량 중심을 중심으로 같은 방향으로, 같은 주기로 공전하며, 공통 질량 중심에 대해 대칭으로 위치한다.

③ 식 현상과 도플러 효과(시선 속도 변화)는 관측자의 시선 방향과 행성의 공전 궤도면이 수직인 경우 관측할 수 없다.

문제 보기

그림은 외계 행성이 중심별 주위를 공전하며 식 현상을 일으키는 모습과 중심별의 밝기 변화를 나타낸 것이다. 이 외계 행성에 의해 중심별의 도플러 효과가 관측된다.

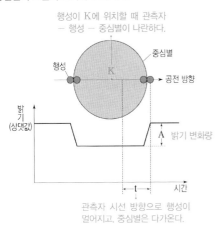

이에 대한 설명으로 옳은 것만을 〈보기〉에서 있는 대로 고른 것은?

〈보기〉 풀이

보기

✗ 행성의 반지름이 2배 커지면 A 값은 2배 커진다.
➡ A는 중심별의 밝기 변화량으로 행성에 의해 중심별이 가려지는 면적에 비례한다. 행성의 반지름(R)이 2배 커지면 단면적(πR^2)은 4배가 되므로 A 값은 4배 커진다.

✗ t 동안 중심별의 적색 편이가 관측된다.
➡ t는 행성이 시선 방향으로부터 멀어지는 구간이다. 중심별과 행성은 공통 질량 중심에 대해 대칭으로 위치하므로 중심별은 시선 방향으로 다가오고 있다. 따라서 t 동안 중심별의 스펙트럼에서는 청색 편이가 관측된다.

ㄷ 중심별과 행성의 공통 질량 중심을 중심으로 공전하는 속도는 중심별이 행성보다 느리다.
➡ 중심별과 행성은 공통 질량 중심에 대해 같은 주기로 공전하므로 공통 질량 중심에 가까이 있는 중심별의 공전 속도가 행성보다 느리다.

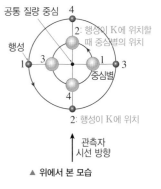

▲ 위에서 본 모습

적용해야 할 개념 ③가지

① 중심별의 광도가 클수록 생명 가능 지대까지의 거리가 멀고, 생명 가능 지대의 폭이 넓다.

② 식 현상에 의해 중심별의 밝기가 감소하는 비율은 $\dfrac{\text{행성의 단면적}}{\text{중심별의 단면적}}$ 이다.

③ 중심별이 관측자로부터 멀어질 때는 흡수선의 파장이 길어지고, 관측자에게로 다가올 때는 흡수선의 파장이 짧아진다.

문제 보기

그림 (가)는 중심별이 주계열성인 어느 외계 행성계의 생명 가능 지대와 행성의 공전 궤도를, (나)는 (가)의 행성이 식 현상을 일으킬 때 중심별의 상대적 밝기 변화를 시간에 따라 나타낸 것이다.

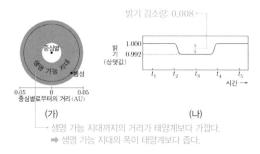

(가)   (나)

→ 생명 가능 지대까지의 거리가 태양계보다 가깝다.
➡ 생명 가능 지대의 폭이 태양계보다 좁다.

이 자료에 대한 설명으로 옳은 것만을 〈보기〉에서 있는 대로 고른 것은? (단, 중심별의 시선 속도 변화는 행성과의 공통 질량 중심에 대한 공전에 의해서만 나타나고, 행성은 원 궤도를 따라 공전하며, 행성의 공전 궤도면은 관측자의 시선 방향과 나란하다.)

[3점]

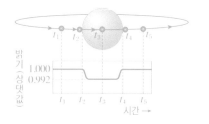

보기

〈보기〉 풀이

ㄱ. **생명 가능 지대의 폭은 이 외계 행성계가 태양계보다 좁다.**

➡ 이 외계 행성계에서 중심별로부터 생명 가능 지대의 바깥쪽 경계까지의 거리가 약 0.05 AU 이므로, 중심별에서 생명 가능 지대까지의 거리는 태양계보다 가깝다. 생명 가능 지대는 중심별의 광도가 클수록 중심별에서 먼 곳에 위치하고 폭도 넓어진다. 따라서 생명 가능 지대의 폭은 이 외계 행성계가 태양계보다 좁다.

✗ $\dfrac{\text{행성의 반지름}}{\text{중심별의 반지름}}$ 은 $\dfrac{1}{125}$ 이다.

➡ (나)에서 외계 행성에 의해 감소한 중심별의 밝기가 0.008이므로, 중심별의 단면적에 대한 외계 행성의 단면적은 $0.008\left(=\dfrac{1}{125}\right)$ 배이다. 따라서 중심별과 외계 행성의 반지름 비는 $\sqrt{\dfrac{1}{125}}$ 배이다.

ㄷ. **중심별의 흡수선 파장은 t_2가 t_1보다 짧다.**

➡ t_2일 때 식 현상이 시작되고 있으므로 $t_1 \to t_2 \to t_3$ 동안 외계 행성은 관측자 쪽으로 다가오고 있으며, 이 기간 동안 중심별은 관측자로부터 멀어져 적색 편이가 나타난다. 이때 t_1에서 t_2로 가면서 중심별의 이동 방향은 관측자의 시선 방향에 대해 수직한 방향에 더 가까워지므로 시선 방향의 속도는 감소하여 0에 가까워진다. 따라서 t_1보다 t_2일 때 적색 편이량이 작고, 흡수선의 파장은 적색 편이량이 작은 t_2일 때가 t_1일 때보다 짧다.

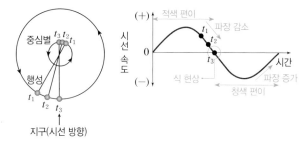

03 외계 행성계 탐사 방법 – 시선 속도 변화, 식 현상 이용 2021학년도 4월 학평 지Ⅰ 17번 정답 ③ | 정답률 45 %

적용해야 할 개념 ③가지

① 중심별이 관측자에게 다가오면 청색 편이가 나타나고, 관측자로부터 멀어지면 적색 편이가 나타난다.

청색 편이	별빛의 파장이 짧아져 스펙트럼에서 흡수선이 파란색 쪽으로 이동하는 현상
적색 편이	별빛의 파장이 길어져 스펙트럼에서 흡수선이 붉은색 쪽으로 이동하는 현상

② 중심별과 외계 행성은 공통 질량 중심을 중심으로 같은 방향으로, 같은 주기로 공전하며, 공통 질량 중심에 대해 대칭적으로 위치한다.

③ 도플러 효과(시선 속도 변화)와 식 현상은 관측자의 시선 방향과 행성의 공전 궤도면이 수직인 경우 관측할 수 없다.

문제 보기

그림 (가)와 (나)는 어느 외계 행성에 의한 중심별의 시선 속도 변화와 겉보기 밝기 변화를 각각 나타낸 것이다. (나)의 t는 (가)의 T_1, T_2, T_3, T_4 중 하나이다.

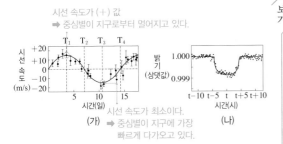

시선 속도가 (+) 값
➡ 중심별이 지구로부터 멀어지고 있다.

시선 속도가 최소이다.
(가) ➡ 중심별이 지구에 가장 빠르게 다가오고 있다.

이 자료에 대한 설명으로 옳은 것만을 〈보기〉에서 있는 대로 고른 것은? [3점]

〈보기〉 풀이

ㄱ. 중심별은 T_1일 때 적색 편이가 나타난다.

➡ T_1일 때 시선 속도가 (+) 값이 나타나므로 중심별은 관측자로부터 멀어지고 있다. 따라서 중심별은 T_1일 때 스펙트럼에서 적색 편이가 나타난다.

ㄴ. 지구로부터 외계 행성까지의 거리는 T_2보다 T_3일 때 멀다.

➡ T_2일 때는 시선 속도가 (+)에서 (−) 값으로 바뀌므로 중심별이 지구로부터 멀어지다가 지구에 다가오는 경우이다. T_3일 때는 시선 속도가 최솟값을 가지므로 중심별이 지구에 가장 빠르게 다가오는 경우이다. 이를 위에서 바라본 모습으로 나타내면 오른쪽 그림과 같다. 따라서 지구로부터 외계 행성까지의 거리는 T_2보다 T_3일 때 멀다.

✗ (나)의 t는 (가)의 T_4이다.

➡ (나)의 t는 중심별의 식 현상이 최대로 나타났을 때이다. 따라서 이에 해당하는 경우는 T_2일 때이다.

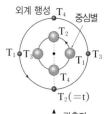

▲ 위에서 본 모습

보기

04 외계 행성계 탐사 방법 – 시선 속도 변화, 식 현상 이용 2021학년도 3월 학평 지Ⅰ 18번 정답 ⑤ | 정답률 45 %

적용해야 할 개념 ③가지

① 중심별이 관측자에게 다가오면 청색 편이가 나타나고, 관측자로부터 멀어지면 적색 편이가 나타난다.

청색 편이	별빛의 파장이 짧아져 스펙트럼에서 흡수선이 파란색 쪽으로 이동하는 현상
적색 편이	별빛의 파장이 길어져 스펙트럼에서 흡수선이 붉은색 쪽으로 이동하는 현상

② 식 현상이 일어날 때 외계 행성의 반지름이 클수록 중심별의 겉보기 밝기 변화가 크다.

③ 식이 진행되는 시간은 중심별의 겉보기 밝기가 감소한 시간이다.

문제 보기

그림 (가)와 (나)는 어느 외계 행성에 의한 중심별의 시선 속도 변화와 밝기 변화를 나타낸 것이다.

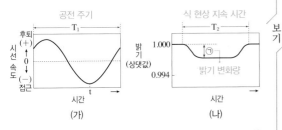

이에 대한 옳은 설명만을 〈보기〉에서 있는 대로 고른 것은? [3점]

〈보기〉 풀이

ㄱ. 관측 시간은 T_1이 T_2보다 길다.

➡ (가)는 중심별의 시선 속도 변화이고, (나)는 식 현상에 의한 중심별의 밝기 변화이다. (가)에서 T_1은 시선 속도의 최댓값에서 다음 최댓값까지 걸리는 시간으로 공전 주기와 같다. (나)에서 T_2는 중심별의 밝기가 감소한 시간이므로 식 현상이 지속된 시간이다. 식 현상은 외계 행성이 중심별 앞에 놓일 때 나타나는 현상이므로 식 현상이 지속된 시간은 외계 행성의 공전 주기에 비해 짧다. 따라서 관측 시간은 T_1이 T_2보다 길다.

ㄴ. t일 때 외계 행성은 지구로부터 멀어진다.

➡ t일 때 중심별의 시선 속도가 최솟값을 갖는다. 그러므로 이때 중심별은 지구에 가장 빠르게 다가오고 외계 행성은 지구로부터 가장 빠르게 멀어진다.

ㄷ. $\dfrac{행성의 \ 반지름}{중심별의 \ 반지름}$ 값이 클수록 ㉠은 커진다.

➡ 행성의 반지름이 클수록 행성이 중심별을 가리는 면적이 증가하므로 중심별의 밝기 변화량이 커진다. ㉠은 행성이 중심별을 가리면서 나타나는 중심별의 밝기 변화량이므로 $\dfrac{행성의 \ 반지름}{중심별의 \ 반지름}$ 이 클수록 크다.

적용해야 할 개념 ②가지

① 시선 속도 변화(도플러 효과)를 이용한 외계 행성 탐사 방법에서 중심별의 스펙트럼에 적색 편이가 나타날 때 시선 속도는 (+) 값이고, 중심별은 관측자로부터 멀어진다.

② 식 현상을 이용한 외계 행성 탐사 방법에서 식 현상은 행성이 관측자와 중심별 사이에 위치할 때 나타난다. ➡ 관측자 – 행성 – 중심별

문제 보기

그림 (가)와 (나)는 어느 외계 행성에 의한 중심별의 시선 속도 변화와 겉보기 밝기 변화를 관측하여 각각 나타낸 것이다.

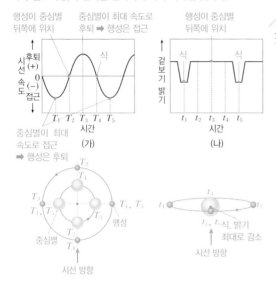

이에 대한 설명으로 옳은 것만을 〈보기〉에서 있는 대로 고른 것은? [3점]

〈보기〉 풀이

중심별의 시선 속도와 겉보기 밝기를 비교하며 시선 속도에서 시간($T_1 \sim T_5$)과 겉보기 밝기에서의 시간($t_1 \sim t_5$)을 대응시킬 수 있어야 한다. T_2는 t_3에 T_4는 t_1과 t_5에 대응되고, T_1과 T_5는 t_2에 T_3은 t_4에 대응된다.

✗ (가)에서 T_1일 때 (나)에서 겉보기 밝기는 최소이다.

➡ 겉보기 밝기가 최소가 되는 식 현상은 시선 속도가 0인 위치에서 일어난다. T_1일 때 중심별은 시선 속도가 최대로 접근할 때이므로 식 현상이 일어나지 않아서 겉보기 밝기가 줄어들지 않는다.

ㄴ. (가)에서 지구로부터 중심별까지의 거리는 T_2일 때가 T_3일 때보다 가깝다.

➡ T_2일 때는 중심별이 접근하면서 시선 속도의 크기가 감소하다가 0이 되었으므로 중심별이 지구에 가장 가까이 있고, 행성이 지구에서 가장 멀리 있을 때이다. T_3일 때는 중심별이 최대 속도로 멀어질 때이므로 T_2보다 지구에서 중심별까지의 거리가 멀다. 따라서 지구로부터 중심별까지의 거리는 T_2일 때가 T_3일 때보다 가깝다.

✗ (나)에서 t_4일 때 외계 행성은 지구로부터 멀어지고 있다.

➡ (나)에서 t_5일 때 겉보기 밝기가 최소이므로 관측자와 중심별 사이에 외계 행성이 위치하여 식이 일어나므로 외계 행성이 지구에 가장 가까운 곳에 있다. 따라서 식이 일어나기 전인 t_4일 때 외계 행성은 지구로 다가오고 있다.

적용해야 할 개념 ③가지

① 중심별과 외계 행성은 공통 질량 중심을 중심으로 반대쪽에 위치하며 같은 주기, 같은 방향으로 공전한다.

② 도플러 효과를 이용한 외계 행성계 탐사 방법에서 스펙트럼의 최대 편이량은 행성의 질량이 클수록 커진다.

③ 식 현상에서 중심별의 밝기 변화는 외계 행성의 반지름이 클수록 크다.

문제 보기

그림은 어느 외계 행성계에서 공통 질량 중심을 중심으로 공전하는 행성 P와 중심별 S의 모습을 나타낸 것이다. P의 공전 궤도면은 관측자의 시선 방향과 나란하다. → 식 현상이 관측된다.
이 자료에 대한 옳은 설명만을 〈보기〉에서 있는 대로 고른 것은? [3점]

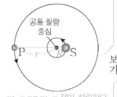

$m_P \times r = m_S \times R$이 성립한다.
(m_P: 행성의 질량, m_S: 중심별의 질량)

〈보기〉 풀이

ㄱ. P와 S가 공통 질량 중심을 중심으로 공전하는 주기는 같다.

➡ 외계 행성계에서 행성(P)과 중심별(S)은 공통 질량 중심을 중심으로 같은 주기로 공전한다. 만일 행성과 중심별의 공전 주기가 다르면 둘 사이 거리는 가까워졌다 멀어지며 서로를 잡아당기는 인력이 변화하게 되어 안정적인 궤도를 이루지 못하게 된다.

✗ P의 질량이 작을수록 S의 스펙트럼 최대 편이량은 크다.

➡ 행성(P)의 질량이 작을수록 중심별(S)과의 공통 질량 중심 사이 거리는 가까워지게 된다. 스펙트럼 최대 편이량은 S의 속도에 비례하는데, S와 공통 질량 중심 사이의 거리가 가까워지면 S의 속도가 감소하여 스펙트럼 최대 편이량은 작아진다.

ㄷ. P의 반지름이 작을수록 식 현상에 의한 S의 밝기 감소율은 작다.

➡ 공전 궤도면이 관측자의 시선 방향과 나란하므로 P에 의한 식 현상이 나타난다. 식 현상에서 $\dfrac{\text{행성의 단면적}}{\text{중심별의 단면적}}$이 클수록 중심별의 밝기 감소율이 크다. 따라서 P의 반지름이 작으면 중심별을 가리는 행성의 면적이 작아지므로 S의 밝기 감소율은 작아진다.

07 외계 행성 탐사 방법 – 식 현상, 시선 속도 변화 이용 2021학년도 6월 모평 지I 8번 | 정답 ③ | 정답률 38 %

적용해야 할 개념 ④가지

① 식 현상을 이용한 외계 행성 탐사 방법은 중심별의 겉보기 밝기 감소를 관측하여 외계 행성의 존재를 확인한다.

② 식 현상과 시선 속도 변화(도플러 효과)는 행성의 공전 궤도면이 관측자의 시선 방향과 수직인 경우 관측할 수 없다.

③ 중심별이 관측자에게 다가올 때는 청색 편이가 나타나고, 관측자에게서 멀어질 때는 적색 편이가 나타난다.

청색 편이	별빛의 파장이 짧아져 스펙트럼에서 흡수선이 파란색 쪽으로 이동하는 현상
적색 편이	별빛의 파장이 길어져 스펙트럼에서 흡수선이 붉은색 쪽으로 이동하는 현상

④ 도플러 효과가 일어날 때 $\dfrac{v}{c} = \dfrac{\text{관측된 파장}(\lambda) - \text{원래 파장}(\lambda_0)}{\text{원래 파장}(\lambda_0)}$ 에서 시선 속도(v)가 클수록 관측된 파장이 원래 파장보다 길어져 편이량 ($\lambda - \lambda_0$)이 증가한다.

문제 보기

그림은 어느 외계 행성과 중심별이 공통 질량 중심을 중심으로 공전하는 모습을 나타낸 것이다. 행성은 원 궤도를 따라 공전하며, 공전 궤도면은 관측자의 시선 방향과 나란하다.

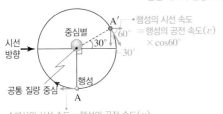

공전 속도가 일정하다.(v)
행성의 시선 속도 = 행성의 공전 속도(v) × cos60°
A에서의 시선 속도 = 행성의 공전 속도(v)

이에 대한 설명으로 옳은 것만을 〈보기〉에서 있는 대로 고른 것은?

〈보기〉 풀이

ㄱ. 식 현상을 이용하여 행성의 존재를 확인할 수 있다.

➡ 공전 궤도면이 관측자의 시선 방향과 나란하므로 식 현상을 관측하여 외계 행성의 존재를 확인할 수 있다.

✗ 행성이 A를 지날 때 중심별의 청색 편이가 나타난다.

➡ 행성이 A를 지날 때 행성은 시선 방향으로 다가오고, 중심별은 시선 방향에서 멀어진다. 따라서 행성이 A를 지날 때 중심별의 별빛의 파장이 길어지므로 중심별의 스펙트럼에서 적색 편이가 나타난다.

ㄷ. 중심별의 어느 흡수선의 파장 변화 크기는 행성이 A를 지날 때가 A′를 지날 때의 2배이다.

➡ 행성이 원 궤도를 따라 공전하므로 행성과 중심별은 각각 일정한 속도로 공전한다. 중심별의 파장 변화량은 행성의 시선 속도 변화량에 비례하므로, 행성의 시선 속도 변화량으로부터 중심별의 파장 변화량을 비교할 수 있다.

행성이 A를 지날 때의 시선 속도는 행성의 공전 속도와 같으므로, A′에서 행성의 시선 속도 = A에서 행성의 공전 속도(v) × cos60° = $\dfrac{1}{2}v$로부터 A에서 행성의 시선 속도는 A′에서 행성의 시선 속도의 2배이다. 따라서 중심별의 어느 흡수선의 파장 변화 크기는 행성이 A를 지날 때가 A′를 지날 때의 2배이다.

08 외계 행성계 탐사 방법 – 식 현상, 시선 속도 변화 이용 2022학년도 수능 지I 15번 | 정답 ③ | 정답률 62 %

적용해야 할 개념 ③가지

① 외계 행성계 탐사에서의 시선 속도 변화와 식 현상을 이용한 밝기 변화 자료는 중심별에서 얻는다.

② 공통 질량 중심은 중심별의 질량이 크고, 중심별과 외계 행성의 거리가 가까울수록 멀다.

③ 시선 속도의 변화는 중심별의 질량이 상대적으로 작고, 외계 행성의 거리가 가까울수록 크다.

문제 보기

표는 주계열성 A, B, C를 각각 원 궤도로 공전하는 외계 행성 a, b, c의 공전 궤도 반지름, 질량, 반지름을 나타낸 것이다. 세 별의 질량과 반지름은 각각 같으며, 행성의 공전 궤도면은 관측자의 시선 방향과 나란하다.

중심별과 행성 사이의 거리 ➡ a=b<c

외계 행성	공전 궤도 반지름 (AU)	질량 (목성=1)	반지름 (목성=1)
a	1	1	2
b	1	2	1
c	2	2	1

행성 반지름: a>b=c
식 현상에 의한 겉보기 밝기 변화: a>b=c

이에 대한 설명으로 옳은 것만을 〈보기〉에서 있는 대로 고른 것은? (단, A, B, C의 시선 속도 변화는 각각 a, b, c와의 공통 질량 중심을 공전하는 과정에서만 나타난다.) [3점]

〈보기〉 풀이

ㄱ. 시선 속도 변화량은 A가 B보다 작다.

➡ 중심별의 질량은 같으므로 시선 속도 변화량은 중심별과 행성 사이의 거리가 가까울수록, 행성의 질량이 클수록 크게 나타난다. 행성 a와 b는 공전 궤도 반지름이 같아 중심별까지의 거리가 같지만 질량은 b가 더 크므로 시선 속도 변화량은 A가 B보다 작다.

ㄴ. 별과 공통 질량 중심 사이의 거리는 B가 C보다 짧다.

➡ B와 C의 질량이 같고, 각각의 행성인 b와 c의 질량이 같으므로 별과 공통 질량 중심 사이의 거리는 중심별과 행성 사이의 거리가 멀수록 길다. 중심별과 행성 사이의 거리는 B가 C보다 짧으므로 별과 공통 질량 중심 사이의 거리도 B가 C보다 짧다.

✗ 행성의 식 현상에 의한 겉보기 밝기 변화는 A가 C보다 작다.

➡ A와 C의 반지름이 같으므로 행성의 식 현상에 의한 겉보기 밝기 변화는 행성의 반지름이 클수록 크다. 행성의 반지름은 a가 c보다 크므로 행성의 식 현상에 의한 겉보기 밝기 변화도 A가 C보다 크다.

보기

09 외계 행성계 탐사 방법 – 미세 중력 렌즈 현상 이용 2021학년도 수능 지Ⅰ 18번 정답 ② | 정답률 43%

적용해야 할 개념 ③가지

① 미세 중력 렌즈 현상이란, 별이나 행성의 중력이 렌즈와 같이 빛을 굴절시키는 현상을 의미한다.
➡ 별과 행성의 중력에 의해 먼 별(배경별)의 빛이 굴절하여 밝기가 밝아진다.
② 미세 중력 렌즈 현상을 이용한 탐사 방법은 먼 별(배경별)의 추가적인 밝기 변화를 확인하여 외계 행성의 존재 여부를 판단한다.
③ 별의 등급이 1등급 차일 때 밝기 차는 약 2.5배이다. ➡ 밝기 차(배)≒2.5$^{등급\ 차}$

문제 보기

그림 (가)는 별 A와 B의 상대적 위치 변화를 시간 순서로 배열한 것이고, (나)는 (가)의 관측 기간 동안 이 중 한 별의 밝기 변화를 나타낸 것이다. 이 기간 동안 B는 A보다 지구로부터 멀리 있고, 별과 행성에 의한 미세 중력 렌즈 현상이 관측되었다.

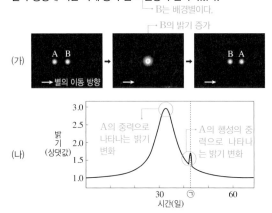

이에 대한 설명으로 옳은 것만을 〈보기〉에서 있는 대로 고른 것은? [3점]

〈보기〉 풀이

B는 A보다 지구로부터 멀리 있으므로 배경별이다. 관측자와 별 B의 사이로 별 A가 지나가면 B의 밝기가 증가하고, A가 행성을 가지고 있다면 행성의 중력에 의해 배경별 B의 밝기가 추가적으로 증가한다.

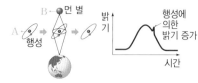

▲ 행성이 있는 경우 먼 별의 밝기 변화

✗ (나)의 ㉠ 시기에 관측자와 두 별의 중심은 일직선상에 위치한다.
➡ (나)의 ㉠ 시기에 A의 행성에 의해 배경별 B의 밝기 변화가 나타났으므로, 관측자와 행성, 별 B의 중심이 거의 일직선상에 위치한다. 관측자와 두 별 A와 B의 중심이 일직선상에 위치하는 경우는 B의 밝기가 가장 클 때이다.

✗ (나)에서 별의 겉보기 등급 최대 변화량은 1등급보다 작다.
➡ 별이 2.5배 밝아지거나 어두워지면 겉보기 등급은 1등급 작아지거나 커진다. (나)에서 별의 밝기의 상댓값은 최소가 1.0, 최대가 3.0이므로 밝기의 최대 변화량은 2.5배 이상이다. 따라서 별의 겉보기 등급 최대 변화량은 1등급보다 크다.

ㄷ. (나)로부터 A가 행성을 가지고 있다는 것을 알 수 있다.
➡ (나)에서 ㉠ 시기에 별 A에 의한 B의 밝기 변화에 A의 행성에 의한 추가적인 별의 밝기 변화가 나타났으므로, A가 행성을 가지고 있다는 것을 알 수 있다.

---

10 외계 행성계 탐사 방법 – 식 현상, 미세 중력 렌즈 현상 이용 2023학년도 4월 학평 지Ⅰ 19번 정답 ③ | 정답률 37%

적용해야 할 개념 ③가지

① 현재까지 가장 많은 수의 외계 행성을 탐사한 방법은 식 현상을 이용한 방법이다.
② 미세 중력 렌즈 현상을 이용한 탐사 방법은 중심별과 행성의 중력에 의해 배경별의 별빛이 미세하게 굴절하여 배경별의 밝기가 변하는 현상을 관측하는 것이다.
③ 식 현상으로 발견한 외계 행성은 질량에 관계없이 중심별로부터의 거리가 가까운 경우가 많다.

문제 보기

그림 (가)는 서로 다른 탐사 방법을 이용하여 발견한 외계 행성의 공전 궤도 반지름과 질량을, (나)는 A 또는 B를 이용한 방법으로 알아낸 어느 별 S의 밝기 변화를 나타낸 것이다. A와 B는 각각 식 현상과 미세 중력 렌즈 현상 중 하나이다.

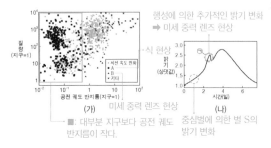

이 자료에 대한 설명으로 옳은 것만을 〈보기〉에서 있는 대로 고른 것은? [3점]

〈보기〉 풀이

㉠ A를 이용한 방법으로 발견된 외계 행성의 공전 궤도 반지름은 대체로 1 AU보다 작다.
➡ A를 이용한 방법으로 발견된 외계 행성은 대체로 공전 궤도 반지름이 1 AU보다 작고, 지구보다 질량이 크다.

㉡ (나)는 B를 이용한 방법으로 알아낸 것이다.
➡ A는 식 현상을 이용한 방법이고, B는 미세 중력 렌즈 현상을 이용한 방법이다. (나)의 ㉠에서 불규칙한 밝기의 증가가 나타나고 있으므로 (나)는 미세 중력 렌즈 현상을 이용한 방법이다. 따라서 (나)는 B를 이용한 방법으로 알아낸 것이다.

✗ ㉠은 별 S를 공전하는 행성에 의해 나타난다.
➡ ㉠은 별 S의 앞쪽에 있는 중심별이 행성을 거느리고 있기 때문에 나타나는 추가적인 밝기 증가이다. 따라서 ㉠은 별 S를 공전하는 행성에 의해 나타나는 것이 아니다.

11 | **외계 행성계 탐사 결과** 2020학년도 9월 모평 지Ⅰ 15번 | 정답 ① | 정답률 79%

**적용해야 할
개념 ④가지**

① 외계 행성 탐사 방법에는 식 현상 이용, 시선 속도 변화 이용, 미세 중력 렌즈 현상 이용 등이 있다.
② 식 현상을 이용한 탐사 방법은 중심별의 밝기 변화를 관측하는 것이다.
③ 시선 속도 변화를 이용한 탐사 방법은 도플러 효과로 나타나는 중심별의 스펙트럼 변화를 관측하는 것이다.
④ 미세 중력 렌즈 현상을 이용한 탐사 방법은 중심별과 행성의 중력에 의해 배경별의 별빛이 미세하게 굴절하여 배경별의 밝기가 변하는 현상을 관측하는 것이다.

문제 보기

그림은 여러 탐사 방법을 이용하여 최근까지 발견한 외계 행성의 특징을 나타낸 것이다.

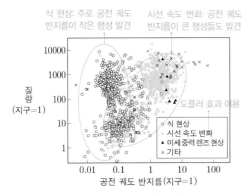

이 자료에 대한 설명으로 옳은 것만을 〈보기〉에서 있는 대로 고른 것은?

〈보기〉 풀이

ㄱ. **시선 속도 변화 방법은 도플러 효과를 이용한다.**

➡ 시선 속도를 이용한 방법은 중심별이 외계 행성과의 공통 질량 중심을 공전할 때 시선 속도가 변하면서 나타나는 도플러 효과를 이용한 것으로, 별의 주기적인 떨림을 관찰하여 외부 행성의 존재 유무를 판단한다. 중심별은 공통 질량 중심 가까이에서 공전하기 때문에 중심별의 공전은 별이 떨리는 것처럼 보인다.

ㄴ. **중력에 의한 빛의 굴절 현상을 이용하여 발견한 행성의 수가 가장 많다.**

➡ 중력에 의한 빛의 굴절 현상은 미세 중력 렌즈 현상을 이용한 것으로, 미세 중력 렌즈 현상(▲)으로 발견한 행성의 수는 식 현상이나 시선 속도 변화를 이용하여 발견한 행성의 수보다 적다.

ㄷ. **행성의 공전 궤도 반지름의 평균값은 식 현상을 이용한 방법이 시선 속도를 이용한 방법보다 크다.**

➡ 식 현상을 이용한 방법으로는 대부분 공전 궤도 반지름이 지구보다 작은 행성들을 발견하였고, 시선 속도 변화를 이용한 방법으로는 공전 궤도 반지름이 지구보다 큰 행성들도 많이 발견하였다. 따라서 발견한 행성의 공전 궤도 반지름의 평균값은 식 현상을 이용한 방법이 시선 속도를 이용한 방법보다 작다.

보기

| 01 ② | 02 ④ | 03 ⑤ | 04 ② | 05 ① | 06 ① | 07 ⑤ | 08 ② | 09 ② | 10 ④ | 11 ② | 12 ⑤ |
| 13 ⑤ | 14 ① | 15 ① | 16 ⑤ | 17 ⑤ | 18 ④ | 19 ⑤ | 20 ① | 21 ① | 22 ② | 23 ① | |

문제편 264쪽~269쪽

---

01 생명 가능 지대 2025학년도 6월 모평 지Ⅰ 3번

정답 ② | 정답률 75 %

적용해야 할 개념 ③가지

① 중심별의 광도가 클수록 생명 가능 지대가 나타나기 시작하는 거리는 멀어진다.

② 중심별의 광도가 클수록 생명 가능 지대의 폭은 넓어진다.

③ 생명 가능 지대에서 물은 액체 상태로 존재하고, 이보다 가까우면 기체(수증기) 상태, 이보다 멀면 고체(얼음) 상태로 존재한다.

문제 보기

그림은 태양으로부터 생명 가능 지대가 나타나기 시작하는 거리를 시간에 따라 나타낸 것이다.

현재와 비교할 때, 40억 년 후에 대한 설명으로 옳은 것만을 〈보기〉에서 있는 대로 고른 것은?

〈보기〉 풀이

❌ 태양의 광도는 작아진다.

➡ 중심별의 광도가 클수록 생명 가능 지대가 나타나기 시작하는 거리는 멀어진다. 40억 년 후에는 현재보다 생명 가능 지대가 나타나기 시작하는 거리가 멀므로 태양의 광도는 40억 년 후가 현재보다 크다.

ㄴ. 생명 가능 지대의 폭은 넓어진다.

➡ 중심별의 광도가 클수록 생명 가능 지대의 폭이 넓어진다. 40억 년 후에는 현재보다 태양의 광도가 크므로 생명 가능 지대의 폭은 40억 년 후가 현재보다 넓다.

❌ 태양으로부터 1 AU 거리에서 물이 액체 상태로 존재할 가능성은 높아진다.

➡ 생명 가능 지대에서 물은 액체 상태로 존재한다. 40억 년 후에 태양으로부터 1 AU 거리는 생명 가능 지대가 나타나기 시작하는 거리보다 가까우므로 물이 기체 상태로 존재할 가능성이 높다.

---

02 생명 가능 지대 2024학년도 수능 지Ⅰ 1번

정답 ④ | 정답률 93 %

적용해야 할 개념 ③가지

① 생명 가능 지대란 액체 상태의 물이 존재할 수 있는 영역을 의미한다.

② 중심별의 광도가 클수록 중심별에서 생명 가능 지대까지의 거리가 멀다.

③ 중심별의 광도가 클수록 생명 가능 지대의 폭은 증가한다.

문제 보기

다음은 생명 가능 지대에 대하여 학생 A, B, C가 나눈 대화를 나타낸 것이다.

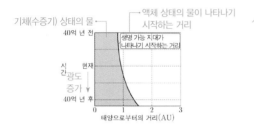

제시한 내용이 옳은 학생만을 있는 대로 고른 것은?

〈보기〉 풀이

학생 Ⓐ 생명 가능 지대에 위치한 행성에는 물이 액체 상태로 존재할 가능성이 있어.

➡ 생명 가능 지대는 별의 주위에서 물이 액체 상태로 존재할 가능성이 있는 구간을 의미한다.

학생 Ⓑ 중심별의 광도가 클수록 중심별로부터 생명 가능 지대까지의 거리는 멀어져.

➡ 중심별의 광도가 클수록 단위 시간당 방출하는 에너지양이 많아 생명 가능 지대가 나타나는 거리가 멀어진다.

학생 ❌ 중심별의 광도가 클수록 생명 가능 지대의 폭은 좁아져.

➡ 중심별의 광도가 클수록 생명 가능 지대의 폭은 넓어진다.

424

03 생명 가능 지대 조건 2019학년도 3월 학평 지I 1번

정답 ⑤ | 정답률 82%

적용해야 할 개념 ③가지

① 중심별로부터 적절한 거리에 떨어져 있어 액체 상태의 물이 존재할 수 있는 구간을 생명 가능 지대라고 한다.
➡ 액체 상태의 물은 다양한 물질을 녹일 수 있어 생명체에게 필요한 여러 가지 화합물을 포함할 수 있고, 비열이 커서 많은 양의 열을 보존할 수 있으므로 생명체에게 적절한 환경을 제공해 준다.

② 행성의 대기는 해로운 자외선 등을 차단하여 생명체를 보호해 준다.

③ 에너지원인 중심별의 수명이 충분히 길어야 생명체가 탄생하고 진화할 수 있는 시간을 제공한다. ➡ 중심별의 수명은 질량에 좌우된다.

▲ 생명 가능 지대

문제 보기

다음은 세 학생 A, B, C가 지구에 생명체가 번성할 수 있는 이유에 대해 나눈 대화이다.

A: 지구는 태양으로부터 적절한 거리에 떨어져 있어 물이 액체 상태로 존재할 수 있어. — 생명 가능 지대

B: 지구의 대기는 자외선을 흡수하여 생명체를 보호하는 역할을 해.

C: 태양의 수명은 생명체가 탄생하고 진화하기에 충분히 길어. — 중심별, 주계열성

제시한 내용이 옳은 학생만을 있는 대로 고른 것은?

<보기> 풀이

지구에 생명체가 존재하는 까닭에는 여러 가지가 있다.
• 지구는 생명 가능 지대에 위치한다. ➡ 액체 상태의 물이 존재한다.
• 지구에 대기가 존재한다. ➡ 해로운 자외선 등을 차단한다.
• 중심별(태양)의 수명이 길다. ➡ 지구에 생명체가 탄생하고 진화할 수 있는 충분한 시간을 제공하였다.
• 지구에 자기장이 존재한다. ➡ 태양풍과 우주에서 들어오는 고에너지 입자를 차단한다.
• 달이 존재하여 자전축을 일정하게 유지시켜 준다. ➡ 기후의 급격한 변화를 막아 생명체가 살아가기에 유리한 환경을 조성한다.

Ⓐ 지구는 태양으로부터 적절한 거리에 떨어져 있어 물이 액체 상태로 존재할 수 있어.
➡ 액체 상태의 물은 생명체의 탄생과 진화에 필요한 환경을 제공하며, 지구는 생명 가능 지대에 위치하여 물이 액체 상태로 존재할 수 있다.

Ⓑ 지구의 대기는 자외선을 흡수하여 생명체를 보호하는 역할을 해.
➡ 지구의 대기는 생명체에게 해로운 자외선을 흡수하여 생명체를 보호한다.

Ⓒ 태양의 수명은 생명체가 탄생하고 진화하기에 충분히 길어.
➡ 생명체가 탄생하는 데는 오랜 시간이 걸리므로 에너지원인 중심별의 수명이 충분히 길어야 한다. 지구의 경우, 생명체가 탄생하는 데 약 10억 년이 걸렸고, 태양의 수명은 이보다 길어 생명체가 탄생하고 진화하기에 충분한 시간이 있었다.

---

04 생명 가능 지대 2025학년도 9월 모평 지I 9번

정답 ② | 정답률 82%

적용해야 할 개념 ③가지

① 지구는 태양으로부터의 거리가 적당하여 액체 상태의 물이 존재한다.

② 생명 가능 지대는 중심별의 광도가 클수록 중심별로부터 멀어지고, 폭도 넓어진다.

③ 행성이 단위 면적에서 받는 복사 에너지(S)는 중심별의 광도(L)에 비례하고, 중심별로부터의 거리(r)의 제곱에 반비례한다. ➡ $S \propto \dfrac{L}{r^2}$

문제 보기

그림은 서로 다른 외계 행성계에 위치한 행성 A~D가 중심별로부터 단위 시간당 단위 면적에서 받는 복사 에너지(S)와 중심별의 광도(L)를 나타낸 것이다.

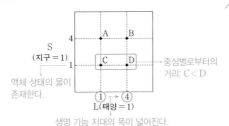

이 자료에 대한 설명으로 옳은 것만을 〈보기〉에서 있는 대로 고른 것은?

<보기> 풀이

✗ 액체 상태의 물이 존재할 가능성은 A가 D보다 높다.
➡ 지구에 액체 상태의 물이 존재하는 것은 태양으로부터 받는 복사 에너지양이 적당하기 때문이다. D는 중심별의 광도가 태양보다 크지만, 중심별로부터 받는 복사 에너지가 지구와 같으므로 액체 상태의 물이 존재할 가능성이 A보다 높다.

ㄴ 생명 가능 지대의 폭은 B의 중심별이 C의 중심별보다 넓다.
➡ 중심별의 광도가 클수록 생명 가능 지대의 폭이 넓다. 따라서 생명 가능 지대의 폭은 B의 중심별이 C의 중심별보다 넓다.

✗ 중심별의 중심으로부터의 거리는 C가 D보다 멀다.
➡ 단위 면적에서 받는 복사 에너지는 중심별의 광도가 클수록, 중심별의 중심으로부터의 거리가 가까울수록 크다. C는 D보다 중심별의 광도가 작은데 단위 면적에서 받는 복사 에너지가 D와 같다. 이는 C가 D보다 중심별의 중심으로부터의 거리가 가깝기 때문이다.

05 생명 가능 지대 – 중심별의 표면 온도 2019학년도 9월 모평 지Ⅰ 10번　　　정답 ① | 정답률 77%

적용해야 할 개념 ③가지

① 주계열성은 표면 온도가 높을수록 광도가 크다.

② 중심별의 광도가 클수록 중심별에서 생명 가능 지대까지의 거리가 멀고, 생명 가능 지대의 폭이 넓다.

③ 행성이 단위 시간당 단위 면적에서 받는 복사 에너지양은 중심별의 광도가 클수록, 중심별로부터의 거리가 가까울수록(공전 궤도 반지름이 작을수록) 많다.

문제 보기

그림은 생명 가능 지대에 위치한 외계 행성 A, B, C가 주계열인 중심별로부터 받는 복사 에너지를 중심별의 표면 온도에 따라 나타낸 것이다.

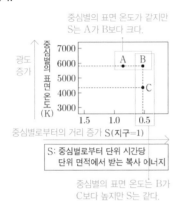

중심별의 표면 온도가 같지만 S는 A가 B보다 크다.

S: 중심별로부터 단위 시간당 단위 면적에서 받는 복사 에너지

중심별의 표면 온도는 B가 C보다 높지만 S는 같다.

이에 대한 설명으로 옳은 것만을 〈보기〉에서 있는 대로 고른 것은? [3점]

〈보기〉 풀이

S는 행성이 단위 시간당 단위 면적에서 받는 복사 에너지의 양으로, 행성이 중심별에 가까울수록, 중심별의 광도가 클수록 크다.

ㄱ **S는 A가 B보다 크다.**

➡ S는 A가 B보다 크다. A와 B의 중심별은 모두 주계열성이고 표면 온도가 같다. 주계열성은 표면 온도가 같으면 광도가 같고, 중심별의 광도가 같은데 S는 A가 B보다 크므로 A가 B보다 중심별에 더 가깝다.

✗ **중심별이 같을 때 행성이 받는 S가 크면 공전 궤도 반지름은 크다.**

➡ 중심별이 같을 때 중심별에 가까울수록 행성이 단위 시간당 단위 면적에서 받는 복사 에너지의 양이 많다. 따라서 행성이 받는 S가 크면, 중심별로부터의 거리가 가까우므로 공전 궤도 반지름이 작다.

✗ **행성의 공전 궤도 반지름은 C가 B보다 크다.**

➡ B와 C는 S가 같고, 중심별의 표면 온도는 B가 C보다 높다. 주계열성은 표면 온도가 높을수록 광도가 크므로 중심별의 광도는 B가 C보다 크다. C가 B보다 중심별의 광도가 작은데 S가 같으려면 중심별까지의 거리가 B보다 가까워야 한다. 따라서 행성의 공전 궤도 반지름은 C가 B보다 작다.

---

06 생명 가능 지대 – 중심별의 표면 온도 2021학년도 10월 학평 지Ⅰ 7번　　　정답 ① | 정답률 61%

적용해야 할 개념 ④가지

① 별이 외부에서 흡수하는 복사 에너지의 양과 외부로 방출하는 복사 에너지의 양이 같은 상태를 복사 평형이라고 한다.

② 흑체가 단위 시간 동안 단위 면적에서 방출하는 에너지양(E)은 표면 온도(T)의 4제곱에 비례한다.

➡ $E = \sigma T^4$(σ: 슈테판 · 볼츠만 상수)

③ 주계열성은 표면 온도가 높을수록 광도가 크다.

④ 주계열 단계에 비해 적색 거성 단계에서는 별의 표면 온도가 낮지만, 반지름이 매우 커서 광도가 크다.

문제 보기

그림은 행성이 주계열성인 중심별로부터 받는 복사 에너지와 중심별의 표면 온도를 나타낸 것이다. 행성 A, B, C 중 B와 C만 생명 가능 지대에 위치하며 A와 B의 반지름은 같다.

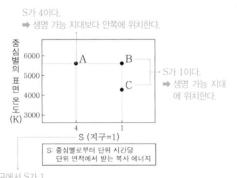

S가 4이다.
➡ 생명 가능 지대보다 안쪽에 위치한다.

S가 1이다.
➡ 생명 가능 지대에 위치한다.

S: 중심별로부터 단위 시간당 단위 면적에서 받는 복사 에너지

지구에서 S가 1
➡ 다른 외계 행성이 생명 가능 지대에 있기 위해서 S가 1 부근이어야 한다.

이에 대한 옳은 설명만을 〈보기〉에서 있는 대로 고른 것은? (단, 행성은 흑체이고, 행성 대기의 효과는 무시한다.) [3점]

〈보기〉 풀이

ㄱ **행성이 복사 평형을 이룰 때 표면 온도(K)는 A가 B의 $\sqrt{2}$배이다.**

➡ 흑체인 행성이 복사 평형 상태라면 행성이 중심별로부터 받는 복사 에너지양과 행성이 방출하는 복사 에너지양이 같다. 행성이 중심별로부터 단위 시간당 단위 면적에서 받는 복사 에너지양이 A가 B의 4배이므로, 행성이 방출하는 복사 에너지양도 A가 B의 4배이다. 행성이 단위 시간 동안 단위 면적에서 방출하는 에너지양(E)은 $E = \sigma T^4$이므로 $\dfrac{E_A}{E_B} = \left(\dfrac{T_A}{T_B}\right)^4 = 4$의 관계가 성립한다. 따라서 행성이 복사 평형을 이룰 때 A와 B의 표면 온도(T)의 관계는 $T_A = \sqrt{2} T_B$로, A가 B의 $\sqrt{2}$배이다.

✗ **공전 궤도 반지름은 B가 C보다 작다.**

➡ B와 C의 중심별은 모두 주계열성이고, 표면 온도는 B의 중심별이 더 높으므로 광도도 B의 중심별이 더 크다. 그러나 B와 C는 S(중심별로부터 단위 시간당 단위 면적에서 받는 복사 에너지)가 같으므로 B가 C보다 중심별로부터 더 멀리 있다. 따라서 공전 궤도 반지름은 B보다 C가 크다.

✗ **A의 중심별이 적색 거성으로 진화하면 A는 생명 가능 지대에 속할 수 있다.**

➡ 주계열성이 적색 거성으로 진화할 때 광도가 커지므로 생명 가능 지대의 거리는 멀어지고, 폭은 넓어진다. A는 S가 4이므로 생명 가능 지대보다 안쪽에 위치하며, 중심별이 적색 거성으로 진화하면 광도가 커져 생명 가능 지대의 거리는 중심별에서 더 멀어지므로, A는 생명 가능 지대에 속할 수 없다.

| **07** | **생명 가능 지대 – 중심별의 표면 온도, 광도** 2022학년도 수능 지I 11번 | 정답 ⑤ | 정답률 50 % |

적용해야 할 개념 ③가지

① 생명 가능 지대란 물이 액체 상태로 존재할 수 있는 영역을 의미한다.
② 중심별의 광도가 클수록 중심별에서 생명 가능 지대까지의 거리가 멀고, 생명 가능 지대의 폭이 넓다.
③ 주계열성은 질량이 클수록 표면 온도가 높고, 광도가 크며, 수명이 짧다.

문제 보기

그림은 별 A, B, C를 H−R도에 나타낸 것이다.

중심별의 광도가 크다.
➡ 생명 가능 지대까지의 거리: A=B>C. 생명 가능 지대의 폭: A=B>C

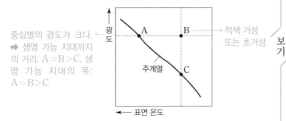

이에 대한 설명으로 옳은 것만을 〈보기〉에서 있는 대로 고른 것은?

〈보기〉 풀이

A와 C는 주계열성이고, B는 주계열성 단계 이후의 별이므로 적색 거성 또는 초거성이다.

(ㄱ) **별의 중심으로부터 생명 가능 지대까지의 거리는 A와 B가 같다.**
➡ 생명 가능 지대까지의 거리는 중심별의 광도가 클수록 멀다. A와 B의 광도가 같으므로 별의 중심으로부터 생명 가능 지대까지의 거리는 A와 B가 같다.

(ㄴ) **생명 가능 지대의 폭은 B가 C보다 넓다.**
➡ 생명 가능 지대의 폭은 중심별의 광도가 클수록 넓다. B는 C보다 광도가 크므로 생명 가능 지대의 폭이 더 넓다.

(ㄷ) **생명 가능 지대에 위치하는 행성에서 액체 상태의 물이 존재할 수 있는 시간은 C가 A보다 길다.**
➡ 생명 가능 지대에 위치하는 행성에서 액체 상태의 물이 존재할 수 있는 시간은 중심별의 수명이 충분히 길어 행성이 생명 가능 지대에 오래 위치할수록 길다. A는 C보다 중심별의 광도가 큰 주계열성으로, 수명이 짧으므로 생명 가능 지대에 머무는 시간이 C보다 짧다.

| **08** | **생명 가능 지대 – 중심별의 표면 온도, 광도** 2023학년도 6월 모평 지I 7번 | 정답 ② | 정답률 69 % |

적용해야 할 개념 ③가지

① 생명 가능 지대는 별의 주변에서 액체 상태의 물이 존재할 수 있는 범위를 의미한다.
② 생명 가능 지대의 폭은 중심별의 광도가 클수록 넓다.
③ 주계열성은 광도가 클수록 질량과 반지름이 크고, 표면 온도가 높으며, 수명이 짧다.

문제 보기

표는 별 (가), (나), (다)의 분광형과 절대 등급을 나타낸 것이다. (가), (나), (다) 중 2개는 주계열성, 1개는 초거성이다.

별	분광형	절대 등급
(가)	G	−5
(나)	A	0
(다)	G	+5

주계열성인 경우
➡ 절대 등급: 0등급
➡ 색지수: 약 0
➡ 표면 온도: 약 10000 K

태양과 분광형 및 절대 등급이 비슷하다.
➡ 태양의 분광형: G2V
태양의 절대 등급: +4.8등급

이에 대한 설명으로 옳은 것만을 〈보기〉에서 있는 대로 고른 것은?

〈보기〉 풀이

태양은 분광형이 G2V형이고, 절대 등급은 +4.8등급이다. (가)는 분광형이 G형으로 표면 온도가 약 6000 K인데 절대 등급이 태양보다 약 10등급 작으므로 초거성에 해당한다. (나)는 분광형이 A형이고, 절대 등급이 0등급이므로 주계열성이다. 분광형이 G형이고 절대 등급이 +5등급인 (다)는 분광형과 절대 등급이 태양과 비슷하므로 주계열성이다.

✗ **질량은 (다)가 (나)보다 크다.**
➡ 주계열성은 질량이 클수록 표면 온도가 높고 광도가 크다. (나)가 (다)보다 절대 등급이 작으므로 광도가 크고 질량도 크다.

(ㄴ) **생명 가능 지대에서 액체 상태의 물이 존재할 수 있는 시간은 (다)가 (나)보다 길다.**
➡ 생명 가능 지대에 머무는 시간은 중심별의 수명이 길수록 길다. 주계열성은 광도가 클수록 수명이 짧으므로 (나)가 (다)보다 수명이 짧다. 따라서 생명 가능 지대에서 액체 상태의 물이 존재할 수 있는 시간은 중심별의 수명이 긴 (다)가 (나)보다 길다.

✗ **생명 가능 지대의 폭은 (다)가 (가)보다 넓다.**
➡ 생명 가능 지대의 폭은 중심별의 광도가 클수록 넓고, 광도는 절대 등급이 작을수록 크므로, 생명 가능 지대의 폭은 (가)가 (다)보다 넓다.

적용해야 할 개념 ③가지

① 주계열성은 질량이 클수록 광도가 크고, 주계열 단계에 머무는 시간이 짧다.

② 중심별의 광도가 클수록 중심별에서 생명 가능 지대까지의 거리는 멀어진다.

③ 중심별의 광도가 클수록 생명 가능 지대의 폭은 넓어진다.

문제 보기

그림은 중심별의 질량에 따른 생명 가능 지대를 나타낸 것이다.

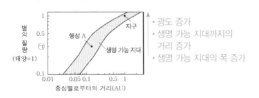

이에 대한 설명으로 옳은 것만을 〈보기〉에서 있는 대로 고른 것은? (단, 중심별은 주계열성이다.)

질량이 클수록 광도가 크다.

〈보기〉 풀이

✗ 중심별로부터 생명 가능 지대까지의 거리는 질량이 ㉠인 별이 태양보다 멀다.

➡ 주계열성은 질량이 클수록 광도가 크고, 광도가 큰 별일수록 생명 가능 지대는 중심별로부터 멀리 떨어진 곳에 형성된다. ㉠은 태양보다 질량이 작은 별이므로 중심별로부터 생명 가능 지대까지의 거리는 ㉠인 별보다 태양이 멀다.

㉡ 생명 가능 지대의 폭은 질량이 ㉠인 별이 태양보다 좁다.

➡ 광도가 큰 별일수록 생명 가능 지대의 폭이 넓어진다. 따라서 생명 가능 지대의 폭은 질량이 ㉠인 별이 태양보다 좁다.

✗ 생명 가능 지대에 머무는 기간은 행성 A가 지구보다 짧다.

➡ 주계열성은 질량이 클수록 주계열 단계에 머무는 기간이 짧아지고, 주계열을 이탈하면서 광도가 증가한다. 광도가 증가하면 생명 가능 지대는 중심별로부터 더 멀리 밀려난다. 따라서 생명 가능 지대에 머무는 기간은 중심별의 질량이 작은 행성 A가 지구보다 길다.

적용해야 할 개념 ③가지

① 중심별의 광도가 클수록 중심별에서 생명 가능 지대까지의 거리가 멀다.

② 주계열성은 광도가 클수록 표면 온도가 높다.

③ 광도는 별이 단위 시간당 방출하는 복사 에너지양으로, 별의 반지름의 제곱과 표면 온도의 네제곱의 곱에 비례한다.

문제 보기

그림은 어느 별의 시간에 따른 생명 가능 지대의 범위를 나타낸 것이다. 이 별은 현재 주계열성이다.

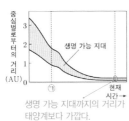

생명 가능 지대까지의 거리가 태양계보다 가깝다.

이 자료에 대한 설명으로 옳은 것만을 〈보기〉에서 있는 대로 고른 것은? [3점]

〈보기〉 풀이

✗ 이 별의 광도는 ㉠ 시기가 현재보다 작다.

➡ 광도가 클수록 생명 가능 지대가 나타나는 거리는 중심별에서 멀고 생명 가능 지대의 폭이 넓다. 이 별은 ㉠ 시기가 현재보다 중심별에서 생명 가능 지대까지의 거리가 멀고, 생명 가능 지대의 폭이 더 넓으므로, 별의 광도는 ㉠ 시기가 현재보다 크다.

㉡ 현재 중심별에서 생명 가능 지대까지의 거리는 이 별이 태양보다 가깝다.

➡ 현재 이 별의 생명 가능 지대는 중심별로부터 1 AU보다 훨씬 안쪽에 위치한다. 태양계에서 생명 가능 지대는 태양으로부터 1 AU 부근에 위치하므로, 현재 중심별에서 생명 가능 지대까지의 거리는 이 별이 태양보다 가깝다.

㉢ 현재 표면에서 단위 면적당 단위 시간에 방출하는 에너지양은 이 별이 태양보다 적다.

➡ 단위 면적당 단위 시간에 방출하는 에너지양은 표면 온도의 네제곱에 비례한다. 주계열성은 광도가 작을수록 표면 온도가 낮으므로, 현재 이 별의 표면 온도는 태양보다 낮다. 따라서 현재 표면에서 단위 면적당 단위 시간에 방출하는 에너지양은 이 별이 태양보다 적다.

11 생명 가능 지대 2023학년도 3월 학평 지I 14번

정답 ② | 정답률 68 %

적용해야 할 개념 ③가지

① 생명 가능 지대는 별의 주변에서 액체 상태의 물이 존재할 수 있는 영역이다.
② 중심별의 광도가 클수록 중심별에서 생명 가능 지대까지의 거리가 멀다.
③ 주계열성은 광도가 클수록 질량이 크고, 수명이 짧다.

문제 보기

그림 (가)와 (나)는 두 외계 행성계의 생명 가능 지대를 나타낸 것이다. 중심별 A와 B는 모두 주계열성이다.

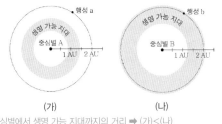

(가)   (나)

· 중심별에서 생명 가능 지대까지의 거리 ➡ (가)<(나)
· 생명 가능 지대의 폭 ➡ (가)<(나)
· 중심별의 광도 ➡ A<B
· 중심별의 질량 ➡ A<B

이에 대한 옳은 설명만을 〈보기〉에서 있는 대로 고른 것은? (단, 행성의 대기에 의한 효과는 무시한다.)

〈보기〉 풀이

ㄱ. 광도는 A가 B보다 크다.
➡ 중심별로부터 생명 가능 지대까지의 거리는 (가)보다 (나)가 멀다. 중심별의 광도가 클수록 생명 가능 지대까지의 거리가 멀므로 광도는 A보다 B가 크다.

ㄴ. 행성의 표면 온도는 a가 b보다 높다.
➡ 행성 a는 생명 가능 지대보다 바깥쪽에 위치하고, 행성 b는 생명 가능 지대에 위치하므로 행성의 표면 온도는 a가 b보다 낮다.

ㄷ. 주계열 단계에 머무르는 기간은 A가 B보다 길다.
➡ 별이 주계열 단계에 머무르는 기간은 별의 질량이 클수록 짧다. 한편, 주계열 단계에서는 별의 광도가 클수록 질량이 크다. 광도가 큰 B가 A보다 질량이 크므로 별이 주계열 단계에 머무르는 기간은 A가 B보다 길다.

---

12 생명 가능 지대 2020학년도 6월 모평 지I 5번

정답 ⑤ | 정답률 65 %

적용해야 할 개념 ④가지

① 생명 가능 지대란 액체 상태의 물이 존재할 수 있는 영역을 의미한다.
② 중심별의 광도가 클수록 중심별에서 생명 가능 지대까지의 거리가 멀다.
③ 태양계에서 생명 가능 지대에 속하는 행성은 지구이다(지구의 공전 궤도 반지름＝1 AU).
④ 주계열성은 질량이 작을수록 수명이 길다.

문제 보기

그림은 주계열성인 외계 항성 S를 공전하는 5개 행성과 생명 가능 지대를 나타낸 것이다.
이에 대한 설명으로 옳은 것만을 〈보기〉에서 있는 대로 고른 것은?

〈보기〉 풀이

ㄱ. S의 광도는 태양의 광도보다 작다.
➡ S에서 생명 가능 지대까지의 거리는 태양에서 생명 가능 지대까지의 거리인 약 1 AU보다 가깝다. 중심별의 광도가 클수록 생명 가능 지대까지의 거리가 멀므로 S의 광도는 태양의 광도보다 작다.

ㄴ. a는 액체 상태의 물이 존재할 수 있다.
➡ a는 생명 가능 지대에 위치하므로 물이 액체 상태로 존재할 수 있다.

ㄷ. 생명 가능 지대에 머물 수 있는 기간은 지구가 a보다 짧다.
➡ 행성이 생명 가능 지대에 머물 수 있는 기간은 중심별의 수명이 길수록 길어진다. 중심별의 수명은 질량이 작을수록 길고, S는 태양보다 광도가 작은 주계열성이므로 태양보다 질량이 작아 수명이 길다. 따라서 a는 지구보다 오랜 기간 생명 가능 지대에 머물 수 있다.

문제에서 a의 위치를 생명 가능 지대의 가장 바깥쪽에 둔 까닭은?

a는 생명 가능 지대의 가장 바깥쪽에 위치하므로 중심별 S의 광도가 시간에 따라 증가하더라도 생명 가능 지대의 가장 안쪽에 위치한 행성보다 생명 가능 지대에 머무는 기간이 더 길다. 주계열성이라도 시간에 따라 조금씩 광도는 증가하므로 만약 a의 위치를 생명 가능 지대의 가장 안쪽에 두었다면 주계열성의 작은 광도 변화에도 생명 가능 지대에서 벗어나 지구와 a의 생명 가능 지대에 머무르는 기간을 비교할 수 없으므로 문제에서는 a를 생명 가능 지대의 가장 바깥쪽에 두었다.

13 생명 가능 지대 2021학년도 4월 학평 지Ⅰ 19번 　　정답 ⑤ | 정답률 59 %

적용해야 할
개념 ③가지

① 생명 가능 지대란 액체 상태의 물이 존재할 수 있는 영역을 의미한다.
② 태양계에서 생명 가능 지대는 태양으로부터 1 AU 부근에 위치한다.
③ 행성이 단위 시간당 단위 면적에서 받는 복사 에너지양은 중심별로부터 거리가 가까울수록 많다.

문제 보기

그림은 주계열성 S의 생명 가능 지대를, 표는 S를 원 궤도로 공전
하는 행성 a, b, c의 특징을 나타낸 것이다. ㉠은 생명 가능 지대
의 가운데에 해당하는 면이다.

행성	㉠으로부터 행성 공전 궤도까지의 최단 거리(AU)	단위 시간당 단위 면적이 받는 복사 에너지(행성 a=1)
a	0.02	1
b	0.10	0.32
c	0.13	9.68

행성의 평균 표면 온도가 가장 높다.

이에 대한 설명으로 옳은 것만을 〈보기〉에서 있는 대로 고른 것
은? (단, 행성의 대기 조건은 고려하지 않는다.) [3점]

〈보기〉 풀이

ㄱ. 광도는 태양보다 S가 작다.
➡ S의 외계 행성계에서 생명 가능 지대까지의 거리는 1 AU보다 가까우므로 중심별의 광도는
S가 태양보다 작다.

ㄴ. a에서는 물이 액체 상태로 존재할 수 있다.
➡ a는 행성 공전 궤도까지의 최단 거리가 ㉠과 0.02 AU 차이가 난다. ㉠으로부터 0.06 AU
거리까지가 생명 가능 지대이므로 a는 생명 가능 지대에 위치해 있다. 생명 가능 지대에 위치
한 a에서는 물이 액체 상태로 존재할 수 있다.

ㄷ. 행성의 평균 표면 온도는 b보다 c가 높다.
➡ 단위 시간당 단위 면적이 받는 복사 에너지는 b가 0.32, c가 9.68로 c가 받는 에너지의 양이
더 많다. 따라서 행성의 평균 표면 온도는 b보다 c가 높다.

보기

---

14 생명 가능 지대 2020학년도 4월 학평 지Ⅰ 18번 　　정답 ① | 정답률 69 %

적용해야 할
개념 ③가지

① 생명 가능 지대란 물이 액체 상태로 존재할 수 있는 영역을 의미한다.
② 생명 가능 지대보다 안쪽에 위치하는 행성은 생명 가능 지대보다 바깥쪽에 위치하는 행성보다 표면 온도가 높다.
③ 중심별의 광도가 클수록 중심별에서 생명 가능 지대까지의 거리가 멀고, 생명 가능 지대의 폭이 넓다.

문제 보기

그림은 서로 다른 주계열성 A, B, C를 각각 원궤도로 공전하는
행성을 나타낸 것이다.

생명 가능 지대에 위치 ➡ 액체 상태의 물 존재

●: 생명 가능 지대에 위치한 행성 　○: 생명 가능 지대에 위치하지 않는 행성

A ·◄─○──○──○─────㉠────
B ·◄──────────○──────㉡───●►
C ·◄○●─●──㉢──────○──────►
　0　　0.2　　0.4　　0.6　　0.8　　1.0
　　　　중심별로부터의 거리(AU)

생명 가능 지대까지의 거리: B>A>C
➡ 중심별의 광도: B>A>C
➡ 생명 가능 지대의 폭: B>A>C

이에 대한 설명으로 옳은 것만을 〈보기〉에서 있는 대로 고른 것
은? (단, 행성의 대기 조건은 고려하지 않는다.)

〈보기〉 풀이

중심별로부터 생명 가능 지대에 위치한 행성까지의 거리는 B>A>C이므로, 중심별의 광도는
B>A>C이다.

ㄱ. ㉠에서는 물이 액체 상태로 존재할 수 있다.
➡ ㉠은 생명 가능 지대에 위치하므로 ㉠에서는 액체 상태의 물이 존재할 수 있다.

ㄴ. 행성의 평균 표면 온도는 ㉡보다 ㉢이 높다.
➡ ㉡은 생명 가능 지대보다 안쪽에 위치하고, ㉢은 생명 가능 지대보다 바깥쪽에 위치하므로
행성의 평균 표면 온도는 ㉡이 ㉢보다 높다.

ㄷ. 생명 가능 지대의 폭은 A, B, C 중 C가 가장 넓다.
➡ 생명 가능 지대의 폭은 중심별의 광도가 클수록 넓다. 중심별의 광도는 B가 가장 크므로 생
명 가능 지대의 폭도 B가 가장 넓다.

보기

15 생명 가능 지대 2020학년도 수능 지Ⅰ 15번

정답 ① | 정답률 59%

적용해야 할 개념 ②가지

① 생명 가능 지대는 중심별의 광도가 클수록 중심별로부터 먼 곳에 위치한다.
② 태양계에서 생명 가능 지대에 위치한 행성은 지구이고, 생명 가능 지대보다 안쪽에 위치한 행성은 수성과 금성이다.

문제 보기

그림은 태양보다 질량이 작은 주계열성이 중심별인 어느 외계 행성계를 나타낸 것이다. 각 행성의 위치는 중심별로부터 행성까지의 거리에 해당하고, S 값은 그 위치에서 단위 시간당 단위 면적이 받는 복사 에너지이다. 생명 가능 지대에 존재하는 행성은 A이다.

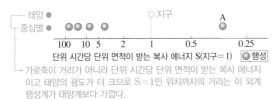

└ 가로축이 거리가 아니라 단위 시간당 단위 면적이 받는 복사 에너지이고 태양의 광도가 더 크므로 S=1인 위치까지의 거리는 이 외계 행성계가 태양계보다 가깝다.

이 행성계가 태양계보다 큰 값을 가지는 것만을 〈보기〉에서 있는 대로 고른 것은? [3점]

〈보기〉 풀이

이 외계 행성계는 태양보다 질량이 작은 주계열성이 중심별이므로 행성 A가 속한 생명 가능 지대까지의 거리는 태양에서 지구까지의 거리 1 AU보다 가깝다.

ㄱ. 중심별로부터 생명 가능 지대 안쪽 경계까지의 행성 수
➡ 태양계에서는 중심별로부터 생명 가능 지대 안쪽 경계 사이에 위치한 행성의 수가 2개(수성, 금성)이다. 반면 이 행성계의 경우 중심별로부터 생명 가능 지대 안쪽 경계 사이에 위치한 행성의 수가 4이므로 더 많다.

✗ ㄴ. S=1인 위치에서 중심별까지의 거리
➡ S=1은 지구와 동일한 에너지를 단위 시간 동안 받는 위치이다. 그런데 이 외계 행성계의 중심별은 태양보다 질량이 작은 주계열성이라고 했으므로 광도가 태양보다 작다. 따라서 S=1인 위치에서 중심별까지의 거리는 태양에서 지구까지의 거리 1 AU보다 가깝다.

✗ ㄷ. 생명 가능 지대에 존재하는 행성의 S 값
➡ 생명 가능 지대에 존재하는 행성은 A로 S 값이 0.5~0.25 사이에 위치한다. 따라서 S=1인 지구보다 작다.

---

16 생명 가능 지대 2024학년도 10월 학평 지Ⅰ 6번

정답 ⑤ | 정답률 66%

적용해야 할 개념 ③가지

① 중심별의 질량이 클수록 생명 가능 지대까지의 거리는 중심별로부터 멀어진다.
② 중심별의 질량이 클수록 생명 가능 지대의 폭은 넓어진다.
③ 주계열성은 질량이 작을수록 에너지 생성률이 작으므로 주계열 단계에 머무는 기간이 길다.

문제 보기

표는 중심별 A, B, C의 생명 가능 지대 안쪽 경계와 바깥쪽 경계가 중심별로부터 떨어진 거리를 나타낸 것이다. A, B, C는 주계열성이고, $x<y$이다.

중심별	중심별로부터의 거리(AU)		생명 가능 지대의 폭(AU)
	안쪽 경계	바깥쪽 경계	
A	2.1	x	$x-2.1$
B	( )	1.8	
C	y	5.5	$5.5-y$

이 자료에 대한 설명으로 옳은 것만을 〈보기〉에서 있는 대로 고른 것은? [3점]

〈보기〉 풀이

✗ ㄱ. 생명 가능 지대의 폭은 A가 B보다 좁다.
➡ 생명 가능 지대는 중심별의 질량이 작을수록 중심별에 가깝게 위치하고, 그 폭이 좁아진다. A는 생명 가능 지대 안쪽 경계까지의 거리가 2.1 AU이고, B는 생명 가능 지대 바깥쪽 경계까지의 거리가 1.8 AU이므로 B의 생명 가능 지대가 A의 생명 가능 지대보다 중심별에 가깝다. 따라서 생명 가능 지대의 폭은 A가 B보다 넓다.

ㄴ. 주계열 단계에 머무는 기간은 A가 C보다 길다.
➡ C는 생명 가능 지대의 안쪽 경계(y)가 A의 바깥쪽 경계(x)보다 중심별로부터의 거리가 더 먼 것으로 보아 중심별의 질량은 C가 A보다 크다. 따라서 주계열 단계에 머무는 기간은 A가 C보다 길다.

ㄷ. $x+y<7.6$이다.
➡ A의 생명 가능 지대의 폭은 $x-2.1$, C의 생명 가능 지대의 폭은 $5.5-y$이고, 중심별의 질량은 C가 A보다 크므로 $x-2.1<5.5-y$이다. 따라서 $x+y<7.6$이다.

17 생명 가능 지대 2024학년도 7월 학평 지 I 11번 | 정답 ⑤ | 정답률 71%

적용해야 할 개념 ③가지
① 주계열성은 질량이 클수록 광도가 크다.
② 중심별의 광도가 클수록 생명 가능 지대의 폭이 넓어진다.
③ 중심별의 광도가 클수록 생명 가능 지대의 거리는 중심별로부터 멀어진다.

문제 보기

표는 주계열성 A, B, C의 질량, 생명 가능 지대, 생명 가능 지대에 위치한 행성의 공전 궤도 반지름을 나타낸 것이다. A, B, C는 각각 1개의 행성만 가지고 있으며, 행성들은 원 궤도로 공전한다. 별의 나이는 모두 같다.

질량: A<B<C
➡ 광도: A<B<C
➡ 생명 가능 지대의 폭: A<B<C

주계열성	질량 (태양=1)	생명 가능 지대(AU) (폭)	행성의 공전 궤도 반지름(AU)
A	1.0	0.82~1.17 (0.35)	1.16
B	1.2	1.27~1.81 (0.54)	1.28
C	2.0	( )	( )

생명 가능 지대의 바깥쪽 경계 부근
생명 가능 지대의 안쪽 경계 부근

이에 대한 설명으로 옳은 것만을 〈보기〉에서 있는 대로 고른 것은?

〈보기〉 풀이

ㄱ. 광도는 C가 A보다 크다.
➡ 주계열성은 질량이 클수록 광도가 크므로 A, B, C의 광도는 A<B<C 순으로 크다.

ㄴ. C의 생명 가능 지대의 폭은 0.54 AU보다 넓다.
➡ 중심별의 광도가 클수록 생명 가능 지대의 폭이 넓어진다. B는 생명 가능 지대의 폭이 1.81−1.27=0.54(AU)이므로 B보다 광도가 큰 C의 생명 가능 지대의 폭은 0.54 AU보다 넓다.

ㄷ. 생명 가능 지대에 머무르는 기간은 A의 행성이 B의 행성보다 길다.
➡ 주계열성은 질량이 작을수록 주계열성 수명이 길다. 질량은 A가 B보다 작으므로 A는 B보다 주계열에 오래 머무른다. 한편, 주계열성이 거성이나 초거성으로 진화하면 광도가 증가하여 생명 가능 지대는 중심별로부터 바깥쪽으로 밀려나는데, A의 행성은 생명 가능 지대의 바깥쪽 경계 부근에 있고, B의 행성은 생명 가능 지대의 안쪽 경계 부근에 있다. 따라서 생명 가능 지대에 머무르는 기간은 A의 행성이 B의 행성보다 길다.

---

18 생명 가능 지대 2023학년도 7월 학평 지 I 12번 | 정답 ④ | 정답률 55%

적용해야 할 개념 ③가지
① 주계열성은 질량이 클수록 광도가 크다. ➡ 주계열성의 질량 – 광도 관계
② 별의 주위에서 물이 액체 상태로 존재할 수 있는 거리의 범위를 생명 가능 지대라고 한다. ➡ 주계열성인 중심별의 질량이 클수록 생명 가능 지대는 중심별로부터 멀어진다.
③ 외계 행성의 단위 면적이 단위 시간당 중심별로부터 받는 복사 에너지양은 중심별의 광도가 클수록, 중심별로부터의 거리가 가까울수록 많다.

문제 보기

표는 중심별이 주계열성인 서로 다른 외계 행성계에 속한 행성 (가), (나), (다)에 대한 물리량을 나타낸 것이다. (가), (나), (다) 중 생명 가능 지대에 위치한 것은 2개이다.

생명 가능 지대에 위치한 외계 행성: (가), (다)
➡ 액체 상태의 물 존재 가능

외계 행성	중심별의 질량 (태양=1)	행성의 질량 (지구=1)	중심별로부터 행성까지의 거리(AU)
(가)	1	1	1
(나)	1	2	4
(다)	2	2	4

중심별의 질량: (가)=(나), 중심별로부터의 거리: (가)<(나)
➡ 중심별로부터 단위 시간당 단위 면적이 받는 복사 에너지양: (가)>(나)
중심별의 질량: (나)<(다), 행성의 질량: (나)=(다), 중심별로부터의 거리: (나)=(다) ➡ 중심별과 공통 질량 중심 사이의 거리: (나)>(다)

이에 대한 설명으로 옳은 것만을 〈보기〉에서 있는 대로 고른 것은? (단, 각각의 외계 행성계는 1개의 행성만 가지고 있으며, 행성 (가), (나), (다)는 중심별을 원 궤도로 공전한다.) [3점]

〈보기〉 풀이

ㄱ. 별과 공통 질량 중심 사이의 거리는 (나)의 중심별에서가 (다)의 중심별에서보다 길다.
➡ (나)와 (다)는 행성의 질량과 중심별로부터 행성까지의 거리가 서로 같지만 중심별의 질량은 (다)가 (나)보다 크다. 따라서 중심별과 공통 질량 중심 사이의 거리는 (나)의 중심별에서가 (다)의 중심별에서보다 길다.

✗ 중심별로부터 단위 시간당 단위 면적이 받는 복사 에너지양은 (나)가 (가)보다 많다.
➡ (가)와 (나)의 중심별은 질량이 같으므로 주계열성의 질량 – 광도 관계에 따라 광도가 서로 같다. 한편 중심별로부터 행성까지의 거리는 (나)가 (가)보다 4배 멀다. 따라서 중심별로부터 단위 시간당 단위 면적이 받는 복사 에너지양은 (나)가 (가)보다 적다.

ㄷ. (다)에는 물이 액체 상태로 존재할 수 있다.
➡ 주계열성은 질량이 클수록 광도가 크므로, 주계열성인 중심별의 질량이 클수록 생명 가능 지대는 중심별로부터 멀어진다. 중심별의 질량과 중심별로부터 행성까지의 거리를 보았을 때, 지구와 같은 조건인 (가)는 생명 가능 지대에 위치한다. (나)는 중심별의 질량은 (가)와 같지만 중심별로부터의 거리는 (가)보다 4배나 멀리 있는 것으로 보아 생명 가능 지대에 위치하지 않는다. 세 행성 중 2개가 생명 가능 지대에 위치한다고 했는데, (나)가 생명 가능 지대에 위치하지 않으므로 (가)와 (다)는 생명 가능 지대에 위치한다. 따라서 (다)에는 물이 액체 상태로 존재할 수 있다.

19 생명 가능 지대 2023학년도 수능 지Ⅰ 5번

적용해야 할 개념 ③가지

① 주계열성은 질량이 클수록 광도가 크고, 표면 온도가 높다.
② 중심별(주계열성)의 광도가 클수록 별에서 생명 가능 지대까지의 거리가 멀다.
③ 중심별(주계열성)의 광도가 클수록 생명 가능 지대의 폭이 넓다.

문제 보기

표는 주계열성 A와 B의 질량, 생명 가능 지대에 위치한 행성의 공전 궤도 반지름, 생명 가능 지대의 폭을 나타낸 것이다.

주계열성은 질량이 클수록 광도가 크다.   중심별로부터 생명 가능 지대까지의 거리

주계열성	질량 (태양=1)	행성의 공전 궤도 반지름(AU)	생명 가능 지대의 폭(AU)
A	5	(㉠)	(㉢)
B	0.5	(㉡)	(㉣)

└ 질량: A>B ➡ 광도: A>B
➡ 중심별에서 생명 가능 지대까지의 거리: A>B
➡ 생명 가능 지대의 폭: A>B

이에 대한 설명으로 옳은 것만을 〈보기〉에서 있는 대로 고른 것은?

보기

〈보기〉 풀이

㉠ 광도는 A가 B보다 크다.

➡ 주계열성에서는 별의 질량이 클수록 광도가 크다. A가 B보다 질량이 크므로 광도는 A가 B보다 크다.

㉡ ㉠은 ㉡보다 크다.

➡ A, B를 도는 각각의 행성은 생명 가능 지대에 위치하므로 각 행성의 공전 궤도 반지름은 각 주계열성으로부터 생명 가능 지대까지의 거리를 의미한다. 생명 가능 지대는 중심별의 광도가 클수록 중심별에서부터 멀리 떨어져 있다. A가 B보다 광도가 크므로 행성의 공전 궤도 반지름은 ㉠이 ㉡보다 크다.

㉢ ㉢은 ㉣보다 크다.

➡ 생명 가능 지대의 폭은 중심별의 광도가 클수록 넓다. A가 B보다 광도가 크므로 생명 가능 지대의 폭은 ㉢이 ㉣보다 넓다.

---

20 생명 가능 지대 2022학년도 9월 모평 지Ⅰ 6번

적용해야 할 개념 ④가지

① 생명 가능 지대란 액체 상태의 물이 존재할 수 있는 영역을 의미한다.
② 태양계에서 생명 가능 지대는 태양으로부터 1 AU 부근에 위치한다.
③ 생명 가능 지대에 위치한 행성이 받는 단위 시간당 단위 면적이 받는 복사 에너지양은 지구와 비슷하다.
④ 중심별의 광도가 클수록 중심별에서 생명 가능 지대까지의 거리가 멀고, 생명 가능 지대의 폭이 넓다.

문제 보기

표는 서로 다른 외계 행성계에 속한 행성 (가)와 (나)에 대한 물리량을 나타낸 것이다. (가)와 (나)는 생명 가능 지대에 위치하고, 각각의 중심별은 주계열성이다.

외계 행성	중심별의 광도 (태양=1)	중심별로부터의 거리(AU)	단위 시간당 단위 면적이 받는 복사 에너지양 (지구=1)
(가)	0.0005	㉠	1
(나)	1.2	1	㉡

중심별의 광도: (가)<1<(나)   중심별의 광도>1
➡ 생명 가능 지대의 폭: ➡ ㉡>1
  (가)< 1 <(나)

이 자료에 대한 설명으로 옳은 것만을 〈보기〉에서 있는 대로 고른 것은?

보기

〈보기〉 풀이

㉠ ㉠은 1보다 작다.

➡ 중심별의 광도가 (가)는 태양보다 작고, (나)는 태양보다 크다. 따라서 (가)가 생명 가능 지대에 위치하기 위해서는 중심별로부터의 거리가 태양으로부터 지구까지의 거리보다 가까워야 할 것이다. 그러므로 ㉠은 1보다 작다.

✗ ㉡은 1보다 작다.

➡ (나)는 중심별의 광도가 태양의 1.2배인데, 중심별로부터의 거리는 태양으로부터 지구까지의 거리와 동일하다. 따라서 단위 시간당 단위 면적이 받는 복사 에너지양은 1보다 클 것이다.

✗ 생명 가능 지대의 폭은 (나)의 중심별이 (가)의 중심별보다 좁다.

➡ 생명 가능 지대의 폭은 중심별의 광도가 클수록 크다. 중심별의 광도는 (나)가 (가)보다 크므로, 생명 가능 지대의 폭은 (나)의 중심별이 (가)의 중심별보다 넓다.

21 생명 가능 지대 2022학년도 4월 학평 지I 17번

정답 ① | 정답률 55 %

적용해야 할 개념 ③가지

① 생명 가능 지대는 별의 둘레에서 액체 상태의 물이 존재할 수 있는 영역이다.
② 주계열성의 표면 온도가 높을수록 광도가 크므로 생명 가능 지대까지의 거리가 멀고, 생명 가능 지대의 폭도 넓다.
③ 지구는 생명 가능 지대에 위치하므로 단위 시간당 행성의 단위 면적에 입사하는 중심별의 복사 에너지양이 지구와 유사하면 생명 가능 지대에 있을 가능성이 크다.

문제 보기

표는 외계 행성계 (가)와 (나)의 특징을 나타낸 것이다. (가)와 (나)는 각각 중심별과 중심별을 원 궤도로 공전하는 하나의 행성으로 구성된다.

→ 광도 계급 ➡ 주계열성

구분	(가)	(나)
중심별의 분광형	F6V	M2V
생명 가능 지대(AU)	1.7~3.0	(　　)
행성의 공전 궤도 반지름(AU)	1.82	3.10
행성의 단위 면적당 단위 시간에 입사하는 중심별의 복사 에너지양(지구=1)	1.03	㉠

→ 생명 가능 지대에 위치한 행성은 지구와 비슷한 값을 가진다.

이에 대한 설명으로 옳은 것만을 〈보기〉에서 있는 대로 고른 것은?

<보기> 풀이

ㄱ. (가)의 행성에서는 물이 액체 상태로 존재할 수 있다.

➡ (가) 행성의 단위 면적당 단위 시간에 입사하는 중심별의 복사 에너지양은 1.03으로 지구에서와 거의 같다. 따라서 (가)의 행성은 생명 가능 지대에 위치하여 물이 액체 상태로 존재할 수 있다.

ㄴ. (나)에서 생명 가능 지대의 폭은 1.3 AU보다 넓다.

➡ 생명 가능 지대의 폭은 중심별의 광도가 클수록 넓다. (가), (나) 모두 광도 계급이 V이므로 주계열성이고, 주계열성은 표면 온도가 높을수록 광도가 크므로, 분광형이 F형인 (가)보다 M형인 (나)의 광도가 작다. (가)에서의 생명 가능 지대의 폭이 1.3 AU이므로 (가)보다 광도가 작은 (나)에서는 생명 가능 지대의 폭이 1.3 AU보다 좁을 것이다.

ㄷ. ㉠은 1.03보다 크다.

➡ (나)의 행성은 공전 궤도 반지름이 3.10 AU로 지구 공전 궤도 반지름보다 크고, (나)의 중심별은 분광형이 M형인 주계열성으로 태양보다 표면 온도가 낮으므로 광도가 태양보다 작다. 따라서 행성의 단위 면적당 단위 시간에 입사하는 중심별의 복사 에너지양은 지구의 1보다 작다.

22 생명 가능 지대 2023학년도 4월 학평 지Ⅰ 20번

정답 ② | 정답률 59 %

적용해야 할 개념 ③가지

① 생명 가능 지대는 액체 상태의 물이 존재할 수 있는 영역이다.
② 중심별의 광도가 클수록 중심별에서 생명 가능 지대까지의 거리가 멀다.
③ 주계열성은 광도가 클수록 표면 온도가 높다.

문제 보기

그림 (가)는 주계열성 A와 B의 중심으로부터 거리에 따른 생명 가능 지대의 지속 시간을, (나)는 A 또는 B가 주계열 단계에 머무는 동안 생명 가능 지대의 변화를 나타낸 것이다.

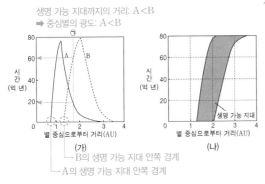

이 자료에 대한 설명으로 옳은 것만을 〈보기〉에서 있는 대로 고른 것은? [3점]

〈보기〉 풀이

✗ 별의 질량은 A보다 B가 작다.
→ (가)에서 중심별로부터 생명 가능 지대까지의 거리는 A보다 B가 멀다. 중심별에서 생명 가능 지대까지의 거리는 중심별의 광도가 클수록 멀다. 따라서 중심별의 광도는 B가 A보다 크다. 주계열성은 광도가 클수록 질량이 크므로 별의 질량은 B가 A보다 크다.

✗ ㉠에서 생명 가능 지대의 지속 시간은 A보다 B가 짧다.
→ ㉠에서 생명 가능 지대의 지속 시간은 A에서는 약 18억 년이고, B에서는 약 60억 년이다. 따라서 ㉠에서 생명 가능 지대의 지속 시간은 A보다 B가 길다.

ⓒ (나)는 B의 자료이다.
→ (나)에서 0년일 때 생명 가능 지대가 시작되는 거리가 1 AU보다 큰 것으로 보아 (나)는 B가 주계열 단계에 머무는 동안 생명 가능 지대의 변화를 나타낸 것이다.

23 생명 가능 지대 2025학년도 수능 지Ⅰ 10번

정답 ① | 정답률 77 %

적용해야 할 개념 ③가지

① 주계열성은 질량이 클수록 광도가 크다.
② 중심별의 광도가 클수록 생명 가능 지대는 중심별에서 멀어지고, 그 폭도 넓어진다.
③ 단위 시간당 단위 면적에서 받는 복사 에너지양은 생명 가능 지대의 안쪽 경계로 갈수록 많아진다.

문제 보기

그림 (가)와 (나)는 주계열성 A와 B의 생명 가능 지대를 별의 나이에 따라 나타낸 것이다. 행성 a는 A를, 행성 b는 B를 각각 공전하고, a와 b는 중심별로부터 같은 거리에 위치한다.

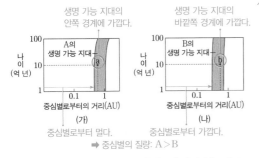

이 자료에 대한 설명으로 옳은 것만을 〈보기〉에서 있는 대로 고른 것은? [3점]

〈보기〉 풀이

㉠ 질량은 A가 B보다 크다.
→ 주계열성은 질량이 클수록 광도가 크고, 광도가 큰 별일수록 생명 가능 지대는 중심별로부터 멀어진다. 중심별로부터의 거리는 A의 생명 가능 지대가 B의 생명 가능 지대보다 멀리 있으므로 질량은 A가 B보다 크다.

✗ 10억 년일 때, 행성이 중심별로부터 단위 시간당 단위 면적에서 받는 복사 에너지양은 a와 b가 같다.
→ A는 B보다 광도가 크므로 중심별로부터 같은 거리에 있는 a, b 중 단위 시간당 단위 면적에서 받는 복사 에너지의 양은 a가 많다. 이는 a가 생명 가능 지대의 안쪽 경계에 가깝고, b가 생명 가능 지대의 바깥쪽 경계에 가까운 것으로 판단해도 같은 결론을 얻을 수 있다.

✗ A의 생명 가능 지대의 폭은 1억 년일 때와 100억 년일 때가 같다.
→ 1억 년일 때와 비교하여 100억 년일 때 A의 생명 가능 지대는 중심별에서 바깥쪽으로 밀려나 있는데, 이는 A의 광도가 크게 증가하였기 때문이다. 따라서 생명 가능 지대의 폭은 100억 년일 때가 1억 년일 때보다 넓다.

27 일차

01 ④	02 ②	03 ⑤	04 ⑤	05 ⑤	06 ③
07 ①	08 ①	09 ①	10 ②	11 ③	12 ①
13 ⑤	14 ③	15 ②	16 ⑤	17 ②	18 ④
19 ⑤	20 ②	21 ⑤	22 ②	23 ⑤	24 ①
25 ①	26 ④	27 ③	28 ⑤	29 ②	30 ④

문제편 272쪽~279쪽

01 은하의 종류와 특징 2024학년도 10월 학평 지Ⅰ 3번

정답 ④ | 정답률 85 %

적용해야 할 개념 ③가지
① 나선 은하는 막대 구조의 유무에 따라 정상 나선 은하와 막대 나선 은하로 구분한다.
② 타원 은하는 타원의 납작한 정도에 따라 E0~E7로 구분하며, E0에서 E7로 갈수록 납작한 모양이다.
③ 불규칙 은하는 규칙적인 구조가 없는 은하이다.

문제 보기

표는 은하의 종류별 특징을 나타낸 것이고, (가), (나), (다)는 각각 타원 은하, 막대 나선 은하, 불규칙 은하 중 하나이다. 그림은 어느 은하의 가시광선 영상을 나타낸 것이고, 이 은하는 (가), (나), (다) 중 하나에 해당한다.

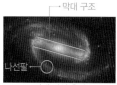

이에 대한 설명으로 옳은 것만을 〈보기〉에서 있는 대로 고른 것은?

〈보기〉 풀이

✖ E7은 E0보다 구 모양에 가깝다.
⇒ 타원 은하는 E0~E7로 구분하며, 모양이 구에 가까운 것은 E0, 가장 납작한 것은 E7에 해당한다.

ㄴ '규칙적인 구조가 없다.'는 ㉠에 해당한다.
⇒ (가)는 타원 은하, (다)는 막대 나선 은하이므로 (나)는 불규칙 은하에 해당하고, 규칙적인 구조를 가지지 않는 특징이 있다.

ㄷ 그림의 은하는 (다)에 해당한다.
⇒ 그림의 은하는 은하의 중심부를 지나는 막대 구조와 나선팔을 가지므로 (다)에 해당한다.

02 은하의 분류와 특징 2024학년도 수능 지Ⅰ 8번

정답 ② | 정답률 82 %

적용해야 할 개념 ③가지
① 허블은 은하를 형태에 따라 타원 은하, 나선 은하, 불규칙 은하로 분류하였다.
② 타원 은하는 성간 물질이 거의 없어 별의 생성이 드물고, 늙고 붉은색 별의 비율이 높다.
③ 주계열 단계에서 별은 질량이 클수록 표면 온도가 높고, 수명이 짧다.

문제 보기

표는 허블의 은하 분류 기준과 이에 따라 분류한 은하의 종류를 나타낸 것이다. (가), (나), (다)는 각각 막대 나선 은하, 불규칙 은하, 타원 은하 중 하나이다.

분류 기준	(가)	(나)	(다)
(㉠)	○	○	×
나선팔이 있는가?	○	×	×
편평도에 따라 세분할 수 있는가?	×	○	×

E0~E7 ➡ 숫자가 커질수록 납작한 모양(○: 있다, ×: 없다)

이에 대한 설명으로 옳은 것만을 〈보기〉에서 있는 대로 고른 것은?

〈보기〉 풀이

은하는 가시광선 영역에서 관측되는 형태에 따라 타원 은하, 나선 은하, 불규칙 은하로 구분할 수 있다. 나선 은하는 중심부에 막대 모양의 구조가 있는지에 따라 막대 나선 은하와 정상 나선 은하로 구분하고, 타원 은하는 편평도에 따라 E0~E7까지 세분한다.

✖ '중심부에 막대 구조가 있는가?'는 ㉠에 해당한다.
⇒ (나)는 편평도에 따라 세분할 수 있으므로 타원 은하에 해당한다. 한편, (가)와 (다) 중 나선팔이 있는 것은 (가)이므로 (가)는 막대 나선 은하에 해당하고, (다)는 불규칙 은하에 해당한다. ㉠의 분류 기준에 막대 나선 은하인 (가)와 타원 은하인 (나)가 모두 해당되므로, '중심부에 막대 구조가 있는가?'는 ㉠으로 적절하지 않다.

ㄴ 주계열성의 평균 광도는 (가)가 (나)보다 크다.
⇒ 타원 은하는 주로 표면 온도가 낮은 붉은색의 늙은 별들로 구성되어 있고, 막대 나선 은하의 나선팔에는 상대적으로 젊고 표면 온도가 높은 파란색 별들의 비율이 높다. 한편, 주계열성은 표면 온도가 높을수록 광도가 크다. 따라서 주계열성의 평균 광도는 (가)가 (나)보다 크다.

✖ 은하의 질량에 대한 성간 물질의 질량비는 (나)가 (다)보다 크다.
⇒ 성간 물질의 상대적인 함량은 불규칙 은하가 나선 은하보다 크다. 따라서 은하의 질량에 대한 성간 물질의 질량비는 (다)가 (나)보다 크다.

03 은하의 분류 2021학년도 9월 모평 지Ⅰ 12번

정답 ⑤ | 정답률 85 %

적용해야 할 개념 ③가지

① 허블은 은하를 형태학적으로 분류하여 타원 은하(E), 나선 은하 (S), 불규칙 은하(Irr)로 구분하였다.

② 나선 은하는 중심부의 막대 구조 유무에 따라 정상 나선 은하(S)와 막대 나선 은하(SB)로 구분할 수 있다. ➡ 나선팔의 감긴 정도, 중심부의 크기, 나선팔의 비율에 따라 세분된다.

③ 타원 은하(E)는 E0~E7로 세분하며, E0은 원형이고 E7로 갈수록 납작한 타원 모양이다.

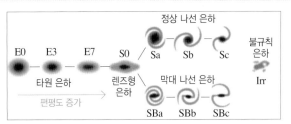

▲ 허블의 은하 분류

문제 보기

다음은 세 학생이 다양한 외부 은하를 형태에 따라 분류하는 탐구 활동의 일부를 나타낸 것이다.

〔탐구 과정〕
(가) 다양한 형태의 은하 사진을 준비한다.
(나) '규칙적인 구조가 있는가?'에 따라 은하를 분류한다.
(다) (나)의 조건을 만족하는 은하를 '(㉠)이/가 있는가?'에 따라 A와 B 그룹으로 분류한다.
(라) A와 B 그룹에 적용할 추가 분류 기준을 만든다.

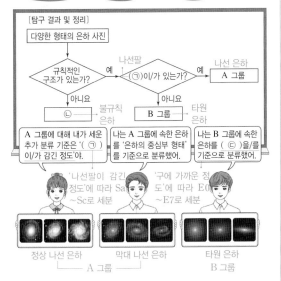

이에 대한 설명으로 옳은 것만을 〈보기〉에서 있는 대로 고른 것은?

[3점]

〈보기〉 풀이

ㄱ. 나선팔은 ㉠에 해당한다.
➡ 첫 번째 학생은 정상 나선 은하를, 두 번째 학생은 막대 나선 은하를 제시하고 있으므로 A 그룹은 나선 은하이다. 나선 은하는 나선팔이 은하 중심부를 감싸고 있는 은하이므로 ㉠은 나선팔에 해당한다.

ㄴ. 허블의 분류 체계에 따르면 ㉡은 불규칙 은하이다.
➡ ㉡은 규칙적인 구조가 없는 은하이다. 허블의 분류 체계에서는 모양이 일정하지 않고 규칙적인 구조가 없는 은하를 불규칙 은하로 분류하고 있다. 따라서 ㉡은 불규칙 은하이다.

ㄷ. '구에 가까운 정도'는 ㉢에 해당한다.
➡ B 그룹은 규칙적인 구조가 있으면서 나선팔이 없는 은하이므로 타원 은하이다. 타원 은하는 타원의 납작한 정도를 나타내는 편평도에 따라 E0~E7로 세분되며, E0에서 가장 구에 가깝다. 따라서 '구에 가까운 정도'는 ㉢에 해당한다.

04 은하의 분류 2021학년도 3월 학평 지Ⅰ 9번

정답 ⑤ | 정답률 68 %

적용해야 할 개념 ④가지

① 허블은 은하를 형태학적으로 분류하여 타원 은하(E), 나선 은하(S), 불규칙 은하(Irr)로 구분하였다.

② 나선 은하는 중심부의 막대 구조 유무에 따라 정상 나선 은하(S)와 막대 나선 은하(SB)로 구분할 수 있다. ➡ 나선팔의 감긴 정도, 중심부의 크기, 나선팔의 비율에 따라 세분된다.

③ 타원 은하(E)는 E0~E7로 세분하며, E0은 원형이고 E7로 갈수록 납작한 타원 모양이다.

④ 은하는 성간 물질이 풍부하면 별의 생성이 활발하므로 젊고 파란색 별의 비율이 높다.

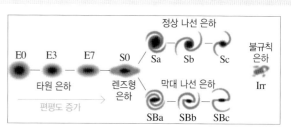

▲ 허블의 은하 분류

문제 보기

그림은 외부 은하 중 일부를 형태에 따라 (가), (나), (다)로 분류한 것이다.

나선팔: 성간 물질이 많아 별의 생성이 활발하다.

중심부: 성간 물질이 적어 별의 생성이 활발하지 않다. 늙고 온도가 낮은 별이 많다.

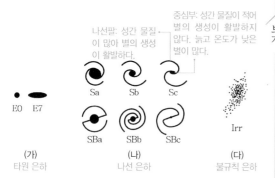

(가) 타원 은하
(나) 나선 은하
(다) 불규칙 은하

이에 대한 옳은 설명만을 〈보기〉에서 있는 대로 고른 것은?

〈보기〉 풀이

ㄱ (가)는 타원 은하이다.

➡ (가)는 나선팔이 나타나지 않고 원이나 타원 형태를 띠는 타원 은하이다. 타원 은하는 E0에서 E7로 갈수록 납작한 타원 모양에 가깝다.

ㄴ (나)의 은하들은 나선팔이 있다.

➡ (나)는 은하 중심부를 나선팔이 감싸고 있는 형태의 나선 은하이므로 (나)의 은하들은 나선팔이 있다.

ㄷ 은하를 구성하는 별의 평균 표면 온도는 (가)가 (다)보다 낮다.

➡ 은하에 성간 물질이 많을수록 별의 탄생이 활발하다. 타원 은하는 성간 물질이 적어 별이 거의 탄생하지 않으므로 평균 표면 온도가 높은 별은 수명이 짧아 소멸하여 거의 없다. 반면 불규칙 은하는 성간 물질이 많아 별의 탄생이 활발하고, 질량이 크고 표면 온도가 높은 별도 계속적으로 탄생한다. 따라서 은하를 구성하는 별의 평균 표면 온도는 (가)가 (다)보다 낮다.

---

05 은하의 분류 2021학년도 수능 지Ⅰ 7번

정답 ⑤ | 정답률 75 %

적용해야 할 개념 ③가지

① 허블은 은하를 형태학적으로 분류하여 나선 은하, 타원 은하, 불규칙 은하로 구분하였다.

② 나선 은하는 중심부의 막대 구조 유무에 따라 정상 나선 은하와 막대 나선 은하로 구분할 수 있다.

③ 타원 은하 → 나선 은하 → 불규칙 은하로 갈수록 은하 전체에 대해 성간 물질이 많아 별들의 탄생이 활발하다.

구분	타원 은하	나선 은하		불규칙 은하
		중심부	나선팔	
성간 기체	적다.	적다.	많다.	많다.
구성 별의 나이	많다.	많다.	적다.	적다.

문제 보기

표는 허블의 은하 분류 기준과 이에 따라 분류한 은하의 종류를 나타낸 것이고, 그림은 은하 A의 가시광선 영상이다. (가)~(라)는 각각 타원 은하, 정상 나선 은하, 막대 나선 은하, 불규칙 은하 중 하나이고, A는 (가)~(라) 중 하나에 해당한다.

정상 나선 은하
막대 나선 은하
불규칙 은하
타원 은하 = A

분류 기준	(가)	(나)	(다)	(라)
규칙적인 구조가 있는가?	○	○	×	○
나선팔이 있는가?	○	○	×	×
중심부에 막대 구조가 있는가?	○	×	×	×

(○: 있다, ×: 없다)

A
타원 은하

이 자료에 대한 설명으로 옳은 것만을 〈보기〉에서 있는 대로 고른 것은?

〈보기〉 풀이

(가)는 나선팔과 중심부에 막대 구조가 있는 막대 나선 은하이고, (나)는 나선팔이 있고 중심부에 막대 구조는 없는 정상 나선 은하이다. (다)는 규칙적인 구조가 없으므로 불규칙 은하이고, (라)는 규칙적인 구조를 가지지만 나선팔이 없으므로 타원 은하이다.

ㄱ 은하의 질량에 대한 성간 물질의 질량비는 (가)가 (다)보다 작다.

➡ 일반적으로 성간 물질의 양이 많을수록 별의 탄생 비율이 크다. (다) 불규칙 은하는 (가) 막대 나선 은하보다 별의 탄생이 활발하므로 은하의 질량에 대한 성간 물질의 질량비가 크다.

ㄴ 은하를 구성하는 별의 평균 표면 온도는 (나)가 (라)보다 높다.

➡ (나)는 정상 나선 은하이고, (라)는 타원 은하이다. 타원 은하를 구성하는 별들은 대체로 나이가 많아 붉은색을 띠므로 정상 나선 은하보다 별의 평균 표면 온도가 낮다. 따라서 별의 평균 표면 온도는 (나)가 (라)보다 높다.

ㄷ A는 (라)에 해당한다.

➡ A는 타원 은하이므로 나선팔과 중심부에 막대 구조가 없다. 따라서 A는 (라)에 해당한다.

06 은하의 분류와 특징 2023학년도 6월 모평 지I 2번

정답 ③ | 정답률 79 %

적용해야 할 개념 ③가지

① 허블은 은하를 형태학적으로 분류하여 타원 은하, 나선 은하, 불규칙 은하로 구분하였다.
② 나선 은하는 나선팔과 팽대부로 구성되고, 중심부에 막대 모양 구조의 유무로 정상 나선 은하와 막대 나선 은하로 구분한다.
③ 성간 물질이 풍부하면 별의 생성이 활발하므로 젊고 파란색 별의 비율이 높다.

문제 보기

그림은 어느 외부 은하를 나타낸것이다. A와 B는 각각 은하의 중심부와 나선팔이다.
이 은하에 대한 설명으로 옳은 것만을 〈보기〉에서 있는 대로 고른 것은?

┌ 정상 나선 은하

팽대부(은하핵)
— 성간 물질이 적음
— 늙은 별들이 분포
— 붉은색

나선팔
— 성간 물질이 많음
➡ 별의 탄생 활발
— 젊은 별들이 분포
— 파란색

보기

〈보기〉 풀이

✗ 막대 나선 은하에 해당한다.
➡ 은하 중심부에 막대 구조는 관측되지 않고 팽대부와 나선팔로 이루어져 있으므로, 정상 나선 은하에 해당한다.

✗ B에는 성간 물질이 존재하지 않는다.
➡ B는 나선팔로, 성간 물질이 많이 분포한다.

ㄷ. 붉은 별의 비율은 A가 B보다 높다.
➡ 나선 은하의 중심부인 팽대부에는 주로 늙고 붉은색의 별들이 분포하고, 나선팔에는 주로 젊고 파란색의 별들이 분포한다. 따라서 붉은 별의 비율은 A가 B보다 높다.

07 은하의 분류 2023학년도 3월 학평 지I 6번

정답 ① | 정답률 73 %

적용해야 할 개념 ③가지

① 허블은 은하를 가시광선 영역에서 형태에 따라 타원 은하, 나선 은하, 불규칙 은하로 분류하였다.
② 성간 물질이 많을수록 별의 생성이 활발하다. ➡ 나선 은하에서 성간 물질은 은하 중심부보다 나선팔에 많다.
③ 우리은하는 막대 나선 은하에 해당한다.

문제 보기

그림 (가)와 (나)는 나선 은하와 불규칙 은하를 순서 없이 나타낸 것이다.

나선팔
➡ 별 탄생 활발

막대 구조
➡ 막대 나선 은하

(가)
불규칙 은하

(나)
나선 은하

이에 대한 옳은 설명만을 〈보기〉에서 있는 대로 고른 것은?

보기

〈보기〉 풀이

ㄱ. (가)는 불규칙 은하이다.
➡ (가)는 모양이 불규칙하고, (나)는 나선팔 구조가 뚜렷하게 나타나므로, (가)는 불규칙 은하, (나)는 나선 은하이다.

✗ (나)에서 별은 주로 은하 중심부에서 생성된다.
➡ 나선 은하는 중심부의 팽대부와 나선팔로 구성되어 있다. 이때 성간 물질의 양은 나선팔에 많으므로 별의 탄생은 나선팔에서 활발하게 일어난다.

✗ 우리은하의 형태는 (나)보다 (가)에 가깝다.
➡ 우리은하는 막대 나선 은하에 해당한다. (가)는 불규칙 은하이고, (나)는 나선 은하의 중심부에 막대 구조가 나타나므로 막대 나선 은하이다. 따라서 우리은하는 (가)보다 (나)에 가깝다.

08 은하의 분류 2023학년도 4월 학평 지Ⅰ 17번

정답 ① | 정답률 65 %

적용해야 할 개념 ③가지

① 허블은 외부 은하를 형태에 따라 타원 은하, 나선 은하, 불규칙 은하로 분류하였다.
② 불규칙 은하는 성간 물질이 많아 별의 생성이 활발하므로 젊고 파란색 별의 비율이 높다.
③ 은하의 형태학적인 분류는 은하의 진화와는 상관이 없다.

문제 보기

그림 (가)와 (나)는 나선 은하와 타원 은하를 순서 없이 나타낸 것이다.

(가) 타원 은하   (나) 나선 은하

이에 대한 설명으로 옳은 것만을 〈보기〉에서 있는 대로 고른 것은?

〈보기〉 풀이

ㄱ. (가)는 타원 은하이다.
➡ (가)는 타원 형태이고 나선팔이 없으므로 타원 은하, (나)는 은하핵과 나선팔을 가지고 있으므로 나선 은하에 해당한다.

ㄴ. (나)에서 성간 물질은 주로 은하 중심부에 분포한다.
➡ 나선 은하에서 성간 물질은 별의 탄생이 활발한 은하의 나선팔에 주로 분포한다.

ㄷ. 은하는 (가)의 형태에서 (나)의 형태로 진화한다.
➡ 은하의 형태와 은하의 진화 사이에는 특별한 관계가 존재하지 않는다.

보기

---

09 은하의 분류 2024학년도 6월 모평 지Ⅰ 2번

정답 ① | 정답률 72 %

적용해야 할 개념 ③가지

① 허블은 외부 은하를 형태에 따라 타원 은하, 나선 은하, 불규칙 은하로 분류하였다.
② 불규칙 은하는 성간 물질이 많아 별의 생성이 활발하므로 젊고 파란색 별의 비율이 높다.
③ 은하의 형태학적인 분류는 은하의 진화와는 상관이 없다.

문제 보기

그림 (가), (나), (다)는 타원 은하, 나선 은하, 불규칙 은하를 순서 없이 나타낸 것이다.

(가)
타원 은하
➡ 별의 탄생이 적다.
➡ 상대적으로 붉은색을 띤다.

(나)
불규칙 은하
➡ 별의 탄생이 활발하다.
➡ 상대적으로 파란색을 띤다.

(다)
나선 은하
➡ 중심부에서는 별의 탄생이 적고, 나선팔에서는 별의 탄생이 활발하다.

이에 대한 설명으로 옳은 것만을 〈보기〉에서 있는 대로 고른 것은?

〈보기〉 풀이

ㄱ. (가)는 타원 은하이다.
➡ (가)는 타원 형태를 띠고 있으므로, 허블의 은하 분류 체계에 따르면 타원 은하에 해당한다.

ㄴ. 은하를 구성하는 별의 평균 나이는 (가)가 (나)보다 적다.
➡ 타원 은하인 (가)에서는 별의 탄생이 거의 일어나지 않는 반면, 불규칙 은하인 (나)에서는 별의 탄생이 활발하게 일어난다. 따라서 은하를 구성하는 별의 평균 나이는 타원 은하인 (가)가 불규칙 은하인 (나)보다 많다.

ㄷ. (가)는 (다)로 진화한다.
➡ 은하의 모양과 은하의 진화 사이에는 특정한 관계가 없다. 따라서 (가)가 (다)로 진화하는 것은 아니다.

보기

10 은하의 분류 2024학년도 9월 모평 지Ⅰ 5번

정답 ② | 정답률 78 %

적용해야 할 개념 ③가지

① 허블은 은하를 형태에 따라 타원 은하, 나선 은하, 불규칙 은하로 분류하였다.
② 타원 은하는 성간 물질이 거의 없어 별의 생성이 드물고, 늙고 붉은색 별의 비율이 높다.
③ 주계열성은 질량이 클수록 표면 온도가 높아 파란색을 띤다.

문제 보기

그림 (가)와 (나)는 정상 나선 은하와 타원 은하를 순서 없이 나타낸 것이다.

(가)
나선 은하
➡ 나선팔에서 별 탄생이 활발하고 파란색 별이 많다.

(나)
타원 은하
➡ 별 탄생이 거의 없어 상대적으로 붉은색을 띤다.

이에 대한 설명으로 옳은 것만을 〈보기〉에서 있는 대로 고른 것은? [3점]

〈보기〉 풀이

허블의 은하 분류 체계에 따르면 외부 은하는 가시광선에서 관측되는 형태에 따라 나선 은하, 타원 은하, 불규칙 은하로 분류한다. (가)는 나선팔이 있으므로 나선 은하, (나)는 나선팔이 없고 둥근 모양이므로 타원 은하에 해당한다.

✗ 별의 평균 나이는 (가)가 (나)보다 많다.
➡ 타원 은하는 나선 은하에 비해 붉은색을 띤다. 그 까닭은 타원 은하는 성간 물질이 거의 없어 별의 탄생이 거의 없고, 표면 온도가 낮은 늙은 별들로 구성되어 있기 때문이다. 한편, 나선 은하의 나선팔에는 성간 물질의 양이 상대적으로 많아 별의 탄생이 활발하다. 따라서 은하를 구성하는 별의 평균 나이는 (가) 나선 은하가 (나) 타원 은하보다 적다.

ㄴ. 주계열성의 평균 질량은 (가)가 (나)보다 크다.
➡ 나선 은하에서 나선팔은 상대적으로 파란색을 띠는 주계열성의 비율이 높고, 타원 은하는 붉은색을 띠는 주계열성의 비율이 높다. 주계열성에서는 별의 질량이 클수록 파란색을 띠므로 은하를 구성하는 주계열성의 평균 질량은 (가) 나선 은하가 (나) 타원 은하보다 크다.

✗ (나)에서 별의 평균 표면 온도는 분광형이 A0인 별보다 높다.
➡ 분광형이 A0인 별은 흰색을 띤다. 타원 은하는 붉은색을 띠므로 타원 은하를 구성하는 별의 평균 표면 온도는 분광형이 A0인 별보다 낮다.

11 은하의 분류와 특징 2023학년도 9월 모평 지Ⅰ 5번

정답 ③ | 정답률 82 %

적용해야 할 개념 ③가지

① 허블은 은하를 형태학적으로 분류하여 타원 은하, 나선 은하, 불규칙 은하로 구분하였다.
② 성간 물질이 풍부하면 별의 생성이 활발하므로 젊고 파란 별의 비율이 높다.
③ 타원 은하는 주로 늙고 붉은 별들로 구성되어 있다.

문제 보기

그림 (가)와 (나)는 가시광선으로 관측한 어느 타원 은하와 불규칙 은하를 순서 없이 나타낸 것이다.

특정 모양 없음

타원 모양

(가) 불규칙 은하
성간 물질의 비율: (가)>(나)
➡ 새로운 별의 탄생: (가)>(나)
➡ 별들의 평균 나이: (가)<(나)
➡ 푸른 별의 비율: (가)>(나)

(나) 타원 은하

이에 대한 설명으로 옳은 것만을 〈보기〉에서 있는 대로 고른 것은?

〈보기〉 풀이

ㄱ. (가)는 불규칙 은하이다.
➡ (가)는 나선팔이 없고 모양이 규칙적이지 않으므로 불규칙 은하에 해당한다.

✗ (나)를 구성하는 별들은 푸른 별이 붉은 별보다 많다.
➡ 타원 은하는 성간 물질의 비율이 적어 새로운 별의 탄생이 잘 일어나지 않는다. 따라서 타원 은하를 구성하는 별들은 늙고 붉은 별이 젊고 푸른 별보다 많다.

ㄷ. 은하를 구성하는 별들의 평균 나이는 (가)가 (나)보다 적다.
➡ 성간 물질의 비율이 높을수록 젊은 별의 탄생 비율이 크므로 은하를 구성하는 별들의 평균 나이가 적다. 성간 물질의 비율은 (가)가 (나)보다 높으므로, 은하를 구성하는 별들의 평균 나이는 (가)가 (나)보다 적다.

적용해야 할 개념 ③가지

① 타원 은하는 탄생 초기에 대부분의 별들이 생성되고, 나선 은하는 나선팔에서 지속적으로 별들이 생성된다.
② 타원 은하는 대부분 늙은 별들로 구성되고, 나선 은하는 나선팔에 젊은 별들이 분포한다.
③ 주계열성은 질량이 클수록 주계열을 이탈하는 시간이 빠르다.

문제 보기

그림은 은하 A와 B가 탄생한 후부터 연간 생성된 별의 총 질량을 시간에 따라 나타낸 것이다. A와 B는 나선 은하와 타원 은하를 순서 없이 나타낸 것이다.

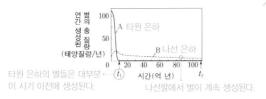

타원 은하의 별들은 대부분 이 시기 이전에 생성된다.　나선팔에서 별이 계속 생성된다.

이 자료에 대한 설명으로 옳은 것만을 〈보기〉에서 있는 대로 고른 것은?

〈보기〉 풀이

ㄱ. **B는 나선 은하이다.**

➡ 타원 은하는 성간 물질의 양이 적으므로 은하 탄생 초기 이후에는 별의 생성이 드물다. 반면 나선 은하는 나선팔에 성간 물질이 많이 분포하여 별이 계속 생성된다. 따라서 A는 타원 은하, B는 나선 은하이다.

✗ t_2**일 때 은하를 구성하는 별의 평균 나이는 A가 B보다 적다.**

➡ A는 대부분의 별들이 10억 년 이내에 생성되었고, B는 100억 년 이후에도 지속적으로 별이 생성되므로 t_2일 때 별의 평균 나이는 A가 B보다 많다.

✗ **A에서 태양보다 질량이 큰 주계열성의 개수는** t_1**일 때가** t_2**일 때보다 적다.**

➡ 주계열성은 질량이 클수록 중심부에서의 에너지 생성이 활발하여 주계열을 이탈하는 시간이 빠르다. A의 별들은 대부분 t_1 이전에 생성되었으므로 질량이 큰 주계열성부터 거성(또는 초거성)으로 진화하여 시간이 지남에 따라 주계열성의 개수가 점차 감소한다. 따라서 A에서 태양보다 질량이 큰 주계열성의 개수는 t_1일 때가 t_2일 때보다 많다.

적용해야 할 개념 ④가지

① 허블은 은하를 형태학적으로 분류하여 타원 은하(E), 나선 은하(S), 불규칙 은하(Irr)로 구분하였다.
② 나선 은하는 중심부의 막대 구조 유무에 따라 정상 나선 은하(S)와 막대 나선 은하(SB)로 구분할 수 있다. ➡ 나선팔의 감긴 정도, 중심부의 크기, 나선팔의 비율에 따라 세분된다.
③ 타원 은하(E)는 E0~E7로 세분하며, E0은 원형이고 E7로 갈수록 납작한 타원 모양이다.
④ 나선 은하는 타원 은하에 비해 은하 전체에 대해 성간 물질이 많아 별들의 탄생이 활발하고, 표면 온도가 높은 파란색 별이 많다.

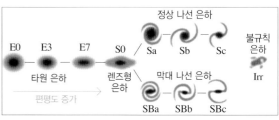

▲ 허블의 은하 분류

문제 보기

그림은 두 은하 A와 B가 탄생한 후, 연간 생성된 별의 총질량을 시간에 따라 나타낸 것이다. A와 B는 허블 은하 분류 체계에 따른 서로 다른 종류이며, 각각 E0과 Sb 중 하나이다.

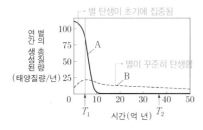

별 탄생이 초기에 집중됨
별이 꾸준히 탄생함

이에 대한 설명으로 옳은 것만을 〈보기〉에서 있는 대로 고른 것은?

〈보기〉 풀이

그림에서 연간 생성된 별의 총질량은 A는 은하 생성 초기에 집중되어 있고, B는 50억 년 동안 대체로 일정하게 나타나고 있다. 이는 A는 구성 별들의 나이가 많은 반면, B는 구성 별들의 나이가 다양하다는 것을 의미한다. 따라서 A는 타원 은하인 E0이고, B는 나선 은하인 Sb이다.

ㄱ. **B는 나선팔을 가지고 있다.**

➡ B는 나선 은하이므로 나선팔을 가지고 있다.

ㄴ. T_1**일 때 연간 생성된 별의 총질량은 A가 B보다 크다.**

➡ 그림에서 T_1일 때 연간 생성된 별의 총질량은 A가 B보다 크다.

ㄷ. T_2**일 때 별의 평균 표면 온도는 B가 A보다 높다.**

➡ 타원 은하는 주로 나이가 많고 질량이 작은 붉은색 별들로 구성되어 있어 별의 표면 온도가 비교적 낮은 반면, 나선 은하는 나선팔에서 분광형이 O형, B형과 같은 표면 온도가 매우 높은 별들도 생성되고 있다. 따라서 T_2에서 은하를 구성하는 별의 평균 표면 온도는 나선 은하인 B가 타원 은하인 A보다 높다.

14   은하의 분류와 특징   2024학년도 5월 학평 지Ⅰ 16번   정답 ③ | 정답률 81%

적용해야 할 개념 ③가지

① 허블의 은하 분류 체계상 타원 은하는 나선팔이 없는 타원형의 은하이고, 나선 은하는 나선팔과 은하핵을 가지는 은하이다.
② 타원 은하는 탄생 초기에는 별 생성량이 많으나 시간이 지남에 따라 감소하는 경향이 있다.
③ 타원 은하는 현재 성간 물질이 거의 없어 비교적 늙은 별로 이루어져 있고, 나선 은하는 성간 물질이 풍부한 나선팔에 젊은 별이 많이 분포한다.

문제 보기

그림 (가)는 타원 은하와 나선 은하의 시간에 따른 연간 별 생성량을, (나)는 은하 A의 모습을 나타낸 것이다. A는 허블의 은하 분류 체계에서 E1과 SBb 중 하나에 해당한다.

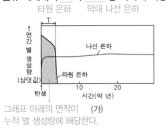

그래프 아래의 면적이 (가) 누적 별 생성량에 해당한다.

(나) 타원 은하 ➡ E1

이 자료에 대한 설명으로 옳은 것만을 〈보기〉에서 있는 대로 고른 것은?

〈보기〉 풀이

보기

ㄱ. T 기간 동안 누적 별 생성량은 나선 은하보다 타원 은하가 많다.
➡ T 기간 동안 연간 별 생성량은 나선 은하보다 타원 은하가 많으므로 이 기간 동안 누적 별 생성량은 나선 은하보다 타원 은하가 많다.

ㄴ. A는 E1에 해당한다.
➡ A는 형태가 구형에 가까운 타원형이고, 나선팔이 보이지 않으므로 타원 은하에 속한다. 따라서 A는 허블의 은하 분류 체계에서 E1에 해당한다.

✗ A는 탄생 이후 연간 별 생성량이 지속적으로 증가한다.
➡ A는 탄생 이후 T 기간 동안 연간 별 생성량이 지속적으로 감소하다가 T 시기 이후 급격하게 감소한다. 이는 은하 탄생 직후에는 성간 물질이 풍부하여 별의 생성량이 많지만, 시간이 지남에 따라 성간 물질이 감소하기 때문이다.

---

15   은하의 분류와 특징   2023학년도 10월 학평 지Ⅰ 15번   정답 ② | 정답률 67%

적용해야 할 개념 ③가지

① 허블은 은하를 형태에 따라 타원 은하, 나선 은하, 불규칙 은하로 분류하였다.
② 타원 은하는 성간 물질이 거의 없어 별의 생성이 드물고, 늙고 붉은색 별의 비율이 높다.
③ 주계열 단계에서는 별의 질량이 클수록 표면 온도가 높고, 수명이 짧다.

문제 보기

그림 (가)는 은하 ㉠과 ㉡의 모습을, (나)는 은하의 종류 A와 B가 탄생한 이후 시간에 따라 연간 생성된 별의 질량을 추정하여 나타낸 것이다. ㉠과 ㉡은 각각 A와 B 중 하나에 속한다.

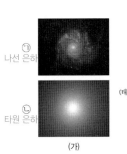

㉠ 나선 은하

㉡ 타원 은하

(가)

은하 초기에 별 탄생이 집중된다. ➡ 타원 은하

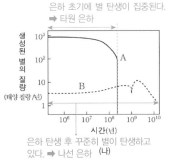

은하 탄생 후 꾸준히 별이 탄생하고 있다. ➡ 나선 은하 (나)

이 자료에 대한 옳은 설명만을 〈보기〉에서 있는 대로 고른 것은?

[3점]

〈보기〉 풀이

보기

✗ ㉠은 A에 속한다.
➡ ㉠은 나선 은하, ㉡은 타원 은하이다. (나)에서 A는 은하가 탄생한 이후 약 10^8년 이내에 대부분의 별이 생성된 반면, 은하 B는 10^{10}년까지도 은하에서 별이 생성되고 있으므로, A는 타원 은하, B는 나선 은하이다. 따라서 ㉠은 B에 속한다.

ㄴ. 은하의 질량 중 성간 물질이 차지하는 질량의 비율은 ㉠이 ㉡보다 크다.
➡ 타원 은하에는 성간 물질이 거의 분포하지 않는다. 따라서 성간 물질이 차지하는 질량의 비율은 나선 은하인 ㉠이 타원 은하인 ㉡보다 크다.

✗ 은하가 탄생한 이후 10^{10}년이 지났을 때 은하를 구성하는 별의 평균 표면 온도는 A가 B보다 높다.
➡ 은하가 탄생한 이후 10^{10}년이 지났을 때 A에서는 별이 탄생하지 않지만, B에서는 별의 탄생이 활발하다. 즉, A에는 10^{10}년이 지난 후 남아 있는 별의 평균 표면 온도가 대부분 낮지만, B는 은하 탄생 이후 10^{10}년이 지나도 꾸준히 별이 탄생하고 있으므로 별의 평균 온도가 다양하다. 따라서 은하를 구성하는 별의 평균 표면 온도는 B가 A보다 높다.

16

은하의 특징 2023학년도 7월 학평 지I 18번

적용해야 할 개념 ③가지

① 허블은 외부 은하를 가시광선 영역에서 관측되는 형태에 따라 타원 은하, 나선 은하, 불규칙 은하로 분류하였다.

② 나선 은하의 나선팔에는 성간 물질이 많아 젊고 파란색의 별들이 주로 분포하고, 은하핵에는 늙고 붉은색의 별들이 주로 분포한다.

③ 퀘이사는 수많은 별들로 이루어진 은하이지만 너무 멀리 있어 하나의 별처럼 보인다. ➡ 매우 큰 적색 편이가 나타난다.

문제 보기

그림 (가)와 (나)는 가시광선 영역에서 관측한 퀘이사와 나선 은하를 나타낸 것이다. A는 은하 중심부이고 B는 나선팔이다.

퀘이사(가)

후퇴 속도: (가)>(나)

├ 은하의 중심부
│ ➡ 주로 온도가 낮은 붉은 별로 구성

A ──
B ──

(나) 나선 은하

└ 나선팔
   ➡ 주로 온도가 높은 파란 별로 구성

이에 대한 설명으로 옳은 것만을 〈보기〉에서 있는 대로 고른 것은?

〈보기〉 풀이

(가)는 퀘이사이고, (나)는 막대 나선 은하이다.

ㄱ. (가)는 은하이다.

➡ 퀘이사는 너무 멀리 있어 하나의 별처럼 보이지만 수많은 별들로 이루어진 은하이다.

ㄴ. (나)에서 붉은 별의 비율은 A가 B보다 높다.

➡ 나선 은하의 나선팔에는 성간 물질이 많아 젊고 파란색의 별들이 주로 분포하고, 은하핵에는 늙고 붉은색의 별들이 주로 분포한다. 따라서 붉은 별의 비율은 A가 B보다 높다.

ㄷ. 후퇴 속도는 (가)가 (나)보다 크다.

➡ 퀘이사는 보통의 은하보다 훨씬 더 먼 곳에서 빠른 속도로 멀어져 가고 있는 특이 은하이다. 따라서 후퇴 속도는 (가)가 (나)보다 크다.

보기

17

특이 은하 – 전파 은하 2023학년도 수능 지I 3번

적용해야 할 개념 ④가지

① 허블의 은하 분류 체계에 따르면, 은하를 가시광선 영상에서 관측되는 형태에 따라 타원 은하, 나선 은하, 불규칙 은하로 나눌 수 있다.

➡ 타원 은하는 타원의 형태로 보이는 은하로, 주로 나이가 많고 표면 온도가 낮아 붉은색을 띠는 별들로 구성되어 있다.

② 별의 분광형과 표면 온도

분광형	O	B	A	F	G	K	M
표면 온도(K)	30000 이상	10000~30000	7500~10000	6000~7500	5000~6000	3500~5000	3500 이하
색	파란색	청백색	흰색	황백색	노란색	주황색	붉은색

③ 전파 은하를 관측하면 강력한 전파를 방출하는 로브와 로브로 이어지는 제트가 관측된다.

④ 암흑 물질은 질량이 있지만, 전자기파와 반응하지 않아 전파 영역에서 관측되지 않는다.

문제 보기

그림 (가)와 (나)는 어느 은하를 각각 가시광선과 전파로 관측한 영상이며, ㉠은 제트이다.

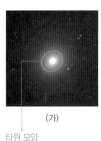
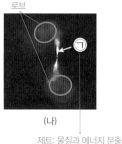

로브

㉠

(가)
타원 모양
➡ 타원 은하
➡ 성간 물질 적어 별의 탄생이 적음
➡ 늙고 표면 온도가 낮은 별들로 구성

(나)
제트: 물질과 에너지 분출

이 은하에 대한 설명으로 옳은 것만을 〈보기〉에서 있는 대로 고른 것은? [3점]

〈보기〉 풀이

✗ 나선팔을 가지고 있다.

➡ 이 은하는 가시광선으로 관측한 (가)에서 타원 형태로 나타나므로 타원 은하이다. 타원 은하는 나선팔을 가지고 있지 않다.

ㄴ. 대부분의 별은 분광형이 A0인 별보다 표면 온도가 낮다.

➡ 분광형이 A0인 별은 흰색으로, 표면 온도는 약 10000 K에 해당한다. 타원 은하를 구성하는 대부분의 별들은 나이가 많고 붉은색을 띠므로, 표면 온도가 10000 K보다 낮다.

✗ ㉠은 암흑 물질이 분출되는 모습이다.

➡ 암흑 물질은 전자기파로 관측되지 않는 물질로, 전파로 관측한 영상에서는 볼 수 없다. 따라서 ㉠은 암흑 물질이 분출되는 모습이 아니다. ㉠은 제트로, 보통 물질과 에너지가 분출되는 모습이다.

보기

18 특이 은하 – 전파 은하 2022학년도 10월 학평 지Ⅰ 14번

정답 ④ | 정답률 67 %

적용해야 할 개념 ③가지

① 전파 은하는 일반 은하보다 수백 배 이상의 강한 전파를 방출하는 은하이다.
➡ 전파 은하를 전파 영역에서 보면, 강력한 전파를 방출하는 로브와 로브로 이어지는 제트가 관측된다.
② 허블의 은하 분류 체계는 은하를 가시광선 영상에서 관측되는 형태에 따라 타원 은하, 나선 은하, 불규칙 은하로 나눌 수 있다.
③ 은하 중심부에 있는 블랙홀은 물질과 에너지가 방출되는 흐름인 제트를 만들 수 있다.

▲ 전파 은하

문제 보기

그림 (가)와 (나)는 어느 전파 은하의 가시광선 영상과 전파 영상을 순서 없이 나타낸 것이다.

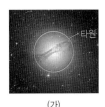
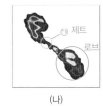

(가)　　　　　(나)

이 은하에 대한 옳은 설명만을 〈보기〉에서 있는 대로 고른 것은?

〈보기〉 풀이

✗ (가)는 전파 영상이다.
➡ 전파 영상에서는 제트가 관측된다. (나)에서 제트가 관측되므로 (가)는 가시광선 영상이고, (나)는 전파 영상이다.

ㄴ. 허블의 분류 체계에 따르면 타원 은하에 해당한다.
➡ 은하의 형태에 따라 분류하는 허블의 분류 체계에 따르면, (가) 가시광선 영상에서 은하가 타원 모양이므로 타원 은하에 해당한다.

ㄷ. ㉠은 은하 중심부에서 방출되는 물질의 흐름이다.
➡ ㉠은 중심핵에서 로브로 이어지는 제트이다. 제트는 은하 중심부의 거대 질량 블랙홀에 의해 나타나며, 물질과 에너지가 방출되는 흐름이다.

---

19 특이 은하 – 전파 은하 2021학년도 4월 학평 지Ⅰ 18번

정답 ⑤ | 정답률 77 %

적용해야 할 개념 ②가지

① 크기, 모양, 조성 등에서 남다른 특징이 나타나는 은하를 특이 은하라고 한다.
➡ 특이 은하에는 세이퍼트은하, 전파 은하, 퀘이사 등이 있다.
② 전파 은하는 일반 은하보다 수백 배 이상의 강한 전파를 방출하는 은하이다.
➡ 전파 은하를 관측하면 강력한 전파를 방출하는 로브와 로브로 이어지는 제트가 관측된다.

전파 은하 ▶

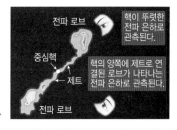

문제 보기

그림은 어느 전파 은하의 영상을 나타낸 것이다. (가)와 (나)는 각각 가시광선 영상과 전파 영상 중 하나이고, (다)는 (가)와 (나)의 합성 영상이다.

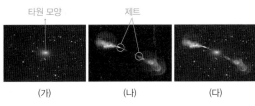

(가)　　　　(나)　　　　(다)

이에 대한 설명으로 옳은 것만을 〈보기〉에서 있는 대로 고른 것은?

〈보기〉 풀이

ㄱ. (가)는 가시광선 영상이다.
➡ 전파 은하는 가시광선 영상에서는 타원 은하처럼 관측된다. 따라서 (가)는 가시광선 영상이고, (나)는 전파 영상이다.

ㄴ. (나)에서는 제트가 관측된다.
➡ (나)에서는 제트가 은하 중심으로부터 양쪽으로 방출되고 있고, 제트로 연결된 로브가 관측된다.

ㄷ. 이 은하는 특이 은하에 해당한다.
➡ 특이 은하에는 전파 은하, 세이퍼트은하, 퀘이사 등이 있으므로 이 은하는 특히 은하에 해당한다.

20

특이 은하 – 전파 은하 2022학년도 수능 지Ⅰ 5번

정답 ② | 정답률 61%

적용해야 할 개념 ③가지

① 타원 은하를 구성하는 대부분의 별들은 질량이 작고, 나이가 많아 대체로 붉은색을 띤다.
② 크기, 모양, 조성 등에서 남다른 특징이 나타나는 은하를 특이 은하라고 한다.
  ➡ 특이 은하에는 세이퍼트은하, 전파 은하, 퀘이사 등이 있다.
  ➡ 특이 은하의 중심부에는 거대 질량의 블랙홀이 있을 것으로 추정된다.
③ 전파 은하는 일반 은하보다 수백 배 이상의 강한 전파를 방출하는 은하이다.
  ➡ 전파 은하를 관측하면 강력한 전파를 방출하는 로브와 로브로 이어지는 제트가 관측된다.

문제 보기

그림은 전파 은하 M87의 가시광선 영상과 전파 영상을 나타낸 것이다.

타원 은하
➡ 붉은색 별이 많다.

제트

가시광선 영상

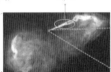
전파 영상

전파 영상
은하의 중심부 ➡ 거대 질량의 블랙홀이 존재한다.

이 은하에 대한 설명으로 옳은 것만을 〈보기〉에서 있는 대로 고른 것은?

〈보기〉 풀이

보기

✗ 은하를 구성하는 별들은 푸른 별이 붉은 별보다 많다.
  ➡ 전파 은하는 가시광선 영상에서 타원 은하로 관측된다. 타원 은하를 구성하는 별들은 대부분 나이가 많고 표면 온도가 낮은 붉은 별들이 젊고 표면 온도가 높은 푸른 별보다 많다.

✗ 제트에서는 별이 활발하게 탄생한다.
  ➡ 제트는 블랙홀로 빨려 들어가는 입자 중 일부분이 자기장을 따라 탈출하는 현상으로, 제트에서 별이 활발하게 탄생하는 것은 아니다.

ⓒ 중심에는 질량이 거대한 블랙홀이 있다.
  ➡ 전파 영상에서는 은하 중심부에 어두운 부분과 그 주변을 둘러싼 밝은 고리가 관측되는데, 이는 은하 중심부에 질량이 거대한 블랙홀이 존재하여 어둡게 관측되는 것으로 추정된다.

21

은하의 특징 2024학년도 3월 학평 지Ⅰ 12번

정답 ⑤ | 정답률 60%

적용해야 할 개념 ③가지

① 은하는 형태에 따라 타원 은하, 나선 은하(정상 나선 은하, 막대 나선 은하), 불규칙 은하로 구분한다.
② 전파 은하는 보통의 은하에 비해 매우 강한 전파를 방출하는 은하이다.
③ 전파 은하를 전파 영역에서 관측하면 중심핵 양쪽에 길고 좁은 제트가 있고, 제트의 끝에 둥근 돌출부인 로브가 연결된다.

문제 보기

그림 (가)는 어느 은하의 가시광선 영상을, (나)는 (가)와 종류가 다른 은하의 가시광선 영상과 전파 영상을 나타낸 것이다.

로브 제트 은하핵

은하핵 막대 구조
(가)
막대 나선 은하

가시광선 영상
타원 은하
(나)

전파 영상
전파 은하

이에 대한 설명으로 옳은 것만을 〈보기〉에서 있는 대로 고른 것은?

〈보기〉 풀이

보기

ㄱ. (가)에서는 막대 구조가 관찰된다.
  ➡ (가)는 가시광선 영상에서 은하핵을 가로지르는 막대 구조가 나타나므로 막대 나선 은하에 속한다.

ㄴ. (나)의 전파 영상에서는 제트가 관찰된다.
  ➡ (나)의 전파 영상에서는 은하핵의 회전축을 따라 물질과 에너지가 방출되어 길고 좁은 형태의 제트가 관찰된다.

ㄷ. 새로운 별의 생성은 (가)에서가 (나)에서보다 활발하다.
  ➡ 허블의 은하 분류에 따르면 (가)는 막대 나선 은하이고, (나)는 타원 은하이다. 타원 은하는 성간 물질이 거의 없으므로 새로운 별이 생성되기 어렵고, 나선 은하는 나선팔에 성간 물질이 많이 분포하여 새로운 별이 활발하게 생성된다. 따라서 새로운 별의 생성은 (가)에서가 (나)에서보다 활발하게 일어난다.

22 은하 분류와 퀘이사 2022학년도 6월 모평 지Ⅰ 5번 정답 ② | 정답률 67 %

적용해야 할 개념 ③가지

① 허블은 은하를 형태학적으로 분류하여 타원 은하, 나선 은하, 불규칙 은하로 구분하였다.

② 크기, 모양, 조성 등에서 남다른 특징이 나타나는 은하를 특이 은하라고 한다.
➡ 특이 은하에는 세이퍼트은하, 전파 은하, 퀘이사 등이 있다.

③ 퀘이사는 은하 전체의 광도에 대한 중심부의 광도가 매우 크며, 스펙트럼에서 매우 큰 적색 편이가 나타난다.

문제 보기

그림 (가)와 (나)는 가시광선으로 관측한 외부 은하와 퀘이사를 나타낸 것이다.

별(항성)처럼 보인다. ➡ 매우 큰 적색 편이 값을 가진다.

(가) 외부 은하
└ 나선 은하
(나) 퀘이사

이에 대한 설명으로 옳은 것만을 〈보기〉에서 있는 대로 고른 것은?

보기

〈보기〉 풀이

✗ (가)는 불규칙 은하이다.
➡ (가)는 나선팔이 관측되고 있으므로 나선 은하이다.

✗ (나)는 항성이다.
➡ (나)는 퀘이사이다. 퀘이사는 특이 은하 중 하나로 수많은 별들로 이루어진 은하이지만 너무 멀리 있어서 하나의 별처럼 보이며, 중심부에 질량이 매우 큰 블랙홀이 있을 것으로 추정된다.

ⓓ (나)는 우리은하로부터 멀어지고 있다.
➡ 퀘이사는 일반적으로 우리은하로부터 매우 멀리 떨어져 있어서 매우 큰 적색 편이 값을 갖는다. 따라서 퀘이사인 (나)는 우리은하로부터 빠르게 멀어지고 있다.

---

23 특이 은하 2025학년도 9월 모평 지Ⅰ 10번 정답 ⑤ | 정답률 77 %

적용해야 할 개념 ③가지

① 퀘이사는 가시광선에서 관측하면 보통의 별처럼 보이지만 매우 큰 적색 편이가 나타난다. ➡ 거리가 매우 멀고, 후퇴 속도도 매우 빠르다.

② 퀘이사의 중심부에는 거대 질량의 블랙홀이 있을 것으로 추정된다.

③ 은하까지의 거리는 $\dfrac{파장\ 변화량}{기준\ 파장} = \dfrac{허블\ 상수 \times 은하까지의\ 거리}{빛의\ 속도}$ 로부터 구할 수 있다.

문제 보기

그림 (가)는 어떤 은하의 모습을, (나)는 이 은하에서 관측된 수소 방출선 A의 위치를 나타낸 것이다. A의 기준 파장은 656.3 nm 이다.

가시광선 영역에서 보통의 별처럼 보인다. ➡ 퀘이사

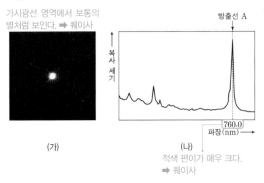

(가)

(나)
적색 편이가 매우 크다.
➡ 퀘이사

이 은하에 대한 설명으로 옳은 것만을 〈보기〉에서 있는 대로 고른 것은? (단, 빛의 속도는 3×10^5 km/s이고, 허블 상수는 70 km/s/Mpc이다.) [3점]

보기

〈보기〉 풀이

✗ 단위 시간 동안 방출하는 에너지양은 우리은하보다 적다.
➡ (가)의 은하 사진에서는 보통의 별처럼 보이지만 (나)의 스펙트럼에서는 적색 편이가 매우 크게 나타나는 은하이므로 매우 먼 거리에 있는 퀘이사이다. 퀘이사는 단위 시간 동안 방출하는 에너지양이 우리은하보다 훨씬 많다.

ⓛ 중심부에는 거대 질량의 블랙홀이 존재할 것으로 추정된다.
➡ 퀘이사는 중심부에서 막대한 양의 에너지가 방출되는데, 이는 퀘이사의 중심부에 질량이 매우 큰 블랙홀이 있기 때문이다.

ⓓ 은하까지의 거리는 400 Mpc보다 멀다.
➡ 도플러 효과와 허블 법칙을 적용하면 $\dfrac{파장\ 변화량}{기준\ 파장} = \dfrac{허블\ 상수 \times 은하까지의\ 거리}{빛의\ 속도}$ 이므로 $\dfrac{103.7\ nm}{656.3\ nm} = \dfrac{70\ km/s/Mpc \times r}{3 \times 10^5\ km/s}$ 이고, $r \fallingdotseq 677(Mpc)$이다. 따라서 은하까지의 거리는 400 Mpc보다 멀다.

적용해야 할 개념 ③가지

① 특이 은하에는 세이퍼트은하, 전파 은하, 퀘이사 등이 있다.

② 퀘이사는 우리은하로부터 매우 멀리 위치하므로 적색 편이가 크게 나타난다.

③ 정상 우주론은 우주가 팽창하면서 새로 생긴 공간에 물질이 계속 생성되어 우주의 총 질량은 증가하고, 온도와 밀도는 일정하게 유지된다는 이론이다.

문제 보기

그림 (가)는 가시광선 영역에서 관측된 어느 퀘이사를, (나)는 퀘이사의 적색 편이에 따른 개수 밀도를 나타낸 것이다.

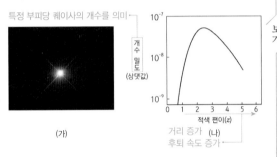

특정 부피당 퀘이사의 개수를 의미

개수 밀도 (상댓값)

적색 편이(z)
거리 증가 (나)
후퇴 속도 증가

(가)

이에 대한 설명으로 옳은 것만을 〈보기〉에서 있는 대로 고른 것은?

〈보기〉 풀이

ㄱ. **퀘이사의 광도는 항성의 광도보다 크다.**

➡ 퀘이사는 별(항성)처럼 보이는 특이 은하 중 하나로, 수많은 별들의 집합체이다. 따라서 퀘이사의 광도는 항성의 광도보다 훨씬 크다.

✗ **퀘이사는 우리은하 내부에 있는 천체이다.**

➡ 퀘이사는 큰 적색 편이를 갖는 천체로 우리은하로부터 매우 멀리 떨어진 외부 은하이다.

✗ **퀘이사의 개수 밀도는 정상 우주론으로 설명할 수 있다.**

➡ 정상 우주론에서는 우주는 팽창하여도 우주의 온도와 밀도는 변하지 않고 항상 일정한 상태를 유지하므로 퀘이사의 개수 밀도는 항상 일정해야 한다. (나)와 같이 적색 편이에 따라서 퀘이사의 개수 밀도가 달라지는 것은 시간에 상관없이 같은 모습을 하고 있다는 정상 우주론으로는 설명할 수 없다.

보기

적용해야 할 개념 ③가지

① 퀘이사는 준항성체로, 매우 먼 거리에 있어서 별처럼 점으로 관찰되는 천체이다. ➡ 스펙트럼에서 매우 큰 적색 편이가 나타난다.

② 은하의 후퇴 속도가 빠를수록 적색 편이가 크게 나타난다.

③ 퀘이사는 은하 전체의 광도에 대한 중심부의 광도가 매우 크다.

문제 보기

그림 (가)와 (나)는 서로 다른 두 은하의 스펙트럼과 Hα 방출선의 파장 변화(→)를 나타낸 것이다. (가)와 (나)는 각각 퀘이사와 일반 은하 중 하나이다.

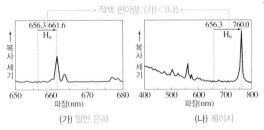

적색 편이량: (가) < (나)

656.3 661.6
Hα
복사 세기
650 660 670 680
파장(nm)
(가) 일반 은하

656.3 760.0
Hα
복사 세기
400 500 600 700 800
파장(nm)
(나) 퀘이사

이에 대한 옳은 설명만을 〈보기〉에서 있는 대로 고른 것은?

〈보기〉 풀이

ㄱ. **퀘이사의 스펙트럼은 (나)이다.**

➡ 퀘이사는 아주 먼 거리에 있어서 점으로 관찰되는 천체로, 적색 편이가 매우 크게 나타난다. (나)는 (가)에 비해 적색 편이가 크게 나타나므로 (나)는 퀘이사의 스펙트럼이다.

✗ **은하의 후퇴 속도는 (가)가 (나)보다 크다.**

➡ (나)는 (가)보다 스펙트럼에서 적색 편이가 크게 나타난다. 은하의 후퇴 속도가 빠를수록 적색 편이가 크게 나타나므로 은하의 후퇴 속도는 (나)가 (가)보다 크다.

✗ **$\dfrac{\text{은하 중심부에서 방출되는 에너지}}{\text{은하 전체에서 방출되는 에너지}}$ 는 (가)가 (나)보다 크다.**

➡ 퀘이사는 준항성체로 태양계 정도의 크기이지만 매우 강한 에너지를 방출하는 천체이다. 작은 규모이지만 방출되는 에너지가 매우 강한 것으로 보아 퀘이사의 중심부에 질량이 매우 큰 거대 블랙홀이 있을 것으로 추정된다. 블랙홀은 퀘이사의 중심부에 위치하고 있으므로 $\dfrac{\text{은하 중심부에서 방출되는 에너지}}{\text{은하 전체에서 방출되는 에너지}}$ 는 (나) 퀘이사가 (가) 일반 은하보다 크다.

보기

26 | 특이 은하 – 퀘이사 2022학년도 3월 학평 지I 19번 정답 ④ | 정답률 62 %

적용해야 할 개념 ③가지

① 특이 은하에는 퀘이사, 세이퍼트은하, 전파 은하 등이 있다.

② 퀘이사는 은하까지의 거리가 매우 멀어 적색 편이가 매우 크게 나타난다.

③ 빅뱅 우주론에 따르면 우리은하로부터 멀리 있는 은하일수록 후퇴 속도가 크다.

문제 보기

그림 (가)는 지구에서 관측한 어느 퀘이사 X의 모습을, (나)는 X의 스펙트럼과 Hα 방출선의 파장 변화(→)를 나타낸 것이다. X의 절대 등급은 −26.7이고, 우리은하의 절대 등급은 −20.8이다.

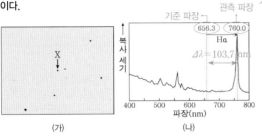

(가)   (나)

이에 대한 옳은 설명만을 〈보기〉에서 있는 대로 고른 것은? [3점]

〈보기〉 풀이

ㄱ. **X는 많은 별들로 이루어진 천체이다.**

➡ 퀘이사는 별처럼 보이는 특이 은하 중 하나이다. 은하는 수많은 별들이 모여 있는 집합체이므로, X는 많은 별들로 이루어진 천체이다.

✗ $\dfrac{\text{X의 광도}}{\text{우리은하의 광도}}$ **는 100보다 작다.**

➡ X의 절대 등급은 −26.7, 우리은하의 절대 등급은 −20.8이므로, X는 우리은하보다 절대 등급이 5.9등급 작다. 절대 등급이 5등급 작으면 광도는 100배 크므로 $\dfrac{\text{X의 광도}}{\text{우리은하의 광도}}$ 는 100보다 크다.

ㄷ. **X보다 거리가 먼 퀘이사의 스펙트럼에서는 Hα 방출선의 파장 변화량이 103.7 nm 보다 크다.**

➡ (나)에서 Hα의 파장 변화량은 103.7 nm이다. 스펙트럼의 파장 변화량은 은하의 후퇴 속도에 비례하고, 은하의 후퇴 속도는 은하의 거리에 비례한다. 따라서 X보다 거리가 먼 퀘이사의 스펙트럼에서 Hα의 파장 변화량은 103.7 nm보다 클 것이다.

---

27 | 특이 은하 – 퀘이사 2022학년도 4월 학평 지I 18번 정답 ③ | 정답률 47 %

적용해야 할 개념 ③가지

① 특이 은하에는 세이퍼트은하, 전파 은하, 퀘이사 등이 있다.

② 퀘이사는 은하까지의 거리가 매우 멀어 적색 편이가 매우 크게 나타난다.

③ 은하의 후퇴 속도를 v, 원래 파장을 λ_0, 파장 변화량을 $\Delta\lambda$라고 할 때 $\dfrac{\Delta\lambda}{\lambda_0} = \dfrac{v}{c}$($c$: 빛의 속도)이다.

문제 보기

그림은 어느 퀘이사의 스펙트럼 분석 자료 중 일부를 나타낸 것이다. A와 B는 각각 방출선과 흡수선 중 하나이다.

우리은하로부터 매우 멀리 있어 후퇴 속도가 매우 크다.

(단위: nm)

A의 정지 상태 파장	112
A의 관측 파장	256
B의 정지 상태 파장	㉠
B의 관측 파장	277

파장 변화량 ➡ A: 144 nm
         ➡ B: (277 − ㉠) nm

이에 대한 설명으로 옳은 것만을 〈보기〉에서 있는 대로 고른 것은?

〈보기〉 풀이

ㄱ. **A는 흡수선이다.**

➡ 방출선은 복사 에너지 세기 값이 평균적인 다른 값보다 크고, 흡수선은 에너지가 중간에 흡수되어 적어졌으므로 복사 에너지 세기 값이 다른 값보다 작다. 따라서 A는 흡수선, B는 방출선이다.

✗ **㉠은 133이다.**

➡ A의 관측 파장과 정지 상태의 파장의 차이는 256−112=144 nm이다. B의 관측 파장은 A의 관측 파장보다 길므로 B의 정지 상태의 파장도 A의 정지 상태의 파장보다 길다. 도플러 효과에 의한 파장의 변화량은 $\dfrac{\Delta\lambda}{\lambda_0} = \dfrac{v}{c}$이므로 정지 상태의 파장($\lambda_0$) 값이 커질수록 $\Delta\lambda$도 커져야 한다. 따라서 B의 파장 변화량은 A의 파장 변화량인 144보다 커야 하므로 ㉠은 133보다 작다.

ㄷ. **이 퀘이사는 우리은하로부터 멀어지고 있다.**

➡ 이 퀘이사는 관측 파장이 정지 상태의 파장보다 길어졌으므로 적색 편이가 나타난다. 따라서 이 퀘이사는 우리은하로부터 멀어지고 있다.

적용해야 할 개념 ③가지

① 크기, 모양, 조성 등에서 남다른 특징이 나타나는 은하를 특이 은하라고 한다.
➡ 특이 은하에는 세이퍼트은하, 전파 은하, 퀘이사 등이 있다.

② 세이퍼트은하는 보통 은하에 비해 매우 밝은 핵과 넓은 수소 방출선이 나타나는 은하이다.
➡ 대체로 허블의 은하 분류상 나선 은하로 분류된다.

③ 전파 은하는 일반 은하보다 수백 배 이상의 강한 전파를 방출하는 은하이다.
➡ 전파 은하를 관측하면 강력한 전파를 방출하는 로브와 로브로 이어지는 제트가 관측된다.

전파 은하 ▶

문제 보기

그림 (가)는 세이퍼트은하, (나)는 전파 은하를 관측한 것이다.

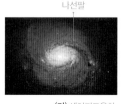

나선팔

(가) 세이퍼트은하

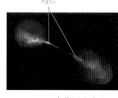

제트

(나) 전파 은하

이에 대한 옳은 설명만을 〈보기〉에서 있는 대로 고른 것은?

보기

〈보기〉 풀이

ㄱ. (가)에서는 나선팔이 관측된다.
➡ (가) 세이퍼트은하에서는 나선팔이 관측되며, 대부분 나선 은하로 형태학적 분류가 가능하다.

ㄴ. (나)에서는 제트가 관측된다.
➡ (나) 전파 은하에서는 중심핵으로부터 양쪽의 로브를 잇는 강력한 물질의 흐름인 제트가 관측된다.

ㄷ. (가)와 (나)는 모두 특이 은하에 속한다.
➡ 특이 은하는 다른 은하들과는 구조, 에너지의 세기, 적색 편이 정도 등이 남다르게 나타나는 은하로, 특이 은하에는 세이퍼트은하, 전파 은하, 퀘이사 등이 있다. 따라서 (가)와 (나)는 모두 특이 은하에 속한다.

29 | **특이 은하 – 세이퍼트은하, 퀘이사, 전파 은하** 2021학년도 6월 모평 지Ⅰ 9번 | 정답 ② | 정답률 38 %

적용해야 할 개념 ④가지

① 특이 은하는 세이퍼트은하, 퀘이사, 전파 은하 등으로 구분할 수 있다.
② 특이 은하의 중심부에는 거대 블랙홀이 있을 것으로 추정된다.
③ 퀘이사는 은하 전체의 광도에 대한 중심부의 광도가 세이퍼트은하보다 크다.
④ 전파 은하를 전파 영역에서 보면, 이온화된 물질과 폭발적인 에너지의 흐름인 제트가 관측된다.

문제 보기

그림 (가), (나), (다)는 각각 세이퍼트은하, 퀘이사, 전파 은하의 영상을 나타낸 것이다. (가)와 (나)는 가시광선 영상이고, (다)는 가시광선과 전파로 관측하여 합성한 영상이다.

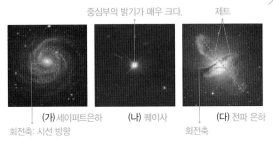

중심부의 밝기가 매우 크다.   제트

(가) 세이퍼트은하   (나) 퀘이사   (다) 전파 은하
회전축: 시선 방향   회전축

이 자료에 대한 설명으로 옳은 것만을 〈보기〉에서 있는 대로 고른 것은? [3점]

〈보기〉 풀이

✗ (가)와 (다)의 은하 중심부 별들의 회전축은 관측자의 시선 방향과 일치한다.
➡ 은하 중심부에 별이 모여 있는 부분을 팽대부라고 하며, 일반적으로 팽대부의 회전축은 은하 전체의 회전축과 거의 일치한다. 은하의 별들은 대체로 회전축을 중심으로 회전하면서 납작한 원반 모양을 형성하며, 회전축과 은하 원반이 수직을 이루고 있다. (가)에서 은하 중심부 별들의 회전축은 시선 방향과 일치한다. 반면, (다)에서 은하 중심부 별들의 회전축은 은하 원반의 회전축과 유사하며, 관측자의 시선 방향과 일치하지 않는다.

ㄴ. 각 은하의 $\dfrac{중심부의\ 밝기}{전체의\ 밝기}$ 는 (나)의 은하가 가장 크다.
➡ 은하 전체의 광도에 대하여 중심부의 광도가 큰 은하로는 (가) 세이퍼트은하와 (나) 퀘이사가 있으며, 그 중 퀘이사가 세이퍼트은하보다 은하 전체의 광도에 대한 중심부의 광도가 훨씬 크다. 따라서 $\dfrac{중심부의\ 밝기}{전체의\ 밝기}$ 는 (나)가 가장 크다.

✗ (다)의 제트는 은하의 중심에서 방출되는 별들의 흐름이다.
➡ 제트는 전파 은하 중심에 존재하는 거대한 블랙홀의 강한 중력과 자기장으로 인해 형성되는 것으로 추정되며, 은하의 중심에서는 이온화된 물질과 에너지가 방출된다. 따라서 (다)의 제트는 은하의 중심에서 방출되는 이온화된 물질과 에너지의 흐름이다.

보기

---

30 | **외부 은하** 2025학년도 수능 지Ⅰ 5번 | 정답 ④ | 정답률 70 %

적용해야 할 개념 ②가지

① 세이퍼트은하의 스펙트럼에서는 폭이 넓은 방출선이 나타나고, 은하 전체의 광도에 대한 중심부의 광도가 비정상적으로 높다.
② 타원 은하는 대부분 붉은색을 띠는 늙은 별들로 이루어져 있으며, 성간 물질이 거의 없다.

문제 보기

그림은 은하 (가)와 (나)의 스펙트럼을 나타낸 것이다. (가)와 (나)는 각각 세이퍼트은하와 타원 은하 중 하나이다.

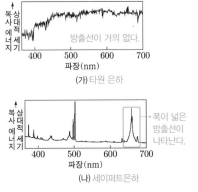

복사 에너지의 상대적 세기
방출선이 거의 없다.
400   500   600   700
파장(nm)
(가) 타원 은하

복사 에너지의 상대적 세기
폭이 넓은 방출선이 나타난다.
400   500   600   700
파장(nm)
(나) 세이퍼트은하

이에 대한 설명으로 옳은 것만을 〈보기〉에서 있는 대로 고른 것은?

〈보기〉 풀이

✗ (가)는 세이퍼트은하이다.
➡ 동일한 파장 영역에서 (가)와 (나)의 스펙트럼을 비교해 보면 (나)에서 폭이 넓은 방출선이 나타나므로 (가)는 타원 은하, (나)는 세이퍼트은하이다.

ㄴ. (나)의 스펙트럼에는 방출선이 나타난다.
➡ (나)의 스펙트럼에는 복사 에너지의 상대적 세기가 급격하게 강해지는 방출선이 나타난다.

ㄷ. 은하를 구성하는 주계열성의 평균 표면 온도는 (가)가 우리은하보다 낮다.
➡ 타원 은하는 은하를 구성하는 별들이 대부분 나이가 많고, 질량이 작으므로 표면 온도가 낮은 붉은 별들이 많다. 반면에 나선 은하인 우리은하는 나이가 젊고 파란 별들이 나선팔에 많이 분포한다. 따라서 은하를 구성하는 주계열성의 평균 표면 온도는 (가)가 우리은하보다 낮다.

보기

28 일차

01 ③	02 ③	03 ⑤	04 ⑤	05 ⑤	06 ③	07 ⑤	08 ①	09 ①	10 ⑤	11 ④	12 ③
13 ③	14 ⑤	15 ②	16 ③	17 ③	18 ①	19 ⑤	20 ⑤	21 ④	22 ②	23 ③	24 ①
25 ⑤	26 ③	27 ①	28 ⑤	29 ③	30 ③	31 ①	32 ①				

문제편 282쪽~291쪽

---

01 허블 법칙 2024학년도 10월 학평 지Ⅰ 13번 | 정답 ③ | 정답률 61%

적용해야 할 개념 ③가지

① 은하까지의 거리가 r일 때, 은하의 후퇴 속도(v)는 $v = H \cdot r$(H: 허블 상수)이다.
② 동일한 거리에 있는 두 은하에서 후퇴 속도가 클수록 허블 상수는 크다.
③ 관측 가능한 우주의 크기(r)는 빛의 속도(c)로 멀어지는 은하까지의 거리이다. ➡ $r = \dfrac{c}{H}$(H: 허블 상수)

문제 보기

그림 (가)와 (나)는 각각 서로 다른 거리에 있는 외부 은하의 거리와 후퇴 속도, 추세선의 기울기 H_1, H_2를 나타낸 것이다. 은하 ㉠은 추세선 상에 위치하고, $H_1 = 70$ km/s/Mpc이다.

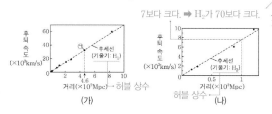

7보다 크다. ➡ H_2가 70보다 크다.
거리(×10⁹Mpc)→허블 상수
(가)
허블 상수 (나)
보기

이 자료에 대한 설명으로 옳은 것만을 〈보기〉에서 있는 대로 고른 것은?

〈보기〉 풀이

ㄱ. 은하 ㉠의 후퇴 속도는 32200 km/s이다.
➡ 허블 법칙에 따르면 $v = H \cdot r$(H: 허블 상수)이고, (가)에서 $H_1 = 70$ km/s/Mpc이므로, 은하 ㉠의 후퇴 속도는 70 km/s/Mpc × 4.6×10^2 Mpc = 32200 km/s이다.

ㄴ. H_2는 H_1보다 크다.
➡ (나)에서 거리가 1×10^2 Mpc일 때 후퇴 속도가 7×10^3 km/s보다 크므로 H_2는 70 km/s/Mpc보다 크다. 따라서 H_2는 H_1보다 크다.

ㄷ. (가), (나)가 각각 허블 법칙을 만족할 때, 관측 가능한 우주의 크기는 H_2로 구한 값이 H_1로 구한 값보다 크다.
➡ 빛의 속도(c)로 멀어지는 은하까지의 거리를 r이라 하고 허블 법칙을 적용하면 $r = \dfrac{c}{H}$이고, 이것은 관측 가능한 우주의 크기에 해당한다. $H_2 > H_1$이므로 관측 가능한 우주의 크기는 H_2로 구한 값이 H_1로 구한 값보다 작다.

---

02 우주의 팽창과 허블 상수 2024학년도 3월 학평 지Ⅰ 18번 | 정답 ③ | 정답률 58%

적용해야 할 개념 ③가지

① 후퇴 속도가 큰 천체일수록 적색 편이량이 크다.
② 은하까지의 거리가 멀수록 후퇴 속도가 증가하는 것은 우주가 팽창하기 때문이다.
③ 허블 법칙을 적용한 우주의 나이는 허블 상수의 역수에 해당한다.

문제 보기

그림 (가)와 (나)는 각각 가까운 은하들과 먼 은하들의 거리와 후퇴 속도를 나타낸 것이다.

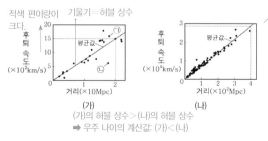

적색 편이량이 크다. 기울기=허블 상수
거리(×10Mpc)
(가)
(나)
보기
(가)의 허블 상수 > (나)의 허블 상수
➡ 우주 나이의 계산값: (가) < (나)

이 자료에 대한 설명으로 옳은 것만을 〈보기〉에서 있는 대로 고른 것은? [3점]

〈보기〉 풀이

ㄱ. 은하의 적색 편이량$\left(=\dfrac{\text{관측 파장} - \text{기준 파장}}{\text{기준 파장}}\right)$은 ㉠이 ㉡보다 크다.
➡ 은하의 적색 편이량이 클수록 후퇴 속도가 크다. ㉠은 ㉡보다 후퇴 속도가 크므로 적색 편이량은 ㉠이 ㉡보다 크다.

ㄴ. 우주의 팽창을 지지하는 증거 자료이다.
➡ 우리은하로부터의 거리가 멀어질수록 후퇴 속도가 증가하는 것은 우주가 팽창하기 때문이다. 따라서 이는 우주의 팽창을 지지하는 증거 자료이다.

ㄷ. (가)를 이용해 구한 우주의 나이는 (나)를 이용해 구한 우주의 나이보다 많다.
➡ 허블 법칙에서 은하의 후퇴 속도(v)는 은하까지의 거리(r)에 비례하며, $v = H \times r$(H: 허블 상수)로 나타낸다. 허블 법칙을 적용한 우주의 나이는 허블 상수의 역수$\left(\dfrac{1}{H}\right)$에 해당하는데, (가)에서 허블 상수는 75 km/s/Mpc이고 (나)에서 허블 상수는 75 km/s/Mpc보다 작으므로 우주의 나이는 (가)를 이용해 구한 값이 (나)를 이용해 구한 값보다 적다.

적용해야 할 개념 ②가지

① 허블 법칙은 $v = H \cdot r$ (v: 후퇴 속도, H: 허블 상수, r: 외부 은하까지의 거리)이다. ➡ 멀리 있는 은하일수록 더 빠르게 멀어진다.

② 은하의 후퇴 속도가 빠를수록 적색 편이가 크게 나타난다. ➡ $v = \dfrac{\Delta\lambda}{\lambda_0} \times c$ (v: 후퇴 속도, $\Delta\lambda$: 파장 변화량, λ_0: 고유 파장, c: 빛의 속도)

문제 보기

그림은 우리은하에서 관측한 외부 은하 A와 B의 거리와 후퇴 속도를 나타낸 것이다. A와 B는 허블 법칙을 만족한다.

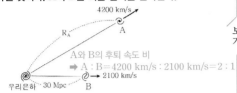

4200 km/s
R_A A
A와 B의 후퇴 속도 비
➡ A : B = 4200 km/s : 2100 km/s = 2 : 1
우리은하 30 Mpc B 2100 km/s

은하의 후퇴 속도 ∝ 은하까지의 거리
➡ A와 B의 거리 비 = 2 : 1
➡ A의 거리: 60 Mpc

이에 대한 옳은 설명만을 〈보기〉에서 있는 대로 고른 것은? (단, 빛의 속도는 3×10^5 km/s이다.) [3점]

〈보기〉 풀이

ㄱ. R_A는 60 Mpc이다.

➡ 허블 법칙에 따르면 은하의 후퇴 속도는 거리에 비례한다. A의 후퇴 속도는 4200 km/s이고, B의 후퇴 속도는 2100 km/s이므로, 은하의 거리는 A가 B보다 2배 멀다. 따라서 R_A는 60 Mpc이다.

ㄴ. 허블 상수는 70 km/s/Mpc이다.

➡ 은하 B의 후퇴 속도는 2100 km/s이고, 거리는 30 Mpc이므로 허블 법칙($v = H \cdot r$)으로부터 허블 상수(H)를 구하면, $H = \dfrac{v}{r} = \dfrac{2100 \text{ km/s}}{30 \text{ Mpc}} = 70$ km/s/Mpc이다.

ㄷ. 우리은하에서 A를 관측했을 때 관측된 흡수선의 파장이 507 nm라면 이 흡수선의 기준 파장은 500 nm이다.

➡ 흡수선의 기준 파장을 λ_0라고 할 때, 우리은하에서 관측한 A의 후퇴 속도는 4200 km/s이고, 흡수선의 파장이 507 nm이므로, $\dfrac{v}{c} = \dfrac{\Delta\lambda}{\lambda_0}$에서 $\dfrac{4200 \text{ km/s}}{300000 \text{ km/s}} = \dfrac{(507 \text{ nm} - \lambda_0)}{\lambda_0}$이다. 따라서 $\lambda_0 = 500$ nm이다.

보기

적용해야 할 개념 ②가지

① 허블 법칙은 $v = H \cdot r$ (v: 후퇴 속도, H: 허블 상수, r: 외부 은하까지의 거리)이다. ➡ 멀리 있는 은하일수록 더 빠르게 멀어진다.

② 은하의 후퇴 속도가 빠를수록 적색 편이가 크게 나타난다. ➡ $v = \dfrac{\Delta\lambda}{\lambda_0} \times c$ (v: 후퇴 속도, $\Delta\lambda$: 파장 변화량, λ_0: 고유 파장, c: 빛의 속도)

문제 보기

그림은 외부 은하까지의 거리와 후퇴 속도를 나타낸 것이다. A와 B는 각각 서로 다른 시기에 관측한 자료이다.

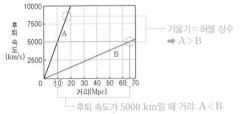

후퇴 속도 (km/s)

기울기 = 허블 상수
➡ A > B

후퇴 속도가 5000 km일 때 거리: A < B

이에 대한 설명으로 옳은 것만을 〈보기〉에서 있는 대로 고른 것은?

〈보기〉 풀이

ㄱ. A에서 허블 상수는 500 km/s/Mpc이다.

➡ A에서 거리 10 Mpc일 때 후퇴 속도는 5000 km/s이다. 허블 법칙($v = H \cdot r$)에 의해 5000 km/s $= H \times 10$ Mpc, $H = 500$ km/s/Mpc이다.

ㄴ. 후퇴 속도가 5000 km/s인 은하까지의 거리는 A보다 B에서 멀다.

➡ 후퇴 속도가 5000 km/s인 은하까지의 거리는 A일 때는 10 Mpc, B일 때는 약 65 Mpc이다. 따라서 A보다 B에서 더 멀다.

ㄷ. 허블 법칙으로 계산한 우주의 나이는 A보다 B에서 많다.

➡ 허블 법칙과 우주의 나이 관계는 $t = \dfrac{1}{H}$이다. 따라서 허블 상수가 클수록 우주의 나이가 적다. A와 B 중 허블 상수가 더 작은 시기는 B이므로 허블 상수로부터 계산된 우주의 나이는 A보다 B에서 많다.

보기

적용해야 할 개념 ②가지

① 허블 법칙은 $v = H \cdot r$ (v: 후퇴 속도, H: 허블 상수, r: 외부 은하까지의 거리)이다. ➡ 멀리 있는 은하일수록 더 빠르게 멀어진다.

② 은하의 후퇴 속도가 빠를수록 적색 편이가 크게 나타난다. ➡ $v = \dfrac{\Delta\lambda}{\lambda_0} \times c$ (v: 후퇴 속도, $\Delta\lambda$: 파장 변화량, λ_0: 고유 파장, c: 빛의 속도)

문제 보기

그림은 허블 법칙을 만족하는 외부 은하의 거리와 후퇴 속도의 관계 l과 우리은하에서 은하 A, B, C를 관측한 결과이고, 표는 이 은하들의 흡수선 관측 결과를 나타낸 것이다. B의 흡수선 관측 파장은 허블 법칙으로 예상되는 값보다 8 nm 더 길다.

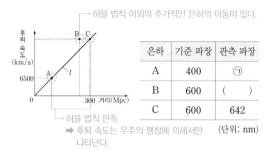

허블 법칙 이외의 추가적인 은하의 이동이 있다.

허블 법칙 만족
➡ 후퇴 속도는 우주의 팽창에 의해서만 나타난다.

은하	기준 파장	관측 파장
A	400	㉠
B	600	( )
C	600	642

(단위: nm)

이 자료에 대한 설명으로 옳은 것만을 〈보기〉에서 있는 대로 고른 것은? (단, 우리은하에서 관측했을 때 A, B, C는 동일한 시선 방향에 놓여있고, 빛의 속도는 3×10^5 km/s이다.)

〈보기〉 풀이

ㄱ. 허블 상수는 70 km/s/Mpc이다.

➡ 후퇴 속도(v)는 $v = \dfrac{\Delta\lambda}{\lambda_0} \times c$이고, 허블 법칙은 $v = H \cdot r$이므로 $H \cdot r = \dfrac{\Delta\lambda}{\lambda_0} \times c$이다. C의 기준 파장은 600 nm, 관측 파장은 642 nm이므로, 허블 상수(H)는 $H = \dfrac{c}{r} \cdot \dfrac{\Delta\lambda}{\lambda_0} = \dfrac{3 \times 10^5 \text{ km/s}}{300 \text{ Mpc}} \times \dfrac{42 \text{ nm}}{600 \text{ nm}} = 70$ km/s/Mpc이다.

ㄴ. ㉠은 410보다 작다.

➡ A의 후퇴 속도는 6500 km/s이므로, 6500 km/s $= \dfrac{(㉠-400) \text{ nm}}{400 \text{ nm}} \times 3 \times 10^5$ km/s 로부터 ㉠은 약 408.67이다. 따라서 ㉠은 410보다 작다.

ㄷ. A에서 B까지의 거리는 140 Mpc보다 크다.

➡ C의 후퇴 속도는 $v = H \cdot r = 70$ km/s/Mpc $\times 300$ Mpc $= 21000$ km/s이고, B와 C의 후퇴 속도는 같다. B의 파장은 허블 법칙을 만족했을 때보다 8 nm 더 길게 관측되었으므로 $\dfrac{8 \text{ nm}}{600 \text{ nm}} \times 3 \times 10^5$ km/s $= 4000$ km/s만큼 빠르게 관측된 것이다. 즉, B와 같은 거리에서 허블 법칙에 만족하는 은하의 후퇴 속도는 17000 km/s이다. 이로부터 은하의 거리를 구하면 $r = \dfrac{v}{H} = \dfrac{17000 \text{ km/s}}{70 \text{ km/s/Mpc}} = \dfrac{1700}{7}$ Mpc이다. A와 B는 동일한 시선 방향에 놓여 있고, A까지의 거리는 $\dfrac{6500 \text{ km/s}}{70 \text{ km/s/Mpc}} = \dfrac{650}{7}$ Mpc이므로, A에서 B까지의 거리는 $\left(\dfrac{1700}{7} - \dfrac{650}{7}\right)$ Mpc $= 150$ Mpc이다. 따라서 A에서 B까지의 거리는 140 Mpc보다 크다.

적용해야 할 개념 ③가지

① 멀리 있는 외부 은하들의 스펙트럼을 관측하면 대부분 흡수선들의 위치가 원래 위치보다 파장이 긴 적색 쪽으로 이동하는 적색 편이가 나타난다.

② 외부 은하의 후퇴 속도(v)와 적색 편이 사이에는 $v = c \times \dfrac{\Delta\lambda}{\lambda_0}$ (c: 빛의 속도, λ_0: 기준 파장, $\Delta\lambda$: 파장 변화량)의 관계가 성립한다.

③ 허블은 거리가 알려진 외부 은하들의 적색 편이를 측정하여 은하들의 후퇴 속도(v)가 거리(r)에 비례한다는 사실을 알아냈으며, 이 관계를 허블 법칙이라고 한다. ➡ $v = H \cdot r$ (H: 허블 상수)

28
일차

문제 보기

표는 우리은하에서 관측한 은하 A, B, C의 스펙트럼 관측 결과를 나타낸 것이다. B에서 관측할 때 A와 C의 시선 방향은 정반대이다. 우리은하와 A, B, C는 허블 법칙을 만족한다.

B의 후퇴 속도

➡ 3×10^5 km/s $\times \dfrac{12 \text{ nm}}{600 \text{ nm}}$

$= 6 \times 10^3$ km/s

$\dfrac{(612-600) \text{ nm}}{600 \text{ nm}} = \dfrac{(\bigcirc - 300) \text{ nm}}{300 \text{ nm}}$

기준 파장 (nm)	관측 파장(nm)		
	A	B	C
300	307.5	⊙ 306	307.5
600		612	

우리은하로부터 A와 C는 같은 거리에 위치.
B에서 관측할 때 A와 C는 정반대에 위치
➡ A에서 가장 멀리 있는 은하는 C

이에 대한 설명으로 옳은 것만을 〈보기〉에서 있는 대로 고른 것은? (단, 빛의 속도는 3×10^5 km/s이다.) [3점]

〈보기〉 풀이

보기

ㄱ. ⊙은 306이다.

➡ 동일한 은하의 경우에는 기준 파장에 관계없이 적색 편이가 일정하므로

$\dfrac{(612-600) \text{ nm}}{600 \text{ nm}} = \dfrac{(\bigcirc - 300) \text{ nm}}{300 \text{ nm}}$ 로부터 ⊙은 306이다.

ㄴ. B의 후퇴 속도는 6×10^3 km/s이다.

➡ 외부 은하의 후퇴 속도(v)는 $v = c \times \dfrac{\Delta\lambda}{\lambda_0}$ (c: 빛의 속도, λ_0: 기준 파장, $\Delta\lambda$: 파장 변화량)이므로, B의 후퇴 속도는 3×10^5 km/s $\times \dfrac{12 \text{ nm}}{600 \text{ nm}} = 6 \times 10^3$ km/s이다.

ㄷ. 우리은하, B, C 중 A에서 가장 멀리 있는 은하는 우리은하이다.

➡ 표에서 A와 C의 적색 편이가 같으므로 우리은하에서 관측했을 때 후퇴 속도가 서로 같다. 허블 법칙에 따라 우리은하로부터 A와 C는 같은 거리에 있고, B에서 관측할 때 A와 C는 정반대에 위치하므로, 우리은하, B, C 중 A에서 가장 멀리 있는 은하는 C이다.

적용해야 할 개념 ②가지	① 허블 법칙은 $v = H \cdot r$(v: 후퇴 속도, H: 허블 상수, r: 외부 은하까지의 거리)이다. ➡ 멀리 있는 은하일수록 더 빠르게 멀어진다.
	② 은하의 후퇴 속도가 빠를수록 적색 편이가 크게 나타난다. ➡ $v = \dfrac{\varDelta\lambda}{\lambda_0} \times c$($v$: 후퇴 속도, $\varDelta\lambda$: 파장 변화량, λ_0: 고유 파장, c: 빛의 속도)

문제 보기

표는 우리은하에서 외부 은하 A와 B를 관측한 결과이다. 우리은하에서 관측한 A와 B의 시선 방향은 90°를 이룬다.

은하	흡수선의 파장(nm)			거리(Mpc)
	기준 파장	관측 파장	$\varDelta\lambda$	
A	400	405.6	5.6	60
B	600	606.3	6.3	(45)

이에 대한 옳은 설명만을 〈보기〉에서 있는 대로 고른 것은? (단, A와 B는 허블 법칙을 만족하고, 빛의 속도는 3×10^5 km/s이다.) [3점]

보기

〈보기〉풀이

ㄱ. **허블 상수는 70 km/s/Mpc이다.**

➡ 우리은하로부터의 거리가 60 Mpc인 은하 A에서의 흡수선 파장이 5.6 nm 길어졌으므로

$\dfrac{\varDelta\lambda}{\lambda_0} = \dfrac{v}{c}$와 $v = H \cdot r$로부터 H를 구하면,

$H = \dfrac{v}{r} = \dfrac{\varDelta\lambda}{\lambda_0} \times \dfrac{c}{r} = \dfrac{5.6 \text{ nm}}{400 \text{ nm}} \times \dfrac{3 \times 10^5 \text{ km/s}}{60 \text{ Mpc}} = 70$ km/s/Mpc이다.

ㄴ. **우리은하에서 A를 관측하면 기준 파장이 600 nm인 흡수선의 관측 파장은 606.3 nm보다 길다.**

➡ 우리은하와 B 사이의 거리는 허블 법칙을 이용하여 구할 수 있다. 적색 편이와 후퇴 속도의 관계는 $\dfrac{\varDelta\lambda}{\lambda_0} = \dfrac{v}{c}$이고, 허블 법칙은 $v = H \cdot r$이므로, $r = \dfrac{\varDelta\lambda}{\lambda_0} \times \dfrac{c}{H}$이다. B의 관측 자료와 A로부터 구한 허블 상수를 대입하여 B의 거리를 구하면 45 Mpc이다. 따라서 우리은하로부터의 거리는 A가 B보다 멀기 때문에 우리은하에서 A를 관측하면 기준 파장이 600 nm인 흡수선의 관측 파장은 B에서 관측되는 606.3 nm보다 길다.

ㄷ. **A에서 관측한 B의 후퇴 속도는 5250 km/s이다.**

➡ 우리은하에서 관측한 A와 B의 시선 방향이 90°를 이루므로, 우리은하에서 보았을 때 A와 B 사이의 각도는 90°이다. 피타고라스 정리를 이용해 A와 B 사이의 거리를 구하면,

$\sqrt{(45^2 + 60^2)} = 75$ Mpc이다. 한편, 적색 편이와 후퇴 속도의 관계($\dfrac{\varDelta\lambda}{\lambda_0} = \dfrac{v}{c}$)로부터 우리은하에서 관측한 A의 후퇴 속도는 $v = \dfrac{\varDelta\lambda}{\lambda_0} \times c = \dfrac{5.6 \text{ nm}}{400 \text{ nm}} \times 3 \times 10^5$ km/s $= 4200$ km/s이다. 따라서 75 Mpc 떨어진 A와 B 사이에서 관측되는 후퇴 속도 x는 4200 km/s : 60 Mpc $= x$: 75 Mpc으로부터 $x = 5250$ km/s이다.

적용해야 할 개념 ③가지

① 은하의 후퇴 속도가 빠를수록 적색 편이가 크게 나타난다.

➡ $v = \dfrac{\Delta\lambda}{\lambda_0} \times c$ (v: 후퇴 속도, $\Delta\lambda$: 파장 변화량, λ_0: 기준 파장, c: 빛의 속도)

② 허블 법칙은 $v = Hr$이다. (v: 후퇴 속도, H: 허블 상수, r: 외부 은하까지의 거리)

➡ 멀리 있는 은하일수록 더 빠르게 멀어진다.

③ 우주의 팽창은 어디서나 동일하게 적용된다.

28 일차

문제 보기

표는 우리은하에서 관측한 외부 은하 A와 B의 흡수선 파장과 거리를 나타낸 것이다. A에서 관측한 B의 **후퇴 속도**는 17300 km/s이고, 세 은하는 허블 법칙을 만족한다.

은하	흡수선 파장(nm)	파장 변화량	거리(Mpc)
A	404.6	4.6	50
B	423	23	(가)

이에 대한 설명으로 옳은 것만을 〈보기〉에서 있는 대로 고른 것은? (단, 빛의 속도는 3×10^5 km/s이고, 이 흡수선의 고유 파장은 400 nm이다.) [3점]

〈보기〉 풀이

A의 흡수선 파장으로부터 후퇴 속도를 구하면,

$v = \dfrac{4.6 \text{ nm}}{400 \text{ nm}} \times (3 \times 10^5 \text{ km/s}) = 3450 \text{ km/s}$이다.

B의 흡수선 파장으로부터 후퇴 속도를 구하면,

$v = \dfrac{23 \text{ nm}}{400 \text{ nm}} \times (3 \times 10^5 \text{ km/s}) = 17250 \text{ km/s}$이다.

ㄱ **(가)는 250이다.**

➡ 허블 법칙 $v = Hr$에 따르면 후퇴 속도(v)가 클수록 은하 사이의 거리(r)가 멀다. 후퇴 속도는 A가 3450 km/s, B가 17250 km/s로 B가 A보다 5배 크므로 은하까지의 거리도 5배 멀다. 따라서 (가)는 250이다.

✗ **허블 상수는 70 km/s/Mpc보다 크다.**

➡ A의 후퇴 속도(v)는 3450 km/s이고, A까지의 거리(r)는 50 Mpc이므로 허블 법칙 ($v = Hr$)에서 허블 상수(H) $= \dfrac{3450 \text{ km/s}}{50 \text{ Mpc}} = 69 \text{ km/s/Mpc}$이다. 따라서 70 km/s/Mpc 보다 작다.

✗ **우리은하로부터 A까지의 시선 방향과 B까지의 시선 방향이 이루는 각도는 60°보다 작다.**

➡ A에서 관측한 B의 후퇴 속도(v)가 17300 km/s이므로, A와 B 사이의 거리는 우리은하와 B 사이의 거리보다 멀다. A와 B 사이의 거리가 우리은하와 B 사이의 거리보다 멀기 때문에 우리은하로부터 A까지의 시선 방향과 B까지의 시선 방향이 이루는 각도는 60°보다 커야 한다.

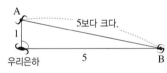

보기

적용해야 할 개념 ③가지

① 허블 법칙은 $v=Hr$이다. (v: 후퇴 속도, H: 허블 상수, r: 외부 은하까지의 거리) ➡ 멀리 있는 은하일수록 더 빠르게 멀어진다.

② 은하의 후퇴 속도가 빠를수록 적색 편이가 크게 나타난다.

➡ $v=\dfrac{\Delta\lambda}{\lambda_0}\times c$ (v: 후퇴 속도, $\Delta\lambda$: 파장 변화량, λ_0: 기준 파장, c: 빛의 속도)

➡ 방출선의 파장 변화로부터 후퇴 속도를 구할 수 있다.

③ 우주의 팽창은 어디서나 동일하게 적용된다.

문제 보기

표는 서로 다른 방향에 위치한 은하 (가)와 (나)의 스펙트럼에서 관측된 방출선 A와 B의 고유 파장과 관측 파장을 나타낸 것이다. 우리은하로부터의 거리는 (가)가 (나)의 두 배이다.

방출선	고유 파장 (nm)	관측 파장(nm)	
		은하 (가)	은하 (나)
A	(㉠) 450	468	459
B	650	(㉡) 676	(㉢) 663

이에 대한 옳은 설명만을 〈보기〉에서 있는 대로 고른 것은?(단, (가)와 (나)는 허블 법칙을 만족한다.) [3점]

(나)　　　　우리은하　　　　(가)

보기

〈보기〉 풀이

ㄱ. ㉠은 **450**이다.

➡ 허블 법칙 $v=Hr$에 따르면, 후퇴 속도(v)는 은하 사이의 거리(r)에 비례한다. 우리은하로부터의 거리는 (가)가 (나)의 2배이므로 $v_{(가)}=2v_{(나)}$이다. $v=\dfrac{\Delta\lambda}{\lambda_0}\times c$에서 고유 파장($\lambda_0$)이 동일할 때, 후퇴 속도($v$)가 2배이면 $\Delta\lambda$도 2배이다. 따라서 $468-㉠=2(459-㉠)$이고, ㉠을 구하면 450이다.

✗ ㉡$-468=$㉢-459이다.

➡ ㉡과 ㉢은 은하 (가)와 (나)의 후퇴 속도를 구하는 식 $v=\dfrac{\Delta\lambda}{\lambda_0}\times c$에 방출선 A와 B의 파장을 적용하여 알아낼 수 있다.

• $v_{(가)}=\dfrac{468-450}{450}\times c=\dfrac{㉡-650}{650}\times c$에서 ㉡$=676$이다.

• $v_{(나)}=\dfrac{459-450}{450}\times c=\dfrac{㉢-650}{650}\times c$에서 ㉢$=663$이다.

따라서 ㉡$-468=208$, ㉢$-459=204$이므로 두 값은 서로 다르다.

✗ (가)에서 (나)를 관측하면 A의 파장은 **477 nm보다 길다.**

➡ 우리은하로부터 (가)가 (나)보다 2배 더 멀리 있으므로 (가)와 (나)의 최대 거리는 우리은하에서 (나)까지 거리의 3배이다. 따라서 (가)에서 관측되는 (나)의 방출선 A의 파장 변화량은 우리은하에서 관측된 (나)의 방출선 A의 파장 변화량의 3배이다.

• (가)에서 관측되는 (나)의 방출선 A의 파장 변화량$=(459\ \text{nm}-450\ \text{nm})\times3=27\ \text{nm}$

  ∴ A의 파장$=450\ \text{nm}+27\ \text{nm}=477\ \text{nm}$

(가)에서 (나)를 관측할 때 A가 가질 수 있는 최대 파장이 477 nm이므로 A의 파장은 477 nm보다 길어질 수 없다.

적용해야 할 개념 ④가지

① 은하의 후퇴 속도가 빠를수록 적색 편이가 크게 나타난다. ➡ $v = \dfrac{\Delta\lambda}{\lambda_0} \times c$ (v: 후퇴 속도, $\Delta\lambda$: 파장 변화량, λ_0: 기준 파장, c: 빛의 속도)

② 허블 법칙은 $v = Hr$이다. (v: 후퇴 속도, H: 허블 상수, r: 외부 은하까지의 거리) ➡ 멀리 있는 은하일수록 더 빠르게 멀어진다.

③ 별의 등급이 5등급 작으면, 별의 밝기는 약 100배 밝다.

④ 별의 밝기는 거리의 제곱에 반비례한다.

문제 보기

다음은 스펙트럼을 이용하여 외부 은하의 후퇴 속도를 구하는 탐구이다.

[탐구 과정]

(가) 겉보기 등급이 같은 두 외부 은하 A와 B의 스펙트럼을 관측한다.

(나) 정지 상태에서 파장이 410.0 nm와 656.0 nm인 흡수선이 A와 B의 스펙트럼에서 각각 얼마의 파장으로 관측되었는지 분석한다.

(다) A와 B의 후퇴 속도를 계산한다. (단, 빛의 속도는 3×10^5 km/s 이다.)

[탐구 결과]

정지 상태에서 흡수선의 파장(nm)	관측된 파장(nm)	
	은하 A	은하 B
410.0	451.0	414.1
656.0	(㉠)	( )

• A의 후퇴 속도: (㉡) km/s

• B의 후퇴 속도: ( ) km/s

이에 대한 옳은 설명만을 〈보기〉에서 있는 대로 고른 것은? (단, A와 B는 허블 법칙을 만족한다.) [3점]

보기

〈보기〉 풀이

ㄱ. ㉠은 **721.6**이다.

➡ 은하 A의 정지 상태에서 흡수선 파장이 410 nm일 때와 656 nm일 때의 적색 편이량이 같아야 하므로, $\dfrac{\lambda - \lambda_0}{\lambda_0} = \dfrac{451.0\,\text{nm} - 410.0\,\text{nm}}{410.0\,\text{nm}} = \dfrac{㉠ - 656.0\,\text{nm}}{656.0\,\text{nm}}$에서 ㉠은 721.6 nm이다.

ㄴ. ㉡은 **3×10^4**이다.

➡ 정지 상태에서 흡수선의 파장과 A의 관측 파장으로 후퇴 속도를 구하면,

$v = \dfrac{\Delta\lambda}{\lambda_0} \times c = \dfrac{(451.0\,\text{nm} - 410.0\,\text{nm})}{410.0\,\text{nm}} \times (3 \times 10^5\,\text{km/s}) = 3 \times 10^4\,\text{km/s}$이다.

따라서 ㉡은 3×10^4이다.

ㄷ. **A와 B의 절대 등급 차는 5이다.**

➡ B의 관측 파장으로 후퇴 속도를 구하면,

$v = \dfrac{\Delta\lambda}{\lambda_0} \times c = \dfrac{(414.1\,\text{nm} - 410.0\,\text{nm})}{410.0\,\text{nm}} \times (3 \times 10^5\,\text{km/s}) = 3 \times 10^3\,\text{km/s}$이다.

A의 후퇴 속도는 B의 후퇴 속도의 10배이므로 허블 법칙으로부터 A는 B보다 10배 먼 거리에 있다. A는 B보다 10배 먼 거리에 있으나 B와 겉보기 등급은 같으므로, B보다 100배 더 밝다. A는 B보다 절대 등급이 5등급 작으므로, A와 B의 절대 등급 차는 5이다.

적용해야 할 개념 ②가지

① 은하의 후퇴 속도가 빠를수록 적색 편이가 크게 나타난다. ➡ $v = \dfrac{\Delta\lambda}{\lambda_0} \times c$ (v: 후퇴 속도, $\Delta\lambda$: 파장 변화량, λ_0: 기준 파장, c: 빛의 속도)

② 허블 법칙은 $v = Hr$이다. (v: 후퇴 속도, H: 허블 상수, r: 외부 은하까지의 거리) ➡ 멀리 있는 은하일수록 더 빠르게 멀어진다.

문제 보기

그림 (가)는 은하 A~D의 상대적인 위치를, (나)는 B에서 관측한 C와 D의 스펙트럼에서 방출선이 각각 적색 편이된 것을 비교 스펙트럼과 함께 나타낸 것이다. A~D는 동일 평면상에 위치하고, 허블 법칙을 만족한다.

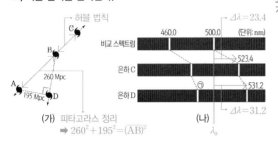

(가) 피타고라스 정리
➡ $260^2 + 195^2 = (\overline{AB})^2$

이에 대한 설명으로 옳은 것만을 〈보기〉에서 있는 대로 고른 것은? (단, 광속은 3×10^5 km/s이다.) [3점]

〈보기〉 풀이

✗ ㉠은 **491.2**이다.

➡ D의 방출선 파장(531.2 nm)과 기준 파장(500.0 nm)을 이용하여 D의 후퇴 속도(v)를 구하면,

$$v = \frac{531.2 \text{ nm} - 500 \text{ nm}}{500 \text{ nm}} \times (3 \times 10^5 \text{ km/s}) = 18720 \text{ km/s}$$이다.

㉠은 은하 D의 후퇴 속도(18720 km/s)와 기준 파장(460.0 nm)을 이용하여 구할 수 있다.

$$\frac{\Delta\lambda}{\lambda_0} = \frac{v}{c} \quad \frac{(㉠ - 460.0 \text{ nm})}{460.0 \text{ nm}} = \frac{18720 \text{ km/s}}{3 \times 10^5 \text{ km/s}}, \quad ㉠ = 28.704 \text{ nm} + 460.0 \text{ nm} = 488.704 \text{ nm}$$

ㄴ. 허블 상수는 **72 km/s/Mpc**이다.

➡ 허블 법칙($v = Hr$)에서 은하 D의 후퇴 속도(v)는 18720 km/s이고, B와 D 사이의 거리(r)는 260 Mpc이므로, 허블 상수(H)는 $H = \dfrac{v}{r} = \dfrac{18720 \text{ km/s}}{260 \text{ Mpc}} = 72$ km/s/Mpc이다.

ㄷ. A에서 C까지의 거리는 **520 Mpc**이다.

➡ A에서 C까지의 거리는 A와 B 사이의 거리와 B와 C 사이의 거리의 합으로 구할 수 있다.

❶ 먼저 피타고라스 정리를 이용하여 A와 B 사이의 거리를 구하면,

$\overline{AB} = \sqrt{260^2 + 195^2}$ Mpc = 325 Mpc이다.

❷ 허블 법칙($v = Hr$)을 이용하여 B와 C 사이의 거리를 구하면,

$v = \dfrac{\Delta\lambda}{\lambda_0} \times c$로부터 C의 후퇴 속도($v$)는 $v = \dfrac{523.4 \text{ nm} - 500 \text{ nm}}{500 \text{ nm}} \times (3 \times 10^5 \text{ km/s}) = 14040$ km/s이므로 $\overline{BC} = \dfrac{v}{H} = \dfrac{14040 \text{ km/s}}{72 \text{ km/s/Mpc}} = 195$ Mpc이다.

❸ 따라서 A에서 C까지의 거리는 325 Mpc + 195 Mpc = 520 Mpc이다.

12 **외부 은하의 적색 편이** 2022학년도 7월 학평 지I 18번 정답 ③ | 정답률 33%

적용해야 할 개념 ③가지

① 허블 법칙은 $v = H \cdot r$ (v: 은하의 후퇴 속도, H: 허블 상수, r: 은하까지의 거리)이다. ➡ 은하의 후퇴 속도는 거리에 비례한다.

② 은하의 후퇴 속도가 빠를수록 적색 편이가 크게 나타난다. ➡ $v = \dfrac{\Delta\lambda}{\lambda_0} \times c$ (v: 후퇴 속도, $\Delta\lambda$: 파장 변화량, λ_0: 기준 파장, c: 빛의 속도)

③ 우주는 중심이 없으므로 허블 법칙은 어느 은하에서나 성립한다.

문제 보기

표는 은하 A~D에서 서로 관측하였을 때 스펙트럼에서 기준 파장이 600 nm인 흡수선의 파장을 나타낸 것이다. 은하 A~D는 같은 평면상에 위치하며 허블 법칙을 만족한다.

$v = H \cdot r,\ v = c \times \dfrac{\Delta\lambda}{\lambda_0}$ ➡ $\Delta\lambda \propto r$

➡ 파장 변화량은 은하 사이의 거리에 비례한다.

(단위: nm)

은하	A $\Delta\lambda$	B $\Delta\lambda$	C $\Delta\lambda$	D $\Delta\lambda$
A		606 6	608 8	604 4
B	606 6		610 10	610 10
C	608 8	610 10		㉠

이에 대한 설명으로 옳은 것만을 〈보기〉에서 있는 대로 고른 것은? (단, 광속은 3×10^5 km/s이고, 허블 상수는 70 km/s/Mpc이다.) [3점]

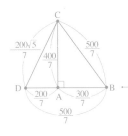

〈보기〉 풀이

✗ ㄱ. A와 B 사이의 거리는 $\dfrac{200}{7}$ Mpc이다.

➡ 허블 법칙에서 $v = H \cdot r$의 v를 도플러 공식 $v = c \times \dfrac{\Delta\lambda}{\lambda_0}$에 대입하면 $H \cdot r = c \times \dfrac{\Delta\lambda}{\lambda_0}$에서 $r = \dfrac{c}{H} \times \dfrac{\Delta\lambda}{\lambda_0}$이다. 따라서 $r = \dfrac{3 \times 10^5 \text{ km/s}}{70 \text{ km/s/Mpc}} \times \dfrac{6 \text{ nm}}{600 \text{ nm}} = \dfrac{300}{7}$ Mpc이다.

✗ ㄴ. ㉠은 608보다 작다.

➡ A와 B 사이 거리는 $\dfrac{300}{7}$ Mpc인데 이에 해당하는 파장의 변화량은 6 nm이다. 파장 변화량은 은하 사이의 거리에 비례하는데, B와 C 사이의 파장 변화량은 10 nm이므로 거리는 $\dfrac{500}{7}$ Mpc, A와 C 사이의 파장 변화량은 8 nm이므로 거리는 $\dfrac{400}{7}$ Mpc이다. 각 은하 사이의 상대적 거리는 A~B는 3, B~C는 5, A~C는 4이므로 A, B, C 세 은하는 평면상에서 직각 삼각형 형태로 위치한다. 한편 D는 A, B와의 파장 변화량이 각각 4 nm, 10 nm이므로 이에 해당하는 거리는 각각 $\dfrac{200}{7}$ Mpc, $\dfrac{500}{7}$ Mpc이다. 이때 A와 B 사이 거리가 $\dfrac{300}{7}$ Mpc이므로 D는 A, B와 일직선상에 위치한다. A와 D 사이 거리는 $\dfrac{200}{7}$ Mpc이고, A와 C 사이 거리는 $\dfrac{400}{7}$ Mpc이므로 피타고라스 정리를 이용하면 C와 D 사이 거리는 $\dfrac{200\sqrt{5}}{7}$ Mpc이다. 따라서 C와 D 사이의 파장 변화량은 8보다 크므로 ㉠은 608보다 크다.

ㄷ. D에서 거리가 가장 먼 은하는 B이다.

➡ C와 D 사이 거리는 $\dfrac{200\sqrt{5}}{7}$ Mpc, A와 D 사이 거리는 $\dfrac{200}{7}$ Mpc, B와 D 사이 거리는 $\dfrac{500}{7}$ Mpc이다. 따라서 D에서 거리가 가장 먼 은하는 B이다.

13 외부 은하와 적색 편이 2024학년도 9월 모평 지Ⅰ 19번 정답 ③ | 정답률 55 %

적용해야 할 개념 ③가지

① 허블 법칙은 $v = H \cdot r$(v: 후퇴 속도, H: 허블 상수, r: 외부 은하까지의 거리)이다. ➡ 멀리 있는 은하일수록 더 빠르게 멀어진다.

② 적색 편이량(z)은 $z = \dfrac{\Delta\lambda}{\lambda_0}$($\Delta\lambda$: 파장 변화량, λ_0: 기준 파장)이다.

③ 은하의 후퇴 속도가 빠를수록 적색 편이가 크게 나타난다. ➡ $v = \dfrac{\Delta\lambda}{\lambda_0} \times c$ (v: 후퇴 속도, $\Delta\lambda$: 파장 변화량, λ_0: 기준 파장, c: 빛의 속도)

문제 보기

그림은 우리은하에서 외부 은하 A와 B를 관측한 결과를 나타낸 것이다. B에서 A를 관측할 때의 적색 편이량은 우리은하에서 A를 관측한 적색 편이량의 3배이다. →A와 B 사이의 거리는 우리은하와 A 사이 거리의 3배

적색 편이량은 $\left(\dfrac{\text{관측 파장} - \text{기준 파장}}{\text{기준 파장}}\right)$이고, 세 은하는 허블 법칙을 만족한다.

보기

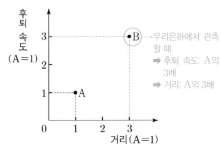

이 자료에 대한 설명으로 옳은 것만을 〈보기〉에서 있는 대로 고른 것은? [3점]

〈보기〉 풀이

ㄱ. 우리은하에서 관측한 적색 편이량은 B가 A의 3배이다.

➡ 적색 편이량은 $\dfrac{\text{파장 변화량}}{\text{기준 파장}}$이고, $\dfrac{\lambda - \lambda_0}{\lambda_0} = \dfrac{v}{c}$이므로 적색 편이량은 후퇴 속도에 비례한다. 우리은하에서 외부 은하 A, B를 관측할 때 후퇴 속도는 1 : 3이므로 적색 편이량도 1 : 3이다. 따라서 적색 편이량은 B가 A의 3배이다.

ㄴ. A에서 관측한 후퇴 속도는 B가 우리은하의 3배이다.

➡ 허블 법칙이 성립할 때, 어느 은하에서 관측한 다른 은하의 후퇴 속도가 v라면, 다른 은하에서 관측한 어느 은하의 후퇴 속도도 v로 동일하다. 즉, 우리은하에서 A를 관측한 후퇴 속도가 1이라면, A에서 관측한 우리은하의 후퇴 속도도 1이다. 한편, B에서 A를 관측할 때의 적색 편이량은 3이고, 적색 편이량은 후퇴 속도에 비례하므로 A에서 관측한 B의 후퇴 속도도 3이다. 따라서 A에서 관측한 후퇴 속도는 B가 우리은하의 3배이다.

✘ 우리은하에서 관측한 A와 B는 동일한 시선 방향에 위치한다.

➡ 우리은하에서 A를 관측한 적색 편이량이 1이고, 우리은하에서 관측한 A와 B가 동일한 시선 방향에 위치한다면, B에서 관측한 A의 후퇴 속도는 2가 되어야 한다. 하지만 문제에서 B에서 A를 관측한 적색 편이량은 3배이므로 후퇴 속도도 3이다. 따라서 A와 B는 동일한 시선 방향에 위치할 수 없다.

---

14 허블 법칙 2024학년도 7월 학평 지Ⅰ 19번 정답 ⑤ | 정답률 50 %

적용해야 할 개념 ②가지

① 허블 법칙은 $v = H \cdot r$(v: 후퇴 속도, H: 허블 상수, r: 외부 은하까지의 거리)이다. ➡ 멀리 있는 은하일수록 더 빠르게 멀어진다.

② 흡수선의 적색 편이량$\left(\dfrac{\Delta\lambda}{\lambda_0}\right)$과 후퇴 속도($v$)의 관계식은 $\dfrac{\Delta\lambda}{\lambda_0} = \dfrac{v}{c}$($\Delta\lambda$: 파장 변화량, λ_0: 고유 파장, c: 광속)이다.

문제 보기

다음은 우리은하와 외부 은하 A, B에 대한 설명이다. 적색 편이량은 $\left(\dfrac{\text{관측 파장} - \text{기준 파장}}{\text{기준 파장}}\right)$이고, 세 은하는 허블 법칙을 만족한다.

보기

○ 우리은하에서 A를 관측하면, 기준 파장이 500 nm인 흡수선은 503.5 nm로 관측된다. →도플러 효과와 허블 법칙을 적용하여 거리를 구한다.
○ 우리은하에서 B를 관측하면, 기준 파장이 600 nm인 흡수선은 608.4 nm로 관측된다. →도플러 효과와 허블 법칙을 적용하여 거리를 구한다.
○ B에서 A를 관측하면, 적색 편이량은 우리은하에서 A를 관측한 적색 편이량의 $\sqrt{3}$배이다. →적색 편이량과 거리는 비례 관계이다.

이에 대한 설명으로 옳은 것만을 〈보기〉에서 있는 대로 고른 것은? (단, 빛의 속도는 3×10^5 km/s이고, 허블 상수는 70 km/s/Mpc이다.) [3점]

〈보기〉 풀이

ㄱ. 우리은하에서 A까지의 거리는 30 Mpc이다.

➡ 도플러 효과$\left(\dfrac{\Delta\lambda}{\lambda_0} = \dfrac{v}{c}\right)$와 허블 법칙($v = H \cdot r$)을 적용하면 $\dfrac{\Delta\lambda}{\lambda_0} = \dfrac{H \times r}{c}$의 관계가 성립한다. 이 식으로부터 우리은하에서 A까지의 거리를 구하면,

$$\dfrac{503.5 \text{ nm} - 500 \text{ nm}}{500 \text{ nm}} = \dfrac{70 \text{ km/s/Mpc} \times r}{3 \times 10^5 \text{ km/s}},\ r = 30 \text{ Mpc이다.}$$

ㄴ. 우리은하에서 관측한 적색 편이량은 B가 A의 2배이다.

➡ $\dfrac{\Delta\lambda}{\lambda_0} = \dfrac{H \times r}{c}$로부터 우리은하에서 B까지의 거리를 구하면, $\dfrac{608.4 \text{ nm} - 600 \text{ nm}}{600 \text{ nm}}$

$= \dfrac{70 \text{ km/s/Mpc} \times r}{3 \times 10^5 \text{ km/s}},\ r = 60 \text{ Mpc이다.}$ 우리은하로부터의 거리는 B가 A의 2배이므로 적색 편이량도 B가 A의 2배이다.

ㄷ. B에서 관측할 때, 우리은하와 A의 시선 방향은 30°를 이룬다.

➡ B에서 A를 관측할 때의 적색 편이량이 우리은하에서 A를 관측할 때 적색 편이량의 $\sqrt{3}$배이므로 B에서 A까지의 거리는 $30\sqrt{3}$ Mpc이 된다. 따라서 우리은하와 A, B의 상대적인 거리를 그려보면 세 은하는 직각 삼각형을 이루며, B에서 관측할 때 우리은하와 A의 시선 방향은 30°를 이룬다.

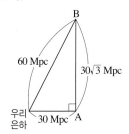

15 허블 법칙 2024학년도 5월 학평 지I 17번

정답 ② | 정답률 55%

적용해야 할 개념 ②가지
① 은하들은 우주의 팽창에 의해 서로 멀어진다. ➡ 두 은하에서 서로 관측한 후퇴 속도는 같다.
② 후퇴 속도(v)는 $v = H \cdot r$(H: 허블 상수, r: 은하까지의 거리)이므로, 은하까지의 거리는 후퇴 속도에 비례한다.

문제 보기

다음은 우리은하와 외부 은하 A, B에 대한 설명이다.

○ 우리은하에서 A까지의 거리는 40 Mpc이다.
○ 우리은하에서 관측할 때 A의 시선 방향과 B의 시선 방향이 이루는 각도는 30°이다.
○ B에서 관측한 우리은하의 후퇴 속도는 A에서 관측한 우리은하의 후퇴 속도의 $\frac{\sqrt{3}}{2}$ 배이다.

→ 우리은하에서 관측한 후퇴 속도는 B가 A의 $\frac{\sqrt{3}}{2}$ 배이다.
➡ 우리은하에서 B까지의 거리는 A의 $\frac{\sqrt{3}}{2}$ 배이다.

이에 대한 설명으로 옳은 것만을 〈보기〉에서 있는 대로 고른 것은? (단, 세 은하는 동일 평면상에 위치하며 허블 법칙을 만족한다.) [3점]

〈보기〉 풀이

✗ 우리은하에서 관측한 후퇴 속도는 A보다 B가 빠르다.

➡ 은하들은 우주의 팽창에 의해 서로 멀어지고 있으므로 우리은하에서 관측한 어느 은하의 후퇴 속도는 그 은하에서 관측한 우리은하의 후퇴 속도와 같다. B에서 관측한 우리은하의 후퇴 속도는 A에서 관측한 우리은하의 후퇴 속도보다 작으므로 우리은하에서 A, B를 관측한 후퇴 속도는 A보다 B가 느리다.

ㄴ A에서 B까지의 거리는 20 Mpc이다.

➡ 허블 법칙에 따르면 은하까지의 거리는 후퇴 속도에 비례하므로 B의 후퇴 속도가 A의 $\frac{\sqrt{3}}{2}$ 배이면 우리은하에서 B까지의 거리는 $40 \times \frac{\sqrt{3}}{2}$ 배이다. 이 값과 제시된 조건을 근거로 은하의 위치를 그려보면 오른쪽 그림과 같다. 따라서 A에서 B까지의 거리는 $40 \times \sin 30° = 20$ Mpc이다.

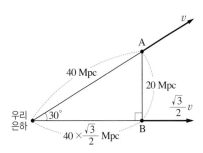

✗ A에서 관측할 때 우리은하의 시선 방향과 B의 시선 방향이 이루는 각도는 90°이다.

➡ 우리은하에서 관측한 A, B의 시선 방향이 30°를 이루므로 A에서 관측할 때 우리은하와 B의 시선 방향이 이루는 각도는 60°이다.

---

16 허블 법칙 2024학년도 대수능 지I 12번

정답 ③ | 정답률 71%

적용해야 할 개념 ②가지
① 허블 법칙은 $v = H \cdot r$(v: 후퇴 속도, H: 허블 상수, r: 은하까지의 거리)이다. ➡ 멀리 있는 은하일수록 더 빠르게 멀어진다.
② 은하의 후퇴 속도가 빠를수록 적색 편이가 크게 나타난다. ➡ $v = \frac{\Delta\lambda}{\lambda_0} \times c$($v$: 후퇴 속도, $\Delta\lambda$: 파장 변화량, λ_0: 고유 파장, c: 빛의 속도)

문제 보기

다음은 외부 은하 A, B, C에 대한 설명이다.

• A와 B 사이의 거리는 30 Mpc이다.
• A에서 관측할 때 B와 C의 시선 방향은 90°를 이룬다.
• A에서 측정한 B와 C의 후퇴 속도는 각각 2100 km/s와 2800 km/s이다.

2800 km/s=70 km/s/Mpc×r 2100 km/s=H×30 Mpc
➡ r=40 Mpc   ➡ H=70 km/s/Mpc

이 자료에 대한 설명으로 옳은 것만을 〈보기〉에서 있는 대로 고른 것은? (단, 빛의 속도는 3×10^5 km/s이고, 세 은하는 허블 법칙을 만족한다.) [3점]

〈보기〉 풀이

ㄱ 허블 상수는 70 km/s/Mpc이다.

➡ A와 B 사이의 거리는 30 Mpc이고, A에서 측정한 B의 후퇴 속도는 2100 km/s이므로, 허블 법칙($v = H \cdot r$)에 따라 2100 km/s=$H \times 30$ Mpc이다. 따라서 허블 상수(H)는 70 km/s/Mpc이다.

ㄴ B에서 측정한 C의 후퇴 속도는 3500 km/s이다.

➡ A에서 측정한 C의 후퇴 속도는 2800 km/s이므로, A에서 C까지의 거리(r)는 허블 법칙에 따라 2100 km/s=70 km/s/Mpc×r, r=40 Mpc이다. 한편, A에서 관측할 때 B와 C의 시선 방향이 90°를 이루고 있으므로 피타고라스 정리를 이용하여 B와 C 사이의 거리를 구하면 50 Mpc이다. 따라서 B에서 측정한 C의 후퇴 속도는 v=70 km/s/Mpc×50 Mpc =3500 km/s이다.

✗ B에서 측정한 A의 $\left(\dfrac{\text{관측 파장} - \text{기준 파장}}{\text{기준 파장}}\right)$은 0.07이다.

➡ 후퇴 속도와 파장 변화량과의 관계는 $\dfrac{v}{c} = \dfrac{\Delta\lambda}{\lambda_0}$($\Delta\lambda$: 파장 변화량, λ_0: 기준 파장, c: 빛의 속도)이다. 이때 v=2100 km/s이고, 빛의 속도는 3×10^5 km/s이므로 $\dfrac{\text{관측 파장} - \text{기준 파장}}{\text{기준 파장}}$ $= \dfrac{2100 \text{ km/s}}{3 \times 10^5 \text{ km/s}} = 0.007$이다.

적용해야 할 개념 ③가지

① 허블 법칙은 $v=Hr$이다. (v: 후퇴 속도, H: 허블 상수, r: 외부 은하까지의 거리) ➡ 멀리 있는 은하일수록 더 빠르게 멀어진다.

② 은하의 후퇴 속도가 빠를수록 적색 편이가 크게 나타난다. ➡ $v=\dfrac{\varDelta\lambda}{\lambda_0}\times c$ (v: 후퇴 속도, $\varDelta\lambda$: 파장 변화량, λ_0: 기준 파장, c: 빛의 속도)

③ 우주 어느 곳에서 관측해도 멀어지는 은하가 관측되므로 우주 팽창의 중심은 알 수 없거나 존재하지 않는다.

문제 보기

다음은 우리은하와 외부 은하 A, B에 대한 설명이다. 세 은하는 일직선상에 위치하며, 허블 법칙을 만족한다.

> ○ 우리은하에서 A까지의 거리는 20 Mpc이다.
> $v=Hr=70 \text{ km/s/Mpc}\times 20 \text{ Mpc}$ ◂
>
> ○ B에서 우리은하를 관측하면, 우리은하는 2800 km/s의 속도로 멀어진다. 우리은하에서 B까지의 거리(r)
> $r=\dfrac{v}{H}=\dfrac{2800 \text{ km/s}}{70 \text{ km/s/Mpc}}=40 \text{ Mpc}$
>
> ○ A에서 B를 관측하면, B의 스펙트럼에서 500 nm의 기준 파장을 갖는 흡수선이 507 nm로 관측된다.
>
> ```
>      20 Mpc          40 Mpc
>   ┌──────────┬──────────────────┐
>   A    우리은하                   B
>   1400 km/s      2800 km/s
>        A에서 관측한 B의 후퇴 속도
>              ➡ 4200 km/s
> ```

우리은하에서 A와 B를 관측한 결과에 대한 설명으로 옳은 것만 〈보기〉에서 있는 대로 고른 것은? (단, 허블 상수는 70 km/s/Mpc이고, 빛의 속도는 3×10^5 km/s이다.)

보기

〈보기〉 풀이

ㄱ. **A의 후퇴 속도는 1400 km/s이다.**
➡ 허블 법칙($v=Hr$)에서 허블 상수(H)는 70 km/s/Mpc이고 우리은하에서 A까지의 거리(r)는 20 Mpc이므로, A의 후퇴 속도(v)는 $v=$70 km/s/Mpc × 20 Mpc = 1400 km/s이다.

ㄴ. **스펙트럼에서 기준 파장이 동일한 흡수선의 파장 변화량은 B가 A의 2배이다.**
➡ B에서 관측한 우리은하의 후퇴 속도는 2800 km/s이므로 우리은하에서 관측한 B의 후퇴 속도도 2800 km/s이다. $v=\dfrac{\varDelta\lambda}{\lambda_0}\times c$, $\dfrac{v}{c}=\dfrac{\varDelta\lambda}{\lambda_0}$에 따르면, 기준 파장($\lambda_0$)이 동일하면 흡수선의 파장 변화량은 후퇴 속도에 비례한다. 우리나라에서 관측한 후퇴 속도는 B가 A의 2배이므로 흡수선의 파장 변화량도 B가 A의 2배이다.

ㄷ. **A와 B는 동일한 시선 방향에 위치한다.**
➡ A에서 B를 관측하면 500 nm의 기준 파장이 507 nm로 관측되므로, A에서 관측한 B의 후퇴 속도(v)는 $v=\dfrac{\varDelta\lambda}{\lambda_0}\times c$에서 $\dfrac{507 \text{ nm}-500 \text{ nm}}{500 \text{ nm}}\times(3\times 10^5 \text{ km/s})=4200 \text{ km/s}$이다.

A와 B 사이의 거리(r)는 허블 법칙($v=Hr$)에서 $r=\dfrac{v}{H}$이므로, $r=\dfrac{4200 \text{ km/s}}{70 \text{ km/s/Mpc}}=$ 60 Mpc이다.

따라서 A와 B 사이에 우리은하가 위치하므로 A와 B는 반대 방향의 시선 방향에 위치한다.

18 외부 은하의 적색 편이 2022학년도 수능 지Ⅰ 20번

적용해야 할 개념 ④가지

① 별의 밝기는 거리의 제곱에 반비례한다.

② 허블 법칙은 $v = Hr$이다. (v: 후퇴 속도, H: 허블 상수, r: 외부 은하까지의 거리)

➡ 멀리 있는 은하일수록 더 빠르게 멀어진다.

③ 은하의 후퇴 속도가 빠를수록 적색 편이가 크게 나타난다.

➡ $v = \dfrac{\Delta\lambda}{\lambda_0} \times c$ (v: 후퇴 속도, $\Delta\lambda$: 파장 변화량, λ_0: 기준 파장, c: 빛의 속도)

④ 우주의 팽창은 어디서나 동일하게 적용된다.

문제 보기

그림은 외부 은하 A와 B에서 각각 발견된 Ⅰa형 초신성의 겉보기 밝기를 시간에 따라 나타낸 것이다. 우리은하에서 관측하였을 때 A와 B의 시선 방향은 60°를 이루고, F_0은 Ⅰa형 초신성이 100 Mpc에 있을 때 겉보기 밝기의 최댓값이다.

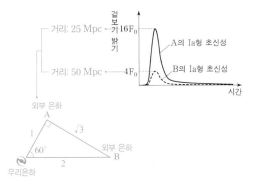

이 자료에 대한 설명으로 옳은 것만을 〈보기〉에서 있는 대로 고른 것은? (단, 빛의 속도는 3×10^5 km/s이고, 허블 상수는 70 km/s/Mpc이며, 두 은하는 허블 법칙을 만족한다.) [3점]

〈보기〉 풀이

Ⅰa형 초신성은 거의 일정한 질량에서 폭발하여 절대 등급이 거의 일정하므로, Ⅰa형 초신성의 겉보기 밝기를 이용하여 거리를 알 수 있다. 별의 밝기는 거리의 제곱에 반비례하고, 겉보기 밝기의 최댓값이 F_0인 Ⅰa형 초신성의 거리가 100 Mpc이므로, 우리은하에서 겉보기 밝기의 최댓값이 $16F_0$인 A의 Ⅰa형 초신성까지의 거리는 25 Mpc이고, 겉보기 밝기의 최댓값이 $4F_0$인 B의 Ⅰa형 초신성까지의 거리는 50 Mpc이다.

ㄱ. 우리은하에서 관측한 A의 후퇴 속도는 1750 km/s이다.

➡ 허블 법칙 $v = Hr$에서 허블 상수(H)는 70 km/s/Mpc이고, 우리은하에서 A까지의 거리(r)는 25 Mpc이므로, 우리은하에서 관측한 A의 후퇴 속도(v)는 70 km/s/Mpc × 25 Mpc = 1750 km/s이다.

✗. 우리은하에서 B를 관측하면, 기준 파장이 600 nm인 흡수선은 603.5 nm로 관측된다.

➡ 우리은하에서 B까지의 거리(r)가 50 Mpc이므로 $v = Hr$에서 B의 후퇴 속도(v)는 70 km/s/Mpc × 50 Mpc = 3500 km/s이다. 후퇴 속도(v)와 기준 파장(λ_0)으로 흡수선의 관측 파장(λ)을 구할 수 있다.

$v = \dfrac{\lambda - \lambda_0}{\lambda_0} \times c$, 3500 km/s $= \dfrac{\lambda - 600\text{ nm}}{600\text{ nm}} \times (3 \times 10^5$ km/s), $\lambda ≒ 607$ nm

✗. A에서 B의 Ⅰa형 초신성을 관측하면, 겉보기 밝기의 최댓값은 $\dfrac{4}{\sqrt{3}}F_0$이다.

➡ A와 B의 시선 방향은 60°이고, 우리은하에서 A까지의 거리와 B까지의 거리의 비는 1 : 2이므로 피타고라스 정리에 따르면 A와 B 사이의 거리는 우리은하와 A까지의 거리의 $\sqrt{3}$배이다. A의 Ⅰa형 초신성의 겉보기 밝기의 최댓값은 $16F_0$이고, 별의 겉보기 밝기는 거리의 제곱에 반비례하므로 A에서 관측한 B의 Ⅰa형 초신성의 겉보기 밝기의 최댓값은 $\dfrac{16}{3}F_0$이다.

적용해야 할 개념 ③가지

① 빅뱅 직후(10^{-36}초~10^{-34}초 사이) 우주 공간은 매우 짧은 시간 동안 급격하게 가속적으로 팽창하였다. ➡ 급팽창 이론

② 중성 원자가 형성되었을 때 수소와 헬륨의 질량비는 약 3 : 1이었다. ➡ 빅뱅(대폭발) 우주론의 증거

③ 빅뱅 후 약 38만 년(우주 온도 약 3000 K)이 되었을 때 중성 원자가 생성되면서 물질로부터 분리된 복사가 우주를 채워 우주 배경 복사가 되었다. ➡ 현재 우주 배경 복사 온도: 약 2.7 K

문제 보기

그림은 빅뱅 이후 일어난 주요 사건을 시간 순서대로 나타낸 것이다.

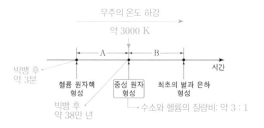

이에 대한 설명으로 옳은 것만을 〈보기〉에서 있는 대로 고른 것은?

〈보기〉풀이

✗ㄱ. A 기간에 우주의 급팽창이 일어났다.

➡ 우주의 급팽창은 빅뱅 직후(10^{-36}초~10^{-34}초 사이)의 극히 짧은 시간 동안에 일어났으며, 헬륨 원자핵은 빅뱅 후 약 3분이 되었을 때 형성되었다. 따라서 우주의 급팽창은 A 이전의 시기에 일어났다.

ㄴ. B 기간에 우주에서 수소와 헬륨의 질량비는 약 3 : 1이다.

➡ 헬륨 원자핵이 형성되기 직전의 우주에는 양성자와 중성자의 개수비가 약 7 : 1이었으나 우주의 온도가 낮아지면서 양성자와 중성자가 융합하여 수소 원자핵과 헬륨 원자핵의 질량비가 약 3 : 1이 되었다. 각각의 원자핵은 전자와 결합하여 중성 수소 원자와 헬륨 원자가 되었으므로 B 기간에 수소와 헬륨의 질량비는 약 3 : 1이다.

ㄷ. B 기간 동안 우주 배경 복사의 평균 온도는 3000 K 이하이다.

➡ 빅뱅 후 우주의 온도가 약 3000 K으로 낮아짐에 따라 전자가 양성자와 결합하여 중성 원자가 형성되었고, 물질로부터 분리된 복사가 자유롭게 진행하여 우주를 채우게 되었는데, 이를 우주 배경 복사라고 한다. 우주가 계속 팽창함에 따라 우주 배경 복사의 온도는 점차 낮아졌으므로 B 기간 동안 우주 배경 복사의 평균 온도는 3000 K 이하이다.

보기

20 **우주 배경 복사** 2023학년도 3월 학평 지I 18번 | 정답 ⑤ | 정답률 43 %

적용해야 할 개념 ③가지

① 우주의 온도(T)는 우주의 크기가 커질수록 낮아진다.
② 우주 배경 복사에서 최대 복사 에너지 세기를 갖는 파장(λ_{max})은 우주의 온도(T)에 반비례한다.
③ 우주 배경 복사의 파장이 길어지는 까닭은 우주가 팽창하기 때문이다.

문제 보기

다음은 우주의 팽창에 따른 우주 배경 복사의 파장 변화를 알아보기 위한 탐구이다.

[탐구 과정]

(가) 눈금자를 이용하여 탄성 밴드에 이웃한 점 사이의 간격(L)이 1 cm가 되도록 몇 개의 점을 찍는다.
(나) 그림과 같이 각 점이 파의 마루에 위치하도록 물결 모양의 곡선을 그린다. L은 우주 배경 복사 중 최대 복사 에너지 세기를 갖는 파장(λ_{max})이라고 가정한다.

밴드를 늘리면 L은 증가한다.
➡ 우주가 팽창할수록 λ_{max}은 길어진다.

(다) 탄성 밴드를 조금 늘린 상태에서 L을 측정한다.
(라) 탄성 밴드를 (다)보다 늘린 상태에서 L을 측정한다.
(마) 측정값 1 cm를 파장 2 μm로 가정하고 λ_{max}에 해당하는 파장을 계산한다.

[탐구 결과]

과정	L(cm)	λ_{max}에 해당하는 파장(μm)
(나)	1.0	2
(다)	1.9	(3.8)
(라)	2.8	(5.6)

이에 대한 옳은 설명만을 〈보기〉에서 있는 대로 고른 것은? (단, 현재 우주의 λ_{max}은 약 1000 μm이다.) [3점]

〈보기〉 풀이

보기

ㄱ. **우주의 크기는 (다)일 때가 (라)일 때보다 작다.**

➡ 우주가 팽창할수록 우주 배경 복사의 파장은 길어진다. 이것은 우주가 팽창하면서 파장도 함께 늘어나기 때문이다. 따라서 우주의 크기는 이웃한 점 사이의 간격(L)이 긴 (라)일 때가 (다)일 때보다 크다.

ㄴ. **우주가 팽창함에 따라 λ_{max}은 길어진다.**

➡ 우주 배경 복사 중 최대 복사 에너지 세기를 갖는 파장(λ_{max})은 우주의 온도(T)에 반비례하므로, 우주의 온도가 낮아질수록 λ_{max}은 길어진다. 이때 우주가 팽창할수록 우주의 온도는 감소하므로 λ_{max}은 길어진다.

ㄷ. **우주의 온도는 (라)일 때가 현재보다 높다.**

➡ L이 1 cm일 때 λ_{max}은 2 μm이므로, (라)에서 L이 2.8 cm일 때 λ_{max}은 $2 \times 2.8 = 5.6$ μm이다. 한편 문제의 조건에서 현재 우주의 λ_{max}은 약 1000 μm이고, $\lambda_{max} = \dfrac{a}{T}$이므로 현재의 우주 온도는 (라)일 때보다 낮다.

적용해야 할 개념 ④가지

① 빅뱅 우주론에 따르면, 시간이 지날수록 우주의 부피는 증가하고, 질량은 유지되며, 온도와 밀도는 감소한다.
② 우주 배경 복사는 우주의 나이 약 38만 년일 때 우주 전역에서 방출된 빛이다.
③ 우주를 구성하는 요소는 보통 물질, 암흑 물질, 암흑 에너지이다.
④ 암흑 에너지의 밀도는 과거부터 현재까지 일정하다.

문제 보기

그림은 빅뱅 우주론에 따라 팽창하는 우주에서 물질, 암흑 에너지, 우주 배경 복사를 시간에 따라 나타낸 것이다.

시간이 지날수록 파장이 길어진다.
➡ 시간이 지날수록 온도가 낮아진다.

- 물질(보통 물질+암흑 물질)
- 암흑 에너지
- 우주 배경 복사

시간(우주의 나이)

시간이 지나도 물질의 수가 일정하다.
➡ 시간이 지날수록 물질 밀도는 감소한다.

시간이 흐름에 따라 나타나는 우주의 변화에 대한 설명으로 옳은 것만을 〈보기〉에서 있는 대로 고른 것은?

〈보기〉 풀이

ㄱ. 물질 밀도는 일정하다. ✗

➡ 빅뱅 우주론에서 시간이 지날수록 우주는 팽창하지만 물질(보통 물질+암흑 물질)의 양은 일정하므로 물질 밀도는 감소한다.

ㄴ. 우주 배경 복사의 온도는 감소한다. ○

➡ 우주 배경 복사는 처음 방출되었을 당시 온도가 약 3000 K이었으나 우주가 팽창할수록 파장이 길어져 현재는 약 2.7 K으로 관측된다. 따라서 우주 배경 복사의 온도는 점점 감소한다.

ㄷ. 물질 밀도에 대한 암흑 에너지 밀도의 비는 증가한다. ○

➡ 암흑 에너지는 우주의 빈 공간에서 나오는 에너지이므로 시간이 지날수록 우주가 팽창하여도 암흑 에너지 밀도는 일정하다. 물질은 우주가 팽창하여도 그 양이 일정하므로 우주에서 물질 밀도는 계속 감소한다. 따라서 물질 밀도에 대한 암흑 에너지 밀도의 비는 계속 증가한다.

보기 ㄴㄷ

적용해야 할 개념 ③가지

① 시간에 따른 우주의 크기를 나타내는 그래프에서 기울기는 우주 팽창 속도에 해당한다.
② 우주는 빅뱅 이후 초기에는 감속 팽창하다가 현재는 가속 팽창하고 있다.
③ 현재 관측되는 천체는 과거에 그 천체에서 방출된 빛이다.

문제 보기

그림 (가)는 어느 우주 모형에서 시간에 따른 우주의 상대적 크기를 나타낸 것이고, (나)는 120억 년 전 은하 P에서 방출된 파장 λ인 빛이 80억 년 전 은하 Q를 지나 현재의 관측자에게 도달하는 상황을 가정하여 나타낸 것이다. 우주 공간을 진행하는 빛의 파장은 우주의 크기에 비례하여 증가한다.

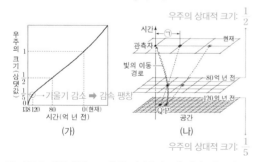

(가)　　　　　　(나)

이 자료에 대한 설명으로 옳은 것만을 〈보기〉에서 있는 대로 고른 것은? (단, P와 Q는 관측자의 시선과 동일한 방향에 위치한다.)

〈보기〉 풀이

ㄱ. 120억 년 전에 우주는 가속 팽창하였다. ✗

➡ (가)에서 그래프의 기울기는 우주 팽창 속도에 해당한다. 120억 년 전에는 그래프의 기울기가 감소하고 있으므로 우주는 감속 팽창하였다.

ㄴ. P에서 방출된 파장 λ인 빛이 Q에 도달할 때 파장은 2.5λ이다. ○

➡ (가)에서 120억 년 전 우주의 크기는 현재의 $\frac{1}{5}$, 80억 년 전 우주의 크기는 현재의 $\frac{1}{2}$임을 알 수 있다. 우주 공간을 진행하는 빛의 파장은 우주의 크기에 비례하여 증가하므로, 120억 년 전에 방출된 파장이 λ일 때 80억 년 전에는 $\frac{5}{2}$배인 2.5λ가 된다.

ㄷ. (나)에서 현재 관측자로부터 Q까지의 거리 ㉠은 80억 광년이다. ✗

➡ Q에서 출발한 빛이 현재 관측자에게 도달하는 데는 80억 년이 걸린다. 우주가 팽창하지 않는다고 가정하면 Q와 관측자 사이의 거리는 80억 광년이다. 하지만 80억 년의 기간 동안 우주는 팽창하였으므로 현재 관측자로부터 Q까지 거리는 80억 광년보다 크다.

보기 ㄴ

23 우주 팽창과 우주 배경 복사 2022학년도 6월 모평 지Ⅰ 19번 정답 ③ | 정답률 53 %

적용해야 할 개념 ③가지

① 빅뱅 우주론에 따르면, 시간이 지날수록 우주의 부피는 증가하고, 질량은 유지되며, 온도와 밀도는 감소한다.

② 급팽창 이론은 대폭발 우주론이 설명하지 못하는 3가지 문제(편평성, 지평선, 자기 단극(자기 홀극))를 해결한 이론이다.

③ 우주 배경 복사는 우주의 나이 약 38만 년이 되었을 때 우주 전역에서 방출된 빛이다.
➡ 우주의 온도 약 3000 K일 때 방출되었으며, 현재 약 2.7 K의 복사로 관측된다.

문제 보기

그림은 우주의 나이가 38만 년일 때 A와 B의 위치에서 출발한 우주 배경 복사를 우리은하에서 관측하는 상황을 가정하여 나타낸 것이다. (가)와 (나)는 우주의 나이가 각각 138억 년과 60억 년일 때이다.

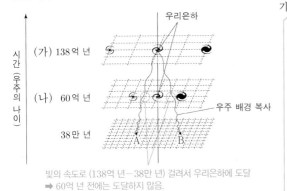

빛의 속도로 (138억 년-38만 년) 걸려서 우리은하에 도달
➡ 60억 년 전에는 도달하지 않음.

이에 대한 설명으로 옳은 것만을 〈보기〉에서 있는 대로 고른 것은?
[3점]

〈보기〉 풀이

ㄱ. A와 B로부터 출발한 우주 배경 복사의 온도가 (가)에서 거의 같게 측정되는 것은 우주의 급팽창으로 설명된다.

➡ 급팽창 이론은 빅뱅 직후 우주가 빛보다 빠른 속도로 급격히 팽창했다는 이론으로, 급팽창 이론에 따르면 급팽창 이전에는 우주의 크기가 작아 우주 내부에 있는 빛이 충분히 뒤섞일 수 있었다. 따라서 급팽창 이론은 (가)에서 현재 우주 배경 복사의 온도가 우주 전역에서 거의 같게 측정되는 것을 설명할 수 있다.

ㄴ. (나)에서 측정되는 우주 배경 복사의 온도는 2.7 K보다 높다.

➡ 우주 배경 복사가 처음 방출되었을 때의 우주 전역의 온도는 약 3000 K였다. 우주가 팽창함에 따라 우주 배경 복사의 온도는 점점 낮아져 현재 약 2.7 K의 온도로 관측된다. (나)는 현재보다 78억 년 전인 과거이므로 우주 배경 복사의 온도는 현재의 온도인 2.7 K보다 높다.

✗ A에서 출발한 우주 배경 복사는 (나)의 우리은하에 도달한다.

➡ A에서 출발한 우주 배경 복사는 우주의 나이 138억 년인 현재 우리은하에 도달하였다. 따라서 A에서 출발한 우주 배경 복사는 (나)의 우주의 나이가 60억 년일 때 우리은하에는 아직 도달하지 않았다.

24 빅뱅 우주론과 우주의 팽창 2025학년도 9월 모평 지Ⅰ 13번 정답 ① | 정답률 64 %

적용해야 할 개념 ②가지

① 시간에 따른 우주의 팽창 속도 그래프에서 기울기는 가속도를 나타낸다. ➡ 기울기가 (+) 값이면 가속 팽창, (-) 값이면 감속 팽창이다.

② 우주가 팽창함에 따라 우주 배경 복사의 온도는 점점 낮아진다. ➡ 과거로 갈수록 우주의 크기는 작고, 우주 배경 복사의 온도는 높다.

문제 보기

그림은 빅뱅 우주론에 따라 팽창하는 우주 모형 A와 B의 우주 팽창 속도를 시간에 따라 나타낸 것이다. 현재 우주 배경 복사의 온도는 A와 B에서 동일하다.

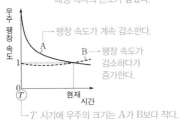

과거의 우주 크기가 작을수록 우주 배경 복사의 온도가 높았다.

팽창 속도가 계속 감소한다.

B → 팽창 속도가 감소하다가 증가한다.

T 시기에 우주의 크기는 A가 B보다 작다.

이 자료에 대한 설명으로 옳은 것만을 〈보기〉에서 있는 대로 고른 것은?

〈보기〉 풀이

ㄱ. T 시기에 A의 우주는 팽창하고 있다.

➡ T 시기에 A의 우주 팽창 속도는 1보다 크다. 따라서 T 시기에 A의 우주는 팽창하고 있다.

✗ T 시기 이후 현재까지 B의 우주는 계속 가속 팽창한다.

➡ B는 T 시기 이후 어느 시간까지는 팽창 속도가 감소하여 우주는 감속 팽창하지만 그 이후 현재까지 팽창 속도가 증가하여 우주는 가속 팽창한다.

✗ T 시기에 우주 배경 복사의 온도는 A가 B보다 낮다.

➡ 현재 우주의 크기는 A와 B가 같아야 하므로 이를 기준으로 T 시간으로 거슬러 가면 우주의 크기는 팽창 속도가 컸던 A가 B보다 작다. 우주 배경 복사는 우주의 팽창에 의해 온도가 낮아졌는데, 현재 우주 배경 복사의 온도는 A와 B가 같으므로 T 시기에 우주 배경 복사의 온도는 우주의 크기가 작은 A가 B보다 높다.

적용해야 할 개념 ③가지

① 빅뱅 우주론에 따르면, 시간이 지날수록 우주의 부피는 증가하고 온도는 낮아진다.
② 빅뱅 우주론의 중요 근거는 수소와 헬륨의 질량비가 약 3 : 1인 것과 우주 배경 복사이다.
③ 우주 배경 복사는 우주의 나이 약 38만 년, 우주의 온도가 약 3000 K일 때 우주 전역에서 방출된 빛이다.

문제 보기

그림은 빅뱅 이후 시간에 따른 우주의 온도 변화를 나타낸 것이다. A와 B는 각각 헬륨 원자핵과 중성 원자가 형성된 시기 중 하나이다.

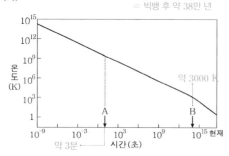

이에 대한 옳은 설명만을 〈보기〉에서 있는 대로 고른 것은?

〈보기〉 풀이

ㄱ. **A는 헬륨 원자핵이 형성된 시기이다.**
➡ 빅뱅 발생 약 3분 후부터 헬륨 원자핵이 형성되기 시작하였으며 중성 원자가 형성된 시기는 빅뱅 약 38만 년 후이다. 중성 원자는 우주 배경 복사가 방출되었던 시기에 생성되었으며, 이때 우주의 온도는 약 3000 K이었다. 따라서 A는 헬륨 원자핵, B는 중성 원자가 형성된 시기이다.

ㄴ. **우주의 밀도는 A 시기가 B 시기보다 크다.**
➡ 우주의 질량은 일정하고, 우주가 팽창해 왔으므로 우주의 크기가 커진 B 시기보다 A 시기의 밀도가 더 크다.

ㄷ. **최초의 별은 B 시기 이후에 형성되었다.**
➡ 별은 중성 수소가 모여 생성된 것이므로 최초의 별은 중성 수소 원자가 생성된 이후에 형성되었다. B는 우주 탄생 후 약 38만 년이며 최초의 별이 생성된 시기는 우주 탄생 후 약 1~4억 년으로 예상하고 있다.

적용해야 할 개념 ③가지

① 빅뱅 우주론에 따르면, 시간이 지날수록 우주의 부피는 증가하고, 질량은 유지되며, 온도와 밀도는 감소한다.
② 급팽창 이론은 대폭발 우주론이 설명하지 못하는 3가지 문제(편평성, 지평선, 자기 단극(자기 홀극))를 해결한 이론이다.
③ 우주 배경 복사는 우주의 나이 약 38만 년일 때 우주 전역에서 방출된 빛이다.

문제 보기

그림 (가)와 (나)는 각각 COBE 우주 망원경과 WMAP 우주 망원경으로 관측한 우주 배경 복사의 온도 편차를 나타낸 것이다. 지점 A와 B는 지구에서 관측한 시선 방향이 서로 반대이다.

A, B: 각각 138억 년 전 방출된 빛이 도달한 것

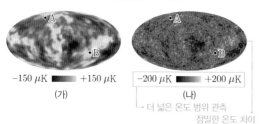

이에 대한 설명으로 옳은 것만을 〈보기〉에서 있는 대로 고른 것은?
[3점]

〈보기〉 풀이

ㄱ. **(나)가 (가)보다 온도 편차의 형태가 더욱 세밀해 보이는 것은 관측 기술의 발달 때문이다.**
➡ (가)는 COBE 망원경으로, (나)는 WMAP 망원경으로 관측한 것이다. WMAP 망원경은 COBE 망원경보다 10년 이상 지나서 발사된 것이므로 COBE 망원경보다 정밀한 센서를 탑재하여 발사될 수 있었고, 세밀한 온도 편차 형태를 관측할 수 있었다.

ㄴ. **A와 B는 빛을 통하여 현재 상호 작용할 수 있다.**
➡ A와 B는 지구에서 관측한 시선 방향이 서로 반대인 우주 배경 복사이다. 우주 배경 복사는 지구로 도달하는 데 약 138억 년 걸린 광자로 A와 B는 시선 방향이 서로 반대인 지점에서 방출되었으므로 A와 B 사이의 거리는 현재 우주의 나이인 138억 년에 c(광속)를 곱한 거리보다 멀다. 따라서 A와 B는 현재 빛을 통하여 상호 작용할 수 없다.

ㄷ. **A와 B의 온도가 거의 같다는 사실은 급팽창 우주론으로 설명할 수 있다.**
➡ A와 B뿐만 아니라 우주 전역에서 우주 배경 복사의 온도가 거의 같게 측정되는데, 이는 과거에 지구에서 관측한 시선 방향이 반대인 두 지역에서도 서로 상호 작용이 가능하였기 때문이다. 급팽창 이론에 따르면 급팽창 이전에는 우주의 크기가 작아 시선 방향이 반대였던 두 지점에서도 상호 작용이 가능하였으므로 A와 B의 온도가 거의 같다는 것이 설명된다.

27 빅뱅 우주론의 증거 2021학년도 9월 모평 지I 18번

정답 ① | 정답률 64 %

적용해야 할 개념 ③가지

① 수소 핵융합 반응은 4개의 수소 원자핵이 융합하여 1개의 헬륨 원자핵을 만드는 반응이다.

② 허블 법칙은 우주가 팽창한다는 의미를 나타내므로, 이를 설명하기 위해 빅뱅 우주론과 정상 우주론이 등장하였다.
➡ 빅뱅 우주론에 따르면 우주의 부피는 증가하고, 질량은 유지되며, 온도와 밀도는 감소한다.
➡ 정상 우주론에 따르면 우주의 부피는 증가하고, 질량은 증가하며, 온도와 밀도는 유지된다.

③ 빅뱅 우주론의 증거로는 약 2.7 K 우주 배경 복사, 우주에서 관측되는 수소와 헬륨의 질량비(약 3 : 1) 등이 있다.

빅뱅 우주론: 밀도 감소

정상 우주론: 밀도 일정

▲ 빅뱅 우주론과 정상 우주론

문제 보기

그림은 여러 외부 은하를 관측해서 구한 은하 A~I의 성간 기체에 존재하는 원소의 질량비를 나타낸 것이다.

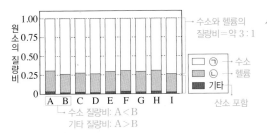

수소와 헬륨의 질량비=약 3 : 1

□ ㉠ 수소
▨ ㉡ 헬륨
■ 기타

산소 포함

수소 질량비: A<B
기타 질량비: A>B

이에 대한 설명으로 옳은 것만을 〈보기〉에서 있는 대로 고른 것은? [3점]

〈보기〉 풀이

우주에 존재하는 원소는 대부분 수소와 헬륨으로 이루어져 있고, 수소와 헬륨의 질량비는 약 3 : 1이다. 은하의 성간 기체에 존재하는 원소의 질량비는 ㉠이 약 75 %, ㉡이 약 25 %이므로 ㉠은 수소, ㉡은 헬륨이다.

ㄱ. ㉡은 수소 핵융합으로부터 만들어지는 원소이다.
➡ 수소 핵융합 반응이 일어나면 수소 원자핵이 융합하여 헬륨 원자핵이 만들어진다. ㉡은 헬륨이므로 수소 핵융합으로부터 만들어지는 원소이다.

> 은하의 성간 기체에 존재하는 헬륨의 대부분은 별의 내부에서 만들어진 것이 아니라 우주 탄생 초기에 만들어졌다.

✗ 성간 기체에 포함된 $\dfrac{수소의 총 질량}{산소의 총 질량}$ 은 A가 B보다 크다.

➡ B는 A보다 수소의 질량비가 높고 기타의 질량비가 낮다. 산소는 기타에 포함되어 있는 원소이므로 성간 기체에 포함된 $\dfrac{수소의 총 질량}{산소의 총 질량}$ 은 B가 A보다 크다.

> 기타에는 수소와 헬륨을 제외한 은하에 존재하는 모든 원소가 포함되므로 A와 B의 성간 기체에 존재하는 산소의 질량비는 거의 동일하다.

✗ 이 관측 결과는 우주의 밀도가 시간과 관계없이 일정하다고 보는 우주론의 증거가 된다.

➡ 우주의 밀도가 시간과 관계없이 일정하다고 보는 우주론은 정상 우주론이다. 수소와 헬륨의 질량비가 약 3 : 1인 관측 결과는 우주의 밀도가 시간이 지남에 따라 감소한다고 보는 빅뱅 우주론의 증거가 된다.

28 급팽창 이론 2020학년도 3월 학평 지I 20번

정답 ⑤ | 정답률 72 %

적용해야 할 개념 ③가지

① 급팽창 이론은 빅뱅 직후에 우주가 빛보다 빠르게 급팽창하였다는 이론이다.

② 급팽창 이론은 대폭발 우주론이 설명하지 못하는 3가지 문제(편평성, 지평선, 자기 단극(자기 홀극))를 해결한 이론이다.

③ 우주의 지평선: 우주가 광속으로 팽창한다고 가정할 때의 우주의 크기로, 우주의 지평선 밖에서 방출된 빛은 지구에서 관측할 수 없다.

문제 보기

그림은 급팽창 우주론에 따른 우주의 크기 변화를 우주의 지평선과 함께 나타낸 것이다.

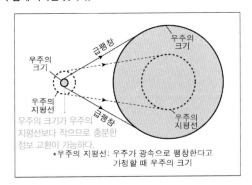

우주의 크기
급팽창
우주의 크기
급팽창
우주의 지평선
우주의 크기가 우주의 지평선보다 작으므로 충분한 정보 교환이 가능하다.
우주의 크기
우주의 지평선
*우주의 지평선: 우주가 광속으로 팽창한다고 가정할 때 우주의 크기

급팽창 우주론에 대한 옳은 설명만을 〈보기〉에서 있는 대로 고른 것은? [3점]

〈보기〉 풀이

ㄱ. 급팽창이 일어날 때 우주는 빛보다 빠른 속도로 팽창하였다.
➡ 급팽창 우주론은 빅뱅 직후에 우주는 매우 짧은 시간 동안 빛보다 빠른 속도로 팽창하였다는 이론이다.

> 물질은 빛보다 빠른 속도로 이동할 수 없지만 공간 자체는 빛보다 빠르게 팽창할 수 있다.

ㄴ. 급팽창 전에는 우주의 크기가 우주의 지평선보다 작았다.
➡ 급팽창 전에는 우주의 크기가 우주의 지평선보다 작아 정보를 충분히 교환할 수 있었다.

ㄷ. 우주 배경 복사가 우주의 모든 방향에서 거의 균일하게 관측되는 현상을 설명할 수 있다.
➡ 급팽창 우주론에 따르면 빅뱅 후 급팽창이 일어나기 전에는 우주의 크기가 우주의 지평선보다 작기 때문에 우주 내부의 빛이 충분히 뒤섞여 에너지 밀도가 균일해질 수 있었다. 따라서 급팽창 우주론은 우주 배경 복사가 우주의 모든 방향에서 거의 균일하게 관측되는 현상을 설명할 수 있다.

적용해야 할 개념 ③가지

① 급팽창 이론에 따르면, 우주는 우주 초기에 빛보다 빠르게 팽창하며 우주 배경 복사의 온도가 일정하다고 설명한다.

➡ 우주의 지평선 문제(우주 배경 복사가 균일하게 관측되는 까닭) 설명: 우주는 우주 초기에 빛보다 빠르게 팽창하였으므로 급팽창 이전에 우주 내부의 빛이 충분히 정보를 교환하여 뒤섞여 급팽창 이후 관측된 우주 배경 복사의 온도가 일정하다고 설명한다.

② 우주 배경 복사는 우주의 나이 약 38만 년일 때 우주 전역에서 방출된 빛이다. 우주 배경 복사가 형성되면서 투명한 우주가 되었다.

③ 물질 밀도는 우주가 팽창함에 따라 감소하고, 암흑 에너지의 밀도는 과거부터 현재까지 일정하다.

문제 보기

그림은 표준 우주 모형에 근거하여 시간에 따른 우주의 크기 변화를 나타낸 것이다.

이에 대한 옳은 설명만을 〈보기〉에서 있는 대로 고른 것은? [3점]

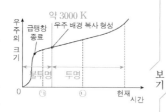

〈보기〉 풀이

✗ ㉠ 시기에 우주의 모든 지점은 서로 정보 교환이 가능하였다.

➡ ㉠은 급팽창이 종료된 이후이다. 급팽창 이전에는 우주의 크기가 작아 현재 관측할 수 있는 우주의 모든 지점에서 서로 간의 정보 교환이 가능했지만, 급팽창 이후에는 서로 반대 방향에 놓인 우주의 지평선에 있는 지점 사이의 정보 교환은 불가능하다.

✗ ㉡ 시기에 우주는 불투명한 상태였다.

➡ ㉡은 우주 배경 복사 형성 이후이다. 우주 배경 복사가 방출되기 이전 우주는 불투명한 상태였지만, 우주 배경 복사가 방출된 이후로는 우주가 투명한 상태가 되었다.

㉢ $\dfrac{\text{암흑에너지 밀도}}{\text{물질 밀도}}$ 는 현재가 ㉡ 시기보다 크다.

➡ 우주에서 물질(암흑 물질＋보통 물질)의 총량은 일정하므로 우주가 팽창함에 따라 물질 밀도는 감소한다. 암흑 에너지 밀도는 우주의 팽창에 상관없이 일정하다. 현재는 ㉡ 시기보다 우주의 크기가 커서 물질 밀도는 작으므로 $\dfrac{\text{암흑 에너지 밀도}}{\text{물질 밀도}}$ 가 ㉡보다 크다.

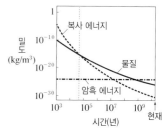

▲ 시간에 따른 물질 밀도와 암흑 에너지 밀도 변화

적용해야 할 개념 ④가지

① 정상 우주론에 따르면 우주의 부피는 증가하고, 질량은 증가하며, 온도와 밀도는 유지되며, 빅뱅 우주론에 따르면 우주의 부피는 증가하고, 질량은 유지되며, 온도와 밀도는 감소한다.

② 우주 배경 복사의 존재와 수소와 헬륨의 질량비가 3 : 1인 것이 밝혀진 이후 대폭발(빅뱅) 우주론이 인정받게 되었다.

③ 대폭발(빅뱅) 우주론은 급팽창 우주론과 가속 팽창 우주론으로 발전하였다.

④ 급팽창 이론은 대폭발(빅뱅) 우주론이 설명하지 못하는 3가지 문제(편평성, 지평선, 자기 단극(자기 홀극))를 해결한 이론이다.

문제 보기

그림 (가)는 우주론 A에 의한 우주의 크기를, (나)는 우주론 B에 의한 우주의 온도를 나타낸 것이다. A와 B는 우주 팽창을 설명한다.

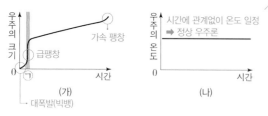

이에 대한 설명으로 옳은 것만을 〈보기〉에서 있는 대로 고른 것은?

〈보기〉 풀이

(가)에서는 한 점에서 시작한 우주의 크기가 급격히 팽창하는 구간과 가속 팽창하는 구간이 나타난다. 따라서 우주론 A는 대폭발(빅뱅) 우주론과 급팽창 우주론을 포함하는 가속 팽창 우주론이다. 우주론 B는 시간에 관계없이 우주의 온도는 일정하다고 설명하는 정상 우주론이다.

ㄱ. 우주 배경 복사가 우주의 양쪽 반대편 지평선에서 거의 같게 관측되는 것은 (가)의 ㉠ 시기에 일어난 팽창으로 설명된다.

➡ (가)에서 ㉠ 시기는 우주가 급격히 팽창한 시기로, 급팽창 이론에 따르면 빅뱅 이후 우주가 급팽창하기 전까지는 우주의 크기가 우주의 지평선보다 작기 때문에 우주 전역에서 정보 교환이 가능하였다. 따라서 우주 배경 복사가 우주의 양쪽 반대편 지평선에서 거의 같게 관측되는 것은 우주의 급팽창으로 설명된다.

ㄴ. A는 수소와 헬륨의 질량비가 거의 3 : 1로 관측되는 결과와 부합된다.

➡ A는 수소와 헬륨의 질량비가 거의 3 : 1로 관측되는 결과 현상을 설명할 수 있는 빅뱅 우주론을 포함하고 있다.

✗ 우주의 밀도 변화는 B가 A보다 크다.

➡ A는 대폭발(빅뱅) 우주론을 포함하고 있으며, 대폭발 우주론에 따르면 팽창을 통해 우주의 부피가 증가하면 우주의 총 질량은 변함이 없으므로 평균 밀도는 작아진다. 반면 정상 우주론에 따르면 우주의 부피가 증가하여도 우주 팽창으로 생긴 공간에 물질이 계속 생성되므로 우주의 평균 밀도는 거의 일정하다. 따라서 우주의 밀도 변화는 B가 A보다 작다.

31 빅뱅 우주론의 증거 – 우주 배경 복사 2023학년도 수능 지I 11번 　　정답 ① | 정답률 62%

적용해야 할 개념 ③가지

① 우주 배경 복사는 우주의 나이 약 38만 년, 우주의 온도 약 3000 K일 때 우주 전역으로 방출된 빛이다.
　➡ 우주가 팽창함에 따라 우주 배경 복사의 온도가 낮아져 현재 약 2.7 K 복사로 관측된다.
② 우주 배경 복사가 방출되기 전에는 우주의 밀도가 높았으므로 빛이 자유롭게 돌아다니지 못하였다.
③ 빅뱅 직후 수 분 간 생성된 수소와 헬륨 원자핵의 질량비는 약 3 : 1이다.

문제 보기

그림 (가)와 (나)는 우주의 나이가 각각 10만 년과 100만 년일 때에 빛이 우주 공간을 진행하는 모습을 순서 없이 나타낸 것이다.
이에 대한 설명으로 옳은 것만을 〈보기〉에서 있는 대로 고른 것은?

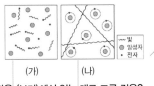

(가) | (나)

밀도가 매우 높아 빛이 자유롭게 돌아다니지 못하고 전자와 충돌함
➡ 우주 배경 복사 방출 (빅뱅 약 38만 년 후) 전
➡ 우주의 나이 10만 년

양성자와 전자가 결합하여 원자가 형성되면서 빛이 자유롭게 돌아다님
➡ 우주 배경 복사 방출 (빅뱅 약 38만 년 후) 후
➡ 우주의 나이 100만 년

〈보기〉 풀이

ㄱ **(가) 시기 우주의 나이는 10만 년이다.**

➡ (가)는 빛이 전자와 계속 충돌하는 모습이고, (나)는 전자가 양성자와 결합하여 빛이 자유롭게 이동하는 모습이다. 따라서 (가)는 우주 배경 복사가 방출되기 전의 모습이고, (나)는 우주 배경 복사가 방출된 후의 모습이다. 우주 배경 복사는 빅뱅 약 38만 년 후에 방출되었으므로 우주의 나이는 (가)는 10만 년, (나)는 100만 년에 해당한다.

✗ **(나) 시기에 우주 배경 복사의 온도는 2.7 K이다.**

➡ 우주가 팽창함에 따라 우주 배경 복사의 온도는 낮아진다. 현재 관측되는 우주 배경 복사의 온도가 2.7 K이고, (나)는 우주 탄생 100만 년 후이다. 따라서 (나) 시기에 우주 배경 복사의 온도는 3000 K보다는 낮지만, 2.7 K보다는 훨씬 높다.

✗ **수소 원자핵에 대한 헬륨 원자핵의 함량비는 (가) 시기가 (나) 시기보다 크다.**

➡ 수소와 헬륨의 질량비는 빅뱅 후 약 3분 뒤에 3 : 1로 고정되었고, 우주에서 최초의 별이 탄생한 시기는 빅뱅 후 수 억 년 정도이다. 따라서 우주 탄생 10만 년 후와 100만 년 후의 수소와 헬륨의 질량비는 같으므로 수소 원자핵에 대한 헬륨 원자핵의 함량비는 (가) 시기와 (나) 시기가 같다.

32 허블 법칙 2025학년도 수능 지I 15번 　　정답 ① | 정답률 68%

적용해야 할 개념 ③가지

① 은하까지의 거리(r)가 멀수록 후퇴 속도(V)가 크다. ➡ $V = H \cdot r$(H: 허블 상수)
② 은하들 사이의 거리가 멀어지는 것은 우주가 팽창하기 때문이다.
③ 기준 파장이 λ, 관측되는 파장이 λ', 후퇴 속도가 V일 때, $\dfrac{\lambda' - \lambda}{\lambda} = \dfrac{V}{c}$($c$: 빛의 속도)이다.

문제 보기

그림은 빅뱅 우주론에 따라 팽창하는 우주에서 T_1 시기와 T_2 시기에 은하 A, B, C의 위치와 A에서 관측한 B, C의 후퇴 속도를 나타낸 것이다.

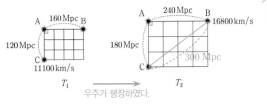

T_1 　　우주가 팽창하였다. 　　T_2

이 자료에 대한 설명으로 옳은 것만을 〈보기〉에서 있는 대로 고른 것은? (단, 은하들은 허블 법칙을 만족하고, 빛의 속도는 3×10^5 km/s이다.)

〈보기〉 풀이

ㄱ **T_2의 허블 상수는 70 km/s/Mpc이다.**

➡ T_2에 A에서 B를 관측하면 거리가 240 Mpc이고, 후퇴 속도가 16800 km/s이므로 허블 상수는 $\dfrac{16800 \text{ km/s}}{240 \text{ Mpc}} = 70$ km/s/Mpc이다.

✗ **A에서 관측한 C의 후퇴 속도는 T_1이 T_2보다 빠르다.**

➡ A에서 관측할 때 C가 후퇴하는 것은 우주가 팽창하면서 두 은하 사이의 공간이 증가하였기 때문이다. 우주는 T_1에서 T_2로 팽창하였으므로 A에서 관측한 C의 후퇴 속도는 T_1이 T_2보다 느리다.

✗ **T_2에 B에서 C를 관측하면, 기준 파장이 500 nm인 흡수선은 540 nm보다 길게 관측된다.**

➡ T_2에 B와 C 사이의 거리는 300 Mpc이다. 도플러 효과를 적용하면, $\dfrac{\lambda' - 500 \text{ nm}}{500 \text{ nm}} = \dfrac{70 \text{ km/s/Mpc} \times 300 \text{ Mpc}}{3 \times 10^5 \text{ km/s}}$으로부터 B에서 관측되는 C의 흡수선 파장($\lambda'$)은 535 nm이므로 540 nm보다 짧다.

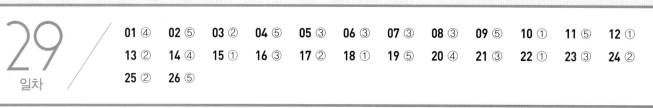

01 ④	**02** ⑤	**03** ②	**04** ⑤	**05** ③	**06** ③	**07** ③	**08** ③	**09** ⑤	**10** ①	**11** ⑤	**12** ①
13 ②	**14** ④	**15** ①	**16** ③	**17** ②	**18** ①	**19** ⑤	**20** ④	**21** ②	**22** ①	**23** ③	**24** ②
25 ②	**26** ⑤										

29
일차

문제편 294쪽~301쪽

---

01   암흑 물질과 암흑 에너지   2022학년도 9월 모평 지Ⅰ 2번   정답 ④ | 정답률 79 %

적용해야 할 개념 ③가지

① 우주를 구성하는 요소는 보통 물질, 암흑 물질, 암흑 에너지이다.

보통 물질	빛(전자기파)과 상호 작용하는 물질로, 대표적으로 별, 성운 등이 있다.
암흑 물질	질량이 있어 중력적인 방법으로 그 존재를 알 수 있으나, 빛(전자기파)과 상호 작용하지 않아 정체를 알 수 없는 물질을 통칭한다.
암흑 에너지	우주의 팽창에 기여하는 요소로, 중력과 반대로 척력으로 작용하여 공간을 밀어내고 있으나, 정체를 알지 못해 붙인 이름이다.

▲ 우주 구성 요소의 상대량

② Ⅰa형 초신성의 관측 자료로부터 예상했던 것보다 더 먼 거리에 초신성이 위치함을 알게 되었고, 우주는 가속 팽창한다는 결론을 얻었다.

③ 가속 팽창 우주에서는 우주를 가속 팽창시키는 원인으로 암흑 에너지를 도입하여 설명한다.

문제 보기

다음은 우주의 구성 요소에 대하여 학생 A, B, C가 나눈 대화이다. ㉠과 ㉡은 각각 암흑 물질과 암흑 에너지 중 하나이다.

구성 요소	특징
암흑 물질 ㉠	질량을 가지고 있으나 빛으로 관측되지 않음.
암흑 에너지 ㉡	척력으로 작용하여 우주를 가속 팽창시키는 역할을 함.

㉠은 암흑 물질이야. (학생 A)

㉡으로 초신성 Ⅰa형의 관측 결과를 설명할 수 있어. (학생 B)

현재 우주를 구성하는 비율은 ㉠이 ㉡보다 커. (학생 C)

Ⅰa형 초신성이 예상보다 멀리 있다.
➡ 우주가 예상보다 빠르게 멀어지고 있다.
➡ 우주가 가속 팽창한다.

제시한 내용이 옳은 학생만을 있는 대로 고른 것은?

<보기> 풀이

우주를 구성하는 요소 중 암흑 물질은 전자기파와 반응하지 않으나 질량을 갖고 있는 것을 의미하고, 암흑 에너지는 우주에서 척력으로 작용하는 정체가 정확히 밝혀지지 않은 미지의 에너지를 의미한다. 따라서 ㉠은 암흑 물질, ㉡은 암흑 에너지이다.

학생 Ⓐ. ㉠은 암흑 물질이야.

➡ ㉠은 광학적으로 관측되지 않으나 질량을 가지고 있어 우주에서 중력으로 작용하는 암흑 물질이다.

학생 Ⓑ. ㉡으로 초신성 Ⅰa형의 관측 결과를 설명할 수 있어.

➡ ㉡은 광학적으로 관측되지 않지만 우주에서 척력으로 작용하여 우주를 가속 팽창시키는 역할을 하는 암흑 에너지이다. 초신성 Ⅰa형의 관측 결과는 초신성이 예상했던 것보다 더 먼 거리에 있음을 의미하여 우주가 가속 팽창한다는 것을 알 수 있으므로, 암흑 에너지(㉡)로 초신성 Ⅰa형의 관측 결과를 설명할 수 있다.

학생 Ⓒ. 현재 우주를 구성하는 비율은 ㉠이 ㉡보다 커.

➡ 현재 우주를 구성하는 비율은 암흑 에너지>암흑 물질>보통 물질이므로 암흑 에너지인 ㉡이 암흑 물질인 ㉠보다 크다.

02 암흑 물질과 암흑 에너지 2023학년도 9월 모평 지Ⅰ 10번

정답 ⑤ | 정답률 72%

적용해야 할 개념 ③가지

① 우주 구성 요소는 보통 물질, 암흑 물질, 암흑 에너지이며, 그중 암흑 에너지의 비율이 가장 크다.

② 빅뱅 우주론에서 우주를 구성하는 물질(보통 물질, 암흑 물질)의 총량은 시간에 관계없이 일정하다.

③ 암흑 물질은 보통 물질과 달리 전자기파와 반응하지 않는다.

문제 보기

그림 (가)는 현재 우주 구성 요소의 비율을, (나)는 은하에 의한 중력 렌즈 현상을 나타낸 것이다. A, B, C는 각각 암흑 물질, 암흑 에너지, 보통 물질 중 하나이다.

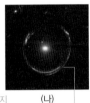

(가) 암흑 에너지

(나)

중력 렌즈 현상에 의해 나타난다.
➡ 은하와 관측자 사이에 암흑 물질이 있는 것으로 추정된다.

이에 대한 설명으로 옳은 것만을 〈보기〉에서 있는 대로 고른 것은? [3점]

〈보기〉 풀이

✗ **A는 암흑 에너지이다.**

➡ A는 현재 우주 구성 요소 중 비율이 가장 작으므로 보통 물질이고, B는 암흑 물질, 비율이 가장 큰 C는 암흑 에너지에 해당한다.

ㄴ. 현재 이후 우주가 팽창하는 동안 $\dfrac{B의\ 비율}{C의\ 비율}$은 감소한다.

➡ 암흑 에너지(C)의 밀도는 우주의 팽창과 상관없이 일정하지만, 보통 물질과 암흑 물질은 총량이 일정하므로 우주가 팽창함에 따라 밀도가 점점 감소한다. 따라서 현재 이후 우주가 팽창하는 동안 $\dfrac{B의\ 비율}{C의\ 비율}$은 감소한다.

ㄷ. (나)를 이용하여 B가 존재함을 추정할 수 있다.

➡ (나)는 중력 렌즈 현상으로 인해 은하 주변에 보이는 원형의 고리(ring)이다. 이와 같은 현상은 눈에 보이지 않는 암흑 물질로 인해 나타나는 것이다. 암흑 물질은 이러한 중력 렌즈 현상이나 은하의 회전 곡선 등을 이용하여 존재를 추정한다.

---

03 암흑 물질과 암흑 에너지 2021학년도 3월 학평 지Ⅰ 20번

정답 ② | 정답률 40%

적용해야 할 개념 ③가지

① 우주를 구성하는 요소는 보통 물질, 암흑 물질, 암흑 에너지이다.

보통 물질	빛(전자기파)과 상호 작용하는 물질로, 대표적으로 별, 성운 등이 있다.
암흑 물질	질량이 있어 중력적인 방법으로 그 존재를 알 수 있으나, 빛(전자기파)과 상호 작용하지 않아 정체를 알 수 없는 물질을 통칭한다.
암흑 에너지	우주의 팽창에 기여하는 요소로, 중력과 반대로 척력으로 작용하여 공간을 밀어내고 있으나, 정체를 알지 못해 붙인 이름이다.

② 현재 우주는 가속 팽창하고 있다.

③ 가속 팽창 우주에서는 우주를 가속 팽창시키는 원인으로 암흑 에너지를 도입하여 설명한다.

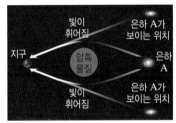

▲ 우주 구성 요소의 상대량

문제 보기

그림 (가)는 현재 우주에서 암흑 물질, 보통 물질, 암흑 에너지가 차지하는 비율을 각각 ㉠, ㉡, ㉢으로 순서 없이 나타낸 것이고, (나)는 우리은하의 회전 속도를 은하 중심으로부터의 거리에 따라 나타낸 것이다. A와 B는 각각 관측 가능한 물질만을 고려한 추정값과 실제 관측값 중 하나이다.

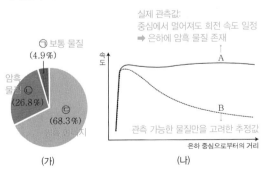

(가)

(나)

이에 대한 옳은 설명만을 〈보기〉에서 있는 대로 고른 것은? [3점]

〈보기〉 풀이

✗ **㉠과 ㉡은 현재 우주를 가속 팽창시키는 역할을 한다.**

➡ 현재 우주를 구성하는 요소를 비율이 큰 것부터 순서대로 나열하면 암흑 에너지, 암흑 물질, 보통 물질이다. 따라서 ㉠은 보통 물질, ㉡은 암흑 물질, ㉢은 암흑 에너지이다. 우주를 가속 팽창시키는 역할은 ㉢만이 한다.

ㄴ. 관측 가능한 물질만을 고려한 추정값은 B이다.

➡ (나)에서 A는 실제 관측값, B는 관측 가능한 물질만을 고려한 추정값이다. 은하 중심에서 멀어질수록 은하 중심을 돌고 있는 별들의 속도가 감소할 것이라는 예상(B)과 달리 실제 관측 결과 중심에서 멀어져도 별들의 회전 속도가 일정(A)하였다.

✗ **A와 B의 회전 속도 차이는 ㉢의 영향으로 나타난다.**

➡ 실제 관측값(A)과 관측 가능한 물질만을 고려한 추정값(B)의 차이는 보이지는 않지만 은하에 존재하여 중력을 미치는 암흑 물질(㉡)의 영향으로 나타난다.

적용해야 할 개념 ③가지

① 빅뱅 이후 시간이 지남에 따라 암흑 에너지의 비율은 증가하였고, 물질의 비율은 감소하였다.
② 암흑 물질은 중력 렌즈 현상을 통해 존재를 알아낼 수 있다.
③ 우주는 급팽창 시기 이후에 감속 팽창을 하였고, 그 후 현재까지 가속 팽창을 하고 있다.

문제 보기

그림은 빅뱅 이후 20억 년부터 현재까지 우주를 구성하는 요소 A, B, C가 차지하는 상대적 비율 변화를 나타낸 것이다. A, B, C는 각각 보통 물질, 암흑 물질, 암흑 에너지 중 하나이다.

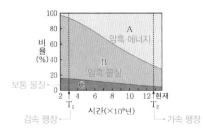

이에 대한 설명으로 옳은 것만을 〈보기〉에서 있는 대로 고른 것은?

〈보기〉 풀이

ㄱ. **A는 암흑 에너지이다.**
➡ A는 시간이 지남에 따라 비율이 증가하므로 암흑 에너지이고, B는 현재의 비율이 C보다 크므로 암흑 물질, C는 보통 물질이다.

ㄴ. **B는 은하에 의한 중력 렌즈 현상을 이용하여 존재를 추정할 수 있다.**
➡ B(암흑 물질)는 전자기파와 상호 작용을 하지 않으므로 직접 관측할 수는 없지만, 은하에 의한 중력 렌즈 현상을 이용하여 간접적으로 존재를 추정할 수 있다.

ㄷ. **우주는 T_1 시기에는 감속 팽창, T_2 시기에는 가속 팽창했다.**
➡ T_1 시기에는 물질의 영향이 암흑 에너지의 영향보다 크므로 우주는 감속 팽창하였고, T_2 시기에는 암흑 에너지의 영향이 물질의 영향보다 크므로 우주는 가속 팽창하였다.

적용해야 할 개념 ③가지

① 우주 구성 요소 중 물질(보통 물질+암흑 물질) 밀도는 감소하지만, 암흑 에너지 밀도는 일정하다.
② 현재의 우주 구성 요소는 암흑 에너지(약 68.3 %)＞암흑 물질(약 26.8 %)＞보통 물질(약 4.9 %)로 이루어져 있다.
③ 우주 배경 복사는 빅뱅 후 약 38만 년이 지났을 때 생성되어 우주를 자유롭게 진행하기 시작한 빛(복사)이다.

문제 보기

그림은 빅뱅 우주론에 따라 우주가 팽창하는 동안 우주 구성 요소 A와 B의 밀도 변화를 시간에 따라 나타낸 것이다. A와 B는 각각 물질(보통 물질+암흑 물질)과 암흑 에너지 중 하나이다.

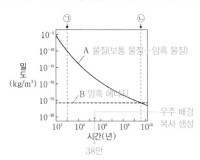

이에 대한 설명으로 옳은 것만을 〈보기〉에서 있는 대로 고른 것은?

〈보기〉 풀이

ㄱ. **A는 물질이다.**
➡ 우주가 팽창하는 동안 물질 밀도는 감소하지만, 암흑 에너지 밀도는 일정하다. 따라서 A는 물질, B는 암흑 에너지이다.

✗ **우주 배경 복사는 ㉠ 시기 이전에 방출된 빛이다.**
➡ 빅뱅 후 약 38만 년이 지났을 때 원자핵과 전자가 결합하여 중성 원자가 만들어지면서 빛이 우주를 자유롭게 진행하기 시작하였는데 이를 우주 배경 복사라고 한다. 따라서 우주 배경 복사는 ㉠ 시기 이후에 방출된 빛이다.

ㄷ. **$\dfrac{\text{암흑 에너지 밀도}}{\text{물질 밀도}}$ 는 ㉡ 시기가 ㉠ 시기보다 크다.**
➡ 시간이 지남에 따라 물질 밀도는 감소하지만 암흑 에너지 밀도는 일정하므로 $\dfrac{\text{암흑 에너지 밀도}}{\text{물질 밀도}}$ 는 ㉡ 시기가 ㉠ 시기보다 크다.

06 표준 우주 모형 2025학년도 6월 모평 지I 16번

적용해야 할 개념 ③가지

① 우주가 팽창함에 따라 보통 물질과 암흑 물질의 질량은 일정하고, 밀도는 감소한다.
② 우주가 팽창함에 따라 암흑 에너지는 밀도는 일정하고, 상대적 비율은 증가한다.
③ 암흑 에너지는 중력과 반대로 작용하여 우주를 가속 팽창시킨다.

문제 보기

그림은 표준 우주 모형에 따라 우주가 팽창하는 동안 우주 구성 요소의 밀도비 ㉠과 ㉡의 변화를 나타낸 것이다. A, B, C는 보통 물질, 암흑 물질, 암흑 에너지를 순서 없이 나타낸 것이다. 현재 ㉡은 1보다 작다.

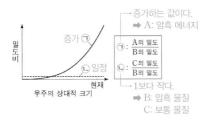

증가하는 값이다.
➡ A: 암흑 에너지
㉠: A의 밀도 / B의 밀도
㉡: C의 밀도 / B의 밀도
1보다 작다.
➡ B: 암흑 물질
C: 보통 물질

A, B, C에 대한 설명으로 옳은 것만을 〈보기〉에서 있는 대로 고른 것은? [3점]

〈보기〉 풀이

우주가 팽창하는 동안 물질의 질량은 일정하므로 암흑 물질과 보통 물질의 밀도비도 일정하다. $\frac{C의 밀도}{B의 밀도}$ 는 우주의 팽창과 관계없이 일정한 값을 가지므로 B, C는 각각 보통 물질(약 4.9 %)과 암흑 물질(약 26.8 %) 중 하나이다. 밀도는 보통 물질<암흑 물질인데, $\frac{C의 밀도}{B의 밀도}$ 가 1보다 작으므로 B는 암흑 물질, C는 보통 물질이다. 한편, $\frac{A의 밀도}{B의 밀도}$ 는 우주가 팽창할수록 증가하므로 A는 암흑 에너지이다.

ㄱ. 현재 우주를 가속 팽창시키는 역할을 하는 것은 A이다.
➡ A는 암흑 에너지로, 척력으로 작용하여 현재 우주를 가속 팽창시키는 역할을 한다.

✗ 우주가 팽창하는 동안 B의 밀도는 일정하다.
➡ B는 암흑 물질로, 우주의 팽창과 관계없이 질량이 변하지 않는다. 따라서 우주가 팽창하여 우주의 상대적 크기가 커지면 B의 밀도는 감소한다.

ㄷ. C는 전자기파로 관측할 수 있다.
➡ C는 보통 물질로, 별, 성운, 은하 등이 있으며, 감마선, 자외선, 가시광선, 전파 등 다양한 파장 영역의 전자기파로 관측된다.

---

07 우주의 구성 요소 2024학년도 5월 학평 지I 18번

적용해야 할 개념 ③가지

① 우주는 보통 물질(약 4.9 %), 암흑 물질(약 26.8 %), 암흑 에너지(약 68.3 %)로 이루어져 있다. ➡ 암흑 에너지>암흑 물질>보통 물질
② 보통 물질과 암흑 물질은 총량이 일정하다. ➡ 우주가 팽창하면 물질의 밀도는 감소한다.
③ 암흑 에너지는 공간이 커지면 총량이 증가한다. ➡ 우주가 팽창하더라도 암흑 에너지 밀도는 일정하다.

문제 보기

그림은 우주 구성 요소 A와 B의 시간에 따른 밀도를 나타낸 것이다. A와 B는 각각 물질(보통 물질＋암흑 물질)과 암흑 에너지 중 하나이다.

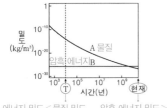

암흑 에너지 밀도<물질 밀도   암흑 에너지 밀도>물질 밀도

이에 대한 설명으로 옳은 것만을 〈보기〉에서 있는 대로 고른 것은?

〈보기〉 풀이

ㄱ. A는 물질이다.
➡ 우주를 구성하는 물질(보통 물질＋암흑 물질)은 총량이 일정하므로 우주 팽창함에 따라 밀도가 감소한다. A는 시간에 따라 밀도가 감소하므로 물질이다.

✗ $\frac{물질의 밀도}{암흑 에너지의 밀도}$ 는 T 시기보다 현재가 크다.
➡ 암흑 에너지는 빈 공간에서 나오는 에너지이므로 우주가 팽창하더라도 암흑 에너지의 밀도는 일정하지만, 물질의 총량은 일정하므로 우주가 팽창함에 따라 물질의 밀도는 감소한다. 암흑 에너지의 밀도는 T 시기와 현재가 같지만, 물질의 밀도는 T 시기보다 현재가 작으므로 $\frac{물질의 밀도}{암흑 에너지의 밀도}$ 는 T 시기보다 현재가 작다.

ㄷ. B는 현재 우주를 가속 팽창시키는 요소이다.
➡ 암흑 에너지(B)는 중력과 반대로 작용하여 공간을 밀어내는 힘으로, 현재 우주를 가속 팽창시키는 요소로 작용한다.

적용해야 할 개념 ③가지

① 우주를 구성하는 요소는 보통 물질, 암흑 물질, 암흑 에너지이다.

보통 물질	빛(전자기파)과 상호 작용하는 물질로, 대표적으로 별, 성운 등이 있다.
암흑 물질	질량이 있어 중력적인 방법으로 그 존재를 알 수 있으나, 빛(전자기파)과 상호 작용하지 않아 정체를 알 수 없는 물질을 통칭한다.
암흑 에너지	우주의 팽창에 기여하는 요소로, 중력과 반대로 척력으로 작용하여 공간을 밀어내고 있으나, 정체를 알지 못해 붙인 이름이다.

② Ia형 초신성의 관측 자료로부터 예상했던 것보다 더 먼 거리에 초신성이 위치함을 알게 되었고, 우주는 가속 팽창한다는 결론을 얻었다.

③ 가속 팽창 우주에서는 우주를 가속 팽창시키는 원인으로 암흑 에너지를 도입하여 설명한다.

약 68.3 % 암흑 에너지
약 26.8 % 암흑 물질
약 4.9 % 별, 기타 은하 간 기체(보통 물질)

▲ 우주 구성 요소의 상대량

문제 보기

그림은 우주 모형 A, B와 외부 은하에서 발견된 Ia형 초신성의 관측 자료를 나타낸 것이다. Ω_m과 Ω_Λ는 각각 현재 우주의 물질 밀도와 암흑 에너지 밀도를 임계 밀도로 나눈 값이다.

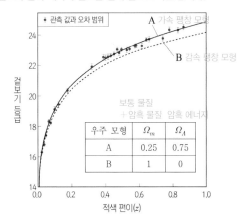

우주 모형	Ω_m	Ω_Λ
A	0.25	0.75
B	1	0

이에 대한 설명으로 옳은 것만을 〈보기〉에서 있는 대로 고른 것은?

〈보기〉 풀이

그림에서 A는 보통 물질과 암흑 물질에 암흑 에너지까지 고려한 가속 팽창 우주 모형이고, B는 보통 물질과 암흑 물질만을 고려한 감속 팽창 우주 모형이다. Ia형 초신성의 관측 자료는 A에 가깝게 나타난다.

ㄱ. Ia형 초신성의 관측 결과를 설명할 수 있는 우주 모형은 B보다 A이다.

➡ 그림에서 Ia형 초신성의 관측 결과는 동일한 적색 편이(z)에 대하여 겉보기 등급이 더 큰 A에 분포하고 있다. 따라서 A가 B보다 Ia형 초신성의 관측 결과를 설명할 수 있는 우주 모형이다.

ㄴ. $z=0.8$인 Ia형 초신성의 거리 예측 값은 A가 B보다 크다.

➡ 그림에서 적색 편이(z)가 0.8일 때의 겉보기 등급은 A가 B보다 큰데, 이는 A가 B보다 더 먼 거리에 있다는 것을 의미한다. 따라서 Ia형 초신성의 거리 예측 값은 A가 B보다 크다.

ㄷ. 보통 물질, 암흑 물질, 암흑 에너지를 모두 고려한 우주 모형은 B이다.

➡ A와 B 모두 Ω_m 값이 0보다 크므로 물질(보통 물질+암흑 물질)을 고려한 우주 모형이지만, Ω_Λ 값은 B에서 0이므로 B는 암흑 에너지를 고려하지 않은 모형이다.

적용해야 할 개념 ③가지

① 우주를 구성하는 요소는 보통 물질, 암흑 물질, 암흑 에너지이다.

② 현재는 우주 구성 요소 중 암흑 에너지가 차지하는 비율이 가장 크다.

③ 암흑 에너지는 중력에 대해 척력으로 작용하여 우주의 가속 팽창에 기여한다.

문제 보기

그림은 우주를 구성하는 요소의 비율 변화를 시간에 따라 나타낸 것이다. A, B, C는 보통 물질, 암흑 물질, 암흑 에너지 중 하나이다. 이에 대한 설명으로 옳은 것만을 〈보기〉에서 있는 대로 고른 것은?

〈보기〉 풀이

ㄱ. 현재 우주를 구성하는 요소의 비율은 C<A<B이다.

➡ 현재 우주를 구성하는 요소는 B가 약 68.3 %로 가장 많고, C가 약 4.9 %로 가장 적다.

ㄴ. A는 암흑 물질이다.

➡ 현재 우주를 구성하고 있는 요소 중 가장 많은 비율을 차지하는 B는 암흑 에너지이고, 두 번째로 많은 비율을 차지하는 A는 암흑 물질, C는 보통 물질에 해당한다.

ㄷ. B는 현재 우주를 가속 팽창시키는 요소이다.

➡ B는 암흑 에너지이다. 암흑 에너지는 중력에 대해 척력으로 작용하여 우주를 가속 팽창시키는 요소이다.

10 우주의 구성 요소 2024학년도 6월 모평 지I 15번

정답 ① | 정답률 39 %

적용해야 할 개념 ③가지

① 우주를 구성하는 요소는 보통 물질, 암흑 물질, 암흑 에너지이다.
② 암흑 에너지는 척력으로 작용하여 우주를 가속 팽창시킨다.
③ 현재 우주는 암흑 에너지의 밀도가 가장 크므로 가속 팽창하고 있다.

약 68.3 % 암흑 에너지 / 약 26.8 % 암흑 물질 / 약 4.9 % 보통 물질

▲ 현재 우주 구성 요소의 상대량

문제 보기

그림 (가)는 은하에 의한 중력 렌즈 현상을, (나)는 T 시기 이후 우주 구성 요소의 밀도 변화를 나타낸 것이다. A, B, C는 각각 보통 물질, 암흑 물질, 암흑 에너지 중 하나이다.

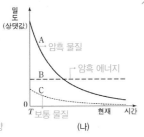

(가)암흑 물질의 영향 (나)

이에 대한 설명으로 옳은 것만을 〈보기〉에서 있는 대로 고른 것은?

〈보기〉 풀이

B는 시간에 관계없이 밀도가 일정하므로 암흑 에너지이고, A는 C보다 밀도가 크므로 암흑 물질, C는 보통 물질이다.

ㄱ. (가)를 이용하여 A가 존재함을 추정할 수 있다.
➡ (가)는 은하 뒤에 놓여 있는 퀘이사가 중력 렌즈 현상에 의해 4개로 보이는 현상이다. 암흑 물질이 분포하는 곳에서는 중력의 효과로 빛의 경로가 휘어져서 이와 같은 현상이 나타난다. 따라서 (가)를 이용하여 암흑 물질인 A의 존재를 추정할 수 있다.

ㄴ. B에서 가장 많은 양을 차지하는 것은 양성자이다.
➡ B는 암흑 에너지로, 무엇으로 구성되어 있는지 현재는 알려지지 않았다. 한편, 양성자는 보통 물질(C)에 해당한다.

ㄷ. T 시기부터 현재까지 우주의 팽창 속도는 계속 증가하였다.
➡ T 시기에는 암흑 물질과 보통 물질을 합친 양이 암흑 에너지에 비해 매우 많다. 따라서 T 시기에는 우주의 팽창 속도가 감소하였으며, 이후 우주의 팽창 속도가 점차 증가하였다.

11 암흑 물질과 암흑 에너지 2024학년도 9월 모평 지I 11번

정답 ⑤ | 정답률 65 %

적용해야 할 개념 ③가지

① 우주를 구성하는 요소는 보통 물질, 암흑 물질, 암흑 에너지이다.
② 현재는 암흑 에너지의 비율이 가장 크다. ➡ 현재 우주는 가속 팽창한다.
③ 우주 배경 복사는 우주 나이 약 38만 년에 방출된 최초의 빛으로, 우주가 팽창할수록 우주 온도는 낮아지므로 우주 배경 복사의 파장도 길어진다.

문제 보기

그림은 우주 구성 요소 A, B, C의 상대적 비율을 시간에 따라 나타낸 것이다. A, B, C는 각각 암흑 물질, 보통 물질, 암흑 에너지 중 하나이다.

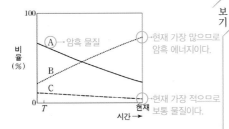

이에 대한 설명으로 옳은 것만을 〈보기〉에서 있는 대로 고른 것은?

〈보기〉 풀이

우주를 구성하는 요소는 암흑 물질, 보통 물질, 암흑 에너지가 있고, 현재 각 요소의 비율은 암흑 에너지가 약 68.3 %, 암흑 물질이 약 26.8 %, 보통 물질이 약 4.9 %이다. 현재 A, B, C의 비율을 순서대로 나타내면 B>A>C이므로 A는 암흑 물질, B는 암흑 에너지, C는 보통 물질이다.

ㄱ. 우주 배경 복사의 파장은 T 시기가 현재보다 짧다.
➡ 우주는 탄생한 이후 계속 팽창하고 있으므로, 우주 배경 복사의 파장도 방출된 이후 계속 길어지고 있다. 따라서 우주 배경 복사의 파장은 과거인 T 시기가 현재보다 짧다.

ㄴ. T 시기부터 현재까지 $\dfrac{\text{A의 비율}}{\text{B의 비율}}$은 감소한다.
➡ T 시기 이후 A(암흑 물질)의 비율은 감소하고, B(암흑 에너지)의 비율은 증가하므로 $\dfrac{\text{A의 비율}}{\text{B의 비율}}$은 감소한다.

ㄷ. A, B, C 중 항성 질량의 대부분을 차지하는 것은 C이다.
➡ 항성은 주로 수소와 헬륨으로 이루어져 있다. 따라서 항성 질량의 대부분을 차지하는 것은 보통 물질인 C이다.

적용해야 할 개념 ③가지

① 가속 팽창 우주 모형에 따르면 우주 팽창 초기에는 암흑 에너지보다 중력의 영향이 커서 우주가 감속 팽창하였고, 우주가 팽창함에 따라 중력보다 암흑 에너지의 영향이 커지면서 현재는 가속 팽창한다.

② 우주를 구성하는 요소의 분포비는 암흑 에너지>암흑 물질>보통 물질이다.

③ 우주 탄생 초기에 퍼져 나간 우주 배경 복사는 우주가 팽창하면서 온도가 감소함에 따라 파장이 점점 길어진다.

문제 보기

그림은 어느 팽창 우주 모형에서 시간에 따른 우주의 크기 변화를 나타낸 것이다.

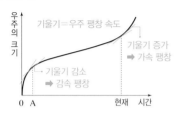

이에 대한 설명으로 옳은 것만을 〈보기〉에서 있는 대로 고른 것은?

〈보기〉 풀이

그림에서 기울기(= 우주의 크기 / 시간)는 우주의 팽창 속도를 의미한다.

ㄱ. A 시기에 우주는 감속 팽창한다.

➡ A 시기에 우주의 팽창 속도가 감소하고 있으므로 우주는 감속 팽창한다.

ㄴ. 현재 우주에서 물질이 차지하는 비율은 암흑 에너지가 차지하는 비율보다 크다.

➡ 현재 우주는 우주에서 척력으로 작용하는 암흑 에너지의 비율이 물질의 비율보다 크므로 가속 팽창하고 있다.
 └ 현재 우주에서 암흑 에너지는 약 68%, 암흑 물질은 약 23%, 보통 물질은 약 5%이다.

ㄷ. 우주 배경 복사의 파장은 A 시기가 현재보다 길다.

➡ 우주 배경 복사의 파장은 우주의 온도가 낮을수록 길다. 우주가 팽창할수록 우주의 온도는 낮아지므로 최대 에너지를 방출하는 파장은 A 시기가 현재보다 짧다.

보기

적용해야 할 개념 ③가지

① 우주를 구성하는 요소는 보통 물질, 암흑 물질, 암흑 에너지이다.

② 우주가 팽창함에 따라 우주의 밀도가 작아지면 중력보다 암흑 에너지의 영향이 커지면서 가속 팽창한다.

③ 우주가 팽창할수록 우주 전체를 구성하는 물질의 밀도는 감소한다.

문제 보기

표는 현재 우주 구성 요소 A, B, C의 비율이고, 그림은 시간에 따른 우주의 상대적 크기 변화를 나타낸 것이다. A, B, C는 각각 보통 물질, 암흑 물질, 암흑 에너지 중 하나이다.

우주가 팽창하여도 밀도가 일정하다.

우주 구성 요소	비율(%)
A 암흑 에너지	68.3
B 암흑 물질	26.8
C 보통 물질	4.9

우주에서 총량이 일정하다.
➡ 우주가 팽창할수록 밀도가 감소한다.

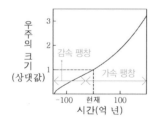

이에 대한 옳은 설명만을 〈보기〉에서 있는 대로 고른 것은?

〈보기〉 풀이

현재 우주를 구성하는 요소를 비율이 높은 것부터 순서대로 나열하면 암흑 에너지, 암흑 물질, 보통 물질이다. 따라서 A는 암흑 에너지, B는 암흑 물질, C는 보통 물질이다.

ㄱ. B는 보통 물질이다.

➡ B는 우주 구성 요소 중에서 두 번째로 많은 비율을 차지하므로 암흑 물질이다.

ㄴ. 빅뱅 이후 현재까지 우주의 팽창 속도는 일정하였다.

➡ 빅뱅 이후 현재까지 우주의 팽창 속도는 계속해서 변하였다. 우주 초기~약 70억 년 전까지 우주는 감속 팽창하였으며, 현재는 가속 팽창하고 있다.

ㄷ. $\dfrac{B의\ 비율 + C의\ 비율}{A의\ 비율}$ 은 100억 년 후가 현재보다 작을 것이다.

➡ 암흑 에너지(A)는 우주 공간에서 진공 자체가 갖는 척력이라고 알려져 있으므로 우주가 팽창하더라도 그 밀도는 일정하게 유지된다. 반면, 암흑 물질(B)과 보통 물질(C)은 그 총량이 일정하기 때문에 우주가 팽창함에 따라 밀도가 감소한다. 따라서 $\dfrac{B의\ 비율 + C의\ 비율}{A의\ 비율}$ 의 비율은 100억 년 후가 현재보다 작을 것이다.

보기

14 암흑 물질과 암흑 에너지 2022학년도 6월 모평 지Ⅰ 15번

정답 ④ | 정답률 71 %

적용해야 할 개념 ②가지

① 우주를 구성하는 요소는 보통 물질, 암흑 물질, 암흑 에너지이다.

보통 물질	빛(전자기파)과 상호 작용하는 물질로, 대표적으로 별, 성운 등이 있다.
암흑 물질	질량이 있어 중력적인 방법으로 그 존재를 알 수 있으나, 빛(전자기파)과 상호 작용하지 않아 정체를 알 수 없는 물질을 통칭한다.
암흑 에너지	우주의 팽창에 기여하는 요소로, 중력과 반대로 척력으로 작용하여 공간을 밀어내고 있으나, 정체를 알지 못해 붙인 이름이다.

② 가속 팽창 우주에서는 우주를 가속 팽창시키는 원인으로 암흑 에너지를 도입하여 설명한다.

약 68.3 % 암흑 에너지 / 약 26.8 % 암흑 물질 / 약 4.9 % 별, 기타 은하 간 기체(보통 물질)

▲ 우주 구성 요소의 상대량

문제 보기

그림 (가)와 (나)는 현재와 과거 어느 시기의 우주 구성 요소 비율을 순서 없이 나타낸 것이다. A, B, C는 각각 보통 물질, 암흑 물질, 암흑 에너지 중 하나이다.

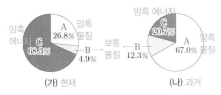

(가) 현재 — 암흑 에너지 C 68.3%, A 암흑 물질 26.8%, B 보통 물질 4.9%

(나) 과거 — C 20.7%, A 암흑 물질 67.0%, B 보통 물질 12.3%

이에 대한 설명으로 옳은 것만을 〈보기〉에서 있는 대로 고른 것은?

〈보기〉 풀이

암흑 에너지는 우주가 팽창함에 따라 우주에서 차지하는 비율이 높아져 현재 우주 구성 요소의 비율은 암흑 에너지>암흑 물질>보통 물질이다. 또한 과거부터 현재까지 보통 물질의 비율은 암흑 물질의 비율보다 낮다. 따라서 A는 암흑 물질, B는 보통 물질, C는 암흑 에너지이고, (가)는 현재의, (나)는 과거의 우주 구성 요소 비율을 나타낸 것이다.

ㄱ. (가)일 때 우주는 가속 팽창하고 있다.

⇒ 현재 우주는 척력으로 작용하는 암흑 에너지의 비율이 물질(암흑 물질+보통 물질)의 비율보다 높으므로 가속 팽창하고 있다.

ㄴ. B는 전자기파로 관측할 수 있다.

⇒ B는 보통 물질로 전자기파로 관측 가능한 물질이며, 암흑 물질(A)과 암흑 에너지(C)는 전자기파로 관측할 수 없다.

✗ $\dfrac{\text{A의 비율}}{\text{C의 비율}}$ 은 (가)일 때와 (나)일 때 같다.

⇒ 우주가 팽창함에 따라 암흑 에너지(C)의 비율이 높아지고, 암흑 물질(A)의 비율은 낮아지므로 $\dfrac{\text{A의 비율}}{\text{C의 비율}}$ 은 점점 작아진다. 따라서 $\dfrac{\text{A의 비율}}{\text{C의 비율}}$ 은 현재인 (가)일 때보다 과거인 (나)일 때 더 크다.

---

15 우주 구성 요소 2025학년도 9월 모평 지Ⅰ 17번

정답 ① | 정답률 39 %

적용해야 할 개념 ③가지

① 암흑 물질은 빛으로 직접 관측할 수는 없지만 중력 렌즈 현상을 통해 간접적으로 존재를 알아낼 수 있다.
② 우주가 팽창하는 동안 암흑 에너지는 총량이 증가하지만 밀도는 일정하다.
③ 우주가 팽창하는 동안 보통 물질과 암흑 물질은 총량이 일정하므로 밀도는 감소한다.

문제 보기

표는 빅뱅 우주론에 따라 팽창하는 우주에서 우주 구성 요소의 밀도와 우주의 크기를 시기별로 나타낸 것이다. A, B, C는 보통 물질, 암흑 물질, 암흑 에너지를 순서 없이 나타낸 것이다. 현재 우주 구성 요소의 총 밀도는 1이다.

| | 암흑 물질 | 암흑 에너지 | 보통 물질 | |
시기	A 밀도	B 밀도	C 밀도	우주의 크기(상댓값)
현재	0.27	(0.68)	0.05	1
T	( )	0.68	( )	0.5

공간의 크기는 $\dfrac{1}{8}$ 이 된다.

이에 대한 설명으로 옳은 것만을 〈보기〉에서 있는 대로 고른 것은? (단, 우주의 크기는 은하 간 거리를 나타낸 척도이다.) [3점]

〈보기〉 풀이

ㄱ. 중력 렌즈 현상을 통해 A가 존재함을 추정할 수 있다.

⇒ 현재 A+B+C=1이므로 B 밀도는 0.68이다. 한편, 현재 우주 구성 요소는 암흑 에너지>암흑 물질>보통 물질 순이므로 A는 암흑 물질이다. 암흑 물질은 전자기파 관측으로는 존재를 확인할 수 없지만 중력 렌즈 현상을 통해 존재를 추정할 수 있다.

✗ 우주가 팽창하는 동안 B의 총량은 일정하다.

⇒ B는 암흑 에너지로 공간 자체가 가지는 에너지이다. 따라서 현재와 T 시기에 B의 밀도는 우주의 팽창과 관계없이 일정하지만 총량은 증가한다.

✗ T 시기에 우주 구성 요소 중 C가 차지하는 비율은 10 %보다 낮다.

⇒ 우주의 크기가 은하 간 거리를 나타내는 척도라고 하였으므로 T 시기에 우주의 크기가 현재의 $\dfrac{1}{2}$ 이라면 공간의 크기는 현재의 $\dfrac{1}{8}$ 이 된다. 그러나 C의 질량은 변하지 않으므로 T 시기에 C의 밀도는 현재의 8배로 커져 0.4가 된다. 따라서 T 시기에 우주 구성 요소 중 C가 차지하는 비율은 10 %보다 높다.

적용해야 할 개념 ③가지

① 우주를 구성하는 요소는 보통 물질, 암흑 물질, 암흑 에너지이다.
② 우주를 구성하는 물질(보통 물질, 암흑 물질)의 총량은 시간에 관계없이 일정하다.
③ 암흑 물질은 전자기파로 관측할 수 없고, 중력적인 방법으로 존재를 추정할 수 있다.

문제 보기

표는 우주 구성 요소 A, B, C의 상대적 비율을 T_1, T_2 시기에 따라 나타낸 것이다. T_1, T_2는 각각 과거와 미래 중 하나에 해당하고, A, B, C는 각각 보통 물질, 암흑 물질, 암흑 에너지 중 하나이다.

└→ 시간에 관계없이 총량 일정. 시간에 따라 밀도 감소, 시간에 따라 상대적 비율 감소

└→ 시간에 관계없이 밀도 일정. 시간에 따라 상대적 비율 증가

(보기)

구성 요소	T_1	T_2	
A	66	11	암흑 물질
B	22	87	암흑 에너지
C	12	2	보통 물질

(단위: %)

이에 대한 설명으로 옳은 것만을 〈보기〉에서 있는 대로 고른 것은?

〈보기〉 풀이

현재 보통 물질, 암흑 물질, 암흑 에너지의 비율은 각각 약 4.9 %, 26.8 %, 68.3 %이다. 우주가 팽창함에 따라 물질의 상대적 비율은 감소하고, 암흑 에너지의 비율은 증가한다. 따라서 A, C는 물질, B는 암흑 에너지이다. 이때 A, C 중 A의 비율이 크므로 A는 암흑 물질, C는 보통 물질이다.

ㄱ. T_2는 미래에 해당한다.
➡ A, C는 T_1일 때보다 T_2일 때 감소하고, B는 T_1일 때보다 T_2일 때 증가하므로 T_1은 과거, T_2는 미래에 해당한다.

ㄴ. A는 항성 질량의 대부분을 차지한다.
➡ A는 암흑 물질이다. 항성 질량의 대부분을 차지하는 것은 보통 물질이다. 따라서 A는 항성 질량의 대부분을 차지하지는 않는다.

ㄷ. C는 전자기파로 관측할 수 있다.
➡ C는 보통 물질이다. 보통 물질은 A, B, C 중 유일하게 전자기파로 관측할 수 있다.

적용해야 할 개념 ③가지

① 은하의 후퇴 속도가 빠를수록 적색 편이가 크게 나타난다. ➡ $v = \dfrac{\Delta\lambda}{\lambda_0} \times c$ (v: 후퇴 속도, $\Delta\lambda$: 파장 변화량, λ_0: 기준 파장, c: 빛의 속도)

② 우주를 구성하는 요소는 보통 물질, 암흑 물질, 암흑 에너지이다.
➡ 우주가 팽창함에 따라 암흑 물질과 보통 물질의 비율은 감소하고, 암흑 에너지의 비율은 증가한다.

③ 현재 우주는 가속 팽창하고 있고, 가속 팽창 우주에서는 그 원인으로 암흑 에너지를 도입하여 설명한다.

문제 보기

표 (가)는 외부 은하 A와 B의 스펙트럼 관측 결과를, (나)는 우주 구성 요소의 상대적 비율을 T_1, T_2 시기에 따라 나타낸 것이다. T_1, T_2는 관측된 A, B의 빛이 각각 출발한 시기 중 하나이고, a, b, c는 각각 보통 물질, 암흑 물질, 암흑 에너지 중 하나이다.

(보기)

$\Delta\lambda$ 은하	기준 파장	관측 파장
12 A	120	132
450 B	150	600

(단위: nm)

(가)

우주 구성 요소	T_1	T_2
암흑 에너지 a	62.7	3.4
암흑 물질 b	31.4	81.3
보통 물질 c	5.9	15.3

(단위: %)

(나)

$\dfrac{\text{관측 파장} - \text{기준 파장}}{\text{기준 파장}}$이 클수록 은하까지의 거리가 멀다.

a>b>c   b>c>a

이 자료에 대한 설명으로 옳은 것만을 〈보기〉에서 있는 대로 고른 것은? (단, 빛의 속도는 3×10^5 km/s이다.)

〈보기〉 풀이

ㄱ. 우리은하에서 관측한 A의 후퇴 속도는 3000 km/s이다.
➡ A의 기준 파장(120 nm)과 관측 파장(132 nm)으로 은하의 후퇴 속도(v)를 구하면

$$v = \frac{\Delta\lambda}{\lambda_0} \times c = \frac{(132 \text{ nm} - 120 \text{ nm})}{120 \text{ nm}} \times (3 \times 10^5 \text{ km/s}) = 3 \times 10^4 \text{ km/s}$$이다.

따라서 A의 후퇴 속도는 30000 km/s이다.

ㄴ. B는 T_2 시기의 천체이다.
➡ (나)에서 우주가 팽창함에 따라 암흑 물질과 보통 물질이 차지하는 비율은 감소하고, 암흑 에너지가 차지하는 비율은 증가하므로 T_2가 T_1보다 과거이고, a는 암흑 에너지이다. 보통 물질이 차지하는 비율은 암흑 물질이 차지하는 비율보다 작으므로 b는 암흑 물질, c는 보통 물질이다. (가)에서 은하의 $\dfrac{\text{관측 파장} - \text{기준 파장}}{\text{기준 파장}}$이 클수록 후퇴 속도가 더 빠르고 더 과거의 은하가 관찰된 것이므로 B가 A보다 더 과거의 은하이다. T_1, T_2 중 T_2가 더 과거이므로 B는 T_2 시기의 천체이다.

ㄷ. 우주를 가속 팽창시키는 요소는 b이다.
➡ b는 암흑 물질이다. 우주를 가속 팽창시키는 요소는 암흑 에너지인 a이다.

18 우주의 구성 요소 2024학년도 수능 지Ⅰ 14번

정답 ① | 정답률 71 %

적용해야 할 개념 ③가지

① 우주를 구성하는 요소는 보통 물질, 암흑 물질, 암흑 에너지이다.
② 현재 우주 구성 요소 중 암흑 에너지의 상대적 비율이 가장 크다. ➡ 암흑 에너지의 비율이 물질의 비율보다 크므로 우주는 가속 팽창한다.
③ 우주 배경 복사는 우주 나이 약 38만 년에 방출된 최초의 빛으로, 우주가 팽창할수록 우주의 온도는 낮아진다.

문제 보기

그림은 빅뱅 우주론에 따라 우주가 팽창하는 동안 우주 구성 요소 A와 B의 상대적 비율(%)을 시간에 따라 나타낸 것이다. A와 B는 각각 암흑 에너지와 물질(보통 물질＋암흑 물질) 중 하나이다.

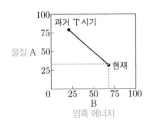

이에 대한 설명으로 옳은 것만을 〈보기〉에서 있는 대로 고른 것은?

〈보기〉 풀이

ㄱ. **A는 물질에 해당한다.**

➡ 현재 우주를 구성하는 요소들의 비율은 암흑 에너지가 약 68.3 %, 물질(보통 물질＋암흑 물질)이 약 31.7 %이다. 따라서 현재 상대적 비율이 더 큰 B가 암흑 에너지, 상대적 비율이 작은 A가 물질에 해당한다.

ㄴ. **우주 배경 복사의 온도는 과거 T 시기가 현재보다 낮다.**

➡ 우주 배경 복사는 우주 온도가 약 3000 K일 때 방출된 빛이며, 우주가 팽창함에 따라 우주의 온도는 계속 낮아지고 있다. 따라서 과거 T 시기보다 현재가 우주 배경 복사의 온도가 낮다.

ㄷ. **우주가 팽창하는 동안 B의 총량은 일정하다.**

➡ 암흑 에너지는 아직 정확하게 밝혀지지 않았지만, 공간 자체가 갖는 에너지로 추측되고 있다. 암흑 에너지의 밀도는 일정한데 우주가 탄생한 이후 우주는 계속적으로 팽창하였으므로 암흑 에너지의 총량은 증가하였다.

---

19 우주의 크기 변화 2024학년도 3월 학평 지Ⅰ 13번

정답 ⑤ | 정답률 62 %

적용해야 할 개념 ③가지

① 빅뱅 이후 우주는 계속 팽창하였고, 우주의 온도는 낮아졌다.
② 우주는 보통 물질(약 4.9 %), 암흑 물질(약 26.8 %), 암흑 에너지(약 68.3 %)로 구성되어 있다.
③ 우주가 팽창함에 따라 물질의 상대적인 비율은 감소하고, 암흑 에너지의 상대적인 비율은 증가한다.

문제 보기

그림 (가)는 어느 우주 모형에서 시간에 따른 우주의 크기 변화를, (나)는 현재 우주 구성 요소의 비율을 나타낸 것이다. A, B, C는 각각 암흑 물질, 암흑 에너지, 보통 물질 중 하나이다.

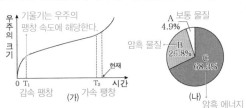

이에 대한 설명으로 옳은 것만을 〈보기〉에서 있는 대로 고른 것은?

[3점]

〈보기〉 풀이

ㄱ. **우주의 평균 온도는 T_1 시기가 T_2 시기보다 높다.**

➡ 빅뱅 이후 우주의 팽창 속도는 변하였으나 현재까지 우주는 계속 팽창하였으므로 우주의 온도는 낮아졌다. 따라서 우주의 평균 온도는 T_1 시기가 T_2 시기보다 높다.

ㄴ. **T_1 시기에 우주는 감속 팽창했다.**

➡ (가)에서 그래프의 기울기는 $\dfrac{우주의\ 크기}{시간}$ 이므로 우주의 팽창 속도에 해당한다. T_1 시기에 그래프의 기울기는 T_1 이전보다 감소하였으므로 T_1 시기에 우주는 감속 팽창했다.

ㄷ. $\dfrac{(A+B)의\ 비율}{C의\ 비율}$ 은 T_1 시기가 T_2 시기보다 크다.

➡ A는 보통 물질, B는 암흑 물질, C는 암흑 에너지이다. A와 B는 우주의 팽창과 관계없이 그 양이 일정하지만 C는 우주의 팽창에 따라 그 비율이 증가하므로 A와 B의 상대적인 비율은 감소한다. 따라서 $\dfrac{(A+B)의\ 비율}{C의\ 비율}$ 은 T_1 시기가 T_2 시기보다 크다.

적용해야 할 개념 ②가지

① 우주를 구성하는 요소는 보통 물질, 암흑 물질, 암흑 에너지이다.

보통 물질	빛(전자기파)과 상호 작용하는 물질로, 대표적으로 별, 성운 등이 있다.
암흑 물질	질량이 있어 중력적인 방법으로 그 존재를 알 수 있으나, 빛(전자기파)과 상호 작용하지 않아 정체를 알 수 없는 물질을 통칭한다.
암흑 에너지	우주의 팽창에 기여하는 요소로, 중력과 반대로 척력으로 작용하여 공간을 밀어내고 있으나, 정체를 알지 못해 붙인 이름이다.

② 가속 팽창 우주에서는 우주를 가속 팽창시키는 원인으로 암흑 에너지를 도입하여 설명한다.

▲ 우주 구성 요소의 상대량

문제 보기

그림 (가)는 가속 팽창 우주 모형에 의한 시간에 따른 우주의 크기를, (나)는 T_1 시기와 T_2 시기의 우주 구성 요소의 비율을 ⊙과 ⓛ으로 순서 없이 나타낸 것이다. A, B, C는 각각 보통 물질, 암흑 물질, 암흑 에너지 중 하나이다.

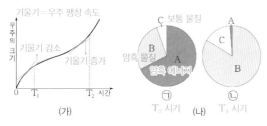

(가)

(나)

이에 대한 옳은 설명만을 〈보기〉에서 있는 대로 고른 것은? [3점]

〈보기〉 풀이

우주는 탄생 이후로 계속 팽창하고 있으며, T_1 시기에는 우주의 팽창 속도가 점점 감소하고, T_2 시기에는 팽창 속도가 점점 증가한다.

현재 우주를 구성하는 요소의 분포비는 암흑 에너지>암흑 물질>보통 물질 순이다. 암흑 에너지는 빈 공간에서 나오는 에너지이기 때문에 우주의 크기가 커져도 밀도가 일정하고, 보통 물질과 암흑 물질은 총량이 일정하므로 우주의 크기가 커짐에 따라 밀도가 감소한다. 또한 T_1 시기와 T_2 시기 모두 암흑 물질이 보통 물질보다 많다.

따라서 A는 암흑 에너지, B는 암흑 물질, C는 보통 물질이고 ⓛ은 T_1 시기, ⊙은 T_2 시기에 해당하는 우주의 구성 요소 비율이다.

ㄱ. ✗ T_1 시기에 우주의 팽창 속도는 증가하고 있다.

➡ 그래프의 기울기는 우주의 팽창 속도를 의미한다. T_1 시기에 기울기가 감소하고 있으므로 우주의 팽창 속도는 감소하고 있다.

ㄴ. ○ T_2 시기의 우주 구성 요소의 비율은 ⊙이다.

➡ T_1 시기에서 T_2 시기로 갈수록 우주 구성 요소에서 암흑 에너지가 차지하는 비율이 증가하므로 A는 암흑 에너지이고, T_2 시기의 우주 구성 요소의 비율은 ⊙이다.

ㄷ. ○ 전자기파를 이용해 직접 관측할 수 있는 것은 C이다.

➡ 전자기파와 상호 작용하여 직접 관측할 수 있는 것은 C 보통 물질이다.

적용해야 할 개념 ③가지

① 우주를 구성하는 요소는 보통 물질, 암흑 물질, 암흑 에너지이다.

② 현재 우주는 암흑 에너지의 밀도가 가장 크다. ➡ 현재 우주는 가속 팽창한다.

③ 우주 배경 복사는 우주 탄생 약 38만 년 후에 방출된 최초의 빛이다.

문제 보기

표는 우주 구성 요소의 상대적 비율을 T_1, T_2 시기에 따라 나타낸 것이고, 그림은 표준 우주 모형에 따른 빅뱅 이후 현재까지 우주의 팽창 속도를 나타낸 것이다. ⊙, ⓛ, ⓒ은 각각 보통 물질, 암흑 물질, 암흑 에너지 중 하나이다.

구성 요소	T_1	T_2
암흑 물질 ⊙	59.6	75.5
암흑 에너지 ⓛ	29.2	10.3
보통 물질 ⓒ	11.2	14.2

(단위: %)

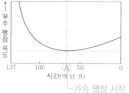

이에 대한 옳은 설명만을 〈보기〉에서 있는 대로 고른 것은? [3점]

〈보기〉 풀이

T_1, T_2 시기의 우주의 구성 요소 ⊙, ⓛ, ⓒ의 비율을 보면, T_2 시기보다 T_1 시기에 ⊙과 ⓒ은 감소하고, ⓛ은 증가하였다. 우주가 팽창할수록 암흑 에너지의 비율은 증가하고, 암흑 물질과 보통 물질의 비율은 감소하므로, ⓛ은 암흑 에너지이고, ⊙과 ⓒ 중 큰 값을 가지는 ⊙이 암흑 물질, ⓒ이 보통 물질이다.

ㄱ. ○ ⊙은 질량을 가지고 있다.

➡ ⊙은 암흑 물질이므로 질량을 가지고 있다.

ㄴ. ✗ T_2 시기는 A 시기보다 나중이다.

➡ A는 가속 팽창이 시작되는 시기이다. T_2 시기는 물질(보통 물질+암흑 물질)이 암흑 에너지보다 훨씬 많으므로 감속 팽창이 나타나는 시기이다. 따라서 T_2 시기는 A 시기보다 먼저이다.

ㄷ. ○ 우주 배경 복사는 A 시기 이전에 방출된 빛이다.

➡ 우주 배경 복사는 우주 탄생 약 38만 년 후에 방출된 빛이다. 따라서 우주 탄생 약 70억 년 후인 A 시기보다 이전에 방출된 것이다.

보기

22 암흑 물질과 암흑 에너지 2021학년도 6월 모평 지I 16번

정답 ① | 정답률 59 %

적용해야 할 개념 ③가지

① 우주를 구성하는 요소는 보통 물질, 암흑 물질, 암흑 에너지이다.

② 우주 팽창 초기에는 암흑 에너지보다 중력의 영향이 커서 우주가 감속 팽창한다.

③ 우주가 팽창함에 따라 우주의 밀도가 작아지면 중력보다 암흑 에너지의 영향이 커지면서 가속 팽창한다.

▲ 우주 구성 요소의 상대량

문제 보기

그림 (가)는 현재 우주를 구성하는 요소 A, B, C의 상대적 비율을 나타낸 것이고, (나)는 빅뱅 이후 현재까지 우주의 팽창 속도를 추정하여 나타낸 것이다. A, B, C는 각각 보통 물질, 암흑 물질, 암흑 에너지 중 하나이다.

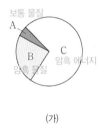
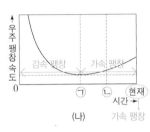

(가)   (나)

이에 대한 설명으로 옳은 것만을 〈보기〉에서 있는 대로 고른 것은? [3점]

〈보기〉 풀이

(가)에서 A는 보통 물질, B는 암흑 물질, C는 암흑 에너지이다.

ㄱ. 우주가 팽창하는 동안 C가 차지하는 비율은 증가한다.

➡ 암흑 에너지는 빈 공간에서 나오는 에너지이므로 우주가 팽창하는 동안 우주 구성 요소에서 암흑 에너지인 C가 차지하는 비율은 계속 증가할 것이다.

✗ ㄴ. ㉠ 시기에 우주는 팽창하지 않았다.

➡ (나)에서 ㉠ 시기에 우주 팽창 속도는 제일 느리지만 0보다 크다. 따라서 우주는 팽창 속도가 줄어들었을 뿐 계속 팽창하였다.

✗ ㄷ. 우주 팽창에 미치는 B의 영향은 ㉡ 시기가 ㉠ 시기보다 크다.

➡ 암흑 물질(B)과 보통 물질(A)은 우주가 팽창하여도 그 질량은 변하지 않으므로 밀도가 감소하지만 암흑 에너지(C)는 우주가 팽창하여도 밀도가 항상 일정하다. 따라서 암흑 물질이 우주 팽창에 미치는 영향은 우주의 크기가 작은 ㉠ 시기가 ㉡ 시기보다 크다.

---

23 표준 우주 모형 2023학년도 6월 모평 지I 10번

정답 ③ | 정답률 63 %

적용해야 할 개념 ④가지

① 표준 우주 모형은 급팽창 이론을 포함한 빅뱅 우주론에 암흑 물질과 암흑 에너지의 개념까지 포함한 우주론이다.

② 빅뱅 우주론에 따르면 우주는 시간이 지날수록 부피는 증가하고 온도는 낮아진다.

③ 은하, 별 등 우리가 관측할 수 있는 물질은 보통 물질에 해당한다.

④ 우주 배경 복사는 우주 탄생(빅뱅) 후 약 38만 년일 때 우주 전역에서 방출된 빛이다.

문제 보기

그림은 우주에서 일어난 주요한 사건 (가)～(라)를 시간 순서대로 나타낸 것이다.

이에 대한 설명으로 옳은 것만을 〈보기〉에서 있는 대로 고른 것은? [3점]

〈보기〉 풀이

ㄱ. (가)와 (라) 사이에 우주는 감속 팽창한다.

➡ (가)～(라) 사이에서 우주는 팽창하지만 팽창 속도는 감소한다. 즉, 우주는 감속 팽창한다.

✗ ㄴ. (나)와 (다) 사이에 퀘이사가 형성된다.

➡ 퀘이사는 은하이므로 (라) 이후에 형성되었다.

ㄷ. (라) 시기에 우주 배경 복사 온도는 2.7 K보다 높다.

➡ 우주 배경 복사는 우주 온도가 약 3000 K일 때 방출된 복사로, 우주가 팽창함에 따라 우주의 온도가 낮아지고 파장이 길어져 현재는 약 2.7 K 복사로 관측된다. 따라서 현재보다 우주의 크기가 작은 (라) 시기에 우주 배경 복사 온도는 현재보다 높았을 것이다.

적용해야 할
개념 ④가지

① 표준 우주 모형은 급팽창 이론을 포함한 빅뱅 우주론에 암흑 물질과 암흑 에너지의 개념을 포함한 우주 모형이다.

② 우주를 구성하는 요소는 보통 물질, 암흑 물질, 암흑 에너지이다.

③ 우주 배경 복사는 빅뱅 후 약 38만 년에 수소 원자와 헬륨 원자가 생성되면서 우주로 퍼져 나가 우주 전체를 채우고 있는 빛이다.

④ 가속 팽창 우주에서는 우주를 가속 팽창시키는 원인으로 암흑 에너지를 도입하여 설명한다.

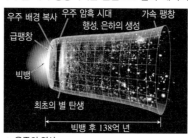

▲ 우주의 역사

▲ 우주 구성 요소의 상대량

문제 보기

그림 (가)는 표준 우주 모형에서 시간에 따른 우주의 크기 변화를, (나)는 플랑크 망원경의 우주 배경 복사 관측 결과로부터 추론한 현재 우주를 구성하는 요소의 비율을 나타낸 것이다.

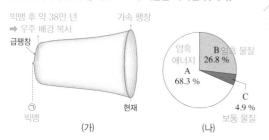

(가)   (나)

이에 대한 설명으로 옳은 것만을 <보기>에서 있는 대로 고른 것은?

<보기> 풀이

(가)에서 ㉠은 빅뱅이 일어난 시기이고, (나)에서 A는 암흑 에너지, B는 암흑 물질, C는 보통 물질이다.

ㄱ. 우주 배경 복사는 ㉠ 시기에 방출된 빛이다.

➡ ㉠ 시기는 빅뱅이 일어난 시기이고 우주 배경 복사는 빅뱅 후 약 38만 년에 방출되어 우주 전체를 채우고 있는 빛이다.

ㄴ. 현재 우주를 가속 팽창시키는 역할을 하는 것은 A이다.

➡ 우주에서 척력으로 작용하여 우주를 가속 팽창시키는 역할을 하는 것은 암흑 에너지인 A이다.

ㄷ. B에서 가장 큰 비율을 차지하는 것은 중성자이다.

➡ B는 암흑 물질로 전자기파와 상호 작용하지 않으므로 관측할 수 없고, 우주에서 중력으로 작용한다. 중성자는 전자기파와 상호 작용하므로 보통 물질에 해당한다.

보기

25 암흑 물질과 암흑 에너지 – 우주의 미래 2022학년도 4월 학평 지I 20번

정답 ② | 정답률 40 %

적용해야 할 개념 ③가지

① Ia형 초신성의 광도는 일정하므로 절대 등급이 일정하다.
② Ia형 초신성의 관측 자료로부터 우주는 가속 팽창한다는 사실을 알 수 있었다.
③ 우주가 가속 팽창하는 이유는 암흑 에너지 때문이다.

문제 보기

표는 우주 모형 A, B, C의 Ω_m과 Ω_Λ를 나타낸 것이고, 그림은 A, B, C에서 적색 편이와 겉보기 등급 사이의 관계를 C를 기준으로 하여 Ia형 초신성 관측 자료와 함께 나타낸 것이다. ㉠과 ㉡은 각각 A와 B의 편차 자료 중 하나이고, Ω_m과 Ω_Λ는 각각 현재 우주의 물질 밀도와 암흑 에너지 밀도를 임계 밀도로 나눈 값이다.

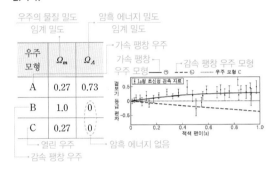

우주의 물질 밀도 / 임계 밀도
암흑 에너지 밀도 / 임계 밀도
가속 팽창 우주
가속 팽창 우주 모형 ㉠
감속 팽창 우주 모형
우주 모형 C

우주 모형	Ω_m	Ω_Λ
A	0.27	0.73
B	1.0	0
C	0.27	0

열린 우주
감속 팽창 우주
암흑 에너지 없음

이 자료에 대한 설명으로 옳은 것만을 〈보기〉에서 있는 대로 고른 것은? [3점]

〈보기〉풀이

✗ ㉠은 B의 편차 자료이다.
➡ ㉠은 동일한 적색 편이 값에 대한 겉보기 등급 편차가 우주 모형 C에서의 값보다 크게 나타나고 있다. 이는 예상했던 것보다 Ia형 초신성까지의 거리가 더 멀다는 것을 의미하고, 가속 팽창 우주를 의미한다. A, B 중 가속 팽창 우주 모형에 해당하는 것은 Ω_Λ가 Ω_m보다 큰 A에 해당한다.

✗ $z=1.0$인 천체의 겉보기 등급은 A보다 B에서 크다.
➡ ㉠은 가속 팽창, ㉡은 감속 팽창을 하는 우주 모형이므로, ㉠은 A, ㉡은 B의 편차 자료이다. $z=1.0$에서 A 모형(㉠)은 약 $+0.25$의 편차를, B 모형(㉡)에서는 약 -0.4의 편차를 나타내므로 겉보기 등급은 B보다 A에서 크다.

ㄷ. Ia형 초신성 관측 자료와 가장 부합하는 모형은 A이다.
➡ 그림에서 ㉡보다 ㉠의 우주 모형에 Ia형 초신성들이 분포하고 있으므로 Ia형 초신성 관측 자료와 가장 부합하는 모형은 ㉠인 A이다.

26 우주의 구성 요소 2025학년도 수능 지I 17번

정답 ⑤ | 정답률 20 %

적용해야 할 개념 ③가지

① 암흑 물질과 보통 물질은 총량이 일정하고, 우주가 팽창함에 따라 밀도가 감소한다.
② 암흑 에너지는 밀도가 일정하고, 우주가 팽창함에 따라 총량이 증가한다.
③ 현재 우주 구성 요소는 암흑 에너지 약 68.3 %, 암흑 물질 약 26.8 %, 보통 물질 약 4.9 %이다.

문제 보기

표는 표준 우주 모형에 따라 팽창하는 우주에서 어느 두 시기의 우주의 크기와 우주 구성 요소의 밀도를 나타낸 것이다. T_1은 T_2보다 과거 시기이며, T_2에 우주 구성 요소의 총밀도는 1이다. A, B, C는 보통 물질, 암흑 물질, 암흑 에너지를 순서 없이 나타낸 것이다.

시기	우주의 크기 (현재=1)	우주 구성 요소의 밀도		
		A	B	C
T_1	(0.25)	(5.36)	(0.21)	0.96
T_2	0.50	(0.67)	0.21	0.12

8배 증가   밀도 일정 $\frac{1}{8}$배 감소

이에 대한 설명으로 옳은 것만을 〈보기〉에서 있는 대로 고른 것은? (단, 우주의 크기는 은하 간 거리를 나타낸 척도이다.) [3점]

〈보기〉풀이

ㄱ. 중성자는 C에 포함된다.
➡ C는 $T_1 \rightarrow T_2$ 동안 밀도가 $\frac{1}{8}$배로 감소하였으므로 암흑 물질이거나 보통 물질이다. 그런데 보통 물질은 암흑 물질보다 밀도가 작으므로 C는 보통 물질이고, 중성자는 C에 포함된다. 한편 A와 B는 암흑 에너지와 암흑 물질 중 하나인데, 만약 A를 암흑 에너지라고 가정하고, T_2로부터 현재 우주의 밀도를 추정해 보면 암흑 에너지는 밀도가 변하지 않으므로 A는 0.67, 암흑 물질 B는 0.02625, 보통 물질 C는 0.015가 되어 현재 암흑 에너지의 비율이 지나치게 커지게 된다. 이로부터 A는 암흑 물질, B는 암흑 에너지임을 알 수 있다.

ㄴ. 전체 우주 구성 요소에서 $\frac{A가 차지하는 비율}{B가 차지하는 비율}$은 T_1이 T_2보다 크다.
➡ T_1의 A는 밀도가 T_2보다 8배 증가한 5.36이고, B의 밀도는 우주의 팽창과 관계 없이 일정하므로 0.21이다. 따라서 $\frac{A가 차지하는 비율}{B가 차지하는 비율}$은 T_1이 T_2보다 크다.

ㄷ. T_1에 전체 우주 구성 요소 중 C가 차지하는 비율은 15 %보다 작다.
➡ T_1에 전체 구성 요소의 밀도는 6.53이고, C의 밀도는 0.96이므로 C가 차지하는 비율은 15 %보다 작다.

Ⅰ | 지권의 변동

문제편 302쪽~303쪽

01 ②   **02** ①   **03** ⑤   **04** ④

---

01   고지자기 분포, 판의 이동과 판 경계의 종류   정답 ②

선택 비율 | ① 4% | ② 14% | ③ 6% | ④ 13% | ⑤ 63%

문제 풀이 TIP

고지자기 줄무늬와 해양 지각의 연령을 해석하여 해양판의 이동 방향을 판단한다.

<보기> 풀이

✗ **A와 B 사이에 해령이 위치한다.**

➡ 해령에서 생성된 해양 지각은 해령을 축으로 양쪽으로 멀어지므로 고지자기의 역전 줄무늬는 해령에 대해 대칭적으로 나타난다. 만약 A와 B 사이에 해령이 있다면 고지자기 줄무늬가 대칭적으로 나타나야 하지만 대칭성이 보이지 않으므로 A와 B 사이에는 해령이 위치하지 않는다. 한편, B에서 A로 갈수록 해양 지각의 연령이 증가하므로 해령은 B보다 북쪽에 위치하거나 해구 아래로 섭입하고 있다.

ㄴ **해저 퇴적물의 두께는 A가 B보다 두껍다.**

➡ 퇴적물이 오랫동안 쌓일수록 두께가 두꺼워진다. A는 B보다 해양 지각의 연령이 많으므로 해저 퇴적물의 두께는 A가 B보다 두껍다.

✗ **현재 A의 이동 방향은 남쪽이다.**

➡ 해양판과 대륙판이 수렴하여 섭입형 경계를 이루고 있는데, 해양판의 이동 속도가 대륙판보다 빠르므로 대륙판의 이동 방향과 관계없이 해양판은 북쪽으로 이동한다.

오답률 높은 ⑤ ㄱ과 ㄷ이 옳다고 생각했다면?

ㄱ이 옳다고 생각했다면 고지자기 줄무늬의 특성을 한 번 더 정리해 두세요. 고지자기 줄무늬는 해령에서 분출한 마그마가 굳으면서 형성되므로 해령을 축으로 양쪽 해양 지각에는 고지자기 줄무늬가 대칭적으로 분포합니다. 그런데 A와 B 사이에는 양쪽의 줄무늬가 대칭적으로 분포할 수 있는 위치가 없다는 것을 확인할 수 있어야 해요.

ㄷ이 옳다고 생각한 경우, '해양 지각은 해령으로부터 멀어진다.'는 개념과 '섭입대에서는 해양 지각이 섭입한다.'는 개념 사이에서 혼란을 일으킨 것으로 보입니다. 첫 번째 개념을 적용하면 A의 이동 방향은 남쪽이 되고, 두 번째 개념을 적용하면 A의 이동 방향이 북쪽이 되기 때문입니다. 그러나 단서에서 해양판의 이동 속도가 대륙판보다 빠르다고 했으므로 해양판이 남쪽(대륙판으로부터 멀어지는 방향)으로 이동한다면 섭입대가 형성될 수 없겠죠. 참고로 이 문제의 경우 해양저가 확장하면서 해령이 북쪽으로 이동하는 경우에 나타날 수 있는 현상입니다.

---

02   열점과 고지자기   정답 ①

선택 비율 | ① 42% | ② 17% | ③ 20% | ④ 8% | ⑤ 14%

문제 풀이 TIP

- 열점의 위치를 파악한 후 두 판의 이동 속도를 비교하여 판의 상대적인 이동 방향을 알아낸다.
- 고지자기의 특성을 적용하여 복각의 크기와 고지자기극의 겉보기 위치 변화를 비교하여 알아낸다.

<보기> 풀이

해양판 A, B의 내부에서 현재 화산 활동이 일어나는 화산섬(연령 0)이 있으므로 이곳에는 각각 열점이 위치한다. 따라서 ㉠과 ㉡은 각각 연령이 0인 화산섬(열점)의 위치에서 생성되어 동일 경도상을 따라 북쪽으로 이동하였다.

ㄱ **판의 경계에서 화산 활동은 X가 Y보다 활발하다.**

➡ ㉠과 ㉡은 연령이 같지만 이동한 거리는 ㉡이 ㉠보다 크므로 판의 이동 속도는 B가 A보다 빠르다. 따라서 X에서 상대적인 이동 방향은 서로 멀어지고, Y에서 상대적인 이동 방향은 서로 엇갈리게 된다. 즉, X에는 해령이 발달하고, Y에는 변환 단층이 발달하므로 화산 활동은 X가 Y보다 활발하다.

✗ **고지자기 복각의 절댓값은 화산섬 ㉠과 ㉡이 같다.**

➡ 고지자기 복각은 마그마가 분출할 당시의 값을 가지며, 마그마가 굳어져 화산섬이 생성된 이후로는 변하지 않는다. 따라서 고지자기 복각의 절댓값은 생성 위치가 고위도인 ㉡이 ㉠보다 크다.

✗ **화산섬 ㉠에서 구한 고지자기극은 화산섬 ㉡에서 구한 고지자기극보다 저위도에 위치한다.**

➡ ㉠은 생성된 위치(열점)에서 5°만큼 북쪽으로 이동하였으므로 ㉠에서 구한 고지자기극은 85°N이 된다. 한편 ㉡은 생성된 위치(열점)에서 10°만큼 북쪽으로 이동하였으므로 ㉡에서 구한 고지자기극은 80°N이 된다. 따라서 ㉡에서 구한 고지자기극이 더 저위도에 위치한다.

오답률 높은 ③ ㄱ이 옳지 않다고 생각했다면?

제시된 자료가 풍부하지 않지만 세 가지 보기는 모두 하나하나 신중하게 분석하여야 진위를 판단할 수 있는 문항입니다. 오답 분포를 보면 제시된 자료에서 판의 경계가 어떻게 분포하는지 판단하지 못한 수험생들이 많았던 것으로 보여요. 화산섬이 이동한 시간과 거리를 통해 판의 이동 속도를 알 수 있는데, 두 판의 이동 속도가 다르므로 판의 경계가 나타나는 위치에 따라 판의 상대적인 이동 방향이 달라집니다. 즉, 해양판 B가 A보다 이동 속도가 빠르므로 두 판이 이동하는 방향과 나란하게 판의 경계가 나타나는 Y에서는 두 판이 엇갈리게 되어 변환 단층이 발달하고, 두 판이 이동하는 방향과 수직으로 판의 경계가 나타나는 X에서는 두 판이 서로 멀어지게 되어 해령이 발달하죠. 이와 같이 판의 실제 속도를 통해 상대적인 이동 방향을 판단하면 어떤 종류의 판 경계가 나타나는지 알 수 있습니다.

---

03   고지자기와 대륙의 이동   정답 ⑤

선택 비율 | ① 12% | ② 12% | ③ 20% | ④ 16% | ⑤ 40%

문제 풀이 TIP

고지자기극의 겉보기 위치를 지리상 북극으로 이동시킨 각도만큼 현재의 지괴도 위도가 변하므로 이를 근거로 지괴의 위도 변화와 속도를 판단한다.

<보기> 풀이

ㄱ **A에서 구한 고지자기 복각의 절댓값은 ㉠이 ㉡보다 작다.**

➡ A에서 구한 ㉠, ㉡ 시기의 고지자기극은 각각 현재의 지리상 북극에서 60°, 30° 떨어져 있으므로 ㉠ 시기에 지괴 A는 현재 위치에서 남쪽으로 60° 이동한 적도(0°)에 위치하였고, ㉡ 시기에 지괴 A는 현재 위치에서 남쪽으로 30° 이동한 30°N에 위치하였다. 따라서 고지자기 복각의 절댓값은 ㉠이 ㉡보다 작다.

ㄴ. **A와 B는 북반구에서 분리되었다.**

➡ B에서 구한 ㉠, ㉡ 시기의 고지자기극은 각각 현재의 지리상 북극에서 45°, 15° 떨어져 있으므로 ㉠ 시기에 지괴 B는 현재 위치에서 남쪽으로 45° 이동한 적도(0°)에 위치하였고, ㉡ 시기에 지괴 B는 현재 위치에서 남쪽으로 15° 이동한 30°N에 위치하였다. 따라서 ㉠에서 ㉡에 이르는 시기 동안 지괴 A와 B는 서로 붙어 있었고, 그 후 분리되었으므로 A와 B는 북반구에서 분리되었다.

ㄷ. **㉡부터 현재까지의 평균 이동 속도는 A가 B보다 빠르다.**

➡ ㉡ 시기에 지괴 A와 B는 30°N에 위치하였으므로 현재의 지괴 위치와 비교해 보면 평균 이동 속도는 A가 B보다 빠르다.

고지자기극의 겉보기 이동

고지자기극의 겉보기 이동을 해석하여 지괴의 이동을 판단하는 문제는 제시되는 자료만 조금씩 다를 뿐 적용하는 원리는 같아요. 지질 시대 동안 고지자기극의 실제 위치는 지리상 북극과 일치해요. 제시되는 자료에서 고지자기극의 겉보기 위치가 지리상 북극과 일치하지 않았다면, 그것은 지괴가 이동하였기 때문이에요. 따라서 지괴의 위치를 과거로 거슬러 가면 고지자기극의 위치는 점차 지리상 북극으로 이동하게 되죠.

이번에는 그림을 통해 원리를 알아볼게요. 만약 100만 년 전의 지괴 위치가 (가)와 같았고, 현재는 지괴가 30° 북쪽으로 이동하여 (나)의 위치가 되었다면 고지자기극의 겉보기 위치도 30° 이동하게 돼요. 따라서 (나)에서 고지자기극의 겉보기 위치를 거꾸로 30° 이동하여 지리상 북극과 일치시키면 100만 년 전의 지괴 위치를 알아낼 수 있어요.

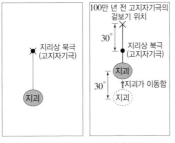

(가) 100만 년 전   (나) 현재

---

04 고지자기와 판의 이동   정답 ④

선택 비율	① 9 %	② 32 %	③ 7 %	④ 34 %	⑤ 18 %

문제 풀이 TIP

• 화산섬이 생성되었을 당시의 위치로 복각을 비교하고, 화산섬이 배열된 방향으로 판의 이동 방향을 판단한다.
• 열점의 위치와 고지자기극의 위도 차이로 화산섬에서 측정된 고지자기극의 위치를 찾는다.

〈보기〉 풀이

✗ **㉠은 ㉡보다 작다.**

➡ 고지자기극은 고지자기 방향으로 추정한 지리상 북극이고, 지리상 북극은 변하지 않았다고 했으므로 화산섬 A, B, C가 생성된 기간 동안 고지자기극의 실제 위치는 현재의 지리상 북극에 고정되어 있었다. A, B, C는 모두 고정된 열점인 A 위치에서 생성되었으므로 고지자기 복각은 변하지 않았다. 따라서 ㉠과 ㉡은 같다.

ㄴ. **판의 이동 방향은 북쪽이다.**

➡ 화산섬 A, B, C는 열점이 위치하는 10°N에서 생성되었고, 현재 A → B → C로 갈수록 연령과 위도가 증가하는데, 이는 판이 이동하였기 때문이다. A, B, C는 동일 경도에 있고, A → B → C로 갈수록 북극에 가까워지므로 판의 이동 방향은 북쪽이다.

ㄷ. **B에서 구한 고지자기극의 위도는 80°N이다.**

➡ B는 위도 10°N인 열점에서 생성되었으며, B가 생성될 당시 고지자기극은 지리상 북극인 90°N에 있었다. 그러나 현재 B는 열점에서 10° 북상하여 20°N에 있으므로 B에서 구한 고지자기극의 위도도 현재의 90°N에서 10° 이동한다. 따라서 B에서 구한 고지자기극의 위도는 80°N이다.

ㄷ이 옳지 않다고 생각했다면?

판 구조론에서 열점의 특성과 고지자기의 원리에 대해 알고 있어야 합니다. 열점은 지하에 고정된 지점이고, 화산섬이 한 방향으로 나열된 것은 화산섬이 열점에서 형성된 후 판의 이동 방향을 따라 이동하였기 때문입니다. 따라서 화산섬 A, B, C는 모두 열점이 있는 위도 10°N에서 형성되었고, 현재 화산섬 B가 20°N에 있는 것은 위도 10°만큼 북쪽으로 이동하였다는 것을 뜻합니다.

한편, 화산암 속의 자화 물질은 용암이 굳어진 이후에는 자화 방향이 변하지 않으므로 화산섬이 이동하더라도 고지자기 복각은 형성 당시의 값을 그대로 유지한다는 것을 기억해야 해요. 지리상 북극의 위치가 변하지 않았으므로 화산섬 B가 형성될 당시 고지자기극은 90°N에 있었고, 화산섬 B가 10° 북쪽으로 이동하여도 화산암에는 굳어질 당시의 고지자기 기록이 그대로 보존되어 있으므로 위도 20°N에 있는 현재의 화산암은 고지자기극이 형성된 당시보다 10° 북쪽에 있는 것으로 측정됩니다. 즉, B에서 구한 고지자기극은 90°N+10°이고, 이는 80°N과 값이 같습니다.

Ⅱ | 지구의 역사

문제편 304쪽~305쪽

01 ⑤　**02** ⑤　**03** ①　**04** ③

01　절대 연령과 상대 연령　　정답 ⑤

선택 비율	① 4 %	② 17 %	③ 24 %	④ 7 %	⑤ 48 %

문제 풀이 TIP

제시된 Y의 함량으로부터 X의 처음 양을 알아내고, P와 Q가 각각 몇 회의 반감기를 거쳤는지 생각하여 P, Q가 생성된 지질 시대를 판단한다.

<보기> 풀이

✗ P에는 암석 A가 포획암으로 나타난다.

➡ P와 A 사이에 P의 암석 조각이 기저 역암으로 분포하므로 P가 생성된 후 부정합이 형성되었고, 그 후 A가 퇴적되었다. 따라서 P는 A보다 먼저 생성되었으므로 P에 암석 A가 포획암으로 나타날 수 없다.

ㄴ. 단층 $f-f'$은 고생대에 형성되었다.

➡ P, Q는 생성된 후 반감기인 1.5억 년이 지났을 때 Y의 함량이 모두 a이므로 X의 함량도 모두 a이다. 따라서 P, Q에 포함된 X의 처음 함량은 모두 $2a$이고, 현재 X의 함량은 각각 $0.2a$, $0.4a$이다. P에서 X의 함량은 $2a$(처음) → a(1회) → $0.5a$(2회) → $0.25a$(3회) → $0.2a$(현재)로 변하여 3회의 반감기를 조금 더 거쳤으므로 P의 절대 연령은 4.5억 년이 조금 넘는다. 같은 방법으로, Q에서 X의 함량은 $2a$(처음) → a(1회) → $0.5a$(2회) → $0.4a$(현재)로 변하여 2회의 반감기를 조금 더 거쳤으므로 Q의 절대 연령은 3억 년이 조금 넘는다. 화성암과 단층의 형성 시기는 P → 단층 → Q이므로 단층은 고생대에 형성되었다.

ㄷ. 현재로부터 1.5억 년 후까지 P의 X 함량(%)의 감소량은 Q의 Y 함량(%)의 증가량보다 적다.

➡ 현재 P, Q의 X 함량은 각각 $0.2a$, $0.4a$이므로 현재로부터 1.5억 년이 지나면 X 함량의 감소량은 $0.1a$이고, Q의 X 함량의 감소량이 $0.2a$이다. Q의 X 함량이 감소한 만큼 Y 함량이 증가하므로 P의 X 함량의 감소량은 Q의 Y 함량의 증가량보다 적다.

오답률 높은 ③　ㄴ이 옳지 않다고 생각했다면?

ㄴ의 진위를 판단하기 위해서는 여러 가지 기본 지식이 필요하고, 방사성 동위 원소의 붕괴 원리를 적용할 수 있는 능력도 필요해요. Y의 함량으로부터 X의 처음 양, 암석 생성 이후 1.5억 년 경과 후의 함량, 현재 함량을 각각 알아내어 반감기 경과 횟수를 구하면 P와 Q의 대략적인 절대 연령을 구할 수 있어요. 단계별로 차근차근 풀어보면 어렵지 않게 해석할 수 있을 거예요.

02　지질 단면도 해석　　정답 ⑤

선택 비율	① 3 %	② 32 %	③ 9 %	④ 8 %	⑤ 47 %

문제 풀이 TIP

지질 단면에서 지질 구조의 특징과 역전된 지층의 생성 순서를 해석한다.

<보기> 풀이

✗ 단층 $f-f'$은 장력에 의해 형성되었다.

➡ 단층 $f-f'$은 단층면을 경계로 상반이 위로 이동하였으므로 횡압력을 받아 형성된 역단층이다.

ㄴ. 습곡과 단층의 형성 시기 사이에 부정합면이 형성되었다.

➡ 부정합면을 경계로 하부 지층은 횡압력을 받아 습곡이 형성되었고, 상부 지층은 수평층이다. 또한 습곡과 부정합면은 단층에 의해 절단되었다. 따라서 지질 구조는 습곡 → 부정합 → 단층 순으로 형성되었다.

ㄷ. X → Y를 따라 각 지층 경계를 통과할 때의 지층 연령의 증감은 '증가 → 감소 → 감소 → 증가'이다.

➡ 두 지층의 경계에서 나타나는 건열의 모습이 역전되지 않았으므로 X → Y에 해당하는 지층의 생성 순서는 ▨ → ⋰ → ⋰ ⋰ 이고, 습곡과 단층에 의해 X → Y에서 일부 지층은 역전되었으므로, 지층 연령의 증감은 '증가 → 감소 → 감소 → 증가'이다.

오답률 높은 ②　ㄷ이 옳지 않다고 생각했다면?

보기 ㄷ에서 '지층 경계를 통과할 때의 지층 연령의 증감'이라는 표현을 명확히 이해하지 못한 것 같습니다. 그 동안 지질 단면의 문제에서는 지층 내의 아래쪽 또는 위쪽으로 갈수록 연령이 조금씩 증가하거나 감소하는 것을 해석하는 문제가 많이 출제되었기에 같은 유형의 문제로 착각할 수도 있었을 것 같습니다. 보기 ㄷ은 쉬운 표현으로 나타내면 'X에서 Y로 갈 때, 지층의 생성 순서는 어떠한가? 그런데 역전된 지층도 있어.'라는 표현입니다. 역전된 지층이 어떤 것인지 판단하는 것이 문제의 핵심이지만 문제의 그림만 자세히 보아도 어렵지 않게 해석할 수 있을 것입니다. 생소한 표현이 잘 이해되지 않는다면 두 번, 세 번 읽어보면 어떤 답을 요구하는지 알 수 있게 될 것입니다.

03　절대 연령　　정답 ①

선택 비율	① 47 %	② 11 %	③ 23 %	④ 9 %	⑤ 10 %

문제 풀이 TIP

모원소와 자원소의 비율을 파악하고, 반감기를 거친 횟수를 판단한다.

<보기> 풀이

X는 '모원소 : 자원소=1 : 3', Y는 '모원소 : 자원소=1 : 1'이므로 이를 근거로 방사성 동위 원소의 붕괴 곡선을 그려보면 오른쪽 그림과 같다.

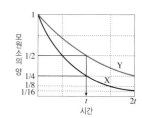

ㄱ. 화강암의 절대 연령은 Y의 반감기와 같다.

➡ 화강암의 절대 연령은 X를 기준으로 2회의 반감기를 거쳤고, Y를 기준으로 1회의 반감기를 거쳤다. 따라서 화강암의 절대 연령은 Y의 반감기와 같다.

✗ 화강암 생성 당시부터 현재까지 $\dfrac{모원소\ 함량}{모원소\ 함량+자원소\ 함량}$의 감소량은 X가 Y의 2배이다.

➡ 화강암 생성 당시와 현재의 $\dfrac{모원소\ 함량}{모원소\ 함량+자원소\ 함량}$은 X가 1, $\dfrac{1}{4}$이고, Y가 1, $\dfrac{1}{2}$이므로 감소량은 각각 $\dfrac{3}{4}$, 2이다. 따라서 감소량은 $\dfrac{X}{Y}=\dfrac{3}{2}$이므로 X가 Y의 1.5배이다.

원소	생성 당시	현재	감소량
X	1	$\dfrac{1}{4}$	$\dfrac{3}{4}$
Y	1	$\dfrac{1}{2}$	$\dfrac{1}{2}$

✗ Y의 함량이 현재의 $\frac{1}{2}$이 될 때, X의 자원소 함량은 X 함량의 7배이다.

➡ Y의 함량이 현재의 $\frac{1}{2}$이 되는 시간은 생성 이후 반감기를 2회 거친 때이다. X의 반감기는 Y의 절반이므로 이때 X는 생성 이후 반감기를 4회 거치게 되며, X의 함량은 $\left(\frac{1}{2}\right)^4 = \frac{1}{16}$, 자원소의 함량은 $1-\left(\frac{1}{2}\right)^4 = \frac{15}{16}$ 이다. 따라서 X의 자원소 함량은 X 함량의 15배이다.

오답률 높은 ③ ㄷ이 옳다고 생각했다면?

방사성 동위 원소를 이용한 절대 연령의 측정은 과거의 시간을 측정하기 위해 고안된 과학적 원리인데, 보기 ㄷ은 현재 이후의 방사성 동위 원소 함량 변화를 묻고 있어서 정답률이 낮게 나온 것으로 판단됩니다. 그러나 방사성 동위 원소의 시간에 따른 함량 변화는 동일한 원리가 적용되므로 보기 ㄱ과 ㄴ을 해결한 수험생이라면 'X의 반감기는 Y 반감기의 $\frac{1}{2}$'이고, '모원소의 비율+자원소의 비율=1'이라는 두 가지 개념을 염두에 두고 보기 ㄷ을 해결할 수 있습니다. Y의 함량이 현재의 $\frac{1}{2}$이라면 화강암 생성 이후 반감기 2회만큼의 시간이 경과한 것이므로 이때 X는 화강암 생성 이후 반감기 4회만큼의 시간이 경과하게 됩니다. 따라서 X의 양은 현재의 $\frac{1}{16}$이 되고, 자원소의 양은 $\frac{15}{16}$로 증가하므로 자원소의 양은 X 양의 15배가 됩니다.

---

04 절대 연령 정답 ③

선택 비율	① 21 %	② 8 %	③ 49 %	④ 9 %	⑤ 13 %

문제 풀이 TIP

시간에 따라 붕괴되는 방사성 동위 원소의 양 변화를 이해하고, 모원소와 자원소의 함량 비율은 어떻게 변하는지 해석할 수 있어야 한다.

<보기> 풀이

ㄱ. 현재의 X의 양이 95 %인 화성암은 속씨식물이 존재하던 시기에 생성되었다.

➡ 현재의 X의 양이 95 %이면 절대 연령은 0.5억 년이다. 속씨식물은 중생대 백악기에 출현하여 신생대에 번성하였으므로 속씨식물이 존재하던 시기에 화성암이 생성되었다.

ㄴ. X의 반감기는 6억 년보다 길다.

➡ 방사성 동위 원소의 붕괴 그래프는 그림과 같이 시간이 경과할수록 기울기가 완만해진다. 이는 방사성 동위 원소의 양이 많을 때는 단위 시간 동안 붕괴하는 양이 많지만 방사성 동위 원소의 양이 적을 때는 단위 시간 동안 붕괴하는 양이 적어지기 때문이다. X의 양이 100 % → 75 %로 감소하는 데 걸리는 시간이 3억 년이지만 75 % → 50 %로 감소하는 데는 3억 년보다 오래 걸린다. 따라서 X의 반감기는 6억 년보다 길다.

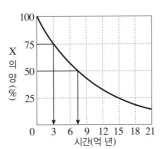

✗ 중생대에 생성된 모든 화성암에서는 현재의 $\frac{\text{X의 양(\%)}}{\text{Y의 양(\%)}}$이 4보다 크다.

➡ 중생대는 약 2.52억 년 전~약 0.66억 년 전까지의 기간이다. $\frac{\text{X의 양(\%)}}{\text{Y의 양(\%)}}$이 4보다 크다면 X의 양은 80 %보다 크고, Y의 양은 20 %보다 작아야 한다. 문제의 그림에서 X의 양이 80 %인 시기는 약 2.2억 년에 해당한다. 따라서 약 2.2억 년 전~2.52억 년 전에 해당하는 중생대 초기의 화성암에서는 현재의 $\frac{\text{X의 양(\%)}}{\text{Y의 양(\%)}}$이 4보다 작다.

오답률 높은 ① ㄴ이 옳지 않다고 생각했다면?

보기 ㄴ은 '방사성 동위 원소는 모원소의 양이 많을수록 단위 시간 동안 붕괴하는 양도 많다.'는 특성을 알고 있는지 묻고 있습니다. 하지만 그러한 내용을 몰랐더라도 많이 보아 왔던 방사성 동위 원소의 붕괴 곡선을 그려보면 알 수 있지요. 시간이 경과할수록 붕괴 곡선의 기울기는 완만해지는데, 그 이유가 위에서 설명한 방사성 동위 원소의 특성 때문입니다. X의 양이 100 % → 75 %로 경과한 시간을 직선으로 그려 실제 붕괴 곡선과 비교해 보면 쉽게 답을 찾을 수 있습니다. 100 % → 75 %의 직선을 그린 후, 그 직선을 50 %까지 연장하면 시간은 약 6억 년이 되겠지요. 그런데 실제 붕괴 곡선은 시간이 갈수록 기울기가 완만해지므로 50 %의 시간은 6억 년보다 큰데, 이 값이 반감기입니다.

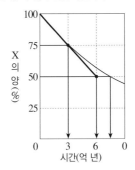

III | 대기와 해양의 변화 문제편 306쪽

01 ②   02 ②

---

01 정체 전선과 날씨 정답 ②

선택 비율	① 18 %	② 44 %	③ 24 %	④ 10 %	⑤ 3 %

문제 풀이 TIP

우리나라에서 정체 전선을 형성하는 기단의 종류를 파악하고, 각 기단의 세력 변화에 따른 정체 전선의 이동과 강수 지역의 이동을 파악한다.

<보기> 풀이

✗ D_1일 때 정체 전선의 위치는 D_2일 때보다 북쪽이다.

➡ (가)에서 강수 구역은 D_1일 때가 D_2일 때보다 남쪽에 분포하므로, 정체 전선은 D_1일 때가 D_2일 때보다 남쪽에 위치한다.

ㄴ. D_2일 때 남동풍의 빈도는 남서풍의 빈도보다 크다.

➡ D_2일 때 A 지점에서의 풍향 빈도는 남서풍이 20 % 미만으로 4회 관측되었고 남동풍이 20 % 미만으로 2회, 40 %로 1회 관측되었다. 따라서 총 빈도는 남동풍이 남서풍보다 크다.

✗ D_1일 때가 D_2일 때보다 북태평양 기단의 영향을 더 받는다.

➡ 정체 전선 남쪽에는 북태평양 기단이 분포하며, 북태평양 기단의 영향이 우세할수록 정체 전선의 위치가 북쪽으로 이동한다. D_2일 때가 D_1일 때보다 정체 전선이 북쪽에 위치하므로 북태평양 기단의 영향을 더 받는다.

02   태풍의 풍속 분포   정답 ②

선택 비율 | ① 13 % | ② 22 % | ③ 14 % | ④ 27 % | ⑤ 25 %

문제 풀이 TIP

태풍의 풍속 분포 자료를 해석하여 위험 반원과 안전 반원을 특정하고 이를 통해 이동 방향을 파악한다. 태풍이 북반구에서 발생한 일종의 저기압임을 고려하여 태풍 내의 기류와 바람의 방향, 용승을 판단한다.

〈보기〉 풀이

태풍이 이동할 때 태풍 진행 방향의 오른쪽 반원인 위험 반원이 왼쪽 반원인 안전 반원보다 풍속이 강하게 나타난다.

✘ 태풍은 북동 방향으로 이동하고 있다.

➡ 태풍의 중심을 기준으로 북동쪽이 남서쪽보다 풍속이 강하게 나타나므로 태풍의 중심을 기준으로 북동쪽이 위험 반원, 남서쪽이 안전 반원이다. 위험 반원은 태풍 진행 방향의 오른쪽에 위치하므로 태풍은 북서 방향으로 이동하고 있다.

ㄴ. 태풍 중심 부근의 해역에서 수온 약층의 차가운 물이 용승한다.

➡ 태풍은 중심부로 갈수록 기압이 낮아지는 저기압이므로 북반구에서는 바람이 시계 반대 방향으로 분다. 따라서 북반구에 위치한 태풍 중심 부근의 해역에서는 표층 해수가 풍향의 오른쪽 방향으로 이동하여 중심에서 바깥쪽으로 발산하므로 이를 채우기 위해 수온 약층의 차가운 물이 용승한다.

✘ 태풍의 상층 공기는 반시계 방향으로 불어 나간다.

➡ 지상에서는 태풍의 바람이 중심부를 향해 시계 반대 방향으로 불어 들어가며 중심부에서는 상승 기류가 발생한다. 태풍의 중심부에서 상승한 공기는 상층에서 대부분 바깥쪽으로 불어 나가는데, 북반구에서 바깥쪽으로 불어 나가는 공기는 전향력에 의해 오른쪽으로 편향되므로 시계 방향으로 불어 나간다.

오답률 높은 ⑤   ㄱ, ㄷ이 옳다고 생각했다면?

태풍이 풍속이 약한 곳에서 강한 곳으로 이동한다고 생각했다면 ㄱ을 옳은 보기로 선택했을 거예요. 안전 반원과 위험 반원에서의 풍속 양상을 알면 ㄱ을 어렵지 않게 해결할 수 있어요. 위험 반원은 태풍의 이동 방향이 태풍 내 바람 방향과 같아 풍속이 상대적으로 강하고, 안전 반원은 태풍의 이동 방향이 태풍 내 바람 방향과 반대여서 풍속이 상대적으로 약합니다. 즉, 태풍 이동 경로의 오른쪽 지역은 풍속이 빠르고 태풍 이동 경로의 왼쪽 지역은 풍속이 상대적으로 약합니다. 그림에서 태풍의 풍속 분포를 보면 태풍의 중심을 기준으로 북동쪽은 풍속이 빠르고 남서쪽은 풍속이 상대적으로 느리므로 태풍은 북서 방향으로 이동하고 있다는 것을 알 수 있습니다.

ㄷ이 옳다고 생각했다면 저기압에서는 바람이 시계 방향으로 불어 들어간다고 알고 있기 때문일 거예요. 이 방향은 지상 부근에서의 방향입니다. 태풍의 중심으로 불어 들어간 바람이 상층에서는 시계 방향으로 불어 나간다는 것을 기억해 두세요.

Ⅳ | 대기와 해양의 상호 작용   문제편 307쪽~310쪽

| 01 ② | 02 ② | 03 ① | 04 ⑤ | 05 ② | 06 ⑤ |
| 07 ④ | 08 ④ | 09 ② | | | |

01   위도별 에너지 분포-대기와 해양의 에너지 수송   정답 ②

선택 비율 | ① 5 % | ② 43 % | ③ 5 % | ④ 29 % | ⑤ 16 %

문제 풀이 TIP

대기가 해양보다 에너지 수송량이 많다는 것을 알고, 그래프를 해석하여 대기와 해양의 에너지 수송을 구별한다. 위도에 따른 에너지 수송량으로부터 복사 평형이 나타나는 위도를 찾고, 에너지 부족과 과잉을 판단한다.

〈보기〉 풀이

저위도는 에너지 과잉, 고위도는 에너지 부족 상태이며, 저위도의 과잉된 에너지는 대기와 해양에 의해 고위도로 수송된다.

✘ A는 대기에 해당한다.

➡ 저위도에서 고위도로 수송되는 에너지양은 대기가 수송하는 것이 해양이 수송하는 것보다 많다. 따라서 A는 해양, B는 대기이다.

✘ A와 B가 교차하는 ㉠의 위도에서 복사 평형을 이루고 있다.

➡ 태양 복사 에너지 입사량과 지구 복사 에너지 방출량이 같아 복사 평형이 이루어지는 위도(약 38° 부근)에서 대기와 해양에 의한 에너지 수송량이 최대로 나타난다. 따라서 38°보다 저위도에 위치한 ㉠에서는 에너지 과잉이 나타난다.

ㄷ. 적도에서는 에너지 과잉이다.

➡ 적도에서는 태양 복사 에너지 입사량이 지구 복사 에너지 방출량보다 많으므로 에너지 과잉이 나타난다.

선배의 TMI 이것만 알고 가자!   위도별 에너지 불균형과 지구의 복사 평형

저위도 지방은 입사하는 태양 복사 에너지의 양이 방출하는 지구 복사 에너지의 양보다 많아서 에너지가 과잉되고, 고위도 지방은 입사하는 태양 복사 에너지의 양이 방출하는 지구 복사 에너지의 양보다 적어서 에너지가 부족합니다. 이처럼 위도에 따라 입사하는 태양 복사 에너지양이 달라서 에너지의 불균형이 나타나지만, 에너지의 불균형을 맞추어 주는 흐름이 일어나 지구 전체적으로는 에너지의 평형을 이루고 있습니다. 대기와 해수의 순환은 저위도 지방의 남는 에너지를 에너지가 부족한 고위도 지방으로 보내어 지구 전체적인 에너지 균형을 맞춥니다. 저위도에서 고위도로 수송되는 에너지양은 대기에 의한 양이 해수에 의한 양보다 많으며, 에너지의 이동이 가장 활발한 지점은 에너지 과잉과 부족의 경계가 되는 위도 약 38° 부근으로, 이곳에서는 입사하는 태양 복사 에너지의 양과 방출하는 지구 복사 에너지의 양이 같아 복사 평형이 일어납니다.

02   대기 대순환과 표층 순환   정답 ②

선택 비율 | ① 6 % | ② 48 % | ③ 6 % | ④ 18 % | ⑤ 23 %

문제 풀이 TIP

• 대기 대순환에 의해 형성되는 위도별 기압 분포로부터 증발량과 강수량을 파악하고 이로부터 표층 해수의 염분 분포를 판단한다.
• 대기 대순환에 의해 형성되는 해수의 표층 순환을 북반구와 남반구로 구분하여 생각해본다.

대기 대순환에 의해 저압대가 형성되는 위도 0° 부근은 강수량이 증발량보다 많고, 고압대가 형성되는 위도 30° 부근은 증발량이 강수량보다 많다. 따라서 그림에서 실선은 강수량, 점선은 증발량이다.

✖ **표층 해수의 평균 염분은 A 해역이 B 해역보다 높다.**

➡ 저위도와 중위도 해역에서 표층 해수의 평균 염분은 대체로 (증발량−강수량) 값에 비례한다. 따라서 표층 해수의 평균 염분은 (증발량−강수량) 값이 작은 A 해역이 큰 B 해역보다 낮다.

ㄴ **A에서는 해들리 순환의 상승 기류가 나타난다.**

➡ 위도 0° 부근에서는 가열된 공기가 상승하여 고위도로 이동하고, 위도 30° 부근에서 하강하여 해들리 순환을 형성한다. 따라서 A에서는 해들리 순환의 상승 기류가 나타난다.

✖ **캘리포니아 해류는 B 해역에서 나타난다.**

➡ 캘리포니아 해류는 북태평양의 아열대 순환을 이루는 해류이고, B 해역은 남반구의 아열대 해역에 위치한다. 따라서 캘리포니아 해류는 B 해역에서 나타나지 않는다.

ㄷ이 옳다고 생각했다면, 캘리포니아 해류가 북태평양의 아열대 순환을 이루는 해류라는 것은 알고 있었는데 가로축의 위도에서 왼쪽을 남위, 오른쪽을 북위로 잘못 인식했을 가능성이 높습니다. 지금까지 그래프의 가로축을 위도로 나타낼 때 적도를 정중앙으로 해서 왼쪽을 남위, 오른쪽을 북위로 표시하는 경우가 많았으므로 무의식적으로 그런 실수를 한 것 같습니다. 경우에 따라 그래프 가로축의 왼쪽을 남위로 할 수도 있고 오른쪽을 남위로 할 수도 있으므로 선입견을 갖지 말고 주어진 자료를 있는 그대로 객관적으로 해석할 수 있어야 앞으로 이런 실수를 반복하지 않을 것입니다.

---

03 | 대기 대순환 | 정답 ①

선택 비율	① 45 %	② 9 %	③ 19 %	④ 15 %	⑤ 11 %

문제 풀이 TIP

해수면 부근에서 부는 남북 방향의 연평균 풍속 자료를 통해 북반구와 남반구를 구분하고, 해들리 순환으로 인해 열대 수렴대를 기준으로 북쪽에서는 북동 무역풍, 남쪽에서는 남동 무역풍이 나타난다는 사실을 문제에 적용한다.

해들리 순환은 적도에서 가열된 공기가 상승하여 고위도로 이동하다가 위도 30° 부근에서 냉각되어 하강하여 다시 적도로 되돌아오는 순환으로, 북반구 지상에서는 북동 무역풍을 형성하고, 남반구 지상에서는 남동 무역풍을 형성한다.

ㄱ **㉠은 60°S이다.**

➡ 해들리 순환에 의해 위도 약 0°~30°N의 해수면 부근에서는 북풍(북동 무역풍)이 불고, 위도 약 0°~30°S의 해수면 부근에서는 남풍(남동 무역풍)이 분다. 따라서 ㉠은 60°S, ㉡은 60°N이다.

✖ **A에서 해들리 순환의 하강 기류가 나타난다.**

➡ A는 북동 무역풍과 남동 무역풍이 만나는 열대 수렴대이다. 열대 수렴대에서는 해들리 순환의 상승 기류가 나타난다.

✖ **페루 해류는 B에서 나타난다.**

➡ 페루 해류는 남태평양의 아열대 순환을 이루는 해류이다. B는 북반구에 해당하므로 페루 해류는 B에서 나타나지 않는다.

페루 해류가 남태평양의 아열대 순환을 이루는 해류라는 것은 알고 있었는데, ㉡을 60°S라고 잘못 판단했을 가능성이 높아요. 풍향은 바람이 불어가는 방향이 아니고 바람이 불어오는 방향을 가리킵니다. 즉, 북풍은 북쪽에서 불어오는 바람이고, 남풍은 남쪽에서 불어오는 바람인 것이지요. B에서는 풍속이 (+) 값이므로 남풍이 부는데 이를 남쪽으로 불어가는 바람으로 잘못 판단하여 ㉡을 60°S라고 생각한 것 같습니다. 일기 요소에서 풍향은 바람이 불어오는 방향을 가리킨다는 사실을 항상 유념해야 이와 유사한 문제를 접했을 때 바르게 판단할 수 있을 것입니다.

---

04 | 대기 대순환 | 정답 ⑤

선택 비율	① 13 %	② 3 %	③ 36 %	④ 4 %	⑤ 45 %

문제 풀이 TIP

대기 대순환의 3개의 순환 세포의 형성 원인을 기압 분포와 관련지어 생각하고, 대기 대순환의 지표 부근 바람이 표층 해수의 이동과 표층 순환의 발생에 어떤 영향을 미치는지 파악한다.

A는 북반구 중위도 고압대와 고위도 저압대 사이(30°N~60°N)에 위치하고, B는 남반구 중위도 고압대와 고위도 저압대 사이(30°S~60°S)에 위치하며, C는 남반구 고위도 저압대에 위치한다.

ㄱ **A는 대기 대순환의 간접 순환 영역에 위치한다.**

➡ A는 대기 대순환의 페렐 순환 영역에 위치한다. 해들리 순환과 극순환은 가열된 공기가 상승하거나 냉각된 공기가 하강하면서 만들어진 열적 순환(직접 순환)이고, 페렐 순환은 해들리 순환과 극 순환 사이에 형성된 간접 순환이다.

ㄴ **B 해역에서는 남극 순환류가 흐른다.**

➡ B 해역이 있는 30°S~60°S는 편서풍 지대이므로 B 해역에서는 편서풍의 영향으로 서에서 동으로 남극 순환류가 흐른다.

ㄷ **C 해역에서는 대기 대순환에 의해 표층 해수가 발산한다.**

➡ C 해역을 경계로 북쪽에서는 편서풍이, 남쪽에서는 극동풍이 불고, 남반구에서 표층 해수는 평균적으로 풍향의 왼쪽 90° 방향으로 이동한다. 따라서 C 해역을 경계로

북쪽에서는 표층 해수가 북동쪽으로 이동하고 남쪽에서는 표층 해수가 남서쪽으로 이동하여 C 해역에서는 표층 해수가 발산한다.

ㄷ을 옳지 않다고 생각했다면 대기의 이동과 해수의 이동을 혼동했을 가능성이 높습니다. 60°S 부근의 고위도 저압대에 위치하는 C 해역에서는 북쪽의 편서풍과 남쪽의 극동풍이 수렴한다고 생각했을 것입니다. 이 생각은 옳은 것이지만 문제에서 묻고 있는 것은 대기 대순환의 지표 부근 바람의 이동 방향이 아니고 이 바람에 의해 일어나는 표층 해수의 이동 방향입니다. 지구 규모의 운동에서는 지구 자전에 따른 전향력으로 인해 남반구의 경우 풍향의 왼쪽 90° 방향으로 표층 해수가 이동한다는 사실에 유념해야 합니다. 다시 말해 C 해역을 경계로 편서풍과 극동풍에 의한 표층 해수의 이동 방향이 서로 반대이므로 C 해역에서 표층 해수가 발산하는 것입니다.

선택 비율 | ① 7 % | ②48 % | ③ 10 % | ④ 27 % | ⑤ 8 %

문제 풀이 TIP

무역풍이 동풍 계열의 바람이라는 사실로부터 무역풍이 평년보다 강해졌을 때와 약해졌을 때의 동서 방향 풍속 편차를 판단하여 A와 B가 엘니뇨와 라니냐 중 어느 시기인지를 결정한다.

<보기> 풀이

무역풍은 동풍 계열의 바람이므로 무역풍이 평년보다 강해지는 라니냐 시기에는 동서 방향 풍속 편차가 (−) 값을 갖고, 무역풍이 평년보다 약해지는 엘니뇨 시기에는 동서 방향 풍속 편차가 (+) 값을 갖는다. 따라서 A는 엘니뇨 시기, B는 라니냐 시기이다.

✗ **(나)는 B에 해당한다.**

➡ 평상시보다 무역풍이 약해지는 엘니뇨 시기에는 동태평양 적도 부근 해역에서 연안 용승이 약해지고, 해수면이 높은 서태평양에서 동쪽으로 따뜻한 해수가 이동하여 동태평양 적도 부근 해역에서 따뜻한 해수층의 두께가 두꺼워진다. (나)에서 동태평양 적도 부근 해역에서 20 ℃ 등수온선의 깊이가 평년보다 깊어졌으므로 따뜻한 해수층의 두께가 두꺼워졌다. 따라서 (나)는 엘니뇨 시기인 A에 해당한다.

ㄴ **동태평양 적도 부근 해역에서 해수면 높이는 B가 평년보다 낮다.**

➡ 라니냐 시기(B)에는 평상시보다 무역풍이 강해져서 동태평양 적도 부근 해역의 표층 해수가 서쪽으로 더 강하게 이동한다. 따라서 동태평양 적도 부근 해역에서 해수면 높이는 평년보다 낮다.

✗ **적도 부근의 (동태평양 해면 기압−서태평양 해면 기압) 값은 A가 B보다 크다.**

➡ 엘니뇨 시기에 적도 부근에서 동태평양 해면 기압은 평년보다 낮고 서태평양 해면 기압은 평년보다 높다. 라니냐 시기에 적도 부근에서 동태평양 해면 기압은 평년보다 높고 서태평양 해면 기압은 평년보다 낮다. 따라서 적도 부근의 (동태평양 해면 기압−서태평양 해면 기압) 값은 라니냐 시기(B)가 엘니뇨 시기(A)보다 크다.

선배의 TMI 이것만 알고 가자! | **엘니뇨 시기와 라니냐 시기의 특징 비교**

평상시에는 무역풍에 의해 적도 부근 동태평양의 따뜻한 표층 해수가 서태평양 쪽으로 이동합니다. 무역풍이 평상시보다 약해지는 엘니뇨 시기에는 서태평양의 따뜻한 표층 해수가 동태평양 쪽으로 이동하며, 무역풍이 평상시보다 강해지는 라니냐 시기에는 동태평양에서 서태평양 쪽으로 이동하는 따뜻한 표층 해수가 더욱 많아집니다. 대기와 해양의 상호 작용에 의해 일어나는 엘니뇨나 라니냐는 해수뿐만 아니라 대기에도 영향을 주고, 그로 인해 기후 변화가 일어납니다. 평상시와 비교하여 엘니뇨 시기와 라니냐 시기에 어떤 변화가 나타나는지 한눈에 정리해 봅시다.

구분	엘니뇨 시기	라니냐 시기
무역풍 세기	약함	강함
적도 부근 동태평양의 표층 수온	높음	낮음
적도 부근 동태평양의 해수면 높이	높음	낮음
적도 부근 동태평양의 수온 약층 시작 깊이	깊음	얕음
적도 부근 동태평양의 해면 기압	낮음	높음
적도 부근 동태평양의 강수량	많음	적음
남방 진동 지수	큰 음(−)의 값	큰 양(+)의 값

선택 비율 | ① 11 % | ② 11 % | ③ 18 % | ④ 16 % | ⑤44 %

문제 풀이 TIP

엘니뇨 시기 또는 라니냐 시기에 평년보다 증가하는 물리량은 편차가 (+)이고, 감소하는 물리량은 편차가 (−)이라는 사실을 알고 엘니뇨 시기 또는 라니냐 시기에 각각의 물리량 x와 y의 증감을 판단하여 유형을 구분한다.

<보기> 풀이

유형 Ⅰ은 x가 (+)일 때 y도 (+)으로 나타나고, 유형 Ⅱ는 x가 (+)일 때 y는 (−)으로 나타난다.

ㄱ **ⓐ는 Ⅱ이다.**

➡ 엘니뇨 시기에는 동태평양에서 적운형 구름양의 편차(x)가 (+)으로 나타나고, (서태평양 해수면 높이−동태평양 해수면 높이)의 편차(y)는 (−)으로 나타난다. 즉, x가 (+)일 때 y는 (−)으로 나타나므로 ⓐ는 Ⅱ이다.

ㄴ **'동태평양에서 수온 약층이 나타나기 시작하는 깊이'는 ㉠에 해당한다.**

➡ 엘니뇨 시기에는 서태평양에서의 해면 기압 편차(x)가 (+)으로 나타나므로, 관계 유형이 Ⅰ이면 엘니뇨 시기에 ㉠의 편차(y)도 (+)으로 나타나야 한다. 엘니뇨 시기에는 평년보다 동태평양에서 용승이 약해져 수온 약층이 나타나기 시작하는 깊이가 깊어지므로 동태평양에서 수온 약층이 나타나기 시작하는 깊이의 편차가 (+)으로 나타난다. 따라서 '동태평양에서 수온 약층이 나타나기 시작하는 깊이'는 ㉠에 해당한다.

ㄷ **ⓑ는 Ⅰ이다.**

➡ 라니냐 시기에는 평년보다 서태평양의 해수면 수온은 높아지고 동태평양의 해수면 수온은 낮아지며, 워커 순환의 세기도 평년보다 강해진다. 따라서 라니냐 시기에는 (서태평양 해수면 수온−동태평양 해수면 수온)의 편차(x)와 워커 순환 세기의 편차(y) 모두 (+)으로 나타난다. 즉, x가 (+)일 때 y도 (+)으로 나타나므로 ⓑ는 Ⅰ이다.

오답률 높은 ③ | **ㄷ이 옳다고 생각했다면?**

엘니뇨 시기 또는 라니냐 시기를 모두 고려하지 않고, 한 시기에 대해서만 x와 y의 경우를 고려하여도 관계 유형을 판단할 수 있습니다. 라니냐 시기에는 평년보다 서태평양의 해수면 수온은 높아지고 동태평양의 해수면 수온은 낮아지므로 (서태평양 해수면 수온−동태평양 해수면 수온)의 편차가 (+)으로 나타납니다. 또한, 워커 순환의 세기가 평년보다 강해지므로 워커 순환 세기의 편차도 (+)으로 나타납니다. 즉, x가 (+)일 때 y도 (+)으로 나타나므로 ⓑ는 Ⅰ이 됩니다. 엘니뇨 시기를 고려하여도 같은 결론을 얻을 수 있습니다. 엘니뇨 시기에는 (서태평양 해수면 수온−동태평양 해수면 수온)의 편차가 (−)으로 나타나고, 워커 순환의 세기가 평년보다 약해지므로 워커 순환 세기의 편차도 (−)으로 나타납니다. 즉, x가 (−)일 때 y도 (−)으로 나타나므로 ⓑ는 Ⅰ이 되는 것입니다.

선택 비율 | ① 39 % | ② 10 % | ③ 14 % | ④26 % | ⑤ 10 %

문제 풀이 TIP

적외선 방출 복사 에너지 편차를 해석하여 구름의 높이를 추정하고, 이를 바탕으로 대기와 해수의 순환을 적용하여 엘니뇨 시기와 라니냐 시기를 판별한다. 그리고 그에 따른 동태평양과 서태평양의 해면 기압 변화를 분석한다.

<보기> 풀이

구름 최상부의 고도가 높을수록 온도가 낮아지므로 구름 최상부에서 방출되는 적외선 복사 에너지양이 감소한다. 따라서 평년에 비해 구름의 고도가 높아지면 적외선 방출 복사 에너지의 편차가 음(−)이 된다. (가) 시기 동안 동태평양 해역에서 적외선 방출 복사 에너지의 편차가 음(−)이므로 동태평양 해역은 평년보다 강한 상승 기류로 인해 적운형 구름이 발달하여 구름 최상부의 고도가 높아졌다. 서태평양 해역에서는 적외선 방출 복사 에너지의 편차가 양(+)이므로 서태평양 해역은 평년보다 상승 기류가 약해졌다. 따라서 (가)는 엘니뇨 시기이다.

✗ 동태평양에서 두꺼운 적운형 구름의 발생이 줄어든다.

➡ 엘니뇨 시기에는 동태평양 적도 부근 해역의 표층 수온이 높아지면서 상승 기류가 강해져 두꺼운 적운형 구름의 발생이 증가한다.

ㄴ 워커 순환이 약화된다.

➡ 워커 순환은 평상시에 서태평양 지역에서 공기가 상승하고 동태평양 지역에서 공기가 하강하여 형성되는 거대한 순환이다. 엘니뇨 시기에는 무역풍이 약화되어 공기가 상승하는 해역이 평년보다 동쪽으로 이동하므로 워커 순환이 약화된다.

ㄷ (나)의 A는 서태평양에 해당한다.

➡ 엘니뇨 시기에는 서태평양 적도 부근 해역의 해면 기압은 평년보다 높아지고, 동태평양 적도 부근 해역의 해면 기압은 평년보다 낮아진다. 따라서 (나)의 ㉠ 시기(엘니뇨 시기)에 A는 해면 기압 편차가 양(+)이므로 서태평양에 해당하고 B는 해면 기압 편차가 음(−)이므로 동태평양에 해당한다.

오답률 높은 ① ㄱ이 옳다고 생각했다면?

(가)의 동태평양 해역에서 적외선 방출 복사 에너지 편차가 음(−)이 나타난 것으로부터 동태평양 해역에서 찬 해수가 용승하여 표층 수온이 낮아지고 하강 기류가 발달하여 적운형 구름의 발생이 줄어든다고 생각하기 쉽습니다. 음(−)을 감소라고 생각하고, 이를 익숙한 내용인 동태평양 해역에서 감소하는 값에 대입한 경우가 많았을 거예요.
모든 물체는 각각의 온도에 해당하는 복사 에너지를 방출합니다. 평년보다 상승 기류가 강해져 적운형 구름이 발달하면 구름 최상부의 고도가 높아지므로 온도는 낮아지고, 그에 따라 구름 최상부에서 방출되는 적외선 복사 에너지양이 감소합니다. 따라서 기상위성으로 관측한 적외선 방출 복사 에너지의 편차가 음(−)으로 나타나는 것입니다. 즉, (가)의 자료에서 음(−)의 값을 갖는 곳은 평년보다 상승 기류가 강하여 적운형 구름의 발생이 증가하는 곳입니다.

---

08 엘니뇨와 라니냐−태양 복사 에너지 편차와 등수온선 깊이 편차 변화 정답 ④

선택 비율 | ① 16 % | ② 9 % | ③ 11 % | ④ 45 % | ⑤ 19 %

문제 풀이 TIP

서태평양 적도 부근 해역의 표층에 도달하는 태양 복사 에너지 편차로부터 구름양의 변화를 유추하여 엘니뇨 시기와 라니냐 시기를 판별하고, 동태평양과 서태평양의 적도 부근 해역에서의 수온 변화(따뜻한 해수층의 두께 변화)로부터 각 시기의 해면 기압 변화를 분석한다.

<보기> 풀이

서태평양 적도 부근 해역에서 라니냐 시기에는 평년보다 상승 기류가 강하여 구름이 많아지므로 해수 표층에 도달하는 태양 복사 에너지양이 적어진다. 엘니뇨 시기에는 평년보다 구름이 적어지므로 표층에 도달하는 태양 복사 에너지양이

많아진다. 따라서 A는 라니냐 시기, B는 엘니뇨 시기이다.

✗ (나)는 A에 해당한다.

➡ (나)에서 20 ℃ 등수온선의 깊이가 동태평양 해역에서 평년보다 깊어지고 서태평양에서 평년보다 얕아졌으므로, 따뜻한 해수층의 두께가 동태평양에서 두꺼워지고 서태평양에서 얇아졌다. 따라서 (나)는 엘니뇨 시기인 B에 관측한 것이다.

ㄴ B일 때는 서태평양 적도 부근 해역이 평년보다 건조하다.

➡ 엘니뇨 시기(B)에는 서태평양 적도 부근 해역에서 평년보다 하강 기류가 우세하므로 강수량이 감소하여 건조하다.

ㄷ 적도 부근에서 $\dfrac{\text{서태평양 해면 기압}}{\text{동태평양 해면 기압}}$ 은 A가 B보다 작다.

➡ 라니냐 시기(A)에 적도 부근에서 서태평양 해면 기압은 평년보다 낮고 동태평양 해면 기압은 평년보다 높다. 엘니뇨 시기(B)에 적도 부근에서 서태평양 해면 기압은 평년보다 높고 동태평양 해면 기압은 평년보다 낮다.

따라서 적도 부근에서 $\dfrac{\text{서태평양 해면 기압}}{\text{동태평양 해면 기압}}$ 은 라니냐 시기(A)가 엘니뇨 시기(B)보다 작다.

오답률 높은 ① ㄱ이 옳다고 생각했다면?

(가)에서 A는 라니냐 시기, B는 엘니뇨 시기라고 잘 판단하였으나 (나)를 잘못 해석하여 보기 ㄱ을 옳은 것으로 골랐을 거예요. (나)에서 20 ℃ 등수온선의 깊이가 140°E 부근에서는 평년보다 얕아진 것으로 나타나고, 100°W 부근에서는 평년보다 깊어진 것으로 나타납니다. 여기서 140°E 부근을 동태평양, 100°W 부근을 서태평양으로 알고 따뜻한 해수층의 두께가 동태평양에서 얇아지고, 서태평양에서 두꺼워진 것으로 해석하여 (나)를 라니냐 시기(A)의 관측 결과로 판단한 듯합니다. 경도는 태양양 반대 방향에 위치하는 영국의 그리니치 천문대를 지나는 경선(경도 0°선)을 기준으로 하여 동쪽과 서쪽으로 각각 180°까지 나타내므로, (나)에서 140°E 부근은 서태평양이 되고, 100°W 부근은 동태평양이 됩니다. 따라서 따뜻한 해수층의 두께가 동태평양에서 두꺼워지고, 서태평양에서 얇아졌으므로 (나)는 엘니뇨 시기(B)에 해당합니다.

---

09 기후 변화의 천문학적 요인−세차 운동, 자전축 경사각, 공전 궤도 이심률 정답 ②

선택 비율 | ① 13 % | ② 32 % | ③ 13 % | ④ 20 % | ⑤ 22 %

문제 풀이 TIP

지구의 공전 궤도 이심률, 자전축 경사각, 세차 운동이 각각 지구의 기후 변화에 어떤 영향을 미치는지를 알고, 각 요인들이 결합되었을 때 지구 기후 변화에 어떤 결과를 초래할 것인지를 종합적으로 분석한다.

<보기> 풀이

✗ 원일점에서 30°S의 밤의 길이는 현재가 13000년 전보다 짧다.

➡ 현재는 지구가 원일점에 위치할 때 북반구가 여름, 남반구가 겨울이지만, 13000년 전에는 세차 운동에 의해 지구 자전축 경사 방향이 현재와 반대였다. 따라서 13000년 전에 지구가 원일점에 위치할 때 30°S에서 여름이고, 자전축 경사각이 현재보다 크므로 여름철 태양의 남중 고도가 현재보다 높다. 따라서 원일점에서 30°S의 낮의 길이는 13000년 전이 현재보다 길고, 밤의 길이는 13000년 전이 현재보다 짧다.

ㄴ 30°N에서 기온의 연교차는 현재가 13000년 전보다 작다.

➡ 13000년 전에는 세차 운동에 의해 지구 자전축 경사 방향이 현재와 반대이므로 30°N에서는 근일점에서 여름, 원일점에서 겨울이 되며, 현재보다

공전 궤도 이심률이 더 크므로 근일점 거리는 현재보다 짧고 원일점 거리는 현재보다 길다. 13000년 전에는 자전축 경사각이 현재보다 크므로, 태양의 남중 고도는 여름철에는 현재보다 더 높고, 겨울철에는 현재보다 더 낮다. 따라서 30°N에서 기온의 연교차는 13000년 전이 현재보다 더 크다.

✗ **30°S의 겨울철 태양의 남중 고도는 6500년 후가 현재보다 낮다.**

➡ 지구 자전축의 경사각이 커질 때 북반구와 남반구 모두 중위도와 고위도의 태양의 남중 고도가 여름에는 높아지고, 겨울에는 낮아진다. 지구 자전축의 경사각이 작아질 때 북반구와 남반구 모두 중위도와 고위도의 태양의 남중 고도가 여름에는 낮아지고, 겨울에는 높아진다. 6500년 후에는 지구 자전축 경사각이 현재보다 작으므로, 30°S의 겨울철 태양의 남중 고도가 현재보다 높다.

오답률 높은 ⑤ ㄱ, ㄷ이 옳다고 생각했다면?

ㄱ을 옳다고 생각했다면 세차 운동에 의해 지구 자전축의 경사 방향이 변하는 것을 적용하지 못해 13000년 전 원일점에서 남반구의 계절을 현재와 같이 겨울이라고 잘못 판단했을 가능성이 높습니다. 또는 밤의 길이를 묻는 것을 낮의 길이를 묻는 것으로 착각했을 가능성도 있습니다. 두 경우 모두 사소한 잘못으로 인해 오답을 고른 결과이므로 문제를 풀 때 좀 더 주의를 기울여야 합니다.

ㄷ을 옳다고 생각했다면 지구 자전축의 경사각이 작아질 때 태양의 남중 고도가 여름과 겨울에 모두 낮아지는 것으로 잘못 판단했을 가능성이 높습니다. 지구 자전축의 경사각이 커질 때는 태양의 남중 고도가 여름에는 높아지고, 겨울에는 낮아져 기온의 연교차가 커지고, 지구 자전축의 경사각이 작아질 때는 태양의 남중 고도가 여름에는 낮아지고, 겨울에는 높아져 기온의 연교차가 작아진다는 사실을 꼭 기억하세요.

V | 별과 외계 행성계

문제편 311쪽~316쪽

01 ⑤	02 ⑤	03 ⑤	04 ①	05 ⑤	06 ⑤
07 ③	08 ⑤	09 ④	10 ②	11 ⑤	12 ⑤
13 ③	14 ⑤				

01 별의 물리량

정답 ⑤

선택 비율 | ① 5 % | ② 31 % | ③ 8 % | ④ 18 % | ⑤ 38 %

문제 풀이 TIP
- 태양과 표면 온도와 광도를 비교하여 주계열성을 먼저 구분한다.
- 별의 절대 등급을 이용하여 광도를 구하고, 광도와 반지름을 이용하여 표면 온도를 구하여 최대 복사 에너지 파장을 구한다.
- 주계열성의 표면 온도와 질량을 비교하여 태양과 별에서 CNO 순환 반응과 p-p 반응에 의해 생성된 에너지양의 크기를 비교한다.
- 반지름, 광도, 표면 온도의 관계와 별의 밝기와 거리 관계를 이용하여 지구로부터의 거리를 비교한다.

<보기> 풀이

(가)~(다) 중 (다)는 태양보다 복사 에너지를 최대로 방출하는 파장(λ_{max})이 짧으므로 표면 온도가 높지만, 절대 등급이 5등급 크므로 광도는 작다. 주계열성은 표면 온도가 높을수록 광도도 크기 때문에 (다)는 주계열성이 아니다. 따라서 주계열성은 (가)와 (나)이다.

✗ **㉠은 0.125이다.**

➡ 별의 광도는 반지름의 제곱, 표면 온도의 4제곱에 비례한다. (가)의 절대 등급은 태양보다 5등급 작으므로 광도는 태양의 100배이고, 반지름은 태양의 2.5배이다. 따라서 (가)의 표면 온도는 태양의 2배이다. 복사 에너지를 최대로 방출하는 파장(λ_{max})은 표면 온도에 반비례하므로 ㉠은 태양의 $\frac{1}{2}$인 0.25이다.

ㄴ. **중심핵에서의 $\dfrac{\text{p-p 반응에 의한 에너지 생성량}}{\text{CNO 순환 반응에 의한 에너지 생성량}}$은 (나)가 태양보다 작다.**

➡ 질량이 태양 정도인 별은 중심부에서 p-p 반응이 우세하고, 태양 질량의 약 1.5배 이상인 별은 중심부에서 CNO 순환 반응이 우세하다. (나)는 복사 에너지를 최대로 방출하는 파장(λ_{max})이 태양의 $\frac{1}{5}$이므로 표면 온도는 태양의 5배이고, 주계열성은 표면 온도가 높을수록 질량이 크므로 태양보다 질량이 매우 크다. 따라서 (나)에서는 CNO 순환 반응이 우세하므로 $\dfrac{\text{p-p 반응에 의한 에너지 생성량}}{\text{CNO 순환 반응에 의한 에너지 생성량}}$은 (나)가 태양보다 작다.

ㄷ. **지구로부터의 거리는 (나)가 (다)의 1000배이다.**

➡ (나)의 반지름은 태양의 4배, 표면 온도는 태양의 5배이다. 광도는 반지름의 제곱에 비례하고 표면 온도의 4제곱에 비례하므로 (나)의 광도는 태양의 10000배이다. (다)는 절대 등급이 +9.8로 태양보다 5등급 크므로 광도는 태양의 0.01배이다. 따라서 광도는 (나)가 (다)의 1000000배이다. 한편, (나)와 (다)의 겉보기 밝기가 같고, 겉보기 밝기는 광도에 비례하고 거리의 제곱에 반비례하므로 지구로부터의 거리는 (나)가 (다)의 1000배이다.

오답률 높은 ② ㄷ이 옳지 않다고 생각했다면?

밝기(l)와 반지름(r)의 관계($l \propto \dfrac{1}{r^2}$)를 모르고 있다면 ㄷ이 옳지 않다고 생각할 수 있어요. 이 관계는 고등학교에서는 배우지 않았지만, 이미 중학교 때 배운 내용이에요. 두 별의 절대 등급을 이용하여 광도를 알아내고, 이를 바탕으로 $l \propto \dfrac{1}{r^2}$ 또는 $r \propto \dfrac{1}{\sqrt{l}}$ 을 적용한다면 해결할 수 있습니다.

---

02 별의 물리량   정답 ⑤

문제 풀이 TIP

빈의 변위 법칙, 별의 광도와 표면 온도의 관계, 별의 밝기와 거리의 관계를 알고 별의 물리량을 계산한다.

<보기> 풀이

✕ 복사 에너지를 최대로 방출하는 파장은 ㉠이 ㉡의 $\dfrac{1}{5}$ 배이다.

➡ 별이 복사 에너지를 최대로 방출하는 파장은 별의 표면 온도에 반비례한다. 표면 온도는 ㉠이 4000 K, ㉡이 20000 K으로 ㉡이 ㉠의 5배이다. 따라서 복사 에너지를 최대로 방출하는 파장은 ㉠이 ㉡의 5배이다.

㉡ 별의 반지름은 ㉠이 ㉡의 2500배이다.

➡ 절대 등급이 5등급 작으면 광도는 100배이다. 절대 등급은 ㉠이 $+1$, ㉡이 $+11$로, ㉠이 ㉡보다 10등급 작으므로 광도(L)는 ㉠이 ㉡의 10000배이다. 한편, 표면 온도(T)는 ㉠이 ㉡의 $\dfrac{1}{5}$ 배이다. 광도 공식으로부터 $R \propto \dfrac{\sqrt{L}}{T^2}$ 이므로 $\dfrac{\sqrt{10000}}{\left(\dfrac{1}{5}\right)^2} = 2500$ 이다. 따라서 별의 반지름은 ㉠이 ㉡의 2500배이다.

㉢ (㉡의 겉보기 등급$-$㉠의 겉보기 등급) 값은 6보다 크다.

➡ ㉡이 10 pc의 거리에 있을 때 겉보기 등급은 절대 등급과 같으므로 $+11$이다. 별의 밝기는 거리의 제곱에 반비례하는데, ㉡은 10 pc보다 $\dfrac{1}{4}$ 배 가까이 있으므로 겉보기 밝기는 실제 밝기보다 약 16배 밝게 보인다. 1등급 차는 약 2.5배의 밝기 차이이므로 ㉡의 겉보기 등급은 절대 등급보다 약 3등급 작은 약 $+8$이다. 한편, ㉠은 10 pc의 거리에 있으므로 겉보기 등급이 절대 등급과 같은 $+10$이다. 따라서 ㉡과 ㉠의 겉보기 등급 차이는 약 70이다.

오답률 높은 ③ ㉢이 옳지 않다고 생각했다면?

그래프 형태가 익숙하지 않고 복잡해 보여서 어려울 수 있지만, 가로축과 세로축의 정보를 잘 보면 익숙한 자료임을 알 수 있어요. 광도 식 $L = 4\pi R^2 \cdot \sigma T^4$ 과 절대 등급 5의 차이는 광도로 100배 차이라는 것을 알고 있다면, 그래프에서 등급과 거리 관계로 광도를 비교하고, 표면 온도를 비교하여 반지름의 비를 구할 수 있습니다. 하나씩 차근차근 풀면 어렵지 않게 풀 수 있는 보기입니다.

---

03 별의 물리량   정답 ⑤

문제 풀이 TIP

제시된 자료로부터 광도를 계산하고, 이로부터 절대 등급을 비교하여 지구로부터의 거리, 광도 계급 등 여러 가지 물리량을 판단한다.

<보기> 풀이

㉠ 질량은 (가)가 (나)보다 작다.

➡ 광도는 반지름의 제곱과 표면 온도의 4제곱에 비례하므로 (가)의 광도는 태양 광도의 100배이고, (나)의 광도는 태양 광도의 10000배이다. 한편 (나)는 광도 계급이 V인 주계열성이다. 이를 근거로 두 별을 H$-$R도에 나타내 보면 (가)는 거성에 해당한다. 거성의 광도는 주계열성일 때의 광도보다 크므로 (가)가 주계열성일 때의 광도는 (나)보다 작다. 따라서 질량은 (가)가 (나)보다 작다.

㉡ 지구로부터의 거리는 (나)가 (가)의 6배보다 멀다.

➡ (나)의 광도는 (가)보다 100배 크므로, 두 별을 같은 거리에 두었을 때 (가)의 밝기를 l이라고 하면 (나)의 밝기는 $100l$이다. 그런데 표에서 (나)의 겉보기 등급은 (가)의 겉보기 등급보다 1등급 작으므로 (나)의 겉보기 밝기는 $2.5l$이 된다. 그러므로 (나)는 (가)와 같은 거리에 있을 때보다 $\dfrac{1}{40}$ 배로 어둡게 보인다. 한편 지구로부터의 거리가 (나)가 (가)보다 6배 멀다면 (나)의 밝기는 (가)의 거리에 있을 때보다 $\dfrac{1}{36}$ 배로 어두워져 (나)의 밝기는 약 $2.8l \left(= \dfrac{100l}{36}\right)$ 이 된다. 이 값은 (나)가 실제 거리에 있는 경우보다 더 밝으므로 지구로부터의 거리는 (나)가 (가)의 6배보다 멀다.

㉢ 중심핵에서의 $\dfrac{\text{p-p 반응에 의한 에너지 생성량}}{\text{CNO 순환 반응에 의한 에너지 생성량}}$ 은 (나)가 (다)보다 작다.

➡ 광도가 10000배가 크면 절대 등급은 10등급 작다. (나)는 절대 등급이 4.8인 태양보다 광도가 10000배 크므로 (나)의 절대 등급은 $4.8 - 10 = -5.2$이다. (나)의 겉보기 등급은 $+3.8$이므로 (나)를 10 pc 거리에서 실제 거리로 가져가면 9등급 커진다. 한편 (나)와 같은 거리에 있는 (다)는 실제 거리에서 겉보기 등급이 $+13.8$이므로 10 pc 거리로 가져가면 9등급 작아져 절대 등급이 $+4.8$이 된다. 즉, (다)는 표면 온도와 절대 등급이 태양과 같으므로 주계열성이다. 따라서 (나)와 (다)는 주계열성인데, (나)가 (다)보다 질량이 크므로 중심핵에서의 $\dfrac{\text{p-p 반응에 의한 에너지 생성량}}{\text{CNO 순환 반응에 의한 에너지 생성량}}$ 은 (나)가 (다)보다 작다.

오답률 높은 ③ ㉡이 옳지 않다고 생각했다면?

겉보기 등급과 절대 등급, 거리에 따른 밝기와 겉보기 등급 변화 등을 종합적으로 이해해야 해요. 다음과 같은 과정으로 ㉡을 해결해 볼게요.

❶ (나)와 (가)의 광도를 비교하면,
➡ (나)가 (가)보다 100배 커요.

❷ (나)가 (가)의 실제 거리에 있다고 가정하면,
➡ (나)가 (가)보다 100배 밝죠.

❸ ❷의 상태에서 (가)는 그대로 두고, (나)를 실제 거리로 가져가 보면,
➡ 두 별의 겉보기 등급이 1등급 차가 나므로 (나)의 밝기는 (가)의 2.5배가 돼요.

❹ ❷의 상태에서 (가)는 그대로 두고, (나)를 지구로부터 6배 멀리 가져가 보면,
➡ 밝기가 $\dfrac{1}{36}$ 배가 되므로 (나)의 밝기는 (가)의 약 2.8배가 되죠.

❹에서 구한 밝기가 ❸에서 구한 밝기보다 밝으므로 (나)는 지구로부터의 거리가 6배보다 더 멀다는 것을 알 수 있어요.

04 별의 물리량　　　　　　　　정답 ①

선택 비율 | ① 31 % | ② 16 % | ③ 21 % | ④ 14 % | ⑤ 20 %

문제 풀이 TIP

별의 밝기(l)는 거리(r)의 제곱에 반비례한다는 것($l \propto \dfrac{1}{r^2}$), 밝기가 $\dfrac{1}{100}$ 배로 어두워지면 등급은 5만큼 커진다는 것, 10 pc 거리에서는 겉보기 등급과 절대 등급이 같다는 것을 적용하여 별의 겉보기 등급을 구한다.

〈보기〉 풀이

ㄱ. 단위 시간당 단위 면적에서 방출하는 복사 에너지양은 ㉠이 ㉡의 **4배이다.**

➡ 단위 시간당 단위 면적에서 방출하는 복사 에너지양(E)은 $E = \dfrac{L}{4\pi R^2}$ (L: 광도, R: 반지름)이다. ㉠과 ㉡에서 반지름은 ㉠이 ㉡의 25배이고, 광도는 ㉠이 ㉡의 2500배이므로, $\dfrac{E_㉠}{E_㉡} = 4$이다. 따라서 단위 시간당 단위 면적에서 방출하는 복사 에너지양은 ㉠이 ㉡의 4배이다.

ㄴ. 별의 반지름은 ㉠이 ㉢보다 크다.

➡ 별의 광도(L), 반지름(R), 표면 온도(T)는 $L = 4\pi R^2 \cdot \sigma T^4$의 관계식이 성립하므로 ㉠의 표면 온도는 태양과 같고, 분광형은 G2이다. 한편 ㉢은 분광형이 M1로 ㉠보다 표면 온도가 낮은데, ㉠과 ㉢은 광도가 같으므로 반지름은 ㉢이 ㉠보다 크다.

ㄷ. (㉡의 겉보기 등급＋㉢의 겉보기 등급) 값은 15보다 크다.

➡ 태양의 절대 등급이 ＋4.8이므로 태양이 10 pc의 거리에 있을 때 겉보기 등급은 ＋4.8이다. 태양의 광도를 $L_\odot$라 하고 ㉡을 10 pc의 거리에 두고 태양의 밝기와 비교하면 $L_㉡ = 0.04L_\odot$인데, ㉡의 실제 거리는 10 pc 거리의 2배이므로 밝기는 $\dfrac{1}{4}$배가 되어 $0.04L_\odot \times \dfrac{1}{4} = 0.01L_\odot$이다. 이는 10 pc 거리에 있는 태양 밝기의 $\dfrac{1}{100}$배에 해당하며, 등급으로 나타내면 5만큼 커진다. 따라서 ㉡의 겉보기 등급은 (＋4.8)＋5 ＝＋9.8이다. 이와 같은 원리로 ㉢은 10 pc에서 $L_㉢ = 100L_\odot$이고, 실제 거리는 10 pc 거리의 10배이므로 밝기는 $\dfrac{1}{100}$배가 되어 10 pc 거리에 있는 태양의 밝기와 같아진다. 따라서 ㉢의 겉보기 등급은 ＋4.8이다. 그러므로 (㉡의 겉보기 등급＋㉢의 겉보기 등급) 값은 14.6으로, 15보다 작다.

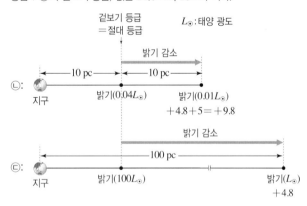

오답률 높은 ③과 ⑤ ㄷ이 옳다고 생각했다면?

ㄷ은 별의 거리에 따라 밝기(겉보기 등급)가 어떻게 변하는지 묻는 문제입니다. 이 문제가 어려운 수험생은 다음과 같은 순서로 차근차근 문제를 풀어봅시다.

첫 번째, 별 ㉡과 ㉢을 10 pc의 거리에 두고, 태양의 광도와 비교해 봐요. 광도는 별이 방출하는 총 복사 에너지양이므로 어느 거리에 두어도 이 값은 변하지 않아요. 따라서 10 pc의 거리에서 태양과 비교해도 ㉡과

㉢의 광도는 각각 태양 광도의 0.04배, 100배가 되죠. 이때 태양, ㉡, ㉢을 같은 거리에 두었으므로 광도 차이는 밝기 차이에 해당해요. 즉, 10 pc에서 ㉡, ㉢의 밝기는 태양 밝기의 0.04배, 100배입니다.

두 번째, ㉡을 실제 거리로 이동시키고, 밝기가 어떻게 변하는지 계산해 봐요. ㉡은 20 pc에 있으므로 지구로부터의 거리는 10 pc에 있을 때보다 2배 멀어지고, 밝기는 $\dfrac{1}{4}$배로 어두워져 ㉡의 밝기는 10 pc에 있는 태양 밝기의 0.01배가 되죠($0.04L_\odot \times \dfrac{1}{4} = 0.01L_\odot$). 밝기가 0.01배가 되면 등급은 5만큼 커지는데, 10 pc에서 태양의 겉보기 등급(＝절대 등급)이 ＋4.8이므로 태양 밝기의 0.01배인 ㉡은 겉보기 등급이 (＋4.8)＋5 ＝＋9.8이 됩니다.

세 번째, ㉢도 같은 방법으로 겉보기 등급을 구해 볼게요. ㉢은 100 pc에 있으므로 지구로부터의 거리는 10 pc에 있을 때보다 10배 멀어지고, ㉢의 밝기는 10 pc에 있는 태양의 밝기와 같아져요. 그러므로 실제 거리에서 ㉢의 겉보기 등급은 ＋4.8입니다.

네 번째, ㉡과 ㉢의 겉보기 등급을 합하면 9.8＋4.8이므로 14.6이 됩니다.

---

05 별의 내부 구조와 에너지원　　　　정답 ⑤

선택 비율 | ① 29 % | ② 10 % | ③ 11 % | ④ 12 % | ⑤ 38 %

문제 풀이 TIP

(가)의 질량과 반지름을 태양과 비교하여 (가)의 광도 계급을 추론하고, 온도가 높을수록 수소 핵융합 반응이 활발하여 수소와 헬륨의 함량 변화가 커진다는 개념을 적용한다. 또한 주계열성의 광도는 질량의 3제곱~4제곱에 비례한다는 개념으로부터 광도에 대한 질량의 비를 판단한다.

〈보기〉 풀이

ㄱ. 중심핵의 온도는 (가)가 (나)보다 높다.

➡ (가)는 반지름이 태양의 50배인데, 질량은 태양의 질량과 같으므로 거성이고, (나)는 광도 계급이 Ⅴ이므로 주계열성이다. 거성의 중심핵에서는 수소보다 더 큰 질량을 가진 원소의 핵융합 반응이 일어나고, 주계열성의 중심핵에서는 수소 핵융합 반응이 일어난다. 온도가 높을수록 무거운 원소의 핵융합 반응이 일어날 수 있으므로, 중심핵의 온도는 (가)가 (나)보다 높다.

ㄴ. (다)의 핵융합 반응이 일어나는 영역에서, 별의 중심으로부터 거리에 따른 수소 함량비(%)는 일정하다.

➡ (다)는 태양보다 질량이 작은 주계열성이므로 중심핵 → 복사층 → 대류층으로 이루어져 있으며, 중심핵에서 수소 핵융합 반응이 일어난다. 이때 중심핵에서는 대류보다는 복사의 형태로 에너지가 주로 전달되므로 물질의 혼합은 잘 일어나지 않는다. 따라서 (다)의 핵융합 반응이 일어나는 영역에서, 별의 중심으로부터 멀어질수록 수소 함량비(%)는 증가한다.

ㄷ. 단위 시간 동안 방출하는 에너지양에 대한 별의 질량은 (나)가 (다)보다 작다.

➡ 별이 단위 시간 동안 방출하는 에너지양은 광도이다. 광도는 주계열성의 질량의 약 3~4제곱에 비례한다. 따라서 광도에 대한 별의 질량은 질량이 큰 (나)가 질량이 작은 (다)보다 작다.

오답률 높은 ① ㄷ이 옳지 않다고 생각했다면?

ㄷ이 옳지 않다고 판단한 수험생들은 '주계열성은 질량이 클수록 광도가 크다.'는 것을 알고 있지만 두 주계열성의 광도를 비교하는 것은 익숙하지 않았던 것으로 판단됩니다. 주계열성의 광도(L)는 질량(M)의 3제곱~4제곱에 비례하므로($L \propto M^{3\sim4}$) 별의 광도는 질량에 비해 변화량이 크다는 것을 알 수 있어요. 따라서 질량이 증가하면 광도는 훨씬 더 증가하므로 $\dfrac{질량}{광도}$은 감소하게 되죠. 이 문항은 주계열성의 특징 중 깊은 수준의 내용을 묻고 있으므로 변별력을 높이기 위해 의도한 것으로 생각됩니다.

---

06 별의 물리량   정답 ⑤

선택 비율 | ① 8 % | ② 28 % | ③ 15 % | ④ 12 % | ⑤ 38 %

문제 풀이 TIP

- 광도 식($L=4\pi R^2 \cdot \sigma T^4$)을 이용하여 표의 빈칸에 들어갈 물리량을 계산한 다음, 각 물리량을 비교하여 별의 종류를 파악한다.
- 절대 등급은 광도와 관련 있는 물리량임을 파악하고, 절대 등급과 광도 사이의 관계를 이해한다.
- 주계열성은 질량이 클수록 광도가 크다는 것을 알고, 주계열성에서 거성으로 진화할 때 질량 변화는 크지 않다는 것을 이해한다.

〈보기〉 풀이

✗ 복사 에너지를 최대로 방출하는 파장은 ㉠이 ㉡보다 길다.

➡ $L=4\pi R^2 \cdot \sigma T^4$으로부터 $T^4 \propto \dfrac{L}{R^2}$이므로, ㉡의 광도와 반지름을 이용해 표면 온도를 구해보면 $T^4 = \dfrac{100}{2.5^2} = 2^4$이므로 ㉡의 표면 온도는 2이다. 따라서 표면 온도는 ㉠이 ㉡보다 높고, 복사 에너지를 최대로 방출하는 파장은 표면 온도에 반비례하므로 ㉡이 ㉠보다 길다.

ㄴ. (㉠의 절대 등급−㉡의 절대 등급) 값은 10이다.

➡ $L=4\pi R^2 \cdot \sigma T^4$으로부터 ㉠의 광도는 $L=0.01^2 \times (\sqrt{10})^4 = 0.01$이다. ㉡은 광도가 100으로 ㉠보다 10000배 크므로 절대 등급은 10등급 작다. 따라서 (㉠의 절대 등급−㉡의 절대 등급)의 값은 10이다.

ㄷ. 별의 질량은 ㉡이 ㉢보다 크다.

➡ ㉠은 태양보다 표면 온도가 높지만 반지름이 작으므로 백색 왜성이고, ㉢은 표면 온도가 태양보다 낮지만 광도가 매우 크므로 거성이며, ㉡은 주계열성이다. 별은 주계열성일 때보다 거성일 때 광도가 더 큰데, 주계열성인 ㉡의 광도가 거성인 ㉢의 광도보다 크므로 ㉢은 주계열성일 때의 광도가 태양의 81배보다 작은 별이 진화한 것이다. 주계열성은 광도가 클수록 질량이 크므로 별의 질량은 ㉡이 ㉢보다 크다.

오답률 높은 ②   ㄷ이 옳지 않다고 생각했다면?

주어진 자료에서 별의 질량이 제시되지 않았기 때문에 당황했을 수 있습니다. 그림에서와 같이 별이 주계열성에서 거성으로 진화할 때 광도는 증가합니다. 즉, 거성인 ㉢의 광도가 주계열성인 ㉡보다 작다는 것을 보고 주계열성일 때 ㉢의 광도를 떠올렸다면 쉽게 해결할 수 있었겠지요. 지구과학I에서는 계산 능력도

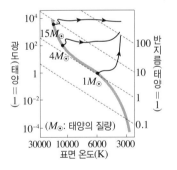

중요하지만 진화 과정에서 별의 물리량의 변화를 개념적으로(도식적으로) 이해하는 것이 더 중요하다는 것을 알 수 있는 문제입니다.

이 문제와 같이 제시된 물리량을 바탕으로 기존에 알고 있는 지식과 함께 추론해서 푸는 문제의 형태가 앞으로도 출제될 가능성이 높으니 대비해 둘 필요가 있습니다.

07 별의 진화   정답 ③

선택 비율 | ① 3 % | ② 7 % | ③ 34 % | ④ 5 % | ⑤ 52 %

문제 풀이 TIP

주계열 단계가 끝난 직후의 표면 온도로 별의 질량을 판단한 후, 질량에 따른 별의 진화 속도, 주계열 단계 이후의 절대 등급 변화 폭, 주계열 단계일 때의 내부 구조를 비교한다.

〈보기〉 풀이

반지름이 커지기 직전, 즉 주계열 단계가 끝난 직후 별의 표면 온도는 A가 B보다 높다. 주계열성은 질량이 클수록 표면 온도가 높으므로 A는 질량이 태양 질량의 6배인 별이고, B는 질량이 태양 질량의 1배인 별이다.

ㄱ. 진화 속도는 A가 B보다 빠르다.

➡ 질량이 큰 별일수록 진화 속도가 빠르므로 A의 진화 속도가 B보다 빠르다.

✗ 절대 등급의 변화 폭은 A가 B보다 크다.

➡ H−R도에서 질량이 태양 정도인 별은 주계열 단계 이후 진화하는 동안 광도 변화가 크게 나타나고, 질량이 큰 별은 주계열 단계 이후 진화하는 동안 표면 온도 변화가 크게 나타난다. 광도 변화 폭이 클수록 절대 등급의 변화 폭이 크므로 진화하는 동안 절대 등급의 변화 폭은 질량이 태양 질량의 1배인 B가 A보다 크다.

ㄷ. 주계열 단계일 때, 대류가 일어나는 영역의 평균 온도는 A가 B보다 높다.

➡ 주계열 단계에서 태양 질량의 약 2배가 넘는 별은 중심부에 대류가 일어나는 대류핵이 존재하고, 질량이 태양 정도인 별은 외곽부에 대류층이 존재한다. A는 중심부에서 대류가 일어나고, B는 외곽부에서 대류가 일어나므로 대류가 일어나는 영역의 평균 온도는 A가 B보다 높다.

오답률 높은 ⑤   ㄴ이 옳다고 생각했다면?

일반적으로 태양 질량 정도의 주계열성이 진화하면 표면 온도가 낮아져 적색 거성이 된다고 알고 있을 거예요. 이것이 틀린 내용은 아니지만, 자칫 별의 온도가 낮아진다는 부분에만 집중되어 태양보다 질량이 큰 별에 대해 깊이 생각하지 않을 수 있습니다. 그래서 많은 학생들은 ㄴ을 옳은 답으로 골랐을 겁니다. 쉽게 말해 태양과 질량이 같은 별만 보고 질량이 큰 별은 보지 않은 탓이지요. 하지만 그림에서와 같이 실제로는 태양 질량 정도의 별은 표면 온도 변화 폭이 상대적으로 작고, 질량이 큰 별일수록 표면 온도의 변화가 큽니다. 이런 문제에 대처하려면 기출 문제를 잘 풀어 봐야 해요. 이 그림 역시 2020학년도 4월 학력평가 기출 문제이고, 여러 차례 비슷한 내용들이 출제되었기 때문이죠. 따라서 기출 문제를 잘 숙지하는 것이 무엇보다 중요합니다.

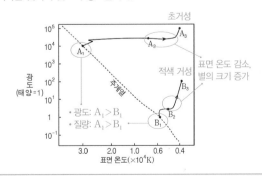

문제 풀이 TIP
- 식 현상으로 나타나는 중심별의 상대적인 밝기 변화로 중심별의 운동을 파악한다.
- 중심별과 행성의 단면적을 이용하여 식 현상이 일어날 때 밝기 감소를 알아낸다.
- 중심별의 움직임에 따라 나타나는 도플러 효과를 파악하고, 위치에 따른 시선 속도를 비교한다.

<보기> 풀이

ㄱ. t_1일 때, 중심별의 상대적 밝기는 원래 광도의 **99.75 %**이다.

➡ t_1일 때 식 현상이 일어나며, 행성에 의해 중심별이 가려지면서 중심별의 밝기가 감소한다. 중심별에 대한 행성의 반지름이 $\frac{1}{20}$배이므로 단면적은 $\frac{1}{400}$배이다. 따라서 중심별의 상대적 밝기는 원래 광도의 $\frac{399}{400} \times 100 = 99.75(\%)$이다.

ㄴ. $t_2 \rightarrow t_3$ 동안 중심별의 스펙트럼에서 흡수선의 파장은 점차 길어진다.

➡ 식 현상이 일어날 때(t_1)관측자로부터 행성까지의 거리가 가장 가깝다. 따라서 $t_1 \rightarrow t_3$은 행성이 관측자에게 멀어지는 구간이므로 중심별은 다가온다 (청색 편이). 이때 t_2에서 t_3으로 갈수록 중심별의 시선 방향의 속도 성분은 감소하므로 흡수선의 파장은 점차 길어진다.

ㄷ. 중심별의 시선 속도는 A일 때가 t_2일 때의 $\frac{1}{4}$배이다.

➡ A는 식 현상이 끝난 직후로, 중심별과 행성의 위치는 그림과 같다. 중심별의 중심과 행성의 중심을 잇는 선분과 관측자의 시선 방향이 이루는 각도가 θ일 때, 중심별의 시선 속도는 '공전 속도 $\times \sin\theta$'이다.

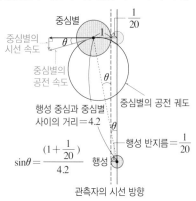

▲ 식 현상이 끝난 직후 중심별과 행성의 상대적 위치

중심별의 반지름을 1이라고 할 때 중심별의 중심에서 행성의 중심까지의 거리가 4.2이므로 $\sin\theta = \dfrac{1 + \frac{1}{20}}{4.2} = \dfrac{1}{4}$이다. 따라서 A일 때 중심별의 시선 속도는 공전 속도의 $\frac{1}{4}$배이다. 한편, t_2일 때의 시선 속도는 공전 속도와 같으므로, A일 때의 시선 속도는 t_2일 때의 시선 속도의 $\frac{1}{4}$배이다.

문제 풀이 TIP
시선 속도 변화 그래프로부터 중심별과 행성의 상대적인 위치, 공전 주기를 판단하고, 시선 속도 값을 이용하여 중심별의 공전 속도를 구한다.

<보기> 풀이

t_1에서 t_4까지 시선 속도의 변화가 주기를 이루므로 $t_1 \sim t_2$, $t_2 \sim t_3$, $t_3 \sim t_4$는 각각 120°를 이루며, 중심별의 위치(A)와 이때 행성의 위치(A')를 나타내 보면 오른쪽 그림과 같다.

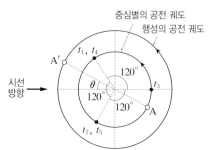

ㄱ. A일 때, 공통 질량 중심으로부터 지구와 행성을 각각 잇는 선분이 이루는 사잇각은 **30°보다 작다.**

➡ 중심별이 A일 때 행성은 A'에 있다. 중심별의 공전 속도를 v, 공통 질량 중심으로부터 지구와 행성을 각각 잇는 선분이 이루는 사잇각을 θ라고 하면, 중심별의 시선 속도는 $v \sin\theta = 15$ m/s이고, $v = \dfrac{15 \text{ m/s}}{\sin\theta}$이다. $\theta = 30°$이면 $v = 30$ m/s인데 그래프에서 중심별의 공전 속도는 30 m/s보다 크다. 따라서 θ는 30°보다 작다.

ㄴ. $t_4 \rightarrow t_5$ 동안 중심별의 스펙트럼에서 흡수선의 파장은 점차 짧아진다.

➡ t_4에서 시선 속도가 0인 위치까지는 청색 편이가 일어나는 구간으로, 흡수선의 파장이 점차 길어지면서 원래의 파장에 가까워진다. 시선 속도가 0인 위치부터 t_5까지는 적색 편이가 일어나는 구간으로, 흡수선의 파장이 점차 길어지면서 원래의 파장에서 멀어진다. 따라서 $t_4 \rightarrow t_5$ 동안 흡수선의 파장은 점차 길어진다.

ㄷ. 중심별의 공전 속도는 $20\sqrt{3}$ m/s이다.

➡ $t_2 \sim t_3$이 120°를 이루므로 중심별의 공전 속도를 v라고 하면, t_2일 때의 시선 속도는 $v \cos 30° = 30$ m/s이고, 이로부터 $v = 20\sqrt{3}$ m/s이다. 따라서 중심별의 공전 속도는 $20\sqrt{3}$ m/s이다.

선배의 TMI 이것만 알고 가자! 공통 질량 중심에 대한 중심별과 행성의 운동

공통 질량 중심에 대한 중심별과 행성의 운동은 외계 행성계 탐사 단원에서 출제 빈도가 매우 높은 주제입니다. 제시되는 자료는 조금씩 다르지만 모든 경우에서 가장 기본이 되는 것은 중심별과 행성의 상대적인 위치를 판단하는 것입니다. 이 문제의 경우 ㄱ에 대한 진위 판단이 어려운 수험생들이 많았던 것으로 보이는데, 이는 정답에 필요한 값이 계산으로 구한 값으로부터 유추하여야 하는 근삿값이기 때문인 것으로 판단됩니다. 이번 모의평가뿐만 아니라 최근 들어 이러한 유형의 문제가 고난이도로 출제되는 추세이므로 유사 문제를 많이 풀어보고, 이러한 유형에 적응하여야 고득점을 얻을 수 있다는 점을 염두에 두세요.

10 외계 행성계 탐사 방법—시선 속도 변화 이용　정답 ②

선택 비율 | ① 22 % | ② 40 % | ③ 9 % | ④ 19 % | ⑤ 10 %

문제 풀이 TIP
중심별과 행성의 특징으로부터 시선 속도 자료가 중심별과 행성의 스펙트럼 중 어느 것을 관측하여 얻은 것인지 판별하고, 이로부터 시선 속도 자료를 해석한다.

<보기> 풀이

✗ **행성의 스펙트럼을 관측하여 얻은 자료이다.**
➡ 외계 행성계 탐사 방법 중 시선 속도 변화를 이용하는 방법은 중심별의 스펙트럼을 관측하여 이로부터 외계 행성의 존재를 확인하는 방법입니다. 행성은 중심별에 비해 매우 어두워 관측이 거의 되지 않으므로 중심별의 스펙트럼을 관측한다. 따라서 그림은 중심별의 스펙트럼을 관측하여 얻은 자료이다.

ㄴ. **A 시기에 행성은 지구로부터 멀어지고 있다.**
➡ 행성과 중심별은 같은 주기로 공전하며, 행성과 중심별의 위치는 공통 질량 중심에 대해 서로 대칭이다. A 시기에 중심별의 시선 속도가 (−) 값이므로 중심별은 지구로 다가오고 있으며, 행성은 지구로부터 멀어지고 있다.

✗ **B 시기에 행성으로 인한 식 현상이 관측된다.**
➡ B 시기는 중심별의 시선 속도 값이 가장 큰 시기로, 오른쪽 그림과 같이 중심별은 멀어지고, 행성은 지구로 다가오고 있다. 오른쪽 그림에서 식 현상은 P일 때 관측된다.

위에서 본 모습 ▶

관측자
시선 방향

오답률 높은 ① ㄱ을 옳다고 생각했다면?

문제의 '어느 외계 행성계'라는 부분 때문에 보기 ㄱ을 옳은 것으로 생각했을 거예요. 하지만 태양계가 태양과 행성을 모두 포함하는 단어이듯이, 외계 행성계는 중심별과 외계 행성을 모두 포함하는 단어입니다. 따라서 '외계 행성계의 시선 속도'라는 단어만 본다면 외계 행성의 시선 속도 자료일 수도, 중심별의 시선 속도 자료일 수도 있는 셈이지요. 그러면 외계 행성과 중심별 중 어떤 천체의 자료일까요? 직접 촬영하는 방법을 제외하고 현재까지의 기술로 외계 행성을 관측하기란 거의 불가능한데, 그 까닭은 중심별보다 외계 행성이 매우 어둡기 때문이지요. 외계 행성으로부터 스펙트럼과 같은 자료를 얻기 거의 불가능하기 때문에 중심별의 스펙트럼을 관측하여 얻은 자료라고 보는 것이 타당합니다.

11 외계 행성계 탐사 방법—도플러 효과　정답 ⑤

선택 비율 | ① 12 % | ② 12 % | ③ 18 % | ④ 19 % | ⑤ 39 %

문제 풀이 TIP
행성이 시선 방향에 대해 멀어질 때 중심별은 청색 편이, 가까워질 때 중심별은 적색 편이가 나타난다는 것을 판단하고, 별빛의 도플러 효과를 적용하여 흡수선 파장의 변화로부터 중심별의 공전 속도를 구한다.

<보기> 풀이

ㄱ. **행성이 B에 위치할 때, 중심별의 스펙트럼에서 적색 편이가 나타난다.**
➡ 행성과 중심별은 공통 질량 중심을 중심으로 대칭적인 자리에 위치한다. 행성이 A에 있을 때 중심별은 시선 방향과 나란하므로 청색 편이나 적색 편이의 최댓값이 나타나는 시기이다. 그런데 행성이 A에 있을 때의 중심별의 파장은 B에 있을 때의 파장에 비해 짧으므로 청색 편이일 때의 최댓값이 나타날 때이다. 따라서 이 외계 행성계의 공전 방향은 시계 방향이다. 그러므로 행성이 B에 위치할 때 중심별은 적색 편이가 나타난다.

ㄴ. **⊙은 499.995보다 작다.**
➡ 행성이 B에 있을 때의 시선 방향과 공통 질량 중심, 중심별이 이루는 각도는 $30°$이므로 $v \times \sin 30°$로부터 중심별의 시선 속도는 중심별의 공전 속도의 $\frac{1}{2}$임을 알 수 있다. 또한 표의 관측 파장을 이용하여 도플러 효과로부터 기준 파장(λ_0)을 구하면 다음과 같다.

A: $-\dfrac{v}{c} = \dfrac{\varDelta\lambda_A}{\lambda_0}$ … ①

B: $\dfrac{\frac{1}{2}v}{c} = \dfrac{\varDelta\lambda_B}{\lambda_0}$ … ②

(단, $\varDelta\lambda_A = \lambda_A - \lambda_0$, $\varDelta\lambda_B = \lambda_B - \lambda_0$)

①과 ②를 연립해서 풀면, $\lambda_0 = 500$ nm이다.

한편, 행성이 C에 있을 때 중심별의 시선 속도는 B에 있을 때의 $\frac{1}{\sqrt{2}}$배이다. $\frac{1}{\sqrt{2}} > \frac{1}{2}$이므로, 시선 방향의 속도에 해당하는 파장 변화량은 행성이 B에 있을 때의 파장 변화량(500.005−500=0.005)보다 크다. 따라서 ⊙은 499.005보다 작다.

ㄷ. **중심별의 공전 속도는 6 km/s이다.**
➡ 행성이 A에 있을 때 파장 변화량은 0.01이다. 따라서 중심별의 공전 속도는 $\dfrac{0.01 \text{ nm}}{500 \text{ nm}} = \dfrac{v}{300000 \text{ km/s}}$로부터 $v = 6$ km/s임을 알 수 있다.

오답률 높은 ③과 ④ ㄱ이나 ㄷ이 옳지 않다고 생각했다면?

ㄱ이 옳지 않다고 판단한 수험생은 그림에서 A, B, C의 위치를 행성이 아닌 중심별로 착각했을 것으로 판단됩니다. 흡수선 파장의 변화는 중심별을 관측한 것으로, 중심별의 위치는 공통 질량 중심에 대해 행성 위치의 정반대 공전 궤도에 있다는 것을 염두에 두고 판단해야 하죠. 그렇다면 A보다 B에서 흡수선 파장이 길어졌으므로 중심별은 시계 방향으로 공전한다는 것을 알 수 있어요.

ㄴ이 옳지 않다고 판단한 수험생은 다음과 같은 과정으로 차근차근 풀어 봐요.

❶ 기준 파장(λ_0) 구하기: 중심별의 공전 속도를 v라고 하면 중심별이 A에 있을 때는 시선 속도가 공전 속도와 같은 v이고, 중심별이 B에 있을 때는 시선 속도가 $\frac{1}{2}v$가 돼요. 시선 속도는 파장의 편이량과 비례하므로 A의 편이량(절댓값)은 B의 편이량(절댓값)보다 2배 크죠. 그런데 A의 편이량(절댓값)이 0.01 nm이고, B의 편이량(절댓값)이 0.005 nm이므로 기준 파장(λ_0)은 500 nm가 돼요.

❷ 중심별의 공전 속도 구하기: 중심별이 A에 있을 때는 시선 속도(v_R)와 공전 속도(v)가 같으므로 이 위치에서 별빛의 도플러 효과를 이용하면 공전 속도를 구할 수 있어요. 기준 파장(λ_0)은 500 nm, 파장의 편이량($\varDelta\lambda$)은 0.01 nm, 빛의 속도(c)는 3×10^5 km/s이므로 $\dfrac{\varDelta\lambda}{\lambda_0} = \dfrac{v_R}{c}$로부터 $\dfrac{0.01 \text{ nm}}{500 \text{ nm}} = \dfrac{v}{3 \times 10^5 \text{ km/s}}$, $v = 6$ km/s가 되죠.

12 외계 행성계 탐사 - 식 현상, 시선 속도 이용 정답 ⑤

선택 비율 | ① 15 % | ② 10 % | ③ 25 % | ④ 10 % | ⑤ 39 %

문제 풀이 TIP

시선 속도의 그래프로부터 중심별의 위치를 찾고, 도플러 효과를 적용하여 중심별의 이동에 따른 스펙트럼 흡수선의 파장 변화를 해석한다.

<보기> 풀이

ㄱ t_1일 때 중심별의 위치는 ㉠이다.

➡ 행성의 공전 방향이 시계 반대 방향이므로 중심별의 공전 방향도 시계 반대 방향이다. t_1일 때 중심별은 시선 속도가 최대로 접근하고 있으므로 이 때의 위치는 ㉠이다.

ㄴ 중심별의 겉보기 등급은 t_2가 t_4보다 작다.

➡ 밝기가 어두울수록 겉보기 등급이 크므로, 중심별의 겉보기 등급은 행성이 중심별 앞쪽을 지나 식 현상이 나타날 때가 가장 크다. t_4일 때 식 현상이 나타나므로 중심별의 겉보기 등급은 t_2일 때가 t_4일 때보다 작다.

ㄷ $t_1 \rightarrow t_2$ 동안 중심별의 스펙트럼에서 흡수선의 파장은 점차 길어진다.

➡ $t_1 \rightarrow t_2$ 동안 시선 속도는 증가한다. 도플러 효과에 따르면 $\dfrac{v}{c} = \dfrac{\Delta\lambda}{\lambda}$ 이므로, 시선 속도가 증가하게 되면 $\Delta\lambda(=\lambda-\lambda_0)$가 증가하므로 관측된 흡수선의 파장은 길어진다.

선배의 TMI 이것만 알고 가자! 기출 문제를 철저히 분석하자.

모의 평가나 대수능을 잘 보려면 기출 문제를 철저하게 분석해야 합니다. 이 문제와 유사한 문제가 2023학년도 6월 모의 평가에도 출제되었어요. 문제가 정확하게 일치하는 것은 아니지만 내용 요소는 같습니다. 따라서 기출 문제의 철저한 분석이 중요함을 다시금 느낄 수 있는 유형의 문제입니다.

13 외계 행성계 탐사 방법 – 시선 속도 변화 이용 정답 ③

선택 비율 | ① 15 % | ② 17 % | ③ 38 % | ④ 16 % | ⑤ 13 %

문제 풀이 TIP

시선 방향 속도 성분이 얼마인지 sin, cos을 이용하여 정량적으로 계산한다.

<보기> 풀이

ㄱ 행성의 공전 방향은 $A \rightarrow B \rightarrow C$이다.

➡ 행성이 A에 있을 때 중심별의 시선 속도가 -60 m/s로 $(-)$ 값을 가지므로 중심별은 지구에 가까워지는 방향으로 이동하고 있다. 행성과 중심별은 공통 질량 중심을 중심으로 서로 반대 방향에 위치하며, 공전 방향은 서로 같으므로 A에서 행성은 지구에서 멀어지고 있다. 따라서 행성은 $A \rightarrow B \rightarrow C$ 방향으로 공전한다.

✗ 중심별의 스펙트럼에서 **500 nm**의 기준 파장을 갖는 흡수선의 최대 파장 변화량은 **0.001 nm**이다.

➡ 이 중심별의 최대 시선 속도는 ± 60 m/s이다. 기준 파장을 λ_0, 파장 변화량을 $\Delta\lambda$, 시선 속도를 v, 빛의 속도를 c라고 할 때 $\dfrac{\Delta\lambda}{\lambda_0} = \dfrac{v}{c}$ 이므로,

$\Delta\lambda = \dfrac{60}{3\times10^8} \times 500 = 0.0001$ nm이다.

ㄷ 중심별의 시선 속도는 행성이 B를 지날 때가 C를 지날 때의 $\sqrt{2}$배이다.

➡ 시선 방향과 공통 질량 중심, 중심별 사이의 각도는 B일 때 $45°$이고, C일 때 $30°$이다. 중심별의 최대 시선 속도를 v라고 하면, 행성이 B에 위치할 때 중심별의 시선 속도는 $v\cos45° = \dfrac{v}{\sqrt{2}}$ 이고, 행성이 C에 위치할 때 중심별의 시선 속도는 $v\cos60° = \dfrac{v}{2}$ 이다. 따라서 중심별의 시선 속도는 행성이 B를 지날 때가 C를 지날 때의 $\sqrt{2}$ 배이다.

선배의 TMI 이것만 알고 가자! 공전 속도의 시선 방향 성분(시선 속도)

이번 문제의 ㄷ과 같은 보기는 2021학년도 6월 평가원 모의고사에서도 출제된 적이 있어요. 대신 좀 더 복잡해졌지요. 기출문제를 꼼꼼히 살펴봐야 하는 이유입니다. 이런 문제는 공전 속도를 시선 방향과 시선 방향에 수직인 방향으로 구분하여 판단해야 합니다. 이때 cos, sin을 사용합니다. 시선 방향에 수직인 성분은 지구과학Ⅰ 수준에서는 묻는 경우가 거의 없으므로 몰라도 좋지만, 시선 방향의 성분은 도플러 효과와 함께 묻는 경우도 종종 나오므로 기초적인 공식(도플러 공식)은 꼭 알아두셔야 합니다. 어렵지 않으니 당황하지 말고 풀면 잘 넘기실 수 있을 것입니다.

14 외계 행성계 탐사 방법–시선 속도 변화, 식 현상 이용 정답 ⑤

선택 비율 | ① 26 % | ② 7 % | ③ 7 % | ④ 16 % | ⑤ 44 %

문제 풀이 TIP

- 외계 행성계에서 생명 가능 지대까지의 거리와 태양계에서 생명 가능 지대까지의 거리를 비교하여 중심별의 광도를 태양과 비교한다.
- 행성에 의한 식 현상이 일어났을 때 중심별의 밝기 감소량은 행성의 단면적에 비례함을 파악한다.
- 공전 궤도상의 위치에 따라 도플러 효과로 인해 나타나는 중심별의 파장 변화를 파악한다.

<보기> 풀이

ㄱ 생명 가능 지대의 폭은 이 외계 행성계가 태양계보다 좁다.

➡ 이 외계 행성계에서 중심별로부터 생명 가능 지대의 바깥쪽 경계까지의 거리가 약 0.05 AU이므로, 중심별에서 생명 가능 지대까지의 거리는 태양계보다 가깝다. 생명 가능 지대는 중심별의 광도가 클수록 중심별에서 먼 곳에 위치하고 폭도 넓어진다. 따라서 생명 가능 지대의 폭은 이 외계 행성계가 태양계보다 좁다.

✗ $\dfrac{\text{행성의 반지름}}{\text{중심별의 반지름}}$ 은 $\dfrac{1}{125}$ 이다.

➡ (나)에서 외계 행성에 의해 감소한 중심별의 밝기가 0.008이므로, 중심별의 단면적에 대한 외계 행성의 단면적은 $0.008\left(=\dfrac{1}{125}\right)$배이다. 따라서 중심별과 외계 행성의 반지름 비는 $\sqrt{\dfrac{1}{125}}$ 배이다.

ㄷ 중심별의 흡수선 파장은 t_2가 t_1보다 짧다.

➡ t_2일 때 식 현상이 시작되고 있으므로 $t_1 \rightarrow t_2 \rightarrow t_3$ 동안 외계 행성은 관측자 쪽으로 다가오고 있으며, 이 기간 동안 중심별은 관측자로부터 멀어져 적색 편이가 나타난다. 이때 t_1에서 t_2로 가면서 중심별의 이동 방향은 관측자의 시선 방향에 대해 수직한 방향에 더 가까워지므로 시선 방향의

속도는 감소하여 0에 가까워진다. 따라서 t_1보다 t_2일 때 적색 편이량이 작고, 흡수선의 파장은 적색 편이량이 작은 t_2일 때가 t_1일 때보다 짧다.

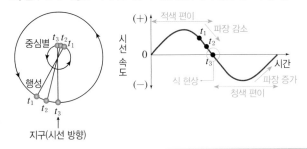

지구(시선 방향)

오답률 높은 ① ㄷ이 옳지 않다고 생각했다면?

중심별의 위치에 따른 파장 변화를 알아내기 위해서는 시선 방향의 속도 변화를 파악해야 하는데, 이 경우 중심별과 행성, 관측자 사이의 위치 관계를 그림으로 그려보면 가장 이해하기 쉽습니다. 그리고 행성이 관측자에 가까워지면서 중심별을 가리는 식 현상이 일어날 때까지 중심별은 관측자로부터 멀어진다는 것, 식 현상이 일어날 때는 도플러 효과가 나타나지 않는다는 것(시선 속도 0), 식 현상을 기준으로 중심별의 파장 변화는 적색 편이에서 청색 편이로 바뀐다는 것을 꼭 기억해 두세요.

VI | 외부 은하와 우주 팽창

문제편 317~320쪽

01 ②	02 ⑤	03 ①	04 ②	05 ①	06 ①
07 ②					

01　특이 은하–세이퍼트은하, 퀘이사, 전파 은하　정답 ②

선택 비율	① 10 %	②38 %	③ 13 %	④ 15 %	⑤ 24 %

문제 풀이 TIP

은하 중심부 별들의 회전축을 파악하고, 각 특이 은하의 특징을 이해한다.

<보기> 풀이

✗ (가)와 (다)의 은하 중심부 별들의 회전축은 관측자의 시선 방향과 일치한다.

➡ 은하 중심부에 별이 모여 있는 부분을 팽대부라고 하며, 일반적으로 팽대부의 회전축은 은하 전체의 회전축과 거의 일치한다. 은하의 별들은 대체로 회전축을 중심으로 회전하면서 납작한 원반 모양을 형성하며, 회전축과 은하 원반이 수직을 이루고 있다. (가)에서 은하 중심부 별들의 회전축은 시선 방향과 일치한다. 반면, (다)에서 은하 중심부 별들의 회전축은 은하 원반의 회전축과 유사하며, 관측자의 시선 방향과 일치하지 않는다.

ㄴ 각 은하의 $\dfrac{중심부의\ 밝기}{전체의\ 밝기}$ 는 (나)의 은하가 가장 크다.

➡ 은하 전체의 광도에 대하여 중심부의 광도가 큰 은하로는 (가) 세이퍼트은하와 (나) 퀘이사가 있으며, 그 중 퀘이사가 세이퍼트은하보다 은하 전체의 광도에 대한 중심부의 광도가 훨씬 크다. 따라서 $\dfrac{중심부의\ 밝기}{전체의\ 밝기}$ 는 (나)가 가장 크다.

✗ (다)의 제트는 은하의 중심에서 방출되는 별들의 흐름이다.

➡ 제트는 전파 은하 중심에 존재하는 거대한 블랙홀의 강한 중력과 자기장으로 인해 형성되는 것으로 추정되며, 은하의 중심에서는 이온화된 물질과 에너지가 방출된다. 따라서 (다)의 제트는 은하의 중심에서 방출되는 이온화된 물질과 에너지의 흐름이다.

오답률 높은 ⑤ ㄷ이 옳다고 생각했다면?

별은 전파 은하의 중심에 있는 블랙홀의 영향으로 광속으로 방출될 정도로 질량이 작지 않습니다. 태양만 해도 질량이 2×10^{30} kg인 것을 생각하면 우주로 방출되는 데 매우 큰 에너지가 필요하다는 것을 알 수 있어요. 참고로, 블랙홀은 별 전체를 빨아들이는 것이 아니라 별을 구성하는 가스가 분산되어 블랙홀로 들어가는 것입니다.

02　외부 은하와 적색 편이　정답 ⑤

선택 비율	① 17 %	② 7 %	③ 24 %	④ 9 %	⑤43 %

문제 풀이 TIP

허블 법칙$(v = H \cdot r)$과 도플러 효과$\left(\dfrac{v}{c} = \dfrac{\Delta\lambda}{\lambda_0} \right)$를 이용하여 제시된 세 은하 중 하나의 은하 관측 정보로 허블 상수를 구하고, 다른 은하의 파장 및 은하 사이의 거리를 구한다.

<보기> 풀이

ㄱ 허블 상수는 70 km/s/Mpc이다.

➡ 후퇴 속도(v)는 $v = \dfrac{\Delta\lambda}{\lambda_0} \times c$이고, 허블 법칙은 $v = H \cdot r$이므로

$H \cdot r = \dfrac{\Delta\lambda}{\lambda_0} \times c$이다. 은하 C의 기준 파장은 600 nm, 관측 파장은 642 nm

이므로, 허블 상수(H)는 $H = \dfrac{c}{r} \cdot \dfrac{\Delta\lambda}{\lambda_0} = \dfrac{3 \times 10^5 \text{ km/s}}{300 \text{ Mpc}} \times \dfrac{42 \text{ nm}}{600 \text{ nm}}$

$= 70$ km/s/Mpc이다.

ㄴ ㉠은 410보다 작다.

➡ 은하 A의 후퇴 속도는 6500 km/s이므로,

$6500 \text{ km/s} = \dfrac{(\text{㉠} - 400) \text{ nm}}{400 \text{ nm}} \times 3 \times 10^5$ km/s로부터 ㉠은 약 408.67

이다. 따라서 ㉠은 410보다 작다.

ㄷ A에서 B까지의 거리는 140 Mpc보다 크다.

➡ 은하 C의 후퇴 속도는 허블 법칙으로부터 $v = H \cdot r = 70$ km/s/Mpc $\times$
300 Mpc $= 21000$ km/s이고, B와 C의 후퇴 속도는 같다. B의 파장은
허블 법칙을 만족했을 때보다 8 nm 더 길게 관측되었으므로

$\dfrac{8 \text{ nm}}{600 \text{ nm}} \times 3 \times 10^5$ km/s $= 4000$ km/s만큼 빠르게 관측된 것이다. 즉,

B와 같은 거리에서 허블 법칙에 만족하는 은하의 후퇴 속도는 17000 km/s

이다. $r = \dfrac{v}{H}$로부터 은하의 거리는 $\dfrac{17000 \text{ km/s}}{70 \text{ km/s/Mpc}} = \dfrac{1700}{7}$ Mpc이다.

A와 B는 동일한 시선 방향에 놓여있고, A까지의 거리는 $\dfrac{6500 \text{ km/s}}{70 \text{ km/s/Mpc}}$

$= \dfrac{650}{7}$ Mpc이므로, A에서 B까지의 거리는 $\left(\dfrac{1700}{7} - \dfrac{650}{7} \right)$ Mpc

$= 150$ Mpc이다. 따라서 A에서 B까지의 거리는 140 Mpc보다 크다.

---

03 외부 은하의 적색 편이 정답 ①

선택 비율 | ① 31 % | ② 12 % | ③ 22 % | ④ 21 % | ⑤ 13 %

문제 풀이 TIP

- Ia형 초신성의 겉보기 밝기로 외부 은하까지의 거리를 알아낸 후, 허블
  법칙으로 후퇴 속도를 구하고, 후퇴 속도를 이용하여 흡수선의 파장을
  구한다.
- 은하까지의 거리비와 피타고라스 정리를 이용하여 은하 A에서 관측한
  B의 겉보기 밝기를 구한다.

<보기> 풀이

Ia형 초신성은 거의 일정한 질량에서 폭발하여 절대 등급이 거의 일정하므로,
Ia형 초신성의 겉보기 밝기를 이용하여 거리를 알 수 있다. 별의 밝기는 거리
의 제곱에 반비례하고, 겉보기 밝기의 최댓값이 F_0인 Ia형 초신성의 거리가
100 Mpc이므로, 우리은하에서 겉보기 밝기의 최댓값이 $16F_0$인 A의 Ia형
초신성까지의 거리는 25 Mpc이고, 겉보기 밝기의 최댓값이 $4F_0$인 B의 Ia형
초신성까지의 거리는 50 Mpc이다.

ㄱ 우리은하에서 관측한 A의 후퇴 속도는 1750 km/s이다.

➡ 허블 법칙 $v = Hr$에서 허블 상수(H)는 70 km/s/Mpc이고, 우리은하에
서 A까지의 거리(r)는 25 Mpc이므로, 우리은하에서 관측한 A의 후퇴
속도(v)는 70 km/s/Mpc $\times$ 25 Mpc $= 1750$ km/s이다.

✗ 우리은하에서 B를 관측하면, 기준 파장이 600 nm인 흡수선은 603.5 nm로 관측된다.

➡ 우리은하에서 B까지의 거리(r)이 50 Mpc이므로 $v = Hr$에서 B의 후퇴
속도(v)는 70 km/s/Mpc $\times$ 50 Mpc $= 3500$ km/s이다. 후퇴 속도(v)와
기준 파장(λ_0)으로 흡수선의 관측 파장(λ)을 구할 수 있다.

$v = \dfrac{\lambda - \lambda_0}{\lambda_0} \times c$, $3500 \text{ km/s} = \dfrac{\lambda - 600 \text{ nm}}{600 \text{ nm}} \times (3 \times 10^5 \text{ km/s})$,

$\lambda \fallingdotseq 607$ nm

✗ A에서 B의 Ia형 초신성을 관측하면, 겉보기 밝기의 최댓값은 $\dfrac{4}{\sqrt{3}} F_0$ 이다.

➡ A와 B의 시선 방향은 60°이고, 우리은하에서 A까지의 거리와 B까지의
거리의 비는 1 : 2이므로 피타고라스 정리에 따르면 A와 B 사이의 거리
는 우리은하와 A까지의 거리의 $\sqrt{3}$배이다. A의 Ia형 초신성의 겉보기
밝기의 최댓값은 $16F_0$이고, 별의 겉보기 밝기는 거리의 제곱에 반비례하
므로 A에서 관측한 B의 Ia형 초신성의 겉보기 밝기의 최댓값은 $\dfrac{16}{3}F_0$
이다.

---

04 우주 팽창과 우주 배경 복사 정답 ②

선택 비율 | ① 10 % | ② 39 % | ③ 13 % | ④ 17 % | ⑤ 21 %

문제 풀이 TIP

그래프에서 기울기가 감소할 때는 감속 팽창, 기울기가 증가할 때는 가속
팽창을 하였음을 이해하고, 빛의 파장은 우주의 크기에 비례하여 증가한다
는 것을 적용하여 빛의 파장 변화를 유추한다.

<보기> 풀이

✗ 120억 년 전에 우주는 가속 팽창하였다.

➡ (가)에서 그래프의 기울기는 우주 팽창 속도에 해당한다. 120억 년 전에는
그래프의 기울기가 감소하고 있으므로 우주는 감속 팽창하였다.

ㄴ P에서 방출된 파장 λ인 빛이 Q에 도달할 때 파장은 2.5λ이다.

➡ (가)에서 120억 년 전 우주의 크기는 현재의 $\dfrac{1}{5}$, 80억 년 전 우주의 크기
는 현재의 $\dfrac{1}{2}$임을 알 수 있다. 우주 공간을 진행하는 빛의 파장은 우주의
크기에 비례하여 증가하므로, 120억 년 전에 방출된 파장이 λ일 때 80억
년 전에는 $\dfrac{5}{2}$배인 2.5λ가 된다.

✗ (나)에서 현재 관측자로부터 Q까지의 거리 ㉠은 80억 광년이다.

➡ Q에서 출발한 빛이 현재 관측자에게 도달하는 데는 80억 년이 걸린다. 우
주가 팽창하지 않는다고 가정하면 Q와 관측자 사이의 거리는 80억 광년
이다. 하지만 80억 년의 기간 동안 우주는 팽창하였으므로 현재 관측자로
부터 Q까지 거리는 80억 광년보다 크다.

ㄷ이 옳다고 생각했다면?

⑤번의 선택 비율이 높다는 것은 보기 ㄷ의 개념을 확실히 모르고 있었던 것 같습니다. 어떤 은하에서 x억 년 전에 방출된 빛을 현재 관측하였다면, 이 빛이 우리에게 도달하는 데 x억 년, 즉 이 은하에서 방출된 빛이 이동한 거리가 x억 광년이라는 것이죠. 하지만 우주는 팽창하고 있으므로 현재 이 은하와 관측자 사이의 거리는 빛이 이동한 거리보다 더 멀어지게 됩니다. 보기 ㄷ에서 빛이 이동한 거리는 80억 광년이 맞지만, 현재 시점에서 관측자와 Q 사이의 거리는 80억 광년보다 큽니다.

---

05 우주의 구성 요소 정답 ①

선택 비율	① 39 %	② 4 %	③ 41 %	④ 7 %	⑤ 8 %

문제 풀이 TIP

현재 우주 구성 요소의 비율과 시간에 따른 우주 구성 요소의 밀도 변화를 알고, 그래프에 제시된 요소들을 파악한 다음, 암흑 에너지와 암흑 물질의 비율로 우주의 팽창 속도를 판단한다.

<보기> 풀이

B는 시간에 관계없이 밀도가 일정하므로 암흑 에너지이고, A는 C보다 밀도가 크므로 암흑 물질, C는 보통 물질이다.

ㄱ (가)를 이용하여 A가 존재함을 추정할 수 있다.

➡ (가)는 은하 뒤에 놓여 있는 퀘이사가 중력 렌즈 현상에 의해 4개로 보이는 현상이다. 암흑 물질이 분포하는 곳에서는 그 중력의 효과로 빛의 경로가 휘어져서 이와 같은 현상이 나타난다. 따라서 (가)를 이용하여 A인 암흑 물질의 존재를 추정할 수 있다.

✗ B에서 가장 많은 양을 차지하는 것은 양성자이다.

➡ B는 암흑 에너지로, 무엇으로 구성되어 있는지 현재는 알려지지 않았다. 한편, 양성자는 보통 물질(C)에 해당한다.

✗ T 시기부터 현재까지 우주의 팽창 속도는 계속 증가하였다.

➡ T 시기에는 암흑 물질과 보통 물질을 합친 양이 암흑 에너지에 비해 매우 많다. 따라서 T 시기에는 팽창 속도가 감소하였으며, 이후 팽창 속도가 점차 증가하였다.

ㄷ이 옳다고 생각했다면?

암흑 에너지의 상대적인 비율이 점차 높아지니까 우주의 팽창 속도가 계속 증가했다고 생각할 수 있어요. 하지만 문제를 풀 때 그림을 잘 보아야 합니다. (나)에서 T 시기의 밀도의 상댓값을 보면, A가 B에 비해 많이 크다는 것을 알 수 있습니다. 즉, 암흑 물질의 밀도가 암흑 에너지의 밀도보다 매우 크기 때문에 이 시기에는 감속 팽창한다는 것을 알 수 있어요. 따라서 ㄷ은 틀린 보기입니다.

---

06 우주 구성 요소 정답 ①

선택 비율	① 39 %	② 4 %	③ 8 %	④ 12 %	⑤ 37 %

문제 풀이 TIP

제시된 우주의 크기는 거리를 나타낸 것이므로 공간의 크기는 거리 변화의 세제곱에 해당한다는 것을 판단한다.

<보기> 풀이

ㄱ 중력 렌즈 현상을 통해 A가 존재함을 추정할 수 있다.

➡ 현재 A＋B＋C＝1이므로 B 밀도는 0.68이다. 한편, 현재 우주 구성 요소는 암흑 에너지＞암흑 물질＞보통 물질 순이므로 A는 암흑 물질이다.

암흑 물질은 전자기파 관측으로는 존재를 확인할 수 없지만 중력 렌즈 현상을 통해 존재를 추정할 수 있다.

✗ 우주가 팽창하는 동안 B의 총량은 일정하다.

➡ B는 암흑 에너지로 공간 자체가 가지는 에너지이다. 따라서 현재와 T 시기에 B의 밀도는 우주의 팽창과 관계없이 일정하지만 총량은 증가한다.

✗ T 시기에 우주 구성 요소 중 C가 차지하는 비율은 10 %보다 낮다.

➡ 우주의 크기가 은하 간 거리를 나타내는 척도라고 하였으므로 T 시기에 우주의 크기가 현재의 $\frac{1}{2}$이라면 공간의 크기는 현재의 $\frac{1}{8}$이 된다. 그러나 C의 질량은 변하지 않으므로 T 시기에 C의 밀도는 현재의 8배로 커져 0.4가 된다. 따라서 T 시기에 우주 구성 요소 중 C가 차지하는 비율은 10 %보다 높다.

시간에 따른 암흑 에너지와 물질의 밀도 변화

시간에 따른 우주 구성 요소의 변화를 묻는 문제는 매 시험마다 출제되는 주제이므로 그 특징을 명확히 이해한다면 제시되는 자료에 변형이 있어도 어렵지 않게 정답을 찾을 수 있습니다. 암흑 에너지는 우주의 팽창에 따라 총량이 증가하지만 밀도는 일정하고, 물질(암흑 물질, 보통 물질)은 항상 총량이 일정하므로 우주의 팽창에 따라 밀도가 감소한다는 것을 꼭 염두에 두어야 해요.

---

07 외부 은하의 적색 편이, 암흑 물질과 암흑 에너지 정답 ②

선택 비율	① 10 %	② 49 %	③ 10 %	④ 14 %	⑤ 17 %

문제 풀이 TIP

도플러 효과를 이용하여 후퇴 속도를 계산한다. 우주의 구성 요소 3가지의 시간에 따른 비율을 알고 T_1과 T_2의 시기의 선후를 파악한다.

<보기> 풀이

✗ 우리은하에서 관측한 A의 후퇴 속도는 3000 km/s이다.

➡ A의 기준 파장(120 nm)과 관측 파장(132 nm)으로 은하의 후퇴 속도(v)를 구하면 $v = \frac{\Delta\lambda}{\lambda_0} \times c = \frac{(132\ nm - 120\ nm)}{120\ nm} \times (3 \times 10^5\ km/s) = 3 \times 10^4\ km/s$이다. 따라서 A의 후퇴 속도는 30000 km/s이다.

ㄴ B는 T_2 시기의 천체이다.

➡ (나)에서 우주가 팽창함에 따라 암흑 물질과 보통 물질이 차지하는 비율은 감소하고, 암흑 에너지가 차지하는 비율은 증가하므로 T_2가 T_1보다 과거이고, a는 암흑 에너지이다. 보통 물질이 차지하는 비율은 암흑 물질이 차지하는 비율보다 작으므로 b는 암흑 물질, c는 보통 물질이다. (가)에서 은하의 $\frac{\text{관측 파장} - \text{기준 파장}}{\text{기준 파장}}$이 클수록 후퇴 속도가 더 빠르고 더 과거의 은하가 관측된 것이므로 B가 A보다 더 과거의 은하이다. T_1, T_2 중 T_2가 더 과거이므로 B는 T_2 시기의 천체이다.

✗ 우주를 가속 팽창시키는 요소는 b이다.

➡ b는 암흑 물질이다. 우주를 가속 팽창시키는 요소는 암흑 에너지인 a이다.

우주 구성 요소

암흑 에너지는 우주 초기에는 물질(보통 물질＋암흑 물질)보다 차지하는 비중이 작았지만 현재는 가장 크다는 것, 보통 물질과 암흑 물질의 비율은 시간에 관계없이 항상 일정하게 지켜졌다는 것 이 두 개만 알면 어렵지 않게 해결할 수 있어요. 지금까지 출제된 암흑 물질, 보통 물질, 암흑 에너지 문제를 다룬 문제 가운데 이 형태가 가장 복잡한 형태일 것 같아요. 이 문제를 정확히 해결할 수 있다면 앞으로 출제될 문제들도 해결할 수 있는 역량을 갖추었다고 볼 수 있어요.

1. ④	2. ⑤	3. ②	4. ①	5. ②
6. ④	7. ③	8. ③	9. ④	10. ②
11. ⑤	12. ①	13. ①	14. ③	15. ①
16. ③	17. ①	18. ①	19. ③	20. ⑤

1. 퇴적 구조

학생 A. (가)는 위로 갈수록 퇴적물 입자의 크기가 점차 작아지는 퇴적 구조로, 점이 층리이다.

학생 B. (나)는 퇴적물의 표면이 갈라진 구조를 보이므로 건열이다. 건열은 수심이 얕은 물밑에서 쌓인 퇴적물이 수면 위로 드러나면서 건조한 환경에 노출되어 말라 갈라진 퇴적 구조이다. 따라서 (나)는 수심이 얕은 곳에서 형성된다.

학생 C. (가)는 퇴적물 입자의 크기가 큰 쪽이 아래이고, (나)는 쐐기 모양의 폭이 좁은 쪽이 아래이다. 따라서 (가)와 (나)는 모두 지층의 역전 여부를 판단하는 데 활용될 수 있다.

2. 판의 운동과 지각 변동

ㄱ. 해령에서는 고온의 맨틀 물질이 상승하여 마그마가 분출된다. A는 해령이므로 A의 하부에는 맨틀 대류의 상승류가 존재한다.

ㄴ. C의 하부에는 섭입대가 존재한다. 해구에서는 냉각에 의해 밀도가 커진 해양판이 침강하면서 해령으로부터 이어진 해양판을 섭입대 쪽으로 잡아당긴다. 따라서 C의 하부에는 침강하는 판이 잡아당기는 힘이 작용한다.

ㄷ. A는 맨틀 대류의 상승부이므로 고온의 마그마가 분출하여 화산 활동이 활발하게 일어난다. B는 해령과 해령 사이의 변환 단층이므로 맨틀 대류의 상승부나 하강부와는 관련이 없으며, 화산 활동이 거의 일어나지 않는다. 따라서 화산 활동은 A가 B보다 활발하다.

3. 생명 가능 지대

ㄱ. 중심별의 광도가 클수록 생명 가능 지대가 나타나기 시작하는 거리는 멀어진다. 40억 년 후에는 현재보다 생명 가능 지대가 나타나기 시작하는 거리가 멀므로 태양의 광도는 40억 년 후가 현재보다 크다.

ㄴ. 중심별의 광도가 클수록 생명 가능 지대의 폭이 넓어진다. 40억 년 후에는 현재보다 태양의 광도가 크므로 생명 가능 지대의 폭은 40억 년 후가 현재보다 넓다.

ㄷ. 생명 가능 지대에서 물은 액체 상태로 존재한다. 40억 년 후에 태양으로부터 1 AU 거리는 생명 가능 지대가 나타나기 시작하는 거리보다 가까우므로 물이 기체 상태로 존재할 가능성이 높다.

4. 해수의 성질

ㄱ. 수조에 소금물을 채운 직후에는 깊이에 따른 수온 변화가 거의 없지만, 전등을 켜고 15분이 지났을 때는 표층이 가열되어 표면에서 수온이 가장 높고 깊

이가 깊어질수록 수온이 낮아지는 분포를 보인다. 이후 전등을 켠 상태에서 선풍기로 바람을 일으키면 표층에서는 소금물의 혼합이 일어나 깊이에 따라 수온이 거의 일정한 구간이 나타나고, 표층 수온이 낮아진다. 따라서 (가), (나), (다)의 결과는 각각 A, C, B에 해당한다.

ㄴ. 실험에서 바람을 일으켰을 때 수온이 C에서 B로 변했다. B와 C의 수온 분포를 비교해 보면 바람의 영향에 의한 수온 변화 폭은 깊이 1 cm가 3 cm보다 크다.

ㄷ. 수온 약층은 깊이가 깊어짐에 따라 수온이 급격히 낮아지는 층이다. ㉠은 깊이에 따라 일정한 수온을 유지하므로 '수온 약층'에 해당하지 않는다. ㉠은 실험 과정과 관계 없이 일정한 수온을 유지하므로 심해층에 해당한다.

5. 지질 시대의 생물과 환경

ㄱ. 삼엽충과 필석은 고생대에 번성하였으므로 A는 오르도비스기(고생대), 공룡과 암모나이트는 각각 중생대의 육지와 바다에서 번성하였으므로 B는 백악기(중생대), 화폐석은 신생대 초기에 번성하였으므로 C는 팔레오기(신생대)이다. 따라서 지질 시대를 오래된 것부터 나열하면 A−B−C 순이다.

ㄴ. 판게아는 고생대 말기~중생대 초기에 존재하였던 초대륙으로, 약 2억 년 전(중생대 트라이아스기 말~쥐라기 초)부터 분리되기 시작하였다. 따라서 B(백악기)에 판게아는 이미 분리되어 현재의 대륙 분포로 변하는 과정에 있었다.

ㄷ. 양치식물은 고생대 석탄기 이전에 출현하여 석탄기와 페름기에는 크게 번성하였으며, 현재까지 지구상에 분포하고 있다. 따라서 C(팔레오기)에 생성된 지층에서 양치식물 화석이 발견될 수 있다.

6. 마그마의 생성

ㄱ. A는 맨틀 대류의 상승부인 해령이다. 해령 하부에서는 고온의 맨틀 물질이 상승하여 압력이 감소하면 맨틀 물질의 온도가 용융점보다 높은 상태가 되어 부분 용융이 일어나 마그마가 생성된다. 따라서 A에서 맨틀 물질이 용융되는 주된 요인은 압력 감소이다.

ㄴ. 섭입대에서 생성된 고온의 현무암질 마그마가 상승하여 대륙 지각을 가열하고, 대륙 지각의 일부가 녹아 유문암질 마그마가 생성된다. 따라서 B에서는 유문암질 마그마가 생성될 수 있다.

ㄷ. ㉠은 대륙 지각이 가열되어 유문암질 마그마가 생성되는 과정이고, ㉡은 맨틀 물질의 부분 용융으로 현무암질 마그마가 생성되는 과정이다. 유문암질 마그마는 현무암질 마그마보다 생성되는 온도가 낮다. 따라서 마그마가 생성되기 시작하는 온도는 ㉠이 ㉡보다 낮다.

7. 온대 저기압과 날씨

ㄱ. 저기압 중심에 가까운 등압선일수록 기압이 낮으므로, A가 B보다 기압이 낮다.

ㄴ. 온대 저기압에 동반된 한랭 전선과 온난 전선의 전선면은 찬 공기가 분포하는 지역의 상공에 존재하

므로, 온난 전선 전면의 상공과 한랭 전선 후면의 상공에 각각의 전선면이 나타난다. B는 온난 전선과 한랭 전선 사이에 위치하므로 B의 상공에는 전선면이 나타나지 않는다.

ㄷ. 한랭 전선 후면에 위치한 A는 북서풍이 불고 기온이 상대적으로 낮다. 온난 전선과 한랭 전선 사이에 위치한 B는 남서풍이 불고 기온이 상대적으로 높다. 따라서 ㉠은 A, ㉡은 B의 기상 요소를 나타낸 것이다.

8. 대기 대순환과 표층 해류

ㄱ. A는 북대서양의 아열대 해역에 위치하며, 서쪽에서 동쪽으로 바람이 분다. 따라서 A에서는 편서풍에 의해 형성된 북대서양 해류가 흐른다.

ㄴ. B는 북동 무역풍과 남동 무역풍이 수렴하는 열대 수렴대 부근에 위치한다. 따라서 B에서는 해들리 순환에 의한 상승 기류가 우세하게 나타난다.

ㄷ. C는 남대서양의 아열대 해역에 위치하며, 서쪽에서 동쪽으로 바람이 분다. 따라서 C에서는 편서풍에 의해 형성된 남극 순환 해류가 흐른다.

9. 뇌우

ㄱ. (가)는 상승 기류와 하강 기류가 함께 나타나며, 천둥, 번개, 소나기, 우박 등이 동반되는 성숙 단계이고, (나)는 강한 상승 기류에 의해 적운이 발달하는 적운 단계이다.

ㄴ. 뇌우에 동반되어 나타나는 번개는 적란운 내에서 분리된 양전하와 음전하가 구름 속에 쌓였다가 방전이 일어나면서 발생하는 것으로, 뇌우가 크게 발달하는 성숙 단계에서 잘 나타난다. 따라서 번개 발생 빈도는 성숙 단계인 (가)가 적운 단계인 (나)보다 대체로 높다.

ㄷ. 성숙 단계인 (가)는 적운 단계인 (나)보다 구름 최상부의 고도가 높고, 온도가 낮으므로 구름의 최상부가 단위 시간당 단위 면적에서 방출하는 적외선 복사 에너지양은 (가)가 (나)보다 적다.

10. 태풍과 날씨

ㄱ. 태풍의 에너지원은 상승하는 공기 중의 수증기가 응결하면서 방출하는 잠열(숨은열, 응결열)이다. 태풍이 육지에 상륙하면 수증기의 공급이 감소할 뿐만 아니라 지표면과의 마찰이 증가하여 세력이 급격히 약해지므로, 중심 기압은 높아지고, 풍속은 작아진다. 한편, (가)에서 3시간 동안 태풍 중심의 이동 거리를 비교해 보았을 때, 태풍의 이동 속도는 t_4 부근에서 가장 빠르다는 것을 알 수 있다. 따라서 ㉠은 태풍의 최대 풍속, ㉡은 태풍의 이동 속도, ㉢은 태풍의 중심 기압이다.

ㄴ. 태풍의 세력은 중심 기압이 낮을수록 강하다. 태풍의 중심 기압은 t_4일 때가 t_7일 때보다 낮으므로, 태풍의 세력은 t_4일 때가 t_7일 때보다 강하다.

ㄷ. $t_2 \rightarrow t_4$ 동안 A 지점은 태풍 진행 경로의 오른쪽 지역인 위험 반원에 위치한다. 따라서 $t_2 \rightarrow t_4$ 동안 A 지점의 풍향은 시계 방향으로 변한다.

11. 대폭발 우주론

ㄱ. 우주의 급팽창은 빅뱅 직후(10^{-36}초~10^{-34}초 사이)의 극히 짧은 시간 동안에 일어났으며, 헬륨 원자핵은 빅뱅 후 약 3분이 되었을 때 형성되었다. 따라서 우주의 급팽창은 A 이전의 시기에 일어났다.

ㄴ. 헬륨 원자핵이 형성되기 직전의 우주에는 양성자와 중성자의 개수비가 약 7 : 1이었으나 우주의 온도가 낮아지면서 양성자와 중성자가 융합하여 수소 원자핵과 헬륨 원자핵의 질량비가 약 3 : 1이 되었다. 각각의 원자핵은 전자와 결합하여 중성 수소 원자와 헬륨 원자가 되었으므로 B 기간에 수소와 헬륨의 질량비는 약 3 : 1이다.

ㄷ. 빅뱅 후 우주의 온도가 약 3000 K으로 낮아짐에 따라 전자가 양성자와 결합하여 중성 원자가 형성되었고, 물질로부터 분리된 복사가 자유롭게 진행하여 우주를 채우게 되었는데, 이를 우주 배경 복사라고 한다. 우주가 계속 팽창함에 따라 우주 배경 복사의 온도는 점차 낮아졌으므로 B 기간 동안 우주 배경 복사의 평균 온도는 3000 K 이하이다.

12. 은하의 분류와 특성

ㄱ. 타원 은하는 성간 물질의 양이 적으므로 은하 탄생 초기 이후에는 별의 생성이 드물다. 반면 나선 은하는 나선팔에 성간 물질이 많이 분포하여 별이 계속 생성된다. 따라서 A는 타원 은하, B는 나선 은하이다.

ㄴ. A는 대부분의 별들이 10억 년 이내에 생성되었고, B는 100억 년 이후에도 지속적으로 별이 생성되므로 t_2일 때 별의 평균 나이는 A가 B보다 많다.

ㄷ. 주계열성은 질량이 클수록 중심부에서의 에너지 생성이 활발하여 주계열을 이탈하는 시간이 빠르다. A의 별들은 대부분 t_1 이전에 생성되었으므로 질량이 큰 주계열성부터 거성(또는 초거성)으로 진화하여 시간이 지남에 따라 주계열성의 개수가 점차 감소한다. 따라서 A에서 태양보다 질량이 큰 주계열성의 개수는 t_1일 때가 t_2일 때보다 많다.

13. 태양의 진화

ㄱ. A_0은 성간 물질이 뭉쳐진 원시별이 중력 수축하면서 밀도와 온도가 높아져 생성되었다. 성간 물질은 수소 등의 기체와 탄소, 규소, 산소, 철 등의 티끌로 이루어지므로 A_0의 중심핵은 탄소를 포함한다.

ㄴ. A_0의 중심핵에서는 수소 핵융합 반응이 일어나므로 시간이 지남에 따라 수소의 양은 감소하고, 헬륨의 양은 증가한다. 한편 $A_0 \rightarrow A_1$ 경로에서는 중심핵 바깥층(수소 연소각)에서 수소 핵융합 반응이 일어나므로 수소의 양이 감소하고, 헬륨의 양이 증가한다. 따라서 수소의 총 질량은 A_0이 A_1보다 크다.

ㄷ. 별의 광도가 클수록, 표면 온도가 낮을수록 별의 반지름이 크다. A_1과 A_2는 적색 거성으로, 표면 온도와 광도가 비슷하므로 반지름이 크게 다르지 않다. 그러나 A_0(주계열성)에 비해 A_3(백색 왜성)은 표면 온도가 높고, 광도가 작으므로 반지름은 A_0이 A_3보다 매우 크다. 따라서 $\dfrac{A_1\text{의 반지름}}{A_0\text{의 반지름}}$ $< \dfrac{A_2\text{의 반지름}}{A_3\text{의 반지름}}$이다.

14. 기후 변화의 천문학적 요인

ㄱ. 세차 운동의 방향은 지구 공전 방향과 반대이므로 시계 방향이고, 주기는 약 26000년이다. 6500년, 19500년은 각각 세차 운동 주기의 약 $\dfrac{1}{4}$, 약 $\dfrac{3}{4}$에 해당하는 시간이다. 따라서 현재로부터 6500년 전의 지구 자전축은 (가)로부터 시계 반대 방향으로 약 90° 회전한 상태로 기울어져 있고, 현재로부터 19500년 전의 지구 자전축은 (가)로부터 시계 반대 방향으로 약 270° 회전한 상태로 기울어져 있다. (나)의 지구 자전축은 (가)로부터 시계 반대 방향으로 270° 회전한 상태로 기울어져 있으므로, (나)는 현재로부터 19500년 전의 모습이다.

ㄴ. (나)일 때 남반구의 여름철은 지구가 원일점에서 근일점으로 이동하는 사이에서 나타나므로, 지구가 근일점에 위치할 때 30°S의 계절은 가을철이다.

ㄷ. 30°N에서 여름철은 (가)에서는 지구가 원일점 부근일 때 나타나지만 (나)에서는 지구가 근일점에서 원일점으로 이동하는 사이에 나타나므로, 30°N이 여름철일 때 지구와 태양 사이의 거리는 (가)일 때가 (나)일 때보다 멀다. 따라서 30°N에서 여름철 평균 기온은 (가)가 (나)보다 낮다.

15. 엘니뇨와 라니냐

(가)는 라니냐 시기, (나)는 엘니뇨 시기이다.

ㄱ. 열대 태평양 해역에 형성되는 동서 방향의 거대한 대기 순환을 워커 순환이라고 한다. 엘니뇨 시기에는 평년보다 워커 순환의 세기가 약하고, 라니냐 시기에는 평년보다 워커 순환의 세기가 강하다. 따라서 워커 순환의 세기는 (가)가 (나)보다 강하다.

ㄴ. 엘니뇨 시기에는 평년보다 동태평양 적도 부근 해역에서 용승이 약해 수온 약층이 나타나기 시작하는 깊이가 깊고, 라니냐 시기에는 평년보다 동태평양 적도 부근 해역에서 용승이 강해 수온 약층이 나타나기 시작하는 깊이가 얕다. 따라서 동태평양 적도 부근 해역에서 수온 약층이 나타나기 시작하는 깊이는 (가)가 (나)보다 얕다.

ㄷ. 엘니뇨 시기에는 적도 부근 동태평양의 해면 기압은 평년보다 낮고, 적도 부근 서태평양의 해면 기압은 평년보다 높다. 반면, 라니냐 시기에는 적도 부근 동태평양의 해면 기압은 평년보다 높고, 적도 부근 서태평양의 해면 기압은 평년보다 낮다. 따라서 적도 부근에서 (동태평양 해면 기압−서태평양 해면 기압) 값은 (가)가 (나)보다 크다.

16. 표준 우주 모형

ㄱ. A는 암흑 에너지로, 척력으로 작용하여 현재 우주를 가속 팽창시키는 역할을 한다.

ㄴ. B는 암흑 물질로, 우주의 팽창과 관계없이 질량이 변하지 않는다. 따라서 우주가 팽창하여 우주의 상대적 크기가 커지면 B의 밀도는 감소한다.

ㄷ. C는 보통 물질로, 별, 성운, 은하 등이 있으며, 감마선, 자외선, 가시광선, 전파 등 다양한 파장 영역의 전자기파로 관측된다.

17. 대륙의 이동과 고지자기 연구

ㄱ. 150 Ma~0 Ma 동안 지괴 A와 B는 동일 위도에서 이동하였으므로 이동 속도는 경도 사이의 거리가 멀수록 빠르다. A는 3칸의 경도를 이동하였고, B는 2칸의 경도를 이동하였으므로 지괴의 평균 이동 속도는 A가 B보다 빠르다.

ㄴ. 고지자기극과 지리상 북극이 일치하고, 그 위치가 변하지 않았으므로 적도를 경계로 북반구는 고지자기 복각이 (+) 값이고, 남반구는 고지자기 복각이 (−) 값이다. 75 Ma에 A와 B는 남반구에 위치하므로 암석에 기록된 고지자기 복각은 모두 (−) 값이다.

ㄷ. 150 Ma~0 Ma 동안 지괴가 위치한 위도가 변하지 않았으므로 이 기간 동안 A에서 구한 고지자기극의 위치는 현재와 같은 위치이며, 75 Ma와 150 Ma에도 고지자기극의 위치는 현재와 같다.

18. 별의 물리량

ㄱ. 단위 시간당 단위 면적에서 방출하는 복사 에너지양(E)은 $E = \dfrac{L}{4\pi R^2}$(L: 광도, R: 반지름)이다. ⊙과 ⓛ에서 반지름은 ⊙이 ⓛ의 25배이고, 광도는 ⊙이 ⓛ의 2500배이므로, $\dfrac{E_⊙}{E_ⓛ}=4$이다. 따라서 단위 시간당 단위 면적에서 방출하는 복사 에너지양은 ⊙이 ⓛ의 4배이다.

ㄴ. 별의 광도(L), 반지름(R), 표면 온도(T)는 $L = 4\pi R^2 \cdot \sigma T^4$의 관계식이 성립하므로 ⊙의 표면 온도는 태양과 같고, 분광형은 G2이다. 한편 ⓒ은 분광형이 M1로 ⊙보다 표면 온도가 낮은데, ⊙과 ⓒ은 광도가 같으므로 반지름은 ⓒ이 ⊙보다 크다.

ㄷ. 태양의 절대 등급이 +4.8이므로 태양이 10 pc의 거리에 있을 때 겉보기 등급은 +4.8이다. 태양의 광도를 $L_⊙$라 하고 ⓛ을 10 pc의 거리에 두고 태양의 밝기와 비교하면 $L_ⓛ=0.04L_⊙$인데, ⓛ의 실제 거리는 10 pc 거리의 2배이므로 밝기는 $\dfrac{1}{4}$배가 되어 $0.04L_⊙\times\dfrac{1}{4}=0.01L_⊙$이다. 이는 10 pc 거리에 있는 태양 밝기의 $\dfrac{1}{100}$배에 해당하며, 등급으로 나타내면 5만큼 커진다. 따라서 ⓛ의 겉보기 등급은 $(+4.8)+5=+9.8$이다. 이와 같은 원리로 ⓒ은 10 pc에서 $L_ⓒ=100L_⊙$이고, 실제 거리는 10 pc 거리의 10배이므로 밝기는 $\dfrac{1}{100}$배가 되어 10 pc 거리에 있는 태양의 밝기와 같아진다. 따라서 ⓒ의 겉보기 등급은 +4.8이다. 그러므로 (ⓛ의 겉보기 등급+ⓒ의 겉보기 등급) 값은 14.6으로, 15보다 작다.

19. 지질 단면과 절대 연령

ㄱ. 지층이 횡압력을 받아 끊어지면 역단층이 형성된다. 이 지역은 단층면을 경계로 상반이 위로 이동한 역단층이므로 단층 $f-f'$은 횡압력을 받아 형성되었다.

ㄴ. P, Q에 포함된 X의 함량은 각각 처음 양의 $\dfrac{3}{16}$,

$\frac{3}{8}\left(=\frac{6}{16}\right)$이므로, 이는 Q에 포함된 양이 P에 포함된 양의 2배에 해당한다. 즉, Q가 1회의 반감기(1억 년)를 더 거치게 되면 X의 양이 $\frac{3}{16}$으로, 현재 P에 포함된 X의 양과 같아지게 되므로 P와 Q의 절대 연령은 1억 년 차이가 난다. 따라서 P는 Q보다 1억 년 먼저 형성되었다.

ㄷ. P에 포함된 X의 양이 $\frac{3}{16}$인데, 이 값은 $\frac{1}{4}$ $\left(=\frac{4}{16}\right)$과 $\frac{1}{8}\left(=\frac{2}{16}\right)$의 중간값이므로 P의 절대 연령은 2억 년과 3억 년 사이에 해당한다. 그런데 방사성 동위 원소의 붕괴 곡선은 시간이 경과할수록 가로축과 나란하게 기울기가 완만해지므로 $\frac{1}{4}$과 $\frac{1}{8}$의 중간값인 $\frac{3}{16}$은 2.5억 년보다 작은 값이다. 중생대와 고생대의 경계가 약 2.52억 년 전이므로 이 값은 중생대에 해당한다. 따라서 P는 중생대에 형성되었다.

20. 외계 행성의 탐사

ㄱ. 행성이 ㉠~㉣에 위치할 때 중심별의 위치를 각각 ㄱ~ㄹ이라고 할 때, 스펙트럼에서는 ㄱ과 ㄹ에서 적색 편이, ㄴ과 ㄷ에서 청색 편이가 나타난다. 한편 ㄱ은 적색 편이가 최대인 지점을 막 지났고, ㄹ은 적색 편이가 최소(0)인 지점을 막 지났으므로 흡수선 파장은 ㄱ(B) > ㄹ(A)이다. 같은 원리로 ㄴ은 청색 편이가 최소(0)인 지점을 막 지났고, ㄷ은 청색 편이가 최대인 지점을 막 지났으므로 흡수선 파장은 ㄴ(C) > ㄷ(D)이다. 따라서 흡수선 파장은 ㄱ > ㄹ > ㄴ > ㄷ이므로 A는 ㄹ에 해당하고, 이때 행성은 ㉣에 위치한다.

ㄴ. ㄱ~ㄹ이 시선 방향 또는 시선 방향과 수직인 방향에 대해 이루는 각도는 모두 같다. 따라서 A에서 증가한 양($\Delta\lambda$)과 C에서 감소한 양($-\Delta\lambda$)이 같고, B에서 증가한 양($\Delta\lambda$)과 D에서 감소한 양($-\Delta\lambda$)이 같으므로 $\dfrac{\text{A 흡수선의 파장} - \text{D 흡수선의 파장}}{\text{B 흡수선의 파장} - \text{C 흡수선의 파장}}$은 1이 된다.

ㄷ. A에서 증가한 스펙트럼 편이량($\Delta\lambda$)과 C에서 감소한 스펙트럼 편이량($\Delta\lambda$)은 같은데, A는 600.002 nm이고, C는 599.998 nm이므로 원래의 파장은 600 nm이고, $\Delta\lambda$=0.002 nm이다. 행성이 ㉢, ㉡에 있을 때 중심별의 스펙트럼은 각각 D, C이므로 C에서의 흡수선 파장의 도플러 효과를 적용하면 $\dfrac{\Delta\lambda}{\lambda}=\dfrac{V_R}{c}$ (c: 빛의 속도)로부터 $\dfrac{2\times10^{-3}\,\text{nm}}{6\times10^{2}\,\text{nm}}=\dfrac{V_R}{3\times10^{5}\,\text{km/s}}$, 즉 C에서의 시선 속도($V_R$)는 1 km/s이다. $V_R=V\times\sin\theta$(V: 중심별의 공전 속도)에 해당하고, $V=2$ km/s라고 하였으므로 $\theta=30°$이다. 한편 D에서의 시선 속도(V_R)는 $V_R=V\times\cos\theta=2\times\dfrac{\sqrt3}{2}=\sqrt3$ km/s이다. 따라서 중심별의 시선 속도는 행성이 ㉡을 지날 때가 ㉢을 지날 때의 $\sqrt3$ 배이다.

1. ④   2. ⑤   3. ④   4. ①   5. ④
6. ②   7. ③   8. ②   9. ②   10. ⑤
11. ③   12. ⑤   13. ①   14. ⑤   15. ②
16. ③   17. ①   18. ⑤   19. ⑤   20. ④

1. 여러 가지 퇴적 구조

ㄱ. (가)는 수면에서 생긴 물결이 수심이 얕은 바닥의 퇴적물에 흔적으로 남은 연흔이다.

ㄴ. (나)는 퇴적물이 건조한 환경에 노출되어 말라 갈라진 건열이므로 퇴적물 입자의 크기가 작은 점토나 진흙인 경우에 잘 형성된다. 따라서 (나)는 역암층보다 이암층에서 흔히 나타난다.

ㄷ. (가)는 물결 모양의 뾰족한 부분이 위를 향하고, (나)는 퇴적물 단면에서 갈라진 쐐기(V) 모양이 아래를 향하므로 (가)와 (나)는 지층의 역전 여부를 판단하는 데 활용된다.

2. 플룸 구조론

ㄱ. A는 차가운 플룸(플룸 하강류)이다. 차가운 플룸은 섭입대를 따라 침강한 해양판이 상부 맨틀과 하부 맨틀의 경계에 쌓여 있다가 하강하여 생성된다.

ㄴ. B는 뜨거운 플룸(플룸 상승류)이다. 뜨거운 플룸은 외핵과 맨틀 경계의 부근에서 생성되어 상승한다.

ㄷ. 판의 내부에서 일어나는 화산 활동은 열점으로 설명된다. 열점은 뜨거운 플룸이 상승하여 마그마가 생성된 지점이므로 판의 내부에서 일어나는 화산 활동은 B로 설명할 수 있다.

3. 마그마의 생성 장소와 마그마의 성질

ㄱ. 섭입대에서 침강하는 해양 지각에서 방출된 물이 맨틀에 공급되면 맨틀의 용융점이 낮아져 현무암질 마그마(㉠)가 생성된다. 이 현무암질 마그마가 상승하여 대륙 지각 하부에 도달하면 대륙 지각에 열을 공급하여 부분 용융이 일어나 유문암질 마그마(㉡)가 생성된다. 따라서 SiO_2 함량은 ㉡이 ㉠보다 높다.

ㄴ. 뜨거운 플룸이 빠르게 상승하면 압력이 감소하면서 맨틀 물질의 온도가 용융점보다 높아져 현무암질 마그마가 생성된다. 따라서 (나) 마그마의 생성 요인(㉢)은 '압력 감소'이다.

ㄷ. B에서는 대륙 지각의 용융에 의해 유문암질 마그마가 생성될 수 있다. 유문암질 마그마가 지하 깊은 곳에서 천천히 식으면 화강암이 된다. 따라서 B의 하부에서는 화강암이 생성될 수 있다.

4. 음향 측심 자료 해석

ㄱ. '수심 $= \dfrac{1}{2} \times$ 초음파의 속력 $\times$ 초음파의 왕복 시간'이므로 ㉠은 수심에 비례한다.

ㄴ. P_4에서 ㉠ 값이 10초이므로 수심 $= \dfrac{1}{2} \times$ 1500 m/s × 10 초 = 7500(m)이다.

ㄷ. 해구는 해저 지형 중 수심이 가장 깊은 곳이고, 이 해역에는 하나의 해구가 나타난다고 했으므로 해구는 ㉠ 값이 가장 큰 P_4에 위치한다.

5. 해수의 성질

ㄱ. 해수의 밀도는 수온이 낮을수록, 염분이 높을수록 크므로 수온 염분도에서 오른쪽 아래에 위치한 등밀도선일수록 밀도 값이 크다. 따라서 A의 해수 밀도는 표층이 깊이 200 m보다 작다.

ㄴ. 해수면(깊이 0 m)에서 수온이 A가 약 24 ℃, B가 약 11 ℃이다. 따라서 표층 수온이 높은 A가 8월이고, 표층 수온이 낮은 B가 2월이다.

ㄷ. 수압이 일정할 때 기체의 용해도는 수온에 반비례하므로 수온이 높을수록 산소 기체의 용해도는 작아진다. 표층에서의 수온은 A가 B보다 높으므로 수온만을 고려할 때 표층에서 산소 기체의 용해도는 A가 B보다 작다.

6. 온대 저기압과 날씨

ㄱ. 온대 저기압에 동반된 한랭 전선이 통과하면 기온은 낮아지고 기압은 상승하며, 북반구의 경우 풍향은 대체로 남서풍에서 북서풍으로 바뀐다. 기압과 풍향의 변화를 보았을 때 $t_4 \sim t_5$ 사이에 기압은 상승하고 풍향은 남서풍에서 서북서풍으로 변한 것으로 보아, $t_4 \sim t_5$ 사이에 한랭 전선이 P를 통과하였다.

ㄴ. 풍향으로 보아 관측소 P는 t_1일 때 온난 전선과 한랭 전선 사이, t_5일 때 한랭 전선 후면에 위치한다는 것을 알 수 있다. 관측소가 온난 전선과 한랭 전선 사이에 위치할 때는 상대적으로 따뜻한 공기의 영향을 받고, 한랭 전선 후면에 위치할 때는 상대적으로 차가운 공기의 영향을 받으므로, P의 기온은 t_1일 때가 t_5일 때보다 높다.

ㄷ. 풍향으로 보아 관측소 P는 t_2일 때 온난 전선과 한랭 전선 사이에 위치한다. 온난 전선면은 온난 전선 전면, 한랭 전선면은 한랭 전선 후면의 상공에 나타나므로, t_2일 때 P의 상공에는 전선면이 나타나지 않는다.

7. 지질 시대의 생물과 환경

ㄱ. 로디니아는 약 12억 년 전에 형성되기 시작하였고, 약 8억 년 전부터 분리되기 시작하였다. 대서양은 판게아가 분리되기 시작한 약 1억 5천만 년 전에 확장되기 시작하였다. 최초의 육상 식물은 고생대 중기에 출현하였으므로 A에 출현하였다.

ㄴ. 방추충은 고생대 후기에 번성하였으므로 B 이전에 번성하였다.

ㄷ. 속씨식물은 중생대 후기에 출현하였고, 매머드는 신생대 제4기 말에 멸종하였다. 히말라야산맥은 신생대에 형성되었으므로 C에 형성되었다.

8. 태풍의 이동 경로와 기상 영상 해석

ㄱ. 태풍의 에너지원은 수증기가 응결하면서 방출하는 잠열(응결열)이며, 태풍은 저기압이므로 중심 기압이 낮을수록 세력이 강하다. 태풍이 육지에 상륙하면 수증기의 공급이 감소하고, 지표면과의 마찰이 증가하여 태풍의 세력이 급격히 약해진다. 따라서 태풍의 중심 기압은 육지에 상륙하기 전인 t_4일 때가 육지를 통과한 후인 t_7일 때보다 낮다.

ㄴ. $t_6 \rightarrow t_7$ 동안 관측소 A는 태풍 진행 방향의 왼쪽

인 안전 반원에 위치한다. 따라서 $t_6 \rightarrow t_7$ 동안 관측소 A의 풍향은 시계 반대 방향으로 변한다.

ㄷ. 적외 영상에서는 구름 최상부의 높이가 높을수록 온도가 낮으므로 밝게 보인다. 따라서 (나)에서 구름 최상부의 온도는 영역 C가 영역 B보다 낮다.

9. 생명 가능 지대

ㄱ. 지구에 액체 상태의 물이 존재하는 것은 태양으로부터 받는 복사 에너지양이 적당하기 때문이다. D는 중심별의 광도가 태양보다 크지만, 중심별로부터 받는 복사 에너지가 지구와 같으므로 액체 상태의 물이 존재할 가능성이 A보다 높다.

ㄴ. 중심별의 광도가 클수록 생명 가능 지대의 폭이 넓다. 따라서 생명 가능 지대의 폭은 B의 중심별이 C의 중심별보다 넓다.

ㄷ. 단위 면적에서 받는 복사 에너지는 중심별의 광도가 클수록, 중심별의 중심으로부터의 거리가 가까울수록 크다. C는 D보다 중심별의 광도가 작은데 단위 면적에서 받는 복사 에너지가 D와 같다. 이는 C가 D보다 중심별의 중심으로부터의 거리가 가깝기 때문이다.

10. 특이 은하

ㄱ. (가)의 은하 사진에서는 보통의 별처럼 보이지만 (나)의 스펙트럼에서는 적색 편이가 매우 크게 나타나는 은하이므로 매우 먼 거리에 있는 퀘이사이다. 퀘이사는 단위 시간 동안 방출하는 에너지양이 우리 은하보다 훨씬 많다.

ㄴ. 퀘이사는 중심부에서 막대한 양의 에너지가 방출되는데, 이는 퀘이사의 중심부에 질량이 매우 큰 블랙홀이 있기 때문이다.

ㄷ. 도플러 효과와 허블 법칙을 적용하면 $\dfrac{\text{파장 변화량}}{\text{기준 파장}} = \dfrac{\text{허블 상수} \times \text{은하까지의 거리}}{\text{빛의 속도}}$ 이므로 $\dfrac{103.7\,\text{nm}}{656.3\,\text{nm}} = \dfrac{70\,\text{km/s/Mpc} \times r}{3 \times 10^5\,\text{km/s}}$ 이고, $r \risingdotseq 677(\text{Mpc})$ 이다. 따라서 은하까지의 거리는 400 Mpc보다 멀다.

11. 대기와 해양에 의한 에너지 수송

ㄱ. 주어진 자료를 보면, A에서는 대기에 의한 에너지 수송량이 해양에 의한 에너지 수송량보다 많은 것을 알 수 있다.

ㄴ. 위도 0°~30° 사이와 위도 60°~90° 사이는 직접 순환 영역, 위도 30°~60° 사이는 간접 순환 영역에 해당한다. A는 위도 0°~30° 사이에 위치하므로 대기 대순환의 직접 순환 영역에 위치한다.

ㄷ. B의 해역은 북반구의 위도 30° 부근에 위치하고, 쿠로시오 해류는 북태평양의 아열대 해역에서 대체로 북쪽 방향으로 흐르므로, B의 해역에서 쿠로시오 해류에 의한 에너지 수송이 일어난다.

12. 엘니뇨와 라니냐

ㄱ. 라니냐 시기에는 엘니뇨 시기보다 무역풍의 세기가 강해 동태평양 적도 부근 해역의 용승이 강하

다. 따라서 동태평양 적도 부근 해역의 용승은 A가 B보다 강하다.

ㄴ. 라니냐 시기에는 평년보다 서태평양 적도 부근 해역의 상승 기류가 강해 강수량이 많다. 따라서 서태평양 적도 부근 해역에서 A의 강수량 편차는 (+) 값이다.

ㄷ. 엘니뇨 시기는 평년보다 동태평양 적도 부근 해역의 해면 기압이 낮고(해면 기압 편차 (−) 값), 서태평양 적도 부근 해역의 해면 기압이 높다(해면 기압 편차 (+) 값). 반면 라니냐 시기는 평년보다 동태평양 적도 부근 해역의 해면 기압이 높고(해면 기압 편차 (+) 값), 서태평양 적도 부근 해역의 해면 기압이 낮다(해면 기압 편차 (−) 값). 따라서 적도 부근 해역에서 (동태평양 해면 기압 편차−서태평양 해면 기압 편차) 값은 라니냐 시기에는 (+) 값을 갖고, 엘니뇨 시기에는 (−) 값을 가지므로 A가 B보다 크다.

13. 빅뱅 우주론과 우주의 팽창

ㄱ. T 시기에 A의 우주 팽창 속도는 1보다 크다. 따라서 T 시기에 A의 우주는 팽창하고 있다.

ㄴ. B는 T 시기 이후 어느 시간까지는 팽창 속도가 감소하여 우주는 감속 팽창하지만 그 이후 현재까지 팽창 속도가 증가하여 우주는 가속 팽창한다.

ㄷ. 현재 우주의 크기는 A와 B가 같아야 하므로 이를 기준으로 T 시간으로 거슬러 가면 우주의 크기는 팽창 속도가 컸던 A가 B보다 작다. 우주 배경 복사는 우주의 팽창에 의해 온도가 낮아졌는데, 현재 우주 배경 복사의 온도는 A와 B가 같으므로 T 시기에 우주 배경 복사의 온도는 우주의 크기가 작은 A가 B보다 높다.

14. 기후 변화의 지구 외적 요인

ㄱ. 지구 공전 궤도 이심률이 커질수록 근일점 거리는 가까워지고 원일점 거리는 멀어진다. 세차 운동을 고려하지 않았을 때 35°N은 현재와 A 시기 모두 근일점에서 겨울철, 원일점에서 여름철이므로, 공전 궤도 이심률이 클수록 겨울철 평균 기온은 높아지고, 여름철 평균 기온은 낮아져 기온의 연교차는 작아진다. 지구 자전축 경사각은 A 시기와 현재가 같고, 공전 궤도 이심률은 A 시기가 현재보다 크기 때문에 35°N에서 기온의 연교차는 A 시기가 현재보다 작다.

ㄴ. 지구 자전축 경사각은 지구에 도달하는 태양 복사 에너지양과는 특별한 관계가 없다. 지구 공전 궤도 이심률은 B 시기와 현재가 같으므로 근일점 거리는 B 시기와 현재가 같다. 따라서 지구가 근일점에 위치할 때 지구에 도달하는 태양 복사 에너지양은 B 시기와 현재가 같다.

ㄷ. 세차 운동을 고려하지 않았을 때 35°S는 A 시기와 B 시기 모두 현재와 마찬가지로 지구가 원일점에 위치할 때 겨울철이므로, 지구 공전 궤도 이심률이 클수록 겨울철 평균 기온이 낮아진다. 또한 지구 자전축 경사각이 클수록 35°S에서 겨울철 태양의 남중 고도가 낮아 겨울철 평균 기온이 낮아진다. 지구 공전 궤도 이심률과 지구 자전축 경사각 모두 A

시기가 B 시기보다 크므로, 35°S에서 겨울철 평균 기온은 A 시기가 B 시기보다 낮다.

15. 고지자기 연구

ㄱ. 90 Ma에 고지자기극은 지리상 북극에 위치하였으나 현재의 지괴에서 측정한 값은 60°N에 위치하는데, 이는 지괴가 이동하였기 때문이다. 90 Ma의 고지자기극을 지리상 북극으로 이동시키면 15°N에 있는 지괴는 15°S로 이동한다. 따라서 90 Ma에 지괴는 남반구에 위치하였다.

ㄴ. 400 Ma일 때 지괴는 30°N에 있었고, 500 Ma일 때 지괴는 60°N에 있었다. 적도에서 북극으로 갈수록 복각이 커지므로 지괴에서 구한 고지자기 복각은 400 Ma일 때가 작다.

ㄷ. 속도$=\dfrac{\text{이동한 거리}}{\text{시간}}$이다. 지괴가 이동한 위도는 400 Ma~250 Ma와 90 Ma~현재 모두 30°이다. 그런데 지괴가 이동한 시간은 400 Ma~250 Ma가 더 길므로 지괴의 평균 이동 속도는 400 Ma~250 Ma가 90 Ma~현재보다 느리다.

16. 주계열성의 내부 구조

ㄱ. 질량이 태양 정도인 별은 중심부에서 생성된 에너지가 반지름의 약 0.7배에 이르는 거리까지 복사로 전달된다. 한편, 태양보다 질량이 매우 큰 별은 중심부에서 대류로 에너지가 전달되고, 바깥층에서 복사로 에너지가 전달된다. 따라서 (가)는 질량이 태양 질량의 5배이고, (나)는 질량이 태양 질량의 1배이며, ㉠은 대류, ㉡은 복사이다.

ㄴ. 대류가 일어나는 영역은 ㉠이다. (가)에서 대류가 일어나는 영역의 질량은 전체 질량의 0.25배이고, (나)에서 대류가 일어나는 영역의 질량은 전체 질량의 0.025배인데, 별의 질량이 (가)가 (나)보다 5배 크다. 따라서 대류가 일어나는 영역의 전체 질량은 (가)가 (나)보다 50배 크다.

ㄷ. (가)의 중심부에서 대류가 일어나는 것은 에너지 생성이 매우 활발하여 복사로는 에너지가 효과적으로 전달되지 않기 때문이다. 따라서 수소 핵융합 반응은 (가)가 (나)보다 활발하며, 헬륨 함량비(%)의 평균 증가 속도도 (가)가 (나)보다 빠르다.

17. 우주 구성 요소

ㄱ. 현재 A+B+C=1이므로 B 밀도는 0.68이다. 한편, 현재 우주 구성 요소는 암흑 에너지>암흑 물질>보통 물질 순이므로 A는 암흑 물질이다. 암흑 물질은 전자기파 관측으로는 존재를 확인할 수 없지만 중력 렌즈 현상을 통해 존재를 추정할 수 있다.

ㄴ. B는 암흑 에너지로 공간 자체가 가지는 에너지이다. 따라서 현재와 T 시기에 B의 밀도는 우주의 팽창과 관계없이 일정하지만 총량은 증가한다.

ㄷ. 우주의 크기가 은하 간 거리를 나타내는 척도라고 하였으므로 T 시기에 우주의 크기가 현재의 $\dfrac{1}{2}$이라면 공간의 크기는 현재의 $\dfrac{1}{8}$이 된다. 그러나 C의 질량은 변하지 않으므로 T 시기에 C의 밀도는

현재의 8배로 커져 0.4가 된다. 따라서 T 시기에 우주 구성 요소 중 C가 차지하는 비율은 10 %보다 높다.

18. 별의 물리량

ㄱ. 광도는 반지름의 제곱과 표면 온도의 4제곱에 비례하므로 (가)의 광도는 태양 광도의 100배이고, (나)의 광도는 태양 광도의 10000배이다. 한편 (나)는 광도 계급이 V인 주계열성이다. 이를 근거로 두 별을 H-R도에 나타내 보면 (가)는 거성에 해당한다. 거성의 광도는 주계열성일 때의 광도보다 크므로 (가)가 주계열성일 때의 광도는 (나)보다 작다. 따라서 질량은 (가)가 (나)보다 작다.

ㄴ. (나)의 광도는 (가)보다 100배 크므로, 두 별을 같은 거리에 두었을 때 (가)의 밝기를 l이라고 하면 (나)의 밝기는 $100l$이다. 그런데 표에서 (나)의 겉보기 등급은 (가)의 겉보기 등급보다 1등급 작으므로 (나)의 겉보기 밝기는 $2.5l$이 된다. 그러므로 (나)는 (가)와 같은 거리에 있을 때보다 $\frac{1}{40}$배로 어둡게 보인다. 한편 지구로부터의 거리가 (나)가 (가)보다 6배 멀다면 (나)의 밝기는 (가)의 거리에 있을 때보다 $\frac{1}{36}$배로 어두워져 (나)의 밝기는 약 $2.8l\left(=\frac{100l}{36}\right)$이 된다. 이 값은 (나)가 실제 거리에 있는 경우보다 더 밝으므로 지구로부터의 거리는 (나)가 (가)보다 멀다.

ㄷ. 광도가 10000배가 크면 절대 등급은 10등급 작다. (나)는 절대 등급이 4.8인 태양보다 광도가 10000배 크므로 (나)의 절대 등급은 $4.8-10=-5.2$이다. (나)의 겉보기 등급은 $+3.8$이므로 (나)를 10 pc 거리에서 실제 거리로 가져가면 9등급 커진다. 한편 (나)와 같은 거리에 있는 (다)는 실제 거리에서 겉보기 등급이 $+13.8$이므로 10 pc 거리로 가져가면 9등급 작아져 절대 등급이 $+4.8$이 된다. 즉, (다)는 표면 온도와 절대 등급이 태양과 같으므로 주계열성이다. 따라서 (나)와 (다)는 주계열성인데, (나)가 (다)보다 질량이 크므로 중심핵에서의 $\dfrac{\text{p-p 반응에 의한 에너지 생성량}}{\text{CNO 순환 반응에 의한 에너지 생성량}}$ 은 (나)가 (다)보다 작다.

19. 절대 연령과 상대 연령

ㄱ. P와 A 사이에 P의 암석 조각이 기저 역암으로 분포하므로 P가 생성된 후 부정합이 형성되었고, 그 후 A가 퇴적되었다. 따라서 P는 A보다 먼저 생성되었으므로 P에 암석 A가 포획암으로 나타날 수 없다.

ㄴ. P, Q는 생성된 후 반감기인 1.5억 년이 지났을 때 Y의 함량이 모두 a이므로 X의 함량도 모두 a이다. 따라서 P, Q에 포함된 X의 처음 함량은 모두 $2a$이고, 현재 X의 함량은 각각 $0.2a$, $0.4a$이다. P에서 X의 함량은 $2a$(처음) → a(1회) → $0.5a$(2회) → $0.25a$(3회) → $0.2a$(현재)로 변하여 3회의 반감기를 조금 더 거쳤으므로 P의 절대 연령은 4.5억 년이 조금 넘는다. 같은 방법으로, Q에서 X의 함량은 $2a$(처음) → a(1회) → $0.5a$(2회) → $0.4a$(현재)로 변하여 2회의 반감기를 조금 더 거쳤으므로 Q의 절

대 연령은 3억 년이 조금 넘는다. 화성암과 단층의 형성 시기는 P → 단층 → Q이므로 단층은 고생대에 형성되었다.

ㄷ. 현재 P, Q의 X 함량은 각각 $0.2a$, $0.4a$이므로 현재로부터 1.5억 년이 지나면 X 함량의 감소량은 $0.1a$이고, Q의 X 함량의 감소량은 $0.2a$이다. Q의 X 함량이 감소한 만큼 Y 함량이 증가하므로 P의 X 함량의 감소량은 Q의 Y 함량의 증가량보다 작다.

20. 외계 행성계 탐사

ㄱ. 중심별의 공전 속도를 v, 공통 질량 중심으로부터 지구와 행성을 각각 잇는 선분이 이루는 사잇각을 θ라고 하면, 중심별의 시선 속도는 $v\sin\theta=15$ m/s이고, $v=\dfrac{15\text{ m/s}}{\sin\theta}$이다. $\theta=30°$이면 $v=30$ m/s인데 그래프에서 중심별의 공전 속도는 30 m/s보다 크다. 따라서 θ는 $30°$보다 작다.

ㄴ. t_4에서 시선 속도가 0인 위치까지는 청색 편이가 일어나는 구간으로, 흡수선의 파장이 점차 길어지면서 원래의 파장에 가까워진다. 시선 속도가 0인 위치부터 t_5까지는 적색 편이가 일어나는 구간으로, 흡수선의 파장이 점차 길어지면서 원래의 파장에서 멀어진다. 따라서 $t_4 \to t_5$ 동안 흡수선의 파장은 점차 길어진다.

ㄷ. $t_2 \sim t_3$이 $120°$를 이루므로 중심별의 공전 속도를 v라고 하면, t_2일 때의 시선 속도는 $v\cos30°=30$ m/s이고, 이로부터 $v=20\sqrt{3}$ m/s이다. 따라서 중심별의 공전 속도는 $20\sqrt{3}$ m/s이다.

3회 **2025학년도 수능**

1. ④	2. ⑤	3. ④	4. ③	5. ④
6. ②	7. ②	8. ③	9. ①	10. ①
11. ③	12. ⑤	13. ②	14. ⑤	15. ①
16. ⑤	17. ⑤	18. ②	19. ④	20. ②

1. 퇴적 구조

ㄱ. A는 수면에서 생긴 파동이 퇴적물에 흔적으로 남은 것이므로 연흔이다.

ㄴ. B는 층리가 기울어진 상태로 퇴적된 사층리이다. 사층리에서 층리의 기울어진 각도가 아래로 갈수록 완만해지므로 이를 통해 지층의 역전 여부를 판단할 수 있다.

ㄷ. C는 수심이 얕은 물밑의 퇴적물이 수면 위로 드러나면서 말라 갈라진 건열이다. 따라서 C가 형성되는 동안 건조한 환경에 노출된 시기가 있었다.

2. 해수의 성질

ㄱ. 혼합층은 태양 복사 에너지에 의해 해수가 가열되어 수온이 높고, 바람의 혼합 작용으로 인해 깊이에 따라 수온이 거의 일정한 층이다. 따라서 (가)에서 보면 혼합층의 두께는 8월이 11월보다 얇다.

ㄴ. (나)에서 보면, 깊이 20 m 해수의 염분은 2월이 33.0~33.25 psu이고 8월은 약 32.0~32.5 psu이므로 2월이 8월보다 높다.

ㄷ. 해수의 밀도는 주로 수온과 염분에 의해 결정되는데, 수온이 낮을수록, 염분이 높을수록 해수의 밀도는 커진다. 표층 해수의 수온은 2월이 8월보다 낮고, 염분은 2월이 8월보다 높다. 따라서 표층 해수의 밀도는 2월이 8월보다 크다.

3. 마그마의 생성 조건

ㄱ. ㉠의 깊이에서 온도가 상승하여 화강암의 용융점보다 높아지면 유문암질 마그마가 생성될 수 있다.

ㄴ. 맨틀 물질의 온도가 용융점보다 높아지면 마그마가 생성된다. ㉡ 깊이의 맨틀 물질이 온도 변화 없이 지표까지 상승하더라도 맨틀 물질의 용융점보다 낮으므로 현무암질 마그마로 용융될 수 없다.

ㄷ. ㉢의 깊이에서 맨틀 물질에 물이 공급되면 용융점이 낮아져 맨틀 물질의 온도가 용융점보다 높은 상태가 되므로 용융될 수 있다.

4. 열점과 화산 열도

ㄱ. 열점은 판의 내부에서 마그마가 생성되는 곳으로, 지하 깊은 곳에 고정되어 있으므로 판이 이동하더라도 열점은 이동하지 않는다. ㉠은 투명 용지가 이동하더라도 고정되어 있으므로 ㉠은 '열점'에 해당한다.

ㄴ. 투명 용지는 판에 해당하므로 투명 용지를 이동시키는 과정은 판이 이동하는 과정에 해당한다.

ㄷ. 열점에서 형성된 화산암체들은 판의 이동 방향을 따라 이동하므로 열점에서 멀어질수록 연령이 증가한다. (바)에서 숫자의 순서는 4 → 3 → 2 → 1로

갈수록 오래된 것이므로 투명 용지는 북동쪽으로 이동하였다. 따라서 ⓒ에 해당하는 방향은 '북동쪽'이다.

5. 외부 은하

ㄱ. 동일한 파장 영역에서 (가)와 (나)의 스펙트럼을 비교해 보면 (나)에서 폭이 넓은 방출선이 나타나므로 (가)는 타원 은하, (나)는 세이퍼트은하이다.

ㄴ. (나)의 스펙트럼에는 복사 에너지의 상대적 세기가 급격하게 강해지는 방출선이 나타난다.

ㄷ. 타원 은하는 은하를 구성하는 별들이 대부분 나이가 많고, 질량이 작으므로 표면 온도가 낮은 붉은 별들이 많다. 반면에 나선 은하인 우리은하는 나이가 젊고 파란 별들이 나선팔에 많이 분포한다. 따라서 은하를 구성하는 주계열성의 평균 표면 온도는 (가)가 우리은하보다 낮다.

6. 지상 일기도와 위성 영상 해석

ㄱ. (가)에서 관측소 A는 온난 전선과 한랭 전선 사이에 위치한다. 온난 전선면은 온난 전선 앞쪽의 상공에, 한랭 전선면은 한랭 전선 뒤쪽의 상공에 나타나므로, (가)에서 A의 상공에는 전선면이 나타나지 않는다.

ㄴ. (가)의 온대 저기압은 편서풍의 영향으로 서쪽에서 동쪽으로 이동하므로 이 기간 동안 관측소 A에는 한랭 전선이 통과하게 된다. 따라서 전선이 통과하는 동안 A의 풍향은 남서풍에서 북서풍으로 바뀌어 시계 방향으로 변한다.

ㄷ. 가시 영상에서는 구름이 반사하는 태양 복사 에너지의 세기가 강할수록 밝게 나타난다. 따라서 구름이 반사하는 태양 복사 에너지의 세기는 영역 ⓒ이 영역 ⓒ보다 강하다.

7. 생물 대멸종

ㄱ. 방추충은 고생대 페름기 말에 멸종하였으므로 B에 멸종하였다.

ㄴ. B는 고생대 페름기 말이고, C는 중생대 백악기 말이다. 판게아는 중생대 초기까지 지속되었다가 분리되기 시작하였으므로 B와 C 사이에 판게아가 분리되기 시작하였다.

ㄷ. 팔레오기와 네오기는 신생대에 속한다. C는 중생대 백악기와 신생대 팔레오기의 지질 시대 경계이다.

8. 기후 변화의 지구 외적 요인

ㄱ. 지구의 자전축 경사각은 A 시기와 현재가 같고, 공전 궤도 이심률은 A 시기가 현재보다 크다. 현재 북반구는 원일점에서 여름철, 근일점에서 겨울철인데, 공전 궤도 이심률이 현재보다 크면 근일점은 현재보다 가깝고(겨울철 기온은 현재보다 높고), 원일점은 현재보다 멀다(여름철 기온은 현재보다 낮다). 따라서 30°N에서 기온의 연교차는 A 시기가 현재보다 작다.

ㄴ. 지구에 도달하는 태양 복사 에너지양은 자전축 경사각과는 관계가 없고, 지구와 태양 간 거리에 따라 달라진다. B 시기와 현재는 공전 궤도 이심률이 같으므로 근일점 거리와 원일점 거리가 각각 같다.

따라서 근일점과 원일점에서 지구에 도달하는 태양 복사 에너지양의 차는 B 시기와 현재가 같다.

ㄷ. B 시기와 현재는 공전 궤도 이심률이 같고, 자전축 경사각은 B 시기가 현재보다 크다. 자전축 경사각이 현재보다 크면 북반구와 남반구 모두 중위도와 고위도의 태양의 남중 고도가 여름철에는 현재보다 높아지고 겨울철에는 현재보다 낮아지므로, 여름철 평균 기온은 현재보다 높고, 겨울철 평균 기온은 현재보다 낮다. 따라서 30°S에서 겨울철 평균 기온은 B 시기가 현재보다 낮다.

9. 대기 대순환과 표층 해류

ㄱ. 대기 대순환에 의해 위도 0°~30°N에서는 북동 무역풍이, 위도 0°~30°S에서는 남동 무역풍이 불므로, 위도 0°~30°N에서는 남북 방향과 동서 방향 풍향의 부호가 모두 (−)이고, 위도 0°~30°S에서는 남북 방향 풍향의 부호는 (+), 동서 방향 풍향의 부호는 (−)이다. 따라서 ⓒ은 남북 방향, ⓒ은 동서 방향의 연평균 풍속이다.

ㄴ. 그림의 가로축에서 위도 0°를 기준으로 왼쪽이 남반구, 오른쪽이 북반구에 해당하므로, A의 해역은 남반구의 위도 30° 부근에 위치한다. 멕시코 만류는 북대서양의 아열대 순환을 이루는 해류이다. 따라서 A의 해역에는 멕시코 만류가 흐르지 않는다.

ㄷ. B는 위도 30°와 60° 사이에 위치하므로 대기 대순환에서 페렐 순환이 일어나는 구간에 해당한다. 따라서 B에서는 대기 대순환의 간접 순환이 나타난다.

10. 생명 가능 지대

ㄱ. 주계열성은 질량이 클수록 광도가 크고, 광도가 큰 별일수록 생명 가능 지대는 중심별로부터 멀어진다. 중심별로부터의 거리는 A의 생명 가능 지대가 B의 생명 가능 지대보다 멀리 있으므로 질량은 A가 B보다 크다.

ㄴ. A는 B보다 광도가 크므로 중심별로부터 같은 거리에 있는 a, b 중 단위 시간당 단위 면적에서 받는 복사 에너지의 양은 a가 많다. 이는 a가 생명 가능 지대의 안쪽 경계에 가깝고, b가 생명 가능 지대의 바깥쪽 경계에 가까운 것으로 판단해도 같은 결론을 얻을 수 있다.

ㄷ. 1억 년일 때와 비교하여 100억 년일 때 A의 생명 가능 지대는 중심별에서 바깥쪽으로 밀려나 있는데, 이는 A의 광도가 크게 증가하였기 때문이다. 따라서 생명 가능 지대의 폭은 100억 년일 때가 1억 년일 때보다 넓다.

11. 판의 운동과 지각 변동

ㄱ. ⓐ는 해령과 해령 사이 구간에 발달한 변환 단층이므로 지진이 활발하게 일어나지만, ⓑ는 판의 경계가 아닌 단열대이므로 지진이 거의 발생하지 않는다.

ㄴ. (나)에서 ⓒ과 ⓒ은 해령으로부터의 거리가 같고, 암석 연령이 같으므로 해령에서 동일한 시기에 형성되어 해령의 양쪽으로 이동한 것이다. 따라서 ⓒ과 ⓒ의 고지자기 방향은 같다.

ㄷ. (나)에서 판 A, B의 이동 속력은 $\dfrac{200 \times 10^5 \text{ cm}}{10 \times 10^6 \text{년}}$

=2 cm/년이다. ⓒ과 ⓒ은 해령에 대해 양쪽으로 멀어지므로 ⓒ은 ⓒ에 대해 4 cm/년의 속도로 멀어진다.

12. 엘니뇨와 라니냐

ㄱ. 엘니뇨 시기에는 적도 부근의 동태평양에서 중앙 태평양까지의 표층 수온이 평년보다 높아지므로 이 해역에서 상승 기류가 더욱 활발해지고 강수량이 평년보다 증가하여 강수량 편차가 양(+)의 값을 나타낸다. 따라서 (나)는 엘니뇨 시기인 B에 해당한다.

ㄴ. 동태평양 적도 부근 해역의 용승은 무역풍이 평년보다 강해지는 라니냐 시기(A)가 무역풍이 평년보다 약해지는 엘니뇨 시기(B)보다 강하다.

ㄷ. 적도 부근 동태평양의 해면 기압은 엘니뇨 시기에는 평년보다 낮고, 라니냐 시기에는 평년보다 높다. 적도 부근 서태평양의 해면 기압은 엘니뇨 시기에는 평년보다 높고, 라니냐 시기에는 평년보다 낮다. 따라서 적도 부근 해역의 $\dfrac{\text{동태평양 해면 기압}}{\text{서태평양 해면 기압}}$은 라니냐 시기(A)가 엘니뇨 시기(B)보다 크다.

13. 태풍 통과에 따른 일기 요소 변화

ㄱ. 13~19시 동안 A의 풍향은 북동풍 → 북풍 → 북서풍으로 시계 반대 방향으로 변했으므로, 이 기간 동안 A는 안전 반원에 위치하였다.

ㄴ. 01~23시 동안 최저 기압은 B가 A보다 낮고, 최고 기압은 A와 B가 비슷하므로 이 기간 동안 기압의 변화 폭은 A가 B보다 작다.

ㄷ. 관측소에 태풍 중심이 가까워질수록 태풍의 관측 기압은 낮아진다. 09시에 관측한 기압이 B가 A보다 낮으므로 태풍 중심까지의 최단 거리는 B가 A보다 가깝다.

14. 별의 에너지원

ㄱ. (가)는 질량이 태양과 같은데 광도가 태양의 60배로 크므로 적색 거성이다. 적색 거성은 중심핵에서 헬륨 핵융합 반응이 일어나므로 주계열성인 (나)보다 중심핵의 온도가 높다. 한편 (가)는 태양보다 표면 온도가 낮고, (나)는 태양보다 표면 온도가 높으므로 표면 온도는 (가)가 (나)보다 낮다. 따라서 $\dfrac{\text{표면 온도}}{\text{중심핵 온도}}$는 (가)가 (나)보다 작다.

ㄴ. (가)는 (다)보다 광도가 크므로 단위 시간당 에너지 생성량은 (가)가 (다)보다 많다.

ㄷ. 주계열성은 질량이 클수록 단위 시간당 에너지 생성량이 많으므로 질량의 평균 감소 속도가 빠르다. (나)는 (다)보다 질량이 크므로 주계열 단계 동안 별의 질량의 평균 감소 속도는 (나)가 (다)보다 빠르다.

15. 허블 법칙

ㄱ. T_2에 A에서 B를 관측하면 거리가 240 Mpc이고, 후퇴 속도가 16800 km/s이므로 허블 상수는 $\dfrac{16800 \text{ km/s}}{240 \text{ Mpc}}$=70 km/s/Mpc이다.

ㄴ. A에서 관측할 때 C가 후퇴하는 것은 우주가 팽창하면서 두 은하 사이의 공간이 증가하였기 때문이

다. 우주는 T_1에서 T_2로 팽창하였으므로 A에서 관측한 C의 후퇴 속도는 T_1이 T_2보다 느리다.

ㄷ. T_2에 B와 C 사이의 거리는 300 Mpc이다. 도플러 효과를 적용하면,

$$\frac{\lambda' - 500 \text{ nm}}{500 \text{ nm}} = \frac{70 \text{ km/s/Mpc} \times 300 \text{ Mpc}}{3 \times 10^5 \text{ km/s}}$$ 으로부터 B에서 관측되는 C의 흡수선 파장(λ')은 535 nm이므로 540 nm보다 짧다.

16. 절대 연령의 측정

ㄱ. X의 반감기가 0.5억 년이므로 1억 년이 지나면 X 함량은 처음 양의 25 %이고, 이때 $\frac{\text{Y 함량}}{\text{X 함량}} = 2$이므로 Y 함량은 처음 양의 50 %이다. 따라서 Y의 반감기는 1억 년이고, 반감기는 X가 Y의 $\frac{1}{2}$배이다.

ㄴ. 현재 B에 포함된 X의 함량이 처음 양의 $\frac{1}{4}$이므로 B의 절대 연령은 1억 년이다. 한편 Y의 반감기는 1억 년이므로 현재 B에 포함된 Y의 함량은 처음 양의 $\frac{1}{2}$이고, Y의 자원소 함량도 $\frac{1}{2}$로 같다. 따라서 현재로부터 2억 년이 지나면 Y의 함량은 처음 양의 $\frac{1}{8}$이고, Y의 자원소 함량은 $\frac{7}{8}$이 되므로, Y의 자원소 함량은 Y 함량의 7배가 된다.

ㄷ. (가)에서 화성암과 단층은 A → 단층 $f-f'$ → B 순으로 형성되었다. 한편 A에 포함된 Y의 함량이 처음 양의 $\frac{3}{8}$이므로 A의 연령은 1억 년보다 조금 많고, B는 연령이 1억 년이므로 단층 $f-f'$은 중생대에 형성되었다.

17. 우주의 구성 요소

ㄱ. C는 $T_1 → T_2$ 동안 밀도가 $\frac{1}{8}$배로 감소하였으므로 암흑 물질이거나 보통 물질이다. 그런데 보통 물질은 암흑 물질보다 밀도가 작으므로 C는 보통 물질이고, 중성자는 C에 포함된다. 한편 A와 B는 암흑 에너지와 암흑 물질 중 하나인데, 만약 A를 암흑 에너지라고 가정하고, T_2로부터 현재 우주의 밀도를 추정해 보면 암흑 에너지는 밀도가 변하지 않으므로 A는 0.67, 암흑 물질 B는 0.02625, 보통 물질 C는 0.015가 되어 현재 암흑 에너지의 비율이 지나치게 커지게 된다. 이로부터 A는 암흑 물질, B는 암흑 에너지임을 알 수 있다.

ㄴ. T_1의 A는 밀도가 T_2보다 8배 증가한 5.36이고, B의 밀도는 우주의 팽창과 관계 없이 일정하므로 0.21이며, $\frac{\text{A가 차지하는 비율}}{\text{B가 차지하는 비율}}$은 T_1이 T_2보다 크다.

ㄷ. T_1에 전체 구성 요소의 밀도는 6.53이고, C의 밀도는 0.96이므로 C가 차지하는 비율은 15 %보다 작다.

18. 외계 행성 탐사

ㄱ. $t_0+2.5T → t_0+3T$ 동안 중심별의 흡수선 파장이 적색 쪽으로 이동하였으므로 파장은 점차 길어졌다.

ㄴ. t_0+4T일 때 적색 편이가 최대이고, 중심별이 t_0부터 t_0+4T까지 420° 공전하는 동안 일정한 시간

간격으로 관측하였으므로 T는 105°의 각도에 해당한다. 중심별의 공전 속도를 v라고 할 때, t_0+T인 시기에 중심별의 후퇴 속도(v_R)는 $v_R = v \cdot \cos 45°$ $= \frac{\sqrt{2}v}{2}$이고, t_0+2T인 시기에 중심별의 후퇴 속도 (v_R)는 $v_R = v \cdot \cos 30° = \frac{\sqrt{3}v}{2}$이다. $\frac{\Delta\lambda_2}{\Delta\lambda_1}$는 후퇴 속도의 비와 같으므로 $\left(\frac{\sqrt{3}v}{2} \Big/ \frac{\sqrt{2}v}{2}\right) = \frac{\sqrt{6}}{2}$이다.

ㄷ. $t_0+0.5T → t_0+T$에서 후퇴 속도의 최댓값은 t_0+4T 위치에서와 같고, 최솟값은 t_0+T 위치에서와 같다. t_0+4T에서 후퇴 속도는 t_0+T에서보다 $\sqrt{2}$배 크고, 이때 파장의 편이량은 $\sqrt{2}\Delta\lambda_1$이며, t_0+T까지 파장의 편이량이 감소하여 t_0+T에서 파장의 편이량이 $\Delta\lambda_1$이 된다. 만약 λ_0가 2배가 되면 $\Delta\lambda$도 2배가 되어 이 구간에서 파장의 편이량은 $2\sqrt{2}\Delta\lambda_1 \sim 2\Delta\lambda_1$의 범위를 가지므로 흡수선 파장이 $(2\lambda_0 \sim \Delta\lambda_1)$로 관측되는 시기가 없다.

19. 고지자기와 지괴의 이동

ㄱ. A는 고지자기 복각이 40°S → 20°N → 50°N으로 변하였으므로 지괴의 위도는 약 22°S → 10°N → 30°N으로 변하였다. 따라서 A의 이동 방향은 북쪽이다.

ㄴ. 50 Ma~0 Ma 동안 A의 위도는 10°N → 30°N으로 변하였고, B의 위도는 15°N → 40°N으로 변하였으므로 평균 이동 속도는 A가 B보다 느리다.

ㄷ. A는 현재 30°N에 있고, 고지자기극은 현재와 같은 90°N에 있지만 200 Ma에는 A가 약 22°S에 있으므로 지괴는 52°만큼 북쪽으로 이동하였고, 이에 따라 고지자기극도 현재의 90°N에서 약 52°만큼 이동하였으므로 200 Ma에 고지자기극은 38°N이다. 같은 원리로 B는 현재 약 40°N에 있고, 200 Ma에는 약 22°S에 있으므로 지괴는 약 62°만큼 북쪽으로 이동하였고, 고지자기극은 약 28°N이다. 따라서 A에서 구한 고지자기극이 B에서 구한 고지자기극보다 고위도에 위치한다.

20. 별의 물리량

ㄱ. (나)는 (다)보다 표면 온도가 2배 크므로 복사 에너지를 최대로 방출하는 파장은 (나)가 (다)의 $\frac{1}{2}$배이다.

ㄴ. 광도는 표면 온도의 4제곱과 반지름의 제곱에 비례하므로 (다)의 광도를 $L_{(다)}$라고 하면, (가)의 광도는 $\frac{16}{100}L_{(다)}$이다. 그런데 (가)의 겉보기 등급이 (다)의 겉보기 등급보다 5등급 작으므로 겉보기 밝기는 (가)가 (나)의 100배이다. 밝기는 광도에 비례하고, 거리의 제곱에 반비례하므로 $l_{(가)} = \frac{L_{(가)}}{r_{(가)}^2}$ $= \frac{\frac{16}{100}L_{(다)}}{r_{(가)}^2}$이고, $l_{(다)} = \frac{L_{(다)}}{r_{(다)}^2}$이다. (가)와 (다)의 밝기의 비 $\left(\frac{l_{(가)}}{l_{(다)}}\right)$는 100이므로 $\frac{0.16r_{(다)}^2}{r_{(가)}^2} = 100$, $r_{(다)} = 25r_{(가)}$이다. 따라서 지구로부터의 거리는 (다)가 (가)의 20배보다 멀다.

ㄷ. (나), (다)가 주계열성이므로 표면 온도로 절대 등급을 비교해 보면 (나) < 태양(+4.8) < (다)이다. (가)와 (나)의 광도를 구하면, (나)의 광도는 (가)의 $\frac{10000}{16}$배이다. 광도가 10000배이면 절대 등급은 10등급 작아지고, $\frac{1}{16}$배이면 절대 등급은 약 3등급 커진다. 따라서 (나)의 절대 등급은 (가)보다 약 7등급 작다. 한편 (나)의 절대 등급은 태양보다 작으므로 (나)의 절대 등급의 최댓값은 +4.8이고, (가)는 이보다 7등급 크므로 (가)의 절대 등급의 최댓값은 +11.8이다. 따라서 (가)의 절대 등급은 +12보다 작다.